Die Grundlehren der mathematischen Wissenschaften

in Einzeldarstellungen
mit besonderer Berücksichtigung
der Anwendungsgebiete

Band 134

B. Huppert

Endliche Gruppen I

Springer-Verlag Berlin Heidelberg New York 1967

Prof. Dr. B. Huppert
Mathematisches Institut der Universität Mainz

Library of Congress Catalog Card Number 66-18717

Printed in Germany

Titel-Nr. 5117

· ALC · IXH · XAN ·

(Jan van Eyck, nach **1433** auf mehreren Bildern)

Vorwort

Als ich im Jahre **1958** mit den Vorarbeiten zu diesem Buch begann, schien es noch möglich, eine einigermaßen vollständige Darstellung der Strukturtheorie endlicher Gruppen in einem Bande zu geben. Die stürmische Entwicklung, welche die Theorie seitdem erlebt hat (das Literaturverzeichnis gibt einen Eindruck davon), hat diese Zielsetzung unmöglich gemacht. Der vorliegende erste Band enthält neben den Grundbegriffen die Theorie der nilpotenten, p-nilpotenten und auflösbaren Gruppen sowie die gewöhnliche Darstellungstheorie. Da die Entwicklung der letzten Jahre nicht in diesen Gebieten ihren Schwerpunkt hatte, konnte hier ein ziemlich vollständiger Überblick über den gegenwärtigen Stand der Theorie gegeben werden. (Die in den allerletzten Jahren entstandene Theorie der Formationen und Fittingklassen konnte nur noch zum Teil aufgenommen werden.) Der zweite Band soll die Theorie der subnormalen Untergruppen, die feinere Theorie der p-Länge, mehrfach transitive Permutationsgruppen und einige neuere Anwendungen der Charaktertheorie enthalten. Wegen der Fülle der Ergebnisse der letzten Jahre kann dabei keine Vollständigkeit mehr angestrebt werden.

Einige Teilgebiete wurden ausgeschlossen:

1. Eine einheitliche Behandlung der heute bekannten Serien von einfachen endlichen Gruppen nach der Methode von CHEVALLEY hätte umfangreiche Vorkenntnisse über Liesche Algebren erfordert. Ich habe mich in Kap. II auf die projektiven und symplektischen Gruppen beschränkt. Die einfachen Gruppen von MATHIEU und SUZUKI werden erst in Band 2 behandelt werden.

2. Die Theorie der p-Gruppen vom Exponenten p und die dazu benötigten Zusammenhänge zwischen nilpotenten Gruppen und Lieschen Ringen wurden nicht berührt. Diese Theorie hat sachlich und methodisch nur wenige Verbindungen zu den übrigen Fragen der Strukturtheorie endlicher Gruppen, und ihre Anwendungen liegen auch weitgehend in der Theorie der unendlichen Gruppen.

3. Die Kohomologietheorie endlicher Gruppen fand bisher ihre wichtigste Anwendung in der Klassenkörpertheorie und nicht in der Strukturtheorie endlicher Gruppen. Daher habe ich in I, § 19 (unter Verzicht auf die funktorielle Beschreibung der Kohomologiegruppen) nur so viel an Kohomologietheorie entwickelt, wie für einige in diesem Buch behandelte Fragen (Erweiterungstheorie, Automorphismen von p-Gruppen, Schurscher Multiplikator) zweckmäßig erschien.

Obwohl dieses Buch keine Vorkenntnisse über Gruppen erfordert, wendet es sich doch an einen Leser mit algebraischen Grundkenntnissen. Die Grundbegriffe und elementaren Hilfsmittel der Gruppentheorie werden in Kap. I vollständig, jedoch knapp und ohne Motivierung entwickelt. Ringtheoretische Hilfsmittel, wie die Theorie der Hauptidealringe (I, § 13) und der halbeinfachen Algebren (V, § 2—4) werden vollständig dargestellt. Hingegen habe ich gelegentlich einfache Sätze über $\mathfrak{p}$-adische Körper und algebraische Zahlkörper ohne Beweis herangezogen.

Ich habe nicht versucht, das Buch gleichmäßig mit Aufgaben zu versehen. In Kap. I werden zahlreiche Bemerkungen und Beweisvarianten in den Aufgaben angeboten, jedoch bleiben in den späteren Kapiteln lange Strecken fast ohne Aufgaben. Die Aufgaben werden im Text nur ganz selten herangezogen.

Zahlreiche Helfer haben mich bei der Niederschrift dieses Buches unterstützt. R. Baer, N. Itô, O. H. Kegel und J. Rose haben verschiedene Fassungen einiger Kapitel kritisch gelesen. N. Blackburn und H. Lüneburg haben das vollständige Manuskript durchgesehen. Mit W. Gaschütz, F. Gross und J. Neubüser konnte ich fast alle Kapitel im Manuskript oder in der Fahnenkorrektur eingehend durchsprechen. Dies führte zu zahlreichen Verbesserungen und zur Vermeidung von Fehlern und Unklarheiten. Unveröffentlichte Ergebnisse, Beweise oder Beispiele verdanke ich N. Blackburn, R. Carter, E. Dade, W. Gaschütz, P. Hall, P. Roquette, D. Taunt, J. G. Thompson und H. Wielandt. Bei den langwierigen Korrekturen haben A. Brandis, K. Doerk, W. Gaschütz, K. D. Graf, F. Gross, B. Klaiber, J. Neubüser und A. Schlette geholfen. Allen diesen Helfern sei hier herzlich gedankt. Schließlich habe ich folgenden Institutionen zu danken, die mir Gelegenheit zur Arbeit an diesem Buch und zu fruchtbaren Gesprächen mit Kollegen gaben: dem British Council für einen Aufenthalt in Manchester 1958/59; der University of Illinois in Urbana für eine Gastprofessur 1963/64; dem California Institute of Technology in Pasadena für eine Gastprofessur im Herbst 1964. Endlich sei dem Verlag für sein großzügiges Eingehen auf meine umfangreichen Änderungswünsche während der Korrekturen und für die gute Ausstattung des Buches gedankt.

Mein ganz besonderer Dank geht an meinen Lehrer Helmut Wielandt. Seine Vorlesungen, die mich mit der Theorie der endlichen Gruppen bekannt machten, waren oftmals der Ausgangspunkt für die Niederschrift von Paragraphen und ganzen Kapiteln dieses Buches. Sie haben in Stil und Stoffauswahl meine Darstellung immer wieder beeinflußt.

Mainz, den 15. 9. 1967 Bertram Huppert

Inhaltsverzeichnis

Kapitel IV

Verlagerung und p-nilpotente Gruppen

Kapitel V

Darstellungstheorie

Kapitel VI

Auflösbare Gruppen

Symbolverzeichnis

$p^n \,\overline{\mid}\, a$:	p ist eine Primzahl mit $p^n \mid a$ und $p^{n+1} \nmid a$.
(a, b)	ist der größte gemeinsame Teiler der ganzen rationellen Zahlen a und b.
$V(n, K)$	ist der Vektorraum der Dimension n über dem kommutativen Körper K.
V^*	ist der zu V duale Vektorraum und A^* die zur linearen Abbildung A transponierte Abbildung.
$\langle v_1, \ldots, v_n \rangle$	ist der von den Vektoren v_i aufgespannte Teilraum.

$GL(n, K), PGL(n, K), SL(n, K), PSL(n, K)$ $GL(n, p^f), PGL(n, p^f), SL(n, p^f), PSL(n, p^f)$	(II, 6.1; S. 177)

$\mathfrak{U} \leqq \mathfrak{G}, \mathfrak{U} < \mathfrak{G}$	(I, 2.1; S. 4)
$\mathfrak{U} \trianglelefteq \mathfrak{G}, \mathfrak{U} \triangleleft \mathfrak{G}$	(I, 3.1; S. 12)
$\mathfrak{U} \triangleleft\triangleleft \mathfrak{G}$	(S. 308)
$E, \mathfrak{E}$	(I, 2.1; S. 4)
$\lvert\mathfrak{M}\rvert$	(I, 1.7; S. 4)
$\lvert\mathfrak{G} : \mathfrak{U}\rvert$	(I, 2.5; S. 5)
$\langle\mathfrak{M}\rangle$	(I, 2.4; S. 5)
M^G	(I, 2.14; S. 9)
$\mathfrak{M}^G$	(I, 2.15; S. 9)
$\mathfrak{M}^{\mathfrak{G}}$	(I, 3.14; S. 18)
$\mathbf{N}_{\mathfrak{G}}(\mathfrak{M}), \mathbf{C}_{\mathfrak{G}}(\mathfrak{M})$	(I, 2.17; S. 10)
$\mathbf{C}_{\mathfrak{G}}(\mathfrak{N}/\mathfrak{M})$	(I, 4.3; S. 19)
$O(G)$, Exp $\mathfrak{G}$	(I, 2.8; S. 7)
$[A, B], [\mathfrak{A}, \mathfrak{B}]$ $\mathfrak{G}', \mathfrak{G}'', \mathfrak{G}^{(i)}$	(I, 8.1; S. 37)
$k(\mathfrak{G})$	(I, 8.7; S. 39)
$\mathbf{K}_i(\mathfrak{G}), \mathbf{K}_\infty(\mathfrak{G})$	(III, 2.2; S. 259)
$c(\mathfrak{G})$	(III, 2.7; S. 262)
$\mathbf{Z}(\mathfrak{G})$	(I, 2.17; S. 10)
$\mathbf{Z}_i(\mathfrak{G}), \mathbf{Z}_\infty(\mathfrak{G})$	(III, 2.2; S. 259)
$\Phi(\mathfrak{G})$	(III, 3.1; S. 268)
$\Omega_i(\mathfrak{G}), \mho_i(\mathfrak{G})$	(III, 10.4; S. 324)
$\mathbf{F}(\mathfrak{G})$	(III, 4.2; S. 277)
$n(\mathfrak{G})$	(III, 4.7; S. 279)
$\mathbf{F}_p(\mathfrak{G})$	(VI, 5.4; S. 686)
$l_p(\mathfrak{G})$	(VI, 6.1; S. 688)
$\mathbf{A}(\mathfrak{G})$	(I, 4.1; S. 18)
$\mathbf{I}(\mathfrak{G})$	(I, 4.2; S. 18)
$\mathop{\times}\limits_i \mathfrak{G}_i$	(I, 9.1; S. 45)
$\mathfrak{A} \curlyvee \mathfrak{B}$	(I, 9.10; S. 49)
$\mathfrak{A} \curlywedge \mathfrak{B}$	(I, 9.11; S. 50)
$\mathfrak{A} \wr \mathfrak{B}$	(I, 15.1; S. 94)
$\mathfrak{A} \underset{r}{\wr} \mathfrak{B}$	(I, 15.5; S. 97)
$\mathfrak{A} \underset{\mathfrak{U}}{\wr} \mathfrak{B}$	(I, 15.10; S. 99)
Δ^G	(I, 5.1; S. 24)
$\mathfrak{G}_a, \mathfrak{G}_\Delta, \mathfrak{G}^\Delta, \Delta^{\mathfrak{G}}$	(I, 5.9; S. 26)
sgn G	(I, 5.4; S. 25)
$\mathfrak{S}[\mathfrak{G}]$	(I, 16.6; S. 105)
$\chi^{\mathfrak{G}}, V^{\mathfrak{G}}, \mathbf{D}^{\mathfrak{G}}$	(V, 16.1; S. 552)
$\chi_{\mathfrak{U}}, V_{\mathfrak{U}}, \mathbf{D}_{\mathfrak{U}}$	(V, 16.4; S. 555)

Kapitel I

Grundlagen

In Kapitel I entwickeln wir zunächst in knapper, aber vollständiger Form die Grundbegriffe der Gruppentheorie (§ 1—4). Diese Paragraphen enthalten zahlreiche elementare Sätze und Hilfssätze, welche später immer wieder herangezogen werden; dies trifft ganz besonders zu für den Produktsatz 2.12a), die Dedekind-Identität 2.12c), Hilfssatz 2.13 und die Sätze 4.5, 4.8 und 4.9. Die Darstellungen einer Gruppe als Permutationsgruppe (§ 6) liefern als wichtigste Folgerung die grundlegenden Sylowschen Sätze (§ 7). Einige elementare Auflösbarkeitskriterien werden aus den Sylowschen Sätzen in § 8 hergeleitet werden.

Die weiteren Paragraphen von Kapitel I sind vornehmlich den konstruktiven Verfahren der Theorie der endlichen Gruppen gewidmet: Direkte Produkte (§ 9 und 12), Erweiterungstheorie (§ 14), Kranzprodukte (§ 15). Neben das direkte Produkt stellen wir gleich zwei daraus abgeleitete Konstruktionen, nämlich das direkte Produkt mit vereinigten zentralen Untergruppen (9.10) und das direkte Produkt mit vereinigten Faktorgruppen (9.11). Auf die wichtige Frage, unter welchen Umständen sich eine vorgegebene Gruppe aus einfacheren Gruppen mittels eines der angegebenen Verfahren aufbauen läßt, gehen wir mehrfach ein. So gewinnen wir in § 13 als Spezialfall der Untersuchung von Moduln über Hauptidealringen den Fundamentalsatz für endlich erzeugbare, abelsche Gruppen. Von grundlegender Wichtigkeit für die ganze Theorie der endlichen Gruppen ist der Satz von Zassenhaus (§ 18), welcher gewisse Erweiterungen als semidirekte Produkte nachweist. Die Kohomologietheorie behandeln wir in § 16 nur in dem Umfang, welcher für die späteren Untersuchungen der Automorphismen von p-Gruppen (III, § 19) und die Behandlung des Schurschen Multiplikators (V, § 23) nützlich erscheint.

An mehreren Stellen war es zweckmäßig oder sogar notwendig, die Beschränkung auf endliche Gruppen aufzuheben. Die in den Paragraphen 9—13 entwickelte Theorie der direkten Produkte, Kompositionsreihen und direkten Zerlegungen von Gruppen mit Operatoren und von Moduln ist so angelegt, daß viele der in der Darstellungstheorie (Kapitel V) benötigten Sätze über Moduln als Spezialfälle darin enthalten sind. Bei der Beschreibung von Gruppen durch definierende Relationen in § 19 schließlich war ein Eingehen auf freie Gruppen völlig unvermeidlich.

Dem wenig erfahrenen Leser sei empfohlen, sich zuerst auf die Paragraphen 1—9 und 18 zu beschränken; einen Beweis von 17.5 ohne Verwendung der Hilfsmittel der Kohomologietheorie findet er in Aufgabe 70 skizziert.

§ 1. Die Gruppenaxiome

1.1 Gruppenaxiome. *Die nichtleere Menge* $\mathfrak{G}$ *heißt eine Gruppe, wenn folgende Bedingungen erfüllt sind:*

a) *Jedem geordneten Paar* $\{A, B\}$ *von Elementen* A *und* B *aus* $\mathfrak{G}$ *ist eindeutig ein drittes Element* C *aus* $\mathfrak{G}$ *zugeordnet. Wir schreiben* $C = AB$ *und nennen* C *das Produkt von* A *und* B.

b) *Für alle* A, B, C *aus* $\mathfrak{G}$ *gilt das assoziative Gesetz*

$$(AB)C = A(BC) .$$

c) *Es gibt ein Element* E *aus* $\mathfrak{G}$ *mit* $EA = A$ *für alle* A *aus* $\mathfrak{G}$. *Wir nennen* E *ein Einheitselement von* $\mathfrak{G}$. *(Es wird sich zeigen, daß es nur ein solches Element gibt.)*

d) *Zu jedem Element* A *aus* $\mathfrak{G}$ *gibt es ein Element* B *aus* $\mathfrak{G}$ *mit* $BA = E$.

Wir ziehen aus den Axiomen zunächst ein paar einfache Folgerungen:

1.2 Folgerung. *Die Produktbildung in einer Gruppe ist unabhängig von der Beklammerung; genauer gesagt:*

Für irgendwelche Elemente $A_1, A_2, \ldots$ *aus* $\mathfrak{G}$ *definieren wir die Teilmengen* $\mathcal{P}_k(A_1, \ldots, A_k)$ *von* $\mathfrak{G}$ *rekursiv durch*

$$\mathcal{P}_1(A_1) = \{A_1\}, \qquad \mathcal{P}_2(A_1, A_2) = \{A_1 A_2\}$$

und

$$\mathcal{P}_k(A_1, \ldots, A_k)$$
$$= \{XY \mid X \in \mathcal{P}_m(A_1, \ldots, A_m),\ Y \in \mathcal{P}_n(A_{m+1}, \ldots, A_{m+n}),\ k = m + n\} .$$

(Die Elemente aus $\mathcal{P}_k(A_1, \ldots, A_k)$ *sind also gerade die Produkte* $A_1 \ldots A_k$ *mit sinnvoller Beklammerung.) Wir behaupten: Für jedes* k *enthält* $\mathcal{P}_k(A_1, \ldots, A_k)$ *genau ein Element. Dieses Element bezeichnen wir mit* $A_1 \ldots A_k$.

Beweis. Wir beweisen durch Induktion nach k, daß jedes $\mathcal{P}_k(A_1, \ldots, A_k)$ genau ein Element enthält. Für $k = 1, 2$ ist dies auf Grund der Definition klar. Sei $k \geqq 3$ und $G = XY \in \mathcal{P}_k(A_1, \ldots, A_k)$ mit $X \in \mathcal{P}_m(A_1, \ldots, A_m)$ und $Y \in \mathcal{P}_n(A_{m+1}, \ldots, A_k)$. Nach unserer Induktionsannahme ist $X = A_1 Z$ mit $Z = A_2 \ldots A_m$; für $m = 1$ ist dabei $Z = E$ wegzulassen. Nun folgt mit 1.1 b)

$$G = XY = (A_1 Z) Y = A_1 (ZY) .$$

Dabei ist nach unserer Induktionsannahme

$$ZY \in \mathcal{P}_{k-1}(A_2, \ldots, A_k) = \{A_2 \ldots A_k\} ,$$

und wir sind fertig. **q.e.d.**

1.3 Folgerung. a) *Ist E ein Einheitselement der Gruppe $\mathfrak{G}$, so gilt auch $AE = A$ für alle A aus $\mathfrak{G}$.*

b) *Aus $BA = E$ folgt $AB = E$.*

c) *Aus $AX = AY$ oder $XA = YA$ folgt $X = Y$.*

Beweis. a) Nach 1.1 d) gibt es Elemente X und Y in $\mathfrak{G}$ mit $XA = E$ und $YX = E$. Dann folgt

$$YE = Y(XA) = (YX)A = EA = A\,.$$

Wegen $EE = E$ erhalten wir weiter

$$A = YE = Y(EE) = (YE)E = AE\,,$$

was zu zeigen war.

b) Nach 1.1 d) gibt es in $\mathfrak{G}$ ein Element X mit $XB = E$. Unter Beachtung von 1.2 folgt dann

$$\begin{aligned} E = XB = XEB &= X(BA)B \\ &= (XB)(AB) = E(AB) = AB\,. \end{aligned}$$

c) Sei $BA = E$. Dann haben wir auch $AB = E$ und

$$X = EX = (BA)X = B(AX) = B(AY) = (BA)Y = EY = Y$$

bzw.

$$X = XE = X(AB) = (XA)B = (YA)B = Y(AB) = YE = Y\,.$$

q.e.d.

1.4 Folgerung. *Ist $\mathfrak{G}$ eine Gruppe, so gibt es zu gegebenen Elementen A und B aus $\mathfrak{G}$ genau ein Element X aus $\mathfrak{G}$ mit $AX = B$. Ebenso gibt es genau ein Element Y mit $YA = B$.*

Beweis. Sei C ein nach 1.1 d) existierendes Element mit $CA = E$. Nach 1.3 b) ist dann auch $AC = E$. Nun ist $X = CB$ ein Element der gesuchten Art, denn wir haben

$$AX = A(CB) = (AC)B = EB = B\,.$$

Sind X_1 und X_2 Elemente mit $AX_1 = AX_2 = B$, so liefert 1.3 c) sofort $X_1 = X_2$. **q.e.d.**

Aus 1.4 folgt unmittelbar, daß $\mathfrak{G}$ nur ein Einheitselement E besitzt. Ferner ergibt sich noch:

1.5 Folgerung. a) *Zu vorgegebenem A aus $\mathfrak{G}$ gibt es genau ein X aus $\mathfrak{G}$ mit $XA = E$. Dann ist auch $AX = E$. Wir nennen X das Inverse zu A und schreiben $X = A^{-1}$.*

b) *Stets gilt $(AB)^{-1} = B^{-1}A^{-1}$ und $(A^{-1})^{-1} = A$.*

Beweis. Die Aussage unter a) ist eine Folgerung aus 1.4 und 1.3 b). Die Aussage b) ergibt sich dann mit 1.2 aus

$$(B^{-1}A^{-1})(AB) = (B^{-1}(A^{-1}A))B = B^{-1}B = E\,, \qquad AA^{-1} = E$$

und der Eindeutigkeit des inversen Elementes. **q.e.d.**

1.6 Definition. Wir definieren die Potenzen des Elementes G aus der Gruppe $\mathfrak{G}$ rekursiv durch $G^0 = E$ und $G^{i+1} = G^i G$; für $i < 0$ setzen wir $G^i = (G^{-i})^{-1}$. Man beweist leicht die Gültigkeit von $G^{i+j} = G^i G^j$ für alle ganzen rationalen Zahlen i und j.

1.7 Definition. Die Kardinalzahl einer Menge $\mathfrak{M}$ bezeichnen wir stets mit $|\mathfrak{M}|$. Ist $\mathfrak{G}$ eine Gruppe, so nennen wir $|\mathfrak{G}|$ die Ordnung von $\mathfrak{G}$. Wir nennen $\mathfrak{G}$ eine endliche Gruppe, wenn $|\mathfrak{G}|$ eine endliche Kardinalzahl ist.

Wir interessieren uns oft nicht für die Natur der Elemente einer Gruppe, sondern nur für die algebraischen Beziehungen zwischen den Elementen. Um dem Rechnung zu tragen, führen wir den folgenden Äquivalenzbegriff ein:

1.8 Definition. Zwei Gruppen $\mathfrak{G}_1$ und $\mathfrak{G}_2$ heißen isomorph, wenn es eine umkehrbar eindeutige Abbildung π von $\mathfrak{G}_1$ auf $\mathfrak{G}_2$ gibt mit

$$(GH)^\pi = G^\pi H^\pi$$

für alle Elemente G und H aus $\mathfrak{G}_1$. Wir schreiben dann $\mathfrak{G}_1 \cong \mathfrak{G}_2$. Die Isomorphie ist offenbar ein Äquivalenzbegriff. Unter einer Gruppeneigenschaft verstehen wir eine Eigenschaft, welche mit $\mathfrak{G}$ auch jeder zu $\mathfrak{G}$ isomorphen Gruppe zukommt.

Wir vermerken:

1.9 Folgerung. *Ist π ein Isomorphismus von $\mathfrak{G}_1$ auf $\mathfrak{G}_2$ und E_i das Einheitselement von $\mathfrak{G}_i$, so gilt $E_1^\pi = E_2$. Ferner gilt für alle G in $\mathfrak{G}_1$ stets $(G^{-1})^\pi = (G^\pi)^{-1}$.*

Beweis. Die Aussage $E_1^\pi = E_2$ folgt aus der für alle G aus $\mathfrak{G}_1$ gültigen Gleichung

$$E_1^\pi G^\pi = (E_1 G)^\pi = G^\pi$$

zusammen mit der Eindeutigkeitsaussage in 1.4. Aus

$$(G^{-1})^\pi G^\pi = (G^{-1} G)^\pi = E_1^\pi = E_2$$

folgt ebenso $(G^{-1})^\pi = (G^\pi)^{-1}$. **q.e.d.**

1.10 Definition. Die Gruppe $\mathfrak{G}$ heißt abelsch (oder auch kommutativ), wenn für alle Elemente A und B aus $\mathfrak{G}$ gilt $AB = BA$. Dann ist jedes Produkt $A_1 \ldots A_n$ mit $A_i \in \mathfrak{G}$ unabhängig von der Anordnung der A_i.

§ 2. Untergruppen

2.1 Definition. Die Teilmenge $\mathfrak{U}$ der Gruppe $\mathfrak{G}$ heißt eine Untergruppe von $\mathfrak{G}$, wenn $\mathfrak{U}$ bezüglich der auf $\mathfrak{G}$ definierten Produktbildung eine Gruppe ist. Das heißt also:

Liegen U_1 und U_2 in $\mathfrak{U}$, so liegt auch $U_1 U_2$ in $\mathfrak{U}$; mit U liegt U^{-1} in $\mathfrak{U}$; das Einheitselement E von $\mathfrak{G}$ liegt in $\mathfrak{U}$. (Natürlich ist E dann das Einheitselement von $\mathfrak{U}$.)

Wir schreiben $\mathfrak{U} \leqq \mathfrak{G}$, falls $\mathfrak{U}$ eine Untergruppe von $\mathfrak{G}$ ist; ist $\mathfrak{U}$ eine von $\mathfrak{G}$ verschiedene Untergruppe von $\mathfrak{G}$, so schreiben wir $\mathfrak{U} < \mathfrak{G}$. Jede Gruppe enthält die nur aus dem Einheitselement E bestehende Untergruppe $\mathfrak{E} = \{E\}$. Wir bezeichnen gelegentlich die Gruppen $\mathfrak{E}$ und $\mathfrak{G}$ als die trivialen Untergruppen von $\mathfrak{G}$.

Nützlich ist oft:

2.2 Hilfssatz. *Ist $\mathfrak{U}$ eine endliche Teilmenge der Gruppe $\mathfrak{G}$, und gilt für U_1, U_2 aus $\mathfrak{U}$ stets auch $U_1 U_2 \in \mathfrak{U}$, so ist $\mathfrak{U}$ eine Untergruppe von $\mathfrak{G}$.*

Beweis. Sei U_0 irgendein Element aus $\mathfrak{U}$. Die Produkte $U U_0$ mit $U \in \mathfrak{U}$ sind dann nach 1.3 c) alle verschieden und liefern genau $|\mathfrak{U}|$ Elemente aus $\mathfrak{U}$. Also ist $\mathfrak{U} = \{U U_0 \mid U \in \mathfrak{U}\}$. Insbesondere gibt es ein U_1 aus $\mathfrak{U}$ mit $U_1 U_0 = U_0 = E U_0$. Nach 1.3 c) ist dann $U_1 = E$. Ferner gibt es ein U_2 aus $\mathfrak{U}$ mit $U_2 U_0 = E$, daher liegt $U_2 = U_0^{-1}$ auch in $\mathfrak{U}$. q.e.d.

2.3 Satz. *Sind die $\mathfrak{U}_i$ mit i aus der Indexmenge I Untergruppen von $\mathfrak{G}$, so ist auch der Durchschnitt $\bigcap_{i \in I} \mathfrak{U}_i$ eine Untergruppe von $\mathfrak{G}$.*

Beweis. Liegen A und B beide in allen Untergruppen $\mathfrak{U}_i$, so liegen auch A^{-1} und AB in allen $\mathfrak{U}_i$, daher auch in $\bigcap_{i \in I} \mathfrak{U}_i$. Offenbar liegt auch E in $\bigcap_{i \in I} \mathfrak{U}_i$. q.e.d.

2.4 Definition. Sei $\mathfrak{M}$ eine Teilmenge der Gruppe $\mathfrak{G}$. Als Erzeugnis $\langle\mathfrak{M}\rangle$ von $\mathfrak{M}$ bezeichnen wir den Durchschnitt aller Untergruppen von $\mathfrak{G}$, welche die Menge $\mathfrak{M}$ enthalten. Offenbar ist dann $\langle\mathfrak{M}\rangle$ die kleinste Untergruppe von $\mathfrak{G}$, welche $\mathfrak{M}$ enthält. Setzen wir $\mathfrak{M}^{-1} = \{M^{-1} \mid M \in \mathfrak{M}\}$, so gilt

$$\langle\mathfrak{M}\rangle = \{E, X_1 \ldots X_s \mid X_i \in \mathfrak{M} \cup \mathfrak{M}^{-1},\ s = 1, 2, \ldots\}.$$

Ist $\mathfrak{M} = \{A, B, \ldots\}$, so schreiben wir auch $\langle\mathfrak{M}\rangle = \langle A, B, \ldots\rangle$. Ist $\mathfrak{G} = \langle\mathfrak{M}\rangle$, so nennen wir die Menge $\mathfrak{M}$ ein Erzeugendensystem von $\mathfrak{G}$. Eine Gruppe, welche sich mit einem Element erzeugen läßt, nennen wir zyklisch. Setzen wir stets $A^0 = E$, so besteht $\langle A\rangle$ gerade aus den Elementen A^i mit $i = 0, \pm 1, \pm 2, \ldots$, welche aber nicht notwendig alle verschieden sind.

2.5 Satz. *Sei $\mathfrak{U}$ eine Untergruppe von $\mathfrak{G}$. Die Mengen*

$$G\mathfrak{U} = \{GU \mid U \in \mathfrak{U}\} \quad (\textit{mit } G \in \mathfrak{G})$$

bezeichnen wir als Linksnebenklassen von $\mathfrak{U}$ in $\mathfrak{G}$. Für irgendwelche Elemente G und H aus $\mathfrak{G}$ gilt dann stets $G\mathfrak{U} \cap H\mathfrak{U} = \emptyset$ oder $G\mathfrak{U} = H\mathfrak{U}$. Die Gruppe $\mathfrak{G}$ ist die disjunkte Vereinigung aller verschiedenen Linksnebenklassen $G\mathfrak{U}$. Enthält die Menge $\mathfrak{R}$ aus jeder Linksnebenklasse von $\mathfrak{U}$ genau ein Element, so nennen wir $\mathfrak{R}$ ein System von Linksnebenklassenvertretern von $\mathfrak{U}$ in $\mathfrak{G}$ (transversal *im Englischen*). *Die Zerlegung*

$$\mathfrak{G} = \bigcup_{R \in \mathfrak{R}} R\mathfrak{U}$$

nennen wir die Zerlegung von $\mathfrak{G}$ *in Linksnebenklassen nach* $\mathfrak{U}$. *Alle Nebenklassen von* $\mathfrak{U}$ *haben die gleiche Kardinalzahl* $|\mathfrak{U}|$. *Wir nennen die Kardinalzahl* $|\mathfrak{R}|$ *von* $\mathfrak{R}$ *den Index von* $\mathfrak{U}$ *in* $\mathfrak{G}$ *und schreiben dafür* $|\mathfrak{G} : \mathfrak{U}|$.

(*Entsprechende Aussagen gelten natürlich für die Rechtsnebenklassen* $\mathfrak{U}G$.)

Beweis. Wir führen auf $\mathfrak{G}$ eine Äquivalenzrelation ein durch die Festsetzung $X \sim Y$, falls $X^{-1}Y$ in $\mathfrak{U}$ liegt. Dies ist wirklich eine Äquivalenzrelation:

Wegen $X^{-1}X = E \in \mathfrak{U}$ gilt $X \sim X$, also ist die Relation reflexiv. Ist $X \sim Y$, also $X^{-1}Y \in \mathfrak{U}$, so folgt $(X^{-1}Y)^{-1} = Y^{-1}X \in \mathfrak{U}$, daher $Y \sim X$, und unsere Relation ist symmetrisch. Aus $X \sim Y$ und $Y \sim Z$ folgt $X^{-1}Y \in \mathfrak{U}$ und $Y^{-1}Z \in \mathfrak{U}$, daher auch

$$X^{-1}Z = (X^{-1}Y)(Y^{-1}Z) \in \mathfrak{U}$$

und dann $X \sim Z$. Daher ist die Relation auch transitiv.

Bekanntlich läßt sich nun $\mathfrak{G}$ schreiben als die disjunkte Vereinigung der Äquivalenzklassen nach unserer Relation. Die Klasse der zu G äquivalenten Elemente aus $\mathfrak{G}$ ist offenbar gerade die Linksnebenklasse $G\mathfrak{U}$. Die restlichen Behauptungen sind nun klar. **q.e.d.**

2.6 Satz. a) *Sei* $\mathfrak{U}$ *eine Untergruppe von* $\mathfrak{G}$. *Ist* $\mathfrak{G} = \bigcup_{R \in \mathfrak{R}} \mathfrak{U}R$ *die Zerlegung von* $\mathfrak{G}$ *in Rechtsnebenklassen nach* $\mathfrak{U}$, *so ist* $\mathfrak{G} = \bigcup_{R \in \mathfrak{R}} R^{-1}\mathfrak{U}$ *die Zerlegung von* $\mathfrak{G}$ *in Linksnebenklassen nach* $\mathfrak{U}$. (*Insbesondere haben wir nicht zwischen einem Links- und Rechtsindex von* $\mathfrak{U}$ *in* $\mathfrak{G}$ *zu unterscheiden.*)

b) *Ist* $\mathfrak{G} = \bigcup_{R \in \mathfrak{R}} \mathfrak{U}R$ *die Zerlegung von* $\mathfrak{G}$ *in Rechtsnebenklassen nach der Untergruppe* $\mathfrak{U}$ *und ist* $\mathfrak{U} = \bigcup_{S \in \mathfrak{S}} \mathfrak{V}S$ *die Zerlegung von* $\mathfrak{U}$ *nach* $\mathfrak{V}$, *so ist* $\mathfrak{G} = \bigcup_{S \in \mathfrak{S}, R \in \mathfrak{R}} \mathfrak{V}SR$ *die Zerlegung von* $\mathfrak{G}$ *in Rechtsnebenklassen nach* $\mathfrak{V}$. *Insbesondere gilt* $|\mathfrak{G} : \mathfrak{V}| = |\mathfrak{G} : \mathfrak{U}|\,|\mathfrak{U} : \mathfrak{V}|$.

Beweis. a) Die Abbildung α mit $G^\alpha = G^{-1}$ ist eine umkehrbar eindeutige Abbildung von $\mathfrak{G}$ auf sich mit $(\mathfrak{U}R)^\alpha = R^{-1}\mathfrak{U}$.

b) Aus $\mathfrak{V}S_1R_1 = \mathfrak{V}S_2R_2$ folgt durch Multiplikation mit $\mathfrak{U}$ von links $\mathfrak{U}R_1 = \mathfrak{U}R_2$. Also ist $R_1 = R_2$ und dann $S_1 = S_2$. Trivialerweise gilt $\mathfrak{G} = \bigcup_{S \in \mathfrak{S}, R \in \mathfrak{R}} \mathfrak{V}SR$. **q.e.d.**

Grundlegend für die Theorie der endlichen Gruppen ist der folgende Satz von Lagrange, der ein arithmetisches Element in die Theorie hineinbringt:

2.7 Hauptsatz (LAGRANGE). *Sei* $\mathfrak{G}$ *eine endliche Gruppe und* $\mathfrak{U}$ *eine Untergruppe von* $\mathfrak{G}$. *Dann gilt* $|\mathfrak{G}| = |\mathfrak{U}|\,|\mathfrak{G} : \mathfrak{U}|$. *Insbesondere sind also Ordnung und Index einer Untergruppe einer endlichen Gruppe stets Teiler der Gruppenordnung.*

Beweis. Dies ist der Sonderfall $\mathfrak{V} = \mathfrak{E}$ von 2.6 b). **q.e.d.**

2.8 Definition. Sei G ein Element der Gruppe $\mathfrak{G}$. Die kleinste natürliche Zahl n mit $G^n = E$ nennen wir die Ordnung $O(G)$ von G; gibt es keine natürliche Zahl n mit $G^n = E$, so schreiben wir $O(G) = \infty$. Das kleinste gemeinsame Vielfache der Ordnungen $O(G)$ der Elemente G aus $\mathfrak{G}$ nennen wir, falls es existiert, den Exponenten Exp $\mathfrak{G}$ von $\mathfrak{G}$.

2.9 Satz. *Sei $\mathfrak{G}$ eine Gruppe. Sei $G \in \mathfrak{G}$ mit $O(G) = n < \infty$. Dann gilt:*

a) *Aus $G^m = E$ folgt $n \mid m$.*

b) *Es gilt*

$$\langle G \rangle = \{E, G, G^2, \ldots, G^{n-1}\}$$

und $|\langle G \rangle| = O(G) = n$. Insbesondere ist $O(G)$ für endliches $\mathfrak{G}$ ein Teiler von $|\mathfrak{G}|$.

c) *Ist k eine ganze rationale Zahl, so gilt $O(G^k) = \frac{n}{(n, k)}$.*

Beweis. a) Sei $m = nr + s$ mit $0 \leqq s < n$. Dann ist

$$E = G^m = G^{nr+s} = (G^n)^r G^s = G^s.$$

Wegen der Minimalität von $n = O(G)$ erzwingt das $s = 0$, somit $n \mid m$.

b) Sei $i + j = n\,r + s$ mit $0 \leqq s < n$. Dann ist $G^{i+j} = G^s$. Also ist die endliche Menge $\{G^s \mid 0 \leqq s < n\}$ nach 2.2 eine Gruppe, ist somit gleich $\langle G \rangle$. Angenommen, es sei $G^i = G^j$ mit $0 \leqq i \leqq j < n$. Dann ist $G^{j-i} = E$. Nach a) folgt $n \mid j - i$, also ist $i = j$. Somit sind die G^i mit $0 \leqq i \leqq n - 1$ paarweise verschieden. Wegen $G^{nk+r} = G^r$ bleibt

$$\langle G \rangle = \{E, G, G^2, \ldots, G^{n-1}\}.$$

Nach 2.7 ist daher $O(G) = |\langle G \rangle|$ ein Teiler von $|\mathfrak{G}|$.

c) Aus $n \,\Big|\, k \frac{n}{(n, k)}$ folgt

$$G^{k \frac{n}{(n,k)}} = E.$$

Nach a) ist also $O(G^k) \,\Big|\, \frac{n}{(n, k)}$. Aus $G^{kt} = E$ folgt umgekehrt mit a) $n \mid kt$, daher $\frac{n}{(n, k)} \,\Big|\, t$. Also ist $O(G^k) = \frac{n}{(n, k)}$. **q.e.d.**

2.10 Satz. *Jede Gruppe von Primzahlordnung ist zyklisch.*

Beweis. Sei $|\mathfrak{G}| = p$ eine Primzahl und sei G ein von E verschiedenes Element aus $\mathfrak{G}$. Wir setzen $\mathfrak{U} = \langle G \rangle$. Dann ist $|\mathfrak{U}|$ nach 2.7 ein Teiler von $|\mathfrak{G}| = p$. Wegen $1 < |\mathfrak{U}|$ folgt daraus $|\mathfrak{U}| = |\mathfrak{G}|$, also $\mathfrak{U} = \mathfrak{G}$, und $\mathfrak{G}$ ist zyklisch. **q.e.d.**

Satz 2.10 ist nur der allererste einer langen Reihe von Sätzen, welche aus der Primfaktorzerlegung von $|\mathfrak{G}|$ Aussagen über $\mathfrak{G}$ herleiten.

2.11 Definition. Sind $\mathfrak{A}$ und $\mathfrak{B}$ Teilmengen der Gruppe $\mathfrak{G}$, so setzen wir

$$\mathfrak{A}\mathfrak{B} = \{A\,B \mid A \in \mathfrak{A},\, B \in \mathfrak{B}\}.$$

Wir machen darauf aufmerksam, daß $\mathfrak{A}\mathfrak{B}$ auch dann nicht notwendig eine Untergruppe von $\mathfrak{G}$ ist, wenn $\mathfrak{A}$ und $\mathfrak{B}$ Untergruppen von $\mathfrak{G}$ sind! (Siehe § 5, Aufg. 18.)

Nützlich ist oft:

2.12 Hilfssatz. *Seien $\mathfrak{A}$ und $\mathfrak{B}$ Untergruppen von $\mathfrak{G}$.*

a) *Ist $\mathfrak{A} = \bigcup_{R \in \mathfrak{R}} R(\mathfrak{A} \cap \mathfrak{B})$ die Nebenklassenzerlegung von $\mathfrak{A}$ nach $\mathfrak{A} \cap \mathfrak{B}$, so ist $\mathfrak{A}\mathfrak{B} = \bigcup_{R \in \mathfrak{R}} R\mathfrak{B}$ eine disjunkte Zerlegung der Menge $\mathfrak{A}\mathfrak{B}$. Sind insbesondere $\mathfrak{A}$ und $\mathfrak{B}$ endlich, so ist*

$$|\mathfrak{A}\mathfrak{B}| = \frac{|\mathfrak{A}|\,|\mathfrak{B}|}{|\mathfrak{A} \cap \mathfrak{B}|}.$$

b) *Genau dann ist $\mathfrak{A}\mathfrak{B}$ eine Untergruppe von $\mathfrak{G}$, wenn $\mathfrak{A}\mathfrak{B} = \mathfrak{B}\mathfrak{A}$ gilt.*

c) *(Dedekind-Identität) Aus $\mathfrak{A} \leqq \mathfrak{C} \leqq \mathfrak{G}$ und $\mathfrak{C} \subseteq \mathfrak{A}\mathfrak{B}$ folgt $\mathfrak{C} = \mathfrak{A}\mathfrak{B} \cap \mathfrak{C} = \mathfrak{A}(\mathfrak{B} \cap \mathfrak{C})$.*

Beweis. a) Offenbar ist $\mathfrak{A}\mathfrak{B} = \bigcup_{R \in \mathfrak{R}} R\mathfrak{B}$. Wir zeigen, daß diese Zerlegung disjunkt ist. Angenommen, es sei $R\mathfrak{B} \cap R'\mathfrak{B} \neq \emptyset$. Dann gibt es Elemente B und B' aus $\mathfrak{B}$ mit $RB = R'B'$. Wegen $\mathfrak{R} \subseteq \mathfrak{A}$ folgt

$$R'^{-1}R = B'B^{-1} \in \mathfrak{A} \cap \mathfrak{B},$$

also $R = R'$.

b) Sei zuerst $\mathfrak{A}\mathfrak{B}$ eine Untergruppe von $\mathfrak{G}$. Dann haben wir

$$\mathfrak{A}\mathfrak{B} = \{AB \mid A \in \mathfrak{A}, B \in \mathfrak{B}\} = \{(AB)^{-1} \mid A \in \mathfrak{A}, B \in \mathfrak{B}\}$$
$$= \{B^{-1}A^{-1} \mid B \in \mathfrak{B}, A \in \mathfrak{A}\} = \mathfrak{B}\mathfrak{A}.$$

Ist umgekehrt $\mathfrak{A}\mathfrak{B} = \mathfrak{B}\mathfrak{A}$, so läßt sich jedes Produkt BA schreiben als $BA = A'B'$ mit $A' \in \mathfrak{A}$ und $B' \in \mathfrak{B}$.

Für Elemente A_i aus $\mathfrak{A}$ und B_i aus $\mathfrak{B}$ $(i = 1, 2)$ folgt dann

$$(A_1B_1)(A_2B_2) = (A_1A_2')(B_1'B_2) \in \mathfrak{A}\mathfrak{B}$$

und

$$(AB)^{-1} = B^{-1}A^{-1} = A^{-1\prime}B^{-1\prime} \in \mathfrak{A}\mathfrak{B}.$$

Also ist $\mathfrak{A}\mathfrak{B}$ eine Untergruppe von $\mathfrak{G}$.

c) Sei C aus $\mathfrak{C}$. Wegen $\mathfrak{C} \subseteq \mathfrak{A}\mathfrak{B}$ ist dann $C = AB$ mit $A \in \mathfrak{A}$ und $B \in \mathfrak{B}$. Wegen $\mathfrak{A} \leqq \mathfrak{C}$ folgt $B = A^{-1}C \in \mathfrak{B} \cap \mathfrak{C}$, also ist $\mathfrak{C} \subseteq \mathfrak{A}(\mathfrak{B} \cap \mathfrak{C})$. Die umgekehrte Inklusion $\mathfrak{A}(\mathfrak{B} \cap \mathfrak{C}) \subseteq \mathfrak{C}$ ist trivial, da die Gruppe $\mathfrak{C}$ mit den Mengen $\mathfrak{A}$ und $\mathfrak{B} \cap \mathfrak{C}$ auch deren Produkt enthält. **q.e.d.**

2.13 Hilfssatz. *Seien $\mathfrak{A}$ und $\mathfrak{B}$ Untergruppen von $\mathfrak{G}$ von endlichem Index. Dann gilt:*

a) $|\mathfrak{G} : \mathfrak{A} \cap \mathfrak{B}| \leqq |\mathfrak{G} : \mathfrak{A}|\,|\mathfrak{G} : \mathfrak{B}|$.

b) *Sind $|\mathfrak{G} : \mathfrak{A}|$ und $|\mathfrak{G} : \mathfrak{B}|$ teilerfremd, so ist*

$$|\mathfrak{G} : \mathfrak{A} \cap \mathfrak{B}| = |\mathfrak{G} : \mathfrak{A}|\,|\mathfrak{G} : \mathfrak{B}|.$$

Ist außerdem $\mathfrak{G}$ endlich, so folgt $\mathfrak{G} = \mathfrak{A}\mathfrak{B}$.

Beweis. a) Sei d die Anzahl der in $\mathfrak{A}\mathfrak{B}$ liegenden Linksnebenklassen von $\mathfrak{B}$. Nach 2.12 a) ist

$$|\mathfrak{A} : \mathfrak{A} \cap \mathfrak{B}| = d \leqq |\mathfrak{G} : \mathfrak{B}|\,.$$

Also folgt mit 2.6 b)

$$|\mathfrak{G} : \mathfrak{A} \cap \mathfrak{B}| = |\mathfrak{G} : \mathfrak{A}|\,|\mathfrak{A} : \mathfrak{A} \cap \mathfrak{B}| \leqq |\mathfrak{G} : \mathfrak{A}|\,|\mathfrak{G} : \mathfrak{B}|\,.$$

b) Wegen $|\mathfrak{G} : \mathfrak{A}| \mid |\mathfrak{G} : \mathfrak{A} \cap \mathfrak{B}|$, $|\mathfrak{G} : \mathfrak{B}| \mid |\mathfrak{G} : \mathfrak{A} \cap \mathfrak{B}|$ und $(|\mathfrak{G} : \mathfrak{A}|, |\mathfrak{G} : \mathfrak{B}|) = 1$ ist $|\mathfrak{G} : \mathfrak{A}|\,|\mathfrak{G} : \mathfrak{B}|$ ein Teiler von $|\mathfrak{G} : \mathfrak{A} \cap \mathfrak{B}|$. Mit a) folgt daher

$$|\mathfrak{G} : \mathfrak{A} \cap \mathfrak{B}| = |\mathfrak{G} : \mathfrak{A}|\,|\mathfrak{G} : \mathfrak{B}|\,.$$

Ist $\mathfrak{G}$ endlich, so erhalten wir daraus mit 2.12 a)

$$|\mathfrak{A}\mathfrak{B}| = \frac{|\mathfrak{A}|\,|\mathfrak{B}|}{|\mathfrak{A} \cap \mathfrak{B}|} = |\mathfrak{G}|\,,$$

daher $\mathfrak{G} = \mathfrak{A}\mathfrak{B}$. **q.e.d.**

2.14 Hilfssatz. *Sind A und G Elemente aus $\mathfrak{G}$, so setzen wir $G^A = A^{-1}GA$. Die Abbildung $G \rightarrow G^A$ nennen wir die Transformation mit A. Dann gelten die folgenden Regeln:*

(1) $G^{AB} = (G^A)^B$.

(2) $(GH)^A = G^A H^A$.

(3) $(G^A)^{-1} = (G^{-1})^A$.

Wir definieren ferner G^{A+B} durch $G^{A+B} = G^A G^B$. Es ist aber zu beachten, daß dann i. a. $G^{A+B} \neq G^{B+A}$ ist, denn die Elemente G^A und G^B sind nicht notwendig vertauschbar. Aber es gelten stets:

(4) $G^{AB+AC} = (G^A)^{B+C}$ *und*

(5) $G^{BA+CA} = (G^{B+C})^A$.

Beweis. Die Regel (1) folgt aus

$$G^{AB} = (AB)^{-1}G(AB) = B^{-1}(A^{-1}GA)B = (G^A)^B$$

und (2) aus

$$(GH)^A = A^{-1}GHA = (A^{-1}GA)\,(A^{-1}HA) = G^A H^A\,.$$

Die Gleichung

$$(G^A)^{-1} = (A^{-1}GA)^{-1} = A^{-1}G^{-1}A = (G^{-1})^A$$

liefert uns (3). Die Gleichungen

$$G^{AB+AC} = G^{AB}G^{AC} = (G^A)^B(G^A)^C = (G^A)^{B+C}$$

und

$$G^{BA+CA} = G^{BA}G^{CA} = (G^B G^C)^A = (G^{B+C})^A$$

ergeben (4) und (5). **q.e.d.**

2.15 Definition. Ist $\mathfrak{M}$ eine nichtleere Teilmenge von $\mathfrak{G}$ und $G \in \mathfrak{G}$, so setzen wir

$$\mathfrak{M}^G = \{M^G \mid M \in \mathfrak{M}\}\,.$$

Wir nennen die Mengen $\mathfrak{M}^G$ die Konjugierten von $\mathfrak{M}$ in $\mathfrak{G}$.

Ist $\mathfrak{U}$ eine Untergruppe von $\mathfrak{G}$, so ist $\mathfrak{U}^G$ eine zu $\mathfrak{U}$ isomorphe Untergruppe von $\mathfrak{G}$: Die Gruppeneigenschaft von $\mathfrak{U}^G$ folgt aus 2.14 (2) und (3). Die Abbildung π von $\mathfrak{U}$ auf $\mathfrak{U}^G$ mit $U^\pi = U^G$, welche durch α mit $(U^G)^\alpha = (U^G)^{G^{-1}} = U$ umgekehrt wird, ist nach 2.14 (2) ein Isomorphismus von $\mathfrak{U}$ auf $\mathfrak{U}^G$.

Ein Spezialfall von 2.15 ist besonders wichtig:

2.16 Satz. *Sei $\mathfrak{M} = \{M\}$ eine Menge aus einem Element. Dann nennen wir die Menge*

$$\{M^G \mid G \in \mathfrak{G}\}$$

der zu M in $\mathfrak{G}$ konjugierten Elemente die Konjugiertenklasse von M in $\mathfrak{G}$. Die Konjugiertenklassen sind die Äquivalenzklassen zu der folgenden Äquivalenzrelation:

Sei $X \sim Y$, falls es ein G aus $\mathfrak{G}$ gibt mit $X^G = Y$. Ist $\mathfrak{G}$ endlich, so liefert die Einteilung in Konjugiertenklassen eine disjunkte Zerlegung

$$\mathfrak{G} = \bigcup_1^h \mathfrak{K}_i$$

und die Gleichung

$$|\mathfrak{G}| = \sum_{i=1}^h |\mathfrak{K}_i| \quad (\textit{sog. Klassengleichung}),$$

wobei die $\mathfrak{K}_i$ die verschiedenen Konjugiertenklassen von $\mathfrak{G}$ sind. Die Anzahl h der Konjugiertenklassen nennen wir die Klassenzahl von $\mathfrak{G}$.

Beweis. Wir haben nur zu zeigen, daß die angegebene Relation eine Äquivalenzrelation ist. Das ergibt sich so:

Aus $X^E = X$ folgt $X \sim X$. Ist $X \sim Y$, so haben wir $X^G = Y$ mit einem geeigneten G aus $\mathfrak{G}$, also auch $Y^{G^{-1}} = X$ und daher $Y \sim X$; das liefert die Symmetrie. Aus $X \sim Y$ und $Y \sim Z$ folgt mit geeigneten G und H aus $\mathfrak{G}$

$$X^G = Y \quad \text{und} \quad Y^H = Z\,.$$

Dann ist wegen 2.14 (1)

$$X^{GH} = (X^G)^H = Y^H = Z\,,$$

also $X \sim Z$. **q.e.d.**

2.17 Definition. a) Sei $\mathfrak{M}$ eine Teilmenge von $\mathfrak{G}$. Dann heißt

$$\mathbf{N}_{\mathfrak{G}}(\mathfrak{M}) = \{G \mid G \in \mathfrak{G}, \mathfrak{M}^G = \mathfrak{M}\}$$

der Normalisator von $\mathfrak{M}$ in $\mathfrak{G}$. Offenbar ist $\mathbf{N}_{\mathfrak{G}}(\mathfrak{M})$ eine Untergruppe von $\mathfrak{G}$. Ist $\mathfrak{U}$ eine Untergruppe von $\mathfrak{G}$, so gilt $\mathfrak{U} \leqq \mathbf{N}_{\mathfrak{G}}(\mathfrak{U})$. Offenbar ist $\mathbf{N}_{\mathfrak{G}}(\mathfrak{M}^X) = \mathbf{N}_{\mathfrak{G}}(\mathfrak{M})^X$ für alle $X \in \mathfrak{G}$.

b) Die Menge

$$\mathbf{C}_{\mathfrak{G}}(\mathfrak{M}) = \{G \mid G \in \mathfrak{G}, GM = MG \text{ für alle } M \text{ aus } \mathfrak{M}\}$$

heißt der Zentralisator von $\mathfrak{M}$ in $\mathfrak{G}$. Auch $\mathbf{C}_{\mathfrak{G}}(\mathfrak{M})$ ist eine Untergruppe von $\mathfrak{G}$, und es gilt offenbar $\mathbf{C}_{\mathfrak{G}}(\mathfrak{M}) \leqq \mathbf{N}_{\mathfrak{G}}(\mathfrak{M})$. Ist $\mathfrak{U}$ eine abelsche Untergruppe von $\mathfrak{G}$, so haben wir $\mathfrak{U} \leqq \mathbf{C}_{\mathfrak{G}}(\mathfrak{U})$.

c) Wir setzen $\mathbf{C}_{\mathfrak{G}}(\mathfrak{G}) = \mathbf{Z}(\mathfrak{G})$ und nennen dies das Zentrum von $\mathfrak{G}$. Das Zentrum $\mathbf{Z}(\mathfrak{G})$ von $\mathfrak{G}$ besteht also gerade aus denjenigen Elementen von $\mathfrak{G}$, welche mit jedem Element von $\mathfrak{G}$ vertauschbar sind.

2.18 Satz. *Der Index $|\mathfrak{G} : \mathbf{N}_{\mathfrak{G}}(\mathfrak{M})|$ ist die Anzahl der verschiedenen Konjugierten der Menge $\mathfrak{M}$ in $\mathfrak{G}$.*

Beweis. Aus $X = NY$ mit N aus $\mathbf{N}_{\mathfrak{G}}(\mathfrak{M})$ folgt

$$\mathfrak{M}^X = \mathfrak{M}^{NY} = \mathfrak{M}^Y .$$

Umgekehrt folgt aus $\mathfrak{M}^X = \mathfrak{M}^Y$ auch $\mathfrak{M}^{XY^{-1}} = \mathfrak{M}$, also $XY^{-1} \in \mathbf{N}_{\mathfrak{G}}(\mathfrak{M})$ und dann $\mathbf{N}_{\mathfrak{G}}(\mathfrak{M})X = \mathbf{N}_{\mathfrak{G}}(\mathfrak{M})Y$. Somit liefert jede Rechtsnebenklasse von $\mathbf{N}_{\mathfrak{G}}(\mathfrak{M})$ genau ein Konjugiertes zu $\mathfrak{M}$, und verschiedene Nebenklassen liefern verschiedene Konjugierte. **q.e.d.**

2.19 Satz. *Seien $\mathfrak{U}$ und $\mathfrak{V}$ Untergruppen von $\mathfrak{G}$. Als Doppelnebenklassen von $\mathfrak{G}$ nach $\mathfrak{U}$ und $\mathfrak{V}$ bezeichnen wir die Mengen*

$$\mathfrak{U}G\mathfrak{V} = \{UGV \mid U \in \mathfrak{U},\ V \in \mathfrak{V}\} \quad (\textit{mit } G \in \mathfrak{G}) .$$

Aus $\mathfrak{U}G\mathfrak{V} \cap \mathfrak{U}H\mathfrak{V} \neq \emptyset$ folgt $\mathfrak{U}G\mathfrak{V} = \mathfrak{U}H\mathfrak{V}$. Also liefern die Doppelnebenklassen eine disjunkte Zerlegung von $\mathfrak{G}$. Ist $\mathfrak{G}$ endlich, so gilt

$$\mathfrak{G} = \bigcup_{i=1}^{n} \mathfrak{U}G_i\mathfrak{V} \quad (\textit{disjunkt})$$

und

$$|\mathfrak{G}| = \sum_{i=1}^{n} \frac{|\mathfrak{U}|\,|\mathfrak{V}|}{|\mathfrak{U}^{G_i} \cap \mathfrak{V}|} .$$

Beweis. Angenommen, es sei $U_1GV_1 = U_2HV_2$ mit $U_i \in \mathfrak{U}$ und $V_i \in \mathfrak{V}$ $(i = 1, 2)$. Dann folgt

$$G = U_1^{-1}U_2H\,V_2V_1^{-1}$$

und daher

$$\mathfrak{U}G\mathfrak{V} = \mathfrak{U}(U_1^{-1}U_2H\,V_2V_1^{-1})\mathfrak{V} = \mathfrak{U}H\mathfrak{V} .$$

Also ist die angegebene Zerlegung sicher disjunkt. Die Aussage über die Ordnungen ergibt sich aus $|\mathfrak{U}G\mathfrak{V}| = |G^{-1}\mathfrak{U}G\mathfrak{V}|$, denn dies ist nach Hilfssatz 2.12 a) wegen $|\mathfrak{U}^G| = |\mathfrak{U}|$ gleich

$$\frac{|\mathfrak{U}^G|\,|\mathfrak{V}|}{|\mathfrak{U}^G \cap \mathfrak{V}|} = \frac{|\mathfrak{U}|\,|\mathfrak{V}|}{|\mathfrak{U}^G \cap \mathfrak{V}|} .$$

q.e.d.

2.20 Satz. *Sei $\mathfrak{G} = \langle G \rangle$ eine zyklische Gruppe der Ordnung g. Dann gibt es für jeden Teiler d von g genau eine Untergruppe der Ordnung d von $\mathfrak{G}$, nämlich $\langle G^k \rangle$ mit $k = \frac{g}{d}$.*

Beweis. Nach 2.9 c) ist $|\langle G^k \rangle| = \frac{g}{k} = d$. Also ist $\mathfrak{U} = \langle G^k \rangle$ eine Untergruppe der Ordnung d von $\mathfrak{G}$.

Sei $\mathfrak{V} < \mathfrak{G}$ und $|\mathfrak{V}| = d$. Sei t der größte gemeinsame Teiler aller a_i mit $0 \leqq a_i < g$ und $G^{a_i} \in \mathfrak{V}$. Dann gibt es bekanntlich ganze rationale Zahlen b_i $(i = 1, \ldots, m)$ mit $t = \sum_{i=1}^{m} a_i b_i$. Es folgt

$$G^t = \prod_{i=1}^{m} G^{a_i b_i} \in \mathfrak{V}\,.$$

Ist $G^a \in \mathfrak{V}$, so ist $t \mid a$ und daher $G^a \in \langle G^t \rangle$. Also gilt $\mathfrak{V} = \langle G^t \rangle$. Mit 2.9 c) folgt $d = |\mathfrak{V}| = \frac{g}{(g, t)}$. Sei $t = (g, t)\, s$. Dann ist $t = \frac{g s}{d} = k s$ und $\mathfrak{V} = \langle G^t \rangle \leqq \langle G^k \rangle = \mathfrak{U}$. Also gilt $\mathfrak{V} = \mathfrak{U}$, und $\mathfrak{U}$ ist die einzige Untergruppe der Ordnung d von $\mathfrak{G}$. **q.e.d.**

Aufgaben:

1) Gilt für alle Elemente G aus der Gruppe $\mathfrak{G}$ die Gleichung $G^2 = E$, so ist $\mathfrak{G}$ abelsch.

2) (Itô, Szép [1]) Sei $\mathfrak{H} < \mathfrak{G}$ und seien $\mathfrak{H}_1, \ldots, \mathfrak{H}_n$ die sämtlichen Konjugierten von $\mathfrak{H}$ in $\mathfrak{G}$, hingeschrieben in irgendeiner Anordnung. Man zeige:

$$\langle \mathfrak{H}_1, \ldots, \mathfrak{H}_n \rangle = \{H_1 H_2 \ldots H_n \mid H_i \in \mathfrak{H}_i\}\,.$$

(Anleitung: Jeder Zerlegung $X = H_{i_1} \ldots H_{i_s}$ mit $H_{i_j} \in \mathfrak{H}_{i_j}$ ordne man das s-Tupel $m(X) = (i_1, \ldots, i_s)$ zu. Man ordne die $m(X)$ nach ihrer Länge s, die von gleicher Länge lexikographisch. Man betrachte ein X, welches sich nicht in der gewünschten Gestalt $H_1 \ldots H_n$ schreiben läßt und betrachte eine Zerlegung von X mit minimalem $m(X)$.)

3) Seien $\mathfrak{A}$ und $\mathfrak{B}$ Untergruppen von $\mathfrak{G}$. Genau dann ist $\mathfrak{A} \cup \mathfrak{B}$ eine Untergruppe von $\mathfrak{G}$, wenn $\mathfrak{A} \leqq \mathfrak{B}$ oder $\mathfrak{B} \leqq \mathfrak{A}$ gilt.

4) Ist $\mathfrak{U}$ eine von $\mathfrak{G}$ verschiedene Untergruppe der endlichen Gruppe $\mathfrak{G}$, so ist die Vereinigungsmenge $\bigcup_{G \in \mathfrak{G}} \mathfrak{U}^G$ aller Konjugierten von $\mathfrak{U}$ in $\mathfrak{G}$ stets eine echte Teilmenge von $\mathfrak{G}$.

5) Seien $\mathfrak{U}$ und $\mathfrak{V}$ Untergruppen von $\mathfrak{G}$ und sei $\mathfrak{U}\, G = \mathfrak{V} H$ für Elemente G, H aus $\mathfrak{G}$. Dann ist $\mathfrak{U} = \mathfrak{V}$.

6) Seien A und B Elemente aus $\mathfrak{G}$ mit $(O(A), O(B)) = 1$ und $A B = B A$. Dann ist $O(A B) = O(A)\, O(B)$, die Gruppe $\langle A, B \rangle$ ist zyklisch und wird von $A B$ erzeugt.

§ 3. Normalteiler, Faktorgruppen und Homomorphismen

3.1 Definition. Die Untergruppe $\mathfrak{N}$ von $\mathfrak{G}$ heißt ein Normalteiler von $\mathfrak{G}$ (oft auch normale Untergruppe oder invariante Untergruppe genannt), wenn $\mathfrak{N}^G \leqq \mathfrak{N}$ für alle G aus $\mathfrak{G}$ gilt. Wir schreiben dann $\mathfrak{N} \trianglelefteq \mathfrak{G}$ bzw. $\mathfrak{N} \triangleleft \mathfrak{G}$, falls $\mathfrak{N}$ von $\mathfrak{G}$ verschieden ist. Jede Gruppe $\mathfrak{G}$ besitzt die trivialen Normalteiler $\mathfrak{G}$ und $\mathfrak{E}$. Hat $\mathfrak{G}$ nur die Normalteiler $\mathfrak{E}$ und $\mathfrak{G}$, so heißt $\mathfrak{G}$ einfach. Offensichtlich ist jede Gruppe von Primzahlordnung einfach.

3.2 Satz. *Sei* $\mathfrak{N}$ *eine Untergruppe von* $\mathfrak{G}$. *Dann sind gleichwertig:*

a) $\mathfrak{N} \trianglelefteq \mathfrak{G}$.

b) $\mathfrak{N}^G = \mathfrak{N}$ *für alle* $G \in \mathfrak{G}$.

c) $G\mathfrak{N} = \mathfrak{N}G$ *für alle* $G \in \mathfrak{G}$.

d) *Jede Linksnebenklasse von* $\mathfrak{N}$ *ist eine Rechtsnebenklasse von* $\mathfrak{N}$.

Beweis. a) ⇒ b): Wir haben für alle $G \in \mathfrak{G}$ nun $\mathfrak{N}^G \leqq \mathfrak{N}$ und $\mathfrak{N}^{G^{-1}} \leqq \mathfrak{N}$, daher auch

$$\mathfrak{N} = (\mathfrak{N}^{G^{-1}})^G \leqq \mathfrak{N}^G.$$

Also ist $\mathfrak{N}^G = \mathfrak{N}$.

b) ⇒ c): Es ist

$$G\mathfrak{N} = G\mathfrak{N}^G = G(G^{-1}\mathfrak{N}G) = \mathfrak{N}G.$$

c) ⇒ d): Das ist trivial.

d) ⇒ a): Nun gilt für alle $G \in \mathfrak{G}$ mit geeignetem $G^* \in \mathfrak{G}$

$$G\mathfrak{N} = \mathfrak{N}G^*.$$

Also ist $E \in G\mathfrak{N}G^{-1} = \mathfrak{N}G^*G^{-1}$. Daher folgt

$$\mathfrak{N} \leqq \mathfrak{N}G^*G^{-1} = G\mathfrak{N}G^{-1}$$

und somit $\mathfrak{N} \trianglelefteq \mathfrak{G}$. **q.e.d.**

3.3 Bemerkung. Ist $\mathfrak{N}$ eine Untergruppe von $\mathfrak{G}$ mit $|\mathfrak{G} : \mathfrak{N}| = 2$, so ist $\mathfrak{N} \triangleleft \mathfrak{G}$.

Beweis. Für jedes $G \in \mathfrak{G} - \mathfrak{N}$ gilt

$$\mathfrak{G} = \mathfrak{N} \cup G\mathfrak{N} = \mathfrak{N} \cup \mathfrak{N}G.$$

Also ist $G\mathfrak{N} = \mathfrak{G} - \mathfrak{N} = \mathfrak{N}G$. Nach 3.2 ist daher $\mathfrak{N} \triangleleft \mathfrak{G}$. **q.e.d.**

3.4 Satz. *Genau dann wird durch die Festsetzung*

$$(G\mathfrak{N})\,(H\mathfrak{N}) = GH\mathfrak{N}$$

auf der Menge der Linksnebenklassen der Untergruppe $\mathfrak{N}$ *von* $\mathfrak{G}$ *eine Multiplikation definiert, wenn* $\mathfrak{N}$ *normal ist in* $\mathfrak{G}$. *Mit dieser Multiplikation bilden die Nebenklassen eine Gruppe.*

Beweis. a) Angenommen, die obenstehende Definition des Produktes zweier Nebenklassen von $\mathfrak{N}$ sei wohldefiniert, hänge also nicht von G und H, sondern nur von den Nebenklassen $G\mathfrak{N}$ und $H\mathfrak{N}$ ab. Für $G' = GN$ mit $N \in \mathfrak{N}$ muß dann gelten

$$GH\mathfrak{N} = G'H\mathfrak{N} = GNH\mathfrak{N}.$$

Das erfordert $H^{-1}NH \in \mathfrak{N}$ für alle N aus $\mathfrak{N}$ und alle H aus $\mathfrak{G}$. Wir haben daher $\mathfrak{N}^H \leqq \mathfrak{N}$ für alle H aus $\mathfrak{G}$. Somit ist $\mathfrak{N}$ ein Normalteiler von $\mathfrak{G}$.

b) Sei $\mathfrak{N}$ ein Normalteiler von $\mathfrak{G}$ und $N_i \in \mathfrak{N}$ $(i = 1, 2)$. Wegen

$$GN_1HN_2 = GHN_1^H N_2 \in GH\mathfrak{N}$$

ist die durch $(G\mathfrak{N})\,(H\mathfrak{N}) = GH\mathfrak{N}$ definierte Multiplikation der Nebenklassen von $\mathfrak{N}$ wohldefiniert. Sie ist sicher assoziativ, da die Multiplikation der Gruppenelemente assoziativ ist. Es gilt $(G\mathfrak{N})\mathfrak{N} = G\mathfrak{N}$ und

$(G^{-1}\mathfrak{N})(G\mathfrak{N}) = \mathfrak{N}$. Also ist $\mathfrak{N}$ das Einheitselement der von den Nebenklassen gebildeten Gruppe, und $G^{-1}\mathfrak{N}$ ist das Inverse von $G\mathfrak{N}$. **q.e.d.**

(Ist $\mathfrak{N} \trianglelefteq \mathfrak{G}$, so kann man die Gleichung $(G\mathfrak{N})(H\mathfrak{N}) = GH\mathfrak{N}$ wegen $GN_1HN_2 = GHN_1^H N_2 \in GH\mathfrak{N}$ für $N_i \in \mathfrak{N}$ auch im Sinne von Definition 2.11 als

$$(G\mathfrak{N})(H\mathfrak{N}) = \{XY \mid X \in G\mathfrak{N},\ Y \in H\mathfrak{N}\}$$

lesen.)

3.5 Definition. Ist $\mathfrak{N}$ ein Normalteiler von $\mathfrak{G}$, so heißt die von den Nebenklassen von $\mathfrak{N}$ bezüglich der Multiplikation

$$(G\mathfrak{N})(H\mathfrak{N}) = GH\mathfrak{N}$$

gebildete Gruppe die Faktorgruppe von $\mathfrak{G}$ nach $\mathfrak{N}$. Wir schreiben dafür $\mathfrak{G}/\mathfrak{N}$. Es gilt offenbar $|\mathfrak{G}/\mathfrak{N}| = |\mathfrak{G} : \mathfrak{N}|$.

3.6 Definition.

a) Die Abbildung π der Gruppe $\mathfrak{G}$ in die Gruppe $\mathfrak{H}$ heißt ein Homomorphismus von $\mathfrak{G}$ in $\mathfrak{H}$, wenn für alle Elemente G, G' aus $\mathfrak{G}$ gilt

$$(GG')^\pi = G^\pi G'^\pi.$$

Wir setzen

$$\mathfrak{G}^\pi = \{G^\pi \mid G \in \mathfrak{G}\}$$

und nennen $\mathfrak{G}^\pi$ das Bild von $\mathfrak{G}$ unter π.

b) Der Homomorphismus π von $\mathfrak{G}$ in $\mathfrak{H}$ heißt ein Epimorphismus, wenn π eine Abbildung von $\mathfrak{G}$ auf $\mathfrak{H}$ ist, wenn also $\mathfrak{H} = \mathfrak{G}^\pi$ gilt.

c) Der Homomorphismus π von $\mathfrak{G}$ in $\mathfrak{H}$ heißt ein Monomorphismus, wenn π eine umkehrbar eindeutige Abbildung von $\mathfrak{G}$ auf $\mathfrak{G}^\pi$ ist.

d) Ein Homomorphismus von $\mathfrak{G}$ in $\mathfrak{G}$ heißt ein Endomorphismus von $\mathfrak{G}$.

3.7 Bemerkung. Sei π ein Homomorphismus von $\mathfrak{G}$ in $\mathfrak{H}$.

a) Ist E das Einheitselement von $\mathfrak{G}$, so ist E^π das Einheitselement von $\mathfrak{H}$.

b) Für alle $G \in \mathfrak{G}$ gilt $(G^{-1})^\pi = (G^\pi)^{-1}$.

c) $\mathfrak{G}^\pi = \{G^\pi \mid G \in \mathfrak{G}\}$ ist eine Untergruppe von $\mathfrak{H}$.

d) Ist $\mathfrak{M}$ ein Erzeugendensystem von $\mathfrak{G}$, so ist der Homomorphismus π durch die Kenntnis von M^π für alle $M \in \mathfrak{M}$ eindeutig bestimmt.

Beweis. Die Behauptungen a) und b) folgen sofort aus

$$G^\pi = (EG)^\pi = E^\pi G^\pi$$

und

$$E^\pi = (G^{-1}G)^\pi = (G^{-1})^\pi G^\pi.$$

Wegen $G^\pi G'^\pi = (GG')^\pi$ und $(G^\pi)^{-1} = (G^{-1})^\pi$ folgt dann auch $\mathfrak{G}^\pi \leq \mathfrak{H}$. Ist $G = M_1^{a_1} \ldots M_s^{a_s}$ mit $M_i \in \mathfrak{M}$ und $a_i = \pm 1$, so ist

$$G^\pi = (M_1^\pi)^{a_1} \ldots (M_s^\pi)^{a_s}.$$

q.e.d.

Wir werden weiterhin die Einheitselemente aller auftretenden Gruppen stets mit dem gleichen Buchstaben E bezeichnen.

3.8 Homomorphiesatz.

a) *Ist $\mathfrak{K}$ ein Normalteiler von $\mathfrak{G}$, so ist die Abbildung α mit $G^\alpha = G\mathfrak{K}$ ein Epimorphismus von $\mathfrak{G}$ auf $\mathfrak{G}/\mathfrak{K}$. Wir nennen α den natürlichen Homomorphismus von $\mathfrak{G}$ auf $\mathfrak{G}/\mathfrak{K}$.*

b) *Sei π ein Homomorphismus von $\mathfrak{G}$ in $\mathfrak{H}$. Sei*

$$\mathfrak{K} = \{G \mid G \in \mathfrak{G},\, G^\pi = E\}\,.$$

Wir nennen $\mathfrak{K}$ den Kern von π. Dann ist $\mathfrak{K}$ ein Normalteiler von $\mathfrak{G}$, und es gibt einen Monomorphismus φ von $\mathfrak{G}/\mathfrak{K}$ in $\mathfrak{H}$ mit $\alpha\varphi = \pi$. Insbesondere gilt

$$\mathfrak{G}/\mathfrak{K} \cong \mathfrak{G}^\pi\,.$$

Beweis. a) Wegen

$$(GG')^\alpha = (GG')\,\mathfrak{K} = (G\mathfrak{K})\,(G'\mathfrak{K}) = G^\alpha G'^\alpha$$

ist α ein Epimorphismus von $\mathfrak{G}$ auf $\mathfrak{G}/\mathfrak{K}$.

b) Aus $K^\pi = E$ folgt

$$(G^{-1}KG)^\pi = (G^\pi)^{-1}K^\pi G^\pi = E\,.$$

Also liegt mit K auch K^G in $\mathfrak{K}$. Daraus folgt $\mathfrak{K}^G \subseteq \mathfrak{K}$. Aus $K, K' \in \mathfrak{K}$ folgt

$$(KK')^\pi = K^\pi K'^\pi = E$$

und

$$(K^{-1})^\pi = (K^\pi)^{-1} = E\,.$$

Also ist $KK' \in \mathfrak{K}$ und $K^{-1} \in \mathfrak{K}$, somit $\mathfrak{K} \leqq \mathfrak{G}$. Mithin ist $\mathfrak{K}$ ein Normalteiler von $\mathfrak{G}$.

Wir betrachten die Abbildung φ von $\mathfrak{G}/\mathfrak{K}$ in $\mathfrak{H}$ mit $(G\mathfrak{K})^\varphi = G^\pi$. Ist $G\mathfrak{K} = G'\mathfrak{K}$, so ist $G = G'K$ mit $K \in \mathfrak{K}$ und daher

$$G^\pi = G'^\pi K^\pi = G'^\pi\,.$$

Somit ist φ wohldefiniert. Wegen

$$((G\mathfrak{K})\,(G'\mathfrak{K}))^\varphi = (GG'\mathfrak{K})^\varphi = (GG')^\pi = G^\pi G'^\pi = (G\mathfrak{K})^\varphi (G'\mathfrak{K})^\varphi$$

ist φ ein Homomorphismus von $\mathfrak{G}/\mathfrak{K}$ in $\mathfrak{H}$. Aus $(G\mathfrak{K})^\varphi = (G'\mathfrak{K})^\varphi$ folgt $G^\pi = G'^\pi$, also $GG'^{-1} \in \mathfrak{K}$ und sodann $G\mathfrak{K} = G'\mathfrak{K}$. Also ist φ ein Monomorphismus von $\mathfrak{G}/\mathfrak{K}$ in $\mathfrak{H}$.

Für alle G aus $\mathfrak{G}$ gilt

$$G^\pi = (G\mathfrak{K})^\varphi = G^{\alpha\varphi}.$$

Da φ ein Isomorphismus von $\mathfrak{G}/\mathfrak{K} = \mathfrak{G}^\alpha$ auf $\mathfrak{G}^\pi$ ist, gilt

$$\mathfrak{G}^\pi \cong \mathfrak{G}^\alpha = \mathfrak{G}/\mathfrak{K}\,.$$

q.e.d.

3.9 Satz. *Sind die $\mathfrak{M}_i$ mit $i \in I$ Normalteiler von $\mathfrak{G}$, so sind auch das Erzeugnis $\langle \mathfrak{M}_i \mid i \in I \rangle$ und der Durchschnitt $\bigcap_{i \in I} \mathfrak{M}_i$ Normalteiler von $\mathfrak{G}$.*

Beweis. Offenbar gilt

$$\Big(\bigcap_{i\in I}\mathfrak{M}_i\Big)^G = \bigcap_{i\in I}\mathfrak{M}_i^G = \bigcap_{i\in I}\mathfrak{M}_i$$

und

$$\langle \mathfrak{M}_i \mid i \in I\rangle^G = \langle \mathfrak{M}_i^G \mid i \in I\rangle = \langle \mathfrak{M}_i \mid i \in I\rangle . \qquad \textbf{q.e.d.}$$

3.10 Satz. *Sei $\mathfrak{N}$ ein Normalteiler von $\mathfrak{G}$.*

a) *Es besteht zwischen den Untergruppen $\mathfrak{U}$ von $\mathfrak{G}$ mit $\mathfrak{N} \leqq \mathfrak{U} \leqq \mathfrak{G}$ und den sämtlichen Untergruppen von $\overline{\mathfrak{G}} = \mathfrak{G}/\mathfrak{N}$ eine umkehrbar eindeutige, die Verbandsoperationen Durchschnitt und Erzeugnis erhaltende Zuordnung α vermöge $\mathfrak{U}^\alpha = \mathfrak{U}/\mathfrak{N}$.*

b) *Für $\mathfrak{N} \leqq \mathfrak{U} \leqq \mathfrak{G}$ haben wir $|\mathfrak{G} : \mathfrak{U}| = |\mathfrak{G}/\mathfrak{N} : \mathfrak{U}/\mathfrak{N}|$.*

c) *Ist $\mathfrak{N} \leqq \mathfrak{M} \trianglelefteq \mathfrak{G}$, so gilt $\mathfrak{M}/\mathfrak{N} \trianglelefteq \mathfrak{G}/\mathfrak{N}$ und*

$$\mathfrak{G}/\mathfrak{N}\big/\mathfrak{M}/\mathfrak{N} \cong \mathfrak{G}/\mathfrak{M} .$$

Beweis. a) Man sieht sofort, daß aus $\mathfrak{N} \trianglelefteq \mathfrak{G}$ und $\mathfrak{N} \leqq \mathfrak{U} \leqq \mathfrak{G}$ auch $\mathfrak{N} \trianglelefteq \mathfrak{U}$ folgt. Sei α die durch

$$\mathfrak{U}^\alpha = \mathfrak{U}/\mathfrak{N} = \{U\mathfrak{N} \mid U \in \mathfrak{U}\}$$

definierte Abbildung der Untergruppen $\mathfrak{U}$ mit $\mathfrak{N} \leqq \mathfrak{U} \leqq \mathfrak{G}$ auf Untergruppen von $\mathfrak{G}/\mathfrak{N}$. Wir definieren eine Abbildung ε in der umgekehrten Richtung in der folgenden Weise:

Ist $\overline{\mathfrak{U}} \leqq \overline{\mathfrak{G}} = \mathfrak{G}/\mathfrak{N}$, so sei

$$\overline{\mathfrak{U}}^\varepsilon = \{G \mid G\mathfrak{N} \in \overline{\mathfrak{U}}\} .$$

Offenbar gilt dann $\mathfrak{N} \leqq \overline{\mathfrak{U}}^\varepsilon \leqq \mathfrak{G}$. Wir haben

$$\overline{\mathfrak{U}}^{\varepsilon\alpha} = \{G\mathfrak{N} \mid G \in \overline{\mathfrak{U}}^\varepsilon\} = \{G\mathfrak{N} \mid G\mathfrak{N} \in \overline{\mathfrak{U}}\} = \overline{\mathfrak{U}} .$$

Ferner ist

$$\mathfrak{U}^{\alpha\varepsilon} = (\mathfrak{U}/\mathfrak{N})^\varepsilon = \{G \mid G\mathfrak{N} = U\mathfrak{N} \in \mathfrak{U}/\mathfrak{N} \quad \text{für ein} \quad U \in \mathfrak{U}\} .$$

Aus $G\mathfrak{N} = U\mathfrak{N}$ folgt $G = UN$ mit einem $N \in \mathfrak{N} \leqq \mathfrak{U}$, daher $G \in \mathfrak{U}$. Das ergibt $\mathfrak{U}^{\alpha\varepsilon} = \mathfrak{U}$.

Die Abbildung α ist also umkehrbar eindeutig, sie wird nämlich durch ε umgekehrt. Wegen $\overline{\mathfrak{U}}^{\varepsilon\alpha} = \overline{\mathfrak{U}}$ liefert α ferner eine Abbildung auf alle Untergruppen von $\overline{\mathfrak{G}}$. Weiter gilt für $\mathfrak{N} \leqq \mathfrak{U}$ und $\mathfrak{N} \leqq \mathfrak{V}$

$$\mathfrak{U}^\alpha \cap \mathfrak{V}^\alpha = \{X\mathfrak{N} \mid X \in \mathfrak{U} \cap \mathfrak{V}\} = (\mathfrak{U} \cap \mathfrak{V})/\mathfrak{N} = (\mathfrak{U} \cap \mathfrak{V})^\alpha$$

und

$$\begin{aligned}\langle \mathfrak{U}, \mathfrak{V}\rangle^\alpha = \langle \mathfrak{U}, \mathfrak{V}\rangle/\mathfrak{N} &= \Big\{\Big(\prod_i X_i\Big)\mathfrak{N} \mid X_i \in \mathfrak{U} \cup \mathfrak{V}\Big\} \\ &= \Big\{\prod_i (X_i\mathfrak{N}) \mid X_i\mathfrak{N} \in \mathfrak{U}/\mathfrak{N} \cup \mathfrak{V}/\mathfrak{N}\Big\} \\ &= \langle \mathfrak{U}/\mathfrak{N}, \mathfrak{V}/\mathfrak{N}\rangle = \langle \mathfrak{U}^\alpha, \mathfrak{V}^\alpha\rangle .\end{aligned}$$

b) Aus der Nebenklassenzerlegung $\mathfrak{G} = \bigcup_{i\in I} G_i\mathfrak{U}$ folgt die Zerlegung

$$\mathfrak{G}/\mathfrak{N} = \bigcup_{i\in I} (G_i\mathfrak{N})\,(\mathfrak{U}/\mathfrak{N}) .$$

Wir zeigen, daß diese disjunkt ist:

Angenommen, es sei

$$X\mathfrak{N} \in (G_i\mathfrak{N})\,(\mathfrak{U}/\mathfrak{N}) \cap (G_j\mathfrak{N})\,(\mathfrak{U}/\mathfrak{N})\,.$$

Dann ist

$$X\mathfrak{N} = G_i U_1 \mathfrak{N} = G_i \mathfrak{N} U_1 = G_j U_2 \mathfrak{N}$$

mit geeigneten U_k aus $\mathfrak{U}$, also

$$G_j^{-1} G_i \in U_2 \mathfrak{N} U_1^{-1} \subseteqq \mathfrak{U}\,,$$

und dann $i = j$. Somit folgt

$$|\mathfrak{G}/\mathfrak{N} : \mathfrak{U}/\mathfrak{N}| = |I| = |\mathfrak{G} : \mathfrak{U}|\,.$$

c) Sei schließlich $\mathfrak{N} \leqq \mathfrak{M} \trianglelefteq \mathfrak{G}$. Wir definieren die Abbildung φ von $\mathfrak{G}/\mathfrak{N}$ auf $\mathfrak{G}/\mathfrak{M}$ durch $(G\mathfrak{N})^\varphi = G\mathfrak{M}$. Dann ist φ wohldefiniert: Aus $G_1\mathfrak{N} = G_2\mathfrak{N}$ folgt nämlich $G_2^{-1}G_1 \in \mathfrak{N} \leqq \mathfrak{M}$ und dann $G_1\mathfrak{M} = G_2\mathfrak{M}$. Wegen

$$(G_1\mathfrak{N}G_2\mathfrak{N})^\varphi = (G_1G_2\mathfrak{N})^\varphi = G_1G_2\mathfrak{M} = G_1\mathfrak{M}\,G_2\mathfrak{M} = (G_1\mathfrak{N})^\varphi (G_2\mathfrak{N})^\varphi$$

ist φ ein Homomorphismus von $\mathfrak{G}/\mathfrak{N}$ auf $\mathfrak{G}/\mathfrak{M}$. Der Kern von φ besteht aus den Nebenklassen $G\mathfrak{N}$ mit $G \in \mathfrak{M}$, also ist $\mathfrak{M}/\mathfrak{N}$ der Kern von φ. Mit dem Homomorphiesatz 3.8 folgt dann $\mathfrak{M}/\mathfrak{N} \trianglelefteq \mathfrak{G}/\mathfrak{N}$ und

$$\mathfrak{G}/\mathfrak{M} \cong \mathfrak{G}/\mathfrak{N}\big/\mathfrak{M}/\mathfrak{N}\,.$$

q.e.d.

3.11 Hilfssatz. *Ist $\mathfrak{N}$ ein Normalteiler und $\mathfrak{U}$ eine Untergruppe von $\mathfrak{G}$, so stimmt das Erzeugnis $\langle\mathfrak{N}, \mathfrak{U}\rangle$ mit dem in 2.11 definierten Produkt $\mathfrak{U}\mathfrak{N}$ überein. Insbesondere ist dann $\mathfrak{N}\mathfrak{U} = \mathfrak{U}\mathfrak{N}$.*

Beweis. Es genügt zu zeigen, daß $\mathfrak{U}\mathfrak{N}$ eine Untergruppe von $\mathfrak{G}$ ist. Dies folgt so: Für $U_i \in \mathfrak{U}$ und $N_i \in \mathfrak{N}$ $(i = 1, 2)$ ist

$$U_1N_1U_2N_2 = U_1U_2N_1^{U_2}N_2\,,$$

und dies liegt wieder in $\mathfrak{U}\mathfrak{N}$, da wegen $\mathfrak{N} \trianglelefteq \mathfrak{G}$ das Element $N_1^{U_2}$ in $\mathfrak{N}$ liegt. Ferner liegt

$$(U_1N_1)^{-1} = N_1^{-1}U_1^{-1} = U_1^{-1}(U_1N_1^{-1}U_1^{-1})$$

auch wieder in $\mathfrak{U}\mathfrak{N}$. **q.e.d.**

3.12 Satz. *Ist $\mathfrak{N}$ ein Normalteiler und $\mathfrak{U}$ eine Untergruppe von $\mathfrak{G}$, so gilt $\mathfrak{N} \cap \mathfrak{U} \trianglelefteq \mathfrak{U}$ und*

$$\mathfrak{U}\mathfrak{N}/\mathfrak{N} \cong \mathfrak{U}/(\mathfrak{U} \cap \mathfrak{N})\,.$$

Beweis. Ist $U \in \mathfrak{U} \cap \mathfrak{N}$ und $U' \in \mathfrak{U}$, so folgt $U^{U'} \in \mathfrak{U} \cap \mathfrak{N}$. Also ist $\mathfrak{U} \cap \mathfrak{N}$ ein Normalteiler von $\mathfrak{U}$.

Es sei α die Abbildung von $\mathfrak{U}\mathfrak{N}/\mathfrak{N}$ in $\mathfrak{U}/(\mathfrak{U} \cap \mathfrak{N})$ mit $(U\mathfrak{N})^\alpha = U(\mathfrak{U} \cap \mathfrak{N})$. Dann ist α wohldefiniert:

Aus $U_1\mathfrak{N} = U_2\mathfrak{N}$ folgt nämlich $U_2^{-1}U_1 \in \mathfrak{U} \cap \mathfrak{N}$, also $U_1(\mathfrak{U} \cap \mathfrak{N}) = U_2(\mathfrak{U} \cap \mathfrak{N})$.

Offenbar ist α ein Epimorphismus von $\mathfrak{U}\mathfrak{N}/\mathfrak{N}$ auf $\mathfrak{U}/(\mathfrak{U} \cap \mathfrak{N})$. Der Kern von α besteht aus den Nebenklassen $U\mathfrak{N}$ mit $U(\mathfrak{U} \cap \mathfrak{N}) = \mathfrak{U} \cap \mathfrak{N}$, und das ist gleichwertig mit $U\mathfrak{N} = \mathfrak{N}$. **q.e.d.**

3.13 Satz. *Sind* $\mathfrak{M}$ *und* $\mathfrak{N}$ *Normalteiler von* $\mathfrak{G}$ *mit* $\mathfrak{M} \cap \mathfrak{N} = \mathfrak{E}$, *so gilt* $MN = NM$ *für alle* M *aus* $\mathfrak{M}$ *und alle* N *aus* $\mathfrak{N}$. *Wir sagen dann:* $\mathfrak{M}$ *und* $\mathfrak{N}$ *sind elementweise vertauschbar.*

Beweis. Das Element $N^{-1}M^{-1}NM = N^{-1}N^M$ liegt in $\mathfrak{N}$.
Wegen

$$N^{-1}M^{-1}NM = (M^{-1})^N M$$

liegt es aber auch in $\mathfrak{M}$. Also folgt $N^{-1}M^{-1}NM = E$, und das war unsere Behauptung. **q.e.d.**

3.14 Definition. Ist $\mathfrak{M}$ eine Teilmenge von $\mathfrak{G}$, so setzen wir

$$\mathfrak{M}^{\mathfrak{G}} = \langle M^G \mid M \in \mathfrak{M},\ G \in \mathfrak{G} \rangle .$$

Offenbar ist $\mathfrak{M}^{\mathfrak{G}}$ der kleinste Normalteiler von $\mathfrak{G}$, welcher $\mathfrak{M}$ enthält.

Aufgaben:

7) Sei π ein Homomorphismus von $\mathfrak{G}$ in $\mathfrak{H}$. Für alle $G \in \mathfrak{G}$ gilt dann $O(G^\pi) \mid O(G)$.

8) Sei $\mathfrak{N} \lhd \mathfrak{G}$ und sei $G \in \mathfrak{G}$ mit $(O(G), |\mathfrak{G}/\mathfrak{N}|) = 1$. Dann gilt $G \in \mathfrak{N}$.

§ 4. Automorphismen

4.1 Definition. Ein Isomorphismus von $\mathfrak{G}$ auf sich selbst heißt ein Automorphismus von $\mathfrak{G}$. Die Automorphismen von $\mathfrak{G}$ bilden eine Gruppe $\mathbf{A}(\mathfrak{G})$ bezüglich der folgenden Produktdefinition:
Für $\alpha, \beta \in \mathbf{A}(\mathfrak{G})$ sei $\alpha\beta$ definiert durch $G^{\alpha\beta} = (G^\alpha)^\beta$.
Die Gruppe $\mathbf{A}(\mathfrak{G})$ heißt die Automorphismengruppe von $\mathfrak{G}$. Ist $\mathfrak{G}$ endlich, so ist offenbar auch $\mathbf{A}(\mathfrak{G})$ endlich.

4.2 Satz. *Jede Abbildung* α *der Gestalt* $X^\alpha = X^G$ *mit* G *aus* $\mathfrak{G}$ *ist ein Automorphismus von* $\mathfrak{G}$, *ein sogenannter innerer Automorphismus. Die inneren Automorphismen bilden einen Normalteiler* $\mathbf{I}(\mathfrak{G})$ *von* $\mathbf{A}(\mathfrak{G})$. *Die Gruppe* $\mathbf{I}(\mathfrak{G})$ *nennen wir die innere Automorphismengruppe von* $\mathfrak{G}$. *Sie ist isomorph zur Faktorgruppe* $\mathfrak{G}/\mathbf{Z}(\mathfrak{G})$ *von* $\mathfrak{G}$ *nach seinem Zentrum* $\mathbf{Z}(\mathfrak{G})$.

Beweis. Daß jedes α der angegebenen Gestalt ein Automorphismus von $\mathfrak{G}$ ist, folgt sofort aus

$$(XY)^\alpha = (XY)^G = X^G Y^G = X^\alpha Y^\alpha$$

und der eindeutigen Umkehrbarkeit von α.

Seien α und β innere Automorphismen von $\mathfrak{G}$ mit $X^\alpha = X^G$ und $X^\beta = X^H$. Dann gilt

$$X^{\alpha\beta} = (X^\alpha)^\beta = (X^G)^H = X^{GH} .$$

Also ist $\alpha\beta$ der innere Automorphismus von $\mathfrak{G}$ zu GH. Ferner sieht man leicht, daß α^{-1} der innere Automorphismus zu G^{-1} ist.

Sei φ ein beliebiger Automorphismus von $\mathfrak{G}$ und α der innere Automorphismus mit $X^\alpha = X^G$. Dann haben wir

$$X^{\varphi^{-1}\alpha\varphi} = (G^{-1}X^{\varphi^{-1}}G)^\varphi = (G^\varphi)^{-1}XG^\varphi .$$

Daher ist $\varphi^{-1}\alpha\varphi$ der innere Automorphismus zu G^φ, und die inneren Automorphismen bilden somit einen Normalteiler $\mathbf{I}(\mathfrak{G})$ von $\mathbf{A}(\mathfrak{G})$.

Die Abbildung von G auf den inneren Automorphismus α mit $X^\alpha = X^G$ ist offenbar ein Homomorphismus von $\mathfrak{G}$ auf $\mathbf{I}(\mathfrak{G})$, und der Kern ist das Zentrum $\mathbf{Z}(\mathfrak{G})$ von $\mathfrak{G}$. Daher folgt aus dem Homomorphiesatz **3.8** die Behauptung $\mathbf{I}(\mathfrak{G}) \cong \mathfrak{G}/\mathbf{Z}(\mathfrak{G})$. **q.e.d.**

4.3 Satz. *Seien $\mathfrak{M}$ und $\mathfrak{N}$ Normalteiler von $\mathfrak{G}$ mit $\mathfrak{M} \leqq \mathfrak{N}$. Sei $\mathfrak{A}$ eine Untergruppe der Automorphismengruppe $\mathbf{A}(\mathfrak{G})$ von $\mathfrak{G}$. Für jeden Automorphismus α aus $\mathfrak{A}$ gelte $\mathfrak{M}^\alpha = \mathfrak{M}$ und $\mathfrak{N}^\alpha = \mathfrak{N}$. Dann ist die Abbildung $\bar{\alpha}$ mit*

$$(N\mathfrak{M})^{\bar{\alpha}} = N^\alpha\mathfrak{M} \quad (\textit{für } N \in \mathfrak{N})$$

ein Automorphismus von $\mathfrak{N}/\mathfrak{M}$, die Zuordnung von α zu $\bar{\alpha}$ liefert einen Homomorphismus von $\mathfrak{A}$ in die Automorphismengruppe $\mathbf{A}(\mathfrak{N}/\mathfrak{M})$ von $\mathfrak{N}/\mathfrak{M}$. Der Kern dieses Homomorphismus besteht aus den Automorphismen α aus $\mathfrak{A}$ von der Gestalt $N^\alpha = NM(N)$ mit $M(N) \in \mathfrak{M}$ für alle N aus $\mathfrak{N}$. Die $M(N)$ genügen dabei der Funktionalgleichung

$$M(N_1N_2) = M(N_1)^{N_2}M(N_2) .$$

(In § 17 werden wir über diese Funktionalgleichung noch ausführlich zu sprechen haben.)

Im Sonderfall $\mathfrak{A} = \mathbf{I}(\mathfrak{G})$ führen wir für den Kern des zusammengesetzten Homomorphismus von $\mathfrak{G}$ (über $\mathbf{I}(\mathfrak{G})$) in $\mathbf{A}(\mathfrak{N}/\mathfrak{M})$ die Bezeichnung

$$\mathbf{C}_\mathfrak{G}(\mathfrak{N}/\mathfrak{M}) = \{G \mid N^G\mathfrak{M} = N\mathfrak{M} \text{ für alle } N \in \mathfrak{N}\}$$

ein. Offenbar ist dann $\mathfrak{G}/\mathbf{C}_\mathfrak{G}(\mathfrak{N}/\mathfrak{M})$ isomorph zu einer Untergruppe von $\mathbf{A}(\mathfrak{N}/\mathfrak{M})$. (Für $\mathfrak{M} = \mathfrak{E}$ ist $\mathbf{C}_\mathfrak{G}(\mathfrak{N}/\mathfrak{E})$ der in 2.17 b) *eingeführte Zentralisator $\mathbf{C}_\mathfrak{G}(\mathfrak{N})$.)*

Beweis. Zunächst müssen wir zeigen, daß die Abbildung $\bar{\alpha}$ wohldefiniert ist. Sei $N' = NM \in N\mathfrak{M}$. Wegen $M^\alpha \in \mathfrak{M}^\alpha = \mathfrak{M}$ bekommen wir

$$(N'\mathfrak{M})^{\bar{\alpha}} = N'^\alpha\mathfrak{M} = N^\alpha M^\alpha\mathfrak{M} = N^\alpha\mathfrak{M} = (N\mathfrak{M})^{\bar{\alpha}}.$$

Es gilt

$$(N_1\mathfrak{M}N_2\mathfrak{M})^{\bar{\alpha}} = (N_1N_2\mathfrak{M})^{\bar{\alpha}} = (N_1N_2)^\alpha\mathfrak{M} = N_1^\alpha N_2^\alpha\mathfrak{M}$$
$$= N_1^\alpha\mathfrak{M}N_2^\alpha\mathfrak{M} = (N_1\mathfrak{M})^{\bar{\alpha}}(N_2\mathfrak{M})^{\bar{\alpha}}.$$

Offenbar ist $\bar{\alpha}$ umkehrbar eindeutig. Also ist $\bar{\alpha}$ ein Automorphismus von $\mathfrak{N}/\mathfrak{M}$. Ferner haben wir für α und β aus $\mathfrak{A}$

$$(N\mathfrak{M})^{\overline{\alpha\beta}} = N^{\alpha\beta}\mathfrak{M} = (N^\alpha\mathfrak{M})^{\bar{\beta}} = (N\mathfrak{M})^{\bar{\alpha}\bar{\beta}} .$$

Mithin ist die Abbildung von α auf $\bar{\alpha}$ ein Homomorphismus von $\mathfrak{A}$ in $\mathbf{A}(\mathfrak{N}/\mathfrak{M})$. Es ist klar, daß der Kern dieses Homomorphismus aus den Automorphismen α aus $\mathfrak{A}$ von der Gestalt $N^\alpha = NM(N)$ mit $M(N) \in \mathfrak{M}$ besteht. Dabei gilt

$$\begin{aligned} N_1 N_2 M(N_1 N_2) = (N_1 N_2)^\alpha = N_1^\alpha N_2^\alpha = N_1 M(N_1) N_2 M(N_2) \\ = N_1 N_2 M(N_1)^{N_2} M(N_2), \end{aligned}$$

also $M(N_1 N_2) = M(N_1)^{N_2} M(N_2)$. **q.e.d.**

4.4. Satz. *Sei $\mathfrak{N}$ ein Normalteiler von $\mathfrak{G}$ und α ein Automorphismus von $\mathfrak{G}$ mit $N^\alpha = N$ für alle $N \in \mathfrak{N}$ und $G\mathfrak{N} = G^\alpha \mathfrak{N}$ für alle $G \in \mathfrak{G}$. Dann gilt $G^\alpha = GT(G)$, wobei $T(G)$ in $\mathbf{Z}(\mathfrak{N})$ liegt, nur von der Nebenklasse $G\mathfrak{N}$ abhängt und die Funktionalgleichung*

$$T(GH) = T(G)^H T(H)$$

aus Satz 4.3 *erfüllt. Alle Automorphismen α von der angegebenen Gestalt sind paarweise vertauschbar. Ist m der Exponent von $\mathbf{Z}(\mathfrak{N})$, so gilt $\alpha^m = 1$. Ist insbesondere $(O(\alpha), |\mathbf{Z}(\mathfrak{N})|) = 1$, so ist $\alpha = 1$.*

Beweis. Sei $T(G)$ definiert durch $G^\alpha = GT(G)$. Wegen $G^\alpha \mathfrak{N} = G\mathfrak{N}$ liegt $T(G)$ in $\mathfrak{N}$. Für alle $G \in \mathfrak{G}$ und alle $N \in \mathfrak{N}$ gilt

$$GNT(GN) = (GN)^\alpha = G^\alpha N^\alpha = GT(G)N.$$

Andererseits ist

$$(GN)^\alpha = (GNG^{-1}G)^\alpha = (GNG^{-1})^\alpha G^\alpha = GNG^{-1}GT(G) = GNT(G).$$

Daraus folgt

$$NT(GN) = T(G)N = NT(G),$$

somit $T(GN) = T(G)$ für alle $N \in \mathfrak{N}$ und $T(G) \in \mathbf{Z}(\mathfrak{N})$.

Jetzt erhalten wir

$$G^{\alpha^m} = GT(G)^m = G,$$

also $\alpha^m = 1$. Die Vertauschbarkeit der α ist klar, da die Elemente $T(G)$ aus $\mathbf{Z}(\mathfrak{N})$ paarweise vertauschbar sind. **q.e.d.**

Häufig ist von Nutzen:

4.5 Satz. *Sei $\mathfrak{U}$ eine Untergruppe von $\mathfrak{G}$, sei $\mathbf{C}_\mathfrak{G}(\mathfrak{U})$ der Zentralisator von $\mathfrak{U}$ und $\mathbf{N}_\mathfrak{G}(\mathfrak{U})$ der Normalisator von $\mathfrak{U}$ in $\mathfrak{G}$. Dann ist die Faktorgruppe $\mathbf{N}_\mathfrak{G}(\mathfrak{U})/\mathbf{C}_\mathfrak{G}(\mathfrak{U})$ isomorph zu einer Untergruppe der Automorphismengruppe $\mathbf{A}(\mathfrak{U})$ von $\mathfrak{U}$.*

Beweis. Wir ordnen jedem Element N aus $\mathbf{N}_\mathfrak{G}(\mathfrak{U})$ den Automorphismus α von $\mathfrak{U}$ mit $U^\alpha = U^N$ zu. Dies liefert offenbar einen Homomorphismus von $\mathbf{N}_\mathfrak{G}(\mathfrak{U})$ in $\mathbf{A}(\mathfrak{U})$. Der Kern dieses Homomorphismus ist offensichtlich der Zentralisator $\mathbf{C}_\mathfrak{G}(\mathfrak{U})$ von $\mathfrak{U}$ in $\mathfrak{G}$. **q.e.d.**

4.6 Satz. *Sei $\mathfrak{G}$ eine zyklische Gruppe der Ordnung g. Dann haben die Automorphismen von $\mathfrak{G}$ die Gestalt $G^\alpha = G^k$ mit $(k, g) = 1$. Die Automorphismengruppe $\mathbf{A}(\mathfrak{G})$ von $\mathfrak{G}$ ist isomorph zur multiplikativen Gruppe der* *zu g teilerfremden Reste* mod g. *Insbesondere gilt* $|\mathbf{A}(\mathfrak{G})| = \varphi(g)$, *wobei* φ *die Eulersche Funktion der Zahlentheorie ist.*

Beweis. Sei $\mathfrak{G} = \langle G \rangle$, sei α ein Automorphismus von $\mathfrak{G}$ und sei $G^\alpha = G^k$. Dann gilt nach 2.9 c)

$$g = O(G) = O(G^\alpha) = O(G^k) = \frac{g}{(g, k)} .$$

Also ist k teilerfremd zu g.

Umgekehrt liefert jedes zu g teilerfremde k einen Automorphismus α von $\mathfrak{G}$ vermöge $(G^i)^\alpha = G^{ik}$. Man sieht sofort, daß die Zusammensetzung der Automorphismen der Multiplikation der k entspricht und daß mod g kongruente k den gleichen Automorphismus von $\mathfrak{G}$ liefern. **q.e.d.**

4.7 Definition. Die Untergruppe $\mathfrak{U}$ von $\mathfrak{G}$ heißt eine charakteristische Untergruppe von $\mathfrak{G}$, wenn $\mathfrak{U}^\alpha = \mathfrak{U}$ für jeden Automorphismus α von $\mathfrak{G}$ gilt. (Offenbar ist jede charakteristische Untergruppe von $\mathfrak{G}$ ein Normalteiler von $\mathfrak{G}$.) Hat $\mathfrak{G}$ nur die charakteristischen Untergruppen $\mathfrak{E}$ und $\mathfrak{G}$, so heißt $\mathfrak{G}$ charakteristisch-einfach.

Trivial, aber nützlich ist:

4.8 Hilfssatz. a) *Sei* $\mathfrak{N}$ *ein Normalteiler von* $\mathfrak{G}$ *und* $\mathfrak{M}$ *eine charakteristische Untergruppe von* $\mathfrak{N}$. *Dann ist* $\mathfrak{M}$ *ein Normalteiler von* $\mathfrak{G}$.

b) *Ist* $\mathfrak{A} \leqq \mathfrak{B} \leqq \mathfrak{G}$, *ist* $\mathfrak{A}$ *charakteristisch in* $\mathfrak{B}$ *und* $\mathfrak{B}$ *charakteristisch in* $\mathfrak{G}$, *so ist* $\mathfrak{A}$ *charakteristisch in* $\mathfrak{G}$.

Beweis. a) Für jedes G aus $\mathfrak{G}$ ist für $N \in \mathfrak{N}$ die Abbildung α mit $N^\alpha = N^G$ ein Automorphismus von $\mathfrak{N}$. Ist $\mathfrak{M}$ charakteristisch in $\mathfrak{N}$, so folgt also $\mathfrak{M} = \mathfrak{M}^\alpha = \mathfrak{M}^G$ und daher $\mathfrak{M} \trianglelefteq \mathfrak{G}$.

b) Sei α ein Automorphismus von $\mathfrak{G}$. Da $\mathfrak{B}$ eine charakteristische Untergruppe von $\mathfrak{G}$ ist, gilt $\mathfrak{B}^\alpha = \mathfrak{B}$. Da die Einschränkung von α auf $\mathfrak{B}$ ein Automorphismus von $\mathfrak{B}$ und da $\mathfrak{A}$ eine charakteristische Untergruppe von $\mathfrak{B}$ ist, folgt $\mathfrak{A}^\alpha = \mathfrak{A}$. Also ist $\mathfrak{A}$ charakteristisch in $\mathfrak{G}$. **q.e.d.**

Wir bemerken, daß aus $\mathfrak{M} \triangleleft \mathfrak{N}$ und $\mathfrak{N} \triangleleft \mathfrak{G}$ nicht stets $\mathfrak{M} \triangleleft \mathfrak{G}$ folgt. Die sich hieraus ergebenden Probleme werden wir in Band 2 im Kapitel über subnormale Untergruppen noch eingehend untersuchen. Sind $\mathfrak{A}$ und $\mathfrak{B}$ charakteristisch in $\mathfrak{G}$ und $\mathfrak{A} < \mathfrak{B} < \mathfrak{G}$, so ist nicht notwendig $\mathfrak{A}$ charakteristisch in $\mathfrak{B}$.

4.9 Satz. *Sei* $\mathfrak{N} \triangleleft \mathfrak{G}$ *und seien* $|\mathfrak{N}|$ *und* $|\mathfrak{G}/\mathfrak{N}|$ *endlich und teilerfremd.*

a) *Ist* $\mathfrak{M} \leqq \mathfrak{G}$ *und ist* $|\mathfrak{M}|$ *ein Teiler von* $|\mathfrak{N}|$, *so gilt* $\mathfrak{M} \leqq \mathfrak{N}$.

b) *Es ist* $\mathfrak{N}$ *die einzige Untergruppe von* $\mathfrak{G}$ *mit der Ordnung* $|\mathfrak{N}|$. *Insbesondere ist* $\mathfrak{N}$ *eine charakteristische Untergruppe von* $\mathfrak{G}$.

Beweis. a) Nach 3.11 haben wir $\mathfrak{N}\mathfrak{M} \leqq \mathfrak{G}$. Daher ist $|\mathfrak{N}\mathfrak{M}/\mathfrak{N}|$ ein Teiler von $|\mathfrak{G}/\mathfrak{N}|$. Wegen

$$|\mathfrak{N}\mathfrak{M}/\mathfrak{N}| = |\mathfrak{M}/\mathfrak{M} \cap \mathfrak{N}| \qquad \text{(siehe 3.12)}$$

ist $|\mathfrak{N}\mathfrak{M}/\mathfrak{N}|$ auch ein Teiler von $|\mathfrak{N}|$. Aus der Voraussetzung folgt daher $|\mathfrak{N}\mathfrak{M}/\mathfrak{N}| = 1$, also $\mathfrak{M} \leqq \mathfrak{N}$.

b) folgt sofort aus a). **q.e.d.**

4.10 Beispiele.

a) Sei p eine ungerade Primzahl und sei $\mathfrak{G}$ die Gruppe aller ganzen linearen Abbildungen $x \to ax + b$ $(a, b, x \in GF(p),\ a \neq 0)$ über dem endlichen Körper $GF(p)$. Dann ist jeder Automorphismus von $\mathfrak{G}$ ein innerer Automorphismus.

b) (G. E. Wall) Sei $\mathfrak{G}$ die Gruppe der ganzen linearen Abbildungen $x \to ax + b$ über dem Ring der ganzen Zahlen mod 8 mit $a \equiv 1$ (2). (Die Ordnung von $\mathfrak{G}$ ist 2^5.) Dann ist die Abbildung α, welche G mit $xG = ax + b$ überführt in G^α mit

$$xG^\alpha = ax + b + \frac{1}{2}(a^2 - 1),$$

ein Automorphismus von $\mathfrak{G}$, welcher jedes Element von $\mathfrak{G}$ auf ein Konjugiertes abbildet, welcher aber kein innerer Automorphismus von $\mathfrak{G}$ ist.

Beweis. a) Die Untergruppe $\mathfrak{P}$ aus den Translationen $x \to x + a$ ist ein Normalteiler von $\mathfrak{G}$ von der Ordnung p. Wegen $|\mathfrak{G}| = p(p-1)$ und 4.9 ist $\mathfrak{P}$ charakteristisch in $\mathfrak{G}$.

Sei r eine primitive $(p-1)$-te Einheitswurzel in $GF(p)$. Dann wird $\mathfrak{G}$ offenbar erzeugt von den Abbildungen P und R mit

$$xP = x + 1 \quad \text{und} \quad xR = rx.$$

Jeder Automorphismus α von $\mathfrak{G}$ ist nun durch die Angabe von P^α und R^α eindeutig bestimmt.

Sei $xP^\alpha = x + a$. Dann können wir a in der Gestalt $a = r^s$ schreiben. Es gilt nun $R^{-s}PR^s = P^\alpha$. Ist ε der innere Automorphismus von $\mathfrak{G}$ zu R^s, so läßt der Automorphismus $\varphi = \alpha\varepsilon^{-1}$ also P fest. Sei

$$xR^\varphi = bx + c.$$

Aus $R^{-1}PR = P^r$ folgt durch Anwendung von φ

$$P^r = (R^\varphi)^{-1}PR^\varphi$$

und daher

$$x + r = xP^r = x(R^\varphi)^{-1}PR^\varphi = x + b.$$

Also erhalten wir $b = r$.

Wir behaupten nun, daß T mit $xT = x + t$ und $(1 - r)t = c$ den Automorphismus φ bewirkt. Es ist nämlich $P^T = P$ und $R^T = T^{-1}RT = R^\varphi$. Also ist $\varphi = \alpha\varepsilon^{-1}$ ein innerer Automorphismus von $\mathfrak{G}$, daher auch $\alpha = \varphi\varepsilon$ selbst.

b) Seien $G: x \to ax + b$ und $H: x \to cx + d$ Elemente aus $\mathfrak{G}$. Dann haben wir

$$xG^\alpha H^\alpha = acx + d + bc + \frac{1}{2}(c^2 - 1) + \frac{c}{2}(a^2 - 1),$$

ferner

$$xGH = acx + d + bc$$

und daher

$$x(GH)^{\alpha} = acx + d + bc + \frac{1}{2}(a^2c^2 - 1)\,.$$

Wegen

$$c^2 + c(a^2 - 1) - a^2c^2 = (c - c^2)(a^2 - 1) \equiv 0 \ (16)$$

folgt $(GH)^{\alpha} = G^{\alpha}H^{\alpha}$. Somit ist α ein Automorphismus von $\mathfrak{G}$.

Mit $G: x \to ax + b$ und $T: x \to x + \frac{1}{2}(a+1)$ gilt dann $G^{\alpha} = TGT^{-1}$. Also bildet α alle Konjugiertenklassen von $\mathfrak{G}$ auf sich ab.

Wäre α der durch $S: x \to sx + t$ bewirkte innere Automorphismus $G \to G^S$ von $\mathfrak{G}$, so müßte für alle a, b mit $a \equiv 1\ (2)$ gelten

$$b + \frac{1}{2}(a^2 - 1) \equiv -at + sb + t \ (8)\,.$$

Mit $a = 1$ führt das zu $b \equiv sb\ (8)$ für alle b. Dann bleibt

$$\frac{1}{2}(a^2 - 1) \equiv -(a-1)t \ (8)$$

für alle a mit $a \equiv 1\ (2)$. Das geht jedoch für kein t. Also ist α kein innerer Automorphismus von $\mathfrak{G}$. **q.e.d.**

Aufgaben:

9) Sei $\mathbf{Z}(\mathfrak{G}) = \mathfrak{E}$. Man zeige, daß dann der Zentralisator von $\mathbf{I}(\mathfrak{G})$ in der vollen Automorphismengruppe $\mathbf{A}(\mathfrak{G})$ gleich $\mathfrak{E}$ ist.

10) Sei $\mathfrak{G}$ eine einfache nichtabelsche Gruppe. Dann ist jeder Automorphismus von $\mathbf{A}(\mathfrak{G})$ ein innerer Automorphismus von $\mathbf{A}(\mathfrak{G})$.

11) Sei $\mathfrak{U}$ eine Untergruppe von $\mathfrak{G}$ und α ein Automorphismus von $\mathfrak{G}$ mit $\mathfrak{U}G^{\alpha} = \mathfrak{U}G$ für alle G aus $\mathfrak{G}$. Dann hat α die Gestalt $G^{\alpha} = U(G)\,G$ mit geeignetem $U(G) \in \bigcap_{X \in \mathfrak{G}} \mathfrak{U}^X$.

12) Sei α ein Automorphismus der endlichen Gruppe $\mathfrak{G}$, welcher jedes Element G auf ein Element in der Konjugiertenklasse von G abbildet. Dann ist jeder Primteiler der Ordnung von α auch ein Teiler von $|\mathfrak{G}|$. (Anleitung: Man kann oBdA $O(\alpha) = p \nmid |\mathfrak{G}|$ annehmen. Sei

$$\mathfrak{F} = \{G \mid G \in \mathfrak{G},\ G^{\alpha} = G\}\,.$$

Man zeige: Ist $\mathfrak{C}$ eine Konjugiertenklasse von $\mathfrak{G}$ mit $\mathfrak{C} \cap \mathfrak{F} = \emptyset$, so folgt $p \mid |\mathfrak{C}|$, also auch der Widerspruch $p \mid |\mathfrak{G}|$. Somit gilt $\mathfrak{C} \cap \mathfrak{F} \neq \emptyset$ für jede Konjugiertenklasse $\mathfrak{C}$ von $\mathfrak{G}$. Daraus folgere man mit Aufgabe 4 aus § 2 einen Widerspruch.)

13) a) Genau dann ist $\mathfrak{G}$ abelsch, wenn es einen Automorphismus α von $\mathfrak{G}$ mit $G^{\alpha} = G^{-1}$ für alle $G \in \mathfrak{G}$ gibt.

b) Sei $\mathfrak{G}$ eine abelsche Gruppe mit $2 \nmid |\mathfrak{G}|$ und sei α ein Automorphismus von $\mathfrak{G}$ mit $\alpha^2 = 1$. Dann läßt sich jedes G aus $\mathfrak{G}$ auf genau eine Weise schreiben als $G = G_1 G_{-1}$ mit $G_1^\alpha = G_1$ und $G_{-1}^\alpha = G_{-1}^{-1}$.

c) Die Aussage unter b) gilt i. a. nicht für Gruppen $\mathfrak{G}$ von gerader Ordnung.

14) Sei α ein Automorphismus von $\mathfrak{G}$ mit $\alpha^2 = 1$, sei $2 \nmid |\mathfrak{G}|$. Wir setzen

$$\mathfrak{G}_1 = \{G \mid G \in \mathfrak{G}, G^\alpha = G\} \quad \text{und} \quad \mathfrak{G}_{-1} = \{G \mid G \in \mathfrak{G}, G^\alpha = G^{-1}\}.$$

Dann gilt $\mathfrak{G} = \mathfrak{G}_1 \mathfrak{G}_{-1}$ und $\mathfrak{G}_1 \cap \mathfrak{G}_{-1} = \mathfrak{E}$.
(Anleitung: Man bestimme X aus $X^2 = G^{-\alpha} G$, zeige $X^\alpha = X^{-1}$ und $(GX^{-1})^\alpha = GX^{-1}$.)

§ 5. Permutationsgruppen

5.1 Definition. Sei Ω eine endliche Menge mit $|\Omega| = n$. Die Elemente von Ω nennen wir, um sie in der Bezeichnung deutlich von den Gruppenelementen zu unterscheiden, Ziffern und bezeichnen sie oft mit $1, \ldots, n$. Die Menge aller umkehrbar eindeutigen Abbildungen von Ω auf sich wird eine Gruppe, wenn wir das Produkt GH zweier Abbildungen G und H definieren durch

$$i^{GH} = (i^G)^H \quad (i \in \Omega).$$

Diese Gruppe nennen wir die symmetrische Gruppe $\mathfrak{S}_n$ vom Grad n (auf Ω). Offenbar gilt $|\mathfrak{S}_n| = n!$. Wir nennen die Elemente aus $\mathfrak{S}_n$ Permutationen und geben sie oft in der Gestalt

$$G = \begin{pmatrix} i \\ i^G \end{pmatrix}$$

an. Ist Δ eine Teilmenge von Ω und $G \in \mathfrak{S}_n$, so schreiben wir

$$\Delta^G = \{i^G \mid i \in \Delta\}.$$

5.2 Satz. *Eine Permutation der Gestalt*

$$P = \begin{pmatrix} a_1 & a_2 \ldots a_{k-1} & a_k & a_{k+1} \ldots a_n \\ a_2 & a_3 \ldots a_k & a_1 & a_{k+1} \ldots a_n \end{pmatrix}$$

(oder kürzer: $P = (a_1, a_2, \ldots, a_k)$) heißt ein k-Zyklus oder auch Zyklus von der Länge k. Die 2-Zyklen bezeichnen wir als Transpositionen. Jede Permutation G läßt sich bis auf die Reihenfolge auf genau eine Weise in ein Produkt von Zyklen zerlegen, welche keine gemeinsame Ziffer enthalten. Dabei erscheinen die bei G festen Ziffern i mit $i^G = i$ als Zyklen der Länge 1 und werden meistens nicht hingeschrieben. Haben diese Zyklen die Längen $z_1, \ldots, z_m$, so ist die Ordnung $O(G)$ von G das kleinste gemeinsame Vielfache der z_i. Wir nennen das m-Tupel $(z_1, \ldots, z_m)$ den Typ der Permutation G.

Beweis. Ausgehend von irgendeiner Ziffer a_1 setzen wir $a_i = a_1^{G^{i-1}}$. Sei nun k dadurch bestimmt, daß $a_1, \ldots, a_k$ paarweise verschieden sind, daß aber $a_k^G = a_i$ gilt mit einem $i \leqq k$. Angenommen, es sei $1 < i$. Dann folgt

$$a_k^G = a_i = a_{i-1}^G,$$

also $a_k = a_{i-1}$, entgegen der Bestimmung von k. Somit ist $a_k^G = a_1$, und die Ziffern $a_1, \ldots, a_k$ werden bei G zyklisch vertauscht. Nun ist klar, wie man in endlich vielen Schritten zu der eindeutigen Zyklenzerlegung von G kommt.

Sei jetzt $G = G_1 \ldots G_m$, wobei die G_j Zyklen der Länge z_j sind, welche keine Ziffer gemeinsam haben. Sei n die Ordnung von G. Dann gilt wegen der paarweisen Vertauschbarkeit der G_j zunächst

$$E = G^n = G_1^n \ldots G_m^n.$$

Wegen der Ziffernfremdheit der G_j folgt $G_j^n = E$, und daher ist z_j ein Teiler von n. Daß umgekehrt das kleinste gemeinsame Vielfache der z_j ein Vielfaches der Ordnung n von G liefert, ist wegen $G_j^{z_j} = E$ klar. **q.e.d.**

5.3 Hilfssatz. *Es habe G die Zyklenzerlegung* $G = (a_1, \ldots, a_k) \ldots (s_1, \ldots, s_m)$ *und es sei*

$$T = \begin{pmatrix} a_i \\ b_i \end{pmatrix} \cdots \begin{pmatrix} s_j \\ t_j \end{pmatrix}.$$

Dann hat $G^T = T^{-1} G T$ *die Zyklenzerlegung*

$$G^T = (b_1, \ldots, b_k) \ldots (t_1, \ldots, t_m).$$

Insbesondere folgt, daß die Konjugiertenklassen von $\mathfrak{S}_n$ *gerade aus den Permutationen vom gleichen Typ bestehen.*

Beweis. Die Behauptung ergibt sich durch direkte Rechnung. **q.e.d.**

5.4 Definition. Sei G eine Permutation auf $\{1, \ldots, n\}$. Dann gilt

$$\prod_{i<j} (i^G - j^G) = \varepsilon \prod_{i<j} (i - j) \quad (i, j = 1, \ldots, n)$$

mit einem geeigneten $\varepsilon = \pm 1$. Wir setzen $\varepsilon = \operatorname{sgn} G$. Die Permutationen mit $\operatorname{sgn} G = 1$ heißen gerade, die mit $\operatorname{sgn} G = -1$ ungerade.

5.5 Satz. *Die Permutationen G aus* $\mathfrak{S}_n$ *mit* $\operatorname{sgn} G = 1$ *bilden für* $n > 1$ *einen Normalteiler* $\mathfrak{A}_n$ *von* $\mathfrak{S}_n$ *vom Index 2. Wir nennen* $\mathfrak{A}_n$ *die alternierende Gruppe vom Grad n.*

Beweis. Offenbar gilt $\operatorname{sgn} G = (-1)^{a(G)}$, wobei $a(G)$ die Anzahl der Paare (i, j) mit $i < j$ und $i^G > j^G$ angibt. Damit folgt für $G, H \in \mathfrak{S}_n$

$$\operatorname{sgn} G \operatorname{sgn} GH \prod_{i<j} (i - j) = \operatorname{sgn} G \prod_{i<j} (i^{GH} - j^{GH}) = \prod_{i^G < j^G} (i^{GH} - j^{GH})$$

$$= \operatorname{sgn} H \prod_{i^G < j^G} (i^G - j^G)$$

und daher $\operatorname{sgn} GH = \operatorname{sgn} G \operatorname{sgn} H$. Also ist die Abbildung φ mit $G^\varphi = \operatorname{sgn} G$ ein Homomorphismus von $\mathfrak{S}_n$ in die aus 1 und -1 bestehende zyklische Gruppe der Ordnung 2. Es gibt wirklich Permutationen G mit $\operatorname{sgn} G = -1$, etwa $G = (1, 2)$. Daher erhalten wir einen Epimorphismus von $\mathfrak{S}_n$

auf die zyklische Gruppe der Ordnung 2. Nennen wir den Kern dieses Epimorphismus $\mathfrak{A}_n$, so liefert der Homomorphiesatz 3.8 jetzt die Behauptungen $\mathfrak{A}_n \lhd \mathfrak{S}_n$ und $|\mathfrak{S}_n : \mathfrak{A}_n| = 2$. **q.e.d.**

5.6 Definition. Jede Untergruppe von $\mathfrak{S}_n$ heißt eine Permutationsgruppe vom Grad n.

5.7 Definition. Zwei Permutationsgruppen $\mathfrak{G}_1$ und $\mathfrak{G}_2$ auf den Ziffernmengen Ω_1 und Ω_2 seien vorgegeben. Wir nennen $\mathfrak{G}_1$ und $\mathfrak{G}_2$ ähnlich, wenn es eine umkehrbar eindeutige Abbildung ε von Ω_1 auf Ω_2 und einen Isomorphismus φ von $\mathfrak{G}_1$ auf $\mathfrak{G}_2$ gibt derart, daß für alle $i \in \Omega_1$ und alle $G \in \mathfrak{G}_1$ gilt

$$(i^G)^\varepsilon = (i^\varepsilon)^{G^\varphi}.$$

Stimmen die Ziffernmengen Ω_1 und Ω_2 überein, so ist ε eine Permutation auf Ω_1, und die Bedingung läuft auf die Konjugiertheit von $\mathfrak{G}_1$ und $\mathfrak{G}_2$ in der symmetrischen Gruppe auf Ω_1 hinaus.

5.8 Definition. Sei $\mathfrak{G}$ eine Permutationsgruppe auf Ω. Wir sagen: Die Ziffern i und j aus Ω sind äquivalent, in Formeln $i \sim j$, wenn es eine Permutation G aus $\mathfrak{G}$ gibt mit $i^G = j$. Dies liefert eine Äquivalenzrelation auf Ω:

Aus $i \sim j$ folgt nämlich $i^G = j$ für ein geeignetes G aus $\mathfrak{G}$, also $j^{G^{-1}} = i$ und daher auch $j \sim i$. Aus $i \sim j$ und $j \sim k$ folgt die Existenz von Elementen G und H aus $\mathfrak{G}$ mit $i^G = j$ und $j^H = k$. Dann haben wir $i^{GH} = k$ und daher $i \sim k$. Schließlich ist $i^E = i$, also $i \sim i$.

Diese Äquivalenzrelation liefert eine disjunkte Zerlegung von Ω in Äquivalenzklassen T_i. Wir nennen die T_i die Bahnen (in der Literatur oft auch Transitivitätsgebiete, engl. orbit) von $\mathfrak{G}$ auf Ω. Offenbar gilt $|\Omega| = \sum_i |T_i|$. Wir nennen die Permutationsgruppe $\mathfrak{G}$ auf Ω transitiv, wenn Ω eine Bahn von $\mathfrak{G}$ ist, wenn es also zu jedem Paar i, j aus Ω ein G aus $\mathfrak{G}$ gibt mit $i^G = j$.

5.9 Definition. Ist $\mathfrak{G}$ eine Permutationsgruppe auf Ω und Δ eine Teilmenge von Ω, so setzen wir

$$\mathfrak{G}_\Delta = \{G \mid G \in \mathfrak{G}, i^G = i \quad \text{für alle } i \text{ aus } \Delta\}$$

und

$$\Delta^\mathfrak{G} = \{i^G \mid G \in \mathfrak{G}, i \in \Delta\}.$$

Offenbar ist $\mathfrak{G}_\Delta$ eine Untergruppe von $\mathfrak{G}$.

Im Sonderfall $\Delta = \{a\}$ schreiben wir auch $\mathfrak{G}_\Delta = \mathfrak{G}_a$ und nennen $\mathfrak{G}_a$ den Stabilisator von a in $\mathfrak{G}$.

Ist $\Delta^G = \Delta$ für alle Elemente G aus $\mathfrak{G}$, so sei G^Δ die Einschränkung von G auf Δ. Dann ist die Abbildung von G auf G^Δ ein Epimorphismus von $\mathfrak{G}$ auf eine Permutationsgruppe

$$\mathfrak{G}^\Delta = \{G^\Delta \mid G \in \mathfrak{G}\}$$

auf Δ. Ist insbesondere Δ eine Bahn von $\mathfrak{G}$, so nennen wir $\mathfrak{G}^{\Delta}$ den Konstituenten von $\mathfrak{G}$ auf Δ.

5.10 Satz. a) *Ist a eine Ziffer aus der Bahn T der Permutationsgruppe $\mathfrak{G}$, so ist $\mathfrak{G}_a$ eine Untergruppe von $\mathfrak{G}$ vom Index*

$$|\mathfrak{G} : \mathfrak{G}_a| = |T| .$$

b) *Ist $a \in \Omega$ und G aus der Permutationsgruppe $\mathfrak{G}$ auf Ω, so gilt*

$$\mathfrak{G}_a^G = \mathfrak{G}_{a^G} .$$

Beweis. a) Sei $\mathfrak{G} = \bigcup_i \mathfrak{G}_a G_i$ die Nebenklassenzerlegung von $\mathfrak{G}$ nach $\mathfrak{G}_a$. Aus $G = A\,G_i \in \mathfrak{G}_a G_i$ mit $A \in \mathfrak{G}_a$ folgt

$$a^G = (a^A)^{G_i} = a^{G_i} .$$

Also liefert jede Permutation aus einer festen Nebenklasse von $\mathfrak{G}_a$ dasselbe Bild von a. Aus $a^G = a^H$ folgt umgekehrt $a^{GH^{-1}} = a$, also $GH^{-1} \in \mathfrak{G}_a$ und dann $\mathfrak{G}_a G = \mathfrak{G}_a H$. Somit liefern verschiedenen Nebenklassen von $\mathfrak{G}_a$ auch verschiedene Bilder von a. Insgesamt ergibt dies

$$|T| = |\{a^G \mid G \in \mathfrak{G}\}| = |\mathfrak{G} : \mathfrak{G}_a| .$$

b) folgt sofort durch direkte Rechnung. **q.e.d.**

Wir erwähnen einen wichtigen Sonderfall:

5.11 Satz. *Sei $\mathfrak{G}$ eine transitive Permutationsgruppe auf Ω und sei $|\Omega| = n$. Dann gilt für alle a aus Ω die Gleichung $|\mathfrak{G}| = n\,|\mathfrak{G}_a|$, und alle Untergruppen $\mathfrak{G}_a$ sind in $\mathfrak{G}$ konjugiert. Also ist der Grad einer transitiven Permutationsgruppe stets ein Teiler der Gruppenordnung.*

5.12 Definition. Die transitive Permutationsgruppe $\mathfrak{G}$ auf Ω heißt regulär, wenn $\mathfrak{G}_a = \mathfrak{E}$ für alle Ziffern a aus Ω gilt, wenn also jede von E verschiedene Permutation aus $\mathfrak{G}$ keine Ziffer fest läßt. (Da nach 5.11 alle $\mathfrak{G}_a$ in $\mathfrak{G}$ konjugiert sind, genügt die Forderung von $\mathfrak{G}_a = \mathfrak{E}$ für ein a aus Ω bereits für die Regularität von $\mathfrak{G}$.)

5.13 Satz. *Ist $\mathfrak{G}$ eine transitive und abelsche Permutationsgruppe, so ist $\mathfrak{G}$ regulär.*

Beweis. Seien a und b irgendwelche Ziffern aus der Ziffernmenge Ω. Da $\mathfrak{G}$ transitiv ist, gibt es ein G aus $\mathfrak{G}$ mit $a^G = b$. Mit 5.10 b) folgt nun $\mathfrak{G}_a^G = \mathfrak{G}_b$. Da aber $\mathfrak{G}$ abelsch ist, gilt auch $\mathfrak{G}_a^G = \mathfrak{G}_a$. Also läßt $\mathfrak{G}_a$ alle Ziffern aus Ω fest, daher folgt $\mathfrak{G}_a = \mathfrak{E}$ und $\mathfrak{G}$ ist regulär. **q.e.d.**

Aufgaben:

15) Sei P eine Permutation vom Typ $(z_1, \ldots, z_k)$ aus der symmetrischen Gruppe $\mathfrak{S}_n$. Man beweise:

$$\operatorname{sgn} P = (-1)^t \quad \text{mit} \quad t = \sum_1^k (z_i - 1) .$$

Man bestimme die Länge der Konjugiertenklasse von P in $\mathfrak{S}_n$.

16) Sei P wie in Aufgabe 15 und sei $P \in \mathfrak{A}_n$ $(n > 2)$. Man zeige: Die Konjugiertenklasse von P unter $\mathfrak{S}_n$ spaltet unter $\mathfrak{A}_n$ genau dann in zwei Konjugiertenklassen von gleicher Länge auf, wenn alle z_i ungerade und paarweise verschieden sind.

17) Jede Permutation der Gestalt $T = (i, j)$ heißt eine Transposition. Man zeige:

a) Die Transpositionen $T_i = (i, i + 1)$ mit $1 \leqq i \leqq n - 1$ erzeugen die ganze symmetrische Gruppe $\mathfrak{S}_n$ auf der Ziffernmenge $\{1, \ldots, n\}$.

b) Sei $G = S_1 \ldots S_m$ mit Transpositionen S_i aus $\mathfrak{S}_n$. Genau dann gilt $G \in \mathfrak{A}_n$, wenn m gerade ist.

18) Sei $\mathfrak{A} = \langle(1, 2)\rangle$ und $\mathfrak{B} = \langle(1, 3)\rangle$. Man zeige, daß $\mathfrak{A}\mathfrak{B}$ keine Untergruppe von $\mathfrak{S}_3$ ist.

19) Man zeige, daß die alternierende Gruppe $\mathfrak{A}_5$ einfach ist. (Anleitung: Ist $\mathfrak{N} \trianglelefteq \mathfrak{A}_5$, so ist $\mathfrak{N}$ eine Vereinigung von Konjugiertenklassen von $\mathfrak{A}_5$.)

20) Die alternierende Gruppe $\mathfrak{A}_4$ hat keine Untergruppe von der Ordnung 6. (Die naive Umkehrung des Satzes 2.7 von Lagrange stimmt also nicht; hierzu mehr in VI, § 1.)

§ 6. Darstellungen durch Permutationsgruppen

6.1 Definition. Jeder Homomorphismus einer Gruppe $\mathfrak{G}$ in die symmetrische Gruppe $\mathfrak{S}_n$ auf einer Ziffernmenge Ω mit $|\Omega| = n$ heißt eine Permutationsdarstellung von $\mathfrak{G}$ vom Grad n auf Ω. Eine Permutationsdarstellung heißt treu, falls sie ein Monomorphismus ist.

Wir beschreiben ein wichtiges Verfahren zur Konstruktion von Permutationsdarstellungen:

6.2 Hauptsatz. *Sei $\mathfrak{H}$ eine Untergruppe von $\mathfrak{G}$ vom Index n und sei $\mathfrak{G} = \bigcup_{1}^{n} \mathfrak{H} G_i$ die Nebenklassenzerlegung von $\mathfrak{G}$ nach $\mathfrak{H}$. Dann erhalten wir einen Epimorphismus* $\mathbf{P}$ *von $\mathfrak{G}$ auf eine transitive Untergruppe von $\mathfrak{S}_n$ auf der Ziffernmenge $\{\mathfrak{H} G_i \mid i = 1, \ldots, n\}$, wenn wir jedem G aus $\mathfrak{G}$ die Permutation*

$$\mathbf{P}(G) = \begin{pmatrix} \mathfrak{H} G_i \\ \mathfrak{H} G_i G \end{pmatrix}$$

zuordnen. (Hier schreiben wir die Abbildung $\mathbf{P}$ *links; wir werden solche Abbildungen niemals zusammensetzen.)*

Der Kern des Epimorphismus $\mathbf{P}$ *ist der Durchschnitt aller Konjugierten $\mathfrak{H}^G$ von $\mathfrak{H}$ in $\mathfrak{G}$. Wir bezeichnen den konstruierten Epimorphismus* $\mathbf{P}$ *als die Permutationsdarstellung von $\mathfrak{G}$ auf den Nebenklassen von $\mathfrak{H}$.*

Beweis. Für alle $G, G' \in \mathfrak{G}$ haben wir

$$(\mathfrak{H} G_i)(G G') = ((\mathfrak{H} G_i) G) G' .$$

Somit ist **P** wirklich ein Homomorphismus von $\mathfrak{G}$ in $\mathfrak{S}_n$. Aus

$$(\mathfrak{H} G_i)\,(G_i^{-1} G_j) = \mathfrak{H} G_j$$

folgt sofort, daß das Bild von $\mathfrak{G}$ unter **P** eine transitive Permutationsgruppe ist.

Sei nun $\mathbf{P}(G) = E$, also $\mathfrak{H} G_i G = \mathfrak{H} G_i$ für alle $i = 1, \ldots, n$. Dies ist gleichwertig mit

$$G \in \bigcap_1^n G_i^{-1} \mathfrak{H} G_i = \bigcap_{X \in \mathfrak{G}} \mathfrak{H}^X .$$

Also hat der Kern von **P** die angegebene Gestalt. **q.e.d.**

Einen wichtigen Sonderfall führen wir noch an:

6.3 Satz (Cayley). *Die Abbildung* **R** *von G auf die Permutation*

$$\mathbf{R}(G) = \begin{pmatrix} X \\ XG \end{pmatrix}$$

auf der Ziffernmenge $\mathfrak{G}$ liefert einen Isomorphismus der endlichen Gruppe $\mathfrak{G}$ der Ordnung g auf eine reguläre Untergruppe der symmetrischen Gruppe $\mathfrak{S}_g$ (auf der Ziffernmenge $\mathfrak{G}$). Wir nennen **R** *die reguläre Darstellung von $\mathfrak{G}$.*

Beweis. Dies ist der Sonderfall $\mathfrak{H} = \mathfrak{E}$ von Satz 6.2. Die Regularität der Bildgruppe ist klar, denn aus $XG = X$ für ein X aus $\mathfrak{G}$ folgt $G = E$. **q.e.d.**

6.4 Bemerkung. Sei $\mathfrak{G}$ eine transitive Permutationsgruppe vom Grad n auf der Ziffernmenge $\Omega = \{1, \ldots, n\}$. Sei $\mathfrak{H} = \mathfrak{G}_1$ der Stabilisator von 1. Die Vertreter G_i der Rechtsnebenklassen von $\mathfrak{H}$ wählen wir so, daß $1^{G_i} = i$ gilt. Dann erhalten wir durch die Konstruktion von 6.2 gerade (bis auf Ähnlichkeit) die ursprüngliche Permutationsgruppe.

Beweis. Wir haben $\mathbf{P}(G) = \begin{pmatrix} \mathfrak{H} G_i \\ \mathfrak{H} G_{i'} \end{pmatrix}$, wobei i' bestimmt ist durch $(\mathfrak{H} G_i) G = \mathfrak{H} G_{i'}$. Die Elemente aus der Nebenklasse $\mathfrak{H} G_i G$ von $\mathfrak{H}$ führen 1 in

$$1^{G_i G} = i^G$$

über, die aus $\mathfrak{H} G_{i'}$ führen 1 in i' über. Also folgt $i' = i^G$. Somit liefert ε mit $i^\varepsilon = \mathfrak{H} G_i$ die behauptete Ähnlichkeit. **q.e.d.**

6.5 Satz. *Sei $\mathfrak{G}$ vermöge seiner regulären Darstellung* **R** *mit* $\mathbf{R}(G) = \begin{pmatrix} X \\ XG \end{pmatrix}$ *in die symmetrische Gruppe $\mathfrak{S}_g$ vom Grad $g = |\mathfrak{G}|$ eingebettet. Dann besteht der Zentralisator $\mathfrak{C}(\mathfrak{G})$ von $\mathfrak{G}$ in $\mathfrak{S}_g$ gerade aus den Permutationen der Gestalt* $\begin{pmatrix} X \\ GX \end{pmatrix}$. *Also ist $\mathfrak{C}(\mathfrak{G})$ ebenfalls eine reguläre Permutationsgruppe. Ist insbesondere $\mathfrak{G}$ abelsch, so folgt $\mathfrak{C}(\mathfrak{G}) = \mathfrak{G}$.*

Beweis. Sei $C = \begin{pmatrix} X \\ X^\varepsilon \end{pmatrix}$ ein Element aus $\mathfrak{C}(\mathfrak{G})$. Dann gilt für alle G aus $\mathfrak{G}$

$$\mathbf{R}(G)\,C = C\,\mathbf{R}(G)\,,$$

und das heißt

$$(XG)^\varepsilon = X^\varepsilon G$$

für alle X, G aus $\mathfrak{G}$. Mit $X = E$ folgt dann

$$G^\varepsilon = E^\varepsilon G\,,$$

und C hat die behauptete Gestalt $C = \begin{pmatrix} X \\ AX \end{pmatrix}$ mit $A = E^\varepsilon$. Daß umgekehrt alle Permutationen der Gestalt $\begin{pmatrix} X \\ AX \end{pmatrix}$ in $\mathbf{C}(\mathfrak{G})$ liegen, ist klar. **q.e.d.**

Satz 6.2 ist ein kräftiges Hilfsmittel zum Nachweis von nichttrivialen Normalteilern einer endlichen Gruppe. Wir erwähnen zuerst den trivialen, aber mitunter nützlichen Satz 6.6:

6.6 Satz. *Sei $\mathfrak{H}$ eine Untergruppe von $\mathfrak{G}$ vom Index n. Dann besitzt $\mathfrak{G}$ einen Normalteiler $\mathfrak{N}$ mit $n \,\big|\, |\mathfrak{G}/\mathfrak{N}|$ und $|\mathfrak{G}/\mathfrak{N}| \,\big|\, n!$.*

Beweis. Wir bilden gemäß 6.2 die Permutationsdarstellung von $\mathfrak{G}$ auf den Nebenklassen nach $\mathfrak{H}$. Der Kern sei $\mathfrak{N}$. Dann ist $\mathfrak{G}/\mathfrak{N}$ isomorph zu einer transitiven Permutationsgruppe vom Grad n. Nun ist einerseits $|\mathfrak{G}/\mathfrak{N}|$ nach 2.7 ein Teiler von $|\mathfrak{S}_n| = n!$, andererseits ist n wegen der Transitivität von $\mathfrak{G}/\mathfrak{N}$ nach 5.11 ein Teiler von $|\mathfrak{G}/\mathfrak{N}|$. **q.e.d.**

6.7 Satz. *Sei $|\mathfrak{G}| = 2n$ mit ungeradem n. Dann hat $\mathfrak{G}$ einen Normalteiler vom Index 2.*

Beweis. Wir zeigen zuerst, daß $\mathfrak{G}$ Elemente der Ordnung 2 besitzt. Wir betrachten nämlich die Zerlegung $\mathfrak{G} = \mathfrak{A} \cup \mathfrak{B}$ mit $\mathfrak{A} = \{G \mid G = G^{-1}\}$ und $\mathfrak{B} = \{G \mid G \neq G^{-1}\}$. Da mit G stets auch G^{-1} in $\mathfrak{B}$ liegt, ist $|\mathfrak{B}|$ gerade. Dann ist auch $|\mathfrak{A}| = 2n - |\mathfrak{B}|$ gerade. Wegen $E \in \mathfrak{A}$ ist $|\mathfrak{A}| > 1$, also gibt es ein G mit $G = G^{-1} \neq E$.

Sei G ein Element der Ordnung 2 aus $\mathfrak{G}$. Sei $\mathbf{R}$ die reguläre Darstellung von $\mathfrak{G}$. Wir betrachten die Zyklenzerlegung der Permutation $\mathbf{R}(G)$. Da G die Ordnung 2 hat, enthält diese Zerlegung nach 5.2 nur Zyklen der Längen 1 und 2. Wegen $G \neq E$ treten in der Permutation $\mathbf{R}(G)$ keine 1-Zyklen auf. Also ist $\mathbf{R}(G)$ das Produkt von n Zyklen der Länge 2. Dann ist $\operatorname{sgn}\mathbf{R}(G) = (-1)^n = -1$. Die Abbildung von H auf $\operatorname{sgn}\mathbf{R}(H)$ ist nun ein Epimorphismus von $\mathfrak{G}$ auf die zyklische Gruppe der Ordnung 2, und der Kern dieses Epimorphismus ist ein Normalteiler vom Index 2 in $\mathfrak{G}$. **q.e.d.**

Auch intransitive Permutationsdarstellungen sind gelegentlich von Nutzen:

6.8 Satz. *Sei $\mathfrak{G}$ endlich. Als Ziffernmenge Ω wählen wir $\mathfrak{G}$ selbst. Dann liefert die Abbildung $\mathbf{T}$ mit*

$$\mathbf{T}(G) = \begin{pmatrix} X \\ X^G \end{pmatrix}$$

einen Homomorphismus von $\mathfrak{G}$ *in die symmetrische Gruppe* $\mathfrak{S}_g$ *vom Grad* $g = |\mathfrak{G}|$. *Die Bahnen der Permutationsgruppe*

$$\mathbf{T}(\mathfrak{G}) = \{\mathbf{T}(G) \mid G \in \mathfrak{G}\}$$

sind die in 2.16 *eingeführten Konjugiertenklassen* $\mathfrak{K}_i$ *von* $\mathfrak{G}$. *Diese haben die Längen* $|\mathfrak{K}_i| = |\mathfrak{G} : \mathbf{C}_{\mathfrak{G}}(K_i)|$, *wenn* K_i *irgendein Element aus* $\mathfrak{K}_i$ *ist. Es gilt ferner die Klassengleichung*

$$|\mathfrak{G}| = \sum_{1}^{h} |\mathfrak{K}_i| .$$

Beweis. Es ist klar, daß die Abbildung $\mathbf{T}$ ein Homomorphismus von $\mathfrak{G}$ in $\mathfrak{S}_g$ ist und daß die Bahnen von $\mathbf{T}(\mathfrak{G})$ gerade die Konjugiertenklassen von $\mathfrak{G}$ sind. Die Aussage über die Längen der $\mathfrak{K}_i$ steht in 2.18. (Man beachte für $\mathfrak{M} = \{M\}$ die Gleichheit $\mathbf{N}_{\mathfrak{G}}(\mathfrak{M}) = \mathbf{C}_{\mathfrak{G}}(\mathfrak{M})$!) **q.e.d.**

Eine wichtige Folgerung aus der Klassengleichung wollen wir hier schon kennen lernen:

6.9 Satz. *Ist die Ordnung von* $\mathfrak{G}$ *eine Potenz einer Primzahl* p *und ist* $\mathfrak{N}$ *ein von* $\mathfrak{E}$ *verschiedener Normalteiler von* $\mathfrak{G}$, *so gilt* $\mathfrak{N} \cap \mathbf{Z}(\mathfrak{G}) > \mathfrak{E}$. *Insbesondere hat jede von* $\mathfrak{E}$ *verschiedene Gruppe von Primzahlpotenzordnung ein von* $\mathfrak{E}$ *verschiedenes Zentrum.*

Beweis. Wegen $\mathfrak{N} \trianglelefteq \mathfrak{G}$ besteht $\mathfrak{N}$ aus vollen Konjugiertenklassen von $\mathfrak{G}$, etwa $\mathfrak{N} = \bigcup_{1}^{s} \mathfrak{K}_i$. Wir wollen $\mathfrak{K}_1 = \{E\}$ annehmen. Wegen $|\mathfrak{K}_i| = |\mathfrak{G} : \mathbf{C}_{\mathfrak{G}}(K_i)|$ (mit irgendeinem $K_i \in \mathfrak{K}_i$) sind die Längen $|\mathfrak{K}_i|$ der Konjugiertenklassen Potenzen p^{n_i} von p. Also folgt

$$|\mathfrak{N}| = p^n = 1 + \sum_{i=2}^{s} p^{n_i} .$$

Ist $p^{n_i} > 1$ für alle i mit $2 \leqq i \leqq s$, so ergibt sich der Widerspruch $0 \equiv 1\ (p)$. Also gibt es ein $\mathfrak{K}_i$ mit $1 < i \leqq s$ und $|\mathfrak{K}_i| = 1$. Ist $\mathfrak{K}_i = \{K\}$, so folgt $E \neq K \in \mathfrak{N} \cap \mathbf{Z}(\mathfrak{G})$. **q.e.d.**

Eine systematische Auswertung von Satz 6.9 werden wir erst in Kapitel III vornehmen. Hier sei nur erwähnt:

6.10 Satz. *Ist* $|\mathfrak{G}| = p^2$ *und* p *eine Primzahl, so ist* $\mathfrak{G}$ *abelsch.*

Beweis. Nach Satz 6.9 haben wir $|\mathbf{Z}(\mathfrak{G})| > 1$. Sei $E \neq A \in \mathbf{Z}(\mathfrak{G})$. Ist $\mathfrak{G} = \langle A \rangle$, so sind wir fertig. Ist $\mathfrak{G} \neq \langle A \rangle$, so sei B ein Element aus $\mathfrak{G} - \langle A \rangle$. Dann folgt

$$p = |\langle A \rangle| < |\langle A, B \rangle| \;\Big|\; |\mathfrak{G}| = p^2 ,$$

also $\mathfrak{G} = \langle A, B \rangle$. Da B mit dem Zentrumselement A vertauschbar ist, ist $\mathfrak{G}$ abelsch. **q.e.d.**

Aufgaben:

21) Sei $|\mathfrak{G}| = 2^n m$ mit ungeradem m. Es besitze $\mathfrak{G}$ ein Element von der Ordnung 2^n. Dann gibt es ein $\mathfrak{N} \lhd \mathfrak{G}$ mit $|\mathfrak{G}/\mathfrak{N}| = 2^n$. (Anleitung: Man verwende die Schlußweise von 6.7.)

22) Man zeige: Jeder endliche Schiefkörper ist kommutativ. (Anleitung (nach WITT [1]): Sei K ein endlicher Schiefkörper mit $|\mathbf{Z}(K)| = q = p^m$ und $|K| = q^n$. Da die Zentralisatoren von Elementen aus $K^\times$ Unterkörper sind, die $\mathbf{Z}(K)$ enthalten, liefert die Klassengleichung eine Relation

$$|K^\times| = q^n - 1 = q - 1 + \sum_i \frac{q^n - 1}{q^{k_i} - 1}$$

mit $k_i | n$. Daraus leite man $n = 1$ her.)

23) Die Permutationsdarstellungen $\mathbf{P}_1$ und $\mathbf{P}_2$ von $\mathfrak{G}$ auf den Ziffernmengen Ω_1 und Ω_2 heißen ähnlich, wenn es eine umkehrbar eindeutige Abbildung β von Ω_1 auf Ω_2 gibt mit

$$\beta \mathbf{P}_2(G) = \mathbf{P}_1(G)\,\beta$$

für alle $G \in \mathfrak{G}$. Man zeige:

a) Sei $\mathfrak{H} < \mathfrak{G}$. Dann sind die Permutationsdarstellungen $\mathbf{P}_1$ und $\mathbf{P}_2$ mit

$$\mathbf{P}_1(G) = \begin{pmatrix} \mathfrak{H}X \\ \mathfrak{H}XG \end{pmatrix} \quad \text{und} \quad \mathbf{P}_2(G) = \begin{pmatrix} X\mathfrak{H} \\ G^{-1}X\mathfrak{H} \end{pmatrix}$$

ähnlich.

b) Die Permutationsdarstellungen $\mathbf{P}_1$ und $\mathbf{P}_2$ mit

$$\mathbf{P}_1(G) = \begin{pmatrix} \mathfrak{H}^X \\ \mathfrak{H}^{XG} \end{pmatrix} \quad \text{(auf der Ziffernmenge } \{\mathfrak{H}^X \mid X \in \mathfrak{G}\})$$

und

$$\mathbf{P}_2(G) = \begin{pmatrix} \mathbf{N}_{\mathfrak{G}}(\mathfrak{H})\,X \\ \mathbf{N}_{\mathfrak{G}}(\mathfrak{H})\,XG \end{pmatrix} \quad \text{(auf der Ziffernmenge } \{\mathbf{N}_{\mathfrak{G}}(\mathfrak{H})\,X \mid X \in \mathfrak{G}\})$$

sind ähnlich.

c) Genau dann sind die Darstellungen von $\mathfrak{G}$ als Permutationsgruppen auf den Nebenklassen nach den Untergruppen $\mathfrak{U}$ und $\mathfrak{V}$ ähnlich, wenn $\mathfrak{U}$ und $\mathfrak{V}$ in $\mathfrak{G}$ konjugiert sind.

24) Sei $\mathbf{P}$ die durch

$$\mathbf{P}(G) = \begin{pmatrix} \mathfrak{H}X \\ \mathfrak{H}XG \end{pmatrix}$$

gegebene Permutationsdarstellung von $\mathfrak{G}$ auf den Nebenklassen nach $\mathfrak{H}$. Die Anzahl der bei $\mathbf{P}(G)$ festen Ziffern bezeichnen wir mit $\pi(G)$. Sei $\mathfrak{C} = \{G^X \mid X \in \mathfrak{G}\}$ die Konjugiertenklasse von G in $\mathfrak{G}$. Dann gilt

$$\pi(G) = \frac{|\mathfrak{G} : \mathfrak{H}|\;|\mathfrak{C} \cap \mathfrak{H}|}{|\mathfrak{C}|}.$$

(Anleitung: Man zähle die Paare $(\mathfrak{H}X, Y)$ mit $\mathfrak{H}XY = \mathfrak{H}X$ und $Y \in \mathfrak{C}$ auf zwei Weisen ab.)

25) Die alternierende Gruppe $\mathfrak{A}_5$ hat Untergruppen der Indizes 6 und 10, aber keine Untergruppen der Indizes 3 und 4.

§ 7. Die Sylowschen Sätze

In diesem Paragraphen seien alle auftretenden Gruppen endlich.

7.1 Definition. Sei $\mathfrak{G}$ eine endliche Gruppe der Ordnung $g = p^a n$, sei p eine Primzahl und kein Teiler von n. Dann heißt jede Untergruppe $\mathfrak{P}$ von $\mathfrak{G}$ mit $|\mathfrak{P}| = p^a$ eine p-Sylowgruppe von $\mathfrak{G}$.

7.2 Satz. *Sei p eine Primzahl. Sei $|\mathfrak{G}| = g = p^a n$ und sei $N(p^a)$ die Anzahl der Untergruppen von $\mathfrak{G}$ von der Ordnung p^a. Dann gilt $N(p^a) \equiv 1\ (p)$; insbesondere ist also $N(p^a) \geqq 1$. (Wir setzen hier nicht voraus, daß n zu p teilerfremd ist.)*

Beweis (WIELANDT). Sei

$$\Omega = \{\mathfrak{M} \mid \mathfrak{M} \subseteq \mathfrak{G}, \quad |\mathfrak{M}| = p^a\}$$

die Menge der Teilmengen $\mathfrak{M}$ von $\mathfrak{G}$ mit $|\mathfrak{M}| = p^a$. Dann ist offenbar $|\Omega| = \binom{g}{p^a}$.

Wir machen $\mathfrak{G}$ zu einer Permutationsgruppe auf Ω durch die Festsetzung $\mathfrak{M}^{\mathbf{T}(G)} = \mathfrak{M}G$. Nach 5.8 zerfällt Ω in Bahnen T_i von $\mathfrak{G}$. Wir haben $|\Omega| = \sum_i |T_i|$ und nach 5.10 $|T_i| = |\mathfrak{G} : \mathfrak{U}_i|$ mit

$$\mathfrak{U}_i = \{G \mid \mathfrak{M}_i G = \mathfrak{M}_i\}$$

für eine Menge $\mathfrak{M}_i$ aus T_i.

Aus $\mathfrak{M}_i \mathfrak{U}_i = \mathfrak{M}_i$ folgt $\mathfrak{M}_i = \bigcup_{j=1}^{k_i} G_{ij}\mathfrak{U}_i$ mit geeigneten G_{ij}. Daher ist

$$|\mathfrak{M}_i| = p^a = k_i |\mathfrak{U}_i|, \quad \text{also} \quad |\mathfrak{U}_i| = p^{b_i} \leqq p^a .$$

Ist $|\mathfrak{U}_i| < p^a$, so gilt

$$|T_i| = |\mathfrak{G} : \mathfrak{U}_i| \equiv 0 \quad (pn) .$$

Die Gleichung $|\mathfrak{U}_i| = p^a$ ist wegen $|T_i| = |\mathfrak{G} : \mathfrak{U}_i|$ gleichwertig mit $|T_i| = n$. Also erhalten wir

$$|\Omega| = \binom{g}{p^a} \equiv \sum_{|T_i| = n} |T_i| \quad (pn) .$$

Ist $|T_i| = n$, so haben wir $|\mathfrak{U}_i| = p^a$ und daher $\mathfrak{M}_i = M_i \mathfrak{U}_i$. Dann ist

$$\mathfrak{M}_i M_i^{-1} = M_i \mathfrak{U}_i M_i^{-1} = \mathfrak{V}_i$$

eine Untergruppe der Ordnung p^a in T_i, und die Nebenklassen $\mathfrak{V}_i G$ liefern gerade die Elemente aus T_i. Umgekehrt führt jede Untergruppe $\mathfrak{U}$ von $\mathfrak{G}$ mit $|\mathfrak{U}| = p^a$ zu einer Bahn $T = \{\mathfrak{U}G \mid G \in \mathfrak{G}\}$ der Länge n. Verschiedene Gruppen $\mathfrak{U}_i$ mit $|\mathfrak{U}_i| = p^a$ führen zu verschiedenen Bahnen T_i, denn aus $\mathfrak{U}_i = \mathfrak{U}_j G$ folgt $E = U_j G$ mit $U_j \in \mathfrak{U}_j$, also $G = U_j^{-1} \in \mathfrak{U}_j$ und dann $\mathfrak{U}_i = \mathfrak{U}_j$. Wir erhalten daher

$$\binom{np^a}{p^a} \equiv \sum_{|T_i| = n} |T_i| = nN(p^a) \quad (pn) .$$

Nun wählen wir für $\mathfrak{G}$ (einem Hinweis von J. McLaughlin folgend) eine zyklische Gruppe der Ordnung np^a. Mit 2.20 erhalten wir dann $N(p^a) = 1$. Also bleibt

$$\binom{np^a}{p^a} \equiv n \ (pn)$$

und somit für beliebiges $\mathfrak{G}$ die Behauptung $N(p^a) \equiv 1 \ (p)$. **q.e.d.**

Nun folgt der erste der grundlegenden Sätze von Sylow:

7.3 1. Satz von Sylow. *Jede endliche Gruppe besitzt p-Sylowgruppen für jede Primzahl p. Die Anzahl N_p der p-Sylowgruppen ist kongruent zu* 1 mod$p$.

7.4 Satz (Cauchy). *Ist die Primzahl p ein Teiler der Ordnung von $\mathfrak{G}$, so gibt es Elemente G aus $\mathfrak{G}$ von der Ordnung p.*

Beweis. Nach 7.2 besitzt $\mathfrak{G}$ eine Untergruppe der Ordnung p, diese wird von einem Element der Ordnung p erzeugt. **q.e.d.**

Eine Übersicht über alle p-Sylowgruppen gibt der nächste Satz:

7.5 2. Satz von Sylow. *Sei $\mathfrak{G}$ endlich.*

a) *Sei $\mathfrak{P}$ eine p-Sylowgruppe von $\mathfrak{G}$ und $\mathfrak{U}$ eine Untergruppe von $\mathfrak{G}$ von p-Potenzordnung. Dann gibt es ein G aus $\mathfrak{G}$ mit $\mathfrak{U} \leqq \mathfrak{P}^G$.*

b) *Alle p-Sylowgruppen von $\mathfrak{G}$ sind konjugiert in $\mathfrak{G}$. Daher ist $|\mathfrak{G} : \mathbf{N}_{\mathfrak{G}}(\mathfrak{P})|$ die Anzahl der p-Sylowgruppen von $\mathfrak{G}$.*

Beweis. a) Wir schreiben die Zerlegung von $\mathfrak{G}$ in Doppelnebenklassen nach $\mathfrak{P}$ und $\mathfrak{U}$ hin. Nach 2.19 ist

$$|\mathfrak{G}| = \sum_i \frac{|\mathfrak{P}|\,|\mathfrak{U}|}{|\mathfrak{P}^{G_i} \cap \mathfrak{U}|}$$

für geeignete G_i aus $\mathfrak{G}$. Angenommen, es sei $\mathfrak{P}^{G_i} \cap \mathfrak{U} < \mathfrak{U}$ für alle i. Da dann $|\mathfrak{U} : \mathfrak{P}^{G_i} \cap \mathfrak{U}|$ eine von 1 verschiedene Potenz von p ist, folgt der Widerspruch

$$|\mathfrak{G} : \mathfrak{P}| = \sum_i |\mathfrak{U} : \mathfrak{P}^{G_i} \cap \mathfrak{U}| \equiv 0 \ (p)\,.$$

Also gibt es ein i mit $\mathfrak{U} = \mathfrak{P}^{G_i} \cap \mathfrak{U} \leqq \mathfrak{P}^{G_i}$.

b) folgt sofort aus a), wenn wir für $\mathfrak{U}$ eine p-Sylowgruppe von $\mathfrak{G}$ nehmen. **q.e.d.**

7.6 Satz. *Sei $\mathfrak{P}$ eine p-Sylowgruppe von $\mathfrak{G}$ und sei $\mathbf{N}_{\mathfrak{G}}(\mathfrak{P}) \leqq \mathfrak{U} \leqq \mathfrak{G}$. Dann gilt $\mathbf{N}_{\mathfrak{G}}(\mathfrak{U}) = \mathfrak{U}$.*

Beweis. Sei $X \in \mathbf{N}_{\mathfrak{G}}(\mathfrak{U})$, also $\mathfrak{U}^X = \mathfrak{U}$. Dann haben wir

$$\mathfrak{P}^X \leqq \mathbf{N}_{\mathfrak{G}}(\mathfrak{P})^X \leqq \mathfrak{U}^X = \mathfrak{U}\,.$$

Somit sind $\mathfrak{P}$ und $\mathfrak{P}^X$ p-Sylowgruppen von $\mathfrak{U}$. Nach 7.5 sind dann $\mathfrak{P}$ und $\mathfrak{P}^X$ konjugiert in $\mathfrak{U}$. Also gibt es ein U aus $\mathfrak{U}$ mit $\mathfrak{P}^X = \mathfrak{P}^U$. Nun folgt $\mathfrak{P}^{XU^{-1}} = \mathfrak{P}$, somit $XU^{-1} \in \mathbf{N}_{\mathfrak{G}}(\mathfrak{P}) \leqq \mathfrak{U}$ und dann auch $X \in \mathfrak{U}$. Daher ist $\mathbf{N}_{\mathfrak{G}}(\mathfrak{U}) = \mathfrak{U}$. **q.e.d.**

Die Sätze 7.3 bis 7.6 sind von grundlegender Bedeutung für die Theorie der endlichen Gruppen. Wir werden sie immer wieder verwenden, und ein nicht geringer Teil unserer Arbeit wird die Suche nach Ausdehnungen dieser Sätze sein. Wir vermerken noch ein paar einfache, aber nützliche Folgerungen:

7.7 Hilfssatz. *Sei* $\mathfrak{N}$ *ein Normalteiler und* $\mathfrak{P}$ *eine* p*-Sylowgruppe von* $\mathfrak{G}$. *Dann gilt:*

a) $\mathfrak{N} \cap \mathfrak{P}$ *ist eine* p*-Sylowgruppe von* $\mathfrak{N}$.

b) $\mathfrak{P}\mathfrak{N}/\mathfrak{N}$ *ist eine* p*-Sylowgruppe von* $\mathfrak{G}/\mathfrak{N}$.

c) $\mathbf{N}_{\mathfrak{G}}(\mathfrak{P})\,\mathfrak{N}/\mathfrak{N} = \mathbf{N}_{\mathfrak{G}/\mathfrak{N}}(\mathfrak{P}\mathfrak{N}/\mathfrak{N})$.

(*Vorsicht! Die Aussage unter* a) *ist nicht mehr notwendig richtig, wenn* $\mathfrak{N}$ *nur eine Untergruppe von* $\mathfrak{G}$ *ist!*)

Beweis. a) Wegen $\mathfrak{P} \leqq \mathfrak{P}\mathfrak{N} \leqq \mathfrak{G}$ ist $|\mathfrak{P}\mathfrak{N} : \mathfrak{P}| = |\mathfrak{N} : \mathfrak{N} \cap \mathfrak{P}|$ als Teiler von $|\mathfrak{G} : \mathfrak{P}|$ teilerfremd zu p, und $|\mathfrak{N} \cap \mathfrak{P}|$ ist eine Potenz von p. Also ist $\mathfrak{N} \cap \mathfrak{P}$ eine p-Sylowgruppe von $\mathfrak{N}$.

b) Es ist $|\mathfrak{P}\mathfrak{N}/\mathfrak{N}| = |\mathfrak{P}/(\mathfrak{N} \cap \mathfrak{P})|$ eine Potenz von p, und

$$|\mathfrak{G}/\mathfrak{N} : \mathfrak{P}\mathfrak{N}/\mathfrak{N}| = |\mathfrak{G} : \mathfrak{P}\mathfrak{N}|$$

ist als Teiler von $|\mathfrak{G} : \mathfrak{P}|$ teilerfremd zu p. Daher ist $\mathfrak{P}\mathfrak{N}/\mathfrak{N}$ eine p-Sylowgruppe von $\mathfrak{G}/\mathfrak{N}$.

c) Für $X \in \mathbf{N}_{\mathfrak{G}}(\mathfrak{P})$ gilt

$$(X^{-1}\mathfrak{N})\,(\mathfrak{P}\mathfrak{N}/\mathfrak{N})\,(X\mathfrak{N}) = \mathfrak{P}^X\mathfrak{N}/\mathfrak{N} = \mathfrak{P}\mathfrak{N}/\mathfrak{N}\,.$$

Also haben wir jedenfalls

$$\mathbf{N}_{\mathfrak{G}}(\mathfrak{P})\,\mathfrak{N}/\mathfrak{N} \leqq \mathbf{N}_{\mathfrak{G}/\mathfrak{N}}(\mathfrak{P}\mathfrak{N}/\mathfrak{N})\,.$$

Sei umgekehrt $X\mathfrak{N} \in \mathbf{N}_{\mathfrak{G}/\mathfrak{N}}(\mathfrak{P}\mathfrak{N}/\mathfrak{N})$, also $\mathfrak{P}^X\mathfrak{N} = \mathfrak{P}\mathfrak{N}$. Dann ist $\mathfrak{P}^X$ eine p-Sylowgruppe der Untergruppe $\mathfrak{P}\mathfrak{N}$ von $\mathfrak{G}$. Nach **7.5** gibt es daher ein Element PN aus $\mathfrak{P}\mathfrak{N}$ mit $P \in \mathfrak{P}$ und $N \in \mathfrak{N}$ und

$$\mathfrak{P}^{PN} = \mathfrak{P}^N = \mathfrak{P}^X\,.$$

Es folgt $XN^{-1} \in \mathbf{N}_{\mathfrak{G}}(\mathfrak{P})$, also $X \in \mathbf{N}_{\mathfrak{G}}(\mathfrak{P})\,\mathfrak{N}$ und dann $X\mathfrak{N} \in \mathbf{N}_{\mathfrak{G}}(\mathfrak{P})\,\mathfrak{N}/\mathfrak{N}$.

q.e.d.

7.8 Satz (*sog.* FRATTINI-*Argument*). *Sei* $\mathfrak{N}$ *ein Normalteiler von* $\mathfrak{G}$ *und* $\mathfrak{P}$ *eine* p*-Sylowgruppe von* $\mathfrak{N}$. *Dann gilt* $\mathfrak{G} = \mathfrak{N}\mathbf{N}_{\mathfrak{G}}(\mathfrak{P})$.

Beweis. Sei G irgendein Element aus $\mathfrak{G}$. Dann liegt $\mathfrak{P}^G$ in $\mathfrak{N}^G = \mathfrak{N}$, also ist $\mathfrak{P}^G$ wieder eine p-Sylowgruppe von $\mathfrak{N}$. Nach **7.5** gilt daher $\mathfrak{P}^G = \mathfrak{P}^N$ für ein geeignetes N aus $\mathfrak{N}$. Es folgt $GN^{-1} \in \mathbf{N}_{\mathfrak{G}}(\mathfrak{P})$ und dann $G \in \mathbf{N}_{\mathfrak{G}}(\mathfrak{P})\mathfrak{N} = \mathfrak{N}\mathbf{N}_{\mathfrak{G}}(\mathfrak{P})$. Da dies für alle G aus $\mathfrak{G}$ richtig ist, haben wir $\mathfrak{G} = \mathbf{N}_{\mathfrak{G}}(\mathfrak{P})\mathfrak{N}$. **q.e.d.**

In manchen Fällen läßt sich die Aussage von Satz **7.3** über die Anzahl der p-Sylowgruppen noch verschärfen:

7.9 Satz. *Seien* $\mathfrak{P}_1, \ldots, \mathfrak{P}_N$ *die sämtlichen p-Sylowgruppen von* $\mathfrak{G}$. *Gilt für* $i \neq j$ *stets*

$$|\mathfrak{P}_i : \mathfrak{P}_i \cap \mathfrak{P}_j| \geqq p^d ,$$

so ist $N \equiv 1 \ (p^d)$.

Beweis. Wir schreiben die Zerlegung von $\mathfrak{G}$ in Doppelnebenklassen nach einer p-Sylowgruppe $\mathfrak{P}$ und ihrem Normalisator $\mathbf{N}_{\mathfrak{G}}(\mathfrak{P})$ hin (siehe 2.19). Es ist

$$\mathfrak{G} = \bigcup_{i=1}^{s} \mathfrak{P} X_i \mathbf{N}_{\mathfrak{G}}(\mathfrak{P}) \quad (\text{mit } X_1 = E)$$

und

$$|\mathfrak{G}| = \sum_{i=1}^{s} \frac{|\mathfrak{P}|\,|\mathbf{N}_{\mathfrak{G}}(\mathfrak{P})|}{|\mathfrak{P}^{X_i} \cap \mathbf{N}_{\mathfrak{G}}(\mathfrak{P})|} .$$

Da $\mathfrak{P}$ nach 7.5 b) die einzige p-Sylowgruppe von $\mathbf{N}_{\mathfrak{G}}(\mathfrak{P})$ ist, folgt mit 7.5 a)

$$\mathfrak{P}^{X_i} \cap \mathbf{N}_{\mathfrak{G}}(\mathfrak{P}) = \mathfrak{P}^{X_i} \cap \mathfrak{P} .$$

Daher bleibt

$$|\mathfrak{G} : \mathbf{N}_{\mathfrak{G}}(\mathfrak{P})| = N = \sum_{i=1}^{s} |\mathfrak{P} : \mathfrak{P}^{X_i} \cap \mathfrak{P}| .$$

Für $i > 1$ gilt $X_i \notin \mathbf{N}_{\mathfrak{G}}(\mathfrak{P})$, also $\mathfrak{P}^{X_i} \neq \mathfrak{P}$, und daher nach unserer Voraussetzung

$$|\mathfrak{P} : \mathfrak{P}^{X_i} \cap \mathfrak{P}| \geqq p^d .$$

Mithin ist $N \equiv 1 \ (p^d)$. **q.e.d.**

Aufgaben:

26) Man beweise mit Hilfe der Doppelnebenklassenzerlegung, aber ohne Verwendung der Sylowschen Sätze:

Sei $\mathfrak{H} < \mathfrak{G}$ und sei $\mathfrak{P}$ eine p-Sylowgruppe von $\mathfrak{G}$. Dann gibt es ein $G \in \mathfrak{G}$ derart, daß $\mathfrak{H} \cap \mathfrak{P}^G$ eine p-Sylowgruppe von $\mathfrak{H}$ ist.

27) Sei V der Vektorraum der Dimension n über dem Körper $GF(p)$ und $GL(n, p)$ die Gruppe aller umkehrbar eindeutigen, linearen Abbildungen von V auf sich. Dann gilt:

a) $|GL(n, p)| = (p^n - 1)(p^n - p) \cdots (p^n - p^{n-1})$.

b) Sei $\{v_1, \ldots, v_n\}$ eine Basis von V über $GF(p)$. Dann bilden die Abbildungen T mit

$$v_1 T = v_1$$
$$v_i T - v_i \in \langle v_1, \ldots, v_{i-1} \rangle \quad (2 \leqq i \leqq n)$$

eine p-Sylowgruppe von $GL(n, p)$.

28) Man gebe einen neuen Beweis für die Existenz der Sylowgruppen durch Kombination der Aufgaben 26) und 27).

29) Man beweise ohne Verwendung von Sätzen aus § 7: Sei $\mathfrak{G}$ abelsch und sei p ein Primteiler von $|\mathfrak{G}| = g$. Dann gibt es ein $G \in \mathfrak{G}$ mit $O(G) = p$.

(Anleitung: Sei $\mathfrak{G} = \{G_1, \ldots, G_g\}$ und $O(G_i) = a_i$. Man zeige, daß in der Menge

$$\{G_1^{x_1} \cdots G_g^{x_g} \mid 0 \leqq x_i < a_i\}$$

jedes Element von $\mathfrak{G}$ gleich oft vorkommt).

30) Man gebe einen neuen Beweis für die Existenz der p-Sylowgruppen in folgender Weise: Unter den Gruppen ohne p-Sylowgruppen sei $\mathfrak{G}$ eine solche von kleinstmöglicher Ordnung. Man zeige:

a) Ist $\mathfrak{U} < \mathfrak{G}$, so gilt $|\mathfrak{G} : \mathfrak{U}| \equiv 0 \ (p)$.

b) $\mathfrak{G}$ besitzt keinen von $\mathfrak{E}$ verschiedenen Normalteiler von p-Potenzordnung.

c) Aus a) und b) leite man mit Hilfe der Klassengleichung 6.8 her, daß $\mathfrak{G}$ abelsch ist, und wende Aufgabe 29) an.

31) (Brodkey [1]) Die p-Sylowgruppen von $\mathfrak{G}$ seien abelsch. Man zeige: Ist $\mathfrak{E}$ der Durchschnitt aller p-Sylowgruppen von $\mathfrak{G}$, so gibt es zwei p-Sylowgruppen $\mathfrak{P}_1$ und $\mathfrak{P}_2$ von $\mathfrak{G}$ mit $\mathfrak{P}_1 \cap \mathfrak{P}_2 = \mathfrak{E}$.

(Anleitung: Sei $\mathfrak{G}$ ein Gegenbeispiel mit kleinstmöglicher Anzahl N_p der p-Sylowgruppen. Sei $\mathfrak{P}_2 \cap \cdots \cap \mathfrak{P}_k = \mathfrak{A} > \mathfrak{E}$, aber $\mathfrak{P}_1 \cap \mathfrak{A} = \mathfrak{E}$. Man betrachte $\mathbf{C}_{\mathfrak{G}}(\mathfrak{A})$.)

Für eine wesentlich tiefer liegende Aussage über Durchschnitte von p-Sylowgruppen vergleiche man Itô [10].

§ 8. Auflösbare Gruppen

8.1 Definition. Sind A und B Elemente der Gruppe $\mathfrak{G}$, so setzen wir

$$[A, B] = A^{-1} B^{-1} A B$$

und nennen $[A, B]$ den Kommutator von A mit B. Wir setzen ferner

$$\mathfrak{G}' = \langle [A, B] \mid A, B \in \mathfrak{G} \rangle$$

und nennen $\mathfrak{G}'$ die Kommutatorgruppe von $\mathfrak{G}$. Man sieht sofort, daß $\mathfrak{G}'$ eine charakteristische Untergruppe von $\mathfrak{G}$ ist, denn bei Automorphismen gehen Kommutatoren wieder in Kommutatoren über. (Man beachte, daß $\mathfrak{G}'$ das Erzeugnis aller Kommutatoren von $\mathfrak{G}$ ist; die Menge der Kommutatoren bildet in der Regel keine Untergruppe von $\mathfrak{G}$!). Wir definieren die höheren Kommutatorgruppen $\mathfrak{G}^{(i)}$ rekursiv durch $\mathfrak{G}^{(0)} = \mathfrak{G}$, $\mathfrak{G}^{(1)} = \mathfrak{G}'$ und $\mathfrak{G}^{(i+1)} = (\mathfrak{G}^{(i)})'$. Offenbar gilt

$$\mathfrak{G} \geqq \mathfrak{G}' \geqq \mathfrak{G}^{(2)} \geqq \mathfrak{G}^{(3)} \geqq \cdots,$$

und alle $\mathfrak{G}^{(i)}$ sind charakteristische Untergruppen von $\mathfrak{G}$. Wir schreiben häufig $\mathfrak{G}''$ statt $\mathfrak{G}^{(2)}$. Sind $\mathfrak{A}$ und $\mathfrak{B}$ Unterguppen von $\mathfrak{G}$, so setzen wir

$$[\mathfrak{A}, \mathfrak{B}] = \langle [A, B] \mid A \in \mathfrak{A}, B \in \mathfrak{B} \rangle .$$

Ist $\mathfrak{B} \leqq \mathbf{N}_{\mathfrak{G}}(\mathfrak{A})$, so gilt $[A, B] = A^{-1} A^B \in \mathfrak{A}$ für alle $A \in \mathfrak{A}$ und $B \in \mathfrak{B}$, also ist dann $[\mathfrak{A}, \mathfrak{B}] \leqq \mathfrak{A}$.

8.2 Satz. *Sei $\mathfrak{U}$ eine Untergruppe von $\mathfrak{G}$. Genau dann ist $\mathfrak{U}$ ein Normalteiler von $\mathfrak{G}$ mit abelscher Faktorgruppe $\mathfrak{G}/\mathfrak{U}$, wenn $\mathfrak{G}' \leqq \mathfrak{U}$ gilt.*

Beweis. Ist $\mathfrak{G}/\mathfrak{U}$ abelsch, so gilt für alle $A, B \in \mathfrak{G}$

$$A B \mathfrak{U} = (A \mathfrak{U})(B \mathfrak{U}) = (B \mathfrak{U})(A \mathfrak{U}) = B A \mathfrak{U} .$$

Also ist $[A, B] = A^{-1}B^{-1}A B \in \mathfrak{U}$ und dann auch $\mathfrak{G}' \leqq \mathfrak{U}$.

Sei umgekehrt $\mathfrak{G}' \leqq \mathfrak{U} \leqq \mathfrak{G}$. Für alle U aus $\mathfrak{U}$ und alle G aus $\mathfrak{G}$ gilt dann

$$U^G = G^{-1}U G = U[U, G] \in \mathfrak{U}\mathfrak{G}' = \mathfrak{U} .$$

Also ist $\mathfrak{U} \trianglelefteq \mathfrak{G}$. Wegen $[A, B] \in \mathfrak{G}' \leqq \mathfrak{U}$ folgt

$$(A \mathfrak{U})(B \mathfrak{U}) = (B \mathfrak{U})(A \mathfrak{U}) ,$$

und $\mathfrak{G}/\mathfrak{U}$ ist abelsch. **q.e.d.**

8.3 Definition. Die Gruppe $\mathfrak{G}$ heißt auflösbar, wenn $\mathfrak{G}^{(k)} = \mathfrak{E}$ für eine geeignete natürliche Zahl k gilt.

8.4 Hilfssatz. *Sei $\mathfrak{N} \trianglelefteq \mathfrak{G}$. Dann gilt für alle $i = 1, 2, \ldots$*

$$(\mathfrak{G}/\mathfrak{N})^{(i)} = \mathfrak{G}^{(i)}\mathfrak{N}/\mathfrak{N} .$$

Beweis. Es gilt

$$(\mathfrak{G}/\mathfrak{N})' = \langle [A\mathfrak{N}, B\mathfrak{N}] \mid A, B \in \mathfrak{G} \rangle = \langle [A, B]\mathfrak{N} \mid A, B \in \mathfrak{G} \rangle = \mathfrak{G}'\mathfrak{N}/\mathfrak{N} .$$

Sei schon $(\mathfrak{G}/\mathfrak{N})^{(i)} = \mathfrak{G}^{(i)}\mathfrak{N}/\mathfrak{N}$ für ein $i \geqq 1$ bewiesen. Dann ist

$$(\mathfrak{G}/\mathfrak{N})^{(i+1)} = (\mathfrak{G}^{(i)}\mathfrak{N}/\mathfrak{N})' = (\mathfrak{G}^{(i)}\mathfrak{N})'\mathfrak{N}/\mathfrak{N} \geqq \mathfrak{G}^{(i+1)}\mathfrak{N}/\mathfrak{N} .$$

Andererseits gilt

$$\begin{aligned} \mathfrak{G}^{(i)}\mathfrak{N}/\mathfrak{N} \big/ \mathfrak{G}^{(i+1)}\mathfrak{N}/\mathfrak{N} &\cong \mathfrak{G}^{(i)}(\mathfrak{G}^{(i+1)}\mathfrak{N})/\mathfrak{G}^{(i+1)}\mathfrak{N} \\ &\cong \mathfrak{G}^{(i)}/(\mathfrak{G}^{(i)} \cap \mathfrak{G}^{(i+1)}\mathfrak{N}) , \end{aligned}$$

und dies ist wegen

$$(\mathfrak{G}^{(i)})' = \mathfrak{G}^{(i+1)} \leqq \mathfrak{G}^{(i)} \cap \mathfrak{G}^{(i+1)}\mathfrak{N}$$

abelsch. Mit 8.2 folgt daher

$$(\mathfrak{G}/\mathfrak{N})^{(i+1)} = (\mathfrak{G}^{(i)}\mathfrak{N}/\mathfrak{N})' \leqq \mathfrak{G}^{(i+1)}\mathfrak{N}/\mathfrak{N} .$$

Das ergibt die Behauptung. **q.e.d.**

8.5 Satz. *Ist $\mathfrak{G}$ auflösbar, so auch jede Untergruppe und jede Faktorgruppe von $\mathfrak{G}$.*

Beweis. Aus $\mathfrak{U} \leqq \mathfrak{G}$ folgt offenbar $\mathfrak{U}' \leqq \mathfrak{G}'$ und allgemein durch Induktion nach i auch $\mathfrak{U}^{(i)} \leqq \mathfrak{G}^{(i)}$. Ist $\mathfrak{G}$ auflösbar, so haben wir $\mathfrak{G}^{(k)} = \mathfrak{E}$ für ein geeignetes k. Dann ist $\mathfrak{U}^{(k)} \leqq \mathfrak{G}^{(k)} = \mathfrak{E}$, also ist $\mathfrak{U}$ auflösbar.

Aus $\mathfrak{G}^{(k)} = \mathfrak{E}$ folgt mit 8.4

$$(\mathfrak{G}/\mathfrak{N})^{(k)} = \mathfrak{G}^{(k)}\mathfrak{N}/\mathfrak{N} = \mathfrak{N}/\mathfrak{N} = \mathfrak{E} .$$

Also ist mit $\mathfrak{G}$ auch $\mathfrak{G}/\mathfrak{N}$ auflösbar. **q.e.d.**

8.6 Satz. a) *Ist $\mathfrak{N}$ ein Normalteiler von $\mathfrak{G}$, sind $\mathfrak{N}$ und $\mathfrak{G}/\mathfrak{N}$ auflösbar, so ist auch $\mathfrak{G}$ auflösbar.*

b) *Sei* $\mathfrak{G}^{(k)} = \mathfrak{G}^{(k+j)}$ *für alle* $j \geqq 0$. *(Sicher gibt es zu jeder endlichen Gruppe* $\mathfrak{G}$ *ein solches* k.*) Sei* $\mathfrak{N} \trianglelefteq \mathfrak{G}$. *Genau dann ist* $\mathfrak{G}/\mathfrak{N}$ *auflösbar, wenn* $\mathfrak{G}^{(k)} \leqq \mathfrak{N}$ *gilt.*

c) *Sind* $\mathfrak{G}/\mathfrak{M}$ *und* $\mathfrak{G}/\mathfrak{N}$ *auflösbar, so ist auch* $\mathfrak{G}/(\mathfrak{M} \cap \mathfrak{N})$ *auflösbar.*

d) *Sind* $\mathfrak{M}$ *und* $\mathfrak{N}$ *auflösbare Normalteiler von* $\mathfrak{G}$, *so ist auch das Erzeugnis* $\langle \mathfrak{M}, \mathfrak{N} \rangle = \mathfrak{M}\mathfrak{N}$ *ein auflösbarer Normalteiler von* $\mathfrak{G}$. *Das Erzeugnis aller auflösbaren Normalteiler einer endlichen Gruppe* $\mathfrak{G}$ *ist daher ein auflösbarer Normalteiler von* $\mathfrak{G}$.

Beweis. a) Sind $\mathfrak{N}$ und $\mathfrak{G}/\mathfrak{N}$ auflösbar, so gilt für geeignete k und m

$$\mathfrak{N}^{(k)} = \mathfrak{E} \quad \text{und} \quad (\mathfrak{G}/\mathfrak{N})^{(m)} = \mathfrak{E}.$$

Aus

$$(\mathfrak{G}/\mathfrak{N})^{(m)} = \mathfrak{G}^{(m)}\mathfrak{N}/\mathfrak{N} = \mathfrak{E}$$

folgt nun $\mathfrak{G}^{(m)} \leqq \mathfrak{N}$ und dann $\mathfrak{G}^{(m+k)} = (\mathfrak{G}^{(m)})^{(k)} \leqq \mathfrak{N}^{(k)} = \mathfrak{E}$. Also ist $\mathfrak{G}$ auflösbar.

b) Ist $\mathfrak{G}^{(k)} \leqq \mathfrak{N}$, so gilt wegen 8.4

$$(\mathfrak{G}/\mathfrak{N})^{(k)} = \mathfrak{G}^{(k)}\mathfrak{N}/\mathfrak{N} = \mathfrak{E},$$

und $\mathfrak{G}/\mathfrak{N}$ ist auflösbar.

Sei umgekehrt $\mathfrak{G}/\mathfrak{N}$ auflösbar, etwa

$$(\mathfrak{G}/\mathfrak{N})^{(m)} = \mathfrak{G}^{(m)}\mathfrak{N}/\mathfrak{N} = \mathfrak{E}.$$

Dann ist $\mathfrak{G}^{(m)} \leqq \mathfrak{N}$, also auch

$$\mathfrak{G}^{(k)} = \mathfrak{G}^{(k+m)} = (\mathfrak{G}^{(m)})^{(k)} \leqq \mathfrak{N}.$$

c) Sind $\mathfrak{G}/\mathfrak{M}$ und $\mathfrak{G}/\mathfrak{N}$ auflösbar, so gilt nach b) $\mathfrak{G}^{(k)} \leqq \mathfrak{M} \cap \mathfrak{N}$, und daher ist auch $\mathfrak{G}/(\mathfrak{M} \cap \mathfrak{N})$ auflösbar.

d) Es gilt $\langle \mathfrak{M}, \mathfrak{N} \rangle = \mathfrak{M}\mathfrak{N}$ und $\mathfrak{M}\mathfrak{N}/\mathfrak{N} \cong \mathfrak{M}/(\mathfrak{M} \cap \mathfrak{N})$. Also sind $\mathfrak{M}\mathfrak{N}/\mathfrak{N}$ (als epimorphes Bild von $\mathfrak{M}$) und $\mathfrak{N}$ auflösbar, nach a) somit auch $\mathfrak{M}\mathfrak{N}$. **q.e.d.**

8.7 Definition. Sei $\mathfrak{G}$ $(\neq \mathfrak{E})$ auflösbar. Die kleinste natürliche Zahl k mit $\mathfrak{G}^{(k)} = \mathfrak{E}$ nennen wir die Stufe von $\mathfrak{G}$. Der Gruppe $\mathfrak{E}$ ordnen wir die Stufe 0 zu. Die Gruppen von der Stufe 1 sind offenbar gerade die von $\mathfrak{E}$ verschiedenen abelschen Gruppen. Die Gruppen von der Stufe 2 bezeichnen wir als metabelsch.

8.8 Satz. *Sei* $|\mathfrak{G}| = p^n$, *sei* p *eine Primzahl und sei* $\mathfrak{U} < \mathfrak{G}$. *Dann ist* $\mathfrak{U} < \mathrm{N}_{\mathfrak{G}}(\mathfrak{U})$.

Beweis. Sei $\mathfrak{G} = \bigcup_{1}^{s} \mathfrak{U}X_i\mathfrak{U}$ mit $X_1 = E$ die Zerlegung von $\mathfrak{G}$ in Doppelnebenklassen nach dem Untergruppenpaar $\mathfrak{U}, \mathfrak{U}$. Dann gilt nach 2.19

$$|\mathfrak{G}| = p^n = \sum_{i=1}^{s} \frac{|\mathfrak{U}|\,|\mathfrak{U}|}{|\mathfrak{U}^{X_i} \cap \mathfrak{U}|}.$$

Sei $|\mathfrak{U}| = p^m$. Es folgt

$$p^{n-m} = 1 + \sum_{i=2}^{s} |\mathfrak{U} : \mathfrak{U}^{X_i} \cap \mathfrak{U}| .$$

Da $|\mathfrak{U} : \mathfrak{U}^{X_i} \cap \mathfrak{U}|$ eine Potenz von p ist und $m < n$ gilt, muß es ein X_j mit $j \geqq 2$ und $|\mathfrak{U}^{X_j} \cap \mathfrak{U}| = |\mathfrak{U}|$ geben. Das heißt aber $\mathfrak{U}^{X_j} = \mathfrak{U}$, also $X_j \in \mathbf{N}_{\mathfrak{G}}(\mathfrak{U})$. Wegen $\mathfrak{U} = \mathfrak{U}X_1\mathfrak{U} \neq \mathfrak{U}X_j\mathfrak{U}$ gilt sicher $X_j \notin \mathfrak{U}$. Also ist $\mathfrak{U} < \mathbf{N}_{\mathfrak{G}}(\mathfrak{U})$. **q.e.d.**

Einen anderen Beweis für Satz 8.8 werden wir in III, 2.3 geben.

8.9 Satz. a) *Ist die Ordnung von $\mathfrak{G}$ eine Potenz der Primzahl p, so hat jede maximale Untergruppe von $\mathfrak{G}$ den Index p in $\mathfrak{G}$ und ist normal in $\mathfrak{G}$. (Dabei heißt $\mathfrak{U}$ eine maximale Untergruppe von $\mathfrak{G}$, falls $\mathfrak{U} < \mathfrak{G}$ und falls aus $\mathfrak{U} < \mathfrak{V} \leqq \mathfrak{G}$ folgt $\mathfrak{V} = \mathfrak{G}$.)*

b) *Jede Gruppe von Primzahlpotenzordnung ist auflösbar.*

Beweis. a) Sei $\mathfrak{U}$ eine maximale Untergruppe von $\mathfrak{G}$. Nach 8.8 gilt $\mathfrak{U} < \mathbf{N}_{\mathfrak{G}}(\mathfrak{U})$, also ist $\mathbf{N}_{\mathfrak{G}}(\mathfrak{U}) = \mathfrak{G}$ und somit $\mathfrak{U} \lhd \mathfrak{G}$. Da $\mathfrak{G}/\mathfrak{U}$ nach 3.10 keine nichttrivialen Untergruppen besitzt, hat $\mathfrak{G}/\mathfrak{U}$ nach 7.4 Primzahlordnung. Also ist $|\mathfrak{G}/\mathfrak{U}| = p$.

b) Sei $\mathfrak{U}$ eine maximale Untergruppe von $\mathfrak{G}$. Nach a) ist $\mathfrak{U} \lhd \mathfrak{G}$ und $|\mathfrak{G}/\mathfrak{U}| = p$. Vermöge einer Induktion nach der Gruppenordnung können wir annehmen, daß $\mathfrak{U}$ auflösbar ist. Als Gruppe von Primzahlordnung ist $\mathfrak{G}/\mathfrak{U}$ nach 2.10 zyklisch, also auch auflösbar. Nach 8.6 a) ist dann $\mathfrak{G}$ selbst auflösbar. **q.e.d.**

8.10 Satz. *Seien p und q Primzahlen mit $p \geqq q$ und sei $|\mathfrak{G}| = pq$. Dann ist $\mathfrak{G}$ auflösbar und $\mathfrak{G}$ hat eine invariante p-Sylowgruppe. Ist $q = p$, so ist $\mathfrak{G}$ abelsch. Ist q kein Teiler von $p - 1$ und $p \neq q$, so ist $\mathfrak{G}$ zyklisch.*

Beweis. Für $|\mathfrak{G}| = p^2$ wissen wir schon aus Satz 6.10, daß $\mathfrak{G}$ abelsch ist. Sei also weiterhin stets $p > q$ und $\mathfrak{P}$ eine p-Sylowgruppe von $\mathfrak{G}$. Dann ist $|\mathfrak{P}| = p$ und $\mathfrak{P} \leqq \mathbf{N}_{\mathfrak{G}}(\mathfrak{P}) \leqq \mathfrak{G}$. Somit ist $|\mathfrak{G} : \mathbf{N}_{\mathfrak{G}}(\mathfrak{P})|$ ein Teiler von $|\mathfrak{G} : \mathfrak{P}| = q$. Nach 7.3 und 7.5b) ist andererseits $|\mathfrak{G} : \mathbf{N}_{\mathfrak{G}}(\mathfrak{P})| \equiv 1\ (p)$. Wegen $p + 1 > q$ folgt dann $|\mathfrak{G} : \mathbf{N}_{\mathfrak{G}}(\mathfrak{P})| = 1$, also $\mathfrak{P} \lhd \mathfrak{G}$. Nun sind $\mathfrak{G}/\mathfrak{P}$ und $\mathfrak{P}$ als Gruppen von Primzahlordnung zyklisch, also auflösbar. Nach 8.6 a) ist auch $\mathfrak{G}$ auflösbar. Nach 4.5 ist $\mathfrak{G}/\mathbf{C}_{\mathfrak{G}}(\mathfrak{P})$ isomorph zu einer Untergruppe der Automorphismengruppe $\mathbf{A}(\mathfrak{P})$ von $\mathfrak{P}$. Wegen $\mathfrak{P} \leqq \mathbf{C}_{\mathfrak{G}}(\mathfrak{P})$ haben wir einerseits $|\mathfrak{G}/\mathbf{C}_{\mathfrak{G}}(\mathfrak{P})| \mid q$, andererseits ist nach 4.5 und 4.6

$$|\mathfrak{G}/\mathbf{C}_{\mathfrak{G}}(\mathfrak{P})| \mid |\mathbf{A}(\mathfrak{P})| = p - 1 .$$

Sind $p - 1$ und q teilerfremd, so folgt $\mathfrak{G} = \mathbf{C}_{\mathfrak{G}}(\mathfrak{P})$, also $\mathfrak{P} \leqq \mathbf{Z}(\mathfrak{G})$. Sei $\mathfrak{P} = \langle P \rangle$ und sei Q ein Element der Ordnung q aus $\mathfrak{G}$; ein solches Q gibt es nach Satz 7.4 sicher. Wegen $\mathfrak{P} \leqq \mathbf{Z}(\mathfrak{G})$ ist $PQ = QP$. Man sieht leicht (siehe Aufg. 6), daß PQ die Ordnung pq hat. Also erhalten wir $\mathfrak{G} = \langle PQ \rangle$, und $\mathfrak{G}$ ist zyklisch. **q.e.d.**

Etwas tiefer, aber mit den gleichen Methoden beweisbar ist:

8.11 Satz. *Seien p und q Primzahlen. Ist $|\mathfrak{G}| = p^a q$, so ist $\mathfrak{G}$ auflösbar.*

Beweis. Wir können $p \neq q$ annehmen; sonst ist nämlich Satz 8.9 anwendbar. Ist $\mathfrak{P}$ eine p-Sylowgruppe von $\mathfrak{G}$, so gilt $|\mathfrak{G} : \mathrm{N}_{\mathfrak{G}}(\mathfrak{P})| \mid q$. Wir können ferner $|\mathfrak{G} : \mathrm{N}_{\mathfrak{G}}(\mathfrak{P})| = q$ annehmen; andernfalls hätten wir $\mathfrak{P} \lhd \mathfrak{G}$, dann wären $\mathfrak{P}$ und $\mathfrak{G}/\mathfrak{P}$ auflösbar, und wir wären nach 8.6a) fertig.

Sei $\mathfrak{D} = \mathfrak{P}_1 \cap \mathfrak{P}_2$ ein Durchschnitt von möglichst großer Ordnung von zwei verschiedenen p-Sylowgruppen $\mathfrak{P}_1$ und $\mathfrak{P}_2$ von $\mathfrak{G}$. Wir haben zwei Fälle zu betrachten:

Fall 1: Es sei $\mathfrak{D} = \mathfrak{E}$. Dann haben je zwei der q verschiedenen p-Sylowgruppen von $\mathfrak{G}$ stets nur das Einheitselement E gemeinsam. Also gibt es in $\mathfrak{G}$ genau

$$1 + q(p^a - 1) = |\mathfrak{G}| - (q - 1)$$

Elemente von p-Potenzordnung. Somit verbleiben nur noch $q - 1$ weitere Elemente. Diese haben dann notwendig die Ordnung q und bilden zusammen mit E die einzige q-Sylowgruppe $\mathfrak{Q}$ von $\mathfrak{G}$. Also ist $\mathfrak{Q} \lhd \mathfrak{G}$. Wegen $|\mathfrak{G}/\mathfrak{Q}| = p^a$ ist dann $\mathfrak{G}$ nach 8.9b) und 8.6a) auflösbar.

Fall 2: Sei $\mathfrak{E} < \mathfrak{D}$. Nach 8.8 haben wir

$$\mathfrak{D} < \mathrm{N}_{\mathfrak{P}_i}(\mathfrak{D}) = \mathfrak{V}_i \leqq \mathfrak{P}_i \qquad (i = 1, 2)\,.$$

Also ist $\mathfrak{D} \lhd \langle \mathfrak{V}_1, \mathfrak{V}_2 \rangle = \mathfrak{T}$. Ist $|\mathfrak{T}| = p^t$, so gibt es nach 7.5a) eine p-Sylowgruppe $\mathfrak{P}_3$ von $\mathfrak{G}$ mit $\mathfrak{T} \leqq \mathfrak{P}_3$. Dann folgt

$$\mathfrak{P}_1 \cap \mathfrak{P}_3 \geqq \mathfrak{P}_1 \cap \mathfrak{T} \geqq \mathfrak{V}_1 > \mathfrak{D}\,,$$

wegen der Maximalität von $\mathfrak{D}$ also $\mathfrak{P}_1 = \mathfrak{P}_3$. Ebenso folgt $\mathfrak{P}_2 = \mathfrak{P}_3$, und das liefert den Widerspruch $\mathfrak{P}_1 = \mathfrak{P}_2$.

Also ist $|\mathfrak{T}| = p^t q$ mit einem geeigneten t. Sei $\mathfrak{Q}$ eine q-Sylowgruppe von $\mathfrak{T}$. Nach 2.12a) haben wir

$$|\mathfrak{Q}\mathfrak{P}_1| = q p^a = |\mathfrak{G}|\,,$$

also ist $\mathfrak{G} = \mathfrak{Q}\mathfrak{P}_1$.

Wir setzen $\mathfrak{K} = \mathfrak{D}^{\mathfrak{G}} = \langle \mathfrak{D}^G \mid G \in \mathfrak{G} \rangle$. Offenbar gilt dann $\mathfrak{D} \leqq \mathfrak{K} \trianglelefteq \mathfrak{G}$. Sei $G = QP$ mit $Q \in \mathfrak{Q} \leqq \mathfrak{T} \leqq \mathrm{N}_{\mathfrak{G}}(\mathfrak{D})$ und $P \in \mathfrak{P}_1$. Dann ist

$$\mathfrak{D}^G = (\mathfrak{D}^Q)^P = \mathfrak{D}^P \leqq \mathfrak{P}_1\,,$$

also auch $\mathfrak{K} \leqq \mathfrak{P}_1 < \mathfrak{G}$. Daher haben wir $\mathfrak{E} < \mathfrak{K} \lhd \mathfrak{G}$. Gemäß einer Induktionsannahme sind $\mathfrak{K}$ und $\mathfrak{G}/\mathfrak{K}$ auflösbar, also auch $\mathfrak{G}$ selbst nach 8.6a). **q.e.d.**

Wir vermerken als triviale Folgerung:

8.12 Bemerkung. Die symmetrischen Gruppen $\mathfrak{S}_n$ sind für $n \leqq 4$ auflösbar.

Wir werden später (S. 44) sehen, daß $\mathfrak{S}_n$ für $n \geqq 5$ nicht auflösbar ist.

Als weitere Folgerung aus den Sylowschen Sätzen beweisen wir:

8.13 Satz. *Ist* $|\mathfrak{G}| = pqr$ *mit drei Primzahlen* $p > q > r$, *so ist* $\mathfrak{G}$ *auflösbar.*

Beweis. Wir bezeichnen wieder die Anzahl der p-Sylowgruppen von $\mathfrak{G}$ mit N_p. Wir können offenbar $N_p > 1$, $N_q > 1$ und $N_r > 1$ annehmen; denn sonst hätten wir in $\mathfrak{G}$ einen Normalteiler von Primzahlordnung, und die Faktorgruppe wäre nach 8.10 auflösbar.

Aus $N_p \equiv 1$ (p) und $N_p = |\mathfrak{G} : \mathbf{N}_{\mathfrak{G}}(\mathfrak{P})| \mid qr$ (für jede p-Sylowgruppe $\mathfrak{P}$ von $\mathfrak{G}$) folgt wegen $p > q > r$ nun $N_p = qr$. Aus $N_q \equiv 1$ (q) und $N_q \mid pr$ folgt wegen $q > r$ sodann $N_q = p$ oder $N_q = pr$, also in jedem Falle $N_q \geqq p$. Schließlich gilt $N_r \geqq q$. Da die zyklischen Sylowgruppen von $\mathfrak{G}$ Primzahlordnung haben, sind sie bis auf das Einheitselement disjunkt. Nun können wir abzählen: Wir haben

$$N_p(p-1) = qr(p-1) \quad \text{Elemente von der Ordnung } p,$$
$$N_q(q-1) \geqq p(q-1) \quad \text{Elemente von der Ordnung } q \quad \text{und}$$
$$N_r(r-1) \geqq q(r-1) \quad \text{Elemente von der Ordnung } r\,.$$

Also folgt

$$|\mathfrak{G}| = pqr \geqq 1 + qr(p-1) + p(q-1) + q(r-1) = pqr + 1 + pq - p - q\,.$$

Das ergibt aber den Widerspruch $p - 1 \geqq q(p-1)$. **q.e.d.**

Wir werden später mit kräftigeren Hilfsmitteln die Sätze 8.11 und 8.13 erheblich verallgemeinern. Wir werden nämlich zeigen:

Satz von Burnside, V, 7.3: Jede Gruppe von der Ordnung $p^a q^b$ (p und q Primzahlen) ist auflösbar.

Satz von O. Hölder, IV, 2.9 (siehe auch Aufg. 40): Jede Gruppe von quadratfreier Ordnung ist auflösbar.

An dieser Stelle sei auch erwähnt, daß W. Feit und J. Thompson kürzlich die folgende alte Vermutung von Burnside beweisen konnten: Jede Gruppe von ungerader Ordnung ist auflösbar.

Eine leichte Ergänzung der Auflösbarkeitskriterien 8.11 und 8.13 (siehe Aufg. 33) liefert, daß alle Gruppen $\mathfrak{G}$ mit $|\mathfrak{G}| < 60$ auflösbar sind. Wir zeigen nun, daß es genau eine einfache (also notwendig nicht auflösbare) Gruppe der Ordnung 60 gibt:

8.14 Satz. *Ist* $\mathfrak{G}$ *eine einfache Gruppe der Ordnung* 60, *so gilt* $\mathfrak{G} \cong \mathfrak{A}_5$.

Beweis. a) Wir zeigen zuerst, daß $\mathfrak{A}_5$ einfach ist.

Ist T ein Element der Ordnung 3 aus $\mathfrak{A}_5$, so ist T ein 3-Zyklus und läßt genau zwei Ziffern i, j fest; zu gegebenen i, j gibt es zwei (zueinander inverse) solche 3-Zyklen. Also hat $\mathfrak{A}_5$ genau 20 Elemente der Ordnung 3 und 10 3-Sylowgruppen. Ferner enthält $\mathfrak{A}_5$ genau 24 5-Zyklen, die sich auf 6 5-Sylowgruppen verteilen.

Sei $\mathfrak{E} < \mathfrak{N} \trianglelefteq \mathfrak{A}_5$.

Sei zuerst $3 \mid |\mathfrak{N}|$ und sei $\mathfrak{T}$ eine 3-Sylowgruppe von $\mathfrak{N}$. Dann enthält $\mathfrak{N}$ alle 10 3-Sylowgruppen von $\mathfrak{A}_5$, und es folgt

$$|\mathfrak{N}| = |\mathfrak{N} : \mathbf{N}_{\mathfrak{N}}(\mathfrak{T})|\, |\mathbf{N}_{\mathfrak{N}}(\mathfrak{T})| = 10\, |\mathbf{N}_{\mathfrak{N}}(\mathfrak{T})| \equiv 0 \quad (30)\,.$$

Also ist 30 ein Teiler von $|\mathfrak{N}|$.

Ist $5 \mid |\mathfrak{N}|$, so enthält $\mathfrak{N}$ alle 6 5-Sylowgruppen von $\mathfrak{A}_5$, und wieder erhalten wir $30 \mid |\mathfrak{N}|$.

Also ist in beiden Fällen $30 \mid |\mathfrak{N}|$. Dann enthält $\mathfrak{N}$ alle 20 Elemente der Ordnung 3 und alle 24 Elemente der Ordnung 5 von $\mathfrak{A}_5$. Das führt zu

$$|\mathfrak{N}| \geqq 1 + 20 + 24 = 45\,.$$

Wegen $|\mathfrak{N}| \mid 60$ ist also $\mathfrak{N} = \mathfrak{A}_5$.

Es bleibt der Fall $|\mathfrak{N}| \mid 4$ zu behandeln. Die Bahnen von $\mathfrak{N}$ haben nach 5.10a) die Längen 1, 2 oder 4. Also bleibt eine der 5 Ziffern, etwa i, bei $\mathfrak{N}$ fest. Wegen $\mathfrak{N} \trianglelefteq \mathfrak{A}_5$ bleibt i^G bei $\mathfrak{N}^G = \mathfrak{N}$ fest. Da $\mathfrak{A}_5$ offensichtlich transitiv ist, bleiben alle Ziffern fest bei $\mathfrak{N}$, und es folgt der Widerspruch $\mathfrak{N} = \mathfrak{E}$.

b) Sei $\mathfrak{G}$ eine einfache Gruppe von der Ordnung 60. Zum Beweis von $\mathfrak{G} \cong \mathfrak{A}_5$ genügt der Nachweis, daß $\mathfrak{G}$ eine Untergruppe $\mathfrak{U}$ vom Index 5 enthält: Dann liefert nämlich die gemäß 6.2 konstruierte Permutationsdarstellung von $\mathfrak{G}$ (vom Grad 5) auf den Nebenklassen von $\mathfrak{U}$ einen Isomorphismus der einfachen Gruppe $\mathfrak{G}$ auf eine Untergruppe $\mathfrak{V}$ vom Index 2 in $\mathfrak{S}_5$. Wegen $|\mathfrak{S}_5 : \mathfrak{V}| = 2$ ist nach 3.3 sicher $\mathfrak{V} \triangleleft \mathfrak{S}_5$. Angenommen, es sei $\mathfrak{V} \neq \mathfrak{A}_5$. Dann ist $\mathfrak{S}_5 = \mathfrak{V}\mathfrak{A}_5$ und daher

$$|\mathfrak{S}_5 : \mathfrak{V}| = |\mathfrak{A}_5 : \mathfrak{V} \cap \mathfrak{A}_5| = 2\,.$$

Mit 3.3 folgt $\mathfrak{V} \cap \mathfrak{A}_5 \triangleleft \mathfrak{A}_5$, entgegen der in a) festgestellten Einfachheit von $\mathfrak{A}_5$.

Angenommen, $\mathfrak{G}$ habe keine Untergruppe vom Index 5. Sei $p \mid |\mathfrak{G}|$ und N_p die Anzahl der p-Sylowgruppen von $\mathfrak{G}$. Nach 7.3 ist $N_p \equiv 1\ (p)$. Nach unserer Annahme ist $N_p = |\mathfrak{G} : \mathbf{N}_{\mathfrak{G}}(\mathfrak{P})| \neq 5$ für jede p-Sylowgruppe $\mathfrak{P}$ von $\mathfrak{G}$. Ist $N_p \leqq 4$, so liefert die Permutationsdarstellung von $\mathfrak{G}$ auf der Menge $\{\mathfrak{P}_i \mid i = 1, \ldots, N_p\}$ der p-Sylowgruppen vermöge

$$\mathbf{T}(G) = \begin{pmatrix} \mathfrak{P}_i \\ \mathfrak{P}_i^G \end{pmatrix}$$

einen Homomorphismus von $\mathfrak{G}$ in eine symmetrische Gruppe $\mathfrak{S}_k$ mit $k = N_p \leqq 4$. Da $\mathfrak{G}$ einfach ist, folgt wegen $|\mathfrak{G}| = 60$ der Widerspruch $60 \mid 4!$. Also ist für alle p sicher $N_p > 5$. Wegen $N_p \equiv 1\,(p)$ erhalten wir $N_5 = 6$, $N_3 = 10$ und $N_2 = 15$.

Angenommen, es seien $\mathfrak{P}_1$ und $\mathfrak{P}_2$ zwei verschiedene 2-Sylowgruppen von $\mathfrak{G}$ mit $\mathfrak{E} < \mathfrak{D} = \mathfrak{P}_1 \cap \mathfrak{P}_2$. Da $\mathfrak{P}_1$ und $\mathfrak{P}_2$ nach 6.10 abelsch sind, ist dann $\mathfrak{D} \triangleleft \langle \mathfrak{P}_1, \mathfrak{P}_2 \rangle = \mathfrak{T}$. Wegen der Einfachheit von $\mathfrak{G}$ gilt $\mathfrak{T} < \mathfrak{G}$. Da $\mathfrak{T}$ mehr als eine 2-Sylowgruppe enthält, hat $\mathfrak{T}$ nach 7.3 mindestens drei 2-Sylowgruppen, und es folgt $12 \leqq |\mathfrak{T}|$. Das erzwingt den Widerspruch $|\mathfrak{G} : \mathfrak{T}| \leqq 5$. Also ist $\mathfrak{P}_1 \cap \mathfrak{P}_2 = \mathfrak{E}$ für $\mathfrak{P}_1 \neq \mathfrak{P}_2$.

Nun zählen wir ab: $\mathfrak{G}$ besitzt

$$N_5(5-1) = 24 \quad \text{Elemente von der Ordnung } 5\,,$$

$$N_3(3-1) = 20 \quad \text{Elemente von der Ordnung } 3 \quad \text{und}$$

$$N_2(4-1) = 45 \quad \text{Elemente von 2-Potenzordnung}\,.$$

Wegen

$$24 + 20 + 45 > 60$$

geht das jedoch nicht. **q.e.d.**

Aus 8.14 folgt für $n \geqq 5$ wegen $\mathfrak{A}_5 \leqq \mathfrak{S}_n$, daß die symmetrischen Gruppen $\mathfrak{S}_n$ mit $n \geqq 5$ nicht auflösbar sind.

Aufgaben:

32) Ist $|\mathfrak{G}| = p^2 q$, p und q Primzahlen, so hat $\mathfrak{G}$ eine invariante Sylowgruppe.

33) Ist $|\mathfrak{G}| = p^2 q^2$, p und q Primzahlen, so ist $\mathfrak{G}$ auflösbar.

34) Ist $|\mathfrak{G}| \leqq 200$ und $|\mathfrak{G}| \neq 60, 120, 168, 180$, so ist $\mathfrak{G}$ auflösbar.

35) Es gibt keine einfachen Gruppen der Ordnungen 120 und 180.

36) Sei $|\mathfrak{G}| = g$. Für jeden Teiler d von g habe $\mathfrak{G}$ höchstens eine Untergruppe von der Ordnung d. Dann ist $\mathfrak{G}$ zyklisch.

37) Sei K ein kommutativer Körper und $\mathfrak{G}$ eine endliche Untergruppe der multiplikativen Gruppe $K^\times$ von K. Dann ist $\mathfrak{G}$ zyklisch.

38) (Satz von Frobenius). Sei $\mathfrak{C} = \{X^G \mid G \in \mathfrak{G}\}$ eine Konjugiertenklasse von $\mathfrak{G}$ mit $|\mathfrak{C}| = c$. Sei $|\mathfrak{G}| = g$. Dann ist die Anzahl der G aus $\mathfrak{G}$ mit $G^n \in \mathfrak{C}$ teilbar durch (nc, g).

(Anleitung: Für jede Teilmenge $\mathfrak{K}$ von $\mathfrak{G}$ setze man

$$\mathscr{A}(\mathfrak{K}, m) = \{G \mid G^m \in \mathfrak{K}\}$$

und $|\mathscr{A}(\mathfrak{K}, m)| = a(\mathfrak{K}, m)$. Man beweise die Behauptung durch Induktion nach $g + n$ folgendermaßen:

a) Für $c > 1$ schließe man mit $\mathscr{A}(X, n) \subseteq \mathbf{C}_{\mathfrak{G}}(X) < \mathfrak{G}$ auf

$$\left(n, \frac{g}{c}\right) \Big|\, a(X, n) = \frac{a(\mathfrak{C}, n)}{c}\,.$$

b) Sei $n = n_1 n_2$ mit $(n_1, n_2) = 1$ und $n_i \neq 1$ $(i = 1, 2)$. Sei $\mathfrak{D} = \mathscr{A}(\mathfrak{C}, n_1)$. Dann ist $\mathscr{A}(\mathfrak{C}, n) = \mathscr{A}(\mathfrak{D}, n_2)$. Man wende die Induktionsannahme an!

c) Sei $n = p^a$ $(a > 0)$ mit $p \mid O(X)$. Für $G \in \mathscr{A}(X, n)$ gilt dann $O(G) = p^a O(X)$ und $|\mathscr{A}(X, n) \cap \langle G \rangle| = n$.

d) Sei $(n, O(X)) = 1$. Sei $\mathfrak{Z} = \{Y \mid Y \in \mathbf{Z}(\mathfrak{G}),\ (n, O(Y)) = 1\}$. Man zeige $a(Y_1, n) = a(Y_2, n)$ für $Y_i \in \mathfrak{Z}$. Aus der Klassengleichung

$$g = \sum_{\mathfrak{K}_i \nsubseteq \mathfrak{Z}} a(\mathfrak{K}_i, n) + |\mathfrak{Z}|\, a(Y, n)$$

folgere man $(n, g) \,\big|\, |\mathfrak{Z}|\, a(Y, n)$.)

39) Sei $\mathfrak{G}$ eine Gruppe mit lauter zyklischen Sylowgruppen, sei $|\mathfrak{G}| = \prod_{i=1}^{r} p_i^{a_i}$ mit $p_1 > p_2 \ldots > p_r$. Sei $m = p_1^{a_1} \ldots p_j^{a_j} p_{j+1}^{b}$ mit $1 \leqq j < r$ und $b \leqq a_{j+1}$. Dann gibt es genau m Elemente G aus $\mathfrak{G}$ mit $G^m = E$.

(Anleitung: Sei $p = p_{j+1}$ für $b < a_{j+1}$ und $p = p_{j+2}$ für $b = a_{j+1}$. Sei schon gezeigt, daß genau mp Lösungen von $X^{mp} = E$ existieren. Aus der Voraussetzung folgt mit Hilfe von Aufg. 38)

$$|\{G \mid G \in \mathfrak{G},\ G^m = E\}| = km$$

mit $1 \leqq k < p$. Die $mp - mk$ Elemente mit $G^m \neq E = G^{mp}$ sind gerade die Erzeugenden der zyklischen Untergruppen $\mathfrak{Z}$ von $\mathfrak{G}$ mit $|\mathfrak{Z}| \nmid m$ und $|\mathfrak{Z}| \mid mp$. Daraus folgere man $m(p - k) \equiv 0 \quad (p - 1)$.)

40) Mit Hilfe von Aufg. 39) zeige man: Sind alle Sylowgruppen von $\mathfrak{G}$ zyklisch, so ist $\mathfrak{G}$ auflösbar.

(Insbesondere ist also jede Gruppe von quadratfreier Ordnung auflösbar, wodurch 8.13 verallgemeinert wird. Wir werden in IV, 2.9 einen anderen Beweis dafür geben.)

41) Sei $\mathfrak{G} = \mathfrak{S}_4$. Man beweise:

a) Es gilt $\mathfrak{G}' = \mathfrak{A}_4$, und $\mathfrak{G}''$ ist ein Normalteiler $\mathfrak{K}$ der Ordnung 4 von $\mathfrak{S}_4$. ($\mathfrak{K}$ heißt die Kleinsche Vierergruppe.)

b) $\mathfrak{A}_4$ und $\mathfrak{K}$ sind die einzigen nichttrivialen Normalteiler von $\mathfrak{S}_4$.

c) Man beschreibe die Sylowgruppen von $\mathfrak{S}_4$ und ihre Durchschnitte.

§ 9. Direkte Produkte

9.1 Definition. Seien die $\mathfrak{G}_i$ mit i aus einer Indexmenge I Untergruppen der nicht notwendig endlichen Gruppe $\mathfrak{G}$. Wir sagen:

$\mathfrak{G}$ ist das direkte Produkt der $\mathfrak{G}_i$, wenn folgende Bedingungen erfüllt sind:

(1) $\mathfrak{G}_i \trianglelefteq \mathfrak{G}$ für alle $i \in I$.

(2) Jedes Element G aus $\mathfrak{G}$ läßt sich auf genau eine Weise (bis auf die Anordnung der Faktoren) schreiben als $G = \prod_{i \in I} G_i$ mit $G_i \in \mathfrak{G}_i$ und mit $G_i \neq E$ für nur endlich viele i. Insbesondere ist $\mathfrak{G}_i \cap \mathfrak{G}_j = \mathfrak{E}$ für $i \neq j$, daher nach 3.13 $G_i G_j = G_j G_i$ für alle $G_i \in \mathfrak{G}_i$ und alle $G_j \in \mathfrak{G}_j$.

Wir schreiben dann $\mathfrak{G} = \bigtimes_{i \in I} \mathfrak{G}_i$.

Sind die Gruppen $\mathfrak{G}_i$ additiv geschriebene abelsche Gruppen, so schreiben wir meist $\mathfrak{G} = \bigoplus_{i \in I} \mathfrak{G}_i$ und nennen $\mathfrak{G}$ die direkte Summe der $\mathfrak{G}_i$.

9.2 Satz. *Seien $\mathfrak{G}_i$ mit $i \in I$ irgendwelche Gruppen. Sei $\mathfrak{G}$ die Menge aller Abbildungen f von I in die Menge $\bigcup_{i \in I} \mathfrak{G}_i$ mit $f(i) \in \mathfrak{G}_i$ für alle i und $f(i) \neq E$ für höchstens endlich viele i. Wir definieren eine Multiplikation auf $\mathfrak{G}$ durch*

$$(fg)(i) = f(i)\, g(i)\,.$$

Dann gilt:

a) *Es ist* $\mathfrak{G}$ *das direkte Produkt der Untergruppen*

$$\overline{\mathfrak{G}}_i = \{f \mid f(j) = E \quad \text{für} \quad j \neq i\}\,,$$

und es gilt $\overline{\mathfrak{G}}_i \cong \mathfrak{G}_i$.

b) *Ist die Gruppe* $\mathfrak{H}$ *das direkte Produkt der Untergruppen* $\mathfrak{H}_i$ $(i \in I)$ *und ist* α_i *ein Isomorphismus (Homomorphismus) von* $\mathfrak{G}_i$ *auf* $\mathfrak{H}_i$, *so ist* α *mit*

$$f^\alpha(i) = f(i)^{\alpha_i}$$

ein Isomorphismus (Homomorphismus) von $\mathfrak{G}$ *auf* $\mathfrak{H}$.

(*Also ist das direkte Produkt der* $\mathfrak{G}_i$ *durch die Isomorphietypen der* $\mathfrak{G}_i$ *bis auf Isomorphie eindeutig bestimmt.*)

Beweis. a) Offenbar wird die Menge $\mathfrak{G}$ durch die angegebene Multiplikation zu einer Gruppe; f mit $f(i) = E$ für alle $i \in I$ ist das Einheitselement von $\mathfrak{G}$. Ferner ist $\overline{\mathfrak{G}}_i$ eine Untergruppe von $\mathfrak{G}$, und die Abbildung ε_i mit

$$f^{\varepsilon_i} = f(i)$$

ist ein Isomorphismus von $\overline{\mathfrak{G}}_i$ auf $\mathfrak{G}_i$.

Sei $f \in \overline{\mathfrak{G}}_i$ und $g \in \mathfrak{G}$. Dann ist

$$(g^{-1}fg)\,(j) = g(j)^{-1}\, f(j)\, g(j) = E \quad \text{für} \quad i \neq j\,.$$

Also ist $\overline{\mathfrak{G}}_i$ ein Normalteiler von $\mathfrak{G}$.

Sei $f \in \mathfrak{G}$ mit $f(i) = G_i \in \mathfrak{G}_i$ für i aus der endlichen Teilmenge J von I, sei $f(i) = E$ für $i \in I - J$. Für $j \in J$ definieren wir f_j aus $\overline{\mathfrak{G}}_j$ durch

$$f_j(i) = \begin{cases} E & \text{für} \quad i \neq j \\ G_j & \text{für} \quad i = j\,. \end{cases}$$

Dann ist offenbar $f = \prod_{j \in J} f_j$.

Ist $f = \prod_j g_j$ mit $g_j \in \overline{\mathfrak{G}}_j$, so folgt

$$G_i = f(i) = \prod_j g_j(i) = g_i(i)$$

für $i \in J$ und

$$E = f(i) = g_i(i)$$

für $i \in I - J$. Somit sind in der Zerlegung $f = \prod_i f_i$ die Faktoren f_i aus $\overline{\mathfrak{G}}_i$ eindeutig bestimmt. Also sind die Bedingungen (1) und (2) aus 9.1 erfüllt, und $\mathfrak{G}$ ist das direkte Produkt der $\overline{\mathfrak{G}}_i$.

b) Es gilt

$$(ff')^\alpha\,(i) = (ff')\,(i)^{\alpha_i} = f(i)^{\alpha_i}\, f'(i)^{\alpha_i} = (f^\alpha f'^\alpha)\,(i)\,.$$

Also ist α ein Epimorphismus von $\mathfrak{G}$ auf $\mathfrak{H}$.

Seien alle α_i Isomorphismen von $\mathfrak{G}_i$ auf $\mathfrak{H}_i$. Aus $f^\alpha = E$ folgt für alle $i \in I$

$$E = f^\alpha(i) = f(i)^{\alpha_i}, \quad \text{also} \quad f(i) = E\,.$$

Somit ist α ein Isomorphismus von $\mathfrak{G}$ auf $\mathfrak{H}$. **q.e.d.**

Im Rest dieses Paragraphen betrachten wir meist direkte Produkte von endlich vielen (nicht notwendig endlichen) Faktoren $\mathfrak{G}_i$ $(i = 1, \ldots, n)$ und schreiben dafür

$$\mathfrak{G}_1 \times \cdots \times \mathfrak{G}_n .$$

Die Elemente von $\mathfrak{G}_1 \times \cdots \times \mathfrak{G}_n$ schreiben wir oft als n-Tupel

$$(G_1, \ldots, G_n) \quad \text{mit} \quad G_i = f(i) .$$

Die Multiplikationsregel lautet dann

$$(G_1, \ldots, G_n)\,(G_1', \ldots, G_n') = (G_1 G_1', \ldots, G_n G_n') .$$

9.3 Satz. *Es seien die* $\mathfrak{G}_i$ $(i = 1, \ldots, n)$ *Untergruppen von* $\mathfrak{G}$, *welche die folgenden Bedingungen erfüllen:*

(1) $\mathfrak{G}_i \trianglelefteq \mathfrak{G}$.

(2) *Mit* $\mathfrak{G}_1 \ldots \mathfrak{G}_j = \{G_1 \ldots G_j \mid G_i \in \mathfrak{G}_i\}$ *gilt*

$$\mathfrak{G}_1 \ldots \mathfrak{G}_{i-1} \cap \mathfrak{G}_i = \mathfrak{E} \text{ für } i = 2, \ldots, n .$$

(3) $\mathfrak{G} = \mathfrak{G}_1 \ldots \mathfrak{G}_n$.

Dann gilt $\mathfrak{G} = \mathfrak{G}_1 \times \cdots \times \mathfrak{G}_n$.

Beweis. Da die $\mathfrak{G}_i$ Normalteiler von $\mathfrak{G}$ sind, ist auch

$$\mathfrak{G}_1 \ldots \mathfrak{G}_j = \langle \mathfrak{G}_1, \ldots, \mathfrak{G}_j \rangle$$

ein Normalteiler von $\mathfrak{G}$. Wegen $\mathfrak{G}_1 \ldots \mathfrak{G}_{i-1} \cap \mathfrak{G}_i = \mathfrak{E}$ sind nach 3.13 $\mathfrak{G}_i$ und $\mathfrak{G}_1 \ldots \mathfrak{G}_{i-1}$ elementweise vertauschbar. Also sind $\mathfrak{G}_i$ und $\mathfrak{G}_j$ für $i \neq j$ elementweise vertauschbar.

Angenommen, es sei

$$G_1 \ldots G_n = H_1 \ldots H_n$$

mit G_i und H_i aus $\mathfrak{G}_i$. Dann folgt

$$(G_1 H_1^{-1}) \ldots (G_n H_n^{-1}) = E .$$

Wir setzen $F_i = G_i H_i^{-1}$. Angenommen, es sei bereits $E = F_{j+1} = \cdots = F_n$ gezeigt. Dann haben wir

$$F_1 \ldots F_{j-1} = F_j^{-1} \in \mathfrak{G}_1 \ldots \mathfrak{G}_{j-1} \cap \mathfrak{G}_j = \mathfrak{E} .$$

Also ist auch $F_j = E$, und es folgt $G_i = H_i$ für alle i. Somit sind die Voraussetzungen von 9.1 erfüllt, und wir erhalten

$$\mathfrak{G} = \mathfrak{G}_1 \times \cdots \times \mathfrak{G}_n .$$

q.e.d.

9.4 Satz. *Seien die* $\mathfrak{G}_i$ $(i = 1, \ldots, n)$ *Normalteiler von* $\mathfrak{G}$ *von paarweise teilerfremden Ordnungen* g_i *und sei* $|\mathfrak{G}| = \prod_{i=1}^{n} g_i$. *Dann gilt:*

a) $\mathfrak{G} = \mathfrak{G}_1 \times \cdots \times \mathfrak{G}_n$.

b) $\mathbf{A}(\mathfrak{G}) \cong \mathbf{A}(\mathfrak{G}_1) \times \cdots \times \mathbf{A}(\mathfrak{G}_n)$.

Beweis. a) Wir weisen nach, daß die Bedingungen (1)—(3) von Satz 9.3 erfüllt sind. (1) steht in unseren Voraussetzungen.

Sei schon $|\mathfrak{G}_1 \ldots \mathfrak{G}_{i-1}| = g_1 \ldots g_{i-1}$ bewiesen. Wegen der Teilerfremdheit von $g_1 \ldots g_{i-1}$ und g_i gilt dann

$$\mathfrak{G}_1 \ldots \mathfrak{G}_{i-1} \cap \mathfrak{G}_i = \mathfrak{E}\,,$$

und daher folgt mit 2.12a)

$$|\mathfrak{G}_1 \ldots \mathfrak{G}_i| = g_1 \ldots g_i\,.$$

Hieraus folgt sofort (2) von 9.3. Wir haben

$$|\mathfrak{G}_1 \ldots \mathfrak{G}_n| = g_1 \ldots g_n = |\mathfrak{G}|\,,$$

also $\mathfrak{G} = \mathfrak{G}_1 \ldots \mathfrak{G}_n$.

Nun liefert Satz 9.3 die Behauptung.

b) Sei α ein Automorphismus von $\mathfrak{G}$. Da $\mathfrak{G}_i$ nach 4.9 eine charakteristische Untergruppe von $\mathfrak{G}$ ist, gilt $\mathfrak{G}_i^\alpha = \mathfrak{G}_i$ für $i = 1, \ldots, n$.

Sei α_i die Einschränkung von α auf $\mathfrak{G}_i$. Die Abbildung μ mit

$$\alpha^\mu = (\alpha_1, \ldots, \alpha_n)$$

von $\mathbf{A}(\mathfrak{G})$ in $\mathbf{A}(\mathfrak{G}_1) \times \cdots \times \mathbf{A}(\mathfrak{G}_n)$ ist offenbar ein Monomorphismus von $\mathbf{A}(\mathfrak{G})$ in $\mathbf{A}(\mathfrak{G}_1) \times \cdots \times \mathbf{A}(\mathfrak{G}_n)$.

Umgekehrt liefert jedes Element $(\alpha_1, \ldots, \alpha_n)$ aus $\mathbf{A}(\mathfrak{G}_1) \times \cdots \times \mathbf{A}(\mathfrak{G}_n)$ einen Automorphismus α von $\mathfrak{G}_1 \times \cdots \times \mathfrak{G}_n$ vermöge

$$(G_1, \ldots, G_n)^\alpha = (G_1^{\alpha_1}, \ldots, G_n^{\alpha_n})\,.$$

Also haben wir $\mathbf{A}(\mathfrak{G}) \cong \mathbf{A}(\mathfrak{G}_1) \times \cdots \times \mathbf{A}(\mathfrak{G}_n)$. **q.e.d.**

9.5 Satz. *Sind alle Sylowgruppen der endlichen Gruppe $\mathfrak{G}$ Normalteiler von $\mathfrak{G}$, so ist $\mathfrak{G}$ das direkte Produkt seiner Sylowgruppen. Wir nennen solche Gruppen nilpotent.*

Beweis. Unter den vorliegenden Voraussetzungen erfüllen die Sylowgruppen offenbar die Bedingungen von Satz 9.4. **q.e.d.**

Häufig ist die folgende Bemerkung von Nutzen:

9.6 Hilfssatz. *Seien $\mathfrak{M}$ und $\mathfrak{N}$ Normalteiler von $\mathfrak{G}$. Dann ist $\mathfrak{G}/(\mathfrak{M} \cap \mathfrak{N})$ isomorph zu einer Untergruppe von $\mathfrak{G}/\mathfrak{M} \times \mathfrak{G}/\mathfrak{N}$.*

Beweis. Die Abbildung ε von $\mathfrak{G}$ in $\mathfrak{G}/\mathfrak{M} \times \mathfrak{G}/\mathfrak{N}$ mit

$$G^\varepsilon = (G\mathfrak{M}, G\mathfrak{N})$$

ist offenbar ein Homomorphismus von $\mathfrak{G}$ in $\mathfrak{G}/\mathfrak{M} \times \mathfrak{G}/\mathfrak{N}$ mit dem Kern $\mathfrak{M} \cap \mathfrak{N}$. **q.e.d.**

Aus 9.6 erhalten wir unmittelbar eine bemerkenswerte Folgerung:

9.7 Satz. *Sei $\mathscr{E}$ eine Gruppeneigenschaft, welche folgende Bedingungen erfüllt:*

(1) *Hat $\mathfrak{G}$ die Eigenschaft $\mathscr{E}$, so auch jede Untergruppe von $\mathfrak{G}$.*

(2) *Haben* $\mathfrak{G}_1$ *und* $\mathfrak{G}_2$ *die Eigenschaft* $\mathcal{E}$, *so auch das direkte Produkt* $\mathfrak{G}_1 \times \mathfrak{G}_2$.

Dann gilt: Sind $\mathfrak{M}$ *und* $\mathfrak{N}$ *Normalteiler von* $\mathfrak{G}$ *derart, daß* $\mathfrak{G}/\mathfrak{M}$ *und* $\mathfrak{G}/\mathfrak{N}$ *die Eigenschaft* $\mathcal{E}$ *haben, so hat auch* $\mathfrak{G}/(\mathfrak{M} \cap \mathfrak{N})$ *die Eigenschaft* $\mathcal{E}$.

Beispiele für Gruppeneigenschaften mit (1) und (2) sind:

Kommutativität; Endlichkeit; Auflösbarkeit; Nilpotenz; $|\mathfrak{G}|$ enthält nur Primteiler aus einer vorgegebenen Menge von Primzahlen.

Als nützliche Folgerung vermerken wir:

9.8 Satz. *Ist* $\mathfrak{G}$ *endlich, so ist der Durchschnitt aller Normalteiler von* $\mathfrak{G}$ *von* p*-Potenzindex wieder ein Normalteiler von* p*-Potenzindex.*

Durch triviale Rechnung erhält man:

9.9 Hilfssatz. $\mathbf{Z}\left(\bigtimes_{i \in I} \mathfrak{G}_i\right) = \bigtimes_{i \in I} \mathbf{Z}(\mathfrak{G}_i)$ *und* $\left(\bigtimes_{i \in I} \mathfrak{G}_i\right)' = \bigtimes_{i \in I} \mathfrak{G}_i'$. *Daraus folgt sofort: Sind* $\mathfrak{G}_1, \ldots, \mathfrak{G}_n$ *auflösbar, so auch* $\mathfrak{G}_1 \times \cdots \times \mathfrak{G}_n$.

Die folgenden beiden Sätze beschreiben nützliche Konstruktionen, welche aus dem direkten Produkt abgeleitet sind.

9.10 Satz. *Vorgegeben seien zwei Gruppen* $\mathfrak{G}_i$ $(i = 1, 2)$ *und Untergruppen* $\mathfrak{U}_i$ *mit* $\mathfrak{U}_i \leqq \mathbf{Z}(\mathfrak{G}_i)$. *Sei* μ *ein Isomorphismus von* $\mathfrak{U}_1$ *auf* $\mathfrak{U}_2$. *Dann ist* Pushout (with commut'g)

$$\mathfrak{D} = \{(U_1, (U_1^{\mu})^{-1}) \mid U_1 \in \mathfrak{U}_1\}$$

ein Normalteiler von $\mathfrak{G}_1 \times \mathfrak{G}_2$. *Wir setzen*

$$\mathfrak{G}_1 \curlyvee \mathfrak{G}_2 = (\mathfrak{G}_1 \times \mathfrak{G}_2)/\mathfrak{D}$$

und behaupten:

a) *Es gibt Monomorphismen* α_i *von* $\mathfrak{G}_i$ *in* $\mathfrak{G}_1 \curlyvee \mathfrak{G}_2$ $(i = 1, 2)$, *die* $\mathfrak{G}_i^{\alpha_i}$ *sind elementweise vertauschbare Normalteiler von* $\mathfrak{G}_1 \curlyvee \mathfrak{G}_2$ *mit*

$$\mathfrak{G}_1 \curlyvee \mathfrak{G}_2 = \mathfrak{G}_1^{\alpha_1} \mathfrak{G}_2^{\alpha_2}.$$

b) $\mathfrak{G}_1^{\alpha_1} \cap \mathfrak{G}_2^{\alpha_2} = \mathfrak{U}_1^{\alpha_1} = \mathfrak{U}_2^{\alpha_2}$, *und* $U_1^{\alpha_1} = U_1^{\mu\alpha_2}$ *für alle* $U_1 \in \mathfrak{U}_1$.

Wir nennen $\mathfrak{G}_1 \curlyvee \mathfrak{G}_2$ *das direkte Produkt von* $\mathfrak{G}_1$ *und* $\mathfrak{G}_2$ *mit den vermöge* μ *vereinigten zentralen Untergruppen* $\mathfrak{U}_1$ *und* $\mathfrak{U}_2$.

Beweis. Wir zeigen zuerst, daß $\mathfrak{D}$ eine Untergruppe von $\mathfrak{G}_1 \times \mathfrak{G}_2$ ist. Es gilt

$$(U_1, (U_1^{\mu})^{-1})\,(U_1', (U_1'^{\mu})^{-1}) = \big(U_1 U_1', ((U_1 U_1')^{\mu})^{-1}\big) \in \mathfrak{D}$$

und

$$(U_1, (U_1^{\mu})^{-1})^{-1} = \big(U_1^{-1}, ((U_1^{-1})^{\mu})^{-1}\big) \in \mathfrak{D}.$$

Aus 9.9 folgt

$$\mathfrak{D} \leqq \mathbf{Z}(\mathfrak{G}_1) \times \mathbf{Z}(\mathfrak{G}_2) = \mathbf{Z}(\mathfrak{G}_1 \times \mathfrak{G}_2)$$

und daher $\mathfrak{D} \trianglelefteq \mathfrak{G}_1 \times \mathfrak{G}_2$.

Wir setzen für $G_1 \in \mathfrak{G}_1$ stets $\overline{G_1} = (G_1, E)$ und $\overline{\mathfrak{G}_1} = \{(G_1, E) \mid G_1 \in \mathfrak{G}_1\}$. Entsprechend bilden wir $\overline{G_2}$ und $\overline{\mathfrak{G}_2}$. Offenbar gilt $\overline{\mathfrak{G}_i} \cong \mathfrak{G}_i$ für $i = 1, 2$.

Wir definieren die Abbildung α_i von $\mathfrak{G}_i$ in $\mathfrak{G}_1 \curlyvee \mathfrak{G}_2$ durch

$$G_i^{\alpha_i} = \overline{G}_i \mathfrak{D} \quad (G_i \in \mathfrak{G}_i)\ .$$

Dann gilt

$$\mathfrak{G}_i^{\alpha_i} = \overline{\mathfrak{G}}_i \mathfrak{D}/\mathfrak{D} \cong \overline{\mathfrak{G}}_i/(\overline{\mathfrak{G}}_i \cap \mathfrak{D})\ .$$

Aus $(U_1, (U_1^\mu)^{-1}) \in \overline{\mathfrak{G}}_1 \cap \mathfrak{D}$ folgt $U_1^\mu = E$, also auch $U_1 = E$. Somit ist α_i ein Isomorphismus von $\mathfrak{G}_i$ auf $\mathfrak{G}_i^{\alpha_i}$.

Die restlichen Behauptungen unter a) sind trivial.

Sei

$$\overline{G}_1 \mathfrak{D} = \overline{G}_2 \mathfrak{D} \in \mathfrak{G}_1^{\alpha_1} \cap \mathfrak{G}_2^{\alpha_2} \quad \text{mit } G_i \in \mathfrak{G}_i\ .$$

Dann gilt $\overline{G}_1 \overline{G}_2^{-1} \in \mathfrak{D}$, also ist $\overline{G}_1 \overline{G}_2^{-1} = (U_1, (U_1^\mu)^{-1})$ mit einem geeigneten $U_1 \in \mathfrak{U}_1$. Es folgt

$$G_1 = U_1 \in \mathfrak{U}_1 \quad \text{und} \quad G_2 = U_1^\mu \in \mathfrak{U}_1^\mu = \mathfrak{U}_2\ .$$

Also haben wir

$$\overline{G}_1 \mathfrak{D} = \overline{G}_2 \mathfrak{D} \in \mathfrak{U}_1^{\alpha_1} \cap \mathfrak{U}_2^{\alpha_2}$$

und somit

$$\mathfrak{G}_1^{\alpha_1} \cap \mathfrak{G}_2^{\alpha_2} \leqq \mathfrak{U}_1^{\alpha_1} \cap \mathfrak{U}_2^{\alpha_2}\ .$$

Wegen

$$U_1^{\alpha_1} = \overline{U}_1 \mathfrak{D} = \overline{U}_1 (\overline{U}_1 (\overline{U_1^\mu})^{-1})^{-1} \mathfrak{D} = \overline{U_1^\mu} \mathfrak{D} = U_1^{\mu \alpha_2}$$

ist sicher

$$\mathfrak{U}_1^{\alpha_1} = \mathfrak{U}_2^{\alpha_2} \leqq \mathfrak{G}_1^{\alpha_1} \cap \mathfrak{G}_2^{\alpha_2}\ .$$

Daraus folgt

$$\mathfrak{G}_1^{\alpha_1} \cap \mathfrak{G}_2^{\alpha_2} = \mathfrak{U}_1^{\alpha_1} = \mathfrak{U}_2^{\alpha_2}\ .$$ **q.e.d.**

Wir nehmen eine zu 9.10 duale Konstruktion vor:

Pullback

9.11 Satz. *Vorgegeben seien die Gruppen $\mathfrak{G}_i$ $(i = 1, 2)$ und Epimorphismen μ_i von $\mathfrak{G}_i$ auf $\mathfrak{H}$. Sei $\mathfrak{N}_i$ der Kern von μ_i. Dann ist*

$$\mathfrak{G}_1 \curlywedge \mathfrak{G}_2 = \{(G_1, G_2) \mid G_i \in \mathfrak{G}_i,\ G_1^{\mu_1} = G_2^{\mu_2}\}$$

eine Untergruppe von $\mathfrak{G}_1 \times \mathfrak{G}_2$. Es gibt Epimorphismen α_i von $\mathfrak{G}_1 \curlywedge \mathfrak{G}_2$ auf $\mathfrak{G}_i$ mit

$$\mathit{Kern}\, \alpha_1 = \mathfrak{K}_1 = \{(E, N_2) \mid N_2 \in \mathfrak{N}_2\} \cong \mathfrak{N}_2$$

und

$$\mathit{Kern}\, \alpha_2 = \mathfrak{K}_2 = \{(N_1, E) \mid N_1 \in \mathfrak{N}_1\} \cong \mathfrak{N}_1\ .$$

Es gibt ferner einen Epimorphismus μ von $\mathfrak{G}_1 \curlywedge \mathfrak{G}_2$ auf $\mathfrak{H}$ mit

$$\mathit{Kern}\, \mu = \mathfrak{K}_1 \times \mathfrak{K}_2\ .$$

Wir nennen $\mathfrak{G}_1 \curlywedge \mathfrak{G}_2$ das direkte Produkt von $\mathfrak{G}_1$ und $\mathfrak{G}_2$ mit vereinigter Faktorgruppe $\mathfrak{H}$.

Beweis. Offenbar ist $\mathfrak{G}_1 \curlywedge \mathfrak{G}_2$ eine Untergruppe von $\mathfrak{G}_1 \times \mathfrak{G}_2$. Sei π_i der Homomorphismus von $\mathfrak{G}_1 \times \mathfrak{G}_2$ auf $\mathfrak{G}_i$ mit

$$(G_1, G_2)^{\pi_i} = G_i\ .$$

Dann ist die Einschränkung von π_i auf $\mathfrak{G}_1 \curlywedge \mathfrak{G}_2$ offenbar ein Epimorphismus α_i von $\mathfrak{G}_1 \curlywedge \mathfrak{G}_2$ auf $\mathfrak{G}_i$ mit

$$\text{Kern}\,\alpha_1 = \{(E, G_2) \mid G_2^{\mu_2} = E^{\mu_1} = E, \text{ also } G_2 \in \mathfrak{N}_2\}.$$

Durch $(G_1, G_2)^\mu = G_1^{\mu_1} = G_2^{\mu_2}$ wird ein Epimorphismus μ von $\mathfrak{G}_1 \curlywedge \mathfrak{G}_2$ auf $\mathfrak{H}$ definiert. Der Kern von μ ist offenbar $\mathfrak{K}_1 \times \mathfrak{K}_2$. **q.e.d.**

Wir sind nun in der Lage, die Struktur von charakteristisch einfachen, endlichen Gruppen völlig auf die Struktur von einfachen Gruppen zurückzuführen:

9.12 Satz. a) *Ist $\mathfrak{G}$ eine endliche, charakteristisch einfache Gruppe, so ist $\mathfrak{G}$ das direkte Produkt von isomorphen einfachen Gruppen.*

b) *Ist $\mathfrak{G} = \mathfrak{G}_1 \times \cdots \times \mathfrak{G}_r$ das direkte Produkt von einfachen, nichtabelschen Gruppen $\mathfrak{G}_i$, so sind die Teilprodukte $\bigtimes_{j \in J} \mathfrak{G}_j$ mit $J \subseteq \{1, \ldots, r\}$ die einzigen Normalteiler von $\mathfrak{G}$. Insbesondere sind die $\mathfrak{G}_i$ die einzigen minimalen Normalteiler von $\mathfrak{G}$ (d. h. die minimalen Elemente der Menge $\{\mathfrak{N} \mid \mathfrak{E} < \mathfrak{N} \trianglelefteq \mathfrak{G}\}$), und jeder Normalteiler von $\mathfrak{G}$ ist ein direkter Faktor von $\mathfrak{G}$.*

c) *Das direkte Produkt von endlich vielen isomorphen einfachen Gruppen ist stets charakteristisch einfach.*

Beweis. a) Sei $\mathfrak{N}$ ein minimaler Normalteiler von $\mathfrak{G}$. Wir betrachten die Bilder $\mathfrak{N}^\alpha$ von $\mathfrak{N}$ unter den Automorphismen α von $\mathfrak{G}$ und suchen eine möglichst große Untergruppe $\mathfrak{M}$ von $\mathfrak{G}$, welche ein direktes Produkt einiger der $\mathfrak{N}^\alpha$ ist. Angenommen, es sei $\mathfrak{N}^\alpha \nleqq \mathfrak{M}$ für ein α. Da auch $\mathfrak{N}^\alpha$ ein minimaler Normalteiler von $\mathfrak{G}$ ist, gilt wegen $\mathfrak{M} \trianglelefteq \mathfrak{G}$ sicher $\mathfrak{M} \cap \mathfrak{N}^\alpha = \mathfrak{E}$. Dann ist nach 9.3 aber

$$\langle \mathfrak{M}, \mathfrak{N}^\alpha \rangle = \mathfrak{M} \times \mathfrak{N}^\alpha$$

ein $\mathfrak{M}$ echt umfassendes direktes Produkt aus Faktoren der Gestalt $\mathfrak{N}^\mu$ mit $\mu \in \mathbf{A}(\mathfrak{G})$. Da $\mathfrak{M}$ maximal gewählt worden war, geht dies nicht. Also haben wir $\mathfrak{N}^\alpha \leqq \mathfrak{M}$ für alle α aus $\mathbf{A}(\mathfrak{G})$. Die Gruppe

$$\mathfrak{M} = \langle \mathfrak{N}^\alpha \mid \alpha \in \mathbf{A}(\mathfrak{G}) \rangle$$

ist eine von $\mathfrak{E}$ verschiedene charakteristische Untergruppe von $\mathfrak{G}$. Da $\mathfrak{G}$ charakteristisch einfach ist, folgt $\mathfrak{G} = \mathfrak{M} = \mathfrak{N}_1 \times \cdots \times \mathfrak{N}_r$ mit geeigneten $\mathfrak{N}_i = \mathfrak{N}^{\alpha_i}$. Da jeder Normalteiler von $\mathfrak{N}_i$ ein Normalteiler von $\mathfrak{G}$ ist und da die $\mathfrak{N}_i$ minimale Normalteiler von $\mathfrak{G}$ sind, müssen die $\mathfrak{N}_i$ einfach sein.

b) Wir zeigen: Ist $\mathfrak{N}$ ein Normalteiler von $\mathfrak{G} = \mathfrak{G}_1 \times \cdots \times \mathfrak{G}_r$ und gibt es ein Element $N = G_1 \ldots G_r$ aus $\mathfrak{N}$ mit $G_j \in \mathfrak{G}_j$ und $G_j \neq E$, so gilt $\mathfrak{G}_j \leqq \mathfrak{N}$. Daraus folgt offenbar die Behauptung b).

Wegen $\mathbf{Z}(\mathfrak{G}_j) = \mathfrak{E}$ gilt $G_j \notin \mathbf{Z}(\mathfrak{G}_j)$. Also gibt es ein X aus $\mathfrak{G}_j$ mit

$$[X, N] = [X, G_j] = C \neq E.$$

Wegen $\mathfrak{N} \trianglelefteq \mathfrak{G}$ haben wir $C \in \mathfrak{N} \cap \mathfrak{G}_j$. Aus der Einfachheit von $\mathfrak{G}_j$ folgt

$$\mathfrak{E} \neq \mathfrak{N} \cap \mathfrak{G}_j = \mathfrak{G}_j \trianglelefteq \mathfrak{N},$$

was zu zeigen war.

c) Sei zuerst $\mathfrak{G} = \mathfrak{G}_1 \times \cdots \times \mathfrak{G}_r$ mit isomorphen, einfachen, nichtabelschen Gruppen $\mathfrak{G}_i$. Nach b) enthält jeder nichttriviale Normalteiler von $\mathfrak{G}$ mindestens eines der $\mathfrak{G}_i$. Ist π eine Permutation auf $\{1, \ldots, r\}$, so ist α mit

$$(G_1, \ldots, G_r)^\alpha = (G_{1\pi}, \ldots, G_{r\pi})$$

ein Automorphismus von $\mathfrak{G} = \mathfrak{G}_1 \times \cdots \times \mathfrak{G}_r$ mit $\mathfrak{G}_i^\alpha = \mathfrak{G}_{i\pi}$. Also sind $\mathfrak{E}$ und $\mathfrak{G}$ die einzigen charakteristischen Untergruppen von $\mathfrak{G}$.

Nun sei $\mathfrak{G} = \mathfrak{G}_1 \times \cdots \times \mathfrak{G}_r$ mit zyklischen Gruppen $\mathfrak{G}_i = \langle G_i \rangle$ von Primzahlordnung p. Die Abbildung ε mit

$$(G_1^{a_1} \ldots G_r^{a_r})^\varepsilon = (a_1, \ldots, a_r)$$

ist offenbar ein Isomorphismus von $\mathfrak{G}$ auf die additive Gruppe des Vektorraumes V der Dimension r über dem Primkörper $GF(p)$. Die Automorphismen von V sind gerade die umkehrbar eindeutigen, additiven, daher über $GF(p)$ linearen Abbildungen von V. Sind x und y zwei von o verschiedene Vektoren aus V, so gibt es bekanntlich immer eine umkehrbar eindeutige lineare Abbildung von V, welche x in y überführt. Die Automorphismengruppe von V ist also transitiv auf den von o verschiedenen Vektoren, und insbesondere ist V charakteristisch einfach. **q.e.d.**

9.13 Satz. *Sei $\mathfrak{G}$ eine von $\mathfrak{E}$ verschiedene, auflösbare Gruppe und $\mathfrak{N}$ ein minimaler Normalteiler von $\mathfrak{G}$. Dann ist $\mathfrak{N}$ eine abelsche Gruppe von Primzahlexponent (eine sog. elementar-abelsche Gruppe). Insbesondere hat jede einfache, auflösbare Gruppe Primzahlordnung.*

Beweis. Als minimaler Normalteiler von $\mathfrak{G}$ ist $\mathfrak{N}$ nach 4.8a) charakteristisch einfach. Daher gilt nach 9.12

$$\mathfrak{N} = \mathfrak{K}_1 \times \cdots \times \mathfrak{K}_r,$$

wobei die $\mathfrak{K}_i$ isomorphe einfache Gruppen sind. Wegen 8.5 sind die $\mathfrak{K}_i$ auflösbar. Also ist $\mathfrak{K}_i' < \mathfrak{K}_i$, wegen der Einfacheit der $\mathfrak{K}_i$ dann $\mathfrak{K}_i' = \mathfrak{E}$. Nun folgt mit 7.4, daß $|\mathfrak{K}_i|$ eine Primzahl ist. **q.e.d.**

9.14 Satz (Rose [1]). *Sei $\mathfrak{G}$ eine beliebige Gruppe. Dann ist*

$$\mathfrak{D} = \{(G, G) \mid G \in \mathfrak{G}\}$$

eine Untergruppe von

$$\mathfrak{G} \times \mathfrak{G} = \{(G_1, G_2) \mid G_i \in \mathfrak{G}\}.$$

Ist $\mathfrak{U}$ eine Untergruppe von $\mathfrak{G}$, so setzen wir

$$\mathfrak{U}_1 = \{(U, E) \mid U \in \mathfrak{U}\} \quad \text{und} \quad \mathfrak{U}_2 = \{(E, U) \mid U \in \mathfrak{U}\}.$$

Dann gilt:

a) *Die Abbildung* μ *mit* $\mathfrak{K}^\mu = \mathfrak{K}_1\mathfrak{D} = \mathfrak{K}_2\mathfrak{D}$ *ist eine umkehrbar eindeutige Abbildung der Menge der Normalteiler von* $\mathfrak{G}$ *auf die Menge der Untergruppen* $\mathfrak{V}$ *von* $\mathfrak{G}\times\mathfrak{G}$ *mit* $\mathfrak{D} \leqq \mathfrak{V} \leqq \mathfrak{G}\times\mathfrak{G}$. *Dabei gilt*

$$(\mathfrak{K}\cap\mathfrak{L})^\mu = \mathfrak{K}^\mu \cap \mathfrak{L}^\mu \quad \textit{und} \quad (\mathfrak{K}\mathfrak{L})^\mu = \mathfrak{K}^\mu\mathfrak{L}^\mu .$$

b) *Ist* $\mathfrak{G}$ *einfach, so ist* $\mathfrak{D}$ *eine maximale Untergruppe von* $\mathfrak{G}\times\mathfrak{G}$.

c) *Der Normalisator von* $\mathfrak{D}$ *in* $\mathfrak{G}\times\mathfrak{G}$ *ist*

$$\mathbf{Z}(\mathfrak{G})^\mu = \{(G_1, G_2) \mid G_i \in \mathfrak{G},\, G_1G_2^{-1} \in \mathbf{Z}(\mathfrak{G})\} .$$

Beweis. a) Wir definieren für jede Obergruppe $\mathfrak{V}$ von $\mathfrak{D}$ in $\mathfrak{G}\times\mathfrak{G}$ die Untergruppe $\mathfrak{V}^\tau$ von $\mathfrak{G}$ durch

$$\mathfrak{V}^\tau = \{X \mid (X, E) \in \mathfrak{V}\} .$$

Ist $(V_1, V_2) \in \mathfrak{V}$, so gilt wegen $\mathfrak{D} \leqq \mathfrak{V}$ dann

$$(V_1, V_2)(V_2, V_2)^{-1} = (V_1V_2^{-1}, E) \in \mathfrak{V} .$$

Also ist $V_1V_2^{-1} \in \mathfrak{V}^\tau$ und

$$(V_1, V_2) = (V_1V_2^{-1}, E)(V_2, V_2) \in (\mathfrak{V}^\tau)_1\mathfrak{D} = \mathfrak{V}^{\tau\mu} .$$

Trivialerweise gilt $\mathfrak{V}^{\tau\mu} \leqq \mathfrak{V}$, also ist $\mathfrak{V}^{\tau\mu} = \mathfrak{V}$.

Für $V \in \mathfrak{V}^\tau$ gilt

$$(V, E) \in \mathfrak{V} .$$

Daher ist für $G \in \mathfrak{G}$

$$(G, G)^{-1}(V, E)(G, G) = (V^G, E) \in \mathfrak{V} ,$$

also $V^G \in \mathfrak{V}^\tau$. Somit ist $\mathfrak{V}^\tau$ ein Normalteiler von $\mathfrak{G}$.

Wegen $\mathfrak{V}^{\tau\mu} = \mathfrak{V}$ ist μ eine Abbildung der Menge der Normalteiler von $\mathfrak{G}$ auf die Menge der Obergruppen von $\mathfrak{D}$ in $\mathfrak{G}\times\mathfrak{G}$. Ist $\mathfrak{K} \trianglelefteq \mathfrak{G}$, so gilt

$$\mathfrak{K}^\mu = \mathfrak{K}_1\mathfrak{D} = \{(G_1, G_2) \mid G_1G_2^{-1} \in \mathfrak{K}\} .$$

Aus $\mathfrak{K}^\mu = \mathfrak{L}^\mu$ folgt daher $\mathfrak{K} = \mathfrak{L}$. Also ist μ umkehrbar eindeutig.

Ferner gilt

$$(\mathfrak{K}\mathfrak{L})^\mu = (\mathfrak{K}\mathfrak{L})_1\mathfrak{D} = \mathfrak{K}_1\mathfrak{L}_1\mathfrak{D} = \mathfrak{K}_1\mathfrak{D}\,\mathfrak{L}_1\mathfrak{D} = \mathfrak{K}^\mu\mathfrak{L}^\mu .$$

Sind $\mathfrak{V}$ und $\mathfrak{W}$ Obergruppen von $\mathfrak{D}$ in $\mathfrak{G}\times\mathfrak{G}$, so ist

$$\mathfrak{V}^{\tau\mu} \cap \mathfrak{W}^{\tau\mu} = \mathfrak{V} \cap \mathfrak{W} = (\mathfrak{V}\cap\mathfrak{W})^{\tau\mu} = (\mathfrak{V}^\tau \cap \mathfrak{W}^\tau)^\mu .$$

Also ist μ ein Verbandsisomorphismus.

b) Offenbar ist b) eine triviale Folgerung aus a).

c) Wir haben $\mathbf{N}(\mathfrak{D}) = \mathfrak{K}_1\mathfrak{D}$ mit $\mathfrak{K}_1 = \mathbf{N}(\mathfrak{D}) \cap \mathfrak{G}_1$. Daher gilt $[\mathfrak{D}, \mathfrak{K}_1] \leqq \mathfrak{D} \cap \mathfrak{G}_1 = \mathfrak{E}$. Ist $(X, E) \in \mathfrak{K}_1$, so gilt also für alle $G \in \mathfrak{G}$

$$(X, E)^{-1}(G, G)(X, E) = (G^X, G) = (G, G) .$$

Daher ist $\mathfrak{K} = \mathbf{Z}(\mathfrak{G})$ und $\mathbf{N}(\mathfrak{D}) = \mathbf{Z}(\mathfrak{G})^\mu$.

Aufgaben:

42) Seien $\mathfrak{G}_i = \langle G_i \rangle$ $(i = 1, 2)$ zyklische Gruppen der Ordnung p^{a_i} mit $a_1 \geqq a_2 > n$.

a) Sei

$$\mathfrak{U}_i = \langle G_i^{p^{a_i - n}} \rangle$$

die Untergruppe der Ordnung p^n von $\mathfrak{G}_i$. Es sei μ der Isomorphismus von $\mathfrak{U}_1$ auf $\mathfrak{U}_2$ mit

$$\left(G_1^{p^{a_1 - n}}\right)^\mu = G_2^{p^{a_2 - n}}.$$

Man zeige: Das direkte Produkt von $\mathfrak{G}_1$ mit $\mathfrak{G}_2$ mit den vermöge des Isomorphismus μ vereinigten Untergruppen $\mathfrak{U}_i$ ist isomorph zu dem direkten Produkt von zyklischen Gruppen der Ordnungen p^{a_1} und $p^{a_2 - n}$.

b) Sei $\mathfrak{Z} = \langle Z \rangle$ die zyklische Gruppe der Ordnung p^n, und seien die Epimorphismen μ_i von $\mathfrak{G}_i$ auf $\mathfrak{Z}$ definiert durch $G_i^{\mu_i} = Z$. Dann ist $\mathfrak{G}_1 \curlywedge \mathfrak{G}_2$ isomorph zu dem direkten Produkt von zyklischen Gruppen der Ordnungen p^{a_1} und $p^{a_2 - n}$.

43) Seien $\mathfrak{G}_i = \langle G_i \rangle$ $(i = 1, \ldots, 4)$ zyklische Gruppen der Ordnungen p^{a_i} mit $a_1 \geqq a_3 > a_2 \geqq a_4$. Wir setzen $\mathfrak{H}_1 = \mathfrak{G}_1 \times \mathfrak{G}_2$ und $\mathfrak{H}_2 = \mathfrak{G}_3 \times \mathfrak{G}_4$. Es sei

$$\mathfrak{U}_1 = \langle G_1^{p^{a_1 - 1}} \rangle \times \langle G_2^{p^{a_2 - 1}} \rangle \quad \text{und} \quad \mathfrak{U}_2 = \langle G_3^{p^{a_3 - 1}} \rangle \times \langle G_4^{p^{a_4 - 1}} \rangle .$$

Ferner seien μ und ε die beiden Isomorphismen von $\mathfrak{U}_1$ auf $\mathfrak{U}_2$ mit

$$\left(G_1^{p^{a_1 - 1}}\right)^\mu = G_3^{p^{a_3 - 1}}, \quad \left(G_2^{p^{a_2 - 1}}\right)^\mu = G_4^{p^{a_4 - 1}}$$

und

$$\left(G_1^{p^{a_1 - 1}}\right)^\varepsilon = G_4^{p^{a_4 - 1}}, \quad \left(G_2^{p^{a_2 - 1}}\right)^\varepsilon = G_3^{p^{a_3 - 1}}.$$

Man zeige: Das direkte Produkt von $\mathfrak{H}_1$ und $\mathfrak{H}_2$ mit den vermöge μ bzw. ε vereinigten Untergruppen $\mathfrak{U}_i$ hat folgende Struktur: Es ist ein direktes Produkt von zyklischen Gruppen der Ordnungen p^{a_1}, p^{a_2}, $p^{a_3 - 1}$, $p^{a_4 - 1}$ bei Verwendung von μ und der Ordnungen p^{a_1}, $p^{a_2 - 1}$, p^{a_3}, $p^{a_4 - 1}$ bei Verwendung von ε.

44) a) Seien $\mathfrak{G}_i$ $(i = 1, 2, 3)$ Gruppen mit paarweise isomorphen zentralen Untergruppen $\mathfrak{U}_i$. Man interpretiere und beweise

$$(\mathfrak{G}_1 \curlyvee \mathfrak{G}_2) \curlyvee \mathfrak{G}_3 = \mathfrak{G}_1 \curlyvee (\mathfrak{G}_2 \curlyvee \mathfrak{G}_3) .$$

b) Seien $\mathfrak{G}_i$ $(i = 1, 2, 3)$ Gruppen mit Epimorphismen auf $\mathfrak{H}$. Man interpretiere und beweise

$$(\mathfrak{G}_1 \curlywedge \mathfrak{G}_2) \curlywedge \mathfrak{G}_3 = \mathfrak{G}_1 \curlywedge (\mathfrak{G}_2 \curlywedge \mathfrak{G}_3) .$$

45) Die Gruppe $\mathfrak{G}$ heißt halbeinfach, wenn sie direktes Produkt von einfachen, nichtabelschen Gruppen ist. Man zeige: Sind $\mathfrak{G}/\mathfrak{M}$ und $\mathfrak{G}/\mathfrak{N}$ halbeinfach, so ist auch $\mathfrak{G}/(\mathfrak{M} \cap \mathfrak{N})$ halbeinfach.

(Vorsicht! Hier kann 9.7 nicht angewandt werden!)

§ 10. Operatorgruppen und Moduln

In den Paragraphen 10 bis 13 seien stets auch unendliche Gruppen zugelassen, solange nicht ausdrücklich etwas anderes gesagt wird.

10.1 Definition. a) Sei $\mathfrak{M}$ eine Gruppe. Wir bezeichnen mit Hom $(\mathfrak{M}, \mathfrak{M})$ die Menge aller Endomorphismen von $\mathfrak{M}$ (siehe Def. 3.6d).

b) Ist jedem Element μ einer Menge Ω ein Endomorphismus $M \to M^\mu$ von $\mathfrak{M}$ zugeordnet, so nennen wir das Paar $(\mathfrak{M}, \Omega)$ eine Ω-Operatorgruppe oder auch kurz eine Ω-Gruppe. Eine Untergruppe $\mathfrak{U}$ von $\mathfrak{M}$ heißt Ω-zulässig (oder auch eine Ω-Untergruppe), falls $\mathfrak{U}^\mu \leqq \mathfrak{U}$ für alle μ aus Ω gilt. Offenbar sind Durchschnitt und Erzeugnis von zulässigen Untergruppen stets wieder zulässig. Ist $\mathfrak{N}$ ein Ω-zulässiger Normalteiler von $\mathfrak{M}$, so machen wir die Faktorgruppe $\mathfrak{M}/\mathfrak{N}$ zu einer Ω-Gruppe durch die Festsetzung

$$(M\mathfrak{N})^\mu = M^\mu \mathfrak{N} .$$

Dies ist wohldefiniert, denn aus $M_1 \mathfrak{N} = M_2 \mathfrak{N}$ folgt $M_1^{-1} M_2 \in \mathfrak{N}$, also, da $\mathfrak{N}$ eine Ω-Untergruppe ist, auch $(M_1^{-1})^\mu M_2^\mu \in \mathfrak{N}$.

c) Eine Abbildung α von einer Ω-Gruppe $\mathfrak{M}_1$ in eine Ω-Gruppe $\mathfrak{M}_2$ heißt ein Ω-Homomorphismus, wenn α ein Homomorphismus von $\mathfrak{M}_1$ in $\mathfrak{M}_2$ ist und für alle $\mu \in \Omega$ und alle $M \in \mathfrak{M}_1$ die Gleichung

$$M^{\mu\alpha} = M^{\alpha\mu}$$

gilt. Ist α umkehrbar eindeutig, so heißt α ein Ω-Monomorphismus. Sinngemäß definieren wir Ω-Isomorphismen.

d) Ist $\mathfrak{M}$ eine Ω-Gruppe, so definieren wir $\mathrm{Hom}_\Omega(\mathfrak{M}, \mathfrak{M})$ als die Menge aller Ω-Homomorphismen von $\mathfrak{M}$ in sich. Mit α und δ liegt auch stets $\alpha\delta$ in $\mathrm{Hom}_\Omega(\mathfrak{M}, \mathfrak{M})$, denn für alle $\mu \in \Omega$ gilt

$$(M^\mu)^{\alpha\delta} = (M^{\mu\alpha})^\delta = (M^\alpha)^{\mu\delta} = (M^\alpha)^{\delta\mu} = (M^{\alpha\delta})^\mu .$$

e) Wir nennen α einen normalen Endomorphismus von $\mathfrak{M}$, wenn α mit allen inneren Automorphismen von $\mathfrak{M}$ vertauschbar ist, wenn also für alle $M, X \in \mathfrak{M}$ gilt

$$(X^\alpha)^{-1} M^\alpha X^\alpha = (M^X)^\alpha = (M^\alpha)^X = X^{-1} M^\alpha X .$$

f) Sind die $\mathfrak{M}_i$ mit $i \in I$ Ω-Gruppen, so wird das direkte Produkt

$$\bigtimes_{i \in I} \mathfrak{M}_i = \{f \mid f : I \to \bigcup_{i \in I} \mathfrak{M}_i,\ f(i) \in \mathfrak{M}_i,\ f(i) \neq E \text{ nur für endlich viele } i\}$$

eine Ω-Gruppe durch die Festsetzung

$$f^\mu(i) = f(i)^\mu$$

für alle $i \in I$ und alle $\mu \in \Omega$.

g) Den Epimorphismus μ von $\mathfrak{M}$ auf die Einheitsgruppe $\mathfrak{E}$ mit $M^\mu = E$ für alle M aus $\mathfrak{M}$ bezeichnen wir immer mit o.

Die direkte Übertragung der Beweise zeigt, daß die Sätze 3.8–3.12 richtig bleiben, wenn man überall die Worte Gruppe und Isomorphismus durch Ω-Gruppe und Ω-Isomorphismus ersetzt.

10.2 Hilfssatz. *Ist $\mathfrak{M}$ eine Ω-Gruppe und α ein Element aus* $\mathrm{Hom}_\Omega(\mathfrak{M}, \mathfrak{M})$, *so sind*

$$\mathfrak{M}^\alpha = \{M^\alpha \mid M \in \mathfrak{M}\} = \mathrm{Bild}\,\alpha \quad \textit{und} \quad \mathfrak{K}_\alpha = \{M \mid M^\alpha = E\} = \mathrm{Kern}\,\alpha$$

Ω-Untergruppen von $\mathfrak{M}$.

Beweis. Wir haben

$$M_1^\alpha M_2^\alpha = (M_1 M_2)^\alpha \in \mathfrak{M}^\alpha \quad \text{und} \quad (M^\alpha)^{-1} = (M^{-1})^\alpha \in \mathfrak{M}^\alpha .$$

Also ist $\mathfrak{M}^\alpha$ eine Untergruppe von $\mathfrak{M}$. Ferner gilt für alle $\mu \in \Omega$

$$(M^\alpha)^\mu = (M^\mu)^\alpha \in \mathfrak{M}^\alpha ,$$

also ist $\mathfrak{M}^\alpha$ eine Ω-Untergruppe von $\mathfrak{M}$.

Aus $M_1^\alpha = M_2^\alpha = E$ folgt $(M_1 M_2)^\alpha = E = (M_1^{-1})^\alpha$ und $(M_1^\mu)^\alpha = (M_1^\alpha)^\mu = E$. Daher ist auch $\mathfrak{K}_\alpha$ eine Ω-Untergruppe von $\mathfrak{M}$. q.e.d.

10.3 Hilfssatz. *Ist α ein normaler Endomorphismus von $\mathfrak{M}$, so gilt*

$$M^\alpha M^{-1} \in \mathbf{C}_{\mathfrak{M}}(\mathfrak{M}^\alpha)$$

für alle M aus $\mathfrak{M}$.

Beweis. Wir haben für alle $M, X \in \mathfrak{M}$

$$M^{-1} X^\alpha M = (X^\alpha)^M = (X^M)^\alpha = (M^\alpha)^{-1} X^\alpha M^\alpha .$$

Also ist $M^\alpha M^{-1}$ mit allen X^α vertauschbar. q.e.d.

10.4 Definition. Wir sagen, daß die Ω-Gruppe $\mathfrak{M}$ die Maximalbedingung (Minimalbedingung) für Ω-Untergruppen erfüllt, wenn jede nichtleere Menge von Ω-Untergruppen von $\mathfrak{M}$ ein maximales (minimales) Element enthält. Wir nennen $\mathfrak{M}$ $(\neq \mathfrak{E})$ irreduzibel, wenn $\mathfrak{M}$ und $\mathfrak{E}$ die einzigen Ω-zulässigen Normalteiler von $\mathfrak{M}$ sind. Wir nennen $\mathfrak{M}$ $(\neq \mathfrak{E})$ direkt unzerlegbar als Ω-Gruppe, wenn aus einer direkten Zerlegung $\mathfrak{M} = \mathfrak{M}_1 \times \mathfrak{M}_2$ mit Ω-Untergruppen $\mathfrak{M}_1$ und $\mathfrak{M}_2$ stets $\mathfrak{M}_1 = \mathfrak{E}$ oder $\mathfrak{M}_2 = \mathfrak{E}$ folgt.

Grundlegend sind die nun folgenden Sätze von Schur und Fitting:

10.5 Lemma von Schur. *Sei $\mathfrak{M}$ eine irreduzible Ω-Gruppe und α ein normaler Ω-Endomorphismus von $\mathfrak{M}$. Ist $\alpha \neq o$, so ist α ein Automorphismus von $\mathfrak{M}$, und es gilt $\alpha^{-1} \in \mathrm{Hom}_\Omega(\mathfrak{M}, \mathfrak{M})$.*

Beweis. Nach Hilfssatz 10.2 ist $\mathfrak{M}^\alpha$ eine Ω-Untergruppe von $\mathfrak{M}$. Da α ein normaler Endomorphismus von $\mathfrak{M}$ ist, gilt für alle $M, X \in \mathfrak{M}$

$$(M^\alpha)^X = (M^X)^\alpha \in \mathfrak{M}^\alpha .$$

Also ist $\mathfrak{M}^\alpha$ ein Normalteiler von $\mathfrak{M}$. Wegen $\alpha \neq o$ gilt $\mathfrak{M}^\alpha \neq \mathfrak{E}$. Also erzwingt die Irreduzibilität von $\mathfrak{M}$ nun $\mathfrak{M}^\alpha = \mathfrak{M}$, und α ist eine Abbildung von $\mathfrak{M}$ auf $\mathfrak{M}$. Nach 10.2 ist auch $\mathfrak{K}_\alpha$ ein Ω-zulässiger Normalteiler von $\mathfrak{M}$, und wegen $\alpha \neq o$ ist sicher $\mathfrak{K}_\alpha \neq \mathfrak{M}$. Das ergibt $\mathfrak{K}_\alpha = \mathfrak{E}$. Somit ist α eine umkehrbar eindeutige Abbildung von $\mathfrak{M}$ auf $\mathfrak{M}$, also existiert α^{-1}. Daß dann α^{-1} in $\mathrm{Hom}_\Omega(\mathfrak{M}, \mathfrak{M})$ liegt, folgt so:

Aus $X^{\alpha\mu} = X^{\mu\alpha}$ für alle X aus $\mathfrak{M}$ und alle μ aus Ω folgt

$$X^{\alpha\mu\alpha^{-1}} = X^\mu .$$

Mit $X^\alpha = Y$ ergibt dies

$$Y^{\mu\alpha^{-1}} = Y^{\alpha^{-1}\mu}$$

für alle $Y \in \mathfrak{M}^\alpha = \mathfrak{M}$. **q.e.d.**

10.6 Satz von Fitting. *Sei $\mathfrak{M}$ eine Ω-Gruppe mit Maximal- und Minimalbedingung für Ω-Untergruppen. Dann gelten die folgenden Aussagen:*

a) *Sei α ein normaler Ω-Endomorphismus aus* $\mathrm{Hom}_\Omega(\mathfrak{M}, \mathfrak{M})$. *Für alle genügend großen natürlichen Zahlen k gilt*

$$\mathfrak{M} = \mathfrak{M}^{\alpha^k} \times \mathfrak{K}_{\alpha^k} .$$

b) *Aus $\mathfrak{K}_\alpha = \mathfrak{E}$ oder $\mathfrak{M}^\alpha = \mathfrak{M}$ folgt, daß α ein Automorphismus von $\mathfrak{M}$ ist. (Bei Gültigkeit der Maximal- und Minimalbedingung verhalten sich die normalen Endomorphismen also weitgehend wie lineare Abbildungen auf endlichdimensionalen Vektorräumen.)*

Beweis. a) Die Menge der Ω-Untergruppen $\mathfrak{M}^{\alpha^i}$ $(i = 0, 1, \ldots)$ hat wegen der Minimalbedingung ein minimales Element, etwa $\mathfrak{M}^{\alpha^n}$. Dann gilt für alle $k \geqq 0$

$$\mathfrak{M}^{\alpha^{k+n}} = (\mathfrak{M}^{\alpha^k})^{\alpha^n} \leqq \mathfrak{M}^{\alpha^n} ,$$

also ist

$$\mathfrak{M}^{\alpha^n} = \mathfrak{M}^{\alpha^{n+1}} = \cdots .$$

Ebenso hat die Menge $\{\mathfrak{K}_{\alpha^i} \mid i = 1, 2, \ldots\}$ ein maximales Element, etwa $\mathfrak{K}_{\alpha^m}$. Wegen

$$\mathfrak{K}_{\alpha^m} \leqq \mathfrak{K}_{\alpha^{m+1}} \leqq \cdots$$

gilt

$$\mathfrak{K}_{\alpha^m} = \mathfrak{K}_{\alpha^{m+1}} = \cdots .$$

Sei $k \geqq \mathrm{Max}\{m, n\}$. Mit diesem k gilt $\mathfrak{M} = \mathfrak{M}^{\alpha^k} \times \mathfrak{K}_{\alpha^k}$: Aus $M \in \mathfrak{M}^{\alpha^k} \cap \mathfrak{K}_{\alpha^k}$ folgt $M^{\alpha^k} = E$ und $M = X^{\alpha^k}$ mit einem geeigneten X aus $\mathfrak{M}$. Das ergibt

$$E = M^{\alpha^k} = X^{\alpha^{2k}}, \text{ also } X \in \mathfrak{K}_{\alpha^{2k}} = \mathfrak{K}_{\alpha^k}. \text{ Dann folgt } M = X^{\alpha^k} = E .$$

Somit haben wir $\mathfrak{M}^{\alpha^k} \cap \mathfrak{K}_{\alpha^k} = \mathfrak{E}$.

Wegen $M^{\alpha^k} \in \mathfrak{M}^{\alpha^k} = \mathfrak{M}^{\alpha^{2k}}$ läßt sich jedes M^{α^k} in der Gestalt $M^{\alpha^k} = N^{\alpha^{2k}}$ schreiben. Daher haben wir

$$M = (M N^{-\alpha^k})\, N^{\alpha^k}$$

mit $N^{\alpha^k} \in \mathfrak{M}^{\alpha^k}$ und $(M N^{-\alpha^k})^{\alpha^k} = E$, also $M N^{-\alpha^k} \in \mathfrak{K}_{\alpha^k}$. Das beweist

$$\mathfrak{M} = \mathfrak{M}^{\alpha^k} \mathfrak{K}_{\alpha^k} .$$

Da α ein normaler Endomorphismus von $\mathfrak{M}$ ist, sind $\mathfrak{M}^{\alpha^k}$ und $\mathfrak{K}_{\alpha^k}$ Normalteiler von $\mathfrak{M}$. Mit 9.3 folgt die Behauptung $\mathfrak{M} = \mathfrak{M}^{\alpha^k} \times \mathfrak{K}_{\alpha^k}$.

b) Genau dann ist α ein Automorphismus von $\mathfrak{M}$, wenn $\mathfrak{M}^\alpha = \mathfrak{M}$ und $\mathfrak{K}_\alpha = \mathfrak{E}$ gilt. Wir haben also nachzuweisen, daß jede dieser Bedingungen die andere nach sich zieht.

Aus $\mathfrak{K}_\alpha = \mathfrak{E}$ folgt $\mathfrak{K}_{\alpha^k} = \mathfrak{E}$ für alle k, daher nach a) $\mathfrak{M} = \mathfrak{M}^{\alpha^k}$ für ein geeignetes k. Wegen

$$\mathfrak{M} \geqq \mathfrak{M}^\alpha \geqq \mathfrak{M}^{\alpha^k}$$

führt das zu $\mathfrak{M} = \mathfrak{M}^\alpha$.

Aus $\mathfrak{M} = \mathfrak{M}^\alpha$ folgt $\mathfrak{M} = \mathfrak{M}^{\alpha^k}$ für alle k. Mit a) ergibt sich $\mathfrak{K}_{\alpha^k} = \mathfrak{E}$ für ein genügend großes k. Wegen $\mathfrak{K}_\alpha \leqq \mathfrak{K}_{\alpha^k}$ ist auch $\mathfrak{K}_\alpha = \mathfrak{E}$. **q.e.d.**

10.7 Lemma von Fitting. *Sei $\mathfrak{M}$ eine direkt unzerlegbare Ω-Gruppe mit Maximal- und Minimalbedingung für Ω-Untergruppen. Ist α ein normaler Ω-Endomorphismus aus* $\mathrm{Hom}_\Omega(\mathfrak{M}, \mathfrak{M})$, *so ist entweder $\alpha^k = o$ für genügend großes k oder α ist ein Automorphismus von $\mathfrak{M}$.*

Beweis. Nach 10.6 gilt für geeignetes k

$$\mathfrak{M} = \mathfrak{M}^{\alpha^k} \times \mathfrak{K}_{\alpha^k}\,.$$

Da $\mathfrak{M}$ direkt unzerlegbar ist, folgt entweder $\mathfrak{K}_{\alpha^k} = \mathfrak{M}$, also $\alpha^k = o$, oder $\mathfrak{M} = \mathfrak{M}^{\alpha^k}$.

Aus

$$\mathfrak{M} \geqq \mathfrak{M}^\alpha \geqq \mathfrak{M}^{\alpha^k}$$

folgt im zweiten Falle $\mathfrak{M} = \mathfrak{M}^\alpha$, dann ist α nach 10.6 ein Automorphismus von $\mathfrak{M}$. **q.e.d.**

10.8 Definition. Zwei Elemente α und δ aus $\mathrm{Hom}(\mathfrak{M}, \mathfrak{M})$ heißen addierbar, wenn die durch

$$M^\varepsilon = M^\alpha M^\delta$$

definierte Abbildung ε von $\mathfrak{M}$ in sich in $\mathrm{Hom}(\mathfrak{M}, \mathfrak{M})$ liegt. Wir schreiben dann $\varepsilon = \alpha + \delta$.

Die Elemente α_i $(i = 1, \ldots, n)$ aus $\mathrm{Hom}(\mathfrak{M}, \mathfrak{M})$ heißen addierbar, wenn für $i \neq j$ stets α_i und α_j addierbar sind. Aus 10.9 folgt sofort, daß dann $\alpha = \sum_{i=1}^{n} \alpha_i$, definiert durch

$$M^\alpha = \prod_{i=1}^{n} M^{\alpha_i}\,,$$

ein Endomorphismus von $\mathfrak{M}$ ist.

10.9 Hilfssatz. *Genau dann sind die Elemente α und δ aus* $\mathrm{Hom}(\mathfrak{M}, \mathfrak{M})$ *addierbar, wenn $\mathfrak{M}^\alpha$ und $\mathfrak{M}^\delta$ elementweise vertauschbar sind. Für addierbare α und δ gilt stets $\alpha + \delta = \delta + \alpha$. Liegen α und δ in* $\mathrm{Hom}_\Omega(\mathfrak{M}, \mathfrak{M})$, *sind α und δ addierbar, so liegt auch $\alpha + \delta$ in* $\mathrm{Hom}_\Omega(\mathfrak{M}, \mathfrak{M})$. *Stets gelten die beiden Distributivgesetze $(\alpha + \beta)\gamma = \alpha\beta + \alpha\gamma$ und $\gamma(\alpha + \beta) = \gamma\alpha + \gamma\beta$.*

Beweis. Sind α und δ addierbar, so gilt für alle M und N aus $\mathfrak{M}$

$$(MN)^{\alpha+\delta} = M^{\alpha+\delta}N^{\alpha+\delta} = M^\alpha M^\delta N^\alpha N^\delta$$
$$= (MN)^\alpha (MN)^\delta = M^\alpha N^\alpha M^\delta N^\delta .$$

Daher folgt $M^\delta N^\alpha = N^\alpha M^\delta$. Die Umkehrung ergibt sich ebenso. Aus

$$(M^\mu)^{\alpha+\delta} = M^{\mu\alpha} M^{\mu\delta} = M^{\alpha\mu} M^{\delta\mu} = (M^{\alpha+\delta})^\mu$$

für alle $\mu \in \Omega$ folgt für addierbare α und δ aus $\mathrm{Hom}_\Omega(\mathfrak{M}, \mathfrak{M})$, daß auch $\alpha + \delta$ in $\mathrm{Hom}_\Omega(\mathfrak{M}, \mathfrak{M})$ liegt. Eine triviale Rechnung liefert die Distributivgesetze. **q.e.d.**

In § 12 bei der Untersuchung direkter Zerlegungen benötigen wir noch:

10.10 Hilfssatz. *Sei $\mathfrak{M}$ eine direkt unzerlegbare Ω-Gruppe mit Maximal- und Minimalbedingung für Ω-Untergruppen. Seien ε und μ addierbare normale Ω-Endomorphismen aus* $\mathrm{Hom}_\Omega(\mathfrak{M}, \mathfrak{M})$, *und sei $\alpha = \varepsilon + \mu$ ein Automorphismus von $\mathfrak{M}$. Dann ist ε oder μ ein Automorphismus von $\mathfrak{M}$.*

Beweis. Wir setzen $\varepsilon' = \varepsilon\alpha^{-1}$ und $\mu' = \mu\alpha^{-1}$. Wegen

$$[\mathfrak{M}^{\varepsilon'}, \mathfrak{M}^{\mu'}] = [\mathfrak{M}^{\varepsilon}, \mathfrak{M}^{\mu}]^{\alpha^{-1}} = \mathfrak{E}$$

sind $\mathfrak{M}^{\varepsilon'}$ und $\mathfrak{M}^{\mu'}$ elementweise vertauschbar. Aus 10.9 folgt daher die Addierbarkeit von ε' und μ'. Nun haben wir $\varepsilon' + \mu' = 1$, daher

$$\varepsilon'\mu' = (1 - \mu')\mu' = \mu'(1 - \mu') = \mu'\varepsilon' ,$$

wobei $1 - \mu'$ durch

$$M^{1-\mu'} = M(M^{-1})^{\mu'} = M(M^{\mu'})^{-1}$$

definiert ist.

Angenommen, ε' und μ' seien keine Automorphismen von $\mathfrak{M}$. Nach 10.7 gilt dann $\varepsilon'^k = \mu'^k = o$ für genügend großes k. Es folgt

$$1 = (\varepsilon' + \mu')^{2k} = \sum_{j=0}^{2k} \binom{2k}{j} \varepsilon'^{2k-j}\mu'^j = o ,$$

was ein Widerspruch gegen $\mathfrak{M} \neq \mathfrak{E}$ ist. Also ist ε' oder μ' ein Automorphismus, dann auch $\varepsilon = \varepsilon'\alpha$ oder $\mu = \mu'\alpha$. **q.e.d.**

10.11 Definition. Sei $\mathfrak{m}$ eine additiv geschriebene abelsche Gruppe, deren Elemente wir mit kleinen lateinischen Buchstaben bezeichnen. Es sei $\mathfrak{R}$ ein assoziativer und beiderseits distributiver Ring mit Einselement 1, und es sei $\mathfrak{m}$ eine $\mathfrak{R}$-Gruppe im Sinne von 10.1. Es gilt also:

(1) $(m_1 + m_2)r = m_1 r + m_2 r$ für alle $r \in \mathfrak{R}$ und alle $m_i \in \mathfrak{m}$.

Ferner fordern wir noch:

(2) $m1 = m$ für alle $m \in \mathfrak{m}$.

(3) $(mr)r' = m(rr')$ für alle $m \in \mathfrak{m}$ und alle $r, r' \in \mathfrak{R}$.

(4) $m(r + r') = mr + mr'$ für alle $m \in \mathfrak{m}$ und alle $r, r' \in \mathfrak{R}$.

Sind (1)–(4) erfüllt, so heißt $\mathfrak{m}$ ein $\mathfrak{R}$-Rechtsmodul. In entsprechender Weise definieren wir $\mathfrak{R}$-Linksmoduln. Sind die $\mathfrak{m}_i$ $(i \in I)$ $\mathfrak{R}$-Rechtsmoduln, so wird $\bigoplus_{i \in I} \mathfrak{m}_i$ ein $\mathfrak{R}$-Rechtsmodul durch $(fr)(i) = f(i)r$ für $f \in \bigoplus_{i \in I} \mathfrak{m}_i$.

Da $\mathfrak{m}$ abelsch ist, sind nach 10.9 alle Endomorphismen von $\mathfrak{m}$ normal und addierbar. Wegen

$$m(\alpha + \varepsilon)\mu = (m\alpha + m\varepsilon)\mu = m\alpha\mu + m\varepsilon\mu = m(\alpha\mu + \varepsilon\mu)$$

und

$$m\alpha(\varepsilon + \mu) = m\alpha\varepsilon + m\alpha\mu = m(\alpha\varepsilon + \alpha\mu)$$

für alle $\alpha, \varepsilon, \mu \in \operatorname{Hom}_{\mathfrak{R}}(\mathfrak{m}, \mathfrak{m})$ ist $\operatorname{Hom}_{\mathfrak{R}}(\mathfrak{m}, \mathfrak{m})$ ein beiderseits distributiver Ring.

10.12 Beispiel. Sei $\mathfrak{R}$ ein Ring. Vermöge der auf $\mathfrak{R}$ definierten Abbildung $x \to xr$ (mit $r \in \mathfrak{R}$) wird die additive Gruppe von $\mathfrak{R}$ zu einem $\mathfrak{R}$-Rechtsmodul, den wir mit $\mathfrak{R}_r$ bezeichnen.

Das Schursche Lemma 10.5 lautet im Spezialfall der Moduln:

10.13 Lemma von Schur für Moduln. *Ist* $\mathfrak{m}$ *ein irreduzibler* $\mathfrak{R}$*-Rechtsmodul, so ist* $\operatorname{Hom}_{\mathfrak{R}}(\mathfrak{m}, \mathfrak{m})$ *ein Schiefkörper.*

10.14 Definition. Sei $\mathfrak{R}$ ein Ring und $\mathfrak{m}$ ein $\mathfrak{R}$-Rechtsmodul. Die Menge $\{m_i \mid i \in I\}$ heißt ein Erzeugendensystem von $\mathfrak{m}$, wenn gilt:

(1) $m_i \in \mathfrak{m}$ für alle $i \in I$.

(2) Jedes m aus $\mathfrak{m}$ läßt sich schreiben als

$$m = \sum_{i \in I} m_i r_i$$

mit $r_i \in \mathfrak{R}$, wobei nur endlich viele der r_i von o verschieden sind.

10.15 Definition. Sei $\mathfrak{R}$ ein Ring. Die Menge $\mathfrak{f}$ heißt ein freier $\mathfrak{R}$-Rechtsmodul in den freien Erzeugenden f_i (mit $i \in I$), wenn gilt:

(1) $\mathfrak{f}$ ist ein $\mathfrak{R}$-Rechtsmodul und $\{f_i \mid i \in I\}$ ist ein Erzeugendensystem von $\mathfrak{f}$ als $\mathfrak{R}$-Rechtsmodul.

(2) Ist $\mathfrak{m}$ ein von den Elementen m_i mit $i \in I$ erzeugter $\mathfrak{R}$-Rechtsmodul, so gibt es einen $\mathfrak{R}$-Epimorphismus μ von $\mathfrak{f}$ auf $\mathfrak{m}$ mit $f_i\mu = m_i$.

Die Frage nach der Existenz freier $\mathfrak{R}$-Rechtsmoduln wird beantwortet durch den folgenden Satz:

10.16 Satz. a) *Die direkte Summe von* $|I|$ *zu* $\mathfrak{R}_r$ *isomorphen* $\mathfrak{R}$*-Rechtsmoduln ist ein freier* $\mathfrak{R}$*-Rechtsmodul in den freien Erzeugenden* f_i *mit*

$$f_i(i) = 1 \quad \textit{und} \quad f_i(j) = o \quad \textit{für} \quad i \neq j \ (i, j \in I).$$

b) *Alle freien* $\mathfrak{R}$*-Rechtsmoduln in* $|I|$ *freien Erzeugenden sind isomorph.*

Beweis. a) Sei $\mathfrak{f}$ die gemäß 9.2 und 10.11 gebildete direkte Summe von $|I|$ zu $\mathfrak{R}_r$ isomorphen $\mathfrak{R}$-Rechtsmoduln. Für jedes g aus $\mathfrak{f}$ gilt offenbar

$$g = \sum_{i \in I} f_i g(i) \quad (g(i) \in \mathfrak{R}).$$

Also wird $\mathfrak{f}$ von den f_i als $\mathfrak{R}$-Rechtsmodul erzeugt. Ist

$$g = \sum_{i \in I} f_i r_i \quad \text{mit} \quad r_i \in \mathfrak{R},$$

so folgt

$$g(j) = \sum_{i \in I} f_i(j) r_i = r_j.$$

Somit ist die Darstellung $g = \sum_{i \in I} f_i r_i$ mit $r_i \in \mathfrak{R}$ eindeutig.

Sei $\mathfrak{m}$ ein $\mathfrak{R}$-Rechtsmodul mit dem Erzeugendensystem $\{m_i \mid i \in I\}$. Dann ist μ mit

$$\left(\sum_{i \in I} f_i r_i\right) \mu = \sum_{i \in I} m_i r_i$$

offenbar ein $\mathfrak{R}$-Epimorphismus von $\mathfrak{f}$ auf $\mathfrak{m}$ von der gewünschten Art.

b) Seien $\mathfrak{f}$ und $\mathfrak{f}'$ freie $\mathfrak{R}$-Rechtsmoduln in den freien Erzeugenden f_i und f_i' mit $i \in I$. Dann gibt es nach 10.15 $\mathfrak{R}$-Epimorphismen μ und ε mit

$$f_i \mu = f_i' \quad \text{und} \quad f_i' \varepsilon = f_i$$

für alle $i \in I$. Es folgt

$$f_i \mu \varepsilon = f_i \quad \text{und} \quad f_i' \varepsilon \mu = f_i'$$

für alle $i \in I$. Da die f_i bzw. f_i' ganz $\mathfrak{f}$ bzw. $\mathfrak{f}'$ erzeugen, folgt $\mu\varepsilon = 1$ auf $\mathfrak{f}$ und $\varepsilon\mu = 1$ auf $\mathfrak{f}'$. Somit sind $\mathfrak{f}$ und $\mathfrak{f}'$ isomorphe $\mathfrak{R}$-Rechtsmoduln. **q.e.d.**

Aufgaben:

46) Seien $\mathfrak{M}$ und $\mathfrak{N}$ Ω-Gruppen mit $\mathfrak{N} \lhd \mathfrak{M}$.

a) Gilt die Maximalbedingung (Minimalbedingung) in $\mathfrak{M}$, so auch in $\mathfrak{M}/\mathfrak{N}$ und $\mathfrak{N}$.

b) Gilt die Maximalbedingung (Minimalbedingung) in $\mathfrak{N}$ und $\mathfrak{M}/\mathfrak{N}$, so auch in $\mathfrak{M}$.

47) Sei $\mathfrak{m}$ ein endlich erzeugbarer $\mathfrak{R}$-Rechtsmodul. Gilt in $\mathfrak{R}$ die Maximalbedingung (Minimalbedingung) für Rechtsideale, so gilt in $\mathfrak{m}$ die Maximalbedingung (Minimalbedingung) für Untermoduln.

48) Genau dann erfüllt der $\mathfrak{R}$-Rechtsmodul $\mathfrak{m}$ die Maximalbedingung für Untermoduln, wenn jeder Untermodul von $\mathfrak{m}$ endlich erzeugbar ist.

49) Ist α ein normaler Endomorphismus von $\mathfrak{G}$, so ist $-1 + \alpha$, definiert durch

$$G^{-1+\alpha} = G^{-1} G^{\alpha},$$

ein Endomorphismus von $\mathfrak{G}$.

§ 11. Der Satz von Jordan-Hölder

11.1 Definition. Sei $\mathfrak{M}$ eine Ω-Gruppe. Unter einer Ω-Reihe von $\mathfrak{M}$ verstehen wir eine endliche Reihe von Ω-Untergruppen $\mathfrak{M}_i$ von $\mathfrak{M}$ mit

$$\mathfrak{M} = \mathfrak{M}_0 \trianglerighteq \mathfrak{M}_1 \trianglerighteq \cdots \trianglerighteq \mathfrak{M}_r = \mathfrak{E} .$$

(Es wird aber nicht gefordert, daß alle $\mathfrak{M}_i$ in $\mathfrak{M}$ normal sind!) Unter einer Ω-Kompositionsreihe von $\mathfrak{M}$ verstehen wir eine Ω-Reihe

$$\mathfrak{M} = \mathfrak{M}_0 \triangleright \mathfrak{M}_1 \triangleright \cdots \triangleright \mathfrak{M}_r = \mathfrak{E} ,$$

bei welcher alle Faktorgruppen $\mathfrak{M}_i/\mathfrak{M}_{i+1}$ $(i = 0, 1, \ldots, r - 1)$ irreduzible Ω-Gruppen sind.

11.2 Hilfssatz. *Erfüllt die Ω-Gruppe $\mathfrak{M}$ $(\neq \mathfrak{E})$ die Maximal- und die Minimalbedingung für Ω-Untergruppen, so hat $\mathfrak{M}$ mindestens eine Ω-Kompositionsreihe.*

Beweis. Wegen der Maximalbedingung gibt es in jeder Ω-Untergruppe $\mathfrak{N} \neq \mathfrak{E}$ von $\mathfrak{M}$ eine Ω-Untergruppe $\mathfrak{N}_1$ mit $\mathfrak{N}_1 \triangleleft \mathfrak{N}$ und mit irreduziblem $\mathfrak{N}/\mathfrak{N}_1$; wir erhalten nämlich $\mathfrak{N}_1$ als maximales Element der nichtleeren Menge

$$\{\mathfrak{K} \mid \mathfrak{K} \triangleleft \mathfrak{N},\quad \mathfrak{K} \text{ ist eine } \Omega\text{-Untergruppe von } \mathfrak{M}\} .$$

Sei $\mathscr{S}$ die Menge derjenigen Ω-Untergruppen $\mathfrak{N}$ von $\mathfrak{M}$, welche mit $\mathfrak{M}$ durch eine endliche Kette von Ω-Untergruppen $\mathfrak{M}_i$ mit

$$\mathfrak{M} = \mathfrak{M}_0 \triangleright \mathfrak{M}_1 \triangleright \cdots \triangleright \mathfrak{M}_s = \mathfrak{N}$$

mit irreduziblen $\mathfrak{M}_i/\mathfrak{M}_{i+1}$ verbunden werden können. Die Menge $\mathscr{S}$ enthält $\mathfrak{M}$ selbst, ist also nicht leer. Wegen der Minimalbedingung gibt es daher ein minimales Element $\mathfrak{S}$ in $\mathscr{S}$. Ist $\mathfrak{S} \neq \mathfrak{E}$, so gibt es nach der Vorbemerkung eine Ω-Untergruppe $\mathfrak{S}_1$ mit $\mathfrak{S}_1 \triangleleft \mathfrak{S}$ und irreduziblem $\mathfrak{S}/\mathfrak{S}_1$. Dann liegt aber $\mathfrak{S}_1$ in $\mathscr{S}$, entgegen der Wahl von $\mathfrak{S}$ als minimales Element in $\mathscr{S}$. Also ist $\mathfrak{S} = \mathfrak{E}$, und $\mathfrak{M}$ hat eine Ω-Kompositionsreihe.

q.e.d.

11.3 Hilfssatz. *Sei $\mathfrak{U}_1 \trianglelefteq \mathfrak{U} \leqq \mathfrak{M}$ und $\mathfrak{V}_1 \trianglelefteq \mathfrak{V} \leqq \mathfrak{M}$. Dann gilt*

$$\mathfrak{U}_1(\mathfrak{U} \cap \mathfrak{V})/\mathfrak{U}_1(\mathfrak{U} \cap \mathfrak{V}_1) \cong \mathfrak{V}_1(\mathfrak{U} \cap \mathfrak{V})/\mathfrak{V}_1(\mathfrak{U}_1 \cap \mathfrak{V}) .$$

Sind alle auftretenden Gruppen Ω-zulässig, so handelt es sich um einen Ω-Isomorphismus.

Beweis. Wegen $\mathfrak{U}_1 \trianglelefteq \mathfrak{U}$ gilt $\mathfrak{U}_1 \cap \mathfrak{V} \trianglelefteq \mathfrak{U} \cap \mathfrak{V}$. Nach 3.12 ist

$$\mathfrak{U}_1(\mathfrak{U} \cap \mathfrak{V})/\mathfrak{U}_1 \cong (\mathfrak{U} \cap \mathfrak{V})/(\mathfrak{U} \cap \mathfrak{V} \cap \mathfrak{U}_1) = (\mathfrak{U} \cap \mathfrak{V})/(\mathfrak{U}_1 \cap \mathfrak{V}) .$$

Ebenso erhalten wir $\mathfrak{U} \cap \mathfrak{V}_1 \trianglelefteq \mathfrak{U} \cap \mathfrak{V}$ und daher auch

$$(\mathfrak{U}_1 \cap \mathfrak{V})(\mathfrak{U} \cap \mathfrak{V}_1) \trianglelefteq \mathfrak{U} \cap \mathfrak{V} .$$

Bei dem Isomorphismus von $\mathfrak{U}_1(\mathfrak{U} \cap \mathfrak{V})/\mathfrak{U}_1$ auf $(\mathfrak{U} \cap \mathfrak{V})/(\mathfrak{U}_1 \cap \mathfrak{V})$ wird $\mathfrak{U}_1(\mathfrak{U} \cap \mathfrak{V}_1)/\mathfrak{U}_1$ abgebildet auf $(\mathfrak{U}_1 \cap \mathfrak{V})(\mathfrak{U} \cap \mathfrak{V}_1)/(\mathfrak{U}_1 \cap \mathfrak{V})$. Also gilt nach 3.10c)

$$(\mathfrak{U}\cap\mathfrak{V})\big/(\mathfrak{U}_1\cap\mathfrak{V})(\mathfrak{U}\cap\mathfrak{V}_1) \cong (\mathfrak{U}\cap\mathfrak{V})/(\mathfrak{U}_1\cap\mathfrak{V})\big/(\mathfrak{U}_1\cap\mathfrak{V})(\mathfrak{U}\cap\mathfrak{V}_1)/(\mathfrak{U}_1\cap\mathfrak{V})$$
$$\cong \mathfrak{U}_1(\mathfrak{U}\cap\mathfrak{V})/\mathfrak{U}_1\big/\mathfrak{U}_1(\mathfrak{U}\cap\mathfrak{V}_1)/\mathfrak{U}_1$$
$$\cong \mathfrak{U}_1(\mathfrak{U}\cap\mathfrak{V})\big/\mathfrak{U}_1(\mathfrak{U}\cap\mathfrak{V}_1)\,.$$

Ebenso ergibt sich

$$(\mathfrak{U}\cap\mathfrak{V})\big/(\mathfrak{U}_1\cap\mathfrak{V})(\mathfrak{U}\cap\mathfrak{V}_1) \cong \mathfrak{V}_1(\mathfrak{U}\cap\mathfrak{V})\big/\mathfrak{V}_1(\mathfrak{U}_1\cap\mathfrak{V})\,,$$

und wir sind fertig. **q.e.d.**

11.4 Verfeinerungssatz von Schreier und Zassenhaus. *Seien*

$$\mathfrak{M} = \mathfrak{M}_0 \trianglerighteq \mathfrak{M}_1 \trianglerighteq \cdots \trianglerighteq \mathfrak{M}_r = \mathfrak{E}$$

und

$$\mathfrak{M} = \mathfrak{N}_0 \trianglerighteq \mathfrak{N}_1 \trianglerighteq \cdots \trianglerighteq \mathfrak{N}_s = \mathfrak{E}$$

zwei Ω-Reihen von $\mathfrak{M}$. Dann bilden die

$$\mathfrak{M}_{ij} = \mathfrak{M}_i(\mathfrak{M}_{i-1}\cap\mathfrak{N}_j) \quad \textit{und die} \quad \mathfrak{N}_{ij} = \mathfrak{N}_j(\mathfrak{N}_{j-1}\cap\mathfrak{M}_i)$$

Ω-Reihen von $\mathfrak{M}$ mit

$$\mathfrak{M}_{i-1} = \mathfrak{M}_{i0} \trianglerighteq \mathfrak{M}_{i1} \trianglerighteq \cdots \trianglerighteq \mathfrak{M}_{is} = \mathfrak{M}_i$$

und

$$\mathfrak{N}_{j-1} = \mathfrak{N}_{0j} \trianglerighteq \mathfrak{N}_{1j} \trianglerighteq \cdots \trianglerighteq \mathfrak{N}_{rj} = \mathfrak{N}_j\,.$$

Es gilt

$$\mathfrak{M}_{i,j-1}/\mathfrak{M}_{ij} \cong \mathfrak{N}_{i-1,j}/\mathfrak{N}_{ij}\,.$$

Beweis. Offenbar sind die $\mathfrak{M}_{ij}$ und die $\mathfrak{N}_{ij}$ Ω-zulässige Untergruppen von $\mathfrak{M}$. Aus $\mathfrak{N}_{j+1} \trianglelefteq \mathfrak{N}_j$ folgt

$$\mathfrak{N}_{j+1}\cap\mathfrak{M}_{i-1} \trianglelefteq \mathfrak{N}_j\cap\mathfrak{M}_{i-1}$$

und dann

$$\mathfrak{M}_{ij} = \mathfrak{M}_i(\mathfrak{M}_{i-1}\cap\mathfrak{N}_j) \trianglerighteq \mathfrak{M}_i(\mathfrak{M}_{i-1}\cap\mathfrak{N}_{j+1}) = \mathfrak{M}_{i,j+1}\,.$$

Also bilden die angegebenen Gruppen wirklich Ω-Reihen von $\mathfrak{M}$. Nach Hilfssatz 11.3 gilt

$$\mathfrak{M}_{i,j-1}/\mathfrak{M}_{ij} = \mathfrak{M}_i(\mathfrak{M}_{i-1}\cap\mathfrak{N}_{j-1})/\mathfrak{M}_i(\mathfrak{M}_{i-1}\cap\mathfrak{N}_j)$$
$$\cong \mathfrak{N}_j(\mathfrak{M}_{i-1}\cap\mathfrak{N}_{j-1})/\mathfrak{N}_j(\mathfrak{M}_i\cap\mathfrak{N}_{j-1}) = \mathfrak{N}_{i-1,j}/\mathfrak{N}_{ij}\,.$$ **q.e.d.**

11.5 Satz von Jordan-Hölder. *Sei $\mathfrak{M}$ eine Ω-Gruppe mit Maximal- und Minimalbedingung für Ω-Untergruppen. Seien*

$$\mathfrak{M} = \mathfrak{M}_0 \vartriangleright \mathfrak{M}_1 \vartriangleright \cdots \vartriangleright \mathfrak{M}_r = \mathfrak{E}$$

und

$$\mathfrak{M} = \mathfrak{N}_0 \vartriangleright \mathfrak{N}_1 \vartriangleright \cdots \vartriangleright \mathfrak{N}_s = \mathfrak{E}$$

zwei Ω-Kompositionsreihen von $\mathfrak{M}$. Dann gilt $r = s$, und die Faktorgruppen $\mathfrak{M}_i/\mathfrak{M}_{i+1}$ und $\mathfrak{N}_i/\mathfrak{N}_{i+1}$ sind bei geeigneter Numerierung isomorphe Ω-Gruppen. Wir nennen die irreduziblen Faktorgruppen $\mathfrak{M}_i/\mathfrak{M}_{i+1}$ die Ω-Kompositionsfaktoren von $\mathfrak{M}$.

Beweis. Wir führen die Konstruktion von 11.4 durch. Diese kann offenbar Kompositionsreihen nicht mehr verfeinern und führt zu

$$\mathfrak{M}_{i-1}/\mathfrak{M}_i = \mathfrak{M}_{i,j-1}/\mathfrak{M}_{ij} \cong \mathfrak{N}_{i-1,j}/\mathfrak{N}_{ij} = \mathfrak{N}_{j-1}/\mathfrak{N}_j .$$

Dabei sind i und $j = j(i)$ wegen

$$\mathfrak{M}_{i-1} = \mathfrak{M}_{i,j-1} = \mathfrak{M}_i(\mathfrak{M}_{i-1} \cap \mathfrak{N}_{j-1})$$

und

$$\mathfrak{M}_i = \mathfrak{M}_{ij} = \mathfrak{M}_i(\mathfrak{M}_{i-1} \cap \mathfrak{N}_j)$$

umkehrbar eindeutig einander zugeordnet durch die Angaben

$$\mathfrak{M}_{i-1} \cap \mathfrak{N}_j \leqq \mathfrak{M}_i, \quad \text{aber} \quad \mathfrak{M}_{i-1} \cap \mathfrak{N}_{j-1} \nleqq \mathfrak{M}_i$$

und

$$\mathfrak{N}_{j-1} \cap \mathfrak{M}_i \leqq \mathfrak{N}_j, \quad \text{aber} \quad \mathfrak{N}_{j-1} \cap \mathfrak{M}_{i-1} \nleqq \mathfrak{N}_j . \qquad \textbf{q.e.d.}$$

Wir heben wichtige Sonderfälle hervor:

11.6 Definition.

a) Ist Ω die leere Menge, so heißt eine Ω-Kompositionsreihe von $\mathfrak{M}$ Kompositionsreihe von $\mathfrak{M}$.

b) Besteht Ω aus allen inneren Automorphismen von $\mathfrak{M}$, so heißt eine Ω-Kompositionsreihe von $\mathfrak{M}$ Hauptreihe von $\mathfrak{M}$. Die Ω-Kompositionsfaktoren nennen wir dann Hauptfaktoren.

c) Besteht Ω aus allen Automorphismen von $\mathfrak{M}$, so heißt eine Ω-Kompositionsreihe von $\mathfrak{M}$ charakteristische Reihe von $\mathfrak{M}$.

Satz 11.5 enthält folgende Sätze als Spezialfälle:

11.7 Satz. *Sei $\mathfrak{M}$ eine endliche Gruppe. Dann haben alle Kompositionsreihen (Hauptreihen, charakteristischen Reihen) von $\mathfrak{M}$ die gleiche Länge und, abgesehen von der Anordnung, die gleichen Kompositionsfaktoren.*

Für Moduln lautet das Ergebnis:

11.8 Satz. *Sei $\mathfrak{m}$ ein $\mathfrak{R}$-Rechtsmodul mit Maximal- und Minimalbedingung für Untermoduln. Dann haben alle $\mathfrak{R}$-Kompositionsreihen*

$$\mathfrak{m} = \mathfrak{m}_0 > \mathfrak{m}_1 > \cdots > \mathfrak{m}_r = 0$$

die gleiche Länge, und die irreduziblen Faktormoduln $\mathfrak{m}_i/\mathfrak{m}_{i+1}$ sind bis auf die Anordnung durch $\mathfrak{m}$ eindeutig bestimmt. Wir nennen die $\mathfrak{R}$-Rechtsmoduln $\mathfrak{m}_i/\mathfrak{m}_{i+1}$ die irreduziblen Bestandteile von $\mathfrak{m}$.

Wir können nun eine neue Charakterisierung der endlichen auflösbaren Gruppen angeben:

11.9 Satz. *Sei $\mathfrak{G}$ eine endliche Gruppe. Genau dann ist $\mathfrak{G}$ auflösbar, wenn alle Kompositionsfaktoren von $\mathfrak{G}$ zyklisch (von Primzahlordnung) sind.*

Beweis. a) Sei

$$\mathfrak{G} = \mathfrak{G}_0 \rhd \mathfrak{G}_1 \rhd \cdots \rhd \mathfrak{G}_r = \mathfrak{E}$$

eine Kompositionsreihe von $\mathfrak{G}$ mit zyklischen Faktorgruppen $\mathfrak{G}_i/\mathfrak{G}_{i+1}$. Sei schon bewiesen, daß die i-te Kommutatorgruppe $\mathfrak{G}^{(i)}$ von $\mathfrak{G}$ in $\mathfrak{G}_i$ liegt. Da $\mathfrak{G}_i/\mathfrak{G}_{i+1}$ abelsch ist, folgt mit 8.2

$$\mathfrak{G}^{(i+1)} \leqq \mathfrak{G}_i' \leqq \mathfrak{G}_{i+1} .$$

Wir erhalten schließlich $\mathfrak{G}^{(r)} \leqq \mathfrak{G}_r = \mathfrak{E}$, und somit ist $\mathfrak{G}$ auflösbar.

b) Sei $\mathfrak{G}$ auflösbar und

$$\mathfrak{G} = \mathfrak{G}_0 \rhd \mathfrak{G}_1 \rhd \cdots \rhd \mathfrak{G}_r = \mathfrak{E}$$

eine Kompositionsreihe von $\mathfrak{G}$. Die Faktorgruppen $\mathfrak{G}_i/\mathfrak{G}_{i+1}$ sind dann einfach. Da $\mathfrak{G}$ auflösbar ist, sind nach 8.5 auch die $\mathfrak{G}_i/\mathfrak{G}_{i+1}$ auflösbar. Nach 9.13 hat $\mathfrak{G}_i/\mathfrak{G}_{i+1}$ Primzahlordnung. **q.e.d.**

§ 12. Direkte Zerlegungen

In diesem Paragraphen soll Ω stets alle inneren Automorphismen von $\mathfrak{M}$ enthalten. Alle Ω-Untergruppen von $\mathfrak{M}$ sind dann normal in $\mathfrak{M}$, und alle Ω-Endomorphismen sind normal.

12.1 Hilfssatz. *Sei $\mathfrak{M} = \mathfrak{M}_1 \times \cdots \times \mathfrak{M}_n$ eine direkte Zerlegung der Ω-Gruppe $\mathfrak{M}$ in Ω-Untergruppen $\mathfrak{M}_i$. Wir definieren die Projektionen π_i zu dieser Zerlegung durch*

$$(M_1 \ldots M_n)^{\pi_i} = M_i \quad \text{für} \quad M_j \in \mathfrak{M}_j .$$

Dann sind die π_i addierbare und normale Endomorphismen aus $\mathrm{Hom}_\Omega(\mathfrak{M}, \mathfrak{M})$. *Es gilt*

$$1 = \pi_1 + \cdots + \pi_n ,$$

$\pi_i \pi_j = o$ für $i \neq j$ und $\pi_i^2 = \pi_i$.

Beweis. Aus $M = M_1 \ldots M_n$ und $N = N_1 \ldots N_n$ mit M_i und N_i aus $\mathfrak{M}_i$ folgt nämlich

$$MN = M_1 N_1 \ldots M_n N_n$$

und daher

$$(MN)^{\pi_i} = M_i N_i = M^{\pi_i} N^{\pi_i} .$$

Ferner gilt für $\mu \in \Omega$ wegen $\mathfrak{M}_i^\mu \leqq \mathfrak{M}_i$

$$(M^\mu)^{\pi_i} = (M_1^\mu \ldots M_n^\mu)^{\pi_i} = M_i^\mu = M^{\pi_i \mu} .$$

Also liegen die π_i in $\mathrm{Hom}_\Omega(\mathfrak{M}, \mathfrak{M})$. Wegen $\mathfrak{M}^{\pi_i} = \mathfrak{M}_i$ und der elementweisen Vertauschbarkeit von $\mathfrak{M}_i$ und $\mathfrak{M}_j$ für $i \neq j$ folgt aus 10.9, daß die π_i addierbar sind. Die Gleichungen

$$1 = \pi_1 + \cdots + \pi_n, \quad \pi_i\pi_j = o \quad \text{für} \quad i \neq j \quad \text{und} \quad \pi_i^2 = \pi_i$$

sind trivial. **q.e.d.**

12.2 Satz. *Sei $\mathfrak{M}$ $(\neq \mathfrak{E})$ eine Ω-Gruppe mit Maximal- und Minimalbedingung für Ω-Untergruppen. Dann besitzt $\mathfrak{M}$ eine direkte Zerlegung*

$$\mathfrak{M} = \mathfrak{M}_1 \times \cdots \times \mathfrak{M}_r$$

in endlich viele direkt unzerlegbare Ω-Gruppen $\mathfrak{M}_i$.

Beweis. a) Wir zeigen zuerst, daß jede von $\mathfrak{E}$ verschiedene Ω-Untergruppe $\mathfrak{N}$ von $\mathfrak{M}$ sich als $\mathfrak{N} = \mathfrak{T} \times \mathfrak{T}^*$ mit einer direkt unzerlegbaren Ω-Gruppe $\mathfrak{T} > \mathfrak{E}$ und einer Ω-Gruppe $\mathfrak{T}^*$ schreiben läßt.

Sei nämlich

$$\mathscr{S} = \{\mathfrak{A} \mid \mathfrak{E} < \mathfrak{A},\ \mathfrak{N} = \mathfrak{A} \times \mathfrak{A}^*,\ \mathfrak{A} \text{ und } \mathfrak{A}^* \text{ sind } \Omega\text{-Untergruppen von } \mathfrak{M}\}\,.$$

Die Menge $\mathscr{S}$ enthält $\mathfrak{N}$, ist also nicht leer. Wegen der Minimalbedingung hat $\mathscr{S}$ minimale Elemente, und diese sind offenbar direkt unzerlegbare direkte Faktoren von $\mathfrak{N}$.

b) Sei nun

$$\mathscr{T} = \{\mathfrak{B} \mid \mathfrak{B} = \mathfrak{M}_1 \times \cdots \times \mathfrak{M}_t,\ \mathfrak{M} = \mathfrak{B} \times \mathfrak{B}^*;\ \mathfrak{M}_i,\ \mathfrak{B} \text{ und } \mathfrak{B}^* \ \Omega\text{-Gruppen}, \ \mathfrak{M}_i \text{ direkt unzerlegbar}\}\,.$$

Nach a) ist $\mathscr{T}$ sicher nicht leer. Wegen der Maximalbedingung gibt es ein maximales Element $\mathfrak{T}$ aus $\mathscr{T}$. Ist $\mathfrak{T} < \mathfrak{M}$, so haben wir $\mathfrak{M} = \mathfrak{T} \times \mathfrak{T}^*$ mit $\mathfrak{T}^* > \mathfrak{E}$. Nach a) gibt es dann eine Zerlegung $\mathfrak{T}^* = \mathfrak{A} \times \mathfrak{A}^*$ mit einer direkt unzerlegbaren Ω-Gruppe $\mathfrak{A} > \mathfrak{E}$ und einer Ω-Gruppe $\mathfrak{A}^*$. Dann folgt

$$\mathfrak{T} < \mathfrak{T} \times \mathfrak{A} \in \mathscr{T}\,,$$

entgegen der Wahl von $\mathfrak{T}$. Also ist

$$\mathfrak{T} = \mathfrak{M} = \mathfrak{M}_1 \times \cdots \times \mathfrak{M}_r\,,$$

und wir haben die behauptete Zerlegung von $\mathfrak{M}$. **q.e.d.**

12.3 Satz von Krull-Remak-Schmidt.

Sei $\mathfrak{M}$ $(\neq \mathfrak{E})$ eine Ω-Gruppe mit Maximal- und Minimalbedingung für Ω-Untergruppen. Seien

$$\mathfrak{M} = \mathfrak{M}_1 \times \cdots \times \mathfrak{M}_r = \mathfrak{N}_1 \times \cdots \times \mathfrak{N}_s$$

zwei direkte Zerlegungen von $\mathfrak{M}$ in direkt unzerlegbare Ω-Untergruppen $\mathfrak{M}_i$ und $\mathfrak{N}_j$. Dann ist $r = s$. Es gilt bei geeigneter Numerierung der $\mathfrak{N}_i$

$$\mathfrak{M} = \mathfrak{N}_1 \times \cdots \times \mathfrak{N}_{i-1} \times \mathfrak{M}_i \times \cdots \times \mathfrak{M}_r$$

für alle i mit $1 \leqq i \leqq r$, und dann existiert ein normaler Ω-Automorphismus α von $\mathfrak{M}$ mit $\mathfrak{M}_i^{\alpha} = \mathfrak{N}_i$ für $i = 1, \ldots, r$.

Beweis. Sei schon ein normaler Ω-Automorphismus α_i von $\mathfrak{M}$ gefunden mit

$$\mathfrak{M}_j^{\alpha_i} = \mathfrak{N}_j \quad \text{für} \quad j \leqq i-1 \quad \text{und} \quad \mathfrak{M}_j^{\alpha_i} = \mathfrak{M}_j \quad \text{für} \quad j \geqq i\,.$$

(Für $i = 1$ ist das trivialerweise richtig.)

Dann haben wir

$$\mathfrak{M} = \mathfrak{M}^{\alpha_i} = \mathfrak{M}_1^{\alpha_i} \times \cdots \times \mathfrak{M}_r^{\alpha_i} = \mathfrak{N}_1 \times \cdots \times \mathfrak{N}_{i-1} \times \mathfrak{M}_i \times \cdots \times \mathfrak{M}_r\,.$$

Seien $\pi_1, \ldots, \pi_r$ die gemäß 12.1 gebildeten Projektionen zur direkten Zerlegung

$$\mathfrak{M} = \mathfrak{N}_1 \times \cdots \times \mathfrak{N}_{i-1} \times \mathfrak{M}_i \times \cdots \times \mathfrak{M}_r$$

und seien $\mu_1, \ldots, \mu_s$ die Projektionen zu

$$\mathfrak{M} = \mathfrak{N}_1 \times \cdots \times \mathfrak{N}_s\,.$$

Dann haben wir

$$1 = \sum_{j=1}^{s} \mu_j \quad \text{und} \quad \pi_i = \left(\sum_{j=1}^{s} \mu_j\right) \pi_i = \sum_{j=1}^{s} \mu_j \pi_i\,.$$

Es gilt

$$\mathfrak{M}^{\mu_j} = \mathfrak{N}_j\,,$$

daher $\mu_j = \mu_j \pi_j$ für $j \leqq i-1$, und dann $\mu_j \pi_i = \mu_j \pi_j \pi_i = o$. Also bleibt nur

$$\pi_i = \sum_{j=i}^{s} \mu_j \pi_i\,.$$

Die Endomorphismen $\mu_j \pi_i$ sind addierbar, denn es gilt

$$[M^{\mu_j \pi_i}, N^{\mu_k \pi_i}] = [M^{\mu_j}, N^{\mu_k}]^{\pi_i} = E$$

für $j \neq k$ und alle M, N aus $\mathfrak{M}$.

Ist μ ein Endomorphismus von $\mathfrak{M}$, welcher $\mathfrak{M}_i$ in sich abbildet, so bezeichnen wir die Einschränkung von μ auf $\mathfrak{M}_i$ mit $\bar{\mu}$. Auf der direkt unzerlegbaren Gruppe $\mathfrak{M}_i$ gilt dann

$$\bar{\pi}_i = 1 = \sum_{j=i}^{s} \overline{\mu_j \pi_i}\,.$$

Wiederholte Anwendung von Hilfssatz 10.10 zeigt, daß mindestens eines der $\overline{\mu_j \pi_i}$ $(j = i, \ldots, s)$ ein Automorphismus von $\mathfrak{M}_i$ ist. Wir numerieren so, daß $\overline{\mu_i \pi_i}$ ein Automorphismus von $\mathfrak{M}_i$ ist. Nun ist

$$\mu_i : \mathfrak{M}_i \to \mathfrak{M}_i^{\mu_i}$$

ein Isomorphismus von $\mathfrak{M}_i$ in $\mathfrak{M}^{\mu_i} = \mathfrak{N}_i$, und

$$\pi_i : \mathfrak{M}_i^{\mu_i} \to \mathfrak{M}_i^{\mu_i \pi_i} = \mathfrak{M}_i$$

ist ein Monomorphismus von $\mathfrak{M}_i^{\mu_i}$ auf $\mathfrak{M}_i$.

Sei $\mathfrak{K}_i = \{M \mid M^{\pi_i} = E\}$ der Kern von π_i. Dann haben wir

$$\mathfrak{M}_i^{\mu_i} \cap \mathfrak{K}_i = \mathfrak{E}\,.$$

Wir behaupten nun: $\mathfrak{N}_i = \mathfrak{M}_i^{\mu_i} \times (\mathfrak{K}_i \cap \mathfrak{N}_i)$.

Sei nämlich $N \in \mathfrak{N}_i$. Dann ist $N^{\pi_i} \in \mathfrak{M}_i$. Wegen $\mathfrak{M}_i^{\mu_i \pi_i} = \mathfrak{M}_i$ haben wir

$$N^{\pi_i} = K^{\mu_i \pi_i}$$

mit einem geeigneten K aus $\mathfrak{M}_i$. Wir schreiben nun

$$N = N(K^{\mu_i})^{-1} K^{\mu_i}.$$

Dann ist $K^{\mu_i} \in \mathfrak{M}_i^{\mu_i}$ und $(N(K^{\mu_i})^{-1})^{\pi_i} = N^{\pi_i} K^{-\mu_i \pi_i} = E$, also $NK^{-\mu_i} \in \mathfrak{K}_i \cap \mathfrak{N}_i$.

Mit $\mathfrak{M}_i^{\mu_i} \cap (\mathfrak{K}_i \cap \mathfrak{N}_i) = \mathfrak{E}$ folgt nun die gewünschte direkte Zerlegung

$$\mathfrak{N}_i = \mathfrak{M}_i^{\mu_i} \times (\mathfrak{K}_i \cap \mathfrak{N}_i).$$

Da $\mathfrak{N}_i$ direkt unzerlegbar ist und $\mathfrak{M}_i^{\mu_i} > \mathfrak{E}$ gilt, folgt $\mathfrak{N}_i = \mathfrak{M}_i^{\mu_i}$. Also bewirkt μ_i einen Isomorphismus von $\mathfrak{M}_i$ auf $\mathfrak{N}_i$.

Die π_j $(j \neq i)$ sind mit $\pi_i \mu_i$ addierbar:

Denn wir haben für $j < i$

$$\mathfrak{M}^{\pi_i \mu_i} = \mathfrak{M}_i^{\mu_i} = \mathfrak{N}_i \quad \text{und} \quad \mathfrak{M}^{\pi_j} = \mathfrak{N}_j\,;$$

daraus folgt mit 10.9 die Addierbarkeit von $\pi_i \mu_i$ mit π_j für $j < i$.

Für $j > i$ ist $\mathfrak{M}^{\pi_j} = \mathfrak{M}_j$, und dies ist elementweise vertauschbar mit

$$\mathfrak{M}^{\pi_i \mu_i} = \mathfrak{M}_i^{\mu_i},$$

denn für $M_i \in \mathfrak{M}_i$ und $M_j \in \mathfrak{M}_j$ gilt

$$M_i^{\mu_i} = (M_i^{M_j})^{\mu_i} = (M_i^{\mu_i})^{M_j}.$$

Also ist

$$\delta_i = \pi_1 + \cdots + \pi_{i-1} + \pi_i \mu_i + \pi_{i+1} + \cdots + \pi_r$$

ein Ω-Endomorphismus von $\mathfrak{M}$. Es gilt

$$\mathfrak{N}_j^{\delta_i} = \mathfrak{N}_j^{\pi_j} = \mathfrak{N}_j \quad \text{für} \quad j < i,$$
$$\mathfrak{M}_i^{\delta_i} = \mathfrak{M}_i^{\pi_i \mu_i} = \mathfrak{M}_i^{\mu_i} = \mathfrak{N}_i \quad \text{und}$$
$$\mathfrak{M}_j^{\delta_i} = \mathfrak{M}_j^{\pi_j} = \mathfrak{M}_j \quad \text{für} \quad j > i.$$

Somit erhalten wir

$$\mathfrak{M}^{\delta_i} = \mathfrak{N}_1 \times \cdots \times \mathfrak{N}_i \times \mathfrak{M}_{i+1} \times \cdots \times \mathfrak{M}_r.$$

Dabei ist dieses Produkt wegen

$$\mathfrak{N}_1 \times \cdots \times \mathfrak{N}_{i-1} \times \mathfrak{M}_{i+1} \times \cdots \times \mathfrak{M}_r = \mathfrak{K}_i = \operatorname{Kern} \pi_i$$

und

$$\mathfrak{N}_i \cap \mathfrak{K}_i = \mathfrak{M}_i^{\delta_i} \cap \mathfrak{K}_i = \mathfrak{M}_i^{\mu_i} \cap \mathfrak{K}_i = \mathfrak{E}$$

direkt.

Wir zeigen nun, daß δ_i ein Automorphismus von $\mathfrak{M}$ ist. Dazu genügt nach Satz 10.6b) der Nachweis, daß der Kern von δ_i gleich $\mathfrak{E}$ ist. Angenommen, es sei

$$(N_1 \ldots N_{i-1} M_i \ldots M_r)^{\delta_i} = N_1 \ldots N_{i-1} M_i^{\mu_i} M_{i+1} \ldots M_r = E.$$

Aus der angegebenen direkten Zerlegung von $\mathfrak{M}^{\delta_i}$ folgt

$$N_1 = \cdots = N_{i-1} = M_i^{\mu_i} = M_{i+1} = \cdots = M_r = E\,.$$

Da μ_i einen Isomorphismus von $\mathfrak{M}_i$ auf $\mathfrak{N}_i$ bewirkt, ist auch $M_i = E$.

Wir setzen nun $\alpha_{i+1} = \alpha_i \delta_i$. Die Abbildung $\alpha = \alpha_{r+1}$ ist dann ein normaler Ω-Endomorphismus von $\mathfrak{M}$, der alle Forderungen unseres Satzes erfüllt. **q.e.d.**

Wir werten Satz 12.3 zunächst für Moduln aus:

12.4 Satz. *Sei* $\mathfrak{m}$ $(\neq 0)$ *ein* $\mathfrak{R}$*-Rechtsmodul mit Maximal- und Minimalbedingung für Untermoduln. Sind*

$$\mathfrak{m} = \mathfrak{m}_1 \oplus \cdots \oplus \mathfrak{m}_r = \mathfrak{n}_1 \oplus \cdots \oplus \mathfrak{n}_s$$

direkte Zerlegungen von $\mathfrak{m}$ *in direkt unzerlegbare Moduln* $\mathfrak{m}_i$, $\mathfrak{n}_j$, *so gilt* $r = s$ *und bei geeigneter Numerierung* $\mathfrak{m}_i \cong \mathfrak{n}_i$.

Schärfere Aussagen erhält man bei nichtkommutativen Gruppen:

12.5 Satz. *Sei* $\mathfrak{G}$ *eine Gruppe mit Maximal- und Minimalbedingung für Normalteiler.*

a) *Sind*

$$\mathfrak{G} = \mathfrak{G}_1 \times \cdots \times \mathfrak{G}_r = \mathfrak{H}_1 \times \cdots \times \mathfrak{H}_s$$

direkte Zerlegungen von $\mathfrak{G}$ *in direkt unzerlegbare Gruppen* $\mathfrak{G}_i$, $\mathfrak{H}_j$ $(> \mathfrak{E})$, *so gilt* $r = s$ *und bei geeigneter Numerierung* $\mathfrak{G}_i \cong \mathfrak{H}_i$.

Schärfer: Es gibt einen normalen Automorphismus α *von* $\mathfrak{G}$ *mit* $\mathfrak{G}_i^{\alpha} = \mathfrak{H}_i$.

b) *Die direkte Zerlegung*

$$\mathfrak{G} = \mathfrak{G}_1 \times \cdots \times \mathfrak{G}_r$$

in direkt unzerlegbare Faktoren $\mathfrak{G}_i$ *ist genau dann eindeutig (bis auf Vertauschung der* $\mathfrak{G}_i$*), wenn es für* $i \neq j$ *stets nur den trivialen Homomorphismus von* $\mathfrak{G}_i$ *in das Zentrum* $\mathbf{Z}(\mathfrak{G}_j)$ *von* $\mathfrak{G}_j$ *gibt.*

Beweis. a) Ist ein Spezialfall von 12.3, wobei Ω die Menge aller inneren Automorphismen von $\mathfrak{G}$ ist.

b) Seien

$$\mathfrak{G} = \mathfrak{G}_1 \times \cdots \times \mathfrak{G}_r = \mathfrak{H}_1 \times \cdots \times \mathfrak{H}_r$$

zwei direkte Zerlegungen von $\mathfrak{G}$, und sei α ein normaler Automorphismus von $\mathfrak{G}$ mit $\mathfrak{G}_i^{\alpha} = \mathfrak{H}_i$. Nach Hilfssatz 10.3 gilt für alle $G_1 \in \mathfrak{G}_1$

$$G_1^{\alpha} G_1^{-1} = S_1 \ldots S_r \in \mathbf{C}_{\mathfrak{G}}(\mathfrak{G}^{\alpha}) = \mathbf{Z}(\mathfrak{G})$$

mit geeigneten $S_i \in \mathfrak{G}_i$. Also liegen die S_i nach 9.9 in $\mathbf{Z}(\mathfrak{G}_i)$. Die Abbildung $\tau_i = (\alpha - 1)\,\pi_i$ mit

$$G_1^{\tau_i} = S_i \quad (i \geqq 2)$$

ist offenbar ein Homomorphismus von $\mathfrak{G}_1$ in $\mathbf{Z}(\mathfrak{G}_i)$. Ist $\mathfrak{G}_1 \neq \mathfrak{H}_1$, so gibt es ein $i > 1$ mit $\tau_i \neq o$. Dann ist τ_i der gesuchte nichttriviale Homomorphismus von $\mathfrak{G}_1$ in $\mathbf{Z}(\mathfrak{G}_i)$.

Sei umgekehrt τ ein nichttrivialer Homomorphismus von $\mathfrak{G}_1$ in $\mathbf{Z}(\mathfrak{G}_2)$. Dann setzen wir

$$\mathfrak{G}_1^* = \{G_1 G_1^\tau \mid G_1 \in \mathfrak{G}_1\}\,.$$

Nun ist $\mathfrak{G}_1^*$ ein von $\mathfrak{G}_1$ verschiedener Normalteiler von $\mathfrak{G}$, und jedes Element G aus $\mathfrak{G}$ läßt sich eindeutig zerlegen in

$$G = G_1 \ldots G_r = (G_1 G_1^\tau)\,(G_2 G_1^{-\tau})\,G_3 \ldots G_r \quad (G_i \in \mathfrak{G}_i)\,.$$

Also haben wir $\mathfrak{G} = \mathfrak{G}_1^* \times \mathfrak{G}_2 \times \cdots \times \mathfrak{G}_n$, und die direkte Zerlegung von $\mathfrak{G}$ ist nicht eindeutig. **q.e.d.**

Im Sonderfall endlicher Gruppen nimmt dieser Satz die folgende Gestalt an:

12.6 Satz. *Sei $\mathfrak{G}$ eine endliche Gruppe. Die direkte Zerlegung*

$$\mathfrak{G} = \mathfrak{G}_1 \times \cdots \times \mathfrak{G}_r$$

in direkt unzerlegbare Faktoren $\mathfrak{G}_i$ ist genau dann eindeutig (bis auf Vertauschung der $\mathfrak{G}_i$), wenn für $i \neq j$ stets $|\mathfrak{G}_i/\mathfrak{G}_i'|$ teilerfremd ist zu $|\mathbf{Z}(\mathfrak{G}_j)|$.

Beweis. Die Bedingung ist hinreichend:

Ist nämlich α ein Homomorphismus von $\mathfrak{G}_i$ in $\mathbf{Z}(\mathfrak{G}_j)$, so liegt $\mathfrak{G}_i'$ sicher im Kern von α. Daher teilt $|\mathfrak{G}_i^\alpha|$ sowohl $|\mathfrak{G}_i/\mathfrak{G}_i'|$ als auch $|\mathbf{Z}(\mathfrak{G}_j)|$. Also ist $\mathfrak{G}_i^\alpha = \mathfrak{E}$. Nach 12.5 ist daher die direkte Zerlegung von $\mathfrak{G}$ eindeutig.

Ist umgekehrt p ein gemeinsamer Primteiler von $|\mathfrak{G}_i/\mathfrak{G}_i'|$ und $|\mathbf{Z}(\mathfrak{G}_j)|$, so gibt es einen Normalteiler $\mathfrak{N}$ von $\mathfrak{G}_i$ und eine Untergruppe $\mathfrak{U}$ von $\mathbf{Z}(\mathfrak{G}_j)$ mit

$$|\mathfrak{G}_i/\mathfrak{N}| = |\mathfrak{U}| = p\,.$$

Dann ist $\mathfrak{G}_i/\mathfrak{N} \cong \mathfrak{U}$. Also gibt es einen Epimorphismus von $\mathfrak{G}_i$ auf die Untergruppe $\mathfrak{U}$ von $\mathbf{Z}(\mathfrak{G}_j)$. Nach 12.5 ist daher im vorliegenden Falle die direkte Zerlegung von $\mathfrak{G}$ nicht eindeutig. **q.e.d.**

§ 13. Moduln über Hauptidealringen und abelsche Gruppen

In diesem Paragraphen sei der Ring $\mathfrak{R}$ stets kommutativ. Der kommutative und nullteilerfreie Ring $\mathfrak{R}$ heißt Hauptidealring, wenn jedes Ideal von $\mathfrak{R}$ die Gestalt

$$\mathfrak{R}a = \{ra \mid r \in \mathfrak{R}\}$$

mit geeignetem a aus $\mathfrak{R}$ hat. Der Ring der ganzen rationalen Zahlen ist bekanntlich ein Hauptidealring, ferner der Ring der Polynome in einer Unbestimmten über einem Körper. Ein weiteres Beispiel eines Hauptidealringes, welches in Kapitel V eine Rolle spielen wird, ist der Ring der ganzen $\mathfrak{p}$-adischen Zahlen.

Wir erinnern zuerst an einige Begriffe aus der Theorie der kommutativen Ringe:

13.1 Definition. Sei $\mathfrak{R}$ ein kommutativer Ring ohne Nullteiler mit Einselement 1. (Wir nennen dann $\mathfrak{R}$ einen Integritätsbereich.)

a) Das Ideal $\mathfrak{p}$ heißt ein Primideal, wenn aus $a, b \in \mathfrak{R}$ und $ab \in \mathfrak{p}$ stets $a \in \mathfrak{p}$ oder $b \in \mathfrak{p}$ folgt.

b) Das Element e aus $\mathfrak{R}$ heißt eine Einheit von $\mathfrak{R}$, wenn $\mathfrak{R}e = \mathfrak{R}$ gilt, wenn es also in $\mathfrak{R}$ ein Element c mit $ce = 1$ gibt.

c) Seien a und b Elemente aus $\mathfrak{R}$. Wir nennen a einen Teiler von b, in Formeln $a \mid b$, wenn es ein c aus $\mathfrak{R}$ mit $ac = b$ gibt.

d) Sei p keine Einheit von $\mathfrak{R}$. Folgt aus $p = ab$ stets, daß a oder b eine Einheit von $\mathfrak{R}$ ist, so nennen wir p ein Primelement von $\mathfrak{R}$.

e) Die Elemente a_i $(i = 1, \ldots, n)$ aus $\mathfrak{R}$ heißen teilerfremd, falls aus $c \mid a_i$ $(i = 1, \ldots, n)$ mit $c \in \mathfrak{R}$ folgt, daß c eine Einheit von $\mathfrak{R}$ ist.

f) Das Ideal $\mathfrak{m}$ heißt ein maximales Ideal von $\mathfrak{R}$, wenn $\mathfrak{m} \subset \mathfrak{R}$ gilt, und wenn es kein Ideal $\mathfrak{a}$ mit $\mathfrak{m} \subset \mathfrak{a} \subset \mathfrak{R}$ gibt.

Die grundlegenden Eigenschaften der Hauptidealringe stellen wir im folgenden Satz zusammen:

13.2 Satz. *Sei $\mathfrak{R}$ ein Hauptidealring, aber kein Körper. Dann gilt:*

a) *Jede nichtleere Menge von Idealen von $\mathfrak{R}$ enthält maximale Elemente (sog. Maximalbedingung). Insbesondere liegt jedes von $\mathfrak{R}$ verschiedene Ideal von $\mathfrak{R}$ in einem maximalen Ideal von $\mathfrak{R}$.*

b) *Jedes maximale Ideal von $\mathfrak{R}$ ist ein Primideal und hat die Gestalt $\mathfrak{R}p$ mit einem Primelement p von $\mathfrak{R}$.*

c) *Sei $\{\mathfrak{p}_i = \mathfrak{R}p_i \mid i \in I\}$ die Menge aller maximalen Ideale von $\mathfrak{R}$. Ist $0 \neq a \in \mathfrak{R}$, so gibt es eine Zerlegung*

$$a = e \prod_{i \in I} p_i^{a_i},$$

wobei e eine Einheit von $\mathfrak{R}$ ist und nur endlich viele der nichtnegativen ganzen Zahlen a_i von 0 verschieden sind.

d) *Ist*

$$e \prod_{i \in I} p_i^{a_i} = e' \prod_{i \in I} p_i^{b_i}, \quad (e \text{ und } e' \text{ Einheiten in } \mathfrak{R},\ a_i \text{ und } b_i \text{ in } \mathbf{Z}),$$

so gilt $a_i = b_i$ für alle $i \in I$ (Eindeutigkeit der Primfaktorzerlegung).

e) *Sind die r_i $(i = 1, \ldots, n)$ aus $\mathfrak{R}$ teilerfremd, so gibt es Elemente $s_i \in \mathfrak{R}$ mit*

$$\sum_{i=1}^{n} r_i s_i = 1.$$

f) *Jedes von 0 und $\mathfrak{R}$ verschiedene Primideal von $\mathfrak{R}$ ist ein maximales Ideal.*

Beweis. a) Angenommen, die Menge $\mathcal{S}$ von Idealen von $\mathfrak{R}$ enthalte kein maximales Element. Zu jedem $\mathfrak{a}$ aus $\mathcal{S}$ gibt es dann ein $\mathfrak{a}'$ aus $\mathcal{S}$ mit $\mathfrak{a} \subset \mathfrak{a}'$ (zur Konstruktion der Abbildung $\mathfrak{a} \to \mathfrak{a}'$ ist das Auswahlaxiom nötig!). Nun konstruieren wir eine abzählbare, aufsteigende Kette

$$\mathfrak{c}_1 \subset \mathfrak{c}_2 \subset \cdots$$

von Idealen durch die Vorschrift $\mathfrak{c}_1 = 0$, $\mathfrak{c}_{i+1} = (\mathfrak{c}_i)'$. Man sieht leicht, daß $\bigcup_{i=1}^{\infty} \mathfrak{c}_i = \mathfrak{d}$ ein Ideal von $\mathfrak{R}$ ist. Sei $\mathfrak{d} = \mathfrak{R}d$. Wegen $d \in \bigcup_i \mathfrak{c}_i$ gibt es ein j mit $d \in \mathfrak{c}_j$. Dann folgt der Widerspruch

$$\mathfrak{c}_{j+1} \subsetneqq \mathfrak{d} = \mathfrak{R}d \subseteqq \mathfrak{c}_j .$$

Also hat die Menge $\mathscr{S}$ mindestens ein maximales Element.

Sei $\mathfrak{a}$ ein Ideal mit $\mathfrak{a} \subset \mathfrak{R}$. Dann ist

$$\mathscr{S} = \{\mathfrak{b} \mid \mathfrak{b} \text{ Ideal in } \mathfrak{R},\ \mathfrak{a} \subseteqq \mathfrak{b} \subset \mathfrak{R}\}$$

wegen $\mathfrak{a} \in \mathscr{S}$ nicht leer. Jedes maximale Element von $\mathscr{S}$ ist ein maximales Ideal von $\mathfrak{R}$, welches $\mathfrak{a}$ enthält.

b) Sei $\mathfrak{m}$ ein maximales Ideal von $\mathfrak{R}$. Angenommen, $\mathfrak{m}$ sei kein Primideal. Dann gibt es $a, b \in \mathfrak{R}$ mit $ab \in \mathfrak{m}$, aber $a \notin \mathfrak{m}$ und $b \notin \mathfrak{m}$. Wegen der Maximalität von $\mathfrak{m}$ folgt

$$\mathfrak{m} \subset \mathfrak{m} + \mathfrak{R}a = \mathfrak{m} + \mathfrak{R}b = \mathfrak{R} .$$

Also gilt

$$1 = m + ra = m' + r'b$$

mit geeigneten $m, m' \in \mathfrak{m}$ und $r, r' \in \mathfrak{R}$. Daraus folgt der Widerspruch

$$1 = mm' + mr'b + ram' + rr'ab \in \mathfrak{m} .$$

(Bisher haben wir in b) nicht verwendet, daß $\mathfrak{R}$ ein Hauptidealring ist.)

Ist also $\mathfrak{m}$ ein maximales Ideal aus $\mathfrak{R}$, so ist $\mathfrak{m} = \mathfrak{R}p$ ein Primideal. Da $\mathfrak{R}$ kein Körper ist, gilt $\mathfrak{m} \neq 0$, also $p \neq 0$. Angenommen, es sei $p = ab$ mit $a, b \in \mathfrak{R}$. Da $\mathfrak{m}$ ein Primideal von $\mathfrak{R}$ ist, folgt etwa $a \in \mathfrak{m} = \mathfrak{R}p$. Somit gibt es ein c aus $\mathfrak{R}$ mit

$$a = cp = (cb)\,a .$$

Da $\mathfrak{R}$ nullteilerfrei ist, folgt $cb = 1$. Also ist b eine Einheit und p ein Primelement.

c) Sei $0 \neq a \in \mathfrak{R}$ und

$$\mathscr{S} = \left\{\mathfrak{R}b \mid a = b \prod_{i \in I} p_i^{a_i}, \quad \text{nur endlich viele der } a_i \neq 0\right\}.$$

Offenbar ist $\mathfrak{R}a \in \mathscr{S}$. Sei $\mathfrak{c} = \mathfrak{R}c$ ein nach a) existierendes maximales Element von $\mathscr{S}$. Angenommen, es sei $\mathfrak{c} \neq \mathfrak{R}$. Dann liegt $\mathfrak{c}$ in einem maximalen Ideal $\mathfrak{p}_j$ $(j \in I)$. Also ist $c = p_j d$ mit $d \in \mathfrak{R}$, und aus $a = dp_j \prod_{i \in I} p_i^{b_i}$ folgt $\mathfrak{R}c \subsetneqq \mathfrak{R}d \in \mathscr{S}$. Wegen der Maximalität von $\mathfrak{R}c$ in $\mathscr{S}$ erzwingt das $\mathfrak{R}c = \mathfrak{R}d$. Somit gibt es ein r aus $\mathfrak{R}$ mit $d = cr = drp_j$, also mit $1 = rp_j$. Das ergibt den Widerspruch $\mathfrak{R}p_j = \mathfrak{R}$.

Somit ist $\mathfrak{c} = \mathfrak{R}c = \mathfrak{R}$, und c ist eine Einheit in $\mathfrak{R}$. Also erhalten wir eine Zerlegung der gewünschten Gestalt

$$a = c \prod_{i \in I} p_i^{a_i} .$$

d) Angenommen, es sei

$$e \prod_{i \in I} p_i^{a_i} = e' \prod_{i \in I} p_i^{b_i}$$

mit $a_1 > b_1$. Dann ist

$$e\, p_1^{a_1 - b_1} \prod_{1 \neq i \in I} p_i^{a_i} = e' \prod_{1 \neq i \in I} p_i^{b_i}.$$

Also gilt

$$e' \prod_{i \neq 1} p_i^{b_i} \in \mathfrak{R} p_1 .$$

Da $\mathfrak{R} p_1$ ein Primideal ist, folgt entweder $e' \in \mathfrak{R} p_1$ oder $p_j \in \mathfrak{R} p_1$ für ein i mit $1 \neq j \in I$. Beides ist wegen

$$\mathfrak{R} e' = \mathfrak{R} \neq \mathfrak{R} p_1 \neq \mathfrak{R} p_j$$

ein Widerspruch.

e) Das Ideal

$$\mathfrak{d} = \left\{ \sum_1^n r_i t_i \mid t_i \in \mathfrak{R} \right\}$$

ist ein Hauptideal, etwa $\mathfrak{d} = \mathfrak{R} d$. Wegen $r_i \in \mathfrak{d}$ ist $d | r_i$. Also ist d wegen der Teilerfremdheit der r_i eine Einheit. Es folgt $1 \in \mathfrak{d} = \mathfrak{R} d$, somit

$$1 = \sum_{i=1}^n r_i s_i$$

für geeignete $s_i \in \mathfrak{R}$.

f) Sei $\mathfrak{p} = \mathfrak{R} p$ ein Primideal von $\mathfrak{R}$ mit $0 \neq \mathfrak{p} \neq \mathfrak{R}$. Nach c) gibt es eine Zerlegung

$$p = e \prod_{i \in I} p_i^{a_i} .$$

Da p keine Einheit von $\mathfrak{R}$ ist, gibt es ein j mit $a_j > 0$. Da $\mathfrak{p}$ ein Primideal ist, folgt $p_j \in \mathfrak{p}$ für ein j. Aus $\mathfrak{p}_j = \mathfrak{R} p_j \subseteq \mathfrak{p}$ und der Maximalität von $\mathfrak{p}_j$ (siehe c)) folgt jetzt $\mathfrak{p} = \mathfrak{p}_j$. **q.e.d.**

Wir wenden uns der Betrachtung von $\mathfrak{R}$-Moduln zu:

13.3 Hilfssatz. *Ist μ ein Epimorphismus des $\mathfrak{R}$-Rechtsmoduls $\mathfrak{m}$ auf den freien $\mathfrak{R}$-Rechtsmodul $\mathfrak{f}$, so gibt es einen Untermodul $\mathfrak{n}$ von $\mathfrak{m}$ mit $\mathfrak{m} = \operatorname{Kern} \mu \oplus \mathfrak{n}$ und $\mathfrak{n} \cong \mathfrak{f}$.*

Beweis. Seien die f_i $(i \in I)$ freie Erzeugende von $\mathfrak{f}$ und seien die m_i irgendwelche Urbilder der f_i in $\mathfrak{m}$, also $f_i = m_i \mu$. Nach der Definition eines freien $\mathfrak{R}$-Moduls in 10.15 liefert die Abbildung ε mit $f_i \varepsilon = m_i$ einen $\mathfrak{R}$-Homomorphismus von $\mathfrak{f}$ in $\mathfrak{m}$. Wir behaupten:

$$\mathfrak{m} = \operatorname{Kern} \mu \oplus \mathfrak{f} \varepsilon .$$

Offenbar gilt $\varepsilon \mu = 1$ auf $\mathfrak{f}$, und daraus folgt sofort $\operatorname{Kern} \mu \cap \mathfrak{f} \varepsilon = 0$. Sei $m \in \mathfrak{m}$. Dann ist

$$(m - m \mu \varepsilon) \mu = m \mu - (m \mu)(\varepsilon \mu) = m \mu - m \mu = o ,$$

also $m - m\mu\varepsilon \in \operatorname{Kern}\mu$. Das liefert die noch fehlende Beziehung

$$\mathfrak{m} = \operatorname{Kern}\mu + \mathfrak{f}\varepsilon\,. \qquad \textbf{q.e.d.}$$

13.4 Satz. a) *Sei $\mathfrak{R}$ ein Hauptidealring und $\mathfrak{f}$ ein freier $\mathfrak{R}$-Rechtsmodul in n freien Erzeugenden. Dann ist jeder Untermodul von $\mathfrak{f}$ ein freier $\mathfrak{R}$-Rechtsmodul in höchstens n freien Erzeugenden.*

b) *Sei $\mathfrak{R}$ ein Integritätsbereich. Jedes endlich erzeugbare Ideal von $\mathfrak{R}$ sei ein Hauptideal. Sei $\mathfrak{f}$ ein freier $\mathfrak{R}$-Rechtsmodul in n freien Erzeugenden. Dann ist jeder endlich erzeugbare Untermodul von $\mathfrak{f}$ ein freier $\mathfrak{R}$-Rechtsmodul in höchstens n freien Erzeugenden.* (*Teil* b) *gilt auch noch, wenn auf die endliche Erzeugbarkeit von $\mathfrak{f}$ verzichtet wird; der Beweis erfordert dann natürlich einen Wohlordnungsschluß, ist aber im übrigen mit dem nachfolgenden Beweis identisch.*)

Beweis. Wir beweisen beide Behauptungen a) und b) gleichzeitig. Seien $f_1, \ldots, f_n$ freie Erzeugende von $\mathfrak{f}$, und sei $\mathfrak{m}$ ein Teilmodul von $\mathfrak{f}$; im Falle b) sei $\mathfrak{m}$ endlich erzeugbar. Wir setzen

$$\mathfrak{f}_i = \left\{ \sum_{j \leq i} f_j r_j \mid r_j \in \mathfrak{R} \right\}.$$

Sicher ist $\mathfrak{m} = \mathfrak{m} \cap \mathfrak{f}_n$ im Falle b) endlich erzeugbar. Sei im Falle b) schon die endliche Erzeugbarkeit von $\mathfrak{m} \cap \mathfrak{f}_i$ bewiesen.

Sei $a \in \mathfrak{m} \cap \mathfrak{f}_i$. Dann haben wir eine Zerlegung $a = b + f_i r$ mit $b \in \mathfrak{f}_{i-1}$ und mit eindeutig bestimmtem r aus $\mathfrak{R}$. Die Abbildung μ mit $a\mu = r$ ist ein $\mathfrak{R}$-Epimorphismus von $\mathfrak{m} \cap \mathfrak{f}_i$ auf ein Ideal $\mathfrak{a}_i$ von $\mathfrak{R}$, und es gilt $\operatorname{Kern}\mu = \mathfrak{m} \cap \mathfrak{f}_{i-1}$. Als epimorphes Bild des endlich erzeugbaren Moduls $\mathfrak{m} \cap \mathfrak{f}_i$ ist $\mathfrak{a}_i$ im Falle b) sicher endlich erzeugbar. Daher ist $\mathfrak{a}_i$ in jedem Falle ein Hauptideal. Da $\mathfrak{R}$ ein nullteilerfreier Ring ist, ist somit $\mathfrak{a}_i = 0$ oder $\mathfrak{a}_i = \mathfrak{R} a_i$ ist ein freier $\mathfrak{R}$-Modul mit der Erzeugenden a_i. Nach Hilfssatz 13.3 haben wir also

$$\mathfrak{m} \cap \mathfrak{f}_i = (\mathfrak{m} \cap \mathfrak{f}_{i-1}) \oplus \mathfrak{b}_i\,,$$

wobei $\mathfrak{b}_i$ der Nullmodul oder ein freier $\mathfrak{R}$-Rechtsmodul in einer Erzeugenden ist. Aus dieser Zerlegung folgt im Falle b), daß auch $\mathfrak{m} \cap \mathfrak{f}_{i-1}$ als homomorphes Bild von $\mathfrak{m} \cap \mathfrak{f}_i$ endlich erzeugbar ist.

Aus $\mathfrak{m} \cap \mathfrak{f}_i = (\mathfrak{m} \cap \mathfrak{f}_{i-1}) \oplus \mathfrak{b}_i$ und $\mathfrak{m}_0 = 0$ folgt durch Induktion nach i sofort $\mathfrak{m} \cap \mathfrak{f}_i = \bigoplus_{j=1}^{i} \mathfrak{b}_j$. Also ist $\mathfrak{m} = \mathfrak{m} \cap \mathfrak{f}_n = \bigoplus_{j=1}^{n} \mathfrak{b}_j$. **q.e.d.**

13.5 Definition. Sei $\mathfrak{m}$ ein $\mathfrak{R}$-Rechtsmodul. Wir nennen $\mathfrak{m}$ einen Torsionsmodul, wenn zu jedem m aus $\mathfrak{m}$ ein $r \in \mathfrak{R}$ gehört mit $r \neq 0$ und $mr = o$. Wir nennen $\mathfrak{m}$ torsionsfrei, wenn aus $o \neq m \in \mathfrak{m}$ und $mr = o$ stets $r = 0$ folgt.

13.6 Satz. *Sei $\mathfrak{R}$ ein Integritätsbereich und $\mathfrak{m}$ ein $\mathfrak{R}$-Rechtsmodul. Dann ist*

$$\mathfrak{t} = \{m \mid m \in \mathfrak{m}, \quad mr = o \quad \textit{für ein } r \in \mathfrak{R} \textit{ mit } \quad r \neq 0\}$$

ein Untermodul von $\mathfrak{m}$, *der sog. Torsionsmodul von* $\mathfrak{m}$. *Der Faktormodul* $\mathfrak{m}/\mathfrak{t}$ *ist torsionsfrei.*

Beweis. Aus $m_1 r_1 = m_2 r_2 = o$ $(0 \neq r_i \in \mathfrak{R},\ m_i \in \mathfrak{m})$ folgt wegen der Kommutativität und Nullteilerfreiheit von $\mathfrak{R}$

$$(m_1 + m_2)\, r_1 r_2 = o \quad \text{mit} \quad 0 \neq r_1 r_2 \in \mathfrak{R}\,.$$

Aus $mr = o$ folgt ferner für alle $r' \in \mathfrak{R}$ auch

$$(mr')\,r = (mr)\,r' = o\,.$$

Also ist $\mathfrak{t}$ ein Untermodul von $\mathfrak{m}$.

Aus $(m + \mathfrak{t})\,r = mr + \mathfrak{t} = \mathfrak{t}$ mit $r \neq 0$ (man beachte die Definition von $\mathfrak{m}/\mathfrak{t}$ als $\mathfrak{R}$-Modul!) folgt $mr \in \mathfrak{t}$, also $(mr)\,r' = m(rr') = o$ für ein geeignetes $r' \neq 0$ aus $\mathfrak{R}$. Das besagt aber $m \in \mathfrak{t}$. **q.e.d.**

13.7 Satz. *Sei* $\mathfrak{R}$ *ein Hauptidealring und* $\mathfrak{m}$ *ein endlich erzeugbarer torsionsfreier* $\mathfrak{R}$*-Rechtsmodul. Dann ist* $\mathfrak{m}$ *ein freier* $\mathfrak{R}$*-Rechtsmodul in endlich vielen freien Erzeugenden.*

Beweis. Sei $\mathfrak{m} = \left\{\sum_1^k m_i r_i \mid r_i \in \mathfrak{R}\right\}$ mit $m_i \neq o$ für $i = 1, \ldots, k$. Sei $\mathfrak{b}/m_k\mathfrak{R}$ der Torsionsmodul von $\mathfrak{m}/m_k\mathfrak{R}$. Dann ist $\mathfrak{m}/\mathfrak{b}$ torsionsfrei: Aus $mr \in \mathfrak{b}$ mit $r \neq 0$ folgt nämlich für ein geeignetes $s \neq 0$ aus $\mathfrak{R}$

$$m(rs) = (mr)\,s \in m_k\mathfrak{R} \quad \text{und} \quad rs \neq 0\,.$$

Also ist $m \in \mathfrak{b}$.

Wir führen den Beweis von 13.7 durch Induktion nach der Erzeugendenzahl k von $\mathfrak{m}$. Für $k = 1$ ist die Abbildung $s \to m_1 s$ wegen der Torsionsfreiheit von $\mathfrak{m}$ ein $\mathfrak{R}$-Isomorphismus des regulären $\mathfrak{R}$-Rechtsmoduls $\mathfrak{R}_r$ auf $\mathfrak{m}$, also ist $\mathfrak{m}$ frei.

Der Modul $\mathfrak{m}/\mathfrak{b}$ ist nach unserer Vorbemerkung torsionsfrei und wird von den $k - 1$ Elementen $m_1 + \mathfrak{b}, \ldots, m_{k-1} + \mathfrak{b}$ erzeugt. Also ist vermöge unserer Induktionsannahme $\mathfrak{m}/\mathfrak{b}$ frei in endlich vielen Erzeugenden. Nach 13.3 gilt $\mathfrak{m} = \mathfrak{b} \oplus \mathfrak{f}$ mit einem freien Modul $\mathfrak{f} \cong \mathfrak{m}/\mathfrak{b}$.

Wir zeigen, daß auch $\mathfrak{b}$ frei ist:

Aus $b \in \mathfrak{b}$ mit $br = m_k s$ und $br' = m_k s'$ folgt

$$o = m_k(r's - rs')\,.$$

Wegen der Torsionsfreiheit von $\mathfrak{m}$ liefert das $r's - rs' = 0$. Also ist die Abbildung δ von $\mathfrak{b}$ in den Quotientenkörper $\mathbf{Q}$ des Integritätsbereiches $\mathfrak{R}$ mit $b\delta = \frac{s}{r}$ wohldefiniert. Offenbar ist δ ein $\mathfrak{R}$-Isomorphismus von $\mathfrak{b}$ in den $\mathfrak{R}$-Modul $\mathbf{Q}$.

Als homomorphes Bild von $\mathfrak{m}$ ist $\mathfrak{b}$ endlich erzeugbar, etwa $\mathfrak{b} = \left\{\sum_1^n b_i t_i \mid t_i \in \mathfrak{R}\right\}$. Sei

$$b_i \delta = \frac{s_i}{r_i}$$

und sei $r = r_1 \dots r_n$. Dann ist die Abbildung ε mit $b\varepsilon = (b\delta)r$ ein $\mathfrak{R}$-Isomorphismus von $\mathfrak{b}$ in den $\mathfrak{R}$-Rechtsmodul $\mathfrak{R}_r$. Da $\mathfrak{R}$ ein Hauptidealring ist, ist $\mathfrak{b}\varepsilon$ ein freier Modul in einer Erzeugenden. **q.e.d.**

Nun können wir die Struktur der endlich erzeugbaren Moduln über einem Hauptidealring teilweise aufklären:

13.8 Satz. *Sei $\mathfrak{R}$ ein Hauptidealring und sei $\mathfrak{m}$ ein endlich erzeugbarer $\mathfrak{R}$-Rechtsmodul. Sei $\mathfrak{t}$ der Torsionsmodul von $\mathfrak{m}$. Dann gilt $\mathfrak{m} = \mathfrak{t} \oplus \mathfrak{s}$. Dabei ist $\mathfrak{s}$ ein freier $\mathfrak{R}$-Rechtsmodul, und die Anzahl der freien Erzeugenden von $\mathfrak{s}$ ist eindeutig durch $\mathfrak{m}$ bestimmt.*

Beweis. Nach 13.6 ist $\mathfrak{m}/\mathfrak{t}$ torsionsfrei. Als epimorphes Bild von $\mathfrak{m}$ ist auch $\mathfrak{m}/\mathfrak{t}$ endlich erzeugbar. Nach 13.7 ist daher $\mathfrak{m}/\mathfrak{t}$ frei. Aus 13.3 folgt nun $\mathfrak{m} = \mathfrak{t} \oplus \mathfrak{s}$ mit einem freien, endlich erzeugbaren Modul $\mathfrak{s}$. Seien

$$\mathfrak{m} = \mathfrak{t} \oplus \mathfrak{s} = \mathfrak{t} \oplus \mathfrak{s}'$$

direkte Zerlegungen von $\mathfrak{m}$ mit freien Moduln

$$\mathfrak{s} = \bigoplus_1^n s_i \mathfrak{R} \quad \text{und} \quad \mathfrak{s}' = \bigoplus_1^m s_j' \mathfrak{R} .$$

Dann gilt $\mathfrak{s} \cong \mathfrak{m}/\mathfrak{t} \cong \mathfrak{s}'$. Es genügt also der Nachweis, daß die Elementezahl eines freien Erzeugendensystems eines freien Moduls $\mathfrak{f} = \bigoplus_1^n f_i \mathfrak{R}$ durch $\mathfrak{f}$ eindeutig bestimmt ist.

Nach 13.2 a) gibt es ein maximales Ideal $\mathfrak{p}$ in $\mathfrak{R}$. Dann ist $\mathfrak{R}/\mathfrak{p} = K$ ein kommutativer Körper (hier benutzen wir wesentlich die Kommutativität von $\mathfrak{R}$; bei nichtkommutativen Ringen kann es vorkommen, daß sogar alle freien Moduln in endlich vielen freien Erzeugenden isomorph sind!). Wir haben

$$\mathfrak{f}/\mathfrak{f}\mathfrak{p} \cong \bigoplus_1^n f_i \mathfrak{R}/f_i \mathfrak{p} .$$

Offenbar ist $\mathfrak{f}/\mathfrak{f}\mathfrak{p}$ sogar ein K-Modul, also ein Vektorraum über $K = \mathfrak{R}/\mathfrak{p}$. Da $f_i \mathfrak{R}/f_i \mathfrak{p} \cong \mathfrak{R}/\mathfrak{p}$ ein eindimensionaler Vektorraum über K ist, ist n als die Dimension von $\mathfrak{f}/\mathfrak{f}\mathfrak{p}$ über K bekanntlich eindeutig bestimmt. **q.e.d.**

(Man kann hier auch Satz 11.5 heranziehen und den Hinweis, daß $\mathfrak{f}/\mathfrak{f}\mathfrak{p}$ als $\mathfrak{R}$-Modul eine Kompositionsreihe von der Länge n besitzt.)

Zu klären bleibt noch die Struktur der endlich erzeugbaren Torsionsmoduln. Zur Vorbereitung beweisen wir:

13.9 Satz. (*Primärzerlegung von Torsionsmoduln.*)

Sei $\mathfrak{R}$ ein Hauptidealring, kein Körper, und $\mathfrak{m}$ ein $\mathfrak{R}$-Torsionsmodul. Es gilt

$$\mathfrak{m} = \bigoplus \mathfrak{m}_p$$

mit

$$\mathfrak{m}_p = \{m \mid m \in \mathfrak{m},\ m p^i = o \text{ für ein geeignetes, von } m \text{ abhängiges } i\};$$

dabei durchläuft $\mathfrak{R}p$ *die Menge der maximalen Ideale des Ringes* $\mathfrak{R}$. *Ist* $\mathfrak{m}$ *endlich erzeugbar, so auch jedes* $\mathfrak{m}_p$, *und es gibt ein* $i = i_p$ *mit* $m p^{i_p} = o$ *für alle* $m \in \mathfrak{m}_p$.

Beweis. Sei $o \neq m \in \mathfrak{m}$. Wir definieren $\mathbf{An}(m)$ als Teilmenge von $\mathfrak{R}$ durch

$$\mathbf{An}(m) = \{r \mid r \in \mathfrak{R},\ mr = o\}\ .$$

Offenbar ist $\mathbf{An}(m)$ ein von 0 und $\mathfrak{R}$ verschiedenes Ideal in $\mathfrak{R}$. Also ist $\mathbf{An}(m) = \mathfrak{R}a$ für ein geeignetes $a \in \mathfrak{R}$ mit $a \neq 0$. Wegen $o = ma \neq m$ ist a keine Einheit in $\mathfrak{R}$. Sei $a = e \prod_1^s p_i^{k_i}$ die (nach 13.2c) existierende) Primfaktorzerlegung von a. Wir setzen $a_i = \prod_{j \neq i} p_j^{k_j}$ $(i = 1, \ldots, s)$. Dann ist 1 der größte gemeinsame Teiler der a_i. Nach 13.2 e) gibt es daher Elemente $b_i \in \mathfrak{R}$ mit

$$1 = \sum_1^s a_i b_i\ .$$

Setzen wir $m_i = m a_i b_i$, so folgt $m = \sum_1^s m_i$. Dabei ist

$$m_i p_i^{k_i} = m a b_i = o\ .$$

Also haben wir $m_i \in \mathfrak{m}_{p_i}$ und somit $\mathfrak{m} = \sum_p \mathfrak{m}_p$.

Sei $o = \sum_j m_j$ mit $m_j \in \mathfrak{m}_{p_j}$ und $m_j p_j^{k_j} = o$. Wir setzen wieder

$$a_i = \prod_{j \neq i} p_j^{k_j}\ .$$

Dann ist $m_j a_i = o$ für $i \neq j$. Da a_i und $p_i^{k_i}$ teilerfremd sind, gibt es nach 13.2e) Elemente c_i und d_i aus $\mathfrak{R}$ mit

$$1 = a_i c_i + p_i^{k_i} d_i\ .$$

Nun folgt

$$o = \Big(\sum_j m_j\Big) a_i c_i = m_i a_i c_i = m_i - m_i p_i^{k_i} d_i = m_i\ .$$

Damit ist $\mathfrak{m} = \bigoplus_p \mathfrak{m}_p$ nachgewiesen.

Sei $\mathfrak{m}$ endlich erzeugbar. Dann sind auch die $\mathfrak{m}_p$ als homomorphe Bilder von $\mathfrak{m}$ endlich erzeugbar. Ist $\{m_1, \ldots, m_n\}$ ein Erzeugendensystem von $\mathfrak{m}_p$, so gibt es eine Potenz p^i von p mit $m_j p^i = o$ für $j = 1, \ldots, n$. Dann ist auch $\mathfrak{m}_p p^i = 0$. **q.e.d.**

13.10 Satz. *Sei* $\mathfrak{R}$ *ein Hauptidealring,* p *ein Primelement aus* $\mathfrak{R}$ *und* $\mathfrak{m}$ *ein endlich erzeugbarer* $\mathfrak{R}$*-Rechtsmodul mit* $\mathfrak{m}p^s = 0$. *Dann gibt es* $y_i \in \mathfrak{m}$ *mit*

$$\mathfrak{m} \cong \bigoplus_1^k y_i \mathfrak{R} \quad \textit{und} \quad y_i \mathfrak{R} \cong \mathfrak{R}/p^{a_i}\mathfrak{R}\ .$$

Die a_i *sind (bis auf die Anordnung) durch* $\mathfrak{m}$ *eindeutig bestimmt.*

Beweis. a) Wir zeigen zuerst die Existenz einer solchen Zerlegung. Da das Primideal $\mathfrak{R}p$ nach 13.2f) ein maximales Ideal in $\mathfrak{R}$ ist, ist $\mathfrak{R}/\mathfrak{R}p = K$ ein Körper. Wegen der endlichen Erzeugbarkeit von $\mathfrak{m}$ hat der ebenfalls endlich erzeugbare K-Vektorraum $\mathfrak{m}/\mathfrak{m}p$ eine endliche Dimension $\dim_K(\mathfrak{m}/\mathfrak{m}p)$. Wir definieren die Invariante d für alle endlich erzeugbaren $\mathfrak{R}$-Rechtsmoduln $\mathfrak{v}$ durch

$$d(\mathfrak{v}) = \dim_K(\mathfrak{v}/\mathfrak{v}p) .$$

Sei $\mathfrak{m}p^s = 0 \neq \mathfrak{m}p^{s-1}$. Dann gibt es ein x aus $\mathfrak{m}$ mit $xp^s = o \neq xp^{s-1}$. Wir zeigen zuerst $d(\mathfrak{m}/x\mathfrak{R}) < d(\mathfrak{m})$.

Sicher ist $x \notin \mathfrak{m}p$, denn sonst würde $xp^{s-1} \in \mathfrak{m}p^s = 0$ folgen. Somit haben wir

$$\mathfrak{m}p + x\mathfrak{R} \supset \mathfrak{m}p$$

und daher

$$\begin{aligned} d(\mathfrak{m}/x\mathfrak{R}) &= \dim_K(\mathfrak{m}/x\mathfrak{R}\big/(\mathfrak{m}p + x\mathfrak{R})/x\mathfrak{R}) = \dim_K(\mathfrak{m}/(\mathfrak{m}p + x\mathfrak{R})) \\ &< \dim_K(\mathfrak{m}/\mathfrak{m}p) = d(\mathfrak{m}) . \end{aligned}$$

Ist $m \in \mathfrak{m}$, so gilt $\mathbf{An}(m) = \mathfrak{R}p^t$ für ein geeignetes t: Sei $y = ap^k \in \mathbf{An}(m)$ mit $p \nmid a$. Wegen $(a, p^s) = 1$ gibt es nach 13.2e) Elemente b und c aus $\mathfrak{R}$ mit

$$1 = ab + p^s c .$$

Es folgt

$$o = (map^k)b = m(1 - p^s c)p^k = mp^k - mp^{s+k}c = mp^k .$$

Also ist bereits $p^k \in \mathbf{An}(m)$.

Nun beweisen wir die behauptete Zerlegung von $\mathfrak{m}$ durch Induktion nach $d(\mathfrak{m})$:

Für $d(\mathfrak{m}) = 0$ ist $\mathfrak{m} = \mathfrak{m}p = \mathfrak{m}p^s = 0$, und alles ist trivial. Sei $x \notin \mathfrak{m}p$. Wegen

$$d(\mathfrak{m}/x\mathfrak{R}) < d(\mathfrak{m})$$

können wir vermöge unserer Induktionsannahme

$$\mathfrak{m}/x\mathfrak{R} \cong \bigoplus_{1}^{k-1} \bar{y}_i\mathfrak{R} \quad \text{mit} \quad \bar{y}_i\mathfrak{R} \cong \mathfrak{R}/p^{a_i}\mathfrak{R}$$

annehmen. Wegen $(\mathfrak{m}/x\mathfrak{R})\,p^s = 0$ ist dabei $a_i \leqq s$. Seien die y_i irgendwelche Urbilder in $\mathfrak{m}$ zu den $\bar{y}_i$. Dann ist

$$y_i p^{a_i} = x c_i p^{b_i}$$

für geeignete b_i mit $b_i \leqq s$ und geeignete c_i aus $\mathfrak{R} - p\mathfrak{R}$. Wegen $\mathfrak{m}p^s = 0$ folgt

$$o = y_i p^{a_i} p^{s-a_i} = x c_i p^{s-a_i+b_i} .$$

Aus $\mathfrak{m}p^s = 0$ und $xp^{s-1} \neq o$ folgt $\mathbf{An}(x) = p^s\mathfrak{R}$. Also ist notwendig $a_i \leqq b_i$. Für die Elemente

$$y_i' = y_i - x c_i p^{b_i - a_i}$$

liefert das die Gleichungen $y_i' p^{a_i} = o$.

Sicher ist $\mathfrak{m} = x\mathfrak{R} + \sum_{1}^{k-1} y_i'\mathfrak{R}$. Angenommen, es sei

$$o = xr + \sum_{1}^{k-1} y_i' r_i \,.$$

Dann folgt

$$\sum_{1}^{k-1} y_i' r_i \equiv o \quad (x\mathfrak{R})$$

und daher $r_i \in p^{a_i}\mathfrak{R}$. Nach dem soeben Bewiesenen besagt das

$$y_i' r_i = o = xr \,.$$

Damit ist

$$\mathfrak{m} = x\mathfrak{R} \oplus \bigoplus_{1}^{k-1} y_i'\mathfrak{R}$$

mit $x\mathfrak{R} \cong \mathfrak{R}/p^s\mathfrak{R}$ und $y_i'\mathfrak{R} \cong \mathfrak{R}/p^{a_i}\mathfrak{R}$ gezeigt.

b) Wir haben zu zeigen, daß die a_i durch die Struktur von $\mathfrak{m}$ eindeutig bestimmt sind. Sei also

$$\mathfrak{m} = \bigoplus_{1}^{k} x_i\mathfrak{R} \quad \text{mit} \quad x_i\mathfrak{R} \cong \mathfrak{R}/p^{a_i}\mathfrak{R}$$

und $a_1 \geqq a_2 \geqq \cdots \geqq a_k$. Sei n_j die Anzahl der a_i mit $a_i \geqq j$. Also ist $n_1 = k$. Nun gilt

$$\mathfrak{m}p^j = \bigoplus_{a_i \geqq j+1} x_i p^j \mathfrak{R}$$

und folglich $\dim_K(\mathfrak{m}p^j/\mathfrak{m}p^{j+1}) = n_{j+1}$.

Also sind die n_j eindeutig durch $\mathfrak{m}$ festgelegt. Dann ist auch die Anzahl k_j der a_i mit $a_i = j$ vermöge $k_j = n_j - n_{j+1}$ eindeutig festgelegt. **q.e.d.**

Wir vermerken noch:

13.11 Satz. *Sei $\mathfrak{R}$ ein Hauptidealring. Dann ist jeder Untermodul eines endlich erzeugbaren $\mathfrak{R}$-Rechtsmoduls endlich erzeugbar.*

Beweis. Nach 13.4 a) stimmt die Behauptung für freie Moduln. Die Darstellung eines endlich erzeugbaren Moduls als epimorphes Bild eines endlich erzeugbaren freien Moduls liefert dann die Richtigkeit der Behauptung im allgemeinen Falle. **q.e.d.**

Die Betrachtungen dieses Paragraphen liefern im Sonderfall des Ringes $\mathbf{Z}$ der ganzen rationalen Zahlen Aussagen über abelsche Gruppen. Wir erhalten insbesondere die Begriffe freie abelsche Gruppe, torsionsfreie Gruppe, Torsionsgruppe.

Als wichtige Folgerung aus den Sätzen 13.8—13.10 gewinnen wir den Hauptsatz über endlich erzeugbare abelsche Gruppen. Wir gehen hier wieder zur multiplikativen Schreibweise über:

13.12 Hauptsatz über endlich erzeugbare abelsche Gruppen. *Sei $\mathfrak{A}$ eine endlich erzeugbare abelsche Gruppe. Dann ist*

$$\mathfrak{A} = \langle A_1 \rangle \times \cdots \times \langle A_n \rangle .$$

Dabei ist $O(A_i) = p_i^{a_i}$ für $1 \leqq i \leqq k$ und $O(A_i) = \infty$ für $k+1 \leqq i \leqq k + r = n$. Die Zahl r und die Primzahlpotenzen $p_i^{a_i}$ sind durch $\mathfrak{A}$ eindeutig bestimmt. Die Zahl r nennen wir den Rang $r(\mathfrak{A})$ von $\mathfrak{A}$, die $p_i^{a_i}$ heißen die Invarianten von $\mathfrak{A}$. Offenbar ist durch die Vorgabe des Ranges und der Invarianten die Gruppe $\mathfrak{A}$ bis auf Isomorphie eindeutig bestimmt. Wir nennen

$$(p_1^{a_1}, \ldots, p_k^{a_k}, \underbrace{\infty, \ldots, \infty}_{r})$$

den Typ von $\mathfrak{A}$. Die Menge $\{A_1, \ldots, A_n\}$ nennen wir eine Basis der abelschen Gruppe $\mathfrak{A}$.

13.13 Bemerkung. Eine endliche abelsche Gruppe vom Primzahlexponenten p nennen wir elementar-abelsch. Der Typ einer elementar-abelschen Gruppe $\mathfrak{A}$ hat also die Gestalt $(p, \ldots, p)$, und es gibt eine direkte Zerlegung

$$\mathfrak{A} = \langle A_1 \rangle \times \cdots \times \langle A_n \rangle$$

mit $O(A_i) = p$. Die Abbildung ε mit

$$(A_1^{a_1} \ldots A_n^{a_n})^\varepsilon = (a_1, \ldots, a_n)$$

ist ein Isomorphismus von $\mathfrak{A}$ auf die additive Gruppe des Vektorraumes $V = V(n, p)$ der Dimension n über dem Körper $GF(p)$. Da über einem endlichen Primkörper Linearität und Additivität die gleiche Bedeutung haben, ist die Automorphismengruppe einer elementar-abelschen Gruppe der Ordnung p^n isomorph zur Gruppe $GL(n, p)$ aller linearen Abbildungen des Vektorraumes $V = V(n, p)$ auf sich. Von dieser Auffassung der Automorphismen elementar-abelscher Gruppen als lineare Abbildungen werden wir immer wieder Gebrauch machen.

Der folgende Satz wird in Kapitel V bei der Theorie der projektiven Darstellungen gelegentlich herangezogen :

13.14 Satz. *Sei $\mathfrak{A}$ eine endlich erzeugbare abelsche Gruppe.*

a) *Ist $\mathfrak{F}$ eine freie abelsche Untergruppe von $\mathfrak{A}$ mit $|\mathfrak{A}/\mathfrak{F}| < \infty$, so ist $r(\mathfrak{A}) = r(\mathfrak{F})$.*

b) *Aus $\mathfrak{B} \leqq \mathfrak{A}$ folgt $r(\mathfrak{B}) + r(\mathfrak{A}/\mathfrak{B}) = r(\mathfrak{A})$. Insbesondere gilt $r(\mathfrak{B}) = r(\mathfrak{A})$ genau dann, wenn $\mathfrak{A}/\mathfrak{B}$ endlich ist.*

c) *Ist $\mathfrak{A}/\mathfrak{B}$ endlich und läßt sich $\mathfrak{B}$ mit $r(\mathfrak{A})$ Elementen erzeugen, so ist $\mathfrak{B}$ eine freie abelsche Gruppe in $r(\mathfrak{A})$ freien Erzeugenden.*

d) *Ist μ ein Epimorphismus von $\mathfrak{A}$ auf $\mathfrak{A}$, so ist μ ein Isomorphismus.*

e) *Sind $\mathfrak{A}$ und $\mathfrak{B}$ endlich erzeugbare abelsche Gruppen, ist $\mathfrak{B}$ ein epimorphes Bild von $\mathfrak{A}$ und $\mathfrak{A}$ ein epimorphes Bild von $\mathfrak{B}$, so gilt $\mathfrak{A} \cong \mathfrak{B}$.*

Beweis. a) Sei $\mathfrak{A} = \mathfrak{T} \times \mathfrak{S}$ mit $|\mathfrak{T}| < \infty$ und einer freien abelschen Gruppe $\mathfrak{S}$ in $r(\mathfrak{A})$ freien Erzeugenden. Aus $\mathfrak{T} \cap \mathfrak{F} = \mathfrak{E}$ folgt

$$\langle \mathfrak{T}, \mathfrak{F} \rangle = \mathfrak{T} \times \mathfrak{F} \leqq \mathfrak{A} .$$

Wegen der Dedekind-Identität 2.12 c) gilt daher

$$\mathfrak{T} \times \mathfrak{F} = \mathfrak{T} \times \overline{\mathfrak{S}}$$

mit $\overline{\mathfrak{S}} = (\mathfrak{T} \times \mathfrak{F}) \cap \mathfrak{S} \leqq \mathfrak{S}$. Nach 13.4 ist $\overline{\mathfrak{S}}$ als Untergruppe von $\mathfrak{S}$ frei, und es gilt

$$r(\mathfrak{F}) = r(\mathfrak{T} \times \mathfrak{F}) = r(\overline{\mathfrak{S}}) \leqq r(\mathfrak{S}) = r(\mathfrak{A}) ,$$

also $r(\mathfrak{F}) \leqq r(\mathfrak{A})$.

Ferner haben wir

$$|\mathfrak{S}/\overline{\mathfrak{S}}| = |(\mathfrak{T} \times \mathfrak{S})/(\mathfrak{T} \times \overline{\mathfrak{S}})| = |\mathfrak{A}/\mathfrak{T} \times \mathfrak{F}| \leqq |\mathfrak{A}/\mathfrak{F}| < \infty .$$

Ist $|\mathfrak{S}/\overline{\mathfrak{S}}| = m$, so ist die Abbildung ε mit $S^\varepsilon = S^m$ ein Monomorphismus von $\mathfrak{S}$ in $\overline{\mathfrak{S}}$. Das liefert mit 13.4 die noch fehlende Ungleichung

$$r(\mathfrak{A}) = r(\mathfrak{S}) = r(\mathfrak{S}^\varepsilon) \leqq r(\overline{\mathfrak{S}}) = r(\mathfrak{F}) .$$

b) Nach 13.11 ist $\mathfrak{B}$ endlich erzeugbar. Wegen 13.12 gibt es freie abelsche Untergruppen $\mathfrak{F}_1$ von $\mathfrak{B}$ und $\mathfrak{S}/\mathfrak{B}$ von $\mathfrak{A}/\mathfrak{B}$ mit $|\mathfrak{B}/\mathfrak{F}_1| < \infty$ und $|\mathfrak{A}/\mathfrak{S}| < \infty$. Nach 13.3 gilt $\mathfrak{S} = \mathfrak{B} \times \mathfrak{F}_2$ mit freiem $\mathfrak{F}_2$. Wegen $\mathfrak{F}_1 \cap \mathfrak{F}_2 \leqq \mathfrak{B} \cap \mathfrak{F}_2 = \mathfrak{E}$ ist $\mathfrak{F} = \mathfrak{F}_1 \times \mathfrak{F}_2$ eine freie Untergruppe von $\mathfrak{A}$.

Wir werden zeigen, daß $|\mathfrak{A}/\mathfrak{F}|$ endlich ist. Mit a) folgt dann

$$\begin{aligned} r(\mathfrak{A}) = r(\mathfrak{F}) = r(\mathfrak{F}_1) + r(\mathfrak{F}_2) &= r(\mathfrak{B}) + r(\mathfrak{S}/\mathfrak{B}) \\ &= r(\mathfrak{B}) + r(\mathfrak{A}/\mathfrak{B}) . \end{aligned}$$

Da mit $\mathfrak{A}$ auch $\mathfrak{A}/\mathfrak{F}$ endlich erzeugt ist, genügt der Nachweis, daß $\mathfrak{A}/\mathfrak{F}$ eine Torsionsgruppe ist. Sei $|\mathfrak{B}/\mathfrak{F}_1| = m$ und $|\mathfrak{A}/\mathfrak{S}| = n$. Für $A \in \mathfrak{A}$ gilt dann

$$A^n = BF \in \mathfrak{S} = \mathfrak{B} \times \mathfrak{F}_2$$

und

$$A^{nm} = B^m F^m \in \mathfrak{F}_1 \times \mathfrak{F}_2 .$$

c) Da $\mathfrak{A}/\mathfrak{B}$ endlich ist, gilt nach b) $r(\mathfrak{A}) = r(\mathfrak{B}) = r$. Sei $\mathfrak{B} = \mathfrak{F} \times \mathfrak{T}$ die Zerlegung von $\mathfrak{B}$ in seine Torsionsgruppe $\mathfrak{T}$ und eine freie abelsche Gruppe $\mathfrak{F}$. Ist p ein Primteiler von $|\mathfrak{T}|$, so setzen wir

$$\mathfrak{B}^p = \{B^p \mid B \in \mathfrak{B}\} .$$

Dann ist $\mathfrak{B}/\mathfrak{B}^p \cong \mathfrak{F}/\mathfrak{F}^p \times \mathfrak{T}/\mathfrak{T}^p$ eine elementar-abelsche Gruppe vom Exponenten p und von einer Ordnung p^k mit $k \geqq r + 1$, läßt sich daher nicht mit r Elementen erzeugen. Da sich nach unserer Voraussetzung $\mathfrak{B}$ mit r Elementen erzeugen läßt, ist $\mathfrak{T} = \mathfrak{E}$, und $\mathfrak{B}$ ist eine freie abelsche Gruppe.

d) (Blackburn) Sei μ ein Epimorphismus von $\mathfrak{A}$ auf $\mathfrak{A}$. Dann ist $\mathfrak{D} = \bigcup_{n=1}^{\infty} \operatorname{Kern} \mu^n$ eine Untergruppe von $\mathfrak{A}$. Nach 13.11 ist $\mathfrak{D}$ endlich erzeugbar, etwa $\mathfrak{D} = \langle D_1, \ldots, D_m \rangle$. Sei $D_i \in \operatorname{Kern} \mu^{n_i}$ $(i = 1, \ldots, m)$ und $n = \operatorname{Max}_i n_i$. Dann ist

$$\operatorname{Kern} \mu^{n+1} \leqq \mathfrak{D} \leqq \operatorname{Kern} \mu^n, \quad \text{also} \quad \operatorname{Kern} \mu^{n+1} = \operatorname{Kern} \mu^n .$$

Sei $B \in \operatorname{Kern} \mu$. Da μ^n wieder ein Epimorphismus von $\mathfrak{A}$ auf $\mathfrak{A}$ ist, gilt $B = C^{\mu^n}$ für ein $C \in \mathfrak{A}$. Dann ist $C^{\mu^{n+1}} = B^\mu = E$. Also folgt $C \in \operatorname{Kern} \mu^{n+1} = \operatorname{Kern} \mu^n$ und daher $B = C^{\mu^n} = E$. Wegen $\operatorname{Kern} \mu = \mathfrak{E}$ ist nun μ ein Isomorphismus von $\mathfrak{A}$ auf $\mathfrak{A}$.

e) Ist μ_1 ein Epimorphismus von $\mathfrak{A}$ auf $\mathfrak{B}$ und μ_2 ein Epimorphismus von $\mathfrak{B}$ auf $\mathfrak{A}$, so ist $\mu_1 \mu_2$ ein Epimorphismus von $\mathfrak{A}$ auf $\mathfrak{A}$. Dann ist $\mu_1 \mu_2$ nach d) ein Isomorphismus, also auch μ_1 selbst. **q.e.d.**

Neben den endlich erzeugbaren abelschen Gruppen benötigen wir später noch eine andere Klasse von abelschen Gruppen. Wir führen die Betrachtungen wieder allgemeiner für Moduln über Hauptidealringen durch.

13.15 Definition. Ein $\mathfrak{R}$-Rechtsmodul $\mathfrak{m}$ heißt injektiv, wenn gilt: Ist $\mathfrak{b}$ ein Untermodul des $\mathfrak{R}$-Rechtsmoduls $\mathfrak{a}$ und α ein $\mathfrak{R}$-Homomorphismus von $\mathfrak{b}$ in $\mathfrak{m}$, so gibt es eine Fortsetzung μ von α zu einem $\mathfrak{R}$-Homomorphismus von $\mathfrak{a}$ in $\mathfrak{m}$.

13.16 Definition. Der $\mathfrak{R}$-Rechtsmodul $\mathfrak{m}$ heißt dividierbar, wenn zu jedem m aus $\mathfrak{m}$ und jedem r mit $0 \neq r \in \mathfrak{R}$ ein x aus $\mathfrak{m}$ mit $m = xr$ existiert.

Die beiden soeben eingeführten Begriffe stimmen für Hauptidealringe überein; es gilt nämlich:

13.17 Satz. *Sei $\mathfrak{R}$ ein Hauptidealring. Genau dann ist der $\mathfrak{R}$-Rechtsmodul $\mathfrak{m}$ injektiv, wenn er dividierbar ist.*

Beweis. a) Sei $\mathfrak{m}$ dividierbar, sei π ein Homomorphismus von $\mathfrak{b}$ in $\mathfrak{m}$ und $\mathfrak{b}$ ein Untermodul von $\mathfrak{a}$. Wir betrachten die Paare $(\mathfrak{x}, \mu)$ mit $\mathfrak{b} \subseteq \mathfrak{x} \subseteq \mathfrak{a}$, wobei $\mathfrak{x}$ ein Untermodul von $\mathfrak{a}$ und μ ein $\mathfrak{R}$-Homomorphismus von $\mathfrak{x}$ in $\mathfrak{m}$ ist, welcher auf $\mathfrak{b}$ mit π übereinstimmt. Wir ordnen diese Paare gemäß der Festsetzung $(\mathfrak{x}_1, \mu_1) \leqq (\mathfrak{x}_2, \mu_2)$, wenn $\mathfrak{x}_1 \subseteq \mathfrak{x}_2$ und $\mu_2 | \mathfrak{x}_1 = \mu_1$ gilt. Es ist klar, daß die so geordnete Menge dieser Paare induktiv ist. Also gibt es nach dem Zornschen Lemma ein maximales Paar $(\mathfrak{x}, \mu)$. Angenommen, es sei $\mathfrak{x} \subset \mathfrak{a}$ und $a \in \mathfrak{a} - \mathfrak{x}$. Zwei Fälle sind nun zu unterscheiden:

Fall 1: Sei $a\mathfrak{R} \cap \mathfrak{x} = 0$. Dann definieren wir einen $\mathfrak{R}$-Homomorphismus α von $a\mathfrak{R} + \mathfrak{x} = a\mathfrak{R} \oplus \mathfrak{x}$ in $\mathfrak{m}$ durch

$$(ar + x)\,\alpha = x\,\mu$$

für $x \in \mathfrak{x}$. Offenbar gilt dann

$$(\mathfrak{x}, \mu) < (a\mathfrak{R} + \mathfrak{x}, \alpha) ,$$

entgegen der Maximalität von $(\mathfrak{x}, \mu)$.

Fall 2: Sei $a\mathfrak{R} \cap \mathfrak{x} \neq 0$. Dann ist

$$\mathfrak{i} = \{r \mid ar \in \mathfrak{x}\}$$

ein von 0 verschiedenes Ideal in $\mathfrak{R}$, ist also ein Hauptideal $\mathfrak{i} = i\mathfrak{R}$. Da $\mathfrak{m}$ dividierbar ist, gibt es ein y aus $\mathfrak{m}$ mit $yi = (ai)\,\mu$. Für $z = x + ar \in \mathfrak{x} + a\mathfrak{R}$ definieren wir nun α durch

$$z\alpha = x\mu + yr .$$

Die Abbildung α ist wohldefiniert: Aus $x = ar \in \mathfrak{x} \cap a\mathfrak{R}$ folgt $r = is \in i\mathfrak{R}$, und dann ist

$$x\mu = (ais)\,\mu = (ai)\,\mu s = yis = yr = (ar)\,\alpha .$$

Offenbar ist α ein $\mathfrak{R}$-Homomorphismus von $a\mathfrak{R} + \mathfrak{x}$ in $\mathfrak{m}$. Damit erhalten wir den Widerspruch

$$(\mathfrak{x}, \mu) < (a\mathfrak{R} + \mathfrak{x}, \alpha) .$$

Also gilt $\mathfrak{x} = \mathfrak{a}$, und $\mathfrak{m}$ ist injektiv.

b) Der Nachweis, daß jeder injektive Modul dividierbar ist, ist viel einfacher und benötigt nur, daß $\mathfrak{R}$ keine Nullteiler hat.

Sei $\mathfrak{m}$ ein injektiver $\mathfrak{R}$-Rechtsmodul, sei $\mathfrak{a} = \mathfrak{R}_r$ der freie $\mathfrak{R}$-Rechtsmodul in einer Erzeugenden und sei $\mathfrak{b} = b\mathfrak{R}$ der von $b \neq 0$ erzeugte Untermodul von $\mathfrak{a}$. Sei $m \in \mathfrak{m}$. Dann ist die Abbildung π mit $(bx)\,\pi = mx$ ein $\mathfrak{R}$-Homomorphismus von $\mathfrak{b}$ in $\mathfrak{m}$ (π ist wohldefiniert, da $\mathfrak{R}$ keine Nullteiler besitzt). Ist μ eine Fortsetzung von π auf $\mathfrak{a}$, so gilt

$$m = b\pi = b\mu = (1\,\mu)\,b ,$$

was zu zeigen war. **q.e.d.**

Beispiele von dividierbaren abelschen Gruppen (d. h. dividierbaren $\mathbf{Z}$-Moduln) sind offenbar die multiplikativen Gruppen von algebraisch abgeschlossenen Körpern und die additiven Gruppen von Körpern der Charakteristik 0.

Die dividierbaren abelschen Gruppen lassen sich alle übersehen. Sie sind cartesische Produkte von (nicht notwendig endlich vielen) additiven Gruppen der rationalen Zahlen und sog. Prüferschen Gruppen $\mathbf{Z}_{p^\infty}$, welche für eine Primzahl p aus der Menge aller Einheitswurzeln von p-Potenzordnung bestehen, versehen mit der Multiplikation der komplexen Zahlen. Wir werden dieses Ergebnis jedoch nicht benötigen (siehe etwa Scott [2], S. 99).

Wir wollen die Automorphismengruppen der zyklischen Gruppen bestimmen. Zur Vorbereitung beweisen wir:

13.18 Hilfssatz. *Sei p eine Primzahl und r eine beliebige natürliche Zahl.*

a) *Für* $p > 2$, $k \geqq 0$ *und* $i \geqq 2$ *gilt*

$$\binom{p^k r}{i} p^i \equiv 0 \quad (p^{k+2}) .$$

b) *Für* $i \geqq 1$ *und* $k \geqq 0$ *ist*

$$\binom{2^k r}{i} 2^i \equiv 0 \quad (2^{k+1}) .$$

Beweis. Wir rechnen im Ring $\mathbf{Z}[x]$ der ganzzahligen Polynome.
a) Wir zeigen für $p > 2$ durch Induktion nach k

$$(1 + px)^{rp^k} \equiv 1 + rp^{k+1}x \qquad (p^{k+2}) .$$

Durch Koeffizientenvergleich folgt daraus mit dem binomischen Satz offenbar die Behauptung. Für $k = 0$ ist die angegebene Kongruenz nach dem binomischen Satz richtig. Sei schon

$$(1 + px)^{rp^k} = 1 + rp^{k+1}x + p^{k+2}f$$

mit geeignetem $f \in \mathbf{Z}[x]$ bewiesen. Da bekanntlich die Binomialkoeffizienten $\binom{p}{i}$ für $0 < i < p$ durch p teilbar sind, erhalten wir wegen $j(k+1) + 1 \geqq k+3$ für $j \geqq 2$ und $p(k+1) \geqq k+3$

$$(1 + px)^{rp^{k+1}} \equiv 1 + p^{k+2}(rx + pf) \equiv 1 + rp^{k+2}x \qquad (p^{k+3}) .$$

b) Für $p = 2$ zeigen wir in gleicher Weise

$$(1 + 2x)^{r2^k} \equiv 1 \qquad (2^{k+1}) .$$ **q.e.d.**

13.19 Satz. *Sei* $\mathfrak{G}(n)$ *die multiplikative Gruppe der zu* n *teilerfremden Reste mod* n. *(Nach* 4.6 *ist* $\mathfrak{G}(n)$ *isomorph zur Automorphismengruppe der zyklischen Gruppe der Ordnung* n.*) Dann gilt:*

a) *Ist* $n = n_1 \dots n_r$ *mit paarweise teilerfremden* n_i, *so ist*

$$\mathfrak{G}(n) \cong \mathfrak{G}(n_1) \times \cdots \times \mathfrak{G}(n_r) .$$

b) *Für* $p > 2$ *ist* $\mathfrak{G}(p^m)$ *zyklisch von der Ordnung* $p^{m-1}(p-1)$.

c) *Für* $m \geqq 3$ *hat* $\mathfrak{G}(2^m)$ *den Typ* $(2^{m-2}, 2)$, *und die Restklassen von* -1 *und* 5 *mod* 2^m *bilden eine Basis von* $\mathfrak{G}(2^m)$. *Ferner ist* $|\mathfrak{G}(4)| = 2$.

Beweis. a) Sei $\mathfrak{Z} = \langle Z \rangle$ die zyklische Gruppe der Ordnung n. Wir setzen $Z_i = Z^{k_i}$ mit $k_i = \frac{n}{n_i}$. Mit $\mathfrak{Z}_i = \langle Z_i \rangle$ gilt dann $|\mathfrak{Z}_i| = n_i$ und $|\mathfrak{Z}| = n = n_1 \dots n_r$. Mit Satz 9.4 folgt

$$\mathfrak{Z} = \mathfrak{Z}_1 \times \cdots \times \mathfrak{Z}_r \text{ und } \mathbf{A}(\mathfrak{Z}) \cong \mathbf{A}(\mathfrak{Z}_1) \times \cdots \times \mathbf{A}(\mathfrak{Z}_r) .$$

b) Wir zeigen zuerst, daß $\mathfrak{G}(p)$ zyklisch ist von der Ordnung $p - 1$ (siehe auch Aufg. 37)):

Angenommen, es sei

$$\mathfrak{G}(p) = \mathfrak{S}_1 \times \cdots \times \mathfrak{S}_k$$

eine direkte Zerlegung von $\mathfrak{G}(p)$ in zyklische Faktoren $\mathfrak{S}_i$ der Ordnungen z_i. Sind die z_i paarweise teilerfremd, so ist $\mathfrak{G}(p)$ zyklisch (siehe Aufg. 6). Andernfalls gibt es eine Primzahl q mit $q \mid z_i$ und $q \mid z_j$ für ein Paar i, j mit $i \neq j$. Dann enthält $\mathfrak{G}(p)$ mindestens q^2 Lösungen von $X^q = E$. Da aber die Reste mod p einen Körper bilden, ist dies bekanntlich nicht möglich, denn über einem Körper hat jedes Polynom vom Grad q höchstens q Nullstellen. Also ist $\mathfrak{G}(p)$ zyklisch.

Die Abbildung δ mit

$$(x + p^m \mathbf{Z})^\delta = x + p\,\mathbf{Z}$$

ist ein Epimorphismus von $\mathfrak{G}(p^m)$ auf $\mathfrak{G}(p)$. Der Kern von δ besteht aus den Resten $x + p^m \mathbf{Z}$ mit $x \equiv 1\ (p)$ und hat die Ordnung $\varphi(p^m)/\varphi(p) = p^{m-1}$ (φ die Eulersche Funktion). Es gilt

$$(1+p)^{p^{m-2}} = 1 + p^{m-1} + \cdots + \binom{p^{m-2}}{i} p^i + \cdots .$$

Nach Hilfssatz 13.18a) ist $\binom{p^{m-2}}{i} p^i \equiv 0\ (p^m)$ für $p > 2$ und $i \geqq 2$. Also ist

$$(1+p)^{p^{m-2}} \equiv 1 + p^{m-1} \not\equiv 1 \quad (p^m)\,.$$

Somit hat die in Kern δ liegende Restklasse von $1 + p$ die Ordnung p^{m-1}. Daher wird Kern δ von dieser Restklasse erzeugt, ist also zyklisch. Wegen $|\mathfrak{G}(p^m)/\mathrm{Kern}\,\delta| = |\mathfrak{G}(p)| = p - 1$ ist Kern δ die p-Sylowgruppe von $\mathfrak{G}(p^m)$. Sei

$$\mathfrak{G}(p^m) = \mathfrak{G}_1 \times \cdots \times \mathfrak{G}_r \times \mathrm{Kern}\,\delta$$

die direkte Zerlegung von $\mathfrak{G}(p^m)$ in seine Sylowgruppen gemäß Satz 13.9. Wir haben dann

$$\mathfrak{G}(p^m)/\mathrm{Kern}\,\delta \cong \mathfrak{G}_1 \times \cdots \times \mathfrak{G}_r \cong \mathfrak{G}(p)\,,$$

und $\mathfrak{G}(p)$ ist zyklisch. Also ist $\mathfrak{G}(p^m)$ das direkte Produkt von zyklischen Gruppen der Ordnungen $p - 1$ und p^{m-1}. Dann ist $\mathfrak{G}(p^m)$ selbst zyklisch (siehe Aufg. 6).

c) Für $2^m > 4$ liefert die Abbildung δ mit

$$(x + 2^m \mathbf{Z})^\delta = x + 4\,\mathbf{Z}$$

einen Epimorphismus von $\mathfrak{G}(2^m)$ auf $\mathfrak{G}(4)$, dessen Kern die Ordnung $\varphi(2^m)/2 = 2^{m-2}$ hat. Nun gilt

$$(1+2^2)^{2^{m-3}} = 1 + 2^{m-1} + \cdots + \binom{2^{m-3}}{i} 2^{2i} + \cdots .$$

Nach Hilfssatz 13.18b) haben wir

$$\binom{2^{m-3}}{i} 2^i \equiv 0 \quad (2^{m-2}), \quad \text{also} \quad \binom{2^{m-3}}{i} 2^{2i} \equiv 0 \quad (2^m) \quad \text{für} \quad i \geqq 2\,.$$

Daher bleibt

$$(1+2^2)^{2^{m-3}} \equiv 1 + 2^{m-1} \not\equiv 1 \quad (2^m)\,.$$

Somit wird Kern δ von der Restklasse $\bar{5} = 5 + 2^m\mathbf{Z}$ erzeugt. Sei $-\bar{1} = -1 + 2^m\mathbf{Z}$. Wegen $\langle -\bar{1}\rangle \cap \operatorname{Kern}\delta = \mathfrak{E}$ folgt dann

$$|\langle -\bar{1}\rangle \times \langle \bar{5}\rangle| = 2^{m-1} = |\mathfrak{G}(2^m)|\,. \qquad \textbf{q.e.d.}$$

Aufgaben:

50) Sei $\mathfrak{R}$ ein Hauptidealring und $\mathfrak{a} \neq 0$ ein Ideal in $\mathfrak{R}$. Dann gilt in $\mathfrak{R}/\mathfrak{a}$ die Minimalbedingung für Ideale.

51) Sei $\mathfrak{A}$ eine endliche abelsche p-Gruppe. Wir setzen

$$\Omega_i(\mathfrak{A}) = \{A \mid A \in \mathfrak{A},\ A^{p^i} = E\}$$

und

$$\mho_i(\mathfrak{A}) = \{A^{p^i} \mid A \in \mathfrak{A}\}\,.$$

Dann gilt

$$\mathfrak{A}/\Omega_i(\mathfrak{A}) \cong \mho_i(\mathfrak{A}) \quad \text{und} \quad \mathfrak{A}/\mho_i(\mathfrak{A}) \cong \Omega_i(\mathfrak{A})\,.$$

Ist $|\Omega_i(\mathfrak{A})/\Omega_{i-1}(\mathfrak{A})| = p^{a_i}$, so gilt $a_1 \geqq a_2 \geqq \cdots$.

52) Sei $\mathfrak{A}$ eine endliche abelsche Gruppe. Dann gibt es eine direkte Zerlegung

$$\mathfrak{A} = \mathfrak{Z}_1 \times \cdots \times \mathfrak{Z}_n$$

mit zyklischen $\mathfrak{Z}_i \neq \mathfrak{E}$ und mit $|\mathfrak{Z}_{i+1}| \mid |\mathfrak{Z}_i|$ für alle i. Die $|\mathfrak{Z}_i|$ sind eindeutig bestimmt, aber i. a. nicht die $\mathfrak{Z}_i$.

53) Sei $\mathfrak{A}$ die abelsche Gruppe vom Typ (p^3, p). Man zeige, daß $\mathfrak{A}$ ein Element der Ordnung p^2 besitzt, welches in keinem zyklischen direkten Faktor von $\mathfrak{A}$ liegt.

54) Sei $\mathfrak{A}$ eine abelsche p-Gruppe von der Ordnung p^n. Man zeige $p^{n-1} \mid |\mathbf{A}(\mathfrak{A})|$.

§ 14. Erweiterungstheorie

In diesem Paragraphen untersuchen wir den Aufbau einer Gruppe aus Normalteiler und Faktorgruppe. Wir beginnen mit der Analyse:

14.1 Satz. *Sei $\mathfrak{N}$ ein Normalteiler von $\mathfrak{G}$, sei $\mathfrak{G}/\mathfrak{N} = \mathfrak{H}$ und $\mathfrak{G} = \bigcup_{H \in \mathfrak{H}} G(H)\,\mathfrak{N}$ mit $G(H)\,\mathfrak{N} = H$ die Zerlegung von $\mathfrak{G}$ in Linksnebenklassen nach $\mathfrak{N}$. (Wir wählen zur Indizierung der Nebenklassen von $\mathfrak{N}$ im vorliegenden Falle zweckmäßig die Elemente der Faktorgruppe $\mathfrak{G}/\mathfrak{N}$.) Wegen*

$$(G(H_1)\,\mathfrak{N})\,(G(H_2)\,\mathfrak{N}) = H_1H_2 = G(H_1H_2)\,\mathfrak{N}$$

gilt

$$G(H_1)\,G(H_2) = G(H_1H_2)\,N(H_1, H_2)$$

mit eindeutig bestimmten Elementen $N(H_1, H_2)$ aus $\mathfrak{N}$. Für diese Elemente gelten die folgenden Funktionalgleichungen:

(1) $N(H_1, H_2H_3)\,N(H_2, H_3) = N(H_1H_2, H_3)\,N(H_1, H_2)^{G(H_3)}$ *für alle* $H_i \in \mathfrak{H}$.

(2) $N^{G(H_1)\,G(H_2)} = N^{G(H_1H_2)\,N(H_1,H_2)}$ *für alle* $N \in \mathfrak{N}$ *und alle* $H_i \in \mathfrak{H}$.

(3) *Wählt man* $G(E) = E$, *so ist*

$$N(E, H) = N(H, E) = E \quad \textit{für alle } H \in \mathfrak{H}\,.$$

Die Funktion $N(\,,\,)$ *auf* $\mathfrak{H} \times \mathfrak{H}$ *heißt das Faktorensystem zum Vertretersystem* $\{G(H) \mid H \in \mathfrak{H}\}$.

Beweis. Wir haben

$$\begin{aligned}
(G(H_1)\,G(H_2))\,G(H_3) &= G(H_1H_2)\,N(H_1, H_2)\,G(H_3)\\
&= G(H_1H_2)\,G(H_3)\,N(H_1, H_2)^{G(H_3)}\\
&= G(H_1H_2H_3)\,N(H_1H_2, H_3)\,N(H_1, H_2)^{G(H_3)}\\
= G(H_1)\,(G(H_2)\,G(H_3)) &= G(H_1)\,G(H_2H_3)\,N(H_2, H_3)\\
&= G(H_1H_2H_3)\,N(H_1, H_2H_3)\,N(H_2, H_3)\,.
\end{aligned}$$

Daraus folgt (1). Die Aussagen in (2) und (3) sind trivial. **q.e.d.**

Wir kehren diese Betrachtung nun um und bauen aus $\mathfrak{N}$ und $\mathfrak{H}$ eine Gruppe $\mathfrak{G}$ mit $\mathfrak{G}/\mathfrak{N}^* \cong \mathfrak{H}$ und $\mathfrak{N}^* \cong \mathfrak{N}$ auf:

14.2 Satz (O. Schreier). *Gegeben seien zwei (nicht notwendig endliche) Gruppen* $\mathfrak{H}$ *und* $\mathfrak{N}$ *und eine Abbildung*

$$(H_1, H_2) \to N(H_1, H_2)$$

von $\mathfrak{H} \times \mathfrak{H}$ *in* $\mathfrak{N}$, *ein sog. Faktorensystem. Jedem* H *aus* $\mathfrak{H}$ *sei ein Automorphismus* $\alpha(H)$ *von* $\mathfrak{N}$ *zugeordnet. Für alle* N *aus* $\mathfrak{N}$ *und alle* H_i, H *aus* $\mathfrak{H}$ *gelte:*

(1) $N(H_1, H_2H_3)\,N(H_2, H_3) = N(H_1H_2, H_3)\,N(H_1, H_2)^{\alpha(H_3)}$.

(2) $N^{\alpha(H_1)\,\alpha(H_2)} = (N^{\alpha(H_1H_2)})^{N(H_1, H_2)}$.

(3) $N(H, E) = N(E, H) = E$.

Auf der Produktmenge

$$\mathfrak{G} = \{(H, N) \mid H \in \mathfrak{H}, N \in \mathfrak{N}\}$$

definieren wir eine Multiplikation durch

$$(H_1, N_1)\,(H_2, N_2) = (H_1H_2, N(H_1, H_2)\,N_1^{\alpha(H_2)}N_2)\,.$$

Dann ist $\mathfrak{G}$ *eine Gruppe, die Menge*

$$\mathfrak{N}^* = \{(E, N) \mid N \in \mathfrak{N}\}$$

ist ein zu $\mathfrak{N}$ *isomorpher Normalteiler von* $\mathfrak{G}$ *mit* $\mathfrak{G}/\mathfrak{N}^* \cong \mathfrak{H}$. *Wir nennen* $\mathfrak{G}$ *die Erweiterung von* $\mathfrak{N}$ *mit* $\mathfrak{H}$ *zu dem Faktorensystem* $N(\,,\,)$ *und den Automorphismen* $\alpha(H)$.

Beweis. Die auf $\mathfrak{G}$ definierte Multiplikation ist assoziativ, denn wir haben

$$\begin{aligned}
((H_1, N_1)\,(H_2, N_2))\,(H_3, N_3) &= (H_1H_2, N(H_1, H_2)\,N_1^{\alpha(H_2)}N_2)\,(H_3, N_3)\\
&= \bigl(H_1H_2H_3, N(H_1H_2, H_3)\,(N(H_1, H_2)\,N_1^{\alpha(H_2)}N_2)^{\alpha(H_3)}\,N_3\bigr)
\end{aligned}$$

und

$$(H_1, N_1)\,((H_2, N_2)\,(H_3, N_3)) = (H_1, N_1)\,(H_2H_3, N(H_2, H_3)\,N_2^{\alpha(H_3)}N_3)$$
$$= (H_1H_2H_3, N(H_1, H_2H_3)\,N_1^{\alpha(H_2H_3)}N(H_2, H_3)\,N_2^{\alpha(H_3)}N_3)\,.$$

Diese Ausdrücke sind gleich wegen

$$N(H_1H_2, H_3)\,N(H_1, H_2)^{\alpha(H_3)}N_1^{\alpha(H_2)\,\alpha(H_3)}$$
$$= N(H_1, H_2H_3)\,N(H_2, H_3)\,(N_1^{\alpha(H_2H_3)})^{N(H_2, H_3)}$$
$$= N(H_1, H_2H_3)\,N_1^{\alpha(H_2H_3)}\,N(H_2, H_3)\,.$$

Ferner gilt

$$(E, E)\,(H, N) = (EH, N(E, H)\,E^{\alpha(H)}N) = (H, N)$$

und mit

$$X = (N(H^{-1}, H)^{-1}N^{-1})^{\alpha(H)^{-1}}$$

auch

$$(H^{-1}, X)\,(H, N) = (E, N(H^{-1}, H)\,X^{\alpha(H)}N) = (E, E)\,.$$

Somit ist $\mathfrak{G}$ eine Gruppe.

Aus $N(E, E) = E$ und

$$N^{\alpha(E)^2} = (N^{\alpha(E)})^{N(E,E)} = N^{\alpha(E)}$$

folgt $\alpha(E)^2 = \alpha(E)$, also $\alpha(E) = 1$.

Daher ist

$$(E, N_1)\,(E, N_2) = (E, N(E, E)\,N_1^{\alpha(E)}N_2) = (E, N_1N_2)\,,$$

und

$$\mathfrak{N}^* = \{(E, N) \mid N \in \mathfrak{N}\}$$

ist eine zu $\mathfrak{N}$ isomorphe Untergruppe von $\mathfrak{G}$. Die Abbildung ε mit $(H,N)^\varepsilon = H$ ist offenbar ein Epimorphismus von $\mathfrak{G}$ auf $\mathfrak{H}$ mit dem Kern $\mathfrak{N}^*$. Also ist $\mathfrak{N}^*$ ein Normalteiler von $\mathfrak{G}$ mit $\mathfrak{G}/\mathfrak{N}^* \simeq \mathfrak{H}$. **q.e.d.**

14.3 Hilfssatz. *Sei $\mathfrak{N}$ ein Normalteiler von $\mathfrak{G}$ mit $\mathfrak{G}/\mathfrak{N} = \mathfrak{H}$, sei $\mathfrak{G} = \bigcup_{H\in\mathfrak{H}} G(H)\,\mathfrak{N}$ die Nebenklassenzerlegung von $\mathfrak{G}$ nach $\mathfrak{N}$ und sei*

$$G(H_1)\,G(H_2) = G(H_1H_2)\,N(H_1, H_2)\,.$$

Wir betrachten ein anderes System $\{\tilde{G}(H) \mid H \in \mathfrak{H}\}$ von Nebenklassenvertretern von $\mathfrak{N}$ in $\mathfrak{G}$ mit $\tilde{G}(H) = G(H)\,A(H)$ und $A(H) \in \mathfrak{N}$. Dann gilt

$$\tilde{G}(H_1)\,\tilde{G}(H_2) = \tilde{G}(H_1H_2)\,\tilde{N}(H_1, H_2)$$

mit

$$\tilde{N}(H_1, H_2) = A(H_1H_2)^{-1}\,N(H_1, H_2)\,A(H_1)^{G(H_2)}A(H_2)\,.$$

Beweis. Es ist

$$\begin{aligned}\tilde{G}(H_1)\tilde{G}(H_2) &= G(H_1)\,A(H_1)\,G(H_2)\,A(H_2)\\ &= G(H_1)\,G(H_2)\,A(H_1)^{G(H_2)}A(H_2)\\ &= G(H_1H_2)\,N(H_1, H_2)\,A(H_1)^{G(H_2)}A(H_2)\\ &= G(H_1H_2)A(H_1H_2)\tilde{N}(H_1,H_2) = \tilde{G}(H_1H_2)\tilde{N}(H_1,H_2)\,.\end{aligned}$$ **q.e.d.**

Wir betrachten Sonderfälle, in denen die vorliegenden Formeln einfacher werden:

14.4 Beispiel. Sei $\mathfrak{G}$ die Erweiterung von $\mathfrak{N}$ mit $\mathfrak{H}$ zu dem sog. trivialen Faktorensystem $N(\ ,\ )$ mit $N(H_1, H_2) = E$ für alle H_1, H_2 aus $\mathfrak{H}$. Dann bleibt von den Gleichungen (1)–(3) aus 14.2 nur noch

$$N^{\alpha(H_1)\,\alpha(H_2)} = N^{\alpha(H_1 H_2)} \quad \text{und} \quad \alpha(E) = 1\,.$$

Somit ist die Abbildung $H \to \alpha(H)$ ein Homomorphismus von $\mathfrak{H}$ in die Automorphismengruppe $\mathbf{A}(\mathfrak{N})$ von $\mathfrak{N}$. Die Elemente (H, E) mit $H \in \mathfrak{H}$ bilden nun wegen

$$(H_1, E)\,(H_2, E) = (H_1 H_2, E)$$

eine zu $\mathfrak{H}$ isomorphe Untergruppe $\mathfrak{H}^*$ von $\mathfrak{G}$. Wir haben dann $\mathfrak{G} = \mathfrak{H}^*\mathfrak{N}^*$ und $\mathfrak{H}^* \cap \mathfrak{N}^* = \mathfrak{E}$.

Wir nennen $\mathfrak{G}$ im vorliegenden Fall das semidirekte Produkt (oder auch die zerfallende Erweiterung) von $\mathfrak{N}$ mit $\mathfrak{H}$ zu den Automorphismen $\alpha(H)$.

Ist $\alpha(H) = 1$ für alle $H \in \mathfrak{H}$, so erhalten wir das direkte Produkt $\mathfrak{N} \times \mathfrak{H}$.

Ist umgekehrt $\mathfrak{N}$ ein Normalteiler von $\mathfrak{G}$ und besitzt $\mathfrak{G}$ eine Untergruppe $\mathfrak{H}$ mit $\mathfrak{G} = \mathfrak{H}\mathfrak{N}$ und $\mathfrak{H} \cap \mathfrak{N} = \mathfrak{E}$, so lassen sich die Elemente von $\mathfrak{G}$ auf genau eine Weise in der Gestalt HN mit $H \in \mathfrak{H}$ und $N \in \mathfrak{N}$ schreiben. Die Multiplikation verläuft nach der Regel

$$(H_1 N_1)\,(H_2 N_2) = H_1 H_2 N_1^{H_2} N_2\,.$$

Definieren wir die Automorphismen $\alpha(H)$ von $\mathfrak{N}$ durch $N^{\alpha(H)} = N^H$, so ist die Abbildung $(H, N) \to HN$ ein Isomorphismus des semidirekten Produktes von $\mathfrak{N}$ mit $\mathfrak{H}$ zu den Automorphismen $\alpha(H)$ auf $\mathfrak{G}$.

Wir erfassen diesen wichtigen Sachverhalt durch folgende Definition:

14.5 Definition. Sei $\mathfrak{N}$ ein Normalteiler von $\mathfrak{G}$. Eine Untergruppe $\mathfrak{H}$ von $\mathfrak{G}$ mit $\mathfrak{G} = \mathfrak{H}\mathfrak{N}$ und $\mathfrak{H} \cap \mathfrak{N} = \mathfrak{E}$ heißt ein Komplement (oder auch eine Vertretergruppe) zu $\mathfrak{N}$ in $\mathfrak{G}$. Offenbar ist $\mathfrak{H}$ gerade ein System von Nebenklassenvertretern für $\mathfrak{N}$ in $\mathfrak{G}$.

14.6 Hilfssatz. *Sei $\mathfrak{N}$ ein Normalteiler von $\mathfrak{G}$ mit $\mathfrak{G}/\mathfrak{N} = \mathfrak{H}$ und $\mathfrak{G} = \bigcup_{H \in \mathfrak{H}} G(H)\,\mathfrak{N}$. Sei $N(\ ,\ )$ das Faktorensystem zu dem Vertretersystem $\{G(H) \mid H \in \mathfrak{H}\}$. Genau dann gibt es ein Komplement zu $\mathfrak{N}$ in $\mathfrak{G}$, wenn es Elemente $A(H)$ aus $\mathfrak{N}$ gibt mit*

$$A(H_1 H_2)^{-1}\, N(H_1, H_2)\, A(H_1)^{G(H_2)} A(H_2) = E$$

für alle H_1, H_2 aus $\mathfrak{H}$.

Beweis. Ein Komplement von $\mathfrak{N}$ ist ein Vertretersystem zum trivialen Faktorensystem. Nach 14.3 gehört zu dem Vertretersystem $\{\tilde{G}(H) \mid H \in \mathfrak{H}\}$

mit $\tilde{G}(H) = G(H)\,A(H)$ das Faktorensystem $\tilde{N}(\;,\;)$ mit

$$\tilde{N}(H_1, H_2) = A(H_1H_2)^{-1}\,N(H_1, H_2)\,A(H_1)^{G(H_2)}A(H_2)\,.$$

Also ist die Existenz eines Vertretersystems $\{\tilde{G}(H) \mid H \in \mathfrak{H}\}$ mit $\tilde{N}(H_1, H_2) = E$ für alle H_1, H_2 aus $\mathfrak{H}$ gleichwertig mit der Lösbarkeit der angegebenen Gleichungen. **q.e.d.**

14.7 Beispiel. Der Normalteiler $\mathfrak{N}$ sei abelsch. Dann vereinfacht sich die Formel (2) aus 14.2 zu

$$N^{\alpha(H_1)\,\alpha(H_2)} = N^{\alpha(H_1H_2)}\,.$$

Also ist $H \to \alpha(H)$ ein Homomorphismus von $\mathfrak{H}$ in die Automorphismengruppe $\mathbf{A}(\mathfrak{N})$ von $\mathfrak{N}$, und $\mathfrak{N}$ ist somit eine $\mathfrak{H}$-Gruppe im Sinne von 10.1. Die Bedingung in 14.6 für die Existenz eines Komplements von $\mathfrak{N}$ lautet dann

$$N(H_1, H_2)^{-1} = A(H_1H_2)^{-1}A(H_1)^{\alpha(H_2)}A(H_2)\,.$$

14.8 Beispiel. Die Gruppe $\mathfrak{G}$ habe einen Normalteiler $\mathfrak{N}$ mit zyklischer Faktorgruppe $\mathfrak{G}/\mathfrak{N} = \langle G\mathfrak{N}\rangle = \langle \overline{G}\rangle$ der Ordnung h. Dann ist $G^h = A$ ein Element aus $\mathfrak{N}$. Wählen wir als Vertretersystem für $\mathfrak{N}$ die Elemente $E, G, G^2, \ldots, G^{h-1}$, so erhält man das Faktorensystem

$$N(\overline{G}^i, \overline{G}^j) = \begin{cases} E & \text{für } i + j < h \\ A & \text{für } i + j \geqq h \end{cases} \qquad (0 \leqq i, j < h)\,.$$

Ferner gilt $A^G = (G^h)^G = A$.

Umgekehrt sieht man leicht, daß bei Vorgabe eines A aus $\mathfrak{N}$ und von Automorphismen $\alpha(\overline{G}^i)$ von $\mathfrak{N}$ mit

$$A^{\alpha(\overline{G}^i)} = A\,,$$

$$\alpha(\overline{G}^i)\,\alpha(\overline{G}^j) = \alpha(\overline{G}^{i+j}) \quad \text{für} \quad i + j < h$$

und

$$N^{\alpha(\overline{G}^i)\,\alpha(\overline{G}^j)} = (N^{\alpha(\overline{G}^k)})^A \quad \text{für} \quad i + j = h + k \geqq h$$

die Festsetzung

$$N(\overline{G}^i, \overline{G}^j) = \begin{cases} E & \text{für } i + j < h \\ A & \text{für } i + j \geqq h \end{cases}$$

ein Faktorensystem liefert. Wegen $\alpha(\overline{G}^i) = \alpha(\overline{G})^i$ für $i < h$ ist also die Erweiterung durch Vorgabe des Automorphismus $\alpha(\overline{G})$ von $\mathfrak{N}$ und des Elementes A aus $\mathfrak{N}$ mit

$$N^{\alpha(\overline{G})^h} = N^A \quad \text{und} \quad A = A^{\alpha(\overline{G})}$$

völlig bestimmt.

14.9 Satz. a) *Für $p > 2$ gibt es (bis auf Isomorphie) genau eine nichtabelsche Gruppe der Ordnung p^{n+1} ($n \geqq 2$) mit einem zyklischen Normalteiler $\mathfrak{N} = \langle N\rangle$ von der Ordnung p^n, nämlich das semidirekte Produkt von*

$\mathfrak{N}$ *mit der zyklischen Gruppe* $\langle S \rangle$ *mit*

$$N^S = N^{1+p^{n-1}} \quad \text{und} \quad S^p = E .$$

b) *Es gibt für* $n \geqq 3$ *genau vier nichtabelsche, nichtisomorphe Gruppen der Ordnung* 2^{n+1} *mit einem zyklischen Normalteiler* $\mathfrak{N} = \langle N \rangle$ *von der Ordnung* 2^n, *nämlich:*

(1) *Die Diedergruppe* $\mathfrak{D} = \langle N, S \rangle$ *mit*

$$N^S = N^{-1} \quad \text{und} \quad N^{2^n} = S^2 = E .$$

(2) *Die verallgemeinerte Quaternionengruppe* $\mathfrak{Q} = \langle N, S \rangle$ *mit*

$$N^S = N^{-1}, \quad N^{2^n} = E , \quad S^2 = N^{2^{n-1}} .$$

(3) $\mathfrak{G} = \langle N, S \rangle$ *mit*

$$N^S = N^{1+2^{n-1}} \quad \text{und} \quad N^{2^n} = S^2 = E .$$

(4) *Die Quasidiedergruppe* $\mathfrak{G} = \langle N, S \rangle$ *mit*

$$N^S = N^{-1+2^{n-1}} \quad \text{und} \quad N^{2^n} = S^2 = E .$$

Die Gruppen unter (1), (3) *und* (4) *sind semidirekte Produkte, die unter* (2) *jedoch nicht. Für* $n = 2$ *treten nur die Typen* (1) *und* (2) *auf. Die verallgemeinerte Quaternionengruppe von der Ordnung* 8 *heißt Quaternionengruppe.*

Beweis. a) Sei $p > 2$. Sei $\mathfrak{N} = \langle N \rangle$ der zyklische Normalteiler von $\mathfrak{G}$ vom Index p und S ein Element aus $\mathfrak{G}$ mit $\mathfrak{G}/\mathfrak{N} = \langle S\mathfrak{N} \rangle$. Dann haben wir $N^S = N^k$ mit geeignetem k. Wegen $S^p \in \mathfrak{N}$ gilt

$$N^{S^p} = N^{k^p} = N ,$$

also ist $k^p \equiv 1$ (p^n). Daraus folgt $k \equiv 1$ (p^{n-1}), also $k \equiv 1 + xp^{n-1}$ (p^n). Da $\mathfrak{G}$ nicht abelsch ist, gilt sicher $x \not\equiv 0$ (p). Bestimmen wir y aus $xy \equiv 1$ (p), so haben wir

$$k^y \equiv 1 + xyp^{n-1} \equiv 1 + p^{n-1} \quad (p^n) .$$

Dann gilt auch $\mathfrak{G}/\mathfrak{N} = \langle S^y \mathfrak{N} \rangle$. Indem wir S durch S^y ersetzen, können wir also

$$N^S = N^{1+p^{n-1}}$$

erreichen.

Nun versuchen wir, S durch ein $N^z S$ mit $(N^z S)^p = E$ zu ersetzen. Das erfordert

$$(N^z S)^p = N^z (N^z)^{S^{-1}} (N^z)^{S^{-2}} \dots (N^z)^{S^{-(p-1)}} S^p$$
$$= N^z N^{z(1-p^{n-1})} N^{z(1-2p^{n-1})} \dots N^{z(1-(p-1)p^{n-1})} S^p = E .$$

Dabei ist wegen $p > 2$

$$1 + (1 - p^{n-1}) + (1 - 2p^{n-1}) + \dots + (1 - (p-1)\, p^{n-1})$$
$$\equiv p - \frac{p(p-1)}{2} p^{n-1} \equiv p \quad (p^n) .$$

Setzen wir $A = S^p$, so bleibt also $N^{zp} A = E$ zu lösen. Wir haben

$$A^S = A = A^{1+p^{n-1}}, \quad \text{also} \quad A^{p^{n-1}} = E\,.$$

Somit ist A in $\mathfrak{N}$ eine p-te Potenz, und $N^{zp} = A^{-1}$ ist lösbar. Wir erhalten also für $p > 2$ nur das semidirekte Produkt zu dem Automorphismus α mit

$$N^\alpha = N^{1+p^{n-1}}\,.$$

b) Sei $p = 2$. Die einzigen Elemente der Ordnung 2 aus der Automorphismengruppe der zyklischen Gruppe $\mathfrak{N}$ sind nach **13.19** für $2^n > 4$ die Automorphismen α, ε, δ mit

$$N^\alpha = N^{-1}, \quad N^\varepsilon = N^{1+2^{n-1}}, \quad N^\delta = N^{-1+2^{n-1}} \qquad (\delta = \alpha\varepsilon)\,.$$

Für $2^n = 4$ ist $\alpha = \varepsilon$ und $\delta = 1$.
Sei $\mathfrak{G} = \mathfrak{N} \cup S\mathfrak{N}$ und $S^2 = A \in \mathfrak{N}$. Dann ist wieder $A^S = A$. Im Falle $A^S = A^\alpha$ folgt

$$A = A^S = A^{-1}, \quad \text{also} \quad A^2 = E\,.$$

Dann bleiben nur die Möglichkeiten $A = E$ und $A = N^{2^{n-1}}$. Die erste liefert die Diedergruppe $\mathfrak{D}$ mit

$$N^S = N^{-1}, \quad N^{2^n} = S^2 = E\,,$$

die zweite die verallgemeinerte Quaternionengruppe $\mathfrak{Q}$ mit

$$N^S = N^{-1}, \quad N^{2^n} = E, \quad S^2 = N^{2^{n-1}}\,.$$

Wir zeigen, daß man für die beiden anderen Automorphismen ε und δ stets ein semidirektes Produkt erhält.

Bei Verwendung von ε ist

$$(N^x S)^2 = N^x (N^x)^{S^{-1}} S^2 = N^{x(2+2^{n-1})} A\,.$$

Ferner ist

$$A^\varepsilon = A^{1+2^{n-1}} = A, \quad \text{also} \quad A^{2^{n-1}} = E\,.$$

Daher ist A ein Quadrat in $\mathfrak{N}$, und

$$A = N^{-x(2+2^{n-1})}$$

ist wegen $n - 1 \geqq 2$ lösbar. Also ist $\langle N^x S\rangle$ ein Komplement von $\mathfrak{N}$ in $\mathfrak{G}$.

Bei Verwendung von δ ist

$$(N^x S)^2 = N^{x 2^{n-1}} A$$

und

$$A^\delta = A^{-1+2^{n-1}} = A, \quad \text{also} \quad A^{-2+2^{n-1}} = E\,.$$

Wegen $n \geqq 3$ folgt $A^2 = E$. Somit ist A eine 2^{n-1}-te Potenz in $\mathfrak{N}$, und

$$A = N^{-x 2^{n-1}}$$

ist lösbar.

Die vier konstruierten Gruppen sind für $n > 2$ paarweise nicht isomorph:

(1) Sei $\mathfrak{D} = \langle N, S\rangle$ die Diedergruppe der Ordnung 2^{n+1}. Dann hat $\mathfrak{D}$ genau $2^n + 1$ Elemente von der Ordnung 2, nämlich

$$N^{2^{n-1}} \quad \text{und alle} \quad N^i S \quad (0 \leqq i \leqq 2^n - 1)\,.$$

(2) Die verallgemeinerte Quaternionengruppe $\mathfrak{Q} = \langle N, S\rangle$ hat genau ein Element von der Ordnung 2, nämlich $N^{2^{n-1}}$.

(3) Sei $\mathfrak{G} = \langle N, S\rangle$ mit

$$N^S = N^{1+2^{n-1}} \quad \text{und} \quad N^{2^n} = S^2 = E\,.$$

Dann hat $\mathfrak{G}$ genau drei Elemente von der Ordnung 2, nämlich $N^{2^{n-1}}$, S und $N^{2^{n-1}}S$.

(4) Sei $\mathfrak{G} = \langle N, S\rangle$ die Quasidiedergruppe. Dann hat $\mathfrak{G}$ genau $2^{n-1} + 1$ Elemente von der Ordnung 2, nämlich $N^{2^{n-1}}$ und alle $N^i S$ mit $2\,|\,i$. **q.e.d.**

14.10 Satz. *Es gibt nur die folgenden nichtabelschen Gruppen von der Ordnung* p^3:

a) *Für* $p = 2$ *die Diedergruppe der Ordnung* 8 *und die Quaternionengruppe.*

b) *Für* $p > 2$ *die Gruppe* $\mathfrak{G} = \langle N, S\rangle$ *mit*

$$N^S = N^{1+p}, \quad N^{p^2} = S^p = E$$

aus 14.9 a), *ferner die Gruppe* $\mathfrak{G} = \langle A, B, C\rangle$ *vom Exponenten* p *mit*

$$A^p = B^p = C^p = E, \quad B^A = BC, \quad C^A = C^B = C\,.$$

(*Wegen* $C = B^{-1}A^{-1}BA$ *ist auch* $\mathfrak{G} = \langle A, B\rangle$.)

Beweis. a) Sei $|\mathfrak{G}| = 2^3$. Hat $\mathfrak{G}$ den Exponenten 2, so gilt für alle $X, Y \in \mathfrak{G}$

$$XY = (XY)^{-1} = Y^{-1}X^{-1} = YX\,,$$

und $\mathfrak{G}$ ist abelsch. Also gibt es ein $X \in \mathfrak{G}$ mit $O(X) = 4$. Nach 3.3 ist $\langle X\rangle \lhd \mathfrak{G}$, und wir können 14.9 b) anwenden.

b) Sei $\mathfrak{G}$ nichtabelsch mit $|\mathfrak{G}| = p^3$ und $p > 2$. Nach 6.9 ist $p \leqq |\mathbf{Z}(\mathfrak{G})| \leqq p^2$. Wäre $\mathfrak{G}/\mathbf{Z}(\mathfrak{G})$ zyklisch, so wäre für ein geeignetes $X \in \mathfrak{G}$ sicher $\mathfrak{G} = \langle \mathbf{Z}(\mathfrak{G}), X\rangle$, und $\mathfrak{G}$ wäre abelsch. Also ist $\mathfrak{G}/\mathbf{Z}(\mathfrak{G})$ nicht zyklisch. Daher folgt $|\mathfrak{G}/\mathbf{Z}(\mathfrak{G})| = p^2$, und $\mathfrak{G}/\mathbf{Z}(\mathfrak{G})$ ist nach 6.10 abelsch. Nun sind zwei Fälle zu unterscheiden:

Fall 1: Sei $\operatorname{Exp}\mathfrak{G} = p$. Sei $\mathbf{Z}(\mathfrak{G}) = \langle C\rangle$ und $B \in \mathfrak{G} - \mathbf{Z}(\mathfrak{G})$. Dann ist $\mathfrak{N} = \langle B, C\rangle$ eine elementar-abelsche Untergruppe von $\mathfrak{G}$ vom Index p. Nach 8.9 gilt sogar $\mathfrak{N} \lhd \mathfrak{G}$. Sei $A \in \mathfrak{G} - \mathfrak{N}$. Da $\mathfrak{G}/\mathbf{Z}(\mathfrak{G})$ abelsch ist, $\mathfrak{G}$ aber nicht, gilt $B^A = BC^i$ mit $i \not\equiv 0\ (p)$. Ersetzen wir C durch C^i, so erhalten wir die angegebenen Gleichungen. Daher ist $\mathfrak{G}$ das semidirekte Produkt von $\mathfrak{N}$ mit der zyklischen Gruppe $\langle A\rangle$ zu dem Automorphismus α von $\mathfrak{N}$ mit

$$B^\alpha = BC, \quad C^\alpha = C\,.$$

Fall 2: Sei $\operatorname{Exp}\mathfrak{G} = p^2 = O(A)$. Dann ist $\langle A\rangle$ nach 8.9 ein Normalteiler vom Index p in $\mathfrak{G}$. Nach 14.9 a) gibt es bis auf Isomorphie genau eine solche Gruppe. **q.e.d.**

Aufgaben:

55) Sei $\mathfrak{Q}$ die Quaternionengruppe und $\mathfrak{D}$ die Diedergruppe der Ordnung 8. Man zeige:

$$\mathfrak{Q} \curlyvee \mathfrak{Q} \cong \mathfrak{D} \curlyvee \mathfrak{D} \ncong \mathfrak{Q} \curlyvee \mathfrak{D}.$$

(Alle Produkte sind mit vereinigten Zentren zu bilden.)

56) Ist $\mathfrak{G}$ eine der Gruppen aus 14.9 b), so ist $|\mathfrak{A}(\mathfrak{G})|$ eine Potenz von 2, ausgenommen den Fall, daß $\mathfrak{G}$ die Quaternionengruppe von der Ordnung 8 ist, für die $|\mathbf{A}(\mathfrak{G})| = 24$ ist.

57) Sei $p > 2$, $n > 2$ und $\mathfrak{G} = \langle A, B\rangle$ mit

$$A^{p^n} = E, \quad B^{p^n} = A^{p^{n-1}}, \quad A^B = A^{1+p}.$$

Dann hat $\mathfrak{G}$ keinen zyklischen Normalteiler mit zyklischem Komplement.

58) Es gibt keine Gruppe $\mathfrak{G}$ derart, daß $\mathfrak{G}/\mathbf{Z}(\mathfrak{G})$ eine verallgemeinerte Quaternionengruppe ist.

59) (K. H. Hofmann, Mostert [1]) Sei $\mathfrak{N}$ ein abelscher Normalteiler von $\mathfrak{G}$ und $\mathfrak{G} = \bigcup_{X\in\mathfrak{G}/\mathfrak{N}} G(X)\,\mathfrak{N}$ mit $X = G(X)\,\mathfrak{N}$. Wir definieren die Abbildung F von $\mathfrak{G} \times \mathfrak{G}/\mathfrak{N}$ in $\mathfrak{N}$ durch

$$F(Y, X) = YG(X)\,G(\overline{Y}X)^{-1}$$

mit $\overline{Y} = Y\mathfrak{N}$. Dann gilt:

a) $F(GH, X) = F(H, X)^{G^{-1}}\,F(G, X)$ und $F(N, X) = N$ für alle $N \in \mathfrak{N}$.

b) Ist $n = |\mathfrak{G}/\mathfrak{N}|$ teilerfremd zu $|\mathfrak{N}|$, so bestimmen wir m aus $nm \equiv 1\ (|\mathfrak{N}|)$ und setzen

$$S(G) = \Bigl(\prod_{X\in\mathfrak{G}/\mathfrak{N}} F(G, X)\Bigr)^m.$$

Dann ist $S(GH) = S(H)^{G^{-1}}S(G)$ und $S(N) = N$ für alle $N \in \mathfrak{N}$.

c) Unter den Voraussetzungen von b) ist T mit $T(G) = S(G)^{-1}G$ ein Endomorphismus von $\mathfrak{G}$ mit $T(N) = E$ für alle $N \in \mathfrak{N}$. Es ist

$$\mathfrak{B} = \{T(G) \mid G \in \mathfrak{G}\}$$

ein Komplement von $\mathfrak{N}$ in $\mathfrak{G}$. (Dies ist ein Beweis von 17.5.)

§ 15. Kranzprodukte

Wir beschreiben in diesem Paragraphen einen Spezialfall der Erweiterungstheorie, der für die Konstruktion von Beispielen (insbesondere von auflösbaren Gruppen) besonders nützlich ist.

15.1 Definition. Sei $\mathfrak{G}$ eine Gruppe und $\mathfrak{H}$ eine (nicht notwendig transitive) Permutationsgruppe auf der endlichen Ziffernmenge Ω. Unter dem Kranzprodukt $\mathfrak{G} \wr \mathfrak{H}$ von $\mathfrak{G}$ mit $\mathfrak{H}$ (wreath-product im Englischen) verstehen wir die Menge

$$\{(f, H) \mid H \in \mathfrak{H}, \quad f \text{ Abbildung von } \Omega \text{ in } \mathfrak{G}\},$$

versehen mit der Multiplikation

$$(f_1, H_1)(f_2, H_2) = (g, H_1 H_2)$$

mit $g(i) = f_1(i) f_2(i^{H_1})$ für $i \in \Omega$.
Man rechnet leicht nach, daß diese Multiplikation assoziativ ist, daß (f, E) mit $f(i) = E$ für alle $i \in \Omega$ das Einheitselement von $\mathfrak{G} \wr \mathfrak{H}$ ist, und daß (g, H^{-1}) mit $g(i) = f(i^{H^{-1}})^{-1}$ das Inverse von (f, H) ist. Also ist $\mathfrak{G} \wr \mathfrak{H}$ eine Gruppe.

Die Struktur von $\mathfrak{G} \wr \mathfrak{H}$ wird aufgeklärt durch:

15.2 Satz. *Sei $\mathfrak{H}$ eine Permutationsgruppe auf Ω mit $|\Omega| = n$. Das Kranzprodukt $\mathfrak{G} \wr \mathfrak{H}$ besitzt den Normalteiler*

$$\mathfrak{D} = \mathfrak{D}_1 \times \cdots \times \mathfrak{D}_n$$

mit

$$\mathfrak{D}_i = \{(f, E) \mid f(j) = E \quad \text{für} \quad j \neq i\} \cong \mathfrak{G}.$$

Es ist

$$\mathfrak{H}^* = \{(e, H) \mid H \in \mathfrak{H}, e(i) = E \quad \text{für alle} \quad i \in \Omega\}$$

ein zu $\mathfrak{H}$ isomorphes Komplement von $\mathfrak{D}$ in $\mathfrak{G} \wr \mathfrak{H}$. Also ist $|\mathfrak{G} \wr \mathfrak{H}| = |\mathfrak{G}|^n |\mathfrak{H}|$. Bei Transformation mit dem Element $H^* = (e, H)$ aus $\mathfrak{H}^*$ werden die direkten Faktoren $\mathfrak{D}_i$ von $\mathfrak{D}$ gemäß $\mathfrak{D}_i^{H^*} = \mathfrak{D}_{iH}$ vertauscht.

Beweis. Sei $\Omega = \{1, \ldots, n\}$. Wir setzen

$$\mathfrak{D} = \{(f, E) \mid f: \Omega \to \mathfrak{G}\}$$

und

$$\mathfrak{D}_i = \{(f, E) \mid f(j) = E \quad \text{für} \quad j \neq i\}.$$

Offenbar gilt $\mathfrak{D}_i \cong \mathfrak{G}$ und $\mathfrak{D} = \mathfrak{D}_1 \times \cdots \times \mathfrak{D}_n$.

Die Abbildung ε mit $(f, H)^\varepsilon = H$ ist ein Epimorphismus von $\mathfrak{G} \wr \mathfrak{H}$ auf $\mathfrak{H}$ mit dem Kern $\mathfrak{D}$. Wegen

$$(f, H) = (f, E)(e, H) \quad \text{mit} \quad e(i) = E \quad \text{für alle} \quad i \in \Omega$$

ist die Gruppe

$$\mathfrak{H}^* = \{(e, H) \mid e(i) = E \quad \text{für alle} \quad i \in \Omega\}$$

ein Komplement von $\mathfrak{D}$ in $\mathfrak{G} \wr \mathfrak{H}$.

Für $H^* = (e, H) \in \mathfrak{H}^*$ und $D = (g, E) \in \mathfrak{D}_i$ gilt

$$H^{*-1} D H^* = (h, E)$$

mit $h(j) = g(j^{H^{-1}})$. Also ist $\mathfrak{D}_i^{H^*} = \mathfrak{D}_{iH}$. **q.e.d.**

Wir schreiben oft $\mathfrak{D} = \mathfrak{G} \wr \mathfrak{E}$, wobei dann $\mathfrak{E}$ als die triviale Permutationsgruppe auf Ω aufzufassen ist.

15.3 Satz. *Sei* $\mathfrak{H}$ *eine Permutationsgruppe auf* Ω *und* $\mathfrak{G}$ *eine Gruppe. Es sei eine Permutationsdarstellung*

$$G \to \begin{pmatrix} i \\ i^G \end{pmatrix} \quad (i \in \Gamma)$$

von $\mathfrak{G}$ *auf einer Ziffernmenge* Γ *gegeben. Dann liefert*

$$(i, j)\,(f, H) = (i^{f(j)}, j^H)$$

für $(i, j) \in \Gamma \times \Omega$ *eine Permutationsdarstellung von* $\mathfrak{G} \wr \mathfrak{H}$ *auf der Produktmenge* $\Gamma \times \Omega$*. Wird* $\mathfrak{G}$ *auf* Γ *treu dargestellt, so wird auch* $\mathfrak{G} \wr \mathfrak{H}$ *auf* $\Gamma \times \Omega$ *treu dargestellt. Ist* $\mathfrak{G}$ *transitiv auf* Γ *und* $\mathfrak{H}$ *transitiv auf* Ω*, so ist* $\mathfrak{G} \wr \mathfrak{H}$ *transitiv auf* $\Gamma \times \Omega$*.*

Beweis. Wir haben

$$((i, j)\,(f, H))\,(f', H') = (i^{f(j)}, j^H)\,(f', H') = (i^{f(j)\, f'(j^H)}, j^{HH'})$$
$$= (i, j)\,((f, H)\,(f', H'))\,.$$

Da die von (f, H) auf $\Gamma \times \Omega$ bewirkte Abbildung ein Inverses besitzt, liefert die angegebene Vorschrift eine Permutationsdarstellung von $\mathfrak{G} \wr \mathfrak{H}$ auf $\Gamma \times \Omega$.

Sei $\mathfrak{G}$ treu dargestellt auf Γ. Angenommen, es sei

$$(i, j)\,(f, H) = (i^{f(j)}, j^H) = (i, j)$$

für alle (i, j) aus $\Gamma \times \Omega$. Dann ist $H = E$ und $f(j) = E$ für alle $j \in \Omega$. Also wird $\mathfrak{G} \wr \mathfrak{H}$ treu auf $\Gamma \times \Omega$ dargestellt.

Sei $\mathfrak{G}$ transitiv auf Γ und $\mathfrak{H}$ transitiv auf Ω. Seien die Ziffern (i, j) und (i', j') aus $\Gamma \times \Omega$ vorgegeben. Dann gibt es ein H aus $\mathfrak{H}$ mit $j^H = j'$ und ein G aus $\mathfrak{G}$ mit $i^G = i'$. Sei f eine Abbildung von Ω in $\mathfrak{G}$ mit $f(j) = G$. Dann ist

$$(i, j)\,(f, H) = (i^G, j^H) = (i', j')\,.$$

Also ist $\mathfrak{G} \wr \mathfrak{H}$ transitiv auf $\Gamma \times \Omega$. **q.e.d.**

Ausgehend von den Permutationsgruppen $\mathfrak{G}$ auf Γ und $\mathfrak{H}$ auf Ω hätten wir das Kranzprodukt $\mathfrak{G} \wr \mathfrak{H}$ gemäß 15.3 als Permutationsgruppe auf $\Gamma \times \Omega$ definieren können. Ist $\mathfrak{K}$ eine Permutationsgruppe auf der Ziffernmenge Δ, so ist daher $(\mathfrak{G} \wr \mathfrak{H}) \wr \mathfrak{K}$ eine Permutationsgruppe auf $(\Gamma \times \Omega) \times \Delta$. Wir behaupten:

15.4 Hilfssatz. *Sind* $\mathfrak{G}$, $\mathfrak{H}$, $\mathfrak{K}$ *Permutationsgruppen auf den Ziffernmengen* Γ, Ω, Δ, *so stimmen die Permutationsgruppen* $(\mathfrak{G} \wr \mathfrak{H}) \wr \mathfrak{K}$ *und* $\mathfrak{G} \wr (\mathfrak{H} \wr \mathfrak{K})$ *überein, sofern wir* $(\Gamma \times \Omega) \times \Delta$ *und* $\Gamma \times (\Omega \times \Delta)$ *in natürlicher Weise vermöge*

$$((i, j), k) = (i, (j, k))$$

identifizieren.

Beweis. Sei $X = (f, K) \in (\mathfrak{G} \wr \mathfrak{H}) \wr \mathfrak{K}$ mit

$$f(k) = (f_k, H_k) \in \mathfrak{G} \wr \mathfrak{H} \quad \text{für} \quad k \in \Delta .$$

Dann ist

$$((i, j), k) X = ((i, j)^{f(k)}, k^K) = ((i^{f_k(j)}, j^{H_k}), k^K) .$$

Sei andererseits

$$Y = (g, (h, K)) \in \mathfrak{G} \wr (\mathfrak{H} \wr \mathfrak{K})$$

mit $h(k) = H_k$ und $g((j, k)) = f_k(j)$. Dann ist

$$(i, (j, k)) Y = (i^{g((j,k))}, (j, k)^{(h, K)}) = (i^{f_k(j)}, (j^{H_k}, k^K)) .$$

Das beweist die Behauptung. **q.e.d.**

15.5 Hilfssatz. *Ist $\mathfrak{G}_p$ eine p-Sylowgruppe von $\mathfrak{G}$ und $\mathfrak{H}_p$ eine p-Sylowgruppe von $\mathfrak{H}$, so ist $\mathfrak{G}_p \wr \mathfrak{H}_p$ eine p-Sylowgruppe von $\mathfrak{G} \wr \mathfrak{H}$; dabei ist $\mathfrak{H}_p$ als Untergruppe der Permutationsgruppe $\mathfrak{H}$ auf Ω aufzufassen.*

Beweis. Für $|\Omega| = n$ ist $|\mathfrak{G}_p \wr \mathfrak{H}_p| = |\mathfrak{G}_p|^n \, |\mathfrak{H}_p|$. Dies ist die höchste Potenz von p, welche

$$|\mathfrak{G} \wr \mathfrak{H}| = |\mathfrak{G}|^n \, |\mathfrak{H}|$$

teilt. **q.e.d.**

Für zahlreiche Konstruktionen ist der folgende Sonderfall nützlich:

15.6 Definition. Sei $\mathfrak{G}$ eine beliebige und $\mathfrak{H}$ eine endliche Gruppe. Als reguläres Kranzprodukt $\mathfrak{G} \underset{r}{\wr} \mathfrak{H}$ definieren wir das Kranzprodukt von $\mathfrak{G}$ mit der regulär dargestellten Gruppe $\mathfrak{H}$ (siehe 6.3). Also gilt

$$|\mathfrak{G} \underset{r}{\wr} \mathfrak{H}| = |\mathfrak{G}|^{|\mathfrak{H}|} \, |\mathfrak{H}| .$$

Es ist

$$\mathfrak{G} \underset{r}{\wr} \mathfrak{H} = \{(f, H) \mid H \in \mathfrak{H}; f : \mathfrak{H} \to \mathfrak{G}\}$$

mit

$$(f_1, H_1)(f_2, H_2) = (g, H_1 H_2) \quad \text{und} \quad g(H) = f_1(H) \, f_2(H H_1) .$$

Es ist zu beachten, daß für das reguläre Kranzprodukt keine 15.4 entsprechende Assoziativitätsregel gilt. Es ist nämlich

$$|(\mathfrak{G} \underset{r}{\wr} \mathfrak{H}) \underset{r}{\wr} \mathfrak{K}| = |\mathfrak{G} \underset{r}{\wr} \mathfrak{H}|^{|\mathfrak{K}|} \, |\mathfrak{K}| = |\mathfrak{G}|^{|\mathfrak{H}| \, |\mathfrak{K}|} \, |\mathfrak{H}|^{|\mathfrak{K}|} \, |\mathfrak{K}|$$

und

$$|\mathfrak{G} \underset{r}{\wr} (\mathfrak{H} \underset{r}{\wr} \mathfrak{K})| = |\mathfrak{G}|^{|\mathfrak{H} \underset{r}{\wr} \mathfrak{K}|} \, |\mathfrak{H} \underset{r}{\wr} \mathfrak{K}| = |\mathfrak{G}|^{|\mathfrak{H}|^{|\mathfrak{K}|} \, |\mathfrak{K}|} \, |\mathfrak{H}|^{|\mathfrak{K}|} \, |\mathfrak{K}| .$$

Wir geben einige Hilfssätze über das Kranzprodukt an, die bei späteren Konstruktionen von Nutzen sein werden:

15.7 Hilfssatz. *Sei $\mathfrak{H}$ eine Permutationsgruppe auf der Ziffernmenge Ω.*

a) *Ist α ein Epimorphismus von $\mathfrak{G}$ auf $\mathfrak{G}^\alpha$, so ist $\bar{\alpha}$ mit*

$$(f, H)^{\bar{\alpha}} = (g, H) \quad \textit{und} \quad g(i) = f(i)^\alpha$$

für alle $i \in \Omega$ ein Epimorphismus von $\mathfrak{G} \wr \mathfrak{H}$ auf $\mathfrak{G}^\alpha \wr \mathfrak{H}$.

b) *Ist* μ *ein Automorphismus von* $\mathfrak{H}$, *so ist* $\bar{\mu}$ *mit*

$$(f, H)^{\bar{\mu}} = (g, H^{\mu}) \quad \textit{mit} \quad g(Y) = f(Y^{\mu^{-1}}) \quad \textit{für alle} \quad Y \in \mathfrak{H}$$

ein Automorphismus von $\mathfrak{G} \underset{r}{\wr} \mathfrak{H}$.

(*Hier müssen wir uns auf das reguläre Kranzprodukt beschränken.*)

c) *Sei* α *ein Automorphismus von* $\mathfrak{G}$ *und* μ *ein Automorphismus von* $\mathfrak{H}$. *Sind* $\bar{\alpha}$ *und* $\bar{\mu}$ *wie in* a) *und* b) *konstruiert, so gilt* $\bar{\alpha}\bar{\mu} = \bar{\mu}\bar{\alpha}$.

Beweis. a) ist trivial.

b) Offenbar ist μ umkehrbar eindeutig. Wir haben

$$(f_1, H_1)^{\bar{\mu}} (f_2, H_2)^{\bar{\mu}} = (g_1, H_1^{\mu}) (g_2, H_2^{\mu}) = (h, (H_1 H_2)^{\mu})$$

mit

$$h(Y) = g_1(Y)\, g_2(Y H_1^{\mu}) = f_1(Y^{\mu^{-1}})\, f_2(Y^{\mu^{-1}} H_1)$$

und

$$((f_1, H_1)(f_2, H_2))^{\bar{\mu}} = (k, H_1 H_2)^{\bar{\mu}} = (m, (H_1 H_2)^{\mu})$$

mit

$$m(Y) = k(Y^{\mu^{-1}}) = f_1(Y^{\mu^{-1}})\, f_2(Y^{\mu^{-1}} H_1)\,.$$

Also ist $\bar{\mu}$ ein Automorphismus von $\mathfrak{G} \underset{r}{\wr} \mathfrak{H}$.

c) Es gilt

$$(f, H)^{\bar{\alpha}\bar{\mu}} = (h, H^{\mu}) = (f, H)^{\bar{\mu}\bar{\alpha}} \quad \text{mit} \quad h(Y) = f(Y^{\mu^{-1}})^{\alpha}\,. \qquad \textbf{q.e.d.}$$

15.8 Hilfssatz. a) *Sei* $\mathfrak{G}_1 \leqq \mathfrak{G}$ *und* $\mathfrak{H}_1 \leqq \mathfrak{H}$. *Dann gibt es einen Monomorphismus von* $\mathfrak{G}_1 \wr \mathfrak{H}_1$ *in* $\mathfrak{G} \wr \mathfrak{H}$; *dabei sind* $\mathfrak{H}$ *und* $\mathfrak{H}_1$ *als Permutationsgruppen auf der gleichen Ziffernmenge aufzufassen.*

b) *Sei* $\mathfrak{G}_1 \leqq \mathfrak{G}$ *und* $\mathfrak{H}_1 \leqq \mathfrak{H}$. *Dann gibt es einen Monomorphismus von* $\mathfrak{G}_1 \underset{r}{\wr} \mathfrak{H}_1$ *in* $\mathfrak{G} \underset{r}{\wr} \mathfrak{H}$.

Beweis. a) Die triviale Einbettung leistet den gewünschten Dienst.

b) Dies ist kein Spezialfall von a)! Denn bei der Bildung von $\mathfrak{G} \underset{r}{\wr} \mathfrak{H}$ ist $\mathfrak{H}$ als reguläre Permutationsgruppe auf $\mathfrak{H}$ und bei $\mathfrak{G} \underset{r}{\wr} \mathfrak{H}_1$ ist $\mathfrak{H}_1$ als reguläre Permutationsgruppe auf $\mathfrak{H}_1$ aufzufassen.

Sei $\mathfrak{H} = \bigcup_i R_i \mathfrak{H}_1$ die Nebenklassenzerlegung von $\mathfrak{H}$ nach $\mathfrak{H}_1$. Ist f eine Abbildung von $\mathfrak{H}_1$ in $\mathfrak{G}_1$, so definieren wir die Abbildung $\bar{f}$ von $\mathfrak{H}$ in $\mathfrak{G}$ (sogar in $\mathfrak{G}_1$) durch

$$\bar{f}(R_i H_1) = f(H_1) \quad \text{für} \quad H_1 \in \mathfrak{H}_1\,.$$

Wir setzen

$$(f, H_1)^{\delta} = (\bar{f}, H_1)\,.$$

Dann ist

$$(f, H_1)^{\delta} (f', H_1')^{\delta} = (g, H_1 H_1')$$

mit

$$g(R_i H) = \bar{f}(R_i H)\, \bar{f}'(R_i H H_1) = f(H)\, f'(H H_1)$$

und

$$((f, H_1)(f', H_1'))^{\delta} = (h, H_1 H_1')$$

mit
$$h(R_i H) = f(H)\, f'(H H_1)\ .$$
Somit ist δ ein Homomorphismus von $\mathfrak{G}_1 \wr_r \mathfrak{H}_1$ in $\mathfrak{G} \wr_r \mathfrak{H}$. Offenbar ist Kern $\delta = \mathfrak{E}$. **q.e.d.**

Für Einbettungsfragen ist mitunter die folgende Tatsache nützlich, die Überlegungen aus IV, § 1 vorwegnimmt:

15.9 Satz. *Sei $\mathfrak{N} \trianglelefteq \mathfrak{G}$ und $\mathfrak{G}/\mathfrak{N}$ endlich. Dann gibt es einen Monomorphismus von $\mathfrak{G}$ in $\mathfrak{N} \wr_r (\mathfrak{G}/\mathfrak{N})$.*

Beweis. Sei $\mathfrak{G} = \bigcup_{\overline{G} \in \mathfrak{G}/\mathfrak{N}} \mathfrak{N} R(\overline{G})$ die Nebenklassenzerlegung von $\mathfrak{G}$ nach $\mathfrak{N}$. Für $X \in \mathfrak{G}$ definieren wir die Elemente $H_{\overline{G}}(X)$ aus $\mathfrak{N}$ durch
$$R(\overline{G})\, X = H_{\overline{G}}(X)\, R(\overline{G}\,\overline{X})\ .$$
Wir setzen
$$X^\tau = (f, \overline{X}) \quad \text{mit} \quad \overline{X} = X\mathfrak{N} \quad \text{und} \quad f(\overline{G}) = H_{\overline{G}}(X)\ .$$
Dann ist
$$X^\tau Y^\tau = (f_1, \overline{X})\,(f_2, \overline{Y}) = (g, \overline{X}\,\overline{Y})$$
mit
$$g(\overline{G}) = f_1(\overline{G})\, f_2(\overline{G}\,\overline{X}) = H_{\overline{G}}(X)\, H_{\overline{G}\overline{X}}(Y)\ .$$
Wegen
$$\begin{aligned} H_{\overline{G}}(X Y)\, R(\overline{G}\,\overline{X}\,\overline{Y}) &= R(\overline{G})\, X Y = H_{\overline{G}}(X)\, R(\overline{G}\,\overline{X})\, Y \\ &= H_{\overline{G}}(X)\, H_{\overline{G}\overline{X}}(Y)\, R(\overline{G}\,\overline{X}\,\overline{Y}) \end{aligned}$$
ist $g(\overline{G}) = H_{\overline{G}}(X Y)$, und τ ist ein Homomorphismus von $\mathfrak{G}$ in $\mathfrak{N} \wr_r (\mathfrak{G}/\mathfrak{N})$. Für $X \in \operatorname{Kern} \tau$ gilt $R(\overline{G})X = R(\overline{G})$, also $X = E$. **q.e.d.**

Wir führen eine Verallgemeinerung des Kranzproduktes ein:

15.10 Definition. Seien $\mathfrak{G}$ und $\mathfrak{H}$ Gruppen. Es sei eine Untergruppe $\mathfrak{U}$ von $\mathfrak{H}$ von endlichem Index und ein Homomorphismus von $\mathfrak{U}$ in die Automorphismengruppe $\mathbf{A}(\mathfrak{G})$ von $\mathfrak{G}$ gegeben. Wir beschreiben die Wirkung von $\mathfrak{U}$ auf $\mathfrak{G}$ durch $G \to G^U$. Sei $\mathfrak{H} = \bigcup_{R \in \mathfrak{R}} \mathfrak{U} R$ die Nebenklassenzerlegung von $\mathfrak{H}$ nach $\mathfrak{U}$; wir können E als Vertreter von $\mathfrak{U}$ wählen. Als verschränktes Kranzprodukt $\mathfrak{G} \wr_{\mathfrak{U}} \mathfrak{H}$ von $\mathfrak{G}$ mit $\mathfrak{H}$ über $\mathfrak{U}$ definieren wir die Menge
$$\{(f, H) \mid H \in \mathfrak{H},\ f \text{ eine Abbildung von } \mathfrak{R} \text{ in } \mathfrak{G}\}$$
mit der folgenden Multiplikation:

Ist $R \in \mathfrak{R}$, $H_1 \in \mathfrak{H}$ und $R H_1 = U' R'$ mit $U' \in \mathfrak{U}$ und $R' \in \mathfrak{R}$, so sei
$$(f_1, H_1)\,(f_2, H_2) = (g, H_1 H_2)$$
mit $g(R) = f_1(R)\, f_2(R')^{U'^{-1}}$.

Eine direkte Rechnung zeigt die Assoziativität dieser Multiplikation. Das Einheitselement wird gegeben durch (e, E) mit $e(R) = E$ für alle

$R \in \mathfrak{R}$. Ferner ist (h, H^{-1}) mit

$$h(R') = (f(R)^{-1})^{U'} \quad \text{für} \quad RH = U'R'$$

das Inverse von (f, H). Also ist $\mathfrak{G} \wr_{\mathfrak{U}} \mathfrak{H}$ eine Gruppe.

Ist $G^U = G$ für alle $G \in \mathfrak{G}$ und alle $U \in \mathfrak{U}$, so erhält man das Kranzprodukt von $\mathfrak{G}$ mit der Permutationsdarstellung von $\mathfrak{H}$ auf den Nebenklassen nach $\mathfrak{U}$. Für $\mathfrak{U} = \mathfrak{H}$ erhält man das semidirekte Produkt von $\mathfrak{G}$ mit $\mathfrak{H}$.

Wie in 15.1 zeigt man:

15.11 Satz. *Es ist*

$$\mathfrak{G}^* = \{(f, E) \mid f \text{ eine Abbildung von } \mathfrak{R} \text{ in } \mathfrak{G}\}$$

ein zu $\mathfrak{G} \times \cdots \times \mathfrak{G}$ *(mit* $|\mathfrak{H} : \mathfrak{U}|$ *Faktoren) isomorpher Normalteiler von* $\mathfrak{G} \wr_{\mathfrak{U}} \mathfrak{H}$, *und*

$$\mathfrak{H}^* = \{(e, H) \mid H \in \mathfrak{H}, e(R) = E \quad \text{für alle} \quad R \in \mathfrak{R}\}$$

ist ein zu $\mathfrak{H}$ *isomorphes Komplement von* $\mathfrak{G}^*$ *in* $\mathfrak{G} \wr_{\mathfrak{U}} \mathfrak{H}$.

Mit dieser Konstruktion erhalten wir einen zu 15.9 ähnlichen Einbettungssatz:

15.12 Satz (B. H. NEUMANN). *Sei* $\mathfrak{G} = \mathfrak{N}\mathfrak{H}$ *ein semidirektes Produkt des Normalteilers* $\mathfrak{N}$ *von* $\mathfrak{G}$ *mit* $\mathfrak{H}$ *und sei* $\mathfrak{H}$ *isomorph eingebettet in die Gruppe* $\mathfrak{W}$, *etwa vermöge der identischen Abbildung. Dann existiert ein Isomorphismus* μ *von* $\mathfrak{G}$ *in* $\mathfrak{N} \wr_{\mathfrak{H}} \mathfrak{W}$.

Beweis. Sei $\mathfrak{W} = \bigcup_{R \in \mathfrak{R}} \mathfrak{H}R$ die Nebenklassenzerlegung von $\mathfrak{W}$ nach $\mathfrak{H}$ mit $E \in \mathfrak{R}$. Für $N \in \mathfrak{N}$ und $H \in \mathfrak{H}$ setzen wir $(NH)^\mu = (f, H)$ mit $f(E) = N$ und $f(R) = E$ für $R \notin \mathfrak{H}$. Dann gilt

$$(N_1H_1)^\mu (N_2H_2)^\mu = (f_1, H_1)(f_2, H_2) = (g, H_1H_2);$$

dabei ist

$$g(R) = f_1(R)\, f_2(R')^{H'^{-1}} \quad \text{für} \quad RH_1 = H'R' \quad \text{mit} \quad H' \in \mathfrak{H}.$$

Für $R = E$ ist $H_1 = H'$ und daher

$$g(E) = f_1(E)\, f_2(E)^{H_1^{-1}} = N_1 N_2^{H_1^{-1}};$$

für $R \neq E$ ist $R' \neq E$, also $g(R) = E$.

Damit haben wir

$$(N_1H_1)^\mu (N_2H_2)^\mu = (g, H_1H_2) = (N_1N_2^{H_1^{-1}}H_1H_2)^\mu = (N_1H_1N_2H_2)^\mu.$$

Also ist μ ein Homomorphismus von $\mathfrak{G}$ in $\mathfrak{N} \wr_{\mathfrak{H}} \mathfrak{W}$. Offenbar ist μ ein Monomorphismus. **q.e.d.**

Aufgaben:

60) Man zeige, daß das reguläre Kranzprodukt $\mathfrak{G} \wr_r \mathfrak{H}$ die folgende Eigenschaft hat: Sei $\mathfrak{K}$ eine Gruppe, sei α ein Homomorphismus von $\mathfrak{G}$ in $\mathfrak{K}$ und μ ein Homomorphismus von $\mathfrak{H}$ in $\mathfrak{K}$. Es sei $\mathfrak{K} = \langle \mathfrak{G}^\alpha, \mathfrak{H}^\mu \rangle$. Sind H und H' zwei verschiedene Elemente aus $\mathfrak{H}$, so seien die Gruppen

$$(\mathfrak{G}^\alpha)^{H^\mu} \quad \text{und} \quad (\mathfrak{G}^\alpha)^{H'^\mu}$$

elementweise vertauschbar. Dann gibt es einen Homomorphismus τ von $\mathfrak{G} \wr_r \mathfrak{H}$ auf $\mathfrak{K}$ mit

$$(f, H)^\tau = (f(H_1)^\alpha)^{H_1^\mu} \ldots (f(H_h)^\alpha)^{H_h^\mu} H^\mu$$

für $|\mathfrak{H}| = h$ und $\mathfrak{H} = \{H_1, \ldots, H_h\}$.

(Diese „universelle Eigenschaft" von $\mathfrak{G} \wr_r \mathfrak{H}$ ist der eigentliche Grund für die Gültigkeit von 15.7.)

61) Sei μ ein Homomorphismus von $\mathfrak{H}$ auf $\overline{\mathfrak{H}}$. Ist $\mathfrak{G}$ abelsch, so gibt es nach Aufg. 60) einen Homomorphismus $\tilde{\mu}$ von $\mathfrak{G} \wr_r \mathfrak{H}$ auf $\mathfrak{G} \wr_r \overline{\mathfrak{H}}$ mit

$$(f, H)^{\tilde{\mu}} = (\bar{f}, H^\mu)\,.$$

Man gebe die Funktion $\bar{f}$ von $\overline{\mathfrak{H}}$ in $\mathfrak{G}$ explizit an.

§ 16. Kohomologietheorie

In diesem ganzen Paragraphen sei $\mathfrak{R}$ stets ein Ring mit Einselement 1. Alle $\mathfrak{R}$-Moduln seien $\mathfrak{R}$-Rechtsmoduln, auf denen 1 als identische Abbildung wirkt. Ist $\mathfrak{G}$ eine Gruppe, so ordnen wir jedem $\mathfrak{G}$-Modul $\mathfrak{m}$ eine Folge von abelschen Gruppen $\mathbf{H}^n(\mathfrak{G}, \mathfrak{m})$ $(n = 1, 2, \ldots)$ zu, die Kohomologiegruppen von $\mathfrak{m}$. Gruppentheoretische Deutungen von $\mathbf{H}^1(\mathfrak{G}, \mathfrak{m})$ und $\mathbf{H}^2(\mathfrak{G}, \mathfrak{m})$ geben wir in § 17. Die höheren Kohomologiegruppen spielten bisher keine Rolle in der Strukturtheorie der endlichen Gruppen.

16.1 Definition. a) Ein Kettenkomplex von $\mathfrak{R}$-Moduln ist eine Folge $\mathscr{K} = \{\mathfrak{a}_n, \partial_n\}$ von $\mathfrak{R}$-Moduln $\mathfrak{a}_n$ für $n \geqq 0$ und $\mathfrak{R}$-Homomorphismen ∂_n aus $\mathrm{Hom}_{\mathfrak{R}}(\mathfrak{a}_n, \mathfrak{a}_{n-1})$ für $n \geqq 1$; es sei ∂_0 die Abbildung von $\mathfrak{a}_0$ auf den 0-Modul und $\partial_n \partial_{n-1} = 0$ für alle $n \geqq 1$. Wir setzen

$$\mathbf{H}_n(\mathscr{K}) = \text{Kern}\, \partial_n / \text{Bild}\, \partial_{n+1} \quad (n \geqq 1)$$

und nennen $\mathbf{H}_n(\mathscr{K})$ die n-te Homologiegruppe von $\mathscr{K}$.

b) Ein Kokettenkomplex von $\mathfrak{R}$-Moduln ist eine Folge $\mathscr{K} = \{\mathfrak{a}_n, \delta_n\}$ von $\mathfrak{R}$-Moduln $\mathfrak{a}_n$ und $\mathfrak{R}$-Homomorphismen δ_n aus $\mathrm{Hom}_{\mathfrak{R}}(\mathfrak{a}_n, \mathfrak{a}_{n+1})$ für $n \geqq 0$ mit $\delta_n \delta_{n+1} = 0$ für alle $n \geqq 0$. Wir setzen

$$\mathbf{H}^n(\mathscr{K}) = \text{Kern}\, \delta_n / \text{Bild}\, \delta_{n-1}$$

für $n \geqq 1$. Die Gruppe $\mathbf{H}^n(\mathscr{K})$ heißt die n-te Kohomologiegruppe von $\mathscr{K}$.

c) Eine exakte Folge von $\mathfrak{R}$-Moduln ist eine (endliche oder unendliche) Folge von $\mathfrak{R}$-Moduln $\mathfrak{a}_n$ $(n = 0, 1, \ldots)$ und von Abbildungen $\mu_n \in \mathrm{Hom}_{\mathfrak{R}}(\mathfrak{a}_n, \mathfrak{a}_{n-1})$ für $n \geqq 1$ mit Bild $\mu_n =$ Kern μ_{n-1} für alle $n \geqq 2$.

d) Sei $\mathfrak{m}$ ein $\mathfrak{R}$-Modul. Eine freie Auflösung $\{\mathfrak{f}_n, \partial_n\}$ von $\mathfrak{m}$ ist eine exakte Folge

$$\cdots \longrightarrow \mathfrak{f}_n \xrightarrow{\partial_n} \mathfrak{f}_{n-1} \xrightarrow{\partial_{n-1}} \cdots \longrightarrow \mathfrak{f}_1 \xrightarrow{\partial_1} \mathfrak{f}_0 \xrightarrow{\partial_0} \mathfrak{m} \longrightarrow 0$$

mit freien $\mathfrak{R}$-Moduln $\mathfrak{f}_n$.

Im folgenden formulieren wir die Sätze für Kettenkomplexe und Homologiegruppen, entsprechende Aussagen gelten jeweils für Kokettenkomplexe und Kohomologiegruppen.

16.2 Definition. a) Seien $\mathcal{K} = \{\mathfrak{a}_n, \partial_n\}$ und $\mathcal{K}' = \{\mathfrak{a}'_n, \partial'_n\}$ Kettenkomplexe von $\mathfrak{R}$-Moduln. Ein Homomorphismus φ von $\mathcal{K}$ nach $\mathcal{K}'$ ist eine Folge $\{\varphi_n \mid n = 0, 1, \ldots\}$ mit $\varphi_n \in \mathrm{Hom}_{\mathfrak{R}}(\mathfrak{a}_n, \mathfrak{a}'_n)$ und $\partial_n \varphi_{n-1} = \varphi_n \partial'_n$ für alle $n \geqq 1$ (vgl. Fig. 1). Die Menge aller Homomorphismen von $\mathcal{K}$ nach $\mathcal{K}'$ bezeichnen wir mit $\mathrm{Hom}(\mathcal{K}, \mathcal{K}')$.

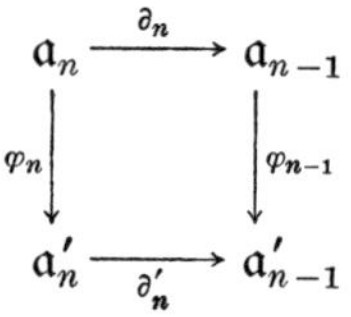

Fig. 1

b) Seien $\mathcal{K}$ und $\mathcal{K}'$ Kettenkomplexe von $\mathfrak{R}$-Moduln, und seien φ und ψ Homomorphismen von $\mathcal{K}$ nach $\mathcal{K}'$. Wir sagen, daß die Folge $\{\sigma_n \mid n \geqq 0\}$ mit $\sigma_n \in \mathrm{Hom}_{\mathfrak{R}}(\mathfrak{a}_n, \mathfrak{a}'_{n+1})$ eine Homotopie von φ mit ψ vermittelt, falls für alle $n \geqq 0$ gilt

$$\varphi_n - \psi_n = \partial_n \sigma_{n-1} + \sigma_n \partial'_{n+1} ;$$

dabei ist $\sigma_{-1} = 0$ gesetzt (siehe Fig. 2). Wir schreiben dann $\varphi \sim \psi$. Offenbar ist $\sim$ eine Äquivalenzrelation.

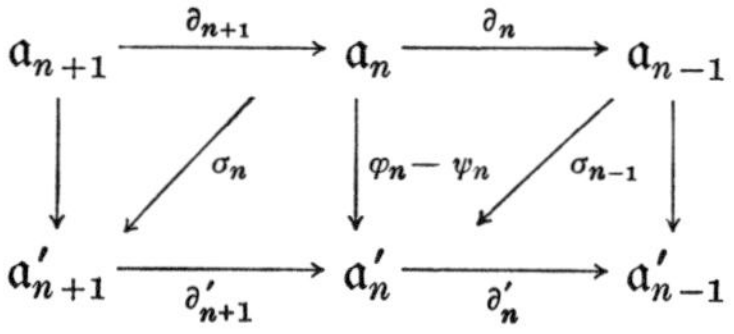

Fig. 2

16.3 Hilfssatz. a) *Seien $\mathcal{K}$ und $\mathcal{K}'$ Kettenkomplexe von $\mathfrak{R}$-Moduln und sei φ ein Homomorphismus von $\mathcal{K}$ nach $\mathcal{K}'$. Dann induziert φ für alle $n \geqq 1$ einen Homomorphismus φ^*_n von $\mathbf{H}_n(\mathcal{K})$ in $\mathbf{H}_n(\mathcal{K}')$.*

b) *Sei* $\varphi \in \mathrm{Hom}(\mathcal{K}, \mathcal{K}')$ *und* $\psi \in \mathrm{Hom}(\mathcal{K}', \mathcal{K})$ *mit* $\varphi\psi \sim 1_{\mathcal{K}}$ *und* $\psi\varphi \sim 1_{\mathcal{K}'}$. *Dann ist das nach* a) *gebildete* φ_n^* *für alle* $n \geqq 1$ *ein Isomorphismus von* $\mathbf{H}_n(\mathcal{K})$ *auf* $\mathbf{H}_n(\mathcal{K}')$.

Beweis. a) Für $x \in \mathrm{Kern}\, \partial_n$ setzen wir

$$(x + \mathrm{Bild}\, \partial_{n+1})\, \varphi_n^* = x\varphi_n + \mathrm{Bild}\, \partial'_{n+1}.$$

Ist $x = y\,\partial_{n+1} \in \mathrm{Bild}\, \partial_{n+1}$, so haben wir

$$x\varphi_n = y\,\partial_{n+1}\varphi_n = y\,\varphi_{n+1}\,\partial'_{n+1} \in \mathrm{Bild}\, \partial'_{n+1}.$$

Somit ist die Abbildung φ_n^* wohldefiniert. Offenbar ist φ_n^* dann ein Homomorphismus von $\mathbf{H}_n(\mathcal{K})$ in $\mathbf{H}_n(\mathcal{K}')$.

b) Sei $\varphi\psi \sim 1_{\mathcal{K}}$, also

$$\varphi_n\psi_n - 1 = \partial_n\sigma_{n-1} + \sigma_n\,\partial_{n+1}.$$

Dann ist für $x \in \mathrm{Kern}\, \partial_n$

$$\begin{aligned}(x + \mathrm{Bild}\, \partial_{n+1})\, \varphi_n^*\psi_n^* &= x\varphi_n\psi_n + \mathrm{Bild}\, \partial_{n+1}\\ &= x + x\,\partial_n\,\sigma_{n-1} + x\,\sigma_n\,\partial_{n+1} + \mathrm{Bild}\, \partial_{n+1}\\ &= x + \mathrm{Bild}\, \partial_{n+1}.\end{aligned}$$

Ebenso folgt, daß $\psi_n^*\varphi_n^*$ die 1-Abbildung auf $\mathbf{H}_n(\mathcal{K}')$ ist. Also ist φ_n^* ein Isomorphismus von $\mathbf{H}_n(\mathcal{K})$ auf $\mathbf{H}_n(\mathcal{K}')$. **q.e.d.**

16.4 Hilfssatz. *Sei* $\mathfrak{f}$ *ein freier* $\mathfrak{R}$*-Modul und seien* $\mathfrak{a}$ *und* $\mathfrak{b}$ $\mathfrak{R}$*-Moduln. Sei* $\varphi \in \mathrm{Hom}_{\mathfrak{R}}(\mathfrak{f}, \mathfrak{b})$ *und* ε *ein Epimorphismus von* $\mathfrak{a}$ *auf* $\mathfrak{b}$. *Dann gibt es ein* ψ *aus* $\mathrm{Hom}_{\mathfrak{R}}(\mathfrak{f}, \mathfrak{a})$ *mit* $\psi\varepsilon = \varphi$ *auf ganz* $\mathfrak{f}$.

(*Ein Modul* $\mathfrak{f}$, *der die angegebene Eigenschaft für alle* $\mathfrak{a}$, $\mathfrak{b}$, φ, ε *hat, heißt projektiv.*)

Beweis. Sei $\{f_i \mid i \in I\}$ ein freies Erzeugendensystem von $\mathfrak{f}$. Da ε ein Epimorphismus ist, gibt es $a_i \in \mathfrak{a}$ mit $a_i\varepsilon = f_i\varphi$. Da $\mathfrak{f}$ frei ist in den freien Erzeugenden f_i, gibt es nach 10.15 ein $\psi \in \mathrm{Hom}_{\mathfrak{R}}(\mathfrak{f}, \mathfrak{a})$ mit $f_i\psi = a_i$. Also gilt $f_i\psi\varepsilon = a_i\varepsilon = f_i\varphi$ für alle i. Somit ist $\psi\varepsilon = \varphi$. **q.e.d.**

16.5 Satz. *Seien* $\mathcal{K} = \{\mathfrak{f}_n, \partial_n\}$ *und* $\mathcal{K}' = \{\mathfrak{f}'_n, \partial'_n\}$ *freie Auflösungen der* $\mathfrak{R}$*-Moduln* $\mathfrak{m}$ *bzw.* $\mathfrak{m}'$. *Sei* $\mu \in \mathrm{Hom}_{\mathfrak{R}}(\mathfrak{m}, \mathfrak{m}')$. *Dann gibt es ein* α *aus* $\mathrm{Hom}(\mathcal{K}, \mathcal{K}')$ *mit* $\alpha_0\partial'_0 = \partial_0\mu$. *Je zwei solche* α *sind homotop.*

Beweis. a) Wir setzen $\mathfrak{f}_{-1} = \mathfrak{m}$, $\mathfrak{f}'_{-1} = \mathfrak{m}'$ und $\alpha_{-1} = \mu$. Da $\mathfrak{f}_0$ frei und ∂'_0 ein Epimorphismus ist, gibt es nach 16.4 ein $\alpha_0 \in \mathrm{Hom}_{\mathfrak{R}}(\mathfrak{f}_0, \mathfrak{f}'_0)$ mit $\alpha_0\,\partial'_0 = \partial_0\,\mu$.

Sei $n \geqq 1$ und seien schon $\alpha_0, \ldots, \alpha_{n-1}$ bestimmt.

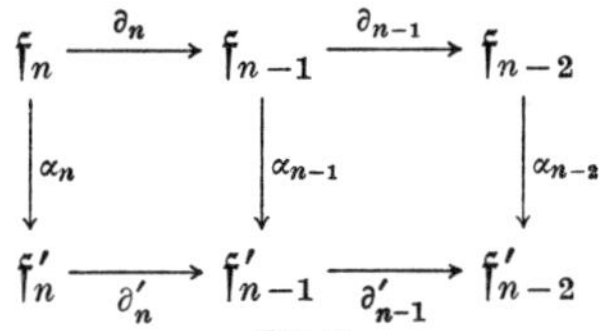

Fig. 3

Wegen $\partial_n \partial_{n-1} = 0$ haben wir

$$\partial_n \alpha_{n-1} \partial'_{n-1} = \partial_n \partial_{n-1} \alpha_{n-2} = 0 .$$

Also ist

$$\text{Bild}\, \partial_n \alpha_{n-1} \subseteqq \text{Kern}\, \partial'_{n-1} = \text{Bild}\, \partial'_n .$$

Da $\mathfrak{f}_n$ ein freier Modul ist, gibt es nach 16.4 ein $\alpha_n \in \text{Hom}_{\mathfrak{R}}(\mathfrak{f}_n, \mathfrak{f}'_n)$ mit $\alpha_n \partial'_n = \partial_n \alpha_{n-1}$.

b) Seien α und β aus $\text{Hom}(\mathcal{K}, \mathcal{K}')$ mit $\alpha_0 \partial'_0 = \beta_0 \partial'_0 = \partial_0 \mu$. Wir haben $\sigma_n \in \text{Hom}_{\mathfrak{R}}(\mathfrak{f}_n, \mathfrak{f}'_{n+1})$ zu finden mit

$$\alpha_n - \beta_n = \partial_n \sigma_{n-1} + \sigma_n \partial'_{n+1} \quad (n \geqq 0) .$$

Dabei ist $\sigma_{-1} = 0$ zu setzen.

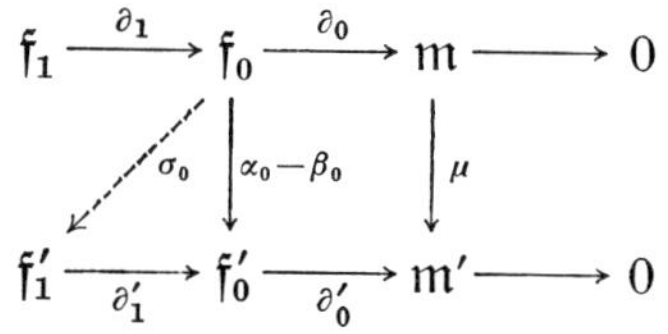

Fig. 4

Wir bestimmen zuerst σ_0:
Sei $f \in \mathfrak{f}_0$ und $x = f(\alpha_0 - \beta_0) \in \text{Bild}(\alpha_0 - \beta_0)$. Dann ist

$$x \partial'_0 = f(\alpha_0 - \beta_0) \partial'_0 = f(\partial_0 \mu - \partial_0 \mu) = o .$$

Also haben wir $x \in \text{Kern}\, \partial'_0 = \text{Bild}\, \partial'_1$. Da $\mathfrak{f}_0$ frei ist, gibt es nach 16.4 ein σ_0 aus $\text{Hom}_{\mathfrak{R}}(\mathfrak{f}_0, \mathfrak{f}'_1)$ mit $\alpha_0 - \beta_0 = \sigma_0 \partial'_1$. Damit haben wir σ_0 bestimmt.

Für $n \geqq 1$ seien schon $\sigma_0, \ldots, \sigma_{n-1}$ gefunden.

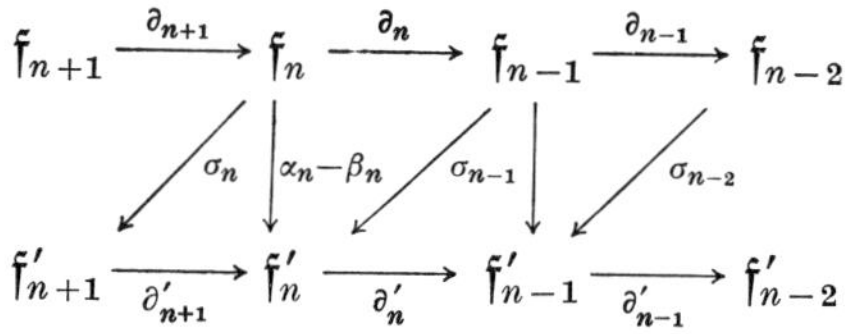

Fig. 5

Sei

$$x = f(\alpha_n - \beta_n - \partial_n \sigma_{n-1}) \quad \text{mit} \quad f \in \mathfrak{f}_n .$$

Wegen

$$(\alpha_n - \beta_n) \partial'_n = \partial_n (\alpha_{n-1} - \beta_{n-1})$$

und

$$\sigma_{n-1} \partial'_n = \alpha_{n-1} - \beta_{n-1} - \partial_{n-1} \sigma_{n-2}$$

ist

$$\begin{aligned} x \partial'_n &= f \partial_n (\alpha_{n-1} - \beta_{n-1}) - f \partial_n (\alpha_{n-1} - \beta_{n-1} - \partial_{n-1} \sigma_{n-2}) \\ &= f \partial_n \partial_{n-1} \sigma_{n-2} = o . \end{aligned}$$

Also gilt

$$x \in \text{Kern}\, \partial'_n = \text{Bild}\, \partial'_{n+1}\,.$$

Da $\mathfrak{f}_n$ frei ist, gibt es nach 16.4 ein $\sigma_n \in \text{Hom}_{\mathfrak{R}}(\mathfrak{f}_n, \mathfrak{f}'_{n+1})$ mit

$$\sigma_n\, \partial'_{n+1} = \alpha_n - \beta_n - \partial_n \sigma_{n-1}\,.$$

Damit ist auch σ_n bestimmt. **q.e.d.**

Die weitaus wichtigsten Ringe für unsere Zwecke sind die Gruppenringe, welche wir jetzt einführen:

16.6 Definition. a) Sei $\mathfrak{G}$ eine Gruppe und $\mathfrak{S}$ ein kommutativer Ring mit Einselement. Sei $\mathfrak{S}[\mathfrak{G}]$ der freie $\mathfrak{S}$-Modul in den freien Erzeugenden $\{e(G) \mid G \in \mathfrak{G}\}$. Wir definieren auf $\mathfrak{S}[\mathfrak{G}]$ eine assoziative und beiderseits distributive Multiplikation durch

$$\Big(\sum_{G \in \mathfrak{G}} a_G e(G)\Big)\Big(\sum_{G \in \mathfrak{G}} b_G e(G)\Big) = \sum_{G \in \mathfrak{G}} \Big(\sum_{XY = G} a_X b_Y\Big) e(G)$$

($a_G, b_G \in \mathfrak{S}$, nur endlich viele der a_G, b_G von 0 verschieden).

Dadurch wird $\mathfrak{S}[\mathfrak{G}]$ ein Ring mit dem Einselement $e(E)$. Wegen $e(GG') = e(G)\, e(G')$ können wir $e(G)$ mit G identifizieren. Die Elemente von $\mathfrak{S}[\mathfrak{G}]$ schreiben wir also in der Gestalt

$$a = \sum_{G \in \mathfrak{G}} a_G G \quad (a_G \in \mathfrak{S})\,,$$

wobei nur endlich viele der a_G von 0 verschieden sind. Wir nennen $\mathfrak{S}[\mathfrak{G}]$ den Gruppenring von $\mathfrak{G}$ über $\mathfrak{S}$.

b) Ist $\mathfrak{m}$ eine abelsche $\mathfrak{G}$-Gruppe (im Sinne von 10.1) mit $mE = m$ für alle $m \in \mathfrak{m}$, so wird $\mathfrak{m}$ ein $\mathbf{Z}[\mathfrak{G}]$-Modul durch die Festsetzung

$$m \sum_{G \in \mathfrak{G}} a_G G = \sum_{G \in \mathfrak{G}} a_G (mG)\,.$$

Wir fassen weiterhin stets den Ring $\mathbf{Z}$ der ganzen rationalen Zahlen als $\mathbf{Z}[\mathfrak{G}]$-Modul auf vermöge $zG = z$ für alle $z \in \mathbf{Z}$ und alle $G \in \mathfrak{G}$.

16.7 Satz. *Seien* $\mathfrak{a}$, $\mathfrak{a}'$, $\mathfrak{a}''$ *und* $\mathfrak{b}$ $\mathfrak{R}$-Moduln.

a) *Sei* $\mu \in \text{Hom}_{\mathfrak{R}}(\mathfrak{a}, \mathfrak{a}')$. *Dann gibt es einen Homomorphismus* μ^* *der abelschen Gruppe* $\text{Hom}_{\mathfrak{R}}(\mathfrak{a}', \mathfrak{b})$ *in* $\text{Hom}_{\mathfrak{R}}(\mathfrak{a}, \mathfrak{b})$ *mit*

$$a(\varphi\,\mu^*) = (a\,\mu)\,\varphi$$

für $\varphi \in \text{Hom}_{\mathfrak{R}}(\mathfrak{a}', \mathfrak{b})$ *und alle* $a \in \mathfrak{a}$.

b) *Ist* $\mu_1 \in \text{Hom}_{\mathfrak{R}}(\mathfrak{a}, \mathfrak{a}')$ *und* $\mu_2 \in \text{Hom}_{\mathfrak{R}}(\mathfrak{a}', \mathfrak{a}'')$, *so gilt*

$$(\mu_1 \mu_2)^* = \mu_2^* \mu_1^*\,.$$

($\text{Hom}_{\mathfrak{R}}(\mathfrak{b},\ )$ *ist ein sog. kontravarianter Funktor.*)

c) *Sind* μ_1 *und* μ_2 *aus* $\mathrm{Hom}_{\mathfrak{R}}(\mathfrak{a}, \mathfrak{a}')$, *so ist*

$$(\mu_1 + \mu_2)^* = \mu_1^* + \mu_2^* \,.$$

d) *Ist* $\mu \in \mathrm{Hom}_{\mathfrak{R}}(\mathfrak{a}, \mathfrak{a})$ *mit* $a\mu = na$ *für eine natürliche Zahl* n *und alle* $a \in \mathfrak{a}$, *so gilt* $\varphi\mu^* = n\varphi$ *für alle* $\varphi \in \mathrm{Hom}_{\mathfrak{R}}(\mathfrak{a}, \mathfrak{b})$.

Beweis. a) Die Behauptung ist trivial.

b) Für alle $\varphi \in \mathrm{Hom}_{\mathfrak{R}}(\mathfrak{a}'', \mathfrak{b})$ und alle $a \in \mathfrak{a}$ ist

$$a(\varphi(\mu_1\mu_2)^*) = (a\,\mu_1\,\mu_2)\,\varphi = (a\,\mu_1)\,(\varphi\,\mu_2^*) = a((\varphi\,\mu_2^*)\,\mu_1^*) \,.$$

Also gilt $(\mu_1\mu_2)^* = \mu_2^*\mu_1^*$.

c) Für $\varphi \in \mathrm{Hom}_{\mathfrak{R}}(\mathfrak{a}', \mathfrak{b})$ und $a \in \mathfrak{a}$ ist

$$\begin{aligned} a(\varphi(\mu_1 + \mu_2)^*) &= (a(\mu_1 + \mu_2))\,\varphi = (a\,\mu_1 + a\,\mu_2)\,\varphi \\ &= (a\,\mu_1)\,\varphi + (a\,\mu_2)\,\varphi = a(\varphi\,\mu_1^*) + a(\varphi\,\mu_2^*) \,. \end{aligned}$$

d) Es ist

$$a(\varphi\,\mu^*) = (a\,\mu)\,\varphi = (n\,a)\,\varphi = n(a\,\varphi) = a(n\,\varphi) \,. \qquad \textbf{q.e.d.}$$

16.8 Satz. *Sei* $\mathfrak{R} = \mathbf{Z}[\mathfrak{G}]$ *und sei* $\mathscr{K} = \{\mathfrak{f}_n, \partial_n\}$ *eine freie Auflösung von* $\mathbf{Z}$ *als* $\mathfrak{R}$-*Modul. Sei* $\mathfrak{m}$ *ein* $\mathfrak{R}$-*Modul. Gemäß* 16.7 *erhalten wir einen Kokettenkomplex (aber nicht mehr notwendig eine exakte Folge!)*

$$\cdots \longleftarrow \mathrm{Hom}_{\mathfrak{R}}(\mathfrak{f}_n, \mathfrak{m}) \xleftarrow{\partial_n^*} \mathrm{Hom}_{\mathfrak{R}}(\mathfrak{f}_{n-1}, \mathfrak{m}) \longleftarrow \cdots \xleftarrow{\partial_1^*} \mathrm{Hom}_{\mathfrak{R}}(\mathfrak{f}_0, \mathfrak{m}) \,.$$

Wir setzen für $n \geqq 1$

$$\mathbf{H}^n(\mathfrak{G}, \mathfrak{m}) = \mathrm{Kern}\ \partial_{n+1}^* / \mathrm{Bild}\ \partial_n^* \,.$$

und nennen $\mathbf{H}^n(\mathfrak{G}, \mathfrak{m})$ *die* n-*te Kohomologiegruppe von* $\mathfrak{m}$. *Dann ist* $\mathbf{H}^n(\mathfrak{G}, \mathfrak{m})$ *(bis auf Isomorphie) unabhängig von der benutzten freien Auflösung von* $\mathbf{Z}$.

Beweis. Aus $\partial_n\,\partial_{n-1} = 0$ folgt mit 16.7 b) $\partial_{n-1}^*\,\partial_n^* = 0$. Somit ist

$$\cdots \longleftarrow \mathrm{Hom}_{\mathfrak{R}}(\mathfrak{f}_n, \mathfrak{m}) \xleftarrow{\partial_n^*} \mathrm{Hom}_{\mathfrak{R}}(\mathfrak{f}_{n-1}, \mathfrak{m}) \xleftarrow{\partial_{n-1}^*} \cdots \xleftarrow{\partial_1^*} \mathrm{Hom}_{\mathfrak{R}}(\mathfrak{f}_0, \mathfrak{m})$$

ein Kokettenkomplex, besitzt daher Kohomologiegruppen im Sinne von 16.1 b).

Seien $\mathscr{K} = \{\mathfrak{f}_n, \partial_n\}$ und $\mathscr{K}' = \{\mathfrak{f}_n', \partial_n'\}$ freie Auflösungen von $\mathbf{Z}$. Nach 16.5 (mit $\mathfrak{m} = \mathfrak{m}' = \mathbf{Z}$ und $\mu = 1$) gibt es ein $\alpha \in \mathrm{Hom}(\mathscr{K}, \mathscr{K}')$ und ein $\beta \in \mathrm{Hom}(\mathscr{K}', \mathscr{K})$ mit $\alpha_0\,\partial_0' = \partial_0$ und $\beta_0\,\partial_0 = \partial_0'$. Es ist $\alpha\,\beta \in \mathrm{Hom}(\mathscr{K}, \mathscr{K})$ und

$$\alpha_0\,\beta_0\,\partial_0 = \alpha_0\,\partial_0' = \partial_0 = \partial_0\,1_{\mathbf{Z}} = (1_{\mathscr{K}})_0\,\partial_0 \,.$$

Daher liefert 16.5 (mit $\mathscr{K} = \mathscr{K}'$) die Homotopie $\alpha\,\beta \sim 1_{\mathscr{K}}$. Entsprechend erhalten wir $\beta\,\alpha \sim 1_{\mathscr{K}'}$. Sei etwa

$$\alpha_n\,\beta_n = 1 + \partial_n\sigma_{n-1} + \sigma_n\partial_{n+1} \,.$$

Aus dem Diagramm

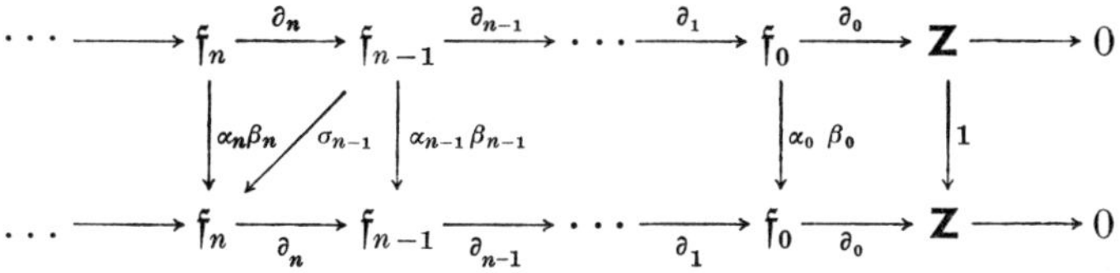

Fig. 6

mit $\partial_n \alpha_{n-1} \beta_{n-1} = \alpha_n \partial'_n \beta_{n-1} = \alpha_n \beta_n \partial_n$ erhalten wir mittels 16.7 das Diagramm

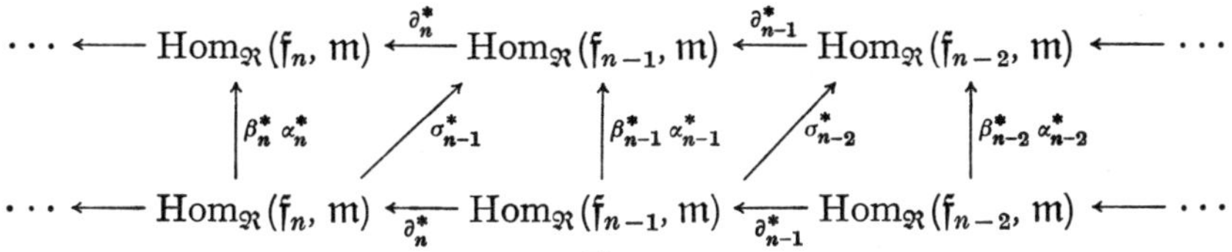

Fig. 7

Dabei gilt nach 16.7 b) und c)

$$\beta^*_{n-1} \alpha^*_{n-1} \partial^*_n = \partial^*_n \beta^*_n \alpha^*_n$$

und

$$\beta^*_n \alpha^*_n = 1 + \sigma^*_{n-1} \partial^*_n + \partial^*_{n+1} \sigma^*_n ,$$

also $\beta^* \alpha^* \sim 1$. In gleicher Weise folgt $\alpha^* \beta^* \sim 1$. Aus 16.3b) (für Kohomologiegruppen) folgt daher für $n \geqq 1$ die Behauptung

$$\text{Kern } \partial^*_{n+1}/\text{Bild}\,\partial^*_n \cong \text{Kern } \partial'^*_{n+1}/\text{Bild}\,\partial'^*_n . \qquad \textbf{q.e.d.}$$

Zur Berechnung der Kohomologiegruppen machen wir Gebrauch von der Freiheit in der Wahl der freien Auflösung von $\mathbf{Z}$. Zuerst geben wir für zyklische Gruppen eine besonders einfache Auflösung an:

16.9 Satz. *Sei $\mathfrak{G} = \langle G \rangle$ eine zyklische Gruppe der Ordnung g. Wir bilden im Gruppenring $\mathfrak{R} = \mathbf{Z}[\mathfrak{G}]$ von $\mathfrak{G}$ über den ganzen rationalen Zahlen die Elemente*

$$N = E + G + G^2 + \cdots + G^{g-1} \quad \text{und} \quad D = G - E .$$

Die Abbildungen φ und ψ aus $\mathrm{Hom}_{\mathfrak{R}}(\mathfrak{R}, \mathfrak{R})$ seien definiert durch $r\varphi = rN$ und $r\psi = rD$ für $r \in \mathfrak{R}$. Ferner sei ε der Ringhomomorphismus von $\mathfrak{R}$ auf $\mathbf{Z}$ mit

$$\left(\sum_{i=0}^{g-1} a_i G^i\right) \varepsilon = \sum_{i=0}^{g-1} a_i \quad (a_i \in \mathbf{Z}) .$$

Dann ist

$$\cdots \xrightarrow{\varphi} \mathfrak{R} \xrightarrow{\psi} \mathfrak{R} \xrightarrow{\varphi} \mathfrak{R} \xrightarrow{\psi} \mathfrak{R} \xrightarrow{\varphi} \mathfrak{R} \xrightarrow{\psi} \mathfrak{R} \xrightarrow{\varepsilon} \mathbf{Z} \longrightarrow 0$$

eine freie Auflösung von $\mathbf{Z}$.

Beweis. Für $r = \sum_{i=0}^{g-1} a_i G^i$ ist

$$rD = \sum_{i=0}^{g-1} (a_{i-1} - a_i)\, G^i ,$$

wobei $a_{-1} = a_{g-1}$ zu setzen ist. Ferner ist

$$rN = \left(\sum_{i=0}^{g-1} a_i\right) N .$$

Also gilt

$$\operatorname{Kern}\psi = \left\{\sum_{i=0}^{g-1} a_i G^i \mid a_0 = \cdots = a_{g-1}\right\} = \{aN \mid a \in \mathbf{Z}\} = \operatorname{Bild}\varphi$$

und

$$\begin{aligned}\operatorname{Kern}\varepsilon &= \left\{\sum_{i=0}^{g-1} a_i G^i \,\middle|\, \sum_{i=0}^{g-1} a_i = 0\right\} = \operatorname{Kern}\varphi \\ &= \{(a_0 + (a_0 + a_1) G + \cdots + (a_0 + \cdots + a_{g-1}) G^{g-1}) D \mid a_i \in \mathbf{Z}\} \\ &= \operatorname{Bild}\psi .\end{aligned}$$

Da $\mathfrak{R}$ ein freier $\mathfrak{R}$-Modul in einer Erzeugenden ist, ist die angegebene exakte Folge eine freie Auflösung von $\mathbf{Z}$. **q.e.d.**

16.10 Satz. *Sei $\mathfrak{G} = \langle G \rangle$ eine zyklische Gruppe der Ordnung g und $\mathfrak{m}$ ein $\mathfrak{G}$-Modul. Wir setzen $N = \sum_{i=0}^{g-1} G^i$. Dann gilt für $n \geqq 1$*

$$\mathbf{H}^{2n-1}(\mathfrak{G}, \mathfrak{m}) \cong \{m \mid mN = o\}/\{m(E - G) \mid m \in \mathfrak{m}\}$$

und

$$\mathbf{H}^{2n}(\mathfrak{G}, \mathfrak{m}) \cong \{m \mid mG = m\}/\{mN \mid m \in \mathfrak{m}\} .$$

Beweis. Wir benutzen die freie Auflösung von $\mathbf{Z}$ aus 16.9. Daraus erhalten wir gemäß 16.7 den Kokettenkomplex

$$\cdots \xleftarrow{\psi^*} \operatorname{Hom}_{\mathfrak{R}}(\mathfrak{R}, \mathfrak{m}) \xleftarrow{\varphi^*} \operatorname{Hom}_{\mathfrak{R}}(\mathfrak{R}, \mathfrak{m}) \xleftarrow{\psi^*} \operatorname{Hom}_{\mathfrak{R}}(\mathfrak{R}, \mathfrak{m}) \xleftarrow{\varphi^*} \cdots$$
$$\cdots \xleftarrow{\psi^*} \operatorname{Hom}_{\mathfrak{R}}(\mathfrak{R}, \mathfrak{m}) .$$

Da $\{E\}$ ein freies Erzeugendensystem des freien $\mathfrak{R}$-Moduls $\mathfrak{R}$ ist, ist die Abbildung τ von $\operatorname{Hom}_{\mathfrak{R}}(\mathfrak{R}, \mathfrak{m})$ in $\mathfrak{m}$ mit $\alpha\tau = E\alpha$ für $\alpha \in \operatorname{Hom}_{\mathfrak{R}}(\mathfrak{R}, \mathfrak{m})$ offenbar ein Isomorphismus der abelschen Gruppe $\operatorname{Hom}_{\mathfrak{R}}(\mathfrak{R}, \mathfrak{m})$ auf die additive Gruppe von $\mathfrak{m}$. Für $\alpha \in \operatorname{Hom}_{\mathfrak{R}}(\mathfrak{R}, \mathfrak{m})$ ist dabei nach 16.7 a)

$$(\alpha\,\varphi^*)\,\tau = E\,(\alpha\,\varphi^*) = (E\,\varphi)\,\alpha = (EN)\,\alpha = (E\alpha)\,N = (\alpha\,\tau)\,N$$

und analog $(\alpha\,\psi^*)\,\tau = (\alpha\,\tau)\,(G - E)$. Für $n \geqq 1$ folgt daraus

$$\mathbf{H}^{2n-1}(\mathfrak{G}, \mathfrak{m}) \cong \operatorname{Kern}\varphi^*/\operatorname{Bild}\psi^* \cong \{m \mid mN = o\}/\{m(G - E) \mid m \in \mathfrak{m}\}$$

und

$$\mathbf{H}^{2n}(\mathfrak{G}, \mathfrak{m}) \cong \text{Kern}\,\psi^*/\text{Bild}\,\varphi^* \cong \{m \mid mG = m\}/\{mN \mid m \in \mathfrak{m}\}. \qquad \textbf{q.e.d.}$$

Die in 16.10 angegebene Beschreibung der Kohomologiegruppen einer zyklischen Gruppe spielt eine große Rolle in der Klassenkörpertheorie (siehe Serre, Corps locaux). Wir werden sie in III, § 19 bei der Untersuchung der Automorphismengruppen von p-Gruppen heranziehen.

Die gruppentheoretischen Anwendungen der Kohomologietheorie führen meistens auf den sog. Standardkomplex, den wir nun beschreiben:

16.11 Satz. *Sei $\mathfrak{G}$ eine beliebige Gruppe. Wir setzen $\mathfrak{R} = \mathbf{Z}[\mathfrak{G}] = \mathfrak{s}_0$. Für $n \geqq 1$ sei $\mathfrak{s}_n$ der freie $\mathbf{Z}[\mathfrak{G}]$-Modul, dessen freie Erzeugende die geordneten n-Tupel $[G_1, \ldots, G_n]$ mit $G_i \in \mathfrak{G}$ $(i = 1, \ldots, n)$ sind. Wir definieren die Abbildungen $\partial_n \in \text{Hom}_{\mathfrak{R}}(\mathfrak{s}_n, \mathfrak{s}_{n-1})$ und $\partial_0 \in \text{Hom}_{\mathfrak{R}}(\mathfrak{s}_0, \mathbf{Z})$ durch folgende Vorschriften:*

$G\,\partial_0 = 1$ *für alle* $G \in \mathfrak{G}$;

$[G]\,\partial_1 = E - G$;

für $n > 1$ *sei*

$$\begin{aligned}[G_1, \ldots, G_n]\,\partial_n = {} & [G_2, \ldots, G_n] + \\ & + \sum_{i=1}^{n-1} (-1)^i [G_1, \ldots, G_{i-1}, G_i G_{i+1}, G_{i+2}, \ldots, G_n] + \\ & + (-1)^n [G_1, \ldots, G_{n-1}]\, G_n .\end{aligned}$$

Dann ist $\{\mathfrak{s}_n, \partial_n\}$ eine freie Auflösung des $\mathbf{Z}[\mathfrak{G}]$-Moduls $\mathbf{Z}$. Wir nennen $\{\mathfrak{s}_n, \partial_n\}$ den (inhomogenen) Standardkomplex zu $\mathfrak{G}$.

Beweis. Da die $[G_1, \ldots, G_n]$ ein freies Erzeugendensystem von $\mathfrak{s}_n$ als $\mathfrak{R}$-Modul bilden, gibt es genau ein $\partial_n \in \text{Hom}_{\mathfrak{R}}(\mathfrak{s}_n, \mathfrak{s}_{n-1})$ mit den angegebenen $[G_1, \ldots, G_n]\,\partial_n$. Wir haben Bild $\partial_{n+1} =$ Kern ∂_n für $n \geqq 0$ nachzuweisen. Offenbar ist

$$\text{Bild}\,\partial_1 = \text{Kern}\,\partial_0 = \left\{ \sum_{G \in \mathfrak{G}} a_G\, G \;\middle|\; \sum_{G \in \mathfrak{G}} a_G = 0 \right\}.$$

Die $[G_1, \ldots, G_n]\, G$ bilden für $n \geqq 1$ ein System von freien Erzeugenden von $\mathfrak{s}_n$ als $\mathbf{Z}$-Modul. Daher gibt es Abbildungen $\varrho_n \in \text{Hom}_{\mathbf{Z}}(\mathfrak{s}_n, \mathfrak{s}_{n+1})$ mit

$$([G_1, \ldots, G_n]\, G)\, \varrho_n = [G^{-1} G_n^{-1} \ldots G_1^{-1}, G_1, \ldots, G_n]\, G .$$

Wir definieren ferner $\varrho_{-1} \in \text{Hom}_{\mathbf{Z}}(\mathbf{Z}, \mathfrak{s}_0)$ durch $1\,\varrho_{-1} = E$ und $\varrho_0 \in \text{Hom}_{\mathbf{Z}}(\mathfrak{s}_0, \mathfrak{s}_1)$ durch $G\,\varrho_0 = [G^{-1}]\, G$. Wir zeigen, daß für alle $n \geqq 0$ die Gleichung

(*) $\varrho_n\, \partial_{n+1} + \partial_n\, \varrho_{n-1} = 1$

gilt. Für $n \leqq 1$ rechnet man dies sofort nach. Sei weiterhin $n \geqq 2$. Da ∂_n und ∂_{n+1} beides $\mathbf{Z}[\mathfrak{G}]$-Homomorphismen sind, haben wir

$$\begin{aligned}
&([G_1, \ldots, G_n]\, G)\, (\varrho_n\, \partial_{n+1} + \partial_n\, \varrho_{n-1}) \\
&= ([G^{-1}\, G_n^{-1} \ldots G_1^{-1}, G_1, \ldots, G_n]\, G)\, \partial_{n+1} + \\
&+ \Big\{ [G_2, \ldots, G_n]\, G + \sum_{i=1}^{n-1} (-1)^i\, [G_1, \ldots, G_i\, G_{i+1}, \ldots, G_n]\, G + \\
&\qquad + (-1)^n\, [G_1, \ldots, G_{n-1}]\, G_n\, G \Big\}\, \varrho_{n-1} \\
&= [G_1, \ldots, G_n]\, G - [G^{-1}\, G_n^{-1} \ldots G_2^{-1}, G_2, \ldots, G_n]\, G + \\
&+ \sum_{i=1}^{n} (-1)^{i+1}\, [G^{-1}\, G_n^{-1} \ldots G_1^{-1}, G_1, \ldots, G_i\, G_{i+1}, \ldots, G_n]\, G + \\
&+ (-1)^{n+1}\, [G^{-1}\, G_n^{-1} \ldots G_1^{-1}, G_1, \ldots, G_{n-1}]\, G_n\, G + \\
&+ [G^{-1}\, G_n^{-1} \ldots G_2^{-1}, G_2, \ldots, G_n]\, G + \\
&+ \sum_{i=1}^{n} (-1)^{i}\, [G^{-1}\, G_n^{-1} \ldots G_1^{-1}, G_1, \ldots, G_i\, G_{i+1}, \ldots, G_n]\, G + \\
&+ (-1)^{n}\, [G^{-1}\, G_n^{-1} \ldots G_1^{-1}, G_1, \ldots, G_{n-1}]\, G_n\, G \\
&= [G_1, \ldots, G_n]\, G\,.
\end{aligned}$$

Für $n \geqq 1$ gilt Kern ∂_n = Bild ∂_{n+1}:
Für $x \in$ Kern ∂_n ist nach (*)

$$x = x(\varrho_n\, \partial_{n+1} + \partial_n\, \varrho_{n-1}) = x\, \varrho_n\, \partial_{n+1} \in \text{Bild}\, \partial_{n+1}\,.$$

Also gilt Kern $\partial_n \subseteq$ Bild ∂_{n+1}. Wir haben noch Bild $\partial_{n+1} \subseteq$ Kern ∂_n, d. h. $\partial_{n+1}\, \partial_n = 0$ nachzuweisen. Für $n = 0$ ist das schon gezeigt worden. Sei weiterhin also $n \geqq 1$. Ist schon $\partial_n\, \partial_{n-1} = 0$ bewiesen, so erhalten wir mit Hilfe von (*)

$$\begin{aligned}
\varrho_n\, \partial_{n+1}\, \partial_n &= (1 - \partial_n\, \varrho_{n-1})\, \partial_n = \partial_n - \partial_n (1 - \partial_{n-1}\, \varrho_{n-2}) \\
&= \partial_n\, \partial_{n-1}\, \varrho_{n-2} = 0\,.
\end{aligned}$$

Sei $[G_1, \ldots, G_{n+1}] \in \mathfrak{s}_{n+1}$. Setzen wir $G^{-1} = G_1 \ldots G_{n+1}$, so ist

$$[G_1, \ldots, G_{n+1}] = ([G_2, \ldots, G_{n+1}]\, G)\, \varrho_n\, G^{-1}\,.$$

Daraus folgt

$$[G_1, \ldots, G_{n+1}]\, \partial_{n+1}\, \partial_n = ([G_2, \ldots, G_{n+1}]\, G)\, \varrho_n\, \partial_{n+1}\, \partial_n\, G^{-1} = o\,.$$

Da die $[G_1, \ldots, G_{n+1}]$ den Modul $\mathfrak{s}_{n+1}$ erzeugen, ist $\partial_{n+1}\, \partial_n = 0$ auf $\mathfrak{s}_{n+1}$. **q.e.d.**

16.12 Definition. Sei $\mathfrak{m}$ ein $\mathfrak{G}$-Modul. Wir definieren die additiv geschriebenen abelschen Gruppen $\mathfrak{C}^n(\mathfrak{G}, \mathfrak{m})$ für $n \geqq 0$ durch folgende Vorschriften:

(1) $\mathfrak{C}^0(\mathfrak{G}, \mathfrak{m}) = \mathfrak{m}$.

(2) Für $n \geqq 1$ sei $\mathfrak{C}^n(\mathfrak{G}, \mathfrak{m})$ die Menge aller Abbildungen des n-fachen direkten Produktes $\mathfrak{G} \times \cdots \times \mathfrak{G}$ in $\mathfrak{m}$. Die Addition in $\mathfrak{C}^n(\mathfrak{G}, \mathfrak{m})$ sei punktweise erklärt.

Wir definieren $\delta_n \in \mathrm{Hom}_{\mathbf{Z}}(\mathfrak{C}^n(\mathfrak{G}, \mathfrak{m}), \mathfrak{C}^{n+1}(\mathfrak{G}, \mathfrak{m}))$ durch

$$(f\,\delta_0)\,(G) = f - f\,G \quad \text{für} \quad f \in \mathfrak{C}^0(\mathfrak{G}, \mathfrak{m}) = \mathfrak{m}$$

und

$$\begin{aligned}(f\,\delta_n)\,(G_1, \ldots, G_{n+1}) &= f(G_2, \ldots, G_{n+1}) + \\ &+ \sum_{i=1}^{n} (-1)^i f(G_1, \ldots, G_{i-1}, G_i\,G_{i+1}, G_{i+2}, \ldots, G_{n+1}) + \\ &+ (-1)^{n+1} f(G_1, \ldots, G_n)\,G_{n+1}\end{aligned}$$

für $f \in \mathfrak{C}^n(\mathfrak{G}, \mathfrak{m})$ mit $n \geqq 1$. Wir setzen $\mathbf{Z}^n(\mathfrak{G}, \mathfrak{m}) = \text{Kern}\,\delta_n$ für $n \geqq 0$, $\mathbf{B}^n(\mathfrak{G}, \mathfrak{m}) = \text{Bild}\,\delta_{n-1}$ für $n \geqq 1$ und $\mathbf{B}^0(\mathfrak{G}, \mathfrak{m}) = 0$. Die Elemente von $\mathfrak{C}^n(\mathfrak{G}, \mathfrak{m})$ nennen wir n-Koketten, die von $\mathbf{Z}^n(\mathfrak{G}, \mathfrak{m})$ n-Kozyklen und die von $\mathbf{B}^n(\mathfrak{G}, \mathfrak{m})$ n-Koränder.

16.13 Satz. *Sei $\mathfrak{m}$ ein $\mathfrak{G}$-Modul. Für alle $n \geqq 1$ gilt dann*

$$\mathbf{H}^n(\mathfrak{G}, \mathfrak{m}) \cong \mathbf{Z}^n(\mathfrak{G}, \mathfrak{m})/\mathbf{B}^n(\mathfrak{G}, \mathfrak{m}) .$$

Beweis. Sei $\mathfrak{R} = \mathbf{Z}[\mathfrak{G}]$. Wir verwenden die freie Auflösung $\{\mathfrak{s}_n, \partial_n\}$ von $\mathbf{Z}$ aus 16.11. Daraus erhalten wir gemäß 16.7 den Kokettenkomplex

$$\cdots \longleftarrow \mathrm{Hom}_{\mathfrak{R}}(\mathfrak{s}_n, \mathfrak{m}) \xleftarrow{\partial_n^*} \mathrm{Hom}_{\mathfrak{R}}(\mathfrak{s}_{n-1}, \mathfrak{m}) \xleftarrow{\partial_{n-1}^*} \cdots \xleftarrow{\partial_1^*} \mathrm{Hom}_{\mathfrak{R}}(\mathfrak{s}_0, \mathfrak{m}) .$$

Wir definieren die Homomorphismen τ_n der abelschen Gruppen $\mathrm{Hom}_{\mathfrak{R}}(\mathfrak{s}_n, \mathfrak{m})$ in $\mathfrak{C}^n(\mathfrak{G}, \mathfrak{m})$ durch

$$\varphi\,\tau_0 = E\,\varphi \quad \text{für} \quad \varphi \in \mathrm{Hom}_{\mathfrak{R}}(\mathfrak{s}_0, \mathfrak{m})$$

und

$$(\varphi\,\tau_n)\,(G_1, \ldots, G_n) = [G_1, \ldots, G_n]\,\varphi$$

für $\varphi \in \mathrm{Hom}_{\mathfrak{R}}(\mathfrak{s}_n, \mathfrak{m})$ mit $n \geqq 1$. Da $\mathfrak{s}_n$ (bzw. $\mathfrak{s}_0$) ein freier $\mathfrak{R}$-Modul in den freien Erzeugenden $[G_1, \ldots, G_n]$ (bzw. E) ist, können wir für die $[G_1, \ldots, G_n]\,\varphi$ (bzw. $E\,\varphi$) beliebige Elemente aus $\mathfrak{m}$ vorschreiben. Also ist τ_n ein $\mathbf{Z}$-Isomorphismus von $\mathrm{Hom}_{\mathfrak{R}}(\mathfrak{s}_n, \mathfrak{m})$ auf $\mathfrak{C}^n(\mathfrak{G}, \mathfrak{m})$. Für $n \geqq 1$ und

$\varphi \in \mathrm{Hom}_{\Re}(\mathfrak{s}_n, \mathfrak{m})$ gilt

$$(\varphi\, \partial^*_{n+1}\, \tau_{n+1})\,(G_1, \ldots, G_{n+1}) = [G_1, \ldots, G_{n+1}]\,(\varphi\, \partial^*_{n+1})$$
$$= ([G_1, \ldots, G_{n+1}]\, \partial_{n+1})\, \varphi$$
$$= [G_2, \ldots, G_{n+1}]\, \varphi +$$
$$+ \sum_{i=1}^{n} (-1)^i\, [G_1, \ldots, G_{i-1}, G_i\, G_{i+1}, G_{i+2}, \ldots, G_{n+1}]\, \varphi +$$
$$+ (-1)^{n+1}([G_1, \ldots, G_n]\, G_{n+1})\, \varphi$$
$$= (\varphi\, \tau_n)\,(G_2, \ldots, G_{n+1}) + \sum_{i=1}^{n} (-1)^i\, (\varphi\, \tau_n)\,(G_1, \ldots, G_i\, G_{i+1}, \ldots, G_{n+1}) +$$
$$+ (-1)^{n+1} (\varphi\, \tau_n)\,(G_1, \ldots, G_n)\, G_{n+1}$$
$$= (\varphi\, \tau_n\, \delta_n)\,(G_1, \ldots, G_{n+1})\,.$$

Daher gilt

$$(\mathrm{Kern}\, \partial^*_{n+1})\, \tau_n = \mathrm{Kern}\, \delta_n \quad \text{und} \quad (\mathrm{Bild}\, \partial^*_n)\, \tau_n = \mathrm{Bild}\, \delta_{n-1}\,,$$

somit auch

$$\mathbf{H}^n(\mathfrak{G}, \mathfrak{m}) = \mathrm{Kern}\, \partial^*_{n+1}/\mathrm{Bild}\, \partial^*_n \cong \mathrm{Kern}\, \delta_n/\mathrm{Bild}\, \delta_{n-1}.$$ **q.e.d.**

Die in 16.13 angegebene Beschreibung der Kohomologiegruppen tritt in den gruppentheoretischen Anwendungen fast immer auf. Für den Beweis des Hauptsatzes dieses Paragraphen ist jedoch eine andere Beschreibung zweckmäßiger:

16.14 Satz. *Sei* $\mathfrak{m}$ *ein* $\mathfrak{G}$*-Modul. Wir definieren die additiv geschriebene abelsche Gruppe* $\tilde{\mathfrak{C}}^n(\mathfrak{G}, \mathfrak{m})$ *für* $n \geqq 0$ *als die Menge aller Abbildungen* f *des* $(n+1)$*-fachen direkten Produktes* $\mathfrak{G} \times \cdots \times \mathfrak{G}$ *in* $\mathfrak{m}$ *mit*

$$f(G_0\, G, \ldots, G_n\, G) = f(G_0, \ldots, G_n)\, G$$

für alle $G_0, \ldots, G_n, G \in \mathfrak{G}$. *Ferner definieren wir die Abbildung* $\tilde{\delta}_n \in \mathrm{Hom}_{\mathbf{Z}}(\tilde{\mathfrak{C}}^n(\mathfrak{G}, \mathfrak{m}), \tilde{\mathfrak{C}}^{n+1}(\mathfrak{G}, \mathfrak{m}))$ *durch*

$$(f\, \tilde{\delta}_n)\,(G_0, \ldots, G_{n+1}) = \sum_{i=0}^{n+1} (-1)^i\, f(G_0, \ldots, \hat{G}_i, \ldots, G_{n+1})\,;$$

dabei bedeutet $\hat{\ }$, *daß das entsprechende Argument wegzulassen ist. Für* $n \geqq 1$ *setzen wir*

$$\tilde{\mathbf{Z}}^n(\mathfrak{G}, \mathfrak{m}) = \mathrm{Kern}\, \tilde{\delta}_n \quad \textit{und} \quad \tilde{\mathbf{B}}^n(\mathfrak{G}, \mathfrak{m}) = \mathrm{Bild}\, \tilde{\delta}_{n-1}\,.$$

Dann gilt für $n \geqq 1$

$$\mathbf{H}^n(\mathfrak{G}, \mathfrak{m}) \cong \tilde{\mathbf{Z}}^n(\mathfrak{G}, \mathfrak{m})/\tilde{\mathbf{B}}^n(\mathfrak{G}, \mathfrak{m})\,.$$

Beweis. Wir definieren die Abbildungen

$$\mu_n \in \mathrm{Hom}_{\mathbf{Z}}(\mathfrak{C}^n(\mathfrak{G}, \mathfrak{m}), \tilde{\mathfrak{C}}^n(\mathfrak{G}, \mathfrak{m})) \quad \text{und} \quad \tau_n \in \mathrm{Hom}_{\mathbf{Z}}(\tilde{\mathfrak{C}}^n(\mathfrak{G}, \mathfrak{m}), \mathfrak{C}^n(\mathfrak{G}, \mathfrak{m}))$$

durch

$$(f\,\mu_0)\,(G_0) = f\,G_0 \quad \text{für} \quad f \in \mathfrak{C}^0(\mathfrak{G}, \mathfrak{m}) = \mathfrak{m}\,;$$

$$g\,\tau_0 = g(E) \quad \text{für} \quad g \in \tilde{\mathfrak{C}}^0(\mathfrak{G}, \mathfrak{m})\,;$$

für $n \geqq 1$ und $f \in \mathfrak{C}^n(\mathfrak{G}, \mathfrak{m})$ sei

$$(f\,\mu_n)\,(G_0, \ldots, G_n) = f(G_0\,G_1^{-1}, G_1\,G_2^{-1}, \ldots, G_{n-1}\,G_n^{-1})\,G_n\,;$$

für $n \geqq 1$ und $g \in \tilde{\mathfrak{C}}^n(\mathfrak{G}, \mathfrak{m})$ setzen wir

$$(g\,\tau_n)\,(G_1, \ldots, G_n) = g(G_1 \ldots G_n, G_2 \ldots G_n, \ldots, G_{n-1}\,G_n, G_n, E)\,.$$

Eine triviale Rechnung zeigt $\mu_n\,\tau_n = 1$ und $\tau_n\,\mu_n = 1$. Also ist μ_n ein Isomorphismus der abelschen Gruppe $\mathfrak{C}^n(\mathfrak{G}, \mathfrak{m})$ auf $\tilde{\mathfrak{C}}^n(\mathfrak{G}, \mathfrak{m})$. Für $f \in \mathfrak{C}^n(\mathfrak{G}, \mathfrak{m})$ gilt

$$(f\,\mu_n\,\tilde{\delta}_n)\,(G_0, \ldots, G_{n+1}) = \sum_{i=0}^{n+1} (-1)^i\,(f\,\mu_n)\,(G_0, \ldots, \hat{G}_i, \ldots, G_{n+1})$$

$$= \sum_{i=0}^{n} (-1)^i \times$$

$$\times f(G_0 G_1^{-1}, \ldots, G_{i-2}\,G_{i-1}^{-1}, G_{i-1}\,G_{i+1}^{-1}, G_{i+1}\,G_{i+2}^{-1}, \ldots, G_n\,G_{n+1}^{-1})\,G_{n+1} +$$

$$+ (-1)^{n+1} f(G_0\,G_1^{-1}, \ldots, G_{n-1}\,G_n^{-1})\,G_n$$

und

$$(f\,\delta_n\,\mu_{n+1})\,(G_0, \ldots, G_{n+1}) = (f\,\delta_n)\,(G_0\,G_1^{-1}, G_1\,G_2^{-1}, \ldots, G_n\,G_{n+1}^{-1})\,G_{n+1}$$

$$= f(G_1\,G_2^{-1}, \ldots, G_n\,G_{n+1}^{-1})\,G_{n+1} +$$

$$+ \sum_{i=1}^{n} (-1)^i f(G_0\,G_1^{-1}, \ldots, G_{i-1}\,G_{i+1}^{-1}, \ldots, G_n\,G_{n+1}^{-1})\,G_{n+1} +$$

$$+ (-1)^{n+1} f(G_0\,G_1^{-1}, \ldots, G_{n-1}\,G_n^{-1})\,G_n\,.$$

Also ist $\mu_n\,\tilde{\delta}_n = \delta_n\,\mu_{n+1}$. Daraus folgt $\text{Kern}\,\tilde{\delta}_n = (\text{Kern}\,\delta_n)\,\mu_n$ und $\text{Bild}\,\tilde{\delta}_n = (\text{Bild}\,\delta_n)\,\mu_{n+1}$, daher mit 16.13 für $n \geqq 1$

$$\mathbf{H}^n(\mathfrak{G}, \mathfrak{m}) \cong \mathbf{Z}^n(\mathfrak{G}, \mathfrak{m})/\mathbf{B}^n(\mathfrak{G}, \mathfrak{m}) \cong \tilde{\mathbf{Z}}^n(\mathfrak{G}, \mathfrak{m})/\tilde{\mathbf{B}}^n(\mathfrak{G}, \mathfrak{m})\,. \qquad \textbf{q.e.d.}$$

16.15 Definition. Sei $\mathfrak{U} \leqq \mathfrak{G}$ und $\mathfrak{m}$ ein $\mathfrak{G}$-Modul.

a) Wir definieren die Abbildung $\tilde{\varrho}_n$ von $\tilde{\mathfrak{C}}^n(\mathfrak{G}, \mathfrak{m})$ in $\tilde{\mathfrak{C}}^n(\mathfrak{U}, \mathfrak{m})$ durch

$$(f\,\tilde{\varrho}_n)\,(U_0, \ldots, U_n) = f(U_0, \ldots, U_n)$$

für $f \in \tilde{\mathfrak{C}}^n(\mathfrak{G}, \mathfrak{m})$ und $U_0, \ldots, U_n \in \mathfrak{U}$. Offenbar gilt $\tilde{\varrho}_n\,\tilde{\delta}_n = \tilde{\delta}_n\,\tilde{\varrho}_{n+1}$. Daher induziert die Abbildung r_n' mit

$$(f + \tilde{\mathbf{B}}^n(\mathfrak{G}, \mathfrak{m}))\,r_n' = f\,\tilde{\varrho}_n + \tilde{\mathbf{B}}^n(\mathfrak{U}, \mathfrak{m})$$

für $f \in \tilde{\mathbf{Z}}^n(\mathfrak{G}, \mathfrak{m})$ einen Homomorphismus r_n von $\mathbf{H}^n(\mathfrak{G}, \mathfrak{m})$ in $\mathbf{H}^n(\mathfrak{U}, \mathfrak{m})$. Wir nennen r_n die Restriktionsabbildung von $\mathbf{H}^n(\mathfrak{G}, \mathfrak{m})$ nach $\mathbf{H}^n(\mathfrak{U}, \mathfrak{m})$.

Definieren wir unter Benutzung der Abbildungen μ_n aus dem Beweis von 16.14 die Abbildung ϱ_n von $\mathfrak{C}^n(\mathfrak{G}, \mathfrak{m})$ in $\mathfrak{C}^n(\mathfrak{U}, \mathfrak{m})$ durch $\varrho_n \mu_n = \mu_n \tilde{\varrho}_n$, so ist offenbar ϱ_n die Einschränkung der Funktionen aus $\mathfrak{C}^n(\mathfrak{G}, \mathfrak{m})$ auf $\mathfrak{U} \times \cdots \times \mathfrak{U}$.

b) Sei $|\mathfrak{G} : \mathfrak{U}| = k$ endlich, und sei $\mathfrak{G} = \bigcup_{j=1}^{k} R_j \mathfrak{U}$ die Nebenklassenzerlegung von $\mathfrak{G}$ nach $\mathfrak{U}$. Für $f \in \tilde{\mathfrak{C}}^n(\mathfrak{U}, \mathfrak{m})$ definieren wir die Funktion $f \tilde{\iota}_n$ auf $\mathfrak{G} \times \cdots \times \mathfrak{G}$ durch

$$(f \tilde{\iota}_n)(G_0, \ldots, G_n) = \sum_{j=1}^{k} f(\overline{G_0 R_j}^{-1} G_0 R_j, \ldots, \overline{G_n R_j}^{-1} G_n R_j) R_j^{-1};$$

dabei sei $\overline{G_i R_j}$ das durch $G_i R_j \mathfrak{U} = \overline{G_i R_j} \mathfrak{U}$ eindeutig bestimmte Element aus $\{R_1, \ldots, R_k\}$.

Die benötigten Eigenschaften von $\tilde{\iota}_n$ stellen wir in einem Hilfssatz zusammen:

16.16 Hilfssatz. *Sei $\tilde{\iota}_n$ wie in* 16.15 b) *definiert.*

a) *Für $f \in \tilde{\mathfrak{C}}^n(\mathfrak{U}, \mathfrak{m})$ ist $f \tilde{\iota}_n$ unabhängig von der Wahl des Vertretersystems $\{R_1, \ldots, R_k\}$.*

b) *Für $f \in \tilde{\mathfrak{C}}^n(\mathfrak{U}, \mathfrak{m})$ gilt $f \tilde{\iota}_n \in \tilde{\mathfrak{C}}^n(\mathfrak{G}, \mathfrak{m})$.*

c) *Es ist $\tilde{\iota}_n \tilde{\delta}_n = \tilde{\delta}_n \tilde{\iota}_{n+1}$.*

Beweis. a) Sei $\{R_1', \ldots, R_k'\}$ mit $R_j' = R_j U_j$ und $U_j \in \mathfrak{U}$ ein weiteres Vertretersystem zu $\mathfrak{U}$ in $\mathfrak{G}$. Für $f \in \tilde{\mathfrak{C}}^n(\mathfrak{U}, \mathfrak{m})$ ist dann

$$\begin{aligned}
&\sum_{j=1}^{k} f(\overline{G_0 R_j'}^{-1} G_0 R_j', \ldots, \overline{G_n R_j'}^{-1} G_n R_j') R_j'^{-1} \\
&= \sum_{j=1}^{k} f(\overline{G_0 R_j}^{-1} G_0 R_j U_j, \ldots, \overline{G_n R_j}^{-1} G_n R_j U_j) U_j^{-1} R_j^{-1} \\
&= \sum_{j=1}^{k} f(\overline{G_0 R_j}^{-1} G_0 R_j, \ldots, \overline{G_n R_j}^{-1} G_n R_j) R_j^{-1}.
\end{aligned}$$

b) Sei $G \in \mathfrak{G}$ und $G R_j = R_{j'} U_j$ mit $U_j \in \mathfrak{U}$ $(j = 1, \ldots, k)$. Für $f \in \tilde{\mathfrak{C}}^n(\mathfrak{U}, \mathfrak{m})$ folgt dann unter Benutzung von a)

$$\begin{aligned}
(f \tilde{\iota}_n)(G_0 G, \ldots, G_n G) &= \sum_{j=1}^{k} f(\overline{G_0 G R_j}^{-1} G_0 G R_j, \ldots, \overline{G_n G R_j}^{-1} G_n G R_j) R_j^{-1} \\
&= \sum_{j=1}^{k} f(\overline{G_0 R_{j'}}^{-1} G_0 R_{j'} U_j, \ldots, \overline{G_n R_{j'}}^{-1} G_n R_{j'} U_j) R_j^{-1} \\
&= \sum_{j=1}^{k} f(\overline{G_0 R_{j'}}^{-1} G_0 R_{j'}, \ldots, \overline{G_n R_{j'}}^{-1} G_n R_{j'}) R_{j'}^{-1} G \\
&= (f \tilde{\iota}_n)(G_0, \ldots, G_n) G.
\end{aligned}$$

c) Für $f \in \tilde{\mathfrak{C}}^n(\mathfrak{U}, \mathfrak{m})$ ist

$$(f \tilde{\iota}_n \tilde{\delta}_n)(G_0, \ldots, G_{n+1}) = \sum_{i=0}^{n+1} (-1)^i (f \tilde{\iota}_n)(G_0, \ldots, \hat{G}_i, \ldots, G_{n+1})$$

$$= \sum_{i=0}^{n+1} \sum_{j=1}^{k} (-1)^i \times$$

$$\times f(\overline{G_0 R_j}^{-1} G_0 R_j, \ldots, \widehat{\overline{G_i R_j}^{-1} G_i R_j}, \ldots, \overline{G_{n+1} R_j}^{-1} G_{n+1} R_j) R_j^{-1}$$

$$= \sum_{j=1}^{k} (f \tilde{\delta}_n)(\overline{G_0 R_j}^{-1} G_0 R_j, \ldots, \overline{G_{n+1} R_j}^{-1} G_{n+1} R_j) R_j^{-1}$$

$$= (f \tilde{\delta}_n \tilde{\iota}_{n+1})(G_0, \ldots, G_{n+1}) .$$ **q.e.d.**

16.17 Definition. Sei $\mathfrak{U} \leqq \mathfrak{G}$. Wir definieren den Homomorphismus j_n' von $\tilde{\mathbf{Z}}^n(\mathfrak{U}, \mathfrak{m})/\tilde{\mathbf{B}}^n(\mathfrak{U}, \mathfrak{m})$ in $\tilde{\mathbf{Z}}^n(\mathfrak{G}, \mathfrak{m})/\tilde{\mathbf{B}}^n(\mathfrak{G}, \mathfrak{m})$ durch

$$(f + \tilde{\mathbf{B}}^n(\mathfrak{U}, \mathfrak{m}))j_n' = f \tilde{\iota}_n + \tilde{\mathbf{B}}^n(\mathfrak{G}, \mathfrak{m})$$

(nach 16.16 c) ist j_n' wohldefiniert). Den von j_n' induzierten Homomorphismus j_n von $\mathbf{H}^n(\mathfrak{U}, \mathfrak{m})$ in $\mathbf{H}^n(\mathfrak{G}, \mathfrak{m})$ nennen wir die Korestriktion.

Definieren wir die Abbildung ι_n von $\mathfrak{C}^n(\mathfrak{U}, \mathfrak{m})$ in $\mathfrak{C}^n(\mathfrak{G}, \mathfrak{m})$ mit Hilfe von μ_n aus dem Beweis von 16.14 durch $\mu_n \tilde{\iota}_n = \iota_n \mu_n$, so erhalten wir die Formel

$$(f \iota_n)(G_1, \ldots, G_n)$$

$$= \sum_{j=1}^{k} f(\overline{G_1 \ldots G_n R_j}^{-1} G_1 \overline{G_2 \ldots G_n R_j}, \overline{G_2 \ldots G_n R_j}^{-1} G_2 \overline{G_3 \ldots G_n R_j}, \ldots$$

$$\ldots, \overline{G_n R_j}^{-1} G_n R_j) R_j^{-1} .$$

Diese ist offenbar erheblich unhandlicher als die Formel für $\tilde{\iota}_n$ aus 16.15 b).

16.18 Hauptsatz. *Sei $|\mathfrak{G} : \mathfrak{U}| = k$ endlich und $\mathfrak{m}$ ein $\mathfrak{G}$-Modul. Für alle $n \geqq 1$ und alle $h \in \mathbf{H}^n(\mathfrak{G}, \mathfrak{m})$ gilt dann $h\, r_n j_n = k\, h$.*

Beweis. Für $f \in \tilde{\mathbf{Z}}^n(\mathfrak{G}, \mathfrak{m})$ zeigen wir $f \tilde{\varrho}_n \tilde{\iota}_n - k f \in \tilde{\mathbf{B}}^n(\mathfrak{G}, \mathfrak{m})$: Wegen $f \in \tilde{\mathbf{Z}}^n(\mathfrak{G}, \mathfrak{m})$ gilt speziell

$$0 = (f \tilde{\delta}_n)(G_0, \ldots, G_i, \overline{G_i R_j}^{-1} G_i, \ldots, \overline{G_n R_j}^{-1} G_n)$$

für alle $G_0, \ldots, G_n \in \mathfrak{G}$, alle $j = 1, \ldots, k$ und alle $i = 0, 1, \ldots, n$. Daher ist

$$\sum_{m=0}^{n+1} a_{ijm} = 0$$

mit

$$a_{ijm} = (-1)^{i+m} f(G_0, \ldots, G_i, \overline{G_i R_j}^{-1} G_i, \ldots, \overline{G_n R_j}^{-1} G_n);$$

dabei ist das m-te Argument wegzulassen, die Zählung der Argumente beginnt bei 0. Es folgt

$$(1) \quad \sum_{j=1}^{k} \sum_{i=0}^{n} \sum_{m=0}^{n+1} a_{ijm} = 0.$$

Wir fassen die Terme in (1) in geeigneter Weise zusammen:

$$(2) \quad \sum_{j=1}^{k} a_{0j0} = \sum_{j=1}^{k} f(\overline{G_0 R_j}^{-1} G_0, \ldots, \overline{G_n R_j}^{-1} G_n)$$

$$= \sum_{j=1}^{k} f(\overline{G_0 R_j}^{-1} G_0 R_j, \ldots, \overline{G_n R_j}^{-1} G_n R_j) R_j^{-1}$$

$$= (f\, \tilde{\varrho}_n\, \tilde{\iota}_n)(G_0, \ldots, G_n).$$

$$(3) \quad \sum_{j=1}^{k} a_{nj,n+1} = (-1)^{2n+1} \sum_{j=1}^{k} f(G_0, \ldots, G_n) = -k\, f(G_0, \ldots, G_n).$$

$$(4) \quad a_{mjm} = f(G_0, \ldots, G_{m-1}, \overline{G_m R_j}^{-1} G_m, \ldots, \overline{G_n R_j}^{-1} G_n) = -a_{m-1,jm}.$$

(5) Für $1 \leqq i \leqq n$ definieren wir die Funktionen g_i auf $\underbrace{\mathfrak{G} \times \cdots \times \mathfrak{G}}_{n}$ durch

$$g_i(X_0, \ldots, X_{n-1})$$
$$= (-1)^i \sum_{j=1}^{k} f(X_0, \ldots, X_{i-1}, \overline{X_{i-1} R_j}^{-1} X_{i-1}, \ldots, \overline{X_{n-1} R_j}^{-1} X_{n-1}).$$

Für alle $G \in \mathfrak{G}$ gilt dann

$$g_i(X_0 G, \ldots, X_{n-1} G)$$
$$= (-1)^i \sum_{j=1}^{k} f(X_0 G, \ldots, X_{i-1} G, \overline{X_{i-1} G R_j}^{-1} X_{i-1} G, \ldots, \overline{X_{n-1} G R_j}^{-1} X_{n-1} G).$$

Bestimmen wir $R_{j'}$ durch $R_{j'} = \overline{G R_j}$, so folgt

$$g_i(X_0 G, \ldots, X_{n-1} G)$$
$$= (-1)^i \sum_{j=1}^{k} f(X_0, \ldots, X_{i-1}, \overline{X_{i-1} R_{j'}}^{-1} X_{i-1}, \ldots, \overline{X_{n-1} R_{j'}}^{-1} X_{n-1})\, G$$
$$= g_i(X_0, \ldots, X_{n-1})\, G.$$

Also liegt g_i in $\tilde{\mathfrak{C}}^{n-1}(\mathfrak{G}, \mathfrak{m})$. Es ist

$$
\begin{aligned}
&(g_i \tilde{\delta}_{n-1})(G_0, \ldots, G_n)\\
&= (-1)^i \sum_{j=1}^{k} \{f(G_1, \ldots, G_i, \overline{G_i R_j}^{-1} G_i, \ldots, \overline{G_n R_j}^{-1} G_n) -\\
&\quad - f(G_0, G_2, \ldots, G_i, \overline{G_i R_j}^{-1} G_i, \ldots, \overline{G_n R_j}^{-1} G_n) \pm \cdots +\\
&\quad + (-1)^{i-1} f(G_0, \ldots, G_{i-2}, G_i, \overline{G_i R_j}^{-1} G_i, \ldots, \overline{G_n R_j}^{-1} G_n) +\\
&\quad + (-1)^i f(G_0, \ldots, G_{i-1}, \overline{G_{i-1} R_j}^{-1} G_{i-1}, \overline{G_{i+1} R_j}^{-1} G_{i+1}, \ldots, \overline{G_n R_j}^{-1} G_n) \pm\\
&\quad \pm \cdots + (-1)^n f(G_0, \ldots, G_{i-1}, \overline{G_{i-1} R_j}^{-1} G_{i-1}, \ldots, \overline{G_{n-1} R_j}^{-1} G_{n-1})\}\\
&= (-1)^i \sum_{j=1}^{k} \{(-1)^i a_{ij0} - (-1)^{i+1} a_{ij1} + \cdots + (-1)^{3i-2} a_{ij,i-1}\\
&\quad + (-1)^i a_{i-1,j,i+1} + \cdots + (-1)^{2n+i} a_{i-1,j,n+1}\}\\
&= \sum_{j=1}^{k} \{a_{ij0} + a_{ij1} + \cdots + a_{ij,i-1} + a_{i-1,j,i+1} + \cdots + a_{i-1,j,n+1}\}\,.
\end{aligned}
$$

Insgesamt erhalten wir also

$$(f \tilde{\varrho}_n \tilde{\iota}_n)(G_0, \ldots, G_n) - k f(G_0, \ldots, G_n) = -\sum_{i=1}^{n} (g_i \tilde{\delta}_{n-1})(G_0, \ldots, G_n)\,.$$

Somit ist $f \tilde{\varrho}_n \tilde{\iota}_n - k f \in \tilde{\mathbf{B}}^n(\mathfrak{G}, \mathfrak{m})$. **q.e.d.**

Übertragen wir die Abbildungen $\tilde{\varrho}_n$ und $\tilde{\iota}_n$ mit Hilfe von μ_n auf $\mathfrak{C}^n(\mathfrak{G}, \mathfrak{m})$, so erhalten wir

$$f \varrho_n \iota_n - k f \in \mathbf{B}^n(\mathfrak{G}, \mathfrak{m})$$

für alle $f \in \mathbf{Z}^n(\mathfrak{G}, \mathfrak{m})$.

Hauptsatz 16.18 hat zahlreiche wichtige Folgerungen, denen wir uns jetzt zuwenden:

16.19 Satz. *Sei $\mathfrak{G}$ eine endliche Gruppe und $\mathfrak{m}$ ein $\mathfrak{G}$-Modul.*

a) *Der Exponent von $\mathbf{H}^n(\mathfrak{G}, \mathfrak{m})$ ist ein Teiler von $|\mathfrak{G}|$.*

b) *Ist $\mathfrak{m}$ endlich erzeugbar, so ist $\mathbf{H}^n(\mathfrak{G}, \mathfrak{m})$ endlich.*

Beweis. a) Nach 16.10 ist $\mathbf{H}^n(\mathfrak{E}, \mathfrak{m}) = 0$ für alle $n \geqq 1$ (dies kann man auch leicht direkt einsehen). In 16.18 setzen wir $\mathfrak{U} = \mathfrak{E}$. Für alle $h \in \mathbf{H}^n(\mathfrak{G}, \mathfrak{m})$ folgt dann $h r_n \in \mathbf{H}^n(\mathfrak{E}, \mathfrak{m}) = 0$ und somit

$$|\mathfrak{G}|\, h = h r_n j_n = 0\,.$$

b) Sei $\{m_1, \ldots, m_k\}$ ein Erzeugendensystem von $\mathfrak{m}$ als $\mathfrak{G}$-Modul. Dann ist $\tilde{\mathfrak{C}}^n(\mathfrak{G}, \mathfrak{m})$ eine endlich erzeugbare abelsche Gruppe, es wird wegen

$$f(G_0 G, \ldots, G_n G) = f(G_0, \ldots, G_n)\, G$$

für $f \in \tilde{\mathfrak{C}}^n(\mathfrak{G}, \mathfrak{m})$ nämlich erzeugt von den Funktionen, die auf genau einem der g^{n+1} Elemente von $\mathfrak{G} \times \cdots \times \mathfrak{G}$ einen der Werte m_i $(i = 1, \ldots, k)$ und sonst nur den Wert o annehmen. Nach 13.11 ist die Untergruppe $\tilde{\mathbf{Z}}^n(\mathfrak{G}, \mathfrak{m})$ von $\tilde{\mathfrak{C}}^n(\mathfrak{G}, \mathfrak{m})$ endlich erzeugbar. Also ist auch

$$\mathbf{H}^n(\mathfrak{G}, \mathfrak{m}) \cong \tilde{\mathbf{Z}}^n(\mathfrak{G}, \mathfrak{m})/\tilde{\mathbf{B}}^n(\mathfrak{G}, \mathfrak{m})$$

endlich erzeugbar. Da $\mathbf{H}^n(\mathfrak{G}, \mathfrak{m})$ nach a) eine Torsionsgruppe ist, ist $\mathbf{H}^n(\mathfrak{G}, \mathfrak{m})$ endlich. **q.e.d.**

16.20 Satz. *Sei $\mathfrak{U}$ eine Untergruppe von $\mathfrak{G}$ von endlichem Index k. Sei $\mathfrak{m}$ ein $\mathfrak{G}$-Modul mit $\mathbf{H}^n(\mathfrak{U}, \mathfrak{m}) = 0$ für ein $n \geqq 1$. Es gebe ein $\tau \in \mathrm{Hom}_{\mathbf{Z}}(\mathfrak{m}, \mathfrak{m})$ mit $(k\, m)\, \tau = m$ für alle $m \in \mathfrak{m}$. Dann gilt $\mathbf{H}^n(\mathfrak{G}, \mathfrak{m}) = 0$.*

Beweis. Sei $h \in \mathbf{H}^n(\mathfrak{G}, \mathfrak{m})$. Dann ist $h\, r_n \in \mathbf{H}^n(\mathfrak{U}, \mathfrak{m}) = 0$, somit wegen 16.18

$$k\, h = h\, r_n\, j_n = 0\,.$$

Wir zeigen, daß daraus $h = 0$ folgt. Der Endomorphismus τ von $\mathfrak{m}$ induziert nach 16.5 und 16.3 einen Endomorphismus τ_n^* von $\mathbf{H}^n(\mathfrak{G}, \mathfrak{m})$. Der Endomorphismus φ von $\mathfrak{m}$ mit $m\, \varphi = k\, m$ für alle $m \in \mathfrak{m}$ induziert auf $\mathbf{H}^n(\mathfrak{G}, \mathfrak{m})$ ebenfalls die Multiplikation mit k. Aus $\varphi\, \tau = 1$ folgt $(k\, h)\, \tau_n^* = h$ für alle $h \in \mathbf{H}^n(\mathfrak{G}, \mathfrak{m})$. Also ist $\mathbf{H}^n(\mathfrak{G}, \mathfrak{m}) = 0$. **q.e.d.**

16.21 Satz. *Sei $\mathfrak{G}$ eine endliche Gruppe und $\mathfrak{P}$ eine p-Sylowgruppe von $\mathfrak{G}$. Sei $\mathfrak{m}$ ein endlich erzeugbarer $\mathfrak{G}$-Modul. Dann ist die p-Sylowgruppe der endlichen abelschen Gruppe $\mathbf{H}^n(\mathfrak{G}, \mathfrak{m})$ isomorph zu einer Untergruppe von $\mathbf{H}^n(\mathfrak{P}, \mathfrak{m})$.*

Beweis. Sei r_n die Restriktion von $\mathbf{H}^n(\mathfrak{G}, \mathfrak{m})$ nach $\mathbf{H}^n(\mathfrak{P}, \mathfrak{m})$ und sei $h \in$ Kern r_n. Nach 16.18 ist dann

$$|\mathfrak{G} : \mathfrak{P}|\, h = h\, r_n\, j_n = 0\,.$$

Daher hat die p-Sylowgruppe von $\mathbf{H}^n(\mathfrak{G}, \mathfrak{m})$ mit Kern r_n den Durchschnitt 0. Somit bewirkt r_n einen Monomorphismus der p-Sylowgruppe von $\mathbf{H}^n(\mathfrak{G}, \mathfrak{m})$ in die p-Gruppe $\mathbf{H}^n(\mathfrak{P}, \mathfrak{m})$. **q.e.d.**

Satz 16.21 wird uns in Kapitel V bei der Berechnung des Schurschen Multiplikators gute Dienste leisten.

§ 17. Die Sätze von Gaschütz und Maschke

In den folgenden Anwendungen wird an die Stelle des $\mathfrak{G}$-Rechtsmoduls $\mathfrak{m}$ meist ein abelscher Normalteiler $\mathfrak{A}$ von $\mathfrak{G}$ treten, auf dem $\mathfrak{G}$ und $\mathfrak{G}/\mathfrak{A}$ wirken vermöge $A^G = A^{\mathfrak{A}G}$. Die Formeln aus 16.12 für den Korandoperator δ auf $\mathfrak{C}^n(\mathfrak{G}, \mathfrak{A})$ nehmen in den für die Anwendungen allein interessanten Fällen $n \leqq 2$ dann die folgende Gestalt an:

$$n = 0\colon\ (F\delta)(G) = FF^{-G}$$

$$n = 1\colon\ (F\delta)(G_1, G_2) = F(G_2)\,F(G_1G_2)^{-1}F(G_1)^{G_2}$$

$$n = 2\colon\ (F\delta)(G_1, G_2, G_3)$$
$$= F(G_2, G_3)\,F(G_1G_2, G_3)^{-1}F(G_1, G_2G_3)\,F(G_1, G_2)^{-G_3}.$$

17.1 Satz. a) *Sei* $\mathfrak{N} \trianglelefteq \mathfrak{G}$ *und* α *ein Automorphismus von* $\mathfrak{G}$ *mit* $N^\alpha = N$ *für alle* $N \in \mathfrak{N}$ *und* $G^\alpha \mathfrak{N} = G\mathfrak{N}$ *für alle* $G \in \mathfrak{G}$. *Dann gilt* $G^\alpha = GF(G\mathfrak{N})$ *mit einem* 1-*Kozyklus* F *aus* $\mathbf{Z}^1(\mathfrak{G}/\mathfrak{N}, \mathbf{Z}(\mathfrak{N}))$; *dabei ist das Zentrum* $\mathbf{Z}(\mathfrak{N})$ *von* $\mathfrak{N}$ *als* $\mathfrak{G}/\mathfrak{N}$-*Rechtsmodul zu betrachten vermöge der offenbar wohldefinierten Festsetzung* $X^{\mathfrak{N}G} = X^G$ *für* $X \in \mathbf{Z}(\mathfrak{N})$ *und* $G \in \mathfrak{G}$.

b) *Sei* $F \in \mathbf{Z}^1(\mathfrak{G}/\mathfrak{N}, \mathbf{Z}(\mathfrak{N}))$. *Dann ist die Abbildung* α *mit* $G^\alpha = GF(G\mathfrak{N})$ *ein Automorphismus von* $\mathfrak{G}$, *welcher* $\mathfrak{N}$ *und* $\mathfrak{G}/\mathfrak{N}$ *elementweise fest läßt.*

c) *Seien der Automorphismus* α *von* $\mathfrak{G}$ *und der* 1-*Kozyklus* F *aus* $\mathbf{Z}^1(\mathfrak{G}/\mathfrak{N}, \mathbf{Z}(\mathfrak{N}))$ *wie unter* a) *verbunden. Genau dann ist* $F \in \mathbf{B}^1(\mathfrak{G}/\mathfrak{N}, \mathbf{Z}(\mathfrak{N}))$, *wenn es ein* $H \in \mathfrak{N}$ *gibt mit* $G^\alpha = G^H$ *für alle* $G \in \mathfrak{G}$.

Beweis. a) Aus 4.4 wissen wir: Es gilt $G^\alpha = GT(G)$ mit $T(G) \in \mathbf{Z}(\mathfrak{N})$; dabei hängt $T(G)$ nur von der Nebenklasse $\mathfrak{N}G$ ab. Ferner gilt die Gleichung

$$E = T(G_2)\,T(G_1G_2)^{-1}\,T(G_1)^{G_2}.$$

Definieren wir F durch $F(G\mathfrak{N}) = T(G)$, so ist also $F \in \mathbf{Z}^1(\mathfrak{G}/\mathfrak{N}, \mathbf{Z}(\mathfrak{N}))$.

b) Wir haben

$$E = (F\delta)(G_1\mathfrak{N}, G_2\mathfrak{N}) = F(G_2\mathfrak{N})\,F(G_1G_2\mathfrak{N})^{-1}F(G_1\mathfrak{N})^{G_2}.$$

Daher ist

$$(G_1G_2)^\alpha = G_1G_2F(G_1G_2\mathfrak{N}) = G_1G_2F(G_1\mathfrak{N})^{G_2}F(G_2\mathfrak{N})$$
$$= G_1F(G_1\mathfrak{N})\,G_2F(G_2\mathfrak{N}) = G_1^\alpha G_2^\alpha.$$

Also ist α ein Endomorphismus von $\mathfrak{G}$ mit $G^\alpha\mathfrak{N} = G\mathfrak{N}$ für alle $G \in \mathfrak{G}$. Für $G_1 = G_2 = E$ erhalten wir

$$E = (F\delta)(\mathfrak{N}, \mathfrak{N}) = F(\mathfrak{N}).$$

Daher gilt auch $N^\alpha = N$ für alle $N \in \mathfrak{N}$. Man sieht nun leicht, daß α ein Automorphismus von $\mathfrak{G}$ ist.

c) Sei zuerst $F = H\delta$ mit $H \in \mathbf{Z}(\mathfrak{N})$ ein Korand aus $\mathbf{B}^1(\mathfrak{G}/\mathfrak{N}, \mathbf{Z}(\mathfrak{N}))$. Dann ist

$$F(G\mathfrak{N}) = (H\delta)(G\mathfrak{N}) = HH^{-G} = H^{-G}H$$

und

$$G^\alpha = GF(G\mathfrak{N}) = GH^{-G}H = H^{-1}GH = G^H$$

mit $H \in \mathbf{Z}(\mathfrak{N})$.

Nun sei umgekehrt

$$G^\alpha = GF(G\mathfrak{N}) = G^H$$

mit einem H aus $\mathfrak{N}$. Wegen $X^\alpha = X$ für $X \in \mathfrak{N}$ ist dann $H \in \mathbf{Z}(\mathfrak{N})$. Also folgt

$$F(G\mathfrak{N}) = G^{-1}H^{-1}GH = HH^{-G} = (H\delta)(G\mathfrak{N}) . \qquad \textbf{q.e.d.}$$

Wir werden Satz 17.1 in III, § 19 bei der Betrachtung von Automorphismen von p-Gruppen heranziehen.

17.2 Satz. *Sei $\mathfrak{A}$ ein abelscher Normalteiler von $\mathfrak{G}$. Durch die Festsetzung $A^{\mathfrak{A}G} = A^G$ wird $\mathfrak{A}$ ein $\mathfrak{G}/\mathfrak{A}$-Rechtsmodul. Wir setzen $\mathfrak{H} = \mathfrak{G}/\mathfrak{A}$.*

a) *Zu jedem Vertretersystem $\{R(H) \mid H \in \mathfrak{H}\}$ von $\mathfrak{A}$ in $\mathfrak{G}$ gehört ein 2-Kozyklus C aus $\mathbf{Z}^2(\mathfrak{H}, \mathfrak{A})$ mit*

$$R(H_1)\,R(H_2) = R(H_1H_2)\,C(H_1, H_2) .$$

Das Element $C\,\mathbf{B}^2(\mathfrak{H}, \mathfrak{A})$ aus $\mathbf{H}^2(\mathfrak{H}, \mathfrak{A})$ ist durch die Erweiterung $\mathfrak{G}$ eindeutig bestimmt und hängt nicht von der Wahl des Vertretersystems $\{R(H) \mid H \in \mathfrak{H}\}$ ab.

b) *Genau dann ist $\mathfrak{G}$ ein semidirektes Produkt von $\mathfrak{A}$ mit $\mathfrak{H}$, wenn $C \in \mathbf{B}^2(\mathfrak{H}, \mathfrak{A})$ gilt.*

c) *Ist $\mathfrak{A}$ eine $\mathfrak{H}$-Gruppe und $\mathbf{H}^2(\mathfrak{H}, \mathfrak{A}) = \mathfrak{E}$, so ist jede Erweiterung von $\mathfrak{A}$ mit $\mathfrak{H}$ ein semidirektes Produkt.*

Beweis. a) Sei $\mathfrak{G} = \bigcup_{H \in \mathfrak{H}} R(H)\mathfrak{A}$ mit $H = R(H)\,\mathfrak{A}$ die Nebenklassenzerlegung von $\mathfrak{G}$ nach $\mathfrak{A}$ und sei

$$R(H_1)\,R(H_2) = R(H_1H_2)\,C(H_1, H_2)$$

mit $C(H_1, H_2) \in \mathfrak{A}$. Machen wir $\mathfrak{A}$ in der angegebenen Weise zu einem $\mathfrak{H}$-Modul, so liefert 14.1 wegen der Kommutativität von $\mathfrak{A}$ die Gleichungen

$$\begin{aligned} E &= C(H_2, H_3)\,C(H_1H_2, H_3)^{-1}\,C(H_1, H_2H_3)\,C(H_1, H_2)^{-H_3} \\ &= (C\delta)(H_1, H_2, H_3) . \end{aligned}$$

Also gilt $C \in \mathbf{Z}^2(\mathfrak{H}, \mathfrak{A})$.

Ist $\{R(H)\,A(H) \mid H \in \mathfrak{H}\}$ mit $A(H) \in \mathfrak{A}$ ein weiteres Vertretersystem von $\mathfrak{A}$ in $\mathfrak{G}$, so gehört zu diesem nach 14.3 das Faktorensystem C' mit

$$C'(H_1, H_2) = C(H_1, H_2)\,A(H_1)^{H_2}\,A(H_1H_2)^{-1}A(H_2) .$$

Also ist $C' = C(A\delta)$.

b) Genau dann ist $\mathfrak{G}$ ein semidirektes Produkt von $\mathfrak{A}$ mit $\mathfrak{H}$, wenn es ein Vertretersystem $\{R'(H) \mid H \in \mathfrak{H}\}$ zum Faktorensystem C' mit $C'(H_1, H_2) = E$ für alle $H_i \in \mathfrak{H}$ gibt. Nach a) ist dies gleichwertig mit $C \in \mathbf{B}^2(\mathfrak{H}, \mathfrak{A})$.

c) folgt sofort aus b). **q.e.d.**

17.3 Satz. *Sei $\mathfrak{G} = \mathfrak{A}\mathfrak{K}$ ein semidirektes Produkt des abelschen Normalteilers $\mathfrak{A}$ mit $\mathfrak{K}$. Durch die Festsetzung $A^K = K^{-1}AK$ wird $\mathfrak{A}$ ein multiplikativ geschriebener $\mathfrak{K}$-Rechtsmodul.*

a) *Jeder Konjugiertenklasse von Komplementen von* $\mathfrak{A}$ *in* $\mathfrak{G}$ *entspricht genau ein Element aus* $\mathbf{H}^1(\mathfrak{K}, \mathfrak{A})$. *Insbesondere ist* $|\mathbf{H}^1(\mathfrak{K}, \mathfrak{A})|$ *die Anzahl der Konjugiertenklassen unter* $\mathfrak{G}$ *von Komplementen von* $\mathfrak{A}$ *in* $\mathfrak{G}$.

b) *Genau dann sind alle Komplemente von* $\mathfrak{A}$ *in* $\mathfrak{G}$ *konjugiert unter* $\mathfrak{G}$, *wenn* $\mathbf{H}^1(\mathfrak{K}, \mathfrak{A}) = \mathfrak{E}$ *gilt.*

Beweis. a) Sei $\mathfrak{B} = \{KA(K) \mid K \in \mathfrak{K}\}$ mit $A(K) \in \mathfrak{A}$ ein Komplement von $\mathfrak{A}$ in $\mathfrak{G}$. Dann ist

$$K_1 A(K_1) K_2 A(K_2) = K_1 K_2 A(K_1 K_2)$$

für alle $K_1, K_2 \in \mathfrak{K}$. Also folgt

$$A(K_1)^{K_2} A(K_1 K_2)^{-1} A(K_2) = (A\,\delta)(K_1, K_2) = E\,,$$

und A ist ein 1-Kozyklus aus $\mathbf{Z}^1(\mathfrak{K}, \mathfrak{A})$. Ist umgekehrt $A \in \mathbf{Z}^1(\mathfrak{K}, \mathfrak{A})$, so ist $\mathfrak{B} = \{KA(K) \mid K \in \mathfrak{K}\}$ vermöge der gleichen Rechnung ein Komplement von $\mathfrak{A}$ in $\mathfrak{G}$.

Angenommen, es sei $\mathfrak{B}_2 = \mathfrak{B}_1^X$. Wegen $X \in \mathfrak{B}_1\mathfrak{A} = \mathfrak{G}$ können wir $X = A \in \mathfrak{A}$ annehmen. Wegen $K^A\mathfrak{A} = K\mathfrak{A}$ ist dann

$$KA_2(K) = (KA_1(K))^A = K^A A_1(K)$$

für alle $K \in \mathfrak{K}$. Mit der Kommutativität von $\mathfrak{A}$ folgt daher

$$A_2(K)\,A_1(K)^{-1} = K^{-1}K^A = A\,A^{-K},$$

also

$$A_2\,A_1^{-1} \in \mathbf{B}^1(\mathfrak{K}, \mathfrak{A}).$$

Umgekehrt folgt aus

$$A_2\,A_1^{-1} \in \mathbf{B}^1(\mathfrak{K}, \mathfrak{A}), \quad \text{d. h.} \quad A_2(K)\,A_1(K)^{-1} = A\,A^{-K}$$

wieder

$$KA_2(K) = (KA_1(K))^A.$$

Also entsprechen die Konjugiertenklassen der Komplemente von $\mathfrak{A}$ in $\mathfrak{G}$ umkehrbar eindeutig den Elementen von $\mathbf{H}^1(\mathfrak{K}, \mathfrak{A}) = \mathbf{Z}^1(\mathfrak{K}, \mathfrak{A})/\mathbf{B}^1(\mathfrak{K}, \mathfrak{A})$. Die Behauptung unter b) ist ein Spezialfall von a). **q.e.d.**

17.4 Hauptsatz (Gaschütz [1]). *Sei* $\mathfrak{A}$ *ein abelscher Normalteiler von* $\mathfrak{G}$, *sei* $\mathfrak{A} \leqq \mathfrak{B} \leqq \mathfrak{G}$ *und* $|\mathfrak{G} : \mathfrak{B}| = k$ *endlich. Die Abbildung* $A \to A^k$ (*mit* $A \in \mathfrak{A}$) *besitze eine Inverse* τ. (*Dies ist stets der Fall, wenn* $\mathfrak{A}$ *endlich ist und* $(|\mathfrak{A}|, k) = 1$ *gilt; denn dann ist die Kongruenz* $ky \equiv 1\ (|\mathfrak{A}|)$ *lösbar, und* τ *mit* $A^\tau = A^y$ *liefert die gewünschte Abbildung.*)

a) *Hat* $\mathfrak{A}$ *ein Komplement in* $\mathfrak{B}$, *so hat* $\mathfrak{A}$ *auch ein Komplement in* $\mathfrak{G}$.

b) *Hat* $\mathfrak{A}$ *ein Komplement in* $\mathfrak{B}$ *und sind alle Komplemente von* $\mathfrak{A}$ *in* $\mathfrak{B}$ *konjugiert in* $\mathfrak{B}$, *so sind alle Komplemente von* $\mathfrak{A}$ *in* $\mathfrak{G}$ *konjugiert in* $\mathfrak{G}$.

(*Die Annahme der Kommutativität von* $\mathfrak{A}$ *ist nicht entbehrlich; siehe Beispiel* 18.7.)

Beweis. a) Sei $\mathfrak{H} = \mathfrak{G}/\mathfrak{A}$ und sei $\{R(H) \mid H \in \mathfrak{H}\}$ ein Vertretersystem für $\mathfrak{A}$ in $\mathfrak{G}$. Sei C der gemäß 17.2 konstruierte 2-Kozyklus aus $\mathbf{Z}^2(\mathfrak{H}, \mathfrak{A})$ zu $\{R(H) \mid H \in \mathfrak{H}\}$. Dann ist die Restriktion Cr, gebildet bezüglich der Untergruppe $\overline{\mathfrak{B}} = \mathfrak{B}/\mathfrak{A}$ von $\mathfrak{H}$, der 2-Kozyklus für die Erweiterung $\mathfrak{B}$ von $\mathfrak{A}$. Da $\mathfrak{A}$ ein Komplement in $\mathfrak{B}$ hat, gilt nach 17.2 $C\varrho_2 = B\delta_1$ mit einem B aus $\mathbf{C}^1(\overline{\mathfrak{B}}, \mathfrak{A})$. Nach 16.18 ist nun

$$C^k \equiv C\varrho_2 \iota_2 = B\delta_1 \iota_2 = (B\iota_1)\delta_1 \equiv E \quad (\mathbf{B}^2(\mathfrak{H}, \mathfrak{A}))\,.$$

Also gibt es ein F aus $\mathbf{C}^1(\mathfrak{H}, \mathfrak{A})$ mit $C^k = F\delta_1$. Aus der Voraussetzung folgt

$$C = C^{k\tau} = (F\delta_1)^\tau\,.$$

Da die Abbildung von A auf A^k ein $\mathfrak{G}$-Endomorphismus von $\mathfrak{A}$ ist, ist auch die Inverse τ ein $\mathfrak{G}$-Endomorphismus. Somit haben wir

$$C(H_1, H_2) = C(H_1, H_2)^{k\tau} = ((F\delta)(H_1, H_2))^\tau = (F(H_2)\,F(H_1H_2)^{-1}\,F(H_1)^{H_2})^\tau$$
$$= F(H_2)^\tau F(H_1H_2)^{-\tau} F(H_1)^{\tau H_2} = (F^\tau \delta_1)(H_1, H_2)\,.$$

Also ist $C \in \mathbf{B}^2(\mathfrak{H}, \mathfrak{A})$. Dann hat $\mathfrak{A}$ in $\mathfrak{G}$ nach 17.2 ein Komplement.

b) Da alle Komplemente von $\mathfrak{A}$ in $\mathfrak{B}$ konjugiert sind, gilt nach 17.3 $\mathbf{H}^1(\overline{\mathfrak{B}}, \mathfrak{A}) = \mathfrak{E}$. Mit 16.20 folgt dann $\mathbf{H}^1(\mathfrak{H}, \mathfrak{A}) = \mathfrak{E}$, also sind nach 17.3 alle Komplemente von $\mathfrak{A}$ in $\mathfrak{G}$ konjugiert. **q.e.d.**

Wir stellen einen Sonderfall heraus, den wir im folgenden Paragraphen noch erheblich verallgemeinern werden:

17.5 Satz. *Sei $\mathfrak{A}$ ein abelscher Normalteiler der endlichen Gruppe $\mathfrak{G}$ mit $(|\mathfrak{A}|, |\mathfrak{G}/\mathfrak{A}|) = 1$. Dann hat $\mathfrak{A}$ in $\mathfrak{G}$ ein Komplement, und alle Komplemente von $\mathfrak{A}$ in $\mathfrak{G}$ sind konjugiert in $\mathfrak{G}$.*

Beweis. Dies ist der Sonderfall $\mathfrak{A} = \mathfrak{B}$ von 17.4. (Einen direkten Beweis ohne Verwendung von § 16 liefert Aufgabe 70.) **q.e.d.**

An zahlreichen Stellen wird der folgende grundlegende Satz benötigt werden:

17.6 Satz (MASCHKE, SCHUR). *Sei $\mathfrak{G}$ eine endliche Gruppe der Ordnung g und $\mathfrak{m}$ ein $\mathfrak{G}$-Rechtsmodul. Es gebe einen $\mathfrak{G}$-Endomorphismus τ von $\mathfrak{m}$ mit $(gm)\tau = m$ für alle $m \in \mathfrak{m}$. Sei $\mathfrak{m} = \mathfrak{m}_1 \oplus \mathfrak{m}_2^*$ eine direkte Zerlegung von $\mathfrak{m}$ als abelsche Gruppe mit einem $\mathfrak{G}$-Teilmodul $\mathfrak{m}_1$ von $\mathfrak{m}$. Dann gibt es eine direkte Zerlegung $\mathfrak{m} = \mathfrak{m}_1 \oplus \mathfrak{m}_2$ von $\mathfrak{m}$ als $\mathfrak{G}$-Modul.*

Beweis. Wir machen die Produktmenge $\mathfrak{L} = \mathfrak{m} \times \mathfrak{G}$ zu einer Gruppe durch

$$(m_1, G_1)(m_2, G_2) = (m_1G_2 + m_2, G_1G_2)\,.$$

Man kontrolliert leicht, daß $\mathfrak{L}$ tatsächlich eine Gruppe ist. Es sind

$$\mathfrak{B} = \{(m, E) \mid m \in \mathfrak{m}\} \quad \text{und} \quad \mathfrak{B}_1 = \{(m, E) \mid m \in \mathfrak{m}_1\}$$

abelsche Normalteiler von $\mathfrak{L}$. Wegen $\mathfrak{B} = \mathfrak{B}_1 \times \mathfrak{B}_2^*$ mit $\mathfrak{B}_2^* = \{(m, E) \mid m \in \mathfrak{m}_2^*\}$ hat $\mathfrak{B}_1$ ein Komplement in $\mathfrak{B}$. Da die Voraussetzungen von 17.4 mit

$|\mathfrak{L}:\mathfrak{B}| = g$ erfüllt sind, hat $\mathfrak{B}_1$ ein Komplement $\mathfrak{V}$ in $\mathfrak{L}$. Dann ist

$$\mathfrak{B} = \mathfrak{B}_1 \times (\mathfrak{B} \cap \mathfrak{V})$$

und $\mathfrak{B} \cap \mathfrak{V} \trianglelefteq \mathfrak{L}$. Wir setzen

$$\mathfrak{m}_2 = \{m \mid (m, E) \in \mathfrak{B} \cap \mathfrak{V}\}\,.$$

Für $m \in \mathfrak{m}_2$ und $G \in \mathfrak{G}$ ist $(o, G)^{-1}(m, E)\,(o, G) = (m\,G, E) \in \mathfrak{B} \cap \mathfrak{V}$, also $m\,G \in \mathfrak{m}_2$. Somit ist $\mathfrak{m}_2$ ein $\mathfrak{G}$-Modul mit $\mathfrak{m} = \mathfrak{m}_1 \oplus \mathfrak{m}_2$. **q.e.d.**

Eng verwandt mit Satz 17.6 ist der folgende Satz, der in der Darstellungstheorie eine grundlegende Rolle spielt (siehe V, 3.4, S. 467):

17.7 Satz. *Sei $\mathfrak{G}$ eine endliche Gruppe der Ordnung g und K ein Körper mit* Char $K \nmid g$ *(diese Voraussetzung ist insbesondere für* Char $K = 0$ *immer erfüllt). Sei V ein $K[\mathfrak{G}]$-Modul und V_1 ein $K[\mathfrak{G}]$-Teilmodul von V. Wir setzen voraus, daß $(v\,a)\,G = v\,(a\,G)$ für alle $v \in V$, alle $a \in K$ und alle $G \in \mathfrak{G}$ gilt. Dann gibt es eine direkte Zerlegung $V = V_1 \oplus V_2$ von V als $K[\mathfrak{G}]$-Modul.*

Beweis. Bekanntlich gibt es einen K-Teilraum W von V mit $V = V_1 \oplus W$. Für $w \in W$ und $G \in \mathfrak{G}$ ist $wG = v_1 + w'$ mit eindeutig bestimmten $v_1 \in V_1$ und $w' \in W$. Wir definieren dann die linearen Abbildungen $S(G) \in \mathrm{Hom}_K(W, V_1)$ und $U_2(G) \in \mathrm{Hom}_K(W, W)$ durch $w\,S(G) = v_1$ und $w\,U_2(G) = w'$. Ferner sei $U_1(G) \in \mathrm{Hom}_K(V_1, V_1)$ definiert durch $v_1 G = v_1 U_1(G)$ für $v_1 \in V_1$. Nun gilt für alle $w \in W$

$$\begin{aligned} w\,S(G_1G_2) + w\,U_2(G_1G_2) &= w\,(G_1G_2) \\ &= (w\,G_1)\,G_2 = (w\,S(G_1) + w\,U_2(G_1))\,G_2 \\ &= w\,S(G_1)\,U_1(G_2) + w\,U_2(G_1)\,S(G_2) + w\,U_2(G_1)\,U_2(G_2)\,. \end{aligned}$$

Der Vergleich der Komponenten in V_1 und W zeigt

$$(1)\quad S(G_1G_2) = S(G_1)\,U_1(G_2) + U_2(G_1)\,S(G_2)$$

und

$$(2)\quad U_2(G_1G_2) = U_2(G_1)\,U_2(G_2).$$

Der K-Vektorraum $\mathfrak{s} = \mathrm{Hom}_K(W, V_1)$ wird durch die Festsetzung $SG = U_2(G)^{-1}\,S\,U_1(G)$ für $S \in \mathrm{Hom}_K(W, V_1)$ zu einem $K[\mathfrak{G}]$-Rechtsmodul, wie man leicht nachprüft. Wir definieren $T(G) \in \mathfrak{s}$ durch $T(G) = U_2(G)^{-1}\,S(G)$. Aus den Gleichungen (1) und (2) folgt

$$\begin{aligned} &T(G_2) - T(G_1G_2) + T(G_1)\,G_2 \\ &= U_2(G_2)^{-1}S(G_2) - U_2(G_1G_2)^{-1}S(G_1G_2) + U_2(G_2)^{-1}U_2(G_1)^{-1}S(G_1)\,U_1(G_2) \\ &= U_2(G_1G_2)^{-1}(U_2(G_1)\,S(G_2) - S(G_1G_2) + S(G_1)\,U_1(G_2)) = 0\,. \end{aligned}$$

Also ist $T \in \mathbf{Z}^1(\mathfrak{G}, \mathfrak{s})$. Da die Voraussetzungen von 16.20 (mit $\mathfrak{U} = \mathfrak{E}$) wegen Char $K \nmid g$ nun erfüllt sind, gilt $\mathbf{H}^1(\mathfrak{G}, \mathfrak{s}) = 0$. Also ist $T \in \mathbf{B}^1(\mathfrak{G}, \mathfrak{s})$ und somit

$$T(G) = B - BG = B - U_2(G)^{-1}\,B\,U_1(G)$$

für ein geeignetes $B \in \mathbf{C}^0(\mathfrak{G}, \mathfrak{s}) = \mathfrak{s}$. Somit ist

$$S(G) = U_2(G)\,B - B\,U_1(G)$$

für alle $G \in \mathfrak{G}$. Wir setzen $V_2 = \{w(E+B) \mid w \in W\}$. Dann ist offenbar $V = V_1 \oplus V_2$ eine direkte Zerlegung als K-Vektorraum. Ferner gilt

$$\begin{aligned} w(E+B)\,G &= wS(G) + wU_2(G) + wB\,U_1(G) \\ &= wU_2(G)\,(E+B) \in V_2\,. \end{aligned}$$

Also ist V_2 ein $K[\mathfrak{G}]$-Teilmodul von V. **q.e.d.**

17.8 Beispiel. Die Voraussetzung Char $K \nmid g$ in 17.7 ist unentbehrlich: Sei $\mathfrak{G} = \langle G \rangle$ die zyklische Gruppe der Ordnung p und V der Vektorraum der Dimension 2 über dem Körper $GF(p)$. Sei $\{v_1, v_2\}$ eine Basis von V. Durch die Festsetzung

$$v_1 G^i = v_1, \quad v_2 G^i = v_2 + i v_1 \quad (0 \leqq i \leqq p-1)$$

wird V ein $\mathfrak{G}$-Modul. Man sieht leicht, daß jedoch keine direkte Zerlegung $V = V_1 \oplus V_2$ mit $V_1 = \langle v_1 \rangle$ und $\mathfrak{G}$-invariantem Teilraum V_2 existiert.

Aufgaben:

62) Wir betrachten den Vektorraum $V = V(n, p^f)$ der Dimension n über dem Körper $GF(p^f)$ in natürlicher Weise als Rechtsmodul für die volle lineare Gruppe $GL(n, p^f)$. Man zeige: Ist $p^f > 2$, so gilt

$$\mathbf{H}^k(GL(n, p^f), V) = 0 \quad \text{für} \quad k = 1, 2\,.$$

(Anleitung: Man verwende $|\mathbf{Z}(GL(n, p^f))| = p^f - 1$, das Frattini-Argument 7.8 (S. 35) und 17.5.)

63) Sei $\mathfrak{A}$ ein abelscher Normalteiler von $\mathfrak{G}$ mit $|\mathfrak{G}/\mathfrak{A}| = \Pi\, p_i^{a_i}$. Sei $\mathfrak{P}_i/\mathfrak{A}$ eine p_i-Sylowgruppe von $\mathfrak{G}/\mathfrak{A}$. Man zeige: Genau dann hat $\mathfrak{A}$ ein Komplement in $\mathfrak{G}$, wenn $\mathfrak{A}$ in allen $\mathfrak{P}_i$ ein Komplement hat.

64) (Hofmann [1]). Sei die endliche Gruppe $\mathfrak{G}$ ein semidirektes Produkt des abelschen Normalteilers $\mathfrak{N}$ mit $\mathfrak{H}$. Sei $\mathfrak{A}$ eine Gruppe von Automorphismen von $\mathfrak{G}$ mit $\mathfrak{N}^\alpha = \mathfrak{N}$ für alle $\alpha \in \mathfrak{A}$ und mit $(|\mathfrak{A}|, |\mathfrak{N}|) = 1$. Dann gibt es ein Komplement $\mathfrak{K}$ von $\mathfrak{N}$ in $\mathfrak{G}$ mit $\mathfrak{K}^\alpha = \mathfrak{K}$ für alle $\alpha \in \mathfrak{A}$.

65) Sei $\mathfrak{G}$ endlich und sei $\mathfrak{G} = \mathfrak{D} \times \mathfrak{H}$ eine direkte Zerlegung von $\mathfrak{G}$. Sei $\mathfrak{A}$ eine Gruppe von Automorphismen von $\mathfrak{G}$ mit $\mathfrak{D}^\alpha = \mathfrak{D}$ für alle $\alpha \in \mathfrak{A}$ und $(|\mathfrak{A}|, |\mathbf{Z}(\mathfrak{D})|) = 1$. Dann gibt es eine Zerlegung $\mathfrak{G} = \mathfrak{D} \times \mathfrak{K}$ mit $\mathfrak{K}^\alpha = \mathfrak{K}$ für alle $\alpha \in \mathfrak{A}$.

66) Sei μ ein Homomorphismus des $\mathfrak{G}$-Rechtsmoduls $\mathfrak{m}$ in den $\mathfrak{G}$-Rechtsmodul $\mathfrak{m}'$ mit Kern $\mu = \mathfrak{n}$. Dann gibt es eine exakte Folge von Homomorphismen

$$0 \xrightarrow[\mu_1]{} \mathbf{Z}^n(\mathfrak{G}, \mathfrak{n}) \xrightarrow[\mu_2]{} \mathbf{Z}^n(\mathfrak{G}, \mathfrak{m}) \xrightarrow[\mu_3]{} \mathbf{Z}^n(\mathfrak{G}, \mathfrak{m}')\,.$$

Sind alle auftretenden Gruppen endlich, so gilt insbesondere

$$|\mathbf{Z}^n(\mathfrak{G}, \mathfrak{m})| \leqq |\mathbf{Z}^n(\mathfrak{G}, \mathfrak{m}')|\,|\mathbf{Z}^n(\mathfrak{G}, \mathfrak{n})|\,.$$

67) (Gaschütz [6]). Sei $\mathfrak{G}$ eine endliche Gruppe ohne nichttriviale Faktorgruppen von p-Potenzordnung. Sei $\mathfrak{U} < \mathfrak{G}$ und sei p^d die Ordnung der größten elementar-abelschen Faktorgruppe von $\mathfrak{U}$. Sei $\mathfrak{G}$ erzeugbar mit k Elementen. Dann gilt

$$d \leqq |\mathfrak{G}:\mathfrak{U}|\,(k-1) - k + 1\,.$$

(Man vergleiche mit der aus dem Schreierschen Satz 19.11 folgenden Abschätzung $d \leqq |\mathfrak{G}:\mathfrak{U}|\,(k-1) + 1$.)

(Anleitung: Sei $\mathfrak{G} = \bigcup_{R\in\mathfrak{R}} \mathfrak{U}R$ und $|\mathfrak{G}:\mathfrak{U}| = n$. Sei $K = GF(p)$ und V der Vektorraum der Dimension n über K mit der Basis $\{v_{\mathfrak{U}R} \mid R \in \mathfrak{R}\}$. Durch $v_{\mathfrak{U}R}G = v_{\mathfrak{U}RG}$ wird V ein $\mathfrak{G}$-Rechtsmodul. Man zeige:

a) Sei $W = \left\{a \sum_{R\in\mathfrak{R}} v_{\mathfrak{U}R} \mid a \in K\right\}$. Dann gilt

$$|\mathbf{Z}^1(\mathfrak{G}, V)| \leqq |\mathbf{Z}^1(\mathfrak{G}, V/W)|\,|\mathbf{Z}^1(\mathfrak{G}, W)| \leqq p^{k(|\mathfrak{G}:\mathfrak{U}|-1)}\,.$$

b) Sei $f \in \mathbf{Z}^1(\mathfrak{G}, V)$ und $f(G) = \sum_{R\in\mathfrak{R}} a_{\mathfrak{U}R}(G)\,v_{\mathfrak{U}R}$. Dann gilt für alle $U \in \mathfrak{U}$ und alle $G \in \mathfrak{G}$ die Gleichung

$$a_{\mathfrak{U}}(GU) = a_{\mathfrak{U}}(G) + a_{\mathfrak{U}}(U)\,.$$

Insbesondere ist die Abbildung h mit $h(U) = a_{\mathfrak{U}}(U)$ ein Homomorphismus von $\mathfrak{U}$ in die additive Gruppe K^+ von K.

c) Für $R \in \mathfrak{R}$ und $G \in \mathfrak{G}$ sei $GR^{-1} = R_1^{-1}U_1$ mit $R_1 \in \mathfrak{R}$ und $U_1 \in \mathfrak{U}$. Dann gilt $a_{\mathfrak{U}R}(G) = a_{\mathfrak{U}}(R_1^{-1}) + a_{\mathfrak{U}}(U_1) - a_{\mathfrak{U}}(R^{-1})$.

d) Sei h ein Homomorphismus von $\mathfrak{U}$ in K^+. Wir geben für $E \neq R \in \mathfrak{R}$ die Werte $h(R^{-1})$ beliebig in K vor. Dann wird durch $f(G) = \sum_{R\in\mathfrak{R}} a_{\mathfrak{U}R}(G)\,v_{\mathfrak{U}R}$ mit $a_{\mathfrak{U}R}(G) = h(R_1^{-1}) + h(U_1) - h(R^{-1})$ (mit $GR^{-1} = R_1^{-1}U_1$ wie unter c)) ein 1-Kozyklus f aus $\mathbf{Z}^1(\mathfrak{G}, V)$ definiert. Also ist

$$|\mathbf{Z}^1(\mathfrak{G}, V)| = p^d p^{|\mathfrak{G}:\mathfrak{U}|-1}.)$$

68) Sei $\mathfrak{P}$ eine abelsche p-Gruppe und $\mathfrak{A}$ eine Gruppe von Automorphismen von $\mathfrak{P}$ mit $p \nmid |\mathfrak{A}|$. Sei p^m die größte Invariante von $\mathfrak{P}$. Dann gibt es eine Zerlegung $\mathfrak{P} = \mathfrak{P}_1 \times \mathfrak{P}_2$, beide $\mathfrak{P}_i$ sind invariant unter $\mathfrak{A}$, $\mathfrak{P}_1$ hat lauter Invarianten p^m und alle Invarianten von $\mathfrak{P}_2$ sind kleiner als p^m. (Anleitung: Für $m > 1$ schließe man vermittels einer Induktion nach $\operatorname{Exp}\mathfrak{P} = p^m$.)

69) Sei $\mathfrak{P}$ eine abelsche p-Gruppe und $\mathfrak{A}$ eine Gruppe von Automorphismen von $\mathfrak{P}$ mit $p \nmid |\mathfrak{A}|$. Man zeige:

a) Es gibt eine Zerlegung $\mathfrak{P} = \mathfrak{P}_1 \times \cdots \times \mathfrak{P}_s$, wobei alle $\mathfrak{P}_i$ bei $\mathfrak{A}$ invariant sind und jedes $\mathfrak{P}_i$ lauter gleiche Invarianten hat.

b) $\Omega_1(\mathfrak{P})$ und $\mathfrak{P}/\mho_1(\mathfrak{P})$ sind als $\mathfrak{A}$-Gruppen isomorph (siehe Aufg. **51**, S. **86**).

70) Man gebe einen direkten Beweis für **17.5** in folgender Weise: Sei $\mathfrak{A}$ ein abelscher Normalteiler von $\mathfrak{G}$ mit $\mathfrak{G}/\mathfrak{A} = \mathfrak{H}$ und $(|\mathfrak{A}|, |\mathfrak{H}|) = 1$. Sei $\mathfrak{G} = \bigcup_{H \in \mathfrak{H}} R(H)\, \mathfrak{A}$ die Nebenklassenzerlegung von $\mathfrak{G}$ nach $\mathfrak{A}$.

a) Sei $R(H_1)\, R(H_2) = R(H_1 H_2)\, C(H_1, H_2)$. Man wähle z mit $|\mathfrak{H}|\, z \equiv 1(|\mathfrak{A}|)$ und setze $C(H) = \prod_{X \in \mathfrak{H}} C(X, H)^{-z}$. Dann ist $\{R(H)\, C(H) \mid H \in \mathfrak{H}\}$ ein Komplement von $\mathfrak{A}$ in $\mathfrak{G}$.

b) Seien $\{R(H) \mid H \in \mathfrak{H}\}$ und $\{R'(H) \mid H \in \mathfrak{H}\}$ Komplemente von $\mathfrak{A}$ in $\mathfrak{G}$. Sei $R'(H) = R(H)\, A(H)$ mit $A(H) \in \mathfrak{A}$. Man setze $S = \prod_{H \in \mathfrak{H}} A(H)^z$ und beweise $R'(H) = S^{-1} R(H)\, S$.

§ 18. Der Satz von Zassenhaus

In diesem Paragraphen seien alle auftretenden Gruppen endlich.

Wir wollen ein grundlegendes Kriterium für die Existenz von Komplementen von Normalteilern beweisen. Unsere Voraussetzungen lauten:

Sei $\mathfrak{N}$ ein Normalteiler von $\mathfrak{G}$ mit $\mathfrak{G}/\mathfrak{N} = \mathfrak{H}$; die Ordnungen von $\mathfrak{N}$ und $\mathfrak{H}$ seien teilerfremd.

Dann ist jede Untergruppe $\mathfrak{B}$ von $\mathfrak{G}$ mit $|\mathfrak{B}| = |\mathfrak{H}|$ ein Komplement von $\mathfrak{N}$:

Wegen $(|\mathfrak{B}|, |\mathfrak{N}|) = 1$ gilt nämlich $\mathfrak{B} \cap \mathfrak{N} = \mathfrak{E}$, und dann folgt mit 2.12a)

$$|\mathfrak{B}\mathfrak{N}| = |\mathfrak{B}|\, |\mathfrak{N}| = |\mathfrak{G}|,$$

also $\mathfrak{G} = \mathfrak{B}\mathfrak{N}$.

18.1 Hauptsatz (Zassenhaus). *Sei $\mathfrak{N}$ ein Normalteiler der endlichen Gruppe $\mathfrak{G}$, die Ordnungen von $\mathfrak{N}$ und $\mathfrak{G}/\mathfrak{N}$ seien teilerfremd. Dann gibt es in $\mathfrak{G}$ ein Komplement zu $\mathfrak{N}$.*

Beweis. Angenommen, der Satz sei falsch. Sei $\mathfrak{G}$ ein Gegenbeispiel von möglichst kleiner Ordnung. Wir zeigen:

(1) $\mathfrak{N}$ ist ein direktes Produkt seiner Sylowgruppen:

Ist nämlich $\mathfrak{P}$ eine Sylowgruppe von $\mathfrak{N}$, so gilt nach Satz **7.8** $\mathfrak{G} = \mathfrak{N}\mathbf{N}_{\mathfrak{G}}(\mathfrak{P})$. Dann folgt

$$|\mathfrak{G}/\mathfrak{N}| = |\mathbf{N}_{\mathfrak{G}}(\mathfrak{P})/\mathbf{N}_{\mathfrak{G}}(\mathfrak{P}) \cap \mathfrak{N}|.$$

Also erfüllt $\mathbf{N}_{\mathfrak{G}}(\mathfrak{P})$ mit dem Normalteiler $\mathbf{N}_{\mathfrak{G}}(\mathfrak{P}) \cap \mathfrak{N} = \mathbf{N}_{\mathfrak{N}}(\mathfrak{P})$ wieder unsere Voraussetzungen. Ist $\mathbf{N}_{\mathfrak{G}}(\mathfrak{P}) < \mathfrak{G}$, so gibt es in $\mathbf{N}_{\mathfrak{G}}(\mathfrak{P})$ ein Komplement $\mathfrak{B}$ von $\mathbf{N}_{\mathfrak{N}}(\mathfrak{P})$. Es ist

$$|\mathfrak{B}| = |\mathbf{N}_{\mathfrak{G}}(\mathfrak{P})/\mathbf{N}_{\mathfrak{G}}(\mathfrak{P}) \cap \mathfrak{N}| = |\mathfrak{G}/\mathfrak{N}|.$$

Dann ist $\mathfrak{V}$ nach der Vorbemerkung am Beginn dieses Paragraphen ein Komplement von $\mathfrak{N}$ in $\mathfrak{G}$. Das widerspricht der Wahl von $\mathfrak{G}$ als Gegenbeispiel. Also ist $\mathbf{N}_{\mathfrak{G}}(\mathfrak{P}) = \mathfrak{G}$ für alle Sylowgruppen $\mathfrak{P}$ von $\mathfrak{N}$. Somit sind alle Sylowgruppen von $\mathfrak{N}$ normal in $\mathfrak{N}$, und nach 9.5 ist $\mathfrak{N}$ das direkte Produkt

$$\mathfrak{N} = \mathfrak{P}_1 \times \cdots \times \mathfrak{P}_r$$

seiner Sylowgruppen $\mathfrak{P}_i$.

(2) $\mathfrak{N}$ ist abelsch:

Nach 8.9 und 9.9 ist $\mathfrak{N}$ auflösbar. Daher haben wir $\mathfrak{N}' < \mathfrak{N}$. Ist $\mathfrak{E} < \mathfrak{N}'$, so gilt wegen $|\mathfrak{G}/\mathfrak{N}'| < |\mathfrak{G}|$ der Satz für $\mathfrak{G}/\mathfrak{N}'$ mit dem Normalteiler $\mathfrak{N}/\mathfrak{N}'$. Daher gibt es ein Komplement zu $\mathfrak{N}/\mathfrak{N}'$ in $\mathfrak{G}/\mathfrak{N}'$, und dieses hat die Gestalt $\mathfrak{W}/\mathfrak{N}'$ mit einer geeigneten Untergruppe $\mathfrak{W}$ von $\mathfrak{G}$. Da

$$|\mathfrak{W}/\mathfrak{N}'| = |\mathfrak{G}/\mathfrak{N}' \big/ \mathfrak{N}/\mathfrak{N}'| = |\mathfrak{G}/\mathfrak{N}|$$

zu $|\mathfrak{N}'|$ teilerfremd ist und da

$$|\mathfrak{W}| = |\mathfrak{W}/\mathfrak{N}'|\,|\mathfrak{N}'| = |\mathfrak{G}/\mathfrak{N}|\,|\mathfrak{N}'| < |\mathfrak{G}|$$

gilt, existiert ein Komplement zu $\mathfrak{N}'$ in $\mathfrak{W}$. Dieses hat die Ordnung $|\mathfrak{G}/\mathfrak{N}|$, ist also ein Komplement zu $\mathfrak{N}$ in $\mathfrak{G}$. Das ist jedoch ein Widerspruch gegen unsere Wahl von $\mathfrak{G}$ als Gegenbeispiel. Also ist $\mathfrak{N}' = \mathfrak{E}$, und $\mathfrak{N}$ ist abelsch.

Nach Satz 17.5 gibt es dann ein Komplement von $\mathfrak{N}$ in $\mathfrak{G}$. Daher führt unsere Annahme zu einem Widerspruch, und Satz 18.1 ist bewiesen. **q.e.d.**

18.2 Hauptsatz (ZASSENHAUS). *Sei $\mathfrak{N}$ ein Normalteiler der endlichen Gruppe $\mathfrak{G}$ mit* $(|\mathfrak{N}|, |\mathfrak{G}/\mathfrak{N}|) = 1$. *Ist $\mathfrak{N}$ oder $\mathfrak{G}/\mathfrak{N}$ auflösbar, so sind alle Komplemente von $\mathfrak{N}$ in $\mathfrak{G}$ konjugiert.*

Beweis. a) Sei zuerst $\mathfrak{N}$ auflösbar, also $\mathfrak{N}' < \mathfrak{N}$. Ist $\mathfrak{N}' = \mathfrak{E}$, so ist $\mathfrak{N}$ abelsch, und die Behauptung steht in Satz 17.5. Ist $\mathfrak{E} < \mathfrak{N}'$, so schließen wir mittels einer Induktion nach $|\mathfrak{G}|$ in folgender Weise:

Seien $\mathfrak{V}_1$ und $\mathfrak{V}_2$ zwei Komplemente von $\mathfrak{N}$ in $\mathfrak{G}$. Wegen

$$|\mathfrak{V}_i\mathfrak{N}'/\mathfrak{N}'| = |\mathfrak{V}_i/\mathfrak{V}_i \cap \mathfrak{N}'| = |\mathfrak{V}_i| = |\mathfrak{G}/\mathfrak{N}| = |\mathfrak{G}/\mathfrak{N}' \big/ \mathfrak{N}/\mathfrak{N}'|$$

sind dann die $\mathfrak{V}_i\mathfrak{N}'/\mathfrak{N}'$ Komplemente von $\mathfrak{N}/\mathfrak{N}'$ in $\mathfrak{G}/\mathfrak{N}'$. Also sind die $\mathfrak{V}_i\mathfrak{N}'/\mathfrak{N}'$ konjugiert in $\mathfrak{G}/\mathfrak{N}'$. Daher gilt

$$\mathfrak{V}_1\mathfrak{N}' = (\mathfrak{V}_2\mathfrak{N}')^X = \mathfrak{V}_2^X\mathfrak{N}'$$

mit einem geeigneten X aus $\mathfrak{G}$. Nun sind $\mathfrak{V}_1$ und $\mathfrak{V}_2^X$ Komplemente zu $\mathfrak{N}'$ in $\mathfrak{V}_1\mathfrak{N}'$, sind also wegen

$$\mathfrak{V}_1\mathfrak{N}' < \mathfrak{V}_1\mathfrak{N} = \mathfrak{G}$$

nach unserer Induktionsannahme in $\mathfrak{V}_1\mathfrak{N}'$ konjugiert. Daher gibt es ein Y mit

$$\mathfrak{V}_1 = (\mathfrak{V}_2^X)^Y = \mathfrak{V}_2^{XY}.$$

b) Nun sei $\mathfrak{G}/\mathfrak{N}$ auflösbar. Wir schließen wieder durch Induktion nach $|\mathfrak{G}|$.

Sei $\mathfrak{M}/\mathfrak{N}$ ein minimaler Normalteiler von $\mathfrak{G}/\mathfrak{N}$. Nach der Dedekind-Identität 2.12c) haben wir

$$\mathfrak{M} = \mathfrak{M} \cap \mathfrak{V}_i \mathfrak{N} = (\mathfrak{M} \cap \mathfrak{V}_i)\, \mathfrak{N} \qquad (i = 1, 2)$$

mit $\mathfrak{M} \cap \mathfrak{V}_i \trianglelefteq \mathfrak{V}_i$.

Ist $\mathfrak{M} < \mathfrak{G}$, so sind die $\mathfrak{M} \cap \mathfrak{V}_i$ als Komplemente von $\mathfrak{N}$ in $\mathfrak{M}$ nach unserer Induktionsannahme in $\mathfrak{M}$ konjugiert. Daher gibt es ein X mit

$$\mathfrak{M} \cap \mathfrak{V}_1 = (\mathfrak{M} \cap \mathfrak{V}_2)^X = \mathfrak{M} \cap \mathfrak{V}_2^X .$$

Indem wir nötigenfalls $\mathfrak{V}_2$ durch $\mathfrak{V}_2^{X^{-1}}$ ersetzen, dürfen wir

$$\mathfrak{M} \cap \mathfrak{V}_1 = \mathfrak{M} \cap \mathfrak{V}_2$$

annehmen. Wir setzen $\mathfrak{J} = \mathfrak{M} \cap \mathfrak{V}_1$ und haben nun $\mathfrak{J} \trianglelefteq \mathfrak{V}_i$ $(i = 1, 2)$. Wegen

$$\mathbf{N}_{\mathfrak{G}}(\mathfrak{J}) = \mathbf{N}_{\mathfrak{G}}(\mathfrak{J}) \cap \mathfrak{N}\mathfrak{V}_i = (\mathbf{N}_{\mathfrak{G}}(\mathfrak{J}) \cap \mathfrak{N})\, \mathfrak{V}_i$$

und

$$(\mathbf{N}_{\mathfrak{G}}(\mathfrak{J}) \cap \mathfrak{N})\, \mathfrak{J} \cap \mathfrak{V}_i = (\mathbf{N}_{\mathfrak{G}}(\mathfrak{J}) \cap \mathfrak{N} \cap \mathfrak{V}_i)\, \mathfrak{J} = \mathfrak{J}$$

sind die $\mathfrak{V}_i/\mathfrak{J}$ Komplemente zu $(\mathbf{N}_{\mathfrak{G}}(\mathfrak{J}) \cap \mathfrak{N})\, \mathfrak{J}/\mathfrak{J}$ in $\mathbf{N}_{\mathfrak{G}}(\mathfrak{J})/\mathfrak{J}$, sind also nach unserer Induktionsannahme konjugiert in $\mathbf{N}_{\mathfrak{G}}(\mathfrak{J})/\mathfrak{J}$. Dann sind auch die $\mathfrak{V}_i$ konjugiert in $\mathfrak{G}$.

Es bleibt noch der Fall $\mathfrak{M} = \mathfrak{G}$ zu behandeln. Dann ist $\mathfrak{G}/\mathfrak{N}$ eine einfache auflösbare Gruppe, hat also Primzahlordnung p. Da p kein Teiler von $|\mathfrak{N}|$ ist, sind die Komplemente zu $\mathfrak{N}$ gerade die p-Sylowgruppen von $\mathfrak{G}$, und diese sind nach 7.5 alle konjugiert in $\mathfrak{G}$. **q.e.d.**

Satz 18.2 legt die Frage nahe, ob man auf die Auflösbarkeit von $\mathfrak{N}$ oder $\mathfrak{G}/\mathfrak{N}$ verzichten kann. Dies ist in der Tat der Fall. Denn nach dem Satz von Feit-Thompson (Feit, Thompson [3]) ist jede Gruppe von ungerader Ordnung auflösbar. Sind $|\mathfrak{N}|$ und $|\mathfrak{G}/\mathfrak{N}|$ teilerfremd, so ist also $\mathfrak{N}$ oder $\mathfrak{G}/\mathfrak{N}$ auflösbar, und Satz 18.2 läßt sich anwenden. Mithin haben wir:

18.3 Hauptsatz. *Sei $\mathfrak{N}$ ein Normalteiler von $\mathfrak{G}$ mit $(|\mathfrak{N}|, |\mathfrak{G}/\mathfrak{N}|) = 1$. Dann sind alle Komplemente von $\mathfrak{N}$ in $\mathfrak{G}$ konjugiert.*

Ein Beweis von 18.3 ohne die Verwendung des außerordentlich tiefliegenden (und in diesem Buche nicht bewiesenen) Satzes von Feit-Thompson ist bis heute nicht bekannt. Wir wollen Satz 18.3 ohne die Verwendung des Feit-Thompsonschen Satzes auf anderem Wege beweisen, wobei allerdings die Schreibweise Vermutung eingeht.

18.4 Hilfssatz. *Die Voraussetzungen seien wie in* Satz 18.3. *Angenommen, es sei $\mathfrak{G}$ ein minimales Gegenbeispiel zu* Satz 18.3. *Dann gilt:*

(1) *$\mathfrak{G}/\mathfrak{N}$ und $\mathfrak{N}$ sind einfache nichtabelsche Gruppen.*

(2) $\mathbf{C}_{\mathfrak{G}}(\mathfrak{N}) = \mathfrak{E}$.

Beweis. Seien $\mathfrak{B}_1$ und $\mathfrak{B}_2$ zwei nicht konjugierte Komplemente von $\mathfrak{N}$ in $\mathfrak{G}$. Wir zeigen:

a) $\mathfrak{N}$ ist ein minimaler Normalteiler von $\mathfrak{G}$:

Sei nämlich $\mathfrak{E} < \mathfrak{M} < \mathfrak{N}$ und $\mathfrak{M} \lhd \mathfrak{G}$. Dann sind die $\mathfrak{B}_i\mathfrak{M}/\mathfrak{M}$ Komplemente zu $\mathfrak{N}/\mathfrak{M}$ in $\mathfrak{G}/\mathfrak{M}$, sind also konjugiert in $\mathfrak{G}/\mathfrak{M}$. Das ergibt $\mathfrak{B}_1\mathfrak{M} = \mathfrak{B}_2^X\mathfrak{M}$ mit einem geeigneten X aus $\mathfrak{G}$. Als Komplemente zu $\mathfrak{M}$ in der eigentlichen Untergruppe $\mathfrak{B}_1\mathfrak{M}$ von $\mathfrak{G}$ sind dann $\mathfrak{B}_1$ und $\mathfrak{B}_2^X$ konjugiert, entgegen der Wahl von $\mathfrak{G}$ als Gegenbeispiel. Also ist $\mathfrak{N}$ ein minimaler Normalteiler von $\mathfrak{G}$.

b) Es ist $\mathbf{C}_{\mathfrak{G}}(\mathfrak{N}) = \mathfrak{E}$:

Wegen $\mathfrak{N} \lhd \mathfrak{G}$ haben wir $\mathfrak{C} = \mathbf{C}_{\mathfrak{G}}(\mathfrak{N}) \trianglelefteq \mathfrak{G}$. Angenommen, es sei $\mathfrak{C} \neq \mathfrak{E}$. Da $\mathfrak{N}$ nach **17.5** nicht abelsch, nach a) aber charakteristisch einfach ist, gilt $\mathfrak{N} \cap \mathfrak{C} = \mathbf{Z}(\mathfrak{N}) = \mathfrak{E}$. Somit ist $|\mathfrak{C}| = |\mathfrak{C}\mathfrak{N}/\mathfrak{N}|$ ein Teiler von $|\mathfrak{G}/\mathfrak{N}| = |\mathfrak{B}_i|$. Da

$$|\mathfrak{C}\mathfrak{B}_i| = \frac{|\mathfrak{C}|\,|\mathfrak{B}_i|}{|\mathfrak{C} \cap \mathfrak{B}_i|}$$

zu $|\mathfrak{N}|$ teilerfremd ist, folgt $\mathfrak{C} \leqq \mathfrak{B}_i$ $(i = 1, 2)$. Daher sind die $\mathfrak{B}_i/\mathfrak{C}$ Komplemente zu $\mathfrak{N}\mathfrak{C}/\mathfrak{C}$ in $\mathfrak{G}/\mathfrak{C}$, sind also wegen $|\mathfrak{G}/\mathfrak{C}| < |\mathfrak{G}|$ konjugiert. Dann sind auch $\mathfrak{B}_1$ und $\mathfrak{B}_2$ konjugiert in $\mathfrak{G}$, entgegen der Wahl von $\mathfrak{G}$ als Gegenbeispiel.

c) $\mathfrak{G}/\mathfrak{N}$ ist einfach:

Sei $\mathfrak{M}/\mathfrak{N}$ ein minimaler Normalteiler von $\mathfrak{G}/\mathfrak{N}$ mit $\mathfrak{M} < \mathfrak{G}$. Wie im Beweisteil b) von **18.2** können wir annehmen, daß

$$\mathfrak{B}_1 \cap \mathfrak{M} = \mathfrak{B}_2 \cap \mathfrak{M}$$

gilt. Mit $\mathfrak{J} = \mathfrak{B}_i \cap \mathfrak{M}$ erhalten wir dann wieder die Konjugiertheit von $\mathfrak{B}_1/\mathfrak{J}$ und $\mathfrak{B}_2/\mathfrak{J}$ in $\mathbf{N}_{\mathfrak{G}}(\mathfrak{J})/\mathfrak{J}$, und haben einen Widerspruch. Also ist $\mathfrak{M} = \mathfrak{G}$, und $\mathfrak{G}/\mathfrak{N}$ ist einfach.

d) $\mathfrak{N}$ ist einfach:

Als minimaler Normalteiler von $\mathfrak{G}$ ist $\mathfrak{N}$ charakteristisch einfach. Nach **9.12** (S. 51) gilt daher $\mathfrak{N} = \mathfrak{N}_1 \times \cdots \times \mathfrak{N}_r$ mit isomorphen einfachen Gruppen $\mathfrak{N}_i$. Da $\mathfrak{N}$ nach **17.5** nicht abelsch ist, sind die $\mathfrak{N}_i$ nicht abelsch. Aus **9.12** entnehmen wir daher, daß die $\mathfrak{N}_i$ die einzigen minimalen Normalteiler von $\mathfrak{N}$ sind. Bei den inneren Automorphismen von $\mathfrak{G}$ werden die $\mathfrak{N}_i$ somit transitiv permutiert.

Angenommen, es sei $r > 1$. Sei $\mathfrak{H} = \mathbf{N}_{\mathfrak{G}}(\mathfrak{N}_1)$. Wegen $|\mathfrak{G} : \mathfrak{H}| = r > 1$ (siehe I, **5.11**, S. 27) und $\mathfrak{N}_1 \lhd \mathfrak{N}$ gilt sicher $\mathfrak{N} \leqq \mathfrak{H} < \mathfrak{G}$. Sei $q \mid |\mathfrak{N}_1|$, sei $\mathfrak{Q}_1$ eine q-Sylowgruppe von $\mathfrak{N}_1$ und $\mathfrak{T} = \mathbf{N}_{\mathfrak{G}}(\mathfrak{Q}_1)$. Für $T \in \mathfrak{T}$ ist dann

$$\mathfrak{N}_1^T \cap \mathfrak{N}_1 \geqq \mathfrak{Q}_1 > \mathfrak{E},$$

also $\mathfrak{N}_1^T = \mathfrak{N}_1$. Es folgt $\mathfrak{T} \leqq \mathfrak{H}$ und mit **7.8** sodann $\mathfrak{H} = \mathfrak{N}_1\mathfrak{T} = \mathfrak{N}\mathfrak{T}$. Wir haben daher $\mathfrak{H}/\mathfrak{N} \cong \mathfrak{T}/(\mathfrak{T} \cap \mathfrak{N})$. Somit sind $|\mathfrak{T}/(\mathfrak{T} \cap \mathfrak{N})|$ und $|\mathfrak{T} \cap \mathfrak{N}|$ teilerfremd. Sei $\mathfrak{U}$ ein nach **18.1** existierendes Komplement von $\mathfrak{T} \cap \mathfrak{N}$

in $\mathfrak{T}$. Dann ist

$$\mathfrak{H} = \mathfrak{N}\,\mathfrak{T} = \mathfrak{N}(\mathfrak{T} \cap \mathfrak{N})\,\mathfrak{U} = \mathfrak{N}\,\mathfrak{U}$$

und

$$\mathfrak{U} \cap \mathfrak{N} = \mathfrak{U} \cap (\mathfrak{N} \cap \mathfrak{T}) = \mathfrak{E}\,.$$

Also ist $\mathfrak{U}$ ein Komplement von $\mathfrak{N}$ in $\mathfrak{H}$.

Die $\mathfrak{V}_i \cap \mathfrak{H}$ $(i = 1, 2)$ sind wegen

$$\mathfrak{H} = \mathfrak{H} \cap \mathfrak{N}\,\mathfrak{V}_i = \mathfrak{N}(\mathfrak{H} \cap \mathfrak{V}_i)$$

Komplemente von $\mathfrak{N}$ in $\mathfrak{H}$. Somit sind wegen $\mathfrak{H} < \mathfrak{G}$ die Gruppen $\mathfrak{U}$, $\mathfrak{V}_1 \cap \mathfrak{H}$ und $\mathfrak{V}_2 \cap \mathfrak{H}$ konjugiert. Wir können daher $\mathfrak{U} = \mathfrak{V}_1 \cap \mathfrak{H} = \mathfrak{V}_2 \cap \mathfrak{H}$ annehmen.

Da wegen $\mathfrak{G} = \mathfrak{N}\,\mathfrak{V}_1$ bei Transformation mit Elementen aus $\mathfrak{V}_1$ die $\mathfrak{N}_i$ transitiv permutiert werden, gilt $\mathfrak{V}_1 = \bigcup_{i=1}^{r} (\mathfrak{V}_1 \cap \mathfrak{H})\, V_i$ mit $\mathfrak{N}_1^{V_i} = \mathfrak{N}_i$. Dann ist $\mathfrak{Q}_1^{V_i} = \mathfrak{Q}_i$ $(i = 1, \ldots, r)$ eine q-Sylowgruppe von $\mathfrak{N}_i$, also ist

$$\mathfrak{Q} = \mathfrak{Q}_1 \times \cdots \times \mathfrak{Q}_r$$

eine q-Sylowgruppe von $\mathfrak{N}$. Für $V \in \mathfrak{V}_1$ haben wir $V_i V = U V_j$ mit geeignetem j und einem U aus $\mathfrak{V}_1 \cap \mathfrak{H} = \mathfrak{U} \leqq \mathfrak{T} = \mathbf{N}_{\mathfrak{G}}(\mathfrak{Q}_1)$. Das liefert

$$\mathfrak{Q}_i^V = \mathfrak{Q}_1^{V_i V} = \mathfrak{Q}_1^{U V_j} = \mathfrak{Q}_1^{V_j} = \mathfrak{Q}_j$$

und daher $\mathfrak{Q}^V = \mathfrak{Q}$. Wir haben also $\mathfrak{V}_1 \leqq \mathbf{N}_{\mathfrak{G}}(\mathfrak{Q})$, und erhalten mit der Dedekind-Identität 2.12c) $\mathbf{N}_{\mathfrak{G}}(\mathfrak{Q}) = \mathfrak{V}_1 \mathbf{N}_{\mathfrak{N}}(\mathfrak{Q})$. Ebenso bekommen wir auch $\mathfrak{V}_2 \leqq \mathbf{N}_{\mathfrak{G}}(\mathfrak{Q}^N)$ für ein geeignetes N aus $\mathfrak{N}$. Also sind $\mathfrak{V}_1$ und $\mathfrak{V}_2^{N^{-1}}$ Komplemente zu $\mathbf{N}_{\mathfrak{N}}(\mathfrak{Q})$ in $\mathbf{N}_{\mathfrak{G}}(\mathfrak{Q})$. Wäre $\mathbf{N}_{\mathfrak{G}}(\mathfrak{Q}) < \mathfrak{G}$, so wären $\mathfrak{V}_1$ und $\mathfrak{V}_2^{N^{-1}}$ konjugiert. Da dies nicht der Fall ist, gilt $\mathbf{N}_{\mathfrak{G}}(\mathfrak{Q}) = \mathfrak{G}$, wegen der Minimalität von $\mathfrak{N}$ dann sogar $\mathfrak{N} = \mathfrak{Q}$. Also ist $\mathfrak{N}$ als charakteristisch einfache Gruppe von q-Potenzordnung abelsch, und Satz 17.5 liefert die Konjugiertheit von $\mathfrak{V}_1$ und $\mathfrak{V}_2$ entgegen unserer Annahme.

Also ist doch $r = 1$, und $\mathfrak{N}$ ist einfach. **q.e.d.**

18.5 Bemerkung. Satz 18.3 würde auch aus der bis heute nicht bewiesenen Vermutung von Schreier folgen: Ist $\mathfrak{G}$ eine einfache Gruppe, so ist die äußere Automorphismengruppe $\mathbf{A}(\mathfrak{G})/\mathbf{I}(\mathfrak{G})$ auflösbar.

Sei nämlich $\mathfrak{G} = \mathfrak{N}\,\mathfrak{V}$ ein minimales Gegenbeispiel zu Satz 18.3. Nach 18.4 ist dann $\mathfrak{G}/\mathbf{C}_{\mathfrak{G}}(\mathfrak{N}) = \mathfrak{G}$ isomorph zu einer Untergruppe der Automorphismengruppe $\mathbf{A}(\mathfrak{N})$, und bei diesem Isomorphismus wird $\mathfrak{N}$ auf $\mathbf{I}(\mathfrak{N})$ abgebildet. Also ist $\mathfrak{G}/\mathfrak{N}$ isomorph zu einer Untergruppe von $\mathbf{A}(\mathfrak{N})/\mathbf{I}(\mathfrak{N})$. Da $\mathfrak{N}$ nach 18.4 einfach ist, folgt aus der Richtigkeit der Schreierschen Vermutung die Auflösbarkeit von $\mathfrak{G}/\mathfrak{N}$. Nun liefert Satz 18.2 die Konjugiertheit aller Komplemente von $\mathfrak{N}$ in $\mathfrak{G}$.

Von der Schreierschen Vermutung, die für alle bekannten einfachen Gruppen nachgeprüft worden ist, werden wir später noch reden.

Die Sätze 18.1 und 18.2 bzw. 18.3 gehören zu den wichtigsten Sätzen der Theorie der endlichen Gruppen. Wir werden sie immer wieder heranzuziehen haben. In den meisten Fällen wird der hier vollständig bewiesene Satz 18.2 schon ausreichen.

Eine erste nützliche Anwendung von 18.3 ist der folgende Satz über das Herunterziehen von Fixpunkten von Automorphismen:

18.6 Satz. *Sei $\mathfrak{A}$ eine Gruppe von Automorphismen von $\mathfrak{G}$ und $\mathfrak{H}$ eine Untergruppe von $\mathfrak{G}$ mit $(|\mathfrak{A}|, |\mathfrak{H}|) = 1$. Sei $G \in \mathfrak{G}$. Für alle $A \in \mathfrak{A}$ sei $\mathfrak{H}^A = \mathfrak{H}$ und $\mathfrak{H} G^A = \mathfrak{H} G$. Dann gibt es ein X aus $\mathfrak{G}$ mit $\mathfrak{H} G = \mathfrak{H} X$ und $X^A = X$ für alle $A \in \mathfrak{A}$. (Jede bei $\mathfrak{A}$ feste Nebenklasse von $\mathfrak{H}$ enthält also ein bei $\mathfrak{A}$ festes Element.)*

Beweis (Glauberman [1]). Wir setzen $F(A) = G^A G^{-1}$. Dann ist F eine Abbildung von $\mathfrak{A}$ in $\mathfrak{H}$ mit

$$F(A_1 A_2) = G^{A_1 A_2} G^{-A_2} G^{A_2} G^{-1} = F(A_1)^{A_2} F(A_2) .$$

Sei $\mathfrak{L} = \mathfrak{G}\mathfrak{A}$ das semidirekte Produkt von $\mathfrak{G}$ mit $\mathfrak{A}$. Wir betrachten darin die Untergruppe $\mathfrak{H}\mathfrak{A}$ (man beachte $\mathfrak{H}^A = \mathfrak{H}$ für alle $A \in \mathfrak{A}$!). Wegen

$$A_1 F(A_1)\, A_2 F(A_2) = A_1 A_2 F(A_1)^{A_2} F(A_2) = A_1 A_2 F(A_1 A_2)$$

ist

$$\mathfrak{K} = \{A F(A) \mid A \in \mathfrak{A}\}$$

ein Komplement von $\mathfrak{H}$ in $\mathfrak{H}\mathfrak{A}$. Wegen $(|\mathfrak{A}|, |\mathfrak{H}|) = 1$ gibt es nach 18.3 ein $H \in \mathfrak{H}$ mit $\mathfrak{A}^H = \mathfrak{K}$. Dabei ist

$$A^H = A[A, H] \in A\,\mathfrak{H} \cap \mathfrak{K} = \{A F(A)\}$$

und daher

$$(HG)^A = H^A G^A = A^{-1} H A F(A) G = HG$$

für alle $A \in \mathfrak{A}$. Mit $X = HG$ gilt also die Behauptung. **q.e.d.**

18.7 Beispiel (K. H. Hofmann [1]). Wir wollen zeigen, daß in 17.4 (anders als im Spezialfall 17.5) die Annahme der Kommutativität von $\mathfrak{A}$ unentbehrlich ist:

Sei V der Vektorraum der Dimension 2 über dem Körper $K = GF(p)$ mit $p > 2$. Sei f eine schiefsymmetrische, nicht identisch verschwindende Bilinearform auf V. Auf der Menge

$$\mathfrak{P} = \{(v_1, v_2, w) \mid v_i \in V, w \in K\}$$

definieren wir eine Multiplikation durch

$$(v_1, v_2, w)\,(v_1', v_2', w') = (v_1 + v_1', v_2 + v_2', w + w' + f(v_1, v_1') - f(v_2, v_2')) .$$

Man rechnet leicht nach, daß dadurch $\mathfrak{P}$ eine Gruppe der Ordnung p^5 mit

$$\mathfrak{P}' = \{(o, o, w) \mid w \in K\}$$

wird. Die Abbildung α mit

$$(v_1, v_2, w)^\alpha = (-v_1, v_2, w)$$

ist ein Automorphismus der Ordnung 2 von $\mathfrak{P}$. Die Gruppe

$$\mathfrak{D} = \{(v, v, 0) \mid v \in V\}$$

ist offenbar ein Komplement des nichtabelschen Normalteilers

$$\mathfrak{N} = \{(v, o, w) \mid v \in V, w \in K\}$$

von $\mathfrak{P}$.

Sei $\mathfrak{G}$ das semidirekte Produkt von $\mathfrak{P}$ mit der zyklischen Gruppe $\langle A \rangle$ der Ordnung 2 zum Automorphismus $P^A = P^\alpha$. Wegen $\mathfrak{N}^\alpha = \mathfrak{N}$ ist $\mathfrak{N} \lhd \mathfrak{G}$. Es ist $\mathfrak{D}$ ein Komplement von $\mathfrak{N}$ in $\mathfrak{P}$, und es gilt $(|\mathfrak{N}|, |\mathfrak{G} : \mathfrak{P}|) = 1$.

Angenommen, es sei $\mathfrak{K}$ ein Komplement von $\mathfrak{N}$ in $\mathfrak{G}$. Nach Übergang zu einer Konjugierten von $\mathfrak{K}$ können wir wegen der Konjugiertheit der 2-Sylowgruppen von $\mathfrak{G}$ jedenfalls $\langle A \rangle < \mathfrak{K}$ annehmen. Also ist

$$\mathfrak{K} = \langle A \rangle \mathfrak{T} \quad \text{mit} \quad \mathfrak{T} = \mathfrak{P} \cap \mathfrak{K} .$$

Für alle $P \in \mathfrak{P}$ gilt $[P, A] \in \mathfrak{N}$. Für $T \in \mathfrak{T}$ folgt daher

$$[T, A] \in \mathfrak{K} \cap \mathfrak{N} = \mathfrak{E} .$$

Somit wird $\mathfrak{T}$ von A zentralisiert. Für $T_1, T_2 \in \mathfrak{T}$ erhalten wir

$$[T_1, T_2] \in \mathfrak{T} \cap \mathfrak{P}' \leqq \mathfrak{T} \cap \mathfrak{N} = \mathfrak{E} .$$

Also ist $\mathfrak{T}$ abelsch.

Wegen $\mathfrak{P} = \mathfrak{N}\mathfrak{T}$ und $\mathfrak{N} \cap \mathfrak{T} = \mathfrak{E}$ haben wir

$$\mathfrak{T} = \{(g(v), v, h(v)) \mid v \in V\}$$

mit einer geeigneten Abbildung g von V in sich und einer Abbildung h von V in K. Es folgt

$$(g(v), v, h(v)) = (g(v), v, h(v))^\alpha = (-g(v), v, h(v)) .$$

Wegen $p > 2$ ist dann $g(v) = o$ für alle $v \in V$. Die Kommutativität von $\mathfrak{T}$ erzwingt

$$f(v, v') = f(v', v) = -f(v, v') = 0$$

für alle $v, v' \in V$, entgegen unserer Voraussetzung über f. Also hat $\mathfrak{N}$ kein Komplement in $\mathfrak{G}$.

Aufgaben:

71) Sei $\mathfrak{A}$ eine Gruppe von Automorphismen von $\mathfrak{G}$ mit $(|\mathfrak{A}|, |\mathfrak{G}|) = 1$. Wir setzen $\mathfrak{F} = \{G \mid G \in \mathfrak{G},\ G^A = G \text{ für alle } A \in \mathfrak{A}\}$. Dann gilt $\mathbf{N}_\mathfrak{G}(\mathfrak{F}) = \mathfrak{F}\,\mathbf{C}_\mathfrak{G}(\mathfrak{F})$.

72) Die Voraussetzungen und Bezeichnungen seien wie in Aufg. 71). Dann gibt es für jede Primzahl p mindestens eine p-Sylowgruppe $\mathfrak{P}$ von $\mathfrak{G}$ mit $\mathfrak{P}^A = \mathfrak{P}$ für alle $A \in \mathfrak{A}$. Alle solchen p-Sylowgruppen sind unter $\mathfrak{F}$ konjugiert.

§ 19. Freie Gruppen und definierende Relationen

19.1 Definition. Die Gruppe $\mathfrak{F}$ heißt frei vom Rang $|I|$ in den freien Erzeugenden F_i $(i \in I)$, wenn gilt:

(1) $\mathfrak{F} = \langle F_i \mid i \in I \rangle$.

(2) Ist $\mathfrak{G}$ eine Gruppe mit einem Erzeugendensystem $\{G_i \mid i \in I\}$, so gibt es einen Epimorphismus μ von $\mathfrak{F}$ auf $\mathfrak{G}$ mit $F_i^\mu = G_i$ für alle $i \in I$. (Man vergleiche diese Definition mit der Definition des freien Moduls in 10.15!)

19.2 Satz. a) *Zu jeder Kardinalzahl* $\aleph$ *gibt es eine freie Gruppe vom Rang* $\aleph$.

b) *Sind* $\mathfrak{F}_1$ *und* $\mathfrak{F}_2$ *freie Gruppen von gleichem Rang, so sind* $\mathfrak{F}_1$ *und* $\mathfrak{F}_2$ *isomorph.*

Beweis. a) Sei I eine Menge mit $|I| = \aleph$. Wir betrachten Symbole S_i, S_i^{-1} mit $i \in I$. Als Worte in diesen Symbolen bezeichnen wir E (das sog. leere Wort) und alle Ausdrücke der Gestalt

$$S_{i_1}^{a_1} \dots S_{i_k}^{a_k}$$

mit $i_j \in I$ und $a_j = \pm 1$. Es sei

$$S_{i_1}^{a_1} \dots S_{i_k}^{a_k} = S_{j_1}^{b_1} \dots S_{j_l}^{b_l}$$

genau für $k = l$ und $i_n = j_n$, $a_n = b_n$ für $n = 1, \dots, k$. Wir definieren das Produkt von zwei Worten $X = S_{i_1}^{a_1} \dots S_{i_k}^{a_k}$ und $Y = S_{j_1}^{b_1} \dots S_{j_m}^{b_m}$ durch

$$XY = S_{i_1}^{a_1} \dots S_{i_k}^{a_k} S_{j_1}^{b_1} \dots S_{j_m}^{b_m},$$

bzw. durch $XE = EX = X$ und $EE = E$.

Unter einer elementaren Umformung wollen wir den Übergang von $A_1 A_2$ zu $A_1 S_i^a S_i^{-a} A_2$ $(a = \pm 1)$ oder von $A_1 S_i^a S_i^{-a} A_2$ zu $A_1 A_2$ verstehen. Wir nennen die Worte A und B äquivalent $(A \sim B)$, wenn es eine Kette

$$A = W_1, W_2, \dots, W_n = B$$

von Worten W_i gibt, derart, daß W_i durch eine elementare Umformung in W_{i+1} übergeht. Man sieht sofort, daß dies eine Äquivalenzrelation ist und daß aus $A_1 \sim A_2$ und $B_1 \sim B_2$ folgt $A_1 B_1 \sim B_2 A_2$. Die Klasse der zu A äquivalenten Worte bezeichnen wir mit $[A]$. Wir definieren auf der Menge der Äquivalenzklassen eine Multiplikation durch $[A][B] = [AB]$. Diese ist nach dem Gesagten wohldefiniert, und es gilt:

(1) Aus der trivialen Gleichung $A(BC) = (AB)C$ für die Worte folgt

$$[A]([B][C]) = [A][BC] = [A(BC)] = [(AB)C] = [AB][C]$$
$$= ([A][B])[C].$$

Also ist die Multiplikation assoziativ.

(2) $[E][A] = [EA] = [A]$.

(3) Ist $A = S_{i_1}^{a_1} \ldots S_{i_k}^{a_k}$ und setzen wir $B = S_{i_k}^{-a_k} \ldots S_{i_1}^{-a_1}$, so ist

$$[B][A] = [BA] = [E].$$

Also bilden die Äquivalenzklassen der Worte eine Gruppe $\mathfrak{F}$.

Wir zeigen, daß $\mathfrak{F}$ frei ist in den freien Erzeugenden $F_i = [S_i]$ $(i \in I)$. Offenbar wird $\mathfrak{F}$ von den F_i erzeugt.

Sei $\mathfrak{G} = \langle G_i \mid i \in I \rangle$. Wir definieren zunächst eine Abbildung ε der Menge der Worte auf $\mathfrak{G}$ durch

$$(S_{i_1}^{a_1} \ldots S_{i_k}^{a_k})^\varepsilon = G_{i_1}^{a_1} \ldots G_{i_k}^{a_k} \text{ bzw. } E^\varepsilon = E.$$

Das Bild ist nur abhängig von der Äquivalenzklasse des Wortes: Entsteht nämlich B aus A etwa durch die elementare Umformung

$$A = A_1 S_j^a S_j^{-a} A_2 \to B = A_1 A_2,$$

so gilt

$$A^\varepsilon = A_1^\varepsilon G_j^a G_j^{-a} A_2^\varepsilon = A_1^\varepsilon A_2^\varepsilon = B^\varepsilon.$$

Wir definieren die Abbildung μ von $\mathfrak{F}$ auf $\mathfrak{G}$ nun durch

$$(F_{i_1}^{a_1} \ldots F_{i_k}^{a_k})^\mu = (S_{i_1}^{a_1} \ldots S_{i_k}^{a_k})^\varepsilon = G_{i_1}^{a_1} \ldots G_{i_k}^{a_k}.$$

Offenbar ist μ dann ein Epimorphismus von $\mathfrak{F}$ auf $\mathfrak{G}$ mit $F_i^\mu = G_i$.

b) Sei $\mathfrak{F}_i$ $(i = 1, 2)$ frei in den freien Erzeugenden F_{ij} $(j \in I_i)$ und sei $|I_1| = |I_2|$. Sei ε eine umkehrbar eindeutige Abbildung von I_1 auf I_2. Dann gibt es nach Definition 19.1 einen Epimorphismus μ_1 von $\mathfrak{F}_1$ auf $\mathfrak{F}_2$ mit

$$F_{1j}^{\mu_1} = F_{2j^\varepsilon}.$$

Ebenso gibt es einen Epimorphismus μ_2 von $\mathfrak{F}_2$ auf $\mathfrak{F}_1$ mit

$$F_{2j^\varepsilon}^{\mu_2} = F_{1j}.$$

Nun ist $\mu_1\mu_2 = 1$ auf $\mathfrak{F}_1$ und $\mu_2\mu_1 = 1$ auf $\mathfrak{F}_2$, also ist μ_1 ein Isomorphismus von $\mathfrak{F}_1$ auf $\mathfrak{F}_2$. **q.e.d.**

19.3 Definition. Sei $\mathfrak{G} = \langle G_i \mid i \in I \rangle$. Dann gibt es nach 19.1 einen Epimorphismus μ der freien Gruppe $\mathfrak{F} = \langle F_i \mid i \in I \rangle$ in den freien Erzeugenden F_i auf $\mathfrak{G}$ mit $F_i^\mu = G_i$. Sei $\mathfrak{R} = \operatorname{Kern} \mu$. Es besteht $\mathfrak{R}$ genau aus den Elementen

$$F_{i_1}^{a_1} \ldots F_{i_k}^{a_k},$$

welche durch „Einsetzen" der G_i zu

$$G_{i_1}^{a_1} \ldots G_{i_k}^{a_k} = E$$

werden. Wir nennen die Elemente aus $\mathfrak{R}$ die für die Erzeugenden G_i geltenden Relationen.

Ist umgekehrt eine Menge $\mathfrak{S}$ von Elementen S aus der freien Gruppe $\mathfrak{F} = \langle F_i \mid i \in I \rangle$ gegeben, so sei $\mathfrak{N} = \mathfrak{S}^{\mathfrak{F}}$ der von allen S aus $\mathfrak{S}$ und ihren Konjugierten erzeugte Normalteiler von $\mathfrak{F}$. Dann nennen wir $\mathfrak{F}/\mathfrak{N}$ die durch die Erzeugenden $F_i\mathfrak{N}$ $(i \in I)$ und die Relationen S aus $\mathfrak{S}$ definierte Gruppe.

19.4 Hilfssatz. *Sei* $\mathfrak{G} = \langle G_i \mid i \in I \rangle$ *und* $\mathfrak{F} = \langle F_i \mid i \in I \rangle$ *die freie Gruppe in den freien Erzeugenden* F_i. *Die sämtlichen Elemente* S *einer Teilmenge* $\mathfrak{S}$ *der freien Gruppe* $\mathfrak{F}$ *seien Relationen für die* G_i. *Dann ist* $\mathfrak{G}$ *ein epimorphes Bild der durch die Erzeugenden* $F_i\,\mathfrak{S}^{\mathfrak{F}}$ *und die Relationen aus* $\mathfrak{S}$ *definierten Gruppe.*

Beweis. Sei μ der Epimorphismus von $\mathfrak{F}$ auf $\mathfrak{G}$ mit $F_i^{\mu} = G_i$ und $\mathfrak{K}$ der Kern von μ. Dann gilt nach unserer Voraussetzung für alle S aus $\mathfrak{S}$ die Gleichung $S^{\mu} = E$. Also liegt $\mathfrak{S}$ in $\mathfrak{K}$, daher auch der von $\mathfrak{S}$ erzeugte Normalteiler $\mathfrak{N} = \mathfrak{S}^{\mathfrak{F}}$ von $\mathfrak{F}$. Somit haben wir

$$\mathfrak{G} \cong \mathfrak{F}/\mathfrak{K} \cong \mathfrak{F}/\mathfrak{N}\big/\mathfrak{K}/\mathfrak{N}\,.$$

Daher ist $\mathfrak{G}$ ein epimorphes Bild der durch die Relationen aus $\mathfrak{S}$ definierten Gruppe $\mathfrak{F}/\mathfrak{N}$. **q.e.d.**

Die Bestimmung der Struktur einer Gruppe, welche durch Erzeugende und Relationen definiert ist, stößt in der Regel auf große Schwierigkeiten. So gibt es z. B. keine allgemeinen Kriterien und keinen Algorithmus zur Entscheidung der Frage, ob die definierte Gruppe endlich ist oder ob sie sogar die Einheitsgruppe $\mathfrak{E}$ ist. Wir behandeln hier nur ein paar einfache Beispiele, welche zum Teil später benötigt werden. Eine eingehende Behandlung dieser Fragen gibt der Ergebnisbericht von Coxeter, Moser [1].

Genau genommen sind die Relationen zwischen Elementen G_i aus $\mathfrak{G}$ Elemente $\prod_j F_{i_j}^{a_j}$ aus einer freien Gruppe. Wir werden weiterhin (etwas ungenau) von den Relationen $\prod_j G_{i_j}^{a_j} = E$ in $\mathfrak{G}$ reden.

19.5 Beispiel. Die Erzeugenden X_1, X_2 und die Relationen $X_1^2 = X_2^2 = (X_1X_2)^m = E$ definieren eine endliche Gruppe der Ordnung $2m$, die sog. Diedergruppe. Diese besitzt einen zyklischen Normalteiler $\mathfrak{Z} = \langle Z \rangle$ der Ordnung m, es ist $\langle X_1 \rangle$ ein Komplement von $\mathfrak{Z}$, und es gilt

$$X_1^{-1} Z X_1 = Z^{-1}\,.$$

(Im Sonderfall $m = 2^n$ haben wir die Diedergruppen schon in 14.9 betrachtet.)

Beweis. Sei $\mathfrak{G}$ die durch die Relationen

$$X_1^2 = X_2^2 = (X_1X_2)^m = E$$

definierte Gruppe. Wir setzen $Z = X_1 X_2$. Dann ist $\mathfrak{G} = \langle X_1, Z\rangle$. Es gilt

$$X_1^{-1} Z X_1 = X_2 X_1 = X_2^{-1} X_1^{-1} = (X_1 X_2)^{-1} = Z^{-1}\,.$$

Daher läßt sich jedes Element von $\mathfrak{G}$ schreiben in der Gestalt $X_1^a Z^b$ mit $0 \leqq a \leqq 1$ und $0 \leqq b \leqq m - 1$. Also folgt $|\mathfrak{G}| \leqq 2m$.

Sei $\mathfrak{D} = \langle A, B\rangle$ das semidirekte Produkt der zyklischen Gruppe $\langle A\rangle$ der Ordnung m mit der zyklischen Gruppe $\langle B\rangle$ der Ordnung 2 zum Automorphismus

$$A^B = A^{-1}\,.$$

Wir setzen $Y_1 = A B$ und $Y_2 = B$. Dann ist $\mathfrak{D} = \langle Y_1, Y_2\rangle$, und es gelten die Relationen

$$Y_1^2 = (A B)^2 = A A^B = E\,,$$

$$Y_2^2 = B^2 = E$$

und

$$(Y_1 Y_2)^m = (A B^2)^m = A^m = E\,.$$

Nach Hilfssatz 19.4 ist nun $\mathfrak{D}$ ein epimorphes Bild von $\mathfrak{G}$. Aus

$$|\mathfrak{G}| \leqq 2m = |\mathfrak{D}|$$

folgt dann $\mathfrak{G} \cong \mathfrak{D}$. **q.e.d.**

19.6 Beispiel. Sei $\mathfrak{G}$ die durch die Erzeugenden X_1, X_2 und die Relationen $X_1^3 = X_2^3 = (X_1 X_2)^3 = E$ definierte Gruppe. Dann ist $\mathfrak{G}$ ein semidirektes Produkt einer freien abelschen Gruppe $\mathfrak{A} = \langle A_1\rangle \times \langle A_2\rangle$ in den freien Erzeugenden A_1, A_2 mit der zyklischen Gruppe $\langle X_1\rangle$ der Ordnung 3 zu dem Automorphismus

$$A_1^{X_1} = A_1^{-1} A_2^{-1}, \quad A_2^{X_1} = A_1\,.$$

Beweis. Wir setzen $A_1 = X_1 X_2^2$, $A_2 = X_2 X_1 X_2$, $A_3 = X_2^2 X_1$. Dann gilt:

$$A_1^{X_1} = X_2^2 X_1 = A_3 = A_2^{-1} A_1^{-1},\ A_2^{X_1} = X_1^{-1} X_2 X_1 X_2 X_1 = A_1$$

$$A_3^{X_1} = X_1^{-1} X_2^2 X_1^2 = (A_1 A_3)^{-1}$$

$$A_1^{X_2} = X_2^{-1} X_1 X_2^3 = A_3,\ A_2^{X_2} = X_1 X_2^2 = A_1,\ A_3^{X_2} = X_2 X_1 X_2 = A_2\,.$$

Ferner haben wir $A_1 A_2 = A_3^{-1}$. Also ist $\langle A_1, A_2\rangle$ ein Normalteiler von $\mathfrak{G}$. Wegen $(X_1 X_2)^3 = E$ ist

$$A_2 A_1 = X_2 X_1 X_2 X_1 X_2^2 = X_1^{-1} (X_1 X_2)^3 X_2 = X_1^2 X_2 = A_1 A_2\,.$$

Somit ist $\mathfrak{A}$ abelsch. Aus

$$X_1^{-1} A_1 = X_2^2 = X_2^{-1} \in \mathfrak{A}\langle X_1\rangle$$

folgt $\mathfrak{G} = \mathfrak{A}\langle X_1\rangle$.

Sei umgekehrt $\mathfrak{H}$ das semidirekte Produkt der freien abelschen Gruppe $\mathfrak{B} = \langle B_1\rangle \times \langle B_2\rangle$ mit der zyklischen Gruppe $\langle S\rangle$ der Ordnung 3 zu dem Automorphismus

$$B_1^S = B_1^{-1} B_2^{-1}, \quad B_2^S = B_1\,.$$

Dann erfüllen $Y_1 = B_1 S$ und $Y_2 = S$ die folgenden Relationen:

$$Y_1^3 = B_1 B_1^{S^2} B_1^S S^3 = B_1 B_2 B_1^{-1} B_2^{-1} = E, \quad Y_2^3 = E$$

und

$$(Y_1 Y_2)^3 = (B_1 S^2)^3 = B_1 B_1^S B_1^{S^2} S^6 = E .$$

Also ist $\mathfrak{H}$ ein epimorphes Bild von $\mathfrak{G}$, und es gibt einen Epimorphismus μ von $\mathfrak{G}$ auf $\mathfrak{H}$ mit

$$X_1^\mu = Y_1 = B_1 S \quad \text{und} \quad X_2^\mu = Y_2 = S .$$

Es folgt

$$A_1^\mu = (X_1 X_2^2)^\mu = B_1 S^3 = B_1 \quad \text{und} \quad A_2^\mu = (X_2 X_1 X_2)^\mu = S B_1 S^2 = B_1^{S^{-1}} = B_2 .$$

Somit ist die freie abelsche Gruppe $\langle B_1, B_2 \rangle$ ein epimorphes Bild von $\langle A_1, A_2 \rangle$. Also ist auch $\mathfrak{A} = \langle A_1, A_2 \rangle$ selbst eine freie abelsche Gruppe in zwei freien Erzeugenden. **q.e.d.**

19.7 Beispiel. Die Erzeugenden $X_1, \ldots, X_{n-1}$ und die Relationen

$$X_i^2 = E \quad (1 \leqq i \leqq n-1),$$
$$(X_i X_{i+1})^3 = E \quad (i \leqq n-2),$$
$$(X_i X_j)^2 = E \quad (j < i-1)$$

definieren die symmetrische Gruppe $\mathfrak{S}_n$ für $n > 1$. Die Transpositionen $S_i = (i, i+1)$ (mit $1 \leqq i \leqq n-1$) bilden ein Erzeugendensystem von $\mathfrak{S}_n$ und erfüllen diese Relationen.

Beweis. a) Sei $\mathfrak{G}$ die durch die angegebenen Relationen definierte Gruppe und $\mathfrak{H} = \langle X_1, \ldots, X_{n-2} \rangle$. Wir nehmen an, daß für $n-1$ statt n die Aussage bereits bewiesen ist. Dann ist $\mathfrak{H}$ nach 19.4 ein epimorphes Bild von $\mathfrak{S}_{n-1}$, und insbesondere gilt $|\mathfrak{H}| \leqq (n-1)!$.

Wir betrachten die folgenden Nebenklassen von $\mathfrak{H}$ in $\mathfrak{G}$:

$$\mathfrak{H},\ \mathfrak{H} X_{n-1},\ \mathfrak{H} X_{n-1} X_{n-2}, \ldots, \mathfrak{H} X_{n-1} X_{n-2} \ldots X_2 X_1 .$$

Diese werden bei Rechtsmultiplikation mit irgendeinem X_j vertauscht, denn es gilt:

$$X_i X_j = (X_i X_j)^{-1} = X_j X_i \quad \text{für} \quad j < i-1 ,$$

und daher

$$(\mathfrak{H} X_{n-1} \ldots X_i) X_j = (\mathfrak{H} X_j) X_{n-1} \ldots X_i = \mathfrak{H} X_{n-1} \ldots X_i ;$$

wegen $X_j X_{j-1} X_j = X_{j-1} X_j X_{j-1}$ ist für $j > i$

$$\begin{aligned}(\mathfrak{H} X_{n-1} \ldots X_i) X_j &= \mathfrak{H} X_{n-1} \ldots X_{j+1} X_j X_{j-1} X_j X_{j-2} \ldots X_i \\ &= \mathfrak{H} X_{n-1} \ldots X_{j+1} X_{j-1} X_j X_{j-1} X_{j-2} \ldots X_i \\ &= \mathfrak{H} X_{j-1} X_{n-1} \ldots X_i = \mathfrak{H} X_{n-1} \ldots X_i ;\end{aligned}$$

schließlich haben wir noch

$$(\mathfrak{H} X_{n-1} \ldots X_i) X_i = \mathfrak{H} X_{n-1} \ldots X_{i+1}$$

und
$$(\mathfrak{H} X_{n-1} \dots X_i)\, X_{i-1} = \mathfrak{H} X_{n-1} \dots X_{i-1} .$$

Also enthalten die angegebenen Nebenklassen alle Erzeugenden X_i von $\mathfrak{G}$ und überdecken daher $\mathfrak{G}$. Das ergibt $|\mathfrak{G}| \leqq |\mathfrak{H}|\, n \leqq n!$.

b) Wir haben noch zu zeigen, daß sich die symmetrische Gruppe $\mathfrak{S}_n$ mit Elementen S_i $(i = 1, \dots, n-1)$ erzeugen läßt, welche unsere Relationen erfüllen.

Sei $S_i = (i, i+1)$. Dann ist $S_i^2 = E$. Aus $S_i S_{i+1} = (i, i+2, i+1)$ folgt $(S_i S_{i+1})^3 = E$. Für $j < i-1$ ist $S_i S_j = (i, i+1)\,(j, j+1)$, somit $(S_i S_j)^2 = E$.

Zu zeigen bleibt noch, daß die S_i ganz $\mathfrak{S}_n$ erzeugen. Sei $\mathfrak{U} = \langle S_1, \dots, S_{n-1}\rangle$. Wegen
$$(i, j) = S_i^{S_{i+1} \dots S_{j-1}} \quad (i < j)$$
liegen alle Transpositionen in $\mathfrak{U}$. Aus der Gleichung
$$(a_1, a_2, \dots, a_k) = (a_1, a_2)\,(a_1, a_3) \dots (a_1, a_k)$$
folgt dann, daß auch alle k-Zyklen in $\mathfrak{U}$ liegen. Da nach 5.2 jedes Element aus $\mathfrak{S}_n$ ein Produkt von Zyklen ist, haben wir damit $\mathfrak{U} = \mathfrak{S}_n$ nachgewiesen. **q.e.d.**

19.8 Beispiel. Die Erzeugenden $X_1, \dots, X_{n-2}$ und die Relationen
$$X_1^3 = X_i^2 = E \quad (2 \leqq i \leqq n-2),$$
$$(X_i X_{i+1})^3 = E \quad (1 \leqq i \leqq n-3),$$
$$(X_i X_j)^2 = E \quad (1 \leqq i \leqq n-4;\ i+1 < j)$$
definieren für $n \geqq 3$ die alternierende Gruppe $\mathfrak{A}_n$.

Beweis. a) Sei $\mathfrak{G}$ die durch die angegebenen Relationen definierte Gruppe. Sei $\mathfrak{H} = \langle X_1, \dots, X_{n-3}\rangle$. Vermöge einer Induktionsannahme ist $\mathfrak{H}$ ein epimorphes Bild von $\mathfrak{A}_{n-1}$, also gilt $|\mathfrak{H}| \leqq \frac{(n-1)!}{2}$. Wir betrachten die folgenden Nebenklassen von $\mathfrak{H}$:
$$\mathfrak{H},\ \mathfrak{H} X_{n-2},\ \mathfrak{H} X_{n-2} X_{n-3},\ \mathfrak{H} X_{n-2} \dots X_2 X_1,\ \mathfrak{H} X_{n-2} \dots X_2 X_1^2 .$$
Aus den Gleichungen
$$X_i X_j = X_j X_i \qquad \text{für} \quad 1 < j < i-1,$$
$$X_j X_{j-1} X_j = X_{j-1} X_j X_{j-1} \quad \text{für} \quad 2 < j,$$
$$X_2 X_1 X_2 = X_1^{-1} X_2^{-1} X_1^{-1} = X_1^2 X_2 X_1^2$$
und
$$X_1 X_j = X_j^{-1} X_1^{-1} = X_j X_1^2 \qquad \text{für} \quad j > 2$$
erhalten wir
$$(\mathfrak{H} X_{n-2} \dots X_i)\, X_1 = \mathfrak{H} X_{n-2} \dots X_{i+1} X_1^2 X_i = \mathfrak{H} X_{n-2} \dots X_{i+2} X_1 X_{i+1} X_i$$
$$= \dots = \mathfrak{H} X_{n-2} \dots X_i \quad \text{für} \quad i > 2 .$$

Die Nebenklassen

$$\mathfrak{H} X_{n-2} \ldots X_2, \ \mathfrak{H} X_{n-2} \ldots X_2 X_1, \ \mathfrak{H} X_{n-2} \ldots X_2 X_1^2$$

werden bei Rechtsmultiplikation mit X_1 zyklisch vertauscht. In ähnlicher Weise erhalten wir

$$(\mathfrak{H} X_{n-2} \ldots X_i)\, X_2 = \mathfrak{H} X_{n-2} \ldots X_i \quad \text{für} \quad i > 3\,;$$

$\mathfrak{H} X_{n-2} \ldots X_3$ und $\mathfrak{H} X_{n-2} \ldots X_3 X_2$ werden bei Rechtsmultiplikation mit X_2 vertauscht;

$$(\mathfrak{H} X_{n-2} \ldots X_3 X_2 X_1)\, X_2 = \mathfrak{H} X_{n-2} \ldots X_3 X_1^2 X_2 X_1^2 = \mathfrak{H} X_{n-2} \ldots X_2 X_1^2\,,$$

$$(\mathfrak{H} X_{n-2} \ldots X_2 X_1^2)\, X_2 = \mathfrak{H} X_{n-2} \ldots X_3 X_1 X_2 X_1 = \mathfrak{H} X_{n-2} \ldots X_2 X_1\,.$$

Für $2 < j < i - 1$ ergibt sich wie in 19.7

$$(\mathfrak{H} X_{n-2} \ldots X_i)\, X_j = \mathfrak{H} X_{n-2} \ldots X_i\,.$$

Die Nebenklassen

$$\mathfrak{H} X_{n-2} \ldots X_{j-1} \quad \text{und} \quad \mathfrak{H} X_{n-2} \ldots X_j$$

werden bei Rechtsmultiplikation mit X_j vertauscht;

$$(\mathfrak{H} X_{n-2} \ldots X_i)\, X_j = \mathfrak{H} X_{n-2} \ldots X_i \quad \text{für} \quad 1 < i < j\,,$$

$$(\mathfrak{H} X_{n-2} \ldots X_1)\, X_j = \mathfrak{H} X_{n-2} \ldots X_j X_1^2 = \mathfrak{H} X_{n-2} \ldots X_2 X_1^2\,,$$

$$(\mathfrak{H} X_{n-2} \ldots X_1^2)\, X_j = \mathfrak{H} X_{n-2} \ldots X_2 X_j X_1 = \mathfrak{H} X_{n-2} \ldots X_2 X_1\,.$$

Also überdecken die n angegebenen Nebenklassen von $\mathfrak{H}$ ganz $\mathfrak{G}$, und es folgt

$$|\mathfrak{G}| \leqq n\,|\mathfrak{H}| \leqq \frac{n!}{2}\,.$$

b) Wir haben wieder zu zeigen, daß sich die alternierende Gruppe $\mathfrak{A}_n$ mit Elementen S_i $(1 \leqq i \leqq n-2)$ erzeugen läßt, welche den Relationen $S_1^3 = S_i^2 = E\,(2 \leqq i \leqq n-2)$, $(S_i S_{i+1})^3 = E$, $(S_i S_j)^2 = E$ $(i + 1 < j)$ genügen. Wir setzen

$$S_1 = (1, 2, 3) \quad \text{und} \quad S_i = (1, 2)\,(i+1, i+2) \quad \text{für} \quad 2 \leqq i \leqq n-2\,.$$

Man sieht schnell, daß diese S_i in $\mathfrak{A}_n$ liegen und die angegebenen Relationen erfüllen.

Die S_i $(1 \leqq i \leqq n-2)$ erzeugen ganz $\mathfrak{A}_n$:

Für $n = 3$ ist dies wegen $\mathfrak{A}_3 = \langle S_1 \rangle$ trivial.

Wir können annehmen, daß $\langle S_1, \ldots, S_{n-3} \rangle$ die volle alternierende Gruppe auf den Ziffern $\{1, \ldots, n-1\}$ ist. Sei $G \in \mathfrak{A}_n$ und $n^G = j$. Für $j = n$ ist G ein Produkt der S_i $(1 \leqq 2 \leqq n-3)$, und wir sind fertig. Ist $j < n$, so gibt es ein Produkt T der S_i $(1 \leqq i \leqq n-3)$ mit $n^{GT} = j^T = n - 1$. Dann folgt

$$n^{GTS_{n-2}} = n\,, \quad \text{also} \quad GTS_{n-2} \in \langle S_1, \ldots, S_{n-3} \rangle\,. \qquad \textbf{q.e.d.}$$

19.9 Beispiel. Die Erzeugenden X_1, X_2 und die Relationen

$$X_1^5 = X_2^2 = (X_1X_2)^3 = E$$

definieren die alternierende Gruppe $\mathfrak{A}_5$.

Beweis. a) Sei $\mathfrak{G} = \langle X_1, X_2\rangle$ mit den angegebenen Relationen. Wir setzen

$$A_1 = X_2X_1^{-1}, \quad A_2 = X_1^{-1}X_2X_1^3X_2, \quad A_3 = A_2X_1X_2X_1^3 .$$

Dann ist

(1) $A_1 = X_2X_1^{-1} = (X_1X_2)^{-1}$, also $A_1^3 = E$.

(2) $A_2 = X_1^{-1}X_2X_1^3X_2$

$$= X_1^{-1}X_2^{-1}X_1^{-1}\cdot X_1^4X_2 = X_2X_1X_2\cdot X_1^{-1}X_2 = X_2^{X_1^{-1}X_2}$$

und daher $A_2^2 = E$.

(3) Mit $A_2 = X_2^{X_1^{-1}X_2}$ folgt

$$\begin{aligned}
A_3^2 &= (X_2X_1X_2X_1^{-1}X_2X_1X_2X_1^3)^2\\
&= X_2X_1X_2\cdot X_1^{-1}\cdot X_2X_1X_2\cdot X_1^3\cdot X_2X_1X_2\cdot X_1^{-1}\cdot X_2X_1X_2\cdot X_1^3\\
&= X_1^{-1}X_2X_1^{-1}\cdot X_1^{-1}\cdot X_1^{-1}X_2X_1^{-1}\cdot X_1^3\cdot X_1^{-1}X_2X_1^{-1}\cdot X_1^{-1}\cdot X_1^{-1}X_2X_1^{-1}\cdot X_1^3\\
&\qquad\qquad (\text{wegen } X_2X_1X_2 = X_1^{-1}X_2X_1^{-1})\\
&= X_1^{-1}X_2X_1^{-3}\cdot X_2X_1X_2\cdot X_1^{-3}X_2X_1^2 = X_1^{-1}X_2X_1^{-4}X_2X_1^{-4}X_2X_1^2\\
&= X_1^{-2}(X_1X_2)^3X_1^2 = E .
\end{aligned}$$

(4) $$\begin{aligned}(A_2A_3)^2 &= (X_1X_2X_1^3)^2 = X_1X_2X_1^4X_2X_1^3 = X_1\cdot X_2X_1^{-1}X_2\cdot X_1^3\\
&= X_1\cdot X_1X_2X_1\cdot X_1^3 = X_1^2X_2X_1^{-1},\end{aligned}$$

also

$$(A_2A_3)^3 = X_1^2X_2X_1^{-1}\cdot X_1X_2X_1^3 = X_1^5 = E .$$

(5) $A_1A_2 = X_2X_1^{-1}X_1^{-1}X_2X_1^3X_2 = (X_1X_2)^{X_1^3X_2}$

und somit $(A_1A_2)^3 = E$.

(6) $$\begin{aligned}(A_1A_3)^{X_1^{-1}X_2X_1^3}
&= X_1^2X_2X_1\cdot X_2X_1^{-1}\cdot X_1^{-1}X_2X_1^3X_2X_1X_2X_1^3\cdot X_1^{-1}X_2X_1^3\\
&= X_1^2\cdot X_2X_1X_2\cdot X_1^{-2}X_2X_1^3\cdot X_2X_1X_2\cdot X_1^2X_2X_1^3\\
&= X_1^2\cdot X_1^{-1}X_2X_1^{-1}\cdot X_1^{-2}X_2X_1^3\cdot X_1^{-1}X_2X_1^{-1}\cdot X_1^2X_2X_1^3\\
&= X_1X_2X_1^{-3}X_2X_1^2\cdot X_2X_1X_2\cdot X_1^3 = X_1X_2X_1^2X_2X_1X_2X_1^2\\
&= X_1X_2X_1\cdot X_1X_2X_1X_2X_1\cdot X_1 = X_1X_2X_1\cdot X_2X_1 = X_2 ,\end{aligned}$$

also $(A_1A_3)^2 = E$.

Ferner ist

$$X_1^3 = A_1A_2^{-1}A_3 \quad\text{und}\quad X_2 = A_1X_1 .$$

Somit folgt $\mathfrak{G} = \langle A_1, A_2, A_3\rangle$. Nach 19.8 und 19.4 ist $\mathfrak{G}$ ein epimorphes Bild von $\mathfrak{A}_5$, also ist $|\mathfrak{G}| \leqq 60$.

b) Sei $S_1 = (1, 2, 3, 4, 5)$ und $S_2 = (1, 2)(3, 4)$. Wegen

$$S_1 S_2 = (1)(3)(2, 4, 5)$$

gelten die angegebenen Relationen für die S_i. Wir haben zu zeigen, daß S_1 und S_2 ganz $\mathfrak{A}_5$ erzeugen. Sei $\mathfrak{U} = \langle S_1, S_2 \rangle$. Wir haben

$$T = S_2^{S_1} S_1 = (1, 2, 4)(3)(5) \in \mathfrak{U}$$

und daher

$$S_2^T = (2, 4)(1, 3) \in \mathfrak{U} .$$

Nun ist $\langle S_2, S_2^T \rangle$ eine Untergruppe der Ordnung 4 in $\mathfrak{U}$. Da $\mathfrak{U}$ die Elemente S_1 und $S_1 S_2$ der Ordnungen 5 und 3 enthält, ist $|\mathfrak{U}|$ ein Vielfaches von 60. Also gilt $\mathfrak{U} = \mathfrak{A}_5$. **q.e.d.**

Für gelegentliche Anwendungen beweisen wir noch:

19.10 Satz. *Sei $\mathfrak{G} = \langle G_1, \ldots, G_n \rangle$ eine endlich erzeugbare Gruppe und $\mathfrak{U}$ eine Untergruppe von $\mathfrak{G}$ von endlichem Index. Dann ist $\mathfrak{U}$ mit $2n\,|\mathfrak{G} : \mathfrak{U}|$ Elementen erzeugbar.*

Beweis. Sei $\mathfrak{G} = \bigcup_{j=1}^{m} \mathfrak{U} V_j$ mit $V_1 = E$ die Nebenklassenzerlegung von $\mathfrak{G}$ nach $\mathfrak{U}$. Wir setzen

$$G_{n+1} = G_1^{-1}, \ldots, G_{2n} = G_n^{-1}$$

und führen $2nm$ Elemente U_{ij} aus $\mathfrak{U}$ ein durch

$$V_i G_j = U_{ij} V_k$$

mit geeignetem (von i und j abhängigem) k. Wir behaupten, daß diese U_{ij} ganz $\mathfrak{U}$ erzeugen:

Sei $U = G_{i_1} \ldots G_{i_s} \in \mathfrak{U}$ (mit $i_k \in \{1, \ldots, 2n\}$). Dann ist

$$\begin{aligned} U &= (V_1 G_{i_1}) G_{i_2} \ldots G_{i_s} \\ &= U_{1,i_1} V_{1'} G_{i_2} \ldots G_{i_s} \quad \text{(mit geeignetem } 1') \\ &= U_{1,i_1} U_{1',i_2} V_{2'} G_{i_3} \ldots G_{i_s} = \cdots \\ &= U_{1,i_1} U_{1',i_2} \ldots U_{(s-1)',i_s} V_{s'} . \end{aligned}$$

Da U und die U_{ij} alle in $\mathfrak{U}$ liegen, folgt $V_{s'} = E$, und die Behauptung ist nachgewiesen. **q.e.d.**

Durch eine erhebliche Verfeinerung des Beweisverfahrens in 19.10 läßt sich der folgende Satz gewinnen, den wir ohne Beweis angeben (siehe etwa M. Hall [3], Theorem 7.2.8 oder Weir [3]).

19.11 Untergruppensatz von Schreier. a) *Ist $\mathfrak{F}$ eine freie Gruppe, so ist jede Untergruppe von $\mathfrak{F}$ frei. Ist $\mathfrak{F}$ eine freie Gruppe in n freien Erzeugenden und ist $\mathfrak{U}$ eine Untergruppe von $\mathfrak{F}$ vom endlichen Index j, so ist $\mathfrak{U}$ eine freie Gruppe in $1 + j(n-1)$ freien Erzeugenden.*

b) *Läßt sich die Gruppe* $\mathfrak{G}$ *mit* n *Elementen erzeugen und ist* $\mathfrak{U}$ *eine Untergruppe von* $\mathfrak{G}$ *vom Index* j, *so läßt sich* $\mathfrak{U}$ *mit* $1+j(n-1)$ *Elementen erzeugen.*

Aufgaben:

73) Die symmetrische Gruppe $\mathfrak{S}_n$ wird definiert durch die Erzeugenden R, S und die Relationen

$$R^n = S^2 = (RS)^{n-1} = (SR^{-1}SR)^3 = (SR^{-j}SR^j)^2 = E \quad (2 \leqq j \leqq n-2)\,.$$

(Anleitung: Man gehe zu neuen Erzeugenden R_i $(1 \leqq i \leqq n-1)$ über vermöge

$$R_1 = S,\quad R_{i+1} = R^{-i}SR^i \quad \text{und} \quad R = R_1R_2 \ldots R_{n-1}\,.)$$

74) Die symmetrische Gruppe $\mathfrak{S}_4$ wird definiert durch die Erzeugenden R, S und die Relationen

$$R^4 = S^2 = (RS)^3 = E\,.$$

75) Die alternierende Gruppe $\mathfrak{A}_4$ wird definiert durch die Erzeugenden R, S und die Relationen

$$R^3 = S^3 = (RS)^2 = E\,.$$

76) Sei $\mathfrak{F}$ eine freie Gruppe in den freien Erzeugenden F_i $(i \in I)$ und $\mathfrak{m}$ ein $\mathfrak{F}$-Rechtsmodul. Zu vorgegebenen m_i aus $\mathfrak{m}$ gibt es dann einen 1-Kozyklus f aus $\mathbf{Z}^1(\mathfrak{F}, \mathfrak{m})$ mit $f(F_i) = m_i$.

(Anleitung: Man konstruiere eine geeignete Erweiterung von $\mathfrak{m}$ mit $\mathfrak{F}$.)

Literaturbemerkungen zu Kapitel I

§ 4: Beispiel 4.10b) haben wir aus Zassenhaus [4] übernommen. Aufgabe 12) findet man durchgeführt in Speiser [2], S. 123. Die Aussage in Aufgabe 14) wurde in neuerer Zeit mehrfach verwandt.

§ 6: Für die Durchführung von Aufgabe 22) vergleiche man Zassenhaus [4], S. 104 oder die Originalarbeit Witt [1].

§ 7: Der elegante Beweis von 7.2 steht in Wielandt [16]. Zwei andere Beweise von 7.3 sind in den Aufgaben 26)—28) und 29)—30) skizziert.

§ 8: Für die Aufgaben 38)—40) vergleiche man M. Hall [3], S. 136—137 und 147.

§ 9: Die Konstruktion des direkten Produktes mit vereinigten Untergruppen in 9.10 ist geläufig; in der Bezeichnung folge ich hier (und in 9.11) einem Vorschlag von H. Wielandt. Den Hinweis auf die Nützlichkeit von 9.11 verdanke ich P. Roquette (siehe die Anwendung in Roquette [3] und in IV, 4.6). Satz 9.14 ist Rose [1] entnommen, wo zahlreiche weitere Aussagen über die Einbettung der Diagonalen $\mathfrak{D}$ in $\mathfrak{G} \times \mathfrak{G}$ bewiesen werden.

§ 13: Die Anlage dieses Paragraphen bis 13.10 ist von Kaplansky [1] stark beeinflußt; die vorgeführte Fassung der Theorie der Moduln über Hauptidealringen hat den Vorzug, daß sie sich ohne große Zusätze auf Moduln über Dedekind-Ringen ausdehnen läßt. Der Beweis von 13.7 folgt einem Vorschlag von J. Rotman. Im Beweis von 13.14 habe ich Verbesserungsvorschläge von N. Blackburn verwendet.

§ 14: Die Erweiterungstheorie wurde von O. Schreier in SCHREIER [1] entwickelt. Aufgabe 59) folgt der Methode aus HOFMANN, MOSTERT [1].

§ 15: Die Kranzprodukte sind in den letzten Jahren vielfach zur Konstruktion von endlichen und unendlichen Gruppen verwandt worden; siehe etwa P. HALL [17]. Das verschränkte Kranzprodukt aus **15.10** stammt aus B. H. NEUMANN [3].

§ 16: Hauptsatz **16.18** steht bei ECKMANN [1].

§ 17. Aufgabe 63) stammt aus einer Vorlesung von H. Wielandt.

§ 18: Der Beweis von **18.4** folgt P. HALL [14]. Zu **18.6** vergleiche man auch WIELANDT [18].

§ 19: Die Aussage von **19.6** spielt eine Rolle in FEIT, THOMPSON [2].

Kapitel II

Permutationsgruppen und lineare Gruppen

Das Kapitel II verfolgt zwei methodisch miteinander zusammenhängende Ziele.

In den Paragraphen 1 bis 5 werden die elementaren Grundlagen der Theorie der Permutationsgruppen entwickelt. Dabei beschränken wir uns auf das Allernötigste, als weiterführende Darstellung sei WIELANDT [20] genannt. Die in § 3 hergeleiteten Sätze 3.2 und 3.7 spielen in der Theorie der auflösbaren Gruppen eine große Rolle. Wir werden die Theorie der Permutationsgruppen in Band 2 mit Hilfe der Gruppencharaktere erheblich weiter führen.

Die wichtigste Quelle für einfache nichtabelsche Gruppen sind die Automorphismengruppen von Vektorräumen mit Skalarprodukt. Die beiden einfachsten Fälle, nämlich die projektiven und symplektischen Gruppen, behandeln wir in den Paragraphen 6 und 9 ausführlich. Die von Iwasawa und Tamagawa stammende Beweismethode für die Einfachheit dieser Gruppen ist eine Kombination von elementar-geometrischen Überlegungen mit einfachen Bemerkungen über primitive Permutationsgruppen. Der entscheidende Beweisschritt ist der Nachweis der Primitivität der betrachteten Gruppen. Diese Beweismethode führt auch bei den unitären und orthogonalen Gruppen zum Ziel. (Für die orthogonalen Gruppen vergleiche man TAMAGAWA [1].) Da bei den unitären und ganz besonders bei den orthogonalen Gruppen jedoch zusätzliche Schwierigkeiten auftreten, beschränken wir uns in § 10 auf einige Bemerkungen. Für eine ausführliche Darstellung sei der Leser auf ARTIN [3] und DIEUDONNÉ [1], [4] verwiesen.

Nach Vorbereitungen in § 7 bestimmen wir in § 8 alle Untergruppen der Gruppen $PSL(2, p^n)$ der linear-gebrochenen Abbildungen über $GF(p^n)$. Die genaue Kenntnis der Untergruppen der einfachen Gruppen $PSL(2, p^n)$ ist für zahlreiche Zwecke nützlich, insbesondere auch für die Konstruktion von Gegenbeispielen.

Eine einheitliche Theorie der linearen einfachen Gruppen ist erst vom Standpunkt der Lieschen Algebren aus möglich. Die Cartan-Killingsche Theorie zeigt, daß es über einem algebraisch abgeschlossenen Körper der Charakteristik 0 nur die folgenden einfachen nichtabelschen Liealgebren gibt: Die vier Serien

$\mathfrak{A}_n$ (Liealgebra zur projektiven Gruppe $PGL(n+1, K)$)

$\mathfrak{B}_n$ (Liealgebra zur orthogonalen Gruppe der Dimension $2n+1$)

$\mathfrak{C}_n$ (Liealgebra zur symplektischen Gruppe der Dimension $2n$)
$\mathfrak{D}_n$ (Liealgebra zur orthogonalen Gruppe der Dimension $2n$)

und die fünf Ausnahmealgebren $\mathfrak{G}_2$, $\mathfrak{F}_4$, $\mathfrak{E}_6$, $\mathfrak{E}_7$, $\mathfrak{E}_8$. Chevalley hat gezeigt, wie man über einem vorgegebenen endlichen Körper zu jeder dieser Algebren eine endliche und bis auf wenige Ausnahmen einfache Gruppe konstruieren kann (Chevalley [1], Carter [6]).

Das Verfahren, welches von den projektiven zu den unitären Gruppen führt, läßt sich auch in anderen Fällen zur Konstruktion neuer einfacher Gruppen (sog. twisted types) verwenden. Die interessanteste der so entstehenden Serien, die einfachen Gruppen von Suzuki, werden wir allerdings erst in Band 2 behandeln. Sie bilden neben den Gruppen $PSL(2, p^f)$ die in vieler Hinsicht kleinsten einfachen Gruppen.

§ 1. Primitive und mehrfach transitive Permutationsgruppen

Wir stellen in diesem Paragraphen Definitionen und elementare Sätze aus der Theorie der Permutationsgruppen zusammen. Im Interesse größerer Allgemeinheit bei der Behandlung der linearen Gruppen in den Paragraphen 6, 9 und 10 werden wir die Endlichkeit der Ziffernmenge nicht überall voraussetzen.

Unter einer Permutationsgruppe auf der (nicht notwendig endlichen) Ziffernmenge Ω verstehen wir eine (ebenfalls nicht notwendig endliche) Gruppe von umkehrbar eindeutigen Abbildungen von Ω auf sich. Die Begriffe Bahn, Transitivität, Ähnlichkeit usw. werden wie in I, § 5 (S. 26) erklärt.

1.1 Definition. Eine transitive Permutationsgruppe $\mathfrak{G}$ auf der Ziffernmenge Ω heißt imprimitiv, wenn es eine mehr als eine Ziffer enthaltende eigentliche Teilmenge Δ von Ω gibt derart, daß für alle G aus $\mathfrak{G}$ stets $\Delta \cap \Delta^G = \emptyset$ oder $\Delta = \Delta^G$ gilt. Wir nennen dann Δ ein Imprimitivitätsgebiet von $\mathfrak{G}$. Ist $\mathfrak{G}$ transitiv und nicht imprimitiv, so heißt $\mathfrak{G}$ primitiv. (Insbesondere ist also die symmetrische Gruppe $\mathfrak{S}_1$ auf der Ziffernmenge Ω mit $|\Omega| = 1$ primitiv.)

1.2 Satz. *Sei $\mathfrak{G}$ imprimitiv auf Ω und Δ ein Imprimitivitätsgebiet von $\mathfrak{G}$. Sei*

$$\mathfrak{H} = \{G \mid G \in \mathfrak{G},\ \Delta^G = \Delta\},$$

und sei $\mathfrak{G} = \bigcup_{R \in \mathfrak{R}} \mathfrak{H} R$ die Nebenklassenzerlegung von $\mathfrak{G}$ nach $\mathfrak{H}$.

a) *Es ist $\Omega = \bigcup_{R \in \mathfrak{R}} \Delta^R$ und $\Delta^R \cap \Delta^{R'} = \emptyset$ für $R \neq R'$.*

b) *Sei $|\Omega| < \infty$. Dann folgt $|\Omega| = |\Delta|\, |\mathfrak{R}|$, also ist $|\Delta|$ ein Teiler von $|\Omega|$. Setzen wir $|\Delta| = k$ und $|\mathfrak{R}| = m$, so ist $\mathfrak{G}$ ähnlich zu einer Untergruppe des Kranzproduktes $\mathfrak{S}_k \wr \mathfrak{S}_m$ der symmetrischen Gruppen der Grade k und m, aufgefaßt im Sinne von* I, 15.3 (S. 96) *als Permutationsgruppe* *vom Grad* $km = |\Omega|$. *Es gibt einen Homomorphismus von* $\mathfrak{G}$ *in die symmetrische Gruppe* $\mathfrak{S}_m$, *sein Kern ist zu einer Untergruppe des m-fachen direkten Produktes von* $\mathfrak{S}_k$ *isomorph. Insbesondere ist* $|\mathfrak{G}|$ *ein Teiler von* $m!\,(k!)^m$.

c) *Die Untergruppe* $\mathfrak{H} = \{G \mid G \in \mathfrak{G},\ \Delta^G = \Delta\}$ *ist transitiv auf* Δ.

Beweis. a) Sei $i_0 \in \Delta$ und sei i irgendeine Ziffer aus Ω. Wegen der Transitivität von $\mathfrak{G}$ gibt es ein G aus $\mathfrak{G}$ mit $i = i_0^G \in \Delta^G$. Ist $G = HR$ mit $H \in \mathfrak{H}$ und $R \in \mathfrak{R}$, so folgt

$$i \in \Delta^{HR} = \Delta^R .$$

Also gilt jedenfalls $\Omega = \bigcup_{R \in \mathfrak{R}} \Delta^R$.

Aus $\Delta^R \cap \Delta^{R'} \neq \emptyset$ folgt $\Delta^{RR'^{-1}} \cap \Delta \neq \emptyset$ und wegen der Voraussetzung über Δ sodann $\Delta^{RR'^{-1}} = \Delta$. Daher haben wir $RR'^{-1} \in \mathfrak{H}$ und somit $R = R'$.

Offenbar ist mit Δ auch jedes Δ^G ein Imprimitivitätsgebiet von $\mathfrak{G}$.

b) Sei nun $|\Omega| < \infty$, sei $|\Delta| = k$ und $|\mathfrak{G} : \mathfrak{H}| = |\mathfrak{R}| = m$. Die Ziffern in Δ^R identifizieren wir in irgendeiner Weise mit den Paaren $(i, \mathfrak{H}R)$ mit $i \in \Gamma = \{1, \ldots, k\}$. Sei $G \in \mathfrak{G}$. Dann ist $RG = HR'$ mit einem H aus $\mathfrak{H}$ und $R' \in \mathfrak{R}$, und es folgt

$$\Delta^{RG} = \Delta^{R'} .$$

Also permutiert $\mathfrak{G}$ die Mengen Δ^R gemäß der von $\mathfrak{G}$ auf den Nebenklassen von $\mathfrak{H}$ bewirkten Permutationsdarstellung von $\mathfrak{G}$. In der Schreibweise mit den Paaren heißt das

$$(i, \mathfrak{H}R)^G = (i', \mathfrak{H}RG) ;$$

dabei ist $\binom{i}{i'}$ eine von G und $\mathfrak{H}R$ abhängende Permutation $\pi(G, \mathfrak{H}R)$ auf $\Gamma = \{1, \ldots, k\}$. Also haben wir

$$(i, \mathfrak{H}R)^G = (i^{\pi(G, \mathfrak{H}R)}, \mathfrak{H}RG) .$$

Der Vergleich mit den Formeln in I, 15.3 (S. 96) zeigt nun, daß $\mathfrak{G}$ zu einer Untergruppe des Kranzproduktes $\mathfrak{S}_k \wr \mathfrak{S}_m$, aufgefaßt als Permutationsgruppe auf der Produktmenge $\Gamma \times \{\mathfrak{H}R \mid R \in \mathfrak{R}\}$, ähnlich ist. Die restlichen Aussagen über $\mathfrak{G}$ folgen sofort aus I, 15.2 (S. 95).

c) Seien a und b aus Δ. Wegen der Transitivität von $\mathfrak{G}$ gibt es ein $G \in \mathfrak{G}$ mit $a^G = b$. Dann ist $b \in \Delta \cap \Delta^G$, somit $\Delta = \Delta^G$ und daher $G \in \mathfrak{H}$. Also ist $\mathfrak{H}$ transitiv auf Δ. **q.e.d.**

Satz 1.2 reduziert die Untersuchung von transitiven Permutationsgruppen häufig auf den Fall primitiver Permutationsgruppen.

Wir vermerken:

1.3 Satz. *Jede transitive Gruppe von Primzahlgrad ist primitiv.*

Beweis. Sei $\mathfrak{G}$ transitiv vom Primzahlgrad p. Ist Δ ein Imprimitivitätsgebiet von $\mathfrak{G}$, so gilt $1 < |\Delta| < p$. Nach 1.2 ist $|\Delta|$ ein Teiler von p. Das geht jedoch nicht. Also ist $\mathfrak{G}$ primitiv. **q.e.d.**

1.4 Satz. *Sei $\mathfrak{G}$ eine transitive Permutationsgruppe auf Ω mit $|\Omega| > 1$. Genau dann ist $\mathfrak{G}$ primitiv, wenn der Stabilisator*

$$\mathfrak{U} = \{G \mid G \in \mathfrak{G},\ 1^G = 1\} \qquad (\textit{mit } 1 \in \Omega)$$

eine maximale Untergruppe von $\mathfrak{G}$ ist.

Beweis. a) Sei $\mathfrak{H}$ eine Untergruppe mit $\mathfrak{U} < \mathfrak{H} < \mathfrak{G}$. Sei $\mathfrak{G} = \bigcup_{R \in \mathfrak{R}} \mathfrak{U}R$ und $\mathfrak{H} = \bigcup_{S \in \mathfrak{S}} \mathfrak{U}S$ mit $\{E\} \subset \mathfrak{S} \subset \mathfrak{R}$. Wir setzen

$$\Delta = \{1^H \mid H \in \mathfrak{H}\} = \{1^S \mid S \in \mathfrak{S}\}.$$

Dann ist

$$\{1\} \subset \Delta \subset \{1^R \mid R \in \mathfrak{R}\} = \Omega.$$

Es ist Δ ein Imprimitivitätsgebiet von $\mathfrak{G}$:

Aus $\Delta \cap \Delta^G \neq \emptyset$ folgt nämlich die Existenz von Elementen H_1, H_2 aus $\mathfrak{H}$ mit

$$1^{H_1} = 1^{H_2 G}.$$

Das ergibt $H_2 G H_1^{-1} \in \mathfrak{U} < \mathfrak{H}$, also $G \in \mathfrak{H}$ und dann offenbar $\Delta^G = \Delta$. Ist $\mathfrak{U}$ keine maximale Untergruppe von $\mathfrak{G}$, so ist daher $\mathfrak{G}$ imprimitiv.

b) Sei nun $\mathfrak{G}$ imprimitiv und Δ ein Imprimitivitätsgebiet von $\mathfrak{G}$ mit $1 \in \Delta$. Wir setzen

$$\mathfrak{H} = \{G \mid G \in \mathfrak{G},\ \Delta^G = \Delta\}.$$

Dann ist $\mathfrak{H}$ eine Untergruppe von $\mathfrak{G}$. Da $\mathfrak{H}$ nach 1.2 c) auf Δ transitiv ist, gilt

$$\{1\} \subset \Delta = \{1^H \mid H \in \mathfrak{H}\} \subset \Omega = \{1^G \mid G \in \mathfrak{G}\}.$$

Somit folgt $\mathfrak{U} < \mathfrak{H} < \mathfrak{G}$, und $\mathfrak{U}$ ist keine maximale Untergruppe von $\mathfrak{G}$. **q.e.d.**

Ein wichtiges Imprimitivitätskriterium liefert der folgende Satz:

1.5 Satz. *Sei $\mathfrak{G}$ eine transitive Permutationsgruppe und $\mathfrak{N}$ ein von $\mathfrak{E}$ verschiedener Normalteiler von $\mathfrak{G}$. Ist $\mathfrak{N}$ intransitiv, so bilden die Bahnen von $\mathfrak{N}$ unter $\mathfrak{G}$ permutierte Imprimitivitätsgebiete von $\mathfrak{G}$ und haben alle die gleiche Länge. Insbesondere ist jeder von $\mathfrak{E}$ verschiedene Normalteiler einer primitiven Gruppe transitiv.*

Beweis. Sei T eine Bahn von $\mathfrak{N}$ mit $|T| > 1$; eine solche gibt es wegen $\mathfrak{N} \neq \mathfrak{E}$. Ist $G \in \mathfrak{G}$ und $N \in \mathfrak{N}$, so gilt $GNG^{-1} = N' \in \mathfrak{N}$ und daher $T^{GN} = T^{N'G} = T^G$. Also wird T^G von $\mathfrak{N}$ auf sich abgebildet. Sind i^G und j^G Ziffern aus T^G, so gibt es ein $N \in \mathfrak{N}$ mit $i^N = j$, und es folgt

$$(i^G)^{G^{-1}NG} = j^G.$$

Mithin ist T^G eine Bahn von $\mathfrak{N}$. Für $T^G \neq T$ ist daher sicher $T^G \cap T = \emptyset$. Also ist T ein Imprimitivitätsgebiet von $\mathfrak{G}$. Wegen der Transitivität von $\mathfrak{G}$ gilt $\Omega = \bigcup_{G \in \mathfrak{G}} T^G$; also sind die T^G die sämtlichen Bahnen von $\mathfrak{N}$. **q.e.d.**

1.6 Lemma von Rudio. *Sei $\mathfrak{G}$ eine primitive Permutationsgruppe auf der endlichen Ziffernmenge Ω und sei $\emptyset \subset \Delta \subset \Omega$. Zu jedem Ziffernpaar a, b aus Δ mit $a \neq b$ gibt es dann ein G aus $\mathfrak{G}$ mit $a \in \Delta^G$ und $b \notin \Delta^G$.*

Beweis. Wir setzen $\Lambda = \bigcap_{a \in \Delta^G} \Delta^G$ und zeigen $\Lambda = \{a\}$.

Angenommen, es sei $a \in \Lambda^H = \bigcap_{a \in \Delta^G} \Delta^{GH}$ für ein H aus $\mathfrak{G}$. Dann gilt $a \in \Delta^{GH}$ für alle G mit $a \in \Delta^G$. Daher erhalten wir

$$\Lambda^H = \bigcap_{a \in \Delta^G} \Delta^{GH} \supseteq \bigcap_{a \in \Delta^G} \Delta^G = \Lambda .$$

Wegen $|\Lambda| = |\Lambda^H|$ erzwingt das $\Lambda = \Lambda^H$. (Hier ist die Endlichkeit von Ω unentbehrlich!)

Sei $c \in \Lambda \cap \Lambda^H$. Wegen der Transitivität von $\mathfrak{G}$ gibt es ein K aus $\mathfrak{G}$ mit $a^K = c$. Dann folgt

$$a \in \Lambda \cap \Lambda^{K^{-1}} \cap \Lambda^{HK^{-1}},$$

nach dem Vorhergehenden also $\Lambda^{K^{-1}} = \Lambda = \Lambda^{HK^{-1}}$ und dann $\Lambda = \Lambda^H$. Da $\mathfrak{G}$ primitiv ist, ist wegen $\Lambda \subseteq \Delta \subset \Omega$ notwendig $|\Lambda| = 1$. Das heißt aber $\Lambda = \{a\} \not\ni b$. Somit gibt es ein G mit $a \in \Delta^G$ und $b \notin \Delta^G$. **q.e.d.**

1.7 Definition. Die Permutationsgruppe $\mathfrak{G}$ auf der Ziffernmenge Ω heißt k-fach transitiv ($k \leqq |\Omega|$), falls zu jedem Paar von geordneten Teilmengen $(a_1, \ldots, a_k)$ und $(b_1, \ldots, b_k)$ von Ω ein G aus $\mathfrak{G}$ existiert mit $a_i^G = b_i$ für $i = 1, \ldots, k$. Ist $\mathfrak{G}$ k-fach transitiv, so offenbar auch $(k-1)$-fach transitiv; ist $\mathfrak{G}$ $(|\Omega| - 1)$-fach transitiv, so ist $\mathfrak{G}$ die symmetrische Gruppe auf Ω.

1.8 Hilfssatz. *Sei $\mathfrak{G}$ transitiv auf Ω und sei $k > 1$. Genau dann ist $\mathfrak{G}$ k-fach transitiv auf Ω, wenn die Untergruppe*

$$\mathfrak{G}_i = \{G \mid G \in \mathfrak{G},\ i^G = i\}$$

für ein i (für alle i) aus Ω noch $(k-1)$-fach transitiv ist auf $\Omega - \{i\}$.

Beweis. Sei $\mathfrak{G}$ k-fach transitiv auf Ω, und seien $(a_1, \ldots, a_{k-1})$ und $(b_1, \ldots, b_{k-1})$ geordnete Teilmengen von $\Omega - \{i\}$. Dann gibt es ein Element G aus $\mathfrak{G}$ mit $i^G = i$ und $a_j^G = b_j$ für $j = 1, \ldots, k-1$. Daher liegt G in $\mathfrak{G}_i$, also ist $\mathfrak{G}_i$ für alle i noch $(k-1)$-fach transitiv auf $\Omega - \{i\}$.

Sei umgekehrt $\mathfrak{G}_i$ für ein i noch $(k-1)$-fach transitiv auf $\Omega - \{i\}$, und seien zwei geordnete Teilmengen $(a_1, \ldots, a_k)$ und $(b_1, \ldots, b_k)$ von Ω gegeben. Wegen der Transitivität von $\mathfrak{G}$ gibt es dann Elemente G und H aus $\mathfrak{G}$ mit $a_1^G = i$ und $i^H = b_1$. Wegen der $(k-1)$-fachen Transitivität von $\mathfrak{G}_i$ auf $\Omega - \{i\}$ gibt es ein K mit $i^K = i$ und

$$a_j^{GK} = b_j^{H^{-1}} \quad \text{für} \quad j = 2, \ldots, k .$$

Dann folgt $a_j^{GKH} = b_j$ für $j = 1, \ldots, k$, und $\mathfrak{G}$ ist k-fach transitiv. **q.e.d.**

1.9 Satz. *Ist $\mathfrak{G}$ 2-fach transitiv, so ist $\mathfrak{G}$ primitiv.*

Beweis. Angenommen, es sei Δ ein Imprimitivitätsgebiet von $\mathfrak{G}$ mit $a, b \in \Delta$, $a \neq b$ und $c \notin \Delta$. Wegen der 2-fachen Transitivität von $\mathfrak{G}$ gibt es ein G aus $\mathfrak{G}$ mit $a^G = a$ und $b^G = c$. Es folgt $a \in \Delta \cap \Delta^G$, also $\Delta \cap \Delta^G \neq \emptyset$. Wegen $c \notin \Delta$ und $c \in \Delta^G$ ist $\Delta \neq \Delta^G$. Das widerspricht der Annahme, daß Δ ein Imprimitivitätsgebiet von $\mathfrak{G}$ ist. **q.e.d.**

1.10 Definition. Sei $\mathfrak{G}$ eine Permutationsgruppe auf Ω. Für jede natürliche Zahl k sei $\Omega^{[k]}$ die Menge der geordneten Teilmengen der Mächtigkeit k von Ω.
Die Festsetzung

$$(a_1, \ldots, a_k)^G = (a_1^G, \ldots, a_k^G)$$

macht die Gruppe $\mathfrak{G}$ zu einer zu $\mathfrak{G}$ isomorphen Permutationsgruppe $\mathfrak{G}^{[k]}$ auf $\Omega^{[k]}$. Offenbar ist $\mathfrak{G}^{[k]}$ genau dann transitiv auf $\Omega^{[k]}$, wenn $\mathfrak{G}$ k-fach transitiv ist auf Ω.

Wir wollen weiterhin, obwohl dies nicht an jeder Stelle benötigt wird, die Endlichkeit der Ziffernmenge Ω voraussetzen.

1.11 Satz. *Ist $\mathfrak{G}$ k-fach transitiv vom Grad n, so ist*

$$n(n-1)(n-2)\ldots(n-k+1)$$

ein Teiler von $|\mathfrak{G}|$.

Beweis. Da $\mathfrak{G}$ k-fach transitiv ist auf Ω, ist $\mathfrak{G}^{[k]}$ transitiv auf $\Omega^{[k]}$. Aus I, 5.11 (S. 27) folgt dann die Behauptung wegen

$$|\Omega^{[k]}| \mid |\mathfrak{G}| \quad \text{und} \quad |\Omega^{[k]}| = n(n-1)\ldots(n-k+1)\,. \qquad \textbf{q.e.d.}$$

1.12 Satz. *Sei $\mathfrak{G}$ transitiv auf $\Omega = \{1, \ldots, n\}$, und sei $\mathfrak{H} = \mathfrak{G}_1$ der Stabilisator von* 1. *Sei $\mathfrak{G} = \bigcup_{i=1}^{t} \mathfrak{H} X_i \mathfrak{H}$ mit $X_1 \in \mathfrak{H}$ die Zerlegung von $\mathfrak{G}$ in Doppelnebenklassen nach $\mathfrak{H}$ (siehe* I, 2.19 (S. 11)). *Dann gilt:*

a) *Die Mengen*

$$T_i = \{1^G \mid G \in \mathfrak{H} X_i \mathfrak{H}\} \quad (i = 1, \ldots, t)$$

sind die Bahnen von $\mathfrak{H}$.

b) *Genau dann ist $\mathfrak{G}$ 2-fach transitiv, wenn $t = 2$ ist, wenn also $\mathfrak{G} = \mathfrak{H} \cup \mathfrak{H} X \mathfrak{H}$ für jedes X aus $\mathfrak{G} - \mathfrak{H}$ gilt.*

Beweis. a) Die Menge T_i wird von $\mathfrak{H}$ auf sich abgebildet:
Sei $j = 1^G \in T_i$ und $H \in \mathfrak{H}$. Dann ist $GH \in \mathfrak{H} X_i \mathfrak{H}$, also folgt $1^{GH} = j^H \in T_i$.

Es ist T_i eine Bahn von $\mathfrak{H}$:

Sei $j = 1^G \in T_i$. Dann ist $G \in \mathfrak{H} X_i \mathfrak{H}$ und somit $\mathfrak{H} G \mathfrak{H} = \mathfrak{H} X_i \mathfrak{H}$. Sei $k = 1^{G'} \in T_i$, also $G' \in \mathfrak{H} X_i \mathfrak{H} = \mathfrak{H} G \mathfrak{H}$. Daraus folgt $G' = HGH'$ mit geeigneten H und H' aus $\mathfrak{H}$. Dann ist $k = 1^{G'} = j^{H'}$.

b) ist eine triviale Folgerung aus a) und 1.8. **q.e.d.**

1.13 Hilfssatz. *Sei $\mathfrak{G}$ k-fach transitiv auf Ω.*

a) *Sei $\Gamma \subseteq \Omega$ mit $|\Gamma| = k$. Ferner sei $\mathfrak{U} \leqq \mathfrak{G}_\Gamma$. Aus $\mathfrak{U}^G \leqq \mathfrak{G}_\Gamma$ mit G aus $\mathfrak{G}$ folge stets die Existenz eines H aus $\mathfrak{G}_\Gamma$ mit $\mathfrak{U}^G = \mathfrak{U}^H$. Dann ist $\mathbf{N}_\mathfrak{G}(\mathfrak{U})$ k-fach transitiv auf der (Γ umfassenden) Menge der Fixpunkte von $\mathfrak{U}$.*

(*Für die Bezeichnungen vergleiche man* I, 5.9 (S. 26).)

b) *$\mathbf{N}_\mathfrak{G}(\mathfrak{G}_\Gamma)$ ist k-fach transitiv auf der Menge der Fixpunkte von $\mathfrak{G}_\Gamma$.*

c) *Ist $\mathfrak{P}$ eine p-Sylowgruppe von $\mathfrak{G}_\Gamma$, so ist $\mathbf{N}_\mathfrak{G}(\mathfrak{P})$ k-fach transitiv auf der Menge der Fixpunkte von $\mathfrak{P}$.*

Beweis. a) Sei $\mathfrak{N} = \mathbf{N}_\mathfrak{G}(\mathfrak{U})$ und sei Δ die Menge der Fixpunkte von $\mathfrak{U}$. Dann ist sicher $\Delta = \Delta^N$ für alle N aus $\mathfrak{N}$.

Seien $(a_1, \ldots, a_k)$ und $(b_1, \ldots, b_k)$ Elemente von $\Delta^{[k]}$. Wegen der k-fachen Transitivität von $\mathfrak{G}$ gibt es ein S aus $\mathfrak{G}$ mit $\{b_1^S, \ldots, b_k^S\} = \Gamma$ und ein G aus $\mathfrak{G}$ mit $a_i^G = b_i$ $(i = 1, \ldots, k)$. Die Ziffern b_i sind bei $\mathfrak{U}$ und bei $\mathfrak{U}^G$ fest. Daher liegen $\mathfrak{U}^S$ und $\mathfrak{U}^{GS}$ in $\mathfrak{G}_\Gamma$. Somit gibt es nach unserer Voraussetzung Elemente H_i $(i = 1, 2)$ aus $\mathfrak{G}_\Gamma$ mit

$$\mathfrak{U}^S = \mathfrak{U}^{H_1} \quad \text{und} \quad \mathfrak{U}^{GS} = \mathfrak{U}^{H_2}.$$

Es folgt $\mathfrak{U}^{SH} = \mathfrak{U}^{GS}$ mit $H = H_1^{-1} H_2 \in \mathfrak{G}_\Gamma$. Wir setzen $K = GSH^{-1}S^{-1}$. Dann ist $K \in \mathbf{N}_\mathfrak{G}(\mathfrak{U})$. Wegen $H \in \mathfrak{G}_\Gamma$ und $b_i^S \in \Gamma$ ist ferner

$$a_i^K = b_i^{SH^{-1}S^{-1}} = b_i^{SS^{-1}} = b_i .$$

Also ist $\mathbf{N}_\mathfrak{G}(\mathfrak{U})$ k-fach transitiv auf Δ.

b) ist der Spezialfall $\mathfrak{U} = \mathfrak{G}_\Gamma$ von a). Es folgt c) unter Beachtung der Konjugiertheit der p-Sylowgruppen von $\mathfrak{G}_\Gamma$ (I, 7.5 (S. 34)), wenn wir für $\mathfrak{U}$ eine p-Sylowgruppe von $\mathfrak{G}_\Gamma$ nehmen. **q.e.d.**

Wir verfeinern die Transitivitätsskala durch zwei weitere Definitionen:

1.14 Definition. Sei $\mathfrak{G}$ eine Permutationsgruppe auf Ω mit $|\Omega| = n$.

a) $\mathfrak{G}$ heißt 1-fach primitiv, wenn $\mathfrak{G}$ auf Ω primitiv ist. Rekursiv definieren wir $\mathfrak{G}$ als k-fach primitiv $(2 \leqq k \leqq n)$, wenn $\mathfrak{G}$ auf Ω transitiv ist, und wenn $\mathfrak{G}_i$ für ein i aus Ω noch $(k-1)$-fach primitiv ist auf $\Omega - \{i\}$. (Da alle $\mathfrak{G}_i$ in der transitiven Gruppe $\mathfrak{G}$ nach I, 5.11 (S. 27) konjugiert sind, ist dann jedes $\mathfrak{G}_i$ $(k-1)$-fach primitiv auf $\Omega - \{i\}$.)

b) $\mathfrak{G}$ heißt $\frac{1}{2}$-fach transitiv auf Ω mit $|\Omega| > 1$, wenn $\mathfrak{G} \neq \mathfrak{E}$ und wenn alle Bahnen von $\mathfrak{G}$ die gleiche (notwendig von 1 verschiedene) Länge haben. Ferner nennen wir die symmetrische Gruppe $\mathfrak{S}_1$ auf Ω mit $|\Omega| = 1$ $\frac{1}{2}$-fach transitiv. Wir nennen $\mathfrak{G}$ $\left(k + \frac{1}{2}\right)$-fach transitiv auf Ω $(1 \leqq k < n)$, wenn $\mathfrak{G}$ transitiv ist auf Ω, und wenn $\mathfrak{G}_i$ für ein (also auch für alle) i aus Ω noch $\left(k - \frac{1}{2}\right)$-fach transitiv ist auf $\Omega - \{i\}$.

Offenbar gelten:

1.15 Hilfssatz. *Sei k eine natürliche Zahl. Jede k-fach transitive Gruppe ist $\left(k-\frac{1}{2}\right)$-fach transitiv, jede $\left(k+\frac{1}{2}\right)$-fach transitive Gruppe ist k-fach transitiv. Jede k-fach primitive Gruppe ist k-fach transitiv, jede $(k+1)$-fach transitive Gruppe ist k-fach primitiv* (*wegen* 1.9). *Sind $\mathfrak{G}$ und $\mathfrak{H}$ Permutationsgruppen auf Ω mit $\mathfrak{G} \leqq \mathfrak{H}$, ist $\mathfrak{G}$ k-fach transitiv (k-fach primitiv), so ist auch $\mathfrak{H}$ k-fach transitiv (k-fach primitiv). (Jedoch sind Obergruppen von $\left(k+\frac{1}{2}\right)$-fach transitiven Gruppen nicht notwendig $\left(k+\frac{1}{2}\right)$-fach transitiv!)*

Ebenso trivial ist der folgende Hilfssatz:

1.16 Hilfssatz. *Sei $\mathfrak{G}$ eine Permutationsgruppe auf Ω mit $|\Omega| = n$. Dann sind gleichwertig:*

a) *$\mathfrak{G}$ ist transitiv und $|\mathfrak{G}| = n$.*

b) *$\mathfrak{G}$ ist regulär (für die Definition siehe* I, 5.12 (S. 27)).

1.17 Definition. Die Permutationsgruppe $\mathfrak{G}$ heißt scharf k-fach transitiv auf Ω, wenn die in 1.10 eingeführte Gruppe $\mathfrak{G}^{[k]}$ regulär ist auf $\Omega^{[k]}$. Nach 1.16 ist das gleichwertig damit, daß zu jedem Paar von Elementen $(a_1, \ldots, a_k)$ und $(b_1, \ldots, b_k)$ aus $\Omega^{[k]}$ genau ein G aus $\mathfrak{G}$ mit $a_i^G = b_i$ $(i = 1, \ldots, k)$ existiert. Die Ordnung einer scharf k-fach transitiven Gruppe vom Grad n ist also stets $n(n-1)\ldots(n-k+1)$. (Offenbar ist $\mathfrak{G}$ genau dann scharf 1-fach transitiv, wenn $\mathfrak{G}$ regulär ist.)

Wir werden in Band 2 die scharf k-fach transitiven Permutationsgruppen mit $k \geqq 2$ eingehend untersuchen.

1.18 Beispiele. a) Die symmetrische Gruppe $\mathfrak{S}_n$ ist n-fach primitiv und scharf n-fach transitiv.

b) Die alternierende Gruppe $\mathfrak{A}_n$ ist für $n \geqq 3$ scharf $(n-2)$-fach transitiv und $(n-2)$-fach primitiv.

c) Sei $\Omega = \{K, \infty\}$ die projektive Gerade über dem endlichen Körper $K = GF(p^f)$, und sei $PGL(2, p^f)$ die Gruppe aller umkehrbaren linear-gebrochenen Abbildungen von Ω auf sich. (Mit dem Symbol ∞ wird dabei wie üblich gerechnet.) Dann ist $PGL(2, p^f)$ scharf 3-fach transitiv auf Ω und hat die Ordnung $(p^f+1)\,p^f(p^f-1)$.

d) Sei die Ziffernmenge der endliche Körper $K = GF(p^f)$, und sei $\Gamma(p^f)$ die Gruppe aller semilinearen Abbildungen

$$x \rightarrow ax^\alpha + b \quad (0 \neq a \in K,\ \alpha \text{ Automorphismus von } K)$$

auf K. Dann ist $\Gamma(p^f)$ 2-fach transitiv und auflösbar. Die Ordnung von $\Gamma(p^f)$ ist $p^f(p^f-1)f$. Genau dann ist $\Gamma(p^f)$ 3-fach transitiv, wenn $p^f = 3$ oder $p^f = 4$ gilt; in diesen Fällen ist $\Gamma(p^f)$ die symmetrische Gruppe $\mathfrak{S}_3$ bzw. $\mathfrak{S}_4$. Genau dann ist $\Gamma(p^f)$ 2-fach primitiv, wenn

$p^f = 2$ gilt oder wenn $p^f - 1$ eine Primzahl ist. Genau dann ist $\Gamma(p^f)$ $\frac{5}{2}$-fach transitiv, wenn $p^f = 2^q$ mit einer Primzahl q gilt oder wenn $p^f = 3$ ist.

e) Sei $V = V(n, K)$ der Vektorraum der Dimension n ($n > 1$) über dem endlichen Körper $K = GF(p^f)$. Sei $A(n, p^f)$ die Gruppe aller affinen Abbildungen G von der Gestalt

$$x^G = xA + b \quad (x, b \in V),$$

wo A eine nicht singuläre, K-lineare Abbildung von V auf sich ist. Dann ist $A(n, p^f)$ stets 2-fach transitiv und besitzt den regulären abelschen Normalteiler

$$\mathfrak{T} = \{T \mid x^T = x + b, b \in V\}.$$

Ist $A(n, p^f)$ 2-fach primitiv, so ist $p^f = 2$, und dann ist $A(n, p^f)$ sogar 3-fach transitiv. Genau dann ist $A(n, p^f)$ $\frac{5}{2}$-fach transitiv, wenn $p^f = 2$ gilt.

Beweis. a) ist trivial.

b) Die alternierende Gruppe $\mathfrak{A}_3$ ist regulär und nach 1.3 primitiv. Eine Induktion nach n zeigt sofort, daß $\mathfrak{A}_n$ scharf $(n-2)$-fach transitiv und $(n-2)$-fach primitiv ist.

c) Die Gruppe $PGL(2, p^f)$ ist offenbar transitiv auf Ω, die Gruppe

$$\left\{\begin{pmatrix} x \\ ax + b \end{pmatrix} \middle| a, b \in K, a \neq 0\right\}$$

ist transitiv auf K, und die Gruppe

$$\left\{\begin{pmatrix} x \\ ax \end{pmatrix} \middle| a \in K, a \neq 0\right\}$$

ist regulär auf $K - \{0\}$. Also ist $PGL(2, p^f)$ scharf 3-fach transitiv.

d) Sei $\mathfrak{G} = \Gamma(p^f)$. Da die Automorphismengruppe des Körpers $K = GF(p^f)$ bekanntlich zyklisch von der Ordnung f ist, haben wir $|\mathfrak{G}| = p^f(p^f - 1)f$. Man rechnet leicht nach, daß die Gruppen

$$\mathfrak{T} = \left\{\begin{pmatrix} x \\ x + b \end{pmatrix} \middle| b \in K\right\} \quad \text{und} \quad \mathfrak{L} = \left\{\begin{pmatrix} x \\ ax + b \end{pmatrix} \middle| a, b \in K, a \neq 0\right\}$$

Normalteiler von $\mathfrak{G}$ sind. Dabei ist $\mathfrak{T}$ isomorph zur additiven Gruppe K^+ von K, es ist $\mathfrak{L}/\mathfrak{T}$ isomorph zur multiplikativen Gruppe $K^\times$ von K, und $\mathfrak{G}/\mathfrak{L}$ ist isomorph zur Automorphismengruppe von K. Also ist $\mathfrak{T}$ elementar-abelsch und $\mathfrak{L}/\mathfrak{T}$ und $\mathfrak{G}/\mathfrak{L}$ sind zyklisch. Daher ist $\mathfrak{G}$ auflösbar mit $\mathfrak{G}^{(3)} = \mathfrak{E}$, für $f = 1$ ist sogar $\mathfrak{G}'' = \mathfrak{E}$.

Offenbar ist $\mathfrak{G}$ 2-fach transitiv, denn schon die Untergruppe $\mathfrak{L}$ der linearen Abbildungen ist 2-fach transitiv. Ist $\mathfrak{G}$ sogar 3-fach transitiv, so muß nach 1.11 die Zahl $p^f(p^f - 1)(p^f - 2)$ ein Teiler von $|\mathfrak{G}| = p^f(p^f - 1)f$ sein. Das ist nur für $p^f = 3$ und $p^f = 4$ erfüllt. Der Vergleich der Ordnungen zeigt, daß in diesen Fällen $\mathfrak{G}$ die symmetrische Gruppe $\mathfrak{S}_3$ bzw. $\mathfrak{S}_4$ ist.

Wir haben

$$\mathfrak{G}_0 = \{G \mid x^G = a x^\alpha,\ x \in K,\ a \in K^\times,\ \alpha \text{ Automorphismus von } K\}\,.$$

Offenbar ist $\mathfrak{G}_0$ transitiv auf $K^\times = K - \{0\}$. Ist $|K^\times| = p^f - 1$ eine Primzahl, so ist $\mathfrak{G}_0$ nach 1.3 primitiv auf $K^\times$, und $\mathfrak{G}$ ist 2-fach primitiv auf K. Dies trifft auch im Falle $p^f = 2$ zu, wo $\mathfrak{G}$ die 2-fach primitive symmetrische Gruppe $\mathfrak{S}_2$ auf K ist.

Sei $p^f > 2$ und sei $p^f - 1$ keine Primzahl. Sei r ein Primteiler von $p^f - 1$. Da die multiplikative Gruppe $K^\times$ von K zyklisch von der Ordnung $p^f - 1$ ist, besitzt sie eine Untergruppe R von der Ordnung r. Dann ist offenbar

$$\mathfrak{N} = \{N \mid x^N = c x,\ x \in K,\ c \in R\}$$

ein Normalteiler von $\mathfrak{G}_0$. Wegen $|\mathfrak{N}| = r < |K^\times|$ ist $\mathfrak{N}$ nicht transitiv auf $K^\times$. Nach 1.5 ist dann $\mathfrak{G}_0$ imprimitiv auf $K^\times$.

Für $p^f > 2$ ist $\mathfrak{G}$ also genau dann 2-fach primitiv, wenn $p^f - 1$ eine Primzahl ist. Bekanntlich erfordert dies $p^f = 3$ oder $p^f = 2^q$ mit einer Primzahl q.

Wir haben

$$\mathfrak{G}_{0,1} = \{G \mid x^G = x^\alpha,\ x \in K,\ \alpha \text{ Automorphismus von } K\}\,.$$

Für $p^f = 3$ ist $\mathfrak{G}_{0,1} = \mathfrak{E}$, und $\mathfrak{G}_{0,1}$ ist halbtransitiv auf $K - \{0, 1\} = \{-1\}$. Also ist $\mathfrak{G}$ dann $\frac{5}{2}$-fach transitiv. Ist $K = GF(2^q)$ mit einer Primzahl q, so folgt $|\mathfrak{G}_{0,1}| = q$. Alle von 0 und 1 verschiedenen Ziffern sind dann primitive Elemente für K über $GF(2)$, haben also unter $\mathfrak{G}_{0,1}$ genau q Bilder. Daher ist $\mathfrak{G}$ auch jetzt $\frac{5}{2}$-fach transitiv auf K.

Sei umgekehrt $\mathfrak{G}_{0,1}$ noch $\frac{1}{2}$-fach transitiv auf $K - \{0, 1\}$. Da dann alle Ziffern aus dem Primkörper $GF(p)$ von K bei $\mathfrak{G}_{0,1}$ fest bleiben, haben wir $p^f = 3$ oder $p = 2$. Für $p^f = 3$ sind wir fertig. Sei also $p = 2$. Wir haben $\mathfrak{G}_{0,1} = \langle P \rangle$ mit $x^P = x^2$. Sei q ein Primteiler von f. Dann läßt P^q alle Ziffern in $GF(2^q)$ fest. Also enthält die Permutation P einen Zyklus der Länge q. Da $\mathfrak{G}_{0,1} = \langle P \rangle$ $\frac{1}{2}$-fach transitiv ist auf $K - \{0, 1\}$, haben alle von (0) und (1) verschiedenen Zyklen von P die gleiche Länge, nämlich q. Es folgt $P^q = E$ und daher $f = O(P) = q$.

Also ist $\mathfrak{G}$ genau dann $\frac{5}{2}$-fach transitiv, wenn $p^f = 3$ oder $p^f = 2^q$ mit einer Primzahl q gilt.

e) Sei jetzt $\mathfrak{G} = A(n, p^f)$. Die Gruppe $\mathfrak{G}_0$ der linearen Abbildungen auf V ist offenbar transitiv auf $V - \{o\}$. Da $\mathfrak{G}$ sicher transitiv ist auf V, ist $\mathfrak{G}$ 2-fach transitiv.

Angenommen, es sei $\mathfrak{G}$ 2-fach primitiv auf V. Dann ist $\mathfrak{G}_0$ primitiv auf $V - \{o\}$. Sei $o \neq v \in V$ und $\Delta = \{a v \mid a \in K^\times\}$. Aus $\Delta \cap \Delta^G \neq \emptyset$

mit G aus $\mathfrak{G}_0$ folgt offenbar $\Delta = \Delta^G$. Da $\mathfrak{G}_0$ primitiv ist und da wegen $n > 1$ sicher $\Delta \neq V$ gilt, haben wir notwendig $|\Delta| = |K^\times| = 1$, also $p^f = 2$.

Sei nun $p^f = 2$ und seien (v_1, v_2) und (v_1', v_2') Paare von je zwei verschiedenen Elementen aus $V - \{o\}$. Wegen $K = GF(2)$ sind v_1 und v_2 linear unabhängig über K, ebenso v_1' und v_2'. Also gibt es eine lineare Abbildung G aus $\mathfrak{G}_0$ mit $v_i^G = v_i'$ $(i = 1, 2)$. Daher ist $\mathfrak{G}$ 3-fach transitiv auf V.

Angenommen, $\mathfrak{G}$ sei $\frac{5}{2}$-fach transitiv auf V. Sei $o \neq v \in V$. Dann ist $\mathfrak{G}_{0,v}$ halbtransitiv auf $V - \{o, v\}$, hat also wegen $n > 1$ insbesondere dort keine Fixpunkte. Daher sind o und v die einzigen skalaren Vielfachen von v. Also ist $p^f = 2$, und dann ist $\mathfrak{G}$ sogar 3-fach transitiv auf V. **q.e.d.**

Es besteht die Vermutung, daß jede 6-fach transitive Permutationsgruppe vom Grad n die alternierende Gruppe $\mathfrak{A}_n$ enthält, also mindestens $(n-2)$-fach transitiv ist. Wir werden in Band 2 zeigen, daß aus der Richtigkeit der Schreierschen Vermutung (siehe I, 18.5 (S. 130)) folgt, daß jede mindestens 8-fach transitive Permutationsgruppe vom Grad n die alternierende Gruppe $\mathfrak{A}_n$ enthält (WIELANDT [19]). Ohne die Verwendung der Schreierschen Vermutung konnte bisher nicht einmal gezeigt werden, daß es ein universelles k gibt, so daß jede k-fach transitive Permutationsgruppe die alternierende oder symmetrische Gruppe ist. Bekannt ist nur: Ist $\mathfrak{G}$ k-fach transitiv vom Grad n und ist $k > \frac{n}{3}$, so gilt $\mathfrak{A}_n \leqq \mathfrak{G}$. (Siehe CARMICHAEL [1]; die schärfsten bekannten Resultate stehen in WIELANDT [1].)

Die einzigen bekannten, mindestens 4-fach transitiven Gruppen, welche die alternierende Gruppe des gleichen Grades nicht enthalten, sind die vier Mathieuschen Gruppen, nämlich

$\mathfrak{M}_{24}$: 5-fach transitiv vom Grad 24, $|\mathfrak{M}_{24}| = 24 \cdot 23 \cdot 22 \cdot 21 \cdot 20 \cdot 3 \cdot 2^4$,
$\mathfrak{M}_{23}$: 4-fach transitiv vom Grad 23, $|\mathfrak{M}_{23}| = 23 \cdot 22 \cdot 21 \cdot 20 \cdot 3 \cdot 2^4$,
$\mathfrak{M}_{12}$: scharf 5-fach transitiv vom Grad 12, $|\mathfrak{M}_{12}| = 12 \cdot 11 \cdot 10 \cdot 9 \cdot 8$,
$\mathfrak{M}_{11}$: scharf 4-fach transitiv vom Grad 11, $|\mathfrak{M}_{11}| = 11 \cdot 10 \cdot 9 \cdot 8$.

Wir werden diese Gruppen in Band 2 zusammen mit einer 3-fach transitiven Gruppe $\mathfrak{M}_{22}$ vom Grad 22 eingehend behandeln. Diese fünf Mathieuschen Gruppen sind einfach und fügen sich bis heute in keine der bekannten Serien von einfachen Gruppen ein.

§ 2. Reguläre Normalteiler mehrfach transitiver Permutationsgruppen

Wir untersuchen zuerst die Frage, wie stark transitiv eine Untergruppe der Automorphismengruppe $\mathbf{A}(\mathfrak{G})$ der endlichen Gruppe $\mathfrak{G}$, aufgefaßt als Permutationsgruppe auf $\mathfrak{G} - \mathfrak{E}$, sein kann.

2.1 Satz. *Sei* $\mathbf{A}(\mathfrak{G})$ *die Automorphismengruppe von* $\mathfrak{G} \neq \mathfrak{E}$ *und sei* $\mathfrak{A} \leqq \mathbf{A}(\mathfrak{G})$. *Wir betrachten* $\mathfrak{A}$ *als Permutationsgruppe auf* $\mathfrak{G} - \mathfrak{E}$. *Dann gilt:*

a) *Ist* $\mathfrak{A}$ *transitiv, so ist* $\mathfrak{G}$ *elementar-abelsch.*

b) *Ist* $\mathfrak{A}$ *primitiv oder* $\frac{3}{2}$*-fach transitiv, so gilt außerdem* $|\mathfrak{G}| = 2^m$ *oder* $|\mathfrak{G}| = 3$.

c) *Ist* $\mathfrak{A}$ *2-fach primitiv oder* $\frac{5}{2}$*-fach transitiv, so ist* $|\mathfrak{G}| = 4$ *oder* $|\mathfrak{G}| = 3$.

d) *Niemals ist* $\mathfrak{A}$ *4-fach transitiv.*

Beweis. a) Da $\mathfrak{A}$ auf $\mathfrak{G} - \mathfrak{E}$ transitiv wirkt, haben alle von E verschiedenen Elemente von $\mathfrak{G}$ die gleiche Primzahlordnung p. Also ist $\mathfrak{G}$ nach I, 7.4 (S. 34) eine p-Gruppe. Nach I, 6.9 (S. 31) ist daher $\mathbf{Z}(\mathfrak{G}) > \mathfrak{E}$. Da $\mathbf{Z}(\mathfrak{G})$ als charakteristische Untergruppe von $\mathfrak{G}$ bei $\mathfrak{A}$ invariant ist, folgt $\mathfrak{G} = \mathbf{Z}(\mathfrak{G})$, und $\mathfrak{G}$ ist elementar-abelsch.

b) Sei zuerst $\mathfrak{A}$ primitiv auf $\mathfrak{G} - \mathfrak{E}$. Sei $E \neq N \in \mathfrak{G}$ und $\Delta = \{N, N^{-1}\}$. Ist $\alpha \in \mathfrak{A}$ und $\Delta \cap \Delta^\alpha \neq \emptyset$, so folgt $N^\alpha = N^{\pm 1}$ und $\Delta^\alpha = \Delta$. Wegen der Primitivität von $\mathfrak{A}$ ist also $|\Delta| = 1$ oder $\Delta = \mathfrak{G} - \mathfrak{E}$. Der erste Fall führt zu $N = N^{-1}$, also zu $p = 2$, der zweite zu $|\mathfrak{G}| = 3$.

Sei $\mathfrak{A}$ $\frac{3}{2}$-fach transitiv auf $\mathfrak{G} - \mathfrak{E}$. Angenommen, es sei $p \neq 2$. Dann ist für $E \neq N \in \mathfrak{G}$ stets $N^{-1} \neq N$. Bei dem Stabilisator $\mathfrak{A}_N$ von N bleibt auch N^{-1} fest. Somit hat $\mathfrak{A}_N$ auf $\mathfrak{G} - \{E, N\}$ eine Bahn der Länge 1. Wegen der $\frac{1}{2}$-fachen Transitivität von $\mathfrak{A}_N$ auf $\mathfrak{G} - \{E, N\}$ folgt

$$\mathfrak{G} - \{E, N\} = \{N^{-1}\}, \quad \text{also} \quad |\mathfrak{G}| = 3 .$$

c) Sicher ist nun $|\mathfrak{G}| \geqq 3$. Ist $|\mathfrak{G}| \geqq 4$, so ist nach b) $\mathfrak{G}$ elementar-abelsch und $|\mathfrak{G}| = 2^m$.

Sei $\mathfrak{A}$ 2-fach primitiv und $\mathfrak{U} = \{E, N, M, NM\}$ eine Untergruppe der Ordnung 4 von $\mathfrak{G}$. Dann ist $\mathfrak{A}_N$ primitiv auf $\mathfrak{G} - \{E, N\}$. Setzen wir $\Delta = \{M, MN\}$, so folgt für $\alpha \in \mathfrak{A}_N$ aus $\Delta \cap \Delta^\alpha \neq \emptyset$ entweder $M^\alpha = M$ oder $M^\alpha = MN$, also jedenfalls $\Delta = \Delta^\alpha$. Wegen der Primitivität von $\mathfrak{A}_N$ auf $\mathfrak{G} - \{E, N\}$ und wegen $|\Delta| > 1$ erzwingt das

$$\mathfrak{G} - \{E, N\} = \Delta, \quad \text{also} \quad |\mathfrak{G}| = 4 .$$

Sei $\mathfrak{A}$ $\frac{5}{2}$-fach transitiv, und sei $\mathfrak{U}$ wie vorher gewählt. Bei $\mathfrak{A}_{N,M}$ bleibt dann MN fest. Also ist $\mathfrak{G} - \{E, N, M\} = \{MN\}$ und $|\mathfrak{G}| = 4$.

d) Dies folgt aus c), denn die Automorphismengruppen der elementar-abelschen Gruppen der Ordnungen 3 und 4 sind gewiß nicht 4-fach transitiv auf $\mathfrak{G} - \mathfrak{E}$. **q.e.d.**

2.2 Hilfssatz. *Sei* $\mathfrak{G}$ *eine Permutationsgruppe auf* Ω *und* $\mathfrak{N}$ *ein regulärer Normalteiler von* $\mathfrak{G}$. *Sei* $a \in \Omega$. *Dann ist die von* $\mathfrak{G}_a$ *auf* $\Omega - \{a\}$ *bewirkte Permutationsgruppe ähnlich zu der von* $\mathfrak{G}_a$ *auf* $\mathfrak{N} - \mathfrak{E}$ *vermöge* $N \to N^G$ $(G \in \mathfrak{G}_a)$ *bewirkten Permutationsgruppe.*

Beweis. Sei ε die Abbildung von $\mathfrak{N} - \mathfrak{E}$ auf $\Omega - \{a\}$, welche definiert ist durch $N^\varepsilon = a^N$. Wegen der Regularität von $\mathfrak{N}$ ist ε eine umkehrbar eindeutige Abbildung von $\mathfrak{N} - \mathfrak{E}$ auf $\Omega - \{a\}$. Für $G \in \mathfrak{G}_a$ gilt

$$(N^G)^\varepsilon = a^{G^{-1}NG} = a^{NG} = (N^\varepsilon)^G .$$

Also besteht die angegebene Ähnlichkeit. **q.e.d.**

Aus 2.1 und 2.2 ergibt sich sofort:

2.3 Satz. *Sei $\mathfrak{G}$ eine Permutationsgruppe vom Grad n und $\mathfrak{N}$ ein regulärer Normalteiler von $\mathfrak{G}$. Dann gilt:*

a) *Ist $\mathfrak{G}$ 2-fach transitiv, so ist $\mathfrak{N}$ elementar-abelsch und n ist eine Primzahlpotenz.*

b) *Ist $\mathfrak{G}$ 2-fach primitiv oder $\frac{5}{2}$-fach transitiv, so ist $n = 2^m$ oder $n = 3$.*

c) *Ist $\mathfrak{G}$ 3-fach primitiv oder $\frac{7}{2}$-fach transitiv, so ist $n = 4$ oder $n = 3$.*

d) *Niemals ist $\mathfrak{G}$ 5-fach transitiv.*

Aus I, 8.12 (S. 41) wissen wir schon, daß $\mathfrak{S}_n$ und daher auch $\mathfrak{A}_n$ für $n \leqq 4$ auflösbar ist. Wir beweisen nun:

2.4 Satz. *Die alternierende Gruppe $\mathfrak{A}_n$ ist einfach für $n \geqq 5$.*

Beweis. Wir beweisen die Einfachheit von $\mathfrak{A}_n$ für $n \geqq 5$ durch Induktion nach n. Dabei wird die Induktionsbasis durch den in I, 8.14 (S. 42) erledigten Fall $n = 5$ gelegt.

Sei $n \geqq 6$ und sei $\mathfrak{N}$ ein minimaler Normalteiler von $\mathfrak{A}_n$. Wir identifizieren $\mathfrak{A}_{n-1}$ mit

$$\{G \mid G \in \mathfrak{A}_n,\ 1^G = 1\} .$$

Dann ist $\mathfrak{N} \cap \mathfrak{A}_{n-1} \trianglelefteq \mathfrak{A}_{n-1}$. Da $\mathfrak{A}_{n-1}$ nach unserer Induktionsannahme einfach ist, haben wir entweder $\mathfrak{N} \cap \mathfrak{A}_{n-1} = \mathfrak{E}$ oder $\mathfrak{N} \cap \mathfrak{A}_{n-1} = \mathfrak{A}_{n-1}$. Wegen der Primitivität von $\mathfrak{A}_n$ ist $\mathfrak{N}$ jedenfalls nach 1.5 transitiv. Gilt $\mathfrak{N} \cap \mathfrak{A}_{n-1} = \mathfrak{E}$, so ist $\mathfrak{N}$ regulär. Mit 2.3 d) folgt dann, daß $\mathfrak{A}_n$ höchstens 4-fach transitiv ist. Da $\mathfrak{A}_n$ nach 1.18 b) $(n-2)$-fach transitiv ist, erhalten wir $n = 6$. Das ist aber nach 2.3 a) unmöglich, da 6 keine Primzahlpotenz ist.

Also ist $\mathfrak{N} \cap \mathfrak{A}_{n-1} = \mathfrak{A}_{n-1} \leqq \mathfrak{N}$. Wegen der Transitivität von $\mathfrak{N}$ gilt dann $|\mathfrak{N}| \geqq n\,|\mathfrak{A}_{n-1}| = |\mathfrak{A}_n|$, also $\mathfrak{N} = \mathfrak{A}_n$, und $\mathfrak{A}_n$ ist einfach. **q.e.d.**

Wir wollen noch den Fall betrachten, daß $\mathfrak{G}$ 3-fach transitiv ist und einen regulären Normalteiler $\mathfrak{N}$ besitzt. Beispiele dieser Art haben wir in 1.18 e) kennengelernt, nämlich die Gruppen $A(n, 2)$ aller affinen Abbildungen der Gestalt $v^G = vA + b$ auf dem Vektorraum $V(n, 2)$ der Dimension n über $GF(2)$. Nur ein einziges weiteres Beispiel ist bekannt, welches wir jetzt beschreiben wollen. Dazu benötigen wir einen Satz, welcher auch selbständiges Interesse verdient:

2.5 Satz. *Sei* $V = V(4, 2)$ *der Vektorraum der Dimension* 4 *über dem Körper* $GF(2)$ *und* $GL(4, 2)$ *die Gruppe aller linearen Abbildungen von* V *auf sich. Dann gilt* $GL(4, 2) \cong \mathfrak{A}_8$.

Beweis. Die Matrizen

$$G_1 = \begin{pmatrix} 1 & 1 & 1 & 1 \\ 0 & 0 & 0 & 1 \\ 1 & 1 & 0 & 0 \\ 0 & 1 & 0 & 1 \end{pmatrix} \qquad G_2 = \begin{pmatrix} 0 & 1 & 0 & 1 \\ 0 & 0 & 1 & 0 \\ 0 & 1 & 0 & 0 \\ 1 & 0 & 1 & 0 \end{pmatrix}$$

$$G_3 = \begin{pmatrix} 0 & 1 & 1 & 1 \\ 0 & 1 & 0 & 1 \\ 1 & 1 & 0 & 0 \\ 0 & 0 & 0 & 1 \end{pmatrix} \qquad G_4 = \begin{pmatrix} 1 & 0 & 1 & 0 \\ 0 & 1 & 0 & 0 \\ 0 & 0 & 1 & 0 \\ 0 & 1 & 0 & 1 \end{pmatrix}$$

$$G_5 = \begin{pmatrix} 0 & 0 & 1 & 0 \\ 0 & 1 & 0 & 1 \\ 1 & 0 & 0 & 0 \\ 0 & 0 & 0 & 1 \end{pmatrix} \qquad G_6 = \begin{pmatrix} 0 & 1 & 1 & 1 \\ 0 & 0 & 1 & 0 \\ 0 & 1 & 0 & 0 \\ 1 & 1 & 1 & 0 \end{pmatrix}$$

liegen in $GL(4, 2)$. Triviale, aber etwas langwierige Rechnungen zeigen, daß sie die in I, 19.8 (S. 138) angegebenen definierenden Relationen

$$G_1^3 = G_i^2 = E \quad (2 \leqq i \leqq 6), \quad (G_i G_{i+1})^3 = E \quad (1 \leqq i \leqq 5)\,,$$
$$(G_i G_j)^2 = E \quad (i + 1 < j)$$

von $\mathfrak{A}_8$ erfüllen. Also ist $\mathfrak{G} = \langle G_1, \ldots, G_6 \rangle$ ein epimorphes Bild von $\mathfrak{A}_8$. Da $\mathfrak{A}_8$ nach 2.4 einfach ist, folgt $\mathfrak{G} \cong \mathfrak{A}_8$. Eine einfache Rechnung zeigt (siehe auch II, 6.2) $|GL(4, 2)| = |\mathfrak{A}_8|$. Wegen $\mathfrak{G} \leqq GL(4, 2)$ folgt jetzt $\mathfrak{G} = GL(4, 2) \cong \mathfrak{A}_8$. **q.e.d.**

Einen weniger rechnerischen Beweis von 2.5 werden wir in Band 2 im Zusammenhang mit den Mathieuschen Gruppen erhalten.

2.6 Satz. *Jede zur alternierenden Gruppe* $\mathfrak{A}_7$ *isomorphe Untergruppe* $\mathfrak{G}$ *von* $GL(4, 2)$ *permutiert die von* o *verschiedenen Vektoren von* $V = V(4, 2)$ *2-fach transitiv. Offenbar ist dann*

$$\mathfrak{S} = \{S \mid v^S = vG + b,\, G \in \mathfrak{G},\, b \in V\}$$

eine 3*-fach transitive Permutationsgruppe auf* V *mit dem regulären Normalteiler*

$$\mathfrak{T} = \{T \mid v^T = v + b,\, b \in V\}\,.$$

Beweis. Wegen $GL(4, 2) \cong \mathfrak{A}_8$ besitzt $GL(4, 2)$ jedenfalls zu $\mathfrak{A}_7$ isomorphe Untergruppen. Sei $\mathfrak{G}$ eine solche. Wir betrachten $\mathfrak{G}$ als Permutationsgruppe vom Grad 15 auf den von o verschiedenen Vektoren von $V = V(4, 2)$.

a) $\mathfrak{G}$ ist transitiv:

Sei T ein Element der Ordnung 7 aus $\mathfrak{G}$. Hat T mindestens 8 Fixpunkte auf $V - \{o\}$, so erzeugen diese ganz V, da jeder eigentliche Unterraum von V höchstens 7 von o verschiedene Vektoren enthält, und es folgt $T = E$. Da die Zyklenzerlegung von T nur Zyklen der Längen 1 und 7 enthalten kann, hat T genau einen Fixpunkt auf $V - \{o\}$, und die Zyklenzerlegung von T besteht aus zwei 7-Zyklen.

Sei S ein Element der Ordnung 5 aus $\mathfrak{G}$. Hat S mindestens 5 Fixpunkte, so bleibt ein Teilraum der Dimension 3 bei S elementweise fest. Dann hat S bezüglich einer geeigneten Basis von V die Gestalt

$$\begin{pmatrix} 1 & 0 & 0 & 0 \\ 0 & 1 & 0 & 0 \\ 0 & 0 & 1 & 0 \\ * & * & * & 1 \end{pmatrix},$$

und es folgt der Widerspruch $S^2 = E$. Die Zyklenzerlegung von S besteht also aus drei 5-Zyklen.

Jede Bahn von $\mathfrak{G}$ hat daher eine Länge k mit $k = 5a$ und $k = 7b$ oder $k = 7b + 1$. Das ergibt $k = 15$, und $\mathfrak{G}$ ist transitiv.

b) $\mathfrak{G}$ ist 2-fach transitiv:

Sei $\mathfrak{H}$ der Stabilisator einer der 15 Ziffern. Dann ist $|\mathfrak{H}| = 168$. Die in den Doppelnebenklassen $\mathfrak{H} X \mathfrak{H}$ enthaltenen Nebenklassen $\mathfrak{H} Y$ entsprechen nach 1.12 gerade den Bahnen von $\mathfrak{H}$. Sei

$$\mathfrak{G} = \mathfrak{H} \cup \mathfrak{H} X_1 \mathfrak{H} \cup \cdots \cup \mathfrak{H} X_r \mathfrak{H}$$

und daher

$$15 = |\mathfrak{G} : \mathfrak{H}| = 1 + n_1 + \cdots + n_r$$

mit

$$n_i = |\mathfrak{H} X_i \mathfrak{H}| : |\mathfrak{H}| = |\mathfrak{H} : \mathfrak{H} \cap X_i \mathfrak{H} X_i^{-1}| .$$

Wegen der in a) ermittelten Zyklenzerlegung der Elemente der Ordnung 7 kommen nur $n_1 = n_2 = 7$ oder $n_1 = 14$ in Frage.

Angenommen, es sei $n_1 = n_2 = 7$. Dann ist $|\mathfrak{H} \cap X \mathfrak{H} X^{-1}| = 24$ für alle $X \in \mathfrak{G} - \mathfrak{H}$. Da $\mathfrak{G} \cong \mathfrak{A}_7$ einfach ist, erzeugen die Elemente der Ordnung 2 von $\mathfrak{G}$ ganz $\mathfrak{G}$. Also gibt es ein X aus $\mathfrak{G}$ mit $X \notin \mathfrak{H}$ und $X^2 = E$. Dann wird die Gruppe $\mathfrak{D} = \mathfrak{H} \cap X \mathfrak{H} X^{-1}$ von X normalisiert, und es folgt

$$|\langle \mathfrak{D}, X \rangle| = |\mathfrak{D} \langle X \rangle| = 2 |\mathfrak{D}| = 48,$$

entgegen $48 \nmid |\mathfrak{G}|$. Also ist $n_1 = 14$. Daher hat $\mathfrak{H}$ eine Bahn der Länge 14, und $\mathfrak{G}$ ist 2-fach transitiv auf $V - \{o\}$. **q.e.d.**

§ 3. Primitive Permutationsgruppen mit abelschen Normalteilern

3.1 Hilfssatz. *Sei $\mathfrak{A}$ eine abelsche und transitive Permutationsgruppe vom Grad n auf $\Omega = \{1, \ldots, n\}$. Dann ist $\mathfrak{A}$ in der vollen symmetrischen Gruppe $\mathfrak{S}_n$ sein eigener Zentralisator.*

Beweis.

Sei $C \in \mathfrak{C}_{\mathfrak{S}_n}(\mathfrak{A})$ mit $1^C = 1$, sei $i \in \Omega$ und $A \in \mathfrak{A}$ mit $1^A = i$. Dann folgt

$$i^C = 1^{AC} = 1^{CA} = 1^A = i ,$$

also $C = E$. Somit gilt $|\mathfrak{C}_{\mathfrak{S}_n}(\mathfrak{A})| = |\mathfrak{C}_{\mathfrak{S}_n}(\mathfrak{A}) : \mathfrak{C}_{\mathfrak{S}_n}(\mathfrak{A})_1| \leqq n = |\mathfrak{A}|$ (siehe I, 5.13, S. 27). Wegen $\mathfrak{A} \leqq \mathfrak{C}_{\mathfrak{S}_n}(\mathfrak{A})$ folgt dann die Behauptung. **q.e.d.**

3.2 Satz (Galois). *Sei $\mathfrak{G}$ eine primitive Permutationsgruppe vom Grad n und $\mathfrak{N}$ ein minimaler Normalteiler von $\mathfrak{G}$. Ist $\mathfrak{N}$ auflösbar, so gilt:*

a) *$\mathfrak{N}$ ist regulär und elementar-abelsch. Der Grad n von $\mathfrak{G}$ ist eine Primzahlpotenz p^m.*

b) $\mathfrak{G} = \mathfrak{N}\mathfrak{G}_1$ *und* $\mathfrak{N} \cap \mathfrak{G}_1 = \mathfrak{E}$.

c) $\mathfrak{C}_{\mathfrak{G}}(\mathfrak{N}) = \mathfrak{N}$.

d) *$\mathfrak{N}$ ist der einzige minimale Normalteiler von $\mathfrak{G}$.*

e) *$\mathfrak{G}_1$ besitzt keinen von $\mathfrak{E}$ verschiedenen Normalteiler von p-Potenzordnung.*

f) *Ist $\mathfrak{G}$ auflösbar, so sind alle Komplemente von $\mathfrak{N}$ konjugiert in $\mathfrak{G}$.*

(Alle Voraussetzungen sind insbesondere dann erfüllt, wenn $\mathfrak{G}$ eine primitive auflösbare Permutationsgruppe ist.)

Beweis. a) Da $\mathfrak{N}$ als minimaler Normalteiler charakteristisch einfach ist, ist $\mathfrak{N}$ elementar-abelsch von Primzahlpotenzordnung p^m. Wegen der Primitivität von $\mathfrak{G}$ ist $\mathfrak{N}$ nach 1.5 transitiv. Nach (I, 5.13, S. 27) ist dann $\mathfrak{N}$ regulär, also gilt $n = |\mathfrak{N}| = p^m$.

b) Wegen der Regularität von $\mathfrak{N}$ haben wir $\mathfrak{N} \cap \mathfrak{G}_1 = \mathfrak{E}$. Daraus folgt

$$|\mathfrak{N}\mathfrak{G}_1| = |\mathfrak{N}|\,|\mathfrak{G}_1| = n\,|\mathfrak{G}_1| = |\mathfrak{G}|\,,$$

daher $\mathfrak{G} = \mathfrak{N}\mathfrak{G}_1$.

c) folgt sofort aus 3.1

d) Angenommen, es sei $\mathfrak{M} \lhd \mathfrak{G}$ mit $\mathfrak{M} \cap \mathfrak{N} = \mathfrak{E}$. Nach I, 3.13 (S. 18) liegt dann $\mathfrak{M}$ in $\mathfrak{C}_{\mathfrak{G}}(\mathfrak{N}) = \mathfrak{N}$. Das ergibt $\mathfrak{M} = \mathfrak{E}$. Also ist $\mathfrak{N}$ der einzige minimale Normalteiler von $\mathfrak{G}$.

e) Sei $\mathfrak{P} \trianglelefteq \mathfrak{G}_1$ mit $|\mathfrak{P}| = p^r$. Dann haben wir $\mathfrak{N}\mathfrak{P} \trianglelefteq \mathfrak{N}\mathfrak{G}_1 = \mathfrak{G}$ und $|\mathfrak{N}\mathfrak{P}| = p^{m+r}$. Wegen $\mathfrak{N} \trianglelefteq \mathfrak{N}\mathfrak{P}$ gilt nach I, 6.9 (S. 31)

$$\mathfrak{E} < \mathfrak{N} \cap \mathbf{Z}(\mathfrak{N}\mathfrak{P}) = \mathfrak{D} \trianglelefteq \mathfrak{G}\,.$$

Da $\mathfrak{N}$ ein minimaler Normalteiler von $\mathfrak{G}$ ist, folgt $\mathfrak{D} = \mathfrak{N} \leqq \mathbf{Z}(\mathfrak{N}\mathfrak{P})$. Das ergibt $\mathfrak{P} \leqq \mathfrak{C}_{\mathfrak{G}}(\mathfrak{N}) = \mathfrak{N}$ und dann $\mathfrak{P} \leqq \mathfrak{N} \cap \mathfrak{G}_1 = \mathfrak{E}$.

f) Wir können $\mathfrak{N} < \mathfrak{G}$ annehmen. Sei $\mathfrak{K}/\mathfrak{N}$ ein minimaler Normalteiler von $\mathfrak{G}/\mathfrak{N}$. Die Ordnung von $\mathfrak{K}/\mathfrak{N}$ ist dann eine Potenz q^k einer Primzahl q, denn $\mathfrak{K}/\mathfrak{N}$ ist als charakteristisch einfache auflösbare Gruppe elementar-abelsch. Wegen $\mathfrak{G}/\mathfrak{N} \cong \mathfrak{H}$ und e) gilt sicher $p \neq q$.

Sei $\mathfrak{V}$ ein Komplement von $\mathfrak{N}$ in $\mathfrak{G}$, also $\mathfrak{G} = \mathfrak{N}\mathfrak{V}$ und $\mathfrak{N} \cap \mathfrak{V} = \mathfrak{E}$. Wir setzen $\mathfrak{Q} = \mathfrak{K} \cap \mathfrak{V}$. Wegen $\mathfrak{K} \trianglelefteq \mathfrak{G}$ gilt $\mathfrak{Q} \trianglelefteq \mathfrak{V}$. Aus $\mathfrak{K} = \mathfrak{K} \cap \mathfrak{N}\mathfrak{V}$ folgt wegen $\mathfrak{N} < \mathfrak{K}$ nach der Dedekind-Identität (I, 2.12 c), S. 8)

$$\mathfrak{K} = \mathfrak{N}(\mathfrak{K} \cap \mathfrak{V}) = \mathfrak{N}\mathfrak{Q}$$

und $|\mathfrak{K}/\mathfrak{N}| = |\mathfrak{Q}| = q^k$. Somit ist wegen $p \neq q$ die Gruppe $\mathfrak{Q}$ eine q-Sylowgruppe von $\mathfrak{K}$. Alle q-Sylowgruppen von $\mathfrak{K}$ sind konjugiert in $\mathfrak{K}$ und erst recht in $\mathfrak{G}$. Wenn wir also nachweisen, daß $\mathfrak{V} = \mathbf{N}_{\mathfrak{G}}(\mathfrak{Q})$ gilt, so sind alle Komplemente von $\mathfrak{N}$ in $\mathfrak{G}$ konjugiert.

$\mathfrak{V}$ ist eine maximale Untergruppe von $\mathfrak{G}$: Sei nämlich $\mathfrak{U}$ eine Untergruppe von $\mathfrak{G}$ mit $\mathfrak{V} < \mathfrak{U} \leqq \mathfrak{G}$. Nach der Dedekind-Identität hat dann $\mathfrak{U}$ die Gestalt $\mathfrak{U} = \mathfrak{V}\mathfrak{N}^*$ mit $\mathfrak{E} < \mathfrak{N}^* = \mathfrak{N} \cap \mathfrak{U}$. Dabei ist $\mathfrak{N}^*$ normal in $\mathfrak{U}$ und auch in der abelschen Gruppe $\mathfrak{N}$. Also folgt $\mathfrak{N}^* \lhd \mathfrak{N}\mathfrak{U} = \mathfrak{G}$. Das führt aber wegen der Minimalität von $\mathfrak{N}$ zu $\mathfrak{N} = \mathfrak{N}^*$, also zu $\mathfrak{U} = \mathfrak{G}$.

Aus $\mathfrak{Q} \trianglelefteqq \mathfrak{V}$ erhalten wir $\mathfrak{V} \leqq \mathbf{N}_{\mathfrak{G}}(\mathfrak{Q})$. Sicher ist $\mathbf{N}_{\mathfrak{G}}(\mathfrak{Q}) < \mathfrak{G}$, denn sonst hätten wir $\mathfrak{Q} \lhd \mathfrak{G}$ und $\mathfrak{Q} \cap \mathfrak{N} \leqq \mathfrak{V} \cap \mathfrak{N} = \mathfrak{E}$, entgegen d). Nun ergibt die Maximalität von $\mathfrak{V}$ die gewünschte Aussage $\mathfrak{V} = \mathbf{N}_{\mathfrak{G}}(\mathfrak{Q})$. **q.e.d.**

Satz 3.2 gestattet eine teilweise Umkehrung:

3.3 Satz. *Sei $\mathfrak{G}$ auflösbar und $\mathfrak{N}$ ein minimaler Normalteiler von $\mathfrak{G}$ mit $\mathfrak{N} = \mathbf{C}_{\mathfrak{G}}(\mathfrak{N})$. Dann gibt es ein Komplement $\mathfrak{H}$ von $\mathfrak{N}$ in $\mathfrak{G}$ mit $\bigcap_{G \in \mathfrak{G}} \mathfrak{H}^G = \mathfrak{E}$. Die Permutationsdarstellung von $\mathfrak{G}$ auf den Nebenklassen von $\mathfrak{H}$ liefert eine treue Darstellung von $\mathfrak{G}$ als primitive Permutationsgruppe.*

Beweis. Wir können $\mathfrak{N} < \mathfrak{G}$ annehmen. Die Ordnung des minimalen Normalteilers $\mathfrak{N}$ der auflösbaren Gruppe $\mathfrak{G}$ ist nach I, 9.13 (S. 52) eine Potenz einer Primzahl, etwa $|\mathfrak{N}| = p^m$. Sei $\mathfrak{M}/\mathfrak{N}$ ein minimaler Normalteiler von $\mathfrak{G}/\mathfrak{N}$. Nach I, 9.13 ist $|\mathfrak{M}/\mathfrak{N}| = q^k$ mit einer geeigneten Primzahl q.

Angenommen, es sei $p = q$. Nach I, 6.9 (S. 31) ist dann $\mathfrak{E} < \mathfrak{N} \cap \mathbf{Z}(\mathfrak{M}) \trianglelefteqq \mathfrak{G}$. Aus der Minimalität von $\mathfrak{N}$ folgt daher $\mathfrak{N} \leqq \mathbf{Z}(\mathfrak{M})$. Das liefert den Widerspruch $\mathfrak{M} \leqq \mathbf{C}_{\mathfrak{G}}(\mathfrak{N}) = \mathfrak{N}$.

Also ist $p \neq q$. Sei $\mathfrak{Q}$ eine q-Sylowgruppe von $\mathfrak{M}$, also $\mathfrak{M} = \mathfrak{N}\mathfrak{Q}$. Nach dem Frattini-Argument I, 7.8 (S. 35) haben wir $\mathfrak{G} = \mathfrak{M}\mathbf{N}_{\mathfrak{G}}(\mathfrak{Q}) = \mathfrak{N}\mathbf{N}_{\mathfrak{G}}(\mathfrak{Q})$. Wegen der Kommutativität von $\mathfrak{N}$ ist daher $\mathfrak{N} \cap \mathbf{N}_{\mathfrak{G}}(\mathfrak{Q}) \trianglelefteqq \mathfrak{G}$. Die Minimalität von $\mathfrak{N}$ erzwingt dann $\mathfrak{N} \leqq \mathbf{N}_{\mathfrak{G}}(\mathfrak{Q})$ oder $\mathfrak{N} \cap \mathbf{N}_{\mathfrak{G}}(\mathfrak{Q}) = \mathfrak{E}$. Ist $\mathfrak{N} \leqq \mathbf{N}_{\mathfrak{G}}(\mathfrak{Q})$, so folgt wegen $\mathfrak{N} \cap \mathfrak{Q} = \mathfrak{E}$ mit I, 3.13 (S. 18) der Widerspruch $\mathfrak{Q} \leqq \mathbf{C}_{\mathfrak{G}}(\mathfrak{N}) = \mathfrak{N}$. Also gilt $\mathfrak{N} \cap \mathbf{N}_{\mathfrak{G}}(\mathfrak{Q}) = \mathfrak{E}$, und $\mathfrak{H} = \mathbf{N}_{\mathfrak{G}}(\mathfrak{Q})$ ist ein Komplement von $\mathfrak{N}$ in $\mathfrak{G}$. Setzen wir $\mathfrak{K} = \bigcap_{G \in \mathfrak{G}} \mathfrak{H}$, so gilt $\mathfrak{K} \lhd \mathfrak{G}$ und $\mathfrak{K} \cap \mathfrak{N} = \mathfrak{E}$. Nach I, 3.13 ist somit $\mathfrak{K} \leqq \mathbf{C}_{\mathfrak{G}}(\mathfrak{N}) = \mathfrak{N}$, also $\mathfrak{K} = \mathfrak{E}$. Daher ist die Darstellung von $\mathfrak{G}$ als Permutationsgruppe der Nebenklassen von $\mathfrak{H}$ treu. Mit Hilfe der Dedekind-Identität folgt wie im Beweis von 3.2 f), daß $\mathfrak{H}$ eine maximale Untergruppe von $\mathfrak{G}$ ist. Nach 1.4 liefert daher die Permutationsdarstellung von $\mathfrak{G}$ auf den Nebenklassen von $\mathfrak{H}$ eine primitive Permutationsgruppe. **q.e.d.**

3.4 Beispiele. Die Aussagen in 3.2 und 3.3 sind ohne die Auflösbarkeit von $\mathfrak{G}$ i. a. nicht mehr richtig.

a) Man findet leicht ein Beispiel einer Gruppe $\mathfrak{G}$ mit $\mathfrak{N} \lhd \mathfrak{G}$ und $\mathbf{C}_{\mathfrak{G}}(\mathfrak{N}) = \mathfrak{N}$, wobei der minimale Normalteiler $\mathfrak{N}$ von $\mathfrak{G}$ kein Komplement hat:

Sei $\mathfrak{R} = \mathbf{Z}/p^2\mathbf{Z}$ der Ring der ganzen rationalen Zahlen mod p^2 und sei

$$\mathfrak{H} = \left\{\begin{pmatrix} a & b \\ c & d \end{pmatrix} \mid a, b, c, d \in \mathfrak{R}, a\,d - b\,c = 1\right\}.$$

Dann ist

$$\mathfrak{M} = \{M \mid M = E + pA\ , \det M = 1\}$$

ein minimaler Normalteiler der Ordnung p^3 von $\mathfrak{H}$. Man berechnet leicht $\mathbf{C}_{\mathfrak{G}}(\mathfrak{M}) = \mathfrak{M}\langle -E\rangle$. Daher sind in $\mathfrak{G} = \mathfrak{H}/\langle -E\rangle$ nun die Voraussetzungen von 3.2 f) mit $\mathfrak{N} = \mathfrak{M}\langle -E\rangle/\langle -E\rangle$ erfüllt, bis eventuell auf die Auflösbarkeit von $\mathfrak{G}$.

Angenommen, es habe $\mathfrak{N}$ ein Komplement in $\mathfrak{G}$. Sei $\mathfrak{P}$ eine p-Sylowgruppe von $\mathfrak{G}$. Dann läßt $\mathfrak{P}$ sich erzeugen mit Elementen der Ordnung p. Für $p > 3$ läßt sich zeigen, daß $\mathfrak{P}$ dann den Exponenten p hat (wegen $|\mathfrak{P}| = p^4 < p^{p+1}$ ist nämlich $\mathfrak{P}$ für $p > 3$ nach III, 10.2 c) regulär, und die Elemente der Ordnung p von $\mathfrak{P}$ bilden zusammen mit E daher nach III, 10.4 a) eine Untergruppe von $\mathfrak{P}$, also ganz $\mathfrak{P}$). Das ist jedoch nicht wahr, denn $A = \begin{pmatrix} 1 & 0 \\ 1 & 1 \end{pmatrix}$ ist ein Element der Ordnung p^2 in $\mathfrak{H}$, dem das Element $A\langle -E\rangle$ von gleicher Ordnung in $\mathfrak{G}$ entspricht. (Für $p = 3$ ist übrigens $\mathfrak{G}$ auflösbar, und $\mathfrak{N}$ hat dann ein Komplement in $\mathfrak{G}$.)

b) Wir bilden das semidirekte Produkt des Vektorraumes $V(3, 2)$ mit seiner vollen Automorphismengruppe $GL(3, 2)$. Um zu zeigen, daß darin mehr als eine Konjugiertenklasse von Komplementen von $V(3, 2)$ existiert, genügt nach I, 17.3 (S. 120) der Nachweis von $\mathbf{H}^1(GL(3, 2), V(3, 2)) \neq 0$.

Nach 2.5 gibt es einen Isomorphismus μ von $GL(4, 2)$ auf die alternierende Gruppe $\mathfrak{A}_8$. Die Transvektionen bilden nach 6.9 (welches wir hier schon heranziehen) eine Konjugiertenklasse von Elementen der Ordnung 2 in $GL(4, 2)$. In $\mathfrak{A}_8$ gibt es genau zwei Konjugiertenklassen aus Elementen der Ordnung 2, nämlich die Klassen von $I_1 = (1, 2)\,(3, 4)$ und $I_2 = (1, 2)\,(3, 4)\,(5, 6)\,(7, 8)$. Man berechnet leicht $|\mathbf{C}_{\mathfrak{A}_8}(I_1)| = 2^5 \cdot 3$ und $|\mathbf{C}_{\mathfrak{A}_8}(I_2)| = 2^6 \cdot 3$. Ist T eine Transvektion in $GL(4, 2)$, so ist $|\mathbf{C}_{GL(4,2)}(T)| = 2^6 \cdot 3$. Also bilden die Bilder $T\mu$ der Transvektionen T die Konjugiertenklasse von I_2 in $\mathfrak{A}_8$.

Sei $\mathfrak{H}$ das Urbild in $GL(4, 2)$ bezüglich μ von $\mathfrak{A}_7$. Dann enthält $\mathfrak{H}$ also keine Transvektionen. Sei $\mathfrak{K}$ diejenige Untergruppe von $\mathfrak{H}$, welche die Hyperebene $H = \langle v_1, v_2, v_3\rangle$ als Ganze fest läßt. Da es in $V(4, 2)$ genau 15 Hyperebenen gibt, welche von $\mathfrak{H}$ vertauscht werden, ist $|\mathfrak{H} : \mathfrak{K}| \leqq 15$. Ist $K \in \mathfrak{K}$, so gilt

$$v_i K = v_i K^\varepsilon \quad (i = 1, 2, 3)\,,$$

$$v_4 K = v_4 + f(K)$$

mit $f(K) \in \langle v_1, v_2, v_3 \rangle$ und $K^\varepsilon \in \mathrm{Hom}_K(H, H)$. Offenbar ist ε ein Homomorphismus von $\mathfrak{K}$ in die zu $GL(3, 2)$ isomorphe Gruppe $GL(H)$. Ist $K^\varepsilon = E$, so ist K eine Transvektion, oder es gilt $K = E$. Da $\mathfrak{K}$ keine Transvektionen enthält, ist der erste Fall ausgeschlossen. Also ist ε ein Isomorphismus von $\mathfrak{K}$ in $GL(3, 2)$. Es folgt

$$168 = \frac{|\mathfrak{H}|}{15} \leqq |\mathfrak{K}| \leqq |GL(3, 2)| = 168 .$$

Somit ist $|\mathfrak{K}| = 168$ und daher $\mathfrak{K} \cong GL(3, 2)$.

Für $K_1, K_2 \in \mathfrak{K}$ gilt

$$v_4 + f(K_1 K_2) = v_4 K_1 K_2 = (v_4 + f(K_1)) K_2 = v_4 + f(K_1) K_2 + f(K_2) .$$

Also ist f ein 1-Kozyklus aus $\mathbf{Z}^1(\mathfrak{K}, H)$. Angenommen, es sei

$$f = w\,\delta \in \mathbf{B}^1(\mathfrak{K}, H)$$

mit einem $w \in \mathbf{C}^0(\mathfrak{K}, H) = H$. Für alle $K \in \mathfrak{K}$ ist dann

$$f(K) = w K - w .$$

Daher folgt

$$(v_4 - w) K = v_4 + f(K) - w K = v_4 - w .$$

Also ist $V = H \oplus \langle v_4 - w \rangle$ eine $\mathfrak{K}$-invariante Zerlegung von V. Da $\mathfrak{K}$ auf H ganz $GL(3, 2)$ bewirkt, enthält dann $\mathfrak{K}$ doch Transvektionen, entgegen unserer Feststellung. Somit ist f doch kein Korand, und wir erhalten $\mathbf{H}^1(GL(3, 2), H) \neq 0$.

3.5 Satz. *Sei $\mathfrak{G}$ eine primitive Permutationsgruppe vom Grad p^m auf Ω mit einem minimalen und abelschen Normalteiler $\mathfrak{N}$. Dann ist $\mathfrak{G}$ ähnlich zu einer Untergruppe der Gruppe $A(m, p)$ aller affinen Abbildungen des Vektorraumes $V(m, p)$ der Dimension m über dem Körper $GF(p)$. Der einzige minimale Normalteiler $\mathfrak{N}$ von $\mathfrak{G}$ besteht aus allen Translationen $v \to v + a$. Setzen wir*

$$\mathfrak{H} = \{G \mid G \in \mathfrak{G}, o^G = o\} ,$$

so ist $V(m, p)$ ein irreduzibler $\mathfrak{H}$-Modul.

Beweis. Nach Satz 3.2 ist $\mathfrak{N}$ elementar-abelsch von der Ordnung p^m. Sei π ein Isomorphismus von $\mathfrak{N}$ auf die additive Gruppe V^+ von $V = V(m, p)$. Wir bilden die Ziffernmenge Ω umkehrbar eindeutig ab auf V durch die Abbildung δ mit

$$i^\delta = (1^N)^\delta = N^\pi ,$$

wobei das Element N aus $\mathfrak{N}$ durch $1^N = i$ wegen der Regularität von $\mathfrak{N}$ eindeutig festgelegt ist. Die Gruppe $\mathfrak{G}$ operiere auf V vermöge der Festsetzung $(i^\delta)^G = (i^G)^\delta$. Sei M ein Element aus $\mathfrak{N}$ mit $i^M = j$ und sei $1^N = i$ mit $N \in \mathfrak{N}$. Dann ist $1^{NM} = i^M = j$ und daher

$$(i^\delta)^M = (i^M)^\delta = (NM)^\pi = N^\pi + M^\pi = i^\delta + M^\pi .$$

Auf V bewirkt also M die Translation $v \to v + M^\pi$.

Sei $N \in \mathfrak{N}$ mit $1^N = i$, und sei $H \in \mathfrak{G}_1$ mit $i^H = j$. Dann ist

$$1^{H^{-1}NH} = i^H = j\,.$$

Aus der Abbildung $H: i \to j$ auf Ω wird also die Abbildung

$$i^\delta = N^\pi \to j^\delta = (N^H)^\pi$$

auf V. Da $N \to N^H$ ein Automorphismus von $\mathfrak{N}$ ist, ist $N^\pi \to (N^H)^\pi$ ein Automorphismus von V^+, also eine lineare Abbildung von V (man beachte, daß über dem Primkörper $GF(p)$ die linearen und additiven Abbildungen zusammenfallen). Wegen

$$1^\delta = (1^E)^\delta = E^\pi = o$$

ist

$$\mathfrak{G}_1 = \mathfrak{H} = \{G \mid G \in \mathfrak{G},\, o^G = o\}\,.$$

Angenommen, es sei W ein Teilraum von V mit $0 \subset W \subset V$, welcher bei $\mathfrak{H}$ fest bleibt. Wir setzen

$$\mathfrak{W} = \left\{ \begin{pmatrix} v \\ v + w \end{pmatrix} \middle| \, w \in W \right\}.$$

Für $H \in \mathfrak{H}$ und $T = \begin{pmatrix} v \\ v + w \end{pmatrix} \in \mathfrak{W}$ folgt nun

$$T^H = \begin{pmatrix} v \\ v + w^H \end{pmatrix} \in \mathfrak{W}\,.$$

Daher ist $\mathfrak{W}$ ein Normalteiler von $\mathfrak{G} = \mathfrak{N}\mathfrak{H}$, was jedoch der Minimalität von $\mathfrak{N}$ widerspricht. Mithin ist V ein irreduzibler $\mathfrak{H}$-Modul. **q.e.d.**

Die Struktur der transitiven auflösbaren Gruppen von Primzahlgrad wird völlig durch den folgenden Satz geklärt:

3.6 Satz (Galois). *Sei $\mathfrak{G}$ eine transitive Permutationsgruppe vom Primzahlgrad p. Dann sind folgende Aussagen gleichwertig:*

a) *$\mathfrak{G}$ hat genau eine p-Sylowgruppe.*

b) *$\mathfrak{G}$ ist auflösbar.*

c) *$\mathfrak{G}$ ist ähnlich zu einer Untergruppe der Gruppe $A(1, p)$ aller Abbildungen $x \to ax + b$ $(a \neq 0)$ über dem Primkörper $GF(p)$.*

d) *Läßt eine Permutation G aus $\mathfrak{G}$ mindestens zwei verschiedene Ziffern fest, so gilt $G = E$ (d. h. $\mathfrak{G}$ ist eine sog. Frobeniusgruppe; siehe* V, 8.2, S. 496).

Beweis. a) $\Rightarrow$ b): Da $\mathfrak{G}$ transitiv vom Primzahlgrad p ist, gilt $p \mid |\mathfrak{G}|$ und $|\mathfrak{G}| \mid |\mathfrak{S}_p| = p!$. Da p^2 kein Teiler von $p!$ ist, hat die einzige p-Sylowgruppe $\mathfrak{P}$ von $\mathfrak{G}$ die Ordnung p. Offenbar ist dann $\mathfrak{P}$ regulär, es wird nämlich von einem p-Zyklus erzeugt. Aus **3.1** folgt $\mathbf{C}_{\mathfrak{G}}(\mathfrak{P}) = \mathfrak{P}$. Die Faktorgruppe $\mathfrak{G}/\mathfrak{P} = \mathfrak{G}/\mathbf{C}_{\mathfrak{G}}(\mathfrak{P})$ ist nach I, 4.5 (S. 20) isomorph zu einer Untergruppe der Automorphismengruppe $\mathbf{A}(\mathfrak{P})$ von $\mathfrak{P}$, ist daher nach I, 13.19 (S. 84) zyklisch. Also ist $\mathfrak{G}$ auflösbar (und sogar $\mathfrak{G}'' = \mathfrak{E}$).

b) $\Rightarrow$ c): Sei $\mathfrak{N}$ ein minimaler Normalteiler der auflösbaren Gruppe $\mathfrak{G}$. Dann ist $\mathfrak{N}$ abelsch. Wegen **1.3** und **1.5** ist $\mathfrak{N}$ transitiv. Also ist $\mathfrak{N}$ nach I, **5.13** (S. 27) regulär, und die Behauptung folgt aus **3.5**.

c) $\Rightarrow$ d): Dies ist trivial, denn jede von E verschiedene lineare Abbildung über einem Körper hat höchstens einen Fixpunkt.

d) $\Rightarrow$ a): Angenommen, $\mathfrak{G}$ habe zwei verschiedene p-Sylowgruppen $\mathfrak{P}_1$ und $\mathfrak{P}_2$. Dann ist $\mathfrak{P}_1\mathfrak{P}_2$ eine Teilmenge von $\mathfrak{G}$, und nach I, **2.12** a) (S. 8) ist

$$|\mathfrak{P}_1\mathfrak{P}_2| = \frac{|\mathfrak{P}_1|\,|\mathfrak{P}_2|}{|\mathfrak{P}_1 \cap \mathfrak{P}_2|} = p^2 .$$

Sicher gilt daher $p^2 \leqq |\mathfrak{G}|$.

Sei

$$\mathfrak{H} = \{G \mid G \in \mathfrak{G},\ 1^G = 1\} \quad \text{und} \quad \mathfrak{K} = \{G \mid G \in \mathfrak{G},\ 1^G = 1,\ 2^G = 2\} .$$

Unsere Voraussetzung unter d) besagt $\mathfrak{K} = \mathfrak{E}$. Also haben wir

$$|\mathfrak{G}| = |\mathfrak{G} : \mathfrak{K}| = |\mathfrak{G} : \mathfrak{H}|\ |\mathfrak{H} : \mathfrak{K}| .$$

Wegen der Transitivität von $\mathfrak{G}$ gilt nach I, **5.11** (S. 27) $|\mathfrak{G} : \mathfrak{H}| = p$. Ferner ist $|\mathfrak{H} : \mathfrak{K}|$ die Länge der die Ziffer 2 enthaltenden Bahn von $\mathfrak{H}$, also ist $|\mathfrak{H} : \mathfrak{K}| \leqq p - 1$. Insgesamt folgt daher der Widerspruch

$$p^2 \leqq |\mathfrak{G}| \leqq p(p-1) .$$

Somit hat $\mathfrak{G}$ nur eine p-Sylowgruppe. **q.e.d.**

Die tiefergehende Theorie der Permutationsgruppen von Primzahlgrad wird beherrscht durch folgenden Satz von Burnside:

Sei $\mathfrak{G}$ eine transitive Permutationsgruppe von Primzahlgrad. Dann ist $\mathfrak{G}$ auflösbar oder 2-fach transitiv.

Einen Beweis dieses Satzes werden wir in V, **21.3** (S. 609) mit Hilfe der Gruppencharaktere geben.

Satz **3.2** hat wichtige Folgerungen für auflösbare Gruppen, denen wir uns jetzt zuwenden:

3.7 Satz. *Ist $\mathfrak{G}$ auflösbar, so hat jede maximale Untergruppe von $\mathfrak{G}$ Primzahlpotenzindex.*

Beweis. Sei $\mathfrak{U}$ eine maximale Untergruppe von $\mathfrak{G}$. Wir betrachten die Permutationsdarstellung $\mathbf{P}$ von $\mathfrak{G}$ auf den Nebenklassen von $\mathfrak{U}$. Die Untergruppe, welche dabei die Ziffer $\mathfrak{U}$ fest läßt, ist $\mathfrak{U}$ selbst. Der Kern der Darstellung ist nach I, **6.2** (S. 28) $\mathfrak{K} = \bigcap_{G \in \mathfrak{G}} \mathfrak{U}^G$. Da $\mathfrak{U}/\mathfrak{K}$ eine maximale Untergruppe von $\mathfrak{G}/\mathfrak{K}$ ist, liefert $\mathbf{P}$ nach **1.4** eine treue Permutationsdarstellung von $\mathfrak{G}/\mathfrak{K}$ als primitive Permutationsgruppe. Nach **3.2** ist dann

$$|\mathfrak{G} : \mathfrak{U}| = |\mathfrak{G}/\mathfrak{K} : \mathfrak{U}/\mathfrak{K}|$$

eine Primzahlpotenz. **q.e.d.**

Die Umkehrung von Satz 3.7 ist nicht richtig. Die in § 6 und § 7 behandelte einfache Gruppe der Ordnung 168 hat nur maximale Untergruppen der Indizes 7 und 8. Dies ist die einzige bekannte einfache, nichtabelsche Gruppe, deren sämtliche maximalen Untergruppen Primzahlpotenzindex haben. Sind die Indizes aller maximalen Untergruppen von $\mathfrak{G}$ Primzahlen oder Quadrate von Primzahlen, so ist $\mathfrak{G}$ jedoch auflösbar (siehe VI, 9.4).

Eine weitere Folgerung aus Satz 3.2 ist:

3.8 Satz (Ore). *Sei $\mathfrak{G}$ auflösbar. Dann gibt es höchstens eine Konjugiertenklasse von maximalen Untergruppen von $\mathfrak{G}$, welche keinen nichttrivialen Normalteiler von $\mathfrak{G}$ enthalten. Also besitzt $\mathfrak{G}$ (bis auf Übergang zu ähnlichen Gruppen) höchstens eine treue Darstellung als primitive Permutationsgruppe.*

Beweis. Angenommen, es seien $\mathfrak{U}_1$ und $\mathfrak{U}_2$ maximale Untergruppen von $\mathfrak{G}$ mit $\bigcap_{G \in \mathfrak{G}} \mathfrak{U}_i^G = \mathfrak{E}$ $(i = 1, 2)$. Dann erhalten wir treue und primitive Permutationsdarstellungen von $\mathfrak{G}$ auf den Nebenklassen der $\mathfrak{U}_i$. Nach 3.2d) hat $\mathfrak{G}$ genau einen minimalen Normalteiler $\mathfrak{N}$, und es gilt $\mathfrak{G} = \mathfrak{N}\mathfrak{U}_i$ und $\mathfrak{N} \cap \mathfrak{U}_i = \mathfrak{E}$. Daraus folgt aber nach 3.2 f), daß $\mathfrak{U}_1$ und $\mathfrak{U}_2$ in $\mathfrak{G}$ konjugiert sind. **q.e.d.**

3.9 Satz (Ore). *Seien $\mathfrak{U}$ und $\mathfrak{V}$ maximale Untergruppen der auflösbaren Gruppe $\mathfrak{G}$. Dann tritt genau einer der beiden folgenden Fälle ein:*

a) $\mathfrak{G} = \mathfrak{U}\mathfrak{V}$, *und $\mathfrak{U}$ und $\mathfrak{V}$ sind nicht konjugiert in $\mathfrak{G}$.*

b) $\mathfrak{G} \neq \mathfrak{U}\mathfrak{V}$, *und $\mathfrak{U}$ und $\mathfrak{V}$ sind konjugiert in $\mathfrak{G}$.*

Beweis. a) Sei $\mathfrak{G} = \mathfrak{U}\mathfrak{V}$. Angenommen, es sei $\mathfrak{U}^G = \mathfrak{V}$. Dann ist $G = UV$ mit geeigneten $U \in \mathfrak{U}$ und $V \in \mathfrak{V}$. Es folgt $\mathfrak{V} = \mathfrak{U}^G = \mathfrak{U}^V$, daher $\mathfrak{U} = \mathfrak{V}^{V^{-1}} = \mathfrak{V}$ und somit $\mathfrak{G} = \mathfrak{U}\mathfrak{V} = \mathfrak{U}$. Das ist ein Widerspruch zu unserer Annahme, daß $\mathfrak{U}$ eine maximale Untergruppe von $\mathfrak{G}$ ist. Also folgt aus $\mathfrak{G} = \mathfrak{U}\mathfrak{V}$, daß $\mathfrak{U}$ und $\mathfrak{V}$ nicht in $\mathfrak{G}$ konjugiert sind. (Bisher haben wir weder die Auflösbarkeit von $\mathfrak{G}$ noch die Maximalität von $\mathfrak{U}$ und $\mathfrak{V}$ benutzt; allein $\mathfrak{U} < \mathfrak{G}$ wurde benötigt!)

b) Seien $\mathfrak{U}$ und $\mathfrak{V}$ maximale Untergruppen von $\mathfrak{G}$ mit $\mathfrak{G} \neq \mathfrak{U}\mathfrak{V}$. Sei $\mathfrak{N}$ ein in $\mathfrak{U}$ enthaltener Normalteiler von $\mathfrak{G}$. Dann ist $\mathfrak{N} \leqq \mathfrak{V}$, denn sonst hätten wir wegen der Maximalität von $\mathfrak{V}$

$$\mathfrak{G} = \mathfrak{N}\mathfrak{V} \subseteqq \mathfrak{U}\mathfrak{V} \neq \mathfrak{G}\,.$$

Da wir in dieser Überlegung $\mathfrak{U}$ und $\mathfrak{V}$ vertauschen können, haben wir $\bigcap_{G \in \mathfrak{G}} \mathfrak{U}^G = \bigcap_{G \in \mathfrak{G}} \mathfrak{V}^G = \mathfrak{K}$. Die Anwendung von 3.8 auf $\mathfrak{G}/\mathfrak{K}$ mit den maximalen Untergruppen $\mathfrak{U}/\mathfrak{K}$ und $\mathfrak{V}/\mathfrak{K}$ ergibt jetzt die Konjugiertheit von $\mathfrak{U}/\mathfrak{K}$ und $\mathfrak{V}/\mathfrak{K}$, also auch die Konjugiertheit von $\mathfrak{U}$ und $\mathfrak{V}$ in $\mathfrak{G}$. **q.e.d.**

3.10 Satz. *Sei $\mathsf{V} = \mathsf{V}(n, p^f)$ der Vektorraum der Dimension n über dem Körper $\mathsf{K} = GF(p^f)$. Sei $\mathfrak{A}$ eine abelsche Gruppe von K-linearen*

Abbildungen von V auf sich und V ein irreduzibler $\mathfrak{A}$-Modul. Dann ist $\mathfrak{A}$, aufgefaßt als Permutationsgruppe auf V, ähnlich zu einer Gruppe von Abbildungen der Gestalt

$$x^A = a(A)x \quad (a(A) \in GF(p^{nf}))$$

über $GF(p^{nf})$. Insbesondere ist $\mathfrak{A}$ zyklisch, und es gilt

$$|\mathfrak{A}| \mid p^{nf} - 1 .$$

Dabei ist n durch $|\mathfrak{A}|$ eindeutig bestimmt als die kleinste natürliche Zahl mit $p^{nf} - 1 \equiv 0 \ (|\mathfrak{A}|)$. Ist $\mathfrak{A} = \langle A_0 \rangle$, so gilt $GF(p^f)[a(A_0)] = GF(p^{nf})$.

Beweis. Sei $\mathfrak{C}$ der von den Elementen aus $\mathfrak{A}$ und K erzeugte kommutative Unterring von $\mathrm{Hom}_K(V, V)$. Da V ein irreduzibler $\mathfrak{C}$-Modul ist, ist $\mathrm{Hom}_{\mathfrak{C}}(V, V)$ nach dem Lemma von Schur (I, 10.5, S. 56) ein Schiefkörper. Wegen der Kommutativität von $\mathfrak{A}$ und $\mathfrak{C}$ gilt $\mathfrak{C} \subseteq \mathrm{Hom}_{\mathfrak{C}}(V, V)$. Die Anwendung von I, 2.2 (S. 5) auf die multiplikativ abgeschlossene, endliche Untermenge $\mathfrak{C} - \{o\}$ von $\mathrm{Hom}_{\mathfrak{C}}(V, V)^\times$ zeigt, daß $\mathfrak{C} - \{o\}$ eine Gruppe ist. Also ist $\mathfrak{C}$ ein kommutativer Körper. Aus der Irreduzibilität von V als $\mathfrak{C}$-Modul folgt $V = v\mathfrak{C}$ für alle v mit $o \neq v \in V$. Offenbar ist für $o \neq v \in V$ die Abbildung ε mit $C\varepsilon = vC$ für $C \in \mathfrak{C}$ ein $\mathfrak{C}$-Homomorphismus des $\mathfrak{C}$-Moduls $\mathfrak{C}$ auf V. Da Kern ε ein Ideal des Körpers $\mathfrak{C}$ ist, ist ε ein Isomorphismus. Somit gilt $p^{nf} = |V| = |\mathfrak{C}|$ und daher $\mathfrak{C} \cong GF(p^{nf})$. Bekanntlich ist $\mathfrak{C}^\times$ zyklisch (siehe auch I, Aufg. 37), S. 44). Also ist auch $\mathfrak{A}$ zyklisch, etwa $\mathfrak{A} = \langle A_0 \rangle$. Dann ist $\mathfrak{C} = GF(p^f)[a(A_0)]$, und $|\mathfrak{A}| = O(A_0)$ ist ein Teiler von $|\mathfrak{C}^\times| = p^{nf} - 1$.

Zu beweisen bleibt noch, daß n die kleinste natürliche Zahl mit

$$p^{nf} - 1 \equiv 0 \ (|\mathfrak{A}|)$$

ist. Wir identifizieren $\mathfrak{C}$ mit $GF(p^{nf})$. Sei $p^{kf} - 1 \equiv 0 \ (|\mathfrak{A}|)$ mit möglichst kleinem $k > 0$. Dann ist $k \mid n$. Da die zyklische Gruppe $GF(p^{nf})^\times$ genau eine Untergruppe der Ordnung $p^{kf} - 1$ hat, nämlich $GF(p^{kf})^\times$, so folgt $\mathfrak{A} \leqq GF(p^{kf})^\times$. Daher ist $vGF(p^{kf})$ ein $\mathfrak{A}$-Teilmodul von V. Wegen der Irreduzibilität von V erzwingt das $k = n$.

Sei $\mathfrak{A} = \langle A_0 \rangle$. Wegen $O(A_0) = |\mathfrak{A}|$ und

$$p^{kf} - 1 \not\equiv 0 \ (|\mathfrak{A}|)$$

für $k < n$ liegt $a(A_0)$ in keinem echten Teilkörper $GF(p^{kf})$ von $GF(p^{nf})$. Daher ist $GF(p^f)[a(A_0)] = GF(p^{nf})$. **q.e.d.**

3.11 Hilfssatz. *Sei $\mathfrak{G}$ eine Untergruppe von $GL(n, p^f)$ und $\mathfrak{A}$ ein abelscher Normalteiler von $\mathfrak{G}$. Wir setzen $K = GF(p^f)$. Als $K[\mathfrak{A}]$-Modul sei der Vektorraum $V = V(n, p^f)$ die direkte Summe von s isomorphen irreduziblen $K[\mathfrak{A}]$-Moduln. Sei $k = \frac{n}{s}$. Dann ist $\mathfrak{G}$, aufgefaßt als Permutationsgruppe auf V, ähnlich zu einer Gruppe von über $GF(p^f)$ semilinearen*

Abbildungen G mit

$$(v_1' + v_2')G = v_1'G + v_2'G \quad \textit{für} \quad v_i' \in V(s, p^{kf})$$

und

$$(v'c)G = (v'G)c^G \quad \textit{für} \quad v' \in V(s, p^{kf}) \quad \textit{und} \quad c \in GF(p^{kf}) \,,$$

wobei $c \to c^G$ ein Körperautomorphismus von $GF(p^{kf})$ über $GF(p^f)$ ist. Es ist $\mathfrak{C}_{\mathfrak{G}}(\mathfrak{A})$ die Gruppe der in $\mathfrak{G}$ liegenden $GF(p^{kf})$-linearen Abbildungen auf $V(s, p^{kf})$.

Beweis. Sei

$$V = V(n, p^f) = V_1 \oplus \cdots \oplus V_s$$

mit irreduziblen isomorphen $K[\mathfrak{A}]$-Moduln V_i, und sei $n = sk$. Nach 3.10 gibt es Abbildungen δ_i von V_i auf $GF(p^{kf})^+$ derart, daß für alle A aus $\mathfrak{A}$ und alle v_i aus V_i gilt

$$(v_i A)^{\delta_i} = a(A)\, v_i^{\delta_i} \,.$$

Da die V_i isomorphe $\mathfrak{A}$-Moduln sind, ist $a(A)$ nicht von i abhängig. Sei δ die Abbildung von $V = V_1 \oplus \cdots \oplus V_s$ auf $V' = V(s, p^{kf})$ mit

$$(v_1, \ldots, v_s)^{\delta} = (v_1^{\delta_1}, \ldots, v_s^{\delta_s}) \quad (v_i \in V_i) \,.$$

Nach 3.10 ist $\mathfrak{A}$ zyklisch, etwa $\mathfrak{A} = \langle A_0 \rangle$, und es gilt

$$v_i^{\delta_i} A_0 = a v_i^{\delta_i}$$

mit $a = a(A_0) \in GF(p^{kf})$. Also operiert A_0 auf V' als die Diagonalmatrix $aE_{V'}$.

Wir zeigen nun, daß jedes G aus $\mathfrak{G}$ vermöge der Festsetzung $v^{\delta} G = (v\, G)^{\delta}$ eine $GF(p^{kf})$-semilineare Abbildung auf V' bewirkt. Die Additivität der Abbildung ist klar.

Sei $b \in GF(p^{kf})$. Wegen $GF(p^{kf}) = GF(p^f)[a]$ (siehe 3.10) ist

$$b = \sum_{i=0}^{k-1} b_i a^i$$

mit eindeutig bestimmten b_i aus $GF(p^f)$. Sei G aus $\mathfrak{G}$ und $A_0^G = A_0^r$. Für alle v' in V' folgt dann

$$(v'b)G = \left(\sum_{i=0}^{k-1} v' b_i A_0^i\right) G = \sum_{i=0}^{k-1} v' b_i G A_0^{ri} = \sum_{i=0}^{k-1} (v'G)\, b_i a^{ri} = (v'G)\, b^G$$

mit

$$b^G = \sum_{i=0}^{k-1} b_i a^{ri} \,.$$

Die Abbildung $b \to b^G$ ist offenbar linear über $GF(p^f)$. Wegen

$$(v'G)\,(bc)^G = (v'bc)G = (v'bG)c^G = (v'G)\,b^G c^G$$

ist $(bc)^G = b^G c^G$. Also ist $b \to b^G$ ein Homomorphismus des Körpers $GF(p^{kf})$ in sich. Wegen $1^G = 1$ ist dies nicht der Nullhomomorphismus, also ist $b \to b^G$ ein Automorphismus von $GF(p^{kf})$ über $GF(p^f)$.

Offenbar ist $b^G = b$ für alle $b \in GF(p^{kf})$ gleichwertig mit $a^G = a^r = a$, also mit $A_0^G = A_0^r = A_0$. Daher ist $\mathfrak{C}_{\mathfrak{G}}(\mathfrak{A})$ die Untergruppe der $GF(p^{kf})$-linearen Abbildungen in $\mathfrak{G}$. **q.e.d.**

Als nützlichen Sonderfall vermerken wir:

3.12 Satz. *Sei $\mathfrak{G}$ eine primitive Permutationsgruppe auf $\Omega = \{0, \ldots\}$ mit den folgenden Eigenschaften:*

(1) *$\mathfrak{G}$ hat einen minimalen Normalteiler $\mathfrak{N}$, welcher abelsch ist.*

(2) *$\mathfrak{G}_0$ hat einen abelschen Normalteiler $\mathfrak{A}$ derart, daß $\mathfrak{N}$ ein minimaler Normalteiler von $\mathfrak{N}\mathfrak{A}$ ist.*

Dann ist $\mathfrak{G}$ ähnlich zu einer Untergruppe der Gruppe $\Gamma(p^n)$ aller semilinearen Abbildungen

$$x \to x^G = a x^\alpha + b$$

über dem Körper $GF(p^n)$.

Beweis. Nach 3.5 können wir annehmen, daß $\mathfrak{G}$ aus affinen Abbildungen auf $V = V(n, p)$ besteht und $\mathfrak{N}$ die Gruppe der Translationen auf V ist. Da $\mathfrak{N}$ ein minimaler Normalteiler von $\mathfrak{N}\mathfrak{A}$ ist, ist V ein irreduzibler $\mathfrak{A}$-Modul. Dann folgt aus 3.11 mit $s = 1$ die Behauptung. **q.e.d.**

Als Folgerung aus 3.12 zeigen wir, daß auflösbare Gruppen nicht sehr transitiv sein können:

3.13 Satz. *Sei $\mathfrak{G}$ eine auflösbare Permutationsgruppe.*

a) *Ist $\mathfrak{G}$ 2-fach primitiv, so ist $\mathfrak{G}$ ähnlich zur Gruppe aller linearen oder zur Gruppe aller semilinearen Abbildungen über einem Körper K; dabei ist $K = GF(2)$ oder $K = GF(3)$ oder $K = GF(2^q)$, wobei $2^q - 1$ (und daher auch q) eine Primzahl ist.*

b) *Ist $\mathfrak{G}$ 3-fach transitiv, so gilt $\mathfrak{G} = \mathfrak{S}_3$ oder $\mathfrak{G} = \mathfrak{S}_4$.*

Beweis. a) Nach 3.5 können wir annehmen, daß die Ziffernmenge der Vektorraum $V = V(m, p)$ der Dimension m über $GF(p)$ ist und daß $\mathfrak{G}$ aus affinen Abbildungen besteht. Der Fall $p^m = 2$ ist trivial. Sei also $p^m > 2$. Wegen der Primitivität von $\mathfrak{G}_0$ auf $V - \{o\}$ ist der minimale Normalteiler $\mathfrak{A}$ von $\mathfrak{G}_0$ nach 1.5 transitiv auf $V - \{o\}$. Insbesondere ist V dann ein irreduzibler $\mathfrak{A}$-Modul. Nach 3.12 besteht nun $\mathfrak{G}$ (bis auf Ähnlichkeit) aus semilinearen Abbildungen über $GF(p^m)$. Da $\mathfrak{G}$ 2-fach primitiv ist, muß erst recht die Gruppe $\Gamma(p^m)$ aller semilinearen Abbildungen über $GF(p^m)$ 2-fach primitiv sein. Nach 1.18 d) erzwingt dies, daß $p^m - 1$ eine Primzahl ist. Ist $p^m = 3$, so ist $\mathfrak{G}$ die Gruppe aller linearen Abbildungen über $GF(3)$. Andernfalls ist $p = 2$, und m ist eine Primzahl q. Gilt $\mathfrak{G}_{0,1} \neq \mathfrak{E}$, so folgt

$$|\mathfrak{G}| = 2^q(2^q - 1)q,$$

und $\mathfrak{G}$ ist die Gruppe $\Gamma(2^q)$ aller semilinearen Abbildungen über $GF(2^q)$. Sei also $\mathfrak{G}_{0,1} = \mathfrak{E}$. Dann besteht $\mathfrak{A} = \mathfrak{G}_0 = \mathfrak{C}_{\mathfrak{G}}(\mathfrak{A})$ nach 3.11 aus linearen

Abbildungen, und $\mathfrak{G}$ ist die Gruppe aller linearen Abbildungen über $GF(2^q)$.

b) folgt sofort aus a) und den Angaben in 1.18 d) über die Transitivität der semilinearen Gruppen $\Gamma(p^m)$. **q.e.d.**

Die 2-fach transitiven auflösbaren Gruppen sind bis auf endlich viele Ausnahmen der Grade $3^2, 5^2, 7^2, 11^2, 23^2$ und 3^4 immer Gruppen aus semilinearen Abbildungen über einem Galoisfeld; das werden wir aber erst viel später in Band 2 beweisen.

Aufgaben:

1) (Ritt [1]). Sei $\mathfrak{G}$ eine auflösbare primitive Permutationsgruppe vom Grad p^m. Man zeige, daß $\mathfrak{G}$ keinen p^m-Zyklus enthält, ausgenommen die Fälle $m = 1$ (p beliebig) und $p^m = 4$.

(Anleitung: Man benutze 3.5 und die Jordansche Normalform von Elementen von p-Potenzordnung aus $GL(m+1, p)$.)

§ 4. Primitive Permutationsgruppen mit transitiven Untergruppen kleineren Grades

4.1 Hilfssatz. *Sei $\mathfrak{G}$ transitiv auf Ω. Sei $\mathfrak{U} \leqq \mathfrak{G}$ und sei Δ eine Bahn von $\mathfrak{U}$. Ist $\mathfrak{U}^\Delta$ primitiv auf Δ und $|\Omega| < 2|\Delta|$, so ist $\mathfrak{G}$ primitiv auf Ω. (Für die Definition von $\mathfrak{U}^\Delta$ siehe* I, 5.9 (S. 26)).

Beweis. Angenommen, es sei Ψ ein Imprimitivitätsgebiet von $\mathfrak{G}$. Indem wir nötigenfalls Ψ durch ein Ψ^G ersetzen, können wir $1 \leqq |\Psi \cap \Delta|$ und $|\Psi^G \cap \Delta| \leqq |\Psi \cap \Delta|$ für alle G aus $\mathfrak{G}$ annehmen. Wir setzen $\Lambda = \Psi \cap \Delta$.

Ist $\Lambda \cap \Lambda^U \neq \emptyset$ für ein U aus $\mathfrak{U}$, so gilt sicher $\Psi \cap \Psi^U \neq \emptyset$. Da Ψ ein Imprimitivitätsgebiet von $\mathfrak{G}$ ist, folgt $\Psi^U = \Psi$ und

$$\Lambda^U = (\Psi \cap \Delta)^U = \Psi^U \cap \Delta^U = \Psi \cap \Delta = \Lambda\,.$$

Wegen der Primitivität von $\mathfrak{U}^\Delta$ auf Δ folgt $\Lambda = \Delta$ oder $|\Lambda| = 1$.

Aus $\Lambda = \Delta$ folgt $\Delta \subseteq \Psi$. Wegen

$$\frac{|\Omega|}{2} < |\Delta| \leqq |\Psi|$$

und $|\Psi| \mid |\Omega|$ ergibt sich nun der Widerspruch $\Psi = \Omega$.

Im Falle $|\Lambda| = 1$ gilt

$$|\Psi^G \cap \Delta| \leqq |\Psi \cap \Delta| \leqq 1$$

für alle G aus $\mathfrak{G}$. Also gibt es wegen $\bigcup_{G \in \mathfrak{G}} \Psi^G = \Omega$ mindestens $|\Delta|$ verschiedene Ψ^G. Daraus folgt

$$|\Omega| < 2|\Delta| \leqq |\Psi|\,|\Delta| \leqq |\Omega|\,,$$

was nicht geht. **q.e.d.**

4.2 Hilfssatz. *Sei* $\mathfrak{G}$ *transitiv auf* Ω. *Es sei* $\mathfrak{G} = \langle \mathfrak{C}, \mathfrak{D} \rangle$ *das Erzeugnis der Untergruppen* $\mathfrak{C}$ *und* $\mathfrak{D}$. *Seien* Γ *und* Δ *Teilmengen von* Ω *mit den folgenden Eigenschaften:*

$\Gamma^{\mathfrak{C}} = \Gamma$; *die Gruppe* $\mathfrak{C}^{\Gamma}$ *ist primitiv auf* Γ, *und es gilt* $\mathfrak{C}^{\Omega-\Gamma} = \mathfrak{E}$;

$\Delta^{\mathfrak{D}} = \Delta$; *die Gruppe* $\mathfrak{D}^{\Delta}$ *ist primitiv auf* Δ, *und es gilt* $\mathfrak{D}^{\Omega-\Delta} = \mathfrak{E}$.

Dann ist $\mathfrak{G}$ *primitiv auf* Ω.

Beweis. Wegen der Transitivität von $\mathfrak{G} = \langle \mathfrak{C}, \mathfrak{D} \rangle$ auf Ω gilt sicher $\Omega = \Gamma \cup \Delta$ und $\Gamma \cap \Delta \neq \emptyset$. Daher haben wir $|\Omega| < 2|\Gamma|$ oder $|\Omega| < 2|\Delta|$, und aus 4.1 folgt die Behauptung. **q.e.d.**

4.3 Satz (C. Jordan). *Sei* $\Omega = \Gamma \cup \Delta$ *und* $\Gamma \cap \Delta = \emptyset$. *Sei ferner* $1 < |\Gamma| < |\Omega|$. *Sei* $\mathfrak{G}$ *eine Permutationsgruppe auf* Ω *und* $\mathfrak{G}_{\Delta}$ *transitiv auf* Γ. *Dann gilt:*

a) *Ist* $\mathfrak{G}$ *primitiv auf* Ω, *so ist* $\mathfrak{G}$ *2-fach transitiv.*

b) *Ist* $\mathfrak{G}$ *primitiv auf* Ω *und* $\mathfrak{G}_{\Delta}$ *primitiv auf* Γ, *so ist* $\mathfrak{G}$ *2-fach primitiv.*

Beweis. Jedenfalls ist $\mathfrak{G}$ nach unserer Voraussetzung transitiv auf Ω. Wir führen den Beweis durch Induktion nach $|\Delta|$.

Sei zuerst $|\Delta| = 1$, also etwa $\Delta = \{d\}$. Im Falle a) ist $\mathfrak{G}_d$ transitiv auf $\Gamma = \Omega - \{d\}$, also ist $\mathfrak{G}$ nach 1.8 2-fach transitiv. Im Falle b) ist $\mathfrak{G}_d$ primitiv auf Γ, also ist $\mathfrak{G}$ gemäß der Definition 1.14 a) 2-fach primitiv auf Ω.

Sei weiterhin $|\Delta| > 1$. Nun sind zwei Fälle zu unterscheiden:

Fall 1: Sei $2|\Delta| < |\Omega|$, also $2|\Gamma| > |\Omega|$. Jetzt gilt $\Gamma \cap \Gamma^G \neq \emptyset$ für alle G aus $\mathfrak{G}$. Wegen $|\Delta| > 1$ gibt es zwei verschiedene Ziffern a und b aus Δ. Nach dem Lemma 1.6 von Rudio gibt es ein G aus $\mathfrak{G}$ mit $a \in \Delta^G$ und $b \notin \Delta^G$. Wegen $\Gamma \cap \Gamma^G \neq \emptyset$ und der Voraussetzung ist $\mathfrak{H} = \langle \mathfrak{G}_{\Delta}, \mathfrak{G}_{\Delta}^G \rangle$ transitiv auf $\Gamma' = \Gamma \cup \Gamma^G$. Daher ist $\Delta' = \Delta \cap \Delta^G = \Omega - \Gamma'$ die genaue Fixpunktmenge von $\mathfrak{H}$. Aus $\Gamma \subsetneqq \Gamma'$ folgt $1 < |\Gamma'|$. Ferner ist $a \in \Delta \cap \Delta^G = \Delta'$, also $1 \leqq |\Delta'|$. Wegen $b \in \Delta$ und $b \notin \Delta^G$ gilt $|\Delta'| < |\Delta|$.

Im Falle a) ist wegen $\mathfrak{H} \leqq \mathfrak{G}_{\Delta'}$ sicher $\mathfrak{G}_{\Delta'}$ noch transitiv auf Γ'. Also ist vermöge unserer Induktionsannahme $\mathfrak{G}$ 2-fach transitiv.

Ist $\mathfrak{G}_{\Delta}$ primitiv auf Γ, so ist $\mathfrak{H} = \langle \mathfrak{G}_{\Delta}, \mathfrak{G}_{\Delta}^G \rangle$ nach 4.2 primitiv auf Γ'. Nun ergibt die Induktionsannahme die 2-fache Primitivität von $\mathfrak{G}$.

Fall 2: Sei $|\Omega| \leqq 2|\Delta|$. Seien a und b zwei verschiedene Ziffern aus Γ. Nach 1.6 gibt es ein G aus $\mathfrak{G}$ mit $a \in \Gamma^G$ und $b \notin \Gamma^G$. Nun ist $a \in \Gamma \cap \Gamma^G \neq \emptyset$. Daher ist $\mathfrak{H} = \langle \mathfrak{G}_{\Delta}, \mathfrak{G}_{\Delta}^G \rangle$ transitiv auf $\Gamma' = \Gamma \cup \Gamma^G$. Aus $2|\Gamma| \leqq |\Omega|$ und $\Gamma \cap \Gamma^G \neq \emptyset$ folgt

$$|\Gamma'| = |\Gamma \cup \Gamma^G| < 2|\Gamma|,$$

also $1 < |\Gamma| \leqq |\Gamma'| < |\Omega|$.

Wegen $b \in \Gamma$ und $b \notin \Gamma^G$ ist $\Gamma \subset \Gamma'$. Mit $\Delta' = \Omega - \Gamma'$ gilt daher $1 \leqq |\Delta'| < |\Delta|$. Wie im Falle 1 liefert die Induktion nun die Behauptung.

q.e.d.

Satz 4.3 läßt sich leicht verschärfen:

4.4 Satz (C. JORDAN). *Sei $\mathfrak{G}$ primitiv auf Ω mit $|\Omega| = n$, sei $\Gamma \subset \Omega$ mit $1 < |\Gamma| = m < n$, und sei $\Delta = \Omega - \Gamma$. Sei $\mathfrak{G}_\Delta$ primitiv auf Γ. Dann ist $\mathfrak{G}$ $(n - m + 1)$-fach primitiv auf Ω.*

Beweis. Wir führen den Beweis durch Induktion nach $|\Delta| = n - m$. Nach 4.3 b) ist $\mathfrak{G}$ sicher 2-fach primitiv. Für $n - m = 1$ sind wir daher fertig. Sei nun $n - m > 1$ und $d \in \Delta$. Wegen der 2-fachen Primitivität von $\mathfrak{G}$ auf Ω ist $\mathfrak{G}_d$ primitiv auf $\Omega' = \Omega - \{d\}$. Ferner gilt $\mathfrak{G}_\Delta \leqq \mathfrak{G}_d$, und $\mathfrak{G}_\Delta$ ist primitiv auf $\Gamma = \Omega' - \Delta'$ (mit $\Delta' = \Delta - \{d\}$). Wegen $|\Delta'| = (n - 1) - m$ ist $\mathfrak{G}_d$ nach unserer Induktionsannahme $(n - m)$-fach primitiv. Also ist $\mathfrak{G}$ $(n - m + 1)$-fach primitiv. **q.e.d.**

4.5 Satz. *Sei $\mathfrak{G}$ primitiv vom Grad n.*

a) *Enthält $\mathfrak{G}$ einen Zyklus der Primzahllänge p, so ist $\mathfrak{G}$ mindestens $(n - p + 1)$-fach primitiv, also insbesondere $(n - p + 1)$-fach transitiv.*

b) *Enthält $\mathfrak{G}$ einen 2-Zyklus, so ist $\mathfrak{G} = \mathfrak{S}_n$.*

c) *Enthält $\mathfrak{G}$ einen 3-Zyklus, so ist $\mathfrak{G} \geqq \mathfrak{A}_n$.*

Beweis. a) Sei G ein p-Zyklus und $\Gamma = \{a \mid a \in \Omega, a^G \neq a\}$. Dann ist $\mathfrak{U} = \langle G \rangle$ primitiv auf Γ, und mit $\Delta = \Omega - \Gamma$ gilt offenbar $\mathfrak{U} \leqq \mathfrak{G}_\Delta$. Also ist $\mathfrak{G}_\Delta$ primitiv auf Γ, und aus 4.4 folgt die Behauptung.

b) Nach a) ist $\mathfrak{G}$ nun $(n - 1)$-fach transitiv, also ist $\mathfrak{G} = \mathfrak{S}_n$.

c) Nach a) ist $\mathfrak{G}$ jetzt $(n - 2)$-fach transitiv. Wegen 1.11 ergibt das

$$|\mathfrak{G}| \geqq n(n-1)\ldots 3\,,$$

also $|\mathfrak{S}_n : \mathfrak{G}| \leqq 2$. Wir können $\mathfrak{G} < \mathfrak{S}_n$ annehmen. Nach I, 3.3 (S. 13) ist dann $\mathfrak{G} \lhd \mathfrak{S}_n$.

Angenommen, es sei $\mathfrak{G} \neq \mathfrak{A}_n$. Für $n \geqq 5$ folgt dann wegen der Einfachheit von $\mathfrak{A}_n$ (siehe 2.4) $\mathfrak{G} \cap \mathfrak{A}_n = \mathfrak{E}$, und die Produktformel I, 2.12a) (S. 8) liefert den Widerspruch

$$|\mathfrak{G}\mathfrak{A}_n| = |\mathfrak{G}|\,|\mathfrak{A}_n| \leqq |\mathfrak{S}_n|\,.$$

Für $n = 3$ erzeugt jeder 3-Zyklus die alternierende Gruppe $\mathfrak{A}_3$. Es bleibt also der Fall $n = 4$. Setzen wir $\mathfrak{N} = \mathfrak{G} \cap \mathfrak{A}_4$, so ist $\mathfrak{N} \lhd \mathfrak{S}_4$ und

$$|\mathfrak{N}| = \frac{|\mathfrak{G}|\,|\mathfrak{A}_4|}{|\mathfrak{G}\mathfrak{A}_4|} = 6\,.$$

Nach I, 8.10 (S. 40) hat $\mathfrak{N}$ genau eine 3-Sylowgruppe, welche dann als charakteristische Untergruppe von $\mathfrak{N}$ in $\mathfrak{S}_4$ normal ist. Dies geht jedoch nicht, da $\mathfrak{S}_4$ genau vier 3-Sylowgruppen hat. **q.e.d.**

4.6 Satz (BOCHERT). *Sei $\mathfrak{G}$ primitiv auf Ω, sei $|\Omega| = n$ und $\mathfrak{A}_n \not\leqq \mathfrak{G}$. Dann ist*

$$|\mathfrak{S}_n : \mathfrak{G}| \geqq \left[\frac{n+1}{2}\right]!\,.$$

Beweis. a) Angenommen, G und H seien Elemente aus $\mathfrak{G}$, und es gebe genau eine Ziffer i mit $i^G \neq i \neq i^H$. Sei $i = j^G = k^H$.

Sei $s \notin \{i, j, k\}$, also $s \neq i$, $s^G \neq i$, $s^H \neq i$. Wir zeigen $s^{GH} = s^{HG}$.

Wegen $s \neq i$ ist nach der Voraussetzung $s^G = s$ oder $s^H = s$. Wegen der Symmetrie in G und H können wir $s^G = s$ annehmen. Ist auch $s^H = s$, so folgt $s^{GH} = s = s^{HG}$. Ist $s^H \neq s$, so haben wir wegen $s^H \neq i$ sicher $s^{HG} = s^H = s^{GH}$.

Wegen $i^G \neq i$ ist $i^{G^2} \neq i^G$, wegen der Einzigkeit von i also $i^{GH} = i^G$. Analog folgt $i^{HG} = i^H$. Ist $i^H = i^G$, so folgt wegen $i^{H^2} \neq i^H$ und $i^{G^2} \neq i^G$ nach unserer Voraussetzung $i^H = i^G = i$, was nicht stimmt. Also haben wir $i^{GH} \neq i^{HG}$ und daher $GHG^{-1}H^{-1} \neq E$. Somit ist $GHG^{-1}H^{-1}$ ein Zyklus der Länge 2 oder 3. Nach 4.5 ist dies wegen $\mathfrak{A}_n \not\leqq \mathfrak{G}$ nicht möglich.

b) Sei $\mathfrak{S}$ eine Untergruppe von $\mathfrak{S}_n$ mit den folgenden Eigenschaften:

(1) $\mathfrak{S} \cap \mathfrak{G} = \mathfrak{E}$.

(2) Es gibt eine Teilmenge Δ von Ω derart, daß Δ bei $\mathfrak{S}$ als Ganzes fest bleibt und $\mathfrak{S}^\Delta$ die volle symmetrische Gruppe auf Δ ist.

(3) $\mathfrak{S}^{\Omega-\Delta} = \mathfrak{E}$.

(4) $\mathfrak{S}$ sei so gewählt, daß $k = |\Delta|$ möglichst groß ist.

Angenommen, es sei $2k < n$. Sei $\mathfrak{T} \leqq \mathfrak{S}_n$ derart, daß $\mathfrak{T}^{\Omega-\Delta}$ die symmetrische Gruppe auf $\Omega - \Delta$ ist und $\mathfrak{T}^\Delta = \mathfrak{E}$ gilt. Wegen

$$|\Omega - \Delta| > \frac{n}{2} > k$$

und der maximalen Wahl von k folgt die Existenz eines G mit $E \neq G \in \mathfrak{G} \cap \mathfrak{T}$. Wegen $G \notin \mathfrak{S}$ versetzt G eine Ziffer i aus $\Omega - \Delta$, aber Δ bleibt bei G elementweise fest. Sei $\Delta' = \Delta \cup \{i\}$. Die Untergruppe $\mathfrak{U}$ von $\mathfrak{S}_n$ sei so gewählt, daß $\mathfrak{U}^{\Delta'}$ die symmetrische Gruppe auf Δ' ist und $\mathfrak{U}^{\Omega-\Delta'} = \mathfrak{E}$ gilt. Dann gibt es wegen $|\Delta| < |\Delta'|$ ein H mit $E \neq H \in \mathfrak{G} \cap \mathfrak{U}$. Ist $i^H = i$, so folgt der Widerspruch $E \neq H \in \mathfrak{G} \cap \mathfrak{S} = \mathfrak{E}$. Also ist $i^H \neq i$, jedoch $x^H = x$ für alle x aus $\Omega - \Delta' = \Omega - \Delta - \{i\}$. Somit ist i die einzige Ziffer mit $i^G \neq i \neq i^H$. Nach a) geht das nicht. Daher gilt $n \leqq 2k$.

Nun ergibt sich $|\mathfrak{S}_n| \geqq |\mathfrak{G}\mathfrak{S}| = |\mathfrak{G}|\,|\mathfrak{S}| = |\mathfrak{G}|k!$, also

$$|\mathfrak{S}_n : \mathfrak{G}| \geqq k!\,.$$

Aus $k \geqq \frac{n}{2}$ folgt aber $k \geqq \left[\frac{n+1}{2}\right]$, und das liefert die Behauptung.

q.e.d.

Als Anwendung bestimmen wir alle primitiven Gruppen vom Grad 6:

4.7 Satz. *Es gibt (bis auf Ähnlichkeit) genau vier primitive Gruppen vom Grad* 6, *nämlich* $\mathfrak{S}_6$, $\mathfrak{A}_6$ *und zwei zu* $\mathfrak{S}_5$ *und* $\mathfrak{A}_5$ *isomorphe,* 2-*fach transitive Gruppen vom Grad* 6.

Beweis. a) Sei $\mathfrak{G}$ primitiv vom Grad 6 mit $\mathfrak{A}_6 \nleq \mathfrak{G}$. Nach 4.6 gilt dann $|\mathfrak{G}| \leqq 120$, nach 3.2 a) ist $\mathfrak{G}$ nicht auflösbar. Die einzige einfache nichtabelsche Gruppe, deren Ordnung nicht größer als 120 ist, ist nach den Aufgaben 34) und 35) und nach 8.14 von Kapitel I die alternierende Gruppe $\mathfrak{A}_5$. Daher hat $\mathfrak{G}$ einen zu $\mathfrak{A}_5$ isomorphen Kompositionsfaktor, und es folgt $\mathfrak{G} \cong \mathfrak{A}_5$ oder $|\mathfrak{G}| = 120$.

Sei $|\mathfrak{G}| = 120$ und sei $\mathfrak{N}$ ein minimaler Normalteiler von $\mathfrak{G}$. Nach 1.5 ist $\mathfrak{N}$ transitiv. Es folgt $6 \mid |\mathfrak{N}|$, daher $|\mathfrak{G}/\mathfrak{N}| \leqq 20$, und $\mathfrak{G}/\mathfrak{N}$ ist auflösbar. Also ist $\mathfrak{N}$ nicht auflösbar, und somit haben wir $\mathfrak{N} \cong \mathfrak{A}_5$.

Sei $\mathfrak{K}$ eine 2-Sylowgruppe von $\mathfrak{N}$. Dann gilt $|\mathbf{N}_{\mathfrak{N}}(\mathfrak{K})| = 12$. Ist $\mathfrak{P}$ eine 2-Sylowgruppe von $\mathfrak{G}$ mit $\mathfrak{K} < \mathfrak{P}$, so ist $\mathfrak{K} = \mathfrak{P} \cap \mathfrak{N} \lhd \mathfrak{P}$. Somit folgt $|\mathbf{N}_{\mathfrak{G}}(\mathfrak{K})| = 24j$ und $|\mathfrak{G} : \mathbf{N}_{\mathfrak{G}}(\mathfrak{K})| = \frac{5}{j}$ für ein geeignetes j. Da $\mathfrak{K}$ wegen $6 \nmid |\mathfrak{K}|$ intransitiv ist, ist $\mathfrak{K} \ntrianglelefteq \mathfrak{G}$ und dann $|\mathfrak{G} : \mathbf{N}_{\mathfrak{G}}(\mathfrak{K})| = 5$. Daher hat $\mathfrak{G}$ nach I, 6.2 (S. 28) eine transitive Permutationsdarstellung vom Grad 5 auf den Nebenklassen von $\mathbf{N}_{\mathfrak{G}}(\mathfrak{K})$. Der Kern $\mathfrak{T}$ dieser Darstellung erfüllt $|\mathfrak{T}| \leqq 24$. Wir haben jedoch gesehen, daß jeder minimale Normalteiler von $\mathfrak{G}$ die Ordnung 60 hat. Also ist $\mathfrak{T} = \mathfrak{E}$ und somit $\mathfrak{G} \cong \mathfrak{S}_5$.

b) Wir haben noch zu zeigen, daß die beiden Gruppen $\mathfrak{S}_5$ und $\mathfrak{A}_5$ bis auf Ähnlichkeit genau eine transitive Permutationsdarstellung vom Grad 6 besitzen. Die Normalisatoren der 5-Sylowgruppen von $\mathfrak{S}_5$ und $\mathfrak{A}_5$ haben den Index 6 und liefern gemäß I, 6.2 (S. 28) transitive und treue Darstellungen vom Grad 6. Daß diese Darstellungen 2-fach transitiv, nach 1.9 sicher also auch primitiv sind, folgt sofort daraus, daß die Elemente der Ordnung 5 durch 5-Zyklen dargestellt werden müssen.

Sei $\mathfrak{U}$ irgendeine Untergruppe von $\mathfrak{S}_5$ oder $\mathfrak{A}_5$ vom Index 6. Dann hat $\mathfrak{U}$ die Ordnung 20 oder 10. Also hat $\mathfrak{U}$ nach den Sylowschen Sätzen genau eine Untergruppe der Ordnung 5. Somit ist $\mathfrak{U}$ der Normalisator einer 5-Sylowgruppe von $\mathfrak{S}_5$ bzw. $\mathfrak{A}_5$. Da jede Permutationsdarstellung vom Grad 6 nach I, 6.4 (S. 29) zur Darstellung auf den Nebenklassen einer Untergruppe vom Index 6 ähnlich ist, und da konjugierte Untergruppen zu ähnlichen Permutationsdarstellungen führen (I, Aufg. 23), S. 32), haben $\mathfrak{S}_5$ und $\mathfrak{A}_5$ (bis auf Ähnlichkeit) genau eine transitive Darstellung vom Grad 6. **q.e.d.**

§ 5. Die symmetrischen und alternierenden Gruppen

5.1 Satz. *Für $n \neq 2,4$ ist $\mathfrak{E} \lhd \mathfrak{A}_n \lhd \mathfrak{S}_n$ die einzige Kompositionsreihe (Hauptreihe, charakteristische Reihe) von $\mathfrak{S}_n$.*

Beweis. Es genügt der Nachweis, daß $\mathfrak{A}_n$ der einzige minimale Normalteiler von $\mathfrak{S}_n$ ist.

Angenommen, es sei $\mathfrak{N}$ ein von $\mathfrak{A}_n$ verschiedener minimaler Normalteiler von $\mathfrak{S}_n$. Da $\mathfrak{A}_n$ für $n \neq 2,4$ nach 2.4 einfach ist, gilt $\mathfrak{N} \cap \mathfrak{A}_n = \mathfrak{E}$.

Das ergibt

$$|\mathfrak{N}\mathfrak{A}_n| = |\mathfrak{N}|\,|\mathfrak{A}_n| \mid |\mathfrak{S}_n| ,$$

also $|\mathfrak{N}| = 2$. Das ist jedoch ausgeschlossen, da $\mathfrak{N}$ nach 1.5 transitiv sein muß. **q.e.d.**

5.2 Bemerkung. Die symmetrische Gruppe $\mathfrak{S}_4$ besitzt als primitive auflösbare Permutationsgruppe nach 3.2 einen eindeutig bestimmten minimalen Normalteiler $\mathfrak{K}$, dieser ist regulär und abelsch. Er läßt sich sofort angeben, nämlich

$$\mathfrak{K} = \{E, (1, 2)(3, 4), (1, 3)(2, 4), (1, 4)(2, 3)\} .$$

Diese Gruppe $\mathfrak{K}$ heißt die Kleinsche Vierergruppe. Ist

$$\mathfrak{H} = \{H \mid H \in \mathfrak{S}_4, 1^H = 1\} ,$$

so gilt nach 3.2 b) $\mathfrak{S}_4 = \mathfrak{K}\mathfrak{H}$. Daher ist

$$\mathfrak{S}_4/\mathfrak{K} \cong \mathfrak{H} \cong \mathfrak{S}_3 .$$

Da $\mathfrak{S}_3$ nur einen nichttrivialen Normalteiler hat, nämlich $\mathfrak{A}_3$, sind $\mathfrak{K}$ und $\mathfrak{A}_4$ die einzigen nichttrivialen Normalteiler von $\mathfrak{S}_4$. Also ist

$$\mathfrak{E} \lhd \mathfrak{K} \lhd \mathfrak{A}_4 \lhd \mathfrak{S}_4$$

die einzige Hauptreihe (charakteristische Reihe) von $\mathfrak{S}_4$.

5.3 Satz. a) *Für $n \neq 4$ besitzt $\mathfrak{S}_n$ keine Untergruppe von einem Index k mit $2 < k < n$. (Hingegen haben in $\mathfrak{S}_4$ die 2-Sylowgruppen den Index 3.)*

b) *Die Anzahl der Klassen von konjugierten Untergruppen von $\mathfrak{S}_n$ vom Index n ist gleich der Ordnung der äußeren Automorphismengruppe $\mathbf{A}(\mathfrak{S}_n)/\mathbf{I}(\mathfrak{S}_n)$ von $\mathfrak{S}_n$.*

Beweis. a) Ist $|\mathfrak{S}_n : \mathfrak{U}| = k$, so liefert die Permutationsdarstellung von $\mathfrak{S}_n$ als Permutationsgruppe der Nebenklassen von $\mathfrak{U}$ einen Homomorphismus von $\mathfrak{S}_n$ in $\mathfrak{S}_k$. Wegen $k < n$ hat dieser Homomorphismus einen nichttrivialen Kern $\mathfrak{N}$ mit $\mathfrak{N} \leqq \mathfrak{U}$. Aus $2 < k$ folgt aber $|\mathfrak{N}| < |\mathfrak{A}_n|$, und wir haben einen Widerspruch zu 5.1.

b) Für $1 \leqq j \leqq n$ setzen wir

$$\mathfrak{V}_j = \{G \mid G \in \mathfrak{S}_n, j^G = j\} .$$

(1) Zu jeder Untergruppe $\mathfrak{U}$ von $\mathfrak{S}_n$ vom Index n gibt es einen Automorphismus α von $\mathfrak{S}_n$ mit $\mathfrak{U}^\alpha = \mathfrak{V}_1$:

Sei $\mathfrak{S}_n = \bigcup_i \mathfrak{U} H_i$ mit $H_1 = E$ die Nebenklassenzerlegung von $\mathfrak{S}_n$ nach $\mathfrak{U}$. Aus 5.1 bzw. 5.2 (für $n = 4$) folgt $\bigcap \mathfrak{U}^G = \mathfrak{E}$. Daher ist die Abbildung α mit $G^\alpha = \mathbf{P}(G) = \binom{i}{i'}$ für $\mathfrak{U}H_iG = \mathfrak{U}H_{i'}$ ein Automorphismus von $\mathfrak{S}_n$. Offenbar ist $1^{\mathbf{P}(G)} = 1$ gleichwertig mit $G \in \mathfrak{U}$. Also ist $\mathfrak{U}^\alpha = \mathfrak{V}_1$.

(2) Sei

$$\mathfrak{B} = \{\alpha \mid \alpha \in \mathbf{A}(\mathfrak{S}_n), \quad \mathfrak{V}_j^\alpha \in \{\mathfrak{V}_1, \ldots, \mathfrak{V}_n\} \quad \text{für alle} \quad j = 1, \ldots, n\} .$$

Nach (1) ist $|\mathbf{A}(\mathfrak{S}_n) : \mathfrak{B}|$ die Anzahl der Konjugiertenklassen von Untergruppen vom Index n in $\mathfrak{S}_n$. Wir zeigen $\mathfrak{B} = \mathbf{I}(\mathfrak{S}_n)$:

Sei nämlich $\alpha \in \mathfrak{B}$ und $\mathfrak{V}_i^\alpha = \mathfrak{V}_{i'}$ $(i = 1, \ldots, n)$. Sei τ der innere Automorphismus von $\mathfrak{S}_n$ zu dem Element $P = \begin{pmatrix} i \\ i' \end{pmatrix}$. Dann gilt $\mathfrak{V}_i^\alpha = \mathfrak{V}_i^\tau$. Also läßt $\mu = \alpha\tau^{-1}$ jedes $\mathfrak{V}_i$ fest. Bei μ bleibt daher auch

$$\bigcap_{j \neq i \neq k} \mathfrak{V}_i = \langle (j, k) \rangle$$

fest. Da die Transpositionen nach I, 19.7, S. 137 ganz $\mathfrak{S}_n$ erzeugen, folgt $\mu = 1$, und $\alpha = \tau$ ist der von P bewirkte innere Automorphismus von $\mathfrak{S}_n$. **q.e.d.**

5.4 Hilfssatz. a) *Für* $1 < t < n - 1$ *gilt stets* $(n - t)!\, t! < (n - 1)!$.

b) *Sei* $n = rs$ *mit* $r \neq 1 \neq s$. *Für* $4 < n$ *gilt dann*

$$(s!)^r\, r! < (n - 1)!\,.$$

c) *Für* $4 < n$ *und* $n \neq 6$ *ist* $n < \left[\frac{n+1}{2}\right]!\,.$

Beweis. a) Wir setzen $N(t) = (n - t)!\, t!$. Dann gilt

$$\frac{N(t)}{N(t+1)} = \frac{n-t}{t+1} \geqq 1 \quad \text{für} \quad n \geqq 2t + 1\,.$$

Ferner ist $N(n - t) = N(t)$ und $N(n - 1) = (n - 1)!$. Das ergibt die Behauptung.

b) Für $r = 2$ ist $s = \frac{n}{2} > 2$ und

$$\frac{n!}{2(s!)^2} = \frac{(s+1)\ldots 2s}{2s!} = (s+1)\,\frac{s+2}{2} \cdots \frac{2s}{2s} > 2(s+1) > 2s = n\,.$$

Wir haben

$$n! = (1 \cdot 2 \ldots s)\,((s+1) \ldots 2s) \ldots \big(((r-1)\,s + 1) \ldots rs\big)$$
$$> s!\,(s s!2) \ldots ((r-1)\, s s! r) = (s!)^r r!\, s^{r-1} (r-1)!\,.$$

Für $r > 2$ genügt daher der Nachweis von

$$s^{r-1}(r-1)! > n = rs\,.$$

Für $r \geqq 4$ ist $(r - 1)! > r$ und daher $s^{r-1}(r-1)! > sr = n$.
Für $r = 3$ ist wegen $s > 1$ sicher $2s^{r-1} = 2s^2 > 3s = n$.

c) Für $6 < n$ ist $\left[\frac{n+1}{2}\right]! > \frac{n}{2} \cdot 3 \cdot 2 = 3n$.

Für $n = 5$ gilt die behauptete Ungleichung ebenfalls. **q.e.d.**

5.5 Satz. a) *Sei* $n \neq 6$. *Dann hat* $\mathfrak{S}_n$ *genau eine Konjugiertenklasse von Untergruppen vom Index* n, *nämlich die Stabilisatoren der Ziffern. Jeder Automorphismus von* $\mathfrak{S}_n$ *ist ein innerer Automorphismus.*

b) *In* $\mathfrak{S}_6$ *existieren genau zwei Konjugiertenklassen von Untergruppen vom Index* 6, *nämlich die Stabilisatoren der Ziffern und eine Konjugiertenklasse von* 2-*fach transitiven, zu* $\mathfrak{S}_5$ *isomorphen Untergruppen. Es gilt* $|\mathbf{A}(\mathfrak{S}_6)/\mathbf{I}(\mathfrak{S}_6)| = 2$.

Beweis. Sei $|\mathfrak{S}_n : \mathfrak{U}| = n$.

Sei zuerst $\mathfrak{U}$ intransitiv und habe $\mathfrak{U}$ eine Bahn von einer Länge t mit $1 < t < n - 1$. Mit 5.4 a) folgt der Widerspruch

$$(n-1)! = |\mathfrak{U}| \leqq t!\,(n-t)! < (n-1)!\,.$$

Für $n \leqq 5$ ist $\mathfrak{U}$ wegen $n \nmid |\mathfrak{U}|$ notwendig intransitiv. Sei weiterhin also $n \geqq 6$.

Sei nun $\mathfrak{U}$ transitiv, aber imprimitiv mit r Imprimitivitätsgebieten von der Länge s. Also ist $n = rs$. Nach 1.2 haben wir $|\mathfrak{U}| \mid (s!)^r r!$. Wegen $n \geqq 6$ folgt mit 5.4 b) der Widerspruch

$$(n-1)! = |\mathfrak{U}| \leqq (s!)^r r! < (n-1)!\,.$$

Schließlich sei $\mathfrak{U}$ primitiv. Wegen $\mathfrak{A}_n \nleqq \mathfrak{U}$ folgt mit 4.6 und 5.4 c) für $n > 6$ jetzt der Unsinn

$$n = |\mathfrak{S}_n : \mathfrak{U}| \geqq \left[\frac{n+1}{2}\right]! > n\,.$$

Also hat $\mathfrak{U}$ für $n \neq 6$ eine Bahn der Länge 1 und ist der Stabilisator einer Ziffer. Aus 5.3 b) folgt daher $\mathbf{A}(\mathfrak{S}_n) = \mathbf{I}(\mathfrak{S}_n)$ für $n \neq 6$.

Sei nun $n = 6$ und sei $\mathfrak{U}$ nicht der Stabilisator einer Ziffer. Wir haben gesehen, daß $\mathfrak{U}$ dann primitiv ist. Nach 4.7 gibt es genau eine Konjugiertenklasse von primitiven Untergruppen der Ordnung 120 in $\mathfrak{S}_6$. Mit 5.3 b) folgt jetzt $|\mathbf{A}(\mathfrak{S}_6)/\mathbf{I}(\mathfrak{S}_6)| = 2$. **q.e.d.**

Aufgaben:

2) Man gebe einen äußeren Automorphismus von $\mathfrak{S}_6$ explizit an in seiner Wirkung auf die (ganz $\mathfrak{S}_6$ erzeugenden) 2-Zyklen.

3) Sei $\mathfrak{G} = \mathfrak{G}_1 \times \cdots \times \mathfrak{G}_r$ mit $(|\mathfrak{G}_i|, |\mathfrak{G}_j|) = 1$ für $i \neq j$ eine transitive Permutationsgruppe auf Ω. Sei $|\Omega| = n_1 \ldots n_r$ mit $n_i \mid |\mathfrak{G}_i|$. Dann gibt es transitive, treue Darstellungen von $\mathfrak{G}_i$ auf Ziffernmengen Ω_i mit $|\Omega_i| = n_i$ derart, daß $\mathfrak{G}$ ähnlich ist zu der Permutationsdarstellung von $\mathfrak{G}$ auf $\Omega_1 \times \cdots \times \Omega_r$ mit

$$(a_1, \ldots, a_r)^{(G_1, \ldots, G_r)} = (a_1^{G_1}, \ldots, a_r^{G_r})\,.$$

4) Sei

$$\mathcal{N} = \{\mathfrak{H} \mid \mathfrak{H} \leqq \mathfrak{S}_n,\ \mathfrak{H} \text{ nilpotent, transitiv}\}\,.$$

(Für die Definition der Nilpotenz vergleiche man I, 9.5, S. 48.) Man zeige, daß alle maximalen Elemente von $\mathcal{N}$ konjugiert sind.

5) (P. Hall [14]). Sei $\mathfrak{S}_n$ die symmetrische Gruppe vom Grad n, seien p und q Primzahlen mit $p < q \leqq n$. Angenommen, es gebe eine

Untergruppe $\mathfrak{H}$ von $\mathfrak{S}_n$ mit $|\mathfrak{H}| = p^a q^b$, $p \nmid |\mathfrak{S}_n : \mathfrak{H}|$ und $q \nmid |\mathfrak{S}_n : \mathfrak{H}|$. Dann ist notwendig $p = 2$, $q = 3$ und $n = 3, 4, 5, 7, 8$.

(Anleitung: Die Auflösbarkeit von $\mathfrak{H}$, welche erst in Kapitel V bewiesen wird, muß vorausgesetzt werden.

a) Ist $\mathfrak{H}$ primitiv, so ist $n = r^m$ eine Primzahlpotenz ($r = p$ oder $r = q$). Nach 3.5 gilt dann $|\mathfrak{H}| \mid r^m |GL(m, r)|$. Man zeige durch Vergleich mit der höchsten Potenz von r, welche $r^m!$ teilt, daß $n = 3$ oder $n = 4$ gilt.

b) Sei $\mathfrak{H}$ transitiv, aber imprimitiv mit k Imprimitivitätsgebieten der Länge m. Dann ist $\mathfrak{H}$ isomorph zu einer Untergruppe des Kranzproduktes $\mathfrak{S}_m \wr \mathfrak{S}_k$. Man zeige, daß dies nur für $m = 4$, $k = 2$, $n = 8$ eintritt.

c) Ist $\mathfrak{H}$ intransitiv, so ist $n = 5$ oder $n = 7$; die Bahnen von $\mathfrak{H}$ haben die Längen 1, 4 bzw. 3, 4.)

§ 6. Lineare und projektive Gruppen

Neben den alternierenden Gruppen $\mathfrak{A}_n$ ($n \geqq 5$) liefern die Automorphismengruppen von Vektorräumen mit oder ohne Skalarprodukt weitere Serien endlicher einfacher Gruppen. Wir behandeln in diesem Paragraphen nur den einfachsten Fall, daß der Vektorraum kein Skalarprodukt trägt. Die meisten unserer Überlegungen machen von der Endlichkeit des zugrundeliegenden Körpers keinen Gebrauch.

6.1 Definition. Sei $V = V(n, K)$ der Vektorraum der Dimension n über dem kommutativen Körper K. Mit $GL(n, K)$ bezeichnen wir die Gruppe aller K-linearen Abbildungen von V auf sich. Die Abbildung der Elemente G aus $GL(n, K)$ auf ihre Determinante $\det G$ ist wegen der Produktregel für Determinanten ein Epimorphismus von $GL(n, K)$ auf die multiplikative Gruppe $K^\times$ von K. Den Kern dieses Epimorphismus bezeichnen wir mit $SL(n, K)$. Also besteht $SL(n, K)$ aus den linearen Abbildungen mit Determinante 1. Die Gruppe $\mathfrak{Z}$ aus den Vielfachen aE der identischen Abbildung liegt im Zentrum von $GL(n, K)$. Die Faktorgruppe $GL(n, K)/\mathfrak{Z}$ bezeichnen wir mit $PGL(n, K)$. Wir können sie auffassen als die Gruppe der projektiven Abbildungen des projektiven Raumes $P(n-1, K)$ der Dimension $n-1$ über K; denn bekanntlich sind die Elemente von $\mathfrak{Z}$ die einzigen linearen Abbildungen, welche jeden eindimensionalen Teilraum von V auf sich abbilden. Wir setzen ferner

$$SL(n, K)/(SL(n, K) \cap \mathfrak{Z}) = PSL(n, K).$$

Es ist dabei

$$SL(n, K) \cap \mathfrak{Z} = \{aE_V \mid a^n = 1\}.$$

Ist $K = GF(p^f)$ ein endlicher Körper, und an diesem Fall sind wir vorwiegend interessiert, so schreiben wir auch

$$GL(n, K) = GL(n, p^f),\ SL(n, K) = SL(n, p^f),\ PGL(n, K) = PGL(n, p^f)$$

und $PSL(n, K) = PSL(n, p^f)$.

6.2 Hilfssatz. *Es gilt:*

(1) $|GL(n, p^f)| = (p^{nf} - 1)(p^{nf} - p^f) \ldots (p^{nf} - p^{(n-1)f})$.

(2) $|SL(n, p^f)| = |PGL(n, p^f)|$
$= (p^{nf} - 1)(p^{nf} - p^f) \ldots (p^{nf} - p^{(n-2)f})\, p^{(n-1)f}$.

(3) $|PSL(n, p^f)| = |SL(n, p^f)|\, k^{-1}$ *mit* $k = (n, p^f - 1)$.

Beweis. Sei $\{v_1, \ldots, v_n\}$ eine K-Basis von $V = V(n, p^f)$. Dann ist jede lineare Abbildung A von V auf sich eindeutig bestimmt durch die Vorgabe der linear unabhängigen Vektoren $v_1 A, \ldots, v_n A$. Daher haben wir die Bedingungen

$$v_1 A \neq o,\ v_2 A \notin \langle v_1 A \rangle, \ldots, v_n A \notin \langle v_1 A, \ldots, v_{n-1} A \rangle .$$

Das ergibt

$$|GL(n, p^f)| = (p^{nf} - 1)(p^{nf} - p^f) \ldots (p^{nf} - p^{(n-1)f}) .$$

Die Behauptung (2) folgt sofort aus

$$|SL(n, p^f)| = |PGL(n, p^f)| = \frac{|GL(n, p^f)|}{|K^\times|} = \frac{|GL(n, p^f)|}{p^f - 1} .$$

Die Gruppe $SL(n, p^f) \cap \mathfrak{Z}$ besteht aus den Elementen aE mit

$$\det aE = a^n = 1 .$$

Da die Gruppe $K^\times$ zyklisch ist, ist $(n, p^f - 1)$ die Anzahl dieser Elemente. Das liefert die Aussage (3) über die Ordnung von $PSL(n, p^f)$. **q.e.d.**

Sei weiterhin stets $V = V(n, K)$ mit $n > 1$.

6.3 Definition. Sei H eine Hyperebene in $V = V(n, K)$. Die Abbildung $T \neq E$ aus $GL(n, K)$ heißt eine Transvektion zur Hyperebene H, wenn gilt

$$vT = v \quad \text{für alle} \quad v \in H$$

und

$$vT - v \in H \quad \text{für alle} \quad v \in V .$$

Es bleiben also H und V/H elementweise fest bei T.

6.4 Hilfssatz. *Sei T eine Transvektion zur Hyperebene H und μ eine Linearfunktion auf V mit*

$$H = \{v \mid \mu(v) = 0\} .$$

Dann gibt es einen Vektor a mit $o \neq a \in H$ (also mit $\mu(a) = 0$) und

$$vT = v - \mu(v)\, a$$

für alle $v \in V$. Wir schreiben dann $T = T(a, \mu)$.

Ist umgekehrt $\mu \neq o$ eine Linearfunktion auf V und $o \neq a \in V$ mit $\mu(a) = 0$, so ist die Abbildung T mit $vT = v - \mu(v)\, a$ eine Transvektion zur Hyperebene $H = \{v \mid v \in V, \mu(v) = 0\}$.

Beweis. Sei $V = H \oplus \langle w \rangle$ mit $\mu(w) = 1$. Wir setzen $a = w - wT$. Wegen $T \neq E$ ist $a \neq o$. Für $v = h + cw$ mit $h \in H$ und $c \in K$ gilt dann $\mu(v) = c\,\mu(w) = c$ und

$$vT = (h + cw)\,T = h + c(wT) = h + c(w - a) = v - ca = v - \mu(v)\,a\ .$$

Die Umkehrung ist trivial. **q.e.d.**

Durch einfache Rechnung ergibt sich:

6.5 Hilfssatz. *Seien a_1, a_2 und a Vektoren $\neq o$ aus der Hyperebene*

$$H = \{v \mid \mu(v) = 0\}\ .$$

Dann gilt

$$T(a_1, \mu)\,T(a_2, \mu) = T(a_1 + a_2, \mu) \quad \textit{und} \quad T(a, \mu)\,T(-a, \mu) = E\ .$$

Also bilden die Transvektionen zu einer festen Hyperebene H zusammen mit der identischen Abbildung eine kommutative Untergruppe $\mathfrak{T}(H)$, welche zur additiven Gruppe H^+ von H isomorph ist. Wegen

$$T(a, \mu_1)\,T(a, \mu_2) = T(a, \mu_1 + \mu_2)$$

für $\mu_i(a) = 0$ ist auch

$$\mathfrak{T}_a = \{E,\ T(a, \mu) \mid o \neq \mu \in V^* = \mathrm{Hom}_K(V, K),\quad \mu(a) = 0\}$$

eine abelsche Untergruppe von $GL(n, K)$.

6.6 Hilfssatz. *Alle Transvektionen haben die Determinante* 1, *liegen also in $SL(n, K)$.*

Beweis. Sei T eine Transvektion zur Hyperebene H. Dann bewirkt T auf H und V/H die identische Abbildung. Also hat T die Determinante 1. **q.e.d.**

6.7 Satz. *Die Transvektionen erzeugen ganz $SL(n, K)$.*

Beweis. Wir beweisen den Satz durch Induktion nach n.

Sei $\mathfrak{T}$ die von allen Transvektionen von $GL(n, K)$ erzeugte Untergruppe von $SL(n, K)$. Da die Konjugierten von Transvektionen offenbar wieder Transvektionen sind, ist $\mathfrak{T}$ ein Normalteiler von $SL(n, K)$.

Sei $G \in SL(n, K)$. Es sei $o \neq v \in V$ und $vG = v'$. Sind v und v' linear unabhängig, so gibt es eine Linearfunktion μ auf V mit $\mu(v') = 1$ und $\mu(v' - v) = 0$. Mit $T = T(v' - v, \mu)$ gilt dann $vGT = v$ und $GT\mathfrak{T} = G\mathfrak{T}$.

Ist $vG = cv$ (mit $c \in K$) und ist w linear unabhängig von v, so haben wir mit $T' = T(w, \mu')$ und $\mu'(v) = 1$, $\mu'(w) = 0$ nun

$$vT'G = (v - w)\,G \notin \langle v \rangle\ .$$

Dann können wir auf $T'G$ die vorhergehende Überlegung anwenden.

In jedem Falle gibt es wegen $T'G\mathfrak{T} = G\mathfrak{T}$ also ein X mit $X\mathfrak{T} = G\mathfrak{T}$ und $v_1X = v_1$ für ein $v_1 \neq o$. Auf $\overline{V} = V/\langle v_1 \rangle$ bewirkt dann X eine lineare Abbildung $\overline{X}$ mit $\det \overline{X} = 1$. Ist $\dim \overline{V} = n - 1 = 1$, so ist $\overline{X} = \overline{E}$, und X ist eine Transvektion zur Hyperebene $\langle v_1 \rangle$. Sei also weiterhin $n > 2$.

Nach unserer Induktionsannahme gibt es Transvektionen $\overline{T}(\overline{w}_i, \overline{\mu}_i)$ auf $\overline{V}$ mit $\overline{X} = \prod_i \overline{T}(\overline{w}_i, \overline{\mu}_i)$. Seien die w_j irgendwelche Urbilder zu den $\overline{w}_j$ in V und seien die μ_j Linearfunktionen auf V mit $\mu_j(v_1) = 0$ und $\mu_j(v) = \overline{\mu}_j(\overline{v})$ für $\overline{v} = v + \langle v_1 \rangle$. Wir setzen

$$K = X \prod_j T(w_j, \mu_j)^{-1} .$$

Dann ist $X^{-1}K \in \mathfrak{T}$, ferner $v_1 K = v_1$ und $vK - v \in \langle v_1 \rangle$ für alle $v \in V$. Sei $\{v_1, \ldots, v_n\}$ eine Basis von V und sei $v_j K = v_j - a_j v_1$ $(a_j \in K)$. Dann ist

$$K = \prod_{j=2}^{n} T(a_j v_1, \tau_j) ,$$

wobei die Linearfunktionen τ_j durch $\tau_j(v_i) = \delta_{ij}$ definiert sind. Daher folgt $K \in \mathfrak{T}$ und dann auch $G \in \mathfrak{T}$. **q.e.d.**

6.8 Hilfssatz. *Seien H und H' Hyperebenen in V, sei $o \neq a \in H$, $b \notin H$, $o \neq a' \in H'$, $b' \notin H'$. Dann gibt es ein A aus $GL(n, K)$ mit $HA = H'$, $aA = a'$ und $bA = b'$. Für $n \geqq 3$ läßt sich A sogar aus $SL(n, K)$ wählen.*

Beweis. Seien $\{a_1, \ldots, a_n\}$ und $\{b_1, \ldots, b_n\}$ K-Basen von V mit

$$a_1 = a, \ a_n = b, \ H = \langle a_1, \ldots, a_{n-1} \rangle \quad \text{und}$$
$$b_1 = a', \ b_n = b', \ H' = \langle b_1, \ldots, b_{n-1} \rangle.$$

Dann gibt es in $GL(n, K)$ genau eine lineare Abbildung B mit $a_i B = b_i$ $(i = 1, \ldots, n)$.

Für $n \geqq 3$ definieren wir die lineare Abbildung C durch $a_i C = a_i$ für $i \neq 2$ und $a_2 C = (\det B)^{-1} a_2$.

Für $n = 2$ leistet dann $A = B$, für $n \geqq 3$ die Abbildung $A = CB$ den gewünschten Dienst. **q.e.d.**

6.9 Hilfssatz. *Alle Transvektionen sind konjugiert in $GL(n, K)$, für $n \geqq 3$ sogar schon in $SL(n, K)$. In $SL(2, K)$ sind die Gruppen $\mathfrak{T}(H)$ konjugiert.*

Beweis. Sei $T = T(a, \mu)$ eine Transvektion und b ein Vektor aus V mit $\mu(b) = 1$. Es sei $T' = T(a', \mu')$ eine weitere Transvektion und $\mu'(b') = 1$. Mit H bzw. H' bezeichnen wir die Hyperebenen aus den Nullstellen von μ bzw. μ'. Nach Hilfssatz 6.8 gibt es ein G aus $GL(n, K)$ mit $aG = a'$, $bG = b'$ und $HG = H'$; für $n \geqq 3$ können wir G sogar in $SL(n, K)$ wählen. Mit $x' = xG \in H'$ haben wir nun

$$x'G^{-1}TG = xTG = xG = x' \quad \text{und} \quad b'G^{-1}TG = bTG = (b - a)G = b' - a' .$$

Also ist $G^{-1}TG = T'$.

Für $n = 2$ können wir G in $SL(2, K)$ so wählen, daß mit einem geeigneten c aus $K^\times$ gilt $aG = ca'$ und $bG = b'$. Das ergibt

$$G^{-1}T(a, \mu)G = T(ca', \mu') . \qquad \textbf{q.e.d.}$$

Einen ersten Aufschluß über die Struktur von $SL(n, K)$ gibt der folgende Satz:

6.10 Satz. *Für $n \geqq 3$ sowie für $n = 2$ und $|K| > 3$ gilt*

$$GL(n, K)' = SL(n, K)' = SL(n, K) .$$

Beweis. Da

$$GL(n, K)/SL(n, K) \cong K^{\times}$$

abelsch ist, gilt

$$SL(n, K)' \leqq GL(n, K)' \leqq SL(n, K) .$$

Wir haben also $SL(n, K)' = SL(n, K)$ zu zeigen. Nach Satz 6.7 genügt der Nachweis, daß jede Transvektion in $SL(n, K)'$ liegt.

Sei zuerst $n \geqq 3$. Sind T und T' Transvektionen, so gibt es nach 6.9 ein G aus $SL(n, K)$ mit $G^{-1}TG = T'$. Somit liegen alle Transvektionen in der gleichen Nebenklasse von $SL(n, K)'$.

Sei $H = \{v \mid \mu(v) = 0\}$ eine Hyperebene in V. Wegen $\dim H = n - 1 \geqq 2$ enthält H Vektoren a_1 und a_2 mit

$$a_1 \neq o \quad \text{und} \quad o \neq a_2 \neq -a_1 .$$

Nach 6.5 ist

$$T(a_1, \mu)\, T(a_2, \mu) = T(a_1 + a_2, \mu) .$$

Da alle Transvektionen in der gleichen Nebenklasse von $SL(n, K)'$ liegen, folgt

$$T(a_1, \mu)^2\, SL(n, K)' = T(a_1, \mu)\, SL(n, K)' .$$

Also haben wir $T(a_1, \mu) \in SL(n, K)'$, und alle Transvektionen liegen in $SL(n, K)'$.

Für $n = 2$ müssen wir etwas vorsichtiger vorgehen. Sei T eine Transvektion zur Hyperebene $\langle v_1 \rangle$. Bezüglich einer geeigneten Basis $\{v_1, v_2\}$ von V hat dann T die Gestalt

$$v_1 T = v_1, \quad v_2 T = v_1 + v_2 .$$

Wegen $|K| > 3$ gibt es ein d aus K mit $0 \neq d^2 \neq 1$. Wir definieren die lineare Abbildung G aus $SL(2, K)$ durch

$$v_1 G = d v_1 \quad \text{und} \quad v_2 G = d^{-1} v_2 .$$

Dann haben wir

$$v_1 G^{-1} T G = (d^{-1} v_1)\, T G = v_1$$

und

$$v_2 G^{-1} T G = (d v_2)\, T G = d(v_1 + v_2) G = v_2 + d^2 v_1 .$$

Wir erhalten daher $G^{-1}\, T\, G\, T^{-1} = T(w, \mu) \in SL(2, K)'$ mit $w = (1 - d^2)\, v_1 \neq o$ und $\mu(v_1) = 0$, $\mu(v_2) = 1$.

Wegen $SL(2, K)' \trianglelefteq GL(2, K)$ und der Konjugiertheit aller Transvektionen unter $GL(2, K)$ liegen dann alle Transvektionen in $SL(2, K)'$.

q.e.d.

Wir werden in 6.14 sehen, daß die Gruppen $SL(2, 2)$ und $SL(2, 3)$ auflösbar sind, daß für sie die Aussage von Satz 6.10 also sicher nicht gilt.

6.11 Hilfssatz. *Die Gruppe $PSL(n, K)$ ist 2-fach transitiv auf den Punkten des projektiven Raumes $P(n-1, K)$ der Dimension $n-1$ über K. Für $|K| = p^f$ handelt es sich um eine Permutationsgruppe vom Grad $(p^{nf}-1)/(p^f-1)$.*

Beweis. Seien a_1, a_2 und a_1', a_2' Punktepaare in $P(n-1, K)$ mit $a_1 \neq a_2$ und $a_1' \neq a_2'$. Sei $a_i = \langle v_i \rangle$ und $a_i' = \langle v_i' \rangle$ mit $v_i, v_i' \in V = V(n, K)$. Dann sind v_1, v_2 und v_1', v_2' jeweils linear unabhängig. Daher gibt es ein G aus $SL(n, K)$ mit

$$v_1 G = v_1' \quad \text{und} \quad v_2 G = c v_2'$$

für ein geeignetes c aus $K^\times$. (Für $n \geqq 3$ können wir sogar $c = 1$ annehmen.) Die von G auf $P(n-1, K)$ bewirkte projektive Abbildung führt nun das Punktepaar (a_1, a_2) in (a_1', a_2') über. **q.e.d.**

6.12 Hilfssatz. *Sei $\mathfrak{G}$ eine primitive Permutationsgruppe auf der nicht notwendig endlichen Ziffernmenge Ω. Die folgenden Bedingungen seien erfüllt:*

(1) $\mathfrak{G} = \mathfrak{G}'$.

(2) *Der Stabilisator $\mathfrak{G}_a$ von $a \in \Omega$ enthält einen auflösbaren Normalteiler $\mathfrak{K}$ mit*

$$\langle \mathfrak{K}^G \mid G \in \mathfrak{G} \rangle = \mathfrak{G} .$$

(Wegen der Transitivität von $\mathfrak{G}$ auf Ω ist es offenbar gleichgültig, ob man (2) für ein oder für alle a aus Ω fordert.)

Dann ist $\mathfrak{G}$ einfach.

Beweis. Angenommen, es sei $\mathfrak{E} < \mathfrak{N} \trianglelefteq \mathfrak{G}$. Wegen der Primitivität von $\mathfrak{G}$ ist $\mathfrak{N}$ nach **1.5** transitiv. Nach 1.4 ist $\mathfrak{G}_a$ eine maximale Untergruppe von $\mathfrak{G}$. Also ist $\mathfrak{G} = \mathfrak{N}\mathfrak{G}_a$. Aus $\mathfrak{K} \trianglelefteq \mathfrak{G}_a$ folgt daher

$$\mathfrak{N}\mathfrak{K} \trianglelefteq \mathfrak{N}\mathfrak{G}_a = \mathfrak{G} .$$

Wegen der Bedingung (2) ist

$$\mathfrak{G} = \langle \mathfrak{K}^G \mid G \in \mathfrak{G} \rangle \leqq \mathfrak{N}\mathfrak{K} ,$$

mithin $\mathfrak{G} = \mathfrak{N}\mathfrak{K}$. Da $\mathfrak{K}$ auflösbar ist, gibt es ein k mit $\mathfrak{K}^{(k)} = \mathfrak{E}$. Daher folgt wegen der Voraussetzung (1)

$$\mathfrak{G} = \mathfrak{G}^{(k)} = (\mathfrak{N}\mathfrak{K})^{(k)} \leqq \mathfrak{N}\mathfrak{K}^{(k)} = \mathfrak{N} .$$

Somit ist $\mathfrak{G}$ einfach. **q.e.d.**

6.13 Hauptsatz. *Die Gruppe $PSL(n, K)$ ist einfach, ausgenommen die beiden Fälle $PSL(2, 2)$ und $PSL(2, 3)$.*

Beweis (Iwasawa). Nach 6.11 ist $\mathfrak{G} = PSL(n, K)$ eine 2-fach transitive Permutationsgruppe auf den Punkten des projektiven Raumes $P(n-1, K)$. Wegen 6.10 ist

$$(SL(n, K)\mathfrak{Z}/\mathfrak{Z})' = SL(n, K)'\,\mathfrak{Z}/\mathfrak{Z} = SL(n, K)\,\mathfrak{Z}/\mathfrak{Z}$$

für $n \geqq 3$ oder $|K| > 3$. Mit $PSL(n, K) \cong SL(n, K)\ \mathfrak{Z}/\mathfrak{Z}$ folgt daher $PSL(n, K) = PSL(n, K)'$.

Sei $o \neq w \in V$ und sei $\mathfrak{T}_w$ die Gruppe aus E und allen Transvektionen T der Gestalt

$$vT = v - \mu(v)w \quad \text{mit } \mu(w) = 0 .$$

Dann ist $\mathfrak{T}_w$ eine abelsche Gruppe. Für $G \in SL(n, K)$ gilt $\mathfrak{T}_w^G = \mathfrak{T}_{wG}$. Also folgt mit 6.7

$$\langle \mathfrak{T}_w^G \mid G \in SL(n, K) \rangle = \langle \mathfrak{T}_{wG} \mid wG \in V \rangle = SL(n, K) .$$

Sei $\mathfrak{K}$ die Gruppe der von $\mathfrak{T}_w$ auf $P(n-1, K)$ bewirkten projektiven Abbildungen, sei $a = \langle w \rangle$ und

$$\mathfrak{G}_a = \{G \mid G \in PSL(n, K),\ aG = a\} .$$

Dann ist $\mathfrak{K} \trianglelefteq \mathfrak{G}_a$. Somit sind alle Voraussetzungen von 6.12 erfüllt, und $\mathfrak{G} = PSL(n, K)$ ist einfach, ausgenommen die Fälle $PSL(2, 2)$ und $PSL(2, 3)$. **q.e.d.**

Einige der Gruppen $PSL(n, K)$ sind isomorph zu Gruppen $PSL(n', K')$ oder zu alternierenden oder symmetrischen Gruppen:

6.14 Satz. *Es gelten die folgenden Isomorphien:*

(1) $PSL(2, 2) \cong SL(2, 2) = GL(2, 2) \cong \mathfrak{S}_3$.

(2) $PSL(2, 3) \cong \mathfrak{A}_4$.

(3) $PSL(2, 4) \cong PSL(2, 5) \cong \mathfrak{A}_5$.

(4) $PSL(2, 7) \cong PSL(3, 2)$.

(5) $PSL(4, 2) \cong \mathfrak{A}_8$.

(6) $PSL(2, 9) \cong \mathfrak{A}_6$.

(*Wir erwähnen ohne Beweis, daß dies die einzigen Isomorphien sind, welche zwischen Gruppen $PSL(n, K)$ und alternierenden oder symmetrischen Gruppen bestehen*; *siehe* ARTIN [1]).

Beweis. (1) $GL(2, 2)$ hat die Ordnung 6 und besitzt eine treue Darstellung als Permutationsgruppe vom Grad 3, nämlich auf den drei von o verschiedenen Vektoren des Vektorraumes $V(2, 2)$. Daraus folgt die Behauptung (1).

(2) Es gilt $|PSL(2, 3)| = 12$, und $PSL(2, 3)$ hat eine treue Darstellung als Permutationsgruppe auf den vier Punkten der projektiven Geraden $P(1, 3)$. Das ergibt $PSL(2, 3) \cong \mathfrak{A}_4$.

(3) $PSL(2,4)$ hat die Ordnung 60 und besitzt eine treue Darstellung als Permutationsgruppe vom Grad 5 auf $P(1, 4)$. Daraus folgt $PSL(2,4) \cong \mathfrak{A}_5$. Da $PSL(2, 5)$ eine einfache Gruppe der Ordnung 60 ist, folgt aus I, 8.14 (S. 42) die Isomorphie $PSL(2, 5) \cong \mathfrak{A}_5$. (Diese Isomorphie liefert übrigens, bis auf Ähnlichkeit, die in Satz 4.7 angegebene Darstellung von $\mathfrak{A}_5$ als 2-fach transitive Permutationsgruppe vom Grad 6.)

(4) Die Gruppen $PSL(2, 7)$ und $PSL(3, 2)$ sind nach 6.13 einfach und haben nach 6.2 die gleiche Ordnung 168. Wir werden anschließend

in Satz 6.15 zeigen, daß es bis auf Isomorphie nur eine einfache Gruppe der Ordnung 168 gibt.

(5) $PSL(4, 2) \cong \mathfrak{A}_8$ haben wir schon in 2.5 nachgewiesen.

(6) Den Beweis von $PSL(2, 9) \cong \mathfrak{A}_6$ werden wir in 8.14 bei der Untersuchung der Untergruppen von $PSL(2, p^f)$ nachtragen. **q.e.d.**

6.15 Satz. *Ist* $\mathfrak{G}$ *eine einfache Gruppe der Ordnung* 168, *so gilt*

$$\mathfrak{G} \cong PSL(2, 7)\,.$$

Beweis. Sei t die Anzahl der 7-Sylowgruppen von $\mathfrak{G}$. Dann haben wir $t \equiv 1\ (7)$, $t > 1$, und t ist ein Teiler von 24. Das erzwingt $t = 8$. Also besitzt $\mathfrak{G}$ eine (notwendig treue) transitive Permutationsdarstellung vom Grad 8, nämlich auf den Nebenklassen des Normalisators einer 7-Sylowgruppe. Die Ziffernmenge bezeichnen wir (nach Übergang zu einer ähnlichen Permutationsgruppe) mit $\{\infty, GF(7)\}$.

Sei $\mathfrak{P} = \langle P \rangle$ eine 7-Sylowgruppe von $\mathfrak{G}$. Durch geeignete Benennung der Ziffern können wir

$$P = \begin{pmatrix} x \\ x+1 \end{pmatrix} = (\infty)\ (0, 1, 2, 3, 4, 5, 6)$$

erreichen. Der einzige Fixpunkt ∞ von $\mathfrak{P}$ bleibt bei $\mathbf{N}_{\mathfrak{G}}(\mathfrak{P})$ fest. Auf der Ziffernmenge $GF(7)$ bewirkt die Gruppe $\mathbf{N}_{\mathfrak{G}}(\mathfrak{P})$ von der Ordnung 21 eine transitive Permutationsgruppe vom Grad 7. Wegen $\mathfrak{P} \trianglelefteq \mathbf{N}_{\mathfrak{G}}(\mathfrak{P})$ ist $\mathbf{N}_{\mathfrak{G}}(\mathfrak{P})$ nach 3.6 (S. 163) auflösbar, und es gilt $\mathbf{N}_{\mathfrak{G}}(\mathfrak{P}) = \langle P, N \rangle$ mit $\infty^N = \infty$ und $x^N = 2x$ für alle $x \in GF(7)$.

Sei $\mathfrak{H} = \mathbf{N}_{\mathfrak{G}}(\mathfrak{N})$ der Normalisator der 3-Sylowgruppe $\mathfrak{N} = \langle N \rangle$ von $\mathfrak{G}$ und sei $|\mathfrak{G} : \mathfrak{H}| = s$. Enthält $\mathfrak{H}$ ein Element X von der Ordnung 7, so ist $X \in \mathbf{C}_{\mathfrak{G}}(N)$, und NX ist ein Element von der Ordnung 21. Das geht jedoch auf 8 Ziffern nicht. Also ist $7 \mid s$, ferner $s \mid 56$ und $s \equiv 1\ (3)$. Das erlaubt nur $s = 7$ oder $s = 28$.

Angenommen, es sei $|\mathfrak{G} : \mathfrak{H}| = 7$. Dann hat $\mathfrak{G}$ genau sieben 3-Sylowgruppen. Aber schon $\mathbf{N}_{\mathfrak{G}}(\mathfrak{P})$ hat sieben 3-Sylowgruppen und wird von diesen erzeugt. Also folgt $\mathbf{N}_{\mathfrak{G}}(\mathfrak{P}) \triangleleft \mathfrak{G}$, entgegen der Einfachheit von $\mathfrak{G}$.

Also ist $|\mathfrak{G} : \mathfrak{H}| = 28$ und $|\mathfrak{H}| = 6$. Dann gibt es ein T in $\mathfrak{H}$ mit $O(T) = 2$.

Wir nehmen zuerst an, daß $NT = TN$ gilt. Dann ist $Z = NT$ ein Element der Ordnung 6 von $\mathfrak{G}$ mit $\mathbf{N}_{\mathfrak{G}}(\langle Z \rangle) = \mathfrak{H}$. Nun enthält $\mathfrak{G}$ die folgenden Elemente:

$8 \cdot 6 = 48$ Elemente der Ordnung 7 in den 8 Konjugierten von $\mathfrak{P}$;

$28 \cdot 2 = 56$ Elemente der Ordnung 3 in den 28 Konjugierten von $\mathfrak{N}$;

$28 \cdot 2 = 56$ Elemente von der Ordnung 6 in den 28 Konjugierten von $\langle Z \rangle$.

Es bleiben dann noch 8 Elemente, und diese bilden notwendig die einzige 2-Sylowgruppe von $\mathfrak{G}$. Da aber $\mathfrak{G}$ einfach ist, geht dies nicht.

Folglich gilt $N^T = N^{-1}$. (Der Fall $\mathfrak{H} = \mathbf{N}_{\mathfrak{G}}(\mathfrak{N}) = \mathbf{C}_{\mathfrak{G}}(\mathfrak{N})$ läßt sich auch durch die Berufung auf den Verlagerungssatz von Burnside (IV, 2.6) erledigen.)

Die Untergruppe von $\mathfrak{G}$, welche eine der 8 Ziffern fest läßt, hat wegen der Transitivität von $\mathfrak{G}$ die Ordnung 21, enthält daher kein Element der Ordnung 2. Somit hat T keine Fixpunkte. Die bei N festen Ziffern 0 und ∞ werden daher von T vertauscht. Aus $N^T = N^{-1}$ und $x^N = 2x$ folgt

$$(2x)^T = x^{NT} = x^{TN^{-1}} = 2^{-1}x^T .$$

Da T keine Fixpunkte hat, gilt $1^T \neq 1$, $2^T = 2^{-1}1^T \neq 2$, also $1^T \neq 4$, und $4^T = 4^{-1}1^T \neq 4$, also $1^T \neq 2$. Somit hat T wegen $T^2 = E$ mit der linear gebrochenen Abbildung L mit $x^L = x^{-1}1^T$ die vier ziffernfremden Zyklen

$$(0, \infty), \quad (1, 1^T), \quad (2, 2^{-1}1^T) \quad \text{und} \quad (4, 4^{-1}1^T)$$

gemeinsam. Also gilt $L = T$. Somit sind P, N und T linear-gebrochene Abbildungen auf $\{\infty, GF(7)\}$. Ist $\mathfrak{U} = \langle P, N, T\rangle$, so ist $|\mathfrak{U}|$ ein Vielfaches von $O(P)\,O(N)\,O(T) = 42$. Aus $|\mathfrak{G} : \mathfrak{U}| \leqq 4$ und der Einfachheit von $\mathfrak{H}$ folgt dann $\mathfrak{G} = \mathfrak{U}$. Also ist $\mathfrak{G}$ isomorph zu einer Untergruppe von $PGL(2, 7)$ vom Index 2. Da die Determinanten der Abbildungen P, N und T Quadrate in $GF(7)$ sind ($\det T = -1^T$ ist ein Quadrat, da -1 und 1^T wegen $1^T \notin \{1, 2, 4\}$ keine Quadrate sind!), folgt $\mathfrak{G} \cong PSL(2, 7)$. **q.e.d.**

Aufgaben:

6) Sei $SL(n, K) \leqq \mathfrak{G} \leqq GL(n, K)$. Sei $\mathfrak{N}$ ein Normalteiler von $\mathfrak{G}$. Ist $n \geqq 3$ oder $|K| > 3$, so gilt $\mathfrak{N} \leqq \{aE \mid a \in K^\times\}$ oder $SL(n, K) \leqq \mathfrak{N}$.

7) Man beweise $|PSL(4, 2)| = |PSL(3, 4)|$, aber

$$PSL(4, 2) \not\cong PSL(3, 4).$$

(Anleitung: Man betrachte die Zentren der 2-Sylowgruppen und verwende 7.1.)

8) Man beweise $PGL(2, 9) \not\cong \mathfrak{S}_6$.

9) Man bestimme die Zentralisatoren der Elemente der Ordnung 2 in $PSL(3, q)$ mit $q = p^f$. (Vorsicht! Die Fälle $p = 2$ und $p \neq 2$ sind zu unterscheiden!)

§ 7. Untergruppen von $PGL(n, p^f)$

In diesem Paragraphen sei stets $K = GF(p^f)$. Wir beschreiben für beliebiges $n > 1$ drei Untergruppen von $GL(n, p^f)$ bzw. $PGL(n, p^f)$.

7.1 Satz. *Sei $\{v_1, \ldots, v_n\}$ eine K-Basis von $V = V(n, p^f)$. Die Gruppe $\mathfrak{P}$ aller linearen Abbildungen der Gestalt*

$$v_i P = \sum_{j=1}^{i} a_{ij} v_j \quad (a_{ij} \in K)$$

mit $a_{ii} = 1$ für $i = 1, \ldots, n$ ist eine p-Sylowgruppe von $GL(n, p^f)$ und von $SL(n, p^f)$; sie ist isomorph zu einer p-Sylowgruppe von $PSL(n, p^f)$. Der Normalisator von $\mathfrak{P}$ in $GL(n, p^f)$ besteht aus allen Abbildungen G der Gestalt

$$v_i G = \sum_{j=1}^{i} a_{ij} v_j \quad (a_{ii} \neq 0) .$$

(*Die Struktur von $\mathfrak{P}$ werden wir in* III, § 16 *eingehend studieren.*)

Beweis. Offenbar ist $\mathfrak{P}$ eine Untergruppe von $SL(n, p^f)$ von der Ordnung p^k mit $k = \frac{fn(n-1)}{2}$. Dies ist nach 6.2 die höchste Potenz von p, welche die Ordnung von $GL(n, p^f)$ bzw. $SL(n, p^f)$ teilt. Also ist $\mathfrak{P}$ eine p-Sylowgruppe von $GL(n, p^f)$ und $SL(n, p^f)$. Da der Kern $\mathfrak{Z} = \{aE \mid a \in K^\times\}$ des Epimorphismus von $GL(n, p^f)$ auf $PGL(n, p^f)$ die zu p teilerfremde Ordnung $p^f - 1$ hat, ist $\mathfrak{P}$ isomorph zu einer p-Sylowgruppe von $PGL(n, p^f)$ und $PSL(n, p^f)$.

Man sieht leicht, daß die Teilräume $V_i = \langle v_1, \ldots, v_i \rangle$ die einzige bei $\mathfrak{P}$ invariante Kette von Teilräumen von V mit eindimensionalen Faktorräumen bilden. Für $\mathfrak{P}^G = \mathfrak{P}$ gilt also $V_i G = V_i$ $(i = 1, \ldots, n)$, und G hat daher die behauptete Gestalt. **q.e.d.**

7.2 Satz. *Sei $\{v_1, \ldots, v_n\}$ eine Basis von $V = V(n, p^f)$ über $K = GF(p^f)$.*

a) *Die Abbildungen D mit*

$$v_i D = a_i v_i \quad (a_i \in K^\times, i = 1, \ldots, n)$$

bilden eine abelsche Untergruppe $\mathfrak{D}$ der Ordnung $(p^f - 1)^n$ von $\mathfrak{G} = GL(n, p^f)$. Ist $p^f \neq 2$, so ist $\mathbf{C}_{\mathfrak{G}}(\mathfrak{D}) = \mathfrak{D} \neq \mathfrak{C}$; es besteht $\mathbf{N}_{\mathfrak{G}}(\mathfrak{D})$ aus den sog. monomialen Abbildungen G mit

$$v_i G = b_i v_{i'} \quad (b_i \in K^\times) ,$$

wobei $\binom{i}{i'}$ eine Permutation aus der symmetrischen Gruppe $\mathfrak{S}_n$ ist, und es gilt $\mathbf{N}_{\mathfrak{G}}(\mathfrak{D})/\mathfrak{D} \cong \mathfrak{S}_n$.

b) *Die Gruppe $\mathfrak{S} = \mathfrak{D} \cap SL(n, p^f)$ hat die Ordnung $(p^f - 1)^{n-1}$. Für $n \geqq 3$ oder $p^f > 3$ gilt*

$$\mathbf{N}_{SL(n, p^f)}(\mathfrak{S}) = \mathbf{N}_{GL(n, p^f)}(\mathfrak{D}) \cap SL(n, p^f) .$$

c) *Sei $n \geqq 3$ oder $p^f > 3$. Den Gruppen $\mathfrak{S}$ und $\mathbf{N}_{SL(n, p^f)}(\mathfrak{S})$ entsprechen Untergruppen $\mathfrak{U}$ und $\mathbf{N}_{PSL(n, p^f)}(\mathfrak{U})$ von $PSL(n, p^f)$ von den Ordnungen*

$$\frac{(p^f - 1)^{n-1}}{k} \quad \text{und} \quad \frac{(p^f - 1)^{n-1}}{k} n! ,$$

wobei $k = (p^f - 1, n)$ gesetzt ist.

Beweis. a) Offenbar ist $\mathfrak{D}$ eine abelsche Untergruppe der angegebenen Ordnung von $GL(n, p^f)$. Die $\langle v_i \rangle$ $(i = 1, \ldots, n)$ sind für $p^f > 2$ die einzigen bei $\mathfrak{D}$ invarianten eindimensionalen Teilräume von V, wie eine triviale Rechnung zeigt. Für alle D aus $\mathfrak{D}$ und alle N aus $\mathbf{N}_{\mathfrak{G}}(\mathfrak{D})$ gilt mit geeigneten c_i aus $K^\times$

$$(v_i N) D = v_i (N D N^{-1}) N = c_i v_i N .$$

Also ist $\langle v_i N \rangle$ bei D invariant, und es folgt $v_i N = a_i v_{i'}$.

Daß umgekehrt alle monomialen Abbildungen in $\mathbf{N}_{\mathfrak{G}}(\mathfrak{D})$ liegen, ist klar.

Sei C aus $\mathbf{C}_{\mathfrak{G}}(\mathfrak{D})$. Wegen $C \in \mathbf{N}_{\mathfrak{G}}(\mathfrak{D})$ ist dann $v_i C = a_i v_{i'}$. Angenommen, es sei $i \neq i'$ für ein i. Dann gibt es ein D aus $\mathfrak{D}$ mit $v_i D = v_i$ und $v_{i'} D = d v_{i'}$ mit $d \neq 1$. Es folgt der Widerspruch

$$a_i v_{i'} = v_i C = v_i D C = v_i C D = a_i v_{i'} D = a_i d v_{i'} .$$

Also ist $\mathbf{C}_{\mathfrak{G}}(\mathfrak{D}) = \mathfrak{D}$.

b) Wir zeigen, daß für $n \geqq 3$ oder $p^f > 3$ die $\langle v_i \rangle$ die einzigen bei $\mathfrak{S}$ invarianten, eindimensionalen Teilräume von V sind. Die Behauptung folgt offenbar dann wie in a).

Sei $\langle v \rangle$ invariant bei $\mathfrak{S}$, sei $v = \sum_{i=1}^{n} b_i v_i$ und etwa $b_1 \neq 0$. Wir zeigen $v = b_1 v_1$. Sei $S \in \mathfrak{S}$ mit

$$v_1 S = a v_1, \quad v_2 S = a^{-1} v_2, \quad v_i S = v_i \quad (i \geqq 3)$$

mit $1 \neq a \in K^\times$; für $p^f > 3$ können wir sogar $a^2 \neq 1$ fordern. Dann ist für geeignetes c aus $K^\times$

$$v S = c v = c \sum_{i=1}^{n} b_i v_i = a b_1 v_1 + a^{-1} b_2 v_2 + \sum_{i=3}^{n} b_i v_i .$$

Das ergibt $a = c$ und $a b_i = b_i$ für $i \geqq 3$, also $b_i = 0$. Für $n \geqq 3$ sind wir fertig, da die gleiche Überlegung nach Vertauschung von 2 und 3 angestellt werden kann. Für $n = 2$ und $p^f > 3$ folgt $a b_2 = c b_2 = a^{-1} b_2$, also $b_2 = 0$ wegen $a^2 \neq 1$.

c) Die Behauptung folgt wegen

$$\tilde{\mathfrak{Z}} = \{aE \mid a^n = 1,\ a \in K^\times\} \leqq \mathfrak{S}$$

sofort durch Anwendung des Epimorphismus von $SL(n, p^f)$ auf $PSL(n, p^f) = SL(n, p^f)/\tilde{\mathfrak{Z}}$. **q.e.d.**

7.3 Satz. a) *Die Gruppe* $\mathfrak{G} = GL(n, p^f)$ *enthält eine zyklische Untergruppe* $\mathfrak{T}$ *der Ordnung* $p^{nf} - 1$. *Es gilt* $\mathbf{C}_{\mathfrak{G}}(\mathfrak{T}) = \mathfrak{T}$, *und* $\mathbf{N}_{\mathfrak{G}}(\mathfrak{T})/\mathfrak{T}$ *ist zyklisch von der Ordnung* n. *Ist* $T \in \mathfrak{T}$ *und ist für jedes* m *mit* $m < n$ *und* $m \mid n$ *die Ordnung von* T *kein Teiler von* $p^{mf} - 1$, *so ist* $\mathbf{N}_{\mathfrak{G}}(\langle T \rangle) = \mathbf{N}_{\mathfrak{G}}(\mathfrak{T})$.

(*In geometrischen Untersuchungen erscheint* $\mathfrak{T}$ *gelegentlich unter dem Namen Singer-Zyklus*).

b) *Setzen wir* $\mathfrak{L} = \mathfrak{T} \cap SL(n, p^f)$, *so gilt*

$$|\mathfrak{L}| = \frac{p^{nf} - 1}{p^f - 1}$$

und $\mathbf{N}_{SL(n,p^f)}(\mathfrak{L}) = \mathbf{N}_{GL(n,p^f)}(\mathfrak{T}) \cap SL(n, p^f)$.

c) *Der Gruppe* $\mathfrak{T}$ *entspricht eine zyklische Untergruppe* $\overline{\mathfrak{T}}$ *von* $\mathfrak{G} = PGL(n, p^f)$ *mit*

$$|\overline{\mathfrak{T}}| = \frac{p^{nf}-1}{p^f-1} \quad \text{und} \quad |\overline{\mathfrak{T}} \cap PSL(n, p^f)| = \frac{p^{nf}-1}{d(p^f-1)}$$

mit $d = \left(\frac{p^{nf}-1}{p^f-1}, n\right)$. *Es ist* $\mathbf{N}_{\mathfrak{G}}(\overline{\mathfrak{T}})/\overline{\mathfrak{T}}$ *zyklisch von der Ordnung* n. *Ist* $\overline{T} \in \overline{\mathfrak{T}}$ *und ist* $O(\overline{T})$ *für alle* m *mit* $m < n$ *und* $m \mid n$ *kein Teiler von*

$$\frac{p^{mf}-1}{p^f-1},$$

so ist $\mathbf{N}_{\mathfrak{G}}(\langle \overline{T} \rangle) = \mathbf{N}_{\mathfrak{G}}(\overline{\mathfrak{T}})$.

Beweis. a) Wir identifizieren $GF(p^{nf})^+$, aufgefaßt als Vektorraum über $GF(p^f)$, mit $V = V(n, p^f)$. Dann bilden die Abbildungen A mit

$$x^A = ax \qquad (a \in GF(p^{nf})^\times)$$

eine zyklische Untergruppe $\mathfrak{T}$ der Ordnung $p^{nf} - 1$ von $GL(n, p^f)$. Es ist $\mathfrak{T}$ eine reguläre Permutationsgruppe auf $V - \{o\}$. Nach 3.1 gilt daher $\mathbf{C}_{\mathfrak{G}}(\mathfrak{T}) = \mathfrak{T}$. Da V ein irreduzibler $\mathfrak{T}$-Modul ist, ist $\mathbf{N}_{\mathfrak{G}}(\mathfrak{T})$ nach 3.11 (mit $s = 1$) ähnlich zur Gruppe der semilinearen Abbildungen

$$x \to ax^\alpha,$$

wobei α ein Automorphismus von $GF(p^{nf})$ über $GF(p^f)$ ist. Die Automorphismengruppe von $GF(p^{nf})$ über $GF(p^f)$ ist bekanntlich zyklisch von der Ordnung n. Also ist auch $\mathbf{N}_{\mathfrak{G}}(\mathfrak{T})/\mathfrak{T}$ zyklisch von der Ordnung n.

Sei $T \in \mathfrak{T}$ und sei $O(T) \nmid p^{mf} - 1$ für alle m mit $m \mid n$ und $m < n$. Sei T die Abbildung mit $x^T = ax$ auf $GF(p^{nf})$. Wegen $O(T) = O(a) \nmid p^{mf} - 1$ liegt a in keinem der Körper $GF(p^{mf})$ mit $m \mid n$ und $m < n$. Also ist $GF(p^{nf}) = GF(p^f)[a]$. Für jedes x mit $0 \neq x \in GF(p^{nf})$ ist also $GF(p^{nf}) = xGF(p^f)[a]$. Somit ist $GF(p^{nf})^+$ ein irreduzibler $\langle T \rangle$-Modul. Also ist auch $V = V(n, p^f)$ ein irreduzibler $\langle T \rangle$-Modul. Mit 3.11 folgt daher $\mathbf{N}_{\mathfrak{G}}(\langle T \rangle) = \mathbf{N}_{\mathfrak{G}}(\mathfrak{T})$.

b) Sei $GF(p^{nf})^\times = \langle a \rangle$. Die $GF(p^f)$-lineare Abbildung A mit

$$x^A = ax \quad (x \in GF(p^{nf}))$$

hat den Eigenwert a, denn das Minimalpolynom von A hat a offenbar als Nullstelle. Also sind auch alle Konjugierten

$$a, a^{p^f}, \ldots, a^{p^{(n-1)f}}$$

von a über $GF(p^f)$ Eigenwerte von A. Da diese paarweise verschieden sind, sind sie die sämtlichen Eigenwerte von A. Somit ist $\det A = a^k$ mit

$$k = \frac{p^{nf}-1}{p^f-1}.$$

Das zeigt

$$|\mathfrak{T} \cap SL(n, p^f)| = |\langle A^{p-1} \rangle| = \frac{p^{nf}-1}{p^f-1}.$$

Aus

$$O(A^{p^f-1}) = \frac{p^{nf}-1}{p^f-1} = 1 + p^f + \cdots + p^{(n-1)f} \geqq 1 + p^{(n-1)f} > p^{mf} - 1$$

für alle $m < n$ folgt nach a)

$$\mathbf{N}_{\mathfrak{G}}(\langle A^{p^f-1}\rangle) = \mathbf{N}_{\mathfrak{G}}(\mathfrak{T}) .$$

Das ergibt die Behauptung.

c) folgt sofort aus a) durch den Übergang von $GL(n, p^f)$ zu $PGL(n, p^f) = GL(n, p^f)/\mathfrak{Z}$ unter Berücksichtigung von

$$\mathfrak{Z} = \{aE \mid a \in GF(p^f)^{\times}\} \leqq \mathfrak{T} .$$ **q.e.d.**

7.4 Satz. *Jede eigentliche Untergruppe von* $PSL(3, 3)$ *ist auflösbar.*

Beweis. $\mathfrak{G} = PSL(3, 3)$ ist eine 2-fach transitive Permutationsgruppe auf den 13 Punkten der projektiven Ebene $P(2, 3)$. Nach 6.2 gilt

$$|PSL(3, 3)| = 13 \cdot 3^3 \cdot 2^4 .$$

Sei $\mathfrak{G}_a$ der Stabilisator eines Punktes a aus $P(2, 3)$ und $\mathfrak{H}$ das Urbild von $\mathfrak{G}_a$ in $SL(3, 3)$. Wegen

$$\{cE \mid c \in GF(3), \quad c^3 = 1\} = \mathfrak{E}$$

ist $PSL(3, 3) \cong SL(3, 3)$ und $\mathfrak{G}_a \cong \mathfrak{H}$. Bei geeigneter Wahl der Basis von $V(3, 3)$ besteht $\mathfrak{H}$ aus den Matrizen

$$G = \begin{pmatrix} a_1 & 0 & 0 \\ a_2 & & \\ & G_1 & \\ a_3 & & \end{pmatrix}$$

mit $a_1 \det G_1 = 1$. Die Abbildung ε mit $G^\varepsilon = G_1$ ist ein Epimorphismus von $\mathfrak{H}$ auf die nach 6.14 (2) auflösbare Gruppe $GL(2, 3)$. Der Kern von ε hat die Ordnung 3^2 und ist daher abelsch. Also ist $\mathfrak{H}$ auflösbar.

Sei $\mathfrak{U}$ eine eigentliche Untergruppe $\mathfrak{G} = PSL(3, 3)$.

Fall 1: Sei $13 \mid |\mathfrak{U}|$. Sei $\mathfrak{P}$ eine 13-Sylowgruppe von $\mathfrak{U}$ und $|\mathfrak{U} : \mathbf{N}_{\mathfrak{U}}(\mathfrak{P})| = s$. Dann ist $s \equiv 1$ (13) und $s \mid 3^3 \cdot 2^4$. Nach 7.3 c) ist $|\mathbf{N}_{\mathfrak{G}}(\mathfrak{P})| = 3 \cdot 13$. Da $\mathfrak{G}$ einfach ist, somit von seinen 13-Sylowgruppen erzeugt wird, gilt wegen $\mathfrak{U} < \mathfrak{G}$ nun

$$s = |\mathfrak{U} : \mathbf{N}_{\mathfrak{U}}(\mathfrak{P})| < |\mathfrak{G} : \mathbf{N}_{\mathfrak{G}}(\mathfrak{P})| = 3^2 \cdot 2^4 .$$

Das erzwingt $s = 1$ oder $s = 3^3$, wegen $|\mathbf{N}_{\mathfrak{U}}(\mathfrak{P})| \mid 3 \cdot 13$ also $|\mathfrak{U}| \mid 3^4 \cdot 13$. Dann ist aber $\mathfrak{U}$ nach I, 8.11 (S. 41) auflösbar.

Fall 2: Sei $13 \nmid |\mathfrak{U}|$. Sicher ist nun $\mathfrak{U}$ nicht transitiv, und es gilt $|\mathfrak{U}| \mid 3^3 \cdot 2^4$. Die möglichen Längen der Bahnen von $\mathfrak{U}$ sind 1, 2, 3, 4, 6, 8, 12. Hat $\mathfrak{U}$ eine Bahn der Länge 1, so liegt $\mathfrak{U}$ in einem $\mathfrak{G}_a$ und ist auflösbar. Hat $\mathfrak{U}$ eine Bahn Δ mit $|\Delta| \leqq 4$, so ist $\mathfrak{U}^\Delta \cong \mathfrak{U}/\mathfrak{U}_\Delta$ auflösbar und $\mathfrak{U}_\Delta$ hat Fixpunkte, ist also ebenfalls auflösbar. Wäre $\mathfrak{U}$ nicht auflösbar, so hätte also $\mathfrak{U}$ nur Bahnen der Längen 6 und 8. Wegen $6 + 6 < 13 < 6 + 8$ geht das nicht. **q.e.d.**

7.5 Bemerkung. Die einfachen, nichtabelschen Gruppen, deren sämtliche eigentlichen Untergruppen auflösbar sind, sind kürzlich in einer großen und außerordentlich tiefgehenden Untersuchung (THOMPSON [9]) alle bestimmt worden. Es sind die folgenden Gruppen:

(1) $PSL(2, p)$, wobei p eine Primzahl mit $p > 3$ und $p^2 - 1 \not\equiv 0 (5)$ ist.
(2) $PSL(2, 2^q)$, wobei q eine Primzahl ist
(3) $PSL(2, 3^q)$, wobei q eine ungerade Primzahl ist.
(4) $PSL(3, 3)$.
(5) Die Suzukischen Gruppen $\mathfrak{S}(2^q)$, wobei q eine ungerade Primzahl ist. (Diese Gruppen werden wir in Bd. II eingehend behandeln.)

Aufgaben:

10) Sei $q = p^f$ mit $p > 2$.

a) Für $q \equiv 1$ (4) und $2^s \mid q - 1$ lassen sich die 2-Sylowgruppen von $PSL(3, q)$ definieren durch die Relationen

$$A^{2^s} = B^{2^s} = C^2 = E, \quad A^C = A^{-1}, \quad B^C = AB.$$

b) Für $q \equiv -1$ (4) und $2^s \mid q^2 - 1$ lassen sich die 2-Sylowgruppen von $PSL(3, q)$ definieren durch

$$A^{2^s} = B^2 = E, \quad A^B = A^{-1+2^{s-1}}.$$

(Dies ist Typ (4) aus I, 14.9, S. 91.)

11) Sei $q = p^f$ eine Potenz der Primzahl p und r eine von p und 2 verschiedene Primzahl. Sei t die Ordnung von q mod r und sei $q^t - 1 = ar^s$ mit $r \nmid a$. Man zeige:

a) $r^{s+k} \mid q^{tx} - 1$ für $r^k \mid x$.

b) $r^m \mid (q^n - 1)(q^{n-1} - 1) \ldots (q - 1)$ mit

$$m = s\left[\frac{n}{t}\right] + \left[\frac{n}{tr}\right] + \left[\frac{n}{tr^2}\right] + \cdots.$$

12) Seien die Bezeichnungen wie in Aufgabe 11) und sei $k = \left[\frac{n}{t}\right]$.

a) Sei $V = V(n, q) = V_1 \oplus V_2$ mit $V_1 = V(tk, q)$. Sei $W = V(k, q^t)$. Da W und V_1 isomorphe $GF(q)$-Vektorräume sind, gibt es einen Isomorphismus τ von $GL(k, q^t)$ in $GL(tk, q)$. Ist $\mathfrak{R}$ eine r-Sylowgruppe von $GL(k, q^t)$, so ist

$$\mathfrak{R}^* = \{R^* \mid v_1 R^* = v_1 R^\tau \text{ für } v_1 \in V_1,\ v_2 R^* = v_2 \text{ für } v_2 \in V_2;\ R \in \mathfrak{R}\}$$

eine r-Sylowgruppe von $GL(n, q)$.

b) Sei $\{w_1, \ldots, w_k\}$ eine Basis von $W = V(k, q^t)$ über $GF(q^t)$. Sei $\mathfrak{P}$ eine r-Sylowgruppe der symmetrischen Gruppe $\mathfrak{S}_k$. Dann ist

$$\mathfrak{R} = \{R \mid v_i R = a_i v_{iP} \mid a_i \in GF(q^t), \quad P \in \mathfrak{P}\}$$

eine r-Sylowgruppe von $GL(k, q^t)$.

(Eine Beschreibung der 2-Sylowgruppen von $GL(n, q)$ findet man in CARTER, FONG [1].)

13) $PSL(3, 4)$ enthält eine zur alternierenden Gruppe $\mathfrak{A}_6$ isomorphe Untergruppe.

(Anleitung: Zu je 3 paarweise nicht kollinearen Punkten a_1, a_2, a_3 in $\mathsf{P}(2, 4)$ gibt es genau 3 weitere Punkte a_4, a_5, a_6 derart, daß $\{a_1, \ldots, a_6\}$ kein kollineares Tripel enthält. Zu $a_i' \in \{a_1, \ldots, a_6\}$ $(i = 1, 2, 3)$ gibt es ein $G \in PGL(3, 4)$ mit $a_i G = a_i'$ $(i = 1, 2, 3)$.)

§ 8. Die Untergruppen von $PSL(2, p^f)$

Nur für sehr wenige nichtabelsche Gruppen ist eine vollständige Liste der Untergruppen bekannt. In diesem Paragraphen bestimmen wir alle Untergruppen von $PSL(2, p^f)$. Wir beginnen mit der Beschreibung einiger Untergruppen (8.2–8.20) und zeigen dann, daß damit bereits alle Untergruppen von $PSL(2, p^f)$ erfaßt sind.

Der erste Hilfssatz ist trivial:

8.1 Hilfssatz. *Die Gruppe $PSL(2, p^f)$ besteht aus den linear-gebrochenen Abbildungen der Gestalt*

$$x \to \frac{ax + b}{cx + d}$$

mit $a, b, c, d \in GF(p^f)$, wobei $ad - bc$ ein Quadrat in $GF(p^f)$ ist; durch Abänderung der Koeffizienten a, b, c, d um einen gemeinsamen Faktor kann also $ad - bc = 1$ erreicht werden. $PSL(2, p^f)$ hat die Ordnung

$$\frac{(p^f + 1)\, p^f (p^f - 1)}{k}$$

mit $k = (p^f - 1, 2)$ und ist eine 2-fach transitive Permutationsgruppe auf den $p^f + 1$ Punkten der projektiven Geraden $\mathsf{P}(1, p^f)$ über $GF(p^f)$. Jedes von E verschiedene Element aus $PSL(2, p^f)$ hat höchstens zwei Fixpunkte auf $\mathsf{P}(1, p^f)$.

8.2 Satz. *Sei $\mathfrak{P}$ eine p-Sylowgruppe von $PSL(2, p^f)$.*

a) *$\mathfrak{P}$ ist isomorph zur additiven Gruppe von $GF(p^f)$. Die Elemente von $\mathfrak{P}$ haben einen gemeinsamen Fixpunkt, und jedes von E verschiedene Element aus $\mathfrak{P}$ hat nur diesen Fixpunkt.*

b) *$PSL(2, p^f)$ hat genau $p^f + 1$ p-Sylowgruppen.*

c) *Je zwei verschiedene p-Sylowgruppen von $PSL(2, p^f)$ haben den Durchschnitt $\mathfrak{E}$.*

Beweis. Wir setzen $\mathfrak{G} = PSL(2, p^f)$. Den Punkt aus $\mathsf{P}(1, p^f)$ mit den homogenen Koordinaten $(a, 1)$ identifizieren wir mit dem Element a aus $GF(p^f)$, den Punkt zu $(1, 0)$ nennen wir ∞.

a) Die Abbildungen P aus $PSL(2, p^f)$ mit $xP = x + a$ bilden eine zu $GF(p^f)^+$ isomorphe Gruppe $\mathfrak{P}$, welche eine p-Sylowgruppe von

$PSL(2, p^f)$ ist. Der Punkt ∞ bleibt bei allen P aus $\mathfrak{P}$ fest, und die P mit $E \neq P \in \mathfrak{P}$ haben nur den Fixpunkt ∞.

b) Da ∞ der einzige Fixpunkt von $\mathfrak{P}$ ist, bleibt ∞ bei $\mathbf{N}_{\mathfrak{G}}(\mathfrak{P})$ fest. Also gilt

$$\mathbf{N}_{\mathfrak{G}}(\mathfrak{P}) \leqq \mathfrak{G}_\infty = \{G \mid xG = a^2x + b\}\ .$$

Offenbar ist $\mathfrak{P} \trianglelefteq \mathfrak{G}_\infty$. Daher folgt $\mathbf{N}_{\mathfrak{G}}(\mathfrak{P}) = \mathfrak{G}_\infty$ und

$$|\mathfrak{G} : \mathbf{N}_{\mathfrak{G}}(\mathfrak{P})| = |P(1, p^f)| = p^f + 1$$

ist die Anzahl der p-Sylowgruppen von $PSL(2, p^f)$.

c) Die Elemente aus $\mathfrak{P}^G$ haben nach a) den einzigen Fixpunkt ∞G. Sei $E \neq P \in \mathfrak{P} \cap \mathfrak{P}^G$. Dann sind ∞ und ∞G fest bei P, also folgt $\infty = \infty G$, daher $G \in \mathfrak{G}_\infty = \mathbf{N}_{\mathfrak{G}}(\mathfrak{P})$ und $\mathfrak{P} = \mathfrak{P}^G$. **q.e.d.**

8.3 Satz. a) *Die Untergruppe $\mathfrak{U}$ von $\mathfrak{G} = PSL(2, p^f)$, welche die Ziffern 0 und ∞ fest läßt, ist zyklisch von der Ordnung $u = \frac{p^f - 1}{k}$ mit $k = (p^f - 1, 2)$.*

b) *Je zwei verschiedene Konjugierte von $\mathfrak{U}$ haben den Durchschnitt $\mathfrak{E}$.*

c) *Für jedes U mit $E \neq U \in \mathfrak{U}$ ist $\mathbf{N}_{\mathfrak{G}}(\langle U \rangle)$ eine Diedergruppe der Ordnung $2u$.*

Beweis. a) $\mathfrak{U}$ besteht aus den ganzen linearen Abbildungen U mit $xU = a^2x$ $(a \in GF(p^f)^\times)$, hat also die angegebenen Eigenschaften.

b) Sei $X \in \mathfrak{U} \cap \mathfrak{U}^G$. Dann bleiben bei X die Punkte $0, \infty, 0G, \infty G$ fest. Ist $\mathfrak{U} \neq \mathfrak{U}^G$, so gilt $\{0, \infty\} \neq \{0G, \infty G\}$. Also hat X mindestens drei Fixpunkte, und mit 8.1 folgt $X = E$.

c) Sei $xU = a^2x$. Ist S definiert durch $xS = -x^{-1}$, so gilt $\langle \mathfrak{U}, S \rangle \leqq \mathbf{N}_{\mathfrak{G}}(\langle U \rangle)$. Andererseits werden bei $\mathbf{N}_{\mathfrak{G}}(\langle U \rangle)$ die beiden einzigen Fixpunkte 0 und ∞ von U höchstens vertauscht, also ist

$$|\mathbf{N}_{\mathfrak{G}}(\langle U \rangle)| \leqq 2\,|\mathfrak{G}_{0,\infty}| = 2u\ .$$

Daher haben wir $\mathbf{N}_{\mathfrak{G}}(\langle U \rangle) = \mathfrak{U}\langle S \rangle$. Wegen $U^S = U^{-1}$ und $S^2 = E$ für alle U aus $\mathfrak{U}$ ist $\mathbf{N}_{\mathfrak{G}}(\langle U \rangle)$ eine Diedergruppe der Ordnung $2u$. **q.e.d.**

8.4 Satz. a) *$\mathfrak{G} = PSL(2, p^f)$ besitzt eine zyklische Untergruppe $\mathfrak{S}$ von der Ordnung $s = \frac{p^f + 1}{k}$ mit $k = (p^f - 1, 2)$.*

b) *Für $E \neq S \in \mathfrak{S}$ ist $\mathbf{N}_{\mathfrak{G}}(\langle S \rangle)$ eine Diedergruppe der Ordnung $2s$.*

c) *Je zwei verschiedene Konjugierte von $\mathfrak{S}$ haben den Durchschnitt $\mathfrak{E}$.*

d) *Ist $E \neq S \in \mathfrak{S}$, so hat S keinen Fixpunkt auf $P(1, p^f)$.*

Beweis. a) Die Konstruktion der Gruppe $\mathfrak{S} = \overline{\mathfrak{T}} \cap PSL(2, p^f)$ mit den angegebenen Eigenschaften steht in 7.3c).

b) Nach Konstruktion von $\mathfrak{S}$ besitzt $\mathfrak{S}$ ein zyklisches Urbild $\mathfrak{L} = \langle L \rangle$ der Ordnung $p^f + 1$ in $SL(2, p^f)$. Indem wir $V(2, p^f)$ mit

$GF(p^{2f})^+$ identifizieren, können wir $xL = ax$ $(a, x \in GF(p^{2f}))$ annehmen. Wegen

$$L \notin \mathfrak{Z} = \{aE \mid a \in GF(p^f)^\times\}$$

ist $a \notin GF(p^f)$. Somit gilt $O(L) \nmid p^f - 1$, und nach **7.3** a) besteht $\mathbf{N}_{SL(2,p^f)}(\mathfrak{L})$ aus semilinearen Abbildungen auf $GF(p^{2f})$. Die über $GF(p^f)$ linearen Abbildungen aus $\mathbf{N}_{SL(2,p^f)}(\mathfrak{L})$ haben die Gestalt C mit $xC = cx$ und $\det C = c^{1+p^f} = 1$, liegen daher in $\mathfrak{L}$. Also ist $\mathbf{N}_{SL(2,p^f)}(\mathfrak{L}) = \langle \mathfrak{L}, K \rangle$ mit einem K von der Gestalt $xK = bx^{p^f}$. Wegen

$$xK^2 = b^{1+p^f}x \quad \text{mit} \quad b^{1+p^f} \in GF(p^f)^\times$$

ist $K^2 \in \mathfrak{Z}$. Aus

$$xKLK = b^{1+p^f}a^{p^f}x$$

folgt $K^{-1}LK \equiv KLK \equiv L^{p^f} \equiv L^{-1}\ (\mathfrak{Z})$. Also ist $\mathbf{N}_{\mathfrak{G}}(\mathfrak{S})$ eine Diedergruppe von der Ordnung $2s$.

Sei $E \neq S \in \mathfrak{S}$. Dann ist $O(S) \,\Big|\, \dfrac{p^f+1}{k}$, und nach **7.3** c) gilt $\mathbf{N}_{\mathfrak{G}}(\langle S \rangle) = \mathbf{N}_{\mathfrak{G}}(\mathfrak{S})$.

c) Angenommen, es sei $E \neq X \in \mathfrak{S} \cap \mathfrak{S}^G$. Mit b) folgt dann

$$\mathbf{N}_{\mathfrak{G}}(\mathfrak{S}) = \mathbf{N}_{\mathfrak{G}}(\langle X \rangle) = \mathbf{N}_{\mathfrak{G}}(\mathfrak{S}^G)\,.$$

Ist $|\mathfrak{S}| > 2$, so ist $\mathfrak{S}$ die einzige zyklische Untergruppe vom Index 2 in der Diedergruppe $\mathbf{N}_{\mathfrak{G}}(\mathfrak{S})$. Daraus folgt sofort $\mathfrak{S} = \mathfrak{S}^G$. Für $|\mathfrak{S}| = 2$ stimmt die Aussage c) trivialerweise.

d) Angenommen, es habe das Element S aus $\mathfrak{S}$ einen Fixpunkt auf $\mathsf{P}(1, p^f)$. Dann ist $O(S)$ ein Teiler von $|\mathfrak{S}| = \dfrac{p^f+1}{k}$ und von $|\mathfrak{G}_\infty| = \dfrac{p^f(p^f-1)}{k}$. Das erzwingt $S = E$. **q.e.d.**

8.5 Satz. a) *Sei $\mathscr{P}$ die folgende Menge von Untergruppen von $PSL(2, p^f)$:*

$$\mathscr{P} = \{\mathfrak{P}^X, \mathfrak{U}^X, \mathfrak{S}^X \mid X \in PSL(2, p^f)\}\,.$$

Dann liegt jedes von E verschiedene Element von $PSL(2, p^f)$ in genau einer der Gruppen aus $\mathscr{P}$. (Die Menge $\mathscr{P}$ bildet eine sogenannte Partition von $PSL(2, p^f)$.)

b) *Sei $\mu(G)$ die Anzahl der Fixpunkte des Elementes G aus $\mathfrak{G} = PSL(2, p^f)$ auf $\mathsf{P}(1, p^f)$. Wir setzen*

$$\mathfrak{J}_j = \{G \mid G \in PSL(2, p^f),\ \mu(G) = j\}$$

für $j = 0, 1, 2$. Dann ist

$$\mathfrak{J}_0 = \bigcup_{G \in \mathfrak{G}} (\mathfrak{S} - \mathfrak{E})^G, \quad \mathfrak{J}_1 = \bigcup_{G \in \mathfrak{G}} (\mathfrak{P} - \mathfrak{E})^G, \quad \mathfrak{J}_2 = \bigcup_{G \in \mathfrak{G}} (\mathfrak{U} - \mathfrak{E})^G\,.$$

Beweis. Daß jedes von E verschiedene Element von $PSL(2, p^f)$ in höchstens einer der Konjugierten von $\mathfrak{P}$, $\mathfrak{U}$ oder $\mathfrak{S}$ liegt, folgt sofort aus **8.2** c), **8.3** b), **8.4** c) und der paarweisen Teilerfremdheit der Ordnungen von $\mathfrak{P}$, $\mathfrak{U}$ und $\mathfrak{S}$. Wir haben

$$|\{E\}| + |\bigcup_{G\in\mathfrak{G}} (\mathfrak{P} - \mathfrak{E})^G| + |\bigcup_{G\in\mathfrak{G}} (\mathfrak{U} - \mathfrak{E})^G| + |\bigcup_{G\in\mathfrak{G}} (\mathfrak{S} - \mathfrak{E})^G|$$

$$= 1 + |PSL(2, p^f) : \mathbf{N}_{\mathfrak{G}}(\mathfrak{P})|\,(|\mathfrak{P}| - 1) + |PSL(2, p^f) : \mathbf{N}_{\mathfrak{G}}(\mathfrak{U})|\,(|\mathfrak{U}| - 1)$$

$$+ |PSL(2, p^f) : \mathbf{N}_{\mathfrak{G}}(\mathfrak{S})|\,(|\mathfrak{S}| - 1)$$

$$= 1 + (p^f + 1)(p^f - 1) + \frac{p^f(p^f + 1)}{2}\left(\frac{p^f - 1}{k} - 1\right)$$

$$+ \frac{p^f(p^f - 1)}{2}\left(\frac{p^f + 1}{k} - 1\right)$$

$$= \frac{(p^f + 1)\,p^f(p^f - 1)}{k} = |PSL(2, p^f)|\,.$$

Das beweist die Behauptung unter a), die unter b) folgt dann sofort mit 8.2 a), 8.3 a) und 8.4 d). **q.e.d.**

8.6 Bemerkung. Die Gruppen $PSL(2, p^f)$ mit $p^f > 3$ und die in Band 2 behandelten einfachen Gruppen $\mathfrak{S}(2^{2n+1})$ von Suzuki sind die einzigen einfachen Gruppen mit einer nichttrivialen Partition. (Mehr über Partitionen von Gruppen in Band 2; siehe auch Suzuki [10].)

8.7 Hilfssatz. *Sei* $\mathsf{K} = GF(p^f)$ *und* $\mathsf{L} = GF(p^{nf})$. *Dann ist die Normabbildung* $N_{\mathsf{L}:\mathsf{K}}$ *ein Epimorphismus von* $\mathsf{L}^\times$ *auf* $\mathsf{K}^\times$.

Beweis. Offenbar ist $N_{\mathsf{L}:\mathsf{K}}$ ein Homomorphismus von $\mathsf{L}^\times$ in $\mathsf{K}^\times$. Für $x \in \mathsf{L}^\times$ ist $N_{\mathsf{L}:\mathsf{K}}(x) = x^k$ mit

$$k = 1 + p^f + p^{2f} + \cdots + p^{(n-1)f} = \frac{p^{nf} - 1}{p^f - 1}\,.$$

Daher hat der Kern von $N_{\mathsf{L}:\mathsf{K}}$ die Ordnung k. Es folgt

$$|\mathrm{Bild}\, N_{\mathsf{L}:\mathsf{K}}| = |\mathsf{L}^\times : \mathrm{Kern}\, N_{\mathsf{L}:\mathsf{K}}| = p^f - 1 = |\mathsf{K}^\times|\,.$$

Also ist $N_{\mathsf{L}:\mathsf{K}}$ eine Abbildung von $\mathsf{L}^\times$ auf $\mathsf{K}^\times$. **q.e.d.**

Zur Beschreibung weiterer Untergruppen von $PSL(2, p^f)$ ist der Übergang zur unitären Gruppe zweckmäßig.

8.8 Hilfssatz. *Sei* $\mathsf{W} = \mathsf{V}(2, p^{2f})$ *der Vektorraum der Dimension 2 über* $GF(p^{2f})$. *Sei* $\{w_1, w_2\}$ *eine Basis von* W *über* $GF(p^{2f})$. *Wir definieren ein hermitesches Skalarprodukt auf* W *durch*

$$(w, w') = x_1\bar{y}_1 + x_2\bar{y}_2$$

für $w = x_1w_1 + x_2w_2$ *und* $w' = y_1w_1 + y_2w_2$; *dabei sei* $\bar{x} = x^{p^f}$ *für* x *aus* $GF(p^{2f})$. *Es ist* $\overline{(w, w')} = (w', w)$. *Die spezielle unitäre Gruppe* $SU(2, p^{2f})$ *definieren wir als die Gruppe aller* $GF(p^{2f})$*-linearen Abbildungen* G *von* W *auf sich mit* $\det G = 1$ *und* $(w, w') = (wG, w'G)$ *für alle* $w, w' \in \mathsf{W}$. *Dann gilt* $SL(2, p^f) \cong SU(2, p^{2f})$, *und* $SU(2, p^{2f})$ *besteht bezüglich der Basis* $\{w_1, w_2\}$ *gerade aus den Matrizen der Gestalt*

$$\begin{pmatrix} a & b \\ -\bar{b} & \bar{a} \end{pmatrix}$$

mit $a, b \in GF(p^{2f})$ *und* $a\bar{a} + b\bar{b} = 1$.

Beweis. a) Wir zeigen zuerst, daß $SL(2, p^f)$ zu einer Untergruppe von $SU(2, p^{2f})$ isomorph ist. Nach 8.7 gibt es ein a aus $GF(p^{2f})$ mit $N(a) = a\bar{a} = -1$.

Für $p \neq 2$ führen wir eine neue Basis $\{u_1, u_2\}$ von $W = V(2, p^{2f})$ ein durch

$$u_1 = w_1 + a w_2, \quad u_2 = w_1 - a w_2 .$$

Ferner definieren wir ein neues Skalarprodukt durch $[w, w'] = c(w, w')$, wobei c aus $GF(p^{2f})$ sei mit $\bar{c} = -c \neq 0$. (Man wähle etwa

$$b \in GF(p^{2f}) - GF(p^f)$$

und setze $c = b - \bar{b}$.) Dann ist

$$[w', w] = c(w', w) = -\bar{c}\,\overline{(w, w')} = -\overline{[w, w']} .$$

Das neue Skalarprodukt $[.\,,.]$ ist also schiefhermitesch. Wir haben

$$[u_1, u_1] = [u_2, u_2] = c(1 + a\bar{a}) = 0 \quad \text{und} \quad [u_1, u_2] = -[u_2, u_1] = c(1 - a\bar{a}) .$$

Für $p = 2$ gehen wir so vor:

Der Kern der Normabbildung von $GF(2^{2f})^\times$ in $GF(2^f)^\times$ hat die Ordnung $2^f + 1$. Daher gibt es ein a in $GF(2^{2f})$ mit $a \neq 1$ und $a\bar{a} = 1$. Dann ist $\{u_1, u_2\}$ mit

$$u_1 = w_1 + w_2, \quad u_2 = w_1 + a w_2$$

eine Basis von W über $GF(2^{2f})$. Es ist $(u_1, u_1) = (u_2, u_2) = 0$ und $(u_1, u_2) = 1 + a \neq 0$. Das Skalarprodukt ist jetzt wegen $1 = -1$ trivialerweise schiefhermitesch. Wir setzen $[w, w'] = (w, w')$.

Für $w = x_1 u_1 + x_2 u_2$ und $w' = y_1 u_1 + y_2 u_2$ ist daher in allen Fällen

$$[w, w'] = d(x_1 \bar{y}_2 - x_2 \bar{y}_1)$$

mit einem von 0 verschiedenen d aus $GF(p^{2f})$. Man rechnet jetzt leicht nach, daß die Abbildungen G der Gestalt

$$u_1 G = a_{11} u_1 + a_{12} u_2$$
$$u_2 G = a_{21} u_1 + a_{22} u_2$$

mit $a_{ij} \in GF(p^f)$ und $a_{11}a_{22} - a_{12}a_{21} = 1$ das Skalarprodukt $[.\,,.]$ erhalten. Die Gruppe der $[.\,,.]$ erhaltenden, über $GF(p^{2f})$ linearen Abbildungen mit Determinante 1 ist offenbar $SU(2, p^{2f})$. Das liefert die Einbettung von $SL(2, p^f)$ in $SU(2, p^{2f})$.

b) Sei $G \in SU(2, p^{2f})$. Bezüglich der Basis $\{w_1, w_2\}$ gehöre zu G die Matrix

$$\begin{pmatrix} a & c \\ b & d \end{pmatrix} .$$

Aus $(w_1, w_1) = (w_2, w_2) = 1$ und $(w_1, w_2) = 0$ erhalten wir

(1) $a\bar{a} + b\bar{b} = 1$;

(2) $c\bar{c} + d\bar{d} = 1$;

(3) $a\bar{c} + b\bar{d} = 0$.

Aus $\det G = 1$ folgt ferner

(4) $ad - bc = 1$.

Ist $a = 0$, so folgt aus (1), (3) und (4)

$$b\bar{b} = 1, \quad d = 0 \quad \text{und} \quad c = -b^{-1} = -\bar{b}.$$

Ist $a \neq 0$, so erhalten wir aus (4)

$$d = \frac{1 + bc}{a},$$

dann mit (3)

$$a\bar{c} + b\frac{1 + \bar{b}\bar{c}}{\bar{a}} = 0,$$

also wegen (1)

$$0 = \bar{c}(a\bar{a} + b\bar{b}) + b = \bar{c} + b.$$

Somit ist nach (4) und (1)

$$d = \frac{1 + bc}{a} = \frac{1 - b\bar{b}}{a} = \bar{a}.$$

Also hat G die behauptete Gestalt.

Die Anzahl der Lösungen von $a\bar{a} + b\bar{b} = 1$ mit $a, b \in GF(p^{2f})$ ist $(p^f + 1)\, p^f (p^f - 1)$:

Es gibt nämlich genau $p^f + 1$ Lösungen von

$$a\bar{a} = a^{1+p^f} = 1;$$

ferner gibt es $p^{2f} - p^f - 1$ Elemente a aus $GF(p^{2f})$ mit $a\bar{a} \neq 1$, und zu jedem solchen a gibt es wegen $1 - a\bar{a} \in GF(p^f)$ nach 8.7 genau $p^f + 1$ Elemente b mit $b\bar{b} = 1 - a\bar{a}$. Also ist

$$|SU(2, p^{2f})| = (p^f + 1)\, p^f (p^f - 1) = |SL(2, p^f)|.$$

Mit a) folgt $SU(2, p^{2f}) \cong SL(2, p^f)$. **q.e.d.**

8.9 Bemerkung. Sei c ein Element der Ordnung $p^f + 1$ aus $GF(p^{2f})$. Dann ist

$$C = \begin{pmatrix} c & 0 \\ 0 & \bar{c} \end{pmatrix}$$

ein Element der Ordnung $p^f + 1$ in $SU(2, p^{2f})$. Vermöge des Isomorphismus in 8.8 erhalten wir dann eine zyklische Untergruppe der Ordnung $p^f + 1$ von $SL(2, p^f)$. Dieser entspricht (bis auf Übergang zu Konjugierten) die in 8.4 angegebene zyklische Untergruppe $\mathfrak{S}$ von $PSL(2, p^f)$.

8.10 Satz. *Sei r eine Primzahl.*

a) *Die r-Sylowgruppen von $SL(2, p^f)$ sind zyklisch für $2 \neq r \neq p$, sie sind verallgemeinerte Quaternionengruppen für $r = 2 \neq p$ und sie sind elementar-abelsch für $r = p$.*

b) *Die r-Sylowgruppen von $PSL(2, p^f)$ sind für $r \neq 2$ isomorph zu den r-Sylowgruppen von $SL(2, p^f)$. Die 2-Sylowgruppen von $PSL(2, p^f)$ sind für $p \neq 2$ Diedergruppen. (Als Diedergruppe der Ordnung 4 ist dabei die abelsche Gruppe vom Typ (2, 2) anzusehen).*

Beweis. Wegen $|SL(2, p^f)| = |PSL(2, p^f)|k$ mit $k = 1$ oder $k = 2$ sind die r-Sylowgruppen von $SL(2, p^f)$ und $PSL(2, p^f)$ für $r \neq 2$ isomorph. Die Aussage über die p-Sylowgruppen folgt daher aus Satz 8.2.

Sei nun $p \neq r \neq 2$. Ist $r^j \top |PSL(2, p^f)|$, so gilt entweder $r^j \,\Big|\, \frac{p^f + 1}{k} = s$ oder $r^j \,\Big|\, \frac{p^f - 1}{k} = u$. Nach 8.3 und 8.4 besitzt $PSL(2, p^f)$ zyklische Untergruppen $\mathfrak{S}$ und $\mathfrak{U}$ der Ordnungen s und u. Also sind die r-Sylowgruppen von $PSL(2, p^f)$ zyklisch.

Zu behandeln bleibt noch der Fall $r = 2 \neq p$. Sei $2^j \top \mid SL(2, p^f)$. Sei zuerst $2^{j-1} \top p^f - 1$. Sei a ein Element der Ordnung 2^{j-1} aus $GF(p^f)^\times$. Wir setzen

$$A = \begin{pmatrix} a & 0 \\ 0 & a^{-1} \end{pmatrix} \quad \text{und} \quad S = \begin{pmatrix} 0 & 1 \\ -1 & 0 \end{pmatrix}.$$

Dann ist $A^{2^{j-1}} = E$, $A^S = A^{-1}$ und $A^{2^{j-2}} = -E = S^2$. Wegen $|\langle A, S\rangle| = 2^j$ ist $\langle A, S\rangle$ eine verallgemeinerte Quaternionengruppe der Ordnung 2^j. (Siehe I, 14.9, S. 90.)

Sei nun $j \geqq 3$ und $2^{j-1} \mid p^f + 1$. Wir verwenden $SU(2, p^{2f}) \cong SL(2, p^f)$. Sei a ein Element der Ordnung 2^{j-1} aus $GF(p^{2f})^\times$. Nach 8.8 liegen

$$A = \begin{pmatrix} a & 0 \\ 0 & \bar{a} \end{pmatrix} \quad \text{und} \quad S = \begin{pmatrix} 0 & 1 \\ -1 & 0 \end{pmatrix}$$

in $SU(2, p^{2f})$, und es gilt

$$A^{2^{j-1}} = E, \quad A^{2^{j-2}} = S^2, \quad A^S = A^{-1}.$$

Also ist $\langle A, S\rangle$ eine verallgemeinerte Quaternionengruppe und eine 2-Sylowgruppe von $SU(2, p^{2f}) \cong SL(2, p^f)$.

Nach 8.3 und 8.4 enthält $\mathfrak{G} = PSL(2, p^f)$ für $p \neq 2$ die Diedergruppen $\mathfrak{D}_1 = N_{\mathfrak{G}}(\mathfrak{U})$ und $\mathfrak{D}_2 = N_{\mathfrak{G}}(\mathfrak{S})$ der Ordnungen $p^f - 1$ und $p^f + 1$. Genau eine dieser Zahlen ist durch 4 teilbar. Die entsprechende Gruppe $\mathfrak{D}_i$ ($i = 1, 2$) enthält dann eine 2-Sylowgruppe von $PSL(2, p^f)$, welche somit eine Diedergruppe ist. **q.e.d.**

8.11 Bemerkung. Aus dem Verlagerungssatz von Burnside (IV, 2.6) folgt, daß die 2-Sylowgruppe einer einfachen nichtabelschen Gruppe nicht zyklisch sein kann. (Siehe auch I, Aufg. 21), S. 32.) R. Brauer und Suzuki haben gezeigt, daß auch eine verallgemeinerte Quaternionengruppe nicht die 2-Sylowgruppe einer einfachen Gruppe sein kann (siehe Brauer, Suzuki [1]). Die einfachen Gruppen, deren 2-Sylowgruppen Diedergruppen sind, sind von Gorenstein und Walter bestimmt worden. Neben den Gruppen $PSL(2, p^f)$ mit $p \neq 2$ und $p^f > 3$ hat nur die alternierende Gruppe $\mathfrak{A}_7$ diese Eigenschaft (siehe GORENSTEIN, WALTER [1]—[5]).

Die Konstruktion weiterer Untergruppen von $PSL(2, p^f)$ bereiten wir durch einen Hilfssatz vor:

8.12 Hilfssatz. *Sei*

$$G = \begin{pmatrix} a & b \\ c & d \end{pmatrix}$$

ein Element aus $SL(2, p^f)$.

a) *Ist* $Sp\,G = a + d = \pm 1$, *so gilt* $G^3 = \pm E$.

b) *Ist* $Sp\,G = 0$, *so gilt* $G^2 = -E$.

Beweis. a) Seien w und w^{-1} die Eigenwerte von G in $GF(p^{2f})$. Sei zuerst

$$Sp\,G = w + w^{-1} = -1\,.$$

Es folgt $w^2 + w + 1 = 0$, also auch $w^3 = 1$. Sind die beiden Eigenwerte w und w^{-1} verschieden, so läßt sich G bekanntlich in $GL(2, p^{2f})$ auf Diagonalgestalt transformieren, und es folgt $G^3 = E$. Für $w = w^{-1}$ ist $w = 1$ und $Sp\,G = 2 = -1$, also $p = 3$. Nun läßt sich G auf die Dreiecksgestalt

$$\begin{pmatrix} 1 & 0 \\ t & 1 \end{pmatrix}$$

bringen, und das zeigt $G^3 = E$.

Für $Sp\,G = 1$ ist $Sp(-G) = -1$ und daher nach dem schon Bewiesenen $G^3 = -E$.

b) Aus

$$G = \begin{pmatrix} a & b \\ c & -a \end{pmatrix}$$

mit $-a^2 - bc = 1$ folgt $G^2 = (a^2 + bc)E = -E$. **q.e.d.**

8.13 Satz. *Genau für* $p = 5$ *oder* $p^{2f} - 1 \equiv 0$ (5) *enthält* $PSL(2, p^f)$ *zur alternierenden Gruppe* $\mathfrak{A}_5$ *isomorphe Untergruppen.*

Beweis. Enthält $PSL(2, p^f)$ eine zu $\mathfrak{A}_5$ isomorphe Untergruppe, so gilt $|PSL(2, p^f)| \equiv 0$ (5). Das zeigt die Notwendigkeit der angegebenen Bedingung.

Nach 6.14 (3) gilt $\mathfrak{A}_5 \cong PSL(2, 5)$. Da $PSL(2, 5)$ zu einer Untergruppe von $PSL(2, 5^f)$ isomorph ist, ist die Bedingung $p = 5$ auch hinreichend. Sei weiterhin $p \neq 5$ und $p^{2f} - 1 \equiv 0$ (5).

Fall 1: Sei $p^f - 1 \equiv 0$ (5) und sei a eine primitive 5-te Einheitswurzel aus $GF(p^f)$. Wir setzen

$$A = \begin{pmatrix} a & 0 \\ 0 & a^{-1} \end{pmatrix} \quad \text{und} \quad B = \begin{pmatrix} b & c \\ d & -b \end{pmatrix}$$

mit $-b^2 - cd = 1$. Dann ist $A^5 = E$. Wegen $Sp\,B = 0$ gilt nach Hilfssatz 8.12 $\overline{B}^2 = E$ für die von B bewirkte projektive Abbildung $\overline{B}$. Wir bestimmen b so, daß

$$Sp\,A\,B = b(a - a^{-1}) = 1$$

und sodann c und d aus $-b^2 - cd = 1$. Nach Hilfssatz 8.12 ist dann $(\overline{A}\overline{B})^3 = E$ (wieder als projektive Abbildung!). Wir haben somit

$$\overline{A}^5 = \overline{B}^2 = (\overline{A}\overline{B})^3 = E.$$

Das sind nach I, 19.9 (S. 140) die definierenden Relationen der alternierenden Gruppe $\mathfrak{A}_5$. Also ist $\langle \overline{A}, \overline{B} \rangle$ ein epimorphes Bild der einfachen Gruppe $\mathfrak{A}_5$. Wegen $\overline{A} \neq E$ folgt dann $\langle \overline{A}, \overline{B} \rangle \cong \mathfrak{A}_5$.

Fall 2: Sei nun $p^f + 1 \equiv 0$ (5). Wir benutzen die aus 8.8 durch Übergang zur Faktorgruppe nach dem Zentrum folgende Isomorphie $PSL(2, p^f) \cong PSU(2, p^{2f})$. Sei a eine primitive 5-te Einheitswurzel aus $GF(p^{2f})$. Wegen $p^f + 1 \equiv 0$ (5) ist dann

$$a\bar{a} = a^{1+p^f} = 1.$$

Wir setzen $b = (a - \bar{a})^{-1}$ und bestimmen c aus $GF(p^{2f})$ durch $c\bar{c} = 1 - b\bar{b}$; dies geht nach Hilfssatz 8.7, da das Element $1 - b\bar{b}$ aus $GF(p^f)$ die Norm eines geeigneten Elements c aus $GF(p^{2f})$ ist. Mit

$$A = \begin{pmatrix} a & 0 \\ 0 & \bar{a} \end{pmatrix} \quad \text{und} \quad B = \begin{pmatrix} b & c \\ -\bar{c} & \bar{b} \end{pmatrix}$$

gilt $A^5 = E$. Wegen $Sp B = b + \bar{b} = 0$ und $Sp AB = b(a - \bar{a}) = 1$ ist nach 8.12 $\overline{B}^2 = (\overline{A}\overline{B})^3 = E$. Wie im Fall 1 haben wir nun $\langle \overline{A}, \overline{B} \rangle \cong \mathfrak{A}_5$.

q.e.d.

Aus Satz 8.13 können wir nun den noch ausstehenden Isomorphismus in 6.14 (6) ohne Mühe herleiten:

8.14 Satz. *Es gilt* $PSL(2, 9) \cong \mathfrak{A}_6$.

Beweis. Nach 8.13 besitzt $PSL(2, 9)$ eine zu $\mathfrak{A}_5$ isomorphe Untergruppe $\mathfrak{B}$. Die Permutationsdarstellung von $PSL(2, 9)$ auf den Nebenklassen von $\mathfrak{B}$ liefert eine treue und transitive Darstellung von $PSL(2, 9)$ vom Grad 6. Nach 5.1 ist $\mathfrak{A}_6$ die einzige Untergruppe von $\mathfrak{S}_6$ vom Index 2. Wegen $|PSL(2, 9)| = |\mathfrak{A}_6| = 360$ folgt dann $PSL(2, 9) \cong \mathfrak{A}_6$. **q.e.d.**

8.15 Hilfssatz. *Sei* $\mathfrak{D}$ *eine Diedergruppe der Ordnung* $4m$. *Dann gibt es genau zwei Konjugiertenklassen von Untergruppen von* $\mathfrak{D}$ *vom Typ* (2, 2). *Ist* $\mathfrak{K}$ *eine Untergruppe von* $\mathfrak{D}$ *vom Typ* (2, 2), *so gilt* $C_{\mathfrak{D}}(\mathfrak{K}) = \mathfrak{K}$.

Beweis. Sei $\mathfrak{D} = \langle A, B \rangle$ mit

$$A^{2m} = B^2 = E \quad \text{und} \quad A^B = A^{-1}.$$

Die Untergruppen vom Typ (2, 2) von $\mathfrak{D}$ sind dann die

$$\langle A^m, A^i B \rangle \quad (i = 0, 1, \ldots, 2m - 1).$$

Diese verteilen sich auf die beiden Konjugiertenklassen

$$\langle A^m, A^{2j} B \rangle \quad (j = 0, 1, \ldots, m - 1)$$

und

$$\langle A^m, A^{2j+1} B \rangle \quad (j = 0, 1, \ldots, m - 1).$$

Sei $\mathfrak{K} = \langle A^m, A^i B\rangle$ und $X \in \mathbf{C}_{\mathfrak{D}}(\mathfrak{K})$. Ist $X = A^j$, so folgt

$$A^j = (A^j)^{A^i B} = (A^j)^B = A^{-j},$$

also $X \in \mathfrak{K}$. Für $X = A^j B$ ergibt sich

$$A^i B = (A^i B)^{A^j B} = A^{2j-i} B .$$

Daher ist $2i \equiv 2j \ (2m)$ und dann $X = A^i B$ oder $X = A^{i+m} B$, also in jedem Falle $X \in \mathfrak{K}$. **q.e.d.**

8.16 Hilfssatz. *Sei* $p \neq 2$. *Dann hat* $\mathfrak{G} = PSL(2, p^f)$ *genau* $\frac{|PSL(2,p^f)|}{12}$ *Untergruppen* $\mathfrak{K}$ *vom Typ* (2, 2). *Diese sind für* $p^{2f} - 1 \not\equiv 0 \ (16)$ *alle konjugiert, für* $p^{2f} - 1 \equiv 0 \ (16)$ *bilden sie zwei gleich lange Konjugiertenklassen. Es gilt* $\mathbf{C}_{\mathfrak{G}}(\mathfrak{K}) = \mathfrak{K}$, *ferner*

$$|\mathbf{N}_{\mathfrak{G}}(\mathfrak{K})| = 12 \quad \textit{für} \quad p^{2f} - 1 \not\equiv 0 \ (16)$$

und

$$|\mathbf{N}_{\mathfrak{G}}(\mathfrak{K})| = 24 \quad \textit{für} \quad p^{2f} - 1 \equiv 0 \ (16) .$$

Beweis. Sei $4m = p^f + 1$ oder $4m = p^f - 1$, je nachdem $p^f + 1 \equiv 0 \ (4)$ oder $p^f - 1 \equiv 0 \ (4)$ gilt. Sei $\mathfrak{Z} = \mathfrak{U}$ für $p^f - 1 \equiv 0 \ (4)$ (siehe 8.3) und $\mathfrak{Z} = \mathfrak{S}$ für $p^f + 1 \equiv 0 \ (4)$ (siehe 8.4). Dann ist $\mathfrak{Z}$ zyklisch von der Ordnung $2m$, nach 8.3 oder 8.4 ist $\mathbf{N}_{\mathfrak{G}}(\mathfrak{Z})$ eine Diedergruppe der Ordnung $4m$, und je zwei verschiedene Konjugierte von $\mathfrak{Z}$ haben den Durchschnitt $\mathfrak{E}$.

Wir zählen die geordneten Paare X, Y aus $\mathfrak{G}$, welche eine Gruppe vom Typ (2, 2) erzeugen:

Wegen $X^2 = E$, der Partition von $PSL(2, p^f)$ aus 8.5 und der Teilerfremdheit von $|\mathfrak{U}|$ und $|\mathfrak{S}|$ haben wir $X \in \mathfrak{Z}^G$ für ein geeignetes G aus $PSL(2, p^f)$, und jedes $\mathfrak{Z}^G$ enthält genau ein Element von der Ordnung 2. Also hat $PSL(2, p^f)$ genau

$$k = |PSL(2, p^f) : \mathbf{N}_{\mathfrak{G}}(\mathfrak{Z})| = \frac{(p^f + 1)\, p^f (p^f - 1)}{8m}$$

Elemente von der Ordnung 2, und diese sind alle konjugiert. Sei X ein Element der Ordnung 2 aus $\mathfrak{Z}$. Aus $XY = YX$ folgt $X = X^Y \in \mathfrak{Z} \cap \mathfrak{Z}^Y$, also wegen 8.3 b) oder 8.4 c) dann $Y \in \mathbf{N}_{\mathfrak{G}}(\mathfrak{Z})$. Aus $X \neq Y$ folgt $Y \notin \mathfrak{Z}$. In der Diedergruppe $\mathbf{N}_{\mathfrak{G}}(\mathfrak{Z})$ von der Ordnung $4m$ gibt es genau $2m$ Elemente Y der gewünschten Art, nämlich die Elemente aus $\mathbf{N}_{\mathfrak{G}}(\mathfrak{Z}) - \mathfrak{Z}$. Somit erhalten wir

$$2km = \frac{(p^f + 1)\, p^f (p^f - 1)}{4}$$

Paare X, Y. Da jede Gruppe vom Typ (2, 2) genau 6 solche Paare enthält, besitzt $PSL(2, p^f)$ genau

$$\frac{(p^f + 1)\, p^f (p^f - 1)}{24} = \frac{|PSL(2, p^f)|}{12}$$

Untergruppen vom Typ (2, 2).

Ist $\mathfrak{K} = \langle X, Y \rangle$ eine Untergruppe von $PSL(2, p^f)$ vom Typ (2, 2), so gilt $X^G \in \mathfrak{Z}$ für ein geeignetes G aus $PSL(2, p^f)$. Wie oben folgt $Y^G \in \mathbf{N}_{\mathfrak{G}}(\mathfrak{Z})$, also $\mathfrak{K}^G \leqq \mathbf{N}_{\mathfrak{G}}(\mathfrak{Z})$. Nach 8.15 gibt es daher höchstens zwei Konjugiertenklassen von Untergruppen vom Typ (2, 2) in $PSL(2, p^f)$.

Es gilt $\mathbf{C}_{\mathfrak{G}}(\mathfrak{K}) = \mathfrak{K}$:

Sei $\mathfrak{K} = \langle X, Y \rangle$ mit $X \in \mathfrak{Z}$ und $\mathfrak{K} \leqq \mathbf{N}_{\mathfrak{G}}(\mathfrak{Z})$. Aus $X^G = X \in \mathfrak{Z} \cap \mathfrak{Z}^G$ folgt wie vorher $G \in \mathbf{N}_{\mathfrak{G}}(\mathfrak{Z})$ und dann mit 8.15

$$G \in \mathbf{N}_{\mathfrak{G}}(\mathfrak{Z}) \cap \mathbf{C}_{\mathfrak{G}}(\mathfrak{K}) = \mathfrak{K}\,.$$

Also ist $\mathbf{N}_{\mathfrak{G}}(\mathfrak{K})/\mathfrak{K} = \mathbf{N}_{\mathfrak{G}}(\mathfrak{K})/\mathbf{C}_{\mathfrak{G}}(\mathfrak{K})$ isomorph zu einer Untergruppe der Automorphismengruppe von $\mathfrak{K}$. Daher ist $|\mathbf{N}_{\mathfrak{G}}(\mathfrak{K})/\mathfrak{K}|$ ein Teiler von 6.

Fall 1: Sei $m \equiv 1$ (2), also $p^{2f} - 1 \not\equiv 0$ (16).

Dann ist $4 \nmid |PSL(2, p^f)|$, die Untergruppen vom Typ (2, 2) sind 2-Sylowgruppen von $PSL(2, p^f)$, sind also alle konjugiert.

Also gibt es für $p^{2f} - 1 \not\equiv 0$ (16) genau eine Konjugiertenklasse von Untergruppen vom Typ (2, 2) in $PSL(2, p^f)$.

Fall 2: Sei $m \equiv 0$ (2), also $p^{2f} - 1 \equiv 0$ (16).

Sei $\mathfrak{K}$ eine Untergruppe vom Typ (2, 2) in $PSL(2, p^f)$ und $\mathfrak{P}$ eine $\mathfrak{K}$ enthaltende 2-Sylowgruppe von $PSL(2, p^f)$. Wegen $|PSL(2, p^f)| \equiv 0$ (8) gilt $\mathfrak{K} < \mathfrak{P}$ und somit nach I, 8.8 (S. 39) auch $\mathfrak{K} < \mathbf{N}_{\mathfrak{P}}(\mathfrak{K})$. Daher folgt $|\mathbf{N}_{\mathfrak{G}}(\mathfrak{K})| \equiv 0$ (8). Hätte $PSL(2, p^f)$ nur eine Klasse von konjugierten Untergruppen vom Typ (2, 2), so müßte $\frac{|PSL(2, p^f)|}{12} = |PSL(2, p^f) : \mathbf{N}_{\mathfrak{G}}(\mathfrak{K})|$, also $|\mathbf{N}_{\mathfrak{G}}(\mathfrak{K})| = 12$ gelten. Also gibt es für $m \equiv 0$ (2) genau zwei Konjugiertenklassen von Untergruppen vom Typ (2, 2) in $PSL(2, p^f)$. Seien $\mathfrak{K}_1$ und $\mathfrak{K}_2$ Vertreter der beiden Konjugiertenklassen von Untergruppen vom Typ (2, 2). Setzen wir $|\mathbf{N}_{\mathfrak{G}}(\mathfrak{K}_i)/\mathfrak{K}_i| = k_i$ $(i = 1, 2)$, so folgt

$$\frac{|PSL(2, p^f)|}{12} = \frac{|PSL(2, p^f)|}{4k_1} + \frac{|PSL(2, p^f)|}{4k_2}\,.$$

Wegen $k_i \mid 6$ erzwingt das $k_1 = k_2 = 6$, beide Konjugiertenklassen sind gleich lang, und es gilt $|\mathbf{N}_{\mathfrak{G}}(\mathfrak{K}_i)| = 24$. **q.e.d.**

8.17 Hilfssatz. a) *Sei $\mathfrak{G}$ eine Gruppe von der Ordnung* 12 *oder* 24. *Es habe $\mathfrak{G}$ einen elementar-abelschen Normalteiler $\mathfrak{N}$ vom Typ* (2, 2) *mit* $\mathbf{C}_{\mathfrak{G}}(\mathfrak{N}) = \mathfrak{N}$. *Dann gilt* $\mathfrak{G} \cong \mathfrak{A}_4$ oder $\mathfrak{G} \cong \mathfrak{S}_4$.

b) *Sei $\mathfrak{G}$ eine Gruppe der Ordnung* 12 *mit genau vier* 3-*Sylowgruppen. Dann ist* $\mathfrak{G} \cong \mathfrak{A}_4$.

c) *Sei $\mathfrak{G}$ eine Gruppe der Ordnung* 24 *mit* $\mathbf{Z}(\mathfrak{G}) = \mathfrak{E}$ *und mit genau vier* 3-*Sylowgruppen. Dann ist* $\mathfrak{G} \cong \mathfrak{S}_4$.

Beweis. a) Wir zeigen zuerst, daß $\mathfrak{N}$ ein minimaler Normalteiler von $\mathfrak{G}$ ist: Angenommen, es sei $\mathfrak{N} = \langle N_1, N_2 \rangle$ und $\langle N_1 \rangle \lhd \mathfrak{G}$. Sei $P \in \mathfrak{G}$ mit $O(P) = 3$. Dann gilt $N_1^P = N_1$ und $N_2^P = N_1^a N_2$ mit geeignetem a, also $N_i^{P^2} = N_i$ für $i = 1, 2$. Das liefert jedoch den Widerspruch $P^2 \in \mathbf{C}_{\mathfrak{G}}(\mathfrak{N}) = \mathfrak{N}$.

Also ist $\mathfrak{N}$ ein minimaler Normalteiler von $\mathfrak{G}$. Nach 3.3 hat $\mathfrak{G}$ daher eine treue Darstellung als primitive Permutationsgruppe vom Grad 4. Wegen $|\mathfrak{G}| = 12$ oder $|\mathfrak{G}| = 24$ folgt daraus nach 5.2 entweder $\mathfrak{G} \cong \mathfrak{A}_4$ oder $\mathfrak{G} \cong \mathfrak{S}_4$.

b) Da in den vier 3-Sylowgruppen von $\mathfrak{G}$ genau 8 Elemente der Ordnung 3 liegen, hat $\mathfrak{G}$ nur eine 2-Sylowgruppe, etwa $\mathfrak{N}$, und diese ist normal in $\mathfrak{G}$. Offenbar gilt $\mathbf{C}_{\mathfrak{G}}(\mathfrak{N}) = \mathfrak{N}$, also folgt mit a) $\mathfrak{G} \cong \mathfrak{A}_4$.

c) Sei $\mathfrak{P}$ eine 3-Sylowgruppe von $\mathfrak{G}$. Wegen $|\mathfrak{G} : \mathbf{N}_{\mathfrak{G}}(\mathfrak{P})| = 4$ hat $\mathfrak{G}$ eine Darstellung $\mathbf{P}$ als transitive Permutationsgruppe vom Grad 4. Es ist Kern $\mathbf{P} = \bigcap \mathbf{N}_{\mathfrak{G}}(\mathfrak{P})^G$. Wegen $\mathfrak{P} \ntrianglelefteq \mathfrak{G}$ folgt $|\text{Kern } \mathbf{P}| \leq 2$. Die Voraussetzung $\mathbf{Z}(\mathfrak{G}) = \mathfrak{E}$ erzwingt dann Kern $\mathbf{P} = \mathfrak{E}$. Also ist $\mathbf{P}$ treu, und $\mathfrak{G}$ ist isomorph zu $\mathfrak{S}_4$. **q.e.d.**

8.18 Satz. a) *$PSL(2, p^f)$ besitzt zu $\mathfrak{S}_4$ isomorphe Untergruppen genau für $p^{2f} - 1 \equiv 0$ (16). Diese verteilen sich auf zwei Konjugiertenklassen.*

b) *$PSL(2, p^f)$ besitzt zu $\mathfrak{A}_4$ isomorphe Untergruppen genau für $p > 2$ und für $p = 2$, $f \equiv 0$ (2). Alle diese sind konjugiert für $p^{2f} - 1 \not\equiv 0$ (16), für $p^{2f} - 1 \equiv 0$ (16) verteilen sie sich auf zwei Konjugiertenklassen.*

Beweis. a) Sei zuerst $p \neq 2$. Eine notwendige Bedingung für die Existenz von zu $\mathfrak{S}_4$ isomorphen Untergruppen in $PSL(2, p^f)$ ist offenbar

$$24 \mid |PSL(2, p^f)| .$$

Das führt zu $p^{2f} - 1 \equiv 0$ (16).

Ist diese Bedingung erfüllt, so hat $\mathfrak{G} = PSL(2, p^f)$ nach 8.16 genau zwei Konjugiertenklassen von Untergruppen $\mathfrak{K}$ vom Typ (2, 2). Es gilt $|\mathbf{N}_{\mathfrak{G}}(\mathfrak{K})| = 24$ und $\mathbf{C}_{\mathfrak{G}}(\mathfrak{K}) = \mathfrak{K}$, nach 8.17 also $\mathbf{N}_{\mathfrak{G}}(\mathfrak{K}) \cong \mathfrak{S}_4$.

Für $p = 2$ sind die 2-Sylowgruppen von $PSL(2, 2^f)$ nach 8.2 abelsch, die 2-Sylowgruppen von $\mathfrak{S}_4$ sind jedoch nicht abelsch. Also kann $PSL(2, 2^f)$ keine zu $\mathfrak{S}_4$ isomorphe Untergruppe enthalten.

b) Sei zuerst wieder $p > 2$. Für $p^{2f} - 1 \equiv 0$ (16) gibt es nach 8.16 zwei Konjugiertenklassen von Gruppen $\mathfrak{K}$ vom Typ (2, 2) in $PSL(2, p^f)$. Nach 8.17 a) ist $\mathbf{N}_{\mathfrak{G}}(\mathfrak{K}) \cong \mathfrak{S}_4$ und somit $\mathbf{N}_{\mathfrak{G}}(\mathfrak{K})' \cong \mathfrak{A}_4$. Daher gibt es zwei Konjugiertenklassen von zu $\mathfrak{A}_4$ isomorphen Untergruppen.

Für $p^{2f} - 1 \not\equiv 0$ (16) gibt es nach 8.16 eine Konjugiertenklasse von Untergruppen von $PSL(2, p^f)$ vom Typ (2, 2), und nach 8.17a) ist jetzt $\mathbf{N}_{\mathfrak{G}}(\mathfrak{K}) \cong \mathfrak{A}_4$. Also gibt es für $p^{2f} - 1 \not\equiv 0$ (16) genau eine Konjugiertenklasse von zu $\mathfrak{A}_4$ isomorphen Untergruppen in $PSL(2, p^f)$.

Zu behandeln bleibt noch der Fall $p = 2$. Wegen $PSL(2, 4) \cong \mathfrak{A}_5$ (siehe 6.14 (3)) enthält $PSL(2, 4)$ sicher zu $\mathfrak{A}_4$ isomorphe Untergruppen. Aus der Einbettung von $PSL(2, 4)$ in $PSL(2, 2^{2m})$ (vermöge der Einbettung der Körper) folgt sodann, daß auch $PSL(2, 2^{2m})$ zu $\mathfrak{A}_4$ isomorphe Untergruppen besitzt.

Die Bedingung $f \equiv 0$ (2) ist notwendig für die Existenz von zu $\mathfrak{A}_4$ isomorphen Untergruppen in $PSL(2, 2^f)$:

Sei nämlich $\mathfrak{A}_4 \cong \mathfrak{T} < PSL(2, 2^f)$ und sei $\mathfrak{K}$ der Normalteiler der Ordnung 4 in $\mathfrak{T}$. Nach 8.2 können wir (nötigenfalls nach Übergang zu Konjugierten) annehmen, daß $\mathfrak{K} = \langle K_1, K_2 \rangle$ mit

$$K_i = \begin{pmatrix} 1 & 0 \\ a_i & 1 \end{pmatrix}$$

gilt. Sei P ein Element der Ordnung 3 aus $\mathfrak{T}$. Aus $P \in \mathbf{N}_{\mathfrak{G}}(\mathfrak{K})$ folgt, daß P die Gestalt

$$P = \begin{pmatrix} c & 0 \\ d & e \end{pmatrix}$$

hat. Die Gleichung $P^3 = E$ (als linear-gebrochene Abbildung) erfordert $c^3 = e^3$, also $(ce^{-1})^3 = 1$. Ist f ungerade, so gilt $3 \nmid 2^f - 1 = |GF(2^f)^\times|$, und daher ist $c = e$. Dann hat aber P die Ordnung 1 oder 2, entgegen der Annahme.

Wir haben noch zu zeigen, daß für $f \equiv 0$ (2) alle zu $\mathfrak{A}_4$ isomorphen Untergruppen von $PSL(2, 2^f)$ konjugiert sind:

Sei

$$\mathfrak{A}_4 \cong \langle K_1, K_2, P \rangle < SL(2, 2^f)$$

mit $K_i^2 = P^3 = E$, $K_1^P = K_2$, $K_2^P = K_1 K_2$. Nach 8.2 können wir durch Übergang zu Konjugierten

$$K_1 = \begin{pmatrix} 1 & 0 \\ x_1 & 1 \end{pmatrix} \quad \text{und} \quad K_2 = \begin{pmatrix} 1 & 0 \\ x_2 & 1 \end{pmatrix}$$

erreichen. Wegen

$$\begin{pmatrix} c^{-1} & 0 \\ 0 & c \end{pmatrix} \begin{pmatrix} 1 & 0 \\ a & 1 \end{pmatrix} \begin{pmatrix} c & 0 \\ 0 & c^{-1} \end{pmatrix} = \begin{pmatrix} 1 & 0 \\ c^2 a & 1 \end{pmatrix}$$

und da jedes Element aus $GF(2^f)$ ein Quadrat ist, können wir sogar $x_1 = 1$ erzwingen. Wir setzen $x_2 = x$. Dann hat P die Gestalt

$$P = \begin{pmatrix} a & 0 \\ b & a^{-1} \end{pmatrix}.$$

Aus $K_1 P = P K_2$ folgt $a^2 = x$, also $x^3 = 1$. Daher ist x bis auf Übergang zum Inversen eindeutig bestimmt. Wegen $x^{-1} = 1 + x$ (in dem Körper $GF(2^f)$ der Charakteristik 2) haben wir

$$\begin{pmatrix} 1 & 0 \\ x^{-1} & 1 \end{pmatrix} = \begin{pmatrix} 1 & 0 \\ 1 & 1 \end{pmatrix} \begin{pmatrix} 1 & 0 \\ x & 1 \end{pmatrix} \in \langle K_1, K_2 \rangle .$$

Es gibt also für $f \equiv 0$ (2) genau eine Gruppe $\mathfrak{K}$ vom Typ (2, 2), welche

$$\begin{pmatrix} 1 & 0 \\ 1 & 1 \end{pmatrix}$$

enthält und sich in eine zu $\mathfrak{A}_4$ isomorphe Untergruppe von $PSL(2, 2^f)$ einbetten läßt. Aus

$$T = \begin{pmatrix} 1 & 0 \\ y & 1 \end{pmatrix} \in \mathbf{C}_{\mathfrak{G}}(\mathfrak{K}) \quad \text{und} \quad TPT^{-1} = \begin{pmatrix} a & 0 \\ b' & a^{-1} \end{pmatrix}$$

mit $b' = b + y(a - a^{-1}) = 0$ für geeignetes y folgt nun, daß alle zu $\mathfrak{A}_4$ isomorphen Untergruppen von $PSL(2, 2^f)$ zu $\langle K_1, K_2, R\rangle$ mit

$$K_1 = \begin{pmatrix} 1 & 0 \\ 1 & 1 \end{pmatrix}, \quad K_2 = \begin{pmatrix} 1 & 0 \\ x & 1 \end{pmatrix}, \quad R = \begin{pmatrix} a & 0 \\ 0 & a^{-1} \end{pmatrix}$$

mit $x^3 = a^3 = 1$ konjugiert sind. **q.e.d.**

8.19 Bemerkung. Die zwei Konjugiertenklassen von zu $\mathfrak{S}_4$ isomorphen Untergruppen in der einfachen Gruppe $PSL(2, 7)$ der Ordnung 168 lassen sich leicht geometrisch deuten. Nach 6.14 (4) gilt $PSL(2, 7) \cong PSL(3, 2)$. Die Gruppe $PSL(3, 2)$ ist nach 6.11 eine 2-fach transitive Permutationsgruppe auf den 7 Punkten der projektiven Ebene $\mathsf{P}(2, 2)$; sie ist auch eine 2-fach transitive Permutationsgruppe auf den 7 Geraden dieser Ebene. Die Stabilisatoren der Punkte bzw. Geraden bilden die beiden Konjugiertenklassen von zu $\mathfrak{S}_4$ isomorphen Untergruppen. Die Gruppe $PSL(3, 2) \cong GL(3, 2)$ hat einen äußeren Automorphismus α, der gegeben wird durch $G^\alpha = G^{*-1}$, wobei G^* die zu G transponierte Matrix ist. Dieser Automorphismus vertauscht die beiden Konjugiertenklassen der Untergruppen vom Index 7.

8.20 Satz. a) *Ist m ein Teiler von f, so besitzt $PSL(2, p^f)$ zu $PSL(2, p^m)$ isomorphe Untergruppen.*

b) *Ist $2m$ ein Teiler von f, so besitzt $PSL(2, p^f)$ zu $PGL(2, p^m)$ isomorphe Untergruppen.*

Beweis. a) Diese Behauptung folgt sofort aus $GF(p^m) \subseteq GF(p^f)$.

b) Sicher gilt $PGL(2, p^m) \leqq PGL(2, p^f)$ vermöge der Einbettung von $GF(p^m)$ in $GF(p^f)$. Wir haben zu zeigen, daß für $f = rm \equiv 0\ (2m)$ die Elemente aus $GF(p^m)^\times$ in $GF(p^f)^\times$ Quadrate sind. Das ist für $p = 2$ trivial, denn dann ist jedes Element ein Quadrat. Für $p > 2$ folgt es aus

$$|GF(p^{rm})^\times : GF(p^m)^\times| = \frac{p^{rm} - 1}{p^m - 1} = 1 + p^m + \cdots + p^{(r-1)m} \equiv r \equiv 0\ (2)\,.$$

q.e.d.

Wir zeigen nun, daß alle Untergruppen von $PSL(2, p^f)$ zu den bisher beschriebenen Klassen gehören. Der Schlüssel zu diesem Nachweis ist die Partition von $PSL(2, p^f)$ aus 8.5.

Wir beginnen mit zwei Hilfssätzen:

8.21 Hilfssatz. *Sei $\mathfrak{G}$ eine Untergruppe von $PSL(2, p^f)$, sei $\mathfrak{P} > \mathfrak{E}$ eine p-Sylowgruppe von $\mathfrak{G}$ und $\mathfrak{N} = \mathbf{N}_{\mathfrak{G}}(\mathfrak{P})$. Dann ist $\mathfrak{P}$ isomorph zu einer Untergruppe der additiven Gruppe $GF(p^f)^+$ von $GF(p^f)$. Es gibt genau einen Punkt x auf der projektiven Geraden $\mathsf{P}(1, p^f)$, welcher bei allen Elementen aus $\mathfrak{P}$ fest bleibt. Es gibt eine Untergruppe $\mathfrak{Z}$ von $\mathfrak{G}$ mit $\mathfrak{N} = \mathfrak{P}\mathfrak{Z}$ und $\mathfrak{P} \cap \mathfrak{Z} = \mathfrak{E}$. Dabei ist $\mathfrak{Z} = \mathfrak{E}$ oder $\mathfrak{Z}$ ist eine maximale zyklische Unter-*

gruppe von $\mathfrak{G}$. *Der Punkt* x *bleibt bei* $\mathfrak{Z}$ *fest, es gilt* $|\mathfrak{Z}| \,\big|\, |\mathfrak{P}| - 1$ *und* $|\mathfrak{Z}| \,\big|\, p^f - 1$.

Beweis. Die p-Sylowgruppe $\mathfrak{P}$ von $\mathfrak{G}$ ist in einer p-Sylowgruppe von $PSL(2, p^f)$ enthalten. Aus 8.2 folgt daher, daß $\mathfrak{P}$ zu einer Untergruppe von $GF(p^f)^+$ isomorph ist, und daß es genau einen bei ganz $\mathfrak{P}$ festen Punkt x aus $\mathsf{P}(1, p^f)$ gibt. Die Matrizen zu den Elementen in $\mathfrak{P}$ können wir daher in der Gestalt

$$\begin{pmatrix} 1 & 0 \\ a & 1 \end{pmatrix}$$

annehmen. Dann ist $(1, 0)$ der Fixpunkt von $\mathfrak{P}$, und wir können die Matrizen zu den Elementen aus $\mathfrak{N}$ in der Gestalt

$$\begin{pmatrix} 1 & 0 \\ c & b \end{pmatrix}$$

annehmen. Die auftretenden b bilden eine Untergruppe $\mathfrak{B}$ von $GF(p^f)^\times$. Sei $\mathfrak{B} = \langle b \rangle$ und

$$Z = \begin{pmatrix} 1 & 0 \\ c & b \end{pmatrix} \in \mathfrak{N}\,.$$

Angenommen, es sei $|\mathfrak{B}| = s > 1$. Dann ist $s \mid p^f - 1$, und wegen

$$1 + b + \cdots + b^{s-1} = 0$$

ist $Z^s = E$. Mit $\mathfrak{Z} = \langle Z \rangle$ gilt also $\mathfrak{Z} \cap \mathfrak{P} = \mathfrak{E}$, ferner $\mathfrak{N} = \mathfrak{P}\mathfrak{Z}$ und $|\mathfrak{Z}| = s \mid p^f - 1$.

Sei $\mathfrak{Z} \neq \mathfrak{E}$ und sei $\mathfrak{Z}_1 = \langle Z_1 \rangle$ eine maximale zyklische Untergruppe von $\mathfrak{G}$ mit $\mathfrak{Z} \leqq \mathfrak{Z}_1$. Wegen $\mu(Z) \geqq 1$ (siehe 8.5), $O(Z) = s \mid p^f - 1$ und der Partition aus 8.5 liegt Z in einer Konjugierten von $\mathfrak{U}$. Da jede zyklische Untergruppe von $PSL(2, p^f)$ in genau einer Komponente der Partition liegt, liegt auch $\mathfrak{Z}_1$ in einer Konjugierten von $\mathfrak{U}$. Somit bleibt der Fixpunkt $(1, 0)$ von $\mathfrak{P}$ auch bei Z_1 fest. Nach 8.2 liegen dann $\mathfrak{P}$ und $\mathfrak{P}^{Z_1}$, welche beide $(1, 0)$ fest lassen, in der gleichen p-Sylowgruppe von $PSL(2, p^f)$ und sind daher elementweise vertauschbar. Das ergibt $\mathfrak{P} = \mathfrak{P}^{Z_1}$, also

$$\mathfrak{Z}_1 \leqq \mathfrak{N} = \mathbf{N}_{\mathfrak{G}}(\mathfrak{P})\,.$$

Wir haben noch $|\mathfrak{Z}| \,\big|\, |\mathfrak{P}| - 1$ zu beweisen: Für

$$E \neq P = \begin{pmatrix} 1 & 0 \\ c & 1 \end{pmatrix} \in \mathfrak{P}$$

ist $\mathbf{C}_{\mathfrak{G}}(P) = \mathfrak{P}$. Daher zerfällt $\mathfrak{P} - \mathfrak{E}$ bezüglich $\mathfrak{Z}$ in lauter Konjugiertenklassen der Länge $|\mathfrak{Z}|$, also ist $|\mathfrak{Z}| \,\big|\, |\mathfrak{P}| - 1$. **q.e.d.**

8.22 Hilfssatz. *Sei* $\mathfrak{G}$ *eine Untergruppe von* $PSL(2, p^f)$ *mit* $|\mathfrak{G}| = g$. *Seien* $\mathfrak{Z}_1, \ldots, \mathfrak{Z}_r$ *Vertreter aus den Konjugiertenklassen der maximalen zyklischen Untergruppen von* $\mathfrak{G}$ *mit zu* p *teilerfremder Ordnung. Wir setzen* $|\mathfrak{Z}_i| = z_i$ *und* $|\mathbf{N}_{\mathfrak{G}}(\mathfrak{Z}_i)| = z_i s_i$. *Sei* $\mathfrak{P}$ *eine* p*-Sylowgruppe von* $\mathfrak{G}$ *und*

$|\mathfrak{P}| = p^m$. *Bei geeigneter Numerierung der* $\mathfrak{Z}_i$ *gilt dann* $|\mathbf{N}_{\mathfrak{G}}(\mathfrak{P})| = p^m$ *oder* $|\mathbf{N}_{\mathfrak{G}}(\mathfrak{P})| = p^m z_1$. *Ferner ist* $s_i \leqq 2$, *die* z_i *sind Teiler von* $\frac{p^f \pm 1}{k}$ *mit* $k = (p^f - 1, 2)$, *und wir haben*

$$(+) \qquad g = 1 + \frac{(p^m - 1)g}{p^m z_1} + \sum_{i=1}^{r} \frac{(z_i - 1)g}{z_i s_i}.$$

Für $\mathbf{N}_{\mathfrak{G}}(\mathfrak{P}) = \mathfrak{P}$ *ist dabei* $\frac{(p^m - 1)g}{p^m z_1}$ *durch* $\frac{(p^m - 1)g}{p^m}$ *zu ersetzen.*

Beweis. Nach 8.5 bilden die Konjugierten von $\mathfrak{P}$ und die von $\mathfrak{E}$ verschiedenen unter den zyklischen Gruppen $\mathfrak{U}^X \cap \mathfrak{G}$ und $\mathfrak{S}^X \cap \mathfrak{G}$ ($X \in PSL(2, p^f)$) eine Partition von $\mathfrak{G}$. $\mathfrak{Z}_1, \ldots, \mathfrak{Z}_r$ seien Vertreter der Konjugiertenklassen der von $\mathfrak{E}$ verschiedenen $\mathfrak{U}^X \cap \mathfrak{G}$ und $\mathfrak{S}^X \cap \mathfrak{G}$ in $\mathfrak{G}$. (Vorsicht! $\mathfrak{U}^X \cap \mathfrak{G}$ und $\mathfrak{U}^Y \cap \mathfrak{G}$ sind nicht notwendig in $\mathfrak{G}$ konjugiert!) Dann sind die $\mathfrak{Z}_i$ maximale zyklische Untergruppen von $\mathfrak{G}$. Aus 8.3 c) folgt

$$\mathbf{N}_{\mathfrak{G}}(\mathfrak{U}^X \cap \mathfrak{G}) = \mathbf{N}(\mathfrak{U}^X) \cap \mathfrak{G}$$

($\mathbf{N}(\mathfrak{U}^X)$ in $PSL(2, p^f)$ gebildet) und daher

$$|\mathbf{N}_{\mathfrak{G}}(\mathfrak{U}^X \cap \mathfrak{G}) : \mathfrak{U}^X \cap \mathfrak{G}| = |\mathbf{N}(\mathfrak{U}^X) \cap \mathfrak{G} : \mathfrak{U}^X \cap \mathfrak{G}| \leqq |\mathbf{N}(\mathfrak{U}^X) : \mathfrak{U}^X| = 2.$$

In gleicher Weise schließen wir mit Hilfe von 8.4 b) für $\mathfrak{S}$ und erhalten somit $s_i \leqq 2$. Die Aussage über $\mathbf{N}_{\mathfrak{G}}(\mathfrak{P})$ steht schon in 8.21. Wegen

$$\left|\bigcup_{G \in \mathfrak{G}} (\mathfrak{P} - \mathfrak{E})^G\right| = \frac{(p^m - 1)g}{p^m z_1}$$

und

$$\left|\bigcup_{G \in \mathfrak{G}} (\mathfrak{Z}_i - \mathfrak{E})^G\right| = \frac{(z_i - 1)g}{z_i s_i}$$

folgt durch Abzählung der Elemente von $\mathfrak{G}$ die angegebene Gleichung (+). **q.e.d.**

Unser weiteres Vorgehen besteht in der Diskussion der Gleichung (+) aus 8.22. Wir müssen mehrere Fälle unterscheiden:

8.23 Fall 1: *Sei* $p^m > 1$ *und* $\mathbf{N}_{\mathfrak{G}}(\mathfrak{P}) = \mathfrak{P}$. *Dann treten nur die folgenden Fälle ein:*

(1) $g = p^m$, *und* $\mathfrak{G}$ *ist eine elementar-abelsche* p-*Gruppe.*

(2) $p^m = 2$, $g = 2z_1$ *mit* $2 \nmid z_1$, *und* $\mathfrak{G}$ *ist eine Diedergruppe.*

(3) $p^m = 3$, *und* $\mathfrak{G}$ *ist isomorph zur alternierenden Gruppe* $\mathfrak{A}_4$.

Beweis. Wir haben $z_i \geqq 2$ und $s_i \leqq 2$. Somit erhalten wir aus (+)

$$0 = 1 - \frac{g}{p^m} + \sum_{i=1}^{r} \frac{(z_i - 1)g}{z_i s_i} > - \frac{g}{p^m} + \frac{rg}{4}.$$

Also folgt $r < 4p^{-m} \leqq 2$ und dann $r \leqq 1$.

Für $r = 0$ erhalten wir $g = p^m$, also den Fall (1). Für $r = 1$ ist notwendig $p^m < 4$, also $p^m = 2$ oder $p^m = 3$.

Die Annahme $p^m = 2$ führt zu

$$0 = 1 - \frac{g}{2} + \frac{(z_1 - 1)g}{z_1 s_1},$$

also

$$\frac{g}{2} > \frac{(z_1 - 1)g}{z_1 s_1} \geqq \frac{g}{2 s_1}$$

und wegen $s_1 \leqq 2$ dann zu $s_1 = 2$. Das ergibt

$$g = 2z_1 = |\mathbf{N}_{\mathfrak{G}}(\mathfrak{Z}_1)|,$$

und $\mathfrak{G}$ ist eine Diedergruppe.

Nun sei $p^m = 3$. Dann haben wir $\frac{1}{2s_1} \leqq \frac{(z_1 - 1)}{z_1 s_1} < \frac{1}{3}$, also $z_1 = 2$ und $s_1 = 2$. Dies führt zu $g = 12$. Da nach unserer Voraussetzung die 3-Sylowgruppen von $\mathfrak{G}$ eigener Normalisator sind, besitzt $\mathfrak{G}$ genau vier 3-Sylowgruppen und ist daher nach 8.17 b) zu $\mathfrak{A}_4$ isomorph. Das ist der Fall (3). **q.e.d.**

8.24 Fall 2: *Sei $p^m = 1$, also p kein Teiler von g. Dann ergeben sich folgende Fälle:*

(4) $\mathfrak{G}$ *ist zyklisch von einer Ordnung z_1 mit* $z_1 \,\Big|\, \frac{p^f \pm 1}{k}$.

(5) $\mathfrak{G}$ *ist eine Diedergruppe der Ordnung $2z_1$, mit z_1 wie in* (4).

(6) $\mathfrak{G}$ *ist isomorph zu* $\mathfrak{A}_4$.

(7) $\mathfrak{G}$ *ist isomorph zu* $\mathfrak{S}_4$.

(8) $\mathfrak{G}$ *ist isomorph zu* $\mathfrak{A}_5$.

Beweis. Sei $s_i = 1$ für $1 \leqq i \leqq t$ und $s_i = 2$ für $t + 1 \leqq i \leqq t + s$, also $r = s + t$. Wir haben dann

$$\begin{aligned} 1 &= \frac{1}{g} + \sum_{i=1}^{t}\left(1 - \frac{1}{z_i}\right) + \sum_{i=t+1}^{t+s}\left(\frac{1}{2} - \frac{1}{2z_i}\right) \\ &= \frac{1}{g} + t + \frac{s}{2} - \sum_{i=1}^{t}\frac{1}{z_i} - \sum_{i=t+1}^{t+s}\frac{1}{2z_i} \\ &\geqq \frac{1}{g} + t + \frac{s}{2} - \frac{t}{2} - \frac{s}{4} = \frac{1}{g} + \frac{t}{2} + \frac{s}{4}. \end{aligned}$$

Das führt zu

$$(*) \qquad \frac{t}{2} + \frac{s}{4} < 1,$$

also $t \leqq 1$ und $s \leqq 3$.

Ist $t = 1$, so erhalten wir aus (*) $\frac{s}{4} < \frac{1}{2}$, also $s \leqq 1$. Somit sind die folgenden Möglichkeiten zu betrachten:

$$(s, t) = (0, 1), (1, 1), (1, 0), (2, 0), (3, 0).$$

a) Für $r = s + t = 1$ wird $\mathfrak{G}$ von den Konjugierten von $\mathfrak{Z}_1$ überdeckt. Also gilt $\mathfrak{G} = \mathfrak{Z}_1$ (siehe I, Aufg. 4, S. 12), und Fall (4) liegt vor.

b) Sei $s = t = 1$, also $s_1 = 1$ und $s_2 = 2$. Dann haben wir

$$g = 1 + \frac{(z_1 - 1)g}{z_1} + \frac{(z_2 - 1)g}{2z_2}$$

und daher

$$1 > \frac{z_1 - 1}{z_1} + \frac{z_2 - 1}{2z_2}.$$

Ist $z_1 = 2$, so folgt $g = 2z_2$. Wegen $s_2 = 2$ ist dann $\mathfrak{G} = \mathbf{N}_{\mathfrak{G}}(\mathfrak{Z}_2)$ eine Diedergruppe. Das ist der Fall (5).

Ist jedoch $z_1 > 2$, so folgt $\frac{z_1 - 1}{z_1} \geqq \frac{2}{3}$, daher $\frac{z_2 - 1}{2z_2} < \frac{1}{3}$ und $z_2 = 2$. Dann bleibt

$$\frac{z_1 - 1}{z_1} < \frac{3}{4},$$

also $z_1 = 3$. Das führt zu $g = 12$. Dann hat $\mathfrak{G}$ genau $\frac{g}{z_1} = 4$ Untergruppen der Ordnung 3, ist daher nach 8.17 b) isomorph zu $\mathfrak{A}_4$. Das ist der Fall (6).

c) Sei $s = 2$ und $t = 0$. Dann ist

$$g = 1 + \frac{(z_1 - 1)g}{2z_1} + \frac{(z_2 - 1)g}{2z_2},$$

also

$$g = \frac{2z_1z_2}{z_1 + z_2}.$$

Da $2z_1 = |\mathbf{N}_{\mathfrak{G}}(\mathfrak{Z}_1)|$ ein Teiler von g ist, muß $\frac{z_2}{z_1 + z_2}$ ganz-rational sein. Das geht jedoch nicht. Also tritt dieser Fall nicht auf.

d) Es bleibt noch der Fall $s = 3$, $t = 0$ zu behandeln. Nun ist

$$\sum_{i=1}^{3} \frac{(z_i - 1)}{z_i} = 2\left(1 - \frac{1}{g}\right) < 2.$$

Sei $z_1 \geqq z_2 \geqq z_3$. Dann folgt $\frac{z_3 - 1}{z_3} < \frac{2}{3}$, also $z_3 = 2$. Es bleibt

$$\frac{z_1 - 1}{z_1} + \frac{z_2 - 1}{z_2} < \frac{3}{2}.$$

Das erzwingt $2 \leqq z_2 \leqq 3$.

$z_2 = 2$ führt zu $g = 2z_1$, und dann ist $\mathfrak{G} = \mathbf{N}_{\mathfrak{G}}(\mathfrak{Z}_1)$ eine Diedergruppe. (Jetzt ist z_1 gerade, und es gibt zwei Konjugiertenklassen von Involutionen außerhalb von $\mathfrak{Z}_1$, diese entsprechen $z_2 = z_3 = 2$.)

$z_2 = 3$ führt zu $\frac{z_1 - 1}{z_1} < \frac{5}{6}$, also zu $3 \leqq z_1 \leqq 5$.

Für $z_1 = z_2 = 3$ wäre $g = 12$, und $\mathfrak{G}$ würde zwei Konjugiertenklassen von zyklischen Untergruppen der Ordnung 3 enthalten. Das ist jedoch nach dem Sylowschen Satz unmöglich.

Es bleiben also nur $z_1 = 4$ und $z_1 = 5$ zu betrachten. Für $z_1 = 4$ erhalten wir $g = 24$. Dann hat $\mathfrak{G}$ genau $\frac{g}{2z_2} = 4$ Untergruppen der Ordnung 3. Hat $\mathfrak{G}$ Zentrumselemente von der Ordnung 2, so besitzt es auch Elemente von der Ordnung 6. Dann muß eines der z_i durch 6 teilbar sein, was nicht der Fall ist. Also ist $\mathfrak{G}$ nach 8.17 c) isomorph zu $\mathfrak{S}_4$, und Fall (7) liegt vor.

Für $z_1 = 5$, $z_2 = 3$ und $z_3 = 2$ erhalten wir $g = 60$. Nun hat $\mathfrak{G}$ genau $\frac{g}{2z_1} = 6$ 5-Sylowgruppen, besitzt also eine transitive Permutationsdarstellung vom Grad 6. Diese ist treu, da sonst $\mathfrak{G}$ zyklische Untergruppen der Ordnung 10 enthalten würde. Zum Nachweis von $\mathfrak{G} \cong \mathfrak{A}_5$ genügt jetzt der folgende Hilfssatz:

8.25 Hilfssatz. *Sei $\mathfrak{G}$ eine transitive Permutationsgruppe vom Grad* 6 *und von der Ordnung* 60. *Dann ist $\mathfrak{G} \cong \mathfrak{A}_5$.*

Beweis. Die Elemente der Ordnung 5 von $\mathfrak{G}$ lassen eine Ziffer fest und vertauschen die restlichen Ziffern in einem 5-Zyklus. Also ist $\mathfrak{G}$ 2-fach transitiv, daher sicher primitiv. Als primitive Gruppe vom Grad 6 und der Ordnung 60 ist $\mathfrak{G}$ nach 4.7 isomorph zu $\mathfrak{A}_5$. **q.e.d.**

8.26 Fall 3: *Nun sei $p^m > 1$ und $\mathbf{N}_{\mathfrak{G}}(\mathfrak{P}) > \mathfrak{P}$. Das führt zu folgenden Untergruppen von $PSL(2, p^f)$:*

(9) *$g = p^m z_1$, und $\mathfrak{G}$ ist ein semidirektes Produkt aus seiner elementarabelschen p-Sylowgruppe mit einer zyklischen Gruppe der Ordnung z_1.*

(10) *$p^m = 3$ und $\mathfrak{G} \cong \mathfrak{A}_5$.*

(11) *$\mathfrak{G} \cong PGL(2, p^m)$ mit $2m \mid f$.*

(12) *$\mathfrak{G} \cong PSL(2, p^m)$ mit $m \mid f$.*

Beweis. Nach 8.21 haben wir jetzt $|\mathbf{N}_{\mathfrak{G}}(\mathfrak{P})| = p^m z_1$ mit $1 < z_1 \leqq p^m - 1$, daher

$$\frac{(p^m - 1)g}{p^m z_1} \geqq \frac{g}{z_1 + 1}.$$

Mit Hilfe der Gleichung (+) aus 8.22 folgt

$$g > \frac{g}{z_1 + 1} + \frac{(z_1 - 1)g}{z_1 s_1} + \sum_{i=2}^{r} \frac{(z_i - 1)g}{z_i s_i}.$$

a) Für $s_1 = 1$ erhalten wir

$$g > \frac{g}{z_1 + 1} + \frac{(z_1 - 1)g}{z_1} + \sum_{i=2}^{r} \frac{(z_i - 1)g}{z_i s_i}$$

$$\geqq \frac{(z_1^2 + z_1 - 1)g}{z_1(z_1 + 1)} + \frac{(r - 1)g}{4} \geqq \frac{5g}{6} + \frac{(r - 1)g}{4}.$$

Dann folgt $\frac{r - 1}{4} < \frac{1}{6}$, also $r = 1$ und wegen $s_1 = 1$ daher $g = p^m z_1 = |\mathbf{N}_{\mathfrak{G}}(\mathfrak{P})|$. Das ist der Fall (9).

b) Nun sei $s_1 = 2$. Das ergibt

$$g > \frac{(z_1^2 + 2z_1 - 1)g}{2z_1(z_1 + 1)} + \frac{(r - 1)g}{4}$$

$$> \frac{(z_1^2 + z_1)g}{2z_1(z_1 + 1)} + \frac{(r - 1)g}{4} = \frac{g}{2} + \frac{(r - 1)g}{4},$$

also $\frac{r-1}{4} < \frac{1}{2}$ und daher $r \leqq 2$. Dabei führt $r = 1$ zu

$$g = 1 + \frac{(p^m - 1)\,g}{p^m z_1} + \frac{(z_1 - 1)\,g}{2 z_1},$$

also $2p^m z_1 = g\,(p^m z_1 - p^m + 2)$.

Wegen $p^m z_1 \mid g$ folgt dann notwendig $p^m(z_1 - 1) + 2 \leqq 2$, was wegen $z_1 > 1$ nicht geht. Also ist $r = 2$. Dann bleibt

$$g = 1 + \frac{(p^m - 1)\,g}{p^m z_1} + \frac{(z_1 - 1)\,g}{2 z_1} + \frac{(z_2 - 1)\,g}{s_2 z_2}.$$

Angenommen, es sei $s_2 = 1$. Dann erhalten wir

$$g = 1 + \frac{g}{z_1} - \frac{g}{p^m z_1} + \frac{g}{2} - \frac{g}{2 z_1} + g - \frac{g}{z_2},$$

und das liefert wegen $p^m \geqq 2$ und $z_2 \geqq 2$ den Widerspruch

$$0 = 1 + \frac{g}{2 z_1} - \frac{g}{p^m z_1} + \frac{g}{2} - \frac{g}{z_2} \geqq 1.$$

Also ist $r = 2$ und $s_1 = s_2 = 2$.

c) (z_1, z_2) ist ein Teiler von 2:

Die $\frac{g}{2 z_1}$ Konjugierten $\mathfrak{Z}_1^X$ von $\mathfrak{Z}_1$ werden bei Transformation mit Elementen aus $\mathfrak{Z}_1$ vertauscht. Dabei tritt eine Bahn der Länge 1 auf, nämlich $\mathfrak{Z}_1$ selbst. Die Bahn von einem $\mathfrak{Z}_1^X$ mit $\mathfrak{Z}_1^X \neq \mathfrak{Z}_1$ hat die Länge

$$|\mathfrak{Z}_1 : \mathfrak{Z}_1 \cap \mathbf{N}_{\mathfrak{G}}(\mathfrak{Z}_1^X)|.$$

Für $\mathfrak{Z}_1^X \neq \mathfrak{Z}_1$ ist aber $\mathfrak{Z}_1 \cap \mathfrak{Z}_1^X = \mathfrak{E}$, und wegen

$$|\mathbf{N}_{\mathfrak{G}}(\mathfrak{Z}_1^X) : \mathfrak{Z}_1^X| = s_1 = 2$$

gilt dann $|\mathfrak{Z}_1 \cap \mathbf{N}_{\mathfrak{G}}(\mathfrak{Z}_1^X)| \leqq 2$. Also folgt

$$|\mathfrak{Z}_1 : \mathfrak{Z}_1 \cap \mathbf{N}_{\mathfrak{G}}(\mathfrak{Z}_1^X)| = z_1 \quad \text{oder} \quad |\mathfrak{Z}_1 : \mathfrak{Z}_1 \cap \mathbf{N}_{\mathfrak{G}}(\mathfrak{Z}_1^X)| = \frac{z_1}{2}.$$

Daher ist

$$\frac{g}{2 z_1} = 1 + \frac{j z_1}{2}$$

mit ganz-rationalem j.

Die $\mathfrak{Z}_1^X$ werden auch bei Transformation mit Elementen aus $\mathfrak{Z}_2$ vertauscht. Wegen $|\mathfrak{Z}_2 \cap \mathbf{N}_{\mathfrak{G}}(\mathfrak{Z}_1^X)| \leqq 2$ haben die Bahnen die Längen z_2 oder $\frac{z_2}{2}$. Das ergibt

$$1 + \frac{j z_1}{2} = \frac{j' z_2}{2}$$

mit ganz-rationalem j'. Daraus folgt sofort, daß der größte gemeinsame Teiler (z_1, z_2) von z_1 und z_2 ein Teiler von 2 ist.

d) Sei c das kleinste gemeinsame Vielfache von p^m, $2z_1$ und $2z_2$ (also insbesondere $c = p^m z_1 z_2$ für $p = 2$). Dann ist $g = c$:

Aus der Gleichung

$$g = 1 + \frac{(p^m - 1)\,g}{p^m z_1} + \frac{(z_1 - 1)\,g}{2z_1} + \frac{(z_2 - 1)\,g}{2z_2}$$

folgt $g = 1 + \frac{jg}{c}$ mit ganz-rationalem j. Daher sind g und $\frac{g}{c}$ teilerfremd, also gilt $g = c$.

e) Sei nun $g = p^m z_1 z_2$. Das ergibt

$$\begin{aligned} p^m z_1 z_2 &= 1 + (p^m - 1)\,z_2 + \frac{(z_1 - 1)\,p^m z_2}{2} + \frac{(z_2 - 1)\,p^m z_1}{2} \\ &= 1 + (p^m - 1)\,z_2 + p^m z_1 z_2 - \frac{p^m (z_1 + z_2)}{2}, \end{aligned}$$

daher $(z_2 - z_1)\,p^m = 2(z_2 - 1)$.

Für $p \neq 2$ folgt sofort $z_2 = 1 + kp^m$ mit geeignetem k. Für $p = 2$ sind z_1 und z_2 als Teiler von $2^{2f} - 1$ ungerade, also ist $z_2 - z_1$ gerade, und wir erhalten die gleiche Aussage. Also ergibt sich

$$(z_2 - z_1)\,p^m = 2kp^m$$

und mit 8.21 dann

$$z_1 = z_2 - 2k = k(p^m - 2) + 1 \leqq p^m - 1\,.$$

Wegen $1 < z_1 \leqq p^m - 1$ erzwingt das $k = 1$, also $z_1 = p^m - 1$, $z_2 = p^m + 1$ und

$$g = (p^m + 1)\,p^m (p^m - 1)\,.$$

f) Sei jetzt $g = 2p^m z_1 z_2$, also sicher $p \neq 2$. Wir haben dann

$$2p^m z_1 z_2 = 1 + (p^m - 1)\,2z_2 + (z_1 - 1)\,p^m z_2 + (z_2 - 1)\,p^m z_1\,,$$

also $p^m (z_2 - z_1) = 2z_2 - 1$.

Mit der Bezeichnung $k = z_2 - z_1$ folgt $z_2 = \frac{kp^m + 1}{2}$. Wegen $p \neq 2$ ist also k ungerade. Es ergibt sich

$$z_1 = z_2 - k = \frac{kp^m + 1}{2} - k \leqq p^m - 1$$

und dann wegen $3 \leqq p^m$ sogar $k \leqq 3$. Also sind die Fälle $k = 1$ und $k = 3$ zu betrachten.

$k = 1$ führt auf $z_2 = \frac{p^m + 1}{2}$, $z_1 = \frac{p^m - 1}{2}$ und dann

$$g = 2p^m z_1 z_2 = \frac{(p^m + 1)\,p^m (p^m - 1)}{2}\,.$$

Für $k = 3$ erhalten wir

$$\frac{3p^m}{2} - \frac{5}{2} \leqq p^m - 1\,,$$

daher $p^m = 3$. Es folgt $z_1 = 2$, $z_2 = z_1 + k = 5$ und $g = 60$. Dann hat $\mathfrak{G}$ genau $\frac{g}{2z_2} = 6$ 5-Sylowgruppen, und mit Hilfssatz 8.25 folgt wie früher $\mathfrak{G} \cong \mathfrak{A}_5$.

g) Zu klären bleibt noch die Struktur der in e) und f) aufgetretenen Gruppen der Ordnungen $(p^m + 1)p^m(p^m - 1)$ und $\frac{(p^m+1)p^m(p^m-1)}{2}$. In diesen Fällen war $z_1 = p^m - 1$ oder $z_1 = \frac{p^m - 1}{2}$. Nach 8.21 haben wir $z_1 | p^f - 1$. Also folgt $p^m - 1 \mid 2(p^f - 1)$.

Ist $f = tm + n$ mit $0 \leqq n < m$, so erhalten wir $p^m - 1 \mid 2(p^n - 1)$. Wegen

$$2(p^n - 1) \leqq p^{n+1} - 2 \leqq p^m - 2$$

führt das zu $n = 0$, also zu $m | f$.

Nach unseren bisherigen Überlegungen hat $\mathfrak{G}$ im vorliegenden Fall genau $\frac{g}{p^m z_1} = p^m + 1$ p-Sylowgruppen. Jede von diesen hat nach 8.21 genau einen Fixpunkt auf der projektiven Geraden $\mathsf{P}(1, p^f)$. Die Menge $\mathscr{P}'$ dieser $p^m + 1$ Fixpunkte wird bei $\mathfrak{G}$ auf sich abgebildet. Wir betrachten nun $\mathfrak{G}$ als Permutationsgruppe auf $\mathscr{P}'$. Da jedes von E verschiedene Element von $\mathfrak{G}$ höchstens zwei Fixpunkte hat, wird $\mathfrak{G}$ auf $\mathscr{P}'$ treu dargestellt. Durch Transformation mit einem geeigneten Element aus der 3-fach transitiven Gruppe $PGL(2, p^f)$ können wir erreichen, daß in $\mathscr{P}'$ die Punkte mit den Koordinaten $(0, 1)$, $(1, 0)$ und $(1, 1)$ liegen.

Da alle p-Sylowgruppen von $\mathfrak{G}$ konjugiert sind, operiert $\mathfrak{G}$ transitiv auf $\mathscr{P}'$. Sei $\mathfrak{P}$ diejenige p-Sylowgruppe von $\mathfrak{G}$, welche den Punkt ∞ mit den Koordinaten $(1, 0)$ fest läßt. Dann ist $\mathbf{N}_{\mathfrak{G}}(\mathfrak{P}) \leqq \mathfrak{G}_\infty$ und

$$|\mathfrak{G} : \mathbf{N}_{\mathfrak{G}}(\mathfrak{P})| = \frac{g}{p^m z_1} = p^m + 1 = |\mathfrak{G} : \mathfrak{G}_\infty| \, .$$

Also haben wir $\mathfrak{G}_\infty = \mathbf{N}_{\mathfrak{G}}(\mathfrak{P})$.

Da die von E verschiedenen Elemente aus $\mathfrak{P}$ nur den Fixpunkt ∞ auf $\mathsf{P}(1, p^f)$ haben, operiert $\mathfrak{P}$ regulär auf $\mathscr{P}' - \{\infty\}$. Also ist $\mathfrak{G}$ 2-fach transitiv auf $\mathscr{P}'$. Daher gibt es ein Element S aus $\mathfrak{G}$ mit $(0, 1)^S = \infty$ und $\infty^S = (0, 1)$.

Wir haben $\mathbf{N}_{\mathfrak{G}}(\mathfrak{P}) = \mathfrak{P}\mathfrak{Z}_1$. Nach 8.2 sind die einzigen Elemente von $PSL(2, p^f)$ mit genau einem Fixpunkt die Elemente der Ordnung p. Daher bleibt bei $\mathfrak{Z}_1$ noch ein von ∞ verschiedener Punkt x aus $\mathsf{P}(1, p^f)$ fest. Liegt x nicht in $\mathscr{P}'$, so zerfällt $\mathscr{P}' - \{\infty\}$ unter $\mathfrak{Z}_1$ in lauter Bahnen der Länge z_1. Das liefert den Widerspruch

$$z_1 \mid |\mathscr{P}' - \{\infty\}| = p^m \, .$$

Also ist $x \in \mathscr{P}'$. Wir können daher $\mathfrak{Z}_1$ wegen der Transitivität von $\mathfrak{P}$ auf $\mathscr{P}' - \{\infty\}$ durch Übergang zu Konjugierten in $\mathbf{N}_{\mathfrak{G}}(\mathfrak{P})$ so wählen, daß ∞ und $(0, 1)$ bei $\mathfrak{Z}_1$ fest bleiben. Dann wird die zyklische Gruppe $\mathfrak{Z}_1$ erzeugt von einem Element R der Gestalt

$$R = \begin{pmatrix} 1 & 0 \\ 0 & r \end{pmatrix} .$$

Wegen $O(R) = O(r) = z_1 \mid p^m - 1$ und $m \mid f$ gilt $r \in GF(p^m)$. Da $\mathfrak{P}$ auf den Punkten von $\mathscr{P}' - \{\infty\}$ regulär operiert, gibt es genau ein T aus $\mathfrak{P}$ mit $(0, 1)^T = (1, 1)$. Dann ist

$$T = \begin{pmatrix} 1 & 0 \\ 1 & 1 \end{pmatrix}.$$

Wir haben

$$\mathfrak{P} = \left\{ \begin{pmatrix} 1 & 0 \\ x & 1 \end{pmatrix} \middle| x \in \mathfrak{W} \right\},$$

wobei $\mathfrak{W}$ eine Untergruppe der Ordnung p^m der additiven Gruppe $GF(p^f)^+$ ist. Wegen

$$R^{-j} T R^j = \begin{pmatrix} 1 & 0 \\ r^{-j} & 1 \end{pmatrix} \in \mathfrak{P}$$

liegen alle r^{-j} in $\mathfrak{W}$. Daher enthält $\mathfrak{W}$ mindestens

$$1 + z_1 \geqq 1 + \frac{p^m - 1}{2} > p^{m-1}$$

Elemente von $GF(p^m)$. Also gilt $\mathfrak{W} = GF(p^m)^+$ und dann

$$\mathscr{P}' = \{\infty, (1, 1)^G \mid G \in \mathfrak{P}\} = \{(1, 0), (x, 1) \mid x \in GF(p^m)\}.$$

Das Element S mit $(0, 1)^S = \infty$ und $\infty^S = (0, 1)$ hat die Gestalt

$$S = \begin{pmatrix} 0 & 1 \\ s & 0 \end{pmatrix}.$$

Wegen $(1, 1)^S = (s, 1)$ folgt dann $s \in GF(p^m)$. Damit haben wir

$$\langle \mathfrak{P}\mathfrak{Z}_1, S \rangle \leqq PGL(2, p^m).$$

Da $\mathfrak{P}\mathfrak{Z}_1 = \mathfrak{G}_\infty$ wegen der 2-fachen Transitivität von $\mathfrak{G}$ auf $\mathscr{P}'$ eine maximale Untergruppe von $\mathfrak{G}$ ist, gilt $\mathfrak{G} = \langle \mathfrak{P}\mathfrak{Z}_1, S \rangle$. Wegen

$$|\mathfrak{G}| = (p^m + 1) p^m (p^m - 1) \quad \text{oder} \quad |\mathfrak{G}| = \frac{(p^m + 1) p^m (p^m - 1)}{2}$$

folgt jetzt die Behauptung. **q.e.d.**

Wir fassen die Ergebnisse zusammen:

8.27 Hauptsatz (Dickson). *Die Gruppe $PSL(2, p^f)$ besitzt nur die folgenden Untergruppen:*

(1) *Elementar-abelsche p-Gruppen.*

(2) *Zyklische Gruppen der Ordnung z mit $z \,\Big|\, \frac{p^f \pm 1}{k}$, wobei $k = (p^f - 1, 2)$ ist.*

(3) *Diedergruppen der Ordnung $2z$ mit z wie unter* (2).

(4) *Alternierende Gruppen $\mathfrak{A}_4$ für $p > 2$ oder $p = 2$ und $f \equiv 0$ (2).*

(5) *Symmetrische Gruppen $\mathfrak{S}_4$ für $p^{2f} - 1 \equiv 0$ (16).*

(6) *Alternierende Gruppen $\mathfrak{A}_5$ für $p = 5$ oder $p^{2f} - 1 \equiv 0$ (5).*

(7) *Semidirekte Produkte von elementar-abelschen Gruppen der Ordnung p^m mit zyklischen Gruppen der Ordnung t; dabei ist $t \mid p^m - 1$ und $t \mid p^f - 1$.*

(8) *Gruppen* $PSL(2, p^m)$ *für* $m \mid f$ *und* $PGL(2, p^m)$ *für* $2m \mid f$.

Aus 8.27 folgt leicht ein Satz, der für $f = 1$ schon Galois bekannt war:

8.28 Satz (Galois). *Sei* m *mit* $m > 1$ *der Grad einer Darstellung von* $PSL(2, p^f)$ *als transitive Permutationsgruppe. Dann ist* $m \geqq p^f + 1$, *ausgenommen die folgenden Fälle:*

(1) $p^f = 2, m = 2$.
(2) $p^f = 3, m = 3$.
(3) $p^f = 5, m = 5$.
(4) $p^f = 7, m = 7$.
(5) $p^f = 9, m = 6$.
(6) $p^f = 11, m = 11$.

Beweis. Die Behauptung folgt leicht aus 8.27 durch Inspektion der möglichen Indizes von eigentlichen Untergruppen von $PSL(2, p^f)$. Die Untergruppen vom angegebenen Index m sind im Falle (3) alternierende Gruppen $\mathfrak{A}_4$, im Falle (4) symmetrische Gruppen $\mathfrak{S}_4$ und im Falle (5) und (6) alternierende Gruppen $\mathfrak{A}_5$. **q.e.d.**

Aufgaben:

14) Die linear gebrochenen Abbildungen S und T mit

$$xS = -\frac{1}{x} \quad \text{und} \quad xT = x + 1$$

erzeugen ganz $PSL(2, p)$.

15) Sei $P\Gamma L(2, p^f)$ die Gruppe der semilinear-gebrochenen Abbildungen

$$x \to \frac{ax^\alpha + b}{cx^\alpha + d}$$

über $GF(p^f)$, wobei α ein Automorphismus von $GF(p^f)$ ist. Man zeige: Ist δ ein Automorphismus von $PGL(2, p^f)$, so gibt es ein X aus $P\Gamma L(2, p^f)$ mit $G^\delta = G^X$ für alle $G \in PGL(2, p^f)$.

(Anleitung: Indem man δ um einen geeigneten inneren Automorphismus von $PGL(2, p^f)$ abändert, kann man annehmen, daß die Stabilisatoren von $0, 1, \infty$ bei δ fest bleiben.)

16) Die Gruppe $PSL(2, 11)$ hat eine Darstellung als 2-fach transitive Permutationsgruppe vom Grad 11.

17) (Lüneburg [1]). Die Gruppe $P\Gamma L(2, 8)$ hat eine Darstellung als 2-fach transitive Permutationsgruppe vom Grad 28.

(Anleitung: Man stelle dar auf den Nebenklassen nach dem Normalisator in $P\Gamma L(2, 8)$ einer 3-Sylowgruppe von $PSL(2, 8)$.)

18) Für $p^f > 3$ läßt $PSL(2, p^f)$ sich erzeugen mit einem Element A der Ordnung $\dfrac{p^f + 1}{k}$ und einem Element B der Ordnung 2.

§ 9. Die symplektischen Gruppen

Neben den vollen linearen Gruppen liefern die Automorphismengruppen von Vektorräumen mit Skalarprodukt wichtige Beispiele von endlichen einfachen Gruppen. Wir behandeln in diesem Paragraphen den Fall eines schiefsymmetrischen Skalarproduktes, der in zahlreichen gruppentheoretischen Überlegungen eine Rolle spielt (siehe etwa III, 13.7). Die Endlichkeit des Körpers K wird in den meisten Beweisen nicht benötigt.

9.1 Definition. a) Sei V ein Vektorraum von endlicher Dimension über dem Körper K. Wir nennen V einen symplektischen Raum, wenn auf V ein Skalarprodukt $(.\,,.)$ (also eine Abbildung von $V \times V$ in K) mit folgenden Eigenschaften definiert ist:

(1) $(.\,,.)$ ist bilinear, d. h. es gilt

$$(a_1 v_1 + a_2 v_2, w) = a_1 (v_1, w) + a_2 (v_2, w)\,,$$

$$(w, a_1 v_1 + a_2 v_2) = a_1 (w, v_1) + a_2 (w, v_2)$$

für alle a_i aus K und alle v_i, w aus V.

(2) $(v, v) = 0$ für alle v aus V.

Aus (1) und (2) folgt für alle v, w aus V

$$0 = (v + w, v + w) = (v, v) + (v, w) + (w, v) + (w, w) = (v, w) + (w, v)\,,$$

also

(3) $(v, w) = -(w, v)$.

(Ist $\operatorname{Char} K \neq 2$, so kann man natürlich von (3) wieder auf (2) schließen.)

b) Zwei symplektische Räume V und W über dem gleichen Körper K heißen isomorph, wenn es eine umkehrbar eindeutige lineare Abbildung T von V auf W gibt mit

$$(v_1 T, v_2 T) = (v_1, v_2)$$

für alle $v_i \in V$. Wir nennen T dann eine Isometrie von V auf W. (Dabei haben wir für die Skalarprodukte auf V und W die gleiche Schreibweise gewählt.)

9.2 Definition. Sei V ein symplektischer Raum.

a) Ist U ein Teilraum von V, so definieren wir

$$U^\perp = \{v \mid v \in V, (u, v) = 0 \text{ für alle } u \in U\}\,.$$

Offenbar ist $U^\perp$ ein Teilraum von V.

b) Wir setzen $V^\perp = \mathbf{R}(V)$ und nennen $\mathbf{R}(V)$ das Radikal von V. Ist $\mathbf{R}(V) = 0$, so nennen wir V nicht ausgeartet; andernfalls heißt V ausgeartet. Genau dann ist also V nicht ausgeartet, wenn aus $(v, x) = 0$ für alle v aus V folgt $x = o$. Für jeden Teilraum U von V gilt offenbar

$$U \cap U^\perp = \mathbf{R}(U)\,.$$

9.3 Definition. Sei V ein symplektischer Raum. Wir nennen V die orthogonale Summe der Teilräume V_i $(i = 1, \ldots, m)$, in Formeln

$$V = V_1 \perp V_2 \perp \cdots \perp V_m ,$$

wenn $V = V_1 \oplus \cdots \oplus V_m$ gilt, und wenn für $i \neq j$ und $v \in V_i$, $w \in V_j$ stets $(v, w) = 0$ ist. Offenbar gilt dann auch

$$\mathbf{R}(V) = \mathbf{R}(V_1) \perp \cdots \perp \mathbf{R}(V_m) .$$

9.4 Hilfssatz. *Sei U ein Teilraum des symplektischen Raumes V.*

a) *Es gilt* $\dim U^\perp \geqq \dim V - \dim U$.

b) *Ist V nicht ausgeartet, so ist die Abbildung ε von V in seinen dualen Raum V^* mit $v^\varepsilon(w) = (v, w)$ eine umkehrbar eindeutige lineare Abbildung von V auf V^*.*

c) *Ist V nicht ausgeartet, so ist* $\dim U^\perp = \dim V - \dim U$.

d) *Ist U nicht ausgeartet, so ist $V = U \perp U^\perp$.*

Beweis. a) Sei $\{u_1, \ldots, u_k\}$ *eine* K-Basis von U. Dann ist $U^\perp$ der Raum der Lösungen x der k linearen Gleichungen

$$(u_i, x) = 0 \quad (i = 1, \ldots, k) .$$

Bekanntlich ist daher $\dim U^\perp \geqq \dim V - k = \dim V - \dim U$.

b) Sei V nicht ausgeartet. Wir definieren die K-lineare Abbildung ε von V in seinen dualen Raum V^* durch

$$v^\varepsilon(w) = (v, w) \quad (v, w \in V) .$$

Es ist $v^\varepsilon = o$ genau für $v \in \mathbf{R}(V) = 0$. Also ist ε wegen $\dim V = \dim V^*$ eine umkehrbar eindeutige lineare Abbildung von V auf V^*.

c) Sei $\{u_1, \ldots, u_k\}$ eine K-Basis von U und seien die f_i aus V^* definiert durch $f_i = u_i^\varepsilon$ $(i = 1, \ldots, k)$. Angenommen, es sei

$$\sum_{i=1}^{k} a_i f_i = o$$

mit $a_i \in K$. Dann ist für alle v aus V

$$\sum_{i=1}^{k} a_i f_i(v) = \sum_{i=1}^{k} a_i (u_i, v) = 0 .$$

Daraus folgt

$$\sum_{i=1}^{k} a_i u_i \in \mathbf{R}(V) = 0 .$$

Wegen der linearen Unabhängigkeit der u_i sind dann alle a_i gleich 0. Also sind die f_i linear unabhängige Elemente von V^*. Aus

$$U^\perp = \{x \mid x \in V, (u_i, x) = f_i(x) = 0; i = 1, \ldots, k\}$$

folgt nun bekanntlich $\dim U^\perp = \dim V - k$.

d) Nach a) gilt $\dim U^\perp \geqq \dim V - \dim U$. Wir haben nach unserer Voraussetzung $U \cap U^\perp = \mathbf{R}(U) = 0$. Also folgt

$$\dim(U + U^\perp) = \dim U + \dim U^\perp \geqq \dim V .$$

Daher ist $V = U \oplus U^\perp$ und dann auch $V = U \perp U^\perp$. **q.e.d.**

9.5 Definition. Sei V ein symplektischer Raum.

a) Sind v_1 und v_2 aus V und gilt $(v_1, v_2) = 1$, so nennen wir $\{v_1, v_2\}$ ein hyperbolisches Paar.

b) Jeder zweidimensionale symplektische Raum $H = \langle v_1, v_2 \rangle$, der von einem hyperbolischen Paar $\{v_1, v_2\}$ erzeugt wird, heißt eine hyperbolische Ebene. Offenbar sind hyperbolische Ebenen nicht ausgeartet.

Nun können wir die Struktur der symplektischen Räume vollständig beschreiben:

9.6 Satz. a) *Sei V ein symplektischer Raum der Dimension n über K mit* $\dim \mathbf{R}(V) = r$. *Dann ist V bis auf Isomorphie eindeutig bestimmt durch das Zahlenpaar n, r. Es gibt eine orthogonale Zerlegung*

$$V = H_1 \perp \cdots \perp H_m \perp \mathbf{R}(V) ,$$

wobei die H_i hyperbolische Ebenen sind. Insbesondere ist $n - r = 2m$ gerade.

b) *Sei V ein nicht ausgearteter symplektischer Raum. Dann ist* $\dim V = 2m$ *gerade, und V ist die orthogonale Summe von m hyperbolischen Ebenen, ist also bis auf Isomorphie durch die Vorgabe der Dimension eindeutig bestimmt.*

Beweis. a) Ist $V = \mathbf{R}(V)$, so sind wir fertig. Sei also $h_1 \in V - \mathbf{R}(V)$. Dann gibt es ein $h_2 \in V$ mit $(h_1, h_2) = 1$. Daher ist $H_1 = \langle h_1, h_2 \rangle$ eine hyperbolische Ebene. Sei $H_1^\perp = V_1$. Mit 9.4 d) folgt wegen $\mathbf{R}(H_1) = 0$ sofort $V = H_1 \perp V_1$. Dabei ist

$$\mathbf{R}(V) = \mathbf{R}(H_1) \perp \mathbf{R}(V_1) = \mathbf{R}(V_1) .$$

Vermöge einer Induktion nach n können wir annehmen, daß V_1 bereits die gewünschte Gestalt

$$V_1 = H_2 \perp \cdots \perp H_m \perp \mathbf{R}(V)$$

mit hyperbolischen Ebenen H_i hat. Dann sind wir fertig.

b) ist ein Spezialfall von a). **q.e.d.**

9.7 Definition. Sei V der (nach 9.6 bis auf Isomorphie eindeutig bestimmte) nicht ausgeartete symplektische Raum der Dimension $2n$ über K. Die Gruppe aller Isometrien von V nennen wir die symplektische Gruppe der Dimension $2n$ und schreiben dafür $Sp(2n, K)$. Ist K endlich mit $|K| = q$ (q eine Primzahlpotenz), so schreiben wir auch $Sp(2n, q)$.

9.8 Hilfssatz. *Sei V ein nicht ausgearteter symplektischer Raum. Es seien linear unabhängige Elemente $x_1, \ldots, x_r$ aus V gegeben mit $(x_i, x_j) = 0$ für alle i, j. Dann gibt es linear unabhängige Elemente $y_1, \ldots, y_r$ aus V derart, daß die $H_i = \langle x_i, y_i \rangle$ hyperbolische Ebenen sind und daß gilt*

$$V = H_1 \perp \cdots \perp H_r \perp V'$$

mit einem geeigneten Teilraum V' von V. (Insbesondere ist also $2r \leqq \dim V$.)

Beweis. Da V nicht ausgeartet ist, ist die in 9.4 b) angegebene Abbildung ε eine umkehrbar eindeutige Abbildung von V auf den dualen Raum V^*. Wegen der linearen Unabhängigkeit der x_i gibt es daher ein y_1 aus V mit

$$x_1^\varepsilon(y_1) = (x_1, y_1) = 1 \quad \text{und} \quad x_i^\varepsilon(y_1) = (x_i, y_1) = 0 \quad (i = 2, \ldots, r).$$

Dann ist $H_1 = \langle x_1, y_1 \rangle$ eine hyperbolische Ebene. Nach 9.4 d) folgt $V = H_1 \perp H_1^\perp$. Dabei gilt $x_i \in H_1^\perp$ für $i = 2, \ldots, r$. Wegen

$$0 = \mathbf{R}(V) = \mathbf{R}(H_1) \perp \mathbf{R}(H_1^\perp)$$

ist $H_1^\perp$ nicht ausgeartet. Eine Induktion nach r liefert nun die Behauptung. **q.e.d.**

Die erste grundlegende Auskunft über die symplektische Gruppe $Sp(2n, K)$ gibt uns der folgende Satz:

9.9 Satz (Witt). *Sei V ein nicht ausgearteter symplektischer Raum. Seien U_1 und U_2 Teilräume von V und T eine Isometrie von U_1 auf U_2. Dann gibt es eine Isometrie S von V mit $S = T$ auf U_1.*

Beweis. Nach 9.6 gibt es eine orthogonale Zerlegung

$$U_1 = H_1 \perp \cdots \perp H_m \perp \mathbf{R}(U_1)$$

mit hyperbolischen Ebenen H_i. Dem entspricht die Zerlegung

$$U_2 = H_1' \perp \cdots \perp H_m' \perp \mathbf{R}(U_2)$$

mit $H_i' = H_i T$ und $\mathbf{R}(U_2) = \mathbf{R}(U_1) T$.

Wir setzen $H = H_1 \perp \cdots \perp H_m$ und $H' = H_1' \perp \cdots \perp H_m'$. Da H und H' nicht ausgeartet sind, gilt nach 9.4 d)

$$V = H \perp L = H' \perp L'$$

mit $L = H^\perp$ und $L' = H'^\perp$. Aus

$$0 = \mathbf{R}(V) = \mathbf{R}(H) \perp \mathbf{R}(L)$$

folgt $\mathbf{R}(L) = 0$ und ebenso $\mathbf{R}(L') = 0$. Wir haben

$$\mathbf{R}(U_1) \subseteqq H^\perp = L \quad \text{und} \quad \mathbf{R}(U_2) \subseteqq H'^\perp = L'.$$

Sei $\{x_1, \ldots, x_r\}$ eine K-Basis von $\mathbf{R}(U_1)$. Dann ist $(x_i, x_j) = 0$ für alle i, j. Da L nicht ausgeartet ist, gibt es nach 9.8 eine orthogonale Zerlegung

$$L = S_1 \perp \cdots \perp S_r \perp M$$

mit $S_i = \langle x_i, y_i \rangle$ und $(x_i, y_i) = 1$. Ebenso gibt es eine Zerlegung

$$L' = S_1' \perp \cdots \perp S_r' \perp M'$$

mit $S_i' = \langle x_i T, y_i' \rangle$ und $(x_i T, y_i') = 1$. Es gilt $\mathbf{R}(M) \subseteq \mathbf{R}(L) = 0$ und ebenso $\mathbf{R}(M') = 0$. Nun ist

$$\begin{aligned} V = H \perp L &= H_1 \perp \cdots \perp H_m \perp S_1 \perp \cdots \perp S_r \perp M \\ &= H_1' \perp \cdots \perp H_m' \perp S_1' \perp \cdots \perp S_r' \perp M'. \end{aligned}$$

Wegen $\mathbf{R}(M) = \mathbf{R}(M') = 0$ und $\dim M = \dim M'$ sind M und M' nach 9.6 b) isomorph. Also gibt es eine Isometrie R von M auf M'. Nun definieren wir die lineare Abbildung S auf V durch

$$\begin{aligned} hS &= hT \quad \text{für} \quad h \in H_1 \perp \cdots \perp H_m, \\ x_i S &= x_i T \quad (1 \leqq i \leqq r), \\ y_i S &= y_i' \quad (1 \leqq i \leqq r), \\ mS &= mR \quad \text{für} \quad m \in M. \end{aligned}$$

Dann ist S eine Isometrie von V mit $S = T$ auf

$$U_1 = H_1 \perp \cdots \perp H_m \perp \langle x_1, \ldots, x_r \rangle.$$ **q.e.d.**

9.10 Definition. Der Unterraum U des symplektischen Raumes V heißt isotrop, wenn $(u, u') = 0$ für alle $u, u' \in U$ gilt.

9.11 Satz. *Sei V ein nicht ausgearteter symplektischer Raum der Dimension $2n$. Ist U ein isotroper Unterraum von V, so gilt $\dim U \leqq n$, und U ist enthalten in einem isotropen Unterraum der Dimension n von V.*

Beweis. Sei $\{u_1, \ldots, u_r\}$ eine Basis von U. Nach 9.8 gibt es dann eine orthogonale Zerlegung

$$V = H_1 \perp \cdots \perp H_r \perp V'$$

mit hyperbolischen Ebenen $H_i = \langle u_i, v_i \rangle$. Daher folgt $2r \leqq \dim V = 2n$. Nach 9.6 b) gilt

$$V = V_1 \perp \cdots \perp V_n$$

mit hyperbolischen Ebenen $V_i = \langle x_i, y_i \rangle$. Die K-lineare Abbildung T mit $u_i T = x_i$ $(1 \leqq i \leqq r)$ ist dann eine Isometrie von U auf $\langle x_1, \ldots, x_r \rangle$. Sei S eine gemäß 9.9 existierende Fortsetzung von T auf V. Dann haben wir

$$US = UT = \langle x_1, \ldots, x_r \rangle \subseteq \langle x_1, \ldots, x_n \rangle.$$

Also liegt U in dem isotropen Raum $\langle x_1, \ldots, x_n \rangle S^{-1}$ von der Dimension n. **q.e.d.**

9.12 Hilfssatz. *Es ist $Sp(2, K) \cong SL(2, K)$.*

Beweis. Sei $\{v_1, v_2\}$ ein nach 9.6 b) existierendes hyperbolisches Paar in dem nicht ausgearteten, zweidimensionalen symplektischen Raum V.

Sei $T \in GL(2, K)$ mit

$$v_1 T = a_{11} v_1 + a_{12} v_2 \qquad (a_{ij} \in K) .$$
$$v_2 T = a_{21} v_1 + a_{22} v_2$$

Dann ist

$$(v_1 T, v_2 T) = a_{11} a_{22} - a_{12} a_{21} .$$

Also ist $T \in Sp(2, K)$ gleichwertig mit $T \in SL(2, K)$. **q.e.d.**

9.13 Satz. a) *Der nicht ausgeartete symplektische Raum V der Dimension $2n$ über dem Körper $K = GF(q)$ enthält genau $(q^{2n} - 1) q^{2n-1}$ (geordnete) hyperbolische Paare.*

b) *Es gilt*

$$|Sp(2n, q)| = (q^{2n} - 1)\, q^{2n-1} (q^{2n-2} - 1)\, q^{2n-3} \cdots (q^2 - 1)\, q$$
$$= q^{n^2} \prod_{i=1}^{n} (q^{2i} - 1) .$$

Beweis. a) Sei $\{x, y\}$ ein hyperbolisches Paar in V. Für x können wir jeden der $q^{2n} - 1$ von o verschiedenen Vektoren von V wählen. Nach 9.4 c) hat $\langle x \rangle^{\perp}$ die Dimension $2n - 1$. Also gibt es $q^{2n} - q^{2n-1}$ Vektoren y mit $(x, y) \neq 0$. Darunter gibt es genau

$$\frac{q^{2n} - q^{2n-1}}{q - 1} = q^{2n-1}$$

Vektoren y mit $(x, y) = 1$. Also ist $(q^{2n} - 1)\, q^{2n-1}$ die Anzahl der hyperbolischen Paare in V.

b) Es gilt $|Sp(2n, q)| = (q^{2n} - 1)\, q^{2n-1}\, |Sp(2n - 2, q)|$:

Seien $\{x, y\}$ und $\{x', y'\}$ hyperbolische Paare. Dann ist die lineare Abbildung T mit $xT = x'$ und $yT = y'$ eine Isometrie von $\langle x, y \rangle$ auf $\langle x', y' \rangle$. Nach 9.9 (S. 218) läßt sich T zu einer Isometrie von V fortsetzen. Somit ist $Sp(2n, q)$ transitiv auf den hyperbolischen Paaren. Mit a) und I, 5.11 (S. 27) folgt daher

$$|Sp(2n, q)| = (q^{2n} - 1)\, q^{2n-1} |\mathfrak{U}| ,$$

wobei $\mathfrak{U}$ diejenige Untergruppe von $Sp(2n, q)$ ist, welche ein hyperbolisches Paar $\{x_0, y_0\}$ fest läßt. Setzen wir $H_0 = \langle x_0, y_0 \rangle$, so folgt mit 9.4 d) $V = H_0 \perp H_0^{\perp}$. Jedes U aus $\mathfrak{U}$ ist eindeutig bestimmt durch seine Wirkung auf $H_0^{\perp}$, und jede Isometrie S von $H_0^{\perp}$ auf sich läßt sich eindeutig zu einer Isometrie U aus $\mathfrak{U}$ fortsetzen durch

$$(h + h')\, U = h + h' S \quad \text{für} \quad h \in H_0 \quad \text{und} \quad h' \in H_0^{\perp} .$$

Somit gilt $\mathfrak{U} \cong Sp(2n - 2, q)$.

Die Behauptung unter b) folgt nun durch Induktion nach n, die Induktionsbasis wird durch 9.12 gelegt. **q.e.d.**

9.14 Definition. Sei V ein nicht ausgearteter symplektischer Raum der Dimension $2n$. Sei $P = P(2n-1, K)$ der zugehörige projektive Raum. Die von $Sp(2n, K)$ auf P bewirkte Gruppe von Kollineationen nennen wir die projektive symplektische Gruppe und schreiben dafür $PSp(2n, K)$. Bekanntlich gilt

$$PSp(2n, K) \simeq Sp(2n, K)/\mathfrak{Z}$$

mit $\mathfrak{Z} = \{T \mid T \in Sp(2n, K),\ T = aE,\ a \in K^{\times}\}$. Wegen

$$(vT, v'T) = a^2(v, v') = (v, v') \neq 0$$

für geeignete $v, v' \in V$ ist notwendig $a^2 = 1$. Also gilt $\mathfrak{Z} = \langle -E\rangle$ für Char $K \neq 2$ und $\mathfrak{Z} = \mathfrak{E}$ für Char $K = 2$.

Das Hauptziel dieses Paragraphen ist der Nachweis, daß $PSp(2n, K)$ einfach ist, ausgenommen die Fälle $n = 1$, $|K| \leqq 3$ und $n = 2$, $|K| = 2$. Zuerst klären wir die Struktur von $PSp(2n, K)$ als Permutationsgruppe auf dem projektiven Raum P:

9.15 Satz. *Wir betrachten $PSp(2n, K)$ als Permutationsgruppe auf den Punkten des projektiven Raumes P. Es gilt:*

a) *$PSp(2n, K)$ ist transitiv auf P.*

b) *Sei $\mathfrak{U}$ der Stabilisator des Punktes $\langle x\rangle$ in $PSp(2n, K)$ $(o \neq x \in V)$. Dann hat $\mathfrak{U}$ auf P genau drei Bahnen, nämlich*

$$\Delta_1 = \{\langle x\rangle\},$$
$$\Delta_2 = \{\langle y\rangle \mid \langle y\rangle \neq \langle x\rangle,\ (x, y) = 0\}$$
$$\Delta_3 = \{\langle y\rangle \mid (x, y) = 1\}.$$

(Für $|K| = q$ ist $|\Delta_2| = q + q^2 + \cdots + q^{2n-2}$ und $|\Delta_3| = q^{2n-1}$.)

c) *$PSp(2n, K)$ ist eine primitive Permutationsgruppe auf P.*

Beweis. a) Die Behauptung ist klar, da nach 9.9 sogar $Sp(2n, K)$ transitiv ist auf den von o verschiedenen Vektoren aus V.

b) Sei $\langle x\rangle \neq \langle y_i\rangle$ und $(x, y_i) = 0$ für $i = 1, 2$. Da die lineare Abbildung S mit $xS = x$ und $y_1S = y_2$ eine Isometrie von $\langle x, y_1\rangle$ auf $\langle x, y_2\rangle$ ist, gibt es nach 9.9 ein T aus $Sp(2n, K)$ mit $xT = x$ und $y_1T = y_2$. Für die von T auf P bewirkte Abbildung T' gilt dann $T' \in \mathfrak{U}$ und $\langle y_1\rangle T' = \langle y_2\rangle$. Also ist Δ_2 eine Bahn von $\mathfrak{U}$.

Der gleiche Schluß liefert auch, daß Δ_3 eine Bahn von $\mathfrak{U}$ ist. Offenbar gilt $P = \Delta_1 \cup \Delta_2 \cup \Delta_3$.

c) Nach 9.12 ist $PSp(2, K) \simeq PSL(2, K)$, und diese Gruppe ist nach 8.1 2-fach transitiv auf P. Also können wir $n > 1$ annehmen.

Sei $a = \langle v\rangle$ ein Punkt aus P. Wir setzen

$$\Omega_a = \{\langle x\rangle \mid x \in V,\quad (x, v) = 0\} \quad \text{und}$$
$$\Omega'_a = \{a, \langle x\rangle \mid x \in V,\quad (x, v) = 1\}.$$

Dann ist $P = \Omega_a \cup \Omega'_a$ und $\{a\} = \Omega_a \cap \Omega'_a$.

Angenommen, es sei $PSp(2n, K)$ imprimitiv und es sei Λ_a das a enthaltende Imprimitivitätsgebiet von $PSp(2n, K)$. Sei $\mathfrak{U}$ der Stabilisator von a in $PSp(2n, K)$.

Ist $a \neq b \in \Lambda_a \cap \Omega'_a$, so folgt mit b)

$$\Lambda_a \geqq b^{\mathfrak{U}} = \Omega'_a - \{a\}.$$

Ist $a \neq b \in \Lambda_a \cap \Omega_a$, so liefert der gleiche Schluß

$$\Lambda_a \geqq b^{\mathfrak{U}} = \Omega_a - \{a\},$$

also auch $\Lambda_a \geqq \Omega_a$.

Somit gilt $\Lambda_a = \Omega_a$ oder $\Lambda_a = \Omega'_a$ für alle a aus P. Da die Imprimitivitätsgebiete von $PSp(2n, K)$ von $PSp(2n, K)$ transitiv vertauscht werden, liegt für alle Imprimitivitätsgebiete der gleiche Fall vor.

Fall 1: Sei $\Lambda_a = \Omega_a$ für alle $a \in P$. Sei

$$V = \langle x_1, x_2 \rangle \perp W$$

mit $(x_1, x_2) = 1$ und sei $o \neq x_3 \in W$. Setzen wir $\langle x_i \rangle = a_i \in P$, so folgt

$$\Lambda_{a_3} = \Omega_{a_3} \ni a_1 \quad \text{und ebenso} \quad \Lambda_{a_3} \ni a_2 .$$

Somit ist $\Lambda_{a_3} = \Lambda_{a_1} = \Lambda_{a_2}$. Wegen $\Lambda_{a_1} = \Omega_{a_1} \not\ni a_2$ ist das ein Widerspruch. (Man kann auch darauf verweisen, daß der Durchschnitt von zwei Hyperebenen Ω_a und Ω_b in $P(2n-1, q)$ nicht leer ist.)

Fall 2: Sei $\Lambda_a = \Omega'_a$ für alle $a \in P$. Seien die x_i $(i = 1, 2, 3)$ wie im Fall 1 gewählt. Wir setzen $y = x_1 + x_3$ und $\langle x_i \rangle = a_i$ $(i = 1, 2)$.

Nun folgt $\Lambda_{a_1} = \Omega'_{a_1} \ni a_2$, also $\Omega'_{a_1} = \Lambda_{a_1} = \Lambda_{a_2} = \Omega'_{a_2}$. Wegen $(x_1, y) = 0$ und $\langle a_1 \rangle \neq \langle y \rangle$ ist $\langle y \rangle \notin \Omega'_{a_1}$, aus $(x_2, y) = (x_2, x_1) = -1$ folgt jedoch $\langle y \rangle \in \Omega'_{a_2}$. Das ist ein Widerspruch. Also ist $PSp(2n, K)$ primitiv auf P. **q.e.d.**

9.16 Definition. Die Abbildung $T \neq E$ aus $Sp(2n, K)$ heißt eine symplektische Transvektion zur Hyperebene H von V, wenn gilt

$$hT = h \text{ für alle } h \in H \quad \text{und} \; vT - v \in H \text{ für alle } v \in V.$$

9.17 Hilfssatz. *Sei V ein nicht ausgearteter symplektischer Raum. Sei T eine symplektische Transvektion zur Hyperebene H und sei $H = \langle w \rangle^{\perp}$ (siehe 9.4 c)). Dann gilt für alle v aus V*

$$vT = v + c(w, v)\, w$$

mit einem geeigneten c aus K. Wir nennen T eine Transvektion in der Richtung $\langle w \rangle$. Umgekehrt ist für $o \neq w \in V$ und $0 \neq c \in K$ die Abbildung T mit

$$vT = v + c(w, v)\, w$$

eine symplektische Transvektion zur Hyperebene $\langle w \rangle^{\perp}$.

Beweis. Sei $x \in V - H$. Wegen $T \neq E$ gilt $o \neq xT - x = t \in H$. Jedes v aus V läßt sich wegen $V = \langle x \rangle \oplus H$ eindeutig zerlegen in $v = ax + h$ mit

$a \in K$ und $h \in H$. Dann ist μ mit $\mu(a\,x + h) = a$ eine Linearfunktion auf V. Da V nicht ausgeartet ist, gibt es nach 9.4 b) ein s aus V mit $\mu(v) = (s, v)$. Nun ist

$$v\,T = a\,x + h + a\,t = v + (s, v)\,t\,.$$

Für alle h aus H gilt

$$(x, h) = (x\,T, h\,T) = (x + t, h) = (x, h) + (t, h)\,.$$

Das erzwingt $t \in H^{\perp}$, also $t = b_1 w$ für ein geeignetes $b_1 \in K$ mit $b_1 \neq 0$. Ferner ist für alle h aus H

$$h = h\,T = h + b_1(s, h)\,w\,.$$

Daraus ergibt sich $s = b_2 w \in H^{\perp}$. Also folgt die Behauptung mit $c = b_1 b_2$.

Daß umgekehrt jede Abbildung T der Gestalt

$$v\,T = v + c(w, v)\,w$$

eine symplektische Transvektion zur Hyperebene $\langle w \rangle^{\perp}$ ist, folgt durch einfache Rechnung. **q.e.d.**

9.18 Satz. *Die symplektischen Transvektionen erzeugen ganz $Sp(2n, K)$.*

Beweis. Für $n = 1$ ist dies nach 6.7 wegen $Sp(2, K) = SL(2, K)$ richtig. Sei also $n > 1$. Sei $\mathfrak{T}$ die von allen symplektischen Transvektionen erzeugte Untergruppe von $Sp(2n, K)$. Wir zeigen:

a) $\mathfrak{T}$ ist transitiv auf $V - \{o\}$:

Sei $o \neq v_i \in V$ $(i = 1, 2)$. Ist $(v_1, v_2) \neq 0$, so bestimmen wir c aus $c(v_1, v_2) = -1$. Sei T die symplektische Transvektion mit

$$v\,T = v + c(v_1 - v_2, v)\,(v_1 - v_2)\,.$$

Dann ist

$$v_1 T = v_1 - c(v_2, v_1)\,(v_1 - v_2) = v_2\,,$$

und wir sind fertig.

Sei also $(v_1, v_2) = 0$. Wir suchen dann ein w aus V mit $(v_1, w) \neq 0 \neq (v_2, w)$. Ist $\langle v_1 \rangle = \langle v_2 \rangle$, so tut dies jedes w außerhalb von $\langle v_1 \rangle^{\perp}$. Seien also v_1 und v_2 linear unabhängige Vektoren mit $(v_1, v_2) = 0$. Nach 9.8 gibt es $w_1, w_2 \in V$ mit

$$(v_1, w_1) = (v_2, w_2) = 1 \quad \text{und} \quad (v_1, w_2) = (v_2, w_1) = 0\,.$$

Jetzt hat $w = w_1 + w_2$ die gewünschten Eigenschaften.

Nach dem schon Bewiesenen gibt es nun symplektische Transvektionen T_1 und T_2 mit $v_1 T_1 = w$ und $w\,T_2 = v_2$. Dann ist $v_1 T_1 T_2 = v_2$ mit $T_1 T_2 \in \mathfrak{T}$.

b) $\mathfrak{T}$ ist transitiv auf den hyperbolischen Paaren aus V:

Seien $\{x_1, y_1\}$ und $\{x_2, y_2\}$ zwei hyperbolische Paare aus V. Nach a) dürfen wir $x_1 = x_2 = x$ annehmen.

Ist $(y_1, y_2) \neq 0$, so gibt es wie in a) eine symplektische Transvektion T zur Richtung $y_1 - y_2$ mit $y_1 T = y_2$. Wegen

$$(x, y_1 - y_2) = (x, y_1) - (x, y_2) = 0$$

ist dabei $xT = x$.

Sei nun $(y_1, y_2) = 0$. Wir haben die drei hyperbolischen Paare

$$\{x, y_1\}, \quad \{x, y_1 + x\} \quad \text{und} \quad \{x, y_2\}$$

mit $-(y_1, y_1 + x) = (y_1 + x, y_2) = 1$.

Also gibt es symplektische Transvektionen T_1 und T_2 mit $xT_i = x$, $y_1 T_1 = y_1 + x$ und $(y_1 + x)\, T_2 = y_2$. Dann bildet $T_1 T_2$ das Paar $\{x, y_1\}$ auf $\{x, y_2\}$ ab.

c) Wir beweisen die Behauptung von Satz 9.18 durch Induktion nach n. Für $n = 1$ ist sie richtig.

Sei $\{x, y\}$ ein hyperbolisches Paar aus V und sei $G \in Sp(2n, K)$. Nach b) gibt es ein T aus $\mathfrak{T}$ mit $xG = xT$ und $yG = yT$. Also läßt $R = GT^{-1}$ das Paar $\{x, y\}$ fest. Sei $H = \langle x, y \rangle$. Dann ist $V = H \perp H^{\perp}$ und $H^{\perp} R = H^{\perp}$. Also ist die Einschränkung R' von R auf $H^{\perp}$ eine Isometrie von $H^{\perp}$. Nach unserer Induktionsannahme ist daher R' ein Produkt $R' = \prod_i T'_i$ von symplektischen Transvektionen T'_i auf $H^{\perp}$. Durch

$$(h + h')\, T_i = h + h'\, T'_i \quad \text{für} \quad h \in H \quad \text{und} \quad h' \in H^{\perp}$$

definieren wir symplektische Transvektionen T_i auf V. Dann ist

$$R = GT^{-1} = \prod_i T_i\,.$$

Daher folgt die Behauptung $G = \prod_i T_i\, T$. **q.e.d.**

9.19 Satz. *Alle Elemente von* $Sp(2n, K)$ *haben die Determinante* 1.

Beweis. Nach 9.18 genügt der Beweis von $\det T = 1$ für symplektische Transvektionen T. Die symplektischen Transvektionen sind jedoch Transvektionen im Sinne von 6.3, haben daher nach 6.6 die Determinante 1. **q.e.d.**

9.20 Satz. *Es gilt* $Sp(2n, K)' = Sp(2n, K)$, *ausgenommen die Fälle* $Sp(2, 2)$, $Sp(2, 3)$ *und* $Sp(4, 2)$.

Beweis. a) Sei zuerst $|K| > 3$. Dann gibt es ein a aus K mit $0 \neq a^2 \neq 1$. Sei $o \neq w \in V$. Da die lineare Abbildung S mit $wS = aw$ eine Isometrie von $\langle w \rangle$ auf sich ist, gibt es nach 9.9 ein M aus $Sp(2n, K)$ mit $wM = aw$. Sei T eine symplektische Transvektion der Gestalt

$$vT = v + c(w, v)\, w\,.$$

Nun ist

$$\begin{aligned} vM^{-1}TMT^{-1} &= (vM^{-1} + c(w, vM^{-1})\, w)\, MT^{-1} = (v + c(wM, v)\, wM)T^{-1} \\ &= v + (a^2 - 1)\, c(w, v)\, w\,. \end{aligned}$$

Durch Wahl von c können wir wegen $a^2 \neq 1$ das Element $(a^2 - 1)c$ beliebig vorschreiben. Also liegen alle symplektischen Transvektionen in $Sp(2n, K)'$. Mit 9.18 folgt dann $Sp(2n, K) = Sp(2n, K)'$.

b) Sei nun $|K| = 3$. Es genügt der Nachweis von $Sp(4, 3)' = Sp(4, 3)$:

Sei nämlich T eine symplektische Transvektion aus $Sp(2n, K)$ und sei $n > 2$. Sei etwa

$$vT = v + c(w, v)\, w\,.$$

Wir setzen $v_1 = w$. Dann gibt es ein v_2 aus V mit $(v_1, v_2) = 1$. Nach 9.4 d) ist $V = \langle v_1, v_2\rangle \perp W$. Sei $\langle v_3, v_4\rangle$ eine hyperbolische Ebene in W. Dann ist

$$V = V_1 \perp V_2 \quad \text{mit} \quad V_1 = \langle v_1, v_2\rangle \perp \langle v_3, v_4\rangle\,.$$

Sei M die Einschränkung von T auf V_1. Also gilt nach unserer Annahme $M \in Sp(4, 3)'$. Wir betten die symplektische Gruppe $Sp(4, 3)$ auf V_1 isomorph in $Sp(2n, 3)$ ein durch die Festsetzung

$$(w_1 + w_2)\, A = w_1 A + w_2$$

für $A \in Sp(4, 3)$ und $w_i \in V_i$. Damit folgt

$$T \in Sp(4, 3)' \leqq Sp(2n, 3)'\,.$$

Es bleibt also $Sp(4, 3)' = Sp(4, 3)$ zu zeigen. In diesem Falle müssen wir rechnen. Sei

$$V = \langle v_1, v_2\rangle \perp \langle v_3, v_4\rangle \quad \text{mit} \quad (v_1, v_2) = (v_3, v_4) = 1\,.$$

Dann ist auch

$$V = \langle v_1, v_2 + v_3\rangle \perp \langle v_3, v_1 + v_4\rangle$$

eine orthogonale Zerlegung von V in hyperbolische Ebenen. Wir definieren T und M aus $Sp(4, 3)$ durch

$$v_1 T = v_2,\ v_2 T = -v_1,\ v_3 T = v_3,\ v_4 T = v_4$$

und

$$v_1 M = v_2 + v_3, \quad (v_2 + v_3)\, M = -v_1, \quad v_3 M = v_3, \quad (v_1 + v_4) M = v_1 + v_4\,.$$

Dann ist die Einschränkung von T^2 auf $\langle v_1, v_2\rangle$ die Abbildung $-E$. Da die 2-Sylowgruppen von $Sp(2, 3) = SL(2, 3)$ nach 8.10 Quaternionengruppen sind, liegt $-E$ in $Sp(2, 3)'$. Also folgt $T^2 \in Sp(4, 3)'$ und ebenso $M^2 \in Sp(4, 3)'$. Eine einfache Rechnung liefert

$$v_i (MT)^2 = v_i \ (i = 1, 2, 3)\,, \quad v_4 (MT)^2 = v_3 + v_4\,.$$

Also ist $L = (MT)^2$ die Transvektion mit

$$vL = v + (v_3, v)\, v_3\,.$$

Wir haben

$$L = (MT)^2 = M^2 (T^M)^2\, [M, T] \in Sp(4, 3)'\,.$$

Da $Sp(4, 3)$ die von o verschiedenen Vektoren von V transitiv permutiert, ist jede symplektische Transvektion zu L oder L^{-1} konjugiert. Daher folgt mit 9.18 nun $Sp(4, 3)' = Sp(4, 3)$.

c) Sei nun $|K| = 2$. Wie zu Beginn von b) sieht man, daß aus $Sp(6, 2)' = Sp(6, 2)$ auch $Sp(2n, 2)' = Sp(2n, 2)$ für $n > 3$ folgt.

Die abelsche Gruppe $Sp(6, 2)/Sp(6, 2)'$ wird von Elementen der Ordnung zwei, nämlich den Bildern der symplektischen Transvektionen, erzeugt. Also ist $Sp(6, 2)/Sp(6, 2)'$ eine 2-Gruppe. Für alle $L \in Sp(6, 2)$ mit $L^3 = E$ gilt daher $L \in Sp(6, 2)'$.

Sei
$$V = \langle v_1, v_2\rangle \perp \langle v_3, v_4\rangle \perp \langle v_5, v_6\rangle$$
mit $(v_1, v_2) = (v_3, v_4) = (v_5, v_6) = 1$.

Dann ist auch
$$V = \langle v_1, v_2 + v_4\rangle \perp \langle v_1 + v_3, v_4\rangle \perp \langle v_5, v_6\rangle$$
eine orthogonale Zerlegung von V in hyperbolische Ebenen. Sei T_1 definiert durch
$$v_i T_1 = v_i \quad \text{für} \quad i = 1, 2, 5, 6, \quad v_3 T_1 = v_3 + v_4, \; v_4 T_1 = v_3 .$$
Dann ist T_1 wegen $K = GF(2)$ eine Isometrie von V von der Ordnung 3. Daher folgt $T_1 \in Sp(6, 2)'$. Durch Verwendung der zweiten Zerlegung von V erhalten wir in gleicher Weise ein T_2 aus $Sp(6, 2)'$ mit
$$v_i T_2 = v_i \; (i = 1, 5, 6), \quad (v_2 + v_4)\, T_2 = v_2 + v_4, \quad (v_1 + v_3)\, T_2 = v_4,$$
$$v_4 T_2 = v_1 + v_3 + v_4 .$$
Dann liegt $M_1 = T_1 T_2$ in $Sp(6, 2)'$, und es ist
$$v_1 M_1 = v_1, \; v_2 M_1 = v_1 + v_2 + v_3, \; v_3 M_1 = v_3, \; v_4 M_1 = v_1 + v_4,$$
$$v_5 M_1 = v_5, \; v_6 M_1 = v_6 .$$
Zur Zerlegung
$$V = \langle v_1, v_2\rangle \perp \langle v_5, v_6\rangle \perp \langle v_3, v_4\rangle$$
erhalten wir durch den gleichen Vorgang die Abbildung M_2 mit
$$v_1 M_2 = v_1, \; v_2 M_2 = v_1 + v_2 + v_5, \; v_3 M_2 = v_3, \; v_4 M_2 = v_4,$$
$$v_5 M_2 = v_5, \; v_6 M_2 = v_1 + v_6 .$$
Zur Zerlegung
$$V = \langle v_1, v_2\rangle \perp \langle v_3 + v_5, v_4\rangle \perp \langle v_5, v_4 + v_6\rangle$$
erhält man ebenso M_3 mit
$$v_1 M_3 = v_1, \; v_2 M_3 = v_1 + v_2 + v_3 + v_5, \; v_3 M_3 = v_3, \; v_4 M_3 = v_1 + v_4,$$
$$v_5 M_3 = v_5, \; v_6 M_3 = v_1 + v_6 .$$
Sei $M = M_3 M_2 M_1$. Dann ist $M \in Sp(6, 2)'$ und
$$v_i M = v_i \quad \text{für} \quad i \neq 2, \quad v_2 M = v_1 + v_2 .$$

Also ist M eine in $Sp(6, 2)'$ liegende symplektische Transvektion in der Richtung $\langle v_1 \rangle$. Ist $N \in Sp(6, 2)$ mit $v_1 N = w$, so ist $N^{-1}MN$ die einzige symplektische Transvektion in der Richtung $\langle w \rangle$. Also liegen alle Transvektionen in $Sp(6, 2)'$, und mit 9.18 folgt $Sp(6, 2) = Sp(6, 2)'$. **q.e.d.**

Wir wollen zunächst die in 9.20 ausgeschlossene Gruppe $Sp(4, 2)$ betrachten.

9.21 Satz. *Es gilt* $Sp(4, 2) \cong \mathfrak{S}_6$.

Beweis. Sei V der nicht ausgeartete symplektische Raum von der Dimension 4 über $GF(2)$. Wir betrachten die Teilmengen $\mathcal{S}$ von V von der Gestalt

$$\mathcal{S} = \{v_1, \ldots, v_5 \mid v_i \in V, \quad (v_i, v_j) = 1 \quad \text{für } i \neq j\}.$$

Da $\langle v_1, v_2 \rangle$ eine hyperbolische Ebene ist, haben wir nach 9.4 d) $V = \langle v_1, v_2 \rangle \perp H$. Nach 9.6 ist H als zweidimensionaler, nicht ausgearteter symplektischer Raum eine hyperbolische Ebene. Sei $H = \langle x_3, x_4 \rangle$ mit $(x_3, x_4) = 1$. Dann ergibt sich zwingend (bis auf die Anordnung)

$$v_3 = v_1 + v_2 + x_3, \; v_4 = v_1 + v_2 + x_4, \; v_5 = v_1 + v_2 + x_3 + x_4 .$$

Also läßt sich jedes hyperbolische Paar $\{v_1, v_2\}$ zu genau einer Menge $\mathcal{S}$ ergänzen, und jede Menge $\mathcal{S}$ enthält 20 hyperbolische Paare. Da V nach 9.13 a) genau $(2^4 - 1)\, 2^3 = 120$ hyperbolische Paare hat, gibt es in V genau sechs Mengen $\mathcal{S}$.

Da $Sp(4, 2)$ die Mengen $\mathcal{S}$ nach 9.9 transitiv permutiert, erhalten wir einen Homomorphismus von $Sp(4, 2)$ in die symmetrische Gruppe $\mathfrak{S}_6$. Sei $\mathfrak{K}$ der Kern dieses Homomorphismus. Sei

$$V = \langle v_1, v_2 \rangle \perp \langle x_3, x_4 \rangle$$

mit $(v_1, v_2) = (x_3, x_4) = 1$. Dann bleiben bei $\mathfrak{K}$ die Mengen

$$\mathcal{S} = \{v_1, v_2, v_1 + v_2 + x_3, \; v_1 + v_2 + x_4, \; v_1 + v_2 + x_3 + x_4\}$$

und

$$\mathcal{S}' = \{x_3, x_4, v_1 + x_3 + x_4, v_2 + x_3 + x_4, v_1 + v_2 + x_3 + x_4\}$$

fest. Also bleibt auch

$$\mathcal{S} \cap \mathcal{S}' = \{v_1 + v_2 + x_3 + x_4\}$$

fest. Da $Sp(4, 2)$ nach 9.9 transitiv ist auf den von o verschiedenen Vektoren von V, folgt $\mathfrak{K} = \mathfrak{E}$. Also haben wir einen Isomorphismus von $Sp(4, 2)$ in $\mathfrak{S}_6$. Der Vergleich der Ordnungen liefert nun die Behauptung $Sp(4, 2) \cong \mathfrak{S}_6$. **q.e.d.**

9.22 Hauptsatz. *Die projektive symplektische Gruppe* $PSp(2n, K)$ *ist einfach, ausgenommen die folgenden Fälle:*

(1) $PSp(2, 2) = PSL(2, 2) \cong \mathfrak{S}_3$.
(2) $PSp(2, 3) = PSL(2, 3) \cong \mathfrak{A}_4$.
(3) $PSp(4, 2) \cong \mathfrak{S}_6$.

Beweis. Nach 9.15 ist $PSp(2n, K)$ eine primitive Permutationsgruppe auf den Punkten von P, nach 9.20 haben wir $PSp(2n, K)' = PSp(2n, K)$, ausgenommen die drei oben genannten Fälle. Sei $\mathfrak{K}$ die Gruppe der Transvektionen in Richtung $\langle w \rangle$ und sei $\overline{\mathfrak{K}}$ das Bild von $\mathfrak{K}$ in $PSp(2n, K)$. Da $Sp(2n, K)$ nach 9.9 die von o verschiedenen Vektoren transitiv permutiert, gilt nach 9.18

$$Sp(2n, K) = \langle \mathfrak{K}^X \mid X \in Sp(2n, K) \rangle .$$

Also ist auch

$$PSp(2n, K) = \langle \overline{\mathfrak{K}}^{\overline{X}} \mid \overline{X} \in PSp(2n, K) \rangle .$$

Ferner ist $\overline{\mathfrak{K}}$ normal im Stabilisator des Punktes $\langle w \rangle$. Mit 6.12 folgt daher die Einfachheit von $PSp(2n, K)$. **q.e.d.**

Der folgende Satz ist das symplektische Gegenstück zu 3.10:

9.23 Satz. *Sei $V = V(2n, q)$ der nicht ausgeartete symplektische Raum der Dimension $2n$ über $GF(q)$. Sei $\mathfrak{C}$ eine zyklische Untergruppe von $Sp(2n, q)$ und sei V ein irreduzibler $\mathfrak{C}$-Modul. Dann gilt $|\mathfrak{C}| \mid q^n + 1$.*

Beweis. Da $\mathfrak{C} = \langle C \rangle$ irreduzibel auf V operiert, ist $\mathfrak{C}$ nach 3.10 ähnlich zur Permutationsgruppe $\langle C \rangle$ auf $GF(q^{2n})$ mit $x\,C = c\,x$ für $x \in GF(q^{2n})$; dabei ist c eine $|\mathfrak{C}|$-te Einheitswurzel in $GF(q^{2n})$, und es gilt $GF(q^{2n}) = GF(q)\,[c]$. Die Eigenwerte von C sind daher die paarweise verschiedenen Konjugierten

$$c, c^q, c^{q^2}, \ldots, c^{q^{2n-1}}$$

von c über $GF(q)$.

Sei $K = GF(q^{2n})$ und sei $V' = V(2n, q^{2n})$. Auf V' erscheint C als Diagonalmatrix, etwa

$$V' = \bigoplus_{i=0}^{2n-1} K\,v_i \quad \text{und} \quad v_i\,C = c^{q^i}\,v_i \; (i = 0, 1, \ldots, 2n-1) .$$

Da V' wegen $\det((v_i, v_j)) \neq 0$ bekanntlich ebenfalls ein nicht ausgearteter symplektischer Raum ist, gibt es ein i mit

$$0 \neq (v_0, v_i) = (v_0\,C, v_i\,C) = c^{1+q^i}(v_0, v_i) .$$

Daher ist $c^{1+q^i} = 1$. Daraus folgt $c^{1-q^{2i}} = 1$, also $c \in GF(q^{2i})$. Das ergibt $c \in GF(q^{2d})$ mit $d = (i, n)$. Wegen $GF(q)\,[c] = GF(q^{2n})$ folgt $d = n$, also $n | i$. Mit Hilfe von $0 \leqq i < 2n$ erhalten wir daher $i = n$ und $|\mathfrak{C}| = O(C) \,\big|\, 1 + q^n$ oder $i = 0$ und $c = \pm 1$. Der zweite Fall ist jedoch wegen $GF(q)\,[c] = GF(q^{2n})$ ausgeschlossen. **q.e.d.**

Über die Beziehungen zwischen verschiedenen symplektischen Gruppen gibt der folgende Satz eine Auskunft:

9.24 Satz. a) *Es gibt einen Isomorphismus von $GL(n, K)$ in $Sp(2n, K)$.*

b) *Sei L ein Erweiterungskörper von K mit $(L : K) = m$. Dann gibt es einen Isomorphismus von $Sp(2n, L)$ in $Sp(2nm, K)$.*

Beweis. a) Sei

$$V = \langle v_1, w_1\rangle \perp \langle v_2, w_2\rangle \perp \cdots \perp \langle v_n, w_n\rangle$$

mit $(v_i, w_i) = 1$. Sei A eine nichtsinguläre lineare Abbildung auf $\langle v_1, \ldots, v_n\rangle$ mit

$$v_i A = \sum_{k=1}^{n} a_{ik} v_k .$$

Wir versuchen, A durch die Festsetzung

$$w_j B = \sum_{m=1}^{n} b_{jm} w_m$$

zu einer Isometrie des symplektischen Raumes V auszudehnen. (Nach dem Satz von Witt ist das sicher möglich!) Das erfordert

$$\delta_{ij} = (v_i, w_j) = (v_i A, w_j B) = \sum_{k,m} a_{ik} b_{jm} (v_k, w_m) = \sum_k a_{ik} b_{jk} .$$

Also ist $(b_{ij}) = A^{*-1}$, wobei A^* die Transponierte von A ist. Somit ist die Abbildung τ mit

$$A^\tau = \begin{pmatrix} A & 0 \\ 0 & A^{*-1} \end{pmatrix}$$

ein Isomorphismus von $GL(n, K)$ in $Sp(2n, K)$.

b) Wir betrachten den symplektischen Raum $V = V(2n, L)$ als Vektorraum $V' = V(2nm, K)$ der Dimension $2nm$ über K. Sei μ eine nicht identisch verschwindende K-lineare Abbildung von L in K. Ist $(.,.)$ das Skalarprodukt auf V mit Werten in L, so definieren wir ein Skalarprodukt auf V' durch $[v, w] = (v, w)^\mu$. Offenbar ist $[.,.]$ bilinear über K und $[v, v] = 0$ für alle $v \in V'$. Ist $o \neq v \in V'$, so gibt es ein $w \in V'$ mit $(v, w) = 1$. Dann ist für geeignetes a aus L

$$[v, a w] = a^\mu \neq 0 .$$

Somit ist V' mit dem Skalarprodukt $[.,.]$ ein nicht ausgearteter symplektischer Raum über K. Die Abbildungen aus $Sp(2n, L)$ bewirken auf V' K-lineare Abbildungen, welche das Skalarprodukt $[.,.]$ erhalten. Das ergibt den gewünschten Isomorphismus von $Sp(2n, L)$ in $Sp(2nm, K)$.

q.e.d.

Alle bisher von uns betrachteten einfachen Gruppen, nämlich die alternierenden Gruppen $\mathfrak{A}_n$ $(n \geqq 5)$ und die projektiven Gruppen $PSL(n, p^f)$, haben Darstellungen als 2-fach transitive Permutationsgruppen. Dies ist jedoch nicht bei allen einfachen nichtabelschen Gruppen so, ist also insbesondere nicht der Grund dafür, daß die Ordnung einer einfachen nichtabelschen Gruppe gerade ist:

9.25 Satz (PARKER). *Die projektive symplektische Gruppe $PSp(4,3)$ besitzt keine Darstellung als 2-fach transitive Permutationsgruppe.*

Beweis. Nach 9.13 und 9.14 ist

$$|Sp(4,3)| = 2^7 \cdot 3^4 \cdot 5 \quad \text{und} \quad |PSp(4,3)| = 2^6 \cdot 3^4 \cdot 5 .$$

Wir beginnen mit Vorbemerkungen über die Struktur der Sylowgruppen von $PSp(4, 3)$:

a) Die 3-Sylowgruppen von $PSp(4, 3)$ sind nicht abelsch, ihre Kommmutatorgruppen haben höchstens die Ordnung 3^2:

Offenbar sind die 3-Sylowgruppen von $PSp(4, 3)$ und $Sp(4, 3)$ isomorph. Sei

$$V = V(4, 3) = \langle v_1, v_2 \rangle \perp \langle v_3, v_4 \rangle$$

mit $(v_1, v_2) = (v_3, v_4) = 1$. Dann bilden die Abbildungen $T = T(a, b, c, d)$ der Gestalt

$$\begin{aligned} v_1 T &= v_1 \\ v_2 T &= d\, v_1 + v_2 + (b - a\, c)\, v_3 - a\, v_4 \\ v_3 T &= a\, v_1 + v_3 \\ v_4 T &= b\, v_1 + c\, v_3 + v_4 \end{aligned}$$

eine Untergruppe $\mathfrak{T}$ der Ordnung 3^4 von $Sp(4, 3)$. Die beiden Abbildungen T_1 und T_2 aus $\mathfrak{T}$ mit

$$\begin{aligned} v_1 T_1 &= v_1 , & v_1 T_2 &= v_1 , \\ v_2 T_1 &= v_2 - v_4 , & v_2 T_2 &= v_2 , \\ v_3 T_1 &= v_1 + v_3 , & v_3 T_2 &= v_3 , \\ v_4 T_1 &= v_4 , & v_4 T_2 &= v_3 + v_4 \end{aligned}$$

sind nicht vertauschbar.

Die Abbildung von $T(a, b, c, d)$ auf das Paar (a, c) ist ein Homomorphismus von $\mathfrak{T}$ auf eine abelsche Gruppe vom Typ $(3, 3)$, der Kern umfaßt also $\mathfrak{T}'$ und hat die Ordnung 3^2. Somit ist $|\mathfrak{T}'| \leqq 3^2$.

b) Ist $\mathfrak{R}$ eine 2-Sylowgruppe von $PSp(4, 3)$, so hat $\mathfrak{R}/\mathfrak{R}'$ den Exponenten 2:

Sei $\mathfrak{Q}$ eine 2-Sylowgruppe von $Sp(2, 3) \cong SL(2, 3)$. Nach 8.10 a) ist $\mathfrak{Q}$ eine Quaternionengruppe der Ordnung 8. Die Matrizen (bezüglich der Basis $\{v_1, v_2, v_3, v_4\}$ aus a))

$$\begin{pmatrix} Q_1 & 0 \\ 0 & Q_2 \end{pmatrix} \quad \text{und} \quad \begin{pmatrix} 0 & Q_1 \\ Q_2 & 0 \end{pmatrix}$$

mit $Q_i \in \mathfrak{Q}$ bilden eine Untergruppe $\mathfrak{S}$ der Ordnung 2^7 von $Sp(4, 3)$, also eine 2-Sylowgruppe. Es ist

$$\begin{pmatrix} Q_1 & 0 \\ 0 & Q_2 \end{pmatrix}^2 = \begin{pmatrix} Q_1^2 & 0 \\ 0 & Q_2^2 \end{pmatrix} = \begin{pmatrix} \pm E & 0 \\ 0 & \pm E \end{pmatrix} \in \mathfrak{S}'$$

und

$$\begin{pmatrix} 0 & Q_1 \\ Q_2 & 0 \end{pmatrix}^2 = \begin{pmatrix} Q_1 Q_2 & 0 \\ 0 & Q_2 Q_1 \end{pmatrix} = \begin{pmatrix} E & 0 \\ 0 & \pm E \end{pmatrix} \begin{pmatrix} Q_1 Q_2 & 0 \\ 0 & (Q_1 Q_2)^{-1} \end{pmatrix} \in \mathfrak{S}' ,$$

denn $\begin{pmatrix} Q & 0 \\ 0 & Q^{-1} \end{pmatrix}$ ist der Kommutator von $\begin{pmatrix} Q^{-1} & 0 \\ 0 & E \end{pmatrix}$ mit $\begin{pmatrix} 0 & E \\ E & 0 \end{pmatrix}$.

Also gilt $\mathfrak{S}^2 \leqq \mathfrak{S}'$. Da $\mathfrak{R} = \mathfrak{S}/\mathfrak{Z}$ (mit $\mathfrak{Z} = \langle -E\rangle$) eine 2-Sylowgruppe von $PSp(4,3) = Sp(4,3)/\mathfrak{Z}$ ist, gilt auch $\mathfrak{R}^2 \leqq \mathfrak{R}'$.

c) Ist $\mathfrak{P}$ eine 5-Sylowgruppe von $\mathfrak{G} = PSp(4,3)$, so ist $\mathbf{C}_{\mathfrak{G}}(\mathfrak{P}) = \mathfrak{P}$ und $|\mathbf{N}_{\mathfrak{G}}(\mathfrak{P})| = 20$:

Sei $\tilde{\mathfrak{P}}$ eine 5-Sylowgruppe von $\tilde{\mathfrak{G}} = Sp(4,3)$. Wegen $5 \nmid 3^i - 1$ für $i < 4$ ist $V = V(4,3)$ nach 3.10 ein irreduzibler $\tilde{\mathfrak{P}}$-Modul. Nach dem Lemma von Schur ist daher $\mathbf{C}_{\tilde{\mathfrak{G}}}(\tilde{\mathfrak{P}})$ als multiplikative Untergruppe eines endlichen Schiefkörpers zyklisch. Mit 9.23 folgt $|\mathbf{C}_{\tilde{\mathfrak{G}}}(\tilde{\mathfrak{P}})| \mid 3^2 + 1$, also $\mathbf{C}_{\tilde{\mathfrak{G}}}(\tilde{\mathfrak{P}}) = \tilde{\mathfrak{P}}\mathfrak{Z}$ mit $\mathfrak{Z} = \langle -E\rangle$ und dann $\mathbf{C}_{\mathfrak{G}}(\mathfrak{P}) = \mathfrak{P}$. Wir haben $|\mathbf{N}_{\mathfrak{G}}(\mathfrak{P})| = 5k$ mit

$$k = |\mathbf{N}_{\mathfrak{G}}(\mathfrak{P})/\mathfrak{P}| = |\mathbf{N}_{\mathfrak{G}}(\mathfrak{P})/\mathbf{C}_{\mathfrak{G}}(\mathfrak{P})| \mid |\mathbf{A}(\mathfrak{P})| = 4\,.$$

Also ist $k = 2^i$ mit $0 \leqq i \leqq 2$. Aus

$$|\mathfrak{G} : \mathbf{N}_{\mathfrak{G}}(\mathfrak{P})| = 2^{6-i} \cdot 3^4 \equiv 1\ (5)$$

folgt $i = 2$.

(Bemerkung: Parker beweist die Nichtexistenz von 2-fach transitiven Darstellungen für die zu $PSp(4,3)$ isomorphe unitäre Gruppe $PSU(4,4)$; da die 5-Sylowgruppen von $SU(4,4)$ reduzibel sind, ist die Durchführung von Teil c) bei Parker etwas einfacher.)

d) Sei n der Grad einer 2-fach transitiven Permutationsdarstellung von $\mathfrak{G} = PSp(4,3)$. Nach 1.11 ist dann

$$n(n-1) \mid |\mathfrak{G}| = 2^6 \cdot 3^4 \cdot 5 \quad \text{und} \quad |\mathfrak{G}| \mid n!\,.$$

Das erzwingt, daß n eine der Zahlen 9, 10, 2^4, 3^4 ist.

Sei zuerst $n = 9$ oder $n = 10$. Die 3-Sylowgruppen von $\mathfrak{G}$ sind dann volle 3-Sylowgruppen von $\mathfrak{S}_9$ bzw. $\mathfrak{S}_{10}$, enthalten somit 3-Zyklen. Aus 4.5 c) folgt dann der Widerspruch $\mathfrak{A}_n \leqq \mathfrak{G}$ (mit $n = 9$ oder $n = 10$).

e) Sei $n = 3^4$. Ist $\mathfrak{U}$ der Stabilisator einer der 3^4 Ziffern, so gilt $|\mathfrak{G} : \mathfrak{U}| = n = 3^4$, also $|\mathfrak{U}| = 2^6 \cdot 5$. Nach I, 8.11 (S. 41) ist $\mathfrak{U}$ auflösbar. Sei $\mathfrak{N}$ ein minimaler Normalteiler von $\mathfrak{U}$ und $\mathfrak{P}$ eine 5-Sylowgruppe von $\mathfrak{U}$. Nach c) gilt $|\mathbf{N}_{\mathfrak{U}}(\mathfrak{P})| \leqq 20$, somit $\mathfrak{P} \ntrianglelefteq \mathfrak{U}$. Also ist $|\mathfrak{N}| = 2^k$ mit $k \leqq 6$. Nach dem Satz von Maschke (I, 17.6; S. 122) ist $\mathfrak{N}$ eine direkte Summe von irreduziblen $\mathfrak{P}$-Gruppen $\mathfrak{N}_i$. Wegen $\mathbf{C}_{\mathfrak{G}}(\mathfrak{P}) = \mathfrak{P}$ wird kein $\mathfrak{N}_i$ von $\mathfrak{P}$ zentralisiert. Mit 3.10 folgt daher $|\mathfrak{N}_i| = 2^4$ für alle i. Das erzwingt $|\mathfrak{N}| = 2^4$. Weil $\mathfrak{U}/\mathfrak{N}$ wegen $|\mathfrak{U}/\mathfrak{N}| \leqq 20$ nur eine 5-Sylowgruppe hat, ist $\mathfrak{N}\mathfrak{P} \trianglelefteq \mathfrak{U}$, daher mit I, 7.8 (S. 35) auch $\mathfrak{U} = \mathfrak{N}\,\mathbf{N}_{\mathfrak{U}}(\mathfrak{P})$. Sei $D \in \mathfrak{N} \cap \mathbf{N}_{\mathfrak{U}}(\mathfrak{P})$. Für alle $P \in \mathfrak{P}$ gilt dann

$$D^{-1} P^{-1} D P \in \mathfrak{N} \cap \mathfrak{P} = \mathfrak{E}\,,$$

also wegen c)

$$D \in \mathbf{C}_{\mathfrak{G}}(\mathfrak{P}) \cap \mathfrak{N} = \mathfrak{P} \cap \mathfrak{N} = \mathfrak{E}\,.$$

Somit ist $\mathfrak{U} = \mathfrak{N}\,\mathbf{N}_{\mathfrak{U}}(\mathfrak{P})$ und $\mathfrak{N} \cap \mathbf{N}_{\mathfrak{U}}(\mathfrak{P}) = \mathfrak{E}$. Somit gilt $|\mathbf{N}_{\mathfrak{U}}(\mathfrak{P})| = 20$. Wegen $\mathbf{C}_{\mathfrak{U}}(\mathfrak{P}) = \mathfrak{P}$ ist $\mathbf{N}_{\mathfrak{U}}(\mathfrak{P})/\mathfrak{P}$ zyklisch von der Ordnung 4. Also hat jede 2-Sylowgruppe von $\mathfrak{U}$ einen Normalteiler $\mathfrak{N}$ mit zyklischer Faktorgruppe der Ordnung 4. Nach b) geht das jedoch nicht.

f) Sei nun $|\mathfrak{G} : \mathfrak{U}| = n = 2^4$, also $|\mathfrak{U}| = 2^2 \cdot 3^4 \cdot 5$. Sei wieder $\mathfrak{P}$ eine 5-Sylowgruppe von $\mathfrak{U}$ und $|\mathbf{N}_{\mathfrak{U}}(\mathfrak{P})| = 5k$. Aus

$$|\mathfrak{U} : \mathbf{N}_{\mathfrak{U}}(\mathfrak{P})| = \frac{2^2\, 3^4}{k} \equiv 1 \ (5)$$

folgt $k = 4$. Somit ist die 2-Sylowgruppe von $\mathbf{N}_{\mathfrak{U}}(\mathfrak{P})$ eine 2-Sylowgruppe von $\mathfrak{U}$, und die 2-Sylowgruppen von $\mathfrak{U}$ sind zyklisch. Nach I, Aufg. 21 (S. 32) gibt es daher einen Normalteiler $\mathfrak{K}$ von $\mathfrak{U}$ mit $|\mathfrak{U}/\mathfrak{K}| = 4$. (Anstelle von I, Aufg. 21 kann auch der Verlagerungssatz von Burnside (IV, 2.6) herangezogen werden.) $\mathfrak{K}$ hat nach I, 7.3 genau eine 3-Sylowgruppe, etwa $\mathfrak{T}$. Nach a) ist $\mathfrak{T}$ nicht abelsch. Aus $|\mathfrak{T}'| \leqq 3^2$ folgt dann, daß $\mathfrak{T}'$ von $\mathfrak{P}$ zentralisiert wird. Das widerspricht jedoch der Feststellung $\mathbf{C}_{\mathfrak{G}}(\mathfrak{P}) = \mathfrak{P}$ in c).

Also hat $\mathfrak{G} = PSp(4, 3)$ keine Darstellung als 2-fach transitive Permutationsgruppe. **q.e.d.**

Aufgaben:

19) Sei V ein nicht ausgearteter symplektischer Raum der Dimension $2n$ über $GF(q)$. Wieviele isotrope Teilräume der Dimension n hat V?

20) Sei V ein nicht ausgearteter symplektischer Raum mit

$$V = \langle v_1, w_1 \rangle \perp \cdots \perp \langle v_n, w_n \rangle$$

und $(v_i, w_i) = 1$ $(i = 1, \ldots, n)$. Sei T eine Isometrie von V mit $v_i T = v_i$ für $1 \leqq i \leqq n$. Dann ist

$$w_i T = \sum_{j=1}^{n} a_{ij}\, v_j + w_i$$

mit $a_{ij} = a_{ji}$.

21) Sei T ein Element der Ordnung 2 aus $Sp(2n, K)$.

a) Für Char $K \neq 2$ gibt es eine orthogonale Zerlegung $V = V_1 \perp V_2$ mit $v_1 T = v_1$ für alle $v_1 \in V_1$ und $v_2 T = -v_2$ für alle $v_2 \in V_2$.

b) Für Char $K = 2$ gibt es einen isotropen Teilraum W der Dimension n mit $wT = w$ für alle $w \in W$.

(Anleitung zu b): Sei $F = \{v \mid v \in V, vT = v\}$. Man zeige:

1) $V(T - E)$ ist ein isotroper Teilraum von F.

2) Ist $F = \mathbf{R}(F) \perp F_0$, so ist $F \cap F_0^{\perp} = \mathbf{R}(F)$.

3) $\dim F_0^{\perp} = \dim F_0^{\perp}(T - E) + \dim \mathbf{R}(F)$.

4) $\mathbf{R}(F)$ ist ein maximaler isotroper Teilraum von $F_0^{\perp}$.

5) Ist F_1 ein maximaler isotroper Teilraum von F_0, so ist $\mathbf{R}(F) + F_1$ ein maximaler isotroper Teilraum von V.)

§ 10. Unitäre und orthogonale Gruppen

10.1 Definition. a) Sei V ein Vektorraum endlicher Dimension über dem Körper K. Sei τ ein Automorphismus von K mit $\tau^2 = 1$, und sei K_0 der Fixkörper von τ. (Für $\tau \neq 1$ ist bekanntlich $(K : K_0) = 2$.) Auf V sei ein Skalarprodukt $(.,.)$ mit den folgenden Eigenschaften definiert:

(1) $(v_1 + v_2, w) = (v_1, w) + (v_2, w)$,
$(w, v_1 + v_2) = (w, v_1) + (w, v_2)$

für alle $v_1, v_2, w \in V$.

(2) $(a\, v, w) = a(v, w)$ für alle $v, w \in V$ und alle $a \in K$.

(3) $(v, w) = (w, v)^\tau$ für alle $v, w \in V$.

Aus (2) und (3) erhalten wir sofort

(4) $(v, a\, w) = a^\tau (v, w)$ für alle $v, w \in V$ und alle $a \in K$.

Aus (3) folgt $(v, v) = (v, v)^\tau$. Also liegen alle (v, v) im Fixkörper K_0 von τ.

Ist $\tau \neq 1$, so heißt V ein hermitescher Vektorraum, ist $\tau = 1$, so heißt V ein orthogonaler Vektorraum. Wir nennen V nicht ausgeartet, wenn es zu jedem $v \neq o$ aus V ein w mit $(v, w) \neq 0$ gibt.

b) Die hermiteschen (orthogonalen) Vektorräume V und W (über dem gleichen Körper K zum gleichen Automorphismus τ) heißen isomorph, wenn es eine K-lineare, umkehrbar eindeutige Abbildung T von V auf W gibt mit

$$(v_1 T, v_2 T) = (v_1, v_2)$$

für alle $v_i \in V$. Wir nennen T eine Isometrie von V auf W. (Dabei haben wir für die Skalarprodukte auf V und W die gleiche Bezeichnung verwendet.)

c) Sind U_1 und U_2 Teilräume des hermiteschen (orthogonalen) Vektorraumes V mit $V = U_1 \oplus U_2$ und $(u_1, u_2) = 0$ für alle $u_i \in U_i$ $(i = 1, 2)$, so schreiben wir wie in 9.3 $V = U_1 \perp U_2$. Ist U ein Teilraum von V, so setzen wir

$$U^\perp = \{v \mid v \in V, (u, v) = 0 \quad \text{für alle} \quad u \in U\}\,.$$

Ähnlich wie in 9.4 zeigt man: Ist V nicht ausgeartet, so ist

$$\dim V = \dim U + \dim U^\perp\,,$$

ist U nicht ausgeartet, so gilt $V = U \perp U^\perp$.

d) Sei V ein nicht ausgearteter hermitescher (orthogonaler) Vektorraum über K. Die Gruppe aller K-linearen Abbildungen G von V auf sich mit $(v_1 G, v_2 G) = (v_1, v_2)$ für alle $v_i \in V$ nennen wir die unitäre Gruppe $U(V)$ (die orthogonale Gruppe $O(V)$). Wir nennen

$$SU(V) = \{G \mid G \in U(V)\,, \quad \det G = 1\}$$

die spezielle unitäre Gruppe. Die von $SU(V)$ auf dem zu V gehörigen projektiven Raum P bewirkte Kollineationsgruppe bezeichnen wir mit $PSU(V)$. Entsprechend werden die Gruppen $SO(V)$ und $PSO(V)$ definiert.

10.2 Satz. *Sei V ein nicht ausgearteter hermitescher (orthogonaler) Vektorraum über dem Körper K. Ist V orthogonal, so sei* $\mathrm{Char}\, K \neq 2$.

a) *Es gibt ein v aus V mit $(v, v) \neq 0$.*

b) *Es gibt eine K-Basis $\{v_1, \ldots, v_n\}$ von V mit $(v_i, v_j) = 0$ für $i \neq j$ und $(v_i, v_i) \neq 0$ für $i = 1, \ldots, n$. Die v_i bilden eine sog. Orthogonalbasis von V.*

c) *Die Determinante liefert einen Homomorphismus der unitären Gruppe $U(V)$ auf die Gruppe*

$$\{a \mid a \in K^\times,\ a\, a^\tau = 1\}$$

der Elemente von der Norm 1. Die Determinante liefert einen Homomorphismus der orthogonalen Gruppe $O(V)$ auf die Gruppe $\{1, -1\}$ der Ordnung 2.

Beweis. a) Angenommen, es sei $(x, x) = 0$ für alle $x \in V$. Da V nicht ausgeartet ist, gibt es ein Paar $v, w \in V$ mit $(v, w) = 1$.

Sei zuerst V hermitesch. Dann gibt es ein a aus K mit $a + a^\tau \neq 0$: Für $\mathrm{Char}\, K = 2$ ist dies die Forderung $a \neq a^\tau$, welche wegen $\tau \neq 1$ erfüllbar ist; ist $\mathrm{Char}\, K \neq 2$ und $a^\tau = -a$, so tut $1 + a$ wegen

$$(1 + a)^\tau = 1 - a \neq -(1 + a)$$

den Dienst. Dann folgt der Widerspruch

$$0 = (v + aw, v + aw) = (v, v) + a^\tau (v, w) + a(w, v) + a^{1+\tau}(w, w) = a^\tau + a\,.$$

Nun sei V orthogonal. Dann ist

$$0 = (v + w, v + w) = (v, v) + (v, w) + (w, v) + (w, w) = (v, w) + (w, v)\,.$$

Andererseits haben wir $(v, w) = (w, v)$. Wegen $\mathrm{Char}\, K \neq 2$ folgt daraus der Widerspruch $(v, w) = 0$.

b) Nach a) gibt es ein $v_1 \in V$ mit $(v_1, v_1) = a_1 \neq 0$. Dann ist $\langle v_1 \rangle$ ein nicht ausgearteter Teilraum von V. Mit 10.1 c) folgt $V = \langle v_1 \rangle \perp \langle v_1 \rangle^\perp$. Eine Induktion nach $\dim V$ liefert jetzt die Behauptung.

c) Sei $\{v_1, \ldots, v_n\}$ eine K-Basis von V und sei $A = (a_{ij})$ mit $a_{ij} = (v_i, v_j)$. Sei $G \in U(V)$ (bzw. $G \in O(V)$) mit

$$v_i G = \sum_{k=1}^{n} g_{ik} v_k\,.$$

Wir setzen $\tilde{G} = (g_{ij})$. Ist V hermitesch, so folgt

$$a_{ij} = (v_i, v_j) = (v_i G, v_j G) = \sum_{k,m} g_{ik}\, g_{jm}^\tau\, a_{km}\,,$$

also $A = \tilde{G} A \tilde{G}^{*\tau}$, wobei $\tilde{G}^*$ die zu $\tilde{G}$ transponierte Matrix ist. Ist V orthogonal, so liefert der gleiche Schluß $A = \tilde{G} A \tilde{G}^*$. Da V nicht ausgeartet ist, hat das System von linearen Gleichungen

$$\Big(\sum_{i=1}^{n} x_i v_i, v_j\Big) = \sum_{i=1}^{n} x_i\, a_{ij} = 0 \quad (j = 1, \ldots, n)$$

nur die triviale Lösung. Daher ist $\det A \neq 0$. Nun folgt

$$0 \neq \det A = \det \tilde{G} A \tilde{G}^{*\tau} = \det A \, (\det \tilde{G})^{1+\tau},$$

also $(\det \tilde{G})^{1+\tau} = 1$ (im orthogonalen Fall also $(\det \tilde{G})^2 = 1$).

Sei $a \in K$ mit $a\, a^\tau = 1$. Sei $\{v_1, \ldots, v_n\}$ eine Orthogonalbasis von V. Dann ist G mit

$$v_1 G = a\, v_1, \; v_i G = v_i \quad \text{für} \quad i \geqq 2$$

eine Isometrie von V mit $\det G = a$. **q.e.d.**

10.3 Bemerkung. Die Schlußweise unter c) bleibt auch noch für $\operatorname{Char} K = 2$ richtig. Jedoch ist das hier geübte Vorgehen für orthogonale Vektorräume über Körpern der Charakteristik 2 nicht zweckmäßig. Die Isometrien eines Vektorraumes mit symmetrischem Skalarprodukt über einem Körper der Charakteristik 2 liefern keine wesentlich neuen Gruppen (s. DIEUDONNÉ [4], S. 60). Ist $\operatorname{Char} K = 2$, so betrachtet man vielmehr Vektorräume V über K, auf denen eine Bilinearform $[.,.]$ und eine quadratische Form q mit

$$q(a_1 v_1 + a_2 v_2) = a_1^2\, q(v_1) + a_2^2\, q(v_2) + a_1 a_2 [v_1, v_2] \qquad (a_i \in K, v_i \in V)$$

definiert ist.

Dann ist $[v, v] = 0$ für alle $v \in V$. Man fordert, daß V bezüglich $[.,.]$ ein nicht ausgearteter symplektischer Raum ist. (Die anderen Fälle sind für endliche Körper jedenfalls nicht interessant.) An die Stelle der Determinante tritt bei der orthogonalen Gruppe im Falle $\operatorname{Char} K = 2$ ein von Dickson angegebener Homomorphismus $\mathbf{D}$ von $O(V)$ in die additive Gruppe K^+ von K. Für alle G aus $O(V)$ ist $\mathbf{D}(G) = 0$ oder $\mathbf{D}(G) = 1$. Man setzt jetzt

$$SO(V) = \{G \mid G \in O(V), \mathbf{D}(G) = 0\}$$

(s. DIEUDONNÉ [5]).

Die Struktur der hermiteschen Räume über endlichen Körpern wird durch den folgenden Satz völlig geklärt:

10.4 Satz. *Sei V ein nicht ausgearteter hermitescher Raum über dem endlichen Körper $K = GF(q^2)$.*

a) *Es gibt eine sog. Orthonormalbasis $\{v_1, \ldots, v_n\}$ von V mit $(v_i, v_j) = \delta_{ij}$. Also gilt*

$$\Big(\sum_{i=1}^{n} x_i v_i, \sum_{i=1}^{n} y_i v_i\Big) = \sum_{i=1}^{n} x_i y_i^\tau .$$

Dabei ist τ der eindeutig bestimmte Automorphismus der Ordnung 2 von K mit $x^\tau = x^q$. Insbesondere ist der Isomorphietyp von V durch $\dim V = n$ eindeutig festgelegt.

b) *Ist $\dim V = 2m$ gerade, so gibt es eine Basis $\{w_1, \ldots, w_{2m}\}$ von V mit*

$$(w_{2i-1}, w_{2i}) = 1 \; (i = 1, \ldots, m) \quad \textit{und} \quad (w_i, w_j) = 0 \;\textit{sonst}.$$

(Insbesondere ist $(w_i, w_i) = 0$ *für alle* i. *Man vergleiche mit* 9.6 b)!) *Ist* $\dim V = 2m + 1$ *ungerade, so tritt ein weiteres Basiselement* w_{2m+1} *hinzu mit*

$$(w_{2m+1}, w_{2m+1}) = 1, \ (w_{2m+1}, w_i) = 0 \quad \textit{für} \quad i \leq 2m \, .$$

c) *Ist* $\dim V > 1$, *so gibt es sog. isotrope Vektoren* v *mit* $o \neq v \in V$ *und* $(v, v) = 0$.

Beweis. a) Sei $\{v_1', \ldots, v_n'\}$ eine nach 10.2 b) existierende Orthogonalbasis von V. Sei $(v_i', v_i') = a_i$. Dann ist $0 \neq a_i \in K_0 = GF(q)$. Nach 8.7 gibt es ein $b_i \in K$ mit $a_i^{-1} = b_i^{1+\tau}$. Setzen wir $v_i = b_i v_i'$, so ist $\{v_1, \ldots, v_n\}$ eine Orthonormalbasis von V.

b) Nach a) haben wir

$$V = \langle v_1, v_2 \rangle \perp \langle v_3, v_4 \rangle \perp \cdots \perp \langle v_{2m-1}, v_{2m} \rangle \perp V'$$

mit $V' = 0$ für $n = 2m$ und $V' = \langle v_n \rangle$ für $n = 2m + 1$. Es genügt die Einführung der neuen Basis in den zweidimensionalen Räumen $\langle v_i, v_{i+1} \rangle$ $(i = 1, 3, \ldots, 2m - 1)$.

Sei zuerst $\operatorname{Char} K \neq 2$. Nach 8.7 gibt es ein $a \in K$ mit $a^{1+\tau} = -1$. Wir setzen

$$w_1 = v_1 + a v_2 \, , \quad w_2 = \frac{1}{2} (v_1 - a v_2) \, .$$

Dann ist $(w_1, w_1) = 1 + a^{1+\tau} = 0$, ebenso $(w_2, w_2) = 0$ und

$$(w_1, w_2) = \frac{1}{2} (1 - a^{1+\tau}) = 1 \, .$$

Also hat die Basis $\{w_1, w_2\}$ von $\langle v_1, v_2 \rangle$ die gewünschten Eigenschaften.

Sei nun $\operatorname{Char} K = 2$. Die Gleichung

$$x^2 + x + 1 = 0$$

hat eine Lösung a in dem über K_0 quadratischen Körper K. Sicher ist $a \neq 1$. Wir setzen

$$w_1 = v_1 + v_2 \quad \text{und} \quad w_2 = a\, v_1 + a^\tau v_2 \, .$$

Dann ist

$$(w_1, w_1) = 0 \, , \quad (w_2, w_2) = a^{1+\tau} + a^{\tau+1} = 0 \quad \text{und} \quad (w_1, w_2) = a^\tau + a = 1 \, .$$

c) ist eine triviale Folgerung aus b). **q.e.d.**

Die Theorie der unitären Gruppen über endlichen Körpern wird durch 10.4 gegenüber dem Fall eines beliebigen Körpers erheblich vereinfacht (anders als bei den symplektischen Gruppen, wo niemals Voraussetzungen über den Körper notwendig waren). Wegen 10.4 a) gibt es zu vorgegebener Dimension über dem Körper $K = GF(q^2)$ mit dem eindeutig bestimmten Automorphismus τ mit $x^\tau = x^q$ von der Ordnung 2 bis auf Isomorphie nur einen nicht ausgearteten hermiteschen Raum. Daher können wir $U(V) = U(n, q^2)$ setzen. Die Existenz von isotropen Vektoren in V ist der

Schlüssel für den Nachweis der Einfachheit von $PSU(n, q^2)$ für $n \geqq 3$, ausgenommen den Fall $PSU(3, 2^2)$.

10.5 Bemerkungen. a) Die unitäre Gruppe $SU(2, q^2)$ ist nach 8.8 isomorph zu $SL(2, q)$ (s. jedoch Aufg. 24).

b) Legen wir die Orthonormalbasis aus 10.4 a) für den hermiteschen Raum V über K zugrunde, so besteht $U(n, q^2)$ bezüglich dieser Basis aus den Matrizen G mit $G^\tau = G^{*-1}$, wobei G^* die zu G transponierte Matrix ist. Es sind α und μ mit

$$G^\alpha = G^{*-1} \quad \text{und} \quad G^\mu = G^\tau$$

Automorphismen von $GL(n, q^2)$. Also ist $U(n, q^2)$ die Untergruppe der Fixpunkte des Automorphismus $\alpha\mu$ von $GL(n, q^2)$.

Dies ist der altbekannte und einfachste Fall einer Konstruktion, die in den letzten Jahren mehrfach zur Entdeckung neuer einfacher Gruppen führte. (Siehe Ono [1], Ree [1], [2] und Steinberg [1], [2]; sog. twisted types.)

c) Es gilt $PSU(4, 4) \cong PSp(4, 3)$. (Einen eleganten Beweis hierfür findet man in D. G. Higman [5].)

10.6 Hilfssatz. *Ist K ein endlicher Körper, so läßt sich jedes Element a aus K schreiben als $a = x^2 + y^2$ mit geeigneten x, y aus K.*

Beweis. Für $\operatorname{Char} K = 2$ ist das trivial, denn dann ist jedes Element sogar ein Quadrat. Sei also $\operatorname{Char} K \neq 2$. Sei $\mathfrak{U} = \{a^2 \mid a \in K^\times\}$ und $K^\times = \mathfrak{U} \cup \mathfrak{U}k$. Ist $uk = x^2 + y^2$ für ein $u \in \mathfrak{U}$, so folgt für jedes $u' \in \mathfrak{U}$ mit $u' = c^2 u$

$$u' k = c^2 u k = (c x)^2 + (c y)^2 .$$

Es genügt also der Nachweis, daß unter den Elementen der Gestalt $x^2 + y^2$ ein Nichtquadrat ist.

Angenommen, für alle x, y aus K sei $x^2 + y^2$ ein Quadrat. Dann ist $L = \{0\} \cup \mathfrak{U}$ ein Teilkörper von K. Ist $|K| = q$, so haben wir $|L| = \frac{q+1}{2}$. Das ist wegen $\frac{q+1}{2} \nmid q$ nach dem Satz von Lagrange aber ausgeschlossen.

q.e.d.

10.7 Definition. Ein zweidimensionaler orthogonaler Raum mit einer Basis $\{v_1, v_2\}$ mit $(v_1, v_1) = (v_2, v_2) = 0$ und $(v_1, v_2) = 1$ heißt eine hyperbolische Ebene. Offenbar sind hyperbolische Ebenen nicht ausgeartet.

10.8 Hilfssatz. *Sei V ein nicht ausgearteter orthogonaler Raum über dem endlichen Körper K mit* $\operatorname{Char} K \neq 2$.

a) Ist $\dim K \geqq 3$, *so gibt es einen isotropen Vektor v in V mit $o \neq v$ und $(v, v) = 0$.*

b) Gibt es einen von o verschiedenen isotropen Vektor in V, so gibt es eine orthogonale Zerlegung $V = H \perp H^\perp$ mit einer hyperbolischen Ebene H.

Beweis. a) Sei $\{v_1, \ldots, v_n\}$ eine Orthogonalbasis von V. Indem wir die v_i um Faktoren aus $K^\times$ abändern, können wir erreichen, daß $(v_i, v_i) = 1$ oder $(v_i, v_i) = k$ mit einem vorgegebenen Nichtquadrat k aus K gilt. Wegen $n \geqq 3$ können wir $(v_1, v_1) = (v_2, v_2)$ annehmen. Nach 10.6 gibt es Elemente x, y aus K mit

$$x^2 + y^2 = -\frac{(v_3, v_3)}{(v_1, v_1)} .$$

Dann ist $x v_1 + y v_2 + v_3$ ein isotroper Vektor.

b) Sei v ein isotroper Vektor in V. Da V nicht ausgeartet ist, gibt es einen Vektor w mit $(v, w) = 1$. Offenbar hat $\langle v, w\rangle$ die Dimension 2. Setzen wir $a = -\frac{(w, w)}{2}$, so ist

$$(v, a v + w) = (v, w) = 1$$

und

$$(a v + w, a v + w) = 2a + (w, w) = 0 .$$

Also ist $H = \langle v, a v + w\rangle$ eine hyperbolische Ebene. Da H nicht ausgeartet ist, gilt nach 10.1 c) $V = H \perp H^\perp$. **q.e.d.**

10.9 Satz. *Sei K ein endlicher Körper mit* $\operatorname{Char} K \neq 2$ *und V ein nicht ausgearteter orthogonaler Raum der Dimension n über K.*

a) *Es gibt eine orthogonale Zerlegung*

$$V = H_1 \perp \cdots \perp H_m \perp V'$$

mit hyperbolischen Ebenen H_i. Dabei ist $\dim V' \leqq 2$, *und V' enthält keinen von o verschiedenen isotropen Vektor. Ist* $\dim V' = 2$, *so hat V' eine Orthogonalbasis $\{v_1, v_2\}$ mit $(v_2, v_2) = -k(v_1, v_1)$, wobei k ein Nichtquadrat in $K^\times$ ist.*

b) *Es gibt eine Orthogonalbasis $\{v_1, \ldots, v_n\}$ von V mit $(v_i, v_i) = 1$ für $1 \leqq i \leqq n - 1$.*

Beweis. a) Durch wiederholte Anwendung von 10.8 b) erhalten wir

$$V = H_1 \perp \cdots \perp H_m \perp V'$$

mit hyperbolischen Ebenen H_i. Dabei enthält V' keinen von o verschiedenen isotropen Vektor. Nach 10.8 a) ist daher $\dim V' \leqq 2$.

Sei $\dim V' = 2$ und sei $\{v_1, v_2\}$ eine Orthogonalbasis von V'. Ist $(v_2, v_2) = -a^2(v_1, v_1)$, so ist $a v_1 + v_2$ ein isotroper Vektor in V'. Also gilt $(v_2, v_2) = -k(v_1, v_1)$ mit einem Nichtquadrat k.

b) Es genügt offenbar der Nachweis, daß jeder mindestens zweidimensionale, nicht ausgeartete orthogonale Raum einen Vektor v mit $(v, v) = 1$ enthält. Sei $\{v_1, \ldots, v_n\}$ eine Orthogonalbasis von V. Wir können annehmen, daß $(v_1, v_1) = (v_2, v_2) = k$ ein Nichtquadrat ist. Nach 10.6 gibt es Elemente x, y aus K mit $k(x^2 + y^2) = 1$. Setzen wir $w = x v_1 + y v_2$, so ist $(w, w) = 1$. **q.e.d.**

Wir wollen uns weiterhin auf die Betrachtung der orthogonalen und unitären Gruppen der Dimensionen 2 und 3 beschränken.

10.10 Satz. *Sei* $K = GF(q)$ *mit* $2 \nmid q$.

a) *Ist* V *eine hyperbolische Ebene über* K, *so ist* $SO(V)$ *eine zyklische Gruppe der Ordnung* $q - 1$.

b) *Ist* V *ein zweidimensionaler orthogonaler Raum ohne isotrope Vektoren, so ist* $SO(V)$ *zyklisch von der Ordnung* $q + 1$.

Beweis. a) Sei $V = \langle v_1, v_2 \rangle$ mit $(v_1, v_1) = (v_2, v_2) = 0$ und $(v_1, v_2) = 1$. Wegen

$$(x_1 v_1 + x_2 v_2, x_1 v_1 + x_2 v_2) = 2 x_1 x_2$$

sind die Vielfachen von v_1 und v_2 die einzigen isotropen Vektoren in V. Sei $G \in SO(V)$. Ist

$$v_1 G = a v_2 \quad \text{und} \quad v_2 G = b v_1 ,$$

so folgt

$$a b = (v_1 G, v_2 G) = (v_1, v_2) = 1 ,$$

andererseits jedoch $\det G = -a b = 1$. Das ist also nicht möglich.

Somit ist $v_1 G = a v_1$ und $v_2 G = b v_2$. Wieder folgt $a b = 1$. Also ist $SO(V)$ isomorph zur zyklischen Gruppe $K^\times$ von der Ordnung $q - 1$.

b) Wir können $(v_1, v_1) = 1$, $(v_1, v_2) = 0$ und $(v_2, v_2) = -k$ mit einem Nichtquadrat k annehmen. Sei $L = K(z)$ der quadratische Erweiterungskörper von K mit $z^2 = k$. Sei ε die K-lineare Abbildung von V auf L mit

$$(x_1 v_1 + x_2 v_2)^\varepsilon = x_1 + x_2 z .$$

Es ist

$$(x_1 v_1 + x_2 v_2, x_1 v_1 + x_2 v_2) = x_1^2 - k x_2^2 = N(x_1 + x_2 z) ,$$

wobei N die Norm von L über K ist. Durch

$$2(x, y) = N(x + y) - N(x) - N(y)$$

für $x, y \in L$ wird L zu einem orthogonalen Raum, und ε ist eine Isometrie von V auf L. Wir können also $SO(L)$ statt $SO(V)$ studieren.

Sei $a \in L$ mit $N(a) = 1$. Dann ist $H(a)$ mit $x H(a) = a x$ eine K-lineare Abbildung von L auf sich mit

$$N(a x) = N(a) N(x) = N(x) .$$

Also erhält $H(a)$ auch das Skalarprodukt auf L. Ist $a = y_1 + y_2 z$, so ist

$$\det H(a) = \begin{vmatrix} y_1 & y_2 \\ k y_2 & y_1 \end{vmatrix} = N(a) = 1 .$$

Somit bilden die $H(a)$ eine zyklische Untergruppe der Ordnung $q + 1$ von $SO(L)$.

Sei $G \in SO(L)$ und sei $1 G = a$. Dann ist $N(a) = N(1) = 1$. Setzen wir $T = G H(a)^{-1}$, so ist $T \in SO(L)$ und $1 T = 1$. Sei $z T = b + c z$ mit

$b, c \in \mathsf{K}$. Dann ist

$$0 = (1, z) = (1T, zT) = N(1T + zT) - N(1T) - N(zT)$$
$$= (1+b)^2 - kc^2 - 1 - b^2 + kc^2 = 2b\,.$$

Dann bleibt $\det T = c = 1$, also $T = E$. Somit ist $G = H(a)$, und $SO(\mathsf{L})$ ist zyklisch von der Ordnung $q + 1$. **q.e.d.**

10.11 Satz. *Sei V ein nicht ausgearteter orthogonaler Raum der Dimension 3 über $GF(q)$ mit $2 \nmid q$. Sei Q die folgende Menge von Punkten in der projektiven Ebene $\mathsf{E} = \mathsf{P}(2, q)$:*

$$\mathsf{Q} = \{\langle v\rangle \mid o \neq v \in \mathsf{V},\ (v, v) = 0\}\,.$$

Dann gilt:

a) $|\mathsf{Q}| = q + 1$.

b) *Die Gruppe $PSO(\mathsf{V})$ bewirkt auf Q eine scharf 3-fach transitive Permutationsgruppe, welche zu der Permutationsgruppe $PGL(2, q)$ auf der projektiven Geraden $\mathsf{P} = \mathsf{P}(1, q)$ ähnlich ist.*

Beweis. a) Nach 10.9 a) hat V eine Basis $\{v_1, v_2, v_3\}$ derart, daß

$$\Big(\sum_{i=1}^{3} x_i v_i,\ \sum_{i=1}^{3} x_i v_i\Big) = 2x_1x_2 + a x_3^2$$

mit geeignetem $a \neq 0$ aus K gilt. Sei $v = \sum_{i=1}^{3} x_i v_i$ ein isotroper Vektor. Ist $x_1 = 0$, so folgt $x_3 = 0$, und der zugehörige Punkt $\langle v\rangle$ in E hat die homogenen Koordinaten $(0, 1, 0)$. Ist $x_1 \neq 0$, so können wir die homogenen Koordinaten auf $x_1 = 1$ normieren und erhalten

$$x_2 = -\frac{a}{2} x_3^2\,.$$

Also ist

$$\mathsf{Q} = \Big\{(0, 1, 0),\ \Big(1, -\frac{a}{2}t^2, t\Big)\ \Big|\ t \in GF(q)\Big\}$$

und somit $|\mathsf{Q}| = q + 1$.

b) Sei $G \in SO(\mathsf{V})$ mit $v_2 G = b\, v_2$. Dann ist auch $\langle v_2\rangle^{\perp} = \langle v_2, v_3\rangle$ fest bei G. Also ist

$$\begin{aligned}
v_1 G &= a_{11} v_1 + a_{12} v_2 + a_{13} v_3\\
v_2 G &= \phantom{a_{11} v_1 + {}} a_{22} v_2\\
v_3 G &= \phantom{a_{11} v_1 + {}} a_{32} v_2 + a_{33} v_3
\end{aligned}$$

mit geeigneten a_{ij} aus $GF(q)$. Dabei gilt

$$\begin{aligned}
(v_1 G, v_1 G) &= 2a_{11} a_{12} + a_{13}^2 a = 0\,,\\
(v_1 G, v_2 G) &= a_{11} a_{22} = 1\,,\\
(v_1 G, v_3 G) &= a_{11} a_{32} + a_{13} a_{33} a = 0
\end{aligned}$$

und $\det G = a_{11} a_{22} a_{33} = a_{33} = 1$.

Wir setzen $a_{11} = x$ und $a_{13} = y$. Dann ist

$$G = G(x, y) = \begin{pmatrix} x & \frac{-y^2 a}{2x} & y \\ 0 & x^{-1} & 0 \\ 0 & \frac{-y a}{x} & 1 \end{pmatrix}.$$

Ist $G \in SO(\mathsf{V})$, so sei $\overline{G}$ die von G auf $\mathsf{E} = \mathsf{P}(2, q)$ bewirkte Kollineation. Der Stabilisator $\mathfrak{U}$ von $\langle v_2 \rangle$ in $PSO(\mathsf{V})$ hat also die Ordnung $q(q-1)$ und ist wegen

$$\left(1, -\frac{a}{2} t^2, t\right) \overline{G}(x, y) = (x, *, y + t) = (1, *, x^{-1}(y + t))$$

scharf 2-fach transitiv auf $\mathsf{Q} - \langle v_2 \rangle$. Sei $T \in SO(\mathsf{V})$ mit

$$v_1 T = v_2, \quad v_2 T = v_1, \quad v_3 T = -v_3 .$$

Dann ist

$$(0, 1, 0)\, \overline{T} = (1, 0, 0) .$$

Also ist $PSO(\mathsf{V})$ scharf 3-fach transitiv auf Q. Da $\mathfrak{U}$ eine maximale Untergruppe von $PSO(\mathsf{V})$ ist, gilt $PSO(\mathsf{V}) = \langle \mathfrak{U}, \overline{T} \rangle$.

Sei ε die Abbildung von Q auf die projektive Gerade $\mathsf{P} = \mathsf{P}(1, q)$ mit

$$(0, 1, 0)^\varepsilon = (0, 1) \quad \text{und} \quad \left(1, -\frac{a}{2} t^2, t\right)^\varepsilon = (1, t) .$$

Durch die Festsetzung

$$(x\overline{G})^\varepsilon = x^\varepsilon \overline{G}$$

für $x \in \mathsf{Q}$ und $\overline{G} \in PSO(\mathsf{V})$ wird $PSO(\mathsf{V})$ zu einer Permutationsgruppe auf P. Dabei ist

$$(1, t)\, \overline{G}(x, y) = (1, *, x^{-1}(t + y))^\varepsilon = (1, x^{-1}(t + y))$$

und

$$(1, t)\overline{T} = \left(\left(1, -\frac{a}{2} t^2, t\right) \overline{T}\right)^\varepsilon = \left(-\frac{a}{2} t^2, 1, -t\right)^\varepsilon = \left(1, \frac{2}{at}\right),$$

ferner

$$(0, 1)\, \overline{G}(x, y) = (0, 1) \quad \text{und} \quad (0, 1)\, \overline{T} = (1, 0) .$$

Also bewirkt $PSO(\mathsf{V})$ auf P linear-gebrochene Abbildungen. Wegen

$$|PSO(\mathsf{V})| = (q^2 - 1)\, q = |PGL(2, q)|$$

folgt die Behauptung. **q.e.d.**

Auch die orthogonalen Gruppen der Dimensionen 4 bis 6 liefern über endlichen Körpern keine wesentlich neuen Gruppen. Anders ist es bei den unitären Gruppen. Hier erhält man schon bei der Dimension 3 neue einfache, 2-fach transitive Permutationsgruppen:

10.12 Satz. *Sei* $\mathsf{K} = GF(q^2)$ *und* V *der dreidimensionale, nicht ausgeartete hermitesche Vektorraum über* K. *Mit* $\mathsf{E} = \mathsf{P}(2, q^2)$ *bezeichnen wir die zu* V *gehörige projektive Ebene. Dann gilt:*

a) *Es gibt genau* $q^3 + 1$ *Punkte* x *in* E *mit* $x = \langle v \rangle$ *und* $(v, v) = 0$. *Die Menge dieser Punkte bezeichnen wir mit* A.

b) *Sei* $\mathsf{V} = \langle w_1, w_2, w_3 \rangle$ *mit*

$$(w_2, w_2) = (w_1, w_3) = 1, (w_1, w_1) = (w_3, w_3) = (w_1, w_2) = (w_2, w_3) = 0$$

(*in trivialer Abänderung der Basis in* 10.4 b)).

Sei $\mathfrak{U}$ *der Stabilisator von* $\langle w_3 \rangle$ *in* $\mathfrak{G} = PSU(3, q^2)$. *Dann ist*

$$|\mathfrak{U}| = \frac{q^3(q^2 - 1)}{d}$$

mit $d = (q + 1, 3)$.

$\mathfrak{U}$ *hat einen auf* $\mathsf{A} - \{\langle w_3 \rangle\}$ *regulären Normalteiler* $\mathfrak{Q}$ *mit* $\mathfrak{Q}' = \mathbf{Z}(\mathfrak{Q})$ *und* $|\mathfrak{Q}'| = q$. *Die Faktorgruppe* $\mathfrak{U}/\mathfrak{Q}$ *ist zyklisch von der Ordnung* $\frac{q^2 - 1}{d}$. *Bezüglich der Basis* $\{w_1, w_2, w_3\}$ *besteht* $\mathfrak{Q}$ *aus den Kollineationen zu den Matrizen*

$$Q(a, b) = \begin{pmatrix} 1 & a & b \\ 0 & 1 & -a^\tau \\ 0 & 0 & 1 \end{pmatrix}$$

mit $Sp(b) + N(a) = 0$, *wobei Spur und Norm über* $\mathsf{K}_0 = GF(q)$ *zu bilden sind;* τ *ist dabei der Automorphismus von* $GF(q^2)$ *mit* $x^\tau = x^q$. *Die zyklische Gruppe* $\mathfrak{H} = \{H(k) \mid k \in \mathsf{K}^\times\}$ *mit*

$$H(k) = \begin{pmatrix} k^{-\tau} & & \\ & k^{\tau - 1} & \\ & & k \end{pmatrix}$$

ist ein Komplement von $\mathfrak{Q}$ *in* $\mathfrak{U}$.

c) $PSU(3, q^2)$ *operiert als 2-fach transitive Permutationsgruppe auf* A.

d) $|PSU(3, q^2)| = (q^3 + 1)\, q^3 \frac{(q^2 - 1)}{d}$ *mit* $d = (3, q + 1)$.

e) *Für* $q > 2$ *gibt es Elemente* $G \neq E$ *aus* $PSU(3, q^2)$ *mit mindestens drei Fixpunkten auf* A.

Beweis. a) Sei $\{w_1, w_2, w_3\}$ eine Basis von V mit

$$(w_2, w_2) = (w_1, w_3) = 1, \ (w_1, w_1) = (w_3, w_3) = (w_1, w_2) = (w_2, w_3) = 0 \, .$$

Für $w = \sum_{i=1}^{3} x_i w_i$ ist dann

$$(w, w) = x_1 x_3^\tau + x_1^\tau x_3 + x_2^{1+\tau} \, .$$

Sei $(w, w) = 0$. Ist $x_1 = 0$, so folgt $x_2 = 0$ und $w = x_3 w_3$. Für $x_1 = 1$ bekommen wir

$$0 = x_3^\tau + x_3 + x_2^{1+\tau} = Sp(x_3) + N(x_2) \, .$$

Wir setzen $x_2 = a$ und $x_3 = b$. Alle von $\langle w_3 \rangle$ verschiedenen Punkte aus A gehören also zu den Vektoren $(1, a, b)$ mit $Sp(b) + N(a) = 0$. Zu vorgegebenem a aus K hat $Sp(b) = -N(a)$ genau q Lösungen, denn jedes Element $N(a)$ aus K_0 ist die Spur von genau q Elementen aus K. Also gilt

$$\mathsf{A} = \{\langle w_3 \rangle, (1, a, b) \mid a, b \in \mathsf{K}, \ Sp(b) + N(a) = 0\}$$

und $|\mathsf{A}| = q^3 + 1$.

b) Sei $G \in SU(3, q^2)$ mit $w_3 G = k\, w_3$. Dann ist auch $\langle w_3 \rangle^\perp = \langle w_2, w_3 \rangle$ fest bei G. Daher gehört zu G bezüglich der Basis $\{w_1, w_2, w_3\}$ eine Matrix der Gestalt

$$\begin{pmatrix} a_{11} & a_{12} & a_{13} \\ 0 & a_{22} & a_{23} \\ 0 & 0 & a_{33} \end{pmatrix}$$

mit $a_{33} = k$. Es ist

$$1 = (w_1, w_3) = (w_1 G, w_3 G) = a_{11}\, a_{33}^{\tau} .$$

Also ist $a_{11} = a_{33}^{-\tau} = k^{-\tau}$, und wegen $\det G = 1$ dann

$$a_{22} = a_{11}^{-1}\, a_{33}^{-1} = k^{\tau - 1} .$$

Offenbar liegt $H(k)$ mit

$$w_1 H(k) = k^{-\tau} w_1, \quad w_2 H(k) = k^{\tau-1} w_2, \quad w_3 H(k) = k\, w_3$$

in $SU(3, q^2)$. Daher ist $G = H(k)\, Q$ mit einem Q der Gestalt

$$Q = \begin{pmatrix} 1 & a & b \\ 0 & 1 & c \\ 0 & 0 & 1 \end{pmatrix}$$

aus $SU(3, q^2)$. Dabei ist

$$0 = (w_1 Q, w_2 Q) = c^{\tau} + a \quad \text{und} \quad 0 = (w_1 Q, w_1 Q) = b^{\tau} + a^{1+\tau} + b .$$

Also ist

$$Q = Q(a, b) = \begin{pmatrix} 1 & a & b \\ 0 & 1 & -a^{\tau} \\ 0 & 0 & 1 \end{pmatrix}$$

mit $Sp(b) + N(a) = 0$. Es gilt

$$Q(a, b)\, Q(a', b') = Q(a + a', b + b' - a\, a'^{\tau}) .$$

Daher bilden die $Q(a, b)$ mit $Sp(b) + N(a) = 0$ eine Gruppe $\mathfrak{Q}$ der Ordnung q^3 mit

$$\mathbf{Z}(\mathfrak{Q}) = \mathfrak{Q}' = \{Q(0, b) \mid b \in \mathsf{K}, \ Sp(b) = 0\} .$$

Wir haben $\mathfrak{U} = \mathfrak{Q}\, \mathfrak{H}$. Wegen

$$H(k)^{-1}\, Q(a, b)\, H(k) = Q(k^{2\tau - 1} a, k^{\tau+1} b)$$

ist $\mathfrak{Q} \trianglelefteq \mathfrak{U}$. Wir haben

$$(1, 0, 0)\, Q(a, b) = (1, a, b) .$$

Daher ist $\mathfrak{Q}$ transitiv, wegen $|\mathfrak{Q}| = q^3$ also sogar regulär auf den q^3 Punkten von $A - \{\langle w_3 \rangle\}$.

Die $H(k)$ bilden eine zu $K^\times$ isomorphe zyklische Gruppe von linearen Abbildungen auf V. Welche Ordnung hat die zugehörige Kollineationsgruppe auf $E = P(2, q^2)$? Genau dann ist $H(k) = kE$ und bewirkt die triviale Kollineation auf E, wenn gilt

$$k^{-\tau} = k^{\tau - 1} = k \, .$$

Wegen $k^\tau = k^q$ ist das gleichwertig mit $k^{1+q} = k^{q-2} = 1$, also $k^{1+q} = k^3 = 1$. Diese Gleichung besitzt genau $d = (q+1, 3)$ Lösungen in der zyklischen Gruppe $K^\times$. Also bilden die von den $H(k)$ auf E bewirkten Kollineationen eine zyklische Gruppe $\mathfrak{H}$ von der Ordnung $\frac{q^2-1}{d}$.

c) Sei T die lineare Abbildung auf V mit

$$w_1 T = w_3, \; w_2 T = -w_2, \; w_3 T = w_1 \, .$$

Dann ist $T \in SU(3, q^2)$ und

$$w_3 T Q(a, b) = (1, a, b) \, .$$

Somit ist $PSU(3, q^2)$ transitiv auf A. Da $\mathfrak{U}$ nach b) transitiv ist auf $A - \{\langle w_3 \rangle\}$, ist $PSU(3, q^2)$ 2-fach transitiv auf A. Offenbar ist die Permutationsdarstellung von $PSU(3, q^2)$ auf A treu.

d) Nach b) und c) ist

$$|PSU(3, q^2)| = |A| \, |\mathfrak{U}| = (q^3 + 1) \, q^3 \frac{(q^2-1)}{d} \, .$$

e) Die Abbildung $\mu : k \to k^{1+\tau} = N(k)$ ist nach 8.7 (S. 194) ein Epimorphismus von $GF(q^2)^\times$ auf $GF(q)^\times$ mit $|\text{Kern}\,\mu| = q + 1$. Für $q > 2$ gibt es daher ein k mit $k^{1+\tau} = 1$, aber $k^{\tau-1} = k^{-2} \neq k$. Dann ist $H(k) \neq E$, und $H(k)$ hat auf A die $q + 1$ Fixpunkte mit den Koordinaten $(1, 0, 0)$, $(0, 0, 1)$ und $(x, 0, z)$ mit

$$x z^\tau + x^\tau z = Sp(x z^\tau) = 0 \, .$$ **q.e.d.**

10.13 Satz. *Für $q > 2$ ist $PSU(3, q^2)$ einfach.*

Beweis. Wir zeigen (in der Bezeichnung von 10.12):

a) $\mathfrak{U}' = \mathfrak{Q}$:

Es ist

$$[Q(a, b), H(k)] = Q((k^{2\tau-1} - 1) \, a, c)$$

mit geeignetem c. Für $q > 2$ gibt es ein k aus $K^\times$ mit $k^{2\tau-1} = k^{2q-1} \neq 1$. Sei $Q(x, y)$ vorgegeben. Dann gibt es ein $a \in K$ mit $a(k^{2\tau-1} - 1) = x$. Wegen $Q(0, z) \in \mathfrak{Q}' \leqq \mathfrak{U}'$ ist dann

$$Q(x, y) = [Q(a, b), H(k)] \, Q(0, y - c) \in \mathfrak{U}' \, .$$

Da $\mathfrak{H}$ zyklisch ist, gilt trivialerweise $\mathfrak{U}' \leqq \mathfrak{Q}$.

b) $\mathfrak{H} \leqq \mathfrak{G}'$:
Sei T aus $SU(3, q^2)$ definiert durch

$$w_1 T = w_3, w_2 T = -w_2, w_3 T = w_1 .$$

Dann ist $T^2 = E$, und wegen $TH(k)T = H(k^{-q})$ gilt $T \in \mathbf{N}_{\mathfrak{G}}(\mathfrak{H})$. Da $\mathfrak{G}$ 2-fach transitiv ist auf A, gilt nach 1.12

$$\mathfrak{G} = \mathfrak{U} \cup \mathfrak{U} T \mathfrak{U} = \mathfrak{U} \cup \mathfrak{Q} \mathfrak{H} T \mathfrak{Q} .$$

Sei $0 \neq b \in \mathsf{K}$. Aus

$$(0, 0, 1)\, TQ(a, b)\, T = (b, -a, 1) \neq (0, 0, 1)$$

folgt

$$TQ(a, b)\, T = Q(a', b')\, H(k)\, TQ(a'', b'') \in \mathfrak{Q} \mathfrak{H} T \mathfrak{Q}$$

mit geeigneten a', b', a'', b'', k. Die Rechnung ergibt

$$\begin{pmatrix} & * \\ b & \end{pmatrix} = TQ(a, b)\, T = Q(a', b')\, H(k)\, TQ(a'', b'') = \begin{pmatrix} & * \\ k & \end{pmatrix},$$

also $b = k$. Wegen $\mathfrak{Q} \leqq \mathfrak{G}'$ erhalten wir somit $H(b)\, T \in \mathfrak{G}'$. Da dies für alle b aus $\mathsf{K}^{\times}$ gilt, folgt $\mathfrak{H} \leqq \mathfrak{G}'$.

c) $\mathfrak{G}' = \mathfrak{G}$:
Nach a) und b) gilt $\mathfrak{H}\mathfrak{Q} = \mathfrak{U} \leqq \mathfrak{G}'$. Da $\mathfrak{U}$ eine maximale und nicht normale Untergruppe der 2-fach transitiven Gruppe $\mathfrak{G}$ ist, folgt $\mathfrak{G}' = \mathfrak{G}$.

d) $\mathfrak{G}$ ist einfach:
Sei $\mathfrak{E} < \mathfrak{N} \trianglelefteq \mathfrak{G}$. Wegen der 2-fachen Transitivität von $\mathfrak{G}$ ist $\mathfrak{N}$ transitiv, und es folgt $\mathfrak{G} = \mathfrak{N}\mathfrak{U}$. Wir haben

$$\mathfrak{U}''' = \mathfrak{Q}'' = \mathfrak{E} .$$

Nach c) ist also

$$\mathfrak{G} = \mathfrak{G}''' = (\mathfrak{N}\mathfrak{U})''' \leqq \mathfrak{N} .$$

q.e.d.

10.14 Satz. $PSU(3, 4)$ *ist eine auflösbare, scharf 2-fach transitive Permutationsgruppe vom Grad* 9.

Beweis. Nach 10.12 c) ist $\mathfrak{G} = PSU(3, 4)$ eine 2-fach transitive Permutationsgruppe vom Grad 9 und der Ordnung 72. Also ist $\mathfrak{G}$ scharf 2-fach transitiv.

Wir zeigen, daß $\mathfrak{G}$ genau eine 3-Sylowgruppe hat. Sei $\mathfrak{Q}$ die in 10.12 b) beschriebene 2-Sylowgruppe von $\mathfrak{G}$. (Im vorliegenden Fall ist $\mathfrak{Q}$ eine Quaternionengruppe der Ordnung 8.) Es ist $\mathfrak{Q}$ der Stabilisator des Punktes $\langle w_3 \rangle$ auf A. Ist $\mathfrak{Q}^X \neq \mathfrak{Q}$ und $Q \in \mathfrak{Q} \cap \mathfrak{Q}^X$, so läßt Q die Punkte $\langle w_3 \rangle$ und $\langle w_3 \rangle X$ fest. Da $\mathfrak{G}$ scharf 2-fach transitiv ist auf A, folgt $Q = E$.

In den 9 Stabilisatoren liegen also genau $1 + 9 \cdot 7 = 64$ Elemente von $\mathfrak{G}$. Somit bleiben noch 8 weitere Elemente, und diese bilden zusammen mit E die einzige 3-Sylowgruppe von $\mathfrak{G}$. Legt man eine Orthonormalbasis von V zugrunde, so wird die 3-Sylowgruppe von $PSU(3, 4)$ erzeugt von den Kollineationen zu den Matrizen

$$\begin{pmatrix} 0 & 1 & 0 \\ 0 & 0 & 1 \\ 1 & 0 & 0 \end{pmatrix} \quad \text{und} \quad \begin{pmatrix} a_1 & & \\ & a_2 & \\ & & a_3 \end{pmatrix}$$

mit $a_i^3 = a_1 a_2 a_3 = 1$. **q.e.d.**

(Die Existenz eines regulären Normalteilers in der scharf 2-fach transitiven Gruppe $PSU(3, 4)$ ist ein Sonderfall eines Satzes von Frobenius; s. IV, 2.4 und V, 7.6.)

10.15 Bemerkung. Suzuki hat gezeigt, daß sich die unitären Gruppen durch die in 10.12 angegebenen Eigenschaften charakterisieren lassen. Es gilt nämlich:

a) (Suzuki [19]) Sei $\mathfrak{G}$ eine 2-fach transitive Permutationsgruppe vom Grad $q^3 + 1$, wobei q eine ungerade Primzahlpotenz ist. Der Stabilisator $\mathfrak{G}_1$ habe einen auf den von 1 verschiedenen Ziffern regulären Normalteiler $\mathfrak{Q}$, und $\mathfrak{G}_1/\mathfrak{Q}$ sei zyklisch von der Ordnung $q^2 - 1$. Dann ist $\mathfrak{G}$ ähnlich zur unitären Gruppe $PU(3, q^2)$, welche wie in 10.12 als Permutationsgruppe auf der Menge A aufzufassen ist.

b) (Suzuki [17]) Sei $\mathfrak{G}$ eine 2-fach transitive Permutationsgruppe von ungeradem Grad. Der Stabilisator $\mathfrak{G}_1$ habe einen auf den von 1 verschiedenen Ziffern regulären Normalteiler $\mathfrak{Q}$, und $\mathfrak{G}_1/\mathfrak{Q}$ habe ungerade Ordnung (sei also auflösbar). Es besitze $\mathfrak{G}$ keinen regulären Normalteiler (diese Bedingung scheidet nur uninteressante Fälle von semilinearen Gruppen über Fastkörpern aus). Dann hat $\mathfrak{G}$ einen Normalteiler $\mathfrak{T}$, welcher zu einer der folgenden Permutationsgruppen ähnlich ist:

(1) $PSL(2, 2^m)$ als Permutationsgruppe auf der projektiven Geraden $\mathsf{P}(1, 2^m)$.

(2) Eine Suzuki-Gruppe $\mathfrak{S}(2^m)$ als Permutationsgruppe auf dem Titsschen Oval (s. Tits [2], [3] und auch Band 2).

(3) $PSU(3, 2^m)$ als Permutationsgruppe auf der Menge A aus 10.12.

In allen Fällen ist dann $\mathfrak{G}$ isomorph zu einer Untergruppe der Automorphismengruppe $\mathbf{A}(\mathfrak{T})$ von $\mathfrak{T}$.

c) Die einfachen Gruppen von Ree (s. 10.18 b)) sind 2-fach transitiv vom Grad $q^3 + 1$ mit $q = 3^{2n+1}$ $(n \geqq 1)$ und haben die Ordnung $(q^3 + 1)\, q^3 (q - 1)$. Der Stabilisator $\mathfrak{G}_1$ enthält einen auf den von 1 verschiedenen Ziffern regulären Normalteiler $\mathfrak{Q}$, und $\mathfrak{G}_1/\mathfrak{Q}$ ist zyklisch von der (geraden!) Ordnung $q - 1$. Eine Charakterisierung der Ree-Gruppen ist bisher nicht gelungen (s. hierzu Ward [1]).

10.16 Bemerkungen. a) Die Gruppen $PSU(n, q^2)$ sind für $n \geqq 3$ einfach, ausgenommen den Fall $q = 2$. Es ist

$$|PSU(n, q^2)| = (q^n - (-1)^n)\, q^{n-1} (q^{n-1} - (-1)^{n-1})\, q^{n-2} \ldots (q^2 - 1)\, q d^{-1}$$

mit $d = (n, q+1)$. Der Einfachheitsbeweis läßt sich ähnlich wie in § 9 auf folgende Tatsachen stützen:

(1) $PSU(n, q^2)$ ist eine primitive Permutationsgruppe auf der Ziffernmenge

$$A = \{\langle v\rangle \mid v \in V = V(n, q^2),\quad (v, v) = 0\}.$$

(Für $n > 3$ ist $PSU(n, q^2)$ nicht 2-fach transitiv.)

(2) $PSU(n, q^2)$ wird von unitären Transvektionen erzeugt, und es gilt $PSU(n, q^2)' = PSU(n, q^2)$, ausgenommen den Fall $PSU(3, 4)$.

b) Sei $K = GF(q)$ mit ungeradem q. Für ungerade Dimension $n = 2m+1$ gibt es zwei nichtisomorphe Typen von Vektorräumen mit nicht ausgeartetem symmetrischen Skalarprodukt über K, nämlich

$$V = H_1 \perp \cdots \perp H_m \perp \langle v_n\rangle$$

mit hyperbolischen Ebenen H_i, wobei entweder $(v_n, v_n) = 1$ oder $(v_n, v_n) = k$ mit einem Nichtquadrat k ist. Multipliziert man die Skalarprodukte mit k, so geht ein Raum in den anderen über. Also sind die orthogonalen Gruppen die gleichen. Wir können daher $O(V) = O(2m+1, q)$ schreiben. Für $n = 2m$ gibt es zwei wesentlich verschiedene Raumtypen V_ε ($\varepsilon = \pm 1$), nämlich

$$V_1 = H_1 \perp \cdots \perp H_m$$

und

$$V_{-1} = H_1 \perp \cdots \perp H_{m-1} \perp \langle v_{n-1}, v_n\rangle$$

mit hyperbolischen Ebenen H_i und mit

$$(v_{n-1}, v_{n-1}) = 1,\quad (v_{n-1}, v_n) = 0,\quad (v_n, v_n) = -k,$$

wobei wieder k ein Nichtquadrat ist. Die zugehörigen orthogonalen Gruppen bezeichnen wir mit $O(V_\varepsilon) = O_\varepsilon(2m, q)$. Es ist

$$|O(2m+1, q)| = 2\, q^{m^2} \prod_{i=1}^{m} (q^{2i} - 1)$$

und

$$|O_\varepsilon(2m, q)| = 2\, q^{m(m-1)} (q^m - \varepsilon) \prod_{i=1}^{m} (q^{2i} - 1).$$

Dabei gilt in allen Fällen $|O(V)/SO(V)| = 2$. Für $n \geqq 3$ hat

$$SO(V)/SO(V)' \cong K^\times/K^{\times 2}$$

die Ordnung 2. Die Gruppe $\Omega(V) = SO(V)'$ ist der Kern der sog. Spinornorm. Die Gruppen $P\Omega(V) = \Omega(V)/\mathbf{Z}(\Omega(V))$ sind einfach für $n \geqq 5$. Jedoch erhält man für $n \leqq 6$ keine neuen Gruppen, sondern im wesentlichen projektive und symplektische Gruppen. Der Beweis der Einfachheit von $P\Omega(V)$ läßt sich ähnlich wie in 9.22 führen (TAMAGAWA [1]).

c) Es gilt $|PSp(2m, q)| = |P\,\Omega(2m+1, q)|$ für alle m und alle ungeraden Primzahlpotenzen q. Dabei ist

$$PSp(2, q) = PSL(2, q) \simeq P\,\Omega(3, q) \quad \text{(s. 10.11)}$$

und auch

$$PSp(4, q) \simeq P\,\Omega(5, q)$$

(der eleganteste Beweis in D. G. HIGMAN [5]), aber $PSp(2m, q) \not\simeq P\Omega(2m+1, q)$ für $m \geqq 3$. Neben

$$|PSL(4, 2)| = |PSL(3, 4)| \quad \text{und} \quad PSL(4, 2) \not\simeq PSL(3, 4)$$

(s. § 6, Aufg. 7) sind dies die einzigen bekannten Fälle von nichtisomorphen einfachen Gruppen von gleicher Ordnung (s. ARTIN [1], [2]).

d) Für $K = GF(q)$ mit $q = 2^h$ erhält man zwei nicht ausgeartete quadratische Formen q_ε, nämlich

$$q_1\Big(\sum_{i=1}^{2m} x_i v_i\Big) = \sum_{i=1}^{m} x_i x_{m+i}$$

und

$$q_{-1}\Big(\sum_{i=1}^{2m} x_i v_i\Big) = \sum_{i=1}^{m-1} x_i x_{m+i} + x_m^2 + x_m x_{2m} + a x_{2m}^2 ,$$

wobei $x^2 + x + a$ ein über K irreduzibles Polynom ist. Die zugehörigen orthogonalen Gruppen $SO_\varepsilon(2m, q)$ haben die Ordnungen

$$|SO_\varepsilon(2m, q)| = (q^m - \varepsilon)\,(q^{2(m-1)} - 1)\,q^{2(m-1)} \ldots (q^2 - 1)\,q^2$$

und sind für $m \geqq 3$ einfach. (Man beachte, daß nun $SO(V)$ nicht mittels der Determinante, sondern mittels der Dicksonschen Invarianten zu bilden ist!) Bei ungerader Dimension erhält man wieder die symplektischen Gruppen. (Für alle Angaben vergleiche man ARTIN [3] und DIEUDONNE [1], [4].)

10.17 Bemerkungen. Wie wir schon in 10.5 b) vermerkt haben, führt die dort angegebene Beschreibung der symplektischen Gruppen zu weiteren Serien von einfachen Gruppen.

a) Die symplektische Gruppe $PSp(4, q)$ mit $q = 2^{2n+1}$ und $n \geqq 1$ besitzt einen Automorphismus α derart, daß die Menge der Fixpunkte von α eine einfache Gruppe $\mathfrak{S}(2^{2n+1})$ der Ordnung $(q^2 + 1)\,q^2(q - 1)$ ist. Diese Gruppen wurden von Suzuki entdeckt. Wir werden sie in Band 2 ausführlich beschreiben. $\mathfrak{S}(2^{2n+1})$ besitzt eine Darstellung als 2-fach transitive Permutationsgruppe vom Grad $q^2 + 1$ (s. ONO [1]).

b) Sei $K = GF(q)$ mit $q = 3^{2n+1}$ und $n > 1$. Sei $\mathfrak{H}$ die von Chevalley angegebene einfache Gruppe zur Ausnahme-Liealgebra $\mathfrak{G}_2$ über K. Dann besitzt $\mathfrak{H}$ einen Automorphismus α derart, daß die Gruppe $\mathfrak{G}$ der Fixpunkte von α eine einfache Gruppe der Ordnung $(q^3 + 1)\,q^3(q - 1)$ ist. $\mathfrak{G}$ hat eine Darstellung als 2-fach transitive Permutationsgruppe vom Grad $q^3 + 1$. Der Stabilisator einer Ziffer besitzt einen auf den restlichen Ziffern regulären Normalteiler $\mathfrak{Q}$. Es ist $\mathfrak{Q}$ eine nilpotente Gruppe von der Klasse 3 und der Ordnung q^3. Der Stabilisator von zwei Ziffern ist zyklisch von der Ordnung $q - 1$. Die 2-Sylowgruppen von $\mathfrak{G}$ sind elementar-abelsch von der Ordnung 8 (s. REE [2] und TITS [2]).

c) Sei $K = GF(q)$ mit $q = 2^{2n+1}$ $(n \geqq 1)$ und sei $\mathfrak{H}$ die einfache Gruppe zur Ausnahme-Liealgebra $\mathfrak{F}_4$ über K. Dann besitzt $\mathfrak{H}$ einen Automorphismus α derart, daß die Gruppe $\mathfrak{G}$ der Fixpunkte von α eine einfache Gruppe von der Ordnung

$$q^{12}(q^6 + 1)(q^4 - 1)(q^3 + 1)(q - 1)$$

ist (REE [1]). Über $GF(2)$ führt die gleiche Bildung zu einer Gruppe mit einem einfachen Normalteiler vom Index 2 (TITS [5]).

d) Sei $K = GF(q^3)$ mit $q \geqq 4$ und sei $\mathfrak{H}$ die einfache Gruppe zur Liealgebra $\mathfrak{D}_4$ über K. Dann besitzt $\mathfrak{H}$ einen Automorphismus α derart, daß die Gruppe der Fixpunkte von α eine einfache Gruppe der Ordnung

$$q^{12}(q^2 - 1)(q^6 - 1)(q^8 + q^4 + 1)$$

ist (STEINBERG [1]).

e) Sei $K = GF(q^2)$ mit $q \geqq 4$ und sei $\mathfrak{H}$ die einfache Gruppe zur Ausnahme-Liealgebra $\mathfrak{E}_6$ über K. Dann besitzt $\mathfrak{H}$ einen Automorphismus α derart, daß die Gruppe der Fixpunkte von α eine einfache Gruppe der Ordnung

$$q^{36}(q^2 - 1)(q^5 + 1)(q^6 - 1)(q^8 - 1)(q^9 + 1)(q^{12} - 1)\,d^{-1}$$

mit $d = (3, q + 1)$ ist (STEINBERG [1]).

Aufgaben:

22) Sei V ein Vektorraum über K mit symmetrischem, nicht ausgeartetem Skalarprodukt. Sei H eine Hyperebene in V und T eine von E verschiedene Isometrie von V mit $hT = h$ für alle $h \in H$.

a) Ist $vT - v \in H$ für alle $v \in V$, so ist $H \cap H^\perp \neq 0$ und $\mathrm{Char}\,K = 2$. (Also gibt es nur für $\mathrm{Char}\,K = 2$ Transvektionen, welche Isometrien sind.)

b) Ist $H \cap H^\perp = 0$, so ist $\mathrm{Char}\,K \neq 2$ und T ist eine Spiegelung an H; d. h. mit $H^\perp = \langle a \rangle$ gilt

$$vT = v - \frac{2(v, a)}{(a, a)}\,a$$

für alle $v \in V$.

23) Sei V ein Vektorraum über K mit symmetrischem, nicht ausgeartetem Skalarprodukt. Sei $\mathrm{Char}\,K \neq 2$. Sei H eine Hyperebene in V mit $H^\perp = \langle t \rangle \subseteq H$ und T eine Isometrie von V mit

$$tT = T\,,$$

$$hT - h \in \langle t \rangle \quad \text{für alle} \quad h \in H\,,$$

$$vT - v \in H \quad \text{für alle} \quad v \in V\,.$$

Sei $V = H \oplus \langle x \rangle$ mit $(x, t) = 1$. Dann gibt es ein w aus $H \cap \langle x \rangle^{\perp}$ mit

$$hT = h - (w, h)\, t \quad \text{für alle} \quad h \in H,$$

$$xT = x + w - \frac{(w, w)}{2}\, t .$$

(Diese T sind für Char $K \neq 2$ der Ersatz für die nach Aufgabe 22 a) nicht existierenden Transvektionen.)

24) Ist R der reelle und C der komplexe Zahlkörper und ist die hermitesche Form auf $V(2, C)$ gegeben durch

$$(x, y) = x_1 \bar{y}_1 + x_2 \bar{y}_2 ,$$

so gilt $SU(2, C) \not\cong SL(2, R)$.

(Man vergleiche mit 8.8, S. 194.)

Literaturbemerkungen zu Kapitel II

§ 1: Die Darstellung folgt weitgehend WIELANDT [20].

§ 2: 2.1—2.3 sind WIELANDT [20] entnommen. Auf 2.6 hat meines Wissens zuerst N. Itô hingewiesen.

§ 3: Die Aussagen 3.2, 3.7—3.9 stehen wohl zuerst in ORE [1], Satz 3.6 steht bereits in dem berühmten Brief von Galois. 3.10 und ein Spezialfall von 3.11 finden sich in HUPPERT [5]; 3.10 dürfte schon vorher weitgehend bekannt gewesen sein. Beispiel 3.4 b) verdanke ich einer mündlichen Mitteilung von McLaughlin. Verallgemeinerungen von Aufgabe 1) findet man in HUPPERT [4] und ITÔ [5].

§ 4: Die Darstellung folgt hier wieder WIELANDT [20].

§ 6: Der wiedergegebene Beweis der Einfachheit von $PSL(n, K)$ folgt IWASAWA [3]. Die Darstellung ist auch stark von ARTIN [3] beeinflußt.

§ 7: Die Ergebnisse dieses Paragraphen stehen alle in DICKSON [1], dessen Darstellung wir jedoch nicht folgen.

§ 8: Die Diskussion der diophantischen Gleichung folgt stellenweise DICKSON [1].

§ 9: Die Behandlung der symplektischen Gruppen folgt weitgehend ARTIN [3], jedoch ist der Einfachheitsbeweis 9.22 nach TAMAGAWA [1] geführt. Den Beweis von 9.23 verdanke ich E. C. Dade. 9.25 steht mit etwas anderem Beweis in PARKER [1]. Die Aufgaben 20) und 21) stammen aus ARTIN [3].

§ 10: Die Darstellung folgt hier wieder ARTIN [3].

Kapitel III

Nilpotente Gruppen und p-Gruppen

Die Sylowschen Sätze zeigen, daß die Gruppen von Primzahlpotenzordnung in der Theorie der endlichen Gruppen eine ausgezeichnete Rolle spielen. Freilich ist der Aufbau einer endlichen Gruppe aus ihren Sylowgruppen meist eine sehr schwierige Aufgabe. Im Falle der auflösbaren Gruppen gibt die Theorie der Sylowsysteme von P. Hall und die Theorie der p-Länge von P. Hall und G. Higman wichtige Einblicke; darauf gehen wir in Kapitel VI ein. Bei einfachen Gruppen steht die Einsicht in den Aufbau der Gruppe aus ihren Sylowgruppen noch in den Anfängen. Die Arbeiten von Thompson über einfache Gruppen haben jedoch schon wichtige Einblicke gegeben und die Theorie der p-Gruppen in neue Bahnen gelenkt.

Als eine der schwierigsten Aufgaben der Gruppentheorie bleibt die Bestimmung aller p-Gruppen. Diese scheint grundsätzlich an der gewaltigen Anzahl der Isomorphietypen zu scheitern. G. Higman und Sims (G. Higman [4], [5], Sims [1]) haben gezeigt, daß die Anzahl der p-Gruppen von der Ordnung p^n asymptotisch durch

$$p^{a(n,p)n^3} \quad \text{mit} \quad a(n,p) = \frac{2}{27} + O(n^{-1/3})$$

gegeben wird. Es erscheint daher sehr fraglich, ob die Bestimmung aller p-Gruppen ein gut gestelltes Problem ist. Wünschenswert wäre eine Klassifizierung der p-Gruppen nach einem Äquivalenzbegriff, der schwächer als die Isomorphie ist. Ein Ansatz in dieser Richtung findet sich in P. Hall [10], und wird in M. Hall, Senior [1] bei der Bestimmung aller Gruppen der Ordnung 2^6 verwendet.

Eine systematische Theorie der p-Gruppen wird erst durch einschneidende Zusatzvoraussetzungen möglich. Der weitaus allgemeinste und erfolgreichste Ansatz ist die Theorie der regulären p-Gruppen von P. Hall (§ 10). Diese Theorie betrachtet neben den Kommutatoren die Bildung der p-ten Potenzen. Es ergeben sich zahlreiche Beziehungen zwischen den charakteristischen Untergruppen

$$\Omega_i(\mathfrak{G}) = \{G \mid G \in \mathfrak{G},\, G^{p^i} = E\}, \quad \mho_i(\mathfrak{G}) = \{G^{p^i} \mid G \in \mathfrak{G}\}$$

und den Gliedern der aufsteigenden und absteigenden Zentralreihen. Für die p-Gruppen vom Exponenten p liefert freilich die Theorie der regulären p-Gruppen nichts; hier gerät man in den Bereich des Burnside-Problems

(s. 6.7), wo viele Fragen bisher keine vollständige Antwort gefunden haben. Eine wichtige Weiterentwicklung der Theorie der regulären p-Gruppen ist die in § 14 dargestellte Theorie der p-Gruppen von maximaler Klasse.

Abgesehen von der Theorie der regulären p-Gruppen besteht keine wirklich zusammenhängende Theorie der p-Gruppen. Neben allgemeine, aber sehr elementare Aussagen (§ 7 und § 8) treten die Untersuchungen spezieller Klassen von p-Gruppen, welche in Anwendungen eine Rolle spielen. Dazu gehören die in § 12 behandelten p-Gruppen mit nur kleinen abelschen Normalteilern, deren Bedeutung in den Arbeiten über einfache Gruppen von Feit und Thompson deutlich geworden ist. In der feineren Theorie der auflösbaren Gruppen, die wir in Band 2 erst entwickeln werden, spielen die speziellen und extraspeziellen Gruppen eine beherrschende Rolle (§ 13).

Neben der Theorie der p-Gruppen behandeln wir in diesem Kapitel diejenigen Gruppen, deren Aufbau aus ihren Sylowgruppen besonders einfach ist, welche nämlich direkte Produkte ihrer Sylowgruppen sind. Diese Klasse von Gruppen, nilpotente Gruppen genannt (aus einem Grund, der erst beim Übergang zu Lieschen Ringen deutlich wird), läßt sich durch zahlreiche Bedingungen charakterisieren (§ 2–5). Dieser Teil der Theorie hat einen befriedigenden Abschluß erreicht, und die Ergebnisse sind für alle späteren Abschnitte, besonders aber für die Theorie der auflösbaren Gruppen in Kapitel VI, von größter Wichtigkeit.

Die Paragraphen 18 und 19 geben neuere Ergebnisse über die Anzahl der Erzeugenden und Relationen sowie die Automorphismen von p-Gruppen wieder; die dabei verwendeten modultheoretischen Überlegungen (in § 18) und kohomologischen Betrachtungen (in § 19) sind vorher in der Theorie der p-Gruppen nicht herangezogen worden.

Dem unerfahrenen Leser sei geraten, sich zuerst auf die folgenden Abschnitte zu beschränken: § 1–5, § 7, § 8–8.4, § 13–13.7.

§ 1. Kommutatoren und Kommutatorgruppen

In diesem Paragraphen entwickeln wir einen systematischen Kommutatorkalkül. Von der Endlichkeit der Gruppen wird dabei nirgendwo Gebrauch gemacht werden. Eines unserer Ergebnisse (2.11 b)) wird in der Tat in § 9 für freie Gruppen benötigt werden.

1.1 Definition. Mit unseren früheren Festsetzungen

$$A^B = B^{-1}AB \quad \text{und} \quad [A, B] = A^{-1}B^{-1}AB$$

(s. I, 2.14, S. 9 und I, 8.1, S. 37) gilt

$$[A, B] = A^{-1}A^B = B^{-A}B\,.$$

Wir schreiben dafür im Einklang mit I, 10.8 (S. 58)

$$[A, B] = A^{-E+B} = B^{-A+E}.$$

Offenbar gelten

$$A^{B(C+D)} = A^{BC+BD} \text{ und } A^{(B+C)D} = A^{BD+CD}.$$

(Es ist aber zu beachten, daß die dadurch eingeführte Addition der Exponenten nicht notwendig kommutativ ist!) Wir nennen $[A, B]$ den Kommutator von A und B. Es gilt $[A, B] = E$ genau dann, wenn $AB = BA$ ist.

Für die Kommutatoren gelten die folgenden einfachen Rechenregeln:

1.2 Hilfssatz. *Es ist*

a) $[A, B] = [B, A]^{-1}$.

b) $[A, BC] = [A, C]\,[A, B]^C = [A, C]\,[A, B]\,[[A, B], C]$.

c) $[AB, C] = [A, C]^B\,[B, C] = [A, C]\,[[A, C], B]\,[B, C]$.

Beweis. a) ist völlig trivial.

b) Es gilt

$$\begin{aligned}[A, BC] &= A^{-E+BC} = A^{-E+C-C+BC} = A^{-E+C}\,A^{(-E+B)C}\\ &= [A, C]\,[A, B]^C = [A, C]\,[A, B]\,[[A, B], C]\end{aligned}$$

und ähnlich

c) $$\begin{aligned}[AB, C] &= C^{-AB+E} = C^{(-A+E)B}\,C^{-B+E} = [A, C]^B\,[B, C]\\ &= [A, C]\,[[A, C], B]\,[B, C].\end{aligned}$$ **q.e.d.**

Häufig ist der folgende Hilfssatz nützlich:

1.3 Hilfssatz. a) *Ist der Kommutator $[A, B]$ vertauschbar mit A, so gilt für alle ganzen rationalen Zahlen n*

$$[A^n, B] = [A, B]^n.$$

b) *Ist $[A, B]$ vertauschbar mit A und B, so gilt für alle natürlichen Zahlen n*

$$(AB)^n = A^n B^n [B, A]^{\binom{n}{2}}.$$

Beweis. a) Wir beweisen die Behauptung für $n > 0$ durch Induktion nach n. Für $n = 1$ ist sie offenbar richtig. Es ist

$$\begin{aligned}[A^n, B] &= [A A^{n-1}, B] = [A, B]^{A^{n-1}}\,[A^{n-1}, B] \quad \text{(nach 1.2 c))}\\ &= [A, B]\,[A^{n-1}, B] \quad \text{(da } [A, B] \text{ mit } A^{n-1} \text{ vertauschbar ist)}\\ &= [A, B]\,[A, B]^{n-1} \quad \text{(nach Induktionsannahme)}\\ &= [A, B]^n.\end{aligned}$$

Aus 1.2c) folgt für $n > 0$

$$\begin{aligned}E &= [A^n A^{-n}, B] = [A^n, B]^{A^{-n}}\,[A^{-n}, B]\\ &= ([A, B]^n)^{A^{-n}}\,[A^{-n}, B] = [A, B]^n\,[A^{-n}, B],\end{aligned}$$

somit $[A^{-n}, B] = [A, B]^{-n}$.

b) Für $n = 1$ ist die Behauptung trivial. Für $n > 1$ ergibt sie sich durch Induktion so:

$$(AB)^n = (AB)^{n-1}AB = A^{n-1}B^{n-1}[B,A]^{\binom{n-1}{2}}AB \quad \text{(nach Induktionsannahme)}$$

$$= A^{n-1}B^{n-1}AB[B,A]^{\binom{n-1}{2}} \quad \text{(da } [B,A] = [A,B]^{-1} \text{ mit } A \text{ und } B \text{ vertauschbar ist)}$$

$$= A^{n-1}AB^{n-1}B^{-(n-1)}A^{-1}B^{n-1}AB[B,A]^{\binom{n-1}{2}}$$

$$= A^nB^{n-1}[B^{n-1},A]\,B[B,A]^{\binom{n-1}{2}}$$

$$= A^nB^{n-1}[B,A]^{n-1}\,B[B,A]^{\binom{n-1}{2}} \quad \text{(nach 1.3a))}$$

$$= A^nB^n[B,A]^{\binom{n}{2}}.$$

q.e.d.

1.4 Satz (WITT*sche Identität*).
Mit der Abkürzung $[[A,B],C] = [A,B,C]$ *gilt*

$$[A,B^{-1},C]^B\,[B,C^{-1},A]^C\,[C,A^{-1},B]^A = E\,.$$

Beweis. Wir setzen $U = ACA^{-1}BA$. Durch zyklische Vertauschung von A, B, C bilden wir daraus $V = BAB^{-1}CB$ und $W = CBC^{-1}AC$. Es ist

$$[A,B^{-1},C]^B = B^{-1}[A,B^{-1}]^{-1}C^{-1}[A,B^{-1}]\,CB$$
$$= B^{-1}[B^{-1},A]\,C^{-1}\,[A,B^{-1}]\,CB$$
$$= B^{-1}BA^{-1}B^{-1}A\,C^{-1}A^{-1}BAB^{-1}CB = U^{-1}V\,.$$

Berechnen wir die beiden anderen Terme in der Wittschen Identität in gleicher Weise, so erhalten wir

$$[A,B^{-1},C]^B\,[B,C^{-1},A]^C\,[C,A^{-1},B]^A = U^{-1}VV^{-1}WW^{-1}U = E\,.$$

q.e.d.

1.5 Definition. Seien $\mathfrak{A}$ und $\mathfrak{B}$ Teilmengen der Gruppe $\mathfrak{G}$. Wir setzen wie in I, 8.1 (S. 37)

$$[\mathfrak{A},\mathfrak{B}] = \langle [A,B] \mid A \in \mathfrak{A}, B \in \mathfrak{B}\rangle\,.$$

Offenbar ist $[\mathfrak{A},\mathfrak{B}]$ eine Untergruppe von $\mathfrak{G}$. Die Gruppe $[\mathfrak{G},\mathfrak{G}]$ stimmt mit der Kommutatorgruppe $\mathfrak{G}'$ überein. (Es ist zu beachten, daß $[\mathfrak{A},\mathfrak{B}]$ nicht nur aus den Kommutatoren $[A,B]$ besteht, sondern aus allen Produkten solcher Kommutatoren und ihrer Inversen. Man beachte ferner, daß $[A,B]$ und $[\{A\},\{B\}] = \langle [A,B]\rangle$ nun durchaus zu unterscheiden sind.)

1.6 Hilfssatz. *Sind* $\mathfrak{A}$ *und* $\mathfrak{B}$ *Untergruppen von* $\mathfrak{G}$, *so gilt:*

a) $[\mathfrak{A}, \mathfrak{B}] = [\mathfrak{B}, \mathfrak{A}]$.

b) $[\mathfrak{A}, \mathfrak{B}] \trianglelefteq \langle \mathfrak{A}, \mathfrak{B} \rangle$.

c) *Aus* $\mathfrak{A}_1 \leqq \mathfrak{A}$ *und* $\mathfrak{B}_1 \leqq \mathfrak{B}$ *folgt* $[\mathfrak{A}_1, \mathfrak{B}_1] \leqq [\mathfrak{A}, \mathfrak{B}]$.

d) $[\mathfrak{A}, \mathfrak{B}] \leqq \mathfrak{A}$ *ist gleichwertig mit* $\mathfrak{B} \leqq \mathbf{N}_{\mathfrak{G}}(\mathfrak{A})$.

e) *Ist* μ *ein Homomorphismus von* $\mathfrak{G}$, *so haben wir* $[\mathfrak{A}, \mathfrak{B}]^{\mu} = [\mathfrak{A}^{\mu}, \mathfrak{B}^{\mu}]$.

f) *Sind* $\mathfrak{A}$ *und* $\mathfrak{B}$ *Normalteiler (charakteristische Untergruppen) von* $\mathfrak{G}$, *so ist auch* $[\mathfrak{A}, \mathfrak{B}]$ *ein Normalteiler (eine charakteristische Untergruppe) von* $\mathfrak{G}$, *und es gilt* $[\mathfrak{A}, \mathfrak{B}] \leqq \mathfrak{A} \cap \mathfrak{B}$.

Beweis. a) Wegen $[B, A] = [A, B]^{-1} \in [\mathfrak{A}, \mathfrak{B}]$ gilt $[\mathfrak{B}, \mathfrak{A}] \leqq [\mathfrak{A}, \mathfrak{B}]$. Genauso folgt die umgekehrte Inklusion, daher auch die Behauptung.

b) Seien $A, A' \in \mathfrak{A}$ und $B, B' \in \mathfrak{B}$. Dann gilt wegen 1.2 b) und c)

$$[A, B]^{B'} = [A, B']^{-1} [A, B B'] \in [\mathfrak{A}, \mathfrak{B}]$$

und

$$[A, B]^{A'} = [A A', B]\, [A', B]^{-1} \in [\mathfrak{A}, \mathfrak{B}]\,.$$

Also ist $[\mathfrak{A}, \mathfrak{B}] \trianglelefteq \langle \mathfrak{A}, \mathfrak{B} \rangle$.

c) ist trivial.

d) $[A, B] = A^{-1} B^{-1} A B \in \mathfrak{A}$ ist gleichwertig mit $B^{-1} A B = A^B \in \mathfrak{A}$. Also ist $[\mathfrak{A}, \mathfrak{B}] \leqq \mathfrak{A}$ gleichwertig mit $\mathfrak{B} \leqq \mathbf{N}_{\mathfrak{G}}(\mathfrak{A})$.

e) Wir haben

$$[\mathfrak{A}, \mathfrak{B}]^{\mu} = \langle [A, B]^{\mu} \mid A \in \mathfrak{A}, B \in \mathfrak{B} \rangle = \langle [A^{\mu}, B^{\mu}] \mid A^{\mu} \in \mathfrak{A}^{\mu}, B^{\mu} \in \mathfrak{B}^{\mu} \rangle$$
$$= [\mathfrak{A}^{\mu}, \mathfrak{B}^{\mu}]\,.$$

f) Daß mit $\mathfrak{A}$ und $\mathfrak{B}$ auch $[\mathfrak{A}, \mathfrak{B}]$ ein Normalteiler (eine charakteristische Untergruppe) von $\mathfrak{G}$ ist, folgt sofort aus e), wenn wir μ alle inneren Automorphismen (alle Automorphismen) von $\mathfrak{G}$ durchlaufen lassen.

Aus $\mathfrak{A} \leqq \mathbf{N}_{\mathfrak{G}}(\mathfrak{B}) = \mathfrak{G}$ folgt nach d) die Aussage $[\mathfrak{A}, \mathfrak{B}] \leqq \mathfrak{B}$; ebenso erhalten wir auch $[\mathfrak{A}, \mathfrak{B}] \leqq \mathfrak{A}$. **q.e.d.**

1.7 Definition. Sei $\mathfrak{F}$ die freie Gruppe in den freien Erzeugenden F_{ij} $(j = 1, \ldots, k;\ i = 1, \ldots)$ und

$$W = \prod_{m,n} F_{i_m j_n}^{a_{mn}}$$

ein Element aus $\mathfrak{F}$. Seien $\mathfrak{A}_j$ $(j = 1, \ldots, k)$ Untergruppen der Gruppe $\mathfrak{G}$ und $\mathfrak{M}$ die Menge der Homomorphismen μ von $\mathfrak{F}$ in $\mathfrak{G}$ mit

$$F_{ij}^{\mu} \in \mathfrak{A}_j \quad (j = 1, \ldots, k)\,.$$

(Nach I, 19.1, S. **133**, gibt es zu vorgegebenen $A_{ij} \in \mathfrak{A}_j$ stets einen Homomorphismus μ von $\mathfrak{F}$ in $\mathfrak{G}$ mit $F_{ij}^{\mu} = A_{ij}$.) Wir setzen

$$W(\mathfrak{A}_1, \ldots, \mathfrak{A}_k) = \langle W^{\mu} \mid \mu \in \mathfrak{M} \rangle = \left\langle \prod_{m,n} A_{i_m j_n}^{a_{mn}} \mid A_{ij} \in \mathfrak{A}_j \right\rangle.$$

Ist ε ein Homomorphismus von $\mathfrak{G}$, so gilt offenbar

$$W(\mathfrak{A}_1, \ldots, \mathfrak{A}_k)^\varepsilon = W(\mathfrak{A}_1^\varepsilon, \ldots, \mathfrak{A}_k^\varepsilon) .$$

Sind alle $\mathfrak{A}_i$ Normalteiler (charakteristische Untergruppen) von $\mathfrak{G}$, so ist auch $W(\mathfrak{A}_1, \ldots, \mathfrak{A}_k)$ ein Normalteiler (eine charakteristische Untergruppe) von $\mathfrak{G}$.

Für $W = [F_{11}, F_{12}]$ zum Beispiel ist $W(\mathfrak{A}_1, \mathfrak{A}_2) = [\mathfrak{A}_1, \mathfrak{A}_2]$; für $W = F_{11}^n$ ist $W(\mathfrak{A}_1)$ das Erzeugnis der n-ten Potenzen der Elemente aus $\mathfrak{A}_1$.

1.8 Hilfssatz. *Seien F und F' Elemente der freien Gruppe $\mathfrak{F}$ mit dem freien Erzeugendensystem $\{F_{ij}, F'_{ij} \mid j = 1, \ldots, k;\ i = 1, 2, \ldots\}$, sei F ein Potenzprodukt in den F_{ij} und F' in den F'_{ij}. Wir setzen $W = [F, F']$. Sind die $\mathfrak{A}_j$ $(j = 1, \ldots, k)$ Normalteiler von $\mathfrak{G}$, so gilt*

$$W(\mathfrak{A}_1, \ldots, \mathfrak{A}_k) = [F(\mathfrak{A}_1, \ldots, \mathfrak{A}_k), F'(\mathfrak{A}_1, \ldots, \mathfrak{A}_k)] .$$

Beweis. Sei $\mathfrak{M}$ die Menge der Homomorphismen μ von $\mathfrak{F}$ in $\mathfrak{G}$ mit $F_{ij}^\mu \in \mathfrak{A}_j$ und $F_{ij}'^\mu \in \mathfrak{A}_j$ $(j = 1, \ldots, k)$. Dann ist für $\mu \in \mathfrak{M}$

$$W^\mu = [F^\mu, F'^\mu] \in [F(\mathfrak{A}_1, \ldots, \mathfrak{A}_k), F'(\mathfrak{A}_1, \ldots, \mathfrak{A}_k)] .$$

Daher gilt jedenfalls

$$W(\mathfrak{A}_1, \ldots, \mathfrak{A}_k) = \langle W^\mu \mid \mu \in \mathfrak{M} \rangle \leqq [F(\mathfrak{A}_1, \ldots, \mathfrak{A}_k), F'(\mathfrak{A}_1, \ldots, \mathfrak{A}_k)] .$$

Zum Beweis der umgekehrten Inklusion betrachten wir die Faktorgruppe

$$\overline{\mathfrak{G}} = \mathfrak{G}/W(\mathfrak{A}_1, \ldots, \mathfrak{A}_k) ;$$

hier wird benutzt, daß die $\mathfrak{A}_j$ und daher auch $W(\mathfrak{A}_1, \ldots, \mathfrak{A}_k)$ Normalteiler von $\mathfrak{G}$ sind. Sei ε der natürliche Epimorphismus von $\mathfrak{G}$ auf $\overline{\mathfrak{G}}$ mit

$$G^\varepsilon = G\,W(\mathfrak{A}_1, \ldots, \mathfrak{A}_k) .$$

Nun ist

$$[F^{\mu\varepsilon}, F'^{\mu\varepsilon}] = [F^\mu, F'^\mu]^\varepsilon = W^{\mu\varepsilon} \in W(\mathfrak{A}_1, \ldots, \mathfrak{A}_k)^\varepsilon = \mathfrak{E} .$$

Da bei festgehaltenem $F^\mu = \prod_{n,m} F_{i_n j_m}^{a_{nm}\mu}$ die $F'^\mu = \prod_{s,t} F_{i_s j_t}'^{a'_{st}\mu}$ (mit $a_{nm} = \pm 1$, $a'_{st} = \pm 1$) noch ganz $F'(\mathfrak{A}_1, \ldots, \mathfrak{A}_k)$ erzeugen, folgt

$$[F(\mathfrak{A}_1, \ldots, \mathfrak{A}_k), F'(\mathfrak{A}_1, \ldots, \mathfrak{A}_k)] \leqq \operatorname{Kern} \varepsilon = W(\mathfrak{A}_1, \ldots, \mathfrak{A}_k) . \quad \textbf{q.e.d.}$$

1.9 Definition. Wir definieren rekursiv

$$[A_1, \ldots, A_n] = [[A_1, \ldots, A_{n-1}], A_n] .$$

Die Kommutatoren mit dieser speziellen Beklammerung nennen wir linksnormiert. Ist W das Element

$$W = [F_1, \ldots, F_n]$$

aus der freien Gruppe $\mathfrak{F}$ in den freien Erzeugenden F_j, so setzen wir $W(\mathfrak{G}) = \mathbf{K}_n(\mathfrak{G})$. Nach Definition 1.7 ist also

$$\mathbf{K}_n(\mathfrak{G}) = \langle [G_1, \ldots, G_n] \mid G_i \in \mathfrak{G} \rangle .$$

Hilfssatz 1.8 sagt, daß wir $\mathbf{K}_n(\mathfrak{G})$ auch erhalten durch die rekursive Vorschrift

$$\mathbf{K}_1(\mathfrak{G}) = \mathfrak{G} \quad \text{und} \quad \mathbf{K}_{i+1}(\mathfrak{G}) = [\mathbf{K}_i(\mathfrak{G}), \mathfrak{G}] .$$

Aus der Beschreibung von $\mathbf{K}_n(\mathfrak{G})$ folgt sofort: Ist μ ein Homomorphismus von $\mathfrak{G}$, so gilt $\mathbf{K}_n(\mathfrak{G}^\mu) = \mathbf{K}_n(\mathfrak{G})^\mu$.

1.10 Hilfssatz. *Seien $\mathfrak{A}$, $\mathfrak{B}$ und $\mathfrak{C}$ Untergruppen von $\mathfrak{G}$. Dann gilt:*

a) *Aus $\mathfrak{B} \leqq \mathbf{N}_\mathfrak{G}(\mathfrak{A}) \cap \mathbf{N}_\mathfrak{G}(\mathfrak{C})$ folgt $[\mathfrak{A}\mathfrak{B}, \mathfrak{C}] = [\mathfrak{A}, \mathfrak{C}]\,[\mathfrak{B}, \mathfrak{C}]$.*

b) (P. Hall) *Ist $\mathfrak{N} \trianglelefteq \mathfrak{G}$, gilt $[\mathfrak{B}, \mathfrak{C}, \mathfrak{A}] \leqq \mathfrak{N}$ und $[\mathfrak{C}, \mathfrak{A}, \mathfrak{B}] \leqq \mathfrak{N}$, so gilt auch $[\mathfrak{A}, \mathfrak{B}, \mathfrak{C}] \leqq \mathfrak{N}$.*

(Gemäß Definition 1.7 ist dabei

$$[\mathfrak{A}, \mathfrak{B}, \mathfrak{C}] = \langle [A, B, C] \mid A \in \mathfrak{A}, B \in \mathfrak{B}, C \in \mathfrak{C} \rangle.)$$

c) *Ist $\mathfrak{A} \trianglelefteq \mathfrak{G}$, so ist $[\mathfrak{A}\mathfrak{B}, \mathfrak{A}\mathfrak{C}] \leqq [\mathfrak{B}, \mathfrak{C}]\,\mathfrak{A}$.*

Beweis. a) Wegen $\mathfrak{B} \leqq \mathbf{N}_\mathfrak{G}(\mathfrak{A})$ ist $\mathfrak{A}\mathfrak{B} = \{AB \mid A \in \mathfrak{A}, B \in \mathfrak{B}\}$ eine Untergruppe von $\mathfrak{G}$. Also ist

$$[\mathfrak{A}\mathfrak{B}, \mathfrak{C}] = \langle [AB, C] \mid A \in \mathfrak{A}, B \in \mathfrak{B}, C \in \mathfrak{C} \rangle .$$

Nach 1.6 b) ist $[\mathfrak{A}, \mathfrak{C}]$ normal in $\langle \mathfrak{A}, \mathfrak{C} \rangle$. Wegen $\mathfrak{B} \leqq \mathbf{N}_\mathfrak{G}(\mathfrak{C})$ haben wir nach 1.6 d) $[\mathfrak{B}, \mathfrak{C}] \leqq \mathfrak{C}$. Also folgt zusammen

$$[\mathfrak{B}, \mathfrak{C}] \leqq \mathfrak{C} \leqq \mathbf{N}_\mathfrak{G}([\mathfrak{A}, \mathfrak{C}]) .$$

Somit ist $[\mathfrak{A}, \mathfrak{C}]\,[\mathfrak{B}, \mathfrak{C}]$ eine Untergruppe von $\mathfrak{G}$. Mit 1.2 c) erhalten wir

$$[AB, C] = [A, C]^B [B, C] = [A^B, C^B]\,[B, C] \in [\mathfrak{A}, \mathfrak{C}]\,[\mathfrak{B}, \mathfrak{C}] .$$

Damit haben wir

$$[\mathfrak{A}\mathfrak{B}, \mathfrak{C}] \leqq [\mathfrak{A}, \mathfrak{C}]\,[\mathfrak{B}, \mathfrak{C}]$$

bewiesen. Die umgekehrte Inklusion folgt wegen $\mathfrak{A} \leqq \mathfrak{A}\mathfrak{B}$ und $\mathfrak{B} \leqq \mathfrak{A}\mathfrak{B}$ sofort aus 1.6 c).

b) Die Wittsche Identität 1.4 liefert

$$[A, B^{-1}, C]^B = [C, A^{-1}, B]^{-A}\,[B, C^{-1}, A]^{-C} \in \mathfrak{N}^A \mathfrak{N}^C = \mathfrak{N} .$$

Also ist $[A, B^{-1}, C] \in \mathfrak{N}$ für alle $A \in \mathfrak{A}$, $B \in \mathfrak{B}$, $C \in \mathfrak{C}$, und daher auch $[\mathfrak{A}, \mathfrak{B}, \mathfrak{C}] \leqq \mathfrak{N}$.

c) Sei μ der natürliche Epimorphismus von $\mathfrak{G}$ auf $\mathfrak{G}/\mathfrak{A}$ mit $G^\mu = G\mathfrak{A}$. Dann ist $\mathfrak{B}^\mu = \mathfrak{A}\mathfrak{B}/\mathfrak{A}$ und $\mathfrak{C}^\mu = \mathfrak{A}\mathfrak{C}/\mathfrak{A}$. Mit 1.6 e) erhalten wir jetzt

$$[\mathfrak{A}\mathfrak{B}, \mathfrak{A}\mathfrak{C}]\,\mathfrak{A}/\mathfrak{A} = [\mathfrak{A}\mathfrak{B}/\mathfrak{A}, \mathfrak{A}\mathfrak{C}/\mathfrak{A}] = [\mathfrak{B}^\mu, \mathfrak{C}^\mu] = [\mathfrak{B}, \mathfrak{C}]^\mu = [\mathfrak{B}, \mathfrak{C}]\,\mathfrak{A}/\mathfrak{A} ,$$

daher

$$[\mathfrak{A}\mathfrak{B}, \mathfrak{A}\mathfrak{C}] \leqq [\mathfrak{B}, \mathfrak{C}]\,\mathfrak{A} .$$ **q.e.d.**

1.11 Hilfssatz. *Die Gruppe $\mathfrak{G}$ sei erzeugt von der Teilmenge $\mathfrak{M}$. Dann gilt:*

a) $\mathbf{K}_i(\mathfrak{G}) = \langle [M_1, \ldots, M_i]^G \mid M_j \in \mathfrak{M}, G \in \mathfrak{G} \rangle$.

b) $\mathbf{K}_i(\mathfrak{G}) = \langle [M_1, \ldots, M_i], \mathbf{K}_{i+1}(\mathfrak{G}) \mid M_j \in \mathfrak{M} \rangle$.

c) *Ist* $\mathfrak{G} = \langle A, B \rangle$, *so ist* $\mathbf{K}_2(\mathfrak{G}) = \mathfrak{G}' = \langle [A, B], \mathbf{K}_3(\mathfrak{G}) \rangle$. *Insbesondere ist dann* $\mathbf{K}_2(\mathfrak{G})/\mathbf{K}_3(\mathfrak{G})$ *zyklisch.*

Beweis. a) Offenbar gilt $[M_1, \ldots, M_i]^G \in \mathbf{K}_i(\mathfrak{G})$.

Wegen $\mathbf{K}_1(\mathfrak{G}) = \mathfrak{G} = \langle \mathfrak{M} \rangle$ ist die Behauptung richtig für $i = 1$. Wir beweisen sie durch Induktion nach i. Sei bereits

$$\mathbf{K}_i(\mathfrak{G}) = \langle [M_1, \ldots, M_i]^G \mid M_j \in \mathfrak{M}, G \in \mathfrak{G} \rangle$$

bewiesen. Wir setzen

$$\mathfrak{N}_{i+1} = \langle [M_1, \ldots, M_{i+1}]^G \mid M_j \in \mathfrak{M}, G \in \mathfrak{G} \rangle .$$

Es ist

$$[[M_1, \ldots, M_i]^G, M_{i+1}^G] = [M_1, \ldots, M_{i+1}]^G \in \mathfrak{N}_{i+1} .$$

Modulo dem Normalteiler $\mathfrak{N}_{i+1}$ ist also jede Erzeugende $[M_1, \ldots, M_i]^G$ von $\mathbf{K}_i(\mathfrak{G})$ mit dem vollen Erzeugendensystem $\{M_j^G \mid M_j \in \mathfrak{M}\}$ von $\mathfrak{G}$ vertauschbar. Also gilt $[\mathbf{K}_i(\mathfrak{G}), \mathfrak{G}] = \mathbf{K}_{i+1}(\mathfrak{G}) \leqq \mathfrak{N}_{i+1}$. Die umgekehrte Inklusion ist trivial.

b) folgt sofort aus a) unter Beachtung von

$$[M_1, \ldots, M_i]^G = [M_1, \ldots, M_i]\,[M_1, \ldots, M_i, G] \in [M_1, \ldots, M_i]\,\mathbf{K}_{i+1}(\mathfrak{G}) .$$

c) ergibt sich aus b) mit $\mathfrak{M} = \{A, B\}$. **q.e.d.**

Wir kommen auf eine Bemerkung aus I, 8.1 (S. 37) zurück:

1.12 Beispiel. Wir geben ein Beispiel einer Gruppe $\mathfrak{G}$ an, in welcher nicht alle Elemente von $\mathfrak{G}'$ Kommutatoren sind. Diese Gruppe $\mathfrak{G}$ definieren wir durch die Erzeugenden A_i $(1 \leqq i \leqq 4)$ und die Relationen

$$A_i^p = [A_i, A_j, A_k] = E$$

für alle i, j, k. Mit 1.3 a) folgt $[A_i, A_j]^p = E$. Wir setzen $A_{ij} = [A_i, A_j]$. Man sieht leicht, daß jedes Element von $\mathfrak{G}$ sich schreiben läßt als (Get model by 10-vectors!)

$$\prod_i A_i^{x_i} \prod_{i<j} A_{ij}^{x_{ij}} ,$$

wobei die x_i und x_{ij} eindeutig mod p bestimmt sind. Also ist $|\mathfrak{G}| = p^{10}$. Aus 1.2 folgt

$$\left[\prod_i A_i^{x_i}, \prod_i A_i^{y_i} \right] = \prod_{i<j} A_{ij}^{z_{ij}}$$

mit $z_{ij} = x_i y_j - y_i x_j$, also mit

$$z_{12} z_{34} - z_{13} z_{24} + z_{14} z_{23} = 0 .$$

Daher sind die Gleichungen

$$z_{13} = z_{24} = 1 , \quad z_{ij} = 0 \text{ für alle übrigen Paare } i, j$$

nicht lösbar. Somit ist $A_{13} A_{24}$ kein Kommutator, liegt aber in $\mathfrak{G}'$.

Aufgaben:

1) Sei $\mathfrak{G}'' = \mathfrak{E}$. Man zeige

$$[A, B, C]\,[B, C, A]\,[C, A, B] = E$$

für alle $A, B, C \in \mathfrak{G}$.

2) Sei $\mathfrak{A}$ ein abelscher Normalteiler von $\mathfrak{G}$ mit zyklischer Faktorgruppe $\mathfrak{G}/\mathfrak{A} = \langle X\,\mathfrak{A}\rangle$. Dann gilt:

a) $A \to [A, X]$ ist ein Epimorphismus von $\mathfrak{A}$ auf $\mathfrak{G}'$.

b) Ist $\mathfrak{G}$ endlich, so gilt $|\mathfrak{A}| = |\mathfrak{G}'|\,|\mathfrak{A} \cap \mathbf{Z}(\mathfrak{G})|$.

c) Sei $\mathfrak{G}$ eine endliche Gruppe mit $\mathfrak{G}'' = \mathfrak{E}$ und mit zyklischem $\mathfrak{G}/\mathfrak{G}'$. Für jedes X mit $\mathfrak{G} = \langle \mathfrak{G}', X\rangle$ gilt dann $O(X) = |\mathfrak{G}/\mathfrak{G}'|$; also ist $\langle X\rangle$ ein Komplement von $\mathfrak{G}'$ in $\mathfrak{G}$.

§ 2. Zentralreihen und nilpotente Gruppen

2.1 Definition. a) Die Kette

$$\mathfrak{N}_1 \geqq \mathfrak{N}_2 \geqq \cdots \geqq \mathfrak{N}_r$$

von Untergruppen von $\mathfrak{G}$ heißt eine Zentralkette von $\mathfrak{G}$, falls gilt $[\mathfrak{N}_i, \mathfrak{G}] \leqq \mathfrak{N}_{i+1}$ für $i = 1, \ldots, r-1$ und $\mathfrak{N}_r \trianglelefteq \mathfrak{G}$. Aus

$$[\mathfrak{N}_i, \mathfrak{G}] \leqq \mathfrak{N}_{i+1} \leqq \mathfrak{N}_i$$

für $i < r$ folgt nach 1.6 d) $\mathfrak{N}_i \trianglelefteq \mathfrak{G}$. Die Glieder einer Zentralkette sind also stets Normalteiler von $\mathfrak{G}$. Die Bedingung $[\mathfrak{N}_i, \mathfrak{G}] \leqq \mathfrak{N}_{i+1}$ ist offenbar gleichwertig mit

$$\mathfrak{N}_i/\mathfrak{N}_{i+1} \leqq \mathbf{Z}(\mathfrak{G}/\mathfrak{N}_{i+1})\,.$$

b) Hat $\mathfrak{G}$ eine Zentralkette mit $\mathfrak{N}_1 = \mathfrak{G}$ und $\mathfrak{N}_r = \mathfrak{E}$, so nennen wir $\mathfrak{G}$ nilpotent. (Die Übereinstimmung dieser Definition mit der in I, 9.5 (S. 48) für endliche Gruppen angegebenen wird in 2.3 gezeigt werden.)

2.2 Definition. a) Die in 1.9 eingeführte Kette

$$\mathfrak{G} = \mathbf{K}_1(\mathfrak{G}) \geqq \mathbf{K}_2(\mathfrak{G}) \geqq \cdots$$

heißt die absteigende Zentralreihe von $\mathfrak{G}$. (Sie ist wegen

$$[\mathbf{K}_i(\mathfrak{G}), \mathfrak{G}] = \mathbf{K}_{i+1}(\mathfrak{G})$$

eine Zentralkette von $\mathfrak{G}$.) Wir setzen

$$\mathbf{K}_\infty(\mathfrak{G}) = \bigcap_i \mathbf{K}_i(\mathfrak{G})\,.$$

b) Die Kette

$$\mathfrak{E} = \mathbf{Z}_0(\mathfrak{G}) \leqq \mathbf{Z}_1(\mathfrak{G}) \leqq \mathbf{Z}_2(\mathfrak{G}) \leqq \cdots$$

mit $\mathbf{Z}_1(\mathfrak{G}) = \mathbf{Z}(\mathfrak{G})$ und $\mathbf{Z}_{i+1}(\mathfrak{G})/\mathbf{Z}_i(\mathfrak{G}) = \mathbf{Z}(\mathfrak{G}/\mathbf{Z}_i(\mathfrak{G}))$ heißt die aufsteigende Zentralreihe von $\mathfrak{G}$. Auch diese ist offenbar eine Zentralkette von $\mathfrak{G}$. Wir setzen

$$\mathbf{Z}_\infty(\mathfrak{G}) = \bigcup_i \mathbf{Z}_i(\mathfrak{G})$$

und nennen $\mathbf{Z}_\infty(\mathfrak{G})$ das Hyperzentrum von $\mathfrak{G}$.

Hauptsatz 2.3, der zum größten Teil von Burnside stammt, ist das Kernstück dieses Paragraphen:

2.3 Hauptsatz. *Für eine endliche Gruppe $\mathfrak{G}$ sind folgende Eigenschaften gleichwertig:*

a) *$\mathfrak{G}$ ist nilpotent.*

b) *Für alle genügend großen n gilt $\mathbf{K}_n(\mathfrak{G}) = \mathfrak{E}$; die absteigende Zentralreihe von $\mathfrak{G}$ endet also bei $\mathfrak{E}$.*

c) *Ist $\mathfrak{U} < \mathfrak{G}$, so ist $\mathfrak{U} < \mathbf{N}_{\mathfrak{G}}(\mathfrak{U})$.*

d) *Jede maximale Untergruppe von $\mathfrak{G}$ ist Normalteiler von $\mathfrak{G}$.*

e) *$\mathfrak{G}$ ist das direkte Produkt seiner Sylowgruppen.*

f) *Jedes von $\mathfrak{E}$ verschiedene epimorphe Bild von $\mathfrak{G}$ hat ein von $\mathfrak{E}$ verschiedenes Zentrum. Insbesondere gilt $\mathbf{Z}_m(\mathfrak{G}) = \mathfrak{G}$ für alle genügend großen m; die aufsteigende Zentralreihe von $\mathfrak{G}$ endet also bei $\mathfrak{G}$.*

g) *Sind X und Y Elemente aus $\mathfrak{G}$ mit teilerfremden Ordnungen, so ist $XY = YX$.*

Beweis. a) $\Rightarrow$ b): Sei

$$\mathfrak{G} = \mathfrak{N}_1 \geqq \mathfrak{N}_2 \geqq \cdots \geqq \mathfrak{N}_r = \mathfrak{E}$$

eine Zentralkette von $\mathfrak{G}$. Dann ist $\mathfrak{G} = \mathbf{K}_1(\mathfrak{G}) = \mathfrak{N}_1$. Sei schon $\mathbf{K}_i(\mathfrak{G}) \leqq \mathfrak{N}_i$ bewiesen. Dann folgt

$$\mathbf{K}_{i+1}(\mathfrak{G}) = [\mathbf{K}_i(\mathfrak{G}), \mathfrak{G}] \leqq [\mathfrak{N}_i, \mathfrak{G}] \leqq \mathfrak{N}_{i+1}.$$

Also haben wir schließlich $\mathbf{K}_r(\mathfrak{G}) \leqq \mathfrak{N}_r = \mathfrak{E}$.

b) $\Rightarrow$ c): Sei $\mathfrak{U} < \mathfrak{G}$. Wir bestimmen die Zahl i so, daß $\mathbf{K}_{i+1}(\mathfrak{G}) \leqq \mathfrak{U}$, aber $\mathbf{K}_i(\mathfrak{G}) \nleqq \mathfrak{U}$ gilt; wegen $\mathbf{K}_1(\mathfrak{G}) = \mathfrak{G} \nleqq \mathfrak{U}$ und $\mathbf{K}_n(\mathfrak{G}) = \mathfrak{E} \leqq \mathfrak{U}$ gibt es sicher ein solches i. Nun ist

$$[\mathbf{K}_i(\mathfrak{G}), \mathfrak{U}] \leqq [\mathbf{K}_i(\mathfrak{G}), \mathfrak{G}] = \mathbf{K}_{i+1}(\mathfrak{G}) \leqq \mathfrak{U},$$

nach 1.6 d) daher $\mathbf{K}_i(\mathfrak{G}) \leqq \mathbf{N}_{\mathfrak{G}}(\mathfrak{U})$. Also haben wir $\mathfrak{U} < \mathbf{N}_{\mathfrak{G}}(\mathfrak{U})$.

c) $\Rightarrow$ d): Sei $\mathfrak{U}$ eine maximale Untergruppe von $\mathfrak{G}$. Nach c) ist $\mathfrak{U} < \mathbf{N}_{\mathfrak{G}}(\mathfrak{U})$, mithin $\mathbf{N}_{\mathfrak{G}}(\mathfrak{U}) = \mathfrak{G}$, und $\mathfrak{U}$ ist normal in $\mathfrak{G}$.

d) $\Rightarrow$ e): Sei $\mathfrak{P}$ eine Sylowgruppe von $\mathfrak{G}$. Wir zeigen, daß $\mathfrak{P}$ ein Normalteiler von $\mathfrak{G}$ ist. Angenommen, es sei $\mathbf{N}_{\mathfrak{G}}(\mathfrak{P}) < \mathfrak{G}$. Dann gibt es eine maximale Untergruppe $\mathfrak{U}$ von $\mathfrak{G}$ mit $\mathbf{N}_{\mathfrak{G}}(\mathfrak{P}) \leqq \mathfrak{U}$. Jede Obergruppe eines Normalisators einer Sylowgruppe ist aber nach I, 7.6 (S. 34) eigener Normalisator. Also erhalten wir $\mathbf{N}_{\mathfrak{G}}(\mathfrak{U}) = \mathfrak{U}$. Dies widerspricht jedoch unserer Annahme, daß alle maximalen Untergruppen von $\mathfrak{G}$ normal sind in $\mathfrak{G}$. Also ist doch $\mathfrak{P} \trianglelefteq \mathfrak{G}$. Dann ist $\mathfrak{G}$ nach I, 9.5 (S. 48) das direkte Produkt seiner Sylowgruppen.

e) $\Rightarrow$ f): Es genügt der Nachweis von $\mathbf{Z}(\mathfrak{G}) > \mathfrak{E}$; denn die nach I, 9.5 zu e) äquivalente Eigenschaft, daß alle Sylowgruppen von $\mathfrak{G}$ normal sind, vererbt sich auf homomorphe Bilder von $\mathfrak{G}$. Da

$$\mathfrak{G} = \mathfrak{P}_1 \times \cdots \times \mathfrak{P}_r$$

das direkte Produkt seiner Sylowgruppen $\mathfrak{P}_i \neq \mathfrak{E}$ ist, haben wir nach I, 9.9 (S. 49)

$$\mathbf{Z}(\mathfrak{G}) = \mathbf{Z}(\mathfrak{P}_1) \times \cdots \times \mathbf{Z}(\mathfrak{P}_r)\,.$$

Nach I, 6.9 (S. 31) ist $\mathbf{Z}(\mathfrak{P}_i) > \mathfrak{E}$. Also ist auch $\mathbf{Z}(\mathfrak{G}) > \mathfrak{E}$.

f) $\Rightarrow$ a): Dies ist trivial, denn unter der Voraussetzung von f) liefert die aufsteigende Zentralreihe

$$\mathfrak{E} = \mathbf{Z}_0(\mathfrak{G}) < \mathbf{Z}_1(\mathfrak{G}) < \cdots < \mathbf{Z}_m(\mathfrak{G}) = \mathfrak{G}$$

eine Zentralkette von $\mathfrak{G}$ von $\mathfrak{E}$ bis $\mathfrak{G}$.

e) $\Rightarrow$ g): Seien $p_1, \ldots, p_s$ die Primteiler von $O(X)$ und $q_1, \ldots, q_t$ die Primteiler von $O(Y)$. Sei $\mathfrak{P}_i$ die p_i-Sylowgruppe und $\mathfrak{Q}_j$ die q_j-Sylowgruppe von $\mathfrak{G}$. Nach I, 2.12 a) (S. 8) enthält die Ordnung von

$$\mathfrak{J} = \langle \mathfrak{P}_1 \times \cdots \times \mathfrak{P}_s, X\rangle$$

nur die Primteiler $p_1, \ldots, p_s$. Wegen $p_i \nmid |\mathfrak{G} : \mathfrak{J}|$ $(i = 1, \ldots, s)$ folgt

$$X \in \mathfrak{P}_1 \times \cdots \times \mathfrak{P}_s\,,$$

und ebenso

$$Y \in \mathfrak{Q}_1 \times \cdots \times \mathfrak{Q}_t\,.$$

Wegen $[\mathfrak{P}_i, \mathfrak{Q}_j] \leqq \mathfrak{P}_i \cap \mathfrak{Q}_j = \mathfrak{E}$ ist dann $[X, Y] = E$.

g) $\Rightarrow$ e): Sei $\mathfrak{P}$ eine p-Sylowgruppe von $\mathfrak{G}$. Ist $\mathfrak{Q}$ eine q-Sylowgruppe von $\mathfrak{G}$ mit $p \neq q$, so gilt nach g) $\mathfrak{Q} \leqq \mathbf{C}_{\mathfrak{G}}(\mathfrak{P}) \leqq \mathbf{N}_{\mathfrak{G}}(\mathfrak{P})$. Da trivialerweise auch $\mathfrak{P} \leqq \mathbf{N}_{\mathfrak{G}}(\mathfrak{P})$ gilt, folgt durch Vergleich der Ordnungen $\mathbf{N}_{\mathfrak{G}}(\mathfrak{P}) = \mathfrak{G}$. Mit I, 9.5 ergibt sich dann e). **q.e.d.**

2.4 Bemerkungen.

a) Aus 2.3 g) folgt sofort: Genau dann ist die endliche Gruppe $\mathfrak{G}$ nilpotent, wenn für alle X, Y aus $\mathfrak{G}$ die von X und Y erzeugte Untergruppe $\langle X, Y\rangle$ nilpotent ist.

b) Offenbar bleibt der Beweisschritt von a) nach b) in 2.3 ohne die Endlichkeit von $\mathfrak{G}$ richtig. Trivialerweise folgt a) aus b). Die Bedingung $\mathbf{K}_n(\mathfrak{G}) = \mathfrak{E}$ für eine natürliche Zahl n charakterisiert also die (nicht notwendig endlichen) nilpotenten Gruppen $\mathfrak{G}$.

2.5 Satz. a) *Ist $\mathfrak{G}$ nilpotent, so auch jede Untergruppe und jedes homomorphe Bild von $\mathfrak{G}$.*

b) *Sind $\mathfrak{G}_1$ und $\mathfrak{G}_2$ nilpotent, so ist auch $\mathfrak{G}_1 \times \mathfrak{G}_2$ nilpotent.*

c) *Sind $\mathfrak{G}/\mathfrak{M}$ und $\mathfrak{G}/\mathfrak{N}$ nilpotent, so auch $\mathfrak{G}/(\mathfrak{M} \cap \mathfrak{N})$.*

d) *Sei $\mathfrak{G}$ endlich und $\mathfrak{N} \trianglelefteq \mathfrak{G}$. Genau dann ist $\mathfrak{G}/\mathfrak{N}$ nilpotent, wenn $\mathbf{K}_\infty(\mathfrak{G}) \leqq \mathfrak{N}$ gilt.*

e) *Aus der Nilpotenz von* $\mathfrak{G}/\mathfrak{N}$ *und* $\mathfrak{N}$ *folgt nicht notwendig die Nilpotenz von* $\mathfrak{G}$.

Beweis. a) Aus $\mathbf{K}_n(\mathfrak{G}) = \mathfrak{E}$ und $\mathfrak{U} \leqq \mathfrak{G}$ folgt $\mathbf{K}_n(\mathfrak{U}) \leqq \mathbf{K}_n(\mathfrak{G}) = \mathfrak{E}$, also ist $\mathfrak{U}$ nilpotent.

Ist μ ein Homomorphismus von $\mathfrak{G}$, so ergibt die Anwendung von 1.9 $\mathbf{K}_n(\mathfrak{G})^\mu = \mathbf{K}_n(\mathfrak{G}^\mu)$. Daher folgt aus der Nilpotenz von $\mathfrak{G}$ auch die von $\mathfrak{G}^\mu$.

b) Die Nilpotenz von $\mathfrak{G}_1 \times \mathfrak{G}_2$ ergibt sich aus der trivialen Gleichung

$$\mathbf{K}_n(\mathfrak{G}_1 \times \mathfrak{G}_2) = \mathbf{K}_n(\mathfrak{G}_1) \times \mathbf{K}_n(\mathfrak{G}_2) .$$

c) Nach I, 9.6 (S. 48) ist $\mathfrak{G}/(\mathfrak{M} \cap \mathfrak{N})$ isomorph zu einer Untergruppe von $\mathfrak{G}/\mathfrak{M} \times \mathfrak{G}/\mathfrak{N}$, ist also nach a) und b) nilpotent.

d) Sei nun $\mathfrak{G}$ endlich. Ist $\mathfrak{G}/\mathfrak{N}$ nilpotent, so haben wir für alle genügend großen n

$$\mathbf{K}_n(\mathfrak{G}/\mathfrak{N}) = \mathbf{K}_n(\mathfrak{G})\,\mathfrak{N}/\mathfrak{N} = \mathfrak{E} ,$$

also $\mathbf{K}_n(\mathfrak{G}) \leqq \mathfrak{N}$ und daher auch $\mathbf{K}_\infty(\mathfrak{G}) \leqq \mathfrak{N}$.

Umgekehrt folgt aus $\mathbf{K}_\infty(\mathfrak{G}) = \mathbf{K}_n(\mathfrak{G}) \leqq \mathfrak{N}$ (hier wird die Endlichkeit von $\mathfrak{G}$ benutzt!) auch $\mathbf{K}_n(\mathfrak{G}/\mathfrak{N}) = \mathfrak{E}$, und $\mathfrak{G}/\mathfrak{N}$ ist nilpotent.

e) Die alternierende Gruppe $\mathfrak{A}_3$ und $\mathfrak{S}_3/\mathfrak{A}_3$ sind nilpotent. Jedoch ist $\mathfrak{S}_3$ nicht nilpotent, es hat nämlich drei 2-Sylowgruppen. **q.e.d.**

2.6 Satz. *Sei* $\mathfrak{G}$ *nilpotent und* $\mathfrak{E} < \mathfrak{N} \trianglelefteq \mathfrak{G}$. *Dann gilt*

$$[\mathfrak{N}, \mathfrak{G}] < \mathfrak{N} \quad \textit{und} \quad \mathfrak{N} \cap \mathbf{Z}(\mathfrak{G}) > \mathfrak{E} .$$

Insbesondere liegt also jeder minimale Normalteiler einer nilpotenten Gruppe im Zentrum.

Beweis. Wir definieren die Normalteiler $\mathfrak{N}_i$ von $\mathfrak{G}$ rekursiv durch $\mathfrak{N}_1 = \mathfrak{N}$ und $\mathfrak{N}_{i+1} = [\mathfrak{N}_i, \mathfrak{G}]$. Offenbar gilt dann $\mathfrak{N}_i \leqq \mathfrak{N}$ und $\mathfrak{N}_i \leqq \mathbf{K}_i(\mathfrak{G})$. Wegen der Nilpotenz von $\mathfrak{G}$ ist für genügend großes m sicher $\mathfrak{N}_m \leqq \mathbf{K}_m(\mathfrak{G}) = \mathfrak{E}$. Daher ist $\mathfrak{N}_2 = [\mathfrak{N}, \mathfrak{G}] < \mathfrak{N}$, denn sonst hätten wir $\mathfrak{N}_i = \mathfrak{N} \neq \mathfrak{E}$ für alle i. Sei n so gewählt, daß $\mathfrak{N}_n = \mathfrak{E} < \mathfrak{N}_{n-1}$ gilt. Dann ist $[\mathfrak{N}_{n-1}, \mathfrak{G}] = \mathfrak{N}_n = \mathfrak{E}$, also haben wir

$$\mathfrak{E} < \mathfrak{N}_{n-1} \leqq \mathfrak{N} \cap \mathbf{Z}(\mathfrak{G}) . \qquad \textbf{q.e.d.}$$

2.7 Satz. *Die endliche Gruppe* $\mathfrak{G}$ *sei nilpotent mit den Zentralreihen*

$$\mathfrak{G} = \mathbf{K}_1(\mathfrak{G}) > \mathbf{K}_2(\mathfrak{G}) > \cdots > \mathbf{K}_{r+1}(\mathfrak{G}) = \mathfrak{E}$$

und

$$\mathfrak{E} = \mathbf{Z}_0(\mathfrak{G}) < \mathbf{Z}_1(\mathfrak{G}) < \cdots < \mathbf{Z}_c(\mathfrak{G}) = \mathfrak{G} .$$

Dann ist $r = c$. *Wir nennen* $c = c(\mathfrak{G})$ *die Klasse von* $\mathfrak{G}$. *Für jede Zentralkette*

$$\mathfrak{G} = \mathfrak{N}_1 \geqq \mathfrak{N}_2 \geqq \cdots \geqq \mathfrak{N}_{s+1} = \mathfrak{E}$$

von $\mathfrak{G}$ *gilt* $\mathbf{K}_i(\mathfrak{G}) \leqq \mathfrak{N}_i \leqq \mathbf{Z}_{s+1-i}(\mathfrak{G})$ *und* $c \leqq s$.

Beweis. Beim Beweisschritt von a) nach b) in 2.3 haben wir schon $\mathbf{K}_i(\mathfrak{G}) \leqq \mathfrak{N}_i$ gezeigt.

Aus $[\mathfrak{N}_s, \mathfrak{G}] \leqq \mathfrak{N}_{s+1} = \mathfrak{E}$ folgt $\mathfrak{N}_s \leqq \mathbf{Z}_1(\mathfrak{G})$. Sei schon $\mathfrak{N}_i \leqq \mathbf{Z}_{s+1-i}(\mathfrak{G})$ bewiesen. Dann ist

$$[\mathfrak{N}_{i-1}, \mathfrak{G}] \leqq \mathfrak{N}_i \leqq \mathbf{Z}_{s+1-i}(\mathfrak{G}) ,$$

also

$$\mathfrak{N}_{i-1}\mathbf{Z}_{s+1-i}(\mathfrak{G})/\mathbf{Z}_{s+1-i}(\mathfrak{G}) \leqq \mathbf{Z}(\mathfrak{G}/\mathbf{Z}_{s+1-i}(\mathfrak{G})) = \mathbf{Z}_{s+2-i}(\mathfrak{G})/\mathbf{Z}_{s+1-i}(\mathfrak{G})$$

und daher

$$\mathfrak{N}_{i-1} \leqq \mathbf{Z}_{s+2-i}(\mathfrak{G}) .$$

Schließlich ergibt sich für $i = 1$ die Aussage $\mathfrak{N}_1 = \mathfrak{G} \leqq \mathbf{Z}_s(\mathfrak{G})$, daher $s \geqq c$. Der Spezialfall $\mathfrak{N}_i = \mathbf{K}_i(\mathfrak{G})$ liefert insbesondere $r \geqq c$.

Es ist $\mathbf{K}_1(\mathfrak{G}) = \mathfrak{G} = \mathbf{Z}_c(\mathfrak{G})$. Sei schon $\mathbf{K}_i(\mathfrak{G}) \leqq \mathbf{Z}_{c+1-i}(\mathfrak{G})$ bewiesen. Dann folgt

$$\mathbf{K}_{i+1}(\mathfrak{G}) = [\mathbf{K}_i(\mathfrak{G}), \mathfrak{G}] \leqq [\mathbf{Z}_{c+1-i}(\mathfrak{G}), \mathfrak{G}] \leqq \mathbf{Z}_{c-i}(\mathfrak{G}) .$$

Also erhalten wir schließlich $\mathbf{K}_{c+1}(\mathfrak{G}) \leqq \mathbf{Z}_0(\mathfrak{G}) = \mathfrak{E}$ und daher $c \geqq r$. Somit ist $c = r$. **q.e.d.**

2.8 Satz (P. Hall). *Seien $\mathfrak{N}$ und $\mathfrak{L}$ Untergruppen der nicht notwendig endlichen Gruppe $\mathfrak{G}$. Sei*

$$\mathfrak{N} = \mathfrak{N}_0 \geqq \mathfrak{N}_1 \geqq \cdots$$

eine Kette von Normalteilern von $\mathfrak{N}$ mit $[\mathfrak{N}_i, \mathfrak{L}] \leqq \mathfrak{N}_{i+1}$ für alle $i = 0, 1, 2, \ldots$. Wir setzen

$$\mathfrak{L}_j = \{L \mid L \in \mathfrak{L},\ [\mathfrak{N}_i, L] \leqq \mathfrak{N}_{i+j} \quad \textit{für alle } i\}$$

(insbesondere also $\mathfrak{L}_1 = \mathfrak{L}$). Dann sind die $\mathfrak{L}_j$ Untergruppen von $\mathfrak{G}$, und für alle i, j, m gilt

$$[\mathfrak{L}_j, \mathfrak{L}_m] \leqq \mathfrak{L}_{j+m} \quad \textit{und} \quad [\mathfrak{N}_i, \mathbf{K}_j(\mathfrak{L})] \leqq \mathfrak{N}_{i+j} .$$

Beweis. Wegen $[\mathfrak{N}_i, \mathfrak{L}] \leqq \mathfrak{N}_{i+1} \leqq \mathfrak{N}_i$ ist nach 1.6 d) $\mathfrak{L} \leqq \mathbf{N}_{\mathfrak{G}}(\mathfrak{N}_i)$ für alle i.

Für $L, L' \in \mathfrak{L}_j$ und $N_i \in \mathfrak{N}_i$ ist nach 1.2 b)

$$[N_i, LL'] = [N_i, L'] [N_i, L]^{L'} \in \mathfrak{N}_{i+j} \mathfrak{N}_{i+j}^{L'} = \mathfrak{N}_{i+j} .$$

Aus

$$E = [N_i, LL^{-1}] = [N_i, L^{-1}] [N_i, L]^{L^{-1}}$$

folgt

$$[N_i, L^{-1}] = ([N_i, L]^{-1})^{L^{-1}} \in \mathfrak{N}_{i+j}^{L^{-1}} = \mathfrak{N}_{i+j} .$$

Also haben wir $LL' \in \mathfrak{L}_j$ und $L^{-1} \in \mathfrak{L}_j$, und $\mathfrak{L}_j$ ist eine Untergruppe von $\mathfrak{G}$.

Ohne Einschränkung der Allgemeinheit können wir annehmen, daß $\mathfrak{G}$ von $\mathfrak{N}$ und $\mathfrak{L}$ erzeugt wird. Wegen $\mathfrak{L} \leqq \mathbf{N}_{\mathfrak{G}}(\mathfrak{N}_i)$ sind die $\mathfrak{N}_i$ dann Normalteiler von $\mathfrak{G}$. Nach Definition der $\mathfrak{L}_j$ haben wir

$$[\mathfrak{N}_i, \mathfrak{L}_j, \mathfrak{L}_m] \leqq [\mathfrak{N}_{i+j}, \mathfrak{L}_m] \leqq \mathfrak{N}_{i+j+m}$$

und

$$[\mathfrak{L}_m, \mathfrak{N}_i, \mathfrak{L}_j] \leqq [\mathfrak{N}_{i+m}, \mathfrak{L}_j] \leqq \mathfrak{N}_{i+m+j}\,.$$

Mit 1.10 b) folgt dann auch

$$[[\mathfrak{L}_j, \mathfrak{L}_m], \mathfrak{N}_i] = [\mathfrak{L}_j, \mathfrak{L}_m, \mathfrak{N}_i] \leqq \mathfrak{N}_{i+j+m}\,,$$

also die gewünschte Aussage

$$[\mathfrak{L}_j, \mathfrak{L}_m] \leqq \mathfrak{L}_{j+m}\,.$$

Insbesondere ist $[\mathfrak{L}_j, \mathfrak{L}_1] \leqq \mathfrak{L}_{j+1}$. Also bilden die $\mathfrak{L}_j$ eine Zentralkette von $\mathfrak{L}$. Nach 2.7 ist $\mathbf{K}_j(\mathfrak{L}) \leqq \mathfrak{L}_j$ und daher

$$[\mathfrak{N}_i, \mathbf{K}_j(\mathfrak{L})] \leqq [\mathfrak{N}_i, \mathfrak{L}_j] \leqq \mathfrak{N}_{i+j}\,.$$ **q.e.d.**

2.9 Satz. *Sei*

$$\mathfrak{G} = \mathfrak{G}_0 \trianglerighteq \mathfrak{G}_1 \trianglerighteq \cdots \trianglerighteq \mathfrak{G}_s = \mathfrak{E}$$

eine Kette von Normalteilern von $\mathfrak{G}$ *und* $\mathfrak{A}$ *eine Gruppe von Automorphismen von* $\mathfrak{G}$ *mit*

$$G_i^{\alpha} G_i^{-1} \in \mathfrak{G}_{i+1}$$

für alle $G_i \in \mathfrak{G}_i$, *alle* $i = 1, 2, \ldots, s-1$ *und alle* α *aus* $\mathfrak{A}$. *Dann ist* $\mathfrak{A}$ *nilpotent, und die Klasse von* $\mathfrak{A}$ *ist kleiner als* s.

(*Der Sonderfall* $s = 2$ *ist in* I, 4.4 (S. 20) *behandelt worden; dann ist* $\mathfrak{A}$ *abelsch.*)

Beweis. Sei $\mathfrak{H}$ das gemäß I, 14.4 (S. 89) gebildete semidirekte Produkt von $\mathfrak{G}$ mit $\mathfrak{A}$. Wir wenden Satz 2.8 an mit $\mathfrak{G}$ anstelle von $\mathfrak{N}$, mit $\mathfrak{G}_i$ statt $\mathfrak{N}_i$ und $\mathfrak{A}$ anstelle von $\mathfrak{L}$. Wir erhalten dann

$$[\mathfrak{G}, \mathbf{K}_s(\mathfrak{A})] \leqq \mathfrak{G}_s = \mathfrak{E}\,,$$

also $\mathbf{K}_s(\mathfrak{A}) = \mathfrak{E}$. **q.e.d.**

2.10 Beispiel. Sei K ein kommutativer Körper und V der Vektorraum der Dimension n über K. Sei $\{v_1, \ldots, v_n\}$ eine K-Basis von V und $\mathfrak{T}$ die Gruppe aller linearen Abbildungen T von V mit

$$v_1 T = v_1 \quad \text{und} \quad v_i T - v_i \in \langle v_1, \ldots, v_{i-1}\rangle \quad (i = 2, \ldots, n)\,.$$

Dann ist $\mathfrak{T}$ nilpotent mit $c(\mathfrak{T}) \leqq n-1$:

Wir wenden 2.9 an mit $\mathfrak{G} = V^+$, $\mathfrak{G}_i = \langle v_1, \ldots, v_{n-i}\rangle$ und $\mathfrak{A} = \mathfrak{T}$. Offenbar sind dann die Voraussetzungen von 2.9 erfüllt.

Man kann leicht nachrechnen (wir werden dies in § 16 tun), daß $n-1$ die Klasse von $\mathfrak{T}$ ist.

Grundlegend für die feinere Theorie der nilpotenten Gruppen ist der folgende Satz:

2.11 Hauptsatz (P. Hall).

a) *Für jede Zentralkette*

$$\mathfrak{N}_1 \geqq \cdots \geqq \mathfrak{N}_r$$

von $\mathfrak{G}$ *gilt* $[\mathfrak{N}_i, \mathbf{K}_j(\mathfrak{G})] \leqq \mathfrak{N}_{i+j}$; *dabei ist* $\mathfrak{N}_k = \mathfrak{N}_r$ *für* $k > r$ *zu setzen.*

b) *Insbesondere ist* $[\mathbf{K}_i(\mathfrak{G}), \mathbf{K}_j(\mathfrak{G})] \leqq \mathbf{K}_{i+j}(\mathfrak{G})$. *Ist* $\mathfrak{G}$ *nilpotent von der Klasse* c, *so ist* $\mathbf{K}_i(\mathfrak{G})$ *abelsch für* $2i > c$.

c) *Es gilt*

$$[\mathbf{K}_i(\mathfrak{G}), \mathbf{Z}_j(\mathfrak{G})] \leqq \mathbf{Z}_{j-i}(\mathfrak{G})\,;$$

für $j \leqq i$ *ist dabei* $\mathbf{Z}_{j-i}(\mathfrak{G}) = \mathfrak{E}$ *zu setzen. Insbesondere haben wir*

$$[\mathbf{K}_i(\mathfrak{G}), \mathbf{Z}_i(\mathfrak{G})] = \mathfrak{E}\,;$$

also ist jedes Element von $\mathbf{K}_i(\mathfrak{G})$ *mit jedem Element von* $\mathbf{Z}_i(\mathfrak{G})$ *vertauschbar.*

Beweis. a) Da die $\mathfrak{N}_i$ eine Zentralkette bilden, gilt $[\mathfrak{N}_i, \mathfrak{G}] \leqq \mathfrak{N}_{i+1}$. Aus 2.8 mit $\mathfrak{G}$ anstelle von $\mathfrak{L}$ erhalten wir die Behauptung

$$[\mathfrak{N}_i, \mathbf{K}_j(\mathfrak{G})] \leqq \mathfrak{N}_{i+j}\,.$$

b) Die erste Aussage ist der Spezialfall $\mathfrak{N}_i = \mathbf{K}_i(\mathfrak{G})$ von a). Die zweite Aussage ergibt sich so:

Es ist

$$\mathbf{K}_i(\mathfrak{G})' = [\mathbf{K}_i(\mathfrak{G}), \mathbf{K}_i(\mathfrak{G})] \leqq \mathbf{K}_{2i}(\mathfrak{G})\,.$$

Für $2i > c$ ist daher $\mathbf{K}_i(\mathfrak{G})$ abelsch.

c) Wir betrachten die Zentralkette

$$\mathfrak{N}_1 \geqq \mathfrak{N}_2 \geqq \cdots \geqq \mathfrak{N}_{j+1} = \mathfrak{E}$$

von $\mathfrak{G}$ mit $\mathfrak{N}_i = \mathbf{Z}_{j-i+1}(\mathfrak{G})$. Dann ist nach a)

$$[\mathbf{K}_i(\mathfrak{G}), \mathbf{Z}_j(\mathfrak{G})] = [\mathbf{K}_i(\mathfrak{G}), \mathfrak{N}_1] \leqq \mathfrak{N}_{i+1} = \mathbf{Z}_{j-i}(\mathfrak{G})\,. \qquad \text{q.e.d.}$$

Den Zusammenhang mit den für endliche Gruppen in I, § 8 eingeführten Begriffen stellt der folgende Satz her:

2.12 Satz. *Seien* $\mathfrak{G}^{(i)}$ *die in* I, 8.1 (S. 37) *durch* $\mathfrak{G}^{(0)} = \mathfrak{G}$ *und* $\mathfrak{G}^{(i+1)} = \mathfrak{G}^{(i)\prime}$ *definierten höheren Kommutatorgruppen von* $\mathfrak{G}$. *Dann gilt:*

a) $\mathfrak{G}^{(i)} \leqq \mathbf{K}_{2^i}(\mathfrak{G})$; *insbesondere ist also jede endliche nilpotente Gruppe auflösbar.*

b) *Läßt sich* $\mathfrak{G}$ *mit zwei Elementen erzeugen, so gilt sogar* $\mathfrak{G}'' \leqq \mathbf{K}_5(\mathfrak{G})$.

Beweis. a) Wir beweisen die Behauptung durch Induktion nach i. Für $i = 0$ ist

$$\mathfrak{G}^{(0)} = \mathfrak{G} = \mathbf{K}_1(\mathfrak{G})\,.$$

Sei schon $\mathfrak{G}^{(i)} \leqq \mathbf{K}_{2^i}(\mathfrak{G})$ nachgewiesen. Mit 2.11 b) erhalten wir

$$\mathfrak{G}^{(i+1)} = [\mathfrak{G}^{(i)}, \mathfrak{G}^{(i)}] \leqq [\mathbf{K}_{2^i}(\mathfrak{G}), \mathbf{K}_{2^i}(\mathfrak{G})] \leqq \mathbf{K}_{2^{i+1}}(\mathfrak{G})\,.$$

b) Indem wir zu $\mathfrak{G}/\mathbf{K}_5(\mathfrak{G})$ übergehen, können wir ohne Einschränkung der Allgemeinheit $\mathbf{K}_5(\mathfrak{G}) = \mathfrak{E}$ annehmen. Wir haben dann $\mathfrak{G}'' = \mathfrak{E}$ zu zeigen. Nach 2.11 ist nun

$$[\mathbf{K}_2(\mathfrak{G}), \mathbf{K}_3(\mathfrak{G})] \leqq \mathbf{K}_5(\mathfrak{G}) = \mathfrak{E}\,.$$

Also liegt $\mathbf{K}_3(\mathfrak{G})$ im Zentrum von $\mathfrak{G}'$. Nach 1.11 c) haben wir aber

$$\mathfrak{G}' = \mathbf{K}_2(\mathfrak{G}) = \langle [A, B], \mathbf{K}_3(\mathfrak{G})\rangle ,$$

falls $\{A, B\}$ ein Erzeugendensystem von $\mathfrak{G}$ ist. Also ist $\mathfrak{G}'/\mathbf{Z}(\mathfrak{G}')$ zyklisch. Dann ist offenbar $\mathfrak{G}'$ abelsch, und es folgt $\mathfrak{G}'' = \mathfrak{E}$. **q.e.d.**

2.13 Satz.

a) *Der Exponent von* $\mathbf{Z}_{i+1}(\mathfrak{G})/\mathbf{Z}_i(\mathfrak{G})$ *teilt stets den Exponenten von* $\mathbf{Z}_i(\mathfrak{G})/\mathbf{Z}_{i-1}(\mathfrak{G})$.

b) *Der Exponent von* $\mathbf{K}_i(\mathfrak{G})/\mathbf{K}_{i+1}(\mathfrak{G})$ *teilt stets den Exponenten von* $\mathbf{K}_{i-1}(\mathfrak{G})/\mathbf{K}_i(\mathfrak{G})$.

Beweis. a) Sei zuerst $i = 1$. Sei $X \in \mathbf{Z}_2(\mathfrak{G})$, also $[G, X] \in \mathbf{Z}_1(\mathfrak{G})$ für alle $G \in \mathfrak{G}$. Sei n der Exponent von $\mathbf{Z}_1(\mathfrak{G})$. Nach 1.3 haben wir dann

$$E = [G, X]^n = [G, X^n] .$$

Somit liegen alle X^n in $\mathbf{Z}_1(\mathfrak{G})$, und der Exponent von $\mathbf{Z}_2(\mathfrak{G})/\mathbf{Z}_1(\mathfrak{G})$ ist ein Teiler von n.

Der allgemeine Fall läßt sich in den behandelten durch die Betrachtung von $\mathfrak{G}/\mathbf{Z}_{i-1}(\mathfrak{G})$ sofort überführen.

b) Sei n der Exponent von $\mathbf{K}_{i-1}(\mathfrak{G})/\mathbf{K}_i(\mathfrak{G})$. Indem wir zu $\mathfrak{G}/\mathbf{K}_{i+1}(\mathfrak{G})$ übergehen, können wir $\mathbf{K}_{i+1}(\mathfrak{G}) = \mathfrak{E}$ annehmen. Dann ist $\mathbf{K}_i(\mathfrak{G}) \leqq \mathbf{Z}(\mathfrak{G})$. Wir haben

$$\mathbf{K}_i(\mathfrak{G}) = [\mathbf{K}_{i-1}(\mathfrak{G}), \mathfrak{G}] = \langle [Y, X] \mid X \in \mathfrak{G} , \ Y \in \mathbf{K}_{i-1}(\mathfrak{G})\rangle .$$

Wegen $[Y, X] \in \mathbf{K}_i(\mathfrak{G}) \leqq \mathbf{Z}(\mathfrak{G})$ gilt für $Y \in \mathbf{K}_{i-1}(\mathfrak{G})$ nach 1.3

$$[Y, X]^n = [Y^n, X] \in [\mathbf{K}_i(\mathfrak{G}), \mathfrak{G}] = \mathbf{K}_{i+1}(\mathfrak{G}) = \mathfrak{E} .$$

Also ist der Exponent von $\mathbf{K}_i(\mathfrak{G})/\mathbf{K}_{i+1}(\mathfrak{G})$ ein Teiler von n. **q.e.d.**

Wir behandeln schließlich ein eigenartiges Ergebnis von P. Hall:

2.14 Satz (P. Hall [13]). *Sei* $\mathbf{C}_{\mathfrak{G}}(\mathbf{K}_i(\mathfrak{G}))$ *der Zentralisator von* $\mathbf{K}_i(\mathfrak{G})$ *in* $\mathfrak{G}$. *Dann gilt*

$$[\mathbf{C}_{\mathfrak{G}}(\mathbf{K}_{n+1}(\mathfrak{G})), \mathbf{C}_{\mathfrak{G}}(\mathbf{K}_{m+1}(\mathfrak{G}))] \leqq \mathbf{Z}_{m+n-1}(\mathfrak{G}) ;$$

dabei ist $\mathbf{Z}_j(\mathfrak{G}) = \mathfrak{E}$ *für* $j \leqq 0$ *zu setzen. Ist* $\mathbf{Z}_1(\mathfrak{G}) = \mathfrak{E}$, *so folgt für* $m = n$ *insbesondere*

$$[\mathbf{C}_{\mathfrak{G}}(\mathbf{K}_{n+1}(\mathfrak{G})), \mathbf{C}_{\mathfrak{G}}(\mathbf{K}_{n+1}(\mathfrak{G}))] = \mathfrak{E} ;$$

also sind in diesem Falle die Zentralisatoren aller Glieder der absteigenden Zentralreihe von $\mathfrak{G}$ *abelsch.*

Beweis. Für $\mathfrak{N} \trianglelefteq \mathfrak{G}$ setzen wir $\mathfrak{N}_0 = \mathfrak{N}$ und $\mathfrak{N}_{i+1} = [\mathfrak{N}_i, \mathfrak{G}]$. Dann sind alle $\mathfrak{N}_i$ in $\mathfrak{N}$ liegende Normalteiler von $\mathfrak{G}$. Mit dieser Bezeichnung zeigen wir zuerst:

Sind $\mathfrak{H}$ und $\mathfrak{K}$ Normalteiler von $\mathfrak{G}$, so gilt

$$[\mathfrak{H}, \mathfrak{K}]_k \leqq \prod_{i=0}^{k} [\mathfrak{H}_i, \mathfrak{K}_{k-i}] .$$

Für $k = 0$ stimmt dies offenbar. Wir beweisen es allgemein durch Induktion nach k. Die mehrfache Anwendung von 1.10 a) ergibt

$$[\mathfrak{H}, \mathfrak{K}]_{k+1} = [[\mathfrak{H}, \mathfrak{K}]_k, \mathfrak{G}] \leqq \left[\prod_{i=0}^{k} [\mathfrak{H}_i, \mathfrak{K}_{k-i}], \mathfrak{G}\right]$$
$$= \prod_{i=0}^{k} [\mathfrak{H}_i, \mathfrak{K}_{k-i}, \mathfrak{G}] .$$

Mit 1.10 b) folgt

$$[[\mathfrak{H}_i, \mathfrak{K}_{k-i}], \mathfrak{G}] \leqq [[\mathfrak{K}_{k-i}, \mathfrak{G}], \mathfrak{H}_i] \, [[\mathfrak{G}, \mathfrak{H}_i], \mathfrak{K}_{k-i}]$$
$$= [\mathfrak{K}_{k-i+1}, \mathfrak{H}_i] \, [\mathfrak{H}_{i+1}, \mathfrak{K}_{k-i}] .$$

Daraus ergibt sich wegen $\mathfrak{H}_i \mathfrak{K}_j = \mathfrak{K}_j \mathfrak{H}_i$ durch Produktbildung über i von 0 bis k die Behauptung.

Für $\mathfrak{H} = \mathbf{C}_\mathfrak{G}(\mathbf{K}_{n+1}(\mathfrak{G}))$ und $\mathfrak{K} = \mathbf{C}_\mathfrak{G}(\mathbf{K}_{m+1}(\mathfrak{G}))$ folgt aus dieser Vorbemerkung

$$[\mathfrak{H}, \mathfrak{K}]_{n+m-1} \leqq \prod_{i=0}^{n+m-1} [\mathfrak{H}_i, \mathfrak{K}_{n+m-1-i}] .$$

Dabei ist entweder $i \geqq m$ oder $n + m - 1 - i \geqq n$. Im ersten Falle folgt

$$[\mathfrak{H}_i, \mathfrak{K}_{n+m-1-i}] \leqq [\mathbf{K}_{m+1}(\mathfrak{G}), \mathbf{C}_\mathfrak{G}(\mathbf{K}_{m+1}(\mathfrak{G}))] = \mathfrak{E} ,$$

im zweiten Falle ist

$$[\mathfrak{H}_i, \mathfrak{K}_{n+m-1-i}] \leqq [\mathbf{C}_\mathfrak{G}(\mathbf{K}_{n+1}(\mathfrak{G}), \mathbf{K}_{n+1}(\mathfrak{G}))] = \mathfrak{E} .$$

Also folgt $[\mathfrak{H}, \mathfrak{K}]_{n+m-1} = \mathfrak{E}$. Das heißt aber gerade

$$[\mathfrak{H}, \mathfrak{K}] \leqq \mathbf{Z}_{n+m-1}(\mathfrak{G}) . \qquad \textbf{q.e.d.}$$

Eine interessante Anwendung von 2.14 auf unendliche Gruppen findet man in Hall [13].

Aufgaben:

3) Für endliches $\mathfrak{G}$ beweise man

$$\mathbf{Z}_\infty(\mathfrak{G}) = \bigcap_{\mathbf{Z}(\mathfrak{G}/\mathfrak{N}) = \mathfrak{E}} \mathfrak{N} \quad \text{und} \quad \mathbf{K}_\infty(\mathfrak{G}) = \langle \mathfrak{N} \mid [\mathfrak{N}, \mathfrak{G}] = \mathfrak{N} \rangle .$$

4) Man zeige, daß 2.3 b) und 2.3 f) äquivalent sind, auch wenn $\mathfrak{G}$ nicht endlich ist.

5) Sei $\mathfrak{G}$ eine (nicht notwendig endliche) Gruppe mit $\bigcap_i \mathbf{K}_i(\mathfrak{G}) = \mathfrak{E}$. Man zeige: Sind X und Y Elemente aus $\mathfrak{G}$ von endlichen und teilerfremden Ordnungen, so gilt $XY = YX$.

6) Man konstruiere eine nicht nilpotente Gruppe mit $\bigcap_i \mathbf{K}_i(\mathfrak{G}) = \mathfrak{E}$.

7) Man zeige: Aus $\mathfrak{G} = \mathfrak{G}'$ folgt $\mathbf{Z}_2(\mathfrak{G}) = \mathbf{Z}_1(\mathfrak{G})$. Man gebe für jedes n ein $\mathfrak{G}$ mit $\mathbf{Z}(\mathfrak{G}) = \mathfrak{E}$ und $\mathfrak{G} > \mathbf{K}_2(\mathfrak{G}) > \cdots > \mathbf{K}_n(\mathfrak{G})$ an.

8) Sei $\mathfrak{G} = \mathbf{K}_1(\mathfrak{G}) > \mathbf{K}_2(\mathfrak{G}) > \cdots > \mathbf{K}_{c+1}(\mathfrak{G}) = \mathfrak{E}$ die absteigende Zentralreihe der nilpotenten Gruppe $\mathfrak{G}$. Wir schreiben die abelschen Faktorgruppen $\mathfrak{L}_i = \mathbf{K}_i(\mathfrak{G})/\mathbf{K}_{i+1}(\mathfrak{G})$ additiv und bilden $\mathfrak{L} = \bigoplus_{i=1}^{c} \mathfrak{L}_i$. Wir definieren eine Multiplikation auf $\mathfrak{L}$ durch

$$G\,\mathbf{K}_{i+1}(\mathfrak{G}) \circ H\,\mathbf{K}_{j+1}(\mathfrak{G}) = [G, H]\,\mathbf{K}_{i+j+1}(\mathfrak{G})$$

für $G\,\mathbf{K}_{i+1}(\mathfrak{G}) \in \mathfrak{L}_i$ und $H\,\mathbf{K}_{j+1}(\mathfrak{G}) \in \mathfrak{L}_j$ und durch die Vorschrift

$$\left(\sum_i a_i\right) \circ \left(\sum_j b_j\right) = \sum_{i,j} a_i \circ b_j$$

für $a_i, b_i \in \mathfrak{L}_i$. Man zeige, daß dadurch $\mathfrak{L}$ zu einem Lieschen Ring wird, daß also für alle $a, b, c \in \mathfrak{L}$ gilt

(1) $a \circ (b + c) = a \circ b + a \circ c$, $(b + c) \circ a = b \circ a + c \circ a$.

(2) $a \circ a = 0$ und $a \circ b = -b \circ a$.

(3) $(a \circ b) \circ c + (b \circ c) \circ a + (c \circ a) \circ b = 0$ (Jacobi-Identität).

§ 3. Die Frattinigruppe

Von nun an seien alle betrachteten Gruppen bis auf Widerruf endlich.

3.1 Definition. Für $\mathfrak{G} > \mathfrak{E}$ sei $\Phi(\mathfrak{G})$ der Durchschnitt aller maximalen Untergruppen von $\mathfrak{G}$. Wir setzen ferner $\Phi(\mathfrak{E}) = \mathfrak{E}$. Wir nennen $\Phi(\mathfrak{G})$ die Frattinigruppe von $\mathfrak{G}$. Offenbar ist $\Phi(\mathfrak{G})$ eine charakteristische Untergruppe von $\mathfrak{G}$.

Es ist wichtig, daß man $\Phi(\mathfrak{G})$ auch noch auf eine andere Weise beschreiben kann, nämlich:

3.2 Satz. a) *Genau dann liegt das Element X von $\mathfrak{G}$ in $\Phi(\mathfrak{G})$, wenn X in jedem Erzeugendensystem von $\mathfrak{G}$ überflüssig ist, wenn also für jede Teilmenge $\mathfrak{K}$ von $\mathfrak{G}$ mit $\mathfrak{G} = \langle \mathfrak{K}, X\rangle$ gilt $\mathfrak{G} = \langle \mathfrak{K} \rangle$.*

b) *Sei $\mathfrak{N} \trianglelefteq \mathfrak{G}$. Genau dann gibt es ein $\mathfrak{H}$ mit $\mathfrak{H} < \mathfrak{G}$ und $\mathfrak{G} = \mathfrak{N}\,\mathfrak{H}$, wenn $\mathfrak{N}$ nicht in $\Phi(\mathfrak{G})$ liegt.*

Beweis. a) Sei $X \in \Phi(\mathfrak{G})$ und $\mathfrak{G} = \langle \mathfrak{K}, X\rangle$. Angenommen, es sei $\langle \mathfrak{K} \rangle < \mathfrak{G}$. Dann gibt es eine maximale Untergruppe $\mathfrak{M}$ von $\mathfrak{G}$ mit $\langle \mathfrak{K} \rangle \leqq \mathfrak{M}$. Wegen $X \in \Phi(\mathfrak{G}) \leqq \mathfrak{M}$ ist auch $X \in \mathfrak{M}$. Daher erhalten wir den Widerspruch

$$\mathfrak{G} = \langle \mathfrak{K}, X\rangle \leqq \mathfrak{M}\,.$$

Somit ist doch $\mathfrak{G} = \langle \mathfrak{K} \rangle$.

Nun sei vorausgesetzt, daß für alle Teilmengen $\mathfrak{K}$ von $\mathfrak{G}$ mit $\langle \mathfrak{K}, X\rangle = \mathfrak{G}$ stets $\langle \mathfrak{K} \rangle = \mathfrak{G}$ gilt. Sei $\mathfrak{U}$ irgendeine maximale Untergruppe von $\mathfrak{G}$. Dann haben wir $\mathfrak{U} = \langle \mathfrak{U} \rangle < \mathfrak{G}$, also ist nach unserer Annahme auch $\mathfrak{U} \leqq \langle \mathfrak{U}, X\rangle < \mathfrak{G}$. Da $\mathfrak{U}$ eine maximale Untergruppe von $\mathfrak{G}$ ist, folgt $\mathfrak{U} = \langle \mathfrak{U}, X\rangle$ und dann $X \in \mathfrak{U}$. Da dies für alle maximalen Untergruppen von $\mathfrak{G}$ gilt, erhalten wir $X \in \Phi(\mathfrak{G})$.

b) Aus $\mathfrak{N} \leqq \Phi(\mathfrak{G})$ und

$$\mathfrak{G} = \mathfrak{N}\,\mathfrak{H} = \Phi(\mathfrak{G})\,\mathfrak{H} = \langle \Phi(\mathfrak{G}), \mathfrak{H} \rangle$$

folgt durch mehrfache Anwendung von a) $\mathfrak{G} = \mathfrak{H}$. Aus $\mathfrak{G} = \mathfrak{N}\mathfrak{H}$ und $\mathfrak{H} < \mathfrak{G}$ folgt also $\mathfrak{N} \nleqq \Phi(\mathfrak{G})$.

Sei umgekehrt $\mathfrak{N} \nleqq \Phi(\mathfrak{G})$. Dann gibt es eine maximale Untergruppe $\mathfrak{H}$ von $\mathfrak{G}$ mit $\mathfrak{N} \nleqq \mathfrak{H}$. Aus $\mathfrak{H} < \mathfrak{N}\,\mathfrak{H} \leqq \mathfrak{G}$ erhalten wir dann $\mathfrak{G} = \mathfrak{N}\,\mathfrak{H}$.

q.e.d.

Die folgenden beiden Hilfssätze sind beim Umgang mit der Frattinigruppe häufig nützlich:

3.3 Hilfssatz. a) *Gilt* $\mathfrak{N} \trianglelefteq \mathfrak{G}$, $\mathfrak{U} \leqq \mathfrak{G}$ *und* $\mathfrak{N} \leqq \Phi(\mathfrak{U})$, *so ist auch* $\mathfrak{N} \leqq \Phi(\mathfrak{G})$.

b) *Aus* $\mathfrak{M} \trianglelefteq \mathfrak{G}$ *folgt* $\Phi(\mathfrak{M}) \leqq \Phi(\mathfrak{G})$.

c) *Die Aussage unter* b) *läßt sich nicht auf Untergruppen von* $\mathfrak{G}$ *ausdehnen; aus* $\mathfrak{U} < \mathfrak{G}$ *folgt nämlich nicht stets* $\Phi(\mathfrak{U}) \leqq \Phi(\mathfrak{G})$.

Beweis. a) Angenommen, es sei $\mathfrak{N} \nleqq \Phi(\mathfrak{G})$. Dann gibt es eine maximale Untergruppe $\mathfrak{B}$ von $\mathfrak{G}$ mit $\mathfrak{N} \nleqq \mathfrak{B}$. Also haben wir $\mathfrak{B} < \mathfrak{B}\,\mathfrak{N}$, wegen der Maximalität von $\mathfrak{B}$ daher notwendig $\mathfrak{G} = \mathfrak{B}\,\mathfrak{N}$. Aus $\mathfrak{N} \leqq \mathfrak{U}$ folgt aber

$$\mathfrak{U} = \mathfrak{U} \cap \mathfrak{N}\,\mathfrak{B} = \mathfrak{N}(\mathfrak{U} \cap \mathfrak{B})\,.$$

Nach unserer Voraussetzung gilt $\mathfrak{N} \leqq \Phi(\mathfrak{U})$. Daher können wir nach 3.2 alle Elemente von $\mathfrak{N}$ bei der Erzeugung von $\mathfrak{U}$ entbehren und erhalten $\mathfrak{U} = \mathfrak{U} \cap \mathfrak{B} \leqq \mathfrak{B}$. Nun folgt $\mathfrak{N} \leqq \Phi(\mathfrak{U}) \leqq \mathfrak{B}$, im Widerspruch zur Annahme $\mathfrak{N} \nleqq \mathfrak{B}$.

b) Da $\Phi(\mathfrak{M})$ eine charakteristische Untergruppe des Normalteilers $\mathfrak{M}$ von $\mathfrak{G}$ ist, gilt $\Phi(\mathfrak{M}) \trianglelefteq \mathfrak{G}$ nach I, 4.8 a) (S. 21). Nun verwenden wir a) mit $\mathfrak{N} = \Phi(\mathfrak{M})$ und mit $\mathfrak{U} = \mathfrak{M}$. Das liefert die Behauptung $\Phi(\mathfrak{M}) \leqq \Phi(\mathfrak{G})$.

c) Wir haben ein Gegenbeispiel vorzuweisen. Sei $\mathfrak{G}$ das semidirekte Produkt der zyklischen Gruppe $\langle A \rangle$ der Ordnung 5 mit der zyklischen Gruppe $\langle B \rangle$ der Ordnung 4 zum Automorphismus $A^B = A^2$. Sicher ist

$$\Phi(\langle B \rangle) = \langle B^2 \rangle \neq \mathfrak{E}\,.$$

Die Untergruppe $\langle B \rangle$ hat den Index 5 in $\mathfrak{G}$, ist also eine maximale Untergruppe von $\mathfrak{G}$. Zum Nachweis von $\Phi(\mathfrak{G}) = \mathfrak{E}$ genügt also der Beweis von $\langle B \rangle \cap \langle B^A \rangle = \mathfrak{E}$. Andernfalls wäre

$$B^2 = (B^2)^A \in \langle B \rangle \cap \langle B^A \rangle\,.$$

Es ist aber

$$(B^2)^A = B^2\,[B^2, A] = B^2\,A^{-4}\,A = B^2\,A^2 \neq B^2\,.$$

q.e.d.

3.4 Hilfssatz. a) *Ist* $\mathfrak{N}$ *ein Normalteiler von* $\mathfrak{G}$, *so gilt*

$$\Phi(\mathfrak{G})\,\mathfrak{N}/\mathfrak{N} \leqq \Phi(\mathfrak{G}/\mathfrak{N})\,.$$

Dies läßt sich auch so formulieren: Ist μ ein Homomorphismus von $\mathfrak{G}$, so gilt $\Phi(\mathfrak{G})^\mu \leqq \Phi(\mathfrak{G}^\mu)$.

b) *Aus* $\mathfrak{N} \trianglelefteq \mathfrak{G}$ *und* $\mathfrak{N} \leqq \Phi(\mathfrak{G})$ *folgt* $\Phi(\mathfrak{G})/\mathfrak{N} = \Phi(\mathfrak{G}/\mathfrak{N})$.

c) *Aus* $\mathfrak{N} \trianglelefteq \mathfrak{G}$ *folgt aber nicht stets* $\Phi(\mathfrak{G})\,\mathfrak{N}/\mathfrak{N} = \Phi(\mathfrak{G}/\mathfrak{N})$.

Beweis. a) Die maximalen Untergruppen von $\mathfrak{G}/\mathfrak{N}$ haben nach I, 3.10 (S. 16) die Gestalt $\mathfrak{U}/\mathfrak{N}$, wobei $\mathfrak{U}$ die Menge $\mathscr{S}$ der maximalen Untergruppen von $\mathfrak{G}$ mit $\mathfrak{N} \leqq \mathfrak{U}$ durchläuft. Daher ist

$$\Phi(\mathfrak{G}/\mathfrak{N}) = \bigcap_{\mathfrak{U}\in\mathscr{S}} \mathfrak{U}/\mathfrak{N} \geqq \Phi(\mathfrak{G})\,\mathfrak{N}/\mathfrak{N}\,.$$

b) Ist $\mathfrak{N} \leqq \Phi(\mathfrak{G})$, so gilt $\mathfrak{N} \leqq \mathfrak{U}$ für alle maximalen Untergruppen $\mathfrak{U}$ von $\mathfrak{G}$. Dann folgt

$$\Phi(\mathfrak{G}/\mathfrak{N}) = \bigcap_{\mathfrak{U}\ \max} \mathfrak{U}/\mathfrak{N} = \Big(\bigcap_{\mathfrak{U}\ \max} \mathfrak{U}\Big)/\mathfrak{N} = \Phi(\mathfrak{G})/\mathfrak{N}\,.$$

c) Wir verwenden das Beispiel aus 3.3 c). Es ist $\Phi(\mathfrak{G}) = \mathfrak{E}$, aber $\mathfrak{G}/\langle A\rangle$ ist isomorph zur zyklischen Gruppe der Ordnung 4, hat also eine Frattinigruppe von der Ordnung 2. **q.e.d.**

3.5 Satz (GASCHÜTZ [3]). *Seien* $\mathfrak{D}$ *und* $\mathfrak{M}$ *Normalteiler von* $\mathfrak{G}$ *mit* $\mathfrak{D} \trianglelefteq \mathfrak{M}$ *und* $\mathfrak{D} \leqq \Phi(\mathfrak{G})$. *Ist* $\mathfrak{M}/\mathfrak{D}$ *nilpotent, so ist* $\mathfrak{M}$ *selbst nilpotent.*

Beweis. Sei $\mathfrak{P}$ eine p-Sylowgruppe von $\mathfrak{M}$. Dann ist $\mathfrak{P}\,\mathfrak{D}/\mathfrak{D}$ nach I, 7.7 b) (S. 35) eine p-Sylowgruppe von $\mathfrak{M}/\mathfrak{D}$. Da $\mathfrak{M}/\mathfrak{D}$ nilpotent ist, ist $\mathfrak{P}\,\mathfrak{D}/\mathfrak{D}$ als einzige p-Sylowgruppe von $\mathfrak{M}/\mathfrak{D}$ charakteristisch in $\mathfrak{M}/\mathfrak{D}$. Daher ist $\mathfrak{P}\,\mathfrak{D}/\mathfrak{D} \trianglelefteq \mathfrak{G}/\mathfrak{D}$. Daraus erhalten wir $\mathfrak{P}\,\mathfrak{D} \trianglelefteq \mathfrak{G}$.

Da $\mathfrak{P}$ eine p-Sylowgruppe des Normalteilers $\mathfrak{P}\,\mathfrak{D}$ von $\mathfrak{G}$ ist, folgt mit I, 7.8 (S. 35)

$$\mathfrak{G} = \mathfrak{P}\,\mathfrak{D}\,\mathbf{N}_{\mathfrak{G}}(\mathfrak{P}) = \mathfrak{D}\,\mathbf{N}_{\mathfrak{G}}(\mathfrak{P})\,.$$

Wegen $\mathfrak{D} \leqq \Phi(\mathfrak{G})$ haben wir aber nach 3.2 b) dann $\mathfrak{G} = \mathbf{N}_{\mathfrak{G}}(\mathfrak{P})$, also $\mathfrak{P} \trianglelefteq \mathfrak{G}$. Da dies für alle Sylowgruppen von $\mathfrak{M}$ gilt, ist $\mathfrak{M}$ nach 2.3 nilpotent. **q.e.d.**

Wichtige Eigenschaften der Frattinigruppe folgen aus Satz 3.5:

3.6 Satz (FRATTINI 1885!). *Die Frattinigruppe* $\Phi(\mathfrak{G})$ *ist stets nilpotent.*

Beweis. In 3.5 setzen wir $\mathfrak{M} = \mathfrak{D} = \Phi(\mathfrak{G})$. Sicher ist dann $\mathfrak{M}/\mathfrak{D} = \mathfrak{E}$ nilpotent, also ist auch $\mathfrak{M} = \Phi(\mathfrak{G})$ selbst nilpotent. **q.e.d.**

3.7 Satz. *Ist* $\mathfrak{G}/\Phi(\mathfrak{G})$ *nilpotent, so auch* $\mathfrak{G}$ *selbst.*

Beweis. Dies ist der Sonderfall $\mathfrak{M} = \mathfrak{G}$ und $\mathfrak{D} = \Phi(\mathfrak{G})$ von 3.5. **q.e.d.**

3.8 Satz. *Ist die Primzahl* p *ein Teiler von* $|\Phi(\mathfrak{G})|$, *so gilt auch* $p \mid |\mathfrak{G}/\Phi(\mathfrak{G})|$.

Beweis. Angenommen, es sei $p \nmid |\mathfrak{G}/\Phi(\mathfrak{G})|$ und $\mathfrak{P}$ eine p-Sylowgruppe von $\Phi(\mathfrak{G})$. Wegen der Nilpotenz von $\Phi(\mathfrak{G})$ (siehe 3.6) ist $\mathfrak{P}$ charakteristisch in $\Phi(\mathfrak{G})$, also gilt $\mathfrak{P} \triangleleft \mathfrak{G}$. Da $|\mathfrak{G}/\mathfrak{P}|$ zu p teilerfremd ist, gibt es nach dem Satz von Zassenhaus (I, 18.1) ein Komplement $\mathfrak{S}$ von $\mathfrak{P}$ in $\mathfrak{G}$. Dann folgt mit 3.2 b) der Widerspruch

$$\mathfrak{G} = \mathfrak{P}\,\mathfrak{S} \leqq \Phi(\mathfrak{G})\,\mathfrak{S} = \mathfrak{S} < \mathfrak{G}\,.$$

Also ist p ein Teiler von $|\mathfrak{G}/\Phi(\mathfrak{G})|$. **q.e.d.**

3.9 Satz (HUPPERT [3]). *Sei $\mathscr{E}$ eine Gruppeneigenschaft, welche die folgenden Bedingungen erfüllt:*

(1) *Aus der Gültigkeit von $\mathscr{E}$ für $\mathfrak{H}/\Phi(\mathfrak{H})$ folgt stets die Gültigkeit von $\mathscr{E}$ für $\mathfrak{H}$.*

(2) *Gilt $\mathscr{E}$ für $\mathfrak{H}$, so auch für alle epimorphen Bilder von $\mathfrak{H}$.*

Dann gilt:

Hat $\mathfrak{G}/\mathfrak{N}$ die Eigenschaft $\mathscr{E}$, so gibt es eine Untergruppe $\mathfrak{U}$ mit der Eigenschaft $\mathscr{E}$ und mit $\mathfrak{G} = \mathfrak{N}\,\mathfrak{U}$.

Beweis. Wir betrachten die Menge

$$\mathscr{M} = \{\mathfrak{U} \mid \mathfrak{U} \leqq \mathfrak{G},\, \mathfrak{G} = \mathfrak{N}\,\mathfrak{U}\}\,.$$

Wegen $\mathfrak{G} \in \mathscr{M}$ ist $\mathscr{M}$ sicher nicht leer. Sei $\mathfrak{U}$ ein minimales Element aus $\mathscr{M}$. Wir zeigen, daß dann $\mathfrak{U}$ die Eigenschaft $\mathscr{E}$ hat.

Ist $\mathfrak{U} \cap \mathfrak{N} \nleqq \Phi(\mathfrak{U})$, so gibt es eine maximale Untergruppe $\mathfrak{V}$ von $\mathfrak{U}$ mit $\mathfrak{U} \cap \mathfrak{N} \nleqq \mathfrak{V}$, also mit $\mathfrak{U} = (\mathfrak{U} \cap \mathfrak{N})\,\mathfrak{V}$. Dann folgt

$$\mathfrak{G} = \mathfrak{N}\,\mathfrak{U} = \mathfrak{N}\,\mathfrak{V}\,,$$

entgegen der Minimalität von $\mathfrak{U}$. Also ist $\mathfrak{U} \cap \mathfrak{N} \leqq \Phi(\mathfrak{U})$.

Aus $\mathfrak{G} = \mathfrak{N}\,\mathfrak{U}$ folgt $\mathfrak{G}/\mathfrak{N} \cong \mathfrak{U}/(\mathfrak{U} \cap \mathfrak{N})$. Daher hat $\mathfrak{U}/(\mathfrak{U} \cap \mathfrak{N})$ die Eigenschaft $\mathscr{E}$. Wegen $\mathfrak{U} \cap \mathfrak{N} \leqq \Phi(\mathfrak{U})$ ist $\mathfrak{U}/\Phi(\mathfrak{U})$ ein epimorphes Bild von $\mathfrak{U}/(\mathfrak{U} \cap \mathfrak{N})$. Wegen (2) hat dann auch $\mathfrak{U}/\Phi(\mathfrak{U})$ die Eigenschaft $\mathscr{E}$, wegen (1) daher $\mathfrak{U}$ selbst. **q.e.d.**

Aus den Sätzen 3.7 und 3.9 ergibt sich sofort:

3.10 Satz. *Ist $\mathfrak{G}/\mathfrak{N}$ nilpotent, so gibt es eine nilpotente Untergruppe $\mathfrak{U}$ von $\mathfrak{G}$ mit $\mathfrak{G} = \mathfrak{N}\,\mathfrak{U}$.*

(*Es gibt jedoch nicht notwendig ein Komplement zu $\mathfrak{N}$ in $\mathfrak{G}$; es braucht also nicht $\mathfrak{U} \cong \mathfrak{G}/\mathfrak{N}$ zu gelten!*)

Die Frattinigruppe liefert eine neue Charakterisierung der (endlichen) nilpotenten Gruppen:

3.11 Satz (WIELANDT [3]). *Genau dann ist $\mathfrak{G}$ nilpotent, wenn $\mathfrak{G}' \leqq \Phi(\mathfrak{G})$ gilt. Etwas allgemeiner: Sei $\mathfrak{N}$ ein Normalteiler von $\mathfrak{G}$. Genau dann ist $\mathfrak{N}$ nilpotent, wenn $\mathfrak{N}' \leqq \Phi(\mathfrak{G})$ gilt.*

Beweis. Sei $\mathfrak{N}' \leqq \Phi(\mathfrak{G})$. Sicher gilt $\mathfrak{N}' \trianglelefteq \mathfrak{G}$ und $\mathfrak{N}/\mathfrak{N}'$ ist abelsch, also nilpotent. Aus 3.5 folgt dann die Nilpotenz von $\mathfrak{N}$.

Sei umgekehrt $\mathfrak{N}$ nilpotent. Nach 2.3 d) sind alle maximalen Untergruppen von $\mathfrak{N}$ normal in $\mathfrak{N}$, haben daher notwendig Primzahlindex. Also gilt $\mathfrak{N}' \leqq \mathfrak{U}$ für jede maximale Untergruppe $\mathfrak{U}$ von $\mathfrak{N}$. Daher folgt

$\mathfrak{N}' \leqq \Phi(\mathfrak{N})$. Mit der Ungleichung $\Phi(\mathfrak{N}) \leqq \Phi(\mathfrak{G})$ aus 3.3 b) erhalten wir dann auch $\mathfrak{N}' \leqq \Phi(\mathfrak{G})$. **q.e.d.**

Der folgende Satz wird bei der Theorie des Schurschen Multiplikators und der projektiven Darstellungen in Kapitel V von Nutzen sein:

3.12 Satz (GASCHÜTZ [3]). *Es gilt* $\mathfrak{G}' \cap \mathbf{Z}(\mathfrak{G}) \leqq \Phi(\mathfrak{G})$.

Beweis. Wir setzen $\mathfrak{D} = \mathfrak{G}' \cap \mathbf{Z}(\mathfrak{G})$. Angenommen, es sei $\mathfrak{D} \nleqq \Phi(\mathfrak{G})$. Dann gibt es eine maximale Untergruppe $\mathfrak{U}$ von $\mathfrak{G}$ mit $\mathfrak{D} \nleqq \mathfrak{U}$. Daher gilt $\mathfrak{G} = \mathfrak{D}\,\mathfrak{U}$. Somit können wir jedes Element G aus $\mathfrak{G}$ in der Gestalt

$$G = D\,U \quad \text{mit} \quad D \in \mathfrak{D} \quad \text{und} \quad U \in \mathfrak{U}$$

schreiben. Wegen $D \in \mathfrak{D} \leqq \mathbf{Z}(\mathfrak{G})$ folgt

$$\mathfrak{U}^G = \mathfrak{U}^{DU} = \mathfrak{U}^U = \mathfrak{U}\,.$$

Also ist $\mathfrak{U}$ ein Normalteiler von $\mathfrak{G}$. Da $\mathfrak{U}$ außerdem eine maximale Untergruppe von $\mathfrak{G}$ ist, hat $\mathfrak{U}$ Primzahlindex. Somit folgt $\mathfrak{G}' \leqq \mathfrak{U}$ und dann $\mathfrak{D} \leqq \mathfrak{G}' \leqq \mathfrak{U}$, entgegen unserer Annahme. **q.e.d.**

Über die Frage, welche nilpotenten Gruppen die Frattinigruppe einer endlichen Gruppe $\mathfrak{G}$ sein können, ist nur sehr wenig bekannt. Wir beweisen:

3.13 Satz (GASCHÜTZ [3]). *Ist* $\mathfrak{N} \triangleleft \mathfrak{G}$ *und* $\mathfrak{N} \leqq \Phi(\mathfrak{G})$, *so liegt die innere Automorphismengruppe* $\mathbf{I}(\mathfrak{N})$ *von* $\mathfrak{N}$ *in der Frattinigruppe der vollen Automorphismengruppe* $\mathbf{A}(\mathfrak{N})$.

Beweis. Jedem Element G aus $\mathfrak{G}$ ordnen wir den von G auf $\mathfrak{N}$ bewirkten Automorphismus G^τ zu, welcher beschrieben wird durch $G^\tau : N \to N^G$. Dies liefert einen Epimorphismus τ von $\mathfrak{G}$ auf eine Untergruppe $\mathfrak{U} = \mathfrak{G}^\tau$ der Automorphismengruppe $\mathbf{A}(\mathfrak{N})$ von $\mathfrak{N}$. Dabei geht $\mathfrak{N}$ in die Gruppe $\mathfrak{N}^\tau = \mathbf{I}(\mathfrak{N})$ der inneren Automorphismen von $\mathfrak{N}$ über. Aus $\mathfrak{N} \leqq \Phi(\mathfrak{G})$ folgt mit 3.4 a)

$$\mathfrak{N}^\tau = \mathbf{I}(\mathfrak{N}) \leqq \Phi(\mathfrak{G})^\tau \leqq \Phi(\mathfrak{G}^\tau) = \Phi(\mathfrak{U})\,.$$

Nach I, 4.2 (S. 18) ist andererseits $\mathbf{I}(\mathfrak{N}) \trianglelefteq \mathbf{A}(\mathfrak{N})$. Mit 3.3 a) ergibt sich daher

$$\mathbf{I}(\mathfrak{N}) \leqq \Phi(\mathbf{A}(\mathfrak{N}))\,. \qquad \textbf{q.e.d.}$$

Erheblich mehr läßt sich über die Frattinigruppen von p-Gruppen sagen:

3.14 Satz. *Sei* $\mathfrak{G}$ *eine* p*-Gruppe. Dann gilt:*

a) $\Phi(\mathfrak{G}) = \mathfrak{G}'\,\mathfrak{G}^p$ *mit* $\mathfrak{G}^p = \langle G^p \mid G \in \mathfrak{G}\rangle$.

Also ist $\mathfrak{G}/\Phi(\mathfrak{G})$ *eine elementar-abelsche* p*-Gruppe, und* $\Phi(\mathfrak{G})$ *ist der kleinste Normalteiler von* $\mathfrak{G}$ *mit elementar-abelscher Faktorgruppe.*

b) *Ist* $p = 2$, *so gilt* $\Phi(\mathfrak{G}) = \mathfrak{G}^2$. *In diesem Falle wird also die Frattinigruppe von den Quadraten der Elemente aus* $\mathfrak{G}$ *erzeugt.*

c) *Aus* $\mathfrak{U} \leqq \mathfrak{G}$ *folgt stets* $\Phi(\mathfrak{U}) \leqq \Phi(\mathfrak{G})$; *aus* $\mathfrak{N} \trianglelefteq \mathfrak{G}$ *folgt stets* $\Phi(\mathfrak{G})\,\mathfrak{N}/\mathfrak{N} = \Phi(\mathfrak{G}/\mathfrak{N})$.

Beweis. a) Sei $\mathfrak{U}$ eine maximale Untergruppe von $\mathfrak{G}$. Da $\mathfrak{G}$ als p-Gruppe nach 2.3 nilpotent ist, gilt $\mathfrak{U} \triangleleft \mathfrak{G}$, wegen der Maximalität von $\mathfrak{U}$ sodann $|\mathfrak{G}/\mathfrak{U}| = p$. Also ist

$$\mathfrak{G}'\,\mathfrak{G}^p \leqq \mathfrak{U}$$

und daher auch $\mathfrak{G}'\,\mathfrak{G}^p \leqq \Phi(\mathfrak{G})$.

Wir zeigen nun: Ist $\mathfrak{G}/\mathfrak{N}$ elementar-abelsch, so gilt $\Phi(\mathfrak{G}) \leqq \mathfrak{N}$. Sei $X \in \mathfrak{G} - \mathfrak{N}$. Da $\mathfrak{G}/\mathfrak{N}$ als elementar-abelsche Gruppe zur additiven Gruppe eines endlichdimensionalen Vektorraumes über $GF(p)$ isomorph ist, gibt es bekanntlich eine Basis $\{X_i\,\mathfrak{N} \mid i = 1, \ldots, k\}$ von $\mathfrak{G}/\mathfrak{N}$ mit $X_1 = X$. Nun ist

$$\mathfrak{G} = \langle X_1, \ldots, X_k, \mathfrak{N}\rangle > \langle X_2, \ldots, X_k, \mathfrak{N}\rangle\,.$$

Mit 3.2 a) folgt $X_1 \notin \Phi(\mathfrak{G})$. Also ist $\Phi(\mathfrak{G}) \leqq \mathfrak{N}$.

Setzen wir $\mathfrak{D} = \mathfrak{G}'\,\mathfrak{G}^p$, so ist $\mathfrak{G}/\mathfrak{D}$ elementar-abelsch. Also ist $\Phi(\mathfrak{G}) \leqq \mathfrak{D}$ und dann auch $\mathfrak{D} = \mathfrak{G}'\,\mathfrak{G}^p = \Phi(\mathfrak{G})$.

b) Wir haben zu zeigen, daß die Kommutatoren sich als Produkte von Quadraten schreiben lassen. Das folgt aus

$$[X, Y] = X^{-1}\,Y^{-2}\,X\,X^{-2}\,X\,Y\,X\,Y = (Y^X)^{-2}\,X^{-2}\,(X\,Y)^2\,.$$

Also ist $\mathfrak{G}' \leqq \mathfrak{G}^2$ und dann nach a) $\mathfrak{G}^2 = \Phi(\mathfrak{G})$.

c) ist eine direkte Folgerung aus der Beschreibung der Frattinigruppe unter a). **q.e.d.**

Grundlegend für die Theorie der p-Gruppen ist der folgende Satz von Burnside:

3.15 Burnsidescher Basissatz.

Sei $\mathfrak{G}$ *eine* p*-Gruppe mit* $|\mathfrak{G}/\Phi(\mathfrak{G})| = p^d$. *Dann enthält jedes nicht zu verkleinernde Erzeugendensystem von* $\mathfrak{G}$ *genau* d *Elemente, und jedes nicht in* $\Phi(\mathfrak{G})$ *liegende Element von* $\mathfrak{G}$ *gehört zu mindestens einem Erzeugendensystem mit* d *Elementen.*

(*Man beachte, daß ein entsprechender Satz nicht für alle nilpotenten Gruppen gilt: Die zyklische Gruppe der Ordnung* 6 *besitzt ein Erzeugendensystem aus einem Element, sie besitzt aber auch ein nicht zu verkleinerndes Erzeugendensystem aus zwei Elementen der Ordnungen* 2 *und* 3.)

Beweis. Aus $\mathfrak{G}/\Phi(\mathfrak{G}) = \langle X_i\,\Phi(\mathfrak{G}) \mid i = 1, \ldots, d\rangle$ folgt mit Hilfe von 3.2 a)

$$\mathfrak{G} = \langle X_i, \Phi(\mathfrak{G}) \mid i = 1, \ldots, d\rangle = \langle X_i \mid i = 1, \ldots, d\rangle$$

und umgekehrt. Die X_i bilden also genau dann ein Erzeugendensystem von $\mathfrak{G}$, wenn die Nebenklassen $X_i\,\Phi(\mathfrak{G})$ ein Erzeugendensystem von $\mathfrak{G}/\Phi(\mathfrak{G})$ bilden. Daher brauchen wir unseren Satz nur für elementarabelsche Gruppen zu beweisen.

Sei also $\mathfrak{G}$ elementar-abelsch von der Ordnung p^d. Dann ist $\mathfrak{G}$ isomorph zur additiven Gruppe eines Vektorraumes der Dimension d über $K = GF(p)$. Bekanntlich enthält jedes Erzeugendensystem von $\mathfrak{G}$ eine K-Basis von $\mathfrak{G}$, jede K-Basis besteht aus genau d Elementen, und jedes von E verschiedene Element von $\mathfrak{G}$ kommt in mindestens einer Basis vor.

q.e.d.

Eine einfache Folgerung aus dem Burnsideschen Basissatz nimmt Überlegungen aus § 8 vorweg:

3.16 Satz. *Hat die Gruppe $\mathfrak{G}$ nur eine maximale Untergruppe, so ist $\mathfrak{G}$ zyklisch von Primzahlpotenzordnung.*

Beweis. Sei $\mathfrak{U}$ die einzige maximale Untergruppe von $\mathfrak{G}$. Dann ist $\mathfrak{U} = \Phi(\mathfrak{G})$. Ist $\mathfrak{G}$ keine Gruppe von Primzahlpotenzordnung, so liegt jede Sylowgruppe von $\mathfrak{G}$ in $\mathfrak{U}$, und es folgt der Widerspruch $|\mathfrak{U}| = |\mathfrak{G}|$. Also ist $\mathfrak{G}$ eine p-Gruppe für eine Primzahl p. Es gilt $p^d = |\mathfrak{G}/\Phi(\mathfrak{G})| = |\mathfrak{G}/\mathfrak{U}| = p$, also $d = 1$. Nach 3.15 läßt sich dann $\mathfrak{G}$ mit einem Element erzeugen, ist also zyklisch. **q.e.d.**

3.17 Satz (P. HALL [2]). *Die Gruppe $\mathfrak{G}$ lasse sich mit d Elementen erzeugen. Dann ist die Ordnung der Automorphismengruppe $\mathbf{A}(\mathfrak{G})$ von $\mathfrak{G}$ ein Teiler von*

$$|\mathbf{A}(\mathfrak{G}/\Phi(\mathfrak{G}))|\ |\Phi(\mathfrak{G})|^d .$$

Beweis. Jedem α aus $\mathbf{A}(\mathfrak{G})$ ordnen wir gemäß I, 4.3 (S. 19) den von α auf $\mathfrak{G}/\Phi(\mathfrak{G})$ bewirkten Automorphismus $\bar{\alpha}$ zu, welcher definiert ist durch

$$(G\,\Phi(\mathfrak{G}))^{\bar{\alpha}} = G^{\alpha}\,\Phi(\mathfrak{G}) .$$

Die Abbildung von α auf $\bar{\alpha}$ liefert einen Homomorphismus von $\mathbf{A}(\mathfrak{G})$ in $\mathbf{A}(\mathfrak{G}/\Phi(\mathfrak{G}))$. Den Kern dieses Homomorphismus nennen wir $\mathfrak{B}$. Dann besteht $\mathfrak{B}$ gerade aus den Automorphismen α von $\mathfrak{G}$ mit $G^{\alpha}\,\Phi(\mathfrak{G}) = G\,\Phi(\mathfrak{G})$ für alle G aus $\mathfrak{G}$.

Sei $\{R_1, \ldots, R_d\}$ ein Erzeugendensystem von $\mathfrak{G}$. Wir betrachten alle geordneten Mengen $\{R_1', \ldots, R_d'\}$ mit $R_i' = R_i F_i$ und $F_i \in \Phi(\mathfrak{G})$. Die Anzahl dieser Mengen ist offenbar gleich $|\Phi(\mathfrak{G})|^d$, und alle diese Mengen sind Erzeugendensysteme von $\mathfrak{G}$. Die Automorphismen aus $\mathfrak{B}$ permutieren diese Mengen. Die Menge der betrachteten $|\Phi(\mathfrak{G})|^d$ Erzeugendensysteme zerfällt unter $\mathfrak{B}$ in Bahnen T_i. Die Länge von T_i ist nach I, 5.10 (S. 27) der Index von $\mathfrak{B}_i$ in $\mathfrak{B}$, wenn $\mathfrak{B}_i$ diejenige Untergruppe von $\mathfrak{B}$ ist, welche eines der Erzeugendensysteme aus T_i fest läßt. Dann lassen alle Automorphismen aus $\mathfrak{B}_i$ ein volles Erzeugendensystem von $\mathfrak{G}$ fest, und es folgt $\mathfrak{B}_i = \mathfrak{E}$. Daher haben wir $|T_i| = |\mathfrak{B}|$ für alle i. Ist k die Anzahl der Bahnen T_i, so erhalten wir

$$k\,|\mathfrak{B}| = |\Phi(\mathfrak{G})|^d .$$

Nun folgt

$$|\mathbf{A}(\mathfrak{G})| \mid |\mathbf{A}(\mathfrak{G}/\Phi(\mathfrak{G}))| \, |\mathfrak{B}|, \text{ also } |\mathbf{A}(\mathfrak{G})| \mid |\mathbf{A}(\mathfrak{G}/\Phi(\mathfrak{G}))| \, |\Phi(\mathfrak{G})|^d. \quad \textbf{q.e.d.}$$

Wegen seiner Nützlichkeit formulieren wir einen Spezialfall von 3.17 gesondert:

3.18 Satz. *Sei α ein Automorphismus von $\mathfrak{G}$ und sei $O(\alpha)$ teilerfremd zu $|\Phi(\mathfrak{G})|$. Ferner sei $G^\alpha \Phi(\mathfrak{G}) = G\,\Phi(\mathfrak{G})$ für alle G aus $\mathfrak{G}$, d. h. α bewirke auf $\mathfrak{G}/\Phi(\mathfrak{G})$ den identischen Automorphismus. Dann ist $\alpha = 1$.*

Ist insbesondere $\mathfrak{G}$ eine p-Gruppe und α ein Automorphismus von $\mathfrak{G}$ mit $G^\alpha \Phi(\mathfrak{G}) = G\,\Phi(\mathfrak{G})$ für alle $G \in \mathfrak{G}$, so ist $O(\alpha)$ eine Potenz von p.

Beweis. Der Automorphismus α liegt in der Gruppe $\mathfrak{B}$ von 3.17. Also teilt $O(\alpha)$ die Zahl $|\mathfrak{B}|$ und dann auch $|\Phi(\mathfrak{G})|^d$. Da aber $O(\alpha)$ zu $|\Phi(\mathfrak{G})|$ teilerfremd ist, folgt $\alpha = 1$. **q.e.d.**

Eine zu 3.18 duale Aussage werden wir für p-Gruppen in IV, 5.12 (S. 437) beweisen.

Aus 3.17 erhalten wir eine obere Abschätzung für die Ordnung der Automorphismengruppe einer p-Gruppe:

3.19 Satz (P. Hall [2]). *Sei $\mathfrak{G}$ eine p-Gruppe der Ordnung p^n mit $|\mathfrak{G}/\Phi(\mathfrak{G})| = p^d$. Dann ist die Ordnung der Automorphismengruppe $\mathbf{A}(\mathfrak{G})$ ein Teiler von*

$$p^{d(n-d)}(p^d - 1)(p^d - p) \ldots (p^d - p^{d-1}).$$

Beweis. Es ist $|\Phi(\mathfrak{G})| = p^{n-d}$. Nach II, 6.2 (S. 178) haben wir

$$|\mathbf{A}(\mathfrak{G}/\Phi(\mathfrak{G}))| = |GL(d, p)| = (p^d - 1)(p^d - p) \ldots (p^d - p^{d-1}).$$

Mit 3.17 folgt die Behauptung. **q.e.d.**

Erheblich schwieriger ist die Abschätzung der Ordnung der Automorphismengruppe einer p-Gruppe nach unten. Gaschütz konnte kürzlich mit kohomologischen Methoden zeigen: Ist $\mathfrak{G}$ eine p-Gruppe mit $|\mathfrak{G}| > p$, so gilt $p \mid |\mathbf{A}(\mathfrak{G})/\mathbf{I}(\mathfrak{G})|$ (siehe III, § 19). Es sind Beispiele von 2-Gruppen bekannt, deren Automorphismengruppe wieder eine 2-Gruppe ist (siehe I, § 14, Aufg. 56 (S. 94)).

Aufgaben:

9) Man zeige $\Phi(\mathfrak{G}_1 \times \mathfrak{G}_2) = \Phi(\mathfrak{G}_1) \times \Phi(\mathfrak{G}_2)$.

10) (Kovács, Neubüser, B. H. Neumann) a) Die endliche Gruppe $\mathfrak{G}$ sei mit n Elementen erzeugbar. Man zeige, daß folgende Aussagen gleichwertig sind:

(1) $G \in \Phi(\mathfrak{G})$.

(2) Ist $\{G_1, \ldots, G_n\}$ irgendein Erzeugendensystem von $\mathfrak{G}$ aus n Elementen, so ist auch $\mathfrak{G} = \langle G_1 G, G_2, \ldots, G_n \rangle$.

b) Sei n die minimale Erzeugendenzahl von $\mathfrak{G}$. Dann sind gleichwertig:

(1) $G \in \Phi(\mathfrak{G})$.

(2) Aus $\mathfrak{G} = \langle G, G_1, \ldots, G_n \rangle$ folgt $\mathfrak{G} = \langle G_1, \ldots, G_n \rangle$.

(Anleitung: Beim Beweis von b) verwende man a).)

11) (GASCHÜTZ [3]) Sei $\Delta(\mathfrak{G})$ der Durchschnitt aller nichtnormalen, maximalen Untergruppen von $\mathfrak{G}$. Man zeige:

a) $\Delta(\mathfrak{G})/\Phi(\mathfrak{G}) = \mathbf{Z}(\mathfrak{G}/\Phi(\mathfrak{G}))$.

b) $\Delta(\mathfrak{G})$ ist nilpotent.

c) $\Delta(\mathfrak{G})$ enthält das Hyperzentrum $\mathbf{Z}_\infty(\mathfrak{G})$ von $\mathfrak{G}$.

12) (DESKINS [1]) Sei $\Phi_p(\mathfrak{G})$ der Durchschnitt aller derjenigen maximalen Untergruppen von $\mathfrak{G}$, welche einen zur Primzahl p teilerfremden Index haben. Man zeige:

a) $\Phi_p(\mathfrak{G})$ hat eine normale p-Sylowgruppe mit nilpotenter Faktorgruppe.

b) Sind p und q zwei verschiedene Primzahlen, so ist

$$\Phi_p(\mathfrak{G}) \cap \Phi_q(\mathfrak{G}) = \Phi(\mathfrak{G}) .$$

§ 4. Die Fittinggruppe

4.1 Satz (FITTING [1]). *Sind $\mathfrak{A}$ und $\mathfrak{B}$ nilpotente Normalteiler von $\mathfrak{G}$ mit den Klassen a und b, so ist $\mathfrak{A}\mathfrak{B}$ ein nilpotenter Normalteiler von $\mathfrak{G}$, und $\mathfrak{A}\mathfrak{B}$ hat höchstens die Klasse $a + b$.*

(*Von der Endlichkeit von $\mathfrak{G}$ wird hier noch kein Gebrauch gemacht.*)

Beweis. Sind $\mathfrak{A}$, $\mathfrak{B}$ und $\mathfrak{C}$ Normalteiler von $\mathfrak{G}$, so gelten nach 1.10 a) die Regeln

$$[\mathfrak{A}\mathfrak{B}, \mathfrak{C}] = [\mathfrak{A}, \mathfrak{C}]\,[\mathfrak{B}, \mathfrak{C}] \quad \text{und} \quad [\mathfrak{A}, \mathfrak{B}\mathfrak{C}] = [\mathfrak{A}, \mathfrak{B}]\,[\mathfrak{A}, \mathfrak{C}] .$$

Sei $c = a + b$. Durch wiederholte Anwendung der eben angegebenen Regeln erhalten wir

$$\mathbf{K}_{c+1}(\mathfrak{A}\mathfrak{B}) = \Pi\mathfrak{T} ,$$

wobei jeder Faktor $\mathfrak{T}$ die Gestalt $\mathfrak{T} = [\mathfrak{H}_1, \ldots, \mathfrak{H}_{c+1}]$ mit $\mathfrak{H}_i = \mathfrak{A}$ oder $\mathfrak{H}_i = \mathfrak{B}$ hat. In einem bestimmten $\mathfrak{T}$ möge etwa n mal $\mathfrak{A}$ und m mal $\mathfrak{B}$ vorkommen. Dann ist $n + m = c + 1 = a + b + 1$, also $n > a$ oder $m > b$. Sei etwa $n \geqq a + 1$. Wir setzen

$$\mathfrak{T}_i = [\ldots, \mathfrak{A}] ,$$

wobei der Kommutator gerade hinter dem i-ten $\mathfrak{A}$ abbricht. Wegen $\mathfrak{A} \trianglelefteq \mathfrak{G}$ haben wir $\mathfrak{T}_1 \leqq \mathfrak{A}$ und $\mathfrak{T}_1 \trianglelefteq \mathfrak{G}$. Daher ist

$$\mathfrak{T}_2 = [\mathfrak{T}_1, \mathfrak{B}, \ldots, \mathfrak{B}, \mathfrak{A}] \leqq [\mathfrak{A}, \mathfrak{A}] = \mathbf{K}_2(\mathfrak{A}) .$$

Durch Induktion nach i folgt wegen $\mathbf{K}_i(\mathfrak{A}) \trianglelefteq \mathfrak{G}$ allgemein

$$\mathfrak{T}_{i+1} = [\mathfrak{T}_i, \mathfrak{B}, \ldots, \mathfrak{B}, \mathfrak{A}] \leqq [\mathbf{K}_i(\mathfrak{A}), \mathfrak{B}, \ldots, \mathfrak{B}, \mathfrak{A}] \leqq [\mathbf{K}_i(\mathfrak{A}), \mathfrak{A}]$$
$$= \mathbf{K}_{i+1}(\mathfrak{A}) .$$

Schließlich erhalten wir $\mathfrak{T}_{a+1} \leqq \mathbf{K}_{a+1}(\mathfrak{A}) = \mathfrak{E}$ und daher auch $\mathfrak{T} = \mathfrak{E}$. Also folgt $\mathbf{K}_{c+1}(\mathfrak{A}\,\mathfrak{B}) = \mathfrak{E}$. **q.e.d.**

Sei weiterhin $\mathfrak{G}$ endlich.

4.2 Satz. a) *Das Produkt aller nilpotenten Normalteiler von* $\mathfrak{G}$ *ist ein nilpotenter Normalteiler* $\mathbf{F}(\mathfrak{G})$ *von* $\mathfrak{G}$. *Wir nennen* $\mathbf{F}(\mathfrak{G})$ *die Fittinggruppe von* $\mathfrak{G}$.

b) *Ist* $\mathbf{C}_{\mathfrak{G}}(\mathbf{F}(\mathfrak{G}))$ *der Zentralisator von* $\mathbf{F}(\mathfrak{G})$ *in* $\mathfrak{G}$, *so enthält*

$$\mathbf{C}_{\mathfrak{G}}(\mathbf{F}(\mathfrak{G}))\,\mathbf{F}(\mathfrak{G})/\mathbf{F}(\mathfrak{G})$$

keinen von $\mathfrak{E}$ *verschiedenen auflösbaren Normalteiler von* $\mathfrak{G}/\mathbf{F}(\mathfrak{G})$. *Ist insbesondere* $\mathfrak{G}$ *auflösbar, so gilt* $\mathbf{C}_{\mathfrak{G}}(\mathbf{F}(\mathfrak{G})) \leqq \mathbf{F}(\mathfrak{G})$.

c) *Die Frattinigruppe* $\Phi(\mathfrak{G})$ *von* $\mathfrak{G}$ *liegt in* $\mathbf{F}(\mathfrak{G})$. *Ist* $\mathfrak{G}$ *auflösbar und* $\mathfrak{G} \neq \mathfrak{E}$, *so gilt sogar* $\Phi(\mathfrak{G}) < \mathbf{F}(\mathfrak{G})$.

d) *Es ist* $\mathbf{F}(\mathfrak{G}/\Phi(\mathfrak{G})) = \mathbf{F}(\mathfrak{G})/\Phi(\mathfrak{G})$.

e) *Ist* $\mathfrak{N}$ *ein minimaler Normalteiler von* $\mathfrak{G}$, *so gilt* $\mathbf{F}(\mathfrak{G}) \leqq \mathbf{C}_{\mathfrak{G}}(\mathfrak{N})$. *Ist insbesondere* $\mathfrak{N}$ *abelsch, so haben wir* $\mathfrak{N} \leqq \mathbf{Z}(\mathbf{F}(\mathfrak{G}))$.

Beweis. a) ist eine direkte Folgerung aus 4.1 und der Endlichkeit von $\mathfrak{G}$.

b) Sei $\mathfrak{N}/\mathbf{F}(\mathfrak{G})$ ein abelscher Normalteiler von $\mathfrak{G}/\mathbf{F}(\mathfrak{G})$ mit $\mathfrak{N} \leqq \mathbf{C}_{\mathfrak{G}}(\mathbf{F}(\mathfrak{G}))\,\mathbf{F}(\mathfrak{G})$. Dann ist $\mathfrak{N} = \mathbf{F}(\mathfrak{G})\,\mathfrak{C}$ mit $\mathfrak{C} = \mathfrak{N} \cap \mathbf{C}_{\mathfrak{G}}(\mathbf{F}(\mathfrak{G}))$. Sei c die Klasse der nilpotenten Gruppe

$$\mathfrak{N}/\mathfrak{C} \cong \mathbf{F}(\mathfrak{G})/(\mathbf{F}(\mathfrak{G}) \cap \mathfrak{C})\,.$$

Dann folgt wegen $\mathfrak{N} \leqq \mathbf{F}(\mathfrak{G})\,\mathbf{C}_{\mathfrak{G}}(\mathbf{F}(\mathfrak{G}))$

$$\mathbf{K}_{c+1}(\mathfrak{N}) \leqq \mathfrak{C} \cap \mathfrak{N}' \leqq \mathfrak{C} \cap \mathbf{F}(\mathfrak{G}) \leqq \mathbf{Z}(\mathbf{F}(\mathfrak{G})) \leqq \mathbf{Z}(\mathfrak{N})$$

und somit $\mathbf{K}_{c+2}(\mathfrak{N}) = \mathfrak{E}$. Also ist $\mathfrak{N}$ nilpotent, und daher gilt $\mathfrak{N} \leqq \mathbf{F}(\mathfrak{G})$.

Wir haben damit bewiesen, daß $\mathfrak{G}/\mathbf{F}(\mathfrak{G})$ keinen nichttrivialen, in $\mathbf{C}_{\mathfrak{G}}(\mathbf{F}(\mathfrak{G}))\,\mathbf{F}(\mathfrak{G})/\mathbf{F}(\mathfrak{G})$ liegenden abelschen Normalteiler besitzt. Daher gibt es auch keinen nichttrivialen auflösbaren Normalteiler von $\mathfrak{G}/\mathbf{F}(\mathfrak{G})$ in $\mathbf{C}_{\mathfrak{G}}(\mathbf{F}(\mathfrak{G}))\,\mathbf{F}(\mathfrak{G})/\mathbf{F}(\mathfrak{G})$.

c) Da $\Phi(\mathfrak{G})$ nach 3.6 nilpotent ist, folgt aus 4.2 a) $\Phi(\mathfrak{G}) \leqq \mathbf{F}(\mathfrak{G})$.

Sei $\mathfrak{G}$ auflösbar und verschieden von $\mathfrak{E}$. Dann ist auch $\mathfrak{G}/\Phi(\mathfrak{G})$ auflösbar und verschieden von $\mathfrak{E}$, besitzt also einen von $\mathfrak{E}$ verschiedenen abelschen Normalteiler $\mathfrak{M}/\Phi(\mathfrak{G})$. Aus der Nilpotenz von $\mathfrak{M}/\Phi(\mathfrak{G})$ folgt mit 3.5 die Nilpotenz von $\mathfrak{M}$. Also gilt $\mathfrak{M} \leqq \mathbf{F}(\mathfrak{G})$ und somit sicher $\Phi(\mathfrak{G}) < \mathbf{F}(\mathfrak{G})$.

d) Sei $\mathbf{F}(\mathfrak{G}/\Phi(\mathfrak{G})) = \mathfrak{M}/\Phi(\mathfrak{G})$ die Fittinggruppe von $\mathfrak{G}/\Phi(\mathfrak{G})$. Aus der Nilpotenz von $\mathfrak{M}/\Phi(\mathfrak{G})$ folgt mit 3.5 die Nilpotenz von $\mathfrak{M}$. Also gilt $\mathfrak{M} \leqq \mathbf{F}(\mathfrak{G})$. Die umgekehrte Inklusion $\mathfrak{M} \geqq \mathbf{F}(\mathfrak{G})$ ist trivial, da $\mathbf{F}(\mathfrak{G})/\Phi(\mathfrak{G})$ ein nilpotenter Normalteiler von $\mathfrak{G}/\Phi(\mathfrak{G})$ ist.

e) Ist der minimale Normalteiler $\mathfrak{N}$ von $\mathfrak{G}$ nicht abelsch, so gilt $\mathfrak{N} \not\leqq \mathbf{F}(\mathfrak{G})$, also $\mathfrak{N} \cap \mathbf{F}(\mathfrak{G}) = \mathfrak{E}$ und daher nach I, 3.13 (S. 18)

$\mathbf{F}(\mathfrak{G}) \leqq \mathbf{C}_{\mathfrak{G}}(\mathfrak{N})$. Ist $\mathfrak{N}$ abelsch, so haben wir sicher $\mathfrak{N} \leqq \mathbf{F}(\mathfrak{G})$. Nach 2.6 ist jetzt $\mathfrak{E} < \mathfrak{N} \cap \mathbf{Z}(\mathbf{F}(\mathfrak{G})) \trianglelefteq \mathfrak{G}$. Wegen der Minimalität von $\mathfrak{N}$ erzwingt das die Behauptung $\mathfrak{N} \leqq \mathbf{Z}(\mathbf{F}(\mathfrak{G}))$. **q.e.d.**

Die folgende Charakterisierung der Fittinggruppe ist von großer Bedeutung:

4.3 Satz. *Sei*

$$\mathfrak{G} = \mathfrak{G}_0 \triangleright \mathfrak{G}_1 \triangleright \cdots \triangleright \mathfrak{G}_s = \mathfrak{E}$$

irgendeine Hauptreihe von $\mathfrak{G}$. *Dann gilt*

$$\mathbf{F}(\mathfrak{G}) = \bigcap_{i=0}^{s-1} \mathbf{C}_{\mathfrak{G}}(\mathfrak{G}_i/\mathfrak{G}_{i+1}) \, .$$

(*Für die Definition von* $\mathbf{C}_{\mathfrak{G}}(\mathfrak{G}_i/\mathfrak{G}_{i+1})$ *vergleiche man* I, 4.3; S. 19.)

Beweis. Wir setzen

$$\mathfrak{D} = \bigcap_{i=0}^{s-1} \mathbf{C}_{\mathfrak{G}}(\mathfrak{G}_i/\mathfrak{G}_{i+1})$$

und $\mathfrak{D}_i = \mathfrak{D} \cap \mathfrak{G}_i$. Dann gilt

$$[\mathfrak{D}_i, \mathfrak{D}] \leqq [\mathfrak{G}_i, \mathbf{C}_{\mathfrak{G}}(\mathfrak{G}_i/\mathfrak{G}_{i+1})] \cap \mathfrak{D} \leqq \mathfrak{G}_{i+1} \cap \mathfrak{D} = \mathfrak{D}_{i+1} \, .$$

Also bilden die $\mathfrak{D}_i$ eine Zentralkette von $\mathfrak{D}$ von $\mathfrak{D}$ bis $\mathfrak{E}$, und $\mathfrak{D}$ ist nilpotent. Wegen $\mathfrak{D} \trianglelefteq \mathfrak{G}$ folgt mit 4.2 a) dann $\mathfrak{D} \leqq \mathbf{F}(\mathfrak{G})$.

Wir haben nun $\mathbf{F}(\mathfrak{G}) \leqq \mathbf{C}_{\mathfrak{G}}(\mathfrak{G}_i/\mathfrak{G}_{i+1})$ zu zeigen. Es ist $\mathfrak{G}_i/\mathfrak{G}_{i+1}$ ein minimaler Normalteiler von $\mathfrak{G}/\mathfrak{G}_{i+1}$. Ferner ist $\mathbf{F}(\mathfrak{G})\,\mathfrak{G}_{i+1}/\mathfrak{G}_{i+1}$ ein nilpotenter Normalteiler von $\mathfrak{G}/\mathfrak{G}_{i+1}$. Daher folgt mit 4.2 a) und e)

$$\mathbf{F}(\mathfrak{G})\,\mathfrak{G}_{i+1}/\mathfrak{G}_{i+1} \leqq \mathbf{F}(\mathfrak{G}/\mathfrak{G}_{i+1}) \leqq \mathbf{C}_{\mathfrak{G}/\mathfrak{G}_{i+1}}(\mathfrak{G}_i/\mathfrak{G}_{i+1}) = \mathbf{C}_{\mathfrak{G}}(\mathfrak{G}_i/\mathfrak{G}_{i+1})/\mathfrak{G}_{i+1} \, .$$

Das ergibt die gewünschte Aussage

$$\mathbf{F}(\mathfrak{G}) \leqq \mathbf{C}_{\mathfrak{G}}(\mathfrak{G}_i/\mathfrak{G}_{i+1}) \, .$$ **q.e.d.**

4.4 Hilfssatz. *Sei* $\mathfrak{A}$ *ein abelscher Normalteiler von* $\mathfrak{G}$ *mit* $\mathfrak{A} \cap \Phi(\mathfrak{G}) = \mathfrak{E}$. *Dann gibt es ein Komplement von* $\mathfrak{A}$ *in* $\mathfrak{G}$.

Beweis. Wir wählen $\mathfrak{S}$ als minimales Element der nichtleeren Menge

$$\{\mathfrak{T} \mid \mathfrak{T} \leqq \mathfrak{G},\ \mathfrak{G} = \mathfrak{A}\,\mathfrak{T}\} \, .$$

Es ist $\mathfrak{A} \cap \mathfrak{S} \trianglelefteq \mathfrak{S}$ und wegen $\mathfrak{A}' = \mathfrak{E}$ auch $\mathfrak{A} \cap \mathfrak{S} \trianglelefteq \mathfrak{A}$. Also haben wir $\mathfrak{A} \cap \mathfrak{S} \trianglelefteq \mathfrak{A}\,\mathfrak{S} = \mathfrak{G}$.

Angenommen, es sei $\mathfrak{A} \cap \mathfrak{S} \leqq \Phi(\mathfrak{S})$. Mit 3.3 a) folgt dann

$$\mathfrak{A} \cap \mathfrak{S} \leqq \mathfrak{A} \cap \Phi(\mathfrak{G}) = \mathfrak{E} \, ,$$

und wir sind fertig.

Also können wir $\mathfrak{A} \cap \mathfrak{S} \nleqq \Phi(\mathfrak{S})$ annehmen. Dann gibt es eine maximale Untergruppe $\mathfrak{U}$ von $\mathfrak{S}$ mit $\mathfrak{S} = (\mathfrak{A} \cap \mathfrak{S})\,\mathfrak{U}$. Es folgt $\mathfrak{G} = \mathfrak{A}\,\mathfrak{S} = \mathfrak{A}\,\mathfrak{U}$, entgegen der Minimalität von $\mathfrak{S}$. **q.e.d.**

Die Faktorgruppe $\mathbf{F}(\mathfrak{G})/\Phi(\mathfrak{G})$ läßt sich nun beschreiben:

4.5 Satz (Gaschütz [3]). *Es ist* $\mathbf{F}(\mathfrak{G})/\Phi(\mathfrak{G}) = \mathbf{F}(\mathfrak{G}/\Phi(\mathfrak{G}))$ *das direkte Produkt von abelschen minimalen Normalteilern von* $\mathfrak{G}/\Phi(\mathfrak{G})$.

(*Nach* 4.1 *enthält* $\mathbf{F}(\mathfrak{G})/\Phi(\mathfrak{G})$ *jeden abelschen Normalteiler von* $\mathfrak{G}/\Phi(\mathfrak{G})$.)

Beweis. Nach 4.2 d) ist $\mathbf{F}(\mathfrak{G}/\Phi(\mathfrak{G})) = \mathbf{F}(\mathfrak{G})/\Phi(\mathfrak{G})$. Der Übergang zu $\mathfrak{G}/\Phi(\mathfrak{G})$ erlaubt daher, $\Phi(\mathfrak{G}) = \mathfrak{E}$ anzunehmen. Nach 3.11 und 3.3 b) haben wir

$$\mathbf{F}(\mathfrak{G})' \leqq \Phi(\mathbf{F}(\mathfrak{G})) \leqq \Phi(\mathfrak{G}) = \mathfrak{E}.$$

Also ist $\mathbf{F}(\mathfrak{G})$ ein abelscher Normalteiler von $\mathfrak{G}$.

Sei $\mathfrak{T}$ ein möglichst großes direktes Produkt von minimalen abelschen Normalteilern von $\mathfrak{G}$. Angenommen, es sei $\mathfrak{T} < \mathbf{F}(\mathfrak{G})$. Wegen $\mathfrak{T} \cap \Phi(\mathfrak{G}) = \mathfrak{E}$ gibt es nach 4.4 eine Untergruppe $\mathfrak{S}$ von $\mathfrak{G}$ mit $\mathfrak{G} = \mathfrak{T}\mathfrak{S}$ und $\mathfrak{T} \cap \mathfrak{S} = \mathfrak{E}$. Das ergibt

$$\mathbf{F}(\mathfrak{G}) = \mathbf{F}(\mathfrak{G}) \cap \mathfrak{T}\mathfrak{S} = \mathfrak{T}(\mathfrak{S} \cap \mathbf{F}(\mathfrak{G})) = \mathfrak{T} \times (\mathfrak{S} \cap \mathbf{F}(\mathfrak{G})).$$

Dabei ist $\mathfrak{S} \cap \mathbf{F}(\mathfrak{G}) \trianglelefteq \mathfrak{T}\mathfrak{S} = \mathfrak{G}$. Ist $\mathfrak{S} \cap \mathbf{F}(\mathfrak{G}) \neq \mathfrak{E}$, so gibt es einen minimalen abelschen Normalteiler $\mathfrak{A}$ von $\mathfrak{G}$ mit $\mathfrak{A} \leqq \mathfrak{S} \cap \mathbf{F}(\mathfrak{G})$. Dann haben wir $\mathfrak{T} < \mathfrak{A} \times \mathfrak{T} \leqq \mathbf{F}(\mathfrak{G})$, entgegen der maximalen Wahl von $\mathfrak{T}$. Also ist $\mathfrak{T} = \mathbf{F}(\mathfrak{G})$. **q.e.d.**

4.6 Satz. *Sei* $\mathfrak{G}$ *eine auflösbare Gruppe. Wir definieren charakteristische Untergruppen* $\mathfrak{F}_i$ *und* $\mathfrak{K}_i$ *von* $\mathfrak{G}$ *rekursiv durch folgende Vorschriften:*

(1) *Es sei* $\mathfrak{F}_0 = \mathfrak{E}$ *und*

$$\mathfrak{F}_i/\mathfrak{F}_{i-1} = \mathbf{F}(\mathfrak{G}/\mathfrak{F}_{i-1})$$

die Fittinggruppe von $\mathfrak{G}/\mathfrak{F}_{i-1}$.

(2) *Es sei* $\mathfrak{K}_0 = \mathfrak{G}$ *und* $\mathfrak{K}_i = \mathbf{K}_\infty(\mathfrak{K}_{i-1})$ *der kleinste Normalteiler von* $\mathfrak{K}_{i-1}$ *mit nilpotenter Faktorgruppe.*

Ist $\mathfrak{F}_{n-1} < \mathfrak{F}_n = \mathfrak{G}$ *und* $\mathfrak{K}_{m-1} > \mathfrak{K}_m = \mathfrak{E}$, *so gilt* $n = m$ *und* $\mathfrak{K}_i \leqq \mathfrak{F}_{n-i}$.

Beweis. a) Wir zeigen zuerst $\mathfrak{K}_{m-i} \leqq \mathfrak{F}_i$.

Wegen $\mathbf{K}_\infty(\mathfrak{K}_{m-1}) = \mathfrak{K}_m = \mathfrak{E}$ ist $\mathfrak{K}_{m-1}$ ein nilpotenter Normalteiler von $\mathfrak{G}$. Daher gilt nach 4.2 $\mathfrak{K}_{m-1} \leqq \mathbf{F}(\mathfrak{G}) = \mathfrak{F}_1$.

Sei schon $\mathfrak{K}_{m-i} \leqq \mathfrak{F}_i$ bewiesen. Wegen

$$\mathbf{K}_\infty(\mathfrak{K}_{m-i-1}\mathfrak{F}_i/\mathfrak{F}_i) = \mathbf{K}_\infty(\mathfrak{K}_{m-i-1})\mathfrak{F}_i/\mathfrak{F}_i = \mathfrak{K}_{m-i}\mathfrak{F}_i/\mathfrak{F}_i = \mathfrak{E}$$

ist $\mathfrak{K}_{m-i-1}\mathfrak{F}_i/\mathfrak{F}_i$ ein nilpotenter Normalteiler von $\mathfrak{G}/\mathfrak{F}_i$. Daher folgt

$$\mathfrak{K}_{m-i-1}\mathfrak{F}_i/\mathfrak{F}_i \leqq \mathfrak{F}_{i+1}/\mathfrak{F}_i,$$

also $\mathfrak{K}_{m-i-1} \leqq \mathfrak{F}_{i+1}$. Schließlich ist $\mathfrak{K}_0 = \mathfrak{G} \leqq \mathfrak{F}_m$ und daher $n \leqq m$.

b) Da $\mathfrak{F}_{i+1}/\mathfrak{F}_i$ nilpotent ist, folgt durch Induktion nach i sofort $\mathfrak{K}_i \leqq \mathfrak{F}_{n-i}$. Das ergibt $\mathfrak{K}_n \leqq \mathfrak{F}_0 = \mathfrak{E}$, und daher ist auch $m \leqq n$. **q.e.d.**

4.7 Definition. Die in 4.6 beschriebene Zahl n nennen wir die nilpotente Länge von $\mathfrak{G}$ und schreiben $n = n(\mathfrak{G})$. (Man bestätigt leicht: Aus $\mathfrak{U} \leqq \mathfrak{G}$ folgt $n(\mathfrak{U}) \leqq n(\mathfrak{G})$; ist μ ein Homomorphismus von $\mathfrak{G}$, so gilt $n(\mathfrak{G}^\mu) \leqq n(\mathfrak{G})$.)

§ 5. Minimale nichtnilpotente Gruppen

Für viele Zwecke ist es nützlich, diejenigen Gruppen gut zu kennen, deren eigentliche Untergruppen alle nilpotent sind, welche selbst aber nicht nilpotent sind. In Nilpotenzbeweisen treten diese Gruppen nämlich häufig als „kleinste Verbrecher" auf. Oft reicht schon der folgende Satz aus:

5.1 Satz (O. Schmidt [1]). *Ist jede eigentliche Untergruppe von $\mathfrak{G}$ nilpotent, so ist $\mathfrak{G}$ auflösbar.*

Beweis. Sei $\mathfrak{G}$ ein Gegenbeispiel von kleinstmöglicher Ordnung. Unsere Voraussetzung vererbt sich offenbar auf alle epimorphen Bilder von $\mathfrak{G}$. Hat $\mathfrak{G}$ einen Normalteiler $\mathfrak{N}$ mit $\mathfrak{E} < \mathfrak{N} \lhd \mathfrak{G}$, so ist $\mathfrak{N}$ als eigentliche Untergruppe von $\mathfrak{G}$ nilpotent, und $\mathfrak{G}/\mathfrak{N}$ ist nach unserer Annahme auflösbar. Dann ist auch $\mathfrak{G}$ nach I, 8.6 a) (S. 38) auflösbar. Da dies nicht der Fall ist, muß ein kleinstes Gegenbeispiel $\mathfrak{G}$ einfach sein.

Seien $\mathfrak{U}_1$ und $\mathfrak{U}_2$ zwei verschiedene maximale Untergruppen von $\mathfrak{G}$ und $\mathfrak{D} = \mathfrak{U}_1 \cap \mathfrak{U}_2$. Wir wählen die $\mathfrak{U}_i$ so, daß $|\mathfrak{D}|$ möglichst groß wird.

Angenommen, es sei $\mathfrak{E} < \mathfrak{D}$. Dann ist wegen der Nilpotenz von $\mathfrak{U}_i$ nach 2.3 c)

$$\mathfrak{E} < \mathfrak{D} < \mathbf{N}_{\mathfrak{G}}(\mathfrak{D}) \cap \mathfrak{U}_i = \mathfrak{V}_i\,.$$

Also ist $\mathfrak{D} \lhd \mathfrak{V}_i \leqq \mathfrak{U}_i$ $(i = 1, 2)$. Wegen der Einfachheit von $\mathfrak{G}$ ist $\mathbf{N}_{\mathfrak{G}}(\mathfrak{D}) < \mathfrak{G}$. Daher gibt es eine maximale Untergruppe $\mathfrak{U}_3$ von $\mathfrak{G}$ mit $\mathbf{N}_{\mathfrak{G}}(\mathfrak{D}) \leqq \mathfrak{U}_3$. Nun haben wir

$$\mathfrak{D} < \mathfrak{V}_1 \leqq \mathfrak{U}_1 \cap \mathfrak{U}_3\,,$$

wegen der maximalen Wahl von $\mathfrak{D}$ also $\mathfrak{U}_1 = \mathfrak{U}_3$. Ebenso folgt aus

$$\mathfrak{D} < \mathfrak{V}_2 \leqq \mathfrak{U}_2 \cap \mathfrak{U}_3$$

auch $\mathfrak{U}_2 = \mathfrak{U}_3$. Dann ist aber $\mathfrak{U}_1 = \mathfrak{U}_2$, entgegen der Wahl von $\mathfrak{U}_1$ und $\mathfrak{U}_2$ als verschiedene maximale Untergruppen von $\mathfrak{G}$.

Daher haben je zwei verschiedene maximale Untergruppen von $\mathfrak{G}$ den Durchschnitt $\mathfrak{E}$. Da $\mathfrak{G}$ einfach ist, sind die maximalen Untergruppen von $\mathfrak{G}$ eigener Normalisator in $\mathfrak{G}$. Eine maximale Untergruppe $\mathfrak{U}$ von $\mathfrak{G}$ hat also genau $|\mathfrak{G} : \mathfrak{U}|$ Konjugierte in $\mathfrak{G}$.

Nun zählen wir die Elemente von $\mathfrak{G}$ ab. Jedes von E verschiedene Element liegt in genau einer maximalen Untergruppe von $\mathfrak{G}$. Sind die $\mathfrak{U}_i$ $(i = 1, \ldots, s)$ Vertreter aus den Klassen von konjugierten maximalen Untergruppen von $\mathfrak{G}$, so gilt daher

$$\begin{aligned} |\mathfrak{G}| &= 1 + \sum_1^s (|\mathfrak{U}_i| - 1)\, |\mathfrak{G} : \mathfrak{U}_i| \\ &= 1 + s\,|\mathfrak{G}| - \sum_1^s |\mathfrak{G} : \mathfrak{U}_i|\,. \end{aligned}$$

Aus $|\mathfrak{G} : \mathfrak{U}_i| \leqq \frac{|\mathfrak{G}|}{2}$ folgt

$$|\mathfrak{G}| \geqq 1 + s\,|\mathfrak{G}| - \frac{s\,|\mathfrak{G}|}{2} = 1 + \frac{s\,|\mathfrak{G}|}{2}$$

und daher $s = 1$. Das führt aber mit

$$|\mathfrak{G}| = 1 + |\mathfrak{G}| - |\mathfrak{G} : \mathfrak{U}_1|$$

zum Widerspruch $\mathfrak{G} = \mathfrak{U}_1$. Also ist $\mathfrak{G}$ doch auflösbar. **q.e.d.**

Man vergleiche diesen Beweis mit I, 8.11, S. 41!

Satz 5.1 leistet bei vielen Anwendungen gute Dienste. Für manche Zwecke ist jedoch eine genauere Kenntnis der minimalen nichtnilpotenten Gruppen nötig. Die Struktur dieser Gruppen wird weitgehend geklärt durch folgenden Satz:

5.2 Satz. *Ist jede eigentliche Untergruppe von $\mathfrak{G}$ nilpotent, $\mathfrak{G}$ selbst aber nicht, so hat $\mathfrak{G}$ die folgenden Eigenschaften:*

a) $|\mathfrak{G}| = p^a q^b$ *mit Primzahlen $p \neq q$; die p-Sylowgruppe ist normal in $\mathfrak{G}$; die q-Sylowgruppen sind zyklisch, und für jede q-Sylowgruppe $\mathfrak{Q}$ von $\mathfrak{G}$ gilt $\Phi(\mathfrak{Q}) \leqq \mathbf{Z}(\mathfrak{G})$.*

b) *Die Klasse der p-Sylowgruppe $\mathfrak{P}$ ist höchstens zwei. Etwas schärfer gilt sogar $\Phi(\mathfrak{P}) \leqq \mathbf{Z}(\mathfrak{G})$.*

c) *Für $p > 2$ hat $\mathfrak{P}$ den Exponenten p; für $p = 2$ ist der Exponent von $\mathfrak{P}$ höchstens 4.*

Beweis. a) Nach 5.1 ist $\mathfrak{G}$ auflösbar. Angenommen, es sei $|\mathfrak{G}| = \prod_{i=1}^{r} p_i^{a_i}$ mit $a_i > 0$ und $r \geqq 3$. Als auflösbare Gruppe hat $\mathfrak{G}$ einen Normalteiler $\mathfrak{H}$ von Primzahlindex. Sei etwa $|\mathfrak{G}/\mathfrak{H}| = p_1$. Nach unserer Voraussetzung ist $\mathfrak{H}$ nilpotent. Die Sylowgruppen von $\mathfrak{H}$ sind daher charakteristisch in $\mathfrak{H}$ und somit normal in $\mathfrak{G}$. Sei $\mathfrak{P}_i$ eine p_i-Sylowgruppe von $\mathfrak{G}$. Für $i > 1$ ist dann $\mathfrak{P}_i$ auch eine p_i-Sylowgruppe von $\mathfrak{H}$, ist also normal in $\mathfrak{G}$. Die Produkte $\mathfrak{P}_1 \mathfrak{P}_i$ mit $i \geqq 2$ sind nun wegen $r \geqq 3$ stets eigentliche Untergruppen von $\mathfrak{G}$, sind daher nilpotent. Also ist $\mathfrak{P}_1$ elementweise vertauschbar mit $\mathfrak{P}_i$ für $i > 1$, und $\mathfrak{P}_1$ ist somit normal in $\mathfrak{G}$. Dann ist $\mathfrak{G}$ nilpotent, entgegen unserer Annahme. Somit haben wir $r = 2$.

Sei $|\mathfrak{G}| = p^a q^b$. Sei $\mathfrak{H} \lhd \mathfrak{G}$ und $|\mathfrak{G}/\mathfrak{H}| = q$. Da $\mathfrak{H}$ nilpotent ist, ist die p-Sylowgruppe $\mathfrak{P}$ von $\mathfrak{H}$ ein Normalteiler von $\mathfrak{G}$. Aber $\mathfrak{P}$ ist auch eine p-Sylowgruppe von $\mathfrak{G}$.

Sei $\mathfrak{Q} = \langle Q_1, \ldots, Q_d \rangle$ eine q-Sylowgruppe von $\mathfrak{G}$. Es sei d minimal gewählt. Ist $d > 1$, so ist $\mathfrak{P}\langle Q_i \rangle$ für $i = 1, \ldots, d$ eine eigentliche Untergruppe von $\mathfrak{G}$, ist daher nilpotent. Somit ist Q_i mit allen Elementen aus $\mathfrak{P}$ vertauschbar. Da dies für alle i gilt, sind $\mathfrak{P}$ und $\mathfrak{Q}$ elementweise vertauschbar. Dann folgt $\mathfrak{G} = \mathfrak{P}\,\mathfrak{Q} = \mathfrak{P} \times \mathfrak{Q}$, und $\mathfrak{G}$ ist nilpotent. Das widerspricht jedoch unserer Voraussetzung über $\mathfrak{G}$. Mithin ist $d = 1$, und $\mathfrak{Q}$ ist zyklisch.

Die Gruppe $\mathfrak{P}\,\Phi(\mathfrak{Q})$ ist eine eigentliche Untergruppe von $\mathfrak{G}$, ist also nilpotent. Daher ist $\Phi(\mathfrak{Q})$ elementweise mit $\mathfrak{P}$ vertauschbar, und $\Phi(\mathfrak{Q})$ liegt in $\mathbf{Z}(\mathfrak{G})$.

b) Angenommen, es sei $\mathfrak{N}$ ein Normalteiler von $\mathfrak{G}$ mit $|\mathfrak{G}/\mathfrak{N}| = p^f > 1$. Dann ist $\mathfrak{N}$ nilpotent, und wir erhalten $\mathfrak{N} = \mathfrak{Q} \times (\mathfrak{N} \cap \mathfrak{P})$. Daher ist $\mathfrak{Q}$ eine charakteristische Untergruppe von $\mathfrak{N}$, also ist $\mathfrak{Q}$ normal in $\mathfrak{G}$, und $\mathfrak{G}$ ist nilpotent. Das ist jedoch nicht der Fall. Somit gibt es keinen Normalteiler $\mathfrak{N}$ von $\mathfrak{G}$ mit $|\mathfrak{G}/\mathfrak{N}| = p^f > 1$. Insbesondere haben wir

$$\mathfrak{Q}^{\mathfrak{G}} = \langle \mathfrak{Q}^G \mid G \in \mathfrak{G} \rangle = \mathfrak{G}\,.$$

Die Gruppe $\Phi(\mathfrak{P})\,\mathfrak{Q}$ ist eine eigentliche Untergruppe von $\mathfrak{G}$, ist also nilpotent. Daher ist $\Phi(\mathfrak{P})$ elementweise vertauschbar mit $\mathfrak{Q}$. Der gleiche Schluß gilt auch für alle Konjugierten $\mathfrak{Q}^G$ von $\mathfrak{Q}$. Da die $\mathfrak{Q}^G$ ganz $\mathfrak{G}$ erzeugen, erhalten wir also $\Phi(\mathfrak{P}) \leqq \mathbf{Z}(\mathfrak{G})$. Insbesondere ergibt sich mit 3.11

$$\mathfrak{P}' \leqq \Phi(\mathfrak{P}) \leqq \mathfrak{P} \cap \mathbf{Z}(\mathfrak{G}) \leqq \mathbf{Z}(\mathfrak{P})\,,$$

und daher hat $\mathfrak{P}$ höchstens die Klasse 2.

c) Nach 1.6 b) gilt $[\mathfrak{P}, \mathfrak{Q}] \lhd \langle \mathfrak{P}, \mathfrak{Q} \rangle = \mathfrak{G}$.

Angenommen, es sei $[\mathfrak{P}, \mathfrak{Q}] < \mathfrak{P}$. Dann ist $[\mathfrak{P}, \mathfrak{Q}]\,\mathfrak{Q}$ eine eigentliche Untergruppe von $\mathfrak{G}$, ist also nilpotent. Daher ist $[\mathfrak{P}, \mathfrak{Q}]$ elementweise mit $\mathfrak{Q}$ vertauschbar. Daraus folgt

$$\mathfrak{Q}^G \leq \mathbf{C}_{\mathfrak{G}}([\mathfrak{P}, \mathfrak{Q}]^G) = \mathbf{C}_{\mathfrak{G}}([\mathfrak{P}, \mathfrak{Q}])\,,$$

und wegen $\mathfrak{Q}^{\mathfrak{G}} = \mathfrak{G}$ dann sogar $[\mathfrak{P}, \mathfrak{Q}] \leqq \mathbf{Z}(\mathfrak{G})$. Also ist $\mathfrak{G}/\mathbf{Z}(\mathfrak{G})$ nilpotent, dann aber auch $\mathfrak{G}$ selbst, entgegen unserer Annahme.

Wir haben also

$$\mathfrak{P} = [\mathfrak{P}, \mathfrak{Q}] = \langle P^{Q-E} \mid P \in \mathfrak{P},\, Q \in \mathfrak{Q} \rangle\,.$$

Ist $P \in \mathfrak{P}$, so gilt nach 3.14 $P^p \in \Phi(\mathfrak{P}) \leqq \mathbf{Z}(\mathfrak{G})$ und daher $(P^p)^Q = P^p$ für alle $Q \in \mathfrak{Q}$. Da $\mathfrak{P}$ nach b) höchstens die Klasse 2 hat, folgt mit 1.3

$$[P, P']^p = [P^p, P'] = E \quad \text{für alle} \quad P, P' \in \mathfrak{P}\,.$$

Insbesondere ist

$$E = [P^{-p}, P^Q] = [P^{-1}, P^Q]^p\,.$$

Für $p > 2$ folgt nun mit 1.3 wegen der Teilbarkeit von $\binom{p}{2}$ durch p

$$(P^{Q-E})^p = (P^Q)^p\, P^{-p}\, [P^{-1}, P^Q]^{\binom{p}{2}} = E\,.$$

Die erzeugenden Elemente P^{Q-E} von $\mathfrak{P}$ haben also alle die Ordnung p. Wegen

$$(P P')^p = P^p P'^p [P', P]^{\binom{p}{2}} = P^p P'^p$$

haben dann alle von E verschiedenen Elemente von $\mathfrak{P}$ die Ordnung p. Also hat $\mathfrak{P}$ den Exponenten p.

Für $p = 2$ müssen wir etwas vorsichtiger vorgehen. Zunächst erhalten wir wie oben $P^2 \in \mathbf{Z}(\mathfrak{P})$ und $[P, P']^2 = E$ für alle $P, P' \in \mathfrak{P}$. Mit 1.3 folgt diesmal

$$(P^{Q-E})^4 = (P^Q)^4\, P^{-4}\, [P^{-1}, P^Q]^6 = E\,.$$

Also haben die erzeugenden Elemente P^{Q-E} von $\mathfrak{P}$ höchstens die Ordnung 4. Aus

$$(P P')^4 - P^4\, P'^4\, [P', P]^6 - P^4\, P'^4$$

folgt, daß alle Elemente von $\mathfrak{P}$ höchstens die Ordnung 4 haben. **q.e.d.**

Als erste Anwendung von 5.2 beweisen wir:

5.3 Satz (Itô [7]). *Die Gruppe $\mathfrak{G}$ habe ungerade Ordnung.*

a) *Liegt jede minimale Untergruppe von $\mathfrak{G}$ in $\mathbf{Z}(\mathfrak{G})$, so ist $\mathfrak{G}$ nilpotent.*

b) *Ist jede minimale Untergruppe von $\mathfrak{G}'$ normal in $\mathfrak{G}$, so ist die Kommutatorgruppe $\mathfrak{G}'$ nilpotent, und $\mathfrak{G}$ ist auflösbar.*

(*Die Aussage unter* b) *ist offenbar ein Versuch, die Charakterisierung der nilpotenten Gruppen in* 2.3 d) *zu dualisieren.*)

Beweis. a) Sei $\mathfrak{G}$ ein kleinstes Gegenbeispiel. Die Voraussetzung vererbt sich offenbar auf alle Untergruppen von $\mathfrak{G}$. Daher sind alle eigentlichen Untergruppen von $\mathfrak{G}$ nilpotent, $\mathfrak{G}$ selbst aber nicht. Nach 5.2 hat dann $\mathfrak{G}$ die folgende Struktur: $\mathfrak{G} = \mathfrak{P}\,\mathfrak{Q}$ mit $\mathfrak{P} \lhd \mathfrak{G}$, und $\mathfrak{P}$ hat den Exponenten p. Ist $E \neq P \in \mathfrak{P}$, so ist $\langle P \rangle$ eine minimale Untergruppe von $\mathfrak{G}$, liegt also in $\mathbf{Z}(\mathfrak{G})$. Daher liegt ganz $\mathfrak{P}$ in $\mathbf{Z}(\mathfrak{G})$, wir haben $\mathfrak{G} = \mathfrak{P} \times \mathfrak{Q}$, und $\mathfrak{G}$ ist nilpotent.

b) Sei $\mathfrak{U}$ eine minimale Untergruppe von $\mathfrak{G}'$. Dann hat $\mathfrak{U}$ Primzahlordnung, und die Faktorgruppe $\mathfrak{G}/\mathbf{C}_{\mathfrak{G}}(\mathfrak{U})$ ist nach I, 4.5 (S. 20) isomorph zu einer Untergruppe der Automorphismengruppe der zyklischen Gruppe $\mathfrak{U}$, ist also abelsch. Daher erhalten wir $\mathfrak{G}' \leqq \mathbf{C}_{\mathfrak{G}}(\mathfrak{U})$. Somit liegen alle minimalen Untergruppen von $\mathfrak{G}'$ in $\mathbf{Z}(\mathfrak{G}')$, und wir können a) auf $\mathfrak{G}'$ anwenden. Das ergibt die Nilpotenz von $\mathfrak{G}'$. Also ist $\mathfrak{G}'$ und daher auch $\mathfrak{G}$ auflösbar. **q.e.d.**

Eine nützliche Verallgemeinerung von 5.1 werden wir in IV, 5.4 (S. 434) kennen lernen. Dort werden wir auch für Gruppen von gerader Ordnung eine 5.3 entsprechende Aussage beweisen.

Unser nächstes Ziel ist eine von Wielandt stammende Verallgemeinerung der Sylowschen Sätze.

5.4 Definition. Sei π eine Menge von Primzahlen. Die Untergruppe $\mathfrak{U}$ von $\mathfrak{G}$ heißt eine π-Untergruppe von $\mathfrak{G}$, wenn $|\mathfrak{U}|$ nur Primteiler aus π enthält. Die Untergruppe $\mathfrak{H}$ von $\mathfrak{G}$ heißt eine π-Hallgruppe von $\mathfrak{G}$, wenn gilt:

(1) $|\mathfrak{H}|$ enthält nur Primteiler aus π.

(2) $|\mathfrak{G} : \mathfrak{H}|$ enthält keinen Primteiler aus π.

Ist $\mathfrak{H}$ eine π-Hallgruppe von $\mathfrak{G}$ zu irgendeiner Menge π von Primzahlen, so nennen wir $\mathfrak{H}$ eine Hallgruppe von $\mathfrak{G}$.

5.5 Definition. Sei π eine Menge von Primzahlen. Wir sagen, daß in $\mathfrak{G}$ der π-Sylowsatz gilt, wenn folgende Bedingung erfüllt ist: Ist $\mathfrak{U}$ eine π-Untergruppe von $\mathfrak{G}$ und $\mathfrak{V}$ eine maximale π-Untergruppe von $\mathfrak{G}$ (also eine π-Untergruppe von $\mathfrak{G}$, welche in keiner π-Untergruppe von $\mathfrak{G}$ echt enthalten ist), so gibt es ein G aus $\mathfrak{G}$ mit $\mathfrak{U}^G \leqq \mathfrak{V}$. Offenbar genügt es, diese Bedingung für *eine* maximale π-Untergruppe $\mathfrak{V}$ von $\mathfrak{G}$ nachzuweisen.

5.6 Satz. *Gilt in $\mathfrak{G}$ der π-Sylowsatz, so ist jede maximale π-Untergruppe von $\mathfrak{G}$ eine π-Hallgruppe von $\mathfrak{G}$, alle π-Hallgruppen von $\mathfrak{G}$ sind konjugiert, und jede π-Untergruppe von $\mathfrak{G}$ liegt in einer π-Hallgruppe von $\mathfrak{G}$.*

Beweis. Sei p eine Primzahl aus π, sei $\mathfrak{P}$ eine p-Sylowgruppe von $\mathfrak{G}$ und $\mathfrak{V}$ eine maximale π-Untergruppe von $\mathfrak{G}$. Dann gibt es wegen der Gültigkeit des π-Sylowsatzes ein G aus $\mathfrak{G}$ mit $\mathfrak{P}^G \leqq \mathfrak{V}$. Also folgt $p \nmid |\mathfrak{G} : \mathfrak{V}|$, und $\mathfrak{V}$ ist eine π-Hallgruppe von $\mathfrak{G}$. Der Rest der Behauptung folgt trivial. **q.e.d.**

Der Inhalt der Sylowschen Sätze (I, 7.3, 7.5, S. 34) ist also die Gültigkeit des $\{p\}$-Sylowsatzes in jeder Gruppe. Der π-Sylowsatz gilt keineswegs für alle Primzahlmengen π in allen Gruppen. In Kapitel VI werden wir zeigen, daß genau dann in $\mathfrak{G}$ der π-Sylowsatz für alle Primzahlmengen π gilt, wenn $\mathfrak{G}$ auflösbar ist. Wir geben einige Beispiele von Gruppen, in denen der π-Sylowsatz nicht gilt:

5.7 Beispiele.

a) Die alternierende Gruppe $\mathfrak{A}_5$ besitzt keine π-Hallgruppen zu den Primzahlmengen $\pi = \{2, 5\}$ und $\pi = \{3, 5\}$; sonst hätte nämlich $\mathfrak{A}_5$ Untergruppen vom Index 3 oder 4 und wäre nach I, 6.6 (S. 30) nicht einfach.

b) Die einfache Gruppe $PSL(2, 11)$ besitzt zur Primzahlmenge $\pi = \{2, 3\}$ die folgenden nichtisomorphen π-Hallgruppen:

(1) Alternierende Gruppen $\mathfrak{A}_4$ (II, 8.18 b)),

(2) Diedergruppen der Ordnung 12 (II, 8.4).

c) Die einfache Gruppe $PSL(2, 59)$ besitzt zur Primzahlmenge $\pi = \{2, 3, 5\}$ die folgenden nichtisomorphen Hallgruppen:

(1) Alternierende Gruppen $\mathfrak{A}_5$ (II, 8.13),

(2) Diedergruppen der Ordnung 60 (II, 8.4).

d) Die einfache Gruppe $PSL(2, 7)$ besitzt zur Primzahlmenge $\pi = \{2, 3\}$ zwei Konjugiertenklassen von zur symmetrischen Gruppe $\mathfrak{S}_4$ isomorphen π-Hallgruppen (II, 8.18 a)).

Bei der Suche nach Voraussetzungen, welche den π-Sylowsatz sichern, bieten sich zwei Wege an:

(1) Man unterwerfe ganz $\mathfrak{G}$ geeigneten Voraussetzungen. (So werden wir in Kapitel VI vorgehen, wo wir die Auflösbarkeit von $\mathfrak{G}$ fordern.)

(2) Man mache geeignete Voraussetzungen über die π-Untergruppen von $\mathfrak{G}$.

Zahlreiche Anwendungen hat das folgende Ergebnis der zweiten Art gefunden:

5.8 Satz (Wielandt [8]). *Hat $\mathfrak{G}$ eine nilpotente π-Hallgruppe, so gilt der π-Sylowsatz in $\mathfrak{G}$.*

Beweis. Sei $\mathfrak{H}$ eine nilpotente π-Hallgruppe und $\mathfrak{M}$ eine π-Untergruppe von $\mathfrak{G}$. Wir beweisen durch Induktion nach $|\mathfrak{M}|$, daß es ein G aus $\mathfrak{G}$ gibt mit $\mathfrak{M}^G \leqq \mathfrak{H}$.

Für jede eigentliche Untergruppe $\mathfrak{U}$ von $\mathfrak{M}$ gibt es nach unserer Induktionsannahme ein (von $\mathfrak{U}$ abhängiges) G aus $\mathfrak{G}$ mit $\mathfrak{U}^G \leqq \mathfrak{H}$. Also ist jede eigentliche Untergruppe von $\mathfrak{M}$ nilpotent.

Ist $\mathfrak{M}$ nicht nilpotent, so hat $\mathfrak{M}$ nach 5.2 eine invariante p-Sylowgruppe $\mathfrak{P}$, und $|\mathfrak{M}/\mathfrak{P}|$ ist eine Potenz einer Primzahl q mit $q \nmid |\mathfrak{P}|$.

Sei $\mathfrak{M}$ nilpotent und q ein Primteiler von $|\mathfrak{M}|$. Dann gibt es eine Zerlegung $\mathfrak{M} = \mathfrak{P} \times \mathfrak{Q}$, wobei $\mathfrak{Q}$ eine q-Sylowgruppe von $\mathfrak{M}$ ist. Wieder ist $q \nmid |\mathfrak{P}|$, und $|\mathfrak{M}/\mathfrak{P}|$ ist eine Potenz von q.

In jedem Falle hat also die q-Sylowgruppe $\mathfrak{Q}$ von $\mathfrak{M}$ ein invariantes Komplement $\mathfrak{P}$.

Wegen der Nilpotenz von $\mathfrak{H}$ gibt es eine Zerlegung $\mathfrak{H} = \mathfrak{H}_1 \times \mathfrak{H}_2$ mit $|\mathfrak{H}_1| = q^b$ und $q \nmid |\mathfrak{H}_2|$. Nach unserer Induktionsannahme existiert ein $X \in \mathfrak{G}$ mit $\mathfrak{P}^X \leqq \mathfrak{H}$, also mit $\mathfrak{P}^X \leqq \mathfrak{H}_2$. Wegen $\mathfrak{P} \lhd \mathfrak{M}$ und $\mathfrak{P}^X \leqq \mathfrak{H}_2$ ist

$$\mathbf{N}_{\mathfrak{G}}(\mathfrak{P}^X) \geqq \langle \mathfrak{M}^X, \mathfrak{H}_1 \rangle .$$

Sei $\mathfrak{Q}$ eine q-Sylowgruppe von $\mathfrak{M}$. Da $\mathfrak{H}_1$ eine q-Sylowgruppe von $\mathbf{N}_{\mathfrak{G}}(\mathfrak{P}^X)$ ist, gibt es nach I, 7.5 (S. 34) ein $Y \in \mathbf{N}_{\mathfrak{G}}(\mathfrak{P}^X)$ mit $\mathfrak{Q}^{XY} \leqq \mathfrak{H}_1$. Insgesamt folgt

$$\mathfrak{M}^{XY} = \mathfrak{Q}^{XY}\mathfrak{P}^{XY} = \mathfrak{Q}^{XY}\mathfrak{P}^X \leqq \mathfrak{H}_1 \times \mathfrak{H}_2 = \mathfrak{H},$$

wie behauptet. **q.e.d.**

Aufgaben:

13) (Pazderski [1]) Sei $g = \prod_{i=1}^{r} p_i^{a_i}$.

a) Genau dann ist jede Gruppe von der Ordnung g nilpotent, wenn für $i \neq j$ stets gilt

$$p_i \nmid (p_j^{a_j} - 1)(p_j^{a_j - 1} - 1) \ldots (p_j - 1) .$$

b) Genau dann ist jede Gruppe von der Ordnung g abelsch (bzw. zyklisch), wenn außer der Bedingung unter a) noch $a_i \leqq 2$ (bzw. $a_i = 1$) für alle i gilt.

14) (Miller, Moreno [1], Rédei [1]) Sei $\mathfrak{G}$ eine nichtabelsche Gruppe, deren sämtliche eigentlichen Untergruppen abelsch sind.

a) Ist $|\mathfrak{G}|$ eine Primzahlpotenz, so hat $\mathfrak{G}'$ Primzahlordnung, und $\mathfrak{G}$ hat die Klasse 2.

b) Ist $|\mathfrak{G}|$ keine Primzahlpotenz, so gilt $\mathfrak{G} = \mathfrak{P}\,\mathfrak{Q}$; dabei ist $\mathfrak{P}$ ein elementar-abelscher minimaler Normalteiler von $\mathfrak{G}$ und $\mathfrak{Q}$ eine (nicht-normale) zyklische Sylowgruppe von $\mathfrak{G}$.

15) (MACDONALD [1]) Sei $\mathfrak{G}$ eine nichtabelsche Gruppe. Dann gibt es stets ein Paar von konjugierten Elementen G und G^X in $\mathfrak{G}$ mit $G \neq G^X$ und $[G, G^X] = E$.

§ 6. Engelgruppen und engelsche Elemente

6.1 Satz. *Sei* $W = [F_{i_1}, F_{i_2}, \ldots, F_{i_n}]$ *ein linksnormierter Kommutator aus der freien Gruppe* $\mathfrak{F}$ *in den freien Erzeugenden* $F_1, \ldots, F_k$. *Es sei* $i_1 \neq i_2$ *und alle* i_j *seien aus der Menge* $\{1, \ldots, k\}$ *entnommen. Ist* $[G_{i_1}, G_{i_2}, \ldots, G_{i_n}] = E$ *für alle* G_i *aus der endlichen Gruppe* $\mathfrak{G}$, *so ist* $\mathfrak{G}$ *nilpotent.*

(*Die Bedingung* $[G_1, G_2, \ldots, G_k] = E$ *für alle* G_i *aus* $\mathfrak{G}$ *ist nach* 1.9 *gleichwertig mit* $\mathbf{K}_k(\mathfrak{G}) = \mathfrak{E}$, *erzwingt also* $c(\mathfrak{G}) \leq k - 1$. *Satz* 6.1 *besagt, daß z. B auch die Bedingungen* $[G_1, G_2, G_2] = \mathfrak{E}$ *oder etwa* $[G_1, G_2, G_1, G_2] = E$ *die Nilpotenz erzwingen.*)

Beweis. Sei $\mathfrak{G}$ ein kleinstes Gegenbeispiel. Da die Voraussetzung sich auf alle Untergruppen und alle Faktorgruppen von $\mathfrak{G}$ vererbt, ist jede eigentliche Untergruppe und jede eigentliche Faktorgruppe von $\mathfrak{G}$ nilpotent. Da $\mathfrak{G}$ selbst nicht nilpotent ist, hat es nach 5.2 die Gestalt $\mathfrak{G} = \mathfrak{P}\,\mathfrak{Q}$ mit einer invarianten p-Sylowgruppe $\mathfrak{P}$ und einer zyklischen q-Sylowgruppe $\mathfrak{Q}$ von $\mathfrak{G}$. Ist $\Phi(\mathfrak{P}) \neq \mathfrak{E}$, so ist $\mathfrak{G}/\Phi(\mathfrak{P})$ nilpotent. Wegen $\mathfrak{P} \lhd \mathfrak{G}$ gilt nach 3.3 b) $\Phi(\mathfrak{P}) \leq \Phi(\mathfrak{G})$. Daher folgt mit Hilfe von 3.7 aus der Nilpotenz von $\mathfrak{G}/\Phi(\mathfrak{P})$ die Nilpotenz von $\mathfrak{G}$, entgegen unserer Annahme.

Also ist $\Phi(\mathfrak{P}) = \mathfrak{E}$. Nach 3.14 ist dann $\mathfrak{P}$ eine elementar-abelsche p-Gruppe. Sei P irgendein Element aus $\mathfrak{P}$ und Q irgendein Element aus $\mathfrak{Q}$. Wir setzen $G_j = QP$ für $j = i_1$ und alle übrigen $G_j = Q$. Wir haben nun die Bedingung

$$[G_{i_1}, G_{i_2}, \ldots, G_{i_n}] = E$$

auszuwerten.

Es ist

$$[G_{i_1}, G_{i_2}] = [QP, Q] = P^{-1} Q^{-1} Q^{-1} Q P Q = P^{-E+Q} = P^{Q-E}$$

(unter Beachtung der Kommutativität von $\mathfrak{P}$). Sei schon

$$[G_{i_1}, G_{i_2}, \ldots, G_{i_j}] = P^{(Q-E)^{j-1}}$$

bewiesen. Dann ist

$$[G_{i_1}, G_{i_2}, \ldots, G_{i_{j+1}}] = \begin{cases} [P^{(Q-E)^{j-1}}, QP] & \text{für } G_{i_{j+1}} = QP \\ [P^{(Q-E)^{j-1}}, Q] & \text{für } G_{i_{j+1}} = Q \end{cases},$$

also wegen der Kommutativität von $\mathfrak{P}$ in jedem Falle

$$[G_{i_1}, G_{i_2}, \ldots, G_{i_{j+1}}] = [P^{(Q-E)^{j-1}}, Q] = P^{-(Q-E)^{j-1}} Q^{-1} P^{(Q-E)^{j-1}} Q = P^{(Q-E)^j}.$$

Schließlich kommen wir zu

$$[G_{i_1}, G_{i_2}, \ldots, G_{i_n}] = P^{(Q-E)^{n-1}} = E \text{ für alle } P \text{ aus } \mathfrak{P}.$$

Ist μ der durch $P^\mu = P^Q$ definierte Automorphismus von $\mathfrak{P}$ und $p^m \geqq n - 1$, so gilt also im Endomorphismenring von $\mathfrak{P}$ die Gleichung $(\mu - 1)^{p^m} = 0$. Da $\mathfrak{P}$ den Exponenten p hat, folgt

$$0 = (\mu - 1)^{p^m} = \sum_{i=0}^{p^m} \binom{p^m}{i} (-1)^i \mu^{p^m - i} = \mu^{p^m} + (-1)^{p^m} = \mu^{p^m} - 1 .$$

Also haben wir

$$P^{\mu^{p^m}} = P^{Q^{p^m}} = P .$$

Da die Ordnung von Q zu p teilerfremd ist, erzwingt das $Q \in \mathfrak{C}_{\mathfrak{G}}(P)$. Also sind $\mathfrak{P}$ und $\mathfrak{Q}$ elementweise vertauschbar, und $\mathfrak{G}$ ist nilpotent. **q.e.d.**

6.2 Definition. Die Bedingung

$$[X, \underbrace{Y, \ldots, Y}_{n}] = E$$

nennen wir die n-te Engelbedingung. Gruppen, in denen für jedes Paar von Elementen eine Engelbedingung gilt, nennen wir Engelgruppen. (Diese Bezeichnung stammt aus der Theorie der Lieschen Algebren, wo eine entsprechende, von Engel angegebene Bedingung eine große Rolle spielt.)

Wir formulieren folgenden Spezialfall von 6.1:

6.3 Satz (ZORN). *Gilt für alle X, Y aus der endlichen Gruppe $\mathfrak{G}$ die n-te Engelbedingung*

$$[X, \underbrace{Y, \ldots, Y}_{n}] = E ,$$

so ist $\mathfrak{G}$ nilpotent.

Es liegt die Frage nahe, wieweit man die Klasse einer Gruppe mit n-ter Engelbedingung durch n abschätzen kann. Darüber ist wenig bekannt. Wir wollen hier nur die zweite Engelbedingung $[X, Y, Y] = E$ genauer untersuchen. Dabei lassen wir auch unendliche Gruppen zu, ziehen also 6.1 und 6.3 nicht heran.

6.4 Hilfssatz. *Die folgenden beiden Aussagen sind gleichwertig:*

a) *Für alle X, Y aus $\mathfrak{G}$ gilt $[X, Y, Y] = E$.*

b) *Je zwei konjugierte Elemente von $\mathfrak{G}$ sind miteinander vertauschbar.*

Beweis. Wegen 1.2 c) ist

$$[X, Y, Y] = [[X, Y], Y] = [Y^{-X} Y, Y] = [Y^{-X}, Y]^Y .$$

Also ist $[X, Y, Y] = E$ gleichwertig mit $[Y^{-X}, Y] = E$, und das besagt gerade die Vertauschbarkeit von Y^X mit Y. **q.e.d.**

Genaue Auskunft über die Gruppen mit zweiter Engelbedingung gibt der folgende Satz:

6.5 Satz (F. W. Levi [1]). *Ist $[X, Y, Y] = E$ für alle X, Y aus $\mathfrak{G}$, so ist $\mathfrak{G}$ nilpotent und hat höchstens die Klasse 3. Hat $\mathfrak{G}$ keine Elemente von der Ordnung 3, so ist die Klasse von $\mathfrak{G}$ höchstens 2.*

Beweis. Alle Elemente Y^X mit festem Y sind nach 6.4 vertauschbar. Daher ist

$$Y^{\mathfrak{G}} = \langle Y^G \mid G \in \mathfrak{G} \rangle = \mathfrak{A}(Y)$$

ein abelscher Normalteiler von $\mathfrak{G}$. Wir schreiben zur Abkürzung für linksnormierte Kommutatoren

$$[X_1, \ldots, X_n] = X_{1, \ldots, n} .$$

Wir zeigen:

(1) $X_{\ldots, i, \ldots, i, \ldots} = E$:

Es gilt

$$X_{\ldots, i, \ldots, i, \ldots} = [A, X_i, B_1, \ldots, B_s, X_i, C_1, \ldots, C_t]$$

mit geeigneten A, B_k, C_j aus $\mathfrak{G}$. Dabei ist

$$[A, X_i] \in \mathfrak{A}(X_i) \trianglelefteq \mathfrak{G} ,$$

daher auch

$$[A, X_i, B_1, \ldots, B_s] \in \mathfrak{A}(X_i) .$$

Da $\mathfrak{A}(X_i)$ abelsch ist, folgt

$$[A, X_i, B_1, \ldots, B_s, X_i] = E$$

und daraus die Behauptung.

(2) Es gilt $X_{1,3,2} = X_{1,2,3}^{-1}$:

Nach 1.2 b) haben wir $[X_1, X_2 X_3] = X_{1,3} X_{1,2} X_{1,2,3}$. Daher folgt mit (1)

$$[X_1, X_2 X_3]^{X_2} = X_{1,3}^{X_2} X_{1,2}^{X_2} X_{1,2,3}^{X_2} = X_{1,3}^{X_2} X_{1,2} X_{1,2,3}$$
$$= X_{1,3} X_{1,3,2} X_{1,2} X_{1,2,3} .$$

In gleicher Weise folgt

$$[X_1, X_2 X_3]^{X_2 X_3} = X_{1,3} X_{1,3,2} X_{1,2}^{X_3} X_{1,2,3} = X_{1,3} X_{1,3,2} X_{1,2} X_{1,2,3}^2$$

und nach (1)

$$[X_1, X_2 X_3]^{X_2 X_3} = [X_1, X_2 X_3]$$
$$= X_{1,3} X_{1,2} X_{1,2,3} .$$

Alle nun dastehenden Kommutatoren enthalten X_1, liegen also in $\mathfrak{A}(X_1)$ und sind daher miteinander vertauschbar. Somit bleibt nur

$$X_{1,3,2} X_{1,2,3} = E ,$$

was zu zeigen war.

(3) Für alle X, Y ist $[X^{-1}, Y] = [X, Y^{-1}] = [X, Y]^{-1}$:
Wegen (1) haben wir nämlich

$$E = [XX^{-1}, Y] = [X, Y]^{X^{-1}}[X^{-1}, Y] = [X, Y]\,[X^{-1}, Y]$$

und dann auch

$$[X, Y^{-1}] = [Y^{-1}, X]^{-1} = [Y, X] = [X, Y]^{-1}\,.$$

(4) Es ist $X_{1,2,3} = X_{2,1,3}^{-1}$:
Es gilt nämlich

$$X_{1,2,3} = [X_{1,2}, X_3] = [X_{2,1}^{-1}, X_3] = [X_{2,1}, X_3]^{-1} \quad \text{(nach (3))}$$
$$= X_{2,1,3}^{-1}\,.$$

(5) Es gilt $X_{1,2,3}^3 = E$:
Wir haben

$$[X, Y^{-1}, Z]^Y = [X, Y^{-1}, Z]\,,$$

denn $[X, Y^{-1}, Z]$ liegt in dem abelschen Normalteiler $\mathfrak{A}(Y)$, ist daher mit Y vertauschbar. Weiter folgt

$$[X, Y^{-1}, Z]^Y = [[X, Y^{-1}], Z] = [[X, Y]^{-1}, Z] \quad \text{(nach (3))}$$
$$= [X, Y, Z]^{-1} \quad \text{(nochmals nach (3))}.$$

Nun liefert die Wittsche Identität 1.4 die Aussage

$$X_{1,2,3}^{-1}\, X_{2,3,1}^{-1}\, X_{3,1,2}^{-1} = E\,.$$

Aber nach (2) und (4) verhalten sich die $X_{i,j,k}$ alternierend bei Vertauschung der Indizes, ändern sich also bei geraden Permutationen nicht. Das ergibt jetzt

$$X_{1,2,3}^3 = E\,.$$

Hat insbesondere $\mathfrak{G}$ keine Elemente von der Ordnung 3, so sind alle dreifachen linksnormierten Kommutatoren gleich E, und $\mathfrak{G}$ hat höchstens die Klasse 2.

(6) Es ist $X_{1,2,3,4} = X_{1,2,4,3}^{-1}$:
Dies folgt aus (2), wenn wir $X_{1,2}$ an die Stelle von X_1, ferner X_3 bzw. X_4 an die Stelle von X_2 bzw. X_3 setzen.

(7) $X_{2,1,3,4} = X_{1,2,3,4}^{-1}$:
Nach (4) gilt

$$X_{2,1,3,4} = [X_{2,1,3}, X_4] = [X_{1,2,3}^{-1}, X_4] = [X_{1,2,3}, X_4]^{-1} \quad \text{(nach (3))}$$
$$= X_{1,2,3,4}^{-1}\,.$$

(8) $X_{1,3,2,4} = X_{1,2,3,4}^{-1}$:
Nach (2) ist

$$X_{1,3,2,4} = [X_{1,3,2}, X_4] = [X_{1,2,3}^{-1}, X_4] = [X_{1,2,3}, X_4]^{-1} \quad \text{(nach (3))}$$
$$= X_{1,2,3,4}^{-1}\,.$$

Da die Transpositionen (1, 2), (2, 3) und (3, 4) die ganze symmetrische Gruppe $\mathfrak{S}_4$ erzeugen, ist $X_{1,2,3,4}$ alternierend in den Indizes.

(9) $X_{1,2,3,4}^2 = E$:

Nach (2) und (4) ist

$$X_{1,2,3,4} = [X_{1,2}, X_3, X_4] = [X_3, X_4, X_{1,2}] = [X_{3,4}, X_{1,2}] = [X_{1,2}, X_{3,4}]^{-1}$$
$$= X_{3,4,1,2}^{-1} = X_{1,2,3,4}^{-1}.$$

(10) $X_{1,2,3,4}^3 = E$:

Dies folgt aus (5) durch Ersetzung von X_1, X_2, X_3 durch $X_{1,2}, X_3, X_4$.

(11) Aus (9) und (10) erhalten wir $X_{1,2,3,4} = E$. Also sind alle linksnormierten Kommutatoren von der Länge 4 gleich E, und $\mathfrak{G}$ hat höchstens die Klasse 3. **q.e.d.**

Als erste Anwendung von 6.5 leiten wir eine Aussage über nicht notwendig endliche Gruppen vom Exponenten 3 her, nämlich die Lösung des Burnsideschen Problems für den Exponenten 3:

6.6 Satz (F. W. LEVI, v. D. WAERDEN [1]). *Sei $\mathfrak{G}$ eine Gruppe vom Exponenten 3. Dann gilt:*

a) $[X, Y, Y] = E$ *für alle X, Y aus $\mathfrak{G}$.*

b) *Läßt sich $\mathfrak{G}$ mit d Elementen erzeugen, so ist $\mathfrak{G}$ endlich und die Ordnung von $\mathfrak{G}$ ist ein Teiler von 3^k, wobei $k = d + \binom{d}{2} + \binom{d}{3}$ gesetzt ist.*

Beweis. a) Für alle X, Y aus $\mathfrak{G}$ haben wir

$$E = (XY)^3 = XYXYXY$$

und daher

$$XYX = Y^{-1}X^{-1}Y^{-1}.$$

Es folgt

$$X^{-1}YXYX^{-1} = X^{-1}YX^{-1}X^{-1}YX^{-1} \quad (\text{wegen } X = X^{-2})$$
$$= Y^{-1}XY^{-1}Y^{-1}XY^{-1} = Y^{-1}XYXY^{-1} = Y^{-1}Y^{-1}X^{-1}Y^{-1}Y^{-1}$$
$$= YX^{-1}Y,$$

also $YXYX^{-1} = XYX^{-1}Y$.

Daher sind Y und XYX^{-1} vertauschbar. Also sind die Voraussetzungen von 6.4 und 6.5 erfüllt, und wir erhalten $[X, Y, Y] = E$ und $\mathbf{K}_4(\mathfrak{G}) = \mathfrak{E}$.

b) Sei $\mathfrak{G} = \langle X_1, \ldots, X_d \rangle$. Dann ist $\mathfrak{G}/\mathfrak{G}'$ eine abelsche Gruppe vom Exponenten 3, welche sich mit d Elementen erzeugen läßt. Daher gilt $|\mathfrak{G}/\mathfrak{G}'| \leqq 3^d$. Die Faktorgruppe $\mathfrak{G}'/\mathbf{K}_3(\mathfrak{G})$ wird nach 1.11 b) erzeugt von den Nebenklassen $[X_i, X_j]\,\mathbf{K}_3(\mathfrak{G})$. Wegen $[X_i, X_j] = [X_j, X_i]^{-1}$ genügen bereits die Paare (i, j) mit $i < j$. Das ergibt $\binom{d}{2}$ Erzeugende für die abelsche Gruppe $\mathfrak{G}'/\mathbf{K}_3(\mathfrak{G})$, und daraus folgt

$$|\mathfrak{G}'/\mathbf{K}_3(\mathfrak{G})| \leqq 3^{\binom{d}{2}}.$$

Nach 1.11 b) wird $\mathbf{K}_3(\mathfrak{G})/\mathbf{K}_4(\mathfrak{G}) = \mathbf{K}_3(\mathfrak{G})$ erzeugt von den $[X_i, X_j, X_k]$. Da diese nach 6.5 in den Indizes alternierend sind, genügen die $\binom{d}{3}$ Erzeugenden $[X_i, X_j, X_k]$ mit $i < j < k$, und wir bekommen

$$|\mathbf{K}_3(\mathfrak{G})| \leqq 3^{\binom{d}{3}}.$$

Da die Ordnung der nun als endlich erkannten Gruppe vom Exponenten 3 eine Potenz von 3 ist, folgt die Behauptung. **q.e.d.**

Wir vermerken ohne Beweis, daß die angegebene Schranke für die Ordnung von $\mathfrak{G}$ scharf ist (siehe Aufg. 16).

6.7 Bemerkungen.

W. Burnside stellte 1902 die folgende Frage:

Burnsidesches Problem: Sei $\mathfrak{G}$ eine Gruppe vom Exponenten m, welche sich mit d Elementen erzeugen läßt. Ist dann $\mathfrak{G}$ notwendig endlich?

Wenn diese Frage zu bejahen ist, so ist insbesondere die Faktorgruppe

$$\mathfrak{B}(m, d) = \mathfrak{F}/\langle F^m \mid F \in \mathfrak{F}\rangle$$

der freien Gruppe $\mathfrak{F} = \langle F_1, \ldots, F_d\rangle$ in den freien Erzeugenden F_i endlich, und jede mit d Elementen erzeugbare Gruppe $\mathfrak{G}$ vom Exponenten m ist ein homomorphes Bild von $\mathfrak{B}(m, d)$. Es gilt also

$$|\mathfrak{G}| \leqq |\mathfrak{B}(m, d)|.$$

Die Antwort auf die Burnsidesche Vermutung ist bis heute nur in den folgenden Fällen bekannt:

(1) Trivialerweise ist die Gruppe $\mathfrak{B}(2, d)$ vom Exponenten 2 abelsch, und daher ist

$$|\mathfrak{B}(2, d)| = 2^d.$$

(2) $|\mathfrak{B}(3, d)| = 3^{k(d)}$ mit $k(d) = d + \binom{d}{2} + \binom{d}{3}$;
in 6.6 haben wir $|\mathfrak{B}(3, d)| \leqq 3^{k(d)}$ gezeigt.

(3) $|\mathfrak{B}(4, d)| < \infty$ (Sanov; siehe M. Hall [3], S. 324).

Die Ordnung von $\mathfrak{B}(4, d)$ ist nur für $d = 2$ bekannt, nämlich $|\mathfrak{B}(4, 2)| = 2^{12}$ (siehe Aufg. 20).

(4) $|\mathfrak{B}(6, d)| = 3^{a(d)}\, 2^{b(d)}$

$$\text{mit} \quad a(d) = k + \binom{k}{2} + \binom{k}{3}, \quad k = 1 + 2^d(d-1)$$
$$\text{und} \quad b(d) = 1 + 3^j(d-1), \quad j = d + \binom{d}{2} + \binom{d}{3}$$

(M. Hall [2], P. Hall, G. Higman [1]).

Auf die Gruppen vom Exponenten 6 werden wir in VI, 6.7 im Zusammenhang mit der p-Länge auflösbarer Gruppen zurückkommen.

Nichts ist über $\mathfrak{B}(5, 2)$ bekannt!

Eine eng verwandte Fragestellung ist die folgende:

Eingeschränktes Burnsidesches Problem: Gibt es eine Funktion $b(m, d)$ derart, daß für jede mit d Elementen erzeugbare endliche Gruppe $\mathfrak{G}$ vom Exponenten m gilt $|\mathfrak{G}| \leqq b(m, d)$? Ist $\mathfrak{B}(m, d)$ endlich, so gilt natürlich $|\mathfrak{G}| \leqq |\mathfrak{B}(m, d)|$, und wir können $b(m, d) = |\mathfrak{B}(m, d)|$ setzen; das ist offenbar die bestmögliche Schranke. Während die Antwort auf das Burnsidesche Problem nur in den obenstehenden Fällen bekannt ist, konnte Kostrikin mit Überlegungen aus der Theorie der Lieschen Ringe zeigen, daß für jede Primzahl p eine Funktion $b(p, d)$ existiert derart, daß jede mit d Elementen erzeugbare endliche Gruppe vom Exponenten p höchstens die Ordnung $b(p, d)$ hat. (Siehe Kostrikin [1]; bei diesen Untersuchungen spielt die Zassenhaus-Identität 9.7 eine zentrale Rolle.)

Zur Vorbereitung auf eine weitere Anwendung von 6.5 beweisen wir einen einfachen Hilfssatz:

6.8 Hilfssatz. *Sei $k \geqq 2$ und $G_i \in \mathbf{K}_{n_i}(\mathfrak{G})$ $(i = 1, \ldots, k)$. Dann gilt*

$$[G_1^{a_1}, \ldots, G_k^{a_k}] = [G_1, \ldots, G_k]^{a_1 \ldots a_k}\, T$$

mit einem T aus $\mathbf{K}_{n+1}(\mathfrak{G})$ und $n = \sum_{i=1}^{k} n_i$.

Beweis. Für $k = 2$ folgt die Behauptung wegen $[G_1, G_2, G_1] \in \mathbf{K}_{n+1}(\mathfrak{G})$ und $[G_1, G_2, G_2] \in \mathbf{K}_{n+1}(\mathfrak{G})$ sofort durch Anwendung von 1.3 a) auf $\mathfrak{G}/\mathbf{K}_{n+1}(\mathfrak{G})$. Sei für ein $k > 2$ schon

$$[G_1^{a_1}, \ldots, G_{k-1}^{a_{k-1}}] = [G_1, \ldots, G_{k-1}]^b\, L$$

mit $b = a_1 \ldots a_{k-1}$ und einem L aus $\mathbf{K}_{n-n_k+1}(\mathfrak{G})$ bewiesen. Mit 1.2 c) folgt

$$[G_1^{a_1}, \ldots, G_k^{a_k}] = [[G_1, \ldots, G_{k-1}]^b, G_k^{a_k}]\, [[G_1, \ldots, G_{k-1}]^b, G_k^{a_k}, L]\, [L, G_k^{a_k}]\,.$$

Nach 2.11 b) ist dabei

$$[L, G_k^{a_k}] \in [\mathbf{K}_{n-n_k+1}(\mathfrak{G}), \mathbf{K}_{n_k}(\mathfrak{G})] \leqq \mathbf{K}_{n+1}(\mathfrak{G})$$

und

$$[[G_1, \ldots, G_{k-1}]^b, G_k^{a_k}, L] \in [\mathbf{K}_{n-n_k}(\mathfrak{G}), \mathbf{K}_{n_k}(\mathfrak{G}), \mathfrak{G}] \leqq \mathbf{K}_{n+1}(\mathfrak{G})\,.$$

Wegen

$$[[G_1, \ldots, G_{k-1}], G_k] \in \mathbf{K}_n(\mathfrak{G})$$

und $\mathbf{K}_n(\mathfrak{G})/\mathbf{K}_{n+1}(\mathfrak{G}) \leqq \mathbf{Z}(\mathfrak{G}/\mathbf{K}_{n+1}(\mathfrak{G}))$ folgt durch Anwendung von 1.3 a) auf $\mathfrak{G}/\mathbf{K}_{n+1}(\mathfrak{G})$ schließlich

$$[[G_1, \ldots, G_{k-1}]^b, G_k^{a_k}] = [G_1, \ldots, G_k]^{b a_k}\, R$$

mit einem R aus $\mathbf{K}_{n+1}(\mathfrak{G})$. **q.e.d.**

6.9 Satz (HEINEKEN [1]). *Für alle* X, Y, Z *aus der nicht notwendig endlichen Gruppe* $\mathfrak{G}$ *sei*

(1) $[X, Y, Y, Z] = E$ *und* (2) $[X, Y, Z, Z] = E$.

Dann ist $\mathfrak{G}$ *nilpotent und hat höchstens die Klasse* 3.

Beweis. Im folgenden seien X, Y, Z, U, V jeweils beliebige Elemente aus $\mathfrak{G}$. Die Bedingung (1) besagt $[X, Y, Y] \in \mathbf{Z}(\mathfrak{G})$. Also gilt in $\mathfrak{G}/\mathbf{Z}(\mathfrak{G})$ die zweite Engelbedingung. Nach 6.5 ist daher $c(\mathfrak{G}/\mathbf{Z}(\mathfrak{G})) \leqq 3$, also $c(\mathfrak{G}) \leqq 4$ und (siehe Beweisschritt (5) in 6.5)

$$[X, Y, Z]^3 \in \mathbf{Z}(\mathfrak{G}) .$$

Mit $\mathbf{K}_5(\mathfrak{G}) = \mathfrak{E}$ und 6.8 folgt

(3) $E = [[X, Y, Z]^3, U] = [X, Y, Z, U]^3$.

Aus (1) mit UV anstelle von Y und Y anstelle von Z erhalten wir $E = [X, UV, UV, Y]$. Diesen Ausdruck formen wir unter Verwendung von 1.2 b) und c) um und beachten dabei, daß nach 2.11 b) jeder Kommutator mit mindestens vier Argumenten (und beliebiger Beklammerung) in $\mathbf{K}_4(\mathfrak{G}) \leqq \mathbf{Z}(\mathfrak{G})$ liegt. Das ergibt

$$\begin{aligned} E &= [[X, V]\,[X, U] \cdot [X, U, V], UV, Y] \\ &= [[[X,V]\,[X,U], UV] \cdot [[X,V]\,[X,U], UV, [X,U,V]] \cdot [X,U,V,UV], Y] \\ &= [[X, V]\,[X, U], UV, Y] = [[X, V, UV]\,[X, U, UV], Y] \\ &= [[X, V, V]\,[X, V, U]\,[X, U, V]\,[X, U, U], Y] \\ &= [X, V, V, Y]\,[X, V, U, Y]\,[X, U, V, Y]\,[X, U, U, Y] . \end{aligned}$$

Wegen (1) sind der erste und vierte Faktor gleich E. Daher bleibt

(4) $[X, V, U, Y] = [X, U, V, Y]^{-1}$.

Wir verfahren ebenso mit (2):

$$\begin{aligned} E &= [X, Y, UV, UV] = [[X, Y, V]\,[X, Y, U]\,[X, Y, U, V], UV] \\ &= [X, Y, V, UV]\,[X, Y, U, UV] \\ &= [X, Y, V, V]\,[X, Y, V, U]\,[X, Y, U, V]\,[X, Y, U, U] . \end{aligned}$$

Daher ist

(5) $[X, Y, V, U] = [X, Y, U, V]^{-1}$.

Wegen $\mathbf{K}_5(\mathfrak{G}) = \mathfrak{E}$ ist ferner

$$\begin{aligned} E &= [[X, Y]\,[Y, X], U, V] = [[X, Y, U]\,[Y, X, U], V] \\ &= [X, Y, U, V]\,[Y, X, U, V] , \end{aligned}$$

also

(6) $[X, Y, U, V] = [Y, X, U, V]^{-1}$.

Wegen (4)–(6) verhalten sich die Kommutatoren $[X, Y, U, V]$ alternierend bei Permutation der Argumente.

In der Wittschen Identität (siehe 1.4)

$$[X, Y^{-1}, Z]^Y [Y, Z^{-1}, X]^Z [Z, X^{-1}, Y]^X = E$$

setzen wir $Z = [U, V]$. Dann liegen alle auftretenden Kommutatoren nach 2.11 b) in $\mathbf{K}_4(\mathfrak{G}) \leqq \mathbf{Z}(\mathfrak{G})$. Ersetzen wir Y durch Y^{-1}, so bleibt

$$[[X, Y], [U, V]]\, [Y^{-1}, [U, V]^{-1}, X]\, [[U, V], X^{-1}, Y^{-1}] = E\,.$$

Mit Hilfe von 6.8 folgt

$$\begin{aligned}[][[X, Y], [U, V]] &= [[U, V], X^{-1}, Y^{-1}]^{-1} [Y^{-1}, [U, V]^{-1}, X]^{-1} \\ &= [U, V, X, Y]^{-1} [U, V, Y, X] = [U, V, X, Y]^{-2}\,.\end{aligned}$$

Also ist vermöge der alternierenden Eigenschaft von $[X, V, U, V]$

$$\begin{aligned} E &= [[X, Y], [U, V]]\, [[U, V], [X, Y]] = [U, V, X, Y]^{-2} [X, Y, U, V]^{-2} \\ &= [X, Y, U, V]^{-2} [X, Y, U, V]^{-2} \\ &= [X, Y, U, V]^{-4}\,.\end{aligned}$$

Zusammen mit (3) liefert das die gewünschte Aussage $[X, Y, U, V] = E$. Also hat $\mathfrak{G}$ höchstens die Klasse 3. **q.e.d.**

Die Frage, ob eine Gruppe $\mathfrak{G}$ die Klasse 1 hat, also abelsch ist, kann schon durch Betrachtung der von zwei Elementen erzeugten Untergruppen von $\mathfrak{G}$ entschieden werden. Ein nichttriviales Gegenstück dieser Tatsache ist:

6.10 Satz (HEINEKEN [1]). *Sei $n > 2$. Hat jede mit n Elementen erzeugbare Untergruppe von $\mathfrak{G}$ höchstens die Klasse n, so hat $\mathfrak{G}$ selbst höchstens die Klasse n.*

(Für $n = 2$ stimmt die Aussage von Satz 6.10 *nicht mehr; dies zeigen geeignete Gruppen vom Exponenten* 3. *Aus* 6.5 *ergibt sich in diesem Falle nur $c(\mathfrak{G}) \leqq 3$.)*

Beweis. Für alle Elemente X, Y, Z, A_i $(i = 1, \ldots, n-3)$ aus $\mathfrak{G}$ haben wir

$$[X, Y, Y, Z, A_1, \ldots, A_{n-3}] = [X, Y, Z, Z, A_1, \ldots, A_{n-3}] = E\,.$$

Das besagt $[X, Y, Y, Z] \in \mathbf{Z}_{n-3}(\mathfrak{G})$ und $[X, Y, Z, Z] \in \mathbf{Z}_{n-3}(\mathfrak{G})$. Nach 6.9 ist dann $c(\mathfrak{G}/\mathbf{Z}_{n-3}(\mathfrak{G})) \leqq 3$, also auch $c(\mathfrak{G}) \leqq n$. **q.e.d.**

6.11 Bemerkung. Heineken hat kürzlich den folgenden Satz bewiesen (HEINEKEN [2]): Gilt für alle Elemente X und Y in $\mathfrak{G}$ die dritte Engelbedingung $[X, Y, Y, Y] = E$, und enthält $\mathfrak{G}$ keine Elemente der Ordnungen 2 und 5, so ist $\mathfrak{G}$ nilpotent und die Klasse von $\mathfrak{G}$ ist höchstens 4. Die Endlichkeit von $\mathfrak{G}$ wird dabei nicht benötigt. Die Bedingung, daß $\mathfrak{G}$ keine Elemente von der Ordnung 2 hat, ist unentbehrlich; ob die Annahme, daß keine Elemente von der Ordnung 5 existieren, wirklich notwendig ist, ist unbekannt. Der Beweis des angegebenen Satzes von

Heineken erfordert umfangreiche und kunstvolle Kommutatorrechnungen, die hier nicht wiedergegeben werden.

Wir haben bisher in diesem Paragraphen vorausgesetzt, daß alle Elemente von $\mathfrak{G}$ eine Engelbedingung erfüllen. Jetzt betrachten wir einzelne Elemente, die Engelbedingungen erfüllen.

6.12 Definition. Das Element G aus $\mathfrak{G}$ heißt links-engelsch, wenn für genügend großes n und alle X aus $\mathfrak{G}$ gilt $[G, \underbrace{X, \ldots, X}_{n}] = E$.

Das Element G heißt rechts-engelsch, wenn für genügend großes n und alle X aus $\mathfrak{G}$ gilt $[X, \underbrace{G, \ldots, G}_{n}] = E$.

Wir nennen G ein engelsches Element, wenn G rechts- oder links-engelsch ist.

6.13 Hilfssatz. *Sei $\mathfrak{G}$ auflösbar, endlich und von engelschen Elementen erzeugt. Dann ist $\mathfrak{G}$ nilpotent.*

Beweis. Sei $\mathfrak{G}$ ein Gegenbeispiel von kleinstmöglicher Ordnung. Wir zeigen:

(1) $\mathfrak{G}$ hat genau einen minimalen Normalteiler $\mathfrak{N}$, es ist $\mathfrak{N}$ abelsch und $\mathfrak{G}/\mathfrak{N}$ nilpotent:

Da bei Homomorphismen engelsche Elemente wieder in solche übergehen, erfüllt jedes homomorphe Bild von $\mathfrak{G}$ wieder unsere Voraussetzung. Ist $\mathfrak{E} < \mathfrak{N} \lhd \mathfrak{G}$, so ist also $\mathfrak{G}/\mathfrak{N}$ nilpotent.

Hat $\mathfrak{G}$ zwei verschiedene minimale Normalteiler $\mathfrak{N}_1$ und $\mathfrak{N}_2$, so folgt aus der Nilpotenz von $\mathfrak{G}/\mathfrak{N}_i$ mit 2.5 c) auch die Nilpotenz von $\mathfrak{G} = \mathfrak{G}/(\mathfrak{N}_1 \cap \mathfrak{N}_2)$. Das widerspricht jedoch unserer Annahme über $\mathfrak{G}$. Also hat $\mathfrak{G}$ genau einen minimalen Normalteiler $\mathfrak{N}$. Da $\mathfrak{G}$ auflösbar ist, ist $\mathfrak{N}$ abelsch.

(2) Es gibt ein engelsches Element G mit $\mathfrak{G} = \langle \mathbf{C}_{\mathfrak{G}}(\mathfrak{N}), G\rangle$:

Sei

$$\overline{\mathfrak{G}} = \mathfrak{G}/\mathfrak{N} = \langle \overline{G}_i \mid \overline{G}_i = G_i\mathfrak{N},\ G_i \text{ engelsch},\ i = 1, \ldots, k\rangle,$$

und sei k möglichst klein gewählt. Dann ist

$$\overline{\mathfrak{U}} = \langle \overline{G}_1, \ldots, \overline{G}_{k-1}\rangle < \overline{\mathfrak{G}}.$$

Da $\overline{\mathfrak{G}}$ nilpotent ist, folgt mit 2.3 d)

$$\overline{\mathfrak{U}}^{\overline{\mathfrak{G}}} = \langle \overline{G}_1^{\overline{X}}, \ldots, \overline{G}_{k-1}^{\overline{X}} \mid \overline{X} \in \overline{\mathfrak{G}}\rangle < \overline{\mathfrak{G}}.$$

Sei

$$\mathfrak{W} = \langle G_1^X, \ldots, G_{k-1}^X \mid X \in \mathfrak{G}\rangle.$$

Dann ist $\mathfrak{W} \lhd \mathfrak{G}$, und $\mathfrak{W}$ ist erzeugt von engelschen Elementen. Also ist $\mathfrak{W}$ nilpotent.

Ist $k = 1$, so haben wir $\mathfrak{G} = \langle \mathfrak{N}, G_1\rangle$ und sind wegen $\mathfrak{N} \leqq \mathbf{C}_{\mathfrak{G}}(\mathfrak{N})$ fertig. Für $k > 1$ ist $\mathfrak{E} < \mathfrak{W}$. Da $\mathfrak{N}$ der einzige minimale Normalteiler von $\mathfrak{G}$ ist, folgt $\mathfrak{N} \leqq \mathfrak{W}$. Nach 2.6 ist wegen der Nilpotenz von $\mathfrak{W}$ sicher

$\mathfrak{N} \cap \mathbf{Z}(\mathfrak{W}) > \mathfrak{E}$. Die Minimalität von $\mathfrak{N}$ erzwingt daher $\mathfrak{N} \leqq \mathbf{Z}(\mathfrak{W})$, also $\mathfrak{W} \leqq \mathbf{C}_{\mathfrak{G}}(\mathfrak{N})$. Damit folgt

$$\mathfrak{G} = \langle \mathfrak{N}, G_1, \ldots, G_k \rangle = \langle \mathfrak{W}, G_k \rangle = \langle \mathbf{C}_{\mathfrak{G}}(\mathfrak{N}), G_k \rangle .$$

(3) Sei zuerst $\mathfrak{G} = \langle \mathbf{C}_{\mathfrak{G}}(\mathfrak{N}), G \rangle$ mit rechts-engelschem G. Sei $E \neq N \in \mathfrak{N}$. Dann gibt es ein $m \geqq 0$ mit $[N, \underbrace{G, \ldots, G}_{m}] = N' \neq E$, aber $[N', G] = E$. Wegen $\mathfrak{G} = \langle \mathbf{C}_{\mathfrak{G}}(\mathfrak{N}), G \rangle$ folgt $E \neq N' \in \mathfrak{N} \cap \mathbf{Z}(\mathfrak{G})$. Also ist $\mathfrak{N} \leqq \mathbf{Z}(\mathfrak{G})$, und $\mathfrak{G}$ ist wegen (1) nilpotent.

(4) Sei $\mathfrak{G} = \langle \mathbf{C}_{\mathfrak{G}}(\mathfrak{N}), G \rangle$ mit links-engelschem G. Sei $N \in \mathfrak{N}$ mit $N' = [G, N] \neq E$. (Gibt es kein solches N, so haben wir $\mathfrak{N} \leqq \mathbf{Z}(\mathfrak{G})$ und sind fertig.) Für genügend großes m gilt jetzt

$$E = [G, \underbrace{GN, \ldots, GN}_{m}] = [[G, N], \underbrace{GN, \ldots, GN}_{m-1}] = [N', \underbrace{G, \ldots, G}_{m-1}] .$$

Für geeignetes i folgt wieder

$$E \neq [N', \underbrace{G, \ldots, G}_{i}] \in \mathfrak{N} \cap \mathbf{Z}(\mathfrak{G}) ,$$

und wir sind fertig. **q.e.d.**

6.14 Hilfssatz (Baer [4]). *Ist $\mathfrak{G}$ endlich und von engelschen Elementen erzeugt, so ist $\mathfrak{G}$ nilpotent.*

Beweis. (Könnten wir direkt zeigen, daß Produkte von engelschen Elementen wieder engelsch sind, so wäre dieser Hilfssatz eine triviale Folgerung aus Satz 6.3.)

Nach 6.13 genügt der Nachweis, daß $\mathfrak{G}$ auflösbar ist. Ist $\mathfrak{G}$ ein Gegenbeispiel von kleinstmöglicher Ordnung, so hat $\mathfrak{G}$ keinen nichttrivialen auflösbaren Normalteiler.

Für jede Untergruppe $\mathfrak{U}$ von $\mathfrak{G}$ definieren wir

$$\mathscr{E}(\mathfrak{U}) = \{X \mid X \in \mathfrak{U},\ X \text{ ist ein engelsches Element von } \mathfrak{G}\} .$$

Wir zeigen:

(1) Sei

$$\mathfrak{D} = \langle \mathscr{E}(\mathfrak{D}) \rangle < \mathfrak{U} = \langle \mathscr{E}(\mathfrak{U}) \rangle < \mathfrak{G} .$$

Dann gibt es ein X aus $\mathscr{E}(\mathfrak{U})$ mit $X \in \mathbf{N}_{\mathfrak{U}}(\mathfrak{D}) - \mathfrak{D}$:

Wegen $\mathfrak{U} = \langle \mathscr{E}(\mathfrak{U}) \rangle < \mathfrak{G}$ ist $\mathfrak{U}$ nilpotent. Sei

$$\mathfrak{D} = \mathfrak{U}_0 \lhd \mathfrak{U}_1 \lhd \cdots \lhd \mathfrak{U}_r = \mathfrak{U}$$

eine Kette von $\mathfrak{D}$ bis $\mathfrak{U}$; eine solche existiert, denn für $\mathfrak{V} < \mathfrak{U}$ ist nach 2.3 $\mathfrak{V} < \mathbf{N}_{\mathfrak{U}}(\mathfrak{V})$. Sei $\mathscr{E}(\mathfrak{D}) = \mathscr{E}(\mathfrak{U}_i) \subset \mathscr{E}(\mathfrak{U}_{i+1})$ und $X \in \mathscr{E}(\mathfrak{U}_{i+1}) - \mathscr{E}(\mathfrak{D})$.

Wegen $\mathfrak{U}_i \lhd \mathfrak{U}_{i+1}$ ist nun $\mathscr{E}(\mathfrak{U}_i)^X = \mathscr{E}(\mathfrak{U}_i)$ und daher

$$\mathfrak{D}^X = \langle \mathscr{E}(\mathfrak{D})^X \rangle = \langle \mathscr{E}(\mathfrak{U}_i)^X \rangle = \langle \mathscr{E}(\mathfrak{U}_i) \rangle = \langle \mathscr{E}(\mathfrak{D}) \rangle = \mathfrak{D} .$$

Somit gilt $X \in \mathbf{N}_{\mathfrak{U}}(\mathfrak{D}) - \mathfrak{D}$ und $X \in \mathscr{E}(\mathfrak{U})$.

(2) Seien $\mathfrak{V}_1$ und $\mathfrak{V}_2$ möglichst große Untergruppen von $\mathfrak{G}$ mit $\mathfrak{V}_i = \langle \mathscr{E}(\mathfrak{V}_i) \rangle < \mathfrak{G}$ $(i = 1, 2)$ und $\mathfrak{V}_1 \neq \mathfrak{V}_2$. Dann ist $\mathscr{E}(\mathfrak{V}_1 \cap \mathfrak{V}_2) = \{E\}$:

Wir wählen die $\mathfrak{V}_i$ $(i = 1, 2)$ mit $\mathfrak{V}_i = \langle \mathscr{E}(\mathfrak{V}_i) \rangle < \mathfrak{G}$ und $\mathfrak{V}_1 \neq \mathfrak{V}_2$ so, daß $\mathscr{E}(\mathfrak{V}_1 \cap \mathfrak{V}_2)$ möglichst groß wird. Wir setzen $\mathfrak{S} = \mathfrak{V}_1 \cap \mathfrak{V}_2$ und $\mathfrak{D} = \langle \mathscr{E}(\mathfrak{S}) \rangle = \langle \mathscr{E}(\mathfrak{D}) \rangle$. Angenommen, es sei $\mathfrak{D} > \mathfrak{E}$. Nach (1) gibt es dann Elemente X, Y aus $\mathscr{E}(\mathfrak{G})$ mit

$$X \in \mathbf{N}_{\mathfrak{V}_1}(\mathfrak{D}) - \mathfrak{D} \quad \text{und} \quad Y \in \mathbf{N}_{\mathfrak{V}_2}(\mathfrak{D}) - \mathfrak{D}\,.$$

Nun ist $\mathfrak{V}_3 = \langle X, Y, \mathscr{E}(\mathfrak{S}) \rangle$ von engelschen Elementen erzeugt.

Ist $\mathfrak{V}_3 = \mathfrak{G}$, so folgt $\mathfrak{E} < \langle \mathscr{E}(\mathfrak{S}) \rangle = \mathfrak{D} \lhd \mathfrak{G}$, was jedoch wegen der Nilpotenz von $\mathfrak{D}$ ausgeschlossen ist. Somit ist

$$\langle X, Y, \mathscr{E}(\mathfrak{S}) \rangle = \mathfrak{V}_3 = \langle \mathscr{E}(\mathfrak{V}_3) \rangle < \mathfrak{G}\,.$$

Nun folgt

$$\mathscr{E}(\mathfrak{V}_1 \cap \mathfrak{V}_3) \geqq \{X, \mathscr{E}(\mathfrak{S})\} \supset \mathscr{E}(\mathfrak{S}), \quad \text{also} \quad \mathfrak{V}_1 = \mathfrak{V}_3\,.$$

Ebenso ergibt sich aus

$$\mathscr{E}(\mathfrak{V}_2 \cap \mathfrak{V}_3) \geqq \{Y, \mathscr{E}(\mathfrak{S})\} \supset \mathscr{E}(\mathfrak{S})$$

die Gleichheit $\mathfrak{V}_2 = \mathfrak{V}_3$. Das widerspricht jedoch der Annahme $\mathfrak{V}_1 \neq \mathfrak{V}_2$. Also ist $\mathscr{E}(\mathfrak{S}) = \{E\}$.

(3) Sei $\mathfrak{U}$ eine möglichst große Untergruppe von $\mathfrak{G}$ mit

$$\mathfrak{U} = \langle \mathscr{E}(\mathfrak{U}) \rangle < \mathfrak{G}\,.$$

Dann ist $\mathfrak{U}$ nilpotent und daher $\mathfrak{U} \ntrianglelefteq \mathfrak{G}$. Sei $X \in \mathscr{E}(\mathfrak{U})$ und $G \in \mathfrak{G}$ mit $Y = X^G \notin \mathfrak{U}$.

Angenommen, es sei $X^Y \in \mathbf{N}_{\mathfrak{G}}(\mathfrak{U})$. Dann folgt $\mathfrak{U} \trianglelefteq \langle \mathfrak{U}, X^Y \rangle < \mathfrak{G}$, wegen der Wahl von $\mathfrak{U}$ also $X^Y \in \mathfrak{U} \cap \mathfrak{U}^Y$. Da X^Y engelsch ist, haben wir sogar

$$E \neq X^Y \in \mathscr{E}(\mathfrak{U} \cap \mathfrak{U}^Y)\,.$$

Nach (2) erzwingt das $\mathfrak{U} = \mathfrak{U}^Y$, wegen $\mathfrak{U} \trianglelefteq \langle \mathfrak{U}, Y \rangle < \mathfrak{G}$ daher $Y \in \mathfrak{U}$. Das widerspricht jedoch der Wahl von Y.

Also haben wir $X^Y \notin \mathbf{N}_{\mathfrak{G}}(\mathfrak{U})$ und somit auch

$$[X, Y] = X^{-1} X^Y \notin \mathbf{N}_{\mathfrak{G}}(\mathfrak{U})\,.$$

Da X und Y engelsch vom gleichen Typ sind, gilt für genügend großes n sicher

$$[Y, \underbrace{X, \ldots, X}_{n}] = E\,.$$

Daher gibt es ein $i > 1$ mit

$$[Y, \underbrace{X, \ldots, X}_{i}] \in \mathbf{N}_{\mathfrak{G}}(\mathfrak{U}) \quad \text{und} \quad T = [Y, \underbrace{X, \ldots, X}_{i-1}] \notin \mathbf{N}_{\mathfrak{G}}(\mathfrak{U})\,.$$

Nun ist

$$[T, X] = (X^T)^{-1} X = [Y, \underbrace{X, \ldots, X}_{i}] \in \mathbf{N}_{\mathfrak{G}}(\mathfrak{U})\,,$$

wegen $X \in \mathfrak{U}$ daher auch $X^T \in \mathbf{N}_{\mathfrak{G}}(\mathfrak{U})$. Mit $\mathfrak{U} \trianglelefteq \langle \mathfrak{U}, X^T \rangle < \mathfrak{G}$ folgt wieder $X^T \in \mathfrak{U} \cap \mathfrak{U}^T$. Nach (2) ist dann $\mathfrak{U} = \mathfrak{U}^T$, also $T \in \mathbf{N}_{\mathfrak{G}}(\mathfrak{U})$, entgegen der oben getroffenen Feststellung. **q.e.d.**

Beweisteil (2) ist offenbar eine kunstvolle Anpassung des Schlusses im Beweis von 5.1 an die vorliegende Situation.

Wir können nun die engelschen Elemente beschreiben:

6.15 Satz. (Baer [4]). *Sei $\mathfrak{G}$ endlich. Genau dann ist G ein rechts-engelsches Element von $\mathfrak{G}$, wenn G in der Fittinggruppe $\mathbf{F}(\mathfrak{G})$ von $\mathfrak{G}$ liegt.*

Beweis. Sei zuerst $G \in \mathbf{F}(\mathfrak{G})$ und $X \in \mathfrak{G}$. Dann ist $[X, G] \in \mathbf{F}(\mathfrak{G})$ und daher für genügend großes n

$$[X, \underbrace{G, \ldots, G}_{n}] \in \mathbf{K}_{n-1}(\mathbf{F}(\mathfrak{G})) = \mathfrak{E}\,.$$

Also ist jedes Element aus $\mathbf{F}(\mathfrak{G})$ rechts-engelsch.

Sei umgekehrt

$$\mathfrak{M} = \langle G \mid G \in \mathfrak{G},\ G \text{ ist rechts-engelsches Element von } \mathfrak{G} \rangle\,.$$

Dann ist $\mathfrak{M} \trianglelefteq \mathfrak{G}$, und nach 6.14 ist $\mathfrak{M}$ nilpotent. Somit folgt $\mathfrak{M} \leqq \mathbf{F}(\mathfrak{G})$. Daher liegt jedes rechts-engelsche Element von $\mathfrak{G}$ in $\mathbf{F}(\mathfrak{G})$. **q.e.d.**

6.16 Satz (Baer [4]). *Sei $\mathfrak{G}$ endlich. Genau dann ist G ein links-engelsches Element von $\mathfrak{G}$, wenn G im Hyperzentrum $\mathbf{Z}_\infty(\mathfrak{G})$ von $\mathfrak{G}$ liegt.*

(*Nach* 6.15 *ist also jedes links-engelsche Element wegen* $\mathbf{Z}_\infty(\mathfrak{G}) \leqq \mathbf{F}(\mathfrak{G})$ *auch rechts-engelsch.*)

Beweis. a) Sei zuerst $G \in \mathbf{Z}_\infty(\mathfrak{G}) = \mathbf{Z}_m(\mathfrak{G})$. Für alle X aus $\mathfrak{G}$ folgt

$$[G, \underbrace{X, \ldots, X}_{m}] \in \mathbf{Z}_0(\mathfrak{G}) = \mathfrak{E}\,,$$

und G ist links-engelsch.

b) Sei

$$\mathfrak{M} = \langle G \mid G \in \mathfrak{G},\ G \text{ ist links-engelsches Element von } \mathfrak{G} \rangle\,.$$

Offenbar ist $\mathfrak{M} \trianglelefteq \mathfrak{G}$. Wir haben $\mathfrak{M} \leqq \mathbf{Z}_\infty(\mathfrak{G})$ zu zeigen. Sei $\mathfrak{G}$ ein kleinstes Gegenbeispiel.

(1) $\mathfrak{G}$ hat genau einen minimalen Normalteiler $\mathfrak{N}$:

Sind $\mathfrak{N}_i$ $(i = 1, 2)$ zwei verschiedene minimale Normalteiler von $\mathfrak{G}$, so gilt

$$\mathfrak{M}\mathfrak{N}_i/\mathfrak{N}_i \leqq \mathbf{Z}_\infty(\mathfrak{G}/\mathfrak{N}_i)\,.$$

Für genügend großes k folgt

$$[\mathfrak{M}, \underbrace{\mathfrak{G}, \ldots, \mathfrak{G}}_{k}] \leqq \mathfrak{N}_1 \cap \mathfrak{N}_2 = \mathfrak{E}$$

und dann $\mathfrak{M} \leqq \mathbf{Z}_\infty(\mathfrak{G})$, entgegen unserer Annahme.

(2) $\mathfrak{M}$ ist eine p-Gruppe:

Nach 6.14 ist $\mathfrak{M}$ nilpotent. Mit (1) folgt dann, daß $\mathfrak{M}$ Primzahlpotenzordnung hat.

(3) Es gibt ein G aus $\mathfrak{G}$ mit $p \nmid O(G)$ und $\mathfrak{G} = \langle \mathfrak{M}, G \rangle$:

Angenommen für alle X von zu p teilerfremder Ordnung sei $\langle \mathfrak{M}, X \rangle < \mathfrak{G}$. Dann ist $\mathfrak{M} \leqq \mathbf{Z}_\infty(\langle \mathfrak{M}, X \rangle)$. Also ist $\langle \mathfrak{M}, X \rangle$ eine nilpotente Gruppe, und wegen $(|\mathfrak{M}|, O(X)) = 1$ und $\mathfrak{N} \leqq \mathfrak{M}$ folgt $X \in \mathbf{C}_\mathfrak{G}(\mathfrak{M}) \leqq \mathbf{C}_\mathfrak{G}(\mathfrak{N})$. Somit liegen alle Elemente von $\mathfrak{G}$ von zu p teilerfremder Ordnung in $\mathbf{C}_\mathfrak{G}(\mathfrak{N})$. Ist $\mathfrak{P}$ eine p-Sylowgruppe von $\mathfrak{G}$, so folgt $\mathfrak{G} = \mathbf{C}_\mathfrak{G}(\mathfrak{N})\,\mathfrak{P}$. Setzen wir $\mathfrak{D} = \mathfrak{N} \cap \mathbf{Z}(\mathfrak{P})$, so ist $\mathfrak{E} < \mathfrak{D} \leqq \mathbf{Z}(\mathfrak{G})$. Also haben wir $\mathfrak{N} \leqq \mathbf{Z}(\mathfrak{G})$, wegen $\mathfrak{M}/\mathfrak{N} \leqq \mathbf{Z}_\infty(\mathfrak{G}/\mathfrak{N})$ dann auch $\mathfrak{M} \leqq \mathbf{Z}_\infty(\mathfrak{G})$.

(4) $\Phi(\mathfrak{M}) = \mathfrak{E}$:

Angenommen, es sei $\Phi(\mathfrak{M}) > \mathfrak{E}$. Da $\mathfrak{N}$ der einzige minimale Normalteiler von $\mathfrak{G}$ ist, gilt $\mathfrak{N} \leqq \Phi(\mathfrak{M})$. Wegen $\mathfrak{G} = \langle \mathfrak{M}, G \rangle$ und $\mathfrak{M}/\mathfrak{N} \leqq \mathbf{Z}_\infty(\mathfrak{G}/\mathfrak{N})$ ist $\mathfrak{G}/\mathfrak{N}$ nilpotent. Nach 3.3 b) haben wir $\mathfrak{N} \leqq \Phi(\mathfrak{M}) \leqq \Phi(\mathfrak{G})$. Also ist $\mathfrak{G}$ nach 3.7 nilpotent. Dann ist sicher $\mathfrak{M} \leqq \mathfrak{G} = \mathbf{Z}_\infty(\mathfrak{G})$.

(5) $\mathfrak{M} \leqq \mathbf{Z}_\infty(\mathfrak{G})$:

Sei $E \neq M \in \mathfrak{M}$, und sei M links-engelsch. Wegen der Identität $(\alpha - 1)^{p^m} = \alpha^{p^m} - 1$ im Endomorphismenring der elementar-abelschen p-Gruppe $\mathfrak{M}$ gilt für genügend großes m

$$E = [M, \underbrace{G, \ldots, G}_{m}] = M^{(G-E)^{p^m}} = M^{G^{p^m} - E}.$$

Also folgt $G^{p^m} \in \mathbf{C}_\mathfrak{G}(M)$ und wegen $p \nmid O(G)$ sogar $G \in \mathbf{C}_\mathfrak{G}(\mathfrak{M})$. Da $\mathfrak{M}$ wegen (4) und 3.11 abelsch ist und da nach (3) $\mathfrak{G} = \langle \mathfrak{M}, G \rangle$ gilt, ergibt das $M \in \mathbf{Z}(\mathfrak{G})$, und wir sind fertig. **q.e.d.**

Aufgaben:

16) Man konstruiere eine Gruppe $\mathfrak{G}$ vom Exponenten 3, welche sich mit d Elementen erzeugen läßt und die Ordnung 3^k mit $k = d + \binom{d}{2} + \binom{d}{3}$ hat.

17) (Baer [1]) Es sei $\mathfrak{B}_n = \langle B_0, B_1, \ldots, B_{p^n-1} \rangle$ die elementar-abelsche Gruppe der Ordnung p^n. Wir entwickeln die Indizes i der B_i p-adisch:

$$i = \sum_{j=0}^{n-1} c_j p^j \quad \text{mit} \quad 0 \leqq c_j \leqq p - 1 .$$

Es sei π_k $(1 \leqq k \leqq n-1)$ die Permutation auf $\{0, 1, \ldots, p^n - 1\}$ mit

$$\left(\sum_{j=0}^{n-1} c_j p^j\right) \pi_k = \begin{cases} \sum\limits_{j \neq k-1} c_j p^j + (c_{k-1} + 1)\, p^{k-1} & \text{für} \quad c_{k-1} \neq p - 1 \\ \sum\limits_{j \neq k-1} c_j p^j & \text{für} \quad c_{k-1} = p - 1 . \end{cases}$$

Dann haben alle π_k die Ordnung p und sind paarweise vertauschbar, erzeugen daher eine elementar-abelsche Gruppe $\mathfrak{C}_n$ von der Ordnung p^{n-1}. Sei $\mathfrak{G}_n$ das semidirekte Produkt von $\mathfrak{B}_n$ mit $\mathfrak{C}_n$. Man zeige:

(1) $\mathfrak{G}_n$ hat den Exponenten p^2.

(2) Die Klasse von $\mathfrak{G}_n$ ist mindestens $n-1$.

(Dieses Beispiel zeigt, daß für den Exponenten p^2 keine von der Anzahl der Erzeugenden unabhängige Abschätzung der Klasse möglich ist. Für Gruppen vom Exponenten 4 ist die Abschätzung $c(\mathfrak{G}) \leqq 3d(\mathfrak{G})$ bekannt; siehe WRIGHT [1].)

18) (BURNSIDE [3]) Sei $\mathfrak{G} = \langle A, B \rangle$ mit $A^2 = E$ eine Gruppe vom Exponenten 4. Man zeige:

a) $\mathfrak{G}' = \langle A B A B^{-1}, A B^{-1} A B \rangle$ ist abelsch.

b) $|\mathfrak{G}'| \leqq 2^3$.

c) $|\mathfrak{G}| \leqq 2^6$.

19) (BURNSIDE [3]) Sei $\mathfrak{G} = \langle A, B \rangle$ vom Exponenten 4 mit $[A^2, B^2] = E$. Man zeige:

a) $\langle A^2 \rangle^{\mathfrak{G}}$ ist elementar-abelsch und hat höchstens die Ordnung 2^3.

b) $|\mathfrak{G}| \leqq 2^9$.

(Anleitung: Man zeige $(A^2)^{BAB} = A^2 (A^2)^B (A^2)^{BA}$ und

$$\langle A^2 \rangle^{\mathfrak{G}} = \langle A^2, (A^2)^B, (A^2)^{BA} \rangle.)$$

20) (BURNSIDE [3]) Sei $\mathfrak{G} = \langle A, B \rangle$ vom Exponenten 4. Man setze $C = [A^2, B^2]$ und zeige:

a) $\langle C \rangle^{\mathfrak{G}} = \langle C, C^A, C^B \rangle$ ist elementar-abelsch.

b) $|\mathfrak{G}| \leqq 2^{12}$.

c) $c(\mathfrak{G}) \leqq 5$.

(Anleitung: Zum Beweis von a) zeige man:

(1) $[C, A^2] = [C, B^2] = E$.

(2) $[C, B^{-1}, B] = E$.

(3) $[C, B^{-1}, A^{-1} B] = E$, also $[C, B^{-1}] \in \mathbf{Z}(\mathfrak{G})$.)

§ 7. Elementare Theorie der p-Gruppen

In diesem Paragraphen sei bis auf 7.12 stets $\mathfrak{G}$ eine p-Gruppe. Wir beweisen eine Anzahl von elementaren und nur lose zusammenhängenden Sätzen über solche Gruppen. Eine systematische Theorie einer großen Klasse von p-Gruppen folgt in § 10.

7.1 Hilfssatz. a) *Ist $\mathfrak{G}/\mathfrak{N}$ zyklisch und $\mathfrak{N} \leqq \mathbf{Z}(\mathfrak{G})$, so ist $\mathfrak{G}$ abelsch. (Hier wird noch nicht benötigt, daß $\mathfrak{G}$ eine p-Gruppe ist.)*

b) *Ist $\mathfrak{G}$ nicht abelsch, so ist p^2 ein Teiler von $|\mathfrak{G}/\mathbf{Z}(\mathfrak{G})|$.*

c) *Ist $\mathfrak{G}/\mathfrak{G}'$ zyklisch, so ist $\mathfrak{G}$ selbst zyklisch.*

d) *Ist $\mathfrak{G}$ nicht abelsch, so ist p^2 ein Teiler von $|\mathfrak{G}/\mathfrak{G}'|$. (Insbesondere ist jede Gruppe der Ordnung p^2 abelsch, wie wir bereits in* I, 6.10 (S. 31) *sahen.)*

Beweis. a) Sei $\mathfrak{G}/\mathfrak{N} = \langle A\,\mathfrak{N}\rangle$. Dann haben wir $\mathfrak{G} = \langle A, \mathfrak{N}\rangle$. Ist $\mathfrak{N} \leqq \mathbf{Z}(\mathfrak{G})$, so sind die Elemente in dem Erzeugendensystem $\{A, \mathfrak{N}\}$ von $\mathfrak{G}$ paarweise miteinander vertauschbar, und $\mathfrak{G}$ ist abelsch.

b) Ist p^2 kein Teiler von $|\mathfrak{G}/\mathbf{Z}(\mathfrak{G})|$, so ist $\mathfrak{G}/\mathbf{Z}(\mathfrak{G})$ zyklisch, also ist $\mathfrak{G}$ nach a) abelsch.

c) Ist $\mathfrak{G}/\mathfrak{G}'$ zyklisch, so ist wegen $\mathfrak{G}' \leqq \Phi(\mathfrak{G})$ (siehe 3.11) auch $\mathfrak{G}/\Phi(\mathfrak{G})$ zyklisch. Aus dem Burnsideschen Basissatz 3.15 folgt dann $d = 1$, und $\mathfrak{G}$ ist zyklisch.

d) ist eine triviale Folgerung aus c). **q.e.d.**

7.2 Satz. a) *Aus* $\mathfrak{E} < \mathfrak{N} \trianglelefteq \mathfrak{G}$ *folgt stets* $\mathfrak{E} < \mathfrak{N} \cap \mathbf{Z}(\mathfrak{G})$. *Insbesondere liegt jeder minimale Normalteiler einer p-Gruppe im Zentrum.*

b) *Ist* $\mathfrak{N} \trianglelefteq \mathfrak{G}$ *und* $|\mathfrak{N}| = p^i$, *so gilt* $\mathfrak{N} \leqq \mathbf{Z}_i(\mathfrak{G})$.

c) *Alle Hauptfaktoren von* $\mathfrak{G}$ *haben die Ordnung* p.

d) *Sind* $\mathfrak{M}$ *und* $\mathfrak{N}$ *Normalteiler von* $\mathfrak{G}$ *mit* $|\mathfrak{M}/\mathfrak{N}| = p^m$, *so gibt es zu jedem k mit* $0 \leqq k \leqq m$ *einen Normalteiler* $\mathfrak{K}$ *von* $\mathfrak{G}$ *mit* $\mathfrak{N} \leqq \mathfrak{K} \leqq \mathfrak{M}$ *und* $|\mathfrak{K}/\mathfrak{N}| = p^k$.

e) *Sind* $\mathfrak{U}$ *und* $\mathfrak{V}$ *Untergruppen von* $\mathfrak{G}$ *mit* $|\mathfrak{U} : \mathfrak{V}| = p^m$, *so gibt es zu jedem k mit* $0 \leqq k \leqq m$ *eine Untergruppe* $\mathfrak{W}$ *von* $\mathfrak{G}$ *mit* $\mathfrak{V} \leqq \mathfrak{W} \leqq \mathfrak{U}$ *und* $|\mathfrak{W} : \mathfrak{V}| = p^k$.

Beweis. a) Die Aussage a) haben wir schon in I, 6.9 (S. 31) bewiesen; sie steht auch in 2.6.

b) Nach a) ist $\mathfrak{N} \cap \mathbf{Z}(\mathfrak{G}) > \mathfrak{E}$. Für $i = 1$ haben wir $|\mathfrak{N}| = p$ und daher $\mathfrak{N} \leqq \mathbf{Z}(\mathfrak{G})$. Wir beweisen die Behauptung durch Induktion nach i: Es ist $\mathfrak{N}\,\mathbf{Z}_1(\mathfrak{G})/\mathbf{Z}_1(\mathfrak{G})$ ein Normalteiler von $\mathfrak{G}/\mathbf{Z}_1(\mathfrak{G})$. Für $|\mathfrak{N}| = p^i$ gilt wegen $\mathfrak{N} \cap \mathbf{Z}_1(\mathfrak{G}) > \mathfrak{E}$

$$|\mathfrak{N}\,\mathbf{Z}_1(\mathfrak{G})/\mathbf{Z}_1(\mathfrak{G})| = |\mathfrak{N}/(\mathfrak{N} \cap \mathbf{Z}_1(\mathfrak{G}))| \leqq p^{i-1}\,.$$

Also folgt aus unserer Induktionsannahme

$$\mathfrak{N}\,\mathbf{Z}_1(\mathfrak{G})/\mathbf{Z}_1(\mathfrak{G}) \leqq \mathbf{Z}_{i-1}(\mathfrak{G}/\mathbf{Z}_1(\mathfrak{G})) = \mathbf{Z}_i(\mathfrak{G})/\mathbf{Z}_1(\mathfrak{G})$$

und somit $\mathfrak{N} \leqq \mathbf{Z}_i(\mathfrak{G})$.

c) Nach dem Satz von Jordan-Hölder für Hauptreihen (I, 11.7, S. 64) genügt der Nachweis einer Hauptreihe von $\mathfrak{G}$ mit Faktorgruppen der Ordnung p. Nach a) hat $\mathfrak{G}$ einen Normalteiler $\mathfrak{N}_1$ der Ordnung p. Induktion nach der Ordnung ergibt sofort die Behauptung.

d) Wir verfeinern die Kette $\mathfrak{E} \leqq \mathfrak{M} < \mathfrak{N} \leqq \mathfrak{G}$ von Normalteilern von $\mathfrak{G}$ zu einer Hauptreihe von $\mathfrak{G}$. Nach dem Satz von Jordan-Hölder für Hauptreihen (I, 11.7) und nach c) haben alle Hauptfaktoren in dieser Hauptreihe die Ordnung p. Daher gibt es in dieser Hauptreihe genau ein Glied $\mathfrak{K}$, welches die geforderten Eigenschaften hat.

e) Sei $\mathfrak{V} < \mathfrak{U} \leqq \mathfrak{G}$ und $|\mathfrak{U} : \mathfrak{V}| = p^m$. Sei $\mathfrak{S}$ eine maximale Untergruppe von $\mathfrak{U}$ mit $\mathfrak{V} \leqq \mathfrak{S}$. Wegen der Nilpotenz von $\mathfrak{U}$ gilt nach 2.3

$\mathfrak{S} \lhd \mathfrak{U}$, also ist $|\mathfrak{U}/\mathfrak{S}| = p$. Induktion nach $m - k$ ergibt die Behauptung. **q.e.d.**

(Vorsicht: Diese Konstruktion liefert eine Kette

$$\mathfrak{V} = \mathfrak{V}_0 \lhd \mathfrak{V}_1 \lhd \cdots \lhd \mathfrak{V}_m = \mathfrak{U},$$

aber daraus folgt keineswegs $\mathfrak{V} \lhd \mathfrak{U}$!)

7.3 Satz. *Sei $\mathfrak{A}$ ein maximaler abelscher Normalteiler von $\mathfrak{G}$, d. h. $\mathfrak{A}$ sei in keinem abelschen Normalteiler von $\mathfrak{G}$ echt enthalten. Dann gilt:*

a) *$\mathfrak{A}$ ist sein eigener Zentralisator in $\mathfrak{G}$.*

b) *Ist $|\mathfrak{G}| = p^n$ und $|\mathfrak{A}| = p^a$, so gilt $2n \leqq a(a+1)$.*

c) *Ist $|\mathfrak{A}| = p^a$, so gilt $\mathbf{K}_a(\mathfrak{G}) \leqq \mathfrak{A}$ und $\mathbf{K}_{2a}(\mathfrak{G}) = \mathfrak{E}$.*

d) *Seien $\mathfrak{A}_1$ und $\mathfrak{A}_2$ maximale abelsche Normalteiler von $\mathfrak{G}$ mit $\operatorname{Exp} \mathfrak{A}_i = p^{a_i}$ $(i = 1, 2)$. Dann gilt stets $a_2 \leqq 2a_1$ (und natürlich auch $a_1 \leqq 2a_2$).*

Beweis. a) Angenommen, es sei $\mathfrak{A} < \mathbf{C}_{\mathfrak{G}}(\mathfrak{A}) \trianglelefteq \mathfrak{G}$. Nach 7.2 d) gibt es dann einen Normalteiler $\mathfrak{L}$ von $\mathfrak{G}$ mit $\mathfrak{A} < \mathfrak{L} \leqq \mathbf{C}_{\mathfrak{G}}(\mathfrak{A})$ und $|\mathfrak{L}/\mathfrak{A}| = p$. Es gilt $\mathfrak{A} \leqq \mathbf{Z}(\mathfrak{L})$. Also ist $\mathfrak{L}$ eine zyklische Erweiterung seines Zentrums, ist daher nach 7.1 a) abelsch. Das widerspricht jedoch der Wahl von $\mathfrak{A}$ als maximalem abelschen Normalteiler von $\mathfrak{G}$.

b) Wir haben $\mathfrak{G}/\mathfrak{A} = \mathfrak{G}/\mathbf{C}_{\mathfrak{G}}(\mathfrak{A})$, und dies ist nach I, 4.5 (S. 20) isomorph zu einer Untergruppe der Automorphismengruppe $\mathbf{A}(\mathfrak{A})$ von $\mathfrak{A}$. Ist $|\mathfrak{A}/\Phi(\mathfrak{A})| = p^d$, so ist $|\mathbf{A}(\mathfrak{A})|$ nach 3.19 ein Teiler von

$$p^{d(a-d)}(p^d - 1)(p^d - p) \ldots (p^d - p^{d-1}).$$

Für die höchste Potenz p^k von p, welche die Ordnung von $\mathbf{A}(\mathfrak{A})$ teilt, erhalten wir daher

$$k \leqq 1 + 2 + \cdots + (d-1) + d(a-d) = \frac{d(d-1)}{2} + d(a-d) \leqq \frac{a(a-1)}{2}.$$

Damit folgt

$$|\mathfrak{G}| = p^n \leqq |\mathfrak{A}|\, p^k \leqq p^a p^{\frac{a(a-1)}{2}}$$

und dann $2n \leqq a(a+1)$.

c) Wegen $|\mathfrak{A}| = p^a$ gilt nach 7.2 b) sicher $\mathfrak{A} \leqq \mathbf{Z}_a(\mathfrak{G})$. Mit 2.11 c) folgt

$$[\mathfrak{A}, \mathbf{K}_a(\mathfrak{G})] \leqq [\mathbf{Z}_a(\mathfrak{G}), \mathbf{K}_a(\mathfrak{G})] = \mathfrak{E},$$

mit a) daher

$$\mathbf{K}_a(\mathfrak{G}) \leqq \mathbf{C}_{\mathfrak{G}}(\mathfrak{A}) = \mathfrak{A}.$$

Aus $|\mathfrak{A}| = p^a$ und

$$\mathbf{K}_a(\mathfrak{G}) > \mathbf{K}_{a+1}(\mathfrak{G}) > \cdots > \mathbf{K}_{c+1}(\mathfrak{G}) = \mathfrak{E}$$

ergibt sich dann $c \leqq 2a - 1$.

d) Sei $\mathfrak{B} = \langle \mathfrak{A}_1, \mathfrak{A}_2 \rangle$. Wegen

$$\mathbf{Z}(\mathfrak{B}) \leqq \mathbf{C}_{\mathfrak{G}}(\mathfrak{A}_1) \cap \mathbf{C}_{\mathfrak{G}}(\mathfrak{A}_2) = \mathfrak{A}_1 \cap \mathfrak{A}_2 \leqq \mathbf{Z}(\mathfrak{B})$$

folgt $\mathbf{Z}(\mathfrak{B}) = \mathfrak{A}_1 \cap \mathfrak{A}_2$. Aus $[\mathfrak{A}_1, \mathfrak{A}_2] \leqq \mathfrak{A}_1 \cap \mathfrak{A}_2$ schließen wir dann, daß $\mathfrak{B}$ höchstens die Klasse 2 hat. Mit 2.13 a) erhalten wir nun

$$\operatorname{Exp}(\mathfrak{B}/\mathbf{Z}(\mathfrak{B})) \leqq \operatorname{Exp} \mathbf{Z}(\mathfrak{B}) \leqq p^{a_1}$$

und daher

$$p^{a_2} = \operatorname{Exp} \mathfrak{A}_2 \leqq \operatorname{Exp} \mathfrak{B} \leqq p^{2a_1}. \qquad \textbf{q.e.d.}$$

7.4 Beispiel. Sei $V = V(n, p)$ der Vektorraum der Dimension n über dem Körper $GF(p)$ und $\{v_1, \ldots, v_n\}$ eine Basis von V. Wir setzen $V_0 = \{0\}$ und $V_i = \langle v_1, \ldots, v_i \rangle$ $(1 \leqq i \leqq n)$. Sei $\mathfrak{T}$ die Gruppe aller linearen Abbildungen T von V auf sich mit

$$v_i T - v_i \in V_{i-1}$$

für alle $i = 1, \ldots, n$. (Also sind die Abbildungen in $\mathfrak{T}$ bezüglich der Basis $\{v_1, \ldots, v_n\}$ Dreiecksmatrizen mit Diagonalelementen 1.) Man bestätigt leicht, daß die Abbildungen A aus $\mathfrak{T}$ mit $vA - v \in V_1$ für alle v aus V einen abelschen Normalteiler $\mathfrak{A}$ der Ordnung p^{n-1} von $\mathfrak{T}$ bilden. Wegen $\mathbf{C}_{\mathfrak{T}}(\mathfrak{A}) = \mathfrak{A}$ ist $\mathfrak{A}$ ein maximaler abelscher Normalteiler von $\mathfrak{T}$. Wir haben $|\mathfrak{A}| = p^{n-1}$ und $|\mathfrak{T}| = p^{\frac{n(n-1)}{2}}$. Also ist die Abschätzung in 7.3 b) nicht zu verbessern.

Sei $n = 2m$. Dann bilden die B aus $\mathfrak{T}$ mit

$$vB = v \quad \text{für alle} \quad v \in V_m \text{ und } vB - v \in V_m \quad \text{für alle} \quad v \in V$$

einen abelschen Normalteiler $\mathfrak{B}$ von $\mathfrak{T}$. Es ist $|\mathfrak{B}| = p^{m^2}$, und dies ist für $m \geqq 2$ größer als $|\mathfrak{A}|$. Also haben maximale abelsche Normalteiler von p-Gruppen nicht stets die gleiche Ordnung.

7.5 Hilfssatz. *Sei $\mathfrak{N}$ ein nichtzyklischer Normalteiler von $\mathfrak{G}$.*

a) *Ist $p > 2$, so gibt es einen in $\mathfrak{N}$ liegenden Normalteiler $\mathfrak{K}$ von $\mathfrak{G}$, welcher elementar-abelsch vom Typ (p, p) ist.*

b) *Ist $p = 2$, so gilt diese Aussage auch noch, sofern wir $\mathfrak{N} \leqq \Phi(\mathfrak{G})$ voraussetzen.*

Beweis. Wir führen den Beweis durch Induktion nach $|\mathfrak{G}|$. Die Induktionsbasis wird geliefert durch den Fall $|\mathfrak{G}| = p^2$ und $\mathfrak{G} = \mathfrak{N} = \mathfrak{K}$.

Nach 7.2 d) gibt es einen in $\mathfrak{N}$ liegenden Normalteiler $\mathfrak{T}$ der Ordnung p von $\mathfrak{G}$. Wir betrachten $\mathfrak{G}/\mathfrak{T}$.

Ist $\mathfrak{N}/\mathfrak{T}$ zyklisch, so ist $\mathfrak{N}$ nach 7.1 a) abelsch. Da $\mathfrak{N}$ nach unserer Voraussetzung nicht zyklisch ist, ist $d(\mathfrak{N}) = 2$. Dann bilden die in $\mathfrak{N}$ liegenden Lösungen von $X^p = E$ eine charakteristische Untergruppe $\mathfrak{K}$ von $\mathfrak{N}$, und $\mathfrak{K}$ hat den Typ (p, p). Als charakteristische Untergruppe des Normalteilers $\mathfrak{N}$ ist $\mathfrak{K}$ nach I, 4.8 a) (S. 21) sicher normal in $\mathfrak{G}$.

Nun sei $\mathfrak{N}/\mathfrak{T}$ nicht zyklisch. Nach unserer Induktionsannahme gibt es dann einen Normalteiler $\mathfrak{M}$ von $\mathfrak{G}$ mit $\mathfrak{M} \leqq \mathfrak{N}$ und $\mathfrak{M}/\mathfrak{T}$ abelsch vom Typ (p, p). Also hat $\mathfrak{M}$ die Ordnung p^3. Hat $\mathfrak{M}$ den Exponenten p, so nehmen wir für $\mathfrak{K}$ irgendeinen in $\mathfrak{M}$ liegenden Normalteiler von $\mathfrak{G}$ von der Ordnung p^2; einen solchen gibt es nach 7.2 d). Sei weiterhin $\operatorname{Exp}\mathfrak{M} > p$. Ist $\mathfrak{M}$ abelsch, so schließen wir wie oben. Sei also $\mathfrak{M}$ nicht abelsch. Nach 7.1 d) haben wir $|\mathfrak{M}/\mathfrak{M}'| \geqq p^2$, daher $|\mathfrak{M}'| = p$. Also gilt nach 7.2 b) $\mathfrak{M}' \leqq \mathbf{Z}(\mathfrak{M})$.

Nun müssen wir die Fälle $p > 2$ und $p = 2$ trennen:

Sei zuerst $p > 2$. Jetzt können wir Hilfssatz 1.3 auf $\mathfrak{M}$ anwenden und erhalten für alle Elemente X, Y aus $\mathfrak{M}$ die Gleichung

$$(XY)^p = X^p\, Y^p [Y, X]^{\binom{p}{2}} = X^p\, Y^p\,.$$

Also ist die Abbildung von X auf X^p ein Homomorphismus ε von $\mathfrak{M}$ auf eine Untergruppe $\mathfrak{U}$ von $\mathfrak{M}$. Wegen $\operatorname{Exp}\mathfrak{M} > p$ ist $\mathfrak{U} \neq \mathfrak{E}$. Da $\mathfrak{M}/\mathfrak{M}'$ den Typ (p, p) hat, gilt andererseits $\mathfrak{U} \leqq \mathfrak{M}'$. Zusammen folgt $|\mathfrak{U}| = p$. Der Kern $\mathfrak{K}$ von ε hat also die Ordnung p^2 und besteht genau aus denjenigen Elementen von $\mathfrak{M}$, welche die Gleichung $X^p = E$ erfüllen. Daher hat $\mathfrak{K}$ den Typ (p, p) und ist als charakteristische Untergruppe von $\mathfrak{M}$ ein Normalteiler von $\mathfrak{G}$.

Nun sei $p = 2$. Sei $\mathfrak{L} \lhd \mathfrak{G}$ mit $\mathfrak{L} < \mathfrak{M}$ und $|\mathfrak{L}| = 4$; ein solches $\mathfrak{L}$ gibt es nach 7.2 d) sicher. Wir können annehmen, daß $\mathfrak{L} = \langle L \rangle$ zyklisch ist; andernfalls setzen wir $\mathfrak{L} = \mathfrak{K}$ und sind fertig. Nun gilt für alle G aus $\mathfrak{G}$ die Beziehung $L^G = L^{\pm 1}$. Daraus folgt $|\mathfrak{G} : \mathbf{C}_{\mathfrak{G}}(L)| \leqq 2$. Daher ist

$$\mathbf{C}_{\mathfrak{G}}(L) \geqq \Phi(\mathfrak{G}) \geqq \mathfrak{N} \geqq \mathfrak{M}$$

und somit $L \in \mathbf{Z}(\mathfrak{M})$. Dann ist $\mathfrak{M}$ abelsch, entgegen unserer Annahme.

q.e.d.

Hilfssatz 7.5 erlaubt eine Reihe von interessanten Anwendungen, denen wir uns jetzt zuwenden:

7.6 Satz. *Seien alle abelschen Normalteiler von $\mathfrak{G}$ zyklisch. Dann gilt:*

a) *Ist $p > 2$, so ist $\mathfrak{G}$ selbst zyklisch.*

b) *Ist $p = 2$, so hat $\mathfrak{G}$ einen zyklischen Normalteiler vom Index 2.*

Beweis. a) Angenommen, $\mathfrak{G}$ sei nicht zyklisch. Nach 7.5 a) (mit $\mathfrak{N} = \mathfrak{G}$) hat dann $\mathfrak{G}$ einen abelschen Normalteiler vom Typ (p, p). Dies widerspricht jedoch der Voraussetzung, daß jeder abelsche Normalteiler von $\mathfrak{G}$ zyklisch ist.

b) Im Falle $p = 2$ können wir jedenfalls 7.5 b) auf den Normalteiler $\Phi(\mathfrak{G})$ von $\mathfrak{G}$ anwenden und erhalten, daß $\Phi(\mathfrak{G})$ zyklisch ist. Sei $\mathfrak{A}$ ein maximaler abelscher Normalteiler von $\mathfrak{G}$ mit $\Phi(\mathfrak{G}) \leqq \mathfrak{A}$. Nach unserer Voraussetzung ist $\mathfrak{A}$ zyklisch, etwa $\mathfrak{A} = \langle A \rangle$. Wegen $\Phi(\mathfrak{G}) \leqq \mathfrak{A}$ ist $\mathfrak{G}/\mathfrak{A}$ nach 3.14 eine elementar-abelsche 2-Gruppe.

Ist $\mathfrak{G}/\mathfrak{A}$ zyklisch, so hat $\mathfrak{G}/\mathfrak{A}$ die Ordnung 2, und wir sind fertig. Sei also $\mathfrak{G}/\mathfrak{A}$ nicht zyklisch. Nach 7.3 a) gilt $\mathbf{C}_{\mathfrak{G}}(\mathfrak{A}) = \mathfrak{A}$, und daher ist $\mathfrak{G}/\mathfrak{A}$ isomorph zu einer Untergruppe der Automorphismengruppe

$\mathbf{A}(\mathfrak{A})$ der zyklischen Gruppe $\mathfrak{A}$. Sei $|\mathfrak{A}| = 2^a$. Dann ist $\mathbf{A}(\mathfrak{A})$ nach I, 4.6 (S. 20) isomorph zur multiplikativen Gruppe der zu 2 teilerfremden Restklassen mod 2^a. Diese hat für $a = 2$ die Ordnung 2, sie hat für $a > 2$ nach I, 13.19 (S. 84) den Typ $(2^{a-2}, 2)$. Da im vorliegenden Falle $\mathfrak{G}/\mathfrak{A}$ elementar-abelsch und nicht zyklisch ist, folgt $a > 2$, und $\mathfrak{G}/\mathfrak{A}$ hat notwendig den Typ (2, 2). Die Restklassen -1 und $1 + 2^{a-1}$ erzeugen die einzige Untergruppe vom Typ (2, 2) in der Gruppe der zu 2 teilerfremden Reste mod 2^a. Daher gibt es Elemente B, C aus $\mathfrak{G}$ mit

$$A^B = A^{-1} \quad \text{und} \quad A^C = A^{1+2^{a-1}}.$$

Wegen $[B, C] \in \Phi(\mathfrak{G}) \leqq \mathfrak{A}$ gilt $[B, C] = A^r$ mit einem geeigneten r. Ferner ist $C^2 \in \Phi(\mathfrak{G})$, also $C^2 = A^j$. Dabei ist sicher 2 ein Teiler von j, denn sonst würde C einen zyklischen Normalteiler von $\mathfrak{G}$ erzeugen, welcher größer als der maximale abelsche Normalteiler $\mathfrak{A}$ wäre. Nun berechnen wir

$$(A^x C^{-1})^2 = A^x C^{-1} A^x C C^{-2} = A^x A^{x(1+2^{a-1})} A^{-j}.$$

Die Kongruenz

$$x(2 + 2^{a-1}) \equiv j \ (2^a)$$

läßt sich nach x auflösen, denn wegen $a > 2$ gilt sicher $2^2 \nmid 2 + 2^{a-1}$, und es ist $2 \mid j$. Wir ersetzen nun C durch $A^x C^{-1}$. Die Gleichung

$$A^C = A^{1+2^{a-1}}$$

bleibt dabei wegen $C^{-1} = C A^{-j}$ bestehen, wir haben außerdem $C^2 = E$. Jetzt folgt

$$E = [B, C^2] = [B, C]\,[B, C]^C = A^r A^{r(1+2^{a-1})},$$

also

$$r(2 + 2^{a-1}) \equiv 0 \ (2^a).$$

Daher ist $r \equiv 0 \ (2^{a-1})$. Somit erhalten wir neben $[A, C] = A^{2^{a-1}} \in \langle A^{2^{a-1}} \rangle$ auch $[B, C] \in \langle A^{2^{a-1}} \rangle$. Dann ist wegen $C^2 = E$

$$\langle A^{2^{a-1}}, C \rangle$$

ein abelscher, nichtzyklischer Normalteiler von $\mathfrak{G}$, entgegen unserer Annahme. Somit gilt doch $|\mathfrak{G}/\mathfrak{A}| = 2$. **q.e.d.**

Diejenigen p-Gruppen, deren sämtliche abelschen Normalteiler sich mit zwei Elementen erzeugen lassen, werden wir für $p > 3$ in 12.4 bestimmen.

7.7 Satz. *Sei $\mathbf{Z}_2(\mathfrak{G})$ zyklisch. Dann gilt:*

a) *Für $p > 2$ ist $\mathfrak{G}$ zyklisch.*

b) *Für $p = 2$ hat $\mathfrak{G}$ einen zyklischen Normalteiler vom Index 2.*

Beweis. Angenommen, es sei $\mathfrak{A}$ ein abelscher, nichtzyklischer Normalteiler von $\mathfrak{G}$. Dann gibt es nach 7.2 d) einen in $\Omega_1(\mathfrak{A})$ liegenden Normalteiler $\mathfrak{K}$ von $\mathfrak{G}$ vom Typ (p, p). Nach 7.2 b) ist $\mathfrak{K} \leqq \mathbf{Z}_2(\mathfrak{G})$. Das widerspricht jedoch unserer Annahme, daß $\mathbf{Z}_2(\mathfrak{G})$ zyklisch ist. Also sind alle abelschen Normalteiler von $\mathfrak{G}$ zyklisch, und dann folgt die Behauptung aus Satz 7.6. **q.e.d.**

7.8 Satz. a) (P. HALL) *Ist $\mathfrak{G}' \cap \mathbf{Z}_2(\mathfrak{G})$ zyklisch, so ist auch $\mathfrak{G}'$ zyklisch.*

b) (BURNSIDE) *Ist $\mathbf{Z}(\mathfrak{G}')$ zyklisch, so ist $\mathfrak{G}'$ zyklisch.*

c) (HOBBY [1]) *Ist $\mathbf{Z}(\Phi(\mathfrak{G}))$ zyklisch, so auch $\Phi(\mathfrak{G})$.*

Beweis. a) Angenommen, es sei $\mathfrak{G}'$ nicht zyklisch. Nach 3.11 gilt $\mathfrak{G}' \leqq \Phi(\mathfrak{G})$. Daher gibt es nach 7.5 einen abelschen Normalteiler $\mathfrak{K}$ vom Typ (p, p) von $\mathfrak{G}$ mit $\mathfrak{K} \leqq \mathfrak{G}'$. Wegen $|\mathfrak{K}| = p^2$ folgt $\mathfrak{K} \leqq \mathbf{Z}_2(\mathfrak{G})$ aus 7.2 b). Also haben wir $\mathfrak{K} \leqq \mathfrak{G}' \cap \mathbf{Z}_2(\mathfrak{G})$. Dies geht jedoch nicht, da $\mathfrak{G}' \cap \mathbf{Z}_2(\mathfrak{G})$ zyklisch ist. Also ist $\mathfrak{G}'$ zyklisch.

b) Nach 2.11 c) ist $[\mathfrak{G}', \mathbf{Z}_2(\mathfrak{G})] = \mathfrak{E}$, und daraus folgt

$$\mathfrak{G}' \cap \mathbf{Z}_2(\mathfrak{G}) \leqq \mathbf{Z}(\mathfrak{G}').$$

Ist also $\mathbf{Z}(\mathfrak{G}')$ zyklisch, so auch $\mathfrak{G}' \cap \mathbf{Z}_2(\mathfrak{G})$, und wir können a) anwenden.

c) Angenommen, $\mathbf{Z}(\Phi(\mathfrak{G}))$ sei zyklisch, aber $\Phi(\mathfrak{G})$ nicht. Nach 7.5 gibt es einen Normalteiler $\mathfrak{K}$ vom Typ (p, p) von $\mathfrak{G}$ mit $\mathfrak{K} \leqq \Phi(\mathfrak{G})$. Aus

$$|\mathfrak{G}/\mathbf{C}_{\mathfrak{G}}(\mathfrak{K})| \;\Big|\; |\mathbf{A}(\mathfrak{K})| = |GL(2, p)| = (p^2 - 1)(p^2 - p)$$

folgt $|\mathfrak{G}/\mathbf{C}_{\mathfrak{G}}(\mathfrak{K})| \leqq p$, also $\Phi(\mathfrak{G}) \leqq \mathbf{C}_{\mathfrak{G}}(\mathfrak{K})$ und somit $\mathfrak{K} \leqq \mathbf{Z}(\Phi(\mathfrak{G}))$. Das ist ein Widerspruch. **q.e.d.**

7.9 Satz. (BLACKBURN [1]). *Läßt sich die Kommutatorgruppe $\mathfrak{G}'$ mit zwei Elementen erzeugen, so ist $\mathfrak{G}''$ zyklisch, und $\mathfrak{G}'$ hat höchstens die Klasse* 2.

(*Ohne Beweis: Lassen sich $\mathfrak{G}$ und $\mathfrak{G}'$ mit zwei Elementen erzeugen, so ist $\mathfrak{G}'$ sogar abelsch; siehe* BLACKBURN [1].)

Beweis. Wir zeigen zuerst, daß $\mathfrak{G}''$ zyklisch ist. Angenommen, $\mathfrak{G}''$ sei nicht zyklisch. Nach dem Burnsideschen Basissatz 3.15 ist dann

$$|\mathfrak{G}''/\Phi(\mathfrak{G}'')| = p^m \geqq p^2 .$$

Nach 7.2 d) gibt es daher einen Normalteiler $\mathfrak{K}$ von $\mathfrak{G}$ mit $\Phi(\mathfrak{G}'') \leqq \mathfrak{K} \leqq \mathfrak{G}''$ und $|\mathfrak{G}''/\mathfrak{K}| = p^2$. Zum Nachweis, daß $\mathfrak{G}''$ zyklisch ist, genügt die Herleitung eines Widerspruches unter der Annahme $\mathfrak{K} = \mathfrak{E}$; andernfalls betrachten wir $\mathfrak{G}/\mathfrak{K}$.

Sei also $\mathfrak{G}''$ abelsch vom Typ (p, p). Die Faktorgruppe $\mathfrak{G}/\mathbf{C}_{\mathfrak{G}}(\mathfrak{G}'')$ ist nach I, 4.5 (S. 20) isomorph zu einer Untergruppe der Automorphismengruppe $\mathbf{A}(\mathfrak{G}'')$ von $\mathfrak{G}''$. Wegen

$$|\mathbf{A}(\mathfrak{G}'')| = |GL(2, p)| = (p^2 - 1)(p^2 - p)$$

folgt $|\mathfrak{G}/\mathbf{C}_{\mathfrak{G}}(\mathfrak{G}'')| \leqq p$. Daher ist $\mathfrak{G}' \leqq \mathbf{C}_{\mathfrak{G}}(\mathfrak{G}'')$ und somit $\mathfrak{G}'' \leqq \mathbf{Z}(\mathfrak{G}')$. Die Klasse von $\mathfrak{G}'$ ist also höchstens zwei. Nach unserer Voraussetzung läßt sich $\mathfrak{G}'$ mit zwei Elementen C und D erzeugen. Nach 1.11 c) haben wir

$$\mathfrak{G}'' = \langle [C, D], \mathbf{K}_3(\mathfrak{G}') \rangle = \langle [C, D] \rangle .$$

Damit ist gezeigt, daß $\mathfrak{G}''$ zyklisch ist.

Nun ist noch nachzuweisen, daß $\mathfrak{G}'$ höchstens die Klasse 2 hat. (Bisher haben wir dies nur unter der Annahme $|\mathfrak{G}''| = p^2$ bewiesen!) Die Gruppe $\mathfrak{G}/\mathbf{C}_{\mathfrak{G}}(\mathfrak{G}'')$ ist isomorph zu einer Untergruppe der Automorphismengruppe der zyklischen Gruppe $\mathfrak{G}''$. Also ist $\mathfrak{G}/\mathbf{C}_{\mathfrak{G}}(\mathfrak{G}'')$ abelsch und daher $\mathfrak{G}' \leqq \mathbf{C}_{\mathfrak{G}}(\mathfrak{G}'')$. Das ergibt $\mathfrak{G}'' \leqq \mathbf{Z}(\mathfrak{G}')$, und $\mathfrak{G}'$ hat höchstens die Klasse 2. **q.e.d.**

7.10 Hilfssatz. *Sei $\mathfrak{N}$ ein nichtabelscher Normalteiler von $\mathfrak{G}$ mit $\mathfrak{N} \leqq \mathbf{K}_i(\mathfrak{G})$. Dann ist*

$$|\mathbf{Z}(\mathfrak{N})| \geqq p^i, \quad |\mathfrak{N}| \geqq p^{i+2} \quad \textit{und} \quad |\mathfrak{N}/\mathfrak{N}'| \geqq p^{i+1} .$$

Beweis. Nach 2.11 c) gilt $[\mathbf{K}_i(\mathfrak{G}), \mathbf{Z}_i(\mathfrak{G})] = \mathfrak{E}$. Daraus folgt $\mathfrak{N} \not\leqq \mathbf{Z}_i(\mathfrak{G})$, denn andernfalls wäre $\mathfrak{N}$ abelsch. Nun ist $\mathfrak{N} \cap \mathbf{Z}_i(\mathfrak{G}) \leqq \mathbf{Z}(\mathfrak{N})$. Für $j \leqq i$ haben wir nach 7.2 a)

$$\begin{aligned} \mathfrak{E} &< \mathbf{Z}(\mathfrak{G}/\mathbf{Z}_j(\mathfrak{G})) \cap \mathfrak{N}\,\mathbf{Z}_j(\mathfrak{G})/\mathbf{Z}_j(\mathfrak{G}) \\ &= \mathbf{Z}_{j+1}(\mathfrak{G})/\mathbf{Z}_j(\mathfrak{G}) \cap \mathfrak{N}\,\mathbf{Z}_j(\mathfrak{G})/\mathbf{Z}_j(\mathfrak{G}) \\ &= (\mathbf{Z}_{j+1}(\mathfrak{G}) \cap \mathfrak{N})\,\mathbf{Z}_j(\mathfrak{G})/\mathbf{Z}_j(\mathfrak{G}) . \end{aligned}$$

Daher ist

$$\mathfrak{E} < \mathfrak{N} \cap \mathbf{Z}_1(\mathfrak{G}) < \mathfrak{N} \cap \mathbf{Z}_2(\mathfrak{G}) < \cdots < \mathfrak{N} \cap \mathbf{Z}_i(\mathfrak{G})$$

und somit

$$|\mathbf{Z}(\mathfrak{N})| \geqq |\mathfrak{N} \cap \mathbf{Z}_i(\mathfrak{G})| \geqq p^i .$$

Aus 7.1 b) folgt $|\mathfrak{N}/\mathbf{Z}(\mathfrak{N})| \geqq p^2$ und dann $|\mathfrak{N}| \geqq p^{i+2}$.

Sei $\mathfrak{M} \lhd \mathfrak{G}$ und $|\mathfrak{N}'/\mathfrak{M}| = p$. Wir setzen $\overline{\mathfrak{N}} = \mathfrak{N}/\mathfrak{M}$. Dann haben wir

$$\overline{\mathfrak{N}} \trianglelefteq \mathfrak{G}/\mathfrak{M}$$

mit $\overline{\mathfrak{N}}' = \mathfrak{N}'/\mathfrak{M} \neq \mathfrak{E}$ und $\overline{\mathfrak{N}} \leqq \mathbf{K}_i(\mathfrak{G})\,\mathfrak{M}/\mathfrak{M} = \mathbf{K}_i(\mathfrak{G}/\mathfrak{M})$. Aus den schon bewiesenen Aussagen folgt nun $|\overline{\mathfrak{N}}| \geqq p^{i+2}$ und daher $|\mathfrak{N}/\mathfrak{N}'| \geqq p^{i+1}$. **q.e.d.**

7.11 Satz. (P. Hall [2]). *Sei $\mathfrak{G}^{(k)} \neq \mathfrak{E}$. Dann ist $|\mathfrak{G}| \geqq p^{2^k+k}$.*

Beweis. Für $i < k$ ist $\mathfrak{G}^{(i)} > \mathfrak{G}^{(i+1)} > \mathfrak{E}$. Nach 2.12 a) haben wir $\mathfrak{G}^{(i)} \leqq \mathbf{K}_{2^i}(\mathfrak{G})$. Daher liefert Hilfssatz 7.10 die Abschätzung

$$|\mathfrak{G}^{(i)}/\mathfrak{G}^{(i+1)}| \geqq p^{2^i+1} .$$

Ist $|\mathfrak{G}| = p^n$, so folgt wegen $|\mathfrak{G}^{(k)}| \geqq p$

$$n \geqq 1 + \sum_{i=0}^{k-1} (2^i + 1) = 2^k + k .$$ **q.e.d.**

Wir werden in § 17 zeigen, daß sich die Abschätzung nicht wesentlich verbessern läßt.

Ist $\mathfrak{G}$ eine nilpotente Gruppe und $\mathfrak{U} \leqq \mathfrak{G}$, so liefert wiederholte Anwendung von 2.3 c) eine Kette

$$\mathfrak{U} = \mathfrak{U}_0 \lhd \mathfrak{U}_1 \lhd \cdots \lhd \mathfrak{U}_s = \mathfrak{G} .$$

Gibt es eine solche Kette, so nennen wir $\mathfrak{U}$ subnormal in $\mathfrak{G}$ und schreiben $\mathfrak{U} \lhd\lhd \mathfrak{G}$. In endlichen nilpotenten Gruppen ist also jede Untergruppe subnormal, und nach 2.3 d) sind die endlichen nilpotenten Gruppen dadurch charakterisiert. Viel kleiner ist die Klasse derjenigen endlichen Gruppen, deren sämtliche Untergruppen normal sind:

7.12 Satz (Dedekind). *Sei $\mathfrak{G}$ nicht abelsch, und sei jede Untergruppe von $\mathfrak{G}$ normal in $\mathfrak{G}$. Dann gilt*

$$\mathfrak{G} = \mathfrak{Q} \times \mathfrak{A} \times \mathfrak{B} ,$$

wobei $\mathfrak{Q}$ eine Quaternionengruppe der Ordnung 8, *$\mathfrak{A}$ eine abelsche Gruppe von ungerader Ordnung und $\mathfrak{B}$ eine abelsche Gruppe vom Exponenten* 1 *oder* 2 *ist. Hat umgekehrt $\mathfrak{G}$ die angegebene Struktur, so ist jede Untergruppe von $\mathfrak{G}$ normal in $\mathfrak{G}$. (Die beschriebenen Gruppen werden mitunter als Hamiltonsche Gruppen bezeichnet.)*

Beweis. Da jede Sylowgruppe von $\mathfrak{G}$ normal ist, ist $\mathfrak{G}$ nilpotent. Auch in den (möglicherweise abelschen) Sylowgruppen von $\mathfrak{G}$ sind dann alle Untergruppen normal. Daher können wir annehmen, daß $\mathfrak{G}$ eine p-Gruppe ist.

Angenommen, $\mathfrak{G}$ sei nicht abelsch. Wir wählen Elemente A und B aus $\mathfrak{G}$ so, daß $\mathfrak{Q} = \langle A, B \rangle$ nicht abelsch ist und daß $O(A) + O(B)$ möglichst klein ist. Wegen $\langle A \rangle \lhd \mathfrak{G}$ und $\langle B \rangle \lhd \mathfrak{G}$ haben wir $E \neq [A, B] \in \langle A \rangle \cap \langle B \rangle$, also

$$[A, B] = A^{r p^a} = B^{s p^b}$$

mit geeigneten a, b, r, s. Dabei dürfen wir $r s \not\equiv 0 (p)$ annehmen. Aus $\mathfrak{Q}' = \langle [A, B] \rangle \leqq \mathbf{Z}(\mathfrak{Q})$ folgt, daß $\mathfrak{Q}$ die Klasse 2 hat. Da $\langle A^p, B \rangle$ wegen $O(A^p) + O(B) < O(A) + O(B)$ abelsch ist, haben wir nach 1.3 a)

$$E = [A^p, B] = [A, B]^p .$$

Somit ist $O(A) = p^{a+1}$ und $O(B) = p^{b+1}$. Sei etwa $a \geqq b$. Wegen

$$\mathfrak{Q} = \langle A, A^{-r p^{a-b}} B^s \rangle$$

ist nach der Wahl von A und B sicher

$$O(A^{-r p^{a-b}} B^s) \geqq O(B) = p^{b+1} .$$

Mit 1.3 folgt

$$E \neq (A^{-r p^{a-b}} B^s)^{p^b} = A^{-r p^a} B^{s p^b} [B, A]^t$$

mit $t = -r s p^{a-b} \binom{p^b}{2}$.

Also ist $t \not\equiv 0(p)$. Dies ist nur für $a = b = 1$ und $p = 2$ möglich. Daher ist $\mathfrak{Q} = \langle A, B \rangle$ eine Quaternionengruppe der Ordnung 8. Insbesondere folgt, daß $\mathfrak{G}$ für $p > 2$ abelsch ist.

Sei nun $\mathfrak{G}$ eine nichtabelsche 2-Gruppe, in der jede Untergruppe normal ist. Dann enthält $\mathfrak{G}$ eine Quaternionengruppe $\mathfrak{Q} = \langle A, B \rangle$. Für jedes G aus $\mathfrak{G}$ haben wir wegen $\langle A \rangle \lhd \mathfrak{G}$ und $\langle B \rangle \lhd \mathfrak{G}$ sicher $A^G = A^{\pm 1}$ und $B^G = B^{\pm 1}$. Also bewirkt G auf $\mathfrak{Q}$ einen der vier inneren Automorphismen von $\mathfrak{Q}$, und wir erhalten $\mathfrak{G} = \mathfrak{Q}\, \mathbf{C}_{\mathfrak{G}}(\mathfrak{Q})$.

Angenommen, es gebe ein X aus $\mathbf{C}_{\mathfrak{G}}(\mathfrak{Q})$ mit $O(X) = 4$. Dann ist

$$(A X)^B = A^{-1} X \in \langle A X \rangle .$$

Das führt zum Widerspruch $A^2 = E$ oder $X^2 = E$.

Also hat $\mathbf{C}_{\mathfrak{G}}(\mathfrak{Q})$ den Exponenten 2 und ist elementar-abelsch. Daher gilt $\mathbf{C}_{\mathfrak{G}}(\mathfrak{Q}) = \mathbf{Z}(\mathfrak{Q}) \times \mathfrak{B}$ für ein geeignetes $\mathfrak{B}$, und es folgt $\mathfrak{G} = \mathfrak{Q} \times \mathfrak{B}$. Daß in den angegebenen Gruppen alle Untergruppen normal sind, bestätigt man leicht. **q.e.d.**

Aufgaben:

21) Sei $\mathfrak{G}$ eine p-Gruppe. Hat $\mathfrak{G}$ zwei maximale Untergruppen, welche abelsch sind, so sind mindestens $p + 1$ maximale Untergruppen von $\mathfrak{G}$ abelsch, und $\mathfrak{G}$ hat höchstens die Klasse 2.

22) (Rédei [1]) Sei $\mathfrak{G}$ eine nichtabelsche p-Gruppe, deren sämtliche maximalen Untergruppen abelsch sind. Dann ist $\mathfrak{G}$ eine der folgenden Gruppen:

a) Die Quaternionengruppe der Ordnung 8.

b) $\mathfrak{G} = \langle A, B \rangle$ mit den definierenden Relationen

$$A^{p^a} = B^{p^b} = E,\ A^B = A^{1+p^{a-1}}\ (a \geqq 2,\ b \geqq 1);\ |\mathfrak{G}| = p^{a+b} .$$

c) $\mathfrak{G} = \langle A, B \rangle$ mit den definierenden Relationen

$$A^{p^a} = B^{p^b} = C^p = E,\ [A, B] = C;\ |\mathfrak{G}| = p^{a+b+1} .$$

(Anleitung: Man wähle das Erzeugendensystem $\{A, B\}$ von $\mathfrak{G}$ so, daß $O(A) + O(B)$ möglichst klein ist.)

23) (Alperin [7]) Sei $\mathfrak{G}$ eine p-Gruppe mit einer abelschen Untergruppe vom Index p^2. Dann hat $\mathfrak{G}$ einen abelschen Normalteiler vom Index p^2.

24) Sei $\mathfrak{G}$ eine p-Gruppe. Wir definieren $\beta(G)$ für $G \in \mathfrak{G}$ durch

$$p^{\beta(G)} = |\mathfrak{G} : \mathbf{C}_{\mathfrak{G}}(G)|$$

und setzen $\beta(\mathfrak{G}) = \operatorname{Max} \beta(G)$. Man zeige:

a) $p^{\beta(\mathfrak{G})} \leqq |\mathfrak{G}'|$.

b) (Knoche [1]) Genau dann ist $\beta(\mathfrak{G}) = 1$, wenn $|\mathfrak{G}'| = p$ gilt.

(Anleitung zu b): (1) $\mathfrak{G}' \leqq \mathbf{Z}(\mathfrak{G})$.

(2) $\mathfrak{G}'$ hat den Exponenten p.

(3) Ist $[A, B] \neq E \neq [A', B']$, so gibt es ein $A'' \in \mathfrak{G}$ mit

$$A'' \notin \mathbf{C}_{\mathfrak{G}}(B) \cup \mathbf{C}_{\mathfrak{G}}(B').$$

Dann ist $[A'', B] = [A, B]^i$ mit geeignetem i.)

25) (Wielandt) Ist $\mathfrak{G}$ eine p-Gruppe mit $\beta(\mathfrak{G}) < p$, so ist $c(\mathfrak{G}) \leqq \beta(\mathfrak{G}) + 1$. (Vermutlich gilt stets $c(\mathfrak{G}) \leqq \beta(\mathfrak{G}) + 1$. P. Neumann und Wiegoldt haben kürzlich $c(\mathfrak{G}) \leqq \frac{p}{p-1}\beta(\mathfrak{G}) + 1$ für p-Gruppen bewiesen.)

(Anleitung: Induktion nach $|\mathfrak{G}|$.

a) Die Gültigkeit der Behauptung für $\mathfrak{G}/\mathbf{Z}(\mathfrak{G})$ liefert $c(\mathfrak{G}) \leqq \beta(\mathfrak{G}) + 2$.

b) Sei $c(\mathfrak{G}) = \beta(\mathfrak{G}) + 2 = c$. Sei $A \notin \mathbf{Z}(\mathfrak{G})$ und $\mathbf{C}_{\mathfrak{G}}(A) = \mathfrak{C}$. In der Reihe

$$\mathfrak{C} = \mathfrak{C}\,\mathbf{K}_c(\mathfrak{G}) \leqq \mathfrak{C}\,\mathbf{K}_{c-1}(\mathfrak{G}) \leqq \cdots \leqq \mathfrak{C}\,\mathbf{K}_1(\mathfrak{G}) = \mathfrak{G}$$

steht ein drittes Gleichheitszeichen. Es folgt $A \in \mathbf{C}_{\mathfrak{G}}(\mathbf{K}_i(\mathfrak{G})/\mathbf{K}_{i+2}(\mathfrak{G}))$ für ein i mit $2 \leqq i \leqq c - 1$.)

§ 8. Anzahlsätze

8.1 Definition. Sei $|\mathfrak{G}| = p^n$ und $0 \leqq k \leqq n$. Mit $s_k = s_k(\mathfrak{G})$ bezeichnen wir die Anzahl der Untergruppen der Ordnung p^k von $\mathfrak{G}$. Offenbar ist $s_0 = s_n = 1$.

Zahlreiche Anwendungen hat der folgende Satz gefunden:

8.2 Satz. *Besitzt die p-Gruppe $\mathfrak{G}$ nur eine Untergruppe der Ordnung p, so gilt:*

a) *Für $p > 2$ ist $\mathfrak{G}$ zyklisch.*

b) *Für $p = 2$ ist $\mathfrak{G}$ zyklisch oder eine verallgemeinerte Quaternionengruppe mit den definierenden Relationen*

$$A^{2^{n-1}} = E,\ B^2 = A^{2^{n-2}},\ A^B = A^{-1} \quad (n \geqq 3)\,.$$

Beweis. Jeder abelsche Normalteiler von $\mathfrak{G}$ hat nur eine Untergruppe der Ordnung p, ist also nach dem Fundamentalsatz I, 13.12 (S. 80) zyklisch. Für $p > 2$ ist daher $\mathfrak{G}$ nach 7.6 a) sicher zyklisch. Für $p = 2$ hat $\mathfrak{G}$ nach 7.6 b) einen zyklischen Normalteiler vom Index 2. Die 2-Gruppen mit einem zyklischen Normalteiler vom Index 2 haben wir in I, 14.9 (S. 90) alle angegeben. Da $\mathfrak{G}$ nur eine Untergruppe der Ordnung 2 hat, ist $\mathfrak{G}$ sicher kein semidirektes Produkt. Nach I, 14.9 ist $\mathfrak{G}$ eine verallgemeinerte Quaternionengruppe mit den Relationen

$$A^{2^{n-1}} = E,\ B^2 = A^{2^{n-2}},\ A^B = A^{-1}\,.$$

Diese Gruppe hat wirklich nur eine Untergruppe von der Ordnung 2, nämlich $\langle B^2 \rangle$; denn wegen $(A^i B)^2 = B^2 \neq E$ liegen alle Elemente der Ordnung 2 von $\mathfrak{G}$ in $\langle A \rangle$. **q.e.d.**

8.3 Satz. *Sei* $|\mathfrak{G}| = p^n$. *Ist* $s_m(\mathfrak{G}) = 1$ *für ein* m *mit* $1 < m < n$, *so ist* $\mathfrak{G}$ *zyklisch.*

Beweis. Sei $\mathfrak{U}$ die einzige Untergruppe der Ordnung p^m von $\mathfrak{G}$. Nach 7.2 e) gibt es eine Untergruppe $\mathfrak{V}$ der Ordnung p^{m+1} von $\mathfrak{G}$ mit $\mathfrak{U} < \mathfrak{V}$. Dann ist $\mathfrak{U}$ die einzige maximale Untergruppe von $\mathfrak{V}$. Nach 3.16 ist daher $\mathfrak{V}$ zyklisch, also auch $\mathfrak{U}$. Jede Untergruppe von $\mathfrak{G}$ von der Ordnung p oder p^2 liegt nach 7.2 e) in einer Untergruppe der Ordnung p^m, also in $\mathfrak{U}$. Da $\mathfrak{U}$ zyklisch ist, hat also $\mathfrak{G}$ nur eine Untergruppe der Ordnung p bzw. p^2. Für $p > 2$ ist dann $\mathfrak{G}$ nach 8.2 a) zyklisch. Für $p = 2$ ist $\mathfrak{G}$ nach 8.2 b) zyklisch, denn die verallgemeinerte Quaternionengruppe $\mathfrak{Q} = \langle A, B \rangle$ der Ordnung 2^n hat zwei Untergruppen der Ordnung 4, nämlich

$$\langle A^{2^{n-3}} \rangle \quad \text{und} \quad \langle B \rangle . \qquad \textbf{q.e.d.}$$

8.4 Satz. *Sei* $|\mathfrak{G}| = p^n$. *Für ein* m *mit* $1 < m \leqq n$ *sei jede Untergruppe der Ordnung* p^m *von* $\mathfrak{G}$ *zyklisch. Dann ist* $\mathfrak{G}$ *zyklisch, ausgenommen den Fall* $p^m = 4$, *in dem* $\mathfrak{G}$ *auch eine verallgemeinerte Quaternionengruppe sein kann.*

Beweis. Wegen $m \geqq 2$ sind alle Untergruppen der Ordnung p^2 zyklisch, sie liegen nämlich nach 7.2 e) in geeigneten Untergruppen der Ordnung p^m. Angenommen, $\mathfrak{G}$ habe zwei verschiedene Untergruppen $\mathfrak{U}_1$ und $\mathfrak{U}_2$ der Ordnung p. Sei $\mathfrak{N} \leqq \mathbf{Z}(\mathfrak{G})$ und $|\mathfrak{N}| = p$. Dann ist mindestens eine der Gruppen $\mathfrak{U}_i$ von $\mathfrak{N}$ verschieden, etwa $\mathfrak{N} \neq \mathfrak{U}_1$. Nun ist $\mathfrak{N} \times \mathfrak{U}_1$ eine nichtzyklische Untergruppe der Ordnung p^2 von $\mathfrak{G}$, entgegen der oben getroffenen Feststellung. Also hat $\mathfrak{G}$ nur eine Untergruppe der Ordnung p. Ist $p > 2$, so ist $\mathfrak{G}$ nach 8.2 a) zyklisch. Ist $p = 2$, so ist $\mathfrak{G}$ nach 8.2 b) zyklisch oder eine verallgemeinerte Quaternionengruppe. Für $m \geqq 3$ hat aber die verallgemeinerte Quaternionengruppe $\langle A, B \rangle$ der Ordnung 2^n eine nicht-zyklische Untergruppe der Ordnung 2^m, nämlich

$$\langle A^{2^{n-m}}, B \rangle .$$

Also kann eine nichtzyklische Gruppe nur für $p^m = 4$ auftreten. **q.e.d.**

Für die folgenden Sätze über die Anzahl der Untergruppen von vorgegebener Ordnung in einer p-Gruppe benötigen wir die genaue Kenntnis dieser Anzahl für elementar-abelsche Gruppen.

8.5 Hilfssatz. *Sei* $\mathfrak{A}$ *eine elementar-abelsche Gruppe der Ordnung* p^d. *Für* $0 \leqq k$ *setzen wir* $s_k(\mathfrak{A}) = f(d, k)$. *Dann gilt:*

a) $f(d, k) = f(d, d-k)$.

b) $$f(d, k) = \frac{(p^d - 1)(p^d - p) \dots (p^d - p^{k-1})}{(p^k - 1)(p^k - p) \dots (p^k - p^{k-1})} = \frac{\prod_{i=d-k+1}^{d} (p^i - 1)}{\prod_{i=1}^{k} (p^i - 1)}$$

für $1 \leqq k \leqq d$.

c) $f(d+1, k) = f(d, k) + p^{d-k+1} f(d, k-1)$.

d) $f(d, d-1) \equiv 1 \ (p)$;

$f(d, d-2) \equiv 1 \ (p)$ *für* $d \geqq 2$;

$f(d, d-1) \equiv 1 + p \ (p^2)$ *für* $d \geqq 2$.

e) $\prod_{i=1}^{d} (x - p^{i-1}) = \sum_{i=0}^{d} (-1)^i p^{\binom{i}{2}} f(d, i) \, x^{d-i}$.

Beweis. a) Sei V der Vektorraum der Dimension d über $GF(p)$. Bekanntlich ist V isomorph zu seinem dualen Raum V^*. Die Abbildung

$$U \to U^{\perp} = \{f \mid f \in V^*, f = 0 \text{ auf } U\}$$

liefert nach der Dualitätstheorie der endlichdimensionalen Vektorräume eine umkehrbar eindeutige Abbildung der Unterräume von V von der Dimension k auf die Unterräume von V^* von der Dimension $d-k$. Da die elementar-abelsche Gruppe $\mathfrak{A}$ zur additiven Gruppe von V isomorph ist und da die Untergruppen von V^+ gerade die Unterräume von V sind, erhalten wir

$$f(d, k) = f(d, d-k) .$$

b) Die Anzahl der Paare $\{\mathfrak{X}, \mathfrak{Y}\}$ mit $\mathfrak{X} < \mathfrak{Y} \leqq \mathfrak{A}$, $|\mathfrak{X}| = p^k$ und $|\mathfrak{Y}| = p^{k+1}$ ist gleich der Anzahl der Paare $\{\mathfrak{X}, \mathfrak{Y}/\mathfrak{X}\}$ mit $|\mathfrak{X}| = p^k$ und $|\mathfrak{Y}/\mathfrak{X}| = p$, wird also gegeben durch

$$f(d, k) f(d-k, 1) = f(d, k) \frac{p^{d-k} - 1}{p - 1} .$$

Zählen wir zuerst die $\mathfrak{Y}$ und darin die Anzahl der Untergruppen vom Index p, so erhalten wir für die gleiche Anzahl auch

$$f(d, k+1) f(k+1, k) = f(d, k+1) f(k+1, 1) = f(d, k+1) \frac{p^{k+1} - 1}{p - 1} .$$

Das liefert die Rekursionsformel

$$f(d, k+1) = f(d, k) \frac{p^{d-k} - 1}{p^{k+1} - 1} .$$

Daraus folgt durch Induktion nach k die Formel unter b).

c) Sei $\mathfrak{B} = \mathfrak{A} \times \langle X \rangle$ eine elementar-abelsche Gruppe von der Ordnung p^{d+1}. Sei $\mathfrak{V}$ eine Untergruppe von $\mathfrak{B}$ von der Ordnung p^k mit $k \leqq d$. Es gibt genau $f(d+1, k)$ solche Untergruppen $\mathfrak{V}$ in $\mathfrak{B}$. In $\mathfrak{A}$ gibt es $f(d, k)$ Untergruppen von der Ordnung p^k. Ist $\mathfrak{V} \nleqq \mathfrak{A}$, so ist $|\mathfrak{V} \cap \mathfrak{A}| = p^{k-1}$ und $\mathfrak{V} = \langle \mathfrak{V} \cap \mathfrak{A}, AX \rangle$ mit einem geeigneten A aus $\mathfrak{A}$. Dabei kommt es nur auf die Nebenklasse von A nach $\mathfrak{V} \cap \mathfrak{A}$ an, und durch die Vorgabe von $\mathfrak{V} \cap \mathfrak{A}$ und $(\mathfrak{V} \cap \mathfrak{A}) A$ ist $\mathfrak{V}$ eindeutig bestimmt. Also gibt es in $\mathfrak{B}$ genau

$$f(d, k-1) |\mathfrak{A} : \mathfrak{V} \cap \mathfrak{A}| = f(d, k-1) \, p^{d-k+1}$$

Untergruppen $\mathfrak{B}$ mit $|\mathfrak{B}| = p^k$ und $\mathfrak{B} \nleq \mathfrak{A}$. Insgesamt folgt also

$$f(d+1, k) = f(d, k) + p^{d-k+1} f(d, k-1) .$$

d) Nach a) ist

$$f(d, d-1) = f(d, 1) = \frac{p^d - 1}{p - 1} = 1 + p + \cdots + p^{d-1} .$$

Also ist stets $f(d, d-1) \equiv 1 \ (p)$ und $f(d, d-1) \equiv 1 + p \ (p^2)$ für $d \geqq 2$. Ferner ist

$$f(d, d-2) = f(d, 2) = \frac{(p^d - 1)(p^{d-1} - 1)}{(p-1)(p^2-1)} \equiv 1 \quad (p) \text{ für } d \geqq 2 .$$

e) Wir beweisen die Behauptung durch Induktion nach d. Für $d = 1$ lautet die Formel

$$x - 1 = f(1, 0)\, x - f(1, 1) ,$$

und ist offenbar richtig. Nach Induktionsannahme haben wir

$$\prod_{i=1}^{d+1} (x - p^{i-1}) = \left(\sum_{i=0}^{d} (-1)^i p^{\binom{i}{2}} f(d, i)\, x^{d-i} \right) (x - p^d) .$$

Der Koeffizient von x^{d+1} ist $f(d, 0) = 1$. Der Koeffizient von x^{d+1-i} für $1 \leqq i \leqq d$ ist

$$(-1)^i p^{\binom{i}{2}} f(d, i) - (-1)^{i-1} p^{\binom{i-1}{2}} f(d, i-1)\, p^d$$

$$= (-1)^i p^{\binom{i}{2}} (f(d, i) + p^{d-i+1} f(d, i-1)) = (-1)^i p^{\binom{i}{2}} f(d+1, i)$$

(unter Benutzung von c)). Der Koeffizient von x^0 ist

$$-(-1)^d p^{\binom{d}{2}} p^d = (-1)^{d+1} p^{\binom{d+1}{2}} . \qquad \textbf{q.e.d.}$$

8.6 Hallscher Anzahlsatz.

Sei $\mathfrak{G}$ eine p-Gruppe von der Ordnung p^n mit $|\mathfrak{G}/\Phi(\mathfrak{G})| = p^d$. Sei $0 \leqq i \leqq d$. Mit $\mathscr{S}_i'$ bezeichnen wir die Menge der Untergruppen $\mathfrak{M}$ von $\mathfrak{G}$ mit $\Phi(\mathfrak{G}) \leqq \mathfrak{M} \leqq \mathfrak{G}$ und $|\mathfrak{G}/\mathfrak{M}| = p^i$. Es sei $\mathscr{S}$ eine Menge von eigentlichen Untergruppen von $\mathfrak{G}$. Wir bezeichnen mit $n(\mathfrak{M})$ die Anzahl der Untergruppen aus $\mathscr{S}$, welche in der Gruppe $\mathfrak{M}$ liegen. Dann gilt:

$$n(\mathfrak{G}) - \sum_{\mathfrak{M} \in \mathscr{S}_1'} n(\mathfrak{M}) + p \sum_{\mathfrak{M} \in \mathscr{S}_2'} n(\mathfrak{M}) - \cdots + (-1)^i p^{\binom{i}{2}} \sum_{\mathfrak{M} \in \mathscr{S}_i'} n(\mathfrak{M}) + \cdots$$

$$+ (-1)^d p^{\binom{d}{2}} n(\Phi(\mathfrak{G})) = 0 .$$

Beweis. Sei $\mathfrak{N} \in \mathscr{S}_s'$ der Durchschnitt aller derjenigen $\mathfrak{M} \in \mathscr{S}_i'$ $(i = 0, 1, 2, \ldots)$, welche ein vorgegebenes $\mathfrak{U}$ aus $\mathscr{S}$ enthalten. Sicher ist $s \geqq 1$, denn die eigentliche Untergruppe $\mathfrak{U}$ von $\mathfrak{G}$ liegt in mindestens einem $\mathfrak{M}$ aus $\mathscr{S}_1'$. Die Anzahl der $\mathfrak{M} \in \mathscr{S}_i'$ mit $\mathfrak{M} \geqq \mathfrak{U}$ ist daher gleich der Anzahl der $\mathfrak{M} \in \mathscr{S}_i'$ mit $\mathfrak{M} \geqq \mathfrak{N}$, also gleich der Anzahl der Untergruppen vom

Index p^i in der elementar-abelschen Gruppe $\mathfrak{G}/\mathfrak{N}$ von der Ordnung p^s, und diese Anzahl ist $f(s, i)$. In der obenstehenden Formel wird also ein festes $\mathfrak{U}$ aus $\mathscr{S}$ gezählt mit der Vielfachheit

$$v(\mathfrak{U}) = 1 - f(s, 1) + p\, f(s, 2) - \cdots + (-1)^s p^{\binom{s}{2}},$$

denn es ist $f(s, s) = 1$ und $f(s, i) = 0$ für $i > s$. Hilfssatz 8.5 e) (mit $x = 1$) liefert nun $v(\mathfrak{U}) = 0$. **q.e.d.**

Aus Satz 8.6 lassen sich weitere Sätze in eleganter Weise gewinnen. Zuerst müssen wir jedoch einen Fall gesondert erledigen:

8.7 Hilfssatz. *Sei $|\mathfrak{G}| = p^{n+1}$ mit $n \geqq 2$, sei $p > 2$ und sei $\mathfrak{G}$ nicht zyklisch. Es habe $\mathfrak{G}$ einen zyklischen Normalteiler vom Index p. Dann hat $\mathfrak{G}$ genau p zyklische Normalteiler vom Index p und einen nichtzyklischen.*

Beweis. Sei $\langle A \rangle$ der zyklische Normalteiler von $\mathfrak{G}$ vom Index p. Da $\mathfrak{G}$ nicht zyklisch ist, wird $\mathfrak{G}$ nach I, 14.9 (S. 90) erzeugt von Elementen A und B mit

$$A^{p^n} = B^p = E \quad \text{und} \quad A^B = A \quad \text{oder} \quad A^B = A^{1+p^{n-1}}.$$

Im ersten Falle gilt $(A B^{-i})^p = A^p$ für $0 \leqq i \leqq p - 1$, im zweiten Falle ist

$$(A B^{-i})^p = A\, A^{B^i} A^{B^{2i}} \ldots A^{B^{(p-1)i}} B^{-pi} = A^t$$

mit

$$t = 1 + (1 + p^{n-1})^i + (1 + p^{n-1})^{2i} + \cdots + (1 + p^{n-1})^{(p-1)i}$$

$$\equiv p + i\, p^{n-1} \frac{p(p-1)}{2} \equiv p \;(p^n) \quad (\text{wegen } p > 2).$$

Also ist in jedem Falle $(A B^{-i})^p = A^p$. Somit hat $A B^{-i}$ die Ordnung p^n. Die p zyklischen Untergruppen $\langle A B^{-i} \rangle$ sind sicher alle verschieden, denn sie sind bereits mod $\langle A^p \rangle$ verschieden. Damit haben wir p zyklische Untergruppen vom Index p in $\mathfrak{G}$ gefunden. Außerdem hat $\mathfrak{G}$ die nichtzyklische Untergruppe $\langle A^p, B \rangle$ vom Index p (hier wird $n \geqq 2$ benötigt!). Wegen $d(\mathfrak{G}) = 2$ sind die angegebenen $p + 1$ Untergruppen vom Index p die sämtlichen maximalen Untergruppen von $\mathfrak{G}$. **q.e.d.**

8.8 Satz. *Sei $|\mathfrak{G}| = p^n$. Dann gilt:*

a) $s_k(\mathfrak{G}) \equiv 1\ (p)$ *für* $0 \leqq k \leqq n$.

(Dies ist ein Spezialfall von I, 7.2 (S. 33).*)*

b) (Kulakoff) *Ist $p > 2$ und ist $\mathfrak{G}$ nicht zyklisch, so gilt*

$$s_k(\mathfrak{G}) \equiv 1 + p \quad (p^2) \text{ für } 1 \leqq k \leqq n - 1.$$

Beweis. a) Für $k = 0$ oder $k = n$ ist der Satz trivial. Sei also $0 < k < n$. Wir beweisen den Satz durch Induktion nach n und können daher annehmen, daß für alle maximalen Untergruppen $\mathfrak{M}$ von $\mathfrak{G}$ bereits $s_k(\mathfrak{M}) \equiv 1\ (p)$ bewiesen ist. Sei $|\mathfrak{G}/\Phi(\mathfrak{G})| = p^d$. Ist $\mathscr{S}_k$ die Menge der

Untergruppen von $\mathfrak{G}$ von der Ordnung p^k, so erhalten wir mit 8.6

$$s_k(\mathfrak{G}) \equiv \sum_{\mathfrak{M} \in \mathscr{S}'_1} s_k(\mathfrak{M}) \equiv \sum_{\mathfrak{M} \in \mathscr{S}'_1} 1 = f(d, d-1) \equiv 1 \ (p) ,$$

die letzte Kongruenz wegen 8.5 d).

b) Die Aussage ist richtig für $n = 2$; denn dann ist $\mathfrak{G}$ elementarabelsch vom Typ (p, p) und hat genau $p + 1$ Untergruppen von der Ordnung p. Sei also weiterhin $n > 2$. Wir verwenden wieder Induktion nach n. Die Menge $\mathscr{S}_k$ und die Zahl d seien wie unter a) definiert. Ist $k = n - 1$, so haben wir wegen $d \geqq 2$ nach 8.5 d)

$$s_{n-1}(\mathfrak{G}) = f(d, d-1) \equiv 1 + p \ \ (p^2) .$$

Sei also $k \leqq n - 2$. Dann liefert uns 8.6

$$s_k(\mathfrak{G}) \equiv \sum_{\mathfrak{M} \in \mathscr{S}'_1} s_k(\mathfrak{M}) - p \sum_{\mathfrak{M} \in \mathscr{S}'_2} s_k(\mathfrak{M}) \ \ (p^2) .$$

Wegen $k \leqq n - 2$ haben wir nach a) $s_k(\mathfrak{M}) \equiv 1 \ (p)$ für $\mathfrak{M} \in \mathscr{S}'_2$. Daher ist nach 8.5 d)

$$p \sum_{\mathfrak{M} \in \mathscr{S}'_2} s_k(\mathfrak{M}) \equiv p \sum_{\mathfrak{M} \in \mathscr{S}'_2} 1 = p\, f(d, d-2) \equiv p \ \ (p^2) .$$

Ist keine maximale Untergruppe von $\mathfrak{G}$ zyklisch, so liefert uns die Induktionsannahme $s_k(\mathfrak{M}) \equiv 1 + p \ (p^2)$ für alle $\mathfrak{M} \in \mathscr{S}'_1$. Mit 8.5 d) folgt dann

$$s_k(\mathfrak{G}) \equiv (1 + p)\, f(d, d-1) - p \equiv (1 + p)^2 - p \equiv 1 + p \ \ (p^2) .$$

Zu behandeln bleibt der Fall, daß $\mathfrak{G}$ einen zyklischen Normalteiler vom Index p hat. Nach 8.7 hat dann $\mathfrak{G}$ genau p zyklische Normalteiler vom Index p und einen nichtzyklischen. Das ergibt

$$s_k(\mathfrak{G}) \equiv p + (p + 1) - p \equiv 1 + p \ \ (p^2) . \qquad \textbf{q.e.d.}$$

Für verwandte Ergebnisse verweisen wir auf 11.8 und P. Hall [3].

§ 9. Die Identitäten von P. Hall und Zassenhaus

9.1 Definition. Sei $\mathfrak{F} = \langle F_1, \ldots, F_n \rangle$ die freie Gruppe in den freien Erzeugenden $F_1, \ldots, F_n$. Wir definieren:

a) $w(F) = j$, falls F in $\mathbf{K}_j(\mathfrak{F})$, aber nicht in $\mathbf{K}_{j+1}(\mathfrak{F})$ liegt. Liegt F in allen $\mathbf{K}_j(\mathfrak{F})$ $(j = 1, 2, \ldots)$, so setzen wir $w(F) = \infty$.

(Es gilt übrigens $\bigcap_j \mathbf{K}_j(\mathfrak{F}) = \mathfrak{E}$; daher ist $w(F) = \infty$ gleichwertig mit $F = E$. Wir werden aber von dieser zuerst von F. W. Levi bewiesenen Tatsache keinen Gebrauch machen, da wir niemals den genauen Wert von $w(F)$ zu kennen brauchen, sondern stets mit Abschätzungen von $w(F)$ nach unten auskommen werden.)

b) Sei J eine Teilmenge von $\{F_1, \ldots, F_n\}$ und

$$\mathfrak{N}_J = \langle F_j^F \mid F_j \in J, F \in \mathfrak{F} \rangle$$

der kleinste von den $F_j \in J$ und ihren Konjugierten erzeugte Normalteiler von $\mathfrak{F}$.

Wesentlich für unsere Rechnungen mit der Funktion w ist der folgende Hilfssatz:

9.2 Hilfssatz. *Es ist* $w([F, F']) \geqq w(F) + w(F')$.

Beweis. Sei $w(F) \geqq n$, also $F \in \mathbf{K}_n(\mathfrak{F})$, und $w(F') \geqq m$, also $F' \in \mathbf{K}_m(\mathfrak{F})$. Nach Satz 2.11 b) (welcher für beliebige Gruppen bewiesen worden war!) ist

$$[F, F'] \in [\mathbf{K}_n(\mathfrak{F}), \mathbf{K}_m(\mathfrak{F})] \leqq \mathbf{K}_{n+m}(\mathfrak{F}) .$$

Also ist $w([F, F']) \geqq n + m$. **q.e.d.**

Die Hauptergebnisse 9.4 und 9.7 dieses Paragraphen beruhen auf dem folgenden Satz:

9.3 P. Hallscher "commutator collecting process".

Sei $\mathfrak{F} = \langle F_1, \ldots, F_n \rangle$ *die freie Gruppe in den freien Erzeugenden* $F_1, \ldots, F_n$. *Die Menge* $\{F_1, \ldots, F_n\}$ *sei zerlegt in paarweise disjunkte Teilmengen* J_i *mit* $i \in \mathscr{M} = \{1, \ldots, m\}$.

a) *Wir ordnen die Menge der Teilmengen von* $\mathscr{M}$ *vollständig vermöge der folgenden Vorschrift: Es sei* $\mathscr{R} \ll \mathscr{S}$ *für* $|\mathscr{R}| < |\mathscr{S}|$; *die Mengen von gleicher Mächtigkeit ordnen wir lexikographisch an. Wir setzen* $\mathscr{R} \leqq\!\!\!\!< \mathscr{S}$, *falls* $\mathscr{R} \ll \mathscr{S}$ *oder* $\mathscr{R} = \mathscr{S}$.

b) *Für* $\emptyset \neq \mathscr{R} \subseteq \mathscr{M}$ *sei* $\mathfrak{C}_{\mathscr{R}}$ *die Menge der* F *aus* $\mathfrak{F}$ *mit den folgenden Eigenschaften:*

(1) $w(F) \geqq |\mathscr{R}|$, *also* $F \in \mathbf{K}_{|\mathscr{R}|}(\mathfrak{F})$.

(2) $F \in \mathfrak{N}_{J_i}$ *für alle* $i \in \mathscr{R}$.

(3) $F \in \langle F_j \mid F_j \in \bigcup_{i \in \mathscr{R}} J_i \rangle$.

Mit diesen Festsetzungen beschreiben wir nun den commutator collecting process:

Sei $P = F_1 \ldots F_n$. *Dann gilt*

$$P = \prod_{\mathscr{R} \subseteq \mathscr{M}} Q_{\mathscr{R}}$$

mit Faktoren $Q_{\mathscr{R}}$ *in* $\mathfrak{C}_{\mathscr{R}}$; *die Teilmengen* $\mathscr{R}$ *von* $\mathscr{M}$ *erscheinen dabei in der oben angegebenen Anordnung.*

Beweis. Für $\mathscr{S} \subseteq \mathscr{M}$ zeigen wir

$$(*) \qquad P = \prod_{\mathscr{R} \ll \mathscr{S}} Q_{\mathscr{R}} T_1 \ldots T_k ,$$

wobei das Produkt der $Q_{\mathscr{R}}$ schon richtig geordnet ist, und die T_i in einem $\mathfrak{C}_{\mathscr{T}}$ mit $\mathscr{S} \leqq\!\!\!\!< \mathscr{T}$ liegen.

Haben wir diese Behauptung für $\mathscr{S} = \mathscr{M}$ bewiesen, so liegen die T_i in $\mathfrak{C}_{\mathscr{M}}$, und wir erhalten die Aussage des Satzes.

Für $\mathscr{S} = \{1\}$ ist die Formel $(*)$ richtig:

Denn für $F_i \in J_j$ gilt $F_i \in \mathfrak{C}_{\{j\}}$, und es ist $\{1\} \leqq \{j\}$ für alle Mengen $\{j\}$. In diesem Falle ist also das schon geordnete Anfangsprodukt leer.

Wir beweisen die Formel (*) durch Induktion nach $\mathscr{S}$ bezüglich der den Teilmengen von $\mathscr{M}$ gegebenen Anordnung und machen den Schritt von $\mathscr{S}$ zu seinem Nachfolger. Dazu bringen wir das in (*) am weitesten links stehende T aus $\mathfrak{C}_{\mathscr{S}}$, sofern links von ihm noch ein T_i aus einem $\mathfrak{C}_{\mathscr{R}}$ mit $\mathscr{R} \gg \mathscr{S}$ steht, weiter nach links vermöge

$$\ldots T_i\, T \ldots = \ldots T\, T_i [T_i, T] \ldots .$$

Wegen $T_i \in \mathfrak{C}_{\mathscr{R}}$ mit $\mathscr{R} \gg \mathscr{S}$ gilt dabei nach 9.2

(1) $w([T_i, T]) \geqq w(T_i) + w(T) \geqq |\mathscr{R}| + |\mathscr{S}| \geqq |\mathscr{R} \cup \mathscr{S}|$.

(2) $[T_i, T] \in [\mathfrak{N}_{J_j}, \mathfrak{F}] \leqq \mathfrak{N}_{J_j}$ für alle $j \in \mathscr{R}$ und
$[T_i, T] \in [\mathfrak{F}, \mathfrak{N}_{J_k}] \leqq \mathfrak{N}_{J_k}$ für alle $k \in \mathscr{S}$, also
$[T_i, T] \in \mathfrak{N}_{J_j}$ für alle j aus $\mathscr{R} \cup \mathscr{S}$.

(3) $[T_i, T] \in \langle F_j \mid j \in \bigcup_{k \in \mathscr{R} \cup \mathscr{S}} J_k \rangle$.

Also haben wir $[T_i, T] \in \mathfrak{C}_{\mathscr{R} \cup \mathscr{S}}$ mit $\mathscr{R} \cup \mathscr{S} \geqq \mathscr{R} \gg \mathscr{S}$. Somit werden bei unserem Verfahren nur neue Faktoren aus $\mathfrak{C}_{\mathscr{T}}$ mit $\mathscr{S} \ll \mathscr{T}$ erzeugt. Nach endlich vielen Schritten haben wir alle T_i aus $\mathfrak{C}_{\mathscr{S}}$ nach links in die richtige Position gebracht und damit die gewünschte Gestalt erreicht. **q.e.d.**

9.4 Satz (*Identität von* P. Hall *und* Petrescu).

Sei $\mathfrak{F}_2$ die freie Gruppe in den freien Erzeugenden X, Y. Dann gibt es Elemente $C_i \in \mathbf{K}_i(\mathfrak{F}_2)$ $(i = 2, 3, \ldots)$, so daß für alle $m > 0$ gilt

$$X^m\, Y^m = (X\,Y)^m\, C_2^{\binom{m}{2}} \ldots C_{m-1}^{\binom{m}{m-1}}\, C_m .$$

(*Für* $\mathbf{K}_3(\langle X, Y \rangle) = \mathfrak{E}$ *erhalten wir die in* 1.3 b) *angegebene Formel.*)

Beweis. a) Wir arbeiten zunächst in der freien Gruppe $\mathfrak{F}$ mit den freien Erzeugenden $F_1, \ldots, F_{2m}$. Für die Anwendung von 9.3 setzen wir $J_i = \{F_i, F_{i+m}\}$; dann ist $\mathscr{M} = \{1, \ldots, m\}$. Für jede Teilmenge $\mathscr{R}$ von $\mathscr{M}$ setzen wir

$$P_{\mathscr{R}} = \prod_{i \in \mathscr{R}} F_i \prod_{i \in \mathscr{R}} F_{i+m} .$$

Sei $\mu_{\mathscr{R}}$ der Homomorphismus von $\mathfrak{F}$ auf die Untergruppe

$$\mathfrak{F}_{\mathscr{R}} = \langle F_i, F_{i+m} \mid i \in \mathscr{R} \rangle$$

mit

$$F_i^{\mu_{\mathscr{R}}} = F_i \quad \text{für} \quad i \in \mathscr{R} ,$$

$$F_{i+m}^{\mu_{\mathscr{R}}} = F_{i+m} \quad \text{für} \quad i \in \mathscr{R}$$

und

$$F_j^{\mu_{\mathscr{R}}} = E \text{ für alle übrigen } F_j.$$

Wir vermerken:

(1) Für $\mathscr{S} \subseteq \mathscr{R}$ und $Q_{\mathscr{S}} \in \mathfrak{C}_{\mathscr{S}}$ gilt $Q_{\mathscr{S}}^{\mu_{\mathscr{R}}} = Q_{\mathscr{S}}$:
Denn $Q_{\mathscr{S}}$ liegt nach Definition von $\mathfrak{C}_{\mathscr{S}}$ in $\langle F_i, F_{i+m} \mid i \in \mathscr{S} \rangle$.

(2) Für $\mathcal{S} \nsubseteq \mathcal{R}$ gilt $Q_{\mathcal{S}}^{\mu_{\mathcal{R}}} = E$:
Denn nun gibt es ein j mit $j \in \mathcal{S}$ und $j \notin \mathcal{R}$. Es ist

$$Q_{\mathcal{S}} \in \mathfrak{N}_{J_j} = \langle F_j^F, F_{j+m}^F \mid F \in \mathfrak{F} \rangle .$$

Wegen $j \notin \mathcal{R}$ folgt dann $Q_{\mathcal{S}}^{\mu_{\mathcal{R}}} = E$.

Mit $P = F_1 \ldots F_{2m}$ erhalten wir daher aus 9.3

$$P^{\mu_{\mathcal{R}}} = P_{\mathcal{R}} = \prod_{\mathcal{S}} Q_{\mathcal{S}}^{\mu_{\mathcal{R}}} = \prod_{\mathcal{S} \subseteq \mathcal{R}} Q_{\mathcal{S}} .$$

Die nun allein noch auftretenden Untermengen $\mathcal{S}$ von $\mathcal{R}$ erscheinen dabei in der in 9.3 a) beschriebenen Anordnung.

b) Sei $\mathfrak{F}_2 = \langle X, Y \rangle$ die freie Gruppe in den zwei freien Erzeugenden X und Y und ε der Homomorphismus von $\mathfrak{F}$ auf $\mathfrak{F}_2$ mit

$$F_i^\varepsilon = X \quad \text{für} \quad i \leqq m \quad \text{und} \quad F_i^\varepsilon = Y \quad \text{für} \quad m+1 \leqq i \leqq 2m .$$

Für alle Untermengen $\mathcal{R}$ von $\mathcal{M}$ von der Mächtigkeit $|\mathcal{R}| = r$ erhalten wir dann mit a)

$$P_{\mathcal{R}}{}^\varepsilon = X^r Y^r = \prod_{\mathcal{S} \subseteq \mathcal{R}} Q_{\mathcal{S}}{}^\varepsilon .$$

Wir behaupten nun: Für $|\mathcal{R}_1| = |\mathcal{R}_2| = r$ gilt stets $Q_{\mathcal{R}_1}{}^\varepsilon = Q_{\mathcal{R}_2}{}^\varepsilon$.

Dies zeigen wir durch Induktion nach r. Für $r = 1$ haben wir $\mathcal{R} = \{i\}$ und dann

$$P_{\{i\}}{}^\varepsilon = X\, Y = \prod_{\mathcal{S} \subseteq \{i\}} Q_{\mathcal{S}}{}^\varepsilon = Q_{\{i\}}{}^\varepsilon .$$

Also ist $Q_{\{i\}}{}^\varepsilon = X\, Y$ unabhängig von i. Der allgemeine Fall folgt so: Es gilt

$$\prod_{\mathcal{S} \subset \mathcal{R}_1} Q_{\mathcal{S}}{}^\varepsilon \, Q_{\mathcal{R}_1}{}^\varepsilon = P_{\mathcal{R}_1}{}^\varepsilon = X^r Y^r = P_{\mathcal{R}_2}{}^\varepsilon = \prod_{\mathcal{S} \subset \mathcal{R}_2} Q_{\mathcal{S}}{}^\varepsilon \, Q_{\mathcal{R}_2}{}^\varepsilon .$$

Nach unserer Induktionsannahme sind die $Q_{\mathcal{S}}{}^\varepsilon$ mit $|\mathcal{S}| < r$ nur abhängig von $|\mathcal{S}| = s$. Auf beiden Seiten stehen gleichviele $Q_{\mathcal{S}}{}^\varepsilon$, denn die Anzahl der Teilmengen von $\mathcal{R}_i$ von der Mächtigkeit s ist die gleiche für $i = 1, 2$, und diese $Q_{\mathcal{S}}{}^\varepsilon$ erscheinen auf beiden Seiten in der gleichen Anordnung nach wachsendem $|\mathcal{S}|$. Daher folgt

$$Q_{\mathcal{R}_1}{}^\varepsilon = Q_{\mathcal{R}_2}{}^\varepsilon .$$

Für die Untermengen $\mathcal{S}$ von $\mathcal{R}$ mit $|\mathcal{S}| = i$ setzen wir nun $C_i = Q_{\mathcal{S}}{}^\varepsilon$. Da es für $|\mathcal{R}| = r$ genau $\binom{r}{i}$ Untermengen $\mathcal{S}$ von $\mathcal{R}$ mit $|\mathcal{S}| = i$ gibt, folgt

$$X^r Y^r = \prod_{i=1}^{r} C_i^{\binom{r}{i}} .$$

Dabei ist $C_1 = X\, Y$. Wegen $Q_{\mathcal{S}} \in \mathfrak{C}_{\mathcal{S}} \leqq \mathbf{K}_i(\mathfrak{F})$ für $|\mathcal{S}| = i$ gilt

$$C_i = Q_{\mathcal{S}}{}^\varepsilon \in \mathbf{K}_i(\mathfrak{F}^\varepsilon) = \mathbf{K}_i(\mathfrak{F}_2) . \qquad \textbf{q.e.d.}$$

Eine wichtige Folgerung der Identität 9.4 für p-Gruppen werden wir im nächsten Paragraphen kennen lernen.

9.5 Hilfssatz. *Sei p eine ungerade Primzahl. In der P. Hall-Petrescuschen Identität* 9.4 *gilt*

$$C_p \equiv [Y, \underbrace{X, \ldots, X}_{p-1}]^a \prod_i V_i^{a_i} \quad (\mathbf{K}_{p+1}(\langle X, Y \rangle)).$$

Dabei ist $a \equiv -1$ (p), und jedes V_i hat die Gestalt

$$V_i = [Y, X, Z_3, \ldots, Z_p]$$

mit $Z_j \in \{X, Y\}$, wobei mindestens einmal $Z_j = Y$ gilt.

Beweis. Sei $\mathfrak{F}_2$ die freie Gruppe in den freien Erzeugenden X und Y. Nach 1.11 b) erzeugen die $[Z_1, \ldots, Z_p]\,\mathbf{K}_{p+1}(\mathfrak{F})$ mit $Z_j \in \{X, Y\}$ ganz $\mathbf{K}_p(\mathfrak{F})/\mathbf{K}_{p+1}(\mathfrak{F})$. Nach 6.8 haben wir

$$\begin{aligned}[X, Y, Z_3, \ldots, Z_p] &= [[Y, X]^{-1}, Z_3, \ldots, Z_p] \\ &\equiv [Y, X, Z_3, \ldots, Z_p]^{-1} \quad (\mathbf{K}_{p+1}(\mathfrak{F})).\end{aligned}$$

Also gilt

$$C_p \equiv [Y, \underbrace{X, \ldots, X}_{p-1}]^a \prod_i V_i^{a_i} \quad (\mathbf{K}_{p+1}(\mathfrak{F}));$$

dabei sind die V_i Kommutatoren der Gestalt $[Y, X, Z_3, \ldots, Z_p]$ mit $Z_i \in \{X, Y\}$, und mindestens eines der Z_j ist gleich Y.

Sei $\mathfrak{G} = \mathfrak{Z} \wr_r \mathfrak{Z}$ das nach I, 15.6 (S. 97) gebildete reguläre Kranzprodukt von zwei zyklischen Gruppen $\mathfrak{Z}$ der Ordnung p. Dann hat $\mathfrak{G}$ einen elementar-abelschen Normalteiler $\mathfrak{P} = \langle P_1, \ldots, P_p \rangle$ der Ordnung p^p, es gilt $\mathfrak{G} = \mathfrak{P}\langle Q \rangle$ mit $Q^p = E$ und $P_i^Q = P_{i+1}$ (i mod$p$). Wegen $\mathfrak{G}' \leqq \mathfrak{P}$ ist $K^p = E$ für alle $K \in \mathfrak{G}'$.

Sei ε der Homomorphismus von $\mathfrak{F}_2$ in $\mathfrak{G}$ mit $X^\varepsilon = Q$ und $Y^\varepsilon = P_1$. Die Identität 9.4 ergibt daher wegen $C_i^{\binom{p}{i}\varepsilon} = E$ für $2 \leqq i \leqq p-1$ und $\mathbf{K}_{p+1}(\mathfrak{G}) = \mathfrak{E}$

$$E = Q^p P_1^p = (Q P_1)^p [P_1, \underbrace{Q, \ldots, Q}_{p-1}]^a \prod_i V_i^{\varepsilon a_i}.$$

Dabei ist

$$V_i^\varepsilon = [P_1, Q, Y_3, \ldots, Y_p]$$

mit $Y_j \in \{P_1, Q\}$, wobei etwa $Y_k = P_1$ gilt. Wegen $\mathfrak{P}' = \mathfrak{E}$ folgt

$$[P_1, Q, \ldots, Y_k] \in [\mathfrak{P}, Y_k] = \mathfrak{E}.$$

Also ist

$$(Q P_1)^p [P_1, Q, \ldots, Q]^a = E.$$

Eine einfache Rechnung im Kranzprodukt $\mathfrak{G}$ zeigt

$$[P_1, Q, \ldots, Q] = P_1^{c_1} P_2^{c_2} \ldots P_{p-1}^{c_{p-1}} P_p$$

(mit geeigneten c_i) und

$$(Q P_1)^p = Q P_1 Q^{-1} Q^2 P_1 Q^{-2} \ldots Q^p P_1 Q^{-p} = P_1 P_2 \ldots P_p .$$

Also folgt $a \equiv -1\ (p)$. **q.e.d.**

9.6 Hilfssatz. a) *Sei* $\mathfrak{U} \neq \{1\}$ *eine endliche Untergruppe der multiplikativen Gruppe eines Körpers* K. *Dann ist* $\sum_{x \in \mathfrak{U}} x = 0$.

b) *Es gilt*

$$\sum_{x \in GF(p)} x^r = \begin{cases} 0 & \text{für } 0 < r < p-1 \\ -1 & \text{für } r = p-1 . \end{cases}$$

Beweis. a) Sei $1 \neq a \in \mathfrak{U}$. Aus $a \sum_{x \in \mathfrak{U}} x = \sum_{x \in \mathfrak{U}} x$ folgt $\sum_{x \in \mathfrak{U}} x = 0$.

b) Sei

$$\mathfrak{U} = \{x^r \mid x \in GF(p)^\times\}$$

mit $0 < r \leqq p-1$. Sei $\mathfrak{L}$ der Kern des Homomorphismus μ von $GF(p)^\times$ auf $\mathfrak{U}$ mit $x^\mu = x^r$. Ist $\mathfrak{U} \neq \{1\}$, so gilt nach a)

$$\sum_{x \in GF(p)} x^r = |\mathfrak{L}| \sum_{u \in \mathfrak{U}} u = 0 .$$

Ist $\mathfrak{U} = \{1\}$, so ist $r = p-1$, und wir erhalten

$$\sum_{x \in GF(p)} x^r = p - 1 = -1 .$$ **q.e.d.**

9.7 Satz (*Identität von* Zassenhaus).

Sei $\mathfrak{G}$ *eine Gruppe vom Exponenten* p. *Dann gilt für alle* X, Y *aus* $\mathfrak{G}$

$$[Y, \underbrace{X, \ldots, X}_{p-1}] \in \mathbf{K}_{p+1}(\mathfrak{G}) .$$

(*Für* $p = 3$ *gilt nach* 6.6 *sogar* $[X, Y, Y] = E$.)

Beweis. Für $p = 2$ ist $\mathfrak{G}$ abelsch, und die Behauptung ist trivial. Sei weiterhin also $p > 2$. Wir können $\mathbf{K}_{p+1}(\mathfrak{G}) = \mathfrak{E}$ annehmen und haben dann $[Y, \underbrace{X, \ldots, X}_{p-1}] = E$ zu beweisen. Nach der Identität 9.4 ist

$$E = X^p Y^p = (XY)^p C_2^{\binom{p}{2}} \ldots C_{p-1}^{\binom{p}{p-1}} C_p = C_p .$$

Dabei gilt nach 9.5

$$C_p = [Y, \underbrace{X, \ldots, X}_{p-1}]^a \prod V_i^{a_i} ,$$

wobei die V_i die Gestalt $V_i = [Y, X, Z_3, \ldots, Z_p]$ mit $Z_j \in \{X, Y\}$ haben und mindestens einmal $Z_j = Y$ gilt.

Wir ersetzen X durch X^s mit $1 \leqq s \leqq p-1$. Kommen in V_i genau $r(i)$ Argumente X und $p - r(i)$ Argumente Y vor, so geht dabei das Element V_i nach 6.8 wegen $\mathbf{K}_{p+1}(\mathfrak{G}) = \mathfrak{E}$ über in $V_i^{s^{r(i)}}$.

Also erhalten wir für alle s mit $1 \leqq s \leqq p - 1$

$$E = [Y, \underbrace{X, \ldots, X}_{p-1}]^{a s^{p-1}} \prod_i V_i^{a_i s^{r(i)}}.$$

Produktbildung über s liefert nach 9.6

$$E = [Y, X, \ldots, X]^{-a} \prod_i \left(\prod_{s=1}^{p-1} V_i^{s^{r(i)}} \right)^{a_i} = [Y, X, \ldots, X]^{-a}.$$

Nach 9.5 ist $a \equiv -1$ (p). Das führt zur Behauptung $[Y, \underbrace{X, \ldots, X}_{p-1}] = E$.

q.e.d.

Die Identität von Zassenhaus hat wichtige Folgerungen für die Theorie der Gruppen vom Exponenten p, auf die wir aber nicht eingehen (Kostrikin [1]). Bei der Betrachtung der Gruppen von maximaler Klasse in § 14 werden wir die Identität von Zassenhaus heranziehen.

§ 10. Reguläre p-Gruppen

Wir betrachten in diesem Paragraphen die von P. Hall eingeführte Klasse der regulären p-Gruppen. (Es besteht trotz der etwas unglücklichen, aber nun einmal üblichen Übereinstimmung der Bezeichnungen keinerlei Zusammenhang mit dem in I, 5.12 (S. 27) definierten Begriff der regulären Permutationsgruppe.) In diesen Gruppen ist zwar die Abbildung $X \to X^{p^i}$ nicht notwendig ein Endomorphismus, jedoch gilt in ihnen

$$\Omega_i(\mathfrak{G}) = \langle G \mid G \in \mathfrak{G}, G^{p^i} = E \rangle = \{G \mid G \in \mathfrak{G}, G^{p^i} = E\}$$

und

$$\mho_i(\mathfrak{G}) = \langle G^{p^i} \mid G \in \mathfrak{G} \rangle = \{G^{p^i} \mid G \in \mathfrak{G}\},$$

und es bestehen zwischen diesen Untergruppen ganz ähnliche Zusammenhänge wie bei abelschen p-Gruppen (siehe I, § 13, Aufg. 51). Wir werden außerdem (bei abelschen p-Gruppen triviale) Kommutatorbeziehungen zwischen den $\Omega_i(\mathfrak{G})$ und den $\mho_i(\mathfrak{G})$ eingehend studieren. Die Bedeutung der entwickelten Theorie beruht zum Teil darauf, daß p-Gruppen von einer Klasse $c(\mathfrak{G}) < p$ stets regulär sind. Die Theorie wurde von P. Hall 1933 in einer großen Arbeit veröffentlicht (P. Hall [2]) und hat seitdem nur wenige Ergänzungen erfahren.

Alle Sätze dieses Paragraphen, soweit nicht ausdrücklich anders angegeben, stammen aus P. Hall [2] und [3].

10.1 Definition. Eine p-Gruppe $\mathfrak{G}$ heißt regulär, falls für alle X, Y aus $\mathfrak{G}$ gilt

$$X^p Y^p = (XY)^p \prod_i D_i^p$$

mit geeigneten D_i aus $\langle X, Y \rangle'$.

Alle abelschen p-Gruppen sind regulär. Offenbar vererbt sich die Regularität stets auf Untergruppen und Faktorgruppen. Dies werden wir bei den Beweisen immer wieder ausnutzen.

Wir zeigen zunächst, daß die Menge der regulären p-Gruppen nicht allzu klein ist, so daß die zu entwickelnde Theorie einen weiten Bereich deckt:

10.2 Satz. *Sei* $\mathfrak{G}$ *eine* p*-Gruppe. Dann gilt:*

a) *Ist die Klasse von* $\mathfrak{G}$ *kleiner als* p*, so ist* $\mathfrak{G}$ *regulär.*

b) *Ist* $|\mathfrak{G}| \leqq p^p$*, so ist* $\mathfrak{G}$ *regulär.*

c) *Ist* $\mathfrak{G}'$ *zyklisch und* $p > 2$*, so ist* $\mathfrak{G}$ *regulär.*

d) *Ist* $\operatorname{Exp}\mathfrak{G} = p$*, so ist* $\mathfrak{G}$ *regulär.*

Beweis. a) Sei $c(\mathfrak{G}) < p$. Nach der Identität 9.4 haben wir

$$X^p Y^p = (XY)^p C_2^{\binom{p}{2}} \ldots C_{p-1}^{\binom{p}{p-1}} C_p$$

mit $C_i \in \mathbf{K}_i(\langle X, Y\rangle) \leqq \langle X, Y\rangle'$. Da $C_p \in \mathbf{K}_p(\mathfrak{G}) = \mathfrak{E}$ und alle Binomialkoeffizienten $\binom{p}{i}$ mit $1 \leqq i \leqq p-1$ durch p teilbar sind, erhalten wir die für die Regularität nötige Beziehung.

b) Wir können $|\mathfrak{G}| > p$ annehmen. Dann haben wir $|\mathfrak{G}/\mathbf{K}_2(\mathfrak{G})| \geqq p^2$ und $|\mathbf{K}_i(\mathfrak{G})/\mathbf{K}_{i+1}(\mathfrak{G})| \geqq p$ für $2 \leqq i \leqq c(\mathfrak{G})$. Mit $c(\mathfrak{G}) = c$ gilt also $|\mathfrak{G}| \geqq p^{c+1}$. Für $|\mathfrak{G}| \leqq p^p$ ist daher $c(\mathfrak{G}) < p$, und aus a) ergibt sich die Regularität von $\mathfrak{G}$.

c) Sei $\mathfrak{H} = \langle X, Y\rangle$ eine Untergruppe von $\mathfrak{G}$. Wegen $\mathfrak{H}' \leqq \mathfrak{G}'$ ist auch $\mathfrak{H}'$ zyklisch. Sei $\mathfrak{H}' = \langle H\rangle > \mathfrak{E}$. Dann ist $\mathbf{K}_3(\mathfrak{H}) < \mathfrak{H}'$, also $\mathbf{K}_3(\mathfrak{H}) \leqq \langle H^p\rangle$. Die Anwendung der Formel 1.3 b) auf $\mathfrak{H}/\mathbf{K}_3(\mathfrak{H})$ liefert

$$(XY)^p = X^p Y^p [Y, X]^{\binom{p}{2}} T$$

mit $T \in \mathbf{K}_3(\mathfrak{H}) \leqq \langle H^p\rangle$. Wegen $p > 2$ ist p ein Teiler von $\binom{p}{2}$. Daher erhalten wir

$$(XY)^p = X^p Y^p H^{ap}$$

mit $H \in \mathfrak{H}'$. Dies zeigt die Regularität von $\mathfrak{G}$.

d) ist trivial. **q.e.d.**

Wir stecken die Grenzen des Regularitätsbegriffes ab:

10.3 Satz. a) *Jede reguläre 2-Gruppe ist abelsch.*

b) *Ist* $\mathfrak{G}$ *eine reguläre 3-Gruppe mit zwei Erzeugenden, so ist* $\mathfrak{G}'$ *zyklisch.*

(*Alperin hat gezeigt* (Alperin [3]): *Sei* $\mathfrak{G}$ *eine* p*-Gruppe mit* $p > 2$*. Hat jede mit zwei Elementen erzeugbare Untergruppe von* $\mathfrak{G}$ *eine zyklische Kommutatorgruppe, so ist* $\mathfrak{G}'' = \mathfrak{E}$*. Also hat insbesondere jede reguläre 3-Gruppe höchstens die Stufe 2. Für* $p > 3$ *kann die Stufe einer regulären* p*-Gruppe beliebig groß sein, wie wir in § 17 zeigen werden.*)

c) (Wielandt) *Es gibt eine reguläre 3-Gruppe* $\mathfrak{G}$ *mit* $|\mathfrak{G}| = 3^5$ *derart, daß* $\mathfrak{G} \times \mathfrak{G}$ *nicht regulär ist. Also vererbt sich die Regularität nicht auf direkte Produkte.*

d) *Für jedes* p *gibt es irreguläre Gruppen der Ordnung* p^{p+1}, *zum Beispiel die* p*-Sylowgruppen der symmetrischen Gruppen* $\mathfrak{S}_{p^2}$.

Beweis. a) Sei $\mathfrak{G}$ eine reguläre 2-Gruppe. Für $\mathfrak{H} = \langle X, Y \rangle \leqq \mathfrak{G}$ haben wir dann

$$(XY)^2 = X\,YX\,Y = X^2\,Y[Y, X]\,Y = X^2Y^2[Y, X]\,[Y, X, Y]\,,$$

andererseits

$$(X\,Y)^2 = X^2\,Y^2\,C$$

mit $C \in (\mathfrak{H}')^2 \leqq \Phi(\mathfrak{H}')$. Es folgt

$$[Y, X] = C\,[Y, X, Y]^{-1} \in \Phi(\mathfrak{H}')\,\mathbf{K}_3(\mathfrak{H})$$

und daher mit 1.11 c)

$$\mathfrak{H}' = \langle [Y, X], \mathbf{K}_3(\mathfrak{H}) \rangle \leqq \Phi(\mathfrak{H}')\,\mathbf{K}_3(\mathfrak{H})\,.$$

Ist $\mathfrak{E} < \mathfrak{H}'$, so gilt aber $\mathbf{K}_3(\mathfrak{H}) < \mathfrak{H}'$, daher nach 3.2 b) auch $\Phi(\mathfrak{H}')\,\mathbf{K}_3(\mathfrak{H}) < \mathfrak{H}'$. Also ist doch $\mathfrak{G}' = \mathfrak{E}$, und $\mathfrak{G}$ ist abelsch.

b) Angenommen, $\mathfrak{G}$ sei eine reguläre 3-Gruppe mit zwei Erzeugenden, und $\mathfrak{G}'$ sei nicht zyklisch. Indem wir zu einer geeigneten Faktorgruppe von $\mathfrak{G}$ übergehen, können wir annehmen, daß $\mathfrak{G}'$ elementar-abelsch vom Typ (3,3) ist. Dann ist $|\mathfrak{G}/\mathbf{C}_{\mathfrak{G}}(\mathfrak{G}')| \leqq 3$, und wir können somit eines der erzeugenden Elemente von $\mathfrak{G}$ aus $\mathbf{C}_{\mathfrak{G}}(\mathfrak{G}')$ nehmen. Sei also $\mathfrak{G} = \langle A, B \rangle$ mit $B \in \mathbf{C}_{\mathfrak{G}}(\mathfrak{G}')$ und $\mathfrak{G}' = \langle C \rangle \times \langle D \rangle$ mit $C = [B, A]$. Nach 1.11 c) ist $\mathfrak{G}' = \langle C, \mathbf{K}_3(\mathfrak{G}) \rangle$. Daher dürfen wir $D \in \mathbf{K}_3(\mathfrak{G}) \leqq \mathbf{Z}(\mathfrak{G})$ annehmen. Nun gilt

$$C^A = C\,D^a \text{ mit geeignetem } a \text{ und } C^B = C\;.$$

Da $\mathfrak{G}'$ den Exponenten 3 hat, besagt die Regularität von $\mathfrak{G}$

$$(A\,B)^3 = A^3\,B^3\,.$$

Andererseits ist aber

$$\begin{aligned}(A\,B)^3 &= A\;BA\;BA\;B = A\;ABC\;ABC\;B = A^2\;BA\;C^A\;B^2\,C \\ &= A^3\;BC\;C^A\;B^2\,C = A^3\,B^3\,C^3\,D^a\,,\end{aligned}$$

also $D^a = E$. Dann folgt jedoch $\mathbf{K}_3(\mathfrak{G}) = \mathfrak{E}$, und $\mathfrak{G}'$ ist zyklisch.

c) Die Komponenten $\mathfrak{G}_i$ $(i = 1, 2)$ des direkten Produktes werden gegeben durch die definierenden Relationen

$$A_i^{3^3} = B_i^{3^2} = E,\; A_i^{B_i} = A_i^4\,.$$

Die Gruppe $\mathfrak{G}_i$ ist also ein semidirektes Produkt der zyklischen Gruppe $\langle A_i \rangle$ der Ordnung 3^3 mit der zyklischen Gruppe $\langle B_i \rangle$ der Ordnung 3^2. Wir haben $\mathfrak{G}_i' = \langle A_i^3 \rangle$. Also ist $\mathfrak{G}_i'$ zyklisch und daher $\mathfrak{G}_i$ nach 10.2 c) regulär. Wir werden in $\mathfrak{G}_1 \times \mathfrak{G}_2$ zwei Elemente H_1 and H_2 nachweisen, welche die für die Regularität notwendige Beziehung nicht erfüllen. Sei nämlich

$$H_1 = A_1 B_2^{-1}, \quad H_2 = B_1^{-1} A_2 \quad \text{und} \quad C = [H_1, H_2].$$

Es gilt

$$A_i^{B_i^{-1}} = A_i^7.$$

Nun berechnen wir

$$C = [H_1, H_2] = [A_1, B_1^{-1}][B_2^{-1}, A_2] = A_1^{-1} A_1^{B_1^{-1}} A_2^{-B_2^{-1}} A_2 = A_1^6 A_2^{-6}$$

und

$$[C, H_1] = [A_1^6 A_2^{-6}, A_1 B_2^{-1}] = [A_2^{-6}, B_2^{-1}] = A_2^6 A_2^{-6B_2^{-1}} = A_2^{-9}.$$

A_2^{-9} ist keine Potenz von C. Also ist $\langle H_1, H_2\rangle'$ nicht zyklisch, und nach b) ist $\langle H_1, H_2\rangle$ nicht regulär.

d) Sei $\mathfrak{G} = \mathfrak{Z} \wr_r \mathfrak{Z}$ das gemäß I, 15.6 (S. 97) gebildete reguläre Kranzprodukt von zwei zyklischen Gruppen der Ordnung p. Nach I, 15.3 (S. 96) hat $\mathfrak{G}$ eine treue Darstellung als Permutationsgruppe vom Grad p^2, ist daher isomorph zu einer p-Sylowgruppe von $\mathfrak{S}_{p^2}$. Für den elementar-abelschen Normalteiler $\mathfrak{P} = \langle P_1, \ldots, P_p\rangle$ der Ordnung p^p gilt $\mathfrak{G} = \mathfrak{P}\langle Q\rangle$ mit $Q^p = E$ und $P_i^Q = P_{i+1}$ ($i \bmod p$). Also ist $\mathfrak{G}' \leqq \mathfrak{P}$ und daher $C^p = E$ für alle Elemente C aus $\mathfrak{G}'$. Die Regularität von $\mathfrak{G}$ würde somit $(XY)^p = X^p Y^p$ erfordern. Wir haben jedoch

$$(P_1 Q^{-1})^p = P_1^{E+Q+\cdots+Q^{p-1}} Q^{-p} = P_1 P_2 \ldots P_p \neq E = P_1^p Q^{-p}.$$

Somit ist die Gruppe $\mathfrak{G}$ irregulär. **q.e.d.**

(Es sei ausdrücklich bemerkt, daß die in d) angegebenen Gruppen nicht die einzigen irregulären Gruppen der Ordnung p^{p+1} sind; siehe Beispiel 10.15.)

Wir untersuchen nun, wieweit sich die Eigenschaften abelscher p-Gruppen auf reguläre p-Gruppen übertragen lassen.

10.4 Definition. In einer beliebigen (nicht notwendig regulären) p-Gruppe $\mathfrak{G}$ definieren wir die charakteristischen Untergruppen $\Omega_i(\mathfrak{G})$ und $\mho_i(\mathfrak{G})$ durch

$$\Omega_i(\mathfrak{G}) = \langle G \mid G \in \mathfrak{G}, G^{p^i} = E\rangle \quad \text{und}$$

$$\mho_i(\mathfrak{G}) = \langle G^{p^i} \mid G \in \mathfrak{G}\rangle.$$

Wir setzen $|\mathfrak{G}/\mho_1(\mathfrak{G})| = p^{\omega(\mathfrak{G})}$.

10.5 Hauptsatz. *Sei $\mathfrak{G}$ eine reguläre p-Gruppe und k eine natürliche Zahl.*

a) *Ist $X^{p^k} = Y^{p^k} = E$, so ist auch $(XY)^{p^k} = E$. Die Elemente X aus $\mathfrak{G}$ mit $X^{p^k} = E$ bilden somit die charakteristische Untergruppe $\Omega_k(\mathfrak{G})$ von $\mathfrak{G}$.*

b) *Für alle* $X, Y \in \mathfrak{G}$ *gilt* $(XY)^{p^k} = Z^{p^k}$ *mit einem geeigneten (von* X *und* Y *abhängenden)* $Z \in \mathfrak{G}$. *Die* p^k*-ten Potenzen der Elemente aus* $\mathfrak{G}$ *bilden also die charakteristische Untergruppe* $\mho_k(\mathfrak{G})$ *von* $\mathfrak{G}$.

Beweis. a) Wir beweisen zuerst den Satz für $k = 1$ durch Induktion nach $|\mathfrak{G}|$.

Sei $X^p = Y^p = E$. Wir haben $(XY)^p = E$ nachzuweisen und können annehmen, daß $\mathfrak{G} = \langle X, Y \rangle$ gilt und daß $\mathfrak{G}$ nicht abelsch ist. Sei

$$\mathfrak{L} = X^{\mathfrak{G}} = \langle X^G \mid G \in \mathfrak{G} \rangle$$

und $\mathfrak{U}$ eine maximale Untergruppe von $\mathfrak{G}$ mit $X \in \mathfrak{U}$. Nach 2.3 ist dann $\mathfrak{U} \triangleleft \mathfrak{G}$ und somit $\mathfrak{L} \leqq \mathfrak{U} < \mathfrak{G}$. Die eigentliche Untergruppe $\mathfrak{L}$ von $\mathfrak{G}$ wird erzeugt von den Konjugierten X^G von X, und alle diese haben die Ordnung p. Da auch $\mathfrak{L}$ regulär ist, folgt aus der Induktionsannahme, daß $\mathfrak{L}$ den Exponenten p hat. Es gilt $[X, Y] = X^{-1} X^Y$ mit X und X^Y in $\mathfrak{L}$. Daher ist $[X, Y]^p = E$. Nach 1.11 a) wird $\mathfrak{G}'$ erzeugt von den Konjugierten $[X, Y]^G$ von $[X, Y]$, und alle diese haben die Ordnung p. Wegen $\mathfrak{G}' < \mathfrak{G}$ haben wir $C^p = E$ für alle C aus $\mathfrak{G}'$. Nun liefert die Regularität von $\mathfrak{G}$

$$(XY)^p = X^p Y^p \prod_i D_i^p = E\,,$$

was zu zeigen war.

Für $k > 1$ beweisen wir die Behauptung a) durch Induktion nach k.

Aus $X^{p^k} = Y^{p^k} = E$ folgt $X^p \in \Omega_{k-1}(\mathfrak{G})$ und $Y^p \in \Omega_{k-1}(\mathfrak{G})$. Setzen wir $\overline{X} = X\,\Omega_{k-1}(\mathfrak{G})$ und $\overline{Y} = Y\,\Omega_{k-1}(\mathfrak{G})$, so haben wir in der Faktorgruppe $\mathfrak{G}/\Omega_{k-1}(\mathfrak{G})$ die Gleichungen $\overline{X}^p = \overline{Y}^p = \overline{E}$. Der schon erledigte Fall $k = 1$ zeigt, daß dann auch $(\overline{X}\,\overline{Y})^p = \overline{E}$ gilt. Das heißt aber $(XY)^p \in \Omega_{k-1}(\mathfrak{G})$ und dann $(XY)^{p^k} = E$, wie behauptet.

b) Wieder erledigen wir zuerst den Fall $k = 1$ durch Induktion nach $|\mathfrak{G}|$. Wir können wieder annehmen, daß $\mathfrak{G} = \langle X, Y \rangle$ gilt und $\mathfrak{G}$ nicht abelsch ist. Dann ist $\mathfrak{L} = \langle XY, \mathfrak{G}' \rangle$ wegen $\mathfrak{G}' \leqq \Phi(\mathfrak{G})$ ein eigentlicher Normalteiler von $\mathfrak{G}$. Für $\mathfrak{L}$ ist also der Satz bereits bewiesen. Wegen der Regularität von $\mathfrak{G}$ haben wir

$$X^p Y^p = (XY)^p \prod_i D_i^p$$

mit $D_i \in \mathfrak{G}' \leqq \mathfrak{L}$ und $XY \in \mathfrak{L}$. Also ist die rechte Seite nach Induktionsannahme die p-te Potenz eines Elementes aus $\mathfrak{L}$, und $X^p Y^p$ ist eine p-te Potenz eines Elementes aus $\mathfrak{G}$.

Den allgemeinen Fall behandeln wir durch Induktion nach k. Es ist

$$X^{p^k} Y^{p^k} = (X^p)^{p^{k-1}} (Y^p)^{p^{k-1}} = T^{p^{k-1}}$$

mit einem T aus $\langle X^p, Y^p \rangle$. Die für $k = 1$ schon bewiesene Aussage zeigt nun, daß $T = Z^p$ für ein geeignetes Z aus $\mathfrak{G}$ gilt. Damit haben wir das gewünschte Ergebnis

$$X^{p^k} Y^{p^k} = Z^{p^k}. \qquad \textbf{q.e.d.}$$

(Vorsicht: Es wird nicht behauptet, daß $Z = XY$ gilt!)

10.6 Satz. *Sei* $\mathfrak{G}$ *eine reguläre p-Gruppe. Dann gilt:*

a) *Die Gleichung* $X^{p^k} = Y^{p^k}$ *ist gleichwertig mit* $(XY^{-1})^{p^k} = E$.

b) $[X^{p^k}, Y^{p^n}] = E$ *ist gleichwertig mit* $[X, Y]^{p^{k+n}} = E$.

Beweis. a) Wir erledigen den Fall $k = 1$ wieder durch Induktion nach $|\mathfrak{G}|$. Wir können annehmen, daß $\mathfrak{G} = \langle X, Y\rangle$ gilt und daß $\mathfrak{G}$ nicht abelsch ist und setzen $Z = [X, Y]$.

(1) Aus $X^p = Y^p$ folgt $[X^p, Y] = E$, daher

$$X^p = Y^{-1} X^p Y = (Y^{-1} X Y)^p = (XZ)^p .$$

Wegen $\langle X, Z\rangle \leqq \langle X, \mathfrak{G}'\rangle < \mathfrak{G}$ erhalten wir vermöge unserer Induktionsannahme aus $X^p = (XZ)^p$ nun $(XZX^{-1})^p = E$, daher auch $Z^p = E$.

Nach 1.11 a) erzeugen die Elemente Z^G $(G \in \mathfrak{G})$ der Ordnung p ganz $\mathfrak{G}'$. Also hat die reguläre Gruppe $\mathfrak{G}'$ nach 10.5 a) den Exponenten p. Die Regularitätsbedingung bringt nun

$$(XY^{-1})^p = X^p Y^{-p} \prod_i D_i^p = X^p Y^{-p} = E ,$$

wie behauptet.

(2) Nun gehen wir umgekehrt von $(XY^{-1})^p = E$ aus und haben $X^p = Y^p$ nachzuweisen. Es ist

$$(YX^{-1})^p = ((XY^{-1})^{-1})^p = E$$

und

$$(Y^{-1} X)^p = Y^{-1}(XY^{-1})^p Y = E ,$$

daher nach 10.5 a) auch $(Y^{-1} XYX^{-1})^p = E$. Die Gruppe $\mathfrak{G}'$, welche nach 1.11 a) von den Kommutatoren $[Y, X^{-1}]^G$ erzeugt wird, hat also nach 10.5 a) den Exponenten p. Jetzt liefert die Regularitätsbedingung die Behauptung

$$E = (XY^{-1})^p = X^p Y^{-p} \prod_i D_i^p = X^p Y^{-p} .$$

Der allgemeine Fall folgt wieder schnell durch Induktion nach k. Nach unserer Induktionsannahme ist $X^{p^k} = Y^{p^k}$ gleichwertig mit $(X^p Y^{-p})^{p^{k-1}} = E$, und dies bedeutet $X^p \equiv Y^p$ $(\Omega_{k-1}(\mathfrak{G}))$. Das ist aber nach dem bereits erledigten Fall $k = 1$ (angewandt auf $\mathfrak{G}/\Omega_{k-1}(\mathfrak{G})$) gleichwertig mit $(XY^{-1})^p \equiv E$ $(\Omega_{k-1}(\mathfrak{G}))$, und das heißt gerade $(XY^{-1})^{p^k} = E$.

b) Es ist $[X^{p^k}, Y^{p^n}] = X^{-p^k}(Y^{-p^n} X Y^{p^n})^{p^k}$. Daher ist $[X^{p^k}, Y^{p^n}] = E$ gleichwertig mit $(Y^{-p^n} X Y^{p^n})^{p^k} = X^{p^k}$, und dies ist nach a) gleichwertig mit $(X^{-1} Y^{-p^n} X Y^{p^n})^{p^k} = E$. Das heißt

$$X^{-1} Y^{-p^n} X Y^{p^n} = (X^{-1} Y X)^{-p^n} Y^{p^n} \in \Omega_k(\mathfrak{G}) .$$

Die Anwendung von a) auf $\mathfrak{G}/\Omega_k(\mathfrak{G})$ zeigt, daß dies gleichwertig ist mit

$$(Y^{-1}X^{-1}YX)^{p^n} \in \Omega_k(\mathfrak{G}),$$

und das heißt

$$[Y, X]^{p^{k+n}} = E. \qquad \textbf{q.e.d.}$$

Der folgende Satz zeigt die Verwandtschaft der regulären p-Gruppen mit den abelschen p-Gruppen deutlich auf. Wir können nämlich ähnlich wie bei abelschen p-Gruppen Invarianten der Gruppe einführen:

10.7 Satz. *Sei $\mathfrak{G}$ eine reguläre p-Gruppe.*

a) *Es gilt* $|\mathfrak{G}/\Omega_k(\mathfrak{G})| = |\mho_k(\mathfrak{G})|$.

b) *Setzen wir* $|\Omega_k(\mathfrak{G})/\Omega_{k-1}(\mathfrak{G})| = p^{\omega_k}$, *so gilt*

$$\omega_1 \geqq \omega_2 \geqq \cdots \geqq \omega_\mu;$$

dabei ist p^μ der Exponent von $\mathfrak{G}$.

Beweis. a) Wir betrachten die Abbildung $X \to X^{p^k}$ von $\mathfrak{G}$ auf $\mho_k(\mathfrak{G})$. (Diese Abbildung ist nicht notwendig ein Endomorphismus von $\mathfrak{G}$!) Nach 10.6 a) gilt $X^{p^k} = Y^{p^k}$ genau für $(XY^{-1})^{p^k} = E$, also genau für $XY^{-1} \in \Omega_k(\mathfrak{G})$. Somit liefern genau die Elemente aus einer festen Nebenklasse von $\Omega_k(\mathfrak{G})$ die gleiche p^k-te Potenz. Daher ist die Anzahl $|\mho_k(\mathfrak{G})|$ der p^k-ten Potenzen gleich dem Index von $\Omega_k(\mathfrak{G})$ in $\mathfrak{G}$.

b) Wir setzen $\mathfrak{K} = \Omega_{k+1}(\mathfrak{G})/\Omega_{k-1}(\mathfrak{G})$. Dann gilt

$$\Omega_1(\mathfrak{K}) = \Omega_k(\mathfrak{G})/\Omega_{k-1}(\mathfrak{G}):$$

Denn aus $X^p \in \Omega_{k-1}(\mathfrak{G})$ folgt $X^{p^k} = E$, also $X \in \Omega_k(\mathfrak{G})$, und umgekehrt.

Die Gruppe $\mathfrak{K}$ hat den Exponenten p^2. Daher ist $\mho_1(\mathfrak{K}) \leqq \Omega_1(\mathfrak{K})$. Mit a) ergibt sich daher

$$\begin{aligned} p^{\omega_{k+1}} &= |\Omega_{k+1}(\mathfrak{G})/\Omega_k(\mathfrak{G})| = |\mathfrak{K}/\Omega_1(\mathfrak{K})| = |\mho_1(\mathfrak{K})| \leqq |\Omega_1(\mathfrak{K})| \\ &= |\Omega_k(\mathfrak{G})/\Omega_{k-1}(\mathfrak{G})| = p^{\omega_k}. \end{aligned} \qquad \textbf{q.e.d.}$$

Die folgenden Sätze verbinden die Kommutatorstruktur von $\mathfrak{G}$, ausgedrückt insbesondere durch die Glieder der absteigenden Zentralreihe, und die Potenzstruktur von $\mathfrak{G}$, ausgedrückt durch die charakteristischen Untergruppen $\Omega_k(\mathfrak{G})$ und $\mho_k(\mathfrak{G})$. Für abelsche p-Gruppen sind alle jetzt folgenden Sätze trivial.

10.8 Satz. *Sei $\mathfrak{G}$ eine reguläre p-Gruppe und seien $\mathfrak{M}$ und $\mathfrak{N}$ Normalteiler von $\mathfrak{G}$. Dann gilt:*

a) $[\mho_r(\mathfrak{M}), \mho_s(\mathfrak{N})] = \mho_{r+s}([\mathfrak{M}, \mathfrak{N}])$.

b) $\mathbf{K}_j(\mho_r(\mathfrak{G})) = \mho_{rj}(\mathbf{K}_j(\mathfrak{G}))$.

c) $[\mho_r(\mathfrak{M}), \underbrace{\mathfrak{N}, \ldots, \mathfrak{N}}_{k}] = \mho_r([\mathfrak{M}, \underbrace{\mathfrak{N}, \ldots, \mathfrak{N}}_{k}])$.

d) $\mathbf{K}_{j+1}(\mathfrak{G}) \leqq \Omega_r(\mathfrak{G})$ *ist gleichwertig mit* $\mho_r(\mathfrak{G}) \leqq \mathbf{Z}_j(\mathfrak{G})$.

e) $[\mathfrak{M}, \mathfrak{G}] \leqq \Omega_r(\mathfrak{G})$ *ist gleichwertig mit* $[\mathfrak{M}, \mho_r(\mathfrak{G})] = \mathfrak{E}$.

f) $[\Omega_r(\mathfrak{G}), \mho_s(\mathfrak{G})] \leqq \Omega_{r-s}(\mathfrak{G})$; *dabei ist* $\Omega_k(\mathfrak{G}) = \mathfrak{E}$ *für* $k \leqq 0$ *zu setzen. Insbesondere ist*

$$[\Omega_r(\mathfrak{G}), \mho_r(\mathfrak{G})] = \mathfrak{E},$$

die p^r*-ten Potenzen sind also mit den Lösungen von* $X^{p^r} = E$ *vertauschbar.*

g) *Für alle* $X, Y \in \mathfrak{G}$ *und alle* $m \geqq 1$ *gilt*

$$(XY)^{p^m} = X^{p^m} Y^{p^m} T^{p^m}$$

mit einem geeigneten T *aus* $\mathfrak{G}'$.

Beweis. a) Wir haben

$$[\mho_r(\mathfrak{M}), \mho_s(\mathfrak{N})] = \langle [M^{p^r}, N^{p^s}] \mid M \in \mathfrak{M}, N \in \mathfrak{N} \rangle .$$

Es gilt

$$[M, N]^{p^{r+s}} \equiv E \quad (\mho_{r+s}([\mathfrak{M}, \mathfrak{N}])) .$$

Mit 10.6 b) folgt daraus

$$[M^{p^r}, N^{p^s}] \equiv E \quad (\mho_{r+s}([\mathfrak{M}, \mathfrak{N}])) .$$

Also haben wir $[\mho_r(\mathfrak{M}), \mho_s(\mathfrak{N})] \leqq \mho_{r+s}([\mathfrak{M}, \mathfrak{N}])$.

Andererseits gilt

$$[M^{p^r}, N^{p^s}] \equiv E \quad ([\mho_r(\mathfrak{M}), \mho_s(\mathfrak{N})]) ,$$

daher mit 10.6 b)

$$[M, N]^{p^{r+s}} \equiv E \quad ([\mho_r(\mathfrak{M}), \mho_s(\mathfrak{N})]) .$$

Da $[\mathfrak{M}, \mathfrak{N}]$ von den Kommutatoren $[M, N]$ erzeugt wird, wird also $[\mathfrak{M}, \mathfrak{N}]/[\mho_r(\mathfrak{M}), \mho_s(\mathfrak{N})]$ erzeugt von Elementen, deren Ordnung höchstens p^{r+s} ist. Wegen der Regularität haben nach 10.5 a) dann alle Elemente von $[\mathfrak{M}, \mathfrak{N}]/[\mho_r(\mathfrak{M}), \mho_s(\mathfrak{N})]$ höchstens die Ordnung p^{r+s}, und wir erhalten somit

$$\mho_{r+s}([\mathfrak{M}, \mathfrak{N}]) \leqq [\mho_r(\mathfrak{M}), \mho_s(\mathfrak{N})] .$$

b) Für $j = 1$ ist die Aussage trivial. Wir beweisen sie allgemein durch Induktion nach j. Nach der Induktionsannahme und a) gilt

$$\begin{aligned} \mathbf{K}_{j+1}(\mho_r(\mathfrak{G})) &= [\mathbf{K}_j(\mho_r(\mathfrak{G})), \mho_r(\mathfrak{G})] = [\mho_{rj}(\mathbf{K}_j(\mathfrak{G})), \mho_r(\mathfrak{G})] \\ &= \mho_{rj+r}([\mathbf{K}_j(\mathfrak{G}), \mathfrak{G}]) = \mho_{r(j+1)}(\mathbf{K}_{j+1}(\mathfrak{G})) . \end{aligned}$$

c) Für $k = 1$ folgt die Behauptung aus a) mit $s = 0$. Für $k > 1$ beweisen wir sie durch Induktion nach k:

$$\begin{aligned} [\mho_r(\mathfrak{M}), \underbrace{\mathfrak{N}, \ldots, \mathfrak{N}}_{k}] &= [\mho_r([\mathfrak{M}, \underbrace{\mathfrak{N}, \ldots, \mathfrak{N}}_{k-1}]), \mathfrak{N}] \quad \text{(Induktionsannahme)} \\ &= \mho_r([\mathfrak{M}, \underbrace{\mathfrak{N}, \ldots, \mathfrak{N}}_{k}]) \quad \text{(nach a))} . \end{aligned}$$

d) Die folgenden Aussagen sind offenbar gleichwertig:

$$\mathbf{K}_{j+1}(\mathfrak{G}) \leqq \Omega_r(\mathfrak{G}) ;$$

$$\mho_r(\mathbf{K}_{j+1}(\mathfrak{G})) = \mathfrak{E} ;$$

$$[\mho_r(\mathfrak{G}), \underbrace{\mathfrak{G}, \ldots, \mathfrak{G}}_{j}] = \mathfrak{E} \quad \text{(nach c))} ;$$

$$\mho_r(\mathfrak{G}) \leqq \mathbf{Z}_j(\mathfrak{G}) .$$

e) Nach a) ist $[\mathfrak{G}, \mathfrak{M}] \leqq \Omega_r(\mathfrak{G})$ gleichwertig mit

$$\mathfrak{E} = \mho_r([\mathfrak{G}, \mathfrak{M}]) = [\mho_r(\mathfrak{G}), \mathfrak{M}] .$$

f) Aus $[\mathfrak{G}, \Omega_r(\mathfrak{G})] \leqq \Omega_r(\mathfrak{G})$ folgt mit $\mathfrak{M} = \Omega_r(\mathfrak{G})$ nach e)

$$[\Omega_r(\mathfrak{G}), \mho_r(\mathfrak{G})] = \mathfrak{E} .$$

Damit haben wir die Behauptung unter f) im Spezialfall $r = s$ bewiesen. Allgemein schließen wir so: Für $r > s$ ist

$$\Omega_s(\mathfrak{G}/\Omega_{r-s}(\mathfrak{G})) = \Omega_r(\mathfrak{G})/\Omega_{r-s}(\mathfrak{G}) .$$

Wenden wir den schon bewiesenen Teil des Satzes auf $\mathfrak{G}/\Omega_{r-s}(\mathfrak{G})$ an, so ergibt dies

$$[\Omega_r(\mathfrak{G})/\Omega_{r-s}(\mathfrak{G}), \mho_s(\mathfrak{G})\, \Omega_{r-s}(\mathfrak{G})/\Omega_{r-s}(\mathfrak{G})]$$
$$= [\Omega_s(\mathfrak{G}/\Omega_{r-s}(\mathfrak{G})), \mho_s(\mathfrak{G}/\Omega_{r-s}(\mathfrak{G}))] = \mathfrak{E} .$$

Also ist

$$[\Omega_r(\mathfrak{G}), \mho_s(\mathfrak{G})] \leqq \Omega_{r-s}(\mathfrak{G}) .$$

für $r > s$. Für $r \leqq s$ haben wir

$$[\Omega_r(\mathfrak{G}), \mho_s(\mathfrak{G})] \leqq [\Omega_r(\mathfrak{G}), \mho_r(\mathfrak{G})] = \mathfrak{E} .$$

g) Für $m = 1$ ist nach der Definition der Regularität

$$(XY)^p = X^p\, Y^p \prod_i D_i^p$$

mit $D_i \in \langle X, Y\rangle' \leqq \mathfrak{G}'$. Da auch $\mathfrak{G}'$ regulär ist, gibt es nach 10.5 b) ein T aus $\mathfrak{G}'$ mit $\prod_i D_i^p = T^p$.

Wir beweisen die Behauptung für $m > 1$ durch Induktion nach m. Sei schon

$$(XY)^{p^m} = X^{p^m}\, Y^{p^m}\, S^{p^m}$$

mit einem S aus $\mathfrak{G}'$ bewiesen. Aus der Regularität von $\mathfrak{G}$ folgt dann

$$(XY)^{p^{m+1}} = (X^{p^m}\, Y^{p^m})^p\, S^{p^{m+1}} \prod_i K_i^p = X^{p^{m+1}}\, Y^{p^{m+1}} \prod_j L_j^p\, S^{p^{m+1}} \prod_i K_i^p ;$$

dabei ist $S^{p^{m+1}} \in \mho_{m+1}(\mathfrak{G}')$, ferner wegen a)

$$K_i \in \langle X^{p^m}, Y^{p^m}, S^{p^m}\rangle' \leqq [\mho_m(\mathfrak{G}), \mho_m(\mathfrak{G})] = \mho_{2m}(\mathfrak{G}') \leqq \mho_{m+1}(\mathfrak{G}')$$

und ebenso

$$L_j \in \langle X^{p^m}, Y^{p^m}\rangle' \leqq [\mho_m(\mathfrak{G}), \mho_m(\mathfrak{G})] \leqq \mho_{m+1}(\mathfrak{G}') .$$

Mit 10.5 b) folgt dann

$$(XY)^{p^{m+1}} = X^{p^{m+1}}\, Y^{p^{m+1}}\, T^{p^{m+1}}$$

mit einem geeigneten T aus $\mathfrak{G}'$. **q.e.d.**

10.9 Hilfssatz. *Sei $\mathfrak{A}$ ein abelscher Normalteiler einer beliebigen Gruppe $\mathfrak{G}$.*

a) *Für alle A_1, A_2 aus $\mathfrak{A}$ und alle G aus $\mathfrak{G}$ gilt*

$$[A_1 A_2, G] = [A_1, G]\,[A_2, G]\,.$$

b) *Für $A \in \mathfrak{A}$ und $G \in \mathfrak{G}$ und alle natürlichen Zahlen n gilt*

$$(GA)^n = G^n A^n \prod_{i=2}^{n} [A, \underbrace{G, \ldots, G}_{i-1}]^{\binom{n}{i}}.$$

Beweis. a) folgt sofort aus 1.2c) unter Berücksichtigung von $[A_1, G] \in \mathfrak{A}$. (Siehe auch Aufgabe 2.)

b) Für $n = 1$ ist die Behauptung offenbar richtig. Wir beweisen sie allgemein durch Induktion nach n. Sei also die Formel schon für $n - 1$ bewiesen. Dann folgt unter Berücksichtigung von a)

$$\begin{aligned}
(GA)^n &= G^{n-1} A^{n-1} \left(\prod_{i=2}^{n-1} [A, \underbrace{G, \ldots, G}_{i-1}]^{\binom{n-1}{i}} \right) GA \\
&= G^n A^{n-1} [A, G]^{n-1} \left(\prod_{i=2}^{n-1} [A, \underbrace{G, \ldots, G}_{i-1}]^{\binom{n-1}{i}} \prod_{i=2}^{n-1} [A, \underbrace{G, \ldots, G}_{i}]^{\binom{n-1}{i}} \right) A \\
&= G^n A^n \left(\prod_{i=2}^{n-1} [A, \underbrace{G, \ldots, G}_{i-1}]^{\binom{n-1}{i} + \binom{n-1}{i-1}} \right) [A, \underbrace{G, \ldots, G}_{n-1}] \\
&= G^n A^n \prod_{i=2}^{n} [A, \underbrace{G, \ldots, G}_{i-1}]^{\binom{n}{i}}.
\end{aligned}$$

q.e.d.

In einem sehr speziellen Falle können wir nun eine Umkehrung von 10.2 a) beweisen:

10.10 Satz. *Die p-Gruppe $\mathfrak{G}$ habe einen abelschen Normalteiler $\mathfrak{A}$ vom Index p. Ist $\mathfrak{G}$ regulär, so hat $\mathfrak{G}$ höchstens die Klasse $p - 1$.*

Beweis. Sei $\mathfrak{G}$ ein kleinstes Gegenbeispiel. Dann hat $\mathfrak{G}$ die Klasse p, und es gilt $|\mathbf{K}_p(\mathfrak{G})| = p$. Sei $\mathfrak{G} = \langle \mathfrak{A}, G \rangle$. Da die Menge $\{\mathfrak{A}, G\}$ ein Erzeugendensystem von $\mathfrak{G}$ ist, wird $\mathbf{K}_p(\mathfrak{G})$ nach 1.11 a) von einem Kommutator der Gestalt $[X_1, \ldots, X_p]$ $(\neq E)$ mit $X_i = G$ oder $X_i \in \mathfrak{A}$ erzeugt. Dann ist notwendig $[X_1, X_2] = [A, G]^{\pm 1}$ mit einem A aus $\mathfrak{A}$, und es gilt $X_3 = \cdots = X_p = G$. Mit 6.8 folgt

$$[X_1, \ldots, X_p] = [A, \underbrace{G, \ldots, G}_{p-1}]^{\pm 1}.$$

Andererseits ist $\mathfrak{G}' = [\mathfrak{G}, \mathfrak{A}]$, wegen $\mho_1(\mathfrak{G}) \leqq \mathfrak{A}$ daher nach 10.8 a)

$$\mho_1(\mathfrak{G}') = [\mho_1(\mathfrak{G}), \mathfrak{A}] = \mathfrak{E}\,.$$

Die Regularität von $\mathfrak{G}$ erfordert somit $(GA)^p = G^p A^p$ für alle A aus $\mathfrak{A}$. Nach 10.9 b) ist dann

$$\begin{aligned}
G^p A^p = (GA)^p &= G^p A^p [A, G]^{\binom{p}{2}} \cdots [A, \underbrace{G, \ldots, G}_{p-2}]^{\binom{p}{p-1}} [A, \underbrace{G, \ldots, G}_{p-1}] \\
&= G^p A^p [A, \underbrace{G, \ldots, G}_{p-1}]\,.
\end{aligned}$$

Das ergibt $[A, \underbrace{G, \ldots, G}_{p-1}] = E$, im Widerspruch zu

$$\mathbf{K}_p(\mathfrak{G}) = \langle [A, \underbrace{G, \ldots, G}_{p-1}] \rangle \neq \mathfrak{E} .$$

Also hat $\mathfrak{G}$ höchstens die Klasse $p - 1$. **q.e.d.**

Zur Vorbereitung auf ein tiefer liegendes Regularitätskriterium beweisen wir zwei Hilfssätze:

10.11 Hilfssatz. *Sei $\mathfrak{G}$ eine irreguläre p-Gruppe von der Ordnung p^{p+1}. Dann gilt: $\mathfrak{G}$ hat die Klasse p, es ist $|\mathfrak{G}/\mathfrak{G}'| = |\mathfrak{G}/\Phi(\mathfrak{G})| = p^2$ und $|\mathbf{Z}(\mathfrak{G})| = p$.*

Beweis. Nach 10.2 a) ist $c(\mathfrak{G}) \geqq p$. Wir haben daher

$$\mathfrak{G} = \mathbf{K}_1(\mathfrak{G}) > \mathbf{K}_2(\mathfrak{G}) > \cdots > \mathbf{K}_p(\mathfrak{G}) > \mathbf{K}_{p+1}(\mathfrak{G}) \geqq \mathfrak{E} .$$

Nach 7.1 d) ist sicher $|\mathfrak{G}/\mathbf{K}_2(\mathfrak{G})| \geqq p^2$. Somit bekommen wir

$$|\mathbf{K}_i(\mathfrak{G})/\mathbf{K}_{i+1}(\mathfrak{G})| = p$$

für $2 \leqq i \leqq p$ und $\mathbf{K}_{p+1}(\mathfrak{G}) = \mathfrak{E}$. Damit sind die Behauptungen $c(\mathfrak{G}) = p$ und $|\mathfrak{G}/\mathfrak{G}'| = p^2$ nachgewiesen. Da $\mathfrak{G}$ nicht zyklisch ist, gilt wegen $\mathfrak{G}' \leqq \Phi(\mathfrak{G})$ auch

$$p^2 \leqq p^{d(\mathfrak{G})} = |\mathfrak{G}/\Phi(\mathfrak{G})| \leqq |\mathfrak{G}/\mathfrak{G}'| = p^2 .$$

Also ist $|\mathfrak{G}/\Phi(\mathfrak{G})| = p^2$.

Ist $|\mathbf{Z}(\mathfrak{G})| > p$, so folgt $|\mathfrak{G}/\mathbf{Z}(\mathfrak{G})| \leqq p^{p-1}$ und daher

$$c(\mathfrak{G}/\mathbf{Z}(\mathfrak{G})) \leqq p - 2.$$

Das ergibt aber den Widerspruch $c(\mathfrak{G}) \leqq p - 1$. **q.e.d.**

10.12 Hilfssatz. *Ist $\omega(\mathfrak{G}) < p$ und $\mathfrak{H}$ eine Untergruppe von $\mathfrak{G}$, so gilt $\omega(\mathfrak{H}) \leqq \omega(\mathfrak{G})$.*

(*Für die Definition von $\omega(\mathfrak{G})$ vergleiche man* 10.4.)

Beweis. Angenommen, es sei $\omega(\mathfrak{H}) > \omega(\mathfrak{G})$. Wir können annehmen, daß $|\mathfrak{G} : \mathfrak{H}| = p$ gilt. Also haben wir

$$p^{\omega(\mathfrak{G})} = |\mathfrak{G}/\mho_1(\mathfrak{G})| < |\mathfrak{H}/\mho_1(\mathfrak{H})| = \frac{1}{p} |\mathfrak{G}/\mho_1(\mathfrak{G})| \, |\mho_1(\mathfrak{G})/\mho_1(\mathfrak{H})| .$$

Daraus folgt $|\mho_1(\mathfrak{G})/\mho_1(\mathfrak{H})| \geqq p^2$.

Daher gibt es nach 7.2 d) einen Normalteiler $\mathfrak{L}$ von $\mathfrak{G}$ mit

$$\mho_1(\mathfrak{H}) \leqq \mathfrak{L} < \mho_1(\mathfrak{G})$$

und $|\mho_1(\mathfrak{G})/\mathfrak{L}| = p^2$.

Wir betrachten nun die Faktorgruppe $\mathfrak{G}/\mathfrak{L}$ und setzen ohne Einschränkung der Allgemeinheit $\mathfrak{L} = \mathfrak{E}$. Dann haben wir $\mho_1(\mathfrak{H}) = \mathfrak{E}$. Also hat $\mathfrak{H}$ den Exponenten p, und es gilt $|\mathfrak{H}| = p^{\omega(\mathfrak{H})}$. Ferner haben wir $|\mho_1(\mathfrak{G})| = p^2$. Daher ist $|\mathfrak{G}| = p^{\omega(\mathfrak{G})+2}$. Nun folgt

$$p^{\omega(\mathfrak{H})} = |\mathfrak{H}| = \frac{|\mathfrak{G}|}{p} > p^{\omega(\mathfrak{G})} .$$

Wäre $\mathfrak{G}$ regulär, so hätten wir wegen $\Omega_1(\mathfrak{H}) \leqq \Omega_1(\mathfrak{G})$

$$p^{\omega(\mathfrak{G})} = |\mathfrak{G}/\mho_1(\mathfrak{G})| = |\Omega_1(\mathfrak{G})| \geqq |\Omega_1(\mathfrak{H})| = |\mathfrak{H}/\mho_1(\mathfrak{H})| = p^{\omega(\mathfrak{H})} .$$

entgegen der Annahme $\omega(\mathfrak{H}) > \omega(\mathfrak{G})$. Somit ist $\mathfrak{G}$ nicht regulär. Also erhalten wir mit 10.2 b) $\omega(\mathfrak{G}) + 2 \geqq p + 1$, somit $\omega(\mathfrak{G}) \geqq p - 1$. Nach unserer Voraussetzung ist andererseits $\omega(\mathfrak{G}) < p$. Also bleibt $\omega(\mathfrak{G}) = p - 1$ und $|\mathfrak{G}| = p^{p+1}$.

Wegen $|\mathfrak{G}/\mathfrak{H}| = p$ gilt für jedes nicht in $\mathfrak{H}$ liegende Element P von $\mathfrak{G}$ sicher $\mathfrak{G} = \langle \mathfrak{H}, P \rangle$. Nach Hilfssatz 10.11 haben wir $|\mathfrak{G}/\Phi(\mathfrak{G})| = p^2$. Nach dem Burnsideschen Basissatz 3.15 gilt daher $\mathfrak{G} = \langle P, Q \rangle$ für jedes in $\mathfrak{H} - \Phi(\mathfrak{G})$ liegende Q. Aus $|\mho_1(\mathfrak{G})| = p^2$ und $|\mathbf{Z}(\mathfrak{G})| = p$ folgt $\mathbf{Z}(\mathfrak{G}) < \mho_1(\mathfrak{G})$. Somit gibt es ein X aus $\mathfrak{G}$ mit $X^p \notin \mathbf{Z}(\mathfrak{G})$. Da $\mathfrak{H}$ den Exponenten p hat, gilt sicher $X \notin \mathfrak{H}$. Also können wir dieses X für das obenstehende Element P nehmen.

Wegen $\mathfrak{G}' < \mathfrak{H}$ haben wir $\mho_1(\mathfrak{G}') \leqq \mho_1(\mathfrak{H}) = \mathfrak{E}$. Die Hall-Petrescusche Identität 9.4 liefert

$$(PQ)^p = P^p Q^p \prod_{i=2}^{p-1} C_i^{\binom{p}{i}} C_p \quad \text{mit} \quad C_i \in \mathfrak{G}' \quad \text{und} \quad C_p \in \mathbf{K}_p(\mathfrak{G}) .$$

Dabei ist nun für $2 \leqq i \leqq p - 1$

$$C_i^{\binom{p}{i}} \in \mho_1(\mathfrak{G}') = \mathfrak{E} ,$$

ferner $Q^p \in \mho_1(\mathfrak{H}) = \mathfrak{E}$. Also erhalten wir $(PQ)^p = P^p C_p$. Daher liegt $P^p C_p$ in $\mho_1(\mathfrak{G})$. Wegen $C_p \in \mathbf{K}_p(\mathfrak{G}) \leqq \mathbf{Z}(\mathfrak{G})$ und $P^p \notin \mathbf{Z}(\mathfrak{G})$ liegt auch $P^p C_p$ nicht in $\mathbf{Z}(\mathfrak{G})$. Aus $|\mho_1(\mathfrak{G})| = p^2$ folgt also

$$\mho_1(\mathfrak{G}) = \langle P^p, \mathbf{Z}(\mathfrak{G}) \rangle = \langle (PQ)^p, \mathbf{Z}(\mathfrak{G}) \rangle .$$

Daraus erhalten wir aber

$$\mathbf{C}_{\mathfrak{G}}(\mho_1(\mathfrak{G})) \geqq \langle P, PQ \rangle = \langle P, Q \rangle = \mathfrak{G} .$$

Das ergibt den Widerspruch $\mho_1(\mathfrak{G}) \leqq \mathbf{Z}(\mathfrak{G})$. **q.e.d.**

Es folgt das angekündigte Regularitätskriterium:

10.13 Satz. *Ist $\omega(\mathbf{K}_i(\mathfrak{G})) \leqq p - i$ für ein i mit $1 \leqq i \leqq p$, so ist $\mathfrak{G}$ regulär.*

(*Für $i = 2$ erhalten wir: Ist $\omega(\mathfrak{G}') \leqq p - 2$, so ist $\mathfrak{G}$ regulär. Dies umfaßt insbesondere* 10.2 c); *denn ist $\mathfrak{G}' = \mathbf{K}_2(\mathfrak{G})$ zyklisch, so ist für $p > 2$ sicher $\omega(\mathfrak{G}') = 1 \leqq p - 2$.*)

Beweis. Wir beweisen den Satz durch Induktion nach $|\mathfrak{G}|$. Ist $\mathfrak{H} < \mathfrak{G}$, so ist $\mathbf{K}_i(\mathfrak{H}) \leqq \mathbf{K}_i(\mathfrak{G})$. Wegen $\omega(\mathbf{K}_i(\mathfrak{G})) \leqq p - i < p$ folgt nach 10.12 die Ungleichung $\omega(\mathbf{K}_i(\mathfrak{H})) \leqq \omega(\mathbf{K}_i(\mathfrak{G}))$. Also ist $\mathfrak{H}$ nach Induktionsannahme regulär. Ferner können wir annehmen, daß $\mathfrak{G}$ sich mit zwei Elementen erzeugen läßt; andernfalls liegt nämlich jedes Paar von

Elementen aus $\mathfrak{G}$ in einer regulären Untergruppe, und $\mathfrak{G}$ ist regulär. Wir haben also $|\mathfrak{G}/\Phi(\mathfrak{G})| = p^2$.

1) Wir beweisen $\mathbf{K}_p(\mathfrak{G}) \leqq \mho_1(\mathfrak{G}')$:

Sei zuerst $i > 1$. Dann ist $\mathbf{K}_i(\mathfrak{G}) < \mathfrak{G}$ und daher $\mathbf{K}_i(\mathfrak{G})$ regulär. Ferner haben wir

$$|\mathbf{K}_i(\mathfrak{G})/\mho_1(\mathbf{K}_i(\mathfrak{G}))| = p^{\omega(\mathbf{K}_i(\mathfrak{G}))} \leqq p^{p-i}.$$

Daher folgt $\mathbf{K}_p(\mathfrak{G}) = [\mathbf{K}_i(\mathfrak{G}), \underbrace{\mathfrak{G}, \ldots, \mathfrak{G}}_{p-i}] \leqq \mho_1(\mathbf{K}_i(\mathfrak{G}))$.

Nun der schwierigere Fall $i = 1$: Wir nehmen $\mho_1(\mathfrak{G}') = \mathfrak{E}$ an, haben also $\mathbf{K}_p(\mathfrak{G}) = \mathfrak{E}$ zu zeigen. Angenommen, es sei $\mathbf{K}_p(\mathfrak{G}) \neq \mathfrak{E}$. Da dann $\mathfrak{G}'$ den Exponenten p hat, haben wir $|\mathfrak{G}'| = p^{\omega(\mathfrak{G}')}$, und nach 10.12 ist $\omega(\mathfrak{G}') \leqq \omega(\mathfrak{G}) \leqq p-1$. Wegen $c(\mathfrak{G}) \geqq p$ gilt andererseits $|\mathfrak{G}'| \geqq p^{p-1}$. Zusammen erhalten wir $\omega(\mathfrak{G}) = p-1$ und $|\mathfrak{G}'| = p^{p-1}$.

Für alle P, Q aus $\mathfrak{G}$ ist

$$Q^{-p} P^{-1} Q^p P = Q^{-p}(P^{-1} Q P)^p = Q^{-p}(QS)^p \text{ mit } S = [Q, P] \in \mathfrak{G}'.$$

Wegen $\langle Q, S\rangle \leqq \langle Q, \mathfrak{G}'\rangle < \mathfrak{G}$ ist $\langle Q, S\rangle$ sicher regulär. Daher gilt

$$(QS)^p = Q^p S^p \prod_i D_i^p$$

mit S^p und D_i^p aus $\mho_1(\mathfrak{G}') = \mathfrak{E}$. Dann bleibt nur $(QS)^p = Q^p$ und somit $[Q^p, P] = E$. Also haben wir $\mho_1(\mathfrak{G}) \leqq \mathbf{Z}(\mathfrak{G})$. Mit 3.14 a) folgt jetzt

$$\begin{aligned}|\mathfrak{G}/\mho_1(\mathfrak{G})| &= p^{\omega(\mathfrak{G})} = p^{p-1} = |\mathfrak{G}/\mho_1(\mathfrak{G})\,\mathfrak{G}'|\,|\mho_1(\mathfrak{G})\,\mathfrak{G}'/\mho_1(\mathfrak{G})|\\ &= |\mathfrak{G}/\Phi(\mathfrak{G})|\,|\mathfrak{G}'/\mathfrak{G}' \cap \mho_1(\mathfrak{G})| = p^2\,|\mathfrak{G}'/\mathfrak{G}' \cap \mho_1(\mathfrak{G})|.\end{aligned}$$

Mithin erhalten wir

$$|\mathfrak{G}'/\mathfrak{G}' \cap \mho_1(\mathfrak{G})| = p^{p-3},$$

sodann

$$\mathbf{K}_{p-1}(\mathfrak{G}) = \mathbf{K}_{2+p-3}(\mathfrak{G}) \leqq \mathfrak{G}' \cap \mho_1(\mathfrak{G}) \leqq \mathbf{Z}(\mathfrak{G})$$

und daher $\mathbf{K}_p(\mathfrak{G}) = \mathfrak{E}$, was zu zeigen war.

2) Jetzt können wir das Regularitätskriterium beweisen:

Ist $\mathbf{K}_p(\mathfrak{G}) = \mathfrak{E}$, so ist $\mathfrak{G}$ nach 10.2 a) regulär und wir sind fertig. Sei also $E \neq R \in \mathbf{K}_p(\mathfrak{G}) \cap \mathbf{Z}(\mathfrak{G})$. Wegen

$$\begin{aligned}\mho_1(\mathbf{K}_i(\mathfrak{G}/\langle R\rangle)) &= \mho_1(\mathbf{K}_i(\mathfrak{G})/\langle R\rangle) \quad \text{(man beachte } i \leqq p)\\ &= \mho_1(\mathbf{K}_i(\mathfrak{G}))\,\langle R\rangle/\langle R\rangle\end{aligned}$$

ist sicher

$$\omega(\mathbf{K}_i(\mathfrak{G}/\langle R\rangle)) \leqq \omega(\mathbf{K}_i(\mathfrak{G})) \leqq p - i.$$

Daher ist $\mathfrak{G}/\langle R\rangle$ nach Induktionsannahme regulär. Für alle X, Y aus $\mathfrak{G}$ mit $\mathfrak{G} = \langle X, Y\rangle$ (und nur solche X, Y müssen wir betrachten, da alle eigentlichen Untergruppen von $\mathfrak{G}$ regulär sind) gilt

$$(XY)^p = X^p Y^p \prod_i D_i^p R^a$$

mit $D_i \in \langle X, Y\rangle'$ und geeignetem a. Wir haben nach a)

$$R^a \in \mathbf{K}_p(\mathfrak{G}) \leqq \mho_1(\mathfrak{G}'),$$

also $R^a = \prod_i L_i^p$ mit $L_i \in \mathfrak{G}' = \langle X, Y\rangle'$.

Damit ist die Regularität von $\mathfrak{G}$ gezeigt. **q.e.d.**

Als handliche Folgerung geben wir an:

10.14 Satz. *Sei $\mathfrak{G}$ eine p-Gruppe. Hat $\mathfrak{G}$ keinen Normalteiler $\mathfrak{N}$ vom Exponenten p mit $|\mathfrak{N}| \geqq p^{p-1}$, so ist $\mathfrak{G}$ regulär.*

Beweis. Ist $\mho_1(\mathfrak{G}) = \mathfrak{E}$, so ist die Regularität von $\mathfrak{G}$ klar. Andernfalls gibt es einen Normalteiler $\mathfrak{M}$ von $\mathfrak{G}$ mit $|\mathfrak{M}| = p$ und $\mathfrak{M} \leqq \mho_1(\mathfrak{G})$. Nun erfüllt $\mathfrak{G}/\mathfrak{M}$ wieder unsere Voraussetzung:

Sei nämlich $\mathfrak{K}/\mathfrak{M}$ ein Normalteiler von $\mathfrak{G}/\mathfrak{M}$ vom Exponenten p und von der Ordnung p^{p-1}. Dann hat $\mathfrak{K}$ die Ordnung p^p, ist daher nach 10.2 b) regulär. Somit ist nach 10.7 a)

$$|\Omega_1(\mathfrak{K})| = |\mathfrak{K}/\mho_1(\mathfrak{K})| \geqq |\mathfrak{K}/\mathfrak{M}| = p^{p-1}$$

und auch $\Omega_1(\mathfrak{K}) \trianglelefteq \mathfrak{G}$. Das widerspricht jedoch unserer Voraussetzung über $\mathfrak{G}$. Also erfüllt auch $\mathfrak{G}/\mathfrak{M}$ die Voraussetzung unseres Satzes. Vermöge eines Induktionsschlusses können wir daher annehmen, daß $\mathfrak{G}/\mathfrak{M}$ regulär ist. Wegen $\mathfrak{M} \leqq \mho_1(\mathfrak{G})$ folgt

$$p^{\omega(\mathfrak{G})} = |\mathfrak{G}/\mho_1(\mathfrak{G})| = |\mathfrak{G}/\mathfrak{M}/\mho_1(\mathfrak{G}/\mathfrak{M})| = |\Omega_1(\mathfrak{G}/\mathfrak{M})| \leqq p^{p-2}.$$

Somit haben wir $\omega(\mathfrak{G}) \leqq p - 2$. Mit 10.13 folgt daraus die Regularität von $\mathfrak{G}$. **q.e.d.**

10.15 Beispiel (Blackburn). Es gibt für jedes p eine irreguläre p-Gruppe $\mathfrak{G}$ mit den folgenden Eigenschaften:

(1) Die Elemente der Ordnung p von $\mathfrak{G}$ bilden eine charakteristische Untergruppe $\Omega_1(\mathfrak{G})$ von $\mathfrak{G}$ mit $|\Omega_1(\mathfrak{G})| = p^{p-1}$.

(2) Die p-ten Potenzen der Elemente von $\mathfrak{G}$ bilden eine charakteristische Untergruppe $\mho_1(\mathfrak{G})$ von $\mathfrak{G}$ mit $|\mho_1(\mathfrak{G})| = p$.

(3) $\mathfrak{G}$ hat den Exponenten p^2 und die Ordnung p^{p+1}.

(Eine vollständige Übersicht über die irregulären p-Gruppen der Ordnung p^{p+1} ist nicht bekannt. Jedoch gibt die Blackburnsche Theorie der Gruppen von maximaler Klasse (§ 14) zahlreiche Informationen über diese Gruppen.)

Beweis. Sei

$$\mathfrak{A} = \langle A_1\rangle \times \langle A_2\rangle \times \cdots \times \langle A_{p-1}\rangle$$

eine abelsche Gruppe mit $O(A_1) = p^2$ und $O(A_i) = p$ für $2 \leqq i \leqq p - 1$. Dann ist die Abbildung α mit

$$A_i^\alpha = A_i A_{i+1} \ (1 \leqq i \leqq p-2), \quad A_{p-1}^\alpha = A_{p-1} A_1^p$$

ein Automorphismus von $\mathfrak{A}$. Für jedes A aus $\mathfrak{A}$ ist $(A^{\alpha-1})^p = E$. Daher folgt unter Beachtung von

$$\binom{p-2}{i} \equiv (-1)^i (i+1) \quad (p)$$

nun

$$A^{(\alpha-1)^{p-1}} = A^{(\alpha-1)(\alpha^{p-2}+2\alpha^{p-3}+\cdots+(p-2)\alpha+p-1)}$$
$$= A^{\alpha^{p-1}+\alpha^{p-2}+\cdots+\alpha+1} A^{-p}.$$

Es ist

$$A_1^{(\alpha-1)^{p-1}} = A_2^{(\alpha-1)^{p-2}} = \cdots = A_{p-1}^{\alpha-1} = A_1^p$$

und

$$A_j^{(\alpha-1)^{p-1}} = \cdots = A_{p-1}^{(\alpha-1)^j} = (A_1^p)^{(\alpha-1)^{j-1}} = E \quad \text{für} \quad j \geqq 2.$$

Also folgt

$$A^{1+\alpha+\cdots+\alpha^{p-1}} = E$$

für alle $A \in \mathfrak{A}$.

Wir betrachten nun die Gruppe $\mathfrak{G} = \mathfrak{A}\langle X\rangle$ mit $A^X = A^\alpha$ für alle $A \in \mathfrak{A}$ und $X^p = A_1^p$; wegen $(A_1^p)^X = A_1^p$ hat diese nach I, 14.8 (S. 90) die Ordnung p^{p+1}. Dann ist

$$(X^j A)^p = A^{1+\alpha+\cdots+\alpha^{p-1}} X^{jp} = A_1^{jp}.$$

Somit hat $\mho_1(\mathfrak{G}) = \langle A_1^p\rangle$ die Ordnung p. Andererseits ist $(X^j A)^p = A_1^{jp} \neq E$ für $j \not\equiv 0 \ (p)$. Daher folgt

$$|\Omega_1(\mathfrak{G})| = |\Omega_1(\mathfrak{A})| = p^{p-1}.$$

Wegen

$$|\mho_1(\mathfrak{G})| = p \neq |\mathfrak{G}/\Omega_1(\mathfrak{G})| = p^2$$

ist $\mathfrak{G}$ nach 10.7 a) nicht regulär. **q.e.d.**

Aufgaben:

26) Sei $\mathfrak{G}$ eine reguläre 3-Gruppe. Dann gilt für $n \geqq 3$

$$\mathbf{K}_n(\mathfrak{G}) \leqq \mho_{n-2}(\mathfrak{G}').$$

27) (GRÜN [8]) Sind $\mathfrak{G}_1$ und $\mathfrak{G}_2$ regulär und gilt $\mho_1(\mathfrak{G}_1') = \mathfrak{E}$, so ist $\mathfrak{G}_1 \times \mathfrak{G}_2$ regulär.

§ 11. Metazyklische p-Gruppen

11.1 Definition. Eine Gruppe $\mathfrak{G}$ heißt metazyklisch, wenn $\mathfrak{G}$ einen zyklischen Normalteiler mit zyklischer Faktorgruppe hat. Offenbar sind epimorphe Bilder und Untergruppen von metazyklischen Gruppen wieder metazyklisch.

Die metazyklischen p-Gruppen lassen sich leicht beschreiben:

11.2 Satz. *Ist $\mathfrak{G}$ eine metazyklische p-Gruppe, so hat $\mathfrak{G}$ definierende Relationen der Gestalt*

$$A^{p^a} = E\,, \quad B^{p^b} = A^{p^c}\,, \quad A^B = A^k$$

mit $c \geqq 0$, $k^{p^b} \equiv 1\ (p^a)$ und $p^c(k-1) \equiv 0\ (p^a)$.

Dabei ist $|\mathfrak{G}| = p^{a+b}$.

Beweis. Sei $\mathfrak{G}/\langle A\rangle$ zyklisch mit $O(A) = p^a$ und $|\mathfrak{G}/\langle A\rangle| = p^b$. Sei $B_1\langle A\rangle$ ein erzeugendes Element der zyklischen Faktorgruppe $\mathfrak{G}/\langle A\rangle$. Dann ist $\mathfrak{G} = \langle A, B_1\rangle$. Es gilt

$$B_1^{p^b} = A^r$$

mit geeignetem r. Sei $r = t\,p^c$ mit $t \not\equiv 0\ (p)$. Wir lösen die Kongruenz $x\,t \equiv 1\ (p^a)$ und setzen $B = B_1^x$. Dann haben wir

$$B^{p^b} = (B_1^x)^{p^b} = A^{x r} = A^{p^c}\,.$$

Schließlich gilt

$$A = A^{B^{p^b}} = A^{k^{p^b}}\,,$$

daher $k^{p^b} \equiv 1\ (p^a)$ und

$$A^{p^c} = (A^{p^c})^B = A^{k p^c}\,,$$

also $p^c(k-1) \equiv 0\ (p^a)$. **q.e.d.**

11.3 Hilfssatz (Blackburn [2]). *Sei $\mathfrak{G}$ eine p-Gruppe. Genau dann ist $\mathfrak{G}$ metazyklisch, wenn $\mathfrak{G}/\Phi(\mathfrak{G}')\,\mathbf{K}_3(\mathfrak{G})$ metazyklisch ist.*

Beweis. Ist $\mathfrak{G}$ metazyklisch, so offenbar auch $\mathfrak{G}/\Phi(\mathfrak{G}')\,\mathbf{K}_3(\mathfrak{G})$. Sei umgekehrt $\mathfrak{G}/\Phi(\mathfrak{G}')\,\mathbf{K}_3(\mathfrak{G})$ metazyklisch. Wir zeigen:

(1) Es ist $|\mathfrak{G}'/\Phi(\mathfrak{G}')\,\mathbf{K}_3(\mathfrak{G})| = p$:

Als metazyklische Gruppe wird $\mathfrak{G}/\Phi(\mathfrak{G}')\,\mathbf{K}_3(\mathfrak{G})$ von zwei Elementen erzeugt. Ferner ist

$$\Phi(\mathfrak{G}')\,\mathbf{K}_3(\mathfrak{G}) \leqq \mathfrak{G}' \leqq \Phi(\mathfrak{G})\,.$$

Daher wird auch $\mathfrak{G}$ selbst nach dem Burnsideschen Basissatz 3.15 von zwei Elementen erzeugt. Nach 1.11 c) ist dann $\mathfrak{G}'/\mathbf{K}_3(\mathfrak{G})$ zyklisch. Daraus folgt die Behauptung $|\mathfrak{G}'/\Phi(\mathfrak{G}')\,\mathbf{K}_3(\mathfrak{G})| = p$.

(2) Ist $\mathfrak{N}$ ein Normalteiler von $\mathfrak{G}$ mit $|\mathfrak{G}'/\mathfrak{N}| = p$, so ist $\mathfrak{N} = \Phi(\mathfrak{G}')\,\mathbf{K}_3(\mathfrak{G})$:

Da $\mathfrak{N}$ eine maximale Untergruppe von $\mathfrak{G}'$ ist, gilt sicher $\Phi(\mathfrak{G}') \leqq \mathfrak{N}$. Ferner ist wegen $|\mathfrak{G}'/\mathfrak{N}| = p$ nach 7.2 b) $\mathfrak{G}'/\mathfrak{N} \leqq \mathbf{Z}(\mathfrak{G}/\mathfrak{N})$, daher $[\mathfrak{G}', \mathfrak{G}] = \mathbf{K}_3(\mathfrak{G}) \leqq \mathfrak{N}$. Insgesamt haben wir $\Phi(\mathfrak{G}')\,\mathbf{K}_3(\mathfrak{G}) \leqq \mathfrak{N}$. Das Gleichheitszeichen folgt wegen (1).

(3) Sei $\Phi(\mathfrak{G}')\,\mathbf{K}_3(\mathfrak{G}) \neq \mathfrak{E}$ (sonst ist nichts zu beweisen) und $\mathfrak{K}$ ein Normalteiler von $\mathfrak{G}$ mit $\mathfrak{K} \leqq \Phi(\mathfrak{G}')\,\mathbf{K}_3(\mathfrak{G})$ und $|\mathfrak{K}| = p$. Dann gilt

$$\Phi((\mathfrak{G}/\mathfrak{K})')\,\mathbf{K}_3(\mathfrak{G}/\mathfrak{K}) = \Phi(\mathfrak{G}')\,\mathbf{K}_3(\mathfrak{G})/\mathfrak{K}\,,$$

und daher sind in $\mathfrak{G}/\mathfrak{K}$ unsere Voraussetzungen wieder erfüllt. Wir können deshalb annehmen, daß $\mathfrak{G}/\mathfrak{K}$ metazyklisch ist. Somit gibt es einen

Normalteiler $\mathfrak{L}$ von $\mathfrak{G}$ derart, daß $\mathfrak{G}/\mathfrak{L}$ und $\mathfrak{L}/\mathfrak{K}$ zyklisch sind. Wegen $\mathfrak{K} \leqq \mathbf{Z}(\mathfrak{G})$ ist dann $\mathfrak{L}$ abelsch. Ist $\mathfrak{L}$ zyklisch, so sind wir fertig. Andernfalls ist $\mathfrak{L} = \mathfrak{M} \times \mathfrak{K}$ mit zyklischem $\mathfrak{M}$ von der Ordnung p^a. Sicher ist $\mathfrak{G}/\mathfrak{G}'$ nicht zyklisch, denn sonst wäre $\mathfrak{G}$ selbst nach 7.1 c) zyklisch. Da $\mathfrak{G}/\mathfrak{L}$ zyklisch ist, erhalten wir wegen $\mathbf{K}_3(\mathfrak{G}) < \mathfrak{G}'$

$$\mathfrak{E} < \Phi(\mathfrak{G}')\,\mathbf{K}_3(\mathfrak{G}) < \mathfrak{G}' < \mathfrak{L}\,.$$

Somit folgt $|\mathfrak{L}| \geqq p^3$. Es ist $\mho_1(\mathfrak{M}) = \mho_1(\mathfrak{L}) \trianglelefteq \mathfrak{G}$. Wir setzen nun $\mathfrak{N} = \Omega_{a-1}(\mathfrak{L}) = \Omega_{a-1}(\mathfrak{M}) \times \mathfrak{K}$. Dann ist $\mathfrak{N}$ ein Normalteiler von $\mathfrak{G}$. Da $\mathfrak{M}$ eine zyklische Gruppe der Ordnung p^a ist, gilt $\Omega_{a-1}(\mathfrak{M}) = \mho_1(\mathfrak{M})$. Die Faktorgruppe $\mathfrak{G}/\mathfrak{N}$ ist abelsch, denn $\mathfrak{G}/\mathfrak{L}$ ist zyklisch und $\mathfrak{L}/\mathfrak{N}$ hat die Ordnung p, liegt daher im Zentrum von $\mathfrak{G}/\mathfrak{N}$. Also haben wir $\mathfrak{G}' \leqq \mathfrak{N}$. Nun ist

$$|\mathfrak{G}'/\mathfrak{G}' \cap \mho_1(\mathfrak{M})| = |\mathfrak{G}'\,\mho_1(\mathfrak{M})/\mho_1(\mathfrak{M})| \leqq |\mathfrak{N}/\mho_1(\mathfrak{M})| = p\,.$$

Nach (2) gilt daher

$$\mathfrak{G}' = \mathfrak{G}' \cap \mho_1(\mathfrak{M}) \quad \text{oder} \quad \mathfrak{G}' \cap \mho_1(\mathfrak{M}) = \Phi(\mathfrak{G}')\,\mathbf{K}_3(\mathfrak{G})\,.$$

In beiden Fällen erhalten wir

$$\mathfrak{K} \leqq \Phi(\mathfrak{G}')\,\mathbf{K}_3(\mathfrak{G}) \leqq \mathfrak{M}\,,$$

was aber sicher nicht stimmt. Also ist $\mathfrak{L}$ doch zyklisch und $\mathfrak{G}$ metazyklisch. **q.e.d.**

Nun können wir eine nützliche Charakterisierung der metazyklischen Gruppen beweisen:

11.4 Satz (Huppert [1]). *Sei $\mathfrak{G}$ eine p-Gruppe und $p > 2$. Genau dann ist $\mathfrak{G}$ metazyklisch, wenn $|\mathfrak{G}/\mho_1(\mathfrak{G})| \leqq p^2$ gilt. Die regulären p-Gruppen mit $\omega(\mathfrak{G}) = 2$ sind für $p > 2$ also gerade die metazyklischen, nichtzyklischen p-Gruppen.*

Beweis. 1) Sei $\mathfrak{G}$ metazyklisch. Dann ist $\mathfrak{G}/\mho_1(\mathfrak{G})$ metazyklisch vom Exponenten p, also ist $|\mathfrak{G}/\mho_1(\mathfrak{G})| \leqq p^2$.

2) Sei $|\mathfrak{G}/\mho_1(\mathfrak{G})| \leqq p^2$. Nach 11.3 genügt der Nachweis, daß $\mathfrak{G}/\Phi(\mathfrak{G}')\,\mathbf{K}_3(\mathfrak{G})$ metazyklisch ist. Wir können also $\Phi(\mathfrak{G}')\,\mathbf{K}_3(\mathfrak{G}) = \mathfrak{E}$ annehmen. Wegen $\mho_1(\mathfrak{G}) \leqq \Phi(\mathfrak{G})$ haben wir nun

$$|\mathfrak{G}/\Phi(\mathfrak{G})| \leqq |\mathfrak{G}/\mho_1(\mathfrak{G})| \leqq p^2\,.$$

Also läßt sich $\mathfrak{G}$ nach dem Burnsideschen Basissatz 3.15 mit zwei Elementen erzeugen. Nach 1.11 c) ist daher $\mathfrak{G}'/\mathbf{K}_3(\mathfrak{G}) = \mathfrak{G}'$ zyklisch. Wegen $\Phi(\mathfrak{G}') = \mathfrak{E}$ hat dann $\mathfrak{G}'$ höchstens die Ordnung p. Sei nun $\mathfrak{G} = \langle A, B\rangle$, also $\mathfrak{G}' = \langle [A, B]\rangle$. Aus $|\mathfrak{G}/\mho_1(\mathfrak{G})| \leqq p^2$ erhalten wir $\mathfrak{G}' \leqq \mho_1(\mathfrak{G})$. Da $\mathfrak{G}$ höchstens die Klasse 2 hat, ist $\mathfrak{G}$ nach 10.2 a) regulär. Wegen $\mathfrak{G}' \leqq \mho_1(\mathfrak{G})$ ist $[A, B]$ ein Produkt von p-ten Potenzen, also eine p-te Potenz. Sei

$$[A, B] = S^{p^e}\,,$$

und sei S selbst keine p-te Potenz mehr. Also liegt S nicht in $\mho_1(\mathfrak{G})$. Nun ist $\mathfrak{G}' \leqq \langle S \rangle \trianglelefteq \mathfrak{G}$. Ist $|\mathfrak{G}/\Phi(\mathfrak{G})| = p$, so ist $\mathfrak{G}$ nach dem Burnsideschen Basissatz 3.15 zyklisch. Ist $|\mathfrak{G}/\Phi(\mathfrak{G})| = p^2$, so haben wir $\Phi(\mathfrak{G}) = \mho_1(\mathfrak{G})$. Da S nicht in $\Phi(\mathfrak{G})$ liegt, können wir $\mathfrak{G}$ nach 3.15 mit S und einem weiteren Element T erzeugen. Dann ist $\mathfrak{G}/\langle S \rangle$ zyklisch und $\mathfrak{G}$ metazyklisch. **q.e.d.**

11.5 Satz (HUPPERT [1]). *Sei $\mathfrak{G} = \langle A \rangle \langle B \rangle$ eine p-Gruppe mit $p > 2$. Dann ist $\mathfrak{G}$ metazyklisch.* (*Für $p = 2$ stimmt die Aussage nicht mehr; siehe Aufgabe* 28 *und* BLACKBURN [4].)

Beweis. Die Faktorgruppe $\mathfrak{G}/\mho_1(\mathfrak{G})$ ist das Produkt von zwei zyklischen Gruppen und hat den Exponenten p. Also ist $|\mathfrak{G}/\mho_1(\mathfrak{G})| \leqq p^2$. Nach 11.4 ist daher $\mathfrak{G}$ metazyklisch. **q.e.d.**

Wir wollen die Anzahluntersuchungen von § 8 noch etwas ausdehnen:

11.6 Satz (HUPPERT [1]). *Sei $|\mathfrak{G}| = p^n$ mit $p > 3$. Hat $\mathfrak{G}$ höchstens $p + 1$ Untergruppen der Ordnung p^r für ein r mit $1 \leqq r \leqq n - 2$, so ist $\mathfrak{G}$ metazyklisch.*

Beweis. 1) Wir behandeln zuerst den Fall $r = 1$. Ist $\mathfrak{N}$ ein Normalteiler von $\mathfrak{G}$ vom Exponenten p, so hat auch $\mathfrak{N}$ höchstens $p + 1$ Untergruppen der Ordnung p. Daher ist $|\mathfrak{N}| \leqq p^2$. Wegen $p > 3$ ist dann $\mathfrak{G}$ nach 10.14 regulär. Daher folgt mit 10.7 a)

$$|\mathfrak{G}/\mho_1(\mathfrak{G})| = |\Omega_1(\mathfrak{G})| \leqq p^2,$$

und nach 11.4 ist $\mathfrak{G}$ metazyklisch.

2) Jetzt sei $r \geqq 2$. Wegen $r \leqq n - 2$ gibt es nach 7.2 e) eine Untergruppe $\mathfrak{H}$ der Ordnung p^{r+2} von $\mathfrak{G}$. Nun ist $|\mathfrak{H}/\mho_1(\mathfrak{H})| \leqq p^2$: Denn andernfalls gäbe es einen Normalteiler $\mathfrak{K}$ von $\mathfrak{H}$ mit $|\mathfrak{H}/\mathfrak{K}| = p^3$ derart, daß $\mathfrak{H}/\mathfrak{K}$ den Exponenten p hätte. Die $1 + p + p^2$ Untergruppen der Ordnung p von $\mathfrak{H}/\mathfrak{K}$ führten dann zu ebenso vielen Untergruppen der Ordnung p^r von $\mathfrak{H}$, entgegen unserer Annahme.

Also ist $|\mathfrak{H}/\mho_1(\mathfrak{H})| \leqq p^2$, und nach 11.4 ist $\mathfrak{H}$ metazyklisch. Sind alle Untergruppen der Ordnung p^{r+2} von $\mathfrak{G}$ zyklisch, so ist $\mathfrak{G}$ nach 8.4 selbst zyklisch, und wir sind fertig. Also können wir annehmen, daß es eine nichtzyklische Untergruppe $\mathfrak{H}$ der Ordnung p^{r+2} gibt. Sei $s_r(\mathfrak{H})$ die Anzahl der Untergruppen der Ordnung p^r von $\mathfrak{H}$. Da $\mathfrak{H}$ nicht zyklisch ist, gilt nach 8.4 $s_r(\mathfrak{H}) > 1$. Nach 8.8 a) ist $s_r(\mathfrak{H}) \equiv 1\ (p)$. Somit folgt

$$1 + p \leqq s_r(\mathfrak{H}) \leqq s_r(\mathfrak{G}) \leqq 1 + p\,.$$

Also liegt jede Untergruppe der Ordnung p^r von $\mathfrak{G}$ in $\mathfrak{H}$. Da jede Untergruppe der Ordnung p von $\mathfrak{G}$ in mindestens einer Untergruppe der Ordnung p^r liegt, enthält $\mathfrak{H}$ auch alle Untergruppen der Ordnung p von $\mathfrak{G}$. Wegen der Regularität von $\mathfrak{H}$ gilt

$$|\mathfrak{H}/\mho_1(\mathfrak{H})| = |\Omega_1(\mathfrak{H})| = p^2\,.$$

Daher hat $\mathfrak{H}$ und somit auch $\mathfrak{G}$ genau $p+1$ Untergruppen der Ordnung p. Nach 1) ist $\mathfrak{G}$ dann metazyklisch. **q.e.d.**

11.7 Bemerkung. Die Gruppe $\mathfrak{G}$ der Ordnung 3^4 aus 10.15 zeigt, daß 11.6 für $p=3$ nicht mehr gültig ist. Wegen $|\Omega_1(\mathfrak{G})| = 3^2$ hat $\mathfrak{G}$ nämlich genau 4 Untergruppen der Ordnung 3. Aber $\mathfrak{G}$ ist nicht regulär, also auch nicht metazyklisch.

11.8 Satz (Huppert). *Sei $\mathfrak{G}$ eine nicht metazyklische p-Gruppe mit $p>3$. Sei $s_1(\mathfrak{G})$ die Anzahl der Untergruppen der Ordnung p von $\mathfrak{G}$. Dann gilt*

$$s_1(\mathfrak{G}) \equiv 1 + p + p^2 \quad (p^3)\,.$$

Beweis. Wir führen den Beweis mit Hilfe des Hallschen Anzahlsatzes 8.6. Demnach haben wir

$$s_1(\mathfrak{G}) = \sum_{\mathfrak{M}_1 \in \mathscr{S}_1'} s_1(\mathfrak{M}_1) - p \sum_{\mathfrak{M}_2 \in \mathscr{S}_2'} s_1(\mathfrak{M}_2) + p^3 \sum_{\mathfrak{M}_3 \in \mathscr{S}_3'} s_1(\mathfrak{M}_3) + \cdots.$$

1) Wir nehmen zuerst an, daß kein $\mathfrak{M}_1 \in \mathscr{S}_1'$ metazyklisch und daher kein $\mathfrak{M}_2 \in \mathscr{S}_2'$ zyklisch ist. Gemäß einer Induktionsannahme haben wir dann

$$s_1(\mathfrak{M}_1) \equiv 1 + p + p^2 \quad (p^3)\,,$$

ferner nach Satz 8.8 b) von Kulakoff

$$s_1(\mathfrak{M}_2) \equiv 1 + p \quad (p^2)\,.$$

Sei zuerst $d = d(\mathfrak{G}) \geqq 3$. Wegen

$$f(d, d-1) = 1 + p + \cdots + p^{d-1} \equiv 1 + p + p^2 \quad (p^3)$$

folgt dann

$$\begin{aligned} s_1(\mathfrak{G}) &\equiv (1+p+p^2)\, f(d, d-1) - p(1+p)\, f(d, d-2) \\ &\equiv 1 + p + p^2 \quad (p^3)\,. \end{aligned}$$

Für $d = 2$ schließen wir folgendermaßen:

Da jetzt $\Phi(\mathfrak{G})$ das einzige $\mathfrak{M}_2$ aus $\mathscr{S}_2'$ ist, haben wir

$$\begin{aligned} s_1(\mathfrak{G}) &\equiv \sum_{\mathfrak{M}_1 \in \mathscr{S}_1'} s_1(\mathfrak{M}_1) - p\, s_1(\mathfrak{M}_2) \\ &\equiv (1+p+p^2)(1+p) - p(1+p) \equiv 1 + p + p^2 \quad (p^3)\,. \end{aligned}$$

2) Es bleibt noch der Fall zu behandeln, daß mindestens ein $\mathfrak{M}_1$ aus $\mathscr{S}_1'$ metazyklisch ist. Dann gilt nach 11.4

$$p^{\omega(\mathfrak{G})} = |\mathfrak{G}/\mho_1(\mathfrak{G})| \leqq |\mathfrak{G}/\mho_1(\mathfrak{M}_1)| = p\, |\mathfrak{M}_1/\mho_1(\mathfrak{M}_1)| \leqq p^3.$$

Aus $\omega(\mathfrak{G}) \leqq 3$ und $p > 3$ folgt nach 10.13 die Regularität von $\mathfrak{G}$ (nur an dieser Stelle benötigen wir die Voraussetzung $p > 3$). Da $\mathfrak{G}$ nicht metazyklisch ist, gilt nach 11.4 $\omega(\mathfrak{G}) = 3$. Daher ist

$$|\Omega_1(\mathfrak{G})| = |\mathfrak{G}/\mho_1(\mathfrak{G})| = p^3\,,$$

und $\mathfrak{G}$ hat genau $1 + p + p^2$ Untergruppen der Ordnung p. **q.e.d.**

11.9 Satz. a) (Taussky [1]) *Sei $\mathfrak{G}$ eine nichtabelsche 2-Gruppe und $\mathfrak{G}/\mathfrak{G}'$ elementar-abelsch vom Typ* (2, 2). *Dann ist $\mathfrak{G}$ eine Diedergruppe,* *oder eine verallgemeinerte Quaternionengruppe oder eine Quasidiedergruppe* (*siehe* I, 14.9; S. 91).

b) *Ist* $|\mathfrak{G}| = 2^n$ *und hat* $\mathfrak{G}$ *die Klasse* $n - 1$, *so ist* $\mathfrak{G}$ *eine der unter* a) *angegebenen Gruppen.*

Beweis. a) Wegen $|\mathfrak{G}/\Phi(\mathfrak{G})| \leqq |\mathfrak{G}/\mathfrak{G}'| = 4$ läßt sich $\mathfrak{G}$ nach 3.15 mit zwei Elementen erzeugen. Nach 1.11 c) ist $\mathfrak{G}'/\mathbf{K}_3(\mathfrak{G})$ zyklisch und daher $|\mathfrak{G}'/\Phi(\mathfrak{G}')\,\mathbf{K}_3(\mathfrak{G})| = 2$. Also folgt $|\mathfrak{G}/\Phi(\mathfrak{G}')\,\mathbf{K}_3(\mathfrak{G})| = 2^3$. Wegen $\Phi(\mathfrak{G}')\,\mathbf{K}_3(\mathfrak{G}) < \mathfrak{G}'$ ist $\mathfrak{G}/\Phi(\mathfrak{G}')\,\mathbf{K}_3(\mathfrak{G})$ nicht abelsch, hat also nicht den Exponenten 2. Somit hat $\mathfrak{G}/\Phi(\mathfrak{G}')\,\mathbf{K}_3(\mathfrak{G})$ einen zyklischen Normalteiler der Ordnung 4, ist also metazyklisch. Nach 11.3 ist dann auch $\mathfrak{G}$ selbst metazyklisch.

Sei nun $\mathfrak{L}$ ein Normalteiler von $\mathfrak{G}$ derart, daß $\mathfrak{G}/\mathfrak{L}$ und $\mathfrak{L}$ zyklisch sind. Dann gilt $\mathfrak{G}' \leqq \mathfrak{L}$. Daher ist

$$\operatorname{Exp}(\mathfrak{G}/\mathfrak{L}) = |\mathfrak{G}/\mathfrak{L}| \leqq \operatorname{Exp}(\mathfrak{G}/\mathfrak{G}') = 2\,.$$

Also hat $\mathfrak{L}$ den Index 2. Die Gruppen mit einem zyklischen Normalteiler vom Index 2 haben wir in I, 14.9 b) (S. 90) alle angegeben. Der dort unter (3) angegebene Typ erfüllt unsere Voraussetzung nicht, für ihn hat nämlich $\mathfrak{G}/\mathfrak{G}'$ den Typ $(2^{n-1}, 2)$ mit $n \geqq 3$.

b) Aus der Voraussetzung folgt sofort $|\mathfrak{G}/\mathfrak{G}'| = 4$, und wir können a) anwenden. **q.e.d.**

Wir geben ohne Beweis weitere Sätze an:

11.10 Satz (Blackburn [2]). *Sei* $\mathfrak{G}$ *eine* p*-Gruppe, und* $\mathfrak{G}/\mathfrak{G}'$ *habe den Typ* (p^n, p^m). *Dann läßt sich* $\mathfrak{G}'$ *mit höchstens* $(p^n - 1)\,(p^m - 1)$ *Elementen erzeugen.*

(*Die Schreiersche Abschätzung aus* I, 19.11 (S. 141) *für die Erzeugendenzahl einer Untergruppe von gegebenem Index liefert in diesem Falle nur* $d(\mathfrak{G}') \leqq 1 + p^{n+m}$.)

11.11 Satz (Blackburn [5]). *Sei* $\mathfrak{G}$ *eine* p*-Gruppe. Alle eigentlichen Untergruppen von* $\mathfrak{G}$ *seien metazyklisch,* $\mathfrak{G}$ *selbst aber nicht. Dann gilt eine der folgenden Aussagen*:

a) $\mathfrak{G}$ *ist elementar-abelsch von der Ordnung* p^3.

b) *Es ist* $p > 2$, *und* $\mathfrak{G}$ *ist die nichtabelsche Gruppe vom Exponenten* p *und der Ordnung* p^3.

c) $\mathfrak{G}$ *ist eine* 3*-Gruppe von der Klasse* 3 *und der Ordnung* 3^4.

d) $\mathfrak{G}$ *ist eine* 2*-Gruppe mit* $|\mathfrak{G}| \leqq 2^5$.

11.12 Satz (Blackburn [5]). *Sei* $p > 2$ *und* $|\mathfrak{G}| = p^n$ *mit* $n \geqq 5$. *Für ein* r *mit* $3 \leqq r \leqq n - 2$ *seien alle Untergruppen der Ordnung* p^r *von* $\mathfrak{G}$ *erzeugbar mit zwei Elementen. Dann gilt eine der folgenden Aussagen*:

a) $\mathfrak{G}$ *ist metazyklisch.*

b) $\mathfrak{G}$ *ist eine* 3*-Gruppe von maximaler Klasse* (*siehe* § 14).

c) *Es ist* $r = 3$. *Die Elemente der Ordnung* p *von* $\mathfrak{G}$ *bilden (mit* E*) einen nichtabelschen Normalteiler* $\Omega_1(\mathfrak{G})$ *der Ordnung* p^3 *von* $\mathfrak{G}$, *und* $\mathfrak{G}/\Omega_1(\mathfrak{G})$ *ist zyklisch.*

11.13 Satz (Blackburn [5]). *Sei* $|G| = 2^n$ *mit* $n \geqq 5$. *Für ein* r *mit* $5 \leqq r \leqq n$ *seien alle Untergruppen von* $\mathfrak{G}$ *von den Ordnungen* 2^{r-1} *und* 2^r *erzeugbar mit zwei Elementen. Dann ist* $\mathfrak{G}$ *metazyklisch.*

Aufgaben:

28) Man konstruiere ein Beispiel einer 2-Gruppe, welche ein Produkt von zwei zyklischen Gruppen ist, aber keine zyklische Kommutatorgruppe hat. (Anleitung: Man betrachte eine geeignete Erweiterung (kein semidirektes Produkt!) der elementar-abelschen Gruppe vom Typ (2, 2, 2) mit der zyklischen Gruppe der Ordnung 4.)

§ 12. Abelsche Normalteiler von p-Gruppen

Wir haben schon in 7.3 und 7.6 etwas über abelsche Normalteiler von p-Gruppen gesagt. Wir wollen die früheren Überlegungen nun vertiefen.

12.1 Satz (Alperin [4]). *Sei* $\mathfrak{G}$ *eine* p*-Gruppe,* n *eine natürliche Zahl und* $\mathfrak{A}$ *ein maximales Element aus der Menge*

$$\{\mathfrak{A} \mid \mathfrak{A} \trianglelefteq \mathfrak{G},\ \mathfrak{A}' = \mathfrak{E},\ \operatorname{Exp}\mathfrak{A} \leqq p^n\}\,.$$

Ist $X \in \mathbf{C}_{\mathfrak{G}}(\mathfrak{A})$ *und* $X^{p^n} = E$, *so gilt* $X \in \mathfrak{A}$, *ausgenommen den Fall* $p^n = 2$.

(*Die Aussage in* 12.1 *ist für* $p^n = 2$ *nicht richtig. Die Diedergruppe der Ordnung* 2^4 *hat nur einen abelschen Normalteiler vom Exponenten* 2, *nämlich ihr Zentrum, aber es gibt* 9 *Elemente der Ordnung* 2.)

Beweis (Blackburn). Sei $X \in \mathbf{C}_{\mathfrak{G}}(\mathfrak{A}) - \mathfrak{A}$ und $X^{p^n} = E$. Wir wählen X so, daß $\mathfrak{X} = \langle X^G \mid G \in \mathfrak{G}\rangle$ möglichst kleine Ordnung hat. Sei $\mathfrak{B} = \langle X, \mathfrak{A}\rangle$. Dann ist $\mathfrak{B}$ abelsch und $\operatorname{Exp}\mathfrak{B} \leqq p^n$. Wegen $\mathfrak{A} < \mathfrak{B}$ und der Maximalität von $\mathfrak{A}$ ist $\mathfrak{B} \ntrianglelefteq \mathfrak{G}$. Somit gibt es ein $Y \in \mathfrak{G}$ mit $[X, Y] \notin \mathfrak{A}$. Wir wählen Y so, daß auch $\mathfrak{Y} = \langle Y^G \mid G \in \mathfrak{G}\rangle$ möglichst kleine Ordnung hat. Sei $Z = [X, Y]$. Wegen $X \in \mathbf{C}_{\mathfrak{G}}(\mathfrak{A}) \trianglelefteq \mathfrak{G}$ ist $Z \in \mathbf{C}_{\mathfrak{G}}(\mathfrak{A}) - \mathfrak{A}$. Es gilt

$$Z = [X, Y] \in [\mathfrak{X}, \mathfrak{G}] < \mathfrak{X}\,.$$

Also haben wir

$$|\langle Z^G \mid G \in \mathfrak{G}\rangle| \leqq |[\mathfrak{X}, \mathfrak{G}]| < |\mathfrak{X}|\,.$$

Wegen der Wahl von X folgt nun $Z^{p^n} \neq E$.

Ist $Z \notin \mathbf{N}_{\mathfrak{G}}(\mathfrak{B})$, also $[X, Z] \notin \mathfrak{A}$, so können wir Y durch Z ersetzen und erhalten wegen

$$Z = [X, Y] \in [\mathfrak{G}, \mathfrak{Y}] < \mathfrak{Y}$$

einen Widerspruch zur Wahl von Y. Also ist $Z \in \mathbf{N}_{\mathfrak{G}}(\mathfrak{B})$. Wegen der Wahl von X ist $X^p \in \mathfrak{A}$. Daher ist $|\mathfrak{B}/\mathfrak{A}| = p$ und $\mathfrak{B}/\mathfrak{A} \trianglelefteq \langle Z, \mathfrak{B}\rangle/\mathfrak{A}$.

Also gilt $\mathfrak{B}/\mathfrak{A} \leqq \mathbf{Z}(\langle Z, \mathfrak{B}\rangle/\mathfrak{A})$ und somit $[Z, X] \in \mathfrak{A}$. Dann ist $[Z, X]$ mit Z und X vertauschbar. Wegen $Z \in \mathbf{C}_{\mathfrak{G}}(\mathfrak{A})$ und $X^p \in \mathfrak{A}$ folgt daher mit 1.3 a)

$$[Z, X]^p = [Z, X^p] = E .$$

Andererseits ist jedoch nach 1.3 b)

$$E = (X^{p^n})^Y = (X^Y)^{p^n} = (XZ)^{p^n} = X^{p^n} Z^{p^n} [Z, X]^{\binom{p^n}{2}} = Z^{p^n} [Z, X]^{\binom{p^n}{2}},$$

also

$$E \neq Z^{p^n} = [Z, X]^{-\binom{p^n}{2}}.$$

Das erfordert $p \nmid \binom{p^n}{2}$,was nur für $p^n = 2$ erfüllt ist. **q.e.d.**

Zu 12.1 vergleiche man Blackburn [6].

12.2 Hilfssatz (Thompson). *Sei $\mathfrak{G}$ eine p-Gruppe mit $p > 2$. Jedes Element der Ordnung p von $\mathfrak{G}$ liege in $\mathbf{Z}(\mathfrak{G})$. Dann gilt für die minimalen Erzeugendenzahlen*

$$d(\mathfrak{G}) \leqq d(\mathbf{Z}(\mathfrak{G})) .$$

Beweis (Blackburn). Wir beweisen die Behauptung durch Induktion nach $|\mathfrak{G}|$ und setzen $\mathfrak{Z} = \Omega_1(\mathfrak{G})$. Nach unserer Voraussetzung ist $\mathfrak{Z} = \Omega_1(\mathbf{Z}(\mathfrak{G})) \leqq \mathbf{Z}(\mathfrak{G})$ und daher $d(\mathfrak{Z}) = d(\mathbf{Z}(\mathfrak{G}))$. Sei $d(\mathfrak{Z}) = n$.

Sei $\mathfrak{A}/\mathfrak{Z}$ ein möglichst großer abelscher Normalteiler von $\mathfrak{G}/\mathfrak{Z}$ vom Exponenten p. Wegen $\mathfrak{A}' \leqq \mathfrak{Z} \leqq \mathbf{Z}(\mathfrak{G})$ hat $\mathfrak{A}$ höchstens die Klasse 2 und $\mathfrak{A}'$ höchstens den Exponenten p.

Sei $A \in \mathfrak{A}$, sei $G \in \mathfrak{G}$ und $A^G = AB$. Wegen $A^p \in \mathfrak{Z}$, $B \in \mathfrak{A}$ und $p > 2$ ist dann

$$A^p = (A^p)^G = (A^G)^p = (AB)^p = A^p B^p [B, A]^{\binom{p}{2}} = A^p B^p .$$

Also folgt $B^p = E$ und daher $B \in \mathfrak{Z}$. Somit ist $\mathfrak{A}/\mathfrak{Z} \leqq \mathbf{Z}(\mathfrak{G}/\mathfrak{Z})$. Nach 12.1 liegt jedes Element der Ordnung p von $\mathfrak{G}/\mathfrak{Z} = \mathbf{C}_{\mathfrak{G}/\mathfrak{Z}}(\mathfrak{A}/\mathfrak{Z})$ dann in $\mathfrak{A}/\mathfrak{Z}$. Also ist $\mathfrak{A}/\mathfrak{Z} = \Omega_1(\mathbf{Z}(\mathfrak{G}/\mathfrak{Z}))$. Aus der Regularität von $\mathfrak{A}$ folgt mit 10.7 a)

$$|\mathfrak{A}/\mathfrak{Z}| \leqq |\mathfrak{A}/\mho_1(\mathfrak{A})| = |\Omega_1(\mathfrak{A})| = |\mathfrak{Z}| = p^n ,$$

also $d(\mathfrak{A}/\mathfrak{Z}) \leqq n$. Die Induktionsannahme liefert jetzt

$$d(\mathfrak{G}/\mathfrak{Z}) \leqq d(\mathbf{Z}(\mathfrak{G}/\mathfrak{Z})) = d(\mathfrak{A}/\mathfrak{Z}) \leqq n .$$

Ist $\mathfrak{Z} \leqq \Phi(\mathfrak{G})$, so folgt mit $d(\mathfrak{G}/\mathfrak{Z}) = d(\mathfrak{G})$ die Behauptung. Ist $\mathfrak{Z} \not\leqq \Phi(\mathfrak{G})$, so gibt es eine maximale Untergruppe $\mathfrak{M}$ von $\mathfrak{G}$ mit $\mathfrak{Z} \not\leqq \mathfrak{M}$. Es ist

$$\mathfrak{M} \cap \mathfrak{Z} = \{M \mid M \in \mathfrak{M}, M^p = E\} = \Omega_1(\mathbf{Z}(\mathfrak{M})) .$$

Also besagt die Induktionsannahme

$$d(\mathfrak{M}) \leqq d(\mathbf{Z}(\mathfrak{M})) = d\big(\Omega_1(\mathbf{Z}(\mathfrak{M}))\big) = d(\mathfrak{M} \cap \mathfrak{Z}) \leqq n - 1 .$$

Daraus folgt

$$d(\mathfrak{G}) \leqq d(\mathfrak{M}) + 1 \leqq n = d(\mathbf{Z}(\mathfrak{G})) .$$ **q.e.d.**

12.3 Satz (THOMPSON). *Sei $\mathfrak{G}$ eine p-Gruppe mit $p > 2$. Jeder abelsche Normalteiler von $\mathfrak{G}$ lasse sich mit k Elementen erzeugen. Dann läßt sich jede Untergruppe von $\mathfrak{G}$ mit $\frac{k(k+1)}{2}$ Elementen erzeugen.*

Beweis. Wir dürfen annehmen, daß $\mathfrak{G}$ einen maximalen abelschen Normalteiler $\mathfrak{A}$ mit $d(\mathfrak{A}) = k$ besitzt. Wir setzen $\mathfrak{B} = \Omega_1(\mathfrak{A})$ und $\mathfrak{C} = \mathbf{C}_{\mathfrak{G}}(\mathfrak{B})$. Nach 12.1 gilt $\Omega_1(\mathfrak{C}) = \mathfrak{B}$.

Sei $\mathfrak{U}$ eine Untergruppe von $\mathfrak{G}$. Dann ist $\mathfrak{U}/(\mathfrak{U} \cap \mathfrak{C})$ isomorph zu einer Untergruppe der Automorphismengruppe $\mathbf{A}(\mathfrak{B})$ von $\mathfrak{B}$. Also gilt nach 3.19

$$|\mathfrak{U}/(\mathfrak{U} \cap \mathfrak{C})| \leqq p^{\frac{k(k-1)}{2}}.$$

Wenn wir $d(\mathfrak{U} \cap \mathfrak{C}) \leqq k$ zeigen, so folgt offenbar

$$d(\mathfrak{U}) \leqq d(\mathfrak{U}/\mathfrak{U} \cap \mathfrak{C}) + d(\mathfrak{U} \cap \mathfrak{C}) \leqq \frac{k(k+1)}{2}.$$

Sei also $\mathfrak{V} \leqq \mathfrak{C} = \mathbf{C}_{\mathfrak{G}}(\mathfrak{B})$. Dann ist $\mathfrak{V}\mathfrak{B} = \mathfrak{V} \times \mathfrak{B}_1$ mit geeignetem $\mathfrak{B}_1$ und daher $d(\mathfrak{V}) \leqq d(\mathfrak{V}\mathfrak{B})$. Indem wir nötigenfalls $\mathfrak{V}$ durch $\mathfrak{V}\mathfrak{B}$ ersetzen, können wir also $\mathfrak{B} \leqq \mathfrak{V} \leqq \mathfrak{C}$ annehmen. Dann ist $\mathfrak{B} = \Omega_1(\mathfrak{V}) \leqq \mathbf{Z}(\mathfrak{V})$. Mit 12.2 folgt jetzt die benötigte Ungleichung

$$d(\mathfrak{V}) \leqq d(\mathbf{Z}(\mathfrak{V})) = d(\Omega_1(\mathbf{Z}(\mathfrak{V})) = d(\mathfrak{B}) = k. \qquad \textbf{q.e.d.}$$

In mehreren Untersuchungen, so im Feit-Thompsonschen Beweis für die Auflösbarkeit der Gruppen von ungerader Ordnung und im Beweis des grundlegenden Thompsonschen p-Nilpotenzkriteriums (IV, § 6), spielen die abelschen Normalteiler mit möglichst großer Erzeugendenzahl eine Rolle. Den Fall, daß alle abelschen Normalteiler einer p-Gruppe zyklisch sind, haben wir bereits in 7.6 erledigt. Diejenigen p-Gruppen, deren sämtliche abelschen Normalteiler sich mit höchstens zwei Elementen erzeugen lassen, hat Blackburn für $p > 2$ behandelt. Wir beschränken uns hier auf $p > 3$, um die Theorie der regulären p-Gruppen ausnutzen zu können.

12.4 Satz (BLACKBURN [5]). *Sei $\mathfrak{G}$ eine nichtabelsche p-Gruppe der Ordnung p^n mit $p > 3$. Alle abelschen Normalteiler von $\mathfrak{G}$ seien erzeugbar mit höchstens zwei Elementen. Dann gehört $\mathfrak{G}$ zu einer der drei folgenden Klassen:*

(1) *$\mathfrak{G}$ ist metazyklisch.*

(2) *$\mathfrak{G} = \langle X, Y, Z \rangle$ mit den definierenden Relationen*

$$X^p = Y^p = Z^{p^{n-2}} = [X, Z] = [Y, Z] = E\,, \quad Y^X = Y Z^{p^{n-3}}.$$

$\mathfrak{G}$ ist also direktes Produkt mit vereinigten Untergruppen der nichtabelschen Gruppe $\mathfrak{P} = \langle X, Y \rangle$ der Ordnung p^3 vom Exponenten p mit der zyklischen Gruppe $\mathfrak{Z} = \langle Z \rangle$ der Ordnung p^{n-2}, wobei $\mathfrak{P}'$ und $\Omega_1(\mathfrak{Z})$ (im Sinne von I, 9.10, S. 49) *vereinigt sind. Man kann $\mathfrak{G}$ auch beschreiben als semi-*

direktes Produkt des abelschen Normalteilers $\langle Y, Z\rangle$ *vom Typ* (p, p^{n-2}) *mit der zyklischen Gruppe* $\langle X\rangle$ *der Ordnung* p *zu dem Automorphismus*

$$Y^X = Y Z^{p^{n-3}}, \quad Z^X = Z .$$

Im Grenzfall $n = 3$ *ist* $\mathfrak{G}$ *die nichtabelsche Gruppe vom Exponenten* p *und der Ordnung* p^3.

(3) $\mathfrak{G} = \langle X, Y, Z\rangle$ *mit den definierenden Relationen*

$$X^p = Y^p = Z^{p^{n-2}} = [Y, Z] = E, \quad Y^X = Y Z^{s p^{n-3}}, \quad Z^X = YZ$$

wobei $n \geqq 4$ *und* s *gleich* 1 *oder ein beliebiger quadratischer Nichtrest* mod p *ist. Die beiden dadurch beschriebenen nichtisomorphen Gruppen sind semidirekte Produkte des abelschen Normalteilers* $\mathbf{C}_{\mathfrak{G}}(\mathfrak{G}') = \langle Y, Z\rangle$ *mit der zyklischen Gruppe* $\langle X\rangle$ *der Ordnung* p *zu dem Automorphismus*

$$Y^X = Y Z^{s p^{n-3}}, \quad Z^X = YZ .$$

Beweis. Die für $n = 3$ auftretenden beiden Gruppen sind unter (1) und (2) aufgezählt. Sei also $n \geqq 4$.

Ist $|\Omega_1(\mathfrak{G})| \leqq p^2$, so ist $\mathfrak{G}$ wegen $p > 3$ nach 11.6 metazyklisch. Dann liegt der Fall (1) vor. Sei also weiterhin $|\Omega_1(\mathfrak{G})| \geqq p^3$. Wegen der Voraussetzungen über die abelschen Normalteiler von $\mathfrak{G}$ ist dann $\Omega_1(\mathfrak{G})$ sicher nicht abelsch. Nach 7.5 a) gibt es daher in $\Omega_1(\mathfrak{G})$ einen Normalteiler $\mathfrak{A}$ von $\mathfrak{G}$ vom Typ (p, p). Wir setzen $\mathfrak{N} = \mathbf{C}_{\mathfrak{G}}(\mathfrak{A})$. Mit 12.1 folgt jetzt $\mathfrak{A} = \Omega_1(\mathfrak{N}) < \Omega_1(\mathfrak{G})$. Also ist $\mathfrak{N} < \mathfrak{G}$ und wegen

$$|\mathfrak{G}/\mathfrak{N}| \mid |\mathbf{A}(\mathfrak{A})| = (p^2 - 1)(p^2 - p)$$

dann $|\mathfrak{G}/\mathfrak{N}| = p$. Wegen $|\Omega_1(\mathfrak{N})| = |\mathfrak{A}| = p^2$ und $p > 3$ ist $\mathfrak{N}$ nach 11.6 metazyklisch. Mit 11.4 folgt daher $|\mathfrak{N}/\mho_1(\mathfrak{N})| \leqq p^2$. Aus

$$|\mathfrak{G}/\mho_1(\mathfrak{G})| \leqq |\mathfrak{G}/\mho_1(\mathfrak{N})| \leqq p^3$$

ergibt sich wegen $p > 3$ mit 10.13 die Regularität von $\mathfrak{G}$. Also ist

$$|\Omega_1(\mathfrak{G})| = |\mathfrak{G}/\mho_1(\mathfrak{G})| = p^3 .$$

Da somit $\Omega_1(\mathfrak{G})$ nicht abelsch ist, haben wir wegen $|\Omega_1(\mathfrak{N})| = p^2$ nun $\Omega_1(\mathfrak{N}) \not\leqq \mathbf{Z}(\Omega_1(\mathfrak{G}))$. Aus der Annahme $\Omega_1(\mathfrak{N}) \leqq \mho_1(\mathfrak{N})$ folgte mit der Gleichung

$$[\mho_1(\mathfrak{G}), \Omega_1(\mathfrak{G})] = \mathfrak{E}$$

aus 10.8 f) der Widerspruch

$$\Omega_1(\mathfrak{N}) \leqq \mho_1(\mathfrak{G}) \cap \Omega_1(\mathfrak{G}) \leqq \mathbf{Z}(\Omega_1(\mathfrak{G})) .$$

Also ist $\Omega_1(\mathfrak{N}) \not\leqq \mho_1(\mathfrak{N})$. Daher hat $\mho_1(\mathfrak{N})$ nur eine Untergruppe der Ordnung p, und ist nach 8.2 a) zyklisch.

Sei $Z \in \mathfrak{N}$ mit $\mho_1(\mathfrak{N}) = \langle Z^p\rangle$ und $Y \in \Omega_1(\mathfrak{N})$ mit $Y \notin \langle Z\rangle$. Dann ist $\mathfrak{N} = \langle Y, Z\rangle$. Wegen

$$Y \in \Omega_1(\mathfrak{N}) \leqq \mathbf{Z}(\mathfrak{N})$$

ist $\mathfrak{N}$ abelsch vom Typ (p^{n-2}, p) mit $O(Z) = p^{n-2}$. Sei

$$X \in \Omega_1(\mathfrak{G}) - \Omega_1(\mathfrak{N}).$$

Wegen $|\mathfrak{G}/\mathfrak{N}| = p$ haben wir $\mathfrak{G} = \langle X, Y, Z\rangle$ mit den Relationen

$$X^p = Y^p = Z^{p^{n-2}} = [Y, Z] = E .$$

Es ist $\mho_{n-3}(\mathfrak{N}) = \langle Z^{p^{n-3}}\rangle \trianglelefteq \mathfrak{G}$ und $|\Omega_1(\mathfrak{G})/\mho_{n-3}(\mathfrak{N})| = p^2$. Da

$$\Omega_1(\mathfrak{G}) = \langle X, Y, Z^{p^{n-3}}\rangle$$

nicht abelsch ist, gilt wegen $Z^{p^{n-3}} \in \mathbf{Z}(\mathfrak{G})$

$$E \neq [Y, X] \in \Omega_1(\mathfrak{G})' = \mho_{n-3}(\mathfrak{N}) ,$$

also

$$Y^X = Y Z^{r p^{n-3}}$$

mit $r \not\equiv 0\ (p)$.

Aus $X^p = E$ folgt wegen der Regularität von $\mathfrak{G}$ mit 10.6 b)

$$[Z, X]^p = E.$$

Also ist $Z^X = Z S$ mit

$$S = [Z, X] \in \Omega_1(\mathfrak{N}) = \langle Y, Z^{p^{n-3}}\rangle .$$

Nun sind zwei Fälle zu unterscheiden:

Fall 1: Sei $[Z, X] = Z^{s p^{n-3}} \in \mho_{n-3}(\mathfrak{N})$, also

$$Z^X = Z^{1 + s p^{n-3}}$$

mit geeignetem s. Wir bestimmen t durch $s + t r \equiv 0\quad (p)$. Dann ist

$$(Z Y^t)^X = Z^{1 + s p^{n-3}}\, Y^t\, Z^{t r p^{n-3}} = Z Y^t .$$

Nun ersetzen wir Z durch $Z' = (Z Y^t)^r$. Dann ist $Z'^X = Z'$, $Y^X = Y Z'^{p^{n-3}}$, und die übrigen Relationen bleiben erhalten. Also ist $\mathfrak{G}$ die Gruppe unter (2).

Fall 2: Sei $[Z, X] \notin \mho_{n-3}(\mathfrak{N})$. Wir bestimmen das Element Y der Ordnung p aus $\mathfrak{N}$ durch $Z^X = Z Y$. Dann gilt immer noch $\mathfrak{N} = \langle Y, Z\rangle = \langle Y\rangle \times \langle Z\rangle$ und

$$Y^X = Y Z^{r p^{n-3}}$$

mit $r \not\equiv 0\ (p)$. Sei t ein quadratischer Nichtrest mod p. Wir bestimmen k so, daß

$$k^2 r = s \in \{1, t\}$$

gilt. Es gelten die Gleichungen

$$Y^{X^k} = Y Z^{k r p^{n-3}} \quad \text{und} \quad Z^{X^k} = Z^{1 + \binom{k}{2} r p^{n-3}}\, Y^k .$$

Setzen wir $X' = X^k$, $Y' = Y^k Z^{\binom{k}{2} r p^{n-3}}$, $Z' = Z$, so erhalten wir

$$Y'^{X'} = Y' Z^{k^2 r p^{n-3}} = Y' Z'^{s p^{n-3}} \quad \text{und} \quad Z'^{X'} = Z' Y' .$$

Dies sind die beiden Gruppen unter (3).

Daß diese beiden Gruppen nicht isomorph sind, sieht man so: In der Gruppe $\mathfrak{G} = \langle X, Y, Z \rangle$ mit den Relationen unter (3) mit $s = 1$ ist

$$[Z, X, X] = Z^{p^{n-3}}$$

mit $Z \in \mathbf{C}_{\mathfrak{G}}(\mathfrak{G}') - \mathfrak{G}'$ und $X \in \mathfrak{G} - \mathbf{C}_{\mathfrak{G}}(\mathfrak{G}')$.

Angenommen, in der Gruppe $\mathfrak{G} = \langle X, Y, Z \rangle$ mit den Relationen unter (3) mit $s = t$ (quadratischer Nichtrest mod p) gäbe es A, B mit

$$[A, B, B] = A^{p^{n-3}}$$

und $A \in \mathbf{C}_{\mathfrak{G}}(\mathfrak{G}') - \mathfrak{G}'$ und $B \in \mathfrak{G} - \mathbf{C}_{\mathfrak{G}}(\mathfrak{G}')$. Dann ist

$$A = Z^a Y^b \quad \text{und} \quad B = C X^c \quad \text{mit} \quad C \in \mathbf{C}_{\mathfrak{G}}(\mathfrak{G}')$$

und geeigneten a, b, c. Das ergibt aber

$$[A, B, B] = A^{t c^2 p^{n-3}} \neq A^{p^{n-3}}. \qquad \textbf{q.e.d.}$$

12.5 Bemerkungen.

a) Für $p = 3$ sind die in 12.4 behandelten Gruppen alle in BLACKBURN [3] und [5] bestimmt worden. Neben den in 12.4 angegebenen Typen treten dann noch 3-Gruppen von maximaler Klasse auf (siehe § 14).

b) Für $p = 2$ ist keine vollständige Klassifizierung der fraglichen Gruppen bekannt. J. THOMPSON beweist in [9]:

Sei $\mathfrak{P}$ eine nichtabelsche 2-Gruppe, jeder abelsche Normalteiler von $\mathfrak{P}$ sei erzeugbar mit höchstens zwei Elementen. Es gebe eine Gruppe $\mathfrak{A}$ von Automorphismen von $\mathfrak{P}$ mit $2 \nmid |\mathfrak{A}|$ und $\mathfrak{P} = \langle P^{-1} P^{\alpha} \mid P \in \mathfrak{P}, \alpha \in \mathfrak{A} \rangle$. Dann treten nur folgende Fälle auf:

(1) $\mathfrak{P}$ ist eine Quaternionengruppe der Ordnung 8.

(2) $\mathfrak{P}$ ist das direkte Produkt mit vereinigten Zentren einer Quaternionengruppe der Ordnung 8 mit einer Diedergruppe der Ordnung 8.

(3) $\mathfrak{P}$ ist eine spezielle Gruppe (im Sinne von 13.1) mit $|\mathfrak{P}/\mathbf{Z}(\mathfrak{P})| = 2^4$ und $|\mathbf{Z}(\mathfrak{P})| = 2^2$.

Wir sind nun in der Lage, für $p > 3$ alle Gruppen der Ordnung p^4 zu bestimmen:

12.6 Satz. *Für $p > 3$ gibt es genau 15 Isomorphietypen von Gruppen der Ordnung p^4, nämlich:*

1—5) *Die 5 abelschen Gruppen der Typen*

$$(p^4), (p^3, p), (p^2, p^2), (p^2, p, p), (p, p, p, p).$$

6) *Eine metazyklische Gruppe $\mathfrak{G} = \langle A, B \rangle$ vom Exponenten p^3 mit*

$$A^{p^3} = B^p = E, \quad A^B = A^{1+p^2}.$$

(Dies ist die einzige nichtabelsche Gruppe vom Exponenten p^3 und der Ordnung p^4.)

7) *Eine metazyklische Gruppe $\mathfrak{G} = \langle A, B \rangle$ vom Exponenten p^2 mit*

$$A^{p^2} = B^{p^2} = E, \quad A^B = A^{1+p}.$$

8) *Ein direktes Produkt* $\mathfrak{G} = \mathfrak{P} \curlyvee \mathfrak{Z}$ *der nichtabelschen Gruppe* $\mathfrak{P}$ *der Ordnung* p^3 *vom Exponenten* p *mit der zyklischen Gruppe* $\mathfrak{Z}$ *der Ordnung* p^2, *wobei* $\mathfrak{P}'$ *und* $\Omega_1(\mathfrak{Z})$ *vereinigt sind.*

9–10) *Die beiden Gruppen* $\mathfrak{G} = \langle X, Y, Z\rangle$ *aus* 12.4 (3) *mit*

$$X^p = Y^p = Z^{p^2} = [Y, Z] = E\,, \quad Y^X = YZ^{sp}\,, \quad Z^X = ZY\,,$$

wobei s gleich 1 *oder ein quadratischer Nichtrest* mod p *ist.*

11) $\mathfrak{G} = \mathfrak{P} \times \langle A\rangle$ *mit* $A^p = E$, *wobei* $\mathfrak{P}$ *die nichtabelsche Gruppe vom Exponenten* p *und der Ordnung* p^3 *ist.*

12) *Ein semidirektes Produkt* $\mathfrak{G} = \mathfrak{A}\langle X\rangle$ *des abelschen Normalteilers* $\mathfrak{A} = \langle A_1, A_2, A_3\rangle$ *vom Typ* (p, p, p) *mit der zyklischen Gruppe* $\langle X\rangle$ *der Ordnung* p *zum Automorphismus*

$$A_1^X = A_1, A_2^X = A_1A_2\,, \quad A_3^X = A_2A_3\,.$$

(*Diese Gruppe hat den Exponenten* p.)

13–15) *Die* (*nicht zerfallenden*) *Erweiterungen* $\mathfrak{G} = \mathfrak{A}\langle X\rangle$ *des abelschen Normalteilers* $\mathfrak{A} = \langle A_1, A_2, A_3\rangle$ *vom Typ* (p, p, p) *mit der zyklischen Gruppe der Ordnung* p *mit* $X^p = A_1$ *und den folgenden Automorphismen*:

13) $A_1^X = A_1, A_2^X = A_1A_2, A_3^X = A_2A_3$.

14) $A_1^X = A_1, A_2^X = A_1A_2, A_3^X = A_3$.

Dann ist $\mathfrak{G} = \langle A_2, X\rangle \times \langle A_3\rangle$, *wobei* $\langle A_2, X\rangle$ *die nichtabelsche Gruppe von der Ordnung* p^3 *und vom Exponenten* p^2 *ist.*

15) $A_1^X = A_1, A_2^X = A_2, A_3^X = A_2A_3$.

Beweis. Nach Ausschluß der abelschen Gruppen 1)–5) unterscheiden wir drei Fälle:

Fall 1: Jeder abelsche Normalteiler von $\mathfrak{G}$ habe höchstens zwei Erzeugende. Dann ist $\mathfrak{G}$ nach 12.4 entweder metazyklisch oder eine der in 8)–10) angegebenen Gruppen.

Sei $\mathfrak{G}$ nichtabelsch und metazyklisch von der Ordnung p^4. Sei zuerst $\operatorname{Exp}\mathfrak{G} = p^3$. Dann gibt es ein $A \in \mathfrak{G}$ mit $O(A) = p^3$. Also ist $\langle A\rangle \lhd \mathfrak{G}$. Nach I, 14.9 a) (S. 90) ist dann $\mathfrak{G}$ die Gruppe unter 6).

Nun sei $\mathfrak{G}$ metazyklisch, nichtabelsch vom Exponenten p^2. Sei $\mathfrak{G} = \langle A, B\rangle$ mit $\langle A\rangle \lhd \mathfrak{G}$. Aus

$$p^4 = |\mathfrak{G}| = \frac{|\langle A\rangle|\,|\langle B\rangle|}{|\langle A\rangle \cap \langle B\rangle|} \leqq \frac{p^4}{|\langle A\rangle \cap \langle B\rangle|}$$

folgt $O(A) = O(B) = p^2$ und $\langle A\rangle \cap \langle B\rangle = \mathfrak{E}$. Sei $A^B = A^k$. Aus $B^{p^2} = E$ erhalten wir $k^{p^2} \equiv 1\ (p^2)$, also $k \equiv 1\ (p)$. Wegen $\mathfrak{G}' \neq \mathfrak{E}$ ist $k \not\equiv 1\ (p^2)$. Durch Abänderung von B können wir dann $k = 1 + p$ erzwingen und erhalten den Typ 7).

Fall 2: Es habe $\mathfrak{G}$ einen abelschen Normalteiler $\mathfrak{A}$ vom Typ (p, p, p), und es sei $\operatorname{Exp}\mathfrak{G} = p$. Dann ist $\mathfrak{G}$ ein semidirektes Produkt $\mathfrak{G} = \mathfrak{A}\langle X\rangle$. Bei geeigneter Wahl der Basis $\{A_1, A_2, A_3\}$ von $\mathfrak{A}$ erscheint der von X

auf $\mathfrak{A}$ bewirkte Automorphismus in der Jordanschen Normalform, hat also die Gestalt

$$A_1^X = A_1, A_2^X = A_1 A_2, \quad A_3^X = A_3$$

oder

$$A_1^X = A_1, \quad A_2^X = A_1 A_2, \quad A_3^X = A_2 A_3.$$

Das sind die Gruppen unter 11) und 12).

Fall 3: Es habe $\mathfrak{G}$ einen abelschen Normalteiler $\mathfrak{A}$ vom Typ (p, p, p), und es sei $\operatorname{Exp} \mathfrak{G} = p^2$. Sei $X \in \mathfrak{G}$ mit $O(X) = p^2$ und sei $A_1 = X^p$. Dann ist $\mathfrak{G} = \mathfrak{A}\langle X \rangle$. Für den von X auf $\mathfrak{A}$ bewirkten Automorphismus liegen nun zwei Möglichkeiten vor:

a) $\mathfrak{A}$ ist ein direkt unzerlegbarer $\mathfrak{G}$-Modul. Da dann $\langle A_1 \rangle$ die Menge der Fixpunkte von X ist, hat X in Jordanscher Normalform die Gestalt

$$A_1^X = A_1, \quad A_2^X = A_1 A_2, \quad A_3^X = A_2 A_3.$$

Das ergibt die Gruppe unter 13).

b) Der (multiplikativ geschriebene) $\langle X \rangle$-Modul $\mathfrak{A}$ ist direktes Produkt von unzerlegbaren Moduln der Dimensionen 1 und 2, etwa $\mathfrak{A} = \langle B_1, B_2, B_3 \rangle$ mit

$$B_1^X = B_1, \quad B_2^X = B_2, \quad B_3^X = B_2 B_3.$$

Wegen $(X^p)^X = A_1^X = A_1$ gilt $A_1 = B_1^a B_2^b$ mit geeigneten a und b.

Sei zuerst $a = 0$, also $b \neq 0$. Wir setzen $A_1 = B_2^b$, $A_2 = B_3^b$, $A_3 = B_1$. Dann erhalten wir die Relationen

$$A_1^X = A_1, A_2^X = A_1 A_2, A_3^X = A_3, X^p = A_1.$$

Das ist die Gruppe unter 14).

Sei nun $a \neq 0$. Wir setzen jetzt $A_1 = B_1^a B_2^b$, $A_2 = B_2$, $A_3 = B_3$ und erhalten die Relationen

$$A_1^X = A_1, A_2^X = A_2, A_3^X = A_2 A_3, X^p = A_1.$$

Das ist Typ 15).

Wir haben noch zu zeigen, daß alle aufgeführten Gruppen paarweise nichtisomorph sind.

1)–5) sind nichtisomorphe abelsche Gruppen. 6)–10) sind die nichtabelschen Gruppen, deren abelsche Normalteiler sich mit zwei Elementen erzeugen lassen; die Gruppen unter 6) und 7) sind metazyklisch vom Exponenten p^3 bzw. p^2, sind also nicht isomorph; die Gruppe unter 8) hat die minimale Erzeugendenzahl 3 und eine Kommutatorgruppe der Ordnung p; die beiden Gruppen unter 9) und 10) sind nach 12.4 nicht isomorph; sie haben Kommutatorgruppen der Ordnung p^2 und sind nicht metazyklisch, da sie Untergruppen der Ordnung p^3 vom Exponenten p enthalten, nämlich $\langle X, Y, Z^{p^{n-3}} \rangle$ in der Schreibweise von 12.4. Die Gruppen unter 11) und 12) sind nichtabelsche Gruppen vom Exponenten p mit abelschen Normalteilern vom Typ (p, p, p); in 11) ist

$|\mathfrak{G}'| = p$, in 12) $|\mathfrak{G}'| = p^2$. 13)–15) sind nichtabelsche Gruppen vom Exponenten p^2 mit abelschen Normalteilern vom Typ (p, p, p); es gilt

$$\mathfrak{G}' = \langle A_1, A_2\rangle > \mho_1(\mathfrak{G}) \quad \text{bei 13)}\,,$$

$$\mathfrak{G}' = \langle A_1\rangle = \mho_1(\mathfrak{G}) \quad \text{bei 14) und}$$

$$\mathfrak{G}' \cap \mho_1(\mathfrak{G}) = \langle A_2\rangle \cap \langle A_1\rangle = \mathfrak{E} \quad \text{bei 15)}\,. \qquad \textbf{q.e.d.}$$

Aufgaben:

29) Man zeige: Setzt man in 12.6 $p = 3$ und ersetzt man die Gruppe unter 13) (welche für $p = 3$ zur Gruppe unter 12) isomorph ist) durch die irreguläre Gruppe der Ordnung 3^4 aus 10.15, so erhält man eine vollständige Liste von nichtisomorphen Gruppen der Ordnung 3^4.

30) Man bestimme alle nichtabelschen Gruppen der Ordnung 2^4 vom Exponenten 4. (Es gibt 5 nichtisomorphe Typen.)

(Anleitung: $\mathfrak{G}$ hat einen abelschen Normalteiler $\mathfrak{A}$ vom Typ (4, 2). Ist $\mathfrak{G} = \mathfrak{A}\langle X\rangle$, so unterscheide man drei Fälle:

(1) Es gibt ein $A \in \mathfrak{A}$ mit $O(A) = 4$ und $A^X = A$. Dann ist $\mathfrak{G} = \mathfrak{D} \curlyvee \mathfrak{Z}$, wobei $\mathfrak{D}$ eine Diedergruppe der Ordnung 8 und $\mathfrak{Z}$ eine zyklische Gruppe der Ordnung 4 ist; dabei sind $\mathfrak{D}'$ und $\Omega_1(\mathfrak{Z})$ vereinigt.

(2) Es gibt ein $A \in \mathfrak{A}$ mit $O(A) = 4$ und $A^X = A^{-1}$. Dann ist $\mathfrak{G} = \mathfrak{H} \times \langle Y\rangle$ mit $Y^2 = E$, oder $\mathfrak{G}$ ist eine metazyklische Gruppe vom Exponenten 4.

(3) Treffen (1) und (2) nicht zu, so ist $\mathfrak{G} = \langle A_1, A_2, X\rangle$ mit $A_1^4 = A_2^2 = X^2 = [A_1, A_2] = [A_2, X] = E$, $A_1^X = A_1 A_2$.

31) (ALPERIN [7]). Sei $\mathfrak{H}$ die Gruppe vom Exponenten $p > 2$ und der Klasse 2 mit

$$\mathfrak{H} = \langle X_1, \ldots, X_p, Y_1, \ldots, Y_p\rangle$$

und den weiteren definierenden Relationen

$$[X_i, Y_i] = E \quad (i = 1, \ldots, p)\,.$$

Man zeige:

a) $\mathfrak{H}' = \langle [X_i, X_j], [Y_i, Y_j], [X_i, Y_j] \mid i \neq j; i, j = 1, \ldots, p\rangle$ und daher

$$|\mathfrak{H}'| = p^{2p^2-2p} \quad \text{und} \quad |\mathfrak{H}| = p^{2p^2}\,.$$

b) Sei $\mathfrak{G} = \langle \mathfrak{H}, Z\rangle$ mit $X_i^Z = X_{i+1}$, $Y_i^Z = Y_{i+1}$ ($i \bmod p$), $Z^p = E$. Dann hat $\mathfrak{G}$ abelsche Untergruppen der Ordnung p^{2p^2-2p+2}, aber $\mathfrak{G}$ hat keinen abelschen Normalteiler von dieser Ordnung.

§ 13. Spezielle und extraspezielle p-Gruppen

13.1 Definition. Sei $\mathfrak{G}$ eine p-Gruppe.

a) $\mathfrak{G}$ heißt speziell, wenn eine der folgenden beiden Bedingungen erfüllt ist:

(1) $\mathfrak{G}$ ist eine elementar-abelsche p-Gruppe.

(2) $\Phi(\mathfrak{G}) = \mathfrak{G}' = \mathbf{Z}(\mathfrak{G})$ ist elementar-abelsch.

(Insbesondere haben also spezielle Gruppen höchstens die Klasse 2.)

b) $\mathfrak{G}$ heißt extraspeziell, wenn $\mathfrak{G}$ eine nichtabelsche spezielle p-Gruppe mit $|\mathbf{Z}(\mathfrak{G})| = p$ ist.

Wir beweisen zuerst zwei Sätze über Automorphismengruppen und definieren dazu:

13.2 Definition. Sei $\mathfrak{G}$ eine $\mathfrak{A}$-Gruppe vermöge $G \to G^A$ für $G \in \mathfrak{G}$ und $A \in \mathfrak{A}$. Wir definieren die Untergruppen $[\mathfrak{G}, \mathfrak{A}]$ und $\mathbf{C}_{\mathfrak{G}}(\mathfrak{A})$ von $\mathfrak{G}$ durch die Festsetzungen

$$[\mathfrak{G}, \mathfrak{A}] = \langle G^A G^{-1} \mid G \in \mathfrak{G}, \quad A \in \mathfrak{A} \rangle$$

und

$$\mathbf{C}_{\mathfrak{G}}(\mathfrak{A}) = \{G \mid G \in \mathfrak{G}, \quad G^A = G \quad \text{für alle} \quad A \in \mathfrak{A}\}.$$

Offenbar ist $[\mathfrak{G}, \mathfrak{A}]$ die im Sinne von 1.5 im semidirekten Produkt $\mathfrak{G}\mathfrak{A}$ gebildete Kommutatorgruppe von $\mathfrak{G}$ mit $\mathfrak{A}$. Aus 1.6 b) folgt daher $[\mathfrak{G}, \mathfrak{A}] \trianglelefteq \mathfrak{G}$ und $[\mathfrak{G}, \mathfrak{A}]^A = [\mathfrak{G}, \mathfrak{A}]$ für alle $A \in \mathfrak{A}$. Trivialerweise gilt $\mathbf{C}_{\mathfrak{G}}(\mathfrak{A})^A = \mathbf{C}_{\mathfrak{G}}(\mathfrak{A})$ für alle $A \in \mathfrak{A}$, aber es braucht $\mathbf{C}_{\mathfrak{G}}(\mathfrak{A})$ kein Normalteiler von $\mathfrak{G}$ zu sein.

13.3 Hilfssatz *Sei $\mathfrak{G}$ eine $\mathfrak{A}$-Gruppe.*

a) *Ist $[\mathfrak{G}, \mathfrak{A}] = \mathfrak{G}$ und $\mathfrak{N}$ ein Normalteiler von $\mathfrak{G}$ mit $[\mathfrak{N}, \mathfrak{A}] = \mathfrak{E}$, so gilt $\mathfrak{N} \leqq \mathbf{Z}(\mathfrak{G})$.*

b) *Ist $(|\mathfrak{G}|, |\mathfrak{A}|) = 1$, so gilt $[\mathfrak{G}, \mathfrak{A}] = [[\mathfrak{G}, \mathfrak{A}], \mathfrak{A}]$.*

Beweis. a) Wir bilden das semidirekte Produkt $\mathfrak{H} = \mathfrak{G}\mathfrak{A}$. Wegen $[\mathfrak{N}, \mathfrak{G}] \leqq \mathfrak{N}$ folgt mit 1.10 b) aus den Voraussetzungen

$$[\mathfrak{G}, \mathfrak{N}] = [[\mathfrak{G}, \mathfrak{A}], \mathfrak{N}] \leqq [[\mathfrak{A}, \mathfrak{N}], \mathfrak{G}]^{\mathfrak{H}} \, [[\mathfrak{N}, \mathfrak{G}], \mathfrak{A}]^{\mathfrak{H}} = \mathfrak{E}.$$

Also gilt $\mathfrak{N} \leqq \mathbf{Z}(\mathfrak{G})$.

b) Für alle $G \in \mathfrak{G}$ und alle $A \in \mathfrak{A}$ gilt offenbar

$$[\mathfrak{G}, \mathfrak{A}] \, G^A = [\mathfrak{G}, \mathfrak{A}] \, G.$$

Wegen $(|\mathfrak{G}|, |\mathfrak{A}|) = 1$ folgt daher mit I, 18.6 (S. 131) $\mathfrak{G} = [\mathfrak{G}, \mathfrak{A}] \, \mathbf{C}_{\mathfrak{G}}(\mathfrak{A})$. Der gleiche Schluß liefert

$$[\mathfrak{G}, \mathfrak{A}] = [[\mathfrak{G}, \mathfrak{A}], \mathfrak{A}] \, (\mathbf{C}_{\mathfrak{G}}(\mathfrak{A}) \cap [\mathfrak{G}, \mathfrak{A}]).$$

Also ist $\mathfrak{G} = [[\mathfrak{G}, \mathfrak{A}], \mathfrak{A}] \, \mathbf{C}_{\mathfrak{G}}(\mathfrak{A})$. Ist $G = G_1 G_2$ mit $G_1 \in [[\mathfrak{G}, \mathfrak{A}], \mathfrak{A}]$ und $G_2 \in \mathbf{C}_{\mathfrak{G}}(\mathfrak{A})$, so folgt für alle $A \in \mathfrak{A}$

$$G^A G^{-1} = G_1^A G_2^A G_2^{-1} G_1^{-1} = G_1^A G_1^{-1} \in [[\mathfrak{G}, \mathfrak{A}], \mathfrak{A}].$$

Das zeigt $[\mathfrak{G}, \mathfrak{A}] \leqq [[\mathfrak{G}, \mathfrak{A}], \mathfrak{A}]$; die umgekehrte Inklusion ist trivial. **q.e.d.**

Der folgende Satz ist bei zahlreichen Untersuchungen nützlich:

13.4 Satz (Zassenhaus). a) *Sei $\mathfrak{A}$ ein abelscher Normalteiler von $\mathfrak{G}$ mit $(|\mathfrak{A}|, |\mathfrak{G}/\mathfrak{A}|) = 1$. Dann gilt*

$$\mathfrak{A} = [\mathfrak{A}, \mathfrak{G}] \times (\mathfrak{A} \cap \mathbf{Z}(\mathfrak{G})).$$

b) *Sei* $\mathfrak{A}$ *eine abelsche* $\overline{\mathfrak{G}}$*-Gruppe mit* $(|\mathfrak{A}|, |\overline{\mathfrak{G}}|) = 1$. *Dann gilt (mit den Bezeichnungen aus* 13.2) $\mathfrak{A} = [\mathfrak{A}, \overline{\mathfrak{G}}] \times \mathbf{C}_{\mathfrak{A}}(\overline{\mathfrak{G}})$.

Beweis. a) Wir setzen $\overline{\mathfrak{G}} = \mathfrak{G}/\mathfrak{A}$ und $|\overline{\mathfrak{G}}| = m$. Durch $A^{\mathfrak{A}G} = A^G$ wird $\mathfrak{A}$ eine $\overline{\mathfrak{G}}$-Gruppe. Für alle A aus $\mathfrak{A}$ ist

$$A^m = \prod_{\overline{G}\in\overline{\mathfrak{G}}} A^{\overline{E}-\overline{G}} \prod_{\overline{G}\in\overline{\mathfrak{G}}} A^{\overline{G}}$$

mit $A^{\overline{E}-\overline{G}} \in [\mathfrak{A}, \mathfrak{G}]$ und $\prod_{\overline{G}\in\overline{\mathfrak{G}}} A^{\overline{G}} \in \mathfrak{A} \cap \mathbf{Z}(\mathfrak{G})$.

Wegen $(m, |\mathfrak{A}|) = 1$ folgt

$$\mathfrak{A} = \{A^m \mid A \in \mathfrak{A}\} = [\mathfrak{A}, \mathfrak{G}]\,(\mathfrak{A} \cap \mathbf{Z}(\mathfrak{G})).$$

Die Abbildung μ mit

$$A^\mu = \prod_{\overline{G}\in\overline{\mathfrak{G}}} A^{\overline{G}}$$

ist ein Homomorphismus von $\mathfrak{A}$ in $\mathfrak{A} \cap \mathbf{Z}(\mathfrak{G})$. Wegen

$$(A^{\overline{E}-\overline{G}})^\mu = E$$

liegt $[\mathfrak{A}, \mathfrak{G}]$ im Kern von μ. Für $A \in [\mathfrak{A}, \mathfrak{G}] \cap (\mathfrak{A} \cap \mathbf{Z}(\mathfrak{G}))$ folgt daher

$$E = A^\mu = A^m,$$

wegen $(m, |\mathfrak{A}|) = 1$ also sogar $A = E$. Somit ist

$$[\mathfrak{A}, \mathfrak{G}] \cap (\mathfrak{A} \cap \mathbf{Z}(\mathfrak{G})) = \mathfrak{E}$$

und daher

$$\mathfrak{A} = [\mathfrak{A}, \mathfrak{G}] \times (\mathfrak{A} \cap \mathbf{Z}(\mathfrak{G})).$$

b) Die Behauptung folgt sofort durch Anwendung von a) auf das semidirekte Produkt $\mathfrak{A}\overline{\mathfrak{G}}$. **q.e.d.**

Die beiden folgenden Sätze bringen bei zahlreichen Untersuchungen die speziellen Gruppen ins Spiel:

13.5 Satz (*Hall-Higman-Reduktion*).

Sei $\mathfrak{Q}$ *eine* p*-Untergruppe von* $\mathfrak{G}$, *sei* $\mathfrak{B} \trianglelefteq \mathfrak{A} \leqq \mathbf{N}_{\mathfrak{G}}(\mathfrak{Q})$ *mit* $p \nmid |\mathfrak{A}|$ *und* $\mathfrak{B} \nleqq \mathbf{C}_{\mathfrak{G}}(\mathfrak{Q})$. *Sei* $\mathfrak{P}$ *ein minimales Element aus der Menge*

$$\mathscr{P} = \{\mathfrak{V} \mid \mathfrak{V} \leqq \mathfrak{Q}, \mathfrak{A} \leqq \mathbf{N}_{\mathfrak{G}}(\mathfrak{V}), \quad \mathfrak{B} \nleqq \mathbf{C}_{\mathfrak{G}}(\mathfrak{V})\}.$$

Dann gilt:

a) $\mathfrak{P}/\Phi(\mathfrak{P})$ *ist eine irreduzible* $\mathfrak{A}$*-Gruppe mit* $[\mathfrak{P}, \mathfrak{B}] = \mathfrak{P}$.

b) $[\Phi(\mathfrak{P}), \mathfrak{B}] = \mathfrak{E}$.

c) $\mathfrak{P}$ *ist eine spezielle* p*-Gruppe.*

Beweis. a) Sei

$$\mathfrak{P}/\Phi(\mathfrak{P}) = \overline{\mathfrak{P}} = \bigtimes_i \overline{\mathfrak{P}}_i$$

mit $\overline{\mathfrak{P}}_i = \mathfrak{P}_i/\Phi(\mathfrak{P})$ eine wegen $(|\mathfrak{P}|, |\mathfrak{A}|) = 1$ nach dem Satz von Maschke (I, 17.7, S. 123) existierende direkte Zerlegung von $\overline{\mathfrak{P}}$ in irreduzible $\mathfrak{A}$-Moduln $\overline{\mathfrak{P}}_i$. Wegen $[\mathfrak{P}, \mathfrak{B}] \neq \mathfrak{E}$ und $(|\mathfrak{P}|, |\mathfrak{B}|) = 1$ gilt nach 3.18 auch

$[\overline{\mathfrak{P}}, \mathfrak{B}] \neq \mathfrak{E}$. Sei etwa $[\overline{\mathfrak{P}}_1, \mathfrak{B}] \neq \mathfrak{E}$. Dann ist $\mathfrak{P}_1 \in \mathscr{P}$, wegen der Minimalität von $\mathfrak{P}$ also $\mathfrak{P} = \mathfrak{P}_1$. Somit ist $\mathfrak{P}/\Phi(\mathfrak{P})$ ein irreduzibler $\mathfrak{A}$-Modul.

Wegen $\mathfrak{B} \trianglelefteq \mathfrak{A}$ ist $[\mathfrak{P}, \mathfrak{B}]$ invariant unter $\mathfrak{A}$. Nach 13.3 b) gilt

$$\mathfrak{E} \neq [\mathfrak{P}, \mathfrak{B}] = [\mathfrak{P}, \mathfrak{B}, \mathfrak{B}] .$$

Also folgt $[\mathfrak{P}, \mathfrak{B}] \in \mathscr{P}$ und daher $\mathfrak{P} = [\mathfrak{P}, \mathfrak{B}]$.

b) Da $\mathfrak{P}$ ein minimales Element aus $\mathscr{P}$ ist, gilt $\Phi(\mathfrak{P}) \notin \mathscr{P}$, also $[\Phi(\mathfrak{P}), \mathfrak{B}] = \mathfrak{E}$.

c) Aus $\mathfrak{P} = [\mathfrak{P}, \mathfrak{B}]$ und $[\Phi(\mathfrak{P}), \mathfrak{B}] = \mathfrak{E}$ folgt mit 13.3 a) nun

$$\Phi(\mathfrak{P}) \leqq \mathbf{Z}(\mathfrak{P}).$$

Mit 1.3 a) erhalten wir für alle X, Y aus $\mathfrak{P}$ daher

$$E = [X^p, Y] = [X, Y]^p .$$

Also hat $\mathfrak{P}'$ höchstens den Exponenten p.

Wir zeigen $\mathfrak{P}' = \Phi(\mathfrak{P})$:

Sei $\tilde{\mathfrak{P}} = \mathfrak{P}/\mathfrak{P}'$. Die Anwendung von 13.4 b) ergibt mit a)

$$[\tilde{\mathfrak{P}}, \mathfrak{B}] = \tilde{\mathfrak{P}} = [\tilde{\mathfrak{P}}, \mathfrak{B}] \times \mathbf{C}_{\tilde{\mathfrak{P}}}(\mathfrak{B}).$$

Also ist $\mathbf{C}_{\tilde{\mathfrak{P}}}(\mathfrak{B}) = \mathfrak{E}$. Nach b) gilt $\Phi(\mathfrak{P}) \leqq \mathbf{C}_{\mathfrak{P}}(\mathfrak{B})$. Somit ist $\Phi(\mathfrak{P}) \leqq \mathfrak{P}'$. Die umgekehrte Inklusion $\mathfrak{P}' \leqq \Phi(\mathfrak{P})$ gilt nach 3.11.

Ist $\mathfrak{P}' = \Phi(\mathfrak{P}) = \mathfrak{E}$, so ist $\mathfrak{P}$ elementar-abelsch. Ist jedoch $\mathfrak{E} \neq \mathfrak{P}' = \Phi(\mathfrak{P})$, so folgt aus $\Phi(\mathfrak{P}) \leqq \mathbf{Z}(\mathfrak{P})$ und der Irreduzibilität von $\mathfrak{P}/\Phi(\mathfrak{P})$ als $\mathfrak{A}$-Modul sofort $\mathbf{Z}(\mathfrak{P}) = \Phi(\mathfrak{P})$. Wir sahen bereits, daß $\mathfrak{P}' = \Phi(\mathfrak{P})$ den Exponenten p hat. Also ist $\mathfrak{P}$ eine spezielle p-Gruppe. **q.e.d.**

13.6 Satz (Thompson). *Sei $\mathfrak{G} = \mathfrak{P}\mathfrak{A}$ ein semidirektes Produkt der p-Gruppe $\mathfrak{P} \neq \mathfrak{E}$ mit $\mathfrak{A}$ (mit $\mathfrak{P} \lhd \mathfrak{G}$) und den folgenden Eigenschaften:*

(1) $(|\mathfrak{P}|, |\mathfrak{A}|) = 1$.

(2) $[\mathfrak{P}, \mathfrak{A}] = \mathfrak{P}$.

(3) *$\mathfrak{A}$ zentralisiert alle abelschen charakteristischen Untergruppen von $\mathfrak{P}$. Dann ist $\mathfrak{P}$ eine (notwendig nichtabelsche) spezielle p-Gruppe.*

Beweis. a) $\mathfrak{P}$ hat die Klasse 2:

Angenommen, es sei $c = c(\mathfrak{P}) > 2$. Wir setzen $\mathfrak{T} = \mathbf{K}_{c-1}(\mathfrak{P})$. Wegen $2c - 2 \geqq c + 1$ ist nach 2.11 b) abelsch. Also ist $\mathfrak{T}$ eine abelsche charakteristische Untergruppe von $\mathfrak{P}$, und nach unserer Voraussetzung gilt $\mathfrak{A} \leqq \mathbf{C}_{\mathfrak{G}}(\mathfrak{T})$. Für $T \in \mathfrak{T}$ und $A \in \mathfrak{A}$ und alle $P \in \mathfrak{P}$ folgt wegen $[P, T] \in \mathbf{K}_c(\mathfrak{P}) \leqq \mathfrak{T} \leqq \mathbf{C}_{\mathfrak{G}}(\mathfrak{A})$ dann

$$[P, T] = [P, T]^A = [P^A, T^A] = [P^A, T] .$$

Aus

$$[P^A, T, P^{-1}] \in [\mathfrak{P}, \mathbf{K}_{c-1}(\mathfrak{P}), \mathfrak{P}] \leqq \mathbf{K}_{c+1}(\mathfrak{P}) = \mathfrak{E}$$

ergibt sich mit 1.2 c) und 1.3 b)

$$[P^A P^{-1}, T] = [P^A, T]\,[P^A, T, P^{-1}]\,[P^{-1}, T] = [P^A, T]\,[P, T]^{-1} = E .$$

Wegen der Voraussetzung (2) folgt nun

$$\mathbf{C}_{\mathfrak{G}}(\mathfrak{T}) \geqq \langle P^A P^{-1} \mid P \in \mathfrak{P}, A \in \mathfrak{A} \rangle = [\mathfrak{P}, \mathfrak{A}] = \mathfrak{P}.$$

Also ist

$$\mathfrak{E} = [\mathfrak{P}, \mathfrak{T}] = [\mathfrak{P}, \mathbf{K}_{c-1}(\mathfrak{P})] = \mathbf{K}_c(\mathfrak{P}),$$

entgegen $c(\mathfrak{P}) = c$.

b) $\mathfrak{P}/\mathfrak{P}'$ und $\mathfrak{P}'$ haben den Exponenten p:

Sei Exp $\mathfrak{P}/\mathfrak{P}' = p^m$. Für $X, Y \in \mathfrak{P}$ ist dann $X^{p^m} \in \mathfrak{P}' \leqq \mathbf{Z}(\mathfrak{P})$, also nach 1.3 a)

$$[X, Y]^{p^m} = [X^{p^m}, Y] = E.$$

Somit gilt Exp $\mathfrak{P}' \leqq p^m$.

Angenommen, es sei $m > 1$. Wegen $2m - 2 \geqq m$ ist dann

$$[X^{p^{m-1}}, Y^{p^{m-1}}] = [X, Y]^{p^{2m-2}} = E.$$

Daher ist

$$\mathfrak{B} = \mho_{m-1}(\mathfrak{P}) = \langle P^{p^{m-1}} \mid P \in \mathfrak{P} \rangle$$

abelsch. Aus der Voraussetzung (3) folgt $\mathfrak{A} \leqq \mathbf{C}_{\mathfrak{G}}(\mathfrak{B})$. Die Gruppe $\bar{\mathfrak{P}} = \mathfrak{P}/\mathfrak{P}'$ ist vermöge der Festsetzung $(P\mathfrak{P}')^A = P^A\mathfrak{P}'$ wieder eine $\mathfrak{A}$-Gruppe. Nach 13.4 b) ist

$$\bar{\mathfrak{P}} = [\bar{\mathfrak{P}}, \mathfrak{A}] \times \mathbf{C}_{\bar{\mathfrak{P}}}(\mathfrak{A}),$$

und wegen (2) gilt $\bar{\mathfrak{P}} = [\bar{\mathfrak{P}}, \mathfrak{A}]$. Also folgt $\mathbf{C}_{\bar{\mathfrak{P}}}(\mathfrak{A}) = \mathfrak{E}$ und daher $\mathfrak{B} = \mho_{m-1}(\mathfrak{P}) \leqq \mathfrak{P}'$. Das widerspricht jedoch Exp $\mathfrak{P}/\mathfrak{P}' = p^m$. Also ist Exp $\mathfrak{P}/\mathfrak{P}' = p$ und Exp $\mathfrak{P}' \leqq p$. Wegen (2) und (3) ist $\mathfrak{P}$ nicht abelsch, und somit ist Exp $\mathfrak{P}' = p$.

c) $\mathfrak{P}$ ist eine spezielle p-Gruppe:

Nach a) und b) ist $\Phi(\mathfrak{P}) = \mathfrak{P}' \leqq \mathbf{Z}(\mathfrak{P})$. Wir haben noch $\mathbf{Z}(\mathfrak{P}) \leqq \mathfrak{P}'$ zu zeigen. Sei wieder $\bar{\mathfrak{P}} = \mathfrak{P}/\mathfrak{P}'$. Wegen

$$[\bar{\mathfrak{P}}, \mathfrak{A}] = \bar{\mathfrak{P}} = [\bar{\mathfrak{P}}, \mathfrak{A}] \times \mathbf{C}_{\bar{\mathfrak{P}}}(\mathfrak{A})$$

ist $\mathbf{C}_{\bar{\mathfrak{P}}}(\mathfrak{A}) = \mathfrak{E}$. Andererseits gilt wegen (3) $\mathfrak{A} \leqq \mathbf{C}_{\mathfrak{G}}(\mathbf{Z}(\mathfrak{P}))$. Daher folgt $\mathbf{Z}(\mathfrak{P}) \leqq \mathfrak{P}'$. **q.e.d.**

Die Struktur der extraspeziellen Gruppen wird geklärt durch folgenden Satz:

13.7 Satz. *Sei $\mathfrak{G}$ eine nichtabelsche p-Gruppe, sei $\mathfrak{G}/\mathbf{Z}(\mathfrak{G})$ elementarabelsch und $\mathbf{Z}(\mathfrak{G})$ zyklisch. (Die bei den extraspeziellen Gruppen geltende Bedingung $|\mathbf{Z}(\mathfrak{G})| = p$ wird hier nicht benötigt.) Dann gilt:*

a) $|\mathfrak{G}'| = p$.

b) *Ist $\mathfrak{G}' = \langle C \rangle$, so wird $\mathfrak{G}/\mathbf{Z}(\mathfrak{G})$ durch die Festsetzung*

$$f(\bar{X}, \bar{Y}) = a \quad \textit{für} \quad \bar{X} = X\,\mathbf{Z}(\mathfrak{G}), \quad \bar{Y} = Y\,\mathbf{Z}(\mathfrak{G}) \quad \textit{und} \quad [X, Y] = C^a$$

zu einem nicht ausgearteten symplektischen Vektorraum über $GF(p)$.

c) $|\mathfrak{G}/\mathbf{Z}(\mathfrak{G})|$ *ist ein Quadrat.*

d) $\mathfrak{G}$ *ist ein direktes Produkt mit vereinigten Zentren von nichtabelschen Gruppen* $\mathfrak{G}_i$ *mit* $|\mathfrak{G}_i/\mathbf{Z}(\mathfrak{G}_i)| = p^2$ *und* $\mathbf{Z}(\mathfrak{G}_i) = \mathbf{Z}(\mathfrak{G})$.

e) *Ist* $|\mathfrak{G}/\mathbf{Z}(\mathfrak{G})| = p^{2m}$, *so haben alle maximalen abelschen Normalteiler von* $\mathfrak{G}$ *die Ordnung* $p^m|\mathbf{Z}(\mathfrak{G})|$.

f) *Zu jedem maximalen abelschen Normalteiler* $\mathfrak{A}_1$ *von* $\mathfrak{G}$ *gibt es einen maximalen abelschen Normalteiler* $\mathfrak{A}_2$ *von* $\mathfrak{G}$ *mit*

$$\mathfrak{G} = \mathfrak{A}_1\mathfrak{A}_2 \quad \textit{und} \quad \mathfrak{A}_1 \cap \mathfrak{A}_2 = \mathbf{Z}(\mathfrak{G}) .$$

Beweis. a) Da $\mathfrak{G}$ die Klasse 2 hat, folgt aus $X^p \in \mathbf{Z}(\mathfrak{G})$ mit 1.3 a) für alle X, Y aus $\mathfrak{G}$

$$E = [X^p, Y] = [X, Y]^p .$$

Da $\mathfrak{G}'$ zyklisch ist, erhalten wir $|\mathfrak{G}'| = p$.

b) Offenbar ist f eine wohldefinierte Funktion mit Werten in $GF(p)$. Wegen $[X, Y] = [Y, X]^{-1}$ und $[X, X] = E$ ist $f(\overline{X}, \overline{Y}) = -f(\overline{Y}, \overline{X})$ und $f(\overline{X}, \overline{X}) = 0$. Da $\mathfrak{G}$ die Klasse 2 hat, ist nach 1.2

$$[X_1 X_2, Y] = [X_1, Y][X_2, Y] \quad \text{und} \quad [X, Y_1 Y_2] = [X, Y_1][X, Y_2] .$$

Also ist f bilinear und $\mathfrak{G}/\mathbf{Z}(\mathfrak{G})$, aufgefaßt als Vektorraum über $GF(p)$ mit dem Skalarprodukt f, ist ein symplektischer Raum über $GF(p)$ im Sinne von II, § 9.

Ist $f(\overline{X}, \overline{Y}) = 0$ für alle $\overline{Y} \in \mathfrak{G}/\mathbf{Z}(\mathfrak{G})$, so ist $[X, Y] = E$ für alle $Y \in \mathfrak{G}$ und daher $X \in \mathbf{Z}(\mathfrak{G})$. Somit ist der symplektische Raum $\mathfrak{G}/\mathbf{Z}(\mathfrak{G})$ nicht ausgeartet.

c) Nach II, 9.6 b) (S. 217) ist $\dim \mathfrak{G}/\mathbf{Z}(\mathfrak{G}) = 2m$ gerade. Also ist

$$|\mathfrak{G}/\mathbf{Z}(\mathfrak{G})| = p^{2m}$$

ein Quadrat.

d) Nach II, 9.6 a) hat $\mathfrak{G}/\mathbf{Z}(\mathfrak{G})$ eine Basis $\{\overline{X}_1, \ldots, \overline{X}_m, \overline{Y}_1, \ldots, \overline{Y}_m\}$ mit

$$f(\overline{X}_i, \overline{Y}_i) = 1 \quad \text{und} \quad f(\overline{X}_i, \overline{X}_j) = f(\overline{Y}_i, \overline{Y}_j) = f(\overline{X}_i, \overline{Y}_j) = 0 \quad \text{für} \quad i \neq j .$$

Sei $\overline{X}_i = X_i\mathbf{Z}(\mathfrak{G})$ und $\overline{Y}_j = Y_j\mathbf{Z}(\mathfrak{G})$. Die $\mathfrak{G}_i = \langle X_i, Y_i, \mathbf{Z}(\mathfrak{G})\rangle$ sind wegen $[X_i, Y_i] = C$ nichtabelsche Gruppen von der Ordnung $p^2|\mathbf{Z}(\mathfrak{G})|$ mit $\mathfrak{G}_i' = \langle C\rangle \leqq \mathbf{Z}(\mathfrak{G})$, es gilt $[\mathfrak{G}_i, \mathfrak{G}_j] = \mathfrak{E}$ und $\mathfrak{G}_i \cap \mathfrak{G}_j = \mathbf{Z}(\mathfrak{G})$ für $i \neq j$. Somit ist $\mathfrak{G}$ ein direktes Produkt der $\mathfrak{G}_i$ mit vereinigten Zentren.

e) Sei $\mathfrak{A}$ ein maximaler abelscher Normalteiler von $\mathfrak{G}$. Dann ist $\mathbf{Z}(\mathfrak{G}) \leqq \mathfrak{A}$. Somit ist $\mathfrak{A}/\mathbf{Z}(\mathfrak{G})$ ein Teilraum des symplektischen Raumes $\mathfrak{G}/\mathbf{Z}(\mathfrak{G})$ mit $f(\overline{A}_1, \overline{A}_2) = 0$ für alle $A_i \in \mathfrak{A}$. Also ist $\mathfrak{A}/\mathbf{Z}(\mathfrak{G})$ ein maximaler isotroper Teilraum von $\mathfrak{G}/\mathbf{Z}(\mathfrak{G})$. Nach II, 9.11 (S. 219) ist daher $\dim \mathfrak{A}/\mathbf{Z}(\mathfrak{G}) = m$, somit $|\mathfrak{A}| = p^m|\mathbf{Z}(\mathfrak{G})|$.

f) Nach e) gilt $\mathfrak{A}_1 = \langle X_1, \ldots, X_m, \mathbf{Z}(\mathfrak{G})\rangle$ mit geeignetem $X_i \in \mathfrak{G}$. Setzen wir $\overline{X}_i = X_i\mathbf{Z}(\mathfrak{G})$, so ist

$$E = [X_i, X_j] = C^{f(\overline{X}_i, \overline{X}_j)}$$

für $i, j = 1, \ldots, m$. Also ist $\langle \overline{X}_1, \ldots, \overline{X}_m \rangle$ ein maximaler isotroper Teilraum des symplektischen Raumes $\mathfrak{G}/\mathbf{Z}(\mathfrak{G})$. Nach II, 9.8 (S. 218) gibt es daher Elemente $\overline{Y}_1, \ldots, \overline{Y}_m$ aus $\mathfrak{G}/\mathbf{Z}(\mathfrak{G})$ mit $f(\overline{Y}_i, \overline{Y}_j) = 0$ und $f(\overline{X}_i, \overline{Y}_j) = \delta_{ij}$. Sei $\overline{Y}_i = Y_i\,\mathbf{Z}(\mathfrak{G})$ und $\mathfrak{A}_2 = \langle Y_1, \ldots, Y_m, \mathbf{Z}(\mathfrak{G})\rangle$. Dann ist $\mathfrak{A}_2$ wegen $\mathfrak{G}' \leqq \mathbf{Z}(\mathfrak{G}) \leqq \mathfrak{A}_2$ ein abelscher Normalteiler von $\mathfrak{G}$, und es gilt offenbar $\mathfrak{G} = \mathfrak{A}_1 \mathfrak{A}_2$ und $\mathfrak{A}_1 \cap \mathfrak{A}_2 = \mathbf{Z}(\mathfrak{G})$. Wegen $|\mathfrak{A}_2| = p^m\,|\mathbf{Z}(\mathfrak{G})|$ ist $\mathfrak{A}_2$ nach e) ein maximaler abelscher Normalteiler von $\mathfrak{G}$. **q.e.d.**

Die in den Anwendungen auftretenden extraspeziellen p-Gruppen haben für $p > 2$ meist den Exponenten p. Eine extraspezielle p-Gruppe $\mathfrak{G}$ vom Exponenten $p > 2$ ist durch Vorgabe ihrer Ordnung $|\mathfrak{G}| = p^{2m+1}$ eindeutig bestimmt; $\mathfrak{G}$ wird nämlich definiert durch Erzeugende $X_1, \ldots, X_m, Y_1, \ldots, Y_m$ und die Relationen

$$\begin{aligned} X_i^p = Y_i^p &= [X_i, Y_i]^p = E \\ [X_i, X_j] &= [Y_i, Y_j] = E \\ [X_i, Y_j] &= E \qquad (\text{für } i \neq j) \\ [X_i, Y_i, X_j] &= [X_i, Y_i, Y_j] = E\,. \end{aligned}$$

Etwas komplizierter ist jedoch der Sachverhalt bei extraspeziellen 2-Gruppen:

13.8 Satz. *Sei $\mathfrak{G}$ eine extraspezielle 2-Gruppe von der Ordnung 2^{2m+1}.*

a) *Es gibt zwei Isomorphietypen von solchen Gruppen, nämlich*

(1) *Das direkte Produkt $\mathfrak{G}_{m,1}$ mit vereinigten Zentren von m Diedergruppen der Ordnung* 8.

(2) *Das direkte Produkt $\mathfrak{G}_{m,2}$ mit vereinigten Zentren von $m-1$ Diedergruppen der Ordnung* 8 *und einer Quaternionengruppe.*

b) *$\mathfrak{G}_{m,1}$ besitzt maximale abelsche Normalteiler der Typen* $(4, \underbrace{2, \ldots, 2}_{m-1})$ *und* $(\underbrace{2, \ldots, 2}_{m+1})$. *Hingegen haben alle maximalen abelschen Normalteiler von $\mathfrak{G}_{m,2}$ den Typ* $(4, \underbrace{2, \ldots, 2}_{m-1})$.

c) *Auf dem Vektorraum $\mathfrak{G}/\mathbf{Z}(\mathfrak{G})$ über $GF(2)$ definieren wir die Funktion q mit Werten in $GF(2)$ durch folgende Festsetzung: Sei $\mathbf{Z}(\mathfrak{G}) = \langle C \rangle$. Ist $\overline{G} = G\mathbf{Z}(\mathfrak{G}) \in \mathfrak{G}/\mathbf{Z}(\mathfrak{G})$ und $G^2 = C^a$ $(a = 0, 1)$, so setzen wir $q(\overline{G}) = a$. Dann ist q eine quadratische Form auf $\mathfrak{G}/\mathbf{Z}(\mathfrak{G})$.* (*Siehe hierzu* II, 10.3, S. 235.)

Beweis. a) Nach 13.7 d) ist $\mathfrak{G} = \mathfrak{G}_1 \ldots \mathfrak{G}_m$ mit $[\mathfrak{G}_i, \mathfrak{G}_j] = \mathfrak{E}$ und $\mathfrak{G}_i \cap \mathfrak{G}_j = \mathbf{Z}(\mathfrak{G})$ für $i \neq j$. Dabei sind die $\mathfrak{G}_i$ nichtabelsche Gruppen der Ordnung 8, sind also Diedergruppen $\mathfrak{D}$ oder Quaternionengruppen $\mathfrak{Q}$. Wir zeigen zuerst $\mathfrak{D} \curlyvee \mathfrak{D} \cong \mathfrak{Q} \curlyvee \mathfrak{Q}$; beide Produkte sind mit vereinigten Zentren zu bilden.

Sei $\mathfrak{G} = \mathfrak{Q}_1 \mathfrak{Q}_2$ mit $\mathfrak{Q}_1 = \langle Q_1, Q_2 \rangle$, $\mathfrak{Q}_2 = \langle Q_3, Q_4 \rangle$ das direkte Produkt mit vereinigten Zentren der beiden Quaternionengruppen $\mathfrak{Q}_1$ und $\mathfrak{Q}_2$. Wir setzen $\mathfrak{D}_1 = \langle D_1, D_2 \rangle$ und $\mathfrak{D}_2 = \langle D_3, D_4 \rangle$ mit

$$D_1 = Q_1 Q_4, \quad D_2 = Q_2 Q_4, \quad D_3 = Q_1 Q_2 Q_3, \quad D_4 = Q_1 Q_2 Q_3 Q_4\,.$$

Dann ist $D_i^2 = E$ $(i = 1, 2, 3, 4)$, $[D_1, D_2] = [D_3, D_4] \neq E$ und $[\mathfrak{D}_1, \mathfrak{D}_2] = \mathfrak{E}$. Wegen Exp $\mathfrak{G} = 4$ sind daher $\mathfrak{D}_1$ und $\mathfrak{D}_2$ nach I, 19.5 (S. 135) Diedergruppen der Ordnung 8, und es gilt $\mathbf{Z}(\mathfrak{D}_1) = \mathbf{Z}(\mathfrak{D}_2) = \mathfrak{D}_1 \cap \mathfrak{D}_2$. Damit ist $\mathfrak{Q} \curlyvee \mathfrak{Q} \cong \mathfrak{D} \curlyvee \mathfrak{D}$ nachgewiesen.

Nach 13.7 gibt es also höchstens die beiden angegebenen Typen $\mathfrak{G}_{m,1}$ und $\mathfrak{G}_{m,2}$ von extraspeziellen 2-Gruppen der Ordnung 2^{2m+1}. Daß diese beiden nicht isomorph sind, folgt aus der in b) stehenden Behauptung.

b) Wir zeigen zuerst, daß jede extraspezielle 2-Gruppe $\mathfrak{G}$ von der Ordnung 2^{2m+1} einen abelschen Normalteiler vom Typ $(4, \underbrace{2, \ldots, 2}_{m-1})$ hat:

Da $\mathfrak{G}$ nicht abelsch ist, gibt es ein $A \in \mathfrak{G}$ mit $O(A) = 4$. Wegen $\mathfrak{G}' = \langle A^2 \rangle$ gilt $\langle A \rangle \lhd \mathfrak{G}$. Sei $\mathfrak{A}$ ein maximaler abelscher Normalteiler von $\mathfrak{G}$ mit $A \in \mathfrak{A}$. Nach 13.7 e) ist dann $|\mathfrak{A}| = 2^{m+1}$. Wegen $O(A) = 4$ und Exp $\mathfrak{G}/\mathbf{Z}(\mathfrak{G}) = 2$ ist $\mathfrak{A}$ ein abelscher Normalteiler von $\mathfrak{G}$ vom Typ $(4, \underbrace{2, \ldots, 2}_{m-1})$.

Sei $\mathfrak{G}_{m,1} = \mathfrak{D}_1 \ldots \mathfrak{D}_m$ das direkte Produkt mit vereinigten Zentren der Diedergruppen $\mathfrak{D}_i = \langle A_i, B_i \rangle$ mit $A_i^2 = E$ für $i = 1, \ldots, m$. Dann ist offenbar $\langle \mathbf{Z}(\mathfrak{G}), A_1, \ldots, A_m \rangle$ ein maximaler abelscher Normalteiler von $\mathfrak{G}_{m,1}$ vom Typ $(2, \ldots, 2)$.

Sei nun $\mathfrak{G}_{m,2} = \mathfrak{D}_1 \ldots \mathfrak{D}_{m-1} \mathfrak{Q}$ und $\mathfrak{A}$ ein maximaler abelscher Normalteiler von $\mathfrak{G}_{m,2}$. Die Elemente A aus $\mathfrak{A}$ lassen sich zerlegen in $A = A_1 A_2$ mit $A_1 \in \mathfrak{D}_1 \ldots \mathfrak{D}_{m-1}$ und $A_2 \in \mathfrak{Q}$; dabei sind A_1 und A_2 nur bis auf Faktoren aus $\mathbf{Z}(\mathfrak{G})$ eindeutig bestimmt. Wir definieren $\mathfrak{A}_i$ $(i = 1, 2)$ als das Erzeugnis aller A_i. Dann sind $\mathfrak{A}_1$ bzw. $\mathfrak{A}_2$ abelsche Normalteiler von $\mathfrak{D}_1 \ldots \mathfrak{D}_{m-1}$ bzw. $\mathfrak{Q}$. Wegen $\mathfrak{A} \leqq \mathfrak{A}_1 \mathfrak{A}_2$ und $\mathfrak{A}_1 \cap \mathfrak{A}_2 = \mathbf{Z}(\mathfrak{G})$ folgt mit Hilfe von 13.7 e)

$$2^{m+1} = |\mathfrak{A}| \leqq |\mathfrak{A}_1 \mathfrak{A}_2| = \frac{|\mathfrak{A}_1|\,|\mathfrak{A}_2|}{2} \leqq \frac{2^m\, 2^2}{2} = 2^{m+1}\,.$$

Also ist $\mathfrak{A} = \mathfrak{A}_1 \mathfrak{A}_2$, und $\mathfrak{A}_2$ ist ein maximaler abelscher Normalteiler von $\mathfrak{Q}$. Daher ist $\mathfrak{A}_2$ zyklisch von der Ordnung 4 und somit Exp $\mathfrak{A} = 4$.

c) Die Funktion q auf $\mathfrak{G}/\mathbf{Z}(\mathfrak{G})$ ist offenbar wohldefiniert. Aus $(XY)^2 = X^2 Y^2 [Y, X]$ folgt

$$q(\overline{X}\,\overline{Y}) = q(\overline{X}) + q(\overline{Y}) + f(\overline{Y}, \overline{X})\,,$$

wobei f die schiefsymmetrische Bilinearform aus 13.7 b) ist. Also ist q eine quadratische Form über $GF(2)$. **q.e.d.**

13.9 Bemerkungen.

a) Ist $\mathfrak{G}_{m,1} = \mathfrak{D}_1 \ldots \mathfrak{D}_m$ mit Diedergruppen $\mathfrak{D}_i = \langle A_i, B_i \rangle$ mit $A_i^2 = B_i^2 = E$, so erhalten wir

$$q(\overline{A}_1^{x_1}\, \overline{B}_1^{y_1} \ldots \overline{A}_m^{x_m}\, \overline{B}_m^{y_m}) = x_1 y_1 + \cdots + x_m y_m\,.$$

Ist $\mathfrak{G}_{m,2} = \mathfrak{D}_1 \ldots \mathfrak{D}_{m-1}\mathfrak{Q}$ mit $\mathfrak{D}_i = \langle A_i, B_i\rangle$ für $i = 1, \ldots, m-1$ wie eben und $\mathfrak{Q} = \langle A_m, B_m\rangle$, so ergibt sich jedoch

$$q(\overline{A}_1^{x_1}\,\overline{B}_1^{y_1}\ldots\overline{A}_m^{x_m}\,\overline{B}_m^{y_m}) = x_1y_1 + \cdots + x_{m-1}\,y_{m-1} + x_m^2 + x_my_m + y_m^2 .$$

Das sind gerade die Normalformen der beiden über $GF(2)$ möglichen nicht ausgearteten quadratischen Formen (siehe DIEUDONNE [4], S. 34).

b) Sei $\mathfrak{G}$ eine extraspezielle 2-Gruppe der Ordnung 2^{2m+1}. Nach 13.8 c) bewirkt die Automorphismengruppe $\mathbf{A}(\mathfrak{G})$ auf $\mathfrak{G}/\mathbf{Z}(\mathfrak{G})$ eine Untergruppe der zur quadratischen Form q gehörenden orthogonalen Gruppe $O(2m, 2)$. Da durch Vorgabe der quadratischen Form q und der Bilinearform f auf $\mathfrak{G}/\mathbf{Z}(\mathfrak{G})$ ein System von definierenden Relationen

$$[X, Y] = C^{f(\overline{X},\overline{Y})}, \quad X^2 = C^{q(\overline{X})} \quad (X, Y \in \mathfrak{G})$$

von $\mathfrak{G}$ bestimmt wird, sieht man leicht, daß sich jede bezüglich q orthogonale Abbildung auf $\mathfrak{G}/\mathbf{Z}(\mathfrak{G})$ zu einem Automorphismus von $\mathfrak{G}$ fortsetzen läßt. Also bewirkt $\mathbf{A}(\mathfrak{G})$ auf $\mathfrak{G}/\mathbf{Z}(\mathfrak{G})$ die volle orthogonale Gruppe zu q.

13.10 Satz (P. HALL). *Sei $\mathfrak{G}$ eine p-Gruppe. Jede abelsche charakteristische Untergruppe von $\mathfrak{G}$ sei zyklisch, $\mathfrak{G}$ selbst jedoch nicht.*

a) *Ist $p > 2$, so ist $\mathfrak{G}$ das direkte Produkt einer extraspeziellen p-Gruppe $\mathfrak{P}$ vom Exponenten p mit der zyklischen Gruppe $\mathbf{Z}(\mathfrak{G})$, wobei $\mathbf{Z}(\mathfrak{P})$ und $\Omega_1(\mathbf{Z}(\mathfrak{G}))$ vereinigt sind.*

b) *Ist $p = 2$, so treten die folgenden Fälle auf:*

(1) *$\mathfrak{G}$ ist extraspeziell.*

(2) *$\mathfrak{G}$ ist eine Diedergruppe, eine verallgemeinerte Quaternionengruppe oder eine Quasidiedergruppe (siehe* I, 14.9 b); S. 91).

(3) *$\mathfrak{G} = \mathfrak{P} \curlyvee \mathfrak{Q}$; dabei ist $\mathfrak{P}$ extraspeziell, $\mathfrak{Q}$ ist zyklisch, eine Diedergruppe, eine verallgemeinerte Quaternionengruppe oder eine Quasidiedergruppe, $\mathbf{Z}(\mathfrak{P})$ und $\Omega_1(\mathbf{Z}(\mathfrak{Q}))$ sind vereinigt.*

Beweis. Als charakteristische abelsche Untergruppe von $\mathfrak{G}$ ist $\mathbf{Z}(\Phi(\mathfrak{G}))$ zyklisch. Nach 7.8 c) ist daher auch $\Phi(\mathfrak{G})$ zyklisch.

a) Sei $p > 2$. Wir zeigen:

(1) $\mathfrak{G}$ ist regulär:

Wegen $\mathfrak{G}' \leqq \Phi(\mathfrak{G})$ ist $\mathfrak{G}'$ zyklisch. Aus $p > 2$ folgt daher mit 10.2 c) die Regularität von $\mathfrak{G}$.

(2) $\mathfrak{G}/\Omega_1(\mathfrak{G})$ ist zyklisch:

Da $\mho_1(\mathfrak{G})$ als Untergruppe von $\Phi(\mathfrak{G})$ zyklisch ist, folgt mit 10.7 a)

$$|\Omega_1(\mathfrak{G}/\Omega_1(\mathfrak{G}))| = |\Omega_2(\mathfrak{G})/\Omega_1(\mathfrak{G})| = |\mho_1(\mathfrak{G})/\mho_2(\mathfrak{G})| \leqq p .$$

Also hat $\mathfrak{G}/\Omega_1(\mathfrak{G})$ höchstens eine Untergruppe der Ordnung p, ist daher wegen $p > 2$ nach 8.2 a) zyklisch.

(3) $\Omega_1(\mathfrak{G})$ ist extraspeziell:

Da $\mathfrak{G}$ nicht zyklisch ist, ist nach 8.2 a) auch $\Omega_1(\mathfrak{G})$ nicht zyklisch. Nach unserer Voraussetzung gilt daher $\Omega_1(\mathfrak{G})' \neq \mathfrak{E}$. Wegen $\Phi(\Omega_1(\mathfrak{G})) \leqq \Phi(\mathfrak{G})$

ist $\Phi(\Omega_1(\mathfrak{G}))$ zyklisch vom Exponenten p. Somit gilt $\Omega_1(\mathfrak{G})' = \Phi(\Omega_1(\mathfrak{G}))$. Da $\mathbf{Z}(\Omega_1(\mathfrak{G}))$ als abelsche charakteristische Untergruppe von $\mathfrak{G}$ zyklisch ist, folgt $\Omega_1(\mathfrak{G})' = \Phi(\Omega_1(\mathfrak{G})) = \mathbf{Z}(\Omega_1(\mathfrak{G}))$ und $|\Omega_1(\mathfrak{G})'| = p$. Also ist $\Omega_1(\mathfrak{G})$ extraspeziell.

(4) Angenommen, es sei $\Omega_1(\mathfrak{G})\,\mathbf{Z}(\mathfrak{G}) < \mathfrak{G}$. Da $\mathfrak{G}/\Omega_1(\mathfrak{G})$ nach (2) zyklisch ist, gilt $\mathfrak{G}' \leqq \Omega_1(\mathfrak{G}) \cap \Phi(\mathfrak{G})$. Daraus folgt $|\mathfrak{G}'| = p$. Nach 1.3 a) gilt somit für alle $X, Y \in \mathfrak{G}$

$$[X^p, Y] = [X, Y]^p = E\,.$$

Also ist $\mho_1(\mathfrak{G}) \leqq \mathbf{Z}(\mathfrak{G})$, und somit ist $\mathfrak{G}/\mathbf{Z}(\mathfrak{G})$ elementar-abelsch. Ferner ist $\Phi(\mathfrak{G}) = \mho_1(\mathfrak{G})\,\mathfrak{G}' \leqq \mathbf{Z}(\mathfrak{G})$. Mit 13.7 folgt daher $|\mathfrak{G}/\mathbf{Z}(\mathfrak{G})| = p^{2k}$ für ein geeignetes k. Da $\mathfrak{G}/\Omega_1(\mathfrak{G})$ zyklisch ist, gilt

$$|\mathfrak{G}/\Omega_1(\mathfrak{G})/\Phi(\mathfrak{G}/\Omega_1(\mathfrak{G}))| = |\mathfrak{G}/\Phi(\mathfrak{G})\,\Omega_1(\mathfrak{G})| = p.$$

Aus

$$\Omega_1(\mathfrak{G})\,\Phi(\mathfrak{G}) \leqq \Omega_1(\mathfrak{G})\,\mathbf{Z}(\mathfrak{G}) < \mathfrak{G}$$

folgt daher $\Omega_1(\mathfrak{G})\,\Phi(\mathfrak{G}) = \Omega_1(\mathfrak{G})\,\mathbf{Z}(\mathfrak{G})$.

Da $\Omega_1(\mathfrak{G})$ extraspeziell ist, haben wir ferner

$$1 < |\Omega_1(\mathfrak{G}) \cap \mathbf{Z}(\mathfrak{G})| \leqq |\mathbf{Z}(\Omega_1(\mathfrak{G}))| = p\,,$$

somit $\Omega_1(\mathfrak{G}) \cap \mathbf{Z}(\mathfrak{G}) = \mathbf{Z}(\Omega_1(\mathfrak{G}))$. Nach 13.7 ist $|\Omega_1(\mathfrak{G})/\mathbf{Z}(\Omega_1(\mathfrak{G}))| = p^{2m}$ für ein geeignetes m. Damit folgt der Widerspruch

$$\begin{aligned} p^{2k} &= |\mathfrak{G}/\mathbf{Z}(\mathfrak{G})| = p\,|\Omega_1(\mathfrak{G})\,\mathbf{Z}(\mathfrak{G})/\mathbf{Z}(\mathfrak{G})| = p\,|\Omega_1(\mathfrak{G})/\Omega_1(\mathfrak{G}) \cap \mathbf{Z}(\mathfrak{G})| \\ &= p\,|\Omega_1(\mathfrak{G})/\mathbf{Z}(\Omega_1(\mathfrak{G}))| = p^{1+2m}\,. \end{aligned}$$

Somit ist $\mathfrak{G} = \Omega_1(\mathfrak{G})\,\mathbf{Z}(\mathfrak{G})$ und $\Omega_1(\mathfrak{G}) \cap \mathbf{Z}(\mathfrak{G}) = \mathbf{Z}(\Omega_1(\mathfrak{G}))$.

b) Sei jetzt $p = 2$. Wir zeigen:

(1) Es gilt $|\mathfrak{G}/\mathbf{C}_{\mathfrak{G}}(\Phi(\mathfrak{G}))| \leqq 2$:

Da $\Phi(\mathfrak{G})$ zyklisch ist, gibt es ein $A \in \mathfrak{G}$ mit $\Phi(\mathfrak{G}) = \langle A^2 \rangle$ (siehe 3.14 b)). Dann ist $\langle A \rangle \trianglelefteq \mathfrak{G}$. Für $G \in \mathfrak{G}$ gilt $A^G = A^k$ mit einem geeigneten k. Ist $O(A) = 2^a$, so folgt wegen $G^2 \in \Phi(\mathfrak{G})$ nun $k^2 \equiv 1\ (2^a)$. Nach I, 13.19 (S. 84) kommen für k nur die Werte $1, -1, 1 + 2^{a-1}, -1 + 2^{a-1}$ in Betracht. Also ist $|\mathfrak{G}/\mathbf{C}_{\mathfrak{G}}(A)| \leqq 4$ und $|\mathfrak{G}/\mathbf{C}_{\mathfrak{G}}(A^2)| \leqq 2$.

(2) Wir setzen $\mathfrak{U} = \mathbf{C}_{\mathfrak{G}}(\Phi(\mathfrak{G}))$. Dann ist $|\mathfrak{U}'| \leqq 2$, und

$$\{U \mid U \in \mathfrak{U},\ U^4 = E\}$$

ist die Untergruppe $\Omega_2(\mathfrak{U})$ von $\mathfrak{U}$:

Wegen $\Phi(\mathfrak{U}) \leqq \Phi(\mathfrak{G}) \leqq \mathbf{Z}(\mathfrak{U})$ hat $\mathfrak{U}$ höchstens die Klasse 2. Für $U_1, U_2 \in \mathfrak{U}$ gilt daher $U_1^2 \in \Phi(\mathfrak{U}) \leqq \mathbf{Z}(\mathfrak{U})$ und nach 1.3 a)

$$E = [U_1^2, U_2] = [U_1, U_2]^2\,.$$

Da $\mathfrak{U}'$ wegen $\mathfrak{U}' \leqq \mathbf{Z}(\mathfrak{U})$ zyklisch ist, folgt $|\mathfrak{U}'| \leqq 2$. Die Formel

$$(U_1 U_2)^4 = U_1^4 U_2^4 [U_2, U_1]^6 = U_1^4 U_2^4$$

aus 1.3 b) zeigt nun, daß $\{U \mid U \in \mathfrak{U}, U^4 = E\}$ eine Untergruppe von $\mathfrak{U}$ ist.

(3) Ist $\Omega_2(\mathfrak{U})$ abelsch, so ist $\mathfrak{G}$ eine Diedergruppe, eine verallgemeinerte Quaternionengruppe oder eine Quasidiedergruppe:

Sei $\Omega_2(\mathfrak{U})$ abelsch. Da $\Omega_2(\mathfrak{U})$ eine charakteristische Untergruppe von $\mathfrak{G}$ ist, ist dann $\Omega_2(\mathfrak{U})$ zyklisch. Somit hat $\mathfrak{U}$ nur eine Untergruppe der Ordnung 4. Nach 8.3 ist daher $\mathfrak{U}$ zyklisch. Aus

$$\Phi(\mathfrak{G}) = \langle A^2 \rangle < \langle A \rangle \leqq \mathfrak{U}$$

und $A \notin \Phi(\mathfrak{G})$ folgt $\mathfrak{U} = \langle A \rangle$. Sei $\mathfrak{G} = \langle A, B \rangle$. Wegen $B^2 \in \mathfrak{U}$, aber $B \notin \mathfrak{U} = \mathfrak{C}_{\mathfrak{G}}(A^2)$ ist $A^B = A^{-1}$ oder $A^B = A^{-1+2^{a-1}}$. Mit I, 14.9 (S. 91) folgt nun, daß $\mathfrak{G}$ eine der aufgeführten Gruppen ist.

Sei weiterhin also $\Omega_2(\mathfrak{U})$ nicht abelsch.

(4) Ist $\operatorname{Exp} \mathfrak{G} = 4$, so gilt $\mathfrak{G} = \mathfrak{P}\,\mathbf{Z}(\mathfrak{G})$ mit einer extraspeziellen 2-Gruppe $\mathfrak{P}$ und mit $\mathfrak{P} \cap \mathbf{Z}(\mathfrak{G}) = \mathbf{Z}(\mathfrak{P})$:

In diesem Falle ist $|\Phi(\mathfrak{G})| = 2$. Ist $|\mathbf{Z}(\mathfrak{G})| = 2$, so haben wir $\mathfrak{E} < \mathfrak{G}' = \Phi(\mathfrak{G}) = \mathbf{Z}(\mathfrak{G})$, und $\mathfrak{G}$ ist extraspeziell. Sei $|\mathbf{Z}(\mathfrak{G})| = 4$, also $\mathbf{Z}(\mathfrak{G}) > \Phi(\mathfrak{G})$. Dann gibt es eine maximale Untergruppe $\mathfrak{P}$ von $\mathfrak{G}$ mit $\mathfrak{G} = \mathfrak{P}\,\mathbf{Z}(\mathfrak{G})$ und $\mathfrak{P} \cap \mathbf{Z}(\mathfrak{G}) = \Phi(\mathfrak{G})$. Es folgt $\mathfrak{G}' = \mathfrak{P}'$ und $\mathbf{Z}(\mathfrak{P}) = \mathfrak{P} \cap \mathbf{Z}(\mathfrak{G})$. Also ist

$$\mathbf{Z}(\mathfrak{P}) = \Phi(\mathfrak{G}) = \mathfrak{G}' = \mathfrak{P}' \leqq \Phi(\mathfrak{P}) \leqq \Phi(\mathfrak{G}),$$

somit $\mathbf{Z}(\mathfrak{P}) = \mathfrak{P}' = \Phi(\mathfrak{P})$, und $\mathfrak{P}$ ist extraspeziell.

Sei weiterhin $\operatorname{Exp} \mathfrak{G} > 4$. Wegen $\Phi(\mathfrak{G}) = \langle A^2 \rangle$ ist dann $O(A) > 4$.

(5) Es gilt $\mathfrak{U} = \Omega_2(\mathfrak{U})\,\mathbf{Z}(\mathfrak{U})$ und $\Omega_2(\mathfrak{U}) \cap \mathbf{Z}(\mathfrak{U}) = \mathbf{Z}(\Omega_2(\mathfrak{U}))$:
Sei wie vorher $\Phi(\mathfrak{G}) = \langle A^2 \rangle$, also $A \in \mathfrak{U} = \mathfrak{C}_{\mathfrak{G}}(\Phi(\mathfrak{G}))$. Für $U \in \mathfrak{U}$ ist $U^2 \in \Phi(\mathfrak{G}) = \langle A^2 \rangle$, daher $U^4 = A^{4k}$ mit geeignetem k. Es folgt mit (2)

$$(U A^{-k})^4 = U^4 A^{-4k} [A^{-k}, U]^6 = E,$$

also $U A^{-k} \in \Omega_2(\mathfrak{U})$. Somit gilt $\mathfrak{U} = \Omega_2(\mathfrak{U}) \langle A \rangle$. Wegen $\Phi(\mathfrak{U}) \leqq \mathbf{Z}(\mathfrak{U})$ und $\Omega_2(\mathfrak{U})' \neq \mathfrak{E}$ haben wir nach 13.7

$$|\mathfrak{U}/\mathbf{Z}(\mathfrak{U})| = 2^{2m} \quad \text{und} \quad |\Omega_2(\mathfrak{U})/\mathbf{Z}(\Omega_2(\mathfrak{U}))| = 2^{2n}$$

mit geeigneten m und n. Wegen $A^2 \in \mathbf{Z}(\mathfrak{U})$ und $O(A) > 4$ ist

$$\Omega_2(\langle A \rangle) \leqq \Omega_2(\mathfrak{U}) \cap \mathbf{Z}(\mathfrak{U}) \leqq \mathbf{Z}(\Omega_2(\mathfrak{U})).$$

Da $\Omega_2(\langle A \rangle)$ und $\mathbf{Z}(\Omega_2(\mathfrak{U}))$ zyklisch von der Ordnung 4 sind, folgt

$$\Omega_2(\mathfrak{U}) \cap \langle A \rangle = \Omega_2(\langle A \rangle) = \Omega_2(\mathfrak{U}) \cap \mathbf{Z}(\mathfrak{U}) = \mathbf{Z}(\Omega_2(\mathfrak{U})).$$

Angenommen, es sei $\mathbf{Z}(\mathfrak{U}) = \langle A^2 \rangle$. Dann folgt der Widerspruch

$$2^{2m} = |\mathfrak{U}/\mathbf{Z}(\mathfrak{U})| = \frac{|\Omega_2(\mathfrak{U})\langle A \rangle|}{|\langle A^2 \rangle|} = 2\,|\Omega_2(\mathfrak{U})/\Omega_2(\mathfrak{U}) \cap \langle A \rangle|$$
$$= 2\,|\Omega_2(\mathfrak{U})/\mathbf{Z}(\Omega_2(\mathfrak{U}))| = 2^{2n+1}.$$

Also gilt $\langle A^2 \rangle < \mathbf{Z}(\mathfrak{U})$. Wegen $\Omega_2(\mathfrak{U}) \cap \mathbf{Z}(\mathfrak{U}) = \Omega_2(\mathfrak{U}) \cap \langle A \rangle$ folgt durch Vergleich der Ordnungen dann $\mathfrak{U} = \Omega_2(\mathfrak{U})\,\mathbf{Z}(\mathfrak{U})$.

Durch geeignete Wahl von A können wir daher $\mathbf{Z}(\mathfrak{U}) = \langle A \rangle$ und $\Phi(\mathfrak{G}) = \langle A^2 \rangle$ erreichen.

(6) Ist $\mathfrak{U} = \mathfrak{G}$, so gilt $\mathfrak{G} = \mathfrak{P}\,\mathbf{Z}(\mathfrak{G})$ mit einer extraspeziellen 2-Gruppe $\mathfrak{P}$: Offenbar erfüllt $\Omega_2(\mathfrak{G})$ wieder die Voraussetzungen des Satzes.

Nach (4) ist daher $\Omega_2(\mathfrak{G}) = \mathfrak{P}\,\mathbf{Z}(\Omega_2(\mathfrak{G}))$ mit extraspeziellem $\mathfrak{P}$, nach (5) gilt $\mathfrak{G} = \Omega_2(\mathfrak{G})\,\mathbf{Z}(\mathfrak{G})$ und $\Omega_2(\mathfrak{G}) \cap \mathbf{Z}(\mathfrak{G}) = \mathbf{Z}(\Omega_2(\mathfrak{G}))$. Also haben wir $\mathfrak{G} = \mathfrak{P}\,\mathbf{Z}(\mathfrak{G})$. Aus $\mathfrak{E} < \mathfrak{P} \cap \mathbf{Z}(\mathfrak{G}) \leqq \mathbf{Z}(\mathfrak{P})$ und $|\mathbf{Z}(\mathfrak{P})| = p$ folgt dann $\mathfrak{P} \cap \mathbf{Z}(\mathfrak{G}) = \mathbf{Z}(\mathfrak{P})$.

Sei weiterhin also $\mathfrak{U} < \mathfrak{G}$, somit nach (1) $|\mathfrak{G}/\mathfrak{U}| = 2$.

(7) $\mathfrak{G}$ ist eine unter (3) aufgeführte Gruppe:
Sei $B \in \mathfrak{G} - \mathfrak{U}$, also $B \notin \mathfrak{U} = \mathbf{C}_{\mathfrak{G}}(A^2)$. Wegen $B^2 \in \Phi(\mathfrak{G}) = \langle A^2 \rangle$ gilt $A^B = A^{-1}$ oder $A^B = A^{-1+2^{a-1}}$. Daher ist $\mathfrak{Q} = \langle A, B \rangle$ nach I, 14.9 (S. 91) eine Diedergruppe, eine verallgemeinerte Quaternionengruppe oder eine Quasidiedergruppe. Wegen $\mathfrak{U} = \Omega_2(\mathfrak{U})\,\langle A \rangle$ gilt

$$\mathfrak{G} = \langle \mathfrak{U}, B \rangle = \langle \Omega_2(\mathfrak{U}), A, B \rangle = \Omega_2(\mathfrak{U})\,\mathfrak{Q}\,.$$

Sei $U \in \Omega_2(\mathfrak{U})$. Dann ist $U^2 \in \Phi(\mathfrak{U}) \leqq \mathbf{Z}(\mathfrak{U}) = \langle A \rangle$ und $O(U^2) \leqq 2$, somit $U^2 \in \mathbf{Z}(\mathfrak{G})$. Es gilt

$$A^U = A \quad \text{und} \quad B^U = A^i B$$

mit geeignetem i. Wegen $U^2 \in \mathbf{Z}(\mathfrak{G})$ ist $B = B^{U^2} = A^{2i} B$, also $A^{2i} = E$. Somit folgt $|\Omega_2(\mathfrak{U})/\Omega_2(\mathfrak{U}) \cap \mathbf{C}_{\mathfrak{G}}(\mathfrak{Q})| \leqq 2$. Wegen

$$A^{2^{a-2}} \in \Omega_2(\mathfrak{U})\,, \quad \text{aber} \quad A^{2^{a-2}} \notin \mathbf{C}_{\mathfrak{G}}(\mathfrak{Q})$$

ist $|\Omega_2(\mathfrak{U})/\Omega_2(\mathfrak{U}) \cap \mathbf{C}_{\mathfrak{G}}(\mathfrak{Q})| = 2$. Wir setzen $\mathfrak{P} = \Omega_2(\mathfrak{U}) \cap \mathbf{C}_{\mathfrak{G}}(\mathfrak{Q})$. Aus $\Omega_2(\mathfrak{U}) = \mathfrak{P}\langle A^{2^{a-2}} \rangle$ folgt $\mathfrak{U} = \Omega_2(\mathfrak{U})\,\langle A \rangle = \mathfrak{P}\langle A \rangle$ und

$$\mathfrak{G} = \Omega_2(\mathfrak{U})\,\mathfrak{Q} = \mathfrak{P}\,\mathfrak{Q}.$$

Es ist

$$\mathfrak{E} < \Omega_2(\mathfrak{U})' = \mathfrak{P}' \leqq \Phi(\mathfrak{P}) \leqq \mathfrak{P} \cap \Phi(\mathfrak{U}) \leqq \mathfrak{P} \cap \mathbf{Z}(\mathfrak{U}) = \mathfrak{P} \cap \langle A \rangle = \mathbf{Z}(\mathfrak{P})\,.$$

Die Gruppe $\mathbf{Z}(\mathfrak{P}) = \mathfrak{P} \cap \mathbf{Z}(\mathfrak{U}) = \mathfrak{P} \cap \langle A \rangle$ hat wegen $A^{2^{a-2}} \notin \mathfrak{P}$ die Ordnung 2. Also ist $\mathfrak{P}$ extraspeziell. Ferner gilt

$$\mathfrak{P} \cap \mathfrak{Q} \leqq \mathbf{C}_{\mathfrak{G}}(\mathfrak{Q}) \cap \mathfrak{Q} = \mathbf{Z}(\mathfrak{Q})\,.$$

Wegen $|\mathbf{Z}(\mathfrak{Q})| = 2$ folgt $\mathfrak{P} \cap \mathfrak{Q} = \mathbf{Z}(\mathfrak{P}) = \mathbf{Z}(\mathfrak{Q}) = \mathbf{Z}(\mathfrak{G})$. **q.e.d.**

Aufgaben:

32) Ist $\mathfrak{G}$ eine extraspezielle p-Gruppe vom Exponenten p, so ist $\mathbf{Z}(\mathfrak{G})$ die einzige nichttriviale charakteristische Untergruppe von $\mathfrak{G}$.

33) Sei $\mathfrak{G} = \mathfrak{P}\,\mathfrak{A}$ das semidirekte Produkt von $\mathfrak{P}$ mit $\mathfrak{A}$. Sei $(|\mathfrak{P}|, |\mathfrak{A}|) = 1$, $\mathfrak{P} = [\mathfrak{P}, \mathfrak{A}]$ und sei jede charakteristische abelsche Untergruppe der p-Gruppe $\mathfrak{P}$ zyklisch. Dann ist $\mathfrak{P}$ zyklisch oder extraspeziell.

34) Sei $\mathfrak{Z}$ eine zyklische 2-Gruppe mit $|\mathfrak{Z}| \geqq 4$, sei $\mathfrak{Q}$ die Quaternionengruppe und $\mathfrak{D}$ die Diedergruppe der Ordnung 8. Dann gilt $\mathfrak{Q} \curlyvee \mathfrak{Z} \cong \mathfrak{D} \curlyvee \mathfrak{Z}$, wobei $\Omega_1(\mathfrak{Z})$ und $\mathfrak{Q}'$ bzw. $\mathfrak{D}'$ vereinigt sind.

§ 14. p-Gruppen von maximaler Klasse

14.1 Definition. Sei $\mathfrak{G}$ eine p-Gruppe von der Ordnung p^n mit $n \geqq 2$. Wegen $|\mathfrak{G}/\mathbf{K}_2(\mathfrak{G})| \geqq p^2$ ist dann die Klasse $c(\mathfrak{G})$ von $\mathfrak{G}$ höchstens $n-1$. Wir nennen $\mathfrak{G}$ eine p-Gruppe von maximaler Klasse, wenn $\mathfrak{G}$ die Ordnung p^n und die Klasse $n-1$ hat.

Die Theorie der p-Gruppen von maximaler Klasse (sogar einer erheblich umfangreicheren Familie von p-Gruppen) wurde von Blackburn in einer großen Arbeit entwickelt (Blackburn [3]). Diese Arbeit ist der bedeutendste Beitrag zur Theorie der p-Gruppen seit den grundlegenden Arbeiten von P. Hall [2] und [3]. Die hier gegebene Darstellung folgt unveröffentlichten Aufzeichnungen von Blackburn.

14.2 Hilfssatz. *Sei $\mathfrak{G}$ eine p-Gruppe von maximaler Klasse von der Ordnung p^n.*

a) *Es gilt $|\mathfrak{G}/\mathbf{K}_2(\mathfrak{G})| = p^2$ und $|\mathbf{K}_i(\mathfrak{G})/\mathbf{K}_{i+1}(\mathfrak{G})| = p$ für*

$$2 \leqq i \leqq n-1.$$

b) *Für $i \geqq 2$ ist $\mathbf{K}_i(\mathfrak{G})$ der einzige Normalteiler von $\mathfrak{G}$ vom Index p^i.*

c) *Ist $\mathfrak{N} \lhd \mathfrak{G}$ und $|\mathfrak{G}/\mathfrak{N}| \geqq p^2$, so ist $\mathfrak{G}/\mathfrak{N}$ eine p-Gruppe von maximaler Klasse.*

d) *Es gilt $\mathbf{Z}_i(\mathfrak{G}) = \mathbf{K}_{n-i}(\mathfrak{G})$ für $0 \leqq i \leqq n-1$.*

Beweis. a) Die Behauptung folgt sofort aus

$$|\mathfrak{G}| = p^n = \prod_{i=1}^{n-1} |\mathbf{K}_i(\mathfrak{G})/\mathbf{K}_{i+1}(\mathfrak{G})|$$

und den Ungleichungen

$$|\mathfrak{G}/\mathbf{K}_2(\mathfrak{G})| \geqq p^2 \quad \text{und} \quad |\mathbf{K}_i(\mathfrak{G})/\mathbf{K}_{i+1}(\mathfrak{G})| \geqq p \quad \text{für} \quad 2 \leqq i \leqq n-1\,.$$

b) Sei $\mathfrak{N} \lhd \mathfrak{G}$ mit $|\mathfrak{G}/\mathfrak{N}| = p^i$. Dann hat $\mathfrak{G}/\mathfrak{N}$ höchstens die Klasse $i-1$. Daher folgt

$$\mathfrak{E} = \mathbf{K}_i(\mathfrak{G}/\mathfrak{N}) = \mathbf{K}_i(\mathfrak{G})\,\mathfrak{N}/\mathfrak{N}\,,$$

also $\mathbf{K}_i(\mathfrak{G}) \leqq \mathfrak{N}$. Wegen $|\mathfrak{G}/\mathbf{K}_i(\mathfrak{G})| = p^i$ erzwingt das $\mathfrak{N} = \mathbf{K}_i(\mathfrak{G})$.

c) Sei $|\mathfrak{G}/\mathfrak{N}| = p^i \geqq p^2$. Nach b) ist $\mathfrak{N} = \mathbf{K}_i(\mathfrak{G})$. Also hat $\mathfrak{G}/\mathfrak{N}$ die Klasse $i-1$ und ist daher eine p-Gruppe von maximaler Klasse.

d) Wegen $c(\mathfrak{G}) = n-1$ gilt $\mathbf{Z}_{n-1}(\mathfrak{G}) = \mathfrak{G}$. Aus

$$\mathfrak{E} = \mathbf{Z}_0(\mathfrak{G}) < \mathbf{Z}_1(\mathfrak{G}) < \cdots < \mathbf{Z}_{n-1}(\mathfrak{G}) = \mathfrak{G}$$

und $|\mathfrak{G}/\mathbf{Z}_{n-2}(\mathfrak{G})| \leqq p^2$ folgt daher $|\mathbf{Z}_i(\mathfrak{G})| = p^i$ für $i \leqq n-2$. Nach b) liefert das $\mathbf{Z}_i(\mathfrak{G}) = \mathbf{K}_{n-i}(\mathfrak{G})$. **q.e.d.**

Die 2-Gruppen von maximaler Klasse sind in 11.9 b) alle angegeben worden. Deshalb können wir weiterhin $p > 2$ annehmen.

Alle nichtabelschen p-Gruppen der Ordnung p^3 haben offenbar maximale Klasse. Die p-Gruppen der Ordnung p^4 von maximaler Klasse lassen sich für $p > 3$ leicht aus 12.6 entnehmen: Es sind die unter 9), 10), 12) und 13) aufgeführten Gruppen. (Für $p = 3$ ist die Gruppe unter 13) gemäß Aufgabe 29 zu ersetzen.) Bei der Behandlung der p-Gruppen von maximaler Klasse setzen wir weiterhin $n \geqq 5$ voraus.

Wir führen eine für die Beschreibung der p-Gruppen von maximaler Klasse grundlegende charakteristische Untergruppe ein:

14.3 Definition. Sei $\mathfrak{G}$ eine p-Gruppe von maximaler Klasse mit $|\mathfrak{G}| = p^n$. Wir definieren die charakteristische Untergruppe $\mathfrak{G}_1$ durch die Festsetzung

$$\mathfrak{G}_1 = \mathbf{C}_{\mathfrak{G}}(\mathbf{K}_2(\mathfrak{G})/\mathbf{K}_4(\mathfrak{G}))\,.$$

Für $2 \leqq i \leqq n$ setzen wir weiterhin $\mathfrak{G}_i = \mathbf{K}_i(\mathfrak{G})$. (Also ist $\mathfrak{G}_n = \mathfrak{E}$.)

14.4 Hilfssatz. *Sei $\mathfrak{G}$ eine p-Gruppe von maximaler Klasse mit $|\mathfrak{G}| = p^n$ und $n \geqq 4$. Dann gilt:*

a) $|\mathfrak{G}/\mathfrak{G}_1| = p$.

b) $\mathfrak{G}_1/\mathfrak{G}_3 \not\leqq \mathbf{Z}(\mathfrak{G}/\mathfrak{G}_3)$.

Beweis. a) Wegen $|\mathfrak{G}_2/\mathfrak{G}_4| = p^2$ ist $p^2 \nmid |\mathbf{A}(\mathfrak{G}_2/\mathfrak{G}_4)|$. Aus

$$|\mathfrak{G}/\mathfrak{G}_1| \;\big|\; |\mathbf{A}(\mathfrak{G}_2/\mathfrak{G}_4)|$$

folgt daher $|\mathfrak{G}/\mathfrak{G}_1| \leqq p$. Wegen $[\mathfrak{G}_2, \mathfrak{G}] = \mathfrak{G}_3 \not\leqq \mathfrak{G}_4$ ist andererseits

$$\mathfrak{G}_1 = \mathbf{C}_{\mathfrak{G}}(\mathfrak{G}_2/\mathfrak{G}_4) < \mathfrak{G}\,.$$

Also gilt $|\mathfrak{G}/\mathfrak{G}_1| = p$.

b) Angenommen, es sei $\mathfrak{G}_1/\mathfrak{G}_3 \leqq \mathbf{Z}(\mathfrak{G}/\mathfrak{G}_3)$. Dann ist $\mathfrak{G}/\mathfrak{G}_3$ als zyklische Erweiterung einer Untergruppe seines Zentrums abelsch. Das ergibt den Widerspruch $\mathfrak{G}' = \mathfrak{G}_2 \leqq \mathfrak{G}_3$. **q.e.d.**

14.5 Definition. Sei $\mathfrak{G}$ eine p-Gruppe von maximaler Klasse mit $|\mathfrak{G}| = p^n$ und $n \geqq 5$. Wir nennen $\mathfrak{G}$ eine Ausnahmegruppe, wenn es ein i gibt mit $3 \leqq i \leqq n-2$ und $\mathfrak{G}_1 \neq \mathbf{C}_{\mathfrak{G}}(\mathfrak{G}_i/\mathfrak{G}_{i+2})$. Dann ist $[\mathfrak{G}_i, \mathfrak{G}_1] \leqq \mathfrak{G}_{i+1}$, aber $[\mathfrak{G}_i, \mathfrak{G}_1] \not\leqq \mathfrak{G}_{i+2}$. Also folgt mit 14.2 b) $[\mathfrak{G}_i, \mathfrak{G}_1] = \mathfrak{G}_{i+1}$. Genau dann ist $\mathfrak{G}$ also keine Ausnahmegruppe, wenn $\mathfrak{G}_1 = \mathbf{C}_{\mathfrak{G}}(\mathfrak{G}_i/\mathfrak{G}_{i+2})$, d. h. $[\mathfrak{G}_i, \mathfrak{G}_1] \leqq \mathfrak{G}_{i+2}$ für $2 \leqq i \leqq n-2$ gilt. Ist $\mathfrak{G}$ keine Ausnahmegruppe, so offenbar auch jede Faktorgruppe von $\mathfrak{G}$.

Wir geben zunächst die Hauptsätze an:

14.6 Hauptsatz. *Sei $\mathfrak{G}$ eine p-Gruppe von maximaler Klasse mit $|\mathfrak{G}| = p^n$ und $n \geqq 5$. Dann gilt:*

a) *$\mathfrak{G}/\mathfrak{G}_{n-1}$ ist keine Ausnahmegruppe; also ist $\mathfrak{G}_1 = \mathbf{C}_{\mathfrak{G}}(\mathfrak{G}_i/\mathfrak{G}_{i+2})$ für $2 \leqq i \leqq n-3$.*

b) *Ist* $\mathfrak{G}$ *eine Ausnahmegruppe, so gilt* $p > 3$, *ferner* $6 \leqq n \leqq p + 1$, *und* n *ist gerade.*

14.7 Hauptsatz. *Sei* $\mathfrak{G}$ *eine* p*-Gruppe von maximaler Klasse mit* $|\mathfrak{G}| = p^n$ *und* $n \geqq 5$. *Dann sind gleichwertig:*

a) $\mathfrak{G}$ *ist keine Ausnahmegruppe, d. h. es gilt* $[\mathfrak{G}_i, \mathfrak{G}_1] \leqq \mathfrak{G}_{i+2}$ *für* $i = 2, \ldots, n-2$.

b) *Es gilt* $[\mathfrak{G}_i, \mathfrak{G}_j] \leqq \mathfrak{G}_{i+j+1}$ *für alle* i, j *mit* $i + j > 2$. (*Für* $k \geqq n$ *ist dabei* $\mathfrak{G}_k = \mathfrak{E}$ *zu setzen.*)

c) *Die abelschen Faktorgruppen* $\mathfrak{G}_i/\mathfrak{G}_{i+2}$ (*mit* $2 \leqq i \leqq n-2$) *der Ordnung* p^2 *sind paarweise isomorph als* $\mathfrak{G}$*-Gruppen.*

Wir beweisen die Hauptsätze über eine Reihe von Zwischenschritten.

14.8 Hilfssatz. *Sei* $\mathfrak{G}$ *eine* p*-Gruppe von maximaler Klasse mit* $|\mathfrak{G}| = p^n$ *und* $n \geqq 4$. *Sei* $\mathfrak{G}$ *keine Ausnahmegruppe. Wir wählen Elemente* S *und* S_1 *aus* $\mathfrak{G}$ *mit*

$$\mathfrak{G} = \langle \mathfrak{G}_1, S \rangle \quad \textit{und} \quad \mathfrak{G}_1 = \langle \mathfrak{G}_2, S_1 \rangle .$$

Wir definieren die Elemente S_i ($i \geqq 2$) *aus* $\mathfrak{G}$ *rekursiv durch* $S_i = [S_{i-1}, S]$. *Dann gilt* $\mathfrak{G}_i = \langle \mathfrak{G}_{i+1}, S_i \rangle$ *für* $2 \leqq i \leqq n-1$.

Beweis. Wir haben

$$\mathfrak{G} = \langle \mathfrak{G}_1, S \rangle = \langle \mathfrak{G}_2, S_1, S \rangle .$$

Wegen $\mathfrak{G}_2 = \mathfrak{G}' \leqq \Phi(\mathfrak{G})$ (siehe 3.11) gilt $\mathfrak{G} = \langle S_1, S \rangle$. Nach 1.11 b) ist daher

$$\mathfrak{G}_2 = \mathbf{K}_2(\mathfrak{G}) = \langle [S_1, S], \mathbf{K}_3(\mathfrak{G}) \rangle = \langle S_2, \mathfrak{G}_3 \rangle .$$

Sei schon $\mathfrak{G}_{i-1} = \langle \mathfrak{G}_i, S_{i-1} \rangle$ bewiesen. Wegen $\mathfrak{G} = \langle S, S_1 \rangle$ folgt

$$\mathfrak{G}_i = [\mathfrak{G}_{i-1}, \mathfrak{G}] = \langle \mathfrak{G}_{i+1}, [S_{i-1}, S], [S_{i-1}, S_1] \rangle .$$

Da $\mathfrak{G}$ keine Ausnahmegruppe ist, gilt für $i \leqq n-1$

$$[S_{i-1}, S_1] \in [\mathfrak{G}_{i-1}, \mathfrak{G}_1] \leqq \mathfrak{G}_{i+1} .$$

Wegen $[S_{i-1}, S] = S_i$ ergibt das die Behauptung. **q.e.d.**

14.9 Hilfssatz. *Sei* $\mathfrak{G}$ *eine* p*-Gruppe von maximaler Klasse mit* $|\mathfrak{G}| = p^n$ *und* $n \geqq 5$. *Für alle* i, j *mit* $2 < i + j \leqq n - 2$ *gelte* $[\mathfrak{G}_i, \mathfrak{G}_j] \leqq \mathfrak{G}_{i+j+1}$. *Seien* S *und* S_1 *Elemente aus* $\mathfrak{G}$ *mit* $\mathfrak{G} = \langle \mathfrak{G}_1, S \rangle$ *und* $\mathfrak{G}_1 = \langle \mathfrak{G}_2, S_1 \rangle$. *Für* $2 \leqq i \leqq n-2$ *seien die* S_i *rekursiv definiert durch* $S_i = [S_{i-1}, S]$. *Dann gilt*

$$[S_1, S_{n-2}] = [S_2, S_{n-3}]^{-1} = \cdots = [S_i, S_{n-i-1}]^{(-1)^{i-1}} = \cdots$$
$$= [S_{n-2}, S_1]^{(-1)^{n-1}} .$$

Beweis. Nach unserer Voraussetzung ist

$$(+) \quad [\mathfrak{G}_i, \mathfrak{G}_j] \leqq \mathfrak{G}_{i+j+1} \quad \text{für} \quad 2 < i + j \leqq n - 2 .$$

Sei $2 \leqq i \leqq n-2$. Dann haben wir

$$[S_i, S_{n-i-1}] = S_i^{-1} S_i^{S_{n-i-1}} = S_i^{-1} [S_{i-1}, S]^{S_{n-i-1}}$$
$$= S_i^{-1} [S_{i-1}^{S_{n-i-1}}, S^{S_{n-i-1}}] .$$

Dabei ist wegen (+)

$$[S_{i-1}, S_{n-i-1}] \in [\mathfrak{G}_{i-1}, \mathfrak{G}_{n-i-1}] \leqq \mathfrak{G}_{n-1} = \mathbf{Z}(\mathfrak{G}) .$$

Also bleibt

$$[S_i, S_{n-i-1}] = S_i^{-1}[S_{i-1}, S[S, S_{n-i-1}]] = S_i^{-1}[S_{i-1}, S\, S_{n-i}^{-1}]$$
$$= S_i^{-1}[S_{i-1}, S_{n-i}^{-1}]\,[S_{i-1}, S]^{S_{n-i}^{-1}} \quad \text{(nach 1.2 b))} .$$

Dabei ist

$$[S_{i-1}, S_{n-i}^{-1}] \in [\mathfrak{G}_{i-1}, \mathfrak{G}_{n-i}] \leqq \mathfrak{G}_{n-1} = \mathbf{Z}(\mathfrak{G}) ,$$

daher nach 1.3 a)

$$[S_{i-1}, S_{n-i}^{-1}] = [S_{i-1}, S_{n-i}]^{-1} \in \mathbf{Z}(\mathfrak{G}) .$$

Ferner haben wir

$$[S_{i-1}, S] = S_i$$

und wegen $2 \leqq i \leqq n-2$

$$[S_i, S_{n-i}] \in [\mathfrak{G}_i, \mathfrak{G}_{n-i}] = [\mathbf{K}_i(\mathfrak{G}), \mathbf{K}_{n-i}(\mathfrak{G})] \leqq \mathbf{K}_n(\mathfrak{G}) = \mathfrak{E} .$$

Also bleibt

$$[S_i, S_{n-i-1}] = S_i^{-1}[S_{i-1}, S_{n-i}]^{-1} S_i = [S_{i-1}, S_{n-i}]^{-1}$$

für $2 \leqq i \leqq n-2$. **q.e.d.**

14.10 Beweis von 14.7. Wir führen den Beweis durch Induktion nach $|\mathfrak{G}|$.

a) $\Rightarrow$ b): Da $\mathfrak{G}$ keine Ausnahmegruppe ist, gilt

(1) $[\mathfrak{G}_1, \mathfrak{G}_i] \leqq \mathfrak{G}_{i+2}$ für alle $i \geqq 2$.

Da dann auch $\mathfrak{G}/\mathfrak{G}_{n-1}$ keine Ausnahmegruppe ist, liefert die Anwendung der Induktionsannahme auf $\mathfrak{G}/\mathfrak{G}_{n-1}$ die Aussagen

(2) $[\mathfrak{G}_i, \mathfrak{G}_j] \leqq \mathfrak{G}_{i+j+1}$ für $2 < i+j \leqq n-2$.

Somit sind die Voraussetzungen von 14.9 erfüllt. Mit (1) folgt

$$[S_1, S_{n-2}] \in [\mathfrak{G}_1, \mathfrak{G}_{n-2}] \leqq \mathfrak{G}_n = \mathfrak{E} ,$$

also mit 14.9

$$E = [S_1, S_{n-2}] = [S_i, S_{n-i-1}] \quad \text{für} \quad i \leqq n-2 .$$

Nach 14.8 ist

$$\mathfrak{G}_i = \langle \mathfrak{G}_{i+1}, S_i \rangle \quad \text{und} \quad \mathfrak{G}_{n-i-1} = \langle \mathfrak{G}_{n-i}, S_{n-i-1} \rangle .$$

Nun haben wir

$$[\mathfrak{G}_{n-i-1}, \mathfrak{G}_{i+1}] \leqq \mathfrak{G}_n = \mathfrak{E} ,$$
$$[S_{n-i-1}, S_i] = E$$

und

$$[\mathfrak{G}_{n-i}, S_i] \leqq \mathfrak{G}_n = \mathfrak{E} .$$

Also ist $[\mathfrak{G}_{n-i-1}, \mathfrak{G}_i] = \mathfrak{E}$ und somit $[\mathfrak{G}_i, \mathfrak{G}_j] \leqq \mathfrak{G}_{i+j+1}$ für $i+j = n-1$. Für $i+j \geqq n$ und $i, j \geqq 2$ ist die Behauptung in 14.7 b) wegen

$$[\mathfrak{G}_i, \mathfrak{G}_j] = [\mathbf{K}_i(\mathfrak{G}), \mathbf{K}_j(\mathfrak{G})] \leqq \mathbf{K}_{i+j}(\mathfrak{G}) \leqq \mathbf{K}_n(\mathfrak{G}) = \mathfrak{E}$$

nach 2.11 b) sicher richtig.

b) $\Rightarrow$ c): Sei $T_i \in \mathfrak{G} - \mathfrak{C}_{\mathfrak{G}}(\mathfrak{G}_i/\mathfrak{G}_{i+2})$ für $2 \leqq i \leqq n-2$. Die Abbildung τ_i mit

$$(X\,\mathfrak{G}_{i+2})^{\tau_i} = [X, T_i]\,\mathfrak{G}_{i+3}$$

für $X \in \mathfrak{G}_i$ ist für $2 \leqq i \leqq n-3$ ein Homomorphismus von $\mathfrak{G}_i/\mathfrak{G}_{i+2}$ in $\mathfrak{G}_{i+1}/\mathfrak{G}_{i+3}$:

Zum Beweis können wir $\mathfrak{G}_{i+3} = \mathfrak{E}$ annehmen. Wegen $[\mathfrak{G}_{i+2}, T_i] = \mathfrak{E}$ ist τ_i wohldefiniert. Für $X_1, X_2 \in \mathfrak{G}_i$ gilt wegen 1.2 c) und

$$[X_1, T_i, X_2] \in [\mathfrak{G}_i, \mathfrak{G}, \mathfrak{G}_i] = \mathfrak{E} \quad \text{dann}$$

$$\begin{aligned}(X_1 X_2\,\mathfrak{G}_{i+2})^{\tau_i} &= [X_1 X_2, T_i] = [X_1, T_i]\,[X_1, T_i, X_2]\,[X_2, T_i] \\ &= [X_1, T_i]\,[X_2, T_i] = (X_1\,\mathfrak{G}_{i+2})^{\tau_i}(X_2\,\mathfrak{G}_{i+2})^{\tau_i}.\end{aligned}$$

τ_i ist sogar ein $\mathfrak{G}$-Homomorphismus:

Für $X \in \mathfrak{G}_i$ und $G \in \mathfrak{G}$ haben wir

$$[X^G, T_i] = [X^G, T_i^G]$$

nachzuweisen. Dazu genügt offenbar der Beweis von $T_i^G T_i^{-1} \in \mathfrak{C}_{\mathfrak{G}}(\mathfrak{G}_i)$. Wegen der Voraussetzung unter b) gilt für alle $X \in \mathfrak{G}_i$ und für $i \leqq n-3$

$$[X, T_i^G T_i^{-1}] \in [\mathfrak{G}_i, \mathfrak{G}_2] \leqq \mathfrak{G}_{i+3} = \mathfrak{E}.$$

Da τ_i ein $\mathfrak{G}$-Homomorphismus von $\mathfrak{G}_i/\mathfrak{G}_{i+2}$ in $\mathfrak{G}_{i+1}$ ist, sind Kern τ_i und Bild τ_i Normalteiler von $\mathfrak{G}$. Wegen $T_i \notin \mathfrak{C}_{\mathfrak{G}}(\mathfrak{G}_i/\mathfrak{G}_{i+2})$ ist Bild $\tau_i \nleqq \mathfrak{G}_{i+2}$, also Bild $\tau_i = \mathfrak{G}_{i+1}$ und somit Kern $\tau_i = \mathfrak{G}_{i+2}$. Also ist τ_i ein $\mathfrak{G}$-Isomorphismus von $\mathfrak{G}_i/\mathfrak{G}_{i+2}$ auf $\mathfrak{G}_{i+1}/\mathfrak{G}_{i+3}$.

c) $\Rightarrow$ a): Da die $\mathfrak{G}_i/\mathfrak{G}_{i+2}$ (für $2 \leqq i \leqq n-2$) jetzt isomorphe $\mathfrak{G}$-Gruppen sind, haben alle den gleichen Zentralisator, nämlich $\mathfrak{G}_1$. Somit ist $\mathfrak{G}$ keine Ausnahmegruppe. **q.e.d.**

14.11 Satz. *Sei $\mathfrak{G}$ eine p-Gruppe von maximaler Klasse. Ist $\mathfrak{G}'' = \mathfrak{E}$, so ist $\mathfrak{G}$ keine Ausnahmegruppe.*

Beweis. Wir führen den Beweis durch Induktion nach $|\mathfrak{G}| = p^n$. Somit können wir annehmen, daß $n \geqq 5$ gilt und daß $\mathfrak{G}/\mathfrak{G}_{n-1}$ keine Ausnahmegruppe ist. Also gilt $[\mathfrak{G}_1, \mathfrak{G}_i] \leqq \mathfrak{G}_{i+2}$ für $2 \leqq i \leqq n-3$. Aus 14.9 folgt

$$[S_1, S_{n-2}] = [S_2, S_{n-3}]^{-1} \in [\mathfrak{G}_2, \mathfrak{G}_2] = \mathfrak{E}.$$

Daraus ergibt sich $\mathfrak{G}_1 = \langle S_1, \mathfrak{G}_2 \rangle \leqq \mathfrak{C}_{\mathfrak{G}}(\mathfrak{G}_{n-2})$, und $\mathfrak{G}$ ist daher keine Ausnahmegruppe. **q.e.d.**

Wir beweisen einen Teil von 14.6:

14.12 Satz. *Sei $\mathfrak{G}$ eine p-Gruppe vom maximaler Klasse mit $|\mathfrak{G}| = p^n$ und $5 \leqq n \leqq p+2$. Dann ist $\mathfrak{G}/\mathfrak{G}_{n-1}$ keine Ausnahmegruppe. Ist $\mathfrak{G}$ eine Ausnahmegruppe, so ist n gerade.*

Beweis. Wir beweisen die Behauptung durch Induktion nach n.

a) Sei $n = 5$. Nach 7.11 ist dann $\mathfrak{G}'' = \mathfrak{E}$, also ist $\mathfrak{G}$ nach 14.11 keine Ausnahmegruppe.

b) Sei nun $6 \leqq n \leqq p+2$.

Fall 1: Sei $\mathfrak{G}/\mathfrak{G}_{n-1}$ keine Ausnahmegruppe. Nach **14.7** gilt dann $[\mathfrak{G}_i, \mathfrak{G}_j] \leqq \mathfrak{G}_{i+j+1}$ für $2 < i + j \leqq n - 2$. Mit **14.9** folgt daher

$$[S_1, S_{n-2}] = [S_1, S_{n-2}]^{(-1)^n}.$$

Ist n ungerade, so folgt wegen $p > 2$ nun $[S_1, S_{n-2}] = E$ und dann auch $[\mathfrak{G}_1, \mathfrak{G}_{n-2}] = \mathfrak{E}$. Da $\mathfrak{G}/\mathfrak{G}_{n-1}$ keine Ausnahmegruppe ist, gilt daher $\mathfrak{G}_1 = \mathbf{C}_{\mathfrak{G}}(\mathfrak{G}_i/\mathfrak{G}_{i+2})$ für $2 \leqq i \leqq n - 2$, und $\mathfrak{G}$ ist somit keine Ausnahmegruppe.

Fall 2: Sei $\mathfrak{G}/\mathfrak{G}_{n-1}$ eine Ausnahmegruppe. Wegen $n \geqq 6$ zeigt die Anwendung von 14.12 auf $\mathfrak{G}/\mathfrak{G}_{n-1}$, daß $\mathfrak{G}/\mathfrak{G}_{n-2}$ keine Ausnahmegruppe ist und daß n ungerade ist. Wir wählen wieder S und S_1 aus $\mathfrak{G}$ mit $\mathfrak{G} = \langle \mathfrak{G}_1, S \rangle$, $\mathfrak{G}_1 = \langle \mathfrak{G}_2, S_1 \rangle$ und definieren die S_i aus $\mathfrak{G}_i$ für $2 \leqq i \leqq n - 3$ wie in 14.8 durch

(1) $S_i = [S_{i-1}, S]$.

Die Anwendung von **14.7** auf $\mathfrak{G}/\mathfrak{G}_{n-2}$ ergibt

(2) $[S_i, S_j] \in [\mathfrak{G}_i, \mathfrak{G}_j] \leqq \mathfrak{G}_{i+j+1}$ für $2 < i + j \leqq n - 3$.

Da $\mathfrak{G}/\mathfrak{G}_{n-2}$ keine Ausnahmegruppe ist, liefert die Anwendung von 14.9 auf $\mathfrak{G}/\mathfrak{G}_{n-1}$ für $2 \leqq i \leqq n - 3$ die Aussage

(3) $[S_1, S_{n-3}] \equiv [S_i, S_{n-i-2}]^{(-1)^{i-1}} \quad (\mathfrak{G}_{n-1})$.

Da $\mathfrak{G}/\mathfrak{G}_{n-1}$ eine Ausnahmegruppe ist, $\mathfrak{G}/\mathfrak{G}_{n-2}$ aber nicht, gilt $[\mathfrak{G}_1, \mathfrak{G}_i] \leqq \mathfrak{G}_{i+2}$ für $i \leqq n - 4$ und $[\mathfrak{G}_1, \mathfrak{G}_{n-3}] \not\leqq \mathfrak{G}_{n-1}$, aber $[\mathfrak{G}_1, \mathfrak{G}_{n-3}] \leqq \mathfrak{G}_{n-2}$. Nach 14.2 b) erzwingt das $[\mathfrak{G}_1, \mathfrak{G}_{n-3}] = \mathfrak{G}_{n-2}$. Wir setzen

(4) $S_{n-2} = [S_{n-3}, S_1]$.

Es ist $\mathfrak{G}_1 = \langle \mathfrak{G}_2, S_1 \rangle$. Da $\mathfrak{G}/\mathfrak{G}_{n-2}$ keine Ausnahmegruppe ist, gilt nach 14.8 $\mathfrak{G}_{n-3} = \langle \mathfrak{G}_{n-2}, S_{n-3} \rangle$. Daher folgt

(5) $\mathfrak{G}_{n-2} = [\mathfrak{G}_1, \mathfrak{G}_{n-3}] = \langle \mathfrak{G}_{n-1}, S_{n-2} \rangle$.

Aus (3) und (4) erhalten wir

(6) $[S_i, S_{n-i-2}] \equiv S_{n-2}^{(-1)^i} \quad (\mathfrak{G}_{n-1}) \quad (i = 2, \ldots, n-3)$.

Insbesondere ist

$$[S_2, S_{n-4}] \equiv S_{n-2} \; (\mathfrak{G}_{n-1}),$$

und daher wegen $\mathfrak{G}_{n-1} = \mathbf{Z}(\mathfrak{G})$

(7) $[S_{n-2}, S_1] = [[S_2, S_{n-4}], S_1] = [S_2, S_{n-4}]^{-1} [S_2, S_{n-4}]^{S_1}$.

Dabei ist

$$[S_2, S_{n-4}]^{S_1} = [S_2^{S_1}, S_{n-4}^{S_1}] = [S_2[S_2, S_1], S_{n-4}[S_{n-4}, S_1]].$$

Wegen $n > 5$ gilt nach (2) $[S_2, S_1] \in \mathfrak{G}_4$. Daher ist $[S_2, S_1]$ mit dem Element $S_{n-4}^{S_1}$ aus $\mathfrak{G}_{n-4}$ vertauschbar. Also ist nach 1.2 c)

$$[S_2, S_{n-4}]^{S_1} = [S_2, S_{n-4}[S_{n-4}, S_1]]^{[S_2, S_1]}.$$

Wegen $[S_2, S_1] \in \mathfrak{G}_4$, $[S_2, \mathfrak{G}_{n-4}] \leqq \mathfrak{G}_{n-2}$ und $[\mathfrak{G}_4, \mathfrak{G}_{n-2}] = \mathfrak{E}$ folgt

$$[S_2, S_{n-4}]^{S_1} = [S_2, S_{n-4}[S_{n-4}, S_1]].$$

Nach (2) ist $[S_{n-4}, S_1] \in \mathfrak{G}_{n-2}$. Wegen $[\mathfrak{G}_2, \mathfrak{G}_{n-2}] = \mathfrak{E}$ folgt sodann mit 1.3 b)

$$[S_2, S_{n-4}]^{S_1} = [S_2, S_{n-4}]^{[S_{n-4}, S_1]} = [S_2, S_{n-4}] .$$

Aus (7) folgt also $[S_{n-2}, S_1] = E$. Daher gilt $S_{n-2} \in \mathbf{C}_{\mathfrak{G}}(\mathfrak{G}_1)$. Nach (5) haben wir dann

$$\mathfrak{G}_{n-2} = \langle \mathfrak{G}_{n-1}, S_{n-2} \rangle \leqq \mathbf{C}_{\mathfrak{G}}(\mathfrak{G}_1) .$$

Also gilt

(8) $[\mathfrak{G}_1, \mathfrak{G}_{n-2}] = \mathfrak{E}$.

Wegen $\mathfrak{G}_{n-2} \nleqq \mathfrak{G}_{n-1} = \mathbf{Z}(\mathfrak{G})$ ist sicher $S_{n-2} \notin \mathbf{Z}(\mathfrak{G})$. Also ist $\mathbf{C}_{\mathfrak{G}}(S_{n-2}) = \mathfrak{G}_1$ und $[S_{n-2}, S] \neq E$. Wir setzen

(9) $S_{n-1} = [S_{n-2}, S]$.

Dann gilt $\mathfrak{G}_{n-1} = \langle S_{n-1} \rangle$.

Wir beweisen nun durch Induktion nach i

(10) $[S_i, S_{n-i-1}] = S_{n-1}^{(-1)^{i-1}(i-1)} \quad (i = 2, \ldots, n-3)$.

Für $i = 2$ ist

$$[S_2, S_{n-3}] = S_2^{-1} S_2^{S_{n-3}} = S_2^{-1} [S_1, S]^{S_{n-3}} = S_2^{-1} [S_1^{S_{n-3}}, S^{S_{n-3}}]$$
$$= S_2^{-1} [S_1 [S_1, S_{n-3}], S [S, S_{n-3}]] .$$

Dabei ist $[S, S_{n-3}] \in \mathfrak{G}_{n-2}$, und nach (8) ist daher $[S, S_{n-3}]$ mit jedem Element in $\mathfrak{G}_1$ vertauschbar. Also ist wegen (4)

$$[S_2, S_{n-3}] = S_2^{-1} [S_1 S_{n-2}^{-1}, S] = S_2^{-1} [S_1, S]^{S_{n-2}^{-1}} [S_{n-2}^{-1}, S] .$$

Wegen $[S_1, S] = S_2 \in \mathbf{C}_{\mathfrak{G}}(\mathfrak{G}_{n-2})$ und $[S_{n-2}, S] \in \mathfrak{G}_{n-1} = \mathbf{Z}(\mathfrak{G})$ folgt weiter

$$[S_2, S_{n-3}] = S_2^{-1} S_2 [S_{n-2}, S]^{-1} = S_{n-1}^{-1} .$$

Das ist Behauptung (10) für $i = 2$.

Sei für $i > 2$ schon

(11) $[S_{i-1}, S_{n-i}] = S_{n-1}^{(-1)^i (i-2)}$

bewiesen. Nach (1) ist wegen $2 < i \leqq n-3$

$$[S_i, S_{n-i-1}] = S_i^{-1} [S_{i-1}, S]^{S_{n-i-1}} = S_i^{-1} [S_{i-1}^{S_{n-i-1}}, S^{S_{n-i-1}}]$$
$$= S_i^{-1} [S_{i-1} [S_{i-1}, S_{n-i-1}], S [S, S_{n-i-1}]]$$
$$= S_i^{-1} [S_{i-1} [S_{i-1}, S_{n-i-1}], S S_{n-i}^{-1}] .$$

Nach (3) (mit $i-1$ anstelle von i) und (4) ist

$$[S_{i-1}, S_{n-i-1}] \equiv [S_1, S_{n-3}]^{(-1)^i} \equiv S_{n-2}^{(-1)^{i-1}} \ (\mathfrak{G}_{n-1}) .$$

Wegen $\mathfrak{G}_{n-1} = \mathbf{Z}(\mathfrak{G})$ ergibt sich mit 1.2 b)

$$[S_i, S_{n-i-1}] = S_i^{-1} [S_{i-1} S_{n-2}^{(-1)^{i-1}}, S S_{n-i}^{-1}]$$
$$= S_i^{-1} [S_{i-1} S_{n-2}^{(-1)^{i-1}}, S_{n-i}^{-1}] [S_{i-1} S_{n-2}^{(-1)^{i-1}}, S]^{S_{n-i}^{-1}}$$
$$= S_i^{-1} [S_{i-1} S_{n-2}^{(-1)^{i-1}}, S_{n-i}^{-1}] [S_{i-1} S_{n-2}^{(-1)^{i-1}}, S]$$

wegen $[\mathbf{K}_i(\mathfrak{G}), S_{n-i}] \leqq \mathbf{K}_n(\mathfrak{G}) = \mathfrak{E}$.

Unter Beachtung von

$$[S_{i-1}, S_{n-i}^{-1}] = [S_{i-1}, S_{n-i}]^{-1} \in \mathfrak{G}_{n-1} = \mathbf{Z}(\mathfrak{G}) ,$$
$$[S_{n-2}^{(-1)^{i-1}}, S_{n-i}^{-1}] \in [\mathfrak{G}_{n-2}, \mathfrak{G}_2] = \mathfrak{E} \quad (\text{wegen } i \leqq n-3) ,$$
$$[S_{i-1}, S] = S_i$$

und $\quad [S_{n-2}^{(-1)^{i-1}}, S] = S_{n-1}^{(-1)^{i-1}}$ (nach (9) und 1.3 a))

folgt mit (11)

$$[S_i, S_{n-i-1}] = S_i^{-1} [S_{i-1}, S_{n-i}]^{-1} S_i S_{n-1}^{(-1)^{i-1}} = S_{n-1}^{(-1)^{i-1}(i-2)} S_{n-1}^{(-1)^{i-1}}$$
$$= S_{n-1}^{(-1)^{i-1}(i-1)} .$$

Damit ist (10) bewiesen.

In (10) setzen wir $i = \frac{n-1}{2}$; dies hat Sinn, da n ungerade ist; es ist erlaubt, denn wegen $n \geqq 5$ ist $\frac{n-1}{2} \leqq n - 3$. Das ergibt

$$S_{n-1}^{\frac{n-3}{2}} = E .$$

Wegen $S_{n-1} \neq E$ folgt $n - 3 \equiv 0\ (p)$, entgegen unserer Annahme $n \leqq p + 2$. **q.e.d.**

Damit ist 14.6 für $n \leqq p + 2$ bewiesen. Den Beweis von 14.6 für $n > p + 2$ müssen wir noch zurückstellen.

14.13 Hilfssatz. *Sei $\mathfrak{G}$ eine p-Gruppe von maximaler Klasse mit $|\mathfrak{G}| = p^n$ und $n \geqq 4$. Sei $S \in \mathfrak{G}$ und $S \notin \mathbf{C}_{\mathfrak{G}}(\mathfrak{G}_i/\mathfrak{G}_{i+2})$ für alle i mit $2 \leqq i \leqq n-2$. (Insbesondere ist also $S \notin \mathbf{C}_{\mathfrak{G}}(\mathfrak{G}_2/\mathfrak{G}_4) = \mathfrak{G}_1$ und daher $\mathfrak{G} = \langle \mathfrak{G}_1, S\rangle$.) Dann gilt:*

a) $\mathbf{C}_{\mathfrak{G}}(S) = \langle \mathfrak{G}_{n-1}, S\rangle = \langle S\rangle\, \mathfrak{G}_{n-1}$.

b) $S^p \in \mathfrak{G}_{n-1}$, *also* $O(S) \leqq p^2$ *und* $|\mathbf{C}_{\mathfrak{G}}(S)| = p^2$.

c) $\{S^G \mid G \in \mathfrak{G}\} = S\, \mathfrak{G}_2$.

d) *Aus* $S\, \mathfrak{G}_2 = \bar{S}\, \mathfrak{G}_2$ *folgt* $S^p = \bar{S}^p$.

(*Bemerkung*: *Ist* 14.6 a) *bewiesen, so haben wir* $\mathfrak{G}_1 = \mathbf{C}_{\mathfrak{G}}(\mathfrak{G}_i/\mathfrak{G}_{i+2})$ *für* $2 \leqq i \leqq n - 3$. *Da $\mathfrak{G}$ genau $p + 1$ Untergruppen vom Index p hat, gibt es ein $\mathfrak{U}$ mit $|\mathfrak{G} : \mathfrak{U}| = p$ und $\mathfrak{G}_1 \neq \mathfrak{U} \neq \mathbf{C}_{\mathfrak{G}}(\mathfrak{G}_{n-2})$. Ist $\mathfrak{U} = \langle \mathfrak{G}_2, S\rangle$, so hat S die in Hilfssatz* 14.13 *vorausgesetzte Eigenschaft.*)

Beweis. a) Jedes G aus $\mathfrak{G}$ hat wegen $\mathfrak{G} = \langle \mathfrak{G}_1, S\rangle = \langle S\rangle\, \mathfrak{G}_1$ die Gestalt $G = S^a X$ mit einem X aus $\mathfrak{G}_1$. Zum Beweis von a) reicht also der Nachweis von

$$\mathfrak{G}_1 \cap \mathbf{C}_{\mathfrak{G}}(S) = \mathfrak{G}_{n-1} .$$

Sei $Z \in \mathfrak{G}_1 \cap \mathbf{C}_{\mathfrak{G}}(S)$. Dann gibt es ein $j \geqq 1$ mit $Z \in \mathfrak{G}_j - \mathfrak{G}_{j+1}$.

Angenommen, es sei $j = 1$. Dann ist $\mathfrak{G}_1 = \langle \mathfrak{G}_2, Z\rangle$. Wir haben ferner $\mathfrak{G} = \langle \mathfrak{G}_1, S\rangle$ und $Z \in \mathbf{C}_{\mathfrak{G}}(S)$. Also ist

$$\mathfrak{G} = \langle \mathfrak{G}_2, Z, S\rangle = \langle \Phi(\mathfrak{G}), Z, S\rangle = \langle Z, S\rangle .$$

Wegen $Z \in \mathbf{C}_{\mathfrak{G}}(S)$ ist dann $\mathfrak{G}$ abelsch. Das stimmt jedoch nicht.

Angenommen, es sei $2 \leqq j \leqq n-2$. Dann ist $\mathfrak{G}_j = \langle \mathfrak{G}_{j+1}, Z\rangle$, $[S, Z] = E$ und $[S, \mathfrak{G}_{j+1}] \leqq \mathfrak{G}_{j+2}$. Das ergibt $[S, \mathfrak{G}_j] \leqq \mathfrak{G}_{j+2}$, entgegen der Wahl von S.

Also ist $Z \in \mathfrak{G}_{n-1}$ und $\mathfrak{G}_1 \cap \mathbf{C}_{\mathfrak{G}}(S) = \mathfrak{G}_{n-1}$.

b) Wir haben $S^p \in \mathfrak{G}_1 \cap \mathbf{C}_{\mathfrak{G}}(S) = \mathfrak{G}_{n-1}$ und daher $O(S) \leqq p^2$. Dann folgt mit a) wegen $S \notin \mathfrak{G}_{n-1}$

$$|\mathbf{C}_{\mathfrak{G}}(S)| = |\langle S\rangle \mathfrak{G}_{n-1}| = p\, |\mathfrak{G}_{n-1}| = p^2 .$$

c) Nach b) ist $|\mathbf{C}_{\mathfrak{G}}(S)| = p^2$, also $|\{S^G | \, G \in \mathfrak{G}\}| = |\mathfrak{G} : \mathbf{C}_{\mathfrak{G}}(S)| = p^{n-2}$. Andererseits gilt wegen $S^G = S[S, G] \in S\,\mathfrak{G}_2$

$$\{S^G \mid G \in \mathfrak{G}\} \subseteqq S\,\mathfrak{G}_2 .$$

Wegen $|S\,\mathfrak{G}_2| = p^{n-2}$ folgt die Behauptung.

d) Sei $S\,\mathfrak{G}_2 = \bar{S}\,\mathfrak{G}_2$. Nach c) gibt es dann ein X in $\mathfrak{G}$ mit $\bar{S} = S^X$. Nach b) ist $S^p \in \mathfrak{G}_{n-1} = \mathbf{Z}(\mathfrak{G})$. Das ergibt

$$\bar{S}^p = (S^X)^p = (S^p)^X = S^p . \qquad \textbf{q.e.d.}$$

14.14 Hilfssatz. *Sei $\mathfrak{G}$ eine p-Gruppe von maximaler Klasse mit $|\mathfrak{G}| = p^n$ und $5 \leqq n \leqq p+1$. Dann haben $\mathfrak{G}/\mathfrak{G}_{n-1}$ und $\mathfrak{G}_2$ den Exponenten p.*

Beweis. a) Nach 14.12 ist $\mathfrak{G}/\mathfrak{G}_{n-1}$ keine Ausnahmegruppe. Somit gilt

$$\mathfrak{G}_1 = \mathbf{C}_{\mathfrak{G}}(\mathfrak{G}_i/\mathfrak{G}_{i+2}) \quad \text{für} \quad 2 \leqq i \leqq n-3 ,$$

aber möglicherweise $\mathfrak{G}_1 \neq \mathbf{C}_{\mathfrak{G}}(\mathfrak{G}_{n-2})$. Da $\mathfrak{G}$ wegen $p > 2$ genau $p+1 \geqq 4$ maximale Untergruppen besitzt, gibt es zwei verschiedene maximale Untergruppen $\langle S, \mathfrak{G}_2\rangle$ und $\langle \bar{S}, \mathfrak{G}_2\rangle$ von $\mathfrak{G}$, welche beide von allen $\mathbf{C}_{\mathfrak{G}}(\mathfrak{G}_i/\mathfrak{G}_{i+2})$ $(2 \leqq i \leqq n-2)$ verschieden sind. Also haben wir

$$S, \bar{S} \notin \mathbf{C}_{\mathfrak{G}}(\mathfrak{G}_i/\mathfrak{G}_{i+2}) \quad \text{für} \quad 2 \leqq i \leqq n-2 .$$

Es ist $\mathfrak{G} = \langle S, \bar{S}, \mathfrak{G}_2\rangle = \langle S, \bar{S}\rangle$. Da jetzt die Voraussetzungen von 14.13 erfüllt sind, haben wir $S^p \in \mathfrak{G}_{n-1}$ und $\bar{S}^p \in \mathfrak{G}_{n-1}$. Somit wird $\mathfrak{G}/\mathfrak{G}_{n-1}$ von zwei Elementen erzeugt, die höchstens die Ordnung p haben. Da $\mathfrak{G}/\mathfrak{G}_{n-1}$ wegen

$$|\mathfrak{G}/\mathfrak{G}_{n-1}| = p^{n-1} \leqq p^p$$

nach 10.2 b) regulär ist, hat $\mathfrak{G}/\mathfrak{G}_{n-1}$ nach 10.5 a) den Exponenten p.

b) Wegen $|\mathfrak{G}_1| = p^{n-1} \leqq p^p$ ist auch $\mathfrak{G}_1$ nach 10.2 b) regulär. Mit a) folgt

$$\mho_1(\mathfrak{G}_1) \leqq \mho_1(\mathfrak{G}) \leqq \mathfrak{G}_{n-1} ,$$

also mit 10.7 a)

$$|\Omega_1(\mathfrak{G}_1)| = |\mathfrak{G}_1/\mho_1(\mathfrak{G}_1)| \geqq |\mathfrak{G}_1/\mathfrak{G}_{n-1}| = p^{n-2} .$$

Daraus folgt $\mathfrak{G}_2 \leqq \Omega_1(\mathfrak{G}_1)$, und $\mathfrak{G}_2$ hat den Exponenten p. **q.e.d.**

14.15 Hilfssatz. *Sei $\mathfrak{G}$ eine p-Gruppe von maximaler Klasse, sei $|\mathfrak{G}| = p^n$ mit $n > p + 1$ und $\mathfrak{G}_1 = \langle \mathfrak{G}_2, S_1 \rangle$. Dann ist $S_1^p \in \mathfrak{G}_p - \mathfrak{G}_{p+1}$. (Die Voraussetzung $n > p + 1$ ist nicht entbehrlich, wie das reguläre Kranzprodukt von zwei zyklischen Gruppen der Ordnung p zeigt.)*

Beweis. Die Anwendung von 14.14 auf $\mathfrak{G}/\mathfrak{G}_{p+1}$ liefert $S_1^p \in \mathfrak{G}_p$.

Sei $\mathfrak{G} = \langle \mathfrak{G}_1, S \rangle$ und $S_i = [S_{i-1}, S]$ für $i = 2, \ldots, p$. Da $p + 2$ wegen $p > 2$ ungerade ist, ist $\mathfrak{G}/\mathfrak{G}_{p+2}$ nach 14.12 keine Ausnahmegruppe. Nach 14.8 ist daher $\mathfrak{G}_p = \langle \mathfrak{G}_{p+1}, S_p \rangle$, also $S_p \notin \mathfrak{G}_{p+1}$. Die Identität von Zassenhaus (siehe 9.7) besagt

$$S_p = [S_1, \underbrace{S, \ldots, S}_{p-1}] \in \mathfrak{G}_{p+1} \mho_1(\mathfrak{G}) .$$

Wegen $S_p \notin \mathfrak{G}_{p+1}$ ist also $\mho_1(\mathfrak{G}) \nleq \mathfrak{G}_{p+1}$. Somit gibt es ein X aus $\mathfrak{G}$ mit $X^p \notin \mathfrak{G}_{p+1}$.

Angenommen, es sei $X \notin \mathfrak{G}_1$. Da $\mathfrak{G}/\mathfrak{G}_{p+2}$ keine Ausnahmegruppe ist, folgt wegen $X \notin \mathfrak{G}_1$ nach 14.13 b) der Widerspruch $X^p \in \mathfrak{G}_{p+1}$.

Also ist $X \in \mathfrak{G}_1 = \langle \mathfrak{G}_2, S_1 \rangle$. Nach 14.14 haben wir $\mho_1(\mathfrak{G}_2) \leqq \mathfrak{G}_{p+1}$. Ist $S_1^p \in \mathfrak{G}_{p+1}$, so folgt aus der Regularität von $\mathfrak{G}_1/\mathfrak{G}_{p+1}$, daß $\mathfrak{G}_1/\mathfrak{G}_{p+1}$ den Exponenten p hat. Das ergibt wegen $X \in \mathfrak{G}_1$ den Widerspruch $X^p \in \mathfrak{G}_{p+1}$. Also gilt $S_1^p \notin \mathfrak{G}_{p+1}$. **q.e.d.**

14.16 Satz. *Sei $\mathfrak{G}$ eine p-Gruppe von maximaler Klasse mit $|\mathfrak{G}| = p^n$ und $n > p + 1$. Dann gilt*

$$\mho_1(\mathfrak{G}_i) = \mathfrak{G}_{i+p-1} \quad \text{für} \quad 1 \leqq i \leqq n - p + 1 .$$

$\mathfrak{G}_1$ ist eine reguläre p-Gruppe mit $\Omega_1(\mathfrak{G}_1) = \mathfrak{G}_{n-p+1}$ und $|\mathfrak{G}_1/\mho_1(\mathfrak{G}_1)| = p^{p-1}$.

Beweis. Nach 14.2 b) ist $\mho_1(\mathfrak{G}_1) = \mathfrak{G}_k$ für ein geeignetes k. Die Anwendung von Hilfssatz 14.14 auf $\mathfrak{G}/\mathfrak{G}_{p+1}$ ergibt $\mho_1(\mathfrak{G}_1) \leqq \mathfrak{G}_p$. Also ist $p \leqq k$. Wäre $p < k$, so folgte $S_1^p \in \mho_1(\mathfrak{G}_1) \leqq \mathfrak{G}_{p+1}$, entgegen 14.15. Also ist $\mho_1(\mathfrak{G}_1) = \mathfrak{G}_p$. Aus

$$|\mathfrak{G}_1/\mho_1(\mathfrak{G}_1)| = |\mathfrak{G}_1/\mathfrak{G}_p| = p^{p-1}$$

folgt nun mit 10.13 die Regularität von $\mathfrak{G}_1$. Nach 10.7 ist daher

$$|\Omega_1(\mathfrak{G}_1)| = |\mathfrak{G}_1/\mho_1(\mathfrak{G}_1)| = p^{p-1} ,$$

also nach 14.2 b) $\Omega_1(\mathfrak{G}_1) = \mathfrak{G}_{n-p+1}$.

Sei $1 < i \leqq n - p + 1$. Dann ist $\mathfrak{G}_i$ als Untergruppe von $\mathfrak{G}_1$ regulär. Wegen $i \leqq n - p + 1$ ist $\Omega_1(\mathfrak{G}_1) = \mathfrak{G}_{n-p+1} \leqq \mathfrak{G}_i$, also $\Omega_1(\mathfrak{G}_1) = \Omega_1(\mathfrak{G}_i)$. Das ergibt

$$|\mathfrak{G}_i/\mho_1(\mathfrak{G}_i)| = |\Omega_1(\mathfrak{G}_i)| = p^{p-1} ,$$

somit $|\mathfrak{G}/\mho_1(\mathfrak{G}_i)| = p^{i+p-1}$ und dann wegen 14.2 b)

$$\mho_1(\mathfrak{G}_i) = \mathfrak{G}_{i+p-1} .$$ **q.e.d.**

Wir ziehen einige Folgerungen aus 14.16:

14.17 Satz. *Ist* $\mathfrak{G}$ *eine 3-Gruppe von maximaler Klasse, so gilt* $\mathfrak{G}'' = \mathfrak{E}$. $\mathfrak{G}_1$ *ist metazyklisch mit* $c(\mathfrak{G}_1) \leqq 2$. (*Insbesondere ist nach* 14.11 *jede 3-Gruppe von maximaler Klasse nicht Ausnahmegruppe.*)

Beweis. Ist $|\mathfrak{G}| \leqq 3^4$, so gilt $|\mathfrak{G}'| \leqq 3^2$ und daher $\mathfrak{G}'' = \mathfrak{E}$. Sei also $|\mathfrak{G}| = 3^n$ mit $n > 4$. Nach 14.16 ist $|\mathfrak{G}_1/\mho_1(\mathfrak{G}_1)| = 3^2$. Daher ist $\mathfrak{G}_1$ nach 11.4 eine metazyklische Gruppe. Also ist $\mathfrak{G}_1'$ zyklisch, und nach 14.2 b) gilt $\mathfrak{G}_1' = \mathfrak{G}_k$ für ein geeignetes k. Aus 14.16 folgt $\mho_1(\mathfrak{G}_{n-2}) = \mathfrak{G}_n = \mathfrak{E}$. Daher hat $\mathfrak{G}_{n-2}$ den Exponenten 3 und ist wegen $|\mathfrak{G}_{n-2}| = 3^2$ nicht zyklisch. Also muß $k \geqq n-1$ gelten. Das erzwingt $|\mathfrak{G}_1'| \leqq 3$ und $\mathfrak{G}_1' \leqq \mathbf{Z}(\mathfrak{G}_1)$. Mit 1.3 a) folgt jetzt für alle X, Y aus $\mathfrak{G}_1$

$$[X^3, Y] = [X, Y]^3 = E\,.$$

Also gilt $\mho_1(\mathfrak{G}_1) \leqq \mathbf{Z}(\mathfrak{G}_1)$. Jede maximale Untergruppe von $\mathfrak{G}_1$ ist nun als zyklische Erweiterung von $\mho_1(\mathfrak{G}_1) = \Phi(\mathfrak{G}_1)$ abelsch. Insbesondere trifft dies für $\mathfrak{G}_2 = \mathfrak{G}'$ zu. **q.e.d.**

Nun schließen wir den Beweis von 14.6 ab:

14.18 Beweis von 14.6 für $n > p+2$.

Wir haben zu zeigen: Ist $\mathfrak{G}$ eine p-Gruppe von maximaler Klasse mit $|\mathfrak{G}| = p^n$ und $n \geqq p+2$, so ist $\mathfrak{G}$ keine Ausnahmegruppe. Wir beweisen dies durch Induktion nach n. Für $n = p+2$ stimmt die Behauptung nach 14.12. Sei also $n > p+2$. Nach Induktionsannahme ist $\mathfrak{G}/\mathfrak{G}_{n-1}$ wegen $n-1 \geqq p+2$ keine Ausnahmegruppe. Sei wie früher

$$\mathfrak{G} = \langle \mathfrak{G}_1, S\rangle\,,\quad \mathfrak{G}_1 = \langle \mathfrak{G}_2, S_1\rangle \quad\text{und}\quad S_{i+1} = [S_i, S] \quad\text{für}\quad 1 \leqq i \leqq n-2\,.$$

Nach 14.8 ist dann $\mathfrak{G}_i = \langle \mathfrak{G}_{i+1}, S_i\rangle$ für $i = 1, 2, \ldots, n-2$. Hilfssatz 14.15 besagt

$$S_1^p \in \mathfrak{G}_p - \mathfrak{G}_{p+1}\,.$$

Also gibt es ein k mit $0 < k < p$ und ein X aus $\mathfrak{G}_{p+1}$ mit

$$S_1^p = X\,S_p^{-k} \in \mathfrak{G}_p = \mathfrak{G}_{p+1}\langle S_p\rangle\,.$$

Es folgt

$$[S_1^p\,S_p^k, S_{n-p-1}] \in [\mathfrak{G}_{p+1}, \mathfrak{G}_{n-p-1}] \leqq \mathfrak{G}_n = \mathfrak{E}\,.$$

Also ist nach 1.2 c)

$$E = [S_1^p, S_{n-p-1}]^{S_p^k}\,[S_p^k, S_{n-p-1}]\,.$$

Wegen

$$[S_1^p, S_{n-p-1}] \in [\mathfrak{G}_p, \mathfrak{G}_{n-p-1}] \leqq \mathfrak{G}_{n-1} = \mathbf{Z}(\mathfrak{G})$$

und $[S_p, S_{n-p-1}] \in \mathfrak{G}_{n-1}$ folgt

$$\begin{aligned}[S_{n-p-1}, S_p]^k &= [S_1^p, S_{n-p-1}] = S_1^{-p}(S_1^p)^{S_{n-p-1}} = S_1^{-p}(S_1^{S_{n-p-1}})^p\\ &= S_1^{-p}(S_1\,Y)^p\end{aligned}$$

mit $Y = [S_1, S_{n-p-1}]$. Da $\mathfrak{G}/\mathfrak{G}_{n-1}$ keine Ausnahmegruppe ist, folgt unter Beachtung von $n - p - 1 \leqq n - 3$ mit 14.7

$$Y = [S_1, S_{n-p-1}] \in [\mathfrak{G}_1, \mathfrak{G}_{n-p-1}] \leqq \mathfrak{G}_{n-p+1} .$$

Nach 14.16 ist $\mathfrak{G}_1$ regulär, und $\Omega_1(\mathfrak{G}_1) = \mathfrak{G}_{n-p+1}$ hat den Exponenten p. Wegen $Y \in \mathfrak{G}_{n-p+1}$ ist auch $\langle S_1, Y\rangle' \leqq \mathfrak{G}_{n-p+1}$. Die Regularität von $\mathfrak{G}_1$ liefert daher

$$(S_1 Y)^p = S_1^p Y^p = S_1^p .$$

Somit bleibt $[S_{n-p-1}, S_p]^k = E$. Wegen $k \not\equiv 0\ (p)$ folgt $[S_{n-p-1}, S_p] = E$. Da $\mathfrak{G}/\mathfrak{G}_{n-1}$ keine Ausnahmegruppe ist, erhalten wir aus 14.7 und 14.9

$$[S_1, S_{n-2}] = [S_p, S_{n-p-1}]^{(-1)^{p-1}} = E .$$

Wir haben $\mathfrak{G}_1 = \langle \mathfrak{G}_2, S_1\rangle$. Durch Anwendung von 14.8 auf $\mathfrak{G}/\mathfrak{G}_{n-1}$ erhalten wir $\mathfrak{G}_{n-2} = \langle \mathfrak{G}_{n-1}, S_{n-2}\rangle$. Also folgt $[\mathfrak{G}_1, \mathfrak{G}_{n-2}] = \mathfrak{E}$. Da $\mathfrak{G}/\mathfrak{G}_{n-1}$ keine Ausnahmegruppe ist, gilt

$$[\mathfrak{G}_1, \mathfrak{G}_i] \leqq \mathfrak{G}_{i+2}$$

für $i \leqq n - 3$. Also ist $\mathfrak{G}$ selbst keine Ausnahmegruppe. **q.e.d.**

Satz 14.17 erlaubt eine Ausdehnung auf alle Primzahlen:

14.19 Satz (ALPERIN [1]). *Sei $\mathfrak{G}$ eine p-Gruppe von maximaler Klasse. Dann liegt die Stufe $k(\mathfrak{G})$ von $\mathfrak{G}$ unterhalb einer nur von p, aber nicht von $\mathfrak{G}$ abhängenden Schranke $k(p)$.*

(*Der genaue Wert von $k(p)$ ist nur für $p \leqq 5$ bekannt, nämlich $k(3) = 2$ und $k(5) = 3$; nicht einmal eine Abschätzung von $k(p)$ ist für $p > 5$ bekannt. Es besteht die Vermutung, daß sogar die Klasse von $\mathfrak{G}'$ unterhalb einer nur von p abhängenden Schranke liegt. Für $p = 3$ haben wir in* 14.17 *$c(\mathfrak{G}_1) \leqq 2$ festgestellt; Blackburn hat $c(\mathfrak{G}_1) \leqq 3$ für $p = 5$ bewiesen* (BLACKBURN [3]).)

Beweis. Wegen 14.6 gibt es nach der Bemerkung in 14.13 ein S aus $\mathfrak{G}$ mit $|\mathbf{C}_{\mathfrak{G}}(S)| = p^2$ und $S^p \in \mathfrak{G}_{n-1} = \mathbf{Z}(\mathfrak{G})$. Der innere Automorphismus α von $\mathfrak{G}$ mit $G^\alpha = G^S$ hat also die Ordnung p und besitzt genau p^2 Fixpunkte.

Wir benutzen nun ohne Beweis den folgenden Satz von Alperin (ALPERIN [1]): Sei $\mathfrak{G}$ eine p-Gruppe und α ein Automorphismus der Ordnung p von $\mathfrak{G}$. Es lasse α genau p^m Elemente aus $\mathfrak{G}$ fest. Dann liegt die Stufe $k(\mathfrak{G})$ von $\mathfrak{G}$ unterhalb einer nur von p und m abhängigen Schranke $t(p, m)$. Für Gruppen von maximaler Klasse ergibt dies

$$k(\mathfrak{G}) \leqq t(p, 2) = k(p) .$$ **q.e.d.**

14.20 Satz. *Die p-Sylowgruppe der symmetrischen Gruppe $\mathfrak{S}_{p^2}$ ist für $p > 2$ niemals ein homomorphes Bild einer p-Gruppe von maximaler Klasse von einer Ordnung p^n mit $n > p + 1$.*

Beweis. Sei $\mathfrak{G}$ eine p-Gruppe von maximaler Klasse mit $|\mathfrak{G}| = p^n$ und $n > p + 1$. Nach 14.16 ist dann $|\mathfrak{G}_1/\mho_1(\mathfrak{G}_1)| = p^{p-1}$. Sei $\mathfrak{T}$ die p-Sylowgruppe von $\mathfrak{S}_{p^2}$ und sei $\mathfrak{G}/\mathfrak{K} \cong \mathfrak{T}$. Wegen $|\mathfrak{G}/\mathfrak{K}| = p^{p+1}$ ist nach 14.2 b) notwendig $\mathfrak{K} = \mathfrak{G}_{p+1}$. Dann ist

$$\mathfrak{T}_1 = \mathbf{C}_{\mathfrak{T}}(\mathfrak{T}_2/\mathfrak{T}_4) \cong \mathfrak{G}_1/\mathfrak{G}_{p+1}$$

und daher mit 14.16

$$|\mathfrak{T}_1/\mho_1(\mathfrak{T}_1)| = |\mathfrak{G}_1/\mho_1(\mathfrak{G}_1)\,\mathfrak{G}_{p+1}| = |\mathfrak{G}_1/\mathfrak{G}_p| = p^{p-1}.$$

Sei $\mathfrak{Z}$ eine reguläre Permutationsgruppe vom Grad p. Dann ist das reguläre Kranzprodukt $\mathfrak{T} = \mathfrak{Z} \underset{r}{\wr} \mathfrak{Z}$, betrachtet gemäß I, 15.3 (S. 96) als Permutationsgruppe vom Grad p^2, eine p-Sylowgruppe der symmetrischen Gruppe $\mathfrak{S}_{p^2}$.

$\mathfrak{T} = \mathfrak{Z} \underset{r}{\wr} \mathfrak{Z}$ hat den elementar-abelschen Normalteiler $\mathfrak{D} = \mathfrak{Z} \wr \mathfrak{E}$ vom Index p. Wegen $\mathfrak{T}_2 = \mathfrak{T}' \leqq \mathfrak{D}$ gilt

$$\mathfrak{D} \leqq \mathbf{C}_{\mathfrak{T}}(\mathfrak{T}_2) \leqq \mathbf{C}_{\mathfrak{T}}(\mathfrak{T}_2/\mathfrak{T}_4) = \mathfrak{T}_1,$$

also $\mathfrak{D} = \mathfrak{T}_1$. Das ergibt $|\mathfrak{T}_1/\mho_1(\mathfrak{T}_1)| = |\mathfrak{T}_1| = p^p$, entgegen der obenstehenden Feststellung. **q.e.d.**

14.21 Satz. *Sei $\mathfrak{G}$ eine p-Gruppe von maximaler Klasse mit $|\mathfrak{G}| \geqq p^{p+1}$. Dann ist $\mathfrak{G}$ irregulär.*

Beweis. $\mathfrak{G}$ hat eine Faktorgruppe $\mathfrak{G}/\mathfrak{N}$ von maximaler Klasse mit der Ordnung p^{p+1}. Offenbar genügt der Nachweis, daß $\mathfrak{G}/\mathfrak{N}$ irregulär ist. Dazu können wir $\mathfrak{N} = \mathfrak{E}$ annehmen.

Sei $\mathfrak{G}_1 = \mathbf{C}_{\mathfrak{G}}(\mathfrak{G}_2/\mathfrak{G}_4)$. Da $\mathfrak{G}/\mathfrak{G}_p$ nach 14.6 a) keine Ausnahmegruppe ist, gilt

$$\mathfrak{G}_1 = \mathbf{C}_{\mathfrak{G}}(\mathfrak{G}_i/\mathfrak{G}_{i+2}) \quad \text{für } 2 \leqq i \leqq p-2.$$

Sei $S \notin \mathfrak{G}_1$ und $S \notin \mathbf{C}_{\mathfrak{G}}(\mathfrak{G}_{p-1})$. Dann ist $\mathfrak{G} = \langle \mathfrak{G}_1, S\rangle$. Wir wählen S_1 mit $\mathfrak{G}_1 = \langle \mathfrak{G}_2, S_1\rangle$ und setzen $S_i = [S_{i-1}, S]$ für $2 \leqq i \leqq p$. Die Anwendung von 14.8 auf $\mathfrak{G}/\mathfrak{G}_p$, das nach 14.6 a) keine Ausnahmegruppe ist, ergibt dann $\mathfrak{G}_i = \langle \mathfrak{G}_{i+1}, S_i\rangle$ für $2 \leqq i \leqq p-1$. Insbesondere ist $\mathfrak{G}_{p-1} = \langle \mathfrak{G}_p, S_{p-1}\rangle$. Wegen $[S, \mathfrak{G}_p] = \mathfrak{E}$ und $S \notin \mathbf{C}_{\mathfrak{G}}(\mathfrak{G}_{p-1})$ ist

$$S_p = [S_{p-1}, S] = [S_1, \underbrace{S, \ldots, S}_{p-1}] \neq E.$$

Die Identität 9.4 besagt

$$S^p S_1^p = (S S_1)^p C_2^{\binom{p}{2}} \cdots C_{p-1}^{\binom{p}{p-1}} C_p.$$

Nach 14.14 ist $\mho_1(\mathfrak{G}_2) = \mathfrak{E}$, also für $2 \leqq i \leqq p-1$

$$C_i^{\binom{p}{i}} \in \mho_1(\mathfrak{G}') = \mathfrak{E}.$$

Nach 9.5 ist wegen $\mathfrak{G}_{p+1} = \mathfrak{E}$

$$C_p = [S_1, \underset{p-1}{S, \ldots, S}]^a \prod_i V_i^{a_i}$$

mit $a \equiv -1\ (p)$. Dabei haben die V_i die Gestalt $V_i = [S_1, S, X_3, \ldots, X_p]$ mit $X_j \in \{S_1, S\}$, und mindestens einmal ist $X_j = S_1$. Sei

$$V_i = [S_1, \underset{k}{S, \ldots, S}, S_1, \ldots] .$$

Für $k \leqq p - 3$ ist dann

$$[S_1, \underset{k}{S, \ldots, S}, S_1] \in [\mathfrak{G}_{k+1}, \mathfrak{G}_1] \leqq \mathfrak{G}_{k+3}$$

und daher

$$V_i \in [\mathfrak{G}_{k+3}, \underset{p-k-2}{\mathfrak{G}, \ldots, \mathfrak{G}}] \leqq \mathfrak{G}_{p+1} = \mathfrak{E} .$$

Also bleibt nur

$$S^p S_1^p = (S S_1)^p S_p^a [S_1, \underset{p-2}{S, \ldots, S}, S_1]^b .$$

Wäre $\mathfrak{G}$ regulär, so folgte wegen $\mho_1(\mathfrak{G}') = \mathfrak{E}$ andererseits $S^p S_1^p = (S S_1)^p$ und daher $S_p^a = T^{-b}$ mit $T = [S_1, \underset{p-2}{S, \ldots, S}, S_1]$. Wegen $\mathfrak{G}_{p+1} = \mathfrak{E}$ ist nach 6.8

$$[S_1^2, S, \ldots, S, S_1^2] = [S_1, S, \ldots, S, S_1]^4 \text{ und } [S_1^2, S, \ldots, S] = [S_1, S, \ldots, S]^2 .$$

Die Ersetzung von S_1 durch S_1^2, welche wegen $p > 2$ möglich ist, liefert daher

$$(S S_1^2)^p = S^p S_1^{2p} = (S S_1^2)^p S_p^{2a} T^{4b} .$$

Also folgt

$$S_p^{2a} = T^{-4b} = S_p^{4a} .$$

Somit ist $S_p^{2a} = E$. Wegen $S_p \neq E$ und $a \equiv -1\ (p)$ ist das ein Widerspruch. Also ist $\mathfrak{G}$ irregulär. **q.e.d.**

14.22 Satz. *Sei $\mathfrak{G}$ eine p-Gruppe von maximaler Klasse.*

a) *Ist $\mathfrak{G}$ keine Ausnahmegruppe, so ist jede von $\mathfrak{G}_1$ verschiedene maximale Untergruppe von $\mathfrak{G}$ eine p-Gruppe von maximaler Klasse.*

b) *Ist $|\mathfrak{G}| > p^{p+1}$, so ist jede von $\mathfrak{G}_1$ verschiedene maximale Untergruppe von $\mathfrak{G}$ irregulär, und $\mathfrak{G}_1$ ist die einzige maximale Untergruppe von $\mathfrak{G}$, welche regulär ist.*

Beweis. a) Wir haben zu zeigen, daß jede von $\mathfrak{G}_1$ verschiedene maximale Untergruppe $\mathfrak{U}$ von $\mathfrak{G}$ die Klasse $n - 2$ hat.

Sei $\mathfrak{G} = \langle \mathfrak{G}_1, S \rangle$, sei $\mathfrak{G}_1 = \langle \mathfrak{G}_2, S_1 \rangle$ und $S_{i+1} = [S_i, S]$. Dann hat jede von $\mathfrak{G}_1$ verschiedene maximale Untergruppe $\mathfrak{U}$ von $\mathfrak{G}$ die Gestalt $\mathfrak{U} = \langle \mathfrak{G}_2, S S_1^i \rangle$ mit einem geeigneten i mit $0 < i \leqq p - 1$.

Wir beweisen für $1 \leqq j \leqq n - 3$ durch Induktion nach j die Formel

$$[S_2, \underset{j}{S S_1^i, \ldots, S S_1^i}] \equiv S_{j+2}\ (\mathfrak{G}_{j+3}) :$$

Für $j = 1$ ist sie wegen $[S_2, S_1] \in \mathfrak{G}_4$ offenbar richtig. Sei

$$[S_2, \underset{j-1}{S S_1^i, \ldots, S S_1^i}] = S_{j+1} L$$

mit $L \in \mathfrak{G}_{j+2}$ und $j \leqq n-3$. Dann ist

$$[S_{j+1}L, S S_1^i] = [S_{j+1}, S S_1^i]^L [L, S S_1^i] \equiv [S_{j+1}, S S_1^i]$$
$$\equiv [S_{j+1}, S_1^i]\,[S_{j+1}, S]\,[S_{j+1}, S, S_1^i] \equiv [S_{j+1}, S_1^i]\, S_{j+2}\ (\mathfrak{G}_{j+3})\,.$$

Nach unserer Voraussetzung ist $\mathfrak{G}$ keine Ausnahmegruppe.
Daher gilt wegen $j+1 \leqq n-2$

$$[S_{j+1}, S_1^i] \in [\mathfrak{G}_{j+1}, \mathfrak{G}_1] \leqq \mathfrak{G}_{j+3}\,.$$

Das beweist die Zwischenbehauptung.

Insbesondere ist also wegen $\mathfrak{G}_n = \mathfrak{E}$ nun

$$S_{n-1} = [S_2, \underbrace{S S_1^i, \ldots, S S_1^i}_{n-3}] \in \mathbf{K}_{n-2}(\mathfrak{U})\,.$$

Da $\mathfrak{G}/\mathfrak{G}_{n-1}$ nach 14.6 a) keine Ausnahmegruppe ist, gilt nach 14.8 $\mathfrak{G}_{n-2} = \langle \mathfrak{G}_{n-1}, S_{n-2} \rangle$.

Wegen $S \notin \mathfrak{G}_1 = \mathbf{C}_{\mathfrak{G}}(\mathfrak{G}_{n-2})$ ist also $[S_{n-2}, S] = S_{n-1} \neq E$. Daher hat $\mathfrak{U}$ mindestens die Klasse $n-2$. Wegen $|\mathfrak{U}| = p^{n-1}$ hat $\mathfrak{U}$ trivialerweise höchstens die Klasse $n-2$.

b) Sei nun $|\mathfrak{G}| > p^{p+1}$. Nach 14.6 b) ist dann $\mathfrak{G}$ keine Ausnahmegruppe. Ist $\mathfrak{U}$ eine maximale Untergruppe von $\mathfrak{G}$ mit $\mathfrak{U} \neq \mathfrak{G}_1$, so ist $\mathfrak{U}$ nach a) eine p-Gruppe von maximaler Klasse mit $|\mathfrak{U}| \geqq p^{p+1}$. Nach 14.21 ist $\mathfrak{U}$ daher irregulär. Andererseits ist $\mathfrak{G}_1$ nach 14.16 regulär. **q.e.d.**

Die p-Gruppen von maximaler Klasse lassen sich dadurch charakterisieren, daß sie Konjugiertenklassen von großer Länge haben:

14.23 Satz. *Sei $\mathfrak{G}$ eine p-Gruppe mit $|\mathfrak{G}| = p^n$ und $n \geqq 3$. Genau dann ist $\mathfrak{G}$ eine p-Gruppe von maximaler Klasse, wenn es ein Element S aus $\mathfrak{G}$ mit*

$$|\{S^G \mid G \in \mathfrak{G}\}| = p^{n-2}$$

gibt.

(*Diese Aussage gilt auch für $p = 2$.*)

Beweis. 1) Sei $S \in \mathfrak{G}$ mit

$$|\{S^G \mid G \in \mathfrak{G}\}| = p^{n-2} = |\mathfrak{G} : \mathbf{C}_{\mathfrak{G}}(S)|\,.$$

Für $n = 3$ ist $\mathfrak{G}$ nicht abelsch, hat also die Klasse 2. Wir beweisen die Behauptung für $n > 3$ durch Induktion nach n.

Wegen $\mathbf{Z}(\mathfrak{G}) \leqq \mathbf{C}_{\mathfrak{G}}(S)$ und $S \notin \mathbf{Z}(\mathfrak{G})$ ist $|\mathbf{Z}(\mathfrak{G})| = p$. Wir setzen $\mathfrak{Z} = \mathbf{Z}(\mathfrak{G})$. Nun ist $\mathbf{C}_{\mathfrak{G}/\mathfrak{Z}}(S\mathfrak{Z}) = \mathfrak{L}/\mathfrak{Z}$ mit

$$\mathfrak{L} = \{G \mid S^G = S Z \quad \text{mit} \quad Z = [S, G] \in \mathfrak{Z}\}\,.$$

Dann ist die Abbildung $G \to [S, G]$ ein Homomorphismus von $\mathfrak{L}$ in $\mathfrak{Z}$ mit dem Kern $\mathbf{C}_{\mathfrak{G}}(S)$. Daher folgt

$$|\mathfrak{L}| \leqq p\,|\mathbf{C}_{\mathfrak{G}}(S)| = p^3\,.$$

Setzen wir $\overline{\mathfrak{G}} = \mathfrak{G}/\mathfrak{Z}$ und $\overline{S} = S\mathfrak{Z}$, so gilt also

$$|\{\overline{S}^{\overline{G}} \mid \overline{G} \in \overline{\mathfrak{G}}\}| = |\overline{\mathfrak{G}} : \mathbf{C}_{\overline{\mathfrak{G}}}(\overline{S})| = |\mathfrak{G} : \mathfrak{L}| \geqq p^{n-3}\,.$$

Wegen

$$\{\bar{S}^{\bar{G}} \mid \bar{G} \in \bar{\mathfrak{G}}\} \subseteq \bar{S}\,\bar{\mathfrak{G}}'$$

ist andererseits

$$|\{\bar{S}^{\bar{G}} \mid \bar{G} \in \bar{\mathfrak{G}}\}| \leqq |\bar{\mathfrak{G}}'| \leqq p^{n-3}.$$

Also haben wir

$$|\{\bar{S}^{\bar{G}} \mid \bar{G} \in \bar{\mathfrak{G}}\}| = p^{n-3}$$

und daher nach unserer Induktionsannahme

$$\mathfrak{E} \neq \mathbf{K}_{n-2}(\mathfrak{G}/\mathfrak{Z}) = \mathbf{K}_{n-2}(\mathfrak{G})\,\mathfrak{Z}/\mathfrak{Z}.$$

Also ist $\mathbf{K}_{n-2}(\mathfrak{G}) \not\leqq \mathfrak{Z} = \mathbf{Z}(\mathfrak{G})$ und somit $\mathbf{K}_{n-1}(\mathfrak{G}) \neq \mathfrak{E}$. Daher ist $\mathfrak{G}$ eine Gruppe von maximaler Klasse.

2) Sei nun $\mathfrak{G}$ eine p-Gruppe von maximaler Klasse.

Ist $p > 2$, so gibt es nach 14.13 ein S aus $\mathfrak{G}$ mit $|\mathbf{C}_{\mathfrak{G}}(S)| = p^2$. Dann ist

$$|\{S^G \mid G \in \mathfrak{G}\}| = |\mathfrak{G} : \mathbf{C}_{\mathfrak{G}}(S)| = p^{n-2}.$$

Ist $p = 2$, so gilt nach 11.9 $\mathfrak{G} = \langle A, B\rangle$ mit $A^{2^{n-1}} = E$ und $A^B = A^{-1+2^{n-2}}$ oder $A^B = A^{-1}$. Dann ist

$$|\{B^G \mid G \in \mathfrak{G}\}| = |\{B A^{2j} \mid j = 0, 1, \ldots\}| = 2^{n-2}.$$

Also können wir $S = B$ setzen. **q.e.d.**

Wir wollen durch Beispiele belegen, daß sich Satz 14.6 b) nicht verbessern läßt:

14.24 Beispiel. Für jedes $p > 3$ und jedes r mit $6 \leqq 2r \leqq p + 1$ gibt es eine Ausnahmegruppe von der Ordnung p^{2r}:

Sei $\mathfrak{A}$ eine elementar-abelsche Gruppe der Ordnung p^r mit $3 \leqq r \leqq \frac{p+1}{2}$ und sei $\{A_1, \ldots, A_r\}$ eine Basis von $\mathfrak{A}$. Sei $\mathfrak{B}$ die Gruppe der Automorphismen B von $\mathfrak{A}$ mit

$$A_r^B = A_r \quad \text{und} \quad A^B A^{-1} \in \langle A_r\rangle$$

für alle A aus $\mathfrak{A}$. Dann ist $\mathfrak{B}$ elementar-abelsch von der Ordnung p^{r-1}. Wir zeigen:

(1) Die Elemente B_j aus $\mathfrak{B}$ mit

$$A_i^{B_j} = A_i A_r^{(-1)^{r+i-1}\binom{r-j-1}{i-1}} \quad (i = 1, \ldots, r-1;\ j = 1, \ldots, r-1)$$
$$A_r^{B_j} = A_r$$

bilden eine Basis von $\mathfrak{B}$:

Es ist $A_i^{B_j} = A_i$ für $i > r - j$ und $A_i^{B_{r-i}} = A_i A_r^{(-1)^{r+i-1}}$. Sei $B \in \mathfrak{B}$, sei $A_i^B = A_i$ für $i > k$ und $A_k^B = A_k A_r^x$. Setzen wir

$$C = B\, B_{r-k}^{(-1)^{r+k}x},$$

so gilt $A_i^C = A_i$ für $i \geqq k$. Daraus folgt leicht die Behauptung.

(2) Sei $\mathfrak{H}$ das semidirekte Produkt von $\mathfrak{A}$ mit $\mathfrak{B}$. Dann besitzt $\mathfrak{H}$ einen Automorphismus A mit

$$A_r^A = A_r\,, \quad A_{r-1}^A = A_{r-1}\,, \quad A_i^A = A_i\, A_{i+1}^{-1} \quad (1 \leqq i \leqq r-2)\,,$$
$$B_{r-1}^A = B_{r-1}\, A_1^{-1}\,, \quad B_i^A = B_i\, B_{i+1}^{-1} \quad (1 \leqq i \leqq r-2)\,.$$

Man bestätigt durch direkte Rechnung, daß A ein Automorphismus der Ordnung p von $\mathfrak{H}$ ist. Sei $\mathfrak{G}$ das semidirektc Produkt von $\mathfrak{H}$ mit $\langle A\rangle$.

(3) Es gilt $|\mathfrak{G}| = p^{2r}$, $\mathfrak{G}$ hat die Klasse $2r-1$ und ist eine Ausnahmegruppe:

Aus

$$[B_i, A] = B_{i+1}^{-1} \quad (1 \leqq i \leqq r-2)\,, \quad [B_{r-1}, A] = A_1^{-1}\,,$$
$$[A_i, A] = A_{i+1}^{-1} \quad (1 \leqq i \leqq r-2)\,, \quad [A_{r-1}, B_1] = A_r$$

folgt sofort

$$\mathbf{K}_i(\mathfrak{G}) = \langle B_i, \ldots, B_{r-1}, A_1, \ldots, A_r\rangle \quad (2 \leqq i \leqq r-1)\,,$$
$$\mathbf{K}_r(\mathfrak{G}) = \langle A_1, \ldots, A_r\rangle\,,$$
$$\mathbf{K}_{r+j}(\mathfrak{G}) = \langle A_{j+1}, \ldots, A_r\rangle \quad (0 \leqq j \leqq r-1)\,.$$

Also hat $\mathfrak{G}$ die Klasse $2r-1$, ist daher eine Gruppe von maximaler Klasse. Wegen

$$B_2^A = B_2\, B_3^{-1} \not\equiv B_2\, (\mathbf{K}_4(\mathfrak{G}))$$

gilt $A \notin \mathbf{C}_{\mathfrak{G}}(\mathbf{K}_2(\mathfrak{G})/\mathbf{K}_4(\mathfrak{G})) = \mathfrak{G}_1$. Andererseits ist aber $A_{r-1}^A = A_{r-1}$ und daher $A \in \mathbf{C}_{\mathfrak{G}}(\mathfrak{G}_{2r-2})$. Also ist $\mathfrak{G}_1 \neq \mathbf{C}_{\mathfrak{G}}(\mathfrak{G}_{2r-2})$, und $\mathfrak{G}$ ist eine Ausnahmegruppe.

Aufgaben:

35) Ist $\mathfrak{G}$ eine Gruppe von maximaler Klasse mit $|\mathfrak{G}| = p^{2m}$, so gilt:

a) Ist $\mathfrak{G}$ keine Ausnahmegruppe, so ist $\mathfrak{G}_{m-1}$ abelsch.

b) Ist $\mathfrak{G}$ Ausnahmegruppe, so ist $\mathfrak{G}_m$ der eindeutig bestimmte maximale abelsche Normalteiler von $\mathfrak{G}$.

§ 15. Die p-Sylowgruppen der symmetrischen Gruppen $\mathfrak{S}_{p^n}$

In diesem Paragraphen untersuchen wir die p-Sylowgruppen der symmetrischen Gruppen $\mathfrak{S}_{p^n}$. Wir schicken zwei einfache Hilfssätze über die Berechnung der absteigenden Zentralreihe voraus:

15.1 Hilfssatz. *Sei $\mathfrak{A}$ ein Normalteiler von $\mathfrak{G}$. Wir definieren die Normalteiler $\mathfrak{A}_i$ von $\mathfrak{G}$ rekursiv durch die Festsetzung $\mathfrak{A}_1 = \mathfrak{A}$ und $\mathfrak{A}_{i+1} = [\mathfrak{A}_i, \mathfrak{G}]$. Dann gilt $[\mathbf{K}_i(\mathfrak{G}), \mathfrak{A}] \leqq \mathfrak{A}_{i+1}$.*

Beweis. Die $\mathfrak{A}_i$ bilden eine bei $\mathfrak{A} = \mathfrak{A}_1$ beginnende Zentralkette von $\mathfrak{G}$ im Sinne von 2.1. Daher gilt nach 2.11 a) $[\mathbf{K}_i(\mathfrak{G}), \mathfrak{A}] \leqq \mathfrak{A}_{i+1}$. **q.e.d.**

15.2 Hilfssatz. *Sei* $\mathfrak{G} = \mathfrak{L}\,\mathfrak{A}$ *mit* $\mathfrak{A} \lhd \mathfrak{G}$. *Dann gilt* $\mathbf{K}_i(\mathfrak{G}) = \mathbf{K}_i(\mathfrak{L})\,\mathfrak{A}_i$, *wobei die Normalteiler* $\mathfrak{A}_i$ *von* $\mathfrak{G}$ *rekursiv nach der Vorschrift* $\mathfrak{A}_1 = \mathfrak{A}$ *und* $\mathfrak{A}_{i+1} = [\mathfrak{A}_i, \mathfrak{G}]$ *zu bestimmen sind.*

Beweis. Wir beweisen den Hilfssatz durch Induktion nach i. Für $i = 1$ ist die Behauptung wegen

$$\mathbf{K}_1(\mathfrak{G}) = \mathfrak{G} = \mathfrak{L}\,\mathfrak{A} = \mathbf{K}_1(\mathfrak{L})\,\mathfrak{A}_1$$

offenbar richtig. Wir zeigen:

(1) $\mathbf{K}_{i+1}(\mathfrak{L})\,\mathfrak{A}_{i+1} \leqq \mathbf{K}_{i+1}(\mathfrak{G})$:
Nach Induktionsannahme gilt

$$\mathfrak{A}_{i+1} = [\mathfrak{A}_i, \mathfrak{G}] \leqq [\mathbf{K}_i(\mathfrak{G}), \mathfrak{G}] = \mathbf{K}_{i+1}(\mathfrak{G})\,.$$

Wegen $\mathbf{K}_{i+1}(\mathfrak{L}) \leqq \mathbf{K}_{i+1}(\mathfrak{G})$ und $\mathfrak{A}_{i+1} \trianglelefteq \mathfrak{G}$ haben wir auch

$$\mathbf{K}_{i+1}(\mathfrak{L})\,\mathfrak{A}_{i+1} \leqq \mathbf{K}_{i+1}(\mathfrak{G})\,.$$

(2) $\mathbf{K}_{i+1}(\mathfrak{L})\,\mathfrak{A}_{i+1} \trianglelefteq \mathfrak{G}$:
Sicher gilt $\mathfrak{A}_{i+1} \trianglelefteq \mathfrak{G}$ und $\mathbf{K}_{i+1}(\mathfrak{L}) \trianglelefteq \mathfrak{L}$. Wir haben also noch

$$\mathbf{K}_{i+1}(\mathfrak{L})^A \leqq \mathbf{K}_{i+1}(\mathfrak{L})\,\mathfrak{A}_{i+1}$$

für alle A aus $\mathfrak{A}$ zu zeigen. Sei $L \in \mathbf{K}_{i+1}(\mathfrak{L})$. Dann folgt mit Hilfssatz 15.1

$$L^A = L\,[L, A] \in \mathbf{K}_{i+1}(\mathfrak{L})\,[\mathbf{K}_{i+1}(\mathfrak{L}), \mathfrak{A}] \leqq \mathbf{K}_{i+1}(\mathfrak{L})\,\mathfrak{A}_{i+1}\,.$$

(3) $\mathbf{K}_{i+1}(\mathfrak{G}) \leqq \mathbf{K}_{i+1}(\mathfrak{L})\,\mathfrak{A}_{i+1}$:
Vermöge unserer Induktionsannahme haben wir nämlich

$$\mathbf{K}_{i+1}(\mathfrak{G}) = [\mathbf{K}_i(\mathfrak{G}), \mathfrak{G}] = [\mathbf{K}_i(\mathfrak{L})\,\mathfrak{A}_i, \mathfrak{L}\,\mathfrak{A}]\,.$$

Wir setzen $\mathfrak{N} = \mathbf{K}_{i+1}(\mathfrak{L})\,\mathfrak{A}_{i+1}$.
Es gilt [illegible]

$$[\illegible] \quad [\mathbf{K}_i(\mathfrak{L}), \mathfrak{L}] = \mathbf{K}_{i+1}(\mathfrak{L}) \leqq \mathfrak{N}\,,$$

ferner nach 15.1

$$[\mathbf{K}_i(\mathfrak{L}), \mathfrak{A}] \leqq \mathfrak{A}_{i+1} \leqq \mathfrak{N} \text{ und}$$

$$[\mathfrak{A}_i, \mathfrak{A}\,\mathfrak{L}] = [\mathfrak{A}_i, \mathfrak{G}] = \mathfrak{A}_{i+1} \leqq \mathfrak{N}\,.$$

Wegen (2) ergibt das $\mathbf{K}_{i+1}(\mathfrak{G}) \leqq \mathbf{K}_{i+1}(\mathfrak{L})\,\mathfrak{A}_{i+1}$. Mit (1) folgt dann die Behauptung. **q.e.d.**

Mit Hilfe des Kranzproduktes können wir die p-Sylowgruppen der symmetrischen Gruppen vom Grad p^n übersichtlich beschreiben:

15.3 Satz (Kaloujnine [1]). *Wir setzen*

$$\mathfrak{P}_n = \underbrace{\mathfrak{Z} \wr \cdots \wr \mathfrak{Z}}_{n}$$

mit n *zur zyklischen Gruppe der Ordnung* p *isomorphen Faktoren, wobei* $\mathfrak{Z}$ *als reguläre Permutationsgruppe aufgefaßt wird. Nach* I, 15.3 (S. 96) *ist* $\mathfrak{P}_n$ *eine Permutationsgruppe vom Grad* p^n. *Wir behaupten:*

a) $\mathfrak{P}_n$ *ist eine p-Sylowgruppe der symmetrischen Gruppe* $\mathfrak{S}_{p^n}$ *vom Grad* p^n.

b) $\mathfrak{P}_n$ *hat den Exponenten* p^n *und läßt sich mit Elementen der Ordnung* p *erzeugen, ist also insbesondere für* $n > 1$ *nicht regulär.*

c) *Die minimale Erzeugendenzahl* $d(\mathfrak{P}_n)$ *von* $\mathfrak{P}_n$ *ist* n.

d) $\mathfrak{P}_n$ *hat die Stufe* n.

e) $\mathfrak{P}_n$ *hat die Klasse* p^{n-1}.

Beweis. a) $\mathfrak{P}_n$ ist eine Permutationsgruppe vom Grad p^n und von der Ordnung p^t mit $t = 1 + p + p^2 + \cdots + p^{n-1}$. Man rechnet leicht nach, daß p^t die höchste Potenz von p ist, welche $(p^n)!$ teilt. Also hat $\mathfrak{P}_n$ die richtige Ordnung und ist daher eine p-Sylowgruppe der symmetrischen Gruppe vom Grad p^n.

b) Jede p-Sylowgruppe von $\mathfrak{S}_{p^n}$ enthält Zyklen der Länge p^n, aber längere Zyklen können in der Zyklenzerlegung einer Permutation aus $\mathfrak{S}_{p^n}$ offenbar nicht vorkommen. Also ist $\operatorname{Exp} \mathfrak{P}_n = p^n$.

Sei schon gezeigt, daß sich $\mathfrak{P}_{n-1}$ mit Elementen der Ordnung p erzeugen läßt. Nach I, 15.4 (S. 96) gilt

$$\mathfrak{P}_n = \mathfrak{Z} \wr (\mathfrak{Z} \wr \cdots \wr \mathfrak{Z}) = \mathfrak{Z} \wr \mathfrak{P}_{n-1}.$$

Also läßt $\mathfrak{P}_n$ sich mit Elementen der Ordnung p erzeugen. Die Bemerkung über die Irregularität von $\mathfrak{P}_n$ folgt daraus mit Hilfe von 10.5 a).

c) Wir bezeichnen mit $d(\mathfrak{G})$ stets die minimale Erzeugendenzahl einer p-Gruppe $\mathfrak{G}$ (siehe 3.15). Sei schon $d(\mathfrak{P}_{n-1}) = n - 1$ bewiesen, und sei

$$\mathfrak{P}_{n-1} = \langle P_1, \ldots, P_{n-1} \rangle$$

eine Erzeugung von $\mathfrak{P}_{n-1}$ mit genau $n - 1$ Elementen. Dann haben wir nach I, 15.2 (S. 95) $\mathfrak{P}_n = \mathfrak{A}\,\mathfrak{P}_{n-1}$ mit

$$\mathfrak{A} = \mathfrak{Z} \wr \mathfrak{E} = \langle A_1 \rangle \times \cdots \times \langle A_{p^{n-1}} \rangle\,;$$

dabei ist $\mathfrak{E}$ als die triviale Permutationsgruppe auf p^{n-1} Ziffern aufzufassen, und $\mathfrak{P}_{n-1}$ ist mit einer Untergruppe von $\mathfrak{P}_n = \mathfrak{Z} \wr \mathfrak{P}_{n-1}$ identifiziert worden. Die A_i werden bei Transformation mit den Elementen aus $\mathfrak{P}_{n-1}$ transitiv permutiert. Also erhalten wir $\mathfrak{P}_n = \langle A_1, P_1, \ldots, P_{n-1} \rangle$. In diesem Erzeugendensystem ist wegen $\mathfrak{P}_{n-1} < \mathfrak{P}_n$ sicher A_1 nicht überflüssig. Aber auch kein P_j ist überflüssig, denn sonst hätten wir

$$\mathfrak{P}_{n-1} \cong \mathfrak{P}_n/\mathfrak{D} = \langle P_i \mathfrak{D} \mid i = 1, \ldots, n-1,\ i \neq j \rangle\,,$$

entgegen der Induktionsannahme $d(\mathfrak{P}_{n-1}) = n - 1$. Also ist $d(\mathfrak{P}_n) = n$.

d) Wir haben $\mathfrak{P}_n = \mathfrak{P}_{n-1} \wr \mathfrak{Z}$, wobei $\mathfrak{Z} = \langle Z \rangle$ als zyklische, transitive Permutationsgruppe vom Grad p aufzufassen ist. Sei $\mathfrak{D}_n = \mathfrak{P}_{n-1} \wr \mathfrak{E}$ (wobei $\mathfrak{E}$ als die triviale Permutationsgruppe auf p Ziffern aufzufassen ist). Wegen $\mathfrak{P}_n/\mathfrak{D}_n \cong \mathfrak{Z}$ gilt

$$\mathfrak{P}_n' \leqq \mathfrak{D}_n \cong \mathfrak{P}_{n-1} \times \cdots \times \mathfrak{P}_{n-1}\,.$$

Durch eine einfache Induktion nach n folgt dann, daß $\mathfrak{P}_n$ höchstens die Stufe n hat.

Die Stufe von $\mathfrak{P}_n$ ist mindestens n: In dem direkten Produkt

$$\mathfrak{D}_n = \mathfrak{P}_{n-1} \wr \mathfrak{E} \cong \mathfrak{P}_{n-1} \times \cdots \times \mathfrak{P}_{n-1}$$

wählen wir ein Element X_1 aus dem ersten Faktor. Dann gilt

$$[X_1, Z] = X_1^{-1} X_1^Z \in \mathfrak{P}_n' .$$

Die Abbildung der Elemente von $\mathfrak{P}_n'$ auf ihre erste Komponente in der obenstehenden direkten Zerlegung ist daher ein Epimorphismus von $\mathfrak{P}_n'$ auf ganz $\mathfrak{P}_{n-1}$. Daraus folgt für die Stufe von $\mathfrak{P}_n$ nun $k(\mathfrak{P}_n) \geqq 1 + k(\mathfrak{P}_{n-1})$. Eine einfache Induktion ergibt dann $k(\mathfrak{P}_n) \geqq n$.
(Diese Rechnung zeigt offenbar allgemein: Ist $\mathfrak{A}$ abelsch und $\mathfrak{G} \neq \mathfrak{E}$, so gilt $k(\mathfrak{G} \wr \mathfrak{A}) = k(\mathfrak{G}) + 1$.)

e) Wir haben $\mathfrak{P}_n = \mathfrak{Z} \wr \mathfrak{P}_{n-1} = \mathfrak{A}\,\mathfrak{P}_{n-1}$, wobei $\mathfrak{A} = \mathfrak{Z} \wr \mathfrak{E}$ ein elementar-abelscher Normalteiler der Ordnung $p^{p^{n-1}}$ von $\mathfrak{P}_n$ ist. Sei schon $c(\mathfrak{P}_{n-1}) = p^{n-2}$ bewiesen. Nach Hilfssatz 15.2 ist

$$\mathbf{K}_i(\mathfrak{P}_n) = \mathfrak{A}_i\, \mathbf{K}_i(\mathfrak{P}_{n-1}) .$$

Wegen

$$\mathbf{K}_{p^{n-2}+1}(\mathfrak{P}_{n-1}) = \mathfrak{E}$$

folgt insbesondere für $i > p^{n-2}$ die Gleichung $\mathbf{K}_i(\mathfrak{P}_n) = \mathfrak{A}_i$. Wir zeigen nun $\mathfrak{A}_{p^{n-1}} \neq \mathfrak{E} = \mathfrak{A}_{p^{n-1}+1}$:

Wir bestimmen r durch

$$\mathfrak{A} = \mathfrak{A}_1 > \mathfrak{A}_2 > \cdots > \mathfrak{A}_r = \mathfrak{E} .$$

Wegen $|\mathfrak{A}| = p^{p^{n-1}}$ ist $r \leqq p^{n-1} + 1$.

Ferner läßt sich r in folgender Weise nach unten abschätzen: Sei

$$\mathfrak{A} = \langle A_1 \rangle \times \cdots \times \langle A_{p^{n-1}} \rangle$$

und sei S der p^{n-1}-Zyklus aus der Permutationsgruppe $\mathfrak{P}_{n-1}$ mit $A_i^S = A_{i+1}$ ($i \bmod p^{n-1}$). Dann haben wir

$$[A_1, S] = A_1^{-1} A_1^S = A_1^{-1} A_2 \in \mathfrak{A}_2 ,$$

$$[A_1, S, S] = A_1 A_2^{-2} A_3 \in \mathfrak{A}_3 ,$$

schließlich

$$[A_1, \underbrace{S, S, \ldots, S}_{p^{n-1}-1}] = A_1^{\pm 1} \ldots A_{p^{n-1}} \in \mathfrak{A}_{p^{n-1}}$$

und daher sicher $\mathfrak{A}_{p^{n-1}} \neq \mathfrak{E}$. Also erhalten wir $r \geqq p^{n-1} + 1$, somit $r = p^{n-1} + 1$ und sodann $c(\mathfrak{P}_n) = p^{n-1}$. **q.e.d.**

Wir schließen eine Bemerkung über die abelschen Normalteiler von $\mathfrak{P}_n$ an:

15.4 Satz. a) *Für $p > 2$ liegen alle abelschen Normalteiler von $\mathfrak{P}_n$ in dem elementar-abelschen Normalteiler $\mathfrak{A} = \mathfrak{Z} \wr \mathfrak{E}$ von der Ordnung $p^{p^{n-1}}$ (wobei*

$\mathfrak{E}$ als triviale Permutationsgruppe auf p^{n-1} Ziffern aufzufassen ist). Insbesondere haben alle abelschen Normalteiler von $\mathfrak{P}_n$ den Exponenten p.

b) *Für $p = 2$ hat $\mathfrak{P}_n$ auch abelsche Normalteiler vom Typ* $(4, 4, \ldots, 4)$ *und der Ordnung* $2^{2^{n-1}}$.

(*Man vergleiche mit* 7.3 d).)

Beweis. a) Wir haben $\mathfrak{P}_n = \mathfrak{Z} \wr \mathfrak{P}_{n-1}$. Offenbar ist

$$\mathfrak{A} = \mathfrak{Z} \wr \mathfrak{E} = \langle A_1 \rangle \times \cdots \times \langle A_{p^{n-1}} \rangle$$

ein elementar-abelscher Normalteiler der Ordnung $p^{p^{n-1}}$ von $\mathfrak{P}_n$. Sei $\mathfrak{B}$ irgendein abelscher Normalteiler von $\mathfrak{P}$. Da $\mathfrak{A}\,\mathfrak{B}$ wegen

$$[\mathfrak{A}, \mathfrak{B}] \leqq \mathfrak{A} \cap \mathfrak{B} \leqq \mathbf{Z}(\mathfrak{A}\,\mathfrak{B})$$

höchstens die Klasse 2 hat, gilt für alle $A \in \mathfrak{A}$ und alle $T \in \mathfrak{A}\,\mathfrak{B}$

$$[A, T, T] = E\,.$$

Es ist $\mathfrak{P}_n = \mathfrak{A}\,\mathfrak{P}_{n-1}$ und daher $\mathfrak{A}\,\mathfrak{B} = \mathfrak{A}\,\mathfrak{T}$ mit $\mathfrak{T} = \mathfrak{A}\,\mathfrak{B} \cap \mathfrak{P}_{n-1}$. Die Gruppe $\mathfrak{P}_{n-1}$ vertauscht bei Transformation die p^{n-1} direkten Faktoren $\langle A_i \rangle$ von $\mathfrak{A}$. Sei $E \neq T = (i_1, i_2, \ldots, i_p, \ldots) \ldots \in \mathfrak{T}$. Dann ist

$$E = [A_{i_1}, T, T] = A_{i_1} A_{i_2}^{-2} A_{i_3}\,.$$

Wegen $p > 2$ ist das ein Widerspruch. Also gilt $\mathfrak{T} = \mathfrak{E}$ und daher $\mathfrak{B} \leqq \mathfrak{A}$.

b) Sei $p = 2$. Nach I, 15.4 (S. 96) gilt

$$\mathfrak{P}_n = (\mathfrak{Z} \wr \mathfrak{Z}) \wr (\mathfrak{Z} \wr \cdots \wr \mathfrak{Z}) = \mathfrak{D} \wr \mathfrak{P}_{n-2}\,,$$

wobei $\mathfrak{D} = \mathfrak{Z} \wr \mathfrak{Z}$ offenbar eine Diedergruppe der Ordnung 8 ist. Der Normalteiler $\mathfrak{D} \wr \mathfrak{E}$ von $\mathfrak{P}_n$ ist direktes Produkt von 2^{n-2} zu $\mathfrak{D}$ isomorphen Gruppen, hat daher offenbar eine charakteristische Untergruppe $\mathfrak{B}$ vom Typ $(4, \ldots, 4)$ und der Ordnung $2^{2^{n-1}}$. Dann ist $\mathfrak{B}$ der gesuchte abelsche Normalteiler von $\mathfrak{P}_n$. **q.e.d.**

Aufgaben:

36) Sei $\mathfrak{G}$ eine p-Sylowgruppe der symmetrischen Gruppe vom Grad p^2. Man zeige: Es gibt zwei maximale Untergruppen $\mathfrak{U}_1$ und $\mathfrak{U}_2$ von $\mathfrak{G}$ derart, daß $\mathfrak{U}_1 \cup \mathfrak{U}_2$ gerade die Menge aller Elemente der Ordnung 1 und p von $\mathfrak{G}$ ist.

§ 16. Die p-Sylowgruppen der linearen Gruppen $GL(n, p^f)$

16.1 Definition. a) Sei K der endliche Körper $GF(q)$ mit $q = p^f$ und V der Vektorraum der Dimension n über K mit einer Basis $\{v_1, \ldots, v_n\}$. Wir setzen $V_0 = 0$ und $V_i = \langle v_1, \ldots, v_i \rangle$. Sei $\mathfrak{G} = \mathfrak{T}(n, q)$ die Gruppe aller K-linearen Abbildungen G von V auf sich mit

$$vG - v \in V_{i-1} \quad \text{für alle } v \text{ aus } V_i$$

und alle $i = 1, \ldots, n$.

Ist $\{e_{jk} \mid j, k = 1, \ldots, n\}$ die übliche Basis des vollen Matrixringes vom Grad n über K mit

$$v_i\, e_{jk} = \delta_{ij}\, v_k$$

(also $e_{ij}\, e_{km} = \delta_{jk}\, e_{im}$, wobei δ_{jk} das Kroneckersymbol ist), so besteht $\mathfrak{G}$ gerade aus den Dreiecksmatrizen der Gestalt

$$E + \sum_{k<j} a_{jk}\, e_{jk} \quad (a_{jk} \in K)\,.$$

Offenbar ist $|\mathfrak{G}| = q^{\frac{n(n-1)}{2}}$. Nach II, 7.1 (S. 185) ist $\mathfrak{G}$ eine p-Sylowgruppe von $GL(n, q)$ und $SL(n, q)$.

b) Sei

$$\mathfrak{H}_i = \{G \mid G \in \mathfrak{G},\, vG - v \in V_{j-i} \text{ für alle } v \in V_j \text{ und alle } j\}\,.$$

(Dabei ist $V_k = 0$ zu setzen für $k \leqq 0$.) Die $\mathfrak{H}_i$ sind offenbar Normalteiler von $\mathfrak{G}$ und bestehen aus den Matrizen

$$E + \sum_{j-k \geqq i} a_{jk}\, e_{jk}\,.$$

Es ist $\mathfrak{H}_1 = \mathfrak{G}$ und $\mathfrak{H}_n = \mathfrak{E}$.

16.2 Hilfssatz. *Die Gruppe $\mathfrak{H}_i$ wird erzeugt von den Elementen $E + a\, e_{jk}$ mit $j - k \geqq i$ und $a \in K$.*

Beweis. Wir ordnen die Matrixkoeffizienten lexikographisch an, also

$$a_{21}, a_{31}, a_{32}, a_{41}, \ldots, a_{n,n-1}\,.$$

Sei $A \in \mathfrak{H}_i$ und sei a_{jk} der erste von 0 verschiedene Koeffizient in A. Dann ist $j - k \geqq i$. Sei $B = E - a_{jk}\, e_{jk}$. Eine einfache Rechnung zeigt, daß in $A\,B$ alle Koeffizienten vor a_{jk} Null geblieben sind, und daß auch der Koeffizient mit dem Indexpaar (j, k) Null geworden ist. Das Produkt $A\,B$ liegt wieder in $\mathfrak{H}_i$, so daß wir nun einen Induktionsschluß durchführen können. **q.e.d.**

Wir berechnen die absteigende Zentralreihe von $\mathfrak{G}$:

16.3 Satz. a) *Es gilt $[\mathfrak{H}_i, \mathfrak{H}_j] = \mathfrak{H}_{i+j}$.*

b) *Es ist $\mathbf{K}_i(\mathfrak{G}) = \mathfrak{H}_i$, $\mathfrak{G}^{(i)} = \mathbf{K}_{2^i}(\mathfrak{G})$ und $[\mathbf{K}_i(\mathfrak{G}), \mathbf{K}_j(\mathfrak{G})] = \mathbf{K}_{i+j}(\mathfrak{G})$. Insbesondere hat $\mathfrak{G} = \mathfrak{T}(n, q)$ die Klasse $n - 1$.*

Beweis. a) Wir betrachten das semidirekte Produkt der elementarabelschen Gruppe V mit $\mathfrak{G}$. Darauf wenden wir 2.8 an mit V anstelle von $\mathfrak{N}$, mit V_{n-i} anstelle von $\mathfrak{N}_i$ und $\mathfrak{G}$ anstelle von $\mathfrak{L}$. Die $\mathfrak{H}_i$ treten jetzt an die Stelle der $\mathfrak{L}_i$ aus 2.8. Wir erhalten

$$[\mathfrak{H}_i, \mathfrak{H}_j] \leqq \mathfrak{H}_{i+j}\,.$$

Die umgekehrte Inklusion folgt so: Nach 16.2 wird $\mathfrak{H}_{i+j}$ erzeugt von den Elementen $E + a\, e_{km}$ mit $k - m \geqq i + j$. Wir wählen ein t mit

$k - i \geqq t \geqq m + j$. Es ist also $k - t \geqq i$ und $t - m \geqq j$. Durch direkte Rechnung erhalten wir

$$E + a\, e_{km} = [E + a\, e_{kt}, E + e_{tm}] \in [\mathfrak{H}_i, \mathfrak{H}_j]\,.$$

Daher folgt $\mathfrak{H}_{i+j} \leqq [\mathfrak{H}_i, \mathfrak{H}_j]$.

b) folgt nun leicht durch Induktion. **q.e.d.**

16.4 Satz. *Es ist* $\mathbf{Z}_i(\mathfrak{G}) = \mathfrak{H}_{n-i} = \mathbf{K}_{n-i}(\mathfrak{G})$. *Also stimmen aufsteigende und absteigende Zentralreihe von* $\mathfrak{G}$ *überein.*

Beweis. a) Sei zuerst $i = 1$ und

$$Z = E + \sum_{j<i} a_{ij}\, e_{ij} \in \mathbf{Z}(\mathfrak{G})\,.$$

Die Gleichung

$$(E + e_{km})\, Z = Z\,(E + e_{km}) \quad (1 \leqq m < k)$$

ergibt, daß nur a_{n1} von 0 verschieden sein kann. Also ist $\mathbf{Z}(\mathfrak{G}) \leqq \mathfrak{H}_{n-1}$. Man sieht umgekehrt sofort, daß $\mathfrak{H}_{n-1}$ in $\mathbf{Z}(\mathfrak{G})$ liegt. Also ist $\mathfrak{H}_{n-1} = \mathbf{Z}(\mathfrak{G})$.

b) Der Teilraum $V_{n-1} = \langle v_1, \ldots, v_{n-1}\rangle$ ist als Ganzes fest bei $\mathfrak{G}$. Sei G^ε die Einschränkung von G auf V_{n-1}. Dann ist ε ein Homomorphismus von $\mathfrak{G} = \mathfrak{T}(n, q)$ auf $\mathfrak{T}(n-1, q)$. Der Kern $\mathfrak{N}_1$ von ε besteht gerade aus den Matrizen der Gestalt

$$E + \sum_{j<n} a_{nj}\, e_{nj}\,.$$

Der Teilraum $V_1 = \langle v_1\rangle$ ist auch fest bei $\mathfrak{G}$. Sei G^τ die von G auf dem Faktorraum V/V_1 bewirkte lineare Abbildung. Auch τ ist ein Homomorphismus von $\mathfrak{T}(n, q)$ auf $\mathfrak{T}(n-1, q)$. Der Kern $\mathfrak{N}_2$ von τ besteht gerade aus den Matrizen der Gestalt

$$E + \sum_{j>1} a_{j1}\, e_{j1}\,.$$

Es gilt $\mathfrak{N}_1 \cap \mathfrak{N}_2 = \mathfrak{H}_{n-1}$ und $\mathfrak{N}_1 \mathfrak{H}_i \cap \mathfrak{N}_2 \mathfrak{H}_i = \mathfrak{H}_i$ für $i \leqq n-1$.

c) Wir nehmen an, daß unsere Behauptung schon für die Gruppe $\mathfrak{T}(n-1, q)$ bewiesen ist. Ferner sei schon $\mathbf{Z}_i(\mathfrak{G}) = \mathfrak{H}_{n-i}$ gezeigt.

Die Aussage $G \in \mathbf{Z}_{i+1}(\mathfrak{G})$ ist gleichwertig mit $[G, X] \in \mathbf{Z}_i(\mathfrak{G}) = \mathfrak{H}_{n-i}$ für alle X aus $\mathfrak{G}$. Wegen $i \geqq 1$ folgt daraus

$$[G^\varepsilon, X^\varepsilon] \in \mathfrak{H}^\varepsilon_{n-i} = \mathfrak{H}^\varepsilon_{(n-1)-(i-1)} = \mathbf{Z}_{i-1}(\mathfrak{G}^\varepsilon)\,.$$

Da der Satz für $\mathfrak{T}(n-1, q)$ schon bewiesen ist, erhalten wir

$$G^\varepsilon \in \mathbf{Z}_i(\mathfrak{G}^\varepsilon) = \mathfrak{H}^\varepsilon_{n-i-1}\,.$$

Also bekommen wir $G \in \mathfrak{N}_1 \mathfrak{H}_{n-i-1}$.

Durch Verwendung des Homomorphismus τ erhalten wir in gleicher Weise $G \in \mathfrak{N}_2 \mathfrak{H}_{n-i-1}$ und dann zusammen

$$G \in \mathfrak{N}_1 \mathfrak{H}_{n-i-1} \cap \mathfrak{N}_2 \mathfrak{H}_{n-i-1} = \mathfrak{H}_{n-i-1}\,.$$

Also ist $\mathbf{Z}_{i+1}(\mathfrak{G}) \leqq \mathfrak{H}_{n-i-1}$. Nach 2.7 gilt aber

$$\mathfrak{H}_{n-i-1} = \mathbf{K}_{n-i-1}(\mathfrak{G}) \leqq \mathbf{Z}_{i+1}(\mathfrak{G}) .$$

Daraus folgt die Behauptung. **q.e.d.**

Die Potenzstruktur von $\mathfrak{G} = \mathfrak{T}(n, q)$ wird durch folgenden Satz beschrieben:

16.5 Satz. a) *Es ist* $\mho_i(\mathfrak{G}) = \mathfrak{H}_{p^i}$.

b) $\mathfrak{G}$ *läßt sich erzeugen mit Elementen von der Ordnung* p, *ist daher regulär für* $n \leqq p$ *und irregulär für* $n > p$.

Beweis. a) Wir zeigen zuerst $\mho_1(\mathfrak{H}_i) \leqq \mathfrak{H}_{ip}$.

Sei $G = E + A \in \mathfrak{H}_i$, also A von der Gestalt

$$A = \sum_{j-k \geqq i} a_{jk} e_{jk} .$$

Dann ist $G^p = E + A^p$, und A^p hat die Gestalt $A^p = \sum_{j-k \geqq ip} b_{jk} e_{jk}$, denn aus

$$V_j A \subseteqq V_{j-i} \quad \text{folgt} \quad V_j A^p \subseteqq V_{j-ip} .$$

Damit haben wir $\mho_1(\mathfrak{H}_i) \leqq \mathfrak{H}_{ip}$ bewiesen. Durch einfache Induktion nach i folgt daraus $\mho_i(\mathfrak{G}) \leqq \mathfrak{H}_{p^i}$.

Sei $G = E + a\, e_{km} \in \mathfrak{H}_{p^i}$, also $k - m \geqq p^i$. Wir zeigen, daß G in $\mho_i(\mathfrak{G})$ liegt.

Sei X die lineare Abbildung auf V mit

$$v_k X = v_{m+p^i-1}, \quad v_{j+m} X = v_{j+m-1} \quad \text{für} \quad 1 < j \leqq p^i - 1 ,$$

$$v_{m+1} X = a\, v_m \quad \text{und} \quad v_s X = 0 \text{ sonst.}$$

Dann ist

$$X^{p^i} = a\, e_{km} .$$

Setzen wir $H = E + X$, so folgt

$$H^{p^i} = E + X^{p^i} = G .$$

Da die betrachteten G nach 16.2 ganz $\mathfrak{H}_{p^i}$ erzeugen, haben wir

$$\mathfrak{H}_{p^i} \leqq \mho_i(\mathfrak{G}).$$

b) Die Elemente $G = E + a\, e_{jk}$ $(j > k)$ erzeugen nach 16.2 ganz $\mathfrak{G} = \mathfrak{H}_1$. Wegen $e_{jk}^2 = 0$ ist $G^p = E + a^p e_{jk}^p = E$. Also ist $\mathfrak{G}$ genau dann regulär, wenn es den Exponenten p hat, wenn also $n \leqq p$ gilt. **q.e.d.**

16.6 Satz. a) *Ist* $\mathfrak{N}$ *ein Normalteiler von* $\mathfrak{T}(n, q)$, *so gilt*

$$\langle v(N - E) \mid N \in \mathfrak{N} ,\ v \in V \rangle = V_k$$

für ein k *mit* $0 \leqq k \leqq n - 1$.

b) *Ist* $\mathfrak{A}$ *ein abelscher Normalteiler von* $\mathfrak{T}(n, q)$ *und gilt*

$$\langle v(A - E) \mid A \in \mathfrak{A}, v \in \mathsf{V}\rangle = \mathsf{V}_k\,,$$

so ist $|\mathfrak{A}| \leqq q^{k(n-k)}$.

c) *Für jedes* k *mit* $0 \leqq k \leqq n - 1$ *ist*

$$\mathfrak{A}_k = \{E + X \mid \mathsf{V}X \subseteqq \mathsf{V}_k, \mathsf{V}_k X = 0\}$$

ein elementar-abelscher Normalteiler von $\mathfrak{T}(n, q)$ *mit* $|\mathfrak{A}_k| = q^{k(n-k)}$.

d) *Ist* $\mathfrak{A}$ *ein abelscher Normalteiler von* $\mathfrak{T}(n, q)$, *so gilt* $|\mathfrak{A}| \leqq q^{m^2}$ *für* $n = 2m$ *und* $|\mathfrak{A}| \leqq q^{m(m+1)}$ *für* $n = 2m + 1$.

(*Für die Bestimmung aller abelschen Normalteiler von größtmöglicher Ordnung vergleiche man Aufg.* 37—40.)

Beweis. a) Sei

$$\mathsf{W} = \langle v(N - E) \mid N \in \mathfrak{N}, v \in \mathsf{V}\rangle$$

und $G \in \mathfrak{T}(n, q)$. Wegen

$$v(N - E)\, G = vG(N^G - E) \in \mathsf{W}$$

ist W ein bei $\mathfrak{G}$ invarianter Teilraum von V. Dann ist offenbar W eines der V_k.

b) Wir beweisen die Behauptung durch Induktion nach k. Ist $k = 0$, so ist $\mathfrak{A} = \mathfrak{E}$, und die Behauptung ist trivial. Sei weiterhin $k > 0$.

Sei τ der in 16.4 b) eingeführte Homomorphismus von $\mathfrak{T}(n, q)$ auf $\mathfrak{T}(n - 1, q)$ mit

$$(v + \mathsf{V}_1)\, G^\tau = vG + \mathsf{V}_1\,.$$

Sei wieder Kern $\tau = \mathfrak{N}_2$. Dann ist $\mathfrak{A}^\tau = \mathfrak{A}\,\mathfrak{N}_2/\mathfrak{N}_2$ ein abelscher Normalteiler von $\mathfrak{T}(n - 1, q)$ mit

$$\langle \bar{v}(\bar{A} - \bar{E}) \mid \bar{v} \in \mathsf{V}/\mathsf{V}_1, \bar{A} \in \mathfrak{A}^\tau\rangle = \langle \bar{v}_2, \ldots, \bar{v}_k\rangle\,.$$

Nach Induktionsannahme folgt

$$|\mathfrak{A}^\tau| = |\mathfrak{A}/(\mathfrak{A} \cap \mathfrak{N}_2)| \leqq q^{(k-1)(n-k)}\,.$$

Sei $E + X \in \mathfrak{A} \cap \mathfrak{N}_2$. Da $\mathfrak{A}$ abelsch ist, folgt mit $\mathsf{V}X \subseteqq \mathsf{V}_1$

$$\begin{aligned}\mathsf{V}_k X &= \langle v(A - E)\, X \mid A \in \mathfrak{A}, v \in \mathsf{V}\rangle = \langle vX(A - E) \mid A \in \mathfrak{A}, v \in \mathsf{V}\rangle \\ &\subseteqq \langle v_1(A - E) \mid A \in \mathfrak{A}, v_1 \in \mathsf{V}_1\rangle = 0\,.\end{aligned}$$

Also ist

$$|\mathfrak{A} \cap \mathfrak{N}_2| \leqq |\mathrm{Hom}_K(\mathsf{V}/\mathsf{V}_k, \mathsf{V}_1)| = q^{n-k}\,.$$

Das ergibt die Behauptung $|\mathfrak{A}| \leqq q^{k(n-k)}$.

c) ergibt sich durch triviale Rechnung, d) folgt aus b). **q.e.d.**

Aufgaben:

37) Wir bezeichnen mit X^* die Transponierte der Matrix X. Angenommen, es sei L ein Element aus $GL(n, q)$ mit $L^{-1} X L = X^{*-1}$ für alle $X \in \mathfrak{T}(n, q)$. Dann ist $n \leqq 2$. (Anleitung: Man achte auf die bei $\mathfrak{T}(n, q)$ invarianten Unterräume V_i.)

38) Sei $\mathfrak{A}$ ein abelscher Normalteiler von $\mathfrak{T}(n, q)$ von der Ordnung q^{n-1}. Es bestehe $\mathfrak{A}$ aus allen Matrizen der Gestalt

$$A(\mathfrak{a}, f(\mathfrak{a}), z) = \begin{pmatrix} 1 & & & & 0 \\ & 1 & & & \\ \mathfrak{a} & & \ddots & & \\ & 0 & & \ddots & \\ & & & 1 & \\ z & f(\mathfrak{a}) & & & 1 \end{pmatrix},$$

wobei $\mathfrak{a}$ ein Spaltenvektor der Länge $n-2$ und f eine Abbildung der Spaltenvektoren auf die Zeilenvektoren ist. Dann ist $n \leqq 4$.

39) Die abelschen Normalteiler der Ordnung q^2 von $\mathfrak{T}(3, q)$ haben die Gestalt

$$\left\{ \begin{pmatrix} 1 & 0 & 0 \\ 0 & 1 & 0 \\ a & b & 1 \end{pmatrix} \,\middle|\, a, b \in K \right\}$$

oder

$$\left\{ \begin{pmatrix} 1 & 0 & 0 \\ a & 1 & 0 \\ b & xa & 1 \end{pmatrix} \,\middle|\, a, b \in K \right\}$$

mit einem festen x aus $K = GF(q)$. (Für $x = 0$ ergibt sich der Normalteiler $\mathfrak{N}_2$.)

40) Sei $n \geqq 4$ und $\mathfrak{A}$ ein abelscher Normalteiler von $\mathfrak{T}(n, q)$ mit

$$\langle v(A - E) \mid A \in \mathfrak{A},\ v \in V \rangle = V_k$$

und $|\mathfrak{A}| = q^{k(n-k)}$. Dann ist $\mathfrak{A} = \{E + X \mid VX \subseteqq V_k,\ V_k X = 0\}$.

41) Sei $F_{i_1}^{m_1} \ldots F_{i_n}^{m_n}$ ein Element der freien Gruppe $\mathfrak{F}$ in den freien Erzeugenden F_i $(i = 1, \ldots, k)$, und sei stets $i_j \neq i_{j+1}$. Man zeige: Zu jeder Primzahl p gibt es eine p-Gruppe $\mathfrak{G}$ und Elemente G_i aus $\mathfrak{G}$ $(i = 1, \ldots, k)$ mit

$$G_{i_1}^{m_1} \ldots G_{i_n}^{m_n} \neq E .$$

Also gibt es keine Relation, die in allen p-Gruppen für alle Elemente gilt. (Anleitung nach P. Hall: Sei $m_1 \ldots m_n = p^t m$ mit $p \nmid m$. Sei $\mathfrak{G}$ die Gruppe der Dreiecksmatrizen

$$G = E + \sum_{\substack{i,j=0 \\ i > j}}^{n} a_{ij} e_{ij}$$

vom Grad $n+1$ über dem Ring $\mathbf{Z}/p^{t+1}\mathbf{Z}$ mit Diagonalkoeffizienten 1. Wir setzen

$$G_j = \prod_{i_s = j} (E + e_{s-1,s}) .$$

Dann ist

$$G_j^t = E + t \sum_{i_s = j} e_{s-1,s}$$

und

$$G_{i_1}^{m_1} \ldots G_{i_n}^{m_n} = E + p^t m\, e_{0n} + \cdots \neq E.)$$

§ 17. Binäre p-adische Gruppen

Sei $p > 2$ und sei $\mathfrak{R}$ der Ring der ganzen p-adischen Zahlen. (Es spielt für unsere Zwecke keine Rolle, ob wir den Ring der ganzen rationalen p-adischen Zahlen oder seine Vervollständigung nehmen.)

17.1 Definition. Seien h, k, m ganze rationale Zahlen mit $h \geqq 0$, $k > 0$, $m > 0$ und $h + k \geqq m$. Sei $\mathfrak{M}_{h,k,m}$ die Menge aller zweireihigen Matrizen

$$\begin{pmatrix} a & b \\ c & d \end{pmatrix}$$

über $\mathfrak{R}$ mit $a\,d - b\,c = 1$, $b \equiv 0\ (p^h)$, $c \equiv 0\ (p^k)$ und $d \equiv 1\ (p^m)$. Dann ist wegen $h + k \geqq m$ auch

$$a = \frac{1 + b\,c}{d} \equiv 1\ (p^m)\,.$$

Man rechnet leicht nach, daß $\mathfrak{M}_{h,k,m}$ für die angegebenen h, k, m eine Gruppe ist. Alle diese Gruppen liegen in der Gruppe $\mathfrak{M}_{0,1,1}$, welche wir weiterhin mit $\mathfrak{G}$ bezeichnen (bei festgehaltenem p). Natürlich sind alle diese Gruppen unendlich.

Einen Überblick über die Erzeugung von $\mathfrak{M}_{h,k,m}$ gibt der folgende Hilfssatz:

17.2 Hilfssatz. a) *Wir setzen*

$$B(x) = \begin{pmatrix} 1 & x \\ 0 & 1 \end{pmatrix}, \quad C(x) = \begin{pmatrix} 1 & 0 \\ x & 1 \end{pmatrix}, \quad D(x) = \begin{pmatrix} x^{-1} & 0 \\ 0 & x \end{pmatrix}$$

und betrachten die folgenden Untergruppen von $\mathfrak{G}$:

$$\mathfrak{B}_h = \{B(x) \mid x \equiv 0\ (p^h)\}\,,$$

$$\mathfrak{C}_k = \{C(x) \mid x \equiv 0\ (p^k)\}\,,$$

$$\mathfrak{D}_m = \{D(x) \mid x \equiv 1\ (p^m)\}\,.$$

Dann sind alle Faktorgruppen

$$\mathfrak{B}_h/\mathfrak{B}_{h+n}\,, \quad \mathfrak{C}_k/\mathfrak{C}_{k+n}\,, \quad \mathfrak{D}_m/\mathfrak{D}_{m+n}$$

zyklisch von der Ordnung p^n.

b) *Jedes Element X aus $\mathfrak{M}_{h,k,m}$ läßt sich eindeutig darstellen in der Gestalt $X = B\,C\,D$ mit $B \in \mathfrak{B}_h$, $C \in \mathfrak{C}_k$, $D \in \mathfrak{D}_m$. Also haben wir*

$$\mathfrak{M}_{h,k,m} = \mathfrak{B}_h\,\mathfrak{C}_k\,\mathfrak{D}_m\,.$$

Ebenso gilt auch

$$\mathfrak{M}_{h,k,m} = \mathfrak{C}_k\,\mathfrak{D}_m\,\mathfrak{B}_h = \mathfrak{D}_m\,\mathfrak{B}_h\,\mathfrak{C}_k\,.$$

(Die Faktoren $\mathfrak{B}_h$, $\mathfrak{C}_k$, $\mathfrak{D}_m$ sind aber nicht paarweise vertauschbar, es gilt nämlich $\mathfrak{B}_h\,\mathfrak{C}_k \neq \mathfrak{C}_k\,\mathfrak{B}_h$.)

c) *Es ist* $|\mathfrak{G} : \mathfrak{M}_{h,k,m}| = p^{h+k+m-2}$.

Beweis. a) Die Aussagen ergeben sich sofort aus

$$\mathfrak{B}_h/\mathfrak{B}_{h+n} = \langle B(p^h)\,\mathfrak{B}_{h+n}\rangle\,,$$
$$\mathfrak{C}_k/\mathfrak{C}_{k+n} = \langle C(p^k)\,\mathfrak{C}_{k+n}\rangle\,,$$
$$\mathfrak{D}_m/\mathfrak{D}_{m+n} = \langle D(1+p^m)\,\mathfrak{D}_{m+n}\rangle\,.$$

b) Sei

$$X = \begin{pmatrix} a & b \\ c & d \end{pmatrix} \in \mathfrak{M}_{h,k,m}.$$

Man bestätigt leicht

$$X = B(b_1)\,C(c_1)\,D(d_1) = C(c_2)\,D(d_2)\,B(b_2) = D(d_3)\,B(b_3)\,C(c_3)$$

mit $b_1 = \frac{b}{d}$, $c_1 = c\,d$, $d_1 = d$; $b_2 = \frac{b}{a}$, $c_2 = \frac{c}{a}$, $d_2 = \frac{1}{a}$; $b_3 = b\,d$, $c_3 = \frac{c}{d}$, $d_3 = d$.

Aus $b \equiv 0\ (p^h)$ folgt dabei $b_i \equiv 0\ (p^h)$ für $i = 1, 2, 3$ und entsprechend $c_i \equiv 0\ (p^k)$ und $d_i \equiv 1\ (p^m)$.

Gibt man umgekehrt die b_i, c_i, d_i mit diesen Kongruenzen vor, so ist

$$B(b_1)\,C(c_1)\,D(d_1) \in \mathfrak{M}_{h,k,m}$$

und ebenso für die Indizes 2 und 3.

Nun zur Eindeutigkeit:

Aus $B(b)\,C(c)\,D(d) = B(b')\,C(c')\,D(d')$ folgt

$$\begin{pmatrix} 1+c(b-b') & b-b' \\ c & 1 \end{pmatrix} = B(b-b')\,C(c) = C(c')\,D\left(\frac{d'}{d}\right) = \begin{pmatrix} \frac{d}{d'} & 0 \\ \frac{c'\,d}{d'} & \frac{d'}{d} \end{pmatrix},$$

also $b = b'$, $c = c'$, $d = d'$.

Entsprechendes gilt für die beiden anderen Zerlegungen.

c) Es gelten die folgenden Gleichungen:

$$\mathfrak{M}_{h,k,m}\,\mathfrak{D}_1 = \mathfrak{B}_h\,\mathfrak{C}_k\,\mathfrak{D}_1 = \mathfrak{M}_{h,k,1}\,,$$
$$\mathfrak{M}_{h,k,1}\,\mathfrak{C}_1 = \mathfrak{D}_1\,\mathfrak{B}_h\,\mathfrak{C}_k\,\mathfrak{C}_1 = \mathfrak{D}_1\,\mathfrak{B}_h\,\mathfrak{C}_1 = \mathfrak{M}_{h,1,1}$$
$$\mathfrak{M}_{h,1,1}\,\mathfrak{B}_0 = \mathfrak{C}_1\,\mathfrak{D}_1\,\mathfrak{B}_h\,\mathfrak{B}_0 = \mathfrak{C}_1\,\mathfrak{D}_1\,\mathfrak{B}_0 = \mathfrak{M}_{0,1,1} = \mathfrak{G}\,.$$

Ferner gilt wegen der Eindeutigkeit der unter b) hergeleiteten Zerlegungen

$$\mathfrak{D}_1 \cap \mathfrak{M}_{h,k,m} = \mathfrak{D}_m, \qquad \mathfrak{C}_1 \cap \mathfrak{M}_{h,k,1} = \mathfrak{C}_k \quad \text{und} \quad \mathfrak{B}_0 \cap \mathfrak{M}_{h,1,1} = \mathfrak{B}_h\,.$$

Damit erhalten wir

$$\begin{aligned} |\mathfrak{G} : \mathfrak{M}_{h,k,m}| &= |\mathfrak{G} : \mathfrak{M}_{h,1,1}|\,|\mathfrak{M}_{h,1,1} : \mathfrak{M}_{h,k,1}|\,|\mathfrak{M}_{h,k,1} : \mathfrak{M}_{h,k,m}| \\ &= |\mathfrak{M}_{h,1,1}\,\mathfrak{B}_0 : \mathfrak{M}_{h,1,1}|\,|\mathfrak{M}_{h,k,1}\,\mathfrak{C}_1 : \mathfrak{M}_{h,k,1}|\,|\mathfrak{M}_{h,k,m}\,\mathfrak{D}_1 : \mathfrak{M}_{h,k,m}| \\ &= |\mathfrak{B}_0 : \mathfrak{M}_{h,1,1} \cap \mathfrak{B}_0|\,|\mathfrak{C}_1 : \mathfrak{M}_{h,k,1} \cap \mathfrak{C}_1|\,|\mathfrak{D}_1 : \mathfrak{M}_{h,k,m} \cap \mathfrak{D}_1| \\ &= |\mathfrak{B}_0 : \mathfrak{B}_h|\,|\mathfrak{C}_1 : \mathfrak{C}_k|\,|\mathfrak{D}_1 : \mathfrak{D}_m| = p^h\,p^{k-1}\,p^{m-1} = p^{h+k+m-2}\,. \end{aligned}$$

q.e.d.

17.3 Hilfssatz. *Es gilt:*

a) $[\mathfrak{B}_h, \mathfrak{D}_m] = \mathfrak{B}_{h+m}$.

b) $[\mathfrak{C}_k, \mathfrak{D}_m] = \mathfrak{C}_{k+m}$.

c) $[\mathfrak{B}_h, \mathfrak{C}_k] \leqq \mathfrak{B}_{2h+k}\, \mathfrak{C}_{h+2k}\, \mathfrak{D}_{h+k}$.

Beweis. Durch direkte Rechnung erhalten wir

(1) $[B(b), D(d)] = B(b(d^2-1))$

(2) $[C(c), D(d)] = C(c(d^{-2}-1))$

(3) $[B(b), C(c)] = B(b^2 c e^{-1})\, C(-b c^2 e)\, D(e)$

$$\text{mit} \quad e = 1 - b c \equiv 1\ (p^{h+k})\,.$$

Wegen $d \equiv 1\ (p)$ und $p > 2$ ist $d^{\pm 1} + 1$ eine Einheit im p-adischen Ring $\mathfrak{R}$. Aus (1) erhalten wir nun

$$[\mathfrak{B}_h, \mathfrak{D}_m] = \mathfrak{B}_{h+m}$$

und aus (2)

$$[\mathfrak{C}_k, \mathfrak{D}_m] = \mathfrak{C}_{k+m}\,.$$

Die Gleichung (3) liefert sofort

$$[\mathfrak{B}_h, \mathfrak{C}_k] \leqq \mathfrak{B}_{2h+k}\, \mathfrak{C}_{h+2k}\, \mathfrak{D}_{h+k}\,. \qquad \textbf{q.e.d.}$$

Wir bestimmen die absteigende Zentralreihe von $\mathfrak{G}$:

17.4 Satz. *Es gilt:*

(1) $\mathbf{K}_{2i}(\mathfrak{G}) = \mathfrak{M}_{i,i+1,i}$.

(2) $\mathbf{K}_{2i+1}(\mathfrak{G}) = \mathfrak{M}_{i,i+1,i+1}$.

Beweis. a) Für alle i gilt

$$\mathfrak{M}_{i,i+1,i} = \mathfrak{B}_i\, \mathfrak{C}_{i+1}\, \mathfrak{D}_i \trianglelefteq \mathfrak{G} = \mathfrak{B}_0\, \mathfrak{C}_1\, \mathfrak{D}_1 \quad \text{und}$$

$$\mathfrak{M}_{i,i+1,i+1} = \mathfrak{B}_i\, \mathfrak{C}_{i+1}\, \mathfrak{D}_{i+1} \trianglelefteq \mathfrak{G}:$$

Nach 17.3 haben wir nämlich

$$[\mathfrak{B}_i, \mathfrak{C}_1] \leqq \mathfrak{B}_{2i+1}\, \mathfrak{C}_{i+2}\, \mathfrak{D}_{i+1} \leqq \mathfrak{M}_{i,i+1,i+1}\,,$$

$$[\mathfrak{B}_i, \mathfrak{D}_1] = \mathfrak{B}_{i+1} \leqq \mathfrak{M}_{i,i+1,i+1}\,,$$

$$[\mathfrak{C}_{i+1}, \mathfrak{B}_0] \leqq \mathfrak{B}_{i+1}\, \mathfrak{C}_{2i+2}\, \mathfrak{D}_{i+1} \leqq \mathfrak{M}_{i,i+1,i+1}\,,$$

$$[\mathfrak{C}_{i+1}, \mathfrak{D}_1] = \mathfrak{C}_{i+2} \leqq \mathfrak{M}_{i,i+1,i+1}\,,$$

$$[\mathfrak{D}_i, \mathfrak{B}_0] = \mathfrak{B}_i \leqq \mathfrak{M}_{i,i+1,i+1} \quad \text{(und entsprechend für } \mathfrak{D}_{i+1})\,,$$

$$[\mathfrak{D}_i, \mathfrak{C}_1] = \mathfrak{C}_{i+1} \leqq \mathfrak{M}_{i,i+1,i} \quad \text{(und entsprechend für } \mathfrak{D}_{i+1})\,.$$

Damit ist gezeigt, daß $\mathfrak{M}_{i,i+1,i}$ und $\mathfrak{M}_{i,i+1,i+1}$ in $\mathfrak{G}$ normal sind.

b) Sei schon

$$\mathbf{K}_{2i+1}(\mathfrak{G}) = \mathfrak{M}_{i,i+1,i+1} = \mathfrak{B}_i\, \mathfrak{C}_{i+1}\, \mathfrak{D}_{i+1}$$

für ein i bewiesen; für $i = 0$ ist dies offenbar richtig. Dann ist

$$\mathbf{K}_{2i+2}(\mathfrak{G}) = [\mathfrak{B}_i\, \mathfrak{C}_{i+1}\, \mathfrak{D}_{i+1}, \mathfrak{B}_0\, \mathfrak{C}_1\, \mathfrak{D}_1]\,.$$

Dabei ist

$$[\mathfrak{B}_i, \mathfrak{C}_1] \leqq \mathfrak{B}_{2i+1}\mathfrak{C}_{i+2}\mathfrak{D}_{i+1} \leqq \mathfrak{M}_{i+1,i+2,i+1},$$
$$[\mathfrak{B}_i, \mathfrak{D}_1] = \mathfrak{B}_{i+1} \leqq \mathfrak{M}_{i+1,i+2,i+1},$$
$$[\mathfrak{C}_{i+1}, \mathfrak{B}_0] \leqq \mathfrak{B}_{i+1}\mathfrak{C}_{2i+2}\mathfrak{D}_{i+1} \leqq \mathfrak{M}_{i+1,i+2,i+1},$$
$$[\mathfrak{C}_{i+1}, \mathfrak{D}_1] = \mathfrak{C}_{i+2} \leqq \mathfrak{M}_{i+1,i+2,i+1},$$
$$[\mathfrak{D}_{i+1}, \mathfrak{B}_0] = \mathfrak{B}_{i+1} \leqq \mathfrak{M}_{i+1,i+2,i+1},$$
$$[\mathfrak{D}_{i+1}, \mathfrak{C}_1] = \mathfrak{C}_{i+2} \leqq \mathfrak{M}_{i+1,i+2,i+1}.$$

Also folgt jedenfalls

$$\mathfrak{B}_{i+1}\mathfrak{C}_{i+2} \leqq \mathbf{K}_{2i+2}(\mathfrak{G}) \leqq \mathfrak{M}_{i+1,i+2,i+1}.$$

Sei $c \equiv 0\ (p^{i+1})$. Mit $e = 1 - c$ ist dann

$$[B(1), C(c)] = B(c\,e^{-1})\, C(-c^2 e)\, D(e) \in \mathbf{K}_{2i+2}(\mathfrak{G}).$$

Wegen $B(c\,e^{-1}) \in \mathfrak{B}_{i+1} \leqq \mathbf{K}_{2i+2}(\mathfrak{G})$ und

$$C(-c^2 e) \in \mathfrak{C}_{2i+2} \leqq \mathbf{K}_{2i+2}(\mathfrak{G})$$

folgt auch $D(1-c) \in \mathbf{K}_{2i+2}(\mathfrak{G})$. Durch Wahl von c können wir jedes vorgegebene Element von $\mathfrak{D}_{i+1}$ in der Gestalt $D(1-c)$ schreiben. Also ist auch $\mathfrak{D}_{i+1} \leqq \mathbf{K}_{2i+2}(\mathfrak{G})$. Insgesamt erhalten wir

$$\mathbf{K}_{2i+2}(\mathfrak{G}) = \mathfrak{M}_{i+1,i+2,i+1}.$$

Ebenso zeigt man im nächsten Schritt

$$\mathbf{K}_{2i+3}(\mathfrak{G}) = [\mathfrak{M}_{i+1,i+2,i+1}, \mathfrak{M}_{0,1,1}] = \mathfrak{M}_{i+1,i+2,i+2}. \qquad \text{q.e.d.}$$

17.5 Hilfssatz. *Es gilt* $\mathfrak{M}'_{h,k,m} = \mathfrak{M}_{h+m,k+m,h+k}$.

Beweis. Wie in 17.4 a) zeigt man leicht

$$\mathfrak{M}_{h+m,k+m,h+k} \trianglelefteq \mathfrak{M}_{h,k,m}.$$

Ferner ist wegen $h + k \geqq m$

$$[\mathfrak{B}_h, \mathfrak{C}_k] \leqq \mathfrak{B}_{2h+k}\mathfrak{C}_{h+2k}\mathfrak{D}_{h+k} \leqq \mathfrak{M}_{h+m,k+m,h+k},$$
$$[\mathfrak{B}_h, \mathfrak{D}_m] = \mathfrak{B}_{h+m} \leqq \mathfrak{M}'_{h,k,m} \cap \mathfrak{M}_{h+m,k+m,h+k},$$
$$[\mathfrak{C}_k, \mathfrak{D}_m] = \mathfrak{C}_{k+m} \leqq \mathfrak{M}'_{h,k,m} \cap \mathfrak{M}_{h+m,k+m,h+k}.$$

Also folgt

$$\mathfrak{B}_{h+m}\mathfrak{C}_{k+m} \leqq \mathfrak{M}'_{h,k,m} \leqq \mathfrak{M}_{h+m,k+m,h+k}.$$

Sei $b \equiv 0\ (p^h)$ und $c \equiv 0\ (p^k)$ und $e = 1 - b\,c$. Wegen

$$[B(b), C(c)] = B(b^2 c\, e^{-1})\, C(-b\, c^2 e)\, D(e)$$

mit

$$B(b^2 c\, e^{-1}) \in \mathfrak{B}_{2h+k} \leqq \mathfrak{B}_{h+m} \leqq \mathfrak{M}'_{h,k,m}$$

und

$$C(-b\, c^2 e) \in \mathfrak{C}_{h+2k} \leqq \mathfrak{C}_{k+m} \leqq \mathfrak{M}'_{h,k,m}$$

haben wir $D(1 - b\,c) \in \mathfrak{M}'_{h,k,m}$. Mit den zugelassenen b und c durchläuft $D(1 - b\,c)$ ganz $\mathfrak{D}_{h+k}$. Daher ist

$$\mathfrak{D}_{h+k} \leqq \mathfrak{M}'_{h,k,m}\,,$$

und wir sind fertig. **q.e.d.**

Wir können jetzt die höheren Kommutatorgruppen von $\mathfrak{G}$ bestimmen:

17.6 Satz. *Es gilt* $\mathfrak{G}^{(2s)} = \mathfrak{M}_{t-1,t,t}$ *und* $\mathfrak{G}^{(2s+1)} = \mathfrak{M}_{2t-1,2t,2t-1}$ *mit* $t = t(s) = \frac{1}{3}(2^{2s+1} + 1)$ $(s = 0, 1, \ldots)$.

Beweis. Die Behauptung folgt durch eine triviale Induktion aus 17.5. **q.e.d.**

17.7 Satz. *Für* $p > 2$ *und jedes* $k = 0, 1, \ldots$ *gibt es eine Gruppe* $\mathfrak{H}$ *der Ordnung* $p^{2^{k+1}-1}$ *mit* $\mathfrak{H}^{(k)} \neq \mathfrak{E}$.

(*Dies ist ein Beitrag zu der Frage, ob die Abschätzung in* 7.11 *die richtige Größenordnung hat.*)

Beweis. Wir setzen $\mathfrak{L} = \mathfrak{G}/\mathfrak{G}^{(k+1)}$ mit $\mathfrak{G} = \mathfrak{M}_{0,1,1}$. Dann gilt

$$\mathfrak{L}^{(k)} = \mathfrak{G}^{(k)}/\mathfrak{G}^{(k+1)} \neq \mathfrak{E}\,.$$

Nach 17.6 und 17.2 c) haben wir mit $t = t(s)$

$$|\mathfrak{G}^{(2s)}/\mathfrak{G}^{(2s+1)}| = |\mathfrak{G} : \mathfrak{M}_{2t-1,2t,2t-1}| : |\mathfrak{G} : \mathfrak{M}_{t-1,t,t}| = p^{3t-1} = p^{2^{2s+1}}$$

und

$$|\mathfrak{G}^{(2s+1)}/\mathfrak{G}^{(2s+2)}| = p^{6t-2} = p^{2^{2s+2}}\,.$$

Für alle i mit $i \leqq k$ gilt daher

$$|\mathfrak{L}^{(i)}/\mathfrak{L}^{(i+1)}| = p^{2^{i+1}}\,.$$

Daher ist $|\mathfrak{L}| = p^n$ mit $n = 2^{k+2} - 2$ und $|\mathfrak{L}^{(k)}| = p^{2^{k+1}}$.

Sei $\mathfrak{N}$ ein Normalteiler von $\mathfrak{L}$ mit $|\mathfrak{L}^{(k)}/\mathfrak{N}| = p$. Wir setzen $\mathfrak{H} = \mathfrak{L}/\mathfrak{N}$. Dann ist $\mathfrak{H}^{(k)} \neq \mathfrak{E}$ und

$$|\mathfrak{H}| = p^{2^{k+1}-1}\,.$$ **q.e.d**

17.8 Satz. *Sei* $s \geqq 1$ *und sei* $t = t(s)$ *definiert wie in* 17.6. *Die Gruppe*

$$\mathfrak{H} = \mathfrak{G}/\mathfrak{M}_{t-1,t,t}$$

hat für $p > 3$ *die folgenden Eigenschaften:*

a) $\mathfrak{H}$ *ist regulär mit* $|\mathfrak{H}/\mho_1(\mathfrak{H})| = p^3$.

b) *Es gilt*

$$\mho_1(\mathfrak{H}) = \mathfrak{M}_{1,2,2}/\mathfrak{M}_{t-1,t,t} = \mathbf{K}_3(\mathfrak{H}) < \mathfrak{H}' = \mathfrak{M}_{1,2,1}/\mathfrak{M}_{t-1,t,t}\,.$$

c) $\Omega_1(\mathfrak{H}) = \mathfrak{M}_{t-2,t-1,t-1}/\mathfrak{M}_{t-1,t,t}$ *ist abelsch.*

Also sind $\Omega_1(\mathfrak{H})$ *und* $\mathfrak{H}/\mho_1(\mathfrak{H})$ *nicht isomorph* (*haben aber, wie in jeder regulären* p-*Gruppe, die gleiche Ordnung*).

d) $\mathfrak{H}$ *hat die Stufe* $2s$. *Damit sind für* $p > 3$ *reguläre* p*-Gruppen mit* $\omega(\mathfrak{H}) = 3$ *von beliebig hoher Stufe nachgewiesen.*

Reguläre 3-Gruppen sind nach der Bemerkung in 10.3 b) *metabelsch.*

Beweis. Wegen $\mho_1(\mathfrak{B}_h) = \mathfrak{B}_{h+1}$ und der entsprechenden Gleichungen für $\mathfrak{C}_k$ und $\mathfrak{D}_m$ gilt sicher

$$\mho_1(\mathfrak{H}) \geqq \mathfrak{M}_{1,2,2}/\mathfrak{M}_{t-1,t,t}\,.$$

Aus $|\mathfrak{G}/\mathfrak{M}_{1,2,2}| = p^3$ folgt nun $\omega(\mathfrak{H}) \leqq 3$. Für $p > 3$ ist daher $\mathfrak{H}$ nach 10.13 regulär.

Die Gruppe $\mathfrak{G}/\mathfrak{M}_{1,2,2}$ von der Ordnung p^3 ist regulär und läßt sich mit Elementen der Ordnung p erzeugen. Also hat $\mathfrak{G}/\mathfrak{M}_{1,2,2}$ den Exponenten p, und wir erhalten

$$\mho_1(\mathfrak{H}) = \mathfrak{M}_{1,2,2}/\mathfrak{M}_{t-1,t,t}$$

und $\omega(\mathfrak{H}) = 3$.

Es ist noch c) nachzuweisen: Wir haben

$$\Omega_1(\mathfrak{H}) = \mathfrak{M}_{t-2,t-1,t-1}/\mathfrak{M}_{t-1,t,t}\,,$$

denn diese Gruppe hat den Exponenten p und die richtige Ordnung

$$|\mathfrak{H}/\mho_1(\mathfrak{H})| = p^3\,.$$

Die Kommutativität von $\Omega_1(\mathfrak{H})$ folgt wegen $t \geqq 3$ aus

$$\mathfrak{M}'_{t-2,t-1,t-1} = \mathfrak{M}_{2t-3,2t-2,2t-3} \leqq \mathfrak{M}_{t-1,t,t}\,.$$

Die Aussage d) folgt aus 17.6. **q.e.d.**

In diesem Zusammenhang ist der folgende Satz erwähnenswert:

17.9 Satz (Blackburn [5]). *Sei* $p > 3$ *und* $\mathfrak{G}$ *eine* p*-Gruppe mit* $\mho_1(\mathfrak{G}) = \mathbf{K}_3(\mathfrak{G})$ *und* $|\mathfrak{G}/\mho_1(\mathfrak{G})| = p^3$. *Wir definieren die nichtnegativen ganzen rationalen Zahlen* f_i *durch*

$$|\mathbf{K}_i(\mathfrak{G})/\mathbf{K}_{i+1}(\mathfrak{G})| = p^{f_i}\,.$$

Dann ist $(f_1, f_2, \ldots) = (2, 1, 2, 1, \ldots, 1, 2, 1, f)$ *mit* $0 \leqq f \leqq 2$. *Ist* i *oder* j *ungerade, so gilt*

$$[\mathbf{K}_i(\mathfrak{G}), \mathbf{K}_j(\mathfrak{G})] = \mathbf{K}_{i+j}(\mathfrak{G})\,.$$

Insbesondere ist

$$\mathfrak{G}^{(s)} = \mathbf{K}_{j(s)}(\mathfrak{G})$$

mit $j(s) = \frac{1}{6}(2^{s+3} + (-1)^s - 3)$.

Beweis. a) Wir beweisen zunächst durch Induktion nach i

$$\mho_1(\mathbf{K}_i(\mathfrak{G})) = \mathbf{K}_{i+2}(\mathfrak{G}):$$

Wegen $|\mathfrak{G} : \mho_1(\mathfrak{G})| = p^3 < p^p$ ist $\mathfrak{G}$ nach 10.13 regulär.

Die Behauptung ist sicher richtig für $i = 1$. Daher folgt aus

$$\mho_1(\mathbf{K}_i(\mathfrak{G})) = \mathbf{K}_{i+2}(\mathfrak{G})$$

sofort mit Hilfe von 10.8 a)

$$\mho_1(\mathbf{K}_{i+1}(\mathfrak{G})) = \mho_1([\mathbf{K}_i(\mathfrak{G}), \mathfrak{G}]) = [\mho_1(\mathbf{K}_i(\mathfrak{G})), \mathfrak{G}] = [\mathbf{K}_{i+2}(\mathfrak{G}), \mathfrak{G}]$$
$$= \mathbf{K}_{i+3}(\mathfrak{G}) .$$

b) Ist i ungerade und $i > 1$, so liefert ein Induktionsschluß mit Hilfe von 10.8 a) und a)

$$[\mathbf{K}_i(\mathfrak{G}), \mathbf{K}_j(\mathfrak{G})] = [\mho_1(\mathbf{K}_{i-2}(\mathfrak{G})), \mathbf{K}_j(\mathfrak{G})] = \mho_1([\mathbf{K}_{i-2}(\mathfrak{G}), \mathbf{K}_j(\mathfrak{G})])$$
$$= \mho_1(\mathbf{K}_{i+j-2}(\mathfrak{G})) = \mathbf{K}_{i+j}(\mathfrak{G}) .$$

c) Es gilt

$$|\mathbf{K}_i(\mathfrak{G})/\mathbf{K}_{i+2}(\mathfrak{G})| = |\mathbf{K}_i(\mathfrak{G})/\mho_1(\mathbf{K}_i(\mathfrak{G}))| = |\Omega_1(\mathbf{K}_i(\mathfrak{G}))|$$
$$\leqq |\Omega_1(\mathfrak{G})| = |\mathfrak{G}/\mho_1(\mathfrak{G})| = p^3 .$$

Angenommen, es sei

$$|\mathbf{K}_i(\mathfrak{G})/\mathbf{K}_{i+2}(\mathfrak{G})| \leqq p^2 .$$

Wir haben $\mathbf{K}_{i+2}(\mathfrak{G}) = \mathfrak{E}$ zu zeigen. Dies beweisen wir durch Induktion nach i. Wir können $|\mathbf{K}_{i+2}(\mathfrak{G})| = p$ annehmen. Dann ist

$$|\mathbf{K}_i(\mathfrak{G})/\mathbf{K}_{i+1}(\mathfrak{G})| = |\mathbf{K}_{i+1}(\mathfrak{G})/\mathbf{K}_{i+2}(\mathfrak{G})| = |\mathbf{K}_{i+2}(\mathfrak{G})| = p .$$

Sei zuerst $i = 2$. Dann ist $|\mathfrak{G}| = p^5$ und

$$(f_1, f_2, f_3, f_4) = (2, 1, 1, 1) .$$

Also ist $\mathfrak{G}$ eine p-Gruppe von maximaler Klasse. Wegen $p > 3$ folgt mit 14.14 der Widerspruch

$$\mathbf{K}_3(\mathfrak{G}) = \mho_1(\mathfrak{G}) \leqq \mathbf{K}_4(\mathfrak{G}) .$$

Sei nun $i > 2$. Für $j < i$ ist nach unserer Induktionsannahme

$$|\mathbf{K}_j(\mathfrak{G})/\mathbf{K}_{j+2}(\mathfrak{G})| = p^3 \text{ und}$$

$$|\mathbf{K}_j(\mathfrak{G})/\mathbf{K}_{j+1}(\mathfrak{G})| = \begin{cases} p^2 & \text{für } j \equiv 1\ (2) \\ p & \text{für } j \equiv 0\ (2) . \end{cases}$$

Fall 1: Sei i ungerade. Dann haben wir

$$|\mathbf{K}_i(\mathfrak{G})/\mathbf{K}_{i+2}(\mathfrak{G})| \leqq p^2$$

und

$$p^3 = |\mathbf{K}_{i-1}(\mathfrak{G})/\mathbf{K}_{i+1}(\mathfrak{G})| = p\,|\mathbf{K}_i(\mathfrak{G})/\mathbf{K}_{i+1}(\mathfrak{G})| .$$

Also folgt

$$|\mathbf{K}_i(\mathfrak{G})/\mathbf{K}_{i+1}(\mathfrak{G})| = |\mathbf{K}_i(\mathfrak{G})/\mathbf{K}_{i+2}(\mathfrak{G})|$$

und daher $\mathbf{K}_{i+1}(\mathfrak{G}) = \mathbf{K}_{i+2}(\mathfrak{G}) = \mathfrak{E}$.

Fall 2: Sei $i = 2r$ gerade und $2 \leqq r$. Nun ist

$$(f_1, \ldots, f_{2r+2}) = (2, 1, 2, 1, \ldots, 2, 1, 1, 1) .$$

Nach a) haben wir

$$p^3 = |\mathbf{K}_{2r-1}(\mathfrak{G})/\mathbf{K}_{2r+1}(\mathfrak{G})| = |\mathbf{K}_{2r-1}(\mathfrak{G})/\mho_1(\mathbf{K}_{2r-1}(\mathfrak{G}))| = |\Omega_1(\mathbf{K}_{2r-1}(\mathfrak{G}))|$$

und

$$p^2 = |\mathbf{K}_{2r}(\mathfrak{G})/\mathbf{K}_{2r+2}(\mathfrak{G})| = |\Omega_1(\mathbf{K}_{2r}(\mathfrak{G}))| \,.$$

Somit gibt es ein Element X mit $O(X) = p$ und $X \in \mathbf{K}_{2r-1}(\mathfrak{G}) - \mathbf{K}_{2r}(\mathfrak{G})$. Mit a) erhalten wir

$$\mho_{r-2}(\mathbf{K}_3(\mathfrak{G})) = \mathbf{K}_{2r-1}(\mathfrak{G}) \quad \text{und} \quad \mho_{r-2}(\mathbf{K}_4(\mathfrak{G})) = \mathbf{K}_{2r}(\mathfrak{G}) \,.$$

Daher gibt es ein A aus $\mathbf{K}_3(\mathfrak{G}) - \mathbf{K}_4(\mathfrak{G})$ mit $X = A^{p^{r-2}}$.

Sei $\mathbf{K}_3(\mathfrak{G}) = \mho_1(\mathfrak{G}) = \langle \mathbf{K}_4(\mathfrak{G}), A, B\rangle$.

Für $C \in \mathbf{K}_4(\mathfrak{G})$ gilt nach 10.8 g) $(A^i B^j C)^{p^{r-2}} = A^{ip^{r-2}} B^{jp^{r-2}} C^{p^{r-2}} T^{p^{r-2}}$ mit geeignetem $T \in \mathbf{K}_3(\mathfrak{G})' \leqq \mathbf{K}_4(\mathfrak{G})$. Daher ist

$$\mathbf{K}_{2r-1}(\mathfrak{G}) = \mho_{r-2}(\mathbf{K}_3(\mathfrak{G})) = \langle A^{p^{r-2}}, B^{p^{r-2}}, \mho_{r-2}(\mathbf{K}_4(\mathfrak{G}))\rangle = \langle A^{p^{r-2}}, B^{p^{r-2}}, \mathbf{K}_{2r}(\mathfrak{G})\rangle \,.$$

Mit b) folgt

$$\mathbf{K}_{2r+2}(\mathfrak{G}) = [\mathbf{K}_3(\mathfrak{G}), \mathbf{K}_{2r-1}(\mathfrak{G})] = \langle [A^{p^{r-2}}, B], [A, B^{p^{r-2}}], [\mathbf{K}_4(\mathfrak{G}), \mathbf{K}_{2r-1}(\mathfrak{G})], [\mathbf{K}_3(\mathfrak{G}), \mathbf{K}_{2r}(\mathfrak{G})]\rangle \,.$$

Wegen $\mathbf{K}_{2r+3}(\mathfrak{G}) = \mathfrak{E}$ bleibt nur

$$\mathbf{K}_{2r+2}(\mathfrak{G}) = \langle [A^{p^{r-2}}, B], [A, B^{p^{r-2}}]\rangle \,.$$

Dabei ist $A^{p^{r-2}} = X \in \Omega_1(\mathfrak{G})$ und $B \in \mho_1(\mathfrak{G})$, daher nach 10.8 f)

$$[A^{p^{r-2}}, B] \in [\Omega_1(\mathfrak{G}), \mho_1(\mathfrak{G})] = \mathfrak{E} \,.$$

Aus $[A^{p^{r-2}}, B] = E$ folgt mit 10.6 b) auch $[A, B^{p^{r-2}}] = E$. Damit erhalten wir $\mathbf{K}_{2r+2}(\mathfrak{G}) = \mathfrak{E}$, entgegen unserer Annahme.

d) Durch Induktion nach s zeigen wir $\mathfrak{G}^{(s)} = \mathbf{K}_{j(s)}(\mathfrak{G})$ mit $j(s) = \frac{1}{6}(2^{s+3} + (-1)^s - 3)$. Für $s = 1$ stimmt die Behauptung wegen $j(1) = 2$. Sei schon $\mathfrak{G}^{(i)} = \mathbf{K}_{j(i)}(\mathfrak{G})$ für ein $i \geqq 1$ gezeigt. Ist $j(i)$ ungerade, also i gerade, so folgt mit dem schon Bewiesenen sofort

$$\mathfrak{G}^{(i+1)} = [\mathbf{K}_{j(i)}(\mathfrak{G}), \mathbf{K}_{j(i)}(\mathfrak{G})] = \mathbf{K}_{2j(i)}(\mathfrak{G}) = \mathbf{K}_{j(i+1)}(\mathfrak{G}) \,.$$

Sei nun i ungerade, also $j(i)$ gerade. Es ist

$$\mathbf{K}_{2j(i)+1}(\mathfrak{G}) = [\mathbf{K}_{j(i)}(\mathfrak{G}), \mathbf{K}_{j(i)+1}(\mathfrak{G})] \leqq \mathbf{K}_{j(i)}(\mathfrak{G})' \,.$$

Wegen $|\mathbf{K}_{j(i)}(\mathfrak{G})/\mathbf{K}_{j(i)+1}(\mathfrak{G})| = p$ ist dann $\mathbf{K}_{j(i)}(\mathfrak{G})/\mathbf{K}_{2j(i)+1}(\mathfrak{G})$ als zyklische Erweiterung der zentralen Untergruppe $\mathbf{K}_{j(i)+1}(\mathfrak{G})/\mathbf{K}_{2j(i)+1}(\mathfrak{G})$ abelsch. Also folgt $\mathbf{K}_{j(i)}(\mathfrak{G})' \leqq \mathbf{K}_{2j(i)+1}(\mathfrak{G})$ und somit

$$\mathbf{K}_{j(i)}(\mathfrak{G})' = \mathbf{K}_{2j(i)+1}(\mathfrak{G}) = \mathbf{K}_{j(i+1)}(\mathfrak{G}) \,. \qquad \textbf{q.e.d.}$$

§ 18. Erzeugende und Relationen in p-Gruppen

Hauptziel dieses Paragraphen ist der folgende Satz von GOLOD und ŠAFAREWIČ:

18.1 Satz. *Sei $\mathfrak{G}$ eine p-Gruppe. Sei d die minimale Erzeugendenzahl von $\mathfrak{G}$ und*

$$\mathfrak{G} = \langle G_1, \ldots, G_d \rangle .$$

Läßt sich $\mathfrak{G}$ durch r Relationen zwischen den G_i definieren (im Sinne von I, § 19), *so gilt*

$$r > \frac{d^2}{4} .$$

Satz 18.1 spielt eine entscheidende Rolle bei der Widerlegung der sog. Klassenkörperturmvermutung. Zum Beweis müssen wir einige Sätze über Gruppenringe bereitstellen, die auch bei anderen Untersuchungen eine Rolle spielen. Ist $\mathfrak{H}$ eine (nicht notwendig endliche) Gruppe und $\mathfrak{S}$ ein kommutativer Ring mit Einselement, so bezeichnen wir mit $\mathfrak{S}[\mathfrak{H}]$ den in I, 16.6 (S. 105) eingeführten Gruppenring von $\mathfrak{H}$ über $\mathfrak{S}$.

18.2 Hilfssatz. *Sei α ein Epimorphismus von $\mathfrak{H}$ auf $\mathfrak{G}$.*

a) *Dann ist die Abbildung $\bar{\alpha}$ mit*

$$\Big(\sum_{H \in \mathfrak{H}} a_H H\Big)\,\bar{\alpha} = \sum_{H \in \mathfrak{H}} a_H H^{\alpha}$$

ein Ringhomomorphismus des Gruppenringes $\mathfrak{S}[\mathfrak{H}]$ von $\mathfrak{H}$ über $\mathfrak{S}$ auf $\mathfrak{S}[\mathfrak{G}]$ mit

$$\text{Kern}\,\bar{\alpha} = \Big\{\sum_{H \in \mathfrak{H}} a_H H \mid \sum_{H \in \mathfrak{H}} a_H H^{\alpha} = 0\Big\} .$$

b) *Ist* Kern $\alpha = \mathfrak{R}$ *und ist* $\mathfrak{H} = \bigcup_{i \in I} \mathfrak{R} H_i$ *die Nebenklassenzerlegung von $\mathfrak{H}$ nach $\mathfrak{R}$, so ist* Kern $\bar{\alpha}$ *ein freier $\mathfrak{S}$-Modul in den freien Erzeugenden $(R - E)\, H_i$ mit $E \neq R \in \mathfrak{R}$ und $i \in I$.*

Beweis. a) ist trivial.

b) Ist

$$\sum_{H \in \mathfrak{H}} a_H H = \sum_{\substack{R \in \mathfrak{R} \\ i \in I}} a_{RH_i} R H_i \in \text{Kern}\,\bar{\alpha} ,$$

so gilt

$$0 = \sum_{i \in I} \Big(\sum_{R \in \mathfrak{R}} a_{RH_i}\Big) H_i^{\alpha} .$$

Da die H_i^{α} freie Erzeugende des freien $\mathfrak{S}$-Moduls $\mathfrak{S}[\mathfrak{G}]$ sind, folgt

$$\sum_{R \in \mathfrak{R}} a_{RH_i} = 0 .$$

Somit ist

$$\sum_{H \in \mathfrak{H}} a_H H = \sum_{\substack{R \in \mathfrak{R} \\ i \in I}} a_{RH_i} (R - E)\, H_i . \qquad \textbf{q.e.d.}$$

Der Sonderfall $\mathfrak{G} = \mathfrak{E}$ von 18.2 liefert:

18.3 Definition. Sei $\mathfrak{S}[\mathfrak{H}]$ der Gruppenring von $\mathfrak{H}$ über $\mathfrak{S}$. Dann ist ε mit

$$\left(\sum_{H \in \mathfrak{H}} a_H H\right) \varepsilon = \sum_{H \in \mathfrak{H}} a_H$$

ein Ringhomomorphismus von $\mathfrak{S}[\mathfrak{H}]$ auf $\mathfrak{S}$. Wir definieren $I_{\mathfrak{H}}$ durch

$$I_{\mathfrak{H}} = \text{Kern}\, \varepsilon = \left\{\sum_{H \in \mathfrak{H}} a_H H \mid \sum_{H \in \mathfrak{H}} a_H = 0\right\}.$$

Das zweiseitige Ideal $I_{\mathfrak{H}}$ von $\mathfrak{S}[\mathfrak{H}]$ heißt das Augmentationsideal von $\mathfrak{S}[\mathfrak{H}]$.

18.4 Hilfssatz. *Sei $\mathfrak{F}$ eine freie Gruppe in den freien Erzeugenden F_i $(i \in I)$ und $\mathfrak{m}$ ein $\mathfrak{F}$-Rechtsmodul. Zu vorgegebenen Elementen $m_i \in \mathfrak{m}$ existiert dann ein 1-Kozyklus f aus $\mathbf{Z}^1(\mathfrak{F}, \mathfrak{m})$ mit $f(F_i) = m_i$ für alle $i \in I$.*

Beweis. Wir bilden die Menge

$$\mathfrak{T} = \{(F, m) \mid F \in \mathfrak{F}, m \in \mathfrak{m}\}$$

und definieren darauf eine Multiplikation durch

$$(F, m)(F', m') = (F F', m F' + m').$$

Man rechnet leicht nach, daß $\mathfrak{T}$ eine Gruppe ist. Da $\mathfrak{F}$ frei ist in den Erzeugenden F_i, gibt es nach I, 19.1 (S. 133) einen Homomorphismus μ von $\mathfrak{F}$ in $\mathfrak{T}$ mit

$$F_i^\mu = (F_i, m_i).$$

Offenbar gilt dann $F^\mu = (F, f(F))$ mit einer geeigneten Abbildung f von $\mathfrak{F}$ in $\mathfrak{m}$. Dabei ist

$$\begin{aligned}(FF', f(FF')) = (FF')^\mu = F^\mu F'^\mu &= (F, f(F))(F', f(F')) \\ &= (FF', f(F) F' + f(F')).\end{aligned}$$

Also ist $f \in \mathbf{Z}^1(\mathfrak{F}, \mathfrak{m})$ und $f(F_i) = m_i$. **q.e.d.**

18.5 Hilfssatz. *Sei $\mathfrak{F}$ eine freie Gruppe in den freien Erzeugenden $F_i (i \in I)$. Dann ist $I_{\mathfrak{F}}$ ein freier $\mathfrak{S}[\mathfrak{F}]$-Rechtsmodul in den freien Erzeugenden $F_i - E$.*

Beweis. Nach 18.2 bilden die $F - E$ mit $F \in \mathfrak{F}$ ein Erzeugendensystem von $I_{\mathfrak{F}}$ als $\mathfrak{S}$-Modul. Aus

$$XY - E = (X - E)\, Y + (Y - E) \quad \text{und} \quad X^{-1} - E = -(X - E)\, X^{-1}$$

folgt, daß die $F_i - E$ ganz $I_{\mathfrak{F}}$ als $\mathfrak{S}[\mathfrak{F}]$-Rechtsmodul erzeugen.

Wir haben zu zeigen, daß aus

$$\sum_j (F_j - E)\, c_j = 0 \quad \text{mit} \quad c_j \in \mathfrak{S}[\mathfrak{F}]$$

$c_j = 0$ folgt.

Nach 18.4 gibt es zu jedem i einen 1-Kozyklus $f \in \mathbf{Z}^1(\mathfrak{F}, \mathfrak{S}[\mathfrak{F}])$ mit

$$f(F_j) = \begin{cases} E & \text{für } j = i \\ 0 & \text{für } j \neq i . \end{cases}$$

Wir setzen f zu einem $\mathfrak{S}$-Homomorphismus von $\mathfrak{S}[\mathfrak{F}]$ in $\mathfrak{S}[\mathfrak{F}]$ fort. Dann ist

$$\begin{aligned} &f(E) = f(E)\,E + f(E)\,, \quad \text{also} \quad f(E) = 0\,,\\ &f(F - E) = f(F) - f(E) = f(F)\,,\\ &f((F-E)\,X) = f(FX) - f(X) = f(F)\,X + f(X) - f(X) = f(F)\,X\\ &\qquad\qquad = f(F-E)\,X \end{aligned}$$

für alle $F, X \in \mathfrak{F}$. Daher gilt allgemein

$$f(a\,b) = f(a)\,b$$

für $a \in I_{\mathfrak{F}}$ und $b \in \mathfrak{S}[\mathfrak{F}]$. Also ist f ein $\mathfrak{S}[\mathfrak{F}]$-Homomorphismus des $\mathfrak{S}[\mathfrak{F}]$-Rechtsmoduls $I_{\mathfrak{F}}$. Nun folgt

$$0 = f\Big(\sum_j (F_j - E)\,c_j\Big) = \sum_j f(F_j - E)\,c_j = c_i\,. \qquad \textbf{q.e.d.}$$

Die nun folgenden Bezeichnungen halten wir weiterhin fest:

Sei $\mathfrak{G} = \langle G_1, \ldots, G_d\rangle$ eine p-Gruppe mit $|\mathfrak{G}/\Phi(\mathfrak{G})| = p^d$ und $\mathfrak{F}$ eine freie Gruppe in d freien Erzeugenden $F_i\,(i = 1, \ldots, d)$ mit $\mathfrak{F}/\mathfrak{R} = \mathfrak{G}$. Sei α der natürliche Homomorphismus von $\mathfrak{F}$ auf $\mathfrak{G}$, also Kern $\alpha = \mathfrak{R}$. Sei $R_1, \ldots, R_r$ ein System von definierenden Relationen von $\mathfrak{G}$ in den Erzeugenden $G_1, \ldots, G_d$. Sei $K = GF(p)$ und $\bar{\alpha}$ der gemäß 18.2 gebildete Ringhomomorphismus von $K[\mathfrak{F}]$ auf $K[\mathfrak{G}]$. Wir setzen $\mathfrak{n} =$ Kern $\bar{\alpha}$. Ferner seien

$$I_{\mathfrak{F}} = \Big\{\sum_{F \in \mathfrak{F}} a_F\,F \;\Big|\; \sum_{F \in \mathfrak{F}} a_F = 0\Big\}$$

und

$$I_{\mathfrak{G}} = \Big\{\sum_{G \in \mathfrak{G}} a_G\,G \;\Big|\; \sum_{G \in \mathfrak{G}} a_G = 0\Big\}$$

die Augmentationsideale von $K[\mathfrak{F}]$ bzw. $K[\mathfrak{G}]$.

Der Zusammenhang der entwickelten Überlegungen mit unserem Problem wird hergestellt durch die beiden folgenden Hilfssätze:

18.6 Hilfsatz. *Wir setzen* $\bar{\mathfrak{R}} = \mathfrak{R}/\mathfrak{R}'\mathfrak{R}^p$. *Die elementar-abelsche* p*-Gruppe* $\bar{\mathfrak{R}}$ *ist in natürlicher Weise ein* $K[\mathfrak{F}]$*- bzw.* $K[\mathfrak{G}]$*-Rechtsmodul vermöge der Festsetzung*
$(R\,\mathfrak{R}'\,\mathfrak{R}^p)^F = R^F\,\mathfrak{R}'\,\mathfrak{R}^p$ *bzw.* $(R\,\mathfrak{R}'\,\mathfrak{R}^p)^G = R^F\,\mathfrak{R}'\,\mathfrak{R}^p$ *für* $G = \mathfrak{R}F \in \mathfrak{G}$ *und* $R \in \mathfrak{R}$.

Sei r' die minimale Erzeugendenzahl von $\tilde{\mathfrak{R}}$ als $K[\mathfrak{F}]$-Rechtsmodul. (*Nach* I, 19.10, S. 386 *ist* $\mathfrak{R}$ *und daher auch* $\tilde{\mathfrak{R}}$ *sogar als Gruppe endlich erzeugbar, also ist* r' *endlich.*) *Dann gilt* $r \geqq r'$.

Beweis. Sind die Elemente $R_1, \ldots, R_r$ aus $\mathfrak{F}$ definierende Relationen von $\mathfrak{G}$ in den Erzeugenden G_i, so gilt

$$\mathfrak{R} = \langle R_i^F \mid F \in \mathfrak{F}, i = 1, \ldots, r \rangle .$$

Also wird $\tilde{\mathfrak{R}} = \mathfrak{R}/\mathfrak{R}' \mathfrak{R}^p$ als $K[\mathfrak{F}]$-Rechtsmodul von den $\tilde{R}_i = R_i \mathfrak{R}' \mathfrak{R}^p$ erzeugt. Somit gilt $r \geqq r'$. **q.e.d.**

Zum Beweis von 18.1 werden wir $r' > \frac{d^2}{4}$ nachweisen.

18.7 Hilfssatz. *Die* $K[\mathfrak{G}]$-*Rechtsmoduln* $\tilde{\mathfrak{R}} = \mathfrak{R}/\mathfrak{R}' \mathfrak{R}^p$ *und* $\mathfrak{n}/I_{\mathfrak{F}}\mathfrak{n}$ *sind isomorph.* (*Dabei ist* $\mathfrak{n} = \operatorname{Kern} \bar{\alpha}$, *und das Produkt* $I_{\mathfrak{F}}\mathfrak{n}$ *der Ideale* $I_{\mathfrak{F}}$ *und* $\mathfrak{n}$ *ist wie üblich erklärt.*)

Beweis. Für $R, R' \in \mathfrak{R}$ gilt

$$RR' - E = (R - E) + (R' - E) + (R - E)(R' - E) ,$$

also

(1) $RR' - E \equiv (R - E) + (R' - E) \quad (I_{\mathfrak{F}}\mathfrak{n})$.

Für $R \in \mathfrak{R}$ und $F \in \mathfrak{F}$ ist

$$R^F - E = F^{-1} RF - E = (R - E) F + (E - F)(R^F - E) ,$$

daher

(2) $R^F - E \equiv (R - E) F \quad (I_{\mathfrak{F}}\mathfrak{n})$.

a) Wir definieren die Abbildung μ von $\mathfrak{R}$ in $\mathfrak{n}/I_{\mathfrak{F}}\mathfrak{n}$ durch

$$R^\mu = R - E + I_{\mathfrak{F}}\mathfrak{n} .$$

Wegen der Formel (1) ist μ ein Homomorphismus von $\mathfrak{R}$ in die additive Gruppe von $\mathfrak{n}/I_{\mathfrak{F}}\mathfrak{n}$. Da K die Charakteristik p hat, gilt $(\mathfrak{R}' \mathfrak{R}^p)^\mu = 0$. Also bewirkt μ vermöge

$$(R \mathfrak{R}' \mathfrak{R}^p)^\varepsilon = R^\mu = R - E + I_{\mathfrak{F}}\mathfrak{n}$$

einen Homomorphismus ε von $\tilde{\mathfrak{R}} = \mathfrak{R}/\mathfrak{R}' \mathfrak{R}^p$ in $\mathfrak{n}/I_{\mathfrak{F}}\mathfrak{n}$. Nach (2) haben wir

$$(R^F \mathfrak{R}' \mathfrak{R}^p)^\varepsilon = (R^F)^\mu = R^F - E + I_{\mathfrak{F}}\mathfrak{n} = (R - E) F + I_{\mathfrak{F}}\mathfrak{n}$$
$$= (R \mathfrak{R}' \mathfrak{R}^p)^\varepsilon F .$$

Somit ist ε sogar ein $K[\mathfrak{G}]$-Homomorphismus von $\tilde{\mathfrak{R}}$ in $\mathfrak{n}/I_{\mathfrak{F}}\mathfrak{n}$.

b) Sei $\mathfrak{V}$ ein System von Nebenklassenvertretern für $\mathfrak{R}$ in $\mathfrak{F}$, also $\mathfrak{F} = \bigcup_{V \in \mathfrak{V}} V \mathfrak{R}$. Dann ist nach 18.2 b) $\{V(R - E) \mid E \neq R \in \mathfrak{R}, V \in \mathfrak{V}\}$ eine K-Basis von $\mathfrak{n}$. Wir definieren die K-lineare Abbildung τ von $\mathfrak{n}$ in $\tilde{\mathfrak{R}} = \mathfrak{R}/\mathfrak{R}' \mathfrak{R}^p$ durch

$$(V(R - E))^\tau = R \mathfrak{R}' \mathfrak{R}^p .$$

Ist $F \in \mathfrak{F}$ und $FV = V'R'$, so gilt

$$(FV(R-E))^\tau = (V'R'(R-E))^\tau = (V'(R'R-E) - V'(R'-E))^\tau$$
$$= R'RR'^{-1}\,\mathfrak{R}'\,\mathfrak{R}^p = R\,\mathfrak{R}'\,\mathfrak{R}^p = (V(R-E))^\tau\,.$$

Daher folgt

$$((F-E)\,V(R-E))^\tau = E$$

und somit $I_{\mathfrak{F}}\,\mathfrak{n} \subseteqq \operatorname{Kern}\tau$. Also bewirkt τ eine K-lineare Abbildung δ von $\mathfrak{n}/I_{\mathfrak{F}}\,\mathfrak{n}$ in $\mathfrak{R}/\mathfrak{R}'\,\mathfrak{R}^p$ vermöge

$$(V(R-E) + I_{\mathfrak{F}}\,\mathfrak{n})^\delta = R\,\mathfrak{R}'\,\mathfrak{R}^p\,.$$

Nach a) ist $(R\,\mathfrak{R}'\,\mathfrak{R}^p)^\varepsilon = R - E + I_{\mathfrak{F}}\,\mathfrak{n}$.

Also folgt

$$(R\,\mathfrak{R}'\,\mathfrak{R}^p)^{\varepsilon\delta} = (R - E + I_{\mathfrak{F}}\,\mathfrak{n})^\delta = R\,\mathfrak{R}'\,\mathfrak{R}^p$$

für alle $R \in \mathfrak{R}$. Somit ist ε ein Monomorphismus von $\mathfrak{R}/\mathfrak{R}'\,\mathfrak{R}^p$ in $\mathfrak{n}/I_{\mathfrak{F}}\,\mathfrak{n}$. Wegen

$$V(R-E) \equiv R - E \quad (I_{\mathfrak{F}}\,\mathfrak{n})$$

ist ε sogar ein Epimorphismus von $\mathfrak{R}/\mathfrak{R}'\,\mathfrak{R}^p$ auf $\mathfrak{n}/I_{\mathfrak{F}}\,\mathfrak{n}$. Somit ist ε ein Isomorphismus. **q.e.d.**

18.8 Hilfssatz. *Es gilt* $\mathfrak{n} \subseteqq I_{\mathfrak{F}}^2$.

Beweis. Nach 3.14 a) (S. 272) haben wir

$$p^d = |\mathfrak{G}/\Phi(\mathfrak{G})| = |\mathfrak{G}/\mathfrak{G}'\,\mathfrak{G}^p| = |\mathfrak{F}/\mathfrak{R}\,/\,\mathfrak{F}'\,\mathfrak{F}^p\,\mathfrak{R}/\mathfrak{R}|$$
$$= |\mathfrak{F}/\mathfrak{F}'\,\mathfrak{F}^p\,\mathfrak{R}| \leqq |\mathfrak{F}/\mathfrak{F}'\,\mathfrak{F}^p| = p^d\,.$$

Daher steht überall das Gleichheitszeichen, und es folgt $\mathfrak{R} \leqq \mathfrak{F}'\,\mathfrak{F}^p$.

Wenden wir 18.7 mit $\mathfrak{G} = \mathfrak{E}$ und $\mathfrak{R} = \mathfrak{F}$ an, so erhalten wir

$$\mathfrak{F}/\mathfrak{F}'\,\mathfrak{F}^p = \tilde{\mathfrak{F}} \cong I_{\mathfrak{F}}/I_{\mathfrak{F}}^2\,,$$

und zwar wird der Isomorphismus gegeben durch

$$\tilde{F} = F\,\mathfrak{F}'\,\mathfrak{F}^p \to F - E + I_{\mathfrak{F}}^2\,.$$

Sei $R \in \mathfrak{R} \leqq \mathfrak{F}'\,\mathfrak{F}^p$. Dann ist $\tilde{R} = E$, also $R - E \in I_{\mathfrak{F}}^2$. Da $\mathfrak{n}$ nach 18.2 b) von den $R - E$ als $K[\mathfrak{F}]$-Rechtsmodul erzeugt wird, ist $\mathfrak{n} \subseteqq I_{\mathfrak{F}}^2$. **q.e.d.**

18.9 Beweis von 18.1 (Roquette).

Der Homomorphismus α von $\mathfrak{F}$ auf $\mathfrak{G}$ bewirkt den Homomorphismus $\bar{\alpha}$ von $K[\mathfrak{F}]$ auf $K[\mathfrak{G}]$ mit dem Kern $\mathfrak{n}$. Dabei wird offenbar $I_{\mathfrak{F}}$ auf $I_{\mathfrak{G}}$ abgebildet. Wegen $\mathfrak{n} \subseteqq I_{\mathfrak{F}}$ ist

$$(1)\quad 0 \longrightarrow \mathfrak{n} \xrightarrow[\iota]{} I_{\mathfrak{F}} \xrightarrow[\bar{\alpha}]{} I_{\mathfrak{G}} \longrightarrow 0$$

eine exakte Folge von $K[\mathfrak{F}]$-Rechtsmoduln.

Dabei ist ι die Inklusionsabbildung und $\operatorname{Kern}\bar{\alpha} = \operatorname{Bild}\iota$. Da $\mathfrak{n}$ ein zweiseitiges Ideal ist, gilt $I_{\mathfrak{F}}\,\mathfrak{n} \subseteqq \mathfrak{n} = \operatorname{Kern}\bar{\alpha}$. Daher ist auch

$$(2)\quad 0 \longrightarrow \mathfrak{n}/I_{\mathfrak{F}}\,\mathfrak{n} \longrightarrow I_{\mathfrak{F}}/I_{\mathfrak{F}}\,\mathfrak{n} \xrightarrow[\varphi]{} I_{\mathfrak{G}} \longrightarrow 0$$

exakt, wobei φ durch

$$(a + I_{\mathfrak{F}}\mathfrak{n})\varphi = a\,\bar{\alpha} \quad \text{für} \quad a \in I_{\mathfrak{F}}$$

erklärt ist.

Nach 18.5 ist $I_{\mathfrak{F}}$ ein freier $K[\mathfrak{F}]$-Rechtsmodul vom Rang d, etwa

$$I_{\mathfrak{F}} = \bigoplus_{i=1}^{d} a_i\, K[\mathfrak{F}]\,.$$

Also ist $I_{\mathfrak{F}}\mathfrak{n} = \bigoplus_{i=1}^{d} a_i\,\mathfrak{n}$, und daher

$$I_{\mathfrak{F}}/I_{\mathfrak{F}}\mathfrak{n} \cong \bigoplus_{i=1}^{d} a_i\, K[\mathfrak{F}]/a_i\,\mathfrak{n}\,.$$

Die Abbildung $\mu_i : x \to a_i\,x + a_i\,\mathfrak{n}$ ist ein Modulhomomorphismus von $K[\mathfrak{F}]$ auf $a_i\,K[\mathfrak{F}]/a_i\,\mathfrak{n}$. Da die a_i ein freies Erzeugendensystem von $I_{\mathfrak{F}}$ bilden, gilt Kern $\mu_i = \mathfrak{n}$. Somit ist

$$a_i\,K[\mathfrak{F}]/a_i\,\mathfrak{n} \cong K[\mathfrak{F}]/\mathfrak{n} \cong K[\mathfrak{G}]\,.$$

Daher ist $I_{\mathfrak{F}}/I_{\mathfrak{F}}\mathfrak{n}$ ein freier $K[\mathfrak{G}]$-Rechtsmodul vom Rang d.

Nach 18.7 gilt $\mathfrak{n}/I_{\mathfrak{F}}\mathfrak{n} \cong \bar{\mathfrak{R}}$. Wir setzen

$$\mathfrak{m}_0 = \mathfrak{n}/I_{\mathfrak{F}}\mathfrak{n} \quad \text{und} \quad \mathfrak{m}_1 = I_{\mathfrak{F}}/I_{\mathfrak{F}}\mathfrak{n}\,.$$

$\bar{\mathfrak{R}}$ läßt sich als $K[\mathfrak{G}]$-Modul mit r' Elementen erzeugen. Sei $\mathfrak{f}$ ein freier $K[\mathfrak{G}]$-Modul vom Rang r' und ψ ein Epimorphismus von $\mathfrak{f}$ auf $\mathfrak{m}_0$. Dann ist die Folge

(3) $\mathfrak{f} \xrightarrow[\psi]{} \mathfrak{m}_1 \xrightarrow[\varphi]{} I_{\mathfrak{G}} \longrightarrow 0$

wegen $\mathfrak{f}\,\psi = \mathfrak{m}_0 = \text{Kern}\,\varphi$ exakt. Nach 18.8 gilt

$$\mathfrak{f}\,\psi = \mathfrak{m}_0 = \mathfrak{n}/I_{\mathfrak{F}}\mathfrak{n} \subseteq I_{\mathfrak{F}}^2/I_{\mathfrak{F}}\mathfrak{n} = \mathfrak{m}_1 I_{\mathfrak{F}} = \mathfrak{m}_1 I_{\mathfrak{G}}$$

(letzteres wegen $\mathfrak{m}_1\,\mathfrak{n} = 0$).

Der Homomorphismus φ induziert eine Abbildung

$$\mathfrak{m}_1 I_{\mathfrak{G}}^n \to (\mathfrak{m}_1 I_{\mathfrak{G}}^n)\,\varphi = (\mathfrak{m}_1\,\varphi)\,I_{\mathfrak{G}}^n = I_{\mathfrak{G}}^{n+1}$$

mit dem Kern $\mathfrak{m}_1\,I_{\mathfrak{G}}^n \cap \mathfrak{m}_0$.

Sei $\mathfrak{b}_n = \{f \mid f \in \mathfrak{f},\, f\,\psi \in \mathfrak{m}_1 I_{\mathfrak{G}}^n \cap \mathfrak{m}_0\}$.

Daher erhalten wir zwei weitere exakte Folgen, nämlich

(4) $0 \longrightarrow \mathfrak{b}_n \xrightarrow[\psi]{} \mathfrak{m}_1\,I_{\mathfrak{G}}^n \longrightarrow I_{\mathfrak{G}}^{n+1} \longrightarrow 0$

und daraus

(5) $0 \longrightarrow \mathfrak{b}_n/\mathfrak{b}_{n+1} \longrightarrow \mathfrak{m}_1\,I_{\mathfrak{G}}^n/\mathfrak{m}_1\,I_{\mathfrak{G}}^{n+1} \longrightarrow I_{\mathfrak{G}}^{n+1}/I_{\mathfrak{G}}^{n+2} \longrightarrow 0.$

Wir betrachten die Dimensionen der auftretenden Moduln als K-Vektorräume und setzen

$$d_n = \dim_K I_{\mathfrak{G}}^n/I_{\mathfrak{G}}^{n+1} \quad (n \geqq 0)\,.$$

Wegen $I_{\mathfrak{G}}^n \subseteq K[\mathfrak{G}]$ ist d_n sicher endlich, und nur endlich viele der d_n sind von 0 verschieden. Ferner ist offenbar

$$d_0 = \dim_K K[\mathfrak{G}]/I_{\mathfrak{G}} = 1 .$$

Da $\mathfrak{m}_1$ ein freier $K[\mathfrak{G}]$-Modul vom Rang d ist, gilt

$$\dim_K \mathfrak{m}_1 I_{\mathfrak{G}}^n / \mathfrak{m}_1 I_{\mathfrak{G}}^{n+1} = d\, d_n .$$

Aus (5) erhalten wir nun

(6) $\dim_K \mathfrak{b}_n/\mathfrak{b}_{n+1} = d\, d_n - d_{n+1}$.

Wir haben

$$(\mathfrak{f}\, I_{\mathfrak{G}}^n)\, \psi = (\mathfrak{f}\, \psi)\, I_{\mathfrak{G}}^n \subseteq \mathfrak{m}_1\, I_{\mathfrak{G}}^{n+1} ,$$

also

$$\mathfrak{f}\, I_{\mathfrak{G}}^n \subseteq \mathfrak{b}_{n+1} \subseteq \mathfrak{b}_n \subseteq \mathfrak{f} .$$

Insbesondere gilt $\mathfrak{b}_0/\mathfrak{b}_1 = 0$. Wir setzen

$$\dim_K \mathfrak{b}_n/\mathfrak{b}_{n+1} = s_{n-1} \quad (n \geqq 1) .$$

Da $\mathfrak{f}$ ein freier $K[\mathfrak{G}]$-Modul vom Rang r' ist, folgt aus

$$\mathfrak{f}\, I_{\mathfrak{G}}^n \subseteq \mathfrak{b}_{n+1} \subseteq \mathfrak{b}_n \subseteq \mathfrak{f}$$

nun

(7) $$\sum_{i=0}^{n-1} s_i = \sum_{i=1}^{n} \dim_K \mathfrak{b}_i/\mathfrak{b}_{i+1} \leqq \dim_K \mathfrak{f}/\mathfrak{f}\, I_{\mathfrak{G}}^n = \sum_{i=0}^{n-1} \dim_K \mathfrak{f}\, I_{\mathfrak{G}}^i/\mathfrak{f}\, I_{\mathfrak{G}}^{i+1} = r' \sum_{i=0}^{n-1} d_i .$$

Wir setzen $P(t) = \sum_n d_n t^n$ und $S(t) = \sum_n s_n t^n$. Aus (7) folgt für $0 < t < 1$

$$\frac{S(t)}{1-t} = \sum_n (s_0 + \cdots + s_n)\, t^n \leqq r' \sum_n (d_0 + \cdots + d_n)\, t^n = r' \frac{P(t)}{1-t} ,$$

also $S(t) \leqq r'\, P(t)$. Multiplizieren wir die Gleichungen

$$s_{n-1} = d\, d_n - d_{n+1}$$

in (6) mit t^{n+1} und summieren über n, so ergibt sich wegen $d_0 = 1$ nun

$$t^2\, S(t) + P(t) - 1 = d\, t\, P(t) ,$$

und daher für $0 < t < 1$

(8) $1 = t^2\, S(t) + P(t) - d\, t\, P(t) \leqq P(t)\, (1 - d\, t + r'\, t^2)$.

Also ist

(9) $r'\, t^2 - d\, t + 1 > 0$ für $0 < t < 1$.

Aus (9) folgt für $t \to 1$ die Ungleichung $d < r' + 1$. Daher ist

$$t_0 = \frac{d}{2r'} \leqq \frac{d}{r'+1} < 1 .$$

Einsetzen von t_0 in (9) liefert die Behauptung $r' > \frac{d^2}{4}$. **q.e.d.**

18.10 Beispiele.

a) (Kostrikin) Sei $\mathfrak{G}$ die Gruppe mit den $2t$ Erzeugenden $X_1, \ldots, X_t, Y_1, \ldots, Y_t$ und den $\frac{3}{2}(t^2+t)$ Relationen

$$X_i^p = Y_i^p = E \quad (i = 1, \ldots, t)$$
$$[X_i, Y_j] = E \quad (i, j = 1, \ldots, t)$$
$$[X_i, X_j] = [Y_i, Y_j] \quad (i < j;\, i, j = 1, \ldots, t)\,.$$

Wegen

$$[X_i, X_j, X_k] = [Y_i, Y_j, X_k] = E$$

und

$$[Y_i, Y_j, Y_k] = [X_i, X_j, Y_k] = E$$

hat $\mathfrak{G}$ höchstens die Klasse 2. Ist $p > 2$, so hat $\mathfrak{G}$ daher den Exponenten p, und es folgt $|\mathfrak{G}| \leqq p^s$ mit $s = 2t + \frac{t(t-1)}{2}$. Also ist $\mathfrak{G}$ eine endliche p-Gruppe mit $d = 2t$ Erzeugenden und r Relationen mit

$$r \leqq \frac{3}{8} d^2 + \frac{3}{4} d\,.$$

Die elementar-abelsche Gruppe der Ordnung p^{2t} ist offenbar ein homomorphes Bild von $\mathfrak{G}$. Also ist $d(\mathfrak{G}) = 2t$.
Die gelegentlich geäußerte Vermutung $r \geqq \frac{d(d-1)}{2}$ ist somit nicht richtig.

b) (Mennicke [1]) Sei $\mathfrak{G} = \langle A, B, C\rangle$ mit den definierenden Relationen

(1) $BAB^{-1} = A^{1+t},\ CBC^{-1} = B^{1+t},\ ACA^{-1} = C^{1+t}.$

Wir setzen $n = 1 + t$ und zeigen:

(2) $B^x A^y B^{-x} = A^{yn^x}$:

Das folgt sofort durch wiederholte Anwendung von (1).

(3) Ist $k = n^t - 1$, also $nk + n = n^{1+t} = n^n$, so gilt

$$C^{nk} B^{nk} A^{nk} = E:$$

Nach (2) ist

$$A^{nk} A^n = A^{n^n} = B^n A B^{-n}\,.$$

Daraus folgt

$$A^{nk} = B^n A B^{-n} A^{-n}$$

und entsprechende Relationen durch zyklische Vertauschung von A, B, C. Also ist

$$\begin{aligned} C^{nk} B^{nk} A^{nk} &= A^n C A^{-n} C^{-n} C^n B C^{-n} B^{-n} B^n A B^{-n} A^{-n} \\ &= A^n (C A^{-n} B C^{-n} A B^{-n}) A^{-n} \\ &= A^n (C\, B A^{-1} B^{-1} B\, A C^{-1} A^{-1} A\, C B^{-1} C^{-1}) A^{-n} = E\,. \end{aligned}$$

(4) $A^{nk} B^{n^{nk}} A^{-nk} = B$:

Nach (2) ist

$$B = C^{-nk} B^{n^{nk}} C^{nk}.$$

Setzt man gemäß (3) $C^{nk} = A^{-nk} B^{-nk}$, so folgt

$$B = B^{nk}(A^{nk} B^{n^{nk}} A^{-nk}) B^{-nk} = A^{nk} B^{n^{nk}} A^{-nk}.$$

(5) $B^{n^{nk}-1} = A^{tk}$:

Aus (4) folgt mit (1)

$$B = B A^k B^{-1} B^{n^{nk}} A^{-tk} A^{-k},$$

also

$$A^{tk} = B^{n^{nk}-1}.$$

(6) Transformation von (5) mit B^{-1} ergibt

$$A^{tk} = B^{n^{nk}-1} = B A^{tk} B^{-1} = A^{ntk} = A^{tk} A^{t^2k}.$$

Somit bleibt $A^{t^2k} = E$. In gleicher Weise erhält man $B^{t^2k} = C^{t^2k} = E$. Da sich wegen der Relationen (1) jedes Element von $\mathfrak{G}$ in der Gestalt $A^x B^y C^z$ schreiben läßt, ist $\mathfrak{G}$ endlich. Durch zweimalige Anwendung der Produktformel auf die Zerlegung $\mathfrak{G} = \mathfrak{A}\mathfrak{B}\mathfrak{C}$ folgt, daß $|\mathfrak{G}|$ ein Teiler von $t^6 k^3$ ist. Setzen wir insbesondere $t = 2$, so ist $k = 8$, und $\mathfrak{G}$ ist eine 2-Gruppe mit $d = 3$, die durch drei Relationen definiert wird. **q.e.d.**

§ 19. Automorphismen von p-Gruppen

Das Ziel dieses Paragraphen ist der Beweis des folgenden Satzes:

19.1 Satz (Gaschütz [13]). *Ist $\mathfrak{G}$ eine p-Gruppe mit $|\mathfrak{G}| > p$, so ist p ein Teiler von $|\mathbf{A}(\mathfrak{G})/\mathbf{I}(\mathfrak{G})|$.*

Wir schicken dem Beweis einige Vorbereitungen voraus:

19.2 Hilfssatz. *Sei $\mathfrak{G}$ eine p-Gruppe.*

a) *Ist $|\mathfrak{G}/\mathfrak{N}| = p$ und $\mathbf{Z}(\mathfrak{N}) \leqq \mathbf{Z}(\mathfrak{G})$, so gibt es einen nicht-inneren Automorphismus der Ordnung p von $\mathfrak{G}$.*

b) *Ist $\mathfrak{A}$ ein maximaler abelscher Normalteiler von $\mathfrak{G}$ und $\mathbf{H}^1(\mathfrak{G}/\mathfrak{A}, \mathfrak{A}) \neq \mathfrak{E}$, so hat $\mathfrak{G}$ einen nicht-inneren Automorphismus von p-Potenzordnung.*

Beweis. a) Sei τ ein nichttrivialer Homomorphismus von $\mathfrak{G}$ in $\mathbf{Z}(\mathfrak{N})$ mit Kern $\tau = \mathfrak{N}$. Wir definieren die Abbildung α von $\mathfrak{G}$ in sich durch $G^\alpha = G G^\tau$. Wegen Kern $\tau = \mathfrak{N}$ gilt

$$(G^{1+\tau})^{1-\tau} = G^{1-\tau^2} = G.$$

Also ist α eine Abbildung von $\mathfrak{G}$ auf sich. Aus $G^\tau \in \mathbf{Z}(\mathfrak{N}) \leqq \mathbf{Z}(\mathfrak{G})$ folgt sofort, daß α ein Automorphismus von $\mathfrak{G}$ ist. Offenbar gilt $O(\alpha) = p$.

Angenommen, es sei $G^\alpha = G^X$ für ein X aus $\mathfrak{G}$. Wegen $N^\alpha = N$ für alle N aus $\mathfrak{N}$ folgt $X \in \mathbf{C}_\mathfrak{G}(\mathfrak{N})$. Ist $\mathbf{C}_\mathfrak{G}(\mathfrak{N}) \leqq \mathfrak{N}$, so erhalten wir

$$X \in \mathbf{C}_\mathfrak{G}(\mathfrak{N}) = \mathbf{Z}(\mathfrak{N}) \leqq \mathbf{Z}(\mathfrak{G}),$$

entgegen $\alpha \neq 1$. Ist $\mathbf{C}_\mathfrak{G}(\mathfrak{N}) \not\leqq \mathfrak{N}$, so haben wir $\mathfrak{G} = \mathfrak{N}\,\mathbf{C}_\mathfrak{G}(\mathfrak{N})$. Dann ist

$$\mathbf{C}_\mathfrak{G}(\mathfrak{N})/\mathbf{Z}(\mathfrak{N}) \cong \mathfrak{G}/\mathfrak{N}$$

zyklisch, und wegen $\mathbf{Z}(\mathfrak{N}) \leqq \mathbf{Z}(\mathfrak{G})$ ist $\mathbf{C}_\mathfrak{G}(\mathfrak{N})$ abelsch. Aus $\mathfrak{G} = \mathfrak{N}\,\mathbf{C}_\mathfrak{G}(\mathfrak{N})$ folgt jetzt

$$X \in \mathbf{C}_\mathfrak{G}(\mathfrak{N}) \leqq \mathbf{Z}(\mathfrak{G}),$$

wieder entgegen $\alpha \neq 1$.

b) Sei $f \in \mathbf{Z}^1(\mathfrak{G}/\mathfrak{A}, \mathfrak{A}) - \mathbf{B}^1(\mathfrak{G}/\mathfrak{A}, \mathfrak{A})$. Nach I, 17.1 (S. 119) ist dann α mit

$$G^\alpha = G\,f(G\,\mathfrak{A})$$

ein Automorphismus von $\mathfrak{G}$ mit $O(\alpha) \mid |\mathfrak{A}|$. Angenommen, es sei $G^\alpha = G^X$ für ein $X \in \mathfrak{G}$. Wegen $A^\alpha = A$ für $A \in \mathfrak{A}$ und $\mathbf{C}_\mathfrak{G}(\mathfrak{A}) = \mathfrak{A}$ (siehe 7.3 a)) folgt dann $X \in \mathfrak{A}$. Das ist jedoch nach I, 17.1 wegen $f \notin \mathbf{B}^1(\mathfrak{G}/\mathfrak{A}, \mathfrak{A})$ ausgeschlossen. **q.e.d.**

19.3 Hilfssatz.

a) *Ist $\mathfrak{G}$ eine abelsche p-Gruppe mit $|\mathfrak{G}| > p$, so hat $\mathfrak{G}$ einen (natürlich nicht-inneren) Automorphismus der Ordnung p.*

b) *Ist $\mathfrak{G}$ eine nichtabelsche 2-Gruppe mit einem zyklischen Normalteiler vom Index 2, so hat $\mathfrak{G}$ einen nicht-inneren Automorphismus von 2-Potenzordnung.*

Beweis. a) Sei $\mathfrak{G} = \langle G_1 \rangle \times \langle G_2 \rangle \times \cdots \times \langle G_n \rangle$ mit $O(G_i) = p^{a_i}$ und $a_1 \geqq a_2 \geqq \cdots \geqq a_n$. Ist $a_1 > 1$, so ist α mit

$$G_1^\alpha = G_1^{1 + p^{a_1 - 1}}, \quad G_i^\alpha = G_i \quad (i \geqq 2)$$

ein (trivialerweise nicht-innerer) Automorphismus der Ordnung p von $\mathfrak{G}$. Ist $a_1 = \cdots = a_n = 1$, so ist α mit

$$G_1^\alpha = G_1 G_2, \quad G_i^\alpha = G_i \quad (i \geqq 2)$$

ein Automorphismus der gesuchten Art.

b) Sei $\langle A \rangle$ der zyklische Normalteiler von $\mathfrak{G}$ vom Index 2.

Angenommen, es gebe ein Komplement $\langle B \rangle$ von $\langle A \rangle$ in $\mathfrak{G}$. Ist $O(A) > 4$, so hat $\langle A \rangle$ einen Automorphismus β der Ordnung 2 mit $A^\beta \neq A^B$. Dann ist α mit

$$A^\alpha = A^\beta, \; B^\alpha = B$$

ein Automorphismus der Ordnung 2 von $\mathfrak{G}$. Offenbar ist α kein innerer Automorphismus von $\mathfrak{G}$.

Ist $O(A) = 4$, so ist $\mathfrak{G}$ eine Diedergruppe der Ordnung 8. Dann ist α mit

$$A^\alpha = A\,, \quad B^\alpha = A\,B$$

ein Automorphismus der Ordnung 2 von $\mathfrak{G}$. Wegen $B^\alpha B^{-1} = A \notin \mathfrak{G}'$ ist α sicher kein innerer Automorphismus.

Es bleibt der Fall zu behandeln, daß $\langle A \rangle$ kein Komplement in $\mathfrak{G}$ hat. Dann hat $\mathfrak{G}$ nur eine Untergruppe der Ordnung 2, ist also eine verallgemeinerte Quaternionengruppe mit definierenden Relationen

$$A^{2^n} = E\,, \quad B^2 = A^{2^{n-1}}\,, \quad A^B = A^{-1}\,.$$

Nun ist α mit

$$A^\alpha = A\,, \quad B^\alpha = A\,B$$

ein nicht-innerer Automorphismus der Ordnung 2^n von $\mathfrak{G}$. **q.e.d.**

Wir benötigen weitere Vorbereitungen aus der Kohomologietheorie:

19.4 Satz (Herbrandt).

a) *Sei* $\mathfrak{m}$ *eine endliche, additiv geschriebene abelsche Gruppe und seien* φ *und* ψ *Endomorphismen von* $\mathfrak{m}$ *mit* $\varphi\,\psi = \psi\,\varphi = 0$. *Dann gilt*

$$|\text{Kern}\ \varphi : \text{Bild}\ \psi| = |\text{Kern}\ \psi : \text{Bild}\ \varphi|\,.$$

b) *Sei* $\mathfrak{G}$ *eine endliche zyklische Gruppe und* $\mathfrak{m}$ *ein* $\mathfrak{G}$-*Modul mit* $|\mathfrak{m}| < \infty$. *Dann ist*

$$|\mathbf{H}^1(\mathfrak{G}, \mathfrak{m})| = |\mathbf{H}^2(\mathfrak{G}, \mathfrak{m})|\,.$$

Beweis. a) Wegen $\varphi\,\psi = \psi\,\varphi = 0$ gilt Bild $\varphi \leqq$ Kern ψ und Bild $\psi \leqq$ Kern φ. Wir haben daher

$$\begin{aligned} |\mathfrak{m}| &= |\mathfrak{m} : \text{Kern}\ \varphi|\ |\text{Kern}\ \varphi : \text{Bild}\ \psi|\ |\text{Bild}\ \psi| \\ &= |\text{Bild}\ \varphi|\ |\text{Kern}\ \varphi : \text{Bild}\ \psi|\ |\mathfrak{m} : \text{Kern}\ \psi|\,. \end{aligned}$$

Daraus folgt sofort die Behauptung.

b) Sei $\mathfrak{G} = \langle G \rangle$ mit $|\mathfrak{G}| = g$. Wir setzen

$$N = \sum_{i=0}^{g-1} G^i\,.$$

Nach I, 16.10 (S. 108) gilt

$$\mathbf{H}^1(\mathfrak{G}, \mathfrak{m}) \cong \{m \mid mN = o\}/\{m(E - G) \mid m \in \mathfrak{m}\}$$

und

$$\mathbf{H}^2(\mathfrak{G}, \mathfrak{m}) \cong \{m \mid mG = m\}/\{mN \mid m \in \mathfrak{m}\}\,.$$

Wir definieren die Endomorphismen φ und ψ von $\mathfrak{m}$ durch $m\,\varphi = mN$ und $m\,\psi = m(E - G)$. Dann ist $\varphi\,\psi = \psi\,\varphi = 0$ und

$$\mathbf{H}^1(\mathfrak{G}, \mathfrak{m}) \cong \text{Kern}\ \varphi/\text{Bild}\ \psi\,, \quad \mathbf{H}^2(\mathfrak{G}, \mathfrak{m}) \cong \text{Kern}\ \psi/\text{Bild}\ \varphi\,.$$

Jetzt folgt mit a) die Behauptung. **q.e.d.**

19.5 Satz (Gaschütz [11]). *Sei $\mathfrak{G}$ eine p-Gruppe und $\mathfrak{A}$ eine abelsche p-Gruppe, die ein multiplikativ geschriebener $\mathfrak{G}$-Modul ist. Sei* $\mathbf{H}^1(\mathfrak{G}, \mathfrak{A}) = \mathfrak{E}$. *Dann gilt* $\mathbf{H}^1(\mathfrak{U}, \mathfrak{A}) = \mathfrak{E}$ *und* $\mathbf{H}^2(\mathfrak{U}, \mathfrak{A}) = \mathfrak{E}$ *für alle Untergruppen $\mathfrak{U}$ von $\mathfrak{G}$.*

(Es ist sogar $\mathbf{H}^i(\mathfrak{U}, \mathfrak{A}) = \mathfrak{E}$ *für alle $i \geqq 1$, aber das benötigen wir nicht.)*

Beweis. Der Beweis läßt sich sehr einfach führen mit Hilfe der exakten Folge von Hochschild-Serre, die die Kohomologiegruppen von $\mathfrak{G}$ mit den Kohomologiegruppen von $\mathfrak{G}/\mathfrak{N}$ und $\mathfrak{N}$ in Beziehung setzt (siehe Hochschild, Serre [1] oder MacLane [1], S. 354). Den folgenden elementaren Beweis verdanke ich W. Gaschütz. Einen kohomologischen, elementaren Beweis findet man in Hoechsmann [1].

Wir führen den Beweis durch Induktion nach $|\mathfrak{G}|$. Sei $\mathfrak{N}$ eine maximale Untergruppe von $\mathfrak{G}$. Wir setzen

$$\mathfrak{A}_{\mathfrak{N}} = \{A \mid A \in \mathfrak{A},\ A^N = A \quad \text{für alle } N \in \mathfrak{N}\}\,.$$

Dann ist $(\mathfrak{A}_{\mathfrak{N}})^G = \mathfrak{A}_{\mathfrak{N}}$ für alle $G \in \mathfrak{G}$, und durch die wohldefinierte Festsetzung $A^{\mathfrak{N}G} = A^G$ wird $\mathfrak{A}_{\mathfrak{N}}$ ein $\mathfrak{G}/\mathfrak{N}$-Modul. Wir zeigen:

(1) $\mathbf{H}^1(\mathfrak{G}/\mathfrak{N}, \mathfrak{A}_{\mathfrak{N}}) = \mathfrak{E}$:

Sei $f \in \mathbf{Z}^1(\mathfrak{G}/\mathfrak{N}, \mathfrak{A}_{\mathfrak{N}})$. Dann definieren wir die Abbildung g von $\mathfrak{G}$ in $\mathfrak{A}$ durch $g(G) = f(G\,\mathfrak{N})$. (Diese Abbildung g ist die sog. Inflation von f.) Es gilt

$$\begin{aligned}(g\delta)(G_1, G_2) &= g(G_1)^{G_2}\, g(G_2)\, g(G_1 G_2)^{-1} = f(G_1\,\mathfrak{N})^{G_2\mathfrak{N}}\, f(G_2\,\mathfrak{N})\, f(G_1 G_2\,\mathfrak{N})^{-1}\\ &= (f\delta)\,(G_1\,\mathfrak{N}, G_2\,\mathfrak{N}) = E\,.\end{aligned}$$

Also ist $g \in \mathbf{Z}^1(\mathfrak{G}, \mathfrak{A})$. Wegen $\mathbf{H}^1(\mathfrak{G}, \mathfrak{A}) = \mathfrak{E}$ folgt

$$g \in \mathbf{B}^1(\mathfrak{G}, \mathfrak{A})\,.$$

Daher haben wir

$$f(G\,\mathfrak{N}) = g(G) = A^G A^{-1}$$

mit einem geeigneten $A \in \mathfrak{A}$. Für $N \in \mathfrak{N}$ ist insbesondere

$$E = g(E) = f(\mathfrak{N}) = f(N\,\mathfrak{N}) = A^N A^{-1}\,.$$

Also haben wir $A \in \mathfrak{A}_{\mathfrak{N}}$ und somit $f \in \mathbf{B}^1(\mathfrak{G}/\mathfrak{N}, \mathfrak{A}_{\mathfrak{N}})$. Daher ist $\mathbf{H}^1(\mathfrak{G}/\mathfrak{N}, \mathfrak{A}_{\mathfrak{N}}) = \mathfrak{E}$.

(2) $\mathbf{H}^2(\mathfrak{G}/\mathfrak{N}, \mathfrak{A}_{\mathfrak{N}}) = \mathfrak{E}$:

Da $\mathfrak{G}/\mathfrak{N}$ zyklisch ist, folgt mit 19.4 b) aus (1)

$$|\mathbf{H}^2(\mathfrak{G}/\mathfrak{N}, \mathfrak{A}_{\mathfrak{N}})| = |\mathbf{H}^1(\mathfrak{G}/\mathfrak{N}, \mathfrak{A}_{\mathfrak{N}})| = 1\,.$$

(3) Sei $\mathfrak{G}^*$ irgendeine Erweiterung von $\mathfrak{A}$ mit $\mathfrak{G}$, und sei $\mathfrak{N}^*$ die in $\mathfrak{G}^*$ enthaltene Erweiterung von $\mathfrak{A}$ mit $\mathfrak{N}$. Also ist $\mathfrak{G}^*/\mathfrak{N}^* \cong \mathfrak{G}/\mathfrak{N}$. Sei $\mathfrak{K}$ ein

Komplement von $\mathfrak{A}$ in $\mathfrak{N}^*$ und sei $\mathfrak{G}^* = \mathfrak{A}\,\mathbf{N}_{\mathfrak{G}^*}(\mathfrak{K})$. Dann liegt $\mathfrak{K}$ in einem Komplement $\mathfrak{L}$ von $\mathfrak{A}$ in $\mathfrak{G}^*$:

Wir setzen $\mathfrak{D} = \mathfrak{A} \cap \mathbf{N}_{\mathfrak{G}^*}(\mathfrak{K})$. Wegen $\mathfrak{A}_{\mathfrak{N}} \leqq \mathbf{Z}(\mathfrak{N}^*)$ gilt offenbar $\mathfrak{A}_{\mathfrak{N}} \leqq \mathfrak{D}$. Andererseits ist wegen $\mathfrak{D} \leqq \mathbf{N}_{\mathfrak{G}^*}(\mathfrak{K})$ auch

$$[\mathfrak{D}, \mathfrak{N}^*] = [\mathfrak{D}, \mathfrak{A}\,\mathfrak{K}] = [\mathfrak{D}, \mathfrak{K}] \leqq \mathfrak{A} \cap \mathfrak{K} = \mathfrak{E}\,.$$

Also haben wir $\mathfrak{A} \cap \mathbf{N}_{\mathfrak{G}^*}(\mathfrak{K}) = \mathfrak{A}_{\mathfrak{N}}$.

Sei $\mathfrak{B} = \mathbf{N}_{\mathfrak{G}^*}(\mathfrak{K}) \cap \mathfrak{N}^*$. Nach der Dedekind-Identität ist

$$\mathfrak{B} = \mathfrak{B} \cap \mathfrak{A}\,\mathfrak{K} = (\mathfrak{B} \cap \mathfrak{A})\,\mathfrak{K} = \mathfrak{A}_{\mathfrak{N}}\,\mathfrak{K}\,.$$

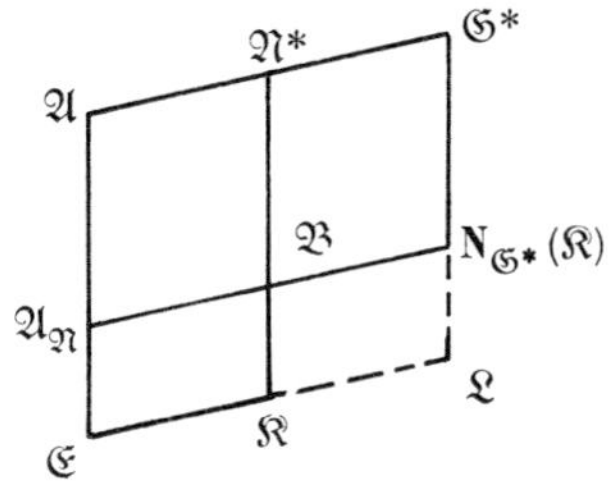

Fig. 8

Es folgt $\mathfrak{B}/\mathfrak{K} \cong \mathfrak{A}_{\mathfrak{N}}$ als $\mathbf{N}_{\mathfrak{G}^*}(\mathfrak{K})$-Moduln. Wegen $\mathfrak{B} \leqq \mathfrak{N}^*$ sind $\mathfrak{B}/\mathfrak{K}$ und $\mathfrak{A}_{\mathfrak{N}}$ isomorphe $\mathbf{N}_{\mathfrak{G}^*}(\mathfrak{K})/\mathfrak{B}$-Moduln. Nach unserer Voraussetzung haben wir

$$\mathfrak{G}^* = \mathfrak{A}\,\mathbf{N}_{\mathfrak{G}^*}(\mathfrak{K}) = \mathfrak{N}^*\,\mathbf{N}_{\mathfrak{G}^*}(\mathfrak{K})\,.$$

Vermöge der Isomorphie

$$\mathfrak{G}/\mathfrak{N} \cong \mathfrak{G}^*/\mathfrak{N}^* \cong \mathbf{N}_{\mathfrak{G}^*}(\mathfrak{K})/\mathbf{N}_{\mathfrak{N}^*}(\mathfrak{K}) = \mathbf{N}_{\mathfrak{G}^*}(\mathfrak{K})/\mathfrak{B}$$

folgt mit (2) nun

$$\mathbf{H}^2(\mathbf{N}_{\mathfrak{G}^*}(\mathfrak{K})/\mathfrak{B}, \mathfrak{B}/\mathfrak{K}) \cong \mathbf{H}^2(\mathfrak{G}/\mathfrak{N}, \mathfrak{A}_{\mathfrak{N}}) = \mathfrak{E}\,.$$

Nach I, 17.2 c) (S. 120) hat daher $\mathfrak{B}/\mathfrak{K}$ ein Komplement $\mathfrak{L}/\mathfrak{K}$ in $\mathbf{N}_{\mathfrak{G}^*}(\mathfrak{K})/\mathfrak{K}$. Dann gilt

$$\mathfrak{L} \cap \mathfrak{A} \leqq \mathbf{N}_{\mathfrak{G}^*}(\mathfrak{K}) \cap \mathfrak{A} = \mathfrak{A}_{\mathfrak{N}} \leqq \mathfrak{B}\,,$$

also

$$\mathfrak{L} \cap \mathfrak{A} \leqq \mathfrak{L} \cap \mathfrak{B} \cap \mathfrak{A} = \mathfrak{K} \cap \mathfrak{A} = \mathfrak{E}\,.$$

Ferner haben wir

$$|\mathfrak{L}/\mathfrak{K}| = |\mathbf{N}_{\mathfrak{G}^*}(\mathfrak{K})/\mathfrak{B}| = |\mathbf{N}_{\mathfrak{G}^*}(\mathfrak{K})/\mathbf{N}_{\mathfrak{G}^*}(\mathfrak{K}) \cap \mathfrak{N}^*|$$
$$= |\mathbf{N}_{\mathfrak{G}^*}(\mathfrak{K})\,\mathfrak{N}^*/\mathfrak{N}^*| = |\mathfrak{G}^*/\mathfrak{N}^*| = p\,,$$

also

$$|\mathfrak{L}| = |\mathfrak{K}|\,p = |\mathfrak{N}^*/\mathfrak{A}|\,|\mathfrak{G}/\mathfrak{N}| = |\mathfrak{N}|\,|\mathfrak{G}/\mathfrak{N}| = |\mathfrak{G}|\,.$$

Somit ist $\mathfrak{L}$ ein Komplement von $\mathfrak{A}$ in $\mathfrak{G}^*$.

(4) $\mathbf{H}^1(\mathfrak{U}, \mathfrak{A}) = \mathfrak{E}$ für alle $\mathfrak{U} \leqq \mathfrak{G}$:

Wir können offenbar annehmen, daß $\mathfrak{U} = \mathfrak{N}$ eine maximale Untergruppe von $\mathfrak{G}$ ist. Nach (1) und (2) haben wir

$$\mathbf{H}^1(\mathfrak{G}/\mathfrak{N}, \mathfrak{A}_{\mathfrak{N}}) = \mathbf{H}^2(\mathfrak{G}/\mathfrak{N}, \mathfrak{A}_{\mathfrak{N}}) = \mathfrak{E}.$$

Sei nun $\mathfrak{G}^*$ das semidirekte Produkt von $\mathfrak{A}$ mit $\mathfrak{G}$, und seien $\mathscr{L}_1, \ldots, \mathscr{L}_s$ die Klassen von unter $\mathfrak{A}$ konjugierten Komplementen von $\mathfrak{A}$ in $\mathfrak{N}^*$. Nach I, 17.3 (S. 120) ist $s = |\mathbf{H}^1(\mathfrak{N}, \mathfrak{A})|$, und dies ist eine Potenz von p. Wegen $\mathbf{H}^1(\mathfrak{G}, \mathfrak{A}) = \mathfrak{E}$ sind alle Komplemente von $\mathfrak{A}$ in $\mathfrak{G}^*$ konjugiert unter $\mathfrak{A}$. Also lassen sich die Komplemente von $\mathfrak{A}$ in $\mathfrak{N}^*$ aus genau einer der Klassen $\mathscr{L}_i$, etwa aus $\mathscr{L}_1$, zu Komplementen von $\mathfrak{A}$ in $\mathfrak{G}^*$ ausdehnen.

Wir machen $\mathfrak{G}^*/\mathfrak{N}^*$ zu einer Permutationsgruppe auf $\{\mathscr{L}_1, \ldots, \mathscr{L}_s\}$ durch die wohldefinierte Festsetzung

$$\{\mathfrak{K} \mid \mathfrak{K} \in \mathscr{L}_i\}^{\mathfrak{N}^* G^*} = \{\mathfrak{K}^{G^*} \mid \mathfrak{K} \in \mathscr{L}_i\}.$$

Wir zeigen: Ist $\mathscr{L}_i$ fest bei $\mathfrak{G}^*/\mathfrak{N}^*$, so gilt $i = 1$.

Sei $\mathfrak{K} \in \mathscr{L}_i$, und sei $\mathscr{L}_i$ fest bei $\mathfrak{G}^*/\mathfrak{N}^*$. Zu jedem $G^* \in \mathfrak{G}^*$ gibt es dann ein $A \in \mathfrak{A}$ mit $\mathfrak{K}^{G^*} = \mathfrak{K}^A$. Also haben wir $\mathfrak{G}^* = \mathbf{N}_{\mathfrak{G}^*}(\mathfrak{K})\,\mathfrak{A}$. Nach (3) liegt dann $\mathfrak{K}$ in einem Komplement $\mathfrak{L}$ von $\mathfrak{A}$ in $\mathfrak{G}^*$, also ist $i = 1$. Wir erhalten damit durch die Aufteilung von $\{\mathscr{L}_1, \ldots, \mathscr{L}_s\}$ in Bahnen unter $\mathfrak{G}^*/\mathfrak{N}^*$

$$s = |\mathbf{H}^1(\mathfrak{N}, \mathfrak{A})| \equiv 1 \ (p).$$

Da s eine Potenz von p ist, folgt $s = 1$, also $\mathbf{H}^1(\mathfrak{N}, \mathfrak{A}) = \mathfrak{E}$.

(5) $\mathbf{H}^2(\mathfrak{U}, \mathfrak{A}) = \mathfrak{E}$ für alle $\mathfrak{U} \leqq \mathfrak{G}$:

Ist $\mathfrak{U} < \mathfrak{G}$, so folgt aus $\mathbf{H}^1(\mathfrak{U}, \mathfrak{A}) = \mathfrak{E}$ vermöge unserer Induktionsannahme sofort $\mathbf{H}^2(\mathfrak{U}, \mathfrak{A}) = \mathfrak{E}$. Somit bleibt nur $\mathbf{H}^2(\mathfrak{G}, \mathfrak{A}) = \mathfrak{E}$ zu zeigen. Wir haben also nachzuweisen, daß jede Erweiterung $\tilde{\mathfrak{G}}$ von $\mathfrak{A}$ mit $\mathfrak{G}$ ein semidirektes Produkt ist. Sei $|\mathfrak{G}/\mathfrak{N}| = p$ und sei $\tilde{\mathfrak{N}}$ das Urbild von $\mathfrak{N}$ in $\tilde{\mathfrak{G}}$. Nach unserer Induktionsannahme ist $\mathbf{H}^2(\mathfrak{N}, \mathfrak{A}) = \mathfrak{E}$. Also ist $\tilde{\mathfrak{N}}$ ein semidirektes Produkt von $\mathfrak{A}$ mit einem Komplement $\mathfrak{K}$. Wegen $\mathbf{H}^1(\mathfrak{N}, \mathfrak{A}) = \mathfrak{E}$ (siehe (4)) sind alle Komplemente von $\mathfrak{A}$ in $\tilde{\mathfrak{N}}$ konjugiert unter $\mathfrak{A}$. Also gilt $\tilde{\mathfrak{G}} = \mathfrak{A}\,\mathbf{N}_{\tilde{\mathfrak{G}}}(\mathfrak{K})$. Nach (3) gibt es dann ein Komplement von $\mathfrak{A}$ in $\tilde{\mathfrak{G}}$. **q.e.d.**

19.6 Beweis von 19.1.

Sei $\mathfrak{G}$ ein Gegenbeispiel zu 19.1. Wegen 19.3 a) ist $\mathfrak{G}$ nicht abelsch. Sind alle abelschen Normalteiler von $\mathfrak{G}$ zyklisch, so ist $\mathfrak{G}$ nach 7.6 zyklisch oder $\mathfrak{G}$ hat einen zyklischen Normalteiler vom Index 2. Beide Fälle sind jedoch nach 19.3 nicht möglich. Sei also $\mathfrak{A}$ ein maximaler abelscher Normalteiler von $\mathfrak{G}$, welcher nicht zyklisch ist. Nach 19.2 b) ist $\mathbf{H}^1(\mathfrak{G}/\mathfrak{A}, \mathfrak{A}) = \mathfrak{E}$. Mit 19.5 folgt $\mathbf{H}^2(\mathfrak{G}/\mathfrak{A}, \mathfrak{A}) = \mathfrak{E}$, und nach I, 17.2 (S. 120) hat dann $\mathfrak{A}$ ein Komplement in $\mathfrak{G}$. Daher gibt es eine maximale

Untergruppe $\mathfrak{N}$ von $\mathfrak{G}$ mit $\mathfrak{A} \nleq \mathfrak{N}$. Setzen wir $\mathfrak{B} = \mathfrak{A} \cap \mathfrak{N}$, so gilt $\mathfrak{G} = \mathfrak{A}\mathfrak{N}$ und $|\mathfrak{G}/\mathfrak{N}| = |\mathfrak{A}/\mathfrak{B}| = p$.

Aus 19.2 a) folgt $\mathbf{Z}(\mathfrak{N}) \nleq \mathbf{Z}(\mathfrak{G})$, also wegen $\mathfrak{G} = \mathfrak{A}\mathfrak{N}$ auch $\mathbf{Z}(\mathfrak{N}) \nleq \mathfrak{A}$. Sei $H \in \mathbf{Z}(\mathfrak{N})$ derart, daß $|\langle H, \mathfrak{A}\rangle/\mathfrak{A}| = p$ gilt. Wegen $\mathfrak{B} = \mathfrak{A} \cap \mathfrak{N}$ und $H \in \mathbf{Z}(\mathfrak{N})$ ist $\mathfrak{B} \leqq \mathfrak{C}_{\mathfrak{A}}(H)$. Da $\mathfrak{A}$ ein maximaler abelscher Normalteiler ist, gilt nach 7.3 a) (S. 302) $\mathfrak{A} = \mathfrak{C}_{\mathfrak{G}}(\mathfrak{A})$. Also ist $H \notin \mathfrak{A} = \mathfrak{C}_{\mathfrak{G}}(\mathfrak{A})$ und somit $\mathfrak{B} \leqq \mathfrak{C}_{\mathfrak{A}}(H) < \mathfrak{A}$. Zusammen mit $|\mathfrak{A}/\mathfrak{B}| = p$ folgt $\mathfrak{B} = \mathfrak{C}_{\mathfrak{A}}(H)$.

Aus $\mathbf{H}^1(\mathfrak{G}/\mathfrak{A}, \mathfrak{A}) = \mathfrak{E}$ folgt mit $\overline{H} = H\mathfrak{A}$ nach 19.5

$$\mathbf{H}^1(\langle \overline{H}\rangle, \mathfrak{A}) = \mathfrak{E}.$$

Mit 19.4 b) erhalten wir $\mathbf{H}^2(\langle\overline{H}\rangle, \mathfrak{A}) = \mathfrak{E}$, wegen I, 16.10 (S. 108) also

$$\{A \mid A \in \mathfrak{A}, A^H = A\} = \{A^{E+H+\cdots+H^{p-1}} \mid A \in \mathfrak{A}\}.$$

Somit ist

$$\mathfrak{B} = \mathfrak{C}_{\mathfrak{A}}(H) = \{A^{E+H+\cdots+H^{p-1}} \mid A \in \mathfrak{A}\}.$$

Sei $\mathfrak{A} = \langle \mathfrak{B}, A_0\rangle$. Wegen $\mathfrak{B}^p = \Phi(\mathfrak{B})$ ist dann

$$\mathfrak{B} = \langle \mathfrak{B}^p, A_0^{E+H+\cdots+H^{p-1}}\rangle = \langle A_0^{E+H+\cdots+H^{p-1}}\rangle.$$

Wir setzen $B_0 = A_0^{E+H+\cdots+H^{p-1}}$. Da $\mathfrak{A} = \langle A_0, B_0\rangle$ nicht zyklisch ist, können wir A_0 aus $\mathfrak{A} - \mathfrak{B}$ so wählen, daß $A_0^p = E$ gilt. Wegen $\mathfrak{B} = \mathfrak{A} \cap \mathfrak{N} \trianglelefteq \mathfrak{G}$ gilt $A_0^H = A_0 B_1$ mit $B_1^p = E$. Daher ist

$$B_0 = A_0^{E+H+\cdots+H^{p-1}} = A_0^p B_1^{\frac{p(p-1)}{2}} = B_1^{\frac{p(p-1)}{2}}.$$

Für $p \neq 2$ folgt $B_0 = E$, entgegen $|\mathfrak{A}| \geqq p^2$. Für $p = 2$ bleibt $B_1 = B_0$, also $|\mathfrak{A}| = 4$ und wegen $|\mathfrak{G}/\mathfrak{C}_{\mathfrak{G}}(\mathfrak{A})| \mid |\mathbf{A}(\mathfrak{A})|$ dann $|\mathfrak{G}| = 8$. Nun ist $\mathfrak{G}$ die Diedergruppe der Ordnung 8, welche nach 19.3 b) einen nichtinneren Automorphismus von 2-Potenzordnung hat. **q.e.d.**

Literaturbemerkungen zu Kapitel III

§ 1: Die systematische Entwicklung des Kommutatorkalküls, insbesondere der grundlegende Hilfssatz 1.10b), stammen aus P. Hall [2].

§ 2: Die grundlegenden Sätze über nilpotente Gruppen und die Beziehungen zwischen den Zentralreihen (2.11, 2.12) wurden in P. Hall [2] bewiesen, teilweise frühere Resultate aus Burnside [9] und [10] verschärfend. Satz 2.13 stammt aus Blackburn [4].

§ 3: Die wiedergegebene Theorie der Frattinigruppe folgt bis 3.7 weitgehend Gaschütz [3], der Beweis des Burnsideschen Basissatzes 3.15 folgt P. Hall [2].

§ 5: Der für viele Anwendungen wichtige Satz 5.1 wurde in O. J. Schmidt [1] bewiesen; ein anderer Beweis, der verallgemeinerungsfähiger ist (siehe IV, 5.4) in Iwasawa [2]. Der wiedergegebene elementare Beweis von 5.1 stammt meines Wissens von W. Gaschütz. Alle Resultate von 5.2 finden sich in Rédei [3], wo die minimalen nichtnilpotenten Gruppen vollständig klassifiziert werden. 5.3 ist ein Spezialfall von Ergebnissen aus Itô [7]. Der grundlegende Satz 5.8 steht in Wielandt [8], eine etwas allgemeinere Fassung in Wielandt [15].

§ 6: Eine allgemeinere Fassung von 6.5 steht bei KAPPE [1].

§ 7: Die Sätze diese Paragraphen stammen zum größten Teil aus BURNSIDE [9], [10] und P. HALL [2]. Satz 7.6 steht in ROQUETTE [2], 7.7a) findet sich als Hilfssatz in FEIT, M. HALL, THOMPSON [1]. Der Beweis von 7.12 folgt der Darstellung in ZASSENHAUS [4]. Aufgabe 25) verdanke ich einer mündlichen Mitteilung von H. Wielandt.

§ 8: Der Anzahlsatz 8.6 steht in P. HALL [2].

§ 9: Die wiedergegebene Herleitung der Identität 9.4 folgt der Darstellung in P. HALL [15], welche ihrerseits Ideen aus PETRESCU [1] verwendet. Der Beweis der Identität 9.7 von Zassenhaus schließt sich an die Darstellung in M. HALL [3] an.

§ 10: Die Theorie der regulären p-Gruppen ist der Hauptinhalt von P. HALL [2] und [3], wo fast alle Sätze aus § 10 zu finden sind. Die Kommutativität der regulären 2-Gruppen scheint „Volksgut" zu sein. 10.3b) stammt aus ALPERIN [3], das Gegenbeispiel 10.3 c) verdanke ich einer Mitteilung von H. Wielandt. Zur Frage der Regularität von direkten Produkten vergleiche man auch GRÜN [8] und WEICHSEL [1]. Das Beispiel in 10.15 verdanke ich einer mündlichen Mitteilung von Blackburn.

§ 12:12.2 und 12.3 stammen aus unveröffentlichten Notizen von J. Thompson. Die Bestimmung aller Gruppen der Ordnung p^4 steht schon in O. HÖLDER [1].

§ 13: 13.4 findet sich in ZASSENHAUS [4], S. 172. Der grundlegende Satz 13.5 steht in HALL, HIGMAN [1], 13.6 in THOMPSON [9]. 13.8 ist ein unveröffentlichtes Ergebnis von P. Hall. Man vergleiche dazu auch GORENSTEIN [3].

§ 14. Der gesamte Inhalt von § 14 stammt aus BLACKBURN [3], folgt jedoch in der Durchführung unveröffentlichten Notizen von Blackburn.

§ 15: Die wiedergegebene Behandlung schließt sich teilweise an WEIR [2] an; man vergleiche auch ALPERIN [7]. Satz 15.3 findet sich zuerst in KALOUJNINE [1]. Aufgabe 36) ist eine Bemerkung von P. Hall.

§ 16: Die Ergebnisse dieses Paragraphen stehen teilweise in GRÜN [1] und WEIR [1]. Die Aufgaben 37-40 geben ein Resultat aus I. SCHUR [2] wieder und beruhen teilweise auf Unterhaltungen mit E. C. Dade. Aufgabe 41) verdanke ich einer brieflichen Mitteilung von P. Hall.

§ 17: Die Behandlung der binären p-adischen Gruppen folgt unveröffentlichten Notizen von Blackburn und P. Hall. Man vergleiche auch P. HALL [18].

§ 18: Die wiedergegebene Fassung des Hauptergebnisses aus GOLOD, ŠAFAREVIČ [1] folgt unveröffentlichten Notizen von Roquette. Beispiel 18.10 a) wurde von Kostrikin in Oberwolfach angegeben.

§ 19: Die Hauptsätze dieses Paragraphen stammen aus GASCHÜTZ [11] und [13]. Den elementaren Beweis von 19.5 verdanke ich einer brieflichen Mitteilung von Gaschütz.

Kapitel IV

Verlagerung und p-nilpotente Gruppen

Eine der wichtigsten Aufgaben der Gruppentheorie ist der Nachweis der Nichteinfachheit oder sogar der Auflösbarkeit einer vorgegebenen Gruppe. Neben den elementaren, nicht sehr weit tragenden Überlegungen, die wir in I, § 8 und den anschließenden Aufgaben beschrieben haben, stehen dazu zwei wirksame Methoden zur Verfügung: Die in diesem Kapitel betrachtete Methode der monomialen Darstellungen und der Verlagerung, ferner die in Kapitel V und Band 2 behandelten Gruppencharaktere. Die Methoden lassen sich in folgender Weise gegenüberstellen:

1) Bei der Verlagerung handelt es sich um einen Homomorphismus **V** der Gruppe $\mathfrak{G}$ in die Kommutatorfaktorgruppe $\mathfrak{H}/\mathfrak{H}'$ einer Untergruppe $\mathfrak{H}$ von $\mathfrak{G}$. Damit ist die Wirksamkeit beschränkt auf den Nachweis abelscher (oder etwas allgemeiner auflösbarer) Faktorgruppen von $\mathfrak{G}$. (Dies ist der Grund dafür, daß sich der Beweis in 2.4 nicht auf den allgemeinen Satz von Frobenius (V, 7.6) ausdehnen läßt.)

Eingehend studiert wurde bisher nur der Fall, daß $\mathfrak{H}$ eine p-Sylowgruppe von $\mathfrak{G}$ ist. Die Verlagerung in eine p-Sylowgruppe liefert immer die größte abelsche p-Faktorgruppe von $\mathfrak{G}$; dies ist die Aussage des Satzes 3.3. Ist die Struktur der p-Sylowgruppe $\mathfrak{P}$ von $\mathfrak{G}$ nicht allzu wild, so sind die größten abelschen p-Faktorgruppen von $\mathfrak{G}$ und $\mathbf{N}_{\mathfrak{G}}(\mathfrak{P})$ isomorph. Eine hinreichende Bedingung dafür ist z. B. die Kommutativität von $\mathfrak{P}$ (Satz 2.6 von Burnside); aber schon die Regularität von $\mathfrak{P}$ (im Sinne von III, § 10) reicht aus, wie Wielandt gezeigt hat (8.1). In allgemeineren Fällen ist neben der Kenntnis von $\mathbf{N}_{\mathfrak{G}}(\mathfrak{P})$ noch eine Information über die Einbettung von $\mathfrak{P}$ in $\mathfrak{G}$ nötig, etwa in Gestalt einer Aussage über die Durchschnitte der Konjugierten von $\mathfrak{P}$. Die handlichste Fassung ist der Satz von Grün (3.7), der zahlreiche Anwendungen gefunden hat.

Die Methode der Verlagerung ist immer dann angebracht, wenn in den Voraussetzungen eine Primzahl p ausgezeichnet ist und der Verdacht besteht, daß $\mathfrak{G}$ nichttriviale p-Faktorgruppen besitzt. Fälle dieser Art behandeln wir in § 5. Die Berechnung der Verlagerung in eine p-Sylowgruppe $\mathfrak{P}$ benötigt nur die Kenntnis der Einbettung von $\mathfrak{P}$ in $\mathfrak{G}$. Darin liegt die Stärke und die Schwäche der Methode. Die vielfältigen Beziehungen zwischen den Sylowgruppen zu verschiedenen Primzahlen werden von ihr fast garnicht berücksichtigt. Der Beweis des berühmten

Satzes von Burnside (V, 7.3), daß alle Gruppen der Ordnung $p^a q^b$ (p und q Primzahlen) auflösbar sind, konnte z. B. bisher nicht mit der Verlagerung erbracht werden. Hier ist die Methode der Gruppencharaktere deutlich überlegen. (Ein von J. Thompson für $p \neq 2 \neq q$ gegebener Beweis benötigt zwar keine Charaktere, ist jedoch alles andere als einfach.) Selbst bei der folgenden Frage scheitert die Methode der Verlagerung (aber auch alle anderen bekannten Methoden): Gibt es eine einfache nichtabelsche Gruppe, deren sämtliche Sylowgruppen eigener Normalisator sind? Nach Wielandt (8.1) müssen dann alle Sylowgruppen irregulär sein, und nach dem Satz von Grün muß die Einbettung der Sylowgruppen einigermaßen kompliziert sein. Aber damit scheinen die Möglichkeiten der Verlagerung erschöpft zu sein. Auch der Beweis der berühmten Burnsideschen Vermutung, daß jede Gruppe ungerader Ordnung auflösbar ist, benötigt an entscheidenden Stellen die Gruppencharaktere; freilich leistet hier auch die Verlagerung Handlangerdienste (siehe Feit, Thompson [1])[1].

2) In ihrer ursprünglichen, von Burnside entwickelten Form, handelt es sich bei den monomialen Darstellungen von $\mathfrak{G}$ um Homomorphismen $\mu : G \to (a_{ij}(G))$ von $\mathfrak{G}$ in die Gruppe der sog. monomialen Matrizen, welche in jeder Zeile und Spalte genau ein von 0 verschiedenes Element aus C haben. Die Verlagerung ist dann (bis auf ein Vorzeichen) die Abbildung $\mathbf{V}$ mit $\mathbf{V}(G) = \det(a_{ij}(G))$. Die monomialen Darstellungen haben große Ähnlichkeit mit den in I, § 6 behandelten Permutationsdarstellungen. Insbesondere läßt die Konstruktion der Permutationsdarstellung von $\mathfrak{G}$ auf den Nebenklassen nach einer Untergruppe eine einfache Verallgemeinerung zu (siehe 1.4).

Vom Standpunkt der allgemeinen Darstellungstheorie aus handelt es sich bei den monomialen Darstellungen um besonders einfache Darstellungen, nämlich um solche, die von einer eindimensionalen Darstellung einer Untergruppe induziert werden. Wir werden darauf in V, § 18 noch zurückkommen. Die oben erwähnten Konstruktionsverfahren für monomiale Darstellungen, die von Informationen über Untergruppen ausgehen, machen die Behandlung dieser Darstellungen recht einfach. Freilich ist nicht bekannt, bei welchen Gruppen dieses Verfahren zur Konstruktion aller irreduziblen Darstellungen führt (dazu vergleiche man V, 18.4–18.10).

§ 1. Monomiale Darstellungen und Verlagerung

1.1 Definition. Sei $\mathfrak{G}$ eine nicht notwendig endliche Gruppe und n eine natürliche Zahl. Sei $\mathfrak{S}_n$ die symmetrische Gruppe vom Grad n, aufgefaßt als Permutationsgruppe vom Grad n. Wir setzen $\mathbf{M}_n(\mathfrak{G}) = \mathfrak{G} \wr \mathfrak{S}_n$ und

[1] Glauberman zeigte kürzlich: Ist $p \geqq 7$ und $\mathfrak{P}$ eine p-Sylowgruppe von $\mathfrak{G}$ mit $\mathbf{N}_{\mathfrak{G}}(\mathfrak{P}) = \mathfrak{P}$, so hat $\mathfrak{G}$ einen Normalteiler vom Index p.

bezeichnen das Kranzprodukt $\mathbf{M}_n(\mathfrak{G})$ als die monomiale Gruppe vom Grad n über $\mathfrak{G}$. Nach I, § 15 (S. 94) ist dabei

$$\mathbf{M}_n(\mathfrak{G}) = \{(f, H) \mid H \in \mathfrak{S}_n, f \text{ eine Abbildung von } \{1, \ldots, n\} \text{ in } \mathfrak{G}\},$$

die Multiplikationsregel lautet

$$(f_1, H_1)(f_2, H_2) = (g, H_1 H_2)$$

mit $g(i) = f_1(i) f_2(i^{H_1})$.

1.2 Hilfssatz. *Sei $\mathfrak{G}$ abelsch. Dann ist die Abbildung δ mit*

$$\delta((f, H)) = \prod_{i=1}^{n} f(i)$$

ein Homomorphismus von $\mathbf{M}_n(\mathfrak{G})$ in $\mathfrak{G}$. (Ist $\mathfrak{G}$ eine Untergruppe der multiplikativen Gruppe der komplexen Zahlen und schreibt man die Elemente von $\mathbf{M}_n(\mathfrak{G})$ als Permutationsmatrizen mit Koeffizienten in $\mathfrak{G}$, so ist δ bis auf das Vorzeichen die Determinante.)

Beweis. Es gilt

$$\delta((f_1, H_1)(f_2, H_2)) = \delta((g, H_1 H_2)) = \prod_{i=1}^{n} g(i) = \prod_{i=1}^{n} f_1(i) f_2(i^{H_1})$$
$$= \prod_{i=1}^{n} f_1(i) \prod_{i=1}^{n} f_2(i) = \delta((f_1, H_1))\, \delta((f_2, H_2)).$$ **q.e.d.**

1.3 Hilfssatz. *Ist α ein Homomorphismus von $\mathfrak{G}$ in $\overline{\mathfrak{G}}$, so ist $\bar{\alpha}$ mit*

$$(f, H)^{\bar{\alpha}} = (g, H) \quad \text{und} \quad g(i) = f(i)^{\alpha}$$

ein Homomorphismus von $\mathbf{M}_n(\mathfrak{G})$ in $\mathbf{M}_n(\overline{\mathfrak{G}})$.

Beweis. Dies folgt sofort aus der Multiplikationsregel in $\mathbf{M}_n(\mathfrak{G})$ und steht schon in I, 15.7 (S. 97). **q.e.d.**

1.4 Hauptsatz. *Sei $\mathfrak{G}$ eine nicht notwendig endliche Gruppe, sei $\mathfrak{H}$ eine Untergruppe von $\mathfrak{G}$ von endlichem Index $|\mathfrak{G} : \mathfrak{H}| = n$ und $\mathfrak{G} = \bigcup_{i=1}^{n} \mathfrak{H} R_i$ die Nebenklassenzerlegung von $\mathfrak{G}$ nach $\mathfrak{H}$. Wir definieren für jedes G aus $\mathfrak{G}$ die Permutation $\mathbf{P}(G)$ auf $\{1, \ldots, n\}$ und die Elemente $H_i(G)$ $(i = 1, \ldots, n)$ aus $\mathfrak{H}$ durch*

$$R_i G = H_i(G) R_{i\mathbf{P}(G)}.$$

Dann gilt:

a) *Die Abbildung von G auf $\mathbf{M}(G) = (f, \mathbf{P}(G))$ mit $f(i) = H_i(G)$ ist ein Isomorphismus von $\mathfrak{G}$ in $\mathbf{M}_n(\mathfrak{H})$. Wir nennen $\mathbf{M}$ eine monomiale Darstellung von $\mathfrak{G}$ über $\mathfrak{H}$.*

b) *Sei $\mathfrak{H}/\overline{\mathfrak{H}}$ eine abelsche Faktorgruppe von $\mathfrak{H}$. Dann ist die Abbildung $\mathbf{V}$ mit $\mathbf{V}(G) = \prod_{i=1}^{n} H_i(G) \overline{\mathfrak{H}}$ ein Homomorphismus von $\mathfrak{G}$ in $\mathfrak{H}/\overline{\mathfrak{H}}$. Wir nennen $\mathbf{V}$ die Verlagerung von $\mathfrak{G}$ in $\mathfrak{H}/\overline{\mathfrak{H}}$.*

Ist $\overline{\mathfrak{H}} = \mathfrak{H}'$, so nennen wir $\mathbf{V}$ *(etwas ungenau) die Verlagerung von* $\mathfrak{G}$ *in* $\mathfrak{H}$ *und schreiben gelegentlich* $\mathbf{V}_{\mathfrak{G} \to \mathfrak{H}}$.

(Die Abbildung $\mathbf{P}$ *mit* $\mathfrak{H} R_i G = \mathfrak{H} R_{i\mathbf{P}(G)}$ *ist die in* I, 6.2 (S. 28) *behandelte Permutationsdarstellung von* $\mathfrak{G}$*; die monomialen Darstellungen sind also eine Verfeinerung der Permutationsdarstellungen.)*

Beweis. a) Aus

$$H_i(GG')\, R_{i\mathbf{P}(GG')} = R_i(GG') = (R_i G)\, G' = H_i(G)\, R_{i\mathbf{P}(G)}\, G'$$
$$= H_i(G)\, H_{i\mathbf{P}(G)}(G')\, R_{i\mathbf{P}(G)\mathbf{P}(G')}$$

folgt $\mathbf{P}(GG') = \mathbf{P}(G)\,\mathbf{P}(G')$ und $H_i(GG') = H_i(G)\, H_{i\mathbf{P}(G)}(G')$. Also ist $\mathbf{M}(GG') = (g, \mathbf{P}(G)\,\mathbf{P}(G'))$ mit

$$g(i) = H_i(GG') = H_i(G)\, H_{i\mathbf{P}(G)}(G') .$$

Daher gilt $\mathbf{M}(GG') = \mathbf{M}(G)\,\mathbf{M}(G')$.

Aus $\mathbf{M}(G) = E$ folgt $R_i G = R_i$ für alle i, also $G = E$. Somit ist $\mathbf{M}$ ein Monomorphismus von $\mathfrak{G}$ in $\mathbf{M}_n(\mathfrak{H})$.

b) Sei α der Epimorphismus von $\mathfrak{H}$ auf $\mathfrak{H}/\overline{\mathfrak{H}}$ mit $H^\alpha = H\overline{\mathfrak{H}}$. Für $G \in \mathfrak{G}$ setzen wir mit den Bezeichnungen aus 1.2 und 1.3

$$\mathbf{V}(G) = \delta(\mathbf{M}(G)^{\bar{\alpha}}) .$$

Dann ist $\mathbf{V}$ nach 1.2, 1.3 und 1.4 a) ein Homomorphismus von $\mathfrak{G}$ in $\mathfrak{H}/\overline{\mathfrak{H}}$ mit

$$\mathbf{V}(G) = \delta\big((f, \mathbf{P}(G))^{\bar{\alpha}}\big) = \prod_{i=1}^{n} f(i)^\alpha = \prod_{i=1}^{n} H_i(G)\,\overline{\mathfrak{H}} . \qquad \textbf{q.e.d.}$$

1.5 Hilfssatz. *Die Verlagerung von* $\mathfrak{G}$ *in* $\overline{\mathfrak{H}}$ *ist unabhängig von der Auswahl der Nebenklassenvertreter von* $\mathfrak{H}$.

Beweis. Sei $\mathfrak{G} = \bigcup_1^n \mathfrak{H} R_i = \bigcup_1^n \mathfrak{H} S_i$ mit $\mathfrak{H} R_i = \mathfrak{H} S_i$. Dann ist $S_i = T_i R_i$ für geeignete T_i aus $\mathfrak{H}$. Die Permutation $P = \mathbf{P}(G)$ der Nebenklassen von $\mathfrak{H}$ ist wegen

$$\mathfrak{H} S_{iP} = \mathfrak{H} S_i G = \mathfrak{H} R_i G = \mathfrak{H} R_{iP}$$

unabhängig von der Auswahl der Vertreter. Sei

$$R_i G = H_i(G)\, R_{iP} \quad \text{und} \quad S_i G = K_i(G)\, S_{iP} .$$

Mit $P = \mathbf{P}(G)$ ist nun

$$K_i(G)\, T_{iP}\, R_{iP} = K_i(G)\, S_{iP} = S_i G = T_i R_i G = T_i H_i(G)\, R_{iP} .$$

Also ist $K_i(G) = T_i H_i(G)\,(T_{iP})^{-1}$. Wegen $T_i \in \mathfrak{H}$ folgt

$$\prod_{i=1}^{n} K_i(G)\,\overline{\mathfrak{H}} = \prod_{i=1}^{n} T_i H_i(G)\,(T_{iP})^{-1}\,\overline{\mathfrak{H}} = \prod_{i=1}^{n} H_i(G)\,\overline{\mathfrak{H}} . \qquad \textbf{q.e.d.}$$

1.6 Satz. *Sei* $\mathfrak{K} \leqq \mathfrak{H} \leqq \mathfrak{G}$ *und sei* $|\mathfrak{G} : \mathfrak{K}|$ *endlich. Ist* $\mathbf{V}_{\mathfrak{G}\to\mathfrak{H}}(G) = H\,\mathfrak{H}'$, *so gilt* $\mathbf{V}_{\mathfrak{G}\to\mathfrak{K}}(G) = \mathbf{V}_{\mathfrak{H}\to\mathfrak{K}}(H)$.

Beweis. Seien $\mathfrak{G} = \bigcup_{i=1}^{n} \mathfrak{H} R_i$ und $\mathfrak{H} = \bigcup_{j=1}^{m} \mathfrak{K} S_j$ die Nebenklassenzerlegungen von $\mathfrak{G}$ nach $\mathfrak{H}$ bzw. von $\mathfrak{H}$ nach $\mathfrak{K}$. Dann ist $\mathfrak{G} = \bigcup_{i,j} \mathfrak{K} S_j R_i$ die Nebenklassenzerlegung von $\mathfrak{G}$ nach $\mathfrak{K}$. Sei

$$R_i G = H_i(G) R_{i'} \quad \text{und} \quad S_j H = K_j(H) S_{j'} .$$

Dann ist

$$\mathbf{V}_{\mathfrak{G}\to\mathfrak{H}}(G) = \prod_{i=1}^{n} H_i(G)\,\mathfrak{H}' = H\,\mathfrak{H}' .$$

Wir haben

$$S_j R_i G = S_j H_i(G) R_{i'} = K_j(H_i(G)) S_{j'} R_{i'}$$

und daher

$$\mathbf{V}_{\mathfrak{G}\to\mathfrak{K}}(G) = \prod_{i=1}^{n}\prod_{j=1}^{m} K_j(H_i(G))\,\mathfrak{K}' = \prod_{i=1}^{n} \mathbf{V}_{\mathfrak{H}\to\mathfrak{K}}(H_i(G))$$
$$= \mathbf{V}_{\mathfrak{H}\to\mathfrak{K}}\Big(\prod_{i=1}^{n} H_i(G)\Big).$$

Das Element $\mathbf{V}_{\mathfrak{H}\to\mathfrak{K}}(H)$ hängt nicht von der Auswahl von H aus $H\,\mathfrak{H}'$ ab, da bei dem Homomorphismus $\mathbf{V}_{\mathfrak{H}\to\mathfrak{K}}$ von $\mathfrak{H}$ in die abelsche Gruppe $\mathfrak{K}/\mathfrak{K}'$ sicher $\mathfrak{H}'$ auf $\mathfrak{E}$ abgebildet wird. Also folgt aus $\mathbf{V}_{\mathfrak{G}\to\mathfrak{H}}(G) = H\,\mathfrak{H}'$ $= \prod_{i=1}^{n} H_i(G)\,\mathfrak{H}'$ nun die Behauptung $\mathbf{V}_{\mathfrak{G}\to\mathfrak{K}}(G) = \mathbf{V}_{\mathfrak{H}\to\mathfrak{K}}(H)$. **q.e.d.**

Die im folgenden Hilfssatz beschriebene Auswahl der Nebenklassenvertreter ist zur Berechnung der Verlagerung in vielen Fällen zweckmäßig:

1.7 Hilfssatz. *Sei* $|\mathfrak{G} : \mathfrak{H}|$ *endlich und* G *aus* $\mathfrak{G}$. *Die Zyklen der von* G *auf den Nebenklassen nach* $\mathfrak{H}$ *bewirkten Permutation seien*

$$(\mathfrak{H} S_j, \mathfrak{H} S_j G, \ldots, \mathfrak{H} S_j G^{f_j - 1})$$

mit $j = 1, \ldots, t$.

(*Wir können dabei* $S_1 = E$ *annehmen.*) *Dann gilt*

$$\mathbf{V}_{\mathfrak{G}\to\mathfrak{H}}(G) = \prod_{j=1}^{t} S_j G^{f_j} S_j^{-1}\,\mathfrak{H}' .$$

Beweis. Die $R_{ij} = S_j G^i$ mit $0 \leqq i < f_j$ und $1 \leqq j \leqq t$ bilden ein System von Nebenklassenvertretern für $\mathfrak{H}$ in $\mathfrak{G}$. Für $i < f_j - 1$ gilt

$$R_{ij} G = S_j G^{i+1} = R_{i+1,j} ,$$

und das zugehörige $H_{ij}(G)$ ist gleich E. Ferner haben wir

$$R_{f_j-1,j} G = S_j G^{f_j} = H_{f_j-1,j}(G) S_j \in \mathfrak{H} S_j .$$

Also ist

$$H_{f_j-1,j}(G) = S_j\, G^{f_j}\, S_j^{-1}\,,$$

und es folgt

$$\mathbf{V}_{\mathfrak{G}\to\mathfrak{H}}(G) = \prod_{j=1}^{t} S_j\, G^{f_j}\, S_j^{-1}\, \mathfrak{H}'\,. \qquad \textbf{q.e.d.}$$

Aufgaben:

1) (Wielandt) Ist $\mathfrak{G}$ irgendeine endliche Gruppe, so definieren wir die charakteristische Untergruppe $\Psi(\mathfrak{G})$ von $\mathfrak{G}$ als das Erzeugnis aller minimalen Untergruppen von $\mathfrak{G}$. (Es ist also $\Psi(\mathfrak{G})$ eine zur Frattinigruppe $\Phi(\mathfrak{G})$ duale Bildung.) Man zeige: Ist $\mathfrak{H}$ eine beliebige endliche Gruppe, so gibt es eine endliche Gruppe $\mathfrak{G}$ mit $\mathfrak{G}/\Psi(\mathfrak{G}) \cong \mathfrak{H}$. (Der Nilpotenz von $\Phi(\mathfrak{G})$ entspricht also keine Aussage über $\mathfrak{G}/\Psi(\mathfrak{G})$. Man vergleiche Gaschütz [12].)

(Anleitung: Seien $\mathfrak{U}_1, \ldots, \mathfrak{U}_k$ die sämtlichen minimalen Untergruppen von $\mathfrak{H}$, sei $n_i = |\mathfrak{H} : \mathfrak{U}_i|$ und $p_i = |\mathfrak{U}_i|$. Gemäß 1.4 bilde man $\mathfrak{H}_i \leqq \mathbf{M}_{n_i}(\mathfrak{U}_i)$ mit $\mathfrak{H}_i \cong \mathfrak{H}$. Sei $\mathfrak{V}_i$ die zyklische Gruppe der Ordnung p_i^2, sei α_i ein Homomorphismus von $\mathfrak{V}_i$ auf $\mathfrak{U}_i$ und $\bar{\alpha}_i$ der in 1.3 angegebene Homomorphismus von $\mathbf{M}_{n_i}(\mathfrak{V}_i)$ auf $\mathbf{M}_{n_i}(\mathfrak{U}_i)$. Sei $\mathfrak{G}_i$ das volle $\bar{\alpha}_i$-Urbild von $\mathfrak{H}_i$ in $\mathbf{M}_{n_i}(\mathfrak{V}_i)$ und sei $\mathfrak{N}_i = \mathfrak{G}_i \cap \operatorname{Kern} \bar{\alpha}_i$. Vermöge I, 9.11 (S. 50) bilde man $\mathfrak{G} = \mathfrak{G}_1 \curlywedge \cdots \curlywedge \mathfrak{G}_k$ mit der vereinigten Faktorgruppe $\mathfrak{H}$. Nun zeige man $\Psi(\mathfrak{G}) = \mathfrak{N}_1 \times \cdots \times \mathfrak{N}_k$ (bei natürlicher Identifizierung) und $\mathfrak{G}/\Psi(\mathfrak{G}) \cong \mathfrak{H}$.)

§ 2. Einfache Anwendungen der Verlagerung

2.1 Hilfssatz. *Sei* $\mathfrak{H} < \mathfrak{G}$ *mit* $|\mathfrak{G} : \mathfrak{H}| = n$ *und sei* $X \in \mathbf{Z}(\mathfrak{G})$. *Dann ist* $\mathbf{V}_{\mathfrak{G}\to\mathfrak{H}}(X) = X^n\, \mathfrak{H}'$.

Beweis. Wegen $X \in \mathbf{Z}(\mathfrak{G})$ haben wir nach 1.7

$$\mathbf{V}(X) = \prod_{j=1}^{t} S_j\, X^{f_j}\, S_j^{-1}\, \mathfrak{H}' = \prod_{j=1}^{t} X^{f_j}\, \mathfrak{H}' = X^n\, \mathfrak{H}'\,. \qquad \textbf{q.e.d.}$$

2.2 Satz. *Sei* $\mathfrak{G}$ *endlich. Sei* $\mathfrak{H} < \mathfrak{G}$ *und seien* $|\mathfrak{H} : \mathfrak{H}'|$ *und* $|\mathfrak{G} : \mathfrak{H}|$ *teilerfremd. Dann gilt*

$$\mathfrak{H} \cap \mathfrak{G}' \cap \mathbf{Z}(\mathfrak{G}) \leqq \mathfrak{H}'\,.$$

Ist insbesondere $\mathfrak{H}$ *eine abelsche Hallgruppe von* $\mathfrak{G}$, *so haben wir*

$$\mathfrak{H} \cap \mathfrak{G}' \cap \mathbf{Z}(\mathfrak{G}) = \mathfrak{E}\,.$$

Beweis. Sei $G \in \mathfrak{H} \cap \mathfrak{G}' \cap \mathbf{Z}(\mathfrak{G})$. Nach 2.1 ist dann

$$\mathbf{V}_{\mathfrak{G}\to\mathfrak{H}}(G) = G^{|\mathfrak{G}:\mathfrak{H}|}\, \mathfrak{H}'\,.$$

Da $\mathbf{V}_{\mathfrak{G}\to\mathfrak{H}}$ ein Homomorphismus von $\mathfrak{G}$ in die abelsche Gruppe $\mathfrak{H}/\mathfrak{H}'$ ist, gilt für $G \in \mathfrak{G}'$ sicher $\mathbf{V}_{\mathfrak{G}\to\mathfrak{H}}(G) = \mathfrak{H}'$. Für $G \in \mathfrak{G}' \cap \mathbf{Z}(\mathfrak{G})$ ist daher

$$\mathbf{V}_{\mathfrak{G}\to\mathfrak{H}}(G) = G^{|\mathfrak{G}:\mathfrak{H}|}\, \mathfrak{H}' = \mathfrak{H}'\,.$$

Wegen $(|\mathfrak{G}:\mathfrak{H}|, |\mathfrak{H}:\mathfrak{H}'|) = 1$ und $G \in \mathfrak{H}$ folgt dann die Behauptung $G \in \mathfrak{H}'$. **q.e.d.**

Satz 2.2 wird in VI, § 15 in der Theorie der auflösbaren Gruppen mit abelschen Sylowgruppen eine Anwendung finden. Wir beweisen nun einen Satz über nicht notwendig endliche Gruppen, der in V, § 23 in der Theorie des Schurschen Multiplikators benötigt wird:

2.3 Satz (I. SCHUR). *Sei $\mathfrak{G}$ eine nicht notwendig endliche Gruppe mit $|\mathfrak{G}/\mathbf{Z}(\mathfrak{G})| < \infty$. Dann ist $|\mathfrak{G}'| < \infty$.*

Beweis. Wegen

$$\mathfrak{G}'/(\mathfrak{G}' \cap \mathbf{Z}(\mathfrak{G})) \cong \mathfrak{G}'\,\mathbf{Z}(\mathfrak{G})/\mathbf{Z}(\mathfrak{G}) \leqq \mathfrak{G}/\mathbf{Z}(\mathfrak{G})$$

ist $|\mathfrak{G}'/(\mathfrak{G}' \cap \mathbf{Z}(\mathfrak{G}))| < \infty$. Sei $\mathfrak{G} = \bigcup_{i=1}^{n} \mathbf{Z}(\mathfrak{G})\, R_i$. Für Z_i und Z_j aus $\mathbf{Z}(\mathfrak{G})$ haben wir $[Z_i R_i, Z_j R_j] = [R_i, R_j]$. Also folgt

$$\mathfrak{G}' = \langle [R_i, R_j] \mid i, j = 1, \ldots, n \rangle ,$$

und $\mathfrak{G}'$ ist endlich erzeugbar. Wegen $|\mathfrak{G}'/(\mathfrak{G}' \cap \mathbf{Z}(\mathfrak{G}))| < \infty$ ist dann nach I, 19.10 (S. 141) auch $\mathfrak{G}' \cap \mathbf{Z}(\mathfrak{G})$ endlich erzeugbar. Zum noch fehlenden Nachweis von $|\mathfrak{G}' \cap \mathbf{Z}(\mathfrak{G})| < \infty$ genügt es also zu zeigen, daß die abelsche Gruppe $\mathfrak{G}' \cap \mathbf{Z}(\mathfrak{G})$ eine Torsionsgruppe ist. Sei $\mathbf{V}$ die Verlagerung von $\mathfrak{G}$ in $\mathbf{Z}(\mathfrak{G})$. Aus 2.1 mit $\mathbf{Z}(\mathfrak{G})$ anstelle von $\mathfrak{H}$ folgt für $G \in \mathfrak{G}' \cap \mathbf{Z}(\mathfrak{G})$ nun

$$E = \mathbf{V}_{\mathfrak{G} \to \mathbf{Z}(\mathfrak{G})}(G) = G^n .$$

Also ist $\mathfrak{G}' \cap \mathbf{Z}(\mathfrak{G})$ eine Torsionsgruppe. **q.e.d.**

In den restlichen Sätzen dieses Paragraphen setzen wir wieder die Endlichkeit aller betrachteten Gruppen voraus. Der nächste Satz ist ein Spezialfall eines grundlegenden Satzes von Frobenius (siehe V, 7.6 (S. 495)). Da ein Beweis des Satzes von Frobenius ohne Verwendung von Charakteren bis heute nicht bekannt ist, ist die elementare Behandlung des für viele Anwendungen schon ausreichenden Spezialfalles 2.4 von Interesse.

2.4 Satz. *Sei $\mathfrak{H}$ eine auflösbare Untergruppe von $\mathfrak{G}$ mit $\mathfrak{H} \cap \mathfrak{H}^T = \mathfrak{E}$ für alle $T \in \mathfrak{G} - \mathfrak{H}$. (Für $\mathfrak{H} \neq \mathfrak{E}$ ist also $\mathbf{N}_{\mathfrak{G}}(\mathfrak{H}) = \mathfrak{H}$.) Dann ist die Menge*

$$\mathfrak{F} = \mathfrak{G} - \bigcup_{G \in \mathfrak{G}} (\mathfrak{H} - \mathfrak{E})^G$$

ein Normalteiler von $\mathfrak{G}$ mit $\mathfrak{G} = \mathfrak{F}\,\mathfrak{H}$ und $\mathfrak{F} \cap \mathfrak{H} = \mathfrak{E}$.

Beweis (SHAW [1]). Für $\mathfrak{H} = \mathfrak{E}$ ist $\mathfrak{F} = \mathfrak{G}$, und die Behauptung ist trivial. Sei also weiterhin $\mathfrak{H} \neq \mathfrak{E}$.

Aus der Definition von $\mathfrak{F}$ folgt sofort, daß $\mathfrak{F}$ bei allen inneren Automorphismen von $\mathfrak{G}$ auf sich abgebildet wird. Die Schwierigkeit liegt im Nachweis, daß $\mathfrak{F}$ überhaupt eine Untergruppe von $\mathfrak{G}$ ist. Wir nehmen für den Augenblick an, daß dies schon gezeigt sei. Aus der Voraussetzung folgt $\mathfrak{H}^T \cap \mathfrak{H}^{T'} = \mathfrak{E}$ für $T' T^{-1} \in \mathfrak{G} - \mathfrak{H}$. Daher ist

$$|\mathfrak{F}| = |\mathfrak{G}| - |\mathfrak{G} : \mathfrak{H}| \, (|\mathfrak{H}| - 1) = |\mathfrak{G} : \mathfrak{H}| \, .$$

Wegen $\mathfrak{F} \cap \mathfrak{H} = \mathfrak{E}$ und $\mathfrak{F} \leqq \mathfrak{G}$ folgt dann $|\mathfrak{F}\,\mathfrak{H}| = |\mathfrak{F}|\,|\mathfrak{H}| = |\mathfrak{G}|$ und daher $\mathfrak{G} = \mathfrak{F}\,\mathfrak{H}$.

Zum Nachweis, daß $\mathfrak{F}$ eine Untergruppe von $\mathfrak{G}$ ist, bilden wir die Verlagerung $\mathbf{V} = \mathbf{V}_{\mathfrak{G} \to \mathfrak{H}}$ von $\mathfrak{G}$ in $\mathfrak{H}$ und zeigen:

a) Es ist $\mathbf{V}(H) = H\,\mathfrak{H}'$ für alle $H \in \mathfrak{H}$; mit $\mathfrak{K} = \operatorname{Kern} \mathbf{V}$ ist insbesondere $\mathfrak{H} \cap \mathfrak{K} = \mathfrak{H}'$:

Nach 1.7 ist nämlich

$$\mathbf{V}(H) = \prod_i S_i \, H^{f_i} \, S_i^{-1} \, \mathfrak{H}'$$

mit $S_1 = E$ und $S_i \, H^{f_i} \, S_i^{-1} \in \mathfrak{H}$. Wegen $H \in \mathfrak{H}$ ist $\mathfrak{H}\, S_1 H = \mathfrak{H}\, H = \mathfrak{H}$, also $f_1 = 1$. Für $i > 1$ gilt dagegen wegen unserer Voraussetzung

$$S_i \, H^{f_i} \, S_i^{-1} \in \mathfrak{H} \cap S_i \, \mathfrak{H} \, S_i^{-1} = \mathfrak{E} \, .$$

Also ist $\mathbf{V}(H) = H\,\mathfrak{H}'$.

b) Es gilt $\mathfrak{G} = \mathfrak{K}\,\mathfrak{H}$:

Sei $G \in \mathfrak{G}$. Dann gibt es ein $H \in \mathfrak{H}$ mit $\mathbf{V}(G) = H\,\mathfrak{H}'$. Nach a) ist $\mathbf{V}(H) = H\,\mathfrak{H}'$, also haben wir $\mathbf{V}(G H^{-1}) = \mathfrak{H}'$ und somit $G H^{-1} \in \operatorname{Kern} \mathbf{V} = \mathfrak{K}$.

c) Wegen $\mathfrak{K} \cap \mathfrak{H} = \mathfrak{H}'$ und der Auflösbarkeit von $\mathfrak{H} \neq \mathfrak{E}$ ist $\mathfrak{K} < \mathfrak{G}$. Für die Gruppe $\mathfrak{K}$ mit der Untergruppe $\mathfrak{H}'$ sind nun unsere Voraussetzungen wieder erfüllt: Für $K \in \mathfrak{K} - \mathfrak{H}'$ folgt wegen $\mathfrak{K} \cap \mathfrak{H} = \mathfrak{H}'$ nämlich $K \in \mathfrak{G} - \mathfrak{H}$ und daher

$$\mathfrak{H}' \cap \mathfrak{H}'^K \leqq \mathfrak{H} \cap \mathfrak{H}^K = \mathfrak{E} \, .$$

Vermöge einer Induktion können wir annehmen, daß für $\mathfrak{K}$ der Satz schon bewiesen ist. Also ist

$$\mathfrak{N} = \mathfrak{K} - \bigcup_{K \in \mathfrak{K}} (\mathfrak{H}' - \mathfrak{E})^K$$

ein Normalteiler von $\mathfrak{K}$ mit $\mathfrak{K} = \mathfrak{N}\,\mathfrak{H}'$, $\mathfrak{N} \cap \mathfrak{H}' = \mathfrak{E}$ und $|\mathfrak{N}| = |\mathfrak{K} : \mathfrak{H}'|$. Für $G = H K \in \mathfrak{H}\,\mathfrak{K} = \mathfrak{G}$ ist

$$\mathfrak{N} \cap \mathfrak{H}^G = \mathfrak{N} \cap \mathfrak{H}^K = \mathfrak{N} \cap (\mathfrak{K} \cap \mathfrak{H}^K) = \mathfrak{N} \cap \mathfrak{H}'^K = \mathfrak{E} \, .$$

Also haben wir

$$\mathfrak{N} \subseteq \mathfrak{G} - \bigcup_{G \in \mathfrak{G}} (\mathfrak{H} - \mathfrak{E})^G = \mathfrak{F} \, .$$

Aus

$$|\mathfrak{N}| = |\mathfrak{K} : \mathfrak{H}'| = |\mathfrak{K} : \mathfrak{K} \cap \mathfrak{H}| = |\mathfrak{K}\,\mathfrak{H} : \mathfrak{H}| = |\mathfrak{G} : \mathfrak{H}| = |\mathfrak{F}|$$

folgt nun $\mathfrak{N} = \mathfrak{F}$. Also ist $\mathfrak{F}$ eine Untergruppe von $\mathfrak{G}$. **q.e.d.**

2.5 Hilfssatz. *Seien $\mathfrak{K}$ und $\mathfrak{L}$ Teilmengen der p-Sylowgruppe $\mathfrak{P}$ von $\mathfrak{G}$ mit $\mathfrak{K}^P = \mathfrak{K}$ und $\mathfrak{L}^P = \mathfrak{L}$ für alle P aus $\mathfrak{P}$. Es gebe ein G aus $\mathfrak{G}$ mit $\mathfrak{K}^G = \mathfrak{L}$. Dann gibt es ein X aus $\mathbf{N}_{\mathfrak{G}}(\mathfrak{P})$ mit $\mathfrak{K}^X = \mathfrak{L}$.*

Beweis. Wir haben $\mathfrak{P} \leqq \mathbf{N}_{\mathfrak{G}}(\mathfrak{L})$ und $\mathfrak{P}^G \leqq \mathbf{N}_{\mathfrak{G}}(\mathfrak{K}^G) = \mathbf{N}_{\mathfrak{G}}(\mathfrak{L})$. Also sind $\mathfrak{P}$ und $\mathfrak{P}^G$ p-Sylowgruppen von $\mathbf{N}_{\mathfrak{G}}(\mathfrak{L})$, sind daher schon in $\mathbf{N}_{\mathfrak{G}}(\mathfrak{L})$ konjugiert. Somit gibt es ein Element Y aus $\mathbf{N}_{\mathfrak{G}}(\mathfrak{L})$ mit $\mathfrak{P} = \mathfrak{P}^{GY}$. Nun ist $GY \in \mathbf{N}_{\mathfrak{G}}(\mathfrak{P})$ und $\mathfrak{K}^{GY} = \mathfrak{L}^Y = \mathfrak{L}$. Also erfüllt $X = GY$ die Behauptung. **q.e.d.**

Der jetzt folgende Burnsidesche Satz 2.6 ist ein Spezialfall viel allgemeinerer Sätze, die wir später kennen lernen werden (siehe 3.7, 5.8, 6.2 und 8.1).

2.6 Hauptsatz (Burnside). *Sei $\mathfrak{P}$ eine p-Sylowgruppe von $\mathfrak{G}$ mit $\mathfrak{P} \leqq \mathbf{Z}(\mathbf{N}_{\mathfrak{G}}(\mathfrak{P}))$ (d. h. $\mathbf{C}_{\mathfrak{G}}(\mathfrak{P}) = \mathbf{N}_{\mathfrak{G}}(\mathfrak{P})$, und $\mathfrak{P}$ ist daher abelsch). Dann gibt es einen Normalteiler $\mathfrak{N}$ von $\mathfrak{G}$ mit $\mathfrak{G}/\mathfrak{N} \cong \mathfrak{P}$.*

Beweis. Sei $\mathfrak{N}$ der Kern der Verlagerung $\mathbf{V} = \mathbf{V}_{\mathfrak{G}\to\mathfrak{P}}$ von $\mathfrak{G}$ in die abelsche Gruppe $\mathfrak{P}$. Nach dem Homomorphiesatz ist $\mathfrak{G}/\mathfrak{N} \cong \mathbf{V}(\mathfrak{G})$. Wenn wir $\mathbf{V}(\mathfrak{P}) = \mathfrak{P}$ zeigen, so ist $\mathfrak{G}/\mathfrak{N} \cong \mathfrak{P}$, und wir sind fertig.

Für $P \in \mathfrak{P}$ gilt nach 1.7

$$\mathbf{V}(P) = \prod_j S_j P^{f_j} S_j^{-1}.$$

Dabei liegen P^{f_j} und $S_j P^{f_j} S_j^{-1}$ in $\mathfrak{P}$. Wir setzen $\mathfrak{K} = \{P^{f_j}\}$ und $\mathfrak{L} = \{S_j P^{f_j} S_j^{-1}\}$. Da $\mathfrak{P}$ abelsch ist, sind $\mathfrak{K}$ und $\mathfrak{L}$ invariante Mengen in $\mathfrak{P}$, und sie sind unter S_j^{-1} konjugiert. Mit 2.5 folgt $\mathfrak{K}^X = \mathfrak{L}$ für ein $X \in \mathbf{N}_{\mathfrak{G}}(\mathfrak{P})$. Wegen $\mathfrak{K} \subseteq \mathfrak{P} \leqq \mathbf{Z}(\mathbf{N}_{\mathfrak{G}}(\mathfrak{P}))$ ist sogar $\mathfrak{K} = \mathfrak{K}^X = \mathfrak{L}$, also $P^{f_j} = S_j P^{f_j} S_j^{-1}$. Mit $n = |\mathfrak{G} : \mathfrak{P}|$ ergibt sich jetzt

$$\mathbf{V}(P) = \prod_j P^{f_j} = P^n .$$

Somit enthält $\mathbf{V}(\mathfrak{P})$ alle P^n, wegen $(n, p) = 1$ dann auch alle P aus $\mathfrak{P}$. **q.e.d.**

2.7 Satz. *Sei p der kleinste Primteiler von $|\mathfrak{G}|$ und $\mathfrak{P}$ eine abelsche p-Sylowgruppe von $\mathfrak{G}$. Alle Invarianten von $\mathfrak{P}$ seien paarweise verschieden. Dann hat $\mathfrak{G}$ einen Normalteiler $\mathfrak{N}$ mit $\mathfrak{G}/\mathfrak{N} \cong \mathfrak{P}$.*

Beweis. Ist gezeigt, daß die Ordnung der Automorphismengruppe $\mathbf{A}(\mathfrak{P})$ von $\mathfrak{P}$ nur Primteiler q mit $q \leqq p$ enthält, so folgt aus $|\mathbf{N}_{\mathfrak{G}}(\mathfrak{P})/\mathbf{C}_{\mathfrak{G}}(\mathfrak{P})| \mid |\mathbf{A}(\mathfrak{P})|$ und $\mathfrak{P} \leqq \mathbf{C}_{\mathfrak{G}}(\mathfrak{P})$ sofort $\mathbf{N}_{\mathfrak{G}}(\mathfrak{P}) = \mathbf{C}_{\mathfrak{G}}(\mathfrak{P})$. Mit 2.6 erhalten wir dann die Behauptung.

Sei $\mathfrak{P} = \mathfrak{Z}_1 \times \cdots \times \mathfrak{Z}_k$ mit zyklischen Gruppen $\mathfrak{Z}_i = \langle Z_i \rangle$, sei $|\mathfrak{Z}_i| = p^{a_i}$ und $a_1 < a_2 < \cdots < a_k$. Wir setzen $\mathfrak{P}_i = \mho_1(\mathfrak{P})\, \Omega_i(\mathfrak{P})$ (für die Bezeichnung vergleiche man I, Aufg. 51, S. 86). Dann ist

$$\mho_1(\mathfrak{P}) = \mathfrak{P}_0 \leqq \mathfrak{P}_1 \leqq \cdots \leqq \mathfrak{P}_{a_k} = \mathfrak{P} .$$

Ist $a_j \leqq i < a_{j+1}$, so haben wir

$$\mathfrak{P}_i = \langle Z_1 \rangle \times \cdots \times \langle Z_j \rangle \times \langle Z_{j+1}^p \rangle \times \cdots \times \langle Z_k^p \rangle .$$

Daher gilt $|\mathfrak{P}_{i+1}/\mathfrak{P}_i| \leqq p$ für alle i.

Sei α ein Automorphismus von $\mathfrak{P}$ mit $p \nmid O(\alpha)$, und sei $\bar{\alpha}$ der von α auf $\overline{\mathfrak{P}} = \mathfrak{P}/\mho_1(\mathfrak{P})$ bewirkte Automorphismus. Die $\overline{\mathfrak{P}}_i = \mathfrak{P}_i/\mho_1(\mathfrak{P})$ sind fest bei $\bar{\alpha}$. Da $\overline{\mathfrak{P}}$ nach dem Satz von Maschke (I, 17.7, S. 123) ein direktes Produkt von $\bar{\alpha}$-invarianten Untergruppen der Ordnung p ist, ist $O(\bar{\alpha})$ ein Teiler von $p-1$. Nach III, 3.18 (S. 275) enthält dann $|\mathbf{A}(\mathfrak{P})|$ wegen $\mho_1(\mathfrak{P}) = \Phi(\mathfrak{P})$ nur Primteiler q mit $q = p$ oder $q \mid p-1$, also mit $q \leqq p$. **q.e.d.**

Wir formulieren einen wichtigen Spezialfall von 2.7:

2.8 Satz. *Sei p der kleinste Primteiler der Ordnung von $\mathfrak{G}$. Es habe $\mathfrak{G}$ eine zyklische p-Sylowgruppe $\mathfrak{P}$. Dann gibt es einen Normalteiler $\mathfrak{N}$ von $\mathfrak{G}$ mit $\mathfrak{G}/\mathfrak{N} \cong \mathfrak{P}$. (Insbesondere kann die 2-Sylowgruppe einer einfachen nichtabelschen Gruppe niemals zyklisch sein.)*

Aus 2.8 folgt durch einfache Induktion nach der Gruppenordnung die folgende Verallgemeinerung von I, 8.13 (S. 42; ein anderer Beweis in I, Aufg. 40, S. 45):

2.9 Satz (O. Hölder). *Sind alle Sylowgruppen von $\mathfrak{G}$ zyklisch, so ist $\mathfrak{G}$ auflösbar.*

2.10 Hilfssatz (Zassenhaus). *Sind $\mathfrak{G}'/\mathfrak{G}''$ und $\mathfrak{G}''/\mathfrak{G}'''$ zyklisch, so ist $\mathfrak{G}'' = \mathfrak{G}'''$.*

Beweis. Wir können nach Übergang zu $\mathfrak{G}/\mathfrak{G}'''$ annehmen, daß $\mathfrak{G}''' = \mathfrak{E}$ gilt; wir haben dann $\mathfrak{G}'' = \mathfrak{E}$ zu zeigen.

Da $\mathfrak{G}''$ zyklisch ist, ist die zu einer Untergruppe von $\mathbf{A}(\mathfrak{G}'')$ isomorphe Gruppe $\mathfrak{G}/\mathbf{C}_{\mathfrak{G}}(\mathfrak{G}'')$ abelsch. Daher folgt $\mathfrak{G}' \leqq \mathbf{C}_{\mathfrak{G}}(\mathfrak{G}'')$ und $\mathfrak{G}'' \leqq \mathbf{Z}(\mathfrak{G}')$. Da $\mathfrak{G}'/\mathfrak{G}''$ zyklisch ist, gilt $\mathfrak{G}' = \langle \mathfrak{G}'', A \rangle$ für ein geeignetes A aus $\mathfrak{G}'$. Also ist $\mathfrak{G}'$ abelsch und $\mathfrak{G}'' = \mathfrak{E}$. **q.e.d.**

Die Struktur der Gruppen mit lauter zyklischen Sylowgruppen läßt sich nun völlig beschreiben:

2.11 Satz (Zassenhaus). *Seien alle Sylowgruppen von $\mathfrak{G}$ zyklisch. Dann läßt sich $\mathfrak{G}$ erzeugen mit Elementen A und B mit folgenden definierenden Relationen:*

$$A^m = B^n = E\,, \quad B^{-1} A B = A^r$$

mit $r^n \equiv 1\ (m)$, $(m, n(r-1)) = 1$ und $|\mathfrak{G}| = m\,n$. Die Kommutatorgruppe $\mathfrak{G}' = \langle A \rangle$ und die Faktorgruppe $\mathfrak{G}/\mathfrak{G}'$ sind zyklisch, es gilt $|\mathfrak{G}'| = m$ und $|\mathfrak{G}/\mathfrak{G}'| = n$. Umgekehrt hat jede Gruppe mit den angegebenen Relationen lauter zyklische Sylowgruppen.

Beweis. a) Sei $\mathfrak{G}$ eine Gruppe mit lauter zyklischen Sylowgruppen. Nach 2.9 ist $\mathfrak{G}$ auflösbar. Da die abelschen Gruppen $\mathfrak{G}'/\mathfrak{G}''$ und $\mathfrak{G}''/\mathfrak{G}'''$ lauter zyklische Sylowgruppen haben, sind $\mathfrak{G}'/\mathfrak{G}''$ und $\mathfrak{G}''/\mathfrak{G}'''$ zyklisch. Mit 2.10 folgt daher $\mathfrak{G}'' = \mathfrak{G}'''$, wegen der Auflösbarkeit von $\mathfrak{G}$ ist dann $\mathfrak{G}'' = \mathfrak{E}$.

Sei $\mathfrak{G}' = \langle A \rangle$ und $\mathfrak{G}/\mathfrak{G}' = \langle B\,\mathfrak{G}' \rangle$, sei $O(A) = m$ und $O(B\,\mathfrak{G}') = n$. Dann ist $A^m = E$, ferner $B^n = A^s \in \langle A \rangle$ und $B^{-1} A B = A^r \in \langle A \rangle$ für geeignete natürliche Zahlen r und s.

Der Kommutator $[A, B] = A^{r-1}$ erzeugt ganz $\mathfrak{G}' = \langle A \rangle$: Es ist nämlich $\mathfrak{N} = \langle A^{r-1} \rangle$ ein Normalteiler von $\mathfrak{G}$ mit $[A, B] \in \mathfrak{N}$, also ist $\mathfrak{G}/\mathfrak{N}$ abelsch. Somit ist $r - 1$ teilerfremd zu m. Aus

$$A^{r^n} = B^{-n} A B^n = A^{-s} A A^s = A$$

folgt $r^n \equiv 1\ (m)$. Ferner ist

$$A^s = B^n = B^{-1} B^n B = B^{-1} A^s B = (B^{-1} A B)^s = A^{rs},$$

daher $s(r-1) \equiv 0\ (m)$. Wegen $(r-1, m) = 1$ erzwingt das $s \equiv 0\ (m)$, also $B^n = A^s = E$.

Es bleibt noch nachzuweisen, daß m und n teilerfremd sind. Angenommen, es sei p ein gemeinsamer Primteiler von $m = p\,m'$ und $n = p\,n'$. Dann ist wegen $\langle A^{m'} \rangle \trianglelefteq \mathfrak{G}$ sicher $\langle A^{m'} \rangle \langle B^{n'} \rangle$ eine Untergruppe von $\mathfrak{G}$ vom Typ (p, p). Eine solche gibt es aber nicht, da die p-Sylowgruppen von $\mathfrak{G}$ zyklisch sind und nach I, 7.5 (S. 34) jede p-Untergruppe von $\mathfrak{G}$ in einer p-Sylowgruppe von $\mathfrak{G}$ liegt. Also sind m und n teilerfremd.

b) Nun sei $\mathfrak{G} = \langle A, B \rangle$ durch die obenstehenden Relationen definiert. Da für jedes p wegen $(m, n) = 1$ eine p-Sylowgruppe von $\mathfrak{G}$ in $\langle A \rangle$ oder in $\langle B \rangle$ liegt, sind alle Sylowgruppen von $\mathfrak{G}$ zyklisch. (Die Bedingung $(m, r-1) = 1$ wird nur benötigt, wenn man $\mathfrak{G}' = \langle A \rangle$ erzwingen will.)

q.e.d.

2.12 Bemerkung. Sei $\mathfrak{G}$ eine Gruppe mit $|\mathfrak{G}/\mathfrak{G}'| < \infty$ und mit endlich erzeugbarem $\mathfrak{G}'/\mathfrak{G}''$. Dann gilt $\mathbf{V}_{\mathfrak{G} \to \mathfrak{G}'}(\mathfrak{G}) = \mathfrak{G}''$. Dieser sog. Hauptidealsatz spielt in der Klassenkörpertheorie eine wichtige Rolle; aus ihm folgt, daß alle Ideale des Grundkörpers im absoluten Klassenkörper zu Hauptidealen werden. Der Hauptidealsatz wurde erstmalig von Furtwängler bewiesen. Für einfachere Beweise vergleiche man Zassenhaus [4], S. 176 und Witt [5]. In der Gruppentheorie hat der Satz bisher keine Verwendung gefunden.

Aufgaben:

2) Man zeige, daß alle endlichen Schiefkörper kommutativ sind. (Anleitung (Brandis [1]): Sei K ein kleinstes Gegenbeispiel mit Zentrum Z, sei $|Z| = q$ und $|K| = q^n$. Man beweise:

a) $K^\times$ enthält keine Untergruppe von Typ (p, p) und keine Quaternionengruppe.

b) $K^\times = \mathfrak{G}$ hat lauter zyklische Sylowgruppen.

c) Ist $\mathfrak{G}' = \langle A \rangle$ und $\mathfrak{G} = \langle A \rangle \langle B \rangle$ mit $\langle A \rangle \cap \langle B \rangle = \mathfrak{E}$, so gilt $\mathbf{Z}(\mathfrak{G}) = \mathbf{Z}^\times = \langle B^s \rangle$ für ein geeignetes s.

d) Es gibt natürliche Zahlen m und t mit

$$|\langle A\rangle| = \frac{q^m - 1}{q-1} \quad \text{und} \quad |\langle B\rangle| = q^t - 1\,.$$

Daraus folgere man $n = 1$.)

§ 3. Die Grünschen Sätze

Alle auftretenden Gruppen seien endlich.

3.1 Definition. Sei $\mathfrak{P}$ eine p-Sylowgruppe von $\mathfrak{G}$. Die Gruppe $\mathfrak{G}$ heißt p-normal, wenn für alle $G \in \mathfrak{G}$ aus $\mathbf{Z}(\mathfrak{P})^G \leqq \mathfrak{P}$ stets $\mathbf{Z}(\mathfrak{P})^G = \mathbf{Z}(\mathfrak{P})$ folgt. Insbesondere ist $\mathfrak{G}$ also p-normal, falls die p-Sylowgruppen von $\mathfrak{G}$ abelsch sind oder falls je zwei verschiedene p-Sylowgruppen stets den Durchschnitt $\mathfrak{E}$ haben.

3.2 Definition. Die p-Kommutatorgruppe $\mathfrak{G}'(p)$ von $\mathfrak{G}$ sei der kleinste Normalteiler $\mathfrak{M}$ von $\mathfrak{G}$ mit abelscher p-Faktorgruppe $\mathfrak{G}/\mathfrak{M}$. (Nach I, 9.7 (S. 48) ist $\mathfrak{G}'(p)$ der Durchschnitt aller Normalteiler $\mathfrak{N}$ von $\mathfrak{G}$ mit abelscher p-Faktorgruppe $\mathfrak{G}/\mathfrak{N}$.)

3.3 Satz. *Sei $\mathfrak{P}$ eine p-Sylowgruppe von $\mathfrak{G}$. Dann gilt*

$$\mathbf{V}_{\mathfrak{G}\to\mathfrak{P}}(\mathfrak{G}) = \mathbf{V}_{\mathfrak{G}\to\mathfrak{P}}(\mathfrak{P}) \cong \mathfrak{P}/(\mathfrak{P} \cap \mathfrak{G}') \cong \mathfrak{G}/\mathfrak{G}'(p)\,.$$

Beweis. Da $\mathfrak{G}/\mathfrak{G}'(p)$ eine p-Gruppe ist, haben wir $\mathfrak{G} = \mathfrak{G}'(p)\,\mathfrak{P}$ und daher

$$\mathfrak{G}/\mathfrak{G}'(p) \cong \mathfrak{P}/(\mathfrak{P} \cap \mathfrak{G}'(p))\,.$$

Wegen $\mathfrak{G}' \leqq \mathfrak{G}'(p)$ ist $\mathfrak{P} \cap \mathfrak{G}' \leqq \mathfrak{P} \cap \mathfrak{G}'(p)$. Andererseits gilt

$$\mathfrak{G}/\mathfrak{G}' = \mathfrak{P}\,\mathfrak{G}'/\mathfrak{G}' \times \mathfrak{G}'(p)/\mathfrak{G}'\,.$$

Das ergibt

$$\mathfrak{P} \cap \mathfrak{G}'(p) \leqq \mathfrak{P}\,\mathfrak{G}' \cap \mathfrak{G}'(p) = \mathfrak{G}'\,,$$

also $\mathfrak{P} \cap \mathfrak{G}'(p) \leqq \mathfrak{P} \cap \mathfrak{G}'$. Damit ist $\mathfrak{P} \cap \mathfrak{G}'(p) = \mathfrak{P} \cap \mathfrak{G}'$ und $\mathfrak{G}/\mathfrak{G}'(p) \cong \mathfrak{P}/(\mathfrak{P} \cap \mathfrak{G}')$ bewiesen.

Da bei dem Homomorphismus $\mathbf{V} = \mathbf{V}_{\mathfrak{G}\to\mathfrak{P}}$ von $\mathfrak{G}$ in die abelsche p-Gruppe $\mathfrak{P}/\mathfrak{P}'$ die Gruppe $\mathfrak{G}'(p)$ auf $\mathfrak{E}$ abgebildet wird, haben wir

$$\mathbf{V}(\mathfrak{G}) = \mathbf{V}(\mathfrak{G}'(p)\,\mathfrak{P}) = \mathbf{V}(\mathfrak{P})\,.$$

Nach 1.7 gilt für geeignete S_i (die von G abhängen)

$$\mathbf{V}(G) = \prod_i S_i\, G^{f_i}\, S_i^{-1}\,\mathfrak{P}'\,.$$

Für $G = P \in \mathfrak{P}$ folgt mit $n = |\mathfrak{G} : \mathfrak{P}|$ insbesondere

$$\mathbf{V}(P) = \prod_i P^{f_i}\,[P^{f_i}, S_i^{-1}]\,\mathfrak{P}' = P^n\, T\,\mathfrak{P}'$$

mit einem T aus $\mathfrak{G}'$. Ist $\mathbf{V}(P) = \mathfrak{P}'$, so folgt $P^n \in \mathfrak{G}'$, wegen $(n, p) = 1$ also $P \in \mathfrak{P} \cap \mathfrak{G}'$. Trivialerweise ist $\mathbf{V}(\mathfrak{P} \cap \mathfrak{G}') = \mathfrak{E}$. Daher gilt Kern $\mathbf{V} \cap \mathfrak{P} = \mathfrak{P} \cap \mathfrak{G}'$ und $\mathbf{V}(\mathfrak{P}) \cong \mathfrak{P}/(\mathfrak{P} \cap \mathfrak{G}')$. **q.e.d.**

Der folgende Satz beschreibt den Kern der Verlagerung in eine p-Sylowgruppe:

3.4 Satz (1. Satz von GRÜN). *Sei* $\mathfrak{P}$ *eine* p*-Sylowgruppe von* $\mathfrak{G}$. *Dann ist*

$$\mathfrak{P} \cap \mathfrak{G}' = \langle \mathfrak{P} \cap \mathbf{N}_{\mathfrak{G}}(\mathfrak{P})', \quad \mathfrak{P} \cap \mathfrak{P}'^{G} \mid G \in \mathfrak{G} \rangle$$

der Kern des Homomorphismus $\mathbf{V}_{\mathfrak{G}\to\mathfrak{P}}$ *von* $\mathfrak{P}$ *auf* $\mathbf{V}_{\mathfrak{G}\to\mathfrak{P}}(\mathfrak{P})$.

Beweis. Wir setzen

$$\mathfrak{D} = \langle \mathfrak{P} \cap \mathbf{N}_{\mathfrak{G}}(\mathfrak{P})', \ \mathfrak{P} \cap \mathfrak{P}'^{G} \mid G \in \mathfrak{G} \rangle .$$

Offenbar ist $\mathfrak{P}' \leqq \mathfrak{D} \leqq \mathfrak{P} \cap \mathfrak{G}'$ und daher $\mathfrak{D} \trianglelefteq \mathfrak{P}$.

Angenommen, es sei $\mathfrak{D} < \mathfrak{P} \cap \mathfrak{G}'$. Sei U ein Element von kleinstmöglicher Ordnung mit $U \in \mathfrak{P} \cap \mathfrak{G}'$, aber $U \notin \mathfrak{D}$. Sei $t > 0$ und sei $(U^{p^t})^G \in \mathfrak{P}$. Dann gilt $(U^{p^t})^G \in \mathfrak{P} \cap \mathfrak{G}'$, wegen $O(U^{p^t}) < O(U)$ folgt also $(U^{p^t})^G \in \mathfrak{D}$.

Wir berechnen $\mathbf{V}_{\mathfrak{G}\to\mathfrak{P}}(U)$. Dabei legen wir die folgenden Nebenklassenvertreter von $\mathfrak{P}$ in $\mathfrak{G}$ zugrunde:

Sei $\mathfrak{G} = \bigcup_i \mathfrak{P} G_i \mathfrak{P}$ die Zerlegung von $\mathfrak{G}$ in Doppelnebenklassen nach $\mathfrak{P}$ (siehe I, 2.19, S. 11). Bei festem $G = G_i$ bilden die verschiedenen $\mathfrak{P} G P$ mit $P \in \mathfrak{P}$ eine Bahn von $\mathfrak{P}$ bezüglich der Rechtsmultiplikation. Daher ist $|\mathfrak{P} G \mathfrak{P}| : |\mathfrak{P}|$ eine Potenz p^s von p. Die in $\mathfrak{P} G \mathfrak{P}$ liegenden Nebenklassen von $\mathfrak{P}$ erfahren bei der Rechtsmultiplikation mit U eine Permutation $\tilde{U}$. Seien p^{m_i} mit $m_1 \leqq m_2 \leqq \cdots \leqq m_r$ die Zyklenlängen von $\tilde{U}$. Es ist $\sum_{i=1}^{r} p^{m_i} = p^s$. Wir wählen nun G aus $\mathfrak{P} G \mathfrak{P}$ so, daß

$$(\mathfrak{P} G, \mathfrak{P} G U, \ldots, \mathfrak{P} G U^{p^{m_1}-1})$$

ein Zyklus von $\tilde{U}$ von der Länge p^{m_1} ist. Also gilt $\mathfrak{P} G U^{p^{m_1}} = \mathfrak{P} G$ und daher

$$G U^{p^{m_1}} G^{-1} \in \mathfrak{P} .$$

Bei der weiteren Rechnung unterscheiden wir zwei Fälle:

Fall 1: Sei $p^s > 1$. Seien

$$(\mathfrak{P} G P_i, \mathfrak{P} G P_i U, \ldots, \mathfrak{P} G P_i U^{p^{m_i}-1}) \quad (i = 1, \ldots, r)$$

mit $P_i \in \mathfrak{P}$ die Zyklen von $\tilde{U}$ auf den Nebenklassen von $\mathfrak{P}$ in $\mathfrak{P} G \mathfrak{P}$. Nach 1.7 erhalten wir zu $\mathbf{V}(U)$ aus jedem dieser Zyklen den Beitrag

$$T_i = G P_i U^{p^{m_i}} P_i^{-1} G^{-1}$$

aus $\mathfrak{P}$. Es gilt

$$G U^{-p^{m_i}} G^{-1} T_i = G [U^{p^{m_i}}, P_i^{-1}] G^{-1} \in G \mathfrak{P}' G^{-1} .$$

Wegen $m_1 \leqq m_i$ ist $U^{p^{m_i}}$ eine Potenz von $U^{p^{m_1}}$. Also ist

$$G U^{p^{m_i}} G^{-1} \in \langle G U^{p^{m_1}} G^{-1} \rangle \leqq \mathfrak{P} .$$

Daher ist auch

$$G U^{-p^{m_i}} G^{-1} T_i \in \mathfrak{P}$$

und es folgt

$$G U^{-p^{m_i}} G^{-1} T_i \in \mathfrak{P} \cap G \mathfrak{P}' G^{-1} \leqq \mathfrak{D} .$$

Somit bleibt für den Beitrag der Zyklen in $\mathfrak{P} G \mathfrak{P}$ zu $\mathbf{V}(U)$ nur

$$\prod_i T_i \equiv \prod_i G U^{p^{m_i}} G^{-1} = G U^{p^s} G^{-1} \ (\mathfrak{D}) .$$

Wegen $T_i \in \mathfrak{P}$ und $\mathfrak{D} \leqq \mathfrak{P}$ folgt $G U^{p^s} G^{-1} \in \mathfrak{P}$. Nach der Vorbemerkung gilt wegen $s > 0$ dann $G U^{p^s} G^{-1} \in \mathfrak{D}$.

Fall 2: Sei nun $p^s = 1$, also $\mathfrak{P} G P = \mathfrak{P} G$ für alle P aus $\mathfrak{P}$. Das ist gleichwertig mit $G \in \mathbf{N}_{\mathfrak{G}}(\mathfrak{P})$. Der Beitrag zu $\mathbf{V}(U)$ ist jetzt $G U G^{-1} = U [U, G^{-1}]$ mit $[U, G^{-1}] \in \mathfrak{P} \cap \mathbf{N}_{\mathfrak{G}}(\mathfrak{P})' \leqq \mathfrak{D}$.

Insgesamt ergibt sich $\mathbf{V}(U) = U^k T \mathfrak{P}'$ mit $k = |\mathbf{N}_{\mathfrak{G}}(\mathfrak{P}) : \mathfrak{P}|$ und geeignetem T aus $\mathfrak{D}$. Wegen $U \in \mathfrak{P} \cap \mathfrak{G}'$ ist $\mathbf{V}(U) = \mathfrak{P}'$. Also folgt wegen $\mathfrak{P}' \leqq \mathfrak{D}$ nun $U^k \in \mathfrak{D}$. Dies ist jedoch ein Widerspruch zu $U \notin \mathfrak{D}$ und $k \not\equiv 0 \ (p)$. **q.e.d.**

Wir geben eine Anwendung von 3.4:

3.5 Satz (Wong [1]). *Die 2-Sylowgruppe $\mathfrak{P}$ von $\mathfrak{G}$ sei die Gruppe vom Typ* (3) *in* I, 14.9 (S. 91) *mit den Erzeugenden A und B und den definierenden Relationen*

$$A^{2^n} = B^2 = E , \quad A^B = A^{1+2^{n-1}} \quad (n > 2) .$$

Dann hat $\mathfrak{G}$ einen Normalteiler $\mathfrak{N}$ mit $\mathfrak{G}/\mathfrak{N} \cong \mathfrak{P}$.

Beweis. Es ist $\mathfrak{P}' = \langle A^{2^{n-1}} \rangle$ zyklisch von der Ordnung 2. Die Elemente $A^{2^{n-1}}$, $A^{2^{n-1}} B$ und B sind die einzigen Elemente der Ordnung 2 in $\mathfrak{P}$.

a) Wir zeigen zuerst, daß die Automorphismengruppe $\mathbf{A}(\mathfrak{P})$ von $\mathfrak{P}$ eine 2-Gruppe ist:

Ist α ein Automorphismus von $\mathfrak{P}$, so gilt $B^\alpha = B$ oder $B^\alpha = A^{2^{n-1}} B$. Offenbar ist α mit $A^\alpha = A$ und $B^\alpha = A^{2^{n-1}} B$ ein Automorphismus von $\mathfrak{P}$. Also gibt es eine Untergruppe $\mathfrak{B}$ von $\mathbf{A}(\mathfrak{P})$ mit $|\mathbf{A}(\mathfrak{P}) : \mathfrak{B}| = 2$ und $B^\alpha = B$ für alle α aus $\mathfrak{B}$. Für $\alpha \in \mathfrak{B}$ ist

$$A^\alpha = A^x \quad \text{mit} \quad x \not\equiv 0 \ (2)$$

oder

$$A^\alpha = A^x B \quad \text{mit} \quad x \not\equiv 0 \ (2) ,$$

und alle diese α sind Automorphismen von $\mathfrak{P}$. Somit ist $|\mathfrak{B}| = 2^{2(n-1)}$ und $|\mathbf{A}(\mathfrak{P})| = 2^{2n-1}$.

b) Wegen a) und dem Satz von Zassenhaus (I, 18.1, S. 126) gilt $\mathbf{N}_{\mathfrak{G}}(\mathfrak{P}) = \mathfrak{P} \times \mathfrak{Q}$ mit $2 \nmid |\mathfrak{Q}|$. Nach 3.4 haben wir

$$\mathfrak{P} \cap \mathfrak{G}' = \langle \mathbf{N}_{\mathfrak{G}}(\mathfrak{P})' \cap \mathfrak{P}, \mathfrak{P} \cap \mathfrak{P}'^G \mid G \in \mathfrak{G} \rangle$$
$$= \langle \mathfrak{P}', \mathfrak{P} \cap \mathfrak{P}'^G \mid G \in \mathfrak{G} \rangle .$$

Wegen $|\mathfrak{P}'| = 2$ und da alle Elemente der Ordnung 2 von $\mathfrak{P}$ in

$$\Omega_1(\mathfrak{P}) = \langle A^{2^{n-1}}, B\rangle$$

liegen, folgt $\mathfrak{P} \cap \mathfrak{G}' \leqq \Omega_1(\mathfrak{P})$.

Sei $|\mathfrak{G}/\mathfrak{G}'| = 2^m a$ mit $2 \nmid a$. Dann ist also $m \geqq n - 1$. Sei $\mathfrak{G}' \leqq \mathfrak{T} \leqq \mathfrak{G}$ mit $|\mathfrak{T}/\mathfrak{G}'| = a$ und sei $\mathfrak{S} = \langle A^2, B\rangle \mathfrak{T}$. Dann ist $|\mathfrak{G} : \mathfrak{S}| = 2$, und die Gruppe

$$\mathfrak{P} \cap \mathfrak{S} = \langle A^2, B\rangle (\mathfrak{P} \cap \mathfrak{T}) = \langle A^2, B\rangle (\mathfrak{P} \cap \mathfrak{G}') = \langle A^2, B\rangle$$

ist abelsch. Wegen $O(A^2) = 2^{n-1} > 2 = O(B)$ hat $\mathfrak{S}$ nach 2.7 einen Normalteiler $\mathfrak{N}$ mit $|\mathfrak{S}/\mathfrak{N}| = 2^n$. Da $\mathfrak{N}$ eine charakteristische Untergruppe von $\mathfrak{S}$ ist, folgt $\mathfrak{N} \lhd \mathfrak{G}$ und $|\mathfrak{G}/\mathfrak{N}| = 2^{n+1} = |\mathfrak{P}|$. **q.e.d.**

3.6 Bemerkungen. Die Gruppen $PSL(2, p^f)$ mit $p \neq 2$ und $p^f > 3$ liefern nach II, 8.10 (S. 196) Beispiele von einfachen Gruppen, deren 2-Sylowgruppe eine Diedergruppe ist; nach GORENSTEIN, WALTER [1]–[5] sind die Gruppen $PSL(2, p^f)$ $(p \neq 2)$ und die alternierende Gruppe $\mathfrak{A}_7$ die einzigen einfachen Gruppen, deren 2-Sylowgruppe eine Diedergruppe ist. Die 2-Sylowgruppen der einfachen Gruppen $PSL(3, p^f)$ mit $p^f \equiv -1$ (4) sind Quasidiedergruppen mit definierenden Relationen der Gestalt

$$A^{2^n} = B^2 = E\,, \quad A^B = A^{-1+2^{n-1}} \quad \text{(siehe II, Aufg. 10, S. 190)}\,.$$

Auch die in Band 2 zu behandelnde Mathieusche Gruppe $\mathfrak{M}_{11}$ hat eine 2-Sylowgruppe von diesem Typ. Schließlich sind die 2-Sylowgruppen von $SL(2, p^f)$ mit $p \neq 2$ nach II, 8.10 (S. 196) verallgemeinerte Quaternionengruppen, aber $SL(2, p^f)$ hat keinen Normalteiler von ungerader Ordnung mit 2-Potenzindex. Jedoch ist $SL(2, p^f)$ wegen $|\mathbf{Z}(SL(2, p^f))| = 2$ nicht einfach. R. Brauer und Suzuki haben gezeigt, daß die 2-Sylowgruppe einer einfachen Gruppe keine verallgemeinerte Quaternionengruppe sein kann (BRAUER, SUZUKI [1], SUZUKI [7], BRAUER [13]). Wir werden darauf in V, § 22 zurückkommen.

3.7 Satz (2. Satz von GRÜN). *Sei $\mathfrak{G}$ p-normal und $\mathfrak{P}$ eine p-Sylowgruppe von $\mathfrak{G}$. Dann gilt*

$$\mathfrak{G}/\mathfrak{G}'(p) \cong \mathbf{N}_{\mathfrak{G}}(\mathbf{Z}(\mathfrak{P}))/\mathbf{N}_{\mathfrak{G}}(\mathbf{Z}(\mathfrak{P}))'(p)\,.$$

Beweis. Aus 3.3 wissen wir schon

$$\mathfrak{G}/\mathfrak{G}'(p) \cong \mathfrak{P}/(\mathfrak{P} \cap \mathfrak{G}')\,.$$

Die Anwendung von 3.3 auf $\mathbf{N}_{\mathfrak{G}}(\mathbf{Z}(\mathfrak{P}))$ ergibt ebenso

$$\mathbf{N}_{\mathfrak{G}}(\mathbf{Z}(\mathfrak{P}))/\mathbf{N}_{\mathfrak{G}}(\mathbf{Z}(\mathfrak{P}))'(p) \cong \mathfrak{P}/(\mathfrak{P} \cap \mathbf{N}_{\mathfrak{G}}(\mathbf{Z}(\mathfrak{P}))')\,.$$

Wir zeigen $\mathfrak{P} \cap \mathfrak{G}' = \mathfrak{P} \cap \mathbf{N}_{\mathfrak{G}}(\mathbf{Z}(\mathfrak{P}))'$.

Es gilt $\mathfrak{P} \cap \mathbf{N}_{\mathfrak{G}}(\mathbf{Z}(\mathfrak{P}))' \leqq \mathfrak{P} \cap \mathfrak{G}'$. Also haben wir

$$\mathfrak{P} \cap \mathfrak{G}' \leqq \mathfrak{P} \cap \mathbf{N}_{\mathfrak{G}}(\mathbf{Z}(\mathfrak{P}))'$$

zu beweisen. Nach 3.4 ist

$$\mathfrak{P} \cap \mathfrak{G}' = \langle \mathfrak{P} \cap \mathbf{N}_{\mathfrak{G}}(\mathfrak{P})', \quad \mathfrak{P} \cap \mathfrak{P}'^{G} \mid G \in \mathfrak{G} \rangle .$$

Wegen $\mathbf{N}_{\mathfrak{G}}(\mathfrak{P}) \leqq \mathbf{N}_{\mathfrak{G}}(\mathbf{Z}(\mathfrak{P}))$ gilt trivialerweise

$$\mathfrak{P} \cap \mathbf{N}_{\mathfrak{G}}(\mathfrak{P})' \leqq \mathfrak{P} \cap \mathbf{N}_{\mathfrak{G}}(\mathbf{Z}(\mathfrak{P}))' .$$

Wir zeigen

$$\mathfrak{P} \cap \mathfrak{P}'^{G} \leqq \mathfrak{P} \cap \mathbf{N}_{\mathfrak{G}}(\mathbf{Z}(\mathfrak{P}))' :$$

Dazu setzen wir $\mathfrak{T} = \mathfrak{P} \cap \mathfrak{P}'^{G}$. Sicher gilt $\mathbf{Z}(\mathfrak{P}) \leqq \mathbf{N}_{\mathfrak{G}}(\mathfrak{T})$ und auch $\mathbf{Z}(\mathfrak{P})^{G} \leqq \mathbf{N}_{\mathfrak{G}}(\mathfrak{T})$. Daher gibt es p-Sylowgruppen $\mathfrak{P}_1$ und $\mathfrak{P}_2$ von $\mathbf{N}_{\mathfrak{G}}(\mathfrak{T})$ mit $\mathbf{Z}(\mathfrak{P}) \leqq \mathfrak{P}_1$ und $\mathbf{Z}(\mathfrak{P})^{G} \leqq \mathfrak{P}_2$. Nach dem Satz von Sylow gibt es ein $S \in \mathbf{N}_{\mathfrak{G}}(\mathfrak{T})$ mit $\mathfrak{P}_1 = \mathfrak{P}_2^{S}$. Es liegt $\mathfrak{P}_1$ in einer p-Sylowgruppe $\mathfrak{P}^*$ von $\mathfrak{G}$. Nun ist

$$\mathbf{Z}(\mathfrak{P}) \leqq \mathfrak{P}_1 \leqq \mathfrak{P}^* \quad \text{und} \quad \mathbf{Z}(\mathfrak{P})^{GS} \leqq \mathfrak{P}_2^{S} = \mathfrak{P}_1 \leqq \mathfrak{P}^* .$$

Mit der p-Normalität von $\mathfrak{G}$ folgt $\mathbf{Z}(\mathfrak{P}) = \mathbf{Z}(\mathfrak{P}^*) = \mathbf{Z}(\mathfrak{P})^{GS}$, also $GS \in \mathbf{N}_{\mathfrak{G}}(\mathbf{Z}(\mathfrak{P}))$. Wegen $S \in \mathbf{N}_{\mathfrak{G}}(\mathfrak{T})$ ist

$$\mathfrak{T} = \mathfrak{T}^{S} = \mathfrak{P}^{S} \cap \mathfrak{P}'^{GS} .$$

Aus $\mathfrak{P} \leqq \mathbf{N}_{\mathfrak{G}}(\mathbf{Z}(\mathfrak{P}))$ folgt ferner

$$\mathfrak{P}'^{GS} \leqq \mathbf{N}_{\mathfrak{G}}(\mathbf{Z}(\mathfrak{P}))'^{GS} = \mathbf{N}_{\mathfrak{G}}(\mathbf{Z}(\mathfrak{P}))' .$$

Also ist

$$\mathfrak{T} = \mathfrak{P} \cap \mathfrak{P}'^{G} = \mathfrak{P}^{S} \cap \mathfrak{P}'^{GS} \leqq \mathfrak{P} \cap \mathbf{N}_{\mathfrak{G}}(\mathbf{Z}(\mathfrak{P}))'.$$ **q.e.d.**

Als erste Anwendung des 2. Satzes von Grün beweisen wir einen Zerfallssatz:

3.8 Satz (Gaschütz [1]). *Sei $\mathfrak{N}$ ein Normalteiler von $\mathfrak{G}$ mit den folgenden Eigenschaften:*

(1) *$\mathfrak{G}/\mathfrak{N}$ ist eine p-Gruppe.*

(2) *$\mathfrak{N}$ hat abelsche p-Sylowgruppen.*

(3) *$\mathfrak{N}$ besitzt keine nichttrivialen p-Faktorgruppen.*

Dann hat $\mathfrak{N}$ ein Komplement in $\mathfrak{G}$.

Beweis. Sei $\mathfrak{P}$ eine p-Sylowgruppe von $\mathfrak{G}$. Dann ist $\mathfrak{Q} = \mathfrak{P} \cap \mathfrak{N}$ nach I, 7.7 (S. 35) eine p-Sylowgruppe von $\mathfrak{N}$. Also ist $\mathfrak{Q}$ abelsch. Nach dem Satz von Zassenhaus I, 18.1 (S. 126) gibt es ein $\mathfrak{S}$ mit $\mathbf{N}_{\mathfrak{N}}(\mathfrak{Q}) = \mathfrak{Q}\,\mathfrak{S}$ und $\mathfrak{Q} \cap \mathfrak{S} = \mathfrak{E}$.

a) Wir zeigen zuerst $\mathfrak{Q} \cap \mathbf{Z}(\mathfrak{Q}\,\mathfrak{S}) = \mathfrak{E}$:

Ist $[\mathfrak{Q}, \mathfrak{S}] < \mathfrak{Q}$, so folgt $[\mathfrak{Q}, \mathfrak{S}]\,\mathfrak{S} \lhd \mathfrak{Q}\,\mathfrak{S}$. Daher hat $\mathbf{N}_{\mathfrak{N}}(\mathfrak{Q}) = \mathfrak{Q}\,\mathfrak{S}$ die nichttriviale p-Faktorgruppe $\mathfrak{Q}\,\mathfrak{S}/[\mathfrak{Q}, \mathfrak{S}]\,\mathfrak{S}$. Da $\mathfrak{Q}$ abelsch ist, ist $\mathfrak{N}$ p-normal. Also folgt mit 3.7

$$\mathfrak{N}/\mathfrak{N}'(p) \cong \mathbf{N}_{\mathfrak{N}}(\mathfrak{Q})/\mathbf{N}_{\mathfrak{N}}(\mathfrak{Q})'(p) \neq \mathfrak{E} ,$$

im Widerspruch zur Voraussetzung (3). Daher ist $\mathfrak{Q} = [\mathfrak{Q}, \mathfrak{S}]$. Nach III, 13.4 (S. 350) gilt nun

$$[\mathfrak{Q}, \mathfrak{S}] = \mathfrak{Q} = (\mathfrak{Q} \cap \mathbf{Z}(\mathfrak{Q}\,\mathfrak{S})) \times [\mathfrak{Q}, \mathfrak{S}] .$$

Daraus folgt $\mathfrak{Q} \cap \mathbf{Z}(\mathfrak{Q}\,\mathfrak{S}) = \mathfrak{E}$.

b) Wir setzen $\mathfrak{T} = \mathbf{N}_{\mathfrak{G}}(\mathfrak{Q})$. Dann gilt $\mathbf{N}_{\mathfrak{G}}(\mathfrak{Q}) = \mathfrak{Q}\,\mathbf{N}_{\mathfrak{T}}(\mathfrak{S})$ und $\mathfrak{Q} \cap \mathbf{N}_{\mathfrak{T}}(\mathfrak{S}) = \mathfrak{E}$: Sei $G \in \mathbf{N}_{\mathfrak{G}}(\mathfrak{Q})$. Wegen

$$\mathbf{N}_{\mathfrak{N}}(\mathfrak{Q}) = \mathfrak{Q}\,\mathfrak{S} \trianglelefteq \mathbf{N}_{\mathfrak{G}}(\mathfrak{Q})$$

ist $\mathfrak{S}^G$ ein Komplement von $\mathfrak{Q}$ in $\mathfrak{Q}\,\mathfrak{S}$. Aus der Auflösbarkeit von $\mathfrak{Q}$ folgt daher nach dem Konjugiertheitssatz von Zassenhaus (I, 18.2, S. 127) die Existenz eines $X \in \mathbf{N}_{\mathfrak{N}}(\mathfrak{Q}) = \mathfrak{Q}\,\mathfrak{S}$ mit $\mathfrak{S}^G = \mathfrak{S}^X$. Also ist $GX^{-1} \in \mathbf{N}_{\mathfrak{T}}(\mathfrak{S})$. Somit folgt

$$\mathbf{N}_{\mathfrak{G}}(\mathfrak{Q}) = (\mathfrak{Q}\,\mathfrak{S})\,\mathbf{N}_{\mathfrak{T}}(\mathfrak{S}) = \mathfrak{Q}\,\mathbf{N}_{\mathfrak{T}}(\mathfrak{S}) .$$

Wir setzen $\mathfrak{L} = \mathbf{N}_{\mathfrak{T}}(\mathfrak{S})$ und $\mathfrak{D} = \mathfrak{Q} \cap \mathfrak{L}$. Wegen $\mathfrak{D} \leqq \mathfrak{Q} \trianglelefteq \mathfrak{Q}\,\mathfrak{S}$ und $\mathfrak{D} \leqq \mathfrak{L} \leqq \mathbf{N}_{\mathfrak{G}}(\mathfrak{S})$ gilt $[\mathfrak{D}, \mathfrak{S}] \leqq \mathfrak{Q} \cap \mathfrak{S} = \mathfrak{E}$. Also ist $\mathfrak{D} \leqq \mathfrak{Q} \cap \mathbf{Z}(\mathfrak{Q}\,\mathfrak{S})$, und mit a) folgt $\mathfrak{D} = \mathfrak{E}$.

c) Nun gilt

$$\mathfrak{N} \cap \mathbf{N}_{\mathfrak{T}}(\mathfrak{S}) = \mathbf{N}_{\mathfrak{N}}(\mathfrak{Q}) \cap \mathbf{N}_{\mathfrak{T}}(\mathfrak{S}) = \mathfrak{Q}\,\mathfrak{S} \cap \mathfrak{L} = \mathfrak{S}(\mathfrak{Q} \cap \mathfrak{L}) = \mathfrak{S} .$$

Daher ist

$$|\mathbf{N}_{\mathfrak{T}}(\mathfrak{S}) : \mathfrak{S}| = |\mathbf{N}_{\mathfrak{T}}(\mathfrak{S}) : \mathbf{N}_{\mathfrak{T}}(\mathfrak{S}) \cap \mathfrak{N}|$$

als Teiler von $|\mathfrak{G}/\mathfrak{N}|$ eine Potenz von p. Nach dem Satz von Zassenhaus (I, 18.1, S. 126) gilt daher

$$\mathfrak{L} = \mathbf{N}_{\mathfrak{T}}(\mathfrak{S}) = \mathfrak{S}\,\mathfrak{R}$$

mit einer geeigneten p-Gruppe $\mathfrak{R}$. Jetzt haben wir nach I, 7.8 (S. 35)

$$\mathfrak{G} = \mathfrak{N}\,\mathbf{N}_{\mathfrak{G}}(\mathfrak{Q}) = \mathfrak{N}(\mathfrak{Q}\,\mathfrak{L}) = \mathfrak{N}\,\mathfrak{L} = \mathfrak{N}\,\mathfrak{S}\,\mathfrak{R} = \mathfrak{N}\,\mathfrak{R}$$

und

$$\mathfrak{N} \cap \mathfrak{R} = \mathfrak{N} \cap \mathbf{N}_{\mathfrak{G}}(\mathfrak{Q}) \cap \mathfrak{R} = \mathfrak{Q}\,\mathfrak{S} \cap \mathfrak{R} .$$

Da $\mathfrak{Q}$ die einzige p-Sylowgruppe von $\mathfrak{Q}\,\mathfrak{S} = \mathbf{N}_{\mathfrak{N}}(\mathfrak{Q})$ ist, folgt sogar

$$\mathfrak{N} \cap \mathfrak{R} \leqq \mathfrak{Q} \cap \mathfrak{R} \leqq \mathfrak{Q} \cap \mathfrak{L} = \mathfrak{E} .$$

Also ist $\mathfrak{R}$ ein Komplement von $\mathfrak{N}$ in $\mathfrak{G}$. **q.e.d.**

Weitere Anwendungen von Satz 3.7 werden wir in § 5 kennen lernen.

§ 4. p-nilpotente Gruppen

4.1 Definition. Die Gruppe $\mathfrak{G}$ heißt p-nilpotent, wenn $\mathfrak{G}$ einen Normalteiler $\mathfrak{K}$ von zu p teilerfremder Ordnung besitzt derart, daß $\mathfrak{G}/\mathfrak{K}$ eine p-Gruppe ist. Offenbar ist dieses $\mathfrak{K}$ eindeutig bestimmt als die Untergruppe von $\mathfrak{G}$ aus den Elementen von zu p teilerfremder Ordnung. Also ist $\mathfrak{K}$ eine charakteristische Untergruppe von $\mathfrak{G}$. Ist $\mathfrak{P}$ eine p-Sylowgruppe von $\mathfrak{G}$, so gilt $\mathfrak{G} = \mathfrak{K}\,\mathfrak{P}$ und $\mathfrak{K} \cap \mathfrak{P} = \mathfrak{E}$, also auch $\mathfrak{G}/\mathfrak{K} \cong \mathfrak{P}$. Ist $\mathfrak{G}$ p-nilpotent, so nennen wir $\mathfrak{K}$ das invariante p-Komplement von $\mathfrak{G}$. (Ist $\mathfrak{G}$ p-nilpotent für alle Primzahlen p, so ist offenbar $\mathfrak{G}$ nilpotent im Sinne von Kap. III.)

4.2 Hilfssatz. *Ist $\mathfrak{G}$ p-nilpotent, so auch jede Untergruppe und jede Faktorgruppe von $\mathfrak{G}$.*

Beweis. a) Sei $\mathfrak{U} \leqq \mathfrak{G}$ und $\mathfrak{K}$ das invariante p-Komplement von $\mathfrak{G}$. Dann gilt $\mathfrak{K} \cap \mathfrak{U} \trianglelefteq \mathfrak{U}$, es ist $|\mathfrak{K} \cap \mathfrak{U}|$ teilerfremd zu p, und

$$|\mathfrak{U}/(\mathfrak{K} \cap \mathfrak{U})| = |\mathfrak{K}\,\mathfrak{U}/\mathfrak{K}|$$

ist als Teiler von $|\mathfrak{G}/\mathfrak{K}|$ eine Potenz von p. Also ist $\mathfrak{K} \cap \mathfrak{U}$ ein invariantes p-Komplement von $\mathfrak{U}$, und $\mathfrak{U}$ ist p-nilpotent.

b) Sei $\mathfrak{N} \trianglelefteq \mathfrak{G}$ und sei wieder $\mathfrak{K}$ das invariante p-Komplement von $\mathfrak{G}$. Dann ist $\mathfrak{K}\,\mathfrak{N}/\mathfrak{N} \trianglelefteq \mathfrak{G}/\mathfrak{N}$, es ist

$$|\mathfrak{K}\,\mathfrak{N}/\mathfrak{N}| = |\mathfrak{K}/(\mathfrak{K} \cap \mathfrak{N})|$$

teilerfremd zu p und

$$|\mathfrak{G}/\mathfrak{N} : \mathfrak{K}\,\mathfrak{N}/\mathfrak{N}| = |\mathfrak{G}/\mathfrak{K}\,\mathfrak{N}|$$

eine Potenz von p. Somit ist $\mathfrak{K}\,\mathfrak{N}/\mathfrak{N}$ ein invariantes p-Komplement von $\mathfrak{G}/\mathfrak{N}$. **q.e.d.**

4.3 Hilfssatz. *Sei $\mathfrak{G}$ p-nilpotent und $\mathfrak{N}$ ein minimaler Normalteiler von $\mathfrak{G}$ mit $p \mid |\mathfrak{N}|$. Dann gilt $\mathfrak{N} \leqq \mathbf{Z}(\mathfrak{G})$.*

Beweis. Sei $\mathfrak{K}$ das invariante p-Komplement von $\mathfrak{G}$. Aus $p \mid |\mathfrak{N}|$ und $p \nmid |\mathfrak{K}|$ folgt $\mathfrak{K} \cap \mathfrak{N} < \mathfrak{N}$. Wegen der Minimalität von $\mathfrak{N}$ erzwingt das $\mathfrak{K} \cap \mathfrak{N} = \mathfrak{E}$ und $[\mathfrak{K}, \mathfrak{N}] \leqq \mathfrak{K} \cap \mathfrak{N} = \mathfrak{E}$. Daher ist $|\mathfrak{N}| = |\mathfrak{N}\,\mathfrak{K}/\mathfrak{K}|$ eine Potenz von p. Sei $\mathfrak{P}$ eine p-Sylowgruppe von $\mathfrak{G}$. Nach I, 6.9 (S. 31) ist wegen $\mathfrak{E} < \mathfrak{N} \trianglelefteq \mathfrak{P}$ auch $\mathfrak{E} < \mathfrak{N} \cap \mathbf{Z}(\mathfrak{P})$. Aus $[\mathfrak{K}, \mathfrak{N}] = \mathfrak{E}$ folgt $\mathfrak{N} \cap \mathbf{Z}(\mathfrak{P}) \trianglelefteq \mathfrak{K}\,\mathfrak{P} = \mathfrak{G}$. Das ergibt wegen der Minimalität von $\mathfrak{N}$ nun $\mathfrak{N} \leqq \mathbf{Z}(\mathfrak{P})$ und dann auch $\mathfrak{N} \leqq \mathbf{Z}(\mathfrak{G})$. **q.e.d.**

Nun können wir eine Charakterisierung der p-nilpotenten Gruppen angeben, welche der Charakterisierung der nilpotenten Gruppen durch Zentralreihen in III, 2.3 (S. 260) entspricht:

4.4 Satz. *Gleichwertig sind:*

a) *$\mathfrak{G}$ ist p-nilpotent.*

b) *Ist*

$$\mathfrak{E} = \mathfrak{G}_0 \lhd \mathfrak{G}_1 \lhd \cdots \lhd \mathfrak{G}_r = \mathfrak{G}$$

irgendeine Hauptreihe von $\mathfrak{G}$, so folgt aus $p \mid |\mathfrak{G}_i/\mathfrak{G}_{i-1}|$

$$\mathfrak{G}_i/\mathfrak{G}_{i-1} \leqq \mathbf{Z}(\mathfrak{G}/\mathfrak{G}_{i-1}) .$$

c) *Es gibt eine Hauptreihe*

$$\mathfrak{E} = \mathfrak{G}_0 \lhd \mathfrak{G}_1 \lhd \cdots \lhd \mathfrak{G}_r = \mathfrak{G}$$

von $\mathfrak{G}$ mit $p \nmid |\mathfrak{G}_i/\mathfrak{G}_{i-1}|$ oder $\mathfrak{G}_i/\mathfrak{G}_{i-1} \leqq \mathbf{Z}(\mathfrak{G}/\mathfrak{G}_{i-1})$ für jedes i.

Beweis. a) $\Rightarrow$ b): Nach 4.2 ist $\mathfrak{G}/\mathfrak{G}_{i-1}$ wieder p-nilpotent. Daher folgt die Aussage unter b) sofort durch die Anwendung von 4.3 auf den minimalen Normalteiler $\mathfrak{G}_i/\mathfrak{G}_{i-1}$ von $\mathfrak{G}/\mathfrak{G}_{i-1}$.

b) $\Rightarrow$ c): Dies ist trivial.

c) $\Rightarrow$ a): Offenbar erfüllt $\mathfrak{G}/\mathfrak{G}_1$ die Voraussetzung unter c). Vermöge einer Induktionsannahme ist $\mathfrak{G}/\mathfrak{G}_1$ also p-nilpotent. Sei $\mathfrak{L}/\mathfrak{G}_1$ das invariante p-Komplement von $\mathfrak{G}/\mathfrak{G}_1$. Dann ist

$$|\mathfrak{G}/\mathfrak{G}_1 : \mathfrak{L}/\mathfrak{G}_1| = |\mathfrak{G}/\mathfrak{L}|$$

eine Potenz von p, und $|\mathfrak{L}/\mathfrak{G}_1|$ ist teilerfremd zu p. Ist $p \nmid |\mathfrak{G}_1|$, so ist $p \nmid |\mathfrak{L}|$, und $\mathfrak{L}$ ist das invariante p-Komplement von $\mathfrak{G}$.

Sei $p \mid |\mathfrak{G}_1|$. Wegen der Voraussetzung unter c) ist dann $\mathfrak{G}_1 \leqq \mathbf{Z}(\mathfrak{G})$, also $|\mathfrak{G}_1| = p$. Mit dem Satz von Zassenhaus (I, 18.1, S. 126) folgt jetzt $\mathfrak{L} = \mathfrak{G}_1 \times \mathfrak{K}$ für ein geeignetes $\mathfrak{K}$ von zu p teilerfremder Ordnung. Da $\mathfrak{K}$ in $\mathfrak{L}$ charakteristisch ist, folgt $\mathfrak{K} \trianglelefteq \mathfrak{G}$, und $|\mathfrak{G}/\mathfrak{K}| = p\,|\mathfrak{G}/\mathfrak{L}|$ ist eine Potenz von p. Also ist $\mathfrak{G}$ p-nilpotent. **q.e.d.**

Wir vermerken:

4.5 Satz. *Ist $\mathfrak{G}$ p-nilpotent, so ist $\mathfrak{G}$ p-normal.*

Beweis. Sei $\mathfrak{K}$ das invariante p-Komplement von $\mathfrak{G}$ und $\mathfrak{P}$ eine p-Sylowgruppe von $\mathfrak{G}$. Dann ist $\mathbf{Z}(\mathfrak{G}/\mathfrak{K}) = \mathbf{Z}(\mathfrak{P})\,\mathfrak{K}/\mathfrak{K}$. Also gilt für alle G aus $\mathfrak{G}$

$$\mathbf{Z}(\mathfrak{P})\,\mathfrak{K} = (\mathbf{Z}(\mathfrak{P})\,\mathfrak{K})^G = \mathbf{Z}(\mathfrak{P})^G\,\mathfrak{K}\,.$$

Ist $\mathbf{Z}(\mathfrak{P})^G \leqq \mathfrak{P}$, so folgt daher

$$\mathbf{Z}(\mathfrak{P})^G = \mathfrak{K}\,\mathbf{Z}(\mathfrak{P})^G \cap \mathfrak{P} = \mathfrak{K}\,\mathbf{Z}(\mathfrak{P}) \cap \mathfrak{P} = \mathbf{Z}(\mathfrak{P})\,.$$

Somit ist $\mathfrak{G}$ p-normal. **q.e.d.**

Wir beweisen einen interessanten Zusammenhang zwischen p-Nilpotenz und Frattinigruppe:

4.6 Satz (ROQUETTE [3]). *Sei $\mathfrak{N} \trianglelefteq \mathfrak{G}$ und $\mathfrak{S}$ eine Untergruppe von $\mathfrak{G}$ mit den folgenden Eigenschaften:*

(1) $\mathfrak{N} \cap \mathfrak{S} \leqq \Phi(\mathfrak{S})$.

(2) $(|\mathfrak{N} \cap \mathfrak{S}|, |\mathfrak{G} : \mathfrak{S}|) = 1$.

(*Die Bedingung* (2) *ist insbesondere erfüllt, falls $\mathfrak{S}$ eine Hallgruppe von $\mathfrak{G}$ ist.*)

Sei π die Menge aller Primteiler von $|\mathfrak{N} \cap \mathfrak{S}|$. Dann gibt es einen Normalteiler $\mathfrak{M}$ von $\mathfrak{N}$ mit $\mathfrak{M} \cap \mathfrak{S} = \mathfrak{E}$ derart, daß $\mathfrak{N}/\mathfrak{M}$ eine π-Gruppe mit $|\mathfrak{N} \cap \mathfrak{S}| \mid |\mathfrak{N}/\mathfrak{M}|$ ist.

Beweis. Sei $\mathfrak{M}$ der kleinste Normalteiler von $\mathfrak{N}$ derart, daß $\mathfrak{N}/\mathfrak{M}$ eine π-Gruppe ist. Offenbar ist dann $\mathfrak{M}$ charakteristisch in $\mathfrak{N}$, also ist $\mathfrak{M}$ normal in $\mathfrak{G}$. Ist $\mathfrak{M} \cap \mathfrak{S} = \mathfrak{E}$, so folgt

$$|\mathfrak{N} \cap \mathfrak{S}| = |(\mathfrak{N} \cap \mathfrak{S})/(\mathfrak{M} \cap \mathfrak{S})| = |(\mathfrak{N} \cap \mathfrak{S})\,\mathfrak{M}/\mathfrak{M}|\ ;$$

dies ist ein Teiler von $|\mathfrak{N}/\mathfrak{M}|$, und wir sind fertig.

Angenommen, es sei $\mathfrak{Q} = \mathfrak{M} \cap \mathfrak{S} \neq \mathfrak{E}$. Wegen der Voraussetzung (1) ist $\mathfrak{Q} \leqq \Phi(\mathfrak{S})$. Sicher hat $\mathfrak{M}$ keine nichttrivialen π-Faktorgruppen. Wir betrachten $\mathfrak{L} = \mathfrak{M}\,\mathfrak{S}$.

Da $\mathfrak{Q}$ wegen $\mathfrak{Q} \leqq \Phi(\mathfrak{S})$ nach III, 3.6 (S. 270) nilpotent ist, gibt es eine charakteristische Untergruppe $\mathfrak{T}$ von $\mathfrak{Q}$ derart, daß $\mathfrak{Q}/\mathfrak{T}$ eine von $\mathfrak{E}$ verschiedene elementar-abelsche p-Gruppe ist für ein geeignetes p aus π. Aus $\mathfrak{Q} = \mathfrak{M} \cap \mathfrak{S} \trianglelefteq \mathfrak{S}$ folgt $\mathfrak{T} \trianglelefteq \mathfrak{S}$.

Wir setzen $\mathfrak{G}_1 = \mathfrak{L}$, $\mathfrak{N}_1 = \mathfrak{M}$ und $\mathfrak{G}_2 = \mathfrak{S}/\mathfrak{T}$, $\mathfrak{N}_2 = \mathfrak{Q}/\mathfrak{T}$. Dann ist

$$\mathfrak{G}_1/\mathfrak{N}_1 = \mathfrak{L}/\mathfrak{M} = \mathfrak{M}\,\mathfrak{S}/\mathfrak{M} \cong \mathfrak{S}/\mathfrak{Q} \cong \mathfrak{G}_2/\mathfrak{N}_2\,.$$

Wir haben Homomorphismen μ_i $(i = 1, 2)$ von $\mathfrak{G}_i$ auf $\mathfrak{S}/\mathfrak{Q}$ mit

$$(M\,S)^{\mu_1} = S\,\mathfrak{Q} = (S\,\mathfrak{T})^{\mu_2} \quad (\text{für } M \in \mathfrak{M},\, S \in \mathfrak{S})\,.$$

(Wegen $\mathfrak{Q} = \mathfrak{M} \cap \mathfrak{S}$ ist dabei μ_1 wohldefiniert!)

Wir bilden gemäß I, 9.11 (S. 50) nun die Gruppe

$$\mathfrak{W} = \mathfrak{G}_1 \curlywedge \mathfrak{G}_2 = \{(M\,S,\, S\,\mathfrak{T}) \mid M \in \mathfrak{M},\, S \in \mathfrak{S}\}$$

und setzen

$$\mathfrak{T}_1 = \{(M, \mathfrak{T}) \mid M \in \mathfrak{M} = \mathfrak{N}_1\} \quad \text{und} \quad \mathfrak{T}_2 = \{(E, Q\,\mathfrak{T}) \mid Q \in \mathfrak{Q}\}\,.$$

Dann ist $\mathfrak{T}_i \cong \mathfrak{N}_i$ $(i = 1, 2)$, $\mathfrak{T}_i \trianglelefteq \mathfrak{W}$ und $\mathfrak{T}_1 \cap \mathfrak{T}_2 = \mathfrak{E}$.

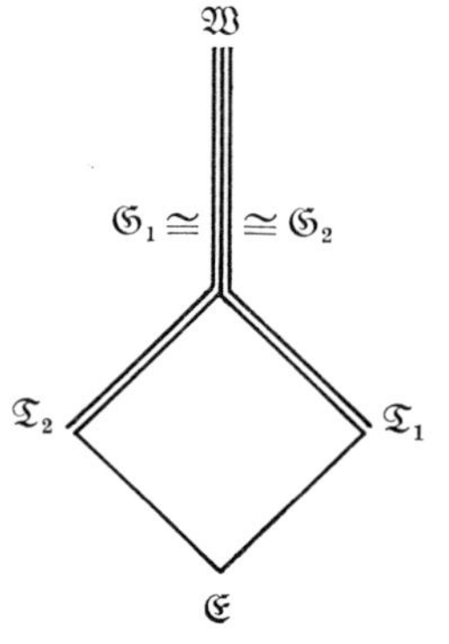

Fig. 9

Wir zeigen zuerst, daß $\mathfrak{W}$ über $\mathfrak{T}_2$ zerfällt:

Nach I, 17.4 (S. 121) genügt der Nachweis, daß eine p-Sylowgruppe von $\mathfrak{W}$ über der abelschen p-Gruppe $\mathfrak{T}_2$ zerfällt. Die Abbildung ε von $\mathfrak{S}$ in $\mathfrak{W}$ mit

$$S^{\varepsilon} = (S,\, S\,\mathfrak{T})$$

ist offenbar ein Isomorphismus von $\mathfrak{S}$ in $\mathfrak{W}$. Aus

$$(S,\, S\,\mathfrak{T}) \in \mathfrak{S}^{\varepsilon} \cap \mathfrak{T}_2$$

folgt $S = E$. Somit ist $\mathfrak{S}^\varepsilon$ ein Komplement von $\mathfrak{T}_2$ in $\mathfrak{S}^\varepsilon \mathfrak{T}_2$. Wegen der Voraussetzung (2) ist

$$|\mathfrak{W} : \mathfrak{S}^\varepsilon \mathfrak{T}_2| = |\mathfrak{G}_1 : \mathfrak{S}| \not\equiv 0 \ (p) .$$

Also enthält $\mathfrak{S}^\varepsilon \mathfrak{T}_2$ eine p-Sylowgruppe von $\mathfrak{W}$, welche dann notwendig über $\mathfrak{T}_2$ zerfällt.

Sei $\mathfrak{R}$ ein Komplement von $\mathfrak{T}_2$ in $\mathfrak{W}$. Dann ist die Abbildung α_1 mit

$$R^{\alpha_1} = (G_1, G_2)^{\alpha_1} = G_1 \quad \text{für} \quad R = (G_1, G_2) \in \mathfrak{R}$$

wegen $\mathfrak{R} \cap \operatorname{Kern} \alpha_1 = \mathfrak{R} \cap \mathfrak{T}_2 = \mathfrak{E}$ ein Isomorphismus von $\mathfrak{R}$ auf $\mathfrak{G}_1$. Sei δ die Inverse von α_1. Dann ist δ ein Isomorphismus von $\mathfrak{G}_1$ in $\mathfrak{W}$ mit

$$G_1^\delta = (G_1, G_1^\tau) ,$$

wobei τ ein Homomorphismus von $\mathfrak{G}_1$ in $\mathfrak{G}_2$ ist. Für $M \in \mathfrak{M} = \mathfrak{N}_1$ ist

$$M^\delta = (M, M^\tau) \in \mathfrak{W} .$$

Also ist $M^{\mu_1} = \mathfrak{Q} = (M^\tau)^{\mu_2}$ und somit

$$M^\tau \in \operatorname{Kern} \mu_2 = \mathfrak{N}_2 = \mathfrak{Q}/\mathfrak{T} .$$

Da nun $\tau|_{\mathfrak{M}}$ ein Homomorphismus von $\mathfrak{M}$ in die p-Gruppe $\mathfrak{Q}/\mathfrak{T}$ ist und da $\mathfrak{M}$ keine nichttrivialen p-Faktorgruppen besitzt, folgt $M^\tau = \mathfrak{T}$ für alle M aus $\mathfrak{M}$. Somit ist

$$\mathfrak{M}^\delta = \{(M, M^\tau) \mid M \in \mathfrak{M}\} = \{(M, \mathfrak{T}) \mid M \in \mathfrak{M}\} = \mathfrak{T}_1 .$$

Aus $\mathfrak{W} = \mathfrak{G}_1^\delta \mathfrak{T}_2$ und $\mathfrak{G}_1^\delta \cap \mathfrak{T}_2 = \mathfrak{E}$ ergibt sich durch Anwendung des Homomorphismus α_2 von $\mathfrak{W}$ auf $\mathfrak{G}_2$ mit

$$(G_1, G_2)^{\alpha_2} = G_2 \quad (G_i \in \mathfrak{G}_i)$$

nun

$$\mathfrak{G}_2 = \mathfrak{W}^{\alpha_2} = \mathfrak{G}_1^{\delta\alpha_2} \mathfrak{T}_2^{\alpha_2} = \mathfrak{G}_1^{\delta\alpha_2} \mathfrak{N}_2 .$$

Wegen

$$\operatorname{Kern} \alpha_2 = \mathfrak{T}_1 = \mathfrak{M}^\delta \leqq \mathfrak{G}_1^\delta$$

folgt aus $\mathfrak{G}_1^\delta \cap \mathfrak{T}_2 = \mathfrak{E}$ auch $\mathfrak{G}_1^{\delta\alpha_2} \cap \mathfrak{N}_2 = \mathfrak{E}$. Somit ist $\mathfrak{G}_1^{\delta\alpha_2}$ ein Komplement von $\mathfrak{N}_2 = \mathfrak{Q}/\mathfrak{T}$ in $\mathfrak{G}_2 = \mathfrak{S}/\mathfrak{T}$. Nach III, 3.4 (S. 269) gilt

$$\mathfrak{Q}/\mathfrak{T} \leqq \Phi(\mathfrak{S})/\mathfrak{T} \leqq \Phi(\mathfrak{S}/\mathfrak{T}) .$$

Das ist jedoch ein Widerspruch zu $\mathfrak{Q} \neq \mathfrak{T}$. Also gilt doch $\mathfrak{Q} = \mathfrak{M} \cap \mathfrak{S} = \mathfrak{E}$.

q.e.d.

Als wichtigen Sonderfall erhalten wir:

4.7 Satz (J. Tate [1]). *Sei $\mathfrak{P}$ eine p-Sylowgruppe von $\mathfrak{G}$ und $\mathfrak{N}$ ein Normalteiler von $\mathfrak{G}$ mit $\mathfrak{N} \cap \mathfrak{P} \leqq \Phi(\mathfrak{P})$. Dann ist $\mathfrak{N}$ p-nilpotent.*

Beweis. Wir wenden 4.6 an mit $\mathfrak{P}$ anstelle von $\mathfrak{S}$. Also gibt es einen Normalteiler $\mathfrak{M}$ von $\mathfrak{N}$ mit $|\mathfrak{N} \cap \mathfrak{P}| \mid |\mathfrak{N}/\mathfrak{M}| = p^a$. Da $\mathfrak{N} \cap \mathfrak{P}$ eine p-Sylowgruppe von $\mathfrak{N}$ ist, ist $\mathfrak{M}$ das invariante p-Komplement von $\mathfrak{N}$.

q.e.d.

Wir können nun eine neue Charakterisierung der nilpotenten Gruppen angeben:

4.8 Satz. *Genau dann ist $\mathfrak{G}$ nilpotent, wenn es für jede Primzahl p mindestens eine p-Sylowgruppe $\mathfrak{P}$ von $\mathfrak{G}$ gibt mit $\mathfrak{P} \cap \mathfrak{G}' \leqq \Phi(\mathfrak{P})$. Dann ist sogar $\mathfrak{P} \cap \mathfrak{G}' = \mathfrak{P}'$.*

Beweis. Ist $\mathfrak{G}$ nilpotent, so folgt aus der direkten Zerlegung

$$\mathfrak{G} = \mathfrak{P}_1 \times \cdots \times \mathfrak{P}_r$$

von $\mathfrak{G}$ in die Sylowgruppen $\mathfrak{P}_i$ sofort $\mathfrak{P}_i \cap \mathfrak{G}' = \mathfrak{P}_i'$, nach III, 3.11 (S. 271) ist $\mathfrak{P}_i' \leqq \Phi(\mathfrak{P}_i)$.

Sei umgekehrt für jede Primzahl p eine p-Sylowgruppe $\mathfrak{P}$ von $\mathfrak{G}$ gegeben mit $\mathfrak{P} \cap \mathfrak{G}' \leqq \Phi(\mathfrak{P})$. Sei $\mathfrak{K}/\mathfrak{G}'$ das normale p-Komplement der abelschen Gruppe $\mathfrak{G}/\mathfrak{G}'$. Dann ist $\mathfrak{P} \cap \mathfrak{G}'$ eine p-Sylowgruppe von $\mathfrak{G}'$, also auch von $\mathfrak{K}$. Unsere Voraussetzung besagt

$$\mathfrak{P} \cap \mathfrak{K} = \mathfrak{P} \cap \mathfrak{G}' \leqq \Phi(\mathfrak{P}) .$$

Nach 4.7 ist daher $\mathfrak{K}$ p-nilpotent. Da $\mathfrak{G}/\mathfrak{K}$ eine p-Gruppe ist, ist auch $\mathfrak{G}$ p-nilpotent für alle p, also ist $\mathfrak{G}$ nilpotent. **q.e.d.**

Wir beweisen ein weiteres Kriterium für p-Nilpotenz:

4.9 Satz. *Sei $\mathfrak{P}$ eine p-Sylowgruppe von $\mathfrak{G}$. Die folgenden beiden Aussagen sind gleichwertig:*

a) *$\mathfrak{G}$ ist p-nilpotent.*

b) *Sind P_1 und P_2 Elemente aus $\mathfrak{P}$ und gibt es ein G aus $\mathfrak{G}$ mit $P_1^G = P_2$, so gibt es ein P aus $\mathfrak{P}$ mit $P_1^P = P_2$.*

Beweis. a) $\Rightarrow$ b): Sei $\mathfrak{G}$ p-nilpotent und $\mathfrak{K}$ das invariante p-Komplement von $\mathfrak{G}$. Dann ist $\mathfrak{G} = \mathfrak{P}\,\mathfrak{K}$. Sei $G = PK$ mit $P \in \mathfrak{P}$ und $K \in \mathfrak{K}$. Wegen $\mathfrak{K} \trianglelefteq \mathfrak{G}$ ist

$$P_1^{-P}\, P_2 = P_1^{-P}\, P_1^G = P_1^{-P}\, P_1^{PK} = [P_1^P, K] \in \mathfrak{K} \cap \mathfrak{P} = \mathfrak{E} .$$

Also haben wir $P_1^P = P_2$.

b) $\Rightarrow$ a): Sei $\mathbf{V}$ die Verlagerung von $\mathfrak{G}$ in $\mathfrak{P}/\mathfrak{P}'$, Nach 1.7 ist für $P \in \mathfrak{P}$

$$\mathbf{V}(P) = \prod_j S_j\, P^{f_j}\, S_j^{-1}\, \mathfrak{P}' .$$

Dabei liegt $S_j\, P^{f_j}\, S_j^{-1}$ in $\mathfrak{P}$. Nach unserer Voraussetzung unter b) gibt es Elemente P_j aus $\mathfrak{P}$ mit

$$S_j\, P^{f_j}\, S_j^{-1} = P_j\, P^{f_j}\, P_j^{-1} .$$

Damit folgt

$$\mathbf{V}(P) = \prod_j P^{f_j}\, \mathfrak{P}' = P^{|\mathfrak{G}:\mathfrak{P}|}\, \mathfrak{P}' .$$

Daher ist $\mathbf{V}(\mathfrak{P}) = \mathfrak{P}/\mathfrak{P}'$ und Kern $\mathbf{V} \cap \mathfrak{P} = \mathfrak{P}'$. Wegen $\mathfrak{P}' \leqq \Phi(\mathfrak{P})$ (siehe III, 3.11, S. 271) folgt mit 4.7 die p-Nilpotenz von Kern $\mathbf{V}$. Da $\mathfrak{G}/$Kern $\mathbf{V}$ selbst eine p-Gruppe ist, ist $\mathfrak{G}$ p-nilpotent. **q.e.d.**

Eine weitere Anwendung von 4.7 werden wir in der Theorie der subnormalen Untergruppen in Band 2 kennen lernen.

§ 5. Minimale nicht p-nilpotente Gruppen

In den Anwendungen bereitet der Fall, daß $\mathfrak{G}$ nicht p-normal ist, oft Schwierigkeiten. Häufig lassen sich diese durch den folgenden Satz überwinden:

5.1 Satz (Burnside). *Seien $\mathfrak{P}$ und $\mathfrak{P}^*$ p-Sylowgruppen von $\mathfrak{G}$, sei $\mathfrak{E} < \mathfrak{M} \triangleleft \mathfrak{P}$ und $\mathfrak{M} < \mathfrak{P}^*$, aber $\mathfrak{M} \not\triangleleft \mathfrak{P}^*$. Dann gibt es ein Element Q aus $\mathfrak{G}$ von einer Primzahlpotenzordnung q^b mit $q \neq p$ derart, daß gilt:*

a) $Q \notin \mathbf{N}_{\mathfrak{G}}(\mathfrak{M})$.

b) $\mathfrak{Z} = \mathfrak{M}\,\mathfrak{M}^Q \ldots \mathfrak{M}^{Q^{q^b-1}}$ *ist eine p-Gruppe.*

c) *Es ist $Q \in \mathbf{N}_{\mathfrak{G}}(\mathfrak{Z})$, aber $Q \notin \mathbf{C}_{\mathfrak{G}}(\mathfrak{Z})$.*

Beweis. Wir wählen $\mathfrak{P}^*$ unter den p-Sylowgruppen von $\mathfrak{G}$ mit

(1) $\mathfrak{M} < \mathfrak{P}^*$

(2) $\mathfrak{M} \not\triangleleft \mathfrak{P}^*$

so, daß (3) $|\mathfrak{P}^* : \mathbf{N}_{\mathfrak{P}^*}(\mathfrak{M})|$ möglichst klein ist.

Wir setzen $\mathfrak{S} = \mathbf{N}_{\mathfrak{P}^*}(\mathfrak{M}) = \mathfrak{P}^* \cap \mathbf{N}_{\mathfrak{G}}(\mathfrak{M})$.

1) Wir können, nötigenfalls nach Ersetzung von $\mathfrak{P}$ durch ein $\mathfrak{P}^Y$ mit $\mathfrak{M} \triangleleft \mathfrak{P}^Y$, annehmen, daß $\mathfrak{S} \leqq \mathfrak{P}$ gilt:

Wegen $\mathfrak{M} \triangleleft \mathfrak{P}$ ist $\mathfrak{P}$ eine p-Sylowgruppe von $\mathbf{N}_{\mathfrak{G}}(\mathfrak{M})$. Da $\mathfrak{S}$ eine p-Untergruppe von $\mathbf{N}_{\mathfrak{G}}(\mathfrak{M})$ ist, gibt es eine p-Sylowgruppe $\mathfrak{P}^Y$ von $\mathbf{N}_{\mathfrak{G}}(\mathfrak{M})$ mit $\mathfrak{S} \leqq \mathfrak{P}^Y$. Offenbar ist $\mathfrak{M} \triangleleft \mathfrak{P}^Y$. Also können wir $\mathfrak{P}$ durch $\mathfrak{P}^Y$ ersetzen.

2) Wir setzen $\mathfrak{T} = \mathbf{N}_{\mathfrak{P}}(\mathfrak{S})$ und $\mathfrak{T}^* = \mathbf{N}_{\mathfrak{P}^*}(\mathfrak{S})$. Dann gilt $\mathfrak{S} < \mathfrak{T}$ und $\mathfrak{S} < \mathfrak{T}^*$:

Wegen $\mathfrak{S} = \mathbf{N}_{\mathfrak{P}^*}(\mathfrak{M})$ und $\mathfrak{M} \not\triangleleft \mathfrak{P}^*$ ist $\mathfrak{S} < \mathfrak{P}^*$. Da $\mathfrak{P}^*$ nilpotent ist, folgt mit III, 2.3 (S. 260) daraus $\mathfrak{S} < \mathbf{N}_{\mathfrak{P}^*}(\mathfrak{S}) = \mathfrak{T}^*$. Aus $|\mathfrak{S}| < |\mathfrak{P}^*| = |\mathfrak{P}|$ und $\mathfrak{S} \leqq \mathfrak{P}$ folgt $\mathfrak{S} < \mathfrak{P}$, dann wie eben wieder $\mathfrak{S} < \mathfrak{T} = \mathbf{N}_{\mathfrak{P}}(\mathfrak{S})$.

3) Aus $\mathfrak{T} \leqq \mathfrak{B} \leqq \mathfrak{G}$ mit $|\mathfrak{B}| = p^a$ folgt $\mathfrak{M} \trianglelefteq \mathfrak{B}$:

Für eine geeignete p-Sylowgruppe $\mathfrak{P}^{**}$ von $\mathfrak{G}$ haben wir

$$\mathbf{N}_{\mathfrak{P}^*}(\mathfrak{M}) = \mathfrak{S} < \mathfrak{T} \leqq \mathfrak{B} \leqq \mathfrak{P}^{**}$$

und wegen $\mathfrak{T} = \mathbf{N}_{\mathfrak{P}}(\mathfrak{S}) \leqq \mathfrak{P} \leqq \mathbf{N}_{\mathfrak{G}}(\mathfrak{M})$ auch $\mathfrak{T} \leqq \mathbf{N}_{\mathfrak{P}^{**}}(\mathfrak{M})$. Es folgt

$$|\mathfrak{P}^{**} : \mathbf{N}_{\mathfrak{P}^{**}}(\mathfrak{M})| \leqq |\mathfrak{P}^{**} : \mathfrak{T}| < |\mathfrak{P}^* : \mathfrak{S}| = |\mathfrak{P}^* : \mathbf{N}_{\mathfrak{P}^*}(\mathfrak{M})|\,.$$

Nach der Wahl von $\mathfrak{P}^*$ ist daher $\mathfrak{M} \triangleleft \mathfrak{P}^{**}$ und erst recht $\mathfrak{M} \trianglelefteq \mathfrak{B}$.

4) Beweisabschluß:

Aus $\mathfrak{S} \lhd \mathfrak{T}$ und $\mathfrak{S} \lhd \mathfrak{T}^*$ folgt $\mathfrak{S} \lhd \langle \mathfrak{T}, \mathfrak{T}^* \rangle = \mathfrak{L}$. Sei $\mathfrak{R}$ eine p-Sylowgruppe von $\mathfrak{L}$ mit $\mathfrak{T} \leqq \mathfrak{R}$. Nach 3) ist dann $\mathfrak{M} \trianglelefteq \mathfrak{R}$. Wegen $\mathbf{N}_{\mathfrak{P}^*}(\mathfrak{M}) = \mathfrak{S} < \mathfrak{T}^*$ gilt $\mathfrak{T}^* \nleqq \mathbf{N}_{\mathfrak{S}}(\mathfrak{M})$, also auch $\mathfrak{L} \nleqq \mathbf{N}_{\mathfrak{S}}(\mathfrak{M})$. Daher gibt es eine Primzahl q mit $q \neq p$ und eine q-Sylowgruppe $\mathfrak{Q}$ von $\mathfrak{L}$ mit $\mathfrak{Q} \nleqq \mathbf{N}_{\mathfrak{S}}(\mathfrak{M})$. Sei $Q \in \mathfrak{Q}$ und $Q \notin \mathbf{N}_{\mathfrak{S}}(\mathfrak{M})$. Aus $\mathfrak{S} \lhd \mathfrak{L}$ und $\mathfrak{M} \lhd \mathfrak{S}$ erhalten wir nun für alle i

$$\mathfrak{M}^{Q^i} \lhd \mathfrak{S}^{Q^i} = \mathfrak{S}\,.$$

Also ist

$$\mathfrak{J} = \mathfrak{M}\,\mathfrak{M}^{Q} \ldots \mathfrak{M}^{Q^{q^b-1}} \quad (\text{mit } q^b = O(Q))$$

eine p-Gruppe, welche von Q normalisiert wird. Wegen $\mathfrak{M}^Q \neq \mathfrak{M}$ ist sicher $Q \notin \mathbf{C}_{\mathfrak{S}}(\mathfrak{J})$. **q.e.d.**

5.2 Hilfssatz. *Sei $\mathfrak{P}$ eine p-Sylowgruppe von $\mathfrak{G}$ und $\mathfrak{U}$ eine charakteristische Untergruppe von $\mathfrak{P}$. Aus $\mathfrak{U}^G \leqq \mathfrak{P}$ für ein G aus $\mathfrak{G}$ folgt dann $\mathfrak{U} = \mathfrak{U}^G$.*

Beweis. Wir haben $\mathfrak{U} \trianglelefteq \mathfrak{P}$ und $\mathfrak{U}^G \trianglelefteq \mathfrak{P}$. Also liegen $\mathfrak{P}$ und $\mathfrak{P}^{G^{-1}}$ in $\mathbf{N}_{\mathfrak{G}}(\mathfrak{U})$. Nach dem Satz von Sylow gibt es daher ein $H \in \mathbf{N}_{\mathfrak{G}}(\mathfrak{U})$ mit $\mathfrak{P}^{G^{-1}} = \mathfrak{P}^H$. Da $\mathfrak{U}$ charakteristisch ist in $\mathfrak{P}$, folgt $HG \in \mathbf{N}_{\mathfrak{G}}(\mathfrak{P}) \leqq \mathbf{N}_{\mathfrak{G}}(\mathfrak{U})$, also auch $G \in \mathbf{N}_{\mathfrak{G}}(\mathfrak{U})$. Das beweist $\mathfrak{U} = \mathfrak{U}^G$. **q.e.d.**

5.3 Hilfssatz. *Sei $\mathfrak{G}$ nicht p-normal. Dann gibt es eine p-Untergruppe $\mathfrak{J}$ von $\mathfrak{G}$ und ein Q aus $\mathfrak{G}$ mit folgenden Eigenschaften:*

(1) $Q \in \mathbf{N}_{\mathfrak{G}}(\mathfrak{J}) - \mathbf{C}_{\mathfrak{G}}(\mathfrak{J})$.

(2) *$O(Q)$ ist eine Potenz einer von p verschiedenen Primzahl q.*

Beweis. Da $\mathfrak{G}$ nicht p-normal ist, gibt es ein $G \in \mathfrak{G}$ mit $\mathbf{Z}(\mathfrak{P})^G \leqq \mathfrak{P}$, aber $\mathbf{Z}(\mathfrak{P})^G \neq \mathbf{Z}(\mathfrak{P})$. Nach 5.2 ist dann $\mathbf{Z}(\mathfrak{P})^G \ntrianglelefteq \mathfrak{P}$. Mit $\mathfrak{M} = \mathbf{Z}(\mathfrak{P})$ und $\mathfrak{P}^* = \mathfrak{P}^{G^{-1}}$ folgt jetzt aus 5.1 die Behauptung. **q.e.d.**

Der 2. Satz von Grün, ergänzt durch Hilfssatz 5.3, ist ein kräftiges Hilfsmittel. Als typische Anwendung beweisen wie eine nützliche Verallgemeinerung von III, 5.2 (S. 281):

5.4 Satz (N. Itô [1]). *Sei jede eigentliche Untergruppe von $\mathfrak{G}$ p-nilpotent, $\mathfrak{G}$ selbst jedoch nicht. Dann gilt:*

(1) *Jede eigentliche Untergruppe von $\mathfrak{G}$ ist nilpotent.*

(2) $|\mathfrak{G}| = p^a q^b$ *für eine geeignete Primzahl q.*

(3) *$\mathfrak{G}$ hat eine invariante p-Sylowgruppe; diese hat für $p > 2$ den Exponenten p, für $p = 2$ höchstens den Exponenten 4.*

(4) *Die q-Sylowgruppen von $\mathfrak{G}$ sind zyklisch.*

Beweis. a) $\mathfrak{G}$ hat eine invariante p-Sylowgruppe:

Sei zuerst $\mathfrak{G}$ nicht p-normal. Nach 5.3 gibt es dann eine Untergruppe $\mathfrak{J}\langle Q \rangle$ von $\mathfrak{G}$ mit $Q \in \mathbf{N}_{\mathfrak{G}}(\mathfrak{J}) - \mathbf{C}_{\mathfrak{G}}(\mathfrak{J})$, $|\mathfrak{J}| = p^a$ und $O(Q) = q^b$. Ist $\mathfrak{J}\langle Q \rangle < \mathfrak{G}$, so ist $\mathfrak{J}\langle Q \rangle$ p-nilpotent, und es folgt $\langle Q \rangle \lhd \mathfrak{J}\langle Q \rangle$, daher

$[\mathfrak{J}, \langle Q \rangle] \leqq \mathfrak{J} \cap \langle Q \rangle = \mathfrak{E}$ und $Q \in \mathbf{C}_{\mathfrak{G}}(\mathfrak{J})$. Das stimmt jedoch nicht. Also ist $\mathfrak{J}\langle Q \rangle = \mathfrak{G}$ und $\mathfrak{J}$ ist die invariante p-Sylowgruppe von $\mathfrak{G}$.

Sei $\mathfrak{G}$ nun p-normal und $\mathfrak{P}$ eine p-Sylowgruppe von $\mathfrak{G}$. Ist $\mathbf{N}_{\mathfrak{G}}(\mathbf{Z}(\mathfrak{P})) < \mathfrak{G}$, so ist $\mathbf{N}_{\mathfrak{G}}(\mathbf{Z}(\mathfrak{P}))$ p-nilpotent. Nach 3.7 gilt somit

$$\mathfrak{G}/\mathfrak{G}'(p) \cong \mathbf{N}_{\mathfrak{G}}(\mathbf{Z}(\mathfrak{P}))/\mathbf{N}_{\mathfrak{G}}(\mathbf{Z}(\mathfrak{P}))'(p) \neq \mathfrak{E}\,.$$

Also ist $\mathfrak{G}'(p) < \mathfrak{G}$. Daher ist $\mathfrak{G}'(p)$ p-nilpotent, dann aber auch $\mathfrak{G}$ selbst, denn das invariante p-Komplement von $\mathfrak{G}'(p)$ ist als charakteristische Untergruppe von $\mathfrak{G}'(p)$ auch ein invariantes p-Komplement von $\mathfrak{G}$. Dies widerspricht jedoch der Voraussetzung, daß $\mathfrak{G}$ nicht p-nilpotent ist.

Also ist $\mathbf{N}_{\mathfrak{G}}(\mathbf{Z}(\mathfrak{P})) = \mathfrak{G}$. Ist $\mathbf{Z}(\mathfrak{P}) = \mathfrak{P}$, so hat $\mathfrak{G}$ eine invariante p-Sylowgruppe. Ist $\mathbf{Z}(\mathfrak{P}) < \mathfrak{P}$ und ist $\mathfrak{G}/\mathbf{Z}(\mathfrak{P})$ nicht p-nilpotent, so liefert eine Induktionsannahme $\mathfrak{P}/\mathbf{Z}(\mathfrak{P}) \trianglelefteq \mathfrak{G}/\mathbf{Z}(\mathfrak{P})$, also wieder $\mathfrak{P} \trianglelefteq \mathfrak{G}$. Sei schließlich $\mathfrak{G}/\mathbf{Z}(\mathfrak{P})$ p-nilpotent und $\mathbf{Z}(\mathfrak{P}) < \mathfrak{P}$. Sei $\mathfrak{M}/\mathbf{Z}(\mathfrak{P})$ das invariante p-Komplement von $\mathfrak{G}/\mathbf{Z}(\mathfrak{P})$. Wegen $p \mid |\mathfrak{G}/\mathbf{Z}(\mathfrak{P})|$ ist $\mathfrak{M} < \mathfrak{G}$, also ist $\mathfrak{M}$ p-nilpotent. Das p-Komplement von $\mathfrak{M}$ ist dann ein invariantes p-Komplement von $\mathfrak{G}$. Das widerspricht jedoch unserer Voraussetzung, daß $\mathfrak{G}$ nicht p-nilpotent ist.

Also hat $\mathfrak{G}$ in jedem Falle eine invariante p-Sylowgruppe.

b) Jede eigentliche Untergruppe von $\mathfrak{G}$ ist nilpotent:

Nach dem Satz von Zassenhaus (I, 18.1, S. 126) gibt es ein Komplement $\mathfrak{Q}$ von $\mathfrak{P}$. Da $\mathfrak{G}$ nicht p-nilpotent ist, gilt $\mathfrak{Q} \not\leqq \mathbf{C}_{\mathfrak{G}}(\mathfrak{P})$. Sei Q ein Element von einer Primzahlpotenzordnung q^b aus $\mathfrak{Q}$ mit $Q \notin \mathbf{C}_{\mathfrak{G}}(\mathfrak{P})$. Dann ist $\mathfrak{P}\langle Q \rangle$ nicht p-nilpotent, also ist $\mathfrak{G} = \mathfrak{P}\langle Q \rangle$. Insbesondere gilt $|\mathfrak{G}| = p^a q^b$, und $\mathfrak{G}$ ist q-nilpotent. Ist $\mathfrak{U} < \mathfrak{G}$, so ist $\mathfrak{U}$ p-nilpotent und q-nilpotent, also ist $\mathfrak{U}$ nilpotent.

c) Die Aussagen (2)–(4) folgen nun sofort aus III, 5.2. **q.e.d.**

Satz 5.4 hat zahlreiche Folgerungen, von denen wir einige behandeln.

5.5 Satz. a) *Sei p eine ungerade Primzahl. Jede Untergruppe von $\mathfrak{G}$ von der Ordnung p liege in $\mathbf{Z}(\mathfrak{G})$. Dann ist $\mathfrak{G}$ p-nilpotent.*

b) *Liegen alle Elemente von der Ordnung 2 und 4 in $\mathbf{Z}(\mathfrak{G})$, so ist $\mathfrak{G}$ 2-nilpotent.*

Beweis. Sei $\mathfrak{G}$ ein kleinstes Gegenbeispiel. Da sich die Voraussetzung auf Untergruppen von $\mathfrak{G}$ vererbt, ist jede eigentliche Untergruppe von $\mathfrak{G}$ p-nilpotent, aber $\mathfrak{G}$ selbst nicht. Also hat $\mathfrak{G}$ nach 5.4 eine invariante p-Sylowgruppe $\mathfrak{P}$. Für $p > 2$ hat $\mathfrak{P}$ nach 5.4 den Exponenten p, und es folgt $\mathfrak{P} \leqq \mathbf{Z}(\mathfrak{G})$. Für $p = 2$ hat $\mathfrak{P}$ nach 5.4 höchstens den Exponenten 4, liegt daher wieder in $\mathbf{Z}(\mathfrak{G})$. Also ist $\mathfrak{G}$ p-nilpotent. **q.e.d.**

5.6 Beispiel. Die Voraussetzung, daß alle Elemente der Ordnung 2 in $\mathbf{Z}(\mathfrak{G})$ liegen, erzwingt noch nicht die 2-Nilpotenz. Dies zeigt das folgende

Beispiel: Sei $\mathfrak{Q} = \langle A, B \rangle$ mit

$$A^4 = E, A^2 = B^2 = [A, B]$$

die Quaternionengruppe der Ordnung 8. Dann gibt es einen Automorphismus α der Ordnung 3 von $\mathfrak{Q}$ mit

$$A^\alpha = B\,, \quad B^\alpha = AB\,.$$

Sei $\mathfrak{G}$ das semidirekte Produkt von $\mathfrak{Q}$ mit $\langle\alpha\rangle$. Dann ist $\mathfrak{G}$ nicht 2-nilpotent, die einzige Untergruppe $\langle A^2 \rangle$ der Ordnung 2 von $\mathfrak{G}$ liegt jedoch in $\mathbf{Z}(\mathfrak{G})$. **q.e.d.**

Nach III, 2.3 (S. 260) ist eine Gruppe genau dann nilpotent, wenn alle maximalen Untergruppen invariant sind. Die duale Forderung, daß alle minimalen Untergruppen invariant sind, führt nicht zu einer ähnlich wichtigen Klasse von Gruppen. Wir beweisen:

5.7 Satz (Gaschütz, N. Itô). *Sei jede minimale Untergruppe von $\mathfrak{G}$ normal in $\mathfrak{G}$. Dann ist $\mathfrak{G}$ auflösbar, und die Kommutatorgruppe $\mathfrak{G}'$ hat eine invariante 2-Sylowgruppe mit nilpotenter Faktorgruppe.*

Beweis. Sei $\mathfrak{U}$ eine Untergruppe von $\mathfrak{G}'$ von Primzahlordnung p. Dann ist $\mathfrak{U} \trianglelefteq \mathfrak{G}$, und $\mathfrak{G}/\mathbf{C}_{\mathfrak{G}}(\mathfrak{U})$ ist abelsch. Daher folgt $\mathfrak{G}' \leqq \mathbf{C}_{\mathfrak{G}}(\mathfrak{U})$. Nun sind die Voraussetzungen von 5.5 für $\mathfrak{G}'$ und jedes ungerade p erfüllt. Also ist $\mathfrak{G}'$ p-nilpotent für alle ungeraden Primzahlen p. Das ergibt die Behauptung. **q.e.d.**

5.8 Satz (Frobenius).

a) *Für jede p-Untergruppe $\mathfrak{U}$ von $\mathfrak{G}$ sei $\mathbf{N}_{\mathfrak{G}}(\mathfrak{U})/\mathbf{C}_{\mathfrak{G}}(\mathfrak{U})$ eine p-Gruppe. Dann ist $\mathfrak{G}$ p-nilpotent.*

b) *Für jede p-Untergruppe $\mathfrak{U}$ von $\mathfrak{G}$ mit $\mathfrak{U} \neq \mathfrak{E}$ sei $\mathbf{N}_{\mathfrak{G}}(\mathfrak{U})$ p-nilpotent. Dann ist $\mathfrak{G}$ p-nilpotent.*

Beweis. a) Sei $\mathfrak{V}$ eine Untergruppe von $\mathfrak{G}$ und $\mathfrak{U}$ eine von $\mathfrak{E}$ verschiedene p-Untergruppe von $\mathfrak{V}$. Dann ist

$$\begin{aligned}|\mathbf{N}_{\mathfrak{V}}(\mathfrak{U})/\mathbf{C}_{\mathfrak{V}}(\mathfrak{U})| &= |(\mathbf{N}_{\mathfrak{G}}(\mathfrak{U}) \cap \mathfrak{V})/(\mathbf{C}_{\mathfrak{G}}(\mathfrak{U}) \cap \mathfrak{V})| \\ &= |(\mathbf{N}_{\mathfrak{G}}(\mathfrak{U}) \cap \mathfrak{V})\,\mathbf{C}_{\mathfrak{G}}(\mathfrak{U})/\mathbf{C}_{\mathfrak{G}}(\mathfrak{U})|\end{aligned}$$

als Teiler von $|\mathbf{N}_{\mathfrak{G}}(\mathfrak{U})/\mathbf{C}_{\mathfrak{G}}(\mathfrak{U})|$ eine Potenz von p. Also vererbt sich die Voraussetzung auf alle Untergruppen von $\mathfrak{G}$.

Sei $\mathfrak{G}$ ein kleinstes Gegenbeispiel. Dann sind alle eigentlichen Untergruppen von $\mathfrak{G}$ p-nilpotent, $\mathfrak{G}$ selbst aber nicht. Nach 5.4 hat $\mathfrak{G}$ eine invariante p-Sylowgruppe $\mathfrak{P} \neq \mathfrak{E}$. Da nach unserer Voraussetzung

$$\mathbf{N}_{\mathfrak{G}}(\mathfrak{P})/\mathbf{C}_{\mathfrak{G}}(\mathfrak{P}) = \mathfrak{G}/\mathbf{C}_{\mathfrak{G}}(\mathfrak{P})$$

eine p-Gruppe ist, gilt $\mathfrak{G} = \mathbf{C}_{\mathfrak{G}}(\mathfrak{P})\,\mathfrak{P}$. Sei $\mathfrak{S}$ ein (nach dem Satz von Zassenhaus I, 18.1 existierendes) Komplement von $\mathbf{C}_{\mathfrak{G}}(\mathfrak{P}) \cap \mathfrak{P} = \mathbf{Z}(\mathfrak{P})$ in $\mathbf{C}_{\mathfrak{G}}(\mathfrak{P})$. Dann ist $\mathfrak{G} = \mathfrak{P} \times \mathfrak{S}$ p-nilpotent.

b) Sei $\mathfrak{U}$ eine von $\mathfrak{E}$ verschiedene p-Untergruppe von $\mathfrak{G}$ und $\mathfrak{K}$ das invariante p-Komplement der p-nilpotenten Gruppe $\mathbf{N}_{\mathfrak{G}}(\mathfrak{U})$. Dann ist

Or: Use converse of (a) for $N_{\mathfrak{G}}(\mathfrak{U})$.

$$[\mathfrak{U}, \mathfrak{K}] \leqq \mathfrak{U} \cap \mathfrak{K} = \mathfrak{E},$$

also $\mathfrak{K} \leqq \mathbf{C}_{\mathfrak{G}}(\mathfrak{U})$. Daher ist $\mathbf{N}_{\mathfrak{G}}(\mathfrak{U})/\mathbf{C}_{\mathfrak{G}}(\mathfrak{U})$ eine p-Gruppe, und aus a) folgt die Behauptung. **q.e.d.**

5.9 Satz (Frobenius). *Sei $\mathfrak{P}$ eine p-Sylowgruppe von $\mathfrak{G}$. Jede Untergruppe von $\mathfrak{P}$ lasse sich mit höchstens d Elementen erzeugen und $|\mathfrak{G}|$ sei teilerfremd zu*

$$(p^d - 1)(p^{d-1} - 1) \dots (p^2 - 1)(p - 1)\,.$$

Dann ist $\mathfrak{G}$ p-nilpotent.

Beweis. Sei $\mathfrak{U} \leqq \mathfrak{P}$. Da sich $\mathfrak{U}$ mit d Elementen erzeugen läßt, gilt nach III, 3.19 (S. 275) für geeignetes k

$$|\mathbf{N}_{\mathfrak{G}}(\mathfrak{U})/\mathbf{C}_{\mathfrak{G}}(\mathfrak{U})| \mid |\mathbf{A}(\mathfrak{U})| \mid p^k(p^d - 1)(p^{d-1} - 1) \dots (p - 1)\,.$$

Wegen unserer Voraussetzung ist $|\mathbf{N}_{\mathfrak{G}}(\mathfrak{U})/\mathbf{C}_{\mathfrak{G}}(\mathfrak{U})|$ eine Potenz von p, und wir können 5.8 a) anwenden. **q.e.d.**

Aus 5.9 läßt sich leicht 2.8 wieder gewinnen. Als weitere Folgerung geben wir an:

5.10 Satz. *Die p-Sylowgruppen von $\mathfrak{G}$ seien metazyklisch, und $|\mathfrak{G}|$ sei teilerfremd zu $p^2 - 1$. Dann ist $\mathfrak{G}$ p-nilpotent. (Man vergleiche auch mit* 8.5.)

Beweis. Sei $\mathfrak{P}$ eine metazyklische p-Sylowgruppe von $\mathfrak{G}$ und $\mathfrak{Z}$ ein zyklischer Normalteiler von $\mathfrak{P}$ mit zyklischer Faktorgruppe $\mathfrak{P}/\mathfrak{Z}$. Ist $\mathfrak{U}$ eine Untergruppe von $\mathfrak{P}$, so sind $\mathfrak{U} \cap \mathfrak{Z}$ und $\mathfrak{U}/(\mathfrak{U} \cap \mathfrak{Z}) \cong \mathfrak{U}\mathfrak{Z}/\mathfrak{Z}$ zyklisch. Also läßt sich $\mathfrak{U}$ mit zwei Elementen erzeugen. Die Anwendung von 5.9 mit $d = 2$ liefert jetzt die Behauptung. **q.e.d.**

Als Spezialfall von 5.10 erhalten wir sofort:

5.11 Satz. *Die 2-Sylowgruppen von $\mathfrak{G}$ seien metazyklisch. Ist $|\mathfrak{G}|$ teilerfremd zu 3, so ist $\mathfrak{G}$ 2-nilpotent.*

Der folgende Satz ist eine zu III, 3.18 (S. 275) duale Feststellung:

5.12 Satz. *Sei $\mathfrak{P}$ eine p-Gruppe und α ein Automorphismus von $\mathfrak{P}$ von zu p teilerfremder Ordnung.*

a) *Für $p > 2$ lasse α alle Elemente der Ordnung p von $\mathfrak{P}$ fest.*

b) *Für $p = 2$ lasse α alle Elemente der Ordnungen 2 und 4 von $\mathfrak{P}$ fest.*

Dann ist $\alpha = 1$.

Beweis. Sei $\mathfrak{P}$ ein minimales Gegenbeispiel. Ist $\mathfrak{U} < \mathfrak{P}$ und $\mathfrak{U}^\alpha = \mathfrak{U}$, so gilt also $\alpha|_{\mathfrak{U}} = 1$. Wir können offenbar annehmen, daß α eine Primzahlordnung q mit $q \neq p$ hat.

Sei $\mathfrak{G} = \mathfrak{P}\langle Q\rangle$ das semidirekte Produkt von $\mathfrak{P}$ mit der zyklischen Gruppe $\langle Q\rangle$ mit $Q^q = E$ und $P^Q = P^\alpha$ für alle $P \in \mathfrak{P}$. Wegen $\alpha \neq 1$ ist $\mathfrak{G}$ nicht p-nilpotent.

Wir zeigen, daß jede eigentliche Untergruppe $\mathfrak{V}$ von $\mathfrak{G}$ p-nilpotent ist: Für $|\mathfrak{V}| = p^v$ ist dies trivial. Ist $q \mid |\mathfrak{V}|$, so gilt $\langle Q\rangle \leqq \mathfrak{V}^G$ für ein geeignetes G aus $\mathfrak{G}$. Dann ist

$$\mathfrak{V}^G = (\mathfrak{V}^G \cap \mathfrak{P})\,\langle Q\rangle\,.$$

Nach der Vorbemerkung ist $\alpha = 1$ auf $\mathfrak{V}^G \cap \mathfrak{P}$, also ist $\mathfrak{V}^G$ p-nilpotent. Nach 5.4 hat nun $\mathfrak{P}$ den Exponenten p für $p > 2$ und höchstens den Exponenten 4 für $p = 2$. Das ergibt $\alpha = 1$ auf ganz $\mathfrak{P}$. **q.e.d.**

§ 6. Das p-Nilpotenzkriterium von Thompson

6.1 Definition. Sei $\mathfrak{P}$ eine p-Gruppe. Wir setzen

$$m(\mathfrak{P}) = \operatorname{Max}\{d(\mathfrak{A}) \mid \mathfrak{A} \leqq \mathfrak{P}, \mathfrak{A}' = \mathfrak{E}\}$$

und

$$\mathbf{J}(\mathfrak{P}) = \langle \mathfrak{A} \mid \mathfrak{A} \leqq \mathfrak{P}, \mathfrak{A}' = \mathfrak{E}, d(\mathfrak{A}) = m(\mathfrak{P})\rangle\,.$$

(Dabei sei $d(\mathfrak{A})$ die minimale Erzeugendenzahl von $\mathfrak{A}$.)
Offenbar ist $\mathbf{J}(\mathfrak{P})$ eine charakteristische Untergruppe von $\mathfrak{P}$, und für $\mathbf{J}(\mathfrak{P}) \leqq \mathfrak{K} \leqq \mathfrak{P}$ gilt $\mathbf{J}(\mathfrak{P}) = \mathbf{J}(\mathfrak{K})$.

Für die Anwendungen ist es wichtig, von der p-Nilpotenz möglichst weniger Untergruppen von $\mathfrak{G}$ auf die p-Nilpotenz von $\mathfrak{G}$ selbst zu schließen. Satz 5.8 macht bereits eine Aussage dieser Art. Der schärfste bekannte Satz in dieser Richtung ist der folgende:

6.2 Hauptsatz (Thompson [4]). *Sei $p > 2$ und $\mathfrak{P}$ eine p-Sylowgruppe von $\mathfrak{G}$. Sind $\mathbf{C}_{\mathfrak{G}}(\mathbf{Z}(\mathfrak{P}))$ und $\mathbf{N}_{\mathfrak{G}}(\mathbf{J}(\mathfrak{P}))$ p-nilpotent, so auch $\mathfrak{G}$ selbst.*

Beweis. Sei $\mathfrak{G}$ ein Gegenbeispiel von minimaler Ordnung.

a) Sei

$$\mathscr{H} = \{\mathfrak{H} \mid \mathfrak{E} < \mathfrak{H} \leqq \mathfrak{G}, \mathfrak{H}\ \ p\text{-Gruppe}, \mathbf{N}_{\mathfrak{G}}(\mathfrak{H}) \text{ nicht } p\text{-nilpotent}\}.$$

Wir definieren auf $\mathscr{H}$ eine Teilordnung durch $\mathfrak{H}_1 \ll \mathfrak{H}_2$, falls

(1) $|\mathbf{N}_{\mathfrak{G}}(\mathfrak{H}_1)|_p < |\mathbf{N}_{\mathfrak{G}}(\mathfrak{H}_2)|_p$ oder

(2) $|\mathbf{N}_{\mathfrak{G}}(\mathfrak{H}_1)|_p = |\mathbf{N}_{\mathfrak{G}}(\mathfrak{H}_2)|_p$ und $|\mathfrak{H}_1| < |\mathfrak{H}_2|$.

(Mit $|\mathfrak{T}|_p$ bezeichnen wir dabei die höchste Potenz von p, welche $|\mathfrak{T}|$ teilt.) Wir behaupten: Es ist $\mathscr{H} \neq \emptyset$ und $\mathfrak{P} \notin \mathscr{H}$:

Ist $\mathscr{H} = \emptyset$, so ist für jede p-Gruppe $\mathfrak{H}$ mit $\mathfrak{E} < \mathfrak{H} \leqq \mathfrak{G}$ stets $\mathbf{N}_{\mathfrak{G}}(\mathfrak{H})$ p-nilpotent. Nach 5.8 b) ist dann auch $\mathfrak{G}$ p-nilpotent, entgegen der Wahl von $\mathfrak{G}$ als Gegenbeispiel. Also ist $\mathscr{H} \neq \emptyset$. Da $\mathbf{J}(\mathfrak{P})$ charakteristisch ist in $\mathfrak{P}$, folgt mit $\mathbf{N}_{\mathfrak{G}}(\mathfrak{P}) \leqq \mathbf{N}_{\mathfrak{G}}(\mathbf{J}(\mathfrak{P}))$ die p-Nilpotenz von $\mathbf{N}_{\mathfrak{G}}(\mathfrak{P})$. Also ist $\mathfrak{P} \notin \mathscr{H}$.

Sei $\mathfrak{H}$ ein bezüglich der Ordnung $\ll$ maximales Element aus $\mathscr{H}$, welches wir weiterhin festhalten.

b) Setzen wir $\mathfrak{N} = \mathbf{N}_{\mathfrak{G}}(\mathfrak{H})$, so ist $\mathfrak{N}/\mathfrak{H}$ p-nilpotent:

Sei $\overline{\mathfrak{P}}$ eine p-Sylowgruppe von $\mathfrak{N}$. Dann ist sicher $\mathfrak{H} \leqq \overline{\mathfrak{P}}$. Wir können (nötigenfalls nach Übergang zu Konjugierten) $\overline{\mathfrak{P}} \leqq \mathfrak{P}$ annehmen.

Sei $\mathfrak{P}_1/\mathfrak{H} = \mathbf{Z}(\overline{\mathfrak{P}}/\mathfrak{H})$ und $\mathfrak{P}_2/\mathfrak{H} = \mathbf{J}(\overline{\mathfrak{P}}/\mathfrak{H})$. Dann ist $\overline{\mathfrak{P}} \leqq \mathbf{N}_{\mathfrak{G}}(\mathfrak{P}_i)$ $(i = 1, 2)$, also auch

$$|\mathbf{N}_{\mathfrak{G}}(\mathfrak{P}_i)|_p \geqq |\overline{\mathfrak{P}}| = |\mathbf{N}_{\mathfrak{G}}(\mathfrak{H})|_p .$$

Wegen $\mathfrak{H} < \mathfrak{P}$ ist nach III, 2.3 (S. 260) $\mathfrak{H} < \mathbf{N}_{\mathfrak{G}}(\mathfrak{H}) \cap \mathfrak{P} = \overline{\mathfrak{P}}$, also auch $\mathfrak{E} < \mathbf{Z}(\overline{\mathfrak{P}}/\mathfrak{H}) = \mathfrak{P}_1/\mathfrak{H}$ und $\mathfrak{E} < \mathbf{J}(\overline{\mathfrak{P}}/\mathfrak{H}) = \mathfrak{P}_2/\mathfrak{H}$. Das ergibt $|\mathfrak{H}| < |\mathfrak{P}_i|$. Wäre $\mathfrak{P}_i \in \mathscr{H}$, so hätten wir $\mathfrak{H} \ll \mathfrak{P}_i$, entgegen der Maximalität von $\mathfrak{H}$ in $\mathscr{H}$. Also ist $\mathfrak{P}_i \notin \mathscr{H}$, und $\mathbf{N}_{\mathfrak{G}}(\mathfrak{P}_i)$ ist p-nilpotent.

Wir haben $\mathbf{C}_{\mathfrak{N}/\mathfrak{H}}(\mathfrak{P}_1/\mathfrak{H}) \leqq \mathbf{N}_{\mathfrak{G}}(\mathfrak{P}_1)/\mathfrak{H}$. Also ist $\mathbf{C}_{\mathfrak{N}/\mathfrak{H}}(\mathbf{Z}(\overline{\mathfrak{P}}/\mathfrak{H}))$ p-nilpotent.

Ferner ist $\mathbf{N}_{\mathfrak{N}/\mathfrak{H}}(\mathfrak{P}_2/\mathfrak{H}) \leqq \mathbf{N}_{\mathfrak{G}}(\mathfrak{P}_2)/\mathfrak{H}$. Somit ist $\mathbf{N}_{\mathfrak{N}/\mathfrak{H}}(\mathbf{J}(\overline{\mathfrak{P}}/\mathfrak{H}))$ p-nilpotent. Die Anwendung des Satzes auf $\mathfrak{N}/\mathfrak{H}$ ergibt jetzt die p-Nilpotenz von $\mathfrak{N}/\mathfrak{H}$.

c) Es gilt $\mathfrak{N} = \mathbf{N}_{\mathfrak{G}}(\mathfrak{H}) = \mathfrak{G}$:

Wegen $\mathfrak{H} < \mathfrak{P}$ ist $\mathbf{Z}(\mathfrak{P}) \leqq \mathbf{N}_{\mathfrak{P}}(\mathfrak{H}) = \overline{\mathfrak{P}}$, also auch $\mathbf{Z}(\mathfrak{P}) \leqq \mathbf{Z}(\overline{\mathfrak{P}})$. Aus $\mathbf{C}_{\mathfrak{N}}(\mathbf{Z}(\overline{\mathfrak{P}})) \leqq \mathbf{C}_{\mathfrak{N}}(\mathbf{Z}(\mathfrak{P}))$ folgt daher die p-Nilpotenz von $\mathbf{C}_{\mathfrak{N}}(\mathbf{Z}(\overline{\mathfrak{P}}))$.

Angenommen, $\mathbf{N}_{\mathfrak{G}}(\mathbf{J}(\overline{\mathfrak{P}}))$ sei nicht p-nilpotent. Dann ist $\mathbf{J}(\overline{\mathfrak{P}}) \in \mathscr{H}$ und somit sicher $\mathfrak{H} \not\ll \mathbf{J}(\overline{\mathfrak{P}})$. Das besagt

$$|\overline{\mathfrak{P}}| = |\mathbf{N}_{\mathfrak{G}}(\mathfrak{H})|_p \geqq |\mathbf{N}_{\mathfrak{G}}(\mathbf{J}(\overline{\mathfrak{P}}))|_p .$$

Ist $\overline{\mathfrak{P}} < \mathfrak{P}$, so gibt es nach III, 2.3 (S. 260) ein $\mathfrak{P}^*$ mit $\overline{\mathfrak{P}} \lhd \mathfrak{P}^* \leqq \mathfrak{P}$. Es folgt $\mathfrak{P}^* \leqq \mathbf{N}_{\mathfrak{G}}(\mathbf{J}(\overline{\mathfrak{P}}))$, also

$$|\mathbf{N}_{\mathfrak{G}}(\mathbf{J}(\overline{\mathfrak{P}}))|_p \geqq |\mathfrak{P}^*| > |\overline{\mathfrak{P}}| \geqq |\mathbf{N}_{\mathfrak{G}}(\mathbf{J}(\overline{\mathfrak{P}}))|_p .$$

Das geht jedoch nicht. Also ist $\overline{\mathfrak{P}} = \mathfrak{P}$, und $\mathbf{N}_{\mathfrak{G}}(\mathbf{J}(\overline{\mathfrak{P}})) = \mathbf{N}_{\mathfrak{G}}(\mathbf{J}(\mathfrak{P}))$ ist p-nilpotent.

Ist $\mathfrak{N} < \mathfrak{G}$, so folgt aus der p-Nilpotenz von $\mathbf{C}_{\mathfrak{N}}(\mathbf{Z}(\overline{\mathfrak{P}}))$ und $\mathbf{N}_{\mathfrak{N}}(\mathbf{J}(\overline{\mathfrak{P}}))$ die p-Nilpotenz von $\mathfrak{N}$, entgegen $\mathfrak{H} \in \mathscr{H}$. Also gilt $\mathfrak{N} = \mathfrak{G}$.

d) $\mathfrak{G}$ besitzt keinen nichttrivialen Normalteiler von zu p teilerfremder Ordnung:

Angenommen, es sei $\mathfrak{E} < \mathfrak{T} \lhd \mathfrak{G}$ mit $p \nmid |\mathfrak{T}|$. Dann haben wir $\mathbf{J}(\mathfrak{P}\mathfrak{T}/\mathfrak{T}) = \mathbf{J}(\mathfrak{P})\mathfrak{T}/\mathfrak{T}$. Da $\mathbf{J}(\mathfrak{P})$ eine p-Sylowgruppe von $\mathbf{J}(\mathfrak{P})\mathfrak{T}$ ist, folgt aus $G \in \mathbf{N}_{\mathfrak{G}}(\mathbf{J}(\mathfrak{P})\mathfrak{T})$ wegen der Konjugiertheit der p-Sylowgruppen sofort $\mathbf{J}(\mathfrak{P})^G = \mathbf{J}(\mathfrak{P})^T$ für ein $T \in \mathfrak{T}$. Also ist

$$\mathbf{N}_{\mathfrak{G}}(\mathbf{J}(\mathfrak{P})\mathfrak{T}) = \mathbf{N}_{\mathfrak{G}}(\mathbf{J}(\mathfrak{P}))\mathfrak{T} ,$$

daher

$$\mathbf{N}_{\mathfrak{G}/\mathfrak{T}}(\mathbf{J}(\mathfrak{P})\mathfrak{T}/\mathfrak{T}) = \mathbf{N}_{\mathfrak{G}}(\mathbf{J}(\mathfrak{P})\mathfrak{T})/\mathfrak{T} = \mathbf{N}_{\mathfrak{G}}(\mathbf{J}(\mathfrak{P}))\mathfrak{T}/\mathfrak{T} ,$$

und dies ist p-nilpotent.

Aus dem gleichen Grunde gilt

$$\mathfrak{C}_{\mathfrak{G}/\mathfrak{T}}(\mathbf{Z}(\mathfrak{P})\,\mathfrak{T}/\mathfrak{T}) \leqq \mathbf{N}_{\mathfrak{G}/\mathfrak{T}}(\mathbf{Z}(\mathfrak{P})\,\mathfrak{T}/\mathfrak{T}) = \mathbf{N}_{\mathfrak{G}}(\mathbf{Z}(\mathfrak{P}))\,\mathfrak{T}/\mathfrak{T}\,.$$

Sei $A \in \mathbf{N}_{\mathfrak{G}}(\mathbf{Z}(\mathfrak{P}))$ und $(Z\,\mathfrak{T})^A = Z^A\,\mathfrak{T} = Z\,\mathfrak{T}$ für alle Z aus $\mathbf{Z}(\mathfrak{P})$. Dann ist $Z^{-1}Z^A \in \mathfrak{T} \cap \mathbf{Z}(\mathfrak{P}) = \mathfrak{E}$, also $A \in \mathbf{C}_{\mathfrak{G}}(\mathbf{Z}(\mathfrak{P}))$. Das beweist

$$\mathbf{C}_{\mathfrak{G}/\mathfrak{T}}(\mathbf{Z}(\mathfrak{P})\,\mathfrak{T}/\mathfrak{T}) = \mathbf{C}_{\mathfrak{G}}(\mathbf{Z}(\mathfrak{P}))\,\mathfrak{T}/\mathfrak{T}\,,$$

und dies ist p-nilpotent. Nun erfüllt $\mathfrak{G}/\mathfrak{T}$ alle Voraussetzungen, ist also wegen $|\mathfrak{G}/\mathfrak{T}| < |\mathfrak{G}|$ p-nilpotent. Mit $p \nmid |\mathfrak{T}|$ ergibt sich daher die p-Nilpotenz von $\mathfrak{G}$, entgegen der Wahl von $\mathfrak{G}$ als Gegenbeispiel.

e) $\mathfrak{H}$ ist der maximale p-Normalteiler von $\mathfrak{G}$:

Angenommen, $\mathfrak{H}_1$ sei eine p-Gruppe mit $\mathfrak{H} < \mathfrak{H}_1 \lhd \mathfrak{G}$. Dann ist $\mathbf{N}_{\mathfrak{G}}(\mathfrak{H}_1) = \mathfrak{G}$ nicht p-nilpotent, also gilt $\mathfrak{H}_1 \in \mathscr{H}$. Wegen $|\mathfrak{H}| < |\mathfrak{H}_1|$ und $|\mathbf{N}_{\mathfrak{G}}(\mathfrak{H})|_p = |\mathbf{N}_{\mathfrak{G}}(\mathfrak{H}_1)|_p = |\mathfrak{P}|$ ist $\mathfrak{H} \ll \mathfrak{H}_1$. Wegen der Maximalität von $\mathfrak{H}$ in $\mathscr{H}$ geht das jedoch nicht.

f) Es gilt $\mathfrak{G} = \mathfrak{P}\,\mathfrak{Q}$; dabei ist $\mathfrak{Q}$ eine elementar-abelsche q-Gruppe mit $q \neq p$, es ist $\mathfrak{P}$ eine maximale Untergruppe von $\mathfrak{G}$ und $\mathfrak{Q}\,\mathfrak{H}/\mathfrak{H}$ ein minimaler Normalteiler von $\mathfrak{G}/\mathfrak{H}$; insbesondere ist $\mathfrak{G}$ auflösbar:

Ist $\mathfrak{P} \leqq \mathfrak{U} < \mathfrak{G}$, so sind unsere Voraussetzungen offenbar in $\mathfrak{U}$ erfüllt, und $\mathfrak{U}$ ist p-nilpotent.

Sei $\mathfrak{K}/\mathfrak{H}$ das invariante p-Komplement der nach b) und c) p-nilpotenten Gruppe $\mathfrak{G}/\mathfrak{H}$. Nach dem Satz von Zassenhaus gibt es ein Komplement $\mathfrak{S}$ von $\mathfrak{H}$ in $\mathfrak{K}$. Dann ist

$$\mathfrak{E} < \mathfrak{H} \lhd \mathfrak{H}\,\mathfrak{S} \lhd \mathfrak{G}$$

eine Normalreihe von $\mathfrak{G}$. Sei $\mathfrak{H}\,\mathfrak{T}/\mathfrak{H}$ mit $\mathfrak{E} < \mathfrak{T} \leqq \mathfrak{S}$ ein minimaler Normalteiler von $\mathfrak{G}/\mathfrak{H}$. Ist $\mathfrak{T} < \mathfrak{S}$, so ist $\mathfrak{P}(\mathfrak{H}\,\mathfrak{T}) = \mathfrak{P}\,\mathfrak{T} < \mathfrak{G}$, und nach der Vorbemerkung ist $\mathfrak{P}\,\mathfrak{T}$ p-nilpotent. Das ergibt $\mathfrak{T} \lhd \mathfrak{P}\,\mathfrak{T}$. Mit $\mathfrak{H}\,\mathfrak{T} \cap \mathfrak{S} = \mathfrak{T} \lhd \mathfrak{S}$ folgt $\mathfrak{T} \lhd \mathfrak{P}\,\mathfrak{S} = \mathfrak{G}$, entgegen d). Mithin ist $\mathfrak{S} = \mathfrak{T}$, und $\mathfrak{H}\,\mathfrak{S}/\mathfrak{H}$ ist ein minimaler Normalteiler von $\mathfrak{G}/\mathfrak{H}$. Insbesondere ist $\mathfrak{S}$ charakteristisch einfach.

Sei $\mathfrak{Q}$ eine q-Sylowgruppe von $\mathfrak{S}$ mit $\mathfrak{Q} \neq \mathfrak{E}$. Nach I, 7.8 (S. 35) haben wir $\mathfrak{G} = \mathfrak{H}\,\mathfrak{S}\,\mathbf{N}_{\mathfrak{G}}(\mathfrak{Q})$, und somit enthält $\mathfrak{H}\,\mathbf{N}_{\mathfrak{G}}(\mathfrak{Q})$ eine p-Sylowgruppe von $\mathfrak{G}$. Ist $\mathfrak{H}\,\mathbf{N}_{\mathfrak{G}}(\mathfrak{Q}) < \mathfrak{G}$, so ist $\mathfrak{H}\,\mathbf{N}_{\mathfrak{G}}(\mathfrak{Q})$ nach der Vorbemerkung p-nilpotent, also gilt $[\mathfrak{H}, \mathfrak{Q}] = \mathfrak{E}$. Für alle S aus $\mathfrak{S}$ folgt nun

$$\mathfrak{Q}^S \leqq \mathbf{C}_{\mathfrak{G}}(\mathfrak{H}^S) = \mathbf{C}_{\mathfrak{G}}(\mathfrak{H})\,,$$

somit, da $\mathfrak{S}$ charakteristisch einfach ist,

$$\mathfrak{S} = \langle \mathfrak{Q}^S \mid S \in \mathfrak{S} \rangle \leqq \mathbf{C}_{\mathfrak{G}}(\mathfrak{H})\,.$$

Das ergibt $\mathfrak{H}\,\mathfrak{S} = \mathfrak{H} \times \mathfrak{S} \lhd \mathfrak{G}$, also $\mathfrak{S} \lhd \mathfrak{G}$, entgegen d).

Somit haben wir $\mathfrak{H}\,\mathbf{N}_{\mathfrak{G}}(\mathfrak{Q}) = \mathfrak{G}$, daher $\mathfrak{H}\,\mathfrak{Q} \lhd \mathfrak{G}$. Da $\mathfrak{H}\,\mathfrak{S}/\mathfrak{H}$ ein minimaler Normalteiler von $\mathfrak{G}/\mathfrak{H}$ ist, ist $\mathfrak{S} = \mathfrak{Q}$ elementar-abelsch.

Angenommen, es sei $\mathfrak{P} < \mathfrak{U} \leqq \mathfrak{G}$. Dann ist $\mathfrak{U} = \mathfrak{P}\,\mathfrak{Q}_1$ mit $\mathfrak{E} < \mathfrak{Q}_1 = \mathfrak{Q} \cap \mathfrak{U}$. Nun ist $\mathfrak{H}\,\mathfrak{Q}_1 = \mathfrak{H}\,\mathfrak{Q} \cap \mathfrak{U}$ invariant unter $\mathfrak{Q}$ und $\mathfrak{U}$, also auch unter $\langle \mathfrak{U}, \mathfrak{Q} \rangle = \mathfrak{P}\,\mathfrak{Q} = \mathfrak{G}$. Das erzwingt $\mathfrak{Q}_1 = \mathfrak{Q}$ und $\mathfrak{U} = \mathfrak{G}$. Also ist $\mathfrak{P}$ eine maximale Untergruppe von $\mathfrak{G}$.

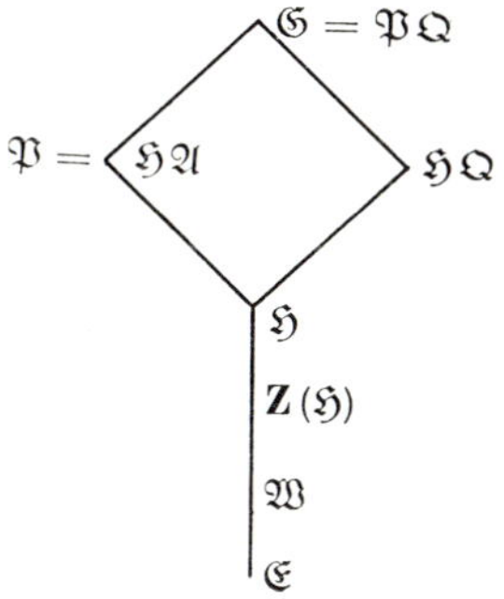

Fig. 10

g) Es gibt eine abelsche Untergruppe $\mathfrak{A}$ von $\mathfrak{P}$ mit $d(\mathfrak{A}) = m(\mathfrak{P})$ und $\mathfrak{A} \not\leqq \mathfrak{H}$. Wird $\mathfrak{A}$ minimal gewählt bezüglich der Bedingungen $d(\mathfrak{A}) = m(\mathfrak{P})$ und $\mathfrak{A} \not\leqq \mathfrak{H}$, so ist $\mathfrak{A}/(\mathfrak{A} \cap \mathfrak{H})$ elementar-abelsch:

Ist $\mathbf{J}(\mathfrak{P}) \leqq \mathfrak{H}$, so ist $\mathfrak{G} = \mathbf{N}_{\mathfrak{G}}(\mathfrak{H}) \leqq \mathbf{N}_{\mathfrak{G}}(\mathbf{J}(\mathfrak{H})) = \mathbf{N}_{\mathfrak{G}}(\mathbf{J}(\mathfrak{P}))$, und $\mathfrak{G}$ ist p-nilpotent. Also ist $\mathbf{J}(\mathfrak{P}) \not\leqq \mathfrak{H}$. Daher gibt es eine abelsche Untergruppe $\mathfrak{A}$ von $\mathfrak{P}$ mit $d(\mathfrak{A}) = m(\mathfrak{P})$ und $\mathfrak{A} \not\leqq \mathfrak{H}$. Wir wählen $\mathfrak{A}$ minimal bezüglich dieser Eigenschaften. Sei p^m der Exponent von $\mathfrak{A}$. Dann ist $d(\Omega_{m-1}(\mathfrak{A})) = d(\mathfrak{A}) = m(\mathfrak{P})$ und $\Omega_{m-1}(\mathfrak{A}) < \mathfrak{A}$. Also ist $\Omega_{m-1}(\mathfrak{A}) \leqq \mathfrak{A} \cap \mathfrak{H}$, und $\mathfrak{A}/(\mathfrak{A} \cap \mathfrak{H})$ hat den Exponenten p.

h) Es gilt $\mathbf{C}_{\mathfrak{G}}(\mathfrak{H}) \leqq \mathfrak{H}$ und $\mathbf{C}_{\mathfrak{G}/\mathfrak{H}}(\mathfrak{Q}\,\mathfrak{H}/\mathfrak{H}) = \mathfrak{Q}\,\mathfrak{H}/\mathfrak{H}$:

Wegen d) und e) ist $\mathfrak{H}$ die Fittinggruppe von $\mathfrak{G}$. Aus der Auflösbarkeit von $\mathfrak{G}$ folgt daher mit III, 4.2 (S. 277) $\mathbf{C}_{\mathfrak{G}}(\mathfrak{H}) \leqq \mathfrak{H}$. Offenbar ist $\mathfrak{Q}\,\mathfrak{H}/\mathfrak{H}$ die Fittinggruppe von $\mathfrak{G}/\mathfrak{H}$, woraus sich $\mathbf{C}_{\mathfrak{G}/\mathfrak{H}}(\mathfrak{Q}\,\mathfrak{H}/\mathfrak{H}) \leqq \mathfrak{Q}\,\mathfrak{H}/\mathfrak{H}$ ergibt.

Den Übergang zur Faktorgruppe $\overline{\mathfrak{G}} = \mathfrak{G}/\mathfrak{H}$ bezeichnen wir im folgenden stets mit einem Querstrich. Insbesondere sei $\overline{\mathfrak{A}} = \mathfrak{A}\,\mathfrak{H}/\mathfrak{H}$ mit dem in g) bestimmten $\mathfrak{A}$.

i) Es ist $\overline{\mathfrak{Q}} = [\overline{\mathfrak{Q}}, \overline{\mathfrak{A}}]$, ferner $\overline{\mathfrak{Q}} \cap \mathbf{Z}(\overline{\mathfrak{Q}}\,\overline{\mathfrak{A}}) = \overline{\mathfrak{E}}$ und $\mathfrak{G} = \mathfrak{H}\,\mathfrak{Q}\,\mathfrak{A}$:

Nach III, 13.4 (S. 350) gilt $\overline{\mathfrak{Q}} = \overline{\mathfrak{Q}}_1 \times \overline{\mathfrak{Q}}_2$ mit $\overline{\mathfrak{Q}}_1 = \overline{\mathfrak{Q}} \cap \mathbf{Z}(\overline{\mathfrak{Q}}\,\overline{\mathfrak{A}})$ und $\overline{\mathfrak{Q}}_2 = [\overline{\mathfrak{Q}}, \overline{\mathfrak{A}}]$. Ist $\overline{\mathfrak{Q}}_2 = \overline{\mathfrak{E}}$, so folgt mit h) der Widerspruch $\overline{\mathfrak{A}} \leqq \mathbf{C}_{\overline{\mathfrak{G}}}(\overline{\mathfrak{Q}}) = \overline{\mathfrak{Q}}$. Also ist $\overline{\mathfrak{Q}}_2 \neq \overline{\mathfrak{E}}$.

Sei $\overline{\mathfrak{Q}}_2 = \mathfrak{Q}_2\,\mathfrak{H}/\mathfrak{H}$ mit $\mathfrak{Q}_2 \leqq \mathfrak{Q}$. Dann ist $\mathfrak{Q}_2 \neq \mathfrak{E}$. Wir setzen $\mathfrak{K} = \mathfrak{H}\,\mathfrak{Q}_2\,\mathfrak{A}$. Es ist $\mathfrak{K}$ eine Untergruppe von $\mathfrak{G}$. Ferner ist $\mathfrak{P}_0 = \mathfrak{H}\,\mathfrak{A}$ eine p-Sylowgruppe von $\mathfrak{K}$ mit $\mathfrak{A} \leqq \mathbf{J}(\mathfrak{P}_0)$. Sei $\mathbf{N}_{\mathfrak{K}}(\mathbf{J}(\mathfrak{P}_0)) = \mathfrak{Q}_2^*\,\mathfrak{P}_0$ mit $\mathfrak{Q}_2^* \leqq \mathfrak{Q}_2$. Wegen $\mathfrak{H}\,\mathfrak{Q}_2 \lhd \mathfrak{H}\,\mathfrak{Q}\,\mathfrak{A}$ ist dann

$$[\mathfrak{Q}_2^*, \mathfrak{A}] \leqq \mathbf{J}(\mathfrak{P}_0) \cap \mathfrak{H}\,\mathfrak{Q}_2 \leqq \mathfrak{H}\,.$$

Also operiert $\overline{\mathfrak{A}}$ trivial auf $\overline{\mathfrak{Q}_2^*}$, und es folgt $\overline{\mathfrak{Q}_2^*} \leqq \overline{\mathfrak{Q}}_1 \cap \overline{\mathfrak{Q}}_2 = \overline{\mathfrak{E}}$. Daher gilt $\mathfrak{Q}_2^* = \mathfrak{E}$, und somit ist $\mathbf{N}_{\mathfrak{K}}(\mathbf{J}(\mathfrak{P}_0))$ als p-Gruppe p-nilpotent.

Nach h) gilt $\mathbf{Z}(\mathfrak{P}) \leqq \mathbf{C}_{\mathfrak{G}}(\mathfrak{H}) \leqq \mathfrak{H}$. Also ist $\mathbf{Z}(\mathfrak{P}) \leqq \mathfrak{H}\,\mathfrak{A} = \mathfrak{P}_0$, daher auch $\mathbf{Z}(\mathfrak{P}) \leqq \mathbf{Z}(\mathfrak{P}_0)$ und $\mathbf{C}_{\mathfrak{G}}(\mathbf{Z}(\mathfrak{P}_0)) \leqq \mathbf{C}_{\mathfrak{G}}(\mathbf{Z}(\mathfrak{P}))$. Nun sind $\mathbf{N}_{\mathfrak{K}}(\mathbf{J}(\mathfrak{P}_0))$ und $\mathbf{C}_{\mathfrak{K}}(\mathbf{Z}(\mathfrak{P}_0))$ p-nilpotent. Ist $\mathfrak{K} < \mathfrak{G}$, so ist $\mathfrak{K}$ p-nilpotent, und $\mathfrak{Q}_2$ ist das invariante p-Komplement von $\mathfrak{K}$. Das ergibt

$$[\mathfrak{Q}_2, \mathfrak{H}] \leqq \mathfrak{Q}_2 \cap \mathfrak{H} = \mathfrak{E},$$

mit h) daher $\mathfrak{Q}_2 \leqq \mathbf{C}_{\mathfrak{G}}(\mathfrak{H}) \leqq \mathfrak{H}$ und dann $\mathfrak{Q}_2 = \mathfrak{E}$. Das widerspricht jedoch der oben getroffenen Feststellung $\mathfrak{Q}_2 \neq \mathfrak{E}$. Also ist $\mathfrak{G} = \mathfrak{K} = \mathfrak{H}\,\mathfrak{Q}_2\,\mathfrak{A}$. Es folgt $\mathfrak{Q}_2 = \mathfrak{Q}$, ferner $\overline{\mathfrak{Q}} = [\overline{\mathfrak{Q}}, \overline{\mathfrak{A}}]$ und $\overline{\mathfrak{Q}} \cap \mathbf{Z}(\overline{\mathfrak{Q}}\,\overline{\mathfrak{A}}) = \overline{\mathfrak{E}}$.

j) Setzen wir $m = m(\mathfrak{P}) = d(\mathfrak{A})$, so gilt

$$|\mathfrak{A}/(\mathfrak{A} \cap \mathfrak{H})| = |\mathfrak{G}/\mathfrak{H}\,\mathfrak{Q}| = p$$

und $d(\mathfrak{A} \cap \mathfrak{H}) \geqq m - 1$:

Nach i) ist $\overline{\mathfrak{G}} = \mathfrak{G}/\mathfrak{H} = \overline{\mathfrak{Q}}\,\overline{\mathfrak{A}}$, und nach f) ist $\overline{\mathfrak{Q}}$ ein minimaler Normalteiler von $\overline{\mathfrak{G}}$. Nach h) gilt $\mathbf{C}_{\overline{\mathfrak{G}}}(\overline{\mathfrak{Q}}) = \overline{\mathfrak{Q}}$. Also wird $\overline{\mathfrak{A}}$ auf $\overline{\mathfrak{Q}}$ treu und irreduzibel dargestellt. Nach II, 3.10 (S. 165) ist daher $\overline{\mathfrak{A}}$ zyklisch. Da

$$\overline{\mathfrak{A}} = \mathfrak{A}\,\mathfrak{H}/\mathfrak{H} \cong \mathfrak{A}/(\mathfrak{A} \cap \mathfrak{H})$$

nach g) den Exponenten p hat, folgt $|\mathfrak{A}/(\mathfrak{A} \cap \mathfrak{H})| = p$. Wegen $d(\mathfrak{A}) = m$ ist dann $d(\mathfrak{A} \cap \mathfrak{H}) \geqq m - 1$.

k) Wir setzen $\mathfrak{W} = \langle \mathbf{Z}(\mathfrak{P})^G \mid G \in \mathfrak{G} \rangle$. Dann ist $\mathfrak{W} \leqq \mathbf{Z}(\mathfrak{H})$:

Wegen $\mathbf{Z}(\mathfrak{P}) \leqq \mathbf{C}_{\mathfrak{G}}(\mathfrak{H}) \leqq \mathfrak{H} \lhd \mathfrak{G}$ ist $\mathbf{C}_{\mathfrak{G}}(\mathfrak{H}) = \mathbf{Z}(\mathfrak{H})$, daher auch $\mathbf{Z}(\mathfrak{P}) \leqq \mathbf{Z}(\mathfrak{H}) \lhd \mathfrak{G}$ und somit $\mathfrak{W} \leqq \mathbf{Z}(\mathfrak{H})$.

l) $\mathbf{C}_{\mathfrak{G}}(\mathbf{Z}(\mathfrak{P})) = \mathfrak{P}$:

Nach f) ist $\mathfrak{P}$ eine maximale Untergruppe von $\mathfrak{G}$. Da $\mathbf{C}_{\mathfrak{G}}(\mathbf{Z}(\mathfrak{P}))$ p-nilpotent ist, $\mathfrak{G}$ jedoch nicht, folgt aus $\mathfrak{P} \leqq \mathbf{C}_{\mathfrak{G}}(\mathbf{Z}(\mathfrak{P})) < \mathfrak{G}$ die Behauptung $\mathfrak{P} = \mathbf{C}_{\mathfrak{G}}(\mathbf{Z}(\mathfrak{P}))$.

m) Es gilt $\mathfrak{W} = [\mathfrak{W}, \mathfrak{Q}] \times (\mathfrak{W} \cap \mathbf{Z}(\mathfrak{W}\,\mathfrak{Q}))$ und $[\mathfrak{W}, \mathfrak{Q}] \neq \mathfrak{E}$:

Die erste Aussage folgt durch Anwendung von III, 13.4 (S. 350) auf die Gruppe $\mathfrak{W}\,\mathfrak{Q}$ mit dem abelschen Normalteiler $\mathfrak{W}$. Wegen $\mathfrak{Q} \nleqq \mathbf{C}_{\mathfrak{G}}(\mathbf{Z}(\mathfrak{P})) = \mathfrak{P}$ gilt sicher $\mathfrak{Q} \nleqq \mathbf{C}_{\mathfrak{G}}(\mathfrak{W})$. Daher ist $[\mathfrak{W}, \mathfrak{Q}] \neq \mathfrak{E}$.

n) Wir setzen $\mathfrak{W}_1 = [\mathfrak{W}, \mathfrak{Q}]$, ferner $\mathfrak{V} = \Omega_1(\mathfrak{W}_1)$ und $\mathfrak{V}_0 = \mathfrak{V} \cap \mathfrak{A}$. Dann ist $\mathfrak{V} \lhd \mathfrak{G}$, ferner $\mathfrak{V} = [\mathfrak{V}, \mathfrak{Q}]$, sowie $\mathfrak{V} \cap \mathbf{Z}(\mathfrak{V}\,\mathfrak{Q}) = \mathfrak{E}$ und $d(\mathfrak{V}/\mathfrak{V}_0) \leqq 1$:

Zum Nachweis von $\mathfrak{V} = \Omega_1(\mathfrak{W}_1) \lhd \mathfrak{G}$ genügt der Beweis von $\mathfrak{W}_1 \lhd \mathfrak{G}$. Wegen $\mathfrak{W} \leqq \mathbf{Z}(\mathfrak{H})$ (siehe k)) ist

$$\mathfrak{W}_1 = [\mathfrak{W}, \mathfrak{Q}] = [\mathfrak{W}, \mathfrak{H}\,\mathfrak{Q}].$$

Aus $\mathfrak{W} \lhd \mathfrak{G}$ und $\mathfrak{H}\,\mathfrak{Q} \lhd \mathfrak{G}$ folgt daher $\mathfrak{W}_1 = [\mathfrak{W}, \mathfrak{H}\,\mathfrak{Q}] \lhd \mathfrak{G}$. Nach III, 13.4 (S. 350) ist

$$\mathfrak{V} = [\mathfrak{V}, \mathfrak{Q}] \times (\mathfrak{V} \cap \mathbf{Z}(\mathfrak{V}\,\mathfrak{Q}))$$

und

$$\mathfrak{V} \cap \mathbf{Z}(\mathfrak{V}\,\mathfrak{Q}) \leqq \mathfrak{W}_1 \cap \mathbf{Z}(\mathfrak{W}\,\mathfrak{Q}) = \mathfrak{E}\,.$$

Das zeigt $\mathfrak{V} = [\mathfrak{V}, \mathfrak{Q}]$ und $\mathfrak{V} \cap \mathbf{Z}(\mathfrak{V}\,\mathfrak{Q}) = \mathfrak{E}$.
Es ist

$$\mathfrak{V}_0 = \mathfrak{V} \cap \mathfrak{A} = (\mathfrak{V} \cap \mathfrak{H}) \cap \mathfrak{A} = \mathfrak{V} \cap \mathfrak{A}_0$$

mit $\mathfrak{A}_0 = \mathfrak{A} \cap \mathfrak{H}$. Wegen $\mathfrak{V} \leqq \mathfrak{W} \leqq \mathbf{Z}(\mathfrak{H})$ und $\mathfrak{A}_0 \leqq \mathfrak{H}$ ist $\langle \mathfrak{A}_0, \mathfrak{V} \rangle$ abelsch und $\mathfrak{V}$ elementar-abelsch. Das liefert

$$d(\langle \mathfrak{A}_0, \mathfrak{V} \rangle) = d(\mathfrak{A}_0) + d(\mathfrak{V}/\mathfrak{V}_0)\,.$$

Andererseits ist nach j)

$$d(\langle \mathfrak{A}_0, \mathfrak{V} \rangle) \leqq m \leqq d(\mathfrak{A}_0) + 1\,.$$

Zusammen ergibt dies $d(\mathfrak{V}/\mathfrak{V}_0) \leqq 1$.

o) $d(\mathfrak{V}) \leqq 2$:

Sei $\mathfrak{A} = \langle A, \mathfrak{A} \cap \mathfrak{H} \rangle$. Dann ist $\mathbf{C}_{\mathfrak{V}}(A) \geqq \mathfrak{A} \cap \mathfrak{V}$, also nach n) $|\mathfrak{V} : \mathbf{C}_{\mathfrak{V}}(A)| \leqq p$. Wegen

$$\mathfrak{P} = \mathfrak{H}\,\mathfrak{A} = \langle \mathfrak{H}, A \rangle \ntriangleleft \mathfrak{G}$$

gibt es ein X aus $\mathfrak{G}$ mit $A^X \notin \mathfrak{P}$. Mit f) folgt

$$\mathfrak{G} = \langle \mathfrak{P}, A^X \rangle = \langle \mathfrak{H}, A, A^X \rangle\,.$$

Aus $\mathfrak{V}^X = \mathfrak{V}$ erhalten wir $|\mathfrak{V} : \mathbf{C}_{\mathfrak{V}}(A^X)| \leqq p$, daher

$$|\mathfrak{V} : \mathbf{C}_{\mathfrak{V}}(\langle A, A^X \rangle)| \leqq p^2\,.$$

Aus $\mathfrak{G} = \langle \mathfrak{H}, A, A^X \rangle$ und $\mathfrak{V} \leqq \mathbf{Z}(\mathfrak{H})$ (siehe k)) folgt mit n)

$$\mathbf{C}_{\mathfrak{V}}(\langle A, A^X \rangle) \leqq \mathfrak{V} \cap \mathbf{Z}(\mathfrak{G}) \leqq \mathfrak{V} \cap \mathbf{Z}(\mathfrak{V}\,\mathfrak{Q}) = \mathfrak{E}\,.$$

Also ist $|\mathfrak{V}| \leqq p^2$.

p) $\mathbf{C}_{\mathfrak{G}}(\mathfrak{V}) = \mathfrak{H}$:

Wegen $\mathfrak{V} \leqq \mathbf{Z}(\mathfrak{H})$ ist sicher $\mathfrak{H} \leqq \mathbf{C}_{\mathfrak{G}}(\mathfrak{V}) \lhd \mathfrak{G}$. Ist $\mathfrak{H} < \mathbf{C}_{\mathfrak{G}}(\mathfrak{V})$, so ist $\mathbf{C}_{\mathfrak{G}}(\mathfrak{V})$ nach e) keine p-Gruppe. Also ist $\mathbf{C}_{\mathfrak{G}}(\mathfrak{V}) \cap \mathfrak{Q} \neq \mathfrak{E}$. Da $\overline{\mathfrak{Q}}$ ein minimaler Normalteiler von $\overline{\mathfrak{G}}$ ist, folgt $\mathfrak{Q} \leqq \mathbf{C}_{\mathfrak{G}}(\mathfrak{V})$ und $[\mathfrak{V}, \mathfrak{Q}] = \mathfrak{E}$, entgegen der Feststellung $[\mathfrak{V}, \mathfrak{Q}] = \mathfrak{V}$ unter n). Also ist $\mathbf{C}_{\mathfrak{G}}(\mathfrak{V}) = \mathfrak{H}$.

q) $|\mathfrak{V}| = p^2$:

Angenommen, es sei $|\mathfrak{V}| = p$. Dann ist $\mathfrak{G}/\mathbf{C}_{\mathfrak{G}}(\mathfrak{V}) = \mathfrak{G}/\mathfrak{H}$ zyklisch von zu p teilerfremder Ordnung. Das liefert $\mathfrak{H} = \mathfrak{P}$, entgegen der Feststellung $\mathfrak{H} \neq \mathfrak{P}$ in a).

r) Beweisabschluß:

Nach p) und q) ist

$$\overline{\mathfrak{G}} = \mathfrak{G}/\mathfrak{H} = \mathfrak{G}/\mathbf{C}_{\mathfrak{G}}(\mathfrak{V}) = \overline{\mathfrak{Q}}\,\overline{\mathfrak{A}}$$

isomorph zu einer Untergruppe von $GL(2, p)$. Die Eigenwerte der $\overline{Q} \in \overline{\mathfrak{Q}}$ liegen in $GF(p^2)$. Also lassen sich wegen $p \nmid O(\overline{Q})$ alle $\overline{Q}$ in $GL(2, p^2)$ auf Diagonalgestalt bringen. Bekanntlich lassen sich dann alle Elemente der abelschen Gruppe $\overline{\mathfrak{Q}}$ gleichzeitig auf Diagonalgestalt bringen. Sei $V = V(2, p^2) = \langle v_1, v_2 \rangle$ mit

$$v_i \overline{Q} = a_i(\overline{Q})\, v_i \quad (i = 1, 2)\,.$$

Wegen $[\overline{\mathfrak{Q}}, \overline{\mathfrak{A}}] = \overline{\mathfrak{Q}}$ (siehe i)) sind nicht alle $\overline{Q}$ von der Gestalt aE. Also sind die Vektoren v_i $(i = 1, 2)$ bis auf skalare Vielfache eindeutig bestimmt.

Sei $\overline{E} \neq \overline{A} \in \overline{\mathfrak{A}} \leqq \mathbf{N}_{\overline{\mathfrak{G}}}(\overline{\mathfrak{Q}})$. Dann ist

$$v_i \overline{A}\, \overline{Q} = v_i\, \overline{Q}^{\overline{A}^{-1}} \overline{A} = a_i(\overline{Q}^{\overline{A}^{-1}})\, v_i\, \overline{A} \quad (i = 1, 2)\,.$$

Wegen $\overline{A} \notin \mathbf{C}_{\overline{\mathfrak{G}}}(\overline{\mathfrak{Q}}) = \overline{\mathfrak{Q}}$ ist $\overline{A}$ keine Diagonalmatrix bezüglich der Basis $\{v_1, v_2\}$. Also gilt

$$v_1 \overline{A} = b_1 v_2 \quad \text{und} \quad v_2 \overline{A} = b_2 v_1\,.$$

Das führt zu $\overline{A}^2 \in \mathbf{C}_{\overline{\mathfrak{G}}}(\overline{\mathfrak{Q}})$. Wegen $p \neq 2$ (und erst hier wird $p \neq 2$ gebraucht!) folgt der Widerspruch $\overline{A} \in \mathbf{C}_{\overline{\mathfrak{G}}}(\overline{\mathfrak{Q}})$. **q.e.d.**

6.3 Beispiel. Sei $\mathfrak{G}$ die symmetrische Gruppe $\mathfrak{S}_4$ und $\mathfrak{P}$ eine 2-Sylowgruppe von $\mathfrak{G}$. Dann ist $\mathfrak{P} = \mathbf{J}(\mathfrak{P})$, und $\mathbf{C}_{\mathfrak{G}}(\mathbf{Z}(\mathfrak{P})) = \mathbf{N}_{\mathfrak{G}}(\mathbf{J}(\mathfrak{P})) = \mathfrak{P}$ ist 2-nilpotent, aber $\mathfrak{G}$ selbst ist nicht 2-nilpotent. Also ist die Bedingung $p \neq 2$ in 6.2, obwohl im Beweis erst in der allerletzten Zeile gebraucht, nicht entbehrlich.

Wichtige Anwendungen des Thompsonschen Satzes werden wir im folgenden Paragraphen und vor allem in V, § 8 kennen lernen.

§ 7. Nilpotente Untergruppen

Wir wiederholen zuerst die Definition aus III, 5.4 (S. 283):

7.1 Definition. Sei π eine Menge von Primzahlen. Die Untergruppe $\mathfrak{U}$ von $\mathfrak{G}$ heißt π-Untergruppe, wenn $|\mathfrak{U}|$ nur Primteiler aus π enthält. Die Untergruppe $\mathfrak{H}$ von $\mathfrak{G}$ heißt π-Hallgruppe von $\mathfrak{G}$, wenn $|\mathfrak{H}|$ nur Primteiler aus π und $|\mathfrak{G} : \mathfrak{H}|$ keinen Primteiler aus π enthält.

Wie in I, 7.7 (S. 35) beweist man:

7.2 Hilfssatz. *Sei $\mathfrak{H}$ eine π-Hallgruppe von $\mathfrak{G}$ und $\mathfrak{N} \trianglelefteq \mathfrak{G}$. Dann gilt:*

a) *$\mathfrak{N} \cap \mathfrak{H}$ ist eine π-Hallgruppe von $\mathfrak{N}$.*

b) *$\mathfrak{H}\mathfrak{N}/\mathfrak{N}$ ist eine π-Hallgruppe von $\mathfrak{G}/\mathfrak{N}$.*

7.3 Satz (Wielandt [11]). *Sei $\mathfrak{H}$ eine nilpotente π-Hallgruppe von $\mathfrak{G}$, aber keine Sylowgruppe von $\mathfrak{G}$. Für jeden Primteiler p von $|\mathfrak{H}|$ und die p-Sylowgruppe $\mathfrak{H}_p$ von $\mathfrak{H}$ sei $\mathbf{N}_{\mathfrak{G}}(\mathfrak{H}_p) = \mathfrak{H}$. Dann gibt es einen Normalteiler $\mathfrak{K}$ von $\mathfrak{G}$ mit $\mathfrak{G} = \mathfrak{K}\mathfrak{H}$ und $\mathfrak{K} \cap \mathfrak{H} = \mathfrak{E}$. (Also ist $\mathfrak{G}$ p-nilpotent für alle p aus π.)*

Beweis. Sei $\mathfrak{P}$ eine p-Sylowgruppe von $\mathfrak{H}$, seien P_1 und P_2 Elemente aus $\mathfrak{P}$ und sei $P_2 = P_1^G$ mit einem G aus $\mathfrak{G}$. Da $\mathfrak{H}$ keine Sylowgruppe von $\mathfrak{G}$ ist, gibt es eine q-Sylowgruppe $\mathfrak{Q}$ von $\mathfrak{H}$ mit $\mathfrak{E} \neq \mathfrak{Q} \neq \mathfrak{P}$. Es gilt $P_i \in \mathfrak{C}_{\mathfrak{G}}(\mathfrak{Q})$ $(i = 1, 2)$. Nun sind $\mathfrak{Q}$ und $\mathfrak{Q}^G$ q-Sylowgruppen von $\mathfrak{C}_{\mathfrak{G}}(P_2)$. Also gibt es ein X aus $\mathfrak{C}_{\mathfrak{G}}(P_2)$ mit $\mathfrak{Q}^{GX} = \mathfrak{Q}$. Es folgt $GX \in \mathbf{N}_{\mathfrak{G}}(\mathfrak{Q}) = \mathfrak{H}$ und

$$P_1^{GX} = P_2^X = P_2 .$$

Wegen der Nilpotenz von $\mathfrak{H}$ gibt es dann ein P aus $\mathfrak{P}$ mit $P_1^P = P_2$. Also ist $\mathfrak{G}$ nach 4.9 p-nilpotent. Sei $\mathfrak{K}(p)$ das invariante p-Komplement von $\mathfrak{G}$. Wir setzen $\mathfrak{K} = \bigcap_{p \in \pi} \mathfrak{K}(p)$. Dann ist $|\mathfrak{G}/\mathfrak{K}| = |\mathfrak{H}|$, also $\mathfrak{G} = \mathfrak{K}\,\mathfrak{H}$ und $\mathfrak{K} \cap \mathfrak{H} = \mathfrak{E}$. **q.e.d.**

Bei der Untersuchung von Produkten paarweise vertauschbarer nilpotenter Gruppen in VI, § 4 wird uns Satz 7.3 gute Dienste leisten. Hier geben wir folgende Anwendung:

7.4 Satz (DESKINS, JANKO, THOMPSON). *Sei $\mathfrak{H}$ eine maximale Untergruppe von $\mathfrak{G}$. Es sei $\mathfrak{H}$ nilpotent, und die 2-Sylowgruppe von $\mathfrak{H}$ habe höchstens die Klasse 2. Dann ist $\mathfrak{G}$ auflösbar.*

Beweis. Sei $\mathfrak{G}$ ein Gegenbeispiel von kleinstmöglicher Ordnung. Wir zeigen:

a) $\mathfrak{H}$ ist eine Hallgruppe von $\mathfrak{G}$:

Sei p eine Primzahl mit $\mathfrak{E} < \mathfrak{H}_p < \mathfrak{G}_p$ für eine geeignete p-Sylowgruppe $\mathfrak{G}_p$ von $\mathfrak{G}$. Mit III, 2.3 (S. 260) folgt

$$\mathfrak{H}_p \lhd \mathbf{N}_{\mathfrak{G}}(\mathfrak{H}_p) \cap \mathfrak{G}_p$$

und daher $\mathbf{N}_{\mathfrak{G}}(\mathfrak{H}_p) > \mathfrak{H}$. Wegen der Maximalität von $\mathfrak{H}$ ist dann $\mathfrak{H}_p \lhd \mathfrak{G}$. Jetzt gelten für $\mathfrak{G}/\mathfrak{H}_p$ mit der nilpotenten maximalen Untergruppe $\mathfrak{H}/\mathfrak{H}_p$ alle Voraussetzungen. Also ist $\mathfrak{G}/\mathfrak{H}_p$ auflösbar, dann aber auch $\mathfrak{G}$ selbst. Das widerspricht jedoch der Wahl von $\mathfrak{G}$ als Gegenbeispiel. Somit ist $\mathfrak{H}$ eine Hallgruppe von $\mathfrak{G}$.

b) $\mathfrak{G}$ hat keinen Normalteiler $\mathfrak{K}$ mit $\mathfrak{G} = \mathfrak{K}\,\mathfrak{H}$ und $\mathfrak{K} \cap \mathfrak{H} = \mathfrak{E}$:

Angenommen, es sei $\mathfrak{G} = \mathfrak{K}\,\mathfrak{H}$ mit $\mathfrak{K} \cap \mathfrak{H} = \mathfrak{E}$. Sei q eine Primzahl mit $\mathfrak{K}_q \neq \mathfrak{E}$. Nach I, 7.8 (S. 35) ist $\mathfrak{G} = \mathfrak{K}\,\mathbf{N}_{\mathfrak{G}}(\mathfrak{K}_q)$ und daher

$$|\mathfrak{H}| = |\mathfrak{G}/\mathfrak{K}| = |\mathbf{N}_{\mathfrak{G}}(\mathfrak{K}_q)/(\mathbf{N}_{\mathfrak{G}}(\mathfrak{K}_q) \cap \mathfrak{K})| = |\mathbf{N}_{\mathfrak{G}}(\mathfrak{K}_q)/\mathbf{N}_{\mathfrak{K}}(\mathfrak{K}_q)| .$$

Da $\mathfrak{H}$ nach a) eine Hallgruppe von $\mathfrak{G}$ ist, sind $|\mathfrak{H}|$ und $|\mathbf{N}_{\mathfrak{K}}(\mathfrak{K}_q)|$ teilerfremd. Nach dem Satz von Zassenhaus (I, 18.1, S. 126) gibt es daher eine Untergruppe $\mathfrak{V}$ von $\mathbf{N}_{\mathfrak{G}}(\mathfrak{K}_q)$ mit $|\mathfrak{V}| = |\mathbf{N}_{\mathfrak{G}}(\mathfrak{K}_q)/\mathbf{N}_{\mathfrak{K}}(\mathfrak{K}_q)| = |\mathfrak{H}|$. Wegen der Nilpotenz der Hallgruppe $\mathfrak{H}$ folgt aus dem Satz von Wielandt (III, 5.8, S. 285) die Existenz eines G aus $\mathfrak{G}$ mit

$$\mathfrak{H} = \mathfrak{V}^G \leqq \mathbf{N}_{\mathfrak{G}}(\mathfrak{K}_q^G) .$$

Mit der Maximalität von $\mathfrak{H}$ erhalten wir daraus $\mathfrak{H} < \mathfrak{H}\,\mathfrak{K}_q^G = \mathfrak{G}$. Also ist $\mathfrak{K} = \mathfrak{K}_q \lhd \mathfrak{G}$, und $\mathfrak{G}$ ist auflösbar, entgegen unserer Annahme.

c) $\mathfrak{H}$ ist eine Sylowgruppe von $\mathfrak{G}$:

Angenommen, es sei $\mathfrak{H}$ keine Sylowgruppe von $\mathfrak{G}$. Sicher gilt $\mathfrak{H} \leqq \mathbf{N}_{\mathfrak{G}}(\mathfrak{H}_p)$ für alle p. Gibt es ein p mit $\mathfrak{E} \neq \mathfrak{H}_p$ und $\mathfrak{H} < \mathbf{N}_{\mathfrak{G}}(\mathfrak{H}_p)$, so folgt wegen der Maximalität von $\mathfrak{H}$ nun $\mathfrak{H}_p \lhd \mathfrak{G}$. Wie in a) ist dann $\mathfrak{G}$ auflösbar. Also ist $\mathbf{N}_{\mathfrak{G}}(\mathfrak{H}_p) = \mathfrak{H}$ für alle Primteiler p von $|\mathfrak{H}|$. Nach 7.3 gibt es dann ein $\mathfrak{K} \lhd \mathfrak{G}$ mit $\mathfrak{G} = \mathfrak{K}\,\mathfrak{H}$ und $\mathfrak{K} \cap \mathfrak{H} = \mathfrak{E}$. Das ist jedoch nach b) ausgeschlossen. Also ist $\mathfrak{H}$ eine Sylowgruppe von $\mathfrak{G}$.

d) $\mathfrak{H}$ ist eine 2-Sylowgruppe von $\mathfrak{G}$:

Angenommen, es sei $|\mathfrak{H}| = p^h$ mit $p > 2$. Sei $\mathfrak{U} = \mathbf{J}(\mathfrak{H})$ (Definition in 6.1) oder $\mathfrak{U} = \mathbf{Z}(\mathfrak{H})$. Dann ist sicher $\mathfrak{H} \leqq \mathbf{N}_{\mathfrak{G}}(\mathfrak{U})$. Ist $\mathfrak{H} < \mathbf{N}_{\mathfrak{G}}(\mathfrak{U})$, so folgt $\mathfrak{U} \lhd \mathfrak{G}$, und $\mathfrak{G}$ ist auflösbar. Also gilt $\mathbf{N}_{\mathfrak{G}}(\mathfrak{U}) = \mathfrak{H}$, und dies ist p-nilpotent (sogar nilpotent). Nun sind $\mathbf{N}_{\mathfrak{G}}(\mathbf{J}(\mathfrak{P}))$ und $\mathbf{C}_{\mathfrak{G}}(\mathbf{Z}(\mathfrak{P}))$ (als Untergruppe von $\mathbf{N}_{\mathfrak{G}}(\mathbf{Z}(\mathfrak{P}))$) p-nilpotent. Nach Satz 6.2 von Thompson ist dann auch $\mathfrak{G}$ wegen $p > 2$ sicher p-nilpotent. Das widerspricht jedoch der Feststellung unter b). Also ist $p = 2$.

e) $\mathfrak{H}$ hat mindestens die Klasse 3:

Angenommen, $\mathfrak{H}$ habe höchstens die Klasse 2. (Für den folgenden Schluß wird nur benötigt, daß $\mathfrak{H}$ eine p-Sylowgruppe von $\mathfrak{G}$ ist, von $p = 2$ werden wir keinen Gebrauch mehr machen.) Wir setzen $\mathfrak{Z} = \mathbf{Z}(\mathfrak{H})$. Weil $\mathfrak{G}$ keinen nichttrivialen p-Normalteiler besitzt, ist $\mathbf{N}_{\mathfrak{G}}(\mathfrak{Z}) = \mathfrak{H}$. Da $\mathfrak{H}$ höchstens die Klasse 2 hat, gilt $\mathfrak{H}' \leqq \mathbf{Z}(\mathfrak{H}) = \mathfrak{Z}$.

Angenommen, $\mathfrak{G}$ sei nicht p-normal. Dann gibt es ein G aus $\mathfrak{G}$ mit $\mathfrak{Z}^G \leqq \mathfrak{H}$, aber $\mathfrak{Z}^G \neq \mathfrak{Z}$. Wegen $\mathfrak{H}' \leqq \mathfrak{Z}$ haben wir

$$\mathfrak{H}' \leqq \langle \mathfrak{Z}, \mathfrak{Z}^G \rangle \leqq \mathfrak{H} .$$

Wir setzen $\mathfrak{J} = \langle \mathfrak{Z}, \mathfrak{Z}^G \rangle$. Dann ist $\mathfrak{J} \trianglelefteq \mathfrak{H}$.

Aus $\mathfrak{Z}^G \leqq \mathfrak{H}$ folgt $\mathfrak{Z} \leqq \mathbf{N}_{\mathfrak{G}}(\mathfrak{Z}^G) = \mathfrak{H}^G$ und dann wie oben

$$\mathfrak{H}'^G \leqq \langle \mathfrak{Z}, \mathfrak{Z}^G \rangle = \mathfrak{J} \trianglelefteq \mathfrak{H}^G .$$

Insgesamt ergibt sich wegen $\mathfrak{H} \neq \mathfrak{H}^G$ und der Maximalität von $\mathfrak{G}$ nun

$$\mathfrak{E} < \mathfrak{J} \lhd \langle \mathfrak{H}, \mathfrak{H}^G \rangle = \mathfrak{G} .$$

Das ist ein Widerspruch, da $\mathfrak{G}$ keine nichttrivialen p-Normalteiler hat.

Also ist $\mathfrak{G}$ p-normal. Mit dem Grünschen Satz 3.7 (S. 425) folgt

$$\mathfrak{G}/\mathfrak{G}'(p) \cong \mathbf{N}_{\mathfrak{G}}(\mathfrak{Z})/\mathbf{N}_{\mathfrak{G}}(\mathfrak{Z})'(p) = \mathfrak{H}/\mathfrak{H}' \neq \mathfrak{E} .$$

Da $\mathfrak{G}/\mathfrak{G}'(p)$ eine abelsche p-Gruppe ist, gilt $\mathfrak{H}' \leqq \mathfrak{H} \cap \mathfrak{G}'(p)$. Mit

$$\mathfrak{H}/\mathfrak{H}' \cong \mathfrak{G}/\mathfrak{G}'(p) = \mathfrak{G}'(p)\,\mathfrak{H}/\mathfrak{G}'(p) \cong \mathfrak{H}/(\mathfrak{H} \cap \mathfrak{G}'(p))$$

folgt dann $\mathfrak{H}' = \mathfrak{H} \cap \mathfrak{G}'(p)$.

Ist $\mathfrak{H}' = \mathfrak{E}$, so ist $\mathfrak{G}$ p-nilpotent, entgegen b). Ist $\mathfrak{H}' \neq \mathfrak{E}$, so haben wir $\mathbf{N}_{\mathfrak{G}}(\mathfrak{H}') = \mathfrak{H}$ und daher

$$\mathbf{N}_{\mathfrak{G}'(p)}(\mathfrak{H}') = \mathfrak{H} \cap \mathfrak{G}'(p) = \mathfrak{H}' .$$

Da $\mathfrak{H}'$ abelsch ist, ist nun $\mathfrak{G}'(p)$ nach dem Satz von Burnside (2.6, S. 419) p-nilpotent. Also ist auch $\mathfrak{G}$ p-nilpotent, entgegen der Feststellung unter b). Damit ist der gewünschte Widerspruch erreicht. **q.e.d.**

Satz 7.4 läßt sich nicht verbessern:

7.5 Bemerkung. Die einfache Gruppe $PSL(2, 17)$ hat als 2-Sylowgruppe eine Diedergruppe $\mathfrak{D}$ der Ordnung 16 (II, 8.10; S. 196) und $\mathfrak{D}$ ist eine maximale Untergruppe von $PSL(2, 17)$ (II, 8.27; S. 213). Offenbar hat $\mathfrak{D}$ die Klasse 3.

Es besteht die folgende Vermutung: Sei $\mathfrak{G}$ eine einfache nichtabelsche Gruppe und $\mathfrak{P}$ eine p-Sylowgruppe von $\mathfrak{G}$, welche eine maximale Untergruppe von $\mathfrak{G}$ ist. Dann ist $p = 2$ (das wurde in Beweisschritt d) von 7.4 gezeigt), $\mathfrak{P}$ ist eine Diedergruppe, und es gilt $\mathfrak{G} \cong PSL(2, q)$, wobei q eine Primzahl der Gestalt $q = 2^n \pm 1$ oder $q = 9$ ist.

Thompson hat folgenden Satz bewiesen (Thompson [3]): Die einfache Gruppe $\mathfrak{G}$ habe eine maximale Untergruppe $\mathfrak{P}$, welche nilpotent ist. Die 2-Sylowgruppe von $\mathfrak{P}$ sei eine Diedergruppe oder eine verallgemeinerte Quaternionengruppe. Dann ist $\mathfrak{G} \cong PSL(2, q)$ mit $q = 9$, oder q ist eine Primzahl der Gestalt $q = 2^n \pm 1$.

§ 8. Gruppen mit regulärer Sylowgruppe

Wir wollen in diesem Paragraphen zeigen, daß bei der Verlagerung in reguläre Sylowgruppen die Verhältnisse besonders günstig liegen. (Für die Definition der regulären p-Gruppen vergleiche man III, § 10.) Unser Ziel ist:

8.1 Satz (Wielandt). *Sei $\mathfrak{P}$ eine reguläre p-Sylowgruppe von $\mathfrak{G}$. Sei $\mathfrak{N}^*$ der kleinste Normalteiler von $\mathfrak{N} = \mathbf{N}_{\mathfrak{G}}(\mathfrak{P})$ von p-Potenzindex und sei $\mathfrak{G}^*$ der kleinste Normalteiler von $\mathfrak{G}$ von p-Potenzindex. Dann gilt*

$$\mathfrak{N}/\mathfrak{N}^* \cong \mathfrak{G}/\mathfrak{G}^* .$$

(*Man beachte, daß wir hier die p-Faktorgruppen von $\mathbf{N}_{\mathfrak{G}}(\mathfrak{P})$, und nicht wie im* 2. *Grünschen Satz* 3.7 *von $\mathbf{N}_{\mathfrak{G}}(\mathbf{Z}(\mathfrak{P}))$, mit den p-Faktorgruppen von $\mathfrak{G}$ vergleichen.*)

Dem Beweis von 8.1 müssen wir einige Vorbereitungen vorausschicken:

8.2 Hilfssatz. *Sei $\mathbf{M}$ ein Homomorphismus von $\mathfrak{G}$ in die monomiale Gruppe $\mathbf{M}_n(\mathfrak{H})$ mit $\mathbf{M}(G) = (g, \mathbf{P}(G))$. Sei T eine Bahn von $\{\mathbf{P}(G) \mid G \in \mathfrak{G}\}$ auf $\{1, \ldots, n\}$ mit $|T| = k$. Dann ist die Abbildung*

$$G \to \mathbf{M}_T(G) = (g\,|_T, \mathbf{P}(G)|_T)$$

ein Homomorphismus von $\mathfrak{G}$ in $\mathbf{M}_k(\mathfrak{H})$.

Beweis. Die Behauptung folgt sofort aus der Multiplikationsregel in den monomialen Gruppen. **q.e.d.**

Wir kommen zum wichtigsten Hilfssatz:

8.3 Hilfssatz. *Sei $\mathfrak{P}$ eine reguläre p-Sylowgruppe von $\mathfrak{G}$, sei $\mathfrak{N} = \mathbf{N}_{\mathfrak{G}}(\mathfrak{P})$ und $\overline{\mathfrak{N}}$ ein Normalteiler von $\mathfrak{N}$ mit abelscher p-Faktorgruppe $\mathfrak{N}/\overline{\mathfrak{N}}$. Sei $\mathfrak{G} = \bigcup_{i=1}^{n} \mathfrak{N} R_i$ mit $R_1 = E$ die Nebenklassenzerlegung von $\mathfrak{G}$ nach $\mathfrak{N}$, und sei $R_i G = H_i(G) R_{i\mathbf{P}(G)}$ mit $H_i(G) \in \mathfrak{N}$. Sei $\mathbf{M}$ der gemäß* 1.4 *und* 1.3 *gebildete Homomorphismus von $\mathfrak{G}$ in $\mathbf{M}_n(\mathfrak{N}/\overline{\mathfrak{N}})$ mit*

$$\mathbf{M}(G) = (g, \mathbf{P}(G)) \quad \text{und} \quad g(i) = H_i(G)\,\overline{\mathfrak{N}}\,.$$

Schließlich sei $X \in \mathfrak{P}$ mit $\mathbf{M}(X) = (h, \mathbf{P}(X))$. Bezeichnen wir mit $\mathbf{V}$ die Verlagerung von $\mathfrak{G}$ in $\mathfrak{N}/\overline{\mathfrak{N}}$, so ist $\mathbf{V}(X) = h(1)^n$, und für alle i mit $i^{\mathbf{P}(X)} = i$ gilt $h(i) = h(1)$.

Beweis. Wir beweisen die Behauptungen durch Induktion nach $O(X)$; für $X = E$ sind sie offenbar richtig.

Wir definieren für $G \in \mathfrak{G}$ die Teilmenge $\mathsf{F}(G)$ von $\{1, \ldots, n\}$ durch

$$\mathsf{F}(G) = \{i \mid i^{\mathbf{P}(G)} = i\}\,.$$

Dann ist $1 \in \mathsf{F}(G)$ gleichwertig mit $\mathfrak{N} G = \mathfrak{N}$, also mit $G \in \mathfrak{N}$.

a) Es gibt eine Zerlegung von $\Omega = \{2, \ldots, n\}$ in disjunkte Teilmengen Ω_{ij} der Länge p mit folgenden Eigenschaften: Ist $X \in \mathfrak{P}$ und $\Omega_{ij} \cap \mathsf{F}(X) \neq \emptyset$, so gilt $\Omega_{ij} \subseteq \mathsf{F}(X)$, und es gibt ein $Y_i \in \mathfrak{P}$ derart, daß $\mathbf{P}(Y_i)|_{\Omega_{ij}}$ ein p-Zyklus auf Ω_{ij} ist:

Sei $\Omega = \bigcup_{i=1}^{t} \Lambda_i$ die Zerlegung von Ω in Bahnen von $\mathbf{P}(\mathfrak{P}) = \{\mathbf{P}(X) \mid X \in \mathfrak{P}\}$. Angenommen, es sei ein j aus Ω fest bei $\mathbf{P}(\mathfrak{P})$. Dann ist $\mathfrak{N} R_j \mathfrak{P} = \mathfrak{N} R_j$, also $R_j \mathfrak{P} R_j^{-1} \subseteq \mathfrak{N}$. Da $\mathfrak{P}$ die einzige p-Sylowgruppe von $\mathfrak{N} = \mathbf{N}_{\mathfrak{G}}(\mathfrak{P})$ ist, folgt $R_j \mathfrak{P} R_j^{-1} = \mathfrak{P}$, daher $R_j \in \mathfrak{N} = \mathbf{N}_{\mathfrak{G}}(\mathfrak{P})$ und $j = 1$. Also hat kein Λ_i die Länge 1.

Für $X \in \mathfrak{P}$ setzen wir $\mathbf{P}_i(X) = \mathbf{P}(X)|_{\Lambda_i}$ und $\mathbf{P}_i(\mathfrak{P}) = \{\mathbf{P}_i(X) \mid X \in \mathfrak{P}\}$. Sei Y_i aus $\mathfrak{P}$ so gewählt, daß $E \neq \mathbf{P}_i(Y_i) \in \mathbf{Z}(\mathbf{P}_i(\mathfrak{P}))$ und $\mathbf{P}_i(Y_i)^p = E$ gilt. Auf Λ_i ist dann $\mathbf{P}_i(Y_i)$ ein Produkt von p-Zyklen auf geeigneten Teilmengen Ω_{ij} ($j = 1, \ldots, s_i$), und $\mathbf{P}_i(Y_i)$ hat keine Fixpunkte. Diese Ω_{ij} ($i = 1, \ldots, t$; $j = 1, \ldots, s_i$) bilden nun die gesuchte Zerlegung von Ω.

Sei $k \in \Lambda_i \cap \mathsf{F}(X)$. Dann liegt k in einer der Mengen Ω_{ij}. Da $\mathbf{P}_i(X)$ mit $\mathbf{P}_i(Y_i)$ aus $\mathbf{Z}(\mathbf{P}_i(\mathfrak{P}))$ vertauschbar ist, sind alle Ziffern aus Ω_{ij} Fixpunkte von $\mathbf{P}(X)$. Also haben wir $\Omega_{ij} \subseteq \mathsf{F}(X)$.

b) Sei $X \in \mathfrak{P}$ und $\mathbf{M}(X) = (h, \mathbf{P}(X))$. Für alle $i \in \mathsf{F}(X)$ gilt dann $h(i)^p = h(1)^p$:

Sei $i \in \mathsf{F}(X)$. Dann ist auch $i \in \mathsf{F}(X^p)$ und $\mathbf{M}(X^p) = (f, \mathbf{P}(X^p))$ mit $f(1) = h(1)^p$ und $f(i) = h(i)^p$. Nach Induktionsannahme ist daher $h(i)^p = h(1)^p$.

c) Sei $\Omega_{ij} \subseteq \mathsf{F}(X)$. Dann ist $\prod_{l \in \Omega_{ij}} h(l) = h(1)^p$:

Wir betrachten die Untergruppe $\langle X, Y \rangle$ mit $Y = Y_i$ (aus a)) von $\mathfrak{P}$ und von dieser die nach 8.2 gebildete monomiale Darstellung $\mathbf{M}^* = \mathbf{M}_{\Omega_{ij}}$.

Nach a) können wir $\Omega_{ij} = \{2, \ldots, p+1\}$ und $\mathbf{P}^*(Y) = (2, \ldots, p+1)$ annehmen. Dann ist $\mathbf{M}^*(Y) = (f, \mathbf{P}^*(Y))$ mit einer geeigneten Abbildung f von $\{2, \ldots, p+1\}$ in $\mathfrak{N}/\overline{\mathfrak{N}}$. Sei wie in b) $\mathbf{M}(X) = (h, \mathbf{P}(X))$. Wegen $\Omega_{ij} \subseteqq \mathsf{F}(X)$ haben wir nach b)

$$\mathbf{M}^*(X) = (h|_{\Omega_{ij}}, E) \quad \text{mit } h(l)^p = h(1)^p \text{ für } l = 2, \ldots, p+1 .$$

Also ist $\mathbf{M}^*(X) = (m, E)\,(g, E) = S\,T$ mit $m(l) = h(1)$ und $g(l) = h(l)\,h(1)^{-1}$ für alle $l = 2, \ldots, p+1$. Wegen $S = (m, E) \in \mathbf{Z}(\mathbf{M}^*(\mathfrak{N}/\overline{\mathfrak{N}}))$ gilt

$$[\mathbf{M}^*(Y), \mathbf{M}^*(X)] = [\mathbf{M}^*(Y), T] .$$

Dabei ist wegen $g(l)^p = h(l)^p\,h(1)^{-p} = \overline{\mathfrak{N}}$ auch $T^p = E$. Aus der Regularität von $\mathfrak{P}$ folgt die Regularität von $\langle \mathbf{M}^*(X), \mathbf{M}^*(Y)\rangle$. Wegen $T^p = E$ gilt nach III, 10.6 b (S. 326)

$$[\mathbf{M}^*(Y), \mathbf{M}^*(X)]^p = E .$$

Die von den Konjugierten von $[\mathbf{M}^*(Y), \mathbf{M}^*(X)]$ in $\langle \mathbf{M}^*(X), \mathbf{M}^*(Y)\rangle$ erzeugte Kommutatorgruppe $\langle \mathbf{M}^*(X), \mathbf{M}^*(Y)\rangle'$ hat dann ebenfalls den Exponenten p. Die Regularität von $\langle \mathbf{M}^*(X), \mathbf{M}^*(Y)\rangle$ liefert daher

$$(\mathbf{M}^*(X)\,\mathbf{M}^*(Y))^p = \mathbf{M}^*(X)^p\,\mathbf{M}^*(Y)^p .$$

Dabei ist nach b)

$$\mathbf{M}^*(X)^p = (r, E) \quad \text{mit} \quad r(k) = h(k)^p = h(1)^p \quad \text{für} \quad 2 \leqq k \leqq p+1 ,$$

ferner

$$\mathbf{M}^*(Y)^p = (s, E) \quad \text{mit} \quad s(k) = f(2) \ldots f(p+1) \quad \text{für} \quad 2 \leqq k \leqq p+1$$

und

$$(\mathbf{M}^*(X)\,\mathbf{M}^*(Y))^p = (t, E) \quad \text{mit} \quad t(k) = \prod_{l=2}^{p+1} f(l) \prod_{l=2}^{p+1} h(l) .$$

Das ergibt

$$\prod_{l=2}^{p+1} h(l) = h(1)^p .$$

d) Ist $X \in \mathfrak{P}$ und ist Δ ein p^k-Zyklus von $\mathbf{P}(X)$ mit $k > 0$, so ist

$$\prod_{i \in \Delta} h(i) = h(1)^{p^k} :$$

Sei

$$\mathbf{M}(X^{p^k}) = (f, \mathbf{P}(X^{p^k})) .$$

Für $i \in \Delta$ ist $i \in \mathsf{F}(X^{p^k})$ und $f(i) = \prod_{j \in \Delta} h(j)$. Ferner ist offenbar $f(1) = h(1)^{p^k}$. Wegen $O(X^{p^k}) < O(X)$ gilt unsere Behauptung bereits für X^{p^k}, also folgt

$$h(1)^{p^k} = f(1) = f(i) = \prod_{j \in \Delta} h(j) .$$

e) $\mathbf{V}(X) = h(1)^n$:

Wir zerlegen $\{1, \ldots, n\}$ in Zyklen bezüglich $\mathbf{P}(X)$. Nach d) liefert jeder Zyklus der Länge p^k mit $k > 0$ genau den Beitrag $h(1)^{p^k}$ zu $\mathbf{V}(X)$. Gemäß a) fassen wir die von 1 verschiedenen Fixpunkte von $\mathbf{P}(X)$ in Mengen Ω_{ij} der Länge p zusammen. Nach b) und c) ist

$$\prod_{l \in \Omega_{ij}} h(l) = h(1)^p .$$

Das ergibt die Behauptung $\mathbf{V}(X) = h(1)^n$.

f) Wir haben noch zu zeigen daß $h(1) = h(i)$ für $i \in \mathsf{F}(X)$ gilt:

Sei $i^{\mathbf{P}(X)} = i \neq 1$. Wegen der Transitivität von $\{\mathbf{P}(G) \mid G \in \mathfrak{G}\}$ auf $\{1, \ldots, n\}$ gibt es ein G aus $\mathfrak{G}$ mit $i^{\mathbf{P}(G)} = 1$. Nun ist

$$\mathbf{M}(G)^{-1}\, \mathbf{M}(X)\, \mathbf{M}(G) = \mathbf{M}(X^G) = (k, \mathbf{P}(X^G))$$

mit $k(1) = h(1^{\mathbf{P}(G)^{-1}}) = h(i)$ und $1^{\mathbf{P}(X^G)} = 1$. Das erzwingt nach der Bemerkung am Anfang des Beweises $X^G \in \mathfrak{N}$ und dann sogar $X^G \in \mathfrak{P}$, da $O(X^G) = O(X)$ eine Potenz von p ist. Mit e) folgt jetzt

$$h(1)^n = \mathbf{V}(X) = \mathbf{V}(X^G) = h(i)^n .$$

Wegen $(n, p) = 1$ liefert das die Behauptung $h(1) = h(i)$ für $i \in \mathsf{F}(X)$.

q.e.d.

8.4 Beweis von 8.1.

a) Sei zuerst $\mathfrak{N}/\overline{\mathfrak{N}}$ irgendeine abelsche p-Faktorgruppe von $\mathfrak{N}$. Dann gibt es einen Normalteiler $\overline{\mathfrak{G}}$ von $\mathfrak{G}$ mit $\mathfrak{G}/\overline{\mathfrak{G}} \cong \mathfrak{N}/\overline{\mathfrak{N}}$ und $\overline{\mathfrak{G}} \cap \mathfrak{N} = \overline{\mathfrak{N}}$:

Sei $\mathbf{V}$ die wie in 8.3 gebildete Verlagerung von $\mathfrak{G}$ in $\mathfrak{N}/\overline{\mathfrak{N}}$. Da $\mathfrak{N}/\overline{\mathfrak{N}}$ eine p-Gruppe ist, gilt sicher $\mathbf{V}(\mathfrak{G}) = \mathbf{V}(\mathfrak{P})$ und $\mathfrak{N} = \mathfrak{P}\,\overline{\mathfrak{N}}$.

Für $X \in \mathfrak{P}$ mit $\mathbf{M}(X) = (h, \mathbf{P}(X))$ ist nach 8.3 $\mathbf{V}(X) = h(1)^n$. Angenommen es sei $\mathbf{V}(X) = h(1)^n = \overline{\mathfrak{N}}$. Dann ist wegen $(p, n) = 1$ auch $h(1) = \overline{\mathfrak{N}}$. Das ist wegen $h(1) = H_1(X)\,\overline{\mathfrak{N}}$ und $R_1 = E$ gleichwertig mit $X = H_1(X) \in \overline{\mathfrak{N}}$. Also ist Kern $\mathbf{V} \cap \mathfrak{P} = \overline{\mathfrak{N}} \cap \mathfrak{P}$ und

$$\mathbf{V}(\mathfrak{P}) \cong \mathfrak{P}/(\overline{\mathfrak{N}} \cap \mathfrak{P}) \cong \mathfrak{P}\,\overline{\mathfrak{N}}/\overline{\mathfrak{N}} = \mathfrak{N}/\overline{\mathfrak{N}} .$$

Setzen wir $\overline{\mathfrak{G}} =$ Kern $\mathbf{V}$, so gilt daher $\mathfrak{G}/\overline{\mathfrak{G}} \cong \mathfrak{N}/\overline{\mathfrak{N}}$ und

$$\overline{\mathfrak{G}} \cap \mathfrak{N} = \text{Kern}\,\mathbf{V} \cap \overline{\mathfrak{N}}\,\mathfrak{P} = \overline{\mathfrak{N}}\,(\text{Kern}\,\mathbf{V} \cap \mathfrak{P}) = \overline{\mathfrak{N}} .$$

b) Nun sei $\mathfrak{N}/\mathfrak{N}^*$ die größte p-Faktorgruppe von $\mathfrak{N}$. Ist $\mathfrak{N}/\mathfrak{N}^*$ zyklisch, so sind wir nach a) fertig. Andernfalls gibt es zwei verschiedene $\mathfrak{N}_i$ mit $\mathfrak{N}^* < \mathfrak{N}_i \lhd \mathfrak{N}$ und $|\mathfrak{N}/\mathfrak{N}_i| = p$ $(i = 1, 2)$. Dann ist $\mathfrak{P}_i = \mathfrak{N}_i \cap \mathfrak{P}$ eine p-Sylowgruppe von $\mathfrak{N}_i$. Ist $\mathbf{N}_{\mathfrak{G}}(\mathfrak{P}_i) = \mathfrak{G}$ für $i = 1, 2$, so gilt auch $\mathfrak{P} = \mathfrak{P}_1 \mathfrak{P}_2 \trianglelefteq \mathfrak{G}$. Dann haben wir $\mathfrak{N} = \mathbf{N}_{\mathfrak{G}}(\mathfrak{P}) = \mathfrak{G}$, und der Satz ist trivial.

Sei also etwa $\mathfrak{H} = \mathbf{N}_{\mathfrak{G}}(\mathfrak{P}_1) < \mathfrak{G}$. Nach a) gibt es ein $\mathfrak{G}_1 \lhd \mathfrak{G}$ mit $\mathfrak{G}/\mathfrak{G}_1 \cong \mathfrak{N}/\mathfrak{N}_1$ und $\mathfrak{G}_1 \cap \mathfrak{N} = \mathfrak{N}_1$. Also ist $|\mathfrak{G}/\mathfrak{G}_1| = p$. Wegen $\mathfrak{P}_1 = \mathfrak{N}_1 \cap \mathfrak{P} \lhd \mathfrak{N} = \mathbf{N}_{\mathfrak{G}}(\mathfrak{P})$ gilt $\mathfrak{N} \leqq \mathfrak{H} = \mathbf{N}_{\mathfrak{G}}(\mathfrak{P}_1)$. Die Anwendung der Induktionsannahme auf $\mathfrak{H} = \mathbf{N}_{\mathfrak{G}}(\mathfrak{P}_1)$ zeigt, daß die maximale p-Faktorgruppe $\mathfrak{H}/\mathfrak{H}^*$ von $\mathfrak{H}$ isomorph ist zu $\mathfrak{N}/\mathfrak{N}^*$, ferner gilt $\mathfrak{N}^* = \mathfrak{N} \cap \mathfrak{H}^*$. Wir setzen $\mathfrak{H}_1 = \mathbf{N}_{\mathfrak{G}_1}(\mathfrak{P}_1)$. Aus $|\mathfrak{G}/\mathfrak{G}_1| = p$ folgt

$$\mathfrak{H}^* \leqq \mathfrak{H} \cap \mathfrak{G}_1 = \mathfrak{H}_1 \trianglelefteq \mathfrak{H},$$

und $\mathfrak{H}_1/\mathfrak{H}^*$ ist somit die maximale p-Faktorgruppe von $\mathfrak{H}_1$. Wegen $\mathfrak{H}_1 = \mathbf{N}_{\mathfrak{G}_1}(\mathfrak{P}_1)$ ist nach unserer Induktionsannahme die maximale p-Faktorgruppe $\mathfrak{G}_1/\mathfrak{G}^*$ von $\mathfrak{G}_1$ isomorph zu $\mathfrak{H}_1/\mathfrak{H}^*$, und es gilt $\mathfrak{H}^* = \mathfrak{H}_1 \cap \mathfrak{G}^*$. Nun ist

$$|\mathfrak{G}/\mathfrak{G}^*| = p\, |\mathfrak{G}_1/\mathfrak{G}^*| = p\, |\mathfrak{H}_1/\mathfrak{H}^*| = |\mathfrak{H}/\mathfrak{H}^*| = |\mathfrak{N}/\mathfrak{N}^*|\,.$$

Aus $\mathfrak{G} = \mathfrak{G}^*\,\mathfrak{N}$ folgt

$$\mathfrak{G}/\mathfrak{G}^* \cong \mathfrak{N}/(\mathfrak{N} \cap \mathfrak{G}^*)\,,$$

wegen $\mathfrak{N}^* \leqq \mathfrak{N} \cap \mathfrak{G}^*$ also $\mathfrak{N}^* = \mathfrak{N} \cap \mathfrak{G}^*$. **q.e.d.**

Eine Anwendung von 8.1 bereiten wir durch einen Hilfssatz vor:

8.5 Hilfssatz. *Es habe $\mathfrak{N}$ eine invariante p-Sylowgruppe $\mathfrak{P}$ mit $p > 2$. Sei $\mathfrak{P}$ metazyklisch und nicht abelsch. Dann besitzt $\mathfrak{N}$ nichttriviale p-Faktorgruppen.*

Beweis.

Nach 10.2 c) (S. 322) ist $\mathfrak{P}$ regulär.

a) $\mathfrak{P}$ hat eine charakteristische Untergruppe vom Index p: Sei p^m der Exponent von $\mathfrak{P}$. Ist $|\mho_{m-1}(\mathfrak{P})| = p$, so ist $\Omega_{m-1}(\mathfrak{P})$ wegen

$$p = |\mho_{m-1}(\mathfrak{P})| = |\mathfrak{P}/\Omega_{m-1}(\mathfrak{P})| \quad \text{(siehe III, 10.7; S. 327)}$$

eine charakteristische Untergruppe von $\mathfrak{P}$ vom Index p. Sei also $|\mho_{m-1}(\mathfrak{P})| = p^2$, somit $\mho_{m-1}(\mathfrak{P})$ vom Typ (p, p) und daher $\mho_{m-1}(\mathfrak{P}) \nleqq \mathfrak{P}'$. Wir setzen

$$\Omega_{m-1}(\mathfrak{P}/\mathfrak{P}') = \mathfrak{U}/\mathfrak{P}'\,.$$

Wegen III, 10.7 (S. 327) ist nun

$$\begin{aligned} |\mathfrak{P} : \mathfrak{U}| &= |\mathfrak{P}/\mathfrak{P}' : \mathfrak{U}/\mathfrak{P}'| = |\mathfrak{P}/\mathfrak{P}' : \Omega_{m-1}(\mathfrak{P}/\mathfrak{P}')| \\ &= |\mho_{m-1}(\mathfrak{P}/\mathfrak{P}')| = |\mho_{m-1}(\mathfrak{P})\,\mathfrak{P}'/\mathfrak{P}'| \\ &= |\mho_{m-1}(\mathfrak{P})/\mho_{m-1}(\mathfrak{P}) \cap \mathfrak{P}'| = p\,. \end{aligned}$$

Also ist $\mathfrak{U}$ die gesuchte charakteristische Untergruppe vom Index p.

b) Nach dem Satz von Zassenhaus gibt es ein Komplement $\mathfrak{S}$ von $\mathfrak{P}$ in $\mathfrak{N}$. Sei $\mathfrak{P}_1$ die in a) ermittelte charakteristische Untergruppe von $\mathfrak{P}$ vom Index p. Wegen $p \nmid |\mathfrak{S}|$ ist $\mathfrak{P}/\Phi(\mathfrak{P})$ als $\mathfrak{S}$-Modul nach dem Satz von Maschke (I, 17.7) vollständig reduzibel, etwa

$$\mathfrak{P}/\Phi(\mathfrak{P}) = \mathfrak{P}_1/\Phi(\mathfrak{P}) \times \mathfrak{P}_2/\Phi(\mathfrak{P})\,.$$

Sei $\mathfrak{P}_i = \langle P_i, \Phi(\mathfrak{P})\rangle$ und

$$P_i^S \equiv P_i^{a_i(S)} \quad (\Phi(\mathfrak{P}))$$

für $i = 1, 2$ und $S \in \mathfrak{S}$. Wegen $\Phi(\mathfrak{P}) = \mho_1(\mathfrak{P})$ (siehe III, 11.4, S. 337) und

$$[\mathfrak{P}, \mho_1(\mathfrak{P})] = \mho_1(\mathfrak{P}') \quad \text{(III, 10.8 a), S. 327)}$$

ist

$$[P_1, P_2]^S \equiv [P_1, P_2]^{a_1(S)\, a_2(S)} \, (\mho_1(\mathfrak{P}')) \,.$$

Setzen wir $\Omega_1(\mathfrak{P}') = \langle K \rangle$, so gilt also

$$K^S = K^{a_1(S)\, a_2(S)}$$

für alle S aus $\mathfrak{S}$.

Aus der Regularität von $\mathfrak{P}$ folgt nach III, 10.8 g) (S. 328)

$$(X Y)^{p^{m-1}} = X^{p^{m-1}}\, Y^{p^{m-1}}\, T^{p^{m-1}}$$

mit geeignetem $T \in \mathfrak{P}'$. Nach III, 11.4 (S. 337) haben wir $\mathfrak{P}' \leqq \mho_1(\mathfrak{P})$ und daher $T^{p^{m-1}} = E$. Also ist die Abbildung μ mit $X^\mu = X^{p^{m-1}}$ ein $\mathfrak{S}$-Homomorphismus von $\mathfrak{P}$ auf $\mho_{m-1}(\mathfrak{P})$, dessen Kern $\mho_1(\mathfrak{P}) = \Phi(\mathfrak{P})$ enthält.

Sei zuerst $\Omega_1(\mathfrak{P}') \leqq \mho_{m-1}(\mathfrak{P}) = \mathfrak{P}^\mu$. Dann ist $\Omega_1(\mathfrak{P}')$ als $\mathfrak{S}$-Modul isomorph zu einem Teilmodul von $\mathfrak{P}/\mho_1(\mathfrak{P})$. Das erzwingt

$$a_1(S)\, a_2(S) \equiv a_i(S) \; (p)$$

für $i = 1$ oder $i = 2$ und alle $S \in \mathfrak{S}$. Also ist $a_j(S) \equiv 1 \; (p)$ für $j \neq i$. Dann ist $\mathfrak{N}' \leqq \mathfrak{P}_i\, \mathfrak{S}$, und $\mathfrak{N}$ hat die nichttriviale p-Faktorgruppe $\mathfrak{N}/\mathfrak{P}_i\mathfrak{S}$.

Sei nun $\Omega_1(\mathfrak{P}') \nleqq \mho_{m-1}(\mathfrak{P})$. Dann sind alle Voraussetzungen für die Gruppe $\mathfrak{N}/\mho_{m-1}(\mathfrak{P})$ mit der nichtabelschen, metazyklischen p-Sylowgruppe $\mathfrak{P}/\mho_{m-1}(\mathfrak{P})$ erfüllt. Vermöge einer Induktionsannahme hat $\mathfrak{N}/\mho_{m-1}(\mathfrak{P})$ nichttriviale p-Faktorgruppen, also auch $\mathfrak{N}$ selbst. **q.e.d.**

8.6 Satz (Huppert [8]). *Sei $p > 2$. Die p-Sylowgruppen von $\mathfrak{G}$ seien metazyklisch und nicht abelsch. Dann besitzt $\mathfrak{G}$ eine nichttriviale p-Faktorgruppe. Insbesondere ist $\mathfrak{G}$ nicht einfach.*

Beweis. Sei $\mathfrak{N} = \mathbf{N}_{\mathfrak{G}}(\mathfrak{P})$. Nach 8.5 hat $\mathfrak{N}$ eine nichttriviale p-Faktorgruppe. Dann hat wegen der Regularität der metazyklischen p-Gruppe $\mathfrak{P}$ auch $\mathfrak{G}$ selbst nach 8.1 eine nichttriviale p-Faktorgruppe. **q.e.d.**

8.7 Bemerkungen. Für $p = 2$ gilt kein 8.6 entsprechender Satz. Nach II, 8.10 (S. 196) sind die 2-Sylowgruppen von $PSL(2, 7)$ Diedergruppen der Ordnung 8, und $PSL(2, 7)$ ist einfach. Die 2-Sylowgruppen von $SL(2, 5)$ sind Quaternionengruppen der Ordnung 8, aber $SL(2, 5)$ hat keine nichttrivialen 2-Faktorgruppen. Alle für Gruppen mit metazyklischen 2-Sylowgruppen bekannten Aussagen liegen tief und lassen sich ohne Gruppencharaktere bisher nicht beweisen.

Die Voraussetzung, daß $\mathfrak{P}$ nicht abelsch ist, ist in Satz 8.6 unentbehrlich, wie die einfachen Gruppen $PSL(2, p^2)$ mit elementar-abelschen p-Sylowgruppen vom Typ (p, p) zeigen.

8.8 Beispiel (WIELANDT [5]). Wir zeigen an einem Beispiel, daß man in 8.1 nicht auf die Regularität von $\mathfrak{P}$ verzichten kann.

Sei $\mathfrak{Z} = \langle Z \rangle$ die zyklische Gruppe der Ordnung $p > 2$ und $\mathfrak{G}$ die folgende Untergruppe der monomialen Gruppe $\mathbf{M}_{p+1}(\mathfrak{Z})$:

$$\mathfrak{G} = \left\{ (f, P) \,\middle|\, P \in \mathfrak{S}_{p+1}, f(i) \in \mathfrak{Z}, \prod_{i=0}^{p} f(i) = E \right\}.$$

Dann ist $|\mathfrak{G}| = p^p (p+1)!$, und

$$\mathfrak{D} = \left\{ (f, E) \,\middle|\, \prod_{i=0}^{p} f(i) = E \right\}$$

ist ein elementar-abelscher Normalteiler der Ordnung p^p von $\mathfrak{G}$. Sei $S = (h, R)$ mit $R = (0)(1, \ldots, p)$ und $h(i) = E$ für alle i. Dann ist $\mathfrak{P} = \langle \mathfrak{D}, S \rangle$ eine p-Sylowgruppe von $\mathfrak{G}$. Der Normalisator $\mathfrak{N} = \mathbf{N}_{\mathfrak{G}}(\mathfrak{P})$ enthält nur Elemente (f, P) mit $0^P = 0$. Daher ist die Abbildung

$$(f, P) \to f(0)$$

ein Homomorphismus von $\mathfrak{N}$ auf $\mathfrak{Z}$. Also besitzt $\mathfrak{N}$ nichttriviale p-Faktorgruppen.

Angenommen, es sei $\overline{\mathfrak{G}} \lhd \mathfrak{G}$ mit $|\mathfrak{G}/\overline{\mathfrak{G}}| = p^a > 1$. Dann ist

$$\overline{\mathfrak{G}}\,\mathfrak{D}/\mathfrak{D} \trianglelefteq \mathfrak{G}/\mathfrak{D}.$$

Da $\mathfrak{G}/\mathfrak{D}$ zur symmetrischen Gruppe $\mathfrak{S}_{p+1}$ isomorph ist, somit wegen $p > 2$ keine nichttrivialen p-Faktorgruppen besitzt, haben wir $\mathfrak{G} = \overline{\mathfrak{G}}\,\mathfrak{D}$. Also ist

$$\mathfrak{G}/\overline{\mathfrak{G}} \cong \mathfrak{D}/(\overline{\mathfrak{G}} \cap \mathfrak{D})$$

abelsch. Sei

$$T = (t, (0, 1)) \quad \text{mit} \quad t(i) = E \quad \text{für alle } i \quad \text{und}$$
$$D = (d, E) \quad \text{mit} \quad d(0) = Z, \quad d(i) = E \quad \text{für} \quad i \geqq 1.$$

Dann ist

$$[T, D] = (g, E) \quad \text{mit } g(0) = Z, \ g(1) = Z^{-1} \ \text{ und } \ g(i) = E \ \text{ für } i \geqq 2.$$

Die Konjugierten von $[T, D]$ erzeugen ganz $\mathfrak{D}$. Also ist $\mathfrak{D} \leqq \mathfrak{G}' \leqq \overline{\mathfrak{G}}$, und daraus folgt der Widerspruch $\mathfrak{G} = \overline{\mathfrak{G}}\,\mathfrak{D} = \overline{\mathfrak{G}}$. Somit hat $\mathfrak{G}$ keine nichttrivialen p-Faktorgruppen.

Literaturbemerkungen zu Kapitel IV

§ 1: Aufgabe 1 folgt einer mündlichen Mitteilung von H. Wielandt; das gleiche Ergebnis wird mit anderen Methoden in GASCHÜTZ [12] bewiesen.

§ 2: Zu 2.4 vergleiche man GRÜN [3]. Die Anleitung zu Aufgabe 2 ist eine Variante des Beweises in BRANDIS [1].

§ 3: Die grundlegenden Grünschen Sätze stammen aus GRÜN [2]. 3.5 wird mit etwas anderen Hilfsmitteln (nämlich D. G. HIGMAN [1]) in WONG [1] bewiesen.

§ 4: Ein Beweis von 4.7 wurde mit kohomologischen Hilfsmitteln in Tate [1] gegeben.

§ 5: Satz 5.4 steht weitgehend schon in Itô [1], 5.5 a) in Huppert [7]. Satz 5.7 findet sich in Itô [7], wurde aber gleichzeitig auch von W. Gaschütz bewiesen. Satz 5.12 steht in Huppert [7].

§ 6: Der grundlegende Satz 6.2 wurde (in etwas schwächerer Fassung) zuerst in Thompson [1] bewiesen. Der wiedergegebene Beweis folgt Thompson [4].

§ 7: Satz 7.4 findet sich teilweise in Thompson [1] und Deskins [2], das volle Resultat bei Janko [1].

§ 8: Satz 8.1 ist ein sehr spezieller Fall der Ergebnisse aus Wielandt [5].

Kapitel V

Darstellungstheorie

Gegenstand dieses Kapitels sind die sog. Darstellungen, d. h. die Homomorphismen einer gegebenen Gruppe $\mathfrak{G}$ in die linearen Gruppen $GL(n, K)$ $(n = 1, 2, \ldots)$ über einem gegebenen Körper K. In der ersten Phase der Theorie (Frobenius, Burnside und I. Schur, etwa 1890–1910) war K meistens der komplexe Zahlkörper. Spätere Untersuchungen haben jedoch gezeigt, daß auch für algebraisch abgeschlossene Körper endlicher Charakteristik sich die Theorie weitgehend in gleicher Weise aufbauen läßt, sofern die Charakteristik des Körpers die Ordnung der Gruppe nicht teilt. Letztere Bedingung ist es nämlich, die die grundlegende Halbeinfachheit des Gruppenringes $K[\mathfrak{G}]$ sicherstellt. Auf den in der sog. modularen Darstellungstheorie behandelten Fall, daß die Charakteristik des Körpers ein Teiler der Gruppenordnung ist, gehen wir in diesem Kapitel nicht ein (siehe dazu CURTIS, REINER [1], Chapter XII). Von der Annahme, daß der Körper algebraisch abgeschlossen ist, kann man sich teilweise befreien (siehe § 11–14); dies ist für manche Anwendungen in der Theorie der auflösbaren Gruppen von Bedeutung, wo man durch das Studium der auf den Hauptfaktoren bewirkten Automorphismen zu Darstellungen der Gruppe über Primkörpern kommt.

Der moderne algebrentheoretische Aufbau der Darstellungstheorie stammt von E. Noether und gewinnt die Hauptsätze als Anwendung der Theorie der halbeinfachen Algebren und ihrer Darstellungen (§ 2–4). Von grundlegender Bedeutung für die Anwendbarkeit der Darstellungstheorie ist, daß man das Rechnen mit den linearen Abbildungen $\mathbf{D}(G)$ weitgehend durch Rechnungen mit dem Charakter χ der Darstellung $\mathbf{D}$ ersetzen kann; dabei ist die Abbildung χ von $\mathfrak{G}$ in K definiert durch $\chi(G) = Sp\,\mathbf{D}(G)$. Durch das Tensorprodukt (Kronecker-Produkt) von Darstellungen erhält die Menge der verallgemeinerten Charaktere eine Ringstruktur (§ 10). Die beiden Eckpfeiler der Theorie kannte schon Frobenius:

(1) Die Orthogonalitätsrelationen **5.8**, die zeigen, daß die Charaktere der irreduziblen Darstellungen eine Orthonormalbasis des Raumes der Klassenfunktionen auf der Gruppe (versehen mit einem geeigneten Skalarprodukt) bilden.

(2) Die Methode der induzierten Darstellungen, die jedem Charakter χ einer Untergruppe $\mathfrak{U}$ von $\mathfrak{G}$ einen Charakter $\chi^{\mathfrak{G}}$ von $\mathfrak{G}$ zuordnet. Für das Rechnen mit den induzierten Charakteren ist der Frobeniussche

Reziprozitätssatz 16.5 von grundlegender Bedeutung. Er verknüpft für $\mathfrak{U} \leqq \mathfrak{G}$ die Abbildung $\chi \to \chi^{\mathfrak{G}}$ (χ Charakter von $\mathfrak{U}$) mit der Restriktionsabbildung $\psi \to \psi_{\mathfrak{U}}$ (ψ Charakter von $\mathfrak{G}$). Genauere Einsichten ergeben sich, wenn $\mathfrak{U}$ ein Normalteiler von $\mathfrak{G}$ ist (§ 17). Eine vom Darstellungsbegriff unabhängige Definition der Charaktere ist bisher nicht in ganz befriedigender Weise gelungen. Jedoch lassen sich die verallgemeinerten Charaktere von $\mathfrak{G}$ kennzeichnen als Klassenfunktionen auf $\mathfrak{G}$, deren Einschränkung auf gewisse „kleine" Untergruppen von $\mathfrak{G}$ verallgemeinerte Charaktere auf diesen Untergruppen sind (§ 19). Dies erlaubt mitunter die Konstruktion von speziellen Charakteren von $\mathfrak{G}$, die zu Aussagen über die Struktur von $\mathfrak{G}$ führen (siehe 19.12, 19.13).

Die Theorie der Charaktere liefert tiefliegende Aussagen über die Existenz von Normalteilern, welche als Kerne von Darstellungen gewonnen werden. Die Darstellungstheorie ist das einzige wirksame Hilfsmittel zum Nachweis von nichtauflösbaren Faktorgruppen; man vergleiche dazu die Vorbemerkungen zu Kap. IV. Wir behandeln in diesem Kapitel die klassischen Sätze von Burnside (7.3) und Frobenius (7.6), die Sätze von Burnside und Itô über Permutationsgruppen von Primzahlgrad (21.3 und 21.6) sowie den Satz von Brauer, Suzuki (22.9) über die Nichteinfachheit derjenigen Gruppen, deren 2-Sylowgruppen verallgemeinerte Quaternionengruppen sind. Die für zahlreiche Untersuchungen wichtigen Sätze über Frobeniusgruppen beweisen wir in § 8. In den letzten 10 Jahren sind darüber hinaus zahlreiche weitere Sätze bewiesen worden, welche die Theorie der Charaktere entscheidend heranziehen. Einige dieser neueren Ergebnisse, welche auf der Theorie der sog. Ausnahmecharaktere beruhen, werden wir in Band 2 behandeln.

§ 1. Algebren und ihre Darstellungen

In den ersten vier Paragraphen dieses Kapitels entwickeln wir die Strukturtheorie der Algebren soweit, wie sie für die Darstellungstheorie nötig ist. Obwohl sich die ganze Theorie für Ringe mit Minimalbedingung für Rechtsideale durchführen läßt, beschränken wir uns auf Algebren endlicher Dimension.

1.1 Definition. Sei K ein kommutativer Körper. Unter einer Algebra über K verstehen wir eine Menge $\mathfrak{a}$ mit folgenden Eigenschaften:

(1) $\mathfrak{a}$ ist bezüglich einer Operation + ein Vektorraum endlicher Dimension über K. Mit der Dimension einer Algebra $\mathfrak{a}$ über K ist stets die Dimension des Vektorraumes $\mathfrak{a}$ über K gemeint.

(2) Auf $\mathfrak{a}$ ist eine assoziative und beiderseits distributive Multiplikation erklärt; es gilt also für alle $a, b, c \in \mathfrak{a}$

$$a(b\,c) = (a\,b)\,c\,, \quad a(b + c) = a\,b + a\,c\,, \quad (b + c)\,a = b\,a + c\,a\,.$$

(3) Für alle a, b aus $\mathfrak{a}$ und alle k aus K gilt

$$(k\,a)\,b = a\,(k\,b) = k\,(a\,b)\,.$$

(4) Es gibt ein Element 1 aus $\mathfrak{a}$ mit $1a = a1 = a$ für alle a aus $\mathfrak{a}$.

1.2 Definition. Unter einem Rechtsideal $\mathfrak{r}$ einer Algebra $\mathfrak{a}$ über K verstehen wir eine Teilmenge $\mathfrak{r}$ von $\mathfrak{a}$ mit folgenden Eigenschaften:

(1) $\mathfrak{r}$ ist ein K-Teilraum des Vektorraumes $\mathfrak{a}$.

(2) Für $a \in \mathfrak{a}$ und $r \in \mathfrak{r}$ gilt stets $r\,a \in \mathfrak{r}$.

Entsprechend definieren wir Linksideale von $\mathfrak{a}$. Ist $\mathfrak{i}$ ein Rechts- und Linksideal, so nennen wir $\mathfrak{i}$ ein zweiseitiges Ideal von $\mathfrak{a}$.

Durch einfache Rechnung beweist man:

1.3 Satz. *Seien $\mathfrak{r}_1$ und $\mathfrak{r}_2$ Rechtsideale in $\mathfrak{a}$. Wir setzen*

$$\mathfrak{r}_1 + \mathfrak{r}_2 = \{r_1 + r_2 \mid r_i \in \mathfrak{r}_i\}$$

und

$$\mathfrak{r}_1\,\mathfrak{r}_2 = \{\sum_{i=1}^{n} a_i\,b_i \mid a_i \in \mathfrak{r}_1,\ b_i \in \mathfrak{r}_2\,,\ n = 1, 2, 3, \ldots\}\,.$$

Dann sind $\mathfrak{r}_1 + \mathfrak{r}_2$ und $\mathfrak{r}_1\,\mathfrak{r}_2$ Rechtsideale in $\mathfrak{a}$. Es ist $\mathfrak{r}_1\,\mathfrak{r}_2$ sogar schon dann ein Rechtsideal, wenn $\mathfrak{r}_2$ ein Rechtsideal und $\mathfrak{r}_1$ eine beliebige Teilmenge von $\mathfrak{a}$ ist. Für die eingeführten Operationen gelten die folgenden assoziativen und distributiven Gesetze:

$$\mathfrak{r}_1 + (\mathfrak{r}_2 + \mathfrak{r}_3) = (\mathfrak{r}_1 + \mathfrak{r}_2) + \mathfrak{r}_3\,,$$

$$\mathfrak{r}_1\,(\mathfrak{r}_2\,\mathfrak{r}_3) = (\mathfrak{r}_1\,\mathfrak{r}_2)\,\mathfrak{r}_3\,,$$

$$\mathfrak{r}_1\,(\mathfrak{r}_2 + \mathfrak{r}_3) = \mathfrak{r}_1\,\mathfrak{r}_2 + \mathfrak{r}_1\,\mathfrak{r}_3\,,$$

$$(\mathfrak{r}_1 + \mathfrak{r}_2)\,\mathfrak{r}_3 = \mathfrak{r}_1\,\mathfrak{r}_3 + \mathfrak{r}_2\,\mathfrak{r}_3\,.$$

Sind $\mathfrak{i}_1$ und $\mathfrak{i}_2$ zweiseitige Ideale, so sind auch $\mathfrak{i}_1 + \mathfrak{i}_2$ und $\mathfrak{i}_1\,\mathfrak{i}_2$ zweiseitig.

1.4 Definition. Seien $\mathfrak{a}_1$ und $\mathfrak{a}_2$ Algebren über K. Die Abbildung μ von $\mathfrak{a}_1$ in $\mathfrak{a}_2$ heißt ein Homomorphismus, wenn für alle a, b aus $\mathfrak{a}_1$ und alle k aus K gilt

$$(a + b)\,\mu = a\,\mu + b\,\mu\,,$$

$$(a\,b)\,\mu = (a\,\mu)\,(b\,\mu)\,,$$

$$(k\,a)\,\mu = k\,(a\,\mu)\,.$$

Insbesondere ist also μ eine lineare Abbildung des K-Vektorraumes $\mathfrak{a}_1$ in den K-Vektorraum $\mathfrak{a}_2$. Ist μ ein Homomorphismus und eine umkehrbar eindeutige Abbildung von $\mathfrak{a}_1$ auf $\mathfrak{a}_2$, so heißt μ Isomorphismus; wir nennen dann $\mathfrak{a}_1$ und $\mathfrak{a}_2$ isomorph und schreiben $\mathfrak{a}_1 \cong \mathfrak{a}_2$.

1.5 Definition. Sei $\mathfrak{i}$ ein zweiseitiges Ideal in der Algebra $\mathfrak{a}$ und sei $\mathfrak{a}/\mathfrak{i}$ der Faktorraum des Vektorraumes $\mathfrak{a}$ nach dem Unterraum $\mathfrak{i}$. Dann wird $\mathfrak{a}/\mathfrak{i}$ zu einer Algebra über K durch die Festsetzungen

(1) $(a + \mathfrak{i}) + (b + \mathfrak{i}) = (a + b) + \mathfrak{i}$.

(2) $k(a + \mathfrak{i}) = k\,a + \mathfrak{i}$.

(3) $(a + \mathfrak{i})\,(b + \mathfrak{i}) = a\,b + \mathfrak{i}$.

(Die Festsetzung (3) ist wohldefiniert, da $\mathfrak{i}$ ein zweiseitiges Ideal in $\mathfrak{a}$ ist.) Wir nennen $\mathfrak{a}/\mathfrak{i}$ die Faktoralgebra von $\mathfrak{a}$ nach $\mathfrak{i}$. Es gilt offenbar

$$\dim_K \mathfrak{a}/\mathfrak{i} = \dim_K \mathfrak{a} - \dim_K \mathfrak{i}\,.$$

Ebenfalls trivial ist der folgende Satz:

1.6 Homomorphiesatz. *Sei μ ein Homomorphismus der Algebra $\mathfrak{a}_1$ auf die Algebra $\mathfrak{a}_2$. Dann ist*

$$\mathfrak{k} = \{a \mid a \in \mathfrak{a}_1,\ a\,\mu = o\}$$

ein zweiseitiges Ideal in $\mathfrak{a}_1$. Wir nennen $\mathfrak{k}$ den Kern von μ. Die Abbildung τ mit

$$(a + \mathfrak{k})\,\tau = a\,\mu$$

ist ein Isomorphismus von $\mathfrak{a}_1/\mathfrak{k}$ auf $\mathfrak{a}_2$.

Ist umgekehrt $\mathfrak{k}$ ein zweiseitiges Ideal in $\mathfrak{a}_1$, so ist die Abbildung ν mit $a\,\nu = a + \mathfrak{k}$ ein Homomorphismus von $\mathfrak{a}_1$ auf $\mathfrak{a}_1/\mathfrak{k}$ mit dem Kern $\mathfrak{k}$.

1.7 Definition. Sei $\mathfrak{a}$ eine Algebra über K. Unter einem $\mathfrak{a}$-Rechtsmodul V verstehen wir (einschränkender als in I, § 10) einen Vektorraum V von endlicher Dimension über K, auf welchem eine Rechtsmultiplikation mit Elementen aus $\mathfrak{a}$ erklärt ist mit den folgenden Eigenschaften

(1) $v(a_1 + a_2) = v\,a_1 + v\,a_2$,

(2) $v(a_1\,a_2) = (v\,a_1)\,a_2$,

(3) $v\,1 = v$,

(4) $(v_1 + v_2)\,a = v_1\,a + v_2\,a$,

(5) $(k\,v)\,a = v(k\,a) = k(v\,a)$

für alle v_1, v_2, v aus V, alle a_1, a_2, a aus $\mathfrak{a}$ und alle k aus K.

Die Gleichungen (4) und (5) besagen, daß die Abbildung von v auf $v\,a$ eine K-lineare Abbildung von V in sich ist; (1), (2) und (5) besagen, daß die Abbildung von a aus $\mathfrak{a}$ auf den Endomorphismus ε_a von V mit $v\,\varepsilon_a = v\,a$ ein Homomorphismus von $\mathfrak{a}$ in die K-Algebra $\mathrm{Hom}_K(V, V)$ ist.

In entsprechender Weise werden $\mathfrak{a}$-Linksmoduln definiert. Wir betrachten fast nur Rechtsmoduln und sprechen dann einfach von $\mathfrak{a}$-Moduln. (Bei der Behandlung des Tensorproduktes von Moduln in § 9 werden wir freilich gleichzeitig Rechts- und Linksmoduln zu betrachten haben.)

Die Begriffe Teilmodul, Faktormodul, direkte Summe von Moduln, Homomorphismen und Isomorphismen von Moduln seien wie in I, § 10 erklärt. Die Modulhomomorphismen sind dann wegen

$$(k\,v)\,\mu = (v\,(k\,1))\,\mu = (v\,\mu)\,(k\,1) = k\,(v\,\mu)$$

stets K-lineare Abbildungen. Sind W_1 und W_2 Teilmoduln von V, so ist

$$W_1 + W_2 = \{w_1 + w_2 \mid w_i \in W_i\}$$

ebenfalls ein Teilmodul von V. Ist W eine Teilmenge von V und $\mathfrak{b}$ eine Teilmenge der Algebra $\mathfrak{a}$, so setzen wir

$$W\,\mathfrak{b} = \{\sum_i w_i\, b_i \mid w_i \in W,\ b_i \in \mathfrak{b}\}\,.$$

Ist W oder $\mathfrak{b}$ ein K-Vektorraum, so ist $W\,\mathfrak{b}$ ein K-Teilraum von V. Jeder Teilmodul W von V ist wegen

$$w\,(k\,1) = k\,(w\,1) = k w \in W$$

für $w \in W$ und $k \in K$ ein Vektorraum über K. Somit gelten stets die Maximal- und die Minimalbedingung für Teilmoduln (siehe I, 10.4), denn in jeder nichtleeren Menge von Teilräumen des endlichdimensionalen Raumes V gibt es stets solche von maximaler und minimaler Dimension.

1.8 Beispiele.

a) Sei V ein Vektorraum der Dimension n über K mit der Basis $\{v_1, \ldots, v_n\}$. Dann ist $\mathrm{Hom}_K(V, V)$ eine Algebra über K von der Dimension n^2. Eine K-Basis von $\mathrm{Hom}_K(V, V)$ wird gegeben durch die linearen Abbildungen e_{ij} $(i, j = 1, \ldots, n)$ mit

$$v_k\, e_{ij} = \delta_{ik}\, v_j \quad (\delta_{ik} = \text{Kronecker-Symbol})\,.$$

Es gilt $e_{ij}\, e_{ks} = \delta_{jk}\, e_{is}$. Bekanntlich ist $\mathrm{Hom}_K(V, V)$ isomorph zu dem vollen Matrixring vom Grad n über K.

b) Sei $\mathfrak{G}$ eine endliche Gruppe und K ein Körper. Sei $K[\mathfrak{G}]$ der in I, 16.6 (S. 105) eingeführte Gruppenring von $\mathfrak{G}$ über K, bestehend aus den Summen

$$\sum_{G \in \mathfrak{G}} a_G\, G \quad (a_G \in K)\,,$$

mit

$$\Big(\sum_{G \in \mathfrak{G}} a_G\, G\Big) + \Big(\sum_{G \in \mathfrak{G}} b_G\, G\Big) = \sum_{G \in \mathfrak{G}} (a_G + b_G)\, G\,,$$

$$\Big(\sum_{G \in \mathfrak{G}} a_G\, G\Big)\Big(\sum_{G \in \mathfrak{G}} b_G\, G\Big) = \sum_{G \in \mathfrak{G}} \Big(\sum_{X \in \mathfrak{G}} a_X\, b_{X^{-1}G}\Big)\, G\,,$$

$$k\Big(\sum_{G \in \mathfrak{G}} a_G\, G\Big) = \sum_{G \in \mathfrak{G}} (k\, a_G)\, G\,.$$

Die Elemente G aus $\mathfrak{G}$ bilden eine K-Basis von $K[\mathfrak{G}]$. Also ist $\dim_K K[\mathfrak{G}] = |\mathfrak{G}|$.

1.9 Definition. Unter einer Darstellung einer Algebra $\mathfrak{a}$ über K auf dem Modul V verstehen wir einen Algebrenhomomorphismus $\mathbf{D}$ von $\mathfrak{a}$ in die Algebra $\mathrm{Hom}_K(V, V)$ der Endomorphismen des endlichdimensionalen Vektorraumes V über K. Es gilt also

(1) $\mathbf{D}(a_1 + a_2) = \mathbf{D}(a_1) + \mathbf{D}(a_2)$,

(2) $\mathbf{D}(a_1 a_2) = \mathbf{D}(a_1)\, \mathbf{D}(a_2)$,

(3) $\mathbf{D}(k\, a) = k\, \mathbf{D}(a)$

für alle a_1, a_2, a aus $\mathfrak{a}$ und alle k aus K. Wir fordern ferner

(4) $\mathbf{D}(1) = E_V$.

Durch die Festsetzung $v\, a = v\, \mathbf{D}(a)$ wird nun V ein $\mathfrak{a}$-Rechtsmodul. Wir nennen V den Darstellungsmodul zu $\mathbf{D}$. Wenn wir von V als $\mathfrak{a}$-Modul sprechen, so ist immer diese Modulstruktur von V gemeint. Ist V ein irreduzibler $\mathfrak{a}$-Modul (siehe I, 10.4), so nennen wir $\mathbf{D}$ eine irreduzible Darstellung. (Wir erinnern daran, daß gemäß Definition I, 10.4 irreduzible Moduln stets von 0 verschieden sind!) Die Darstellung $\mathbf{D}$ heißt treu und V ein treuer $\mathfrak{a}$-Modul, wenn $\mathbf{D}$ ein Isomorphismus von $\mathfrak{a}$ in $\mathrm{Hom}_K(V, V)$ ist. Die Dimension von V über K nennen wir den Grad der Darstellung $\mathbf{D}$.

1.10 Definition. Zwei Darstellungen $\mathbf{D}_1$ bzw. $\mathbf{D}_2$ von $\mathfrak{a}$ auf den Moduln V_1 bzw. V_2 heißen äquivalent, wenn V_1 und V_2 isomorphe $\mathfrak{a}$-Moduln sind, wenn es also eine umkehrbar eindeutige K-lineare Abbildung τ von V_1 auf V_2 gibt mit

$$(v\, \mathbf{D}_1(a))\, \tau = (v\, \tau)\, \mathbf{D}_2(a)$$

für alle a aus $\mathfrak{a}$ und alle v aus V_1.

1.11 Definition. a) Unter einer Darstellung $\mathbf{D}$ einer Gruppe $\mathfrak{G}$ über dem Körper K verstehen wir einen Gruppenhomomorphismus $\mathbf{D}$ von $\mathfrak{G}$ in die Gruppe $GL(V)$ der umkehrbaren linearen Abbildungen eines Vektorraumes $V \neq 0$ von endlicher Dimension über K in sich. Durch die Festsetzung

$$\mathbf{D}\Big(\sum_{G \in \mathfrak{G}} a_G\, G\Big) = \sum_{G \in \mathfrak{G}} a_G\, \mathbf{D}(G)$$

wird $\mathbf{D}$ zu einer Darstellung des Gruppenringes $K[\mathfrak{G}]$ auf V. Umgekehrt liefert jede Darstellung $\mathbf{D}$ von $K[\mathfrak{G}]$ auf einem Vektorraum $V \neq 0$ eine Darstellung von $\mathfrak{G}$ über K durch Einschränkung von $\mathbf{D}$ auf $\mathfrak{G}$; denn wegen

$$\mathbf{D}(G)\, \mathbf{D}(G^{-1}) = \mathbf{D}(G G^{-1}) = \mathbf{D}(E) = E_V$$

sind die linearen Abbildungen $\mathbf{D}(G)$ umkehrbar. Wir brauchen also Darstellungen von $\mathfrak{G}$ über K und Darstellungen von $K[\mathfrak{G}]$ nicht zu unterscheiden. Wir nennen eine Darstellung von $\mathfrak{G}$ irreduzibel, wenn die zugehörige Darstellung von $K[\mathfrak{G}]$ irreduzibel ist. Zwei Darstellungen von $\mathfrak{G}$ heißen äquivalent, wenn die zugehörigen Darstellungen von $K[\mathfrak{G}]$ äquivalent sind.

b) Wir nennen die Darstellung $\mathbf{D}$ von $\mathfrak{G}$ treu, wenn $\mathbf{D}$ ein Isomorphismus von $\mathfrak{G}$ in $GL(V)$ ist; erfährt $\mathfrak{G}$ auf dem Modul V eine treue Darstellung, so nennen wir V einen treuen $\mathfrak{G}$-Modul. Es ist aber zu beachten, daß dann $\mathbf{D}$ nicht notwendig eine treue Darstellung des Gruppenringes $K[\mathfrak{G}]$ liefert! Sei zum Beispiel $\mathfrak{G} = \{E, G\}$ die zyklische Gruppe der Ordnung 2. Dann ist $\mathbf{D}$ mit $\mathbf{D}(E) = 1$ und $\mathbf{D}(G) = -1$ über jedem Körper K mit Char $K \neq 2$ eine treue Darstellung von $\mathfrak{G}$, wegen $\mathbf{D}(E + G) = 0$ hat die zugehörige Darstellung des Gruppenringes jedoch einen nicht-trivialen Kern.

1.12 Definition. Sei $\mathfrak{a}$ eine Algebra über K. Wir machen $\mathfrak{a}$ in natürlicher Weise vermöge der Rechtsmultiplikation zu einem $\mathfrak{a}$-Rechtsmodul (vergleiche I, 10.12). Die zugehörige Darstellung $\mathbf{R}$ mit

$$a\,\mathbf{R}(b) = a\,b$$

nennen wir die reguläre Darstellung von $\mathfrak{a}$. Die Teilmoduln des $\mathfrak{a}$-Rechtsmoduls $\mathfrak{a}$ sind offenbar gerade die Rechtsideale von $\mathfrak{a}$.

1.13 Satz. *Sei V ein irreduzibler $\mathfrak{a}$-Modul. Dann gibt es ein maximales Rechtsideal $\mathfrak{r}$ von $\mathfrak{a}$ derart, daß V und $\mathfrak{a}/\mathfrak{r}$ isomorphe $\mathfrak{a}$-Rechtsmoduln sind.*

Beweis. Sei $o \neq v \in V$. Dann ist

$$v\,\mathfrak{a} = \{v\,a \mid a \in \mathfrak{a}\}$$

ein wegen $v\,1 = v \neq o$ von 0 verschiedener Teilmodul von V. Wegen der Irreduzibilität von V gilt also $v\,\mathfrak{a} = V$. Die Abbildung μ von $\mathfrak{a}$ auf V mit $a\,\mu = v\,a$ ist ein Modulepimorphismus wegen

$$(a_1 + a_2)\,\mu = v\,(a_1 + a_2) = v\,a_1 + v\,a_2 = a_1\,\mu + a_2\,\mu\,,$$
$$(k\,a)\,\mu = v\,(k\,a) = k(v\,a) = k(a\,\mu)\,,$$
$$(a_1\,a_2)\,\mu = v\,(a_1\,a_2) = (v\,a_1)\,a_2 = (a_1\,\mu)\,a_2\,.$$

Ist $\mathfrak{r}$ der Kern von μ, so ist $\mathfrak{r}$ ein Rechtsideal in $\mathfrak{a}$, und nach dem Homomorphiesatz für Moduln gilt $\mathfrak{a}/\mathfrak{r} \cong V$. Da V irreduzibel ist, ist $\mathfrak{r}$ ein maximales Rechtsideal in $\mathfrak{a}$. **q.e.d.**

1.14 Beispiel. Jede Gruppe $\mathfrak{G}$ besitzt die triviale Darstellung $\mathbf{D}$ (auch 1-Darstellung genannt) mit $\mathbf{D}(G) = 1$ für alle G aus $\mathfrak{G}$. Dieser entspricht die Darstellung $\mathbf{D}$ des Gruppenringes $K[\mathfrak{G}]$ von $\mathfrak{G}$ mit

$$\mathbf{D}\Big(\sum_{G\in\mathfrak{G}} a_G\,G\Big) = \sum_{G\in\mathfrak{G}} a_G\,.$$

Der Kern von $\mathbf{D}$ ist das zweiseitige Ideal

$$\mathfrak{i} = \Big\{\sum_{G\in\mathfrak{G}} a_G\,G \;\Big|\; \sum_{G\in\mathfrak{G}} a_G = 0\Big\}$$

von $K[\mathfrak{G}]$, das sog. Augmentationsideal (siehe III, § 18).

Aufgaben:

1) a) Sei $\mathbf{D}$ eine Darstellung der endlichen Gruppe $\mathfrak{G}$ auf dem Vektorraum V über dem komplexen Zahlkörper. Man zeige: Es gibt ein hermitesches, positiv definites Skalarprodukt $(.\,,.)$ auf V derart, daß $(v_1\,\mathbf{D}(G), v_2\,\mathbf{D}(G)) = (v_1, v_2)$ für alle G aus $\mathfrak{G}$ und alle v_i aus V gilt.

b) Aus a) leite man für den Spezialfall des komplexen Zahlkörpers einen neuen Beweis des Satzes von Maschke (I, 17.7) her.

2) Sei $\mathfrak{a}$ eine Algebra über K und $\mathfrak{m}$ ein $\mathfrak{a}$-Rechtsmodul im allgemeinen Sinne von I, § 10. Man zeige: Genau dann ist $\mathfrak{m}$ mit der Festsetzung $k\,m = m(k\,1)$ ein Vektorraum endlicher Dimension über K (also ein $\mathfrak{a}$-Modul im Sinne von 1.7), wenn $\mathfrak{m}$ als $\mathfrak{a}$-Modul endlich erzeugbar ist.

§ 2. Das Jacobson-Radikal

2.1 Definition. Sei $\mathfrak{a}$ eine Algebra. Wir setzen
$\mathbf{J}(\mathfrak{a}) = \{a \mid a \in \mathfrak{a},\ V a = 0$ für alle irreduziblen $\mathfrak{a}$-Rechtsmoduln $V\}$ und nennen $\mathbf{J}(\mathfrak{a})$ das Jacobson-Radikal von $\mathfrak{a}$ (im folgenden kurz Radikal genannt). Offenbar ist $\mathbf{J}(\mathfrak{a})$ der Durchschnitt der Kerne aller irreduziblen Darstellungen von $\mathfrak{a}$, ist also ein zweiseitiges Ideal von $\mathfrak{a}$.

2.2 Satz. *Sei $\mathfrak{a}$ eine Algebra. Die folgenden Aussagen sind gleichwertig:*
a) *Das Element x liegt in jedem maximalen Rechtsideal von $\mathfrak{a}$.*
b) *$1 - x\,a$ hat für alle a aus $\mathfrak{a}$ ein Rechtsinverses in $\mathfrak{a}$.*
c) *x liegt im Radikal $\mathbf{J}(\mathfrak{a})$ von $\mathfrak{a}$.*

Beweis. a) $\Rightarrow$ b): Angenommen, es sei $(1 - x\,a)\,\mathfrak{a} \subset \mathfrak{a}$. Dann gibt es ein maximales Rechtsideal $\mathfrak{r}$ von $\mathfrak{a}$ mit $(1 - x\,a)\,\mathfrak{a} \subseteqq \mathfrak{r}$ (wegen der endlichen Dimension von $\mathfrak{a}$ ist das trivial; der Schluß läßt sich jedoch auch durchführen für Ringe mit Einselement, man benötigt dann das Zornsche Lemma). Insbesondere folgt $1 - x\,a = b \in \mathfrak{r}$ und wegen $x \in \mathfrak{r}$ dann auch $1 = x\,a + b \in \mathfrak{r}$. Das ist jedoch ein Widerspruch zu $\mathfrak{r} \subset \mathfrak{a}$. Also gilt $(1 - x\,a)\,\mathfrak{a} = \mathfrak{a}$, und daher gibt es ein c aus $\mathfrak{a}$ mit $(1 - x\,a)\,c = 1$.

b) $\Rightarrow$ c): Sei V ein irreduzibler $\mathfrak{a}$-Rechtsmodul. Angenommen, es sei $V x \neq 0$. Dann gibt es ein v aus V mit $v\,x \neq o$. Da $v\,x\,\mathfrak{a}$ ein von 0 verschiedener Teilmodul von V ist, folgt wegen der Irreduzibilität von V nun $v\,x\,\mathfrak{a} = V$. Insbesondere gibt es daher ein a aus $\mathfrak{a}$ mit $v\,x\,a = v$, also mit $v(1 - x\,a) = o$. Nach unserer Voraussetzung existiert ein $c \in \mathfrak{a}$ mit $(1 - x\,a)\,c = 1$. Daraus folgt der Widerspruch

$$o = v(1 - x\,a)\,c = v\,.$$

Also gilt doch $V x = 0$, und daher liegt x im Radikal $\mathbf{J}(\mathfrak{a})$.

c) $\Rightarrow$ a): Sei x aus $\mathbf{J}(\mathfrak{a})$ und $\mathfrak{r}$ ein maximales Rechtsideal von $\mathfrak{a}$. Dann ist $\mathfrak{a}/\mathfrak{r}$ ein irreduzibler $\mathfrak{a}$-Rechtsmodul, und daher gilt $(\mathfrak{a}/\mathfrak{r})\,x = 0$, also $\mathfrak{a}\,x \subseteqq \mathfrak{r}$. Insbesondere folgt $x = 1x \in \mathfrak{r}$. **q.e.d.**

2.2 a) besagt, daß $\mathbf{J}(\mathfrak{a})$ der Durchschnitt der maximalen Rechtsideale von $\mathfrak{a}$ ist. Es läßt sich leicht zeigen, daß $\mathbf{J}(\mathfrak{a})$ auch der Durchschnitt der maximalen Linksideale von $\mathfrak{a}$ ist, doch benötigen wir das nicht.

Während die zweiseitigen Ideale als Kerne von Homomorphismen den Normalteilern entsprechen, haben die einseitigen Ideale kein Gegenstück in Gruppen. Daher läßt sich auch keine dem Radikal $\mathbf{J}(\mathfrak{a})$ entsprechende Bildung in Gruppen finden. Während die Beschreibung des Radikals in 2.2 a) der Definition der Frattinigruppe in III, 3.1 (S. 268) ähnelt, ist die in 2.1 gegebene Definition von $\mathbf{J}(\mathfrak{a})$ enger verwandt mit der Charakterisierung der Fittinggruppe in III, 4.3 (S. 278) als Zentralisator aller Hauptfaktoren.

2.3 Definition. a) Ein Ideal $\mathfrak{n}$ von $\mathfrak{a}$ heißt ein Nilideal, wenn zu jedem x aus $\mathfrak{n}$ eine natürliche Zahl $n(x)$ existiert mit $x^{n(x)} = 0$.

b) Ein Ideal $\mathfrak{n}$ von $\mathfrak{a}$ heißt nilpotent, wenn es eine natürliche Zahl n mit $\mathfrak{n}^n = 0$ gibt. Dafür genügt offenbar: Für alle $x_1, \ldots, x_n$ aus $\mathfrak{n}$ gilt $x_1 \ldots x_n = 0$. (Offenbar sind nilpotente Ideale stets Nilideale.)

Satz 2.2 macht noch keinen Gebrauch davon, daß $\mathfrak{a}$ eine Algebra ist, sondern gilt für beliebige Ringe mit Einselement. Der Teil a) des folgenden Satzes 2.4 gilt auch noch für Ringe mit Minimalbedingung für Rechtsideale. Wir beschränken uns aber beim Beweis auf Algebren.

2.4 Satz. a) *Das Radikal* $\mathbf{J}(\mathfrak{a})$ *einer Algebra* $\mathfrak{a}$ *ist stets nilpotent.*

b) *Jedes Rechts-Nilideal von* $\mathfrak{a}$ *liegt im Radikal* $\mathbf{J}(\mathfrak{a})$. *Also ist jedes Rechts-Nilideal nilpotent.*

Beweis. a) Sei
$$\mathfrak{a} = \mathfrak{a}_0 \supset \mathfrak{a}_1 \supset \cdots \supset \mathfrak{a}_r = 0$$
eine Kompositionsreihe von $\mathfrak{a}$ als $\mathfrak{a}$-Rechtsmodul; eine solche existiert nach I, 11.2 (S. 62), da in $\mathfrak{a}$ die Maximal- und die Minimalbedingung für Rechtsideale gelten. Da $\mathfrak{a}_i/\mathfrak{a}_{i+1}$ irreduzibel ist, gilt nach 2.1 $\mathfrak{a}_i \mathbf{J}(\mathfrak{a}) \subseteqq \mathfrak{a}_{i+1}$ für alle i. Es folgt
$$\mathbf{J}(\mathfrak{a})^r = \mathfrak{a}\,\mathbf{J}(\mathfrak{a})^r \subseteqq \mathfrak{a}_r = 0\,,$$
und $\mathbf{J}(\mathfrak{a})$ ist nilpotent.

b) Sei $\mathfrak{n}$ ein Rechts-Nilideal in $\mathfrak{a}$. Ist x aus $\mathfrak{n}$ und a aus $\mathfrak{a}$, so liegt $x\,a$ in $\mathfrak{n}$. Also haben wir $(x\,a)^k = 0$ für ein geeignetes k. Dann folgt
$$(1 - x\,a)\,(1 + x\,a + (x\,a)^2 + \cdots + (x\,a)^{k-1}) = 1\,.$$
Somit liegt x nach 2.2 in $\mathbf{J}(\mathfrak{a})$. **q.e.d.**

2.5 Definition. Eine Algebra $\mathfrak{a}$ heißt halbeinfach, falls $\mathbf{J}(\mathfrak{a}) = 0$ gilt.

Eine hinreichende Bedingung für Halbeinfachheit liefert der folgende Hilfssatz:

2.6 Hilfssatz. *Sei* $\mathfrak{a}$ *eine Algebra über* K *mit der* K*-Basis* $\{a_1, \ldots, a_n\}$, *und sei* $\mathbf{D}$ *eine Darstellung von* $\mathfrak{a}$ *auf einem Modul* V. *Wir setzen*
$$b_{ij} = Sp\, \mathbf{D}(a_i\, a_j) \quad \textit{und} \quad \Delta = \det(b_{ij})\,;$$

dabei bedeutet $Sp\,\mathbf{D}(s)$ *die Spur der linearen Abbildung* $\mathbf{D}(s)$. *Dann gilt: Ist* $\Delta \neq 0$, *so ist* $\mathfrak{a}$ *halbeinfach.*

Beweis. Bilden die $a_i' = \sum_{j=1}^{n} c_{ij}\, a_j$ mit $c_{ij} \in K$ und $\det(c_{ij}) \neq 0$ eine weitere Basis von $\mathfrak{a}$, so gilt

$$(Sp\,\mathbf{D}(a_i'\, a_j')) = (c_{ik})\,(\mathrm{Sp}\,\mathbf{D}(a_i\, a_j))\,(c_{ik})^* .$$

Daher ist die Aussage $\Delta \neq 0$ basisunabhängig.

Angenommen, es sei $\mathbf{J}(\mathfrak{a}) \neq 0$. Sei $\{a_1', \ldots, a_n'\}$ eine K-Basis von $\mathfrak{a}$ mit $a_1' \in \mathbf{J}(\mathfrak{a})$. Dann gilt $a_1'\, a_i' \in \mathbf{J}(\mathfrak{a})$ für alle $i = 1, \ldots, n$. Ist

$$V = V_0 \supset V_1 \supset \cdots \supset V_r = 0$$

eine Kompositionsreihe von V als $\mathfrak{a}$-Modul, so gilt wegen $a_1'\, a_i' \in \mathbf{J}(\mathfrak{a})$ nach 2.1 $V_j\,(a_1'\, a_i') \subseteq V_{j+1}$, daher $Sp\,\mathbf{D}(a_1'\, a_i') = 0$ für $i = 1, \ldots, n$. Nach unserer Vorbemerkung liefert das den Widerspruch $\Delta = 0$. **q.e.d.**

Mit diesem Hilfssatz können wir leicht entscheiden, welche Gruppenringe halbeinfach sind:

2.7 Satz. *Sei* $\mathfrak{a} = K[\mathfrak{G}]$ *der Gruppenring der endlichen Gruppe* $\mathfrak{G}$ *der Ordnung* g *über dem Körper* K. *Genau dann ist* $\mathfrak{a}$ *halbeinfach, wenn* Char K *kein Teiler von* g *ist. Diese Bedingung ist für* Char $K = 0$ *stets erfüllt.*

Beweis. 1) Sei $\mathbf{R}$ die reguläre Darstellung von $\mathfrak{a}$ auf dem $\mathfrak{a}$-Rechtsmodul $\mathfrak{a}$. Als Basis von $\mathfrak{a}$ wählen wir die Gruppenelemente $G_1, \ldots, G_g$. Für $E \neq G$ ist dann $Sp\,\mathbf{R}(G) = 0$, dagegen ist $Sp\,\mathbf{R}(E) = g$. Also ist

$$Sp\,\mathbf{R}(G_i\, G_j) = \begin{cases} 0 & \text{für } G_i\, G_j \neq E \\ g & \text{für } G_i\, G_j = E . \end{cases}$$

Daher folgt $\det(Sp\,\mathbf{R}(G_i G_j)) = \pm\, g^g$, und dies ist von 0 verschieden, falls Char K die Gruppenordnung g nicht teilt. Die angegebene Bedingung ist also nach 2.6 hinreichend für Halbeinfachheit von $\mathfrak{a}$.

2) Die Bedingung ist auch notwendig: Sei nämlich Char $K = p$ ein Teiler von g. Wir setzen $i = \sum_{G \in \mathfrak{G}} G$. Dann ist $Gi = i = iG$ für alle G aus $\mathfrak{G}$. Somit folgt $i^2 = g\, i = 0$. Da i mit allen Elementen aus $\mathfrak{a}$ vertauschbar ist, haben wir für alle a aus $\mathfrak{a}$ nun

$$(i\, a)^2 = i^2\, a^2 = 0 .$$

Daher ist $i\,\mathfrak{a}$ ein Nilideal von $\mathfrak{a}$. Mit 2.4 folgt jetzt $0 \neq i\,\mathfrak{a} \subseteq \mathbf{J}(\mathfrak{a})$, also ist $\mathfrak{a}$ nicht halbeinfach. **q.e.d.**

Aufgaben:

3) Man zeige ohne Verwendung der Mimimalbedingung, daß $\mathbf{J}(\mathfrak{a})$ der Durchschnitt der maximalen Linksideale von $\mathfrak{a}$ ist. (Anleitung: Sei $\mathbf{J}'(\mathfrak{a})$ der Durchschnitt der maximalen Linksideale von $\mathfrak{a}$. Man zeige:

(1) $\mathbf{J}'(\mathfrak{a}) = \{x \mid x \in \mathfrak{a}$, für jedes $a \in \mathfrak{a}$ existiert ein $z \in \mathfrak{a}$ mit

$$(1 - z)\,(1 - a\,x) = 1\} .$$

(2) Ist $y \in \mathbf{J}'(\mathfrak{a})$, so hat $1 - y\,a$ für alle $a \in \mathfrak{a}$ ein Rechtsinverses.)

4) Sei K ein Körper und sei $f \in K[x]$. Man beschreibe $\mathbf{J}(K[x]/(f))$ und zeige, daß die Algebra $K[x]/(f)$ genau dann halbeinfach ist, wenn f durch kein Quadrat eines irreduziblen Polynoms aus $K[x]$ teilbar ist.

§ 3. Vollständig reduzible Moduln und halbeinfache Algebren

Sei stets $\mathfrak{a}$ eine Algebra über K. Entsprechend der Definition 1.7 seien alle $\mathfrak{a}$-Moduln Vektorräume endlicher Dimension über K.

3.1 Definition. Der $\mathfrak{a}$-Rechtsmodul V heißt vollständig reduzibel, wenn V die direkte Summe von (wegen $\dim V < \infty$ notwendig endlich vielen) irreduziblen $\mathfrak{a}$-Rechtsmoduln ist. Es ist zweckmäßig, auch den 0-Modul als vollständig reduzibel zu bezeichnen. Wir nennen eine Darstellung vollständig reduzibel, wenn der zugehörige Darstellungsmodul V vollständig reduzibel ist.

3.2 Satz. *Gleichwertig sind:*

a) *V ist eine Summe von irreduziblen Moduln.*

b) *Ist W ein Teilmodul von V, so gibt es einen Teilmodul U von V mit $V = W \oplus U$.*

c) *V ist vollständig reduzibel.*

Beweis. a) $\Rightarrow$ b): Sei T ein möglichst großer Teilmodul von V mit $W \cap T = 0$. Angenommen, es sei $W + T \subset V$. Wegen der Zerlegung $V = \sum_i V_i$ mit irreduziblen V_i gibt es ein i mit $V_i \subsetneq W + T$. Da V_i irreduzibel ist, folgt $V_i \cap (W + T) = 0$.

Angenommen, es sei

$$w = t + v \in W \cap (T + V_i)$$

mit $w \in W$, $t \in T$ und $v \in V_i$. Dann ist

$$v = w - t \in V_i \cap (W + T) = 0\,,$$

also $w = t \in W \cap T = 0$. Mithin ist $W \cap (T + V_i) = 0$. Wegen $T \subset T + V_i$ widerspricht dies jedoch der Wahl von T. Daher gilt $V = W + T$ und $W \cap T = 0$, also $V = W \oplus T$.

b) $\Rightarrow$ c): Sei W ein möglichst großer Teilmodul von V, welcher direkte Summe von endlich vielen irreduziblen Moduln ist. Ist $W \subset V$, so gilt $V = W \oplus T$ mit $T \neq 0$. Sei S ein irreduzibler Teilmodul von T; wegen $\dim T < \infty$ existiert ein solcher sicher. Dann ist $W \subset W \oplus S$, und $W \oplus S$ ist direkte Summe von endlich vielen irreduziblen Moduln, entgegen der Wahl von W. Also ist $V = W$, und somit folgt c) aus b).

c) $\Rightarrow$ a): Dies ist trivial. **q.e.d.**

Satz 3.2 gilt auch ohne die Annahme, daß alle Moduln Vektorräume endlicher Dimension sind; der Beweis erfordert dann das Zornsche Lemma.

3.3 Hauptsatz. a) *Ist* $\mathfrak{a}$ *eine halbeinfache Algebra, so ist* $\mathfrak{a}$ *als* $\mathfrak{a}$*-Rechtsmodul vollständig reduzibel. Es gilt* $\mathfrak{a} = \bigoplus_{i=1}^{n} \mathfrak{r}_i$ *mit minimalen Rechtsidealen* $\mathfrak{r}_i = e_i\,\mathfrak{a}$. *Die* e_i *sind paarweise orthogonale Idempotente, d. h. es gilt*

$$e_i^2 = e_i \neq 0 \quad und \quad e_i\,e_j = 0 \quad für \quad i \neq j\,.$$

Ferner ist $1 = \sum_{i=1}^{n} e_i$.

(*Diese Zerlegung von* $\mathfrak{a}$ *ist i. a. nicht eindeutig.*)

b) *Ist* $\mathfrak{a}$ *vollständig reduzibel als* $\mathfrak{a}$*-Modul, so ist* $\mathfrak{a}$ *halbeinfach.*

Beweis. a) Wir haben $\mathbf{J}(\mathfrak{a}) = 0$, und $\mathbf{J}(\mathfrak{a})$ ist nach 2.2 der Durchschnitt der maximalen Rechtsideale von $\mathfrak{a}$. Da $\mathfrak{a}$ die Minimalbedingung für Rechtsideale erfüllt, gibt es endlich viele maximale Rechtsideale $\mathfrak{m}_i$ mit $\bigcap_{i=1}^{n} \mathfrak{m}_i = 0$. Diese seien so gewählt, daß die Anzahl n minimal ist, daß also $\bigcap_{j \neq i} \mathfrak{m}_j \neq 0$ gilt für alle $i = 1, \ldots, n$. Wir setzen $\mathfrak{r}_i = \bigcap_{j \neq i} \mathfrak{m}_j$. Dann ist

$$\mathfrak{r}_i \cap \mathfrak{m}_i = \bigcap_{j=1}^{n} \mathfrak{m}_j = 0\,,$$

aber $\mathfrak{r}_i \subsetneqq \mathfrak{m}_i$. Wegen der Maximalität der $\mathfrak{m}_i$ folgt $\mathfrak{a} = \mathfrak{r}_i + \mathfrak{m}_i$, also $\mathfrak{a} = \mathfrak{r}_i \oplus \mathfrak{m}_i$ und $\mathfrak{a}/\mathfrak{m}_i \cong \mathfrak{r}_i$. Da $\mathfrak{a}/\mathfrak{m}_i$ ein irreduzibler $\mathfrak{a}$-Modul ist, ist $\mathfrak{r}_i$ ein minimales Rechtsideal.

Es gilt $\mathfrak{a} = \bigoplus_{1}^{n} \mathfrak{r}_i$:

Wegen $\mathfrak{a} = \mathfrak{r}_j \oplus \mathfrak{m}_j$ haben wir für alle a aus $\mathfrak{a}$ eine eindeutige Zerlegung

$$a = r_j + m_j \quad \text{mit} \quad r_j \in \mathfrak{r}_j \quad \text{und} \quad m_j \in \mathfrak{m}_j\,.$$

Aus $\mathfrak{r}_i = \bigcap_{k \neq i} \mathfrak{m}_k \subseteq \mathfrak{m}_j$ für $i \neq j$ folgt nun

$$a - \sum_{i=1}^{n} r_i = (a - r_j) - \sum_{i \neq j} r_i \in \mathfrak{m}_j\,,$$

daher $a - \sum_{i=1}^{n} r_i \in \bigcap_{j=1}^{n} \mathfrak{m}_j = 0$.

Die Zerlegung $a = \sum_{i=1}^{n} x_i$ mit $x_i \in \mathfrak{r}_i$ ist eindeutig:

Aus $\sum_{i=1}^{n} x_i = \sum_{i=1}^{n} x_i'$ mit $x_i, x_i' \in \mathfrak{r}_i$ ergibt sich nämlich

$$x_i - x_i' = -\sum_{j \neq i} (x_j - x_j') \in \mathfrak{r}_i \cap \mathfrak{m}_i = 0\,,$$

daher $x_i = x_i'$. Also gilt $\mathfrak{a} = \bigoplus_{i=1}^{n} \mathfrak{r}_i$.

Sei $1 = \sum_{i=1}^{n} e_i$ mit $e_i \in \mathfrak{r}_i$ die Zerlegung des Einselementes 1 von $\mathfrak{a}$. Dann ist

$$e_j = \sum_{i=1}^{n} e_i\, e_j$$

mit $e_i\, e_j \in \mathfrak{r}_i$. Wegen der Eindeutigkeit der Zerlegung folgt $e_i\, e_j = 0$ für $i \neq j$ und $e_j^2 = e_j$. Es ist $e_i \neq 0$ für alle i: Aus $e_j = 0$ folgte nämlich der Widerspruch

$$\mathfrak{a} = 1\,\mathfrak{a} = \sum_{i=1}^{n} e_i\, \mathfrak{a} \subseteqq \bigoplus_{i \neq j} \mathfrak{r}_i \subset \mathfrak{a}\,.$$

Somit ist $e_i\, \mathfrak{a}$ ein von 0 verschiedener Teilmodul des irreduziblen Rechtsmoduls $\mathfrak{r}_i$, also gilt $e_i\, \mathfrak{a} = \mathfrak{r}_i$.

b) Sei $\mathfrak{a} = \bigoplus_{1}^{n} \mathfrak{r}_i$ mit irreduziblen Rechtsidealen $\mathfrak{r}_i$. Nach 2.1 ist $\mathfrak{r}_i\, \mathbf{J}(\mathfrak{a}) = 0$ für alle i. Daraus folgt

$$\mathbf{J}(\mathfrak{a}) = \mathfrak{a}\, \mathbf{J}(\mathfrak{a}) = 0\,,$$

und $\mathfrak{a}$ ist halbeinfach. **q.e.d.**

3.4 Satz. *Ist $\mathfrak{a}$ eine halbeinfache Algebra, so ist jeder $\mathfrak{a}$-Modul vollständig reduzibel.*

Beweis. Sei $\mathfrak{a} = \bigoplus_{1}^{n} \mathfrak{r}_i$ mit irreduziblen Rechtsidealen $\mathfrak{r}_i$. Sei $V = \bigoplus_{j=1}^{m} K\, v_j$ ein $\mathfrak{a}$-Rechtsmodul. Dann ist

$$V = V\,\mathfrak{a} = \sum_{j,i} v_j\, \mathfrak{r}_i\,.$$

Die Abbildung $r \to v_j\, r$ von $\mathfrak{r}_i$ auf $v_j\, \mathfrak{r}_i$ ist ein $\mathfrak{a}$-Homomorphismus. Also ist $v_j\, \mathfrak{r}_i$ irreduzibel oder der 0-Modul. Daher ist V eine Summe von irreduziblen Moduln, ist also nach 3.2 vollständig reduzibel. **q.e.d.**

Die Sätze 3.4 und 2.7 liefern zusammen einen neuen Beweis des Satzes von Maschke (I, 17.7).

3.5 Hilfssatz. *Sei $\mathfrak{a}$ eine halbeinfache Algebra und $\mathfrak{r} \neq 0$ ein Rechtsideal in $\mathfrak{a}$. Dann gibt es ein idempotentes Element e in $\mathfrak{a}$ mit $\mathfrak{r} = e\,\mathfrak{a}$, und $\mathfrak{a} = e\,\mathfrak{a} \oplus (1 - e)\,\mathfrak{a}$ ist eine direkte Zerlegung von $\mathfrak{a}$ als $\mathfrak{a}$-Rechtsmodul (sog. Piercesche Zerlegung).*

Beweis. Nach 3.3 ist $\mathfrak{a}$ als $\mathfrak{a}$-Rechtsmodul vollständig reduzibel. Daher gibt es nach 3.2 eine direkte Zerlegung $\mathfrak{a} = \mathfrak{r} \oplus \mathfrak{s}$ mit einem Rechtsideal $\mathfrak{s}$ von $\mathfrak{a}$. Sei $1 = e + e'$ mit $e \in \mathfrak{r}$ und $e' \in \mathfrak{s}$. Aus $e = e^2 + e'\, e$ folgt dann $e^2 = e$, also ist e idempotent. Wir haben daher $\mathfrak{a} = e\,\mathfrak{a} \oplus e'\,\mathfrak{a}$ mit $e\,\mathfrak{a} \subseteqq \mathfrak{r}$ und $e'\,\mathfrak{a} \subseteqq \mathfrak{s}$. Also folgt $\mathfrak{r} = e\,\mathfrak{a}$. **q.e.d.**

3.6 Hilfssatz. *Sei $\mathfrak{a}$ eine halbeinfache Algebra und sei $\mathfrak{b}$ ein zweiseitiges Ideal in $\mathfrak{a}$. Sei $\mathfrak{a} = \mathfrak{b} \oplus \mathfrak{c}$ mit einem Rechtsideal $\mathfrak{c}$ von $\mathfrak{a}$. (Nach 3.3 und 3.2 gibt es eine solche Zerlegung.) Dann ist $\mathfrak{c}$ ein zweiseitiges Ideal.*

Beweis. Da $\mathfrak{b}$ ein Linksideal und $\mathfrak{c}$ ein Rechtsideal ist, gilt

$$\mathfrak{c}\,\mathfrak{b} \subseteqq \mathfrak{b} \cap \mathfrak{c} = 0 .$$

Daraus folgt

$$(\mathfrak{b}\,\mathfrak{c})^2 = \mathfrak{b}\,\mathfrak{c}\,\mathfrak{b}\,\mathfrak{c} = 0 .$$

Daher ist $\mathfrak{b}\,\mathfrak{c}$ ein nilpotentes Rechtsideal in $\mathfrak{a}$. Wegen der Halbeinfachheit von $\mathfrak{a}$ ergibt sich mit 2.4 b) $\mathfrak{b}\,\mathfrak{c} = 0$ und daraus

$$\mathfrak{a}\,\mathfrak{c} = (\mathfrak{b} + \mathfrak{c})\,\mathfrak{c} = \mathfrak{c}^2 \subseteqq \mathfrak{c} .$$

Also ist $\mathfrak{c}$ ein zweiseitiges Ideal von $\mathfrak{a}$. **q.e.d.**

3.7 Definition. Die Algebra $\mathfrak{a} \neq 0$ heißt einfach, falls 0 und $\mathfrak{a}$ die einzigen zweiseitigen Ideale von $\mathfrak{a}$ sind. (Offenbar ist jede einfache Algebra halbeinfach.)

3.8 Satz. *Sei $\mathfrak{a}$ eine halbeinfache Algebra. Dann ist $\mathfrak{a}$ die direkte Summe der sämtlichen minimalen zweiseitigen Ideale von $\mathfrak{a}$, etwa $\mathfrak{a} = \bigoplus_{i=1}^{k} \mathfrak{a}_i$. Für $i \neq j$ gilt $\mathfrak{a}_i\,\mathfrak{a}_j = 0$. Die $\mathfrak{a}_i$ sind einfache Algebren. Jedes zweiseitige Ideal von $\mathfrak{a}$ ist direkte Summe einiger der $\mathfrak{a}_i$. Insbesondere ist jedes minimale zweiseitige Ideal von $\mathfrak{a}$ eines der $\mathfrak{a}_i$.*

Beweis. Sei $\mathfrak{a}_1$ ein minimales zweiseitiges Ideal von $\mathfrak{a}$. Nach 3.6 gibt es eine Zerlegung $\mathfrak{a} = \mathfrak{a}_1 \oplus \mathfrak{a}_1'$ mit einem zweiseitigen Ideal $\mathfrak{a}_1'$. Dabei ist $\mathfrak{a}_1\,\mathfrak{a}_1' \subseteqq \mathfrak{a}_1 \cap \mathfrak{a}_1' = 0$. Nun ist $\mathfrak{a}_1$ eine einfache und $\mathfrak{a}_1'$ eine halbeinfache Algebra, denn die zweiseitigen Ideale von $\mathfrak{a}_1$ bzw. $\mathfrak{a}_1'$ sind wegen $\mathfrak{a}_1'\,\mathfrak{a}_1 = \mathfrak{a}_1\,\mathfrak{a}_1' = 0$ auch zweiseitige Ideale von $\mathfrak{a}$; ist $\mathfrak{n}$ das Radikal von $\mathfrak{a}_1'$, so ist $\mathfrak{n}$ ein nilpotentes Rechtsideal von $\mathfrak{a}$, und wegen der Halbeinfachheit von $\mathfrak{a}$ folgt $\mathfrak{n} = 0$. Durch Induktion nach der Dimension von $\mathfrak{a}$ erhalten wir eine Zerlegung $\mathfrak{a} = \bigoplus_{1}^{k} \mathfrak{a}_i$ mit minimalen zweiseitigen Idealen $\mathfrak{a}_i$ von $\mathfrak{a}$ und mit $\mathfrak{a}_i\,\mathfrak{a}_j = 0$ für $i \neq j$.

Sei $\mathfrak{b} \neq 0$ ein zweiseitiges Ideal von $\mathfrak{a}$. Wir haben

$$\mathfrak{b} = \mathfrak{a}\,\mathfrak{b} = \sum_{1}^{k} \mathfrak{a}_i\,\mathfrak{b} .$$

Ist $\mathfrak{a}_i\,\mathfrak{b} \neq 0$, so ist es ein zweiseitiges Ideal von $\mathfrak{a}$ mit $0 \subset \mathfrak{a}_i\,\mathfrak{b} \subseteqq \mathfrak{a}_i$. Wegen der Minimalität von $\mathfrak{a}_i$ folgt also $\mathfrak{a}_i\,\mathfrak{b} = \mathfrak{a}_i$, somit

$$\mathfrak{b} = \sum_{i'} \mathfrak{a}_{i'} ,$$

wobei die Summe über die i' mit $\mathfrak{a}_{i'}\,\mathfrak{b} \neq 0$ zu erstrecken ist. **q.e.d.**

Aufgaben:

5) Teilmoduln und homomorphe Bilder von vollständig reduziblen Moduln sind wieder vollständig reduzibel.

6) Seien $\mathfrak{m}/\mathfrak{m}_1$ und $\mathfrak{m}/\mathfrak{m}_2$ vollständig reduzibel. Dann ist auch $\mathfrak{m}/(\mathfrak{m}_1 \cap \mathfrak{m}_2)$ vollständig reduzibel.

7) Sei $\mathfrak{r}$ ein Rechtsideal in $\mathfrak{a}$. Genau dann ist $\mathfrak{a}/\mathfrak{r}$ ein vollständig reduzibler $\mathfrak{a}$-Rechtsmodul, wenn $\mathbf{J}(\mathfrak{a}) \subseteqq \mathfrak{r}$ gilt.

8) Sei $\mathfrak{a}$ eine halbeinfache Algebra. Für alle zweiseitigen Ideale $\mathfrak{i}$, $\mathfrak{j}$, $\mathfrak{k}$ von $\mathfrak{a}$ beweise man die Relationen

$$\mathfrak{i}\,\mathfrak{j} = \mathfrak{i} \cap \mathfrak{j} \quad \text{und} \quad (\mathfrak{i} + \mathfrak{j}) \cap \mathfrak{k} = (\mathfrak{i} \cap \mathfrak{k}) + (\mathfrak{j} \cap \mathfrak{k}) .$$

9) Sei $\mathfrak{a}$ halbeinfach. Für jedes Rechtsideal $\mathfrak{r}$ von $\mathfrak{a}$ definieren wir das Linksideal $\mathbf{L}(\mathfrak{r})$ von $\mathfrak{a}$ durch $\mathbf{L}(\mathfrak{r}) = \{x \mid x \in \mathfrak{a}, x\,\mathfrak{r} = 0\}$. Entsprechend definieren wir für Linksideale $\mathfrak{l}$ das Rechtsideal $\mathbf{R}(\mathfrak{l}) = \{x \mid x \in \mathfrak{a}, \mathfrak{l}\,x = 0\}$. Man zeige:

a) Ist $\mathfrak{r} = e\,\mathfrak{a}$ mit $e^2 = e$, so gilt $\mathbf{L}(\mathfrak{r}) = \mathfrak{a}(1 - e)$.

b) $\mathbf{R}\,\mathbf{L}(\mathfrak{r}) = \mathfrak{r}$ für alle Rechtsideale $\mathfrak{r}$ und $\mathbf{L}\,\mathbf{R}(\mathfrak{l}) = \mathfrak{l}$ für alle Linksideale $\mathfrak{l}$ von $\mathfrak{a}$.

c) $\mathbf{L}(\mathfrak{r}_1 + \mathfrak{r}_2) = \mathbf{L}(\mathfrak{r}_1) \cap \mathbf{L}(\mathfrak{r}_2)$ und $\mathbf{L}(\mathfrak{r}_1 \cap \mathfrak{r}_2) = \mathbf{L}(\mathfrak{r}_1) + \mathbf{L}(\mathfrak{r}_2)$.

10) Sei $\mathfrak{N} \trianglelefteq \mathfrak{G}$ und ν der Homomorphismus von $\mathfrak{G}$ auf $\overline{\mathfrak{G}} = \mathfrak{G}/\mathfrak{N}$ mit $G^\nu = G\,\mathfrak{N}$.

a) Die Abbildung μ mit

$$\Big(\sum_{G \in \mathfrak{G}} a_G\,G\Big)\mu = \sum_{G \in \mathfrak{G}} a_G\,G^\nu$$

ist ein Algebrenhomomorphismus von $K[\mathfrak{G}]$ auf $K[\overline{\mathfrak{G}}]$ mit dem Kern

$$\mathfrak{k} = \Big\{\sum_{G \in \mathfrak{G}} a_G\,G \;\Big|\; \sum_{G \in \mathfrak{G}} a_G\,G^\nu = 0\Big\}.$$

b) Ist $\operatorname{Char} K \nmid |\mathfrak{N}|$, so ist

$$e = \frac{1}{|\mathfrak{N}|} \sum_{N \in \mathfrak{N}} N$$

ein Idempotent in $K[\mathfrak{G}]$, es gilt $K[\mathfrak{G}] = e\,K[\mathfrak{G}] \oplus (1 - e)\,K[\mathfrak{G}]$ mit $e\,K[\mathfrak{G}] \cong K[\overline{\mathfrak{G}}]$ und $(1 - e)\,K[\mathfrak{G}] = \mathfrak{k}$.

11) Sei $\mathfrak{Z} = \langle Z \rangle$ die zyklische Gruppe der Ordnung g, sei $\operatorname{Char} K \nmid g$ und ε eine primitive g-te Einheitswurzel in K. Wir setzen

$$e_i = \frac{1}{g} \sum_{j=1}^{g} \varepsilon^{-ij} Z^j .$$

Dann gilt $K[\mathfrak{Z}] = \bigoplus_{0}^{g-1} K\,e_i$, die e_i sind paarweise orthogonale Idempotente mit $e_i\,Z = \varepsilon^i\,e_i$.

§ 4. Die Wedderburnschen Sätze

4.1 Satz. a) *Ist $\mathfrak{a}$ eine einfache Algebra, so gibt es (bis auf Isomorphie) genau einen irreduziblen $\mathfrak{a}$-Modul, und dieser ist treu.*

b) *Hat die Algebra $\mathfrak{a}$ einen irreduziblen, treuen $\mathfrak{a}$-Modul, so ist $\mathfrak{a}$ einfach.*

Beweis. a) Sei $\mathfrak{r}$ ein maximales Rechtsideal in $\mathfrak{a}$. Dann ist $\mathfrak{a}/\mathfrak{r}$ ein irreduzibler $\mathfrak{a}$-Rechtsmodul. Der Kern $\mathfrak{k}$ der Darstellung von $\mathfrak{a}$ auf $\mathfrak{a}/\mathfrak{r}$ ist ein zweiseitiges Ideal von $\mathfrak{a}$. Da $\mathfrak{a}$ einfach ist, gilt $\mathfrak{k} = 0$ oder $\mathfrak{k} = \mathfrak{a}$. Wegen $(\mathfrak{a}/\mathfrak{r})\, 1 \neq 0$ ist der zweite Fall ausgeschlossen. Somit erfährt $\mathfrak{a}$ auf $\mathfrak{a}/\mathfrak{r}$ eine treue, irreduzible Darstellung.

Ist V irgendein irreduzibler $\mathfrak{a}$-Rechtsmodul, so ist V nach Satz 1.13 als $\mathfrak{a}$-Rechtsmodul isomorph zu einem Faktormodul $\mathfrak{a}/\mathfrak{r}$ von $\mathfrak{a}$ nach einem maximalen Rechtsideal $\mathfrak{r}$ von $\mathfrak{a}$. Nach 3.3 gilt $\mathfrak{a} = \bigoplus_1^n \mathfrak{r}_i$ mit irreduziblen Rechtsidealen $\mathfrak{r}_i$. Nach dem Satz von Jordan-Hölder (I, 11.8) ist dann V isomorph zu einem der minimalen Rechtsideale $\mathfrak{r}_i$. Wir haben also zu zeigen, daß in einer einfachen Algebra $\mathfrak{a}$ alle minimalen Rechtsideale als $\mathfrak{a}$-Rechtsmoduln isomorph sind.

Für jedes $a \in \mathfrak{r}_j$ ist die Abbildung $x \to a\,x$ ein $\mathfrak{a}$-Modulhomomorphismus von $\mathfrak{r}_i$ in $\mathfrak{r}_j$. Sind $\mathfrak{r}_i$ und $\mathfrak{r}_j$ nichtisomorphe $\mathfrak{a}$-Moduln, so folgt also $\mathfrak{r}_j\, \mathfrak{r}_i = 0$.

Sei $\mathfrak{b} = \bigoplus_1^s \mathfrak{r}_i$ die Summe der zu $\mathfrak{r}_1$ isomorphen $\mathfrak{r}_i$ (bei geeigneter Numerierung). Dann ist

$$\mathfrak{r}_j\, \mathfrak{b} \subseteqq \mathfrak{r}_j \subseteqq \mathfrak{b}$$

für $j \leqq s$ und nach dem Bemerkten $\mathfrak{r}_j\, \mathfrak{b} = 0$ für $j > s$. Also folgt $\mathfrak{a}\, \mathfrak{b} \subseteqq \mathfrak{b}$, und $\mathfrak{b}$ ist ein zweiseitiges Ideal. Wegen der Einfachheit von $\mathfrak{a}$ ist $\mathfrak{a} = \mathfrak{b}$, und alle $\mathfrak{r}_i$ sind somit isomorph.

b) Sei $\mathfrak{a}$ treu dargestellt auf dem irreduziblen Rechtsmodul V. Aus $V\,\mathbf{J}(\mathfrak{a}) = 0$ (siehe Definition 2.1) folgt dann $\mathbf{J}(\mathfrak{a}) = 0$. Also ist $\mathfrak{a}$ halbeinfach. Sei $\mathfrak{a} = \bigoplus_1^k \mathfrak{a}_i$ die Zerlegung von $\mathfrak{a}$ in minimale zweiseitige Ideale $\mathfrak{a}_i$ gemäß 3.8. Wegen

$$(V\,\mathfrak{a}_1)\,\mathfrak{a} = V(\mathfrak{a}_1\,\mathfrak{a}) = V\,\mathfrak{a}_1$$

ist $V\,\mathfrak{a}_1$ ein Teilmodul von V. Da $\mathfrak{a}$ auf V treu dargestellt wird, gilt $V\,\mathfrak{a}_1 \neq 0$. Aus der Irreduzibilität von V folgt daher $V = V\,\mathfrak{a}_1$.

Angenommen, es sei $k > 1$. Dann ist

$$V\,\mathfrak{a}_2 = (V\,\mathfrak{a}_1)\,\mathfrak{a}_2 = V(\mathfrak{a}_1\,\mathfrak{a}_2) = 0\,,$$

entgegen der Treue der Darstellung von $\mathfrak{a}$ auf V. Daher haben wir $k = 1$, und $\mathfrak{a}$ ist einfach. **q.e.d.**

4.2 Lemma von Jacobson. *Sei $\mathfrak{a}$ eine Algebra und V ein irreduzibler $\mathfrak{a}$-Rechtsmodul. Es sei $\mathfrak{c} = \mathrm{Hom}_{\mathfrak{a}}(V, V)$. (Nach dem Lemma von Schur (I, 10.5; S. 56) ist $\mathfrak{c}$ ein Schiefkörper.) Sei n eine natürliche Zahl. Sind $v_1, \ldots, v_n$ über $\mathfrak{c}$ linear unabhängige Elemente aus V und $v_1', \ldots, v_n'$ beliebige Elemente aus V, so gibt es ein a aus $\mathfrak{a}$ mit $v_i\, a = v_i'$ für $i = 1, \ldots, n$.*

Beweis. Es genügt der Nachweis von Elementen a_i $(i = 1, \ldots, n)$ aus $\mathfrak{a}$ mit $v_j a_i = \delta_{ij} v_j'$; denn dann hat $a = \sum_{i=1}^{n} a_i$ die gewünschte Eigenschaft.

a) Für $n = 1$ ist die Behauptung trivial: Aus $v_1 \neq o$ folgt nämlich wegen der Irreduzibilität von V die Aussage $v_1 \mathfrak{a} = V$. Daher ist $v_1 a = v_1'$ für ein geeignetes a aus $\mathfrak{a}$.

b) Die allgemeine Behauptung beweisen wir durch Induktion nach n. Wir definieren den $\mathfrak{a}$-Rechtsmodul W durch $W = V \oplus \underset{n}{\cdots} \oplus V$. Wir setzen $w = (v_1, \ldots, v_n)$ und betrachten bei festgehaltenem w den Teilmodul

$$w\,\mathfrak{a} = \{(v_1 a, \ldots, v_n a) \mid a \in \mathfrak{a}\}$$

von W. Nach unserer Induktionsannahme ist

$$V \oplus \underset{n-1}{\cdots} \oplus V = \{(v_1 a, \ldots, v_{n-1} a) \mid a \in \mathfrak{a}\}\,.$$

Angenommen, aus $v_1 a = \cdots = v_{n-1} a = o$ folgte stets auch $v_n a = o$. Dann ist die Abbildung μ von $V \oplus \underset{n-1}{\cdots} \oplus V$ in V mit

$$(v_1 a, \ldots, v_{n-1} a)\,\mu = v_n a$$

offenbar wohldefiniert und ein $\mathfrak{a}$-Homomorphismus. Der Homomorphismus π_i von V in V sei definiert durch

$$v\,\pi_i = (o, \ldots, o, \underset{i}{v}, o, \ldots, o)\,\mu \quad (i = 1, \ldots, n-1)\,.$$

Dann liegt π_i in $\mathfrak{c} = \mathrm{Hom}_{\mathfrak{a}}(V, V)$. Es folgt

$$v_n = (v_1, \ldots, v_{n-1})\,\mu = \sum_{i=1}^{n-1} v_i \pi_i\,,$$

entgegen der linearen Unabhängigkeit der v_i über $\mathfrak{c}$.

Also gibt es ein a aus $\mathfrak{a}$ mit $v_1 a = \cdots = v_{n-1} a = o \neq v_n a$. Nach a) gibt es ein b aus $\mathfrak{a}$ mit $(v_n a)\, b = v_n'$. Dann ist $v_i (a\, b) = \delta_{in} v_n'$, wie gewünscht. **q.e.d.**

4.3 Lemma von I. Schur. *Sei* $\mathfrak{a}$ *eine Algebra über dem algebraisch abgeschlossenen Körper* K *und* V *ein irreduzibler* $\mathfrak{a}$*-Modul, welcher ein Vektorraum endlicher Dimension über* K *ist. Dann besteht* $\mathrm{Hom}_{\mathfrak{a}}(V, V)$ *aus den Multiplikationen mit Elementen aus* K*, ist also isomorph zu* K.

Beweis. Nach dem Schurschen Lemma I, 10.5 (S. 56) ist $\mathfrak{c} = \mathrm{Hom}_{\mathfrak{a}}(V, V)$ wegen der Irreduzibilität von V ein Schiefkörper. Sei c aus $\mathfrak{c}$. Dann ist c eine lineare Abbildung auf dem endlichdimensionalen Vektorraum V, hat daher in dem algebraisch abgeschlossenen Körper K einen Eigenwert ε. Sei E_V die identische Abbildung auf V. Nun ist $c - \varepsilon E_V \in \mathfrak{c}$, und $c - \varepsilon E_V$ ist nicht umkehrbar. Da $\mathfrak{c}$ ein Schiefkörper ist, folgt $c = \varepsilon E_V$. **q.e.d.**

4.4 Hauptsatz (Wedderburn).

a) *Sei* $\mathfrak{a}$ *eine einfache Algebra über* K *und* V *ein irreduzibler* $\mathfrak{a}$*-Modul. Dann ist* $\mathfrak{a}$ *isomorph zu einem vollen Matrixring* $(\mathfrak{c})_n$ *über dem zu* $\mathrm{Hom}_{\mathfrak{a}}(V, V)$ *antiisomorphen Schiefkörper* $\mathfrak{c}$, *welcher selbst eine Algebra über* K *ist. Ist* K *algebraisch abgeschlossen, so ist* $\mathfrak{a}$ *isomorph zu einem vollen Matrixring über* K.

b) *Sei* $\mathfrak{a}$ *ein voller Matrixring vom Grad* n *über dem Schiefkörper* $\mathfrak{c}$. *Dann ist* $\mathfrak{a}$ *einfach.*

c) *Seien* $\mathfrak{c}$ *und* $\mathfrak{d}$ *Schiefkörper. Ist* $(\mathfrak{c})_n \cong (\mathfrak{d})_m$, *so gilt* $\mathfrak{c} \cong \mathfrak{d}$ *und* $n = m$.

Beweis. a) Nach 4.1 ist V ein treuer $\mathfrak{a}$-Rechtsmodul. Wir setzen $\mathfrak{c}^* = \mathrm{Hom}_{\mathfrak{a}}(V, V)$. Nach dem Schurschen Lemma I, 10.5 (S. 56) ist $\mathfrak{c}^*$ ein Schiefkörper.

Wir definieren auf der additiven abelschen Gruppe $\mathfrak{c}^+$ von $\mathfrak{c}^*$ eine neue Multiplikation durch $c_1 \circ c_2 = c_2 c_1$. Mit dieser Multiplikation bildet die Menge $\mathfrak{c}^+$ offenbar wieder einen Schiefkörper $\mathfrak{c}$, den zu $\mathfrak{c}^*$ antiisomorphen Schiefkörper. Durch die Festsetzung $c v = v c$ wird V wegen

$$(c_1 \circ c_2)\, v = (c_2 c_1)\, v = v\,(c_2 c_1) = (v\, c_2)\, c_1 = c_1 (c_2\, v)$$

zu einem $\mathfrak{c}$-Linksmodul. Der Vektorraum V hat endliche Dimension über K, also erst recht über $\mathfrak{c}$. Sei $\{v_1, \ldots, v_n\}$ eine $\mathfrak{c}$-Basis von V. Ist a aus $\mathfrak{a}$, so wird durch

$$v_i\, a = \sum_{j=1}^{n} a_{ij}\, v_j \quad \text{mit} \quad a_{ij} \in \mathfrak{c}$$

eine Matrix (a_{ij}) definiert. Die Abbildung von a auf (a_{ij}) liefert wegen

$$\begin{aligned} v_i (a\, b) &= (v_i\, a)\, b = \left(\sum_{j=1}^{n} a_{ij}\, v_j\right) b = \sum_{j=1}^{n} a_{ij} (v_j\, b) \\ &= \sum_{j=1}^{n} a_{ij} \left(\sum_{k=1}^{n} b_{jk}\, v_k\right) = \sum_{k=1}^{n} \left(\sum_{j=1}^{n} a_{ij} \circ b_{jk}\right) v_k \end{aligned}$$

und

$$v_i (a + b) = v_i\, a + v_i\, b = \sum_{j=1}^{n} (a_{ij} + b_{ij})\, v_j$$

einen Homomorphismus von $\mathfrak{a}$ in den vollen Matrixring vom Grad n über $\mathfrak{c}$. Zu vorgegebenen Elementen a_{ij} aus $\mathfrak{c}$ gibt es nach 4.2 ein a aus $\mathfrak{a}$ mit

$$v_i\, a = \sum_{i=1}^{n} a_{ij}\, v_j \quad (i = 1, \ldots, n)\,.$$

Daher erhalten wir einen Epimorphismus von $\mathfrak{a}$ auf den vollen Matrixring vom Grad n über $\mathfrak{c}$. Aus $a_{ij} = 0$ für alle $i, j = 1, \ldots, n$ folgt $v_i\, a = o$ für $i = 1, \ldots, n$, also $V a = 0$. Da $\mathfrak{a}$ auf V treu dargestellt wird, erzwingt das $a = 0$. Somit ist $\mathfrak{a}$ isomorph zum vollen Matrixring vom Grad n über $\mathfrak{c}$. Ist K algebraisch abgeschlossen, so ist $\mathfrak{c}$ nach 4.3 isomorph zu K.

b) Sei $\mathfrak{a} = (\mathfrak{c})_n$ ein voller Matrixring über dem Schiefkörper $\mathfrak{c}$.

Sei $V = \mathfrak{c} \oplus \underset{n}{\cdots} \oplus \mathfrak{c}$. Vermöge

$$(c_1, \ldots, c_n)\, a = \left(\sum_{j=1}^{n} c_j\, a_{j\,1}, \ldots, \sum_{j=1}^{n} c_j\, a_{j\,n} \right)$$

für $a = (a_{ij})$ ist V ein $\mathfrak{a}$-Rechtsmodul. Ist $o \neq v \in V$, so gilt offenbar $v\,\mathfrak{a} = V$. Also ist V ein irreduzibler $\mathfrak{a}$-Modul. Offenbar ist V auch ein treuer $\mathfrak{a}$-Modul. Also ist $\mathfrak{a}$ nach 4.1 b) einfach.

c) Der in b) beschriebene $\mathfrak{a}$-Modul V ist wegen der Einfachheit von $\mathfrak{a}$ der nach 4.2 bis auf Isomorphie eindeutig bestimmte irreduzible $\mathfrak{a}$-Modul. Wir berechnen $\mathrm{Hom}_{\mathfrak{a}}(V, V)$.

Sei $\alpha \in \mathrm{Hom}_{\mathfrak{a}}(V, V)$. Wir setzen $v_i = (0, \ldots, 0, \underset{i}{1}, 0, \ldots, 0)$ und

$$v_i\, \alpha = (c_{i1}, \ldots, c_{in})\,.$$

Sei $e_{jk} \in \mathfrak{a}$ mit $v_i\, e_{jk} = \delta_{ij}\, v_k$. Dann folgt

$$\begin{aligned}(\delta_{ij}\, v_k)\, \alpha &= \delta_{ij}(c_{k1}, \ldots, c_{kn}) = (v_i\, e_{jk})\, \alpha = (v_i\, \alpha)\, e_{jk} \\ &= (c_{i1}, \ldots, c_{in})\, e_{jk} = (0, \ldots, 0, \underset{k}{c_{ij}}, 0, \ldots, 0)\,.\end{aligned}$$

Das liefert $c_{ij} = 0$ für $i \neq j$ und $c_{ii} = c_{kk}$ für alle $i, k = 1, \ldots, n$. Wir setzen $c_{ii} = c$. Also ist

$$v_i\, \alpha = (0, \ldots, 0, \underset{i}{c}, 0, \ldots, 0)\,.$$

Setzen wir $a = (a_{ij})$ mit $a_{1j} = x_j$ und $a_{ij} = 0$ für $i > 1$, so folgt

$$(x_1, \ldots, x_n)\, \alpha = (v_1\, a)\, \alpha = (v_1\, \alpha)\, a = (c\, x_1, \ldots, c\, x_n)\,.$$

Nun ist offenbar die Abbildung $\alpha \to c$ ein Isomorphismus von $\mathrm{Hom}_{\mathfrak{a}}(V, V)$ auf $\mathfrak{c}^*$. Also ist $\mathfrak{c}$ durch $\mathfrak{a}$ eindeutig bestimmt vermöge $\mathfrak{c} \cong \mathrm{Hom}_{\mathfrak{a}}(V, V)^*$. Dann ist auch n eindeutig bestimmt durch $n = \dim_{\mathfrak{c}^*} V$. **q.e.d.**

Wir fassen unsere Ergebnisse zusammen:

4.5 Satz. *Ist* $\mathfrak{a}$ *eine halbeinfache Algebra, so gilt* $\mathfrak{a} = \bigoplus_{1}^{k} \mathfrak{a}_i$. *Die* $\mathfrak{a}_i$ *sind volle Matrixringe vom Grade* n_i *über Schiefkörpern* $\mathfrak{c}_i$. *Für* $i \neq j$ *ist* $\mathfrak{a}_i\, \mathfrak{a}_j = 0$. *Die Algebra* $\mathfrak{a}$ *hat genau* k *nichtäquivalente irreduzible Darstellungen* $\mathbf{D}_i$ $(i = 1, \ldots, k)$. *Dabei ist* $\mathbf{D}_i$ *eine treue Darstellung von* $\mathfrak{a}_i$ *mit* $\mathrm{Kern}\, \mathbf{D}_i = \bigoplus_{j \neq i} \mathfrak{a}_j$. *Es gilt*

$$\mathrm{Grad}\, \mathbf{D}_i = n_i \dim_K \mathfrak{c}_i \quad \textit{und} \quad \dim_K \mathfrak{a} = \sum_{i=1}^{k} n_i^2 \dim_K \mathfrak{c}_i\,.$$

Ist insbesondere K *algebraisch abgeschlossen, so sind alle Schiefkörper* $\mathfrak{c}_i$ *isomorph zu* K, *es gilt* $\mathrm{Grad}\, \mathbf{D}_i = n_i$ *und* $\dim_K \mathfrak{a} = \sum_{i=1}^{k} n_i^2$.

Beweis. Jede irreduzible Darstellung $\mathbf{D}_i$ von $\mathfrak{a}$ hat nach 4.1 b) einen Kern $\mathfrak{k}_i$ mit einfacher Faktoralgebra $\mathfrak{a}/\mathfrak{k}$. Nach 3.8 hat $\mathfrak{k}_i$ bei geeigneter Numerierung der $\mathfrak{a}_j$ die Gestalt $\mathfrak{k}_i = \bigoplus_{j \neq i} \mathfrak{a}_j$. Also ist $\mathbf{D}_i$ die nach 4.1 a) bis auf Äquivalenz eindeutig bestimmte irreduzible treue Darstellung von $\mathfrak{a}_i$. Umgekehrt gehört zu der (nach 4.1 a) eindeutig bestimmten) irreduziblen Darstellung von $\mathfrak{a}_i$ eine irreduzible Darstellung $\mathbf{D}_i$ von $\mathfrak{a}$ mit Kern $\mathbf{D}_i = \bigoplus_{j \neq i} \mathfrak{a}_j$. Die $\mathbf{D}_i$ sind nicht äquivalent, da sie verschiedene Kerne haben. Der einfache Ring $\mathfrak{a}_i$ ist nach 4.4 ein voller Matrixring, etwa vom Grad n_i, über einem Schiefkörper $\mathfrak{c}_i$. Der irreduzible $\mathfrak{a}_i$-Modul wird dann geliefert durch den Vektorraum V_i von der Dimension n_i über $\mathfrak{c}_i$. Es gilt $\operatorname{Grad} \mathbf{D}_i = \dim_K V_i = n_i \dim_K \mathfrak{c}_i$. Die restlichen Behauptungen sind trivialerweise richtig. **q.e.d.**

§ 5. Gruppencharaktere

Wir klären zunächst die Struktur des Gruppenringes:

5.1 Hauptsatz. *Sei h die Anzahl der Konjugiertenklassen von $\mathfrak{G}$ und K ein algebraisch abgeschlossener Körper mit* $\operatorname{Char} K \nmid |\mathfrak{G}|$. *Dann ist der Gruppenring $K[\mathfrak{G}]$ die direkte Summe von h vollen Matrixringen $\mathfrak{a}_i$ ($i = 1, \ldots, h$) über K. Die Gruppe $\mathfrak{G}$ besitzt über dem Körper K genau h inäquivalente irreduzible Darstellungen $\mathbf{D}_i$ ($i = 1, \ldots, h$), dabei wird für jedes a aus $K[\mathfrak{G}]$ das Bild $\mathbf{D}_i(a)$ gegeben durch die i-te Komponente von a in der direkten Zerlegung $K[\mathfrak{G}] = \bigoplus_1^h \mathfrak{a}_i$. Ist* $\operatorname{Grad} \mathbf{D}_i = n_i$, *so gilt $g = \sum_{i=1}^h n_i^2$.*

Beweis. Nach 2.7 ist $K[\mathfrak{G}]$ wegen $\operatorname{Char} K \nmid |\mathfrak{G}|$ halbeinfach. Also gilt nach 4.5

$$K[\mathfrak{G}] = \bigoplus_{i=1}^{k} \mathfrak{a}_i ,$$

wobei die $\mathfrak{a}_i$ volle Matrixringe über dem algebraisch abgeschlossenen Körper K sind. Wir haben $h = k$ zu beweisen.

Ist $\mathfrak{a}$ eine Algebra, so definieren wir das Zentrum $\mathbf{Z}(\mathfrak{a})$ von $\mathfrak{a}$ durch

$$\mathbf{Z}(\mathfrak{a}) = \{x \mid x \in \mathfrak{a},\ x\,a = a\,x \text{ für alle } a \in \mathfrak{a}\}.$$

Offenbar gilt

$$\mathbf{Z}(K[\mathfrak{G}]) = \bigoplus_{i=1}^{k} \mathbf{Z}(\mathfrak{a}_i) .$$

Man rechnet leicht nach, daß das Zentrum $\mathbf{Z}(\mathfrak{a}_i)$ des vollen Matrixringes $\mathfrak{a}_i$ über K aus den Vielfachen $c\,E_{n_i}$ ($c \in K$) der Einheitsmatrix E_{n_i} besteht. Das ergibt

$$\dim_K \mathbf{Z}(K[\mathfrak{G}]) = \sum_{i=1}^{k} \dim_K \mathbf{Z}(\mathfrak{a}_i) = k .$$

Aus $z = \sum_{G \in \mathfrak{G}} a_G G \in \mathbf{Z}(K[\mathfrak{G}])$ folgt andererseits

$$\sum_{G \in \mathfrak{G}} a_G G = z = H^{-1} z H = \sum_{G \in \mathfrak{G}} a_G H^{-1} G H .$$

Somit ist a_G nur abhängig von der Konjugiertenklasse von G in $\mathfrak{G}$. Seien $\mathfrak{K}_1, \ldots, \mathfrak{K}_h$ die Konjugiertenklassen von $\mathfrak{G}$. Wir setzen

$$k_i = \sum_{G \in \mathfrak{K}_i} G .$$

Dann hat jedes Element aus $\mathbf{Z}(K[\mathfrak{G}])$ die Gestalt $z = \sum_{i=1}^{h} b_i k_i$ mit $b_i \in K$. Umgekehrt ist klar, daß die Linearkombinationen der k_i in $\mathbf{Z}(K[\mathfrak{G}])$ liegen. Da die k_i über K linear unabhängig sind, bilden sie eine K-Basis von $\mathbf{Z}(K[\mathfrak{G}])$. Daraus folgt $\dim_K \mathbf{Z}(K[\mathfrak{G}]) = h$ und daher $h = k$. Die restlichen Behauptungen stehen in Satz 4.5. **q.e.d.**

Tiefer liegt die folgende, von R. Brauer stammende Verallgemeinerung von 5.1: Sei K ein algebraisch abgeschlossener Körper der Charakteristik p. Die Anzahl der irreduziblen, inäquivalenten Darstellungen von $K[\mathfrak{G}]$ ist dann gleich der Anzahl der Konjugiertenklassen von $\mathfrak{G}$ aus Elementen von zu p teilerfremder Ordnung (siehe Curtis, Reiner [1], S. 596).

5.2 Definition. Sei $\mathfrak{a}$ eine Algebra und V ein $\mathfrak{a}$-Modul.

a) Gibt es in einer Kompositionsreihe von V genau s Faktormoduln, die zu einem vorgegebenen irreduziblen $\mathfrak{a}$-Modul W isomorph sind, so sagen wir: W kommt in V mit der Vielfachheit s vor. (Diese Definition hängt nach dem Satz von Jordan-Hölder (I, 11.8, S. 64) nicht von der gewählten Kompositionsreihe von V ab.) Ist V ein vollständig reduzibler $\mathfrak{a}$-Modul, so wird offenbar der Isomorphietyp von V durch die Vielfachheiten der irreduziblen Bestandteile von V eindeutig festgelegt.

b) Sei $\mathbf{D}$ eine Darstellung von $K[\mathfrak{G}]$ auf dem $K[\mathfrak{G}]$-Modul V. Gibt es in einer Kompositionsreihe von V genau s Kompositionsfaktoren, welche isomorph sind zu dem irreduziblen Modul V' zur irreduziblen Darstellung $\mathbf{D}'$, so sagen wir: Die irreduzible Darstellung $\mathbf{D}'$ kommt in $\mathbf{D}$ mit der Vielfachheit s vor. Ist V vollständig reduzibel, so ist $\mathbf{D}$ durch die Angabe der s bis auf Äquivalenz bestimmt.

5.3 Satz. *Sei K ein algebraisch abgeschlossener Körper mit* Char $K \nmid |\mathfrak{G}|$. *Die reguläre Darstellung von* $K[\mathfrak{G}]$ (*siehe* 1.12) *enthält die irreduzible Darstellung* $\mathbf{D}_i$ *mit der Vielfachheit* $n_i = \operatorname{Grad} \mathbf{D}_i$. (*Daraus ergibt sich wieder die schon bekannte Relation*

$$g = \dim K[\mathfrak{G}] = \sum_{i=1}^{h} n_i^2 .)$$

Beweis. Wir haben $K[\mathfrak{G}] = \bigoplus_{1}^{h} \mathfrak{a}_i$. Dabei ist $\mathfrak{a}_i$ ein voller Matrixring vom Grad n_i über K. Der einfache Ring $\mathfrak{a}_i$ besitzt genau eine irreduzible treue Darstellung, nämlich die Darstellung $\mathbf{D}_i$ vom Grad n_i. Wegen $\dim \mathfrak{a}_i = n_i^2$ enthält die reguläre Darstellung von $\mathfrak{a}_i$ die Darstellung $\mathbf{D}_i$ genau n_i mal. **q.e.d.**

5.4 Definition. a) Sei f eine Abbildung von $\mathfrak{G}$ in K. Wir nennen f eine Klassenfunktion, wenn für alle G, H aus $\mathfrak{G}$ gilt $f(G^H) = f(G)$. Offenbar bilden die Klassenfunktionen auf $\mathfrak{G}$ einen Vektorraum $C(\mathfrak{G}, K)$ der Dimension h über K. Sind $\mathfrak{K}_1, \ldots, \mathfrak{K}_h$ die Konjugiertenklassen von $\mathfrak{G}$, so wird eine K-Basis von $C(\mathfrak{G}, K)$ gegeben durch die Funktionen f_i mit

$$f_i(X) = \begin{cases} 1 & \text{für } X \in \mathfrak{K}_i \\ 0 & \text{für } X \notin \mathfrak{K}_i \end{cases}.$$

b) Ist $\mathbf{D}$ eine Darstellung von $K[\mathfrak{G}]$, so definieren wir den Charakter χ von $\mathbf{D}$ durch $\chi(G) = Sp\,\mathbf{D}(G)$. Ist $\mathbf{D}$ eine irreduzible Darstellung von $K[\mathfrak{G}]$, so nennen wir χ einen über K irreduziblen Charakter von $\mathfrak{G}$.

Den Kern der Darstellung $\mathbf{D}$ bezeichnen wir gelegentlich auch als den Kern von χ.

Ist $\mathbf{D}$ eine Darstellung von $K[\mathfrak{G}]$ mit dem Charakter χ auf dem K-Vektorraum V und enthält V den irreduziblen $K[\mathfrak{G}]$-Modul V_i zu der irreduziblen Darstellung $\mathbf{D}_i$ mit dem Charakter χ_i mit der Vielfachheit t_i, so gilt offenbar

$$\chi = \sum_i t_i \chi_i .$$

(Man verwende eine Basis von V, die sich einer Kompositionsreihe anpaßt.)

Ist $\mathbf{D}$ eine Darstellung von $K[\mathfrak{G}]$ und L ein Oberkörper von K, so liefert $\mathbf{D}$ vermöge

$$\tilde{\mathbf{D}}\Big(\sum_{G \in \mathfrak{G}} a_G G\Big) = \sum_{G \in \mathfrak{G}} a_G \mathbf{D}(G) \qquad (\text{für } a_G \in L)$$

eine Darstellung $\tilde{\mathbf{D}}$ von $L[\mathfrak{G}]$. Aus der Irreduzibilität von $\mathbf{D}$ folgt jedoch i. a. keineswegs die Irreduzibilität von $\tilde{\mathbf{D}}$.

5.5 Satz. *Sei χ der Charakter der Darstellung $\mathbf{D}$ von $K[\mathfrak{G}]$. Dann ist χ eine Klassenfunktion aus $C(\mathfrak{G}, K)$, und χ hängt nur von der Äquivalenzklasse von $\mathbf{D}$ ab.*

Beweis. Wegen

$$\chi(G^{G'}) = Sp\,\mathbf{D}(G^{G'}) = Sp(\mathbf{D}(G')^{-1}\,\mathbf{D}(G)\,\mathbf{D}(G')) = Sp\,\mathbf{D}(G) = \chi(G)$$

ist χ eine Klassenfunktion auf $\mathfrak{G}$. Sind $\mathbf{D}$ und $\mathbf{D}'$ äquivalente Darstellungen, so gibt es eine lineare Abbildung T des Darstellungsmoduls V zu $\mathbf{D}$ auf den Darstellungsmodul V' zu $\mathbf{D}'$ mit $T^{-1}\,\mathbf{D}(G)\,T = \mathbf{D}'(G)$ für alle G aus $\mathfrak{G}$, und dann ist

$$Sp\,\mathbf{D}(G) = Sp\,\mathbf{D}'(G) .$$

q.e.d.

5.6 Bezeichnungen. An den folgenden Bezeichnungen halten wir weiterhin fest: h sei die Klassenzahl und g die Ordnung von $\mathfrak{G}$;

$$\mathfrak{K}_i = \{G_i^X \mid X \in \mathfrak{G}\} \quad (i = 1, \ldots, h)$$

seien die Konjugiertenklassen von $\mathfrak{G}$, $\mathfrak{K}_1 = \{E\}$, $|\mathfrak{K}_i| = h_i$ und $k_i = \sum_{G \in \mathfrak{K}_i} G$. Ferner seien $\mathbf{D}_1, \ldots, \mathbf{D}_h$ irreduzible, paarweise inäquivalente Darstellungen von $\mathfrak{G}$ über dem algebraisch abgeschlossenen Körper K mit $\operatorname{Char} K \nmid |\mathfrak{G}|$. (Nach 5.1 ist also jede irreduzible Darstellung von $K[\mathfrak{G}]$ äquivalent zu einem $\mathbf{D}_i$.) Es sei $\mathbf{D}_1$ die Einsdarstellung von $K[\mathfrak{G}]$ mit $\mathbf{D}_1(G) = 1$ für alle G aus $\mathfrak{G}$. Wir bezeichnen mit χ_i den Charakter von $\mathbf{D}_i$ und setzen $\operatorname{Grad} \mathbf{D}_i = n_i$. Den Charakter χ_1 von $\mathbf{D}_1$ mit $\chi_1(G) = 1$ für alle G aus $\mathfrak{G}$ bezeichnen wir häufig mit 1.

5.7 Satz. *Seien* $\mathbf{D}$ *und* $\mathbf{D}'$ *irreduzible Darstellungen von* $K[\mathfrak{G}]$ *auf den* $K[\mathfrak{G}]$*-Moduln* V *und* V'. *Bezüglich irgendwelcher Basen von* V *bzw.* V' *sei* $\mathbf{D}(G)$ *die Matrix* $(a_{ij}(G))$ *und* $\mathbf{D}'(G)$ *die Matrix* $(a'_{ij}(G))$ *zugeordnet.*

a) *Ist* $\mathbf{D}$ *nicht äquivalent zu* $\mathbf{D}'$, *so gilt*

$$\sum_{G \in \mathfrak{G}} a_{ij}(G)\, a'_{kl}(G^{-1}) = 0$$

für alle i, j, k, l.

b) *Ist* K *algebraisch abgeschlossen und* $\operatorname{Char} K \nmid g$, *so gilt*

$$\sum_{G \in \mathfrak{G}} a_{ij}(G)\, a_{kl}(G^{-1}) = \delta_{jk}\, \delta_{il} \frac{g}{\operatorname{Grad} \mathbf{D}} .$$

Beweis. Sei $X \in \operatorname{Hom}_K(V, V')$. Bezüglich der gewählten Basen von V und V' gehöre zu X die rechteckige Matrix (x_{rs}). Wir bilden

$$T(X) = \sum_{G \in \mathfrak{G}} \mathbf{D}(G)\, X\, \mathbf{D}'(G^{-1}) .$$

Für alle G' aus $\mathfrak{G}$ gilt dann

$$\mathbf{D}(G')\, T(X) = \sum_{G \in \mathfrak{G}} \mathbf{D}(G'G)\, X\, \mathbf{D}'((G'G)^{-1})\, \mathbf{D}'(G') = T(X)\, \mathbf{D}'(G') .$$

Also ist $T(X) \in \operatorname{Hom}_{K[\mathfrak{G}]}(V, V')$.

a) Sei V nicht isomorph zu V'. Wegen der Irreduzibilität von V und V' ist dann $T(X) = 0$ für alle X. Wir wählen $X = (x_{rs})$ mit $x_{rs} = \delta_{rj}\, \delta_{sk}$. Dann folgt

$$0 = \sum_{G \in \mathfrak{G}} \sum_{r,s} a_{ir}(G)\, x_{rs}\, a'_{sl}(G^{-1}) = \sum_{G \in \mathfrak{G}} a_{ij}(G)\, a'_{kl}(G^{-1}) .$$

b) Nun sei K algebraisch abgeschlossen. Nach 4.3 ist

$$\operatorname{Hom}_{K[\mathfrak{G}]}(V, V) = \{aE \mid a \in K\} .$$

Also gilt $T(X) = a(X)\, E$ mit geeignetem $a(X)$ aus K. Ferner ist

$$Sp\, T(X) = \sum_{G \in \mathfrak{G}} Sp(\mathbf{D}(G)\, X\, \mathbf{D}(G)^{-1}) = g\, Sp\, X .$$

Wie in a) wählen wir $X = (x_{rs})$ mit $x_{rs} = \delta_{rj}\,\delta_{sk}$. Dann ist

$$Sp X = \begin{cases} 0 & \text{für } j \neq k \\ 1 & \text{für } j = k\,. \end{cases}$$

Daher erhalten wir

$$g\,\delta_{jk} = g\,Sp X = Sp\,T(X) = Sp\,(a(X)\,E) = a(X)\,\text{Grad}\,\mathbf{D}\,.$$

Der Spezialfall $j = k$ zeigt, daß die Charakteristik von K kein Teiler von Grad $\mathbf{D}$ ist, daß wir also in K durch Grad $\mathbf{D}$ dividieren dürfen. Das ergibt

$$\sum_{G \in \mathfrak{G}} \mathbf{D}(G)\,X\,\mathbf{D}(G^{-1}) = \frac{g\,\delta_{jk}}{\text{Grad}\,\mathbf{D}}\,E$$

und daher

$$\sum_{G \in \mathfrak{G}} a_{ij}(G)\,a_{kl}(G^{-1}) = \begin{cases} 0 & \text{für } j \neq k \text{ oder } i \neq l\,. \\ \dfrac{g}{\text{Grad}\,\mathbf{D}} & \text{für } j = k,\ i = l\,. \end{cases}$$ **q.e.d.**

Von grundlegender Bedeutung sind die folgenden Orthogonalitätsrelationen:

5.8 Hauptsatz (FROBENIUS). *Seien χ und χ' Charaktere der irreduziblen Darstellungen $\mathbf{D}$ und $\mathbf{D}'$ von $K[\mathfrak{G}]$.*

a) (1) *Ist $\mathbf{D}$ nicht äquivalent zu $\mathbf{D}'$, so gilt bei beliebigem Körper K*

$$\sum_{G \in \mathfrak{G}} \chi(G)\,\chi'(G^{-1}) = 0\,.$$

(2) *Ist K algebraisch abgeschlossen und* Char $K \nmid g$, *so ist*

$$\sum_{G \in \mathfrak{G}} \chi(G)\,\chi(G^{-1}) = g\,.$$

(3) *Ist* Char $K = 0$, *so ist*

$$\sum_{G \in \mathfrak{G}} \chi(G)\,\chi(G^{-1})$$

eine positive, ganze rationale Zahl, welche durch g teilbar ist.

b) *Sei K algebraisch abgeschlossen und* Char $K \nmid g$. *Mit den Bezeichnungen aus* 5.6 *gilt dann*

$$h_j \sum_{k=1}^{h} \chi_k(G_i)\,\chi_k(G_j^{-1}) = \delta_{ij}\,g\,.$$

Beweis. a) Seien $\mathbf{D}_i$ Darstellungen zu den irreduziblen Charakteren χ_i auf den Vektorräumen V_i. Bezüglich irgendeiner Basis von V_i sei $\mathbf{D}_i(G)$ die Matrix $(a_{jk}^{(i)}(G))$ zugeordnet. Dann ist

$$\sum_{G \in \mathfrak{G}} \chi_i(G)\,\chi_j(G^{-1}) = \sum_{G \in \mathfrak{G}} \sum_{k} a_{kk}^{(i)}(G) \sum_{m} a_{mm}^{(j)}(G^{-1})$$
$$= \sum_{k,m} \sum_{G \in \mathfrak{G}} a_{kk}^{(i)}(G)\,a_{mm}^{(j)}(G^{-1})\,.$$

Für $i \neq j$ folgt mit 5.7 a) sofort

$$\sum_{G \in \mathfrak{G}} \chi_i(G)\, \chi_j(G^{-1}) = 0\,.$$

Ist K algebraisch abgeschlossen und $\operatorname{Char} K \nmid g$, so erhalten wir aus 5.7 b)

$$\sum_{G \in \mathfrak{G}} \chi_i(G)\, \chi_i(G^{-1}) = \sum_{k,m} \sum_{G \in \mathfrak{G}} a_{kk}(G)\, a_{mm}(G^{-1})$$

$$= \sum_{k,m} \delta_{km} \frac{g}{\operatorname{Grad} \mathbf{D}_i} = g\,.$$

Sei nun $\operatorname{Char} K = 0$, aber K nicht notwendig algebraisch abgeschlossen. Sei L ein algebraisch abgeschlossener Oberkörper von K, und seien $\psi_1, \ldots, \psi_h$ die Charaktere der irreduziblen Darstellungen von $L[\mathfrak{G}]$. Sei

$$\chi_i = \sum_{j=1}^{h} a_{ij}\, \psi_j$$

mit ganzen rationalen, positiven a_{ij} die Zerlegung des Charakters χ_i in irreduzible Charaktere von $L[\mathfrak{G}]$. Mit (2) folgt dann

$$\sum_{G \in \mathfrak{G}} \chi_i(G)\, \chi_i(G^{-1}) = g \sum_{j=1}^{h} a_{ij}^2\,.$$

b) Wir führen die h-reihigen quadratischen Matrizen $A = (a_{ik})$ und $B = (b_{kj})$ mit $a_{ik} = \chi_k(G_i)$ und $b_{kj} = \frac{h_j}{g} \chi_k(G_j^{-1})$ ein. Das Ergebnis in a) besagt dann $BA = E$. Also ist auch $AB = E$. Das heißt

$$h_j \sum_{k} \chi_k(G_i)\, \chi_k(G_j^{-1}) = g\, \delta_{ij}\,. \qquad \textbf{q.e.d.}$$

5.9 Satz. a) *Sei K algebraisch abgeschlossen mit* $\operatorname{Char} K \nmid |\mathfrak{G}|$. *Durch die Definition*

$$(f_1, f_2)_{\mathfrak{G}} = \frac{1}{g} \sum_{G \in \mathfrak{G}} f_1(G)\, f_2(G^{-1})$$

wird der Raum $C(\mathfrak{G}, K)$ der Klassenfunktionen auf $\mathfrak{G}$ zu einem Raum mit symmetrischem, nicht ausgeartetem Skalarprodukt. Die Charaktere χ_i $(i = 1, \ldots, h)$ der irreduziblen Darstellungen von $\mathfrak{G}$ bilden eine Orthonormalbasis von $C(\mathfrak{G}, K)$.

(Geht aus dem Zusammenhang eindeutig hervor, um welche Gruppe $\mathfrak{G}$ es sich handelt, so schreiben wir häufig $(\cdot\,,\cdot)$ statt $(\cdot\,,\cdot)_{\mathfrak{G}}$.)

b) *Sei C der komplexe Zahlkörper. Dann ist $\chi(G^{-1}) = \overline{\chi(G)}$ für alle Charaktere χ von $\mathfrak{G}$. Die Werte $\chi(G)$ der Charaktere sind ganze algebraische Zahlen im Körper der primitiven g-ten Einheitswurzeln. Ist $f \neq 0$ eine Linearkombination der χ_i mit reellen Koeffizienten, so ist $(f, f) > 0$. Auf dem Raum der reellen Linearkombinationen der χ_i $(i = 1, \ldots, h)$ ist also $(\cdot\,,\cdot)$ ein positiv definites Skalarprodukt.*

Beweis. a) Nach 5.8 a) bilden die χ_i wegen $\dim \mathsf{C}(\mathfrak{G}, K) = h$ eine Orthonormalbasis von $\mathsf{C}(\mathfrak{G}, K)$. Bekanntlich ist dann das Skalarprodukt auf $\mathsf{C}(\mathfrak{G}, K)$ nicht ausgeartet.

b) Sei C der komplexe Zahlkörper. Ist $\mathbf{D}$ eine Darstellung von $\mathfrak{G}$ über C mit dem Charakter χ, so gilt

$$\chi(G) = Sp\,\mathbf{D}(G) = \sum_i \varepsilon_i\,,$$

wobei die ε_i die Eigenwerte von $\mathbf{D}(G)$ sind. Wegen $\mathbf{D}(G)^g = \mathbf{D}(G^g) = E$ sind die ε_i g-te Einheitswurzeln. Daher ist $\chi(G)$ ganz-algebraisch. Es ist $\varepsilon_i^{-1} = \bar{\varepsilon}_i$ und

$$\chi(G^{-1}) = \sum_i \varepsilon_i^{-1} = \sum_i \bar{\varepsilon}_i = \overline{\chi(G)}\,.$$

Ist $f = \sum_{i=1}^{h} c_i\,\chi_i$ mit reellen c_i, so gilt

$$(f, f) = \sum_{i=1}^{h} c_i^2\,.$$

Daraus folgt die letzte Behauptung. **q.e.d.**

5.10 Satz. *Sei* Char $K = 0$.

a) *Die Äquivalenzklasse einer Darstellung* $\mathbf{D}$ *ist durch die Angabe des Charakters* χ *von* $\mathbf{D}$ *eindeutig bestimmt. Es enthält nämlich* $\mathbf{D}$ *die irreduzible Darstellung* $\mathbf{D}_i$ *mit dem Charakter* χ_i *mit der Vielfachheit* $(\chi, \chi_i)/(\chi_i, \chi_i)$.

b) *Ist* χ *ein Charakter von* $\mathfrak{G}$ *mit* $(\chi, \chi) = 1$, *so ist* χ *irreduzibel.*

Beweis. a) Sei V ein Darstellungsmodul zu $\mathbf{D}$. Wegen der vollständigen Reduzibilität von V (siehe 3.4) ist der Isomorphietyp von V nach dem Satz von Jordan-Hölder (I, 11.8; S. 64) bestimmt durch die Angabe der Vielfachheiten t_i, mit welcher die irreduziblen Moduln V_i zu den Darstellungen $\mathbf{D}_i$ in der direkten Zerlegung von V vorkommen. Offenbar gilt $\chi(G) = \sum_{j=1}^{h} t_j\,\chi_j(G)$. Mit 5.8 a) folgt daraus

$$(\chi, \chi_i) = \sum_{j=1}^{h} t_j\,(\chi_j, \chi_i) = t_i\,(\chi_i, \chi_i)\,.$$

Wegen Char $K = 0$ ist $(\chi_i, \chi_i) > 0$ nach 5.8 a), (3); also ist $\mathbf{D}$ durch den Charakter χ bis auf Äquivalenz eindeutig bestimmt.

b) Sei $\chi = \sum_{i=1}^{h} t_i\,\chi_i$ mit natürlichen Zahlen t_i. Dann ist

$$1 = (\chi, \chi) = \sum_{i=1}^{h} t_i^2 (\chi_i, \chi_i).$$

Wegen Char $K = 0$ und $(\chi_i, \chi_i) > 0$ gibt es genau ein i mit $t_i = 1$, alle anderen t_j sind 0. Dann ist $\chi = \chi_i$ ein irreduzibler Charakter von $\mathfrak{G}$.

q.e.d.

5.11 Hilfssatz. *Sei K ein algebraisch abgeschlossener Körper der Charakteristik* 0. *Dann sind die*

$$a_{ik} = \frac{h_i\,\chi_k(G_i)}{n_k} \qquad (i, k = 1, \ldots, h)$$

ganze algebraische Zahlen.

Beweis. Da die Elemente $k_i = \sum_{X \in \mathfrak{K}_i} X$ eine K-Basis des Zentrums $\mathbf{Z}(K[\mathfrak{G}])$ von $K[\mathfrak{G}]$ bilden, gelten Gleichungen

$$k_i\, k_j = \sum_{m=1}^{h} g_{ijm}\, k_m\,.$$

Offenbar sind die g_{ijm} ganz-rational. Wir erhalten

$$(1)\quad \mathbf{D}_l(k_i)\,\mathbf{D}_l(k_j) = \sum_{m=1}^{h} g_{ijm}\,\mathbf{D}_l(k_m).$$

Nach dem Schurschen Lemma 4.3 gilt $\mathbf{D}_l(k_i) = a_{il}\,E_{n_l}$ mit geeigneten a_{il} aus K. Es folgt

$$a_{il}\, n_l = Sp\,\mathbf{D}_l(k_i) = Sp \sum_{X \in \mathfrak{K}_i} \mathbf{D}_l(X) = |\mathfrak{K}_i|\; Sp\,\mathbf{D}_l(G_i) = h_i\,\chi_l(G_i)\,.$$

Also haben die a_{il} die im Satz angegebene Bedeutung. Aus (1) erhalten wir

$$(2)\quad a_{il}\, a_{jl} = \sum_{m=1}^{h} g_{ijm}\, a_{ml}\,.$$

Bei festgehaltenen i und l betrachten wir dies als ein System von linearen Gleichungen $a_{il}\,v = Tv$ zu der Matrix $T = (g_{ijm})_{j,m}$ für den Vektor $v = (a_{1l}, \ldots, a_{hl})$. Dabei ist $a_{1l} = h_1 = 1$. Daher ist a_{il} ein Eigenwert der ganzzahligen Matrix T, ist also eine ganze algebraische Zahl. **q.e.d.**

Wir leiten eine wichtige Relation für die Grade n_i der irreduziblen Darstellungen her:

5.12 Satz. *Ist* $\mathbf{D}$ *eine irreduzible Darstellung von* $\mathfrak{G}$ *über dem algebraisch abgeschlossenen Körper K der Charakteristik* 0, *so ist der Grad von* $\mathbf{D}$ *ein Teiler der Ordnung von* $\mathfrak{G}$.

Beweis. Die in 5.11 definierten a_{ik} sind ganz-algebraisch. Da auch $\chi_k(G_i^{-1})$ als Summe von g-ten Einheitswurzeln ganz-algebraisch ist, erhalten wir mit 5.8 a), daß die rationale Zahl

$$\sum_{i=1}^{h} a_{ik}\,\chi_k(G_i^{-1}) = \frac{1}{n_k} \sum_{G \in \mathfrak{G}} \chi_k(G)\,\chi_k(G^{-1}) = \frac{g}{n_k}$$

eine ganze algebraische Zahl ist. Daraus folgt bekanntlich, daß $\frac{g}{n_k}$ ganz-rational ist. Also gilt $n_k \mid g$. **q.e.d.**

Satz 5.12 gilt auch noch unter der schwächeren Voraussetzung, daß K ein algebraisch abgeschlossener Körper mit $\operatorname{Char} K \nmid g$ ist. Das können wir jedoch erst in 12.11 beweisen.

Sei K ein algebraisch abgeschlossener Körper der Charakteristik 0 und $\mathfrak{a} = \bigoplus_{i=1}^{h} (K)_{n_i}$ eine halbeinfache Algebra über K. Wann ist $\mathfrak{a}$ der Gruppenring einer endlichen Gruppe? Nach 5.12 ist jedenfalls notwendig, daß $n_1 = 1$ und jedes n_i ein Teiler von $\dim_K \mathfrak{a} = \sum_{i=1}^{h} n_i^2$ ist. Einfache Beispiele zeigen, daß diese Bedingungen nicht hinreichend sind. So sieht man etwa leicht, daß für $n_1 = \cdots = n_6 = 1$, $n_7 = 2$ die Algebra $\mathfrak{a}$ kein Gruppenring ist; denn wegen $\dim_K \mathfrak{a} = 10$ müßte $\mathfrak{a}$ der Gruppenring einer Diedergruppe der Ordnung 10 sein, die aber zwei irreduzible Darstellungen vom Grad 2 hat (siehe 21.5; S. 613). Außer den in 5.1 und 5.12 angegebenen sind keine weiteren Relationen zwischen den n_i bekannt.

Ist K ein algebraisch abgeschlossener Körper mit $\operatorname{Char} K \mid g$, so bleibt die Aussage von Satz 5.12 i. a. nicht mehr richtig; wir geben ein Beispiel dafür in 5.13 an. Unbewiesen ist die folgende Vermutung: Sei K ein algebraisch abgeschlossener Körper der Charakteristik p und $\mathbf{D}$ eine irreduzible Darstellung von $K[\mathfrak{G}]$. Ist p^k ein Teiler von Grad $\mathbf{D}$, so ist p^k auch ein Teiler von $|\mathfrak{G}|$.

5.13 Beispiel (R. Brauer, Nesbitt [1]). Wir setzen $\mathfrak{G} = SL(2, p)$. Sei K ein Körper der Charakteristik p und V_m der K-Vektorraum der homogenen Polynome vom Grad m in den beiden Unbestimmten x und y. Durch die Festsetzung

$$x^i y^{m-i} G = (a_{11} x + a_{12} y)^i (a_{21} x + a_{22} y)^{m-i}$$

für $G = (a_{ij})$ $(i, j = 1, 2)$ wird V_m ein $K[\mathfrak{G}]$-Modul. Wir zeigen, daß V_m für $0 \leqq m \leqq p - 2$ irreduzibel ist.

Sei W ein Teilmodul von V_m und

$$0 \neq f = \sum_{j=0}^{m} a_j x^j y^{m-j} \in W.$$

Für $t \in GF(p)$ setzen wir $S(t) = \begin{pmatrix} 1 & t \\ 0 & 1 \end{pmatrix}$ und $T(t) = \begin{pmatrix} 1 & 0 \\ t & 1 \end{pmatrix}$.

Sei $a_n \neq 0 = a_{n+1} = \cdots = a_m$. Es ist

$$f S(t) = \sum_{j=0}^{n} a_j (x + t y)^j y^{m-j} = \sum_{j=0}^{n} f_j(x, y)\, t^j \in W,$$

und dabei gilt $f_n = a_n y^m$. Wir setzen $GF(p)^\times = \mathfrak{L}$. Wegen der Formeln

$$\sum_{t \in \mathfrak{L}} t^i = \begin{cases} -1 & \text{für } i \equiv 0 \quad (p-1) \\ 0 & \text{sonst} \end{cases} \qquad \text{(siehe III, 9.6; S. 320)}$$

und wegen $m \leqq p - 2$ folgt

$$\sum_{t \in \mathfrak{L}} t^{-i} f S(t) = -f_i(x, y) \in W.$$

Insbesondere ist also $y^m \in W$. Die Anwendung der gleichen Schlußweise liefert dann

$$\sum_{t \in \mathfrak{L}} t^{-j} y^m T(t) = \sum_{t \in \mathfrak{L}} t^{-j} (t x + y)^m = - \binom{m}{j} x^j y^{m-j} \in W .$$

Da $\binom{m}{j}$ nicht durch p teilbar ist, folgt $x^j y^{m-j} \in W$ für alle j mit $0 \leqq j \leqq m$. Also gilt $W = V_m$, und V_m ist ein irreduzibler $K[\mathfrak{G}]$-Modul.

Insbesondere hat $SL(2, p)$ über dem Körper K der Charakteristik p eine irreduzible Darstellung vom Grad $p - 2$. Für $p \equiv 1$ (3) ist $|SL(2, p)| = p(p^2 - 1)$ zu $p - 2$ sogar teilerfremd, und die Aussage von Satz 5.12 ist in diesem Falle also nicht richtig. (Es läßt sich zeigen, daß V_m sogar für $0 \leqq m \leqq p - 1$ irreduzibel ist, und daß diese V_m die sämtlichen irreduziblen Moduln für $SL(2, p)$ über K sind; siehe BRAUER, NESBITT [1].)

5.14 Satz (BURNSIDE). *Sei* $\mathbf{D}$ *eine irreduzible Darstellung von* $\mathfrak{G}$ *vom Grad* n *über dem algebraisch abgeschlossenen Körper* K *von beliebiger Charakteristik. Dann gibt es unter den linearen Abbildungen* $\mathbf{D}(G)$ *mit* $G \in \mathfrak{G}$ *genau* n^2 *über* K *linear unabhängige.*

Beweis. Die von $\mathbf{D}$ bewirkte Darstellung des Gruppenringes $K[\mathfrak{G}]$ bezeichnen wir ebenfalls mit $\mathbf{D}$. Wegen der Irreduzibilität von $\mathbf{D}$ liegt $\mathbf{J}(K[\mathfrak{G}])$ nach 2.1 im Kern von $\mathbf{D}$, und $\mathbf{D}$ bewirkt eine irreduzible Darstellung $\tilde{\mathbf{D}}$ der halbeinfachen Algebra $\mathfrak{a} = K[\mathfrak{G}]/\mathbf{J}(K[\mathfrak{G}])$. Gemäß 4.5 sei $\mathfrak{a} = \bigoplus_i \mathfrak{a}_i$ mit vollen Matrixringen $\mathfrak{a}_i$ der Grade n_i über K. Wir können annehmen, daß $\tilde{\mathbf{D}}$ eine treue Darstellung von $\mathfrak{a}_j$ ist. Dann spannen die

$$\tilde{\mathbf{D}}(G + \mathbf{J}(K[\mathfrak{G}])) = \mathbf{D}(G)$$

über K ganz $\mathfrak{a}_j$ auf. Wegen $\dim_K \mathfrak{a}_j = n^2$ folgt die Behauptung. **q.e.d.**

Die Einselemente der einfachen Summanden von $K[\mathfrak{G}]$ lassen sich aus den Charakteren explizit berechnen:

5.15 Satz. *Sei* K *algebraisch abgeschlossen und* Char $K \nmid g$.

a) *Sei* $\mathbf{D}$ *eine irreduzible Darstellung von* $K[\mathfrak{G}]$ *zum Charakter* χ. *Zu* $\mathbf{D}$ *gehört nach* 5.1 *genau ein einfacher direkter Summand* $\mathfrak{a}$ *von* $K[\mathfrak{G}]$, *welcher von* $\mathbf{D}$ *treu dargestellt wird. Sei* e *das Einselement von* $\mathfrak{a}$. *Dann ist*

$$e = \frac{\chi(E)}{g} \sum_{G \in \mathfrak{G}} \chi(G^{-1})\, G .$$

b) *Sei* K_0 *der kleinste Teilkörper von* K, *welcher alle* $\chi(G)$ *mit* $G \in \mathfrak{G}$ *enthält. Ist* n *der Grad von* $\mathbf{D}$, *so ist* $n\,\chi$ *der Charakter einer Darstellung von* $K_0[\mathfrak{G}]$.

Beweis. a) Seien $\mathbf{D}_j$ $(j = 1, \ldots, h)$ die irreduziblen Darstellungen von $K[\mathfrak{G}]$, und sei $\mathbf{D} = \mathbf{D}_k$. Dann ist $\mathbf{D}_j(e) = 0$ für $j \neq k$ und $\mathbf{D}_k(e) = E_n$ mit

$\operatorname{Grad} \mathbf{D} = n$, denn $\mathfrak{a}$ wird bei $\mathbf{D}_k$ treu dargestellt und liegt im Kern der $\mathbf{D}_j$ mit $j \neq k$. Sei

$$e = \sum_{G \in \mathfrak{G}} a(G)\, G\,.$$

Wegen $e \in \mathbf{Z}(K[\mathfrak{G}])$ ist $a(G) = a(G^H)$ für alle $G, H \in \mathfrak{G}$.

Dann gilt

$$n\, \delta_{jk} = Sp\, \mathbf{D}_j(e) = \sum_{G \in \mathfrak{G}} a(G)\, \chi_j(G)\,.$$

Mit den Orthogonalitätsrelationen 5.8 b) folgt

$$n\, \chi(G_i^{-1}) = \sum_{j=1}^{h} n\, \delta_{jk}\, \chi_j(G_i^{-1}) = \sum_{G \in \mathfrak{G}} a(G) \sum_{j=1}^{h} \chi_j(G)\, \chi_j(G_i^{-1})$$

$$= \sum_{G \in \mathfrak{K}_i} \frac{g}{h_i}\, a(G) = g\, a(G)\,.$$

Also ist

$$e = \sum_{G \in \mathfrak{G}} a(G)\, G = \frac{n}{g} \sum_{G \in \mathfrak{G}} \chi(G^{-1})\, G\,.$$

b) Nach a) liegt e in $K_0[\mathfrak{G}]$. Daher ist $e\, K_0[\mathfrak{G}]$ ein $K_0[\mathfrak{G}]$-Modul. Auf $e\, K_0[\mathfrak{G}]$ und $e\, K[\mathfrak{G}] = (K)_n$ erfährt $\mathfrak{G}$ äquivalente Darstellungen. Da $(K)_n$ der einfache direkte Summand von $K[\mathfrak{G}]$ zur Darstellung $\mathbf{D}$ vom Grad n ist, erfährt $\mathfrak{G}$ auf $(K)_n$ eine Darstellung zum Charakter $n\,\chi$.

q.e.d.

Die Darstellung $\mathbf{D}$ selbst ist i. a. nicht äquivalent zu einer Darstellung von $K_0[\mathfrak{G}]$, wenn K_0 ein Körper ist, in dem alle $\chi(G)$ liegen. Auf die hier auftretenden Fragen gehen wir in § 14 ein.

Wir schließen zwei einfache Bemerkungen an zu Darstellungen über Körpern mit von 0 verschiedener Charakteristik.

5.16 Satz *Sei $\mathfrak{G}$ eine p-Gruppe und K ein Körper der Charakteristik p.*

a) *Es gibt nur eine irreduzible Darstellung von $\mathfrak{G}$ über K, nämlich die triviale Darstellung.*

b) *Ist $|\mathfrak{G}| = p^n$, so hat das Radikal von $K[\mathfrak{G}]$ die Dimension $p^n - 1$. Es gilt*

$$\mathbf{J}(K[\mathfrak{G}]) = \left\{ \sum_{G \in \mathfrak{G}} a_G\, G \;\middle|\; \sum_{G \in \mathfrak{G}} a_G = 0 \right\}.$$

c) *Ist $\mathfrak{G}$ eine transitive Permutationsgruppe auf der Ziffernmenge $\{1, \ldots, n\}$, und machen wir den Vektorraum $V = \langle v_1, \ldots, v_n \rangle$ der Dimension n über K zum $\mathfrak{G}$-Modul durch $v_i\, G = v_{iG}$, so ist V ein direkt unzerlegbarer $\mathfrak{G}$-Modul. Insbesondere ist $K[\mathfrak{G}]$ ein direkt unzerlegbarer $K[\mathfrak{G}]$-Modul.*

Beweis. a) Sei $\mathbf{D}$ eine irreduzible Darstellung von $K[\mathfrak{G}]$ auf dem Modul V. Wir können annehmen, daß $\mathbf{D}$ eine treue Darstellung von $\mathfrak{G}$ ist;

sonst betrachten wir nämlich die bei $\mathbf{D}$ treu dargestellte Faktorgruppe von $\mathfrak{G}$. Wir haben $\mathfrak{G} = \mathfrak{E}$ nachzuweisen.

Angenommen, es sei $\mathfrak{G} \neq \mathfrak{E}$. Sei Z ein Element der Ordnung p aus $\mathbf{Z}(\mathfrak{G})$. Wir setzen

$$W = \{v \mid v \in V, v\,\mathbf{D}(Z) = v\}\,.$$

Der Teilraum W von V ist invariant bei $\mathfrak{G}$, denn für $w \in W$ und $G \in \mathfrak{G}$ gilt

$$(w\,\mathbf{D}(G))\,\mathbf{D}(Z) = w\,\mathbf{D}(Z)\,\mathbf{D}(G) = w\,\mathbf{D}(G)\,.$$

Es ist $W \neq 0$: Für alle $v \neq o$ aus V haben wir wegen $\operatorname{Char} K = p$ nämlich

$$o = v\,\mathbf{D}(Z)^p - v = v(\mathbf{D}(Z) - E)^p\,.$$

Daher gibt es ein $i \geqq 0$ mit

$$w = v(\mathbf{D}(Z) - E)^i \neq o, \qquad \text{aber} \qquad w(\mathbf{D}(Z) - E) = v(\mathbf{D}(Z) - E)^{i+1} = o\,.$$

Dann ist $o \neq w \in W$.

Wegen der Irreduzibilität von $\mathbf{D}$ folgt nun $V = W$, also $\mathbf{D}(Z) = E$. Das widerspricht jedoch unserer Annahme, daß $\mathfrak{G}$ bei $\mathbf{D}$ treu dargestellt wird.

b) Da die triviale Darstellung von $\mathfrak{G}$ die einzige irreduzible Darstellung von $\mathfrak{G}$ bzw. $K[\mathfrak{G}]$ ist, gilt nach 2.1

$$\mathbf{J}(K[\mathfrak{G}]) = \left\{\sum_{G \in \mathfrak{G}} a_G\,G \;\middle|\; \sum_{G \in \mathfrak{G}} a_G = 0\right\}.$$

c) Sei W ein maximaler Teilmodul von V. Da V/W ein irreduzibler $K[\mathfrak{G}]$-Modul ist, bewirkt $\mathfrak{G}$ nach a) auf V/W die triviale Darstellung. Also gilt

$$v_i\,G - v_i \in W \quad \text{für alle } i\,.$$

Somit folgt

$$\langle v_i - v_1 \mid i = 2, \ldots, n\rangle \subseteqq W\,.$$

Daher ist $\langle v_i - v_1 \mid i = 2, \ldots, n\rangle$ der einzige maximale Teilmodul von V. Offenbar ist dann V direkt unzerlegbar. **q.e.d.**

Eine nützliche Folgerung aus 5.16 ist der folgende Satz:

5.17 Satz. *Sei* $\mathbf{D}$ *eine irreduzible Darstellung von* $\mathfrak{G}$ *über einem Körper* K *der Charakteristik* p. *Ist* $\mathfrak{N}$ *ein Normalteiler von* $\mathfrak{G}$ *von* p*-Potenzordnung, so liegt* $\mathfrak{N}$ *im Kern von* $\mathbf{D}$.

(*Man kann dies auch so formulieren: Die Elemente* $N - E$ *mit* $N \in \mathfrak{N}$ *liegen im Radikal* $\mathbf{J}(K[\mathfrak{G}])$ *des Gruppenringes* $K[\mathfrak{G}]$.)

Beweis. Sei V der irreduzible $K[\mathfrak{G}]$-Modul zu $\mathbf{D}$ und

$$W = \{v \mid v \in V, v\,\mathbf{D}(N) = v \text{ für alle } N \text{ aus } \mathfrak{N}\}\,.$$

Da $\mathfrak{N}$ nach 5.16 nur die triviale irreduzible Darstellung über K besitzt, ist $W \neq 0$. Der Teilraum W ist invariant bei $\mathfrak{G}$, denn für $w \in W$ und

$N \in \mathfrak{N}$ gilt

$$(w\,\mathbf{D}(G))\,\mathbf{D}(N) = w\,\mathbf{D}(N^{G^{-1}})\,\mathbf{D}(G) = w\,\mathbf{D}(G)\,.$$

Wegen der Irreduzibilität von V folgt jetzt $V = W$, also $\mathbf{D}(N) = E$ für alle N aus $\mathfrak{N}$. **q.e.d.**

Für spätere Verwendung bei der Durchrechnung von Beispielen vermerken wir noch einen trivialen Hilfssatz:

5.18 Hilfssatz. *Sei $\mathfrak{G}$ eine endliche Gruppe mit den Erzeugenden $G_1, \ldots, G_k$ und den definierenden Relationen $R_j(G_1, \ldots, G_k) = E$ ($j = 1, \ldots, m$). Sei V ein Vektorraum endlicher Dimension über K und τ eine Abbildung von $\{G_1, \ldots, G_k\}$ in $GL(V)$ mit $R_j(\tau(G_1), \ldots, \tau(G_k)) = E_V$ für $j = 1, \ldots, m$. Dann gibt es genau eine Darstellung $\mathbf{D}$ von $\mathfrak{G}$ auf V mit*

$$\mathbf{D}(G_i) = \tau(G_i) \quad (i = 1, \ldots, k)\,.$$

Aufgaben:

12) Sei $\operatorname{Char} K = 0$ und $\mathfrak{N} \trianglelefteq \mathfrak{G}$. Das Idempotent $e_{\mathfrak{N}}$ in $K[\mathfrak{G}]$ sei wie in Aufg. 10b) definiert. Wir setzen $\mathbf{S}(\mathfrak{N}) = K[\mathfrak{G}]\,e_{\mathfrak{N}}$. Für $\mathfrak{N}_i \trianglelefteq \mathfrak{G}$ ($i = 1, 2$) gilt dann $e_{\mathfrak{N}_1\mathfrak{N}_2} = e_{\mathfrak{N}_1} e_{\mathfrak{N}_2}$ und

$$\mathbf{S}(\mathfrak{N}_1\mathfrak{N}_2) = \mathbf{S}(\mathfrak{N}_1)\,\mathbf{S}(\mathfrak{N}_2) = \mathbf{S}(\mathfrak{N}_1) \cap \mathbf{S}(\mathfrak{N}_2)\,.$$

13) Sei $\mathfrak{S}$ das Produkt aller minimalen Normalteiler von $\mathfrak{G}$. (Die Gruppe $\mathfrak{S}$ heißt der Sockel von $\mathfrak{G}$.) Man zeige:

a) Ist $\mathfrak{N} \trianglelefteq \mathfrak{G}$ und $\mathfrak{N} \leqq \mathfrak{S}$, so gibt es einen Normalteiler $\mathfrak{M}$ von $\mathfrak{G}$ mit $\mathfrak{S} = \mathfrak{N} \times \mathfrak{M}$.

b) Der Verband der in $\mathfrak{S}$ liegenden Normalteiler von $\mathfrak{G}$ besitzt eine Dualität ε mit $(\mathfrak{N}_1\mathfrak{N}_2)^\varepsilon = \mathfrak{N}_1^\varepsilon \cap \mathfrak{N}_2^\varepsilon$, $(\mathfrak{N}_1 \cap \mathfrak{N}_2)^\varepsilon = \mathfrak{N}_1^\varepsilon \mathfrak{N}_2^\varepsilon$ und $|\mathfrak{N}^\varepsilon| = |\mathfrak{S} : \mathfrak{N}|$.

(Man zerlege $\mathfrak{S}$ direkt in charakteristisch einfache, charakteristische Untergruppen von $\mathfrak{G}$.)

14) (GASCHÜTZ [4]) Sei $\mathfrak{G}$ endlich und K ein algebraisch abgeschlossener Körper mit $\operatorname{Char} K \nmid g$. Genau dann gibt es über K eine treue und irreduzible Darstellung von $\mathfrak{G}$, wenn sich der Sockel $\mathfrak{S}$ von $\mathfrak{G}$ durch eine Konjugiertenklasse von $\mathfrak{G}$ erzeugen läßt.

(Anleitung: Seien $\mathfrak{N}_1, \ldots, \mathfrak{N}_s$ die minimalen Normalteiler von $\mathfrak{G}$. Man beweise die Gleichwertigkeit der folgenden Feststellungen:

a) $\mathfrak{G}$ hat eine treue, irreduzible Darstellung.

b) $K[\mathfrak{G}] \neq \sum_{i=1}^{s} \mathbf{S}(\mathfrak{N}_i)$.

c) $|\mathfrak{S}| > \sum_{k=1}^{s} (-1)^k \sum_{i_1 < \cdots < i_k} |\mathfrak{S} : \mathfrak{N}_{i_1} \ldots \mathfrak{N}_{i_k}|$.

d) Sind $\mathfrak{M}_1, \ldots, \mathfrak{M}_s$ die in $\mathfrak{S}$ maximalen Normalteiler von $\mathfrak{G}$, so gilt

$$|\mathfrak{S}| - \sum_{k=1}^{s} (-1)^k \sum_{i_1 < \cdots < i_k} |\mathfrak{M}_{i_1} \cap \cdots \cap \mathfrak{M}_{i_k}| = |\mathfrak{S} - \bigcup_{i=1}^{s} \mathfrak{M}_i| > 0\,.$$

e) Es gibt ein S mit $\mathfrak{S} = \langle S^G \mid G \in \mathfrak{G} \rangle$.)

15) Sei $\mathfrak{G}$ eine p-Gruppe und K ein algebraisch abgeschlossener Körper mit $\operatorname{Char} K \nmid g$. Man zeige ohne Verwendung von Aufg. 14): Genau dann hat $\mathfrak{G}$ eine treue und irreduzible Darstellung über K, wenn $\mathbf{Z}(\mathfrak{G})$ zyklisch ist.

§ 6. Charaktere abelscher Gruppen

Mit Rücksicht auf eine Anwendung in § 23 setzen wir die Endlichkeit der betrachteten abelschen Gruppen nicht überall voraus.

6.1 Satz. *Sei $\mathfrak{A}$ eine nicht notwendig endliche, abelsche Gruppe und K ein algebraisch abgeschlossener Körper.*

a) *Jede irreduzible Darstellung endlichen Grades von $\mathfrak{A}$ über K hat den Grad* 1.

b) *Ist $\mathfrak{A}$ endlich und* $\operatorname{Char} K \nmid |\mathfrak{A}|$, *so hat $\mathfrak{A}$ über K genau $|\mathfrak{A}|$ verschiedene irreduzible Darstellungen. (Bei Darstellungen vom Grad* 1 *sind Inäquivalenz und Verschiedenheit offenbar gleichbedeutend.)*

Beweis. a) Sei V ein irreduzibler $\mathfrak{A}$-Modul und $\mathbf{D}$ die Darstellung von $\mathfrak{A}$ auf V. Nach dem Schurschen Lemma 4.3 besteht $\operatorname{Hom}_{\mathfrak{A}}(V, V)$ aus den Abbildungen der Gestalt cE_V mit $c \in K$. Da $\mathfrak{A}$ abelsch ist, liegt jedes $\mathbf{D}(A)$ in $\operatorname{Hom}_{\mathfrak{A}}(V, V)$. Somit gilt $\mathbf{D}(A) = c(A)\, E_V$ für alle A aus $\mathfrak{A}$. Wegen der Irreduzibilität von V folgt $\dim V = 1$.

b) Da $\mathfrak{A}$ abelsch ist, ist $|\mathfrak{A}|$ die Klassenzahl von $\mathfrak{A}$. Da 5.1 jetzt wegen $\operatorname{Char} K \nmid |\mathfrak{A}|$ anwendbar ist, hat $\mathfrak{A}$ genau $|\mathfrak{A}|$ irreduzible Darstellungen über K. **q.e.d.**

6.2 Definition. Sei $\mathfrak{A}$ eine nicht notwendig endliche, abelsche Gruppe und K ein Körper. Die Menge $\hat{\mathfrak{A}} = \operatorname{Hom}(\mathfrak{A}, K^\times)$ wird durch die Festsetzung

$$(\chi_1 \chi_2)(A) = \chi_1(A)\, \chi_2(A)$$

für $\chi_i \in \hat{\mathfrak{A}}$ und $A \in \mathfrak{A}$ zu einer Gruppe. Wir nennen $\hat{\mathfrak{A}}$ die Charaktergruppe von $\mathfrak{A}$ über K. Die Elemente aus $\hat{\mathfrak{A}}$ heißen die Charaktere von $\mathfrak{A}$ über K. (Nach 6.1 a) sind bei algebraisch abgeschlossenem K die Elemente aus $\hat{\mathfrak{A}}$ gerade die Charaktere der irreduziblen Darstellungen endlichen Grades von $\mathfrak{A}$ über K. Unter den Charakteren einer abelschen Gruppe $\mathfrak{A}$ werden wir stets die Elemente von $\hat{\mathfrak{A}}$ verstehen.)

6.3 Satz. *Sei K ein algebraisch abgeschlossener Körper und $\mathfrak{A}$ eine nicht notwendig endliche, abelsche Gruppe.*

a) *Ist $\mathfrak{B} \leqq \mathfrak{A}$ und $\mu \in \operatorname{Hom}(\mathfrak{B}, K^\times)$, so gibt es ein $\chi \in \operatorname{Hom}(\mathfrak{A}, K^\times)$ derart, daß die Einschränkung $\chi_{\mathfrak{B}}$ von χ auf $\mathfrak{B}$ mit μ übereinstimmt. Die Restriktionsabbildung $\chi \to \chi_{\mathfrak{B}}$ ist daher ein Epimorphismus von $\hat{\mathfrak{A}} = \operatorname{Hom}(\mathfrak{A}, K^\times)$ auf $\hat{\mathfrak{B}} = \operatorname{Hom}(\mathfrak{B}, K^\times)$ mit dem Kern*

$$\mathfrak{B}^\perp = \{\chi \mid \chi \in \hat{\mathfrak{A}},\ \chi(B) = 1 \text{ für alle } B \in \mathfrak{B}\}\,.$$

Es gilt $\hat{\mathfrak{B}} \cong \hat{\mathfrak{A}}/\mathfrak{B}^\perp$.

b) *Sei*

$$\mathfrak{K} = \{A \mid A \in \mathfrak{A},\ \chi(A) = 1 \text{ für alle } \chi \in \hat{\mathfrak{A}}\}.$$

Für Char $K = 0$ *ist* $\mathfrak{K} = \mathfrak{E}$, *für* Char $K = p$ *ist jedoch*

$$\mathfrak{K} = \{A \mid A \in \mathfrak{A},\ O(A) \text{ ist eine Potenz von } p\}.$$

c) *Die Abbildung* τ *von* $\mathfrak{A}$ *in* $\hat{\hat{\mathfrak{A}}}$ *mit* $A^\tau(\chi) = \chi(A)$ *für* $A \in \mathfrak{A}$ *und* $\chi \in \hat{\mathfrak{A}}$ *ist ein Homomorphismus von* $\mathfrak{A}$ *in die Charaktergruppe* $\hat{\hat{\mathfrak{A}}}$ *von* $\hat{\mathfrak{A}}$. *Die in* b) *beschriebene Gruppe* $\mathfrak{K}$ *ist der Kern von* τ.

Beweis. a) Wegen der algebraischen Abgeschlossenheit von K ist die Gruppe $K^\times$ dividierbar. Nach I, 13.17 (S. 82) läßt sich daher jeder Homomorphismus von $\mathfrak{B}$ in $K^\times$ zu einem Homomorphismus von $\mathfrak{A}$ in $K^\times$ fortsetzen. Die restlichen Behauptungen unter a) folgen dann leicht.

b) Ist Char $K = p$ und $A \in \mathfrak{A}$ mit $A^{p^m} = E$, so folgt für jeden Charakter χ von $\mathfrak{A}$

$$1 = \chi(A^{p^m}) = \chi(A)^{p^m}.$$

Da 1 die einzige p-te Einheitswurzel in K ist, erzwingt das $\chi(A) = 1$.

Sei $E \neq A \in \mathfrak{A}$, und sei $O(A)$ keine Potenz der Charakteristik von K. Es genügt die Angabe eines Charakters χ der zyklischen Gruppe $\langle A \rangle$ mit $\chi(A) \neq 1$; nach a) läßt sich χ nämlich zu einem Charakter von $\mathfrak{A}$ fortsetzen.

Sei zuerst $O(A) = \infty$. Dann wählen wir ein s mit $1 \neq s \in K^\times$ und setzen $\chi(A^i) = s^i$. Offenbar ist χ ein Charakter von $\langle A \rangle$ mit $\chi(A) \neq 1$.

Sei nun $O(A)$ endlich und keine Potenz der Charakteristik von K. Sei m ein Teiler von $O(A)$ mit $m > 1$ und Char $K \nmid m$. Da K algebraisch abgeschlossen ist, gibt es eine primitive m-te Einheitswurzel ε in K. Setzen wir $\chi(A^i) = \varepsilon^i$, so ist χ wieder ein Charakter von $\langle A \rangle$ mit $\chi(A) \neq 1$.

c) Wegen

$$A^\tau(\chi_1 \chi_2) = (\chi_1 \chi_2)(A) = \chi_1(A)\, \chi_2(A) = A^\tau(\chi_1)\, A^\tau(\chi_2)$$

ist A^τ ein Charakter von $\hat{\mathfrak{A}}$. Die Abbildung τ ist wegen

$$(A_1 A_2)^\tau(\chi) = \chi(A_1 A_2) = \chi(A_1)\, \chi(A_2) = A_1^\tau(\chi)\, A_2^\tau(\chi)$$

ein Homomorphismus von $\mathfrak{A}$ in $\hat{\hat{\mathfrak{A}}}$. Offenbar gilt

$$\operatorname{Kern} \tau = \{A \mid A \in \mathfrak{A},\ A^\tau(\chi) = \chi(A) = 1 \text{ für alle } \chi \in \hat{\mathfrak{A}}\}. \qquad \textbf{q.e.d.}$$

6.4 Dualitätssatz für endliche abelsche Gruppen.
Sei $\mathfrak{A}$ *eine endliche abelsche Gruppe und* K *ein algebraisch abgeschlossener Körper mit* Char $K \nmid |\mathfrak{A}|$.

a) *Die Gruppen* $\mathfrak{A}$ *und* $\hat{\mathfrak{A}} = \operatorname{Hom}(\mathfrak{A}, K^\times)$ *sind isomorph.*

b) *Die Abbildung* τ *mit* $A^\tau(\chi) = \chi(A)$ *ist ein Isomorphismus von* $\mathfrak{A}$ *auf* $\hat{\hat{\mathfrak{A}}}$.

c) *Für* $\mathfrak{B} \leqq \mathfrak{A}$ *setzen wir*

$$\mathfrak{B}^{\perp} = \{\chi \mid \chi \in \hat{\mathfrak{A}},\ \chi(B) = 1 \text{ für alle } B \in \mathfrak{B}\}\,.$$

Dann ist $\mathfrak{B}^{\perp} \cong \widehat{\mathfrak{A}/\mathfrak{B}}$.

d) *Für alle* $\mathfrak{B} \leqq \mathfrak{A}$ *gilt* $\mathfrak{B}^{\perp\perp} = \mathfrak{B}^{\tau}$.

e) *Die Abbildung* $\mathfrak{B} \to \mathfrak{B}^{\perp}$ *ist eine Dualität des Verbandes der Untergruppen von* $\mathfrak{A}$ *auf den Verband der Untergruppen von* $\hat{\mathfrak{A}}$, *d. h. es gilt*

$$(\mathfrak{B}_1 \mathfrak{B}_2)^{\perp} = \mathfrak{B}_1^{\perp} \cap \mathfrak{B}_2^{\perp} \quad \textit{und} \quad (\mathfrak{B}_1 \cap \mathfrak{B}_2)^{\perp} = \mathfrak{B}_1^{\perp} \mathfrak{B}_2^{\perp}$$

für alle $\mathfrak{B}_i \leqq \mathfrak{A}$, *und* $\mathfrak{B} \to \mathfrak{B}^{\perp}$ *ist umkehrbar eindeutig.*

Beweis. a) Nach 6.1 b) ist $|\mathfrak{A}|$ die Anzahl der verschiedenen irreduziblen Charaktere von $\mathfrak{A}$. Also gilt $|\mathfrak{A}| = |\hat{\mathfrak{A}}|$.

Sei $\mathfrak{A} = \mathfrak{A}_1 \times \cdots \times \mathfrak{A}_n$ mit $\mathfrak{A}_i = \langle A_i \rangle$ eine direkte Zerlegung von $\mathfrak{A}$ in zyklische Gruppen $\mathfrak{A}_i$. Sei $|\mathfrak{A}_i| = a_i$, und sei ε_i eine primitive a_i-te Einheitswurzel in dem algebraisch abgeschlossenen Körper K; wegen $a_i \mid |\mathfrak{A}|$ und $\operatorname{Char} K \nmid |\mathfrak{A}|$ gibt es solche ε_i. Zu jedem Element $A = A_1^{y_1} \ldots A_n^{y_n}$ aus $\mathfrak{A}$ definieren wir einen Charakter χ_A von $\mathfrak{A}$ durch

$$\chi_A(A_1^{x_1} \ldots A_n^{x_n}) = \varepsilon_1^{x_1 y_1} \ldots \varepsilon_n^{x_n y_n}\,.$$

Offenbar ist $\chi_{AA'} = \chi_A \chi_{A'}$. Ist

$$A = A_1^{y_1} \ldots A_n^{y_n} \neq A' = A_1^{y_1'} \ldots A_n^{y_n'}\,,$$

so gibt es ein i mit $y_i \neq y_i'$. Dann ist

$$\chi_A(A_i) = \varepsilon_i^{y_i} \neq \varepsilon_i^{y_i'} = \chi_{A'}(A_i)\,.$$

Also sind alle Charaktere χ_A paarweise verschieden. Die Abbildung $A \to \chi_A$ ist daher ein Isomorphismus von $\mathfrak{A}$ auf $\hat{\mathfrak{A}}$.

b) Nach 6.3 c) ist τ ein Homomorphismus von $\mathfrak{A}$ in $\hat{\hat{\mathfrak{A}}}$ mit dem Kern $\mathfrak{K}$. Wegen der Voraussetzung $\operatorname{Char} K \nmid |\mathfrak{A}|$ ist $\mathfrak{K} = \mathfrak{E}$. Ferner gilt nach a) $|\hat{\hat{\mathfrak{A}}}| = |\hat{\mathfrak{A}}| = |\mathfrak{A}|$. Also ist τ ein Isomorphismus von $\mathfrak{A}$ auf $\hat{\hat{\mathfrak{A}}}$.

c) Ist $\chi \in \mathfrak{B}^{\perp}$, so definieren wir einen Charakter χ' auf $\mathfrak{A}/\mathfrak{B}$ durch die (wegen $\chi \in \mathfrak{B}^{\perp}$) offenbar wohldefinierte Festsetzung

$$\chi'(A\,\mathfrak{B}) = \chi(A)\,.$$

Dann ist $\chi \to \chi'$ ein Isomorphismus von $\mathfrak{B}^{\perp}$ in $\widehat{\mathfrak{A}/\mathfrak{B}}$. Nach 6.3 a) gilt $\hat{\mathfrak{B}} \cong \hat{\mathfrak{A}}/\mathfrak{B}^{\perp}$. Daher folgt mit a)

$$|\mathfrak{B}^{\perp}| = \frac{|\hat{\mathfrak{A}}|}{|\hat{\mathfrak{B}}|} = \frac{|\mathfrak{A}|}{|\mathfrak{B}|} = |\mathfrak{A}/\mathfrak{B}| = |\widehat{\mathfrak{A}/\mathfrak{B}}|\,,$$

und wir haben $\mathfrak{B}^{\perp} \cong \widehat{\mathfrak{A}/\mathfrak{B}}$.

d) Trivialerweise gilt $\mathfrak{B}^{\tau} \leqq \mathfrak{B}^{\perp\perp}$. Mit c) erhalten wir $|\mathfrak{B}^{\perp}| = |\mathfrak{A} : \mathfrak{B}|$ und daher

$$|\mathfrak{B}^{\perp\perp}| = |\hat{\mathfrak{A}} : \mathfrak{B}^{\perp}| = |\mathfrak{B}| = |\mathfrak{B}^{\tau}|\,.$$

Das zeigt $\mathfrak{B}^{\tau} = \mathfrak{B}^{\perp\perp}$.

e) Die Abbildung $\mathfrak{B} \to \mathfrak{B}^\perp$ ist umkehrbar eindeutig:

Aus $\mathfrak{B}_1^\perp = \mathfrak{B}_2^\perp$ folgt nämlich mit d)

$$\mathfrak{B}_1^\tau = \mathfrak{B}_1^{\perp\perp} = \mathfrak{B}_2^{\perp\perp} = \mathfrak{B}_2^\tau,$$

nach b) also $\mathfrak{B}_1 = \mathfrak{B}_2$. Da die nach a) isomorphen Gruppen $\mathfrak{A}$ und $\hat{\mathfrak{A}}$ gleichviele Untergruppen haben, ist $\mathfrak{B} \to \mathfrak{B}^\perp$ ein Epimorphismus auf den Verband der Untergruppen von $\hat{\mathfrak{A}}$.

Die Gleichungen $(\mathfrak{B}_1 \mathfrak{B}_2)^\perp = \mathfrak{B}_1^\perp \cap \mathfrak{B}_2^\perp$ und $(\mathfrak{B}_1 \cap \mathfrak{B}_2)^\perp \geqq \mathfrak{B}_1^\perp \mathfrak{B}_2^\perp$ sind trivial. Nach den unter e) und c) bewiesenen Gleichungen ist

$$|\mathfrak{B}_1^\perp \mathfrak{B}_2^\perp| = \frac{|\mathfrak{B}_1^\perp|\,|\mathfrak{B}_2^\perp|}{|\mathfrak{B}_1^\perp \cap \mathfrak{B}_2^\perp|} = \frac{|\mathfrak{B}_1^\perp|\,|\mathfrak{B}_2^\perp|}{|(\mathfrak{B}_1\mathfrak{B}_2)^\perp|}$$

$$= \frac{|\mathfrak{A}|}{|\mathfrak{B}_1|}\,\frac{|\mathfrak{A}|}{|\mathfrak{B}_2|}\,\frac{|\mathfrak{B}_1\mathfrak{B}_2|}{|\mathfrak{A}|} = \frac{|\mathfrak{A}|}{|\mathfrak{B}_1 \cap \mathfrak{B}_2|} = |(\mathfrak{B}_1 \cap \mathfrak{B}_2)^\perp|\,.$$

Also gilt auch $(\mathfrak{B}_1 \cap \mathfrak{B}_2)^\perp = \mathfrak{B}_1^\perp \mathfrak{B}_2^\perp$. **q.e.d.**

Für spätere Verwendung vermerken wir:

6.5 Satz. *Sei K algebraisch abgeschlossen und* Char $K \nmid |\mathfrak{G}|$. *Die Darstellungen von $\mathfrak{G}$ vom Grad* 1 *entsprechen umkehrbar eindeutig den irreduziblen Darstellungen von $\mathfrak{G}/\mathfrak{G}'$ über K, ihre Anzahl ist $|\mathfrak{G}/\mathfrak{G}'|$.* (*Die Charaktere der eindimensionalen Darstellungen von $\mathfrak{G}$ bezeichnen wir auch als lineare Charaktere.*)

Beweis. Offenbar enthält jede Darstellung vom Grad 1 von $\mathfrak{G}$ die Kommutatorgruppe $\mathfrak{G}'$ im Kern, entspricht also umkehrbar eindeutig einer Darstellung von $\mathfrak{G}/\mathfrak{G}'$ vom Grad 1. Nach 6.1 b) haben alle irreduziblen Darstellungen von $\mathfrak{G}/\mathfrak{G}'$ über K den Grad 1, und die Anzahl dieser Darstellungen ist $|\mathfrak{G}/\mathfrak{G}'|$. **q.e.d.**

Aufgaben:

16) Sei $\mathfrak{A}$ eine endliche abelsche p-Gruppe. Man beweise

$$\Omega_i(\mathfrak{A})^\perp = \mho_i(\hat{\mathfrak{A}}) \quad \text{und} \quad \mho_i(\mathfrak{A})^\perp = \Omega_i(\hat{\mathfrak{A}})\,.$$

(Für die Bezeichnung vergleiche man I, § 13, Aufg. 51, S. 86.)

17) Sei $\mathfrak{A}$ eine endliche abelsche p-Gruppe und α ein Automorphismus von $\mathfrak{A}$, welcher alle Elemente der Ordnung p von $\mathfrak{A}$ fest läßt. Dann ist $O(\alpha)$ eine Potenz von p. (Das ist ein Spezialfall von IV, 5.12, S. 437.) (Anleitung: Man definiere den Automorphismus $\hat{\alpha}$ auf $\hat{\mathfrak{A}}$ durch $\chi^{\hat{\alpha}}(A) = \chi(A^\alpha)$ für $A \in \mathfrak{A}$ und $\chi \in \hat{\mathfrak{A}}$ und zeige, daß $\hat{\alpha}$ auf $\hat{\mathfrak{A}}/\Phi(\hat{\mathfrak{A}})$ den identischen Automorphismus bewirkt.)

§ 7. Die Sätze von Burnside, Wielandt und Frobenius

Als erste Anwendungen der Theorie der Gruppencharaktere beweisen wir in diesem Paragraphen die berühmten Sätze von Burnside und

Frobenius. Beide Sätze haben zahlreiche Anwendungen gefunden, auf die wir zum Teil jedoch erst in späteren Kapiteln eingehen werden.

7.1 Hilfssatz. *Sei* $\mathbf{D}$ *eine irreduzible Darstellung von* $\mathfrak{G}$ *über dem komplexen Zahlkörper mit* Grad $\mathbf{D} = n$. *Den Charakter von* $\mathbf{D}$ *bezeichnen wir mit* χ. *Sei* $\mathfrak{K} = \{K^G \mid G \in \mathfrak{G}\}$ *eine Konjugiertenklasse von* $\mathfrak{G}$ *mit* $|\mathfrak{K}| = m$ *und* $(m, n) = 1$. *Dann ist entweder* $\chi(K) = 0$ *oder* $\mathbf{D}(K) = c\,E_n$ *mit geeignetem* c *aus* C.

Beweis. Nach 5.11 ist $\frac{m}{n}\,\chi(K)$ eine ganze algebraische Zahl. Wegen $(m, n) = 1$ gibt es ganze rationale Zahlen a und b mit $m\,a + n\,b = 1$. Dann ist auch

$$c = a\,\frac{m}{n}\,\chi(K) + b\,\chi(K) = \frac{\chi(K)}{n}$$

ganz-algebraisch. Seien $\varepsilon_1, \ldots, \varepsilon_n$ die Eigenwerte von $\mathbf{D}(K)$. Dann gilt

$$|c| = \frac{1}{n}\left|\sum_{i=1}^{n} \varepsilon_i\right| \leqq \frac{1}{n}\sum_{i=1}^{n} |\varepsilon_i| = 1\,.$$

Sind nicht alle ε_i gleich, so ist bekanntlich sogar $|c| < 1$. Ist α ein Automorphismus des Körpers der g-ten Einheitswurzeln, so gilt

$$|c^\alpha| = \frac{1}{n}\left|\sum_{i=1}^{n} \varepsilon_i^\alpha\right| < 1\,.$$

Also folgt $|N(c)| = \left|\prod_\alpha c^\alpha\right| < 1$. Da c ganz-algebraisch ist, ist die Norm $N(c)$ von c ganz-rational. Somit erhalten wir $N(c) = 0$, dann auch $c = 0$ und $\chi(K) = 0$.

Seien nun alle ε_i gleich, also $c = \varepsilon_i$. Die Einschränkung von $\mathbf{D}$ auf $\langle K\rangle$ ist eine Darstellung der zyklischen Gruppe $\langle K\rangle$. Die irreduziblen Teile dieser Darstellung sind nach 6.1 eindimensional. Da die Darstellung nach 3.4 vollständig reduzibel ist, läßt sich $\mathbf{D}(K)$ auf Diagonalgestalt bringen, und es ergibt sich $\mathbf{D}(K) = c\,E_n$. **q.e.d.**

Eine wichtige Folgerung ist:

7.2 Satz (Burnside). *Gibt es eine Konjugiertenklasse* $\mathfrak{K} \neq \{E\}$ *in* $\mathfrak{G}$ *von Primzahlpotenzlänge, so ist* $\mathfrak{G}$ *keine einfache Gruppe von zusammengesetzter Ordnung.*

Beweis. Sei etwa

$$\mathfrak{K} = \{K^G \mid G \in \mathfrak{G}\} \neq \{E\}$$

und $|\mathfrak{K}| = p^e$. Ist $e = 0$, so gilt $E \neq K \in \mathbf{Z}(\mathfrak{G})$, und wir sind fertig. Sei also $e > 0$. Dann ist p ein Teiler von $|\mathfrak{G}|$.

Gibt es ein $j \geqq 2$ mit $\chi_j(K) \neq 0$ und $p \nmid n_j$, so gilt nach Hilfssatz 7.1 $\mathbf{D}_j(K) = c\,E_{n_j}$. Dann ist $\mathfrak{G}$ nicht einfach von zusammengesetzter Ordnung, denn entweder ist der Kern von $\mathbf{D}_j$ ein nichttrivialer Normalteiler von $\mathfrak{G}$ (man beachte $j > 1$), oder $\mathbf{D}_j$ ist treu und $E \neq K \in \mathbf{Z}(\mathfrak{G})$.

Sei also $\chi_j(K) = 0$ für alle $j > 1$ mit $p \nmid n_j$. Da K bei der regulären Darstellung die Spur 0 hat, ergibt Satz 5.3

$$0 = \sum_{j=1}^{h} n_j \chi_j(K) = 1 + p \sum_{j=2}^{h} \frac{n_j}{p} \chi_j(K) = 1 + p\, d\,.$$

Daher ist $d = -\frac{1}{p} = \sum_{j=2}^{h} \frac{n_j}{p} \chi_j(K)$ ganz-algebraisch. Das ist jedoch nicht wahr. **q.e.d.**

Nun folgt ein berühmtes Auflösbarkeitskriterium:

7.3 Hauptsatz (Burnside [6]). *Ist $|\mathfrak{G}| = p^a q^b$ mit Primzahlen p und q, so ist $\mathfrak{G}$ auflösbar.*

Beweis. Sei $\mathfrak{P}$ eine p-Sylowgruppe von $\mathfrak{G}$. Nach I, 6.9 (S. 31) gibt es ein P mit $E \neq P \in \mathbf{Z}(\mathfrak{P})$. Dann gilt $\mathfrak{P} \leqq \mathbf{C}_{\mathfrak{G}}(P)$ und daher

$$|\{P^G \mid G \in \mathfrak{G}\}| = |\mathfrak{G} : \mathbf{C}_{\mathfrak{G}}(P)| = q^{b'}$$

mit $b' \leqq b$. Nach 7.2 ist also $\mathfrak{G}$ nicht einfach von zusammengesetzter Ordnung. Ist $\mathfrak{N}$ ein Normalteiler von $\mathfrak{G}$ mit $\mathfrak{E} < \mathfrak{N} < \mathfrak{G}$, so können wir vermöge Induktion $\mathfrak{N}$ und $\mathfrak{G}/\mathfrak{N}$ als auflösbar annehmen. Dann ist auch $\mathfrak{G}$ selbst auflösbar. **q.e.d.**

Ein von der Verwendung von Gruppencharakteren freier Beweis der Sätze 7.2 und 7.3 ist bis heute nicht bekannt. (Für den Spezialfall $|\mathfrak{G}| = p^a q$ siehe jedoch I, 8.11.) Kürzlich hat J. Thompson für $p \neq 2 \neq q$ Satz 7.3 ohne Gruppencharaktere bewiesen. Er benötigt dazu jedoch zahlreiche Hilfsmittel aus der Theorie der p-Gruppen und der auflösbaren Gruppen, und sein Beweis ist erheblich komplizierter als der wiedergegebene Beweis von Burnside.

Auf wichtige Verallgemeinerungen von Satz 7.3 werden wir in Kapitel VI eingehen (siehe VI, 1.10 und VI, 4.3).

7.4 Hilfssatz. *Sei $\mathbf{D}$ eine Darstellung von $\mathfrak{G}$ über dem komplexen Zahlkörper und χ der Charakter von $\mathbf{D}$. Dann gilt*

$$\operatorname{Kern} \mathbf{D} = \{G \mid G \in \mathfrak{G},\ \chi(G) = \chi(E)\}\,.$$

Beweis. Sei Grad $\mathbf{D} = n$. Aus $\mathbf{D}(G) = E$ folgt offenbar $\chi(G) = n = \chi(E)$.

Sei umgekehrt $\chi(G) = n$. Sind die ε_i $(i = 1, \ldots, n)$ die Eigenwerte von $\mathbf{D}(G)$, so gilt

$$n = \chi(G) = |\sum_{1}^{n} \varepsilon_i| \leqq \sum_{1}^{n} |\varepsilon_i| = n\,.$$

Daraus folgt, daß alle ε_i gleich 1 sind. Da $\mathbf{D}$ eine vollständig reduzible Darstellung von $\langle G \rangle$ bewirkt, folgt $\mathbf{D}(G) = E$. **q.e.d.**

7.5 Satz (Wielandt [12]). *Sei* $\mathfrak{H}^* \trianglelefteq \mathfrak{H} < \mathfrak{G}$. *Für alle* G *aus* $\mathfrak{G} - \mathfrak{H}$ *sei* $\mathfrak{H} \cap \mathfrak{H}^G \leqq \mathfrak{H}^*$. *Wir setzen*

$$\mathfrak{G}^* = \mathfrak{G} - \bigcup_{G \in \mathfrak{G}} (\mathfrak{H} - \mathfrak{H}^*)^G .$$

Dann gilt:

(1) $\mathfrak{G}^* \trianglelefteq \mathfrak{G}$.

(2) $\mathfrak{G}^* \cap \mathfrak{H} = \mathfrak{H}^*$.

(3) $\mathfrak{G}^* \mathfrak{H} = \mathfrak{G}$.

Beweis. Offenbar ist $\mathfrak{G}^*$ eine Teilmenge von $\mathfrak{G}$, die von allen inneren Automorphismen von $\mathfrak{G}$ auf sich abgebildet wird. Es ist jedoch keineswegs trivial, daß $\mathfrak{G}^*$ eine Untergruppe von $\mathfrak{G}$ ist.

Sei $H^* = H^G \in \mathfrak{H}^* \cap \mathfrak{H}^G$ mit $G \in \mathfrak{G}$. Dann folgt für $G \in \mathfrak{G} - \mathfrak{H}$

$$H = H^{*G^{-1}} \in \mathfrak{H} \cap \mathfrak{H}^{*G^{-1}} \leqq \mathfrak{H}^*$$

und für $G \in \mathfrak{H}$ wegen $\mathfrak{H}^* \trianglelefteq \mathfrak{H}$ ebenfalls $\mathfrak{H}^* \cap \mathfrak{H}^G \leqq \mathfrak{H}^{*G}$. Also ist $\mathfrak{H}^* \cap (\mathfrak{H} - \mathfrak{H}^*)^G = \emptyset$ für alle $G \in \mathfrak{G} - \mathfrak{H}$, und somit folgt $\mathfrak{H}^* \subseteq \mathfrak{G}^*$.

a) Wir zeigen zuerst: Ist ψ ein vom 1-Charakter ψ_1 verschiedener irreduzibler Charakter von $\mathfrak{H}$ über dem komplexen Zahlkörper mit Kern $\psi \geqq \mathfrak{H}^*$, so ist τ mit

$$\tau(G) = \begin{cases} \psi(E) & \text{für } G \in \mathfrak{G}^* \\ \psi(G^X) & \text{für } G^X \in (\mathfrak{H} - \mathfrak{H}^*) \end{cases}$$

ein irreduzibler Charakter von $\mathfrak{G}$ mit $\tau(H) = \psi(H)$ für alle $H \in \mathfrak{H}$.

Den Beweis führen wir in mehreren Schritten.

(1) τ ist wohldefiniert:

Sei $G^X \in \mathfrak{H} - \mathfrak{H}^*$ und $G^Y \in \mathfrak{H} - \mathfrak{H}^*$. Dann ist

$$G^X \in (\mathfrak{H} - \mathfrak{H}^*) \cap (\mathfrak{H} - \mathfrak{H}^*)^{Y^{-1}X} .$$

Wegen unserer Voraussetzung folgt $Y^{-1}X \in \mathfrak{H}$. Da ψ als Charakter von $\mathfrak{H}$ eine Klassenfunktion auf $\mathfrak{H}$ ist, erhalten wir

$$\psi(G^X) = \psi(G^{YY^{-1}X}) = \psi(G^Y) .$$

(2) τ ist eine Klassenfunktion auf $\mathfrak{G}$:

Für $G \in \mathfrak{G}^*$ und $T \in \mathfrak{G}$ ist auch $G^T \in \mathfrak{G}^*$, also $\tau(G^T) = \psi(E) = \tau(G)$. Sei

$$G = H^{X^{-1}} \in (\mathfrak{H} - \mathfrak{H}^*)^{X^{-1}} .$$

Dann ist

$$G^T = H^{X^{-1}T} \in (\mathfrak{H} - \mathfrak{H}^*)^{X^{-1}T} ,$$

also $\tau(G^T) = \psi(H) = \tau(G)$.

(3) Seien χ_i $(i = 1, \ldots, h(\mathfrak{G}))$ die irreduziblen Charaktere von $\mathfrak{G}$. Wir setzen $\mu = \tau - \psi(E)\,\chi_1$. Dann ist $\mu = \sum_i a_i \chi_i$ mit ganz-rationalen a_i und mit $a_1 = -\psi(E)$:

Es ist

$$\mu(G) = \begin{cases} 0 \text{ für } G \in \mathfrak{G}^* \\ \psi(G^X) - \psi(E) \text{ für } G^X \in \mathfrak{H} - \mathfrak{H}^* . \end{cases}$$

Sei $\mathfrak{G} = \bigcup_1^m \mathfrak{H} R_i$ die Nebenklassenzerlegung von $\mathfrak{G}$ nach $\mathfrak{H}$. Aus der disjunkten Zerlegung

$$\mathfrak{G} - \mathfrak{G}^* = \bigcup_{i=1}^m (\mathfrak{H} - \mathfrak{H}^*)^{R_i}$$

folgt mit $|\mathfrak{H}| = h$ wegen $\mathfrak{H}^* \subseteq \mathfrak{G}^*$ und $\mu = 0$ auf $\mathfrak{G}^*$

$$\begin{aligned} a_i = (\mu, \chi_i)_{\mathfrak{G}} &= \frac{1}{g} \sum_{G \in \mathfrak{G}} \mu(G)\, \chi_i(G^{-1}) = \frac{1}{g}\frac{g}{h} \sum_{H \in \mathfrak{H} - \mathfrak{H}^*} \mu(H)\, \chi_i(H^{-1}) \\ &= \frac{1}{h} \sum_{H \in \mathfrak{H}} \mu(H)\, \chi_i(H^{-1}) = (\mu, \chi_i)_{\mathfrak{H}} . \end{aligned}$$

a_i ist nach den Orthogonalitätsrelationen ganz-rational, da $\psi - \psi(E)\psi_1$ und die Einschränkung von χ_i auf $\mathfrak{H}$ Linearkombinationen der irreduziblen Charaktere von $\mathfrak{H}$ mit ganz-rationalen Koeffizienten sind. Insbesondere ist wegen $\psi \neq \psi_1$

$$a_1 = (\mu, \chi_1)_{\mathfrak{G}} = (\psi - \psi(E)\, \psi_1, \psi_1)_{\mathfrak{H}} = -\psi(E) .$$

(4) Es gilt

$$(\mu, \mu)_{\mathfrak{G}} = \sum_i a_i^2 = \psi(E)^2 + 1 = a_1^2 + 1 :$$

Wir haben ähnlich wie in (3)

$$\begin{aligned} (\mu, \mu)_{\mathfrak{G}} &= \frac{1}{g} \sum_{G \in \mathfrak{G}} \mu(G)\, \mu(G^{-1}) = \frac{1}{g}\frac{g}{h} \sum_{H \in \mathfrak{H} - \mathfrak{H}^*} \mu(H)\, \mu(H^{-1}) \\ &= \frac{1}{h} \sum_{H \in \mathfrak{H}} \mu(H)\, \mu(H^{-1}) \\ &= (\mu, \mu)_{\mathfrak{H}} = (\psi - \psi(E)\, \psi_1, \psi - \psi(E)\, \psi_1)_{\mathfrak{H}} = 1 + \psi(E)^2 . \end{aligned}$$

Also gibt es genau ein $i \geqq 2$ mit $a_i = \pm 1$, alle anderen a_j mit $j \geqq 2$ sind 0. Somit ist

$$\mu = \tau - \psi(E)\, \chi_1 = \pm \chi_i - \psi(E)\, \chi_1 .$$

Es folgt $\tau = \pm \chi_i$. Wegen

$$\pm \chi_i(E) = \tau(E) = \psi(E) > 0$$

ist $\tau = \chi_i$ ein irreduzibler Charakter von $\mathfrak{G}$.

(5) Für alle $H \in \mathfrak{H}$ ist $\tau(H) = \psi(H)$:

Für $H \in \mathfrak{H} - \mathfrak{H}^*$ folgt dies sofort aus der Definition von τ. Für $H \in \mathfrak{H}^* \leqq \operatorname{Kern} \psi$ ist $\tau(H) = \psi(E) = \psi(H)$.

b) Die reguläre Darstellung $\mathbf{R}$ von $\mathfrak{H}/\mathfrak{H}^*$ definiert vermöge $\mathbf{F}(H) = \mathbf{R}(H\, \mathfrak{H}^*)$ eine Darstellung $\mathbf{F}$ von $\mathfrak{H}$ mit dem Kern $\mathfrak{H}^*$. Sei

ψ der Charakter von **F** und

$$\psi = \sum_i m_i \psi_i$$

die Zerlegung von ψ in irreduzible Charaktere ψ_i von $\mathfrak{H}$ mit $\mathfrak{H}^* \leqq \text{Kern}\, \psi_i$. Offenbar ist

$$\psi(H) = \begin{cases} 0 & \text{für } H \in \mathfrak{H} - \mathfrak{H}^* \\ |\mathfrak{H}/\mathfrak{H}^*| & \text{für } H \in \mathfrak{H}^* . \end{cases}$$

Gemäß a) konstruieren wir zu jedem ψ_i mit $i \geqq 2$ einen irreduziblen Charakter τ_i von $\mathfrak{G}$. Dann ist

$$\chi = m_1 \chi_1 + \sum_{i \geqq 2} m_i \tau_i$$

ein Charakter von $\mathfrak{G}$ vom Grad $\chi(E) = \psi(E) = |\mathfrak{H}/\mathfrak{H}^*|$. Sei **D** eine Darstellung von $\mathfrak{G}$ mit $Sp\mathbf{D}(G) = \chi(G)$. Wir setzen $\mathfrak{K} = \text{Kern}\, \mathbf{D}$. Nach 7.4 gilt

$$\mathfrak{K} = \{G \mid G \in \mathfrak{G},\ \chi(G) = \chi(E) = |\mathfrak{H}/\mathfrak{H}^*|\}.$$

Für $G \in \mathfrak{G}^*$ ist nach Konstruktion der τ_i

$$\chi(G) = m_1 + \sum_{i \geqq 2} m_i \tau_i(G) = \sum_i m_i \psi_i(E) = \psi(E) = |\mathfrak{H}/\mathfrak{H}^*|.$$

Also haben wir $\mathfrak{G}^* \subseteqq \mathfrak{K}$. Ferner ist

$$\mathfrak{K} \cap \mathfrak{H} = \{H \mid H \in \mathfrak{H},\ \chi(H) = \chi(E) = \psi(E)\} = \text{Kern}\, \mathbf{F} = \mathfrak{H}^*.$$

Es ist

$$|\mathfrak{G}^*| = |\mathfrak{G}| - |\mathfrak{G} : \mathfrak{H}|\,(|\mathfrak{H}| - |\mathfrak{H}^*|) = |\mathfrak{G} : \mathfrak{H}|\, |\mathfrak{H}^*|.$$

Wegen $\mathfrak{G}^* \subseteqq \mathfrak{K}$ folgt nun

$$|\mathfrak{K}\, \mathfrak{H}| = \frac{|\mathfrak{K}|\, |\mathfrak{H}|}{|\mathfrak{H}^*|} \geqq \frac{|\mathfrak{G}^*|\, |\mathfrak{H}|}{|\mathfrak{H}^*|} = |\mathfrak{G}|.$$

Also ist $\mathfrak{G} = \mathfrak{K}\, \mathfrak{H}$ und $\mathfrak{G}^* = \mathfrak{K}$. Damit sind die Behauptungen (1)—(3) bewiesen. **q.e.d.**

Der folgende, schon von Frobenius stammende Sonderfall $\mathfrak{H}^* = \mathfrak{E}$ von 7.5 hat in den letzten Jahren zahlreiche Anwendungen gefunden:

7.6 Hauptsatz (Frobenius). *Sei* $\mathfrak{E} < \mathfrak{H} < \mathfrak{G}$ *und* $\mathfrak{H} \cap \mathfrak{H}^G = \mathfrak{E}$ *für alle* $G \in \mathfrak{G} - \mathfrak{H}$. *Dann ist* $\mathfrak{F} = \mathfrak{G} - \bigcup_{G \in \mathfrak{G}} (\mathfrak{H} - \mathfrak{E})^G$ *ein Normalteiler von* $\mathfrak{G}$ *mit* $\mathfrak{G} = \mathfrak{F}\, \mathfrak{H}$ *und* $\mathfrak{F} \cap \mathfrak{H} = \mathfrak{E}$.

Ein Beweis von Satz 7.6 ohne die Verwendung von Gruppencharakteren ist nicht bekannt. Für auflösbares $\mathfrak{G}$ haben wir 7.6 mit Hilfe der Verlagerung in IV, 2.4 (S. 417) bewiesen (man vergleiche auch Aufg. 18).

§ 8. Frobeniusgruppen

In diesem Paragraphen betrachten wir eingehend die Struktur der im Hauptsatz 7.6 auftretenden Gruppen.

8.1 Definition. Sei $\mathfrak{E} < \mathfrak{H} < \mathfrak{G}$ und $\mathfrak{H} \cap \mathfrak{H}^G = \mathfrak{E}$ für alle $G \in \mathfrak{G} - \mathfrak{H}$. (Insbesondere ist also $\mathfrak{H} = \mathbf{N}_{\mathfrak{G}}(\mathfrak{H})$.) Nach 7.6 ist $\mathfrak{F} = \mathfrak{G} - \bigcup_{G \in \mathfrak{G}} (\mathfrak{H} - \mathfrak{E})^G$ ein Normalteiler von $\mathfrak{G}$, und $\mathfrak{G}$ ist ein semidirektes Produkt von $\mathfrak{F}$ mit $\mathfrak{H}$. Wir nennen $\mathfrak{G}$ eine Frobeniusgruppe zu $\mathfrak{H}$ und $\mathfrak{F}$ den Frobeniuskern von $\mathfrak{G}$. Ist $\mathfrak{G} = \bigcup_{i=1}^{n} \mathfrak{H} G_i$, so nennen wir die Zerlegung

$$\mathfrak{G} = \mathfrak{F} \cup \mathfrak{H}^{G_1} \cup \cdots \cup \mathfrak{H}^{G_n}$$

in Untergruppen von $\mathfrak{G}$, welche paarweise den Durchschnitt $\mathfrak{E}$ haben, die Frobeniuspartition von $\mathfrak{G}$. (Die Bezeichnung „die" Frobeniuspartition ist berechtigt; wir werden in 8.17 nämlich zeigen, daß jede Frobeniusgruppe genau eine Frobeniuspartition besitzt.)

An den in 8.1 eingeführten Bezeichnungen halten wir in diesem Paragraphen fest. Zuerst übersetzen wir die Aussage von Hauptsatz 7.6 in die Sprache der Permutationsgruppen:

8.2 Satz. a) *Sei $\mathfrak{G}$ eine transitive, nicht reguläre Permutationsgruppe. Jedes von E verschiedene Element von $\mathfrak{G}$ habe höchstens einen Fixpunkt. Sei $\mathfrak{H}$ der Stabilisator einer Ziffer. Dann ist $\mathfrak{G}$ eine Frobeniusgruppe zu $\mathfrak{H}$, die fixpunktfreien Permutationen aus $\mathfrak{G}$ bilden zusammen mit E den Frobeniuskern $\mathfrak{F}$ von $\mathfrak{G}$, und $\mathfrak{F}$ ist regulär.*

b) *Sei $\mathfrak{G}$ eine Frobeniusgruppe zu $\mathfrak{H}$. Dann liefert die Permutationsdarstellung von $\mathfrak{G}$ auf den Nebenklassen von $\mathfrak{H}$ einen Isomorphismus von $\mathfrak{G}$ auf eine transitive, nicht reguläre Permutationsgruppe vom Grad $|\mathfrak{G} : \mathfrak{H}|$, in welcher jedes von E verschiedene Element höchstens einen Fixpunkt hat.*

Beweis. a) Sei $\mathfrak{H} = \mathfrak{G}_1$ der Stabilisator der Ziffer 1, und sei $\mathfrak{G} = \bigcup_{i=1}^{n} \mathfrak{H} G_i$ mit $1^{G_i} = i$ die Nebenklassenzerlegung von $\mathfrak{G}$ nach $\mathfrak{H}$. Für $H \in \mathfrak{H}$ und $i > 1$ ist nach unserer Voraussetzung

$$\mathfrak{E} = \mathfrak{H} \cap \mathfrak{G}_i = \mathfrak{H} \cap \mathfrak{H}^{H G_i}.$$

Da $\mathfrak{G}$ nicht regulär ist, gilt $\mathfrak{E} < \mathfrak{H} < \mathfrak{G}$. Somit sind die Voraussetzungen von 7.6 erfüllt. Daher ist

$$\mathfrak{F} = \mathfrak{G} - \bigcup_{i=1}^{n} (\mathfrak{H} - \mathfrak{E})^{G_i}$$

ein Normalteiler von $\mathfrak{G}$ mit $\mathfrak{F} \cap \mathfrak{H} = \mathfrak{E}$. Wegen

$$|\mathfrak{F} : \mathfrak{F} \cap \mathfrak{H}| = |\mathfrak{F}| = |\mathfrak{G} : \mathfrak{H}| = n$$

ist $\mathfrak{F}$ transitiv, also regulär.

b) Sei $\mathfrak{G}$ eine Frobeniusgruppe zu $\mathfrak{H}$. Nach I, 6.2 (S. 28) ist $\bigcap_{G \in \mathfrak{G}} \mathfrak{H}^G = \mathfrak{E}$ der Kern der Permutationsdarstellung von $\mathfrak{G}$ auf den Nebenklassen von $\mathfrak{H}$. Ist $\mathfrak{G} = \bigcup_{i=1}^{n} \mathfrak{H} G_i$ die Nebenklassenzerlegung von $\mathfrak{G}$ nach $\mathfrak{H}$, so ist $\mathfrak{H}^{G_i}$

der Stabilisator der Ziffer $\mathfrak{H}\, G_i$. Wegen

$$\mathfrak{H}^{G_j} \cap \mathfrak{H}^{G_i} = (\mathfrak{H} \cap \mathfrak{H}^{G_i G_j^{-1}})^{G_j} = \mathfrak{E} \quad (\text{für } i \neq j)$$

läßt jedes von E verschiedene Element von $\mathfrak{G}$ höchstens eine der Ziffern $\mathfrak{H}\, G_i$ fest. **q.e.d.**

8.3 Satz. *Sei* $\mathfrak{G}$ *eine Frobeniusgruppe zu* $\mathfrak{H}$. *Dann ist* $|\mathfrak{H}|$ *ein Teiler von* $|\mathfrak{G} : \mathfrak{H}| - 1$. *Also sind* $\mathfrak{H}$ *und der Frobeniuskern* $\mathfrak{F}$ *von* $\mathfrak{G}$ *Hallgruppen von* $\mathfrak{G}$. *Insbesondere ist* $\mathfrak{F}$ *eine charakteristische Untergruppe von* $\mathfrak{G}$.

Beweis. Wir stellen $\mathfrak{G}$ gemäß 8.2 b) dar als Permutationsgruppe vom Grad $n = |\mathfrak{G} : \mathfrak{H}|$ auf der Ziffernmenge $\Omega = \{1, \ldots, n\}$. Sei $1 \neq i \in \Omega$. Die Bahn von i unter $\mathfrak{H} = \mathfrak{G}_1$ hat dann die Länge

$$|i^{\mathfrak{G}_1}| = |\mathfrak{G}_1 : \mathfrak{G}_1 \cap \mathfrak{G}_i| = |\mathfrak{G}_1| = |\mathfrak{H}|\,.$$

Also zerfällt $\Omega - \{1\}$ unter $\mathfrak{H}$ in lauter Bahnen der Länge $|\mathfrak{H}|$, und $|\mathfrak{H}|$ ist somit ein Teiler von $n - 1$. Wegen $|\mathfrak{G}| = |\mathfrak{F}|\,|\mathfrak{H}|$ und $|\mathfrak{F}| = n$ ist dann $\mathfrak{F}$ eine normale Hallgruppe von $\mathfrak{G}$. Nach I, 4.9 b) (S. 21) ist daher $\mathfrak{F}$ eine charakteristische Untergruppe von $\mathfrak{G}$. **q.e.d.**

8.4 Definition. a) Sei α ein Automorphismus von $\mathfrak{G}$. Wir nennen α fixpunktfrei, wenn α kein von E verschiedenes Element von G fest läßt.

b) Ist $\mathfrak{A}$ eine Untergruppe der Automorphismengruppe $\mathbf{A}(\mathfrak{G})$ von $\mathfrak{G}$, so nennen wir $\mathfrak{A}$ fixpunktfrei, wenn jedes vom identischen Automorphismus verschiedene Element von $\mathfrak{A}$ ein fixpunktfreier Automorphismus von $\mathfrak{G}$ ist.

Bei den weiteren Überlegungen benutzen wir mehrfach die folgende Beschreibung der Frobeniusgruppen:

8.5 Satz. *Gleichwertig sind:*

a) $\mathfrak{G}$ *ist eine Frobeniusgruppe zu* $\mathfrak{H}$, *und* $\mathfrak{F}$ *ist der Frobeniuskern von* $\mathfrak{G}$.

b) *Es gilt* $\mathfrak{G} = \mathfrak{F}\,\mathfrak{H}$ *mit* $\mathfrak{H} < \mathfrak{G}$ *und* $\mathfrak{F} \triangleleft \mathfrak{G}$. *Die Abbildung* μ *von* $\mathfrak{H}$ *in* $\mathbf{A}(\mathfrak{F})$ *mit* $F^{H^\mu} = H^{-1} F H$ *für* $H \in \mathfrak{H}$ *und* $F \in \mathfrak{F}$ *ist ein Isomorphismus von* $\mathfrak{H}$ *auf eine fixpunktfreie Gruppe von Automorphismen von* $\mathfrak{F}$.

Beweis. a) $\Rightarrow$ b): Nach 7.6 gilt $\mathfrak{G} = \mathfrak{F}\,\mathfrak{H}$ mit $\mathfrak{F} \triangleleft \mathfrak{G}$ und $\mathfrak{F} \cap \mathfrak{H} = \mathfrak{E}$. Sei $H \in \mathfrak{H}$ und $F \in \mathfrak{F}$ mit $F^H = F$. Dann ist

$$F H F^{-1} = H \in \mathfrak{H} \cap \mathfrak{H}^{F^{-1}}\,.$$

Ist $F \neq E$, also $F^{-1} \in \mathfrak{G} - \mathfrak{H}$, so folgt aus unseren Voraussetzungen $\mathfrak{H} \cap \mathfrak{H}^{F^{-1}} = \mathfrak{E}$, also $H = E$. Ist $H \neq E$, so gilt daher $F = E$. Somit bewirkt $\mathfrak{H}$ eine fixpunktfreie Gruppe von Automorphismen auf $\mathfrak{F}$.

b) $\Rightarrow$ a): Sei $X \in \mathfrak{F} \cap \mathfrak{H}$. Dann ist $X = X^X$, also $X = E$ wegen der Voraussetzung unter b). Somit gilt $\mathfrak{F} \cap \mathfrak{H} = \mathfrak{E}$, und $\mathfrak{G} = \mathfrak{F}\,\mathfrak{H}$ ist ein semidirektes Produkt von $\mathfrak{F}$ mit $\mathfrak{H}$.

Sei $H_1 \in \mathfrak{H} \cap \mathfrak{H}^G$ mit $G \in \mathfrak{G} - \mathfrak{H}$. Dann ist $G = HF$ mit $H \in \mathfrak{H}$ und $E \neq F \in \mathfrak{F}$. Es folgt $\mathfrak{H}^G = \mathfrak{H}^F$ und

$$H_1 = H_2^F \in \mathfrak{H} \cap \mathfrak{H}^F$$

mit geeignetem $H_2 \in \mathfrak{H}$. Wegen $\mathfrak{F} \lhd \mathfrak{G}$ ist

$$H_1 H_2^{-1} = [F, H_2^{-1}] \in \mathfrak{H} \cap \mathfrak{F} = \mathfrak{E},$$

somit $H_1 = H_2$. Aus $F^{H_1} = F$ folgt mit der Voraussetzung wegen $F \neq E$ nun $H_1 = E$. Also ist $\mathfrak{H} \cap \mathfrak{H}^G = \mathfrak{E}$, und $\mathfrak{G}$ ist eine Frobeniusgruppe zu $\mathfrak{H}$.

q.e.d.

8.6 Beispiele. a) Sei $\mathfrak{G}$ die Gruppe aller Abbildungen G der Gestalt $xG = ax + b$ $(a \neq 0)$ auf der Ziffernmenge $K = GF(p^f)$ mit $p^f > 2$. Offenbar hat jedes von E verschiedene Element von $\mathfrak{G}$ höchstens einen Fixpunkt. Da $\mathfrak{G}$ transitiv, aber nicht regulär ist, ist $\mathfrak{G}$ nach 8.2 a) eine Frobeniusgruppe zu

$$\mathfrak{H} = \left\{ \begin{pmatrix} x \\ a\,x \end{pmatrix} \,\middle|\, a \in K^\times \right\}.$$

Die Gruppe

$$\mathfrak{F} = \left\{ \begin{pmatrix} x \\ x + b \end{pmatrix} \,\middle|\, b \in K \right\}$$

ist der Frobeniuskern von $\mathfrak{G}$.

b) (Zassenhaus [3]) Sei q eine Primzahlpotenz und m eine natürliche Zahl mit $m \mid q - 1$. Sei $K = GF(q^m)$ und $K^\times = \langle a \rangle$. Wir definieren eine Untergruppe $\mathfrak{H}$ der Gruppe aller semilinearen Abbildungen auf K in folgender Weise: Sei

$$\mathfrak{V} = \left\{ \begin{pmatrix} x \\ v\,x \end{pmatrix} \,\middle|\, v \in K^{\times m} \right\}$$

und $\mathfrak{H} = \bigcup_{i=0}^{m-1} H_i \mathfrak{V}$ mit $H_0 = E$ und

$$xH_i = a^{1+q+\cdots+q^{i-1}} x^{q^i}$$

für $1 \leqq i \leqq m - 1$ und $x \in K$. Es gilt

$$xH_i H_j = a^{1+q+\cdots+q^{j-1}} (a^{1+q+\cdots+q^{i-1}} x^{q^i})^{q^j} = a^{1+q+\cdots+q^{i+j-1}} x^{q^{i+j}}.$$

Also ist $H_i H_j = H_{i+j}$ für $i + j \leqq m - 1$; für $i + j = m + k$ mit $0 \leqq k \leqq m - 2$ erhalten wir wegen $a^{q^m} = a$

$$xH_i H_j = a^{1+q+\cdots+q^{m-1}} a^{1+q+\cdots+q^{k-1}} x^{q^k} = xH_k V,$$

wobei V durch $xV = a^{1+q+\cdots+q^{m-1}} x$ definiert ist. Wegen $q \equiv 1\,(m)$ ist

$$a^{1+q\cdots+q^{m-1}} \in K^{\times m},$$

also $V \in \mathfrak{V}$. Somit ist $\mathfrak{H}$ eine Gruppe.

$\mathfrak{H}$ operiert regulär auf $K^\times$:

Offenbar operiert $\mathfrak{V}$ fixpunktfrei auf $K^\times$. Angenommen, es sei $x \in K^\times$ und

$$x = xH_i V = v\,a^{1+q+\cdots+q^{i-1}} x^{q^i}$$

für ein i mit $0 < i \leqq m - 1$ und ein $v \in K^{\times m}$. Das führt wegen $q^i \equiv 1\,(m)$ zu

$$a^{1+q+\cdots+q^{i-1}} = v^{-1}\, x^{1-q^i} \in K^{\times m}.$$

Da a ein erzeugendes Element von $K^\times$ ist, liefert das den Widerspruch

$$1 + q + \cdots + q^{i-1} \equiv i \equiv 0 \ (m)\,.$$

Wir bilden das semidirekte Produkt $\mathfrak{G}$ von $\mathfrak{H}$ mit $\mathfrak{F} = \left\{\begin{pmatrix} x \\ x+b \end{pmatrix} \mid b \in K\right\}$ innerhalb der Gruppe $\Gamma(q^m)$ der semilinearen Abbildungen von K in sich. Dann ist $\mathfrak{G}$ eine Permutationsgruppe auf K, dabei ist $\mathfrak{F}$ ein regulärer Normalteiler von $\mathfrak{G}$, und es gilt $\mathfrak{G}_0 = \mathfrak{H}$. Da $\mathfrak{H}$ auf $K^\times$ regulär operiert, ist $\mathfrak{G}$ nach 8.2 a) eine Frobeniusgruppe. Offenbar ist $\mathfrak{G}$ scharf 2-fach transitiv auf K.

(Dieses Beispiel spielt eine Rolle bei der Konstruktion endlicher Fastkörper in Zassenhaus [3].)

c) (N. Itô) Über dem Körper $K = GF(p^f)$ betrachten wir die Gruppe

$$\mathfrak{F} = \{(k_{ij}) \mid k_{ij} \in K,\ k_{ii} = 1,\ k_{ij} = 0 \text{ für } j > i\,;\ i, j = 1, \ldots, n\}$$

aller Dreiecksmatrizen mit Diagonalelementen 1. Nach III, 16.3 (S. 382) ist $\mathfrak{F}$ eine nilpotente Gruppe der Klasse $n - 1$. Sei q ein Primteiler von $p^f - 1$ mit $q \geqq n$. Dann gibt es in K paarweise verschiedene Elemente $d_1, \ldots, d_n$ mit $d_i^q = 1$. Wir bilden die Diagonalmatrix

$$H = \begin{pmatrix} d_1 & & & & \\ & d_2 & & & \\ & & \cdot & & \\ & & & \cdot & \\ & & & & \cdot \\ & & & & d_n \end{pmatrix}$$

und behaupten: Für $0 < m < q$ bewirkt H^m einen fixpunktfreien Automorphismus auf $\mathfrak{F}$. Sei nämlich $F = (k_{ij})$ und $H^{-m} F H^m = F$. Das erfordert $d_i^{-m}\, k_{ij}\, d_j^m = k_{ij}$ für alle i, j. Wegen $(m, q) = 1$ ist für $i \neq j$ auch $d_i^m \neq d_j^m$. Also gilt $k_{ij} = 0$ für $i \neq j$ und somit $F = E$. Nach 8.5 ist daher das semidirekte Produkt $\mathfrak{G} = \mathfrak{F}\,\mathfrak{H}$ mit $\mathfrak{H} = \langle H \rangle$ eine Frobeniusgruppe zu $\mathfrak{H}$ mit dem Frobeniuskern $\mathfrak{F}$.

Die Beispiele in 8.6 haben sehr spezielle Eigenschaften: Der Frobeniuskern ist in allen Fällen nilpotent, und $\mathfrak{H}$ ist zyklisch oder metazyklisch. Wir werden zeigen, daß die Untergruppen $\mathfrak{F}$ und $\mathfrak{H}$ in jeder Frobeniusgruppe starken Einschränkungen unterliegen. Unser Hauptziel ist:

8.7 Hauptsatz. *Sei $\mathfrak{G}$ eine Frobeniusgruppe zu $\mathfrak{H}$ mit dem Frobeniuskern $\mathfrak{F}$.*

a) (Thompson) *$\mathfrak{F}$ ist nilpotent.*

b) (Burnside) *Die p-Sylowgruppen von $\mathfrak{H}$ sind zyklisch für $p > 2$, sie sind zyklisch oder verallgemeinerte Quaternionengruppen für $p = 2$.*

8.8 Bemerkungen. Sei $\mathfrak{G}$ eine Frobeniusgruppe zu $\mathfrak{H}$ mit dem Frobeniuskern $\mathfrak{F}$.

a) Beispiel 8.6 c) zeigt, daß sich keine obere Schranke für die Klasse $c(\mathfrak{F})$ des Frobeniuskerns angeben läßt. Durch die Kenntnis der Primteiler von $|\mathfrak{H}|$ wird jedoch $c(\mathfrak{F})$ eingeschränkt. Es gelten nämlich:

(1) Ist $2 \mid |\mathfrak{H}|$, so ist $\mathfrak{F}$ abelsch (siehe 8.18).

(2) Ist $3 \mid |\mathfrak{H}|$, so ist $c(\mathfrak{F}) \leqq 2$ (Burnside [8], S. 90).

(3) Ist p ein ungerader Primteiler von $|\mathfrak{H}|$, so ist

$$c(\mathfrak{F}) \leqq \frac{(p-1)^{2^{p-1}-1}-1}{p-2}$$

(Kostrikin, Kreknin [1], Kreknin [1], G. Higman [2]).

G. Higman vermutet, daß $c(\mathfrak{F}) \leqq \frac{p^2-1}{4}$ die bestmögliche Abschätzung ist; für $p \leqq 5$ ist das nachgewiesen (siehe G. Higman [2]).

b) Die in Burnside [8] (S. 336) stehende Behauptung, daß $\mathfrak{H}$ nilpotent ist, ist nicht richtig. $\mathfrak{H}$ ist nicht einmal notwendig auflösbar, wie das folgende Beispiel zeigt:

Für $p^2 \equiv 1$ (5) enthält die Gruppe $PSL(2, p)$ nach II, 8.13 (S. 198) eine zur alternierenden Gruppe $\mathfrak{A}_5$ isomorphe Untergruppe. Dieser entspricht eine nicht auflösbare Untergruppe $\mathfrak{H}$ der Ordnung 120 in $SL(2, p)$. Wir zeigen, daß $\mathfrak{H}$ eine fixpunktfreie Automorphismengruppe der additiv geschriebenen, elementar-abelschen Gruppe $V = V(2, p)$ vom Typ (p, p) ist:

Das Element H aus $\mathfrak{H}$ habe einen Fixvektor v_1 mit $o \neq v_1 \in V$. Wegen $\det H = 1$ hat dann H den zweifachen Eigenwert 1. Also gibt es eine Basis $\{v_1, v_2\}$ von V mit

$$v_1 H = v_1 \quad \text{und} \quad v_2 H = a v_1 + v_2$$

mit geeignetem $a \in GF(p)$. Daraus folgt $H^p = E$. Wegen $p \nmid |\mathfrak{H}|$ erzwingt das $H = E$.

Dem Beweis von 8.7 a) schicken wir einige auch sonst nützliche Sätze über fixpunktfreie Automorphismen voraus.

8.9 Satz. *Sei α ein fixpunktfreier Automorphismus von $\mathfrak{G}$ mit $O(\alpha) = n$.*

a) *Ist $(m, n) = 1$, so ist auch α^m ein fixpunktfreier Automorphismus von $\mathfrak{G}$.*

b) *Die Abbildung μ mit $G^\mu = G^{-1} G^\alpha$ ist eine umkehrbar eindeutige Abbildung von $\mathfrak{G}$ auf sich (i. a. jedoch kein Automorphismus von $\mathfrak{G}$).*

c) *Sind G und G^α konjugiert in $\mathfrak{G}$, so ist $G = E$.*

d) *Für alle G aus $\mathfrak{G}$ gilt $G G^\alpha G^{\alpha^2} \ldots G^{\alpha^{n-1}} = E$.*

Beweis. a) Wegen $(m, n) = 1$ ist α eine Potenz von α^m, also hat auch α^m nur den Fixpunkt E.

b) Seien $G_1, G_2 \in \mathfrak{G}$ mit

$$G_1^{-1} G_1^\alpha = G_1^\mu = G_2^\mu = G_2^{-1} G_2^\alpha .$$

Es folgt $G_1 G_2^{-1} = (G_1 G_2^{-1})^\alpha$, wegen der Fixpunktfreiheit von α also $G_1 = G_2$. Somit ist μ eine umkehrbar eindeutige Abbildung von $\mathfrak{G}$ in sich. Wegen der Endlichkeit von $\mathfrak{G}$ ist μ dann eine Abbildung auf $\mathfrak{G}$.

c) Sei $G^\alpha = X^{-1} G X$ mit $G, X \in \mathfrak{G}$. Nach b) gibt es ein $Y \in \mathfrak{G}$ mit $X = Y^{-1} Y^\alpha$. Damit folgt

$$G^\alpha = Y^{-\alpha} Y G Y^{-1} Y^\alpha ,$$

also $Y G Y^{-1} = (Y G Y^{-1})^\alpha$. Das erzwingt $Y G Y^{-1} = E$, also $G = E$.

d) Wir setzen $H = G G^\alpha \ldots G^{\alpha^{n-1}}$. Wegen $\alpha^n = 1$ ist

$$H^\alpha = G^\alpha G^{\alpha^2} \ldots G^{\alpha^{n-1}} G^{\alpha^n} = G^{-1} H G .$$

Mit c) folgt daraus $H = E$. **q.e.d.**

8.10 Satz. *Sei α ein fixpunktfreier Automorphismus von $\mathfrak{G}$ und $\mathfrak{N}$ ein Normalteiler von $\mathfrak{G}$ mit $\mathfrak{N}^\alpha = \mathfrak{N}$. Dann bewirkt α auf $\mathfrak{G}/\mathfrak{N}$ einen fixpunktfreien Automorphismus.*

Beweis. Offenbar bewirkt α einen fixpunktfreien Automorphismus auf $\mathfrak{N}$. Nach 8.9 b) ist daher $\mathfrak{N} = \{N^{-1} N^\alpha | N \in \mathfrak{N}\}$.

Sei $G \in \mathfrak{G}$ und $G \mathfrak{N} = G^\alpha \mathfrak{N}$. Dann ist $G^{-1} G^\alpha \in \mathfrak{N}$, also gilt $G^{-1} G^\alpha = N^{-1} N^\alpha$ für ein geeignetes $N \in \mathfrak{N}$. Es folgt $(G N^{-1})^\alpha = G N^{-1}$, also $G = N$. Der von α auf $\mathfrak{G}/\mathfrak{N}$ bewirkte Automorphismus $\bar{\alpha}$ mit $(G \mathfrak{N})^{\bar{\alpha}} = G^\alpha \mathfrak{N}$ ist daher fixpunktfrei. **q.e.d.**

Ist α ein fixpunktfreier Automorphismus von $\mathfrak{G}$, so zeigt man leicht $(|\mathfrak{G}|, O(\alpha)) = 1$. Daher ist Satz 8.10 auch eine leichte Folgerung aus I, 18.6 (S. 131).

8.11 Satz. *Sei α ein fixpunktfreier Automorphismus von $\mathfrak{G}$. Gibt es π-Hallgruppen in $\mathfrak{G}$, und sind alle π-Hallgruppen von $\mathfrak{G}$ konjugiert, so gibt es genau eine π-Hallgruppe $\mathfrak{H}$ von $\mathfrak{G}$ mit $\mathfrak{H}^\alpha = \mathfrak{H}$.*

Insbesondere gibt es für jede Primzahl p genau eine p-Sylowgruppe $\mathfrak{P}$ von $\mathfrak{G}$ mit $\mathfrak{P}^\alpha = \mathfrak{P}$.

Beweis. Sei $\mathfrak{H}$ irgendeine π-Hallgruppe von $\mathfrak{G}$. Nach Voraussetzung gilt $\mathfrak{H}^\alpha = \mathfrak{H}^G$ für ein geeignetes $G \in \mathfrak{G}$. Nach 8.9 b) gibt es ein $X \in \mathfrak{G}$ mit $G = X^{-1} X^\alpha$. Dann ist

$$(X \mathfrak{H} X^{-1})^\alpha = X^\alpha \mathfrak{H}^\alpha X^{-\alpha} = X^\alpha G^{-1} \mathfrak{H} G X^{-\alpha} = X \mathfrak{H} X^{-1} ,$$

und $X \mathfrak{H} X^{-1}$ ist eine bei α feste π-Hallgruppe von $\mathfrak{G}$.

Sei $\mathfrak{H}$ eine π-Hallgruppe von $\mathfrak{G}$ mit $\mathfrak{H}^\alpha = \mathfrak{H}$. Sei $G \in \mathfrak{G}$ und $(\mathfrak{H}^G)^\alpha = \mathfrak{H}^G$. Dann ist

$$\mathfrak{H}^G = (\mathfrak{H}^G)^\alpha = (\mathfrak{H}^\alpha)^{G^\alpha} = \mathfrak{H}^{G^\alpha} ,$$

also $G G^{-\alpha} \in \mathbf{N}_{\mathfrak{G}}(\mathfrak{H})$. Da α mit $\mathfrak{H}$ auch $\mathbf{N}_{\mathfrak{G}}(\mathfrak{H})$ fest läßt und darauf einen fixpunktfreien Automorphismus bewirkt, gilt nach 8.9 b) $G G^{-\alpha} = N^{-1} N^\alpha$

mit einem geeigneten $N \in \mathbf{N}_{\mathfrak{G}}(\mathfrak{H})$. Es folgt $NG = (NG)^\alpha$, also $NG = E$. Daher ist $\mathfrak{H}^G = \mathfrak{H}^{N^{-1}} = \mathfrak{H}$, und $\mathfrak{H}$ ist somit die einzige bei α invariante π-Hallgruppe von $\mathfrak{G}$. **q.e.d.**

8.12 Hilfssatz. *Sei V ein Vektorraum von beliebiger Dimension über dem kommutativen Körper K und $\mathfrak{A}$ eine endliche Gruppe von linearen Abbildungen von V auf sich. Es sei $\mathfrak{A}$ fixpunktfrei, d. h. für $E \neq A \in \mathfrak{A}$ und $o \neq v \in V$ sei stets $vA \neq v$.*

a) *Ist $|\mathfrak{A}| = p\,q$ mit (nicht notwendig verschiedenen) Primzahlen p und q, so ist $\mathfrak{A}$ zyklisch.*

b) *Die p-Sylowgruppen von $\mathfrak{A}$ sind zyklisch für $p > 2$, sie sind zyklisch oder verallgemeinerte Quaternionengruppen für $p = 2$.*

Beweis. a) Ist $p = q$ und $\mathfrak{A}$ nicht zyklisch, so hat $\mathfrak{A}$ genau $p + 1$ Untergruppen $\mathfrak{A}_i$ $(i = 1, \ldots, p + 1)$ der Ordnung p. Dann ist $\mathfrak{A} = \bigcup_{i=1}^{p+1} \mathfrak{A}_i$ und $\mathfrak{A}_i \cap \mathfrak{A}_j = \mathfrak{E}$ für $i \neq j$.

Sei nun $p > q$ und $\mathfrak{A}$ nicht zyklisch. Nach I, 8.10 (S. 40) hat $\mathfrak{A}$ genau eine p-Sylowgruppe $\mathfrak{A}_1$ und p verschiedene q-Sylowgruppen $\mathfrak{A}_2, \ldots, \mathfrak{A}_{p+1}$. Wieder ist $\mathfrak{A} = \bigcup_{i=1}^{p+1} \mathfrak{A}_i$ und $\mathfrak{A}_i \cap \mathfrak{A}_j = \mathfrak{E}$ für $i \neq j$.

Weiterhin behandeln wir die Fälle $p = q$ und $p > q$ wieder gemeinsam. Sei $o \neq v \in V$ und $E \neq A' \in \mathfrak{A}$. Dann gilt

$$\left(\sum_{A \in \mathfrak{A}} vA\right) A' = \sum_{A \in \mathfrak{A}} vA\,,$$

also nach unserer Voraussetzung $\sum_{A \in \mathfrak{A}} vA = o$. In gleicher Weise ergibt sich $\sum_{A \in \mathfrak{A}_i} vA = o$. Daher erhalten wir

$$o = \sum_{A \in \mathfrak{A}} vA = -p\,v + \sum_{i=1}^{p+1} \sum_{A \in \mathfrak{A}_i} v\,A = -p\,v\,.$$

Somit ist Char $K = p$. Sei $P \in \mathfrak{A}$ mit $O(P) = p$. Wegen Char $K = p$ ist

$$o = v(P^p - E) = v(P - E)^p\,.$$

Daher gibt es ein i mit $0 \leqq i < p$ und $v(P - E)^i \neq o$, aber $v(P - E)^{i+1} = o$. Mit $w = v(P - E)^i$ liefert das den Widerspruch $wP = w \neq o$.

b) Nach a) haben die p-Sylowgruppen von $\mathfrak{A}$ keine Untergruppe vom Typ (p, p), haben also nur eine Untergruppe der Ordnung p. Mit III, 8.2 (S. 310) folgt daher die Behauptung. **q.e.d.**

8.13 Hauptsatz (Hughes, Kegel, Thompson).
Sei p eine Primzahl und α ein Automorphismus von $\mathfrak{G}$ mit $\alpha^p = 1$ und

$$G\,G^\alpha \ldots G^{\alpha^{p-1}} = E$$

für alle $G \in \mathfrak{G}$. Dann ist $\mathfrak{G}$ nilpotent.

Beweis. Sei $\mathfrak{G}$ ein Gegenbeispiel von minimaler Ordnung. Wir bilden das semidirekte Produkt $\mathfrak{S} = \mathfrak{G}\,\mathfrak{H}$ von $\mathfrak{G}$ mit der zyklischen Gruppe $\mathfrak{H} = \langle H \rangle$ der Ordnung p mit $G^H = G^\alpha$ und zeigen:

1) Ist $\mathfrak{E} < \mathfrak{N} \lhd \mathfrak{G}$ und $\mathfrak{N}^\alpha = \mathfrak{N}$, so sind $\mathfrak{N}$ und $\mathfrak{G}/\mathfrak{N}$ nilpotent:

Durch $(G\,\mathfrak{N})^{\bar{\alpha}} = G^\alpha\,\mathfrak{N}$ wird ein Automorphismus $\bar{\alpha}$ von $\mathfrak{G}/\mathfrak{N}$ definiert mit $\bar{\alpha}^p = 1$ und

$$(G\,\mathfrak{N})^{1+\bar{\alpha}+\cdots+\bar{\alpha}^{p-1}} = G^{1+\alpha+\cdots+\alpha^{p-1}}\,\mathfrak{N} = \mathfrak{N}$$

für alle $G \in \mathfrak{G}$. Wegen $|\mathfrak{G}/\mathfrak{N}| < |\mathfrak{G}|$ ist dann $\mathfrak{G}/\mathfrak{N}$ nilpotent. (Möglicherweise ist $\bar{\alpha} = 1$, aber das stört nicht.) Offenbar erfüllt auch $\mathfrak{N}$ unsere Voraussetzungen, ist daher ebenfalls nilpotent.

2) Es ist $\mathbf{Z}(\mathfrak{G}) = \mathfrak{E}$:

Wäre $\mathfrak{E} < \mathbf{Z}(\mathfrak{G}) \leqq \mathfrak{G}$, so wäre $\mathfrak{G}/\mathbf{Z}(\mathfrak{G})$ nach a) nilpotent, also $\mathfrak{G}$ selbst nilpotent.

3) $\mathfrak{G}$ ist nicht auflösbar, daher nach 1) charakteristisch einfach:

Angenommen, $\mathfrak{G}$ sei auflösbar. Dann zeigen wir:

(3a) Es gibt einen Normalteiler $\mathfrak{Q}$ von $\mathfrak{G}$ mit $\mathfrak{Q}^\alpha = \mathfrak{Q}$ und $\mathfrak{E} < \mathfrak{Q} \lhd \mathfrak{G}$. Die Gruppen $\mathfrak{Q}$ und $\mathfrak{G}/\mathfrak{Q}$ sind elementar-abelsch:

Sei $\mathfrak{G}/\mathfrak{Q}$ ein Hauptfaktor von $\mathfrak{S}$. Dann ist $\mathfrak{G}/\mathfrak{Q}$ eine elementar-abelsche r-Gruppe für eine geeignete Primzahl r. Nach 1) ist $\mathfrak{Q}$ nilpotent. Sei $\mathfrak{Q} = \mathfrak{Q}_1 \times \cdots \times \mathfrak{Q}_k$ mit $\mathfrak{Q}_i \neq \mathfrak{E}$ die direkte Zerlegung von $\mathfrak{Q}$ in Sylowgruppen. Nach 1) sind die Faktorgruppen $\mathfrak{G}/\mathfrak{Q}_i$ nilpotent. Ist $k > 1$, so folgt mit III, 2.5 c) (S. 261) die Nilpotenz von $\mathfrak{G} = \mathfrak{G}/(\mathfrak{Q}_1 \cap \mathfrak{Q}_2)$, entgegen unserer Annahme. Also gilt $k = 1$, und $\mathfrak{Q}$ ist eine q-Gruppe für eine geeignete Primzahl q. Angenommen, es sei $\Phi(\mathfrak{Q}) \neq \mathfrak{E}$. Aus $\mathfrak{Q} \lhd \mathfrak{S}$ erhalten wir $\Phi(\mathfrak{Q}) \lhd \mathfrak{S}$, und somit ist $\mathfrak{G}/\Phi(\mathfrak{Q})$ nach 1) nilpotent. Wegen $\mathfrak{Q} \lhd \mathfrak{G}$ gilt $\Phi(\mathfrak{Q}) \leqq \Phi(\mathfrak{G})$ (siehe III, 3.3 b), S. 269). Daher folgt mit III, 3.7 (S. 270) die Nilpotenz von $\mathfrak{G}$, entgegen der Wahl von $\mathfrak{G}$. Also ist $\Phi(\mathfrak{Q}) = \mathfrak{E}$, und $\mathfrak{Q}$ ist eine elementar-abelsche q-Gruppe.

(3b) Es gilt $|\mathfrak{G}/\mathfrak{Q}| = p$:

Angenommen, es sei $|\mathfrak{G}/\mathfrak{Q}| = r^a$ mit einer von p verschiedenen Primzahl r. Wir setzen $\overline{\mathfrak{S}} = \mathfrak{S}/\mathfrak{Q}$ und $\overline{\mathfrak{G}} = \mathfrak{G}/\mathfrak{Q}$. Da $\mathfrak{Q}$ abelsch ist, wird $\mathfrak{Q}$ durch die Festsetzung $Q^{\mathfrak{Q}S} = Q^S$ ein $\overline{\mathfrak{S}}$-Modul.

Sei $\overline{E} \neq \overline{R} \in \overline{\mathfrak{G}}$ und $\overline{R}^{\overline{H}} = \overline{R}$. Dann ist

$$\overline{E} = \overline{R}^{\overline{E}+\overline{H}+\cdots+\overline{H}^{p-1}} = \overline{R}^p\,,$$

entgegen unserer Annahme $r \neq p$. Also bewirkt $\overline{H}$ auf $\overline{\mathfrak{G}}$ einen fixpunktfreien Automorphismus der Ordnung p. Nach 8.5 ist daher $\overline{\mathfrak{S}}$ eine Frobeniusgruppe mit dem Frobeniuskern $\overline{\mathfrak{G}}$.

Für $Q \in \mathfrak{Q}$ berechnen wir nun $M(Q) = \prod_{\overline{S} \in \overline{\mathfrak{S}}} Q^{\overline{S}}$ auf zwei Weisen. (Wegen der Kommutativität von $\mathfrak{Q}$ ist $M(Q)$ wohldefiniert und unabhängig von der Reihenfolge der Faktoren.) Sei

$$\overline{\mathfrak{S}} = \overline{\mathfrak{G}} \cup \bigcup_{i=1}^{ra} \overline{\mathfrak{H}}_i$$

die Frobeniuspartition von $\overline{\mathfrak{S}}$, wobei die $\overline{\mathfrak{H}}_i$ die p-Sylowgruppen von $\overline{\mathfrak{S}}$ sind. Da die $\overline{\mathfrak{H}}_i$ in $\overline{\mathfrak{S}}$ zu $\overline{\mathfrak{H}}$ konjugiert sind, gilt für alle $Q \in \mathfrak{Q}$ und jedes i

$$\prod_{\overline{H} \in \overline{\mathfrak{H}}_i} Q^{\overline{H}} = E .$$

Das liefert

$$M(Q) = \prod_{\overline{G} \in \overline{\mathfrak{G}}} Q^{\overline{G}} \prod_{i=1}^{ra} \prod_{\overline{E} \neq \overline{H} \in \overline{\mathfrak{H}}_i} Q^{\overline{H}} = Q^{-r^a} \prod_{\overline{G} \in \overline{\mathfrak{G}}} Q^{\overline{G}} .$$

Nun nutzen wir die Nebenklassenzerlegung $\overline{\mathfrak{S}} = \bigcup_{i=0}^{p-1} \overline{\mathfrak{G}}\, \overline{H}^i$ von $\overline{\mathfrak{S}}$ nach $\overline{\mathfrak{G}}$ aus. Das ergibt

$$M(Q) = \Big(\prod_{\overline{G} \in \overline{\mathfrak{G}}} Q^{\overline{G}}\Big)^{\overline{E} + \overline{H} + \cdots + \overline{H}^{p-1}} = \Big(\prod_{\overline{G} \in \overline{\mathfrak{G}}} Q^{\overline{G}}\Big)^{1 + \alpha + \cdots + \alpha^{p-1}} = E .$$

Somit erhalten wir

$$Q^{r^a} = \prod_{\overline{G} \in \overline{\mathfrak{G}}} Q^{\overline{G}}$$

Wegen $r \neq q$ und der Kommutativität von $\mathfrak{Q}$ folgt dann $\mathfrak{Q} \leqq \mathbf{Z}(\mathfrak{G})$, entgegen 2). Also gilt doch $p = r$. Dann ist $|\mathfrak{S}/\mathfrak{Q}|$ eine Potenz von p, also $|\mathfrak{G}/\mathfrak{Q}| = p$, da $\mathfrak{G}/\mathfrak{Q}$ ein Hauptfaktor von $\mathfrak{S}/\mathfrak{Q}$ ist.

(3c) Sei $\mathfrak{P}^*$ eine p-Sylowgruppe von $\mathfrak{S}$ mit $H \in \mathfrak{P}^*$. Wir setzen $\mathfrak{P} = \mathfrak{G} \cap \mathfrak{P}^*$. Nach (3b) gilt dann $|\mathfrak{P}| = p$, also $\mathfrak{P} = \langle P \rangle$ für ein geeignetes P. Wir behaupten, daß H und P fixpunktfreie Automorphismen auf $\mathfrak{Q}$ bewirken:

Ist $E \neq Q \in \mathfrak{Q}$ und $Q^H = Q$, so folgt

$$E = Q^{E + H + \cdots + H^{p-1}} = Q^p .$$

Dann ist $q = p$, und $\mathfrak{G}$ ist nilpotent, entgegen der Wahl von $\mathfrak{G}$. Ist $Q \in \mathfrak{Q}$ mit $Q^P = Q$, so folgt $Q \in \mathbf{Z}(\mathfrak{Q}\,\mathfrak{P}) = \mathbf{Z}(\mathfrak{G}) = \mathfrak{E}$.

(3d) Die elementar-abelsche p-Gruppe $\langle H, P \rangle$ kann nach 8.12 keine fixpunktfreie Automorphismengruppe von $\mathfrak{Q}$ sein. Da H und P nach (3c) fixpunktfreie Automorphismen auf $\mathfrak{Q}$ bewirken, gibt es ein Element $K = H^i P^j$ mit $i \not\equiv 0 \not\equiv j\ (p)$, welches ein Q mit $E \neq Q \in \mathfrak{Q}$ zentralisiert. Indem wir H durch H^i und P durch P^j ersetzen, können wir $K = HP$ annehmen. Nun folgt

$$\begin{aligned} E &= (Q P^{-1})^{1 + \alpha + \cdots + \alpha^{p-1}} = (Q P^{-1})^{E + H + \cdots + H^{p-1}} \\ &= Q P^{-1} Q^H P^{-1} Q^{H^2} P^{-1} \ldots Q^{H^{p-1}} P^{-1} \\ &= Q P^{-1} Q^H P P^{-2} Q^{H^2} P^2 \ldots P^{-(p-1)} Q^{H^{p-1}} P^{p-1} \\ &= Q^{E + HP + (HP)^2 + \cdots (HP)^{p-1}} = Q^p . \end{aligned}$$

Das erzwingt den Widerspruch $q = p$. Also ist $\mathfrak{G}$ nicht auflösbar.

4) Wir behandeln den allgemeinen Fall:

Sei $\mathfrak{G}$ eine nichtnilpotente Gruppe mit einem Automorphismus α der angegebenen Art. Da $\mathfrak{G}$ keine 2-Gruppe ist, gibt es einen ungeraden Primteiler q von $|\mathfrak{G}|$. Ist $p = 2$, so gilt $G^\alpha = G^{-1}$ für alle $G \in \mathfrak{G}$, und $\mathfrak{G}$ ist abelsch. Also ist $p \neq 2$.

Sei zuerst $p \mid |\mathfrak{G}|$, und sei $1 + kp$ die Anzahl der p-Sylowgruppen von $\mathfrak{G}$. Diese werden von α vertauscht, die $\langle\alpha\rangle$-Bahnen haben die Längen 1 und p. Also kommt eine Bahn der Länge 1 vor, und somit gibt es eine p-Sylowgruppe $\mathfrak{P}$ von $\mathfrak{G}$ mit $\mathfrak{P}^\alpha = \mathfrak{P}$.

Sei nun $p \nmid |\mathfrak{G}|$. Ist $G \in \mathfrak{G}$ mit $G^\alpha = G$, so folgt

$$E = G^{1+\alpha+\cdots+\alpha^{p-1}} = G^p ,$$

also $G = E$. Somit ist α ein fixpunktfreier Automorphismus der Ordnung p von $\mathfrak{G}$. Für jeden Primteiler q von $|\mathfrak{G}|$ gibt es daher nach 8.11 eine q-Sylowgruppe $\mathfrak{Q}$ von $\mathfrak{G}$ mit $\mathfrak{Q}^\alpha = \mathfrak{Q}$.

Sei nun $\mathfrak{Q}$ irgendeine Sylowgruppe zu einem ungeraden Primteiler (möglicherweise zur Primzahl p) von $|\mathfrak{G}|$ mit $\mathfrak{Q}^\alpha = \mathfrak{Q}$. Sei $\mathbf{J}(\mathfrak{Q})$ die in IV, 6.1 (S. 438) definierte charakteristische Untergruppe von $\mathfrak{Q}$. Wegen $\mathfrak{Q}^\alpha = \mathfrak{Q}$ und $\mathbf{J}(\mathfrak{Q}) \not\trianglelefteq \mathfrak{G}$ gilt $\mathbf{N}_\mathfrak{G}(\mathbf{J}(\mathfrak{Q}))^\alpha = \mathbf{N}_\mathfrak{G}(\mathbf{J}(\mathfrak{Q})) < \mathfrak{G}$. Also ist $\mathbf{N}_\mathfrak{G}(\mathbf{J}(\mathfrak{Q}))$ nilpotent und erst recht q-nilpotent. In gleicher Weise folgt die q-Nilpotenz von $\mathbf{C}_\mathfrak{G}(\mathbf{Z}(\mathfrak{Q}))$. Nach dem Satz von Thompson (IV, 6.2; S. 438) ist dann $\mathfrak{G}$ q-nilpotent. Das invariante q-Komplement von $\mathfrak{G}$ ist charakteristisch in $\mathfrak{G}$, also invariant bei α. Das widerspricht der Feststellung, daß $\mathfrak{G}$ charakteristisch einfach ist. **q.e.d.**

Hauptsatz 8.13 findet eine interessante Anwendung in der Theorie der Gruppen mit Partitionen (siehe Baer [13]–[15], Kegel [2]). Wir kommen darauf in Band 2 zurück. Die wichtigste Anwendung von 8.13 ist der folgende Satz von Thompson, aus welchem sich die Behauptung in 8.7 a) sofort ergibt:

8.14 Hauptsatz (Thompson). *Hat die Gruppe $\mathfrak{G}$ einen fixpunktfreien Automorphismus von Primzahlordnung, so ist $\mathfrak{G}$ nilpotent.*

Beweis. Die Behauptung folgt sofort aus 8.9 d) und 8.13. **q.e.d.**

Der folgende Satz enthält 8.7 b):

8.15 Satz. *Sei $\mathfrak{A}$ eine fixpunktfreie Automorphismengruppe von $\mathfrak{G}$.*

a) *Die p-Sylowgruppen von $\mathfrak{A}$ sind zyklisch für $p > 2$, sie sind zyklisch oder verallgemeinerte Quaternionengruppen für $p = 2$.*

b) *Sind p_1 und p_2 Primzahlen, so ist jede Untergruppe der Ordnung $p_1 p_2$ von $\mathfrak{A}$ zyklisch.*

Beweis. Wir können $\mathfrak{A} \neq \mathfrak{E}$ annehmen. Dann enthält $\mathfrak{A}$ Elemente von Primzahlordnung, welche auf $\mathfrak{G}$ fixpunktfreie Automorphismen der gleichen Primzahlordnung bewirken. Nach 8.14 ist $\mathfrak{G}$ daher nilpotent.

(An dieser Stelle kann man den tiefliegenden Satz 8.14 leicht vermeiden und kommt mit 8.11 zum Ziel.)

Sei $\mathfrak{Q}$ eine Sylowgruppe der nilpotenten Gruppe $\mathfrak{G}$. Nach 8.10 bewirkt jedes α aus $\mathfrak{A}$ mit $\alpha \neq 1$ einen fixpunktfreien Automorphismus auf $\mathfrak{Q}/\Phi(\mathfrak{Q})$. Also ist $\mathfrak{A}$ isomorph zu einer fixpunktfreien Automorphismengruppe der elementar-abelschen Gruppe $\mathfrak{Q}/\Phi(\mathfrak{Q})$. Fassen wir $\mathfrak{Q}/\Phi(\mathfrak{Q})$ als Vektorraum über einem Primkörper auf, so ist 8.12 anwendbar und liefert die Behauptung. **q.e.d.**

Wir geben einige Folgerungen aus den Hauptsätzen an:

8.16 Satz. *Sei $\mathfrak{G}$ eine Frobeniusgruppe zu $\mathfrak{H}$ mit dem Frobeniuskern $\mathfrak{F}$. Ist $\mathfrak{N} \trianglelefteq \mathfrak{G}$, so gilt $\mathfrak{N} \leqq \mathfrak{F}$ oder $\mathfrak{F} < \mathfrak{N}$.*

Beweis. Sei $\mathfrak{N} \nleqq \mathfrak{F}$. Dann gibt es ein $N \in \mathfrak{N}$ mit $N \notin \mathfrak{F}$. Wegen der Frobeniuspartition von $\mathfrak{G}$ liegt N in einer Konjugierten von $\mathfrak{H}$. Indem wir N durch ein Konjugiertes ersetzen, können wir $N \in \mathfrak{H}$ erzwingen. Da N einen fixpunktfreien Automorphismus auf $\mathfrak{F}$ bewirkt, folgt mit 8.9 b)

$$\mathfrak{F} = \{F^{-1} F^N = [F, N] \mid F \in \mathfrak{F}\} \leqq \mathfrak{N}. \qquad \textbf{q.e.d.}$$

8.17 Satz. *Jede Frobeniusgruppe hat genau eine Frobeniuspartition.*

Beweis. Sei $\mathfrak{G}$ eine Frobeniusgruppe zu $\mathfrak{H}_1$ und $\mathfrak{H}_2$, seien $\mathfrak{F}_1$ und $\mathfrak{F}_2$ die entsprechenden Frobeniuskerne. Nach 8.16 gilt $\mathfrak{F}_1 \leqq \mathfrak{F}_2$ oder $\mathfrak{F}_2 < \mathfrak{F}_1$. Sei etwa $\mathfrak{F}_1 \leqq \mathfrak{F}_2$.

Angenommen, es sei $\mathfrak{F}_1 < \mathfrak{F}_2$. Aus $\mathfrak{G} = \mathfrak{F}_1 \mathfrak{H}_1$ und $\mathfrak{F}_1 < \mathfrak{F}_2$ folgt $\mathfrak{F}_2 = \mathfrak{F}_1(\mathfrak{F}_2 \cap \mathfrak{H}_1)$. Die Gruppen $\mathfrak{F}_1$ und $\mathfrak{F}_2 \cap \mathfrak{H}_1$ haben wegen $(|\mathfrak{F}_1|, |\mathfrak{H}_1|) = 1$ teilerfremde Ordnungen (siehe 8.3). Da $\mathfrak{F}_2$ nach 8.7 a) nilpotent ist, sind $\mathfrak{F}_1$ und $\mathfrak{F}_2 \cap \mathfrak{H}_1$ elementweise vertauschbar. Das geht jedoch nicht, denn $\mathfrak{F}_2 \cap \mathfrak{H}_1$ ($\neq \mathfrak{E}$) bewirkt fixpunktfreie Automorphismen auf $\mathfrak{F}_1$.

Also ist $\mathfrak{F}_1 = \mathfrak{F}_2$. Als Komplemente der nilpotenten Hallgruppe $\mathfrak{F}_1$ sind dann $\mathfrak{H}_1$ und $\mathfrak{H}_2$ nach dem Satz von Zassenhaus (I, 18.2; S. 127) in $\mathfrak{G}$ konjugiert. **q.e.d.**

8.18 Satz. *Sei $\mathfrak{G}$ eine Frobeniusgruppe zu $\mathfrak{H}$ mit dem Frobeniuskern $\mathfrak{F}$.*

a) *Ist $|\mathfrak{H}|$ gerade, so enthält $\mathfrak{H}$ genau ein Element I der Ordnung* 2. *Es gilt $F^I = F^{-1}$ für alle $F \in \mathfrak{F}$. Insbesondere ist dann $\mathfrak{F}$ abelsch.*

b) *Ist $|\mathfrak{H}|$ ungerade, so ist $\mathfrak{H}$ metazyklisch. Ist P ein Element aus $\mathfrak{H}$ von Primzahlordnung, so gilt $\langle P \rangle \trianglelefteq \mathfrak{H}$ und $P \in \mathfrak{H}'$ oder $P \in \mathbf{Z}(\mathfrak{H})$.*

c) *In jedem Falle ist $\mathbf{Z}(\mathfrak{H}) \neq \mathfrak{E}$.*

Beweis. a) Sei $I \in \mathfrak{H}$ mit $O(I) = 2$. Nach 8.9 b) ist

$$\mathfrak{F} = \{F^{-1} F^I \mid F \in \mathfrak{F}\}.$$

Es folgt

$$(F^{-1} F^I)^I = F^{-I} F^{I^2} = F^{-I} F = (F^{-1} F^I)^{-1}.$$

Also gilt $F^I = F^{-1}$ für alle $F \in \mathfrak{F}$, und $\mathfrak{F}$ ist abelsch. Sind I_1 und I_2 Involutionen aus $\mathfrak{H}$, so folgt

$$I_2^{-1} I_1 \in \mathfrak{H} \cap \mathbf{C}_{\mathfrak{G}}(\mathfrak{F}) = \mathfrak{E}.$$

Somit enthält $\mathfrak{H}$ nur eine Involution.

b) Sei $|\mathfrak{H}|$ ungerade. Nach 8.15 sind dann alle Sylowgruppen von $\mathfrak{H}$ zyklisch. Die Struktur der Gruppen mit lauter zyklischen Sylowgruppen haben wir in IV, 2.11 (S. 420) bestimmt: Es ist $\mathfrak{H} = \langle A \rangle \langle B \rangle$ mit $\mathfrak{H}' = \langle A \rangle$ und $(O(A), O(B)) = 1$.

Sei $P \in \mathfrak{H}$ mit $O(P) = p$. Ist $p \mid O(A)$, so ist $\langle P \rangle$ als charakteristische Untergruppe von $\mathfrak{H}'$ normal in $\mathfrak{H}$. Sei also $p \mid O(B)$. Durch Übergang zu einer Konjugierten von $\langle P \rangle$ können wir $\langle P \rangle \leqq \langle B \rangle$ erzwingen. Sei $\mathfrak{Q} = \langle Q \rangle$ eine q-Sylowgruppe von $\mathfrak{H}'$. Nach 8.15 b) wird $\Omega_1(\mathfrak{Q})$ von P zentralisiert. Sei $O(Q) = q^a$ und $Q^P = Q^k$. Wegen

$$(Q^{q^{a-1}})^P = Q^{q^{a-1}}$$

ist dann $k \equiv 1\ (q)$, also $k^{q^a} \equiv 1\ (q^a)$. Mit $k^p \equiv 1\ (q^a)$ folgt wegen $p \neq q$ dann $k \equiv 1\ (q^a)$, also $Q^P = Q$. Da dies für alle Primteiler q von $O(A)$ gilt, ist $P \in \mathbf{Z}(\mathfrak{H})$ nachgewiesen.

c) Ist $|\mathfrak{H}|$ gerade, so gilt nach a) $E \neq I \in \mathbf{Z}(\mathfrak{H})$. Sei $|\mathfrak{H}|$ ungerade. Nach b) ist $\mathfrak{H}$ dann metazyklisch. Wegen $(|\mathfrak{H}'|, |\mathfrak{H}/\mathfrak{H}'|) = 1$ und $\mathfrak{H}' < \mathfrak{H}$ gilt nach b) dann $p \mid |\mathbf{Z}(\mathfrak{H})|$ für jeden Primteiler p von $|\mathfrak{H}/\mathfrak{H}'|$. **q.e.d.**

Auf die zahlreichen Anwendungen der Theorie der Frobeniusgruppen in der Theorie der Permutationsgruppen gehen wir erst in Band 2 ein. Nur ein einfaches Ergebnis sei schon hier erwähnt:

8.19 Satz. *Sei $\mathfrak{G}$ eine primitive, nichtreguläre Permutationsgruppe. Jedes von E verschiedene Element von $\mathfrak{G}$ habe höchstens einen Fixpunkt. Dann ist $\mathfrak{G}$ eine Frobeniusgruppe mit elementar-abelschem Frobeniuskern.*

Beweis. Nach 8.2 a) ist $\mathfrak{G}$ eine Frobeniusgruppe zu $\mathfrak{H} = \mathfrak{G}_1$. Ist $\mathfrak{F}$ der Frobeniuskern von $\mathfrak{G}$, so ist $\mathfrak{G} = \mathfrak{F}\,\mathfrak{G}_1$ und $\mathfrak{F} \cap \mathfrak{G}_1 = \mathfrak{E}$. Wegen der Primitivität von $\mathfrak{G}$ ist $\mathfrak{G}_1$ nach II, 1.4 (S. 147) eine maximale Untergruppe von $\mathfrak{G}$. Also ist $\mathfrak{F}$ ein minimaler Normalteiler von $\mathfrak{G}$, ist daher charakteristisch einfach. Da $\mathfrak{F}$ nach 8.7 a) nilpotent ist, ist $\mathfrak{F}$ elementar-abelsch. **q.e.d.**

Die irreduziblen Darstellungen von Frobeniusgruppen werden wir in 16.13 beschreiben.

Aufgaben:

18) Sei $\mathfrak{G}$ eine Frobeniusgruppe zu $\mathfrak{H}$. Man gebe einen elementaren Beweis für die Existenz des Frobeniuskernes $\mathfrak{F}$ in den folgenden beiden Fällen:

a) $|\mathfrak{G} : \mathfrak{H}|$ ist eine Primzahlpotenz.

b) $|\mathfrak{G} : \mathfrak{H}| = n$ und $|\mathfrak{H}| = n - 1$ oder $|\mathfrak{H}| = \frac{n-1}{2}$. In diesem Falle ist der Frobeniuskern $\mathfrak{F}$ sogar abelsch.

(Anleitung zu b): Für $E \neq F \in \mathfrak{G} - \bigcup_{G \in \mathfrak{G}} (\mathfrak{H} - \mathfrak{E})^G$ beweise man $\mathbf{C}_{\mathfrak{G}}(F) \cap \mathfrak{H} = \mathfrak{E}$ und $|\mathbf{C}_{\mathfrak{G}}(F)| \geqq n$.)

§ 9. Tensorprodukte von Moduln und Algebren

Der Begriff des Tensorproduktes von Moduln spielt in der ganzen Algebra eine große Rolle. Wir führen die Tensorprodukte hier in voller Allgemeinheit ein, entwickeln die Theorie aber nur soweit, wie es für unsere Zwecke nötig ist.

9.1 Definition. Sei $\mathfrak{R}$ ein Ring mit Einselement, $\mathfrak{v}$ ein $\mathfrak{R}$-Rechtsmodul und $\mathfrak{w}$ ein $\mathfrak{R}$-Linksmodul im allgemeinen Sinne von I, § 10.

a) Die Abbildung μ der Produktmenge $\mathfrak{v} \times \mathfrak{w}$ in die additiv geschriebene abelsche Gruppe $\mathfrak{s}$ heißt ausgeglichen, wenn für alle $v_1, v_2, v \in \mathfrak{v}$, alle $w_1, w_2, w \in \mathfrak{w}$ und alle $r \in \mathfrak{R}$ gilt

$$(v_1 + v_2, w)\,\mu = (v_1, w)\,\mu + (v_2, w)\,\mu$$

$$(v, w_1 + w_2)\,\mu = (v, w_1)\,\mu + (v, w_2)\,\mu$$

$$(v\,r, w)\,\mu = (v, r\,w)\,\mu\,.$$

b) Die additiv geschriebene abelsche Gruppe $\mathfrak{t}$ heißt das Tensorprodukt von $\mathfrak{v}$ mit $\mathfrak{w}$ über $\mathfrak{R}$, wenn gilt:

(1) Es gibt eine ausgeglichene Abbildung δ von $\mathfrak{v} \times \mathfrak{w}$ in $\mathfrak{t}$ derart, daß die $(v, w)\,\delta$ ganz $\mathfrak{t}$ erzeugen.

(2) Ist μ eine ausgeglichene Abbildung von $\mathfrak{v} \times \mathfrak{w}$ in irgendeine abelsche Gruppe $\mathfrak{s}$, so gibt es einen Gruppenhomomorphismus α von $\mathfrak{t}$ in $\mathfrak{s}$ mit $\mu = \delta\,\alpha$.

Wir schreiben $\mathfrak{t} = \mathfrak{v} \otimes_{\mathfrak{R}} \mathfrak{w}$.

Die Berechtigung für die Bezeichnung „das“ Tensorprodukt liefert der folgende Satz:

9.2 Satz. *Es gibt (bis auf Isomorphie) höchstens ein Tensorprodukt* $\mathfrak{v} \otimes_{\mathfrak{R}} \mathfrak{w}$.

Beweis. Seien $\mathfrak{t}_1$ und $\mathfrak{t}_2$ Tensorprodukte von $\mathfrak{v}$ mit $\mathfrak{w}$ zu den ausgeglichenen Abbildungen δ_1 und δ_2. Dann haben wir die „kommutativen Diagramme“

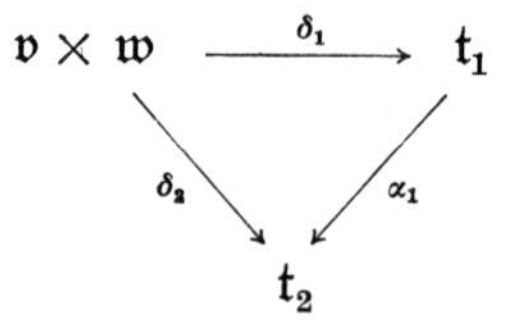

Fig. 11

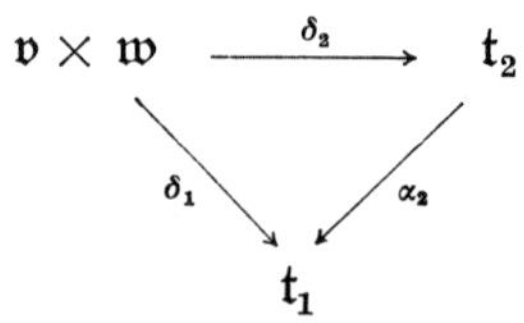

Fig. 12

mit $\delta_2 = \delta_1 \alpha_1$ und $\delta_1 = \delta_2 \alpha_2$. Es folgt $\delta_2 = \delta_2 \alpha_2 \alpha_1$ und $\delta_1 = \delta_1 \alpha_1 \alpha_2$. Daher gilt $\alpha_2 \alpha_1 = 1$ auf dem Bild von δ_2 und $\alpha_1 \alpha_2 = 1$ auf dem Bild von δ_1. Da die Bilder von $\mathfrak{v} \times \mathfrak{w}$ unter δ_i ganz $\mathfrak{t}_i$ erzeugen, folgt $\alpha_2 \alpha_1 = 1$ auf $\mathfrak{t}_2$ und $\alpha_1 \alpha_2 = 1$ auf $\mathfrak{t}_1$. Somit ist α_1 ein Isomorphismus von $\mathfrak{t}_1$ auf $\mathfrak{t}_2$. **q.e.d.**

9.3 Satz. *Sei $\mathfrak{v}$ ein $\mathfrak{R}$-Rechtsmodul und $\mathfrak{w}$ ein $\mathfrak{R}$-Linksmodul. Dann gibt es ein Tensorprodukt $\mathfrak{v} \otimes_{\mathfrak{R}} \mathfrak{w}$.*

Beweis. Sei $\mathfrak{f}$ die additiv geschriebene, freie abelsche Gruppe in den freien Erzeugenden $f(v, w)$ mit $v \in \mathfrak{v}$ und $w \in \mathfrak{w}$. Die Untergruppe $\mathfrak{d}$ von $\mathfrak{f}$ sei erzeugt von allen Elementen der Gestalt

$$f(v_1 + v_2, w) - f(v_1, w) - f(v_2, w)\,,$$
$$f(v, w_1 + w_2) - f(v, w_1) - f(v, w_2)\,,$$
$$f(v\, r, w) - f(v, r\, w)$$

mit $v, v_1, v_2 \in \mathfrak{v}$, $w, w_1, w_2 \in \mathfrak{w}$ und $r \in \mathfrak{R}$.

Wir setzen $\mathfrak{t} = \mathfrak{f}/\mathfrak{d}$ und zeigen, daß $\mathfrak{t}$ ein Tensorprodukt von $\mathfrak{v}$ mit $\mathfrak{w}$ zu der ausgeglichenen Abbildung δ mit $(v, w)\,\delta = f(v, w) + \mathfrak{d}$ ist.

Offenbar erzeugen die $(v, w)\,\delta$ ganz $\mathfrak{t}$, also ist die Bedingung (1) in 9.1 erfüllt.

Sei μ eine ausgeglichene Abbildung von $\mathfrak{v} \times \mathfrak{w}$ in die abelsche Gruppe $\mathfrak{s}$. Wir definieren den Homomorphismus τ der freien abelschen Gruppe $\mathfrak{f}$ in $\mathfrak{s}$ durch

$$f(v, w)\,\tau = (v, w)\,\mu\,.$$

Wegen der Ausgeglichenheit von μ haben wir

$$(f(v_1 + v_2, w) - f(v_1, w) - f(v_2, w))\,\tau = (v_1 + v_2, w)\,\mu - (v_1, w)\,\mu - (v_2, w)\,\mu = o\,,$$

$$(f(v, w_1 + w_2) - f(v, w_1) - f(v, w_2))\,\tau = (v, w_1 + w_2)\,\mu - (v, w_1)\,\mu - (v, w_2)\,\mu = o\,,$$

$$(f(v\, r, w) - f(v, r\, w))\,\tau = (v\, r, w)\,\mu - (v, r\, w)\,\mu = o\,.$$

Also wird $\mathfrak{d}$ bei τ auf 0 abgebildet, und die Festsetzung

$$(f(v, w) + \mathfrak{d})\,\alpha = (v, w)\,\mu$$

liefert den gewünschten Homomorphismus α von $\mathfrak{t}$ in $\mathfrak{s}$. **q.e.d.**

Wir schreiben in der Folge stets $(v, w)\,\delta = v \otimes w$. Dann gelten die Regeln

$$(v_1 + v_2) \otimes w = v_1 \otimes w + v_2 \otimes w\,,$$
$$v \otimes (w_1 + w_2) = v \otimes w_1 + v \otimes w_2\,,$$
$$v\, r \otimes w = v \otimes r\, w\,.$$

Für die Bestimmung der Struktur des Tensorproduktes, welche ernste Schwierigkeiten bereiten kann, ist der folgende Hilfssatz mitunter von Nutzen:

9.4 Hilfssatz. *Sei* $\mathfrak{v} = \bigoplus_{i \in I} \mathfrak{v}_i$ *eine direkte Zerlegung des* $\mathfrak{R}$*-Rechtsmoduls* $\mathfrak{v}$ *und* $\mathfrak{w} = \bigoplus_{j \in J} \mathfrak{w}_j$ *eine direkte Zerlegung des* $\mathfrak{R}$*-Linksmoduls* $\mathfrak{w}$. *Dann gilt*

$$\mathfrak{v} \otimes_{\mathfrak{R}} \mathfrak{w} \cong \bigoplus_{i,j} \mathfrak{v}_i \otimes_{\mathfrak{R}} \mathfrak{w}_j \,.$$

Beweis. Sei $\mathfrak{t}$ das Tensorprodukt von $\mathfrak{v}$ mit $\mathfrak{w}$. Die Abbildung π von $\mathfrak{v} \times \mathfrak{w}$ in $\mathfrak{t}' = \bigoplus_{i,j} \mathfrak{v}_i \otimes_{\mathfrak{R}} \mathfrak{w}_j$ mit

$$\Big(\sum_i v_i, \sum_j w_j\Big)\pi = \sum_{i,j} v_i \otimes w_j \quad (v_i \in \mathfrak{v}_i, w_j \in \mathfrak{w}_j)$$

ist offenbar ausgeglichen. Also gibt es ein α aus $\mathrm{Hom}(\mathfrak{t}, \mathfrak{t}')$ mit

$$\Big(\Big(\sum_i v_i\Big) \otimes' \Big(\sum_j w_j\Big)\Big)\alpha = \sum_{i,j} v_i \otimes w_j \,.$$

(Wir bezeichnen für den Augenblick das Tensorprodukt in $\mathfrak{v} \otimes_{\mathfrak{R}} \mathfrak{w}$ mit $\otimes'$ und benutzen $\otimes$ für die Bildungen in den $\mathfrak{v}_i \otimes_{\mathfrak{R}} \mathfrak{w}_j$.)

Sei τ_{ij} die ausgeglichene Abbildung von $\mathfrak{v}_i \times \mathfrak{w}_j$ in $\mathfrak{v} \otimes'_{\mathfrak{R}} \mathfrak{w}$ mit

$$(v_i, w_j)\,\tau_{ij} = v_i \otimes' w_j \,.$$

(Das rechte Tensorprodukt ist also gebildet in $\mathfrak{v} \otimes'_{\mathfrak{R}} \mathfrak{w}$.) Dann existieren μ_{ij} aus $\mathrm{Hom}(\mathfrak{v}_i \otimes_{\mathfrak{R}} \mathfrak{w}_j, \mathfrak{t})$ derart, daß wir ein kommutatives Diagramm

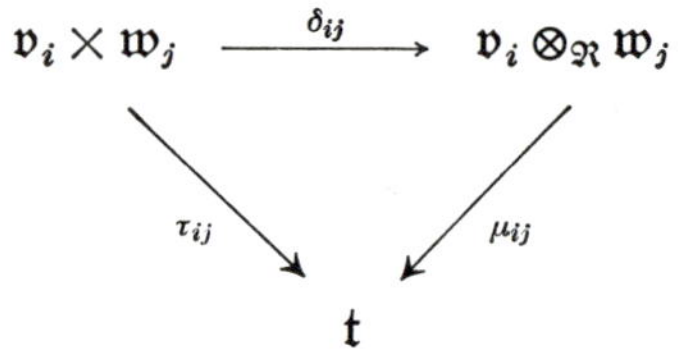

Fig. 13

erhalten. Also ist $(v_i \otimes w_j)\,\mu_{ij} = v_i \otimes' w_j$.

Wir definieren nun den Gruppenhomomorphismus μ von $\mathfrak{t}'$ in $\mathfrak{t}$ durch die Festsetzung, daß die Einschränkung von μ auf den direkten Summanden $\mathfrak{v}_i \otimes_{\mathfrak{R}} \mathfrak{w}_j$ von $\mathfrak{t}'$ gerade μ_{ij} ist. Dann gilt

$$\Big(\Big(\sum_i v_i\Big) \otimes' \Big(\sum_j w_j\Big)\Big)\alpha\,\mu = \Big(\sum_{i,j} v_i \otimes w_j\Big)\,\mu = \sum_{i,j} v_i \otimes' w_j = \Big(\sum_i v_i\Big) \otimes' \Big(\sum_j w_j\Big).$$

Also ist $\alpha\,\mu = 1$ auf $\mathfrak{t}$. Ähnlich folgt $\mu\,\alpha = 1$ auf $\mathfrak{t}'$, und daher gilt $\mathfrak{t} \cong \mathfrak{t}'$. **q.e.d.**

Als triviale Folgerung aus 9.4 vermerken wir:

9.5 Hilfssatz. *Sei* $\mathfrak{v}$ *ein* $\mathfrak{R}$*-Rechtsmodul und* $\mathfrak{w}$ *ein freier* $\mathfrak{R}$*-Linksmodul in den freien Erzeugenden* w_i *mit* $i \in I$. *Dann ist die abelsche Gruppe*

$\mathfrak{v} \otimes_{\mathfrak{R}} \mathfrak{w}$ *isomorph zur direkten Summe von* $|I|$ *zur additiven Gruppe* $\mathfrak{v}^+$ *von* $\mathfrak{v}$ *isomorphen Gruppen. Genauer gilt*

$$\mathfrak{v} \otimes_{\mathfrak{R}} \mathfrak{w} = \bigoplus_{i \in I} \mathfrak{v}_i \quad \text{mit } \mathfrak{v}_i = \{v \otimes w_i \mid v \in \mathfrak{v}\} \cong \mathfrak{v}^+.$$

Beweis. Sei $\mathfrak{w} = \bigoplus_{i \in I} \mathfrak{R}\, w_i$. Nach 9.4 ist $\mathfrak{a} \otimes_{\mathfrak{R}} \mathfrak{w} \cong \bigoplus_{i \in I} \mathfrak{v} \otimes_{\mathfrak{R}} \mathfrak{R}\, w_i$. Wir haben also nur noch

$$\mathfrak{v} \otimes_{\mathfrak{R}} \mathfrak{R}\, w_i = \{v \otimes w_i \mid v \in \mathfrak{v}\} \cong \mathfrak{v}^+$$

nachzuweisen.

Sei μ die ausgeglichene Abbildung von $\mathfrak{v} \times \mathfrak{R}\, w_i$ in $\mathfrak{v}^+$ mit $(v, r\, w_i)\, \mu = v\, r$. Nach 9.1 gibt es ein ψ aus $\mathrm{Hom}(\mathfrak{v} \otimes_{\mathfrak{R}} \mathfrak{R}\, w_i, \mathfrak{v}^+)$ mit $(v \otimes r\, w_i)\, \psi = v\, r$. Ferner sei π der Homomorphismus von $\mathfrak{v}^+$ in $\mathfrak{v} \otimes_{\mathfrak{R}} \mathfrak{R}\, w_i$ mit $v\, \pi = v \otimes w_i$. Dann gilt $\psi\, \pi = 1$ auf $\mathfrak{v} \otimes_{\mathfrak{R}} \mathfrak{R}\, w_i$ und $\pi\, \psi = 1$ auf $\mathfrak{v}^+$. Also ist ψ ein Isomorphismus von $\mathfrak{v} \otimes_{\mathfrak{R}} \mathfrak{R}\, w_i$ auf $\mathfrak{v}^+$. **q.e.d.**

9.6 Satz (*Funktoreigenschaft des Tensorproduktes*).

Seien $\mathfrak{v}$ *und* $\mathfrak{v}'$ $\mathfrak{R}$-*Rechtsmoduln und* $\alpha \in \mathrm{Hom}_{\mathfrak{R}}(\mathfrak{v}, \mathfrak{v}')$. *Ferner seien* $\mathfrak{w}$ *und* $\mathfrak{w}'$ $\mathfrak{R}$-*Linksmoduln und* $\beta \in \mathrm{Hom}_{\mathfrak{R}}(\mathfrak{w}, \mathfrak{w}')$. *Dann existiert ein Gruppenhomomorphismus* μ *aus* $\mathrm{Hom}(\mathfrak{v} \otimes_{\mathfrak{R}} \mathfrak{w}, \mathfrak{v}' \otimes_{\mathfrak{R}} \mathfrak{w}')$ *mit*

$$(v \otimes w)\, \mu = v\, \alpha \otimes w\, \beta$$

für alle v *aus* $\mathfrak{v}$ *und alle* w *aus* $\mathfrak{w}$. *Wir schreiben* $\mu = \alpha \otimes \beta$.

Sind $\alpha' : \mathfrak{v}' \to \mathfrak{v}''$ *und* $\beta' : \mathfrak{w}' \to \mathfrak{w}''$ *weitere* $\mathfrak{R}$-*Homomorphismen, so gilt* $(\alpha \otimes \beta)\, (\alpha' \otimes \beta') = \alpha\, \alpha' \otimes \beta\, \beta'$.

Beweis. Die Abbildung π von $\mathfrak{v} \times \mathfrak{w}$ in $\mathfrak{v}' \otimes_{\mathfrak{R}} \mathfrak{w}'$ mit

$$(v, w)\, \pi = v\, \alpha \otimes w\, \beta$$

ist offenbar ausgeglichen. Also gibt es einen Gruppenhomomorphismus μ von $\mathfrak{v} \otimes_{\mathfrak{R}} \mathfrak{w}$ in $\mathfrak{v}' \otimes_{\mathfrak{R}} \mathfrak{w}'$ mit

$$(v \otimes w)\, \mu = v\, \alpha \otimes w\, \beta\,.$$

Wir haben

$$\begin{aligned}(v \otimes w)\, (\alpha \otimes \beta)\, (\alpha' \otimes \beta') &= (v\, \alpha \otimes w\, \beta)\, (\alpha' \otimes \beta') = v\, \alpha\, \alpha' \otimes w\, \beta\, \beta' \\ &= (v \otimes w)\, (\alpha\, \alpha' \otimes \beta\, \beta')\,.\end{aligned}$$

Da die $v \otimes w$ ganz $\mathfrak{v} \otimes_{\mathfrak{R}} \mathfrak{w}$ erzeugen, folgt die Behauptung. **q.e.d.**

Tensorprodukte sind nur abelsche Gruppen, haben also keine Modulstruktur. Unter geeigneten zusätzlichen Voraussetzungen läßt sich das Tensorprodukt jedoch zu einem Modul machen.

9.7 Definition. Seien $\mathfrak{R}$ und $\mathfrak{S}$ Ringe. Die Menge $\mathfrak{m}$ heißt ein $(\mathfrak{R}, \mathfrak{S})$-Modul, wenn $\mathfrak{m}$ ein $\mathfrak{R}$-Linksmodul und ein $\mathfrak{S}$-Rechtsmodul bezüglich der gleichen Operation $+$ ist, und wenn außerdem gilt

$$r\,(m\, s) = (r\, m)\, s$$

für alle r aus $\mathfrak{R}$, alle s aus $\mathfrak{S}$ und alle m aus $\mathfrak{m}$.

9.8 Satz. *Sei $\mathfrak{v}$ ein $\mathfrak{R}$-Rechtsmodul und $\mathfrak{w}$ ein $(\mathfrak{R}, \mathfrak{S})$-Modul. Dann wird das Tensorprodukt $\mathfrak{v} \otimes_{\mathfrak{R}} \mathfrak{w}$ durch die Festsetzung*

$$(v \otimes w)\, s = v \otimes w\, s$$

zu einem $\mathfrak{S}$-Rechtsmodul.

Beweis. Die Abbildung π von $\mathfrak{v} \times \mathfrak{w}$ in $\mathfrak{v} \otimes_{\mathfrak{R}} \mathfrak{w}$ mit

$$(v, w)\, \pi = v \otimes w\, s$$

ist ausgeglichen: Dazu beachte man neben den additiven Bedingungen die Gleichung

$$(v\, r, w)\, \pi = v\, r \otimes w\, s = v \otimes r(w\, s) = v \otimes (r\, w)\, s = (v, r\, w)\, \pi\,.$$

Also gibt es einen Homomorphismus μ_s von $\mathfrak{v} \otimes_{\mathfrak{R}} \mathfrak{w}$ in sich mit $(v \otimes w)\, \mu_s = v \otimes w\, s$. Man rechnet leicht nach, daß mit der Festsetzung

$$(v \otimes w)\, s = (v \otimes w)\, \mu_s$$

$\mathfrak{v} \otimes_{\mathfrak{R}} \mathfrak{w}$ alle Axiome für einen $\mathfrak{S}$-Rechtsmodul erfüllt. **q.e.d.**

9.9 Bemerkung. Im Spezialfall eines kommutativen Ringes $\mathfrak{R}$ können wir einen $\mathfrak{R}$-Rechtsmodul $\mathfrak{m}$ stets zu einem $(\mathfrak{R}, \mathfrak{R})$-Modul machen durch die Festsetzung $r\, m = m\, r$. Wegen der Kommutativität von $\mathfrak{R}$ gilt dann nämlich

$$(r_1 r_2)\, m = m(r_1 r_2) = m(r_2 r_1) = (m\, r_2)\, r_1 = r_1(r_2\, m)$$

und

$$r_1(m\, r_2) = (m\, r_2)\, r_1 = m(r_2 r_1) = m(r_1 r_2) = (m\, r_1)\, r_2 = (r_1\, m)\, r_2\,.$$

Also können wir Tensorprodukte von Moduln über einem kommutativen Ring $\mathfrak{R}$ gemäß 9.8 stets wieder als $\mathfrak{R}$-Moduln ansehen.

Bei der Behandlung der induzierten Darstellungen in § 16 wird die Assoziativität des Tensorproduktes von Nutzen sein:

9.10 Satz. *Seien $\mathfrak{R}$, $\mathfrak{S}$ und $\mathfrak{T}$ Ringe, sei $\mathfrak{a}$ ein $\mathfrak{R}$-Rechtsmodul, $\mathfrak{b}$ ein $(\mathfrak{R}, \mathfrak{S})$-Modul und $\mathfrak{c}$ ein $(\mathfrak{S}, \mathfrak{T})$-Modul. Dann ist die Abbildung μ mit*

$$((a \otimes b) \otimes c)\, \mu = a \otimes (b \otimes c)$$

ein $\mathfrak{T}$-Isomorphismus von $(\mathfrak{a} \otimes_{\mathfrak{R}} \mathfrak{b}) \otimes_{\mathfrak{S}} \mathfrak{c}$ auf $\mathfrak{a} \otimes_{\mathfrak{R}} (\mathfrak{b} \otimes_{\mathfrak{S}} \mathfrak{c})$.

Beweis. Die Abbildung π mit

$$(a \otimes b, c)\, \pi = a \otimes (b \otimes c)$$

ist ausgeglichen bezüglich $\mathfrak{S}$:

Man prüft leicht nach, daß π wohldefiniert und in beiden Argumenten additiv ist. Es gilt

$$((a \otimes b)\, s, c)\, \pi = (a \otimes b\, s, c)\, \pi = a \otimes (b\, s \otimes c) = a \otimes (b \otimes s\, c) = (a \otimes b, s\, c)\, \pi\,.$$

Also ist μ mit

$$((a \otimes b) \otimes c)\,\mu = a \otimes (b \otimes c)$$

ein Homomorphismus von $(\mathfrak{a} \otimes_{\mathfrak{R}} \mathfrak{b}) \otimes_{\mathfrak{S}} \mathfrak{c}$ in $\mathfrak{a} \otimes_{\mathfrak{R}} (\mathfrak{b} \otimes_{\mathfrak{S}} \mathfrak{c})$. Offenbar ist μ sogar ein $\mathfrak{T}$-Epimorphismus. In gleicher Weise konstruiert man die zu μ inverse Abbildung τ mit

$$(a \otimes (b \otimes c))\,\tau = (a \otimes b) \otimes c\,,$$

und das ergibt die Behauptung. **q.e.d.**

Wir benötigen noch einige Sätze über Tensorprodukte von Vektorräumen und Algebren.

9.11 Satz. *Seien V und W Vektorräume über K.*

a) *Dann ist $V \otimes_K W$ ein Vektorraum über K. Ist $\{v_i \mid i \in I\}$ eine K-Basis von V und $\{w_j \mid j \in J\}$ eine K-Basis von W, so ist*

$$\{v_i \otimes w_j \mid i \in I, j \in J\}$$

eine K-Basis von $V \otimes_K W$.

b) *Sind A bzw. B K-lineare Abbildungen von V bzw. W in sich, so ist dem geordneten Paar A, B eine K-lineare Abbildung $C = A \otimes B$ von $V \otimes_K W$ in sich zugeordnet mit den folgenden Eigenschaften:*

(1) $(v \otimes w)(A \otimes B) = vA \otimes wB$ *für alle $v \in V$ und alle $w \in W$.*

(2) $(A_1 \otimes B_1)(A_2 \otimes B_2) = A_1 A_2 \otimes B_1 B_2$,

$(A_1 + A_2) \otimes B = A_1 \otimes B + A_2 \otimes B$,

$A \otimes (B_1 + B_2) = A \otimes B_1 + A \otimes B_2$,

$kA \otimes B = A \otimes kB = k(A \otimes B)$

für alle $A, A_1, A_2 \in \mathrm{Hom}_K(V, V)$, $B, B_1, B_2 \in \mathrm{Hom}_K(W, W)$ und alle $k \in K$.

(3) *Ist $v_i A = \sum_{s \in I} a_{is} v_s$ und $w_j B = \sum_{t \in J} b_{jt} w_t$, so gilt*

$$(v_i \otimes w_j)(A \otimes B) = \sum_{\substack{s \in I \\ t \in J}} a_{is} b_{jt} (v_s \otimes w_t)\,.$$

(Dabei stehen in allen auftretenden Summen über I und J immer nur endlich viele von 0 verschiedene Glieder.)

Beweis. a) Sei T der Vektorraum über K mit der K-Basis $\{t_{ij} \mid i \in I, j \in J\}$. Die Abbildung δ mit

$$\Big(\sum_{i \in I} a_i v_i, \sum_{j \in J} b_j w_j\Big)\,\delta = \sum_{\substack{i \in I \\ j \in J}} a_i b_j t_{ij}$$

ist dann ausgeglichen bezüglich K, und die $(k v_i, w_j)\,\delta = k\,t_{ij}$ erzeugen ganz T als abelsche Gruppe.

Ist μ eine ausgeglichene Abbildung von $V \times W$ in die abelsche Gruppe $\mathfrak{s}$, so definieren wir den Gruppenhomomorphismus α von T in $\mathfrak{s}$ durch

$$\Big(\sum_{\substack{i\in I\\ j\in J}} a_{ij}\, t_{ij}\Big)\alpha = \sum_{\substack{i\in I\\ j\in J}} (a_{ij}\, v_i, w_j)\,\mu\,.$$

Da die t_{ij} eine K-Basis von T bilden, ist α wohldefiniert. Es gilt $\mu = \delta\,\alpha$. Also ist der Vektorraum T ein Tensorprodukt von V mit W. Statt $t_{ij} = (v_i, w_j)\,\delta$ schreiben wir weiterhin wieder $v_i \otimes w_j$.

b) Aus 9.6 erhalten wir den Homomorphismus $C = A \otimes B$ von $V \otimes_K W$ in sich. Man rechnet leicht nach, daß C alle angegebenen Eigenschaften hat, und daß die Gleichungen (1)–(3) richtig sind. **q.e.d.**

9.12 Hilfssatz. *Seien* $\mathfrak{a}_i$ $(i = 1, 2)$ *Algebren von nicht notwendig endlicher Dimension über* K *und sei* V_i *Vektorraum beliebiger Dimension über* K, *welcher ein* $\mathfrak{a}_i$*-Rechtsmodul im allgemeinen Sinne von* I, § 10 *ist. Dann ist die Abbildung* τ *mit*

$$(v_1 \otimes v_2)\,((a_1 \otimes a_2)\,\tau) = v_1\, a_1 \otimes v_2\, a_2$$

eine K*-lineare Abbildung des* K*-Vektorraumes* $\mathfrak{a}_1 \otimes_K \mathfrak{a}_2$ *in*

$$\mathrm{Hom}_K(V_1 \otimes_K V_2, V_1 \otimes_K V_2)\,.$$

Beweis. Für $a_i \in \mathfrak{a}_i$ definieren wir die K-lineare Abbildung $a_i\,\delta_i$ von V_i in sich durch $v_i(a_i\,\delta_i) = v_i\, a_i$ $(i = 1, 2)$. Ferner definieren wir die Abbildung μ von $\mathfrak{a}_1 \times \mathfrak{a}_2$ in $\mathrm{Hom}_K(V_1 \otimes_K V_2, V_1 \otimes_K V_2)$ gemäß 9.11 b) durch

$$(a_1, a_2)\,\mu = (a_1\,\delta_1) \otimes (a_2\,\delta_2)\,.$$

Offenbar ist μ ausgeglichen. Daher gibt es einen Gruppenhomomorphismus τ von $\mathfrak{a}_1 \otimes_K \mathfrak{a}_2$ in $\mathrm{Hom}_K(V_1 \otimes_K V_2, V_1 \otimes_K V_2)$ mit

$$(a_1 \otimes a_2)\,\tau = (a_1\,\delta_1) \otimes (a_2\,\delta_2)\,.$$

Wegen

$$\begin{aligned}(k(a_1 \otimes a_2))\,\tau &= (k\, a_1 \otimes a_2)\,\tau = (k\, a_1)\,\delta_1 \otimes a_2\,\delta_2 = k(a_1\,\delta_1) \otimes a_2\,\delta_2\\ &= k((a_1\,\delta_1) \otimes (a_2\,\delta_2)) = k(a_1 \otimes a_2)\,\tau\end{aligned}$$

für $k \in K$ ist τ eine K-lineare Abbildung. **q.e.d.**

9.13 Satz. *Seien* $\mathfrak{a}_1$ *und* $\mathfrak{a}_2$ *Algebren von nicht notwendig endlicher Dimension über* K.

a) *Dann wird* $\mathfrak{a}_1 \otimes_K \mathfrak{a}_2$ *eine Algebra über* K *durch die Festsetzung*

$$(a_1 \otimes a_2)\,(a_1' \otimes a_2') = a_1\, a_1' \otimes a_2\, a_2'$$

für $a_i, a_i' \in \mathfrak{a}_i$.

b) *Sei* V_i *ein Vektorraum beliebiger Dimension über* K, *welcher ein* $\mathfrak{a}_i$*-Rechtsmodul ist. Dann wird* $V_1 \otimes_K V_2$ *ein* $\mathfrak{a}_1 \otimes_K \mathfrak{a}_2$*-Modul durch die Festsetzung*

$$(v_1 \otimes v_2)\,(a_1 \otimes a_2) = v_1\, a_1 \otimes v_2\, a_2\,.$$

Beweis. a) Nach 9.12 gibt es eine K-lineare Abbildung τ von $\mathfrak{a}_1 \otimes_K \mathfrak{a}_2$ in $\mathrm{Hom}_K(\mathfrak{a}_1 \otimes_K \mathfrak{a}_2, \mathfrak{a}_1 \otimes_K \mathfrak{a}_2)$ mit

$$(a_1 \otimes a_2)\,((a_1' \otimes a_2')\tau) = a_1 a_1' \otimes a_2 a_2' .$$

Die oben angegebene Multiplikation auf $\mathfrak{a}_1 \otimes_K \mathfrak{a}_2$ ist also wohldefiniert. Man rechnet leicht nach, daß dadurch $\mathfrak{a}_1 \otimes_K \mathfrak{a}_2$ zu einer Algebra über K wird.

b) ergibt sich aus 9.12 in ähnlicher Weise wie a). **q.e.d.**

9.14 Satz. *Seien V_1 und V_2 Vektorräume von endlicher Dimension über K. Dann ist die Abbildung τ mit*

$$(v_1 \otimes v_2)\,((a_1 \otimes a_2)\,\tau) = v_1 a_1 \otimes v_2 a_2$$

für $v_i \in V_i$ und $a_i \in \mathrm{Hom}_K(V_i, V_i)$ ein Algebrenisomorphismus von

$$\mathrm{Hom}_K(V_1, V_1) \otimes_K \mathrm{Hom}_K(V_2, V_2) \quad \textit{auf} \quad \mathrm{Hom}_K(V_1 \otimes_K V_2, V_1 \otimes_K V_2) .$$

Beweis. Ist $\dim_K V_i = n_i$, so gilt nach 9.11 a)

$$\dim_K \mathrm{Hom}_K(V_1 \otimes_K V_2, V_1 \otimes_K V_2) = (\dim_K V_1 \otimes_K V_2)^2 = (n_1 n_2)^2$$

und

$$\dim_K(\mathrm{Hom}_K(V_1, V_1) \otimes_K \mathrm{Hom}_K(V_2, V_2))$$
$$= \dim_K \mathrm{Hom}_K(V_1, V_1) \dim_K \mathrm{Hom}_K(V_2, V_2) = n_1^2 n_2^2 .$$

Also genügt nach 9.12 der Nachweis, daß die K-lineare Abbildung τ ein Epimorphismus ist. Sei

$$\{v_1^{(i)}, \ldots, v_{n_i}^{(i)}\} \quad (i = 1, 2)$$

eine K-Basis von V_i $(i = 1, 2)$, und sei $e_{jk}^{(i)} \in \mathrm{Hom}_K(V_i, V_i)$ mit

$$v_m^{(i)} e_{jk}^{(i)} = \delta_{mj} v_k^{(i)} .$$

Dann ist

$$(v_s^{(1)} \otimes v_t^{(2)})\,((e_{jk}^{(1)} \otimes e_{lm}^{(2)})\,\tau) = \delta_{sj}\,\delta_{tl}\,v_k^{(1)} \otimes v_m^{(2)} .$$

Daher bilden die $(e_{jk}^{(1)} \otimes e_{lm}^{(2)})\,\tau$ eine K-Basis von $\mathrm{Hom}_K(V_1 \otimes_K V_2, V_1 \otimes_K V_2)$. **q.e.d.**

§ 10. Tensorprodukte von Darstellungen

10.1 Hilfssatz. *Sei $A \in \mathrm{Hom}_K(V_1, V_1)$ und $B \in \mathrm{Hom}_K(V_2, V_2)$. Die Eigenwerte von A in einem geeigneten Erweiterungskörper L von K seien a_i $(i = 1, \ldots, n)$, die Eigenwerte von B seien b_j $(j = 1, \ldots, m)$. Dann sind die $a_i b_j$ die sämtlichen Eigenwerte von $A \otimes B$ mit richtiger Vielfachheit. Insbesondere ist $Sp(A \otimes B) = Sp A\, Sp B$ und $\det(A \otimes B) = (\det A)^m (\det B)^n$.*

Beweis. Die Matrizen zu A und B bezüglich einer beliebigen, aber festgehaltenen Basis von V_1 bzw. V_2 bezeichnen wir wieder mit A bzw. B, die zu $A \otimes B$ bezüglich der entsprechenden Basis von $V_1 \otimes_K V_2$ gehörende Matrix nennen wir wieder $A \otimes B$.

Bekanntlich gibt es über einem genügend großen Erweiterungskörper L von K nichtsinguläre Matrizen S und T derart, daß

$$A' = S^{-1} A S = \begin{pmatrix} a_1 & & \\ & \ddots & \\ * & & a_n \end{pmatrix} \text{ und } B' = T^{-1} B T = \begin{pmatrix} b_1 & & \\ & \ddots & \\ * & & b_m \end{pmatrix}$$

Dreiecksmatrizen sind. Daher ist

$$A' \otimes B' = S^{-1} A S \otimes T^{-1} B T = (S \otimes T)^{-1} (A \otimes B)\,(S \otimes T)$$

eine Dreiecksmatrix mit den Diagonalelementen $a_i\, b_j$. Also sind die $a_i\, b_j$ die Eigenwerte von $A' \otimes B'$ und somit auch von $A \otimes B$ mit der richtigen Vielfachheit. Daher gilt

$$Sp\,(A \otimes B) = \sum_{i,j} a_i\, b_j = \sum_i a_i \sum_j b_j = Sp A \; Sp B$$

und

$$\det(A \otimes B) = \prod_{i,j} (a_i\, b_j) = \Bigl(\prod_i a_i\Bigr)^m \Bigl(\prod_j b_j\Bigr)^n = (\det A)^m\,(\det B)^n. \qquad \textbf{q.e.d.}$$

10.2 Hilfssatz. *Es besteht der folgende Algebrenisomorphismus für Gruppenringe:*

$$K[\mathfrak{G}_1] \otimes_K K[\mathfrak{G}_2] \cong K[\mathfrak{G}_1 \times \mathfrak{G}_2]\,.$$

(*Dabei ist* $K[\mathfrak{G}_1] \otimes_K K[\mathfrak{G}_2]$ *gemäß* 9.13 *als Algebra über* K *anzusehen.*)

Beweis. Nach 9.11 a) ist

$$\{G_1 \otimes G_2 \mid G_i \in \mathfrak{G}_i\,, i = 1, 2\}$$

eine K-Basis der Algebra $K[\mathfrak{G}_1] \otimes_K K[\mathfrak{G}_2]$. Daher ist die Abbildung τ mit

$$\Bigl(\sum_{G_i \in \mathfrak{G}_i} a_{G_1, G_2}\, G_1 \otimes G_2\Bigr)\tau = \sum_{G_1 G_2 \in \mathfrak{G}_1 \times \mathfrak{G}_2} a_{G_1, G_2}\, G_1\, G_2$$

ein Algebrenisomorphismus von $K[\mathfrak{G}_1] \otimes_K K[\mathfrak{G}_2]$ auf $K[\mathfrak{G}_1 \times \mathfrak{G}_2]$. **q.e.d.**

Wir bestimmen nun die Darstellungen direkter Produkte:

10.3 Satz. a) *Sei* $\mathbf{D}_i$ *eine Darstellung von* $\mathfrak{G}_i$ *auf dem* K-*Vektorraum* V_i ($i = 1, 2$). *Dann ist* $\mathbf{D}$ *mit*

$$\mathbf{D}(G_1\, G_2) = \mathbf{D}_1(G_1) \otimes \mathbf{D}_2(G_2) \qquad (\text{für } G_i \in \mathfrak{G}_i)$$

eine Darstellung von $\mathfrak{G}_1 \times \mathfrak{G}_2$ *auf* $V_1 \otimes_K V_2$.

b) *Ist* K *algebraisch abgeschlossen und* V_i *ein irreduzibler* $K[\mathfrak{G}_i]$-*Modul* ($i = 1, 2$), *so ist* $V_1 \otimes_K V_2$ *ein irreduzibler* $K[\mathfrak{G}_1 \times \mathfrak{G}_2]$-*Modul.*

c) *Sei* K *algebraisch abgeschlossen und* Char $K \nmid |\mathfrak{G}_i|$ *für* $i = 1, 2$. *Seien* $\mathbf{D}_1, \ldots, \mathbf{D}_h$ *bis auf Äquivalenz die sämtlichen irreduziblen Darstellungen von* $\mathfrak{G}_1$ *über* K *und* $\mathbf{H}_1, \ldots, \mathbf{H}_k$ *bis auf Äquivalenz die sämtlichen irreduziblen Darstellungen von* $\mathfrak{G}_2$ *über* K. *Dann sind die* $\mathbf{F}_{ij}$ *mit*

$$\mathbf{F}_{ij}(G_1\, G_2) = \mathbf{D}_i(G_1) \otimes \mathbf{H}_j(G_2) \qquad (i = 1, \ldots, h;\, j = 1, \ldots, k)$$

bis auf Äquivalenz die sämtlichen irreduziblen Darstellungen von $\mathfrak{G}_1 \times \mathfrak{G}_2$ *über* K.

Beweis. a) Nach 9.13 b) ist $V_1 \otimes_K V_2$ ein $K[\mathfrak{G}_1] \otimes_K K[\mathfrak{G}_2]$-Modul vermöge

$$(v_1 \otimes v_2)(G_1 \otimes G_2) = v_1 \mathbf{D}_1(G_1) \otimes v_2 \mathbf{D}_2(G_2).$$

Wegen der Isomorphie in 10.2 ist dann $\mathbf{D}$ eine Darstellung von $\mathfrak{G}_1 \times \mathfrak{G}_2$ auf $V_1 \otimes_K V_2$.

b) Ist V_i ein irreduzibler $K[\mathfrak{G}_i]$-Modul, so kommen unter den $\mathbf{D}_i(G)$ mit $G \in \mathfrak{G}_i$ nach 5.14 $(\dim V_i)^2$ linear unabhängige lineare Abbildungen vor. Daher ist

$$\left\{\sum_{G \in \mathfrak{G}_i} a_G \mathbf{D}_i(G) \mid a_G \in K\right\} = \operatorname{Hom}_K(V_i, V_i) \quad (i = 1, 2).$$

Mit 9.14 folgt

$$\left\{\sum_{G_i \in \mathfrak{G}_i} a_{G_1, G_2} \mathbf{D}_1(G_1) \otimes \mathbf{D}_2(G_2) \mid a_{G_1, G_2} \in K\right\} = \operatorname{Hom}_K(V_1 \otimes_K V_2, V_1 \otimes_K V_2).$$

Also ist $V_1 \otimes_K V_2$ ein irreduzibler $K[\mathfrak{G}_1 \times \mathfrak{G}_2]$-Modul.

c) Sei χ_i der Charakter von $\mathbf{D}_i$ und ψ_j der Charakter von $\mathbf{H}_j$. Nach 10.1 ist ψ_{ij} mit

$$\psi_{ij}(G_1 G_2) = \chi_i(G_1)\, \psi_j(G_2) \quad (G_k \in \mathfrak{G}_k)$$

der Charakter von $\mathbf{F}_{ij}$. Wegen der Orthogonalitätsrelationen 5.8 a) gilt

$$\begin{aligned}
\sum_{G_1 G_2 \in \mathfrak{G}_1 \times \mathfrak{G}_2} & \psi_{ij}(G_1 G_2)\, \psi_{i'j'}(G_1^{-1} G_2^{-1}) \\
&= \sum_{G_1 \in \mathfrak{G}_1} \chi_i(G_1)\, \chi_{i'}(G_1^{-1}) \sum_{G_2 \in \mathfrak{G}_2} \psi_j(G_2)\, \psi_{j'}(G_2^{-1}) \\
&= \delta_{ii'}\, |\mathfrak{G}_1|\, \delta_{jj'}\, |\mathfrak{G}_2| \\
&= \begin{cases} |\mathfrak{G}_1 \times \mathfrak{G}_2| & \text{für } i = i', j = j' \\ 0 & \text{sonst.} \end{cases}
\end{aligned}$$

Daher sind die ψ_{ij} paarweise verschiedene irreduzible Charaktere von $\mathfrak{G}_1 \times \mathfrak{G}_2$. (Die Irreduzibilität von $\mathbf{F}_{ij}$ entnehmen wir aus b); ist die Charakteristik von K endlich, so kann 5.10 b) nicht herangezogen werden.) Daß die $\mathbf{F}_{ij}$ bis auf Äquivalenz die sämtlichen irreduziblen Darstellungen von $K[\mathfrak{G}_1 \times \mathfrak{G}_2]$ sind, folgt aus

$$\sum_{i,j} (\operatorname{Grad} \mathbf{F}_{ij})^2 = \sum_i (\operatorname{Grad} \mathbf{D}_i)^2 \sum_j (\operatorname{Grad} \mathbf{H}_j)^2 = |\mathfrak{G}_1|\, |\mathfrak{G}_2| = |\mathfrak{G}_1 \times \mathfrak{G}_2|$$

oder aus der leicht zu bestätigenden Formel $h(\mathfrak{G}_1 \times \mathfrak{G}_2) = h(\mathfrak{G}_1)\, h(\mathfrak{G}_2)$ für die Klassenzahlen. **q.e.d.**

Der Beweis von c) läßt sich in gleicher Weise bei beliebiger Charakteristik von K führen: Ist $\operatorname{Char} K = p$, so benutzt man, daß die Anzahl $h_p(\mathfrak{G})$ der Konjugiertenklassen von $\mathfrak{G}$ aus Elementen von zu p teilerfremder Ordnung gleich der Anzahl der Äquivalenzklassen von irreduziblen Darstellungen von $K[\mathfrak{G}]$ ist (siehe S. 475). Trivialerweise gilt $h_p(\mathfrak{G}_1 \times \mathfrak{G}_2) = h_p(\mathfrak{G}_1)\, h_p(\mathfrak{G}_2)$.

10.4 Definition. Seien $\mathbf{D}_1$ und $\mathbf{D}_2$ Darstellungen von $\mathfrak{G}$ über K. Nach 10.3 ist $\mathbf{D}$ mit

$$\mathbf{D}(G_1 G_2) = \mathbf{D}_1(G_1) \otimes \mathbf{D}_2(G_2)$$

eine Darstellung von $\mathfrak{G} \times \mathfrak{G}$ über K. Durch Kombination von $\mathbf{D}$ mit dem Isomorphismus ε von $\mathfrak{G}$ in $\mathfrak{G} \times \mathfrak{G}$ mit

$$G^\varepsilon = (G, G)$$

erhalten wir die Darstellung $\mathbf{D}_1 \otimes \mathbf{D}_2$ von $\mathfrak{G}$ mit

$$(\mathbf{D}_1 \otimes \mathbf{D}_2)\,(G) = \mathbf{D}_1(G) \otimes \mathbf{D}_2(G)\,.$$

Wir nennen $\mathbf{D}_1 \otimes \mathbf{D}_2$ das Tensorprodukt von $\mathbf{D}_1$ mit $\mathbf{D}_2$. (In der Literatur wird meistens die Bezeichnung Kronecker-Produkt benutzt.) Zu beachten ist, daß aus der Irreduzibilität von $\mathbf{D}_1$ und $\mathbf{D}_2$ zwar bei algebraisch abgeschlossenem Körper K die Irreduzibilität der Darstellung $\mathbf{D}$ von $\mathfrak{G} \times \mathfrak{G}$ folgt, aber die Einschränkung $\mathbf{D}_1 \otimes \mathbf{D}_2$ von $\mathbf{D}$ auf die Diagonale

$$\{(G, G) \mid G \in \mathfrak{G}\}$$

nicht notwendig irreduzibel ist.

10.5 Definition. Seien $\chi_1, \ldots, \chi_h$ die irreduziblen Charaktere von $\mathfrak{G}$ über dem beliebigen Körper K. Die Klassenfunktionen

$$\sum_{i=1}^{h} a_i \chi_i$$

mit ganz-rationalen a_i bezeichnen wir als verallgemeinerte Charaktere von $\mathfrak{G}$ über K. (Offenbar sind die $\sum_{i=1}^{h} a_i \chi_i$ mit $a_i \geqq 0$ und $\sum_{i=1}^{h} a_i > 0$ gerade die Charaktere der Darstellungen von $\mathfrak{G}$.)

10.6 Satz. *Die verallgemeinerten Charaktere von $\mathfrak{G}$ über K bilden einen kommutativen Ring bezüglich der Operationen*

$$(\tau_1 \dotplus \tau_2)\,(G) = \tau_1(G) \dotplus \tau_2(G)\,.$$

Schärfer: Es ist

$$\chi_i \chi_j = \sum_{k=1}^{h} c_{ijk} \chi_k\,.$$

mit nichtnegativen ganzen rationalen Zahlen c_{ijk}.

Beweis. $\chi_i \chi_j$ ist der Charakter der Darstellung $\mathbf{D}_i \otimes \mathbf{D}_j$ von $\mathfrak{G}$. Die Zerlegung von $\chi_i \chi_j$ in irreduzible Charaktere liefert die angegebene Formel. Daraus folgt sofort, daß die verallgemeinerten Charaktere einen Ring bilden. **q.e.d.**

10.7 Bemerkung. Sei $\mathbf{D}$ eine irreduzible Darstellung von $\mathfrak{G}$ über K und $\mathbf{D}'$ eine Darstellung vom Grad 1 über K. Dann ist $\mathbf{D} \otimes \mathbf{D}'$ eine irreduzible Darstellung von $\mathfrak{G}$. Es ist jedoch durchaus möglich, daß $\mathbf{D} \otimes \mathbf{D}'$ zu $\mathbf{D}$ äquivalent ist, auch wenn $\mathbf{D}'$ nicht die triviale Darstellung von $\mathfrak{G}$ ist.

Beweis. Mit $\mathbf{D}'(G) = a(G)$ haben wir $(\mathbf{D} \otimes \mathbf{D}')(G) = a(G)\,\mathbf{D}(G)$. Also stimmen die bei den $\mathbf{D}(G)$ $(G \in \mathfrak{G})$ und bei den $(\mathbf{D} \otimes \mathbf{D}')(G)$ invarianten Teilräume des Darstellungsmoduls überein. Insbesondere folgt aus der Irreduzibilität von $\mathbf{D}$ die von $\mathbf{D} \otimes \mathbf{D}'$. **q.e.d.**

10.8 Satz (R. Brauer [14]). *Sei χ der Charakter einer treuen Darstellung $\mathbf{D}$ von $\mathfrak{G}$ über dem komplexen Zahlkörper $\mathbb{C}$. Auf $\mathfrak{G}$ nehme χ genau r verschiedene Werte an. Dann erscheint jeder irreduzible Charakter von $\mathfrak{G}$ als Bestandteil in mindestens einem der Charaktere $\chi^0 = \chi_1, \chi, \chi^2, \ldots, \chi^{r-1}$. Also lassen sich alle irreduziblen Darstellungen von $\mathfrak{G}$ durch Ausreduzieren der Darstellungen $\underbrace{\mathbf{D} \otimes \cdots \otimes \mathbf{D}}_{i}$ mit $i \leqq r-1$ gewinnen. (Praktisch läßt sich diese Reduktion freilich nur selten durchführen.)*

Beweis. Seien $a_j = \chi(A_j)$ $(j = 1, \ldots, r)$ die verschiedenen Werte, welche χ auf $\mathfrak{G}$ annimmt, sei $a_1 = \chi(E)$ und

$$\mathfrak{A}_j = \{G \mid G \in \mathfrak{G}, \chi(G) = \chi(A_j) = a_j\}.$$

Wegen der Treue der Darstellung $\mathbf{D}$ folgt mit 7.4

$$\mathfrak{A}_1 = \operatorname{Kern} \mathbf{D} = \mathfrak{E}.$$

Angenommen, es sei χ_k ein irreduzibler Charakter von $\mathfrak{G}$, welcher in keinem χ^i mit $0 \leqq i \leqq r-1$ vorkommt. Nach 5.9 ist dann

$$0 = g(\chi^i, \chi_k) = \sum_{j=1}^{r} \chi^i(A_j) \sum_{G \in \mathfrak{A}_j} \chi_k(G^{-1}).$$

Die Vandermondesche Determinante

$$\det(\chi^i(A_j)) = \det(a_j^i)$$

ist bekanntlich von 0 verschieden. Also folgt

$$\sum_{G \in \mathfrak{A}_j} \chi_k(G^{-1}) = 0$$

für alle $j = 1, \ldots, r$. Insbesondere ergibt sich der Widerspruch

$$0 = \sum_{G \in \mathfrak{A}_1} \chi_k(G^{-1}) = \chi_k(E).$$ **q.e.d.**

Aufgaben:

19) Der Vektorraum V über dem komplexen Zahlkörper sei ein irreduzibler $\mathfrak{G}$-Modul zur Darstellung $\mathbf{D}$ von $\mathfrak{G}$.

a) Nimmt der Charakter χ von $\mathbf{D}$ nur reelle Werte an, so gibt es (bis auf skalare Vielfache) genau eine Bilinearform f auf V mit $f(v_1 G, v_2 G) = f(v_1, v_2)$ für alle $G \in \mathfrak{G}$ und alle $v_i \in V$. Die Bilinearform f ist nicht ausgeartet.

b) Die Bilinearform f aus a) ist symmetrisch oder antisymmetrisch.

c) Ist Grad $\mathbf{D}$ ungerade, so ist f symmetrisch.

20) Man zeige an einem Beispiel, daß in 10.3 b) die algebraische Abgeschlossenheit von K notwendig ist für die Richtigkeit der Behauptung.

21) Sei $\mathfrak{G} = \mathfrak{G}_1 \curlyvee \mathfrak{G}_2$ ein direktes Produkt von $\mathfrak{G}_1$ mit $\mathfrak{G}_2$ mit vereinigten zentralen Untergruppen (siehe I, 9.10, S. 49). Man beschreibe alle irreduziblen Darstellungen von $\mathfrak{G}$ über einem algebraisch abgeschlossenen Körper der Charakteristik 0.

§ 11. Zerfällungskörper

In diesem Paragraphen untersuchen wir die Frage, über welchen nicht notwendig algebraisch abgeschlossenen Körpern die Hauptergebnisse von § 5 noch gültig bleiben. Unter einer Algebra über K verstehen wir stets eine Algebra von endlicher Dimension über K.

11.1 Hilfssatz. a) *Sei $\mathfrak{a}$ eine Algebra über K und L ein Erweiterungskörper von K. Dann wird $\mathfrak{a}_L = L \otimes_K \mathfrak{a}$ zu einer Algebra über L durch die Festsetzungen*

$$(y_1 \otimes a_1)(y_2 \otimes a_2) = y_1 y_2 \otimes a_1 a_2$$

und

$$y_1(y_2 \otimes a) = y_1 y_2 \otimes a$$

für alle a_1, a_2, a aus $\mathfrak{a}$ und alle y_1, y_2 aus L. Es gilt $\dim_L \mathfrak{a}_L = \dim_K \mathfrak{a}$. Ist $\{a_1, \ldots, a_n\}$ eine K-Basis von $\mathfrak{a}$ mit

$$a_i a_j = \sum_{s=1}^{n} k_{ijs} a_s \quad (k_{ijs} \in K),$$

so bilden die $a_i' = 1 \otimes a_i$ $(i = 1, \ldots, n)$ eine L-Basis von $\mathfrak{a}_L$ mit

$$a_i' a_j' = \sum_{s=1}^{n} k_{ijs} a_s'.$$

Wir nennen $\mathfrak{a}_L$ die Grundkörpererweiterung von $\mathfrak{a}$ mit L.

b) *Ist V ein $\mathfrak{a}$-Rechtsmodul, so wird $V_L = L \otimes_K V$ ein $\mathfrak{a}_L$-Rechtsmodul durch die Festsetzung*

$$(y_1 \otimes v)(y_2 \otimes a) = y_1 y_2 \otimes v a.$$

Ist $\{v_1, \ldots, v_m\}$ *eine* K*-Basis von* V*, so ist* $\{1 \otimes v_i \mid i = 1, \ldots, m\}$ *eine* L*-Basis von* V_L*. Insbesondere gilt* $\dim_K V = \dim_L V_L$.

Beweis. a) Nach 9.13 a) ist $\mathfrak{a}_L = L \otimes_K \mathfrak{a}$ eine Algebra über K. Durch die Festsetzung

$$y_1(y_2 \otimes a) = (y_1 \otimes 1)(y_2 \otimes a) = y_1 y_2 \otimes a$$

wird $\mathfrak{a}_L$ zu einer Algebra über L. Sei $\{a_1, \ldots, a_n\}$ eine K-Basis von $\mathfrak{a}$. Aus $\mathfrak{a} = \bigoplus_1^n K a_i$ folgt mit 9.5

$$L \otimes_K \mathfrak{a} = \bigoplus_{i=1}^{n} \mathfrak{a}_i$$

mit $\mathfrak{a}_i = \{l \otimes a_i = l(1 \otimes a_i) \mid l \in L\}$. Also ist $\{1 \otimes a_i \mid i = 1, \ldots, n\}$ eine L-Basis von $\mathfrak{a}_L$.

b) folgt mit Hilfe von 9.13 b) in gleicher Weise wie a). **q.e.d.**

11.2 Definition. a) Sei $\mathfrak{a}$ eine Algebra über K. Ein Erweiterungskörper L von K heißt Zerfällungskörper von $\mathfrak{a}$, wenn die Algebra $\mathfrak{a}_L$ eine direkte Summe von vollen Matrixringen über L ist.

b) Ein Körper L heißt Zerfällungskörper der Gruppe $\mathfrak{G}$, wenn der Gruppenring $L[\mathfrak{G}]$ eine direkte Summe von vollen Matrixringen über L ist.

Nach 5.1 ist jeder algebraisch abgeschlossene Körper L mit $\operatorname{Char} L \nmid |\mathfrak{G}|$ ein Zerfällungskörper von $\mathfrak{G}$. Die Zerfällungskörper von $\mathfrak{G}$ sind keineswegs bis auf Isomorphie eindeutig bestimmt.

11.3 Hilfssatz. a) *Ist* L *ein Erweiterungskörper von* K*, so gilt*

$$K[\mathfrak{G}]_L \cong L[\mathfrak{G}] .$$

Insbesondere ist L *genau dann ein Zerfällungskörper von* $K[\mathfrak{G}]$*, wenn* L *ein Zerfällungskörper von* $\mathfrak{G}$ *ist.*

b) *Ist* K *ein Zerfällungskörper der Algebra* $\mathfrak{a}$*, so auch jeder Oberkörper von* K.

Beweis. a) $K[\mathfrak{G}]$ besitzt die K-Basis $\{G \mid G \in \mathfrak{G}\}$. Nach 11.1 hat dann $K[\mathfrak{G}]_L$ die L-Basis $\{1 \otimes G \mid G \in \mathfrak{G}\}$ mit

$$(1 \otimes G_1)(1 \otimes G_2) = 1 \otimes G_1 G_2 .$$

Also sind $K[\mathfrak{G}]_L$ und $L[\mathfrak{G}]$ isomorphe L-Algebren.

b) Da K ein Zerfällungskörper von $\mathfrak{a}$ ist, haben wir $\mathfrak{a}_K = \bigoplus_i \mathfrak{a}_i$ mit vollen Matrixringen $\mathfrak{a}_i$ über K. Mit Hilfe von 9.4 erhalten wir

$$\mathfrak{a}_L \cong \bigoplus_i (\mathfrak{a}_i)_L .$$

Wir haben also nur zu zeigen: Ist $\mathfrak{b}$ ein voller Matrixring über K, so ist $\mathfrak{b}_L$ ein voller Matrixring über L.

Als voller Matrixring über K hat $\mathfrak{b}$ eine K-Basis $\{e_{ij} \mid i, j = 1, \ldots, n\}$ mit $e_{ij} e_{km} = \delta_{jk} e_{im}$. Nach 11.1 hat dann $\mathfrak{b}_L$ eine L-Basis $\{e'_{ij} \mid i, j = 1, \ldots, n\}$ mit $e'_{ij} e'_{km} = \delta_{jk} e'_{im}$. Also ist $\mathfrak{b}_L$ ein voller Matrixring über L. **q.e.d.**

11.4 Satz. *Sei* Char $K \nmid |\mathfrak{G}|$. *Dann sind gleichwertig:*

a) *K ist ein Zerfällungskörper von $\mathfrak{G}$.*

b) *Ist h die Klassenzahl von $\mathfrak{G}$, so gibt es mindestens h irreduzible, paarweise inäquivalente Darstellungen $\mathbf{D}_i$ von $K[\mathfrak{G}]$ mit* Grad $\mathbf{D}_i = n_i$ *und* $\sum_{i=1}^{h} n_i^2 \leqq |\mathfrak{G}|$.

Beweis. a) $\Rightarrow$ b): Sei K ein Zerfällungskörper von $\mathfrak{G}$. Dann ist

$$K[\mathfrak{G}] = \bigoplus_{1}^{k} \mathfrak{a}_i$$

mit vollen Matrixringen $\mathfrak{a}_i$ über K. Wie im Beweis von Satz 5.1 folgt

$$h = \dim_K \mathbf{Z}(K[\mathfrak{G}]) = \dim_K \bigoplus_{1}^{k} \mathbf{Z}(\mathfrak{a}_i) = k\,.$$

Die Projektionen in die $\mathfrak{a}_i$ liefern irreduzible Darstellungen von $K[\mathfrak{G}]$. Diese Darstellungen sind inäquivalent, da sie verschiedene Kerne haben. Ist $\mathfrak{a}_i$ ein voller Matrixring vom Grad n_i über K, so gilt

$$\sum_{i=1}^{h} n_i^2 = \sum_{i=1}^{h} \dim_K \mathfrak{a}_i = \dim_K K[\mathfrak{G}] = |\mathfrak{G}|\,.$$

b) $\Rightarrow$ a): Sei $K[\mathfrak{G}] = \bigoplus_{1}^{k} \mathfrak{a}_i$ die nach 2.7 und 4.5 existierende Zerlegung der halbeinfachen Algebra $K[\mathfrak{G}]$ in einfache Algebren $\mathfrak{a}_i$. Sei $\mathfrak{a}_i$ ein voller Matrixring vom Grad m_i über dem Schiefkörper $\mathfrak{c}_i$. Dann hat $K[\mathfrak{G}]$ nach 4.5 genau k irreduzible, paarweise inäquivalente Darstellungen $\mathbf{D}_1, \ldots, \mathbf{D}_k$, und es gilt Grad $\mathbf{D}_i = m_i \dim_K \mathfrak{c}_i$. Aus unserer Voraussetzung unter b) folgt nun $k \geqq h$. Andererseits trägt jeder volle Matrixring $\mathfrak{a}_i$ mit den K-Vielfachen seines Einselementes zum Zentrum $\mathbf{Z}(K[\mathfrak{G}])$ mindestens die Dimension 1 bei. Das ergibt $h = \dim_K \mathbf{Z}(K[\mathfrak{G}]) \geqq k$. Also ist $h = k$ und $n_i = \text{Grad}\,\mathbf{D}_i = m_i \dim_K \mathfrak{c}_i$. Mit der zweiten Voraussetzung unter b) folgt jetzt

$$\sum_{i=1}^{h} m_i^2 (\dim_K \mathfrak{c}_i)^2 = \sum_{i=1}^{h} n_i^2 \leqq |\mathfrak{G}| = \sum_{i=1}^{h} m_i^2 \dim_K \mathfrak{c}_i\,.$$

Das erzwingt $\dim_K \mathfrak{c}_i = 1$, also $\mathfrak{c}_i = K$ für alle i. Somit ist K ein Zerfällungskörper von $\mathfrak{G}$. **q.e.d.**

11.5 Beispiel. Sei Q der rationale Zahlkörper und $\mathfrak{Q} = \langle A, B \rangle$ die Quaternionengruppe der Ordnung 8. Dann besitzt $\mathfrak{Q}$ folgende Darstellungen vom Grad 1 über Q:

$$\mathbf{D}_1 \text{ mit } \mathbf{D}_1(A) = \mathbf{D}_1(B) = 1\,,$$

$$\mathbf{D}_2 \text{ mit } \mathbf{D}_2(A) = 1,\ \mathbf{D}_2(B) = -1\,,$$

$$\mathbf{D}_3 \text{ mit } \mathbf{D}_3(A) = -1,\ \mathbf{D}_3(B) = 1\,,$$

$$\mathbf{D}_4 \text{ mit } \mathbf{D}_4(A) = \mathbf{D}_4(B) = -1\,.$$

Sei $\mathfrak{c}$ der Schiefkörper der Quaternionen mit der Q-Basis $\{e_0, e_1, e_2, e_3\}$ mit $e_0 = 1$ und den Multiplikationsregeln

$$e_i^2 = -1\ (i \geqq 1),\ e_0\, e_i = e_i\, e_0 = e_i,\ e_1\, e_2 = -e_2\, e_1 = e_3\,,$$

$$e_2\, e_3 = -e_3\, e_2 = e_1,\ e_3\, e_1 = -e_1\, e_3 = e_2\,.$$

Die Q-lineare Abbildung ε mit $A\,\varepsilon = e_1$, $B\,\varepsilon = e_2$ liefert einen Algebrenhomomorphismus von $\mathsf{Q}[\mathfrak{Q}]$ auf $\mathfrak{c}$. Ist $\mathfrak{k}$ der Kern von ε, so gilt nach 3.8

$$\mathsf{Q}[\mathfrak{Q}] \cong \mathfrak{c} \oplus \mathfrak{k}\,.$$

Auf $\mathfrak{c}$ erfährt daher $\mathsf{Q}[\mathfrak{Q}]$ eine irreduzible Darstellung vom Grad 4. Die Wedderburnsche Zerlegung von $\mathsf{Q}[\mathfrak{Q}]$ hat somit die Gestalt

$$\mathsf{Q}[\mathfrak{Q}] = \mathfrak{c} \oplus \mathsf{Q} \oplus \mathsf{Q} \oplus \mathsf{Q} \oplus \mathsf{Q}.$$

Also ist Q kein Zerfällungskörper von $\mathfrak{Q}$. Die Voraussetzung in 11.4 b) über die Anzahl der irreduziblen Darstellungen ist wegen $h(\mathfrak{Q}) = 5$ jetzt erfüllt, aber es ist

$$\sum_{i=1}^{5} n_i^2 = 4^2 + 4 > |\mathfrak{Q}|\,.$$

Sei C der komplexe Zahlkörper. Man bestätigt leicht, daß $\mathfrak{c} \otimes_{\mathsf{Q}} \mathsf{C}$ ein voller Matrixring vom Grad 2 über C ist. Also lautet die Wedderburnsche Zerlegung von $\mathsf{C}[\mathfrak{Q}]$

$$\mathsf{C}[\mathfrak{Q}] = (\mathsf{C})_2 \oplus \mathsf{C} \oplus \mathsf{C} \oplus \mathsf{C} \oplus \mathsf{C}.$$

Jetzt ist

$$\sum_{i=1}^{5} n_i^2 = 8 = |\mathfrak{Q}|\,.$$

11.6 Definition. Unter einem $\mathfrak{p}$-adischen Körper verstehen wir einen Körper K der Charakteristik 0 mit folgenden Eigenschaften:

(1) K besitzt eine nichtarchimedische, additive Bewertung v mit diskreter Wertmenge.

(2) K ist vollständig bezüglich v.

(3) Ist $I = \{x \mid x \in K,\ v(x) \geqq 0\}$ der Ring der ganzen Elemente von K und $\mathfrak{p} = \{x \mid v(x) > 0\}$ das Bewertungsideal von K, so ist $I/\mathfrak{p} = \overline{K}$ ein Körper der Charakteristik p.

(Für die Begriffe vergleiche man HASSE [1].)

11.7 Satz. a) *Sei $\mathfrak{G}$ eine Gruppe der Ordnung g und P ein Primkörper mit* Char $P \nmid g$. *Dann besitzt $\mathfrak{G}$ Zerfällungskörper, welche über P endlich, algebraisch und galoissch sind.*

b) *Zu vorgegebener Primzahl p gibt es stets einen $\mathfrak{p}$-adischen Zerfällungskörper K von $\mathfrak{G}$ mit vorgegebener Charakteristik p des Restklassenkörpers.*

Beweis. a) Sei L die algebraisch abgeschlossene Hülle von P. Nach 5.1 ist L ein Zerfällungskörper von $\mathfrak{G}$. Also gibt es h irreduzible, paarweise inäquivalente Darstellungen $\mathbf{D}_i$ $(i = 1, \ldots, h)$ von $L[\mathfrak{G}]$. Ist Grad $\mathbf{D}_i = n_i$, so gilt nach 5.1

$$g = \sum_{i=1}^{h} n_i^2 .$$

Die endlich vielen Koeffizienten der Matrizen zu den $\mathbf{D}_i(G)$ (mit $G \in \mathfrak{G}$; $i = 1, \ldots, h$) sind algebraisch über P, erzeugen also einen endlich algebraischen Erweiterungskörper K von P. Nun liefern die $\mathbf{D}_i$ vermöge

$$\tilde{\mathbf{D}}_i\Big(\sum_{G \in \mathfrak{G}} a_G\, G\Big) = \sum_{G \in \mathfrak{G}} a_G\, \mathbf{D}_i(G) \quad (\text{mit } a_G \in K)$$

genau h Darstellungen $\tilde{\mathbf{D}}_i$ von $K[\mathfrak{G}]$. Offenbar sind diese irreduzibel und paarweise inäquivalent. Ferner gilt für die Grade die Gleichung $g = \sum_{i=1}^{h} n_i^2$. Nach 11.4 ist daher K ein Zerfällungskörper von $\mathfrak{G}$.

Da K über P endlich algebraisch ist, gibt es stets einen Oberkörper M von K, welcher über P endlich algebraisch und galoissch ist. Nach **11.3** b) ist M dann ein galoisscher Zerfällungskörper von $\mathfrak{G}$.

b) Sei K ein Zerfällungskörper von $\mathfrak{G}$, welcher über dem rationalen Zahlkörper endlich algebraisch ist. Sei $\mathfrak{p}$ ein Primideal in K mit $\mathfrak{p} \mid (p)$ und $K_{\mathfrak{p}}$ die Vervollständigung von K bezüglich der zu $\mathfrak{p}$ gehörenden Bewertung von K. Dann ist $K_{\mathfrak{p}}$ bekanntlich ein $\mathfrak{p}$-adischer Körper, und der Restklassenkörper hat die Charakteristik p. Als Oberkörper von K ist $K_{\mathfrak{p}}$ nach 11.3 b) ein Zerfällungskörper von $\mathfrak{G}$. **q.e.d.**

11.8 Definition. Sei $\mathbf{D}$ eine Darstellung von $\mathfrak{G}$ auf dem $K[\mathfrak{G}]$-Modul V. Wir nennen $\mathbf{D}$ absolut irreduzibel, wenn für alle Erweiterungskörper L von K stets $V_L = L \otimes_K V$ ein irreduzibler $L[\mathfrak{G}]$-Modul ist. Ist χ der Charakter einer absolut irreduziblen Darstellung von $\mathfrak{G}$, so heißt χ ein absolut irreduzibler Charakter von $\mathfrak{G}$.

11.9 Hilfssatz. *Sei V ein $K[\mathfrak{G}]$-Modul und L ein Erweiterungskörper von K. Dann sind* $\mathrm{Hom}_{L[\mathfrak{G}]}(V_L, V_L)$ *und* $L \otimes_K \mathrm{Hom}_{K[\mathfrak{G}]}(V, V)$ *isomorphe Ringe.*

Beweis. Ist $\alpha \in \mathrm{Hom}_{K[\mathfrak{G}]}(V, V)$, so ist offenbar $1 \otimes \alpha \in \mathrm{Hom}_{L[\mathfrak{G}]}(V_L, V_L)$. Wir zeigen, daß jedes Element β aus $\mathrm{Hom}_{L[\mathfrak{G}]}(V_L, V_L)$ die Gestalt

$\beta = \sum_i l_i \otimes \alpha_i$ mit $\alpha_i \in \operatorname{Hom}_{K[\mathfrak{G}]}(V, V)$ und $l_i \in L$ hat. Sei $\{l_i \mid i \in I\}$ eine K-Basis von L. Dann ist $L = \bigoplus_{i \in I} l_i K$ ein freier K-Rechtsmodul, und mit 9.5 folgt

$$V_L = L \otimes_K V = \bigoplus_{i \in I} l_i \otimes V .$$

Somit läßt sich jedes Element $w \in V_L$ eindeutig schreiben als $w = \sum_{i \in I} l_i \otimes v_i$ mit geeigneten $v_i \in V$, wobei nur endlich viele der v_i von o verschieden sind.

Sei $\beta \in \operatorname{Hom}_{L[\mathfrak{G}]}(V_L, V_L)$. Die Abbildungen α_i definieren wir durch

$$(1 \otimes v)\,\beta = \sum_{i \in I} l_i \otimes v\,\alpha_i$$

für $v \in V$. Offenbar gilt $\alpha_i \in \operatorname{Hom}_K(V, V)$. Für alle $G \in \mathfrak{G}$ ist

$$\sum_{i \in I} l_i \otimes (vG)\,\alpha_i = (1 \otimes vG)\,\beta = (1 \otimes v)\,G\,\beta = (1 \otimes v)\,\beta\,G = \sum_{i \in I} l_i \otimes (v\,\alpha_i)\,G .$$

Wegen der Eindeutigkeit der Zerlegung folgt $(vG)\,\alpha_i = (v\,\alpha_i)\,G$, also $\alpha_i \in \operatorname{Hom}_{K[\mathfrak{G}]}(V, V)$. **q.e.d.**

11.10 Hilfssatz. *Sei* $\mathbf{D}$ *eine Darstellung von* $\mathfrak{G}$ *auf dem* $K[\mathfrak{G}]$*-Modul* V *und* $\operatorname{Char} K \nmid |\mathfrak{G}|$. *Dann sind gleichwertig:*

a) $\mathbf{D}$ *ist absolut irreduzibel.*

b) $\operatorname{Hom}_{K[\mathfrak{G}]}(V, V)$ *besteht nur aus den* K*-Vielfachen von* E_V *auf* V.

Beweis. a) $\Rightarrow$ b): Sei $\mathbf{D}$ absolut irreduzibel und L ein algebraisch abgeschlossener Oberkörper von K. Da V_L ein irreduzibler $L[\mathfrak{G}]$-Modul ist, gilt nach dem Schurschen Lemma 4.3

$$\operatorname{Hom}_{L[\mathfrak{G}]}(V_L, V_L) = \{aE \mid a \in L\} .$$

Also ist $\dim_L \operatorname{Hom}_{L[\mathfrak{G}]}(V_L, V_L) = 1$. Mit 11.9 folgt $\dim_K \operatorname{Hom}_{K[\mathfrak{G}]}(V, V) = 1$, also $\operatorname{Hom}_{K[\mathfrak{G}]}(V, V) = \{aE \mid a \in K\}$.

b) $\Rightarrow$ a): Nun ist $\dim_K \operatorname{Hom}_{K[\mathfrak{G}]}(V, V) = 1$. Daraus folgt mit 11.9 $\dim_L \operatorname{Hom}_{L[\mathfrak{G}]}(V_L, V_L) = 1$, also $\operatorname{Hom}_{L[\mathfrak{G}]}(V_L, V_L) = \{aE \mid a \in L\}$.

Angenommen, V_L sei reduzibel. Da $L[\mathfrak{G}]$ eine halbeinfache Algebra ist (erst hier benötigen wir $\operatorname{Char} K \nmid |\mathfrak{G}|$), ist V_L nach 3.4 (S. 467) vollständig reduzibel. Sei etwa $V_L = V_1 \oplus V_2$ eine nichttriviale direkte Zerlegung von V_L in $L[\mathfrak{G}]$-Teilmoduln. Die Projektionen π_i von V_L auf V_i $(i = 1, 2)$ liegen dann in $\operatorname{Hom}_{L[\mathfrak{G}]}(V_L, V_L)$. Offenbar gilt $\pi_1 \pi_2 = 0$. Das ist jedoch unmöglich, da $\operatorname{Hom}_{L[\mathfrak{G}]}(V_L, V_L)$ ein Körper ist. **q.e.d.**

11.11 Satz. *Sei* K *ein Zerfällungskörper von* $\mathfrak{G}$, *und seien* $\mathbf{D}_i$ $(i = 1, \ldots, h)$ *die irreduziblen Darstellungen von* $K[\mathfrak{G}]$. *Sei* V_i *ein* $K[\mathfrak{G}]$*-Modul zu* $\mathbf{D}_i$. *Dann gilt:*

a) *Die* $\mathbf{D}_i$ *sind absolut irreduzibel.*

b) *Für jeden Oberkörper* L *von* K *liefern die* $L \otimes V_i$ *ein vollständiges System von irreduziblen, paarweise nichtisomorphen* $L[\mathfrak{G}]$*-Moduln.*

Beweis. a) Nach der Definition des Zerfällungskörpers spannen die $\mathbf{D}_i(G)$ mit $G \in \mathfrak{G}$ bei festem i über K einen vollen Matrixring auf. Also ist

$$\begin{aligned}\mathrm{Hom}_{K[\mathfrak{G}]}(V_i, V_i) \\ &= \{X \mid X \in \mathrm{Hom}_K(V_i, V_i),\ \mathbf{D}_i(G)\,X = X\,\mathbf{D}_i(G) \quad \text{für alle } G \in \mathfrak{G}\} \\ &= \{aE \mid a \in K\}\,.\end{aligned}$$

Nach 11.10 ist daher $\mathbf{D}_i$ absolut irreduzibel.

b) Wegen der absoluten Irreduzibilität der $\mathbf{D}_i$ sind die $L \otimes_K V_i$ irreduzible $L[\mathfrak{G}]$-Moduln. Wir haben zu zeigen, daß die zugehörigen Darstellungen $\tilde{\mathbf{D}}_i$ von $L[\mathfrak{G}]$ paarweise inäquivalent sind. Dazu genügt der Nachweis, daß sie verschiedene Kerne besitzen. Sei

$$K[\mathfrak{G}] = \bigoplus_{1}^{h} \mathfrak{a}_i \quad \text{mit} \quad \mathrm{Kern}\,\mathbf{D}_i = \bigoplus_{j \neq i} \mathfrak{a}_j\,.$$

Dann ist $L[\mathfrak{G}] = \bigoplus_{1}^{h} (\mathfrak{a}_i)_L$ und $\mathrm{Kern}\,\tilde{\mathbf{D}}_i \supseteq \bigoplus_{j \neq i} (\mathfrak{a}_j)_L$.

(Da die $(\mathfrak{a}_i)_L$ als volle Matrixringe über L einfach sind, gilt sogar $\mathrm{Kern}\,\tilde{\mathbf{D}}_i = \bigoplus_{j \neq i} (\mathfrak{a}_j)_L$.) Also sind die $\tilde{\mathbf{D}}_i$ paarweise inäquivalente Darstellungen von $L[\mathfrak{G}]$. **q.e.d.**

Satz 11.11 besagt, daß wir uns für das Studium der absolut irreduziblen Darstellungen von $\mathfrak{G}$ stets auf Zerfällungskörper von $\mathfrak{G}$ beschränken können. Körpererweiterung eines Zerfällungskörpers bringt keine neuen irreduziblen Darstellungen und erhält die Irreduzibilität. In § 19 werden wir den folgenden tiefliegenden Satz von R. Brauer beweisen: Ist $\mathfrak{G}$ eine Gruppe vom Exponenten m, so ist der Körper der m-ten Einheitswurzeln über dem rationalen Zahlkörper ein Zerfällungskörper von $\mathfrak{G}$.

Aufgaben:

22) Man gebe ein Beispiel einer reduziblen Darstellung von $K[\mathfrak{G}]$ auf einem Vektorraum V über K an derart, daß $\mathrm{Hom}_{K[\mathfrak{G}]}(V, V)$ ein Schiefkörper ist. (Notwendig ist $\mathrm{Char}\,K \mid |\mathfrak{G}|$.)

§ 12. Ganzzahlige Darstellungen und Konstantenreduktion

12.1 Definition. Sei I ein Integritätsbereich und K der Quotientenkörper von I. Wir sagen: Die Darstellung $\mathbf{D}$ von $\mathfrak{G}$ auf dem $K[\mathfrak{G}]$-Modul V läßt sich ganzzahlig machen, falls es eine K-Basis $\{v_1, \ldots, v_n\}$ von V gibt derart, daß für alle $G \in \mathfrak{G}$ gilt

$$v_i\,\mathbf{D}(G) = \sum_{j=1}^{n} a_{ij}(G)\,v_j$$

mit $a_{ij}(G) \in I$ für alle $i, j = 1, \ldots, n$.

12.2 Satz. *Sei I ein Integritätsbereich und K der Quotientenkörper von I. Jedes endlich erzeugbare Ideal von I sei ein Hauptideal. Sei V ein $K[\mathfrak{G}]$-Modul und $\mathbf{D}$ die Darstellung von $\mathfrak{G}$ auf V. Dann läßt sich $\mathbf{D}$ ganzzahlig machen.*

Beweis. Sei $\{v_1, \ldots, v_n\}$ eine K-Basis von V und

$$v_i \mathbf{D}(G) = \sum_{j=1}^{n} b_{ij}(G)\, v_j .$$

Es gibt ein c mit $0 \neq c \in I$ derart, daß alle $c\, b_{ij}(G)$ in I liegen. Wir setzen

$$W = \left\{ \sum_{G \in \mathfrak{G}} \sum_{j=1}^{n} a_{G,j}\, v_j\, \mathbf{D}(G) \;\middle|\; a_{G,j} \in I \right\}.$$

Offenbar ist W ein endlich erzeugbarer Untermodul des freien I-Moduls

$$F = \left\{ \sum_{j=1}^{n} \frac{c_j}{c} v_j \;\middle|\; c_j \in I \right\}$$

in den freien Erzeugenden $\frac{1}{c} v_j$. Nach I, 13.4 b) (S. 74) ist daher W ein freier I-Modul mit freien Erzeugenden $w_1, \ldots, w_s$ $(s \leqq n)$. Wegen $v_i \in W$ spannen die w_j über K ganz V auf. Daher ist $s = n$, und die w_j bilden eine K-Basis von V. Wegen $w_i\, \mathbf{D}(G) \in W$ gelten Gleichungen der Gestalt

$$w_i \mathbf{D}(G) = \sum_{j=1}^{n} a_{ij}(G)\, w_j$$

mit $a_{ij}(G) \in I$ für alle G aus $\mathfrak{G}$. Also läßt sich $\mathbf{D}$ ganzzahlig machen.

q.e.d.

Zwei Spezialfälle von 12.2 sind für uns von besonderem Interesse. Zur Behandlung des ersten benötigen wir zwei Bemerkungen über algebraische Zahlkörper:

12.3 Hilfssatz. *Sei K ein algebraischer Zahlkörper, I der Ring der ganzen Zahlen von K und $\mathfrak{i}$ ein Ideal in I. Dann gibt es eine endlich algebraische Erweiterung K' von K mit folgenden Eigenschaften: Ist I' der Ring der ganzen Zahlen von K', so ist das Ideal $\mathfrak{i} I'$ ein Hauptideal in I'.*

Beweis. Wegen der Endlichkeit der Klassenzahl von K (siehe Hasse [1], S. 542) gibt es eine natürliche Zahl n derart, daß $\mathfrak{i}^n$ ein Hauptideal in I ist. Sei $\mathfrak{i}^n = a\, I$ mit $a \in I$. Wir bilden den Erweiterungskörper $K' = K(b)$ mit irgendeiner Lösung b von $b^n = a$. Ist I' der Ring der ganzen algebraischen Zahlen von K', so gilt

$$(\mathfrak{i}\, I')^n = a\, I' = (b\, I')^n .$$

Da die Gruppe der Ideale von I' eine freie abelsche Gruppe ist (siehe Hasse [1], S. 251), folgt daraus $\mathfrak{i}\, I' = b\, I'$. **q.e.d.**

12.4 Hilfssatz. *Sei J der Ring aller ganzen algebraischen Zahlen. Dann ist jedes endlich erzeugbare Ideal von J ein Hauptideal.*

Beweis. Sei $\mathfrak{i} = \sum_{i=1}^{m} J a_i$ ein Ideal in J. Da die a_i algebraische Zahlen sind, liegen sie alle in einem endlich algebraischen Zahlkörper K' und erzeugen im Ring I' der ganzen Zahlen von K' ein Ideal $\mathfrak{i}' = \sum_{1}^{m} I' a_i$. Nach 12.3 gibt es einen algebraischen Erweiterungskörper K'' von K' mit $\mathfrak{i}' I'' = b I''$, wobei I'' der Ring der ganzen algebraischen Zahlen in K'' ist. Nun folgt

$$\mathfrak{i} = J \mathfrak{i}' = J(I'' \mathfrak{i}') = J(b I'') = J b . \qquad \textbf{q.e.d.}$$

12.5 Satz. *Sei $\mathbf{D}$ eine Darstellung von $\mathfrak{G}$ auf dem $K[\mathfrak{G}]$-Modul V.*

a) *Ist K ein $\mathfrak{p}$-adischer Körper, so läßt sich $\mathbf{D}$ ganzzahlig machen im Ring I der ganzen $\mathfrak{p}$-adischen Zahlen von K.*

b) *Ist K ein algebraischer Zahlkörper, so gibt es einen endlich algebraischen Oberkörper L von K derart, daß sich die Darstellung von $\mathfrak{G}$ auf V_L ganzzahlig machen läßt.*

Beweis. a) Die Behauptung folgt sofort aus Satz 12.2, da der Ring I der ganzen $\mathfrak{p}$-adischen Zahlen eine Hauptidealring ist.

b) Sei A der Körper aller algebraischen Zahlen. Nach 12.4 und 12.2 hat V_A eine A-Basis $\{v_1, \ldots, v_n\}$ derart, daß

$$v_i \mathbf{D}(G) = \sum_{j=1}^{n} a_{ij}(G) v_j$$

mit ganzen algebraischen Zahlen $a_{ij}(G)$ gilt. Die endlich vielen $a_{ij}(G)$ liegen bereits in einem endlich algebraischen Zahlkörper, für welchen die Behauptung dann gilt. **q.e.d.**

Als Anwendung von 12.5 beweisen wir eine Verschärfung von 5.12:

12.6 Satz. *Sei $\mathbf{D}$ eine absolut irreduzible Darstellung von $\mathfrak{G}$ über einem Körper K der Charakteristik 0. Dann teilt der Grad von $\mathbf{D}$ den Index $|\mathfrak{G} : \mathbf{Z}(\mathfrak{G})|$ des Zentrums von $\mathfrak{G}$.*

Beweis (Gaschütz). Sei $\mathbf{D}$ eine Darstellung von $K[\mathfrak{G}]$. Da $\mathbf{D}$ absolut irreduzibel ist, können wir $\mathbf{D}$ als irreduzible Darstellung von $L[\mathfrak{G}]$ ansehen, wobei L ein algebraisch abgeschlossener Oberkörper von K ist. Sei A die algebraische Abschließung des Primkörpers von L in L. Nach 5.1 ist A ein Zerfällungskörper von $\mathfrak{G}$. Nach 11.11 entsteht daher der Darstellungsmodul zur Darstellung $\mathbf{D}$ von $L[\mathfrak{G}]$ (bis auf Isomorphie) durch Konstantenerweiterung eines irreduziblen $A[\mathfrak{G}]$-Moduls. Sei $\mathbf{D}$ also eine Darstellung von $A[\mathfrak{G}]$ auf dem $A[\mathfrak{G}]$-Modul M. Nach 12.5 b) läßt $\mathbf{D}$ sich ganzzahlig machen. Also haben bezüglich einer geeigneten Basis von M die Matrizen $\mathbf{D}(G)$ ganze algebraische Zahlen als Koeffizienten.

Sei $\mathfrak{G} = \bigcup_{j=1}^{m} \mathbf{Z}(\mathfrak{G})\, R_j$. Mit einer ganzzahligen Matrix X mit $Sp X = 1$ bilden wir

$$Y = \sum_{j=1}^{m} \mathbf{D}(R_j)\, X\, \mathbf{D}(R_j^{-1}) .$$

Dann ist $Sp Y = m\, Sp X = m$. Für jedes G aus $\mathfrak{G}$ ist $G R_j = R_{j'} Z_{j'}$ mit $Z_{j'} \in \mathbf{Z}(\mathfrak{G})$. Da $\mathbf{D}$ absolut irreduzibel ist, gilt nach 11.10 nun $\mathbf{D}(Z_{j'}) = a_{j'} E$ mit $a_{j'} \in A$. Für alle G aus $\mathfrak{G}$ ist nun

$$\mathbf{D}(G)\, Y = \sum_{j=1}^{m} \mathbf{D}(G R_j)\, X\, \mathbf{D}(R_j^{-1}) = \sum_{j=1}^{m} \mathbf{D}(R_{j'})\, X\, a_{j'}\, \mathbf{D}(R_j^{-1})$$

$$= \sum_{j=1}^{m} \mathbf{D}(R_{j'})\, X\, \mathbf{D}(R_{j'}^{-1} G) = Y\, \mathbf{D}(G) .$$

Also haben wir $Y \in \operatorname{Hom}_{A[\mathfrak{G}]}(M, M)$. Nach 11.10 ist $Y = kE$ mit $k \in A$. Da die Koeffizienten von X und von den $\mathbf{D}(R_j^{\pm 1})$ im Ring I der ganzen algebraischen Zahlen von A liegen, folgt $k \in I$. Ist n der Grad von $\mathbf{D}$, so ergibt sich also

$$m = Sp Y = Sp(kE) = k\, n .$$

Somit ist $k = \frac{m}{n}$ eine ganze algebraische und rationale Zahl. Bekanntlich ist dann k ganz-rational. Das zeigt, daß $n = \operatorname{Grad} \mathbf{D}$ ein Teiler von $m = |\mathfrak{G} : \mathbf{Z}(\mathfrak{G})|$ ist. **q.e.d.**

Will man in diesem Beweis die Sätze 12.3 und 12.4 über algebraische Zahlen vermeiden, so kann man den Beweis auch in $\mathfrak{p}$-adischen Körpern führen. Eine weitere Verschärfung von 5.12 werden wir in 17.10 beweisen.

12.7 Definition. Sei $\mathbf{D}$ eine Darstellung der endlichen Gruppe $\mathfrak{G}$ über einem $\mathfrak{p}$-adischen Körper K. Bezüglich einer geeigneten Basis des Darstellungsmoduls zu $\mathbf{D}$ sind nach 12.5 a) den $\mathbf{D}(G)$ Matrizen $(a_{ij}(G))$ mit $a_{ij}(G) \in I$ zugeordnet. Ist $a \in I$, so setzen wir $\bar{a} = a + \mathfrak{p}$. Die Abbildung $\bar{\mathbf{D}}$ mit $\bar{\mathbf{D}}(G) = (\overline{a_{ij}(G)})$ liefert offenbar eine Darstellung von $\mathfrak{G}$ über dem Restklassenkörper $\bar{K} = I/\mathfrak{p}$ von K. Wir nennen $\bar{\mathbf{D}}$ eine Konstantenreduktion von $\mathbf{D}$. (Auf die Frage, wieweit $\bar{\mathbf{D}}$ durch $\mathbf{D}$ eindeutig bestimmt ist, gehen wir in 12.9 ein.)

12.8 Satz (R. Brauer, Nesbitt [1]). *Sei $\mathbf{D}$ eine absolut irreduzible Darstellung von $\mathfrak{G}$ über einem $\mathfrak{p}$-adischen Körper K. Die Charakteristik des Restklassenkörpers $\bar{K}$ von K sei p. Ist $p^a \mid\!\!\!/\ |\mathfrak{G}|$ und $p^a \mid \operatorname{Grad} \mathbf{D}$, so ist jede Konstantenreduktion von $\mathbf{D}$ irreduzibel über $\bar{K}$.*

Beweis. Angenommen, $\bar{\mathbf{D}}$ sei eine reduzible Konstantenreduktion der ganzzahlig geschriebenen Darstellung $\mathbf{D}$. Dann gibt es eine Matrix $\bar{T}$ über $\bar{K}$ mit

$$\bar{T}^{-1}\, \bar{\mathbf{D}}(G)\, \bar{T} = \begin{pmatrix} \bar{D}_1(G) & 0 \\ * & \bar{D}_2(G) \end{pmatrix}$$

für alle $G \in \mathfrak{G}$. Sei $T = (t_{ij})$ mit $t_{ij} \in I$ und $\overline{T} = (\bar{t}_{ij})$. Wegen $\det \overline{T} \neq 0$ ist $\det T \notin \mathfrak{p}$. Also ist $\det T$ eine Einheit in I, und somit ist auch T^{-1} eine Matrix mit Koeffizienten in I. Nun gilt

$$T^{-1}\,\mathbf{D}(G)\,T = (a_{ij}(G))$$

mit $a_{ij}(G) \in I$ und $\overline{a_{1n}(G)} = 0$ für alle $G \in \mathfrak{G}$. Da $\mathbf{D}$ absolut irreduzibel ist, folgt mit 5.7 b)

$$\frac{g}{n} = \sum_{G \in \mathfrak{G}} a_{1n}(G)\, a_{n1}(G^{-1}) \equiv 0 \;(\mathfrak{p})\,,$$

entgegen $p^a \mid n$. Also ist $\overline{\mathbf{D}}$ irreduzibel. **q.e.d.**

Satz 12.8 spielt in der modularen Darstellungstheorie eine wichtige Rolle. Wir beschäftigen uns hier nur mit dem Fall, daß die Charakteristik des Restklassenkörpers $\overline{K}$ von K kein Teiler von $|\mathfrak{G}|$ ist. Der folgende Hauptsatz beschreibt dann die Verhältnisse vollständig:

12.9 Hauptsatz. *Sei K ein $\mathfrak{p}$-adischer Zerfällungskörper von $\mathfrak{G}$ mit dem Restklassenkörper $\overline{K}$ der Charakteristik p. Sei $p \nmid |\mathfrak{G}|$, und seien $\mathbf{D}_1, \ldots, \mathbf{D}_h$ die irreduziblen Darstellungen von $K[\mathfrak{G}]$. Sei $\overline{\mathbf{D}}_i$ irgendeine Konstantenreduktion von $\mathbf{D}_i$. Dann sind $\overline{\mathbf{D}}_1, \ldots, \overline{\mathbf{D}}_h$ bis auf Äquivalenz die sämtlichen irreduziblen Darstellungen von $\overline{K}[\mathfrak{G}]$, und $\overline{K}$ ist ein Zerfällungskörper von $\mathfrak{G}$. Die Konstantenreduktion $\overline{\mathbf{D}}_i$ ist durch $\mathbf{D}_i$ bis auf Äquivalenz eindeutig bestimmt.*

Beweis. Wegen $p \nmid |\mathfrak{G}|$ sind die $\overline{\mathbf{D}}_i$ nach 12.8 irreduzibel.

Angenommen, es sei $\overline{\mathbf{D}}_i$ äquivalent zu $\overline{\mathbf{D}}_j$ für $i \neq j$. Dann gilt

$$\overline{\chi_i(G)} = Sp\,\overline{\mathbf{D}}_i(G) = Sp\,\overline{\mathbf{D}}_j(G) = \overline{\chi_j(G)}\,.$$

Damit folgt wegen $(\chi_i, \chi_j) = 0$ im Widerspruch zu $p \nmid g$

$$g = \sum_{G \in \mathfrak{G}} (\chi_i(G) - \chi_j(G))\,\chi_i(G^{-1}) \equiv 0 \;(\mathfrak{p})\,.$$

Somit sind die $\overline{\mathbf{D}}_1, \ldots, \overline{\mathbf{D}}_h$ paarweise inäquivalente Darstellungen von $\overline{K}[\mathfrak{G}]$. Es gilt

$$\sum_{i=1}^{h} (\mathrm{Grad}\,\overline{\mathbf{D}}_i)^2 = \sum_{i=1}^{h} (\mathrm{Grad}\,\mathbf{D}_i)^2 = g\,.$$

Da nun für $\overline{K}$ die Voraussetzungen von 11.4 b) erfüllt sind, ist $\overline{K}$ ein Zerfällungskörper von $\mathfrak{G}$, und die $\overline{\mathbf{D}}_i$ sind (bis auf Äquivalenz) die sämtlichen absolut irreduziblen Darstellungen von $\mathfrak{G}$ über $\overline{K}$.

Seien $\overline{\mathbf{D}}_i$ und $\widetilde{\mathbf{D}}_i$ Konstantenreduktionen von $\mathbf{D}_i$. Nach dem schon Bewiesenen sind $\overline{\mathbf{D}}_i$ und $\widetilde{\mathbf{D}}_i$ irreduzibel, und sie sind nicht äquivalent zu einem $\overline{\mathbf{D}}_j$ mit $j \neq i$. Also ist $\overline{\mathbf{D}}_i$ äquivalent zu $\widetilde{\mathbf{D}}_i$. **q.e.d.**

Ist $\mathrm{Char}\,\overline{K} \mid |\mathfrak{G}|$, so stimmen die meisten bisherigen Aussagen nicht mehr. Die Konstantenreduktionen sind dann nicht mehr bis auf Äquivalenz bestimmt, aber ihre irreduziblen Teile sind noch eindeutig bestimmt (siehe R. BRAUER [8], S. 443). Ferner können Konstantenreduktionen von irreduziblen Darstellungen von $K[\mathfrak{G}]$ reduzibel sein. Es kann vorkommen, daß nicht alle Darstellungen von $\overline{K}[\mathfrak{G}]$ Konstantenreduktionen von Darstellungen von $K[\mathfrak{G}]$ sind. Wir geben Beispiele dafür an:

12.10 Beispiele.

a) Sei $\mathfrak{G} = \langle A, B \rangle$ die Diedergruppe der Ordnung 6 mit den Relationen $A^3 = B^2 = E$, $A^B = A^{-1}$. Ist K ein $\mathfrak{p}$-adischer Körper mit $\operatorname{Char}\overline{K} = 3$ und ε eine primitive dritte Einheitswurzel aus K, so definiert $\mathbf{D}$ mit

$$\mathbf{D}(A) = \begin{pmatrix} \varepsilon & 0 \\ 0 & \varepsilon^{-1} \end{pmatrix}, \quad \mathbf{D}(B) = \begin{pmatrix} 0 & 1 \\ 1 & 0 \end{pmatrix}$$

offenbar eine Darstellung von $\mathfrak{G}$ über K. Mit 11.10 sieht man leicht, daß $\mathbf{D}$ absolut irreduzibel ist. Wegen $\bar{\varepsilon} = 1$ ist $\overline{\mathbf{D}}$ eine Darstellung der abelschen Gruppe $\mathfrak{G}/\langle A \rangle$ und ist offenbar reduzibel.

b) Wegen der Isomorphie

$$SL(2, 4) = PSL(2, 4) \simeq \mathfrak{A}_5$$

aus II, 6.14 (S. 183) hat die alternierende Gruppe $\mathfrak{A}_5$ eine treue Darstellung $\mathbf{F}$ vom Grad 2 über $GF(4)$. Diese Darstellung ist absolut irreduzibel, denn andernfalls wäre $\mathfrak{A}_5$ isomorph zu einer Gruppe von Dreiecksmatrizen über einem Erweiterungskörper von $GF(4)$, wäre also auflösbar.

Wir zeigen, daß $\mathfrak{A}_5$ über keinem Körper der Charakteristik 0 eine treue, irreduzible Darstellung vom Grad 2 hat. Dann ist $\mathbf{F}$ sicher keine Konstantenreduktion einer Darstellung von $\mathfrak{A}_5$ über einem $\mathfrak{p}$-adischen Körper.

Angenommen, es sei $\mathbf{D}$ eine treue Darstellung von $\mathfrak{A}_5$ vom Grad 2. Sei $\mathfrak{P}$ eine 2-Sylowgruppe von $\mathfrak{A}_5$. Dann ist die Einschränkung von $\mathbf{D}$ auf $\mathfrak{P}$ vollständig reduzibel, und es folgt (bezüglich einer geeigneten Basis)

$$\{\mathbf{D}(P) \mid P \in \mathfrak{P}\} = \left\{\begin{pmatrix} \varepsilon_1 & 0 \\ 0 & \varepsilon_2 \end{pmatrix} \mid \varepsilon_i = \pm 1\right\}.$$

Also gibt es ein $P_0 \in \mathfrak{P}$ mit $\mathbf{D}(P_0) = -E$. Wegen der Treue von $\mathbf{D}$ folgt der Widerspruch $P_0 \in \mathbf{Z}(\mathfrak{A}_5)$.

c) Sei $\mathfrak{G} = \langle G \rangle$ die zyklische Gruppe der Ordnung 2, K ein $\mathfrak{p}$-adischer Körper mit $\operatorname{Char}\overline{K} = 2$ und $V = \langle v_1, v_2 \rangle$ der $K[\mathfrak{G}]$-Modul mit

$$v_1 \mathbf{D}(G) = v_1 \quad \text{und} \quad v_2 \mathbf{D}(G) = -v_2 .$$

Bezüglich der Basis $\{v_1, v_2\}$ ist die Darstellung ganzzahlig, und wir erhalten als Konstantenreduktion offenbar

$$\overline{\mathbf{D}}(G) = \begin{pmatrix} 1 & 0 \\ 0 & 1 \end{pmatrix}.$$

Ist $\{w_1, w_2\}$ die Basis mit $w_1 = v_1 + \frac{1}{2} v_2$, $w_2 = v_2$, so gilt

$$w_1 \mathbf{D}(G) = w_1 - w_2 \quad \text{und} \quad w_2 \mathbf{D}(G) = -w_2 .$$

Die dazu gebildete Konstantenreduktion ist

$$\tilde{\mathbf{D}}(G) = \begin{pmatrix} 1 & 1 \\ 0 & 1 \end{pmatrix} .$$

Offensichtlich sind $\overline{\mathbf{D}}$ und $\tilde{\mathbf{D}}$ nicht äquivalent.

12.11 Satz. a) *Seien K_1 und K_2 Zerfällungskörper von $\mathfrak{G}$ mit* $\operatorname{Char} K_i \nmid |\mathfrak{G}|$. *Dann sind die Grade der irreduziblen Darstellungen von $K_1[\mathfrak{G}]$ und $K_2[\mathfrak{G}]$ dieselben.*

b) *Ist K ein Zerfällungskörper von $\mathfrak{G}$ mit* $\operatorname{Char} K \nmid |\mathfrak{G}|$, *so ist der Grad jeder irreduziblen Darstellung von $K[\mathfrak{G}]$ ein Teiler von* $|\mathfrak{G} : \mathbf{Z}(\mathfrak{G})|$.

Beweis. a) Wir nehmen zuerst an, daß K_1 und K_2 die gleiche Charakteristik haben. Dann gibt es einen Körper L, in welchen K_1 und K_2 isomorph eingebettet sind. (Für L wähle man etwa einen algebraisch abgeschlossenen Körper mit genügend hohem Transzendenzgrad.) Nach 11.3 b) ist L ein Zerfällungskörper von $\mathfrak{G}$, und nach 11.11 liefern die irreduziblen Darstellungen von $K_i[\mathfrak{G}]$ $(i = 1, 2)$ durch Konstantenerweiterung gerade die irreduziblen Darstellungen von $L[\mathfrak{G}]$. Die Grade bleiben dabei erhalten.

Sei nun $\operatorname{Char} K_1 = p$. Bekanntlich gibt es einen diskret bewerteten Körper K, dessen Restklassenkörper $\overline{K}$ zu K_1 isomorph ist. Sei L ein Zerfällungskörper von $\mathfrak{G}$, welcher endlich algebraisch über K ist. Bekanntlich ist L wieder ein diskret bewerteter Körper, und der Restklassenkörper $\overline{L}$ von L ist eine Erweiterung von $\overline{K}$. Da die Konstantenreduktionen aller irreduziblen Darstellungen von $K[\mathfrak{G}]$ absolut irreduzibel sind, bleiben die Darstellungen von $K[\mathfrak{G}]$ bei der Konstantenerweiterung zu L irreduzibel, sind also absolut irreduzibel. Also ist K ein Zerfällungskörper von $\mathfrak{G}$, und Satz 12.9 ist anwendbar. Die Grade der irreduziblen Darstellungen von $\mathfrak{G}$ über K_1 sind also dieselben, wie über einem Zerfällungskörper der Charakteristik 0. Nach dem ersten Teil des Beweises stimmen diese Grade also überein für alle betrachteten Körper.

b) Die Behauptung folgt sofort aus 12.6 und a). **q.e.d.**

Aufgaben:

23) Sei $\mathbf{D}$ eine Darstellung von $\mathfrak{G}$ über dem Zerfällungskörper $\overline{K}$ von $\mathfrak{G}$ mit $\operatorname{Char} \overline{K} = p \nmid \mathfrak{G}$. Sei K ein $\mathfrak{p}$-adischer Körper mit dem Restklassenkörper $I/\mathfrak{p} = \overline{K}$ und mit $\mathfrak{p} = \pi I$. Seien die $\mathbf{F}_1(G)$ Matrizen über I mit $\overline{\mathbf{F}_1(G)} = \mathbf{D}(G)$. (Die Restklassenabbildung mod $\mathfrak{p}$ wird dabei auch für Matrizen mit dem Querstrich bezeichnet.) Man zeige:

a) Seien schon Matrizen $\mathbf{F}_i(G)$ (für $G \in \mathfrak{G}$) und $\mathbf{B}(G, G')$ über I gefunden mit

$$\mathbf{F}_i(G)\,\mathbf{F}_i(G') = \mathbf{F}_i(G\,G') + \pi^i\,\mathbf{B}(G, G')$$

für alle G, G' aus $\mathfrak{G}$. Dann ist f mit $f(G, G') = \mathbf{D}(G\,G')^{-1}\,\overline{\mathbf{B}(G, G')}$ ein 2-Kozyklus aus $\mathbf{Z}^2(\mathfrak{G}, \mathrm{Hom}_{\bar{K}}(\bar{V}, \bar{V}))$. Man zeige, daß es ein $\mathbf{F}_{i+1}(G) = \mathbf{F}_i(G) + \pi^i\,\mathbf{A}(G)$ gibt derart, daß für alle G, G' aus $\mathfrak{G}$ gilt

$$\mathbf{F}_{i+1}(G)\,\mathbf{F}_{i+1}(G') \equiv \mathbf{F}_{i+1}(G\,G') \quad (\pi^{i+1}).$$

b) Man ermittle eine Darstellung $\mathbf{F}$ von $\mathfrak{G}$ über K durch

$$\mathbf{F}(G) = \lim_{i \to \infty} \mathbf{F}_i(G).$$

Bei diesem Verfahren bleiben Irreduzibilität und Inäquivalenz erhalten. Man gebe einen neuen Beweis von 12.9.

(Offenbar ist das geschilderte Verfahren eine Übertragung des Henselschen Lemmas der Bewertungstheorie.)

24) Sei $\mathfrak{G}$ eine endliche Gruppe von Matrizen, deren Koeffizienten im Ring I der ganzen $\mathfrak{p}$-adischen Zahlen des $\mathfrak{p}$-adischen Körpers K liegen. Sei $I/\mathfrak{p} = GF(p^f)$ der Restklassenkörper von I. Für $a \in I$ setzen wir $\bar{a} = a + \mathfrak{p}$. Dann ist die Abbildung $(a_{ij}) \to (\bar{a}_{ij})$ ein Homomorphismus von $\mathfrak{G}$ in $GL(n, p^f)$, der Kern ist eine p-Gruppe. Ist $p\,I = \mathfrak{p}^e$ und $e < p - 1$, so liegt ein Isomorphismus vor.

§ 13. Algebraisch konjugierte Charaktere

In diesem Paragraphen sei bis auf 13.2 und 13.3 stets K ein Körper der Charakteristik 0 und L ein Zerfällungskörper von $\mathfrak{G}$, welcher eine endlich algebraische, galoissche Erweiterung von K ist. Wir nennen χ einen Charakter von $\mathfrak{G}$ über K, wenn es eine Darstellung $\mathbf{D}$ von $K[\mathfrak{G}]$ gibt mit $Sp\,\mathbf{D}(G) = \chi(G)$ für alle $G \in \mathfrak{G}$; χ heißt irreduzibler Charakter über K, wenn $\mathbf{D}$ eine irreduzible Darstellung von $K[\mathfrak{G}]$ ist.

13.1 Satz. *Sei L ein über K galoisscher Zerfällungskörper von $\mathfrak{G}$.*

a) *Ist χ ein Charakter von $\mathfrak{G}$ über L und α ein Körperautomorphismus von L über K, so ist χ^α mit*

$$\chi^\alpha(G) = \chi(G)^\alpha$$

ein Charakter von $\mathfrak{G}$ über L. Wir nennen χ^α einen zu χ über K konjugierten Charakter. Ist χ irreduzibel, so ist auch χ^α irreduzibel.

b) *Ist χ ein Charakter von $\mathfrak{G}$ über L mit $\chi(G) \in K$ für alle $G \in \mathfrak{G}$, so gilt*

$$(\chi, \tau) = (\chi, \tau^\alpha)$$

für alle Charaktere τ von $\mathfrak{G}$ über L und alle Automorphismen α von L über K. (Aus der Bedingung $\chi(G) \in K$ folgt keineswegs, daß χ ein Charakter von $\mathfrak{G}$ über K ist!)

c) *Sei* $|\mathfrak{G}| = g$. *Der Zerfällungskörper* L *von* $\mathfrak{G}$ *enthalte den Körper* $\mathsf{Q}(\varepsilon)$ *der primitiven g-ten Einheitswurzeln über dem rationalen Zahlkörper* Q. *Ist* $(g, m) = 1$, *so gibt es bekanntlich einen Automorphismus* α_m *von* $\mathsf{Q}(\varepsilon)$ *über* Q *mit* $\varepsilon^{\alpha_m} = \varepsilon^m$. *Dann gilt*

$$\chi^{\alpha_m}(G) = \chi(G^m)$$

für alle Charaktere χ *von* $\mathfrak{G}$ *über* L *und alle* G *aus* $\mathfrak{G}$.

Beweis. a) Sei $\mathbf{D}$ eine Darstellung von $\mathsf{L}[\mathfrak{G}]$ auf einem Vektorraum V über L mit $Sp\,\mathbf{D}(G) = \chi(G)$. Sei $\{v_1, \ldots, v_n\}$ eine L-Basis von V und

$$v_i\,\mathbf{D}(G) = \sum_{j=1}^{n} a_{ij}(G)\, v_j\,.$$

Wir definieren $\mathbf{D}^\alpha(G)$ durch

$$v_i\,\mathbf{D}^\alpha(G) = \sum_{j=1}^{n} a_{ij}(G)^\alpha\, v_j\,.$$

Wegen $\mathbf{D}^\alpha(G_1)\,\mathbf{D}^\alpha(G_2) = \mathbf{D}^\alpha(G_1 G_2)$ ist $\mathbf{D}^\alpha$ eine Darstellung von $\mathfrak{G}$ über L mit

$$Sp\,\mathbf{D}^\alpha(G) = \sum_{i=1}^{n} a_{ii}(G)^\alpha = \left(\sum_{i=1}^{n} a_{ii}(G)\right)^\alpha = \chi^\alpha(G)\,.$$

Ist χ irreduzibel über L, so folgt aus

$$\sum_{G\in\mathfrak{G}} \chi(G)\,\chi(G^{-1}) = g$$

auch

$$\sum_{G\in\mathfrak{G}} \chi^\alpha(G)\,\chi^\alpha(G^{-1}) = g\,,$$

und wegen $\mathrm{Char}\,K = 0$ ist daher χ^α nach 5.10 b) irreduzibel.

b) Da (χ, τ) stets eine ganze rationale Zahl ist, also bei jedem Automorphismus fest bleibt, haben wir

$$\begin{aligned}(\chi, \tau) = (\chi, \tau)^\alpha &= \left(\frac{1}{g}\sum_{G\in\mathfrak{G}} \chi(G)\,\tau(G^{-1})\right)^\alpha = \frac{1}{g}\sum_{G\in\mathfrak{G}} \chi(G)\,\tau(G^{-1})^\alpha \\ &= (\chi, \tau^\alpha)\,.\end{aligned}$$

c) Der Automorphismus α_m von $\mathsf{Q}(\varepsilon)$ über Q mit $\varepsilon^{\alpha_m} = \varepsilon^m$ läßt sich bekanntlich auf den Oberkörper L von $\mathsf{Q}(\varepsilon)$ ausdehnen. Sei $\mathbf{D}$ eine Darstellung von $\mathfrak{G}$ über L mit $Sp\,\mathbf{D}(G) = \chi(G)$, und seien ε^{n_i} die Eigenwerte von $\mathbf{D}(G)$, welche wegen

$$\mathbf{D}(G)^g = \mathbf{D}(G^g) = \mathbf{D}(E) = E$$

g-te Einheitswurzeln sind. Dann haben $\mathbf{D}(G^m)$ und $\mathbf{D}^{\alpha_m}(G)$ die Eigenwerte $\varepsilon^{m n_i}$. Daher folgt

$$\chi^{\alpha_m}(G) = Sp\,\mathbf{D}^{\alpha_m}(G) = \sum_i \varepsilon^{m n_i} = Sp\,\mathbf{D}(G^m) = \chi(G^m)\,. \qquad \textbf{q.e.d.}$$

13.2 Hilfssatz. *Sei* L *ein galoisscher Erweiterungskörper von* K *und* V *ein* $K[\mathfrak{G}]$*-Rechtsmodul. Wir setzen* $V' = \mathsf{L} \otimes_K V$. *Dann ist* V' *ein*

$L[\mathfrak{G}]$-Rechtsmodul. Sei $\mathfrak{H}$ die galoissche Gruppe von L über K und $\{v_1, \ldots, v_n\}$ eine K-Basis von V. Durch die Festsetzung

$$\left(\sum_{i=1}^{n} (l_i \otimes v_i)\right) H = \sum_{i=1}^{n} (l_i H \otimes v_i)$$

für $l_i \in L$ wird V' ein $\mathfrak{H}$-Modul. Ist W ein $L[\mathfrak{G}]$-Teilmodul von V' mit $WH = W$ für alle H aus $\mathfrak{H}$, so gibt es einen $K[\mathfrak{G}]$-Teilmodul U von V mit $W = L \otimes_K U$.

Beweis. Sei $\{w_1, \ldots, w_r\}$ eine L-Basis von W. Diese läßt sich bekanntlich durch eine Teilmenge der L-Basis $\{v_i' = 1 \otimes v_i \mid i = 1, \ldots, n\}$ von V' zu einer L-Basis von V' ergänzen. Sei etwa

$$\{w_1, \ldots, w_r, v_{r+1}', \ldots, v_n'\}$$

eine L-Basis von V'. Dann gelten Gleichungen

$$v_i' = \sum_{j=r+1}^{n} v_j' l_{ij} + w_i' \quad (1 \leqq i \leqq r)$$

mit $w_i' \in W$ und $l_{ij} \in L$. Da $v_1', \ldots, v_n'$ linear unabhängig sind über L, sind auch die w_i' linear unabhängig über L, bilden also eine L-Basis von W. Für $H \in \mathfrak{H}$ haben wir wegen $w_i' H \in W$ nun mit geeigneten $a_{ki} \in L$

$$\begin{aligned} w_i' H &= v_i' - \sum_{j=r+1}^{n} v_j' (l_{ij} H) \\ &= \sum_{k=1}^{r} w_k' a_{ki} = \sum_{k=1}^{r} v_k' a_{ki} - \sum_{k=1}^{r} \sum_{j=r+1}^{n} v_j' l_{kj} a_{ki} . \end{aligned}$$

Koeffizientenvergleich zeigt $a_{ki} = \delta_{ki}$ $(i, k = 1, \ldots, r)$. Somit ergibt sich $w_i' H = w_i'$. Ist $w_i' = \sum_{j=1}^{n} v_j' b_{ij}$ mit $b_{ij} \in L$, so folgt $b_{ij} H = b_{ij}$ für alle $H \in \mathfrak{H}$, also $b_{ij} \in K$. Wir setzen

$$u_i = \sum_{j=1}^{n} v_j b_{ij} .$$

Dann ist $U = \langle u_1, \ldots, u_r \rangle$ ein K-Teilraum von V mit

$$L \otimes_K U = \langle w_1', \ldots, w_r' \rangle = W .$$

Wegen

$$U = \{v \mid v \in V, 1 \otimes v \in W\}$$

ist U ein $K[\mathfrak{G}]$-Modul. **q.e.d.**

13.3 Satz. *Sei V ein irreduzibler $K[\mathfrak{G}]$-Modul und L eine galoissche Erweiterung von K. Dann ist der $L[\mathfrak{G}]$-Modul $V' = L \otimes_K V$ direkte Summe von irreduziblen $L[\mathfrak{G}]$-Moduln, welche durch Automorphismen von L über K auseinander hervorgehen.*

(Hier wird keine Voraussetzung über die Charakteristik von K benötigt.)

Beweis. Sei M ein irreduzibler $L[\mathfrak{G}]$-Teilmodul von $V' = L \otimes_K V$. Nach 13.2 ist V' ein Modul für die galoissche Gruppe $\mathfrak{H}$ von L über K.

Mit M sind auch alle MH irreduzible $L[\mathfrak{G}]$-Moduln. Sei $T = \sum_{H \in \mathfrak{H}} MH$. Nach 3.2 ist T ein vollständig reduzibler $L[\mathfrak{G}]$-Modul, ist also eine direkte Summe einiger der MH. Offenbar gilt $TH = T$ für alle H aus $\mathfrak{H}$. Mit 13.2 folgt daher $T = L \otimes_K U$, wobei U ein $K[\mathfrak{G}]$-Teilmodul von V ist. Da V irreduzibel ist, erhalten wir $U = V$ und somit $V' = L \otimes_K V = \bigoplus_{i=1}^{n} MH_i$ mit geeigneten $H_i \in \mathfrak{H}$. **q.e.d.**

13.4 Satz. *Sei $\mathfrak{G}$ eine Permutationsgruppe auf der Ziffernmenge Ω. Für jedes G aus $\mathfrak{G}$ bezeichnen wir mit $\pi(G)$ die Anzahl der Fixpunkte von G auf Ω. Hat $\mathfrak{G}$ auf Ω genau t Bahnen, so gilt*

$$\sum_{G \in \mathfrak{G}} \pi(G) = t\,|\mathfrak{G}|\,.$$

Beweis. Sei zuerst $t = 1$, also $\mathfrak{G}$ transitiv auf Ω. Dann ist

$$\sum_{G \in \mathfrak{G}} \pi(G) = \sum_{i=1}^{n} |\{G \mid i^G = i\}| = \sum_{i=1}^{n} |\mathfrak{G}_i| = n\,|\mathfrak{G}_1| = |\mathfrak{G}|.$$

Im allgemeinen Falle sei $\Omega = \bigcup_{1}^{t} \Omega_i$ die Zerlegung von Ω in Bahnen Ω_i von $\mathfrak{G}$. Ist $\pi_i(G)$ die Anzahl der Fixpunkte von G auf Ω_i, so gilt nach dem schon Bewiesenen

$$\sum_{G \in \mathfrak{G}} \pi_i(G) = |\mathfrak{G}|\,.$$

Wegen $\pi(G) = \sum_{i=1}^{t} \pi_i(G)$ folgt dann die Behauptung $\sum_{G \in \mathfrak{G}} \pi(G) = t\,|\mathfrak{G}|$. **q.e.d.**

13.5 Satz (R. Brauer [2]). *Die Gruppe $\mathfrak{A}$ sei dargestellt*

(1) *als Permutationsgruppe auf den absolut irreduziblen Charakteren von $\mathfrak{G}$ über einem Zerfällungskörper von $\mathfrak{G}$ der Charakteristik* 0 *vermöge $\chi \to \chi^A$ für $A \in \mathfrak{A}$.*

(2) *als Permutationsgruppe auf $\mathfrak{G}$, welche die Einteilung in Konjugiertenklassen erhält; wir fordern also für alle G aus $\mathfrak{G}$ und alle A aus $\mathfrak{A}$*

$$\{G^{XA} \mid X \in \mathfrak{G}\} = \{G^{AX} \mid X \in \mathfrak{G}\}\,.$$

(Somit kann $\mathfrak{A}$ als Permutationsgruppe auf den Konjugiertenklassen von $\mathfrak{G}$ aufgefaßt werden.) Für alle absolut irreduziblen Charaktere χ von $\mathfrak{G}$, alle G aus $\mathfrak{G}$ und alle A aus $\mathfrak{A}$ sei

$$\chi^A(G) = \chi(G^A)\,.$$

Dann gilt:

a) *Die Anzahl der bei einem A aus $\mathfrak{A}$ festen Konjugiertenklassen ist gleich der Anzahl der bei A festen irreduziblen Charaktere von $\mathfrak{G}$.*

b) *Die Anzahl t_1 der Bahnen von $\mathfrak{A}$ auf der Menge der absolut irreduziblen Charaktere von $\mathfrak{G}$ ist gleich der Anzahl t_2 der Bahnen von $\mathfrak{A}$ auf der Menge der Konjugiertenklassen von $\mathfrak{G}$.*

Beweis. Seien $\chi_1, \ldots, \chi_h$ die absolut irreduziblen Charaktere von $\mathfrak{G}$ und $G_1, \ldots, G_h$ Vertreter der Konjugiertenklassen von $\mathfrak{G}$. Wir betrachten die Matrix $T = (\chi_i(G_j))$. Nach unserer Voraussetzung bewirkt die Abbildung $\chi_i(G_j) \to \chi_i^A(G_j)$ eine Permutation $\mathbf{P}(A)$ der Zeilen von T und $\chi_i(G_j) \to \chi_i(G_j^A)$ eine Permutation $\mathbf{Q}(A)$ der Spalten von T. Fassen wir $\mathbf{P}(A)$ und $\mathbf{Q}(A)$ als Permutationsmatrizen mit h Zeilen und Spalten auf, so gilt also

$$\mathbf{P}(A)\,(\chi_i(G_j)) = (\chi_i^A(G_j)) = (\chi_i(G_j^A)) = (\chi_i(G_j))\,\mathbf{Q}(A)^*\,.$$

Die Matrix T ist nichtsingulär, denn nach 5.9 bilden die χ_i $(i = 1, \ldots, h)$ eine Basis des Raumes der Klassenfunktionen auf $\mathfrak{G}$, sind daher linear unabhängig. Somit existiert T^{-1}. Daher folgt für die Fixpunktzahlen

$$\pi(\mathbf{P}(A)) = Sp\,\mathbf{P}(A) = Sp\,T^{-1}\,\mathbf{P}(A)\,T = Sp\,\mathbf{Q}(A)^* = \pi(\mathbf{Q}(A))\,.$$

Damit ist a) bewiesen. Mit 13.4 erhalten wir

$$t_1\,|\mathfrak{A}| = \sum_{A \in \mathfrak{A}} \pi(\mathbf{P}(A)) = \sum_{A \in \mathfrak{A}} \pi(\mathbf{Q}(A)) = t_2\,|\mathfrak{A}|\,,$$

also $t_1 = t_2$ wegen $\operatorname{Char} K = 0$. **q.e.d.**

Wir geben einige Anwendungen dieser Überlegungen:

13.6 Definition. Sei χ ein Charakter von $\mathfrak{G}$ über dem komplexen Zahlkörper.

a) Wir nennen χ einen rationalwertigen Charakter, wenn $\chi(G)$ für alle $G \in \mathfrak{G}$ rational ist.

b) Wir nennen χ einen reellwertigen Charakter von $\mathfrak{G}$, wenn $\chi(G)$ für alle $G \in \mathfrak{G}$ reell ist. (Wegen $\chi(G^{-1}) = \overline{\chi(G)}$ ist das gleichwertig mit $\chi(G) = \chi(G^{-1})$ für alle $G \in \mathfrak{G}$.)

c) Wir nennen G ein reelles Element der Gruppe $\mathfrak{G}$, wenn G und G^{-1} in $\mathfrak{G}$ konjugiert sind. (Da die irreduziblen Charaktere eine Basis des Raumes der Klassenfunktionen bilden, ist G genau dann reell, wenn $\chi(G) = \chi(G^{-1}) = \overline{\chi(G)}$ für alle irreduziblen χ gilt, d. h. wenn $\chi(G)$ reell ist für alle irreduziblen Charaktere χ von $\mathfrak{G}$.) Offenbar sind mit G auch alle Konjugierten von G reell. Die Konjugiertenklassen aus reellen Elementen bezeichnen wir als reelle Klassen.

13.7 Satz. a) *Die Anzahl der absolut irreduziblen reellwertigen Charaktere von $\mathfrak{G}$ ist gleich der Anzahl der reellen Klassen.*

b) *Genau dann sind alle absolut irreduziblen Charaktere von $\mathfrak{G}$ rationalwertig, wenn für jedes m mit $(m, g) = 1$ und für alle G aus $\mathfrak{G}$ stets G und G^m in $\mathfrak{G}$ konjugiert sind.*

c) *Alle irreduziblen Charaktere der symmetrischen Gruppen $\mathfrak{S}_n$ sind rationalwertig. (Es läßt sich sogar zeigen, daß der rationale Zahlkörper* $\mathbf{Q}$ *ein Zerfällungskörper von $\mathfrak{S}_n$ ist; das folgt jedoch erst aus einer genaueren Untersuchung der idempotenten Elemente in* $\mathbf{Q}[\mathfrak{S}_n]$; *siehe* CURTIS, REINER [1], § 28.)

Beweis. a) Sei $\mathfrak{A} = \{E, Z\}$ die zyklische Gruppe der Ordnung 2. Wir stellen $\mathfrak{A}$ dar als Permutationsgruppe auf $\mathfrak{G}$ vermöge $G^E = G$ und $G^Z = G^{-1}$ für alle G aus $\mathfrak{G}$. Ferner stellen wir $\mathfrak{A}$ dar als Permutationsgruppe auf den absolut irreduziblen Charakteren von $\mathfrak{G}$ vermöge $\chi^E = \chi$ und $\chi^Z = \bar{\chi}$. Dann ist $\chi^A(G) = \chi(G^A)$ für alle A aus $\mathfrak{A}$. Die bei Z festen Klassen sind die reellen Klassen, die bei Z festen Charaktere sind die reellwertigen Charaktere. Nach 13.5 a) ist die Anzahl der reellen Konjugiertenklassen von $\mathfrak{G}$ also gleich der Anzahl der reellwertigen absolut irreduziblen Charaktere von $\mathfrak{G}$.

b) Sei $\mathfrak{A}$ die Gruppe der zu g primen Restklassen mod g. Ist A die Restklasse eines m mit $(m, g) = 1$, so setzen wir $G^A = G^m$ und $\chi^A = \chi^{\alpha_m}$, wobei α_m der Automorphismus des Körpers $\mathbf{Q}(\varepsilon)$ der g-ten Einheitswurzeln mit $\varepsilon^{\alpha_m} = \varepsilon^m$ ist. Offenbar sind diese Festsetzungen wohldefiniert. Nach 13.1 c) ist dann

$$\chi^A(G) = \chi(G)^{\alpha_m} = \chi(G^m) = \chi(G^A)\,.$$

Genau dann sind alle absolut irreduziblen Charaktere von $\mathfrak{G}$ rationalwertig, wenn die Permutationsgruppe $\{\mathbf{P}(A) \mid A \in \mathfrak{A}\}$ aus 13.5 genau h Bahnen hat. Nach 13.5 b) ist dies gleichwertig damit, daß $\{\mathbf{Q}(A) \mid A \in \mathfrak{A}\}$ genau h Bahnen hat, daß also $\chi_i(G^m) = \chi_i(G)$ gilt für alle absolut irreduziblen Charaktere χ_i von $\mathfrak{G}$ und alle zu g teilerfremden m. Da die χ_i eine Basis des Raumes der Klassenfunktionen auf $\mathfrak{G}$ bilden, ist das gleichwertig mit der Konjugiertheit von G und G^m in $\mathfrak{G}$.

c) Sei $G \in \mathfrak{S}_n$. Für $(m, n!) = 1$ haben G und G^m den gleichen Typ der Zyklenzerlegung, sind also konjugiert in $\mathfrak{S}_n$. Daraus folgt mit b) die Behauptung. **q.e.d.**

Wir vermerken eine einfache Folgerung:

13.8 Satz (BURNSIDE). *Sei $\mathfrak{G}$ eine Gruppe von ungerader Ordnung. Dann ist χ_1 mit $\chi_1(G) = 1$ für alle G aus $\mathfrak{G}$ der einzige reellwertige, absolut irreduzible Charakter von $\mathfrak{G}$.*

Beweis. Angenommen, $\mathfrak{K} = \{X^G \mid G \in \mathfrak{G}\}$ sei eine reelle Konjugiertenklasse von $\mathfrak{G}$ im Sinne von 13.6 c). Dann gilt $X^H = X^{-1}$ mit einem geeigneten H aus $\mathfrak{G}$. Es folgt $X^{H^2} = X$, also $H^2 \in \mathbf{C}_{\mathfrak{G}}(X)$. Da die Ordnung von H ungerade ist, ist auch $H \in \mathbf{C}_{\mathfrak{G}}(X)$, daher $X^{-1} = X^H = X$, also $X^2 = E$ und dann $X = E$. Somit ist $\{E\}$ die einzige reelle Konjugiertenklasse von $\mathfrak{G}$. Nach 13.7 a) gibt es daher nur einen reellwertigen, absolut irreduziblen Charakter von $\mathfrak{G}$, nämlich χ_1. **q.e.d.**

§ 14. Der Schursche Index

In diesem Paragraphen sei stets $\mathfrak{G}$ eine endliche Gruppe und K ein Körper mit $\operatorname{Char} K \nmid |\mathfrak{G}|$. Sei L ein Erweiterungskörper von K, welcher ein Zerfällungskörper von $\mathfrak{G}$ ist, und $\mathbf{D}$ eine irreduzible Darstellung von $L[\mathfrak{G}]$ auf dem L-Vektorraum V. Wir beantworten folgende Fragen:

(1) Welches sind die irreduziblen $K[\mathfrak{G}]$-Moduln W, deren Konstantenerweiterung $W_L = L \otimes_K W$ den irreduziblen $L[\mathfrak{G}]$-Modul V als Kompositionsfaktor enthält?

(2) Sei F ein Erweiterungskörper von K mit $F \subseteq L$. Wann gibt es $F[\mathfrak{G}]$-Moduln U derart, daß $L \otimes_F U$ ein zu V isomorpher $L[\mathfrak{G}]$-Modul ist? Gibt es ein solches U, so sind bei geeigneter Wahl der L-Basis von V den $\mathbf{D}(G)$ (mit $G \in \mathfrak{G}$) offenbar Matrizen über dem Körper F zugeordnet. Wir sagen dann, daß sich $\mathbf{D}$ über F realisieren läßt.

(3) Wir bezeichnen mit $k\mathbf{D}$ diejenige Darstellung von $\mathfrak{G}$, welche $\mathfrak{G}$ auf dem Modul $\underbrace{V \oplus \cdots \oplus V}_{k}$ erfährt. Welche Vielfachen $k\mathbf{D}$ lassen sich schon über K realisieren?

Eine sachgemäße Behandlung dieser Fragen erfordert Vorbereitungen aus der Theorie der Algebren.

14.1 Definition. Sei $\mathfrak{a}$ eine Algebra über dem Körper K mit $\dim_K \mathfrak{a} < \infty$. Wir nennen $\mathfrak{a}$ zentral-einfach, wenn $\mathbf{Z}(\mathfrak{a}) = K$ und $\mathfrak{a}$ eine einfache Algebra über K ist (d. h. 0 und $\mathfrak{a}$ sind die einzigen zweiseitigen Ideale von $\mathfrak{a}$). (Dabei identifizieren wir den Körper K stets mit dem zu K isomorphen Teilring $\{k1 \mid k \in K\}$ der K-Vielfachen des Einselementes 1 von $\mathfrak{a}$.)

14.2 Hilfssatz. *Seien $\mathfrak{a}$ und $\mathfrak{b}$ Algebren über K von nicht notwendig endlicher Dimension.*

a) *Es gilt* $\mathbf{Z}(\mathfrak{a} \otimes_K \mathfrak{b}) = \mathbf{Z}(\mathfrak{a}) \otimes_K \mathbf{Z}(\mathfrak{b})$.

b) *Ist $\mathfrak{a}$ einfach (von beliebiger Dimension) und $\mathfrak{b}$ zentral-einfach, so ist $\mathfrak{a} \otimes_K \mathfrak{b}$ einfach.*

Beweis. Sei $\{a_i \mid i \in I\}$ eine K-Basis von $\mathfrak{a}$ und $\{b_j \mid j \in J\}$ eine K-Basis von $\mathfrak{b}$. Wir zeigen zuerst, daß sich jedes Element von $\mathfrak{a} \otimes_K \mathfrak{b}$ schreiben läßt als $\sum_j x_j \otimes b_j$ mit eindeutig bestimmten $x_j \in \mathfrak{a}$ und mit $x_j \neq 0$ für nur endlich viele j. Daß sich jedes Element so schreiben läßt, ist klar. Sei

$$\sum_j x_j \otimes b_j = \sum_j x_j' \otimes b_j .$$

Es ist $x_j = \sum_i c_{ji} a_i$ und $x_j' = \sum_i c_{ji}' a_i$ mit geeigneten $c_{ji}, c_{ji}' \in K$. Da $\{a_i \otimes b_j \mid i \in I,\ j \in J\}$ eine K-Basis von $\mathfrak{a} \otimes_K \mathfrak{b}$ ist, folgt durch Koeffizientenvergleich $c_{ji} = c_{ji}'$ für alle i, j und dann $x_j = x_j'$ für alle $j \in J$.

a) Sei $\{a_i \mid i \in I'\}$ eine K-Basis von $\mathbf{Z}(\mathfrak{a})$ und $\{a_i \mid i \in I\}$ eine K-Basis von $\mathfrak{a}$ mit $I' \subseteq I$. Ferner sei $\{b_j \mid j \in J'\}$ eine K-Basis von $\mathbf{Z}(\mathfrak{b})$ und

$\{b_j \mid j \in J\}$ eine K-Basis von $\mathfrak{b}$ mit $J' \subsetneqq J$. Offenbar gilt

$$\mathbf{Z}(\mathfrak{a}) \otimes_K \mathbf{Z}(\mathfrak{b}) = \langle a_i \otimes b_j \mid i \in I', j \in J' \rangle \subseteqq \mathbf{Z}(\mathfrak{a} \otimes_K \mathfrak{b}).$$

Sei

$$z = \sum_{i,j} k_{ij}\, a_i \otimes b_j \in \mathbf{Z}(\mathfrak{a} \otimes_K \mathfrak{b})$$

mit $k_{ij} \in K$. Für alle $a \in \mathfrak{a}$ gilt dann

$$0 = z(a \otimes 1) - (a \otimes 1)\, z = \sum_{i,j} k_{ij}(a_i\, a - a\, a_i) \otimes b_j\,.$$

Da nach der Vorbemerkung jedes Element aus $\mathfrak{a} \otimes_K \mathfrak{b}$ sich in der Gestalt $\sum_j x_j \otimes b_j$ mit eindeutig bestimmten $x_j \in \mathfrak{a}$ schreiben läßt, ergibt sich

$$a\Big(\sum_i k_{ij}\, a_i\Big) = \Big(\sum_i k_{ij}\, a_i\Big)\, a\,.$$

Daher ist $\sum_i k_{ij}\, a_i \in \mathbf{Z}(\mathfrak{a})$ und somit $k_{ij} = 0$ für $i \notin I'$ und alle $j \in J$. In analoger Weise erhalten wir $k_{ij} = 0$ für $j \notin J'$ und alle $i \in I$. Daher folgt

$$z = \sum_{i \in I'} \sum_{j \in J'} k_{ij}\, a_i \otimes b_j \in \mathbf{Z}(\mathfrak{a}) \otimes_K \mathbf{Z}(\mathfrak{b})\,.$$

Also gilt $\mathbf{Z}(\mathfrak{a} \otimes_K \mathfrak{b}) = \mathbf{Z}(\mathfrak{a}) \otimes_K \mathbf{Z}(\mathfrak{b})$.

b) Sei wieder $\{a_i \mid i \in I\}$ eine K-Basis von $\mathfrak{a}$ und $\mathfrak{i} \neq 0$ ein zweiseitiges Ideal in $\mathfrak{a} \otimes_K \mathfrak{b}$. Ist $z \in \mathfrak{a} \otimes_K \mathfrak{b}$, so ist

$$z = \sum_j a_j \otimes z_j$$

mit eindeutig bestimmten $z_j \in \mathfrak{b}$. Dann bezeichnen wir mit $l(z)$ die Anzahl der von 0 verschiedenen z_j und wählen z mit $0 \neq z \in \mathfrak{i}$ so, daß $l(z)$ minimal ist. Sei etwa $z_1 \neq 0$. Wegen der Einfachheit von $\mathfrak{b}$ ist $\mathfrak{b}\, z_1\, \mathfrak{b} = \mathfrak{b}$. Also gibt es $y_i, y_i' \in \mathfrak{b}$ mit $\sum_i y_i\, z_1\, y_i' = 1$. Wir setzen

$$z' = \sum_i (1 \otimes y_i)\, z (1 \otimes y_i')\,.$$

Dann ist

$$z' = \sum_j a_j \otimes w_j \in \mathfrak{i}$$

mit geeigneten $w_j \in \mathfrak{b}$, mit $w_1 = 1$ und $l(z') \leqq l(z)$. Für jedes $b \in \mathfrak{b}$ folgt

$$(1 \otimes b)\, z' - z'(1 \otimes b) = \sum_j a_j \otimes (b\, w_j - w_j\, b) \in \mathfrak{i}$$

und

$$l((1 \otimes b)\, z' - z'(1 \otimes b)) \leqq l(z') - 1 < l(z)\,.$$

Wegen der Wahl von z erzwingt das

$$(1 \otimes b)\, z' - z'(1 \otimes b) = 0\,,$$

daher $b\, w_j = w_j\, b$ für alle $j = 1, \ldots, n$ und alle $b \in \mathfrak{b}$. Also folgt $w_j \in \mathbf{Z}(\mathfrak{b}) = K$ und $z' = \sum_j a_j \otimes w_j = \Big(\sum_j w_j\, a_j\Big) \otimes 1 = w \otimes 1$ mit $w \in \mathfrak{a}$. Wegen der

Einfachheit von $\mathfrak{a}$ gilt $\mathfrak{a}\, w\, \mathfrak{a} = \mathfrak{a}$. Daher folgt

$$\mathfrak{i} \supseteqq (\mathfrak{a} \otimes_K \mathfrak{b})\, z' (\mathfrak{a} \otimes_K \mathfrak{b}) = \mathfrak{a}\, w\, \mathfrak{a} \otimes_K \mathfrak{b} = \mathfrak{a} \otimes_K \mathfrak{b}\,.$$

Somit ist $\mathfrak{a} \otimes_K \mathfrak{b}$ einfach. **q.e.d.**

14.3 Satz. *Sei $\mathfrak{a}$ eine zentral-einfache Algebra über K. Dann ist jeder algebraisch abgeschlossene Oberkörper von K ein Zerfällungskörper von $\mathfrak{a}$, und* $\dim_K \mathfrak{a}$ *ist Quadrat einer natürlichen Zahl.*

Beweis. Sei L ein algebraisch abgeschlossener Erweiterungskörper von K. Nach 14.2 ist $L \otimes_K \mathfrak{a}$ einfach. Mit dem Wedderburnschen Satz 4.4 folgt daher $L \otimes_K \mathfrak{a} \cong (L)_n$. Also ist L ein Zerfällungskörper von $\mathfrak{a}$, und

$$\dim_K \mathfrak{a} = \dim_L (L \otimes_K \mathfrak{a}) = \dim_L (L)_n = n^2$$

ist ein Quadrat. **q.e.d.**

Ausdrücklich sei vermerkt, daß nicht jede halbeinfache Algebra Zerfällungskörper besitzt. Notwendig und hinreichend für die Existenz von Zerfällungskörpern ist, daß die einfachen direkten Summanden des Zentrums separable Erweiterungskörper des Grundkörpers sind.

14.4 Hilfssatz. *Sei $\mathfrak{a}$ eine einfache Algebra über K, also $\mathfrak{a} = (\mathfrak{c})_n$ mit einem Schiefkörper $\mathfrak{c}$, und V ein $\mathfrak{a}$-Rechtsmodul. Wir setzen $\mathfrak{b} = \mathrm{Hom}_{\mathfrak{a}}(V, V)$. Dann gilt:*

a) *Ist $\mathfrak{c}^*$ der zu $\mathfrak{c}$ antiisomorphe Schiefkörper, so ist $\mathfrak{b} \cong (\mathfrak{c}^*)_k$ mit geeignetem k. Insbesondere ist $\mathfrak{b}$ einfach.*

b) $(\dim_K V)^2 = \dim_K \mathfrak{a} \dim_K \mathfrak{b}$.

Beweis. Sei W der nach 4.1 bis auf Isomorphie eindeutig bestimmte irreduzible $\mathfrak{a}$-Modul. Dann ist W isomorph zum n-dimensionalen Vektorraum über $\mathfrak{c}$, also gilt $\dim_K W = n \dim_K \mathfrak{c}$. Nach 4.4 ist $\mathfrak{c}^* \cong \mathrm{Hom}_{\mathfrak{a}}(W, W)$. Da $\mathfrak{a}$ halbeinfach ist, ist V nach 3.4 vollständig reduzibel, etwa

$$V \cong \underbrace{W \oplus \cdots \oplus W}_{k}.$$

Bezüglich einer geeigneten K-Basis von V wird dann jedem a aus $\mathfrak{a}$ eine Matrix

$$\begin{pmatrix} F(a) & 0 & \dots & 0 \\ 0 & F(a) & \dots & 0 \\ \vdots & \vdots & & \vdots \\ 0 & 0 & \dots & F(a) \end{pmatrix}$$

zugeordnet. Sei $b \in \mathfrak{b} = \mathrm{Hom}_{\mathfrak{a}}(V, V)$. Die b zugeordnete Matrix sei

$$\begin{pmatrix} D_{11}(b) & \dots & D_{1k}(b) \\ \vdots & & \vdots \\ D_{k1}(b) & \dots & D_{kk}(b) \end{pmatrix}.$$

Aus $a\,b = b\,a$ folgt dann $F(a)\, D_{ij}(b) = D_{ij}(b)\, F(a)$ für alle $a \in \mathfrak{a}$ und alle $i, j = 1, \dots, k$. Das erzwingt $D_{ij}(b) \in \mathrm{Hom}_{\mathfrak{a}}(W, W) \cong \mathfrak{c}^*$. Trivialerweise ist $b_{ij} \in \mathrm{Hom}_{\mathfrak{a}}(W, W)$ auch hinreichend für $b = (b_{ij}) \in \mathrm{Hom}_{\mathfrak{a}}(V, V)$.

Also gilt $\mathfrak{b} \cong (\mathfrak{c}^*)_k$, und $\mathfrak{b}$ ist nach 4.4 b) einfach. Ferner folgt

$$\dim_K \mathfrak{a} \dim_K \mathfrak{b} = n^2 (\dim_K \mathfrak{c})\, k^2 (\dim_K \mathfrak{c}^*) = (n\, k \dim_K \mathfrak{c})^2 = (\dim_K V)^2 .$$

q.e.d.

14.5 Satz. *Sei* $\mathfrak{a}$ *eine zentral-einfache Algebra über* K *und* $\mathfrak{b}$ *eine einfache Unteralgebra von* $\mathfrak{a}$. *Das Einselement von* $\mathfrak{b}$ *sei das Einselement von* $\mathfrak{a}$. *Wir setzen*

$$\mathfrak{C}_{\mathfrak{a}}(\mathfrak{b}) = \{a \mid a \in \mathfrak{a},\ a\, b = b\, a \text{ für alle } b \in \mathfrak{b}\} .$$

Dann gilt:

a) $\mathfrak{C}_{\mathfrak{a}}(\mathfrak{b})$ *ist einfach.*

b) *Sei* $\mathfrak{a}^*$ *die zu* $\mathfrak{a}$ *antiisomorphe* K-*Algebra. Dann sind* $\mathfrak{C}_{\mathfrak{a}}(\mathfrak{b})$ *und* $\mathfrak{a}^* \otimes_K \mathfrak{b}$ *volle Matrixringe über antiisomorphen Schiefkörpern.*

c) $\dim_K \mathfrak{a} = \dim_K \mathfrak{b} \dim_K \mathfrak{C}_{\mathfrak{a}}(\mathfrak{b})$.

d) $\mathfrak{C}_{\mathfrak{a}}(\mathfrak{C}_{\mathfrak{a}}(\mathfrak{b})) = \mathfrak{b}$.

Beweis. Nach 14.2 b) ist $\mathfrak{a}^* \otimes_K \mathfrak{b}$ einfach. Durch die Festsetzung

$$x(a \otimes b) = a\, x\, b$$

für $a, x \in \mathfrak{a}$ und $b \in \mathfrak{b}$ wird $\mathfrak{a}$ ein $\mathfrak{a}^* \otimes_K \mathfrak{b}$-Rechtsmodul, wie man leicht nachrechnet. Sei $\varphi \in \mathrm{Hom}_{\mathfrak{a}^* \otimes \mathfrak{b}}(\mathfrak{a}, \mathfrak{a})$ und $c = 1\varphi$. Dann gilt

$$a\varphi = (1(a \otimes 1))\, \varphi = (1\varphi)\, (a \otimes 1) = a\, c .$$

Also ist φ durch $c = 1\varphi$ eindeutig festgelegt. Für alle $b \in \mathfrak{b}$ gilt

$$b\, c = (1 b)\, \varphi = (1 (1 \otimes b))\, \varphi = (1\varphi)\, (1 \otimes b) = c\, b .$$

Das heißt $c \in \mathfrak{C}_{\mathfrak{a}}(\mathfrak{b})$. Umgekehrt ist offenbar für jedes $c \in \mathfrak{C}_{\mathfrak{a}}(\mathfrak{b})$ die Abbildung φ mit $x\,\varphi = x\,c$ ein Element aus $\mathrm{Hom}_{\mathfrak{a}^* \otimes \mathfrak{b}}(\mathfrak{a}, \mathfrak{a})$. Also gilt $\mathrm{Hom}_{\mathfrak{a}^* \otimes \mathfrak{b}}(\mathfrak{a}, \mathfrak{a}) \cong \mathfrak{C}_{\mathfrak{a}}(\mathfrak{b})$.

Nun wenden wir 14.4 an mit $\mathfrak{a}^* \otimes_K \mathfrak{b}$ anstelle von $\mathfrak{a}$, $\mathfrak{a}$ anstelle von V und $\mathfrak{C}_{\mathfrak{a}}(\mathfrak{b})$ anstelle von $\mathfrak{b}$. Ist $\mathfrak{a}^* \otimes_K \mathfrak{b} = (\mathfrak{c})_n$ mit einem Schiefkörper $\mathfrak{c}$, so folgt $\mathfrak{C}_{\mathfrak{a}}(\mathfrak{b}) \cong (\mathfrak{c}^*)_k$ (mit geeignetem k) und

$$(\dim_K \mathfrak{a})^2 = \dim_K (\mathfrak{a}^* \otimes_K \mathfrak{b}) \dim_K \mathfrak{C}_{\mathfrak{a}}(\mathfrak{b}) = \dim_K \mathfrak{a} \dim_K \mathfrak{b} \dim_K \mathfrak{C}_{\mathfrak{a}}(\mathfrak{b}) .$$

Damit sind die Behauptungen a)—c) nachgewiesen.

Aus $\mathfrak{b} \subseteqq \mathfrak{C}_{\mathfrak{a}}(\mathfrak{C}_{\mathfrak{a}}(\mathfrak{b}))$ und der aus c) folgenden Gleichung

$$\dim_K \mathfrak{C}_{\mathfrak{a}}(\mathfrak{C}_{\mathfrak{a}}(\mathfrak{b})) = \frac{\dim_K \mathfrak{a}}{\dim_K \mathfrak{C}_{\mathfrak{a}}(\mathfrak{b})} = \dim_K \mathfrak{b}$$

ergibt sich $\mathfrak{b} = \mathfrak{C}_{\mathfrak{a}}(\mathfrak{C}_{\mathfrak{a}}(\mathfrak{b}))$. **q.e.d.**

Wir beweisen nun einen wichtigen Satz über die Zerfällungskörper zentral-einfacher Algebren:

14.6 Satz. *Sei* $\mathfrak{c}$ *ein Schiefkörper und* $\mathfrak{a} = (\mathfrak{c})_n$ *eine zentral-einfache Algebra über* K. *Nach* 14.3 *ist* $\dim_K \mathfrak{c} = m^2$ *mit geeignetem* m.

a) *Ist* M *ein maximaler kommutativer Teilkörper von* $\mathfrak{c}$, *so gilt* $\dim_K M = m$, *und* M *ist Zerfällungskörper von* $\mathfrak{c}$ *und von* $\mathfrak{a}$.

b) *Ist* L *ein Zerfällungskörper von* $\mathfrak{c}$ *mit* $(L : K) < \infty$, *so ist* m *ein Teiler von* $(L : K)$.

c) *Sei* L *ein Zerfällungskörper von* $\mathfrak{a}$ *und* V *der (bis auf Isomorphie) eindeutig bestimmte irreduzible* $L \otimes_K \mathfrak{a}$*-Modul. Genau dann ist* $\underbrace{V \oplus \cdots \oplus V}_{k}$ *isomorph zur Konstantenerweiterung* $L \otimes_K U$ *eines* $\mathfrak{a}$*-Moduls* U, *wenn* m *ein Teiler von* k *ist.*

Beweis. a) Sei M ein maximaler kommutativer Teilkörper von $\mathfrak{c}$. Offenbar gilt $M \subseteq \mathfrak{C}_\mathfrak{c}(M)$. Ist $M \subset \mathfrak{C}_\mathfrak{c}(M)$ und $c \in \mathfrak{C}_\mathfrak{c}(M) - M$, so ist $M(c)$ ein kommutativer, echter Oberkörper von M, entgegen der Wahl von M. Also gilt $M = \mathfrak{C}_\mathfrak{c}(M)$. Mit 14.5 c) folgt

$$m^2 = \dim_K \mathfrak{c} = (\dim_K M)^2 .$$

Nach 14.5 b) sind $\mathfrak{C}_\mathfrak{c}(M) = M$ und $\mathfrak{c}^* \otimes_K M$ volle Matrixringe über antiisomorphen Schiefkörpern $\mathfrak{d}$ und $\mathfrak{d}^*$. Da M ein Körper ist, also keine Nullteiler hat, folgt $\mathfrak{d} = M$ und $\mathfrak{c}^* \otimes_K M = (M)_k$. Daraus ergibt sich $\mathfrak{c} \otimes_K M \cong (M)_k^* \cong (M)_k$ (vermöge der Abbildung $x \to x^*$), und M ist ein Zerfällungskörper von $\mathfrak{c}$. Wegen der leicht zu bestätigenden Gleichung

$$\mathfrak{a} \otimes_K M = (\mathfrak{c})_n \otimes_K M \cong (\mathfrak{c} \otimes_K M)_n \cong (M)_{nk}$$

ist M auch ein Zerfällungskörper von $\mathfrak{a}$.

b) Sei L ein Zerfällungskörper von $\mathfrak{a}$, also $L \otimes_K \mathfrak{a} \cong (L)_{mn}$, wie ein Dimensionsvergleich zeigt. Die einfache L-Algebra $(L)_{mn}$ hat genau einen irreduziblen Modul V, und es gilt $\dim_L V = m\,n$ und daher $\dim_K V = m\,n\,(L : K)$. Vermöge der isomorphen Einbettung $a \to 1 \otimes a$ von $\mathfrak{a}$ in $L \otimes_K \mathfrak{a}$ wird der K-Vektorraum V ein $\mathfrak{a}$-Modul. Da $\mathfrak{a}$ genau eine irreduzible Darstellung hat, ist V eine direkte Summe von t isomorphen, irreduziblen $\mathfrak{a}$-Moduln (für ein geeignetes t). Wegen $\mathfrak{a} \cong (\mathfrak{c})_n$ hat der irreduzible $\mathfrak{a}$-Modul die Dimension $n \dim_K \mathfrak{c} = n\,m^2$. Damit folgt

$$m\,n\,(L : K) = t\,n\,m^2 .$$

Also ist $(L : K) = t\,m$ teilbar durch m.

c) Sei wieder $\mathfrak{a} = (\mathfrak{c})_n$ und $L \otimes_K \mathfrak{a} = (L)_{mn}$. Sei W der irreduzible $\mathfrak{a}$-Modul und V der irreduzible $L \otimes_K \mathfrak{a}$-Modul. Wegen $\dim_K \mathfrak{c} = m^2$ gilt $\dim_K W = n\,m^2$ und $\dim_L V = m\,n$. Daher ist $L \otimes_K W$ die direkte Summe von m zu V isomorphen $L \otimes_K \mathfrak{a}$-Moduln.

Sei nun U irgendein $\mathfrak{a}$-Modul mit $L \otimes_K U \cong \underbrace{V \oplus \cdots \oplus V}_{k}$. Es ist $U \cong \underbrace{W \oplus \cdots \oplus W}_{s}$ mit einem geeigneten s. Dimensionsvergleich zeigt

$$s\,n\,m^2 = \dim_K U = \dim_L (L \otimes_K U) = k\,m\,n .$$

Also ist m eine Teiler von $k = s\,m$. **q.e.d.**

14.7 Hilfssatz. *Sei* $\operatorname{Char} K \nmid |\mathfrak{G}|$ *und* L *ein Zerfällungskörper von* $\mathfrak{G}$ *mit* $K \subseteq L$. *Sei* $\mathbf{D}$ *eine irreduzible Darstellung von* $L[\mathfrak{G}]$ *und* χ *der Charakter von* $\mathbf{D}$.

a) *Ist* $K[\mathfrak{G}] = \bigoplus_{i=1}^{k} \mathfrak{a}_i$ *die direkte Zerlegung von* $K[\mathfrak{G}]$ *in zweiseitige, direkt unzerlegbare Ideale* $\mathfrak{a}_i$, *so gibt es genau ein* $\mathfrak{a}_j$ *mit* $\mathbf{D}(\mathfrak{a}_j) \neq 0$ *und* $\mathbf{D}(\mathfrak{a}_i) = 0$ *für* $i \neq j$. *(Dabei haben wir* $K[\mathfrak{G}]$ *in natürlicher Weise in* $L[\mathfrak{G}]$ *eingebettet. Wir beschreiben* $\mathfrak{a}_j$ *gelegentlich durch die Angabe* $\chi(\mathfrak{a}_j) \neq 0$.)

b) *Ist* $\chi(\mathfrak{a}_j) \neq 0$, *so gilt*

$$\mathbf{Z}(\mathfrak{a}_j) \cong K(\chi(G) \mid G \in \mathfrak{G}) .$$

Wir schreiben kurz $K(\chi) = K(\chi(G) \mid G \in \mathfrak{G})$.

Beweis. a) Sei $L[\mathfrak{G}] = \bigoplus_{j=1}^{h} (L)_{n_j}$ die Zerlegung von $L[\mathfrak{G}]$ in einfache Algebren. Aus

$$L[\mathfrak{G}] \cong L \otimes_K K[\mathfrak{G}] \cong \bigoplus_{i=1}^{k} L \otimes_K \mathfrak{a}_i$$

und der Eindeutigkeitsaussage in 3.8 folgt, daß $L \otimes_K \mathfrak{a}_i$ eine direkte Summe einiger der $(L)_{n_j}$ ist. Gehört die Darstellung $\mathbf{D}$ zu $(L)_{n_s}$, und ist $(L)_{n_s}$ direkter Summand von $L \otimes_K \mathfrak{a}_j$, so folgt $\mathbf{D}(L \otimes_K \mathfrak{a}_i) = 0$ für $i \neq j$ und $\mathbf{D}(L \otimes_K \mathfrak{a}_j) \neq 0$. Betten wir $\mathfrak{a}_j$ vermöge $a \to 1 \otimes a$ isomorph in $L \otimes_K \mathfrak{a}_j$ ein, so folgt die Behauptung.

b) Die Abbildung $\mathbf{D}$ liefert einen Algebrenisomorphismus der einfachen K-Algebra $\mathfrak{a} = \mathfrak{a}_j$ in die K-Algebra $(L)_n$ mit $n = \operatorname{Grad} \mathbf{D}$. Wir setzen $\mathfrak{b} = \mathbf{D}(\mathfrak{a})$ und berechnen $\mathbf{Z}(\mathfrak{b})$.

Sei $G \in \mathfrak{G}$, sei k_G die Summe der Konjugierten von G und h_G die Anzahl der Konjugierten von G in $\mathfrak{G}$. Wegen $k_G \in \mathbf{Z}(L[\mathfrak{G}])$ folgt mit dem Schurschen Lemma

$$\mathbf{D}(k_G) = \omega(G)\, E_n \in \mathbf{Z}(\mathfrak{b})$$

mit geeignetem $\omega(G) \in L$. Daher ist

$$n\, \omega(G) = Sp\, \mathbf{D}(k_G) = h_G\, \chi(G) .$$

Wegen $\operatorname{Char} K \nmid |\mathfrak{G}|$ und $h_G = |\mathfrak{G} : \mathfrak{C}_{\mathfrak{G}}(G)|$ ist $\operatorname{Char} K \nmid h_G$. Also erhalten wir

$$\chi(G)\, E_n = \frac{n}{h_G} \mathbf{D}(k_G) \in \mathbf{Z}(\mathfrak{b})$$

und somit $K(\chi)\, E_n \subseteq \mathbf{Z}(\mathfrak{b})$.

Sei umgekehrt $a = \sum_{G \in \mathfrak{G}} a_G\, G \in \mathfrak{a}$ (mit $a_G \in K$) und $\mathbf{D}(a) \in \mathbf{Z}(\mathfrak{b})$. Wegen $\mathbf{D}(G) \in \mathfrak{b}$ für alle $G \in \mathfrak{G}$ und

$$L \otimes_K \mathfrak{b} = \left\{ \sum_{G \in \mathfrak{G}} c_G\, \mathbf{D}(G) \mid c_G \in L \right\} = (L)_n$$

(siehe 5.14) ist

$$\mathbf{Z}(\mathfrak{b}) \subseteq \mathbf{Z}((L)_n) = \{ c E_n \mid c \in L \} .$$

Daher folgt
$$\mathbf{D}(a) = \sum_{G \in \mathfrak{G}} a_G \mathbf{D}(G) = c E_n$$
mit geeignetem $c \in L$. Somit ist
$$n\, c = Sp\, \mathbf{D}(a) = \sum_{G \in \mathfrak{G}} a_G\, \chi(G) \in K(\chi)\,.$$
Nach 12.11 ist $n = \mathrm{Grad}\,\mathbf{D}$ ein Teiler von $|\mathfrak{G}|$, ist daher teilerfremd zu $\mathrm{Char}\, K$. Also erhalten wir $c \in K(\chi)$ und $\mathbf{Z}(\mathfrak{b}) \subseteq K(\chi)\, E_n$. **q.e.d.**

14.8 Definition. Sei K ein Körper mit $\mathrm{Char}\, K \nmid |\mathfrak{G}|$ und L ein Erweiterungskörper von K, der ein Zerfällungskörper von $\mathfrak{G}$ ist. Sei χ der Charakter der irreduziblen Darstellung $\mathbf{D}$ von $L[\mathfrak{G}]$ und $\mathfrak{a}$ der nach 14.7 a) eindeutig bestimmte einfache direkte Summand von $K[\mathfrak{G}]$ mit $\chi(\mathfrak{a}) \neq 0$. Nach dem Satz von Wedderburn (siehe 4.4) gilt $\mathfrak{a} = (\mathfrak{c})_n$ mit einem bis auf Isomorphie eindeutig bestimmten Schiefkörper $\mathfrak{c}$. Aus 14.7 b) folgt
$$\mathbf{Z}(\mathfrak{a}) \cong \mathbf{Z}(\mathfrak{c}) = K(\chi)\,.$$
Nach 14.3 ist $\dim_{K(\chi)} \mathfrak{c}$ ein Quadrat, etwa s^2. Dann nennen wir s den Schurschen Index von χ über K und schreiben $s = s_K(\chi)$.

14.9 Satz. *Sei χ ein absolut irreduzibler Charakter von $\mathfrak{G}$ über einem Zerfällungskörper von $K[\mathfrak{G}]$.*

a) *Sei $\mathfrak{a}$ der direkte einfache Summand von $K[\mathfrak{G}]$ mit $\chi(\mathfrak{a}) \neq 0$ und F ein Erweiterungskörper von $K(\chi)$. Genau dann läßt sich die Darstellung $\mathbf{D}$ zu χ über F realisieren, wenn F ein Zerfällungskörper der zentral-einfachen $K(\chi)$-Algebra $\mathfrak{a}$ ist.*

b) *Genau dann ist $\mathbf{D}$ realisierbar über $K(\chi)$, wenn $s_K(\chi) = 1$ gilt.*

Beweis. a) Sei F ein Erweiterungskörper von $K(\chi)$ und L ein Erweiterungskörper von F, welcher ein Zerfällungskörper von $K[\mathfrak{G}]$ ist. Nach 14.7 b) und 14.2 ist $F \otimes_{K(\chi)} \mathfrak{a}$ zentral-einfach über F. Also gilt
$$F \otimes_{K(\chi)} \mathfrak{a} \cong (\mathfrak{c})_n$$
mit einem Schiefkörper $\mathfrak{c}$ mit $\mathbf{Z}(\mathfrak{c}) = F$. Sei $\dim_F \mathfrak{c} = m^2$. Die Darstellung $\mathbf{D}$ liefert eine irreduzible Darstellung der zentral-einfachen L-Algebra $L \otimes_{K(\chi)} \mathfrak{a}$. Nach 14.6 c) ist $k\mathbf{D}$ genau dann realisierbar über F, wenn $m \mid k$ gilt. Also ist $\mathbf{D}$ genau dann realisierbar über F, wenn $m \mid 1$ gilt, wenn also F ein Zerfällungskörper von $\mathfrak{c}$ und von $\mathfrak{a}$ ist.

b) ist eine Folgerung aus a). **q.e.d.**

14.10 Satz. *Ist K ein endlicher Körper, so gilt stets $s_K(\chi) = 1$; also läßt sich dann die absolut irreduzible Darstellung zum Charakter χ stets in $K(\chi)$ realisieren.*

Beweis. Sei $\mathfrak{a}$ der einfache direkte Summand von $K[\mathfrak{G}]$ mit $\chi(\mathfrak{a}) \neq 0$, und sei $\mathfrak{a} = (\mathfrak{c})_n$ mit einem Schiefkörper $\mathfrak{c}$. Nach einem Satz von Wedderburn ist der endliche Schiefkörper $\mathfrak{c}$ kommutativ (siehe I, Aufg. 22, S. 32). Mit 14.7 b) folgt daher $\mathfrak{c} = \mathbf{Z}(\mathfrak{c}) = K(\chi)$ und somit $s_K(\chi) = 1$. Nach 14.9 b) läßt sich dann die Darstellung zu χ über $K(\chi)$ realisieren. **q.e.d.**

Nun beantworten wir die zu Beginn dieses Paragraphen gestellten Fragen:

14.11 Satz. *Sei* **D** *eine absolut irreduzible Darstellung von* $\mathfrak{G}$ *mit dem Charakter* χ.

a) *Ist* **D** *realisierbar über dem Erweiterungskörper* L *von* $K(\chi)$ *mit* $(L : K(\chi)) < \infty$, *so ist der Schursche Index* $s_K(\chi)$ *ein Teiler von* $(L : K(\chi))$.

b) *Es gibt einen Erweiterungskörper* L *von* $K(\chi)$ *mit* $(L : K(\chi)) = s_K(\chi)$ *derart, daß* **D** *über* L *realisierbar ist.*

c) k**D** *ist genau dann realisierbar über* $K(\chi)$, *wenn* $s_K(\chi)$ *ein Teiler von* k *ist.*

d) $s_K(\chi)$ *ist ein Teiler von* Grad **D**.

Beweis. a) Sei $\mathfrak{a}$ der direkte einfache Summand von $K[\mathfrak{G}]$ mit $\chi(\mathfrak{a}) \neq 0$. Da **D** über L realisierbar ist, ist L nach 14.9 a) ein Zerfällungskörper der zentral-einfachen $K(\chi)$-Algebra $\mathfrak{a}$. Sei $\mathfrak{a} = (\mathfrak{c})_n$ mit einem Schiefkörper $\mathfrak{c}$. Nach 14.8 ist $\dim_{K(\chi)} \mathfrak{c} = s_K(\chi)^2$. Mit 14.6 b) folgt nun die Behauptung $s_K(\chi) \mid (L : K(\chi))$.

b) Nach 14.6 a) ist jeder maximale Teilkörper L von $\mathfrak{c}$ ein Zerfällungskörper von $\mathfrak{a}$ mit $(L : K(\chi)) = s_K(\chi)$. Wegen 14.9 a) läßt sich **D** über L realisieren.

c) Die Behauptung folgt sofort aus 14.6 c).

d) Wegen $\mathfrak{a} = (\mathfrak{c})_n$ ist

$$\dim_{K(\chi)} \mathfrak{a} = n^2 \dim_{K(\chi)} \mathfrak{c} = n^2\, s_K(\chi)^2 .$$

Andererseits gilt $L \otimes_{K(\chi)} \mathfrak{a} \cong (L)_k$ mit $k = \operatorname{Grad} \mathbf{D}$. Also folgt $n^2 s_K(\chi)^2 = k^2$ und somit $s_K(\chi) \mid k$. **q.e.d.**

14.12 Satz. *Sei* V *ein irreduzibler* $K[\mathfrak{G}]$-*Modul,* L *ein Zerfällungskörper von* $K[\mathfrak{G}]$ *und* **D** *ein absolut irreduzibler Teil der Darstellung* **F** *von* $L[\mathfrak{G}]$ *auf* V_L. *Dann ist* **F** *vollständig reduzibel, die absolut irreduziblen Teile von* **F** *sind die sämtlichen zu* **D** *über* K *algebraisch konjugierten Darstellungen* $\mathbf{D}^\alpha$, *und jede Äquivalenzklasse kommt mit der gleichen Vielfachheit* s *vor. Ist* χ *der Charakter von* **D**, *so ist* $s = s_K(\chi)$ *der Schursche Index von* χ *über* K. *Ist* φ *der Charakter von* **F**, *so gilt*

$$\varphi = s_K(\chi) \sum_{\alpha \in \mathfrak{A}} \chi^\alpha ,$$

wobei α *die galoissche Gruppe* $\mathfrak{A}$ *von* $K(\chi)$ *über* K *durchläuft.*

Beweis. Sei $\mathfrak{a} = K[\mathfrak{G}]\, e_0$ mit $e_0^2 = e_0$ derjenige einfache direkte Summand von $K[\mathfrak{G}]$, der auf V treu dargestellt wird und $\mathfrak{b}$ ein einfacher direkter Summand von $L \otimes_K \mathfrak{a}$. Dann gilt $\mathfrak{b} = L[\mathfrak{G}]\, e_\chi$, wobei

$$e_\chi = \frac{\chi(E)}{g} \sum_{G \in \mathfrak{G}} \chi(G^{-1})\, G$$

das zentrale Idempotent von $L[\mathfrak{G}]$ zu einem absolut irreduziblen Charakter χ von $\mathfrak{G}$ ist (siehe 5.15 a)).

Als Teilkörper des Körpers der g-ten Einheitswurzeln ist $K(\chi)$ galoissch über K. Sei $\mathfrak{A}$ die galoissche Gruppe von $K(\chi)$ über K. Dann ist $e = \sum_{\alpha \in \mathfrak{A}} e_{\chi^\alpha}$ ein zentrales Idempotent in $K[\mathfrak{G}]$. Wegen $e_{\chi^\alpha} e_0 = e_{\chi^\alpha}$ folgt $e e_0 = e$. Somit ist

$$K[\mathfrak{G}]\, e \subseteq K[\mathfrak{G}]\, e_0 = \mathfrak{a}\,.$$

Die Einfachheit von $\mathfrak{a}$ erzwingt daher $\mathfrak{a} = K[\mathfrak{G}]\, e$. Daraus ergibt sich

$$(*) \qquad L \otimes_K \mathfrak{a} = L[\mathfrak{G}]\, e = \bigoplus_{\alpha \in \mathfrak{A}} L[\mathfrak{G}]\, e_{\chi^\alpha}\,.$$

Ist m der Grad der Darstellung $\mathbf{D}$ zu χ, so tritt rechts in (*) der irreduzible $L[\mathfrak{G}]$-Modul zum Charakter χ^α mit der Vielfachheit m auf.

Wegen $\mathbf{D}(e) = \mathbf{D}(e_\chi) \neq 0$ ist $\mathbf{D}(\mathfrak{a}) \neq 0$. Also gilt $\mathfrak{a} = (\mathfrak{c})_n$, wobei $\mathfrak{c}$ nach 14.7 b) ein Schiefkörper mit $\mathbf{Z}(\mathfrak{c}) = K(\chi)$ ist. Nach 14.8 ist $\dim_{K(\chi)} \mathfrak{c} = s_K(\chi)^2$. Durch Vergleich der Dimensionen in (*) folgt

$$n^2 s_K(\chi)^2 \,(K(\chi):K) = \dim_K \mathfrak{a} = \dim_L L \otimes_K \mathfrak{a} = |\mathfrak{A}|\, m^2 = (K(\chi):K)\, m^2$$

und somit $n\, s_K(\chi) = m$. Der $K[\mathfrak{G}]$-Modul $\mathfrak{a}$ ist direkte Summe von n zu V isomorphen irreduziblen $K[\mathfrak{G}]$-Moduln. Daher ist $L \otimes_K \mathfrak{a}$ direkte Summe von n zu V_L isomorphen $L[\mathfrak{G}]$-Moduln. Nach dem Satz von Jordan-Hölder tritt also jeder der irreduziblen $L[\mathfrak{G}]$-Moduln zu den algebraisch konjugierten Charakteren χ^α (mit $\alpha \in \mathfrak{A}$) mit der Vielfachheit $\frac{m}{n} = s_K(\chi)$ in V_L auf. **q.e.d.**

14.13 Satz. *Sei* Char $K = 0$, *und sei* χ *ein absolut irreduzibler Charakter von* $\mathfrak{G}$ *über einem Erweiterungskörper* L *von* K.

a) *Es gibt genau einen irreduziblen Charakter* ψ *von* $\mathfrak{G}$ *über* K *mit* $(\psi, \chi)_\mathfrak{G} \neq 0$, *nämlich* $\psi = s_K(\chi) \sum_{\alpha \in \mathfrak{A}} \chi^\alpha$, *wobei* $\mathfrak{A}$ *die galoissche Gruppe von* $K(\chi)$ *über* K *ist.*

b) *Ist* τ *ein Charakter von* $\mathfrak{G}$ *über* K, *so ist* $(\tau, \chi)_\mathfrak{G}$ *teilbar durch den Schurschen Index* $s_K(\chi)$.

Beweis. a) Sei ψ ein irreduzibler Charakter von $\mathfrak{G}$ über K mit $(\psi, \chi)_\mathfrak{G} \neq 0$. Nach 14.12 gilt

$$\psi = s_K(\lambda) \sum_{\alpha \in \mathfrak{A}} \lambda^\alpha$$

mit einem absolut irreduziblen Charakter λ von $\mathfrak{G}$. (Dabei läuft nun α über die galoissche Gruppe $\mathfrak{A}$ von $K(\lambda)$ über K.) Wegen $(\psi, \chi)_\mathfrak{G} \neq 0$ ist χ eines der λ^α. Das liefert die Behauptung unter a).

b) Sei $\tau = \sum_i \psi_i$ die Zerlegung von τ in irreduzible Charaktere ψ_i über K. Ist $(\psi_i, \chi)_\mathfrak{G} \neq 0$, so folgt mit a)

$$\psi_i = s_K(\chi) \sum_{\alpha \in \mathfrak{A}} \chi^\alpha\,.$$

Also ist $(\tau, \chi)_\mathfrak{G} = \sum_i (\psi_i, \chi)_\mathfrak{G}$ teilbar durch $s_K(\chi)$. **q.e.d.**

14.14 Bemerkung. Sei $|\mathfrak{G}| = g$ und L ein über K galoisscher Zerfällungskörper von $\mathfrak{G}$. Sei χ ein absolut irreduzibler Charakter von $\mathfrak{G}$ mit Werten in K und $\mathbf{D}$ eine Darstellung von $L[\mathfrak{G}]$ zum Charakter χ auf dem L-Vektorraum V. Die galoissche Gruppe von L über K bezeichnen wir wieder mit $\mathfrak{A}$. Ist $\alpha \in \mathfrak{A}$, so haben $\mathbf{D}$ und $\mathbf{D}^\alpha$ den gleichen Charakter, sind also äquivalent. Daher gibt es nichtsinguläre lineare Abbildungen $A(\alpha)$ von V mit

$$\mathbf{D}(G)^\alpha = A(\alpha)\,\mathbf{D}(G)\,A(\alpha)^{-1}$$

für alle $G \in \mathfrak{G}$ und alle $\alpha \in \mathfrak{A}$. Für $\alpha_1, \alpha_2 \in \mathfrak{A}$ folgt

$$\begin{aligned} A(\alpha_1\alpha_2)\,\mathbf{D}(G)\,A(\alpha_1\alpha_2)^{-1} = \mathbf{D}(G)^{\alpha_1\alpha_2} &= (A(\alpha_1)\,\mathbf{D}(G)\,A(\alpha_1)^{-1})^{\alpha_2} \\ &= A(\alpha_1)^{\alpha_2}\,A(\alpha_2)\,\mathbf{D}(G)\,A(\alpha_2)^{-1}\,A(\alpha_1)^{-\alpha_2}\,. \end{aligned}$$

Nach dem Schurschen Lemma ist daher

$$A(\alpha_1\alpha_2) = c(\alpha_1, \alpha_2)\,A(\alpha_1)^{\alpha_2}\,A(\alpha_2) \quad \text{mit} \quad c(\alpha_1, \alpha_2) \in L^\times.$$

Die triviale Gleichung $A((\alpha_1\alpha_2)\,\alpha_3) = A(\alpha_1(\alpha_2\alpha_3))$ liefert die 2-Kozyklenrelation

$$c(\alpha_1, \alpha_2)^{\alpha_3}\,c(\alpha_1\alpha_2, \alpha_3) = c(\alpha_1, \alpha_2\alpha_3)\,c(\alpha_2, \alpha_3)\,.$$

Nach I, § 17 (S. 119) ist somit $c \in \mathbf{Z}^2(\mathfrak{A}, L^\times)$, wobei $L^\times$ in natürlicher Weise als $\mathfrak{A}$-Modul aufzufassen ist. Die Abänderung von $A(\alpha)$ um den Faktor $b(\alpha) \in L^\times$ ändert c um den Rand $b\,\delta$ von b. Also ist der Darstellung $\mathbf{D}$ ein Element $c\,\mathbf{B}^2(\mathfrak{A}, L^\times)$ aus der Kohomologiegruppe $\mathbf{H}^2(\mathfrak{A}, L^\times)$ zugeordnet.

Angenommen, es sei $c = b\,\delta$ ein Korand. Dann können wir die $A(\alpha)$ um skalare Faktoren so abändern, daß $A(\alpha_1\alpha_2) = A(\alpha_1)^{\alpha_2}\,A(\alpha_2)$ gilt. Somit ist A ein 1-Kozyklus aus $\mathbf{Z}^1(\mathfrak{A}, GL(V))$; die nichtabelsche, multiplikative Gruppe $GL(V)$ ist dabei in natürlicher Weise als eine $\mathfrak{A}$-Gruppe aufzufassen. Eine Erweiterung des bekannten Hilbertschen Satzes 90 besagt $\mathbf{H}^1(\mathfrak{A}, GL(V)) = \mathfrak{E}$ (siehe SERRE [1], S. 159). Daher gibt es ein $B \in GL(V)$ mit $A(\alpha) = B^\alpha B^{-1}$ für alle $\alpha \in \mathfrak{A}$. Es folgt

$$(B^{-1}\,\mathbf{D}(G)\,B)^\alpha = B^{-\alpha}\,A(\alpha)\,\mathbf{D}(G)\,A(\alpha)^{-1}\,B^\alpha = B^{-1}\,\mathbf{D}(G)\,B\,.$$

Also ist $B^{-1}\,\mathbf{D}(G)\,B$ eine Darstellung von $\mathfrak{G}$ über K.

Umgekehrt sieht man leicht: Ist $\mathbf{D}$ äquivalent zu einer Darstellung von $\mathfrak{G}$ über K, so ist der oben konstruierte 2-Kozyklus c ein Korand.

Aufgaben:

25) Sei χ ein absolut irreduzibler Charakter von $\mathfrak{G}$ zur Darstellung $\mathbf{D}$ mit $s_K(\chi) = \operatorname{Grad}\mathbf{D}$. Man zeige:

a) $\mathfrak{G}/\operatorname{Kern}\mathbf{D}$ ist isomorph zu einer Untergruppe der multiplikativen Gruppe eines Schiefkörpers.

b) Die p-Sylowgruppen von $\mathfrak{G}/\mathrm{Kern}\,\mathbf{D}$ sind zyklisch für $p > 2$ und zyklisch oder verallgemeinerte Quaternionengruppen für $p = 2$.

26) Sei $\mathbf{D}$ eine Darstellung von $L[\mathfrak{G}]$ mit dem Charakter χ und K ein Teilkörper von L mit $(L : K) < \infty$. Man konstruiere eine Darstellung $\mathbf{F}$ von $K[\mathfrak{G}]$ mit $Sp\,\mathbf{F}(G) = (L : K(\chi))\,\chi(G)$. Man gebe damit neue Beweise für einige der Sätze dieses Paragraphen.

§ 15. Die Klassenzahl

Über die Klassenzahl einer endlichen Gruppe ist nur sehr wenig bekannt. Da die Klassenzahl die Anzahl der irreduziblen Darstellungen über dem komplexen Zahlkörper angibt, lassen sich mit Hilfe der Charaktere Aussagen über die Klassenzahl gewinnen. Wir beginnen mit einem einfachen Satz:

15.1 Satz (Burnside). *Sei h die Klassenzahl von $\mathfrak{G}$. Ist die Ordnung g von $\mathfrak{G}$ ungerade, so gilt $g \equiv h$ (16).*

Beweis. Seien $n_1, \ldots, n_h$ die Grade der inäquivalenten, irreduziblen Darstellungen von $\mathfrak{G}$ über dem komplexen Zahlkörper. Nach 5.1 gilt $g = \sum_{i=1}^{h} n_i^2$. Nach 5.12 sind die n_i Teiler von g, sind also ungerade. Sei $n_i = 1 + 2r_i$. Nach 13.8 gilt $\chi_i \neq \bar{\chi}_i$ für $i > 1$, da χ_1 der einzige reelle irreduzible Charakter von $\mathfrak{G}$ ist. Also können wir die irreduziblen Charaktere von $\mathfrak{G}$ bei geeigneter Numerierung als

$$\chi_1, \chi_2, \ldots, \chi_s, \bar{\chi}_2, \ldots, \bar{\chi}_s$$

mit $s = \frac{h-1}{2}$ schreiben. Nun folgt

$$g = \sum_{i=1}^{h} n_i^2 = 1 + 2\sum_{i=2}^{s} (1 + 2r_i)^2 = h + 8\sum_{i=2}^{s} r_i(r_i + 1) \equiv h \ (16). \quad \textbf{q.e.d.}$$

Für eine Verschärfung von 15.1 vergleiche man Hirsch [1].

Tiefer liegt das folgende schöne Ergebnis über die Klassenzahl von p-Gruppen:

15.2 Satz (P. Hall). *Sei $\mathfrak{G}$ eine p-Gruppe der Ordnung p^{e+2n} mit $n \geqq 0$ und $e = 0$ oder $e = 1$. Dann hat die Klassenzahl h von $\mathfrak{G}$ die Gestalt*

$$h = p^e + (p^2 - 1)\,(n + k(p - 1))$$

mit ganz-rationalem nichtnegativem k. Insbesondere gilt stets

$$h \geqq p^e + (p^2 - 1)\,n\,.$$

Beweis. a) Sei $a_m = a_m(\mathfrak{G})$ die Anzahl der Konjugiertenklassen $\mathfrak{K}$ von $\mathfrak{G}$ mit $|\mathfrak{K}| = p^m$. Dann gilt

$$g = \sum_m a_m p^m \quad \text{und} \quad h = \sum_m a_m\,.$$

Sei $b_m = b_m(\mathfrak{G})$ die Anzahl der inäquivalenten, irreduziblen Darstellungen von $\mathfrak{G}$ über dem komplexen Zahlkörper vom Grad p^m. Da die Grade aller irreduziblen Darstellungen von $\mathfrak{G}$ über dem komplexen Zahlkörper nach 5.12 Potenzen von p sind, folgt mit 5.1

$$g = \sum_m b_m p^{2m} \quad \text{und} \quad h = \sum_m b_m .$$

Es ist

$$h - p^e = p^e(p^{2n} - 1) + h - g$$

und sodann

$$\begin{aligned} \frac{h - p^e}{p^2 - 1} &= p^e \frac{p^{2n} - 1}{p^2 - 1} + \sum_m b_m \frac{1 - p^{2m}}{p^2 - 1} \\ &= p^e(1 + p^2 + \cdots + p^{2n-2}) - \sum_m b_m(1 + p^2 \cdots + p^{2m-2}) \\ &\equiv n - \sum_m m\, b_m \qquad (p - 1)\,. \end{aligned}$$

b) Wir zeigen durch Induktion nach $|\mathfrak{G}|$, daß $\sum_m m\, b_m \equiv 0 \ (p-1)$ gilt:

Sei $\mathfrak{N} \lhd \mathfrak{G}$ mit $|\mathfrak{N}| = p$. Wir setzen $\mathfrak{G}^* = \mathfrak{G}/\mathfrak{N}$ und $b_m^* = b_m(\mathfrak{G}/\mathfrak{N})$. Dann ist $b_m - b_m^*$ die Anzahl der inäquivalenten, irreduziblen Darstellungen von $\mathfrak{G}$ vom Grad p^m, welche auf $\mathfrak{N} = \langle N \rangle$ nicht trivial sind. Sei $\mathbf{D}$ eine solche Darstellung. Wegen $N \in \mathbf{Z}(\mathfrak{G})$ (siehe III, 7.2 b); S. 301) und dem Schurschen Lemma 4.3 gilt $\mathbf{D}(N) = \varepsilon E$ mit einer primitiven p-ten Einheitswurzel ε. Sei χ der Charakter von $\mathbf{D}$ und L ein galoisscher Zerfällungskörper von $\mathfrak{G}$. Sei $\mathfrak{A}$ die galoissche Gruppe von L über dem rationalen Zahlkörper $\mathbb{Q}$, sei

$$\mathfrak{A}_\chi = \{\alpha \mid \alpha \in \mathfrak{A},\ \chi^\alpha = \chi\}$$

und

$$\mathfrak{A}_\varepsilon = \{\alpha \mid \alpha \in \mathfrak{A},\ \varepsilon^\alpha = \varepsilon\}\,.$$

Wegen $\chi(N) = p^m \varepsilon$ gilt sicher $\mathfrak{A}_\varepsilon \geqq \mathfrak{A}_\chi$. Die Anzahl der unter $\mathfrak{A}$ zu χ konjugierten Charaktere ist $|\mathfrak{A} : \mathfrak{A}_\chi|$, und das ist ein Vielfaches von $|\mathfrak{A}/\mathfrak{A}_\varepsilon|$. Bekanntlich ist $\mathfrak{A}/\mathfrak{A}_\varepsilon$ isomorph zur galoisschen Gruppe von $\mathbb{Q}(\varepsilon)$ über $\mathbb{Q}$ und daher

$$|\mathfrak{A}/\mathfrak{A}_\varepsilon| = (\mathbb{Q}(\varepsilon) : \mathbb{Q}) = p - 1\,.$$

Also gilt $|\mathfrak{A} : \mathfrak{A}_\chi| \equiv 0 \ (p - 1)$. Somit verteilen sich die $b_m - b_m^*$ betrachteten Charaktere auf Klassen von unter $\mathfrak{A}$ konjugierten, und die Länge jeder Klasse ist ein Vielfaches von $p - 1$. Das liefert für alle m die Kongruenz

$$b_m - b_m^* \equiv 0 \qquad (p - 1)$$

und daher

$$\sum_m m\, b_m \equiv \sum_m m\, b_m^* \qquad (p-1)\,.$$

Vermöge unserer Induktionsannahme ist $\sum_m m\, b_m^* \equiv 0\ (p-1)$, also folgt auch

$$\sum_m m\, b_m \equiv 0 \qquad (p-1)\,.$$

Daher ist

$$\frac{h-p^e}{p^2-1} = n + k(p-1)$$

mit ganz-rationalem k.

c) Wir zeigen durch Induktion nach $|\mathfrak{G}|$, daß $k \geqq 0$ gilt:

Sei $X \in \mathfrak{G}$ und $X^* = X\,\mathfrak{N} \in \mathfrak{G}/\mathfrak{N}$. Wir setzen

$$p^{\mu(X)} = |\mathfrak{G} : \mathbf{C}_{\mathfrak{G}}(X)| = |\{X^G \mid G \in \mathfrak{G}\}|\,.$$

Sei $\mathbf{C}^*_{\mathfrak{G}}(X) = \{G \mid X^G\,\mathfrak{N} = X\,\mathfrak{N}\}$. Dann ist $\mathbf{C}_{\mathfrak{G}}(X) \leqq \mathbf{C}^*_{\mathfrak{G}}(X)$ und $\mathbf{C}_{\mathfrak{G}^*}(X^*) = \mathbf{C}^*_{\mathfrak{G}}(X)/\mathfrak{N}$.

Für $G \in \mathbf{C}^*_{\mathfrak{G}}(X)$ haben wir $X^G = X\,T(G)$ mit $T(G) \in \mathfrak{N} \leqq \mathbf{Z}(\mathfrak{G})$. Ist auch H aus $\mathbf{C}^*_{\mathfrak{G}}(X)$, so folgt

$$X\,T(GH) = X^{GH} = X^H\,T(G) = X\,T(G)\,T(H)\,.$$

Also ist die Abbildung von G auf $T(G)$ ein Homomorphismus von $\mathbf{C}^*_{\mathfrak{G}}(X)$ in $\mathfrak{N}$ mit dem Kern $\mathbf{C}_{\mathfrak{G}}(X)$. Daher gilt $|\mathbf{C}^*_{\mathfrak{G}}(X) : \mathbf{C}_{\mathfrak{G}}(X)| = 1$ oder $= p$.

Fall 1: Sei $\mathbf{C}^*_{\mathfrak{G}}(X) = \mathbf{C}_{\mathfrak{G}}(X)$. Dann haben wir

$$p^{\mu(X)} = |\mathfrak{G} : \mathbf{C}_{\mathfrak{G}}(X)| = |\mathfrak{G}/\mathfrak{N} : \mathbf{C}_{\mathfrak{G}}(X)/\mathfrak{N}| = |\mathfrak{G}^* : \mathbf{C}_{\mathfrak{G}^*}(X^*)| = p^{\mu(X^*)}\,,$$

also $\mu(X) = \mu(X^*)$.

Seien N' und N'' verschiedene Elemente aus $\mathfrak{N}$. Dann sind XN' und XN'' nicht in $\mathfrak{G}$ konjugiert: Aus

$$X^G N' = (XN')^G = XN''$$

folgt nämlich

$$X^G = XN''\,N'^{-1}$$

und daher $G \in \mathbf{C}^*_{\mathfrak{G}}(X) = \mathbf{C}_{\mathfrak{G}}(X)$, also $N' = N''$.

Somit spaltet die Konjugiertenklasse

$$\{X^{*\,G^*} \mid G^* \in \mathfrak{G}^*\}$$

von der Länge $p^{\mu(X^*)}$ beim Übergang zu den Urbildern in $\mathfrak{G}$ auf in p Klassen

$$\{X^G\,N^i \mid G \in \mathfrak{G}\} \quad (i = 0, 1, \ldots, p-1)$$

von der gleichen Länge $p^{\mu(X)}$.

Fall 2: Sei nun $|\mathfrak{C}^*_{\mathfrak{G}}(X)| = p\,|\mathfrak{C}_{\mathfrak{G}}(X)|$, also $\mu(X^*) = \mu(X) - 1$. Wir betrachten die Menge

$$\mathfrak{L} = \{X^G N \mid G \in \mathfrak{G}, N \in \mathfrak{N}\}$$

der Urbilder von $\mathfrak{K}^* = \{X^{*G^*} \mid G^* \in \mathfrak{G}^*\}$. Es gilt

$$\mathfrak{K} = \{X^G \mid G \in \mathfrak{G}\} \subseteqq \mathfrak{L}$$

und

$$|\mathfrak{K}| = p^{\mu(X)} \leqq |\mathfrak{L}| = p\,|\mathfrak{K}^*| = p\,p^{\mu(X^*)} = p^{\mu(X)} = |\mathfrak{K}|.$$

Also ist $\mathfrak{K} = \mathfrak{L}$. Beim Übergang zu den Urbildern in $\mathfrak{G}$ geht $\mathfrak{K}^*$ also in die Konjugiertenklasse $\mathfrak{K}$ von $\mathfrak{G}$ über.

Sei c_m die Anzahl der Konjugiertenklassen von der Länge p^m in $\mathfrak{G}^*$, die beim Übergang zu $\mathfrak{G}$ aufspalten in p Klassen der Länge p^m; und d_m die Anzahl der Klassen von $\mathfrak{G}^*$ von der Länge p^m, die in $\mathfrak{G}$ zu Klassen der Länge p^{m+1} werden. Dann ist

$$a_m^* = a_m(\mathfrak{G}/\mathfrak{N}) = c_m + d_m \qquad (m = 0, 1, 2, \ldots)$$

und

$$\begin{aligned} a_m &= p\,c_m + d_{m-1} = p\,c_m + a_{m-1}^* - c_{m-1} \\ &\vdots \\ a_1 &= p\,c_1 + a_0^* - c_0 \\ a_0 &= p\,c_0\,. \end{aligned}$$

Es folgt

$$\sum_m a_m = \sum_m a_m^* + (p-1)\sum_m c_m\,.$$

Für die Klassenzahlen h^* und h von $\mathfrak{G}^*$ bzw. $\mathfrak{G}$ ergibt sich somit

$$\begin{aligned} h - h^* &= \sum_m (a_m - a_m^*) = (p-1)\sum_m c_m \\ &= p^e + (p^2-1)\,(n + k(p-1)) - p^{e^*} - (p^2-1)\,(n^* + k^*(p-1)). \end{aligned}$$

Daher ist

$$p^{1-e} + (p^2-1)\,(k - k^*) = \sum_m c_m \geqq 0\,.$$

Wegen $p^{1-e} < p^2 - 1$ erhalten wir nun $k \geqq k^*$. Mit der Induktionsannahme $k^* \geqq 0$ folgt daher auch $k \geqq 0$. **q.e.d.**

§ 16. Induzierte Darstellungen

16.1 Definition. a) Sei $\mathfrak{U}$ eine Untergruppe von $\mathfrak{G}$ mit der Nebenklassenzerlegung $\mathfrak{G} = \bigcup_1^n \mathfrak{U} R_i$ und V ein $K[\mathfrak{U}]$-Rechtsmodul. Der Gruppenring $K[\mathfrak{G}]$ ist ein $K[\mathfrak{G}]$-Rechtsmodul und wegen $K[\mathfrak{G}] = \bigoplus_1^n K[\mathfrak{U}]\,R_i$ ein freier $K[\mathfrak{U}]$-Linksmodul. Wir bilden das Tensorprodukt

$$V^{\mathfrak{G}} = V \otimes_{K[\mathfrak{U}]} K[\mathfrak{G}]$$

über $K[\mathfrak{U}]$. Nach 9.8 ist $V^{\mathfrak{G}}$ ein $K[\mathfrak{G}]$-Rechtsmodul. Wir nennen $V^{\mathfrak{G}}$ den von V induzierten $K[\mathfrak{G}]$-Modul. Nach 9.5 besteht die direkte Zerlegung als K-Vektorraum

$$V^{\mathfrak{G}} = \bigoplus_{1}^{n} V_i \quad \text{mit} \quad V_i = \{v \otimes R_i \mid v \in V\}.$$

Die Wirkung von G auf $V^{\mathfrak{G}}$ wird nach 9.8 so beschrieben: Ist $R_i G = U_i R_{i'}$ mit $U_i \in \mathfrak{U}$, so gilt

$$(v \otimes R_i) G = v \otimes R_i G = v U_i \otimes R_{i'}.$$

Die Darstellung von $\mathfrak{G}$ auf $V^{\mathfrak{G}}$ bezeichnen wir mit $\mathbf{D}^{\mathfrak{G}}$ und nennen $\mathbf{D}^{\mathfrak{G}}$ die von $\mathbf{D}$ auf $\mathfrak{G}$ induzierte Darstellung.

b) Sei τ eine Klassenfunktion auf der Untergruppe $\mathfrak{U}$ von $\mathfrak{G}$. Wir setzen

$$\tau_0(G) = \begin{cases} \tau(G) & \text{für } G \in \mathfrak{U} \\ 0 & \text{für } G \notin \mathfrak{U} \end{cases}$$

und definieren die Funktion $\tau^{\mathfrak{G}}$ auf $\mathfrak{G}$ durch

$$\tau^{\mathfrak{G}}(G) = \sum_{i=1}^{n} \tau_0(R_i G R_i^{-1}).$$

Ist $R_i' = U_i R_i$ mit $U_i \in \mathfrak{U}$, so erhalten wir

$$\sum_{i=1}^{n} \tau_0(R_i' G R_i'^{-1}) = \sum_{i=1}^{n} \tau_0(U_i R_i G R_i^{-1} U_i^{-1}) = \sum_{i=1}^{n} \tau_0(R_i G R_i^{-1}).$$

Also ist $\tau^{\mathfrak{G}}$ unabhängig von der Auswahl der Nebenklassenvertreter. Für $X \in \mathfrak{G}$ ist daher

$$\tau^{\mathfrak{G}}(G^X) = \sum_{i=1}^{n} \tau_0(R_i X^{-1} G X R_i^{-1}) = \tau^{\mathfrak{G}}(G).$$

Also ist $\tau^{\mathfrak{G}}$ eine Klassenfunktion auf $\mathfrak{G}$. Die Abbildung $\tau \to \tau^{\mathfrak{G}}$ ist offenbar eine K-lineare Abbildung des Raumes der Klassenfunktionen auf $\mathfrak{U}$ in den Raum der Klassenfunktionen auf $\mathfrak{G}$.

Aus $\tau_0(U R_i G R_i^{-1} U^{-1}) = \tau_0(R_i G R_i^{-1})$ für $U \in \mathfrak{U}$ folgt

$$\tau^{\mathfrak{G}}(G) = \frac{1}{|\mathfrak{U}|} \sum_{X \in \mathfrak{G}} \tau_0(G^X).$$

Gehen wir von der trivialen Darstellung $\mathbf{D}_1$ von $\mathfrak{U}$ aus, so ist offenbar $\mathbf{D}_1^{\mathfrak{G}}$ die von $\mathfrak{G}$ auf den Nebenklassen von $\mathfrak{U}$ bewirkte Permutationsdarstellung in Matrizenschreibweise.

16.2 Hilfssatz. a) *Sei $\mathfrak{U} \leq \mathfrak{G}$, seien V_1 und V_2 $K[\mathfrak{U}]$-Moduln. Dann gilt*

$$V_1^{\mathfrak{G}} \oplus V_2^{\mathfrak{G}} \cong (V_1 \oplus V_2)^{\mathfrak{G}}.$$

b) *Die Bildung der induzierten Moduln ist transitiv in folgendem Sinne: Sind* $\mathfrak{U}$ *und* $\mathfrak{V}$ *Untergruppen von* $\mathfrak{G}$ *mit* $\mathfrak{V} \leqq \mathfrak{U} \leqq \mathfrak{G}$, *und ist* V *ein* $K[\mathfrak{V}]$*-Modul, so ist* $V^{\mathfrak{G}} \cong (V^{\mathfrak{U}})^{\mathfrak{G}}$.

c) *Sei* $\mathfrak{U}_i \leqq \mathfrak{G}_i$ $(i = 1, 2)$, *und sei* $V_i = W_i^{\mathfrak{G}_i}$ *der* $K[\mathfrak{G}_i]$*-Modul, welcher von einem* $K[\mathfrak{U}_i]$*-Modul* W_i *induziert wird. Machen wir* $V_1 \otimes_K V_2$ *gemäß* 10.3 *zu einem* $K[\mathfrak{G}_1 \times \mathfrak{G}_2]$*-Modul und* $W_1 \otimes_K W_2$ *zu einem* $K[\mathfrak{U}_1 \times \mathfrak{U}_2]$*-Modul, so sind die* $K[\mathfrak{G}_1 \times \mathfrak{G}_2]$*-Moduln* $V_1 \otimes_K V_2$ *und* $(W_1 \otimes_K W_2)^{\mathfrak{G}_1 \times \mathfrak{G}_2}$ *isomorph.*

Beweis. a) Die Behauptung folgt sofort aus der Isomorphie

$$(V_1 \oplus V_2) \otimes_{K[\mathfrak{U}]} K[\mathfrak{G}] \cong (V_1 \otimes_{K[\mathfrak{U}]} K[\mathfrak{G}]) \oplus (V_2 \otimes_{K[\mathfrak{U}]} K[\mathfrak{G}])$$

in 9.4, welche offenbar eine Isomorphie von $K[\mathfrak{G}]$-Rechtsmoduln ist.

b) Dies folgt aus der Assoziativität

$$\begin{aligned}(V^{\mathfrak{U}})^{\mathfrak{G}} &= (V \otimes_{K[\mathfrak{V}]} K[\mathfrak{U}]) \otimes_{K[\mathfrak{U}]} K[\mathfrak{G}] \cong V \otimes_{K[\mathfrak{V}]} (K[\mathfrak{U}] \otimes_{K[\mathfrak{U}]} K[\mathfrak{G}]) \\ &= V \otimes_{K[\mathfrak{V}]} K[\mathfrak{G}] = V^{\mathfrak{G}}\end{aligned}$$

in 9.10, die wieder ein Isomorphismus von $K[\mathfrak{G}]$-Rechtsmoduln ist.

c) Sei $\mathfrak{G}_i = \bigcup_j \mathfrak{U}_i G_{ji}$ $(i = 1, 2)$ die Nebenklassenzerlegung von $\mathfrak{G}_i$ nach $\mathfrak{U}_i$. Nach 16.1 ist

$$V_i = W_i^{\mathfrak{G}_i} = \bigoplus_j W_i \otimes G_{ji}\,.$$

Offenbar ist

$$\mathfrak{G}_1 \times \mathfrak{G}_2 = \bigcup_{j,k} (\mathfrak{U}_1 \times \mathfrak{U}_2)\,(G_{j1}, G_{k2})$$

die Nebenklassenzerlegung von $\mathfrak{G}_1 \times \mathfrak{G}_2$ nach $\mathfrak{U}_1 \times \mathfrak{U}_2$. Daher folgt

$$(W_1 \otimes_K W_2)^{\mathfrak{G}_1 \times \mathfrak{G}_2} = \bigoplus_{j,k} (W_1 \otimes_K W_2) \otimes (G_{j1}, G_{k2})\,.$$

Man rechnet leicht nach, daß die K-lineare Abbildung ε mit

$$((w_1 \otimes w_2) \otimes (G_{j1}, G_{k2}))\,\varepsilon = (w_1 \otimes G_{j1}) \otimes (w_2 \otimes G_{k2})$$

für $w_i \in W_i$ $(i = 1, 2)$ ein $K[\mathfrak{G}_1 \times \mathfrak{G}_2]$-Isomorphismus von $(W_1 \otimes_K W_2)^{\mathfrak{G}_1 \times \mathfrak{G}_2}$ auf $W_1^{\mathfrak{G}_1} \otimes_K W_2^{\mathfrak{G}_2} = V_1 \otimes_K V_2$ ist. **q.e.d.**

16.3 Satz. *Ist* χ *der Charakter einer Darstellung* $\mathbf{D}$ *von* $\mathfrak{U}$, *so ist* $\chi^{\mathfrak{G}}$ *der Charakter der induzierten Darstellung* $\mathbf{D}^{\mathfrak{G}}$.

Beweis. Sei $\mathbf{D}$ eine Darstellung von $\mathfrak{U}$ auf dem $K[\mathfrak{U}]$-Modul V und χ der Charakter von $\mathbf{D}$. Nach 16.1 haben wir $V^{\mathfrak{G}} = \bigoplus_1^n V_i$ mit $V_i = \{v \otimes R_i \mid v \in V\}$ und

$$(v \otimes R_i)\,G = v\,U_i \otimes R_{i'} \quad \text{für} \quad R_i\,G = U_i\,R_{i'}\,.$$

Es folgt

$$Sp\,\mathbf{D}^{\mathfrak{G}}(G) = \sum_{i=i'} \chi(U_i) = \sum_{R_i G R_i^{-1} \in \mathfrak{U}} \chi(R_i\,G R_i^{-1}) = \sum_{i=1}^n \chi_0(R_i\,G R_i^{-1}) = \chi^{\mathfrak{G}}(G)\,.$$

q.e.d.

16.4 Definition. Sei $\mathfrak{U}$ eine Untergruppe von $\mathfrak{G}$. Ist $\mathbf{D}$ eine Darstellung von $\mathfrak{G}$ auf dem $K[\mathfrak{G}]$-Modul V, so sei $V_{\mathfrak{U}}$ der durch Einschränkung des Operatorenbereiches entstehende $K[\mathfrak{U}]$-Modul und $\mathbf{D}_{\mathfrak{U}}$ die Darstellung von $\mathfrak{U}$ auf $V_{\mathfrak{U}}$. Ist τ eine Klassenfunktion auf $\mathfrak{G}$, so bezeichnen wir mit $\tau_{\mathfrak{U}}$ die Einschränkung von τ auf $\mathfrak{U}$.

Wir beschränken uns weiterhin auf Darstellungen über einem algebraisch abgeschlossenen Körper K mit Char $K \nmid |\mathfrak{G}|$.

Eine wichtige Aufgabe ist die Zerlegung der induzierten Charaktere in irreduzible Teile. Sie wird teilweise gelöst durch folgenden grundlegenden Satz:

16.5 Reziprozitätssatz von Frobenius.

a) *Ist τ eine Klassenfunktion auf $\mathfrak{G}$ und ψ eine Klassenfunktion auf der Untergruppe $\mathfrak{U}$ von $\mathfrak{G}$, so gilt*

$$(\psi^{\mathfrak{G}}, \tau)_{\mathfrak{G}} = (\psi, \tau_{\mathfrak{U}})_{\mathfrak{U}} .$$

b) *Seien χ_i $(i = 1, \ldots, h)$ die irreduziblen Charaktere von $\mathfrak{G}$ über K. Ist*

$$(\chi_j)_{\mathfrak{U}} = \sum_{k=1}^{h'} d_{jk}\, \psi_k$$

die Zerlegung von $(\chi_j)_{\mathfrak{U}}$ in irreduzible Charaktere ψ_k von $\mathfrak{U}$ (mit h' = Klassenzahl von $\mathfrak{U}$), so ist

$$\psi_i^{\mathfrak{G}} = \sum_{j=1}^{h} d_{ji}\, \chi_j$$

die Zerlegung von $\psi_i^{\mathfrak{G}}$ in irreduzible Charaktere von $\mathfrak{G}$.

Beweis. a) Wir setzen $|\mathfrak{G}| = g$ und $|\mathfrak{U}| = u$. Nach 16.1 ist

$$(\psi^{\mathfrak{G}},\tau)_{\mathfrak{G}} = \frac{1}{g} \sum_{G \in \mathfrak{G}} \psi^{\mathfrak{G}}(G)\, \tau(G^{-1}) = \frac{1}{gu} \sum_{G \in \mathfrak{G}} \sum_{T^{-1} G T \in \mathfrak{U}} \psi(T^{-1} G T)\, \tau(T^{-1} G^{-1} T) .$$

Für jedes feste U aus $\mathfrak{U}$ hat die Gleichung $T^{-1}\, G T = U$ genau g Lösungspaare $\{T, G\} = \{T, T U T^{-1}\}$. Somit folgt

$$(\psi^{\mathfrak{G}}, \tau)_{\mathfrak{G}} = \frac{1}{u} \sum_{U \in \mathfrak{U}} \psi(U)\, \tau(U^{-1}) = (\psi, \tau_{\mathfrak{U}})_{\mathfrak{U}} .$$

b) Die Aussage unter b) folgt sofort aus

$$(\psi_i^{\mathfrak{G}}, \chi_j)_{\mathfrak{G}} = (\psi_i, (\chi_j)_{\mathfrak{U}})_{\mathfrak{U}} .$$ **q.e.d.**

Spezialisieren wir 16.5 b) auf den Fall, daß $\mathfrak{U} = \mathfrak{E}$ und $\psi = \psi_1$ der triviale Charakter von $\mathfrak{U}$ ist, so ist $\psi^{\mathfrak{G}}$ der Charakter der regulären Darstellung von $\mathfrak{G}$. Für die absolut irreduziblen Charaktere χ_i von $\mathfrak{G}$ folgt

$$(\psi_1^{\mathfrak{G}}, \chi_i)_{\mathfrak{G}} = (\psi_1, \chi_i(E)\, \psi_1)_{\mathfrak{E}} = \chi_i(E) = n_i .$$

Das ist gerade die Aussage von 5.3.

Der Frobeniussche Reziprozitätssatz läßt eine modultheoretische Verallgemeinerung zu, welche über beliebigem Körper K gilt:

16.6 Satz (NAKAYAMA). *Sei K ein beliebiger Körper. Sei $\mathfrak{U}$ eine Untergruppe von $\mathfrak{G}$, V ein $K[\mathfrak{G}]$-Modul und W ein $K[\mathfrak{U}]$-Modul. Dann gelten folgende K-Isomorphien:*

a) $\operatorname{Hom}_{K[\mathfrak{G}]}(V, W^{\mathfrak{G}}) \cong \operatorname{Hom}_{K[\mathfrak{U}]}(V_{\mathfrak{U}}, W)$.

b) $\operatorname{Hom}_{K[\mathfrak{G}]}(W^{\mathfrak{G}}, V) \cong \operatorname{Hom}_{K[\mathfrak{U}]}(W, V_{\mathfrak{U}})$.

Cf Feit (II.2.5) — Different! — See C12/3 of 1972-73 253-4 Notes.

Beweis. Sei $\mathfrak{G} = \bigcup_{i=1}^{n} \mathfrak{U} R_i$ mit $R_1 = E$ die Nebenklassenzerlegung von $\mathfrak{G}$ nach $\mathfrak{U}$.

a) Sei $\alpha \in \operatorname{Hom}_{K[\mathfrak{G}]}(V, W^{\mathfrak{G}})$. Ist $v \in V$, so läßt sich $v\,\alpha$ in der Gestalt $v\,\alpha = \sum_{i=1}^{n} w_i \otimes R_i$ mit eindeutig bestimmten $w_i \in W$ schreiben. Wir definieren die Abbildungen α_i aus $\operatorname{Hom}_K(V, W)$ durch

$$v\,\alpha = \sum_{i=1}^{n} v\,\alpha_i \otimes R_i$$

für alle $v \in V$. Für alle $U \in \mathfrak{U}$ gilt

$$\begin{aligned}(vU)\,\alpha &= \sum_{i=1}^{n} (vU)\,\alpha_i \otimes R_i = (vU)\,\alpha_1 \otimes E + \cdots \\ &= (v\,\alpha)\,U = \sum_{i=1}^{n} v\,\alpha_i \otimes R_i\,U = (v\,\alpha_1)\,U \otimes E + \cdots .\end{aligned}$$

Vergleich der Komponenten mit $i = 1$ zeigt $(vU)\,\alpha_1 = (v\,\alpha_1)\,U$, also $\alpha_1 \in \operatorname{Hom}_{K[\mathfrak{U}]}(V_{\mathfrak{U}}, W)$. Ferner gilt

$$\begin{aligned}(v\,\alpha)\,R_j^{-1} &= \sum_{i=1}^{n} v\,\alpha_i \otimes R_i\,R_j^{-1} = v\,\alpha_j \otimes E + \cdots \\ &= (vR_j^{-1})\,\alpha = \sum_{i=1}^{n} (vR_j^{-1})\,\alpha_i \otimes R_i = (vR_j^{-1})\,\alpha_1 \otimes E + \cdots .\end{aligned}$$

Es folgt $v\,\alpha_j = (vR_j^{-1})\,\alpha_1$. Also ist α durch α_1 eindeutig bestimmt.

Sei umgekehrt $\alpha_1 \in \operatorname{Hom}_{K[\mathfrak{U}]}(V_{\mathfrak{U}}, W)$. Dann definieren wir die lineare Abbildung α aus $\operatorname{Hom}_K(V, W^{\mathfrak{G}})$ durch

$$v\,\alpha = \sum_{i=1}^{n} (vR_i^{-1})\,\alpha_1 \otimes R_i\,.$$

Für $G \in \mathfrak{G}$ und $R_i\,G = U_i\,R_{i'} \in \mathfrak{U}\,R_{i'}$ gilt dann

$$\begin{aligned}(v\,\alpha)\,G &= \sum_{i=1}^{n} (vR_i^{-1})\,\alpha_1 \otimes U_i\,R_{i'} = \sum_{i=1}^{n} (vR_i^{-1}\,U_i)\,\alpha_1 \otimes R_{i'} \\ &= \sum_{i'=1}^{n} (vGR_{i'}^{-1})\,\alpha_1 \otimes R_{i'} = (vG)\,\alpha\,.\end{aligned}$$

Also ist $\alpha \in \mathrm{Hom}_{K[\mathfrak{G}]}(V, W^{\mathfrak{G}})$. Die Zuordnung $\alpha \to \alpha_1$ ist somit eine umkehrbar eindeutige und offenbar K-lineare Abbildung von $\mathrm{Hom}_{K[\mathfrak{G}]}(V, W^{\mathfrak{G}})$ auf $\mathrm{Hom}_{K[\mathfrak{U}]}(V_{\mathfrak{U}}, W)$.

b) Sei $\beta \in \mathrm{Hom}_{K[\mathfrak{G}]}(W^{\mathfrak{G}}, V)$. Wir definieren β_1 aus $\mathrm{Hom}_K(W, V)$ durch $(w \otimes E)\,\beta = w\,\beta_1$ für $w \in W$. Offenbar liegt β_1 in $\mathrm{Hom}_{K[\mathfrak{U}]}(W, V_{\mathfrak{U}})$. Es gilt

$$(w \otimes R_i)\,\beta = (w \otimes E)\,R_i\,\beta = (w \otimes E)\,\beta\,R_i = w\,\beta_1\,R_i\,.$$

Also wird β durch β_1 eindeutig bestimmt. Umgekehrt liefert jedes β_1 aus $\mathrm{Hom}_{K[\mathfrak{U}]}(W, V_{\mathfrak{U}})$ vermöge

$$\Bigl(\sum_{i=1}^{n} w_i \otimes R_i\Bigr)\,\beta = \sum_{i=1}^{n} (w_i\,\beta_1)\,R_i$$

ein $\beta \in \mathrm{Hom}_{K[\mathfrak{G}]}(W^{\mathfrak{G}}, V)$, wie man leicht nachrechnet. **q.e.d.**

16.7 Bemerkung. Sei K algebraisch abgeschlossen von beliebiger Charakteristik und $\mathfrak{U} \leqq \mathfrak{G}$. Sei V ein irreduzibler $K[\mathfrak{G}]$-Modul und W ein irreduzibler $K[\mathfrak{U}]$-Modul. Man zeigt leicht, daß $\dim_K \mathrm{Hom}_{K[\mathfrak{G}]}(V, W^{\mathfrak{G}})$ die Vielfachheit von V im größten vollständig reduziblen $K[\mathfrak{G}]$-Teilmodul (dem sog. Sockel) von $W^{\mathfrak{G}}$ ist. Ferner ist $\dim_K \mathrm{Hom}_{K[\mathfrak{U}]}(V_{\mathfrak{U}}, W)$ die Vielfachheit von W im größten vollständig reduziblen $K[\mathfrak{U}]$-Faktormodul von $V_{\mathfrak{U}}$. Nach 16.6 a) stimmen diese beiden Vielfachheiten überein. (Sind alle Moduln vollständig reduzibel, so folgt daraus wieder der Reziprozitätssatz 16.5.) Aus 16.6 b) ergibt sich analog: Die Vielfachheit von V im größten vollständig reduziblen $K[\mathfrak{G}]$-Faktormodul von $W^{\mathfrak{G}}$ ist gleich der Vielfachheit von W im größten vollständig reduziblen $K[\mathfrak{U}]$-Teilmodul von $V_{\mathfrak{U}}$.

Michler, p. 519

16.8 Hilfssatz. *Ist τ eine Klassenfunktion auf $\mathfrak{G}$ und ψ eine Klassenfunktion auf der Untergruppe $\mathfrak{U}$ von $\mathfrak{G}$, so gilt $\psi^{\mathfrak{G}}\,\tau = (\psi\,\tau_{\mathfrak{U}})^{\mathfrak{G}}$. Die durch Klassenfunktionen von $\mathfrak{U}$ induzierten Klassenfunktionen von $\mathfrak{G}$ bilden also ein Ideal im Ring der Klassenfunktionen von $\mathfrak{G}$.*

Beweis. Mit $|\mathfrak{U}| = u$ haben wir nämlich

$$\psi^{\mathfrak{G}}(G)\,\tau(G) = \frac{1}{u}\sum_{T\in\mathfrak{G}} \psi_0(T^{-1}GT)\,\tau(G) = \frac{1}{u}\sum_{T\in\mathfrak{G}} \psi_0(T^{-1}GT)\,\tau(T^{-1}GT)$$
$$= (\psi\,\tau_{\mathfrak{U}})^{\mathfrak{G}}(G)\,.$$
q.e.d.

16.9 Satz (Mackey [1]). *Seien $\mathfrak{U}$ und $\mathfrak{V}$ Untergruppen von $\mathfrak{G}$ und V ein $K[\mathfrak{U}]$-Modul. Sei $\mathfrak{G} = \bigcup_{1}^{k} \mathfrak{U}\,A_i\,\mathfrak{V}$ die Zerlegung von $\mathfrak{G}$ in Doppelnebenklassen nach $\mathfrak{U}$ und $\mathfrak{V}$. Dann gilt:*

a) $(V^{\mathfrak{G}})_{\mathfrak{V}} \cong \bigoplus_{i=1}^{k} ((V \otimes A_i)_{\mathfrak{U}^{A_i} \cap \mathfrak{V}})^{\mathfrak{V}}$.

b) *Ist χ der Charakter zur Darstellung von $\mathfrak{U}$ auf V, so gilt*

$$(\chi^{\mathfrak{G}})_{\mathfrak{V}} = \sum_{i=1}^{k} ((\chi^{A_i^{-1}})_{\mathfrak{U}^{A_i} \cap \mathfrak{V}})^{\mathfrak{V}} .$$

Dabei ist $\chi^{A_i^{-1}}$ definiert durch

$$\chi^{A_i^{-1}}(G) = \chi(G^{A_i^{-1}})$$

für $G^{A_i^{-1}} \in \mathfrak{U}$, also insbesondere für $G \in \mathfrak{U}^{A_i} \cap \mathfrak{V}$.
(Hier ist keine Voraussetzung über K nötig.)

Beweis. a) Sei $\mathfrak{G} = \bigcup_1^n \mathfrak{U} R_i$ die Nebenklassenzerlegung von $\mathfrak{G}$ nach $\mathfrak{U}$. Dann ist $V^{\mathfrak{G}} = \bigoplus_1^n V_i$ mit $V_i = \{v \otimes R_i \mid v \in V\}$. Wir schreiben zur Abkürzung $V_i = V \otimes R_i$. Ist $\mathfrak{G} = \bigcup_1^k \mathfrak{U} A_i \mathfrak{V}$, so bildet die Menge

$$\{\mathfrak{U} R_j \mid R_j \in \mathfrak{U} A_i \mathfrak{V}\}$$

eine Bahn von $\mathfrak{V}$ als Permutationsgruppe auf $\{\mathfrak{U} R_j \mid j = 1, \ldots, n\}$. Somit ist $V^{\mathfrak{G}} = \bigoplus_{i=1}^k W_i$ mit

$$W_i = \bigoplus_{R_j \in \mathfrak{U} A_i \mathfrak{V}} V \otimes R_j$$

eine Zerlegung von $V^{\mathfrak{G}}$ als $K[\mathfrak{V}]$-Modul. Wir halten $A = A_i$ fest und setzen $W = W_i$.

Die Gleichung $\mathfrak{U} A Y_1 = \mathfrak{U} A Y_2$ mit $Y_i \in \mathfrak{V}$ ist gleichwertig mit

$$Y_1 Y_2^{-1} \in \mathfrak{U}^A \cap \mathfrak{V} = \tilde{\mathfrak{V}} .$$

Aus der Nebenklassenzerlegung $\mathfrak{V} = \bigcup_1^m \tilde{\mathfrak{V}} Y_i$ folgt also die disjunkte Zerlegung $\mathfrak{U} A \mathfrak{V} = \bigcup_1^m \mathfrak{U} A Y_i$. Nun ist

$$W = \bigoplus_1^m V \otimes A Y_i = \bigoplus_1^m (V \otimes A) Y_i .$$

Dabei ist $V \otimes A$ ein $\mathfrak{U}^A$-Modul, also erst recht ein $\tilde{\mathfrak{V}}$-Modul mit $\tilde{\mathfrak{V}} = \mathfrak{U}^A \cap \mathfrak{V}$, und nach 16.1 gilt die Isomorphie $W \cong ((V \otimes A)_{\tilde{\mathfrak{V}}})^{\mathfrak{V}}$ als $K[\mathfrak{V}]$-Moduln.

b) Für $\tilde{V} = A_i^{-1} U A_i \in \mathfrak{U}^{A_i} \cap \mathfrak{V}$ ist

$$(v \otimes A_i) \tilde{V} = v \otimes U A_i = v U \otimes A_i = v(A_i \tilde{V} A_i^{-1}) \otimes A_i .$$

Daher wird der Charakter von $\mathfrak{U}^{A_i} \cap \mathfrak{V}$ auf $V \otimes A_i$ gegeben durch $(\chi^{A_i^{-1}})_{\mathfrak{U}^{A_i} \cap \mathfrak{V}}$. **q.e.d.**

Wir vermerken einen Sonderfall, der sich auch leicht ohne 16.9 behandeln läßt:

16.10 Satz. *Sei* $\mathfrak{N} \lhd \mathfrak{G}$, *sei* $\mathfrak{G} = \bigcup_1^n \mathfrak{N} G_i$ *die Nebenklassenzerlegung von* $\mathfrak{G}$ *nach* $\mathfrak{N}$ *und* V *ein* $K[\mathfrak{N}]$*-Modul. Dann ist*

$$(V^{\mathfrak{G}})_{\mathfrak{N}} \cong \bigoplus_1^n V^{G_i}.$$

Dabei ist $V^{G_i} = V \otimes G_i^{-1}$ *der* $K[\mathfrak{N}]$*-Modul mit*

$$(v \otimes G_i^{-1})\, N = v \otimes N^{G_i} G_i^{-1} = v N^{G_i} \otimes G_i^{-1}.$$

Ist χ *der Charakter von* $\mathfrak{N}$ *auf* V, *so ist* χ^{G_i} *mit* $\chi^{G_i}(N) = \chi(N^{G_i})$ *der Charakter von* $\mathfrak{N}$ *auf* V^{G_i}. *Es gilt*

$$(\chi^{\mathfrak{G}})_{\mathfrak{N}} = \sum_{i=1}^n \chi^{G_i}.$$

(*Auch hier ist keine Voraussetzung über den Körper* K *nötig.*)

Beweis. In 16.9 setzen wir $\mathfrak{U} = \mathfrak{V} = \mathfrak{N}$. Wegen

$$\mathfrak{G} = \bigcup_1^n G_i^{-1} \mathfrak{N} = \bigcup_1^n \mathfrak{N} G_i^{-1}$$

und

$$\mathfrak{N} G_i^{-1} \mathfrak{N} = \mathfrak{N} (G_i^{-1} \mathfrak{N} G_i)\, G_i^{-1} = \mathfrak{N} G_i^{-1}$$

ist $\mathfrak{G} = \bigcup_1^n \mathfrak{N} G_i^{-1}$ die Doppelnebenklassenzerlegung von $\mathfrak{G}$ nach dem Paar $\mathfrak{N}, \mathfrak{N}$. Also gilt nach 16.9 a)

$$(V^{\mathfrak{G}})_{\mathfrak{N}} = \bigoplus_1^n V^{G_i}. \qquad \text{q.e.d.}$$

16.11 Definition. Sei $\mathbf{D}$ eine Darstellung von $\mathfrak{G}$ auf dem K-Vektorraum V. Jedem K-Endomorphismus A von V ist bekanntlich ein K-Endomorphismus A^* des zu V dualen Raumes V^* zugeordnet. Wir definieren die zu $\mathbf{D}$ kontragrediente Darstellung $\mathbf{D}^*$ von $\mathfrak{G}$ auf V^* durch die Festsetzung $\mathbf{D}^*(G) = \mathbf{D}(G^{-1})^*$. Wegen

$$\mathbf{D}^*(G_1 G_2) = \mathbf{D}(G_2^{-1} G_1^{-1})^* = \mathbf{D}(G_1^{-1})^* \mathbf{D}(G_2^{-1})^* = \mathbf{D}^*(G_1)\, \mathbf{D}^*(G_2)$$

ist $\mathbf{D}^*$ eine Darstellung von $\mathfrak{G}$. Bezeichnen wir mit χ den Charakter von $\mathbf{D}$ und mit χ^* den von $\mathbf{D}^*$, so gilt offenbar $\chi^*(G) = \chi(G^{-1})$. (Ist K insbesondere der komplexe Zahlkörper, so ist also $\chi^*(G) = \overline{\chi(G)}$.)

Wir geben ein Kriterium für die Irreduzibilität einer induzierten Darstellung an:

16.12 Satz (Mackey [1]). *Sei* $\mathfrak{U} \leqq \mathfrak{G}$ *und sei* $\mathbf{D}$ *eine irreduzible Darstellung von* $\mathfrak{U}$ *über einem algebraisch abgeschlossenen Körper* K *der Charakteristik* 0. *Für* $G \in \mathfrak{G}$ *und* $U \in \mathfrak{U}$ *definieren wir die Darstellung* $\mathbf{D}^{G^{-1}}$ *von* $\mathfrak{U}^G$ *durch* $\mathbf{D}^{G^{-1}}(U^G) = \mathbf{D}(U)$. *Sei* $\mathfrak{G} = \bigcup_{i=1}^m \mathfrak{U} A_i \mathfrak{U}$ *mit* $A_1 \in \mathfrak{U}$ *die Doppelnebenklassenzerlegung von* $\mathfrak{G}$ *nach* $\mathfrak{U}$. *Genau dann ist* $\mathbf{D}^{\mathfrak{G}}$ *eine irredu-*

zible Darstellung von $\mathfrak{G}$, *wenn für alle* $i = 2, \ldots, m$ *die Darstellungen* $\mathbf{D}_{\mathfrak{U} \cap \mathfrak{U}^{A_i}}$ *und* $(\mathbf{D}^{A_i^{-1}})_{\mathfrak{U} \cap \mathfrak{U}^{A_i}}$ *keinen irreduziblen Bestandteil gemeinsam haben.*

Beweis. Sei χ der Charakter von $\mathbf{D}$. Nach 5.10 b) ist wegen Char $K = 0$ die Irreduzibilität von $\mathbf{D}^{\mathfrak{G}}$ gleichwertig mit

(1) $\frac{1}{g} \sum_{G \in \mathfrak{G}} \chi^{\mathfrak{G}}(G)\, \chi^{\mathfrak{G}}(G^{-1}) = (\chi^{\mathfrak{G}}, \chi^{\mathfrak{G}})_{\mathfrak{G}} = 1.$

Bezeichnen wir mit χ^* den Charakter der zu $\mathbf{D}$ kontragredienten Darstellung $\mathbf{D}^*$ von $\mathfrak{U}$, so gilt

$$\chi^{*\mathfrak{G}}(G) = \frac{1}{|\mathfrak{U}|} \sum_{G^X \in \mathfrak{U}} \chi^*(G^X) = \frac{1}{|\mathfrak{U}|} \sum_{G^X \in \mathfrak{U}} \chi(G^{-X}) = \chi^{\mathfrak{G}}(G^{-1}) .$$

Formel (1) lautet also

(2) $(\chi^{\mathfrak{G}}\, \chi^{*\mathfrak{G}}, 1)_{\mathfrak{G}} = 1.$

Mit Δ bezeichnen wir den Isomorphismus von $\mathfrak{G}$ in $\mathfrak{G} \times \mathfrak{G}$ mit $G\Delta = (G, G)$. Wir betrachten in $\mathfrak{G} \times \mathfrak{G}$ die Untergruppen $\mathfrak{U} \times \mathfrak{U}$ und $\mathfrak{G}\Delta$. Sei V ein $K[\mathfrak{U}]$-Modul zur Darstellung $\mathbf{D}$ und V^* der zu V duale Vektorraum, welcher also ein $K[\mathfrak{U}]$-Modul zu $\mathbf{D}^*$ ist. Dann ist $V^{\mathfrak{G}} \otimes V^{*\mathfrak{G}}$ nach 10.4 ein $K[\mathfrak{G} \times \mathfrak{G}]$-Modul. Der Charakter φ von $\mathfrak{G}\Delta$ auf $(V^{\mathfrak{G}} \otimes V^{*\mathfrak{G}})_{\mathfrak{G}\Delta}$ wird offenbar gegeben durch

$$\varphi((G, G)) = \chi^{\mathfrak{G}}(G)\, \chi^{*\mathfrak{G}}(G) .$$

Formel (2) besagt daher

(3) $(\varphi, 1)_{\mathfrak{G}\Delta} = 1.$

Nach 16.2 c) gilt $V^{\mathfrak{G}} \otimes V^{*\mathfrak{G}} \cong (V \otimes V^*)^{\mathfrak{G} \times \mathfrak{G}}$, wobei $V \otimes V^*$ als $K[\mathfrak{U} \times \mathfrak{U}]$-Modul aufzufassen ist. Ist $\mathfrak{G} = \bigcup_{i=1}^{m} \mathfrak{U} A_i \mathfrak{U}$ die Doppelnebenklassenzerlegung von $\mathfrak{G}$ nach $\mathfrak{U}$, so sieht man leicht, daß

$$\mathfrak{G} \times \mathfrak{G} = \bigcup_{i=1}^{m} (\mathfrak{U} \times \mathfrak{U})\, (A_i, E)\, (\mathfrak{G}\Delta)$$

die Doppelnebenklassenzerlegung von $\mathfrak{G} \times \mathfrak{G}$ nach $\mathfrak{U} \times \mathfrak{U}$ und $\mathfrak{G}\Delta$ ist. Mit 16.9 erhalten wir daher unter Berücksichtigung von

$$(V \otimes V^*) \otimes (A_i, E) = (V \otimes A_i) \otimes V^*$$

und

$$(\mathfrak{U} \times \mathfrak{U})^{(A_i, E)} \cap \mathfrak{G}\Delta = \{(U, U) \mid U \in \mathfrak{U} \cap \mathfrak{U}^{A_i}\} = (\mathfrak{U} \cap \mathfrak{U}^{A_i})\Delta$$

die Gleichung

$$((V \otimes V^*)^{\mathfrak{G} \times \mathfrak{G}})_{\mathfrak{G}\Delta} \cong \bigoplus_{i=1}^{m} (((V \otimes A_i) \otimes V^*)_{(\mathfrak{U} \cap \mathfrak{U}^{A_i})\Delta})^{\mathfrak{G}\Delta} .$$

Der Charakter von $\mathfrak{G}\Delta$ auf $(((V \otimes A_i) \otimes V^*)_{(\mathfrak{U} \cap \mathfrak{U}^{A_i})\Delta})^{\mathfrak{G}\Delta}$ ist dabei gerade $((\chi^{A_i^{-1}}\, \chi^*)_{(\mathfrak{U} \cap \mathfrak{U}^{A_i})\Delta})^{\mathfrak{G}\Delta}$. Daher folgt mit dem Frobeniusschen

Reziprozitätssatz

$$(\varphi, 1)_{\mathfrak{G}\Delta} = \sum_{i=1}^{m} (((\chi^{A_i^{-1}} \chi^*)_{(\mathfrak{U} \cap \mathfrak{U}^{A_i})\Delta})^{\mathfrak{G}\Delta}, 1)_{\mathfrak{G}\Delta}$$

$$= \sum_{i=1}^{m} ((\chi^{A_i^{-1}} \chi^*)_{\mathfrak{U} \cap \mathfrak{U}^{A_i}}, 1)_{\mathfrak{U} \cap \mathfrak{U}^{A_i}}$$

$$= \sum_{i=1}^{m} ((\chi^{A_i^{-1}})_{\mathfrak{U} \cap \mathfrak{U}^{A_i}}, \chi_{\mathfrak{U} \cap \mathfrak{U}^{A_i}})_{\mathfrak{U} \cap \mathfrak{U}^{A_i}}.$$

Wegen $A_1 \in \mathfrak{U}$ und der Irreduzibilität von χ auf $\mathfrak{U}$ ist

$$((\chi^{A_1^{-1}})_{\mathfrak{U}}, \chi_{\mathfrak{U}})_{\mathfrak{U}} = (\chi_{\mathfrak{U}}, \chi_{\mathfrak{U}})_{\mathfrak{U}} = 1 .$$

Also ist $(\chi^{\mathfrak{G}}, \chi^{\mathfrak{G}})_{\mathfrak{G}} = 1$ gleichwertig mit

$$((\chi^{A_i^{-1}})_{\mathfrak{U} \cap \mathfrak{U}^{A_i}}, \chi_{\mathfrak{U} \cap \mathfrak{U}^{A_i}})_{\mathfrak{U} \cap \mathfrak{U}^{A_i}} = 0$$

für $i = 2, \ldots, m$. **q.e.d.**

Als wichtige Anwendungen bestimmen wir die Darstellungen von Frobeniusgruppen und extraspeziellen p-Gruppen:

16.13 Satz. *Sei $\mathfrak{G} = \mathfrak{F}\mathfrak{H}$ eine Frobeniusgruppe zu $\mathfrak{H}$ mit dem Frobeniuskern $\mathfrak{F}$ (siehe 8.1). Sei $h(\mathfrak{H})$ die Klassenzahl von $\mathfrak{H}$ und $h(\mathfrak{F})$ die von $\mathfrak{F}$. Sei K ein algebraisch abgeschlossener Körper mit* Char $K \nmid |\mathfrak{G}|$. *Dann hat $\mathfrak{G}$ genau die folgenden irreduziblen Charaktere über K:*

(1) *$h(\mathfrak{H})$ irreduzible Charaktere μ_i, welche $\mathfrak{F}$ im Kern enthalten; sind η_i $(i = 1, \ldots, h(\mathfrak{H}))$ die irreduziblen Charaktere von $\mathfrak{H}$ über K, so werden die μ_i gegeben durch*

$$\mu_i(FH) = \eta_i(H) \quad \textit{für} \quad F \in \mathfrak{F} \quad \textit{und} \quad H \in \mathfrak{H} .$$

(2) $\dfrac{h(\mathfrak{F}) - 1}{|\mathfrak{H}|}$ *irreduzible Charaktere, welche auf folgende Weise entstehen:*

Ist ψ ein irreduzibler, nichttrivialer Charakter von $\mathfrak{F}$, so ist $\psi^{\mathfrak{G}}$ ein irreduzibler Charakter von $\mathfrak{G}$. Genau dann gilt $\psi_i^{\mathfrak{G}} = \psi_j^{\mathfrak{G}}$, wenn es ein H aus $\mathfrak{H}$ gibt mit $\psi_i = \psi_j^H$. Es gilt $(\psi_i^{\mathfrak{G}})_{\mathfrak{F}} = \sum_{H \in \mathfrak{H}} \psi_i^H$.

Ist V ein irreduzibler $K[\mathfrak{G}]$-Modul, auf dem $\mathfrak{F}$ nichttrivial dargestellt wird, so ist $V_{\mathfrak{H}}$ eine direkte Summe von regulären $K[\mathfrak{H}]$-Moduln, enthält daher den Modul zur 1-Darstellung von $\mathfrak{H}$.

Beweis. a) Sei zunächst Char $K = 0$. Seien die ψ_i $(i = 2, \ldots, h(\mathfrak{F}))$ die vom 1-Charakter ψ_1 von $\mathfrak{F}$ verschiedenen irreduziblen Charaktere von $\mathfrak{F}$ über K. Jedes H mit $E \neq H \in \mathfrak{H}$ bewirkt auf den Konjugiertenklassen von $\mathfrak{F}$ eine Permutation vermöge $\mathfrak{K} \to \mathfrak{K}^H$. Dabei bleibt nach 8.9 c) nur die Klasse $\mathfrak{E}$ fest. Nach 13.5 a) hat daher die von H auf den irreduziblen Charakteren von $\mathfrak{F}$ vermöge $\psi \to \psi^H$ mit $\psi^H(F) = \psi(F^H)$ bewirkte

Permutation ebenfalls nur einen Fixpunkt, nämlich den 1-Charakter ψ_1 von $\mathfrak{F}$. Für $\psi_i \neq \psi_1$ und $H \neq H'$ ist also $\psi_i^H \neq \psi_i^{H'}$.

Wegen $\mathfrak{G} = \mathfrak{F}\,\mathfrak{H}$ und $\mathfrak{F} \cap \mathfrak{H} = \mathfrak{E}$ gilt nach 16.5 und 16.10

$$(\psi_i^{\mathfrak{G}}, \psi_j^{\mathfrak{G}})_{\mathfrak{G}} = (\psi_i, (\psi_j^{\mathfrak{G}})_{\mathfrak{F}})_{\mathfrak{F}} = \sum_{H \in \mathfrak{H}} (\psi_i, \psi_j^H)_{\mathfrak{F}}$$

$$= \begin{cases} 1 \text{ falls } \psi_i = \psi_j^H \text{ für ein } H \in \mathfrak{H} \\ 0 \text{ sonst}. \end{cases}$$

Aus $\psi_i = \psi_j^H$ folgt offenbar $\psi_i^{\mathfrak{G}} = \psi_j^{\mathfrak{G}}$. Also sind die angegebenen $\frac{h(\mathfrak{F}) - 1}{|\mathfrak{H}|}$ Charaktere $\psi_i^{\mathfrak{G}}$ nach 5.10 paarweise verschieden und irreduzibel. Aus 16.5 folgt ferner wegen $\mathfrak{F} \leqq \operatorname{Kern} \mu_i$

$$(\psi_i^{\mathfrak{G}}, \mu_j)_{\mathfrak{G}} = (\psi_i, (\mu_j)_{\mathfrak{F}})_{\mathfrak{F}} = \mu_j(E)\,(\psi_i, \psi_1)_{\mathfrak{F}} = 0$$

für $i \neq 1$.

Damit haben wir die in (1) und (2) aufgeführten Charaktere von $\mathfrak{G}$ als irreduzibel und paarweise verschieden nachgewiesen. Die Quadratsumme der Grade der damit bestimmten irreduziblen Charaktere von $\mathfrak{G}$ ist

$$\sum_i \mu_i(E)^2 + \frac{1}{|\mathfrak{H}|} \sum_{j \neq 1} \psi_j^{\mathfrak{G}}(E)^2 = \sum_i \eta_i(E)^2 + \frac{1}{|\mathfrak{H}|} \sum_{j \neq 1} |\mathfrak{G} : \mathfrak{F}|^2\, \psi_j(E)^2$$

$$= |\mathfrak{H}| + |\mathfrak{H}|\,(|\mathfrak{F}| - 1) = |\mathfrak{H}|\,|\mathfrak{F}| = |\mathfrak{G}|\,.$$

Somit haben wir alle irreduziblen Charaktere von $\mathfrak{G}$ über K gefunden.

b) Nun sei K ein algebraisch abgeschlossener Körper der Charakteristik p mit $p \nmid |\mathfrak{G}|$. Die irreduziblen Darstellungen von $\mathfrak{G}$ über K lassen sich nach 11.7 bereits in einem endlichen Zerfällungskörper L von $\mathfrak{G}$ realisieren. Die irreduziblen Darstellungen von $\mathfrak{G}$ über L entstehen nach 12.9 durch Konstantenreduktion aus den irreduziblen Darstellungen von $\mathfrak{G}$ über einem geeigneten $\mathfrak{p}$-adischen Körper. Wir haben also nur zu zeigen, daß die Konstantenreduktion mit der Bildung der induzierten Darstellung vertauschbar ist. Das folgt aber sofort aus der Definition der induzierten Darstellung.

c) Sei V ein irreduzibler $K[\mathfrak{G}]$-Modul, auf welchem $\mathfrak{F}$ nicht ein Vielfaches der 1-Darstellung erfährt. Dann ist $V = W^{\mathfrak{G}}$ mit einem irreduziblen $K[\mathfrak{F}]$-Modul W. Aus $\mathfrak{G} = \mathfrak{F}\,\mathfrak{H}$ und $\mathfrak{F} \cap \mathfrak{H} = \mathfrak{E}$ folgt mit der Formel 16.9 von Mackey

$$V_{\mathfrak{H}} = (W^{\mathfrak{G}})_{\mathfrak{H}} = (W_{\mathfrak{F} \cap \mathfrak{H}})^{\mathfrak{H}} = (W_{\mathfrak{E}})^{\mathfrak{H}}\,.$$

Also ist $V_{\mathfrak{H}}$ ein Vielfaches des regulären $K[\mathfrak{H}]$-Moduls. **q.e.d.**

16.14 Satz. *Sei $\mathfrak{G}$ eine extraspezielle p-Gruppe der Ordnung p^{2m+1} im Sinne von* III, 13.1 (S. 349) *und K ein algebraisch abgeschlossener Körper mit* Char $K \neq p$. *Dann hat $\mathfrak{G}$ über K bis auf Äquivalenz genau die folgenden irreduziblen Darstellungen:*

(1) *p^{2m} Darstellungen vom Grad* 1.

(2) *$p-1$ treue Darstellungen vom Grad p^m, welche sich in folgender Weise beschreiben lassen: Sei $\mathfrak{A}$ ein maximaler abelscher Normalteiler von $\mathfrak{G}$ und $\lambda \neq 1$ ein linearer Charakter von $\mathbf{Z}(\mathfrak{G})$. Ist μ eine Fortsetzung von λ auf $\mathfrak{A}$, so ist $\mu^{\mathfrak{G}}$ ein irreduzibler Charakter von $\mathfrak{G}$. Zu jedem linearen Charakter $\lambda \neq 1$ von $\mathbf{Z}(\mathfrak{G})$ erhält man auf diese Weise genau einen irreduziblen Charakter χ von $\mathfrak{G}$, und es gilt $\chi_{\mathbf{Z}(\mathfrak{G})} = \chi(E)\,\lambda$.*

Beweis. Wegen $|\mathfrak{G}/\mathfrak{G}'| = p^{2m}$ hat $\mathfrak{G}$ nach 6.5 genau p^{2m} Charaktere vom Grad 1.

Sei λ ein linearer Charakter von $\mathbf{Z}(\mathfrak{G})$ mit $\lambda \neq 1$. Nach 6.3 a) gibt es eine Fortsetzung μ von λ auf den maximalen abelschen Normalteiler $\mathfrak{A}$ von $\mathfrak{G}$. Nach III, 13.7 (S. 353) gilt $|\mathfrak{G}/\mathfrak{A}| = p^m$. Mit 16.3 folgt

$$\mu^{\mathfrak{G}}(G) = \frac{1}{|\mathfrak{A}|} \sum_{X \in \mathfrak{G}} \mu_0(G^X) .$$

Für $G \notin \mathfrak{A}$ ist $G^X \notin \mathfrak{A}$, daher $\mu^{\mathfrak{G}}(G) = 0$. Für $G \in \mathfrak{A}$ erhalten wir wegen $[G, X] \in \mathfrak{G}' = \mathbf{Z}(\mathfrak{G})$

$$\mu^{\mathfrak{G}}(G) = \frac{1}{|\mathfrak{A}|} \sum_{X \in \mathfrak{G}} \mu(G[G, X]) = \frac{\mu(G)}{|\mathfrak{A}|} \sum_{X \in \mathfrak{G}} \lambda([G, X]) .$$

Die Abbildung $X \to [G, X]$ ist wegen $c(\mathfrak{G}) = 2$ nach den Formeln in III, 1.2 (S. 253) ein Homomorphismus von $\mathfrak{G}$ in $\mathfrak{G}' = \mathbf{Z}(\mathfrak{G})$. Ist $G \in \mathbf{Z}(\mathfrak{G})$, so folgt wegen $|\mathfrak{A}| = p^{m+1}$

$$\mu^{\mathfrak{G}}(G) = \frac{\lambda(G)}{|\mathfrak{A}|} |\mathfrak{G}| = p^m \lambda(G) = \mu^{\mathfrak{G}}(E)\, \lambda(G) .$$

Für $G \notin \mathbf{Z}(\mathfrak{G})$ erhalten wir hingegen wegen $\lambda \neq 1$ mit Hilfe der Orthogonalitätsrelationen

$$\mu^{\mathfrak{G}}(G) = \frac{\mu(G)}{|\mathfrak{A}|} p^{2m} \sum_{Y \in \mathbf{Z}(\mathfrak{G})} \lambda(Y) = \mu(G)\, p^m (\lambda, 1)_{\mathbf{Z}(\mathfrak{G})} = 0 .$$

Also ist $\mu^{\mathfrak{G}}$ durch λ eindeutig bestimmt und hängt nicht von $\mathfrak{A}$ und der gewählten Fortsetzung μ von λ auf $\mathfrak{A}$ ab. Die Irreduzibilität von $\mu^{\mathfrak{G}}$ folgt für Char $K = 0$ jetzt aus

$$(\mu^{\mathfrak{G}}, \mu^{\mathfrak{G}})_{\mathfrak{G}} = \frac{1}{|\mathfrak{G}|} \sum_{G \in \mathbf{Z}(\mathfrak{G})} \mu^{\mathfrak{G}}(G)\, \mu^{\mathfrak{G}}(G^{-1}) = \frac{1}{|\mathfrak{G}|} \sum_{G \in \mathbf{Z}(\mathfrak{G})} p^{2m} \lambda(G)\, \lambda(G^{-1})$$

$$= \frac{p^{2m+1}}{|\mathfrak{G}|} = 1 .$$

Für Char $K = q$ und $q \neq p$ gehen wir vermöge 12.9 von den Darstellungen von $\mathfrak{G}$ über einem $\mathfrak{q}$-adischen Körper durch Konstantenreduktion zu den Darstellungen von $\mathfrak{G}$ über K und erhalten das gewünschte Resultat.

Zu zeigen bleibt noch, daß unter (1) und (2) alle irreduziblen Darstellungen von $\mathfrak{G}$ aufgezählt sind. Das folgt jedoch sofort aus der Berechnung der Quadratsumme der Grade. **q.e.d.**

Aufgaben:

27) Sei $\mathfrak{U} \leqq \mathfrak{G}$ und $\mathfrak{r}$ ein Rechtsideal in $K[\mathfrak{U}] \subseteqq K[\mathfrak{G}]$. Man zeige, daß $\mathfrak{r}K[\mathfrak{G}]$ und $\mathfrak{r}^{\mathfrak{G}}$ isomorphe $K[\mathfrak{G}]$-Moduln sind.

28) Sei $\mathfrak{U} \leqq \mathfrak{G}$. Ist V ein $K[\mathfrak{G}]$-Modul und W ein $K[\mathfrak{U}]$-Modul, so sind die $K[\mathfrak{G}]$-Moduln $W^{\mathfrak{G}} \otimes_K V = (W \otimes_{K[\mathfrak{U}]} K[\mathfrak{G}]) \otimes_K V$ und $(W \otimes_K V_{\mathfrak{U}})^{\mathfrak{G}} = (W \otimes_K V_{\mathfrak{U}}) \otimes_{K[\mathfrak{U}]} K[\mathfrak{G}]$ isomorph. (Diese Isomorphie steht offenbar hinter 16.8.)

29) Man gebe alle absolut irreduziblen Darstellungen der Gruppe der linearen Abbildungen $x \to a\,x + b$ (mit $x, a, b \in GF(p^f)$) über dem komplexen Zahlkörper an.

§ 17. Einschränkung von irreduziblen Darstellungen auf Normalteiler

17.1 Definition. Sei $\mathfrak{N}$ ein Normalteiler von $\mathfrak{G}$ und $\mathbf{D}$ eine Darstellung von $\mathfrak{N}$. Für jedes G aus $\mathfrak{G}$ ist dann die durch $\mathbf{D}^G(N) = \mathbf{D}(N^G)$ definierte Abbildung $\mathbf{D}^G$ offenbar eine Darstellung von $\mathfrak{N}$. Wir nennen $\mathbf{D}^G$ eine zu $\mathbf{D}$ bezüglich $\mathfrak{G}$ konjugierte Darstellung von $\mathfrak{N}$.

17.2 Satz. *Sei $\mathfrak{N}$ ein Normalteiler von $\mathfrak{G}$.*

a) *Ist* $\mathbf{D}$ *eine irreduzible Darstellung von* $K[\mathfrak{N}]$, *so ist jedes* $\mathbf{D}^G$ *mit* $G \in \mathfrak{G}$ *eine irreduzible Darstellung von* $K[\mathfrak{N}]$.

b) *Sei* K *algebraisch abgeschlossen und* $\operatorname{Char} K \nmid |\mathfrak{G}|$. *Die Anzahl der* $\mathfrak{G}$*-Konjugiertenklassen der absolut irreduziblen Darstellungen von* $K[\mathfrak{N}]$ *ist dann gleich der Anzahl der in* $\mathfrak{N}$ *liegenden Konjugiertenklassen von* $\mathfrak{G}$.

Beweis. a) Die Behauptung ist klar, denn die Mengen von linearen Abbildungen $\{\mathbf{D}(N) \mid N \in \mathfrak{N}\}$ und $\{\mathbf{D}^G(N) = \mathbf{D}(N^G) \mid N \in \mathfrak{N}\}$ stimmen überein.

b) $\mathfrak{G}$ ist vermöge $N \to N^G$ dargestellt als Permutationsgruppe auf $\mathfrak{N}$. Wegen

$$(N^X)^G = (N^G)^{G^{-1}XG}$$

und $G^{-1}XG \in \mathfrak{N}$ für $X \in \mathfrak{N}$ ist $\mathfrak{G}$ auch eine Permutationsgruppe auf den Konjugiertenklassen von $\mathfrak{N}$. Seien χ_i $(i = 1, \ldots, h)$ die absolut irreduziblen Charaktere von $\mathfrak{N}$ über K. Durch die Festsetzung

$$\chi_i^G(N) = \chi_i(N^G)$$

wird $\mathfrak{G}$ zu einer Permutationsgruppe auf $\{\chi_i \mid i = 1, \ldots, h\}$. Ist
Perm. Lemma
$\operatorname{Char} K = 0$, so ist daher nach 13.5 die Anzahl der Bahnen von $\mathfrak{G}$ auf $\{\chi_i \mid i = 1, \ldots, h\}$ und auf den Konjugiertenklassen von $\mathfrak{N}$ die gleiche. Das ist gerade die Behauptung.

Ist $\operatorname{Char} K = p$ mit $p \nmid |\mathfrak{G}|$, so entstehen die irreduziblen Charaktere χ_i von $\mathfrak{N}$ über K gemäß 12.9 aus den irreduziblen Charakteren $\boldsymbol{\tau}_i$ von $\mathfrak{N}$

über einem $\mathfrak{p}$-adischen Zerfällungskörper von $\mathfrak{N}$ durch Konstantenreduktion vermöge $\chi_i(N) = \bar{\tau}_i(N)$, wobei der Querstrich die Restklassenabbildung des $\mathfrak{p}$-adischen Körpers bezeichnet. Bei $\mathfrak{G}$ werden wegen

$$\chi_i^G(N) = \chi_i(N^G) = \bar{\tau}_i(N^G) = \bar{\tau}_i^G(N)$$

die χ_i wie die $\bar{\tau}_i$ vertauscht. **q.e.d.**

Von grundlegender Bedeutung ist der folgende Satz, für den weder die algebraische Abgeschlossenheit von K noch die Bedingung $\operatorname{Char} K \nmid |\mathfrak{G}|$ benötigt wird:

17.3 Hauptsatz (Clifford [1]). *Sei V ein irreduzibler $K[\mathfrak{G}]$-Modul und $\mathfrak{N}$ ein Normalteiler von $\mathfrak{G}$.*

a) *Ist W ein irreduzibler $K[\mathfrak{N}]$-Teilmodul von V, so gilt $V = \sum_{G \in \mathfrak{G}} WG$. Jedes WG ist ein irreduzibler $K[\mathfrak{N}]$-Modul und V daher ein vollständig reduzibler $K[\mathfrak{N}]$-Modul.*

b) *Wir definieren die „homogenen Komponenten" V_i des $K[\mathfrak{N}]$-Moduls V in folgender Weise: Seien $W_1, \ldots, W_n$ Vertreter der Isomorphietypen der irreduziblen $K[\mathfrak{N}]$-Teilmoduln von V. Wir setzen*

$$V_i = \sum_{\substack{W \subseteq V \\ W \cong W_i}} W \quad (i = 1, \ldots, n)\,.$$

Dann ist V_i eine direkte Summe einiger zu W_i isomorpher $K[\mathfrak{N}]$-Teilmoduln von V. Es gilt $V = \bigoplus_{i=1}^{n} V_i$.

c) *Sei $\mathbf{F}_i$ die irreduzible Darstellung von $\mathfrak{N}$ auf W_i. Dann erfährt $\mathfrak{N}$ auf $W_i G$ die Darstellung $\mathbf{F}_i^{G^{-1}}$.*

d) *Die homogenen Komponenten V_i des $K[\mathfrak{N}]$-Moduls V werden bei Rechtsmultiplikation mit Elementen aus $\mathfrak{G}$ transitiv vertauscht.*

e) *Für jedes j gilt*

$$\{G \mid G \in \mathfrak{G},\, V_j G = V_j\} = \{G \mid G \in \mathfrak{G},\, \mathbf{F}_j^G \text{ ist äquivalent zu } \mathbf{F}_j\}\,.$$

Bezeichnen wir diese Gruppe mit $\mathfrak{U}_j$, so ist V_j ein irreduzibler $K[\mathfrak{U}_j]$-Modul, und es gilt $V \cong V_j \otimes_{K[\mathfrak{U}_j]} K[\mathfrak{G}] = V_j^{\mathfrak{G}}$.

f) *Sei $\mathbf{D}$ die Darstellung von $\mathfrak{G}$ auf V. Die irreduziblen Teile von $\mathbf{D}_{\mathfrak{N}}$ sind gerade die sämtlichen $\mathfrak{G}$-Konjugierten $\mathbf{F}^G$ einer irreduziblen Darstellung $\mathbf{F}$ von $\mathfrak{N}$ und treten alle mit der gleichen Vielfachheit e auf.*

g) *Ist χ der Charakter von $\mathbf{D}$ und φ der Charakter eines irreduziblen Teils $\mathbf{F}$ von $\mathbf{D}_{\mathfrak{N}}$, so gilt*

$$\chi_{\mathfrak{N}} = e \sum_{i=1}^{n} \varphi^{G_i}\,,$$

wobei die G_i Nebenklassenvertreter der Untergruppe

$$\mathfrak{U} = \{G \mid G \in \mathfrak{G},\ \mathbf{F}^G \text{ ist äquivalent zu } \mathbf{F}\}$$

sind.

Beweis. a) Sei W ein irreduzibler $K[\mathfrak{N}]$-Teilmodul von V. Wegen der Irreduzibilität von V als $K[\mathfrak{G}]$-Modul gilt offenbar $V = \sum_{G \in \mathfrak{G}} WG$. Für $w \in W$, $N \in \mathfrak{N}$ und $G \in \mathfrak{G}$ ist

$$(wG)\,N = (wGNG^{-1})\,G \in WG\,.$$

Also ist WG ein $K[\mathfrak{N}]$-Modul, der offenbar irreduzibel ist. Somit ist V nach 3.2 (S. 465) ein vollständig reduzibler $K[\mathfrak{N}]$-Modul.

b) Wir zeigen zuerst, daß V_i eine direkte Summe von zu W_i isomorphen Moduln ist:

Sei V_i' ein möglichst großer Teilmodul von V_i, welcher direkte Summe von zu W_i isomorphen Moduln ist. Ist $V_i' \subset V_i$, so gibt es einen zu W_i isomorphen Teilmodul W_i' von V_i mit $W_i' \nsubseteq V_i'$. Aus der Irreduzibilität von W_i' folgt dann $V_i' \cap W_i' = 0$ und $V_i' \subset V_i' \oplus W_i' \subseteq V_i$, entgegen der Wahl von V_i'. Also gilt $V_i = V_i'$.

Alle Kompositionsfaktoren von V_i sind daher zu W_i isomorph. Insbesondere folgt

$$(V_1 + \cdots + V_k) \cap V_{k+1} = 0$$

für $1 \leqq k \leqq n-1$ und daher $V = \bigoplus_{i=1}^{n} V_i$.

c) Wir machen den K-Vektorraum W_i zu einem $K[\mathfrak{N}]$-Modul W_i' durch die Festsetzung

$$w \circ N = wGNG^{-1} = w\,\mathbf{F}_i(GNG^{-1}) = w\,\mathbf{F}_i^{G^{-1}}(N)$$

für $w \in W_i'$ und $N \in \mathfrak{N}$. Also erfährt $\mathfrak{N}$ auf W_i' die Darstellung $\mathbf{F}_i^{G^{-1}}$. Die K-lineare Abbildung τ von $W_i G$ auf W_i' mit $(wG)\,\tau = w$ ist wegen

$$(wGN)\,\tau = (wGNG^{-1}\,G)\,\tau = wGNG^{-1} = w \circ N = (wG\,\tau) \circ N$$

ein $K[\mathfrak{N}]$-Isomorphismus von $W_i G$ auf W_i'.

d) Auf den irreduziblen Teilen von $V_i G$ erfährt $\mathfrak{N}$ nach c) die irreduzible Darstellung $\mathbf{F}_i^{G^{-1}}$. Also liegt $V_i G$ in einer homogenen Komponente V_j von V. Wäre $V_i G \subset V_j$, so hätten wir $V_i \subset V_j G^{-1}$, wobei $V_j G^{-1}$ lauter isomorphe $K[\mathfrak{N}]$-Kompositionsfaktoren, nämlich zur Darstellung $\mathbf{F}_j^G$ hätte. Das widerspricht der Konstruktion von V_i als homogener Komponente von V. Also ist $V_i G$ ein V_j, und die V_i werden von $\mathfrak{G}$ permutiert. Wegen der Irreduzibilität von V als $K[\mathfrak{G}]$-Modul werden die V_i natürlich transitiv permutiert.

e) Sei $G \in \mathfrak{G}$, sei $N \in \mathfrak{N}$ und $w \in W_j$. Ist $V_j G = V_j$, so folgt $W_j G \subseteq V_j G = V_j$. Da $\mathfrak{N}$ nach c) auf $W_j G$ die irreduzible Darstellung $\mathbf{F}_j^{G^{-1}}$ erfährt, ist $\mathbf{F}_j$ äquivalent zu $\mathbf{F}_j^{G^{-1}}$, also $\mathbf{F}_j^G$ äquivalent zu $\mathbf{F}_j$. Ist umgekehrt $\mathbf{F}_j^G$ äquivalent zu $\mathbf{F}_j$, so liegt $W_j G$ in V_j, und wir erhalten $V_j G = V_j$.

Sei $\mathfrak{G} = \bigcup_{i=1}^{n} \mathfrak{U}\, G_i$ die Nebenklassenzerlegung von $\mathfrak{G}$ nach $\mathfrak{U} = \mathfrak{U}_1$. Dann ist $V = \bigoplus_{i=1}^{n} V_1\, G_i$. Die Abbildung ε mit

$$\Big(\sum_{i=1}^{n} v_i\, G_i\Big)\, \varepsilon = \sum_{i=1}^{n} v_i \otimes G_i$$

für $v_i \in V_1$ ist offenbar ein $K[\mathfrak{G}]$-Isomorphismus von V auf $V_1 \otimes_{K[\mathfrak{U}]} K[\mathfrak{G}]$. Wäre V_1' ein nichttrivialer $K[\mathfrak{U}]$-Teilmodul von V_1, so wäre $V_1'^{\mathfrak{G}}$ ein nichttrivialer $K[\mathfrak{G}]$-Teilmodul von $V_1^{\mathfrak{G}} \cong V$. Das ist jedoch wegen der Irreduzibilität von V unmöglich.

f) Sei V_1 die direkte Summe von e zu W_1 isomorphen $K[\mathfrak{N}]$-Moduln. Nach d) gibt es zu jedem i ein $G \in \mathfrak{G}$ mit $V_i = V_1\, G$. Nach c) ist daher V_i die direkte Summe von e zu $W_1\, G$ isomorphen $K[\mathfrak{N}]$-Teilmoduln.

g) ist eine triviale Folgerung aus f). **q.e.d.**

17.4 Definition. Eine Abbildung $\mathbf{P}$ von $\mathfrak{G}$ in die volle lineare Gruppe $GL(n, K)$ auf dem Vektorraum $V = V(n, K)$ heißt eine projektive Darstellung von $\mathfrak{G}$ vom Grad n über K, wenn für alle G, G' aus $\mathfrak{G}$ gilt

$$\mathbf{P}(G\, G') = a(G, G')\, \mathbf{P}(G)\, \mathbf{P}(G')$$

mit $0 \neq a(G, G') \in K$. Wir können $\mathbf{P}$ offenbar als einen Homomorphismus von $\mathfrak{G}$ in die projektive Gruppe $PGL(n, K)$ auffassen. Wir nennen die projektive Darstellung $\mathbf{P}$ irreduzibel, wenn kein nichttrivialer Teilraum von V bei allen linearen Abbildungen $\mathbf{P}(G)$ mit $G \in \mathfrak{G}$ als Ganzer fest bleibt.

Die projektiven Darstellungen $\mathbf{P}_1$ und $\mathbf{P}_2$ auf den Vektorräumen V_1 und V_2 heißen äquivalent, wenn es eine umkehrbar eindeutige lineare Abbildung T von V_1 auf V_2 und eine Abbildung c von $\mathfrak{G}$ in $K^{\times}$ gibt mit

$$\mathbf{P}_1(G)\, T = c(G)\, T\, \mathbf{P}_2(G)$$

für alle $G \in \mathfrak{G}$.

17.5 Satz (CLIFFORD [1]). *Sei K ein algebraisch abgeschlossener Körper von beliebiger Charakteristik und V ein irreduzibler $K[\mathfrak{G}]$-Modul. Sei $\mathfrak{N} \lhd \mathfrak{G}$, und sei $V_{\mathfrak{N}}$ die direkte Summe von s isomorphen irreduziblen $K[\mathfrak{N}]$-Moduln. Ist $\mathbf{D}$ die Darstellung von $\mathfrak{G}$ auf V, so gilt*

$$\mathbf{D}(G) = \mathbf{P}_1(G) \otimes \mathbf{P}_2(G)\,.$$

Dabei sind die $\mathbf{P}_i$ irreduzible, projektive Darstellungen von $\mathfrak{G}$, und $\mathbf{P}_1$ ist eine projektive Darstellung von $\mathfrak{G}/\mathfrak{N}$ vom Grad s.

Beweis. Sei $V = W_1 \oplus \cdots \oplus W_s$ mit irreduziblen isomorphen $K[\mathfrak{N}]$-Moduln W_i. Passen wir eine K-Basis von V dieser Zerlegung an, so erhalten wir für $N \in \mathfrak{N}$ Matrizen der Gestalt

$$\mathbf{D}(N) = \begin{pmatrix} \mathbf{F}(N) & 0 & \dots & 0 \\ 0 & \mathbf{F}(N) & \dots & 0 \\ \vdots & & & \\ 0 & 0 & \dots & \mathbf{F}(N) \end{pmatrix}.$$

Bezüglich der gleichen Basis sei $\mathbf{D}(G) = (\mathbf{D}_{ij}(G))$ $(i, j = 1, \dots, s)$. Aus

$$\mathbf{D}(N)\,\mathbf{D}(G) = \mathbf{D}(G)\,\mathbf{D}(N^G)$$

folgt jetzt

$$\mathbf{F}(N)\,\mathbf{D}_{ij}(G) = \mathbf{D}_{ij}(G)\,\mathbf{F}(N^G) = \mathbf{D}_{ij}(G)\,\mathbf{F}^G(N)\,.$$

Da nach unserer Voraussetzung $\mathbf{F}$ und $\mathbf{F}^G$ als irreduzible Teile von $\mathbf{D}_{\mathfrak{N}}$ äquivalente Darstellungen von $\mathfrak{N}$ sind, gibt es eine nichtsinguläre lineare Abbildung $\mathbf{P}_2(G)$ mit

$$\mathbf{F}(N)\,\mathbf{P}_2(G) = \mathbf{P}_2(G)\,\mathbf{F}^G(N)\,.$$

Für $M, N \in \mathfrak{N}$ ist

$$\mathbf{F}^N(M) = \mathbf{F}(M^N) = \mathbf{F}(N)^{-1}\,\mathbf{F}(M)\,\mathbf{F}(N)\,.$$

Wir können daher $\mathbf{P}_2(N) = \mathbf{F}(N)$ für $N \in \mathfrak{N}$ wählen. Es folgt

$$\mathbf{F}(N)\,\mathbf{D}_{ij}(G)\,\mathbf{P}_2(G)^{-1} = \mathbf{D}_{ij}(G)\,\mathbf{F}^G(N)\,\mathbf{P}_2(G)^{-1} = \mathbf{D}_{ij}(G)\,\mathbf{P}_2(G)^{-1}\,\mathbf{F}(N).$$

Fassen wir $\mathbf{D}_{ij}(G)\,\mathbf{P}_2(G)^{-1}$ als K-lineare Abbildung von W_1 in sich auf, so gilt also

$$\mathbf{D}_{ij}(G)\,\mathbf{P}_2(G)^{-1} \in \operatorname{Hom}_{K[\mathfrak{N}]}(W_1, W_1)\,.$$

Wegen der algebraischen Abgeschlossenheit von K haben wir nach dem verschärften Schurschen Lemma 4.3

$$\operatorname{Hom}_{K[\mathfrak{N}]}(W_1, W_1) = \{aE_{W_1} \mid a \in K\}\,.$$

Also folgt $\mathbf{D}_{ij}(G) = a_{ij}(G)\,\mathbf{P}_2(G)$ mit geeigneten $a_{ij}(G) \in K$. Definieren wir $\mathbf{P}_1(G)$ durch $\mathbf{P}_1(G) = (a_{ij}(G))$, so gilt also für alle G aus $\mathfrak{G}$

$$\mathbf{D}(G) = \mathbf{P}_1(G) \otimes \mathbf{P}_2(G)\,.$$

Wir zeigen zunächst, daß $\mathbf{P}_2$ eine projektive Darstellung von $\mathfrak{G}$ ist: Für alle G, G' aus $\mathfrak{G}$ gilt nämlich

$$\begin{aligned}\mathbf{F}(N)\,\mathbf{P}_2(G)\,\mathbf{P}_2(G')\,\mathbf{P}_2(GG')^{-1} &= \mathbf{P}_2(G)\,\mathbf{F}^G(N)\,\mathbf{P}_2(G')\,\mathbf{P}_2(GG')^{-1} \\ = \mathbf{P}_2(G)\,\mathbf{P}_2(G')\,\mathbf{F}^{GG'}(N)\,\mathbf{P}_2(GG')^{-1} &= \mathbf{P}_2(G)\,\mathbf{P}_2(G')\,\mathbf{P}_2(GG')^{-1}\,\mathbf{F}(N)\,.\end{aligned}$$

Daraus folgt

$$\mathbf{P}_2(G)\,\mathbf{P}_2(G')\,\mathbf{P}_2(GG')^{-1} \in \operatorname{Hom}_{K[\mathfrak{N}]}(W_1, W_1)\,,$$

daher wie oben

$$\mathbf{P}_2(GG') = a(G, G')\,\mathbf{P}_2(G)\,\mathbf{P}_2(G')$$

mit $a(G, G') \in K^{\times}$.

Für alle G, G' aus $\mathfrak{G}$ haben wir jetzt

$$\mathbf{D}(GG') = \mathbf{P}_1(GG') \otimes \mathbf{P}_2(GG') = \mathbf{P}_1(GG') \otimes a(G, G')\, \mathbf{P}_2(G)\, \mathbf{P}_2(G')$$
$$= a(G, G')\, \mathbf{P}_1(GG') \otimes \mathbf{P}_2(G)\, \mathbf{P}_2(G')\,,$$

andererseits aber auch

$$\mathbf{D}(GG') = \mathbf{D}(G)\, \mathbf{D}(G') = \mathbf{P}_1(G)\, \mathbf{P}_1(G') \otimes \mathbf{P}_2(G)\, \mathbf{P}_2(G')\,.$$

Da nicht alle Koeffizienten der nichtsingulären Matrix $\mathbf{P}_2(G)\, \mathbf{P}_2(G')$ verschwinden, folgt

$$\mathbf{P}_1(GG') = a(G, G')^{-1}\, \mathbf{P}_1(G)\, \mathbf{P}_1(G')\,.$$

Somit ist auch $\mathbf{P}_1$ eine projektive Darstellung von $\mathfrak{G}$.

Für $N \in \mathfrak{N}$ ist $\mathbf{P}_2(N) = \mathbf{F}(N)$, daher

$$E \otimes \mathbf{F}(N) = \mathbf{D}(N) = \mathbf{P}_1(N) \otimes \mathbf{P}_2(N) = \mathbf{P}_1(N) \otimes \mathbf{F}(N)\,.$$

Das erzwingt $\mathbf{P}_1(N) = E$. Also ist $\mathbf{P}_1$ eine projektive Darstellung von $\mathfrak{G}/\mathfrak{N}$.

Die Irreduzibilität der $\mathbf{P}_i$ folgt trivialerweise aus der Irreduzibilität von $\mathbf{D}$. **q.e.d.**

Wir beschränken uns für den Rest dieses Paragraphen auf den Fall, daß K ein algebraisch abgeschlossener Körper der Charakteristik 0 ist.

17.6 Definition. Sei $\mathfrak{N}$ ein Normalteiler von $\mathfrak{G}$.

a) Sei χ ein irreduzibler Charakter von $\mathfrak{G}$. Nach 17.3 g) hat die Einschränkung von χ auf $\mathfrak{N}$ die Gestalt

$$\chi_{\mathfrak{N}} = e \sum_{i=1}^{n} \varphi^{G_i}$$

mit einem irreduziblen Charakter φ von $\mathfrak{N}$ und paarweise verschiedenen φ^{G_i}. Wir nennen e den Verzweigungsindex von χ bezüglich $\mathfrak{N}$.

b) Sei φ ein irreduzibler Charakter von $\mathfrak{N}$. Wir setzen

$$\mathfrak{G}_\varphi = \{G \mid G \in \mathfrak{G},\ \varphi^G = \varphi\}$$

und nennen $\mathfrak{G}_\varphi$ die Trägheitsgruppe von φ. Offenbar ist $\mathfrak{N} \leqq \mathfrak{G}_\varphi \leqq \mathfrak{G}$, und $|\mathfrak{G} : \mathfrak{G}_\varphi|$ ist die Anzahl der verschiedenen $\mathfrak{G}$-Konjugierten φ^G von φ.

17.7 Satz. *Sei $\mathfrak{N} \trianglelefteq \mathfrak{G}$ und φ ein irreduzibler Charakter von $\mathfrak{N}$ über einem algebraisch abgeschlossenen Körper K der Charakteristik* 0.

a) *Ist $\mathfrak{G} = \bigcup_{i=1}^{n} \mathfrak{G}_\varphi G_i$ die Nebenklassenzerlegung von $\mathfrak{G}$ nach $\mathfrak{G}_\varphi$, so gilt*

$$(\varphi^{\mathfrak{G}})_{\mathfrak{N}} = |\mathfrak{G}_\varphi : \mathfrak{N}| \sum_{i=1}^{n} \varphi^{G_i}\,.$$

b) *Genau dann ist $\varphi^{\mathfrak{G}}$ ein irreduzibler Charakter von $\mathfrak{G}$, wenn $\mathfrak{G}_\varphi = \mathfrak{N}$ gilt.*

Beweis. a) Mit 16.3 folgt für alle $N \in \mathfrak{N}$

$$\varphi^{\mathfrak{G}}(N) = \frac{1}{|\mathfrak{N}|} \sum_{G \in \mathfrak{G}} \varphi(N^G) = \frac{1}{|\mathfrak{N}|} \sum_{G \in \mathfrak{G}} \varphi^G(N) = |\mathfrak{G}_\varphi : \mathfrak{N}| \sum_{i=1}^{n} \varphi^{G_i}(N) .$$

b) Wegen $\varphi^{\mathfrak{G}}(G) = 0$ für $G \in \mathfrak{G} - \mathfrak{N}$ folgt mit a)

$$(\varphi^{\mathfrak{G}}, \varphi^{\mathfrak{G}})_{\mathfrak{G}} = \frac{1}{|\mathfrak{G} : \mathfrak{N}|} (\varphi^{\mathfrak{G}}, \varphi^{\mathfrak{G}})_{\mathfrak{N}} = \frac{|\mathfrak{G}_\varphi : \mathfrak{N}|^2}{|\mathfrak{G} : \mathfrak{N}|} |\mathfrak{G} : \mathfrak{G}_\varphi| = |\mathfrak{G}_\varphi : \mathfrak{N}| .$$

Also ist $\varphi^{\mathfrak{G}}$ genau dann ein irreduzibler Charakter von $\mathfrak{G}$, wenn $\mathfrak{G}_\varphi = \mathfrak{N}$ gilt. **q.e.d.**

Zum Beweis von Satz 17.9 benötigen wir einen Hilfssatz, dessen Beweis wir erst in 24.3 bei einer genaueren Betrachtung der projektiven Darstellungen erbringen:

17.8 Hilfssatz. *Sei* **P** *eine irreduzible projektive Darstellung von* $\mathfrak{G}$ *über dem algebraisch abgeschlossenen Körper* K *der Charakteristik* 0. *Dann ist der Grad von* **P** *ein Teiler von* $|\mathfrak{G}|$.

17.9 Satz. *Sei* $\mathfrak{N}$ *ein Normalteiler von* $\mathfrak{G}$. *Sei* K *ein algebraisch abgeschlossener Körper der Charakteristik* 0 *und* V *ein irreduzibler* $K[\mathfrak{G}]$*-Modul. Als* $K[\mathfrak{N}]$*-Modul zerfalle* V *in eine direkte Summe von* s *irreduziblen Teilen. Dann ist* s *ein Teiler von* $|\mathfrak{G}/\mathfrak{N}|$.

Beweis. Gemäß 17.3 zerlegen wir $V = \bigoplus_{i=1}^{n} V_i$, wobei jeder $K[\mathfrak{N}]$-Modul V_i die direkte Summe von e isomorphen irreduziblen $K[\mathfrak{N}]$-Moduln ist. Die V_i werden nach 17.3 transitiv von $\mathfrak{G}$ vertauscht. Mit

$$\mathfrak{U} = \{G \mid G \in \mathfrak{G}, V_1 G = V_1\}$$

gilt also $n = |\mathfrak{G} : \mathfrak{U}|$. Nach 17.3 e) ist V_1 ein irreduzibler $K[\mathfrak{U}]$-Modul, der als $K[\mathfrak{N}]$-Modul in e isomorphe, irreduzible Teile zerfällt. Für die Darstellung **F** von $\mathfrak{U}$ auf V_1 gilt daher nach 17.5

$$\mathbf{F}(U) = \mathbf{P}_1(U) \otimes \mathbf{P}_2(U) ,$$

wobei $\mathbf{P}_1$ eine irreduzible projektive Darstellung von $\mathfrak{U}/\mathfrak{N}$ vom Grad e ist. Aus Hilfssatz 17.8 folgt also $e \mid |\mathfrak{U}/\mathfrak{N}|$. Daher ist $s = e\,n$ ein Teiler von $|\mathfrak{U} : \mathfrak{N}|\,|\mathfrak{G} : \mathfrak{U}| = |\mathfrak{G}/\mathfrak{N}|$. **q.e.d.**

Als Folgerung aus 17.9 geben wir eine Verschärfung von 12.6 an:

17.10 Satz (Itô [3]). *Sei* $\mathfrak{A}$ *ein abelscher Normalteiler von* $\mathfrak{G}$ *und* K *ein algebraisch abgeschlossener Körper mit* $\operatorname{Char} K \nmid |\mathfrak{G}|$. *Dann ist der Grad jeder irreduziblen Darstellung von* $K[\mathfrak{G}]$ *ein Teiler von* $|\mathfrak{G}/\mathfrak{A}|$.

Beweis. Sei **D** eine irreduzible Darstellung von $K[\mathfrak{G}]$ vom Grad n und sei zunächst $\operatorname{Char} K = 0$. Nach 17.3 zerfällt die Einschränkung $\mathbf{D}_{\mathfrak{A}}$ von **D** auf $\mathfrak{A}$ in n eindimensionale Teile. Wegen 17.9 gilt daher $n \mid |\mathfrak{G}/\mathfrak{A}|$. Für den Fall $\operatorname{Char} K \nmid |\mathfrak{G}|$ folgt die Behauptung aus 12.11. **q.e.d.**

17.11 Satz. *Sei* K *ein algebraisch abgeschlossener Körper der Charakteristik* 0. *Sei* $\mathfrak{N} \trianglelefteq \mathfrak{G}$ *und* φ *ein irreduzibler Charakter von* $\mathfrak{N}$. *Ferner sei* $\mathfrak{G}_\varphi$ *die Trägheitsgruppe von* φ *und* $\varphi^{\mathfrak{G}_\varphi} = \sum_i \psi_i$ *die Zerlegung von* $\varphi^{\mathfrak{G}_\varphi}$ *in irreduzible Charaktere* ψ_i *von* $\mathfrak{G}_\varphi$. *Dann gilt:*

a) *Die* $\psi_i^{\mathfrak{G}}$ *sind irreduzible Charaktere von* $\mathfrak{G}$.

b) *Ist* χ *ein irreduzibler Charakter von* $\mathfrak{G}$ *mit* $(\chi_{\mathfrak{N}}, \varphi)_{\mathfrak{N}} > 0$, *so ist* $\chi = \psi_i^{\mathfrak{G}}$ *für ein geeignetes* i.

c) *Aus* $\psi_i \neq \psi_j$ *folgt* $\psi_i^{\mathfrak{G}} \neq \psi_j^{\mathfrak{G}}$.

Beweis. a) Nach 17.7 a) gilt $(\varphi^{\mathfrak{G}_\varphi})_{\mathfrak{N}} = |\mathfrak{G}_\varphi : \mathfrak{N}|\, \varphi$. Daher ist $(\psi_i)_{\mathfrak{N}} = m_i\, \varphi$ mit geeigneten m_i. Sei χ ein irreduzibler Charakter von $\mathfrak{G}$ mit $(\chi, \psi_i^{\mathfrak{G}})_{\mathfrak{G}} \neq 0$. Dann ist

$$\chi(E) \leqq \psi_i^{\mathfrak{G}}(E) = |\mathfrak{G} : \mathfrak{G}_\varphi|\, \psi_i(E)\,.$$

Aus dem Frobeniusschen Reziprozitätssatz folgt

$$(\chi_{\mathfrak{G}_\varphi}, \psi_i)_{\mathfrak{G}_\varphi} = (\chi, \psi_i^{\mathfrak{G}})_{\mathfrak{G}} \neq 0 \quad \text{und daher} \quad (\chi_{\mathfrak{N}}, \varphi)_{\mathfrak{N}} \geqq m_i\,.$$

Sei $\mathfrak{G} = \bigcup_{j=1}^{n} \mathfrak{G}_\varphi G_j$ die Nebenklassenzerlegung von $\mathfrak{G}$ nach $\mathfrak{G}_\varphi$. Dann ist auch

$$(\chi_{\mathfrak{N}}, \varphi^{G_j})_{\mathfrak{N}} = ((\chi^{G_j^{-1}})_{\mathfrak{N}}, \varphi)_{\mathfrak{N}} = (\chi_{\mathfrak{N}}, \varphi)_{\mathfrak{N}} \geqq m_i\,.$$

Die φ^{G_j} $(j = 1, \ldots, |\mathfrak{G} : \mathfrak{G}_\varphi|)$ sind paarweise verschieden und kommen in $\chi_{\mathfrak{N}}$ alle mindestens mit der Vielfachheit m_i vor. Das liefert

$$\chi(E) \geqq m_i\, |\mathfrak{G} : \mathfrak{G}_\varphi|\, \varphi(E) = |\mathfrak{G} : \mathfrak{G}_\varphi|\, \psi_i(E) = \psi_i^{\mathfrak{G}}(E)\,.$$

Somit ist $\chi = \psi_i^{\mathfrak{G}}$ ein irreduzibler Charakter von $\mathfrak{G}$.

b) Nach 16.2 ist

$$\varphi^{\mathfrak{G}} = (\varphi^{\mathfrak{G}_\varphi})^{\mathfrak{G}} = \sum_i \psi_i^{\mathfrak{G}}\,.$$

Aus

$$0 < (\chi_{\mathfrak{N}}, \varphi)_{\mathfrak{N}} = (\chi, \varphi^{\mathfrak{G}})_{\mathfrak{G}} = \sum_i (\chi, \psi_i^{\mathfrak{G}})_{\mathfrak{G}}$$

folgt mit a), daß χ ein $\psi_i^{\mathfrak{G}}$ ist.

c) Wir setzen wieder $(\psi_i)_{\mathfrak{N}} = m_i\, \varphi$. Dann ist

$$(\varphi^{\mathfrak{G}_\varphi}, \psi_i)_{\mathfrak{G}_\varphi} = (\varphi, (\psi_i)_{\mathfrak{N}})_{\mathfrak{N}} = m_i\,.$$

Sind $\psi_1, \ldots, \psi_k$ die paarweise verschiedenen unter den ψ_i, so ist daher

$$\varphi^{\mathfrak{G}_\varphi} = \sum_{i=1}^{k} m_i\, \psi_i\,,$$

also

$$\varphi^{\mathfrak{G}} = \sum_{i=1}^{k} m_i\, \psi_i^{\mathfrak{G}}$$

und

$$|\mathfrak{G}_\varphi : \mathfrak{N}|\, \varphi(E) = \varphi^{\mathfrak{G}_\varphi}(E) = \sum_{i=1}^{k} m_i^2\, \varphi(E)\,.$$

Nach 17.7 gilt

$$(\varphi^{\mathfrak{G}})_{\mathfrak{N}} = |\mathfrak{G}_\varphi : \mathfrak{N}| \sum_{j=1}^{n} \varphi^{G_j}$$

mit $n = |\mathfrak{G} : \mathfrak{G}_\varphi|$. Angenommen, es sei $\psi_1^{\mathfrak{G}} = \psi_2^{\mathfrak{G}}$. Dann ist

$$(m_1 + m_2)^2 + m_3^2 + \cdots + m_k^2 \leqq (\varphi^{\mathfrak{G}}, \varphi^{\mathfrak{G}})_{\mathfrak{G}} = (\varphi, (\varphi^{\mathfrak{G}})_{\mathfrak{N}})_{\mathfrak{N}}$$

$$= \Big(\varphi, |\mathfrak{G}_\varphi : \mathfrak{N}| \sum_{j=1}^{n} \varphi^{G_j}\Big)_{\mathfrak{N}} = |\mathfrak{G}_\varphi : \mathfrak{N}| = \sum_{i=1}^{k} m_i^2 .$$

Das ist offenbar ein Widerspruch. Also sind die $\psi_i^{\mathfrak{G}}$ $(i = 1, \ldots, k)$ verschieden. **q.e.d.**

Häufig tritt die folgende Frage auf: Sei $\mathfrak{N} \trianglelefteq \mathfrak{G}$ und φ ein irreduzibler Charakter von $\mathfrak{N}$. Wann gibt es einen (notwendig irreduziblen) Charakter χ von $\mathfrak{G}$ mit $\chi_{\mathfrak{N}} = \varphi$? Nach 17.3 g) ist jedenfalls $\mathfrak{G}_\varphi = \mathfrak{G}$ notwendig. Wir geben im folgenden Satz zwei hinreichende Bedingungen an.

17.12 Satz. *Sei K ein algebraisch abgeschlossener Körper der Charakteristik* 0. *Sei* $\mathfrak{N} \trianglelefteq \mathfrak{G}$ *und* φ *ein irreduzibler Charakter von* $\mathfrak{N}$ *mit* $\mathfrak{G}_\varphi = \mathfrak{G}$. *Eine der beiden folgenden Voraussetzungen sei erfüllt:*

(1) $(|\mathfrak{N}|, |\mathfrak{G}/\mathfrak{N}|) = 1$.

(2) *Ist* **P** *irgendeine projektive Darstellung von* $\mathfrak{G}/\mathfrak{N}$, *so ist* **P** *äquivalent (im Sinne von* 17.4) *zu einer gewöhnlichen Darstellung von* $\mathfrak{G}/\mathfrak{N}$. (*Diese Voraussetzung ist erfüllt, wenn* $\mathfrak{G}/\mathfrak{N}$ *zyklisch ist; weitere Fälle werden wir in* § 25 *angeben.*)

Dann gilt:

a) *Es gibt einen irreduziblen Charakter* χ *von* $\mathfrak{G}$ *mit* $\chi_{\mathfrak{N}} = \varphi$.

b) *Sind* $\psi_1, \ldots, \psi_m$ *die sämtlichen irreduziblen Charaktere von* $\mathfrak{G}/\mathfrak{N}$, *so sind die* $\chi\,\psi_i$ $(i = 1, \ldots, m)$ *irreduzible und paarweise verschiedene Charaktere von* $\mathfrak{G}$.

c) *Es gilt* $\varphi^{\mathfrak{G}} = \sum_{i=1}^{m} \psi_i(E)\,\chi\,\psi_i$.

d) *Ist* λ *ein irreduzibler Charakter von* $\mathfrak{G}$ *mit* $(\lambda_{\mathfrak{N}}, \varphi)_{\mathfrak{N}} > 0$, *so ist* $\lambda = \chi\,\psi_i$ *für ein i. Ist sogar* $\lambda_{\mathfrak{N}} = \varphi$, *so ist* $\lambda = \chi\,\psi_i$ *mit einem Charakter* ψ_i *von* $\mathfrak{G}/\mathfrak{N}$ *vom Grad* 1.

Beweis. a) **Fall 1:** Sei zuerst Voraussetzung (1) erfüllt. Nach dem Satz von Zassenhaus (I, 18.1, S. 126) gibt es dann ein Komplement $\mathfrak{K}$ von $\mathfrak{N}$ in $\mathfrak{G}$. Sei **F** eine Darstellung von $\mathfrak{N}$ zum Charakter φ. Wegen $\mathfrak{G}_\varphi = \mathfrak{G}$ gilt $\varphi^K = \varphi$ für alle $K \in \mathfrak{K}$. Daher sind die Darstellungen $\mathbf{F}^K$ und **F** äquivalent. Somit gilt

$$\mathbf{F}(N^K) = \mathbf{F}^K(N) = \mathbf{D}(K)^{-1}\,\mathbf{F}(N)\,\mathbf{D}(K)$$

mit geeigneten nichtsingulären $\mathbf{D}(K)$. Die $\mathbf{D}(K)$ sind nach dem Schurschen Lemma bis auf skalare Faktoren eindeutig bestimmt. Wir wählen die skalaren Faktoren aus dem algebraisch abgeschlossenen Körper K so, daß $\det \mathbf{D}(K) = 1$ für alle $K \in \mathfrak{K}$ gilt. Aus der Gleichung

$$\mathbf{D}(K_1 K_2)^{-1} \mathbf{F}(N) \mathbf{D}(K_1 K_2) = \mathbf{F}(N^{K_1 K_2}) = \mathbf{D}(K_2)^{-1} \mathbf{D}(K_1)^{-1} \mathbf{F}(N) \mathbf{D}(K_1) \mathbf{D}(K_2)$$

folgt

$$(*) \qquad \mathbf{D}(K_1 K_2) = c(K_1, K_2) \mathbf{D}(K_1) \mathbf{D}(K_2)$$

mit geeigneten $c(K_1, K_2) \in K^\times$. Die triviale Gleichung

$$(\mathbf{D}(K_1) \mathbf{D}(K_2)) \mathbf{D}(K_3) = \mathbf{D}(K_1) (\mathbf{D}(K_2) \mathbf{D}(K_3))$$

liefert

$$c(K_1, K_2) c(K_1 K_2, K_3) = c(K_1, K_2 K_3) c(K_2, K_3) .$$

Also ist c ein 2-Kozyklus aus $\mathbf{Z}^2(\mathfrak{K}, K^\times)$, wobei $K^\times$ als trivialer $\mathfrak{K}$-Modul mit $kK = k$ für alle $k \in K^\times$ und alle $K \in \mathfrak{K}$ aufzufassen ist (siehe I, § 17, S. 119). Setzen wir $k = \varphi(E)$, so erhalten wir aus (*) durch Determinantenbildung wegen $\det \mathbf{D}(K) = 1$ die Aussage $c(K_1, K_2)^k = 1$ für alle $K_1, K_2 \in \mathfrak{K}$, insbesondere also $c^k \in \mathbf{B}^2(\mathfrak{K}, K^\times)$. Nach I, 16.19 (S. 117) ist der Exponent von $\mathbf{H}^2(\mathfrak{K}, K^\times) \cong \mathbf{Z}^2(\mathfrak{K}, K^\times)/\mathbf{B}^2(\mathfrak{K}, K^\times)$ ein Teiler von $|\mathfrak{K}|$. Andererseits ist $k = \varphi(E)$ nach 5.12 ein Teiler von $|\mathfrak{N}|$, ist also teilerfremd zu $|\mathfrak{K}|$. Somit gilt $c \in \mathbf{B}^2(\mathfrak{K}, K^\times)$. Daher gibt es ein $b \in \mathbf{C}^1(\mathfrak{K}, K^\times)$ mit

$$c(K_1, K_2) = b(K_1) b(K_2) b(K_1 K_2)^{-1}$$

für alle $K_1, K_2 \in \mathfrak{K}$. Wir definieren nun $\mathbf{F}'$ auf $\mathfrak{G} = \mathfrak{N}\mathfrak{K}$ durch

$$\mathbf{F}'(NK) = \mathbf{F}(N) b(K) \mathbf{D}(K)$$

für $N \in \mathfrak{N}$ und $K \in \mathfrak{K}$. Dann ist

$$\mathbf{F}'(K_1 K_2) = b(K_1 K_2) \mathbf{D}(K_1 K_2) = b(K_1 K_2) c(K_1, K_2) \mathbf{D}(K_1) \mathbf{D}(K_2) = b(K_1) \mathbf{D}(K_1) b(K_2) \mathbf{D}(K_2) = \mathbf{F}'(K_1) \mathbf{F}'(K_2)$$

und

$$\mathbf{F}'(K)^{-1} \mathbf{F}'(N) \mathbf{F}'(K) = \mathbf{F}'(N^K) .$$

Also ist $\mathbf{F}'$ eine Fortsetzung der Darstellung $\mathbf{F}$ auf $\mathfrak{G}$. Nun liefert $\chi = Sp\, \mathbf{F}'$ den gewünschten Charakter von $\mathfrak{G}$ mit $\chi_{\mathfrak{N}} = \varphi$.

Fall 2: Sei Voraussetzung (2) erfüllt. Sei $\mathbf{D}$ irgendeine irreduzible Darstellung von $\mathfrak{G}$ derart, daß die Darstellung $\mathbf{F}$ zum Charakter φ in $\mathbf{D}_{\mathfrak{N}}$ vorkommt. (Wegen $(\chi, \varphi^{\mathfrak{G}})_{\mathfrak{G}} = (\chi_{\mathfrak{N}}, \varphi)_{\mathfrak{N}}$ gilt das für jeden irreduziblen Teil $\mathbf{D}$ von $\mathbf{F}^{\mathfrak{G}}$.) Aus $\varphi^G = \varphi$ für alle $G \in \mathfrak{G}$ folgt mit 17.3 g), daß $\mathbf{D}_{\mathfrak{N}}$ in äquivalente irreduzible Darstellungen von $K[\mathfrak{N}]$ zerfällt. Nach 17.5 ist daher $\mathbf{D}(G) = \mathbf{P}_1(G) \otimes \mathbf{P}_2(G)$. Dabei ist $\mathbf{P}_1$ eine projektive Darstellung von $\mathfrak{G}/\mathfrak{N}$. Wegen der Voraussetzung unter (2) können wir die $\mathbf{P}_1(G)$ um skalare Faktoren so abändern, daß $\mathbf{P}_1$ eine gewöhnliche Darstellung von

$\mathfrak{G}/\mathfrak{N}$ ist. Dann ist auch $\mathbf{P}_2$ eine gewöhnliche Darstellung von $\mathfrak{G}$. Für alle $N \in \mathfrak{N}$ gilt

$$E \otimes \mathbf{F}(N) = \mathbf{D}(N) = E \otimes \mathbf{P}_2(N).$$

Also ist $\mathbf{P}_2$ die gesuchte Fortsetzung von $\mathbf{F}$ auf $\mathfrak{G}$.

b) Seien $\mathbf{L}_1, \ldots, \mathbf{L}_m$ (bis auf Äquivalenz) die irreduziblen Darstellungen von $\mathfrak{G}/\mathfrak{N}$. Wir setzen $\psi_i = Sp\,\mathbf{L}_i$. Ist $\mathbf{D}$ die Darstellung von $\mathfrak{G}$ zu dem unter a) bestimmten Charakter χ, so ist $\psi_i\,\chi$ der Charakter von $\mathbf{L}_i \otimes \mathbf{D}$. Angenommen, es gäbe ein M mit

$$(\mathbf{L}_i(G) \otimes \mathbf{D}(G))\,M = M(\mathbf{L}_j(G) \otimes \mathbf{D}(G))$$

für alle $G \in \mathfrak{G}$. Für $G = N \in \mathfrak{N}$ folgt

$$(E \otimes \mathbf{D}(N))\,M = M(E \otimes \mathbf{D}(N)).$$

Teilen wir M geeignet auf in Teilmatrizen M_{st}, so erhalten wir $\mathbf{D}(N)\,M_{st} = M_{st}\,\mathbf{D}(N)$ für alle $N \in \mathfrak{N}$ und alle s, t. Wegen der Irreduzibilität von $\mathbf{D}_{\mathfrak{N}}$ folgt mit dem Schurschen Lemma nun $M_{st} = a_{st}E$. Also ist $M = A \otimes E$ mit $A = (a_{st})$, und es folgt

$$\mathbf{L}_i(G)\,A = A\,\mathbf{L}_j(G)$$

für alle $G \in \mathfrak{G}$. Für $i = j$ erzwingt das Schursche Lemma dann $A = aE$, also $M = aE$. Ist V der Darstellungsmodul zu $\mathbf{L}_i \otimes \mathbf{D}$, so gilt also $\mathrm{Hom}_{K[\mathfrak{G}]}(V, V) = \{aE \mid a \in K\}$. Wegen 11.10 ist dann V irreduzibel.

Ist $i \neq j$, so sind $\mathbf{L}_i$ und $\mathbf{L}_j$ nicht äquivalent. Daher folgt aus $\mathbf{L}_i(G)\,A = A\,\mathbf{L}_j(G)$ für alle $G \in \mathfrak{G}$ nun $A = 0$. Somit sind $\mathbf{L}_i \otimes \mathbf{D}$ und $\mathbf{L}_j \otimes \mathbf{D}$ für $i \neq j$ nicht äquivalent.

c) Es gilt

$$(\varphi^{\mathfrak{G}}, \chi\,\psi_i)_{\mathfrak{G}} = (\varphi, \chi_{\mathfrak{N}}(\psi_i)_{\mathfrak{N}})_{\mathfrak{N}} = \psi_i(E)\,(\varphi, \varphi)_{\mathfrak{N}} = \psi_i(E).$$

Aus

$$\sum_{i=1}^{m} \psi_i(E)\,(\chi\,\psi_i)(E) = \chi(E) \sum_{i=1}^{m} \psi_i(E)^2 = \varphi(E)\,|\mathfrak{G}/\mathfrak{N}| = \varphi^{\mathfrak{G}}(E)$$

folgt dann

$$\varphi^{\mathfrak{G}} = \sum_{i=1}^{m} \psi_i(E)\,\chi\,\psi_i.$$

d) Die Behauptung ergibt sich sofort aus c) und

$$(\lambda_{\mathfrak{N}}, \varphi)_{\mathfrak{N}} = (\lambda, \varphi^{\mathfrak{G}})_{\mathfrak{G}}.$$ **q.e.d.**

Für die Berechnung der Fortsetzung der Darstellung eines Normalteilers auf die ganze Gruppe gibt es kein allgemeines Verfahren. Wir führen die Rechnung in einem für viele Anwendungen wichtigen Fall durch:

17.13 Satz. *Sei $\mathfrak{P}$ eine extraspezielle p-Gruppe der Ordnung p^{2m+1} und $\mathfrak{H}$ eine zyklische Untergruppe der Automorphismengruppe von $\mathfrak{P}$ mit $p \nmid |\mathfrak{H}|$.*

Wir setzen voraus, daß $\mathbf{Z}(\mathfrak{P}) = \mathfrak{P}'$ *von* $\mathfrak{H}$ *zentralisiert wird, daß jedoch* $\mathfrak{H}$ *fixpunktfrei auf* $\mathfrak{P}/\mathbf{Z}(\mathfrak{P})$ *operiert. Sei* $\mathfrak{G} = \mathfrak{P}\,\mathfrak{H}$ *das semidirekte Produkt von* $\mathfrak{P}$ *mit* $\mathfrak{H}$ *und* K *ein algebraisch abgeschlossener Körper mit* Char $K \nmid |\mathfrak{G}|$.

a) $\mathfrak{G}$ *hat über* K *genau die folgenden irreduziblen Charaktere:*

(1) *Die in* 16.13 *beschriebenen irreduziblen Charaktere der Frobeniusgruppe* $\mathfrak{G}/\mathbf{Z}(\mathfrak{P})$.

(2) *Zu jedem linearen Charakter* $\lambda \neq 1$ *von* $\mathbf{Z}(\mathfrak{P})$ *und jedem linearen Charakter* μ *von* $\mathfrak{H}$ *gibt es einen irreduziblen Charakter* $\chi_{\lambda\mu}$ *von* $\mathfrak{G}$ *vom Grad* p^m *mit*

$$\chi_{\lambda\mu}(G) = \begin{cases} p^m\,\lambda(G) & \textit{für} \quad G \in \mathbf{Z}(\mathfrak{P}) \\ 0 & \textit{für} \quad G \in \mathfrak{P} - \mathbf{Z}(\mathfrak{P}) \\ \delta\,\lambda(P)\,\mu(H) & \textit{für} \quad G = PH^Y \; \textit{mit} \; P \in \mathbf{Z}(\mathfrak{P}),\; Y \in \mathfrak{G} \; \textit{und} \\ & \qquad\qquad\qquad\qquad E \neq H \in \mathfrak{H}. \end{cases}$$

Dabei ist $\delta = \pm 1$, *und* $|\mathfrak{H}|$ *ist ein Teiler von* $p^m - \delta$.

b) *Ist* ϱ *der reguläre Charakter von* $\mathfrak{H}$, *so gilt*

$$(\chi_{\lambda\mu})_{\mathfrak{H}} = \frac{p^m - \delta}{|\mathfrak{H}|}\,\varrho + \delta\,\mu\,.$$

Insbesondere enthält $(\chi_{\lambda\mu})_{\mathfrak{H}}$ *den* 1-*Charakter von* $\mathfrak{H}$, *ausgenommen den Fall* $\delta = -1$, $\mu = 1$ *und* $|\mathfrak{H}| = p^m + 1$.

Beweis (DADE). Sei $\lambda \neq 1$ ein linearer Charakter von $\mathbf{Z}(\mathfrak{P})$. Nach 16.14 gibt es eine irreduzible, treue Darstellung $\mathbf{D}$ von $\mathfrak{P}$ vom Grad p^m mit $\mathbf{D}(Z) = \lambda(Z)\,E$ für $Z \in \mathbf{Z}(\mathfrak{P})$. Ist φ der Charakter von $\mathbf{D}$, so gilt nach 16.14

$$\varphi(P) = \begin{cases} p^m\,\lambda(P) & \text{für} \quad P \in \mathbf{Z}(\mathfrak{P}) \\ 0 & \text{für} \quad P \in \mathfrak{P} - \mathbf{Z}(\mathfrak{P})\,. \end{cases}$$

Wegen $\mathbf{Z}(\mathfrak{P}) \leqq \mathbf{Z}(\mathfrak{G})$ ist also $\varphi^G = \varphi$ für alle $G \in \mathfrak{G}$. Nach 17.12 gestattet $\mathbf{D}$ daher eine Fortsetzung auf $\mathfrak{G} = \mathfrak{P}\,\mathfrak{H}$, welche wir wieder mit $\mathbf{D}$ bezeichnen. Wir berechnen $\mathbf{D}(H)$ für $H \in \mathfrak{H}$:

Sei $\mathfrak{P} = \bigcup_{i=1}^{p^{2m}} \mathbf{Z}(\mathfrak{P})\,P_i$. Nach 5.14 spannen die $\mathbf{D}(P)$ mit $P \in \mathfrak{P}$ über K den vollen Matrixring $(K)_{p^m}$ auf. Wegen $\mathbf{D}(Z P_i) = \lambda(Z)\,\mathbf{D}(P_i)$ für $Z \in \mathbf{Z}(\mathfrak{P})$ ist $\{\mathbf{D}(P_i) \mid i = 1, \ldots, p^{2m}\}$ eine K-Basis von $(K)_{p^m}$. Durch die Festsetzung

$$X\,\mathbf{L}(H) = \mathbf{D}(H)^{-1}\,X\,\mathbf{D}(H)$$

für $H \in \mathfrak{H}$ und $X \in (K)_{p^m}$ machen wir $(K)_{p^m}$ zu einem $K[\mathfrak{H}]$-Rechtsmodul. Wir bestimmen die Zerlegung von $(K)_{p^m}$ in irreduzible $K[\mathfrak{H}]$-Moduln auf zwei Weisen:

1) $(K)_{p^m}$ zerfällt als $K[\mathfrak{H}]$-Modul direkt in den Modul zur 1-Darstellung und $\dfrac{p^{2m} - 1}{|\mathfrak{H}|}$ reguläre $K[\mathfrak{H}]$-Moduln:

Sei $\mathfrak{H} = \langle H_0 \rangle$. Nach unserer Voraussetzung operiert $\mathfrak{H}$ fixpunktfrei auf $\mathfrak{P}/\mathbf{Z}(\mathfrak{P})$. Setzen wir $h = |\mathfrak{H}|$, so haben die Bahnen von $\mathfrak{H}$ auf $\mathfrak{P}/\mathbf{Z}(\mathfrak{P})$

daher die Gestalt

$$\{\mathbf{Z}(\mathfrak{P})\}, \{P_j\,\mathbf{Z}(\mathfrak{P}),\, P_j^{H_0}\,\mathbf{Z}(\mathfrak{P}), \ldots, P_j^{H_0^{h-1}}\,\mathbf{Z}(\mathfrak{P})\}$$

mit geeigneten $P_j \in \mathfrak{P}\left(j = 1, \ldots, \frac{p^{2m}-1}{h}\right)$. Wegen

$$\mathbf{D}(P_j^{H_0^i})\,\mathbf{L}(H_0) = \mathbf{D}(P_j^{H_0^{i+1}})$$

erfährt $\mathfrak{H}$ auf den K-Teilräumen

$$\langle \mathbf{D}(P_j^{H_0^i}) \mid i = 0, 1, \ldots, h-1\rangle$$

von $(K)_{p^m}$ die reguläre Darstellung.

2) Sei ε eine primitive h-te Einheitswurzel in K. Da $\mathbf{D}_{\mathfrak{H}}$ vollständig reduzibel ist, gilt

$$\mathbf{D}(H_0) = \begin{pmatrix} E_{n_0} & & & & \\ & \varepsilon E_{n_1} & & & \\ & & \varepsilon^2 E_{n_2} & & \\ & & & \ddots & \\ & & & & \varepsilon^{h-1} E_{n_{h-1}} \end{pmatrix}$$

mit geeigneten n_j; dabei haben wir mit E_{n_i} die n_i-reihige quadratische Einheitsmatrix bezeichnet, für $n_i = 0$ ist der Anteil wegzulassen. Offenbar ist

$$\text{(I)} \quad p^m = \sum_{i=0}^{h-1} n_i\,.$$

Entsprechend der obenstehenden Zerlegung von $\mathbf{D}(H_0)$ zerlegen wir jede Matrix X aus $(K)_{p^m}$ in Teilmatrizen X_{ij} $(i, j = 0, 1, \ldots, h-1)$, wobei X_{ij} eine Matrix vom Typ (n_i, n_j) ist. Es gilt

$$(X_{ij})\,\mathbf{L}(H_0) = \mathbf{D}(H_0)^{-1}(X_{ij})\,\mathbf{D}(H_0) = (\varepsilon^{j-i}\,X_{ij})\,.$$

Die K-Teilräume

$$\mathsf{B}_{ij} = \{(X_{kl}) \mid X_{kl} = 0 \quad \text{für} \quad (k, l) \neq (i, j)\}$$

sind daher $K[\mathfrak{H}]$-invariante, direkte Summanden von $(K)_{p^m}$, und auf B_{ij} hat $\mathbf{L}(H_0)$ den Eigenwert ε^{j-i} mit der Vielfachheit $\dim_K \mathsf{B}_{ij} = n_i\,n_j$.

Wir vergleichen die Ergebnisse unter 1) und 2): Nach 1) hat $\mathbf{L}(H_0)$ den Eigenwert 1 mit der Vielfachheit

$$1 + \frac{p^{2m}-1}{h}\,.$$

Auf B_{ij} hat $\mathbf{L}(H_0)$ den Eigenwert 1 genau für $i = j$. Also folgt

$$\text{(II)} \quad 1 + \frac{p^{2m}-1}{h} = \sum_{i=0}^{h-1} \dim \mathsf{B}_{ii} = \sum_{i=0}^{h-1} n_i^2\,.$$

Analog liefert die Bestimmung der Vielfachheit von ε^k $(k = 1, \ldots, h-1)$ als Eigenwert von $\mathbf{L}(H_0)$ die Gleichungen

$$\text{(III)} \quad \frac{p^{2m}-1}{h} = \sum_{i=0}^{h-1} n_i\, n_{i+k}\,.$$

(Dabei ist $n_{h+s} = n_s$ zu setzen.) Aus (II) und (III) folgt

$$\text{(IV)} \quad 2 = 2\sum_{i=0}^{h-1} n_i^2 - 2\sum_{i=0}^{h-1} n_i\, n_{i+k} = \sum_{i=0}^{h-1} (n_i - n_{i+k})^2\,.$$

Die Gleichung (IV) für $k = 1$ zeigt, daß es genau zwei Indizes j mit $n_j \neq n_{j+1}$ gibt. Sei etwa

$$n_0 = \cdots = n_j \neq n_{j+1} = \cdots = n_{j+m} \neq n_{j+m+1} = \cdots = n_{h-1} = n_0$$

mit $m \geqq 1$ und $0 \leqq j < j + m \leqq h - 1$. Ist $m > 1$ und $h - m > 1$, so erhalten wir aus (IV) für $k = 2$ den Widerspruch

$$\begin{aligned} 2 &= \sum_{i=0}^{h-1} (n_i - n_{i+2})^2 \\ &\geqq (n_{j-1} - n_{j+1})^2 + (n_j - n_{j+2})^2 + (n_{j+m-1} - n_{j+m+1})^2 \geqq 3\,. \end{aligned}$$

Also ist $m = 1$ oder $h - m = 1$. Somit haben $h - 1$ der n_i den gleichen Wert, etwa d, und das verbleibende n_j hat den Wert $d + \delta$ mit $\delta = \pm 1$. Daraus folgt mit (I)

$$p^m = \sum_{i=0}^{h-1} n_i = h\, d + \delta\,.$$

Insbesondere ist daher $h = |\mathfrak{H}|$ ein Teiler von $p^m - \delta$.

Sei χ der Charakter der Darstellung $\mathbf{D}$ von $\mathfrak{G}$. Nach unserer Berechnung ist

$$\chi(H_0^i) = d \sum_{s=0}^{h-1} \varepsilon^{si} + \delta\, \varepsilon^{ji}\,.$$

Bezeichnen wir mit ϱ den regulären Charakter von $\mathfrak{H}$ und mit μ_0 den linearen Charakter von $\mathfrak{H}$ mit $\mu_0(H_0^i) = \varepsilon^{ji}$, so folgt also

$$\chi_{\mathfrak{H}} = d\, \varrho + \delta\, \mu_0\,.$$

Die Faktorgruppe $\mathfrak{G}/\mathbf{Z}(\mathfrak{P})$ ist eine Frobeniusgruppe mit dem Frobeniuskern $\mathfrak{P}/\mathbf{Z}(\mathfrak{P})$. Ist $\mathfrak{P} = \bigcup_i \mathbf{Z}(\mathfrak{P})\, P_i$, so ist daher

$$\mathfrak{G} = \mathfrak{P} \cup \bigcup_i \mathbf{Z}(\mathfrak{P})\, (\mathfrak{H} - \mathfrak{E})^{P_i}$$

eine disjunkte Zerlegung von $\mathfrak{G}$. Wegen $\varrho(H) = 0$ für $E \neq H \in \mathfrak{H}$ ist der Charakter χ von $\mathfrak{G}$ durch die Angaben

$$\chi(G) = \begin{cases} p^m\, \lambda(G) & \text{für } G \in \mathbf{Z}(\mathfrak{P}) \\ 0 & \text{für } G \in \mathfrak{P} - \mathbf{Z}(\mathfrak{P}) \\ \delta\, \lambda(P)\, \mu_0(H) & \text{für } G = PH^Y \text{ mit } P \in \mathbf{Z}(\mathfrak{P}) \text{ und } E \neq H \in \mathfrak{H} \end{cases}$$

völlig bestimmt.

Ist μ ein linearer Charakter von $\mathfrak{H}$, so setzen wir $\chi_{\lambda\mu} = \chi\,\mu_0^{-1}\,\mu$. Nach 17.12 sind die $\chi_{\lambda\mu}$ dann irreduzible, paarweise verschiedene Charaktere von $\mathfrak{G}$. Die Quadratsumme der Grade der bisher ermittelten irreduziblen Charaktere von $\mathfrak{G}$ ist somit die Summe von $|\mathfrak{G}/\mathbf{Z}(\mathfrak{P})| = p^{2m} h$ (von den Charakteren mit $\mathbf{Z}(\mathfrak{P})$ im Kern) und $p^{2m}(p-1)\,h$ (von den $(p-1)\,h$ Charakteren $\chi_{\lambda\mu}$ mit $1 \neq \lambda \in \widehat{\mathbf{Z}(\mathfrak{P})}$ und $\mu \in \hat{\mathfrak{H}}$).

Zusammen ergibt sich $p^{2m+1}\,h = |\mathfrak{G}|$, und somit haben wir alle irreduziblen Charaktere von $\mathfrak{G}$ bestimmt. Offenbar ist die Behauptung unter b) auch erfüllt. **q.e.d.**

Bei der Untersuchung von auflösbaren Gruppen läßt sich die Voraussetzung von 17.13 mit Hilfe der Hall-Higman-Reduktion (siehe III, 13.5; S. 351) oftmals erzwingen. Wir kommen darauf in Band 2 zurück.

Aufgaben:

30) (N. Itô [2]) Sei $\mathfrak{G}$ eine auflösbare Gruppe und p eine Primzahl. Dann sind gleichwertig:

a) Für jeden irreduziblen Charakter χ von $\mathfrak{G}$ über dem komplexen Zahlkörper gilt $p \nmid \chi(E)$.

b) $\mathfrak{G}$ hat eine normale, abelsche p-Sylowgruppe.

31) (Burnside [5]) Sei $\mathfrak{G}$ eine auflösbare Gruppe mit einer treuen, irreduziblen Darstellung $\mathbf{D}$ vom Primzahlgrad p über dem komplexen Zahlkörper. Es sei $\det \mathbf{D}(G) = 1$ für alle $G \in \mathfrak{G}$. Dann tritt einer der beiden folgenden Fälle ein:

(1) $\mathbf{D}$ wird induziert von einer 1-dimensionalen Darstellung einer Untergruppe von $\mathfrak{G}$. In diesem Falle gibt es einen abelschen Normalteiler $\mathfrak{A}$ von $\mathfrak{G}$ mit $|\mathfrak{G}/\mathfrak{A}| \mid p(p-1)$.

(2) Die Fittinggruppe $\mathbf{F}(\mathfrak{G})$ von $\mathfrak{G}$ ist eine nichtabelsche Gruppe der Ordnung p^3 und ist für $p > 3$ die p-Sylowgruppe von $\mathfrak{G}$.

(Anleitung: Man zeige im Falle (2) zuerst, daß alle abelschen Normalteiler von $\mathfrak{G}$ in $\mathbf{Z}(\mathfrak{G})$ liegen und $\mathbf{F}(\mathfrak{G})$ die Klasse 2 hat.)

32) Sei $\mathfrak{A}$ eine abelsche Untergruppe von $\mathfrak{G}$. Es gebe eine Kette

$$\mathfrak{A} = \mathfrak{N}_0 \lhd \mathfrak{N}_1 \lhd \cdots \lhd \mathfrak{N}_s = \mathfrak{G}\,,$$

d. h. $\mathfrak{A}$ sei subnormal in $\mathfrak{G}$. Ist χ ein absolut irreduzibler Charakter von $\mathfrak{G}$ über dem komplexen Zahlkörper, so gilt $\chi(E) \mid |\mathfrak{G} : \mathfrak{A}|$.

§ 18. Monomiale Darstellungen

18.1 Definition. a) Die Darstellung $\mathbf{D}$ von $\mathfrak{G}$ heißt monomial, wenn $\mathbf{D}$ von einer eindimensionalen Darstellung einer Untergruppe von $\mathfrak{G}$ induziert wird.

b) Wir nennen $\mathfrak{G}$ eine M-Gruppe, wenn jede irreduzible Darstellung von $\mathfrak{G}$ über jedem algebraisch abgeschlossenen Körper K mit Char $K \nmid |\mathfrak{G}|$ monomial ist.

In diesem Paragraphen sei weiterhin K stets ein algebraisch abgeschlossener Körper mit Char $K \nmid |\mathfrak{G}|$.

Die Konstruktion der monomialen Darstellungen ist sehr einfach:

18.2 Satz. *Sei* $\mathfrak{G} = \dot{\bigcup}_{1}^{n} \mathfrak{U} R_i$ *die Nebenklassenzerlegung von* $\mathfrak{G}$ *nach* $\mathfrak{U}$, *und sei* $\mathfrak{U}/\mathfrak{L} = \langle Z\,\mathfrak{L}\rangle$ *zyklisch von der Ordnung* m. *Sei* ε *eine primitive* m*-te Einheitswurzel und* $\mathbf{F}$ *die eindimensionale Darstellung von* $\mathfrak{U}$ *mit dem Kern* $\mathfrak{L}$ *und* $\mathbf{F}(Z) = \varepsilon$. *Dann ist* $V = K e$ *mit*

$$e = \frac{1}{|\mathfrak{U}|}\left(\sum_{L\in\mathfrak{L}} L\right)\left(\sum_{j=1}^{m} \varepsilon^{-j} Z^j\right)$$

ein Darstellungsmodul zu $\mathbf{F}$, *das Element* e *aus* $K[\mathfrak{U}]$ *ist idempotent, und* $V^{\mathfrak{G}} \cong e K[\mathfrak{G}]$ *ist ein Darstellungsmodul zu der induzierten Darstellung* $\mathbf{F}^{\mathfrak{G}}$. *Der Kern von* $\mathbf{F}^{\mathfrak{G}}$ *ist* $\bigcap_{G\in\mathfrak{G}} \mathfrak{L}^G$. *Es ist* $\{eR_1, \ldots, eR_n\}$ *eine* K*-Basis von* $e K[\mathfrak{G}]$, *und für alle* $G \in \mathfrak{G}$ *gilt*

$$(e\,R_i)\,G = \varepsilon^{j_i(G)}\,e\,R_{i'}$$

mit einer geeigneten Permutation $\mathbf{P}(G) = \begin{pmatrix} i \\ i' \end{pmatrix}$ *auf* $\{1, \ldots, n\}$.

Beweis. Es gilt $e(LZ^j) = \varepsilon^j e$. Also ist $K e$ ein Darstellungsmodul zu $\mathbf{F}$, und es gilt $e^2 = e$. Offenbar ist $\{e\,R_1, \ldots, e\,R_n\}$ eine K-Basis von $e K[\mathfrak{G}]$.

Für G aus $\mathfrak{G}$ und

$$R_i\,G = L_i\,Z^{j_i(G)}\,R_{i'}$$

mit $L_i \in \mathfrak{L}$ haben wir

$$(e\,R_i)\,G = e\,L_i\,Z^{j_i(G)}\,R_{i'} = \varepsilon^{j_i(G)}\,e\,R_{i'}\,.$$

Bei $\mathfrak{G}$ werden also die $e\,R_i$ vertauscht und mit Faktoren $\varepsilon^{j_i(G)}$ versehen, welche m-te Einheitswurzeln sind. Der $K[\mathfrak{G}]$-Modul $e K[\mathfrak{G}]$ ist offenbar isomorph zu $V^{\mathfrak{G}}$ (siehe auch Aufg. 27).

Die Gleichungen $(e\,R_i)\,G = e\,R_i$ für $i = 1, \ldots, n$ sind gleichwertig mit $R_i\,G R_i^{-1} \in \mathfrak{L}$, also mit $G \in \bigcap_{i=1}^{n} R_i\,\mathfrak{L}\,R_i^{-1} = \bigcap_{X\in\mathfrak{G}} \mathfrak{L}^X$. **q.e.d.**

Ein Kriterium für die Irreduzibilität der soeben konstruierten Darstellung ergibt sich leicht aus 16.12 (siehe Shoda [1]).

18.3 Hilfssatz. *Sei* $\mathcal{M}$ *eine Klasse von endlichen Gruppen mit den folgenden Eigenschaften:*

(1) *Liegt* $\mathfrak{G}$ *in* $\mathcal{M}$, *so auch jede Untergruppe und jedes homomorphe Bild von* $\mathfrak{G}$.

(2) *Liegt* $\mathfrak{G}$ *in* $\mathcal{M}$, *und ist* $\mathfrak{G}$ *nicht abelsch, so gibt es einen abelschen Normalteiler* $\mathfrak{A}$ *von* $\mathfrak{G}$ *mit* $\mathfrak{A} \not\leq \mathbf{Z}(\mathfrak{G})$.

Dann ist jede Gruppe aus $\mathcal{M}$ eine M-Gruppe.

Beweis. Wir führen den Beweis durch Induktion nach $|\mathfrak{G}|$. Sei $\mathbf{D}$ eine irreduzible Darstellung von $\mathfrak{G}$ über einem algebraisch abgeschlossenen Körper K mit $\operatorname{Char} K \nmid |\mathfrak{G}|$. Ist $\mathbf{D}$ nicht treu, so ist $\mathbf{D}$ eine Darstellung einer Faktorgruppe $\mathfrak{G}/\mathfrak{N}$ von $\mathfrak{G}$. Wegen (1) gilt $\mathfrak{G}/\mathfrak{N} \in \mathcal{M}$, und nach unserer Induktionsannahme ist dann $\mathbf{D}$ monomial. Sei also $\mathbf{D}$ eine treue Darstellung von $\mathfrak{G}$.

Ist $\mathfrak{G}$ abelsch, so ist $\mathbf{D}$ eindimensional, also sicher monomial. Ist $\mathfrak{G}$ nicht abelsch, so gibt es wegen (2) einen abelschen Normalteiler $\mathfrak{A}$ von $\mathfrak{G}$ mit $\mathfrak{A} \lneqq \mathbf{Z}(\mathfrak{G})$. Die Einschränkung $\mathbf{D}_{\mathfrak{A}}$ von $\mathbf{D}$ auf $\mathfrak{A}$ zerfällt in lauter eindimensionale Darstellungen. Wegen der Treue von $\mathbf{D}$ und wegen $\mathfrak{A} \lneqq \mathbf{Z}(\mathfrak{G})$ sind diese nicht alle äquivalent. Daher gilt nach 17.3 e) $\mathbf{D} = \mathbf{H}^{\mathfrak{G}}$, wobei $\mathbf{H}$ eine irreduzible Darstellung einer eigentlichen Untergruppe $\mathfrak{U}$ von $\mathfrak{G}$ ist. Wegen (1) liegt $\mathfrak{U}$ in $\mathcal{M}$. Also ist nach unserer Induktionsannahme $\mathbf{H} = \mathbf{F}^{\mathfrak{U}}$ mit einer eindimensionalen Darstellung $\mathbf{F}$ einer Untergruppe $\mathfrak{V}$ von $\mathfrak{U}$. Mit 16.2 b) folgt dann $\mathbf{D} = (\mathbf{F}^{\mathfrak{U}})^{\mathfrak{G}} = \mathbf{F}^{\mathfrak{G}}$, und $\mathbf{D}$ ist monomial.

q.e.d.

Ein nützliches Kriterium liefert der folgende Satz:

18.4 Satz (Huppert [2]). *Die Gruppe $\mathfrak{G}$ habe einen Normalteiler mit den folgenden Eigenschaften:*

(a) *$\mathfrak{N}$ ist auflösbar mit lauter abelschen Sylowgruppen.*

(b) *$\mathfrak{G}/\mathfrak{N}$ ist überauflösbar, d. h. es gibt eine Hauptreihe*

$$\mathfrak{E} = \mathfrak{G}_0/\mathfrak{N} \lhd \mathfrak{G}_1/\mathfrak{N} \lhd \cdots \lhd \mathfrak{G}_r/\mathfrak{N} = \mathfrak{G}/\mathfrak{N}$$

von $\mathfrak{G}/\mathfrak{N}$ derart, daß alle Faktorgruppen $\mathfrak{G}_{i+1}/\mathfrak{G}_i$ Primzahlordnung haben (*siehe* VI, § 9). *Dann ist $\mathfrak{G}$ eine M-Gruppe.*

Beweis. Wir zeigen, daß die Voraussetzungen (1) und (2) von 18.3 erfüllt sind.

(1) Ist $\mathfrak{U} \leqq \mathfrak{G}$, so ist $\mathfrak{U} \cap \mathfrak{N}$ auflösbar mit lauter abelschen Sylowgruppen. Ferner hat $\mathfrak{U}$ die Normalreihe

$$\mathfrak{U} \cap \mathfrak{N} = \mathfrak{U} \cap \mathfrak{G}_0 \trianglelefteq \mathfrak{U} \cap \mathfrak{G}_1 \trianglelefteq \cdots \trianglelefteq \mathfrak{U} \cap \mathfrak{G}_r = \mathfrak{U}$$

mit

$$|(\mathfrak{U} \cap \mathfrak{G}_{i+1})/(\mathfrak{U} \cap \mathfrak{G}_i)| = |\mathfrak{G}_i(\mathfrak{U} \cap \mathfrak{G}_{i+1})/\mathfrak{G}_i|\,,$$

und dies ist als Teiler von $|\mathfrak{G}_{i+1}/\mathfrak{G}_i|$ entweder gleich 1 oder eine Primzahl. Also erfüllt jede Untergruppe von $\mathfrak{G}$ wieder die Voraussetzungen (a) und (b).

Ist $\mathfrak{K}$ ein Normalteiler von $\mathfrak{G}$, so ist $\mathfrak{N}\,\mathfrak{K}/\mathfrak{K}$ als homomorphes Bild von $\mathfrak{N}$ wieder auflösbar mit lauter abelschen Sylowgruppen, und $\mathfrak{G}/\mathfrak{N}\,\mathfrak{K}$ ist als homomorphes Bild von $\mathfrak{G}/\mathfrak{N}$ überauflösbar.

Also ist Forderung (1) von 18.3 erfüllt.

(2) Sei zuerst $\mathfrak{N}$ nicht abelsch, und sei $\mathfrak{A}$ ein möglichst großer, in $\mathfrak{N}$ liegender abelscher Normalteiler von $\mathfrak{G}$. Gilt $\mathfrak{A} \nleqq \mathbf{Z}(\mathfrak{G})$, so sind wir fertig. Ist $\mathfrak{A} \leqq \mathbf{Z}(\mathfrak{G})$, so gilt erst recht $\mathfrak{A} \leqq \mathbf{Z}(\mathfrak{N})$. Dann sei $\mathfrak{B}/\mathfrak{A}$ ein minimaler Normalteiler von $\mathfrak{G}/\mathfrak{A}$, welcher in $\mathfrak{N}/\mathfrak{A}$ liegt. Da $\mathfrak{N}$ auflösbar ist, folgt $\mathfrak{B}' \leqq \mathfrak{A} \leqq \mathbf{Z}(\mathfrak{B})$. Also ist $\mathfrak{B}$ nilpotent. Da $\mathfrak{B}$ als Untergruppe von $\mathfrak{N}$ lauter abelsche Sylowgruppen hat, ist $\mathfrak{B}$ selbst abelsch. Das widerspricht jedoch der Wahl von $\mathfrak{A}$.

Zu behandeln bleibt noch der Fall, daß $\mathfrak{N}$ abelsch und $\mathfrak{G}$ nichtabelsch ist. Liegt $\mathfrak{N}$ nicht in $\mathbf{Z}(\mathfrak{G})$, so sind wir fertig. Andernfalls sei $\mathfrak{G}_i \leqq \mathbf{Z}(\mathfrak{G})$, aber $\mathfrak{G}_{i+1} \nleqq \mathbf{Z}(\mathfrak{G})$. Dann ist $\mathfrak{G}_{i+1}$ als zyklische Erweiterung von $\mathfrak{G}_i \leqq \mathbf{Z}(\mathfrak{G}_{i+1})$ abelsch, und wir sind wieder fertig. **q.e.d.**

Wir heben drei wichtige Sonderfälle von 18.4 hervor:

18.5 Satz. a) *Jede überauflösbare Gruppe ist eine M-Gruppe.*

b) *Jede nilpotente Gruppe ist eine M-Gruppe.*

c) *Jede auflösbare Gruppe mit lauter abelschen Sylowgruppen ist eine M-Gruppe.*

Beweis. a) ist der Sonderfall $\mathfrak{N} = \mathfrak{E}$ und c) der Sonderfall $\mathfrak{N} = \mathfrak{G}$ von 18.4. Die Aussage unter b) folgt aus a), denn nach III, **7.2** c) (S. 301) ist jede p-Gruppe und daher auch jede nilpotente Gruppe überauflösbar. **q.e.d.**

18.6 Satz. *Sei* $\mathfrak{G}$ *eine M-Gruppe, und seien* $1 = m_1 < m_2 < \cdots < m_k$ *die verschiedenen unter den Graden der irreduziblen Darstellungen von* $\mathfrak{G}$ *über einem algebraisch abgeschlossenen Körper* K *mit* $\operatorname{Char} K \nmid |\mathfrak{G}|$.

a) *Ist* $\mathbf{D}$ *eine irreduzible Darstellung von* $\mathfrak{G}$ *über* K *mit* $\operatorname{Grad} \mathbf{D} \leqq m_i$, *so liegt die i-te Kommutatorgruppe* $\mathfrak{G}^{(i)}$ *von* $\mathfrak{G}$ *im Kern von* $\mathbf{D}$.

b) (TAKETA [1]) *Jede M-Gruppe ist auflösbar.*

Beweis. a) Für $\operatorname{Grad} \mathbf{D} = 1$ ist dies trivial. Wir beweisen die Behauptung durch eine Induktion nach $\operatorname{Grad} \mathbf{D}$.

Die Darstellung $\mathbf{D}$ ist monomial. Bei geeigneter Wahl der Basis $\{v_1, \ldots, v_n\}$ des Darstellungsmoduls zu $\mathbf{D}$ gilt daher nach 18.2

$$v_j\, \mathbf{D}(G) = \varepsilon_j(G)\, v_{jG}\,.$$

Die Abbildung π von $\mathbf{D}(G)$ auf die Permutation $\mathbf{P}(G) = \begin{pmatrix} j \\ j^G \end{pmatrix}$ ist ein Homomorphismus von $\mathbf{D}(\mathfrak{G})$ in die symmetrische Gruppe $\mathfrak{S}_n$. Der Kern von π besteht aus Diagonalmatrizen, ist also abelsch. Als Permutationsdarstellung von $\mathfrak{G}$ ist $\mathbf{P}$ reduzibel, sie enthält nämlich die 1-Darstellung (siehe dazu 13.4). Die irreduziblen Teile von $\mathbf{P}$ sind dann nur solche irreduziblen Darstellungen $\mathbf{D}_j$ von $\mathfrak{G}$ mit $\operatorname{Grad} \mathbf{D}_j \leqq m_{i-1}$, und diese enthalten nach unserer Induktionsannahme $\mathfrak{G}^{(i-1)}$ im Kern. Wegen der vollständigen Reduzibilität von $\mathbf{P}$ folgt $\mathbf{P}(\mathfrak{G}^{(i-1)}) = \mathfrak{E}$. Also ist $\mathbf{D}(\mathfrak{G}^{(i-1)}) \leqq \operatorname{Kern} \pi$ und sodann $\mathbf{D}(\mathfrak{G}^{(i)}) = \mathfrak{E}$.

b) Für jede irreduzible Darstellung $\mathbf{D}$ von $\mathfrak{G}$ gilt nach a) $\mathbf{D}(\mathfrak{G}^{(m_k)}) = \mathfrak{E}$. Da die reguläre Darstellung von $\mathfrak{G}$ treu und vollständig reduzibel ist, folgt $\mathfrak{G}^{(m_k)} = \mathfrak{E}$, und $\mathfrak{G}$ ist auflösbar. **q.e.d.**

Die Auflösbarkeit von $\mathfrak{G}$ ist jedoch keineswegs hinreichend dafür, daß $\mathfrak{G}$ eine M-Gruppe ist. Dies zeigt das folgende Beispiel:

18.7 Beispiel. Sei $\mathfrak{Q} = \langle A, B \rangle$ die Quaternionengruppe der Ordnung 8 und $\mathfrak{G} = \mathfrak{Q}\,\mathfrak{H}$ das semidirekte Produkt von $\mathfrak{Q}$ mit der zyklischen Gruppe $\mathfrak{H} = \langle H \rangle$ der Ordnung 3 mit $A^H = B$ und $B^H = A\,B$. Durch

$$\mathbf{D}(A) = \begin{pmatrix} i & 0 \\ 0 & -i \end{pmatrix} \quad \text{und} \quad \mathbf{D}(B) = \begin{pmatrix} 0 & 1 \\ -1 & 0 \end{pmatrix}$$

mit $i^2 = -1$ wird eine treue, irreduzible Darstellung $\mathbf{D}$ von $\mathfrak{Q}$ über dem komplexen Zahlkörper C bestimmt, und $\mathbf{D}^G$ ist äquivalent zu $\mathbf{D}$ für alle $G \in \mathfrak{G}$. Nach 17.12 gestattet $\mathbf{D}$ eine Ausdehnung auf $\mathfrak{G} = \mathfrak{Q}\,\mathfrak{H}$, die wir wieder mit $\mathbf{D}$ bezeichnen. Eine einfache Rechnung zeigt übrigens, daß

$$\mathbf{D}(H) = \frac{i-1}{2}\begin{pmatrix} 1 & -i \\ 1 & i \end{pmatrix}$$

gewählt werden kann. Die Darstellung $\mathbf{D}$ von $\mathfrak{G}$ ist nicht monomial, da $\mathfrak{G}$ wegen $|\mathfrak{G}/\mathfrak{G}'| = |\mathfrak{G}/\mathfrak{Q}| = 3$ keine Untergruppe vom Index 2 hat, also $\mathbf{D}$ nicht von einer linearen Darstellung einer Untergruppe von $\mathfrak{G}$ induziert werden kann. (Man vergleiche mit 17.13.)

18.8 Satz. *Sind $\mathfrak{G}_1$ und $\mathfrak{G}_2$ beide M-Gruppen, so auch $\mathfrak{G}_1 \times \mathfrak{G}_2$.*

Beweis. Ist $\mathbf{D}$ eine irreduzible Darstellung von $\mathfrak{G}$, so gilt nach 10.3 $\mathbf{D} = \mathbf{D}_1 \otimes \mathbf{D}_2$ mit irreduziblen Darstellungen $\mathbf{D}_i$ von $\mathfrak{G}_i$ $(i = 1, 2)$. Da $\mathfrak{G}_i$ eine M-Gruppe ist, wird $\mathbf{D}_i$ von einer linearen Darstellung $\mathbf{F}_i$ einer Untergruppe $\mathfrak{U}_i$ von $\mathfrak{G}_i$ induziert. Nach 16.2 c) (dort für Moduln formuliert) ist $\mathbf{D} = \mathbf{D}_1 \otimes \mathbf{D}_2 = \mathbf{F}_1^{\mathfrak{G}_1} \otimes \mathbf{F}_2^{\mathfrak{G}_2}$ äquivalent zu der Darstellung $(\mathbf{F}_1 \otimes \mathbf{F}_2)^{\mathfrak{G}_1 \times \mathfrak{G}_2}$, welche von der linearen Darstellung $\mathbf{F}_1 \otimes \mathbf{F}_2$ von $\mathfrak{U}_1 \times \mathfrak{U}_2$ induziert wird. Also sind alle irreduziblen Darstellungen von $\mathfrak{G}_1 \times \mathfrak{G}_2$ monomial, und $\mathfrak{G}_1 \times \mathfrak{G}_2$ ist somit eine M-Gruppe. **q.e.d.**

18.9 Hilfssatz. *Sei $\mathbf{D}$ eine irreduzible Darstellung von $\mathfrak{G}$ auf dem $\mathsf{K}[\mathfrak{G}]$-Modul V. Bezüglich einer geeigneten Basis $\{v_1, \ldots, v_n\}$ von V mögen die $\mathbf{D}(G)$ die Gestalt*

$$v_i\,\mathbf{D}(G) = a_i(G)\,v_{iG} \quad (0 \neq a_i(G) \in \mathsf{K})$$

haben. Dann ist $\mathbf{D}$ monomial.

Beweis. Sei $\mathfrak{U} = \{G \mid G \in \mathfrak{G},\ 1^G = 1\}$, und sei $\mathfrak{G} = \bigcup_1^m \mathfrak{U}\,R_i$ mit $1^{R_i} = i$ die Nebenklassenzerlegung von $\mathfrak{G}$ nach $\mathfrak{U}$. Sei $\langle v \rangle$ der eindimensionale $\mathsf{K}[\mathfrak{U}]$-Modul mit

$$v\,U = a_1(U)\,v\,.$$

Der von $\langle v \rangle$ induzierte $K[\mathfrak{G}]$-Modul $\langle v \rangle^{\mathfrak{G}}$ hat dann die Basis $\{v \otimes R_i \mid i = 1, \ldots, m\}$. Für $R_i G = U_i R_{i'}$ mit $U_i \in \mathfrak{U}$ gilt

$$(v \otimes R_i) G = v U_i \otimes R_{i'} = a_1(U_i) v \otimes R_{i'} .$$

Da V irreduzibel ist, spannen die

$$w_i = v_1 \mathbf{D}(R_i) = a_1(R_i) v_i \quad (i = 1, \ldots, m)$$

ganz V auf. Also ist $n = m$. Wir haben

$$w_i \mathbf{D}(G) = v_1 \mathbf{D}(R_i G) = v_1 \mathbf{D}(U_i) \mathbf{D}(R_{i'}) = a_1(U_i) w_{i'} .$$

Also ist die Abbildung μ mit $(v \otimes R_i)\mu = v_1 \mathbf{D}(R_i) = w_i$ ein Modulisomorphismus von $\langle v \rangle^{\mathfrak{G}}$ auf V, und $\mathbf{D}$ ist somit monomial. **q.e.d.**

18.10 Hilfssatz (Dade). *Sei $\mathfrak{G}$ eine M-Gruppe und $\mathfrak{Z}$ eine zyklische Gruppe von Primzahlordnung. Dann ist das reguläre Kranzprodukt $\mathfrak{G} \wr_r \mathfrak{Z}$ eine M-Gruppe.*

Beweis. Sei $|\mathfrak{Z}| = p$, und sei $\mathbf{D}$ eine irreduzible Darstellung des Kranzproduktes

$$\mathfrak{H} = \mathfrak{G} \wr_r \mathfrak{Z} = \{(f, Z) \mid Z \in \mathfrak{Z}, f : \{1, \ldots, p\} \to \mathfrak{G}\}$$

über dem algebraisch abgeschlossenen Körper K mit $\operatorname{Char} K \nmid |\mathfrak{H}|$. Wir setzen wie in I, § 15

$$\mathfrak{D} = \{(f, E) \mid f : \{1, \ldots, p\} \to \mathfrak{G}\} .$$

Dann ist $\mathfrak{D} \triangleleft \mathfrak{H}$ und $\mathfrak{D} \cong \underbrace{\mathfrak{G} \times \cdots \times \mathfrak{G}}_{p}$. Wir haben drei Fälle zu unterscheiden:

Fall 1: Die Einschränkung $\mathbf{D}_{\mathfrak{D}}$ von $\mathbf{D}$ auf $\mathfrak{D}$ sei irreduzibel. Nach 10.3 gilt dann

$$\mathbf{D}((f, E)) = \mathbf{F}_1(f(1)) \otimes \cdots \otimes \mathbf{F}_p(f(p))$$

mit irreduziblen Darstellungen $\mathbf{F}_i$ von $\mathfrak{G}$. Sei χ der Charakter von $\mathbf{D}$ und ψ_i der Charakter von $\mathbf{F}_i$. Wir setzen $f(i) = G_i$. Für alle Z aus $\mathfrak{Z}$ ist dann

$$\begin{aligned} \psi_1(G_1) \ldots \psi_p(G_p) &= \chi((f, E)) = \chi((f, E)^{Z^{-1}}) \\ &= \psi_1(G_{1Z}) \ldots \psi_p(G_{pZ}) . \end{aligned}$$

Ist $1^Z = i$, so folgt mit $G_j = E$ für $j \neq i$ nun

$$\psi_i(G_i) \prod_{j \neq i} \psi_j(E) = \psi_1(G_i) \prod_{j \neq 1} \psi_j(E) .$$

Also ist $\psi_i = k_i \psi_1$ mit $k_i = \dfrac{\psi_i(E)}{\psi_1(E)} \neq 0$. (Man beachte $\operatorname{Char} K \nmid \psi_1(E)$.) Da ψ_1 und ψ_i irreduzibel sind, folgt

$$(\psi_i, \psi_1)_{\mathfrak{G}} = k_i (\psi_1, \psi_1)_{\mathfrak{G}} = k_i .$$

Da $(\psi_i, \psi_1)_{\mathfrak{G}}$ nach den Orthogonalitätsrelationen nur den Wert 0 oder 1 haben kann, folgt $k_i = 1$ und $\psi_i = \psi_1$. Somit sind alle $\mathbf{F}_i$ äquivalent. Durch geeignete Wahl der Basis im Darstellungsmodul können wir daher

$$\mathbf{D}((f, E)) = \mathbf{F}(f(1)) \otimes \cdots \otimes \mathbf{F}(f(p))$$

erreichen. Für den Darstellungsmodul W zu $\mathbf{D}$ gilt dementsprechend

$$W = \underbrace{V \otimes \cdots \otimes V}_{p},$$

wobei V ein irreduzibler $K[\mathfrak{G}]$-Modul zur Darstellung $\mathbf{F}$ ist.

Sei $T = (e, Z)$ mit $e(i) = E$ für $i = 1, \ldots, p$ und $Z = (1, 2, \ldots, p)$. Wir definieren die K-lineare Abbildung A auf $\underbrace{V \otimes \cdots \otimes V}_{p}$ durch

$$(v_1 \otimes \cdots \otimes v_p)\, A = v_p \otimes v_1 \otimes \cdots \otimes v_{p-1}$$

für $v_i \in V$. Dann ist

$$\begin{aligned}(v_1 \otimes \cdots \otimes v_p)\, & A^{-1}\, \mathbf{D}((f, E))\, A \\ & = v_1\, \mathbf{F}(f(p)) \otimes v_2\, \mathbf{F}(f(1)) \otimes \cdots \otimes v_p\, \mathbf{F}(f(p-1)) \\ & = (v_1 \otimes \cdots \otimes v_p)\, \mathbf{D}(T)^{-1}\, \mathbf{D}((f, E))\, \mathbf{D}(T)\,.\end{aligned}$$

Wegen der Irreduzibilität von $W = \underbrace{V \otimes \cdots \otimes V}_{p}$ als $K[\mathfrak{D}]$-Modul folgt also mit dem Schurschen Lemma

$$A\, \mathbf{D}(T)^{-1} \in \mathrm{Hom}_{K[\mathfrak{D}]}(W, W) = \{a E_W \mid a \in K^{\times}\}\,.$$

Somit gilt $\mathbf{D}(T) = a\, A$ mit geeignetem a aus $K^{\times}$.

Nach unserer Voraussetzung ist die Darstellung $\mathbf{F}$ von $\mathfrak{G}$ monomial. Sei $\{w_1, \ldots, w_n\}$ eine K-Basis von V mit

$$w_i\, \mathbf{F}(G) = a_i(G)\, w_{iG}\,.$$

Dann bilden die $w_{i_1} \otimes \cdots \otimes w_{i_p}$ mit $1 \leqq i_j \leqq n$ eine K-Basis von $W = \underbrace{V \otimes \cdots \otimes V}_{p}$. Mit $f(i) = G_i$ gilt

$$(w_{i_1} \otimes \cdots \otimes w_{i_p})\, \mathbf{D}((f, E)) = a_{i_1}(G_1) \ldots a_{i_p}(G_p)\, w_{i_1^{G_1}} \otimes \cdots \otimes w_{i_p^{G_p}}$$

und

$$(w_{i_1} \otimes \cdots \otimes w_{i_p})\, \mathbf{D}(T) = a\, w_{i_p} \otimes w_{i_1} \otimes \cdots \otimes w_{i_{p-1}}\,.$$

Nach 18.9 ist daher $\mathbf{D}$ eine monomiale Darstellung von $\mathfrak{H}$.

Fall 2: Sei $\mathbf{D}_{\mathfrak{D}}$ reduzibel in nicht lauter äquivalente Teile. Nach 17.3d) ist dann

$$W = V_1 \oplus \cdots \oplus V_s\,,$$

wobei die homogenen Komponenten V_i bei $\mathfrak{H}$ vertauscht werden. Wir setzen

$$\mathfrak{U} = \{H \mid H \in \mathfrak{H}, V_1\, \mathbf{D}(H) = V_1\}\,.$$

Wegen der Irreduzibilität von $\mathbf{D}$ folgt $\mathfrak{U} < \mathfrak{H}$, wegen $\mathfrak{D} \leqq \mathfrak{U} < \mathfrak{H}$ und $|\mathfrak{H}/\mathfrak{D}| = p$ ist also $\mathfrak{D} = \mathfrak{U}$. Nach 17.3e) gibt es eine Darstellung $\mathbf{H}$

von $\mathfrak{D}$ mit $\mathbf{H}^{\mathfrak{H}} = \mathbf{D}$. Da $\mathfrak{G}$ eine M-Gruppe ist, ist auch $\mathfrak{H}$ nach 18.8 eine M-Gruppe. Somit gibt es eine eindimensionale Darstellung $\mathbf{L}$ einer Untergruppe von $\mathfrak{D}$ mit $\mathbf{H} = \mathbf{L}^{\mathfrak{D}}$. Mit 16.2 b) folgt dann

$$\mathbf{D} = \mathbf{H}^{\mathfrak{H}} = (\mathbf{L}^{\mathfrak{D}})^{\mathfrak{H}} = \mathbf{L}^{\mathfrak{H}}.$$

Fall 3: Angenommen, $\mathbf{D}_{\mathfrak{D}}$ enthalte nur eine irreduzible Darstellung von $\mathfrak{D}$, und diese mit der Vielfachheit s. Nach **17.5** ist dann

$$\mathbf{D}(H) = \mathbf{P}_1(H) \otimes \mathbf{P}_2(H) .$$

Dabei ist $\mathbf{P}_1$ eine irreduzible projektive Darstellung von $\mathfrak{H}/\mathfrak{D} \cong \mathfrak{Z}$ vom Grad s. Durch Abänderung von $\mathbf{P}_1$ (und entsprechend von $\mathbf{P}_2$) um skalare Faktoren können wir $\mathbf{P}_1(T)^i = \mathbf{P}_1(T^i)$ und $\mathbf{P}_1(T)^p = E$ erreichen. Dann ist $\mathbf{P}_1$ eine gewöhnliche irreduzible Darstellung der zyklischen Gruppe $\mathfrak{Z}$. Also ist $s = \text{Grad } \mathbf{P}_1 = 1$. Somit ist $\mathbf{D}_{\mathfrak{D}}$ irreduzibel, und der Fall 1 liegt vor. **q.e.d.**

18.11 Satz (DADE). *Jede auflösbare Gruppe läßt sich in eine M-Gruppe einbetten.*

Beweis. Wir führen den Beweis durch Induktion nach der Gruppenordnung. Sei $\mathfrak{G}$ auflösbar und $\mathfrak{N} \lhd \mathfrak{G}$ mit $|\mathfrak{G}/\mathfrak{N}| = p$. Nach unserer Induktionsannahme gibt es eine M-Gruppe $\mathfrak{M}$ mit $\mathfrak{N} \leqq \mathfrak{M}$ (bis auf Isomorphie). Wir setzen $\mathfrak{Z} = \mathfrak{G}/\mathfrak{N}$. Nach I, 15.9 und I, 15.8 b) (S. 98) gilt

$$\mathfrak{G} \leqq \mathfrak{N} \underset{r}{\wr} \mathfrak{Z} \leqq \mathfrak{M} \underset{r}{\wr} \mathfrak{Z} .$$

Nach 18.10 ist $\mathfrak{M} \underset{r}{\wr} \mathfrak{Z}$ eine M-Gruppe. **q.e.d.**

Aufgaben:

33) (ITÔ [4]) Man zeige, daß das Kranzprodukt $\mathfrak{G} = \mathfrak{Z} \underset{r}{\wr} \mathfrak{S}_4$ mit $|\mathfrak{Z}| = 2$ und $\mathfrak{S}_4$ als Permutationsgruppe vom Grad 4 eine M-Gruppe ist.

(Anleitung: Man zeige:

a) $\mathfrak{G}/\mathbf{Z}(\mathfrak{G})$ ist eine M-Gruppe.

b) $\mathfrak{G}$ hat einen Normalteiler $\mathfrak{N}$ mit $|\mathfrak{G}/\mathfrak{N}| = 12$ derart, daß $\mathfrak{G}/\mathfrak{N}$ ein direktes Produkt einer Gruppe der Ordnung 2 mit einer Diedergruppe der Ordnung 6 ist.

c) $\mathfrak{G}$ hat eine treue, irreduzible und monomiale Darstellung $\mathbf{D}$ vom Grad 4.

d) Sind $\mathbf{D}_i$ $(i = 1, \ldots, 6)$ die irreduziblen Darstellungen von $\mathfrak{G}/\mathfrak{N}$, so sind $\mathbf{D} \otimes \mathbf{D}_i$ die sämtlichen treuen, irreduziblen Darstellungen von $\mathfrak{G}$.)

34) (SHODA [1]) Sei $\mathfrak{G}$ eine metabelsche Gruppe, also $\mathfrak{G}'' = \mathfrak{E}$. Ist $\mathfrak{A}$ ein maximaler abelscher Normalteiler von $\mathfrak{G}$ mit $\mathfrak{G}' \leqq \mathfrak{A}$, und ist $n \neq 1$ der Grad einer irreduziblen Darstellung von $\mathfrak{G}$ über dem komplexen Zahlkörper, so gilt $n = |\mathfrak{G}/\mathfrak{A}|$.

§ 19. Die Sätze von R. Brauer

Alle in diesem Paragraphen auftretenden Körper seien Teilkörper des komplexen Zahlkörpers.

19.1 Definition. Die Gruppe $\mathfrak{F}$ heißt eine p-elementare Gruppe, wenn $\mathfrak{F} = \langle F \rangle \times \mathfrak{S}$ mit einer p-Gruppe $\mathfrak{S}$ gilt. Durch Vergrößerung von $\mathfrak{S}$ können wir offenbar $p \nmid O(F)$ erreichen. Wir nennen $\mathfrak{F}$ eine elementare Gruppe, wenn $\mathfrak{F}$ eine p-elementare Gruppe für eine Primzahl p ist. Untergruppen von p-elementaren Gruppen sind offenbar wieder p-elementar. Elementare Gruppen sind stets nilpotent, sind also nach 18.5 b) M-Gruppen. (Man verwechsele die elementaren Gruppen nicht mit elementarabelschen Gruppen.)

19.2 Definition. Sei R ein Unterring des komplexen Zahlkörpers C mit $1 \in R$, und seien $\chi_1, \ldots, \chi_h$ die irreduziblen Charaktere von $\mathfrak{G}$ über C. Als Charakterring $X_R(\mathfrak{G})$ von $\mathfrak{G}$ über R bezeichnen wir die Menge

$$X_R(\mathfrak{G}) = \left\{ \sum_{i=1}^{h} r_i \chi_i \mid r_i \in R \right\}.$$

Die Ringoperationen sind dabei punktweise auszuführen. Ist $\mathbf{Z}$ der Ring der ganzen rationalen Zahlen, so ist $X_{\mathbf{Z}}(\mathfrak{G})$ der Ring der verallgemeinerten Charaktere von $\mathfrak{G}$. Wir setzen

$$V_R(\mathfrak{G}) = \Big\{ \sum_i r_i \psi_i^{\mathfrak{G}} \mid r_i \in R,\ \psi_i \text{ ist irreduzibler Charakter einer elementaren Untergruppe } \mathfrak{F}_i \text{ von } \mathfrak{G} \Big\}$$

und

$$U_R(\mathfrak{G}) = \Big\{ \chi \mid \chi \text{ ist Klassenfunktion auf } \mathfrak{G};\ \chi_{\mathfrak{F}} \in X_R(\mathfrak{F}) \text{ für alle elementaren Untergruppen } \mathfrak{F} \text{ von } \mathfrak{G} \Big\}.$$

19.3 Hauptsatz (R. Brauer).

a) *Ist χ ein Charakter von $\mathfrak{G}$, so gilt $\chi = \sum_i a_i \varphi_i^{\mathfrak{G}}$ mit $a_i \in \mathbf{Z}$ und mit linearen Charakteren φ_i geeigneter elementarer Untergruppen von $\mathfrak{G}$. (Man beachte, daß die a_i negativ sein können.)*

b) *Sei μ eine Klassenfunktion auf $\mathfrak{G}$. Genau dann ist $\mu \in X_R(\mathfrak{G})$, wenn für jede elementare Untergruppe $\mathfrak{F}$ von $\mathfrak{G}$ die Einschränkung $\mu_{\mathfrak{F}}$ von μ auf $\mathfrak{F}$ in $X_R(\mathfrak{F})$ liegt.*

Den Beweis von 19.3 führen wir über eine Kette von Hilfssätzen.

19.4 Hilfssatz. *Es gilt $V_R(\mathfrak{G}) \subseteq X_R(\mathfrak{G}) \subseteq U_R(\mathfrak{G})$, und $V_R(\mathfrak{G})$ ist ein Ideal im Ring $U_R(\mathfrak{G})$.*

Beweis. Offenbar ist $U_R(\mathfrak{G})$ ein Ring mit $X_R(\mathfrak{G}) \subseteq U_R(\mathfrak{G})$. Sei $\sum_i r_i \psi_i^{\mathfrak{G}} \in V_R(\mathfrak{G})$ und $\varphi \in U_R(\mathfrak{G})$. Nach 16.8 gilt dann

$$\Big(\sum_i r_i \psi_i^{\mathfrak{G}}\Big) \varphi = \sum_i r_i (\psi_i \varphi_{\mathfrak{F}_i})^{\mathfrak{G}} \in V_R(\mathfrak{G}) .$$

Also ist $V_R(\mathfrak{G})$ ein Ideal in $U_R(\mathfrak{G})$. **q.e.d.**

19.5 Hilfssatz. *Sei $\mathfrak{F} = \mathfrak{A} \times \mathfrak{B}$ eine elementare Untergruppe von $\mathfrak{G}$ mit $(|\mathfrak{A}|, |\mathfrak{B}|) = 1$, und sei $\mathfrak{A}$ abelsch. Sei m der Exponent von $\mathfrak{G}$ und $S = \mathbf{Z}[\varepsilon]$, wobei ε eine primitive m-te Einheitswurzel ist. Wir behaupten:*

Für jedes A aus $\mathfrak{A}$ gibt es ein $\Phi = \Phi_A \in V_S(\mathfrak{G})$ mit den folgenden Eigenschaften:

(1) *$\Phi(G) \in \mathbf{Z}$ für alle G aus $\mathfrak{G}$.*

(2) *$\Phi(G) = 0$, falls G nicht zu einem Element in $A\mathfrak{B}$ konjugiert ist.*

(3) *$\Phi(A) = |\mathfrak{C}_{\mathfrak{G}}(A) : \mathfrak{B}|$.*

Beweis. Seien $\tau_1, \ldots, \tau_a$ die verschiedenen irreduziblen Charaktere von $\mathfrak{A}$. Die Werte $\tau_i(A)$ sind m-te Einheitswurzeln, liegen also in $S = \mathbf{Z}[\varepsilon]$. Wir definieren Charaktere μ_i von $\mathfrak{F} = \mathfrak{A} \times \mathfrak{B}$ durch die Festsetzung $\mu_i(AB) = \tau_i(A)$ für $A \in \mathfrak{A}$ und $B \in \mathfrak{B}$.

Sei A aus $\mathfrak{A}$ fest vorgegeben. Wir setzen dann

$$\psi = \sum_{i=1}^{a} \overline{\mu_i(A)}\, \mu_i .$$

Wegen $\overline{\mu_i(A)} \in S$ gilt offenbar $\psi \in X_S(\mathfrak{F})$. Für $X \in \mathfrak{A}$ und $Y \in \mathfrak{B}$ haben wir

$$\psi(XY) = \sum_{i=1}^{a} \overline{\mu_i(A)}\, \mu_i(XY) = \sum_{i=1}^{a} \overline{\tau_i(A)}\, \tau_i(X) .$$

Mit den Orthogonalitätsrelationen ergibt sich

$$\psi(XY) = \begin{cases} |\mathfrak{A}| & \text{für } X = A \\ 0 & \text{für } X \neq A . \end{cases}$$

Setzen wir $\Phi = \psi^{\mathfrak{G}}$, so ist

$$\Phi = \psi^{\mathfrak{G}} \in V_S(\mathfrak{G}) .$$

Mit $|\mathfrak{F}| = f$ haben wir

$$\Phi(G) = \frac{1}{f} \sum_{T^{-1}GT \in \mathfrak{F}} \psi(T^{-1}GT) .$$

Für $T^{-1}GT \notin A\mathfrak{B}$ ist $\psi(T^{-1}GT) = 0$. Also ist

$$\Phi(G) = \frac{1}{f} \sum_{T^{-1}GT \in A\mathfrak{B}} \psi(T^{-1}GT) = \frac{|\mathfrak{A}|\,|\mathfrak{T}|}{f}$$

mit $\mathfrak{T} = \{T \mid T \in \mathfrak{G},\ T^{-1}GT \in A\mathfrak{B}\}$.

Für $T \in \mathfrak{T}$ ist offenbar auch $T\,\mathfrak{B} \subseteq \mathfrak{T}$. Also besteht $\mathfrak{T}$ aus vollen Nebenklassen nach $\mathfrak{B}$, und es folgt $|\mathfrak{T}| = t|\mathfrak{B}|$ für eine geeignete natürliche Zahl t. Daher ist

$$\Phi(G) = \frac{|\mathfrak{A}|\,|\mathfrak{B}|\,t}{f} = t \in \mathbf{Z}\,.$$

Damit sind (1) und (2) nachgewiesen.

Es ist

$$\Phi(A) = \frac{1}{f} \sum_{T^{-1} A T \in A \mathfrak{B}} \psi(T^{-1} A\, T)\,.$$

Wegen $(|\mathfrak{A}|, |\mathfrak{B}|) = 1$ folgt aus $T^{-1} A\, T = A\,B$ notwendig $B = E$ und $T \in \mathbf{C}_{\mathfrak{G}}(A)$. Somit erhalten wir

$$\Phi(A) = \frac{|\mathfrak{A}|\,|\mathbf{C}_{\mathfrak{G}}(A)|}{f} = |\mathbf{C}_{\mathfrak{G}}(A) : \mathfrak{B}|\,.$$

Damit ist auch (3) bewiesen. **q.e.d.**

19.6 Hilfssatz. *Zu jedem $G \in \mathfrak{G}$ gibt es eine eindeutige Zerlegung $G = G_1\,G_2$ mit folgenden Eigenschaften:*

(1) *$O(G_1)$ ist eine Potenz von p.*

(2) *$O(G_2)$ ist teilerfremd zu p.*

(3) *$G_1\,G_2 = G_2\,G_1 = G$.*

Beweis. Die zyklische Gruppe $\langle G\rangle$ besitzt nach I, 13.12 (S. 80) eine direkte Zerlegung $\langle G\rangle = \mathfrak{Z}_1 \times \mathfrak{Z}_2$ mit $|\mathfrak{Z}_1| = p^n$ und $p \nmid |\mathfrak{Z}_2|$. Sei $G = G_1G_2$ mit $G_i \in \mathfrak{Z}_i$. Dann haben die G_i die Eigenschaften (1)–(3).

Sei $G = G_1'\,G_2'$ mit $O(G_1') = p^{n'}$, $O(G_2') = m' \not\equiv 0$ (p) und $G_1'\,G_2' = G_2'\,G_1'$. Dann gilt $\langle G\rangle = \langle G_1'\rangle \times \langle G_2'\rangle$ und somit $G_i' \in \langle G\rangle$. Daher ist $G_i = G_i'$, und die Zerlegung ist eindeutig. **q.e.d.**

19.7 Definition. Das Element G aus $\mathfrak{G}$ heißt p'-Element, falls seine Ordnung $O(G)$ zu p teilerfremd ist; G heißt p-Element, falls $O(G)$ eine Potenz von p ist. Ist $G = G_1\,G_2$ die Zerlegung aus 19.6, so nennen wir G_1 die p-Komponente von G und G_2 die p'-Komponente von G.

19.8 Hilfssatz. *Sei $\mathsf{S} = \mathbf{Z}[\varepsilon]$ wie in* 19.5. *Zu jeder Primzahl p gibt es dann ein $\alpha \in V_{\mathsf{S}}(\mathfrak{G})$ mit $\alpha(G) \in \mathbf{Z}$ und $\alpha(G) \equiv 1$ (p) für alle $G \in \mathfrak{G}$.*

Beweis. Seien die $\mathfrak{C}_i$ $(i = 1, \ldots, k)$ diejenigen Konjugiertenklassen von $\mathfrak{G}$, die aus p'-Elementen bestehen. Wir zeigen zuerst:

a) Zu jedem i gibt es ein $\tau_i \in V_{\mathsf{S}}(\mathfrak{G})$ mit folgenden Eigenschaften:

(1) $\tau_i(G) \in \mathbf{Z}$ für alle G aus $\mathfrak{G}$.

(2) $\tau_i(G) = 0$, falls die p'-Komponente von G nicht in $\mathfrak{C}_i$ liegt.

(3) $\tau_i(G) \equiv 1$ (p), falls die p'-Komponente von G in $\mathfrak{C}_i$ liegt.

Sei $\mathfrak{C}_i = \{A_i^G \mid G \in \mathfrak{G}\}$, und sei $\mathfrak{B}_i$ eine p-Sylowgruppe von $\mathbf{C}_{\mathfrak{G}}(A_i)$. Dann ist $\mathfrak{F}_i = \langle A_i \rangle \times \mathfrak{B}_i$ eine p-elementare Untergruppe von $\mathfrak{G}$. Nach 19.5 gibt es daher ein $\Phi_i \in V_S(\mathfrak{G})$ mit

(i) $\Phi_i(G) \in \mathbf{Z}$ für alle G aus $\mathfrak{G}$.

(ii) $\Phi_i(G) = 0$, falls G nicht zu einem Element in $A_i \mathfrak{B}_i$ konjugiert ist.

(iii) $\Phi_i(A_i) = |\mathbf{C}_{\mathfrak{G}}(A_i) : \mathfrak{B}_i| \not\equiv 0 \ (p)$.

Wir wählen m_i aus $\mathbf{Z}$ mit $m_i \Phi_i(A_i) \equiv 1 \ (p)$ und setzen $\tau_i = m_i \Phi_i$. Offenbar ist nun (1) erfüllt.

Sei $G = G_1 G_2$ die Zerlegung von G in seine p-Komponente G_1 und seine p'-Komponente G_2 gemäß 19.6 und $G_2 \notin \mathfrak{C}_i$. Wäre

$$T^{-1} G T = A_i B \in A_i \mathfrak{B}_i ,$$

so folgte wegen $A_i B = B A_i$ aus der Eindeutigkeit der Zerlegung in 19.6 sofort $G_2 = T A_i T^{-1} \in \mathfrak{C}_i$. Das widerspricht jedoch der Annahme $G_2 \notin \mathfrak{C}_i$.

Aus $G_2 \notin \mathfrak{C}_i$ folgt also, daß G zu keinem Element in $A_i \mathfrak{B}_i$ konjugiert ist. Wegen (ii) liefert das $\Phi_i(G) = 0$, also gilt (2).

Es bleibt (3) nachzuweisen:

Sei $G^T = A_i B$ mit einem p-Element B aus $\mathbf{C}_{\mathfrak{G}}(A_i)$. Wir haben schon $\tau_i(A_i) = m_i \Phi_i(A_i) \equiv 1 \ (p)$ gezeigt. Also genügt der Beweis von $\tau_i(A_i) \equiv \tau_i(A_i B) \ (p)$.

Sei $O(B) = p^b$ und $\mathfrak{S} = \langle A_i B \rangle$. Wegen $\tau_i \in V_S(\mathfrak{G}) \subseteq X_S(\mathfrak{G})$ gilt $(\tau_i)_{\mathfrak{S}} \in X_S(\mathfrak{S})$. Daher haben wir (bei festgehaltenem i) eine Zerlegung

$$(\tau_i)_{\mathfrak{S}} = \sum_j r_j \psi_j$$

mit $r_j \in S$ und komplexen Charakteren ψ_j von $\mathfrak{S}$ vom Grad 1. Sei $\mathfrak{p}$ ein Primidealteiler des Hauptideals (p) im Ring $\mathbf{Z}[\varepsilon]$. Dann ist bekanntlich $\mathbf{Z}[\varepsilon]/\mathfrak{p}$ ein endlicher Körper der Charakteristik p, etwa $|\mathbf{Z}[\varepsilon]/\mathfrak{p}| = p^f$. Die natürliche Zahl t sei ein Vielfaches von f mit $p^t \geqq p^b = O(B)$. Dann gilt $x^{p^t} \equiv x \ (\mathfrak{p})$ für alle $x \in \mathbf{Z}[\varepsilon]$. Damit folgt

$$\begin{aligned} \tau_i(A_i B) &\equiv \tau_i(A_i B)^{p^t} \equiv \sum_j r_j^{p^t} \psi_j(A_i^{p^t} B^{p^t}) = \sum_j r_j^{p^t} \psi_j(A_i)^{p^t} \\ &\equiv \Big(\sum_j r_j \psi_j(A_i)\Big)^{p^t} \equiv \tau_i(A_i)^{p^t} \equiv \tau_i(A_i) \ (\mathfrak{p}) . \end{aligned}$$

Da τ_i nach (1) auf $\mathfrak{G}$ nur Werte aus $\mathbf{Z}$ annimmt, folgt mit Hilfe von $\mathbf{Z} \cap \mathfrak{p} = p\mathbf{Z}$ nun $\tau_i(A_i B) \equiv \tau_i(A_i) \ (p)$.

Damit ist auch die Behauptung (3) unter a) nachgewiesen.

b) Wir setzen $\alpha = \sum_{i=1}^{k} \tau_i$. Nach a) ist $\alpha(G) \in \mathbf{Z}$ für alle $G \in \mathfrak{G}$. Liegt die p'-Komponente von G in $\mathfrak{C}_i$, so ist $\tau_i(G) \equiv 1 \ (p)$ und $\tau_j(G) = 0$ für $j \neq i$. Das liefert die gewünschte Aussage $\alpha(G) \equiv 1 \ (p)$. **q.e.d.**

19.9 Hilfssatz. *Ist α eine Klassenfunktion auf $\mathfrak{G}$ mit $\alpha(G) \in g\,\mathsf{S}$ (mit $g = |\mathfrak{G}|$) für alle G aus $\mathfrak{G}$, so gilt $\alpha \in \mathsf{V}_\mathsf{S}(\mathfrak{G})$.*

Beweis. Seien $G_1, \ldots, G_h$ Vertreter der Konjugiertenklassen von $\mathfrak{G}$. Nach 19.5 (mit $\mathfrak{A} = \langle G_i \rangle$ und $\mathfrak{B} = \mathfrak{E}$) gibt es ein $\Phi_i \in \mathsf{V}_\mathsf{S}(\mathfrak{G})$ mit $\Phi_i(G_j) = 0$ für $i \neq j$ und $\Phi_i(G_i) = |\mathfrak{C}_\mathfrak{G}(G_i)|$. Nach unserer Voraussetzung ist $\alpha(G_i) = g\, b_i$ mit $b_i \in \mathsf{S}$. Also folgt

$$\alpha = \sum_{i=1}^{h} \frac{g}{|\mathfrak{C}_\mathfrak{G}(G_i)|}\, b_i\, \Phi_i \in \mathsf{V}_\mathsf{S}(\mathfrak{G}) \,. \qquad \textbf{q.e.d.}$$

19.10 Beweis von 19.3.

Jede elementare Untergruppe von $\mathfrak{G}$ ist nilpotent, ist also nach 18.5 eine M-Gruppe. Ist ψ_i ein irreduzibler Charakter der elementaren Untergruppe $\mathfrak{F}_i$ von $\mathfrak{G}$, so gilt also $\psi_i = \varphi_i^{\mathfrak{F}_i}$ mit einem linearen Charakter φ_i einer notwendig wieder elementaren Untergruppe von $\mathfrak{F}_i$. Zum Beweis von 19.3 genügt daher der Nachweis von $\mathsf{V}_\mathsf{R}(\mathfrak{G}) = \mathsf{X}_\mathsf{R}(\mathfrak{G}) = \mathsf{U}_\mathsf{R}(\mathfrak{G})$. Nach 19.4 haben wir $\mathsf{V}_\mathsf{R}(\mathfrak{G}) \subseteq \mathsf{X}_\mathsf{R}(\mathfrak{G}) \subseteq \mathsf{U}_\mathsf{R}(\mathfrak{G})$, und $\mathsf{V}_\mathsf{R}(\mathfrak{G})$ ist ein Ideal in $\mathsf{U}_\mathsf{R}(\mathfrak{G})$. Ist $1 \in \mathsf{V}_\mathbf{Z}(\mathfrak{G})$, so folgt wegen $\mathsf{V}_\mathbf{Z}(\mathfrak{G}) \subseteq \mathsf{V}_\mathsf{R}(\mathfrak{G})$ die Behauptung $\mathsf{V}_\mathsf{R}(\mathfrak{G}) = \mathsf{X}_\mathsf{R}(\mathfrak{G}) = \mathsf{U}_\mathsf{R}(\mathfrak{G})$. Wir zeigen:

a) Sei $g = p^n g_0$ mit $p \nmid g_0$ und $\mathsf{S} = \mathbf{Z}[\varepsilon]$ wie vorher. Bezeichnen wir mit g_0 die konstante Klassenfunktion, welche überall den Wert g_0 annimmt, so gilt $g_0 \in \mathsf{V}_\mathsf{S}(\mathfrak{G})$:

Nach 19.8 gibt es ein α aus $\mathsf{V}_\mathsf{S}(\mathfrak{G})$ mit $\alpha(G) \in \mathbf{Z}$ und $\alpha(G) \equiv 1\ (p)$ für alle G aus $\mathfrak{G}$. Dann ist

$$\alpha(G)^{p^n} \equiv 1\ (p^n) \,.$$

Wir definieren die Klassenfunktion β auf $\mathfrak{G}$ durch $\alpha^{p^n} = 1 + \beta$. Dann ist $g_0\, \beta(G) \in g\,\mathsf{S}$ für alle G aus $\mathfrak{G}$. Mit 19.9 folgt daher $g_0\, \beta \in \mathsf{V}_\mathsf{S}(\mathfrak{G})$. Daher ist auch

$$g_0 = g_0\, \alpha^{p^n} - g_0\, \beta \in \mathsf{V}_\mathsf{S}(\mathfrak{G}) \,.$$

b) Es gilt $1 \in \mathsf{V}_\mathsf{S}(\mathfrak{G})$:

Sei $g = \prod_{i=1}^{s} p_i^{a_i}$ und $g_j = \prod_{i \neq j} p_i^{a_i}$. Wegen der Teilerfremdheit der g_i gilt $1 = \sum_{i=1}^{s} a_i\, g_i$ mit geeigneten a_i aus $\mathbf{Z}$. Nach a) ist $g_i \in \mathsf{V}_\mathsf{S}(\mathfrak{G})$. Also ist auch $1 \in \mathsf{V}_\mathsf{S}(\mathfrak{G})$.

c) Es ist $1 \in \mathsf{V}_\mathbf{Z}(\mathfrak{G})$:

Es gibt eine $\mathbf{Z}$-Basis $\{\varepsilon_1, \ldots, \varepsilon_t\}$ von $\mathbf{Z}[\varepsilon]$ mit $\varepsilon_1 = 1$. (Die ε_i können sogar als Potenzen von ε gewählt werden; siehe HASSE [1], S. 507.) Dann sind die ε_i, aufgefaßt als konstante Klassenfunktionen aus $\mathsf{X}_\mathsf{S}(\mathfrak{G})$, linear unabhängig über $\mathsf{X}_\mathbf{Z}(\mathfrak{G})$:

Seien $\chi_1, \ldots, \chi_h$ die absolut irreduziblen komplexen Charaktere von $\mathfrak{G}$, und sei

$$\sum_{i=1}^{t} \varepsilon_i \sum_{j=1}^{h} a_{ij} \chi_j = 0$$

mit $a_{ij} \in \mathbf{Z}$. Wegen der linearen Unabhängigkeit der χ_j über dem komplexen Zahlkörper folgt

$$\sum_{i=1}^{t} a_{ij} \varepsilon_i = 0 \quad (j = 1, \ldots, h)$$

und dann $a_{ij} = 0$, da die ε_i über $\mathbf{Z}$ linear unabhängig sind.

Nach b) haben wir $1 \in V_S(\mathfrak{G})$, also $1 = \sum_{i=1}^{k} \psi_i^{\mathfrak{G}}$ für geeignete $\psi_i \in X_S(\mathfrak{F}_i)$ mit elementaren Untergruppen $\mathfrak{F}_i$ von $\mathfrak{G}$. Sei

$$\psi_i = \sum_{j=1}^{t} \varepsilon_j \psi_{ij}$$

mit $\psi_{ij} \in X_{\mathbf{Z}}(\mathfrak{F}_i)$. Wegen $\psi_{ij}^{\mathfrak{G}} \in X_{\mathbf{Z}}(\mathfrak{G})$ und $\varepsilon_1 = 1$ folgt aus

$$1 = \sum_{j=1}^{t} \varepsilon_j \sum_{i=1}^{k} \psi_{ij}^{\mathfrak{G}}$$

nach der obenstehenden Bemerkung

$$1 = \sum_{i=1}^{k} \psi_{i1}^{\mathfrak{G}} \in V_{\mathbf{Z}}(\mathfrak{G}) . \qquad \textbf{q.e.d.}$$

Die wichtigste gruppentheoretische Anwendung von 19.3 a) ist der Brauersche Satz über Zerfällungskörper von Gruppenringen:

19.11 Hauptsatz (R. Brauer). *Sei $\mathfrak{G}$ eine endliche Gruppe vom Exponenten m. Dann ist der Körper der m-ten Einheitswurzeln ein Zerfällungskörper von $\mathfrak{G}$.*

Beweis. Sei Q der rationale Zahlkörper, sei $F = Q(\varepsilon)$ der Körper der m-ten Einheitswurzeln und C der komplexe Zahlkörper. Sei V ein irreduzibler $C[\mathfrak{G}]$-Modul mit dem Charakter μ. Wir haben zu zeigen, daß μ ein Charakter über F ist. Nach 19.3 a) gilt

$$\mu = \sum_i a_i \varphi_i^{\mathfrak{G}} \quad (\text{mit } a_i \in \mathbf{Z}) ,$$

wobei die φ_i lineare Charaktere von elementaren Untergruppen $\mathfrak{F}_i$ von $\mathfrak{G}$ sind. Offenbar sind die φ_i Charaktere von Darstellungen, welche sich über $F = Q(\varepsilon)$ realisieren lassen. Also sind auch die $\varphi_i^{\mathfrak{G}}$ Charaktere von Darstellungen von $\mathfrak{G}$ über F.

Sei $\tau_1 = \sum_{a_i > 0} a_i \varphi_i^{\mathfrak{G}}$ und $\tau_2 = - \sum_{a_i < 0} a_i \varphi_i^{\mathfrak{G}}$.

Dann sind τ_1 und τ_2 Charaktere von Darstellungen von $F[\mathfrak{G}]$. Sind W_1 und W_2 zugehörige $F[\mathfrak{G}]$-Moduln, so folgt also durch Vergleich der

Charaktere

$$(W_1)_C \cong (W_2)_C \oplus V$$

mit $(W_i)_C = C \otimes_F W_i$. Unter allen $F[\mathfrak{G}]$-Moduln mit der Eigenschaft $(V_1)_C \cong (V_2)_C \oplus V$ wählen wir ein Paar (V_1, V_2) so, daß V_2 möglichst kleine Dimension hat. Angenommen, es sei $V_2 \neq 0$. Sei U ein irreduzibler $F[\mathfrak{G}]$-Teilmodul von V_2. Ist χ der Charakter von U und μ_i der Charakter von V_i $(i = 1, 2)$, so gilt wegen der Orthogonalitätsrelation 5.8 a) $(\mu_2, \chi) > 0$. Dann ist auch $(\mu_1, \chi) > 0$, und U ist ein Kompositionsfaktor von V_1. Das führt nach dem Satz von Maschke zu direkten Zerlegungen

$$V_1 \cong U \oplus V_1' \quad \text{und} \quad V_2 \cong U \oplus V_2' .$$

Daraus folgt $U_C \oplus (V_1')_C \cong U_C \oplus (V_2')_C \oplus V$ und dann mit dem Satz von Krull-Remak-Schmidt (I, 12.4; S. 69) auch $(V_1')_C \cong (V_2')_C \oplus V$.

Das widerspricht jedoch der Wahl von V_2. Also ist $V_2 = 0$ und $V = (V_1)_C$. Da V_1 ein $F[\mathfrak{G}]$-Modul ist, beweist das die Behauptung. **q.e.d.**

Die Frage nach den Körpern, über welchen eine vorgegebene absolut irreduzible Darstellung realisiert werden kann, ist mehrfach untersucht worden. Wir erwähnen ohne Beweis drei Resultate:

(1) (FONG [3]) *Sei* $|\mathfrak{G}| = p^n m$ *mit* $p \nmid m$, *und sei* **D** *eine absolut irreduzible Darstellung von* $\mathfrak{G}$ *über dem komplexen Zahlkörper mit dem Charakter* χ. *Sei* ε *eine primitive* m*-te Einheitswurzel. Dann läßt sich* **D** *für* $p > 2$ *über dem Körper* $\mathbb{Q}(\varepsilon, \chi(G) \mid G \in \mathfrak{G})$ *realisieren; für* $p = 2$ *reicht* $\mathbb{Q}(\varepsilon, \sqrt{-1}, \chi(G) \mid G \in \mathfrak{G})$.

(*Für* $|\mathfrak{G}| = p^n$ *findet sich dieses Ergebnis bereits in* ROQUETTE [2].)

(2) (SOLOMON [1]) *Sei* $|\mathfrak{G}| = \prod_{i=1}^{r} p_i^{a_i}$ *die Primfaktorzerlegung von* $|\mathfrak{G}|$. *Sei* $k = p_1 \ldots p_r$, *und sei* ϱ *eine primitive* k*-te Einheitswurzel. Ist* **D** *eine absolut irreduzible Darstellung von* $\mathfrak{G}$ *über dem komplexen Zahlkörper mit dem Charakter* χ, *so läßt sich* **D** *für ungerades* $|\mathfrak{G}|$ *über* $\mathbb{Q}(\varrho, \chi(G) \mid G \in \mathfrak{G})$ *realisieren; für gerades* $|\mathfrak{G}|$ *reicht* $\mathbb{Q}(\varrho, \sqrt{-1}, \chi(G) \mid G \in \mathfrak{G})$.

(3) (SPEISER [1]) *Sei* **D** *eine absolut irreduzible Darstellung ungeraden Grades von* $\mathfrak{G}$ *über dem komplexen Zahlkörper mit reellem Charakter* χ. *Dann läßt sich* **D** *in* $\mathbb{Q}(\chi(G) \mid G \in \mathfrak{G})$ *realisieren.*

(*Man vergleiche dazu* FEIT [5], § 16.)

Satz 19.3 b) leistet mitunter gute Dienste bei der Auffindung von Charakteren. Als Anwendung von 19.3 b) geben wir einen neuen Beweis für den Satz 7.6 von Frobenius:

19.12 Anwendung. Sei $\mathfrak{G}$ eine Frobeniusgruppe zu $\mathfrak{H}$, sei also $\mathfrak{H} \cap \mathfrak{H}^G = \mathfrak{E}$ für alle $G \in \mathfrak{G} - \mathfrak{H}$. Wir setzen $|\mathfrak{G} : \mathfrak{H}| = n$ und zeigen, daß $\mathfrak{F} = \mathfrak{G} - \bigcup_{G \in \mathfrak{G}} (\mathfrak{H} - \mathfrak{E})^G$ ein Normalteiler von $\mathfrak{G}$ ist.

a) $|\mathfrak{H}|$ und n sind teilerfremd:

Angenommen, p sei ein gemeinsamer Primteiler von $|\mathfrak{H}|$ und n. Sei $\mathfrak{P}$ eine p-Sylowgruppe von $\mathfrak{H}$ und $\mathfrak{P}^*$ eine p-Sylowgruppe von $\mathfrak{G}$ mit $\mathfrak{P} < \mathfrak{P}^*$. Dann ist $\mathfrak{P} < \mathbf{N}_{\mathfrak{P}^*}(\mathfrak{P})$. Ist $X \in \mathbf{N}_{\mathfrak{P}^*}(\mathfrak{P}) - \mathfrak{P}$, so folgt

$$\mathfrak{E} \neq \mathfrak{P} = \mathfrak{P}^X \leqq \mathfrak{H} \cap \mathfrak{H}^X$$

mit $X \notin \mathfrak{H}$, entgegen der Voraussetzung. Also sind $|\mathfrak{H}|$ und n teilerfremd.

b) Ist $\mathfrak{U}$ eine nilpotente Untergruppe von $\mathfrak{G}$, so gilt $|\mathfrak{U}| \mid n$, oder $\mathfrak{U}$ liegt in einer Konjugierten von $\mathfrak{H}$:

Sei p ein gemeinsamer Primteiler von $|\mathfrak{U}|$ und $|\mathfrak{H}|$ und $\mathfrak{P}$ die p-Sylowgruppe von $\mathfrak{U}$. Nach a) können wir $\mathfrak{P} \leqq \mathfrak{H}$ annehmen, indem wir nötigenfalls zu einer Konjugierten von $\mathfrak{U}$ übergehen. Für alle $U \in \mathfrak{U}$ gilt dann

$$\mathfrak{E} \neq \mathfrak{P} = \mathfrak{P}^U \leqq \mathfrak{H} \cap \mathfrak{H}^U,$$

somit $U \in \mathfrak{H}$ und dann $\mathfrak{U} \leqq \mathfrak{H}$.

c) Sei ψ ein irreduzibler Charakter von $\mathfrak{H}$. Dann ist τ mit

$$\tau(G) = \begin{cases} \psi(H) & \text{für} \quad G = H^X \in \mathfrak{H}^X \\ \psi(E) & \text{sonst} \end{cases}$$

ein irreduzibler Charakter von $\mathfrak{G}$:

Aus $\mathfrak{H} \cap \mathfrak{H}^X = \mathfrak{E}$ für $X \notin \mathfrak{H}$ folgert man leicht, daß τ eine wohldefinierte Klassenfunktion auf $\mathfrak{G}$ ist. Es gilt

$$(\tau, \tau)_{\mathfrak{G}} = \frac{1}{g} \Big\{ n\, \psi(E)^2 + n \sum_{E \neq H \in \mathfrak{H}} |\psi(H)|^2 \Big\} = (\psi, \psi)_{\mathfrak{H}} = 1 .$$

Zum Nachweis, daß τ ein verallgemeinerter Charakter von $\mathfrak{G}$ ist, zeigen wir, daß für jede nilpotente Untergruppe $\mathfrak{U}$ von $\mathfrak{G}$ die Einschränkung $\tau_{\mathfrak{U}}$ ein Charakter von $\mathfrak{U}$ ist. Nach b) sind nur die beiden folgenden Fälle möglich:

(1) $\mathfrak{U} \leqq \mathfrak{H}^X$ für ein geeignetes X: Dann ist $\tau(U) = \psi(U^{X^{-1}})$, also ist $\tau_{\mathfrak{U}}$ ein Charakter auf $\mathfrak{U}$.

(2) $|\mathfrak{U}| \mid n$: Wegen a) gilt nun $\mathfrak{U} \cap \mathfrak{H}^X = \mathfrak{E}$ für alle X. Also ist $\tau(U) = \psi(E)$ für alle $U \in \mathfrak{U}$.

Nach 19.3 b) ist nun τ ein verallgemeinerter Charakter von $\mathfrak{G}$. Wegen $(\tau, \tau)_{\mathfrak{G}} = 1$ und $\tau(E) = \psi(E) > 0$ ist τ sogar ein irreduzibler Charakter von $\mathfrak{G}$.

d) Seien $\psi_1, \ldots, \psi_h$ die irreduziblen Charaktere von $\mathfrak{H}$. Zu jedem ψ_i konstruieren wir gemäß c) einen irreduziblen Charakter τ_i von $\mathfrak{G}$. Wie im Beweisteil b) von 7.5 sieht man dann, daß $\bigcap_i$ Kern τ_i der gesuchte Frobeniuskern von $\mathfrak{G}$ ist. **q.e.d.**

Die Schlußweise in **19.12** führt auch in allgemeineren Fällen zum Nachweis von Normalteilern (siehe R. Brauer [11], Dade [1], Suzuki [16]).

Als zweite Anwendung von 19.3 b) beweisen wir einen weiteren Satz von Frobenius:

19.13 Satz (FROBENIUS [6]). *Sei $\mathfrak{G}$ eine Gruppe der Ordnung g, sei n eine natürliche Zahl und $\mathfrak{L}$ eine Vereinigung von Konjugiertenklassen von $\mathfrak{G}$. Wir definieren die Klassenfunktion $\vartheta_{\mathfrak{G},\mathfrak{L}}$ auf $\mathfrak{G}$ durch*

$$\vartheta_{\mathfrak{G},\mathfrak{L}}(G) = \begin{cases} \frac{g}{(g,n)} & \text{für} \quad G^n \in \mathfrak{L} \\ 0 & \text{für} \quad G^n \notin \mathfrak{L}. \end{cases}$$

Sei ε eine primitive g-te Einheitswurzel und $S = \mathbf{Z}[\varepsilon]$. Dann liegt $\vartheta_{\mathfrak{G},\mathfrak{L}}$ in $X_S(\mathfrak{G})$.

Beweis (R. BRAUER [7]). Die Behauptung wird schrittweise reduziert.

a) Wir können annehmen, daß $\mathfrak{G}$ eine elementare Gruppe ist:

Sei $\mathfrak{F}$ irgendeine elementare Untergruppe von $\mathfrak{G}$. Für $F \in \mathfrak{F}$ gilt

$$\vartheta_{\mathfrak{G},\mathfrak{L}}(F) = \begin{cases} \frac{g}{(g,n)} & \text{für} \quad F^n \in \mathfrak{L} \cap \mathfrak{F} \\ 0 & \text{für} \quad F^n \notin \mathfrak{L} \cap \mathfrak{F}. \end{cases}$$

Also ist $(\vartheta_{\mathfrak{G},\mathfrak{L}})_{\mathfrak{F}} = c\,\vartheta_{\mathfrak{F},\mathfrak{F}\cap\mathfrak{L}}$ mit $c = \frac{g}{(g,n)} \frac{(n,|\mathfrak{F}|)}{|\mathfrak{F}|} \in \mathbf{Z}$. Ist schon gezeigt, daß $\vartheta_{\mathfrak{F},\mathfrak{F}\cap\mathfrak{L}}$ für alle elementaren Untergruppen $\mathfrak{F}$ von $\mathfrak{G}$ in $X_S(\mathfrak{F})$ liegt, so folgt mit 19.3 b) $\vartheta_{\mathfrak{G},\mathfrak{L}} \in X_S(\mathfrak{G})$.

b) Wir können weiterhin annehmen, daß $\mathfrak{G}$ eine p-Gruppe ist:

Sei $\mathfrak{G}$ elementar und $\mathfrak{G} = \mathfrak{G}_1 \times \mathfrak{G}_2$ mit $(|\mathfrak{G}_1|, |\mathfrak{G}_2|) = 1$. Dann ist

$$\mathfrak{L}_i = \{L_i \mid L_1 L_2 \in \mathfrak{L},\, L_1 \in \mathfrak{G}_1,\, L_2 \in \mathfrak{G}_2\}$$

eine Vereinigung von Konjugiertenklassen von $\mathfrak{G}_i$. Es folgt

$$\vartheta_{\mathfrak{G},\mathfrak{L}}(G_1 G_2) = \vartheta_{\mathfrak{G}_1,\mathfrak{L}_1}(G_1)\, \vartheta_{\mathfrak{G}_2,\mathfrak{L}_2}(G_2)\,.$$

Angenommen, es sei

$$\vartheta_{\mathfrak{G}_i,\mathfrak{L}_i} = \sum_j a_{ij}\, \chi_{ij} \quad (i = 1, 2)$$

mit irreduziblen Charakteren χ_{ij} von $\mathfrak{G}_i$ und mit $a_{ij} \in S$. Dann ist

$$\vartheta_{\mathfrak{G},\mathfrak{L}}(G_1 G_2) = \vartheta_{\mathfrak{G}_1,\mathfrak{L}_1}(G_1)\, \vartheta_{\mathfrak{G}_2,\mathfrak{L}_2}(G_2) = \sum_{j,k} a_{1j}\, a_{2k}\, \psi_{jk}(G_1 G_2)$$

mit $\psi_{jk}(G_1 G_2) = \chi_{1j}(G_1)\, \chi_{2k}(G_2)$. Nach 10.3 ist ψ_{jk} ein irreduzibler Charakter von $\mathfrak{G}_1 \times \mathfrak{G}_2$. Also liegt $\vartheta_{\mathfrak{G},\mathfrak{L}}$ in $X_S(\mathfrak{G}_1 \times \mathfrak{G}_2)$.

c) Wir können annehmen, daß E nicht in $\mathfrak{L}$ liegt: Sind $\mathfrak{L}_1$ und $\mathfrak{L}_2$ Vereinigungen von Konjugiertenklassen mit $\mathfrak{L}_1 \cap \mathfrak{L}_2 = \emptyset$, so gilt offenbar

$$\vartheta_{\mathfrak{G},\mathfrak{L}_1 \cup \mathfrak{L}_2} = \vartheta_{\mathfrak{G},\mathfrak{L}_1} + \vartheta_{\mathfrak{G},\mathfrak{L}_2}\,.$$

Sind $\mathfrak{K}_1 = \mathfrak{E}, \mathfrak{K}_2, \ldots, \mathfrak{K}_h$ die Konjugiertenklassen von $\mathfrak{G}$, so ist

$$\sum_{i=1}^{h} \vartheta_{\mathfrak{G},\mathfrak{K}_i}(G) = \frac{g}{(g, n)} .$$

Liegen also die $\vartheta_{\mathfrak{G},\mathfrak{K}_i}$ mit $i > 1$ in $X_S(\mathfrak{G})$, so auch $\vartheta_{\mathfrak{G},\mathfrak{K}_1}$ und dann jedes $\vartheta_{\mathfrak{G},\mathfrak{L}}$.

d) Sei nun $\mathfrak{G}$ eine p-Gruppe und $\mathfrak{K}$ eine Konjugiertenklasse von $\mathfrak{G}$ mit $\mathfrak{K} \neq \mathfrak{E}$. Wir haben zu zeigen, daß für jeden irreduziblen Charakter χ von $\mathfrak{G}$ gilt $(\vartheta_{\mathfrak{G},\mathfrak{K}}, \chi)_{\mathfrak{G}} \in S$. Wir setzen $\vartheta = \vartheta_{\mathfrak{G},\mathfrak{K}}$. Da $\mathfrak{G}$ eine M-Gruppe ist, wird χ von einem linearen Charakter λ einer Untergruppe $\mathfrak{H}$ von $\mathfrak{G}$ induziert. Mit dem Frobeniusschen Reziprozitätssatz folgt

$$(\vartheta, \chi)_{\mathfrak{G}} = (\vartheta, \lambda^{\mathfrak{G}})_{\mathfrak{G}} = (\vartheta_{\mathfrak{H}}, \lambda)_{\mathfrak{H}} = \frac{g}{|\mathfrak{H}|} \frac{1}{(g, n)} \sum_{H^n \in \mathfrak{H} \cap \mathfrak{K}} \lambda(H^{-1}) .$$

Sei $n = p^b m$ mit $p \nmid m$. Ist $p^b \geqq |\mathfrak{H}|$, so gilt $H^n = E \notin \mathfrak{K}$ für alle $H \in \mathfrak{H}$. Dann ist $(\vartheta, \chi)_{\mathfrak{G}} = 0$. Sei also $p^b < |\mathfrak{H}|$ und somit $(g, n) = p^b$. Sei t eine natürliche Zahl mit $m t \equiv 1$ ($|\mathfrak{G}|$). Wir definieren die Teilmenge $\mathfrak{L}$ von $\mathfrak{H}$ durch

$$\mathfrak{L} = \{H^t \mid H \in \mathfrak{H} \cap \mathfrak{K}\} .$$

Wegen $p \nmid t$ und $E \notin \mathfrak{K}$ ist $E \notin \mathfrak{L}$. Offenbar ist $\mathfrak{L}$ eine Vereinigung von Konjugiertenklassen von $\mathfrak{H}$. Ist $H^n \in \mathfrak{H} \cap \mathfrak{K}$, so gilt $H^{p^b} = H^{nt} \in \mathfrak{L}$. Aus $H^{p^b} = H'^t \in \mathfrak{L}$ mit $H' \in \mathfrak{H} \cap \mathfrak{K}$ folgt umgekehrt $H^n = H^{p^b m} = H'^{tm} = H' \in \mathfrak{H} \cap \mathfrak{K}$. Also gilt

$$p^{-b} \sum_{H^n \in \mathfrak{H} \cap \mathfrak{K}} \lambda(H^{-1}) = p^{-b} \sum_{H^{p^b} \in \mathfrak{L}} \lambda(H^{-1}) .$$

Das reduziert unseren Beweis auf den Nachweis der folgenden Behauptung:

Sei $\mathfrak{H}$ eine p-Gruppe der Ordnung p^a, sei $\mathfrak{L}$ eine Vereinigung von Konjugiertenklassen von $\mathfrak{H}$ mit $E \notin \mathfrak{L}$ und λ ein linearer Charakter von $\mathfrak{H}$. Ist $b \leqq a$, so ist

$$p^{-b} \sum_{H^{p^b} \in \mathfrak{L}} \lambda(H^{-1}) \in S .$$

Auf der Menge $\mathfrak{A} = \{H \mid H \in \mathfrak{H}, H^{p^b} \in \mathfrak{L}\}$ führen wir eine Äquivalenzrelation $\sim$ ein durch die Festsetzung $H_1 \sim H_2$, falls $\langle H_1 \rangle = \langle H_2 \rangle$ und $H_1^{p^b} = H_2^{p^b}$. Sei $\mathfrak{A} = \mathfrak{A}_1 \cup \cdots \cup \mathfrak{A}_t$ die Zerlegung von $\mathfrak{A}$ in Äquivalenzklassen bezüglich $\sim$. Wir zeigen, daß $p^{-b} \sum_{H \in \mathfrak{A}_i} \lambda(H^{-1})$ in S liegt.

Sei $H \in \mathfrak{A}_i$. Wegen $H^{p^b} \in \mathfrak{L}$ und $E \notin \mathfrak{L}$ ist dann $H^{p^b} \neq E$. Also ist $O(H) = p^c > p^b$. Sei $H^j \in \mathfrak{A}_i$. Das erfordert

$$H^{jp^b} = H^{p^b} \quad \text{und} \quad \langle H \rangle = \langle H^j \rangle .$$

Diese Gleichungen sind genau dann erfüllt, wenn j die Gestalt $j = 1 + m p^{c-b}$ hat. Setzen wir $\lambda(H^{p^{c-b}}) = \varrho$, so ist ϱ eine (nicht notwendig primitive)

p^b-te Einheitswurzel. Es folgt

$$\sum_{H^j \in \mathfrak{A}_i} \lambda(H^{-j}) = \lambda(H^{-1}) \sum_{m=0}^{p^b-1} \lambda(H^{m p^{c-b}}) = \lambda(H^{-1}) \sum_{m=0}^{p^b-1} \varrho^m .$$

Ist $\varrho = 1$, so ist

$$p^{-b} \sum_{H^j \in \mathfrak{A}_i} \lambda(H^{-j}) = \lambda(H^{-1}) \in \mathbf{Z}[\varepsilon] = S .$$

Ist ϱ eine primitive p^d-te Einheitswurzel mit $0 < d \leqq b$, so ist

$$p^{-b} \sum_{H^j \in \mathfrak{A}_i} \lambda(H^{-j}) = p^{-d} \lambda(H^{-1}) \sum_{m=0}^{p^d-1} \varrho^m = 0 .$$

Somit ist unsere Behauptung in allen Fällen bewiesen. **q.e.d.**

Ein elementarer Beweis von 19.13 steht in Solomon [2]; man vergleiche auch Frobenius [6]. Für den folgenden Satz vergleiche man I, Aufg. 38 (S. 44).

19.14 Satz. *Sei $\mathfrak{K}$ eine Konjugiertenklasse von $\mathfrak{G}$ und n ein Teiler von $|\mathfrak{G}|$. Dann ist die Anzahl t der Elemente $G \in \mathfrak{G}$ mit $G^n \in \mathfrak{K}$ ein Vielfaches von n.*

Beweis. Wir definieren $\vartheta_{\mathfrak{G},\mathfrak{K}}$ wie in 19.13. Dann ist

$$(\vartheta_{\mathfrak{G},\mathfrak{K}}, 1)_{\mathfrak{G}} = \frac{1}{n} |\{ G \mid G \in \mathfrak{G}, G^n \in \mathfrak{K}\}| = \frac{t}{n}$$

eine rationale Zahl, welche nach 19.13 in $\mathbf{Z}[\varepsilon]$ liegt, also ganz-algebraisch ist. Bekanntlich ist dann $\frac{t}{n}$ ganz-rational. **q.e.d.**

19.15 Bemerkung. Sei n ein Teiler von $|\mathfrak{G}|$, und sei

$$|\{G \mid G \in \mathfrak{G}, G^n = E\}| = n .$$

Schon Frobenius äußerte die Vermutung, daß dann die Menge

$$\{G \mid G \in \mathfrak{G}, G^n = E\}$$

eine (notwendig charakteristische) Untergruppe von $\mathfrak{G}$ ist. Ist $\mathfrak{G}$ auflösbar, so ist dies richtig (siehe M. Hall [3], S. 145). Für nichtauflösbare Gruppen konnte die Vermutung bis heute nicht allgemein bewiesen werden.

Ist $\mathfrak{G}$ eine Frobeniusgruppe zu $\mathfrak{H}$ mit $|\mathfrak{G} : \mathfrak{H}| = n$, so gilt $(n, |\mathfrak{H}|) = 1$ (siehe 19.12, Beweisteil a)). Die Anzahl der Lösungen von $G^n = E$ mit $G \in \mathfrak{G}$ ist nach 19.14 ein Vielfaches von n, und wegen $(n, |\mathfrak{H}|) = 1$ liegen alle solchen G in $\mathfrak{G} - \bigcup_{G \in \mathfrak{G}} (\mathfrak{H} - \mathfrak{E})^G$. Also folgt

$$n \leqq |\{G \mid G \in \mathfrak{G}, G^n = E\}| \leqq |\mathfrak{G} - \bigcup_{G \in \mathfrak{G}} (\mathfrak{H} - \mathfrak{E})^G|$$
$$= |\mathfrak{G}| - |\mathfrak{G} : \mathfrak{H}| \, (|\mathfrak{H}| - 1) = |\mathfrak{G} : \mathfrak{H}| = n .$$

Aus der Richtigkeit der Vermutung 19.15 würde also folgen, daß

$$\{G \mid G \in \mathfrak{G},\, G^n = E\}$$

eine Untergruppe von $\mathfrak{G}$ ist. Das wäre ein neuer Beweis für die Existenz des Frobeniuskerns von $\mathfrak{G}$.

§ 20. Charaktere von Permutationsgruppen

20.1 Definition. Sei $\mathfrak{G}$ eine Permutationsgruppe auf der Ziffernmenge $\Omega = \{1, \ldots, n\}$ und V ein Vektorraum der Dimension n mit einer Basis $\{v_1, \ldots, v_n\}$ über dem Körper K. Wir machen V zu einem $K[\mathfrak{G}]$-Modul durch die Festsetzung $v_i G = v_{iG}$ für $G \in \mathfrak{G}$. Ist π der Charakter der Darstellung von $\mathfrak{G}$ auf V, so ist für Char $K = 0$ offenbar $\pi(G)$ die Anzahl der Fixpunkte der Permutation G auf Ω. Wir nennen π den Permutationscharakter der Permutationsgruppe $\mathfrak{G}$.

20.2 Satz. *Sei $\mathfrak{G}$ eine Permutationsgruppe auf $\Omega = \{1, \ldots, n\}$ und π der Permutationscharakter von $\mathfrak{G}$ über dem Körper K der Charakteristik* 0. *Wir setzen $|\mathfrak{G}| = g$.*

a) *Ist t die Anzahl der Bahnen von $\mathfrak{G}$ auf Ω, so ist $\sum_{G \in \mathfrak{G}} \pi(G) = t\,g$.*

b) *Genau dann ist $\mathfrak{G}$ transitiv auf Ω, wenn $(\pi, 1)_{\mathfrak{G}} = 1$ gilt, d. h. wenn π den* 1-*Charakter mit der Vielfachheit* 1 *enthält.*

c) *Ist $\mathfrak{G}$ transitiv auf Ω, und ist s die Anzahl der Bahnen des Stabilisators $\mathfrak{G}_1$ auf Ω (einschließlich der Bahn $\{1\}$), so gilt*

$$\sum_{G \in \mathfrak{G}} \pi(G)^2 = s\,g.$$

d) *Sei $\mathfrak{G}$ transitiv auf Ω. Genau dann ist $\mathfrak{G}$* 2-*fach transitiv auf Ω, wenn $\pi = 1 + \chi$ mit einem absolut irreduziblen Charakter $\chi \neq 1$ von $\mathfrak{G}$ gilt.*

Beweis. a) haben wir schon in 13.4 bewiesen, b) folgt trivial aus a).

c) Ist $\mathfrak{G}$ transitiv auf Ω, so sind die Stabilisatoren $\mathfrak{G}_i$ $(i = 1, \ldots, n)$ konjugiert in $\mathfrak{G}$, und daher zerfällt Ω für jedes i in genau s Bahnen bezüglich $\mathfrak{G}_i$. Mit a) folgt nun

$$\sum_{G \in \mathfrak{G}} \pi(G)^2 = \sum_{i=1}^{n} \sum_{G \in \mathfrak{G}_i} \pi(G) = \sum_{i=1}^{n} s\,|\mathfrak{G}_i| = s\,g\,.$$

d) Sei $\pi = \sum_{i=1}^{h} a_i \chi_i$ die Zerlegung von π in absolut irreduzible Charaktere χ_i von $\mathfrak{G}$ mit $\chi_1 = 1$. Wegen der Transitivität von $\mathfrak{G}$ gilt nach b)

$$1 = (\pi, 1)_{\mathfrak{G}} = a_1\,.$$

Die 2-fache Transitivität von $\mathfrak{G}$ ist nach c) gleichwertig mit

$$2 = (\pi, \pi)_{\mathfrak{G}} = 1 + \sum_{i=2}^{h} a_i^2 .$$

Das erzwingt $\pi = 1 + \chi$ mit einem absolut irreduziblen Charakter $\chi \neq 1$ von $\mathfrak{G}$. **q.e.d.**

Ist Char $K \neq 0$, so sind einige der Aussagen in 20.2 nicht mehr richtig:

20.3 Beispiel. Sei $\mathfrak{G}$ eine Permutationsgruppe auf $\Omega = \{1, \ldots, n\}$ und K ein Körper der Charakteristik p. Sei V ein Vektorraum der Dimension n mit der Basis $\{v_1, \ldots, v_n\}$ über K. Wie in 20.1 machen wir V zu einem $K[\mathfrak{G}]$-Modul.

Wir setzen $w = \sum_{i=1}^{n} v_i$ und $W = \langle w \rangle$. Wegen $wG = w$ für alle $G \in \mathfrak{G}$ erfährt $\mathfrak{G}$ auf W die 1-Darstellung. Einen Teilraum U der Kodimension 1 in V definieren wir durch

$$U = \langle v_i - v_n \mid i = 1, \ldots, n-1 \rangle .$$

Wegen

$$(v_i - v_n)\, G = (v_{iG} - v_n) - (v_{nG} - v_n) \in U$$

ist U ein $K[\mathfrak{G}]$-Teilmodul von V. Aus

$$v_i\, G - v_i = (v_{iG} - v_n) - (v_i - v_n) \in U$$

folgt, daß $\mathfrak{G}$ auf V/U die 1-Darstellung bewirkt.

Ist Char K ein Teiler von n, so gilt

$$w = \sum_{i=1}^{n} v_i = \sum_{i=1}^{n} (v_i - v_n) \in U ,$$

also $W \subseteq U$. Dann enthält V den $K[\mathfrak{G}]$-Kompositionsfaktor zur 1-Darstellung mindestens mit der Vielfachheit 2, sogar dann, wenn $\mathfrak{G}$ mehrfach transitiv ist. Also ist die Aussage unter 20.2 b) nicht mehr richtig. Ist hingegen Char K kein Teiler von n, so gilt $w \notin U$ und daher $V = U \oplus W$.

Wir legen in diesem Paragraphen weiterhin stets einen Körper der Charakteristik 0 zugrunde. Mehrfache Transitivität läßt sich schon am Permutationscharakter ablesen:

20.4 Satz. *Sei $\mathfrak{G}$ eine Permutationsgruppe der Ordnung g auf Ω mit dem Permutationscharakter π. Wir definieren ganze rationale Zahlen a_{nk} rekursiv durch*

$$x(x-1)(x-2)\cdots(x-k+1) = \sum_{n=1}^{k} a_{nk}\, x^n ;$$

insbesondere ist also $a_{kk} = 1$. *Ferner definieren wir ganze rationale Zahlen* $\tau(k)$ *rekursiv durch* $\tau(1) = 1$ *und*

$$\tau(k) = 1 - \sum_{n=1}^{k-1} a_{nk}\, \tau(n) .$$

(*Also gilt* $\tau(1) = 1$, $\tau(2) = 2$, $\tau(3) = 5$, $\tau(4) = 15$.)

Wir behaupten:

a) *Genau dann ist* $\mathfrak{G}$ *k-fach transitiv auf* Ω, *wenn*

$$\sum_{G \in \mathfrak{G}} \pi(G)\,(\pi(G) - 1) \ldots (\pi(G) - k + 1) = g$$

gilt.

b) *Genau dann ist* $\mathfrak{G}$ *k-fach transitiv auf* Ω, *wenn*

$$\sum_{G \in \mathfrak{G}} \pi(G)^i = \tau(i)\, g$$

gilt für alle i *mit* $1 \leqq i \leqq k$.

Beweis. a) Sei

$$\Omega^{[k]} = \{(a_1, \ldots, a_k) \mid a_i \in \Omega, \text{ alle } a_i \text{ paarweise verschieden}\} .$$

Vermöge

$$(a_1, \ldots, a_k)^{G^{[k]}} = (a_1^G, \ldots, a_k^G)$$

erhalten wir eine Permutationsgruppe $\mathfrak{G}^{[k]}$ auf $\Omega^{[k]}$. Nach II, 1.10 (S. 149) ist $\mathfrak{G}$ genau dann k-fach transitiv auf Ω, wenn $\mathfrak{G}^{[k]}$ transitiv ist auf $\Omega^{[k]}$. Wegen

$$\pi(G^{[k]}) = \pi(G)\,(\pi(G) - 1) \ldots (\pi(G) - k + 1)$$

folgt aus 20.2 b), daß

$$\sum_{G \in \mathfrak{G}} \pi(G)\,(\pi(G) - 1) \ldots (\pi(G) - k + 1) = g$$

gleichwertig ist mit der k-fachen Transitivität von $\mathfrak{G}$ auf Ω.

b) Für $k = 1$ stimmt die Behauptung mit a) überein. Wir führen den Beweis durch Induktion nach k.

Sei zuerst

$$\sum_{G \in \mathfrak{G}} \pi(G)^i = \tau(i)\, g \quad \text{für} \quad 1 \leqq i \leqq k .$$

Dann folgt

$$\sum_{G \in \mathfrak{G}} \pi(G)\,(\pi(G) - 1) \ldots (\pi(G) - k + 1) = \sum_{n=1}^{k} a_{nk} \sum_{G \in \mathfrak{G}} \pi(G)^n$$
$$= g \sum_{n=1}^{k} a_{nk}\, \tau(n) = g .$$

Nach a) ist $\mathfrak{G}$ daher k-fach transitiv auf Ω.

Sei umgekehrt $\mathfrak{G}$ k-fach transitiv auf Ω, und sei schon

$$\sum_{G\in\mathfrak{G}} \pi(G)^i = \tau(i)\, g$$

für $1 \leqq i \leqq k-1$ nachgewiesen. Dann ist nach a)

$$\begin{aligned} g &= \sum_{G\in\mathfrak{G}} \pi(G)\,(\pi(G)-1)\ldots(\pi(G)-k+1) = \sum_{n=1}^{k} a_{nk} \sum_{G\in\mathfrak{G}} \pi(G)^n \\ &= \sum_{G\in\mathfrak{G}} \pi(G)^k + g \sum_{n=1}^{k-1} a_{nk}\,\tau(n)\,, \end{aligned}$$

also

$$\sum_{G\in\mathfrak{G}} \pi(G)^k = g\Big(1 - \sum_{n=1}^{k-1} a_{nk}\,\tau(n)\Big) = \tau(k)\, g\,. \qquad \textbf{q.e.d.}$$

20.5 Satz. *Sei $\delta(G)$ die Anzahl der 2-Zyklen in der Zyklenzerlegung der Permutation G. Dann gilt:*

a) *Ist $\mathfrak{G}$ 2-fach transitiv, so ist* $\sum_{G\in\mathfrak{G}} \delta(G) = \frac{g}{2}$.

b) *Ist $\mathfrak{G}$ 3-fach transitiv, so ist* $\sum_{G\in\mathfrak{G}} \delta(G)\,\pi(G) = \frac{g}{2}$.

c) *Ist $\mathfrak{G}$ 4-fach transitiv, so ist*

$$\sum_{G\in\mathfrak{G}} \delta(G)^2 = \frac{3g}{4} \quad \textit{und} \quad \sum_{G\in\mathfrak{G}} \pi(G)^2\,\delta(G) = g\,.$$

Beweis. Im folgenden Beweis sei stets $\{i,j\}$ eine Menge, also ein ungeordnetes Paar, und (i,j) ein geordnetes Paar.

a) Wir betrachten $\mathfrak{G}$ als Permutationsgruppe auf der Ziffernmenge

$$\Delta = \{\{i,j\} \mid i,j \in \Omega,\ i \neq j\}$$

vermöge

$$\{i,j\}^G = \{i^G, j^G\}\,.$$

Da $\mathfrak{G}$ 2-fach transitiv ist auf Ω, ist $\mathfrak{G}$ transitiv auf Δ. Aus

$$\{i,j\}^G = \{i,j\} \quad \text{folgt} \quad i^G = i,\, j^G = j \quad \text{oder} \quad i^G = j,\, j^G = i\,.$$

Der Permutationscharakter α von $\mathfrak{G}$ auf Δ ist daher

$$\alpha = \frac{\pi(\pi-1)}{2} + \delta\,.$$

Mit 20.4 a) folgt

$$g = \sum_{G\in\mathfrak{G}} \alpha(G) = \frac{1}{2}\sum_{G\in\mathfrak{G}} \pi(G)\,(\pi(G)-1) + \sum_{G\in\mathfrak{G}} \delta(G) = \frac{g}{2} + \sum_{G\in\mathfrak{G}} \delta(G),$$

und das liefert die Behauptung unter a).

b) Sei

$$\Gamma = \{(i, \{j,k\}) \mid i,j,k \in \Omega,\ i,j,k \text{ paarweise verschieden}\}\,.$$

In natürlicher Weise ist $\mathfrak{G}$ wieder eine Permutationsgruppe auf Γ. Da $\mathfrak{G}$ nun 3-fach transitiv ist auf Ω, ist $\mathfrak{G}$ transitiv auf Γ. Aus

$$(i, \{j, k\})^G = (i, \{j, k\})$$

folgt $i^G = i$, $j^G = j$, $k^G = k$ oder $i^G = i$, $j^G = k$, $k^G = j$. Also hat $\mathfrak{G}$ auf Γ den Charakter

$$\varrho = \pi \left(\frac{(\pi - 1)(\pi - 2)}{2} + \delta \right).$$

Mit 20.4 a) folgt

$$g = \sum_{G \in \mathfrak{G}} \varrho(G) = \frac{1}{2} \sum_{G \in \mathfrak{G}} \pi(G)(\pi(G) - 1)(\pi(G) - 2) + \sum_{G \in \mathfrak{G}} \pi(G)\,\delta(G)$$

$$= \frac{g}{2} + \sum_{G \in \mathfrak{G}} \pi(G)\,\delta(G).$$

c) Wir betrachten $\mathfrak{G}$ als Permutationsgruppe auf den Ziffernmengen

$$\Gamma_1 = \{\{(i, j), (k, m)\} \mid i, j, k, m \in \Omega, \text{ alle paarweise verschieden}\}$$

und

$$\Gamma_2 = \{(\{i, j\}, \{k, m\}) \mid i, j, k, m \in \Omega, \text{ alle paarweise verschieden}\}.$$

Wegen der 4-fachen Transitivität von $\mathfrak{G}$ auf Ω ist $\mathfrak{G}$ transitiv auf Γ_1 und Γ_2. Aus

$$\{(i, j), (k, m)\}^G = \{(i, j), (k, m)\}$$

folgt entweder $G = (i)(j)(k)(m) \ldots$ oder $G = (i, k)(j, m) \ldots$. Bei $G = (i, k)(j, m) \ldots$ bleiben genau die folgenden vier, nur i, j, k, m enthaltenden Ziffern aus Γ_1 fest:

$$\{(i, j), (k, m)\}, \quad \{(j, i), (m, k)\}, \quad \{(i, m), (k, j)\}, \quad \{(m, i), (j, k)\}.$$

Somit wird der Charakter π_1 von $\mathfrak{G}$ auf Γ_1 gegeben durch

$$\pi_1 = \frac{\pi(\pi - 1)(\pi - 2)(\pi - 3)}{2} + \frac{4\,\delta(\delta - 1)}{2}.$$

Mit 20.4 folgt daher

$$g = \sum_{G \in \mathfrak{G}} \pi_1(G) = \frac{g}{2} + 2 \sum_{G \in \mathfrak{G}} \delta(G)^2 - 2 \sum_{G \in \mathfrak{G}} \delta(G),$$

wegen a) also

$$\sum_{G \in \mathfrak{G}} \delta(G)^2 = \frac{3g}{4}.$$

Für den Charakter π_2 von $\mathfrak{G}$ auf Γ_2 ergibt sich in ähnlicher Weise

$$\pi_2 = \delta(\delta - 1) + 2\delta \frac{\pi(\pi - 1)}{2} + \frac{\pi(\pi - 1)}{2} \frac{(\pi - 2)(\pi - 3)}{2}.$$

Mit 20.4 und den schon bewiesenen Teilen a) und b) von 20.5 folgt

$$\begin{aligned} g &= \sum_{G\in\mathfrak{G}} \pi_2(G) \\ &= \sum_{G\in\mathfrak{G}} \delta(G)^2 - \sum_{G\in\mathfrak{G}} \delta(G) + \sum_{G\in\mathfrak{G}} \delta(G)\,\pi(G)^2 - \sum_{G\in\mathfrak{G}} \delta(G)\,\pi(G) + \frac{g}{4} \\ &= \frac{3g}{4} - \frac{g}{2} + \sum_{G\in\mathfrak{G}} \delta(G)\,\pi(G)^2 - \frac{g}{2} + \frac{g}{4}. \end{aligned}$$

Also ist $\sum_{G\in\mathfrak{G}} \delta(G)\,\pi(G)^2 = g.$ **q.e.d.**

20.6 Satz. *Sei $\mathfrak{G}$ eine Permutationsgruppe vom Grad n.*

a) *Für $n \geqq 4$ sind*

$$\lambda = \frac{(\pi-1)(\pi-2)}{2} - \delta \quad \textit{und} \quad \varrho = \frac{\pi(\pi-3)}{2} + \delta$$

Charaktere von $\mathfrak{G}$.

b) *Ist $\mathfrak{G}$ 4-fach transitiv, so sind λ und ϱ irreduzibel über jedem Körper K der Charakteristik 0.*

Beweis. a) Sei $\mathbf{P}$ die Darstellung von $\mathfrak{G}$ auf dem Vektorraum $V = \langle v_1, \ldots, v_n\rangle$ mit $v_i G = v_{iG}$. Die Darstellung $\mathbf{P} \otimes \mathbf{P}$ von $\mathfrak{G}$ auf $V \otimes_K V$ hat den Charakter π^2. Es ist

$$\{v_i \otimes v_j \mid i, j = 1, \ldots, n\}$$

eine Basis von $V \otimes_K V$ mit

$$(v_i \otimes v_j)\,G = v_{iG} \otimes v_{jG}\,.$$

Der $K[\mathfrak{G}]$-Modul $V \otimes_K V$ gestattet die direkte Zerlegung

$$V \otimes_K V = D \oplus S \oplus A$$

mit

$$\begin{aligned} D &= \langle v_i \otimes v_i \mid i = 1, \ldots, n\rangle \\ S &= \langle v_i \otimes v_j + v_j \otimes v_i \mid i \neq j;\, i, j = 1, \ldots, n\rangle \\ A &= \langle v_i \otimes v_j - v_j \otimes v_i \mid i \neq j;\, i, j = 1, \ldots, n\rangle\,. \end{aligned}$$

(Es handelt sich also um die wohlbekannte Zerlegung des Tensorraumes $V \otimes_K V$ in symmetrischen und antisymmetrischen Anteil. Wegen $\operatorname{Char} K \neq 2$ ist dies wirklich eine direkte Zerlegung von $V \otimes_K V$ als K-Vektorraum.)

Der Charakter von $\mathfrak{G}$ auf S ist offenbar $\sigma = \dfrac{\pi(\pi-1)}{2} + \delta$. Der Charakter α von $\mathfrak{G}$ auf A bestimmt sich aus

$$\pi^2 = \pi + \sigma + \alpha$$

zu $\alpha = \dfrac{\pi(\pi-1)}{2} - \delta$; denn wegen $D \cong V$ (als $K[\mathfrak{G}]$-Modul) ist π der Charakter von $\mathfrak{G}$ auf D. Wir setzen $s_i = \sum_{j \neq i} (v_i \otimes v_j + v_j \otimes v_i)$ und

$$S_1 = \langle s_i \mid i = 1, \ldots, n\rangle\,.$$

Aus $\sum_{i=1}^{n} a_i s_i = o$ mit $a_i \in K$ folgt durch Betrachtung des Koeffizienten von $v_j \otimes v_k$ $(j \neq k)$ die Gleichung $a_j + a_k = 0$. Wegen $n \geqq 3$ folgt weiter $a_j = -a_k = a_l$ für alle l. Also sind alle a_j gleich, es ist $2a_j = 0$ und somit $a_j = 0$. Aus

$$s_i G = \sum_{j \neq i} (v_{iG} \otimes v_{jG} + v_{jG} \otimes v_{iG}) = s_{iG}$$

folgt, daß S_1 ein zu V isomorpher $K[\mathfrak{G}]$-Modul ist. Wegen $n \geqq 4$ ist $S_1 \subset S$. Der Charakter der Darstellung von $\mathfrak{G}$ auf S/S_1 ist

$$\varrho = \sigma - \pi = \frac{\pi(\pi - 1)}{2} + \delta - \pi = \frac{\pi(\pi - 3)}{2} + \delta .$$

Wir setzen $t_i = \sum_{j \neq i} (v_i \otimes v_j - v_j \otimes v_i)$ mit

$$A_1 = \langle t_i \mid i = 1, \ldots, n \rangle .$$

Wegen $t_i G = t_{iG}$ ist A_1 ein $K[\mathfrak{G}]$-Teilmodul von A, und die Abbildung μ mit $v_i \mu = t_i$ ist ein $K[\mathfrak{G}]$-Homomorphismus von V auf A_1. Sei

$$v = \sum_{i=1}^{n} c_i v_i \in \operatorname{Kern} \mu ,$$

also $\sum_{i=1}^{n} c_i t_i = o$. Die Betrachtung des Koeffizienten von $v_j \otimes v_k$ zeigt $c_j - c_k = 0$. Also ist

$$\operatorname{Kern} \mu = \langle v_1 + \cdots + v_n \rangle ,$$

und $\mathfrak{G}$ hat auf A_1 somit den Charakter $\pi - 1$. Der Charakter von $\mathfrak{G}$ auf A/A_1 ist daher

$$\lambda = \alpha - (\pi - 1) = \frac{(\pi - 1)(\pi - 2)}{2} - \delta .$$

b) Sei nun $\mathfrak{G}$ 4-fach transitiv. Mit Hilfe der Gleichungen

$$\sum_{G \in \mathfrak{G}} \pi(G) = g, \sum_{G \in \mathfrak{G}} \pi(G)^2 = 2g, \sum_{G \in \mathfrak{G}} \pi(G)^3 = 5g, \sum_{G \in \mathfrak{G}} \pi(G)^4 = 15g$$

aus 20.4 b) und

$$\sum_{G \in \mathfrak{G}} \delta(G) = \sum_{G \in \mathfrak{G}} \pi(G)\, \delta(G) = \frac{g}{2}, \quad \sum_{G \in \mathfrak{G}} \delta(G)^2 = \frac{3g}{4}, \quad \sum_{G \in \mathfrak{G}} \pi(G)^2\, \delta(G) = g$$

aus 20.5 folgt durch einfache Rechnung

$$(\lambda, \lambda)_{\mathfrak{G}} = (\varrho, \varrho)_{\mathfrak{G}} = 1 .$$

Also sind λ und ϱ absolut irreduzible Charaktere. **q.e.d.**

Satz 20.6 ist ein Spezialfall eines allgemeineren Satzes von Frobenius: Es gibt eine explizit angebbare Teilmenge Λ_k der Menge der irreduziblen Charaktere von $\mathfrak{S}_n$ mit folgenden Eigenschaften: Ist $\mathfrak{H}$ eine k-fach transitive Untergruppe von $\mathfrak{S}_n$, so bleiben bei Einschränkung der Charaktere aus Λ_k auf $\mathfrak{H}$ Irreduzibilität und Verschiedenheit erhalten. Dieser Satz ist nützlich bei der Berechnung der Charaktere von mehrfach transitiven Gruppen (siehe FROBENIUS [5]) und ist von N. Itô mit großem Erfolg bei der Untersuchung von Permutationsgruppen von Primzahlgrad verwendet worden (siehe Itô [13], [15], [16]).

Die Sätze 20.2 und 20.4–20.6 werden wir bei der Untersuchung von Permutationsgruppen von Primzahlgrad in § 21 heranziehen. An dieser Stelle nutzen wir 20.2 bei der Bestimmung der irreduziblen Charaktere der alternierenden und symmetrischen Gruppen $\mathfrak{A}_4$, $\mathfrak{S}_4$ und $\mathfrak{A}_5$ aus.

20.7 Beispiel. Sei K ein algebraisch abgeschlossener Körper der Charakteristik 0. Wir erzeugen die alternierende Gruppe $\mathfrak{A}_4$ mit den Elementen $T = (1, 2, 3)$ und $S = (1, 2)(3, 4)$. Nach 6.5 gibt es wegen $|\mathfrak{A}_4/\mathfrak{A}_4'| = 3$ genau drei Darstellungen vom Grad 1. Ist ε eine primitive dritte Einheitswurzel, so werden sie gegeben durch

$$\begin{aligned} &\mathbf{D}_1 \quad \text{mit} \quad \mathbf{D}_1(S) = \mathbf{D}_1(T) = 1\,, \\ &\mathbf{D}_2 \quad \text{mit} \quad \mathbf{D}_2(S) = 1\,, \quad \mathbf{D}_2(T) = \varepsilon\,, \\ &\mathbf{D}_3 \quad \text{mit} \quad \mathbf{D}_3(S) = 1\,, \quad \mathbf{D}_3(T) = \varepsilon^2\,. \end{aligned}$$

Aus der 2-fach transitiven Permutationsdarstellung von $\mathfrak{A}_4$ vom Grad 4 erhalten wir nach 20.2 d) eine irreduzible Darstellung vom Grad 3 in folgender Weise: Sei $V = \langle v_1, v_2, v_3, v_4\rangle$ und $v_i\,\mathbf{D}(G) = v_{iG}$. Dann spannt $v_1 + v_2 + v_3 + v_4$ einen eindimensionalen Teilraum V_1 auf, auf dem $\mathfrak{A}_4$ die triviale Darstellung erfährt. Der Raum

$$V_2 = \langle v_2 - v_1, v_3 - v_1, v_4 - v_1\rangle$$

ist ein $\mathfrak{A}_4$-invariantes Komplement von V_1 in V. Auf V_2 erfährt $\mathfrak{A}_4$ eine nach 20.2 d) irreduzible Darstellung $\mathbf{D}_4$ mit

$$\mathbf{D}_4(S) = \begin{pmatrix} -1 & -1 & -1 \\ 0 & 0 & 1 \\ 0 & 1 & 0 \end{pmatrix}, \quad \mathbf{D}_4(T) = \begin{pmatrix} -1 & -1 & -1 \\ 1 & 0 & 0 \\ 0 & 0 & 1 \end{pmatrix}.$$

(Die Darstellung $\mathbf{D}_4$ ist übrigens äquivalent zur Darstellung von $\mathfrak{A}_4$ als Drehgruppe des Tetraeders.) Wegen

$$3 + 3^2 = 12 = |\mathfrak{A}_4|$$

haben wir damit alle irreduziblen Darstellungen von $\mathfrak{A}_4$ gefunden.

20.8 Beispiel. Wir bestimmen die irreduziblen Darstellungen der symmetrischen Gruppe $\mathfrak{S}_4$. Sei $\mathfrak{V}$ die Kleinsche Vierergruppe. Wegen $\mathfrak{S}_4/\mathfrak{V} \cong \mathfrak{S}_3$ und der Isomorphie von $\mathfrak{S}_3$ zur Diedergruppe der Ordnung 6 gibt es genau drei irreduzible Darstellungen $\mathbf{D}_1$, $\mathbf{D}_2$, $\mathbf{D}_3$ von $\mathfrak{S}_4$, deren Kern $\mathfrak{V}$ enthält. Die Grade sind 1, 1, 2. Aus der 2-fach transitiven Permutationsdarstellung von $\mathfrak{S}_4$ vom Grade 4 bekommen wir nach

20.2 d) eine irreduzible Darstellung $\mathbf{D}_4$ vom Grad 3. Nach 10.7 ist $\mathbf{D}_5 = \mathbf{D}_4 \otimes \mathbf{D}_2$ irreduzibel vom Grad 3, und $\mathbf{D}_5$ ist nicht äquivalent zu $\mathbf{D}_4$ wegen

$$Sp\,\mathbf{D}_5((1,2)) = Sp\,\mathbf{D}_4((1,2))\,Sp\,\mathbf{D}_2((1,2)) = -Sp\,\mathbf{D}_4((1,2)) \neq Sp\,\mathbf{D}_4((1,2)).$$

Aus

$$1 + 1 + 2^2 + 2 \cdot 3^2 = 24 = |\mathfrak{S}_4|$$

folgt, daß wir alle irreduziblen Darstellungen von $\mathfrak{S}_4$ gefunden haben. (Die Darstellung $\mathbf{D}_5$ ist bis auf Äquivalenz die Darstellung von $\mathfrak{S}_4$ als Drehgruppe des Oktaeders.)

20.9 Beispiel. Als Beispiel einer einfachen Gruppe wählen wir die alternierende Gruppe $\mathfrak{A}_5$. Unsere Methoden liefern die folgenden irreduziblen Darstellungen:

(1) Die triviale Darstellung $\mathbf{D}_1$.

(2) Aus der 2-fach transitiven Permutationsdarstellung vom Grad 5 eine irreduzible Darstellung $\mathbf{D}_2$ vom Grad 4.

(3) Wegen $\mathfrak{A}_5 \cong PSL(2, 5)$ (siehe II, 6.14, S. 183) besitzt $\mathfrak{A}_5$ eine 2-fach transitive Permutationsdarstellung vom Grad 6. Diese liefert eine irreduzible Darstellung $\mathbf{D}_3$ vom Grad 5.

(4) Mit $V = (1, 2, 3, 4, 5)$ und $S = (1, 2)\,(3, 4)$ gilt $\mathfrak{A}_5 = \langle V, S\rangle$, und definierende Relationen sind

$$V^5 = S^2 = (VS)^3 = E$$

(siehe I, 19.9, S. 140). Wir definieren $\mathbf{D}_4$ durch

$$\mathbf{D}_4(V) = \begin{pmatrix} 1 & 0 & 0 \\ 0 & \varepsilon^{-1} & 0 \\ 0 & 0 & \varepsilon \end{pmatrix}, \quad \mathbf{D}_4(S) = \frac{1}{\sqrt{5}} \begin{pmatrix} 1 & 2 & 2 \\ 1 & b & a \\ 1 & a & b \end{pmatrix}$$

mit einer primitiven 5-ten Einheitswurzel ε und mit

$$a = \varepsilon + \varepsilon^{-1} = \frac{-1 + \sqrt{5}}{2} \quad \text{und} \quad b = \varepsilon^2 + \varepsilon^{-2} = \frac{-1 - \sqrt{5}}{2}.$$

Man berechnet leicht, daß $\mathbf{D}_4(V)$ und $\mathbf{D}_4(S)$ die definierenden Relationen von $\mathfrak{A}_5$ erfüllen. Also erhalten wir gemäß 5.18 eine Darstellung $\mathbf{D}_4$ von $\mathfrak{A}_5$ vom Grad 3. Die Darstellung $\mathbf{D}_4$ ist irreduzibel, denn kein eindimensionaler Teilraum bleibt bei $\mathbf{D}_4(V)$ und $\mathbf{D}_4(S)$ fest.

(Bis auf Äquivalenz ist $\mathbf{D}_4$ die Darstellung von $\mathfrak{A}_5$ als Drehgruppe des Ikosaeders.)

(5) Die Koeffizienten der bei $\mathbf{D}_4$ auftretenden Matrizen liegen alle im Körper $\mathbb{Q}(\varepsilon)$ der 5-ten Einheitswurzeln. Die Anwendung des Automorphismus α von $\mathbb{Q}(\varepsilon)$ mit $\varepsilon^\alpha = \varepsilon^2$ liefert eine ebenfalls irreduzible Darstellung $\mathbf{D}_5$ von $\mathfrak{A}_5$. Wegen

$$Sp\,\mathbf{D}_4(V) = 1 + \varepsilon + \varepsilon^{-1} = \frac{1 + \sqrt{5}}{2} \neq \frac{1 - \sqrt{5}}{2} = 1 + \varepsilon^2 + \varepsilon^{-2} = Sp\,\mathbf{D}_5(V)$$

sind $\mathbf{D}_4$ und $\mathbf{D}_5$ nicht äquivalent. Aus

$$1 + 4^2 + 5^2 + 3^2 + 3^2 = 60 = |\mathfrak{A}_5|$$

folgt wieder, daß es keine weiteren irreduziblen Darstellungen von $\mathfrak{A}_5$ gibt.

20.10 Beispiel (WIELANDT). Seien $\mathfrak{H}_1$ und $\mathfrak{H}_2$ nichtisomorphe Gruppen, welche zu jeder Ordnung gleichviele Elemente enthalten. (Man wähle etwa $|\mathfrak{H}_1| = |\mathfrak{H}_2| = p^3$ mit $p > 2$, $\mathfrak{H}_1$ elementar-abelsch und $\mathfrak{H}_2$ nichtabelsch vom Exponenten p.) Wir betten $\mathfrak{H}_1$ und $\mathfrak{H}_2$ in eine symmetrische Gruppe $\mathfrak{S}_n$ mit $n \geqq |\mathfrak{H}_i|$ ein derart, daß $\mathfrak{H}_i$ auf einer Bahn die reguläre Darstellung erfährt und alle übrigen Bahnen die Länge 1 haben. Sei $\mathbf{P}_i$ ($i = 1, 2$) die Permutationsdarstellung von $\mathfrak{S}_n$ auf den Nebenklassen von $\mathfrak{H}_i$. Sicher sind $\mathbf{P}_1$ und $\mathbf{P}_2$ nicht ähnlich als Permutationsdarstellungen, die Stabilisatoren sind nämlich isomorph zu $\mathfrak{H}_1$ bzw. $\mathfrak{H}_2$, sind also nicht konjugiert in $\mathfrak{S}_n$. Ist π_i der Charakter von $\mathbf{P}_i$, so gilt nach I, Aufg. 24 (S. 32)

$$\pi_i(G) = \frac{|\mathfrak{S}_n : \mathfrak{H}_i|\,|G^{\mathfrak{S}_n} \cap \mathfrak{H}_i|}{|G^{\mathfrak{S}_n}|}.$$

Sei $H_1 \in G^{\mathfrak{S}_n} \cap \mathfrak{H}_1$ und $O(H_1) = h$. Dann treten in der Zyklenzerlegung von H_1 genau $\frac{|\mathfrak{H}_1|}{h}$ Zyklen der Länge h und $n - |\mathfrak{H}_1|$ Zyklen der Länge 1 auf. Da alle Elemente der Ordnung h aus $\mathfrak{H}_1$ somit eine Zyklenzerlegung vom gleichen Typ haben, liegen alle diese Elemente in der gleichen Konjugiertenklasse von $\mathfrak{S}_n$. Somit folgt aus unserer Voraussetzung

$$\begin{aligned}|G^{\mathfrak{S}_n} \cap \mathfrak{H}_1| &= |\{H_1 \mid H_1 \in \mathfrak{H}_1, O(H_1) = h\}| \\ &= |\{H_2 \mid H_2 \in \mathfrak{H}_2, O(H_2) = h\}| = |G^{\mathfrak{S}_n} \cap \mathfrak{H}_2|.\end{aligned}$$

Daher gilt $\pi_1(G) = \pi_2(G)$ für alle $G \in \mathfrak{S}_n$. Somit sind $\mathbf{P}_1$ und $\mathbf{P}_2$ Permutationsdarstellungen von $\mathfrak{S}_n$, welche wegen Übereinstimmung der Charaktere als lineare Darstellungen äquivalent sind, jedoch nicht als Permutationsdarstellungen ähnlich sind.

Verzichtet man auf die Transitivität der Darstellungen $\mathbf{P}_i$, so läßt sich ein viel einfacheres Beispiel angeben: Man betrachte die Darstellungen der Kleinschen Vierergruppe auf den Punkten bzw. Geraden der projektiven Ebene mit 7 Punkten; die Bahnen auf der Menge der Punkte haben die Längen 4, 1, 1, 1, die Bahnen auf der Menge der Geraden haben jedoch die Längen 2, 2, 2, 1. Thompson hat Beispiele von p-Gruppen angegeben, welche Permutationsdarstellungen besitzen, welche als Darstellungen äquivalent, aber nicht als Permutationsdarstellungen ähnlich sind.

Aufgaben:

35) Sei $\delta_k(G)$ die Anzahl der k-Zyklen in der Zyklenzerlegung der Permutation G. Ist $\mathfrak{G}$ k-fach transitiv, so gilt $\sum_{G \in \mathfrak{G}} \delta_k(G) = \frac{|\mathfrak{G}|}{k}$.

36) Sei $\mathfrak{G}$ eine transitive Permutationsgruppe vom Grad n. Gemäß 20.1 bilden wir den $K[\mathfrak{G}]$-Modul V. Man zeige:

a) Stets ist V isomorph zu einem Teilmodul von $K[\mathfrak{G}]$.

b) Genau dann ist V isomorph zu einem direkten Summanden von $K[\mathfrak{G}]$, wenn Char K die Ordnung des Stabilisators $\mathfrak{G}_1$ nicht teilt.

c) Ist $\mathfrak{G}$ 2-fach transitiv und Char $K \mid n$, so ist V direkt unzerlegbar. Ist $\mathfrak{G}$ 2-fach transitiv und Char $K \nmid n$, so gilt $V = V_1 \oplus V_2$; dabei erfährt $\mathfrak{G}$ auf V_1 die 1-Darstellung, und V_2 ist direkt unzerlegbar.

(Anleitung: Man berechne die Idempotenten in $\mathrm{Hom}_{K[\mathfrak{G}]}(V, V)$. Siehe auch Tsusuku [2].)

37) (Burnside [8]) Man zeige: Ist k der Grad einer treuen, komplexen Darstellung von $\mathfrak{S}_n$, so gilt $k \geqq n-1$.

(Anleitung: Man setze $\mathfrak{G} = \mathfrak{S}_n$, $\mathfrak{L} = \mathfrak{G}_1$, $\mathfrak{H} = \mathfrak{G}_{1,2}$ und $\mathfrak{J} = \langle \mathfrak{H}, (1, 2)\rangle$. Sei χ_1 der triviale Charakter von $\mathfrak{G}$ und χ_2 der irreduzible Charakter vom Grad $n-1$, welcher gemäß 20.2 d) aus der 2-fach transitiven Permutationsdarstellung von $\mathfrak{S}_n$ vom Grad n hervorgeht. Man zeige:

a) Ist ψ ein irreduzibler Charakter von $\mathfrak{G}$ mit $(\psi_{\mathfrak{L}}, 1_{\mathfrak{L}})_{\mathfrak{L}} > 0$, so ist $\psi = \chi_1$ oder $\psi = \chi_2$.

b) Es gilt $((\chi_2)_{\mathfrak{J}}, 1_{\mathfrak{J}})_{\mathfrak{J}} = 1$ und $((\chi_2)_{\mathfrak{H}}, 1_{\mathfrak{H}})_{\mathfrak{H}} = 2$.

c) Sei $\tau = (1_{\mathfrak{J}})^{\mathfrak{G}}$. Dann gilt $\tau = \chi_1 + \chi_2 + \chi_3$ mit einem irreduziblen Charakter χ_3 von $\mathfrak{G}$ vom Grad $\dfrac{n(n-3)}{2}$.

d) Sei $\mu = (1_{\mathfrak{H}})^{\mathfrak{G}}$. Dann ist $(\mu_{\mathfrak{H}}, 1_{\mathfrak{H}})_{\mathfrak{H}} = 7$, $(\mu, \mu)_{\mathfrak{G}} = 7$, $(\mu, \chi_2)_{\mathfrak{G}} = 2$, $(\mu, \chi_1)_{\mathfrak{G}} = (\mu, \chi_3)_{\mathfrak{G}} = 1$. Daher gibt es einen irreduziblen Charakter χ_4 von $\mathfrak{G}$ vom Grad $\dfrac{n(n-3)}{2} + 1$ mit $\mu = \chi_1 + 2\chi_2 + \chi_3 + \chi_4$.

e) Sei ψ ein irreduzibler Charakter von $\mathfrak{G}$. Dann gilt $(\psi_{\mathfrak{H}}, 1_{\mathfrak{H}})_{\mathfrak{H}} > 0$ genau für $\psi = \chi_i$ mit $1 \leqq i \leqq 4$.

f) Sei $\mathbf{D}$ eine treue und irreduzible Darstellung von $\mathfrak{G}$ mit Grad $\mathbf{D} = k \leqq n-2$. Man betrachte $\mathbf{D}((1, 2))$ und $\mathbf{D}(\mathfrak{H})$ und zeige, daß $\mathbf{D}_{\mathfrak{H}}$ oder $(\mathbf{D} \otimes \mathbf{D}_{-1})_{\mathfrak{H}}$ die 1-Darstellung von $\mathfrak{H}$ enthält. Dabei ist $\mathbf{D}_{-1}$ die nichttriviale Darstellung mit dem Kern $\mathfrak{A}_n$.)

§ 21. Permutationsgruppen von Primzahlgrad

Für transitive Permutationsgruppen von Primzahlgrad lassen sich mit Hilfe der Charaktere eine Reihe von tiefliegenden Sätzen beweisen. Wir beginnen mit der Zusammenstellung elementarer Resultate:

21.1 Satz. *Sei $\mathfrak{G}$ eine transitive Permutationsgruppe vom Primzahlgrad $p > 2$ und $\mathfrak{P} = \langle P\rangle$ eine p-Sylowgruppe von $\mathfrak{G}$.*

a) *Es gilt $\mathbf{N}_{\mathfrak{G}}(\mathfrak{P}) = \langle P, Q\rangle$; dabei ist $O(Q)$ ein Teiler von $p-1$, und Q hat genau einen Fixpunkt. Jedes von E verschiedene Element von $\mathbf{N}_{\mathfrak{G}}(\mathfrak{P})$ hat höchstens einen Fixpunkt. (Also ist $\mathbf{N}_{\mathfrak{G}}(\mathfrak{P})$ eine Frobeniusgruppe mit dem Frobeniuskern $\mathfrak{P}$.)*

b) *Es gilt* $|\mathfrak{G}| = p\,d(1 + k\,p)$ *mit* $d \mid p - 1$ *und nichtnegativem, ganzrationalem* k.

c) *Ist* $d = 1$, *so ist* $\mathfrak{G} = \mathfrak{P}$.

d) *Ist* $d = 2$ *und* $p \equiv -1\ (4)$, *so ist* $\mathfrak{G}$ *eine Diedergruppe der Ordnung* $2p$.

e) *Ist* $|\mathfrak{G}| \neq p$, *so ist* $\mathfrak{G}'$ *eine einfache (möglicherweise abelsche) Gruppe. Die Faktorgruppe* $\mathfrak{G}/\mathfrak{G}'$ *ist zyklisch, und* $|\mathfrak{G}/\mathfrak{G}'|$ *teilt* $p - 1$.

Beweis. a) Wegen $\mathfrak{P} \trianglelefteq \mathbf{N}_{\mathfrak{G}}(\mathfrak{P})$ ist $\mathbf{N}_{\mathfrak{G}}(\mathfrak{P})$ eine transitive Permutationsgruppe vom Grad p mit invarianter p-Sylowgruppe. Nach II, 3.6 (S. 163) ist daher $\mathbf{N}_{\mathfrak{G}}(\mathfrak{P})$ ähnlich zu einer Untergruppe von

$$\left\{\begin{pmatrix} x \\ a\,x + b \end{pmatrix} \middle|\ x,\ a,\ b \in GF(p)\,,\ a \neq 0\right\}.$$

Daraus folgen die Behauptungen.

b) Wir setzen $|\mathbf{N}_{\mathfrak{G}}(\mathfrak{P})| = p\,d$. Nach a) ist dann $d \mid p - 1$. Es ist $|\mathfrak{G} : \mathbf{N}_{\mathfrak{G}}(\mathfrak{P})|$ die Anzahl der p-Sylowgruppen von $\mathfrak{G}$. Mit dem Sylowschen Satz (I, 7.3; S. 33) folgt daher $|\mathfrak{G} : \mathbf{N}_{\mathfrak{G}}(\mathfrak{P})| \equiv 1\ (p)$, also $|\mathfrak{G} : \mathbf{N}_{\mathfrak{G}}(\mathfrak{P})| = 1 + k\,p$ mit geeignetem $k \geqq 0$.

c) Sei $d = 1$, also $\mathbf{N}_{\mathfrak{G}}(\mathfrak{P}) = \mathfrak{P}$. Aus dem Burnsideschen Verlagerungssatz (IV, 2.6; S. 419) folgt dann die Existenz eines Normalteilers $\mathfrak{K}$ von $\mathfrak{G}$ mit $\mathfrak{G} = \mathfrak{K}\,\mathfrak{P}$ und $\mathfrak{K} \cap \mathfrak{P} = \mathfrak{E}$. Wegen $p \nmid |\mathfrak{K}|$ ist $\mathfrak{K}$ intransitiv. Die transitive Permutationsgruppe $\mathfrak{G}$ von Primzahlgrad ist nach II, 1.3 (S. 146) primitiv. Da jeder nichttriviale Normalteiler einer primitiven Gruppe nach II, 1.5 (S. 147) transitiv ist, folgt $\mathfrak{K} = \mathfrak{E}$ und $\mathfrak{G} = \mathfrak{P}$.

d) Sei $|\mathbf{N}_{\mathfrak{G}}(\mathfrak{P})| = 2p$. Dann gibt es ein $Q \in \mathbf{N}_{\mathfrak{G}}(\mathfrak{P})$ mit $O(Q) = 2$. Nach a) hat Q genau einen Fixpunkt und ist daher das Produkt von $\frac{p-1}{2} = t$ Zyklen der Länge 2. Wegen $p \equiv -1$ (4) ist t ungerade, daher $\operatorname{sgn} Q = (-1)^t = -1$. Der Durchschnitt $\mathfrak{N} = \mathfrak{G} \cap \mathfrak{A}_p$ von $\mathfrak{G}$ mit der alternierenden Gruppe $\mathfrak{A}_p$ hat somit in $\mathfrak{G}$ den Index 2. Wegen $Q \notin \mathfrak{N}$ gilt $\mathfrak{P} \leqq \mathbf{N}_{\mathfrak{N}}(\mathfrak{P}) < \mathbf{N}_{\mathfrak{G}}(\mathfrak{P})$. Unsere Voraussetzung $|\mathbf{N}_{\mathfrak{G}}(\mathfrak{P})| = 2p$ erzwingt nun $|\mathbf{N}_{\mathfrak{N}}(\mathfrak{P})| = p$. Nach c) gilt daher $\mathfrak{N} = \mathfrak{P} \lhd \mathfrak{G}$. Man sieht leicht, daß dann $\mathfrak{G}$ eine Diedergruppe der Ordnung $2p$ ist.

e) Sei $\mathfrak{N}$ ein minimaler Normalteiler von $\mathfrak{G}$. Wegen der Primitivität von $\mathfrak{G}$ ist $\mathfrak{N}$ transitiv. Also gilt $p \mid |\mathfrak{N}|$, und somit liegt die p-Sylowgruppe $\mathfrak{P}$ von $\mathfrak{G}$ in $\mathfrak{N}$. Nach I, 7.8 (S. 34) ist $\mathfrak{G} = \mathfrak{N}\,\mathbf{N}_{\mathfrak{G}}(\mathfrak{P})$. Nach a) gilt $\mathbf{N}_{\mathfrak{G}}(\mathfrak{P}) = \mathfrak{P}\,\mathfrak{Q}$ mit einer zyklischen Gruppe $\mathfrak{Q}$ mit $|\mathfrak{Q}| \mid p - 1$. Wegen $\mathfrak{P} \leqq \mathfrak{N}$ folgt

$$\mathfrak{G}/\mathfrak{N} \cong \mathbf{N}_{\mathfrak{G}}(\mathfrak{P})/(\mathbf{N}_{\mathfrak{G}}(\mathfrak{P}) \cap \mathfrak{N}) = \mathfrak{P}\,\mathfrak{Q}/\mathfrak{P}(\mathfrak{Q} \cap \mathfrak{N}) \cong \mathfrak{Q}/(\mathfrak{Q} \cap \mathfrak{N}).$$

Also ist $\mathfrak{G}/\mathfrak{N}$ als homomorphes Bild von $\mathfrak{Q}$ zyklisch, und $|\mathfrak{G}/\mathfrak{N}|$ teilt $p - 1$. Es folgt $\mathfrak{G}' \leqq \mathfrak{N}$, wegen der Minimalität von $\mathfrak{N}$ also $\mathfrak{G}' = \mathfrak{E}$ oder $\mathfrak{G}' = \mathfrak{N}$. Im ersten Falle wäre wegen $\mathbf{C}_{\mathfrak{G}}(\mathfrak{P}) = \mathfrak{P}$ notwendig $\mathfrak{G} = \mathfrak{P}$, was jedoch ausgeschlossen worden war. Im zweiten Falle ist $\mathfrak{G}'$ als minimaler Normalteiler von $\mathfrak{G}$ charakteristisch einfach. Nach I, 9.12 (S. 51) ist dann $\mathfrak{G}'$ ein direktes Produkt von isomorphen einfachen Gruppen. Wegen $p^2 \nmid |\mathfrak{G}'|$ ist $\mathfrak{G}'$ einfach. **q.e.d.**

Aus 21.1 e) folgt leicht, daß je zwei p-Zyklen eine einfache Untergruppe der symmetrischen Gruppe $\mathfrak{S}_p$ erzeugen. Es scheint also so, als ob es eine Fülle von einfachen, transitiven Permutationsgruppen von Primzahlgrad gäbe. Jedoch sind nur ganz wenige transitive Gruppen von Primzahlgrad bekannt; wir zählen sie auf:

21.2 Beispiele. Bekannt sind nur die folgenden transitiven Permutationsgruppen vom Primzahlgrad p:

a) Auflösbare Gruppen; diese sind in II, 3.6 (S. 163) alle beschrieben worden.

b) Die symmetrische Gruppe $\mathfrak{S}_p$ und die alternierende Gruppe $\mathfrak{A}_p$.

c) Die scharf 4-fach transitive Mathieusche Gruppe $\mathfrak{M}_{11}$ vom Grad 11.

d) Die 4-fach transitive Mathieusche Gruppe $\mathfrak{M}_{23}$ vom Grad 23 (siehe Kap. II, S. 154).

e) Die Gruppe $P\Gamma L(n, q^f)$ der Kollineationen des projektiven Raumes $P(n, q^f)$ (einschließlich der Körperautomorphismen!) hat eine 2-fach transitive Darstellung auf den

$$s = \frac{q^{nf} - 1}{q^f - 1}$$

Punkten von $P(n, q^f)$. Für manche Paare n, q^f ist s eine Primzahl. (So hat z. B. $PSL(3, 2)$ eine Darstellung als Permutationsgruppe vom Grad 7, $PSL(3, 3)$ eine Darstellung vom Grad 13 und $PSL(3, 5)$ eine Darstellung vom Grad 31.) N. Itô hat in [12] gezeigt, daß die Gruppen $PSL(n, q^f)$ nur die hier aufgezählten transitiven Darstellungen von Primzahlgrad haben.

Grundlegend für die Theorie der Permutationsgruppen von Primzahlgrad ist der folgende Satz:

21.3 Satz (Burnside). *Sei $\mathfrak{G}$ eine transitive Permutationsgruppe von Primzahlgrad. Ist $\mathfrak{G}$ nicht 2-fach transitiv, so ist $\mathfrak{G}$ auflösbar.*

Beweis. Sei $\mathbf{D}$ die gemäß 20.1 gebildete Darstellung von $\mathfrak{G}$ vom Primzahlgrad p über dem komplexen Zahlkörper C und π der Charakter von $\mathbf{D}$. Wegen der Transitivität von $\mathfrak{G}$ gilt nach 20.2 b) $(\pi, 1)_{\mathfrak{G}} = 1$, also $\pi = 1 + \psi$ mit $(\psi, 1)_{\mathfrak{G}} = 0$. Da $\mathfrak{G}$ nach unserer Voraussetzung nicht 2-fach transitiv ist, ist ψ nach 20.2 d) nicht irrreduzibel. Sei $\psi = \sum_{i=1}^{t} \psi_i$ mit irreduziblen Charakteren ψ_i von $\mathfrak{G}$ und mit $t \geqq 2$. Wir setzen $|\mathfrak{G}| = g$ und zeigen:

a) Ist $\mathfrak{P} = \langle P \rangle$ eine p-Sylowgruppe von $\mathfrak{G}$, so zerfällt die Einschränkung $\pi_{\mathfrak{P}}$ von π auf $\mathfrak{P}$ in genau p verschiedene lineare Charaktere von $\mathfrak{P}$:

Da P ein p-Zyklus ist, ist $\pi_{\mathfrak{P}}$ der Charakter der regulären Darstellung von $\mathfrak{P}$. Nach 5.3 enthält daher $\pi_{\mathfrak{P}}$ jeden der p irreduziblen Charaktere von $\mathfrak{P}$ genau einmal.

b) Die ψ_i in der Zerlegung $\pi = 1 + \sum_{i=1}^{t} \psi_i$ sind paarweise verschieden:

Aus a) folgt nämlich sogar $(\psi_i)_{\mathfrak{P}} \neq (\psi_j)_{\mathfrak{P}}$ für $i \neq j$.

c) Die ψ_i sind algebraisch konjugiert über dem Körper der $\frac{g}{p}$-ten Einheitswurzeln:

Ist ϱ eine primitive g-te Einheitswurzel, so ist $\varepsilon = \varrho^{\frac{g}{p}}$ eine primitive p-te Einheitswurzel und $\mu = \varrho^p$ eine primitive $\frac{g}{p}$-te Einheitswurzel. Wegen $g \mid p!$ ist $p^2 \nmid g$ und daher $\mathbb{Q}(\varrho) = \mathbb{Q}(\varepsilon, \mu)$. Die galoissche Gruppe $\mathfrak{A}$ von $\mathbb{Q}(\varrho)$ über $\mathbb{Q}$ besteht bekanntlich aus den Abbildungen $\alpha(n)$ mit $\varrho^{\alpha(n)} = \varrho^n$ mit $(g, n) = 1$. Zu vorgegebenem j mit $1 \leqq j \leqq p-1$ gibt es wegen $\left(p, \frac{g}{p}\right) = 1$ ein n mit

$$n \equiv j \ (p) \quad \text{und} \quad n \equiv 1 \left(\frac{g}{p}\right).$$

Dann ist $(g, n) = 1$. Setzen wir $\alpha = \alpha(n)$, so gilt

$$\mu^\alpha = \varrho^{pn} = \varrho^p = \mu \quad \text{und} \quad \varepsilon^\alpha = \varrho^{gn/p} = \varrho^{gj/p} = \varepsilon^j .$$

Insbesondere läßt α den Körper $\mathbb{Q}(\mu)$ elementweise fest.

Sei

$$(\psi_i)_{\mathfrak{P}} = \sum_{j=1}^{s_i} \lambda_{ij}$$

die Zerlegung von $(\psi_i)_{\mathfrak{P}}$ in lineare Charaktere λ_{ij} von $\mathfrak{P}$. Sei $\lambda_{ij}(P) = \varepsilon^{n_{ij}}$. Bei geeigneter Numerierung ist $\lambda_{11}(P) = \varepsilon$. Sei α der Automorphismus von $\mathbb{Q}(\varrho)$ über $\mathbb{Q}(\mu)$ mit $\varepsilon^\alpha = \varepsilon^{n_{ij}}$. Da alle $\psi_1(G)$ im Körper $\mathbb{Q}(\varrho)$ der primitiven g-ten Einheitswurzeln liegen, ist ψ_1^α ein zu ψ_1 algebraisch konjugierter Charakter. In

$$(\psi_1^\alpha)_{\mathfrak{P}} = \sum_{j=1}^{s_1} \lambda_{1j}^\alpha$$

kommt dann der Charakter λ_{ij} vor. Da $\psi = \pi - 1$ auf $\mathfrak{G}$ nur rationale Werte annimmt, folgt mit b)

$$(\psi, \psi_1^\alpha)_{\mathfrak{G}} = (\psi^\alpha, \psi_1^\alpha)_{\mathfrak{G}} = (\psi, \psi_1)_{\mathfrak{G}}^\alpha = 1 .$$

Also kommen alle ψ_1^α in ψ vor. Durchläuft α die Automorphismen von $\mathbb{Q}(\varrho)$ über $\mathbb{Q}(\mu)$, so kommen in den $({\psi_1}^\alpha)_{\mathfrak{P}}$ alle von 1 verschiedenen linearen Charaktere von $\mathfrak{P}$ vor, wie wir gesehen haben. Also ist ψ die Summe einiger der ψ_1^α, und alle ψ_i sind algebraisch konjugiert über $\mathbb{Q}(\mu)$.

d) Ist $G \in \mathfrak{G}$ und $O(G) \neq p$, so gilt $\psi_1(G) = \cdots = \psi_t(G)$, und dies ist eine nichtnegative ganze rationale Zahl mit $\psi_1(G) \leqq \psi_1(E)$:

Aus $O(G) \neq p$ folgt offenbar $p \nmid O(G)$ und daher $O(G) \mid \frac{g}{p}$. Somit liegen alle $\psi_i(G)$ im Körper $\mathsf{Q}(\mu)$ der $\frac{g}{p}$-ten Einheitswurzeln. Nach c) gibt es zu vorgegebenem i einen Automorphismus α_i von $\mathsf{Q}(\varrho)$ über $\mathsf{Q}(\mu)$ mit $\psi_i = \psi_1^{\alpha_i}$. Es folgt

$$\psi_i(G) = \psi_1^{\alpha_i}(G) = \psi_1(G)^{\alpha_i} = \psi_1(G)$$

für $i = 1, 2, \ldots, t$. Da

$$\pi(G) = 1 + \sum_{i=1}^{t} \psi_i(G) = 1 + t\,\psi_1(G)$$

ganz-rational ist, ist $\psi_1(G)$ rational. Da $\psi_1(G)$ auch ganz-algebraisch ist, ist $\psi_1(G)$ sogar ganz-rational. Aus $\pi(G) = 1 + t\,\psi_1(G) \geqq 0$ folgt $\psi_1(G) \geqq 0$. Trivialerweise gilt $\psi_1(G) \leqq \psi_1(E)$.

e) Für $0 < i \leqq s = \psi_1(E)$ sei n_i die Anzahl der Elemente G aus $\mathfrak{G}$ mit $O(G) \neq p$ und $\psi_1(G) = i$. Ist N die Anzahl der p-Sylowgruppen von $\mathfrak{G}$, so gelten

$$(1)\ \sum_{i=1}^{s} i\,n_i = N\,s \quad \text{und} \quad (2)\ \sum_{i=1}^{s} i^2\,n_i = N\,s^2:$$

Es ist

$$0 = p(\psi_1, 1)_{\mathfrak{P}} = \sum_{j=0}^{p-1} \psi_1(P^j)\,.$$

Mit d) folgt daher

$$0 = g(\psi_1, 1)_{\mathfrak{G}} = \sum_{G\in\mathfrak{G}} \psi_1(G) = \sum_{O(G)\neq p} \psi_1(G) + \sum_{O(G)=p} \psi_1(G)$$

$$= \sum_{i=1}^{s} i\,n_i + N \sum_{j=0}^{p-1} \psi_1(P^j) - N\,\psi_1(E) = \sum_{i=1}^{s} i\,n_i - N\,s\,.$$

Ferner ist

$$0 = p(\psi_1, \psi_2)_{\mathfrak{P}} = \sum_{j=0}^{p-1} \psi_1(P^j)\,\psi_2(P^{-j})\,.$$

Wegen b) und d) folgt damit

$$0 = g(\psi_1, \psi_2)_{\mathfrak{G}} = \sum_{i=1}^{s} i^2\,n_i + N \sum_{j=0}^{p-1} \psi_1(P^j)\,\psi_2(P^{-j}) - N\,\psi_1(E)\,\psi_2(E)$$

$$= \sum_{i=1}^{s} i^2\,n_i - N\,s^2\,.$$

f) $\mathfrak{G}$ ist auflösbar:

Wir multiplizieren (1) mit s und ziehen (2) davon ab. Das ergibt

$$0 = (s-1)\,n_1 + 2(s-2)\,n_2 + \cdots + i(s-i)\,n_i + \cdots + (s-1)\,n_{s-1}\,.$$

Also ist $n_1 = n_2 = \cdots = n_{s-1} = 0$.

Sei $G \in \mathfrak{G}$ mit $\pi(G) \geqq 2$. Dann ist $O(G) \neq p$, nach d) daher

$$\pi(G) = 1 + t\,\psi_1(G)$$

mit $\psi_1(G) \neq 0$. Also ist $\psi_1(G) = s$, dann $\pi(G) = 1 + t\,s = p$ und $G = E$. Somit hat jedes von E verschiedene Element aus $\mathfrak{G}$ höchstens einen Fixpunkt. Nach II, 3.6 (S. 163) ist dann $\mathfrak{G}$ auflösbar. **q.e.d.**

Einen elementaren Beweis von **11.6** (d. h. ohne Verwendung der Charaktertheorie) hat I. Schur in SCHUR [4] gegeben. Dieser Beweis beruht auf komplizierten Rechnungen im Polynomring über $GF(p)$. Der Burnsidesche Beweis hat den Vorzug, daß seine Methode auch bei der Untersuchung primitiver Permutationsgruppen vom Grad $2p$ verwendbar ist (siehe WIELANDT [9]).

Wir geben eine schöne Anwendung von **21.3** und II, **3.6** (S. 163) auf die Theorie der Gleichungen von Primzahlgrad:

21.4 Satz. *Sei f ein irreduzibles Polynom vom Primzahlgrad p über dem rationalen Zahlkörper Q. Sei K ein Zerfällungskörper von f und $f = \prod_{i=1}^{p} (x - a_i)$ die Zerlegung von f in $\mathsf{K}[x]$. Dann gilt:*

a) (GALOIS) *Genau dann ist f auflösbar durch Radikale, wenn $\mathsf{K} = \mathsf{Q}(a_i, a_j)$ für alle Paare i, j mit $i \neq j$ gilt.*

b) *Ist f nicht auflösbar durch Radikale, so ist das Polynom $\frac{f}{x - a_1}$ irreduzibel in $\mathsf{Q}(a_1)[x]$.*

Beweis. Sei $\mathfrak{G}$ die Galoisgruppe von K über Q. Ist $\alpha \in \mathfrak{G}$, so gilt offenbar $f(a_i^\alpha) = f(a_i)^\alpha = 0$. Also ist $\mathfrak{G}$ eine Permutationsgruppe auf $\{a_1, \ldots, a_p\}$. Sei $\{a_1, \ldots, a_s\}$ eine Bahn von $\mathfrak{G}$. Dann bleiben alle Koeffizienten des Polynoms $g = \prod_{i=1}^{s} (x - a_i)$ fest bei $\mathfrak{G}$, liegen daher bekanntlich in Q. Aus $g(a_1) = 0$ und der Irreduzibilität von f folgt $g = f$ und $s = p$. Somit ist $\mathfrak{G}$ transitiv auf $\{a_1, \ldots, a_p\}$.

a) Bekanntlich ist f genau dann auflösbar durch Radikale, wenn $\mathfrak{G}$ auflösbar ist. Nach II, 3.6 ist $\mathfrak{G}$ genau dann auflösbar, wenn $\mathfrak{G}_{a_i, a_j} = \mathfrak{E}$ gilt für $i \neq j$. Der bei $\mathfrak{G}_{a_i, a_j}$ elementweise feste Teilkörper von K ist $\mathsf{Q}(a_i, a_j)$, denn $\mathfrak{G}_{a_i, a_j}$ ist offenbar die volle Fixgruppe zu $\mathsf{Q}(a_i, a_j)$. Genau dann gilt $\mathfrak{G}_{a_i, a_j} = \mathfrak{E}$, wenn der Fixkörper $\mathsf{Q}(a_i, a_j)$ von $\mathfrak{G}_{a_i, a_j}$ mit dem Fixkörper von $\mathfrak{E}$, also mit K übereinstimmt.

b) Ist $\mathfrak{G}$ nicht auflösbar, so ist $\mathfrak{G}$ 2-fach transitiv nach 21.3. Dann ist die Galoisgruppe $\mathfrak{G}_{a_1}$ von K über $\mathsf{Q}(a_1)$ noch transitiv auf $\{a_2, \ldots, a_p\}$. Daher ist $\prod_{i=2}^{p} (x - a_i)$ nach unserer Überlegung irreduzibel in $\mathsf{Q}(a_1)[x]$.

q.e.d.

Für die Behandlung der Permutationsgruppen vom Primzahlgrad p mit $|\mathbf{N}_{\mathfrak{G}}(\mathfrak{P})| = 2p$ benötigen wir die Charaktere der Diedergruppe der Ordnung $2p$. Wir zeigen allgemeiner:

21.5 Hilfssatz. *Sei $\mathfrak{D} = \langle A, B\rangle$ eine Diedergruppe der Ordnung $2n$ mit den definierenden Relationen $A^n = B^2 = E$, $A^B = A^{-1}$. Sei ε eine primitive n-te Einheitswurzel. Über dem komplexen Zahlkörper hat $\mathfrak{D}$ bis auf Äquivalenz genau die folgenden irreduziblen Darstellungen:*

a) *Für ungerades n:*

$$\mathbf{D}_1 \quad mit \quad \mathbf{D}_1(A) = \mathbf{D}_1(B) = 1;$$

$$\mathbf{D}_2 \quad mit \quad \mathbf{D}_2(A) = 1,\ \mathbf{D}_2(B) = -1;$$

ferner $\frac{n-1}{2}$ Darstellungen $\mathbf{F}_i$ $\left(1 \leqq i \leqq \frac{n-1}{2}\right)$ vom Grad 2 mit

$$\mathbf{F}_i(A) = \begin{pmatrix} \varepsilon^i & 0 \\ 0 & \varepsilon^{-i} \end{pmatrix} \quad und \quad \mathbf{F}_i(B) = \begin{pmatrix} 0 & 1 \\ 1 & 0 \end{pmatrix}.$$

b) *Für gerades n:*

$$\mathbf{D}_1 \quad mit \quad \mathbf{D}_1(A) = \mathbf{D}_1(B) = 1;$$

$$\mathbf{D}_2 \quad mit \quad \mathbf{D}_2(A) = 1,\ \mathbf{D}_2(B) = -1;$$

$$\mathbf{D}_3 \quad mit \quad \mathbf{D}_3(A) = -1,\ \mathbf{D}_3(B) = 1;$$

$$\mathbf{D}_4 \quad mit \quad \mathbf{D}_4(A) = \mathbf{D}_4(B) = -1;$$

ferner die wie unter a) *definierten Darstellungen $\mathbf{F}_i$ mit $1 \leqq i \leqq \frac{n-2}{2}$.*

Beweis. Nach 6.5 ist $|\mathfrak{D}/\mathfrak{D}'|$ die Anzahl der linearen Darstellungen von $\mathfrak{D}$. Wegen $\mathfrak{D}' = \langle A^2\rangle$ ist $|\mathfrak{D}/\mathfrak{D}'| = 2$ für $2 \nmid n$ und $|\mathfrak{D}/\mathfrak{D}'| = 4$ für $2 \mid n$. Die angegebenen Darstellungen $\mathbf{D}_i$ sind offenbar die sämtlichen Darstellungen von $\mathfrak{D}$ vom Grad 1. Wegen

$$\mathbf{F}_i(A)^n = \mathbf{F}_i(B)^2 = E \quad \text{und} \quad \mathbf{F}_i(B)^{-1}\,\mathbf{F}_i(A)\,\mathbf{F}_i(B) = \mathbf{F}_i(A)^{-1}$$

definiert $\mathbf{F}_i$ nach 5.18 eine Darstellung von $\mathfrak{D}$.

Angenommen, $\mathbf{F}_i$ sei reduzibel. Nach dem Satz von Maschke ist dann $\mathbf{F}_i$ vollständig reduzibel in zwei Darstellungen vom Grad 1, und $\mathfrak{D}'$ liegt somit im Kern von $\mathbf{F}_i$. Daher folgt $\varepsilon^{2i} = 1$. Für $2i \not\equiv 0\,(n)$ ist also $\mathbf{F}_i$ irreduzibel. Für $i \not\equiv \pm j\ (n)$ haben $\mathbf{F}_i(A)$ und $\mathbf{F}_j(A)$ verschiedene Eigenwerte, daher ist $\mathbf{F}_i$ dann nicht zu $\mathbf{F}_j$ äquivalent.

Die Berechnung der Quadratsumme der Grade zeigt, daß wir alle irreduziblen Darstellungen von $\mathfrak{D}$ (bis auf Äquivalenz) angegeben haben. **q.e.d.**

21.6 Satz (N. Itô [10]). *Sei $\mathfrak{G}$ eine transitive, nichtauflösbare Permutationsgruppe vom Primzahlgrad p und $\mathfrak{P}$ eine p-Sylowgruppe von $\mathfrak{G}$. Ferner sei $|\mathbf{N}_{\mathfrak{G}}(\mathfrak{P})| = 2p$. Dann ist $\mathfrak{G}$ scharf 3-fach transitiv.*

(Wir werden in Band 2 zeigen, daß $\mathfrak{G}$ die Gruppe $PSL(2, 2^m)$ auf den $2^m + 1$ Punkten der projektiven Geraden über $GF(2^m)$ ist. Insbesondere ist p eine Fermatsche Primzahl. Siehe dazu Zassenhaus [2] *und* Huppert [10].)

Beweis. Da $\mathfrak{G}$ nicht auflösbar ist, ist $\mathfrak{G}$ 2-fach transitiv nach Satz 21.3. Ist π der Permutationscharakter von $\mathfrak{G}$, so gilt daher nach 20.2 d) $\pi = 1 + \psi$ mit einem irreduziblen Charakter ψ vom Grad $p - 1$.

Wir setzen wieder $\mathfrak{P} = \langle P \rangle$. Wegen $|\mathbf{N}_{\mathfrak{G}}(\mathfrak{P})| = 2p$ ist $\mathbf{N}_{\mathfrak{G}}(\mathfrak{P})$ eine Diedergruppe, etwa $\mathbf{N}_{\mathfrak{G}}(\mathfrak{P}) = \langle P, Q \rangle$ mit $P^p = Q^2 = E$ und $P^Q = P^{-1}$. Nach 21.5 hat $\mathbf{N}_{\mathfrak{G}}(\mathfrak{P})$ die folgenden irreduziblen Charaktere: Den 1-Charakter und den Charakter λ mit $\lambda(P) = 1$, $\lambda(Q) = -1$; ferner gibt es $s = \frac{p-1}{2}$ irreduzible Charaktere φ_i $(1 \leqq i \leqq s)$ vom Grad 2. Ist ε eine primitive p-te Einheitswurzel, so gilt

$$\varphi_i(P^j) = \varepsilon^{ij} + \varepsilon^{-ij} \quad \text{und} \quad \varphi_i(P^j Q) = 0\,.$$

Wir zeigen:

a) $(\varphi_i, \varphi_j)_{\mathfrak{P}} = 2\delta_{ij}$ und $\psi_{\mathfrak{P}} = \sum_{i=1}^{s} (\varphi_i)_{\mathfrak{P}}$:

Das folgt sofort aus den Formeln für die φ_i.

In den Schritten b) bis f) konstruieren wir irreduzible Charaktere ϱ_j von $\mathfrak{G}$. Die Existenz dieser Charaktere wurde von Itô aus der Brauerschen Theorie gefolgert (siehe Itô [10]); wir gehen hier elementarer vor:

b) Die Funktionen $\varrho_j\left(j = 1, \ldots, \frac{p-1}{2}\right)$ mit

$$\varrho_j(G) = \begin{cases} \psi(G) - 1 & \text{für} \quad O(G) \neq p \\[2ex] 1 + \sum\limits_{\substack{i=1 \\ i \neq j}}^{s} \varphi_i(P^k) & \text{für} \quad G = (P^k)^X \text{ mit einem } X \in \mathfrak{G} \end{cases}$$

sind paarweise verschiedene, wohldefinierte Klassenfunktionen auf $\mathfrak{G}$ mit $\varrho_j(E) = p - 2$:

Wir zeigen zuerst, daß ϱ_j wohldefiniert ist:

Sei $E \neq G \in \mathfrak{G}$ mit $G = (P^k)^X = (P^m)^Y$. Dann ist $(P^k)^{XY^{-1}} = P^m \in \mathfrak{P}$ und daher $XY^{-1} \in \mathbf{N}_{\mathfrak{G}}(\mathfrak{P})$. Da φ_i eine Klassenfunktion auf $\mathbf{N}_{\mathfrak{G}}(\mathfrak{P})$ ist, folgt $\varphi_i(P^k) = \varphi_i((P^k)^{XY^{-1}}) = \varphi_i(P^m)$. Also ist ϱ_j wohldefiniert.

ϱ_j ist eine Klassenfunktion auf $\mathfrak{G}$:

Für $O(G) \neq p$ ist

$$\varrho_j(G) = \psi(G) - 1 = \psi(G^X) - 1 = \varrho_j(G^X)\,.$$

Sei $O(G) = p$, etwa $G = (P^k)^Y$. Dann ist $G^X = (P^k)^{YX}$ und somit $\varrho_j(G^X) = \varrho_j(G)$.

Es gilt $\varrho_j(E) = p - 2$. Die Betrachtung von $(\varrho_j)_{\mathfrak{P}}$ zeigt, daß die ϱ_j paarweise verschieden sind.

c) $(\varrho_j, \varrho_j)_{\mathfrak{P}} = p - 2$:

$$(\varrho_j)_{\mathfrak{P}} = 1 + \sum_{\substack{i=1 \\ i \neq j}}^{s} (\varphi_i)_{\mathfrak{P}}$$

enthält genau $1 + 2(s-1) = p - 2$ paarweise verschiedene irreduzible Charaktere von $\mathfrak{P}$. Mit den Orthogonalitätsrelationen folgt daher $(\varrho_j, \varrho_j)_{\mathfrak{P}} = p - 2$.

d) $(\varrho_j, \varrho_j)_{\mathfrak{G}} = 1$:

Da ψ ein von 1 verschiedener irreduzibler Charakter von $\mathfrak{G}$ ist, gilt

$$\sum_{G \in \mathfrak{G}} (\psi(G) - 1)^2 = g(\psi - 1, \psi - 1)_{\mathfrak{G}} = 2g\,.$$

Es ist

$$\begin{aligned} g(\varrho_j, \varrho_j)_{\mathfrak{G}} &= \sum_{O(G) \neq p} (\psi(G) - 1)^2 + \sum_{O(G) = p} |\varrho_j(G)|^2 \\ &= \sum_{G \in \mathfrak{G}} (\psi(G) - 1)^2 - \sum_{O(G) = p} (\psi(G) - 1)^2 + \sum_{O(G) = p} |\varrho_j(G)|^2\,. \end{aligned}$$

Da die $|\mathfrak{G} : \mathbf{N}_{\mathfrak{G}}(\mathfrak{P})| = \frac{g}{2p}$ p-Sylowgruppen von $\mathfrak{G}$ paarweise den Durchschnitt $\mathfrak{E}$ haben, folgt mit c) unter Beachtung von $\psi(P^i) = \pi(P^i) - 1 = -1$ (für $P^i \neq E$)

$$\begin{aligned} g(\varrho_j, \varrho_j)_{\mathfrak{G}} &= 2g - \frac{g}{2p} \sum_{i=1}^{p-1} (\psi(P^i) - 1)^2 + \frac{g}{2p} \sum_{i=1}^{p-1} |\varrho_j(P^i)|^2 \\ &= 2g - \frac{2g(p-1)}{p} + \frac{g}{2} (\varrho_j, \varrho_j)_{\mathfrak{P}} - \frac{g}{2p} \varrho_j(E)^2 \\ &= 2g - \frac{2g(p-1)}{p} + \frac{g(p-2)}{2} - \frac{g(p-2)^2}{2p} = g\,. \end{aligned}$$

e) ϱ_j ist ein verallgemeinerter Charakter von $\mathfrak{G}$:

Nach 19.3 b) (mit $\mathbf{Z}$ anstelle von R) genügt der Nachweis, daß $(\varrho_j)_{\mathfrak{F}}$ für jede elementare Untergruppe $\mathfrak{F}$ von $\mathfrak{G}$ ein verallgemeinerter Charakter auf $\mathfrak{F}$ ist.

Sei zuerst $p \nmid |\mathfrak{F}|$. Nach Definition von ϱ_j ist dann $(\varrho_j)_{\mathfrak{F}} = (\psi - 1)_{\mathfrak{F}}$, und dies ist offenbar ein verallgemeinerter Charakter auf $\mathfrak{F}$.

Ist $p \mid |\mathfrak{F}|$, so enthält $\mathfrak{F}$ eine p-Sylowgruppe von $\mathfrak{G}$, etwa $\mathfrak{P}$. Da $\mathfrak{F}$ nilpotent ist und die reguläre Permutationsgruppe $\mathfrak{P}$ nach II, 3.1 (S. 158) mit ihrem Zentralisator übereinstimmt, folgt $\mathfrak{F} = \mathfrak{P}$. Dann ist

$$(\varrho_j)_{\mathfrak{P}} = 1 + \sum_{i \neq j} (\varphi_i)_{\mathfrak{P}}$$

ein Charakter auf $\mathfrak{P}$.

f) ϱ_j ist ein irreduzibler Charakter von $\mathfrak{G}$:

Seien $\chi_1, \ldots, \chi_h$ die irreduziblen Charaktere von $\mathfrak{G}$. Nach e) gilt $\varrho_j = \sum_{i=1}^{h} c_{ij} \chi_i$ mit ganz-rationalen c_{ij}. Mit d) folgt

$$1 = (\varrho_j, \varrho_j)_{\mathfrak{G}} = \sum_{i=1}^{h} c_{ij}^2\,.$$

Es folgt $\varrho_j = \pm \chi_{j'}$, wegen $\varrho_j(E) = p - 2 > 0$ sodann $\varrho_j = \chi_{j'}$.

g) Ist $\mathfrak{G}_1$ der Stabilisator der Ziffer 1, so ist $(\varrho_j)_{\mathfrak{G}_1}$ ein irreduzibler Charakter von $\mathfrak{G}_1$:

Die Elemente von $\mathfrak{G}_1$ haben nicht die Ordnung p. Nach Definition der ϱ_j gilt daher für alle $G \in \mathfrak{G}_1$ und alle j

$$\varrho_j(G) = \psi(G) - 1 = \varrho_1(G) .$$

Angenommen, $(\varrho_1)_{\mathfrak{G}_1}$ sei reduzibel. Sei τ ein in $(\varrho_1)_{\mathfrak{G}_1}$ vorkommender irreduzibler Charakter von $\mathfrak{G}_1$ mit

$$\tau(E) \leqq \frac{\varrho_1(E)}{2} = \frac{p-2}{2} .$$

Sei $(\varrho_1, \tau)_{\mathfrak{G}_1} = m > 0$. Dann ist auch $(\varrho_j, \tau)_{\mathfrak{G}_1} = (\varrho_1, \tau)_{\mathfrak{G}_1} = m$ für $j = 1, \ldots, s$. Mit dem Frobeniusschen Reziprozitätssatz folgt

$$(\varrho_j, \tau^{\mathfrak{G}})_{\mathfrak{G}} = (\varrho_j, \tau)_{\mathfrak{G}_1} = m .$$

Ferner gilt

$$(\psi, \tau^{\mathfrak{G}})_{\mathfrak{G}} = (\psi, \tau)_{\mathfrak{G}_1} = (\varrho_1 + 1, \tau)_{\mathfrak{G}_1} \geqq m .$$

Also enthält $\tau^{\mathfrak{G}}$ die paarweise verschiedenen irreduziblen Charaktere $\psi, \varrho_1, \ldots, \varrho_s$ alle mindestens mit der Vielfachheit m. Somit folgt

$$\tau^{\mathfrak{G}}(E) \geqq m\{\psi(E) + s\,\varrho_1(E)\} = m\left\{p - 1 + \frac{p-1}{2}(p-2)\right\} = \frac{m\,p(p-1)}{2} .$$

Andererseits ist jedoch

$$\tau^{\mathfrak{G}}(E) = |\mathfrak{G} : \mathfrak{G}_1|\,\tau(E) = p\,\tau(E) \leqq \frac{p(p-2)}{2} .$$

Das ist ein Widerspruch. Also ist $(\varrho_j)_{\mathfrak{G}_1}$ ein irreduzibler Charakter von $\mathfrak{G}_1$.

h) $\mathfrak{G}$ ist 3-fach transitiv:

Der Permutationscharakter von $\mathfrak{G}_1$ auf der Ziffernmenge $\{2, \ldots, p\}$ ist

$$(\pi - 1)_{\mathfrak{G}_1} = \psi_{\mathfrak{G}_1} = 1 + (\varrho_1)_{\mathfrak{G}_1} .$$

Da $\mathfrak{G}$ 2-fach transitiv ist, ist $\mathfrak{G}_1$ transitiv auf $\{2, \ldots, p\}$. Aus der Irreduzibilität von $(\varrho_1)_{\mathfrak{G}_1}$ folgt nun mit 20.2 d), daß $\mathfrak{G}_1$ 2-fach transitiv ist auf $\{2, \ldots, p\}$. Also ist $\mathfrak{G}$ 3-fach transitiv.

i) Wir bezeichnen mit $\delta(G)$ die Anzahl der 2-Zyklen in der Zyklenzerlegung der Permutation G. Dann ist λ mit

$$\lambda = \frac{(\pi - 1)(\pi - 2)}{2} - \delta$$

ein Charakter von $\mathfrak{G}$ mit $(\lambda, \psi)_{\mathfrak{G}} = (\lambda, 1)_{\mathfrak{G}} = 0$:

Nach 20.6 a) ist λ ein Charakter von $\mathfrak{G}$. Da $\mathfrak{G}$ 3-fach transitiv ist, gelten nach 20.4 b) die Gleichungen

$$\sum_{G \in \mathfrak{G}} \pi(G) = g , \quad \sum_{G \in \mathfrak{G}} \pi(G)^2 = 2g , \quad \sum_{G \in \mathfrak{G}} \pi(G)^3 = 5g .$$

Nach 20.5 ist ferner

$$\sum_{G \in \mathfrak{G}} \delta(G) = \sum_{G \in \mathfrak{G}} \pi(G)\, \delta(G) = \frac{g}{2}\,.$$

Damit folgt

$$\begin{aligned} g(\lambda, \psi)_{\mathfrak{G}} &= g(\lambda, \pi - 1)_{\mathfrak{G}} \\ &= \frac{1}{2} \sum_{G \in \mathfrak{G}} (\pi(G)^3 - 4\pi(G)^2 + 5\pi(G) - 2 - 2\pi(G)\,\delta(G) + 2\delta(G)) = 0 \end{aligned}$$

und

$$g(\lambda, 1)_{\mathfrak{G}} = \frac{1}{2} \sum_{G \in \mathfrak{G}} (\pi(G)^2 - 3\pi(G) + 2 - 2\delta(G)) = 0\,.$$

j) Es gilt $(\lambda, \varrho_j)_{\mathfrak{G}} = 1$ für $j = 1, \ldots, s$:

Für $E \neq P^k \in \mathfrak{P}$ ist $\pi(P^k) = \delta(P^k) = 0$ und $\lambda(P^k) = 1$. Also folgt

$$\begin{aligned} g(\lambda, \varrho_j)_{\mathfrak{G}} &= \sum_{G \in \mathfrak{G}} \lambda(G)\,(\psi(G) - 1) - \frac{g}{2p} \sum_{k=1}^{p-1} \lambda(P^k)\,(\psi(P^k) - 1) \\ &\quad + \frac{g}{2p} \sum_{k=1}^{p-1} \lambda(P^k)\,\bar{\varrho}_j(P^k) \\ &= g(\lambda, \psi - 1)_{\mathfrak{G}} - \frac{g}{2p} \sum_{k=1}^{p-1} (-2) + \frac{g}{2p} \sum_{k=0}^{p-1} \bar{\varrho}_j(P^k) - \frac{g}{2p}\,\varrho_j(E) \\ &= 0 + \frac{g(p-1)}{p} + \frac{g}{2}\,(1, \varrho_j)_{\mathfrak{P}} - \frac{g}{2p}\,(p - 2) \quad \text{(mit Hilfe von i))} \\ &= g\,. \end{aligned}$$

k) $\lambda = \sum_{j=1}^{s} \varrho_j$:

Nach j) ist $\lambda = \sum_{j=1}^{s} \varrho_j + \mu$ mit einem geeigneten Charakter μ. Der Vergleich der Grade zeigt $\mu(E) = 0$, also $\mu = 0$.

l) $\mathfrak{G}$ ist scharf 3-fach transitiv:

Sei $G \in \mathfrak{G}$ und $\pi(G) \geqq 3$. Dann ist $O(G) \neq p$, also $\varrho_j(G) = \pi(G) - 2$. Mit k) folgt dann

$$\frac{(\pi(G) - 1)\,(\pi(G) - 2)}{2} - \delta(G) = \lambda(G) = \sum_{j=1}^{s} \varrho_j(G) = \frac{p-1}{2}\,(\pi(G) - 2)\,,$$

daher

$$\frac{(\pi(G) - 2)\,(p - \pi(G))}{2} + \delta(G) = 0\,.$$

Ist $\pi(G) \geqq 3$, so folgt wegen $\delta(G) \geqq 0$ und $\pi(G) \leqq p$ daraus $\pi(G) = p$, also $G = E$. Somit hat jedes von E verschiedene Element von $\mathfrak{G}$ höchstens zwei Fixpunkte. Nach h) ist $\mathfrak{G}$ 3-fach transitiv, also ist $\mathfrak{G}$ scharf 3-fach transitiv. **q.e.d.**

Mit völlig anderen, nämlich ringtheoretischen Hilfsmitteln hat H. Wielandt eine Reihe von unveröffentlichten Sätzen über transitive Gruppen von Primzahlgrad bewiesen. Wir stellen ohne Beweis zusammen:

21.7 Bemerkungen. Sei $\mathfrak{G}$ eine transitive Permutationsgruppe vom Primzahlgrad p und $\mathfrak{P}$ eine p-Sylowgruppe von $\mathfrak{G}$.

a) (Wielandt) Ist $|\mathbf{N}_{\mathfrak{G}}(\mathfrak{P})| = p(p-1)$, und ist $\mathfrak{G}$ nicht auflösbar, so ist $\mathfrak{G}$ 3-fach transitiv. Gilt in diesem Falle sogar $\mathfrak{G} = \mathfrak{S}_p$?

b) (Wielandt) Die äußere Automorphismengruppe $\mathbf{A}(\mathfrak{G})/\mathbf{I}(\mathfrak{G})$ ist zyklisch, ihre Ordnung teilt $p - 1$. (Also ist die Schreiersche Vermutung für alle einfachen Gruppen, welche eine Untergruppe von Primzahlindex haben, richtig.)

c) (Wielandt) Wieviele Konjugiertenklassen von Untergruppen vom Index p kann $\mathfrak{G}$ haben? In allen bekannten Fällen gibt es höchstens zwei solche Konjugiertenklassen. Ist $|\mathbf{N}_{\mathfrak{G}}(\mathfrak{P})|$ gerade, so hat $\mathfrak{G}$ genau eine Konjugiertenklasse von Untergruppen vom Index p, die Stabilisatoren der Ziffern.

d) (N. Itô) Sei $\mathfrak{G}$ nicht auflösbar. Ist $\mathfrak{G} = \mathfrak{S}_p$, falls $\mathfrak{G}$ eine ungerade Permutation enthält?

e) (Frobenius [4]) $\mathfrak{G}$ habe genau $p+1$ p-Sylowgruppen. Dann liegt einer der folgenden Fälle vor:

(1) $p = 5$, $\mathfrak{G} = \mathfrak{A}_5$ oder $\mathfrak{G} = \mathfrak{S}_5$.

(2) $p = 7$, $\mathfrak{G} = PSL(3, 2)$ als Permutationsgruppe auf den 7 Punkten der projektiven Ebene über $GF(2)$.

(3) $p = 11$, $\mathfrak{G} = PSL(2, 11)$ in der 2-fach transitiven Permutationsdarstellung vom Grad 11 auf den Nebenklassen einer Untergruppe $\mathfrak{A}_5$ (siehe II, 8.28; S. 214).

Weit schärfere Aussagen über die Anzahl der p-Sylowgruppen in einer transitiven Permutationsgruppe vom Primzahlgrad p hat R. Brauer mit Hilfe der modularen Darstellungstheorie in Brauer [4] bewiesen.

Aufgaben:

38) Bis auf Ähnlichkeit gibt es nur die folgenden transitiven Permutationsgruppen vom Grad 7: Auflösbare Gruppen; $\mathfrak{S}_7$; $\mathfrak{A}_7$; die Gruppe $PSL(3, 2)$ auf den 7 Punkten der projektiven Ebene über $GF(2)$.

39) Sei $\mathfrak{G}$ 3-fach transitiv vom Primzahlgrad p mit $p > 5$. Ist $p - 2$ eine Primzahl, so ist $\mathfrak{G}$ sogar 4-fach transitiv. (Wesentlich tiefer liegende Aussagen in dieser Richtung stehen in Itô [15], [16].)

§ 22. Involutionen

22.1 Definition. Sei $\mathfrak{G}$ eine Gruppe von gerader Ordnung. Die Elemente der Ordnung 2 aus $\mathfrak{G}$ bezeichnen wir als Involutionen. Mit m bezeichnen wir stets die Anzahl der Involutionen in $\mathfrak{G}$ und mit r die Anzahl der Konjugiertenklassen aus Involutionen.

22.2 Hilfssatz (R. Brauer, Fowler [1]). *Seien $\mathfrak{K}_0, \ldots, \mathfrak{K}_{h-1}$ mit $\mathfrak{K}_i = \{G_i^G \mid G \in \mathfrak{G}\}$ die Konjugiertenklassen von $\mathfrak{G}$, und zwar in der folgenden Weise angeordnet:*

(1) $\mathfrak{K}_0 = \{E\}$;

(2) $\mathfrak{K}_1, \ldots, \mathfrak{K}_r$ *seien die Konjugiertenklassen der Involutionen;*

(3) $\mathfrak{K}_{r+1}, \ldots, \mathfrak{K}_s$ *seien die Klassen aus reellen Elementen, welche keine Involutionen sind.* (*Das Element X heißt nach* 13.6 *reell, wenn X und X^{-1} in $\mathfrak{G}$ konjugiert sind.*)

Wir setzen $k_i = \sum_{G \in \mathfrak{K}_i} G$ *und* $k = \sum_{i=1}^{r} k_i$. *Sei* $k^2 = \sum_{i=0}^{h-1} a_i k_i$.

Die natürlichen Zahlen a_i lassen sich dann in folgender Weise berechnen:

a) $a_0 = m$.

b) *Ist $G_i^2 \neq E$ (also $r < i \leqq h-1$), so ist a_i die Anzahl der Involutionen I mit $G_i^I = G_i^{-1}$; insbesondere ist $a_i = 0$ für nichtreelle G_i, also für $i > s$. Setzen wir $c_i = |\mathbf{C}_{\mathfrak{G}}(G_i)|$, so ist $a_i \leqq c_i$ für $r < i \leqq h-1$.*

c) *Ist G_i eine Involution (also $1 \leqq i \leqq r$) und m_i die Anzahl der Involutionen aus $\mathbf{C}_{\mathfrak{G}}(G_i)$, so gilt $a_i = m_i - 1$. Setzen wir wieder $|\mathbf{C}_{\mathfrak{G}}(G_i)| = c_i$, so gilt $a_i \leqq c_i - 2$.*

Beweis. Offenbar ist a_i die Anzahl der geordneten Paare $X, Y \in \mathfrak{J} = \bigcup_{i=1}^{r} \mathfrak{K}_i$ mit $XY = G_i$. Die Aussage unter a) ist daher trivial.

Aus $G_i = XY$ mit $X, Y \in \mathfrak{J}$ folgt

$$G_i^{-1} = YX = X^{-1} XYX = (XY)^X = G_i^X .$$

Ist umgekehrt $G_i^X = G_i^{-1}$ mit $X \in \mathfrak{J}$, so setzen wir $Y = XG_i$. Dann gilt

$$Y^2 = G_i^X G_i = G_i^{-1} G_i = E .$$

Ist G_i keine Involution, so ist $Y = XG_i \neq E$, also $Y \in \mathfrak{J}$. In diesem Falle ist also a_i die Anzahl der Involutionen I aus $\mathfrak{G}$ mit $G_i^I = G_i^{-1}$.

Wir definieren die Untergruppe $\mathbf{C}^*_{\mathfrak{G}}(G_i)$ von $\mathfrak{G}$ durch

$$\mathbf{C}^*_{\mathfrak{G}}(G_i) = \{X \mid X \in \mathfrak{G}, G_i^X = G_i^{\pm 1}\} .$$

Für reelles G_i mit $G_i^2 \neq E$ gibt es ein $H \in \mathfrak{G}$ mit $G_i^H = G_i^{-1} \neq G_i$. Dann ist offenbar $\mathbf{C}^*_{\mathfrak{G}}(G_i) = \mathbf{C}_{\mathfrak{G}}(G_i) \cup \mathbf{C}_{\mathfrak{G}}(G_i) H$, also

$$|\mathbf{C}^*_{\mathfrak{G}}(G_i)| = 2\,|\mathbf{C}_{\mathfrak{G}}(G_i)| = 2c_i .$$

Mit dem schon bewiesenen Teil von b) folgt daher

$$a_i \leqq |\mathbf{C}^*_{\mathfrak{G}}(G_i) - \mathbf{C}_{\mathfrak{G}}(G_i)| = c_i .$$

Ist G_i eine Involution, so führen nur die $X \in \mathfrak{J}$ mit $G_i^X = G_i$ und $X \neq G_i$ zu einer Zerlegung $G_i = XY$ mit $X, Y \in \mathfrak{J}$. In diesem Falle ist also $a_i = m_i - 1$, wobei m_i die Anzahl der Involutionen in $\mathbf{C}_{\mathfrak{G}}(G_i)$ ist.

q.e.d.

Es liegt nahe, auch für ungerade Primzahlen p das Element $\sum_{O(G)=p} G$ im Gruppenring zu betrachten. Mit Erfolg durchgeführt wurde das jedoch bisher nur in FEIT, THOMPSON [2] für $p = 3$, wo die Beschreibung der Gruppen $\mathfrak{G} = \langle A_1, A_2 \rangle$ mit $A_1^3 = A_2^3 = (A_1 A_2)^3 = E$ aus I, 19.6 (S. 136) herangezogen wird.

22.3 Hilfssatz. *Sei $\mathfrak{G}$ eine Gruppe der geraden Ordnung g mit m Involutionen. Sei m_i die Anzahl der Involutionen in $\mathbf{C}_{\mathfrak{G}}(G_i)$, wobei G_i $(i = 1, \ldots, r)$ Vertreter der Involutionenklassen $\mathfrak{K}_1, \ldots, \mathfrak{K}_r$ durchläuft. Wir setzen $m' = \operatorname{Max}_{i=1,\ldots,r} m_i$. Dann gilt*

$$m^2 \leqq g\,u + (m' - u)\,m - u\,;$$

dabei ist $u = 0$ oder $u = |\mathbf{C}_{\mathfrak{G}}(G)|$ für ein reelles Element G aus $\mathfrak{G}$ mit $G^2 \neq E$.

Beweis. Wir setzen wieder $|\mathbf{C}_{\mathfrak{G}}(G_i)| = c_i$. Die Anwendung der 1-Darstellung auf die Gleichung $k^2 = \sum_{i=0}^{h-1} a_i k_i$ liefert

$$(1)\quad m^2 = \sum_{i=0}^{h-1} a_i\,|\mathfrak{K}_i| = \sum_{i=0}^{h-1} a_i\,\frac{g}{c_i}\,.$$

Trivialerweise gelten die Gleichungen

$$(2)\quad m = \sum_{i=1}^{r} \frac{g}{c_i}$$

und

$$(3)\quad 1 + m + \sum_{i=r+1}^{s} \frac{g}{c_i} \leqq g.$$

Nach 22.2 ist $a_0 = m$, ferner $a_i = m_i - 1$ für $1 \leqq i \leqq r$ und $a_i \leqq c_i$ für $i = r + 1, \ldots, h - 1$. Aus (1) folgt daher daher mit (2)

$$(4)\quad m^2 \leqq m + \sum_{i=1}^{r} (m_i - 1)\,\frac{g}{c_i} + (s - r)\,g$$

$$\leqq m + (m' - 1) \sum_{i=1}^{r} \frac{g}{c_i} + (s - r)\,g = m'\,m + (s - r)\,g\,.$$

Ist $r = s$, so setzen wir $u = 0$. Dann steht in (4) die Behauptung. Ist $r < s$, so sei $u = \operatorname{Max}_{i=r+1,\ldots,s} |\mathbf{C}_{\mathfrak{G}}(G_i)|$. Mit (3) folgt dann

$$(s - r)\,\frac{g}{u} \leqq \sum_{i=r+1}^{s} \frac{g}{c_i} \leqq g - m - 1\,.$$

Aus (4) erhalten wir daher

$$m^2 \leqq m\,m' + (s-r)\,g \leqq m\,m' + u(g-m-1) = g\,u + (m'-u)\,m - u$$

mit $u = |\mathfrak{C}_{\mathfrak{G}}(G_j)|$ für ein j mit $r+1 \leqq j \leqq s$. **q.e.d.**

Die elementaren Hilfssätze 22.2 und 22.3 gestatten eine interessante Anwendung:

22.4 Satz (R. Brauer, Fowler [1]). *Sei $\mathfrak{G}$ eine Gruppe der geraden Ordnung $g > 2$. Dann gibt es ein $\mathfrak{U} < \mathfrak{G}$ mit $|\mathfrak{U}|^3 > |\mathfrak{G}|$.*

Beweis. Sei m die Anzahl der Involutionen in $\mathfrak{G}$ und $t = \frac{g}{m}$. Aus 22.3 folgt dann

$$\frac{g^2}{t^2} \leqq g\,u + (m'-u)\,\frac{g}{t},$$

also

$$g \leqq t^2 u + (m'-u)\,t = u\,t(t-1) + m'\,t\,.$$

Dabei ist $m' = \max_{i=1,\dots,r} m_i = m_j$ für ein j und daher

$$m' = m_j \leqq |\mathfrak{C}_{\mathfrak{G}}(G_j)| - 1 = c_j - 1\,.$$

Aus

$$\frac{g}{t} = m = \sum_{i=1}^{r} \frac{g}{c_i}$$

folgt $t \leqq c_i$ für $i = 1, \dots, r$.

Also ist

(1) $g \leqq u\,c_j(c_j-1) + (c_j-1)\,c_j = (u+1)\,c_j(c_j-1)$.

Ist $c_j \leqq u$, so folgt $g < u^3$. Dabei ist $u = |\mathfrak{C}_{\mathfrak{G}}(G)|$ mit einem reellen $G \in \mathfrak{G}$ mit $G^2 \neq E$. Also gibt es ein $H \in \mathfrak{G}$ mit $G^H = G^{-1} \neq G$, und somit ist $\mathfrak{C}_{\mathfrak{G}}(G) < \mathfrak{G}$. In diesem Falle setzen wir $\mathfrak{U} = \mathfrak{C}_{\mathfrak{G}}(G)$.

Ist $u < c_j < g$, so folgt aus (1) $g < c_j^3$, und wir setzen $\mathfrak{U} = \mathfrak{C}_{\mathfrak{G}}(G_j)$.

Sei schließlich $g = c_j$. Dann ist G_j eine zentrale Involution aus $\mathfrak{G}$. Sei zuerst $\frac{g}{2}$ gerade und $g > 4$. Vermöge einer Induktionsannahme gibt es dann eine Untergruppe $\mathfrak{U}/\langle G_j\rangle$ von $\mathfrak{G}/\langle G_j\rangle$ mit $\mathfrak{U} < \mathfrak{G}$ und

$$\frac{|\mathfrak{U}|^3}{8} = |\mathfrak{U}/\langle G_j\rangle|^3 > |\mathfrak{G}/\langle G_j\rangle| = \frac{g}{2}\,.$$

Dann ist $|\mathfrak{U}|^3 > 4g > g$. Für $g = 4$ hat $\mathfrak{G}$ Untergruppen der Ordnung 2. Ist $\frac{g}{2}$ ungerade, so hat $\mathfrak{G}$ nach I, 6.7 (S. 30) (oder nach IV, 2.8; S. 420) eine Untergruppe $\mathfrak{U}$ vom Index 2. Dann ist die Behauptung trivialerweise richtig. **q.e.d.**

Ist $|\mathfrak{G}|$ ungerade und keine Primzahl, so gibt es ein $\mathfrak{U} < \mathfrak{G}$ mit $|\mathfrak{U}|^2 \geqq |\mathfrak{G}|$. Das läßt sich jedoch bisher nur unter Benutzung der Auflösbarkeit der Gruppen von ungerader Ordnung beweisen, und folgt für auflösbare Gruppen trivial aus der Existenz der Sylowkomplemente (siehe VI, 1.8; S. 662).

Die Verbindung unserer Überlegungen zur Charaktertheorie stellt der folgende Hilfssatz her:

22.5 Hilfssatz. *Sei wieder k die Summe der Involutionen aus $\mathfrak{G}$ und $k^2 = \sum_{i=0}^{h-1} a_i k_i$ wie in 22.2. Ist χ ein Charakter von $\mathfrak{G}$ über dem komplexen Zahlkörper C, so ist*

$$\chi(k) = \sum_{i=1}^{r} h_i \chi(G_i)$$

mit $h_i = |\mathfrak{K}_i| = |\mathfrak{G} : \mathbf{C}_{\mathfrak{G}}(G_i)|$.

Sind $\chi_1, \ldots, \chi_h$ die irreduziblen Charaktere von $\mathfrak{G}$ über dem komplexen Zahlkörper, so gilt

$$a_i = \frac{1}{g} \sum_{j=1}^{h} \frac{\chi_j(k)^2 \chi_j(G_i^{-1})}{\chi_j(E)} .$$

Beweis. Sei $\mathbf{D}_j$ eine irreduzible Darstellung zum Charakter χ_j. Wegen $k \in \mathbf{Z}(\mathsf{C}[\mathfrak{G}])$ gilt nach dem Schurschen Lemma $\mathbf{D}_j(k) = b_j E_{n_j}$ mit $n_j = \chi_j(E)$ und geeignetem $b_j \in \mathsf{C}$. Daraus folgt

$$b_j \chi_j(E) = Sp\, \mathbf{D}_j(k) = \chi_j(k) .$$

Aus $\mathbf{D}_j(k^2) = b_j^2 E_{n_j}$ erhalten wir ferner

$$\chi_j(k^2) = b_j^2 \chi_j(E) = \frac{\chi_j(k)^2}{\chi_j(E)} .$$

Wegen $k^2 = \sum_{i=0}^{h-1} a_i k_i$ folgt dann

$$\frac{\chi_j(k)^2}{\chi_j(E)} = \chi_j(k^2) = \sum_{i=0}^{h-1} a_i \chi_j(k_i) = \sum_{i=0}^{h-1} a_i h_i \chi_j(G_i) .$$

Die Orthogonalitätsrelationen liefern

$$a_i g = \sum_{l=0}^{h-1} a_l h_l \sum_{j=1}^{h} \chi_j(G_l) \chi_j(G_i^{-1}) = \sum_{j=1}^{h} \frac{\chi_j(k)^2}{\chi_j(E)} \chi_j(G_i^{-1}) . \qquad \text{q.e.d.}$$

22.6 Definition. Sei $\mathfrak{D}$ eine nichtleere Teilmenge von $\mathfrak{G}$. Wir nennen $\mathfrak{D}$ eine *TI*-Menge (trivial intersection set), wenn $\mathfrak{D} \cap \mathfrak{D}^G \subseteq \mathfrak{E}$ gilt für alle $G \in \mathfrak{G}$ mit $\mathfrak{D} \neq \mathfrak{D}^G$ [und wenn $\mathfrak{D}$ in seinem Normalisator $\mathbf{N}_{\mathfrak{G}}(\mathfrak{D})$ liegt.]

Der folgende Hilfssatz wird in Band 2 bei der Behandlung der Ausnahmecharaktere eine zentrale Rolle spielen:

22.7 Hilfssatz. *Sei $\mathfrak{D}$ eine TI-Menge in $\mathfrak{G}$. Wir setzen $\mathfrak{L} = \mathbf{N}_{\mathfrak{G}}(\mathfrak{D})$.*

a) *Ist φ eine Klassenfunktion auf $\mathfrak{L}$ mit $\varphi = 0$ auf $\mathfrak{L} - \mathfrak{D}$, so gilt $\varphi^{\mathfrak{G}}(D) = \varphi(D)$ für alle D mit $E \neq D \in \mathfrak{D}$.*

b) *Sind φ und ψ Klassenfunktionen auf $\mathfrak{L}$ mit $\varphi = \psi = 0$ auf $\mathfrak{L} - \mathfrak{D}$ und $\varphi(E) = 0$, so gilt $(\varphi^{\mathfrak{G}}, \psi^{\mathfrak{G}})_{\mathfrak{G}} = (\varphi, \psi)_{\mathfrak{L}}$. Die Abbildung $\varphi \to \varphi^{\mathfrak{G}}$ ist also eine Isometrie des Teilraumes $\{\varphi \mid \varphi = 0$ auf $\mathfrak{L} - \mathfrak{D}$ und $E\}$ von $\mathsf{C}(\mathfrak{L}, \mathsf{C})$ in den Raum $\mathsf{C}(\mathfrak{G}, \mathsf{C})$ der Klassenfunktionen auf $\mathfrak{G}$.*

Beweis a) Sei $\mathfrak{G} = \bigcup_{i=1}^{n} \mathfrak{L} R_i$ mit $R_1 = E$ die Nebenklassenzerlegung von $\mathfrak{G}$ nach $\mathfrak{L}$. Für $D \in \mathfrak{D}$ gilt nach 16.3

$$\varphi^{\mathfrak{G}}(D) = \sum_{D^{R_i} \in \mathfrak{L}} \varphi(D^{R_i}) .$$

Für $D^{R_i} \in \mathfrak{L} - \mathfrak{D}$ ist $\varphi(D^{R_i}) = 0$. Ist $E \neq D^{R_i} \in \mathfrak{D}$, so gilt $\mathfrak{D} \cap \mathfrak{D}^{R_i} \not\subseteq \mathfrak{E}$, daher $R_i \in \mathbf{N}_{\mathfrak{G}}(\mathfrak{D}) = \mathfrak{L}$ und $R_i = R_1 = E$. Also erhalten wir $\varphi^{\mathfrak{G}}(D) = \varphi(D)$.

b) Nach dem Frobeniusschen Reziprozitätssatz ist

$$(\varphi^{\mathfrak{G}}, \psi^{\mathfrak{G}})_{\mathfrak{G}} = (\varphi, (\psi^{\mathfrak{G}})_{\mathfrak{L}})_{\mathfrak{L}} .$$

Wir definieren die Klassenfunktion μ auf $\mathfrak{L}$ durch $\mu = (\psi^{\mathfrak{G}})_{\mathfrak{L}} - \psi$. Nach a) ist dann $\mu(D) = 0$ für $E \neq D \in \mathfrak{D}$. Da φ auf $\mathfrak{L} - \mathfrak{D}$ und E nur den Wert 0 annimmt, folgt

$$(\varphi, \mu)_{\mathfrak{L}} = \frac{1}{|\mathfrak{L}|} \sum_{L \in \mathfrak{L}} \varphi(L) \overline{\mu(L)} = 0 .$$

Also ist

$$(\varphi^{\mathfrak{G}}, \psi^{\mathfrak{G}})_{\mathfrak{G}} = (\varphi, \psi + \mu)_{\mathfrak{L}} = (\varphi, \psi)_{\mathfrak{L}} .$$ **q.e.d.**

22.8 Hilfssatz. *Sei $\mathfrak{D} \subsetneqq \mathfrak{L} \leqq \mathfrak{G}$. Ist I eine Involution aus $\mathfrak{G}$ mit $D^I = D^{-1}$ für ein D mit $E \neq D \in \mathfrak{D}$, so liege stets I in $\mathfrak{L}$. Seien $\chi_1, \ldots, \chi_h$ die irreduziblen Charaktere von $\mathfrak{G}$ und $\psi_1, \ldots, \psi_{h'}$ die von $\mathfrak{L}$ über dem komplexen Zahlkörper. Sei τ eine Klassenfunktion auf $\mathfrak{L}$ mit $\tau = 0$ auf $\mathfrak{L} - \mathfrak{D}$ und $\tau(E) = 0$. Setzen wir $g = |\mathfrak{G}|$, $l = |\mathfrak{L}|$ und*

$$T_{\mathfrak{G}}(\chi_i) = \sum_{j=1}^{r} \frac{\chi_i(G_j)}{|\mathbf{C}_{\mathfrak{G}}(G_j)|}$$

(wobei die Summe sich über die Vertreter G_j der Involutionenklassen erstreckt), so gilt

$$g \sum_{i=1}^{h} \frac{T_{\mathfrak{G}}(\chi_i)^2}{\chi_i(E)} (\chi_i, \tau^{\mathfrak{G}})_{\mathfrak{G}} = l \sum_{j=1}^{h'} \frac{T_{\mathfrak{L}}(\psi_j)^2}{\psi_j(E)} (\psi_j, \tau)_{\mathfrak{L}} .$$

Beweis. Nach 22.5 ist $k^2 = \sum_{i=0}^{h-1} a_i k_i$ mit

$$a_i = \frac{1}{g} \sum_{j=1}^{h} \frac{\chi_j(k)^2}{\chi_j(E)} \chi_j(G_i^{-1}) .$$

Ersetzung von G_i durch G_i^{-1} ändert a_i nach 22.2 offenbar nicht. Also gilt auch

$$a_i = \frac{1}{g} \sum_{j=1}^{h} \frac{\chi_j(k)^2}{\chi_j(E)} \chi_j(G_i) .$$

Unter Ausnutzung von

$$\chi_j(k) = \sum_{m=1}^{r} h_m\, \chi_j(G_m) = g \sum_{m=1}^{r} \frac{\chi_j(G_m)}{|\mathfrak{C}_{\mathfrak{G}}(G_m)|} = g\, T_{\mathfrak{G}}(\chi_j)$$

folgt

$$a_i = g \sum_{j=1}^{h} \frac{T_{\mathfrak{G}}(\chi_j)^2}{\chi_j(E)}\, \chi_j(G_i)\,.$$

Sei $E \neq G_i \in \mathfrak{D}$. Ist I eine Involution aus $\mathfrak{G}$ mit $G_i^I = G_i^{-1}$, so liegt I nach unserer Voraussetzung in $\mathfrak{L}$. Ist k' die Summe der Involutionen aus $\mathfrak{L}$, so ist der Koeffizient von G_i in k'^2 nach 22.2 eindeutig bestimmt durch die Anzahl der Involutionen I in $\mathfrak{L}$ mit $G_i^I = G_i^{-1}$, ist also gleich a_i. Daher können wir a_i auch in $\mathfrak{L}$ berechnen und erhalten analog zur schon durchgeführten Rechnung

$$a_i = l \sum_{j=1}^{h'} \frac{T_{\mathfrak{L}}(\psi_j)^2}{\psi_j(E)}\, \psi_j(G_i)\,.$$

Die Klassenfunktion

$$\mu = g \sum_{j=1}^{h} \frac{T_{\mathfrak{G}}(\chi_j)^2}{\chi_j(E)}\, (\chi_j)_{\mathfrak{L}} - l \sum_{j=1}^{h'} \frac{T_{\mathfrak{L}}(\psi_j)^2}{\psi_j(E)}\, \psi_j$$

verschwindet somit auf $\mathfrak{D} - \mathfrak{E}$. Ist $\tau = 0$ auf $\mathfrak{L} - \mathfrak{D}$ und E, so folgt daher $(\mu, \tau)_{\mathfrak{L}} = 0$. Mit Hilfe des Frobeniusschen Reziprozitätssatzes liefert das

$$\begin{aligned}(\mu, \tau)_{\mathfrak{L}} + l \sum_{j=1}^{h'} \frac{T_{\mathfrak{L}}(\psi_j)^2}{\psi_j(E)}\, (\psi_j, \tau)_{\mathfrak{L}} &= g \sum_{j=1}^{h} \frac{T_{\mathfrak{G}}(\chi_j)^2}{\chi_j(E)}\, ((\chi_j)_{\mathfrak{L}}, \tau)_{\mathfrak{L}} \\ &= g \sum_{j=1}^{h} \frac{T_{\mathfrak{G}}(\chi_j)^2}{\chi_j(E)}\, (\chi_j, \tau^{\mathfrak{G}})_{\mathfrak{G}}\,.\end{aligned}$$

q.e.d.

Wir kommen zur wichtigsten Anwendung der Überlegungen dieses Paragraphen:

22.9 Satz (R. Brauer, Suzuki). *Die 2-Sylowgruppen von $\mathfrak{G}$ seien verallgemeinerte Quaternionengruppen der Ordnung 2^{n+1} mit $n > 2$. Ist $\mathfrak{N}$ der größte Normalteiler von $\mathfrak{G}$ mit ungerader Ordnung, so hat $\mathfrak{G}/\mathfrak{N}$ einen Normalteiler von der Ordnung 2. Insbesondere ist $\mathfrak{G}$ nicht einfach.*

(*Die Behauptung gilt auch dann noch, wenn die 2-Sylowgruppen von $\mathfrak{G}$ Quaternionengruppen der Ordnung 8 sind; das läßt sich jedoch bisher nur mit Hilfe der modularen Darstellungstheorie beweisen; siehe* R. Brauer [13].)

Beweis (Suzuki [7]). Sei $\mathfrak{Q} = \langle A, B \rangle$ eine 2-Sylowgruppe von $\mathfrak{G}$ mit

$$A^{2^n} = E\,, \quad B^2 = A^{2^{n-1}}\,, \quad A^B = A^{-1}\,.$$

Dann ist $I = A^{2^{n-1}}$ die einzige Involution in $\mathfrak{Q}$. Setzen wir $\mathfrak{S} = \langle A^{2^{n-2}} \rangle$, so ist wegen $n > 2$ die Gruppe $\mathfrak{S} = \Omega_2(\mathfrak{Q}')$ eine charakteristische Untergruppe von $\mathfrak{Q}$. (Für $n = 2$ wäre das nicht richtig! In der Quaternionengruppe der Ordnung 8 werden die drei zyklischen Untergruppen der Ordnung 4 von einem Automorphismus der Ordnung 3 transitiv vertauscht.)

Wir zeigen:

a) Alle Involutionen von $\mathfrak{G}$ sind konjugiert:

Ist J eine Involution in $\mathfrak{G}$, so gibt es nach dem Satz von Sylow ein $G \in \mathfrak{G}$ mit $J^G \in \mathfrak{Q}$, also mit $J^G = I$.

b) $\mathbf{N}_{\mathfrak{G}}(\mathfrak{S})$ ist 2-nilpotent:

Da $\mathbf{N}_{\mathfrak{G}}(\mathfrak{S})/\mathbf{C}_{\mathfrak{G}}(\mathfrak{S})$ isomorph ist zu einer Untergruppe der Automorphismengruppe $\mathbf{A}(\mathfrak{S})$ von $\mathfrak{S}$, gilt

$$|\mathbf{N}_{\mathfrak{G}}(\mathfrak{S})/\mathbf{C}_{\mathfrak{G}}(\mathfrak{S})| \leqq |\mathbf{A}(\mathfrak{S})| = 2\,.$$

Wegen $\mathfrak{S} \lhd \mathfrak{Q}$ ist $\mathfrak{Q} \leqq \mathbf{N}_{\mathfrak{G}}(\mathfrak{S})$. Aus $A \in \mathbf{C}_{\mathfrak{G}}(\mathfrak{S})$ und $B \notin \mathbf{C}_{\mathfrak{G}}(\mathfrak{S})$ folgt, daß $\langle A \rangle$ eine 2-Sylowgruppe von $\mathbf{C}_{\mathfrak{G}}(\mathfrak{S})$ ist. Also hat $\mathbf{C}_{\mathfrak{G}}(\mathfrak{S})$ zyklische 2-Sylowgruppen, ist somit nach dem Burnsideschen Satz IV, 2.8 (S. 420) 2-nilpotent. Sei $\mathfrak{M}$ das invariante 2-Komplement von $\mathbf{C}_{\mathfrak{G}}(\mathfrak{S})$. Dann ist $\mathbf{C}_{\mathfrak{G}}(\mathfrak{S}) = \mathfrak{M}\langle A \rangle$ und $\mathbf{N}_{\mathfrak{G}}(\mathfrak{S}) = \mathfrak{M}\,\mathfrak{Q}$. Da $\mathfrak{M}$ in $\mathbf{C}_{\mathfrak{G}}(\mathfrak{S})$ charakteristisch ist, gilt $\mathfrak{M} \lhd \mathbf{N}_{\mathfrak{G}}(\mathfrak{S})$. Also ist $\mathbf{N}_{\mathfrak{G}}(\mathfrak{S})$ 2-nilpotent.

c) $\mathfrak{S}$ ist die einzige Untergruppe der Ordnung 4 in $\mathbf{C}_{\mathfrak{G}}(\mathfrak{S})$:

Wegen $\mathfrak{S} \lhd \mathbf{C}_{\mathfrak{G}}(\mathfrak{S})$ liegt $\mathfrak{S}$ in jeder 2-Sylowgruppe von $\mathbf{C}_{\mathfrak{G}}(\mathfrak{S})$. Da die 2-Sylowgruppen von $\mathbf{C}_{\mathfrak{G}}(\mathfrak{S})$ zyklisch sind, folgt die Behauptung.

d) Wir setzen $\mathfrak{U} = \mathbf{C}_{\mathfrak{G}}(\mathfrak{S}) = \mathfrak{M}\langle A \rangle$, $\mathfrak{L} = \mathbf{N}_{\mathfrak{G}}(\mathfrak{S})$, $\mathfrak{V} = \mathfrak{M}\langle I \rangle$ und $\mathfrak{D} = \mathfrak{U} - \mathfrak{V}$. Dann ist $\mathfrak{D}$ eine TI-Menge mit $\mathfrak{L} = \mathbf{N}_{\mathfrak{G}}(\mathfrak{D})$:

Für $L \in \mathbf{N}_{\mathfrak{G}}(\mathfrak{S})$ ist

$$\mathfrak{D}^L = \mathfrak{U}^L - \mathfrak{V}^L = \mathfrak{U} - \mathfrak{V} = \mathfrak{D}\,.$$

Also gilt $\mathfrak{L} \leqq \mathbf{N}_{\mathfrak{G}}(\mathfrak{D})$.

Sei $G \in \mathfrak{G}$ mit $\mathfrak{D} \cap \mathfrak{D}^G \neq \emptyset$. Dann gibt es Elemente D, D' aus $\mathfrak{D} = \mathfrak{U} - \mathfrak{V}$ mit $D^G = D'$. Wir setzen $\overline{D} = D\,\mathfrak{M}$. Wegen

$$\overline{D} \in \mathfrak{U}/\mathfrak{M} - \mathfrak{V}/\mathfrak{M} = \langle A\,\mathfrak{M} \rangle - \langle I\,\mathfrak{M} \rangle$$

ist 4 ein Teiler von $O(\overline{D})$. Also ist 4 auch ein Teiler von $O(D)$. Sei $F = D^m$ und $O(F) = 4$. Dann ist $F \in \mathfrak{U}$, wegen $4 \nmid |\mathfrak{V}|$ aber sicher $F \notin \mathfrak{V}$. Somit gilt $F \in \mathfrak{U} - \mathfrak{V} = \mathfrak{D}$. Setzen wir $F' = D'^m$, so folgt analog $F' \in \mathfrak{D}$. Mit c) ergibt sich daher

$$\mathfrak{S}^G = \langle F \rangle^G = \langle F' \rangle = \mathfrak{S}\,,$$

also $G \in \mathbf{N}_{\mathfrak{G}}(\mathfrak{S}) = \mathfrak{L}$. Somit gilt $\mathbf{N}_{\mathfrak{G}}(\mathfrak{D}) = \mathfrak{L}$ und $\mathfrak{D} \cap \mathfrak{D}^G = \emptyset$ für $G \notin \mathfrak{L}$.

e) $\mathfrak{D}$ und $\mathfrak{L}$ erfüllen die Voraussetzungen von Hilfssatz 22.8:

Ist $E \neq D \in \mathfrak{D}$ und $D^G = D^{-1}$, so folgt wegen $D^{-1} \in \mathfrak{D}$ nun $\mathfrak{D} \cap \mathfrak{D}^G \neq \emptyset$. Nach d) ist dann $G \in \mathfrak{L} = \mathbf{N}_{\mathfrak{G}}(\mathfrak{D})$.

f) Sei η_1 der 1-Charakter von $\mathfrak{L}$ und η_2 der einzige nichttriviale irreduzible Charakter von $\mathfrak{L}$ mit $\operatorname{Kern} \eta_2 = \mathfrak{U}$. Die Faktorgruppe

$$\mathfrak{L}/\mathfrak{V} = \mathfrak{M}\,\mathfrak{Q}/\mathfrak{M}\langle I \rangle \cong \mathfrak{Q}/\langle I \rangle$$

ist eine Diedergruppe der Ordnung 2^n mit $n \geqq 3$, hat also nach 21.5 einen irreduziblen Charakter φ vom Grad 2. Diesem entspricht ein Charakter η_3 von $\mathfrak{L}$. Setzen wir $\tau = \eta_1 + \eta_2 - \eta_3$, so gilt $\tau^{\mathfrak{G}} = \chi_1 + \chi_2 - \chi_3$

mit irreduziblen, paarweise verschiedenen Charakteren χ_1, χ_2, χ_3 von $\mathfrak{G}$. Dabei ist χ_1 der 1-Charakter von $\mathfrak{G}$:

Nach 21.5 ist $\varphi = 0$ auf $\mathfrak{Q} - \langle A \rangle$. Also ist $\eta_3 = 0$ auf

$$\mathfrak{Q}\,\mathfrak{M} - \langle A \rangle\,\mathfrak{M} = \mathfrak{L} - \mathfrak{U}\,.$$

Es gilt $\eta_2(L) = 1$ für $L \in \mathfrak{U}$ und $\eta_2(L) = -1$ für $L \in \mathfrak{L} - \mathfrak{U}$. Für $L \in \mathfrak{L} - \mathfrak{U}$ ist also

$$\tau(L) = \eta_1(L) + \eta_2(L) - \eta_3(L) = 0\,.$$

Wegen $\mathfrak{V} = \mathfrak{M}\langle I \rangle \leqq \operatorname{Kern} \eta_3$ gilt für $L \in \mathfrak{V}$

$$\tau(L) = 1 + 1 - 2 = 0\,.$$

Also ist $\tau = 0$ auf $(\mathfrak{L} - \mathfrak{U}) \cup \mathfrak{V} = \mathfrak{L} - (\mathfrak{U} - \mathfrak{V}) = \mathfrak{L} - \mathfrak{D}$. Nach d) sind die Voraussetzungen von 22.7 erfüllt. Daher folgt

$$(\tau^{\mathfrak{G}}, \tau^{\mathfrak{G}})_{\mathfrak{G}} = (\tau, \tau)_{\mathfrak{L}} = 3\,.$$

Ferner ist

$$(\tau^{\mathfrak{G}}, \chi_1)_{\mathfrak{G}} = (\tau, \eta_1)_{\mathfrak{L}} = 1\,.$$

Also gilt $\tau^{\mathfrak{G}} = \chi_1 \pm \chi_2 \pm \chi_3$ mit paarweise verschiedenen, irreduziblen Charakteren χ_i von $\mathfrak{G}$. Aus $\tau(E) = 0$ folgt

$$0 = \tau^{\mathfrak{G}}(E) = 1 \pm \chi_2(E) \pm \chi_3(E)\,.$$

Das erzwingt $\tau = \chi_1 + \chi_2 - \chi_3$ bei geeigneter Numerierung der χ_i.

g) Es ist $1 + \chi_2(I) - \chi_3(I) = 0$:

Ist $I^G \in \mathfrak{L}$, so gilt $I^G \in \mathfrak{V} = \mathfrak{M}\langle I \rangle$ und daher $\tau(I^G) = 0$. Damit folgt

$$1 + \chi_2(I) - \chi_3(I) = \tau^{\mathfrak{G}}(I) = \frac{1}{|\mathfrak{L}|} \sum_{I^G \in \mathfrak{L}} \tau(I^G) = 0\,.$$

h) In der Bezeichnung von 22.8 gilt

$$\sum_{i=1}^{h'} \frac{T_{\mathfrak{L}}(\psi_i)^2}{\psi_i(E)} (\psi_i, \tau)_{\mathfrak{L}} = 0:$$

Offenbar ist I die einzige Involution in $\mathfrak{L} = \mathbf{C}_{\mathfrak{L}}(I)$, sonst würde nämlich $\mathfrak{L}$ eine Untergruppe vom Typ (2, 2) enthalten. Daher gilt

$$T_{\mathfrak{L}}(\psi_i) = \frac{\psi_i(I)}{|\mathfrak{L}|}$$

und

$$\sum_{i=1}^{h'} \frac{T_{\mathfrak{L}}(\psi_i)^2}{\psi_i(E)} (\psi_i, \tau)_{\mathfrak{L}} = \frac{T_{\mathfrak{L}}(\eta_1)^2}{\eta_1(E)} + \frac{T_{\mathfrak{L}}(\eta_2)^2}{\eta_2(E)} - \frac{T_{\mathfrak{L}}(\eta_3)^2}{\eta_3(E)}$$

$$= \frac{1}{|\mathfrak{L}|^2} \left(\frac{\eta_1(I)^2}{\eta_1(E)} + \frac{\eta_2(I)^2}{\eta_2(E)} - \frac{\eta_3(I)^2}{\eta_3(E)} \right)$$

$$= \frac{1}{|\mathfrak{L}|^2} \left(1 + 1 - \frac{2^2}{2} \right) = 0\,.$$

i) Es gibt einen Charakter χ von $\mathfrak{G}$ mit $\chi(E) > 1$, der I im Kern enthält:

Da $\mathfrak{G}$ nach a) nur eine Konjugiertenklasse von Involutionen hat, ist

$$T_{\mathfrak{G}}(\chi_i) = \frac{\chi_i(I)}{|\mathbf{C}_{\mathfrak{G}}(I)|}.$$

Nach e) sind die Voraussetzungen von 22.8 erfüllt. Daher folgt mit f) und h)

$$0 = \sum_{i=1}^{h} \frac{T_{\mathfrak{G}}(\chi_i)^2}{\chi_i(E)} (\chi_i, \tau^{\mathfrak{G}})_{\mathfrak{G}} = T_{\mathfrak{G}}(\chi_1)^2 + \frac{T_{\mathfrak{G}}(\chi_2)^2}{\chi_2(E)} - \frac{T_{\mathfrak{G}}(\chi_3)^2}{\chi_3(E)}$$

$$= \frac{1}{|\mathbf{C}_{\mathfrak{G}}(I)|^2}\left(1 + \frac{\chi_2(I)^2}{\chi_2(E)} - \frac{\chi_3(I)^2}{\chi_3(E)}\right).$$

Ferner ist

(1) $0 = \tau^{\mathfrak{G}}(E) = 1 + \chi_2(E) - \chi_3(E)$

und nach g)

(2) $0 = 1 + \chi_2(I) - \chi_3(I)$.

Insgesamt ergibt sich

$$0 = \chi_2(E)\,\chi_3(E) + \chi_2(I)^2\,\chi_3(E) - \chi_3(I)^2\,\chi_2(E)$$

$$= \chi_2(E)\,(1 + \chi_2(E)) + \chi_2(I)^2\,(1 + \chi_2(E)) - (1 + \chi_2(I))^2\,\chi_2(E)$$

$$= (\chi_2(E) - \chi_2(I))^2.$$

Also folgt $\chi_2(I) = \chi_2(E)$. Mit (1) und (2) erhalten wir dann auch $\chi_3(I) = \chi_3(E)$. Nach 7.4 liegt dann I im Kern von χ_3. Wegen $\chi_3(E) = 1 + \chi_2(E)$ ist $\chi_3(E) > 1$.

j) Beweisabschluß:

Sei $\mathfrak{J}$ das Erzeugnis aller Involutionen aus $\mathfrak{G}$. Dann ist $\mathfrak{Q}_0 = \mathfrak{J} \cap \mathfrak{Q}$ eine 2-Sylowgruppe von $\mathfrak{J}$. Da $\mathfrak{Q}_0$ nur eine Involution enthält, ist $\mathfrak{Q}_0$ zyklisch oder eine verallgemeinerte Quaternionengruppe.

Angenommen, $\mathfrak{Q}_0$ sei nicht zyklisch. Dann enthält $\mathfrak{Q}_0$ ein Element der Gestalt $A^j B$. Wegen $|\mathbf{C}_{\mathfrak{Q}}(A^j B)| = |\langle A^j B\rangle| = 4$ hat $A^j B$ dann in $\mathfrak{Q}$ genau 2^{n-1} Konjugierte, die wegen $\mathfrak{Q}_0 \trianglelefteq \mathfrak{Q}$ alle in $\mathfrak{Q}_0$ liegen. Daraus folgt $1 + 2^{n-1} < |\mathfrak{Q}_0|$, also $|\mathfrak{Q}/\mathfrak{Q}_0| \leqq 2$. Wegen

$$\mathfrak{Q}\,\mathfrak{J}/\mathfrak{J} \cong \mathfrak{Q}/(\mathfrak{Q} \cap \mathfrak{J}) = \mathfrak{Q}/\mathfrak{Q}_0$$

ist dann $\mathfrak{Q}\,\mathfrak{J}/\mathfrak{J}$ abelsch. Die Anwendung von i) auf $\mathfrak{Q}\,\mathfrak{J}$ zeigt, daß $\mathfrak{Q}\,\mathfrak{J}$ einen irreduziblen, nichtlinearen Charakter χ hat, dessen Kern I enthält. Da alle Involutionen von $\mathfrak{Q}\,\mathfrak{J}$ zu I konjugiert sind, folgt

$$\mathfrak{J} = \langle I^G \mid G \in \mathfrak{Q}\,\mathfrak{J}\rangle \leqq \operatorname{Kern}\chi.$$

Daher liefert χ einen irreduziblen Charakter der abelschen Gruppe $\mathfrak{Q}\,\mathfrak{J}/\mathfrak{J}$ mit $\chi(E) > 1$. Das geht jedoch nicht.

Also ist $\mathfrak{Q}_0$ zyklisch. Nach IV, 2.8 (S. 420) ist dann $\mathfrak{J}$ 2-nilpotent. Ist $\mathfrak{K}$ das invariante 2-Komplement von $\mathfrak{J}$, so folgt $\mathfrak{J} = \mathfrak{K}\langle I\rangle \triangleleft \mathfrak{G}$.

q.e.d.

Kürzlich hat Glauberman Satz 22.9 erheblich verallgemeinert. Wir geben seine Resultate ohne Beweis an:

22.10 Satz (Glauberman [2]). *Sei $\mathfrak{G}$ eine Gruppe ohne Normalteiler ($\neq \mathfrak{E}$) von ungerader Ordnung und J ein Element aus einer 2-Sylowgruppe $\mathfrak{P}$ von $\mathfrak{G}$. Genau dann ist $J \in \mathbf{Z}(\mathfrak{G})$, wenn*

$$\{J^G \mid G \in \mathfrak{G}\} \cap \mathfrak{P} = \{J\}$$

gilt.

Beim Beweis von 22.10 wird neben mehreren Hilfsmitteln aus der modularen Darstellungstheorie Satz 22.9 in der vollen, hier nicht bewiesenen Fassung für $|\mathfrak{Q}| \geqq 8$ verwendet. Aus 22.10 ergibt sich leicht die folgende Verallgemeinerung von 22.9:

22.11 Satz (Glauberman [2]). *Die 2-Sylowgruppen von $\mathfrak{G}$ seien direkte Produkte einer verallgemeinerten Quaternionengruppe mit einer 2-Gruppe, deren sämtliche Involutionen im Zentrum liegen. Dann ist $\mathfrak{G}$ nicht einfach.*

Insbesondere ist die 2-Sylowgruppe einer einfachen Gruppe niemals ein direktes Produkt von verallgemeinerten Quaternionengruppen.

Hilfssatz 22.8 hat sich auch bei anderen Untersuchungen als nützliches Hilfsmittel erwiesen; siehe Itô [14] und Janko [3].

Aufgaben:

40) (Suzuki [11], Brauer [15]) Sei $|\mathfrak{G}| = 4g'$ mit $2 \nmid g'$. Es habe $\mathfrak{G}$ keine nichttrivialen 2-Faktorgruppen. Sei I eine Involution in $\mathfrak{G}$ und $\mathfrak{H} = \mathbf{C}_{\mathfrak{G}}(I)$. Man zeige:

a) $\mathfrak{H}$ hat ein invariantes 2-Komplement $\mathfrak{U}$.

b) Seien $\eta_1 = 1$, η_2, η_3, η_4 mit $\eta_2(I) = 1$ die irreduziblen Charaktere von $\mathfrak{H}/\mathfrak{U}$. Setzen wir $\tau = \eta_1 + \eta_2 - \eta_3 - \eta_4$, so gilt $\tau^{\mathfrak{G}} = \chi_1 + \varepsilon_2 \chi_2 + \varepsilon_3 \chi_3 + \varepsilon_4 \chi_4$ mit irreduziblen χ_i und $\varepsilon_i = \pm 1$.

(Ist $\mathfrak{P}$ eine 2-Sylowgruppe von $\mathfrak{H}$ und $\mathbf{C}_{\mathfrak{G}}(\mathfrak{P}) = \mathfrak{V} \times \mathfrak{P}$, so setze man $\mathfrak{D} = \mathfrak{V} I$.)

c) Setzen wir $|\mathfrak{G}| = g$, so gilt

$$g\left\{1 + \sum_{i=2}^{4} \varepsilon_i \frac{\chi_i(I)^2}{\chi_i(E)}\right\} = 2^5\, |\mathfrak{U} : \mathfrak{V}|^2\, |\mathfrak{U}|\,.$$

§ 23. Schurscher Multiplikator und Darstellungsgruppen

Die in den folgenden drei Paragraphen behandelte Theorie der projektiven Darstellungen endlicher Gruppen wurde von I. Schur in den drei großen Arbeiten Schur [1], [3] und [5] entwickelt.

23.1 Definition. Sei K ein algebraisch abgeschlossener Körper der Charakteristik 0, den wir ein für alle Male fest halten. Sei $\mathfrak{G}$ eine endliche Gruppe. Wir machen die multiplikative Gruppe $K^\times$ von K zu einem

$\mathfrak{G}$-Modul durch die Festsetzung $k\,G = k$ für alle k aus $K^\times$ und alle G aus $\mathfrak{G}$. Die Kohomologiegruppe $\mathbf{H}^2(\mathfrak{G}, K^\times)$ nennen wir den Schurschen Multiplikator von $\mathfrak{G}$. (Es wird sich zeigen, daß $\mathbf{H}^2(\mathfrak{G}, K^\times)$ nicht von K abhängt, solange wir an den angegebenen Voraussetzungen über K fest halten. Es kommt nur auf die Gruppe der in K liegenden $|\mathfrak{G}|$-ten Einheitswurzeln an.) Alle Bezeichnungen der Kohomologietheorie übernehmen wir aus I, § 16.

23.2 Hilfssatz. *Zu jedem 2-Kozyklus a aus $\mathbf{Z}^2(\mathfrak{G}, K^\times)$ gibt es einen 2-Kozyklus a' mit $a'\,a^{-1} \in \mathbf{B}^2(\mathfrak{G}, K^\times)$ derart, daß alle $a'(G, G')$ mit $G, G' \in \mathfrak{G}$ g-te Einheitswurzeln in K sind. Insbesondere ist der Schursche Multiplikator $\mathbf{H}^2(\mathfrak{G}, K^\times)$ endlich.*

Beweis. Sei $a \in \mathbf{Z}^2(\mathfrak{G}, K^\times)$. Aus I, 16.19 a) folgt mit $g = |\mathfrak{G}|$ und geeignetem $b \in \mathbf{C}^1(\mathfrak{G}, K^\times)$ dann

$$a^g = b\,\delta \in \mathbf{B}^2(\mathfrak{G}, K^\times)\,.$$

Wegen der algebraischen Abgeschlossenheit von K gibt es ein c aus $\mathbf{C}^1(\mathfrak{G}, K^\times)$ mit $c(G)^g = b(G)$ für alle G aus $\mathfrak{G}$. Mit $a' = a(c\,\delta)^{-1}$ ist dann

$$a' \equiv a \quad (\mathbf{B}^2(\mathfrak{G}, K^\times))\,,$$

und die $a'(G, G')$ sind g-te Einheitswurzeln. Es ist klar, daß es höchstens g^{g^2} solche a' gibt. Also ist $\mathbf{H}^2(\mathfrak{G}, K^\times)$ endlich. **q.e.d.**

23.3 Hilfssatz. *Sei $\mathfrak{G}$ eine endliche Gruppe und $\mathfrak{H}$ eine nicht notwendig endliche Gruppe mit einem abelschen Normalteiler $\mathfrak{A}$ mit $\mathfrak{A} \leqq \mathbf{Z}(\mathfrak{H})$ und $\mathfrak{H}/\mathfrak{A} \cong \mathfrak{G}$. Sei $\mathfrak{H} = \bigcup_{G \in \mathfrak{G}} \mathfrak{A}\,R(G)$ die Nebenklassenzerlegung von $\mathfrak{H}$ nach $\mathfrak{A}$, und sei*

$$R(G_1)\,R(G_2) = A(G_1, G_2)\,R(G_1\,G_2)\,.$$

Es gilt:

a) *Für α aus der Charaktergruppe $\hat{\mathfrak{A}} = \mathrm{Hom}(\mathfrak{A}, K^\times)$ von $\mathfrak{A}$ definieren wir α^μ aus $\mathbf{Z}^2(\mathfrak{G}, K^\times)$ durch*

$$\alpha^\mu(G_1, G_2) = \alpha(A(G_1, G_2))$$

und α^ε aus $\mathbf{H}^2(\mathfrak{G}, K^\times)$ durch die Festsetzung

$$\alpha^\varepsilon = \alpha^\mu\,\mathbf{B}^2(\mathfrak{G}, K^\times)\,.$$

Dann ist ε ein Homomorphismus von $\hat{\mathfrak{A}}$ in $\mathbf{H}^2(\mathfrak{G}, K^\times)$ mit dem Kern $(\mathfrak{A} \cap \mathfrak{H}')^\perp$.

b) *Es gilt $\hat{\mathfrak{A}}^\varepsilon \cong \mathfrak{A} \cap \mathfrak{H}'$. Insbesondere ist $\mathfrak{A} \cap \mathfrak{H}'$ endlich.*

Beweis. a) Aus der Gleichung

$$A(G_1, G_2)\,A(G_1\,G_2, G_3) = A(G_1, G_2\,G_3)\,A(G_2, G_3)$$

(siehe I, 14.1; S. 86) folgt sofort, daß μ ein Homomorphismus von $\hat{\mathfrak{A}}$ in $\mathbf{Z}^2(\mathfrak{G}, K^\times)$ ist. Wann liegt α^μ in $\mathbf{B}^2(\mathfrak{G}, K^\times)$?

Sei zuerst $\alpha^\mu = a\,\delta \in \mathbf{B}^2(\mathfrak{G}, K^\times)$ mit einem a aus $\mathbf{C}^1(\mathfrak{G}, K^\times)$. Dann gilt

$$\alpha(A(G_1, G_2)) = \alpha^\mu(G_1, G_2) = a(G_1)\, a(G_2)\, a(G_1 G_2)^{-1}\,.$$

Wir definieren die Abbildung τ von $\mathfrak{H}$ in $K^\times$ durch

$$\tau(A\,R(G)) = \alpha(A)\, a(G)\,.$$

Wegen

$$\begin{aligned}\tau(A_1 R(G_1) A_2 R(G_2)) &= \tau(A_1 A_2 A(G_1, G_2)\, R(G_1 G_2)) \\ &= \alpha(A_1)\,\alpha(A_2)\,\alpha(A(G_1, G_2))\, a(G_1 G_2) \\ &= \alpha(A_1)\,\alpha(A_2)\, a(G_1)\, a(G_2) = \tau(A_1 R(G_1))\,\tau(A_2 R(G_2))\end{aligned}$$

ist τ ein Homomorphismus von $\mathfrak{H}$ in $K^\times$. Also ist $\tau = 1$ auf $\mathfrak{H}'$. Wir haben

$$1 = \tau(R(E)^{-1} R(E)) = \alpha(R(E)^{-1})\, a(E)\,.$$

Daher gilt für alle $A \in \mathfrak{A}$

$$\tau(A) = \alpha(A\,R(E)^{-1})\, a(E) = \alpha(A)\,\alpha(R(E)^{-1})\, a(E) = \alpha(A)\,.$$

Für $A \in \mathfrak{A} \cap \mathfrak{H}'$ folgt insbesondere

$$1 = \tau(A) = \alpha(A)\,.$$

Aus $\alpha^\mu \in \mathbf{B}^2(\mathfrak{G}, K^\times)$ erhalten wir also $\alpha \in (\mathfrak{A} \cap \mathfrak{H}')^\perp$.

Sei umgekehrt $\alpha \in (\mathfrak{A} \cap \mathfrak{H}')^\perp$. Auf $\mathfrak{A}\,\mathfrak{H}'$ definieren wir die Funktion β durch

$$\beta(A\,H) = \alpha(A)$$

für $A \in \mathfrak{A}$ und $H \in \mathfrak{H}'$. Wegen $\alpha \in (\mathfrak{A} \cap \mathfrak{H}')^\perp$ ist β wohldefiniert. Offenbar ist β ein Homomorphismus von $\mathfrak{A}\,\mathfrak{H}'$ in $K^\times$ mit $\operatorname{Kern}\beta \geqq \mathfrak{H}'$. Wegen der Dividierbarkeit von $K^\times$ können wir β nach I, 13.17 (S. 82) zu einem Homomorphismus γ von $\mathfrak{H}$ in $K^\times$ fortsetzen. Nun gilt

$$\gamma(R(G_1))\,\gamma(R(G_2)) = \gamma(A(G_1, G_2)\, R(G_1 G_2)) = \alpha(A(G_1, G_2))\,\gamma(R(G_1 G_2))\,.$$

Setzen wir $\gamma(R(G)) = a(G)$, so folgt

$$\alpha^\mu(G_1, G_2) = \alpha(A(G_1, G_2)) = a(G_1)\, a(G_2)\, a(G_1 G_2)^{-1}.$$

Also liegt α^μ in $\mathbf{B}^2(\mathfrak{G}, K^\times)$.

b) Mit 6.3 a) (S. 487) folgt aus a)

$$\hat{\mathfrak{A}}^\varepsilon \cong \hat{\mathfrak{A}}/(\mathfrak{A} \cap \mathfrak{H}')^\perp \cong \widehat{\mathfrak{A} \cap \mathfrak{H}'}\,.$$

Da $\hat{\mathfrak{A}}^\varepsilon$ als Untergruppe von $\mathbf{H}^2(\mathfrak{G}, K^\times)$ nach 23.2 endlich ist, ist auch $\widehat{\mathfrak{A} \cap \mathfrak{H}'}$ endlich. Mit 6.3 und 6.4 folgt dann $\mathfrak{A} \cap \mathfrak{H}' \cong \widehat{\mathfrak{A} \cap \mathfrak{H}'}$. **q.e.d.**

23.4 Definition. Die Gruppe $\mathfrak{R}$ heißt eine Darstellungsgruppe der endlichen Gruppe $\mathfrak{G}$, wenn folgende Bedingungen erfüllt sind: Es gibt eine Untergruppe $\mathfrak{A}$ von $\mathfrak{R}$ mit

(1) $\mathfrak{A} \leqq \mathfrak{R}' \cap \mathbf{Z}(\mathfrak{R})$,

(2) $\mathfrak{R}/\mathfrak{A} \cong \mathfrak{G}$,

(3) $|\mathfrak{A}| = |\mathbf{H}^2(\mathfrak{G}, K^\times)|$.

23.5 Hauptsatz (I. Schur [3]). *Sei $\mathfrak{G}$ eine endliche Gruppe und $\mathfrak{F}$ eine freie Gruppe in n freien Erzeugenden mit $\mathfrak{F}/\mathfrak{R} \cong \mathfrak{G}$. Wir setzen*

$$\mathfrak{H} = \mathfrak{F}/[\mathfrak{R}, \mathfrak{F}] \quad \textit{und} \quad \mathfrak{J} = \mathfrak{R}/[\mathfrak{R}, \mathfrak{F}] \,.$$

Dann gilt:

a) *$\mathfrak{J}$ ist eine endlich erzeugbare, abelsche Untergruppe von $\mathbf{Z}(\mathfrak{H})$, und*

$$\mathfrak{T} = (\mathfrak{R} \cap \mathfrak{F}')/[\mathfrak{R}, \mathfrak{F}]$$

ist die Torsionsgruppe von $\mathfrak{J}$.

b) *$\mathfrak{J}$ hat den Rang n.*

c) *Ist K algebraisch abgeschlossen von der Charakteristik* 0, *so ist $\mathbf{H}^2(\mathfrak{G}, K^\times) \cong \mathfrak{T}$; dies beweist insbesondere die schon in* 23.1 *bemerkte Unabhängigkeit von $\mathbf{H}^2(\mathfrak{G}, K^\times)$ von K.*

d) *Ist $\mathfrak{J} = \mathfrak{S} \times \mathfrak{T}$, so ist $\mathfrak{H}/\mathfrak{S}$ eine Darstellungsgruppe von $\mathfrak{G}$.*

e) *Ist $\mathfrak{L}$ irgendeine Darstellungsgruppe von $\mathfrak{G}$ mit $\mathfrak{L}/\mathfrak{B} \cong \mathfrak{G}$ und $\mathfrak{B} \leqq \mathfrak{L}' \cap \mathbf{Z}(\mathfrak{L})$, so ist $\mathfrak{L}$ ein homomorphes Bild von $\mathfrak{F}/[\mathfrak{R}, \mathfrak{F}]$, und es gilt $\mathfrak{B} \cong \mathbf{H}^2(\mathfrak{G}, K^\times)$.*

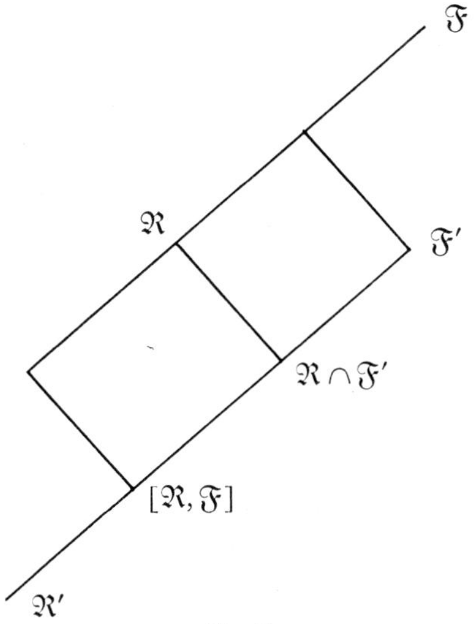

Fig. 14

Beweis. a) Wegen $\mathfrak{J} \leqq \mathbf{Z}(\mathfrak{H})$ ist $|\mathfrak{H}/\mathbf{Z}(\mathfrak{H})| \leqq |\mathfrak{H}/\mathfrak{J}| = |\mathfrak{G}| < \infty$. Also ist $\mathfrak{H}'$ nach IV, 2.3 (S. 417) endlich. Daher liegt

$$\mathfrak{H}' \cap \mathfrak{J} = (\mathfrak{F}' \cap \mathfrak{R})/[\mathfrak{R}, \mathfrak{F}]$$

in der Torsionsgruppe $\mathfrak{T}$ von $\mathfrak{J}$. Als Untergruppe der freien abelschen Gruppe $\mathfrak{F}/\mathfrak{F}'$ vom Rang n ist $\mathfrak{R}\mathfrak{F}'/\mathfrak{F}' \cong \mathfrak{R}/(\mathfrak{R} \cap \mathfrak{F}')$ nach I, 13.4 a) (S. 74) eine freie abelsche Gruppe. Daher liegt die Torsionsgruppe $\mathfrak{T}$ von $\mathfrak{J} = \mathfrak{R}/[\mathfrak{R}, \mathfrak{F}]$ in $(\mathfrak{R} \cap \mathfrak{F}')/[\mathfrak{R}, \mathfrak{F}]$.

Wegen $|\mathfrak{F}/\mathfrak{N}| = |\mathfrak{G}| < \infty$ ist $\mathfrak{N}$ nach I, 19.10 (S. 141) endlich erzeugbar. Also ist auch $\mathfrak{J} = \mathfrak{N}/[\mathfrak{N}, \mathfrak{F}]$ endlich erzeugbar.

b) Nach Beweisteil a) ist $\mathfrak{N}\,\mathfrak{F}'/\mathfrak{F}'$ eine freie abelsche Untergruppe von $\mathfrak{F}/\mathfrak{F}'$ mit

$$|\mathfrak{F}/\mathfrak{F}' : \mathfrak{N}\,\mathfrak{F}'/\mathfrak{F}'| \leqq |\mathfrak{F}/\mathfrak{N}| = |\mathfrak{G}| < \infty .$$

Nach I, 13.14 a) (S. 80) hat daher

$$\mathfrak{N}\,\mathfrak{F}'/\mathfrak{F}' \cong \mathfrak{N}/(\mathfrak{N} \cap \mathfrak{F}') \cong \mathfrak{J}/\mathfrak{T}$$

den gleichen Rang n wie $\mathfrak{F}/\mathfrak{F}'$. Also hat auch $\mathfrak{J}$ den Rang n.

c) Sei $\mathfrak{H} = \bigcup_{G \in \mathfrak{G}} \mathfrak{J}\, R(G)$ die Nebenklassenzerlegung von $\mathfrak{H}$ nach $\mathfrak{J}$ mit

$$R(G_1)\, R(G_2) = J(G_1, G_2)\, R(G_1 G_2)$$

und $J(G_1, G_2) \in \mathfrak{J}$. Mit der Abbildung ε aus 23.3 gilt

$$(\mathfrak{N} \cap \mathfrak{F}')/[\mathfrak{N}, \mathfrak{F}] = \mathfrak{J} \cap \mathfrak{H}' \cong \hat{\mathfrak{J}}^{\varepsilon} .$$

Wir zeigen, daß ε ein Epimorphismus der Charaktergruppe $\hat{\mathfrak{J}}$ von $\mathfrak{J}$ auf $\mathbf{H}^2(\mathfrak{G}, K^\times)$ ist.

Sei $a \in \mathbf{Z}^2(\mathfrak{G}, K^\times)$. Wir versehen die Menge

$$\mathfrak{G}(a) = \{(G, k) \mid G \in \mathfrak{G},\, k \in K^\times\}$$

mit der Multiplikation

$$(G_1, k_1)\,(G_2, k_2) = (G_1 G_2,\, a(G_1, G_2)\, a(E, E)^{-1}\, k_1 k_2) .$$

Aus der Relation

$$1 = (a\,\delta)\,(G_1, G_2, G_3) = a(G_1, G_2)\, a(G_1, G_2 G_3)^{-1}\, a(G_1 G_2, G_3)\, a(G_2, G_3)^{-1}$$

folgt die Assoziativität der Multiplikation und

$$a(G, E) = a(E, G) = a(E, E)$$

für alle $G \in \mathfrak{G}$. Daher ist $(E, 1)$ das Einheitselement von $\mathfrak{G}(a)$, und $(G^{-1}, k^{-1}\, a(G, G^{-1})^{-1}\, a(E, E))$ ist das Inverse von (G, k). Also ist $\mathfrak{G}(a)$ eine Gruppe. Die Abbildung $k \to (E, k)$ ist ein Isomorphismus von $K^\times$ auf die zentrale Untergruppe $\{(E, k) \mid k \in K^\times\}$ von $\mathfrak{G}(a)$.

Sei π der Homomorphismus von $\mathfrak{F}$ auf $\mathfrak{G} \cong \mathfrak{F}/\mathfrak{N}$ und $\{F_1, \ldots, F_n\}$ ein System von freien Erzeugenden von $\mathfrak{F}$. Dann definiert τ mit

$$F_i^\tau = (F_i^\pi, 1)$$

einen Homomorphismus $F \to F^\tau = (F^\pi, b(F))$ von $\mathfrak{F}$ in $\mathfrak{G}(a)$. Wegen $[\mathfrak{N}, \mathfrak{F}]^\tau = \mathfrak{E}$ ist die Abbildung σ mit

$$(F\,[\mathfrak{N}, \mathfrak{F}])^\sigma = F^\tau = (F^\pi, b(F))$$

ein Homomorphismus von $\mathfrak{H} = \mathfrak{F}/[\mathfrak{N}, \mathfrak{F}]$ in $\mathfrak{G}(a)$.

Wir definieren die Abbildung α von $\mathfrak{J} = \mathfrak{N}/[\mathfrak{N}, \mathfrak{F}]$ in $K^\times$ durch

$$J^\sigma = (E, \alpha(J)) .$$

Dann ist α ein Charakter von $\mathfrak{J}$. Aus

$$R(G_1)\,R(G_2) = J(G_1, G_2)\,R(G_1\,G_2)$$

folgt

$$\begin{aligned}&\big(G_1\,G_2,\, a(G_1, G_2)\,a(E, E)^{-1}\,b(R(G_1))\,b(R(G_2))\big)\\ &\quad= \big(G_1,\, b(R(G_1))\big)\big(G_2,\, b(R(G_2))\big)\\ &\quad= R(G_1)^\sigma\,R(G_2)^\sigma = J(G_1, G_2)^\sigma\,R(G_1\,G_2)^\sigma\\ &\quad= \big(E,\, \alpha(J(G_1, G_2))\big)\big(G_1\,G_2,\, b(R(G_1\,G_2))\big)\\ &\quad= \big(G_1\,G_2,\, a(E, G_1\,G_2)\,a(E, E)^{-1}\,\alpha(J(G_1, G_2))\,b(R(G_1\,G_2))\big)\,.\end{aligned}$$

Wegen

$$a(E, E) = a(E, G_1\,G_2)$$

folgt mit der Festsetzung $d(G) = b(R(G))\,a(E, E)^{-1}$ nun

$$\alpha^\mu(G_1, G_2) = \alpha(J(G_1, G_2)) = a(G_1, G_2)\,d(G_1)\,d(G_2)\,d(G_1\,G_2)^{-1}\,.$$

Daher ist

$$\alpha^\varepsilon = \alpha^\mu\,\mathbf{B}^2(\mathfrak{G}, K^\times) = a\,\mathbf{B}^2(\mathfrak{G}, K^\times)\,,$$

und ε ist somit ein Epimorphismus von $\hat{\mathfrak{J}}$ auf $\mathbf{H}^2(\mathfrak{G}, K^\times)$.

d) Sei $\mathfrak{J} = \mathfrak{S} \times \mathfrak{T}$. Wir setzen $\mathfrak{R} = \mathfrak{H}/\mathfrak{S}$ und $\mathfrak{A} = \mathfrak{J}/\mathfrak{S}$. Dann ist:
(1) $\mathfrak{A} \leqq \mathbf{Z}(\mathfrak{R})$ und

$$\mathfrak{A} = \mathfrak{J}/\mathfrak{S} = \mathfrak{T}\,\mathfrak{S}/\mathfrak{S} \leqq \mathfrak{H}'\,\mathfrak{S}/\mathfrak{S} = \mathfrak{R}'\,,$$

also $\mathfrak{A} \leqq \mathfrak{R}' \cap \mathbf{Z}(\mathfrak{R})$.

(2) $\mathfrak{R}/\mathfrak{A} \cong \mathfrak{H}/\mathfrak{J} \cong \mathfrak{G}$.

(3) $\mathfrak{A} \cong \mathfrak{T} \cong \mathbf{H}^2(\mathfrak{G}, K^\times)$.

Also ist $\mathfrak{R}$ eine Darstellungsgruppe von $\mathfrak{G}$.

e) Wegen $\mathfrak{B} \leqq \mathfrak{L}' \cap \mathbf{Z}(\mathfrak{L})$ gilt nach III, 3.12 (S. 272) $\mathfrak{B} \leqq \Phi(\mathfrak{L})$. Sei $\mathfrak{F} = \langle F_1, \ldots, F_n\rangle$ und daher $\mathfrak{G} = \langle G_1, \ldots, G_n\rangle$ mit $G_i = F_i^\pi$. Sei τ der Homomorphismus von $\mathfrak{L}$ auf $\mathfrak{G}$ und seien $L_i \in \mathfrak{L}$ mit $L_i^\tau = G_i$ $(i = 1, \ldots, n)$. Dann ist

$$\mathfrak{L} = \langle L_1, \ldots, L_n, \mathfrak{B}\rangle = \langle L_1, \ldots, L_n, \Phi(\mathfrak{L})\rangle = \langle L_1, \ldots, L_n\rangle\,.$$

Daher gibt es einen Homomorphismus σ von $\mathfrak{F}$ auf $\mathfrak{L}$ mit $F_i^\sigma = L_i$. Offenbar ist $\sigma\,\tau = \pi$. Es ist $F^\sigma \in \mathfrak{B}$ gleichwertig mit $F^{\sigma\tau} = F^\pi = E$, also mit $F \in \mathfrak{R}$. Ferner gilt

$$[\mathfrak{R}, \mathfrak{F}]^\sigma = [\mathfrak{R}^\sigma, \mathfrak{F}^\sigma] = [\mathfrak{B}, \mathfrak{L}] = \mathfrak{E}\,.$$

Also bewirkt σ einen Epimorphismus $\bar{\sigma}$ von $\mathfrak{F}/[\mathfrak{R}, \mathfrak{F}]$ auf $\mathfrak{L}$ mit

$$\mathfrak{T}^{\bar{\sigma}} = ((\mathfrak{F}' \cap \mathfrak{R})/[\mathfrak{R}, \mathfrak{F}])^{\bar{\sigma}} = \mathfrak{F}'^\sigma \cap \mathfrak{R}^\sigma = \mathfrak{L}' \cap \mathfrak{B} = \mathfrak{B}\,.$$

Wegen $|\mathfrak{B}| = |\mathbf{H}^2(\mathfrak{G}, K^\times)| = |\mathfrak{T}|$ folgt dann $\mathfrak{B} \cong \mathfrak{T} \cong \mathbf{H}^2(\mathfrak{G}, K^\times)$. **q.e.d.**

Der torsionsfreie Anteil $\mathfrak{S}$ in der Zerlegung $\mathfrak{Z} = \mathfrak{T} \times \mathfrak{S}$ ist nicht eindeutig bestimmt. Daher ist auch der Isomorphietyp der Darstellungsgruppe von $\mathfrak{G}$ i.a. nicht eindeutig bestimmt. Man sieht leicht, daß beide nichtabelschen Gruppen der Ordnung p^3 Darstellungsgruppen der abelschen Gruppe vom Typ (p, p) sind. Wir werden jedoch zeigen, daß $\mathfrak{R}'$, $\mathfrak{R}/\mathbf{Z}(\mathfrak{R})$ und der Gruppenring $K[\mathfrak{R}]$ durch $\mathfrak{G}$ eindeutig bestimmt sind.

23.6 Satz. *Seien $\mathfrak{R}_1$ und $\mathfrak{R}_2$ Darstellungsgruppen von $\mathfrak{G}$.*

a) (I. SCHUR [3]) *Dann ist $\mathfrak{R}_1' \cong \mathfrak{R}_2'$.*

Insbesondere sind für $\mathfrak{G} = \mathfrak{G}'$ alle Darstellungsgruppen von $\mathfrak{G}$ isomorph.

b) (GASCHÜTZ, NEUBÜSER, YEN [1]) *Es gilt*

$$\mathfrak{R}_1/\mathbf{Z}(\mathfrak{R}_1) \cong \mathfrak{R}_2/\mathbf{Z}(\mathfrak{R}_2)\,.$$

Beweis. a) Sei $\mathfrak{R}$ eine Darstellungsgruppe von $\mathfrak{G}$, und sei $\mathfrak{H} = \mathfrak{F}/[\mathfrak{N}, \mathfrak{F}]$ wie in 23.5. Dabei sei $\mathfrak{A} \leqq \mathbf{Z}(\mathfrak{R}) \cap \mathfrak{R}'$ und $\mathfrak{R}/\mathfrak{A} \cong \mathfrak{G}$. (Nach 23.5 e) ist dann $\mathfrak{A} \cong \mathbf{H}^2(\mathfrak{G}, K^\times)$.) Wegen $\mathfrak{A} \leqq \mathfrak{R}'$ gilt

$$|\mathfrak{R}'| = |\mathfrak{G}'|\,|\mathfrak{A}| = |\mathfrak{G}'|\,|\mathbf{H}^2(\mathfrak{G}, K^\times)|\,.$$

Nach 23.5 e) gibt es einen Homomorphismus μ von $\mathfrak{H}$ auf $\mathfrak{R}$. Also ist $|\mathfrak{R}'| = |\mathfrak{H}'^{\mu}| \leqq |\mathfrak{H}'|$. Wir zeigen $|\mathfrak{R}'| = |\mathfrak{H}'|$. Dann ist $\mathfrak{R}' \cong \mathfrak{H}'$, und wir sind fertig.

Wir haben (in der Bezeichnung von 23.5) $\mathfrak{H}/\mathfrak{Z} \cong \mathfrak{G}$, also

$$|\mathfrak{G}'| = |\mathfrak{H}'\,\mathfrak{Z}/\mathfrak{Z}| = |\mathfrak{H}'/\mathfrak{H}' \cap \mathfrak{Z}|\,.$$

Ferner ist nach 23.5

$$\mathfrak{H}' \cap \mathfrak{Z} \cong \mathbf{H}^2(\mathfrak{G}, K^\times) \cong \mathfrak{A}\,.$$

Also erhalten wir $|\mathfrak{H}'| = |\mathfrak{G}'|\,|\mathfrak{A}| = |\mathfrak{R}'|$.

b) Sei wieder $\mathfrak{F}$ eine freie Gruppe mit $\mathfrak{F}/\mathfrak{N} \cong \mathfrak{G}$. Wir setzen wie in 23.5 $\mathfrak{H} = \mathfrak{F}/[\mathfrak{N}, \mathfrak{F}]$, $\mathfrak{Z} = \mathfrak{N}/[\mathfrak{N}, \mathfrak{F}]$ und $\mathfrak{T} = \mathfrak{Z} \cap \mathfrak{H}'$. Nach 23.5 e) gilt $\mathfrak{R}_i \cong \mathfrak{H}/\mathfrak{S}_i$, wobei $\mathfrak{S}_i$ ein Komplement der Torsionsgruppe $\mathfrak{T}$ von $\mathfrak{Z}$ ist. Es genügt der Nachweis von $\mathbf{Z}(\mathfrak{H}/\mathfrak{S}_i) = \mathbf{Z}(\mathfrak{H})/\mathfrak{S}_i$, denn daraus folgt

$$\mathfrak{R}_i/\mathbf{Z}(\mathfrak{R}_i) \cong \mathfrak{H}/\mathfrak{S}_i/\mathbf{Z}(\mathfrak{H}/\mathfrak{S}_i) \cong \mathfrak{H}/\mathbf{Z}(\mathfrak{H})$$

für $i = 1, 2$. Sei $X\,\mathfrak{S}_i \in \mathbf{Z}(\mathfrak{H}/\mathfrak{S}_i)$. Dann gilt für alle $H \in \mathfrak{H}$

$$[X, H] \in \mathfrak{S}_i \cap \mathfrak{H}' = \mathfrak{S}_i \cap (\mathfrak{H}' \cap \mathfrak{Z}) = \mathfrak{S}_i \cap \mathfrak{T} = \mathfrak{E}\,,$$

also $X \in \mathbf{Z}(\mathfrak{H})$. Daher folgt $\mathbf{Z}(\mathfrak{H}/\mathfrak{S}_i) \leqq \mathbf{Z}(\mathfrak{H})/\mathfrak{S}_i$ und dann trivialerweise $\mathbf{Z}(\mathfrak{H}/\mathfrak{S}_i) = \mathbf{Z}(\mathfrak{H})/\mathfrak{S}_i$. **q.e.d.**

23.7 Definition. Sei $a \in \mathbf{Z}^2(\mathfrak{G}, K^\times)$. Wir definieren die verschränkte Gruppenalgebra $\underline{K[\mathfrak{G}, a]}$ zum Kozyklus a durch $K[\mathfrak{G}, a] = \bigoplus_{G \in \mathfrak{G}} K\,e(G)$ mit

$$e(G_1)\,e(G_2) = a(G_1, G_2)\,e(G_1 G_2)\,.$$

Wegen der Kozyklenrelation

$$a(G_1, G_2)\, a(G_1 G_2, G_3) = a(G_1, G_2 G_3)\, a(G_2, G_3)$$

ist $K[\mathfrak{G}, a]$ eine assoziative Algebra über K. Änderung der Basis vermöge $e'(G) = b(G)\, e(G)$ mit $b(G) \in K^{\times}$ ändert a um einen Korand aus $\mathbf{B}^2(\mathfrak{G}, K^{\times})$, und umgekehrt. Aus $a' \equiv a\ (\mathbf{B}^2(\mathfrak{G}, K^{\times}))$ folgt also $K[\mathfrak{G}, a] \cong K[\mathfrak{G}, a']$. Für $\bar{a} = a\,\mathbf{B}^2(\mathfrak{G}, K^{\times})$ aus $\mathbf{H}^2(\mathfrak{G}, K^{\times})$ können wir daher $K[\mathfrak{G}, \bar{a}]$ durch $K[\mathfrak{G}, \bar{a}] = K[\mathfrak{G}, a]$ definieren.

23.8 Satz. *Sei $\mathfrak{R}$ eine Darstellungsgruppe von $\mathfrak{G}$. Dann gilt*

$$K[\mathfrak{R}] \cong \bigoplus_{\bar{a}} K[\mathfrak{G}, \bar{a}]\,;$$

die Summation läuft dabei über alle $\bar{a}$ aus $\mathbf{H}^2(\mathfrak{G}, K^{\times})$. Insbesondere ist der Isomorphietyp von $K[\mathfrak{R}]$ eindeutig durch $\mathfrak{G}$ bestimmt.

Beweis. Sei $\mathfrak{A} \leqq \mathfrak{R}' \cap \mathbf{Z}(\mathfrak{R})$ mit $\mathfrak{R}/\mathfrak{A} \cong \mathfrak{G}$ und $\mathfrak{R} = \bigcup_{G \in \mathfrak{G}} \mathfrak{A}\, R(G)$. Sei $K[\mathfrak{A}] = \bigoplus_{\alpha \in \hat{\mathfrak{A}}} K\, e_\alpha$ die Zerlegung der kommutativen Algebra $K[\mathfrak{A}]$ gemäß 5.1 in einfache Ringe $K\, e_\alpha$. Die e_α sind also paarweise orthogonale Idempotente. Da die Charaktere von $\mathfrak{A}$ die sämtlichen irreduziblen Darstellungen von $\mathfrak{A}$ sind, gilt für jedes a aus $K[\mathfrak{A}]$

$$a = \sum_{\alpha \in \hat{\mathfrak{A}}} \alpha(a)\, e_\alpha\,.$$

Wir betten $K[\mathfrak{A}]$ in natürlicher Weise in $K[\mathfrak{R}]$ ein. Wegen $e_\alpha \in \mathbf{Z}(K[\mathfrak{R}])$ erhalten wir

$$K[\mathfrak{R}] = \bigoplus_{G \in \mathfrak{G}} K[\mathfrak{A}]\, R(G) = \bigoplus_{\alpha \in \hat{\mathfrak{A}}} \Big(\bigoplus_{G \in \mathfrak{G}} K\, e_\alpha\, R(G) \Big)\,.$$

Dabei ist

$$(e_{\alpha_1} R(G_1))\,(e_{\alpha_2} R(G_2)) = e_{\alpha_1} e_{\alpha_2}\, A(G_1, G_2)\, R(G_1 G_2)\,.$$

Für $\alpha_1 \neq \alpha_2$ ist dies 0 wegen der Orthogonalität der e_α. Aus

$$A(G_1, G_2) = \sum_{\beta \in \hat{\mathfrak{A}}} \beta(A(G_1, G_2))\, e_\beta$$

folgt

$$(e_\alpha R(G_1))\,(e_\alpha R(G_2)) = \alpha(A(G_1, G_2))\, e_\alpha R(G_1 G_2)\,.$$

Somit ist $\bigoplus_{G \in \mathfrak{G}} K\, e_\alpha\, R(G)$ die verschränkte Gruppenalgebra zum Kozyklus a mit $a(G_1, G_2) = \alpha(A(G_1, G_2))$. Da $\mathfrak{R}$ eine Darstellungsgruppe von $\mathfrak{G}$ ist, ist die Abbildung ε aus 23.3 ein Isomorphismus von $\hat{\mathfrak{A}}$ auf $\mathbf{H}^2(\mathfrak{G}, K^{\times})$. Also treten in der direkten Zerlegung von $K[\mathfrak{R}]$ alle Elemente $\bar{a}$ aus $\mathbf{H}^2(\mathfrak{G}, K^{\times})$ genau einmal auf. **q.e.d.**

Nach I, 16.19 (S. 117) ist der Exponent von $\mathbf{H}^2(\mathfrak{G}, K^{\times})$ ein Teiler von $|\mathfrak{G}|$. Wir können diese Aussage verschärfen:

23.9 Satz. a) (I. Schur) *Ist e der Exponent von $\mathbf{H}^2(\mathfrak{G}, K^{\times})$, so ist e^2 ein Teiler von $|\mathfrak{G}|$.*

b) *Der Exponent von* $\mathbf{H}^2(\mathfrak{G}, K^\times)$ *teilt den Index jedes zyklischen Normalteilers von* $\mathfrak{G}$.

Beweis. Sei $\mathfrak{K}$ eine Darstellungsgruppe von $\mathfrak{G}$ mit $\mathfrak{K}/\mathfrak{A} \cong \mathfrak{G}$ und $\mathfrak{A} \leqq \mathfrak{K}' \cap \mathbf{Z}(\mathfrak{K})$.

a) Wegen $\mathfrak{A} \leqq \mathbf{Z}(\mathfrak{K})$ hat die Einschränkung $\chi_{\mathfrak{A}}$ eines irreduziblen Charakters χ von $\mathfrak{K}$ auf $\mathfrak{A}$ nach dem Schurschen Lemma die Gestalt $\chi_{\mathfrak{A}} = n\,\varphi$ mit $n = \chi(E)$ und einem geeigneten linearen Charakter φ von $\mathfrak{A}$. Nach dem Frobeniusschen Reziprozitätssatz 16.5 haben wir dann

$$(\varphi^{\mathfrak{K}}, \chi)_{\mathfrak{K}} = (\varphi, \chi_{\mathfrak{A}})_{\mathfrak{A}} = \chi(E)\,.$$

Ist ϱ ein irreduzibler Charakter von $\mathfrak{K}$ mit $\varrho_{\mathfrak{A}} = m\,\beta$ und $\beta \neq \varphi$, so ist

$$(\varphi^{\mathfrak{K}}, \varrho)_{\mathfrak{K}} = (\varphi, \varrho_{\mathfrak{A}})_{\mathfrak{A}} = 0\,.$$

Sei φ ein eindimensionaler Charakter von $\mathfrak{A}$, und seien τ_i $(i = 1, \ldots, s)$ die sämtlichen irreduziblen Charaktere von $\mathfrak{K}$ mit $(\tau_i)_{\mathfrak{A}} = \tau_i(E)\,\varphi$. Dann ist also

$$\varphi^{\mathfrak{K}} = \sum_{i=1}^{s} \tau_i(E)\,\tau_i$$

und

$$\sum_{i=1}^{s} \tau_i(E)^2 = \varphi^{\mathfrak{K}}(E) = |\mathfrak{K}/\mathfrak{A}| = g\,.$$

Sei $\mathbf{D}$ eine irreduzible Darstellung von $\mathfrak{K}$ mit $\mathbf{D}(A) = \varphi(A)\,E_n$ (mit $n = \text{Grad}\,\mathbf{D}$) für A aus $\mathfrak{A}$. Dann ist α mit $\alpha(X) = \det \mathbf{D}(X)$ ein eindimensionaler Charakter von $\mathfrak{K}$. Wegen $\mathfrak{A} \leqq \mathfrak{K}'$ gilt

$$1 = \det \mathbf{D}(A) = \varphi(A)^n$$

für alle $A \in \mathfrak{A}$. Mithin ist $\varphi^n = 1$. Aus $(\tau_i)_{\mathfrak{A}} = n_i\,\varphi$ mit $n_i = \tau_i(E)$ folgt also $\varphi^{n_i} = 1$. Somit ist die Ordnung $O(\varphi)$ von φ ein Teiler von n_i, und $O(\varphi)^2$ teilt daher

$$\sum_{i=1}^{s} n_i^2 = g\,.$$

Daraus folgt wegen $\mathbf{H}^2(\mathfrak{G}, K^\times) \cong \mathfrak{A} \cong \hat{\mathfrak{A}}$ die Behauptung.

b) Sei $\mathfrak{Z}/\mathfrak{A}$ ein zyklischer Normalteiler der zu $\mathfrak{G}$ isomorphen Gruppe $\mathfrak{K}/\mathfrak{A}$. Dann ist $\mathfrak{Z}$ als zyklische Erweiterung der zentralen Untergruppe $\mathfrak{A}$ abelsch. Zu jedem irreduziblen Charakter φ von $\mathfrak{A}$ gehört nach dem unter a) Gezeigten ein irreduzibler Charakter χ von $\mathfrak{K}$ mit $O(\varphi) \mid \chi(E)$. Nach dem Satz von Itô (17.9) ist $\chi(E)$ ein Teiler von $|\mathfrak{K}/\mathfrak{Z}|$. Also ist $\operatorname{Exp} \hat{\mathfrak{A}}$ ein Teiler von $|\mathfrak{K}/\mathfrak{Z}|$. Wegen $\mathbf{H}^2(\mathfrak{G}, K^\times) \cong \hat{\mathfrak{A}}$ folgt die Behauptung.

q.e.d.

Die Aussage in 23.9 a) gilt keineswegs für beliebige Kohomologiegruppen. Ist zum Beispiel L eine galoissche Erweiterung des $\mathfrak{p}$-adischen Körpers K vom Grad $(L : K) = g$ mit der Galoisgruppe $\mathfrak{G}$, und machen wir $L^\times$ zu einem multiplikativ geschriebenen $\mathfrak{G}$-Modul durch Anwendung der Automorphismen aus $\mathfrak{G}$ auf die Elemente von $L^\times$, so ist $\mathbf{H}^2(\mathfrak{G}, L^\times)$ zyklisch von der Ordnung g.

Die Ordnung des Multiplikators einer p-Gruppe läßt sich leicht abschätzen:

23.10 Satz (Green [2]). *Sei $\mathfrak{G}$ eine p-Gruppe der Ordnung p^n. Dann ist $\mathbf{H}^2(\mathfrak{G}, K^\times)$ eine p-Gruppe mit $|\mathbf{H}^2(\mathfrak{G}, K^\times)| \leqq p^{n(n-1)/2}$.*

(*Diese Schranke wird schon bei abelschen p-Gruppen erreicht, wie wir in* 25.11 *sehen werden.*)

Beweis. a) Zuerst beweisen wir nach J. Wiegold [1] durch Induktion nach n: Ist $\mathfrak{G}$ eine Gruppe mit $|\mathfrak{G}/\mathbf{Z}(\mathfrak{G})| = p^n$, so gilt $|\mathfrak{G}'| \leqq p^{n(n-1)/2}$.

Für abelsches $\mathfrak{G}$ ist die Behauptung richtig. Sei also $n \geqq 2$ und $X \in \mathbf{Z}_2(\mathfrak{G}) - \mathbf{Z}(\mathfrak{G})$. Wegen

$$[X, G_1]\,[X, G_2] = [X, G_1 G_2]$$

(siehe III, 1.2 b); S. 253) ist dann

$$\mathfrak{N} = \{[X, G] \mid G \in \mathfrak{G}\}$$

ein in $\mathbf{Z}(\mathfrak{G})$ liegender Normalteiler von $\mathfrak{G}$. Aus

$$\mathbf{C}_{\mathfrak{G}}(X) \geqq \langle \mathbf{Z}(\mathfrak{G}), X\rangle > \mathbf{Z}(\mathfrak{G})$$

folgt

$$|\mathfrak{N}| = |\mathfrak{G} : \mathbf{C}_{\mathfrak{G}}(X)| < |\mathfrak{G}/\mathbf{Z}(\mathfrak{G})| = p^n\,.$$

Wir setzen $\overline{\mathfrak{G}} = \mathfrak{G}/\mathfrak{N}$. Es ist

$$\mathbf{Z}(\overline{\mathfrak{G}}) \geqq \langle \mathbf{Z}(\mathfrak{G})/\mathfrak{N}, X\,\mathfrak{N}\rangle > \mathbf{Z}(\mathfrak{G})/\mathfrak{N}$$

und daher $|\overline{\mathfrak{G}}/\mathbf{Z}(\overline{\mathfrak{G}})| \leqq p^{n-1}$. Somit liefert unsere Induktionsannahme $|\overline{\mathfrak{G}}'| \leqq p^{(n-1)(n-2)/2}$. Damit folgt die Behauptung

$$|\mathfrak{G}'| = |\mathfrak{N}|\,|\overline{\mathfrak{G}}'| \leqq p^{n-1}\,p^{(n-1)(n-2)/2} = p^{n(n-1)/2}\,.$$

b) Sei $\mathfrak{R}$ eine Darstellungsgruppe von $\mathfrak{G}$ mit $\mathfrak{R}/\mathfrak{A} \cong \mathfrak{G}$, $\mathfrak{A} \leqq \mathbf{Z}(\mathfrak{R}) \cap \mathfrak{R}'$ und $\mathfrak{A} \cong \mathbf{H}^2(\mathfrak{G}, K^\times)$. Aus

$$|\mathfrak{R}/\mathbf{Z}(\mathfrak{R})| \leqq |\mathfrak{R}/\mathfrak{A}| = |\mathfrak{G}| = p^n$$

folgt mit a) sofort die Behauptung

$$|\mathbf{H}^2(\mathfrak{G}, K^\times)| = |\mathfrak{A}| \leqq |\mathfrak{R}'| \leqq p^{n(n-1)/2}\,. \qquad \textbf{q.e.d.}$$

Satz 23.10 ist zur Herleitung von unteren Abschätzungen für die Ordnung der Automorphismengruppe einer Gruppe von vorgegebener Ordnung benutzt worden; siehe Green [2].

Aufgaben.

41) (Gaschütz, Neubüser, Yen [1]) Mit der Methode aus 23.10 zeige man:

a) Ist $\mathfrak{G}$ eine p-Gruppe mit $|\mathfrak{G}/\Phi(\mathfrak{G})| = p^d$ und $|\mathfrak{G}'| = p^h$, so gilt

$$|\mathbf{H}^2(\mathfrak{G}, K^\times)| \leqq p^{(d-1)h}\,|\mathbf{H}^2(\mathfrak{G}/\mathfrak{G}', K^\times)|\,.$$

b) Aus a) folgere man für $|\mathfrak{G}| = p^n$ mit Hilfe von 25.11

$$|\mathbf{H}^2(\mathfrak{G}, K^\times)| \leqq p^{(n-h)(n-h-1)/2}\,.$$

§ 24. Projektive Darstellungen

Wir wiederholen Definition 17.4:

24.1 Definition. a) Die Abbildung $\mathbf{P}$ von $\mathfrak{G}$ in die volle lineare Gruppe $GL(n, K)$ auf dem Vektorraum $V = V(n, K)$ heißt eine projektive Darstellung von $\mathfrak{G}$ vom Grad n über K zum Faktorensystem a, wenn für alle G_1, G_2 aus $\mathfrak{G}$ gilt

$$\mathbf{P}(G_1)\,\mathbf{P}(G_2) = a(G_1, G_2)\,\mathbf{P}(G_1 G_2)\,.$$

b) Zwei projektive Darstellungen $\mathbf{P}_1$ und $\mathbf{P}_2$ auf V_1 und V_2 heißen äquivalent, wenn es eine umkehrbar eindeutige lineare Abbildung T von V_1 auf V_2 gibt mit

$$\mathbf{P}_1(G)\,T = c(G)\,T\,\mathbf{P}_2(G) \quad (\text{mit } c(G) \in K^\times)$$

für alle G aus $\mathfrak{G}$.

c) Die projektive Darstellung $\mathbf{P}$ von $\mathfrak{G}$ heißt irreduzibel, wenn kein nichttrivialer Teilraum von V bei alle $\mathbf{P}(G)$ mit $G \in \mathfrak{G}$ auf sich abgebildet wird.

24.2 Hilfssatz. a) *Das Faktorensystem einer projektiven Darstellung von $\mathfrak{G}$ ist ein 2-Kozyklus aus $\mathbf{Z}^2(\mathfrak{G}, K^\times)$.*

b) *Sei $\mathbf{P}$ eine projektive Darstellung von $\mathfrak{G}$ zum Faktorensystem a. Die zu $\mathbf{P}$ äquivalenten Darstellungen liefern dann genau die sämtlichen Faktorensysteme aus $a\,\mathbf{B}^2(\mathfrak{G}, K^\times)$. Die zu einer gewöhnlichen Darstellung äquivalenten projektiven Darstellungen von $\mathfrak{G}$ sind also genau diejenigen mit Faktorensystemen in $\mathbf{B}^2(\mathfrak{G}, K^\times)$.*

c) *Jeder 2-Kozyklus aus $\mathbf{Z}^2(\mathfrak{G}, K^\times)$ ist das Faktorensystem einer geeigneten projektiven Darstellung von $\mathfrak{G}$.*

Beweis. a) Wir haben

$$\begin{aligned}(\mathbf{P}(G_1)\,\mathbf{P}(G_2))\,\mathbf{P}(G_3) &= a(G_1, G_2)\,\mathbf{P}(G_1 G_2)\,\mathbf{P}(G_3)\\ &= a(G_1, G_2)\,a(G_1 G_2, G_3)\,\mathbf{P}(G_1 G_2 G_3)\\ &= \mathbf{P}(G_1)\,(\mathbf{P}(G_2)\,\mathbf{P}(G_3)) = a(G_2, G_3)\,\mathbf{P}(G_1)\,\mathbf{P}(G_2 G_3)\\ &= a(G_1, G_2 G_3)\,a(G_2, G_3)\,\mathbf{P}(G_1 G_2 G_3)\,.\end{aligned}$$

b) Aus $\mathbf{P}'(G) = c(G)\,T^{-1}\,\mathbf{P}(G)\,T$ folgt

$$\begin{aligned}a'(G_1, G_2)\,\mathbf{P}'(G_1 G_2) &= \mathbf{P}'(G_1)\,\mathbf{P}'(G_2) = c(G_1)\,c(G_2)\,T^{-1}\,\mathbf{P}(G_1)\,\mathbf{P}(G_2)\,T\\ &= c(G_1)\,c(G_2)\,a(G_1, G_2)\,c(G_1 G_2)^{-1}\,\mathbf{P}'(G_1 G_2)\,.\end{aligned}$$

Also ist $a'\,a^{-1} = c\,\delta \in \mathbf{B}^2(\mathfrak{G}, K^\times)$.

c) Sei $V = K[\mathfrak{G}]$ der Gruppenring von $\mathfrak{G}$, betrachtet als Vektorraum über K. Wir definieren die lineare Abbildung $\mathbf{P}(G)$ auf V durch

$$X\,\mathbf{P}(G) = a(X, G)\,XG$$

für $X \in \mathfrak{G}$. Dann ist

$$\begin{aligned} X\,\mathbf{P}(G_1)\,\mathbf{P}(G_2) &= a(X, G_1)\,a(XG_1, G_2)\,XG_1G_2 \\ &= a(X, G_1G_2)\,a(G_1, G_2)\,XG_1G_2 = a(G_1, G_2)\,X\,\mathbf{P}(G_1G_2)\,. \end{aligned}$$

Also erhalten wir $\mathbf{P}(G_1)\,\mathbf{P}(G_2) = a(G_1, G_2)\,\mathbf{P}(G_1G_2)$, und $\mathbf{P}$ ist eine projektive Darstellung von $\mathfrak{G}$ zum Faktorensystem a. **q.e.d.**

24.3 Hauptsatz. *Sei K ein algebraisch abgeschlossener Körper der Charakteristik 0 und $\mathfrak{R}$ eine Darstellungsgruppe von $\mathfrak{G}$ mit $\mathfrak{R}/\mathfrak{A} \cong \mathfrak{G}$ und $\mathfrak{A} \leqq \mathfrak{R}' \cap \mathbf{Z}(\mathfrak{R})$. Sei $\mathfrak{R} = \bigcup_{G \in \mathfrak{G}} \mathfrak{A}\,R(G)$ die Nebenklassenzerlegung von $\mathfrak{R}$ nach $\mathfrak{A}$ und*

$$R(G_1)\,R(G_2) = A(G_1, G_2)\,R(G_1G_2)\,.$$

a) *Ist $\mathbf{P}$ eine irreduzible projektive Darstellung von $\mathfrak{G}$, so gibt es eine zu $\mathbf{P}$ äquivalente projektive Darstellung $\mathbf{P}'$ von $\mathfrak{G}$ und eine irreduzible Darstellung $\mathbf{D}$ von $\mathfrak{R}$ mit $\mathbf{P}'(G) = \mathbf{D}(R(G))$ für alle G aus $\mathfrak{G}$.*

b) *Ist $\mathbf{D}$ eine irreduzible Darstellung von $\mathfrak{R}$, so ist $\mathbf{P}$ mit $\mathbf{P}(G) = \mathbf{D}(R(G))$ eine irreduzible projektive Darstellung von $\mathfrak{G}$.*

c) *Der Grad jeder irreduziblen projektiven Darstellung von $\mathfrak{G}$ teilt die Ordnung von $\mathfrak{G}$. (Dies schließt die Lücke in* 17.8.)

Die Darstellungsgruppe ist also eine Lösung der folgenden universellen Aufgabe:

Sei α_n der natürliche Homomorphismus von $GL(n, K)$ in die projektive Gruppe $PGL(n, K)$. Gesucht ist ein Paar $(\mathfrak{R}, \beta)$, bestehend aus einer endlichen Gruppe $\mathfrak{R}$ und einem Epimorphismus β von $\mathfrak{R}$ auf $\mathfrak{G}$ mit den folgenden Eigenschaften: Ist $\mathbf{P}$ ein Homomorphismus von $\mathfrak{G}$ in $PGL(n, K)$ (also eine projektive Darstellung von $\mathfrak{G}$), so gibt es einen Homomorphismus $\mathbf{D}$ von $\mathfrak{R}$ in $GL(n, K)$ (also eine gewöhnliche Darstellung von $\mathfrak{R}$) derart, daß das Diagramm

$$\begin{array}{ccc} \mathfrak{R} & \xrightarrow{\ \mathbf{D}\ } & GL(n, K) \\ \Big\downarrow{\scriptstyle\beta} & & \Big\downarrow{\scriptstyle\alpha_n} \\ \mathfrak{G} & \xrightarrow{\ \mathbf{P}\ } & PGL(n, K) \end{array}$$

Fig. 15

kommutativ ist.

Beweis. a) Sei $\mathbf{P}$ eine irreduzible projektive Darstellung von $\mathfrak{G}$ zum Faktorensystem a. Da $\mathfrak{R}$ eine Darstellungsgruppe von $\mathfrak{G}$ ist, gibt es nach 23.3 und 23.5 e) ein α aus der Charaktergruppe $\hat{\mathfrak{A}}$ von $\mathfrak{A}$ mit $\alpha^\varepsilon = a\,\mathbf{B}^2(\mathfrak{G}, K^\times)$, wobei ε der in 23.3 eingeführte Homomorphismus von $\hat{\mathfrak{A}}$ in $\mathbf{H}^2(\mathfrak{G}, K^\times)$ ist. Also gibt es einen zu a äquivalenten 2-Kozyklus a' mit

$$a'(G_1, G_2) = \alpha(A(G_1, G_2)) .$$

Sei $\mathbf{P}'$ eine zu $\mathbf{P}$ äquivalente projektive Darstellung von $\mathfrak{G}$ zum Faktorensystem a'. Nach 23.8 hat $K[\mathfrak{K}]$ einen zur verschränkten Gruppenalgebra $K[\mathfrak{G}, a']$ isomorphen direkten Summanden $\bigoplus_{G \in \mathfrak{G}} K e_\alpha R(G)$. Offenbar ist die K-lineare Abbildung $\mathbf{D}$ mit

$$\mathbf{D}(e_\alpha R(G)) = \mathbf{P}'(G)$$

eine irreduzible Darstellung der Algebra $K[\mathfrak{G}, a']$. Wir dehnen $\mathbf{D}$ auf $K[\mathfrak{K}]$ aus durch die Festsetzung $\mathbf{D}(x) = \mathbf{D}(e_\alpha x)$. Dann ist $\mathbf{D}(R(G)) = \mathbf{P}'(G)$.

b) Sei $\mathbf{D}$ eine irreduzible Darstellung von $\mathfrak{K}$. Wegen $\mathfrak{A} \leqq \mathbf{Z}(\mathfrak{K})$ gilt nach dem Schurschen Lemma 4.3 $\mathbf{D}(A) = a(A)\,E$ für $A \in \mathfrak{A}$. Daher ist

$$\begin{aligned}\mathbf{D}(R(G_1))\,\mathbf{D}(R(G_2)) &= \mathbf{D}(R(G_1)\,R(G_2)) = \mathbf{D}(A(G_1, G_2)\,R(G_1 G_2)) \\ &= a(A(G_1, G_2))\,\mathbf{D}(R(G_1 G_2)) .\end{aligned}$$

Also ist $\mathbf{P}$ mit $\mathbf{P}(G) = \mathbf{D}(R(G))$ eine projektive Darstellung von $\mathfrak{G}$, welche offenbar irreduzibel ist.

c) Nach 12.6 teilt der Grad n einer jeden irreduziblen Darstellung von $K[\mathfrak{K}]$ den Index von $\mathbf{Z}(\mathfrak{K})$. Mit $\mathfrak{A} \leqq \mathbf{Z}(\mathfrak{K})$ folgt daher, daß n ein Teiler von $|\mathfrak{K}/\mathfrak{A}| = |\mathfrak{G}|$ ist. Wegen a) beweist das die Behauptung. **q.e.d.**

24.4 Satz. *Genau dann ist jede irreduzible projektive Darstellung von $\mathfrak{G}$ äquivalent zu einer gewöhnlichen Darstellung von $\mathfrak{G}$, wenn $\mathbf{H}^2(\mathfrak{G}, K^\times) = \mathfrak{E}$ gilt.* (*Bei Schur heißen solche Gruppen abgeschlossen.*)

Beweis. Die Behauptung ist eine triviale Folgerung aus 24.2 b). **q.e.d.**

In welchen Körpern lassen sich die irreduziblen projektiven Darstellungen von $\mathfrak{G}$ realisieren? Zur Beantwortung dieser Frage beweisen wir einen Hilfssatz, der selbständiges Interesse verdient:

24.5 Hilfssatz (Alperin, Tzee-Nan Kuo [1]). *Sei $\mathfrak{G}$ eine endliche Gruppe.*

a) $\operatorname{Exp}(\mathfrak{G}' \cap \mathbf{Z}(\mathfrak{G}))\, \operatorname{Exp}(\mathfrak{G}/\mathfrak{G}' \cap \mathbf{Z}(\mathfrak{G}))$ *ist ein Teiler von* $|\mathfrak{G}/\mathfrak{G}' \cap \mathbf{Z}(\mathfrak{G})|$.

b) $\operatorname{Exp} \mathfrak{G}$ *ist ein Teiler von* $|\mathfrak{G}/\mathfrak{G}' \cap \mathbf{Z}(\mathfrak{G})|$.

Beweis. a) Wir setzen $\mathfrak{H} = \mathfrak{G}/(\mathfrak{G}' \cap \mathbf{Z}(\mathfrak{G}))$, $|\mathfrak{H}| = h$ und $\operatorname{Exp} \mathfrak{H} = e$. Nach 23.3 ist $\mathfrak{G}' \cap \mathbf{Z}(\mathfrak{G})$ isomorph zu einer Untergruppe von $\mathbf{H}^2(\mathfrak{H}, C^\times)$. Setzen wir $e' = \operatorname{Exp} \mathbf{H}^2(\mathfrak{H}, C^\times)$, so genügt also der Nachweis von $e\,e' \mid h$.

Für jede Primzahl p sei $\mathfrak{H}_p$ eine p-Sylowgruppe von $\mathfrak{H}$, $|\mathfrak{H}_p| = h_p$ und $\operatorname{Exp}\mathfrak{H}_p = e_p$. Also ist $h = \prod_p h_p$ und $e = \prod_p e_p$. Nach I, 16.21 (S. 118) ist die p-Sylowgruppe von $\mathbf{H}^2(\mathfrak{H}, C^\times)$ isomorph zu einer Untergruppe von $\mathbf{H}^2(\mathfrak{H}_p, C^\times)$. Setzen wir $e'_p = \operatorname{Exp}\mathbf{H}^2(\mathfrak{H}_p, C^\times)$, so genügt der Nachweis von $e_p e'_p \mid h_p$.

Wegen $e_p = \operatorname{Exp} \mathfrak{H}_p$ gibt es eine zyklische Untergruppe $\mathfrak{Z}$ von $\mathfrak{H}_p$ mit $|\mathfrak{Z}| = e_p$. Sei r die Restriktionsabbildung von $\mathbf{H}^2(\mathfrak{H}_p, C^\times)$ nach $\mathbf{H}^2(\mathfrak{Z}, C^\times)$ und i die Korestriktion von $\mathbf{H}^2(\mathfrak{Z}, C^\times)$ nach $\mathbf{H}^2(\mathfrak{H}_p, C^\times)$. Nach I, 16.18 (S. 115) bewirkt dann $r\,i$ auf $\mathbf{H}^2(\mathfrak{H}_p, C^\times)$ die Multiplikation mit $|\mathfrak{H}_p : \mathfrak{Z}| = \frac{h_p}{e_p}$. Da $\mathfrak{Z}$ zyklisch ist, gilt $\mathbf{H}^2(\mathfrak{Z}, C^\times) = \mathfrak{E}$ nach I, 16.10 (S. 108). Daher ist

$$\mathbf{H}^2(\mathfrak{H}_p, C^\times)\, r\, i = \mathfrak{E}\, i = \mathfrak{E}\,,$$

und der Exponent von $\mathbf{H}^2(\mathfrak{H}_p, C^\times)$ teilt somit $\frac{h_p}{e_p}$.

b) Wegen

$$\operatorname{Exp} \mathfrak{G} \mid \operatorname{Exp}(\mathfrak{G}' \cap \mathbf{Z}(\mathfrak{G}))\, \operatorname{Exp}(\mathfrak{G}/\mathfrak{G}' \cap \mathbf{Z}(\mathfrak{G}))$$

ist b) eine triviale Folgerung aus a). **q.e.d.**

Einen elementaren Beweis von 24.5 ohne Verwendung der Kohomologietheorie findet man in ALPERIN, TZEE-NAN KUO [1].

24.6 Satz (REYNOLDS [1]). *Sei $\mathfrak{G}$ eine endliche Gruppe der Ordnung g. Dann gibt es in jeder Äquivalenzklasse von projektiven irreduziblen Darstellungen von $\mathfrak{G}$ über dem komplexen Zahlkörper C mindestens eine, welche sich über dem algebraischen Zahlkörper der primitiven g-ten Einheitswurzeln realisieren läßt.*

Beweis. Nach 24.3 genügt der Nachweis, daß sich (bis auf Äquivalenz) alle gewöhnlichen Darstellungen einer Darstellungsgruppe $\mathfrak{R}$ von $\mathfrak{G}$ über dem Körper K der primitiven g-ten Einheitswurzeln realisieren lassen. Nach 24.5 b) ist $\operatorname{Exp}\mathfrak{R}$ ein Teiler von $|\mathfrak{R}/\mathfrak{R}' \cap \mathbf{Z}(\mathfrak{R})| \mid g$. Nach 19.11 lassen sich daher alle Darstellungen von $\mathfrak{R}$ über K realisieren. **q.e.d.**

§ 25. Berechnung des Schurschen Multiplikators

Zur Berechnung des Schurschen Multiplikators einer vorgegebenen Gruppe stehen zwei Methoden zur Verfügung. Die erste beruht auf der Formel

$$\mathbf{H}^2(\mathfrak{G}, K^\times) \cong (\mathfrak{N} \cap \mathfrak{F}')/[\mathfrak{N}, \mathfrak{F}]$$

aus 23.5 c) und ist anwendbar, wenn eine genügend übersichtliche Erzeugung $\mathfrak{G} \cong \mathfrak{F}/\mathfrak{N}$ von $\mathfrak{G}$ vorliegt. Die zweite Methode verknüpft mittels der Restriktionsabbildung (siehe I, 16.15) die p-Sylowgruppe von

$\mathbf{H}^2(\mathfrak{G}, K^\times)$ mit der Kohomologiegruppe $\mathbf{H}^2(\mathfrak{P}, K^\times)$ einer p-Sylowgruppe $\mathfrak{P}$ von $\mathfrak{G}$. Diese zweite Methode ist weitgehend beschränkt auf den Nachweis von $\mathbf{H}^2(\mathfrak{G}, K^\times) = \mathfrak{E}$.

25.1 Satz. *Sei $\mathfrak{P}$ eine p-Sylowgruppe von $\mathfrak{G}$. Dann ist die p-Sylowgruppe von $\mathbf{H}^2(\mathfrak{G}, K^\times)$ isomorph zu einer Untergruppe von $\mathbf{H}^2(\mathfrak{P}, K^\times)$.*

Beweis. Die Behauptung folgt sofort aus I, 16.21 (S. 118). Ein von der Kohomologietheorie unabhängiger Beweis kann so gegeben werden:

Sei $\mathfrak{K}$ eine Darstellungsgruppe von $\mathfrak{G}$ mit $\mathfrak{K}/\mathfrak{A} \cong \mathfrak{G}$ und $\mathfrak{A} \leqq \mathfrak{K}' \cap \mathbf{Z}(\mathfrak{K})$. Sei ferner $\mathfrak{A} \leqq \mathfrak{L} \leqq \mathfrak{K}$ mit $\mathfrak{P} \cong \mathfrak{L}/\mathfrak{A}$. Wir betrachten die Verlagerung $\mathbf{V}$ von $\mathfrak{K}$ in $\mathfrak{L}/\mathfrak{L}'$. Es ist $|\mathfrak{G} : \mathfrak{P}| = m$ teilerfremd zu $|\mathfrak{P}|$. Für A aus $\mathfrak{A}$ haben wir wegen $\mathfrak{A} \leqq \mathfrak{K}' \cap \mathbf{Z}(\mathfrak{K})$ nach IV, 2.1 (S. 416)

$$\mathfrak{L}' = \mathbf{V}(A) = A^m \mathfrak{L}' .$$

Daher gilt $A^m \in \mathfrak{A} \cap \mathfrak{L}'$. Liegt A in der p-Sylowgruppe von $\mathfrak{A}$, so folgt mit einem geeigneten x

$$A = A^{mx} \in \mathfrak{A} \cap \mathfrak{L}' .$$

Also ist die p-Sylowgruppe von $\mathfrak{A}$ eine Untergruppe von $\mathfrak{A} \cap \mathfrak{L}'$. Nach 23.3 ist $\mathfrak{A} \cap \mathfrak{L}'$ isomorph zu einer Untergruppe von $\mathbf{H}^2(\mathfrak{P}, K^\times)$. Das beweist wegen $\mathfrak{A} \cong \mathbf{H}^2(\mathfrak{G}, K^\times)$ die Behauptung. **q.e.d.**

Einfache Fälle lassen sich mit dem folgenden Satz erledigen:

25.2 Satz. a) *Läßt sich $\mathfrak{G}$ erzeugen mit n Elementen und r definierenden Relationen in diesen Elementen, so ist $\mathbf{H}^2(\mathfrak{G}, K^\times)$ erzeugbar mit $r - n$ Elementen. (Für $r - n \leqq 0$ ist dabei $\mathbf{H}^2(\mathfrak{G}, K^\times) = \mathfrak{E}$ zu setzen.)*

b) *Ist die Gruppe $\mathfrak{G}$ definiert durch n Erzeugende und r Relationen, so gilt $r \geqq n$.*

(Fälle mit $r = n$ sind nur für $n \leqq 3$ bekannt; siehe Mennicke [1] *und* III, 18.10 b); S. 402.)

c) *Ist $\mathfrak{G}$ eine p-Gruppe mit $d(\mathfrak{G}) \geqq 4$, so ist $\mathbf{H}^2(\mathfrak{G}, K^\times) \neq \mathfrak{E}$.*

Beweis. Sei $\mathfrak{G}$ erzeugt von den Elementen $G_1, \ldots, G_n$ mit den Relationen R_i $(i = 1, \ldots, r)$. Sei $\mathfrak{F}$ die freie Gruppe in den freien Erzeugenden F_i $(i = 1, \ldots, n)$. Dann ist $\mathfrak{G} \cong \mathfrak{F}/\mathfrak{R}$ mit $\mathfrak{R} = \langle R_i^F \mid i = 1, \ldots, r; F \in \mathfrak{F}\rangle$. Die abelsche Gruppe $\mathfrak{J} = \mathfrak{R}/[\mathfrak{R}, \mathfrak{F}]$ wird dann erzeugt von den Elementen $R_i[\mathfrak{R}, \mathfrak{F}]$ $(i = 1, \ldots, r)$. Sei $\mathfrak{J} = \mathfrak{T} \times \mathfrak{S}$ gemäß 23.5, wobei $\mathfrak{S}$ eine freie abelsche Gruppe vom Rang n ist. Ist d die minimale Erzeugendenzahl von $\mathfrak{T}$, so folgt $d + n \leqq r$, also $d \leqq r - n$ und $n \leqq r$. Wegen $\mathfrak{T} \cong \mathbf{H}^2(\mathfrak{G}, K^\times)$ (siehe 23.5 c)) folgen die Behauptungen a) und b).

Sei nun $\mathfrak{G}$ eine p-Gruppe und $n = d(\mathfrak{G})$ die minimale Erzeugendenzahl von $\mathfrak{G}$. Dann ist auch $\mathfrak{T}$ eine p-Gruppe, und wir erhalten

$$\mathfrak{R}/\mathfrak{R}^p[\mathfrak{R}, \mathfrak{F}] \cong \mathfrak{J}/\mathfrak{J}^p \cong \mathfrak{T}/\mathfrak{T}^p \times \mathfrak{S}/\mathfrak{S}^p .$$

Das liefert für die Erzeugendenzahlen

$$d(\mathfrak{R}/\mathfrak{R}^p[\mathfrak{R},\mathfrak{F}]) = d(\mathfrak{T}/\mathfrak{T}^p) + d(\mathfrak{S}/\mathfrak{S}^p) = d(\mathbf{H}^2(\mathfrak{G}, K^\times)) + n\,.$$

Sei r' die minimale Erzeugendenzahl von $\mathfrak{R}/\mathfrak{R}^p\mathfrak{R}'$ als $\mathfrak{G}$-Modul. Nach III, 18.1 und 18.6 (S. 397) gilt $r' > \frac{n^2}{4}$. Haben wir $r' \leqq d(\mathfrak{R}/\mathfrak{R}^p[\mathfrak{R},\mathfrak{F}])$ nachgewiesen, so folgt die Behauptung für $n \geqq 4$ aus

$$d(\mathbf{H}^2(\mathfrak{G}, K^\times)) \geqq r' - n > \frac{n^2}{4} - n \geqq 0\,.$$

Offenbar ist $\mathfrak{R}/\mathfrak{R}^p[\mathfrak{R},\mathfrak{F}]$ der größte Faktormodul von $\mathfrak{R}/\mathfrak{R}^p\mathfrak{R}'$, auf dem $\mathfrak{G}$ trivial operiert.

Zum Nachweis von $r' \leqq d(\mathfrak{R}/\mathfrak{R}^p[\mathfrak{R},\mathfrak{F}])$ zeigen wir allgemeiner in additiver Schreibweise:

Sei $K = GF(p)$. Ist $M = \sum_{i=1}^{k} m_i\, K[\mathfrak{G}]$ ein $K[\mathfrak{G}]$-Rechtsmodul und ist k minimal gewählt, so gilt

$$M/M\,\mathbf{J}(K[\mathfrak{G}]) = \bigoplus_{i=1}^{k} m_i\, K[\mathfrak{G}]/\mathbf{J}(K[\mathfrak{G}])\,.$$

Da die Elemente $G - E$ mit $G \in \mathfrak{G}$ nach 5.16b) das Radikal $\mathbf{J}(K[\mathfrak{G}])$ von $K[\mathfrak{G}]$ als K-Vektorraum aufspannen, ist $M/M\,\mathbf{J}(K[\mathfrak{G}])$ der größte Faktormodul von M, auf dem $\mathfrak{G}$ trivial operiert.

Nach 5.16 b) ist $K[\mathfrak{G}]/\mathbf{J}(K[\mathfrak{G}]) \cong K$. Angenommen, die Summe $\sum_{i=1}^{k} m_i\, K[\mathfrak{G}]/\mathbf{J}(K[\mathfrak{G}])$ sei nicht direkt. Bei geeigneter Numerierung der m_i gilt dann schon

$$M/M\,\mathbf{J}(K[\mathfrak{G}]) = \sum_{i=2}^{k} m_i\, K[\mathfrak{G}]/\mathbf{J}(K[\mathfrak{G}])\,.$$

Definieren wir den $K[\mathfrak{G}]$-Teilmodul M' durch $M' = \sum_{i=2}^{k} m_i\, K[\mathfrak{G}]$, so gilt also $M = M' + M\,\mathbf{J}(K[\mathfrak{G}])$. Wir zeigen, daß daraus $M = M'$ folgt, entgegen der Wahl von k (Lemma von NAKAYAMA):

Wegen der Nilpotenz von $\mathbf{J}(K[\mathfrak{G}])$ gibt es ein t mit $\mathbf{J}(K[\mathfrak{G}])^t = 0$. Ist schon $M = M' + M\,\mathbf{J}(K[\mathfrak{G}])^i$ nachgewiesen, so folgt auch

$$M = M' + (M' + M\,\mathbf{J}(K[\mathfrak{G}]))\,\mathbf{J}(K[\mathfrak{G}])^i = M' + M\,\mathbf{J}(K[\mathfrak{G}])^{i+1}\,.$$

Schließlich erhalten wir

$$M = M' + M\,\mathbf{J}(K[\mathfrak{G}])^t = M'\,.$$ **q.e.d.**

25.3 Satz. a) *Ist $\mathfrak{G}$ zyklisch oder eine verallgemeinerte Quaternionengruppe, so ist $\mathbf{H}^2(\mathfrak{G}, K^\times) = \mathfrak{E}$.*

b) *Sind alle Sylowgruppen von $\mathfrak{G}$ zyklisch oder verallgemeinerte Quaternionengruppen, so gilt $\mathbf{H}^2(\mathfrak{G}, K^\times) = \mathfrak{E}$.*

Beweis. a) Da sich eine zyklische Gruppe der Ordnung g durch die einzige Relation $X^g = E$ definieren läßt, folgt die Aussage über zyklische Gruppen sofort aus 25.2 mit $n = k = 1$.

Die verallgemeinerten Quaternionengruppen lassen sich definieren durch die Relationen

$$A^{2^m} = E, \quad A^{2^{m-1}} = B^2, \quad A^B = A^{-1} \quad (m \geqq 2) .$$

Dabei folgt die erste Relation aus den beiden anderen wegen

$$A^{2^{m-1}} = B^2 = (B^2)^B = (A^{2^{m-1}})^B = A^{-2^{m-1}} .$$

Aus 25.2 mit $n = k = 2$ erhalten wir dann die Behauptung.

b) folgt sofort aus a) und 25.1. **q.e.d.**

25.4 Hilfssatz. *Die p-Sylowgruppe $\mathfrak{P}$ von $\mathfrak{G}$ sei elementar-abelsch. Es sei $\mathbf{N}_{\mathfrak{G}}(\mathfrak{P}) = \mathfrak{P}\,\mathfrak{S}$ mit $p \nmid |\mathfrak{S}|$. Auf $\mathfrak{P}$ erfahre $\mathfrak{S}$ die Darstellung* **D**. *Enthält das Tensorprodukt* $\mathbf{D} \otimes \mathbf{D}$ *nicht die identische Darstellung von $\mathfrak{S}$, so ist p kein Teiler von $|\mathbf{H}^2(\mathfrak{G}, K^\times)|$.*

Beweis. Angenommen, es sei p ein Teiler von $|\mathbf{H}^2(\mathfrak{G}, K^\times)|$. Dann gibt es ein homomorphes Bild $\overline{\mathfrak{R}}$ einer Darstellungsgruppe von $\mathfrak{G}$ mit $\overline{\mathfrak{R}}/\overline{\mathfrak{A}} \cong \mathfrak{G}$, $\overline{\mathfrak{A}} \leqq \overline{\mathfrak{R}}' \cap \mathbf{Z}(\overline{\mathfrak{R}})$ und $|\overline{\mathfrak{A}}| = p$. Sei $\overline{\mathfrak{P}}/\overline{\mathfrak{A}} \cong \mathfrak{P}$. Wie im Beweis von 25.1 folgt durch Verlagerung von $\overline{\mathfrak{R}}$ in $\overline{\mathfrak{P}}/\overline{\mathfrak{P}}'$ die Aussage $\overline{\mathfrak{A}} \leqq \overline{\mathfrak{P}}'$. Da $\overline{\mathfrak{P}}/\overline{\mathfrak{A}} \cong \mathfrak{P}$ abelsch ist, haben wir dann $\overline{\mathfrak{A}} = \overline{\mathfrak{P}}'$. Also hat $\overline{\mathfrak{P}}$ die Klasse 2. Daher gilt nach III, 1.2 (S. 253) für alle $\overline{P}_i$ aus $\overline{\mathfrak{P}}$

$$[\overline{P}_1\, \overline{P}_2, \overline{P}_3] = [\overline{P}_1, \overline{P}_3]\, [\overline{P}_2, \overline{P}_3] \quad \text{und} \quad [\overline{P}_1, \overline{P}_2\, \overline{P}_3] = [\overline{P}_1, \overline{P}_2]\, [\overline{P}_1, \overline{P}_3] .$$

Sei $\overline{\mathfrak{A}} = \langle \overline{A} \rangle$. Sind die $P_i = \overline{P}_i\, \overline{\mathfrak{A}}$ $(i = 1, 2)$ Elemente aus $\mathfrak{P}$ mit $[\overline{P}_1, \overline{P}_2] = \overline{A}^a$, so ist f mit $f(P_1, P_2) = a$ wegen der angegebenen Formeln eine ausgeglichene Abbildung von $\mathfrak{P} \times \mathfrak{P}$ auf $GF(p)^+$ (siehe 9.1). Daher gibt es einen Homomorphismus π des Tensorproduktes $\mathfrak{P} \otimes_{\mathbf{Z}} \mathfrak{P}$ auf $GF(p)^+$ mit

$$(P_1 \otimes P_2)\, \pi = f(P_1, P_2) .$$

Wir fassen nun $\mathfrak{P}$ als $\mathfrak{S}$-Modul vermöge $P \to P^S$ für $P \in \mathfrak{P}$ und $S \in \mathfrak{S}$ und $GF(p)^+$ als trivialen $\mathfrak{S}$-Modul auf. Für jedes $S = \overline{S}\, \overline{\mathfrak{A}}$ aus $\mathfrak{S}$ gilt

$$((P_1 \otimes P_2)^S)\, \pi = (P_1^S \otimes P_2^S)\, \pi = b$$

mit

$$\overline{A}^b = [\overline{P}_1^{\overline{S}}, \overline{P}_2^{\overline{S}}] = [\overline{P}_1, \overline{P}_2]^{\overline{S}} = [\overline{P}_1, \overline{P}_2] = \overline{A}^a .$$

Also haben wir

$$((P_1 \otimes P_2)^S)\, \pi = ((P_1 \otimes P_2)\, \pi)^S = (P_1 \otimes P_2)\, \pi .$$

Daher ist π ein $\mathfrak{S}$-Homomorphismus von $\mathfrak{P} \otimes \mathfrak{P}$ auf den trivialen $\mathfrak{S}$-Modul $GF(p)^+$, und somit enthält $\mathbf{D} \otimes \mathbf{D}$ die 1-Darstellung von $\mathfrak{S}$. Das widerspricht unserer Voraussetzung. **q.e.d.**

25.5 Satz. *Der Multiplikator von $SL(2, p^f)$ ist $\mathfrak{E}$, ausgenommen die Fälle $p^f = 2^2$ und $p^f = 3^2$.*

Beweis. Nach II, 8.10 (S. 196) sind die q-Sylowgruppen von $\mathfrak{G} = SL(2, p^f)$ für $q \neq p$ zyklisch oder verallgemeinerte Quaternionengruppen. Aus 25.1 und 25.3 a) folgt daher, daß $\mathbf{H}^2(\mathfrak{G}, K^\times)$ eine p-Gruppe ist. Wir wollen zeigen, daß für $p^f \neq 2^2, 3^2$ die Voraussetzungen von Hilfssatz 25.4 erfüllt sind. Es ist

$$\mathfrak{P} = \left\{P(a) = \begin{pmatrix} 1 & 0 \\ a & 1 \end{pmatrix} \middle|\, a \in GF(p^f)\right\}$$

eine p-Sylowgruppe von $SL(2, p^f)$. Ein Komplement $\mathfrak{S}$ von $\mathfrak{P}$ in $\mathbf{N}_{\mathfrak{G}}(\mathfrak{P})$ wird nach II, 7.1 (S. 185) gegeben durch die zyklische Gruppe $\langle S \rangle$ mit

$$S = \begin{pmatrix} b & 0 \\ 0 & b^{-1} \end{pmatrix},$$

wobei b ein erzeugendes Element von $GF(p^f)^\times$ ist. Es gilt $P(a)^S = P(b^2 a)$. Die Darstellung von S auf $\mathfrak{P}$ bzw. auf dem zu $\mathfrak{P}$ isomorphen $\mathfrak{S}$-Modul $GF(p^f)^+$ wird also beschrieben durch $x \to x\tilde{S} = b^2 x$. Wir fassen $\tilde{S}$ als eine lineare Abbildung des Vektorraumes $GF(p^f)$ der Dimension f über $GF(p)$ auf. Ist m das Minimalpolynom von $\tilde{S}$, so gilt

$$0 = 1m(\tilde{S}) = m(b^2).$$

Daher sind die über $GF(p)$ zu b^2 konjugierten Elemente $b^2, b^{2p}, \ldots, b^{2p^{f-1}}$ ebenfalls Wurzeln von m, und wegen Grad $m \leqq f$ sind dies alle Wurzeln. Wann hat $\tilde{S} \otimes \tilde{S}$ den Eigenwert 1? Nach 10.1 sind die Eigenwerte von $\tilde{S} \otimes \tilde{S}$ die

$$b^{2(p^i + p^j)}$$

mit $0 \leqq i \leqq j \leqq f - 1$. Angenommen, es sei $b^{2(p^i + p^j)} = 1$. Das erfordert

$$2(p^i + p^j) \equiv 0 \quad (p^f - 1), \quad \text{also} \quad 2(p^{j-i} + 1) \equiv 0 \quad (p^f - 1).$$

Für $p^f > 4$ ist aber

$$2(p^{j-i} + 1) \leqq 2(p^{f-1} + 1) < 2(p^f - 1).$$

Dann bleibt also $2(p^{j-i} + 1) = p^f - 1$ und daher entweder $j - i = 0$ und $p^f = 5$ oder $j - i > 0$ und $2 \equiv -1 \quad (p^{j-i})$, also $p^{j-i} = 3$ und wegen

$$2(p^{j-i} + 1) = 8 \equiv 0 \quad (p^f - 1)$$

dann $p^f \leqq 3^2$.

Die beiden Fälle $p^f = 3$ und $p^f = 5$ führen nach 25.1 zu $\mathbf{H}^2(\mathfrak{G}, K^\times) = \mathfrak{E}$, da die p-Sylowgruppen von $SL(2, p^f)$ dann zyklisch sind. **q.e.d.**

Bevor wir in ähnlicher Weise die projektiven Gruppen $PSL(2, p^f)$ behandeln, haben wir die Multiplikatoren der Diedergruppen zu bestimmen.

25.6 Satz. *Sei $\mathfrak{D}$ eine Diedergruppe der Ordnung $2n$. Dann hat der Multiplikator von $\mathfrak{D}$ die Ordnung 2 für gerades n und die Ordnung 1 für ungerades n.*

Beweis. Ist n ungerade, so hat $\mathfrak{D}$ lauter zyklische Sylowgruppen, und mit 25.3 b) folgt $\mathbf{H}^2(\mathfrak{D}, K^\times) = \mathfrak{E}$.

Die Diedergruppe $\mathfrak{D}$ wird erzeugt von Elementen A und B mit den Relationen

$$A^n = B^2 = E, \quad A^B = A^{-1}.$$

Nach 25.2 a) ist daher $\mathbf{H}^2(\mathfrak{D}, K^\times)$ zyklisch, und mit 23.9 b) folgt $|\mathbf{H}^2(\mathfrak{D}, K^\times)| \leqq 2$.

Wir haben noch zu zeigen, daß bei geradem n der Multiplikator von $\mathfrak{D}$ die Ordnung 2 hat. Dazu geben wir eine Darstellungsgruppe von $\mathfrak{D}$ an:

Sei $\mathfrak{D}_1$ die Diedergruppe der Ordnung $4n$ mit den Erzeugenden A_1 und B_1 und den Relationen

$$A_1^{2n} = B_1^2 = E, \quad A_1^{B_1} = A_1^{-1}.$$

Dann ist $\mathfrak{D}_1/\langle A_1^n\rangle \cong \mathfrak{D}$, und wegen $2 \mid n$ gilt $\langle A_1^n\rangle \leqq \mathfrak{D}_1' \cap \mathbf{Z}(\mathfrak{D}_1)$. Aus Hilfssatz 23.3 folgt nun $|\mathbf{H}^2(\mathfrak{D}, K^\times)| \geqq 2$. Also ist $|\mathbf{H}^2(\mathfrak{D}, K^\times)| = 2$, und $\mathfrak{D}_1$ ist eine Darstellungsgruppe von $\mathfrak{D}$. **q.e.d.**

25.7 Satz. *Für $p^f \neq 2^2, 3^2$ ist $SL(2, p^f)$ eine Darstellungsgruppe von $PSL(2, p^f)$. Für $p^f > 4$ und $p^f \neq 3^2$ ist $SL(2, p^f)$ die einzige Darstellungsgruppe von $PSL(2, p^f)$; ferner ist $SL(2, 5)$ die einzige Darstellungsgruppe von $PSL(2, 4)$. Es gilt*

$$|\mathbf{H}^2(PSL(2, p^f), K^\times)| = \begin{cases} 2 & \text{für } p > 2 \text{ und } p^f \neq 3^2 \\ 1 & \text{für } p = 2 \text{ und } p^f \neq 2^2 \\ 2 & \text{für } p^f = 2^2 \\ 6 & \text{für } p^f = 3^2. \end{cases}$$

Beweis. a) Sei $\mathfrak{G} = PSL(2, p^f)$ und

$$|\mathbf{H}^2(\mathfrak{G}, K^\times)| = \prod_q q^{a_q}.$$

Da die q-Sylowgruppen von $\mathfrak{G}$ für $2 \neq q \neq p$ nach II, 8.10 (S. 196) zyklisch sind, folgt $a_q = 0$ aus 25.1 und 25.3. Da die 2-Sylowgruppen von $PSL(2, p^f)$ für $p \neq 2$ Diedergruppen sind, erhalten wir aus 25.1 und 25.6 für $p \neq 2$ die Abschätzung $a_2 \leqq 1$. Aus 25.4 ergibt sich wie in 25.5 die Aussage $a_p = 0$ für $p^f \neq 2^2, 3^2$. Insgesamt haben wir daher für $p^f \neq 2^2, 3^2$

$$|\mathbf{H}^2(PSL(2, p^f), K^\times)| \leqq 2 \quad \text{und} \quad |\mathbf{H}^2(PSL(2, 2^f), K^\times)| = 1.$$

Wegen

$$-E \in SL(2, p^f)' \cap \mathbf{Z}(SL(2, p^f))$$

erhalten wir mit 23.3 jetzt $|\mathbf{H}^2(PSL(2, p^f), K^\times)| = 2$ für $p^f \neq 3^2$ und $p > 2$. Daher ist $SL(2, p^f)$ eine Darstellungsgruppe von $PSL(2, p^f)$. Für $p^f > 4$ und $p^f \neq 3^2$ ist $SL(2, p^f)$ wegen $PSL(2, p^f)' = PSL(2, p^f)$ (II, 6.13) nach 23.6 die einzige Darstellungsgruppe von $PSL(2, p^f)$.

b) Wir betrachten den in a) ausgeschlossenen Fall $p^f = 3^2$. Nach II, 8.14 (S. 199) ist $\mathfrak{G} = PSL(2, 9)$ isomorph zur alternierenden Gruppe $\mathfrak{A}_6$. Aus

$$-E \in SL(2, 9)' \cap \mathbf{Z}(SL(2, 9))$$

folgt nach 23.3, daß 2 ein Teiler von $|\mathbf{H}^2(PSL(2, 9), K^\times)|$ ist. Nach 25.1 und 25.6 haben wir $|\mathbf{H}^2(PSL(2, 9), K^\times)| = 2 \cdot 3^a$ mit geeignetem a.

Die 3-Sylowgruppe $\mathfrak{P}$ von $\mathfrak{G} \cong \mathfrak{A}_6$ hat den Typ (3, 3), läßt sich daher erzeugen mit Elementen P und Q mit den drei Relationen

$$P^3 = Q^3 = [P, Q] = E\,.$$

Wegen 25.2 ist dann $\mathbf{H}^2(\mathfrak{P}, K^\times)$ zyklisch. Aus 23.9 folgt sodann

$$|\mathbf{H}^2(\mathfrak{P}, K^\times)|^2 \mid 9, \text{ also } |\mathbf{H}^2(\mathfrak{P}, K^\times)| \mid 3\,.$$

Insbesondere ergibt dies mit 25.1 nun $|\mathbf{H}^2(\mathfrak{G}, K^\times)| \mid 6$.

Wir haben zu zeigen, daß $|\mathbf{H}^2(\mathfrak{G}, K^\times)| = 6$ gilt. Angenommen, es sei $|\mathbf{H}^2(\mathfrak{G}, K^\times)| = 2$. Dann ist $SL(2, 9)$ eine Darstellungsgruppe für $PSL(2, 9) \cong \mathfrak{A}_6$. Daher wird jede irreduzible projektive Darstellung von $\mathfrak{A}_6$ von einer gewöhnlichen Darstellung von $SL(2, 9)$ induziert.

Die alternierende Gruppe $\mathfrak{A}_6$ besitzt eine dreidimensionale projektive Darstellung $\mathbf{P}$, die sog. Valentinerdarstellung. Setzen wir

$$A_1 = (1, 3, 2),\ A_2 = (1, 2)\,(3, 4),\ A_3 = (1, 2)\,(4, 5) \text{ und } A_4 = (1, 2)\,(5, 6)\,,$$

so wird $\mathbf{P}$ gegeben durch

$$\mathbf{P}(A_1) = \begin{pmatrix} 1 & 0 & 0 \\ 0 & \varepsilon & 0 \\ 0 & 0 & \varepsilon^2 \end{pmatrix} \qquad \mathbf{P}(A_2) = \begin{pmatrix} -1 & 2 & 2 \\ 2 & -1 & 1 \\ 2 & 2 & -1 \end{pmatrix}$$

$$\mathbf{P}(A_3) = \begin{pmatrix} -1 & 0 & 0 \\ 0 & 0 & \bar{\varrho} \\ 0 & \varrho & 0 \end{pmatrix} \qquad \mathbf{P}(A_4) = \begin{pmatrix} 0 & 1 & 0 \\ 1 & 0 & 0 \\ 0 & 0 & 1 \end{pmatrix};$$

dabei ist ε eine primitive dritte Einheitswurzel und $\varrho = \dfrac{-1 + i\sqrt{15}}{4}$.

(Am einfachsten ist es wohl, wenn man die definierenden Relationen

$$A_1^3 = A_i^2 = E \quad (2 \leqq i \leqq 4), \quad (A_i A_{i+1})^3 = E \quad (1 \leqq i \leqq 3)\,,$$
$$(A_i A_j)^2 = E \quad (i + 1 < j)$$

aus I, 19.8 (S. 138) nachprüft.)

Sei $\mathbf{D}$ eine zu $\mathbf{P}$ gehörende gewöhnliche Darstellung vom Grad 3 von $SL(2, 9)$. Ist $\mathbf{D}$ trivial auf $\mathfrak{Z} = \langle -E \rangle$, so ist $\mathbf{D}$ eine Darstellung von $\mathfrak{A}_6$ vom Grad 3. Ist $\mathbf{D}(-E) = -E$, so ist $\mathbf{D}'$ mit $\mathbf{D}'(G) = \mathbf{D}(G) \det \mathbf{D}(G)$ eine gewöhnliche Darstellung von $SL(2, 9)$, welche auf $\mathfrak{Z}$ trivial ist, und eine zu $\mathbf{P}$ äquivalente projektive Darstellung von $\mathfrak{A}_6$ liefert. Also gibt es in jedem Falle eine gewöhnliche Darstellung von $\mathfrak{A}_6$ vom Grad 3, welche wegen der Einfachheit von $\mathfrak{A}_6$ treu ist.

Die Elemente $P = (1, 2, 3)$ und $Q = (4, 5, 6)$ erzeugen eine 3-Sylowgruppe $\mathfrak{P}$ von $\mathfrak{A}_6$. Das Element $R = (1, 2)\,(4, 5)$ liegt wegen $P^R = P^{-1}$ und $Q^R = Q^{-1}$ in $\mathbf{N}(\mathfrak{P})$. Sei $\mathfrak{T} = \langle \mathfrak{P}, R \rangle$. Dann hat $\mathfrak{T}$ wegen $\mathfrak{T}' = \mathfrak{P}$ genau zwei eindimensionale Darstellungen. Zu jeder der vier in $\mathfrak{T}$ normalen Untergruppen $\mathfrak{U}_i$ von $\mathfrak{P}$ von der Ordnung 3 gehört eine zweidimensionale, treue Darstellung der Diedergruppe $\mathfrak{T}/\mathfrak{U}_i$. Dies sind alle irreduziblen Darstellungen von $\mathfrak{T}$, da die Quadratsumme der Grade gleich $|\mathfrak{T}| = 18$ ist.

Die oben ermittelte dreidimensionale Darstellung $\mathbf{D}$ von $\mathfrak{A}_6$ ist also auf $\mathfrak{T}$ reduzibel. Daher enthält die Einschränkung von $\mathbf{D}$ auf $\mathfrak{T}' = \mathfrak{P}$ sicher die 1-Darstellung von $\mathfrak{P}$. Wir können die $\mathbf{D}(X)$ mit X aus $\mathfrak{P}$ gleichzeitig auf Diagonalgestalt bringen. Wegen $\det \mathbf{D}(G) = 1$ für alle G aus der einfachen Gruppe $\mathfrak{A}_6$ erhalten wir dann Matrizen der Gestalt

$$\begin{pmatrix} \varepsilon & 0 & 0 \\ 0 & \varepsilon^{-1} & 0 \\ 0 & 0 & 1 \end{pmatrix}.$$

Es ist klar, daß diese keine treue Darstellung der nichtzyklischen Gruppe $\mathfrak{P}$ liefern können.

Also ist die Annahme $|\mathbf{H}^2(\mathfrak{G}, K^\times)| = 2$ zu verwerfen, und der Multiplikator von $PSL(2, 9) \cong \mathfrak{A}_6$ hat die Ordnung 6. (Unsere Überlegungen zeigen übrigens auch, daß der Multiplikator von $SL(2, 9)$ die Ordnung 3 hat. Für die Konstruktion der Darstellungsgruppen von $PSL(2, 9)$ und $SL(2, 9)$ verweisen wir auf SCHUR [3].)

c) Wegen $SL(2, 4) \cong PSL(2, 4) \cong PSL(2, 5)$ (siehe II, 6.14, S. 183) ist $SL(2, 5)$ nach a) die einzige Darstellungsgruppe von $PSL(2, 4)$.

q.e.d.

Mit einer Verallgemeinerung dieser Schlußweise lassen sich auch die Schurschen Multiplikatoren der einfachen Gruppen von Suzuki und Ree bestimmen (siehe ALPERIN, GORENSTEIN [1]).

25.8 Definition. Sind $\mathfrak{G}$ und $\mathfrak{H}$ beliebige Gruppen, so definieren wir das Tensorprodukt $\mathfrak{G} \otimes \mathfrak{H}$ als die Gruppe mit den Erzeugenden $T(G, H)$ $(G \in \mathfrak{G}, H \in \mathfrak{H})$ und den definierenden Relationen

$$T(G_1 G_2, H) = T(G_1, H)\, T(G_2, H) \text{ und } T(G, H_1 H_2) = T(G, H_1)\, T(G, H_2)\,.$$

Wegen

$$\begin{aligned} T(G_1, H_1)\, T(G_2, H_1)\, T(G_1, H_2)\, T(G_2, H_2) &= T(G_1 G_2, H_1)\, T(G_1 G_2, H_2) \\ &= T(G_1 G_2, H_1 H_2) = T(G_1, H_1 H_2)\, T(G_2, H_1 H_2) \\ &= T(G_1, H_1)\, T(G_1, H_2)\, T(G_2, H_1)\, T(G_2, H_2) \end{aligned}$$

gilt $T(G_2, H_1)\, T(G_1, H_2) = T(G_1, H_2)\, T(G_2, H_1)$ für alle $G_1, G_2 \in \mathfrak{G}$ und alle $H_1, H_2 \in \mathfrak{H}$. Also ist das Tensorprodukt $\mathfrak{G} \otimes \mathfrak{H}$ eine abelsche Gruppe.

Für abelsche Gruppen stimmt diese Definition überein mit dem in § 9 definierten Tensorprodukt über dem Ring der ganzen rationalen Zahlen.

Die Struktur des Tensorproduktes wird für endliche Gruppen aufgeklärt durch folgenden Hilfssatz:

25.9 Hilfssatz. *Es gilt*

a) $\mathfrak{G} \otimes \mathfrak{H} \cong \mathfrak{G}/\mathfrak{G}' \otimes \mathfrak{H}/\mathfrak{H}'$.

b) $(\mathfrak{G}_1 \times \mathfrak{G}_2) \otimes \mathfrak{H} \cong (\mathfrak{G}_1 \otimes \mathfrak{H}) \times (\mathfrak{G}_2 \otimes \mathfrak{H})$.

c) *Mit $\mathfrak{Z}_k$ bezeichnen wir die zyklische Gruppe der Ordnung k. Ist*

$$\mathfrak{G}/\mathfrak{G}' \cong \mathfrak{Z}_{a_1} \times \cdots \times \mathfrak{Z}_{a_n} \quad \textit{und} \quad \mathfrak{H}/\mathfrak{H}' \cong \mathfrak{Z}_{b_1} \times \cdots \times \mathfrak{Z}_{b_m},$$

so ist

$$\mathfrak{G} \otimes \mathfrak{H} \cong \bigtimes_{i,j} \mathfrak{Z}_{(a_i, b_j)},$$

wobei (a_i, b_j) der größte gemeinsame Teiler von a_i und b_j ist.

Beweis. a) Da das Tensorprodukt eine abelsche Gruppe ist, haben wir

$$T(G_1 G_2, H) = T(G_1, H)\, T(G_2, H) = T(G_2, H)\, T(G_1, H) = T(G_2 G_1, H).$$

Daher ist $T(X, H) = E$ für alle X aus $\mathfrak{G}'$, und ebenso $T(G, Y) = E$ für alle Y aus $\mathfrak{H}'$. Das ergibt

$$\mathfrak{G} \otimes \mathfrak{H} \cong \mathfrak{G}/\mathfrak{G}' \otimes \mathfrak{H}/\mathfrak{H}'.$$

b) Nach a) und 9.4 ist

$$\begin{aligned}(\mathfrak{G}_1 \times \mathfrak{G}_2) \otimes \mathfrak{H} &\cong (\mathfrak{G}_1/\mathfrak{G}_1' \times \mathfrak{G}_2/\mathfrak{G}_2') \otimes \mathfrak{H}/\mathfrak{H}' \\ &\cong (\mathfrak{G}_1/\mathfrak{G}_1' \otimes \mathfrak{H}/\mathfrak{H}') \times (\mathfrak{G}_2/\mathfrak{G}_2' \otimes \mathfrak{H}/\mathfrak{H}') \\ &\cong (\mathfrak{G}_1 \otimes \mathfrak{H}) \times (\mathfrak{G}_2 \otimes \mathfrak{H}).\end{aligned}$$

c) Die Aussage unter b) reduziert unsere Aufgabe auf die Bestimmung des Tensorproduktes $\mathfrak{T} = \mathfrak{Z}_a \otimes \mathfrak{Z}_b$ von zyklischen Gruppen $\mathfrak{Z}_a$ und $\mathfrak{Z}_b$ der Ordnungen a und b. Sei $\mathfrak{Z}_a = \langle A \rangle$ und $\mathfrak{Z}_b = \langle B \rangle$. Aus

$$T(A^x, B^y) = T(A, B)^{xy}$$

folgt, daß $\mathfrak{T}$ von $T(A, B)$ erzeugt wird. Wegen

$$T(A, B)^a = T(A^a, B) = E \quad \text{und} \quad T(A, B)^b = T(A, B^b) = E$$

ist die Ordnung von $T(A, B)$ ein Teiler von (a, b). Ist umgekehrt $\mathfrak{Z} = \langle Z \rangle$ eine zyklische Gruppe der Ordnung (a, b), so liefert offenbar ε mit

$$T(A^x, B^y)^\varepsilon = Z^{xy}$$

einen Homomorphismus von $\mathfrak{Z}_a \otimes \mathfrak{Z}_b$ auf $\mathfrak{Z}$. Also ist $\mathfrak{T}$ zyklisch von der Ordnung (a, b). **q.e.d.**

25.10 Satz. *Sind* $\mathfrak{G}$ *und* $\mathfrak{H}$ *endliche Gruppen, so gilt*

$$\mathbf{H}^2(\mathfrak{G} \times \mathfrak{H}, K^\times) \cong \mathbf{H}^2(\mathfrak{G}, K^\times) \times \mathbf{H}^2(\mathfrak{H}, K^\times) \times (\mathfrak{G} \otimes \mathfrak{H}) .$$

Insbesondere gilt für $(|\mathfrak{G}/\mathfrak{G}'|, |\mathfrak{H}/\mathfrak{H}'|) = 1$ *stets*

$$\mathbf{H}^2(\mathfrak{G} \times \mathfrak{H}, K^\times) \cong \mathbf{H}^2(\mathfrak{G}, K^\times) \times \mathbf{H}^2(\mathfrak{H}, K^\times) .$$

(*Bemerkung: Wir haben* $\mathbf{B}^1(\mathfrak{G}, K^\times) = \mathfrak{E}$ *und daher* $\mathbf{H}^1(\mathfrak{G}, K^\times) = \mathbf{Z}^1(\mathfrak{G}, K^\times)$. *Die Relation für die* 1-*Kozyklen lautet im vorliegenden Falle*

$$1 = (a\,\delta)\,(G_1, G_2) = a(G_1)\,a(G_2)\,a(G_1 G_2)^{-1} .$$

Also ist $\mathbf{Z}^1(\mathfrak{G}, K^\times)$ *die Charaktergruppe von* $\mathfrak{G}/\mathfrak{G}'$, *und mit* 6.4 a) (S. 488) *folgt* $\mathbf{H}^1(\mathfrak{G}, K^\times) \cong \widehat{\mathfrak{G}/\mathfrak{G}'} \cong \mathfrak{G}/\mathfrak{G}'$. *Die obenstehende Formel kann also auch als*

$$\mathbf{H}^2(\mathfrak{G} \times \mathfrak{H}, K^\times) \cong \mathbf{H}^2(\mathfrak{G}, K^\times) \times \mathbf{H}^2(\mathfrak{H}, K^\times) \times (\mathbf{H}^1(\mathfrak{G}, K^\times) \otimes \mathbf{H}^1(\mathfrak{H}, K^\times))$$

geschrieben werden. Dies ist ein Spezialfall der sog. Künnethschen Relation; siehe MacLane [1], S. 166.)

Beweis. a) Wir setzen $|\mathfrak{G}| = g$ und $|\mathfrak{H}| = h$. Sei $\mathfrak{F}$ die freie Gruppe in den $g + h$ freien Erzeugenden $F(G)$ $(G \in \mathfrak{G})$ und $F(H)$ $(H \in \mathfrak{H})$ und $\mathfrak{R}$ der von Elementen

$$F(G_1)F(G_2)F(G_1G_2)^{-1}, F(H_1)F(H_2)F(H_1H_2)^{-1}, F(G)F(H)F(G)^{-1}F(H)^{-1}$$

erzeugte Normalteiler von $\mathfrak{F}$. Dann ist offenbar $\mathfrak{F}/\mathfrak{R} \cong \mathfrak{G} \times \mathfrak{H}$. Wir betrachten die Gruppen $\mathfrak{F}/[\mathfrak{R}, \mathfrak{F}]$ und $\mathfrak{J} = \mathfrak{R}/[\mathfrak{R}, \mathfrak{F}]$, welche wie in 23.5 gebildet sind, und setzen

$$\overline{F}(G) = F(G)\,[\mathfrak{R}, \mathfrak{F}] \quad \text{und} \quad \overline{F}(H) = F(H)\,[\mathfrak{R}, \mathfrak{F}] .$$

Dann wird $\mathfrak{J}$ erzeugt von den Elementen

$$L(G_1, G_2) = \overline{F}(G_1)\,\overline{F}(G_2)\,\overline{F}(G_1G_2)^{-1}, L(H_1, H_2) = \overline{F}(H_1)\,\overline{F}(H_2)\,\overline{F}(H_1H_2)^{-1}$$

und

$$K(G, H) = \overline{F}(G)\,\overline{F}(H)\,\overline{F}(G)^{-1}\,\overline{F}(H)^{-1} .$$

Aus der Assoziativität

$$(\overline{F}(G_1)\,\overline{F}(G_2))\,\overline{F}(G_3) = \overline{F}(G_1)\,(\overline{F}(G_2)\,\overline{F}(G_3))$$

folgt

(1) $$L(G_1, G_2)\,L(G_1G_2, G_3) = L(G_1, G_2G_3)\,L(G_2, G_3)$$

und ebenso

(2) $$L(H_1, H_2)\,L(H_1H_2, H_3) = L(H_1, H_2H_3)\,L(H_2, H_3) .$$

Außerdem haben wir

$$\begin{aligned} L(G_1, G_2)\,K(G_1G_2, H)\,\overline{F}(H)\,\overline{F}(G_1G_2) &= L(G_1, G_2)\,\overline{F}(G_1G_2)\,\overline{F}(H) \\ &= (\overline{F}(G_1)\,\overline{F}(G_2))\,\overline{F}(H) = \overline{F}(G_1)\,(\overline{F}(G_2)\,\overline{F}(H)) \\ &= \overline{F}(G_1)\,K(G_2, H)\,\overline{F}(H)\overline{F}(G_2) = K(G_1, H)\,K(G_2, H)\,\overline{F}(H)\,\overline{F}(G_1)\,\overline{F}(G_2) \\ &= K(G_1, H)\,K(G_2, H)\,L(G_1, G_2)\,\overline{F}(H)\,\overline{F}(G_1G_2) . \end{aligned}$$

Daher ist

(3) $K(G_1 G_2, H) = K(G_1, H)\, K(G_2, H)$.

Ebenso erhalten wir

(4) $K(G, H_1 H_2) = K(G, H_1)\, K(G, H_2)$.

Die abelsche Gruppe $\mathfrak{J}(\mathfrak{G})$ sei definiert durch die Erzeugenden $J(G_1, G_2)$ $(G_i \in \mathfrak{G})$ und die Relationen

(1′) $J(G_1, G_2)\, J(G_1 G_2, G_3) = J(G_1, G_2 G_3)\, J(G_2, G_3)$;

entsprechend sei $\mathfrak{J}(\mathfrak{H})$ definiert durch die Erzeugenden $J'(H_1, H_2)$ $(H_i \in \mathfrak{H})$ mit den Relationen

(2′) $J'(H_1, H_2)\, J'(H_1 H_2, H_3) = J'(H_1, H_2 H_3)\, J'(H_2, H_3)$.

Schließlich ist das Tensorprodukt $\mathfrak{G} \otimes \mathfrak{H}$ definiert durch die Erzeugenden $T(G, H)$ $(G \in \mathfrak{G}, H \in \mathfrak{H})$ und die Relationen

(3′) $T(G_1 G_2, H) = T(G_1, H)\, T(G_2, H)$.

(4′) $T(G, H_1 H_2) = T(G, H_1)\, T(G, H_2)$.

Also ist $\mathfrak{J}$ ein homomorphes Bild von

$$\mathfrak{J}(\mathfrak{G}) \times \mathfrak{J}(\mathfrak{H}) \times (\mathfrak{G} \otimes \mathfrak{H}).$$

b) Sei $\mathfrak{S} = \mathfrak{J}(\mathfrak{G}) \times \mathfrak{J}(\mathfrak{H}) \times (\mathfrak{G} \otimes \mathfrak{H})$. Wir bilden die zentrale Erweiterung $\mathfrak{U}$ von $\mathfrak{S}$ mit $\mathfrak{G} \times \mathfrak{H}$ mit der Multiplikationsregel

$$(G_1 H_1, S_1)\,(G_2 H_2, S_2)$$
$$= (G_1 G_2 H_1 H_2, S_1 S_2 J(E,E)^{-1} J(G_1, G_2)\, J'(E,E)^{-1} J'(H_1, H_2)\, T(G_2, H_1)).$$

Wegen der Relationen (1′)–(4′) ist dies eine assoziative Multiplikation. Unter Beachtung von

$$J(G, E) = J(E, G) = J(E, E) \quad \text{und} \quad T(G, E) = T(E, H) = T(E, E) = E$$

folgt

$$(G_1, J(E, E))\,(G_2, J(E, E)) = (G_1 G_2, J(E, E))\,(E, J(G_1, G_2)),$$
$$(H_1, J'(E, E))\,(H_2, J'(E, E)) = (H_1 H_2, J'(E, E))\,(E, J'(H_1, H_2))$$

und

$$(H, J'(E, E))\,(G, J(E, E)) = (G, J(E, E))\,(H, J'(E, E))\,(E, T(G, H)).$$

Also wird $\mathfrak{U}$ erzeugt von den $(G, J(E, E))$ und $(H, J'(E, E))$. Die Abbildung π mit

$$F(G)^\pi = (G, J(E, E)) \quad \text{und} \quad F(H)^\pi = (H, J'(E, E))$$

läßt sich fortsetzen zu einem Homomorphismus π der freien Gruppe $\mathfrak{F}$ mit dem freien Erzeugendensystem $\{F(G), F(H) \mid G \in \mathfrak{G}, H \in \mathfrak{H}\}$ auf $\mathfrak{U}$. Dabei gilt

$$[\mathfrak{R}, \mathfrak{F}]^\pi = [\mathfrak{S}, \mathfrak{U}] = \mathfrak{E}.$$

Also ist $\mathfrak{U}$ ein homomorphes Bild von $\mathfrak{F}/[\mathfrak{R}, \mathfrak{F}]$ und

$$\mathfrak{S} = \mathfrak{Z}(\mathfrak{G}) \times \mathfrak{Z}(\mathfrak{H}) \times (\mathfrak{G} \otimes \mathfrak{H})$$

ist ein homomorphes Bild von $\mathfrak{Z} = \mathfrak{R}/[\mathfrak{R}, \mathfrak{Z}]$.

c) Aus den Aussagen unter a) und b) folgt mit I, 13.14 e) (S. 80) die Isomorphie

$$\mathfrak{Z} \cong \mathfrak{Z}(\mathfrak{G}) \times \mathfrak{Z}(\mathfrak{H}) \times (\mathfrak{G} \otimes \mathfrak{H})\,.$$

Die gleiche Überlegung, angewandt auf die zentrale Erweiterung von $\mathfrak{Z}(\mathfrak{G})$ mit $\mathfrak{G}$ zeigt, daß $\mathfrak{Z}(\mathfrak{G})$ die aus der Erzeugung von $\mathfrak{G}$ durch die $F(G)$ $(G \in \mathfrak{G})$ mit den Relationen

$$F(G_1)\, F(G_2)\, F(G_1\, G_2)^{-1}$$

gemäß 23.5 entstehende Gruppe ist. Da $\mathfrak{G} \otimes \mathfrak{H}$ nach 25.9 c) eine Torsionsgruppe ist, folgt mit 23.5, wenn wir die Torsionsgruppe einer abelschen Gruppe $\mathfrak{A}$ für den Augenblick mit $\mathbf{T}(\mathfrak{A})$ bezeichnen,

$$\begin{aligned}\mathbf{H}^2(\mathfrak{G} \times \mathfrak{H}, K^\times) &\cong \mathbf{T}(\mathfrak{Z}) \cong \mathbf{T}(\mathfrak{Z}(\mathfrak{G})) \times \mathbf{T}(\mathfrak{Z}(\mathfrak{H})) \times (\mathfrak{G} \otimes \mathfrak{H}) \\ &\cong \mathbf{H}^2(\mathfrak{G}, K^\times) \times \mathbf{H}^2(\mathfrak{H}, K^\times) \times (\mathfrak{G} \otimes \mathfrak{H})\,.\end{aligned}$$

q.e.d.

Aus 25.10, 25.9 c) und 25.3 a) erhalten wir

25.11 Satz. *Ist $\mathfrak{G}$ eine abelsche p-Gruppe vom Typ $(p^{a_1}, \ldots, p^{a_k})$ mit $a_1 \leqq a_2 \leqq \cdots \leqq a_k$, so hat der Multiplikator $\mathbf{H}^2(\mathfrak{G}, K^\times)$ den Typ*

$$(\underbrace{p^{a_1}, \ldots, p^{a_1}}_{k-1}, \underbrace{p^{a_2}, \ldots, p^{a_2}}_{k-2}, \ldots, p^{a_{k-2}}, p^{a_{k-2}}, p^{a_{k-1}})\,.$$

25.12 Satz. *Für $n \geqq 4$ hat der Multiplikator von $\mathfrak{S}_n$ die Ordnung* 2. (*Nach* 25.3 b) *haben $\mathfrak{S}_2$ und $\mathfrak{S}_3$ den Multiplikator $\mathfrak{E}$.*)

Beweis. a) Wir zeigen zuerst $|\mathbf{H}^2(\mathfrak{S}_n, K^\times)| \leqq 2$:

Nach I, 19.7 (S. 137) können wir die Gruppe $\mathfrak{S}_n$ erzeugen durch die Elemente $X_i = (i, i+1)$ $(1 \leqq i \leqq n-1)$ mit den definierenden Relationen

(1) $X_i^2 = E$ $(1 \leqq i \leqq n-1)$

(2) $(X_i\, X_{i+1})^3 = E$ $\quad (1 \leqq i \leqq n-2)$

(3) $X_i\, X_j = X_j\, X_i$ $\quad (i+1 < j)$.

Dann wird die Gruppe $\mathfrak{H} = \mathfrak{F}/[\mathfrak{R}, \mathfrak{F}]$ aus 23.5 erzeugt von Elementen H_i $(1 \leqq i \leqq n-1)$ mit $H_i\, \mathfrak{Z} = X_i$ und $\mathfrak{Z} = \mathfrak{R}/[\mathfrak{R}, \mathfrak{F}]$ von den Elementen

(1′) $J_i = H_i^2$ $\quad (1 \leqq i \leqq n-1)$

(2′) $K_i = (H_i\, H_{i+1})^3$ $\quad (1 \leqq i \leqq n-2)$

(3′) $L_{ij} = [H_i, H_j]$ $\quad (i+1 < j)$.

Für $|i-j| > 1$ und $|i'-j'| > 1$ und $i, j, i', j' < n$ gibt es ein Element S aus $\mathfrak{S}_n$ von der Gestalt

$$S = \begin{pmatrix} i & i+1 & j & j+1 & \ldots \\ i' & i'+1 & j' & j'+1 & \ldots \end{pmatrix}.$$

Sei $T \in \mathfrak{H}$ mit $T\mathfrak{Z} = S$. Dann folgt $H_i^T = H_{i'} A_i$ und $H_j^T = H_{j'} A_j$ mit geeigneten A_i, A_j aus $\mathfrak{Z}$. Wegen $\mathfrak{Z} \leqq \mathbf{Z}(\mathfrak{H})$ ist dann

$$L_{ij} = L_{ij}^T = [H_i^T, H_j^T] = [H_{i'}, H_{j'}] = L_{i'j'} .$$

Somit sind alle L_{ij} gleich. Wir setzen $L_{ij} = L$.

Aus $H_i^2 = J_i \in \mathfrak{Z}$ erhalten wir

$$H_i^2 = (H_j^{-1} H_i H_j)^2 = (H_i L)^2 = H_i^2 L^2 ,$$

also $L^2 = E$. Die Gleichung (2′) liefert uns

$$H_i H_{i+1} H_i = K_i H_{i+1}^{-1} H_i^{-1} H_{i+1}^{-1}$$

und dann durch Quadrieren

$$J_i^2 J_{i+1} = H_i^4 H_{i+1}^2 = (H_i H_{i+1} H_i)^2 = K_i^2 H_{i+1}^{-4} H_i^{-2} = K_i^2 J_{i+1}^{-2} J_i^{-1} .$$

Also ist $K_i^2 = J_i^3 J_{i+1}^3$ für $1 \leqq i \leqq n-2$.

Sei $\mathfrak{U} = \langle J_i \mid i = 1, \ldots, n-1 \rangle$. Dann wird $\mathfrak{Z}/\mathfrak{U}$ erzeugt von den Elementen $\mathfrak{U} L$ und $\mathfrak{U} K_i$ $(1 \leqq i \leqq n-2)$, welche wegen $L^2 = E$ und $K_i^2 = J_i^3 J_{i+1}^3 \in \mathfrak{U}$ höchstens die Ordnung 2 haben. Daher ist $|\mathfrak{Z}/\mathfrak{U}| \mid 2^{n-1}$. Nach 23.5 b) ist $r(\mathfrak{Z}) = n-1$. Da $\mathfrak{U}$ von $n-1$ Elementen erzeugt wird, folgt mit I, 13.14 c) jetzt, daß $\mathfrak{U}$ eine freie abelsche Gruppe ist. Ist $\mathfrak{T}$ die Torsionsgruppe von $\mathfrak{Z}$, so gilt daher $\mathfrak{T} \cap \mathfrak{U} = \mathfrak{E}$ und somit $|\mathfrak{T}| \mid |\mathfrak{Z}/\mathfrak{U}|$, also $|\mathfrak{T}| \mid 2^{n-1}$.

Sei $\mathfrak{V} = \langle J_1, K_1, \ldots, K_{n-2} \rangle$. Wegen $K_i^2 = J_i^3 J_{i+1}^3$ folgt $J_i^3 \in \mathfrak{V}$ für alle $i = 2, \ldots, n-2$. Wie oben erhalten wir

$$|\mathfrak{Z}/\mathfrak{V}| \mid 2 \cdot 3^{n-3} .$$

Wieder ist $\mathfrak{V}$ nach I, 13.14 c) eine freie abelsche Gruppe, und es ergibt sich $|\mathfrak{T}| \mid 2 \cdot 3^{n-3}$.

Zusammen erhalten wir

$$|\mathfrak{T}| = |\mathbf{H}^2(\mathfrak{S}_n, K^\times)| \leqq 2 .$$

b) Umständlicher ist der Nachweis, daß der Multiplikator von $\mathfrak{S}_n$ für $n \geqq 4$ mindestens die Ordnung 2 hat. Unglücklicherweise kommen die Darstellungsgruppen von $\mathfrak{S}_n$ (es gibt genau zwei nichtisomorphe für $n > 3$ und $n \neq 6$) nicht unter den geläufigen Gruppen vor, sondern müssen konstruiert werden.

(Für $n = 4$ ist $GL(2, 3)$ wegen der leicht zu bestätigenden Isomorphie $PGL(2, 3) \cong \mathfrak{S}_4$ (siehe II, 6.14, S. 183) eine Darstellungsgruppe von $\mathfrak{S}_4$.)

Wir konstruieren eine Darstellungsgruppe von $\mathfrak{S}_{2n}$:

Seien R, S, T die folgenden zweireihigen Matrizen über dem komplexen Zahlkörper $(i^2 = -1)$:

$$R = \begin{pmatrix} 0 & 1 \\ 1 & 0 \end{pmatrix}, \quad S = \begin{pmatrix} 0 & i \\ -i & 0 \end{pmatrix}, \quad T = \begin{pmatrix} 1 & 0 \\ 0 & -1 \end{pmatrix} .$$

Man bestätigt sofort $R^2 = S^2 = T^2 = E$, $RS = -SR$, $RT = -TR$, $ST = -TS$. Wir setzen

$$P_{2i} = \frac{1}{\sqrt{2}} \underset{i-1}{E \otimes \cdots \otimes E} \otimes \underset{i,i+1}{(E \otimes S + R \otimes T)} \otimes \underset{i+2}{T} \otimes \cdots \otimes \underset{n}{T}$$
$$(1 \leqq i \leqq n-1)$$

$$P_{2i+1} = \frac{1}{\sqrt{2}} E \otimes \cdots \otimes E \otimes \underset{i+1}{(R+S)} \otimes T \otimes \cdots \otimes \underset{n}{T}$$
$$(0 \leqq i \leqq n-1)\,.$$

(Die Tensorprodukte linearer Abbildungen sind dabei im Sinne von 9.11 zu bilden.)

Man erhält durch einfache Rechnung

$$P_i^2 = E \quad (1 \leqq i \leqq 2n-1)$$
$$(P_i P_{i+1})^3 = -E \quad (1 \leqq i \leqq 2n-2)$$
$$P_i P_j = -P_j P_i \quad \text{für} \quad i+1 < j\,.$$

Also erzeugen die $P_i (1 \leqq i \leqq 2n-1)$ eine Gruppe $\mathfrak{K}$ mit $-E \in \mathfrak{K}' \cap \mathbf{Z}(\mathfrak{K})$. Modulo $\langle -E \rangle$ erfüllen die P_i die definierenden Relationen von $\mathfrak{S}_{2n}$. Also ist $\mathfrak{K}/\langle -E \rangle$ ein homomorphes Bild von $\mathfrak{S}_{2n}$. Wir können $2n > 4$ annehmen, da der Sonderfall $2n = 4$ schon durch den Hinweis auf die Darstellungsgruppe $GL(2, 3)$ von $\mathfrak{S}_4$ erledigt ist. Die echten homomorphen Bilder von $\mathfrak{S}_{2n}$ haben dann nur die Ordnungen 1 und 2. Aber $\mathfrak{K}$ enthält das Element $P_1 P_2$ von der Ordnung 6. Also gilt $\mathfrak{K}/\langle -E \rangle \cong \mathfrak{S}_{2n}$. Nach 23.3 ist daher

$$|\mathbf{H}^2(\mathfrak{S}_{2n}, K^\times)| \geqq 2\,.$$

In der gleichen Weise folgt für $n \geqq 3$ auch $|\mathbf{H}^2(\mathfrak{S}_{2n-1}, K^\times)| \geqq 2$ durch Betrachtung der Gruppe $\langle P_1, \ldots, P_{2n-2} \rangle$. **q.e.d.**

25.13 Bemerkung. Die Natur der konstruierten projektiven Darstellung von $\mathfrak{S}_{2n}$ wird durch die vorstehenden Rechnungen keineswegs aufgeklärt. Wir wollen etwas genauer darauf eingehen, ohne allerdings die Beweise auszuführen.

Sei $V = \langle v_1, \ldots, v_{2n} \rangle$ ein Vektorraum der Dimension $2n$ über dem komplexen Körper C mit einem bilinearen Skalarprodukt mit $(v_i, v_j) = \delta_{ij}$. Sei T die freie assoziative C-Algebra in den freien Ereugenden x_i $(i = 1, \ldots, 2n)$. (T wird auch als die Tensoralgebra über V bezeichnet.) Sei I das zweiseitige Ideal in T, welches erzeugt wird von den Elementen

$$x_i x_j + x_j x_i \quad (i \neq j) \quad \text{und} \quad x_i^2 - 1\,.$$

Wir bezeichnen die Algebra $\mathbf{C}(V) = T/I$ als die Clifford-Algebra von V. Es läßt sich unschwer zeigen, daß $\mathbf{C}(V)$ eine Algebra von der Dimension 2^{2n} über C ist mit einer C-Basis aus den Elementen 1 und den Produkten

$$y_{i_1} \cdots y_{i_s}$$

mit $1 \leqq i_1 < \cdots < i_s \leqq 2n$, wobei $y_i = x_i + I$ gesetzt ist. Es ist $\mathbf{C}(V)$ ein voller Matrixring vom Grad 2^n über C. (Bei ungerader Dimension $2n+1$ von V ist $C(V)$ eine direkte Summe von zwei vollen Matrixringen der Grade 2^n über C. Für die Theorie der Clifford-Algebren vergleiche man ARTIN [3], S. 186–193 und BOURBAKI [2], Algèbre, chap. 9, S. 139–150.)

Die lineare Abbildung π mit $v_i \pi = y_i$ $(1 \leqq i \leqq 2n)$ ist eine umkehrbar eindeutige lineare Abbildung von V in $\mathbf{C}(V)$ mit der Eigenschaft

$$(v\pi)(v'\pi) + (v'\pi)(v\pi) = (v, v')1$$

für alle v, v' aus V. Aus der Konstruktion von $\mathbf{C}(V)$ folgt leicht die folgende universelle Eigenschaft von $\mathbf{C}(V)$:

Sei $\mathfrak{a}$ irgendeine Algebra über C. Sei μ eine C-lineare Abbildung von V in $\mathfrak{a}$ mit

$$(v\mu)(v'\mu) + (v'\mu)(v\mu) = (v, v')\,1$$

für alle v, v' aus V. Dann gibt es einen Algebrenhomomorphismus α von $\mathbf{C}(V)$ in $\mathfrak{a}$ mit $v\mu = v\pi\alpha$ für alle v aus V.

Sei insbesondere τ eine orthogonale Abbildung auf V. Dann ist

$$(v\tau\pi, v'\tau\pi) + (v'\tau\pi, v\tau\pi) = (v\tau, v'\tau)\,1 = (v, v')\,1\,.$$

Also gibt es einen Algebrenhomomorphismus α von $\mathbf{C}(V)$ in sich mit $(v\tau)\pi = v\pi\alpha$. Man sieht leicht, daß α ein Automorphismus von $\mathbf{C}(V)$ ist. Da $\mathbf{C}(V)$ ein voller Matrixring ist, ist jeder Automorphismus von $\mathbf{C}(V)$ nach dem Satz von Skolem, Noether ein innerer Automorphismus (siehe v. D. WAERDEN [3], S. 253). Daher gibt es ein $\mathbf{P}(\tau)$ aus $\mathbf{C}(V)$ mit

$$(v\tau)\pi = \mathbf{P}(\tau)^{-1}\, v\pi\, \mathbf{P}(\tau)\,,$$

und $\mathbf{P}(\tau)$ ist dadurch bis auf skalare Faktoren eindeutig bestimmt. Es gilt

$$\mathbf{P}(\tau_1\tau_2) = c(\tau_1, \tau_2)\,\mathbf{P}(\tau_1)\,\mathbf{P}(\tau_2)$$

mit einem skalaren Faktor $c(\tau_1, \tau_2) \neq 0$. Also ist $\mathbf{P}$ eine projektive Darstellung der orthogonalen Gruppe $O(V)$, die sog. Spindarstellung. Die natürliche Einbettung von $\mathfrak{S}_{2n}$ in $O(V)$ vermöge der Vertauschung der Basisvektoren v_i liefert dann die angegebene projektive Darstellung von $\mathfrak{S}_{2n}$ vom Grad 2^n. (Dies ist übrigens der kleinstmögliche Grad einer projektiven, nicht gewöhnlichen Darstellung von $\mathfrak{S}_{2n}$, wie man in SCHUR [5] nachlesen kann.)

Literaturbemerkungen zu Kapitel V

§ 2: Die Definition 2.1 des Radikals und Satz 2.2 stammen von N. Jacobson.

§ 4: Der wiedergegebene Beweis des Jacobsonschen Lemmas 4.2 folgt BOURBAKI [1], S. 39.

§ 7: 7.5 folgt WIELANDT [12], wo ein etwas allgemeinerer Satz bewiesen wird; für einen Sonderfall, der sich mit Verlagerung behandeln läßt, vergleiche man GRÜN [3].

§ 8: Hilfssatz 8.12 steht in ZASSENHAUS [3], war im wesentlichen jedoch schon Burnside bekannt (siehe BURNSIDE [8], S. 336). Der Beweis des Hauptsatzes 8.13 ist eine Kombination von HUGHES, THOMPSON [1] und KEGEL [2].

§ 10: 10.8 steht in geringfügig schwächerer Fassung bereits bei BURNSIDE [8]; der wiedergegebene Beweis stammt aus BRAUER [14].

§ 12: Hauptsatz 12.9 wird in der modularen Darstellungstheorie aus der Beziehung zwischen der Cartan-Matrix und der Zerlegungsmatrix gewonnen; siehe CURTIS, REINER [1], S. 593. Ein direkter Beweis von 12.11 ohne Verwendung der Konstantenreduktion scheint nicht bekannt zu sein.

§ 13: 13.2 folgt v. D. WAERDEN [3] und 13.3 POWELL [1].

§ 14: Zu diesem Paragraphen vergleiche man REINER [1].

§ 15: 15.2 verdanke ich einer brieflichen Mitteilung von P. Hall.

§ 16: Die Bedeutung der induzierten Charaktere war schon Frobenius bekannt; siehe FROBENIUS [1]. Die Bestimmung der Charaktere von Frobeniusgruppen in 16.13 folgt teilweise FEIT [1].

§ 17: Die Behandlung der Sätze 17.12 und 17.13 stützt sich weitgehend auf Vorträge von E. C. Dade.

§ 18: Hilfssatz 18.10 und den damit geführten Beweis von 18.11 verdanke ich einer mündlichen Mitteilung von E. C. Dade.

§ 19: Der Beweis von 19.3 folgt BRAUER, TATE [1].

§ 20: Für die Fragestellung dieses Paragraphen vergleiche man auch TSUSUKU [1] und [2] und TAMASCHKE [1] und [2]. Beispiel 20.10 verdanke ich einer brieflichen Mitteilung von H. Wielandt.

§ 21: Der wiedergegebene Beweis von 21.3 ist der ursprüngliche aus BURNSIDE [8]. Der Beweis von 21.6 ist eine elementarere (allerdings dafür längere) Fassung des Beweises aus ITÔ [10].

§ 22: 22.1 bis 22.5 folgen BRAUER, FOWLER [1], 22.6 bis 22.9 SUZUKI [7], mit einer Ergänzung in 22.9, Beweisteil j) aus FEIT [5].

§ 23: Eine Verallgemeinerung der Methode zur Berechnung höherer Kohomologiegruppen findet man in GRUENBERG [1]. Die verschränkten Gruppenalgebren werden in CONLON [1] und [2] untersucht.

§ 25: Weitere Beispiele zu 25.2 a) findet man in B. H. NEUMANN [1]. Die Folgerung aus dem Satz von Golod-Šafarewič in 25.2 c) geht auf eine Bemerkung von M. Rosen in Math. Reviews 31, Nr. 4841 (1966) zurück. Die Berechnung der Multiplikatoren der Gruppen $SL(2, p^f)$ und $PSL(2, p^f)$ steht bereits in SCHUR [3], dort auch 25.10. Die Bestimmung der Kohomologiegruppen einer Erweiterung $\mathfrak{G}$ eines Normalteilers $\mathfrak{N}$ mit der Faktorgruppe $\mathfrak{G}/\mathfrak{N}$ aus $\mathfrak{N}$ und $\mathfrak{G}/\mathfrak{N}$ wird in LYNDON [1] teilweise durchgeführt, liefert aber kein vollständiges Resultat. Eine eingehende Untersuchung der Darstellungsgruppen der symmetrischen und alternierenden Gruppen gibt SCHUR [5].

Kapitel VI

Auflösbare Gruppen

In der Theorie der auflösbaren Gruppen stehen zwei Problemkreise im Vordergrund, welche sich in mannigfacher Weise überschneiden und ergänzen:

1) Die „arithmetische" Struktur der Gruppe. Gegenstand dieser Untersuchungen ist der Aufbau der Gruppe aus den Sylowgruppen und Hallgruppen.

2) Die „Normalstruktur" der Gruppe. Hier handelt es sich um die Untersuchung der Hauptfaktoren und des Verbandes der Normalteiler. Ziel dieser Betrachtungen ist der Aufbau der Gruppe im Sinne der Erweiterungstheorie aus abelschen oder nilpotenten Gruppen. Auf die Untersuchung des Verbandes der sog. Subnormalteiler (das sind die Glieder der Kompositionsreihen) gehen wir erst in Band 2 ein; diese Theorie liefert besonders scharfe Aussagen, wenn nicht-auflösbare Kompositionsfaktoren vorhanden sind, sie hat jedoch bisher zur Theorie der auflösbaren Gruppen keine wesentlichen Beiträge geliefert.

Die von P. Hall entwickelte Theorie der Sylowsysteme auflösbarer Gruppen (§§ 1, 2) ist der grundlegende Schritt in der arithmetischen Theorie. Die Systemnormalisatoren stellen in übersichtlicher Weise eine Verbindung zwischen arithmetischer Struktur und Normalstruktur her (Deck-Meide-Satz 11.10). Insbesondere ergibt sich für auflösbare Gruppen mit lauter abelschen Sylowgruppen eine reichhaltige Theorie (§ 14). Von grundlegender Bedeutung für eine Reihe von Auflösbarkeitskriterien ist die von P. Hall 1937 entdeckte Tatsache, daß auflösbare Gruppen durch die Existenz von Sylowsystemen charakterisiert werden (1.10). Eine weitgehende Verallgemeinerung dieses Satzes haben Kegel und Wielandt bewiesen: Produkte von paarweise als Ganze vertauschbaren nilpotenten Gruppen sind stets auflösbar (§ 4).

Bei der Untersuchung der Normalstruktur betrachtet man vor allem die von der Gruppe auf den Hauptfaktoren bewirkten Automorphismen. Da die Hauptfaktoren auflösbarer Gruppen elementar-abelsch sind, werden nämlich der auflösbaren Gruppe Darstellungen auf den Hauptfaktoren zugeordnet. Damit ist eine Anwendungsmöglichkeit für die Darstellungstheorie gegeben; allerdings handelt es sich um Darstellungen über Primkörpern, und nicht (wie in Kap. V oft vorausgesetzt) über algebraisch abgeschlossenen Körpern der Charakteristik 0. Besonders handlich ist der Fall der überauflösbaren Gruppen, wo alle Hauptfaktoren zyklisch sind (§ 9); diese Gruppen bilden eine wichtige Verallgemeinerung der nilpotenten Gruppen, und ihre Struktur läßt sich weitgehend auf die Struktur ihrer Sylowgruppen zurückführen.

Von der Betrachtung der auf p-Faktorgruppen bewirkten Automorphismen geht die Theorie der p-Länge von P. Hall und G. Higman aus (§ 6). Schon der in diesem Kapitel wiedergegebene elementare Teil dieser Theorie gibt wichtige Einblicke. Der Begriff der p-Länge hat seit seiner Einführung 1956 in der Theorie der auflösbaren Gruppen überaus ordnend gewirkt. Einige tiefer liegenden Sätze über die p-Länge werden wir erst in Band 2 beweisen.

Ein Bindeglied zwischen den beiden Betrachtungsweisen ist die Gaschützsche Theorie der Formationen, die für zahlreiche ältere Resultate Verallgemeinerungen und einheitliche Beweise geliefert hat (§ 7). Sie gibt auch einen Zugang zu den Cartergruppen. Diese entdeckte R. Carter 1960, der zeigte, daß jede auflösbare Gruppe genau eine Konjugiertenklasse von nilpotenten, selbstnormalisierenden Untergruppen besitzt. Die Bedeutung dieser Gruppen ist noch nicht völlig klar, obwohl zahlreiche Versuche unternommen wurden, die Cartergruppen zur Struktur der ganzen Gruppe in Beziehung zu setzen. Hier liegen offene Probleme in großer Zahl vor. Einige führen auf die Untersuchung fixpunktfreier Automorphismen; darauf kommen wir in Band 2 zurück. In den §§ 12, 13 und 15 werden einige der bis heute vorliegenden Einsichten in die Beziehungen zwischen Cartergruppen, Normalreihen und Sylowsystemen dargestellt.

Für ein erstes Studium sei die Lektüre der Paragraphen 1, 2, 5–9 empfohlen.

§ 1. Hallgruppen auflösbarer Gruppen

Unser Ziel in diesem Paragraphen ist eine von P. Hall stammende Verschärfung der Sylowschen Sätze für auflösbare Gruppen und der Nachweis, daß diese verschärften Sylowsätze die auflösbaren Gruppen charakterisieren.

1.1 Definition. a) Unter einer arithmetischen Menge π verstehen wir eine nichtleere Menge von natürlichen Zahlen mit folgenden Eigenschaften:

(1) Ist $a \in \pi$ und $b \mid a$, so ist $b \in \pi$.

(2) Sind a und b aus π, so auch $a\,b$.

Offenbar gilt

$$\pi = \left\{\prod_i p_i^{a_i} \mid p_i \text{ Primzahlen aus } \pi\right\}.$$

Die arithmetischen Mengen sind also gerade diejenigen Unterhalbgruppen der multiplikativen Halbgruppe der natürlichen Zahlen, welche von

Primzahlen erzeugt werden. Wir schreiben gelegentlich

$$\pi = \langle p_i \mid p_i \in \pi, p_i \text{ Primzahl} \rangle .$$

b) Ist π eine arithmetische Menge, so setzen wir

$$\pi' = \left\{ \prod_i q_i^{a_i} \mid q_i \text{ Primzahlen, } q_i \notin \pi \right\} .$$

c) Sind π und μ arithmetische Mengen, so sei

$$\pi \mu = \{ a b \mid a \in \pi, b \in \mu \} .$$

Offenbar sind mit π und μ auch $\pi \mu$ und $\pi \cap \mu$ arithmetische Mengen. Stets gilt

$$(\pi \mu)' = \pi' \cap \mu' \quad \text{und} \quad (\pi \cap \mu)' = \pi' \mu' .$$

1.2 Definition. Sei π eine arithmetische Menge.

a) $\mathfrak{G}$ heißt eine π-Gruppe, falls $|\mathfrak{G}| \in \pi$ gilt, falls also in der Primfaktorzerlegung von $|\mathfrak{G}|$ nur Primzahlen aus π vorkommen.

b) Die Untergruppe $\mathfrak{H}$ von $\mathfrak{G}$ heißt eine π-Hallgruppe von $\mathfrak{G}$, falls $|\mathfrak{H}| \in \pi$ und $|\mathfrak{G} : \mathfrak{H}| \in \pi'$. Wir schreiben dann meistens $\mathfrak{H} = \mathfrak{G}_\pi$. Sind mehrere π-Hallgruppen von $\mathfrak{G}$ im Spiel, so schreiben wir $\mathfrak{G}_\pi$, $\mathfrak{G}_\pi^*$ oder dergleichen. (Die Definition stimmt überein mit den in III, 5.4 (S. 283) und IV, 7.1 (S. 444) gegebenen.)

Jede p-Sylowgruppe von $\mathfrak{G}$ ist eine π-Hallgruppe von $\mathfrak{G}$ zur arithmetischen Menge $\pi = \langle p \rangle$; in diesem Falle schreiben wir $\mathfrak{G}_p$ statt $\mathfrak{G}_\pi$, $\mathfrak{G}_{p'}$ statt $\mathfrak{G}_{\pi'}$ und nennen $\mathfrak{G}_{p'}$ ein p-Komplement von $\mathfrak{G}$. (Also ist $\mathfrak{G}_{p'}$ nicht etwa eine Sylowgruppe von $\mathfrak{G}$ zu einer Primzahl p'.) Wir sprechen gelegentlich (ohne Angabe der Primzahl) von Sylowkomplementen.

1.3 Definition. a) Die Gruppe $\mathfrak{G}$ heißt π-separiert, wenn jeder Hauptfaktor von $\mathfrak{G}$ entweder eine π-Gruppe oder eine π'-Gruppe ist.

b) $\mathfrak{G}$ heißt π-auflösbar, wenn $\mathfrak{G}$ π-separiert und jeder π-Hauptfaktor von $\mathfrak{G}$ auflösbar ist.

Nach dem Satz von Jordan-Hölder für Hauptreihen (I, 11.7, S. 64) genügt es, daß diese Forderungen in einer einzigen Hauptreihe von $\mathfrak{G}$ erfüllt sind.

Da nach Feit, Thompson [3] jede Gruppe von ungerader Ordnung auflösbar ist, sind für $2 \notin \pi$ die Begriffe π-separiert und π-auflösbar gleichwertig.

1.4 Hilfssatz. *Ist $\mathfrak{G}$ π-auflösbar oder π-separiert, so hat jede Untergruppe und jede Faktorgruppe von $\mathfrak{G}$ ebenfalls diese Eigenschaft.*

Beweis. Für Faktorgruppen ist dies trivial, denn deren Hauptfaktoren bilden eine Teilmenge der Menge der Hauptfaktoren von $\mathfrak{G}$.

Sei $\mathfrak{U} < \mathfrak{G}$ und sei

$$\mathfrak{G} = \mathfrak{G}_0 \triangleright \mathfrak{G}_1 \triangleright \cdots \triangleright \mathfrak{G}_s = \mathfrak{E}$$

eine Hauptreihe von $\mathfrak{G}$. Wir betrachten die Normalteiler $\mathfrak{U}_i = \mathfrak{G}_i \cap \mathfrak{U}$ von $\mathfrak{U}$. Es gilt

$$\mathfrak{U}_i/\mathfrak{U}_{i+1} = (\mathfrak{U} \cap \mathfrak{G}_i)/(\mathfrak{U} \cap \mathfrak{G}_{i+1}) \cong \mathfrak{G}_{i+1}(\mathfrak{U} \cap \mathfrak{G}_i)/\mathfrak{G}_{i+1} \leqq \mathfrak{G}_i/\mathfrak{G}_{i+1}\,.$$

Also ist mit $\mathfrak{G}_i/\mathfrak{G}_{i+1}$ auch $\mathfrak{U}_i/\mathfrak{U}_{i+1}$ eine π-Gruppe bzw. eine π'-Gruppe bzw. π-auflösbar. Durch Verfeinerung der aus den $\mathfrak{U}_i$ bestehenden Normalreihe von $\mathfrak{U}$ zu einer Hauptreihe von $\mathfrak{U}$ ergibt sich dann die Behauptung. **q.e.d.**

Die beiden folgenden elementaren Hilfssätze über Hallgruppen werden mehrfach verwendet:

1.5 Hilfssatz. *Sind π und μ arithmetische Mengen mit $\pi \cap \mu = \{1\}$, so ist für beliebige Hallgruppen $\mathfrak{G}_{\pi'}$ und $\mathfrak{G}_{\mu'}$ von $\mathfrak{G}$ stets $\mathfrak{G}_{\pi'} \cap \mathfrak{G}_{\mu'}$ eine $(\pi\,\mu)'$-Hallgruppe von $\mathfrak{G}$.*

Beweis. Wegen $|\mathfrak{G} : \mathfrak{G}_{\pi'}| \in \pi$ und $|\mathfrak{G} : \mathfrak{G}_{\mu'}| \in \mu$ und $\pi \cap \mu = \{1\}$ haben wir $(|\mathfrak{G} : \mathfrak{G}_{\pi'}|, |\mathfrak{G} : \mathfrak{G}_{\mu'}|) = 1$. Aus I, 2.13 b) (S. 8) folgt somit

$$|\mathfrak{G} : \mathfrak{G}_{\pi'} \cap \mathfrak{G}_{\mu'}| = |\mathfrak{G} : \mathfrak{G}_{\pi'}|\,|\mathfrak{G} : \mathfrak{G}_{\mu'}| \in \pi\,\mu\,.$$

Ferner gilt trivialerweise

$$|\mathfrak{G}_{\pi'} \cap \mathfrak{G}_{\mu'}| \in \pi' \cap \mu' = (\pi\,\mu)'\,.$$

Also ist $\mathfrak{G}_{\pi'} \cap \mathfrak{G}_{\mu'}$ eine Hallgruppe von $\mathfrak{G}$ zur arithmetischen Menge $(\pi\,\mu)'$. **q.e.d.**

Der folgende Hilfssatz steht schon in IV, 7.2 (S. 444):

1.6 Hilfssatz. *Ist $\mathfrak{N}$ ein Normalteiler von $\mathfrak{G}$, so ist $\mathfrak{G}_\pi\mathfrak{N}/\mathfrak{N}$ eine π-Hallgruppe von $\mathfrak{G}/\mathfrak{N}$ und $\mathfrak{N} \cap \mathfrak{G}_\pi$ eine π-Hallgruppe von $\mathfrak{N}$.*

Wir kommen zum ersten Hauptsatz:

1.7 Hauptsatz (P. Hall [1], Čunihin [1]).

a) *Ist $\mathfrak{G}$ π-separiert, so gibt es π-Hallgruppen und π'-Hallgruppen in $\mathfrak{G}$.*

b) *Ist $\mathfrak{G}$ π-auflösbar, so sind alle π-Hallgruppen von $\mathfrak{G}$ konjugiert in $\mathfrak{G}$; alle π'-Hallgruppen von $\mathfrak{G}$ sind ebenfalls konjugiert.*

c) *Ist $\mathfrak{G}$ π-auflösbar und $\mathfrak{U}$ eine π-Untergruppe von $\mathfrak{G}$, so liegt $\mathfrak{U}$ in einer π-Hallgruppe von $\mathfrak{G}$; die entsprechende Aussage gilt auch für π'-Untergruppen.*

(*Verwendet man, daß nach Feit und Thompson die Konjugiertheitsaussage des Satzes von Zassenhaus allgemein gilt* (I, 18.3, S. 128), *so reicht für den Beweis von* 1.7 b) *und* 1.7 c) *bereits die π-Separiertheit von* $\mathfrak{G}$.)

Beweis. Wir führen den Beweis durch Induktion nach $|\mathfrak{G}|$. Sei $\mathfrak{N}$ ein minimaler Normalteiler von $\mathfrak{G}$. Da $\mathfrak{G}$ π-separiert ist, gilt $|\mathfrak{N}| \in \pi$ oder $|\mathfrak{N}| \in \pi'$.

a) Nach Induktionsannahme existiert eine π-Hallgruppe $\mathfrak{H}/\mathfrak{N}$ von $\mathfrak{G}/\mathfrak{N}$. Dann ist $|\mathfrak{H}/\mathfrak{N}| \in \pi$ und

$$|\mathfrak{G} : \mathfrak{H}| = |\mathfrak{G}/\mathfrak{N} : \mathfrak{H}/\mathfrak{N}| \in \pi'\,.$$

Ist nun $|\mathfrak{N}| \in \pi$, so erhalten wir $|\mathfrak{H}| \in \pi$ und sind fertig. Ist aber $|\mathfrak{N}| \in \pi'$, so sind $|\mathfrak{H}/\mathfrak{N}|$ und $|\mathfrak{N}|$ teilerfremd. Nach dem Satz von Zassenhaus (I, 18.1, S. 126) gibt es dann eine Untergruppe $\mathfrak{V}$ von $\mathfrak{H}$ mit $|\mathfrak{V}| = |\mathfrak{H}/\mathfrak{N}|$. Also ist $|\mathfrak{V}| \in \pi$ und

$$|\mathfrak{G} : \mathfrak{V}| = |\mathfrak{G} : \mathfrak{H}|\,|\mathfrak{H} : \mathfrak{V}| = |\mathfrak{G} : \mathfrak{H}|\,|\mathfrak{N}| \in \pi' .$$

Daher ist $\mathfrak{V}$ eine π-Hallgruppe von $\mathfrak{G}$.

Für π'-Hallgruppen gilt der gleiche Beweis, denn π'-Separiertheit ist gleichwertig mit π-Separiertheit.

b) Seien $\mathfrak{V}$ und $\mathfrak{W}$ μ-Hallgruppen von $\mathfrak{G}$, und sei $\mu = \pi$ oder $\mu = \pi'$. Nach Hilfssatz 1.6 sind $\mathfrak{V}\mathfrak{N}/\mathfrak{N}$ und $\mathfrak{W}\mathfrak{N}/\mathfrak{N}$ μ-Hallgruppen von $\mathfrak{G}/\mathfrak{N}$, sind daher nach unserer Induktionsannahme konjugiert in $\mathfrak{G}/\mathfrak{N}$, etwa durch das Element $G\mathfrak{N}$. Dann ist $(\mathfrak{V}\mathfrak{N})^G = \mathfrak{W}\mathfrak{N}$ und daher auch $\mathfrak{V}^G \leqq \mathfrak{W}\mathfrak{N}$.

Ist $|\mathfrak{N}| \in \mu$, so erhalten wir

$$|\mathfrak{W}\mathfrak{N}| = \frac{|\mathfrak{W}|\,|\mathfrak{N}|}{|\mathfrak{W} \cap \mathfrak{N}|} \in \mu .$$

Da $\mathfrak{W}$ als μ-Hallgruppe eine maximale μ-Untergruppe von $\mathfrak{G}$ ist, folgt $\mathfrak{W} = \mathfrak{W}\mathfrak{N} \geqq \mathfrak{V}^G$. Wegen der Gleichheit der Ordnungen ist dann $\mathfrak{V}^G = \mathfrak{W}$.

Ist $|\mathfrak{N}| \in \mu'$, so ist $|\mathfrak{V}^G| = |\mathfrak{W}|$ teilerfremd zu $|\mathfrak{N}|$. Ist $\mu = \pi'$, so ist $|\mathfrak{N}| \in \pi$, und wegen der π-Auflösbarkeit von $\mathfrak{G}$ ist dann $\mathfrak{N}$ auflösbar. Ist aber $\mu = \pi$, so ist $|\mathfrak{W}\mathfrak{N}/\mathfrak{N}| \in \pi$, und $\mathfrak{W}\mathfrak{N}/\mathfrak{N}$ ist nach 1.4 π-auflösbar. Dann ist $\mathfrak{W}\mathfrak{N}/\mathfrak{N}$ auflösbar. In jedem Falle ist also $\mathfrak{N}$ oder $\mathfrak{W}\mathfrak{N}/\mathfrak{N}$ auflösbar. Nach dem Satz von Zassenhaus (I,18.2, S.127) sind daher alle Komplemente von $\mathfrak{N}$ in $\mathfrak{W}\mathfrak{N}$ konjugiert. Insbesondere gilt dies für $\mathfrak{W}$ und $\mathfrak{V}^G$. Also sind $\mathfrak{V}$ und $\mathfrak{W}$ konjugiert in $\mathfrak{G}$.

c) Ist $\mathfrak{U}$ eine μ-Untergruppe von $\mathfrak{G}$, so ist $\mathfrak{U}\mathfrak{N}/\mathfrak{N}$ eine μ-Untergruppe von $\mathfrak{G}/\mathfrak{N}$, liegt daher nach unserer Induktionsannahme in einer μ-Hallgruppe $\mathfrak{S}/\mathfrak{N}$ von $\mathfrak{G}/\mathfrak{N}$. Nach 1.6 ist jedes $\mathfrak{G}_\mu\mathfrak{N}/\mathfrak{N}$ eine μ-Hallgruppe von $\mathfrak{G}/\mathfrak{N}$, ist daher nach b) zu $\mathfrak{S}/\mathfrak{N}$ konjugiert. Also gilt $\mathfrak{U} \leqq \mathfrak{G}_\mu^G\mathfrak{N}$ für ein geeignetes G. Ist $|\mathfrak{N}| \in \mu$, so folgt $\mathfrak{G}_\mu^G\mathfrak{N} = \mathfrak{G}_\mu^G$ und daraus $\mathfrak{U} \leqq \mathfrak{G}_\mu^G$. In jedem Falle gilt

$$\mathfrak{U}\mathfrak{N} = \mathfrak{U}\mathfrak{N} \cap \mathfrak{G}_\mu^G\mathfrak{N} = \mathfrak{V}\mathfrak{N}$$

mit $\mathfrak{V} = \mathfrak{U}\mathfrak{N} \cap \mathfrak{G}_\mu^G \leqq \mathfrak{G}_\mu^G$. Ist $|\mathfrak{N}| \in \mu'$, so haben wir $\mathfrak{U} \cap \mathfrak{N} = \mathfrak{E}$ und $\mathfrak{V} \cap \mathfrak{N} \leqq \mathfrak{G}_\mu^G \cap \mathfrak{N} = \mathfrak{E}$. Also ist

$$|\mathfrak{U}| = |\mathfrak{U}\mathfrak{N} : \mathfrak{N}| = |\mathfrak{V}\mathfrak{N} : \mathfrak{N}| = |\mathfrak{V}| \in \mu .$$

Also ist $\mathfrak{N}$ (für $\mu' = \pi$) oder $\mathfrak{U}\mathfrak{N}/\mathfrak{N}$ auflösbar (für $\mu = \pi$). Nach dem Satz von Zassenhaus (I, 18.2, S. 127) sind daher die beiden Komplemente $\mathfrak{U}$ und $\mathfrak{V}$ von $\mathfrak{N}$ in $\mathfrak{U}\mathfrak{N}$ konjugiert. Das ergibt $\mathfrak{U}^H = \mathfrak{V} \leqq \mathfrak{G}_\mu^G$ für ein geeignetes H aus $\mathfrak{G}$. **q.e.d.**

Als wichtigsten Sonderfall formulieren wir:

1.8 Hauptsatz (P. Hall [1]). *Ist $\mathfrak{G}$ auflösbar, so hat $\mathfrak{G}$ π-Hallgruppen zu jedem π. Je zwei π-Hallgruppen von $\mathfrak{G}$ sind konjugiert in $\mathfrak{G}$, und jede π-Untergruppe von $\mathfrak{G}$ liegt in einer π-Hallgruppe von $\mathfrak{G}$.*

(In $\mathfrak{G}$ gilt also der π-Sylowsatz im Sinne der Definition III, 5.5, S. 284.)

Von grundlegender Bedeutung ist die Umkehrung von Satz 1.8. Zur Vorbereitung beweisen wir einen Satz von Wielandt, der auch selbständiges Interesse verdient:

1.9 Satz (Wielandt [17]). *Die Gruppe $\mathfrak{G}$ besitze drei auflösbare Untergruppen $\mathfrak{H}_i$ $(i = 1, 2, 3)$ von paarweise teilerfremden Indizes. Dann ist $\mathfrak{G}$ auflösbar.*

Beweis. Wir setzen $\mathfrak{D} = \mathfrak{H}_1 \cap \mathfrak{H}_2$. Wegen der Teilerfremdheit der Indizes von $\mathfrak{H}_1$ und $\mathfrak{H}_2$ gilt nach I, 2.13 b) (S. 8) $\mathfrak{G} = \mathfrak{H}_1 \mathfrak{H}_2$ und daher $|\mathfrak{G} : \mathfrak{H}_2| = |\mathfrak{H}_1 : \mathfrak{D}|$. Ist $\mathfrak{H}_1 = \mathfrak{E}$, so ist $\mathfrak{G} = \mathfrak{H}_2$ auflösbar. Sei also $\mathfrak{H}_1 \neq \mathfrak{E}$, und sei $\mathfrak{N}$ ein minimaler Normalteiler von $\mathfrak{H}_1$. Nach I, 9.13 (S. 52) hat $\mathfrak{N}$ Primzahlpotenzordnung, etwa $|\mathfrak{N}| = p^n$. Dann ist mindestens eine der beiden Zahlen $|\mathfrak{G} : \mathfrak{H}_2|$, $|\mathfrak{G} : \mathfrak{H}_3|$ nicht durch p teilbar. Sei etwa p kein Teiler von $|\mathfrak{G} : \mathfrak{H}_2|$. Wegen $\mathfrak{N} \trianglelefteq \mathfrak{H}_1$ ist $\mathfrak{N}\mathfrak{D}$ eine Untergruppe von $\mathfrak{H}_1$. Daher ist $|\mathfrak{N}\mathfrak{D} : \mathfrak{D}| = |\mathfrak{N} : \mathfrak{N} \cap \mathfrak{D}|$ ein Teiler von $|\mathfrak{N}|$ und auch von $|\mathfrak{H}_1 : \mathfrak{D}| = |\mathfrak{G} : \mathfrak{H}_2|$. Wegen $(|\mathfrak{N}|, |\mathfrak{G} : \mathfrak{H}_2|) = 1$ folgt $|\mathfrak{N}\mathfrak{D} : \mathfrak{D}| = 1$, also $\mathfrak{N} \leqq \mathfrak{D}$.

Sei $G = H_1 H_2$ mit $H_i \in \mathfrak{H}_i$ ein beliebiges Element aus $\mathfrak{G} = \mathfrak{H}_1 \mathfrak{H}_2$. Wegen $\mathfrak{N} \trianglelefteq \mathfrak{H}_1$ ist dann

$$\mathfrak{N}^G = \mathfrak{N}^{H_1 H_2} = \mathfrak{N}^{H_2} \leqq \mathfrak{D}^{H_2} \leqq \mathfrak{H}_2 .$$

Somit ergibt sich $\mathfrak{T} = \langle \mathfrak{N}^G \mid G \in \mathfrak{G} \rangle \leqq \mathfrak{H}_2$. Daher ist $\mathfrak{T}$ ein auflösbarer, von $\mathfrak{E}$ verschiedener Normalteiler von $\mathfrak{G}$. Die Faktorgruppe $\mathfrak{G}/\mathfrak{T}$ besitzt die auflösbaren Untergruppen $\mathfrak{H}_i\mathfrak{T}/\mathfrak{T}$ $(i = 1, 2, 3)$ mit

$$|\mathfrak{G}/\mathfrak{T} : \mathfrak{H}_i\mathfrak{T}/\mathfrak{T}| = |\mathfrak{G} : \mathfrak{H}_i\mathfrak{T}| ,$$

und diese Zahlen sind paarweise teilerfremd. Also erfüllt $\mathfrak{G}/\mathfrak{T}$ alle Voraussetzungen des Satzes, und wir können vermöge einer Induktionsannahme $\mathfrak{G}/\mathfrak{T}$ als auflösbar annehmen. Dann ist auch $\mathfrak{G}$ nach I, 8.6 a) (S. 38) auflösbar. **q.e.d.**

Nun folgt leicht die Umkehrung von Hauptsatz 1.8:

1.10 Hauptsatz (P. Hall [5]). *Sei $|\mathfrak{G}| = \prod_{i=1}^{r} p_i^{a_i}$ die Primfaktorzerlegung von $|\mathfrak{G}|$. Hat $\mathfrak{G}$ Untergruppen $\mathfrak{U}_1, \ldots, \mathfrak{U}_r$ mit $|\mathfrak{G} : \mathfrak{U}_i| = p_i^{a_i}$, so ist $\mathfrak{G}$ auflösbar.*

Beweis. Wir beweisen den Satz durch Induktion nach r. Für $r = 1$ ist $\mathfrak{G}$ eine Gruppe von Primzahlpotenzordnung, also nach I, 8.9 (S. 40) auflösbar. Für $r = 2$ ist $\mathfrak{G}$ nach dem Satz von Burnside (V, 7.3, S. 492) auflösbar. Sei weiterhin also $r \geqq 3$.

Wir setzen $\mathfrak{V}_{ij} = \mathfrak{U}_i \cap \mathfrak{U}_j$ für $i \neq j$. Nach 1.5 ist dann

$$|\mathfrak{G} : \mathfrak{V}_{ij}| = p_i^{a_i} p_j^{a_j}$$

und daher

$$|\mathfrak{U}_i : \mathfrak{V}_{ij}| = p_j^{a_j} .$$

Somit erfüllen die $\mathfrak{U}_i$ $(i = 1, \ldots, r)$ wieder die Voraussetzung, sind daher nach Induktionsannahme auflösbar. Die Indizes $|\mathfrak{G} : \mathfrak{U}_i| = p_i^{a_i}$ sind paarweise teilerfremd. Nach Satz 1.9 ist also $\mathfrak{G}$ auflösbar. **q.e.d.**

Es ist eine offene Frage, ob für $|\mathfrak{G}| = \prod_{i=1}^{r} p_i^{a_i}$ schon die Existenz von Untergruppen $\mathfrak{U}_{ij}$ $(i, j = 1, \ldots, r; i \neq j)$ mit $|\mathfrak{U}_{ij}| = p_i^{a_i} p_j^{a_j}$ die Auflösbarkeit von $\mathfrak{G}$ erzwingt.

Kann man durch Verschärfung der Voraussetzung von 1.10 eine interessante Klasse von auflösbaren Gruppen charakterisieren? Eine natürliche Forderung ist die folgende Bedingung

(U): Zu jedem Teiler d von $|\mathfrak{G}|$ gibt es eine Untergruppe $\mathfrak{U}$ von $\mathfrak{G}$ mit $|\mathfrak{U}| = d$.

Nach Hauptsatz 1.10 folgt aus (U) die Auflösbarkeit von $\mathfrak{G}$. Jedoch folgt nicht wesentlich mehr, wie die folgende Bemerkung zeigt:

1.11 Satz (McLain [1]). *Ist $\mathfrak{G}$ irgendeine auflösbare Gruppe, so gibt es eine abelsche Gruppe $\mathfrak{A}$ derart, daß $\mathfrak{G} \times \mathfrak{A}$ die Eigenschaft (U) hat.*

Beweis. Sei $|\mathfrak{G}| = \prod_{i=1}^{r} p_i^{a_i}$ und $\mathfrak{A}$ eine abelsche Gruppe der Ordnung $|\mathfrak{A}| = \prod_{i=1}^{r} p_i^{a_i-1}$. Dann hat $\mathfrak{G} \times \mathfrak{A}$ die Eigenschaft (U):

Sei $d = p_1^{d_1} \ldots p_r^{d_r}$ ein Teiler von $|\mathfrak{G} \times \mathfrak{A}|$, sei $a_i \leqq d_i$ für $i = 1, \ldots, s$ und $d_i < a_i$ für $i = s+1, \ldots, r$. Sei $\mathfrak{H}$ eine π-Hallgruppe von $\mathfrak{G}$ zur arithmetischen Menge $\pi = \langle p_1, \ldots, p_s \rangle$ und $\mathfrak{B}$ eine Untergruppe von $\mathfrak{A}$ von der Ordnung $p_1^{d_1-a_1} \ldots p_s^{d_s-a_s} p_{s+1}^{d_{s+1}} \ldots p_r^{d_r}$. Dann ist $\mathfrak{H} \times \mathfrak{B}$ eine Untergruppe von $\mathfrak{G} \times \mathfrak{A}$ von der gewünschten Ordnung d. **q.e.d.**

Man vergleiche auch Aufg. 19 (S. 722).

Aufgaben:

1) Man beweise die Existenz von p-Komplementen in auflösbaren Gruppen ohne die Verwendung des Satzes von Zassenhaus.

(Anleitung: Sei $\mathfrak{G}$ ein kleinster Verbrecher. Dann hat $\mathfrak{G}$ einen minimalen Normalteiler $\mathfrak{N}$ mit $|\mathfrak{N}| = p^n$ und $p \nmid |\mathfrak{G}/\mathfrak{N}|$. Sei $\mathfrak{M}/\mathfrak{N}$ ein minimaler Normalteiler von $\mathfrak{G}/\mathfrak{N}$. Dann ist $|\mathfrak{M}/\mathfrak{N}| = q^m$ mit einer Primzahl $q \neq p$.

Ist $\mathfrak{Q}$ eine q-Sylowgruppe von $\mathfrak{M}$, so ist $\mathbf{N}_{\mathfrak{G}}(\mathfrak{Q})$ ein p-Komplement von $\mathfrak{G}$.)

2) (P. Hall [8]) Wir nennen die Gruppe $\mathfrak{G}$ komplementierbar, wenn es zu jeder Untergruppe $\mathfrak{U}$ von $\mathfrak{G}$ eine Untergruppe $\mathfrak{V}$ von $\mathfrak{G}$ mit $\mathfrak{G} = \mathfrak{U}\mathfrak{V}$ und $\mathfrak{U} \cap \mathfrak{V} = \mathfrak{E}$ gibt. Man zeige:

a) Jede komplementierbare Gruppe ist auflösbar.

b) Komplementierbarkeit überträgt sich auf Untergruppen, Faktorgruppen und direkte Produkte.

c) Ist $\mathfrak{G}$ komplementierbar, so sind alle Hauptfaktoren von $\mathfrak{G}$ zyklisch und alle Sylowgruppen von $\mathfrak{G}$ elementar-abelsch.

d) Genau dann ist $\mathfrak{G}$ komplementierbar, wenn $\mathfrak{G}$ isomorph ist zu einer Untergruppe eines direkten Produktes von Gruppen mit quadratfreien Ordnungen.

3) (Čunihin [1]) Sei π eine arithmetische Menge. Die Ordnung eines jeden Hauptfaktors von $\mathfrak{G}$ enthalte höchstens eine Primzahl aus π. Man zeige:

a) $\mathfrak{G}$ besitzt auflösbare π-Hallgruppen.

b) Alle π-Hallgruppen von $\mathfrak{G}$ sind konjugiert.

(Der Nachweis, daß jede π-Untergruppe von $\mathfrak{G}$ in einer π-Hallgruppe von $\mathfrak{G}$ liegt, ist erheblich schwieriger; siehe P. Hall [14].)

§ 2. Sylowsysteme auflösbarer Gruppen

Gestützt auf Hauptsatz 1.8 hat P. Hall eine Theorie der auflösbaren Gruppen entwickelt, deren Behandlung wir nun beginnen.

2.1 Definition. Sei $|\mathfrak{G}| = \prod_{i=1}^{r} p_i^{a_i}$ die Primfaktorzerlegung von $|\mathfrak{G}|$.

a) Eine Menge $\mathscr{K} = \{\mathfrak{G}_{p_1'}, \ldots, \mathfrak{G}_{p_r'}\}$ von Sylowkomplementen von $\mathfrak{G}$ heißt ein Komplementsystem von $\mathfrak{G}$. (Nach 1.8 und 1.10 hat $\mathfrak{G}$ genau dann ein Komplementsystem, wenn $\mathfrak{G}$ auflösbar ist.)

b) Eine Menge $\mathscr{S} = \{\mathfrak{G}_{p_1}, \ldots, \mathfrak{G}_{p_r}\}$ von Sylowgruppen von $\mathfrak{G}$ heißt ein Sylowsystem von $\mathfrak{G}$, wenn $\mathfrak{G}_{p_i}\mathfrak{G}_{p_j} = \mathfrak{G}_{p_j}\mathfrak{G}_{p_i}$ für alle i, j gilt.

2.2 Satz. *Zwischen den Sylowsystemen und den Komplementsystemen einer auflösbaren Gruppe $\mathfrak{G}$ besteht eine umkehrbar eindeutige Beziehung vermöge*

$$\mathscr{S} = \{\mathfrak{G}_p \mid p \mid |\mathfrak{G}|\} \to \mathscr{K}_{\mathscr{S}} = \left\{\prod_{q \neq p} \mathfrak{G}_q \mid p \mid |\mathfrak{G}|\right\}$$

und

$$\mathscr{K} = \{\mathfrak{G}_{p'} \mid p \mid |\mathfrak{G}|\} \to \mathscr{S}_{\mathscr{K}} = \left\{\bigcap_{q \neq p} \mathfrak{G}_{q'} \mid p \mid |\mathfrak{G}|\right\}.$$

Beweis. Sei $\mathscr{S} = \{\mathfrak{G}_p \mid p \mid |\mathfrak{G}|\}$ ein Sylowsystem von $\mathfrak{G}$. Wegen der paarweisen Vertauschbarkeit der $\mathfrak{G}_q$ bilden dann die Gruppen $\mathfrak{G}_{p'}^* = \prod_{q \neq p} \mathfrak{G}_q$ ein Komplementsystem $\mathscr{K}_{\mathscr{S}}$ von $\mathfrak{G}$.

Sei umgekehrt $\mathcal{K} = \{\mathfrak{G}_{p'} \mid p \mid |\mathfrak{G}|\}$ ein Komplementsystem von $\mathfrak{G}$. Wir setzen $\mathfrak{G}_p^* = \bigcap_{q \neq p} \mathfrak{G}_{q'}$. Mehrfache Anwendung von 1.5 liefert $|\mathfrak{G}_p^*| = p^{a_p}$ mit $p^{a_p} \mathbin{\top} |\mathfrak{G}|$. Für $i \neq j$ gilt

$$\mathfrak{G}_{p_i}^* \mathfrak{G}_{p_j}^* = \Big(\bigcap_{q \neq p_i} \mathfrak{G}_{q'}\Big)\Big(\bigcap_{q \neq p_j} \mathfrak{G}_{q'}\Big) \subseteq \bigcap_{q \neq p_i, p_j} \mathfrak{G}_{q'} = \bigcap_{q \notin \langle p_i, p_j\rangle'} \mathfrak{G}_{q'} .$$

Die rechtsstehende Gruppe ist nach 1.5 eine $\langle p_i, p_j\rangle$-Hallgruppe von $\mathfrak{G}$. Daher folgt durch Vergleich der Ordnungen

$$\mathfrak{G}_{p_i}^* \mathfrak{G}_{p_j}^* = \bigcap_{q \notin \langle p_i, p_j\rangle'} \mathfrak{G}_{q'} = \mathfrak{G}_{p_j}^* \mathfrak{G}_{p_i}^* ,$$

und die $\mathfrak{G}_p^*$ bilden somit ein Sylowsystem $\mathcal{S}_{\mathcal{K}}$ von $\mathfrak{G}$.

Offenbar gilt $(\mathcal{K}_{\mathcal{S}})_{\mathcal{K}} = \mathcal{K}$ und $(\mathcal{S}_{\mathcal{K}})_{\mathcal{S}} = \mathcal{S}$. **q.e.d.**

Als direkte Folgerung aus den Sätzen 1.10 und 2.2 vermerken wir:

2.3 Satz (P. Hall). *Genau dann ist $\mathfrak{G}$ auflösbar, wenn $\mathfrak{G}$ Sylowsysteme (Komplementsysteme) hat.*

Wir werden in § 4 eine weitgehende Verallgemeinerung von Satz 2.3 kennen lernen: Es genügt nämlich für die Auflösbarkeit von $\mathfrak{G}$ schon, daß $\mathfrak{G}$ ein Produkt von paarweise vertauschbaren nilpotenten Gruppen ist. Beim Beweis dieses tiefliegenden Satzes wird Satz 2.3 eine entscheidende Rolle spielen.

Für die Komplement- und Sylowsysteme gilt ein bemerkenswerter Konjugiertheitssatz:

2.4 Satz (P. Hall [6]). *Sei $\mathfrak{G}$ auflösbar, und seien $\mathcal{K} = \{\mathfrak{G}_{p_i'} \mid i = 1, \ldots, r\}$ und $\mathcal{K}^* = \{\mathfrak{G}_{p_i'}^* \mid i = 1, \ldots, r\}$ Komplementsysteme von $\mathfrak{G}$. Dann gibt es ein $G \in \mathfrak{G}$ mit $\mathfrak{G}_{p_i'}^G = \mathfrak{G}_{p_i'}^*$ für alle $i = 1, \ldots, r$.*

Beweis. Nach 1.7 b) sind alle p_i-Komplemente von $\mathfrak{G}$ konjugiert in $\mathfrak{G}$. Daher ist $|\mathfrak{G} : \mathbf{N}_{\mathfrak{G}}(\mathfrak{G}_{p_i'})|$ die Anzahl der verschiedenen p_i-Komplemente von $\mathfrak{G}$. Wegen $\mathfrak{G}_{p_i'} \leqq \mathbf{N}_{\mathfrak{G}}(\mathfrak{G}_{p_i'})$ ist $|\mathfrak{G} : \mathbf{N}_{\mathfrak{G}}(\mathfrak{G}_{p_i'})|$ eine Potenz von p_i. Die Anzahl aller Komplementsysteme von $\mathfrak{G}$ ist also

$$k = \prod_{i=1}^{r} |\mathfrak{G} : \mathbf{N}_{\mathfrak{G}}(\mathfrak{G}_{p_i'})| .$$

Da die Indizes $|\mathfrak{G} : \mathbf{N}_{\mathfrak{G}}(\mathfrak{G}_{p_i'})|$ paarweise teilerfremd sind, folgt aus Hilfssatz I, 2.13 b) (S. 8)

$$k = \prod_{i=1}^{r} |\mathfrak{G} : \mathbf{N}_{\mathfrak{G}}(\mathfrak{G}_{p_i'})| = |\mathfrak{G} : \bigcap_{i=1}^{r} \mathbf{N}_{\mathfrak{G}}(\mathfrak{G}_{p_i'})| .$$

Die Anzahl aller Komplementsysteme von $\mathfrak{G}$ ist daher gleich der Anzahl aller Konjugierten des festen Komplementsystems $\{\mathfrak{G}_{p_i'} \mid i = 1, \ldots, r\}$. Somit sind alle Komplementsysteme von $\mathfrak{G}$ konjugiert. Nach 2.2 gilt dies dann auch für die Sylowsysteme. **q.e.d.**

Über die Beziehungen der Sylowsysteme von Untergruppen und Normalteilern zu den Sylowsystemen der ganzen Gruppe gibt der folgende Satz eine Auskunft:

2.5 Satz. a) *Sei $\mathfrak{G}$ auflösbar und $\mathfrak{U}$ eine Untergruppe von $\mathfrak{G}$. Dann gibt es zu jedem Sylowsystem $\mathscr{S}_{\mathfrak{U}} = \{\mathfrak{U}_p \mid p \mid |\mathfrak{U}|\}$ von $\mathfrak{U}$ ein Sylowsystem $\mathscr{S}_{\mathfrak{G}} = \{\mathfrak{G}_p \mid p \mid |\mathfrak{G}|\}$ von $\mathfrak{G}$ mit $\mathfrak{U}_p = \mathfrak{U} \cap \mathfrak{G}_p$ für alle p.*

b) *Ist $\mathfrak{N}$ ein Normalteiler von $\mathfrak{G}$ und $\{\mathfrak{G}_p \mid p \mid |\mathfrak{G}|\}$ ein Sylowsystem von $\mathfrak{G}$, so ist $\{\mathfrak{N} \cap \mathfrak{G}_p \mid p \mid |\mathfrak{N}|\}$ ein Sylowsystem von $\mathfrak{N}$.*

Beweis. a) Sei $\mathscr{K}_{\mathfrak{U}} = \{\mathfrak{U}_{p'} \mid p \mid |\mathfrak{U}|\}$ das zu $\mathscr{S}_{\mathfrak{U}}$ gemäß 2.2 gebildete Komplementsystem von $\mathfrak{U}$. Nach 1.7 c) liegt jedes $\mathfrak{U}_{p'}$ in mindestens einem p-Komplement $\mathfrak{G}_{p'}$ von $\mathfrak{G}$. Sei $\mathscr{K}_{\mathfrak{G}}$ das von diesen $\mathfrak{G}_{p'}$ gebildete Komplementsystem von $\mathfrak{G}$ und $\mathscr{S}_{\mathfrak{G}} = \{\mathfrak{G}_p \mid p \mid |\mathfrak{G}|\}$ mit $\mathfrak{G}_p = \bigcap_{q \neq p} \mathfrak{G}_{q'}$ das zugehörige Sylowsystem von $\mathfrak{G}$. Dann ist $\mathfrak{U}_{p'} = \mathfrak{U} \cap \mathfrak{G}_{p'}$. Nach 2.2 gilt

$$\mathfrak{U}_p = \bigcap_{q \neq p} \mathfrak{U}_{q'} = \mathfrak{U} \cap \bigcap_{q \neq p} \mathfrak{G}_{q'} = \mathfrak{U} \cap \mathfrak{G}_p .$$

b) Nach I, 7.7 a) (S. 35) ist $\mathfrak{N} \cap \mathfrak{G}_p = \mathfrak{N}_p$ eine p-Sylowgruppe von $\mathfrak{N}$. Es gilt $\mathfrak{N}_p \mathfrak{N}_q \subseteq \mathfrak{N} \cap \mathfrak{G}_p \mathfrak{G}_q$. Da $\mathfrak{N} \cap \mathfrak{G}_p \mathfrak{G}_q$ eine $\langle p, q\rangle$-Untergruppe von $\mathfrak{N}$ ist, haben wir $|\mathfrak{N} \cap \mathfrak{G}_p \mathfrak{G}_q| \mid |\mathfrak{N}_p|\,|\mathfrak{N}_q|$. Also folgt

$$\mathfrak{N}_p \mathfrak{N}_q = \mathfrak{N} \cap \mathfrak{G}_p \mathfrak{G}_q = \mathfrak{N}_q \mathfrak{N}_p ,$$

und die $\mathfrak{N}_p$ bilden ein Sylowsystem von $\mathfrak{N}$. **q.e.d**

Wie in I, 7.6 und 7.7 c) (S. 34) zeigt man:

2.6 Hilfssatz. *Sei $\mathfrak{G}$ π-auflösbar. Dann gilt:*

a) *Jede Obergruppe des Normalisators $\mathbf{N}_{\mathfrak{G}}(\mathfrak{G}_\pi)$ einer π-Hallgruppe $\mathfrak{G}_\pi$ von $\mathfrak{G}$ ist ihr eigener Normalisator in $\mathfrak{G}$.*

b) *Ist $\mathfrak{N} \trianglelefteq \mathfrak{G}$ und $\mathfrak{G}_\pi$ eine π-Hallgruppe von $\mathfrak{G}$, so ist*

$$\mathbf{N}_{\mathfrak{G}/\mathfrak{N}}(\mathfrak{G}_\pi \mathfrak{N}/\mathfrak{N}) = \mathbf{N}_{\mathfrak{G}}(\mathfrak{G}_\pi)\, \mathfrak{N}/\mathfrak{N} ;$$

das gleiche gilt auch für π'.

2.7 Satz (P. Hall [6]). *Sei $\mathfrak{G}$ auflösbar mit $|\mathfrak{G}| = \prod_{i=1}^{r} p_i^{a_i}$. Die Ordnung der Automorphismengruppe $\mathbf{A}(\mathfrak{G})$ von $\mathfrak{G}$ teilt dann*

$$|\mathfrak{G}| \prod_{i=1}^{r} \psi(p_i^{a_i})\, p_i^{d_i(a_i - d_i)} ,$$

wobei

$$\psi(p^a) = (p^a - 1)(p^a - p) \ldots (p^a - p^{a-1})$$

und d_i die minimale Erzeugendenzahl einer p_i-Sylowgruppe von $\mathfrak{G}$ ist.

Beweis. Wir betrachten ein Sylowsystem $\mathscr{S}$ von $\mathfrak{G}$. Jeder Automorphismus α von $\mathfrak{G}$ bildet $\mathscr{S}$ auf ein Sylowsystem $\mathscr{S}^\alpha$ von $\mathfrak{G}$ ab. Nach 2.4 ist $\mathscr{S}^\alpha$ konjugiert zu $\mathscr{S}$, geht also aus $\mathscr{S}$ durch Anwendung eines inneren Automorphismus von $\mathfrak{G}$ hervor. Bezeichnet $\mathbf{I}(\mathfrak{G})$ die Gruppe der inneren Automorphismen von $\mathfrak{G}$ und $\mathfrak{B}$ diejenige Untergruppe von $\mathbf{A}(\mathfrak{G})$, welche alle Sylowgruppen aus $\mathcal{S}$ als Ganze fest läßt, so haben wir also $\mathbf{A}(\mathfrak{G}) = \mathbf{I}(\mathfrak{G})\,\mathfrak{B}$. Daraus folgt

$$|\mathbf{A}(\mathfrak{G})| = |\mathfrak{B}|\;|\mathbf{I}(\mathfrak{G}) : \mathbf{I}(\mathfrak{G}) \cap \mathfrak{B}|\,.$$

Der zweite Faktor in diesem Produkt ist ein Teiler von $|\mathfrak{G}|$. Die Gruppe $\mathfrak{B}$ ist durch ihre Wirkung auf die Sylowgruppen $\mathfrak{G}_{p_i}$ aus $\mathcal{S}$ völlig beschrieben, ist daher isomorph zu einer Untergruppe des direkten Produktes der Automorphismengruppen der $\mathfrak{G}_{p_i}$. Also haben wir $|\mathfrak{B}| \mid \prod_{i=1}^{r} |\mathbf{A}(\mathfrak{G}_{p_i})|$. Aus III, 3.19 (S. 275) entnehmen wir die Aussage $|\mathbf{A}(\mathfrak{G}_{p_i})| \mid \psi(p_i^{a_i})\, p_i^{d_i(a_i-d_i)}$ und erhalten dann die Behauptung. **q.e.d.**

§ 3. Gruppen mit vielen Sylowsystemen

Wir haben gesehen, daß die Existenz eines Sylowsystems gleichwertig ist mit der Auflösbarkeit. Durch Verschärfung der Vertauschbarkeitsforderung für die Sylowgruppen lassen sich spezielle Klassen von auflösbaren Gruppen auszeichnen. Wir behandeln in diesem Paragraphen einen solchen Fall. Weitere Fälle betrachten wir in Aufgabe 6 und in 6.11.

Die Gruppen der Ordnung $p^a q^b$ (p und q Primzahlen) haben offenbar die Eigenschaft, daß jede p-Sylowgruppe mit jeder q-Sylowgruppe vertauschbar ist, daß also je zwei Sylowgruppen zu verschiedenen Primzahlen stets vertauschbar sind. Wir wollen alle Gruppen mit dieser Eigenschaft beschreiben und zeigen:

3.1 Satz (Huppert [11]). *Die folgenden Eigenschaften von $\mathfrak{G}$ sind gleichwertig:*

a) *Die Gruppe $\mathfrak{G}$ ist auflösbar; ist $\mathfrak{H}/\mathfrak{K}$ ein Hauptfaktor von $\mathfrak{G}$ von p-Potenzordnung, so gilt $|\mathfrak{G}/\mathbf{C}_{\mathfrak{G}}(\mathfrak{H}/\mathfrak{K})| = p^a q^b$ mit einer geeigneten (von $\mathfrak{H}/\mathfrak{K}$ abhängenden) Primzahl q; d. h. $\mathfrak{G}$ induziert auf jedem Hauptfaktor von p-Potenzordnung eine Automorphismengruppe, deren Ordnung höchstens eine von p verschiedene Primzahl (und möglicherweise p) enthält.*

b) *Je zwei Sylowgruppen von $\mathfrak{G}$ zu verschiedenen Primzahlen sind vertauschbar.*

c) *Die Gruppe $\mathfrak{G}$ ist enthalten in der kleinsten Klasse $\mathcal{M}$ von endlichen Gruppen mit folgenden Eigenschaften:*

(1) *$\mathcal{M}$ ist abgeschlossen bezüglich der Bildung von Untergruppen, Faktorgruppen und direkten Produkten.*

(2) *$\mathcal{M}$ enthält jede Gruppe, deren Ordnung durch höchstens zwei verschiedene Primzahlen teilbar ist.*

d) *$\mathfrak{G}$ ist homomorphes Bild einer Untergruppe einer Gruppe $\mathfrak{H}$ der Gestalt $\mathfrak{H} = \mathfrak{H}_1 \times \cdots \times \mathfrak{H}_k$, wobei jedes $|\mathfrak{H}_i|$ höchstens zwei verschiedene Primteiler enthält.*

Erfüllt $\mathfrak{G}$ die in 3.1 angegebenen Bedingungen, so nennen wir $\mathfrak{G}$ eine Gruppe mit vielen Sylowsystemen.

Zu b) gleichwertig ist offenbar die folgende Forderung:

Ist $|\mathfrak{G}| = \prod_{i=1}^{r} p_i^{a_i}$, und ist $\{\mathfrak{G}_{p_i} \mid i = 1, \ldots, r\}$ ein Sylowsystem von $\mathfrak{G}$, so ist $\{\mathfrak{G}_{p_i}^{G_i} \mid i = 1, \ldots, r\}$ ein Sylowsystem von $\mathfrak{G}$ für alle $G_i \in \mathfrak{G}$. Man kann dies durch die Gleichung

$$\prod_{i=1}^{r} |\mathfrak{G} : \mathbf{N}_{\mathfrak{G}}(\mathfrak{G}_{p_i})| = |\mathfrak{G} : \bigcap_{i=1}^{r} \mathbf{N}_{\mathfrak{G}}(\mathfrak{G}_{p_i})|$$

beschreiben. Diese scheint jedoch kein geeigneter Ansatzpunkt für die Untersuchung zu sein.

Satz 3.1 enthält keine explizite Beschreibung der in Frage stehenden Gruppen, sondern führt diese auf die Gruppen der Ordnung $p^a q^b$ zurück. Mehr ist angesichts der möglichen Kompliziertheit der Gruppen der Ordnung $p^a q^b$ auch nicht zu erwarten.

Dem Beweis von 3.1 schicken wir zwei Hilfssätze voraus:

3.2 Hilfssatz. *Die Eigenschaften* a) *und* b) *von* 3.1 *vererben sich auf Untergruppen, Faktorgruppen und direkte Produkte.*

Beweis. Die Vererbung auf Faktorgruppen und direkte Produkte ist trivial.

a) Sei $\mathfrak{U}$ eine Untergruppe von $\mathfrak{G}$ und $\mathfrak{H}/\mathfrak{K}$ ein Hauptfaktor von $\mathfrak{G}$ von p-Potenzordnung. Sei $G \in \mathbf{C}_{\mathfrak{G}}(\mathfrak{H}/\mathfrak{K}) \cap \mathfrak{U}$ und $U \in \mathfrak{H} \cap \mathfrak{U}$. Dann ist $U^G = UK$ mit einem K aus $\mathfrak{K} \cap \mathfrak{U}$. Somit haben wir

$$\mathbf{C}_{\mathfrak{G}}(\mathfrak{H}/\mathfrak{K}) \cap \mathfrak{U} \leqq \mathbf{C}_{\mathfrak{U}}((\mathfrak{H} \cap \mathfrak{U})/(\mathfrak{K} \cap \mathfrak{U}))\,.$$

Daher teilt $|\mathfrak{U}/\mathbf{C}_{\mathfrak{U}}((\mathfrak{H} \cap \mathfrak{U})/(\mathfrak{K} \cap \mathfrak{U}))|$ die Zahl

$$|\mathfrak{U} : \mathbf{C}_{\mathfrak{G}}(\mathfrak{H}/\mathfrak{K}) \cap \mathfrak{U}| = |\mathfrak{U}\,\mathbf{C}_{\mathfrak{G}}(\mathfrak{H}/\mathfrak{K}) : \mathbf{C}_{\mathfrak{G}}(\mathfrak{H}/\mathfrak{K})|\,,$$

und diese hat als Teiler von $|\mathfrak{G}/\mathbf{C}_{\mathfrak{G}}(\mathfrak{H}/\mathfrak{K})|$ die Gestalt $p^a q^b$. Verfeinern wir den normalen Faktor $(\mathfrak{H} \cap \mathfrak{U})/(\mathfrak{K} \cap \mathfrak{U})$ von $\mathfrak{U}$ zu Hauptfaktoren von $\mathfrak{U}$, so gilt für diese erst recht die gemachte Aussage. Da eine spezielle Hauptreihe von $\mathfrak{U}$ durch Schnitt einer Hauptreihe von $\mathfrak{G}$ mit $\mathfrak{U}$ und anschließende Verfeinerung gewonnen werden kann, gilt also die Eigenschaft a) aus 3.1 für alle Hauptfaktoren einer geeigneten Hauptreihe von $\mathfrak{U}$. Nach dem Satz von Jordan-Hölder für Hauptreihen (I, 11.5, S. 63) folgt unter Beachtung der Isomorphie der Hauptfaktoren als $\mathfrak{U}$-Operatorgruppen, daß die Eigenschaft a) auch für alle Hauptfaktoren in jeder Hauptreihe von $\mathfrak{U}$ gilt. Somit vererbt sich a) auf Untergruppen.

b) Sei $\mathfrak{U}$ eine Untergruppe von $\mathfrak{G}$, und seien $\mathfrak{U}_p$ und $\mathfrak{U}_q$ Sylowgruppen von $\mathfrak{U}$ zu den verschiedenen Primzahlen p und q. Es liege $\mathfrak{U}_p$ in der p-Sylowgruppe $\mathfrak{G}_p$ von $\mathfrak{G}$ und $\mathfrak{U}_q$ in der q-Sylowgruppe $\mathfrak{G}_q$ von $\mathfrak{G}$. Wegen der für $\mathfrak{G}$ vorausgesetzten Eigenschaft b) ist $\mathfrak{G}_p \mathfrak{G}_q \cap \mathfrak{U} = \mathfrak{V}$ eine Untergruppe von $\mathfrak{U}$. Es gilt $\mathfrak{U}_p \mathfrak{U}_q \subseteqq \mathfrak{V}$, also

$$|\mathfrak{U}_p \mathfrak{U}_q| = |\mathfrak{U}_p| |\mathfrak{U}_q| \leqq |\mathfrak{V}| .$$

Da die Ordnung von $\mathfrak{V}$ ein Teiler von $|\mathfrak{U}|$ von der Gestalt $p^{a'} q^{b'}$ ist, gilt auch $|\mathfrak{V}| \mid |\mathfrak{U}_p| |\mathfrak{U}_q|$. Also folgt $\mathfrak{V} = \mathfrak{U}_p \mathfrak{U}_q$, und b) ist in $\mathfrak{U}$ erfüllt. **q.e.d.**

3.3 Hilfssatz. *Ist* $\mathfrak{G}$ *eine auflösbare Gruppe mit der Eigenschaft* b) *aus* 3.1 *und hat* $\mathfrak{G}$ *eine treue Darstellung als primitive Permutationsgruppe, so enthält die Ordnung von* $\mathfrak{G}$ *höchstens zwei verschiedene Primzahlen.*

Beweis. Wegen der Primitivität von $\mathfrak{G}$ haben wir nach II, 3.2 (S. 159) eine Zerlegung $\mathfrak{G} = \mathfrak{N} \mathfrak{H}$ mit $\mathfrak{N} \cap \mathfrak{H} = \mathfrak{E}$. Dabei ist $\mathfrak{N}$ ein minimaler Normalteiler und $\mathfrak{H}$ eine maximale Untergruppe von $\mathfrak{G}$. Wir können $\mathfrak{H} \neq \mathfrak{E}$ annehmen. Sei etwa $|\mathfrak{N}| = p^n$ und $\mathfrak{M}$ ein minimaler Normalteiler von $\mathfrak{H}$. Dann hat $\mathfrak{M}$ eine Primzahlpotenzordnung q^m, und nach II, 3.2 e) gilt $q \neq p$. Wegen $\mathfrak{M} \not\triangleleft \mathfrak{G}$ ist $\mathbf{N}_{\mathfrak{G}}(\mathfrak{M}) = \mathfrak{H}$.

Angenommen, es gebe einen von p und q verschiedenen Primteiler r von $|\mathfrak{G}|$. Sei $\mathfrak{R}$ eine r-Sylowgruppe von $\mathfrak{G}$. Dann hat die Untergruppe $\mathfrak{N} \mathfrak{M} \mathfrak{R}$ von $\mathfrak{G}$ nach Hilfssatz 3.2 wieder die Eigenschaft b). Für jedes N aus $\mathfrak{N}$ sind daher $\mathfrak{M} \mathfrak{R}$ und $\mathfrak{M}^N \mathfrak{R}$ Untergruppen von $\mathfrak{G}$. Wegen $\mathfrak{N} \mathfrak{M} \triangleleft \mathfrak{G}$ folgt

$$\mathfrak{M} \mathfrak{R} \cap \mathfrak{N} \mathfrak{M} = \mathfrak{M} \triangleleft \mathfrak{M} \mathfrak{R}$$

und ebenso $\mathfrak{M}^N \triangleleft \mathfrak{M}^N \mathfrak{R}$. Daher erhalten wir für jedes R aus $\mathfrak{R}$

$$\mathfrak{M}^{R N R^{-1} N^{-1}} = (\mathfrak{M}^N)^{R^{-1} N^{-1}} = \mathfrak{M}^{N N^{-1}} = \mathfrak{M} .$$

Somit folgt

$$[\mathfrak{R}, \mathfrak{N}] \leqq \mathbf{N}_{\mathfrak{G}}(\mathfrak{M}) \cap \mathfrak{N} = \mathfrak{H} \cap \mathfrak{N} = \mathfrak{E} .$$

Also liegt $\mathfrak{R}$ im Zentralisator $\mathbf{C}_{\mathfrak{G}}(\mathfrak{N})$ von $\mathfrak{N}$. Nach II, 3.2 c) (S. 159) ist $\mathfrak{N} = \mathbf{C}_{\mathfrak{G}}(\mathfrak{N})$. Daher haben wir $\mathfrak{R} \leqq \mathfrak{R} \cap \mathfrak{N} = \mathfrak{E}$, entgegen der Annahme $r \mid |\mathfrak{G}|$. **q.e.d.**

Hilfssatz 3.3 liefert schon einen gewissen Einblick in die Struktur der Gruppen mit der Eigenschaft b):

3.4 Satz. *Hat* $\mathfrak{G}$ *die Eigenschaft* b) *aus* 3.1, *so ist* $\mathfrak{G}/\Phi(\mathfrak{G})$ *isomorph zu einer Untergruppe eines direkten Produktes von Gruppen der Ordnungen* $p_i^{a_i} q_i^{b_i}$, *wobei die* p_i, q_i (*nicht notwendig verschiedene*) *Primzahlen sind.*

Beweis. Die Behauptung folgt mit 3.3 sofort aus der isomorphen Einbettung von $\mathfrak{G}/\Phi(\mathfrak{G})$ in das direkte Produkt der zu den maximalen Untergruppen $\mathfrak{M}$ von $\mathfrak{G}$ gehörenden primitiven Gruppen $\mathfrak{G}/\bigcap_{G \in \mathfrak{G}} \mathfrak{M}^G$. **q.e.d.**

3.5 Beweis von 3.1.

Wir beweisen die Behauptungen durch Induktion nach $|\mathfrak{G}|$ und nehmen an, daß für jede kleinere Gruppe die Gleichwertigkeit von a)–d) schon gezeigt sei.

a) $\Rightarrow$ b): Seien $\mathfrak{P}$ und $\mathfrak{Q}$ Sylowgruppen von $\mathfrak{G}$ zu den verschiedenen Primzahlen p und q, und sei $\mathfrak{N}$ ein minimaler Normalteiler von $\mathfrak{G}$. Da $\mathfrak{G}/\mathfrak{N}$ die Eigenschaft a) hat, sind $\mathfrak{P}\mathfrak{N}/\mathfrak{N}$ und $\mathfrak{Q}\mathfrak{N}/\mathfrak{N}$ nach unserer Induktionsannahme vertauschbar. Somit ist $\mathfrak{N}\mathfrak{P}\mathfrak{Q}$ eine Untergruppe von $\mathfrak{G}$. Da sich nach Hilfssatz 3.2 die Eigenschaft a) von $\mathfrak{G}$ auf die Untergruppe $\mathfrak{N}\mathfrak{P}\mathfrak{Q}$ vererbt, können wir beim Nachweis der Vertauschbarkeit von $\mathfrak{P}$ mit $\mathfrak{Q}$ offenbar $\mathfrak{G} = \mathfrak{N}\mathfrak{P}\mathfrak{Q}$ annehmen.

Ist $|\mathfrak{N}| = r^c$ mit $r = p$ oder $r = q$, so folgt $\mathfrak{N}\mathfrak{P}\mathfrak{Q} = \mathfrak{P}\mathfrak{Q}$, und wir sind fertig. Also können wir annehmen, daß $\mathfrak{G}$ keinen nichttrivialen Normalteiler besitzt, dessen Ordnung eine Potenz von p oder q ist. Insbesondere hat $\mathfrak{N}$ nach dem Satz von Zassenhaus in $\mathfrak{G} = \mathfrak{N}\mathfrak{P}\mathfrak{Q}$ ein Komplement $\mathfrak{H}$. Ist $\mathfrak{N} < \mathbf{C}_{\mathfrak{G}}(\mathfrak{N})$, so folgt $\mathbf{C}_{\mathfrak{G}}(\mathfrak{N}) = \mathfrak{N} \times \mathfrak{K}$ mit $\mathfrak{E} < \mathfrak{K} = \mathbf{C}_{\mathfrak{G}}(\mathfrak{N}) \cap \mathfrak{H} \lhd \mathfrak{G}$ und $|\mathfrak{K}| = p^{a'} q^{b'}$. Dann enthält $\mathfrak{K}$ einen minimalen Normalteiler von $\mathfrak{G}$, dessen Ordnung eine Potenz von p oder q ist. Dies war jedoch ausgeschlossen worden. Also gilt $\mathbf{C}_{\mathfrak{G}}(\mathfrak{N}) = \mathfrak{N}$ und daher

$$|\mathfrak{G}/\mathbf{C}_{\mathfrak{G}}(\mathfrak{N})| = |\mathfrak{P}\mathfrak{Q}| = p^a q^b .$$

Wegen $|\mathfrak{N}| = r^c$ mit $p \neq r \neq q$ widerspricht dies jedoch der Voraussetzung in a).

b) $\Rightarrow$ c): Wir haben zu zeigen, daß jede Gruppe mit der Eigenschaft b) zu $\mathcal{M}$ gehört. Sei $\mathfrak{G}$ ein Gegenbeispiel von möglichst kleiner Ordnung. Wir beweisen:

(1) $\mathfrak{G}$ hat nur einen minimalen Normalteiler:

Seien $\mathfrak{M}$ und $\mathfrak{N}$ zwei verschiedene minimale Normalteiler von $\mathfrak{G}$. Dann gilt $\mathfrak{M} \cap \mathfrak{N} = \mathfrak{E}$. Die Faktorgruppen $\mathfrak{G}/\mathfrak{M}$ und $\mathfrak{G}/\mathfrak{N}$ haben die Eigenschaft b), liegen also in $\mathcal{M}$. Da $\mathfrak{G} = \mathfrak{G}/(\mathfrak{M} \cap \mathfrak{N})$ zu einer Untergruppe von $\mathfrak{G}/\mathfrak{M} \times \mathfrak{G}/\mathfrak{N}$ isomorph ist, liegt auch $\mathfrak{G}$ in $\mathcal{M}$. Das widerspricht jedoch der Wahl von $\mathfrak{G}$ als Gegenbeispiel.

(2) Die Fittinggruppe $\mathbf{F}(\mathfrak{G})$ von $\mathfrak{G}$ ist eine p-Gruppe:

Dies folgt sofort aus (1), da sonst die Sylowgruppen von $\mathbf{F}(\mathfrak{G})$ verschiedene minimale Normalteiler von $\mathfrak{G}$ enthalten würden.

(3) Sind q und r zwei verschiedene, von p verschiedene Primzahlen, so ist jede q-Sylowgruppe von $\mathfrak{G}$ mit jeder r-Sylowgruppe von $\mathfrak{G}$ elementweise vertauschbar:

Sei $\mathfrak{Q}$ eine q-Sylowgruppe und $\mathfrak{R}$ eine r-Sylowgruppe von $\mathfrak{G}$. Wir betrachten die Faktorgruppe $\overline{\mathfrak{G}} = \mathfrak{G}/\Phi(\mathbf{F}(\mathfrak{G}))$ und darin die Untergruppen

$$\overline{\mathfrak{F}} = \mathbf{F}(\mathfrak{G})/\Phi(\mathbf{F}(\mathfrak{G})),\ \overline{\mathfrak{Q}} = \mathfrak{Q}\Phi(\mathbf{F}(\mathfrak{G}))/\Phi(\mathbf{F}(\mathfrak{G})),\ \overline{\mathfrak{R}} = \mathfrak{R}\Phi(\mathbf{F}(\mathfrak{G}))/\Phi(\mathbf{F}(\mathfrak{G})).$$

Wegen $|\overline{\mathfrak{F}}| = p^n$ und $q \neq p \neq r$ ist $\overline{\mathfrak{Q}}\overline{\mathfrak{R}} \cong \mathfrak{Q}\mathfrak{R}$, und es genügt der Nachweis von $[\overline{\mathfrak{Q}}, \overline{\mathfrak{R}}] = \overline{\mathfrak{E}}$.

Nach III, 4.2 d) (S. 277) ist $\overline{\mathfrak{F}}$ die Fittinggruppe von $\overline{\mathfrak{G}}$. Nach dem Satz von Maschke (I, 17.7, S. 123) ist $\overline{\mathfrak{F}}$ wegen $(|\overline{\mathfrak{F}}|, |\overline{\mathfrak{Q}}\overline{\mathfrak{R}}|) = 1$ ein vollständig reduzibler $\overline{\mathfrak{Q}}\,\overline{\mathfrak{R}}$-Modul, zerfällt also etwa gemäß $\overline{\mathfrak{F}} = \bigtimes_{i=1}^{s} \overline{\mathfrak{F}}_i$ in irreduzible Teile $\overline{\mathfrak{F}}_i$.

Ist $s > 1$, so erfüllt jedes $\overline{\mathfrak{F}}_i \overline{\mathfrak{Q}}\,\overline{\mathfrak{R}}$ die Bedingung b) und damit nach unserer Induktionsannahme auch a). Das erzwingt $\overline{\mathfrak{Q}} \leqq \mathbf{C}_{\overline{\mathfrak{G}}}(\overline{\mathfrak{F}}_i)$ oder $\overline{\mathfrak{R}} \leqq \mathbf{C}_{\overline{\mathfrak{G}}}(\overline{\mathfrak{F}}_i)$, also $[\overline{\mathfrak{Q}}, \overline{\mathfrak{R}}] \leqq \mathbf{C}_{\overline{\mathfrak{G}}}(\overline{\mathfrak{F}}_i)$ für alle i. Nach III, 4.2 b) (S. 277) ist $\mathbf{C}_{\overline{\mathfrak{G}}}(\overline{\mathfrak{F}}) = \overline{\mathfrak{F}}$. Also folgt

$$[\overline{\mathfrak{Q}}, \overline{\mathfrak{R}}] \leqq \mathbf{C}_{\overline{\mathfrak{G}}}(\overline{\mathfrak{F}}) \cap \overline{\mathfrak{Q}}\,\overline{\mathfrak{R}} \leqq \overline{\mathfrak{F}} \cap \overline{\mathfrak{Q}}\,\overline{\mathfrak{R}} = \overline{\mathfrak{E}}\,.$$

Ist jedoch $s = 1$, so ist $\overline{\mathfrak{F}}$ ein irreduzibler $\overline{\mathfrak{Q}}\,\overline{\mathfrak{R}}$-Modul, und $\overline{\mathfrak{Q}}\,\overline{\mathfrak{R}}$ ist eine maximale Untergruppe von $\overline{\mathfrak{F}}\,\overline{\mathfrak{Q}}\,\overline{\mathfrak{R}}$. Wegen $\mathbf{C}_{\overline{\mathfrak{G}}}(\overline{\mathfrak{F}}) = \overline{\mathfrak{F}}$ enthält $\overline{\mathfrak{Q}}\,\overline{\mathfrak{R}}$ keinen nichttrivialen Normalteiler von $\overline{\mathfrak{F}}\,\overline{\mathfrak{Q}}\,\overline{\mathfrak{R}}$. Daher erfährt $\overline{\mathfrak{F}}\,\overline{\mathfrak{Q}}\,\overline{\mathfrak{R}}$ eine treue Darstellung als primitive Permutationsgruppe auf den Nebenklassen von $\overline{\mathfrak{Q}}\,\overline{\mathfrak{R}}$. Das widerspricht jedoch wegen

$$|\overline{\mathfrak{F}}\,\overline{\mathfrak{Q}}\,\overline{\mathfrak{R}}| = p^a q^b r^c$$

mit drei verschiedenen Primzahlen p, q, r dem Hilfssatz 3.3.

(4) Sei $\mathfrak{Q}$ eine q-Sylowgruppe von $\mathfrak{G}$ mit $q \neq p$. Dann hat die normale Hülle

$$\mathfrak{Q}^* = \mathfrak{Q}^{\mathfrak{G}} = \langle \mathfrak{Q}^G \mid G \in \mathfrak{G} \rangle$$

eine Ordnung der Gestalt $p^a q^b$. Sind q und r zwei verschiedene Primzahlen, beide verschieden von p, so sind die normalen Hüllen $\mathfrak{Q}^*$ und $\mathfrak{R}^*$ der q-Sylowgruppen bzw. der r-Sylowgruppen elementweise vertauschbar:

Die Aussage über die elementweise Vertauschbarkeit von $\mathfrak{Q}^*$ mit $\mathfrak{R}^*$ folgt sofort aus (3).

Angenommen, es sei r ein Primteiler von $|\mathfrak{Q}^*|$ mit $p \neq r \neq q$. Sei $\tilde{\mathfrak{R}}$ eine r-Sylowgruppe von $\mathfrak{Q}^*$. Dann haben wir

$$\tilde{\mathfrak{R}} \leqq \mathfrak{Q}^* \cap \mathfrak{R}^* \leqq \mathbf{Z}(\mathfrak{Q}^*)\,.$$

Da $\mathfrak{Q}^*$ ein Normalteiler von $\mathfrak{G}$ ist, hat also $\mathfrak{G}$ einen von $\mathfrak{E}$ verschiedenen Normalteiler von r-Potenzordnung. Das widerspricht jedoch (2). Also gilt doch $|\mathfrak{Q}^*| = p^a q^b$.

(5) Sei $\mathfrak{P}$ eine p-Sylowgruppe von $\mathfrak{G}$, und seien die $\mathfrak{Q}_i^*$ die normalen Hüllen der q_i-Sylowgruppen von $\mathfrak{G}$ mit $q_i \neq p$ $(i = 1, \ldots, s)$. Wegen $\mathfrak{Q}_i^* \trianglelefteq \mathfrak{G}$ bewirkt $\mathfrak{P}$ auf $\mathfrak{Q}_i^*$ Automorphismen

$$Q_i \to Q_i^P \quad (Q_i \in \mathfrak{Q}_i^*,\ P \in \mathfrak{P})\,.$$

Sei $Q_i \to \tilde{Q}_i$ ein Isomorphismus von $\mathfrak{Q}_i^*$ auf eine Gruppe $\tilde{\mathfrak{Q}}_i$ und $P \to \tilde{P}$ ein Isomorphismus von $\mathfrak{P}$ auf $\tilde{\mathfrak{P}}$. Wir bilden $\tilde{\mathfrak{P}}$ homomorph ab in die Automorphismengruppe von $\tilde{\mathfrak{Q}}_i$ durch die Festsetzung

$$\tilde{Q}_i^{\tilde{P}} = \widetilde{Q_i^P}\,.$$

Mit diesen Automorphismen konstruieren wir das semidirekte Produkt $\tilde{\mathfrak{G}}$ von $\tilde{\mathfrak{Q}}_1 \times \cdots \times \tilde{\mathfrak{Q}}_s$ mit $\tilde{\mathfrak{P}}$. Sei

$$\tilde{\mathfrak{H}}_i = \tilde{\mathfrak{Q}}_1 \times \cdots \times \tilde{\mathfrak{Q}}_{i-1} \times \tilde{\mathfrak{Q}}_{i+1} \times \cdots \times \tilde{\mathfrak{Q}}_s\,.$$

Es ist $|\tilde{\mathfrak{G}}/\tilde{\mathfrak{H}}_i| = p^a q_i^{b_i}$. Da $\tilde{\mathfrak{G}}$ isomorph ist zu einer Untergruppe des direkten Produktes der Gruppen $\tilde{\mathfrak{G}}/\tilde{\mathfrak{H}}_i$, liegt $\tilde{\mathfrak{G}}$ in $\mathscr{M}$.

Die Abbildung μ von $\tilde{\mathfrak{G}}$ auf $\mathfrak{G}$ mit

$$(\tilde{Q}_1 \dots \tilde{Q}_s \tilde{P})^\mu = Q_1 \dots Q_s P \quad (\text{für } \tilde{Q}_i \in \tilde{\mathfrak{Q}}_i, \tilde{P} \in \tilde{\mathfrak{P}})$$

ist ein Homomorphismus von $\tilde{\mathfrak{G}}$ auf $\mathfrak{G}$; für

$$\tilde{G} = \tilde{Q}_1 \dots \tilde{Q}_s \tilde{P} \quad \text{und} \quad \tilde{G}' = \tilde{Q}_1' \dots \tilde{Q}_s' \tilde{P}'$$

gilt nämlich

$$\tilde{G}\tilde{G}' = \tilde{Q}_1 \tilde{Q}_1'^{\tilde{P}^{-1}} \dots \tilde{Q}_s \tilde{Q}_s'^{\tilde{P}^{-1}} \tilde{P} \tilde{P}'$$

und wegen $[\mathfrak{Q}_i^*, \mathfrak{Q}_j^*] = \mathfrak{E}$ für $i \neq j$ daher auch

$$\begin{aligned}(\tilde{G}\tilde{G}')^\mu &= Q_1 Q_1'^{P^{-1}} \dots Q_s Q_s'^{P^{-1}} P P' \\ &= (Q_1 \dots Q_s P)(Q_1' \dots Q_s' P') = \tilde{G}^\mu \tilde{G}'^\mu .\end{aligned}$$

Somit liegt $\mathfrak{G}$ als homomorphes Bild von $\tilde{\mathfrak{G}}$ in $\mathscr{M}$, entgegen unserer Annahme.

c) $\Rightarrow$ a): Dies ist trivial, denn die Eigenschaft a) gilt für Gruppen, deren Ordnung höchstens zwei verschiedene Primteiler enthält, und sie überträgt sich nach Hilfssatz 3.2 auf Untergruppen, Faktorgruppen und direkte Produkte, gilt also für jede Gruppe in $\mathscr{M}$.

c) $\Rightarrow$ d): Wir haben zu zeigen, daß die in c) angegebene Menge $\mathscr{M}$ nur die in d) beschriebenen Gruppen enthält.

Sei

$$\mathscr{T} = \{\mathfrak{G} \mid \mathfrak{G} = \mathfrak{G}_1 \times \dots \times \mathfrak{G}_k, \quad k = 1, 2, \dots, |\mathfrak{G}_i| = p_i^{a_i} q_i^{b_i}\},$$

und sei $\mathscr{S}$ die Menge der Gruppen, welche homomorphe Bilder einer Untergruppe einer Gruppe aus $\mathscr{T}$ sind. Trivialerweise gilt $\mathscr{S} \subseteq \mathscr{M}$. Wir haben $\mathscr{S} = \mathscr{M}$ zu zeigen.

Offenbar ist $\mathscr{S}$ abgeschlossen bezüglich der Bildung von homomorphen Bildern. Aber $\mathscr{S}$ ist auch abgeschlossen bezüglich der Bildung von Untergruppen und direkten Produkten:

Sei $\mathfrak{S}_1 \leqq \mathfrak{S}_2 \in \mathscr{S}$. Dann gibt es eine Gruppe $\mathfrak{G} \in \mathscr{T}$, eine Untergruppe $\mathfrak{U}_2$ von $\mathfrak{G}$ und einen Homomorphismus α mit $\mathfrak{S}_2 = \mathfrak{U}_2^\alpha$. Ist $\mathfrak{U}_1$ das Urbild von $\mathfrak{S}_1$ in $\mathfrak{U}_2$ bezüglich α, so folgt $\mathfrak{S}_1 = \mathfrak{U}_1^\alpha$ mit $\mathfrak{U}_1 \leqq \mathfrak{G}$. Also liegt $\mathfrak{S}_1$ in $\mathscr{S}$.

Seien $\mathfrak{S}_1$ und $\mathfrak{S}_2$ aus $\mathscr{S}$ mit $\mathfrak{S}_i = \mathfrak{U}_i^{\alpha_i}$ und $\mathfrak{U}_i \leqq \mathfrak{G}_i \in \mathscr{T}$. Dann ist

$$\mathfrak{U}_1 \times \mathfrak{U}_2 \leqq \mathfrak{G}_1 \times \mathfrak{G}_2 \in \mathscr{T},$$

und $\mathfrak{S}_1 \times \mathfrak{S}_2$ ist ein homomorphes Bild von $\mathfrak{U}_1 \times \mathfrak{U}_2$. Daher liegt $\mathfrak{S}_1 \times \mathfrak{S}_2$ in $\mathscr{S}$. Die Menge $\mathscr{S}$ stimmt also mit $\mathscr{M}$ überein. **q.e.d.**

Aufgaben:

4) a) Sei p eine Primzahl mit $p \equiv 1\,(3)$ und $\mathfrak{P} = \langle P_1, P_2, P_3, P_4 \rangle$ die Gruppe von der Klasse 2 und vom Exponenten p mit

$$[P_1, P_2] = [P_3, P_4] = C \neq E \quad \text{und} \quad [P_i, P_j] = E \quad \text{sonst}\,.$$

($\mathfrak{P}$ ist das direkte Produkt mit vereinigten Zentren von zwei nichtabelschen Gruppen der Ordnung p^3 vom Exponenten p.) Sei $\mathfrak{H}_1$ das semidirekte Produkt von $\mathfrak{P}$ mit der zyklischen Gruppe $\mathfrak{Q} = \langle Q_1, Q_2 \rangle$ von der Ordnung 6 zu den folgenden Automorphismen:

$$P_1^{Q_1} = P_1^{-1}\,, \quad P_2^{Q_1} = P_2^{-1}\,, \quad P_3^{Q_1} = P_3\,, \quad P_4^{Q_1} = P_4\,,$$

$$P_1^{Q_2} = P_1\,, \quad P_2^{Q_2} = P_2\,, \quad P_3^{Q_2} = P_3^k\,, \quad P_4^{Q_2} = P_4^{k^{-1}}$$

mit $k \not\equiv 1 \equiv k^3\,(p)$ und $Q_1^2 = Q_2^3 = E$. Dann ist $\mathfrak{H}_1$ eine Gruppe mit vielen Sylowsystemen, aber keine Untergruppe eines direkten Produktes von Gruppen, deren Ordnungen höchstens zwei verschiedene Primteiler enthalten.

b) Sei $\mathfrak{H}_2 = \langle P_1, P_2, Q \rangle$ die Gruppe der Ordnung $p_1 p_2 q$ mit den definierenden Relationen

$$P_1^{p_1} = P_2^{p_2} = Q^q = [P_1, P_2] = E\,, \quad P_i^Q = P_i^{k_i}$$

mit $p_1 \neq p_2$ und $k_i \not\equiv 1 \equiv k_i^q\,(p_i)$. Dann ist $\mathfrak{H}_2$ eine Gruppe mit vielen Sylowsystemen, aber kein homomorphes Bild eines direkten Produktes von Gruppen, deren Ordnungen höchstens zwei verschiedene Primteiler enthalten.

c) $\mathfrak{H}_1 \times \mathfrak{H}_2$ ist eine Gruppe mit vielen Sylowsystemen, aber weder Untergruppe noch homomorphes Bild eines direkten Produktes von Gruppen, deren Ordnungen höchstens zwei verschiedene Primteiler enthalten.

5) (Huppert [9]) Sei $\mathfrak{P}$ eine p-Gruppe und α ein von 1 verschiedener Automorphismus von $\mathfrak{P}$ von zu p teilerfremder Ordnung, welcher jede Untergruppe von $\mathfrak{P}$ auf sich abbildet. Dann ist $\mathfrak{P}$ abelsch, und es gibt eine natürliche Zahl k mit $P^\alpha = P^k$ für alle P aus $\mathfrak{P}$.

6) (Huppert [9]) Sei $\{\mathfrak{P}_1, \ldots, \mathfrak{P}_r\}$ ein Sylowsystem der auflösbaren Gruppe $\mathfrak{G}$. Man zeige, daß folgende beiden Aussagen gleichwertig sind:

a) Für $i \neq j$ ist jede Untergruppe von $\mathfrak{P}_i$ mit jeder Untergruppe von $\mathfrak{P}_j$ vertauschbar.

b) Ist $\mathbf{K}_\infty(\mathfrak{G})$ der kleinste Normalteiler von $\mathfrak{G}$ mit nilpotenter Faktorgruppe, so gilt:

(1) $\mathbf{K}_\infty(\mathfrak{G})$ ist eine abelsche Hallgruppe von $\mathfrak{G}$.

(2) Zu jedem G aus $\mathfrak{G}$ gibt es eine natürliche Zahl $n(G)$ derart, daß für alle X aus $\mathbf{K}_\infty(\mathfrak{G})$ gilt $X^G = X^{n(G)}$.

(Anleitung: Zum Beweis, daß b) aus a) folgt, zeige man:

(i) Ist p der größte Primteiler von $|\mathfrak{G}|$, so hat $\mathfrak{G}$ eine invariante p-Sylowgruppe $\mathfrak{P}$.

(ii) Sei $\mathfrak{Q}$ ein Komplement von $\mathfrak{P}$. Im kritischen Falle, in dem $\mathfrak{Q}$ nicht $\mathfrak{P}$ zentralisiert, betrachte man die von $\mathfrak{Q}$ auf $\mathfrak{P}$ und $\mathfrak{P}/\Phi(\mathfrak{P})$ bewirkten Automorphismen und wende Aufgabe 5) und III, 3.18 (S. 275) an.)

§ 4. Produkte von nilpotenten Gruppen

4.1 Definition. Sind die $\mathfrak{G}_i$ $(i = 1, \ldots, n)$ Untergruppen von $\mathfrak{G}$, gilt $\mathfrak{G}_i \mathfrak{G}_j = \mathfrak{G}_j \mathfrak{G}_i$ für alle i, j und

$$\mathfrak{G} = \mathfrak{G}_1 \ldots \mathfrak{G}_n = \{G_1 G_2 \ldots G_n \mid G_i \in \mathfrak{G}_i\},$$

so sagen wir: $\mathfrak{G}$ ist das Produkt der paarweise vertauschbaren Untergruppen $\mathfrak{G}_i$.

Die Frage, wie man zu vorgegebenen Gruppen $\mathfrak{G}_i$ $(i = 1, 2)$ eine Gruppe $\mathfrak{G}$ konstruieren kann, welche das Produkt $\mathfrak{H}_1 \mathfrak{H}_2$ von zwei Untergruppen $\mathfrak{H}_i$ mit $\mathfrak{G}_i \cong \mathfrak{H}_i$ ist, ist eingehend behandelt worden, meist unter der zusätzlichen Bedingung $\mathfrak{H}_1 \cap \mathfrak{H}_2 = \mathfrak{E}$. Man spricht dann auch vom Zappa-Szép-Produkt von $\mathfrak{H}_1$ und $\mathfrak{H}_2$ (siehe Szép [1] und Zappa [2]). Diese Frage führt auf die Untersuchung komplizierter Funktionalgleichungen, deren Lösungen nicht einmal dann völlig bekannt sind, wenn $\mathfrak{H}_1$ und $\mathfrak{H}_2$ zyklische Gruppen sind. Angreifbarer sind Fragen der folgenden Art: Was können wir über die Struktur von $\mathfrak{G}$ sagen, wenn wir eine Zerlegung $\mathfrak{G} = \mathfrak{G}_1 \ldots \mathfrak{G}_n$ von $\mathfrak{G}$ in paarweise vertauschbare Untergruppen $\mathfrak{G}_i$ haben? Insbesondere interessieren wir uns dafür, welche Voraussetzungen über die $\mathfrak{G}_i$ die Auflösbarkeit von $\mathfrak{G}$ nach sich ziehen. Sicher genügt die Auflösbarkeit der $\mathfrak{G}_i$ nicht, um die von $\mathfrak{G}$ zu erzwingen:

4.2 Beispiel. Sei $\mathfrak{G}$ die symmetrische Gruppe $\mathfrak{S}_5$, sei $\mathfrak{Z} = \langle(1,2)(3,4,5)\rangle$ und $\mathfrak{L}$ der Normalisator einer 5-Sylowgruppe von $\mathfrak{G}$. Bei geeigneter Bezeichnung der Ziffern ist $\mathfrak{L} = \langle P, Q\rangle$ mit $P = (1, 2, 3, 4, 5)$ und $Q = (1, 2, 4, 3)$. Wegen $\mathfrak{Z} \cap \mathfrak{L} = \mathfrak{E}$ gilt $|\mathfrak{Z}\,\mathfrak{L}| = |\mathfrak{Z}|\,|\mathfrak{L}| = |\mathfrak{G}|$. Also ist $\mathfrak{G} = \mathfrak{Z}\,\mathfrak{L}$ mit auflösbaren Gruppen $\mathfrak{Z}$ und $\mathfrak{L}$, aber $\mathfrak{G}$ ist nicht auflösbar. (Die Gruppen $\mathfrak{Z}$ und $\mathfrak{L}$ sind sogar überauflösbar im Sinne von § 9.)

Jedoch gilt der folgende schöne Satz:

4.3 Hauptsatz (Kegel, Wielandt). *Jedes Produkt von paarweise vertauschbaren nilpotenten Gruppen ist auflösbar.*

Offenbar ist 4.3 eine weitgehende Verallgemeinerung von Satz 2.3. Den Beweis von 4.3 werden wir in diesem Paragraphen über eine lange Kette von Hilfssätzen führen. Zuerst behandeln wir einen Spezialfall, der sich überraschend einfach erledigen läßt:

4.4 Satz (N. Itô [6]). *Ist $\mathfrak{G} = \mathfrak{A}\mathfrak{B}$ mit abelschen Gruppen $\mathfrak{A}$ und $\mathfrak{B}$, so ist $\mathfrak{G}'' = \mathfrak{E}$. (Hier wird die Endlichkeit von $\mathfrak{G}$ nicht benötigt.)*

Beweis. a) Es gilt

$$\mathfrak{G}' = [\mathfrak{A}, \mathfrak{B}] = \langle [A, B] \mid A \in \mathfrak{A}, B \in \mathfrak{B} \rangle :$$

Nach III, 1.6 b) (S. 255) ist $[\mathfrak{A}, \mathfrak{B}] \trianglelefteq \langle \mathfrak{A}, \mathfrak{B} \rangle = \mathfrak{G}$. Es ist $\mathfrak{G}/[\mathfrak{A}, \mathfrak{B}]$ abelsch, denn es wird von den paarweise vertauschbaren Elementen $A[\mathfrak{A}, \mathfrak{B}]$ und $B[\mathfrak{A}, \mathfrak{B}]$ mit $A \in \mathfrak{A}$ und $B \in \mathfrak{B}$ erzeugt. Also haben wir $\mathfrak{G}' \leqq [\mathfrak{A}, \mathfrak{B}]$. Natürlich gilt auch $[\mathfrak{A}, \mathfrak{B}] \leqq \mathfrak{G}'$, also ist $\mathfrak{G}' = [\mathfrak{A}, \mathfrak{B}]$.

b) Nun zeigen wir, daß je zwei Kommutatoren $[A, B]$ und $[A', B']$ mit $A, A' \in \mathfrak{A}$ und $B, B' \in \mathfrak{B}$ vertauschbar sind:

Sei $B^{A'} = A'' B^*$ mit $A'' \in \mathfrak{A}$ und $B^* \in \mathfrak{B}$, sei ferner $A^{B'} = B'' A^*$ mit $A^* \in \mathfrak{A}$ und $B'' \in \mathfrak{B}$. Dann ist

$$\begin{aligned}[A, B]^{A'B'} &= [A^{A'}, B^{A'}]^{B'} = [A, A'' B^*]^{B'} = [A, B^*]^{B'} \\ &= [A^{B'}, B^{*B'}] = [B'' A^*, B^*] = [A^*, B^*] .\end{aligned}$$

Ebenso erhalten wir

$$[A, B]^{B'A'} = [B'' A^*, B]^{A'} = [A^*, B]^{A'} = [A^*, A'' B^*] = [A^*, B^*] .$$

Das ergibt insgesamt

$$[A, B]^{A'B'A'^{-1}B'^{-1}} = [A, B] .$$

Also sind $[A, B]$ und $[A'^{-1}, B'^{-1}]$ vertauschbar. **q.e.d.**

Eine Ausdehnung der Schlußweise von 4.4 auf nilpotente Faktoren $\mathfrak{A}$ und $\mathfrak{B}$ oder auf Produkte von mehr als zwei abelschen Gruppen ist bisher nicht gelungen. Eine solche Ausdehnung wäre in mehrfacher Hinsicht von Interesse. Sie würde möglicherweise den Satz 4.3 von der Voraussetzung der Endlichkeit von $\mathfrak{G}$ befreien. Ferner ergäbe sich vielleicht ein Beweis der folgenden Vermutung, die über Satz 4.3 hinausgeht: Sei $\mathfrak{G} = \mathfrak{G}_1 \ldots \mathfrak{G}_n$ mit paarweise vertauschbaren nilpotenten Untergruppen $\mathfrak{G}_i$ von $\mathfrak{G}$. Dann läßt sich die Stufe $k(\mathfrak{G})$ der auflösbaren Gruppe $\mathfrak{G}$ abschätzen durch die Klassen $c(\mathfrak{G}_i)$ der nilpotenten Gruppen $\mathfrak{G}_i$ vermöge $k(\mathfrak{G}) \leqq \sum_{i=1}^{n} c(\mathfrak{G}_i)$. (Man vergleiche VI, 14.16, S. 758.)

4.5 Hilfssatz. *Sei* $\mathfrak{G} = \mathfrak{G}_1 \mathfrak{G}_2$. *Für beliebige* G, G' *aus* $\mathfrak{G}$ *gilt dann stets* $\mathfrak{G} = \mathfrak{G}_1^G \mathfrak{G}_2^{G'}$, *und es gibt ein* L *aus* $\mathfrak{G}$ *mit* $\mathfrak{G}_1^G = \mathfrak{G}_1^L$ *und* $\mathfrak{G}_2^{G'} = \mathfrak{G}_2^L$.

Beweis. Sei $G G'^{-1} = G_1 G_2$ mit $G_i \in \mathfrak{G}_i$, und sei $L = G_1^{-1} G$. Dann ist $G = G_1 L$ und $G' = G_2^{-1} L$. Es folgt

$$\mathfrak{G}_1^G = \mathfrak{G}_1^L \quad \text{und} \quad \mathfrak{G}_2^{G'} = \mathfrak{G}_2^L ,$$

daher auch

$$\mathfrak{G}_1^G \mathfrak{G}_2^{G'} = \mathfrak{G}_1^L \mathfrak{G}_2^L = \mathfrak{G}^L = \mathfrak{G} .$$ **q.e.d.**

Aus einer Zerlegung $\mathfrak{G} = \mathfrak{G}_1 \mathfrak{G}_2$ von $\mathfrak{G}$ wird bei einem Homomorphismus μ eine Zerlegung $\mathfrak{G}^\mu = \mathfrak{G}_1^\mu \mathfrak{G}_2^\mu$; freilich folgt aus $\mathfrak{G}_1 \cap \mathfrak{G}_2 = \mathfrak{E}$ keineswegs immer $\mathfrak{G}_1^\mu \cap \mathfrak{G}_2^\mu = \mathfrak{E}$. Für die Untersuchung von Gruppen

$\mathfrak{G} = \mathfrak{G}_1 \mathfrak{G}_2$ ist es von großer Wichtigkeit, neben den Zerlegungen der homomorphen Bilder von $\mathfrak{G}$ auch noch Zerlegungen von geeigneten Untergruppen von $\mathfrak{G}$ in die Hand zu bekommen. Insbesondere interessieren wir uns für Untergruppen $\mathfrak{H}$ der Gestalt $\mathfrak{H} = \mathfrak{H}_1 \mathfrak{H}_2$ mit $\mathfrak{H}_i \leqq \mathfrak{G}_i$ $(i = 1, 2)$. Dazu verhelfen in vielen Fällen die folgenden Sätze:

4.6 Satz. *Sei $\mathfrak{G} = \mathfrak{G}_1 \mathfrak{G}_2$. In $\mathfrak{G}$, $\mathfrak{G}_1$ und $\mathfrak{G}_2$ gelte der π-Sylowsatz im Sinne von* III, 5.5 (S. 284). *Dann gibt es π-Hallgruppen $\mathfrak{H}$, $\mathfrak{H}_1$ und $\mathfrak{H}_2$ von $\mathfrak{G}$, $\mathfrak{G}_1$ und $\mathfrak{G}_2$ mit $\mathfrak{H} = \mathfrak{H}_1 \mathfrak{H}_2$.*

Beweis. Seien $\mathfrak{H}^*$, $\mathfrak{H}_1^*$, $\mathfrak{H}_2^*$ π-Hallgruppen von $\mathfrak{G}$, $\mathfrak{G}_1$, $\mathfrak{G}_2$. Da in $\mathfrak{G}$ der π-Sylowsatz gilt, gibt es G_i aus $\mathfrak{G}$ mit $\mathfrak{H}_i^{*G_i} \leqq \mathfrak{H}^* (i = 1, 2)$. Nun wählen wir gemäß 4.5 ein G aus $\mathfrak{G}$ mit

$$\mathfrak{G}_i^{G_i G} = \mathfrak{G}_i .$$

Wir setzen $\mathfrak{H}_i^{*G_i G} = \mathfrak{H}_i$ und $\mathfrak{H}^{*G} = \mathfrak{H}$. Dann sind $\mathfrak{H}$, $\mathfrak{H}_1$, $\mathfrak{H}_2$ wieder π-Hallgruppen von $\mathfrak{G}$, $\mathfrak{G}_1$, $\mathfrak{G}_2$. Es gilt

$$\mathfrak{H}_i = \mathfrak{H}_i^{*G_i G} \leqq \mathfrak{H}^{*G} = \mathfrak{H} .$$

Also ist jedenfalls $\mathfrak{H}_1 \mathfrak{H}_2$ eine Teilmenge von $\mathfrak{H}$.

Sei $|\mathfrak{G}_i| = h_i a_i$ mit $|\mathfrak{H}_i| = h_i$, ferner $|\mathfrak{G}| = h a$ mit $|\mathfrak{H}| = h$, schließlich $|\mathfrak{G}_1 \cap \mathfrak{G}_2| = h' a'$ mit $h' \in \pi$ und $a' \in \pi'$. Dann haben wir

$$h a = |\mathfrak{G}| = |\mathfrak{G}_1 \mathfrak{G}_2| = \frac{|\mathfrak{G}_1|\,|\mathfrak{G}_2|}{|\mathfrak{G}_1 \cap \mathfrak{G}_2|} = \frac{h_1 h_2}{h'} \frac{a_1 a_2}{a'} ,$$

also $h = \frac{h_1 h_2}{h'}$. Daher folgt wegen $\mathfrak{H}_1 \cap \mathfrak{H}_2 \leqq \mathfrak{G}_1 \cap \mathfrak{G}_2$ nun $|\mathfrak{H}_1 \cap \mathfrak{H}_2| \leqq h'$ und dann

$$|\mathfrak{H}_1 \mathfrak{H}_2| = \frac{|\mathfrak{H}_1|\,|\mathfrak{H}_2|}{|\mathfrak{H}_1 \cap \mathfrak{H}_2|} \geqq \frac{h_1 h_2}{h'} = h = |\mathfrak{H}| .$$

Also ist $\mathfrak{H} = \mathfrak{H}_1 \mathfrak{H}_2$. **q.e.d.**

Wir formulieren wichtige Sonderfälle:

4.7 Satz. *Sei $\mathfrak{G} = \mathfrak{G}_1 \mathfrak{G}_2$. Für jede Primzahl p gibt es dann p-Sylowgruppen $\mathfrak{P}$, $\mathfrak{P}_1$, $\mathfrak{P}_2$ von $\mathfrak{G}$, $\mathfrak{G}_1$, $\mathfrak{G}_2$ mit $\mathfrak{P} = \mathfrak{P}_1 \mathfrak{P}_2$.*

Beweis. Dies folgt sofort aus 4.6, da der p-Sylowsatz in jeder endlichen Gruppe gilt. **q.e.d.**

4.8 Satz. *Sei $\mathfrak{G} = \mathfrak{G}_1 \mathfrak{G}_2$ mit nilpotenten Gruppen $\mathfrak{G}_1$ und $\mathfrak{G}_2$.*

a) *Sind $\mathfrak{P}_1$ und $\mathfrak{P}_2$ die p-Sylowgruppen von $\mathfrak{G}_1$ bzw. $\mathfrak{G}_2$, so ist $\mathfrak{P} = \mathfrak{P}_1 \mathfrak{P}_2$ eine p-Sylowgruppe von $\mathfrak{G}$.*

b) *Ist $\mathfrak{G}$ auflösbar und sind $\mathfrak{H}_1$ und $\mathfrak{H}_2$ die π-Hallgruppen von $\mathfrak{G}_1$ bzw. $\mathfrak{G}_2$, so ist $\mathfrak{H} = \mathfrak{H}_1 \mathfrak{H}_2$ eine π-Hallgruppe von $\mathfrak{G}$.*

(*Die Auflösbarkeit von $\mathfrak{G}$ folgt nach* 4.3 *aus der Voraussetzung, aber das beweisen wir erst später in diesem Paragraphen.*)

Beweis. a) Die Behauptung folgt sofort aus 4.7, denn die nilpotente Gruppe $\mathfrak{G}_i$ $(i = 1, 2)$ hat nur eine p-Sylowgruppe.

b) Dies folgt aus 4.6, da in der auflösbaren Gruppe $\mathfrak{G}$ nach 1.8 der π-Sylowsatz gilt. **q.e.d.**

4.9 Hilfssatz (WIELANDT [7]). *Sei $\mathfrak{G} = \mathfrak{G}_1 \ldots \mathfrak{G}_n$ mit nilpotenten, paarweise vertauschbaren Untergruppen $\mathfrak{G}_i$. Ist jedes Produkt $\mathfrak{G}_i \mathfrak{G}_j$ auflösbar, so auch $\mathfrak{G}$ selbst.*

Beweis. Sei $\mathfrak{K}_i$ das eindeutig bestimmte p-Komplement der nilpotenten Gruppe $\mathfrak{G}_i$. Da $\mathfrak{G}_i \mathfrak{G}_j$ nach unserer Annahme auflösbar ist, ist $\mathfrak{K}_i \mathfrak{K}_j$ nach 4.8 b) ein p-Komplement von $\mathfrak{G}_i \mathfrak{G}_j$. Also sind die $\mathfrak{K}_i$ paarweise vertauschbar. Daher ist $\mathfrak{K} = \mathfrak{K}_1 \ldots \mathfrak{K}_n$ eine Untergruppe von $\mathfrak{G}$. Die Berechnung der Ordnung von $\mathfrak{K}$ mit Hilfe der Produktformel I, 2.12 a) (S. 8) zeigt, daß $\mathfrak{K}$ ein p-Komplement von $\mathfrak{G}$ ist. Also hat $\mathfrak{G}$ p-Komplemente für jedes p, ist somit nach 1.10 auflösbar. **q.e.d.**

Es ist unbekannt, ob Hilfssatz 4.9 auch ohne die Nilpotenz der $\mathfrak{G}_i$ noch gilt.

Hilfssatz 4.9 reduziert den Beweis von 4.3 auf den Fall von zwei Faktoren. Zur Vorbereitung auf eine zweite Reduktion beweisen wir:

4.10 Hilfssatz (KEGEL [1]). *Seien $\mathfrak{A}$ und $\mathfrak{B}$ Untergruppen von $\mathfrak{G}$ mit $\mathfrak{G} \neq \mathfrak{A}\mathfrak{B}$ und $\mathfrak{A}\mathfrak{B}^G = \mathfrak{B}^G\mathfrak{A}$ für alle G aus $\mathfrak{G}$. Dann ist $\mathfrak{A}$ oder $\mathfrak{B}$ in einem von $\mathfrak{G}$ verschiedenen Normalteiler von $\mathfrak{G}$ enthalten.*

Beweis. Sei $\mathfrak{A}_1$ eine Untergruppe von $\mathfrak{G}$, welche bezüglich der folgenden Forderungen maximal ist:

(1) $\mathfrak{A}_1\mathfrak{B}^G = \mathfrak{B}^G\mathfrak{A}_1$ für alle G aus $\mathfrak{G}$.

(2) $\mathfrak{A} \leqq \mathfrak{A}_1$.

(3) $\mathfrak{G} \neq \mathfrak{A}_1\mathfrak{B}$.

Ist $\mathfrak{A}_1 \lhd \mathfrak{G}$, so sind wir fertig. Sei also $\mathbf{N}_{\mathfrak{G}}(\mathfrak{A}_1) < \mathfrak{G}$. Ist $H \notin \mathbf{N}_{\mathfrak{G}}(\mathfrak{A}_1)$, so gilt

$$\mathfrak{A}_1^H \mathfrak{B}^{GH} = \mathfrak{B}^{GH} \mathfrak{A}_1^H .$$

Also ist $\mathfrak{A}_1^H$ vertauschbar mit allen Konjugierten von $\mathfrak{B}$. Dann gilt auch

$$\langle \mathfrak{A}_1, \mathfrak{A}_1^H \rangle \mathfrak{B}^G = \mathfrak{B}^G \langle \mathfrak{A}, \mathfrak{A}_1^H \rangle$$

für alle G aus $\mathfrak{G}$. Wegen $H \notin \mathbf{N}_{\mathfrak{G}}(\mathfrak{A}_1)$ ist $\mathfrak{A}_1 < \langle \mathfrak{A}_1, \mathfrak{A}_1^H \rangle$. Die maximale Wahl von $\mathfrak{A}_1$ liefert daher

$$\mathfrak{G} = \langle \mathfrak{A}_1, \mathfrak{A}_1^H \rangle .$$

Es ist $\mathfrak{B}^G \leqq \mathbf{N}_{\mathfrak{G}}(\mathfrak{A}_1)$ für alle G aus $\mathfrak{G}$:

Wäre nämlich $X \in \mathfrak{B}^G$ und $X \notin \mathbf{N}_{\mathfrak{G}}(\mathfrak{A}_1)$, so hätten wir wegen

$$\mathfrak{G} = \langle \mathfrak{A}_1, \mathfrak{A}_1^X \rangle \mathfrak{B}^G = \mathfrak{A}_1 \mathfrak{B}^G < \mathfrak{G}$$

einen Widerspruch.

Das liefert nun $\mathfrak{B}^{\mathfrak{G}} = \langle \mathfrak{B}^G \mid G \in \mathfrak{G} \rangle \trianglelefteq \mathfrak{G}$ und $\mathfrak{B}^{\mathfrak{G}} \leqq \mathbf{N}_{\mathfrak{G}}(\mathfrak{A}_1) < \mathfrak{G}$. Also ist $\mathfrak{B}^{\mathfrak{G}}$ ein von $\mathfrak{G}$ verschiedener, $\mathfrak{B}$ enthaltender Normalteiler von $\mathfrak{G}$. **q.e.d.**

4.11 Satz (Kegel [1]). *Ist jedes Produkt von zwei nilpotenten Gruppen mit teilerfremden Ordnungen auflösbar, so ist jedes Produkt von zwei nilpotenten Gruppen auflösbar.*

Beweis. Sei $\mathfrak{G} = \mathfrak{A}\,\mathfrak{B}$ mit nilpotenten Gruppen $\mathfrak{A}$ und $\mathfrak{B}$. Angenommen, $\mathfrak{G}$ wäre nicht auflösbar. Wir wählen $\mathfrak{G}$ als Gegenbeispiel minimaler Ordnung. Nach unserer Annahme sind die Ordnungen $|\mathfrak{A}|$ und $|\mathfrak{B}|$ nicht teilerfremd. Sei p ein gemeinsamer Primteiler von $|\mathfrak{A}|$ und $|\mathfrak{B}|$. Nach 4.8 a) sind die p-Sylowgruppen $\mathfrak{A}_p$ und $\mathfrak{B}_p$ von $\mathfrak{A}$ und $\mathfrak{B}$ vertauschbar. Nach 4.5 gilt ferner $\mathfrak{G} = \mathfrak{A}\,\mathfrak{B}^G$ für alle G aus $\mathfrak{G}$. Also haben wir auch $\mathfrak{A}_p\,\mathfrak{B}_p^G = \mathfrak{B}_p^G\,\mathfrak{A}_p$. Da die nichtauflösbare Gruppe $\mathfrak{G}$ keine p-Gruppe ist, gilt $\mathfrak{G} \neq \mathfrak{A}_p\,\mathfrak{B}_p$. Nach Hilfssatz 4.10 ist nun $\mathfrak{G}$ nicht einfach. Sei $\mathfrak{K}$ ein minimaler Normalteiler von $\mathfrak{G}$. Die Faktorgruppe

$$\mathfrak{G}/\mathfrak{K} = (\mathfrak{A}\,\mathfrak{K}/\mathfrak{K})\,(\mathfrak{B}\,\mathfrak{K}/\mathfrak{K})$$

ist wegen der Wahl von $\mathfrak{G}$ als kleinstem Gegenbeispiel auflösbar. Also ist $\mathfrak{K}$ nicht auflösbar.

Ist $\mathfrak{A}\,\mathfrak{K} < \mathfrak{G}$, so haben wir nach der Dedekind-Identität

$$\mathfrak{A}\,\mathfrak{K} = \mathfrak{A}(\mathfrak{A}\,\mathfrak{K} \cap \mathfrak{B})\,,$$

und dann ist $\mathfrak{A}\,\mathfrak{K}$ als Produkt der nilpotenten Gruppen $\mathfrak{A}$ und $\mathfrak{A}\,\mathfrak{K} \cap \mathfrak{B}$ auflösbar. Also ist auch $\mathfrak{K}$ auflösbar, entgegen der eben getroffenen Feststellung. Somit haben wir $\mathfrak{G} = \mathfrak{A}\,\mathfrak{K}$; ebenso folgt $\mathfrak{G} = \mathfrak{B}\,\mathfrak{K}$. Nun ist

$$\mathfrak{G}/\mathfrak{K} \cong \mathfrak{A}/(\mathfrak{A} \cap \mathfrak{K})$$

nilpotent. Das Urbild $\mathfrak{K}\mathfrak{A}_p = \mathfrak{K}\mathfrak{B}_p$ der p-Sylowgruppe von $\mathfrak{G}/\mathfrak{K}$ ist daher ein Normalteiler von $\mathfrak{G}$.

Für die Untergruppen $\mathfrak{A}_p$ und $\mathfrak{B}_p$ von $\mathfrak{K}\,\mathfrak{A}_p = \mathfrak{K}\,\mathfrak{B}_p$ sind die Voraussetzungen von 4.10 wieder erfüllt, denn da $\mathfrak{K}$ nicht auflösbar ist, ist sicher $\mathfrak{K}\,\mathfrak{A}_p \neq \mathfrak{A}_p\,\mathfrak{B}_p$. Nach 4.10 gibt es dann einen eigentlichen Normalteiler $\mathfrak{L}$ von $\mathfrak{K}\,\mathfrak{A}_p = \mathfrak{K}\,\mathfrak{B}_p$ mit $\mathfrak{A}_p \leqq \mathfrak{L}$ oder $\mathfrak{B}_p \leqq \mathfrak{L}$. Sei etwa $\mathfrak{A}_p \leqq \mathfrak{L}$. Wir können dann für $\mathfrak{L}$ die normale Hülle

$$\mathfrak{A}_p^{\mathfrak{A}_p\mathfrak{K}} = \mathfrak{A}_p^{\mathfrak{K}}$$

von $\mathfrak{A}_p$ in $\mathfrak{K}\,\mathfrak{A}_p$ wählen. Es gilt

$$\mathfrak{L} = \mathfrak{D}\,\mathfrak{A}_p$$

mit $\mathfrak{D} = \mathfrak{K} \cap \mathfrak{L}$. Wegen $\mathfrak{A}_p \leqq \mathfrak{L} < \mathfrak{A}_p\,\mathfrak{K}$ ist $\mathfrak{D} = \mathfrak{K} \cap \mathfrak{L} < \mathfrak{K}$. Jetzt folgt

$$\mathfrak{L}^{\mathfrak{A}} = (\mathfrak{A}_p^{\mathfrak{K}})^{\mathfrak{A}} = (\mathfrak{A}_p^{\mathfrak{A}})^{\mathfrak{K}} = \mathfrak{A}_p^{\mathfrak{K}} = \mathfrak{L}$$

und $\mathfrak{L}^{\mathfrak{K}} = \mathfrak{L}$, also $\mathfrak{L} \lhd \mathfrak{K}\,\mathfrak{A} = \mathfrak{G}$. Daher ist auch $\mathfrak{K} \cap \mathfrak{L} = \mathfrak{D} \lhd \mathfrak{G}$. Da $\mathfrak{K}$ ein minimaler Normalteiler von $\mathfrak{G}$ ist und $\mathfrak{D} < \mathfrak{K}$ gilt, haben wir jetzt $\mathfrak{D} = \mathfrak{E}$ und somit $\mathfrak{L} = \mathfrak{A}_p \lhd \mathfrak{G}$. Es ist $\mathfrak{G}/\mathfrak{A}_p$ wieder ein Produkt von zwei nilpotenten Gruppen, also auflösbar wegen $\mathfrak{A}_p \neq \mathfrak{E}$. Wegen der Auflösbarkeit von $\mathfrak{A}_p$ ist dann $\mathfrak{G}$ selbst auflösbar. **q.e.d.**

Zum Beweis von 4.3 genügt nach 4.9 und 4.11 der Nachweis der folgenden Behauptung: Sei $\mathfrak{G} = \mathfrak{A}\mathfrak{B}$ mit nilpotenten Gruppen $\mathfrak{A}$ und $\mathfrak{B}$ von teilerfremden Ordnungen. Dann ist $\mathfrak{G}$ auflösbar. Diesen schwierigsten Schritt des Beweises von 4.3 bereiten wir durch weitere Hilfssätze vor.

Der folgende Hilfssatz verschafft uns die für den Beweis entscheidenden Untergruppen, welche wieder Produkte von zwei nilpotenten Gruppen sind:

4.12 Hilfssatz (Wielandt). *Sei $\mathfrak{G} = \mathfrak{A}\mathfrak{B}$. Eine Untergruppe $\mathfrak{S}$ von $\mathfrak{G}$ nennen wir faktorisiert, falls $\mathfrak{S} = (\mathfrak{S} \cap \mathfrak{A})(\mathfrak{S} \cap \mathfrak{B})$ gilt.*

a) *Sei $\mathfrak{H} \leqq \mathfrak{G}$. Aus $\mathfrak{H}^A = \mathfrak{H}^B$ mit $A \in \mathfrak{A}$ und $B \in \mathfrak{B}$ folge stets $\mathfrak{H}^A = \mathfrak{H}^B = \mathfrak{H}$. Dann ist $\mathbf{N}_{\mathfrak{G}}(\mathfrak{H})$ faktorisiert.*

b) *Eine für Paare von Untergruppen von $\mathfrak{G}$ erklärte Relation $\mathcal{R}$ heißt invariant, wenn aus $\mathfrak{C}\,\mathcal{R}\,\mathfrak{D}$ folgt, daß $\mathfrak{C}^G\,\mathcal{R}\,\mathfrak{D}^G$ für alle G aus $\mathfrak{G}$ gilt. (Beispiele von invarianten Relationen sind: $\mathfrak{C} \leqq \mathfrak{D}$, $\mathfrak{C} \trianglelefteq \mathfrak{D}$, $\mathfrak{C} \leqq \mathbf{N}_{\mathfrak{G}}(\mathfrak{D})$, $\mathfrak{C}\mathfrak{D} = \mathfrak{D}\mathfrak{C}$.)*

Seien $\mathfrak{C}_1, \ldots, \mathfrak{C}_k$ Untergruppen von $\mathfrak{G}$. Für jedes i mit $1 \leqq i \leqq k$ gelte mindestens eine der Beziehungen $\mathfrak{A} \leqq \mathbf{N}_{\mathfrak{G}}(\mathfrak{C}_i)$ oder $\mathfrak{B} \leqq \mathbf{N}_{\mathfrak{G}}(\mathfrak{C}_i)$. Es seien $\mathcal{R}_1, \ldots, \mathcal{R}_k$ invariante Relationen für Untergruppen von $\mathfrak{G}$. Schließlich sei $\mathfrak{H}$ eine Untergruppe von $\mathfrak{G}$ mit $\mathfrak{H}\,\mathcal{R}_i\,\mathfrak{C}_i$ für alle $i = 1, \ldots, k$, und keine von $\mathfrak{H}$ verschiedene Konjugierte $\mathfrak{H}^G$ erfülle alle diese Relationen. Dann ist $\mathbf{N}_{\mathfrak{G}}(\mathfrak{H})$ faktorisiert.

c) *Sei $\mathfrak{A}^* \trianglelefteq \mathfrak{A}$ und $\mathfrak{B}^* \trianglelefteq \mathfrak{B}$. Dann ist $\mathbf{N}_{\mathfrak{G}}(\langle \mathfrak{A}^*, \mathfrak{B}^* \rangle)$ faktorisiert.*

Beweis. a) Sei $X = AB^{-1} \in \mathbf{N}_{\mathfrak{G}}(\mathfrak{H})$ mit $A \in \mathfrak{A}$ und $B \in \mathfrak{B}$. Dann ist $\mathfrak{H}^A = \mathfrak{H}^B$, also nach unserer Voraussetzung $\mathfrak{H}^A = \mathfrak{H} = \mathfrak{H}^B$. Somit gilt $A \in \mathbf{N}_{\mathfrak{G}}(\mathfrak{H})$ und $B \in \mathbf{N}_{\mathfrak{G}}(\mathfrak{H})$, daher

$$\mathbf{N}_{\mathfrak{G}}(\mathfrak{H}) \leqq (\mathbf{N}_{\mathfrak{G}}(\mathfrak{H}) \cap \mathfrak{A})(\mathbf{N}_{\mathfrak{G}}(\mathfrak{H}) \cap \mathfrak{B}).$$

Die umgekehrte Inklusion ist trivial.

b) Sei $A \in \mathfrak{A}$ und $B \in \mathfrak{B}$. Ist $\mathfrak{A} \leqq \mathbf{N}_{\mathfrak{G}}(\mathfrak{C}_i)$, so gilt wegen $\mathfrak{H}\,\mathcal{R}_i\,\mathfrak{C}_i$ auch $\mathfrak{H}^A\,\mathcal{R}_i\,\mathfrak{C}_i$. Ist $\mathfrak{B} \leqq \mathbf{N}_{\mathfrak{G}}(\mathfrak{C}_i)$, so erhalten wir in gleicher Weise $\mathfrak{H}^B\,\mathcal{R}_i\,\mathfrak{C}_i$. Ist $\mathfrak{H}^A = \mathfrak{H}^B$, so erfüllt diese Gruppe alle Relationen $\mathfrak{H}^A\,\mathcal{R}_i\,\mathfrak{C}_i$. Nach unserer Voraussetzung ist dann $\mathfrak{H}^A = \mathfrak{H} = \mathfrak{H}^B$, also ist $\mathbf{N}_{\mathfrak{G}}(\mathfrak{H})$ nach a) faktorisiert.

c) In b) wählen wir $\mathfrak{C}_1 = \mathfrak{A}^*$ und $\mathfrak{C}_2 = \mathfrak{B}^*$. Als invariante Relationen $\mathcal{R}_i$ nehmen wir beide Male die Inklusion $\geqq$. Die Gruppe $\mathfrak{H} = \langle \mathfrak{A}^*, \mathfrak{B}^* \rangle$ erfüllt dann beide Relationen $\mathfrak{H} \geqq \mathfrak{A}^*$ und $\mathfrak{H} \geqq \mathfrak{B}^*$, und keine von $\mathfrak{H}$ verschiedene Konjugierte von $\mathfrak{H}$ erfüllt diese beiden Relationen. Nach b) ist also $\mathbf{N}_{\mathfrak{G}}(\mathfrak{H})$ faktorisiert. **q.e.d.**

4.13 Hilfssatz. *Sei $\mathfrak{G} = \mathfrak{A}\mathfrak{B}$, ferner $\mathfrak{A}^* \trianglelefteq \mathfrak{A}$ und $\mathfrak{B}^* \trianglelefteq \mathfrak{B}$. Dann gilt entweder für kein oder für jedes Paar G, G' von Elementen aus $\mathfrak{G}$ die*

Beziehung

$$\mathfrak{A}^{*G}\,\mathfrak{B}^{*G'} = \mathfrak{B}^{*G'}\,\mathfrak{A}^{*G}.$$

Ist $\mathfrak{G}$ auflösbar, so gilt diese Beziehung immer, wenn $\mathfrak{A}^*$ und $\mathfrak{B}^*$ Hallgruppen von $\mathfrak{G}$ sind.

Beweis. Seien G, G' aus $\mathfrak{G}$ und $G'\,G^{-1} = B\,A^{-1}$ mit $A \in \mathfrak{A}$ und $B \in \mathfrak{B}$. Dann sind die jeweils benachbarten der folgenden Zeilen gleichwertig:

$$\mathfrak{A}^{*G}\,\mathfrak{B}^{*G'} = \mathfrak{B}^{*G'}\,\mathfrak{A}^{*G},$$

$$\mathfrak{A}^{*}\,\mathfrak{B}^{*G'G^{-1}} = \mathfrak{B}^{*G'G^{-1}}\,\mathfrak{A}^{*},$$

$$\mathfrak{A}^{*}\,\mathfrak{B}^{*BA^{-1}} = \mathfrak{B}^{*BA^{-1}}\,\mathfrak{A}^{*},$$

$$\mathfrak{A}^{*}\,\mathfrak{B}^{*} = \mathfrak{B}^{*}\,\mathfrak{A}^{*}.$$

Ist $\mathfrak{G}$ auflösbar, und sind $\mathfrak{A}^*$ und $\mathfrak{B}^*$ Hallgruppen von $\mathfrak{G}$, so gilt nach 2.3 für wenigstens ein Paar G, G' die Beziehung $\mathfrak{A}^{*G}\,\mathfrak{B}^{*G'} = \mathfrak{B}^{*G'}\,\mathfrak{A}^{*G}$, nämlich dann, wenn $\mathfrak{A}^{*G}$ und $\mathfrak{B}^{*G'}$ in einem Hallsystem von $\mathfrak{G}$ liegen. Also sind $\mathfrak{A}^{*G}$ und $\mathfrak{B}^{*G'}$ für alle G, G' vertauschbar. **q.e.d.**

Wir wenden uns nun dem noch fehlenden und schwersten Teil des Beweises von 4.3 zu und zeigen:

4.14 Satz (WIELANDT [11]). *Sei $\mathfrak{G} = \mathfrak{A}\,\mathfrak{B}$ mit nilpotenten Gruppen $\mathfrak{A}$ und $\mathfrak{B}$ von teilerfremden Ordnungen. Dann ist $\mathfrak{G}$ auflösbar, und jede Sylowgruppe von $\mathfrak{A}$ ist mit jeder Sylowgruppe von $\mathfrak{B}$ vertauschbar.*

Beweis. Sei $\mathfrak{G}$ ein Gegenbeispiel von minimaler Ordnung. Sei $|\mathfrak{A}| = a$ und $|\mathfrak{B}| = b$, seien p_i $(i = 1, \ldots, s)$ die Primteiler von a und q_j $(j = 1, \ldots, t)$ die Primteiler von b. Ferner sei $\mathfrak{P}_i$ die p_i-Sylowgruppe von $\mathfrak{A}$ und $\mathfrak{Q}_j$ die q_j-Sylowgruppe von $\mathfrak{B}$. Ist $\mathfrak{G}$ auflösbar, so folgt aus 4.8 b) sofort, daß $\mathfrak{P}_i\,\mathfrak{Q}_j$ eine $\{p_i, q_j\}$-Hallgruppe von $\mathfrak{G}$ ist. Also ist $\mathfrak{G}$ nicht auflösbar. Wir beweisen:

(1) $\mathfrak{G}$ ist einfach:

Sei $\mathfrak{E} < \mathfrak{N} \trianglelefteq \mathfrak{G}$. Die Faktorgruppe

$$\mathfrak{G}/\mathfrak{N} = (\mathfrak{N}\,\mathfrak{A}/\mathfrak{N})\;(\mathfrak{N}\,\mathfrak{B}/\mathfrak{N})$$

erfüllt alle Voraussetzungen, ist also auflösbar. Ist $\mathfrak{N}\,\mathfrak{A} < \mathfrak{G}$, so haben wir $\mathfrak{N}\,\mathfrak{A} = (\mathfrak{N}\,\mathfrak{A} \cap \mathfrak{B})\,\mathfrak{A}$. Dann erfüllt auch $\mathfrak{N}\,\mathfrak{A}$ wieder die Voraussetzungen, ist daher ebenfalls auflösbar. Insbesondere ist dann $\mathfrak{N}$ auflösbar. Zusammen mit der Auflösbarkeit von $\mathfrak{G}/\mathfrak{N}$ erzwingt dies die Auflösbarkeit von $\mathfrak{G}$, entgegen der eben getroffenen Feststellung. Also haben wir $\mathfrak{G} = \mathfrak{N}\,\mathfrak{A}$; in gleicher Weise folgt auch $\mathfrak{G} = \mathfrak{N}\,\mathfrak{B}$. Das liefert $|\mathfrak{G}/\mathfrak{N}| \mid a$ und $|\mathfrak{G}/\mathfrak{N}| \mid b$. Wegen der Teilerfremdheit von a und b folgt dann $|\mathfrak{G}/\mathfrak{N}| = 1$. Also ist $\mathfrak{G} = \mathfrak{N}$, und $\mathfrak{G}$ ist einfach.

(2) Es ist $s \geqq 2$ und $t \geqq 2$:

Sei etwa $s = 1$ und $E \neq B \in \mathbf{Z}(\mathfrak{B})$. Dann gilt $\mathbf{C}_{\mathfrak{G}}(B) \geqq \mathfrak{B}$, also $|\mathfrak{G} : \mathbf{C}_{\mathfrak{G}}(B)| = p_1^c$ mit einem geeigneten c. Nach dem Satz von Burnside (V, 7.2, S. 491) ist dann $\mathfrak{G}$ nicht einfach, entgegen (1).

(3) Sei $\mathfrak{A}^* \trianglelefteq \mathfrak{P}_i$ und $\mathfrak{B}^* \trianglelefteq \mathfrak{Q}_j$ mit $\mathfrak{E} < \langle \mathfrak{A}^*, \mathfrak{B}^* \rangle = \mathfrak{H} < \mathfrak{G}$. Dann gibt es einen Normalteiler $\mathfrak{N} \neq \mathfrak{E}$ von $\mathfrak{H}$ mit $\mathfrak{N} \leqq \mathfrak{P}_i$ oder $\mathfrak{N} \leqq \mathfrak{Q}_j$:

Da $\mathfrak{A}$ nilpotent ist, folgt aus $\mathfrak{A}^* \trianglelefteq \mathfrak{P}_i$ auch $\mathfrak{A}^* \triangleleft \mathfrak{A}$. Ebenso haben wir $\mathfrak{B}^* \triangleleft \mathfrak{B}$. Wir setzen nun $\overline{\mathfrak{G}} = \mathbf{N}_{\mathfrak{G}}(\mathfrak{H})$. Nach 4.12 c) ist $\overline{\mathfrak{G}}$ faktorisiert. Wegen $\mathfrak{E} < \mathfrak{H} < \mathfrak{G}$, der trivialen Beziehung $\mathfrak{H} \trianglelefteq \overline{\mathfrak{G}}$ und der Einfachheit von $\mathfrak{G}$ ist $\overline{\mathfrak{G}} < \mathfrak{G}$. Also ist $\overline{\mathfrak{G}}$ auflösbar. Aus der Zerlegung

$$\overline{\mathfrak{G}} = (\overline{\mathfrak{G}} \cap \mathfrak{A})\,(\overline{\mathfrak{G}} \cap \mathfrak{B})$$

folgt, daß $\overline{\mathfrak{P}}_i = \mathfrak{P}_i \cap \overline{\mathfrak{G}}$ und $\overline{\mathfrak{Q}}_j = \mathfrak{Q}_j \cap \overline{\mathfrak{G}}$ Sylowgruppen von $\overline{\mathfrak{G}}$ sind. Nach 4.13 sind diese vertauschbar. Daher gilt $\mathfrak{H} \leqq \overline{\mathfrak{P}}_i \overline{\mathfrak{Q}}_j$. Da $\overline{\mathfrak{G}}$ auflösbar ist, ist auch $\mathfrak{H}$ auflösbar. Sei $\mathfrak{N}$ ein von $\mathfrak{E}$ verschiedener Normalteiler von $\mathfrak{H}$ von Primzahlpotenzordnung. Dann ist offenbar $\mathfrak{N} \leqq \overline{\mathfrak{P}}_i \leqq \mathfrak{P}_i$ oder $\mathfrak{N} \leqq \overline{\mathfrak{Q}}_j \leqq \mathfrak{Q}_j$.

(4) Für alle i, j gilt $\mathfrak{G} = \langle \mathfrak{P}_i, \mathfrak{Q}_j \rangle$:

Angenommen, es sei $\langle \mathfrak{P}_i, \mathfrak{Q}_j \rangle = \mathfrak{H} < \mathfrak{G}$. Nach (3) gibt es dann ein $\mathfrak{N}$ mit $\mathfrak{E} < \mathfrak{N} \trianglelefteq \langle \mathfrak{P}_i, \mathfrak{Q}_j \rangle = \mathfrak{H}$ und mit $\mathfrak{N} \leqq \mathfrak{P}_i$ oder $\mathfrak{N} \leqq \mathfrak{Q}_j$. Sei etwa $\mathfrak{N} \leqq \mathfrak{P}_i$. Dann ist auch $\mathfrak{N} \triangleleft \mathfrak{A}$, und wir erhalten mit (1)

$$\mathfrak{G} = \mathfrak{Q}_j^{\mathfrak{G}} = \mathfrak{Q}_j^{\mathfrak{B}\mathfrak{A}} = \mathfrak{Q}_j^{\mathfrak{A}} \leqq \langle \mathfrak{A}, \mathfrak{Q}_j \rangle \leqq \mathbf{N}_{\mathfrak{G}}(\mathfrak{N}) .$$

Also ist $\mathfrak{N} \triangleleft \mathfrak{G}$, entgegen der in (1) angegebenen Einfachheit von $\mathfrak{G}$.

(5) Ist $E \neq A \in \mathbf{Z}(\mathfrak{A})$, so gilt $\langle A, \mathfrak{Q}_j \rangle = \mathfrak{G}$ für alle j:

Wir können annehmen, daß A Primzahlordnung hat. Sei also etwa $A \in \mathfrak{P}_i$. Angenommen, es sei $\langle A, \mathfrak{Q}_j \rangle = \mathfrak{H} < \mathfrak{G}$. Nach (3) (mit $\mathfrak{A}^* = \langle A \rangle$ und $\mathfrak{B}^* = \mathfrak{Q}_j$) gibt es dann ein $\mathfrak{N}$ mit $\mathfrak{E} < \mathfrak{N} \trianglelefteq \mathfrak{H}$ und mit $\mathfrak{N} \leqq \mathfrak{P}_i$ oder $\mathfrak{N} \leqq \mathfrak{Q}_j$. Ist $\mathfrak{N} \leqq \mathfrak{P}_i$, so gilt für $k \neq i$ stets $\mathfrak{P}_k \leqq \mathbf{N}_{\mathfrak{G}}(\mathfrak{N})$; ein solches k existiert wegen $s \geqq 2$ nach (2) sicher. Mit (4) folgt dann

$$\mathbf{N}_{\mathfrak{G}}(\mathfrak{N}) \geqq \langle \mathfrak{P}_k, \mathfrak{Q}_j \rangle = \mathfrak{G} .$$

Wegen $\mathfrak{E} < \mathfrak{N} \leqq \mathfrak{H} < \mathfrak{G}$ ist dies ein Widerspruch zu (1).

Ist aber $\mathfrak{N} \leqq \mathfrak{Q}_j$, so ist $\mathfrak{N} \triangleleft \mathfrak{B}$, und wir erhalten

$$\mathfrak{G} = \langle A \rangle^{\mathfrak{G}} = \langle A \rangle^{\mathfrak{A}\mathfrak{B}} = \langle A \rangle^{\mathfrak{B}} \leqq \langle A, \mathfrak{B} \rangle \leqq \mathbf{N}_{\mathfrak{G}}(\mathfrak{N}) .$$

Also ist wieder $\mathfrak{E} < \mathfrak{N} \triangleleft \mathfrak{G}$, entgegen (1).

(6) Ist $E \neq A \in \mathbf{Z}(\mathfrak{A})$ und $E \neq B \in \mathbf{Z}(\mathfrak{B})$, so gilt $\mathfrak{G} = \langle A, B \rangle$:

Wir können annehmen, daß A und B Primzahlordnung haben. Sei etwa $A \in \mathfrak{P}_i$ und $B \in \mathfrak{Q}_j$. Angenommen, es sei $\langle A, B \rangle < \mathfrak{G}$. Nach (3) (mit $\mathfrak{A}^* = \langle A \rangle$ und $\mathfrak{B}^* = \langle B \rangle$) gibt es dann ein $\mathfrak{N}$ mit $\mathfrak{E} < \mathfrak{N} \trianglelefteq \langle A, B \rangle$ und mit $\mathfrak{N} \leqq \mathfrak{P}_i$ oder $\mathfrak{N} \leqq \mathfrak{Q}_j$. Sei etwa $\mathfrak{N} \leqq \mathfrak{Q}_j$. Nun wählen wir ein $\mathfrak{Q}_k$ mit $k \neq j$; das geht wegen $t \geqq 2$. Dann haben wir $\mathfrak{Q}_k \leqq \mathbf{N}_{\mathfrak{G}}(\mathfrak{N})$, nach (5) also

$$\mathbf{N}_{\mathfrak{G}}(\mathfrak{N}) \geqq \langle A, \mathfrak{Q}_k \rangle = \mathfrak{G} .$$

Dies ist ein Widerspruch zu (1).

(7) Für $E \neq A \in \mathbf{Z}(\mathfrak{A})$ ist $\mathbf{C}_{\mathfrak{G}}(A) = \mathfrak{A}$:

Angenommen, es sei $\mathfrak{A} < \mathbf{C}_{\mathfrak{G}}(A)$. Dann gilt $\mathbf{C}_{\mathfrak{G}}(A) = \mathfrak{A}\mathfrak{B}^*$ mit $\mathfrak{E} < \mathfrak{B}^* < \mathfrak{B}$. Wir wählen nun ein B mit $E \neq B \in \mathfrak{B}^* \cap \mathfrak{Q}_j$ (bei passendem j)

und dann ein $\mathfrak{Q}_k$ mit $k \neq j$. Mit (5) folgt jetzt

$$\mathfrak{C}_{\mathfrak{G}}(B) \geqq \langle A, \mathfrak{Q}_k \rangle = \mathfrak{G} ,$$

entgegen (1).

(8) Ist $G \in \mathfrak{G}$ und $\mathfrak{P}_i \leqq \mathfrak{A}^G$ für ein i, so ist $\mathfrak{A}^G = \mathfrak{A}$:

Wegen $\mathfrak{P}_i \leqq \mathfrak{A}^G$ ist $\mathfrak{P}_i = \mathfrak{P}_i^G$. Nach (7) ist $\mathfrak{A} = \mathfrak{C}_{\mathfrak{G}}(\mathbf{Z}(\mathfrak{P}_i))$. Also folgt

$$\mathfrak{A}^G = \mathfrak{C}_{\mathfrak{G}}(\mathbf{Z}(\mathfrak{P}_i^G)) = \mathfrak{C}_{\mathfrak{G}}(\mathbf{Z}(\mathfrak{P}_i)) = \mathfrak{A} .$$

(9) Aus $G \in \mathfrak{G}$ und $\mathfrak{A} \cap \mathbf{Z}(\mathfrak{A}^G) > \mathfrak{E}$ folgt $\mathfrak{A} = \mathfrak{A}^G$:

Sei $A \in \mathfrak{A} \cap \mathbf{Z}(\mathfrak{A}^G)$, und sei A von Primzahlordnung, etwa $A \in \mathfrak{P}_i$. Mit (7) folgt $\mathfrak{C}_{\mathfrak{G}}(A) = \mathfrak{A}^G$. Sei $k \neq i$. Dann gilt $\mathfrak{P}_k \leqq \mathfrak{C}_{\mathfrak{G}}(A) = \mathfrak{A}^G$, und mit (8) folgt die Behauptung $\mathfrak{A} = \mathfrak{A}^G$.

(10) Ist $\mathbf{Z}(\mathfrak{A}) \leqq \overline{\mathfrak{G}} \leqq \mathfrak{G}$, so ist $\overline{\mathfrak{P}}_i = \mathfrak{P}_i \cap \overline{\mathfrak{G}}$ eine p_i-Sylowgruppe von $\overline{\mathfrak{G}}$:

Sei $\overline{\mathfrak{P}}$ eine p_i-Sylowgruppe von $\overline{\mathfrak{G}}$ mit $\overline{\mathfrak{P}}_i = \mathfrak{P}_i \cap \overline{\mathfrak{G}} \leqq \overline{\mathfrak{P}}$. Für ein passendes G aus $\mathfrak{G}$ gilt dann

$$\mathfrak{E} < \mathbf{Z}(\mathfrak{P}_i) \leqq \mathfrak{P}_i \cap \mathbf{Z}(\mathfrak{A}) \leqq \mathfrak{P}_i \cap \overline{\mathfrak{G}} = \overline{\mathfrak{P}}_i \leqq \overline{\mathfrak{P}} \leqq \mathfrak{P}_i^G \leqq \mathfrak{A}^G .$$

Also haben wir $\mathfrak{A}^G \cap \mathbf{Z}(\mathfrak{A}) \neq \mathfrak{E}$, daher nach (9) $\mathfrak{A}^G = \mathfrak{A}$. Dann ist $\mathfrak{P}_i^G = \mathfrak{P}_i$. Nun folgt die Behauptung

$$\overline{\mathfrak{P}}_i \leqq \overline{\mathfrak{P}} \leqq \mathfrak{P}_i \cap \overline{\mathfrak{G}} = \overline{\mathfrak{P}}_i .$$

(11) Sei $\mathbf{Z}(\mathfrak{A}) \leqq \overline{\mathfrak{G}} \leqq \mathfrak{G}$. Wir setzen wieder $\mathfrak{P}_i \cap \overline{\mathfrak{G}} = \overline{\mathfrak{P}}_i$ und $\mathfrak{A} \cap \overline{\mathfrak{G}} = \overline{\mathfrak{A}}$. Ist $\overline{\mathfrak{G}} \cap \mathbf{N}_{\mathfrak{G}}(\overline{\mathfrak{P}}_i) = \overline{\mathfrak{A}}$ für alle i, so gilt $\overline{\mathfrak{G}} \leqq \mathfrak{A}$:

Wir haben $\overline{\mathfrak{A}} = \overline{\mathfrak{P}}_1 \times \cdots \times \overline{\mathfrak{P}}_s$. Wegen $\mathbf{Z}(\mathfrak{A}) \leqq \overline{\mathfrak{G}}$ ist $\overline{\mathfrak{A}}$ nach (10) eine nilpotente Hallgruppe von $\overline{\mathfrak{G}}$. Wegen $\overline{\mathfrak{G}} \cap \mathbf{N}_{\mathfrak{G}}(\overline{\mathfrak{P}}_i) = \overline{\mathfrak{A}}$ und $\mathfrak{E} < \mathbf{Z}(\mathfrak{P}_i) < \mathbf{Z}(\mathfrak{A}) \leqq \overline{\mathfrak{A}}$ für alle i sind die Voraussetzungen von IV, 7.3 (S. 444) nun für $\overline{\mathfrak{G}}$ erfüllt. Daher gibt es einen Normalteiler $\mathfrak{N}$ von $\overline{\mathfrak{G}}$ mit $\overline{\mathfrak{G}} = \mathfrak{N}\overline{\mathfrak{A}}$ und $\mathfrak{N} \cap \overline{\mathfrak{A}} = \mathfrak{E}$. Dabei ist $|\mathfrak{N}|$ ein Teiler von $b = |\mathfrak{B}|$. Nach III, 5.8 (S. 285) gibt es dann ein G aus $\mathfrak{G}$ mit $\mathfrak{N}^G \leqq \mathfrak{B}$. Sei $G = AB$ mit $A \in \mathfrak{A}$ und $B \in \mathfrak{B}$. Dann haben wir $\mathfrak{N}^{AB} \leqq \mathfrak{B}$, also auch $\mathfrak{N}^A \leqq \mathfrak{B}$. Das liefert uns $\mathbf{Z}(\mathfrak{B}) \leqq \mathbf{N}_{\mathfrak{G}}(\mathfrak{N}^A)$. Wegen $\mathbf{Z}(\mathfrak{A}) \leqq \overline{\mathfrak{G}} \leqq \mathbf{N}_{\mathfrak{G}}(\mathfrak{N})$ ist auch

$$\mathbf{Z}(\mathfrak{A}) = \mathbf{Z}(\mathfrak{A})^A \leqq \mathbf{N}_{\mathfrak{G}}(\mathfrak{N}^A)$$

Zusammen mit (6) folgt jetzt

$$\mathbf{N}_{\mathfrak{G}}(\mathfrak{N}^A) \geqq \langle \mathbf{Z}(\mathfrak{A}), \mathbf{Z}(\mathfrak{B}) \rangle = \mathfrak{G} .$$

Wegen $|\mathfrak{N}| \mid b$ ist $\mathfrak{N} < \mathfrak{G}$, daher nach (1) $\mathfrak{N} = \mathfrak{E}$. Dann folgt die Behauptung $\overline{\mathfrak{G}} = \overline{\mathfrak{A}} \leqq \mathfrak{A}$.

(12) Wir setzen $\mathfrak{A}^* = \mathfrak{A} \cap \mathbf{N}_{\mathfrak{G}}(\mathfrak{B})$ und $\mathfrak{B}^* = \mathfrak{B} \cap \mathbf{N}_{\mathfrak{G}}(\mathfrak{A})$ und halten an dieser Bezeichnung weiterhin fest. Dann enthält $\mathfrak{A}^*$ zu jeder Primzahl p höchstens eine Untergruppe der Ordnung p:

Ist $A \in \mathfrak{A}^*$, so gilt $\mathbf{Z}(\mathfrak{B})^A = \mathbf{Z}(\mathfrak{B})$. Aus $B^A = B$ mit $E \neq B \in \mathbf{Z}(\mathfrak{B})$ folgt mit (7) $A \in \mathfrak{C}_{\mathfrak{G}}(B) = \mathfrak{B}$, also $A = E$. Also bewirkt jedes A mit $E \neq A \in \mathfrak{A}^*$ auf $\mathbf{Z}(\mathfrak{B})$ einen fixpunktfreien Automorphismus. Aus V, 8.15 (S. 505) folgt nun die Behauptung.

(13) Aus $\mathfrak{A}^* \cap \mathfrak{A}^G > \mathfrak{E}$ folgt $\mathfrak{A}^G = \mathfrak{A}$:

Sei $E \neq A \in \mathfrak{A}^* \cap \mathfrak{A}^G$. Offenbar können wir annehmen, daß A Primzahlordnung hat. Sei etwa $A \in \mathfrak{P}_i$. Wir definieren die invarianten Relationen $\mathscr{R}_j$ $(j = 1, 2)$ durch

$$\mathfrak{H}\, \mathscr{R}_1\, \mathfrak{Y} \Leftrightarrow \mathfrak{H} \leqq \mathfrak{Y}$$

$$\mathfrak{H}\, \mathscr{R}_2\, \mathfrak{Y} \Leftrightarrow \mathfrak{H} \leqq \mathbf{N}_{\mathfrak{G}}(\mathfrak{Y})$$

und setzen $\mathfrak{C}_1 = \mathfrak{A}$ und $\mathfrak{C}_2 = \mathfrak{B}$. Für $i = 1, 2$ gilt dann trivialerweise $\mathfrak{A} \leqq \mathbf{N}_{\mathfrak{G}}(\mathfrak{C}_i)$ oder $\mathfrak{B} \leqq \mathbf{N}_{\mathfrak{G}}(\mathfrak{C}_i)$. Sei $\mathfrak{H} = \langle A \rangle$. Wegen

$$\mathfrak{H} \leqq \mathfrak{A}^* = \mathfrak{A} \cap \mathbf{N}_{\mathfrak{G}}(\mathfrak{B})$$

gelten die Relationen $\mathfrak{H}\, \mathscr{R}_i\, \mathfrak{C}_i$ $(i = 1, 2)$. Keine von $\mathfrak{H}$ verschiedene Konjugierte $\mathfrak{H}^G$ erfüllt beide Relationen, denn $\mathfrak{H}$ ist die einzige Untergruppe von $\mathfrak{A}^* = \mathfrak{A} \cap \mathbf{N}_{\mathfrak{G}}(\mathfrak{B})$ von der Ordnung p_i. Nach Hilfssatz 4.12b) ist daher $\overline{\mathfrak{G}} = \mathbf{N}_{\mathfrak{G}}(\mathfrak{H})$ faktorisiert, etwa

$$\overline{\mathfrak{G}} = (\overline{\mathfrak{P}}_1 \times \cdots \times \overline{\mathfrak{P}}_s)\,(\overline{\mathfrak{Q}}_1 \times \cdots \times \overline{\mathfrak{Q}}_t)$$

Wegen $s \geqq 2$ gibt es ein k mit $\mathfrak{P}_k \neq \mathfrak{P}_i$. Aus $A \in \mathfrak{P}_i$ folgt $\mathfrak{P}_k \leqq \mathbf{N}_{\mathfrak{G}}(\mathfrak{H})$, also $\mathfrak{P}_k = \overline{\mathfrak{P}}_k$. Wegen der Einfachheit von $\mathfrak{G}$ ist $\overline{\mathfrak{G}} < \mathfrak{G}$. Also ist $\overline{\mathfrak{G}}$ auflösbar, und $\mathfrak{P}_k$ ist vertauschbar mit allen $\overline{\mathfrak{Q}}_j$ $(j = 1, \ldots, t)$. Sei $\mathfrak{N}$ ein von $\mathfrak{E}$ verschiedener Normalteiler von $\mathfrak{P}_k \overline{\mathfrak{Q}}_j$ von Primzahlpotenzordnung. Dann ist $\mathfrak{N} \leqq \mathfrak{P}_k$ oder $\mathfrak{N} \leqq \overline{\mathfrak{Q}}_j$. Ist $\mathfrak{N} \leqq \overline{\mathfrak{Q}}_j$, so wählen wir ein $\mathfrak{Q}_m \neq \mathfrak{Q}_j$, was wegen (2) geht. Im Widerspruch zu (1) erhalten wir dann wegen (4)

$$\mathbf{N}_{\mathfrak{G}}(\mathfrak{N}) \geqq \langle \mathfrak{P}_k, \mathfrak{Q}_m \rangle = \mathfrak{G}\,.$$

Also gilt $\mathfrak{N} \leqq \mathfrak{P}_k$. Wegen $\mathfrak{N} \trianglelefteq \mathfrak{P}_k$ gibt es ein N aus $\mathfrak{N}$ mit $E \neq N \in \mathfrak{N} \cap \mathbf{Z}(\mathfrak{P}_k)$. Nun folgt

$$\langle N \rangle^{\overline{\mathfrak{Q}}_j} \leqq \mathfrak{N} \leqq \mathfrak{P}_k \leqq \mathfrak{A}\,.$$

Für jedes Q aus $\overline{\mathfrak{Q}}_j$ ist also

$$\langle N \rangle^Q \leqq \mathfrak{A} \cap \mathbf{Z}(\mathfrak{P}_k)^Q \leqq \mathfrak{A} \cap \mathbf{Z}(\mathfrak{A})^Q\,.$$

Aus (9) folgt daher $Q \in \mathbf{N}_{\mathfrak{G}}(\mathfrak{A})$, also ist $\overline{\mathfrak{Q}}_j \leqq \mathbf{N}_{\mathfrak{G}}(\mathfrak{A})$. Da dies für alle j gilt, haben wir $\overline{\mathfrak{G}} \cap \mathfrak{B} \leqq \mathbf{N}_{\mathfrak{G}}(\mathfrak{A})$. Dann ist

$$\overline{\mathfrak{G}} = (\overline{\mathfrak{G}} \cap \mathfrak{A})\,(\overline{\mathfrak{G}} \cap \mathfrak{B}) \leqq \mathbf{N}_{\mathfrak{G}}(\mathfrak{A})\,.$$

Wegen $A \in \mathfrak{A}^* \cap \mathfrak{A}^G$ folgt weiter

$$\mathbf{Z}(\mathfrak{A})^G \leqq \mathbf{N}_{\mathfrak{G}}(\langle A \rangle) = \overline{\mathfrak{G}} \leqq \mathbf{N}_{\mathfrak{G}}(\mathfrak{A})\,.$$

Die Teilerfremdheit von a und $|\mathbf{N}_{\mathfrak{G}}(\mathfrak{A})/\mathfrak{A}|$ erzwingt dann $\mathbf{Z}(\mathfrak{A})^G \leqq \mathfrak{A}$, daher mit (9) $\mathfrak{A} = \mathfrak{A}^G$.

(14) Aus $A \in \mathfrak{A}$ und $\mathfrak{B}^* \cap \mathbf{C}_{\mathfrak{G}}(A) > \mathfrak{E}$ folgt $A \in \mathfrak{A}^*$:

Wir haben

$$\mathfrak{E} < \mathfrak{B}^* \cap \mathbf{C}_{\mathfrak{G}}(A) = (\mathfrak{B}^* \cap \mathbf{C}_{\mathfrak{G}}(A))^A \leqq \mathfrak{B}^* \cap \mathfrak{B}^{*A} \leqq \mathfrak{B}^* \cap \mathfrak{B}^A\,.$$

Nach (13) (mit $\mathfrak{B}$ anstelle von $\mathfrak{A}$) folgt $\mathfrak{B}^A = \mathfrak{B}$, also $A \in \mathfrak{A} \cap \mathbf{N}_{\mathfrak{G}}(\mathfrak{B}) = \mathfrak{A}^*$.

(15) Ist $\mathbf{Z}(\mathfrak{A}) \leqq \overline{\mathfrak{G}} \nleqq \mathfrak{A}$, so gibt es ein A aus $\mathfrak{A}$ mit $\mathfrak{B}^* \cap \overline{\mathfrak{G}}^A > \mathfrak{E}$:

Nach (10) ist $\mathfrak{A} \cap \overline{\mathfrak{G}} = \overline{\mathfrak{A}}$ eine nilpotente Hallgruppe von $\overline{\mathfrak{G}}$ mit den Sylowgruppen $\overline{\mathfrak{P}}_i = \mathfrak{P}_i \cap \overline{\mathfrak{G}}$. Wegen $\overline{\mathfrak{G}} \nleqq \mathfrak{A}$ gibt es nach (11) mindestens ein i mit $\overline{\mathfrak{A}} < \overline{\mathfrak{G}} \cap \mathbf{N}_{\mathfrak{G}}(\overline{\mathfrak{P}}_i)$. Da $\overline{\mathfrak{A}}$ eine Hallgruppe von $\overline{\mathfrak{G}}$ zu den Primteilern von a ist, gibt es also einen Primteiler q von b mit $q \mid |\overline{\mathfrak{G}} \cap \mathbf{N}_{\mathfrak{G}}(\overline{\mathfrak{P}}_i)|$.

Sei $X \in \overline{\mathfrak{G}} \cap \mathbf{N}_{\mathfrak{G}}(\overline{\mathfrak{P}}_i)$ mit $O(X) = q$. Wegen $\mathbf{Z}(\mathfrak{A}) \leqq \overline{\mathfrak{G}}$ haben wir jetzt

$$\mathbf{Z}(\mathfrak{P}_i) \leqq \overline{\mathfrak{P}}_i = \overline{\mathfrak{P}}_i^X \leqq \mathfrak{A}^X .$$

Also ist $\mathbf{Z}(\mathfrak{A}) \cap \mathfrak{A}^X > \mathfrak{E}$, und nach (9) folgt $\mathfrak{A} = \mathfrak{A}^X$. Nach III, 5.8 (S. 285) gibt es ein G aus $\mathfrak{G}$ mit $X^G \in \mathfrak{B}$. Wegen $\mathfrak{G} = \mathfrak{A}\,\mathfrak{B}$ kann G aus $\mathfrak{A}$ gewählt werden. Also gibt es ein A aus $\mathfrak{A}$ mit $X^A \in \mathfrak{B}$. Dies ergibt

$$X^A \in \mathfrak{B} \cap \mathbf{N}_{\mathfrak{G}}(\mathfrak{A}) \cap \overline{\mathfrak{G}}^A = \mathfrak{B}^* \cap \overline{\mathfrak{G}}^A .$$

Also ist $\mathfrak{B}^* \cap \overline{\mathfrak{G}}^A > \mathfrak{E}$.

(16) Aus $\mathfrak{A}^G \neq \mathfrak{A}$ folgt $\mathfrak{A}^G \cap \mathfrak{A} = \mathfrak{E}$:

Sei $\overline{\mathfrak{G}} = \langle \mathbf{Z}(\mathfrak{A}), \mathbf{Z}(\mathfrak{A})^G \rangle$. Dann ist $\overline{\mathfrak{G}} \leqq \mathbf{C}_{\mathfrak{G}}(\mathfrak{A} \cap \mathfrak{A}^G)$. Nach (9) ist $\mathbf{Z}(\mathfrak{A})^G \nleqq \mathfrak{A}$, also gilt auch $\overline{\mathfrak{G}} \nleqq \mathfrak{A}$. Wegen (15) gibt es dann ein A aus $\mathfrak{A}$ mit $\mathfrak{B}^* \cap \overline{\mathfrak{G}}^A > \mathfrak{E}$. Aus $\overline{\mathfrak{G}}^A \leqq \mathbf{C}_{\mathfrak{G}}(\mathfrak{A} \cap \mathfrak{A}^{GA})$ folgt jetzt $\mathfrak{B}^* \cap \mathbf{C}_{\mathfrak{G}}(\mathfrak{A} \cap \mathfrak{A}^{GA}) > \mathfrak{E}$ und daher nach (14) $\mathfrak{A} \cap \mathfrak{A}^{GA} \leqq \mathfrak{A}^* \cap \mathfrak{A}^{GA}$. Wegen $\mathfrak{A}^G \neq \mathfrak{A}$ ist auch $\mathfrak{A}^{GA} \neq \mathfrak{A}$. Nach (13) haben wir daher $\mathfrak{A}^* \cap \mathfrak{A}^{GA} = \mathfrak{E}$, also auch $\mathfrak{A} \cap \mathfrak{A}^{GA} = \mathfrak{E} = \mathfrak{A} \cap \mathfrak{A}^G$.

(17) Nun ergibt sich schnell der gewünschte Widerspruch:

Sei etwa $|\mathfrak{B}| < |\mathfrak{A}|$. Dann ist

$$|\mathfrak{G}| = |\mathfrak{A}|\,|\mathfrak{B}| < |\mathfrak{A}|^2 .$$

Nach (16) gilt jedoch für jedes nicht in $\mathbf{N}_{\mathfrak{G}}(\mathfrak{A})$ liegende G die Gleichung $\mathfrak{A}^G \cap \mathfrak{A} = \mathfrak{E}$. Daraus folgt der Widerspruch

$$|\mathfrak{G}| < |\mathfrak{A}|^2 = |\mathfrak{A}|\,|\mathfrak{A}^G| = |\mathfrak{A}\,\mathfrak{A}^G| \leqq |\mathfrak{G}| . \qquad \textbf{q.e.d.}$$

Auf die Eigenschaften von Produkten paarweise vertauschbarer zyklischer Gruppen werden wir in § 10 eingehen.

Aufgaben:

7) (Itô [6]) Sei $\mathfrak{G} = \mathfrak{A}\,\mathfrak{B}$ mit abelschen Gruppen $\mathfrak{A}$ und $\mathfrak{B}$.

a) Ist $\mathfrak{A} \neq \mathfrak{B}$, so enthält $\mathfrak{G}$ einen Normalteiler $\mathfrak{N} \lhd \mathfrak{G}$ mit $\mathfrak{A} \leqq \mathfrak{N}$ oder $\mathfrak{B} \leqq \mathfrak{N}$.

b) Ist $\mathfrak{G} \neq \mathfrak{E}$, so gibt es einen Normalteiler $\mathfrak{M} \neq \mathfrak{E}$ von $\mathfrak{G}$ mit $\mathfrak{M} \leqq \mathfrak{A}$ oder $\mathfrak{M} \leqq \mathfrak{B}$.

(Anleitung: Beim Beweis von b) betrachte man im kritischen Falle $\mathfrak{A} \cap \mathfrak{G}' \neq \mathfrak{E}$ die Gruppen $\mathfrak{C} = \mathbf{C}_{\mathfrak{G}}(\mathfrak{A} \cap \mathfrak{G}')$ und $\mathbf{Z}(\mathfrak{C})$. Man zerlege $\mathbf{Z}(\mathfrak{C}) = \mathfrak{A}_1\,\mathfrak{B}_1$ mit $\mathfrak{A}_1 \leqq \mathfrak{A}$ und $\mathfrak{B}_1 \leqq \mathfrak{B}$.)

8) (Kegel [4]) Sei $\mathfrak{U} \leqq \mathfrak{V} \leqq \mathfrak{G}$ und $\mathfrak{U}^G\,\mathfrak{V} = \mathfrak{V}\,\mathfrak{U}^G$ für alle G aus $\mathfrak{G}$. Dann gibt es ein Glied $\mathfrak{W}$ einer Kompositionsreihe von $\mathfrak{G}$ (einen sog. Subnormalteiler von $\mathfrak{G}$) mit $\mathfrak{U} \leqq \mathfrak{W} \leqq \mathfrak{V}$. (Man verwende 4.10.)

9) (KEGEL [4]) Seien $\mathcal{A}, \mathcal{B}, \mathcal{C}$ drei Konjugiertenklassen von Untergruppen von $\mathfrak{G}$. Für jedes Paar $\mathfrak{X}$, $\mathfrak{Y}$ von Vertretern aus je zwei verschiedenen dieser Klassen sei $\mathfrak{X}\,\mathfrak{Y} = \mathfrak{Y}\,\mathfrak{X}$, und alle diese Produkte mögen eine einzige Konjugiertenklasse $\mathcal{K}$ von $\mathfrak{G}$ bilden. Dann sind je zwei Gruppen aus $\mathcal{K}$ vertauschbar; insbesondere ist jedes $\mathfrak{K}$ aus $\mathcal{K}$ subnormal in $\mathfrak{G}$.

(Anleitung: Man nehme $\mathfrak{A} \in \mathcal{A}$ und $\mathfrak{B} \in \mathcal{B}$ und setze $\mathfrak{K} = \mathfrak{A}\mathfrak{B}$. Man zeige, daß es ein $\mathfrak{C}$ aus $\mathcal{C}$ gibt mit $\mathfrak{K} = \mathfrak{A}\mathfrak{C} = \mathfrak{B}\mathfrak{C}$.)

10) (KEGEL [4]) Sei $\mathfrak{G} = \mathfrak{A}\mathfrak{B} = \mathfrak{B}\mathfrak{C} = \mathfrak{C}\mathfrak{A}$.

a) Haben $\mathfrak{A}$, $\mathfrak{B}$ und $\mathfrak{C}$ invariante p-Sylowgruppen, so auch $\mathfrak{G}$.

b) Sind $\mathfrak{A}$, $\mathfrak{B}$ und $\mathfrak{C}$ nilpotent, so auch $\mathfrak{G}$.

11) (DOERK [1]) Seien $\mathfrak{G}_1$, $\mathfrak{G}_2$, $\mathfrak{G}_3$ abelsche Untergruppen von $\mathfrak{G}$ mit paarweise teilerfremden Indizes. Dann ist $\mathfrak{G}$ abelsch.

§ 5. Hauptreihen

5.1 Definition. Sind $\mathfrak{H}$ und $\mathfrak{K}$ Normalteiler von $\mathfrak{G}$ mit $\mathfrak{K} < \mathfrak{H}$, so sei $\mathbf{A}_{\mathfrak{G}}(\mathfrak{H}/\mathfrak{K})$ die von $\mathfrak{G}$ auf $\mathfrak{H}/\mathfrak{K}$ vermöge

$$H\,\mathfrak{K} \to H^G\,\mathfrak{K} \quad (H \in \mathfrak{H},\, G \in \mathfrak{G})$$

bewirkte Gruppe von Automorphismen. Nach I, 4.3 (S. 19) gilt

$$\mathbf{A}_{\mathfrak{G}}(\mathfrak{H}/\mathfrak{K}) \cong \mathfrak{G}/\mathbf{C}_{\mathfrak{G}}(\mathfrak{H}/\mathfrak{K}),$$

wobei $\mathbf{C}_{\mathfrak{G}}(\mathfrak{H}/\mathfrak{K})$ durch

$$\mathbf{C}_{\mathfrak{G}}(\mathfrak{H}/\mathfrak{K}) = \{G \mid G \in \mathfrak{G},\, H^G\,\mathfrak{K} = H\,\mathfrak{K} \text{ für alle } H \text{ aus } \mathfrak{H}\}$$

definiert ist.

5.2 Definition. Sei

$$\mathfrak{E} = \mathfrak{G}_0 \lhd \cdots \lhd \mathfrak{G}_s = \mathfrak{G}$$

eine Hauptreihe von $\mathfrak{G}$. Nach Definition der Hauptreihe sind dabei die Hauptfaktoren $\mathfrak{G}_{i+1}/\mathfrak{G}_i$ charakteristisch einfach; insbesondere sind auflösbare Hauptfaktoren elementar-abelsch.

a) Ist $\mathfrak{G}\,(\neq \mathfrak{E})$ auflösbar und $|\mathfrak{G}_{i+1}/\mathfrak{G}_i| = p_i^{n_i}$, so nennen wir $r(\mathfrak{G}) = \operatorname{Max} n_i$ den Rang von $\mathfrak{G}$. Wir setzen $r(\mathfrak{E}) = 0$.

b) Ist $\mathfrak{G}\,(\neq \mathfrak{E})$ p-auflösbar, und $p^{n_i} \top |\mathfrak{G}_{i+1}/\mathfrak{G}_i|$, so nennen wir $r_p(\mathfrak{G}) = \operatorname{Max} n_i$ den p-Rang von $\mathfrak{G}$. Wieder setzen wir $r_p(\mathfrak{E}) = 0$.

c) Ist $\mathfrak{H}/\mathfrak{K}$ ein Hauptfaktor von durch p teilbarer Ordnung, so nennen wir $\mathfrak{H}/\mathfrak{K}$ einen p-Hauptfaktor. Ist $\mathfrak{G}$ p-auflösbar, so ist also jeder p-Hauptfaktor eine elementar-abelsche p-Gruppe. (Ist $\mathfrak{G}$ nicht auflösbar, so kann ein Hauptfaktor natürlich p-Hauptfaktor für mehrere Primzahlen p sein.)

Nach dem Satz von Jordan-Hölder für Hauptreihen (I, 11.7; S. 64) ist es gleichgültig, welche Hauptreihe von $\mathfrak{G}$ man zur Berechnung des Ranges oder des p-Ranges heranzieht.

5.3 Hilfssatz. *Sei* $\mathfrak{G}$ *auflösbar. Dann gilt:*

a) *Für alle Normalteiler* $\mathfrak{N}$ *von* $\mathfrak{G}$ *ist* $r(\mathfrak{G}/\mathfrak{N}) \leqq r(\mathfrak{G})$.

b) *Für alle Untergruppen* $\mathfrak{U}$ *von* $\mathfrak{G}$ *ist* $r(\mathfrak{U}) \leqq r(\mathfrak{G})$.

c) $r(\mathfrak{G}_1 \times \mathfrak{G}_2) = \operatorname{Max}\{r(\mathfrak{G}_1), r(\mathfrak{G}_2)\}$.

d) *Sind* $\mathfrak{N}_1$ *und* $\mathfrak{N}_2$ *Normalteiler von* $\mathfrak{G}$, *so gilt*

$$r(\mathfrak{G}/(\mathfrak{N}_1 \cap \mathfrak{N}_2)) = \operatorname{Max}\{r(\mathfrak{G}/\mathfrak{N}_1), r(\mathfrak{G}/\mathfrak{N}_2)\}.$$

Analoge Aussagen gelten für den p*-Rang.*

Beweis. a) Die Aussage ist trivial, denn die Hauptfaktoren von $\mathfrak{G}/\mathfrak{N}$ sind isomorph zu Hauptfaktoren von $\mathfrak{G}$.

b) Sei

$$\mathfrak{E} = \mathfrak{G}_0 \lhd \mathfrak{G}_1 \lhd \cdots \lhd \mathfrak{G}_s = \mathfrak{G}$$

eine Hauptreihe von $\mathfrak{G}$. Wir betrachten die Normalteiler $\mathfrak{U}_i = \mathfrak{G}_i \cap \mathfrak{U}$ von $\mathfrak{U}$. Es gilt

$$\mathfrak{U}_{i+1}/\mathfrak{U}_i \cong (\mathfrak{G}_{i+1} \cap \mathfrak{U})\, \mathfrak{G}_i/\mathfrak{G}_i \leqq \mathfrak{G}_{i+1}/\mathfrak{G}_i\,.$$

Eine Verfeinerung der Reihe der $\mathfrak{U}_i$ zu einer Hauptreihe von $\mathfrak{U}$ ergibt die Behauptung.

c) ist trivial.

d) Aus der isomorphen Einbettung von $\mathfrak{G}/(\mathfrak{N}_1 \cap \mathfrak{N}_2)$ in $\mathfrak{G}/\mathfrak{N}_1 \times \mathfrak{G}/\mathfrak{N}_2$ (siehe I 9.6; S. 48) folgt mit b) und c) sofort

$$r(\mathfrak{G}/(\mathfrak{N}_1 \cap \mathfrak{N}_2)) \leqq \operatorname{Max}\{r(\mathfrak{G}/\mathfrak{N}_1), r(\mathfrak{G}/\mathfrak{N}_2)\}\,.$$

Die umgekehrte Ungleichung

$$r(\mathfrak{G}/\mathfrak{N}_i) \leqq r(\mathfrak{G}/(\mathfrak{N}_1 \cap \mathfrak{N}_2))$$

folgt aus a). **q.e.d.**

5.4 Satz. *Sei*

$$\mathfrak{E} = \mathfrak{G}_0 \lhd \mathfrak{G}_1 \lhd \cdots \lhd \mathfrak{G}_s = \mathfrak{G}$$

eine Hauptreihe von $\mathfrak{G}$. *Dann gilt:*

a) $\bigcap_{i=0}^{s-1} \mathbf{C}_{\mathfrak{G}}(\mathfrak{G}_{i+1}/\mathfrak{G}_i)$ *ist die Fittinggruppe* $\mathbf{F}(\mathfrak{G})$ *von* $\mathfrak{G}$.

b) *Die durch*

$$\mathbf{F}_p(\mathfrak{G}) = \bigcap_{p \mid |\mathfrak{G}_{i+1}/\mathfrak{G}_i|} \mathbf{C}_{\mathfrak{G}}(\mathfrak{G}_{i+1}/\mathfrak{G}_i)$$

definierte Gruppe $\mathbf{F}_p(\mathfrak{G})$ *ist* p*-nilpotent und das Produkt aller* p*-nilpotenten Normalteiler von* $\mathfrak{G}$.

(*Für die Definition der* p*-Nilpotenz vergleiche man* IV, 4.1, S. 427.)

Beweis. a) haben wir schon in III, 4.3 (S. 278) bewiesen.

b) Wir setzen $\mathfrak{T} = \bigcap_{p \mid |\mathfrak{G}_{i+1}/\mathfrak{G}_i|} \mathbf{C}_{\mathfrak{G}}(\mathfrak{G}_{i+1}/\mathfrak{G}_i)$. Offenbar ist $\mathfrak{T}$ ein Normalteiler von $\mathfrak{G}$.

(1) Wir zeigen zuerst, daß $\mathfrak{T}$ p-nilpotent ist:

Wir setzen $\mathfrak{T}_i = \mathfrak{T} \cap \mathfrak{G}_i$ und betrachten die Normalreihe

$$\mathfrak{E} = \mathfrak{T}_0 \trianglelefteq \mathfrak{T}_1 \trianglelefteq \cdots \trianglelefteq \mathfrak{T}_s = \mathfrak{T}$$

von $\mathfrak{T}$. Ist $p \mid |\mathfrak{T}_{i+1}/\mathfrak{T}_i|$, so ist auch $p \mid |\mathfrak{G}_{i+1}/\mathfrak{G}_i|$. Wegen $\mathfrak{T} \leqq \mathbf{C}_\mathfrak{G}(\mathfrak{G}_{i+1}/\mathfrak{G}_i)$ gilt dann die Beziehung

$$[\mathfrak{T}, \mathfrak{T}_{i+1}] \leqq \mathfrak{T} \cap [\mathbf{C}_\mathfrak{G}(\mathfrak{G}_{i+1}/\mathfrak{G}_i), \mathfrak{G}_{i+1}] \leqq \mathfrak{T} \cap \mathfrak{G}_i = \mathfrak{T}_i .$$

Aus $p \mid |\mathfrak{T}_{i+1}/\mathfrak{T}_i|$ folgt also $\mathfrak{T}_{i+1}/\mathfrak{T}_i \leqq \mathbf{Z}(\mathfrak{T}/\mathfrak{T}_i)$. Verfeinern wir die Reihe der $\mathfrak{T}_i$ zu einer Hauptreihe von $\mathfrak{T}$, so sind darin alle Hauptfaktoren von durch p teilbarer Ordnung zentral. Nach IV, 4.4 (S. 428) ist dann $\mathfrak{T}$ p-nilpotent.

(2) Sei $\mathfrak{M}$ ein p-nilpotenter Normalteiler von $\mathfrak{G}$. Wir zeigen: Ist $\mathfrak{H}/\mathfrak{K}$ ein Hauptfaktor von $\mathfrak{G}$ mit durch p teilbarer Ordnung, so wird $\mathfrak{H}/\mathfrak{K}$ von $\mathfrak{M}$ zentralisiert:

Beim Beweis können wir offenbar $\mathfrak{K} = \mathfrak{E}$ annehmen. Da $\mathfrak{H}$ dann ein minimaler Normalteiler von $\mathfrak{G}$ ist, gilt entweder $\mathfrak{H} \cap \mathfrak{M} = \mathfrak{E}$ oder $\mathfrak{H} \leqq \mathfrak{M}$. Im ersten Falle erhalten wir

$$[\mathfrak{H}, \mathfrak{M}] \leqq \mathfrak{H} \cap \mathfrak{M} = \mathfrak{E}$$

und sind fertig. Sei also $\mathfrak{H} \leqq \mathfrak{M}$. Wegen der p-Nilpotenz von $\mathfrak{M}$ ist auch $\mathfrak{H}$ p-nilpotent. Da $\mathfrak{H}$ nun eine charakteristisch einfache, p-nilpotente Gruppe von durch p teilbarer Ordnung ist, ist $\mathfrak{H}$ eine p-Gruppe. Sei $\mathfrak{L}$ ein in $\mathfrak{H}$ liegender minimaler Normalteiler der p-nilpotenten Gruppe $\mathfrak{M}$. Wegen $p \mid |\mathfrak{L}|$ folgt mit IV, 4.3 (S. 428) nun

$$\mathfrak{E} < \mathfrak{L} \leqq \mathfrak{H} \cap \mathbf{Z}(\mathfrak{M}) \trianglelefteq \mathfrak{G} .$$

Da $\mathfrak{H}$ ein minimaler Normalteiler von $\mathfrak{G}$ ist, erzwingt das $\mathfrak{H} \leqq \mathbf{Z}(\mathfrak{M})$.

(3) Aus (2) folgt $\mathfrak{M} \leqq \mathfrak{T}$ für jeden p-nilpotenten Normalteiler $\mathfrak{M}$ von $\mathfrak{G}$. Also ist $\mathfrak{T}$ der eindeutig bestimmte größte p-nilpotente Normalteiler von $\mathfrak{G}$. **q.e.d.**

Die Bedeutung von Satz 5.4 für die Theorie der auflösbaren Gruppen liegt in folgendem: Ist der Hauptfaktor $\mathfrak{G}_{i+1}/\mathfrak{G}_i$ von $\mathfrak{G}$ elementar-abelsch von der Ordnung $p_i^{n_i}$, so ist die in 5.1 definierte Gruppe $\mathbf{A}_\mathfrak{G}(\mathfrak{G}_{i+1}/\mathfrak{G}_i)$ isomorph zu einer auflösbaren, über $GF(p_i)$ irreduziblen Untergruppe der linearen Gruppe $GL(n_i, p_i)$. Da

$$\mathfrak{G}/\bigcap_i \mathbf{C}_\mathfrak{G}(\mathfrak{G}_{i+1}/\mathfrak{G}_i) = \mathfrak{G}/\mathbf{F}(\mathfrak{G})$$

isomorph ist zu einer Untergruppe des direkten Produktes der $\mathbf{A}_\mathfrak{G}(\mathfrak{G}_{i+1}/\mathfrak{G}_i)$, wird die Struktur von $\mathfrak{G}$ durch Vorgabe der $\mathbf{A}_\mathfrak{G}(\mathfrak{G}_{i+1}/\mathfrak{G}_i)$ bis auf den nilpotenten Normalteiler $\mathbf{F}(\mathfrak{G})$ weitgehend beschrieben. Es handelt sich also um eine Zurückführung der Strukturuntersuchung von auflösbaren Gruppen auf die Untersuchung von auflösbaren Gruppen linearer Abbildungen über Primkörpern. Von dieser Betrachtung werden wir mehrfach Gebrauch machen.

Aufgaben:

12) (Baer [2]) Sei $\mathfrak{G}$ auflösbar und $\mathfrak{N}$ ein minimaler Normalteiler von $\mathfrak{G}$. Dann gibt es eine Untergruppe $\mathfrak{S}$ von $\mathfrak{G}$ mit $\mathfrak{G} = \mathbf{C}_{\mathfrak{G}}(\mathfrak{N})\,\mathfrak{S}$ und $\mathfrak{N} \cap \mathfrak{S} = \mathfrak{E}$.

(Anleitung: Man wähle $\mathfrak{S}$ möglichst klein mit $\mathfrak{G} = \mathbf{C}_{\mathfrak{G}}(\mathfrak{N})\,\mathfrak{S}$. Ist $\mathfrak{N} \cap \mathfrak{S} \neq \mathfrak{E}$, so zeige man $\mathfrak{N} \leqq \mathfrak{S}$. Im Falle $\mathfrak{S} < \mathfrak{G}$ verwende man eine Induktion. Für $\mathfrak{S} = \mathfrak{G}$ ist $\mathbf{C}_{\mathfrak{G}}(\mathfrak{N}) \leqq \Phi(\mathfrak{G})$, und es ergibt sich der Widerspruch $\mathbf{F}(\mathfrak{G}) \leqq \Phi(\mathfrak{G})$.)

13) (Huppert [3]) Sei $\mathfrak{G}$ eine auflösbare Gruppe. Wir definieren $j_p(\mathfrak{G})$ durch

$$j_p(\mathfrak{G}) = \operatorname{Max}\{|\mathfrak{U}:\mathfrak{V}| \;\big|\; \mathfrak{V} < \mathfrak{U} \leqq \mathfrak{G}, \mathfrak{V} \text{ max. in } \mathfrak{U}, |\mathfrak{U}:\mathfrak{V}| \text{ } p\text{-Potenz}\}.$$

Man zeige $j_p(\mathfrak{G}) = r_p(\mathfrak{G})$.

(Anleitung: Zum Beweis von $r_p(\mathfrak{G}) \leqq j_p(\mathfrak{G})$ ziehe man Aufg. 12 heran.)

§ 6. Elementare Theorie der p-Länge

6.1 Definition. Sei $\mathfrak{G}$ p-auflösbar im Sinne von 1.3 b). Wir definieren die aufsteigende p-Reihe

$$\mathfrak{E} = \mathbf{P}_0(\mathfrak{G}) \trianglelefteq \mathbf{M}_0(\mathfrak{G}) \triangleleft \mathbf{P}_1(\mathfrak{G}) \triangleleft \mathbf{M}_1(\mathfrak{G}) \triangleleft \cdots \triangleleft \mathbf{P}_l(\mathfrak{G}) \trianglelefteq \mathbf{M}_l(\mathfrak{G}) = \mathfrak{G}$$

von $\mathfrak{G}$ durch die folgenden Vorschriften:

Sei $\mathbf{M}_i(\mathfrak{G})/\mathbf{P}_i(\mathfrak{G})$ der größte Normalteiler von $\mathfrak{G}/\mathbf{P}_i(\mathfrak{G})$ mit zu p teilerfremder Ordnung und $\mathbf{P}_i(\mathfrak{G})/\mathbf{M}_{i-1}(\mathfrak{G})$ der größte Normalteiler von $\mathfrak{G}/\mathbf{M}_{i-1}(\mathfrak{G})$ mit p-Potenzordnung. Die Zahl l nennen wir die p-Länge von $\mathfrak{G}$ und schreiben $l = l_p(\mathfrak{G})$. Es ist $l_p(\mathfrak{G}) = 0$ gleichwertig mit $p \nmid |\mathfrak{G}|$. Die Gruppen $\mathbf{P}_i(\mathfrak{G})$ und $\mathbf{M}_i(\mathfrak{G})$ sind offenbar charakteristische Untergruppen von $\mathfrak{G}$. ($\mathbf{P}_1(\mathfrak{G}) = \mathbf{F}_p(\mathfrak{G})$ ist der in 5.4 eingeführte maximale p-nilpotente Normalteiler von $\mathfrak{G}$.)

6.2 Hilfssatz. *Sei $\mathfrak{G}$ p-auflösbar. Gegeben sei eine Normalreihe*

$$\mathfrak{E} = \mathfrak{P}_0 \trianglelefteq \mathfrak{M}_0 \trianglelefteq \mathfrak{P}_1 \trianglelefteq \cdots \trianglelefteq \mathfrak{P}_m \trianglelefteq \mathfrak{M}_m = \mathfrak{G}\,.$$

Es sei $|\mathfrak{M}_i/\mathfrak{P}_i|$ teilerfremd zu p $(i = 0, \ldots, m)$, und $|\mathfrak{P}_i/\mathfrak{M}_{i-1}|$ sei eine Potenz von p $(i = 1, \ldots, m)$. Dann gilt für alle i

$$\mathfrak{M}_i \leqq \mathbf{M}_i(\mathfrak{G}) \quad \textit{und} \quad \mathfrak{P}_i \leqq \mathbf{P}_i(\mathfrak{G})\,.$$

Beweis. Sei schon $\mathfrak{P}_i \leqq \mathbf{P}_i(\mathfrak{G})$ bewiesen; für $i = 0$ ist dies sicher richtig. Dann ist

$$\mathfrak{M}_i\,\mathbf{P}_i(\mathfrak{G})/\mathbf{P}_i(\mathfrak{G}) \trianglelefteq \mathfrak{G}/\mathbf{P}_i(\mathfrak{G})\,,$$

und

$$|\mathfrak{M}_i\,\mathbf{P}_i(\mathfrak{G})/\mathbf{P}_i(\mathfrak{G})| = |\mathfrak{M}_i/(\mathfrak{M}_i \cap \mathbf{P}_i(\mathfrak{G}))|$$

ist ein Teiler von $|\mathfrak{M}_i/\mathfrak{P}_i|$, daher teilerfremd zu p. Somit folgt

$$\mathfrak{M}_i\,\mathbf{P}_i(\mathfrak{G})/\mathbf{P}_i(\mathfrak{G}) \leqq \mathbf{M}_i(\mathfrak{G})/\mathbf{P}_i(\mathfrak{G})\,,$$

also $\mathfrak{M}_i \leqq \mathbf{M}_i(\mathfrak{G})$. In gleicher Weise folgt im nächsten Schritt $\mathfrak{P}_{i+1} \leqq \mathbf{P}_{i+1}(\mathfrak{G})$. **q.e.d.**

6.3 Hilfssatz. *Sei $\mathfrak{N} \trianglelefteq \mathfrak{G}$, und sei $\mathfrak{N}/\Phi(\mathfrak{G})$ p-nilpotent. Dann ist $\mathfrak{N}$ p-nilpotent.*

Beweis. Sei $\mathfrak{K}/\Phi(\mathfrak{G})$ das invariante p-Komplement von $\mathfrak{N}/\Phi(\mathfrak{G})$ und $\mathfrak{P}$ die p-Sylowgruppe der nach III, 3.6 nilpotenten Gruppe $\Phi(\mathfrak{G})$. Nach dem Satz von Zassenhaus gibt es ein Komplement $\mathfrak{V}$ für $\mathfrak{P}$ in $\mathfrak{K}$, und alle Komplemente sind in $\mathfrak{K}$ konjugiert (I, 18.1 und 18.2; S. 126). Für $G \in \mathfrak{G}$ ist auch $\mathfrak{V}^G$ ein Komplement von $\mathfrak{P}$ in $\mathfrak{K}$. Also gilt $\mathfrak{V}^G = \mathfrak{V}^K$ mit einem K aus $\mathfrak{K}$. Es folgt

$$\mathfrak{G} = \mathbf{N}_{\mathfrak{G}}(\mathfrak{V})\,\mathfrak{K} = \mathbf{N}_{\mathfrak{G}}(\mathfrak{V})\,\mathfrak{V}\,\mathfrak{P} = \mathbf{N}_{\mathfrak{G}}(\mathfrak{V})\,\Phi(\mathfrak{G}) = \mathbf{N}_{\mathfrak{G}}(\mathfrak{V})\,.$$

Somit ist $\mathfrak{V}$ ein invariantes p-Komplement von $\mathfrak{N}$, und $\mathfrak{N}$ ist p-nilpotent.

q.e.d.

6.4 Hilfssatz. *Sei $\mathfrak{G}$ p-auflösbar.*

a) *Ist $\mathfrak{N}$ ein Normalteiler von $\mathfrak{G}$, so ist $l_p(\mathfrak{G}/\mathfrak{N}) \leqq l_p(\mathfrak{G})$.*

b) *Ist $\mathfrak{U}$ eine Untergruppe von $\mathfrak{G}$, so gilt $l_p(\mathfrak{U}) \leqq l_p(\mathfrak{G})$.*

c) *Sind $\mathfrak{N}_1$ und $\mathfrak{N}_2$ Normalteiler von $\mathfrak{G}$, so gilt*

$$l_p(\mathfrak{N}_1\,\mathfrak{N}_2) = \mathrm{Max}\{l_p(\mathfrak{N}_1),\, l_p(\mathfrak{N}_2)\}\,.$$

Insbesondere ist immer

$$l_p(\mathfrak{G}_1 \times \mathfrak{G}_2) = \mathrm{Max}\{l_p(\mathfrak{G}_1),\, l_p(\mathfrak{G}_2)\}\,.$$

d) *Sind $\mathfrak{N}_1$ und $\mathfrak{N}_2$ Normalteiler von $\mathfrak{G}$, so ist*

$$l_p(\mathfrak{G}/(\mathfrak{N}_1 \cap \mathfrak{N}_2)) = \mathrm{Max}\{l_p(\mathfrak{G}/\mathfrak{N}_1),\, l_p(\mathfrak{G}/\mathfrak{N}_2)\}\,.$$

e) *Es ist $l_p(\mathfrak{G}/\Phi(\mathfrak{G})) = l_p(\mathfrak{G})$.*

Beweis. a) und b) sind einfache Folgerungen aus 6.2.

c) Da die $\mathbf{P}_i(\mathfrak{N}_j)$ und $\mathbf{M}_i(\mathfrak{N}_j)$ charakteristische Untergruppen von $\mathfrak{N}_j$ sind, ist

$$\mathfrak{E} = \mathbf{P}_0(\mathfrak{N}_1)\,\mathbf{P}_0(\mathfrak{N}_2) \trianglelefteq \mathbf{M}_0(\mathfrak{N}_1)\,\mathbf{M}_0(\mathfrak{N}_2) \lhd \mathbf{P}_1(\mathfrak{N}_1)\,\mathbf{P}_1(\mathfrak{N}_2) \lhd \cdots$$

eine Normalreihe von $\mathfrak{N}_1\,\mathfrak{N}_2$. Es ist

$$|\mathbf{M}_i(\mathfrak{N}_1)\,\mathbf{M}_i(\mathfrak{N}_2)/\mathbf{P}_i(\mathfrak{N}_1)\,\mathbf{P}_i(\mathfrak{N}_2)| = \frac{|\mathbf{M}_i(\mathfrak{N}_1) : \mathbf{P}_i(\mathfrak{N}_1)|\,|\mathbf{M}_i(\mathfrak{N}_2) : \mathbf{P}_i(\mathfrak{N}_2)|}{|\mathbf{M}_i(\mathfrak{N}_1) \cap \mathbf{M}_i(\mathfrak{N}_2) : \mathbf{P}_i(\mathfrak{N}_1) \cap \mathbf{P}_i(\mathfrak{N}_2)|}$$

teilerfremd zu p; ebenso ist

$$|\mathbf{P}_i(\mathfrak{N}_1)\,\mathbf{P}_i(\mathfrak{N}_2) : \mathbf{M}_{i-1}(\mathfrak{N}_1)\,\mathbf{M}_{i-1}(\mathfrak{N}_2)|$$

eine Potenz von p. Also sind die Voraussetzungen von 6.2 erfüllt, und es folgt

$$l_p(\mathfrak{N}_1\,\mathfrak{N}_2) \leqq \mathrm{Max}\{l_p(\mathfrak{N}_1),\, l_p(\mathfrak{N}_2)\}\,.$$

Die Gleichheit ergibt sich mit b).

d) Nach I, 9.6 (S. 48) ist $\mathfrak{G}/(\mathfrak{N}_1 \cap \mathfrak{N}_2)$ isomorph zu einer Untergruppe von $\mathfrak{G}/\mathfrak{N}_1 \times \mathfrak{G}/\mathfrak{N}_2$. Mit b) und c) folgt nun

$$l_p(\mathfrak{G}/(\mathfrak{N}_1 \cap \mathfrak{N}_2)) \leqq l_p(\mathfrak{G}/\mathfrak{N}_1 \times \mathfrak{G}/\mathfrak{N}_2) = \mathrm{Max}\{l_p(\mathfrak{G}/\mathfrak{N}_1)\,,\, l_p(\mathfrak{G}/\mathfrak{N}_2)\}\,,$$

also sogar Gleichheit nach a).

e) Für $l_p(\mathfrak{G}/\Phi(\mathfrak{G})) = 0$ ist $p \nmid |\mathfrak{G}/\Phi(\mathfrak{G})|$, nach III, 3.8 (S. 270) also auch $p \nmid |\mathfrak{G}|$ und daher $l_p(\mathfrak{G}) = 0$. Sei weiterhin $l_p(\mathfrak{G}/\Phi(\mathfrak{G})) \geqq 1$.

Nach 6.3 ist $\mathbf{F}_p(\mathfrak{G})/\Phi(\mathfrak{G})$ der maximale p-nilpotente Normalteiler von $\mathfrak{G}/\Phi(\mathfrak{G})$. Also gilt $\mathbf{P}_1(\mathfrak{G}/\Phi(\mathfrak{G})) = \mathbf{P}_1(\mathfrak{G})/\Phi(\mathfrak{G})$, daher auch $\mathbf{P}_i(\mathfrak{G}/\Phi(\mathfrak{G})) = \mathbf{P}_i(\mathfrak{G})/\Phi(\mathfrak{G})$ und $\mathbf{M}_i(\mathfrak{G}/\Phi(\mathfrak{G})) = \mathbf{M}_i(\mathfrak{G})/\Phi(\mathfrak{G})$ für $i \geqq 1$. Das ergibt $l_p(\mathfrak{G}/\Phi(\mathfrak{G})) = l_p(\mathfrak{G})$. **q.e.d.**

Zum Beweis des Hauptsatzes dieses Paragraphen benötigen wir einen grundlegenden Hilfssatz:

6.5 Hilfssatz (Lemma von P. Hall, G. Higman).
Sei $\mathfrak{G}$ eine p-auflösbare Gruppe, und sei $\mathfrak{U}$ definiert durch

$$\mathfrak{U}/\mathbf{M}_0(\mathfrak{G}) = \Phi(\mathbf{P}_1(\mathfrak{G})/\mathbf{M}_0(\mathfrak{G})) .$$

Dann gilt $\mathbf{C}_{\mathfrak{G}}(\mathbf{P}_1(\mathfrak{G})/\mathfrak{U}) = \mathbf{P}_1(\mathfrak{G})$.

Beweis. a) Wir beweisen zuerst $\mathbf{C}_{\mathfrak{G}}(\mathbf{P}_1(\mathfrak{G})/\mathbf{M}_0(\mathfrak{G})) \leqq \mathbf{P}_1(\mathfrak{G})$:

Dazu können wir $\mathbf{M}_0(\mathfrak{G}) = \mathfrak{E}$ annehmen, so daß $\mathfrak{G}$ keinen nichttrivialen Normalteiler von zu p teilerfremder Ordnung hat. Angenommen, es sei

$$\mathbf{C}_{\mathfrak{G}}(\mathbf{P}_1(\mathfrak{G}))\,\mathbf{P}_1(\mathfrak{G}) = \mathfrak{K} > \mathbf{P}_1(\mathfrak{G}) .$$

Sei $\mathfrak{M}/\mathbf{P}_1(\mathfrak{G})$ ein in $\mathfrak{K}/\mathbf{P}_1(\mathfrak{G})$ liegender minimaler Normalteiler von $\mathfrak{G}/\mathbf{P}_1(\mathfrak{G})$. Dann ist $|\mathfrak{M}/\mathbf{P}_1(\mathfrak{G})|$ teilerfremd zu p. Da $\mathbf{P}_1(\mathfrak{G})$ wegen unserer Annahme $\mathbf{M}_0(\mathfrak{G}) = \mathfrak{E}$ eine p-Gruppe ist, gibt es nach dem Satz von Zassenhaus ein Komplement $\mathfrak{S}$ zu $\mathbf{P}_1(\mathfrak{G})$ in $\mathfrak{M}$. Wir haben also

$$\mathfrak{M} = \mathfrak{S}\,\mathbf{P}_1(\mathfrak{G}) \quad \text{und} \quad \mathfrak{S} \cap \mathbf{P}_1(\mathfrak{G}) = \mathfrak{E} .$$

Da $|\mathbf{C}_{\mathfrak{G}}(\mathbf{P}_1(\mathfrak{G}))\,\mathbf{P}_1(\mathfrak{G})/\mathbf{C}_{\mathfrak{G}}(\mathbf{P}_1(\mathfrak{G}))|$ eine Potenz von p ist und $\mathfrak{S} \leqq \mathbf{C}_{\mathfrak{G}}(\mathbf{P}_1(\mathfrak{G}))\,\mathbf{P}_1(\mathfrak{G})$ gilt, folgt dann $\mathfrak{S} \leqq \mathbf{C}_{\mathfrak{G}}(\mathbf{P}_1(\mathfrak{G}))$. Daher erhalten wir $\mathfrak{M} = \mathfrak{S} \times \mathbf{P}_1(\mathfrak{G})$. Also ist $\mathfrak{S}$ eine charakteristische Untergruppe von $\mathfrak{M}$ und daher $\mathfrak{S} \lhd \mathfrak{G}$. Es folgt $\mathfrak{S} \leqq \mathbf{M}_0(\mathfrak{G}) = \mathfrak{E}$ und $\mathfrak{M} = \mathbf{P}_1(\mathfrak{G})$, entgegen unserer Annahme. Also gilt doch $\mathbf{C}_{\mathfrak{G}}(\mathbf{P}_1(\mathfrak{G})/\mathbf{M}_0(\mathfrak{G})) \leqq \mathbf{P}_1(\mathfrak{G})$.

b) Nun zeigen wir $\mathbf{C}_{\mathfrak{G}}(\mathbf{P}_1(\mathfrak{G})/\mathfrak{U}) = \mathbf{P}_1(\mathfrak{G})$:

Wir können wieder $\mathbf{M}_0(\mathfrak{G}) = \mathfrak{E}$ annehmen. Dann ist $\mathbf{P}_1(\mathfrak{G})$ eine p-Gruppe, es ist $\mathfrak{U} = \Phi(\mathbf{P}_1(\mathfrak{G}))$ und daher $\mathbf{P}_1(\mathfrak{G})/\mathfrak{U}$ elementar-abelsch. Somit folgt jedenfalls $\mathbf{C}_{\mathfrak{G}}(\mathbf{P}_1(\mathfrak{G})/\mathfrak{U}) \geqq \mathbf{P}_1(\mathfrak{G})$.

Angenommen, es wäre

$$\mathfrak{C} = \mathbf{C}_{\mathfrak{G}}(\mathbf{P}_1(\mathfrak{G})/\mathfrak{U}) > \mathbf{P}_1(\mathfrak{G}) .$$

Wegen $\mathfrak{C} \lhd \mathfrak{G}$ ist dann sicher $\mathfrak{C}/\mathbf{P}_1(\mathfrak{G})$ keine p-Gruppe. Also gibt es ein Element K aus $\mathfrak{C} - \mathbf{P}_1(\mathfrak{G})$ von zu p teilerfremder Ordnung. Wegen $K \in \mathbf{C}_{\mathfrak{G}}\big(\mathbf{P}_1(\mathfrak{G})/\Phi(\mathbf{P}_1(\mathfrak{G}))\big)$ bewirkt K auf $\mathbf{P}_1(\mathfrak{G})/\Phi(\mathbf{P}_1(\mathfrak{G}))$ den identischen Automorphismus. Da die Ordnung von K zu p teilerfremd ist, bewirkt dann K nach III, 3.18 (S. 275) auch den identischen Automorphismus auf ganz $\mathbf{P}_1(\mathfrak{G})$. Mit a) folgt also

$$K \in \mathbf{C}_{\mathfrak{G}}(\mathbf{P}_1(\mathfrak{G})) \leqq \mathbf{P}_1(\mathfrak{G}) ,$$

entgegen unserer Annahme. **q.e.d.**

6.6 Hauptsatz (P. Hall, G. Higman [1]).

Sei $\mathfrak{G}$ p-auflösbar.

a) *Ist $c(\mathfrak{G}_p)$ die Klasse der p-Sylowgruppe $\mathfrak{G}_p$ von $\mathfrak{G}$, so ist $l_p(\mathfrak{G}) \leqq c(\mathfrak{G}_p)$.*

b) *Ist $d(\mathfrak{G}_p)$ die minimale Erzeugendenzahl von $\mathfrak{G}_p$, so gilt $l_p(\mathfrak{G}) \leqq d(\mathfrak{G}_p)$.*

c) *Ist $r_p(\mathfrak{G})$ der p-Rang von $\mathfrak{G}$, so gilt $l_p(\mathfrak{G}) \leqq r_p(\mathfrak{G})$.*

(*Die angegebenen Abschätzungen sind keineswegs die bestmöglichen. Wir werden in Band 2 erheblich schärfere Ungleichungen herleiten.*)

Beweis. a) Es ist $\mathbf{P}_1(\mathfrak{G})/\mathbf{M}_0(\mathfrak{G})$ ein Normalteiler von $\mathfrak{G}/\mathbf{M}_0(\mathfrak{G})$ von p-Potenzordnung, wird daher von $\mathbf{Z}(\mathfrak{G}_p)$ zentralisiert. Mit Hilfssatz 6.5 folgt somit $\mathbf{Z}(\mathfrak{G}_p) \leqq \mathbf{P}_1(\mathfrak{G})$. Ist $c(\mathfrak{G}_p) = 1$, so haben wir $\mathfrak{G}_p = \mathbf{Z}(\mathfrak{G}_p) \leqq \mathbf{P}_1(\mathfrak{G})$, somit $\mathbf{M}_1(\mathfrak{G}) = \mathfrak{G}$ und dann $l_p(\mathfrak{G}) = 1$.

Im allgemeinen Fall schließen wir durch Induktion nach $c(\mathfrak{G}_p)$: Wegen $\mathbf{Z}(\mathfrak{G}_p) \leqq \mathbf{P}_1(\mathfrak{G})$ ist

$$c(\mathfrak{G}_p \mathbf{P}_1(\mathfrak{G})/\mathbf{P}_1(\mathfrak{G})) = c(\mathfrak{G}_p/\mathfrak{G}_p \cap \mathbf{P}_1(\mathfrak{G})) \leqq c(\mathfrak{G}_p) - 1 .$$

Also gilt vermöge Induktionsannahme

$$l_p(\mathfrak{G}/\mathbf{P}_1(\mathfrak{G})) \leqq c(\mathfrak{G}_p) - 1 .$$

Wegen $l_p(\mathfrak{G}/\mathbf{P}_1(\mathfrak{G})) = l_p(\mathfrak{G}) - 1$ für $l_p(\mathfrak{G}) \geqq 1$ folgt nun die Behauptung.

b) Wir zeigen zunächst, daß keine p-Sylowgruppe von $\mathbf{P}_1(\mathfrak{G})$ in der Frattinigruppe einer p-Sylowgruppe von $\mathfrak{G}$ liegt:

Angenommen, $\mathfrak{P}$ sei eine p-Sylowgruppe von $\mathbf{P}_1(\mathfrak{G})$ und $\mathfrak{P} \leqq \Phi(\mathfrak{G}_p)$ für eine p-Sylowgruppe $\mathfrak{G}_p$ von $\mathfrak{G}$. Wir können wieder $\mathbf{M}_0(\mathfrak{G}) = \mathfrak{E}$ annehmen, denn der Übergang von $\mathfrak{G}$ zu $\mathfrak{G}/\mathbf{M}_0(\mathfrak{G})$ stört wegen

$$\Phi(\mathfrak{G}_p)\, \mathbf{M}_0(\mathfrak{G})/\mathbf{M}_0(\mathfrak{G}) \leqq \Phi(\mathfrak{G}_p\, \mathbf{M}_0(\mathfrak{G})/\mathbf{M}_0(\mathfrak{G}))$$

(nach III, 3.14 c), S. 273, gilt sogar das Gleichheitszeichen) unsere Annahmen nicht. Also haben wir nun $\mathbf{P}_1(\mathfrak{G}) = \mathfrak{P} \trianglelefteq \mathfrak{G}$ und $\mathbf{P}_1(\mathfrak{G}) \leqq \Phi(\mathfrak{G}_p)$. Mit III, 3.3 a) (S. 269) folgt daraus $\mathbf{P}_1(\mathfrak{G}) \leqq \Phi(\mathfrak{G})$. Wegen 6.4 e) erhalten wir jetzt den Widerspruch

$$l_p(\mathfrak{G}) = l_p(\mathfrak{G}/\Phi(\mathfrak{G})) \leqq l_p(\mathfrak{G}/\mathbf{P}_1(\mathfrak{G})) = l_p(\mathfrak{G}) - 1 .$$

Nun führen wir den Beweis von b) durch Induktion nach $d(\mathfrak{G}_p)$. Für $d(\mathfrak{G}_p) = 1$ ist $\mathfrak{G}_p$ zyklisch, hat also die Klasse 1. Nach a) hat dann $\mathfrak{G}$ die p-Länge 1.

Im allgemeinen Fall sei $\mathfrak{P}$ eine p-Sylowgruppe von $\mathbf{P}_1(\mathfrak{G})$. Es liege $\mathfrak{P}$ in der p-Sylowgruppe $\mathfrak{G}_p$ von $\mathfrak{G}$. Wie wir eben gezeigt haben, liegt dann $\mathfrak{P}$ sicher nicht in $\Phi(\mathfrak{G}_p)$, also gilt

$$\mathfrak{G}_p \cap \mathbf{P}_1(\mathfrak{G}) = \mathfrak{P} > \Phi(\mathfrak{G}_p) \cap \mathbf{P}_1(\mathfrak{G}) .$$

Setzen wir $d = d(\mathfrak{G}_p)$, so ist nach III, 3.4 a) (S. 269)

$$|\mathfrak{G}_p \mathbf{P}_1(\mathfrak{G})/\mathbf{P}_1(\mathfrak{G}) : \Phi(\mathfrak{G}_p \mathbf{P}_1(\mathfrak{G})/\mathbf{P}_1(\mathfrak{G}))| \leqq |\mathfrak{G}_p \mathbf{P}_1(\mathfrak{G}) : \Phi(\mathfrak{G}_p)\, \mathbf{P}_1(\mathfrak{G})|$$
$$= \frac{|\mathfrak{G}_p : \Phi(\mathfrak{G}_p)|}{|\mathfrak{G}_p \cap \mathbf{P}_1(\mathfrak{G}) : \Phi(\mathfrak{G}_p) \cap \mathbf{P}_1(\mathfrak{G})|} \leqq p^{d-1} .$$

Aus unserer Induktionsannahme folgt $l_p(\mathfrak{G}/\mathbf{P}_1(\mathfrak{G})) \leqq d - 1$ und daher $l_p(\mathfrak{G}) \leqq d$.

c) Wir setzen $r_p(\mathfrak{G}) = r$ und können $r \geqq 1$ annehmen. Sei $\mathfrak{H}/\mathfrak{K}$ ein p-Hauptfaktor von $\mathfrak{G}$. Dann ist $|\mathfrak{H}/\mathfrak{K}| = p^n$ mit $n \leqq r$. Wir betrachten die von $\mathfrak{G}$ auf $\mathfrak{H}/\mathfrak{K}$ bewirkte Automorphismengruppe $\mathbf{A}_{\mathfrak{G}}(\mathfrak{H}/\mathfrak{K})$. Da $\mathfrak{H}/\mathfrak{K}$ elementar-abelsch von der Ordnung p^n ist, ist $\mathbf{A}_{\mathfrak{G}}(\mathfrak{H}/\mathfrak{K})$ isomorph zu einer Untergruppe der vollen linearen Gruppe $GL(n, p)$. Die p-Sylowgruppen von $GL(n, p)$ haben nach III, 16.3 (S. 382) die Klasse $n - 1$. Also haben die p-Sylowgruppen von $\mathbf{A}_{\mathfrak{G}}(\mathfrak{H}/\mathfrak{K})$ höchstens die Klasse $n - 1$. Somit folgt $\mathbf{K}_n(\mathfrak{G}_p) \leqq \mathbf{C}_{\mathfrak{G}}(\mathfrak{H}/\mathfrak{K})$. Wegen $n \leqq r$ haben wir dann auch $\mathbf{K}_r(\mathfrak{G}_p) \leqq \mathbf{C}_{\mathfrak{G}}(\mathfrak{H}/\mathfrak{K})$, und dies gilt für alle p-Hauptfaktoren $\mathfrak{H}/\mathfrak{K}$ von $\mathfrak{G}$. Mit 5.4 folgt jetzt

$$\mathbf{K}_r(\mathfrak{G}_p) \leqq \bigcap_{p \mid |\mathfrak{H}/\mathfrak{K}|} \mathbf{C}_{\mathfrak{G}}(\mathfrak{H}/\mathfrak{K}) = \mathbf{F}_p(\mathfrak{G}) = \mathbf{P}_1(\mathfrak{G}) .$$

Aus a) erhalten wir

$$l_p(\mathfrak{G}/\mathbf{P}_1(\mathfrak{G})) \leqq c(\mathfrak{G}_p \mathbf{P}_1(\mathfrak{G})/\mathbf{P}_1(\mathfrak{G})) \leqq r - 1$$

und dann $l_p(\mathfrak{G}) \leqq r = r_p(\mathfrak{G})$. **q.e.d.**

Der Ausgangspunkt für die von P. Hall und G. Higman entwickelte Theorie der p-Länge war das eingeschränkte Burnside-Problem zum Exponenten 6 (siehe III, 6.7; S. 291). Wir zeigen:

6.7 Satz (P. Hall, G. Higman [1]). *Es gibt eine auf den natürlichen Zahlen definierte Funktion f mit folgenden Eigenschaften: Ist $\mathfrak{G}$ eine endliche Gruppe vom Exponenten 6, die mit k Elementen erzeugbar ist, so ist $|\mathfrak{G}| \leqq f(k)$.*

Beweis. Da $\mathfrak{G}$ den Exponenten 6 hat, ist $|\mathfrak{G}| = 2^a\, 3^b$ für geeignete a, b. Nach V, 7.3 (S. 492) ist daher $\mathfrak{G}$ auflösbar. Die 2-Sylowgruppen von $\mathfrak{G}$ haben den Exponenten 2, sind daher abelsch. Nach 6.6 a) ist somit $l_2(\mathfrak{G}) \leqq 1$. Sei

$$\mathfrak{E} \leqq \mathbf{M}_0(\mathfrak{G}) \trianglelefteq \mathbf{P}_1(\mathfrak{G}) \trianglelefteq \mathbf{M}_1(\mathfrak{G}) = \mathfrak{G}$$

die aufsteigende 2-Reihe von $\mathfrak{G}$. Dann ist $\mathfrak{G}/\mathbf{P}_1(\mathfrak{G})$ eine mit k Elementen erzeugbare Gruppe vom Exponenten 3. Nach III, 6.6 (S. 290) gilt daher $|\mathfrak{G}/\mathbf{P}_1(\mathfrak{G})| \leqq 3^{f_1(k)}$ mit $f_1(k) = k + \binom{k}{2} + \binom{k}{3}$. Somit läßt sich $\mathbf{P}_1(\mathfrak{G})$ nach I, 19.10 (S. 141) mit $2k\,3^{f_1(k)} = f_2(k)$ Elementen erzeugen. (Eine bessere Abschätzung liefert der Schreiersche Untergruppensatz I, 19.11.) Nun ist $\mathbf{P}_1(\mathfrak{G})/\mathbf{M}_0(\mathfrak{G})$ eine mit $f_2(k)$ Elementen erzeugbare Gruppe vom Exponenten 2, also gilt $|\mathbf{P}_1(\mathfrak{G})/\mathbf{M}_0(\mathfrak{G})| \leqq 2^{f_2(k)}$. Eine nochmalige Anwendung von III, 6.6 liefert $|\mathbf{M}_0(\mathfrak{G})| \leqq f_3(k)$, also $|\mathfrak{G}| \leqq f(k)$ mit $f(k) = 3^{f_1(k)}\, 2^{f_2(k)}\, f_3(k)$. **q.e.d.**

6.8 Bemerkung. a) Die genaue Ordnung der größten, mit k Elementen erzeugbaren endlichen Gruppe $\mathfrak{G}$ vom Exponenten 6 ergibt sich erst, wenn man neben $l_2(\mathfrak{G}) = 1$ auch noch $l_3(\mathfrak{G}) = 1$ heranzieht. Wir werden in Band 2 bei der feineren Theorie der p-Länge auf diese Frage zurückkommen.

b) M. Hall hat gezeigt, daß die Voraussetzung der Endlichkeit von $\mathfrak{G}$ in 6.7 nicht nötig ist, daß nämlich jede endlich erzeugbare Gruppe vom Exponenten 6 endlich ist (M. Hall [2]). Damit ist die Burnsidesche Vermutung für den Exponenten 6 bewiesen.

Für manche Untersuchungen ist der folgende Hilfssatz nützlich:

6.9 Hilfssatz. *Sei $\mathfrak{G}$ eine p-auflösbare Gruppe. Jedes von $\mathfrak{G}$ verschiedene homomorphe Bild von $\mathfrak{G}$ habe höchstens die p-Länge k, es sei aber $l_p(\mathfrak{G}) > k$. Dann hat $\mathfrak{G}$ die folgenden Eigenschaften:*

a) $\Phi(\mathfrak{G}) = \mathfrak{E}$.

b) *Der maximale p-nilpotente Normalteiler $\mathbf{F}_p(\mathfrak{G}) = \mathbf{P}_1(\mathfrak{G})$ von $\mathfrak{G}$ ist eine elementar-abelsche p-Gruppe.*

c) *$\mathbf{F}_p(\mathfrak{G})$ ist der einzige minimale Normalteiler von $\mathfrak{G}$ und besitzt ein Komplement in $\mathfrak{G}$.*

d) *Es gilt $\mathbf{C}_{\mathfrak{G}}(\mathbf{F}_p(\mathfrak{G})) = \mathbf{F}_p(\mathfrak{G})$.*

Beweis. a) Ist $\Phi(\mathfrak{G}) > \mathfrak{E}$, so folgt mit 6.4 e) der Widerspruch $k < l_p(\mathfrak{G}) = l_p(\mathfrak{G}/\Phi(\mathfrak{G})) \leqq k$. Also ist $\Phi(\mathfrak{G}) = \mathfrak{E}$.

b) Ist $\mathfrak{E} < \mathfrak{K} \triangleleft \mathfrak{G}$ mit $p \nmid |\mathfrak{K}|$, so erhalten wir den Widerspruch $k < l_p(\mathfrak{G}) = l_p(\mathfrak{G}/\mathfrak{K}) \leqq k$.

Also besitzt $\mathfrak{G}$ keinen nichttrivialen Normalteiler von zu p teilerfremder Ordnung. Insbesondere ist dann der maximale p-nilpotente Normalteiler $\mathbf{F}_p(\mathfrak{G})$ von $\mathfrak{G}$ eine p-Gruppe. Wegen $\Phi(\mathbf{F}_p(\mathfrak{G})) \leqq \Phi(\mathfrak{G}) = \mathfrak{E}$ ist $\mathbf{F}_p(\mathfrak{G})$ elementar-abelsch.

c) Aus 6.4 d) folgt, daß $\mathfrak{G}$ genau einen minimalen Normalteiler $\mathfrak{N}$ hat. Wegen $\Phi(\mathfrak{G}) = \mathfrak{E}$ gibt es eine maximale Untergruppe $\mathfrak{U}$ von $\mathfrak{G}$ mit $\mathfrak{G} = \mathfrak{N}\mathfrak{U}$ und $\mathfrak{N} \cap \mathfrak{U} = \mathfrak{E}$. Dann ist $\mathbf{F}_p(\mathfrak{G}) = \mathfrak{N}(\mathbf{F}_p(\mathfrak{G}) \cap \mathfrak{U})$ und $\mathbf{F}_p(\mathfrak{G}) \cap \mathfrak{U} \trianglelefteq \mathbf{F}_p(\mathfrak{G})\,\mathfrak{U} = \mathfrak{G}$. Da $\mathfrak{N}$ der einzige minimale Normalteiler von $\mathfrak{G}$ ist, folgt $\mathbf{F}_p(\mathfrak{G}) \cap \mathfrak{U} = \mathfrak{E}$ und $\mathfrak{N} = \mathbf{F}_p(\mathfrak{G})$. Daher ist $\mathfrak{U}$ ein Komplement von $\mathbf{F}_p(\mathfrak{G})$.

d) Ist $\mathbf{C}_{\mathfrak{G}}(\mathbf{F}_p(\mathfrak{G})) > \mathbf{F}_p(\mathfrak{G})$, so haben wir $\mathbf{C}_{\mathfrak{G}}(\mathbf{F}_p(\mathfrak{G})) = \mathbf{F}_p(\mathfrak{G}) \times \mathfrak{R}$ mit

$$\mathfrak{E} < \mathfrak{R} = \mathbf{C}_{\mathfrak{G}}(\mathbf{F}_p(\mathfrak{G})) \cap \mathfrak{U}.$$

Es folgt $\mathfrak{R} \triangleleft \mathbf{F}_p(\mathfrak{G})\,\mathfrak{U} = \mathfrak{G}$, entgegen der Einzigkeit von $\mathfrak{N}$. Also ist $\mathbf{C}_{\mathfrak{G}}(\mathbf{F}_p(\mathfrak{G})) = \mathbf{F}_p(\mathfrak{G})$. **q.e.d.**

6.10 Hilfssatz. *Sei $\mathfrak{G}$ eine p-auflösbare Gruppe, sei $\mathfrak{P}$ eine p-Sylowgruppe und $\mathfrak{Q}$ ein p-Komplement von $\mathfrak{G}$. Ist $\mathfrak{P}'\mathfrak{Q} = \mathfrak{Q}\mathfrak{P}'$, so gilt $l_p(\mathfrak{G}) \leqq 1$.*

Beweis. Sei $\mathfrak{G}$ ein minimales Gegenbeispiel. Da sich die Voraussetzung auf homomorphe Bilder vererbt, erfüllt $\mathfrak{G}$ die Bedingungen von Hilfssatz 6.9 für $k = 1$. Es ist

$$\mathbf{F}_p(\mathfrak{G}) \cap \mathfrak{P}'\mathfrak{Q} = \mathbf{F}_p(\mathfrak{G}) \cap \mathfrak{P}'$$

ein Normalteiler von $\mathfrak{P}'\mathfrak{Q}$. Da $\mathbf{F}_p(\mathfrak{G}) \cap \mathfrak{P}'$ auch in $\mathfrak{P}$ normal ist, folgt $\mathbf{F}_p(\mathfrak{G}) \cap \mathfrak{P}' \lhd \mathfrak{G}$. Nach 6.9 c) ist $\mathbf{F}_p(\mathfrak{G})$ ein minimaler Normalteiler von $\mathfrak{G}$. Also können nur zwei Fälle eintreten:

Ist $\mathbf{F}_p(\mathfrak{G}) \cap \mathfrak{P}' = \mathfrak{E}$, so folgt

$$[\mathbf{F}_p(\mathfrak{G}), \mathfrak{P}'] \leqq \mathbf{F}_p(\mathfrak{G}) \cap \mathfrak{P}' = \mathfrak{E}.$$

Wegen 6.9 d) ist dann $\mathfrak{P}' \leqq \mathbf{C}_{\mathfrak{G}}(\mathbf{F}_p(\mathfrak{G})) = \mathbf{F}_p(\mathfrak{G})$ und daher $\mathfrak{P}' = \mathfrak{E}$. Nach 6.6 a) haben wir in diesem Falle $l_p(\mathfrak{G}) \leqq 1$.

Ist jedoch $\mathbf{F}_p(\mathfrak{G}) \cap \mathfrak{P}' = \mathbf{F}_p(\mathfrak{G})$, also $\mathbf{F}_p(\mathfrak{G}) \leqq \mathfrak{P}'$, so ergibt sich wegen $\mathbf{F}_p(\mathfrak{G}) \leqq \mathfrak{P}' \leqq \Phi(\mathfrak{P})$ und $\mathbf{F}_p(\mathfrak{G}) \trianglelefteq \mathfrak{G}$ mit Hilfe von III, 3.3 a) (S. 269) die Aussage $\mathbf{F}_p(\mathfrak{G}) \leqq \Phi(\mathfrak{G})$. Das widerspricht jedoch der Feststellung a) in Hilfssatz 6.9. **q.e.d.**

Nun können wir die Gruppen mit $l_p(\mathfrak{G}) \leqq 1$ für alle Primzahlen p durch eine Vertauschbarkeitsaussage kennzeichnen:

6.11 Satz (HUPPERT [9]). *Sei $\{\mathfrak{P}_1, \ldots, \mathfrak{P}_r\}$ ein Sylowsystem der auflösbaren Gruppe $\mathfrak{G}$.*

a) *Gilt $\mathfrak{P}_i'\mathfrak{P}_j = \mathfrak{P}_j\mathfrak{P}_i'$ für alle i, j, so ist $l_p(\mathfrak{G}) \leqq 1$ für alle p.*

b) *Ist $l_p(\mathfrak{G}) \leqq 1$ für alle p, so ist jede charakteristische Untergruppe von $\mathfrak{P}_i$ mit jeder charakteristischen Untergruppe von $\mathfrak{P}_j$ vertauschbar.*

Beweis. Die Aussage unter a) folgt sofort aus Hilfssatz 6.10, denn unter unseren Voraussetzungen ist $\mathfrak{P}_i'$ mit dem p_i-Komplement $\mathfrak{Q}_i = \prod_{j \neq i} \mathfrak{P}_j$ vertauschbar.

Hat $\mathfrak{G}$ höchstens die p-Länge 1 für alle p, so gilt dies auch für die Untergruppe $\mathfrak{P}_i\mathfrak{P}_j$. Wegen $l_{p_j}(\mathfrak{P}_i\mathfrak{P}_j) \leqq 1$ hat die aufsteigende p_j-Reihe von $\mathfrak{P}_i\mathfrak{P}_j$ die Gestalt

$$\mathfrak{E} \trianglelefteq \mathfrak{N} \trianglelefteq \mathfrak{N}\mathfrak{P}_j \trianglelefteq \mathfrak{P}_i\mathfrak{P}_j$$

mit $p_j \nmid |\mathfrak{N}|$ und $p_j \nmid |\mathfrak{P}_i\mathfrak{P}_j/\mathfrak{N}\mathfrak{P}_j|$. Sei $\mathfrak{U}$ eine charakteristische Untergruppe von $\mathfrak{P}_j$. Da $\mathfrak{N}\mathfrak{U}/\mathfrak{N}$ charakteristisch ist in $\mathfrak{N}\mathfrak{P}_j/\mathfrak{N}$, folgt $\mathfrak{N}\mathfrak{U} \trianglelefteq \mathfrak{G}$. Somit ist

$$\mathfrak{P}_i(\mathfrak{N}\mathfrak{U}) = \mathfrak{P}_i\mathfrak{U}$$

eine Untergruppe von $\mathfrak{G}$. Durch Wiederholung dieses Schlusses ergibt sich, daß jede charakteristische Untergruppe $\mathfrak{V}$ von $\mathfrak{P}_i$ mit $\mathfrak{U}$ vertauschbar ist. **q.e.d.**

Wir geben eine weitere Charakterisierung der Gruppen $\mathfrak{G}$ mit $l_p(\mathfrak{G}) \leqq 1$ an, die im kommenden Paragraphen Bedeutung gewinnen wird:

6.12 Satz. *Genau dann ist $\mathfrak{G}$ p-auflösbar mit $l_p(\mathfrak{G}) \leqq 1$, wenn für jeden p-Hauptfaktor $\mathfrak{H}/\mathfrak{K}$ von $\mathfrak{G}$ die von $\mathfrak{G}$ auf $\mathfrak{H}/\mathfrak{K}$ bewirkte Automorphismengruppe $\mathbf{A}_{\mathfrak{G}}(\mathfrak{H}/\mathfrak{K})$ eine zu p teilerfremde Ordnung hat.*

Beweis. a) Sei $l_p(\mathfrak{G}) \leqq 1$ und

$$\mathfrak{E} \trianglelefteq \mathbf{M}_0(\mathfrak{G}) \trianglelefteq \mathbf{P}_1(\mathfrak{G}) \trianglelefteq \mathbf{M}_1(\mathfrak{G}) = \mathfrak{G}$$

die aufsteigende p-Reihe von $\mathfrak{G}$. Nach 5.4 b) gilt für jeden p-Hauptfaktor $\mathfrak{H}/\mathfrak{K}$ von $\mathfrak{G}$ die Beziehung

$$\mathbf{C}_{\mathfrak{G}}(\mathfrak{H}/\mathfrak{K}) \geqq \mathbf{P}_1(\mathfrak{G}) = \mathbf{F}_p(\mathfrak{G}) .$$

Daher ist

$$|\mathbf{A}_{\mathfrak{G}}(\mathfrak{H}/\mathfrak{K})| = |\mathfrak{G}/\mathbf{C}_{\mathfrak{G}}(\mathfrak{H}/\mathfrak{K})|$$

als Teiler von $|\mathfrak{G}/\mathbf{P}_1(\mathfrak{G})|$ teilerfremd zu p.

b) Umgekehrt sei für jeden Hauptfaktor $\mathfrak{H}/\mathfrak{K}$ von durch p teilbarer Ordnung

$$|\mathbf{A}_{\mathfrak{G}}(\mathfrak{H}/\mathfrak{K})| = |\mathfrak{G}/\mathbf{C}_{\mathfrak{G}}(\mathfrak{H}/\mathfrak{K})|$$

teilerfremd zu p. Wegen $\mathbf{F}_p(\mathfrak{G}) = \bigcap_{p \mid |\mathfrak{H}/\mathfrak{K}|} \mathbf{C}_{\mathfrak{G}}(\mathfrak{H}/\mathfrak{K})$ ist dann $p \nmid |\mathfrak{G}/\mathbf{F}_p(\mathfrak{G})|$. Daher folgt $\mathbf{M}_1(\mathfrak{G}) = \mathfrak{G}$, und $\mathfrak{G}$ hat höchstens die p-Länge 1. **q.e.d.**

6.13 Definition. Sei $\prec$ eine vollständige Anordnung (nicht notwendig die natürliche) auf der Menge aller Primzahlen. Wir sagen, daß $\mathfrak{G}$ einen Sylowturm vom Typ $\prec$ hat, wenn folgende Forderung erfüllt ist:

Für jede Primzahl p und jede Primzahlmenge π_p der Gestalt

$$\pi_p = \{q \mid q \prec p\}$$

hat $\mathfrak{G}$ eine invariante π_p-Hallgruppe. Ist $\{p_1, \ldots, p_r\}$ die Menge der Primteiler von $|\mathfrak{G}|$ und $p_1 \prec p_2 \prec \cdots \prec p_r$, so gibt es also p_i-Sylowgruppen $\mathfrak{G}_{p_i}$ von $\mathfrak{G}$ derart, daß

$$\mathfrak{G}_{p_1} \lhd \mathfrak{G}_{p_1}\mathfrak{G}_{p_2} \lhd \cdots \lhd \mathfrak{G}_{p_1} \ldots \mathfrak{G}_{p_r} = \mathfrak{G}$$

eine Normalreihe von $\mathfrak{G}$ ist.

Offenbar hat jede Gruppe mit Sylowturm höchstens die p-Länge 1 für alle Primzahlen p. Die Umkehrung davon ist nicht richtig, wie das Beispiel $\mathfrak{A}_4 \times \mathfrak{S}_3$ des direkten Produktes der alternierenden Gruppe $\mathfrak{A}_4$ mit der symmetrischen Gruppe $\mathfrak{S}_3$ zeigt. Jedoch gilt:

6.14 Satz (ALPERIN). *Sei $\mathfrak{G}$ auflösbar mit $l_p(\mathfrak{G}) \leqq 1$ für alle p. Dann ist $\mathfrak{G}$ isomorph zu einer Untergruppe einer Gruppe $\mathfrak{H}$ mit den folgenden Eigenschaften:*

(1) *$|\mathfrak{G}|$ und $|\mathfrak{H}|$ enthalten die gleichen Primteiler.*

(2) *$\mathfrak{H}$ ist ein Produkt von Normalteilern $\mathfrak{K}_i$ von $\mathfrak{H}$ ($i = 1, 2, \ldots, k$), und jedes $\mathfrak{K}_i$ hat einen Sylowturm; die Typen der Sylowtürme der $\mathfrak{K}_i$ sind jedoch i. a. nicht gleich.*

(Nach 6.4 hat jede Untergruppe der beschriebenen Gruppe $\mathfrak{H}$ trivialerweise die p-Länge 0 oder 1 für jedes p.)

Beweis. Sei $\mathfrak{G}$ ein kleinstes Gegenbeispiel. Wir zeigen:

(1) $\mathfrak{G}$ hat nur einen minimalen Normalteiler:

Angenommen, es sei $\mathfrak{E} < \mathfrak{N}_i \lhd \mathfrak{G}$ mit $\mathfrak{N}_1 \cap \mathfrak{N}_2 = \mathfrak{E}$. Dann ist $\mathfrak{G}$ isomorph zu einer Untergruppe von $\mathfrak{G}/\mathfrak{N}_1 \times \mathfrak{G}/\mathfrak{N}_2$. Da nach 6.4 a) $l_p(\mathfrak{G}/\mathfrak{N}_i) \leqq 1$ für alle p gilt, können wir $\mathfrak{G}/\mathfrak{N}_i$ isomorph einbetten in eine

Gruppe $\mathfrak{H}_i$, welche ein Produkt von Normalteilern mit Sylowturm ist. Außerdem haben $|\mathfrak{G}/\mathfrak{N}_i|$ und $|\mathfrak{H}_i|$ die gleichen Primteiler. Nun ist $\mathfrak{H} = \mathfrak{H}_1 \times \mathfrak{H}_2$ ein Produkt von Normalteilern mit Sylowturm, es ist $\mathfrak{G}$ isomorph zu einer Untergruppe von $\mathfrak{H}$, und $|\mathfrak{G}|$ und $|\mathfrak{H}|$ enthalten die gleichen Primteiler.

(2) $\mathfrak{G}$ hat eine invariante Sylowgruppe:

Sei $\mathfrak{N}$ der einzige minimale Normalteiler von $\mathfrak{G}$ und $|\mathfrak{N}| = p^n$. Dann hat $\mathfrak{G}$ keinen von $\mathfrak{E}$ verschiedenen Normalteiler von zu p teilerfremder Ordnung. Wegen $l_p(\mathfrak{G}) \leqq 1$ ist dann $\mathfrak{P} = \mathbf{P}_1(\mathfrak{G})$ die normale p-Sylowgruppe von $\mathfrak{G}$.

(3) Sei $\mathfrak{Q}$ ein nach dem Satz von Zassenhaus existierendes Komplement von $\mathfrak{P}$ in $\mathfrak{G}$. Wegen $|\mathfrak{Q}| < |\mathfrak{G}|$ läßt sich $\mathfrak{Q}$ isomorph einbetten in eine Gruppe $\mathfrak{R}$, die ein Produkt von Normalteilern $\mathfrak{M}_j$ mit Sylowturm ist. Dabei haben $|\mathfrak{Q}|$ und $|\mathfrak{R}|$ die gleichen Primteiler. Nach I, 15.12 (S. 100) läßt sich dann $\mathfrak{G} = \mathfrak{P}\,\mathfrak{Q}$ isomorph einbetten in das verschränkte Kranzprodukt $\mathfrak{H} = \mathfrak{P} \wr_{\mathfrak{Q}} \mathfrak{R}$. Nach I, 15.11 (S. 100) ist $\mathfrak{H}$ ein semidirektes Produkt eines Normalteilers $\mathfrak{P}^* = \mathfrak{P} \times \cdots \times \mathfrak{P}$ (mit $|\mathfrak{R} : \mathfrak{Q}|$ Faktoren) und einer zu $\mathfrak{R}$ isomorphen Gruppe $\mathfrak{R}^* = \prod_j \mathfrak{M}_j^*$. Daher ist $\mathfrak{H}$ das Produkt der Normalteiler $\mathfrak{P}^*\,\mathfrak{M}_j^*$, die wegen $p \nmid |\mathfrak{M}_j^*|$ alle einen Sylowturm haben. Offenbar enthält $|\mathfrak{H}|$ die gleichen Primteiler wie $|\mathfrak{G}|$.

q.e.d.

§ 7. Formationen

7.1 Definition. Eine Klasse $\mathscr{F}$ von endlichen Gruppen heißt eine Formation, falls die folgenden Bedingungen erfüllt sind:

(1) Ist $\mathfrak{G}$ aus $\mathscr{F}$, so liegt auch jedes epimorphe Bild von $\mathfrak{G}$ in $\mathscr{F}$.

(2) Liegen $\mathfrak{G}/\mathfrak{N}_1$ und $\mathfrak{G}/\mathfrak{N}_2$ in $\mathscr{F}$, so auch $\mathfrak{G}/(\mathfrak{N}_1 \cap \mathfrak{N}_2)$.

Insbesondere ist auch die leere Klasse $\mathscr{F} = \emptyset$ eine Formation. Ist $\mathscr{F} \neq \emptyset$, so gilt wegen (1) also $\mathfrak{E} \in \mathscr{F}$. (Wir setzen nicht voraus, daß $\mathscr{F}$ abgeschlossen ist bei Bildung von Untergruppen.)

7.2 Definition. Eine nichtleere Formation $\mathscr{F}$ heißt gesättigt, wenn aus $\mathfrak{G}/\Phi(\mathfrak{G}) \in \mathscr{F}$ stets $\mathfrak{G} \in \mathscr{F}$ folgt.

Wir beschreiben ein Verfahren zur Konstruktion von gesättigten Formationen:

7.3 Definition. Jeder Primzahl p sei eine (möglicherweise leere) Formation $\mathscr{F}(p)$ zugeordnet. Wir definieren eine Klasse $\mathscr{F}$ von Gruppen durch folgende Vorschriften: Es sei $\mathfrak{G} \in \mathscr{F}$, falls gilt:

(1) Ist $\mathscr{F}(p) = \emptyset$, so sei $p \nmid |\mathfrak{G}|$.

(2) Ist $\mathscr{F}(p) \neq \emptyset$ und $\mathfrak{H}/\mathfrak{K}$ ein Hauptfaktor von $\mathfrak{G}$ mit durch p teilbarer Ordnung, so sei

$$\mathbf{A}_{\mathfrak{G}}(\mathfrak{H}/\mathfrak{K}) \cong \mathfrak{G}/\mathbf{C}_{\mathfrak{G}}(\mathfrak{H}/\mathfrak{K})$$

eine Gruppe aus $\mathcal{F}(p)$. (Ist die Ordnung von $\mathfrak{H}/\mathfrak{K}$ durch mehrere Primzahlen teilbar, was bei auflösbaren Gruppen nicht vorkommt, so muß also $\mathbf{A}_{\mathfrak{G}}(\mathfrak{H}/\mathfrak{K})$ gleichzeitig in mehreren der Formationen $\mathcal{F}(p)$ liegen.) Wir nennen $\mathcal{F}$ die durch die $\mathcal{F}(p)$ lokal erklärte Formation.

Daß $\mathcal{F}$ wirklich eine Formation ist, sieht man leicht:

Forderung (1) aus Definition 7.1 ist offenbar erfüllt. Zum Beweis von (2) kann $\mathfrak{N}_1 \cap \mathfrak{N}_2 = \mathfrak{E}$ angenommen werden. Die Hauptfaktoren von $\mathfrak{G}$ sind dann die Hauptfaktoren von $\mathfrak{G}$ in $\mathfrak{G}/\mathfrak{N}_1$ und in $\mathfrak{N}_1$. Dabei ist $\mathfrak{N}_1$ als $\mathfrak{G}$-Operatorgruppe isomorph zum Normalteiler $(\mathfrak{N}_1 \times \mathfrak{N}_2)/\mathfrak{N}_2$ von $\mathfrak{G}/\mathfrak{N}_2$.

7.4 Hilfssatz. *Sei $\mathcal{F}$ die durch die $\mathcal{F}(p)$ lokal erklärte Formation. Dann sind gleichwertig;*

a) $\mathfrak{G} \in \mathcal{F}$.

b) *Es ist* $p \nmid |\mathfrak{G}|$ *für* $\mathcal{F}(p) = \emptyset$ *und* $\mathfrak{G}/\mathbf{F}_p(\mathfrak{G}) \in \mathcal{F}(p)$ *für* $\mathcal{F}(p) \neq \emptyset$.

Beweis. Nach 5.4 b) ist $\mathbf{F}_p(\mathfrak{G}) = \bigcap \mathbf{C}_{\mathfrak{G}}(\mathfrak{H}/\mathfrak{K})$, wobei der Durchschnitt über alle p-Hauptfaktoren $\mathfrak{H}/\mathfrak{K}$ von $\mathfrak{G}$ zu nehmen ist. Ist $\mathfrak{G} \in \mathcal{F}$ und $\mathcal{F}(p) \neq \emptyset$, so gilt nach Definition 7.3 für jeden p-Hauptfaktor $\mathfrak{H}/\mathfrak{K}$ von $\mathfrak{G}$

$$\mathfrak{G}/\mathbf{C}_{\mathfrak{G}}(\mathfrak{H}/\mathfrak{K}) \in \mathcal{F}(p) .$$

Wegen der Bedingung (2) in 7.1 folgt daraus

$$\mathfrak{G}/\bigcap \mathbf{C}_{\mathfrak{G}}(\mathfrak{H}/\mathfrak{K}) = \mathfrak{G}/\mathbf{F}_p(\mathfrak{G}) \in \mathcal{F}(p) .$$

Ist umgekehrt $\mathfrak{G}/\mathbf{F}_p(\mathfrak{G}) \in \mathcal{F}(p)$, so liegt auch $\mathfrak{G}/\mathbf{C}_{\mathfrak{G}}(\mathfrak{H}/\mathfrak{K})$ als homomorphes Bild von $\mathfrak{G}/\mathbf{F}_p(\mathfrak{G})$ für jeden p-Hauptfaktor $\mathfrak{H}/\mathfrak{K}$ von $\mathfrak{G}$ wegen 7.1 (1) in $\mathcal{F}(p)$. **q.e.d.**

7.5 Hauptsatz (GASCHÜTZ [10]). *Jede lokal erklärte Formation $\mathcal{F}$ ist eine gesättigte Formation.*

(*Die Umkehrung dieses Satzes gilt auch, wie Gaschütz und Lubeseder gezeigt haben; siehe* 7.25).

Beweis. Sei $\mathfrak{G}$ eine Gruppe mit $\mathfrak{G}/\Phi(\mathfrak{G}) \in \mathcal{F}$, also mit

(1) $p \nmid |\mathfrak{G}/\Phi(\mathfrak{G})|$ für $\mathcal{F}(p) = \emptyset$ und

(2) $\mathfrak{G}/\Phi(\mathfrak{G})/\mathbf{F}_p(\mathfrak{G}/\Phi(\mathfrak{G})) \in \mathcal{F}(p)$ für $\mathcal{F}(p) \neq \emptyset$.

Aus (1) folgt mit III, 3.8 (S. 270)

(1′) $p \nmid |\mathfrak{G}|$ für $\mathcal{F}(p) = \emptyset$.

Nach 6.3 ist $\mathbf{F}_p(\mathfrak{G})/\Phi(\mathfrak{G}) = \mathbf{F}_p(\mathfrak{G}/\Phi(\mathfrak{G}))$ der maximale p-nilpotente Normalteiler von $\mathfrak{G}/\Phi(\mathfrak{G})$. Also folgt aus (2)

(2′) $\mathfrak{G}/\mathbf{F}_p(\mathfrak{G}) \in \mathcal{F}(p)$ für $\mathcal{F}(p) \neq \emptyset$.

Die Aussagen (1′) und (2′) besagen nach 7.4, daß $\mathfrak{G}$ in der durch die $\mathcal{F}(p)$ lokal erklärten Formation $\mathcal{F}$ liegt. Also ist $\mathcal{F}$ eine gesättigte Formation. **q.e.d.**

7.6 Beispiele

a) Sei $\mathcal{F}$ lokal erklärt durch $\mathcal{F}(p) = \{\mathfrak{E}\}$ für alle p. Dann ist $\mathcal{F}$ die Klasse der Gruppen mit lauter zentralen Hauptfaktoren, also die Klasse der nilpotenten Gruppen. Daß $\mathcal{F}$ eine gesättigte Formation ist, ist gerade der Satz III, 3.7 (S. 270).

b) Sei p eine fest gewählte Primzahl. Sei $\mathcal{F}$ lokal erklärt durch $\mathcal{F}(p) = \{\mathfrak{E}\}$; für alle Primzahlen q mit $q \neq p$ sei $\mathcal{F}(q)$ die Klasse aller Gruppen. Dann ist $\mathcal{F}$ die Klasse derjenigen Gruppen, in denen jeder Hauptfaktor von durch p teilbarer Ordnung zentral ist. Nach IV, 4.4 (S. 428) sind dies gerade die p-nilpotenten Gruppen. Daß aus der p-Nilpotenz von $\mathfrak{G}/\Phi(\mathfrak{G})$ die p-Nilpotenz von $\mathfrak{G}$ folgt, besagt Hilfssatz 6.3; jedoch hatten wir diese Aussage bereits beim Beweis von 7.5 verwendet.

c) Sei p eine fest gewählte Primzahl. Sei $\mathcal{F}$ lokal erklärt durch $\mathcal{F}(p) = \{\mathfrak{G} \mid p \nmid |\mathfrak{G}|\}$ und $\mathcal{F}(q)$ die Klasse aller Gruppen für $q \neq p$. Nach 6.12 ist $\mathcal{F}$ die Klasse aller p-auflösbaren Gruppen $\mathfrak{G}$ mit $l_p(\mathfrak{G}) \leqq 1$. Daß aus $l_p(\mathfrak{G}/\Phi(\mathfrak{G})) \leqq 1$ stets auch $l_p(\mathfrak{G}) \leqq 1$ folgt, wissen wir schon aus 6.4 e).

d) Sei $\mathcal{F}$ lokal erklärt durch $\mathcal{F}(p) = \{\mathfrak{A} \mid \mathfrak{A} \text{ abelsch}\}$ für alle p. Wegen

$$\mathbf{F}(\mathfrak{G}) = \bigcap \mathbf{C}_{\mathfrak{G}}(\mathfrak{H}/\mathfrak{K})$$

(der Durchschnitt gebildet über alle Hauptfaktoren $\mathfrak{H}/\mathfrak{K}$ von $\mathfrak{G}$) ist $\mathfrak{G} \in \mathcal{F}$ gleichwertig mit $\mathfrak{G}' \leqq \mathbf{F}(\mathfrak{G})$. Also ist $\mathcal{F}$ die Klasse aller Gruppen mit nilpotenter Kommutatorgruppe, und diese bilden eine gesättigte Formation. (Das kann man auch leicht aus III, 3.5 (S. 270) entnehmen.)

e) Sei $\prec$ eine vollständige Anordnung auf der Menge aller Primzahlen. Sei $\mathcal{F}$ lokal erklärt durch

$$\mathcal{F}(p) = \{\mathfrak{A} \mid |\mathfrak{A}| \text{ enthält nur Primteiler } q \text{ mit } p \prec q\}.$$

Sei $\mathfrak{G} \in \mathcal{F}$ und $|\mathfrak{G}| = \prod_i p_i^{a_i}$ mit $p_1 \prec p_2 \prec \cdots \prec p_r$. Sei schon nachgewiesen, daß $\mathfrak{G}$ eine invariante $\{p_1, \ldots, p_i\}$-Hallgruppe $\mathfrak{H}_i$ hat. Sei $\mathfrak{H}/\mathfrak{K}$ ein p_i-Hauptfaktor von $\mathfrak{G}$ unterhalb von $\mathfrak{H}_i$. Wegen

$$\mathfrak{G}/\mathbf{C}_{\mathfrak{G}}(\mathfrak{H}/\mathfrak{K}) \in \mathcal{F}(p_i) = \{\mathfrak{A} \mid |\mathfrak{A}| \text{ enthält nur Primteiler } q \text{ mit } p_i \prec q\}$$

und da $|\mathfrak{H}_i|$ zu $p_{i+1} \ldots p_r$ teilerfremd ist, wird $\mathfrak{H}/\mathfrak{K}$ von $\mathfrak{H}_i$ zentralisiert. Also sind alle p_i-Hauptfaktoren von $\mathfrak{H}_i$ zentral, und nach IV, 4.4 (S. 428) ist $\mathfrak{H}_i$ p_i-nilpotent.

Durch Induktion folgt nun sofort, daß $\mathfrak{G}$ einen Sylowturm vom Typ $\prec$ hat. Somit bilden die Gruppen mit Sylowturm von vorgegebenem Typ eine gesättigte Formation. Hat also $\mathfrak{G}/\Phi(\mathfrak{G})$ einen Sylowturm vom Typ $\prec$, so auch $\mathfrak{G}$ selbst.

Weitere Beispiele von gesättigten Formationen werden wir im nächsten Paragraphen kennen lernen.

7.7 Hilfssatz. *Sei $\mathcal{F}$ eine gesättigte Formation. Sei $\mathfrak{N}$ ein minimaler Normalteiler der auflösbaren Gruppe $\mathfrak{G}$, sei $\mathfrak{G}/\mathfrak{N} \in \mathcal{F}$ und $\mathfrak{G} \notin \mathcal{F}$. Dann* *hat* $\mathfrak{N}$ *ein Komplement in* $\mathfrak{G}$, *und alle Komplemente von* $\mathfrak{N}$ *in* $\mathfrak{G}$ *sind konjugiert.*

Beweis. Ist $\mathfrak{N} \leqq \Phi(\mathfrak{G})$, so folgt aus $\mathfrak{G}/\mathfrak{N} \in \mathscr{F}$ mit **7.1** (1) auch $\mathfrak{G}/\Phi(\mathfrak{G}) \in \mathscr{F}$. Da $\mathscr{F}$ gesättigt ist, ergibt das den Widerspruch $\mathfrak{G} \in \mathscr{F}$. Also ist $\mathfrak{N} \not\leqq \Phi(\mathfrak{G})$. Sei $\mathfrak{V}$ eine maximale Untergruppe von $\mathfrak{G}$ mit $\mathfrak{N} \not\leqq \mathfrak{V}$. Dann ist $\mathfrak{G} = \mathfrak{N}\,\mathfrak{V}$. Aus $\mathfrak{N} \cap \mathfrak{V} \lhd \mathfrak{N}\,\mathfrak{V} = \mathfrak{G}$ und der Minimalität von $\mathfrak{N}$ folgt $\mathfrak{N} \cap \mathfrak{V} = \mathfrak{E}$. Also ist $\mathfrak{V}$ ein Komplement von $\mathfrak{N}$ in $\mathfrak{G}$.

Seien $\mathfrak{V}_1$ und $\mathfrak{V}_2$ Komplemente von $\mathfrak{N}$ in $\mathfrak{G}$, und sei $\mathfrak{K} = \bigcap_{G \in \mathfrak{G}} \mathfrak{V}_1^G$. Sicher ist $\mathfrak{K} \lhd \mathfrak{G}$ und $\mathfrak{K} \cap \mathfrak{N} = \mathfrak{E}$.

Ist $\mathfrak{K} \not\leqq \mathfrak{V}_2$, so folgt wegen der Maximalität von $\mathfrak{V}_2$ sofort $\mathfrak{G} = \mathfrak{K}\,\mathfrak{V}_2$. Wegen $\mathfrak{G}/\mathfrak{N} \cong \mathfrak{V}_2 \in \mathscr{F}$ und **7.1** (1) ist auch

$$\mathfrak{G}/\mathfrak{K} \cong \mathfrak{V}_2/(\mathfrak{V}_2 \cap \mathfrak{K}) \in \mathscr{F}\,.$$

Nach **7.1** (2) ergibt sich aus $\mathfrak{G}/\mathfrak{K} \in \mathscr{F}$ und $\mathfrak{G}/\mathfrak{N} \in \mathscr{F}$ der Widerspruch

$$\mathfrak{G} = \mathfrak{G}/(\mathfrak{N} \cap \mathfrak{K}) \in \mathscr{F}\,.$$

Also ist $\mathfrak{K} \leqq \mathfrak{V}_2$. Es ist $\mathfrak{G}/\mathfrak{K}$ isomorph zu einer primitiven Permutationsgruppe (auf den Nebenklassen von $\mathfrak{V}_1$). Dabei sind die $\mathfrak{V}_i/\mathfrak{K}$ $(i = 1, 2)$ Komplemente des minimalen Normalteilers $\mathfrak{N}\,\mathfrak{K}/\mathfrak{K}$ von $\mathfrak{G}/\mathfrak{K}$. Nach II, 3.2 f) (S. 159) sind dann die $\mathfrak{V}_i/\mathfrak{K}$ konjugiert in $\mathfrak{G}/\mathfrak{K}$. Also ist $\mathfrak{V}_1$ konjugiert zu $\mathfrak{V}_2$ in $\mathfrak{G}$. **q.e.d.**

7.8 Definition. Sei $\mathscr{F}$ eine nichtleere Formation und $\mathfrak{G}$ eine endliche Gruppe.

a) Mit $\mathfrak{G}_{\mathscr{F}}$ bezeichnen wir den Durchschnitt aller Normalteiler $\mathfrak{M}$ von $\mathfrak{G}$ mit $\mathfrak{G}/\mathfrak{M} \in \mathscr{F}$. Nach **7.1** (2) ist $\mathfrak{G}/\mathfrak{G}_{\mathscr{F}} \in \mathscr{F}$.

b) Die Untergruppe $\mathfrak{F}$ von $\mathfrak{G}$ heißt eine deckende $\mathscr{F}$-Untergruppe von $\mathfrak{G}$, wenn gilt:

(1) $\mathfrak{F} \in \mathscr{F}$.

(2) Aus $\mathfrak{F} \leqq \mathfrak{U} \leqq \mathfrak{G}$ folgt $\mathfrak{U} = \mathfrak{U}_{\mathscr{F}}\,\mathfrak{F}$.

Offenbar ist (2) gleichwertig mit

(2′) Aus $\mathfrak{F} \leqq \mathfrak{U} \leqq \mathfrak{G}$ und $\mathfrak{U}/\mathfrak{K} \in \mathscr{F}$ folgt $\mathfrak{U} = \mathfrak{K}\,\mathfrak{F}$.

7.9 Hilfssatz. a) *Ist* $\mathfrak{U} \leqq \mathfrak{G}$ *und* $\mathfrak{F}$ *eine deckende* $\mathscr{F}$*-Untergruppe von* $\mathfrak{G}$ *mit* $\mathfrak{F} \leqq \mathfrak{U}$, *so ist* $\mathfrak{F}$ *eine deckende* $\mathscr{F}$*-Untergruppe von* $\mathfrak{U}$.

b) *Ist* $\mathfrak{N} \trianglelefteq \mathfrak{G}$ *und* $\mathfrak{F}$ *eine deckende* $\mathscr{F}$*-Untergruppe von* $\mathfrak{G}$, *so ist* $\mathfrak{F}\,\mathfrak{N}/\mathfrak{N}$ *eine deckende* $\mathscr{F}$*-Untergruppe von* $\mathfrak{G}/\mathfrak{N}$.

c) *Ist* $\overline{\mathfrak{F}}/\mathfrak{N}$ *eine deckende* $\mathscr{F}$*-Untergruppe von* $\mathfrak{G}/\mathfrak{N}$ *und* $\mathfrak{F}$ *eine deckende* $\mathscr{F}$*-Untergruppe von* $\overline{\mathfrak{F}}$, *so ist* $\mathfrak{F}$ *eine deckende* $\mathscr{F}$*-Untergruppe von* $\mathfrak{G}$.

Beweis. a) ist trivial.

b) Wegen **7.1** (1) gilt

$$\mathfrak{F}\,\mathfrak{N}/\mathfrak{N} \cong \mathfrak{F}/(\mathfrak{F} \cap \mathfrak{N}) \in \mathscr{F}\,.$$

Sei $\mathfrak{F}\,\mathfrak{N}/\mathfrak{N} \leqq \mathfrak{U}/\mathfrak{N} \leqq \mathfrak{G}/\mathfrak{N}$ mit

$$\mathfrak{U}/\mathfrak{N}/\mathfrak{K}/\mathfrak{N} \cong \mathfrak{U}/\mathfrak{K} \in \mathscr{F}\,.$$

Da $\mathfrak{F}$ eine deckende $\mathscr{F}$-Untergruppe von $\mathfrak{G}$ ist, folgt $\mathfrak{U} = \mathfrak{K}\mathfrak{F}$ und daher auch

$$\mathfrak{U}/\mathfrak{N} = (\mathfrak{K}/\mathfrak{N})\,(\mathfrak{F}\mathfrak{N}/\mathfrak{N})\,.$$

Somit ist $\mathfrak{F}\,\mathfrak{N}/\mathfrak{N}$ eine deckende $\mathscr{F}$-Untergruppe von $\mathfrak{G}/\mathfrak{N}$.

c) Da $\mathfrak{F}$ eine deckende $\mathscr{F}$-Untergruppe von $\overline{\mathfrak{F}}$ ist, gilt $\mathfrak{F} \in \mathscr{F}$. Aus $\overline{\mathfrak{F}}/\mathfrak{N} \in \mathscr{F}$ folgt sofort $\overline{\mathfrak{F}} = \mathfrak{F}\,\mathfrak{N}$.

Sei $\mathfrak{F} \leqq \mathfrak{U} \leqq \mathfrak{G}$. Dann haben wir

$$\overline{\mathfrak{F}}/\mathfrak{N} = \mathfrak{F}\,\mathfrak{N}/\mathfrak{N} \leqq \mathfrak{U}\,\mathfrak{N}/\mathfrak{N} \leqq \mathfrak{G}/\mathfrak{N}\,.$$

Nach a) ist $\overline{\mathfrak{F}}/\mathfrak{N}$ eine deckende $\mathscr{F}$-Untergruppe von $\mathfrak{U}\,\mathfrak{N}/\mathfrak{N}$. Aus

$$\mathfrak{U}\,\mathfrak{N}/\mathfrak{N}/\mathfrak{U}_{\mathscr{F}}\mathfrak{N}/\mathfrak{N} \cong \mathfrak{U}\,\mathfrak{N}/\mathfrak{U}_{\mathscr{F}}\mathfrak{N} \cong \mathfrak{U}/(\mathfrak{U} \cap \mathfrak{U}_{\mathscr{F}}\mathfrak{N}) \in \mathscr{F}$$

folgt also die Gleichung

$$(\overline{\mathfrak{F}}/\mathfrak{N})\,(\mathfrak{U}_{\mathscr{F}}\mathfrak{N}/\mathfrak{N}) = \mathfrak{U}\,\mathfrak{N}/\mathfrak{N}\,.$$

Wegen $\overline{\mathfrak{F}} = \mathfrak{F}\,\mathfrak{N}$ ist nun

$$\mathfrak{U}\,\mathfrak{N} = \overline{\mathfrak{F}}\,\mathfrak{U}_{\mathscr{F}}\,\mathfrak{N} = \mathfrak{F}\,\mathfrak{U}_{\mathscr{F}}\,\mathfrak{N}$$

und somit

$$\mathfrak{U} = \mathfrak{F}\,\mathfrak{U}_{\mathscr{F}}(\mathfrak{U} \cap \mathfrak{N})\,.$$

Aus $\mathfrak{F}(\mathfrak{U} \cap \mathfrak{N}) \leqq \mathfrak{U} \cap \overline{\mathfrak{F}}$ folgt nun $\mathfrak{U} = (\mathfrak{U} \cap \overline{\mathfrak{F}})\,\mathfrak{U}_{\mathscr{F}}$. Nach a) ist $\mathfrak{F}$ eine deckende $\mathscr{F}$-Untergruppe von $\mathfrak{U} \cap \overline{\mathfrak{F}}$. Wegen

$$(\overline{\mathfrak{F}} \cap \mathfrak{U})/(\overline{\mathfrak{F}} \cap \mathfrak{U}_{\mathscr{F}}) \cong (\overline{\mathfrak{F}} \cap \mathfrak{U})\,\mathfrak{U}_{\mathscr{F}}/\mathfrak{U}_{\mathscr{F}} = \mathfrak{U}/\mathfrak{U}_{\mathscr{F}} \in \mathscr{F}$$

ist also $\overline{\mathfrak{F}} \cap \mathfrak{U} = \mathfrak{F}(\overline{\mathfrak{F}} \cap \mathfrak{U}_{\mathscr{F}})$. Daher ist

$$\mathfrak{U} = \mathfrak{F}(\overline{\mathfrak{F}} \cap \mathfrak{U}_{\mathscr{F}})\,\mathfrak{U}_{\mathscr{F}} = \mathfrak{F}\,\mathfrak{U}_{\mathscr{F}}\,.$$ **q.e.d.**

7.10 Satz (GASCHÜTZ [10]). *Sei $\mathscr{F}$ eine Formation.*

a) *Besitzt jede Gruppe deckende $\mathscr{F}$-Untergruppen, so ist $\mathscr{F}$ gesättigt.*

b) *Ist $\mathscr{F}$ gesättigt, so besitzt jede auflösbare Gruppe $\mathfrak{G}$ deckende $\mathscr{F}$-Untergruppen, und alle deckenden $\mathscr{F}$-Untergruppen von $\mathfrak{G}$ sind konjugiert in $\mathfrak{G}$.*

Beweis. a) Sei $\mathfrak{G}/\Phi(\mathfrak{G}) \in \mathscr{F}$ und $\mathfrak{F}$ eine deckende $\mathscr{F}$-Untergruppe von $\mathfrak{G}$. Dann folgt $\mathfrak{G} = \Phi(\mathfrak{G})\,\mathfrak{F} = \mathfrak{F} \in \mathscr{F}$. Also ist $\mathscr{F}$ gesättigt.

b) Wir beweisen die Behauptung durch Induktion nach $|\mathfrak{G}|$. Wir können $\mathfrak{G} \notin \mathscr{F}$ annehmen. Sei $\mathfrak{N}$ ein minimaler Normalteiler von $\mathfrak{G}$. Nach unserer Induktionsannahme hat $\mathfrak{G}/\mathfrak{N}$ eine deckende $\mathscr{F}$-Untergruppe $\overline{\mathfrak{F}}/\mathfrak{N}$.

Fall 1: Sei $\mathfrak{G}/\mathfrak{N} \notin \mathscr{F}$, also $\overline{\mathfrak{F}} < \mathfrak{G}$. Dann hat $\overline{\mathfrak{F}}$ eine deckende $\mathscr{F}$-Untergruppe $\mathfrak{F}$. Nach 7.9 c) ist nun $\mathfrak{F}$ eine deckende $\mathscr{F}$-Untergruppe von $\mathfrak{G}$.

Sind $\mathfrak{F}_1$ und $\mathfrak{F}_2$ deckende $\mathscr{F}$-Untergruppen von $\mathfrak{G}$, so sind $\mathfrak{F}_1\mathfrak{N}/\mathfrak{N}$ und $\mathfrak{F}_2\mathfrak{N}/\mathfrak{N}$ nach 7.9 b) deckende $\mathscr{F}$-Untergruppen von $\mathfrak{G}/\mathfrak{N}$, sind also nach Induktionsannahme konjugiert in $\mathfrak{G}/\mathfrak{N}$. Somit ist $\mathfrak{F}_1\mathfrak{N} = \mathfrak{F}_2^G\,\mathfrak{N}$ mit einem geeigneten G aus $\mathfrak{G}$. Wegen $\mathfrak{G}/\mathfrak{N} \notin \mathscr{F}$ ist $\mathfrak{F}_1\,\mathfrak{N} < \mathfrak{G}$.

Da $\mathfrak{F}_1$ und $\mathfrak{F}_2^G$ deckende $\mathscr{F}$-Untergruppen von $\mathfrak{F}_1\mathfrak{N}$ sind, liefert die Induktionsannahme wegen $\mathfrak{F}_1\mathfrak{N} < \mathfrak{G}$ die Konjugiertheit von $\mathfrak{F}_1$ und $\mathfrak{F}_2$.

Fall 2: Sei $\mathfrak{G}/\mathfrak{N} \in \mathscr{F}$. Nach **7.7** gibt es dann wegen $\mathfrak{G} \notin \mathscr{F}$ ein Komplement $\mathfrak{F}$ für $\mathfrak{N}$ in $\mathfrak{G}$. Es ist $\mathfrak{F} \cong \mathfrak{G}/\mathfrak{N} \in \mathscr{F}$. Da $\mathfrak{F}$ als Komplement des minimalen Normalteilers $\mathfrak{N}$ eine maximale Untergruppe von $\mathfrak{G}$ ist, sind $\mathfrak{F}$ und $\mathfrak{G}$ die einzigen Obergruppen von $\mathfrak{F}$. Trivialerweise ist $\mathfrak{F} = \mathfrak{F}\mathfrak{F}_{\mathscr{F}}$. Wegen $\mathfrak{G}/\mathfrak{N} \in \mathscr{F}$ und $\mathfrak{G} \notin \mathscr{F}$ ist $\mathfrak{N} = \mathfrak{G}_{\mathscr{F}}$, also haben wir $\mathfrak{G} = \mathfrak{G}_{\mathscr{F}}\mathfrak{F}$. Somit ist $\mathfrak{F}$ eine deckende $\mathscr{F}$-Untergruppe von $\mathfrak{G}$.

Jede deckende $\mathscr{F}$-Untergruppe von $\mathfrak{G}$ ist wegen $\mathfrak{G}/\mathfrak{N} \in \mathscr{F}$ und $\mathfrak{G} \notin \mathscr{F}$ ein Komplement von $\mathfrak{N}$. Alle solchen sind nach **7.7** konjugiert in $\mathfrak{G}$. **q.e.d.**

7.11 Hilfssatz. a) *Sei $\mathscr{F}$ eine Formation, welche alle zyklischen Gruppen von Primzahlordnung enthält. Ist $\mathfrak{F}$ eine deckende $\mathscr{F}$-Untergruppe der auflösbaren Gruppe $\mathfrak{G}$, so folgt aus $\mathfrak{F} \leqq \mathfrak{U} \leqq \mathfrak{G}$ stets $\mathbf{N}_{\mathfrak{G}}(\mathfrak{U}) = \mathfrak{U}$. Insbesondere ist $\mathbf{N}_{\mathfrak{G}}(\mathfrak{F}) = \mathfrak{F}$.*

b) *Ist $\mathscr{F}$ eine lokal durch die $\mathscr{F}(p)$ mit $\mathscr{F}(p) \neq \emptyset$ für alle Primzahlen p erklärte Formation, so sind die Voraussetzungen von* a) *erfüllt.*

Beweis. a) Angenommen, es sei $\mathfrak{F} \leqq \mathfrak{U} \lhd \mathfrak{V} \leqq \mathfrak{G}$. Wir können annehmen, daß $\mathfrak{V}/\mathfrak{U}$ Primzahlordnung hat. Da $\mathfrak{F}$ nach **7.9** a) eine deckende $\mathscr{F}$-Untergruppe von $\mathfrak{V}$ ist, folgt wegen $\mathfrak{V}/\mathfrak{U} \in \mathscr{F}$ nun der Widerspruch

$$\mathfrak{V} = \mathfrak{U}\mathfrak{F} = \mathfrak{U}\,.$$

Somit ist $\mathbf{N}_{\mathfrak{G}}(\mathfrak{U}) = \mathfrak{U}$.

b) Wegen $\mathscr{F}(p) \neq \emptyset$ und der Bedingung (1) in **7.1** gilt $\mathfrak{E} \in \mathscr{F}(p)$ für alle p. Somit liegen alle nilpotenten Gruppen in der durch die $\mathscr{F}(p)$ lokal erklärten Formation. Also ist a) anwendbar. **q.e.d.**

7.12 Satz (Carter, Hawkes [1]). *Sei $\mathscr{F}$ eine gesättigte Formation und $\mathfrak{G}$ eine auflösbare Gruppe mit $\mathfrak{G}/\mathbf{F}(\mathfrak{G}) \in \mathscr{F}$. Sei $\mathfrak{H}$ eine Untergruppe von $\mathfrak{G}$ mit $\mathfrak{G} = \mathbf{F}(\mathfrak{G})\,\mathfrak{H}$ und $\mathfrak{H} \in \mathscr{F}$.*

a) *Dann liegt $\mathfrak{H}$ in einer deckenden $\mathscr{F}$-Untergruppe von $\mathfrak{G}$. Enthält $\mathscr{F}$ alle nilpotenten Gruppen, so liegt sogar $\mathbf{N}_{\mathfrak{G}}(\mathfrak{H})$ in einer deckenden $\mathscr{F}$-Untergruppe von $\mathfrak{G}$.*

b) *$\mathscr{F}$ enthalte alle nilpotenten Gruppen. Sind $\mathfrak{F}_1$ und $\mathfrak{F}_2$ deckende $\mathscr{F}$-Untergruppen von $\mathfrak{G}$ mit $\mathfrak{H} \leqq \mathfrak{F}_1 \cap \mathfrak{F}_2$, so gilt $\mathfrak{F}_1 = \mathfrak{F}_2$.*

Beweis. a) Wir führen den Beweis durch Induktion nach $|\mathfrak{G}|$. Für $\mathfrak{G} \in \mathscr{F}$ ist der Satz trivial. Sei also $\mathfrak{G} \notin \mathscr{F}$. Ist $\mathfrak{N}$ ein minimaler Normalteiler von $\mathfrak{G}$, so gilt $\mathfrak{H}\mathfrak{N}/\mathfrak{N} \in \mathscr{F}$ und wegen $\mathbf{F}(\mathfrak{G})/\mathfrak{N} \leqq \mathbf{F}(\mathfrak{G}/\mathfrak{N})$ auch $\mathfrak{G}/\mathfrak{N} = \mathbf{F}(\mathfrak{G}/\mathfrak{N})\,\mathfrak{H}\mathfrak{N}/\mathfrak{N}$. Nach Induktion liegt $\mathfrak{H}\mathfrak{N}/\mathfrak{N}$ bzw. $\mathbf{N}_{\mathfrak{G}/\mathfrak{N}}(\mathfrak{H}\mathfrak{N}/\mathfrak{N}) = \mathbf{N}_{\mathfrak{G}}(\mathfrak{H}\mathfrak{N})/\mathfrak{N}$ in einer deckenden $\mathscr{F}$-Untergruppe $\mathfrak{U}/\mathfrak{N}$ von $\mathfrak{G}/\mathfrak{N}$. Nach **7.9** b) gilt $\mathfrak{U} = \mathfrak{F}\mathfrak{N}$ mit einer deckenden $\mathscr{F}$-Untergruppe $\mathfrak{F}$ von $\mathfrak{G}$. Also folgt $\mathfrak{H} \leqq \mathfrak{F}\mathfrak{N}$ bzw. $\mathbf{N}_{\mathfrak{G}}(\mathfrak{H}) \leqq \mathbf{N}_{\mathfrak{G}}(\mathfrak{H}\mathfrak{N}) \leqq \mathfrak{F}\mathfrak{N}$.

Angenommen, es sei $\mathfrak{F}\mathfrak{N} < \mathfrak{G}$. Wegen $\mathfrak{H} \leqq \mathfrak{F}\mathfrak{N}$ gilt dann

$$\mathfrak{F}\mathfrak{N} = \mathfrak{F}\mathfrak{N} \cap \mathbf{F}(\mathfrak{G})\,\mathfrak{H} = (\mathfrak{F}\mathfrak{N} \cap \mathbf{F}(\mathfrak{G}))\,\mathfrak{H}$$

und offenbar $\mathfrak{F}\mathfrak{N} \cap \mathbf{F}(\mathfrak{G}) \leqq \mathbf{F}(\mathfrak{F}\mathfrak{N})$. Somit erfüllt $\mathfrak{F}\mathfrak{N}$ die Voraussetzungen. Aus der Induktionsannahme folgt daher $\mathfrak{H} \leqq \mathfrak{F}^X$ bzw. $\mathbf{N}_{\mathfrak{G}}(\mathfrak{H}) = \mathbf{N}_{\mathfrak{F}\mathfrak{N}}(\mathfrak{H}) \leqq \mathfrak{F}^X$ mit einem $X \in \mathfrak{F}\mathfrak{N}$.

Sei nun $\mathfrak{G} = \mathfrak{F}\mathfrak{N}$. Da $\mathfrak{N}$ ein minimaler Normalteiler von $\mathfrak{G}$ ist, gilt $\mathfrak{N} \leqq \mathbf{Z}(\mathbf{F}(\mathfrak{G}))$. Aus $\mathbf{F}(\mathfrak{G}) \cap \mathfrak{F} \trianglelefteq \mathfrak{F}$ und $\mathfrak{N} \leqq \mathbf{C}_{\mathfrak{G}}(\mathbf{F}(\mathfrak{G}) \cap \mathfrak{F})$ folgt $\mathbf{F}(\mathfrak{G}) \cap \mathfrak{F} \trianglelefteq \mathfrak{F}\mathfrak{N} = \mathfrak{G}$. Ist $\mathbf{F}(\mathfrak{G}) \cap \mathfrak{F} \neq \mathfrak{E}$, so liefert die Anwendung der Induktionsannahme auf $\mathfrak{G}/(\mathbf{F}(\mathfrak{G}) \cap \mathfrak{F})$ die Behauptung. Sei also $\mathbf{F}(\mathfrak{G}) \cap \mathfrak{F} = \mathfrak{E}$. Aus $\mathfrak{N} \leqq \mathbf{F}(\mathfrak{G})$ und $\mathfrak{G} = \mathfrak{F}\mathfrak{N}$ folgt dann $\mathfrak{N} = \mathbf{F}(\mathfrak{G})$ und $\mathfrak{G} = \mathfrak{H}\mathfrak{N}$. Wegen $\mathfrak{G} \notin \mathscr{F}$ und $\mathfrak{H} \in \mathscr{F}$ ist $\mathfrak{H} < \mathfrak{G}$, also $\mathfrak{N} \cap \mathfrak{H} = \mathfrak{E}$. Somit ist $\mathfrak{H}$ eine deckende $\mathscr{F}$-Untergruppe von $\mathfrak{G}$.

Nun enthalte $\mathscr{F}$ alle nilpotenten Gruppen. Sei $\mathbf{N}_{\mathfrak{G}}(\mathfrak{H}) = \mathfrak{N}_1\mathfrak{H}$ mit $\mathfrak{N}_1 = \mathfrak{N} \cap \mathbf{N}_{\mathfrak{G}}(\mathfrak{H})$. Dann ist $\mathfrak{N}_1 \trianglelefteq \mathfrak{G}$. Ist $\mathfrak{N}_1 = \mathfrak{E}$, so sind wir fertig. Ist hingegen $\mathfrak{N}_1 \neq \mathfrak{E}$, so folgt wegen der Minimalität von $\mathfrak{N}$ nun $\mathfrak{N} = \mathfrak{N}_1$ und $[\mathfrak{N}, \mathfrak{H}] \leqq \mathfrak{N} \cap \mathfrak{H} = \mathfrak{E}$. Mit $\mathbf{C}_{\mathfrak{G}}(\mathbf{F}(\mathfrak{G})) \leqq \mathbf{F}(\mathfrak{G}) = \mathfrak{N}$ ergibt sich dann $\mathfrak{H} = \mathfrak{E}$, und $\mathfrak{G} = \mathfrak{N}$ ist zyklisch von Primzahlordnung, liegt also in $\mathscr{F}$, entgegen der Annahme $\mathfrak{G} \notin \mathscr{F}$.

b) Sei wieder $\mathfrak{N}$ ein minimaler Normalteiler von $\mathfrak{G}$. Nach a) können wir $\mathbf{N}_{\mathfrak{G}}(\mathfrak{H}) \leqq \mathfrak{F}_1$ annehmen. Aus $\mathfrak{H}\mathfrak{N}/\mathfrak{N} \leqq \mathfrak{F}_1\mathfrak{N}/\mathfrak{N} \cap \mathfrak{F}_2\mathfrak{N}/\mathfrak{N}$ folgt mit Induktion $\mathfrak{F}_1\mathfrak{N} = \mathfrak{F}_2\mathfrak{N}$. Da $\mathfrak{F}_1$ und $\mathfrak{F}_2$ deckende $\mathscr{F}$-Untergruppen von $\mathfrak{F}_1\mathfrak{N}$ sind, können wir offenbar $\mathfrak{G} = \mathfrak{F}_1\mathfrak{N} = \mathfrak{F}_2\mathfrak{N}$ annehmen. Aus der Minimalität von $\mathfrak{N}$ folgt dann $\mathfrak{N} \leqq \mathfrak{F}_1$ oder $\mathfrak{N} \cap \mathfrak{F}_1 = \mathfrak{E}$. Ist $\mathfrak{N} \leqq \mathfrak{F}_1$, so erhalten wir $\mathfrak{F}_1 = \mathfrak{F}_2$. Sei also $\mathfrak{N} \cap \mathfrak{F}_1 = \mathfrak{N} \cap \mathfrak{F}_2 = \mathfrak{E}$. Dann folgt wegen $\mathfrak{H} \leqq \mathfrak{F}_i$ für $i = 1, 2$

$$\mathfrak{H} = \mathfrak{H}(\mathfrak{N} \cap \mathfrak{F}_i) = \mathfrak{H}\mathfrak{N} \cap \mathfrak{F}_i\,.$$

Da $\mathfrak{F}_1$ und $\mathfrak{F}_2$ deckende $\mathscr{F}$-Untergruppen von $\mathfrak{G} = \mathfrak{F}_1\mathfrak{N}$ sind, gibt es ein $N \in \mathfrak{N}$ mit $\mathfrak{F}_1^N = \mathfrak{F}_2$. Daraus folgt

$$\mathfrak{H}^N = \mathfrak{H}\mathfrak{N} \cap \mathfrak{F}_1^N = \mathfrak{H}\mathfrak{N} \cap \mathfrak{F}_2 = \mathfrak{H}$$

und mit a) dann $N \in \mathbf{N}_{\mathfrak{G}}(\mathfrak{H}) \leqq \mathfrak{F}_1$, also $\mathfrak{F}_2 = \mathfrak{F}_1^N = \mathfrak{F}_1$. **q.e.d.**

Aus 7.12 folgt eine handliche Charakterisierung der deckenden $\mathscr{F}$-Untergruppen:

7.13 Satz (Hawkes). *Sei $\mathfrak{G}$ auflösbar und $\mathscr{F}$ eine gesättigte Formation.*

a) *Ist $\mathfrak{F}$ eine deckende $\mathscr{F}$-Untergruppe von $\mathfrak{G}$ und $\mathfrak{N} \trianglelefteq \mathfrak{G}$, so gilt $\mathfrak{F}\mathfrak{N}/\mathfrak{N} \in \mathscr{F}$, und keine $\mathfrak{F}\mathfrak{N}/\mathfrak{N}$ echt enthaltende Untergruppe von $\mathfrak{G}/\mathfrak{N}$ liegt in $\mathscr{F}$.*

b) *Sei*

$$\mathfrak{E} = \mathfrak{N}_0 \lhd \mathfrak{N}_1 \lhd \cdots \lhd \mathfrak{N}_r = \mathfrak{G}$$

mit $\mathfrak{N}_i \trianglelefteq \mathfrak{G}$ und nilpotenten Faktorgruppen $\mathfrak{N}_{i+1}/\mathfrak{N}_i$. Sei ferner $\mathfrak{F} \leqq \mathfrak{G}$. Ist $\mathfrak{F}\mathfrak{N}_i/\mathfrak{N}_i \in \mathscr{F}$ $(i = 0, 1, \ldots, r-1)$, und liegt keine $\mathfrak{F}\mathfrak{N}_i/\mathfrak{N}_i$ echt ent-

haltende Untergruppe von $\mathfrak{G}/\mathfrak{N}_i$ in $\mathscr{F}$, so ist $\mathfrak{F}$ eine deckende $\mathscr{F}$-Untergruppe von $\mathfrak{G}$.

Beweis. a) Nach 7.9 b) ist $\overline{\mathfrak{F}} = \mathfrak{F}\,\mathfrak{N}/\mathfrak{N}$ eine deckende $\mathscr{F}$-Untergruppe von $\overline{\mathfrak{G}} = \mathfrak{G}/\mathfrak{N}$. Sei $\overline{\mathfrak{F}} \leqq \overline{\mathfrak{U}} \leqq \overline{\mathfrak{G}}$ und $\overline{\mathfrak{U}} \in \mathscr{F}$. Dann folgt $\overline{\mathfrak{U}} = \overline{\mathfrak{U}}_{\mathscr{F}}\,\overline{\mathfrak{F}} = \overline{\mathfrak{F}}$.

b) Wir beweisen die Behauptung durch Induktion nach r. Für $r = 1$ folgt aus 7.12, daß $\mathfrak{F}$ in einer deckenden $\mathscr{F}$-Untergruppe liegt, also ist $\mathfrak{F}$ eine deckende $\mathscr{F}$-Untergruppe von $\mathfrak{G}$.

Offenbar erfüllt $\mathfrak{F}\,\mathfrak{N}_1/\mathfrak{N}_1$ die Voraussetzungen in $\mathfrak{G}/\mathfrak{N}_1$. Nach Induktion ist daher $\mathfrak{F}\,\mathfrak{N}_1/\mathfrak{N}_1$ eine deckende $\mathscr{F}$-Untergruppe von $\mathfrak{G}/\mathfrak{N}_1$. Ferner ist $\mathfrak{F}$ nach 7.12 a) eine deckende $\mathscr{F}$-Untergruppe von $\mathfrak{F}\,\mathfrak{N}_1$. Mit 7.9 c) folgt, daß $\mathfrak{F}$ eine deckende $\mathscr{F}$-Untergruppe von $\mathfrak{G}$ ist. **q.e.d.**

Von selbständigem Interesse ist der folgende Hilfssatz:

7.14 Hilfssatz. *Sei $\mathfrak{A}$ ein abelscher Normalteiler von $\mathfrak{G}$. Dann sind alle Komplemente von $\mathfrak{A}$ in $\mathfrak{G}$ konjugiert unter Automorphismen von $\mathfrak{G}$.*

Beweis. Wir setzen $\overline{\mathfrak{G}} = \mathfrak{G}/\mathfrak{A}$. Seien

$$\mathfrak{R}_i = \{R_i(\overline{G}) \mid \overline{G} \in \overline{\mathfrak{G}}\} \quad (i = 1, 2)$$

mit $\overline{G} = R_i(\overline{G})\,\mathfrak{A}$ Komplemente von $\mathfrak{A}$ in $\mathfrak{G}$. Wir definieren die umkehrbar eindeutige Abbildung α von $\mathfrak{G}$ auf sich durch $(A\,R_1(\overline{G}))^\alpha = A\,R_2(\overline{G})$ für $A \in \mathfrak{A}$ und $\overline{G} \in \overline{\mathfrak{G}}$. Dann gilt

$$\begin{aligned}(A_1\,R_1(\overline{G}_1)\,A_2\,R_1(\overline{G}_2))^\alpha &= (A_1\,A_2^{R_1(\overline{G}_1)^{-1}}\,R_1(\overline{G}_1)\,R_1(\overline{G}_2))^\alpha \\ &= (A_1\,A_2^{R_1(\overline{G}_1)^{-1}}\,R_1(\overline{G}_1\,\overline{G}_2))^\alpha \\ &= A_1\,A_2^{R_1(\overline{G}_1)^{-1}}\,R_2(\overline{G}_1\,\overline{G}_2) \\ &= A_1\,A_2^{R_1(\overline{G}_1)^{-1}}\,R_2(\overline{G}_1)\,R_2(\overline{G}_2) \\ &= A_1\,R_2(\overline{G}_1)\,A_2^{R_1(\overline{G}_1)^{-1}R_2(\overline{G}_1)}\,R_2(\overline{G}_2)\,.\end{aligned}$$

Wegen $R_1(\overline{G}_1)^{-1}\,R_2(\overline{G}_1) \in \mathfrak{A}$ und der Kommutativität von $\mathfrak{A}$ folgt

$$\begin{aligned}(A_1\,R_1(\overline{G}_1)\,A_2\,R_1(\overline{G}_2))^\alpha &= A_1\,R_2(\overline{G}_1)\,A_2\,R_2(\overline{G}_2) \\ &= (A_1\,R_1(\overline{G}_1))^\alpha(A_2\,R_1(\overline{G}_2))^\alpha\,,\end{aligned}$$

und α ist somit ein Automorphismus von $\mathfrak{G}$, welcher $\mathfrak{R}_1$ auf $\mathfrak{R}_2$ abbildet. **q.e.d.**

Der folgende Satz verallgemeinert Ergebnisse aus SCHENKMANN [1], G. HIGMAN [1] und CARTER [2]:

7.15 Satz (SHULT [2], CARTER, HAWKES [1]). *Sei $\mathscr{F}$ eine lokal erklärte Formation. Ist $\mathfrak{G}$ auflösbar und $\mathfrak{G}_{\mathscr{F}}$ abelsch, so sind die deckenden $\mathscr{F}$-Untergruppen von $\mathfrak{G}$ gerade die Komplemente von $\mathfrak{G}_{\mathscr{F}}$ in $\mathfrak{G}$.*

Beweis. a) Sei $\mathfrak{F}$ eine deckende $\mathscr{F}$-Untergruppe von $\mathfrak{G}$, also $\mathfrak{G} = \mathfrak{G}_{\mathscr{F}}\,\mathfrak{F}$. Wir zeigen $\mathfrak{G}_{\mathscr{F}} \cap \mathfrak{F} = \mathfrak{E}$ und können dazu annehmen, daß $\mathfrak{G}_{\mathscr{F}}$ eine abelsche p-Gruppe und $\mathfrak{G}_{\mathcal{F}} \cap \mathfrak{F}$ ein minimaler Normalteiler von $\mathfrak{G}$ ist. Ist $\mathcal{F}(p) = \emptyset$, so gilt $p \nmid |\mathfrak{F}|$ und daher $\mathfrak{G}_{\mathcal{F}} \cap \mathfrak{F} = \mathfrak{E}$. Sei also weiterhin $\mathcal{F}(p) \neq \emptyset$. Wir setzen $\overline{\mathfrak{G}} = \mathfrak{G}/\mathfrak{G}_{\mathcal{F}}$. Wegen $\mathfrak{G} \in \mathcal{F}$ gilt $\overline{\mathfrak{G}}/\mathbf{F}_p(\overline{\mathfrak{G}}) \in \mathcal{F}(p)$. Also ist $\overline{\mathfrak{G}}_{\mathcal{F}(p)} \leqq \mathbf{F}_p(\overline{\mathfrak{G}})$, und $\overline{\mathfrak{G}}_{\mathcal{F}(p)}$ ist somit p-nilpotent. Sei $\overline{\mathfrak{V}}$ das invariante p-Komplement von $\overline{\mathfrak{G}}_{\mathcal{F}(p)}$. Wegen $(|\mathfrak{G}_{\mathcal{F}}|, |\overline{\mathfrak{V}}|) = 1$ gilt nach III, 13.4 (S. 350)

$$\mathfrak{G}_{\mathcal{F}} = \mathbf{C}_{\mathfrak{G}_{\mathcal{F}}}(\overline{\mathfrak{V}}) \times [\mathfrak{G}_{\mathcal{F}}, \overline{\mathfrak{V}}]\,.$$

(Dabei sind $\mathbf{C}_{\mathfrak{G}_{\mathcal{F}}}(\overline{\mathfrak{V}})$ und $[\mathfrak{G}_{\mathcal{F}}, \overline{\mathfrak{V}}]$ wie in III, 13.2 zu bilden.) Ist $\overline{\mathfrak{K}}$ ein Hauptfaktor von $\mathfrak{G}$ unterhalb von $\mathbf{C}_{\mathfrak{G}_{\mathcal{F}}}(\overline{\mathfrak{V}})$, so wird $\overline{\mathfrak{K}}$ von $\overline{\mathfrak{V}}$ zentralisiert. Nach V, 5.17 (S. 485) wird dann der p-Normalteiler $\overline{\mathfrak{G}}_{\mathcal{F}(p)}/\overline{\mathfrak{V}}$ von $\overline{\mathfrak{G}}/\overline{\mathfrak{V}}$ auf $\overline{\mathfrak{K}}$ trivial dargestellt. Somit ist $\mathfrak{G}/\mathbf{C}_{\mathfrak{G}}(\overline{\mathfrak{K}})$ ein homomorphes Bild von $\overline{\mathfrak{G}}/\overline{\mathfrak{G}}_{\mathcal{F}(p)}$ und liegt daher in $\mathcal{F}(p)$. Also liegt $\mathbf{C}_{\mathfrak{G}_{\mathcal{F}}}(\overline{\mathfrak{V}})\,\mathfrak{F}$ in $\mathcal{F}$, und mit **7.13** a) folgt $\mathbf{C}_{\mathfrak{G}_{\mathcal{F}}}(\overline{\mathfrak{V}}) \leqq \mathfrak{F}$. Daher ist $\mathfrak{G} = [\mathfrak{G}_{\mathcal{F}}, \overline{\mathfrak{V}}]\,\mathfrak{F}$, also $\mathfrak{G}/[\mathfrak{G}_{\mathcal{F}}, \overline{\mathfrak{V}}] \in \mathcal{F}$. Dann folgt $[\mathfrak{G}_{\mathcal{F}}, \overline{\mathfrak{V}}] = \mathfrak{G}_{\mathcal{F}}$ und $\mathbf{C}_{\mathfrak{G}_{\mathcal{F}}}(\overline{\mathfrak{V}}) = \mathfrak{E}$. Da $\mathfrak{N} = \mathfrak{G}_{\mathcal{F}} \cap \mathfrak{F}$ ein abelscher Normalteiler von $\mathfrak{G}$ ist, folgt aus $\mathfrak{N} \cap \mathbf{C}_{\mathfrak{G}_{\mathcal{F}}}(\overline{\mathfrak{V}}) = \mathfrak{E}$ mit Hilfe von III, 13.4 $\mathfrak{N} = [\mathfrak{N}, \overline{\mathfrak{V}}]$. Andererseits ist jedoch $\mathfrak{N}$ ein minimaler Normalteiler von $\mathfrak{F}$. Daher bewirken $\mathfrak{F}$ und $\mathfrak{G} = \mathfrak{G}_{\mathcal{F}}\,\mathfrak{F}$ auf $\mathfrak{N}$ eine Automorphismengruppe aus $\mathcal{F}(p)$, und es folgt der Widerspruch $[\mathfrak{N}, \overline{\mathfrak{V}}] = \mathfrak{E}$.

b) Ist $\mathfrak{K}$ ein Komplement von $\mathfrak{G}_{\mathcal{F}}$ in $\mathfrak{G}$, so gibt es nach **7.14** einen Automorphismus α von $\mathfrak{G}$ derart, daß $\mathfrak{K}^{\alpha}$ eine deckende $\mathcal{F}$-Untergruppe von $\mathfrak{G}$ ist. Also ist auch $\mathfrak{K}$ eine deckende $\mathcal{F}$-Untergruppe von $\mathfrak{G}$. **q.e.d.**

B. Fischer hat kürzlich gezeigt, daß sich die Ergebnisse dieses Paragraphen weitgehend dualisieren lassen. Wir geben ohne Beweise eine von Gaschütz stammende Variante der Fischerschen Resultate an:

7.16 Definition.

a) Eine Klasse $\mathcal{K}$ von Isomorphietypen von Gruppen heißt Fittingklasse, falls gilt:

(1) Ist $\mathfrak{G} \in \mathcal{K}$ und $\mathfrak{N} \trianglelefteq \mathfrak{G}$, so gilt $\mathfrak{N} \in \mathcal{K}$.

(2) Ist $\mathfrak{N}_i \trianglelefteq \mathfrak{G}$ und $\mathfrak{N}_i \in \mathcal{K}$ $(i = 1, 2)$, so gilt $\mathfrak{N}_1 \mathfrak{N}_2 \in \mathcal{K}$.

(Offenbar bilden die nilpotenten Gruppen, die p-nilpotenten Gruppen und die Gruppen mit $l_p(\mathfrak{G}) \leqq k$ jeweils Fittingklassen.)

b) Sei $\mathcal{K}$ eine Fittingklasse. Eine Untergruppe $\mathfrak{K}$ von $\mathfrak{G}$ heißt eine $\mathcal{K}$-Fischergruppe von $\mathfrak{G}$, falls gilt:

(1) $\mathfrak{K} \in \mathcal{K}$.

(2) Ist $\mathfrak{N}$ ein Normalteiler von $\mathfrak{G}$, so gilt $\mathfrak{N} \cap \mathfrak{K} \in \mathcal{K}$, und keine $\mathfrak{N} \cap \mathfrak{K}$ echt enthaltende Untergruppe von $\mathfrak{N}$ liegt in $\mathcal{K}$.

(Dies ist offenbar eine Dualisierung der in **7.13** angegebenen Charakterisierung der deckenden $\mathcal{F}$-Untergruppen.)

Die von Fischer angegebene Definition der $\mathcal{K}$-Fischergruppen lautet etwas anders und knüpft direkt an 7.8 an; enthält $\mathcal{K}$ mit $\mathfrak{G}$ stets alle Untergruppen von $\mathfrak{G}$, so ist Fischers Definition mit 7.16 gleichwertig, i. a. jedoch nicht.

7.17 Satz (Fischer, Gaschütz, Hartley [1]). *Sei $\mathcal{K}$ eine Fittingklasse und $\mathfrak{G}$ auflösbar. Dann gilt:*

a) *$\mathfrak{G}$ besitzt genau eine Konjugiertenklasse von $\mathcal{K}$-Fischergruppen.*

b) *Ist $\mathfrak{K}$ eine $\mathcal{K}$-Fischergruppe von $\mathfrak{G}$ und $\mathfrak{K} \leq \mathfrak{U} \leq \mathfrak{G}$, so ist $\mathfrak{K}$ eine $\mathcal{K}$-Fischergruppe von $\mathfrak{U}$.*

c) *Ist $\mathfrak{K}$ eine $\mathcal{K}$-Fischergruppe von $\mathfrak{G}$ und $\mathfrak{N} \trianglelefteq \mathfrak{G}$, so ist $\mathfrak{N} \cap \mathfrak{K}$ eine $\mathcal{K}$-Fischergruppe von $\mathfrak{N}$.*

d) *Ist $\mathfrak{K}$ eine $\mathcal{K}$-Fischergruppe von $\mathfrak{G}$ und $\mathfrak{M}/\mathfrak{N}$ ein Hauptfaktor von $\mathfrak{G}$, so gilt $\mathfrak{N}(\mathfrak{M} \cap \mathfrak{K}) = \mathfrak{M}$ oder $\mathfrak{N}(\mathfrak{M} \cap \mathfrak{K}) = \mathfrak{N}$.*

Für die Klasse $\mathcal{N}$ der nilpotenten Gruppen lassen sich die $\mathcal{N}$-Fischergruppen auch in folgender Weise beschreiben:

7.18 Satz. *Sei $\mathcal{N}$ die Klasse der nilpotenten Gruppen und $\mathfrak{G}$ auflösbar. Dann sind gleichwertig:*

a) *$\mathfrak{N}$ ist $\mathcal{N}$-Fischergruppe von $\mathfrak{G}$.*

b) *Es gilt $\mathbf{F}(\mathfrak{G}) \leqq \mathfrak{N}$. Ist $\mathfrak{N} \leqq \mathfrak{U} \leqq \mathfrak{G}$ und $\mathfrak{U}$ nilpotent, so ist $\mathfrak{U} = \mathfrak{N}$.*

c) *Die p-Sylowgruppe von $\mathfrak{N}$ ist eine p-Sylowgruppe von $\mathbf{C}_{\mathfrak{G}}(\mathbf{F}(\mathfrak{G})_{p'})$.*

Ist umgekehrt $\mathfrak{M}_p$ irgendeine p-Sylowgruppe von $\mathbf{C}_{\mathfrak{G}}(\mathbf{F}(\mathfrak{G})_{p'})$, so sind die $\mathfrak{M}_p$ elementweise vertauschbar, und $\bigtimes_p \mathfrak{M}_p$ ist eine $\mathcal{N}$-Fischergruppe von $\mathfrak{G}$.

Unser Ziel im Rest dieses Paragraphen ist die Umkehrung von Hauptsatz 7.5. Dazu benötigen wir eine Verallgemeinerung von V, 10.8 (S. 519):

7.19 Satz (Steinberg [5]). *Sei $\mathfrak{G}$ eine endliche Gruppe, K ein Körper und V ein K-Vektorraum endlicher Dimension, der ein treuer $\mathfrak{G}$-Modul ist. Dann ist jeder irreduzible $K[\mathfrak{G}]$-Modul ein Kompositionsfaktor eines Tensorproduktes $\underbrace{V \otimes \cdots \otimes V}_{r}$ $(r = 1, 2, \ldots)$.*

Beweis. a) Wir zeigen zuerst: Sind $w_1, \ldots, w_k$ paarweise verschiedene Vektoren aus einem Vektorraum W und ist $w_i \neq o$ für alle i, so sind die Elemente

$$(w_i, w_i \otimes w_i, w_i \otimes w_i \otimes w_i, \ldots)$$

aus der cartesischen Summe der $W^{(r)} = \underbrace{W \otimes \cdots \otimes W}_{r}$ linear unabhängig:

Sind V_1 und V_2 Vektorräume über K und f eine Linearfunktion auf V_2, so ist die Abbildung μ mit $(v_1, v_2)\,\mu = f(v_2)\,v_1$ offenbar ausgeglichen im Sinne von V, 9.1 (S. 508). Daher gibt es eine additive Abbildung f^* von $V_1 \otimes V_2$ in V_1 mit $(v_1 \otimes v_2)\,f^* = f(v_2)\,v_1$. Offenbar ist f^* K-linear.

Angenommen, es sei

$$(1)\qquad \sum_{i=1}^{n} a_i (w_i \otimes \underset{r}{\cdots} \otimes w_i) = o \quad (r = 1, 2, \ldots)$$

mit $a_i \in K$ eine lineare Abhängigkeit mit minimalem n. Dann ist $n \geqq 2$, und es gibt eine Linearfunktion f auf W, die auf $\{w_1, \ldots, w_k\}$ nicht konstant ist. Ersetzen wir r in (1) durch $r + s$ und wenden f^* s-fach an, so folgt

$$(2)\qquad \sum_{i=1}^{n} a_i f(w_i)^s (w_i \otimes \underset{r}{\cdots} \otimes w_i) = o \quad (r = 1, 2, \ldots; s = 0, 1, \ldots, n-1).$$

Seien $b_i = f(w_i)$ $(i = 1, \ldots, m)$ die verschiedenen Werte, welche f auf $\{w_1, \ldots, w_n\}$ annimmt. Wegen

$$\det(b_i^j) \neq 0 \quad (i = 1, \ldots, m;\ j = 0, \ldots, m-1)$$

folgt

$$\sum_{f(w_i) = f(w_1)} a_i (w_i \otimes \underset{r}{\cdots} \otimes w_i) = o$$

für alle $r = 1, 2, \ldots$. Das widerspricht der Minimalität von n.

b) Sei V ein treuer $\mathfrak{G}$-Modul. Wir setzen $V^{(r)} = V \otimes \underset{r}{\cdots} \otimes V$ und bezeichnen mit $\mathbf{T}(V)$ die cartesische Summe aller $V^{(r)}$. Definieren wir den Annullator von $\mathbf{T}(V)$ durch

$$\mathbf{An}\,\mathbf{T}(V) = \{a \mid a \in K[\mathfrak{G}], \mathbf{T}(V)\, a = 0\},$$

so gilt $\mathbf{An}\,\mathbf{T}(V) = 0$:

Sei $\{v_1, \ldots, v_k\}$ eine K-Basis von V. Setzen wir

$$\mathfrak{G}_i = \{G \mid G \in \mathfrak{G}, v_i G = v_i\},$$

so gilt $\bigcap_{i=1}^{k} \mathfrak{G}_i = \mathfrak{E}$ wegen der Treue von V. Wir setzen $W = V \oplus \underset{k}{\cdots} \oplus V$ und $w = (v_1, \ldots, v_k)$. Dann sind die Elemente $w\,G$ mit $G \in \mathfrak{G}$ paarweise verschieden und verschieden von o. Sei $a = \sum_{G \in \mathfrak{G}} a(G)\, G$ ein Element aus dem Gruppenring $K[\mathfrak{G}]$ mit $W^{(r)} a = 0$ für $r = 1, 2, \ldots$. Für alle r gilt dann

$$o = (w \otimes \underset{r}{\cdots} \otimes w)\, a = \sum_{G \in \mathfrak{G}} a(G)\,(w\,G \otimes \underset{r}{\cdots} \otimes w\,G).$$

Nach a) folgt daraus $a = 0$. Da $W^{(r)}$ eine direkte Summe von k^r zu $V^{(r)}$ isomorphen $K[\mathfrak{G}]$-Moduln ist, ist 0 auch der Annullator von $\mathbf{T}(V)$.

c) Wir setzen $\mathfrak{R} = K[\mathfrak{G}]$ und $\overline{\mathfrak{R}} = \mathfrak{R}/\mathbf{J}(\mathfrak{R})$. Sei $\overline{\mathfrak{R}} = \bigoplus_{i=1}^{h} \overline{\mathfrak{R}}_i$ die Wedderburnsche Zerlegung von $\overline{\mathfrak{R}}$ in einfache Algebren $\overline{\mathfrak{R}}_i$ und $W_1, \ldots, W_h$ die irreduziblen $\mathfrak{R}$-Moduln. Auf W_i werde $\overline{\mathfrak{R}}_i$ treu dargestellt, für $j \neq i$ sei $W_j \overline{\mathfrak{R}}_i = 0$ (siehe V, 4.5, S. 473). Nach b) gilt $\bigcap_r \mathbf{An}\, V^{(r)} = 0$. Wegen der

Gültigkeit der Minimalbedingung in $\mathfrak{R}$ ist dann schon $\bigcap_{r=1}^{s} \mathbf{An}\, V^{(r)} = 0$ für ein geeignetes s. Angenommen, es komme W_i in keinem $V^{(r)}$ $(r = 1, \ldots, s)$ als Kompositionsfaktor vor. Ist $\mathfrak{R}_i$ das Urbild von $\overline{\mathfrak{R}}_i$ in $\mathfrak{R}$, so annulliert das Ideal $\mathfrak{R}_i$ also jeden Kompositionsfaktor von $V^{(r)}$ $(r = 1, \ldots, s)$. Für genügend großes m folgt daher $V^{(r)} \mathfrak{R}_i^m = 0$ $(r = 1, \ldots, s)$, wegen $\bigcap_{r=1}^{s} \mathbf{An}\, V^{(r)} = 0$ also $\mathfrak{R}_i^m = 0$. Das nilpotente Ideal $\mathfrak{R}_i$ von $\mathfrak{R}$ liegt nach V, 2.4 b) (S. 463) im Radikal $\mathbf{J}(\mathfrak{R})$. Das liefert den Widerspruch $\overline{\mathfrak{R}}_i = 0$. Also ist W_i ein Kompositionsfaktor eines geeigneten $V^{(r)}$. **q.e.d.**

7.20 Satz. *Sei $\mathfrak{G}$ eine Gruppe ohne p-Normalteiler $\neq \mathfrak{E}$ und K ein Körper der Charakteristik p. Dann gibt es einen vollständig reduziblen, treuen $\mathfrak{G}$-Modul.*

Beweis. Sei V die direkte Summe aller irreduziblen $K[\mathfrak{G}]$-Moduln. Wir zeigen, daß $\mathfrak{G}$ auf V treu dargestellt wird. Sei $G - E \in \mathbf{An}\, V$. Nach V, 2.1 (S. 462) liegt dann $G - E$ im Radikal $\mathbf{J}(K[\mathfrak{G}])$ von $K[\mathfrak{G}]$. Nach V, 2.4 a) gibt es ein k mit $\mathbf{J}(K[\mathfrak{G}])^k = 0$. Ist $p^n \geqq k$, so folgt wegen $\operatorname{Char} K = p$

$$G^{p^n} - E = (G - E)^{p^n} \in \mathbf{J}(K[\mathfrak{G}])^{p^n} = 0\,.$$

Also bilden die Elemente aus $\mathfrak{G}$, welche auf V die identische Abbildung bewirken, einen p-Normalteiler von $\mathfrak{G}$. Wegen unserer Voraussetzung ist dieser gleich $\mathfrak{E}$. **q.e.d.**

Nach V, 5.17 (S. 485) wird jeder p-Normalteiler von $\mathfrak{G}$ auf jedem irreduziblen, also auch auf jedem vollständig reduziblen $K[\mathfrak{G}]$-Modul trivial dargestellt. Also folgt mit 7.20, daß es genau dann einen vollständig reduziblen, treuen $\mathfrak{G}$-Modul gibt, wenn $\mathfrak{G}$ keinen von $\mathfrak{E}$ verschiedenen p-Normalteiler hat.

7.21 Hilfssatz. *Sei $\mathcal{F}$ eine Formation, $\mathfrak{G}$ eine Gruppe aus $\mathcal{F}$ und $\mathfrak{A}$ ein abelscher Normalteiler von $\mathfrak{G}$. Ist $\mathfrak{M} \trianglelefteq \mathfrak{G}$ und $\mathfrak{A} \leqq \mathfrak{M} \leqq \mathbf{C}_{\mathfrak{G}}(\mathfrak{A})$, so liegt das semidirekte Produkt von $\mathfrak{A}$ mit $\mathfrak{G}/\mathfrak{M}$, gebildet zu den Automorphismen $A^{G\mathfrak{M}} = A^G$, in $\mathcal{F}$.*

Beweis. Sei $\mathfrak{A}^*$ zu $\mathfrak{A}$ isomorph als $\mathfrak{G}$-Gruppe und $\mathfrak{H} = \mathfrak{A}^* \mathfrak{G}$ das semidirekte Produkt von $\mathfrak{A}^*$ mit $\mathfrak{G}$. Ist α ein $\mathfrak{G}$-Isomorphismus von $\mathfrak{A}$ auf $\mathfrak{A}^*$, so ist offenbar

$$\mathfrak{D} = \{(A^\alpha, A) \mid A \in \mathfrak{A}\}$$

ein Normalteiler von $\mathfrak{H}$ mit $\mathfrak{A}^* \cap \mathfrak{D} = \mathfrak{G} \cap \mathfrak{D} = \mathfrak{E}$. Aus $\mathfrak{H} = \mathfrak{A}^* \mathfrak{G} = \mathfrak{D}\mathfrak{G}$ folgt

$$\mathfrak{H}/\mathfrak{D} \cong \mathfrak{G}/(\mathfrak{G} \cap \mathfrak{D}) = \mathfrak{G}\,,$$

also $\mathfrak{H}/\mathfrak{D} \in \mathcal{F}$. Wegen $\mathfrak{H}/\mathfrak{A}^* \cong \mathfrak{G} \in \mathcal{F}$ erhalten wir $\mathfrak{H} = \mathfrak{H}/(\mathfrak{A}^* \cap \mathfrak{D}) \in \mathcal{F}$. Da $\mathfrak{A}^*$ von $\mathfrak{M}$ zentralisiert wird, ist $\mathfrak{M} \triangleleft \mathfrak{H}$ und $\mathfrak{H}/\mathfrak{M} \in \mathcal{F}$. Offenbar ist $\mathfrak{H}/\mathfrak{M}$ bis auf Isomorphie das semidirekte Produkt von $\mathfrak{A}$ mit $\mathfrak{G}/\mathfrak{M}$. **q.e.d.**

7.22 Hilfssatz. *Sei $K = GF(p)$ und seien V_1 und V_2 $K[\mathfrak{G}]$-Moduln von endlicher Dimension über K. Die Menge*

$$\mathfrak{P} = \{(x, y) \mid x \in V_1 \oplus V_2, y \in V_1 \otimes V_2\}$$

mit der Multiplikation

$$(v_1 + v_2, w)(v_1' + v_2', w') = (v_1 + v_1' + v_2 + v_2', v_1 \otimes v_2' + w + w')$$

ist dann eine p-Gruppe mit

$$\{(o, y) \mid y \in V_1 \otimes V_2\} = \mathfrak{P}' \leqq \mathbf{Z}(\mathfrak{P}).$$

Machen wir $V_1 \otimes V_2$ durch $(v_1 \otimes v_2) G = v_1 G \otimes v_2 G$ zu einem $\mathfrak{G}$-Modul, so wird $\mathfrak{P}$ durch die Festsetzung

$$(x, y)^G = (x G, y G)$$

eine $\mathfrak{G}$-Gruppe.

Beweis. Eine einfache Rechnung zeigt, daß die angegebene Multiplikation auf $\mathfrak{P}$ assoziativ ist, daß (o, o) das Einselement von $\mathfrak{P}$ und $(-v_1 - v_2, v_1 \otimes v_2 - w)$ das Inverse von $(v_1 + v_2, w)$ ist. Da die Abbildung $(x, y) \to x$ ein Epimorphismus von $\mathfrak{P}$ auf die additive Gruppe von $V_1 \oplus V_2$ ist, gilt

$$\mathfrak{P}' \leqq \{(o, y) \mid y \in V_1 \otimes V_2\}.$$

Wegen

$$(v_1, o)(v_2, o)(-v_1, o)(-v_2, o) = (o, v_1 \otimes v_2\}$$

für $v_i \in V_i$ $(i = 1, 2)$ folgt

$$\mathfrak{P}' = \{(o, y) \mid y \in V_1 \otimes V_2\}.$$

Die restlichen Behauptungen ergeben sich durch triviale Rechnungen.

q.e.d.

Wir kommen zum entscheidenden Hilfssatz:

7.23 Hilfssatz. *Sei $\mathfrak{F}$ eine gesättigte Formation und $\mathfrak{G}$ eine p-auflösbare Gruppe aus $\mathfrak{F}$ mit $p \mid |\mathfrak{G}|$. Wir setzen $\overline{\mathfrak{G}} = \mathfrak{G}/\mathbf{F}_p(\mathfrak{G})$. Ist die elementarabelsche p-Gruppe $\mathfrak{V}$ ein irreduzibler $\overline{\mathfrak{G}}$-Modul, so liegt das semidirekte Produkt von $\mathfrak{V}$ mit $\overline{\mathfrak{G}}$ in $\mathfrak{F}$.*

Beweis. Wir setzen wie in 6.1 $\mathbf{F}_p(\mathfrak{G}) = \mathbf{P}_1(\mathfrak{G})$ und definieren $\mathfrak{U}$ durch

$$\mathfrak{U}/\mathbf{M}_0(\mathfrak{G}) = \Phi(\mathbf{P}_1(\mathfrak{G})/\mathbf{M}_0(\mathfrak{G})).$$

Nach 6.5 wird dann $\overline{\mathfrak{G}}$ treu auf $\mathfrak{W} = \mathbf{F}_p(\mathfrak{G})/\mathfrak{U}$ dargestellt.

a) Das semidirekte Produkt von $\mathfrak{W}^{(r)} = \mathfrak{W} \otimes \cdots \otimes \mathfrak{W}$ mit $\overline{\mathfrak{G}}$ liegt für alle $r = 1, 2, \ldots$ in $\mathfrak{F}$:

Wir führen den Beweis durch Induktion nach r. Es gilt $\mathfrak{G}/\mathfrak{U} \in \mathfrak{F}$. Nach 7.21 liegt daher das semidirekte Produkt von $\mathfrak{W}$ mit $\overline{\mathfrak{G}}$ in $\mathfrak{F}$.

Sei $r > 1$ und sei schon bewiesen, daß das semidirekte Produkt von $\mathfrak{W}^{(r-1)}$ mit $\overline{\mathfrak{G}}$ in $\mathfrak{F}$ liegt. Gemäß 7.22 bilden wir $\mathfrak{H} = \mathfrak{P}\overline{\mathfrak{G}}$ mit

$$\mathfrak{P} = \{(X, Y) \mid X \in \mathfrak{W}^{(r-1)} \times \mathfrak{W}, \quad Y \in \mathfrak{W}^{(r-1)} \otimes \mathfrak{W} = \mathfrak{W}^{(r)}\}.$$

Dann sind

$$\mathfrak{P}_1 = \{(X, Y) \mid X \in \mathfrak{W}^{(r-1)}\,,\ Y \in \mathfrak{W}^{(r)}\}$$

und

$$\mathfrak{P}_2 = \{(X, Y) \mid X \in \mathfrak{W},\ \ Y \in \mathfrak{W}^{(r)}\}$$

Normalteiler von $\mathfrak{H}$ mit $\mathfrak{H}/\mathfrak{P}_1 \cong \mathfrak{W}\overline{\mathfrak{G}} \in \mathscr{F}$ und $\mathfrak{H}/\mathfrak{P}_2 \cong \mathfrak{W}^{(r-1)}\overline{\mathfrak{G}} \in \mathscr{F}$. Wegen $\mathfrak{P}_1 \cap \mathfrak{P}_2 = \mathfrak{P}'$ gilt also $\mathfrak{H}/\mathfrak{P}' \in \mathscr{F}$. Da $\mathscr{F}$ gesättigt ist, folgt aus $\mathfrak{P}' \leqq \Phi(\mathfrak{P}) \leqq \Phi(\mathfrak{H})$ dann $\mathfrak{H} \in \mathscr{F}$. Die Anwendung von **7.21** auf $\mathfrak{H}$ mit $\mathfrak{P}'$ anstelle von $\mathfrak{A}$ und $\mathfrak{P}$ anstelle von $\mathfrak{M}$ zeigt, daß das semidirekte Produkt von $\mathfrak{P}'$ mit $\overline{\mathfrak{G}}$ in $\mathscr{F}$ liegt. Da $\mathfrak{P}'$ eine zu $\mathfrak{W}^{(r)}$ isomorphe $\overline{\mathfrak{G}}$-Gruppe ist, beweist das die Zwischenbehauptung.

b) Nach **7.19** ist der irreduzible $\overline{\mathfrak{G}}$-Modul $\mathfrak{V}$ Kompositionsfaktor eines geeigneten $\mathfrak{W}^{(r)}$. Nach a) liegt das semidirekte Produkt von $\mathfrak{W}^{(r)}$ mit $\overline{\mathfrak{G}}$ in $\mathscr{F}$. Die Anwendung von **7.21** auf ein geeignetes homomorphes Bild von $\mathfrak{W}^{(r)}\overline{\mathfrak{G}}$ zeigt nun, daß auch das semidirekte Produkt von $\mathfrak{V}$ mit $\overline{\mathfrak{G}}$ in $\mathscr{F}$ liegt. **q.e.d.**

7.24 Hilfssatz. *Sei $\mathscr{F}$ eine gesättigte Formation von auflösbaren Gruppen, welche Gruppen von durch p teilbarer Ordnung enthält. Mit $\mathbf{O}_p(\mathfrak{G})$ bezeichnen wir jeweils den maximalen p-Normalteiler von $\mathfrak{G}$. Dann ist*

$$\mathscr{F}(p) = \{\mathfrak{G} \mid \mathfrak{G}/\mathbf{O}_p(\mathfrak{G}) \cong \mathfrak{H}/\mathbf{F}_p(\mathfrak{H}) \text{ für ein } \mathfrak{H} \in \mathscr{F}\}$$

eine Formation.

Beweis. a) $\mathscr{F}(p)$ ist abgeschlossen bei Epimorphismen:

Sei $\mathfrak{G} \in \mathscr{F}(p)$ und α ein Epimorphismus von $\mathfrak{G}$ auf $\mathfrak{K} = \mathfrak{G}^\alpha$. Nach Definition von $\mathscr{F}(p)$ gibt es ein $\mathfrak{H} \in \mathscr{F}$ mit $\mathfrak{G}/\mathbf{O}_p(\mathfrak{G}) \cong \mathfrak{H}/\mathbf{F}_p(\mathfrak{H})$. Wegen $\mathbf{O}_p(\mathfrak{G})^\alpha \leqq \mathbf{O}_p(\mathfrak{K})$ ist $\overline{\mathfrak{K}} = \mathfrak{K}/\mathbf{O}_p(\mathfrak{K})$ isomorph zu einer Faktorgruppe von $\mathfrak{H}/\mathbf{F}_p(\mathfrak{H})$, liegt also in $\mathscr{F}$. Ist $p \nmid |\mathfrak{H}|$, so folgt $\mathfrak{H} = \mathbf{F}_p(\mathfrak{H})$ und $\overline{\mathfrak{K}} = \mathfrak{E}$, also

$$\mathfrak{K}/\mathbf{O}_p(\mathfrak{K}) = \mathfrak{E} = \mathfrak{H}/\mathbf{F}_p(\mathfrak{H})\,,$$

und $\mathfrak{K}$ liegt somit in $\mathscr{F}(p)$. Sei weiterhin $p \mid |\mathfrak{H}|$. Nach **7.20** gibt es wegen $\mathbf{O}_p(\overline{\mathfrak{K}}) = \mathfrak{E}$ einen treuen, vollständig reduziblen $\overline{\mathfrak{K}}$-Modul $\mathfrak{V}$ über $K = GF(p)$. Sei $\mathfrak{V} = \bigtimes_i \mathfrak{V}_i$ mit irreduziblen $K[\overline{\mathfrak{K}}]$-Moduln $\mathfrak{V}_i$. Wegen $p \mid |\mathfrak{H}|$ liegt nach **7.23** das semidirekte Produkt von $\mathfrak{V}_i$ mit $\mathfrak{H}/\mathbf{F}_p(\mathfrak{H})$ in $\mathscr{F}$. Dann liegt auch $\mathfrak{V}_i\overline{\mathfrak{K}}$ als homomorphes Bild von $\mathfrak{V}_i(\mathfrak{H}/\mathbf{F}_p(\mathfrak{H}))$ in $\mathscr{F}$. Wegen

$$\mathfrak{V}\overline{\mathfrak{K}}/\bigtimes_{i \neq j} \mathfrak{V}_j \cong \mathfrak{V}_i\overline{\mathfrak{K}} \in \mathscr{F}$$

folgt $\mathfrak{V}\overline{\mathfrak{K}} \in \mathscr{F}$. Da $\mathfrak{V}$ ein treuer $\overline{\mathfrak{K}}$-Modul ist, gilt (siehe Def. 6.1, S. 688) $\mathbf{M}_0(\mathfrak{V}\overline{\mathfrak{K}}) \leqq \mathbf{C}_{\mathfrak{V}\overline{\mathfrak{K}}}(\mathfrak{V}) = \mathfrak{V}$, also $\mathbf{M}_0(\mathfrak{V}\overline{\mathfrak{K}}) = \mathfrak{E}$ und daher $\mathbf{F}_p(\mathfrak{V}\overline{\mathfrak{K}}) = \mathfrak{V}\,\mathbf{O}_p(\overline{\mathfrak{K}}) = \mathfrak{V}$. Also ist $\mathfrak{K}/\mathbf{O}_p(\mathfrak{K}) \cong \mathfrak{V}\overline{\mathfrak{K}}/\mathbf{F}_p(\mathfrak{V}\overline{\mathfrak{K}})$ mit $\mathfrak{V}\overline{\mathfrak{K}} \in \mathscr{F}$ und somit $\mathfrak{K} \in \mathscr{F}(p)$.

b) Seien $\mathfrak{G}_1$ und $\mathfrak{G}_2$ aus $\mathcal{F}(p)$ und α_i Epimorphismen von $\mathfrak{G}$ auf $\mathfrak{G}_i$ mit Kern $\alpha_1 \cap$ Kern $\alpha_2 = \mathfrak{E}$. Wir haben $\mathfrak{G} \in \mathcal{F}(p)$ nachzuweisen. Dazu führen wir folgende Abbildungen ein:

(1) Einen Monomorphismus α von $\mathfrak{G}$ in $\mathfrak{G}_1 \times \mathfrak{G}_2$ mit $G^\alpha = (G^{\alpha_1}, G^{\alpha_2})$.

(2) Die natürlichen Epimorphismen β_i von $\mathfrak{G}_i$ auf $\overline{\mathfrak{G}}_i = \mathfrak{G}_i/\mathbf{O}_p(\mathfrak{G}_i)$ und den Epimorphismus β von $\mathfrak{G}_1 \times \mathfrak{G}_2$ auf $\overline{\mathfrak{G}}_1 \times \overline{\mathfrak{G}}_2$ mit $(G_1, G_2)^\beta = (G_1^{\beta_1}, G_2^{\beta_2})$.

(3) Nach Definition von $\mathcal{F}(p)$ gibt es $\mathfrak{H}_i \in \mathcal{F}$ und Epimorphismen γ_i von $\mathfrak{H}_i$ auf $\overline{\mathfrak{G}}_i$ mit Kern $\gamma_i = \mathbf{F}_p(\mathfrak{H}_i)$. Wir definieren einen Epimorphismus γ von $\mathfrak{H}_1 \times \mathfrak{H}_2$ auf $\overline{\mathfrak{G}}_1 \times \overline{\mathfrak{G}}_2$ durch $(H_1, H_2)^\gamma = (H_1^{\gamma_1}, H_2^{\gamma_2})$.

(4) Die Projektion ν_i von $\mathfrak{H}_1 \times \mathfrak{H}_2$ auf $\mathfrak{H}_i$ und die Projektion μ_i von $\overline{\mathfrak{G}}_1 \times \overline{\mathfrak{G}}_2$ auf $\overline{\mathfrak{G}}_i$ $(i = 1, 2)$.

Wir setzen $\overline{\mathfrak{G}} = \mathfrak{G}^{\alpha\beta}$. Dann bewirkt μ_i wegen

$$G^{\alpha\beta\mu_i} = (G^{\alpha_1\beta_1}, G^{\alpha_2\beta_2})^{\mu_i} = G^{\alpha_i\beta_i}$$

und $\mathfrak{G}^{\alpha_i\beta_i} = \overline{\mathfrak{G}}_i$ einen Epimorphismus von $\overline{\mathfrak{G}}$ auf $\overline{\mathfrak{G}}_i$ $(i = 1, 2)$.

Sei $\mathfrak{H}$ das Urbild von $\overline{\mathfrak{G}}$ bezüglich γ in $\mathfrak{H}_1 \times \mathfrak{H}_2$. Die Projektion ν_1 von $\mathfrak{H}_1 \times \mathfrak{H}_2$ auf $\mathfrak{H}_1$ bewirkt einen Epimorphismus von $\mathfrak{H}$ auf $\mathfrak{H}_1$:

Für $H_1 \in \mathfrak{H}_1$ gibt es wegen $\overline{\mathfrak{G}}^{\mu_i} = \overline{\mathfrak{G}}_i$ nämlich ein $(\overline{G}_1, \overline{G}_2) \in \overline{\mathfrak{G}}$ mit $(\overline{G}_1, \overline{G}_2)^{\mu_i} = \overline{G}_1 = H_1^{\gamma_1}$. Wählen wir $H_2 \in \mathfrak{H}_2$ mit $H_2^{\gamma_2} = \overline{G}_2$, so folgt $(H_1, H_2) \in \mathfrak{H}$ und $(H_1, H_2)^{\nu_1} = H_1$. Analog ist ν_2 ein Epimorphismus von $\mathfrak{H}$ auf $\mathfrak{H}_2$. Wegen Kern $\nu_1 \cap$ Kern $\nu_2 = \mathfrak{E}$ und $\mathfrak{H}/\text{Kern}\, \nu_i \cong \mathfrak{H}_i \in \mathcal{F}$ folgt $\mathfrak{H} \in \mathcal{F}$.

Offenbar gilt $\mathbf{F}_p(\mathfrak{H}_1) \times \mathbf{F}_p(\mathfrak{H}_2) = \text{Kern}\, \gamma \leqq \mathfrak{H}$. Aus

$$\mathbf{F}_p(\mathfrak{H})^{\nu_i} \leqq \mathbf{F}_p(\mathfrak{H}^{\nu_i}) = \mathbf{F}_p(\mathfrak{H}_i)$$

folgt $\mathbf{F}_p(\mathfrak{H}) \leqq \mathbf{F}_p(\mathfrak{H}_1) \times \mathbf{F}_p(\mathfrak{H}_2)$, also Kern $\gamma = \mathbf{F}_p(\mathfrak{H}_1) \times \mathbf{F}_p(\mathfrak{H}_2) = \mathbf{F}_p(\mathfrak{H})$. Daher ist $\mathfrak{H}/\mathbf{F}_p(\mathfrak{H}) \cong \overline{\mathfrak{G}}$, und somit hat $\overline{\mathfrak{G}}$ keinen nichttrivialen p-Normalteiler. Da

$$\text{Kern}\, \beta \cap \mathfrak{G}^\alpha = (\mathbf{O}_p(\mathfrak{G}_1) \times \mathbf{O}_p(\mathfrak{G}_2)) \cap \mathfrak{G}^\alpha$$

ein p-Normalteiler von $\mathfrak{G}^\alpha$ ist, folgt nun $\mathbf{O}_p(\mathfrak{G}^\alpha) = \text{Kern}\, \beta \cap \mathfrak{G}^\alpha$ und $\mathfrak{H}/\mathbf{F}_p(\mathfrak{H}) \cong \mathfrak{G}/\mathbf{O}_p(\mathfrak{G})$, also $\mathfrak{G} \in \mathcal{F}(p)$. **q.e.d.**

Wir kommen zur angekündigten Umkehrung von 7.5:

7.25 Satz (Lubeseder [1]). *Jede gesättigte Formation von auflösbaren Gruppen ist lokal erklärbar.*

Beweis. Sei $\mathcal{F}$ eine gesättigte Formation. Enthält $\mathcal{F}$ keine Gruppe von durch p teilbarer Ordnung, so setzen wir $\mathcal{F}(p) = \emptyset$; enthält $\mathcal{F}$ Gruppen von durch p teilbarer Ordnung, so definieren wir die Formation $\mathcal{F}(p)$ wie in Hilfssatz 7.24. Sei $\mathcal{F}^*$ die durch $\mathcal{F}(p)$ lokal erklärte Formation. Nach 7.4 gilt $\mathcal{F} \subseteq \mathcal{F}^*$. Wir haben $\mathcal{F}^* \subseteq \mathcal{F}$ nachzuweisen.

Angenommen, es sei $\mathfrak{G}$ eine Gruppe von minimaler Ordnung mit $\mathfrak{G} \in \mathcal{F}^*$ und $\mathfrak{G} \notin \mathcal{F}$. Ist $\mathfrak{E} < \mathfrak{N} \trianglelefteq \mathfrak{G}$, so gilt $\mathfrak{G}/\mathfrak{N} \in \mathcal{F}^*$, wegen der Minimalität von $|\mathfrak{G}|$ also auch $\mathfrak{G}/\mathfrak{N} \in \mathcal{F}$. Somit hat $\mathfrak{G}$ nur einen minimalen

Normalteiler, etwa $\mathfrak{N}$. Da $\mathcal{F}$ gesättigt ist, folgt $\Phi(\mathfrak{G}) = \mathfrak{E}$, und $\mathfrak{N}$ hat somit nach III, 4.4 (S. 278) ein Komplement $\mathfrak{K}$ in $\mathfrak{G}$. Aus $\mathbf{C}_{\mathfrak{G}}(\mathfrak{N}) \cap \mathfrak{K} \lhd \mathfrak{G}$ folgt $\mathbf{C}_{\mathfrak{G}}(\mathfrak{N}) = \mathfrak{N}$. Ist $|\mathfrak{N}|$ eine Potenz der Primzahl p, so folgt $\mathfrak{N} = \mathbf{O}_p(\mathfrak{G})$. Da $\mathfrak{G}$ keinen von $\mathfrak{E}$ verschiedenen Normalteiler von zu p teilerfremder Ordnung besitzt, ist $\mathbf{F}_p(\mathfrak{G}) = \mathbf{O}_p(\mathfrak{G}) = \mathfrak{N}$. Wegen $\mathfrak{G} \in \mathcal{F}^*$ ist

$$\mathfrak{G}/\mathfrak{N} = \mathfrak{G}/\mathbf{F}_p(\mathfrak{G}) \in \mathcal{F}(p)\,.$$

Nach Definition von $\mathcal{F}(p)$ gibt es daher ein $\mathfrak{H} \in \mathcal{F}$ mit

$$\mathfrak{H}/\mathbf{F}_p(\mathfrak{H}) \simeq (\mathfrak{G}/\mathfrak{N})/\mathbf{O}_p(\mathfrak{G}/\mathfrak{N}) = \mathfrak{G}/\mathfrak{N}\,.$$

Vermöge dieser Isomorphie ist $\mathfrak{N}$ ein irreduzibler $\mathfrak{H}/\mathbf{F}_p(\mathfrak{H})$-Modul. Also liegt das zu $\mathfrak{G}$ isomorphe semidirekte Produkt von $\mathfrak{N}$ mit $\mathfrak{H}/\mathbf{F}_p(\mathfrak{H})$ nach 7.23 in $\mathcal{F}$. **q.e.d.**

§ 8. Rang und Frattinigruppe

8.1 Hilfssatz. *Sei $\mathfrak{G}$ eine p-auflösbare Gruppe. Der Vektorraum $V = V(n, p)$ der Dimension n über $GF(p)$ sei ein treuer, irreduzibler $\mathfrak{G}$-Modul mit $(n, |\mathfrak{G}|) = 1$. Dann ist $\mathfrak{G}$ zyklisch und $|\mathfrak{G}| \mid p^n - 1$.*

(Die p-Auflösbarkeit von $\mathfrak{G}$ ist hier nicht entbehrlich, wie die Beispiele in V, 5.13, S. 482 *zeigen.)*

Beweis. Wir führen den Beweis durch Induktion nach $|\mathfrak{G}|$. Sei $\mathfrak{M}$ ein maximaler Normalteiler von $\mathfrak{G}$. Es sind zwei Fälle zu unterscheiden:

Fall 1: Sei V ein reduzibler $\mathfrak{M}$-Modul, aber nicht alle irreduziblen Teile von V (als $\mathfrak{M}$-Modul) seien isomorph. Nach V, 17.3 (S. 565) wäre dann $V = \bigoplus_{i=1}^{m} V_i$, wobei $\mathfrak{G}$ die V_i transitiv permutieren würde. Daher wäre m ein Teiler von $(n, |\mathfrak{G}|) = 1$, entgegen der Annahme $m > 1$.

Fall 2: Nun zerfalle V in $s\,(s \geqq 1)$ irreduzible isomorphe $\mathfrak{M}$-Moduln. Nach unserer Induktionsannahme ist dann $\mathfrak{M}$ zyklisch. Also folgt mit II, 3.11 (S. 166), daß $\mathfrak{G}$, betrachtet als Permutationsgruppe auf $V = V(n, p)$, ähnlich ist zu einer Untergruppe der Gruppe aller semilinearen Abbildungen auf dem Vektorraum $V' = V(s, p^m)$ der Dimension s über dem Körper $GF(p^m)$ mit $n = s\,m$. Dabei ist $\mathbf{C}_{\mathfrak{G}}(\mathfrak{M})$ die Gruppe der in $\mathfrak{G}$ liegenden über $GF(p^m)$ linearen Abbildungen auf V, also ist $\mathfrak{G}/\mathbf{C}_{\mathfrak{G}}(\mathfrak{M})$ isomorph zu einer Untergruppe der Automorphismengruppe von $GF(p^m)$. Aus $(m, |\mathfrak{G}|) = 1$ folgt daher, daß $\mathfrak{G}$ nur lineare Abbildungen enthält. Somit ist $\mathfrak{G} = \mathbf{C}_{\mathfrak{G}}(\mathfrak{M})$. Die Faktorgruppe $\mathfrak{G}/\mathfrak{M}$ ist einfach. Ist $\mathfrak{G}/\mathfrak{M}$ zyklisch, so folgt die Kommutativität von $\mathfrak{G}$. Nach II, 3.10 ist dann $\mathfrak{G}$ zyklisch und $|\mathfrak{G}| \mid p^n - 1$.

Ist $\mathfrak{G}/\mathfrak{M}$ nicht zyklisch, so hat $\mathfrak{G}/\mathfrak{M}$ wegen der p-Auflösbarkeit von $\mathfrak{G}$ eine zu p teilerfremde Ordnung. Daher hat die p-Sylowgruppe $\mathfrak{P}$ von $\mathfrak{G}$ nach dem Satz von Zassenhaus ein Komplement $\mathfrak{Q}$ in $\mathfrak{G}$. Also ist

$\mathfrak{G} = \mathfrak{P} \times \mathfrak{Q}$. Nach dem Satz von Clifford (V, 17.3; S. 565) ist V eine direkte Summe von irreduziblen $\mathfrak{Q}$-Moduln gleicher Dimension. Sei W ein irreduzibler $\mathfrak{Q}$-Teilmodul von V. Über einem Zerfällungskörper von $GF(p)$ $[\mathfrak{Q}]$ zerfällt W nach V, 13.3 in lauter algebraisch konjugierte, absolut irreduzible Teile W_i. Wegen $p \nmid |\mathfrak{Q}|$ gilt $\dim W_i \mid |\mathfrak{Q}|$ nach V, 12.6. Insgesamt erhalten wir

$$\dim W_i = (n, |\mathfrak{G}|) = 1 .$$

Also wird $\mathfrak{Q}'$ auf W_i und dann auf V trivial dargestellt. Somit folgt $\mathfrak{Q}' = \mathfrak{E}$, und $\mathfrak{G}/\mathfrak{M}$ ist zyklisch. **q.e.d.**

8.2 Definition. Sei

$$\mathfrak{E} = \mathfrak{G}_0 \lhd \mathfrak{G}_1 \lhd \cdots \lhd \mathfrak{G}_s = \mathfrak{G}$$

eine Hauptreihe von $\mathfrak{G}$.

a) Ist $\mathfrak{G}$ $(\neq \mathfrak{E})$ auflösbar und $|\mathfrak{G}_{i+1}/\mathfrak{G}_i| = p_i^{n_i}$, so definieren wir den arithmetischen Rang $\bar{r}(\mathfrak{G})$ von $\mathfrak{G}$ als kleinstes gemeinsames Vielfaches der n_i. Wir setzen $\bar{r}(\mathfrak{E}) = 0$.

b) Ist $\mathfrak{G}$ $(\neq \mathfrak{E})$ p-auflösbar und sind die $\mathfrak{G}_{i+1}/\mathfrak{G}_i$ mit $|\mathfrak{G}_{i+1}/\mathfrak{G}_i| = p^{n_i}$ die p-Hauptfaktoren von $\mathfrak{G}$ in der obenstehenden Hauptreihe, so sei $\bar{r}_p(\mathfrak{G})$ das kleinste gemeinsame Vielfache dieser n_i.

Wir setzen wieder $\bar{r}_p(\mathfrak{E}) = 0$.

8.3 Hilfssatz. *Sei n eine natürliche Zahl, p eine Primzahl und $\mathcal{F}$ die Formation der Gruppen $\mathfrak{G}$ mit folgenden Eigenschaften:*

(1) *$\mathfrak{G}$ ist p-auflösbar mit $\bar{r}_p(\mathfrak{G}) \mid n$.*

(2) $(n, |\mathfrak{G}|) = 1$.

Dann wird $\mathcal{F}$ lokal erklärt durch die Formationen $\mathcal{F}(q)$ mit

(i) $\mathcal{F}(q) = \emptyset$ *für* $q \mid n$.

(ii) $\mathcal{F}(p) = \{\mathfrak{A} \mid \mathfrak{A}$ *abelsch*, $\operatorname{Exp} \mathfrak{A} \mid p^n - 1\}$, falls $p \nmid n$.

(iii) $\mathcal{F}(q) =$ *Klasse aller Gruppen für alle übrigen* q.

Beweis. a) Sei $\mathfrak{G} \in \mathcal{F}$. Wegen $(n, |\mathfrak{G}|) = 1$ ist die Bedingung (i) erfüllt. Sei $\mathfrak{K}$ ein p-Hauptfaktor der p-auflösbaren Gruppe $\mathfrak{G}$ mit $|\mathfrak{K}| = p^k$. Dann ist $k \mid \bar{r}_p(\mathfrak{G})$, also auch $k \mid n$. Es ist

$$\mathfrak{H} = \mathfrak{G}/C_{\mathfrak{G}}(\mathfrak{K})$$

isomorph zu einer p-auflösbaren Gruppe, welche auf einem Vektorraum $V(k, p)$ von der Dimension k über $GF(p)$ treu und irreduzibel dargestellt wird. Nach 8.1 folgt aus $(k, |\mathfrak{H}|) \mid (n, |\mathfrak{G}|)$ und $(n, |\mathfrak{G}|) = 1$, daß $\mathfrak{H}$ eine zyklische Gruppe mit $\operatorname{Exp} \mathfrak{H} \mid p^k - 1$ ist. Wegen $k \mid n$ erhalten wir daher $\mathfrak{H} \in \mathcal{F}(p)$. Also liegt $\mathfrak{G}$ in der durch die $\mathcal{F}(q)$ lokal erklärten Formation.

b) Es liege $\mathfrak{G}$ in der durch die $\mathcal{F}(q)$ lokal erklärten Formation. Sei $\mathfrak{K}$ ein Hauptfaktor von $\mathfrak{G}$ mit $p \mid |\mathfrak{K}|$. Dann gilt

$$\mathfrak{G}/C_{\mathfrak{G}}(\mathfrak{K}) \in \mathcal{F}(p) = \{\mathfrak{A} \mid \mathfrak{A} \text{ abelsch}, \operatorname{Exp} \mathfrak{A} \mid p^n - 1\} .$$

Insbesondere ist $\mathfrak{G}' \leqq \mathbf{C}_{\mathfrak{G}}(\mathfrak{K})$. Wegen $\mathfrak{K}' \leqq \mathbf{Z}(\mathfrak{K})$ ist $\mathfrak{K}$ auflösbar, und $\mathfrak{G}$ ist p-auflösbar.

Ist $q \mid n$, so gilt wegen (i) $\mathscr{F}(q) = \emptyset$, also $q \nmid |\mathfrak{G}|$. Das liefert $(n, |\mathfrak{G}|) = 1$.

Sei $\mathfrak{K}$ ein p-Hauptfaktor von $\mathfrak{G}$ mit $|\mathfrak{K}| = p^k$. Dann ist

$$\mathfrak{H} = \mathfrak{G}/\mathbf{C}_{\mathfrak{G}}(\mathfrak{K}) \in \mathscr{F}(p)\,,$$

also ist $\mathfrak{H}$ abelsch. Nach II, 3.10 (S. 165) ist dann $\mathfrak{H}$ zyklisch, es gilt $p^k \equiv 1\,(|\mathfrak{H}|)$, und k ist die kleinste natürliche Zahl mit $p^k \equiv 1\,(|\mathfrak{H}|)$. Wegen

$$\mathscr{F}(p) = \{\mathfrak{A} \mid \mathfrak{A} \text{ abelsch, } \operatorname{Exp}\mathfrak{A} \mid p^n - 1\}$$

ist andererseits $p^n \equiv 1\,(|\mathfrak{H}|)$. Daher folgt $k \mid n$. Da dies für alle p-Hauptfaktoren $\mathfrak{K}$ von $\mathfrak{G}$ gilt, haben wir $\bar{r}_p(\mathfrak{G}) \mid n$. **q.e.d.**

8.4 Satz (Huppert [12]). *Ist $\mathfrak{G}$ eine auflösbare Gruppe mit*

$$\bigl(\bar{r}_p(\mathfrak{G}/\Phi(\mathfrak{G})), |\mathfrak{G}|\bigr) = 1\,,$$

so gilt $\bar{r}_p(\mathfrak{G}/\Phi(\mathfrak{G})) = \bar{r}_p(\mathfrak{G})$.

Beweis. Wir setzen $n = \bar{r}_p(\mathfrak{G}/\Phi(\mathfrak{G}))$ und definieren die Formation $\mathscr{F}$ als die Klasse der Gruppen $\mathfrak{H}$ mit folgenden Eigenschaften:

(1) $\mathfrak{H}$ ist p-auflösbar mit $\bar{r}_p(\mathfrak{H}) \mid n$.

(2) $(n, |\mathfrak{H}|) = 1$.

Nach 8.3 ist $\mathscr{F}$ eine lokal erklärte, also nach 7.4 eine gesättigte Formation. Aus $\mathfrak{G}/\Phi(\mathfrak{G}) \in \mathscr{F}$ folgt daher die Behauptung $\mathfrak{G} \in \mathscr{F}$. **q.e.d.**

Wir wenden uns Sonderfällen von 8.4 zu:

8.5 Definition. a) Die p-auflösbare Gruppe $\mathfrak{G}$ heißt p-überauflösbar, wenn $r_p(\mathfrak{G}) = 1$ gilt.

b) Ist $\mathfrak{G}$ auflösbar mit $r(\mathfrak{G}) = 1$, so heißt $\mathfrak{G}$ überauflösbar. Die überauflösbaren Gruppen sind also gerade die Gruppen mit lauter zyklischen Hauptfaktoren.

8.6 Satz. a) (Huppert) *Ist $\mathfrak{G}/\Phi(\mathfrak{G})$ p-überauflösbar (überauflösbar), so ist auch $\mathfrak{G}$ p-überauflösbar (überauflösbar).*

b) (Kohler [1]) *Ist $r(\mathfrak{G}/\Phi(\mathfrak{G})) = 2$ und $2 \nmid |\mathfrak{G}|$, so ist $r(\mathfrak{G}) = 2$.*

Beweis. Die Behauptungen folgen sofort aus 8.4, denn für $\bar{r}_p(\mathfrak{H}) \leqq 2$ ist $\bar{r}_p(\mathfrak{H}) = r_p(\mathfrak{H})$. **q.e.d.**

Wir wollen durch ein Beispiel belegen, daß die Voraussetzung $(\bar{r}_p(\mathfrak{G}/\Phi(\mathfrak{G})), |\mathfrak{G}|) = 1$ in 8.4 nicht entbehrlich ist:

8.7 Beispiel. Seien p, q, r Primzahlen mit $p \mid q - 1$ und $p\,q \mid r - 1$. Dann gibt es eine auflösbare Gruppe $\mathfrak{G}$ der Ordnung $p^a\, q^b\, r^c$ (mit geeigneten a, b, c) mit $\bar{r}(\mathfrak{G}/\Phi(\mathfrak{G})) = p$ und $\bar{r}(\mathfrak{G}) \equiv 0\ (p^{r-1})$.

Beweis. Sei $\mathfrak{H}$ eine transitive Permutationsgruppe vom Grad q mit $|\mathfrak{H}| = p\,q$. Sei $\mathfrak{S}$ ein direktes Produkt von $k = r - 1$ zu $\mathfrak{H}$ isomorphen Gruppen $\mathfrak{H}_i$ und $\mathfrak{F}$ die freie Gruppe in den $q\,k$ freien Erzeugenden $F_{ij}(i = 1, \ldots, k;\ j = 1, \ldots, q)$. Wir machen $\mathfrak{S}$ zu einer Gruppe von Automorphismen von $\mathfrak{F}$ durch folgende Festsetzung:

Ist $S \in \mathfrak{S}$ und $S = H_1 \ldots H_k$ mit $H_i \in \mathfrak{H}_i$, so sei

$$F_{ij}^S = F_{ij'} \quad \text{mit} \quad j' = j^{H_i}.$$

Sei $\mathbf{K}_r(\mathfrak{F})$ das r-te Glied der absteigenden Zentralreihe von $\mathfrak{F}$ und $\mathfrak{F}^r = \langle F^r \mid F \in \mathfrak{F}\rangle$. Wir setzen $\mathfrak{R} = \mathfrak{F}/\mathfrak{F}^r\,\mathbf{K}_r(\mathfrak{F})$. Dann ist $\mathfrak{R}$ eine r-Gruppe vom Exponenten r und höchstens von der Klasse $r - 1$. In natürlicher Weise operiert $\mathfrak{S}$ auf $\mathfrak{R}$. Sei $\mathfrak{G}$ das semidirekte Produkt von $\mathfrak{R}$ mit $\mathfrak{S}$. Wir zeigen:

a) $\bar{r}(\mathfrak{G}/\Phi(\mathfrak{G})) = p$:

Wegen $p\,q \mid r - 1$ ist $GF(r)$ ein Zerfällungskörper von $\mathfrak{H}$. (Hierzu wird nicht der Brauersche Satz V, 19.11 benötigt, denn die Darstellungen der metabelschen Gruppe $\mathfrak{H}$ lassen sich nach V, 18.5 a) alle monomial schreiben.) Wegen $r \nmid |\mathfrak{H}_i|$ ist $\mathfrak{L}_i = \langle F_{ij}\,\mathfrak{F}^r\,\mathbf{K}_2(\mathfrak{F}) \mid j = 1, \ldots, q\rangle$ nach dem Satz von Maschke ein vollständig reduzibler $\mathfrak{H}_i$-Teilmodul von $\mathfrak{R}/\Phi(\mathfrak{R})$. Die irreduziblen $\mathfrak{H}_i$-Teilmoduln von $\mathfrak{L}_i$ sind absolut irreduzibel, haben daher nach V, 17.10 (S. 570) die Dimension 1 oder $|\mathfrak{H}_i/\mathfrak{H}_i'| = p$. Da $\mathfrak{H}_1 \times \cdots \times \mathfrak{H}_{i-1} \times \mathfrak{H}_{i+1} \times \cdots \times \mathfrak{H}_k$ auf $\mathfrak{L}_i$ trivial wirkt, sind die irreduziblen $\mathfrak{H}_i$-Teilmoduln von $\mathfrak{L}_i$ auch irreduzible $\mathfrak{S}$-Moduln. Daher zerfällt $\mathfrak{R}/\Phi(\mathfrak{R})$ als $\mathfrak{S}$-Modul vollständig in irreduzible Teile der Dimensionen 1 und p, und $\bar{r}(\mathfrak{G}/\Phi(\mathfrak{G})) = r(\mathfrak{G}/\Phi(\mathfrak{G}))$ ist ein Teiler von p. Da $\mathfrak{G}$ nicht überauflösbar ist, haben wir $\bar{r}(\mathfrak{G}/\Phi(\mathfrak{G})) = p$.

b) Wir setzen $R_{ij} = F_{ij}\,\mathfrak{F}^r\,\mathbf{K}_r(\mathfrak{F})$. Dann gilt

$$[R_{12}\,R_{11}^{-1}, R_{22}\,R_{21}^{-1}, \ldots, R_{k2}\,R_{k1}^{-1}] \neq E:$$

Sei $\mathfrak{T}$ eine r-Sylowgruppe der symmetrischen Gruppe vom Grad r^2. Nach III, 15.3 (S. 378) ist $\mathfrak{X} = \mathfrak{T}/\mathbf{K}_r(\mathfrak{T})$ eine Gruppe von der Klasse $r - 1$ vom Exponenten r. Es ist $\mathfrak{X} = \langle A_1, \ldots, A_r, B\rangle$ mit

$$A_i^r = B^r = [A_i, A_j] = A_1\,A_2 \ldots A_r = E \text{ und } A_i^B = A_{i+1}\ (i \bmod r)\,.$$

Insbesondere ist

$$[A_1, \underbrace{B, \ldots, B}_{r-2}] = A_1^{-1}\,A \neq E \quad \text{mit} \quad A \in \langle A_2, \ldots, A_{r-1}\rangle\,.$$

Sei ε der Homomorphismus von $\mathfrak{F}$ in $\mathfrak{X}$ mit $F_{12}^\varepsilon = A_1$, $F_{j2}^\varepsilon = B$ für $j \geqq 2$ und $F_{ji}^\varepsilon = E$ sonst. Wegen $(\mathfrak{F}^r\,\mathbf{K}_r(\mathfrak{F}))^\varepsilon = \mathfrak{E}$ ist dann α mit

$$R_{ij}^\alpha = F_{ij}^\varepsilon$$

ein Homomorphismus von $\mathfrak{R}$ in $\mathfrak{X}$ mit

$$[R_{12}\,R_{11}^{-1}, \ldots, R_{k2}\,R_{k1}^{-1}]^\alpha = [A_1, \underbrace{B, \ldots, B}_{k-1}] \neq E\,.$$

c) Sei $V_i = \langle v_{i1}, \ldots, v_{iq} \rangle$ ein Darstellungsmodul über $GF(r)$ für die Permutationsdarstellung von $\mathfrak{H}_i$ vom Grad q. Nach dem Satz von Maschke ist V_i vollständig reduzibel. Wir setzen

$$U_i = \langle \sum_{j=1}^{q} v_{ij} \rangle \quad \text{und} \quad W_i = \langle v_{i2} - v_{i1}, \ldots, v_{iq} - v_{i1} \rangle .$$

Dann ist U_i ein Teilmodul von V_i zur 1-Darstellung von $\mathfrak{H}_i$, und W_i ist wegen $r \neq q$ ein $\mathfrak{H}_i$-invariantes Komplement von U_i in V_i. Auf V_i erfährt $\mathfrak{H}_i'$ die reguläre Darstellung, und diese enthält die 1-Darstellung von $\mathfrak{H}_i'$ mit der Vielfachheit 1. Also ist U_i der einzige eindimensionale $\mathfrak{H}_i$-Teilmodul von V_i. Da die absolut irreduziblen $\mathfrak{H}_i$-Moduln über $GF(r)$ nur die Dimensionen 1 und p haben, zerfällt W_i in eine direkte Summe von $s = \frac{q-1}{p}$ absolut irreduziblen $\mathfrak{H}_i$-Moduln U_{ij} der Dimension p. Dann ist

$$W_1 \otimes \cdots \otimes W_k \cong \bigoplus_{j_i} (U_{1j_1} \otimes \cdots \otimes U_{kj_k}) .$$

Nach V, 10.3 (S. 516) ist jedes $U_{1j_1} \otimes \cdots \otimes U_{kj_k}$ ein absolut irreduzibler $\mathfrak{S}$-Modul der Dimension p^k.

Die Abbildung μ mit

$$((v_{1i} - v_{11}) \otimes \cdots \otimes (v_{ki} - v_{k1}))\, \mu = [R_{1i} R_{11}^{-1}, \ldots, R_{ki} R_{k1}^{-1}]$$

ist wegen $\mathbf{K}_r(\mathfrak{R}) = \mathfrak{E}$ ein $\mathfrak{S}$-Homomorphismus von $W_1 \otimes \cdots \otimes W_k$ in $\mathbf{K}_k(\mathfrak{R})$. Nach b) ist μ nicht die triviale Abbildung. Also enthält $\mathbf{K}_k(\mathfrak{R})$ einen Hauptfaktor von $\mathfrak{G}$ von der Ordnung r^{p^k}, und es folgt $p^k \mid \bar{r}(\mathfrak{G})$.

Aufgaben:

14) Sind n_1 und n_2 teilerfremd, so gilt der Algebrenisomorphismus

$$GF(p^{n_1}) \otimes GF(p^{n_2}) \cong GF(p^{n_1 n_2}) ,$$

wobei das Tensorprodukt über $GF(p)$ zu bilden ist.

15) (HUPPERT [12]) Seien n_1 und n_2 teilerfremd mit $n_1 < n_2$. Dann gibt es eine auflösbare Gruppe $\mathfrak{G}$ mit $r(\mathfrak{G}/\Phi(\mathfrak{G})) = n_2$ und $r(\mathfrak{G}) \geqq n_1 n_2$.

(Anleitung: Sei $V_i = GF(p^{n_i})^+$ der Vektorraum der Dimension n_i über $GF(p)$ $(p > 2)$, und sei $\mathfrak{Z} = \langle Z \rangle$ eine zyklische Gruppe der Ordnung $p^{n_1 n_2} - 1$. Wir machen V_i in naheliegender Weise zu einem $\mathfrak{Z}$-Modul. Sei $V = V_1 \oplus V_2$ und W der homogene Teil vom Grad 2 in der äußeren Algebra von V. Wir setzen $\mathfrak{P} = \{(v, w) \mid v \in V, w \in W\}$ und machen $\mathfrak{P}$ zu einer Gruppe durch

$$(v_1, w_1)(v_2, w_2) = (v_1 + v_2, w_1 + w_2 + v_1 \wedge v_2) .$$

In natürlicher Weise ist $\mathfrak{P}$ eine $\mathfrak{Z}$-Gruppe. Dann liefert das semidirekte Produkt von $\mathfrak{P}$ mit $\mathfrak{Z}$ das gewünschte Beispiel. Im Beweis ziehe man Aufg. 14) heran.)

§ 9. Überauflösbare Gruppen

In diesem Paragraphen werden wir die in 8.5 definierten überauflösbaren Gruppen untersuchen. Es wird sich zeigen, daß diese mit den nilpotenten Gruppen nahe verwandt sind.

Wir bemerken zuerst, daß jede p-nilpotente Gruppe p-überauflösbar und jede p-überauflösbare Gruppe p-auflösbar ist. Ferner folgt aus Hilfssatz 5.3, daß homomorphe Bilder, Untergruppen und direkte Produkte von p-überauflösbaren Gruppen wieder p-überauflösbar sind. Nach 8.3 bilden die p-überauflösbaren (überauflösbaren) Gruppen gesättigte Formationen.

9.1 Satz. a) *Ist $\mathfrak{G}$ p-überauflösbar, so ist die Kommutatorgruppe $\mathfrak{G}'$ p-nilpotent.*

b) *Ist $\mathfrak{G}$ überauflösbar, so ist $\mathfrak{G}'$ nilpotent.*

c) *Ist $\mathfrak{G}$ überauflösbar, so hat $\mathfrak{G}$ einen Sylowturm zu der zur natürlichen Anordnung der Primzahlen entgegengesetzten Anordnung. Insbesondere ist die Sylowgruppe zum größten Primteiler von $|\mathfrak{G}|$ ein Normalteiler von $\mathfrak{G}$; ist q der kleinste Primteiler von $|\mathfrak{G}|$, so ist $\mathfrak{G}$ q-nilpotent.*

d) *Ist $\mathfrak{G}$ auflösbar mit $r(\mathfrak{G}) \leqq 2$, ist $p > 3$ der größte Primteiler von $|\mathfrak{G}|$, so hat $\mathfrak{G}$ eine invariante p-Sylowgruppe.*

Beweis. a) Nach unserer Voraussetzung sind alle p-Hauptfaktoren von $\mathfrak{G}$ zyklisch von der Ordnung p. Ist $\mathfrak{K}$ ein solcher Hauptfaktor, so ist $\mathbf{A}_{\mathfrak{G}}(\mathfrak{K})$ als Untergruppe der Automorphismengruppe von $\mathfrak{K}$ zyklisch. Daher liegt $\mathfrak{G}'$ im Zentralisator $\mathbf{C}_{\mathfrak{G}}(\mathfrak{K})$ von $\mathfrak{K}$. Mit 5.4 b) folgt nun

$$\mathfrak{G}' \leqq \bigcap_{\mathfrak{K}} \mathbf{C}_{\mathfrak{G}}(\mathfrak{K}) = \mathbf{F}_p(\mathfrak{G}) ,$$

wobei der Durchschnitt über alle p-Hauptfaktoren von $\mathfrak{G}$ zu erstrecken ist. Als Untergruppe von $\mathbf{F}_p(\mathfrak{G})$ ist dann auch $\mathfrak{G}'$ p-nilpotent.

b) Nach a) ist $\mathfrak{G}'$ p-nilpotent für alle p, also nilpotent.

c) und d) beweisen wir zusammen durch eine Induktion nach $|\mathfrak{G}|$. Sei $\mathfrak{N}$ ein minimaler Normalteiler von $\mathfrak{G}$. Wegen $r(\mathfrak{G}) \leqq 2$ ist dann $|\mathfrak{N}| = q^n$ mit $n \leqq 2$ und einer geeigneten Primzahl q. Sei p der größte Primteiler von $|\mathfrak{G}|$ und $\mathfrak{G}_p$ eine p-Sylowgruppe von $\mathfrak{G}$. Die Anwendung der Induktionsannahme auf $\mathfrak{G}/\mathfrak{N}$ liefert uns $\mathfrak{G}_p\mathfrak{N}/\mathfrak{N} \trianglelefteq \mathfrak{G}/\mathfrak{N}$, also $\mathfrak{G}_p\mathfrak{N} \trianglelefteq \mathfrak{G}$. Ist $q = p$, so erhalten wir $\mathfrak{G}_p = \mathfrak{G}_p\mathfrak{N} \trianglelefteq \mathfrak{G}$ und sind fertig.

Sei nun $q < p$. Wegen $|\mathfrak{N}| = q^n$ mit $n \leqq 2$ ist die Anzahl der p-Sylowgruppen von $\mathfrak{G}_p\mathfrak{N}$ ein Teiler der Gestalt $1 + kp$ von q^2. Ist $k = 0$, so folgt $\mathfrak{G}_p \trianglelefteq \mathfrak{G}_p\mathfrak{N} \trianglelefteq \mathfrak{G}$, also auch $\mathfrak{G}_p \trianglelefteq \mathfrak{G}$. Ist $k > 0$, so ist wegen $q < p$ sicher $1 + kp = q^2$, also $kp = (q-1)(q+1)$. Das führt notwendig zu $q = 2$, $p = 3$ und $n = 2$.

Die volle Behauptung unter c) ergibt sich nun sofort durch Induktion nach der Anzahl der Primteiler von $|\mathfrak{G}|$. **q.e.d.**

Wir bemerken, daß die Aussage 9.1 c) wesentlich besser ist als die aus 6.6 c) folgende Aussage $l_p(\mathfrak{G}) \leqq 1$ für alle p. Für $p = 3$ bleibt 9.1 d) nicht richtig, wie das Beispiel der alternierenden Gruppe $\mathfrak{A}_4$ zeigt.

9.2 Satz. a) *Ist* $\mathfrak{G}$ *p-überauflösbar und* $\mathfrak{U}$ *eine maximale Untergruppe von* $\mathfrak{G}$, *so gilt entweder* $|\mathfrak{G} : \mathfrak{U}| = p$ *oder* $|\mathfrak{G} : \mathfrak{U}|$ *ist teilerfremd zu* p.

b) *Ist* $\mathfrak{G}$ *überauflösbar, so haben alle maximalen Untergruppen von* $\mathfrak{G}$ *Primzahlindex.* (*Siehe dazu Aufg.* 13).)

Beweis. a) Wir beweisen den Satz durch Induktion nach $|\mathfrak{G}|$. Sei $\mathfrak{N}$ ein minimaler Normalteiler und $\mathfrak{U}$ eine maximale Untergruppe von $\mathfrak{G}$. Ist $\mathfrak{N} \leqq \mathfrak{U}$, so ist $\mathfrak{U}/\mathfrak{N}$ eine maximale Untergruppe von $\mathfrak{G}/\mathfrak{N}$. Da $\mathfrak{G}/\mathfrak{N}$ ebenfalls p-überauflösbar ist, ergibt unsere Induktionsannahme, daß der Index

$$|\mathfrak{G}/\mathfrak{N} : \mathfrak{U}/\mathfrak{N}| = |\mathfrak{G} : \mathfrak{U}|$$

entweder gleich p oder zu p teilerfremd ist.

Sei also $\mathfrak{N} \nleqq \mathfrak{U}$. Ist $|\mathfrak{N}| = p$, so erhalten wir $\mathfrak{G} = \mathfrak{N}\,\mathfrak{U}$ und $\mathfrak{N} \cap \mathfrak{U} = \mathfrak{E}$. Daher ist $|\mathfrak{G} : \mathfrak{U}| = |\mathfrak{N}| = p$. Ist dagegen $|\mathfrak{N}|$ zu p teilerfremd, so folgt aus $\mathfrak{G} = \mathfrak{N}\,\mathfrak{U}$ nun

$$|\mathfrak{G} : \mathfrak{U}| = |\mathfrak{N} : \mathfrak{N} \cap \mathfrak{U}|\,,$$

und dies ist ebenfalls teilerfremd zu p.

b) ist eine triviale Folgerung aus a). **q.e.d.**

9.3 Satz. *Sei* $\mathfrak{G}$ *p-auflösbar. Für jede maximale Untergruppe* $\mathfrak{U}$ *von* $\mathfrak{G}$ *sei* $|\mathfrak{G} : \mathfrak{U}|$ *gleich* p *oder zu* p *teilerfremd. Dann ist* $\mathfrak{G}$ *p-überauflösbar.*

(*Die einfache Gruppe der Ordnung* 168 *hat nur maximale Untergruppen der Indizes* 7 *und* 8, *ist aber nicht* 7-*überauflösbar. Also ist die Voraussetzung der p-Auflösbarkeit von* $\mathfrak{G}$ *in* 9.3 *nicht entbehrlich.*)

Beweis. Sei $\mathfrak{G}$ ein Gegenbeispiel von kleinstmöglicher Ordnung. Da sich unsere Voraussetzung auf homomorphe Bilder von $\mathfrak{G}$ vererbt, sind alle von $\mathfrak{G}$ verschiedenen Faktorgruppen von $\mathfrak{G}$ p-überauflösbar.

Sei $\mathfrak{N}$ ein minimaler Normalteiler von $\mathfrak{G}$. Ist $p \nmid |\mathfrak{N}|$ oder $|\mathfrak{N}| = p$, so folgt aus der p-Überauflösbarkeit von $\mathfrak{G}/\mathfrak{N}$ die p-Überauflösbarkeit von $\mathfrak{G}$, entgegen der Wahl von $\mathfrak{G}$ als Gegenbeispiel. Also gilt $|\mathfrak{N}| = p^k > p$. Insbesondere ist $\mathfrak{N}$ elementar-abelsch.

Ist $\mathfrak{N} \nleqq \Phi(\mathfrak{G})$, so gibt es eine maximale Untergruppe $\mathfrak{U}$ von $\mathfrak{G}$ mit $\mathfrak{N} \nleqq \mathfrak{U}$. Dann folgt $\mathfrak{G} = \mathfrak{N}\,\mathfrak{U}$ und $\mathfrak{N} \cap \mathfrak{U} = \mathfrak{E}$. Also haben wir $|\mathfrak{G} : \mathfrak{U}| = |\mathfrak{N}| = p^k > p$. Das widerspricht jedoch unserer Voraussetzung über die Indizes der maximalen Untergruppen von $\mathfrak{G}$.

Somit gilt $\mathfrak{N} \leqq \Phi(\mathfrak{G})$. Aus der p-Überauflösbarkeit von $\mathfrak{G}/\mathfrak{N}$ folgt daher die von $\mathfrak{G}/\Phi(\mathfrak{G})$. Nach 8.6 a) ist dann $\mathfrak{G}$ selbst p-überauflösbar. **q.e.d.**

Zum Beweis der Umkehrung von 9.2 benötigen wir ein Auflösbarkeitskriterium:

9.4 Satz (P. Hall). *Ist der Index jeder maximalen Untergruppe von $\mathfrak{G}$ eine Primzahl oder das Quadrat einer Primzahl, so ist $\mathfrak{G}$ auflösbar.*

Beweis. Wir beweisen den Satz durch Induktion nach $|\mathfrak{G}|$. Die Voraussetzung vererbt sich offenbar auf homomorphe Bilder von $\mathfrak{G}$.

Ist $\mathfrak{N}$ ein minimaler Normalteiler von $\mathfrak{G}$, so ist nach unserer Induktionsannahme $\mathfrak{G}/\mathfrak{N}$ auflösbar. Wir haben also die Auflösbarkeit von $\mathfrak{N}$ nachzuweisen. Sei p der größte Primteiler von $|\mathfrak{N}|$ und $\mathfrak{P}$ eine p-Sylowgruppe von $\mathfrak{N}$. Nach I, 7.8 (S. 35) gilt dann $\mathfrak{G} = \mathfrak{N}\,\mathbf{N}_{\mathfrak{G}}(\mathfrak{P})$.

Ist $\mathfrak{G} = \mathbf{N}_{\mathfrak{G}}(\mathfrak{P})$, so haben wir $\mathfrak{P} \trianglelefteq \mathfrak{G}$, und dann ist $\mathfrak{N} = \mathfrak{P}$ auflösbar. Andernfalls liegt $\mathbf{N}_{\mathfrak{G}}(\mathfrak{P})$ in mindestens einer maximalen Untergruppe $\mathfrak{U}$ von $\mathfrak{G}$. Nach unserer Voraussetzung gilt $|\mathfrak{G} : \mathfrak{U}| = q^s$ mit einer geeigneten Primzahl q und mit $s \leqq 2$. Aus $\mathfrak{G} = \mathfrak{N}\,\mathbf{N}_{\mathfrak{G}}(\mathfrak{P}) = \mathfrak{N}\,\mathfrak{U}$ folgt nun

$$|\mathfrak{G} : \mathfrak{U}| = |\mathfrak{N} : \mathfrak{N} \cap \mathfrak{U}| = q^s \quad \text{mit} \quad s \leqq 2\,.$$

Wegen $\mathfrak{P} \leqq \mathfrak{N} \cap \mathfrak{U}$ ist dann sicher $p \neq q$. Also ist q kleiner als der größte Primteiler p von $|\mathfrak{N}|$. Da $\mathfrak{P}$ eine p-Sylowgruppe von $\mathfrak{N}$ und von $\mathfrak{N} \cap \mathfrak{U}$ ist, gilt nach dem Satz von Sylow

$$|\mathfrak{N} : \mathbf{N}_{\mathfrak{G}}(\mathfrak{P}) \cap \mathfrak{N}| \equiv 1\ (p) \quad \text{und} \quad |\mathfrak{U} \cap \mathfrak{N} : \mathbf{N}_{\mathfrak{G}}(\mathfrak{P}) \cap \mathfrak{N}| \equiv 1\ (p)\,.$$

Daher haben wir auch $|\mathfrak{N} : \mathfrak{N} \cap \mathfrak{U}| \equiv 1\ (p)$. Also ist entweder $q \equiv 1\ (p)$ oder $q^2 \equiv 1\ (p)$. Der erste Fall ist wegen $q < p$ ausgeschlossen. Der zweite Fall führt wegen $q < p$ zu $p = q + 1$, also zu $q = 2$ und $p = 3$.

Nun haben wir $|\mathfrak{N} : \mathfrak{N} \cap \mathfrak{U}| = q^2 = 4$. Somit hat $\mathfrak{N}$ eine Darstellung als transitive Permutationsgruppe vom Grad 4, besitzt daher eine nichttriviale auflösbare Faktorgruppe. Da $\mathfrak{N}$ als minimaler Normalteiler von $\mathfrak{G}$ charakteristisch einfach ist, ist $\mathfrak{N}$ auflösbar. **q.e.d.**

9.5 Hauptsatz (Huppert [3]). *Genau dann ist $\mathfrak{G}$ überauflösbar, wenn alle maximalen Untergruppen von $\mathfrak{G}$ Primzahlindex haben.*

Beweis. Aus der Überauflösbarkeit von $\mathfrak{G}$ folgt nach 9.2 b), daß alle maximalen Untergruppen von $\mathfrak{G}$ Primzahlindex haben.

Haben alle maximalen Untergruppen von $\mathfrak{G}$ Primzahlindex, so ist $\mathfrak{G}$ nach 9.4 auflösbar, also insbesondere p-auflösbar für alle p. Nun erfüllt $\mathfrak{G}$ alle Voraussetzungen von 9.3, ist daher p-überauflösbar. Da dies für alle p gilt, ist $\mathfrak{G}$ überauflösbar. **q.e.d.**

Haben alle maximalen Untergruppen von $\mathfrak{G}$ Primzahl- oder Primzahlquadratindex, so ist $\mathfrak{G}$ nach 9.4 auflösbar. Jedoch kann in diesem Falle der Rang von $\mathfrak{G}$ größer als zwei sein, wie das Beispiel in 8.7 für $p = 2$ zeigt.

9.6 Satz (Huppert [3]). *Ist jede maximale Untergruppe von $\mathfrak{G}$ überauflösbar, so ist $\mathfrak{G}$ auflösbar.*

Beweis. Sei p der kleinste Primteiler von $|\mathfrak{G}|$. Nach 9.1 c) ist dann jede maximale Untergruppe von $\mathfrak{G}$ p-nilpotent. Ist $\mathfrak{G}$ p-nilpotent, so ist das invariante p-Komplement von $\mathfrak{G}$ überauflösbar, also $\mathfrak{G}$ auflösbar. Ist $\mathfrak{G}$ nicht p-nilpotent, so ist $\mathfrak{G}$ nach IV, 5.4 (S. 434) auflösbar. **q.e.d.**

Mit Hilfe von 9.6 können wir eine verbandstheoretische Kennzeichnung der überauflösbaren Gruppen herleiten:

9.7 Satz (IWASAWA [1]). *Genau dann ist $\mathfrak{G}$ überauflösbar, wenn alle Ketten von Untergruppen*

$$\mathfrak{E} = \mathfrak{U}_0 < \mathfrak{U}_1 < \cdots < \mathfrak{U}_k = \mathfrak{G}$$

mit $\mathfrak{U}_i$ maximal in $\mathfrak{U}_{i+1}$ die gleiche Länge k haben.

(*Wir bemerken, daß insbesondere jede Gruppe mit modularem Untergruppenverband überauflösbar ist.*)

Beweis. a) Sei zunächst $\mathfrak{G}$ überauflösbar. Nach 9.2 b) ist dann in den betrachteten Ketten stets $|\mathfrak{U}_{i+1} : \mathfrak{U}_i|$ eine Primzahl. Also ist die Länge aller maximalen Untergruppenketten gleich der Anzahl aller Primteiler (mit Vielfachheit gezählt) von $|\mathfrak{G}|$. Somit haben alle Ketten die gleiche Länge.

b) Nun seien alle maximalen Untergruppenketten von $\mathfrak{G}$ gleich lang. Wir beweisen die Überauflösbarkeit von $\mathfrak{G}$ durch Induktion nach $|\mathfrak{G}|$. Jede maximale Untergruppe von $\mathfrak{G}$ ist nach Induktionsannahme überauflösbar. Aus Hilfssatz 9.6 folgt daher die Auflösbarkeit von $\mathfrak{G}$. Dann gibt es eine Kette, nämlich eine Kompositionsreihe von $\mathfrak{G}$, deren Länge gleich der Anzahl t der Primteiler von $|\mathfrak{G}|$ ist. Jede maximale Untergruppe $\mathfrak{U}$ von $\mathfrak{G}$ hat lauter Ketten der Länge $t - 1$. Da $\mathfrak{U}$ überauflösbar ist, folgt nach 9.2, daß $|\mathfrak{U}|$ genau $t - 1$ Primteiler hat. Also ist $|\mathfrak{G} : \mathfrak{U}|$ eine Primzahl. Da dies für alle maximalen Untergruppen $\mathfrak{U}$ von $\mathfrak{G}$ gilt, folgt jetzt aus 9.5 die Überauflösbarkeit von $\mathfrak{G}$. **q.e.d.**

9.8 Hilfssatz (BAER [10]). *Sei $\mathfrak{N}$ ein Normalteiler von $\mathfrak{G}$ und*

$$\mathfrak{E} = \mathfrak{N}_0 \lhd \mathfrak{N}_1 \lhd \cdots \lhd \mathfrak{N}_m = \mathfrak{N}$$

mit $\mathfrak{N}_i \trianglelefteq \mathfrak{G}$ derart, daß $|\mathfrak{N}_{i+1}/\mathfrak{N}_i| = p_i$ Primzahlen sind. Dann ist $\mathfrak{G}/\mathbf{C}_\mathfrak{G}(\mathfrak{N})$ überauflösbar.

(*Man nennt die vorliegende Situation eine überauflösbare Einbettung von $\mathfrak{N}$ in $\mathfrak{G}$.*)

Beweis. Wir führen den Beweis durch Induktion nach der Länge m der vorgegebenen Normalreihe. Für $m = 1$ ist $|\mathfrak{N}_1| = p_1$. Dann ist $\mathfrak{G}/\mathbf{C}_\mathfrak{G}(\mathfrak{N}_1)$ als Untergruppe der Automorphismengruppe von $\mathfrak{N}_1$ zyklisch, also sicher überauflösbar.

Sei $m > 1$. Nach unserer Induktionsannahme ist $\mathfrak{G}/\mathbf{C}_\mathfrak{G}(\mathfrak{N}_{m-1})$ überauflösbar. Wenden wir die Induktionsannahme auf die Gruppe $\mathfrak{G}/\mathfrak{N}_1$ mit dem Normalteiler $\mathfrak{N}/\mathfrak{N}_1$ an, so erhalten wir die Überauflösbarkeit von $\mathfrak{G}/\mathbf{C}_\mathfrak{G}(\mathfrak{N}/\mathfrak{N}_1)$. Wir setzen $\mathfrak{C} = \mathbf{C}_\mathfrak{G}(\mathfrak{N}_{m-1}) \cap \mathbf{C}_\mathfrak{G}(\mathfrak{N}/\mathfrak{N}_1)$. Nach 5.3 d) ist dann $\mathfrak{G}/\mathfrak{C}$ überauflösbar.

Sei $\mathfrak{N} = \langle \mathfrak{N}_{m-1}, N_0 \rangle$, und sei X irgendein Element aus $\mathfrak{C}$. Wegen $X \in \mathbf{C}_{\mathfrak{G}}(\mathfrak{N}_{m-1})$ ist dann $M^X = M$ für alle M aus $\mathfrak{N}_{m-1}$, und wegen $X \in \mathbf{C}_{\mathfrak{G}}(\mathfrak{N}/\mathfrak{N}_1)$ ist $N^X \equiv N\ (\mathfrak{N}_1)$ für alle N aus $\mathfrak{N}$. Also haben wir $N_0^X = N_0 K(X)$ mit einem Element $K(X)$ aus $\mathfrak{N}_1$. Ist Y ein weiteres Element aus $\mathfrak{C}$, so erhalten wir wegen $Y \in \mathbf{C}_{\mathfrak{G}}(\mathfrak{N}_{m-1}) \leqq \mathbf{C}_{\mathfrak{G}}(\mathfrak{N}_1)$

$$N_0 K(XY) = N_0^{XY} = (N_0 K(X))^Y = N_0^Y K(X) = N_0 K(Y) K(X).$$

Aus der Kommutativität von $\mathfrak{N}_1$ folgt also $K(XY) = K(X) K(Y)$. Somit ist die Abbildung μ mit $X^\mu = K(X)$ ein Homomorphismus von $\mathfrak{C}$ in die zyklische Gruppe $\mathfrak{N}_1$. Der Kern dieses Homomorphismus ist offenbar $\mathbf{C}_{\mathfrak{G}}(\mathfrak{N})$. Also ist $\mathfrak{C}/\mathbf{C}_{\mathfrak{G}}(\mathfrak{N})$ zyklisch und daher $\mathfrak{G}/\mathbf{C}_{\mathfrak{G}}(\mathfrak{N})$ überauflösbar.
q.e.d.

Nun können wir zeigen, daß schon die überauflösbare Einbettung eines kleinen Teils einer Hauptreihe von $\mathfrak{G}$ die Überauflösbarkeit von $\mathfrak{G}$ nach sich zieht:

9.9 Satz. *Sei $\mathfrak{G}$ auflösbar. Es gebe eine Normalreihe*

$$\Phi(\mathfrak{G}) = \mathfrak{N}_0 \lhd \mathfrak{N}_1 \lhd \cdots \lhd \mathfrak{N}_m = \mathbf{F}(\mathfrak{G})$$

mit $\mathfrak{N}_i \trianglelefteq \mathfrak{G}$ derart, daß die Faktorgruppen $\mathfrak{N}_{i+1}/\mathfrak{N}_i$ Primzahlordnung haben. Dann ist $\mathfrak{G}$ überauflösbar.

Beweis. Nach III, 4.2 d) (S. 277) ist $\mathbf{F}(\overline{\mathfrak{G}}) = \mathbf{F}(\mathfrak{G})/\Phi(\mathfrak{G})$ die Fittinggruppe von $\overline{\mathfrak{G}} = \mathfrak{G}/\Phi(\mathfrak{G})$. Das Paar $\overline{\mathfrak{G}}$, $\mathbf{F}(\overline{\mathfrak{G}})$ erfüllt die Voraussetzungen von Hilfssatz 9.8. Also ist $\overline{\mathfrak{G}}/\mathbf{C}_{\overline{\mathfrak{G}}}(\mathbf{F}(\overline{\mathfrak{G}}))$ überauflösbar. Wegen der Auflösbarkeit von $\mathfrak{G}$ gilt nach III, 4.2 b) $\mathbf{C}_{\overline{\mathfrak{G}}}(\mathbf{F}(\overline{\mathfrak{G}})) \leqq \mathbf{F}(\overline{\mathfrak{G}})$. Also ist $\overline{\mathfrak{G}}/\mathbf{F}(\overline{\mathfrak{G}})$ überauflösbar. Zusammen mit der vorausgesetzten Einbettung von $\mathbf{F}(\overline{\mathfrak{G}})$ in $\overline{\mathfrak{G}}$ ergibt dies die Überauflösbarkeit von $\overline{\mathfrak{G}}$. Wegen $\overline{\mathfrak{G}} = \mathfrak{G}/\Phi(\mathfrak{G})$ folgt dann aus 8.6 a) die Überauflösbarkeit von $\mathfrak{G}$. **q.e.d.**

Wir schließen eine nützliche Bemerkung über Gruppen mit nilpotenter Kommutatorgruppe an. Nach 9.1 b) gilt diese Bemerkung insbesondere für überauflösbare Gruppen.

9.10 Satz. a) *Sei $\mathfrak{G}'$ nilpotent. Ist $\mathfrak{H}$ eine Hallgruppe von $\mathfrak{G}$, so gilt $\mathfrak{H}' \trianglelefteq \mathfrak{G}$.*

b) (Inagaki [1]) *Sei $\mathfrak{G}$ auflösbar, und sei $\mathfrak{H}' \trianglelefteq \mathfrak{G}$ für alle Hallgruppen $\mathfrak{H}$ von $\mathfrak{G}$. Dann ist $\mathfrak{G}'$ nilpotent.*

Beweis. a) Die Voraussetzung vererbt sich offenbar auf homomorphe Bilder. Sei $\mathfrak{G}$ ein Gegenbeispiel von kleinstmöglicher Ordnung und $\mathfrak{H}$ eine Hallgruppe von $\mathfrak{G}$ mit $\mathfrak{H}' \ntrianglelefteq \mathfrak{G}$.

Seien $\mathfrak{N}_1$ und $\mathfrak{N}_2$ nichttriviale Normalteiler von $\mathfrak{G}$ mit teilerfremden Ordnungen. Aus

$$(\mathfrak{H}\mathfrak{N}_i/\mathfrak{N}_i)' = \mathfrak{H}'\mathfrak{N}_i/\mathfrak{N}_i \trianglelefteq \mathfrak{G}/\mathfrak{N}_i$$

folgt dann $\mathfrak{H}'\mathfrak{N}_i \trianglelefteq \mathfrak{G}$ $(i = 1, 2)$ und daher $\mathfrak{H}' = \mathfrak{H}'\mathfrak{N}_1 \cap \mathfrak{H}'\mathfrak{N}_2 \trianglelefteq \mathfrak{G}$, entgegen der Wahl von $\mathfrak{G}$ und $\mathfrak{H}$.

Also ist die Fittinggruppe $\mathbf{F}(\mathfrak{G})$ von $\mathfrak{G}$ eine p-Gruppe für eine geeignete Primzahl p. Wegen der Nilpotenz von $\mathfrak{G}'$ ist dann auch $\mathfrak{G}'$ eine p-Gruppe. Ist $p \nmid |\mathfrak{H}|$, so erhalten wir $\mathfrak{H}' \leqq \mathfrak{H} \cap \mathfrak{G}' = \mathfrak{E}$, entgegen $\mathfrak{H}' \not\trianglelefteq \mathfrak{G}$. Also ist $p \mid |\mathfrak{H}|$, daher $\mathfrak{G}' \leqq \mathfrak{H}$ und dann $\mathfrak{H} \trianglelefteq \mathfrak{G}$. In diesem Falle ist auch $\mathfrak{H}' \trianglelefteq \mathfrak{G}$.

b) Die Voraussetzung unter b) vererbt sich wieder auf homomorphe Bilder. Ist $\mathfrak{G}$ ein kleinstes Gegenbeispiel, so hat $\mathfrak{G}$ daher genau einen minimalen Normalteiler. Die Fittinggruppe $\mathbf{F}(\mathfrak{G})$ von $\mathfrak{G}$ ist somit eine p-Gruppe für eine geeignete Primzahl p. Ist $\Phi(\mathfrak{G}) \neq \mathfrak{E}$, so ist $(\mathfrak{G}/\Phi(\mathfrak{G}))' = \mathfrak{G}'\,\Phi(\mathfrak{G})/\Phi(\mathfrak{G})$ nilpotent. Dann ist auch $\mathfrak{G}'$ nach III, 3.5 (S. 270) nilpotent, entgegen der Wahl von $\mathfrak{G}$. Also gilt $\Phi(\mathfrak{G}) = \mathfrak{E}$.

Sei $\mathfrak{P}$ eine p-Sylowgruppe von $\mathfrak{G}$. Aus $\mathfrak{P}' \triangleleft \mathfrak{G}$ und $\mathfrak{P}' \leqq \Phi(\mathfrak{P})$ folgt mit III, 3.3 a) (S. 269) $\mathfrak{P}' \leqq \Phi(\mathfrak{G}) = \mathfrak{E}$. Also ist $\mathfrak{P}$ abelsch. Sei $\mathfrak{Q}$ ein p-Komplement von $\mathfrak{G}$. Aus $\mathfrak{Q}' \cap \mathbf{F}(\mathfrak{G}) = \mathfrak{E}$ folgt $\mathfrak{Q}' = \mathfrak{E}$. Somit ist $\mathfrak{G}$ das Produkt der beiden abelschen Gruppen $\mathfrak{P}$ und $\mathfrak{Q}$. Nach dem Satz von Itô (4.4, S. 674) ist dann $\mathfrak{G}'$ abelsch. **q.e.d.**

Aufgaben:

16) (DOERK [1]) Sei jede eigentliche Untergruppe von $\mathfrak{G}$ überauflösbar, $\mathfrak{G}$ selbst aber nicht. Man zeige:

a) $\mathfrak{G}$ besitzt genau eine invariante Sylowgruppe, etwa $\mathfrak{G}_p$.

b) $\mathfrak{G}_p/\Phi(\mathfrak{G}_p)$ ist ein minimaler Normalteiler von $\mathfrak{G}/\Phi(\mathfrak{G}_p)$ und ist nicht zyklisch.

c) Es gibt eine Normalreihe

$$\mathfrak{E} = \mathfrak{N}_0 \triangleleft \mathfrak{N}_1 \triangleleft \cdots \triangleleft \mathfrak{N}_k = \Phi(\mathfrak{G}_p)$$

von $\mathfrak{G}$ derart, daß die $\mathfrak{N}_{i+1}/\mathfrak{N}_i$ zyklisch von Primzahlordnung sind.

d) $\Phi(\mathfrak{G}_p) \leqq \mathbf{Z}(\mathfrak{G}_p)$; insbesondere hat $\mathfrak{G}_p$ höchstens die Klasse 2.

e) $\mathfrak{G}_p'$ hat höchstens den Exponenten p.

f) Für $p > 2$ hat $\mathfrak{G}_p$ den Exponenten p, für $p = 2$ höchstens den Exponenten 4.

g) Ist $\mathfrak{Q}$ ein Komplement von $\mathfrak{G}_p$ in $\mathfrak{G}$, so gilt

$$\mathfrak{Q} \cap \mathbf{C}_{\mathfrak{G}}(\mathfrak{G}_p/\Phi(\mathfrak{G}_p)) = \Phi(\mathfrak{G}) \cap \mathfrak{Q}\,.$$

h) Sei $\overline{\mathfrak{Q}} = \mathfrak{Q}/\big(\mathfrak{Q} \cap \mathbf{C}_{\mathfrak{G}}(\mathfrak{G}_p/\Phi(\mathfrak{G}_p))\big)$. Dann ist $\overline{\mathfrak{Q}}$ eine minimale nichtabelsche Gruppe (d. h. alle eigentlichen Untergruppen von $\overline{\mathfrak{Q}}$ sind abelsch, $\overline{\mathfrak{Q}}$ selbst aber nicht), oder $\overline{\mathfrak{Q}}$ ist eine zyklische Gruppe von Primzahlpotenzordnung.

i) $\mathfrak{Q}$ ist mit zwei Elementen erzeugbar, und $|\mathfrak{Q}|$ hat höchstens zwei verschiedene Primteiler.

17) Man gebe eine Gruppe $\mathfrak{G}$ mit folgenden Eigenschaften an:

a) $|\mathfrak{G}|$ enthält genau drei verschiedene Primteiler.

b) Jede eigentliche Untergruppe von $\mathfrak{G}$ ist überauflösbar, $\mathfrak{G}$ selbst aber nicht.

18) (BAER) Ist jede mit zwei Elementen erzeugbare Untergruppe von $\mathfrak{G}$ überauflösbar, so auch $\mathfrak{G}$ selbst.

19) (MCLAIN [1]) Genau dann ist $\mathfrak{G}$ überauflösbar, wenn es zu jeder Untergruppe $\mathfrak{U}$ von $\mathfrak{G}$ und zu jedem Teiler d von $|\mathfrak{U}|$ eine Untergruppe $\mathfrak{D}$ von $\mathfrak{U}$ gibt mit $|\mathfrak{D}| = d$ (man vergleiche mit 1.11).

20) (DOERK [1]) Enthält $\mathfrak{G}$ vier überauflösbare Untergruppen mit paarweise teilerfremden Indizes, so ist $\mathfrak{G}$ überauflösbar (man vergleiche mit 1.9!).

21) (BAER [5]) Sei $\mathfrak{G} = \mathfrak{N}_1 \mathfrak{N}_2 \dots \mathfrak{N}_k$ mit überauflösbaren Normalteilern $\mathfrak{N}_i$ von $\mathfrak{G}$. Genau dann ist $\mathfrak{G}$ überauflösbar, wenn $\mathfrak{G}'$ nilpotent ist.

22) Man gebe eine Gruppe $\mathfrak{G}$ mit folgenden Eigenschaften an:

a) $\mathfrak{G} = \mathfrak{N}_1 \mathfrak{N}_2$ mit $\mathfrak{N}_i \lhd \mathfrak{G}$ $(i = 1, 2)$.

b) $\mathfrak{N}_1$ und $\mathfrak{N}_2$ sind überauflösbar, $\mathfrak{G}$ selbst aber nicht.

23) (GASCHÜTZ [10]) Sei $\mathscr{F}$ die gesättigte Formation aller überauflösbaren Gruppen. Die deckenden $\mathscr{F}$-Untergruppen einer auflösbaren Gruppe $\mathfrak{G}$ sind gerade die überauflösbaren Untergruppen $\mathfrak{F}$ von $\mathfrak{G}$ mit folgender Eigenschaft: Ist $\mathfrak{F} \leqq \mathfrak{U} < \mathfrak{V} \leqq \mathfrak{G}$, so ist $|\mathfrak{V} : \mathfrak{U}|$ keine Primzahl.

24) Man bestimme die deckenden $\mathscr{F}$-Untergruppen für die Formationen $\mathscr{F}$ der nilpotenten und der überauflösbaren Gruppen in der symmetrischen Gruppe $\mathfrak{S}_4$.

25) (KEGEL [4]) Sei $\mathfrak{G} = \mathfrak{A}\mathfrak{B} = \mathfrak{B}\mathfrak{C} = \mathfrak{C}\mathfrak{A}$. Seien $\mathfrak{A}$ und $\mathfrak{B}$ nilpotent und $\mathfrak{C}$ überauflösbar. Dann ist $\mathfrak{G}$ überauflösbar.

(Anleitung: Man zeige, daß ein kleinstes Gegenbeispiel die folgenden Eigenschaften hat:

a) $\mathfrak{G}$ hat genau einen minimalen Normalteiler $\mathfrak{M}$, dieser ist nicht zyklisch.

b) Ist p der größte Primteiler von $|\mathfrak{G}|$ und $\mathfrak{P}$ eine p-Sylowgruppe von $\mathfrak{G}$, so gilt $\mathfrak{M} = \mathfrak{P} = \mathfrak{A}_p \mathfrak{B}_p = \mathfrak{B}_p \mathfrak{C}_p = \mathfrak{C}_p \mathfrak{A}_p$, und $\mathfrak{M}$ ist elementar-abelsch: Man verwende Aufg. 10 und den Satz von Maschke.

c) Es gilt $\mathfrak{A}_p \cap \mathfrak{B}_p = \mathfrak{E}$ und $\mathfrak{A}_p \neq \mathfrak{E} \neq \mathfrak{B}_p$.

d) $|\mathfrak{A}_p| = |\mathfrak{B}_p| = p$ und $|\mathfrak{M}| = p^2$:

Sei $\mathfrak{K}$ ein $\mathfrak{A}$-invariantes Komplement von $\mathfrak{A}_p$ in $\mathfrak{M}$. Man betrachte ein $\mathfrak{T}$ mit $\mathfrak{T}^{\mathfrak{A}} = \mathfrak{T}$ und $|\mathfrak{T} : \mathfrak{M}| = p$. Ist $|\mathfrak{B}_p| \geqq p^2$, so ist $\mathfrak{D}^{\mathfrak{G}}$ mit $\mathfrak{D} = \mathfrak{T} \cap \mathfrak{B}_p$ ein Normalteiler von $\mathfrak{G}$ mit $\mathfrak{M} \nleqq \mathfrak{D}^{\mathfrak{G}}$.

e) $\mathfrak{A}$ und $\mathfrak{B}$ sind zyklisch:

$\mathfrak{A}_{p'}$ operiert treu auf der zyklischen Gruppe $\mathfrak{K}$.)

§ 10. Produkte von zyklischen Gruppen

10.1 Satz (J. DOUGLAS [1], N. ITÔ [8]). *Sei $\mathfrak{G} = \mathfrak{Z}_1 \mathfrak{Z}_2$ das Produkt der beiden zyklischen Gruppen $\mathfrak{Z}_1$ und $\mathfrak{Z}_2$.*

a) *Ist* $|\mathfrak{Z}_1| \geqq |\mathfrak{Z}_2| > 1$, *so gibt es einen Normalteiler* $\mathfrak{N}$ *von* $\mathfrak{G}$ *mit* $\mathfrak{E} < \mathfrak{N} \leqq \mathfrak{Z}_1$.

b) $\mathfrak{G}$ *ist überauflösbar.*

Beweis. a) Sei $\mathfrak{Z}_1 = \langle A \rangle$ und $\mathfrak{Z}_2 = \langle B \rangle$. Enthält $\mathfrak{Z}_1$ keinen von $\mathfrak{E}$ verschiedenen Normalteiler von $\mathfrak{G}$, so ist $\mathfrak{Z}_1 \cap \mathfrak{Z}_2 = \mathfrak{E}$ und $B \notin \mathfrak{Z}_1$. Die A zugeordnete Permutation auf den Nebenklassen von $\mathfrak{Z}_1$ hat die Gestalt

$$\begin{pmatrix} \mathfrak{Z}_1, \mathfrak{Z}_1 B \ \ , \mathfrak{Z}_1 B^2 \ \ , \ldots \\ \mathfrak{Z}_1, \mathfrak{Z}_1 BA, \mathfrak{Z}_1 B^2 A, \ldots \end{pmatrix}.$$

Wir betrachten den Zyklus $(\mathfrak{Z}_1 B, \mathfrak{Z}_1 BA, \ldots, \mathfrak{Z}_1 BA^{r-1})$ aus dieser Permutation. Dann ist $\mathfrak{Z}_1 BA^r = \mathfrak{Z}_1 B$ und daher $BA^r B^{-1} \in \mathfrak{Z}_1$. Wegen

$$|\mathfrak{G} : \mathfrak{Z}_1| = |\mathfrak{Z}_2 : \mathfrak{Z}_1 \cap \mathfrak{Z}_2| = |\mathfrak{Z}_2|$$

und da die Ziffer $\mathfrak{Z}_1$ in dem betrachteten Zyklus nicht enthalten ist, haben wir $r \leqq |\mathfrak{Z}_2| - 1 < |\mathfrak{Z}_1|$. Also ist $A^r \neq E$, und wegen $\langle A^r \rangle \lhd \langle A, B \rangle = \mathfrak{G}$ ist $\langle A^r \rangle$ der gewünschte Normalteiler von $\mathfrak{G}$.

b) Da jedes homomorphe Bild von $\mathfrak{G}$ wieder ein Produkt von zwei zyklischen Gruppen ist, folgt die unter b) stehende Behauptung mit a) sofort durch Induktion nach $|\mathfrak{G}|$. **q.e.d.**

10.2 Satz. *Sei* $\mathfrak{G} = \mathfrak{G}_1 \ldots \mathfrak{G}_n$ *mit paarweise vertauschbaren Gruppen* $\mathfrak{G}_i$.

a) *Hat jedes Produkt* $\mathfrak{G}_i \mathfrak{G}_j$ *einen Sylowturm vom Typ* $\prec$, *so auch* $\mathfrak{G}$.

b) *Ist jedes Produkt* $\mathfrak{G}_i \mathfrak{G}_j \mathfrak{G}_k$ *überauflösbar, so auch* $\mathfrak{G}$.

Beweis. a) Sei p der bezüglich der Anordnung $\prec$ kleinste Primteiler von $|\mathfrak{G}|$. Dann hat jedes $\mathfrak{G}_i$ genau eine p-Sylowgruppe $\mathfrak{P}_i$. Nach 4.7 ist $\mathfrak{P}_i \mathfrak{P}_j$ eine p-Sylowgruppe von $\mathfrak{G}_i \mathfrak{G}_j$. Daher ist $\mathfrak{P} = \mathfrak{P}_1 \ldots \mathfrak{P}_n$ eine p-Sylowgruppe von $\mathfrak{G}$. Da $\mathfrak{G}_i \mathfrak{G}_j$ einen Sylowturm vom Typ $\prec$ hat, ist $\mathfrak{P}_i \mathfrak{P}_j \trianglelefteq \mathfrak{G}_i \mathfrak{G}_j$. Somit folgt für alle G_j aus $\mathfrak{G}_j$

$$\mathfrak{P}_i^{G_j} \leqq \mathfrak{P}_i \mathfrak{P}_j \leqq \mathfrak{P},$$

und wir haben $\mathfrak{P} \trianglelefteq \mathfrak{G}$. Die volle Aussage über den Sylowturm ergibt sich nun leicht durch Induktion.

b) Sei $\mathfrak{G}$ ein Gegenbeispiel von kleinstmöglicher Ordnung. Offenbar erfüllt jedes von $\mathfrak{G}$ verschiedene homomorphe Bild von $\mathfrak{G}$ die Voraussetzungen, ist also überauflösbar. Wir zeigen:

(1) $\mathfrak{G}$ hat einen Sylowturm zu der Anordnung $\prec$, welche zur natürlichen Anordnung der Primzahlen entgegengesetzt ist:

Jedes $\mathfrak{G}_i \mathfrak{G}_j$ ist überauflösbar, hat daher nach 9.1 c) einen Sylowturm vom Typ $\prec$. Nach a) hat daher auch $\mathfrak{G}$ einen Sylowturm vom Typ $\prec$.

(2) Sei p der größte Primteiler von $|\mathfrak{G}|$ und $\mathfrak{P}$ die invariante p-Sylowgruppe von $\mathfrak{G}$. Dann ist $\mathfrak{P}$ ein minimaler Normalteiler von $\mathfrak{G}$ und $\mathfrak{C}_{\mathfrak{G}}(\mathfrak{P}) = \mathfrak{P}$:

Ist $\Phi(\mathfrak{G}) > \mathfrak{E}$, so ist mit $\mathfrak{G}/\Phi(\mathfrak{G})$ nach 8.6 a) auch $\mathfrak{G}$ überauflösbar, entgegen der Wahl von $\mathfrak{G}$ als Gegenbeispiel. Also gilt $\Phi(\mathfrak{G}) = \mathfrak{E}$.

Sei $\mathfrak{N}$ ein minimaler Normalteiler von $\mathfrak{G}$ mit $\mathfrak{N} \leqq \mathfrak{P}$. Wegen $\Phi(\mathfrak{G}) = \mathfrak{E}$ gibt es eine maximale Untergruppe $\mathfrak{U}$ von $\mathfrak{G}$ mit $\mathfrak{G} = \mathfrak{N}\,\mathfrak{U}$ und $\mathfrak{N} \cap \mathfrak{U} = \mathfrak{E}$. Dann gilt $\mathfrak{S} = \mathbf{C}_{\mathfrak{G}}(\mathfrak{N}) \cap \mathfrak{U} \lhd \mathfrak{G}$. Ist $\mathfrak{S} > \mathfrak{E}$, so ist mit $\mathfrak{G}/\mathfrak{N}$ und $\mathfrak{G}/\mathfrak{S}$ auch $\mathfrak{G} = \mathfrak{G}/(\mathfrak{N} \cap \mathfrak{S})$ überauflösbar, entgegen der Wahl von $\mathfrak{G}$. Also ist $\mathfrak{S} = \mathfrak{E}$ und $\mathbf{C}_{\mathfrak{G}}(\mathfrak{N}) = \mathfrak{N}$. Wegen $\mathfrak{E} < \mathbf{Z}(\mathfrak{P}) \cap \mathfrak{N} \lhd \mathfrak{G}$ folgt dann $\mathfrak{N} = \mathfrak{P}$.

Bis hierher haben wir nur benutzt, daß jedes Produkt $\mathfrak{G}_i\,\mathfrak{G}_j$ überauflösbar ist.

(3) $\mathfrak{G}/\mathfrak{P}$ ist abelsch:

Nach 4.8 b) gibt es wegen der Auflösbarkeit von $\mathfrak{G}_i\,\mathfrak{G}_j$ p-Komplemente $\mathfrak{Q}_i$ und $\mathfrak{Q}_j$ von $\mathfrak{G}_i$ bzw. $\mathfrak{G}_j$ derart, daß $\mathfrak{Q}_i\,\mathfrak{Q}_j$ ein p-Komplement von $\mathfrak{G}_i\,\mathfrak{G}_j$ ist. Wegen 1.8 liegt $\mathfrak{Q}_i\,\mathfrak{Q}_j$ in einem p-Komplement $\mathfrak{Q}_{ijk}$ der überauflösbaren Gruppe $\mathfrak{G}_i\,\mathfrak{G}_j\,\mathfrak{G}_k$. Sei $\mathfrak{P}_i$ die invariante p-Sylowgruppe von $\mathfrak{G}_i$. Mit 9.10 folgt nun

$$(\mathfrak{Q}_i\,\mathfrak{Q}_j)' \leqq \mathfrak{Q}'_{ijk} \lhd \mathfrak{G}_i\,\mathfrak{G}_j\,\mathfrak{G}_k$$

und wegen $\mathfrak{P}_i\,\mathfrak{P}_j\,\mathfrak{P}_k \trianglelefteq \mathfrak{G}_i\,\mathfrak{G}_j\,\mathfrak{G}_k$ dann

$$(\mathfrak{Q}_i\,\mathfrak{Q}_j)' \leqq \mathbf{C}_{\mathfrak{G}}(\mathfrak{P}_i\,\mathfrak{P}_j\,\mathfrak{P}_k) \leqq \mathbf{C}_{\mathfrak{G}}(\mathfrak{P}_k)\,.$$

Mit (2) ergibt das

$$(\mathfrak{Q}_i\,\mathfrak{Q}_j)' \leqq \mathbf{C}_{\mathfrak{G}}(\mathfrak{P}) = \mathfrak{P}\,,$$

also $(\mathfrak{Q}_i\,\mathfrak{Q}_j)' = \mathfrak{E}$. Nun ist $\mathfrak{G}/\mathfrak{P}$ das Produkt der elementweise vertauschbaren abelschen Gruppen $\mathfrak{G}_i\mathfrak{P}/\mathfrak{P} = \mathfrak{Q}_i\,\mathfrak{P}/\mathfrak{P}$, ist also abelsch.

(4) $\mathfrak{G}$ ist überauflösbar:

Wegen $\mathfrak{P}_i\,\mathfrak{P}_j \trianglelefteq \mathfrak{G}_i\,\mathfrak{G}_j$ ist $\mathfrak{P}_i\,\mathfrak{P}_j\,\mathfrak{G}_j = \mathfrak{P}_i\,\mathfrak{G}_j \leqq \mathfrak{G}$. Also ist $\mathfrak{G}_j$ mit allen $\mathfrak{P}_i$ vertauschbar. Insbesondere ist $\mathfrak{G}_j\,\mathfrak{P}$ eine Untergruppe von $\mathfrak{G}$.

Sei $\mathfrak{G} = \mathfrak{G}_j\,\mathfrak{P}$ für ein j. Dann ist $\mathfrak{P}_j$ wegen (2) ein Normalteiler von $\mathfrak{G}$. Nach (2) gilt $\mathfrak{P}_j = \mathfrak{P}$ oder $\mathfrak{P}_j = \mathfrak{E}$. Im Falle $\mathfrak{P}_j = \mathfrak{P}$ ist $\mathfrak{G} = \mathfrak{G}_j$ überauflösbar. Sei also $\mathfrak{P}_j = \mathfrak{E}$ und $p \mid |\mathfrak{G}_i|$. Aus der Überauflösbarkeit von $\mathfrak{G}_i\,\mathfrak{G}_j$ mit der p-Sylowgruppe $\mathfrak{P}_i$ folgt die Existenz eines $\mathfrak{N}$ mit $|\mathfrak{N}| = p$ und $\mathfrak{N} \lhd \mathfrak{G}_i\,\mathfrak{G}_j$. Dann ist $\mathfrak{N} \lhd \mathfrak{G}_j\,\mathfrak{P} = \mathfrak{G}$, und wir sind fertig.

Sei also $\mathfrak{G}_j\,\mathfrak{P} < \mathfrak{G}$ für alle j. Nach Induktionsannahme ist dann

$$\mathfrak{G}_j\,\mathfrak{P} = \mathfrak{P}_1 \ldots \mathfrak{P}_{j-1}\,\mathfrak{G}_j\,\mathfrak{P}_{j+1} \ldots \mathfrak{P}_n$$

überauflösbar. Also zerfällt $\mathfrak{P}$ nach dem Satz von Maschke als $\mathfrak{G}_j$-Modul vollständig in eindimensionale Teile. Setzen wir $\overline{\mathfrak{G}}_j = \mathfrak{G}_j\,\mathfrak{P}/\mathfrak{P}$, so folgt wegen $\mathbf{C}_{\mathfrak{G}}(\mathfrak{P}) = \mathfrak{P}$ daraus $\operatorname{Exp} \overline{\mathfrak{G}}_j \mid p-1$. Daher ist auch $\operatorname{Exp} \overline{\mathfrak{G}} \mid p-1$.

Da die abelsche Gruppe $\overline{\mathfrak{G}}$ auf $\mathfrak{P}$ treu und irreduzibel dargestellt wird, ist $\overline{\mathfrak{G}}$ nach II, 3.10 (S. 165) zyklisch. Also folgt $|\overline{\mathfrak{G}}| = \operatorname{Exp} \overline{\mathfrak{G}} \mid p-1$. Nach II, 3.10 ist dann $|\mathfrak{P}| = p$, und $\mathfrak{G}$ ist überauflösbar. **q.e.d.**

10.3 Satz (HUPPERT [1]). *Sei $\mathfrak{G} = \mathfrak{Z}_1 \ldots \mathfrak{Z}_n$ das Produkt der paarweise vertauschbaren zyklischen Gruppen $\mathfrak{Z}_i$. Dann ist $\mathfrak{G}$ überauflösbar.*

Beweis. Nach 10.2 genügt der Nachweis, daß jedes Produkt $\mathfrak{Z}_1 \mathfrak{Z}_2 \mathfrak{Z}_3$ von drei zylischen Gruppen $\mathfrak{Z}_i$ überauflösbar ist. Sei $\mathfrak{G}$ ein Gegenbeispiel von kleinstmöglicher Ordnung. Die $\mathfrak{Z}_i \mathfrak{Z}_j$ sind nach 10.1 überauflösbar. Daher ist der Beweisteil (2) von 10.2 anwendbar. Mit der Bezeichnung von 10.2 können wir annehmen, daß $\mathfrak{P} = \mathfrak{P}_1 \mathfrak{P}_2 \mathfrak{P}_3$ ein minimaler Normalteiler von $\mathfrak{G}$ ist, daß $\mathfrak{G}/\mathfrak{P}$ überauflösbar ist und $\mathbf{C}_{\mathfrak{G}}(\mathfrak{P}) = \mathfrak{P}$ gilt. Aus

$$\mathfrak{P} \mathfrak{Z}_j \cap \mathfrak{Z}_i \mathfrak{Z}_j = (\mathfrak{P} \cap \mathfrak{Z}_i \mathfrak{Z}_j) \mathfrak{Z}_j = (\mathfrak{P}_i \mathfrak{P}_j) \mathfrak{Z}_j = \mathfrak{P}_i \mathfrak{Z}_j$$

folgt $\mathfrak{P}_i \mathfrak{Z}_j = \mathfrak{Z}_j \mathfrak{P}_i$ für alle i, j.

Sei zuerst $\mathfrak{P} \mathfrak{Z}_i \mathfrak{Z}_j = \mathfrak{G}$ für ein Paar i, j. Da $\mathfrak{Z}_i \mathfrak{Z}_j$ überauflösbar ist, gibt es im Falle $p \mid |\mathfrak{Z}_i \mathfrak{Z}_j|$ ein $\mathfrak{N}$ mit $\mathfrak{N} \trianglelefteq \mathfrak{Z}_i \mathfrak{Z}_j$ und $|\mathfrak{N}| = p$. Wegen der Kommutativität von $\mathfrak{P}$ folgt $\mathfrak{N} \triangleleft \mathfrak{G}$, also $\mathfrak{N} = \mathfrak{P}$ wegen der Minimalität von $\mathfrak{P}$. Ist dagegen $p \nmid |\mathfrak{Z}_i \mathfrak{Z}_j|$, so folgt

$$|\mathfrak{P}| = |\mathfrak{P}_1 \mathfrak{P}_2 \mathfrak{P}_3| = p\,.$$

Sei also $\mathfrak{P} \mathfrak{Z}_i \mathfrak{Z}_j < \mathfrak{G}$ für alle i, j. Dann ist

$$\mathfrak{P} \mathfrak{Z}_i \mathfrak{Z}_j = \mathfrak{P}_k \mathfrak{Z}_i \mathfrak{Z}_j$$

vermöge unserer Induktionsannahme überauflösbar. Sei $\mathfrak{Q}_i$ das p-Komplement der zyklischen Gruppe $\mathfrak{Z}_i$. Nach 4.8 b) ist $\mathfrak{Q}_i \mathfrak{Q}_j$ ein p-Komplement von $\mathfrak{P}_k \mathfrak{Z}_i \mathfrak{Z}_j$. Aus 9.10 folgt

$$(\mathfrak{Q}_i \mathfrak{Q}_j)' \leqq \mathbf{C}_{\mathfrak{G}}(\mathfrak{P}) = \mathfrak{P}\,,$$

also $(\mathfrak{Q}_i \mathfrak{Q}_j)' = \mathfrak{E}$. Somit hat $\mathfrak{G}$ ein abelsches p-Komplement $\mathfrak{Q}$.

Wegen $\mathfrak{P} \mathfrak{Z}_i \mathfrak{Z}_j < \mathfrak{G}$ für alle i, j sind alle $\mathfrak{Q}_i$ von $\mathfrak{E}$ verschieden. Sei etwa $\mathfrak{P}_1 \neq \mathfrak{E}$. Mit $\mathfrak{P}_1 = \langle P_1 \rangle$ und $\mathfrak{Q}_1 = \langle Q_1 \rangle$ gilt dann für alle Q aus $\mathfrak{Q}$

$$P_1^{Q Q_1} = P_1^{Q_1 Q} = P_1^{Q}\,.$$

Wegen der Irreduzibilität von $\mathfrak{P}$ als $\mathfrak{G}/\mathfrak{P}$-Modul folgt daraus

$$\mathfrak{P} = \langle P_1^{Q} \mid Q \in \mathfrak{Q} \rangle \leqq \mathbf{C}_{\mathfrak{G}}(\mathfrak{Q}_1)\,,$$

also $Q_1 \in \mathbf{C}_{\mathfrak{G}}(\mathfrak{P}) = \mathfrak{P}$. Das führt zum Widerspruch $Q_1 = E$. **q.e.d.**

Für Produkte von zwei zyklischen Gruppen liefern die Sätze 4.4 und 10.3 zusammen mit der in III, 11.5 (S. 338) angegebenen Struktur der p-Sylowgruppen mit $p > 2$ eine weitgehende, wenn auch nicht ganz vollständige Strukturtheorie. Dagegen ist für Produkte von drei und mehr zyklischen Faktoren außer 10.3 nichts bekannt. Es ist zum Beispiel eine offene Frage, ob sich Satz 4.4 dahingehend ausdehnen läßt, daß die Stufe eines Produktes von n paarweise vertauschbaren zyklischen Gruppen höchstens n ist.

§ 11. Systemnormalisatoren auflösbarer Gruppen

11.1 Definition. Sei

$$\mathcal{S} = \{\mathfrak{G}_{p_i} \mid p_i \mid |\mathfrak{G}|\} \quad \text{und} \quad \mathcal{K} = \{\mathfrak{G}_{p_i'} \mid p_i \mid |\mathfrak{G}|\}$$

ein Sylow- bzw. Komplementsystem von $\mathfrak{G}$, welche gemäß 2.2 zusammengehören. Wir setzen

$$\mathbf{N}(\mathcal{S}) = \bigcap_i \mathbf{N}_{\mathfrak{G}}(\mathfrak{G}_{p_i}) \quad \text{und} \quad \mathbf{N}(\mathcal{K}) = \bigcap_i \mathbf{N}_{\mathfrak{G}}(\mathfrak{G}_{p_i'})$$

und nennen $\mathbf{N}(\mathcal{S})$ bzw. $\mathbf{N}(\mathcal{K})$ den Systemnormalisator des Sylowsystemes $\mathcal{S}$ bzw. des Komplementsystemes $\mathcal{K}$.

Offenbar gilt $\mathbf{N}(\mathcal{S}) = \mathbf{N}(\mathcal{K})$.

11.2 Satz (P. Hall [7]). *Sei $\mathfrak{G}$ auflösbar.*

a) *Jeder Systemnormalisator von $\mathfrak{G}$ ist nilpotent. Ist $\mathfrak{G}_p$ die p-Sylowgruppe aus $\mathcal{S}$ und $\mathfrak{G}_{p'}$ das p-Komplement von $\mathfrak{G}$ aus dem zugehörigen Komplementsystem $\mathcal{K}$, so ist $\mathbf{N}_{\mathfrak{G}}(\mathfrak{G}_{p'}) \cap \mathfrak{G}_p$ die p-Sylowgruppe von $\mathbf{N}(\mathcal{S})$.*

b) *Alle Systemnormalisatoren von $\mathfrak{G}$ sind konjugiert in $\mathfrak{G}$.*

Beweis. a) Da $\mathbf{N}_{\mathfrak{G}}(\mathfrak{G}_p)$ nur eine p-Sylowgruppe hat, nämlich $\mathfrak{G}_p$, so hat auch die Untergruppe $\mathbf{N}(\mathcal{S})$ von $\mathbf{N}_{\mathfrak{G}}(\mathfrak{G}_p)$ nur eine p-Sylowgruppe, nämlich $\mathbf{N}(\mathcal{S}) \cap \mathfrak{G}_p$. Also ist $\mathbf{N}(\mathcal{S})$ nilpotent.

Wir haben

$$\mathbf{N}(\mathcal{S}) \cap \mathfrak{G}_p \leqq \mathbf{N}_{\mathfrak{G}}(\mathfrak{G}_{p'}) \cap \mathfrak{G}_p .$$

Die Gruppe $\mathbf{N}_{\mathfrak{G}}(\mathfrak{G}_{p'}) \cap \mathfrak{G}_p$ normalisiert $\mathfrak{G}_{p'}$, wegen

$$\mathbf{N}_{\mathfrak{G}}(\mathfrak{G}_{p'}) \cap \mathfrak{G}_p \leqq \mathfrak{G}_p \leqq \mathfrak{G}_{q'}$$

für $q \neq p$ normalisiert sie auch das q-Komplement $\mathfrak{G}_{q'}$ aus $\mathcal{K}$ (siehe 2.2). Also liegt $\mathbf{N}_{\mathfrak{G}}(\mathfrak{G}_{p'}) \cap \mathfrak{G}_p$ in der p-Sylowgruppe von $\mathbf{N}(\mathcal{S})$.

b) Die Konjugiertheit der Systemnormalisatoren folgt sofort aus der in 2.4 bewiesenen Konjugiertheit der Sylowsysteme. **q.e.d.**

11.3 Satz (P. Hall [7]). *Sei $\mathbf{N}(\mathcal{K})$ der Systemnormalisator des Komplementsystems $\mathcal{K} = \{\mathfrak{G}_{p'} \mid p \mid |\mathfrak{G}|\}$ der auflösbaren Gruppe $\mathfrak{G}$ und $\mathfrak{N}$ ein Normalteiler von $\mathfrak{G}$. Dann ist $\mathbf{N}(\mathcal{K})\mathfrak{N}/\mathfrak{N}$ der Systemnormalisator des Komplementsystems $\mathcal{K}^* = \{\mathfrak{G}_{p'}\mathfrak{N}/\mathfrak{N} \mid p \mid |\mathfrak{G}/\mathfrak{N}|\}$ von $\mathfrak{G}/\mathfrak{N}$.*

Beweis. Wir können annehmen, daß $\mathfrak{N}$ ein minimaler Normalteiler von $\mathfrak{G}$ ist. Dann ist $|\mathfrak{N}|$ eine Primzahlpotenz q^n. Offenbar gilt $\mathbf{N}(\mathcal{K})\mathfrak{N}/\mathfrak{N} \leqq \mathbf{N}(\mathcal{K}^*)$. Sei $X\mathfrak{N} \in \mathbf{N}(\mathcal{K}^*)$, also $(\mathfrak{G}_{p'}\mathfrak{N})^X = \mathfrak{G}_{p'}\mathfrak{N}$ für alle Sylowkomplemente $\mathfrak{G}_{p'}$ aus $\mathcal{K}$. Für $p \neq q$ folgt wegen $\mathfrak{N} \leqq \mathfrak{G}_{p'}$ dann $\mathfrak{G}_{p'}^X = \mathfrak{G}_{p'}$.

Aus $\mathfrak{G}_{q'}^X\mathfrak{N} = \mathfrak{G}_{q'}\mathfrak{N}$ folgt wegen der Konjugiertheit aller q-Komplemente von $\mathfrak{G}_{q'}\mathfrak{N}$ (siehe 1.8) die Existenz eines N aus $\mathfrak{N}$ mit $\mathfrak{G}_{q'}^X = \mathfrak{G}_{q'}^N$. Wegen $N \in \mathfrak{N} \leqq \mathfrak{G}_q \leqq \mathfrak{G}_{p'}$ für $p \neq q$ gilt auch

$$\mathfrak{G}_{p'}^X = \mathfrak{G}_{p'} = \mathfrak{G}_{p'}^N .$$

Somit haben wir $XN^{-1} \in \bigcap_p \mathbf{N}_{\mathfrak{G}}(\mathfrak{G}_{p'}) = \mathbf{N}(\mathcal{K})$ und dann $X \in \mathbf{N}(\mathcal{K})\mathfrak{N}$. **q.e.d.**

Die in 11.1 eingeführten Systemnormalisatoren stellen ein wichtiges Bindeglied zwischen der arithmetischen Struktur einer auflösbaren Gruppe und ihrer Normalstruktur dar. Der Rest des Paragraphen ist der Untersuchung dieses Zusammenhanges gewidmet. Wir beginnen mit vorbereitenden Hilfssätzen und Definitionen:

11.4 Definition. Eine Menge $\mathcal{T} = \{\mathfrak{G}_p \mid p \mid |\mathfrak{G}|\}$ von Sylowgruppen von $\mathfrak{G}$, welche zu jedem Primteiler p von $|\mathfrak{G}|$ genau eine p-Sylowgruppe $\mathfrak{G}_p$ von $\mathfrak{G}$ enthält, nennen wir einen Sylowsatz von $\mathfrak{G}$. Wir nennen $\mathbf{N}(\mathcal{T}) = \bigcap_p \mathbf{N}_{\mathfrak{G}}(\mathfrak{G}_p)$ den Satznormalisator von $\mathcal{T}$.

11.5 Definition. Sei $\mathfrak{B} \leqq \mathfrak{A} \leqq \mathfrak{G}$ und $\mathfrak{V} \leqq \mathfrak{G}$. Dann ist

$$\frac{|\mathfrak{B}(\mathfrak{A} \cap \mathfrak{V})|}{|\mathfrak{B}|} = \frac{|\mathfrak{B}|\,|\mathfrak{A} \cap \mathfrak{V}|}{|\mathfrak{B}|\,|\mathfrak{B} \cap \mathfrak{V}|} = \frac{|\mathfrak{A} \cap \mathfrak{V}|}{|\mathfrak{B} \cap \mathfrak{V}|} = \frac{|\mathfrak{A} \cap \mathfrak{B}\mathfrak{V}|}{|\mathfrak{B}|}$$

die Anzahl der Nebenklassen von $\mathfrak{B}$ in $\mathfrak{A}$, welche die Gestalt $\mathfrak{B}\,V$ mit einem V aus $\mathfrak{V}$ haben. Aus $\mathfrak{B} \subseteq \mathfrak{A} \cap \mathfrak{B}\mathfrak{V} \subseteq \mathfrak{A}$ folgt sofort

$$1 \leqq \frac{|\mathfrak{A} \cap \mathfrak{V}|}{|\mathfrak{B} \cap \mathfrak{V}|} \leqq \frac{|\mathfrak{A}|}{|\mathfrak{B}|}\,.$$

Wir sagen:

a) $\mathfrak{V}$ deckt $\mathfrak{A} : \mathfrak{B}$, falls $|\mathfrak{A} : \mathfrak{B}| = |\mathfrak{A} \cap \mathfrak{V} : \mathfrak{B} \cap \mathfrak{V}|$ gilt; gleichwertig damit ist $\mathfrak{B}(\mathfrak{A} \cap \mathfrak{V}) = \mathfrak{A}$, also $\mathfrak{A} \subseteq \mathfrak{B}\mathfrak{V}$.

b) $\mathfrak{V}$ meidet $\mathfrak{A} : \mathfrak{B}$, falls $|\mathfrak{A} \cap \mathfrak{V} : \mathfrak{B} \cap \mathfrak{V}| = 1$ gilt; gleichwertig damit ist $\mathfrak{B}(\mathfrak{A} \cap \mathfrak{V}) = \mathfrak{B}$, also $\mathfrak{A} \cap \mathfrak{V} \leqq \mathfrak{B}$.

11.6 Hilfssatz. *Sei $\mathfrak{G} \geqq \mathfrak{A}_1 \geqq \cdots \geqq \mathfrak{A}_k$ und $\mathfrak{G} \geqq \mathfrak{V}$. Deckt (meidet) $\mathfrak{V}$ die $\mathfrak{A}_i : \mathfrak{A}_{i+1}$ für $i = 1, 2, \ldots, k-1$, so deckt (meidet) $\mathfrak{V}$ auch $\mathfrak{A}_1 : \mathfrak{A}_k$.*

Beweis. Dies folgt sofort aus

$$|\mathfrak{A}_1 \cap \mathfrak{V} : \mathfrak{A}_k \cap \mathfrak{V}| = \prod_{i=1}^{k-1} |\mathfrak{A}_i \cap \mathfrak{V} : \mathfrak{A}_{i+1} \cap \mathfrak{V}|\,. \qquad \textbf{q.e.d.}$$

11.7 Definition. a) Der Hauptfaktor $\mathfrak{H}/\mathfrak{K}$ von $\mathfrak{G}$ heißt zentral, wenn alle inneren Automorphismen von $\mathfrak{G}$ auf $\mathfrak{H}/\mathfrak{K}$ den identischen Automorphismus bewirken, wenn also für alle H aus $\mathfrak{H}$ und alle G aus $\mathfrak{G}$ stets $H^G\,\mathfrak{K} = H\,\mathfrak{K}$ gilt. Gleichwertig damit ist offenbar jede der beiden Bedingungen

$$\mathfrak{H}/\mathfrak{K} \leqq \mathbf{Z}(\mathfrak{G}/\mathfrak{K}) \quad \text{bzw.} \quad [\mathfrak{H}, \mathfrak{G}] \leqq \mathfrak{K}\,.$$

b) Jeden nicht zentralen Hauptfaktor nennen wir exzentrisch.

11.8 Hilfssatz. *Sei $\mathbf{N}(\mathcal{T})$ der Normalisator eines Sylowsatzes $\mathcal{T}$ der auflösbaren Gruppe $\mathfrak{G}$. Dann gilt:*

a) *$\mathbf{N}(\mathcal{T})$ meidet jeden exzentrischen Hauptfaktor von $\mathfrak{G}$.*

b) *$\mathbf{N}(\mathcal{T})$ ist nilpotent.*

Beweis. a) Sei $\mathcal{T} = \{\mathfrak{G}_p \mid p \mid |\mathfrak{G}|\}$, und sei $\mathfrak{H}/\mathfrak{K}$ ein Hauptfaktor von $\mathfrak{G}$, welcher von $\mathbf{N}(\mathcal{T})$ nicht gemieden wird. Wir haben zu zeigen, daß $\mathfrak{H}/\mathfrak{K}$ zentral ist. Wegen der trivialen Ungleichung

$$\mathbf{N}(\mathcal{T})\,\mathfrak{K}/\mathfrak{K} \leqq \bigcap_p \mathbf{N}_{\mathfrak{G}/\mathfrak{K}}(\mathfrak{G}_p\mathfrak{K}/\mathfrak{K})$$

können wir ohne Beschränkung der Allgemeinheit $\mathfrak{K} = \mathfrak{E}$ annehmen. Sei $E \neq H \in \mathfrak{H} \cap \mathbf{N}(\mathcal{T})$. Wir setzen $\mathfrak{L} = \langle [H, G] \mid G \in \mathfrak{G} \rangle$. Nach III, 1.2 b) (S. 253) haben wir für alle X aus $\mathfrak{G}$

$$[H, G]^X = [H, X]^{-1}[H, GX] \in \mathfrak{L}\,.$$

Also ist $\mathfrak{L} \trianglelefteq \mathfrak{G}$. Als minimaler Normalteiler von $\mathfrak{G}$ hat $\mathfrak{H}$ Primzahlpotenzordnung, etwa $|\mathfrak{H}| = q^n$. Sei $G \in \mathfrak{G}_p$ mit $p \neq q$. Wegen $H \in \mathbf{N}_{\mathfrak{G}}(\mathfrak{G}_p)$ folgt dann $[H, G] \in \mathfrak{H} \cap \mathfrak{G}_p = \mathfrak{E}$. Somit gilt

$$\langle \mathfrak{G}_p \mid p \neq q \rangle \leqq \mathbf{C}_{\mathfrak{G}}(H)\,,$$

und daher ist $|\mathfrak{G} : \mathbf{C}_{\mathfrak{G}}(H)|$ eine Potenz von q. Also haben wir $\mathfrak{G} = \mathbf{C}_{\mathfrak{G}}(H)\,\mathfrak{G}_q$, und wegen der Nilpotenz von $\mathfrak{G}_q$ folgt

$$\mathfrak{L} = \langle [H, G] \mid G \in \mathfrak{G} \rangle \leqq [\mathfrak{H}, \mathfrak{G}_q] < \mathfrak{H}\,.$$

Da $\mathfrak{H}$ ein minimaler Normalteiler von $\mathfrak{G}$ ist, erzwingt dies wegen $\mathfrak{L} \trianglelefteq \mathfrak{G}$ die Aussage $\mathfrak{L} = \mathfrak{E}$. Daher folgt $E \neq H \in \mathfrak{H} \cap \mathbf{Z}(\mathfrak{G})$, also $\mathfrak{H} \leqq \mathbf{Z}(\mathfrak{G})$, und $\mathfrak{H}$ ist zentral.

b) ist trivial, denn wegen $\mathbf{N}(\mathcal{T}) \leqq \mathbf{N}_{\mathfrak{G}}(\mathfrak{G}_p)$ hat $\mathbf{N}(\mathcal{T})$ nur eine p-Sylowgruppe, nämlich $\mathbf{N}(\mathcal{T}) \cap \mathfrak{G}_p$. **q.e.d.**

11.9 Bemerkung. Die Aussage in 11.8 a) ist für nichtauflösbare Gruppen nicht notwendig richtig:

Sei $\mathfrak{G}$ die alternierende Gruppe $\mathfrak{A}_5$. Wir betrachten den Sylowsatz $\mathcal{T} = \{\mathfrak{G}_2, \mathfrak{G}_3, \mathfrak{G}_5\}$ mit

$$\mathfrak{G}_2 = \langle (1, 2)\,(3, 4),\ (1, 4)\,(2, 3) \rangle$$
$$\mathfrak{G}_3 = \langle (1, 4, 5) \rangle$$
$$\mathfrak{G}_5 = \langle (1, 2, 3, 4, 5) \rangle\,.$$

Dann gilt $(1, 4)\,(2, 3) \in \mathbf{N}(\mathcal{T})$, aber $\mathfrak{G}$ besitzt offenbar keine zentralen Hauptfaktoren.

11.10 Hauptsatz (P. Hall [7]). *Sei $\mathfrak{G}$ auflösbar. Dann deckt jeder Systemnormalisator von $\mathfrak{G}$ jeden zentralen Hauptfaktor und meidet jeden exzentrischen Hauptfaktor von $\mathfrak{G}$.*

Beweis. Nach 11.8 a) wird jeder exzentrische Hauptfaktor von jedem Systemnormalisator $\mathbf{N}(\mathcal{S})$ gemieden.

Sei $\mathfrak{H}/\mathfrak{K}$ ein zentraler Hauptfaktor von $\mathfrak{G}$. Wir haben $\mathfrak{H} \leqq \mathbf{N}(\mathcal{S})\,\mathfrak{K}$ nachzuweisen. Sei

$$\mathcal{S} = \{\mathfrak{G}_p \mid p \mid |\mathfrak{G}|\} \quad \text{und} \quad \mathcal{S}^* = \{\mathfrak{G}_p\,\mathfrak{K}/\mathfrak{K} \mid p \mid |\mathfrak{G}/\mathfrak{K}|\}\,.$$

Mit 11.3 folgt jetzt die Behauptung

$$\mathfrak{H}/\mathfrak{K} \leqq \mathbf{Z}(\mathfrak{G}/\mathfrak{K}) \leqq \mathbf{N}(\mathcal{S}^*) = \mathbf{N}(\mathcal{S})\,\mathfrak{K}/\mathfrak{K}\,.$$ **q.e.d.**

Wir ziehen zunächst einige einfache Folgerungen aus Hauptsatz 11.10:

11.11 Satz. *Sei $\mathfrak{G}$ auflösbar. Dann gilt:*

a) *Jeder eigentliche Normalteiler von $\mathfrak{G}$ enthält keinen Systemnormalisator von $\mathfrak{G}$.*

b) *Das Erzeugnis aller Systemnormalisatoren von $\mathfrak{G}$ ist $\mathfrak{G}$ selbst.* (*Insbesondere sind für $\mathfrak{G} \neq \mathfrak{E}$ die Systemnormalisatoren von $\mathfrak{G}$ von $\mathfrak{E}$ verschieden.*)

c) *Ist $\mathscr{S}$ ein Sylowsystem von $\mathfrak{G}$, so gilt*

$$\bigcap_{G \in \mathfrak{G}} \mathbf{N}(\mathscr{S})^G = \bigcap_{G \in \mathfrak{G}} \mathbf{N}_{\mathfrak{G}}(\mathbf{N}(\mathscr{S}))^G = \mathbf{Z}_\infty(\mathfrak{G}) .$$

Beweis. a) Ist $\mathfrak{M}$ ein maximaler Normalteiler von $\mathfrak{G}$, so ist $\mathfrak{G}/\mathfrak{M}$ ein zentraler Hauptfaktor von $\mathfrak{G}$, wird daher nach 11.10 von jedem Systemnormalisator $\mathbf{N}(\mathscr{S})$ gedeckt. Also gilt $\mathbf{N}(\mathscr{S}) \not\leq \mathfrak{M}$.

b) Da alle Systemnormalisatoren nach 11.2 b) konjugiert sind, ist ihr Erzeugnis ein Normalteiler von $\mathfrak{G}$. Nach a) kann dieser nicht kleiner als $\mathfrak{G}$ sein.

c) Das Hyperzentrum $\mathbf{Z}_\infty(\mathfrak{G})$ von $\mathfrak{G}$ enthält nur zentrale Hauptfaktoren von $\mathfrak{G}$, wird daher nach 11.10 und 11.6 von jedem Systemnormalisator gedeckt. Das heißt

$$\mathbf{Z}_\infty(\mathfrak{G}) \leq \bigcap_{G \in \mathfrak{G}} \mathbf{N}(\mathscr{S})^G .$$

Wir setzen $\mathbf{Z}_\infty(\mathfrak{G}) = \mathfrak{Z}$. Sei

$$\mathscr{S} = \{\mathfrak{G}_p \mid p \mid |\mathfrak{G}|\} \quad \text{und} \quad \mathscr{S}^* = \{\mathfrak{G}_p \mathfrak{Z}/\mathfrak{Z} \mid p \mid |\mathfrak{G}/\mathfrak{Z}|\} .$$

Nach 11.3 gilt dann

$$\mathbf{N}_{\mathfrak{G}}(\mathbf{N}(\mathscr{S}))\,\mathfrak{Z}/\mathfrak{Z} \leq \mathbf{N}_{\mathfrak{G}/\mathfrak{Z}}(\mathbf{N}(\mathscr{S})\,\mathfrak{Z}/\mathfrak{Z}) = \mathbf{N}_{\mathfrak{G}/\mathfrak{Z}}(\mathbf{N}(\mathscr{S}^*)) .$$

Haben wir $\bigcap_{G^* \in \mathfrak{G}/\mathfrak{Z}} \mathbf{N}_{\mathfrak{G}/\mathfrak{Z}}(\mathbf{N}(\mathscr{S}^*))^{G^*} = \mathfrak{E}$ nachgewiesen, so folgt

$$\bigcap_{G \in \mathfrak{G}} \mathbf{N}_{\mathfrak{G}}(\mathbf{N}(\mathscr{S}))^G \leq \mathfrak{Z} = \mathbf{Z}_\infty(\mathfrak{G}) ,$$

und wir sind fertig. Also können wir $\mathbf{Z}_\infty(\mathfrak{G}) = \mathfrak{E}$ annehmen.

Sei $\mathfrak{N}$ ein minimaler Normalteiler von $\mathfrak{G}$, welcher in einem (und dann in allen) $\mathbf{N}_{\mathfrak{G}}(\mathbf{N}(\mathscr{S}))$ liegt. Wegen $\mathbf{Z}_\infty(\mathfrak{G}) = \mathfrak{E}$ ist $\mathfrak{N}$ exzentrisch, wird also nach 11.10 von $\mathbf{N}(\mathscr{S})$ gemieden. Wegen $\mathfrak{N} \leq \mathbf{N}_{\mathfrak{G}}(\mathbf{N}(\mathscr{S}))$ folgt

$$[\mathfrak{N}, \mathbf{N}(\mathscr{S})] \leq \mathfrak{N} \cap \mathbf{N}(\mathscr{S}) = \mathfrak{E} .$$

Nach b) wird dann $\mathfrak{N}$ auch von $\langle \mathbf{N}(\mathscr{S})^G \mid G \in \mathfrak{G} \rangle = \mathfrak{G}$ zentralisiert. Das ist ein Widerspruch gegen $\mathbf{Z}_\infty(\mathfrak{G}) = \mathbf{Z}(\mathfrak{G}) = \mathfrak{E}$. **q.e.d.**

Die Deck-Meide-Eigenschaft aus 11.10 charakterisiert die Systemnormalisatoren nicht, wie das folgende Beispiel zeigt:

11.12 Beispiel (HAWKES [1]). Sei $p > 3$. Sei $\mathfrak{B} = \langle B_1, B_2, B_3 \rangle$ eine Gruppe mit den definierenden Relationen

(1) $B_i^p = [B_i, B_j] = B_1 B_2 B_3 = E \quad (i, j = 1, 2, 3)$.

Dann ist $\mathfrak{B}$ elementar-abelsch von der Ordnung p^2. In gleicher Weise bilden wir $\mathfrak{C} = \langle C_1, C_2, C_3 \rangle$ mit

(2) $C_i^p = [C_i, C_j] = C_1 C_2 C_3 = E$.

Sei $\mathfrak{Z} = \langle Z \rangle$ die zyklische Gruppe der Ordnung p. Wir setzen $\mathfrak{T} = \mathfrak{B} \times \mathfrak{C} \times \mathfrak{Z}$. Die Abbildungen A_i $(i = 1, 2, 3)$ von $\mathfrak{T}$ in sich mit

(3) $Z^{A_i} = Z B_i C_i^{-1}$

(4) $B_i^{A_i} = B_i C_i^{-1}$

(5) $B_j^{A_i} = B_j C_i C_j \quad (i \neq j)$

(6) $C_j^{A_i} = C_j$

definieren offenbar Automorphismen von $\mathfrak{T}$. Eine einfache Rechnung zeigt

(7) $A_i^p = [A_i, A_j] = A_1 A_2 A_3 = E$.

Die Gruppe $\mathfrak{A} = \langle A_1, A_2, A_3 \rangle$ ist elementar-abelsch von der Ordnung p^2: Andernfalls wäre nämlich $\mathfrak{A}$ zyklisch von der Ordnung p, und wir hätten $\mathfrak{A} = \langle A_2 \rangle$ und $A_1 = A_2^k$ mit geeignetem k. Dann folgte der Widerspruch $B_2 C_1 C_2 = B_2^{A_1} = B_2^{A_2^k} = B_2 C_2^{-k}$.

Sei $\mathfrak{P} = \mathfrak{T}\mathfrak{A}$ das semidirekte Produkt von $\mathfrak{T}$ mit $\mathfrak{A}$. Wegen der Symmetrie der Relationen (1)–(7) liefert jede Permutation S aus der symmetrischen Gruppe $\mathfrak{S}_3$ einen Automorphismus α von $\mathfrak{P}$ vermöge

$$A_i^\alpha = A_{iS}, \quad B_i^\alpha = B_{iS}, \quad C_i^\alpha = C_{iS}, \quad Z^\alpha = Z.$$

Sei $\mathfrak{G} = \mathfrak{P}\mathfrak{S}_3$ das semidirekte Produkt von $\mathfrak{P}$ mit $\mathfrak{S}_3$. Es ist $|\mathfrak{G}| = p^7 \cdot 3 \cdot 2$. Die Gruppe $\mathfrak{G}$ hat die Normalreihe

$$\mathfrak{E} \lhd \mathfrak{P} \lhd \mathfrak{P}\mathfrak{A}_3 \lhd \mathfrak{G}$$

mit $|\mathfrak{P}| = p^7$, $|\mathfrak{P}\mathfrak{A}_3/\mathfrak{P}| = 3$ und $|\mathfrak{G}/\mathfrak{P}\mathfrak{A}_3| = 2$; dabei ist $\mathfrak{A}_3$ die alternierende Gruppe vom Grad 3. Also hat $\mathfrak{G}$ einen Sylowturm. Die Gruppe $\mathfrak{G}$ hat die Hauptreihe

$$\mathfrak{E} \lhd \mathfrak{C} \lhd \mathfrak{B} \times \mathfrak{C} \lhd \mathfrak{T} \lhd \mathfrak{P} \lhd \mathfrak{P}\mathfrak{A}_3 \lhd \mathfrak{G}.$$

Die einzigen zentralen Hauptfaktoren in dieser Hauptreihe sind $\mathfrak{T}/(\mathfrak{B} \times \mathfrak{C})$ und $\mathfrak{G}/\mathfrak{P}\mathfrak{A}_3$; auf allen Hauptfaktoren der Ordnung p^2 wird nämlich von $\mathfrak{S}_3$ die zweidimensionale irreduzible Darstellung von $\mathfrak{S}_3$ bewirkt. Also haben die Systemnormalisatoren von $\mathfrak{G}$ nach 11.10 die Ordnung $2p$.

$\mathfrak{C}$ ist der einzige minimale Normalteiler von $\mathfrak{G}$:

Sei $\mathfrak{N}$ ein minimaler Normalteiler von $\mathfrak{G}$. Ist die Ordnung von $\mathfrak{N}$ keine Potenz von p, so folgt der Widerspruch $\mathfrak{N} \leqq \mathfrak{S}_3 \cap \mathbf{C}_{\mathfrak{G}}(\mathfrak{P}) = \mathfrak{E}$. Also gilt $\mathfrak{N} \leqq \mathfrak{P}$. Wegen $\mathfrak{E} < \mathfrak{N} \cap \mathbf{Z}(\mathfrak{P}) \lhd \mathfrak{G}$ folgt sogar $\mathfrak{N} \leqq \mathbf{Z}(\mathfrak{P}) = \mathfrak{C}$. Also ist $\mathfrak{N} = \mathfrak{C}$.

Sei $S = (1, 2) \in \mathfrak{S}_3$. Dann normalisiert $\mathfrak{D} = \langle S, Z \rangle$ das Sylowsystem $\{\mathfrak{P}, \langle(1, 2, 3)\rangle, \langle(1, 2)\rangle\}$ von $\mathfrak{G}$. Wegen $|\mathfrak{D}| = 2p$ ist $\mathfrak{D}$ ein Systemnormalisator von $\mathfrak{G}$.

Wegen $[Z\,C_3, S] = E$ ist $\mathfrak{S} = \langle Z\,C_3, S \rangle$ eine Untergruppe der Ordnung $2p$ von $\mathfrak{G}$. Die Gruppe $\mathfrak{S}$ meidet den exzentrischen Hauptfaktor $\mathfrak{C}$, und wegen

$$\mathfrak{S}\mathfrak{C}/\mathfrak{C} = \mathfrak{D}\mathfrak{C}/\mathfrak{C}$$

meidet (deckt) $\mathfrak{S}$ alle übrigen exzentrischen (zentralen) Hauptfaktoren von $\mathfrak{G}$. Aber $\mathfrak{S}$ ist kein Systemnormalisator von $\mathfrak{G}$:

Sonst gäbe es ein X aus $\mathfrak{G}$ mit $\mathfrak{D}^X = \mathfrak{S}$. Dann ist $S^X = S$ und $Z^X = (Z\,C_3)^k$ mit geeignetem k. Die erste Gleichung erzwingt

$$X \in \mathbf{C}_{\mathfrak{G}}(S) = \langle Z, A_3, B_3, C_3, S \rangle .$$

Sei $X = Z^s B_3^{x_1} C_3^{x_2} A_3^{x_3} S^t$. Dann haben wir

$$Z^X = Z^{A_3^{x_3} S^t} = Z\,B_3^{x_3}\,C$$

mit einem C aus $\mathfrak{C}$. Aus

$$Z\,B_3^{x_3}\,C = Z^X = (Z\,C_3)^k$$

folgt nun $x_3 = 0$ und dann der Widerspruch

$$Z = Z^X = (Z\,C_3)^k .$$

Also hat $\mathfrak{S}$ die Deck-Meide-Eigenschaft, ist aber kein Systemnormalisator von $\mathfrak{G}$.

In 11.3 haben wir gezeigt, daß für jeden Homomorphismus μ von $\mathfrak{G}$ und jedes Sylowsystem $\mathscr{S}$ von $\mathfrak{G}$ gilt $\mathbf{N}(\mathscr{S})^\mu = \mathbf{N}(\mathscr{S}^\mu)$. Wir zeigen jetzt, daß sehr wohl $\mathbf{N}_{\mathfrak{G}}(\mathbf{N}(\mathscr{S}))^\mu < \mathbf{N}_{\mathfrak{G}^\mu}(\mathbf{N}(\mathscr{S}^\mu))$ gelten kann:

11.13 Beispiel (Alperin [6]). Sei $p > 3$ und $\mathfrak{P} = \langle P_1, P_2, P_3 \rangle$ die p-Gruppe mit den definierenden Relationen

$$P_i^p = [P_i, P_j]^p = [[P_i, P_j], P_k] = E \quad (i, j, k = 1, 2, 3) .$$

Dann ist $\mathfrak{P}$ eine p-Gruppe vom Exponenten p und der Klasse 2. Setzen wir $[P_i, P_j] = P_{ij}$ für $i \neq j$, so läßt sich jedes Element P aus $\mathfrak{P}$ eindeutig schreiben in der Gestalt

$$P = P_1^{x_1} P_2^{x_2} P_3^{x_3} P_{12}^{x_{12}} P_{13}^{x_{13}} P_{23}^{x_{23}}$$

mit $0 \leqq x_i < p$ und $0 \leqq x_{ij} < p$. Es gilt $|\mathfrak{P}| = p^6$ und

$$\mathfrak{P}' = \mathbf{Z}(\mathfrak{P}) = \langle P_{12}, P_{13}, P_{23} \rangle .$$

Wegen der Symmetrie der definierenden Relationen von $\mathfrak{P}$ liefert jede Permutation S aus der symmetrischen Gruppe $\mathfrak{S}_3$ einen Automorphismus α von $\mathfrak{P}$ mit

$$P_i^\alpha = P_{iS} \quad \text{und} \quad P_{ij}^\alpha = P_{iS\,jS} .$$

Sei $\mathfrak{G} = \mathfrak{P}\,\mathfrak{S}_3$ das semidirekte Produkt von $\mathfrak{P}$ mit $\mathfrak{S}_3$. Sei $R = (1, 2)$ und $T = (1, 2, 3)$. Dann ist wegen $p > 3$

$$\mathscr{S} = \{\mathfrak{P}, \langle T\rangle, \langle R\rangle\}$$

ein Sylowsystem von $\mathfrak{G}$. Wir setzen $\mathfrak{D} = \mathbf{N}(\mathscr{S})$. Offenbar ist $\langle R\rangle$ die 2-Sylowgruppe von $\mathfrak{D}$. Da $\mathfrak{P}\,\mathfrak{A}_3/\mathfrak{P}$ ein exzentrischer Hauptfaktor von $\mathfrak{G}$ ist, haben wir $3 \nmid |\mathfrak{D}|$ nach 11.10. Sei

$$P = P_1^{x_1} P_2^{x_2} P_3^{x_3} P_{12}^{x_{12}} P_{13}^{x_{13}} P_{23}^{x_{23}}$$

ein Element aus der p-Sylowgruppe $\mathfrak{D}_p$ von $\mathfrak{D}$. Wegen

$$[P, R] \in \mathfrak{P} \cap \langle R\rangle = \mathfrak{E} \quad \text{und} \quad [P, T] \in \mathfrak{P} \cap \langle T\rangle = \mathfrak{E}$$

ist dann $P^R = P^T = P$. Das ergibt

$$\begin{aligned} P = P^R &= P_2^{x_1} P_1^{x_2} P_3^{x_3} P_{21}^{x_{12}} P_{23}^{x_{13}} P_{13}^{x_{23}} \\ &= P_1^{x_2} P_2^{x_1} P_3^{x_3} P_{12}^{-x_{12} - x_1 x_2} P_{13}^{x_{23}} P_{23}^{x_{13}} \end{aligned}$$

und

$$\begin{aligned} P = P^T &= P_2^{x_1} P_3^{x_2} P_1^{x_3} P_{23}^{x_{12}} P_{21}^{x_{13}} P_{31}^{x_{23}} \\ &= P_1^{x_3} P_2^{x_1} P_3^{x_2} P_{12}^{-x_{13} - x_1 x_3} P_{13}^{-x_{23} - x_2 x_3} P_{23}^{x_{12}}. \end{aligned}$$

Daraus folgt $x_1 = x_2 = x_3$ und $x_{12} = x_{13} = x_{23} = -x_1 x_2/2$. Also ist $|\mathfrak{D}_p| = p$, und $\mathfrak{D}_p$ wird erzeugt von

$$D = P_1 P_2 P_3 (P_{12} P_{13} P_{23})^{-a}$$

mit $2a \equiv 1\,(p)$.

Sei $X \in \mathbf{N}_{\mathfrak{G}}(\mathfrak{D})$. Wegen $\mathfrak{D}_2 = \langle R\rangle$ ist dann $R^X = R$. Da keine 3-Sylowgruppe von $\mathfrak{G}$ von R zentralisiert wird, ist $3 \nmid |\mathbf{N}_{\mathfrak{G}}(\mathfrak{D})|$. Daher haben wir $\mathbf{N}_{\mathfrak{G}}(\mathfrak{D}) = \mathfrak{D}_2 \times \mathfrak{L}$ mit $\mathfrak{L} = \mathbf{C}_{\mathfrak{P}}(R) \cap \mathbf{N}_{\mathfrak{P}}(\langle D\rangle)$. Offenbar gilt $P_{13} P_{23} \in \mathfrak{L}$.

Sei $W = W^R \in \mathfrak{L}$. Wie oben folgt

$$W = P_1^x P_2^x P_3^y P_{12}^{-x^2/2} P_{13}^z P_{23}^z$$

mit geeigneten x, y, z. Aus $W \in \mathbf{N}_{\mathfrak{P}}(\langle D\rangle)$ ergibt sich

$$[W, D] \in \langle D\rangle \cap \mathfrak{P}' = \mathfrak{E},$$

also sogar $W \in \mathbf{C}_{\mathfrak{P}}(D)$. Daher ist

$$\begin{aligned} [W, D] = [P_1^x P_2^x P_3^y, P_1 P_2 P_3] &= P_{12}^x P_{13}^x P_{21}^x P_{23}^x P_{31}^y P_{32}^y \\ &= P_{13}^{x-y} P_{23}^{x-y} = E. \end{aligned}$$

Das erfordert $x = y$. Also bleibt $\mathbf{N}_{\mathfrak{G}}(\mathfrak{D}) = \langle R, D, P_{13} P_{23}\rangle$. Wegen $P_1 P_2 \mathfrak{P}' \in \mathbf{N}_{\mathfrak{G}/\mathfrak{P}'}(\mathfrak{D}\,\mathfrak{P}'/\mathfrak{P}')$ ist nun

$$\mathbf{N}_{\mathfrak{G}}(\mathfrak{D})\,\mathfrak{P}'/\mathfrak{P}' < \mathbf{N}_{\mathfrak{G}/\mathfrak{P}'}(\mathfrak{D}\,\mathfrak{P}'/\mathfrak{P}').$$

11.14 Definition. Die Untergruppe $\mathfrak{U}$ von $\mathfrak{G}$ heißt abnormal in $\mathfrak{G}$, falls für alle G aus $\mathfrak{G}$ gilt $G \in \langle \mathfrak{U}, \mathfrak{U}^G\rangle$. Wir schreiben dann $\mathfrak{U} \rtimes\!\!\!\lhd\ \mathfrak{G}$.

11.15 Satz. *Gleichwertig sind:*

a) $\mathfrak{U}$ *ist abnormal in* $\mathfrak{G}$.

b) *Aus* $\mathfrak{U} \leqq \mathfrak{H} \leqq \mathfrak{G}$ *und* $\mathfrak{U} \leqq \mathfrak{H} \cap \mathfrak{H}^G$ *folgt* $G \in \mathfrak{H}$.

(*Für* $\mathfrak{U} \leqq \mathfrak{H} \leqq \mathfrak{G}$ *ist insbesondere stets* $\mathbf{N}_{\mathfrak{G}}(\mathfrak{H}) = \mathfrak{H}$.)

Beweis. a) $\Rightarrow$ b): Aus $\mathfrak{U} \leqq \mathfrak{H} \cap \mathfrak{H}^G$ folgt wegen der Abnormalität von $\mathfrak{U}$

$$G^{-1} \in \langle \mathfrak{U}, \mathfrak{U}^{G^{-1}} \rangle \leqq \mathfrak{H},$$

also $G \in \mathfrak{H}$.

b) $\Rightarrow$ a): Wir setzen $\mathfrak{H} = \langle \mathfrak{U}, \mathfrak{U}^G \rangle$. Dann ist $\mathfrak{U} \leqq \mathfrak{H} \cap \mathfrak{H}^{G^{-1}}$, wegen der Bedingung unter b) also $G^{-1} \in \mathfrak{H}$. **q.e.d.**

11.16 Hilfssatz (P. Hall). *Sei* $\mathfrak{N} \trianglelefteq \mathfrak{G}$ *und* $\mathfrak{U}$ *eine Untergruppe von* $\mathfrak{G}$ *mit* $\mathfrak{N}\mathfrak{U} \bowtie \mathfrak{G}$.

a) *Ist* $\mathbf{N}_{\mathfrak{N}\mathfrak{U}}(\mathfrak{U}) = \mathfrak{U}$, *so ist* $\mathbf{N}_{\mathfrak{G}}(\mathfrak{U}) = \mathfrak{U}$.

b) *Ist* $\mathfrak{U} \bowtie \mathfrak{N}\mathfrak{U}$, *so ist* $\mathfrak{U} \bowtie \mathfrak{G}$.

Beweis. a) Sei $G \in \mathbf{N}_{\mathfrak{G}}(\mathfrak{U})$. Wegen $\mathfrak{N}\mathfrak{U} \bowtie \mathfrak{G}$ haben wir

$$G \in \langle \mathfrak{N}\mathfrak{U}, (\mathfrak{N}\mathfrak{U})^G \rangle = \mathfrak{N}\mathfrak{U},$$

also auch $G \in \mathbf{N}_{\mathfrak{N}\mathfrak{U}}(\mathfrak{U}) = \mathfrak{U}$.

b) Für jedes G aus $\mathfrak{G}$ gilt

$$G \in \langle \mathfrak{N}\mathfrak{U}, (\mathfrak{N}\mathfrak{U})^G \rangle = \mathfrak{N} \langle \mathfrak{U}, \mathfrak{U}^G \rangle .$$

Dann ist $G = NH$ mit $N \in \mathfrak{N}$ und $H \in \langle \mathfrak{U}, \mathfrak{U}^G \rangle$. Wegen $\mathfrak{U} \bowtie \mathfrak{N}\mathfrak{U}$ ist

$$N \in \langle \mathfrak{U}, \mathfrak{U}^N \rangle = \langle \mathfrak{U}, \mathfrak{U}^{GH^{-1}} \rangle \leqq \langle \mathfrak{U}, \mathfrak{U}^G \rangle .$$

Also folgt auch

$$G = NH \in \langle \mathfrak{U}, \mathfrak{U}^G \rangle ,$$

und $\mathfrak{U}$ ist abnormal in $\mathfrak{G}$. **q.e.d.**

11.17 Satz (Taunt). *Sei* $\mathfrak{G}$ *auflösbar und* $\mathfrak{U} \leqq \mathfrak{G}$. *Für alle Untergruppen* $\mathfrak{H}$ *von* $\mathfrak{G}$ *mit* $\mathfrak{U} \leqq \mathfrak{H} \leqq \mathfrak{G}$ *sei* $\mathbf{N}_{\mathfrak{G}}(\mathfrak{H}) = \mathfrak{H}$. *Dann ist* $\mathfrak{U}$ *abnormal in* $\mathfrak{G}$.

(*Ob hier die Auflösbarkeit von* $\mathfrak{G}$ *wirklich nötig ist, ist unbekannt.*)

Beweis (P. Hall). Wir beweisen die Behauptung durch Induktion nach $|\mathfrak{G}|$. Sei $\mathfrak{N}$ ein minimaler Normalteiler von $\mathfrak{G}$. Wir können $\mathfrak{U} < \mathfrak{G}$ annehmen. Sei

$$\mathfrak{U}\mathfrak{N}/\mathfrak{N} \leqq \mathfrak{V}/\mathfrak{N} \leqq \mathfrak{G}/\mathfrak{N} .$$

Dann ist

$$\mathbf{N}_{\mathfrak{G}/\mathfrak{N}}(\mathfrak{V}/\mathfrak{N}) = \mathbf{N}_{\mathfrak{G}}(\mathfrak{V})/\mathfrak{N} = \mathfrak{V}/\mathfrak{N} .$$

Vermöge unserer Induktionsannahme ist also $\mathfrak{U}\mathfrak{N}/\mathfrak{N} \bowtie \mathfrak{G}/\mathfrak{N}$ und somit auch $\mathfrak{U}\mathfrak{N} \bowtie \mathfrak{G}$. Ist $\mathfrak{U}\mathfrak{N} < \mathfrak{G}$, so folgt aus der Induktionsannahme $\mathfrak{U} \bowtie \mathfrak{U}\mathfrak{N}$. Mit 11.16 b) erhalten wir dann $\mathfrak{U} \bowtie \mathfrak{G}$. Ist jedoch $\mathfrak{G} = \mathfrak{U}\mathfrak{N}$, so ist $\mathfrak{U}$ wegen der Auflösbarkeit von $\mathfrak{G}$ eine maximale, nicht normale Untergruppe von $\mathfrak{G}$, und es gilt trivialerweise $\mathfrak{U} \bowtie \mathfrak{G}$. **q.e.d.**

Ein wichtiges Hilfsmittel zur Konstruktion von abnormalen Untergruppen ist die folgende Verallgemeinerung von I, 7.6 (S. 34):

11.18 Hilfssatz. *Sei* $\mathfrak{N} \trianglelefteq \mathfrak{G}$ *und* $\mathfrak{P}$ *eine* p*-Sylowgruppe von* $\mathfrak{N}$*. Dann ist* $\mathbf{N}_\mathfrak{G}(\mathfrak{P})$ *abnormal in* $\mathfrak{G}$.

Beweis. Wir setzen $\mathfrak{U} = \mathbf{N}_\mathfrak{G}(\mathfrak{P})$ und haben $G \in \langle \mathfrak{U}, \mathfrak{U}^G \rangle$ nachzuweisen. Sei $\mathfrak{H} = \langle \mathfrak{U}, \mathfrak{U}^G \rangle$. Dann sind $\mathfrak{P}$ und $\mathfrak{P}^G$ p-Sylowgruppen von $\mathfrak{N} \cap \mathfrak{H}$, sind also schon in $\mathfrak{N} \cap \mathfrak{H}$ konjugiert. Daher gibt es ein H aus $\mathfrak{N} \cap \mathfrak{H}$ mit $\mathfrak{P}^G = \mathfrak{P}^H$. Es folgt

$$GH^{-1} \in \mathbf{N}_\mathfrak{G}(\mathfrak{P}) = \mathfrak{U} \leqq \mathfrak{H},$$

also $G \in \mathfrak{H} = \langle \mathfrak{U}, \mathfrak{U}^G \rangle$. Somit ist $\mathbf{N}_\mathfrak{G}(\mathfrak{P})$ abnormal in $\mathfrak{G}$. **q.e.d.**

Wir beweisen ein Gegenstück zu **11.11** a):

11.19. Hilfssatz. *Sei* $\mathfrak{G}$ *auflösbar und* $\mathfrak{M}$ *eine maximale, aber nicht normale Untergruppe von* $\mathfrak{G}$.

a) *Ist* $|\mathfrak{G} : \mathfrak{M}| = p^m$ *und* $\mathfrak{K}$ *ein* p*-Komplement von* $\mathfrak{M}$*, so gilt* $\mathbf{N}_\mathfrak{G}(\mathfrak{K}) \leqq \mathfrak{M}$.

b) *Ist* $\mathcal{K}_\mathfrak{G} = \{\mathfrak{G}_{q'} \mid q \mid |\mathfrak{G}|\}$ *ein Komplementsystem von* $\mathfrak{G}$ *derart, daß*

$$\mathcal{K}_\mathfrak{M} = \{\mathfrak{M} \cap \mathfrak{G}_{q'} \mid q \mid |\mathfrak{M}|\}$$

ein Komplementsystem von $\mathfrak{M}$ *ist, so gilt* $\mathbf{N}_\mathfrak{G}(\mathcal{K}_\mathfrak{G}) \leqq \mathbf{N}_\mathfrak{M}(\mathcal{K}_\mathfrak{M})$.

Beweis. a) Enthält $\mathfrak{M}$ einen nichttrivialen Normalteiler $\mathfrak{N}$ von $\mathfrak{G}$, so folgt aus einer Induktionsannahme

$$\mathbf{N}_\mathfrak{G}(\mathfrak{K})\,\mathfrak{N}/\mathfrak{N} \leqq \mathbf{N}_{\mathfrak{G}/\mathfrak{N}}(\mathfrak{K}\,\mathfrak{N}/\mathfrak{N}) \leqq \mathfrak{M}/\mathfrak{N},$$

und wir sind fertig. Sei also $\bigcap_{G \in \mathfrak{G}} \mathfrak{M}^G = \mathfrak{E}$. Die Darstellung von $\mathfrak{G}$ als Permutationsgruppe auf den Nebenklassen von $\mathfrak{M}$ ist daher treu und primitiv. Sei $\mathfrak{N}$ der einzige minimale Normalteiler von $\mathfrak{G}$ und $\mathfrak{L}$ ein minimaler Normalteiler von $\mathfrak{M}$. Dann ist $\mathfrak{G} = \mathfrak{N}\,\mathfrak{M}$ und $\mathfrak{N} \cap \mathfrak{M} = \mathfrak{E}$, also $|\mathfrak{N}| = |\mathfrak{G} : \mathfrak{M}| = p^m$. Nach II, 3.2 e) (S. 159) ist $|\mathfrak{L}|$ eine Potenz einer Primzahl q mit $q \neq p$. Somit gilt $\mathfrak{L} \leqq \mathfrak{K}$. Ist $G \in \mathbf{N}_\mathfrak{G}(\mathfrak{K})$, so folgt

$$\mathfrak{L}^G \leqq \mathfrak{N}\,\mathfrak{L} \cap \mathfrak{K} = \mathfrak{L},$$

daher $G \in \mathbf{N}_\mathfrak{G}(\mathfrak{L}) = \mathfrak{M}$. Also haben wir $\mathbf{N}_\mathfrak{G}(\mathfrak{K}) \leqq \mathfrak{M}$.

b) Sei $|\mathfrak{G} : \mathfrak{M}| = p^m$. Dann ist $\mathfrak{G}_{p'} \cap \mathfrak{M}$ ein p-Komplement von $\mathfrak{M}$, also auch von $\mathfrak{G}$. Es folgt $\mathfrak{G}_{p'} = \mathfrak{G}_{p'} \cap \mathfrak{M} \leqq \mathfrak{M}$. Nach a) haben wir dann

$$\mathbf{N}_\mathfrak{G}(\mathcal{K}_\mathfrak{G}) \leqq \mathbf{N}_\mathfrak{G}(\mathfrak{G}_{p'}) \leqq \mathfrak{M}$$

und daher auch

$$\mathbf{N}_\mathfrak{G}(\mathcal{K}_\mathfrak{G}) \leqq \mathbf{N}_\mathfrak{G}(\mathfrak{G}_{q'}) \cap \mathfrak{M} \leqq \mathbf{N}_\mathfrak{M}(\mathfrak{G}_{q'} \cap \mathfrak{M})$$

für alle q. Das liefert die Behauptung $\mathbf{N}_\mathfrak{G}(\mathcal{K}_\mathfrak{G}) \leqq \mathbf{N}_\mathfrak{M}(\mathcal{K}_\mathfrak{M})$. **q.e.d.**

11.20 Definition. Die Untergruppe $\mathfrak{U}$ von $\mathfrak{G}$ heißt subabnormal in $\mathfrak{G}$, wenn es eine Kette

$$\mathfrak{U} = \mathfrak{U}_0 < \mathfrak{U}_1 < \cdots < \mathfrak{U}_s = \mathfrak{G}$$

gibt, wobei $\mathfrak{U}_i$ abnormal in $\mathfrak{U}_{i+1}$ ist.

Wir beweisen jetzt eine eigenartige Charakterisierung der Systemnormalisatoren:

11.21 Satz (P. HALL [7]). *Sei $\mathfrak{G}$ eine auflösbare Gruppe und $\mathcal{T}$ die Menge der subabnormalen Untergruppen von $\mathfrak{G}$. Dann sind die Systemnormalisatoren von $\mathfrak{G}$ genau die minimalen Elemente von $\mathcal{T}$ bezüglich der durch die Inklusion gegebenen natürlichen Teilordnung von $\mathcal{T}$.*

Beweis. a) Wir zeigen zuerst, daß jedes Element von $\mathcal{T}$ einen Systemnormalisator von $\mathfrak{G}$ enthält. Sei $\mathfrak{U}$ subabnormal in $\mathfrak{G}$. Dann gibt es eine Kette

$$\mathfrak{U} = \mathfrak{U}_0 \bowtie\!\!\lhd\, \mathfrak{U}_1 \bowtie\!\!\lhd \cdots \bowtie\!\!\lhd\, \mathfrak{U}_s = \mathfrak{G}.$$

Durch Verfeinerung dieser Kette können wir erreichen, daß $\mathfrak{U}_i$ maximal, aber nicht normal in $\mathfrak{U}_{i+1}$ ist. Nach 11.19 b) enthält jeder Systemnormalisator von $\mathfrak{U}_i$ einen Systemnormalisator von $\mathfrak{U}_{i+1}$. Also enthält $\mathfrak{U} = \mathfrak{U}_0$ einen Systemnormalisator von $\mathfrak{G} = \mathfrak{U}_s$.

b) Wir haben nachzuweisen, daß jeder Systemnormalisator von $\mathfrak{G}$ subabnormal in $\mathfrak{G}$ ist. Der Beweis läßt sich nach Carter so führen:

Ist $\mathfrak{G}$ nilpotent, so ist nur $\mathfrak{G}$ subabnormal in $\mathfrak{G}$, und $\mathfrak{G}$ ist der einzige Systemnormalisator von $\mathfrak{G}$. Sei also $\mathfrak{G}$ nicht nilpotent. Dann gibt es einen Hauptfaktor $\mathfrak{H}/\mathfrak{K}$ von $\mathfrak{G}$ derart, daß $\mathfrak{K}$ nilpotent ist, $\mathfrak{H}$ aber nicht. Sei $|\mathfrak{H}/\mathfrak{K}| = p^a$. Jede Sylowgruppe $\mathfrak{H}_p$ von $\mathfrak{H}$ ist nun nicht normal in $\mathfrak{H}$. Wir setzen $\mathfrak{T} = \mathbf{N}_{\mathfrak{G}}(\mathfrak{H}_p)$. Nach 11.18 ist $\mathfrak{T}$ abnormal in $\mathfrak{G}$. Aus I, 7.8 (S. 35) folgt

$$\mathfrak{G} = \mathbf{N}_{\mathfrak{G}}(\mathfrak{H}_p)\,\mathfrak{H} = \mathbf{N}_{\mathfrak{G}}(\mathfrak{H}_p)\,\mathfrak{H}_p\,\mathfrak{K} = \mathfrak{T}\,\mathfrak{K}.$$

Wir zeigen, daß jeder Systemnormalisator $\mathfrak{D}$ von $\mathfrak{T}$ ein Systemnormalisator von $\mathfrak{G}$ ist. Gemäß einer Induktionsannahme können wir voraussetzen, daß $\mathfrak{D}$ subabnormal ist in $\mathfrak{T}$. Da $\mathfrak{T}$ in $\mathfrak{G}$ abnormal ist, ist dann $\mathfrak{D}$ subabnormal in $\mathfrak{G}$.

Seien

$$\mathcal{S}_{\mathfrak{K}} = \{\mathfrak{K}_q \mid q \mid |\mathfrak{K}|\} \quad \text{und} \quad \mathcal{S}_{\mathfrak{T}} = \{\mathfrak{T}_q \mid q \mid |\mathfrak{T}|\}$$

Sylowsysteme von $\mathfrak{K}$ bzw. $\mathfrak{T}$, und sei $\mathfrak{D} = \mathbf{N}_{\mathfrak{T}}(\mathcal{S}_{\mathfrak{T}})$. Wegen der Nilpotenz von $\mathfrak{K}$ und wegen $\mathfrak{K} \lhd \mathfrak{G}$ gilt $\mathfrak{K}_q \lhd \mathfrak{G}$ für alle q. Also sind die Sylowgruppen $\mathfrak{K}_q\,\mathfrak{T}_q$ von $\mathfrak{G} = \mathfrak{K}\,\mathfrak{T}$ paarweise vertauschbar, und

$$\mathcal{S}_{\mathfrak{G}} = \{\mathfrak{K}_q\,\mathfrak{T}_q \mid q \mid |\mathfrak{G}|\}$$

ist ein Sylowsystem von $\mathfrak{G}$. Wegen $\mathfrak{K}_q \lhd \mathfrak{G}$ gilt $\mathbf{N}_{\mathfrak{T}}(\mathcal{S}_{\mathfrak{T}}) \leqq \mathbf{N}_{\mathfrak{G}}(\mathfrak{K}_q\,\mathfrak{T}_q)$, also auch $\mathbf{N}_{\mathfrak{T}}(\mathcal{S}_{\mathfrak{T}}) \leqq \mathbf{N}_{\mathfrak{G}}(\mathcal{S}_{\mathfrak{G}})$.

Da $\mathbf{N}_{\mathfrak{T}}(\mathcal{S}_{\mathfrak{T}}) = \mathfrak{D}$ subabnormal in $\mathfrak{G}$ ist, enthält $\mathbf{N}_{\mathfrak{T}}(\mathcal{S}_{\mathfrak{T}})$ nach a) einen Systemnormalisator von $\mathfrak{G}$. Also folgt $\mathbf{N}_{\mathfrak{T}}(\mathcal{S}_{\mathfrak{T}}) = \mathbf{N}_{\mathfrak{G}}(\mathcal{S}_{\mathfrak{G}})$, und wir sind fertig. **q.e.d.**

11.22 Bemerkung. Satz 11.21 besagt: Ist $\mathbf{N}(\mathscr{S})$ ein Systemnormalisator der auflösbaren Gruppe $\mathfrak{G}$, so gibt es eine Kette

$$\mathbf{N}(\mathscr{S}) = \mathfrak{U}_0 < \mathfrak{U}_1 < \cdots < \mathfrak{U}_s = \mathfrak{G},$$

wobei $\mathfrak{U}_i$ maximal, aber nicht normal in $\mathfrak{U}_{i+1}$ ist. Keine eigentliche Untergruppe von $\mathbf{N}(\mathscr{S})$ hat nach 11.21 diese Eigenschaft. Satz 11.21 besagt jedoch nicht, daß jede nicht zu verlängernde Kette

$$\mathfrak{U}_0 < \mathfrak{U}_1 < \cdots < \mathfrak{U}_s = \mathfrak{G}$$

mit $\mathfrak{U}_i$ maximal, aber nicht normal in $\mathfrak{U}_{i+1}$, bei einem Systemnormalisator $\mathfrak{U}_0$ endet:

Sei $\mathfrak{G} = \mathfrak{S}_4$ die symmetrische Gruppe vom Grad 4. Dann ist $\mathfrak{D} = \langle(1, 2)\rangle$ ein Systemnormalisator von $\mathfrak{G}$. Eine Kette der in Satz 11.21 beschriebenen Art ist

$$\mathfrak{D} < \langle(1, 2), (1, 2, 3)\rangle < \mathfrak{S}_4.$$

Ist $\mathfrak{P}$ eine 2-Sylowgruppe von $\mathfrak{S}_4$, so ist auch $\mathfrak{P} < \mathfrak{S}_4$ eine nicht verlängerbare Kette mit abnormalen Schritten, jedoch ist $\mathfrak{P}$ kein Systemnormalisator von $\mathfrak{S}_4$. Also gelangen nicht alle, sondern nur geeignete Ketten mit abnormalen Schritten bis zu den Systemnormalisatoren hinunter.

§ 12. Cartergruppen auflösbarer Gruppen

12.1 Definition. Nilpotente, selbstnormalisierende Untergruppen einer auflösbaren Gruppe $\mathfrak{G}$ bezeichnen wir als Cartergruppen von $\mathfrak{G}$.

12.2 Satz (Carter [3]). *Sei $\mathfrak{G}$ eine auflösbare Gruppe.*

a) *Die Cartergruppen von $\mathfrak{G}$ sind gerade die deckenden $\mathscr{F}$-Untergruppen von $\mathfrak{G}$ zur gesättigten Formation $\mathscr{F}$ der nilpotenten Gruppen.*

b) *Es gibt Cartergruppen von $\mathfrak{G}$, und alle Cartergruppen von $\mathfrak{G}$ sind in $\mathfrak{G}$ konjugiert.*

c) *Jede Cartergruppe $\mathfrak{C}$ von $\mathfrak{G}$ ist abnormal in $\mathfrak{G}$.*

Beweis. Sei $\mathscr{F}$ im Beweis die gesättigte Formation der nilpotenten Gruppen.

a) Ist $\mathfrak{C}$ eine deckende $\mathscr{F}$-Untergruppe von $\mathfrak{G}$, so ist $\mathfrak{C}$ nilpotent, und nach 7.11 gilt $\mathbf{N}_{\mathfrak{G}}(\mathfrak{C}) = \mathfrak{C}$.

Sei umgekehrt $\mathfrak{C}$ eine nilpotente Untergruppe von $\mathfrak{G}$ mit $\mathbf{N}_{\mathfrak{G}}(\mathfrak{C}) = \mathfrak{C}$. Angenommen, es wäre $\mathfrak{C} \leqq \mathfrak{U} \leqq \mathfrak{G}$ und $\mathfrak{U}/\mathfrak{K}$ nilpotent. Ist $\mathfrak{K}\mathfrak{C} < \mathfrak{U}$, so gibt es eine maximale Untergruppe $\mathfrak{M}$ von $\mathfrak{U}$ mit $\mathfrak{K}\mathfrak{C} \leqq \mathfrak{M} < \mathfrak{U}$. Wegen der Nilpotenz von $\mathfrak{U}/\mathfrak{K}$ ist $\mathfrak{M} \lhd \mathfrak{U}$. Vermöge Induktion nach $|\mathfrak{G}|$ können wir annehmen, daß $\mathfrak{C}$ eine deckende $\mathscr{F}$-Untergruppe von $\mathfrak{M}$ ist. Für jedes U aus $\mathfrak{U}$ ist dann $\mathfrak{C}^U$ eine deckende $\mathscr{F}$-Untergruppe von $\mathfrak{M}$, ist also nach b), das für $\mathfrak{M}$ schon bewiesen sei, zu $\mathfrak{C}$ in $\mathfrak{M}$

konjugiert. Daher folgt der Widerspruch

$$\mathfrak{U} = \mathfrak{M}\, \mathbf{N}_{\mathfrak{G}}(\mathfrak{C}) = \mathfrak{M}\, \mathfrak{C} = \mathfrak{M}\,.$$

Somit ist $\mathfrak{C}$ eine deckende $\mathscr{F}$-Untergruppe von $\mathfrak{G}$.

b) folgt sofort aus a) und **7.10** b).

c) Für alle $\mathfrak{U}$ mit $\mathfrak{C} \leqq \mathfrak{U} \leqq \mathfrak{G}$ gilt $\mathbf{N}_{\mathfrak{G}}(\mathfrak{U}) = \mathfrak{U}$ nach **7.11**. Daraus folgt mit **11.17** die Abnormalität von $\mathfrak{U}$. **q.e.d.**

Die Entdeckung der Cartergruppen wurde durch die Theorie der Lieschen Algebren angeregt, wo es im klassischen Fall eines algebraisch abgeschlossenen Körpers der Charakteristik 0 stets nilpotente Unteralgebren gibt, die sog. Cartanalgebren, welche in keiner größeren Algebra als Ideal enthalten sind. Diese Cartanalgebren sind das entscheidende Hilfsmittel bei der Bestimmung aller einfachen Lieschen Algebren. In endlichen nichtauflösbaren Gruppen braucht es jedoch keine nilpotenten, selbstnormalisierenden Untergruppen zu geben, wie das Beispiel der alternierenden Gruppe $\mathfrak{A}_5$ zeigt. Auflösbare Liesche Algebren sind überauflösbar, entsprechen daher nur der kleinen Klasse der überauflösbaren Gruppen. Da in solchen Gruppen nach **12.4** die Cartergruppen mit den Systemnormalisatoren übereinstimmen, und damit recht gut bekannt sind, liefert die Theorie der Lieschen Algebren kaum brauchbare Hinweise für die Untersuchung feinerer Eigenschaften der Cartergruppen.

Aus **7.9** (S. 699) und **7.13** (S. 702) entnehmen wir:

12.3 Hilfssatz. *Sei $\mathfrak{C}$ eine Cartergruppe der auflösbaren Gruppe $\mathfrak{G}$.*

a) *Ist $\mathfrak{N}$ ein Normalteiler von $\mathfrak{G}$, so ist $\mathfrak{C}\mathfrak{N}/\mathfrak{N}$ eine Cartergruppe von $\mathfrak{G}/\mathfrak{N}$.*

b) *$\mathfrak{C}$ ist eine maximale nilpotente Untergruppe von $\mathfrak{G}$.*

12.4 Satz (Carter [1]). *Hat $\mathfrak{G}$ einen nilpotenten Normalteiler $\mathfrak{K}$ mit nilpotenter Faktorgruppe $\mathfrak{G}/\mathfrak{K}$, so sind die Systemnormalisatoren von $\mathfrak{G}$ gerade die Cartergruppen von $\mathfrak{G}$.*

Beweis. Sei $\mathfrak{D}$ ein Systemnormalisator von $\mathfrak{G}$. Nach **11.3** ist $\mathfrak{D}\,\mathfrak{K}/\mathfrak{K}$ ein Systemnormalisator der nilpotenten Gruppe $\mathfrak{G}/\mathfrak{K}$, also gilt $\mathfrak{G} = \mathfrak{K}\,\mathfrak{D}$. Seien

$$\mathscr{S}' = \{\mathfrak{K}_p \mid p \mid |\mathfrak{K}|\} \quad \text{und} \quad \mathscr{S}'' = \{\mathfrak{D}_p \mid p \mid |\mathfrak{D}|\}$$

die Sylowsysteme von $\mathfrak{K}$ bzw. $\mathfrak{D}$. Wegen $\mathfrak{K}_p \trianglelefteq \mathfrak{G}$ ist

$$\mathscr{S} = \{\mathfrak{K}_p\, \mathfrak{D}_p \mid p \mid |\mathfrak{G}|\}$$

ein Sylowsystem von $\mathfrak{G}$. Offenbar gilt $\mathfrak{D} \leqq \mathbf{N}(\mathscr{S})$, also ist $\mathfrak{D} = \mathbf{N}(\mathscr{S})$. Für $G \in \mathbf{N}_{\mathfrak{G}}(\mathfrak{D})$ haben wir $\mathfrak{D}_p^G = \mathfrak{D}_p$, daher auch

$$(\mathfrak{K}_p\, \mathfrak{D}_p)^G = \mathfrak{K}_p^G\, \mathfrak{D}_p^G = \mathfrak{K}_p\, \mathfrak{D}_p$$

und somit $G \in \mathbf{N}(\mathscr{S}) = \mathfrak{D}$. Also ist $\mathbf{N}_{\mathfrak{G}}(\mathfrak{D}) = \mathfrak{D}$. Da $\mathfrak{D}$ nach **11.2** a) nilpotent ist, ist $\mathfrak{D}$ eine Cartergruppe von $\mathfrak{G}$. Die Behauptung folgt jetzt aus der Tatsache, daß die Systemnormalisatoren und die Cartergruppen von $\mathfrak{G}$ jeweils eine Konjugiertenklasse bilden. **q.e.d.**

Unser nächstes Ziel ist eine zu 11.21 ähnliche Charakterisierung der Cartergruppen.

12.5 Hilfssatz. *Sei $\mathfrak{M}$ eine maximale, aber nicht normale Untergruppe der auflösbaren Gruppe $\mathfrak{G}$. Sei $\mathfrak{M}/\bigcap_{G\in\mathfrak{G}}\mathfrak{M}^G$ nilpotent. Dann enthält $\mathfrak{M}$ eine Cartergruppe von $\mathfrak{G}$.*

Beweis. Wir setzen $\mathfrak{N} = \bigcap_{G\in\mathfrak{G}}\mathfrak{M}^G$. Ist $\mathfrak{C}$ eine Cartergruppe von $\mathfrak{G}$, so ist $\mathfrak{C}\,\mathfrak{N}/\mathfrak{N}$ nach 12.3 eine Cartergruppe von $\mathfrak{G}/\mathfrak{N}$. Da $\mathfrak{M}/\mathfrak{N}$ nilpotent und eigener Normalisator in $\mathfrak{G}/\mathfrak{N}$ ist, ist $\mathfrak{M}/\mathfrak{N}$ ebenfalls eine Cartergruppe von $\mathfrak{G}/\mathfrak{N}$. Somit sind $\mathfrak{C}\,\mathfrak{N}$ und $\mathfrak{M}$ konjugiert, und $\mathfrak{M}$ enthält eine Cartergruppe von $\mathfrak{G}$. **q.e.d.**

12.6 Hilfssatz. *Sei $\mathfrak{G}$ auflösbar, aber nicht nilpotent. Dann gibt es eine maximale, aber nicht normale Untergruppe $\mathfrak{M}$ von $\mathfrak{G}$ derart, daß $\mathfrak{M}/\bigcap_{G\in\mathfrak{G}}\mathfrak{M}^G$ nilpotent ist.*

Beweis. Da $\mathfrak{G}$ nicht nilpotent ist, gilt $\mathbf{K}_\infty(\mathfrak{G}) \neq \mathfrak{E}$. Sei $\mathbf{K}_\infty(\mathfrak{G})/\mathfrak{N}$ ein Hauptfaktor von $\mathfrak{G}$. Da $\mathfrak{G}/\mathfrak{N}$ nicht nilpotent ist, gibt es eine maximale, aber nicht normale Untergruppe $\mathfrak{M}/\mathfrak{N}$ von $\mathfrak{G}/\mathfrak{N}$. Also ist $\mathbf{K}_\infty(\mathfrak{G}) \nleq \mathfrak{M}$, somit $\mathfrak{G} = \mathfrak{M}\,\mathbf{K}_\infty(\mathfrak{G})$ und

$$\mathfrak{N} \leqq \mathfrak{M} \cap \mathbf{K}_\infty(\mathfrak{G}) \lhd \mathbf{K}_\infty(\mathfrak{G})\,.$$

Das erzwingt $\mathfrak{N} = \mathfrak{M} \cap \mathbf{K}_\infty(\mathfrak{G})$, und dann ist

$$\mathfrak{M}/\mathfrak{N} \cong \mathfrak{M}\,\mathbf{K}_\infty(\mathfrak{G})/\mathbf{K}_\infty(\mathfrak{G}) = \mathfrak{G}/\mathbf{K}_\infty(\mathfrak{G})$$

nilpotent. Wegen $\mathfrak{M} \not\!\lhd\, \mathfrak{G}$ und $\mathfrak{N} \leqq \bigcap_{G\in\mathfrak{G}}\mathfrak{M}^G$ erfüllt $\mathfrak{M}$ die gestellten Bedingungen. **q.e.d.**

12.7 Satz (Erber [1]). *Sei $\mathfrak{G}$ auflösbar und $\mathfrak{U}$ eine Untergruppe von $\mathfrak{G}$. Es gebe eine Kette*

$$\mathfrak{U} = \mathfrak{U}_0 < \mathfrak{U}_1 < \cdots < \mathfrak{U}_s = \mathfrak{G}$$

mit folgenden Eigenschaften:

(1) *$\mathfrak{U}_i$ ist maximal, aber nicht normal in $\mathfrak{U}_{i+1}$ ($i = 0, 1, \ldots, s-1$).*

(2) *$\mathfrak{U}_i/\bigcap_{X\in\mathfrak{U}_{i+1}}\mathfrak{U}_i^X$ ist nilpotent ($i = 0, 1, \ldots, s-1$).*

(3) *Die Kette läßt sich nicht unter Erhaltung von* (1) *und* (2) *über $\mathfrak{U}$ hinaus nach unten verlängern.*

Dann ist $\mathfrak{U}$ eine Cartergruppe von $\mathfrak{G}$.

(*Man beachte, daß hier im Gegensatz zu* 11.21 *jede nicht zu verlängernde Kette bei einer Cartergruppe von $\mathfrak{G}$ endet.*)

Beweis. Sei schon eine Cartergruppe $\mathfrak{C}$ von $\mathfrak{G}$ mit $\mathfrak{C} \leqq \mathfrak{U}_{i+1}$ nachgewiesen. Dann ist $\mathfrak{C}$ eine Cartergruppe von $\mathfrak{U}_{i+1}$. Nach 12.5 liegt eine geeignete Konjugierte von $\mathfrak{C}$ in $\mathfrak{U}_i$. Also enthält auch $\mathfrak{U}_i$ eine Cartergruppe von $\mathfrak{G}$. Somit enthält $\mathfrak{U}$ eine Cartergruppe $\mathfrak{C}^*$ von $\mathfrak{G}$. Da sich die Kette nicht verlängern läßt, ist $\mathfrak{U}$ nach 12.6 nilpotent. Wegen $\mathbf{N}_{\mathfrak{U}}(\mathfrak{C}^*) = \mathfrak{C}^*$ folgt dann $\mathfrak{U} = \mathfrak{C}^*$ mit III, 2.3. **q.e.d.**

Über die Beziehungen zwischen den Cartergruppen und den Systemnormalisatoren ist wenig bekannt. Eine erste Auskunft gibt der folgende Satz:

12.8 Satz (CARTER [3]). *Sei $\mathfrak{G}$ auflösbar. Dann enthält jede Cartergruppe $\mathfrak{C}$ von $\mathfrak{G}$ einen Systemnormalisator von $\mathfrak{G}$. Schärfer: Ist*

$$\mathscr{S} = \{\mathfrak{G}_q \mid q \bigm| |\mathfrak{G}|\}$$

ein Sylowsystem von $\mathfrak{G}$ mit $\mathfrak{G}_q \cap \mathfrak{C} = \mathfrak{C}_q$ für alle q (ein solches Sylowsystem $\mathscr{S}$ gibt es sicher nach 2.5), so gilt $\mathbf{N}(\mathscr{S}) \leqq \mathfrak{C}$.

Beweis. Die erste Aussage folgt sofort aus der Abnormalität der Cartergruppen (siehe 12.2) und 11.21.

Wir beweisen die schärfere Behauptung durch Induktion nach $|\mathfrak{G}|$. Sei $\mathfrak{N}$ ein minimaler Normalteiler von $\mathfrak{G}$ und $|\mathfrak{N}| = p^n$. Dann ist

$$\mathscr{S}^* = \{\mathfrak{G}_q\,\mathfrak{N}/\mathfrak{N} \mid q \bigm| |\mathfrak{G}/\mathfrak{N}|\}$$

ein Sylowsystem von $\mathfrak{G}/\mathfrak{N}$ mit $\mathfrak{C}_q\,\mathfrak{N}/\mathfrak{N} \leqq \mathfrak{G}_q\,\mathfrak{N}/\mathfrak{N}$. Dabei ist $\mathfrak{C}_q\,\mathfrak{N}/\mathfrak{N}$ nach 12.3 die q-Sylowgruppe der Cartergruppe $\mathfrak{C}\,\mathfrak{N}/\mathfrak{N}$ von $\mathfrak{G}/\mathfrak{N}$. Vermöge unserer Induktionsannahme erhalten wir

$$\mathbf{N}(\mathscr{S})\,\mathfrak{N}/\mathfrak{N} \leqq \mathbf{N}(\mathscr{S}^*) \leqq \mathfrak{C}\,\mathfrak{N}/\mathfrak{N}\,,$$

also $\mathbf{N}(\mathscr{S}) \leqq \mathfrak{C}\,\mathfrak{N}$. Somit normalisiert $\mathbf{N}(\mathscr{S})$ sowohl $\mathfrak{C}\,\mathfrak{N} \cap \mathfrak{G}_q = \mathfrak{C}_q$ (für $q \neq p$) als auch $\mathfrak{C}\,\mathfrak{N} \cap \mathfrak{G}_p = \mathfrak{N}\,\mathfrak{C}_p$. Dann normalisiert $\mathbf{N}(\mathscr{S})$ auch die Zentralisatoren $\mathbf{C}_{\mathfrak{G}}(\mathfrak{C}_q)$ $(q \neq p)$ und daher ebenfalls

$$\bigcap_{q \neq p} \mathbf{C}_{\mathfrak{G}}(\mathfrak{C}_q) \cap \mathfrak{N}\,\mathfrak{C}_p\,.$$

Diese Gruppe hat die Gestalt $\mathfrak{T}\,\mathfrak{C}_p$ mit $\mathfrak{T} \leqq \mathfrak{N}$. Daher ist

$$\mathfrak{L} = \prod_{q \neq p} \mathfrak{C}_q \times \mathfrak{T}\,\mathfrak{C}_p$$

eine nilpotente Untergruppe von $\mathfrak{G}$, welche $\mathfrak{C}$ enthält. Nach 12.3 ist dann $\mathfrak{L} = \mathfrak{C}$ und mithin $\mathfrak{T}\,\mathfrak{C}_p = \mathfrak{C}_p$. Daher wird auch $\mathfrak{C}_p$ von $\mathbf{N}(\mathscr{S})$ normalisiert, und es folgt $\mathbf{N}(\mathscr{S}) \leqq \mathbf{N}_{\mathfrak{G}}(\mathfrak{C}) = \mathfrak{C}$. **q.e.d.**

12.9 Hilfssatz. a) *Sei $\mathfrak{N}$ ein Normalteiler von $\mathfrak{G}$ von p-Potenzordnung. Genau dann gilt $\mathfrak{N} \leqq \mathbf{Z}_\infty(\mathfrak{G})$, wenn $|\mathfrak{G}/\mathbf{C}_{\mathfrak{G}}(\mathfrak{N})|$ eine Potenz von p ist.*

b) *Sei $\mathfrak{P}$ eine p-Sylowgruppe von $\mathfrak{G}$ mit $\mathfrak{P} \leqq \mathbf{Z}_\infty(\mathfrak{G})$. Dann ist $\mathfrak{P}$ ein direkter Faktor von $\mathfrak{G}$.*

Beweis. a) Sei zuerst $\mathfrak{N} \leqq \mathbf{Z}_\infty(\mathfrak{G})$ und $\mathfrak{Q}$ eine q-Sylowgruppe von $\mathfrak{G}$ mit $q \neq p$. Dann ist $\mathfrak{N}\,\mathfrak{Q}$ nilpotent, da es wegen $\mathfrak{N} \leqq \mathbf{Z}_\infty(\mathfrak{G})$ eine aufsteigende Zentralreihe besitzt. Also folgt $\mathfrak{Q} \leqq \mathbf{C}_{\mathfrak{G}}(\mathfrak{N})$. Da dies für alle von p verschiedenen Primzahlen q gilt, ist $|\mathfrak{G}/\mathbf{C}_{\mathfrak{G}}(\mathfrak{N})|$ eine Potenz von p.

Sei umgekehrt $|\mathfrak{G}/\mathbf{C}_{\mathfrak{G}}(\mathfrak{N})|$ eine Potenz von p und $\mathfrak{P}$ eine p-Sylowgruppe von $\mathfrak{G}$. Dann ist $\mathfrak{G} = \mathbf{C}_{\mathfrak{G}}(\mathfrak{N})\,\mathfrak{P}$. Wir setzen $\mathfrak{N}_i = \mathbf{Z}_i(\mathfrak{P}) \cap \mathfrak{N}$.

Wegen

$$[\mathfrak{N}_i, \mathfrak{G}] = [\mathfrak{N}_i, \mathbf{C}_{\mathfrak{G}}(\mathfrak{N})\,\mathfrak{P}]$$
$$= [\mathfrak{N}_i, \mathfrak{P}] \leqq \mathfrak{N} \cap [\mathbf{Z}_i(\mathfrak{P}), \mathfrak{P}] \leqq \mathfrak{N} \cap \mathbf{Z}_{i-1}(\mathfrak{P}) = \mathfrak{N}_{i-1}$$

bilden die $\mathfrak{N}_i$ eine Zentralkette von $\mathfrak{G}$. Also gilt $\mathfrak{N}_i \leqq \mathbf{Z}_i(\mathfrak{G})$. Für ein genügend großes s folgt

$$\mathfrak{N} = \mathfrak{N}_s \leqq \mathbf{Z}_s(\mathfrak{G}) \leqq \mathbf{Z}_\infty(\mathfrak{G}) .$$

b) Wegen $\mathfrak{P} \leqq \mathbf{Z}_\infty(\mathfrak{G})$ und der Nilpotenz von $\mathbf{Z}_\infty(\mathfrak{G})$ ist $\mathfrak{P} \trianglelefteq \mathfrak{G}$. Nach a) ist $|\mathfrak{G}/\mathbf{C}_{\mathfrak{G}}(\mathfrak{P})|$ eine Potenz von p. Also gilt $\mathfrak{G} = \mathbf{C}_{\mathfrak{G}}(\mathfrak{P})\,\mathfrak{P}$. Nach dem Satz von Zassenhaus hat $\mathfrak{P} \cap \mathbf{C}_{\mathfrak{G}}(\mathfrak{P}) = \mathbf{Z}(\mathfrak{P})$ ein Komplement $\mathfrak{S}$ in $\mathbf{C}_{\mathfrak{G}}(\mathfrak{P})$. Es folgt $\mathbf{C}_{\mathfrak{G}}(\mathfrak{P}) = \mathbf{Z}(\mathfrak{P}) \times \mathfrak{S}$. Also ist $\mathfrak{S}$ charakteristisch in $\mathbf{C}_{\mathfrak{G}}(\mathfrak{P})$, und wegen $\mathbf{C}_{\mathfrak{G}}(\mathfrak{P}) \trianglelefteq \mathfrak{G}$ ist auch $\mathfrak{S} \trianglelefteq \mathfrak{G}$. Daher ist $\mathfrak{G} = \mathfrak{P} \times \mathfrak{S}$. **q.e.d.**

12.10 Hilfssatz. *Sei $\mathfrak{N}$ ein p-Normalteiler und $\mathfrak{C}$ eine Cartergruppe der auflösbaren Gruppe $\mathfrak{G}$. Genau dann gilt $\mathfrak{N} \leqq \mathfrak{C}$, wenn in $\mathfrak{G}/\mathbf{C}_{\mathfrak{G}}(\mathfrak{N})$ die p-Sylowgruppen mit den Cartergruppen übereinstimmen, d. h. wenn $\mathfrak{G}/\mathbf{C}_{\mathfrak{G}}(\mathfrak{N})$ selbstnormalisierende p-Sylowgruppen hat.*

Beweis. a) Sei $\mathfrak{N} \leqq \mathfrak{C}$. Dann liegt das p-Komplement $\mathfrak{C}_{p'}$ von $\mathfrak{C}$ in $\mathbf{C}_{\mathfrak{G}}(\mathfrak{N})$, und somit ist $\mathfrak{C}\,\mathbf{C}_{\mathfrak{G}}(\mathfrak{N})/\mathbf{C}_{\mathfrak{G}}(\mathfrak{N})$ eine p-Gruppe. Nach **12.3** ist $\mathfrak{C}\,\mathbf{C}_{\mathfrak{G}}(\mathfrak{N})/\mathbf{C}_{\mathfrak{G}}(\mathfrak{N})$ eine Cartergruppe von $\mathfrak{G}/\mathbf{C}_{\mathfrak{G}}(\mathfrak{N})$. Mit **12.3** folgt dann, daß $\mathfrak{C}\,\mathbf{C}_{\mathfrak{G}}(\mathfrak{N})/\mathbf{C}_{\mathfrak{G}}(\mathfrak{N})$ eine p-Sylowgruppe von $\mathfrak{G}/\mathbf{C}_{\mathfrak{G}}(\mathfrak{N})$ ist.

b) Nun sei die Cartergruppe $\mathfrak{C}\,\mathbf{C}_{\mathfrak{G}}(\mathfrak{N})/\mathbf{C}_{\mathfrak{G}}(\mathfrak{N})$ von $\mathfrak{G}/\mathbf{C}_{\mathfrak{G}}(\mathfrak{N})$ eine p-Sylowgruppe von $\mathfrak{G}/\mathbf{C}_{\mathfrak{G}}(\mathfrak{N})$. Also gibt es eine p-Sylowgruppe $\mathfrak{P}$ von $\mathfrak{G}$ mit

$$\mathfrak{P}\,\mathbf{C}_{\mathfrak{G}}(\mathfrak{N})/\mathbf{C}_{\mathfrak{G}}(\mathfrak{N}) = \mathfrak{C}\,\mathbf{C}_{\mathfrak{G}}(\mathfrak{N})/\mathbf{C}_{\mathfrak{G}}(\mathfrak{N}) .$$

Da $\mathfrak{N}$ ein p-Normalteiler von $\mathfrak{G}$ ist, gilt

$$\mathfrak{N} \leqq \mathfrak{P} \leqq \mathfrak{C}\,\mathbf{C}_{\mathfrak{G}}(\mathfrak{N}) .$$

Wir setzen $\mathfrak{U} = \mathfrak{C}\,\mathbf{C}_{\mathfrak{G}}(\mathfrak{N})$. Wegen $\mathfrak{U} = \mathfrak{P}\,\mathbf{C}_{\mathfrak{G}}(\mathfrak{N})$ ist dann $|\mathfrak{U}/\mathbf{C}_{\mathfrak{U}}(\mathfrak{N})|$ eine Potenz von p. Aus **12.9** folgt daher $\mathfrak{N} \leqq \mathbf{Z}_\infty(\mathfrak{U})$. Offenbar ist $\mathfrak{C}$ eine Cartergruppe von $\mathfrak{U} = \mathfrak{C}\,\mathbf{C}_{\mathfrak{G}}(\mathfrak{N})$. Da $\mathbf{Z}_\infty(\mathfrak{U})$ nach **11.11** c) der Durchschnitt aller Systemnormalisatoren von $\mathfrak{U}$ ist, folgt mit **12.8** nun die Behauptung $\mathfrak{N} \leqq \mathfrak{C}$. **q.e.d.**

Nun können wir den Durchschnitt $\mathfrak{T} = \bigcap_{G \in \mathfrak{G}} \mathfrak{C}^G$ aller Cartergruppen von $\mathfrak{G}$ bestimmen. Offenbar ist $\mathfrak{T}$ eine nilpotente, charakteristische Untergruppe von $\mathfrak{G}$.

12.11 Satz (Huppert). *Sei $\mathfrak{G}$ eine auflösbare Gruppe und $\mathfrak{C}$ eine Cartergruppe von $\mathfrak{G}$. Sei*

$$\mathfrak{T} = \bigcap_{G \in \mathfrak{G}} \mathfrak{C}^G = \bigtimes_{p} \mathfrak{T}_p$$

der Durchschnitt aller Cartergruppen von $\mathfrak{G}$. *Ist* $\mathfrak{P}$ *eine* p*-Sylowgruppe von* $\mathfrak{G}$, *so gilt*

$$\mathfrak{T}_p = \bigcap_{G\in\mathfrak{G}} (\mathbf{Z}_\infty(\mathbf{N}_\mathfrak{G}(\mathfrak{P})) \cap \mathfrak{P})^G .$$

Beweis. Sei $\mathfrak{N}$ ein p-Normalteiler von $\mathfrak{G}$. Die Bedingung $\mathfrak{N} \leqq \mathfrak{C}$ ist nach 12.10 gleichwertig damit, daß

$$\mathbf{N}_\mathfrak{G}(\mathfrak{P})\, \mathbf{C}_\mathfrak{G}(\mathfrak{N})/\mathbf{C}_\mathfrak{G}(\mathfrak{N}) = \mathbf{N}_{\mathfrak{G}/\mathbf{C}(\mathfrak{N})}(\mathfrak{P}\, \mathbf{C}_\mathfrak{G}(\mathfrak{N})/\mathbf{C}_\mathfrak{G}(\mathfrak{N})) = \mathfrak{P}\, \mathbf{C}_\mathfrak{G}(\mathfrak{N})/\mathbf{C}_\mathfrak{G}(\mathfrak{N})$$

eine p-Gruppe ist. Dies ist gleichwertig damit, daß $|\mathbf{N}_\mathfrak{G}(\mathfrak{P})/(\mathbf{N}_\mathfrak{G}(\mathfrak{P})\cap\mathbf{C}_\mathfrak{G}(\mathfrak{N}))|$ eine Potenz von p ist. Nach 12.9 ist das gleichbedeutend mit $\mathfrak{N} \leqq \mathbf{Z}_\infty(\mathbf{N}_\mathfrak{G}(\mathfrak{P}))$. Da dies für alle p-Sylowgruppen $\mathfrak{P}$ von $\mathfrak{G}$ gilt, ist $\mathfrak{N} \leqq \mathfrak{T}_p$ gleichwertig mit

$$\mathfrak{N} \leqq \bigcap_{G\in\mathfrak{G}} (\mathbf{Z}_\infty(\mathbf{N}_\mathfrak{G}(\mathfrak{P})) \cap \mathfrak{P})^G .$$

Das heißt gerade

$$\mathfrak{T}_p = \bigcap_{G\in\mathfrak{G}} (\mathbf{Z}_\infty(\mathbf{N}_\mathfrak{G}(\mathfrak{P})) \cap \mathfrak{P})^G . \qquad \textbf{q.e.d.}$$

12.12 Beispiel. Sei $\mathfrak{G}$ die Gruppe aller semilinearen Abbildungen $x \to a\, x^\alpha + b$ über dem Körper $K = GF(p^n)$.

a) Sei $\pi = \{q \mid q$ Primzahl, $q \mid p-1\}$ und $\mathfrak{Z}_\pi$ die π-Hallgruppe der zyklischen Gruppe $GF(p^n)^\times$. Dann ist

$$\mathfrak{D} = \left\{\begin{pmatrix} x \\ a\, x^\alpha \end{pmatrix} \middle|\; a \in \mathfrak{Z}_\pi,\ \alpha \text{ Automorphismus von } K\right\}$$

ein Systemnormalisator von $\mathfrak{G}$.

b) Ist $p > 2$, so ist $\mathfrak{D}$ eine Cartergruppe von $\mathfrak{G}$. Ist $p = 2$ und $n = 2^m s$ mit $2 \nmid s$, so ist

$$\left\{\begin{pmatrix} x \\ x^\alpha + b \end{pmatrix} \middle|\; b \in GF(2^{2^m}),\ \alpha \text{ Automorphismus von } K\right\}$$

eine Cartergruppe von $\mathfrak{G}$.

Beweis. a) Sei μ der sog. Frobeniusautomorphismus von $K = GF(p^n)$ mit $x^\mu = x^p$. Wir setzen $R = \begin{pmatrix} x \\ x^\mu \end{pmatrix}$ und $C = \begin{pmatrix} x \\ c\, x \end{pmatrix}$ mit $c \in K^\times$. Dann gilt

$$[C, R] = \begin{pmatrix} x \\ c^{p-1}\, x \end{pmatrix} .$$

Daher werden in der zyklischen Gruppe

$$\mathfrak{K} = \left\{\begin{pmatrix} x \\ c\, x \end{pmatrix} \middle|\; c \in K^\times\right\}$$

genau die Hauptfaktoren der Ordnung q mit $q \mid p-1$ von $\mathfrak{R} = \langle R \rangle$ zentralisiert. Daher ist

$$\mathfrak{D} = \left\{\begin{pmatrix} x \\ c\, x^\alpha \end{pmatrix} \middle|\; c \in \mathfrak{Z}_\pi,\ \alpha \text{ beliebig}\right\}$$

eine nilpotente Untergruppe von $\mathfrak{G}$. Die Gruppe

$$\mathfrak{H} = \left\{\begin{pmatrix} x \\ c\, x^\alpha \end{pmatrix} \middle|\; c \in K^\times,\ \alpha \text{ beliebig}\right\}$$

erfüllt die Voraussetzung von 7.12. Also gibt es eine Cartergruppe $\mathfrak{C}$ von $\mathfrak{H}$ mit $\mathfrak{D} \leqq \mathfrak{C}$. Nach 12.4 ist $\mathfrak{C}$ ein Systemnormalisator von $\mathfrak{H}$. Ferner ist $|\mathfrak{D}|$ das Produkt der Ordnungen der zentralen Hauptfaktoren von $\mathfrak{H}$ in einer Hauptreihe von $\mathfrak{H}$. Mit 11.10 folgt dann $|\mathfrak{C}| = |\mathfrak{D}|$, also ist $\mathfrak{D}$ ein Systemnormalisator von $\mathfrak{H}$. Sei

$$\mathscr{S} = \{\mathfrak{H}_q \mid q \mid |\mathfrak{H}|\}$$

ein Sylowsystem von $\mathfrak{H}$ mit $\mathbf{N}(\mathscr{S}) = \mathfrak{D}$. Da

$$\mathfrak{T} = \left\{\begin{pmatrix} x \\ x+b \end{pmatrix} \middle| b \in K\right\}$$

ein minimaler und exzentrischer Normalteiler von $\mathfrak{G}$ ist und $\mathfrak{D}$ das Sylowsystem

$$\{\mathfrak{T}\,\mathfrak{H}_p, \mathfrak{H}_q \mid q \mid |\mathfrak{G}|, q \neq p\}$$

von $\mathfrak{G}$ normalisiert, ist $\mathfrak{D}$ ein Systemnormalisator von $\mathfrak{G}$.

b) Sei $\mathfrak{C}$ eine Cartergruppe von $\mathfrak{G}$ mit $\mathfrak{D} \leqq \mathfrak{C}$. Da $\mathfrak{C}\,\mathfrak{T}/\mathfrak{T}$ eine Cartergruppe und $\mathfrak{D}\,\mathfrak{T}/\mathfrak{T}$ ein Systemnormalisator von $\mathfrak{G}/\mathfrak{T}$ ist, folgt mit 12.4 $\mathfrak{C}\,\mathfrak{T} = \mathfrak{D}\,\mathfrak{T}$. Also haben wir $\mathfrak{C} = \mathfrak{D}(\mathfrak{C} \cap \mathfrak{T})$.

Aus der Nilpotenz von $\mathfrak{C}$ folgt für alle

$$T = \begin{pmatrix} x \\ x+b \end{pmatrix} \in \mathfrak{C} \cap \mathfrak{T} \quad \text{und alle} \quad C = \begin{pmatrix} x \\ c\,x \end{pmatrix} \in \mathfrak{D}$$

wegen $(O(T), O(C)) = 1$ die Gleichung $CT = TC$. Ist $E \neq T$, so erzwingt das $C = E$. Ist $\mathfrak{C} \cap \mathfrak{T} \neq \mathfrak{C}$, so ist also $\mathfrak{Z}_\pi = \{1\}$ und daher $p = 2$. Für $p > 2$ ist somit $\mathfrak{D}$ eine Cartergruppe von $\mathfrak{G}$.

Sei $p = 2$ und $n = 2^m s$. Wir setzen $\sigma = \mu^{2^m}$. Dann hat $S = \begin{pmatrix} x \\ x^\sigma \end{pmatrix}$ die ungerade Ordnung s. Für $T = \begin{pmatrix} x \\ x+b \end{pmatrix} \in \mathfrak{C}$ folgt wieder $TS = ST$, also $b^\sigma = b$. Somit gilt $b \in GF(2^{2^m})$. Also erhalten wir

$$\mathfrak{C} = \mathfrak{D}(\mathfrak{C} \cap \mathfrak{T}) \leqq \left\{\begin{pmatrix} x \\ x^\alpha + b \end{pmatrix} \middle| b \in GF(2^{2^m}),\ \alpha \text{ beliebig}\right\}.$$

Da die rechts stehende Gruppe nilpotent ist, ist

$$\mathfrak{C} = \left\{\begin{pmatrix} x \\ x^\alpha + b \end{pmatrix} \middle| b \in GF(2^{2^m}),\ \alpha \text{ beliebig}\right\}$$

eine Cartergruppe von $\mathfrak{G}$. **q.e.d.**

Es lassen sich leicht Beispiele von sehr komplizierten auflösbaren Gruppen konstruieren, deren Systemnormalisatoren die kleinstmögliche Ordnung 2 haben. Die Systemnormalisatoren spiegeln nach 11.10 eben nur die zentralen Hauptfaktoren von $\mathfrak{G}$ wieder, und die auflösbare Gruppe hat möglicherweise nur einen zentralen Hauptfaktor, nämlich $\mathfrak{G}/\mathfrak{G}'$. Es besteht jedoch die Vermutung, daß durch Vorgabe der Ordnung der Cartergruppe von $\mathfrak{G}$ die Struktur von $\mathfrak{G}$ stark eingeschränkt wird.

12.13 Vermutung. Sei $\mathfrak{G}$ eine auflösbare Gruppe und $\mathfrak{C}$ eine Cartergruppe von $\mathfrak{G}$. Sei $|\mathfrak{C}| = p_1 \ldots p_t$ mit nicht notwendig verschiedenen Primzahlen p_i. Dann liegt die nilpotente Länge $n(\mathfrak{G})$ (siehe III, 4.7; S. 279) von $\mathfrak{G}$ unter einer nur von t abhängenden Schranke.

12.14 Bemerkungen.

Die Vermutung 12.13 ist in einigen Spezialfällen bestätigt worden.

a) Sei die Cartergruppe $\mathfrak{C}$ von $\mathfrak{G}$ eine zyklische p-Gruppe. Wegen $N_{\mathfrak{G}}(\mathfrak{C}) = \mathfrak{C}$ ist dann $\mathfrak{C}$ eine selbstnormalisierende p-Sylowgruppe von $\mathfrak{G}$. Nach dem Satz von Burnside (IV, 2.6; S. 419) gibt es daher einen Normalteiler $\mathfrak{N}$ von $\mathfrak{G}$ mit $\mathfrak{G} = \mathfrak{N}\,\mathfrak{C}$ und $\mathfrak{N} \cap \mathfrak{C} = \mathfrak{E}$. Sei $\mathfrak{C} = \langle P \rangle$. Wegen $N_{\mathfrak{G}}(\mathfrak{C}) = \mathfrak{C}$ folgt aus $N^P = N$ mit $N \in \mathfrak{N}$ stets $N = E$. Also bewirkt P einen fixpunktfreien Automorphismus auf $\mathfrak{N}$. Dann folgt aus $|\mathfrak{C}| = p^t$ die Abschätzung $n(\mathfrak{N}) \leqq t$ für die nilpotente Länge von $\mathfrak{N}$ (siehe F. HOFFMAN [1]).

b) Thompson hat gezeigt: Ist die Cartergruppe $\mathfrak{C}$ eine Hallgruppe von $\mathfrak{G}$, so liegt die nilpotente Länge von $\mathfrak{G}$ unterhalb einer nur von der Anzahl der Primteiler von $|\mathfrak{C}|$ abhängenden Schranke (THOMPSON [5]).

Aufgaben:

26) Für alle Primzahlen p habe $\mathfrak{G}$ höchstens die p-Länge 1. Dann ist der Durchschnitt aller Cartergruppen von $\mathfrak{G}$ das Hyperzentrum von $\mathfrak{G}$.

27) Man bestimme Cartergruppen der Beispiele 11.12 und 11.13.

§ 13. Gruppen, in denen die Systemnormalisatoren Cartergruppen sind

13.1 Definition. Die Gruppe $\mathfrak{G}$ heißt SC-Gruppe, wenn $\mathfrak{G}$ auflösbar ist und die Systemnormalisatoren von $\mathfrak{G}$ eigener Normalisator sind. Dann sind die Systemnormalisatoren von $\mathfrak{G}$ die Cartergruppen von $\mathfrak{G}$, sind also nach 12.2 sogar abnormal in $\mathfrak{G}$. Da jede subabnormale Untergruppe von $\mathfrak{G}$ nach 11.21 einen Systemnormalisator enthält, sind alle subabnormalen Untergruppen von $\mathfrak{G}$ abnormal in $\mathfrak{G}$.

Die von uns betrachtete Klasse von Gruppen ist abgeschlossen unter der Bildung von homomorphen Bildern:

13.2 Hilfssatz. *Ist $\mathfrak{G}$ eine SC-Gruppe und $\mathfrak{N} \trianglelefteq \mathfrak{G}$, so ist auch $\mathfrak{G}/\mathfrak{N}$ eine SC-Gruppe.*

Beweis. Dies folgt sofort aus 11.3 und 12.3. **q.e.d.**

Wir geben eine notwendige und hinreichende Bedingung dafür an, daß $\mathfrak{G}$ eine SC-Gruppe ist:

13.3 Satz (P. HALL). *Sei $\mathfrak{D}$ ein Systemnormalisator der auflösbaren Gruppe $\mathfrak{G}$. Genau dann ist $\mathfrak{G}$ eine SC-Gruppe, wenn für jeden exzentrischen Hauptfaktor $\mathfrak{H}/\mathfrak{K}$ von $\mathfrak{G}$ aus $H^D\,\mathfrak{K} = H\,\mathfrak{K}$ für ein $H \in \mathfrak{H}$ und alle*

$D \in \mathfrak{D}$ *folgt* $H \in \mathfrak{K}$. (*Dabei genügt es, diese Eigenschaft für alle exzentrischen Hauptfaktoren in einer festen Hauptreihe von* $\mathfrak{G}$ *zu fordern.*)

Beweis. a) Sei zunächst $\mathfrak{G}$ eine SC-Gruppe. Wir betrachten einen exzentrischen Hauptfaktor $\mathfrak{H}/\mathfrak{K}$ von $\mathfrak{G}$ und setzen

$$\mathfrak{T} = \{T \mid T \in \mathfrak{H},\ T^D \mathfrak{K} = T \mathfrak{K} \quad \text{für alle} \quad D \in \mathfrak{D}\}.$$

Wir haben also $\mathfrak{T} = \mathfrak{K}$ nachzuweisen.

Für $T \in \mathfrak{T}$ und $D \in \mathfrak{D}$ gilt

$$T^{-1} T^D = [T, D] \in \mathfrak{K}.$$

Wegen

$$D^T = D[D, T] \in \mathfrak{D}\mathfrak{K} = \mathfrak{K}\mathfrak{D}$$

und $\mathfrak{K} \lhd \mathfrak{G}$ haben wir $\mathfrak{T} \leqq \mathbf{N}_{\mathfrak{G}}(\mathfrak{K}\mathfrak{D})$. Aus der Abnormalität von $\mathfrak{D}$ folgt nun $\mathfrak{T} \leqq \mathbf{N}_{\mathfrak{G}}(\mathfrak{K}\mathfrak{D}) = \mathfrak{K}\mathfrak{D}$. Da $\mathfrak{D}$ den exzentrischen Hauptfaktor $\mathfrak{H}/\mathfrak{K}$ meidet, gilt $\mathfrak{H} \cap \mathfrak{D} \leqq \mathfrak{K}$. Damit erhalten wir jetzt

$$\mathfrak{T} \leqq \mathfrak{K}\mathfrak{D} \cap \mathfrak{H} = \mathfrak{K}(\mathfrak{D} \cap \mathfrak{H}) = \mathfrak{K},$$

was zu zeigen war.

b) Angenommen, es sei $\mathbf{N}_{\mathfrak{G}}(\mathfrak{D}) = \mathfrak{L} > \mathfrak{D}$. Da $\mathfrak{D}$ alle zentralen Hauptfaktoren in einer vorgegebenen Hauptreihe von $\mathfrak{G}$ deckt, gibt es in dieser Hauptreihe einen exzentrischen Hauptfaktor $\mathfrak{H}/\mathfrak{K}$, welcher von $\mathfrak{L}$ nicht gemieden wird. Also gilt $\mathfrak{H} \cap \mathfrak{L} \not\leqq \mathfrak{K}$. Wir zeigen, daß für alle $T \in \mathfrak{H} \cap \mathfrak{L}$ und alle $D \in \mathfrak{D}$ die Gleichung $T^D \mathfrak{K} = T \mathfrak{K}$ gilt.

Wegen $\mathfrak{H} \trianglelefteq \mathfrak{G}$ haben wir einerseits

$$[\mathfrak{H} \cap \mathfrak{L}, \mathfrak{D}] \leqq [\mathfrak{H}, \mathfrak{D}] \leqq \mathfrak{H}.$$

Aus $\mathfrak{L} = \mathbf{N}_{\mathfrak{G}}(\mathfrak{D})$ folgt andererseits

$$[\mathfrak{H} \cap \mathfrak{L}, \mathfrak{D}] \leqq [\mathfrak{L}, \mathfrak{D}] \leqq \mathfrak{D}.$$

Da der exzentrische Hauptfaktor $\mathfrak{H}/\mathfrak{K}$ von $\mathfrak{D}$ gemieden wird, ergibt sich also

$$[\mathfrak{H} \cap \mathfrak{L}, \mathfrak{D}] \leqq \mathfrak{H} \cap \mathfrak{D} \leqq \mathfrak{K}.$$

Für alle $T \in \mathfrak{H} \cap \mathfrak{L}$ gilt also $T^{-1} T^D \in [\mathfrak{H} \cap \mathfrak{L}, \mathfrak{D}] \leqq \mathfrak{K}$, das heißt $T^D \mathfrak{K} = T \mathfrak{K}$. **q.e.d.**

13.4 Satz. a) *Hat* $\mathfrak{G}$ *einen nilpotenten Normalteiler* $\mathfrak{F}$ *mit nilpotenter Faktorgruppe, so ist* $\mathfrak{G}$ *eine* SC*-Gruppe.* (*Dies steht bereits in* 12.4.)

b) *Sind die Cartergruppen und die Systemnormalisatoren von* $\mathfrak{G}$ *Hallgruppen von* $\mathfrak{G}$, *so ist* $\mathfrak{G}$ *eine* SC*-Gruppe.*

c) *Sei* $l_p(\mathfrak{G}) \leqq 1$ *für alle Primzahlen* p. *Jeder Hauptfaktor von* $\mathfrak{G}$ *werde von der Cartergruppe* $\mathfrak{C}$ *gedeckt oder gemieden.* (*Letzteres ist insbesondere der Fall, wenn* $\mathfrak{C}$ *eine Hallgruppe von* $\mathfrak{G}$ *ist.*) *Dann ist* $\mathfrak{G}$ *eine* SC*-Gruppe.*

Beweis. In allen drei Fällen vererbt sich die Voraussetzung auf homomorphe Bilder von $\mathfrak{G}$. Sei im Beweis stets $\mathfrak{H}$ ein minimaler Normalteiler von $\mathfrak{G}$.

a) Nach **13.3** genügt der Nachweis, daß bei exzentrischem $\mathfrak{H}$ kein von E verschiedenes Element aus $\mathfrak{H}$ bei Transformation mit allen Elementen aus dem Systemnormalisator $\mathfrak{D}$ fest bleibt.

Nach **11.3** ist $\mathfrak{D}\mathfrak{F}/\mathfrak{F}$ ein Systemnormalisator der nilpotenten Gruppe $\mathfrak{G}/\mathfrak{F}$. Also gilt $\mathfrak{G} = \mathfrak{D}\mathfrak{F}$. Aus der Nilpotenz von $\mathfrak{F}$ folgt $\mathfrak{F} \leqq \mathbf{F}(\mathfrak{G})$. Nach III, 1.2 e) (S. 277) gilt daher $\mathfrak{F} \leq \mathbf{C}_{\mathfrak{G}}(\mathfrak{H})$. Ist $E \neq H \in \mathfrak{H}$ und $H^D = H$ für alle $D \in \mathfrak{D}$, so folgt $H \in \mathbf{Z}(\mathfrak{G})$, und $\mathfrak{H}$ ist zentral. Dies widerspricht unserer Annahme, daß $\mathfrak{H}$ exzentrisch ist.

b) Wir beweisen die Behauptung durch Induktion nach $|\mathfrak{G}|$. Sei $\mathfrak{D}$ ein in der Cartergruppe $\mathfrak{C}$ liegender Systemnormalisator von $\mathfrak{G}$. Da $\mathfrak{D}\mathfrak{H}/\mathfrak{H}$ nach 11.3 ein Systemnormalisator von $\mathfrak{G}/\mathfrak{H}$ und $\mathfrak{C}\mathfrak{H}/\mathfrak{H}$ nach 12.3 eine Cartergruppe von $\mathfrak{G}/\mathfrak{H}$ ist, folgt aus unserer Induktionsannahme $\mathfrak{D}\mathfrak{H}/\mathfrak{H} = \mathfrak{C}\mathfrak{H}/\mathfrak{H}$. Da $\mathfrak{C}$ eine Hallgruppe von $\mathfrak{G}$ ist und $\mathfrak{H}$ Primzahlpotenzordnung hat, gilt $\mathfrak{H} \cap \mathfrak{C} = \mathfrak{E}$ oder $\mathfrak{H} \leqq \mathfrak{C}$. Im ersten Falle folgt $\mathfrak{H} \cap \mathfrak{D} \leqq \mathfrak{H} \cap \mathfrak{C} = \mathfrak{E}$, somit

$$\mathfrak{D} = \mathfrak{D}/(\mathfrak{H} \cap \mathfrak{D}) \cong \mathfrak{D}\mathfrak{H}/\mathfrak{H} = \mathfrak{C}\mathfrak{H}/\mathfrak{H} \cong \mathfrak{C}/(\mathfrak{H} \cap \mathfrak{C}) = \mathfrak{C}\,,$$

und wir sind fertig. Sei also $\mathfrak{H} \leqq \mathfrak{C}$. Ist $\mathfrak{H}$ zentral, so gilt nach 11.10 $\mathfrak{H} \leqq \mathfrak{D}$, und wir erhalten wieder $\mathfrak{D} = \mathfrak{D}\mathfrak{H} = \mathfrak{C}\mathfrak{H} = \mathfrak{C}$. Sei also $\mathfrak{H} \leqq \mathfrak{C}$ und $\mathfrak{H}$ exzentrisch, also $\mathfrak{H} \cap \mathfrak{D} = \mathfrak{E}$. Da $\mathfrak{D}$ eine Hallgruppe von $\mathfrak{C}$ ist, folgt $(|\mathfrak{H}|, |\mathfrak{D}|) = 1$. Wegen der Nilpotenz von $\mathfrak{C}$ ist dann $\mathfrak{D} \leqq \mathbf{C}_{\mathfrak{G}}(\mathfrak{H}) \trianglelefteq \mathfrak{G}$, und mit 11.11 a) erhalten wir $\mathfrak{G} = \mathbf{C}_{\mathfrak{G}}(\mathfrak{H})$. Dann ist $\mathfrak{H}$ doch zentral, entgegen $\mathfrak{H} \cap \mathfrak{D} = \mathfrak{E}$.

c) Für einen in $\mathfrak{C}$ liegenden Systemnormalisator $\mathfrak{D}$ von $\mathfrak{G}$ erhalten wir wie in b) aus der Induktionsannahme $\mathfrak{D}\mathfrak{H} = \mathfrak{C}\mathfrak{H}$. Ist $\mathfrak{H} \cap \mathfrak{C} = \mathfrak{E}$, so folgt wie vorher $\mathfrak{D} = \mathfrak{C}$. Ist $\mathfrak{H} \cap \mathfrak{C} \neq \mathfrak{E}$, so haben wir wegen der vorausgesetzten Deck-Meide-Eigenschaft von $\mathfrak{C}$ sicher $\mathfrak{H} \leqq \mathfrak{C}$. Sei $|\mathfrak{H}| = q^m$. Wegen $l_q(\mathfrak{G}) \leqq 1$ gilt $q \nmid |\mathfrak{G}/\mathbf{C}_{\mathfrak{G}}(\mathfrak{H})|$ nach 6.12. Also wird $\mathfrak{H}$ von allen q-Sylowgruppen von $\mathfrak{G}$ zentralisiert. Insbesondere wird $\mathfrak{H}$ von $\mathfrak{C}_q$ zentralisiert. Wegen der Nilpotenz von $\mathfrak{C}$ und wegen $\mathfrak{H} \leqq \mathfrak{C}$ wird $\mathfrak{H}$ auch von $\mathfrak{C}_{q'}$ zentralisiert. Es folgt $\mathfrak{C} = \mathfrak{C}_q \times \mathfrak{C}_{q'} \leqq \mathbf{C}_{\mathfrak{G}}(\mathfrak{H}) \trianglelefteq \mathfrak{G}$, sodann mit 11.11 a) $\mathfrak{G} = \mathbf{C}_{\mathfrak{G}}(\mathfrak{H})$. Also ist $\mathfrak{H}$ zentral, mit 11.10 erhalten wir $\mathfrak{H} \leqq \mathfrak{D}$ und daher $\mathfrak{D} = \mathfrak{C}$. **q.e.d.**

13.5 Satz (CARTER [1]). *Seien $\mathfrak{N}_i$ $(i = 1, 2)$ Normalteiler von $\mathfrak{G}$, und die Faktorgruppen $\mathfrak{G}/\mathfrak{N}_i$ seien SC-Gruppen. Dann ist auch $\mathfrak{G}/(\mathfrak{N}_1 \cap \mathfrak{N}_2)$ eine SC-Gruppe. (Die SC-Gruppen bilden also eine Formation im Sinne von* 7.1.*)*

Beweis. Wir können ohne Einschränkung der Allgemeinheit $\mathfrak{N}_1 \cap \mathfrak{N}_2 = \mathfrak{E}$ annehmen. Da $\mathfrak{G}/\mathfrak{N}_1$ eine SC-Gruppe ist, erfüllen die Hauptfaktoren von $\mathfrak{G}$ oberhalb von $\mathfrak{N}_1$ die Bedingung in 13.3. Die Abbildung μ mit $N_1^\mu = N_1 \mathfrak{N}_2$ ist wegen

$$(N_1^G)^\mu = N_1^G \mathfrak{N}_2 = (N_1 \mathfrak{N}_2)^G$$

ein $\mathfrak{G}$-Isomorphismus von $\mathfrak{N}_1$ auf $(\mathfrak{N}_1 \times \mathfrak{N}_2)/\mathfrak{N}_2$. Dabei werden die Hauptfaktoren von $\mathfrak{G}$ unterhalb von $\mathfrak{N}_1$ umkehrbar eindeutig auf die Hauptfaktoren von $\mathfrak{G}/\mathfrak{N}_2$ in $(\mathfrak{N}_1 \times \mathfrak{N}_2)/\mathfrak{N}_2$ abgebildet, und Fixpunkte von $\mathfrak{D}$ gehen dabei in Fixpunkte von $\mathfrak{D}\mathfrak{N}_2/\mathfrak{N}_2$ über. Da $\mathfrak{G}/\mathfrak{N}_2$ eine SC-Gruppe ist, hat der Systemnormalisator $\mathfrak{D}\mathfrak{N}_2/\mathfrak{N}_2$ von $\mathfrak{G}/\mathfrak{N}_2$ auf den exzentrischen Hauptfaktoren von $\mathfrak{G}/\mathfrak{N}_2$ nur den trivialen Fixpunkt. Also hat $\mathfrak{D}$ auf den exzentrischen Hauptfaktoren unterhalb von $\mathfrak{N}_1$ nur den trivialen Fixpunkt. Nach **13.3** ist daher $\mathfrak{G}$ eine SC-Gruppe. **q.e.d.**

Der übliche Nachweis, daß mit $\mathfrak{G}/\mathfrak{N}_1$ und $\mathfrak{G}/\mathfrak{N}_2$ auch $\mathfrak{G}/(\mathfrak{N}_1 \cap \mathfrak{N}_2)$ die Gruppeneigenschaft $\mathscr{E}$ hat, benutzt die Einbettung von $\mathfrak{G}/(\mathfrak{N}_1 \cap \mathfrak{N}_2)$ in $\mathfrak{G}/\mathfrak{N}_1 \times \mathfrak{G}/\mathfrak{N}_2$ (siehe I, 9.7; S. 48). Dabei wird aber benötigt, daß sich die Eigenschaft $\mathscr{E}$ auf Untergruppen vererbt. Wir werden jedoch in **13.7** sehen, daß Untergruppen von SC-Gruppen keineswegs immer SC-Gruppen sind, so daß sich der Beweis von **13.5** mit Hilfe von I, **9.7** nicht führen läßt.

13.6 Beispiel. Die SC-Gruppen bilden keine gesättigte Formation: Sei $\mathfrak{H}$ die imprimitive Permutationsgruppe $\mathfrak{H} = \langle N_1, N_2, N_3, T\rangle$ vom Grad 6 mit

$$N_1 = (1, 2), N_2 = (3, 4), N_3 = (5, 6), T = (1, 3, 5)(2, 4, 6)\,.$$

Sei $\mathfrak{P}$ die p-Gruppe mit $p > 3$ von der Klasse 2 und vom Exponenten p mit den Erzeugenden P_i $(1 \leqq i \leqq 6)$ und den definierenden Relationen

$$P_i^p = [P_1, P_2] = [P_3, P_4] = [P_5, P_6] = [P_i, P_j]^p = [P_i, P_j, P_k] = E\,.$$

Wir setzen $P_{ij} = [P_i, P_j]$. Dann wird $\mathfrak{P}'$ erzeugt von den Elementen

$$P_{13}, P_{23}, P_{14}, P_{24}, P_{15}, P_{25}, P_{16}, P_{26}, P_{35}, P_{36}, P_{45}, P_{46}\,.$$

Also gilt $|\mathfrak{P}/\mathfrak{P}'| = p^6$ und $|\mathfrak{P}| = p^{18}$. Durch die Festsetzung

$$P_i^H = P_{iH} \quad \text{und} \quad P_{ij}^H = P_{iH\,jH}$$

wird $\mathfrak{H}$ zu einer Gruppe von Automorphismen von $\mathfrak{P}$. Sei $\mathfrak{G}$ das semidirekte Produkt von $\mathfrak{P}$ mit $\mathfrak{H}$. Wir zeigen:

(1) $\overline{\mathfrak{G}} = \mathfrak{G}/\mathfrak{P}'$ ist eine SC-Gruppe:

Den Übergang von $\mathfrak{G}$ zu $\overline{\mathfrak{G}} = \mathfrak{G}/\mathfrak{P}'$ bezeichnen wir stets mit einem Querstrich, setzen also

$$\overline{\mathfrak{P}} = \mathfrak{P}/\mathfrak{P}',\ \overline{\mathfrak{N}} = \langle \overline{N}_1, \overline{N}_2, \overline{N}_3\rangle,\ \overline{\mathfrak{T}} = \langle \overline{T}\rangle\,.$$

Dann ist $\overline{\mathscr{S}} = \{\overline{\mathfrak{P}}, \overline{\mathfrak{N}}, \overline{\mathfrak{T}}\}$ ein Sylowsystem von $\overline{\mathfrak{G}}$. Offenbar gilt

$$\mathbf{N}(\overline{\mathscr{S}}) \geqq \langle \overline{P}_1 \overline{P}_2 \ldots \overline{P}_6, \overline{N}_1 \overline{N}_2 \overline{N}_3, \overline{T}\rangle\,.$$

Da $\mathfrak{G}/\mathfrak{P} \cong \mathfrak{H}$ genau einen zentralen 2-Hauptfaktor hat, nämlich $\langle N_1 N_2 N_3 \rangle$, ist $\langle \overline{N}_1 \overline{N}_2 \overline{N}_3 \rangle \times \langle \overline{T} \rangle$ wegen der Deck-Meide-Eigenschaft aus 11.10 das p-Komplement von $\mathbf{N}(\overline{\mathscr{S}})$.

Sei $\overline{P} \in \overline{\mathfrak{P}} \cap \mathbf{N}(\mathbf{N}(\overline{\mathscr{S}}))$. Dann ist $[\overline{P}, \overline{T}] \in \overline{\mathfrak{P}} \cap \overline{\mathfrak{T}} = \mathfrak{E}$ und $[\overline{P}, \overline{N}_1 \overline{N}_2 \overline{N}_3] \in \overline{\mathfrak{P}} \cap \overline{\mathfrak{N}} = \mathfrak{E}$. Wegen der Transitivität von $\langle N_1 N_2 N_3, T \rangle$ auf $\{1, \ldots, 6\}$ erzwingt das

$$\overline{P} = (\overline{P}_1 \overline{P}_2 \ldots \overline{P}_6)^a \in \mathbf{N}(\overline{\mathscr{S}}) .$$

Da $\overline{\mathfrak{G}}/\overline{\mathfrak{P}}$ nach 13.4 a) eine SC-Gruppe ist, haben wir

$$\overline{\mathfrak{P}}\mathbf{N}(\mathbf{N}(\overline{\mathscr{S}})) = \overline{\mathfrak{P}}\mathbf{N}(\overline{\mathscr{S}}) ,$$

also

$$\mathbf{N}(\mathbf{N}(\overline{\mathscr{S}})) = \left(\overline{\mathfrak{P}} \cap \mathbf{N}(\mathbf{N}(\overline{\mathscr{S}}))\right) \mathbf{N}(\overline{\mathscr{S}}) = \mathbf{N}(\overline{\mathscr{S}}) .$$

Somit ist $\overline{\mathfrak{G}}$ eine SC-Gruppe.

(2) $\mathfrak{G}$ ist keine SC-Gruppe:

Sei $\mathfrak{D}$ ein Systemnormalisator von $\mathfrak{G}$. Da $\mathfrak{D}\,\mathfrak{P}/\mathfrak{P}$ ein Systemnormalisator von $\mathfrak{G}/\mathfrak{P}$ ist, können wir annehmen, daß $\langle N_1 N_2 N_3, T \rangle$ das p-Komplement von $\mathfrak{D}$ ist. Sei

$$F = P_{13} P_{35} P_{51} P_{24} P_{46} P_{62} .$$

Dann ist

$$F^T = F^{N_1 N_2 N_3} = F .$$

Wegen $F \in \mathfrak{P}' \leqq \mathbf{Z}(\mathfrak{P})$ gilt also $F \in \mathbf{C}_{\mathfrak{G}}(\mathfrak{D})$.

Nach dem Satz von Maschke ist $\mathfrak{P}'$ ein vollständig reduzibler $\mathfrak{G}/\mathfrak{P}$-Modul. Ist

$$E \neq P = \prod_{i<j} P_{ij}^{x_{ij}} \in \mathbf{Z}(\mathfrak{G}) \cap \mathfrak{P}' ,$$

so folgt aus $P^{N_i} = P = P^T$ $(i = 1, 2, 3)$

$$P = (P_{13} P_{23} P_{14} P_{24} P_{15}^{-1} P_{25}^{-1} P_{16}^{-1} P_{26}^{-1} P_{35} P_{45} P_{36} P_{46})^c .$$

Daher ist $\langle P \rangle$ der einzige zentrale Hauptfaktor von $\mathfrak{G}$ unterhalb von $\mathfrak{P}'$. Es liegt F nicht in $\langle P \rangle$, und daher hat $\mathfrak{D}$ auf einem exzentrischen Hauptfaktor von $\mathfrak{G}$ einen nichttrivialen Fixpunkt. Nach 13.3 ist dann $\mathfrak{G}$ keine SC-Gruppe.

Da $\mathfrak{G}/\mathfrak{P}'$ eine SC-Gruppe ist und $\mathfrak{P}' \leqq \Phi(\mathfrak{P}) \leqq \Phi(\mathfrak{G})$ gilt, ist $\mathfrak{G}/\Phi(\mathfrak{G})$ eine SC-Gruppe, jedoch $\mathfrak{G}$ nicht.

Untergruppen von SC-Gruppen sind im allgemeinen nicht wieder SC-Gruppen. Es gilt sogar:

13.7 Satz (Alperin, Thompson). *Sei $\mathfrak{G}$ eine beliebige auflösbare Gruppe. Dann läßt sich $\mathfrak{G}$ in eine SC-Gruppe einbetten.*

Beweis. Sei

$$\mathfrak{E} = \mathfrak{G}_0 \lhd \mathfrak{G}_1 \lhd \cdots \lhd \mathfrak{G}_m = \mathfrak{G}$$

eine Hauptreihe von $\mathfrak{G}$. Wir setzen $\mathfrak{K}_i = \mathfrak{G}_i/\mathfrak{G}_{i-1}$ $(i = 1, \ldots, m)$. Sei $|\mathfrak{K}_i| = p_i^{k_i}$. Sei p eine von allen p_i verschiedene Primzahl, und seien die n_i $(i = 1, \ldots, m)$ so gewählt, daß $k_i \leqq n_i$ und $p_i^{n_i} \equiv 1\ (p)$ gilt. Wir setzen $\mathfrak{N}_i = GF(p_i^{n_i})^+$ und können $\mathfrak{K}_i$ isomorph in $\mathfrak{N}_i$ einbetten.

a) Wir zeigen zuerst, daß $\mathfrak{G}$ isomorph ist zu einer Untergruppe des iterierten regulären Kranzproduktes $(\ldots(\mathfrak{N}_1 \wr_r \mathfrak{N}_2) \wr_r \cdots) \wr_r \mathfrak{N}_m$:

Dies geschieht durch Induktion nach m. Sei schon

$$\mathfrak{G}_{m-1} \cong \mathfrak{T} \leqq (\ldots(\mathfrak{N}_1 \wr_r \ldots) \wr_r \mathfrak{N}_{m-1}$$

nachgewiesen. Mit I, 15.9 und 15.8 (S. 98) folgt (bis auf Isomorphie)

$$\mathfrak{G} \leqq \mathfrak{G}_{m-1} \wr_r \mathfrak{G}/\mathfrak{G}_{m-1} \leqq (\ldots(\mathfrak{N}_1 \wr_r \cdots \wr_r \mathfrak{N}_{m-1}) \wr_r \mathfrak{N}_m\,.$$

b) Jedes $\mathfrak{N}_i = GF(p_i^{n_i})^+$ besitzt einen fixpunktfreien Automorphismus α_i von der Ordnung p, gegeben durch die Multiplikation mit einer p-ten Einheitswurzel aus $GF(p_i^{n_i})$. Wir zeigen durch Induktion nach k:

Die Gruppe $\mathfrak{H}_k = (\ldots(\mathfrak{N}_1 \wr_r \mathfrak{N}_2) \wr_r \cdots \wr_r \mathfrak{N}_k)$ besitzt eine elementarabelsche Gruppe $\mathfrak{A}_k$ von Automorphismen mit $|\mathfrak{A}_k| = p^k$ derart, daß es kein H mit $E \neq H \in \mathfrak{H}_k$ und $H^\alpha = H$ für alle $\alpha \in \mathfrak{A}_k$ gibt.

Für $k = 1$ setzen wir $\mathfrak{A}_1 = \langle\alpha_1\rangle$. Da α_1 auf $\mathfrak{H}_1 = \mathfrak{N}_1$ nur das Element E fest läßt, stimmt die Behauptung für $k = 1$.

Sei schon $\mathfrak{A}_k$ mit den angegebenen Eigenschaften bestimmt. Es ist $\mathfrak{H}_{k+1} = \mathfrak{H}_k \wr_r \mathfrak{N}_{k+1}$. Nach I, 15.7 b) (S. 98) entspricht dem Automorphismsus $\mu = \alpha_{k+1}$ von $\mathfrak{N}_{k+1}$ ein Automorphismus $\bar{\mu}$ der Ordnung p von $\mathfrak{H}_{k+1}$ der Gestalt

$$(f, N)^{\bar{\mu}} = (f', N^\mu) \quad \text{mit} \quad f'(N) = f(N^{\mu^{-1}})$$

(alles in der Bezeichnung von I, § 15). Für $(f, N) \in \mathfrak{H}_k \wr_r \mathfrak{N}_{k+1}$ mit $E \neq N \in \mathfrak{N}_{k+1}$ gilt (mit geeignetem g)

$$(f, N)^{\bar{\mu}}(f, N)^{-1} = (g, N^\mu N^{-1}) \notin \mathfrak{H}_k \wr \mathfrak{E}\,.$$

Also bewirkt $\bar{\mu}$ auf $\mathfrak{H}_{k+1}/(\mathfrak{H}_k \wr \mathfrak{E})$ einen fixpunktfreien Automorphismus.

Für $\alpha \in \mathfrak{A}_k$ definieren wir nach I, 15.7 a) (S. 97) den Automorphismus $\bar{\alpha}$ aus $\mathbf{A}(\mathfrak{H}_{k+1})$ durch

$$(f, N)^{\bar{\alpha}} = (f', N) \quad \text{mit} \quad f'(X) = f(X)^\alpha\,.$$

Dann ist $\overline{\mathfrak{A}}_k = \{\bar{\alpha} \mid \alpha \in \mathfrak{A}_k\}$ eine zu $\mathfrak{A}_k$ isomorphe Gruppe von Automorphismen von $\mathfrak{H}_{k+1}$. Ist $(f, E)^{\bar{\alpha}} = (f, E)$ für alle $\bar{\alpha} \in \overline{\mathfrak{A}}_k$, so gilt $f(N)^\alpha = f(N)$ für alle $N \in \mathfrak{N}_{k+1}$. Unsere Induktionsannahme über die Operation von $\mathfrak{A}_k$ auf $\mathfrak{H}_k$ erzwingt dann $f(N) = E$ für alle $N \in \mathfrak{N}_{k+1}$.

Wir setzen $\mathfrak{A}_{k+1} = \langle\overline{\mathfrak{A}}_k, \bar{\mu}\rangle$. Nach unserer Induktionsannahme ist $\overline{\mathfrak{A}}_k$ elementar-abelsch von der Ordnung p^k. Wegen I, 15.7 c) (S. 98) sind die $\bar{\alpha} \in \overline{\mathfrak{A}}_k$ mit $\bar{\mu}$ vertauschbar. Da $\overline{\mathfrak{A}}_k$ auf $\mathfrak{H}_{k+1}/(\mathfrak{H}_k \wr \mathfrak{E})$ den trivialen Automorphismus bewirkt, $\bar{\mu}$ aber nicht, folgt sofort $|\mathfrak{A}_{k+1}| = |\overline{\mathfrak{A}}_k|\,|\langle\bar{\mu}\rangle| = p^{k+1}$.

Sei $(f, N) \in \mathfrak{H}_{k+1}$ mit $(f, N)^\tau = (f, N)$ für alle $\tau \in \mathfrak{A}_{k+1}$. Für $\tau = \bar{\mu}$ folgt $N = E$. Für $\tau = \bar{\alpha} \in \overline{\mathfrak{A}}_k$ erhalten wir $f(N)^\alpha = f(N)$, also gilt $f(N) = E$ für alle $N \in \mathfrak{N}_{k+1}$. Somit bleibt kein von E verschiedenes Element aus $\mathfrak{H}_{k+1}$ bei allen Automorphismen aus $\mathfrak{A}_{k+1}$ fest.

c) Sei $\mathfrak{H} = \mathfrak{H}_m \mathfrak{A}_m$ das semidirekte Produkt von $\mathfrak{H}_m$ mit $\mathfrak{A}_m$. Gemäß unserer Wahl von p haben wir $(|\mathfrak{H}_m|, |\mathfrak{A}_m|) = 1$. Sei $X \in \mathfrak{H}_m \cap \mathbf{N}_{\mathfrak{H}}(\mathfrak{A}_m)$. Wegen $\mathfrak{H}_m \lhd \mathfrak{H}$ ist dann für alle $A \in \mathfrak{A}_m$

$$[X, A] \in \mathfrak{H}_m \cap \mathfrak{A}_m = \mathfrak{E}\,.$$

Also ist $X \in \mathbf{C}_{\mathfrak{H}}(\mathfrak{A}_m) \cap \mathfrak{H}_m = \mathfrak{E}$, daher $\mathbf{N}_{\mathfrak{H}}(\mathfrak{A}_m) = \mathfrak{A}_m$. Somit ist $\mathfrak{A}_m$ eine nilpotente (sogar abelsche) und selbstnormalisierende Untergruppe von $\mathfrak{H}$, also eine Cartergruppe von $\mathfrak{H}$. Da $\mathfrak{H}/\mathfrak{H}_m \cong \mathfrak{A}_m$ abelsch ist, haben die Systemnormalisatoren von $\mathfrak{H}$ nach dem Deck-Meide-Satz 11.10 mindestens die Ordnung $|\mathfrak{A}_m| = p^m$. Also ist $\mathfrak{A}_m$ ein Systemnormalisator von $\mathfrak{H}$, und $\mathfrak{H}$ ist eine SC-Gruppe. Nach a) ist $\mathfrak{G}$ isomorph in $\mathfrak{H}$ eingebettet. **q.e.d.**

In SC-Gruppen werden die Systemnormalisatoren durch die Deck-Meide-Eigenschaft charakterisiert. Es gilt nämlich:

13.8 Satz (Huppert). *Sei $\mathfrak{G}$ eine SC-Gruppe. Dann sind die Systemnormalisatoren von $\mathfrak{G}$ die einzigen Untergruppen von $\mathfrak{G}$, welche die Deck-Meide-Eigenschaft von Satz* 11.10 *haben, also alle zentralen Hauptfaktoren von $\mathfrak{G}$ decken und alle exzentrischen Hauptfaktoren von $\mathfrak{G}$ meiden. (Beim Beweis wird sich zeigen, daß schon die Deck-Meide-Eigenschaft für alle Hauptfaktoren aus einer Hauptreihe von $\mathfrak{G}$ ausreicht.)*

Beweis. Wir beweisen den Satz durch Induktion nach $|\mathfrak{G}|$. Sei $\mathfrak{S}$ eine Untergruppe von $\mathfrak{G}$, welche die Deck-Meide-Eigenschaft hat bezüglich einer durch den minimalen Normalteiler $\mathfrak{N}$ laufenden Hauptreihe von $\mathfrak{G}$. Dann hat $\mathfrak{S}\mathfrak{N}/\mathfrak{N}$ die Deck-Meide-Eigenschaft für eine Hauptreihe von $\mathfrak{G}/\mathfrak{N}$. Nach 13.2 ist $\mathfrak{G}/\mathfrak{N}$ eine SC-Gruppe. Nach 11.3 hat jeder Systemnormalisator von $\mathfrak{G}/\mathfrak{N}$ die Gestalt $\mathfrak{D}\mathfrak{N}/\mathfrak{N}$ mit einem geeigneten Systemnormalisator $\mathfrak{D}$ von $\mathfrak{G}$. Somit erfüllt $\mathfrak{G}/\mathfrak{N}$ alle Voraussetzungen. Unsere Induktionsannahme liefert daher

$$\mathfrak{S}\mathfrak{N}/\mathfrak{N} = \mathfrak{D}\mathfrak{N}/\mathfrak{N}\,,$$

also $\mathfrak{S}\mathfrak{N} = \mathfrak{D}\mathfrak{N}$ für einen geeigneten Systemnormalisator $\mathfrak{D}$ von $\mathfrak{G}$. Ist $\mathfrak{N}$ ein zentraler Hauptfaktor von $\mathfrak{G}$, so wird $\mathfrak{N}$ wegen der Gültigkeit des Deck-Meide-Satzes für $\mathfrak{S}$ und $\mathfrak{D}$ von $\mathfrak{S}$ und $\mathfrak{D}$ gedeckt. Dann erhalten wir

$$\mathfrak{S} = \mathfrak{S}\mathfrak{N} = \mathfrak{D}\mathfrak{N} = \mathfrak{D}$$

und sind fertig. Ist aber $\mathfrak{N}$ exzentrisch, so gilt $\mathfrak{S} \cap \mathfrak{N} = \mathfrak{D} \cap \mathfrak{N} = \mathfrak{E}$. Aus

$$\mathfrak{S} \cong \mathfrak{S}\mathfrak{N}/\mathfrak{N} = \mathfrak{D}\mathfrak{N}/\mathfrak{N} \cong \mathfrak{D}$$

folgt jetzt die Nilpotenz von $\mathfrak{S}$. Wir haben $\mathbf{N}_{\mathfrak{S}\mathfrak{N}}(\mathfrak{S}) = \mathfrak{S} \times \mathfrak{L}$ mit einer geeigneten Untergruppe $\mathfrak{L}$ von $\mathfrak{N}$. Dabei ist

$$\mathfrak{L} \leqq \mathbf{Z}(\mathfrak{S}\mathfrak{N}) = \mathbf{Z}(\mathfrak{D}\mathfrak{N}) \leqq \mathbf{N}_{\mathfrak{G}}(\mathfrak{D}) = \mathfrak{D} ,$$

also $\mathfrak{L} \leqq \mathfrak{N} \cap \mathfrak{D} = \mathfrak{E}$. Somit ist $\mathfrak{S}$ in $\mathfrak{S}\mathfrak{N} = \mathfrak{D}\mathfrak{N}$ eigener Normalisator. Nun sind $\mathfrak{S}$ und $\mathfrak{D}$ Cartergruppen von $\mathfrak{S}\,\mathfrak{N}$, sind daher in $\mathfrak{S}\,\mathfrak{N}$ konjugiert. Also ist $\mathfrak{S}$ ein Systemnormalisator von $\mathfrak{G}$. **q.e.d.**

Für eine etwas größere Klasse von Gruppen lassen sich auch noch Aussagen über die Beziehungen zwischen Cartergruppen und Systemnormalisatoren machen.

13.9 Satz (CARTER [5]). *Die auflösbare Gruppe $\mathfrak{G}$ besitze einen nilpotenten Normalteiler $\mathfrak{F}$ derart, daß $\mathfrak{G}/\mathfrak{F}$ eine SC-Gruppe ist. Dann liegt jeder Systemnormalisator von $\mathfrak{G}$ in genau einer Cartergruppe von $\mathfrak{G}$.*

Beweis. Sei $\mathfrak{D}$ ein Systemnormalisator und $\mathfrak{C}$ eine Cartergruppe von $\mathfrak{G}$ mit $\mathfrak{D} \leqq \mathfrak{C}$. Da $\mathfrak{G}/\mathfrak{F}$ eine SC-Gruppe ist, gilt $\mathfrak{D}\,\mathfrak{F}/\mathfrak{F} = \mathfrak{C}\,\mathfrak{F}/\mathfrak{F}$, also $\mathfrak{C} = \mathfrak{D}(\mathfrak{F} \cap \mathfrak{C})$. Wegen der Nilpotenz von $\mathfrak{C}$ ist

$$\mathfrak{F}_p \cap \mathfrak{C} \leqq \mathfrak{F}_p \cap \mathbf{C}_{\mathfrak{G}}(\mathfrak{D}_{p'}) .$$

Wir setzen

$$\mathfrak{J} = \mathop{\times}_{p} (\mathfrak{F}_p \cap \mathbf{C}_{\mathfrak{G}}(\mathfrak{D}_{p'})) .$$

Dann ist $\mathfrak{D} \leqq \mathbf{N}_{\mathfrak{G}}(\mathfrak{J})$ und daher

$$\mathfrak{C} = \mathfrak{D}(\mathfrak{F} \cap \mathfrak{C}) = \mathfrak{D} \mathop{\times}_{p} (\mathfrak{F}_p \cap \mathfrak{C}) \leqq \mathfrak{D}\,\mathfrak{J} \leqq \mathfrak{G} .$$

Die p-Sylowgruppe $\mathfrak{D}_p\,\mathfrak{J}_p$ von $\mathfrak{D}\,\mathfrak{J}$ ist wegen $\mathfrak{D} \leqq \mathbf{N}_{\mathfrak{G}}(\mathfrak{D}_p) \cap \mathbf{N}_{\mathfrak{G}}(\mathfrak{J}_p)$ und $\mathfrak{J}_{p'} \leqq \mathbf{C}_{\mathfrak{G}}(\mathfrak{D}_p)$ normal in $\mathfrak{D}\,\mathfrak{J}$. Also ist $\mathfrak{D}\,\mathfrak{J}$ nilpotent. Nach 12.3 ist $\mathfrak{C} = \mathfrak{D}\mathfrak{J}$, und $\mathfrak{C}$ ist durch $\mathfrak{D}$ eindeutig bestimmt. **q.e.d.**

13.10 Satz (CARTER [5]). *Die auflösbare Gruppe $\mathfrak{G}$ habe einen nilpotenten Normalteiler $\mathfrak{F}$ derart, daß $\mathfrak{G}/\mathfrak{F}$ eine SC-Gruppe ist. Es sei $\mathfrak{D}$ ein Systemnormalisator von $\mathfrak{G}$ und $\mathfrak{C}$ die nach* 13.9 *einzige Cartergruppe von $\mathfrak{G}$, welche $\mathfrak{D}$ enthält. Dann ist $\mathfrak{C}$ das Erzeugnis aller Untergruppen $\mathfrak{H}$ von $\mathfrak{G}$, welche sich mit $\mathfrak{D}$ durch eine Kette*

$$\mathfrak{D} = \mathfrak{D}_0 \trianglelefteq \mathfrak{D}_1 \trianglelefteq \cdots \trianglelefteq \mathfrak{D}_r = \mathfrak{H}$$

verbinden lassen.

(*Wegen der Nilpotenz von $\mathfrak{C}$ läßt sich sicher eine solche Kette von $\mathfrak{D}$ bis $\mathfrak{C}$ finden.*)

Beweis. Wir haben zu zeigen: Aus

$$\mathfrak{D} = \mathfrak{D}_0 \lhd \mathfrak{D}_1 \lhd \cdots \lhd \mathfrak{D}_r = \mathfrak{H}$$

folgt $\mathfrak{H} \leqq \mathfrak{C}$, wenn $\mathfrak{C}$ die einzige $\mathfrak{D}$ enthaltende Cartergruppe von $\mathfrak{G}$ ist.

Sei schon $\mathfrak{D}_i \leqq \mathfrak{C}$ gezeigt. Ist D irgendein Element aus $\mathfrak{D}_{i+1}$, so haben wir $\mathfrak{D}_i^D = \mathfrak{D}_i \leqq \mathfrak{C}$, also $\mathfrak{D}_i \leqq D\,\mathfrak{C}\,D^{-1}$. Somit gilt

$$\mathfrak{D} \leqq \mathfrak{C} \cap D\,\mathfrak{C}\,D^{-1} .$$

Da $\mathfrak{D}$ nach 13.9 nur in einer Cartergruppe von $\mathfrak{G}$ enthalten ist, erhalten wir jetzt $\mathfrak{C} = D\,\mathfrak{C}\,D^{-1}$, also $D \in \mathbf{N}_{\mathfrak{G}}(\mathfrak{C}) = \mathfrak{C}$. Somit liegt ganz $\mathfrak{D}_{i+1}$ in $\mathfrak{C}$. Schließlich kommen wir so zur Behauptung $\mathfrak{H} \leqq \mathfrak{C}$. **q.e.d.**

Die Voraussetzungen der Sätze 13.9 und 13.10 treffen nach 12.4 insbesondere dann zu, wenn $\mathfrak{G}$ höchstens die nilpotente Länge 3 hat. Für Gruppen von der nilpotenten Länge 4 braucht die Aussage von Satz 13.10 nicht mehr zu stimmen, wie das folgende Beispiel zeigt:

13.11 Beispiel. Sei $\mathfrak{Z}$ die zyklische Gruppe von der Ordnung 5 und $\mathfrak{G} = \mathfrak{Z} \wr \mathfrak{S}_4$ das Kranzprodukt von $\mathfrak{Z}$ mit der symmetrischen Gruppe $\mathfrak{S}_4$, wobei $\mathfrak{S}_4$ in natürlicher Weise als Permutationsgruppe vom Grad 4 aufgefaßt wird. Dann ist $\mathfrak{N} = \mathfrak{Z} \wr \mathfrak{E}$ ein elementar-abelscher Normalteiler von $\mathfrak{G}$ von der Ordnung 5^4. Dieser besitzt eine Basis $\{N_1, N_2, N_3, N_4\}$ derart, daß die N_i von den inneren Automorphismen von $\mathfrak{G}$ vertauscht werden.

Sei $\mathfrak{C}$ eine Cartergruppe von $\mathfrak{G}$. Dann ist $\mathfrak{C}\,\mathfrak{N}/\mathfrak{N}$ eine Cartergruppe der zu $\mathfrak{S}_4$ isomorphen Gruppe $\mathfrak{G}/\mathfrak{N}$, hat daher die Ordnung 8. Ist $\mathfrak{P}$ eine in $\mathfrak{C}$ liegende 2-Sylowgruppe von $\mathfrak{G}$, so folgt $\mathfrak{C} = \mathfrak{P}(\mathfrak{C} \cap \mathfrak{N})$. Da $\mathfrak{C}$ nilpotent ist, wird $\mathfrak{C} \cap \mathfrak{N}$ von $\mathfrak{P}$ zentralisiert. Das führt zu

$$\mathfrak{C} \cap \mathfrak{N} \leqq \mathbf{C}_{\mathfrak{G}}(\mathfrak{P}) \cap \mathfrak{N} = \langle Z \rangle$$

mit $Z = N_1 N_2 N_3 N_4$. Wegen $Z \in \mathbf{Z}(\mathfrak{G})$ gilt andererseits sicher $Z \in \mathfrak{C}$. Also ist $|\mathfrak{C}| = 40$. Ist T das Element zur Permutation $(1, 2)$, so ist $\mathfrak{D} = \langle Z, T \rangle$ ein Systemnormalisator von $\mathfrak{G}$. Es gilt $\mathfrak{D} < \mathfrak{C}$ und

$$\mathfrak{D} \lhd \langle N_1 N_2, N_3, N_4, T \rangle \nleqq \mathfrak{C}\,.$$

§ 14. Auflösbare Gruppen mit lauter abelschen Sylowgruppen

14.1 Definition. Die Gruppe $\mathfrak{G}$ heißt eine A-Gruppe, wenn $\mathfrak{G}$ auflösbar ist und lauter abelsche Sylowgruppen hat.

Trivial ist:

14.2 Hilfssatz. *Jede Untergruppe und jede Faktorgruppe einer A-Gruppe ist wieder eine A-Gruppe. Jede nilpotente Untergruppe einer A-Gruppe ist abelsch. Direkte Produkte von A-Gruppen sind wieder A-Gruppen.*

Grundlegend für die Theorie der A-Gruppen ist der folgende Satz:

14.3 Satz (Taunt [1]). a) *Hat $\mathfrak{G}$ eine abelsche p-Sylowgruppe $\mathfrak{P}$, so gilt*

$$\mathfrak{G}' \cap \mathbf{Z}(\mathfrak{G}) \cap \mathfrak{P} = \mathfrak{E}\,.$$

Also ist p kein Teiler von $|\mathfrak{G}' \cap \mathbf{Z}(\mathfrak{G})|$.

b) *Sind alle Sylowgruppen von $\mathfrak{G}$ abelsch, so gilt $\mathfrak{G}' \cap \mathbf{Z}(\mathfrak{G}) = \mathfrak{E}$.*

Beweis. Die Aussage a) haben wir schon in IV, 2.2 (S. 416) bewiesen, b) ist eine triviale Folgerung aus a). **q.e.d.**

Wir spezialisieren die Untersuchung der Systemnormalisatoren aus § 11 auf A-Gruppen:

14.4 Satz. *Sei $\mathfrak{G}$ eine A-Gruppe und $\mathfrak{D}$ ein Systemnormalisator von $\mathfrak{G}$. Dann ist $\mathfrak{D}$ ein Komplement von $\mathfrak{G}'$ in $\mathfrak{G}$.*

Beweis. Da $\mathfrak{G}'\mathfrak{D}/\mathfrak{G}'$ nach 11.3 der Systemnormalisator der nilpotenten Gruppe $\mathfrak{G}/\mathfrak{G}'$ ist, gilt $\mathfrak{G} = \mathfrak{G}'\mathfrak{D}$. Wir zeigen, daß jeder Hauptfaktor von $\mathfrak{G}$ unterhalb von $\mathfrak{G}'$ exzentrisch ist:

Sei $\mathfrak{K} \lhd \mathfrak{H} \trianglelefteq \mathfrak{G}'$, und sei $\mathfrak{H}/\mathfrak{K}$ ein zentraler Hauptfaktor von $\mathfrak{G}$. Dann haben wir

$$\mathfrak{H}/\mathfrak{K} \leqq (\mathfrak{G}/\mathfrak{K})' \cap \mathbf{Z}(\mathfrak{G}/\mathfrak{K}),$$

entgegen 14.3. Also sind alle Hauptfaktoren von $\mathfrak{G}$ unterhalb von $\mathfrak{G}'$ exzentrisch, werden daher nach 11.10 von $\mathfrak{D}$ gemieden. Nach Hilfssatz 11.6 meidet $\mathfrak{D}$ dann auch ganz $\mathfrak{G}'$. Daher ist $\mathfrak{G}' \cap \mathfrak{D} = \mathfrak{E}$, und $\mathfrak{D}$ ist ein Komplement von $\mathfrak{G}'$ in $\mathfrak{G}$. **q.e.d.**

14.5 Satz. *Ist $\mathfrak{G}$ eine auflösbare Gruppe mit abelschen Systemnormalisatoren, so gilt $\mathbf{Z}(\mathfrak{G}) = \mathbf{Z}_\infty(\mathfrak{G})$. (Insbesondere ist dies für A-Gruppen richtig.)*

Beweis. Nach 11.11 c) ist der Durchschnitt aller Systemnormalisatoren von $\mathfrak{G}$ das Hyperzentrum $\mathbf{Z}_\infty(\mathfrak{G})$. Da die Systemnormalisatoren nach unserer Voraussetzung abelsch sind, wird $\mathbf{Z}_\infty(\mathfrak{G})$ von jedem Systemnormalisator zentralisiert. Da die Systemnormalisatoren nach 11.11 b) ganz $\mathfrak{G}$ erzeugen, folgt $\mathbf{Z}_\infty(\mathfrak{G}) \leqq \mathbf{Z}(\mathfrak{G})$, also $\mathbf{Z}_\infty(\mathfrak{G}) = \mathbf{Z}(\mathfrak{G})$. **q.e.d.**

14.6 Satz (Taunt [1]). a) *Sei $\mathfrak{G}$ eine auflösbare Gruppe, $\mathfrak{D}$ ein Systemnormalisator und $\mathfrak{N}$ ein Normalteiler von $\mathfrak{G}$. Dann gilt*

$$\mathfrak{N} = (\mathfrak{N} \cap \mathfrak{G}')(\mathfrak{N} \cap \mathfrak{D}).$$

b) *Ist $\mathfrak{G}$ eine A-Gruppe und $\mathfrak{N}$ ein abelscher Normalteiler von $\mathfrak{G}$, so ist*

$$\mathfrak{N} = (\mathfrak{N} \cap \mathfrak{G}') \times (\mathfrak{N} \cap \mathbf{Z}(\mathfrak{G})).$$

Beweis. a) Wegen $[\mathfrak{N}, \mathfrak{G}] \leqq \mathfrak{N} \cap \mathfrak{G}'$ sind alle Hauptfaktoren von $\mathfrak{G}$ zwischen $\mathfrak{N}$ und $\mathfrak{N} \cap \mathfrak{G}'$ zentral, werden daher von $\mathfrak{D}$ gedeckt. Nach 11.6 gilt dann $\mathfrak{N} \leqq (\mathfrak{N} \cap \mathfrak{G}')\mathfrak{D}$. Mit der Dedekind-Identität folgt die Behauptung

$$\mathfrak{N} = (\mathfrak{N} \cap \mathfrak{G}')(\mathfrak{N} \cap \mathfrak{D}).$$

b) Wir zeigen, daß für einen abelschen Normalteiler $\mathfrak{N}$ stets $\mathfrak{N} \cap \mathfrak{D} = \mathfrak{N} \cap \mathbf{Z}(\mathfrak{G})$ gilt. Die Inklusion $\mathfrak{N} \cap \mathbf{Z}(\mathfrak{G}) \leqq \mathfrak{N} \cap \mathfrak{D}$ ist wegen $\mathbf{Z}(\mathfrak{G}) \leqq \mathfrak{D}$ trivial. Wir haben also $\mathfrak{N} \cap \mathfrak{D} \leqq \mathbf{Z}(\mathfrak{G})$ nachzuweisen. Es genügt, dies für alle Sylowgruppen der abelschen Gruppe $\mathfrak{N}$ zu tun. Wir können daher annehmen, daß $\mathfrak{N}$ eine p-Gruppe ist.

Sei $\mathfrak{G}_p$ eine p-Sylowgruppe und $\mathfrak{G}_{p'}$ ein p-Komplement aus einem Komplementsystem $\mathscr{K}$ von $\mathfrak{G}$ mit $\mathfrak{D} = \mathbf{N}(\mathscr{K})$. Da $\mathfrak{N}$ eine Untergruppe der abelschen Gruppe $\mathfrak{G}_p$ ist, haben wir

$$[\mathfrak{N} \cap \mathfrak{D}, \mathfrak{G}_p] = \mathfrak{E}.$$

Ferner ist

$$[\mathfrak{N} \cap \mathfrak{D}, \mathfrak{G}_{p'}] \leqq \mathfrak{N} \cap \mathfrak{G}_{p'} = \mathfrak{E}.$$

Also wird $\mathfrak{N} \cap \mathfrak{D}$ von $\mathfrak{G} = \mathfrak{G}_p \mathfrak{G}_{p'}$ zentralisiert, und es folgt $\mathfrak{N} \cap \mathfrak{D} \leqq \mathbf{Z}(\mathfrak{G})$. **q.e.d.**

Aus Satz 14.6 folgt eine nützliche Zerlegung der abelschen (oder nilpotenten, was in A-Gruppen dasselbe ist) Normalteiler von $\mathfrak{G}$:

14.7 Satz (TAUNT [1]). a) *Ist $\mathfrak{G}$ eine A-Gruppe mit $\mathfrak{G}^{(k-1)} > \mathfrak{G}^{(k)} = \mathfrak{E}$ und $\mathfrak{A}$ ein abelscher Normalteiler von $\mathfrak{G}$, so gilt*

$$\mathfrak{A} = (\mathfrak{A} \cap \mathbf{Z}(\mathfrak{G})) \times (\mathfrak{A} \cap \mathbf{Z}(\mathfrak{G}')) \times \cdots \times (\mathfrak{A} \cap \mathbf{Z}(\mathfrak{G}^{(k-1)})).$$

b) *In einer A-Gruppe $\mathfrak{G}$ mit $\mathfrak{G}^{(k)} = \mathfrak{E}$ hat die Fittinggruppe $\mathbf{F}(\mathfrak{G})$ die Gestalt*

$$\mathbf{F}(\mathfrak{G}) = \mathbf{Z}(\mathfrak{G}) \times \mathbf{Z}(\mathfrak{G}') \times \cdots \times \mathbf{Z}(\mathfrak{G}^{(k-1)}).$$

Beweis. a) Nach 14.6 b) gilt

$$\mathfrak{A} = (\mathfrak{A} \cap \mathbf{Z}(\mathfrak{G})) \times (\mathfrak{A} \cap \mathfrak{G}').$$

Es ist $\mathfrak{G}'$ eine A-Gruppe mit $|\mathfrak{G}'| < |\mathfrak{G}|$. Vermöge Induktion nach $|\mathfrak{G}|$ können wir daher annehmen, daß

$$\mathfrak{A} \cap \mathfrak{G}' = (\mathfrak{A} \cap \mathbf{Z}(\mathfrak{G}')) \times \cdots \times (\mathfrak{A} \cap \mathbf{Z}(\mathfrak{G}^{(k-1)}))$$

schon bewiesen ist. Das liefert die Behauptung.

b) ist ein Sonderfall von a). **q.e.d.**

Aus 6.6 a) folgt sofort:

14.8 Satz. *Ist $\mathfrak{G}$ eine A-Gruppe, so gilt $l_p(\mathfrak{G}) \leqq 1$ für alle p.*

In den nächsten Sätzen untersuchen wir die Beziehungen zwischen Systemnormalisatoren und Cartergruppen in A-Gruppen.

14.9 Satz (CARTER [5]). *Sei $\mathfrak{G}$ eine A-Gruppe.*

a) *Verschiedene Systemnormalisatoren von $\mathfrak{G}$ haben verschiedene Normalisatoren.*

b) *Jede Cartergruppe von $\mathfrak{G}$ enthält genau einen Systemnormalisator von $\mathfrak{G}$.*

c) *Ist $\mathfrak{D}$ ein Systemnormalisator von $\mathfrak{G}$, so ist*

$$\mathbf{N}_{\mathfrak{G}}(\mathfrak{D}) = \mathfrak{D} \times (\mathfrak{G}' \cap \mathbf{C}_{\mathfrak{G}}(\mathfrak{D}));$$

insbesondere gilt also $\mathbf{N}_{\mathfrak{G}}(\mathfrak{D}) = \mathbf{C}_{\mathfrak{G}}(\mathfrak{D})$.

Beweis. a) Sei $\mathfrak{D}$ ein Systemnormalisator von $\mathfrak{G}$. Da alle Systemnormalisatoren von $\mathfrak{G}$ konjugiert sind, ist $|\mathfrak{G} : \mathbf{N}_{\mathfrak{G}}(\mathfrak{D})|$ die Anzahl der Systemnormalisatoren von $\mathfrak{G}$.

Sei $\mathfrak{C}$ eine Cartergruppe von $\mathfrak{G}$ und $\mathfrak{D}$ ein in $\mathfrak{C}$ liegender Systemnormalisator von $\mathfrak{G}$; nach 12.8 gibt es stets ein solches $\mathfrak{D}$. Da $\mathfrak{C}$ abelsch ist, haben wir $\mathfrak{D} \trianglelefteq \mathfrak{C}$, also $\mathfrak{C} \leqq \mathbf{N}_{\mathfrak{G}}(\mathfrak{D})$. Nach 12.2 ist $\mathfrak{C}$ abnormal in $\mathfrak{G}$. Also ist $\mathbf{N}_{\mathfrak{G}}(\mathfrak{D})$ sein eigener Normalisator in $\mathfrak{G}$. Daher ist $|\mathfrak{G} : \mathbf{N}_{\mathfrak{G}}(\mathfrak{D})|$ auch die Anzahl der verschiedenen Normalisatoren von Systemnormalisatoren.

b) Angenommen, es seien $\mathfrak{D}$ und $\mathfrak{D}^G$ zwei in derselben Cartergruppe $\mathfrak{C}$ liegende Systemnormalisatoren von $\mathfrak{G}$. Da $\mathfrak{C}$ abelsch ist, folgt $\mathfrak{C} \leqq \mathbf{N}_{\mathfrak{G}}(\mathfrak{D}) \cap \mathbf{N}_{\mathfrak{G}}(\mathfrak{D})^G$. Mit der Abnormalität von $\mathfrak{C}$ schließen wir dann nach 11.15 auf

$$\mathbf{N}_{\mathfrak{G}}(\mathfrak{D}) = \mathbf{N}_{\mathfrak{G}}(\mathfrak{D})^G = \mathbf{N}_{\mathfrak{G}}(\mathfrak{D}^G) .$$

Mit a) folgt dann $\mathfrak{D} = \mathfrak{D}^G$.

c) Nach 14.4 ist $\mathfrak{G} = \mathfrak{G}' \mathfrak{D}$ und $\mathfrak{G}' \cap \mathfrak{D} = \mathfrak{E}$. Daraus folgt

$$\mathbf{N}_{\mathfrak{G}}(\mathfrak{D}) = \mathfrak{D}(\mathfrak{G}' \cap \mathbf{N}_{\mathfrak{G}}(\mathfrak{D})) .$$

Wegen

$$[\mathfrak{G}' \cap \mathbf{N}_{\mathfrak{G}}(\mathfrak{D}), \mathfrak{D}] \leqq \mathfrak{G}' \cap \mathfrak{D} = \mathfrak{E}$$

ist $\mathfrak{G}' \cap \mathbf{N}_{\mathfrak{G}}(\mathfrak{D}) = \mathfrak{G}' \cap \mathbf{C}_{\mathfrak{G}}(\mathfrak{D})$. **q.e.d.**

14.10 Hilfssatz. *Ist $\mathfrak{D}$ ein Systemnormalisator der A-Gruppe $\mathfrak{G}$, so normalisiert die p-Sylowgruppe $\mathfrak{D}_p$ von $\mathfrak{D}$ jedes p-Komplement $\mathfrak{G}_{p'}$ von $\mathfrak{G}$.*

Beweis. Sei $\mathfrak{G}_p$ aus einem Sylowsystem und $\mathfrak{G}_{p'}$ aus dem zugehörigen Komplementsystem $\mathscr{K}$ von $\mathfrak{G}$ mit $\mathfrak{D} = \mathbf{N}(\mathscr{K})$. Nach 11.2 gilt

$$\mathfrak{D}_p = \mathfrak{G}_p \cap \mathbf{N}_{\mathfrak{G}}(\mathfrak{G}_{p'}) ,$$

und es ist $\mathfrak{G} = \mathfrak{G}_p \mathfrak{G}_{p'}$. Ist $\mathfrak{G}_{p'}^*$ ein weiteres p-Komplement von $\mathfrak{G}$, so haben wir $\mathfrak{G}_{p'}^* = \mathfrak{G}_{p'}^P$ mit einem geeigneten P aus $\mathfrak{G}_p$. Für alle D aus $\mathfrak{D}_p$ folgt dann

$$\mathfrak{G}_{p'}^{*D} = \mathfrak{G}_{p'}^{PD} = \mathfrak{G}_{p'}^{DP} = \mathfrak{G}_{p'}^P = \mathfrak{G}_{p'}^* .$$ **q.e.d.**

14.11 Hilfssatz. *Sei $\mathscr{S} = \{\mathfrak{G}_p \mid p \mid |\mathfrak{G}|\}$ ein Sylowsystem der A-Gruppe $\mathfrak{G}$ und $\mathfrak{D}$ ein Systemnormalisator von $\mathfrak{G}$ mit $\mathfrak{D} \cap \mathfrak{G}_p = \mathfrak{D}_p$ für alle p. Dann gilt $\mathbf{N}(\mathscr{S}) = \mathfrak{D}$.*

Beweis. Sei $\mathfrak{G}_{p'} = \prod_{q \neq p} \mathfrak{G}_q$. Dann ist

$$\mathfrak{D} \cap \mathfrak{G}_{p'} \geqq \mathfrak{D} \cap \mathfrak{G}_q = \mathfrak{D}_q$$

für alle $q \neq p$. Daher folgt

$$\mathfrak{D}_{p'} = \prod_{q \neq p} \mathfrak{D}_q \leqq \mathfrak{G}_{p'} \leqq \mathbf{N}_{\mathfrak{G}}(\mathfrak{G}_{p'}) .$$

Nach 14.10 gilt $\mathfrak{D}_p \leqq \mathbf{N}_{\mathfrak{G}}(\mathfrak{G}_{p'})$. Also haben wir für alle p

$$\mathfrak{D} = \mathfrak{D}_p \times \mathfrak{D}_{p'} \leqq \mathbf{N}_{\mathfrak{G}}(\mathfrak{G}_{p'})$$

und somit $\mathfrak{D} \leqq \mathbf{N}(\mathscr{S})$. Der Vergleich der Ordnungen zeigt $\mathfrak{D} = \mathbf{N}(\mathscr{S})$. **q.e.d.**

14.12 Hilfssatz. *Ist $\mathfrak{D}$ ein Systemnormalisator der A-Gruppe $\mathfrak{G}$ und $\mathfrak{D} \leqq \mathfrak{H} \leqq \mathfrak{G}$, so liegt $\mathfrak{D}$ in einem Systemnormalisator von $\mathfrak{H}$.*

Beweis. Nach 2.5 a) gibt es Sylowsysteme

$$\mathcal{S}_{\mathfrak{G}} = \{\mathfrak{G}_p \mid p \mid |\mathfrak{G}|\} \text{ von } \mathfrak{G}\,,$$

$$\mathcal{S}_{\mathfrak{H}} = \{\mathfrak{H}_p \mid p \mid |\mathfrak{H}|\} \text{ von } \mathfrak{H}$$

und

$$\mathcal{S}_{\mathfrak{D}} = \{\mathfrak{D}_p \mid p \mid |\mathfrak{D}|\} \text{ von } \mathfrak{D}$$

mit $\mathfrak{G}_p \cap \mathfrak{H} = \mathfrak{H}_p$ und $\mathfrak{H}_p \cap \mathfrak{D} = \mathfrak{D}_p$ für alle p. Aus 14.11 folgt wegen $\mathfrak{G}_p \cap \mathfrak{D} = \mathfrak{D}_p$ dann $\mathfrak{D} = \mathbf{N}(\mathcal{S}_{\mathfrak{G}})$. Wegen $\mathfrak{D} \leqq \mathfrak{H}$ wird nun auch $\mathfrak{H} \cap \mathfrak{G}_p = \mathfrak{H}_p$ von $\mathfrak{D}$ normalisiert, also ist $\mathfrak{D} \leqq \mathbf{N}_{\mathfrak{H}}(\mathcal{S}_{\mathfrak{H}})$. **q.e.d.**

14.13 Hilfssatz. *Sei $\mathfrak{D}$ ein Systemnormalisator der A-Gruppe $\mathfrak{G}$ und*

$$\mathfrak{D} = \mathfrak{D}_0 \lhd \mathfrak{D}_1 \lhd \cdots \lhd \mathfrak{D}_s = \mathfrak{H} \leqq \mathfrak{G}\,.$$

Dann ist $\mathfrak{D} \trianglelefteq \mathfrak{H}$.

Beweis. Indem wir nötigenfalls die Reihe verfeinern, können wir annehmen, daß $\mathfrak{D}_{i+1}/\mathfrak{D}_i$ abelsch ist.

Es gilt $\mathfrak{D} = \mathfrak{D}_0 \leqq \mathbf{N}_{\mathfrak{G}}(\mathfrak{D})$. Sei schon $\mathfrak{D}_{i-1} \leqq \mathbf{N}_{\mathfrak{G}}(\mathfrak{D})$ bewiesen. Nach 14.12 liegt $\mathfrak{D}$ in einem Systemnormalisator $\mathfrak{D}^*$ von $\mathfrak{D}_i$. Da $\mathfrak{D}^*$ abelsch ist, haben wir $\mathfrak{D} \trianglelefteq \mathfrak{D}^*$, also $\mathfrak{D}^* \leqq \mathbf{N}_{\mathfrak{G}}(\mathfrak{D})$. Der zentrale Faktor $\mathfrak{D}_i/\mathfrak{D}_{i-1}$ von $\mathfrak{D}_i$ wird nach 11.10 und 11.6 von $\mathfrak{D}^*$ gedeckt. Somit ergibt sich

$$\mathfrak{D}_i = \mathfrak{D}_{i-1}\,\mathfrak{D}^* \leqq \mathbf{N}_{\mathfrak{G}}(\mathfrak{D})$$

und dann schließlich $\mathfrak{H} = \mathfrak{D}_s \leqq \mathbf{N}_{\mathfrak{G}}(\mathfrak{D})$. **q.e.d.**

In A-Gruppen können wir nun eine eigenartige Beschreibung der Cartergruppen angeben:

14.14 Satz (Carter [5]). *Sei $\mathfrak{G}$ eine A-Gruppe mit $\mathfrak{G}^{(k)} = \mathfrak{E}$, und sei $\mathfrak{D}$ ein Systemnormalisator von $\mathfrak{G}$. Wir setzen $\mathfrak{D}_0 = \mathfrak{E}$, $\mathfrak{N}_0 = \mathfrak{G}$ und definieren die Gruppen $\mathfrak{D}_i$ und $\mathfrak{N}_i$ für $i \geqq 1$ rekursiv durch folgende Vorschriften: Es sei $\mathfrak{D}_i$ ein Systemnormalisator von $\mathfrak{N}_{i-1}$ und $\mathfrak{N}_i = \mathbf{N}_{\mathfrak{G}}(\mathfrak{D}_i)$. Dann gilt*

$$\mathfrak{D}_0 \leqq \mathfrak{D}_1 \leqq \cdots \leqq \mathfrak{D}_k = \mathfrak{N}_k = \mathfrak{N}_{k-1} \leqq \cdots \leqq \mathfrak{N}_1 \leqq \mathfrak{N}_0\,,$$

und $\mathfrak{D}_k$ ist eine Cartergruppe von $\mathfrak{G}$.

(*In* Carter [5] *wird bewiesen, daß für $\mathfrak{G}^{(2k+1)} = \mathfrak{E}$ sogar $\mathfrak{N}_k$ und für $\mathfrak{G}^{(2k)} = \mathfrak{E}$ schon $\mathfrak{D}_k$ eine Cartergruppe von $\mathfrak{G}$ ist. Diese Aussage läßt sich nicht verbessern, wie die in* Carter [5] *angegebenen Beispiele zeigen.*)

Beweis. Offenbar ist

$$\mathfrak{E} = \mathfrak{D}_0 \leqq \mathfrak{D}_1 \leqq \mathfrak{N}_1 = \mathbf{N}_{\mathfrak{G}}(\mathfrak{D}_1) \leqq \mathfrak{N}_0 = \mathfrak{G}\,.$$

Ferner gilt nach 14.9 c)

$$\mathfrak{N}_1 = \mathbf{N}_{\mathfrak{G}}(\mathfrak{D}_1) = \mathfrak{D}_1 \times (\mathfrak{G}' \cap \mathbf{N}_{\mathfrak{G}}(\mathfrak{D}_1))$$

und daher $\mathfrak{N}_1' \leqq \mathfrak{G}''$ wegen $\mathfrak{D}_1' = \mathfrak{E}$.

Sei schon

$$\mathfrak{D}_{i-1} \leqq \mathfrak{D}_i \leqq \mathfrak{N}_i \leqq \mathfrak{N}_{i-1}$$

und $\mathfrak{N}_i' \leqq \mathfrak{G}^{(i+1)}$ bewiesen. Dann haben wir $\mathfrak{N}_i = \mathbf{N}_{\mathfrak{G}}(\mathfrak{D}_i) \leqq \mathfrak{N}_{i-1}$, also $\mathfrak{N}_i = \mathbf{N}_{\mathfrak{N}_{i-1}}(\mathfrak{D}_i)$. Mit 14.9 c) folgt dann $\mathfrak{D}_i \leqq \mathbf{Z}(\mathfrak{N}_i)$. Daher liegt $\mathfrak{D}_i$ sicher in dem Systemnormalisator $\mathfrak{D}_{i+1}$ von $\mathfrak{N}_i$. Ferner gilt

$$\mathfrak{N}_{i+1} = \mathbf{N}_{\mathfrak{G}}(\mathfrak{D}_{i+1}) \geqq \mathfrak{D}_{i+1} .$$

Wir haben $\mathfrak{N}_{i+1} \leqq \mathfrak{N}_i$ zu zeigen:

Es ist $\mathfrak{N}_{i+1} \leqq \mathfrak{N}_0 = \mathfrak{G}$. Sei für ein j mit $j < i$ schon $\mathfrak{N}_{i+1} \leqq \mathfrak{N}_j$ bewiesen. Da der Systemnormalisator $\mathfrak{D}_{i+1}$ von $\mathfrak{N}_i$ abelsch ist, folgt

$$\mathfrak{D}_{j+1} \trianglelefteq \mathfrak{D}_{i+1} \trianglelefteq \mathbf{N}_{\mathfrak{G}}(\mathfrak{D}_{i+1}) = \mathfrak{N}_{i+1} \leqq \mathfrak{N}_j .$$

Die Anwendung von Hilfssatz 14.13 auf $\mathfrak{N}_j$ mit dem Systemnormalisator $\mathfrak{D}_{j+1}$ ergibt $\mathfrak{D}_{j+1} \trianglelefteq \mathfrak{N}_{i+1}$. Daher ist

$$\mathfrak{N}_{i+1} \leqq \mathbf{N}_{\mathfrak{G}}(\mathfrak{D}_{j+1}) = \mathfrak{N}_{j+1} .$$

Mit Induktion erhalten wir $\mathfrak{N}_{i+1} \leqq \mathfrak{N}_i$.

Nach 14.9 c) haben wir

$$\mathfrak{N}_{i+1} = \mathbf{N}_{\mathfrak{N}_i}(\mathfrak{D}_{i+1}) = \mathfrak{D}_{i+1} \times (\mathfrak{N}_{i+1} \cap \mathfrak{N}_i') .$$

Wegen $\mathfrak{N}_i' \leqq \mathfrak{G}^{(i+1)}$ folgt dann

$$\mathfrak{N}_{i+1}' \leqq \mathfrak{N}_i'' \leqq \mathfrak{G}^{(i+2)} .$$

Endlich kommen wir so zu $\mathfrak{N}_{k-1}' \leqq \mathfrak{G}^{(k)} = \mathfrak{E}$, und $\mathfrak{N}_{k-1}$ ist abelsch. Daher folgt $\mathfrak{D}_k = \mathfrak{N}_{k-1}$. Wegen

$$\mathbf{N}_{\mathfrak{G}}(\mathfrak{D}_k) = \mathfrak{N}_k \leqq \mathfrak{N}_{k-1} = \mathfrak{D}_k$$

ist dann $\mathfrak{D}_k$ eine Cartergruppe von $\mathfrak{G}$. **q.e.d.**

A-Gruppen sind nicht stets *SC*-Gruppen; dies zeigen einfache Beispiele von Gruppen aus semilinearen Abbildungen über endlichen Körpern. Also läßt sich Satz 13.8 nicht auf *A*-Gruppen anwenden. Jedoch gilt für *A*-Gruppen ein ähnlicher Satz:

14.15 Satz (Huppert). *Sei $\mathfrak{G}$ eine A-Gruppe und $\mathfrak{T}$ eine Untergruppe von $\mathfrak{G}$, welche jeden exzentrischen Hauptfaktor von $\mathfrak{G}$ in jeder Hauptreihe von $\mathfrak{G}$ meidet. Dann liegt $\mathfrak{T}$ in einem Systemnormalisator von $\mathfrak{G}$.*

(*Man beachte den Unterschied zu* 13.8: *Dort war nur eine Hauptreihe im Spiele, aber es wurde gefordert, daß die zentralen Hauptfaktoren in dieser Hauptreihe gedeckt werden.*)

Beweis. Wir beweisen den Satz durch Induktion nach $|\mathfrak{G}|$. Sei $\mathfrak{N}$ ein minimaler Normalteiler von $\mathfrak{G}$. Dann hat $\mathfrak{N}$ Primzahlpotenzordnung, etwa $|\mathfrak{N}| = p^n$. Sei $\mathfrak{T}$ eine Untergruppe von $\mathfrak{G}$, welche alle exzentrischen Hauptfaktoren von $\mathfrak{G}$ in allen Hauptreihen von $\mathfrak{G}$ meidet. Dann hat $\mathfrak{T}\mathfrak{N}/\mathfrak{N}$ die gleiche Eigenschaft für $\mathfrak{G}/\mathfrak{N}$:

Ist nämlich $\mathfrak{H}/\mathfrak{N}/\mathfrak{K}/\mathfrak{N}$ ein exzentrischer Hauptfaktor von $\mathfrak{G}/\mathfrak{N}$, so ist $\mathfrak{H}/\mathfrak{K}$ ein exzentrischer Hauptfaktor von $\mathfrak{G}$. Daher haben wir $\mathfrak{H} \cap \mathfrak{T} \leqq \mathfrak{K}$ und sodann

$$\mathfrak{H}/\mathfrak{N} \cap \mathfrak{T}\mathfrak{N}/\mathfrak{N} = (\mathfrak{H} \cap \mathfrak{T}\mathfrak{N})/\mathfrak{N} = \mathfrak{N}(\mathfrak{H} \cap \mathfrak{T})/\mathfrak{N} \leqq \mathfrak{K}/\mathfrak{N}\,.$$

Nach unserer Induktionsannahme liegt daher $\mathfrak{T}\mathfrak{N}/\mathfrak{N}$ in einem Systemnormalisator von $\mathfrak{G}/\mathfrak{N}$. Dieser hat nach 11.3 die Gestalt $\mathfrak{D}\mathfrak{N}/\mathfrak{N}$ mit einem geeigneten Systemnormalisator $\mathfrak{D}$ von $\mathfrak{G}$. Wir haben also $\mathfrak{T} \leqq \mathfrak{D}\mathfrak{N}$. Ist $\mathfrak{N}$ zentral, so gilt $\mathfrak{N} \leqq \mathfrak{D}$, und wir erhalten das gewünschte Ergebnis $\mathfrak{T} \leqq \mathfrak{D}$. Somit können wir annehmen, daß $\mathfrak{N}$ ein exzentrischer Normalteiler von $\mathfrak{G}$ ist. Dann wird $\mathfrak{N}$ von $\mathfrak{T}$ und $\mathfrak{D}$ gemieden. Aus

$$\mathfrak{T} \cong \mathfrak{T}\mathfrak{N}/\mathfrak{N} \leqq \mathfrak{D}\mathfrak{N}/\mathfrak{N} \cong \mathfrak{D}$$

folgt nun die Nilpotenz von $\mathfrak{T}$.

Das p-Komplement $\mathfrak{T}_{p'}$ von $\mathfrak{T}$ liegt in einem p-Komplement von $\mathfrak{N}\mathfrak{D}$, also in einer Konjugierten von $\mathfrak{D}_{p'}$. Durch Übergang zu einer Konjugierten von $\mathfrak{D}$ können wir daher $\mathfrak{T}_{p'} \leqq \mathfrak{D}_{p'}$ erreichen.

Wir zeigen, daß die p-Sylowgruppe $\mathfrak{T}_p$ von $\mathfrak{T}$ jedes p-Komplement $\mathfrak{G}_{p'}$ von $\mathfrak{G}$ normalisiert:

Nach 14.8 hat $\mathfrak{G}$ höchstens die p-Länge 1. Daher hat die aufsteigende p-Reihe von $\mathfrak{G}$ die Gestalt

$$\mathfrak{E} \trianglelefteq \mathfrak{M} \trianglelefteq \mathfrak{M}\,\mathfrak{G}_p \trianglelefteq \mathfrak{G}\,,$$

wobei $\mathfrak{G}_p$ eine p-Sylowgruppe von $\mathfrak{G}$ und $\mathfrak{M} = \mathbf{M}_0(\mathfrak{G})$ der maximale Normalteiler von $\mathfrak{G}$ von zu p teilerfremder Ordnung ist. Wegen $p \nmid |\mathfrak{M}|$ gilt $\mathfrak{M} \leqq \mathfrak{G}_{p'} \leqq \mathbf{N}_{\mathfrak{G}}(\mathfrak{G}_{p'})$ für jedes p-Komplement $\mathfrak{G}_{p'}$ von $\mathfrak{G}$.

Die Gruppe $\overline{\mathfrak{T}} = \mathfrak{T}\mathfrak{M}/\mathfrak{M}$ meidet alle exzentrischen Hauptfaktoren von $\overline{\mathfrak{G}} = \mathfrak{G}/\mathfrak{M}$. Also meidet $\mathfrak{T}_p\,\mathfrak{M}/\mathfrak{M}$ die exzentrischen p-Hauptfaktoren von $\mathfrak{G}/\mathfrak{M}$. Es ist $\overline{\mathfrak{G}}_p = \mathfrak{G}_p\,\mathfrak{M}/\mathfrak{M}$ ein abelscher Normalteiler von $\overline{\mathfrak{G}}$. Nach 14.6 b) gilt daher

$$\overline{\mathfrak{G}}_p = (\overline{\mathfrak{G}}_p \cap \overline{\mathfrak{G}}') \times (\overline{\mathfrak{G}}_p \cap \mathbf{Z}(\overline{\mathfrak{G}}))\,.$$

Dabei enthält die zu $\overline{\mathfrak{G}}_p \cap \overline{\mathfrak{G}}'$ isomorphe $\overline{\mathfrak{G}}$-Operatorgruppe $\overline{\mathfrak{G}}_p/(\overline{\mathfrak{G}}_p \cap \mathbf{Z}(\overline{\mathfrak{G}}))$ nur exzentrische Hauptfaktoren von $\overline{\mathfrak{G}}$, wird daher von $\overline{\mathfrak{T}}_p$ gemieden. Somit erhalten wir

$$\overline{\mathfrak{T}}_p \leqq \overline{\mathfrak{G}}_p \cap \mathbf{Z}(\overline{\mathfrak{G}}) \leqq \mathbf{N}_{\overline{\mathfrak{G}}}(\overline{\mathfrak{G}}_{p'})\,.$$

Daraus folgt die Zwischenbehauptung

$$\mathfrak{T}_p \leqq \mathfrak{T}_p\,\mathfrak{M} \leqq \mathbf{N}_{\mathfrak{G}}(\mathfrak{G}_{p'}\,\mathfrak{M}) = \mathbf{N}_{\mathfrak{G}}(\mathfrak{G}_{p'})\,.$$

Gehören $\mathfrak{G}_p$ und $\mathfrak{G}_{p'}$ zu einem Komplementsystem $\mathscr{K}$ von $\mathfrak{G}$ mit $\mathfrak{D} = \mathbf{N}(\mathscr{K})$, so haben wir nach 11.2

$$\mathfrak{D}_p = \mathfrak{G}_p \cap \mathbf{N}_{\mathfrak{G}}(\mathfrak{G}_{p'})\,.$$

Da $\mathfrak{N}$ ein p-Normalteiler von $\mathfrak{G}$ ist, gilt $\mathfrak{N}\,\mathfrak{D}_p \leqq \mathfrak{G}_p$. Nun ist $\mathfrak{T}_p$ wegen $\mathfrak{T} \leqq \mathfrak{N}\,\mathfrak{D}$ eine p-Untergruppe von $\mathfrak{N}\,\mathfrak{D}$, liegt daher in der einzigen

p-Sylowgruppe $\mathfrak{N}\,\mathfrak{D}_p$ von $\mathfrak{N}\,\mathfrak{D}$. Also gilt $\mathfrak{T}_p \leqq \mathfrak{N}\,\mathfrak{D}_p \leqq \mathfrak{G}_p$. Zusammen mit der schon bewiesenen Aussage $\mathfrak{T}_p \leqq \mathbf{N}_{\mathfrak{G}}(\mathfrak{G}_{p'})$ folgt also

$$\mathfrak{T}_p \leqq \mathfrak{G}_p \cap \mathbf{N}_{\mathfrak{G}}(\mathfrak{G}_{p'}) = \mathfrak{D}_p\,.$$

Mit $\mathfrak{T}_{p'} \leqq \mathfrak{D}_{p'}$ ergibt das $\mathfrak{T} \leqq \mathfrak{D}$. **q.e.d.**

Bisher haben wir die in den Paragraphen **11** und **12** entwickelte Theorie auf A-Gruppen angewandt. Die jetzt folgenden Sätze schließen an § 5 an.

14.16 Satz (HALL, HIGMAN [1]). a) *Sei* $\mathfrak{G} = \prod_{i=1}^{r} \mathfrak{A}_i$ *das Produkt der paarweise vertauschbaren nilpotenten Gruppen* $\mathfrak{A}_i$ *von paarweise teilerfremden Ordnungen. Ist* c_i *die Klasse von* $\mathfrak{A}_i$, *so gilt für die Stufe* $k(\mathfrak{G})$ *von* $\mathfrak{G}$ *die Abschätzung*

$$k(\mathfrak{G}) \leqq \sum_{i=1}^{r} c_i\,.$$

(*Es ist unbekannt, ob man auf die Teilerfremdheit der Ordnungen der* $\mathfrak{A}_i$ *verzichten kann.*)

b) *Ist* $\mathfrak{G}$ *eine A-Gruppe, deren Ordnung durch genau* r *verschiedene Primzahlen teilbar ist, so hat* $\mathfrak{G}$ *höchstens die Stufe* r.

Beweis. a) Wir führen den Beweis durch Induktion nach $|\mathfrak{G}|$. Nach 4.3 ist $\mathfrak{G}$ auflösbar. Wir können $\mathfrak{G} \neq \mathfrak{E}$ annehmen. Dann ist auch die Fittinggruppe $\mathbf{F}(\mathfrak{G})$ von $\mathfrak{G}$ von $\mathfrak{E}$ verschieden.

Hat $\mathbf{F}(\mathfrak{G})$ nicht Primzahlpotenzordnung, so gibt es Primzahlen p und q mit $p \neq q$ und $\mathbf{F}(\mathfrak{G})_p \neq \mathfrak{E} \neq \mathbf{F}(\mathfrak{G})_q$. Dann erfüllen die Faktorgruppen $\mathfrak{G}/\mathbf{F}(\mathfrak{G})_p$ und $\mathfrak{G}/\mathbf{F}(\mathfrak{G})_q$ alle unsere Voraussetzungen. Setzen wir $k = \sum_{i=1}^{r} c_i$, so gilt also vermöge unserer Induktionsannahme

$$\mathfrak{G}^{(k)} \leqq \mathbf{F}(\mathfrak{G})_p \cap \mathbf{F}(\mathfrak{G})_q = \mathfrak{E}\,,$$

und daher ist $k(\mathfrak{G}) \leqq \sum_{i=1}^{r} c_i$.

Zu behandeln bleibt der Fall, daß die Ordnung von $\mathbf{F}(\mathfrak{G})$ eine Primzahlpotenz p^f ist. Sei etwa $p \mid |\mathfrak{A}_1|$. Wegen der Teilerfremdheit der $|\mathfrak{A}_i|$ gilt dann $\mathbf{F}(\mathfrak{G}) \leqq \mathfrak{A}_1$. Wir haben daher $\mathbf{Z}(\mathfrak{A}_1) \leqq \mathbf{C}_{\mathfrak{G}}(\mathbf{F}(\mathfrak{G}))$ und nach III, 4.2 b) auch $\mathbf{C}_{\mathfrak{G}}(\mathbf{F}(\mathfrak{G})) \leqq \mathbf{F}(\mathfrak{G})$. Also folgt $\mathbf{Z}(\mathfrak{A}_1) \leqq \mathbf{Z}(\mathbf{F}(\mathfrak{G}))$. Daher hat $\mathfrak{A}_1\,\mathbf{Z}(\mathbf{F}(\mathfrak{G}))/\mathbf{Z}(\mathbf{F}(\mathfrak{G}))$ höchstens die Klasse $c_1 - 1$. Wenden wir unsere Induktionsannahme auf $\mathfrak{G}/\mathbf{Z}(\mathbf{F}(\mathfrak{G}))$ an, so erhalten wir

$$k\big(\mathfrak{G}/\mathbf{Z}(\mathbf{F}(\mathfrak{G}))\big) \leqq \left(\sum_{i=1}^{r} c_i\right) - 1$$

und dann $k(\mathfrak{G}) \leqq \sum_{i=1}^{r} c_i$.

b) Die A-Gruppe $\mathfrak{G}$ hat ein Sylowsystem von paarweise vertauschbaren Sylowgruppen $\mathfrak{G}_{p_i}$ mit $c(\mathfrak{G}_{p_i}) = 1$. Nun liefert die Anwendung von a) das Ergebnis $k(\mathfrak{G}) \leqq r$. **q.e.d.**

Wir haben soeben die Stufe $k(\mathfrak{G})$ einer A-Gruppe durch die Anzahl der verschiedenen Primteiler von $|\mathfrak{G}|$ abgeschätzt. Unser nächstes Ziel ist eine Abschätzung der Stufe einer A-Gruppe durch die Anzahl der Erzeugenden der Sylowgruppen. Zur Vorbereitung beweisen wir einen Hilfssatz über A-Gruppen von linearen Abbildungen:

14.17 Hilfssatz. *Sei $\mathfrak{G}$ eine A-Gruppe aus linearen Abbildungen eines Vektorraumes der Dimension n über einem Körper K. Die Charakteristik von K sei kein Teiler von $|\mathfrak{G}|$. Dann gilt $\mathfrak{G}^{(n)} = \mathfrak{E}$.*

Beweis. Wir beweisen die Behauptung durch Induktion nach n. Für $n = 1$ ist $\mathfrak{G}$ abelsch, und der Satz ist richtig. Wir können annehmen, daß K algebraisch abgeschlossen ist; denn der Übergang zu einem größeren Körper ändert natürlich die Struktur von $\mathfrak{G}$ als abstrakte Gruppe nicht, verschafft uns aber größere Freiheit beim Aufsuchen von Normalformen der linearen Abbildungen. Nach V, 18.5 c) (S. 581) können wir annehmen, daß $\mathfrak{G}$ aus monomialen Matrizen besteht.

Sei $\mathfrak{A}$ der aus allen Diagonalmatrizen der monomialen Gruppe $\mathfrak{G}$ bestehende Normalteiler von $\mathfrak{G}$. Dann ist $\mathfrak{A}$ abelsch, und $\mathfrak{G}/\mathfrak{A}$ ist isomorph zu einer Permutationsgruppe $\mathfrak{H}$ vom Grad n. Als Permutationsgruppe enthält $\mathfrak{H}$ nach V, 20.2 (S. 597) mindestens einmal die identische Darstellung. Da die Charakteristik von K die Ordnung von $\mathfrak{H}$ nicht teilt, ist $\mathfrak{H}$ nach dem Satz von Maschke (I, 17.7; S. 123) vollständig reduzibel. Die Permutationsgruppe $\mathfrak{H}$ zerfällt daher vollständig in die 1-Darstellung und eine treue Darstellung von $\mathfrak{H}$ vom Grad $n-1$. Unsere Induktionsannahme ergibt daher $\mathfrak{H}^{(n-1)} = \mathfrak{E}$. Es folgt $\mathfrak{G}^{(n-1)} \leqq \mathfrak{A}$ und $\mathfrak{G}^{(n)} = \mathfrak{E}$. **q.e.d.**

14.18 Satz (Huppert [3]). *Sei $\mathfrak{G}$ eine A-Gruppe. Dann gilt:*

a) *Ist $r(\mathfrak{G})$ der Rang von $\mathfrak{G}$, so ist $k(\mathfrak{G}) \leqq r(\mathfrak{G}) + 1$.*

b) *Lassen sich alle Sylowgruppen von $\mathfrak{G}$ mit höchstens d Elementen erzeugen, so ist $k(\mathfrak{G}) \leqq d + 1$.*

Beweis. a) Wir betrachten einen Hauptfaktor $\mathfrak{H}/\mathfrak{K}$ der Ordnung p^s von $\mathfrak{G}$ und die von $\mathfrak{G}$ auf $\mathfrak{H}/\mathfrak{K}$ bewirkte Automorphismengruppe

$$\mathbf{A}_{\mathfrak{G}}(\mathfrak{H}/\mathfrak{K}) \cong \mathfrak{G}/\mathbf{C}_{\mathfrak{G}}(\mathfrak{H}/\mathfrak{K}) .$$

Da die p-Sylowgruppen von $\mathfrak{G}$ abelsch sind, wird $\mathfrak{H}/\mathfrak{K}$ von allen p-Sylowgruppen zentralisiert. Also gilt $p \nmid |\mathbf{A}_{\mathfrak{G}}(\mathfrak{H}/\mathfrak{K})|$. Fassen wir $\mathbf{A}_{\mathfrak{G}}(\mathfrak{H}/\mathfrak{K})$ als eine Untergruppe von $GL(s, p)$ auf, so sind die Voraussetzungen von Hilfssatz 14.17 erfüllt. Wir erhalten daher $\mathbf{A}_{\mathfrak{G}}(\mathfrak{H}/\mathfrak{K})^{(s)} = \mathfrak{E}$. Wegen $s \leqq r(\mathfrak{G}) = r$ folgt auch $\mathbf{A}_{\mathfrak{G}}(\mathfrak{H}/\mathfrak{K})^{(r)} = \mathfrak{E}$, also $\mathfrak{G}^{(r)} \leqq \mathbf{C}_{\mathfrak{G}}(\mathfrak{H}/\mathfrak{K})$. Da dies für alle Hauptfaktoren $\mathfrak{H}/\mathfrak{K}$ von $\mathfrak{G}$ gilt, erhalten wir mit 5.4

$$\mathfrak{G}^{(r)} \leqq \bigcap_{\mathfrak{H}/\mathfrak{K}} \mathbf{C}_{\mathfrak{G}}(\mathfrak{H}/\mathfrak{K}) = \mathbf{F}(\mathfrak{G}) .$$

Als nilpotenter Normalteiler der A-Gruppe $\mathfrak{G}$ ist $\mathbf{F}(\mathfrak{G})$ abelsch. Das ergibt $\mathfrak{G}^{(r+1)} = \mathfrak{E}$.

b) Jeder p-Hauptfaktor von $\mathfrak{G}$ ist ein homomorphes Bild einer Untergruppe einer p-Sylowgruppe von $\mathfrak{G}$. Haben alle (abelschen) Sylowgruppen von $\mathfrak{G}$ höchstens d Erzeugende, so gilt dies auch für die Hauptfaktoren. Dann ist $r(\mathfrak{G}) \leqq d$, und unsere Behauptung folgt aus a).

q.e.d.

14.19 Bemerkung. Sei $\mathfrak{G}$ eine Gruppe mit lauter zyklischen Sylowgruppen. Nach IV, 2.9 (S. 420) ist $\mathfrak{G}$ auflösbar. Mit 14.18 folgt daher $\mathfrak{G}'' = \mathfrak{E}$, was uns bereits aus IV, 2.11 bekannt ist. Die Theorie der überauflösbaren Gruppen führt übrigens leicht zum gleichen Ergebnis: Offenbar ist $\mathfrak{G}$ überauflösbar. Da $\mathfrak{G}'$ nach 9.1 b) eine nilpotente Gruppe mit lauter zyklischen Sylowgruppen ist, ist $\mathfrak{G}'$ zyklisch.

Aufgaben:

28) Sei $\mathfrak{P}$ eine abelsche p-Gruppe, sei $\mathfrak{G} \leqq \mathbf{A}(\mathfrak{P})$ und $p \nmid |\mathfrak{G}|$. Sei p^m die kleinste Invariante von $\mathfrak{P}$. Dann gibt es eine direkte Zerlegung $\mathfrak{P} = \mathfrak{P}_1 \times \mathfrak{P}_2$ in $\mathfrak{G}$-Gruppen $\mathfrak{P}_i$, alle Invarianten von $\mathfrak{P}_1$ sind größer als p^m, und alle Invarianten von $\mathfrak{P}_2$ sind gleich p^m.

29) Sei $\mathfrak{P}$ eine abelsche p-Gruppe, sei $\mathfrak{G} \leqq \mathbf{A}(\mathfrak{P})$ und $p \nmid |\mathfrak{G}|$. Dann gilt:

a) Es gibt eine Zerlegung $\mathfrak{P} = \mathfrak{P}_1 \times \cdots \times \mathfrak{P}_n$, wobei jedes $\mathfrak{P}_i$ eine $\mathfrak{G}$-Gruppe mit lauter gleichen Invarianten ist.

b) $\Omega_1(\mathfrak{P})$ und $\mathfrak{P}/\mho_1(\mathfrak{P})$ sind isomorphe $\mathfrak{G}$-Gruppen.

30) (Huppert [3]) Sei $\mathfrak{G}$ eine A-Gruppe.

a) Seien $\mathfrak{U}_i$ $(i = 1, \ldots, s)$ die sämtlichen maximalen Untergruppen von $\mathfrak{G}$, und sei $|\mathfrak{G} : \mathfrak{U}_i| = p_i^{k_i}$. Dann ist $r(\mathfrak{G}) = \operatorname{Max} k_i$.

b) Es gilt $r(\mathfrak{G}/\Phi(\mathfrak{G})) = r(\mathfrak{G})$.

31) (Huppert [3]) Sei $\mathfrak{G}$ eine A-Gruppe. Alle minimalen Normalteiler von $\mathfrak{G}$ mögen sich mit k Elementen erzeugen lassen. Dann gilt $r(\mathfrak{G}) \leqq k$.

32) (Carter [5]) Sei $\mathfrak{G}$ eine A-Gruppe und $\mathfrak{D}$ ein Systemnormalisator von $\mathfrak{G}$. Dann deckt $\mathbf{N}_{\mathfrak{G}}(\mathfrak{D})$ jeden $\mathfrak{D}$-zentralen $\mathfrak{D}$-Kompositionsfaktor und meidet jeden $\mathfrak{D}$-exzentrischen $\mathfrak{D}$-Kompositionsfaktor von $\mathfrak{G}$.

33) (Carter [5]) Sei $\mathfrak{D}$ ein Systemnormalisator und $\mathfrak{N}$ ein Normalteiler der A-Gruppe $\mathfrak{G}$. Dann gilt $\mathbf{N}_{\mathfrak{G}/\mathfrak{N}}(\mathfrak{D}\mathfrak{N}/\mathfrak{N}) = \mathbf{N}_{\mathfrak{G}}(\mathfrak{D})\mathfrak{N}/\mathfrak{N}$ (vergleiche auch Beispiel 11.13).

§ 15. Sylowsysteme und Cartergruppen

15.1 Definition. Sei $\mathcal{K}_{\mathfrak{G}} = \{\mathfrak{G}_{p'} \mid p \mid |\mathfrak{G}|\}$ ein Komplementsystem der auflösbaren Gruppe $\mathfrak{G}$ und $\mathfrak{H}$ eine Untergruppe von $\mathfrak{G}$. Wir nennen $\mathcal{K}_{\mathfrak{G}}$ reduzierbar in $\mathfrak{H}$, wenn

$$\mathcal{K}_{\mathfrak{H}} = \{\mathfrak{H} \cap \mathfrak{G}_{p'} \mid p \mid |\mathfrak{H}|\}$$

ein Komplementsystem von $\mathfrak{H}$ ist. Wir nennen dann $\mathcal{K}_{\mathfrak{H}}$ die Reduktion von $\mathcal{K}_{\mathfrak{G}}$ in $\mathfrak{H}$.

Sei $\mathcal{S}_{\mathfrak{G}} = \{\mathfrak{G}_p \mid p \mid |\mathfrak{G}|\}$ mit $\mathfrak{G}_p = \bigcap_{p \neq q} \mathfrak{G}_{q'}$ das vermöge 2.2 zu $\mathcal{K}_{\mathfrak{G}}$ gebildete Sylowsystem von $\mathfrak{G}$. Dann bilden die

$$\mathfrak{G}_p \cap \mathfrak{H} = \bigcap_{p \neq q} (\mathfrak{G}_{q'} \cap \mathfrak{H})$$

das zu $\mathcal{K}_{\mathfrak{H}}$ gehörende Sylowsystem $\mathcal{S}_{\mathfrak{H}}$ von $\mathfrak{H}$. Wir nennen $\mathcal{S}_{\mathfrak{H}}$ die Reduktion von $\mathcal{S}_{\mathfrak{G}}$ in $\mathfrak{H}$.

15.2 Hilfssatz. *Sei $\mathfrak{G}$ auflösbar und $\mathcal{S}$ ein Sylowsystem von $\mathfrak{G}$. Dann gilt:*

a) *$\mathcal{S}$ ist reduzierbar in jeden Normalteiler von $\mathfrak{G}$.*

b) *$\mathcal{S}$ ist reduzierbar in seinen Systemnormalisator $\mathfrak{D} = \mathrm{N}(\mathcal{S})$.*

c) *Ist $\mathcal{S}$ reduzierbar in $\mathfrak{A}$ und $\mathfrak{B}$ und gilt $\mathfrak{A} \leqq \mathrm{N}_{\mathfrak{G}}(\mathfrak{B})$, so ist $\mathcal{S}$ reduzierbar in $\mathfrak{A}\,\mathfrak{B}$.*

Beweis. a) steht schon in 2.5 b).

b) Seien die $\mathfrak{G}_{p'} = \prod_{q \neq p} \mathfrak{G}_q$ mit $\mathfrak{G}_q \in \mathcal{S}$ die Sylowkomplemente aus dem gemäß 2.2 zu $\mathcal{S}$ gehörenden Komplementsystem von $\mathfrak{G}$. Nach 11.2 a) ist $\mathfrak{G}_p \cap \mathrm{N}_{\mathfrak{G}}(\mathfrak{G}_{p'})$ die p-Sylowgruppe von $\mathfrak{D} = \mathrm{N}(\mathcal{S})$. Also folgt $\mathfrak{D} \cap \mathfrak{G}_p = \mathfrak{D}_p$, und $\mathcal{S}$ ist somit reduzierbar in $\mathfrak{D}$.

c) Sei $\mathfrak{G}_{p'}$ das p-Komplement aus dem gemäß 2.2 gebildeten Komplementsystem zu $\mathcal{S}$. Wegen $\mathfrak{B} \trianglelefteq \mathfrak{A}\,\mathfrak{B}$ ist $\mathfrak{B}(\mathfrak{A}\,\mathfrak{B} \cap \mathfrak{G}_{p'})$ eine Untergruppe von $\mathfrak{A}\,\mathfrak{B}$. Es gilt

$$\begin{aligned} |\mathfrak{A}\,\mathfrak{B} : \mathfrak{A}\,\mathfrak{B} \cap \mathfrak{G}_{p'}| &= |\mathfrak{A}\,\mathfrak{B} : \mathfrak{B}(\mathfrak{A}\,\mathfrak{B} \cap \mathfrak{G}_{p'})|\,|\mathfrak{B}(\mathfrak{A}\,\mathfrak{B} \cap \mathfrak{G}_{p'}) : \mathfrak{A}\,\mathfrak{B} \cap \mathfrak{G}_{p'}| \\ &= |\mathfrak{A} : \mathfrak{A} \cap \mathfrak{B}(\mathfrak{A}\,\mathfrak{B} \cap \mathfrak{G}_{p'})|\,|\mathfrak{B} : \mathfrak{B} \cap \mathfrak{G}_{p'}|\,. \end{aligned}$$

Da $\mathcal{S}$ in $\mathfrak{B}$ reduzierbar ist, ist der zweite Faktor eine Potenz von p. Der erste Faktor teilt wegen

$$\mathfrak{A} \cap \mathfrak{B}(\mathfrak{A}\,\mathfrak{B} \cap \mathfrak{G}_{p'}) \geqq \mathfrak{A} \cap \mathfrak{G}_{p'}$$

sicher $|\mathfrak{A} : \mathfrak{A} \cap \mathfrak{G}_{p'}|$, ist also eine Potenz von p, da $\mathcal{S}$ in $\mathfrak{A}$ reduzierbar ist. Somit ist $|\mathfrak{A}\,\mathfrak{B} : \mathfrak{A}\,\mathfrak{B} \cap \mathfrak{G}_{p'}|$ eine Potenz von p, und $\mathfrak{A}\,\mathfrak{B} \cap \mathfrak{G}_{p'}$ ist daher ein p-Komplement von $\mathfrak{A}\,\mathfrak{B}$. Also ist $\mathcal{S}$ reduzierbar in $\mathfrak{A}\,\mathfrak{B}$.

q.e.d.

15.3 Hilfssatz. *Sei $\mathfrak{G}$ auflösbar und $\mathfrak{H}$ eine maximale, aber nicht normale Untergruppe von $\mathfrak{G}$. Sei $|\mathfrak{G} : \mathfrak{H}| = p^n$.*

a) *Ist* $\mathfrak{G}_{p'}$ *ein in* $\mathfrak{H}$ *liegendes* p*-Komplement von* $\mathfrak{G}$, *so gilt* $\mathbf{N}_{\mathfrak{G}}(\mathfrak{G}_{p'}) \leqq \mathfrak{H}$.

b) *Das Komplementsystem* $\mathscr{K} = \{\mathfrak{G}_{q'} \mid q \mid |\mathfrak{G}|\}$ *von* $\mathfrak{G}$ *ist genau dann reduzierbar in* $\mathfrak{H}$, *wenn* $\mathfrak{G}_{p'} \leqq \mathfrak{H}$ *gilt. Jedes Komplementsystem von* $\mathfrak{H}$ *ist die Reduktion von gleichvielen Komplementsystemen von* $\mathfrak{G}$.

c) *Sei* $\mathfrak{D}$ *ein Systemnormalisator von* $\mathfrak{G}$. *Die Anzahl der in* $\mathfrak{H}$ *reduzierbaren Sylowsysteme von* $\mathfrak{G}$ *ist dann*

$$\frac{|\mathfrak{G}:\mathfrak{D}|}{|\mathfrak{G}:\mathfrak{H}|}.$$

Beweis. a) steht bereits in 11.19 a).

b) Sei $q \neq p$. Wegen der Teilerfremdheit der Indizes von $\mathfrak{G}_{q'}$ und $\mathfrak{H}$ ist $\mathfrak{G} = \mathfrak{G}_{q'}\mathfrak{H}$, und daher ist

$$|\mathfrak{H} : \mathfrak{H} \cap \mathfrak{G}_{q'}| = |\mathfrak{G} : \mathfrak{G}_{q'}|$$

eine Potenz von q. Also ist $\mathfrak{H} \cap \mathfrak{G}_{q'}$ für $q \neq p$ ein q-Komplement von $\mathfrak{H}$. Das Komplementsystem $\mathscr{K} = \{\mathfrak{G}_{q'} \mid q \mid |\mathfrak{G}|\}$ von $\mathfrak{G}$ ist daher genau dann reduzierbar in $\mathfrak{H}$, wenn $\mathfrak{H} \cap \mathfrak{G}_{p'}$ ein p-Komplement von $\mathfrak{H}$ ist. Wegen $|\mathfrak{G} : \mathfrak{H}| = p^n$ erfordert das $\mathfrak{G}_{p'} \leqq \mathfrak{H}$.

Da alle Komplementsysteme von $\mathfrak{H}$ nach 2.4 in $\mathfrak{H}$ konjugiert sind, ist jedes Komplementsystem von $\mathfrak{H}$ die Reduktion von gleich vielen Komplementsystemen von $\mathfrak{G}$.

c) Die Anzahl aller Komplementsysteme (Sylowsysteme) von $\mathfrak{G}$ ist nach 2.4

$$|\mathfrak{G} : \mathfrak{D}| = \prod_{q} |\mathfrak{G} : \mathbf{N}_{\mathfrak{G}}(\mathfrak{G}_{q'})|.$$

Die Anzahl der in $\mathfrak{H}$ reduzierbaren Komplementsysteme von $\mathfrak{G}$ ist nach b) gleich der Anzahl der Komplementsysteme $\{\mathfrak{G}_{q'} \mid q \mid |\mathfrak{G}|\}$ mit $\mathfrak{G}_{p'} \leqq \mathfrak{H}$, ist also nach a)

$$|\mathfrak{H} : \mathbf{N}_{\mathfrak{G}}(\mathfrak{G}_{p'})| \prod_{q \neq p} |\mathfrak{G} : \mathbf{N}_{\mathfrak{G}}(\mathfrak{G}_{q'})| = \frac{|\mathfrak{G}:\mathfrak{D}|}{|\mathfrak{G}:\mathfrak{H}|}.$$ **q.e.d.**

15.4 Satz. *Sei* $\mathfrak{G}$ *auflösbar,* $\mathfrak{H}$ *abnormal in* $\mathfrak{G}$ *und* $\mathfrak{D}$ *ein Systemnormalisator von* $\mathfrak{G}$ *mit* $\mathfrak{D} \leqq \mathfrak{H}$.

a) *Es ist* $|\mathfrak{H} : \mathfrak{D}|$ *die Anzahl der in* $\mathfrak{H}$ *reduzierbaren Sylowsysteme von* $\mathfrak{G}$.

b) *Je zwei Sylowsysteme von* $\mathfrak{G}$, *welche in* $\mathfrak{H}$ *reduzierbar sind, sind konjugiert unter* $\mathfrak{H}$.

Beweis. a) Sei

$$\mathfrak{E} = \mathfrak{N}_0 \lhd \mathfrak{N}_1 \lhd \cdots \lhd \mathfrak{N}_s = \mathfrak{G}$$

eine Kompositionsreihe von $\mathfrak{G}$ als $\mathfrak{H}$-Operatorgruppe. (Insbesondere ist also $\mathfrak{H} \leqq \mathbf{N}_{\mathfrak{G}}(\mathfrak{N}_i)$, und die charakteristisch einfachen, also elementarabelschen Faktorgruppen $\mathfrak{N}_{i+1}/\mathfrak{N}_i$ sind irreduzible $\mathfrak{H}$-Moduln.) Wir betrachten die Reihe

$$\mathfrak{H} = \mathfrak{H}_0 \leqq \mathfrak{H}_1 \leqq \cdots \leqq \mathfrak{H}_s = \mathfrak{G}$$

mit $\mathfrak{H}_i = \mathfrak{H}\mathfrak{N}_i$.

Zuerst zeigen wir: Ist $\mathfrak{H}_i < \mathfrak{H}_{i+1}$, so ist $\mathfrak{H}_i$ eine maximale Untergruppe von $\mathfrak{H}_{i+1}$.

Sei

$$\mathfrak{H}_i = \mathfrak{H}\,\mathfrak{N}_i \leqq \mathfrak{K} < \mathfrak{H}\,\mathfrak{N}_{i+1} = \mathfrak{H}_{i+1}\,.$$

Dann ist $\mathfrak{K} = \mathfrak{H}(\mathfrak{K} \cap \mathfrak{N}_{i+1})$, und es folgt $\mathfrak{N}_i \leqq \mathfrak{K} \cap \mathfrak{N}_{i+1} < \mathfrak{N}_{i+1}$. Wegen $\mathfrak{H} \leqq \mathfrak{K}$ ist $\mathfrak{K} \cap \mathfrak{N}_{i+1}$ invariant unter $\mathfrak{H}$. Da $\mathfrak{N}_{i+1}/\mathfrak{N}_i$ ein $\mathfrak{H}$-Kompositionsfaktor von $\mathfrak{G}$ ist, folgt $\mathfrak{K} = \mathfrak{H}_i$. Also ist $\mathfrak{H}_i$ eine maximale Untergruppe von $\mathfrak{H}_{i+1}$.

Sei $\mathfrak{D}_i$ ein Systemnormalisator von $\mathfrak{H}_i$. Sei schon gezeigt, daß

$$n_i = \frac{|\mathfrak{G} : \mathfrak{D}|}{|\mathfrak{G} : \mathfrak{H}_i|}$$

Sylowsysteme von $\mathfrak{G}$ in $\mathfrak{H}_i$ reduzierbar sind und daß jedes Sylowsystem von $\mathfrak{H}_i$ die Reduktion von genau

$$m_i = \frac{|\mathfrak{G} : \mathfrak{D}|}{|\mathfrak{G} : \mathfrak{D}_i|}$$

Sylowsystemen von $\mathfrak{G}$ ist. Wir zeigen, daß für $\mathfrak{H}_{i-1}$ entsprechende Aussagen gelten. Ist $\mathfrak{H}_{i-1} = \mathfrak{H}_i$, so ist nichts zu beweisen. Sei also $\mathfrak{H}_{i-1} < \mathfrak{H}_i$. Wegen der Abnormalität von $\mathfrak{H}$ ist dann $\mathfrak{H}_{i-1}$ maximal, aber nicht normal in $\mathfrak{H}_i$.

Sei $\mathscr{S}_{i-1}$ ein Sylowsystem von $\mathfrak{H}_{i-1}$, welches die Reduktion des Sylowsystems $\mathscr{S} = \{\mathfrak{G}_p \mid p \bigm| |\mathfrak{G}|\}$ von $\mathfrak{G}$ ist. Durch wiederholte Anwendung von 15.2 a) folgt, daß $\mathscr{S}$ in alle $\mathfrak{N}_j$ reduzierbar ist. Nach 15.2c) ist $\mathscr{S}$ dann auch in

$$\mathfrak{H}_{i-1}\,\mathfrak{N}_i = (\mathfrak{H}\,\mathfrak{N}_{i-1})\,\mathfrak{N}_i = \mathfrak{H}\,\mathfrak{N}_i = \mathfrak{H}_i$$

reduzierbar. Sei

$$\mathscr{S}_i = \{\mathfrak{G}_p \cap \mathfrak{H}_i \mid p \bigm| |\mathfrak{H}_i|\}\,.$$

Dann ist $\mathscr{S}_i$ nach 15.3 c) eines der

$$|\mathfrak{H}_i : \mathfrak{D}_i| : |\mathfrak{H}_i : \mathfrak{H}_{i-1}|$$

in $\mathfrak{H}_{i-1}$ reduzierbaren Sylowsysteme von $\mathfrak{H}_i$. Da $\mathscr{S}_i$ die Reduktion von

$$m_i = |\mathfrak{G} : \mathfrak{D}| : |\mathfrak{G} : \mathfrak{D}_i|$$

Sylowsystemen von $\mathfrak{G}$ ist, sind genau

$$\frac{|\mathfrak{G} : \mathfrak{D}|\,|\mathfrak{H}_i : \mathfrak{D}_i|}{|\mathfrak{G} : \mathfrak{D}_i|\,|\mathfrak{H}_i : \mathfrak{H}_{i-1}|} = \frac{|\mathfrak{G} : \mathfrak{D}|}{|\mathfrak{G} : \mathfrak{H}_{i-1}|} = n_{i-1}$$

Sylowsysteme von $\mathfrak{G}$ nach $\mathfrak{H}_{i-1}$ reduzierbar.

Jedes der $|\mathfrak{H}_{i-1} : \mathfrak{D}_{i-1}|$ Sylowsysteme von $\mathfrak{H}_{i-1}$ ist nach 15.3 b) die Reduktion von gleichvielen, etwa k_{i-1} Sylowsystemen von $\mathfrak{H}_i$.
Also gilt nach 15.3 c)

$$k_{i-1}\,|\mathfrak{H}_{i-1} : \mathfrak{D}_{i-1}| = \frac{|\mathfrak{H}_i : \mathfrak{D}_i|}{|\mathfrak{H}_i : \mathfrak{H}_{i-1}|}\,.$$

Das ergibt $k_{i-1} = |\mathfrak{D}_{i-1}| : |\mathfrak{D}_i|$. Daher ist jedes Sylowsystem von $\mathfrak{H}_{i-1}$ die Reduktion von genau

$$k_{i-1}\, m_i = \frac{|\mathfrak{G} : \mathfrak{D}|}{|\mathfrak{G} : \mathfrak{D}_{i-1}|} = m_{i-1}$$

Sylowsystemen von $\mathfrak{G}$.

b) Sei

$$\mathfrak{H} = \mathfrak{H}_0 < \mathfrak{H}_1 < \cdots < \mathfrak{H}_k = \mathfrak{G}$$

(nötigenfalls nach Wechsel der Bezeichnung) die Reihe der in a) betrachteten Gruppen nach Streichung der Wiederholungen. Also ist $\mathfrak{H}_i$ maximal, aber nicht normal in $\mathfrak{H}_{i+1}$. Aus 15.2 entnehmen wir, daß jedes in $\mathfrak{H}$ reduzierbare Sylowsystem von $\mathfrak{G}$ reduzierbar ist in alle $\mathfrak{H}_i$. Sei

$$\mathscr{S} = \{\mathfrak{G}_p \mid p \mid |\mathfrak{G}|\} \quad \text{und} \quad \mathscr{S}_i = \{\mathfrak{G}_p \cap \mathfrak{H}_i \mid p \mid |\mathfrak{H}_i|\}.$$

Nach 11.19 b) gilt $\mathbf{N}_{\mathfrak{H}_i}(\mathscr{S}_i) \leqq \mathbf{N}_{\mathfrak{H}_{i-1}}(\mathscr{S}_{i-1})$. Also folgt $\mathbf{N}(\mathscr{S}) \leqq \mathfrak{H}_0 = \mathfrak{H}$.

Sei $\mathfrak{H} = \bigcup_{j=1}^{s} \mathbf{N}(\mathscr{S})\, H_j$ mit $s = |\mathfrak{H} : \mathbf{N}(\mathscr{S})|$. Dann sind die s Sylowsysteme

$$\mathscr{S}^{H_j} = \{\mathfrak{G}_p^{H_j} \mid p \mid |\mathfrak{G}|\}$$

paarweise verschieden und reduzierbar in $\mathfrak{H}$. Nach a) ist

$$\frac{|\mathfrak{G} : \mathfrak{D}|}{|\mathfrak{G} : \mathfrak{H}|} = |\mathfrak{H} : \mathbf{N}(\mathscr{S})|$$

die Anzahl aller in $\mathfrak{H}$ reduzierbaren Sylowsysteme von $\mathfrak{G}$. Also sind alle in $\mathfrak{H}$ reduzierbaren Sylowsysteme von $\mathfrak{G}$ konjugiert unter $\mathfrak{H}$. **q.e.d.**

15.5 Hilfssatz (ALPERIN [5]). *Sei $\mathfrak{G}$ auflösbar und $\mathfrak{P}$ eine p-Untergruppe von $\mathbf{N}_{\mathfrak{G}}(\mathfrak{G}_{p'})$.*

a) *Dann ist $\mathfrak{G}_{p'} \cap \mathbf{C}_{\mathfrak{G}}(\mathfrak{P})$ ein p-Komplement von $\mathbf{C}_{\mathfrak{G}}(\mathfrak{P})$.*

b) *Ist $\mathfrak{P} \leqq \mathbf{C}_{\mathfrak{G}}(\mathfrak{H})$ und $p \nmid |\mathfrak{H}|$, so gibt es ein p-Komplement $\mathfrak{G}_{p'}^*$ von $\mathfrak{G}$ mit $\mathfrak{H} \leqq \mathfrak{G}_{p'}^*$ und $\mathfrak{P} \leqq \mathbf{N}_{\mathfrak{G}}(\mathfrak{G}_{p'}^*)$.*

Beweis. a) Wir beweisen die Behauptung durch Induktion nach $|\mathfrak{G}|$. Sei $\mathfrak{N}$ ein minimaler Normalteiler von $\mathfrak{G}$ und $|\mathfrak{N}| = q^n$.

Fall 1: Sei $p \neq q$. Vermöge der Induktionsannahme ist

$$\mathfrak{G}_{p'}/\mathfrak{N} \cap \mathbf{C}_{\mathfrak{G}/\mathfrak{N}}(\mathfrak{P}\mathfrak{N}/\mathfrak{N}) = \mathfrak{T}/\mathfrak{N}$$

ein p-Komplement von $\mathbf{C}_{\mathfrak{G}/\mathfrak{N}}(\mathfrak{P}\mathfrak{N}/\mathfrak{N}) = \mathbf{C}_{\mathfrak{G}}(\mathfrak{P}\mathfrak{N}/\mathfrak{N})/\mathfrak{N}$. Also ist $\mathfrak{T}$ ein p-Komplement von $\mathbf{C}_{\mathfrak{G}}(\mathfrak{P}\mathfrak{N}/\mathfrak{N})$.

Wir zeigen zuerst, daß $\mathfrak{T} = \mathbf{C}_{\mathfrak{T}}(\mathfrak{P})\,\mathfrak{N}$ gilt:

Sei $T \in \mathfrak{T}$. Dann ist $\mathfrak{P}^T$ eine p-Sylowgruppe von $\mathfrak{P}\mathfrak{N}$. Also gilt $\mathfrak{P}^T = \mathfrak{P}^N$ für ein geeignetes N aus $\mathfrak{N}$. Daher folgt

$$X = TN^{-1} \in \mathbf{N}_{\mathfrak{G}}(\mathfrak{P}) \cap \mathfrak{T}.$$

Wegen $X \in \mathfrak{C}_{\mathfrak{G}}(\mathfrak{P}\mathfrak{N}/\mathfrak{N}) \cap \mathbf{N}_{\mathfrak{G}}(\mathfrak{P})$ und $(|\mathfrak{N}|, |\mathfrak{P}|) = 1$ ist für alle P aus $\mathfrak{P}$ nun

$$[X, P] \in \mathfrak{P} \cap \mathfrak{N} = \mathfrak{E}.$$

Also folgt $X \in \mathfrak{C}_{\mathfrak{T}}(\mathfrak{P})$ und $T \in \mathfrak{C}_{\mathfrak{T}}(\mathfrak{P})\,\mathfrak{N}$.

Sei nun $\mathfrak{K}$ ein p-Komplement von $\mathfrak{C}_{\mathfrak{G}}(\mathfrak{P})$. Nach **1.7** gibt es dann ein Y aus $\mathfrak{C}_{\mathfrak{G}}(\mathfrak{P})$ mit $\mathfrak{C}_{\mathfrak{T}}(\mathfrak{P})^Y \leqq \mathfrak{K}$. Also ist

$$\mathfrak{T}^Y = \mathfrak{C}_{\mathfrak{T}}(\mathfrak{P})^Y \mathfrak{N} \leqq \mathfrak{K}\mathfrak{N}.$$

Da $\mathfrak{T}^Y$ ein p-Komplement von $\mathfrak{C}_{\mathfrak{G}}(\mathfrak{P}\mathfrak{N}/\mathfrak{N})$ und $\mathfrak{K}\mathfrak{N}$ eine Untergruppe von $\mathfrak{C}_{\mathfrak{G}}(\mathfrak{P}\mathfrak{N}/\mathfrak{N})$ mit zu p teilerfremder Ordnung ist, folgt $\mathfrak{T}^Y = \mathfrak{K}\mathfrak{N}$. Wegen $Y \in \mathfrak{C}_{\mathfrak{G}}(\mathfrak{P})$ ergibt das $\mathfrak{K}^{Y^{-1}} \leqq \mathfrak{T}$, wobei $\mathfrak{K}^{Y^{-1}}$ ein p-Komplement von $\mathfrak{C}_{\mathfrak{G}}(\mathfrak{P})^{Y^{-1}} = \mathfrak{C}_{\mathfrak{G}}(\mathfrak{P})$ ist. Also haben wir

$$\mathfrak{K}^{Y^{-1}} \leqq \mathfrak{T} \leqq \mathfrak{G}_{p'},$$

und $\mathfrak{K}^{Y^{-1}} = \mathfrak{G}_{p'} \cap \mathfrak{C}_{\mathfrak{G}}(\mathfrak{P})$ ist ein p-Komplement von $\mathfrak{C}_{\mathfrak{G}}(\mathfrak{P})$.

Fall 2: Sei $|\mathfrak{N}| = p^n$. Nach unserer Induktionsannahme ist

$$\mathfrak{G}_{p'}\mathfrak{N}/\mathfrak{N} \cap \mathfrak{C}_{\mathfrak{G}/\mathfrak{N}}(\mathfrak{P}\mathfrak{N}/\mathfrak{N}) = \mathfrak{T}\mathfrak{N}/\mathfrak{N}$$

mit $\mathfrak{T} = \mathfrak{G}_{p'} \cap \mathfrak{C}_{\mathfrak{G}}(\mathfrak{P}\mathfrak{N}/\mathfrak{N})$ ein p-Komplement von $\mathfrak{C}_{\mathfrak{G}/\mathfrak{N}}(\mathfrak{P}\mathfrak{N}/\mathfrak{N}) = \mathfrak{C}_{\mathfrak{G}}(\mathfrak{P}\mathfrak{N}/\mathfrak{N})/\mathfrak{N}$. Wegen $|\mathfrak{N}| = p^n$ ist dann $\mathfrak{T}$ ein p-Komplement von $\mathfrak{C}_{\mathfrak{G}}(\mathfrak{P}\mathfrak{N}/\mathfrak{N})$. Wegen $\mathfrak{P} \leqq \mathbf{N}_{\mathfrak{G}}(\mathfrak{G}_{p'})$ wird $\mathfrak{T} = \mathfrak{G}_{p'} \cap \mathfrak{C}_{\mathfrak{G}}(\mathfrak{P}\mathfrak{N}/\mathfrak{N})$ von $\mathfrak{P}$ normalisiert. Es folgt

$$[\mathfrak{P}, \mathfrak{T}] \leqq \mathfrak{N} \cap \mathfrak{T} = \mathfrak{E}.$$

Also ist $\mathfrak{T} \leqq \mathfrak{C}_{\mathfrak{G}}(\mathfrak{P}) \cap \mathfrak{G}_{p'}$. Da $\mathfrak{T}$ sogar ein p-Komplement von $\mathfrak{C}_{\mathfrak{G}}(\mathfrak{P}\mathfrak{N}/\mathfrak{N})$ ist, ist $\mathfrak{T}$ erst recht ein p-Komplement von $\mathfrak{C}_{\mathfrak{G}}(\mathfrak{P})$, also $\mathfrak{T} = \mathfrak{C}_{\mathfrak{G}}(\mathfrak{P}) \cap \mathfrak{G}_{p'}$.

b) Offenbar können wir annehmen, daß $\mathfrak{H}$ ein p-Komplement von $\mathfrak{C}_{\mathfrak{G}}(\mathfrak{P})$ ist. Nach a) ist $\mathfrak{C}_{\mathfrak{G}}(\mathfrak{P}) \cap \mathfrak{G}_{p'}$ ein p-Komplement von $\mathfrak{C}_{\mathfrak{G}}(\mathfrak{P})$. Nach **1.7** gibt es dann ein X aus $\mathfrak{C}_{\mathfrak{G}}(\mathfrak{P})$ mit

$$\mathfrak{H} = (\mathfrak{C}_{\mathfrak{G}}(\mathfrak{P}) \cap \mathfrak{G}_{p'})^X = \mathfrak{C}_{\mathfrak{G}}(\mathfrak{P}) \cap \mathfrak{G}_{p'}^X.$$

Setzen wir $\mathfrak{G}_{p'}^X = \mathfrak{G}_{p'}^*$, so ist wegen $\mathfrak{P} = \mathfrak{P}^X \leqq \mathbf{N}_{\mathfrak{G}}(\mathfrak{G}_{p'}^X)$ die Behauptung erfüllt. **q.e.d.**

15.6 Satz (Alperin [5]). *Sei $\mathfrak{G}$ auflösbar.*

a) *Sei $\mathfrak{D}$ ein Systemnormalisator und $\mathfrak{C}$ eine Cartergruppe von $\mathfrak{G}$. Genau dann gilt $\mathfrak{D} \leqq \mathfrak{C}$, wenn es ein in $\mathfrak{C}$ reduzierbares Sylowsystem $\mathscr{S}$ von $\mathfrak{G}$ mit $\mathbf{N}(\mathscr{S}) = \mathfrak{D}$ gibt.*

b) *Sind $\mathfrak{D}_1$ und $\mathfrak{D}_2$ Systemnormalisatoren von $\mathfrak{G}$, welche beide in der Cartergruppe $\mathfrak{C}$ von $\mathfrak{G}$ liegen, so sind $\mathfrak{D}_1$ und $\mathfrak{D}_2$ schon in $\mathfrak{C}$ konjugiert.*

Beweis. a) Ist das Sylowsystem $\mathscr{S}$ von $\mathfrak{G}$ in $\mathfrak{C}$ reduzierbar, so gilt $\mathbf{N}(\mathscr{S}) \leqq \mathfrak{C}$ nach 12.8.

Sei nun $\mathfrak{D}$ ein Systemnormalisator von $\mathfrak{G}$ mit $\mathfrak{D} \leqq \mathfrak{C}$. Wegen $\mathfrak{D}_p \leqq \mathbf{C}_{\mathfrak{G}}(\mathfrak{C}_{p'})$ gibt es nach 15.5 b) ein p-Komplement $\mathfrak{G}_{p'}$ von $\mathfrak{G}$ mit $\mathfrak{C}_{p'} \leqq \mathfrak{G}_{p'}$ und $\mathfrak{D}_p \leqq \mathbf{N}_{\mathfrak{G}}(\mathfrak{G}_{p'})$. Aus $\mathfrak{D}_{p'} \leqq \mathfrak{C}_{p'} \leqq \mathfrak{G}_{p'}$ folgt trivialerweise $\mathfrak{D}_{p'} \leqq \mathbf{N}_{\mathfrak{G}}(\mathfrak{G}_{p'})$. Daher ist

$$\mathscr{K} = \{\mathfrak{G}_{p'} \mid p \mid |\mathfrak{G}|\}$$

ein in $\mathfrak{C}$ reduzierbares Komplementsystem von $\mathfrak{G}$ mit $\mathfrak{D} \leqq \mathbf{N}(\mathscr{K})$, also mit $\mathfrak{D} = \mathbf{N}(\mathscr{K})$.

b) Seien $\mathfrak{D}_1$ und $\mathfrak{D}_2$ Systemnormalisatoren mit $\mathfrak{D}_i \leqq \mathfrak{C}$ $(i = 1, 2)$. Nach a) gibt es in $\mathfrak{C}$ reduzierbare Sylowsysteme $\mathscr{S}_1$ und $\mathscr{S}_2$ von $\mathfrak{G}$ mit $\mathfrak{D}_i = \mathbf{N}(\mathscr{S}_i)$. Da $\mathfrak{C}$ nach 12.2 abnormal ist in $\mathfrak{G}$, sind dann nach 15.4 b) $\mathscr{S}_1$ und $\mathscr{S}_2$ konjugiert mit einem Element C aus $\mathfrak{C}$. Also folgt

$$\mathfrak{D}_1 = \mathbf{N}(\mathscr{S}_1) = \mathbf{N}(\mathscr{S}_2^C) = \mathbf{N}(\mathscr{S}_2)^C = \mathfrak{D}_2^C\,. \qquad \textbf{q.e.d.}$$

15.7 Satz. *Sei $\mathfrak{G}$ auflösbar und $\mathscr{S}$ ein Sylowsystem von $\mathfrak{G}$ mit $\mathfrak{D} = \mathbf{N}(\mathscr{S})$. Dann gilt:*

a) (P. Hall) $\mathfrak{D} \leqq \mathbf{Z}_\infty(\mathbf{N}_{\mathfrak{G}}(\mathfrak{D}))$.

b) (Alperin) *$\mathscr{S}$ ist reduzierbar in* $\mathbf{N}_{\mathfrak{G}}(\mathfrak{D})$.

Beweis. a) Sei

$$\mathfrak{E} = \mathfrak{G}_0 \lhd \mathfrak{G}_1 \lhd \cdots \lhd \mathfrak{G}_s = \mathfrak{G}$$

eine Hauptreihe von $\mathfrak{G}$. Wir setzen $\mathfrak{D}_i = \mathfrak{D} \cap \mathfrak{G}_i$.

Ist $\mathfrak{G}_{i+1}/\mathfrak{G}_i$ zentral, so gilt

$$[\mathfrak{D}_{i+1}, \mathbf{N}_{\mathfrak{G}}(\mathfrak{D})] \leqq \mathfrak{D} \cap [\mathfrak{G}_{i+1}, \mathfrak{G}] \leqq \mathfrak{D} \cap \mathfrak{G}_i = \mathfrak{D}_i\,.$$

Ist jedoch $\mathfrak{G}_{i+1}/\mathfrak{G}_i$ exzentrisch, so wird $\mathfrak{G}_{i+1}/\mathfrak{G}_i$ nach 11.10 von $\mathfrak{D}$ gemieden, und wir haben $\mathfrak{D}_{i+1} = \mathfrak{D}_i$.

Also sind alle $\mathfrak{D}_{i+1}/\mathfrak{D}_i$ zentral unter $\mathbf{N}_{\mathfrak{G}}(\mathfrak{D})$, und es folgt

$$\mathfrak{D} \leqq \mathbf{Z}_\infty(\mathbf{N}_{\mathfrak{G}}(\mathfrak{D}))\,.$$

b) Sei $\mathscr{K} = \{\mathfrak{G}_{p'} \mid p \mid |\mathfrak{G}|\}$ ein Komplementsystem von $\mathfrak{G}$, sei $\mathfrak{D} = \mathbf{N}(\mathscr{K})$ und $\mathfrak{N} = \mathbf{N}_{\mathfrak{G}}(\mathfrak{D})$. Sei $\mathfrak{N}_{p'}$ ein p-Komplement von $\mathfrak{N}$. Wegen $\mathfrak{D}_p \trianglelefteq \mathbf{N}_{\mathfrak{G}}(\mathfrak{D}) = \mathfrak{N}$ und

$$\mathfrak{D}_p \leqq \mathfrak{D}_p \mathfrak{N}_{p'} \cap \mathbf{Z}_\infty(\mathfrak{N}) \leqq \mathbf{Z}_\infty(\mathfrak{D}_p \mathfrak{N}_{p'})$$

gilt nach 12.9 b) $\mathfrak{D}_p \mathfrak{N}_{p'} = \mathfrak{D}_p \times \mathfrak{N}_{p'}$. Nach 15.5 b) gibt es daher ein p-Komplement $\mathfrak{G}_{p'}^*$ von $\mathfrak{G}$ mit $\mathfrak{D}_p \leqq \mathbf{N}_{\mathfrak{G}}(\mathfrak{G}_{p'}^*)$ und $\mathfrak{N}_{p'} \leqq \mathfrak{G}_{p'}^*$. Wegen $\mathfrak{D}_{p'} \trianglelefteq \mathfrak{N}$ ist $\mathfrak{D}_{p'} \leqq \mathfrak{N}_{p'} \leqq \mathfrak{G}_{p'}^*$, und daraus folgt $\mathfrak{D} \leqq \mathbf{N}_{\mathfrak{G}}(\mathfrak{G}_{p'}^*)$. Sei

$$\mathscr{K}^* = \{\mathfrak{G}_{p'}^* \mid p \mid |\mathfrak{G}|\}\,.$$

Dann ist $\mathfrak{D} = \mathbf{N}(\mathscr{K}) = \mathbf{N}(\mathscr{K}^*)$. Nach 2.4 gibt es ein X aus $\mathfrak{G}$ mit $\mathfrak{G}_{p'}^X = \mathfrak{G}_{p'}^*$ für alle p. Somit ist

$$\mathfrak{D} = \mathbf{N}(\mathscr{K}^*) = \mathbf{N}(\mathscr{K}^X) = \mathbf{N}(\mathscr{K})^X = \mathfrak{D}^X,$$

also $X \in \mathbf{N}_{\mathfrak{G}}(\mathfrak{D})$. Es folgt

$$\mathfrak{G}_{p'} \cap \mathbf{N}_{\mathfrak{G}}(\mathfrak{D}) = \mathfrak{G}_{p'}^{*X^{-1}} \cap \mathbf{N}_{\mathfrak{G}}(\mathfrak{D}) = (\mathfrak{G}_{p'}^* \cap \mathbf{N}_{\mathfrak{G}}(\mathfrak{D}))^{X^{-1}} = \mathfrak{N}_{p'}^{X^{-1}},$$

und dies ist ein p-Komplement von $\mathbf{N}_{\mathfrak{G}}(\mathfrak{D})$. Somit ist das Komplementsystem $\mathscr{K}$ reduzierbar in $\mathbf{N}_{\mathfrak{G}}(\mathfrak{D})$. Dann ist auch das zu $\mathscr{K}$ gehörende Sylowsystem reduzierbar in $\mathbf{N}_{\mathfrak{G}}(\mathfrak{D})$. **q.e.d.**

15.8 Satz (ALPERIN [5]). *Sei $\mathfrak{G}$ auflösbar, $\mathfrak{D}$ ein Systemnormalisator und $\mathfrak{C}$ eine Cartergruppe von $\mathfrak{G}$ mit $\mathfrak{D} \leqq \mathfrak{C}$. Dann gilt:*

a) $|\mathfrak{C} : \mathbf{N}_{\mathfrak{G}}(\mathfrak{D}) \cap \mathfrak{C}|$ *ist die Anzahl der in $\mathfrak{C}$ liegenden Systemnormalisatoren von $\mathfrak{G}$.*

b) $|\mathbf{N}_{\mathfrak{G}}(\mathfrak{D}) : \mathbf{N}_{\mathfrak{G}}(\mathfrak{D}) \cap \mathfrak{C}|$ *ist die Anzahl der Cartergruppen von $\mathfrak{G}$, welche einen gegebenen Systemnormalisator enthalten.*

c) $|\mathbf{N}_{\mathfrak{C}}(\mathfrak{D}) : \mathfrak{D}|$ *ist die Anzahl der in $\mathfrak{C}$ reduzierbaren Sylowsysteme von $\mathfrak{G}$, welche von $\mathfrak{D}$ normalisiert werden.*

Beweis. a) Dies folgt sofort aus 15.6 b), da alle in $\mathfrak{C}$ liegenden Systemnormalisatoren von $\mathfrak{G}$ bereits in $\mathfrak{C}$ konjugiert sind.

b) Sei $\mathfrak{D} \leqq \mathfrak{C} \cap \mathfrak{C}^X$ mit $X \in \mathfrak{G}$. Dann haben wir $\mathfrak{D}^{X^{-1}} \leqq \mathfrak{C}$. Nach 15.6 b) gibt es ein C aus $\mathfrak{C}$ mit $\mathfrak{D}^{X^{-1}} = \mathfrak{D}^C$. Daher folgt $CX \in \mathbf{N}_{\mathfrak{G}}(\mathfrak{D})$, also $X \in \mathfrak{C}\,\mathbf{N}_{\mathfrak{G}}(\mathfrak{D})$. Umgekehrt ist klar, daß $X \in \mathfrak{C}\,\mathbf{N}_{\mathfrak{G}}(\mathfrak{D})$ und $\mathfrak{D} \leqq \mathfrak{C}$ auch $\mathfrak{D} \leqq \mathfrak{C}^X$ nach sich zieht. Also ist

$$|\mathfrak{C}\,\mathbf{N}_{\mathfrak{G}}(\mathfrak{D}) : \mathfrak{C}| = |\mathbf{N}_{\mathfrak{G}}(\mathfrak{D}) : \mathfrak{C} \cap \mathbf{N}_{\mathfrak{G}}(\mathfrak{D})|$$

die Anzahl der $\mathfrak{C}^X$ mit $\mathfrak{D} \leqq \mathfrak{C}^X$.

c) Sei $\mathscr{S}$ ein in $\mathfrak{C}$ reduzierbares Sylowsystem von $\mathfrak{G}$ mit $\mathfrak{D} = \mathbf{N}(\mathscr{S})$. Sei $\mathscr{S}^X$ reduzierbar in $\mathfrak{C}$ und $\mathbf{N}(\mathscr{S}^X) = \mathfrak{D}^X = \mathfrak{D}$. Nach 15.4 b) gibt es dann wegen der Abnormalität von $\mathfrak{C}$ ein C aus $\mathfrak{C}$ mit $\mathscr{S}^X = \mathscr{S}^C$. Es folgt

$$\mathfrak{D} = \mathbf{N}(\mathscr{S})^X = \mathbf{N}(\mathscr{S})^C = \mathfrak{D}^C.$$

Also ist $C \in \mathbf{N}_{\mathfrak{C}}(\mathfrak{D})$, und das beweist die Behauptung. **q.e.d.**

15.9 Satz (ALPERIN [5]). *Sei $\mathfrak{G}$ auflösbar. Zu jedem Sylowsystem $\mathscr{S}$ von $\mathfrak{G}$ gibt es genau eine Cartergruppe von $\mathfrak{G}$, in welche $\mathscr{S}$ reduzierbar ist.*

Beweis. Da alle Sylowsysteme von $\mathfrak{G}$ konjugiert sind, ist jedes $\mathscr{S}$ in mindestens eine Cartergruppe reduzierbar. Ist $\mathscr{S}$ reduzierbar in $\mathfrak{C}$, so gilt $\mathbf{N}(\mathscr{S}) \leqq \mathfrak{C}$ nach 12.8.

Sei n die Anzahl der Paare $(\mathscr{S}, \mathfrak{C})$ mit einem in die Cartergruppe $\mathfrak{C}$ reduzierbaren Sylowsystem $\mathscr{S}$ von $\mathfrak{G}$. Sei k die Anzahl der $\mathfrak{C}$, in welche ein gegebenes $\mathscr{S}$ reduzierbar ist. Da $|\mathfrak{G} : \mathfrak{D}|$ die Anzahl der Sylowsysteme von $\mathfrak{G}$ ist, haben wir $n = |\mathfrak{G} : \mathfrak{D}|\, k$. Andererseits gilt $n = n_1 n_2 n_3$ mit

$n_1 =$ Anzahl der Systemnormalisatoren $= |\mathfrak{G} : \mathbf{N}_{\mathfrak{G}}(\mathfrak{D})|$,

$n_2 =$ Anzahl der Cartergruppen $\mathfrak{C}$ mit $\mathfrak{D} \leq \mathfrak{C}$
$= |\mathbf{N}_{\mathfrak{G}}(\mathfrak{D}) : \mathbf{N}_{\mathfrak{G}}(\mathfrak{D}) \cap \mathfrak{C}|$ (nach 15.8 b)),

$n_3 =$ Anzahl der Sylowsysteme $\mathscr{S}$ mit $\mathscr{S}$ reduzierbar in $\mathfrak{C}$ und $\mathfrak{D} = \mathbf{N}(\mathscr{S})$
$= |\mathbf{N}_{\mathfrak{G}}(\mathfrak{D}) \cap \mathfrak{C} : \mathfrak{D}|$ (nach 15.8 c)).

Also folgt insgesamt

$$|\mathfrak{G} : \mathfrak{D}|\, k = n = n_1 n_2 n_3 = |\mathfrak{G} : \mathfrak{D}|$$

und daher $k = 1$. Somit ist jedes Sylowsystem von $\mathfrak{G}$ in genau eine Cartergruppe von $\mathfrak{G}$ reduzierbar. **q.e.d.**

Literaturbemerkungen zu Kapitel VI

§ 1: Aufgabe 1 folgt dem ursprünglichen Beweis von 1.8 aus P. HALL [1].

§ 2: Der wiedergegebene, gegenüber P. HALL [6] erheblich vereinfachte Beweis von 2.4 stammt aus einer Vorlesung von H. Wielandt.

§ 11: Die Theorie der Systemnormalisatoren wurde in P. HALL [7] entwickelt. Die wiedergegebenen Beweise folgen stellenweise einer Vorlesung von H. Wielandt und BAER [11]. Den gegenüber P. HALL [7] erheblich vereinfachten Beweis von 11.21 b) hat mir R. Carter mitgeteilt.

§ 12: 12.5—12.7 folgen einer unveröffentlichten Dissertation von F. Erber (Tübingen 1965).

§ 13: Dieser Paragraph gibt die wichtigsten Ergebnisse von CARTER [1] wieder. 13.7 verdanke ich einer mündlichen Mitteilung von Alperin.

§ 14: Die wiedergegebene Theorie der A-Gruppen folgt, mit einigen Vereinfachungen, bis 14.7 TAUNT [1].

Literaturverzeichnis

Bücher und Vorlesungsausarbeitungen werden durch * hervorgehoben

ALPERIN, J. L.: [1] Automorphisms of solvable groups. Proc. Am. Math. Soc. 13, 175—180 (1962).

— [2] A p-group counter example. Math. Z. **78**, 141—142 (1962).

— [3] On a special class of regular groups. Trans. Am. Math. Soc. **106**, 77—99 (1963).

— [4] Centralizers of abelian normal subgroups of p-groups. J. Algebra **1**, 110—113 (1964).

— [5] System normalizers and Carter subgroups. J. Algebra **1**, 355—366 (1964).

— [6] Normalizers of system normalizers. Trans. Am. Math. Soc. **113**, 181—188 (1964).

— [7] Large abelian subgroups of p-groups. Trans. Am. Math. Soc. **117**, 10—20 (1965).

— [8] Sylow intersections and fusion. J. Algebra **6**, 222—241 (1967).

— [9] The construction and characterization of some classes of finite groups. Arch. Math. **18**, 349—354 (1967)

ALPERIN, J. L., and D. GORENSTEIN: [1] The multiplicators of certain simple groups. Proc. Am. Math. Soc. **17**, 515—519 (1966).

— [2] Transfer and fusion in finite groups. J. Algebra **6**, 242—255 (1967).

ALPERIN, J. L., and KUO TZEE-NAN: [1] The exponent and the projective representations of a finite group. Illinois J. Math. **11**, 410—414 (1967).

ARTIN, E.: [1] The orders of the linear groups. Comm. Pure Appl. Math. **8**, 355—366 (1955).

— [2] The orders of the classical simple groups. Comm. Pure Appl. Math. **8**, 455—472 (1955).

— *[3] Geometric algebra. New York: Interscience Publishers, Inc. 1957.

BAER, R.: [1] Nilpotent groups and their generalizations. Trans. Am. Math. Soc. **47**, 393—434 (1940).

— [2] Nilpotent characteristic subgroups of finite groups. Am. J. Math. **75**, 633—664 (1953).

— [3] Group elements of prime power index. Trans. Am. Math. Soc. **75**, 20—47 (1953).

— [4] Engelsche Elemente noetherscher Gruppen. Math. Ann. **133**, 256—270 (1957).

— [5] Classes of finite groups and their properties. Illinois J. Math. **1**, 115—187 (1957).

— [6] Closure and dispersion of finite groups. Illinois J. Math. **2**, 619—640 (1958).

— [7] Verstreute Untergruppen endlicher Gruppen. Arch. Math. **9**, 7—17 (1958).

— [8] Sylowturmgruppen. Math. Z. **69**, 239—246 (1958).

— [9] Kriterien für die Abgeschlossenheit endlicher Gruppen. Math. Z. **71**, 325—334 (1959).

— [10] Supersoluble immersion. Can. J. Math. **11**, 353—369 (1959).

— [11] The normalizer of a Sylowrepresentation of a finite group. J. Indian Math. Soc. **24**, 131—156 (1960).

— [12] Die Existenz Hallscher Normalteiler. Arch. Math. **11**, 77—87 (1960).

BAER, R.: [13] Partitionen endlicher Gruppen. Math. Z. **75**, 333—372 (1961).
— [14] Einfache Partitionen nicht einfacher Gruppen. Math. Z. **77**, 1—37 (1961).
— [15] Einfache Partitionen endlicher Gruppen mit nichttrivialer Fittingscher Untergruppe. Arch. Math. **12**, 81—89 (1961).
— [16] Sylowturmgruppen II. Math. Z. **92**, 256—268 (1966).
BAUMAN, S. F.: [1] The Klein group as an automorphism group without fixed points. Pacific J. Math. **18**, 9—13 (1966).
BERCOV, R. P.: [1] The double transitivity of a class of permutation groups. Can. J. Math. **17**, 480—493 (1965).
BIRKHOFF, G., and P. HALL: [1] On the order of groups of automorphisms. Trans. Am. Math. Soc. **39**, 496—499 (1936).
BLACKBURN, N.: [1] On prime-power groups in which the derived group has two generators. Proc. Cambridge Phil. Soc. **53**, 19—27 (1957).
— [2] On prime power groups with two generators. Proc. Cambridge Phil. Soc. **54**, 327—337 (1958).
— [3] On a special class of p-groups. Acta Math. **100**, 45—92 (1958).
— [4] Über das Produkt von zwei zyklischen 2-Gruppen. Math. Z. **68**, 422—427 (1958).
— [5] Generalizations of certain elementary theorems on p-groups. Proc. London Math. Soc. **11**, 1—22 (1961).
— [6] Automorphisms of finite p-groups. J. Algebra **3**, 28—29 (1966).
— [7] Finite groups in which the nonnormal subgroups have nontrivial intersection. J. Algebra **3**, 30—37 (1966).
BLICHFELDT, H. F., L. E. DICKSON, and G. A. MILLER: *[1] Theory and applications of finite groups. New York: Stechert & Co. 1938.
BOURBAKI, N.: *[1] Algèbre, chap. 8: Modules et anneaux semi-simples. Paris 1958.
— *[2] Algèbre, chap. 9: Formes sesquilinéaires et formes quadratiques. Paris 1959.
BRANDIS, A.: [1] Ein gruppentheoretischer Beweis für die Kommutativität endlicher Divisionsringe. Abhandl. Math. Seminar Univ. Hamburg **26**, 234—236 (1964).
BRAUER, R.: [1] Über die Darstellungen von Gruppen in Galoisschen Feldern. Act. Sci. Industr. No. **195**, Paris 1935.
— [2] On groups whose order contains a prime number to the first power I. Am. J. Math. **64**, 401—420 (1942).
— [3] Dto II. Am. J. Math. **64**, 421—440 (1942).
— [4] On permutation groups of prime degree and related classes of groups. Ann. Math. **44**, 57—79 (1943).
— [5] On blocks of characters of groups of finite order I. Proc. Nat. Acad. Sci. US **32**, 182—186 (1946).
— [6] Dto. II. Proc. Nat. Acad. Sci. US **32**, 215—219 (1946).
— [7] Applications of induced characters. Am. J. Math. **69**, 709—716 (1947).
— [8] Zur Darstellungstheorie der Gruppen von endlicher Ordnung I. Math. Z. **63**, 406—444 (1956).
— [9] Dto II. Math. Z. **72**, 25—46 (1959).
— [10] On groups of even order with an abelian 2-Sylow subgroup. Arch. Math. **13**, 55—60 (1962).
— [11] On quotient groups of finite groups. Math. Z. **83**, 72—84 (1964).
— [12] Some applications of the theory of blocks of characters of finite groups I. J. Algebra **1**, 152—167 (1964).
— [13] Dto II. J. Algebra **1**, 307—334 (1964).
— [14] A note on theorems of Burnside and Blichfeldt. Proc. Am. Math. Soc. **15**, 31—34 (1964).

BRAUER, R.: [15] Some applications of the theory of blocks of characters of finite groups III. J. Algebra **3**, 225—255 (1966).
— [16] Über endliche lineare Gruppen von Primzahlgrad. Math. Ann. **169**, 73—96 (1967).
— [17] Some results on finite groups whose order contains a prime to the first power. Erscheint in Nagoya Math. J.
BRAUER, R., and W. FEIT: [1] On the number of the irreducible characters of finite groups in given blocks. Proc. Nat. Acad. Sci. US **45**, 361—365 (1959).
— [2] An analogue of Jordan's theorem in characteristic p. Ann. Math. **84**, 119—131 (1966).
BRAUER, R., and P. FONG: [1] A characterization of the Mathieu group $\mathfrak{M}_{12}$. Trans. Am. Math. Soc. **122**, 18—47 (1966).
BRAUER, R., and K. A. FOWLER: [1] Groups of even order. Ann. Math. **62**, 565—583 (1955).
BRAUER, R., and H. S. LEONARD: [1] On finite groups with an abelian Sylow group. Can. J. Math. **14**, 436—450 (1962).
BRAUER, R., and C. NESBITT: [1] On modular characters of groups. Ann. Math. **42**, 556—590 (1941).
BRAUER, R., and W. E. REYNOLDS: [1] On a problem of Artin. Ann. Math. **68**, 713—720 (1958).
BRAUER, R., and M. SUZUKI: [1] On finite groups of even order whose 2-Sylow group is a generalized quaternion group. Proc. Nat. Acad. Sci. US **45**, 1757—1759 (1959).
BRAUER, R., M. SUZUKI, and G. E. WALL: [1] A characterization of the one-dimensional unimodular projective groups over finite fields. Illinois J. Math. **2**, 718—745 (1958).
BRAUER, R., and J. TATE: [1] On the characters of finite groups. Ann. Math. **62**, 1—7 (1955).
BRODKEY, J. S.: [1] A note on finite groups with an abelian Sylow group. Proc. Am. Math. Soc. **14**, 132—133 (1963).
BURGOYNE, N., and P. FONG: [1] The Schur multipliers of the Mathieu groups. Nagoya Math. J. **27**, 733—745 (1966).
BURNSIDE, W.: [1] On some properties of groups of odd order I. Proc. London Math. Soc. **33**, 162—185 (1901).
— [2] Dto II. Proc. London Math. Soc. **33**, 257—268 (1901).
— [3] On an unsettled question in the theory of discontinuous groups. Quarterly J. Math. **33**, 230—238 (1902).
— [4] On groups which admit certain automorphisms. Messenger Math. **33**, 124—126 (1903).
— [5] On soluble irreducible groups of linear substitutions in a prime number of variables. Acta Math. **27**, 217—224 (1903).
— [6] On groups of order $p^a q^b$. Proc. London Math. Soc. **2**, 388—392 (1904).
— [7] Dto II. Proc. London Math. Soc. **2**, 432—437 (1904).
— *[8] Theory of groups of finite order. Cambridge 1911; Nachdruck Dover Publ. 1955.
— [9] On some properties of groups whose orders are powers of primes I. Proc. London Math. Soc. **11**, 225—245 (1912).
— [10] Dto II. Proc. London Math. Soc. **13**, 6—12 (1913).
CARMICHAEL, R. D.: *[1] Groups of finite order. Boston: Ginn & Co 1937.
CARTER, R. W.: [1] On a class of finite soluble groups. Proc. London Math. Soc. **9**, 623—640 (1959).

CARTER, R. W.: [2] Splitting properties of soluble groups. J. London Math. Soc. **36**, 89–94 (1961).
— [3] Nilpotent self-normalizing subgroups of soluble groups. Math. Z. **75**, 136–139 (1961).
— [4] Normal complements of nilpotent self-normalizing subgroups. Math. Z. **78**, 149–150 (1962).
— [5] Nilpotent self-normalizing subgroups and system normalizers. Proc. London Math. Soc. **12**, 535–563 (1962).
— [6] Simple groups and simple Lie-algebras. J. London Math. Soc. **40**, 193–240 (1965).
CARTER, R. W., B. FISCHER, and T. O. HAWKES: [1] Extreme classes of finite soluble groups. Erscheint in J. Algebra.
CARTER, R. W., and P. FONG: [1] The Sylow 2-subgroups of the finite classical groups. J. Algebra **1**, 139–151 (1964).
CARTER, R. W., and T. O. HAWKES: [1] The $\mathcal{F}$-normalizers of a finite soluble group. J. Algebra **5**, 175–202 (1967).
CHEVALLEY, C.: [1] Sur certains groupes simples. Tohoku Math. J. **7**, 14–66 (1955).
CLIFFORD, A. H.: [1] Representations induced in an invariant subgroup. Ann. Math. **38**, 533–550 (1937).
CONLON, S. B.: [1] Twisted group algebras and their representations I. J. Australian Math. Soc. **4**, 152–173 (1964).
— [2] Dto II. J. Australian Math. Soc. **5**, 83–99 (1965).
COXETER, H., and W. MOSER: *[1] Generators and relations for discrete groups. Ergeb. Math. 14, 2. edit. Berlin: Springer 1964.
ČUNIHIN, S. A.: [1] On theorems of Sylow's type. Doklady Akad. Nauk. SSSR **66**, 165–168 (1949).
— *[2] Untergruppen endlicher Gruppen. Minsk 1964.
CURTIS, C. W., and I. REINER: *[1] Representation theory of finite groups and associative algebras. New York: Interscience Publishers 1962.
DADE, E. C.: [1] Lifting group characters. Ann. Math. **79**, 590–596 (1964).
— [2] Group Theory Seminar 1964–65. Calif. Inst. Techn., Pasadena.
— [3] On Brauer's second main theorem. J. Algebra **2**, 299–311 (1965).
— [4] Some p-solvable groups. J. Algebra **2**, 395–401 (1965).
— [5] Blocks with cyclic defect groups. Ann. Math. **84**, 20–48 (1966).
— [6] Products of orders of centralizers. Math. Z. **96**, 223–225 (1967).
DESKINS, W. E.: [1] On maximal subgroups. Proc. of a Symp. in pure Math. of the AMS, Pasadena 1959.
— [2] A condition for the solvability of a finite group. Illinois J. Math. **5**, 306–313 (1961).
DICKSON, L. E.: *[1] Linear groups with an exposition of the Galois field theory. Leipzig: Teubner 1901 (Nachdruck New York: Dover Publ. 1958).
DIEUDONNÉ, J.: *[1] Sur les groupes classiques. Act. Sci. Industr. No. 1040, Paris 1948.
— [2] On the automorphisms of the classical groups. Mem. Am. Math. Soc. **2**, 1–95 (1951).
— [3] Les isomorphismes exceptionnels entre les groupes classiques finis. Can. J. Math. **6**, 305–315 (1954).
— *[4] La géométrie des groupes classiques. Ergeb. Math. **5**, 2. Aufl. Berlin: Springer 1963.
— [5] Pseudo-discriminant and Dickson-invariant. Pacific. J. Math. **5**, 907–910 (1955).

DOERK, K.: [1] Minimal nicht überauflösbare, endliche Gruppen. Math. Z. **91**, 198—205 (1966).
DORNHOFF, L.: [1] M-groups and 2-groups. Math. Z. **100**, 226—256 (1967).
DOUGLAS, J.: [1] On the supersolvability of bicyclic groups. Proc. Nat. Acad. Sci. US **49**, 1493—1495 (1961).
ECKMANN, B.: [1] Cohomology of groups and transfer. Ann. Math. **58**, 481—493 (1953).
ERBER, F.: [1] Verallgemeinerte Kompositionsketten und charakteristische Systeme konjugierter Untergruppen in endlichen auflösbaren Gruppen. Diss. Tübingen 1965.
EVENS, L.: [1] On a theorem of Thompson on fixed points of groups acting on p-groups. Math. Z. **93**, 105—108 (1966).
FEIT, W.: [1] On a class of doubly transitive permutation groups. Illinois J. Math. **4**, 170—186 (1960).
— [2] Group characters, exceptional characters. Summer institute of finite groups, Pasadena 1960.
— [3] A characterization of the simple groups $SL(2,2^e)$. Am. J. Math. **82**, 281—300 (1960). [Correct. Am. J. Math. **84**, 201—204 (1962).]
— [4] Groups which have a faithful representation of degree less than $p-1$. Trans. Am. Math. Soc. **112**, 287—303 (1964).
— *[5] Characters of finite groups. Yale Univ. 1965.
— [6] On finite linear groups. J. Algebra **5**, 378—400 (1967).
FEIT, W., and G. HIGMAN: [1] The nonexistence of certain generalized polygons. J. Algebra **1**, 114—131 (1964).
FEIT, W., M. HALL, and J. G. THOMPSON: [1] Finite groups in which the centralizer of any non-identity element is nilpotent. Math. Z. **74**, 1—17 (1960).
FEIT, W., and J. G. THOMPSON: [1] Groups which have a faithful representation of degree less than $\frac{p-1}{2}$. Pacific J. Math. **11**, 1257—1262 (1961).
— [2] Finite groups which contain a self-centralizing subgroup of order 3. Nagoya Math. J. **21**, 185—197 (1962).
— [3] Solvability of groups of odd order. Pacific J. Math. **13**, 755—1029 (1963).
FISCHER, B.: [1] Ein Auflösbarkeitskriterium für endliche Gruppen. Arch. Math. **17**, 481—484 (1966).
— [2] A characterization of the symmetric groups on 4 and 5 letters. J. Algebra **3**, 88—98 (1966).
— [3] Finite groups admitting a fixed-point-free automorphism of order $2p$. J. Algebra **3**, 99—114 (1966).
— [4] Dto II. J. Algebra **5**, 25—40 (1967).
— [5] Eine Kennzeichnung der symmetrischen Gruppen vom Grade 6 und 7. Math. Z. **95**, 288—298 (1967).
FISCHER, B., W. GASCHÜTZ u. B. HARTLEY: [1] Injektoren endlicher auflösbarer Gruppen. Erscheint in Math. Z.
FITTING, H.: [1] Beiträge zur Theorie der endlichen Gruppen. Jber. Dtsch. Math.-Ver. **48**, 77—141 (1938).
FONG, P.: [1] On the characters of p-solvable groups. Trans. Am. Math. Soc. **98**, 263—284 (1961).
— [2] A note on a theorem of Brauer. Nagoya Math. J. **22**, 1—43 (1963).
— [3] A note on splitting-fields of representations of finite groups. Illinois J. Math. **7**, 515—520 (1963).
FONG, P., and W. GASCHÜTZ: [1] A note on modular representations of solvable groups. J. Math. **208**, 73—78 (1961).
FRAME, J. S., u. O. TAMASCHKE: [1] Über die Ordnungen der Zentralisatoren der Elemente in endlichen Gruppen. Math. Z. **83**, 41—45 (1964).

FRATTINI, G.: [1] Intorno alla generazione dei gruppi di operazioni. Rend. Atti Acad. Lincei (4) **1**, 281—285, 455—457 (1885).

FROBENIUS, G.: [1] Ueber Relationen zwischen den Charakteren einer Gruppe und denen ihrer Untergruppen. Berl. Berichte **1898**, 501—515.

— [2] Ueber die Charaktere der symmetrischen Gruppe. Berliner Ber. **1900**, 516—534.

— [3] Über die Charaktere der alternierenden Gruppe. Berliner Ber. **1901**, 303—315.

— [4] Über Gruppen des Grades p oder $p+1$. Berliner Ber. **1902**, 351—369.

— [5] Über die Charaktere der mehrfach transitiven Gruppen. Berliner Ber. **1904**, 558—571.

— [6] Über einen Fundamentalsatz der Gruppentheorie II. Berliner Ber. **1907**, 428—437.

FRUCHT, R.: [1] Über die Darstellungen endlicher abelscher Gruppen durch Kollineationen. J. Math. **166**, 16—29 (1932).

GAGEN, T. M.: [1] On groups with abelian Sylow 2-groups. Math. Z. **90**, 268—272 (1965).

GALLAGHER, P. X.: [1] Group characters and Sylow subgroups. J. London Math. Soc. **39**, 720—722 (1964).

— [2] Zeros of characters of finite groups. J. Algebra **4**, 42—45 (1966).

GASCHÜTZ, W.: [1] Zur Erweiterungstheorie endlicher Gruppen. J. Math. **190**, 93—107 (1952).

— [2] Über den Fundamentalsatz von Maschke zur Darstellungstheorie der endlichen Gruppen. Math. Z. **56**, 376—387 (1952).

— [3] Über die Φ-Untergruppe endlicher Gruppen. Math. Z. **58**, 160—170 (1953).

— [4] Endliche Gruppen mit treuen absolut irreduziblen Darstellungen. Math. Nachr. **12**, 253—255 (1954).

— [5] Über modulare Darstellungen endlicher Gruppen, die von freien Gruppen induziert werden. Math. Z. **60**, 274—286 (1954).

— [6] Erzeugendenzahl und Existenz von p-Faktorgruppen. Arch. Math. **7**, 91—93 (1956).

— [7] Gruppen, in denen das Normalteilersein transitiv ist. J. Math. **198**, 87—92 (1957).

— [8] Die Eulersche Funktion endlicher auflösbarer Gruppen. Illinois J. Math. **3**, 469—476 (1959).

— [9] Praefrattinigruppen. Arch. Math. **13**, 418—426 (1962).

— [10] Zur Theorie der endlichen auflösbaren Gruppen. Math. Z. **80**, 300—305 (1963).

— [11] Kohomologische Trivialitäten und äußere Automorphismen von p-Gruppen. Math. Z. **88**, 432—433 (1965).

— [12] Über das Frattinidual. Arch. Math. **16**, 1—2 (1965).

— [13] Nichtabelsche p-Gruppen besitzen äußere p-Automorphismen. J. Algebra **4**, 1—2 (1966).

GASCHÜTZ, W., u. U. LUBESEDER: [1] Kennzeichnung gesättigter Formationen. Math. Z. **82**, 198—199 (1963).

GASCHÜTZ, W., and TI YEN: [1] Groups with an automorphism group which is transitive on the elements of prime order. Math. Z. **86**, 123—127 (1964).

GASCHÜTZ, W., J. NEUBÜSER u. TI YEN: [1] Über den Multiplikator von p-Gruppen. Math. Z. **100**, 93—96 (1967).

GLAUBERMAN, G.: [1] Fixed points in groups with operators. Math. Z. **84**, 120—125 (1964).

— [2] Central elements of core-free groups. J. Algebra **4**, 403—420 (1966).

— [3] On the automorphism group of a finite group having no nonidentity normal subgroups of odd order. Math. Z. **93**, 154—160 (1966).

— [4] Subgroups of finite groups. Bull. Am. Math. Soc. **73**, 1—12 (1967).

Golod, E. S., and I. R. Šafarevič: [1] On class field towers. Izvest. Akad. Nauk SSSR **28**, 261—272 (1964). [Am. Math. Soc. Transl. **48**, 91—102 (1965)].

Gorenstein, D.: [1] Finite groups which admit automorphisms with few orbits. Can. J. Math. **12**, 73—100 (1960).

— [2] On finite groups of the form ABA. Can. J. Math. **14**, 195—236 (1962).

— [3] On a theorem of Philip Hall. Pacific J. Math. **19**, 77—80 (1966).

— *[4] Topics in group theory. Im Druck.

Gorenstein, D., and I. Herstein: [1] Finite groups admitting fixed-point free automorphisms of order 4. Am. J. Math. **83**, 71—78 (1961).

Gorenstein, D., and D. R. Hughes: [1] Triply transitive groups in which only the identity fixes four letters. Illinois J. Math. **5**, 486—497 (1961).

Gorenstein, D., and J. Walter: [1] On finite groups with dihedral Sylow 2-subgroups. Illinois J. Math. **6**, 553—593 (1962).

— [2] On the maximal subgroups of finite simple groups. J. Algebra **1**, 168—213 (1964).

— [3] The characterization of finite groups with dihedral Sylow 2-subgroups. J. Algebra **2**, 85—151 (1965).

— [4] Dto II. J. Algebra **2**, 218—270 (1965).

— [5] Dto III. J. Algebra **2**, 354—393 (1965).

Graf, K. D.: [1] Zur Kompositionsstruktur endlicher Gruppen mit Halluntergruppen. Math. Z. **99**, 76—100 (1967).

Green, J. A.: [1] The characters of the finite general linear groups. Trans. Am. Math. Soc. **80**, 402—447 (1955).

— [2] On the number of automorphisms of a finite group. Proc. Roy. Soc. London, Ser. A, **237**, 574—581 (1956).

— [3] On the indecomposable representations of a finite group. Math. Z. **70**, 340—345 (1959).

— [4] Blocks of modular representations. Math. Z. **79**, 100—115 (1962).

Gross, F.: [1] The 2-length of a finite solvable group. Pacific J. Math. **15**, 1221—1237 (1965).

— [2] Solvable groups admitting a fixed-point-free automorphism of prime power order. Proc. Am. Math. Soc. **17**, 1440—1446 (1966).

Gruenberg, K.: [1] Resolutions by relations. J. London Math. Soc. **35**, 481—494 (1960).

Grün, O.: [1] Über Substitutionsgruppen im Galoisfeld $GF(p^f)$. J. Math. **171**, 170—172 (1934).

— [2] Beiträge zur Gruppentheorie I. J. Math. **174**, 1—14 (1935).

— [3] Dto II. Über einen Satz von Frobenius. J. Math. **186**, 165—169 (1945).

— [4] Dto III. Math. Nachr. **1**, 1—24 (1948).

— [5] Über die genaue Anzahl von Elementen gegebener Ordnung in einer endlichen Gruppe. Math. Nachr. **1**, 342—344 (1948).

— [6] Beiträge zur Gruppentheorie IV. Über eine charakteristische Untergruppe. Math. Nachr. **3**, 77—94 (1949).

— [7] Dto V. Über endliche p-Gruppen. Osaka Math. J. **5**, 117—146 (1953).

— [8] Über das direkte Produkt regulärer p-Gruppen. Arch. Math. **5**, 241—243 (1954).

Hainzl, J.: [1] Über Seminormalität in Gruppen und Verbänden. Math. Z. **80**, 358—362 (1963).

Hall, M.: [1] On a theorem of Jordan. Pacific J. Math. **4**, 219—226 (1954).

— [2] Solution of the Burnside problem for exponent 6. Illinois J. Math. **2**, 764—786 (1958).

— *[3] The theory of groups. New York: Macmillan Company 1959.

HALL, M., and J. K. SENIOR: *[1] The groups of order 2^n ($n \leqq 6$). New York: Macmillan Company 1964.

HALL, P.: [1] A note on soluble groups. J. London Math. Soc. **3**, 98—105 (1928).
— [2] A contribution to the theory of groups of prime power orders. Proc. London Math. Soc. **36**, 29—95 (1933).
— [3] On a theorem of Frobenius. Proc. London Math. Soc. **40**, 468—507 (1936).
— [4] The Eulerian functions of a group. Quart. J. Math. **7**, 134—151 (1936).
— [5] A characteristic property of soluble groups. J. London Math. Soc. **12**, 188—200 (1937).
— [6] On the Sylow system of a soluble group. Proc. London Math. Soc. **43**, 316—323 (1937).
— [7] On the system normalizers of a soluble group. Proc. London Math. Soc. **43**, 507—528 (1937).
— [8] Complemented groups. J. London Math. Soc. **12**, 201—204 (1937).
— [9] On the construction of groups. J. Math. **182**, 206—214 (1940).
— [10] The classification of prime power groups. J. Math. **182**, 130—141 (1940).
— [11] On groups of automorphisms. J. Math. **182**, 194—204 (1940).
— [12] Verbal and marginal subgroups. J. Math. **182**, 156—157 (1940).
— [13] Finite-by-nilpotent groups. Proc. Cambridge Phil. Soc. **52**, 611—616 (1956).
— [14] Theorems like Sylow's. Proc. London Math. Soc. **6**, 286—304 (1956).
— [15] Nilpotent groups. Can. Math. Congr., Alberta 1957.
— [16] Some sufficient conditions for a group to be nilpotent. Illinois J. Math. **2**, 787—801 (1958).
— [17] Wreath products and characteristically simple groups. Proc. Cambridge Phil. Soc. **58**, 170—184 (1962).
— [18] A note on $\overline{SI}$-groups. J. London Math. Soc. **39**, 338—344 (1964).

HALL, P., and G. HIGMAN: [1] On the p-length of p-soluble groups and reduction theorems for Burnside's problem. Proc. London Math. Soc. **6**, 1—40 (1956).

HASSE, H.: *[1] Zahlentheorie. 2. Aufl., Berlin: Akademie Verl. 1963.

HAWKES, T. O.: [1] A note on system normalizers of a finite soluble group. Proc. Cambridge Phil. Soc. **62**, 339—346 (1966).

HEINECKEN, H.: [1] Über ein Levisches Nilpotenzkriterium. Arch. Math. **12**, 176—178 (1961).
— [2] Engelsche Elemente der Länge 3. Illinois J. Math. **5**, 681—707 (1961).
— [3] Bounds for the nilpotency of a group. J. London Math. Soc. **37**, 456—458 (1962).

HERING, C.: [1] Eine Charakterisierung der endlichen zweidimensionalen projektiven Gruppen. Math. Z. **82**, 152—175 (1963).

HERZOG, M.: [1] On finite groups which contain a Frobenius subgroup. J. Algebra **6**, 192—221 (1967).

HIGMAN, D. G.: [1] Focal series in finite groups. Can. J. Math. **5**, 477—487 (1953).
— [2] Modules with a group of operators. Duke Math. J. **21**, 369—376 (1954).
— [3] Indecomposable representations of characteristic p. Duke Math. J. **21**, 377—381 (1954).
— [4] Induced and produced modules. Can. J. Math. **7**, 490—508 (1955).
— [5] Finite permutation groups of rank 3. Math. Z. **86**, 145—156 (1964).

HIGMAN, G.: [1] Complementation of abelian normal subgroups. Publ. Math. Debrecen **4**, 455—458 (1956).
— [2] Groups and rings having automorphisms without non-trivial fixed elements. J. London Math. Soc. **32**, 321—334 (1957).
— [3] Finite groups in which every element has prime power order. J. London Math. Soc. **32**, 335—342 (1957).

Higman, G.: [4] Enumerating p-groups I: Inequalities. Proc. London Math. Soc. **10**, 24–30 (1960).
— [5] Enumerating p-groups II: Problems whose solution is PORC. Proc. London Math. Soc. **10**, 566–582 (1960).
— [6] Identical relations in finite groups. Atti del convegno teoria dei gruppi finiti. Firenze 1960.
— [7] Suzuki 2-groups. Illinois J. Math. **7**, 79–96 (1963).
Hirsch, K.: [1] On a theorem of Burnside. Quart. J. Math. **1**, 97–99 (1950).
Hoare, A. H. M.: [1] A note on 2-soluble groups. J. London Math. Soc. **35**, 193–199 (1960).
Hobby, C.: [1] The Frattini subgroup of a p group. Pacific J. Math. **10**, 209–212 (1960).
Hochschild, G., and J. P. Serre: [1] Cohomology of group extensions. Trans. Am. Math. Soc. **74**, 110–134 (1953).
Hoechsmann, K.: [1] An elementary proof of a lemma by Gaschütz. Math. Z. **96**, 214–215 (1967).
Hoffman, F.: [1] Nilpotent hight of finite groups admitting fixed point free automorphisms. Math. Z. **85**, 260–267 (1964).
Hofmann, K. H.: [1] Zerfällung topologischer Gruppen. Math. Z. **84**, 16–37 (1964).
Hofmann, K. H., and P. Mostert: [1] Splitting in topological groups. Mem. Am. Math. Soc. **43** (1963).
Hölder, O.: [1] Die Gruppen der Ordnung p^3, pq^2, pqr, p^4. Math. Ann. **43**, 301–412 (1893).
Hughes, D. R.: [1] Extensions of designs and groups: Projective, symplectic and certain affine groups. Math. Z. **89**, 199–205 (1965).
— [2] On t-designs and groups. Am. J. Math. **87**, 761–778 (1965).
Hughes, D. R., and J. G. Thompson: [1] The H_p-problem and the structure of H_p-groups. Pacific J. Math. **9**, 1097–1102 (1959).
Huppert, B.: [1] Über das Produkt von paarweise vertauschbaren zyklischen Gruppen. Math. Z. **58**, 243–264 (1953).
— [2] Monomiale Darstellungen endlicher Gruppen. Nagoya Math. J. **6**, 93–94 (1953).
— [3] Normalteiler und maximale Untergruppen endlicher Gruppen. Math. Z. **60**, 409–434 (1954).
— [4] Primitive auflösbare Permutationsgruppen. Arch. Math. **6**, 303–310 (1955).
— [5] Lineare auflösbare Gruppen. Math. Z. **67**, 479–518 (1957).
— [6] Zweifach transitive auflösbare Permutationsgruppen. Math. Z. **68**, 126–150 (1957).
— [7] Subnormale Untergruppen und p-Sylowgruppen. Acta Sci. Szeged **22**, 46–61 (1961).
— [8] Gruppen mit modularen Sylowgruppen. Math. Z. **75**, 140–153 (1961).
— [9] Zur Sylowstruktur auflösbarer Gruppen. Arch. Math. **12**, 161–169 (1961).
— [10] Scharf dreifach transitive Permutationsgruppen. Arch. Math. **13**, 61–72 (1962).
— [11] Zur Sylowstruktur auflösbarer Gruppen II. Arch. Math. **15**, 251–257 (1964).
— [12] Zur Gaschützschen Theorie der Formationen. Math. Ann. **164**, 133–141 (1966).
Huppert, B., u. H. Wielandt: [1] Normalteiler mehrfach transitiver Permutationsgruppen. Arch. Math. **9**, 18–26 (1958).
Inagaki, N.: [1] On groups with nilpotent commutator subgroups. Nagoya Math. J. **25**, 205–210 (1965).

ISAACS, I. M., and D. S. PASSMAN: [1] Groups whose irreducible representations have degrees dividing p^e. Illinois J. Math. **8**, 446—457 (1964).

— [2] A characterization of groups in terms of the degrees of their characters. Pacific J. Math. **15**, 877—903 (1965).

ITÔ, N.: [1] Note on (LM)-groups of finite order. Kodai Math. Seminar Report **1951**, 1—6.

— [2] Some studies on group characters. Nagoya Math. J. **2**, 17—28 (1951).

— [3] On the degrees of irreducible representations of a finite group. Nagoya Math. J. **3**, 5—6 (1951).

— [4] Note on A-groups. Nagoya Math. J. **4**, 79—81 (1952).

— [5] On primitive permutation groups. Acta Sci. Math. Szeged **16**, 207—228 (1955).

— [6] Über das Produkt von zwei abelschen Gruppen. Math. Z. **62**, 400—401 (1955).

— [7] Über eine zur Frattini-Gruppe duale Bildung. Nagoya Math. J. **9**, 123—127 (1955).

— [8] Über das Produkt von zwei zyklischen 2-Gruppen. Publ. Math. Debrecen **4**, 517—520 (1956).

— [9] Normalteiler mehrfach transitiver Permutationsgruppen. Math. Z. **70**, 165—173 (1958).

— [10] Über den kleinsten p-Durchschnitt auflösbarer Gruppen. Arch. Math. **9**, 27—32 (1958).

— [11] Zur Theorie der Permutationsgruppen vom Grad p. Math. Z. **74**, 299—301 (1960).

— [12] Über die Gruppen $PSL(n, q)$, die eine Untergruppe von Primzahlindex enthalten. Acta. Sci. Math. Szeged **21**, 206—217 (1960).

— [13] Zur Theorie der transitiven Gruppen vom Grad p II. Math. Z. **75**, 127—135 (1961).

— [14] On a class of doubly transitive permutation groups. Illinois J. Math. **6**, 341—352 (1962).

— [15] Transitive permutation groups of degree $p = 2q + 1$, p and q prime numbers. Bull. Am. Math. Soc. **69**, 165—192 (1963).

— [16] Dto II. Trans. Am. Math. Soc. **113**, 454—487 (1964).

ITÔ, N., u. J. SZÉP: [1] Über die Faktorisation von Gruppen. Acta Sci. Math. Szeged **16**, 229—231 (1955).

IWASAWA, K.: [1] Über die endlichen Gruppen und die Verbände ihrer Untergruppen. J. Univ. Tokyo **4**, 171—199 (1941).

— [2] Über die Struktur der endlichen Gruppen, deren echte Untergruppen sämtlich nilpotent sind. Proc. Phys. Math. Soc. Japan **23**, 1—4 (1941).

— [3] Über die Einfachheit der speziellen projektiven Gruppen. Proc. Imp. Acad. Tokyo **17**, 57—59 (1951).

JANKO, Z.: [1] Verallgemeinerung eines Satzes von B. Huppert und J. G. Thompson. Arch. Math. **12**, 280—281 (1961).

— [2] Endliche Gruppen mit lauter nilpotenten zweitmaximalen Untergruppen. Math. Z. **79**, 422—424 (1962).

— [3] A new finite simple group with abelian 2-Sylow subgroups and its characterization. J. Algebra **3**, 147—186 (1966).

— [4] A characterization of the smallest group of Ree associated with the simple Lie-algebra of type (G_2). J. Algebra **4**, 293—299 (1966).

JANKO, Z., and J. G. THOMPSON: [1] On a class of finite simple groups of Ree. J. Algebra **4**, 274—292 (1966).

JORDAN, C.: *[1] Traité des substitutions et des équations algébriques. Nachdruck Paris: Librairie Scientifique & Technique Albert Blanchard 1957.

KALOUJNINE, L.: [1] La structure des p-groupes de Sylow des groupes symétriques finis. Ann. Sci. École Norm. Super. **65**, 239—276 (1948).

KAPLANSKY, I.: [1] Modules over Dedekind rings and valuation rings. Trans. Am. Math. Soc. **72**, 327—340 (1952).

KAPPE, W.: [1] Die A-Norm einer Gruppe. Illinois J. Math. **5**, 187—197 (1961).

KASCH, F., M. KNESER u. H. KUPISCH: [1] Unzerlegbare modulare Darstellungen endlicher Gruppen mit zyklischer p-Sylowgruppe. Arch. Math. **8**, 320—321 (1957).

KEGEL, O. H.: [1] Produkte nilpotenter Gruppen. Arch. Math. **12**, 90—93 (1961).

— [2] Die Nilpotenz der H_p-Gruppen. Math. Z. **75**, 373—376 (1961).

— [3] Sylowgruppen und Subnormalteiler endlicher Gruppen. Math. Z. **78**, 205—221 (1962).

— [4] Zur Struktur mehrfach faktorisierbarer endlicher Gruppen. Math. Z. **87**, 42—48 (1965).

— [5] On Huppert's characterization of finite supersoluble groups. Proc. Int. Conf. Theory of Groups, Canberra 1965.

KEGEL, O. H., u. G. E. WALL: [1] Zur Struktur endlicher Gruppen mit nichttrivialer Partition. Arch. Math. **12**, 255—261 (1961).

KNOCHE, H. G.: [1] Über den Frobeniusschen Klassenbegriff in nilpotenten Gruppen. Math. Z. **55**, 71—83 (1951).

— [2] Dto II. Math. Z. **59**, 8—16 (1953).

KOCHENDÖRFFER, R.: [1] Untersuchungen über eine Vermutung von Burnside. Schriften Math. Seminar Berlin **3**, 155—180 (1937).

— *[2] Lehrbuch der Gruppentheorie unter besonderer Berücksichtigung der endlichen Gruppen. Leipzig: Akad. Verlagsges. 1966.

KOHLER, J.: [1] Finite groups with all maximal subgroups of prime or prime square index. Can. J. Math. **16**, 435—442 (1964).

KOSTRIKIN, A. I.: [1] Über das Burnsidesche Problem. Izvest. Akad. Nauk SSSR **23**, 3—34 (1959). [Am. Math. Soc. Transl. **36**, 63—99 (1964)].

KOSTRIKIN, A. I., and V. A. KREKNIN: [1] Lie algebras with a regular automorphism. Doklady Akad. Nauk SSSR **149**, 249—251 (1963). [Sov. Math. Doklady **4**, 355—357 (1963)].

KOVÁCS, L. G.: [1] Groups with regular automorphisms of order four. Math. Z. **75**, 277—294 (1961).

KREKNIN, V. A.: [1] Solvability of Lie algebras with a regular automorphism of finite period. Dokl. Akad. Nauk SSSR **150**, 467—469 (1963). [Sov. Math. Doklady **4**, 683—685 (1963)].

LEDERMANN, W., and B. H. NEUMANN: [1] On the order of the automorphism group of a finite group I. Proc. Roy. Soc. London **1956**, 494—506.

— [2] Dto II. Proc. Roy. Soc. London **1956**, 235—246.

LEVI, F. W.: [1] Groups in which the commutator operations satisfy certain algebraic conditions. J. Indian Math. Soc. **6**, 87—97 (1942).

LEVI, F., u. B. L. VAN DER WAERDEN: [1] Über eine besondere Klasse von Gruppen. Abh. Math. Seminar Hamburg. Univ. **9**, 154—158 (1933).

LIVINGSTON, D.: [1] On a permutation representation of the Janko group. J. Algebra **6**, 43—55 (1967).

LIVINGSTON, D., and A. WAGNER: [1] Transitivity of finite permutation groups on unordered sets. Math. Z. **90**, 393—403 (1965).

LUBESEDER, U.: Formationsbildungen in endlichen auflösbaren Gruppen. Diss. Kiel 1963.

LÜNEBURG, H.: [1] Charakterisierungen der endlichen desarguesschen projektiven Ebenen. Math. Z. **85**, 419—450 (1964).

— *[2] Die Suzukigruppen und ihre Geometrien. Springer Lecture Notes 1966.

LYNDON, R. C.: [1] The cohomology theory of group extensions. Duke Math. J. **15**, 271—292 (1948).

MACDONALD, I. D.: [1] Some explicit bounds in groups with finite derived groups. Proc. London Math. **11**, 23—56 (1961).

MACKEY, G. W.: [1] On induced representations of groups. Am. J. Math. **73**, 576—592 (1951).

MACLANE, S.: *[1] Homology. Berlin: Springer 1963.

MANNING, W. A.: *[1] Primitive groups. Stanford University Publ. 1921.

MCLAIN, D. H.: [1] The existence of subgroups of given order in finite groups. Proc. Cambridge Phil. Soc. **53**, 278—285 (1957).

MENNICKE, J.: [1] Einige endliche Gruppen mit drei Erzeugenden und drei Relationen. Arch. Math. **10**, 409—418 (1959).

MILLER, G. A., and H. MORENO: [1] Nonabelian groups in which every subgroup is abelian. Trans. Am. Math. Soc. **4**, 398—404 (1903).

MORAN, S.: [1] The products of powers of finite p-groups. Arch. Math. **17**, 112—120 (1966).

NAGAO, H.: [1] On multiply transitive groups I. Nagoya Math. J. **27**, 15—19 (1966).

NEUMANN, B. H.: [1] On some finite groups with trivial multiplicator. Publ. Math. Debrecen **4**, 190—194 (1955).

— [2] Groups with automorphisms that leave only the identity element fixed. Arch. Math. **7**, 1—5 (1956).

— [3] Twisted wreath products of groups. Arch. Math. **14**, 1—6 (1963).

NEUMANN, H.: *[1] Varieties of groups. Ergeb. Math. **37**. Berlin: Springer 1967.

OATES, S.: [1] Identical relations in finite groups. J. London Math. Soc. **38**, 71—78 (1963).

OATES, S., and M. B. POWELL: [1] Identical relations in finite groups. J. Algebra **1**, 11—39 (1964).

ONO, T.: [1] An identification of Suzuki groups with groups of generalized Lie type. Ann. Math. **75**, 251—259 (1962). [Corr. Ann. Math. **77**, 413 (1963).]

ORE, O.: [1] Contributions to the theory of groups of finite orders. Duke Math. J. **5**, 431—460 (1938).

PARKER, E. T.: [1] A simple group having no multiply transitive representation. Proc. Am. Math. Soc. **5**, 606—611 (1954).

PASSMAN, D. S.: [1] Groups whose irreducible representations have degrees dividing p^2. Pac. J. Math. **17**, 475—496 (1966).

— [2] Groups with normal solvable Hall p'-subgroups. Trans. Am. Math. Soc. **123**, 99—111 (1966).

PAZDERSKI, G.: [1] Die Ordnungen, zu denen nur Gruppen mit gegebenen Eigenschaften gehören. Arch. Math. **10**, 331—343 (1959).

PETRESCU, J.: [1] Sur les commutateurs. Math. Z. **61**, 348—356 (1954).

POWELL, M. B.: [1] Identical relations in finite soluble groups. Quart. J. Math. **15**, 131—148 (1964).

RÉDEI, L.: [1] Das schiefe Produkt in der Gruppentheorie. Comment. Math. Helvet. **20**, 225—267 (1947).

— [2] Ein Satz über endliche einfache Gruppen. Acta Math. **84**, 129—153 (1950).

— [3] Die endlichen einstufig nichtnilpotenten Gruppen. Publ. Math. Debrecen **4**, 303—324 (1956).

REE, R.: [1] A family of simple groups associated with the simple Lie algebra of type F_4. Am. J. Math. **83**, 401–420 (1961).
— [2] A family of simple groups associated with the simple Lie algebra of type G_2. Am. J. Math. **83**, 432–462 (1961).
— [3] Sur une famille de groupes de permutations doublement transitifs. Can. J. Math. **16**, 797–820 (1964).
REINER, I.: [1] The Schur index in the theory of group representations. Michigan Math. J. **8**, 39–47 (1961).
REYNOLDS, W. F.: [1] Projective representations of finite groups in cyclotomic fields. Illinois J. Math. **9**, 191–199 (1965).
RITT, I. F.: [1] On algebraic functions which can be expressed in terms of radicals. Trans. Am. Math. Soc. **24**, 21–30 (1923).
ROQUETTE, P.: [1] Arithmetische Untersuchung des Gruppenringes einer endlichen Gruppe. J. Math. **190**, 148–168 (1952).
— [2] Realisierung von Darstellungen endlicher nilpotenter Gruppen. Arch. Math. **9**, 241–250 (1958).
— [3] Über die Existenz von Hall-Komplementen in endlichen Gruppen. J. Algebra **1**, 342–346 (1964).
ROSE, J. S.: [1] Abnormal depth and hypereccentric length in finite soluble groups. Math. Z. **90**, 29–40 (1965).
— [2] Finite soluble groups with pronormal system normalizers. Proc. London Math. Soc. **17**, 447–469 (1967).
ROSENBERG, A.: [1] Blocks and centres of group algebras. Math. Z. **76**, 209–216 (1961).
ROTMAN, J. J.: *[1] The theory of groups. Boston: Allyn Bacon 1965.
SAH, C. H.: [1] Existence of normal complements and extensions of characters in finite groups. Illinois J. Math. **6**, 282–291 (1962).
SCHENKMANN, E.: [1] The splitting of certain solvable groups. Proc. Am. Math. Soc. **6**, 286–290 (1955).
— *[2] Group theory. Princeton (New Jersey): Norstrand Comp., Inc. 1965.
SCHMIDT, O. J.: [1] Über Gruppen, deren sämtliche Teiler spezielle Gruppen sind. Math. Sbornik **31**, 366–372 (1924).
SCHREIER, O.: [1] Über die Erweiterung von Gruppen I. Monatsh. Math. Phys. **34**, 165–180 (1926).
— [2] Dto II. Abhandl. Math. Sem. Hamburg. Univ. **6**, 321–346 (1926).
SCHUNK, H.: [1] $\mathfrak{H}$-Untergruppen in endlichen auflösbaren Gruppen. Math. Z. **97**, 326–330 (1967).
SCHUR, I.: [1] Über die Darstellung der endlichen Gruppen durch gebrochene lineare Substitutionen. J. Math. **127**, 20–50 (1904).
— [2] Zur Theorie der vertauschbaren Matrizen. J. Math. **130**, 66–76 (1906).
— [3] Untersuchungen über die Darstellungen der endlichen Gruppen durch gebrochene lineare Substitutionen. J. Math. **132**, 85–137 (1907).
— [4] Neuer Beweis eines Satzes von W. Burnside. Jber. Dtsch. Math. Ver. **17**, 171–176 (1908).
— [5] Über die Darstellungen der symmetrischen und alternierenden Gruppen durch gebrochene lineare Substitutionen. J. Math. **139**, 155–250 (1911).
— [6] Einige Bemerkungen zu der vorstehenden Arbeit des Herrn A. Speiser. Math. Z. **5**, 7–10 (1919).
— [7] Zur Theorie der einfach transitiven Permutationsgruppen. Berlin. Ber. **1933**, 598–623.
SCOTT, W. R.: [1] Solvable factorizable groups. Illinois J. Math. **1**, 389–394 (1957).
— *[2] Group theory. Englewood Cliffs (New Jersey): Prentice-Hall, Inc. 1964.

SERRE, J. P.: *[1] Corps locaux. Paris: Hermann 1962.

SHAW, R. H.: [1] Remark on a theorem of Frobenius. Proc. Am. Math. Soc. **3**, 970–972 (1952).

SHODA, K.: [1] Über die monomialen Darstellungen einer endlichen Gruppe. Proc. Phys.-Math. Soc. Japan **15**, 251–257 (1933).

SHULT, E.: [1] On groups admitting fixed point free abelian groups. Illinois J. Math. **9**, 701–720 (1965).

— [2] A note on splitting in solvable groups. Proc. Am. Math. Soc. **17**, 318–320 (1966).

— [3] Some analogues of Glauberman's Z-theorem. Proc. Am. Math. Soc. **17**, 1186–1190 (1966).

SIMS, C. C.: [1] Enumerating p-groups. Proc. London Math. Soc. **15**, 151–166 (1965).

— [2] Graphs and finite permutation groups. Math. Z. **95**, 76–86 (1967).

SOLOMON, L.: [1] The representation of finite groups in algebraic number fields. J. Math. Soc. Japan **13**, 144–164 (1961).

— [2] On Schur's index and the solutions of $G^n = 1$ in a finite group. Math. Z. **78**, 122–125 (1962).

— [3] The orders of the finite Chevalley-groups. J. Algebra **3**, 376–393 (1966).

SPEISER, A.: [1] Zahlentheoretische Sätze aus der Gruppentheorie. Math. Z. **5**, 1–6 (1919).

— *[2] Die Theorie der Gruppen von endlicher Ordnung. 3. Aufl., Berlin: Springer 1937; Nachdruck Basel 1956.

SPITZNAGEL, E. L.: [1] Hall subgroups of certain families of finite groups. Math. Z. **97**, 259–290 (1967).

STEINBERG, R.: [1] Variations on a theme of Chevalley. Pacific J. Math. **9**, 875–891 (1959).

— [2] The simplicity of certain groups. Pacific J. Math. **10**, 1039–1041 (1960).

— [3] Automorphisms of finite linear groups. Can. J. Math. **12**, 606–615 (1960).

— [4] Generators for simple groups. Can. J. Math. **14**, 277–283 (1962).

— [5] Complete sets of representations of algebras. Proc. Am. Math. Soc. **13**, 746–747 (1962).

STRAUS, E. G., and G. SZEKERES: [1] On a problem of D. R. Hughes. Proc. Am. Math. Soc. **9**, 157–158 (1958).

SUZUKI, M.: [1] On finite groups with cyclic Sylow subgroups for all odd primes. Am. J. Math. **77**, 657–691 (1955).

— *[2] Structure of a group and the structure of its lattice of subgroups. Erg. Math. **10**. Berlin: Springer 1956.

— [3] The non-existence of a certain type of simple groups of odd order. Proc. Am. Math. Soc. **8**, 686–695 (1957).

— [4] On finite groups containing an element of order four which commutes only with its powers. Illinois J. Math. **3**, 255–271 (1959).

— [5] On characterizations of linear groups I. Trans. Am. Math. Soc. **92**, 191–204 (1959).

— [6] Dto II. Trans. Am. Math. Soc. **92**, 205–219 (1959).

— [7] Applications of group characters. Proc. Sympos. Pure Math. **1**, 88–99 (1959).

— [8] A new type of simple groups of finite order. Proc. Nat. Acad. Sci. US **46**, 868–870 (1960).

— [9] Finite groups with nilpotent centralizers. Trans. Am. Math. Soc. **99**, 425–470 (1961).

— [10] On a finite group with a partition. Arch. Math. **12**, 241–254 (1961).

SUZUKI, M.: [11] Applications of group characters. Proc. Symp. Pure Math. **6**, 101—105 (1962).
— [12] On a class of doubly transitive groups. Ann. Math. **75**, 105—145 (1962).
— [13] On generalized *ZT*-groups. Arch. Math. **13**, 199—202 (1962).
— [14] On characterizations of linear groups III. Nagoya Math. J. **21**, 159—183 (1962).
— [15] Two characteristic properties of *ZT*-groups. Osaka Math. J. **15**, 143—150 (1963).
— [16] On the existence of a Hall normal subgroup. J. Math. Soc. Japan **15**, 387—391 (1963).
— [17] On a class of doubly transitive groups II. Ann. Math. **79**, 514—589 (1964).
— [18] Finite groups of even order in which Sylow 2-subgroups are independant. Ann. Math. **80**, 58—77 (1964).
— [19] A characterization of the 3-dimensional projective unitary group over a finite field of odd characteristic. J. Algebra **2**, 1—14 (1965).
— [20] Finite groups in which the centralizer of any element of order 2 is 2-closed. Ann. Math. **82**, 191—212 (1965).
— [21] Transitive extensions of a class of doubly transitive groups. Nagoya Math. J. **27**, 159—169 (1966).
SZÉP, J.: [1] On the structure of groups which can be represented as the product of two subgroups. Acta Sci. Math. Szeged **12**, 57—61 (1950).
TAKETA, K.: [1] Über die Gruppen, deren Darstellungen sich sämtlich auf monomiale Gestalt transformieren lassen. Proc. Acad. Tokyo **6**, 31—33 (1930).
TAMAGAWA, T.: [1] On the structure of orthogonal groups. Am. J. Math. **80**, 191—197 (1958).
TAMASCHKE, O.: [1] Zur Theorie der Permutationsgruppen mit regulärer Untergruppe I. Math. Z. **80**, 328—354 (1963).
— [2] Dto II. Math. Z. **80**, 443—465 (1963).
TATE, J.: [1] Nilpotent quotient groups. Topology **3**, 109—111 (1964).
TAUNT, D.: [1] On *A*-groups. Proc. Cambridge Phil. Soc. **45**, 14—42 (1949).
TAUSSKY, O.: [1] Remark on the class field tower. J. London Math. Soc. **12**, 82—85 (1937).
THOMPSON, J. G.: [1] Finite groups with fixed point free automorphisms of prime order. Proc. Nat. Acad. Sci. US **45**, 578—581 (1959).
— [2] Normal p-complements for finite groups. Math. Z. **72**, 332—354 (1960).
— [3] A special class of non solvable groups. Math. Z. **72**, 458—462 (1960).
— [4] Normal p-complements for finite groups. J. Algebra **1**, 43—46 (1964).
— [5] Automorphisms of solvable groups. J. Algebra **1**, 259—267 (1964).
— [6] Hall subgroups of the symmetric groups. J. Combinatorial Theory **1**, 271—279 (1966).
— [7] Vertices and sources. J. Algebra **6**, 1—6 (1967).
— [8] Defect groups are Sylow intersections. Math. Z. **100**, 146 (1967).
— [9] Non-solvable finite groups all of whose local subgroups are solvable. Ersch. in Pacific J. Math.
— [10] A replacement theorem for p-groups and a conjecture. Ersch. in J. Algebra.
TITS, J.: [1] Généralisation des groupes projectifs. Acad. Roy. Belgique **35**, 197—208, 224—233, 568—589, 756—773 (1949).
— [2] Les groupes simples de Suzuki et de Ree. Sém. Bourbaki, décembre 1960.
— [3] Ovoïdes et groupes de Suzuki. Arch. Math. **13**, 187—198 (1962).
— [4] Groupes simples et géométries associées. Proc. Internat. Congr. Math. **1962**, Uppsala 1963.
— [5] Algebraic and abstract simple groups. Ann. Math. **80**, 313—329 (1964).

TSUSUKU, T.: [1] On multiply transitivity of permutation groups. Nagoya Math. J. **18**, 93—109 (1961).
— [2] A remark on decompositions of the permutation representation of a permutation group. Nagoya Math. J. **22**, 79—82 (1963).
DE VRIES, H.: [1] Finite groups with at most $p+1$ Sylow p-subgroups. Indagationes Math. **25**, 213—217 (1963).
VAN DER WAERDEN, B. L.: *[1] Gruppen von linearen Transformationen. Erg. Math. **4**, 2. Berlin: Springer 1935.
— *[2] Algebra I. 6. Aufl., Berlin: Springer 1964.
— *[3] Algebra II. 4. Aufl., Berlin: Springer 1959.
WAGNER, A.: [1] Normal subgroups of triply transitive permutation groups of odd degree. Math. Z. **94**, 219—222 (1966).
— [2] On the classification of classical groups. Math. Z. **97**, 66—76 (1967).
WARD, H. N.: [1] On Ree's series of simple groups. Bull. Am. Math. Soc. **69**, 113—114 (1963).
WEICHSEL, P.: [1] Regular p-groups and varieties. Math. Z. **95**, 223—231 (1967).
WEIR, A.: [1] Sylow p-subgroups of the general linear groups over fields of characteristic p. Proc. Am. Math. Soc. **6**, 454—464 (1955).
— [2] The Sylow subgroups of the symmetric groups. Proc. Am. Math. Soc. **6**, 534—541 (1955).
— [3] The Reidemeister-Schreier and Kuroš subgroup theorems. Mathematika **3**, 47—55 (1956).
WENDT, E.: [1] Über eine specielle Classe von Gruppen. Math. Ann. **55**, 479—492 (1902).
WIEGOLD, J.: [1] Multiplicators and groups with finite central factor-groups. Math. Z. **89**, 345—347 (1965).
WIELANDT, H.: [1] Abschätzungen für den Grad einer Permutationsgruppe von vorgeschriebenem Transitivitätsgrad. Schriften Math. Seminar Berlin **2**, 151—174 (1934).
— [2] Zur Theorie der einfach transitiven Permutationsgruppen. Math. Z. **40**, 582—587 (1935).
— [3] Eine Kennzeichnung der direkten Produkte von p-Gruppen. Math. Z. **41**, 281—282 (1937).
— [4] Eine Verallgemeinerung der invarianten Untergruppen. Math. Z. **45**, 209—244 (1939).
— [5] p-Sylowgruppen und p-Faktorgruppen. J. Math. **182**, 180—193 (1940).
— [6] Zur Theorie der einfach transitiven Permutationsgruppen II. Math. Z. **52**, 384—393 (1949).
— [7] Über das Produkt von paarweise vertauschbaren nilpotenten Gruppen. Math. Z. **55**, 1—7 (1951).
— [8] Zum Satz von Sylow. Math. Z. **60**, 407—409 (1954).
— [9] Primitive Permutationsgruppen vom Grad $2p$. Math. Z. **63**, 478—485 (1956).
— [10] Vertauschbare nachinvariante Untergruppen. Abhandl. Math. Seminar Univ. Hamburg **21**, 55—62 (1957).
— [11] Über Produkte von nilpotenten Gruppen. Illinois J. Math. **2**, 611—618 (1958).
— [12] Über die Existenz von Normalteilern in endlichen Gruppen. Math. Nachr. **18**, 274—280 (1958).
— [13] Über den Normalisator subnormaler Untergruppen. Math. Z. **69**, 463—465 (1958).
— [14] Sylowgruppen und Kompositionsstruktur. Abhandl. Math. Seminar Univ. Hamburg **22**, 215—228 (1958).

Wielandt, H.: [15] Zum Satz von Sylow II. Math. Z. **71**, 461—462 (1959).
— [16] Ein Beweis für die Existenz von Sylowgruppen. Arch. Math. **10**, 401—402 (1959).
— [17] Über die Normalstruktur von mehrfach faktorisierbaren Gruppen. J. Australian Math. Soc. **1**, 143—146 (1960).
— [18] Beziehungen zwischen den Fixpunktzahlen von Automorphismengruppen einer endlichen Gruppe. Math. Z. **73**, 146—158 (1960).
— [19] Über den Transitivitätsgrad von Permutationsgruppen. Math. Z. **74**, 297—298 (1960).
— *[20] Finite permutation groups. New York und London: Academic Press 1964.
Witt, E.: [1] Über die Kommutativität endlicher Schiefkörper. Abhandl. Math. Seminar Hamburg. Univ. **8**, 413 (1931).
— [2] Die 5-fach transitiven Gruppen von Mathieu. Abhandl. Math. Seminar Hamburg. Univ. **12**, 256—264 (1938).
— [3] Über Steinersche Systeme. Abhandl. Math. Seminar Hamburg. Univ. **12**, 265—275 (1938).
— [4] Die algebraische Struktur des Gruppenringes einer endlichen Gruppe über einem Zahlkörper. J. Math. **190**, 231—245 (1952).
— [5] Verlagerung von Gruppen und Hauptidealsatz. Proc. Internat. Congress 1954, vol. 2, 71—73.
Wong, W. J.: [1] On finite groups whose 2-Sylow subgroups have cyclic subgroups of index 2. J. Australian Math. Soc. **4**, 90—112 (1964).
— [2] Exceptional character theory and the theory of blocks. Math. Z. **91**, 363—379 (1966).
— [3] On finite groups with semidihedral Sylow 2-subgroups. J. Algebra **4**, 52—63 (1966).
— [4] Determination of a class of primitive permutation groups. Math. Z. **99**, 235—246 (1967).
Wright, C. R. B.: [1] On groups of exponent four with generators of order 2. Pacific J. Math. **10**, 1097—1105 (1960).
— [2] On the nilpotency class of a group of exponent 4. Pacific J. Math. **11**, 387—394 (1961).
Zappa, G.: [1] Sui gruppi supersolubili. Rendi. Sem. Univ. Roma **1938**, 323—330.
— [2] Costruzione dei gruppe prodotto dei due sottogruppi permutabili tra loro. Atti sec. Congresse Unione Mat. Italiana, Bologna 1940, 115—125.
— *[3] Fondamenti di teoria dei gruppi. Vol. I. Consiglio Nazionale delle Richerche Monografie Matematiche 13. Rome: Edizione Cremonese 1965.
Zassenhaus, H.: [1] Über transitive Erweiterungen gewisser Gruppen aus Automorphismen endlicher mehrdimensionaler Geometrien. Math. Ann. **111**, 748—759 (1935).
— [2] Kennzeichnung endlicher linearer Gruppen als Permutationsgruppen. Abhandl. Math. Seminar Hamburg. Univ. **11**, 17—40 (1936).
— [3] Über endliche Fastkörper. Abhandl. Math. Seminar Hamburg. Univ. **11**, 187—220 (1936).
— *[4] The theory of groups. 2. edit. Göttingen: Vandenhoek & Ruprecht 1956.

Namenverzeichnis

Sachverzeichnis

Druck: Brühlsche Universitätsdruckerei Gießen

Die Grundlehren der mathematischen Wissenschaften in Einzeldarstellungen mit besonderer Berücksichtigung der Anwendungsgebiete

Lieferbare Bände:

2. Knopp: Theorie und Anwendung der unendlichen Reihen. DM 48,—; US $ 12.00
3. Hurwitz: Vorlesungen über allgemeine Funktionentheorie und elliptische Funktionen. DM 49,—; US $ 12.25
4. Madelung: Die mathematischen Hilfsmittel des Physikers. DM 49,70; US $ 12.45
10. Schouten: Ricci-Calculus. DM 58,60; US $ 14.65
14. Klein: Elementarmathematik vom höheren Standpunkt aus. 1. Band: Arithmetik. Algebra. Analysis. DM 24,—; US $ 6.00
15. Klein: Elementarmathematik vom höheren Standpunkt aus. 2. Band: Geometrie. DM 24,—; US $ 6.00
16. Klein: Elementarmathematik vom höheren Standpunkt aus. 3. Band: Präzisions- und Approximationsmathematik. DM 19,80; US $ 4.95
19. Pólya/Szegö: Aufgaben und Lehrsätze aus der Analysis I: Reihen, Integralrechnung, Funktionentheorie. DM 34,—; US $ 8.50
20. Pólya/Szegö: Aufgaben und Lehrsätze aus der Analysis II: Funktionentheorie, Nullstellen, Polynome, Determinanten, Zahlentheorie. DM 38,—; US $ 9.50
22. Klein: Vorlesungen über höhere Geometrie. DM 28,—; US $ 7.00
26. Klein: Vorlesungen über nicht-euklidische Geometrie. DM 24,—; US $ 6.00
27. Hilbert/Ackermann: Grundzüge der theoretischen Logik. DM 38,—; US $ 9.50
31. Kellog: Foundations of Potential Theory. DM 32,—; US $ 8.00
32. Reidemeister: Grundlagen der Geometrie. Etwa DM 18,—; etwa US $ 4.50
38. Neumann: Mathematische Grundlagen der Quantenmechanik. Etwa DM 28,—; etwa US $ 7.00
52. Magnus/Oberhettinger/Soni: Formulas and Theorems for the Special Functions of Mathematical Physics. DM 66,—; US $ 16.50
57. Hamel: Theoretische Mechanik. DM 84,—; US $ 21.00
58. Blaschke/Reichardt: Einführung in die Differentialgeometrie. DM 24,—; US $ 6.00
59. Hasse: Vorlesungen über Zahlentheorie. DM 69,—; US $ 17.25
60. Collatz: The Numerical Treatment of Differential Equations. DM 78,—; US $ 19.50
61. Maak: Fastperiodische Funktionen. DM 38,—; US $ 9.50
62. Sauer: Anfangswertprobleme bei partiellen Differentialgleichungen. DM 41,—; US $ 10.25
64. Nevanlinna: Uniformisierung. DM 49,50; US $ 12.40
65. Tóth: Lagerungen in der Ebene, auf der Kugel und im Raum. DM 27,—; US $ 6.75
66. Bieberbach: Theorie der gewöhnlichen Differentialgleichungen. DM 58,50; US $ 14.60

68. Aumann: Reelle Funktionen. DM 59,60; US $ 14.90
69. Schmidt: Mathematische Gesetze der Logik I. DM 79,—; US $ 19.75
71. Meixner/Schäfke: Mathieusche Funktionen und Sphäroidfunktionen mit Anwendungen auf physikalische und technische Probleme. DM 52,60; US $ 13.15
73. Hermes: Einführung in die Verbandstheorie. DM 46,—; US $ 11.50
75. Rado/Reichelderfer: Continuous Transformations in Analysis, with an Introduction to Algebraic Topology. DM 59,60; US $ 14.90
76. Tricomi: Vorlesungen über Orthogonalreihen. DM 37,60; US $ 9.40
77. Behnke/Sommer: Theorie der analytischen Funktionen einer komplexen Veränderlichen. DM 79,—; US $ 19.75
79. Saxer: Versicherungsmathematik: 1. Teil. DM 39,60; US $ 9.90
80. Pickert: Projektive Ebenen. DM 48,60; US $ 12.15
81. Schneider: Einführung in die transzendenten Zahlen. DM 24,80; US $ 6.20
82. Specht: Gruppentheorie. DM 69,60; US $ 17.40
83. Bieberbach: Einführung in die Theorie der Differentialgleichungen im reellen Gebiet. DM 32,80; US $ 8.20
84. Conforto: Abelsche Funktionen und algebraische Geometrie. DM 41,80; US $ 10.45
85. Siegel: Vorlesungen über Himmelsmechanik. DM 33,—; US $ 8.25
86. Richter: Wahrscheinlichkeitstheorie. DM 68,—; US $ 17.00
87. van der Waerden: Mathematische Statistik. DM 49,60; US $ 12.40
88. Müller: Grundprobleme der mathematischen Theorie elektromagnetischer Schwingungen. DM 52,80; US $ 13,20
89. Pfluger: Theorie der Riemannschen Flächen. DM 39,20; US $ 9.80
90. Oberhettinger: Tabellen zur Fourier Transformation. DM 39,50; US $ 9.90
91. Prachar: Primzahlverteilung. DM 58,—; US $ 14.50
92. Rehbock: Darstellende Geometrie. DM 29,—; US $ 7.25
93. Hadwiger: Vorlesungen über Inhalt, Oberfläche und Isoperimetrie. DM 49,80; US $ 12.45
94. Funk: Variationsrechnung und ihre Anwendung in Physik und Technik. DM 98,—; US $ 24.50
95. Maeda: Kontinuierliche Geometrien. DM 39,—; US $ 9.75
97. Greub: Linear Algebra. DM 39,20; US $ 9.80
98. Saxer: Versicherungsmathematik. 2. Teil. DM 48,60; US $ 12.15
99. Cassels: An Introduction to the Geometry of Numbers. DM 69,—; US $ 17.25
100. Koppenfels/Stallmann: Praxis der konformen Abbildung. DM 69,—; US $ 17.25
101. Rund: The Differential Geometry of Finsler Spaces. DM 59,60; US $ 14.90
103. Schütte: Beweistheorie. DM 48,—; US $ 12.00
104. Chung: Markov Chains with Stationary Transition Probabilities. DM 56,—; US $ 14.00
105. Rinow: Die innere Geometrie der metrischen Räume. DM 83,—; US $ 20.75
106. Scholz/Hasenjaeger: Grundzüge der mathematischen Logik. DM 98,—; US $ 24.50
107. Köthe: Topologische Lineare Räume I. DM 78,—; US $ 19.50
108. Dynkin: Die Grundlagen der Theorie der Markoffschen Prozesse. DM 33,80; US $ 8.45

109. Hermes: Aufzählbarkeit, Entscheidbarkeit, Berechenbarkeit. DM 49,80; US $ 12.45

110. Dinghas: Vorlesungen über Funktionentheorie. DM 69,—; US $ 17.25

111. Lions: Equations différentielles opérationnelles et problèmes aux limites. DM 64.—; US $ 16.00

112. Morgenstern/Szabó: Vorlesungen über theoretische Mechanik. DM 69,—; US $ 17.25

113. Meschkowski: Hilbertsche Räume mit Kernfunktion. DM 58,—; US $ 14.50

114. MacLane: Homology. DM 62.—; US $ 15.50

115. Hewitt/Ross: Abstract Harmonic Analysis. Vol. 1: Structure of Topological Groups. Integration Theory. Group Representations. DM 76,—; US $ 19.00

116. Hörmander: Linear Partial Differential Operators. DM 42,—; US $ 10.50

117. O'Meara: Introduction to Quadratic Forms. DM 48,—; US $ 12.00

118. Schäfke: Einführung in die Theorie der speziellen Funktionen der mathematischen Physik. DM 49,40; US $ 12.35

119. Harris: The Theory of Branching Processes. DM 36,—; US $ 9.00

120. Collatz: Funktionalanalysis und numerische Mathematik. DM 58,—; US $ 14.50

121./122. Dynkin: Markov Processes. DM 96,—; US $ 24.00

123. Yosida: Functional Analysis. DM 66,—; US $ 16.50

124. Morgenstern: Einführung in die Wahrscheinlichkeitsrechnung und mathematische Statistik. DM 34,50; US $ 8.60

125. Itô/McKean: Diffusion Processes and Their Sample Paths. DM 58,—; US $ 14.50

126. Lehto/Virtanen: Quasikonforme Abbildungen. DM 38,—; US $ 9.50

127. Hermes: Enumerability, Decidability, Computability. DM 39,—; US $ 9.75

128. Braun/Koecher: Jordan-Algebren. DM 48,—; US $ 12.00

129. Nikodým: The Mathematical Apparatus for Quantum-Theories. DM 144,—; US $ 36.00

130. Morrey: Multiple Integrals in the Calculus of Variations. DM 78,—; US $ 19.50

131. Hirzebruch: Topological Methods in Algebraic Geometry. DM 38,—; US $ 9.50

132. Kato: Perturbation theory for linear operators. DM 79,20; US $ 19.80

133. Haupt/Künneth: Geometrische Ordnungen. DM 68,—; US $ 17.00

135. Handbook for Automatic Computation. Vol. 1/Part a: Rutishauser: Description of ALGOL 60. DM 58,—; US $ 14.50

136. Greub: Multilinear Algebra. DM 32,—; US $ 8.00

137. Handbook for Automatic Computation. Vol. 1/Part b: Grau/Hill/Langmaack: Translation of ALGOL 60. DM 64,—; US $ 16.00

138. Hahn: Stability of Motion. DM 72,—; US $ 18.00

139. Mathematische Hilfsmittel des Ingenieurs. Herausgeber: Sauer/Szabó. 1. Teil. DM 88,—; US $ 22.00

143. Schur/Grunsky: Vorlesungen über Invariantentheorie. DM 32,—; US $ 8.00

144. Weil: Basic Number Theory. DM 48,—; US $ 12.00

146. Treves: Locally Covex Spaces and Linear Partial Differential Equations. DM 36,—; US $ 9.00

147. Lamotke: Semisimpliziale algebraische Topologie. In Vorbereitung